Elektrotechnischer Vere

Zeitschrift fur Elektrotechnik

16. Jahrgang

Elektrotechnischer Verein in Wien

Zeitschrift fur Elektrotechnik

16. Jahrgang

Inktank publishing, 2018

www.inktank-publishing.com

ISBN/EAN: 9783747777930

ZEITSCHRIFT

FÜR

ELEKTROTECHNIK.

Organ des

Elektrotechnischen Vereines in Wien.

REDIGIRT

VON

DR. JOHANN SAHULKA.

XVI. JAHRGANG.

WIEN 1898.

Selbstverlag des Elektrotechnischen Vereins, I. Nibelungengasse 7.

In Commission bei **Lehmann & Wentzel**, Buchhandlung für Technik und Kunst, I. Kärntnerstrasse 34.

§ 2·1 2 (59)

INHALTS·VERZEICHNIS.

(Die beigesetzten Ziffern bedeuten die Seitenzahl. — * = Mit Illustrationen im Texte. — R. = Referat.)

744

NAMEN-REGISTER.

(R = Referat.)

Verlag des Elektrotechnischen Vereines. — Druck von R. Spies & Co., Wien.

Zeitschrift für Elektrotechnik.

Organ des Elektrotechnischen Vereines in Wien.

Heft 1. | WIEN, 2. Jänner 1898. | XVI. Jahrgang.

Bemerkungen der Redaction: Ein Nachdruck aus dem redactionellen Theile der Zeitschrift ist nur unter der Quellenangabe: „Z. f. E. Wien" und bei Originalartikeln überdies nur mit Genehmigung der Redaction gestattet.
Die Einsendung von Originalarbeiten ist erwünscht und werden dieselben nach dem in der Redactionsordnung festgesetzten Tarife honorirt. Die Anzahl der vom Autor event. gewünschten Separatabdrücke, welche zum Selbstkostenpreise berechnet werden, wolle stets am Manuscripte bekanntgegeben werden.

INHALT:

Redactions-Comité für das Jahr 1898.

Obmann:

Hugo Koestler, Ingenieur, k. k. Baurath im Handelsministerium.

Schriftführer:

Emil Müller, k. k. Ober - Ingenieur im Handelsministerium.

Friedrich Drexler, beh. aut. Maschinen-Ingenieur und Elektrotechniker.

Ernst Egger, Chef-Ingenieur der Vereinigten EL.-A.-G.

Franz Gattinger, Ober - Inspector der k. k. österr. Staatsbahnen.

A. E. Granfeld, k. k. Ober - Baurath der Post- und Telegraphen-Direction Wien.

Josef Kareis, k. k. Hofrath und Reichsraths-Abgeordneter.

Dr. Johann Sahulka, Privat-Docent an der technischen Hochschule, Ober-Commissär der k. k. Normal-Aichungs-Commission.

Josef Seidener, Maschinen - Ingenieur und Chef-Elektriker der Oesterreichischen Schuckert-Werke.

Dr. Josef Tuma, Docent u. Assistent a. d. k. k. Universität.

Ottomar Volkmer, k. k. Hofrath, Director der k. k. Hof- und Staatsdruckerei.

An unsere Leser!

Die Zeitschrift für Elektrotechnik wird entsprechend dem im Vorjahre vom Elektrotechnischen Vereine gefassten Beschlusse wöchentlich in bester Ausstattung erscheinen und wird vor Allem auf sorgfältige Auswahl und rasche Veröffentlichung wichtiger wissenschaftlicher und technischer Arbeiten das Augenmerk gerichtet werden.

Es sei hier nochmals ein Appell an unsere Leser, insbesondere an unsere Vereinsmitglieder gerichtet, durch Einsendung von Artikeln und technischen Berichten möglichst beizutragen zur Erreichung des zu erstrebenden Zieles. Herr Hofrath Kareis, welcher durch fünfzehn Jahre die Redaction der Zeitschrift geleitet hat, ist leider verhindert, die Redaction fortzuführen, und wurde dieselbe vom Ausschusse Herrn Dr. Sahulka übertragen. Der Ausschuss entspricht einem allgemein geäusserten Wunsche und verleiht den eigenen Gefühlen Ausdruck, indem er Herrn Hofrath Kareis für seine langjährigen, zumeist unter schwierigen Verhältnissen dem Vereine geleisteten Dienste den wärmsten Dank ausspricht.

Die Vereinsleitung.

Rückblick auf 1897.

Mit ruhigem Bewusstsein erfüllter Pflicht blickt die Elektrotechnik auf das abgelaufene Jahr zurück. Die Erfolge, die sie auf allen Gebieten zu verzeichnen hat, sind die einer mächtig sich entwickelnden Industrie. Sämmtliche elektrotechnische Anlagen sind im steten Wachsen begriffen, jede noch so kleine Stadt baut ein Elektricitätswerk, der Fernsprechverkehr nimmt einen sehr grossen Aufschwung, das Bedürfnis nach elektrischer Kraft, das sich auch im Kleingewerbe durch die steigende Anwendung von Elektromotoren ausdrückt, steigert sich immer mehr und bildet ein wohlthuendes Ausgleichsmoment für die Centralen. Die Dienstbarmachung der Wasserkräfte schreitet vor und rückt uns der Zeit nahe, wo die Naturkräfte auf allen Gebieten durch Vermittlung der Elektricität der Menschheit dienstbar sein werden. Das Jahr 1897 weist auf allen Gebieten der Elektrotechnik bedeutende Fortschritte und eine grosse Ausbreitung der Elektrotechnik auf und seien einige der bemerkenswerthen Erscheinungen angeführt.

Starkstromgebiet. Eine der grössten Anwendungen fand die Elektrotechnik im verflossenen Jahre bei den elektrischen Bahnen. Die grössten Städte planen ihre Trambahnlinien, die Stadt- und Ringbahnen elektrisch zu betreiben. Es sei an dieser Stelle nur die für New-York projectirte und für sämmtliche Tramway-Linien dieser Weltstadt bestimmte Centrale erwähnt, die mit ihrer Leistungsfähigkeit von 70.000 PS alles Dagewesene übertragen wird. Hoffentlich wird auch in Wien, wo die eine elektrisch betriebene Linie in Würdigung der Vorzüge der elektrischen Traction rasch sehr beliebt wurde, bald der elektrische Betrieb auf den Tramway-Linien eingeführt werden, und wenigstens die geplanten, aus dem Stadtgebiete in das Ausstellungsgebiet zu bauenden, sehr nothwendigen elektrischen Bahnlinien rechtzeitig fertig werden, was allerdings schon mit grossen Schwierigkeiten verbunden sein wird. Es sei auch hier auf die Wichtigkeit der Einführung elektrischen Betriebes auf der Wiener Stadtbahn hingewiesen, da andere Weltstädte die Umwandlung des Dampfbetriebes in elektrischen Betrieb für ihre Stadtbahnen beschliessen. Die elektrische Traction beginnt auch bei Vollbahnen Eingang zu finden; der Vortheil derselben für Bergbahnen ist bei der Jungfraubahn und einer in Oesterreich in Ausführung befindlichen Bahn erwiesen worden. Nicht unerwähnt möge der Aufschwung einer jungen Industrie bleiben, der man eine grosse Zukunft prophezeien kann, die Einführung elektrischer Automobile. England und Frankreich streiten um den Vorrang. Ohne Wechsel der Accumulatoren hat man bei einem Batterie-Gewichte von nur 300 kg Strecken von 70 bis 80 km zurückgelegt. Unter den technischen Fortschritten, welche im Jahre 1897 erzielt wurden, seien die Verbesserungen von Mordey an der Wickelung von Gleichstromankern erwähnt, durch welche die Leistungsfähigkeit der Dynamos bedeutend erhöht wird. Heyland construirte einen Wechselstrom-Motor, welcher mit grosser Belastung angeht; bei demselben werden in günstigerer Weise, als es bisher der Fall war, aus einem Wechselstrome zwei in der Phase verschiedene innerhalb des Motors erzeugt. Ch. Pollack verwendet eine Aluminiumplatte welche mit einer Oxydschichte bedeckt ist und in eine alkalische Lösung getaucht ist, als Condensator von grosser Capacität, wobei die Oxydschichte das Dielectricum bildet. Zwei derartige in eine Lösung getauchte Platten können als Condensator im Wechselstrombetriebe verwendet werden. Schaltet man jedoch in einen Wechselstromkreis eine Zelle, in welcher sich eine derartige Aluminiumplatte und eine Bleiplatte befinden, so hat man einen Wechselstrom-Gleichstrom-Umformer. Erwähnt sei ferner die steigende Verwendung von hochvoltigen Glühlampen von 220 V und die Errichtung von Centralen für Zwei- und Dreileitersystem mit Benützung hochvoltiger Lampen, wodurch das Ausdehnungsgebiet des Gleichstromes bedeutend zunehmen dürfte. Hervorgehoben sei endlich die steigende Verwendung von Bogenlampen mit geschlossenen Glocken, bei welchen die Brenndauer der Kohlen 70 bis 150 Stunden und die Betriebsspannung 80 V bei 5 A beträgt.

Telegraphie und Telephonie. In der Kabelfabrikation geht man in neuerer Zeit, einer Anregung S. P. Thompson's folgend, darauf hinaus, Kabel mit sogenanntem künstlichen Leck zu erzeugen, bzw. zu erproben, die eine wesentlich erhöhte Sprechgeschwindigkeit gestatten sollen. S. P. Thompson hat nämlich eine bereits 1887 von Heaviside empfohlene Ueberbrückung der beiden Leiter eines Doppelleiters durch einen Widerstand von hohem Werthe neuerlich als ein Mittel zur Verminderung der Capacität bezeichnet. Die Eastern Telegraph Co. hat damit keine günstige Wirkung erzielt, während Dearlove behauptet, es sei ihm gelungen, mittels eines solchen mit künstlichem Leck versehenen Kabels statt 42, 48 Buchstaben pro Minute durchschnittlich zu telegraphiren. In weiterer Ausfüh-

rung dieser Idee ist man auch daran gegangen, die jetzt fast ausschliesslich zur Verwendung gelangten Isolirstoffe — Gummi und Guttapercha — durch andere Materialien minderer Isolationsfähigkeit zu ersetzen. Diesen Bestrebungen gegenüber weist Bright (Electrician Bd. 39) darauf hin, dass Gummi und Guttapercha nicht nur wegen ihrer hohen Isolationsfähigkeit, sondern vor allem wegen ihrer Haltbarkeit Verwendung gefunden haben, eine Eigenschaft, die bei den übrigen Materialien in viel geringerem Maasse vorhanden ist. Hate zeigte an der Hand von Versuchen (Electrical World Bd. 29), dass der Isolations-Widerstand eines Papierkabels, das nicht mit Paraffin getränkt ist, von der Temperatur fast unabhängig ist, dagegen ausserordentlich rasch mit steigender Temperatur abfällt, wenn es getränkt ist.

Whitehead zeigt, dass Seewasser elektrische Wellen in beträchtlichem Masse absorbirt; eine 20 m dicke Seewasserschichte bedingt einen Verlust von 79%, ein Resultat, das Heaviside anzweifelt. Preece bestätigt. Hiedurch wird die Telegraphie ohne Draht berührt, die die cause célèbre des heutigen Jahres ist, wiewohl Lodge bereits im Jahre 1894 mit ganz ähnlichen Apparaten operirte.

Als Ersatz für den Siphon-Recorder hat Ader einen Empfänger construirt, der dem Wesen nach aus einem vom Telegraphierstrom durchflossenen und in einem starken magnetischen Felde befindlichen Draht besteht. Die Bewegungen des Drahtes werden auf photographischem Wege reproducirt. Mittels dieses Apparates soll es möglich gewesen sein, zwischen Marseille und Algier in einer Minute 1600 Zeichen zu übertragen.

Eine zumindest interessante, wenn auch noch nicht vollkommene Methode der Schnelltelegraphie mittels Wechselstrom stellt die Erfindung von Crehore und Squier dar. Aehnlich wie bei dem Multiplexsystem von Rowland werden bei diesem Verfahren aus dem beliebig erzeugten Wechselstrom-Wellen in bestimmter Zahl und Reihenfolge unterdrückt; dieser so veränderte Wechselstrom wird photographisch wiedergegeben und zwar in folgender Weise. Das Licht einer Bogenlampe geht durch einen Nicol, hierauf durch eine mit Kohlenbisulfat gefüllte Röhre, welche in einer Spule steckt, die von dem Wechselstrome durchflossen ist, dann durch einen zweiten Nicol und fällt endlich auf eine lichtempfindliche Platte. Wenn die Spule stromlos ist, geht kein Licht durch den zweiten Nicol; die Drehung der Polarisations-Ebene durch das magnetische Feld wird zur Zeichengebung benützt. Durch die verschiedene Zahl der ausgelassenen Wellen und verschiedene Combinationen kann eine Art Morse-Alphabet zusammengesetzt werden. Ueber den Werth der Erfindung gehen noch die Ansichten auseinander.

Elektrochemie. Die Metallreinigung auf elektrolytischem Wege ist in steter Zunahme begriffen. Im grossartigsten Maassstabe findet die Kupfer-Raffinirung und gleichzeitig auch die Darstellung von Nickel in Nordamerika statt durch Elektrolyse von Kupfer-Nickelrohsteinen aus canadischen Erzen. Die Actien-Gesellschaft Norddeutsche Affinerie in Hamburg stellt aus auf anderem Wege dargestelltem Feingold durch Elektrolyse einer stark salzsauren heissen Goldchloridlösung chemisch reines Gold dar, wobei als Kathoden aus elektrolytisch dargestelltem Gold angefertigte dünne Bleche, als Anoden Bleche aus Rohgold verwendet werden. Als Nebenproducte werden ausserdem die Verunreinigungen des rohen Goldes, das

Platin, das Palladium und Silber ebenfalls gewonnen. Nach der Methode von Siemens & Halske wird Gold auch aus den beim Auslaugen von Golderzen mit Cyankaliumlösung erhaltenen Flüssigkeiten durch elektrolytische Fällung gewonnen. Auch die Reinigung des Silbers findet nach einem von Möbius angegebenen Verfahren immer ausgedehntere Anwendung.

Die directe Metallgewinnung durch Elektrolyse schreitet nur langsam vorwärts. Zink wird nach dem Hoepfner'schen Verfahren durch Elektrolyse einer mit Kochsalz versetzten Zinkchloridlösung mit unlöslichen, durch Membrane getrennten Elektroden gewonnen, und das als Nebenproduct auftretende Chlor zur Darstellung von Chlorkalk verwerthet. Siemens & Halske verwenden das bei der Elektrolyse kochsalzhaltiger Lösungen auftretende Chlor zur Chlorirung pyritischer Erze, die sodann mit Wasser ausgelaugt werden. Aus der Lösung werden durch Elektrolyse Zink, Gold und andere Metalle erhalten, während das gleichzeitig auftretende Chlor wieder zur Aufschliessung neuer Erze Verwendung findet. Metallisches Chrom auf trockenem Wege durch Elektrolyse erhalten, wird von den elektrochemischen Werken in Bitterfeld in den Handel gebracht. — Von chemischen Verbindungen, welche durch Elektrolyse dargestellt werden, nehmen die Aetzalkalien, der Chlorkalk und die Chlorate die erste Stelle ein und ist deren Darstellung zumeist nach C. Kellner's Verfahren in steter Zunahme begriffen. C. Luckow stellt Oxyde und Salze (Kupferoxyd, Bleisuperoxyd, Bleiweiss, Chromgelb, basisches Kupfercarbonat etc.) direct durch Elektrolyse dar. E. J. Constam und A. v. Hansen entdeckten das Kaliumpercarbonat, welches analog dem Kaliumpersulfat ein kräftiges Oxydationsmittel ist und als Bleichmittel Verwendung finden soll. Auf dem Gebiete der organischen Chemie hat L. Gattermann seine Versuche über die elektrolytische Reduction aromatischer Nitroverbindungen fortgesetzt und interessante neue Synthesen ausgeführt. Ahrens benutzt den elektrolytisch dargestellten Wasserstoff zur Hydrirung von Piperin, wobei Piperidin in guter Ausbeute erhalten wird. Die Elektro-Analyse hat im letzten Jahre keine wesentlichen Neuerungen erfahren.

Die Elektro-Medicin im Jahre 1897. Seit Professor Conrad Röntgen im December 1895 mit seiner epochalen Publication über die nach ihm benannten Strahlen vor die Oeffentlichkeit getreten, hat sich der Elektrotechnik ein neues dankbares Gebiet erschlossen, welches bei jedem Schritte nach vorwärts immer neue Erfolge verspricht. Vorläufig noch ruht das Schwergewicht in der Herstellung möglichst scharfer Durchleuchtungen des menschlichen Körpers, um die verschiedensten pathologischen Erscheinungen zu constatiren und zu differenziren. Bezüglich der internen Krankheitsformen sei auf das Resumé hingewiesen, mit dem Professor Dr. Runmach in Berlin auf dem XII. internationalen medicinischen Congress zu Moskau sein Referat schloss, und worin er auf Grund seiner Erfahrungen erklärte, dass mit Hilfe der Actinographie nicht blos die bisher gewonnenen Resultate bestätigt, sondern auch krankhafte Veränderungen innerer Organe, Missbildungen etc. nachgewiesen werden können, die den bis nun geübten Methoden unzugänglich waren. Runmach's zahlreiche Untersuchungen beziehen sich vornehmlich auf Erkrankungen des Herzens, der Aorta, der Lunge, der Unterleibsorgane und der Knochen. Ganz besondere Vortheile jedoch gewährt die Radio-

graphie den Chirurgen in der Constatirung von im Körper eingeschlossenen fremden Substanzen und es kommt hiebei insbesondere der Vortrag des Professors der Physiologie an der Wiener Universität Dr. Sigmund Exner in der Sitzung der k. k. Gesellschaft der Aerzte vom 18. December 1896 in Betracht; er demonstrirte daselbst einen nach seinen Angaben vom Institutsmechaniker Ludwig Castagna gebauten Apparat, mittelst dessen es durch Hilfe der X-Strahlen auf dem Wege der geometrischen Construction und Berechnung möglich ist, die Lage und die Dimensionen eines Fremdkörpers im Innern irgend eines Körpertheiles auf Millimeter genau zu bestimmen und somit dem Operateur eine unschätzbare Directive zur Entfernung des Projectils etc. zu bieten. Die Priorität Exner's auf diesem Gebiete sei hier hervorgehoben. Mit voller Anerkennung sei es begrüsst, dass die Anzahl der Röntgen-Institute in Oesterreich während des Jahres 1897 eine beträchtliche Vermehrung gefunden hat; es seien nur erwähnt die Cabinete der Wiener Poliklinik (eine Schenkung des munificenten hohen Protectors Erzherzog Rainer), der Arbeiter-Unfallversicherungsaustalt für Niederösterreich, des städtischen Spitals in Triest, der pädiatrischen Klinik in Graz etc.

Vielversprechend auf therapeutischem Gebiete ist die Verwendung der Glühlicht-Wärmestrahlen zu elektrischen Lichtbädern. Der Gedanke des Arztes Dr. J. H. Kellogg in Michigan U. S. A., die strahlende Wärme der elektrischen Glühlampen zu Bädern zu verwenden, lag eigentlich nahe, da die Sonnenstrahlen vom Alterthume bis zu Priessnitz herauf als sogenannte Sonnenbäder mit Vortheil in Anwendung gebracht wurden. Kellogg vereinigt eine Anzahl von 50—60 Glühlampen in einem behufs Reflexion mit Spiegeln belegten kastenförmigen Raume und exponirt in demselben entweder den ganzen Körper oder nur einzelne Körperpartien des Patienten während eines dem Zweck entsprechend verschieden langen Zeitraumes, gewöhnlich 2—5 Minuten, der strahlenden Wärme. Die elektrischen Lichtbäder zeichnen sich vor den verwandten türkischen (Heissluft-) und russischen (Wasserdampf-) Bädern, abgesehen von den in die Augen springenden Vorzügen der Eleganz, Bequemlichkeit, leichten Dosirbarkeit der Wärme durch Einschaltung verschieden vieler Lampen, insbesondere dadurch aus, dass, wie durch zahlreiche Versuche festgestellt wurde, die gewünschte Wirkung rascher, bei geringerer Temperatur und in intensiverer Weise erzielt und das subjective Befinden des Patienten bedeutend mehr geschont wird. Es entspricht nur den Gepflogenheiten unseres, jede Errungenschaft der technischen Wissenschaften heranziehenden Altmeisters der physikalischen Heilmethoden Prof. Winternitz, dass er die elektrischen Lichtbäder in seiner Anstalt einführte und ihrer Wirkungsweise ein eingehendes, noch nicht abgeschlossenes Studium widmet. Von neueren, neueren Anwendungsformen der Elektricität ist auch die Kataphorese anzuführen, deren sich insbesondere die Zahnärzte bei der Zahnnerv-Behandlung und Zahn-Extraction zu bedienen anfangen. Es wird hiebei mittelst eines schwachen elektrischen Stromes von circa 5 M. eine 10—20% Cocainlösung in Wasser oder Guajacol auf dem Wege der Convection oder Osmose durch die unverletzte Schleimhaut in das Kiefer- und Zahnbein-Gewebe eingeführt und dadurch Schmerzlosigkeit erzielt: man kann wohl annehmen, dass in naher Zukunft auch bei anderen operativen Eingriffen die Kataphorese zur localen Anästhesie benützt werden wird. — Schliesslich sei noch des rühmlichen Wetteifers der Elektrotechniker gedacht, immer sinnreichere und zweckmässigere Vorrichtungen zu construiren, welche es dem praktischen Arzte überall dort, wo sich elektrische Starkstrom-Anlagen befinden, ermöglichen, sich von den nicht wegzuleugnenden Misshelligkeiten des Primär- und Secundär-Batteriebetriebes zu emancipiren und seine sämmtlichen elektrischen Apparate direct von einem Stromvertheilungsnetze speisen zu lassen. Es sind dies die Anschluss-Apparate sowohl für den Gleich- als auch für den Wechselstrom mit ihren Transformatoren, Rheostaten, Regulatoren etc. — Und so sehen wir schon aus diesem kurzen Ueberblicke, dass die alte und ehrliche, von dem leuchtenden Genie eines Luigi Galvani begründete Alliance zwischen Medicin und Elektrotechnik auch in dem verflossenen Jahre zu Erfolgen führte, auf welche beide Factoren im Interesse der leidenden Menschheit mit Befriedigung und Stolz zurückblicken können.[*])

Contact-Vorrichtung für Wechselstrom Dynamos.

Von J. Sahulka.

Die in der Fig. 1 schematisch dargestellte Contact-Vorrichtung hat den Zweck, Strom- und Spannungs-Curven von Wechselstrom-Generatoren oder Apparaten sehr rasch aufnehmen zu können. Auf der Achse A_1 der Dynamo ist ein Zahnrad Z_1 mit n Zähnen befestigt; in dieses greift ein Zahnrad Z_2 ein, welches $(n + 1)$ Zähne hat. Auf der Achse A_2 dieses Rades ist noch ein Rad Z_3 befestigt, welches n Zähne hat. Dieses greift in ein Zahnrad Z_4 ein, welches $(n — 1)$ Zähne hat. Auf der Achse A_3 des letzten Rades kann ebenso wie bei den gebräuchlichen Contact-Vorrichtungen eine Scheibe S aus isolirendem Materiale und ein Metallring R befestigt werden, welcher mit einem in die Peripherie der Scheibe S eingesetzten schmalen Contact C leitend verbunden ist. Auf der Scheibe S und dem Ringe R schleifen Bürsten B_1 B_2, welche von einem fixen Bürstenhalter getragen und in bekannter Weise mit einem Condensator und Galvanometer verbunden sind, wie dies bei der Aufnahme der Momentanwerthe periodisch veränderlicher Grössen üblich ist.

Während die Dynamo $(n + 1)$ Touren macht, vollführt die Achse A_2 n Touren; während die Achse A_2 $(n — 1)$ Touren macht, vollführt die Achse A_3 n Touren. Es entsprechen daher $(n^2 — 1)$ Touren der Dynamo: n $(n — 1)$ Touren der Achse A_2 und n^2 Touren der Achse A_3. Die Scheibe S vollführt demnach in der gleichen Zeit, während welcher die Dynamo $(n^2 — 1)$ Touren macht, gleichmässig um eine Tour mehr. Dadurch ist es möglich, am Galvanometer successive die der untersuchten periodisch veränderlichen Grösse entsprechenden Phasen zu beobachten, ohne den Bürstenhalter verstellen zu müssen. Aus einem Beispiele kann leicht ersehen werden, dass die Veränderung der Phasen hinreichend langsam erfolgt, so dass sich der Bürstenhalter präcise einstellen kann. Es habe z. B. die verwendete Wechselstrom-Dynamo 8 Pole und mache 10 Touren in der Secunde. Das auf die Achse A_1 aufgesetzte Zahnrad habe 80 cm Umfang und 160 Zähne. In diesem Falle

*) Die Verfassung des Rückblick-Artikels haben anlässlich des Redactions-wechsels die Herren: Chef-Ingenieur Seidener, Dr. Kusminsky, Professor Vortmann und Med. Dr. Heumer übernommen, wofür denselben die neue Redaction wärmstens dankt.

wird in der Zeit, während welcher die Wechselstrom-Dynamo 25.599 Touren macht, die mit dem Contacte versehene Scheibe gleichmässig 25.600 Touren machen; die Scheibe vollführt daher in 2560 Secunden um eine Tour mehr als die Dynamo. Da einer ganzen Tour vier vollständige Perioden entsprechen, werden in 160 Secunden die einer Viertelperiode entsprechenden Werthe der periodisch veränderlichen Grösse vom Galvanometer angezeigt. Macht man alle fünf Secunden eine Ablesung, so erhält man 32 Werthe innerhalb einer Viertelperiode. Die Beobachtung der periodisch veränderlichen Grösse kann nach Belieben continuirlich fortgesetzt werden. Wenn die Galvanometernadel keine zu grosse Schwingungsdauer hat und hinreichend gedämpft ist, wird sich dieselbe genau entsprechend dem Momentanwerthe der periodisch veränderlichen Grösse einstellen. Die Verstellung des Contactes C, welche während der Auf-

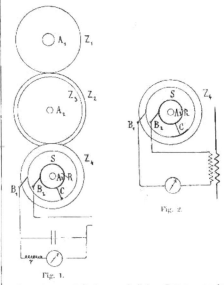

Fig. 2.

Fig. 1.

nahme einer periodisch veränderlichen Grösse gemacht werden muss, ist stets eine kleine und beträgt in dem betrachteten Beispiele während der Aufnahme einer Viertelperiode: 2^0 30'. Bei Aufnahme von 32 Ordinaten würde die jeweilige Verschiebung nur 42' betragen; daher ist eine genaue automatische Verstellung des Contactes von Vortheil. Auch wird wegen der Kürze der Versuchsdauer die Tourenzahl der Dynamo und die Stärke des Erregerstromes eher als constant angenommen werden können, als in dem Falle, wenn die Verstellung des Contactes C, bezw. der Bürsten B mit der Hand erfolgt.

Bei Verwendung der üblichen Form des Contactes C muss derselbe, wenn die Curvenform genau aufgenommen werden soll, sehr schmal sein; zur Durchführung der Versuche braucht man ein sehr empfindliches Spiegel-Galvanometer, sehr grosse Widerstände und überdies Condensatoren. Bezeichnet nämlich e den Momentanwerth der zu untersuchenden periodisch veränderlichen

23

Spannungsdifferenz in Volt. k den Reductionsfactor des Galvanometers. s den Skalenausschlag, r den Widerstand des Galvanometerkreises in Ohm. C die Capacität des Condensators in Mikrofarad und m die Tourenzahl der Dynamo, so ist die in einer Secunde durch das Galvanometer fliessende Elektricitätsmenge gleich $k . s$, die im Condensator angesammelte Elektricitätsmenge ist $\frac{eC}{10^6}$, die in der Zwischenzeit zwischen zwei auf einander folgenden Contactschlüssen durch das Galvanometer fliessende Elektricitätsmenge ist $\frac{ks}{m}$, der Abfall der Spannungsdifferenz am Condensator während dieser Zeit beträgt $\frac{ks \cdot 10^8}{m \, e \, C}$ Procente. Hat in dem früher betrachteten Beispiele die Contactscheibe einen Umfang von 80 cm und der Contact eine Breite von 1 mm, so kann, da einer Viertelperiode eine Bogenlänge von 50 mm entspricht, infolge der Breite des Contactes nicht eine merkliche Veränderung der Curvenform der periodisch veränderlichen Grösse eintreten. Falls das Galvanometer so empfindlich wäre, dass einer Stromstärke von $\frac{1}{10^8}$ A ein Ausschlag von einem Scalentheil entspricht und falls verlangt würde, dass für $e = 100$ V sich ein Ausschlag von 100 Scalentheilen ergibt, so müsste, wenn der Spannungsabfall am Condensator zwischen zwei auf einander folgenden Contactschlüssen nur 1$^0/_0$ betragen soll, die Capacität des Condensators gleich 0·1 Mikrofarad sein; der dem Galvanometer vorzuschaltende Widerstand müsste 100 Megohm betragen. Würde man dieselbe Contact-Vorrichtung zur Aufnahme einer Stromcurve benützen, und wollte man, dass einer Spannungsdifferenz von «$= 1$ V an einem eingeschalteten Normalwiderstande ein Ausschlag von 100 Scalentheilen entspreche, so müsste dem Galvanometer ein Widerstand von 1 Megohm vorgeschaltet und die Capacität des Condensators gleich 10 Mikrofarad gewählt werden.

Wenn man die in der Fig. 2 schematisch dargestellte Anordnung trifft, benöthigt man weder ein sehr empfindliches Galvanometer noch Condensatoren und grosse Widerstände zur Aufnahme der Curvenform periodisch veränderlicher Ströme. Spannungsdifferenzen und Felder. Der Contact C ist von solcher Breite zu wählen, dass während einer Halbperiode Contactschluss stattfindet. In den Kreis des Stromes i, dessen Curvenform aufgenommen werden soll, ist eine Spule von wenig Windungen einzuschalten. In den Bereich des Feldes dieser Spule ist eine secundare Spule von grösserer Windungszahl zu bringen, welche mit der Contact-Vorrichtung und dem Galvanometer in Verbindung steht. Der Ausschlag am Galvanometer entspricht genau dem Momentanwerthe der periodisch veränderlichen Stromes zur Zeit des Contactschlusses, bezw. dem gleich grossen Werthe bei der nach einer halben Periode stattfindenden Contactunterbrechung und ist von dem Zwischenwerthen der periodisch veränderlichen Grösse unabhängig; der Ausschlag am Galvanometer ist der Tourenzahl der Dynamo proportional. Durch Aenderung der Distanz zwischen Primär- und Secundär-Spule kann die Empfindlichkeit leicht variirt werden. Es brauchen dabei keine Normal-Widerstände in den Stromkreis geschaltet werden. Durch eine einfache Rechnung überzeugt man sich leicht, dass selbst Weston-Milli-Voltmeter zur Curvenaufnahme verwendet werden können. Es sei z. B. der Momentanwerth $i = 10 A$, die Tourenzahl $m = 10$,

so kann die Primär-Spule 10 Windungen von 10 cm Radius, die Secundär-Spule 300 Windungen von gleichem Radius und 1 mm Dicke haben. Bei Benützung eines empfindlicheren Galvanometers kann die Windungszahl und Drahtdicke viel kleiner gewählt werden. Ist die Curvenform einer Spannungsdifferenz aufzunehmen, so ist zwischen die Klemmen eine Primär-Spule zu schalten, welcher ein Widerstand vorgeschaltet werden kann; in den Bereich des Feldes der Primär-Spule ist die mit dem Galvanometer verbundene Secundär-Spule zu bringen. Ist die Curvenform eines Feldes aufzunehmen, so braucht man nur die mit dem Galvanometer verbundene Secundär-Spule in den Bereich des Feldes zu bringen; um das Feld innerhalb eines Eisenkernes aufzunehmen, hat man nur einige Windungen um den Kern zu legen und diese als Secundär-Spule zu benützen. Will man gleichzeitig zwei Curven aufnehmen, so kann man an der Achse A_2 zwei Contact-Vorrichtungen anbringen. Die Vorrichtung lässt sich auch an einem synchronen Wechselstrom-Motor anbringen, doch ist die Genauigkeit in diesem Falle geringer, da der Gang des Motors mit dem der Dynamo nicht vollkommen übereinstimmt. Ein Vortheil der Contact-Vorrichtung besteht auch darin, dass am Contacte keine Funken auftreten.*)

Das Thury'sche System der Kraftübertragung mit hochgespanntem Gleichstrom.

Vortrag, gehalten im Elektrotechnischen Vereine am 24. November 1897, von Herrn Ingenieur **Carl Wieshofer.**

Es ist eine stehende Redensart. dass der Gleichstrom zur Kraftübertragung respective Kraftvertheilung auf grosse Entfernungen nicht brauchbar sei. Diese Meinung klammert sich an zwei unbestreitbare Vortheile des Wechselstromes, welche sind: die Transformationsfähigkeit und constructive Vortheile der Wechselstrom-Maschine wie: der Wegfall des Collectors. Ersatz desselben durch Schleifringe, ruhende Armatur, die induzirten Spulen liegen nicht knapp aneinander und lassen sich daher leicht isoliren, weshalb es möglich ist, ohne Bedenken hohe Spannungen zu erzeugen. Das constructive Ideal der Wechselstrom-Maschine ist die unipolare Type, bei welcher die Erregerwickelung und die induzirte Wickelung, feststeht, gar keine Schleifringe zur Anwendung kommen und der rotirende Theil aus einer Glocke oder einem Stern aus Stahl besteht. Dasselbe gilt von den Motoren. Allen diesen Vortheilen steht der Nachtheil einer Eigenthümlichkeit des Wechselstromes gegenüber, nämlich dessen inductive Wirkungen, die hauptsächlich in Form der Phasenverschiebung zum Ausdruck kommen. Diese sind es auch, welche die Construction einer einphasiger Motoren so erschweren; man griff deshalb zur Combination von zwei oder drei Wechselströmen, welche nicht in der Phase übereinstimmen und erhielt ein rotirendes Feld, weshalb diese Stromcombinationen Drehströme heissen. Die Motoren mit rotirendem Felde gehen unter Belastung an und vertragen beträchtliche Ueberlastungen; es gibt Fälle, wo der Drehstrom-Motor dem Gleichstrom-Motor unbedingt überlegen ist. Die Ursachen dieser Ueberlegenheit sind aber wieder die constructiven Vortheile der Wechselstrom - Maschinen überhaupt. denen aber ein

*) Ueber diese Contact-Vorrichtung wurde bereits vor zwei Jahren im Elektrotechnischen Vereine und in der Physikalisch-chemischen Gesellschaft in Wien kurz berichtet. D. R.

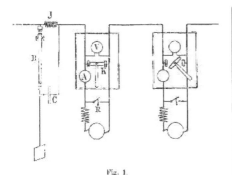

Fig. 1.

der Wechselstrom dieser Form der Kraftübertragung schon bemächtigt haben und Erfolge aufweisen.

Mit dieser etwas langen Einleitung, die sich aber durch den Zweck entschuldigt, habe ich die verehrten Herren auf jene Aussichtspunkte geführt, von welchen aus Sie das System beurtheilen mögen, über das ich die Ehre habe zu berichten. Der Gedanke, der diesem Systeme zugrunde liegt, ist so alt wie die Elektrotechnik selbst. Er besteht darin, hohe Spannungen durch Hintereinanderschalten von Stromquellen zu erzielen und das gewonnene Spannungsgefälle durch hintereinandergeschaltete Apparate auszunützen. Herr Thury, Oberingenieur der Compagnie de l'Industrie Electrique in Genf, hat diesen Gedanken zu einem System für Kraftübertragung mit hochgespanntem Gleichstrom ausgebildet, welches mit constanter Stromstärke arbeitet. Es ist klar, dass dann die Spannung der Leistung proportional sein und sich mit der Belastung ändern muss.

Fig. 2.

Nachtheil, der speciell die Motoren betrifft, gegenübersteht. Dieser Nachtheil ist der Synchronismus, dem alle Wechselstrom-Motoren mehr oder minder zustreben und der seinen Grund darin hat, dass bei Wechselstrom nicht wie bei Gleichstrom die Klemmenspannung für die Tourenzahl des Motors, sondern die Periodenzahl des Wechselstromes massgebend ist. Dieser Nachtheil drückt sich aus in der schweren Regulirbarkeit der Wechselstrom-Motoren; man braucht gar nicht auf die Einzelheiten einzugehen, um einsehen zu können, dass die Wechselstrom-Motoren noch immer nicht so sind, wie sie sein sollten. Es genügt ein Beispiel anzuführen und zwar die elektrische Tramway. An den Tramwaymotor werden die grössten und mannigfaltigsten Ansprüche gestellt; der Gleichstrom-Motor mit Serienwicklung erfüllt sie alle vollkommen. Würden die Wechselstrom-Motoren diesen Ansprüchen so vollkommen genügen wie der Gleichstrom-Motor, so würde sich

Der Gedanke ist auf folgende Weise verwirklicht:

Herr Thury schaltet mehrere Gleichstrom-Maschinen (Fig. 1) mit Serienwicklung hintereinander, welche für hohe Spannung gebaut und vom Boden gut isolirt sind. Der so erzeugte Strom speist Serienmotoren, welche entweder zur directen Kraftabgabe dienen oder Secundär-Dynamomaschinen antreiben, um Strom von jener Spannung zu erzeugen, wie er für den Betrieb von Tramway-, Licht- oder elektrolytischen Anlagen nöthig ist.

Jede Dynamomaschine wird z. B. von einer Turbine angetrieben und ist mit derselben elastisch und isolirend durch Gummiringe gekuppelt. Diese Gummiringe sind über Bolzen geschoben, welche nahe am Umfange zweier Scheiben, parallel zur Maschinenwelle angebracht sind und von denen die eine auf der Turbinenwelle, die andere auf der Generatorenwelle festgekeilt ist. Durch die Gummiringe wird das Drehmoment des Motors auf

25

den Generator übertragen. Die Kuppelung ist von einem Schutzgitter eingeschlossen. welches beim Bruch der Gummiringe dieselben auffängt. Die Generatoren sind mehrpolig mit schmiedeeisernen Feldmagneten und Kohlenbürsten ausgeführt. Anker und Collector sind von der Welle, das Magnetsystem von der Fundamentplatte durch mehrfache Glimmerschichten isolirt. Die Fundamentplatten der Generatoren ruhen mittels Porzellan-Isolatoren auf dem Fundamente, in welches dieselben mit einer Paste aus Schwefel und Glaspulver vergossen sind. Die Ankerwickelung ist vom Armaturkern durch Glimmer. Leinwand und Schellack isolirt. Bis 2400 Volt verwendet Herr Thury Trommel-. über dieser Spannung Ringarmaturen. Eine Betriebsspannung von z. B. 10.000 Volt könnte man also mit drei oder vier Maschinen erreichen.

In der Figur 2 ist eine Generator-Station abgebildet.

Jeder Maschine entspricht ein Schaltbrett (Fig. 1), auf dem ein Voltmeter V, ein Ampèremeter A und ein Ausschalter K angebracht sind; zu bemerken ist, dass ein eigentliches graduirtes Ampèremeter unnöthig ist, da es genügt, zu wissen, ob die constant zu haltende Strom

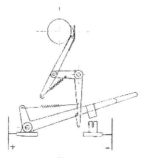

Fig. 3.

stärke vorhanden oder überschritten ist. Das Maschinen-Voltmeter hat weniger den Zweck. die Spannung an den Generatorklemmen zu messen, als das General-Voltmeter zu prüfen, mit dem die Spannung der ganzen Anlage gemessen wird. Für den Betrieb ist keines der Messinstrumente, höchstens ein Strom-Indicator nothwendig. Bei kleineren Maschinenspannungen sind die Voltmeter als elektromagnetische oder Hitzdraht-Instrumente ausgeführt, bei höheren Spannungen werden statische Voltmeter angewendet. weil die Verluste durch Stromwärme in den Vorschalt-Widerständen gross werden.

Der Ausschalter ist kein eigentlicher Ausschalter. denn beim Seriensystem wird der Stromkreis niemals unterbrochen. Die Abschaltung einer Maschine vom Stromkreis geschieht durch Kurzschliessung der Maschine. ohne dass dabei der äussere Stromkreis unterbrochen würde. Im Schaltungsschema (Fig. 1) ist nur das Princip. in Fig. 4. welche ein Motorenschaltbrett vorstellt, ist die factische Ausführung dargestellt. Diese principielle Anordnung hat den Nachtheil, dass bei Kurzschluss der Maschine diese immer von einem schwachen Strom durchflossen. also nie ganz von der Leitung abgeschaltet ist.

Auf der Welle eines jeden Generators befindet sich ein automatischer Ausschalter. welcher in Fig. 3 schematisch gezeichnet und in Fig. 1 mit R bezeichnet ist. Der Ausschalter schliesst die Maschine kurz. sobald sie sich im umgekehrten Sinne zu drehen beginnen würde. Dies tritt z. B. ein. wenn die Gummiringe der Kuppelung reissen. Der Generator ist von dem Strome constanter Stärke durchflossen und wird daher bei eintretendem Kuppelungsbruche zum Motor, wobei er im umgekehrten Sinne laufen und, da er unbelastet ist, bald eine gefährliche Tourenzahl annehmen würde. Damit dies nun nicht eintreten kann. ist auf der Generatorwelle ein kleiner Zahn angebracht. welcher bei verkehrter Drehrichtung der Armatur auf einen Hebel stösst, wodurch der Ausschalter frei wird und die Maschine kurz schliesst. Dieser Ausschalter ist ganz klein und in einem verglasten Kästchen an der Aussenseite eines Lagers montirt. Aus dem Kästchen ragt ein kleiner Griff heraus. mit dem man den Ausschalter wieder öffnen kann.

Kurze Leitungen verbinden die ungleichnamigen Pole der Schaltbretter. welche aus Holz sind. Dort, wo die Leitungen in's Freie treten. ist jeder Pol mit einer Blitzschutz-Vorrichtung versehen. welche in der Fig. 1 schematisch dargestellt ist. Die Blitzschutz Vorrichtung besteht aus einer Spule J von grosser Selbstinduction. durch deren Windungen wohl der constante Maschinenstrom mit geringem Verluste, entsprechend dem Ohmschen Widerstande der Spule. nicht aber der Blitz durchgeht. Weiters ist ein Lichtbogenbrecher B und ein Condensator C vorhanden, welcher mit der einen Belegung an den Anfang der erwähnten Drosselspule, mit der anderen an die Erdleitung des Lichtbogenbrechers geschaltet ist. Der Lichtbogenbrecher besteht aus einem doppel- und ungleicharmigen Hebel aus Aluminium. dessen zwei Arme Kämme tragen. Jedem dieser beiden beweglichen Kämme steht ein fixer Kamm gegenüber, von denen der eine mit der zu schützenden Leitung. der andere mit der Erde verbunden ist. Der kurze Arm des Hebels trägt einen Anker, der von einem Elektromagneten im Momente des Blitzschlages angezogen wird. Dadurch schlägt der lange Arm des Hebels weit aus und reisst den zwischen den Kämmen gebildeten Lichtbogen ab. Ist der Lichtbogen gebrochen. dann lässt der nunmehr stromlos gewordene Elektromagnet den Anker los und der Hebel kehrt wieder in die verticale Ruhe-Bereitschaftsstellung zurück. Die kleinen. immer vorkommenden atmosphärischen Entladungen. welche den grossen Abstand der Kämme des Lichtbogenbrechers nicht überspringen können. gehen durch die Drosselspule und laden den Condensator, der sich immer zur Erde entladet. Bei Blitzschlägen in die Leitung muss aber der grösste Theil durch den Lichtbogenbrecher zur Erde. weil nur ein kleiner Theil durch die Drosselspule kann und dann Maschinen und Condensator ladet.

Die Leitung wird im Freien auf Porzellan-Isolatoren wie jede andere Leitung geführt. Da man nicht. wie bei Parallelschaltungs-Anlagen mit zwei oder mehreren Drähten zu messen hat, stellt sich die Fernleitung immer als ein Polygon dar. dessen Eckpunkte die Consumstellen — die Motoren oder Accumulatoren — sind. Es kommt daher sehr selten vor. dass beide Pole auf derselben Stange geführt werden. Man kann also bei diesem Systeme beinahe nie von einer Distanz. auf welche die Kraft übertragen wird. sondern nur von einer Leitungslänge sprechen. Die in die Leitung eingeschalteten Motoren sind Serienmotoren. Wenn diese Motoren Secundär-Dynamos antreiben. so geschieht dies ebenfalls durch eine Kuppelung mit Gummiringen. Von den Motoren gilt alles, was über die Generatoren gesagt wurde, auch bezüglich des Schaltbrettes (Fig. 4); auf demselben ist aber noch ein automatischer Hochspannungs-Ausschalter angebracht (Fig. 6). Würde die Spannung an den Motor-

wendung kommen. Ein Solenoid aus vielen feinen Windungen liegt zwischen beiden Polen des Schaltbrettes. Die grössere Stromstärke, welche die Folge der erhöhten Spannung ist, löst den Ausschalter aus.

Auf der Motorwelle ist ähnlich wie bei den Generatoren ein automatischer Ausschalter (Fig. 6) angebracht, der aber hier den Zweck hat, den Motor vor dem Durchgehen zu schützen. In dem Schaltungsschema des Motors (Fig. 7) ist der Ausschalter mit D bezeichnet; derselbe besteht aus einem kleinen Pendel (Fig. 6), das durch eine Feder zur Axe gezogen wird. Läuft der Motor bedeutend rascher als normal, so schlägt der Pendel aus, löst einen Hebel aus und schliesst den Motor kurz.

Fig. 4.

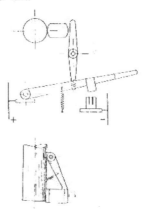

Fig. 6.

Fig. 5.

klemmen unzulässig hoch, so functionirt dieser Apparat und schliesst den Motor kurz, ohne die Leitung zu unterbrechen. Die Einrichtung dieses Automaten ist ähnlich der, welche beim Parallelschaltungsbetrieb unter dem Namen Starkstrom-Ausschalter zur An-

Fig. 7.

Ein Serienmotor, der mit constantem Strome gespeist wird, hat aber ein constantes Drehmoment und ist daher gegen jede Belastungsänderung sehr empfindlich. Er muss daher mit einem Regulator (Fig. 8) auf constante Geschwindigkeit regulirt werden. Dieser Regulator besteht aus einem sehr empfindlichen Centrifugalpendel, das von der Motorwelle angetrieben wird und mittels eines mechanischen Relais das Feld des Motors beeinflusst. Der Regulator bewirkt diese Feldänderung durch das Ein- und Ausschalten eines Widerstandes, der parallel zur Magnetwicklung liegt, durch den also ein um so grösserer Strom geht, je weniger durch die Magnetwicklung geht. Die Contactstücke des erwähnten Nebenschlusses sind kreisförmig angeordnet und auf ihnen gleitet der Rheostathebel, welcher mit zwei aufeinander liegenden Sperrädern auf derselben Stelle fest verbunden ist. Das eine Sperrad dient dazu, um den Rheostathebel in der einen, das andere um ihn in der anderen Richtung zu bewegen. Der Antrieb des einen oder anderen Sperrades erfolgt durch das Einfallen der zu diesem Sperrad gehörigen Sperrklinke. Dieser Sperrklinken-Mechanismus, der entsprechend den beiden Sperrrädern doppelt vorhanden ist, sitzt auf einem Hebel, welcher um die Sperradwelle schwingt und mittels Lenkstange und Excenter oder Kurbelscheibe in Bewegung gesetzt wird. Dieser Mechanismus wird so wie das Centrifugal-Pendel von der Motorwelle angetrieben. Das Centrifugal-Pendel bewirkt durch seine Stellung das Einlösen der betreffenden Sperrklinke, welche vermöge der schwingenden Bewegung das betreffende Sperrrad und mit diesem den Rheostathebel ruckweise dreht. Das Centrifugal-Pendel hat also nur die zarte Arbeit des Sperrklinken-Einlegens zu besorgen, das grösseren Aufwand erfordernde Verstellen des Rheostathebels wird vom Motor selbst besorgt. Der Verstellungswiderstand wirkt somit gar nicht auf das Centrifugal-Pendel zurück, wodurch dessen

Fig. 8.

Empfindlichkeit vollkommen gewahrt bleibt. Mit dem Hebel des Centrifugal-Pendels ist der Cylinder einer Oelbremse fest verbunden, deren Kolben mittels Hebel und Zahnsegment von der Sperradwelle aus so bewegt wird, dass Cylinder- und Kolbenbewegungsrichtung immer entgegengesetzt sind. Diese Einrichtung verhütet jede Ueberregulirung, so dass sich die Regulirung auf einmal in der richtigen Grösse ohne periodische Schwankungen vollzieht. Der Regulator regulirt auf 2%. Damit derselbe Zeit zum Reguliren hat, sind die Motoren sehr gross zu wählen. Es werden Motoren von 2 PS an in die Hochspannungsleitung eingeschaltet.

Im Allgemeinen ist jede Motorstation mit Blitzschutz-Vorrichtungen versehen und sind die Motoren wie die Generatoren mit einer Bedienungsbühne umgeben, so dass man vom Boden isolirt ist und die Maschine gefahrlos bedienen kann. Wo es möglich wäre, die Maschine oder die Schaltbretter und zugleich die Wand des Gebäudes zu berühren, ist diese auf Mannshöhe mit Holz verkleidet.

Ich will jetzt die Bedienung einer solchen Anlage und dann die Vorgänge in diesem System besprechen.

Zuschalten eines Generators: Die Maschine ist durch den Ausschalter am Schaltbrett im Kurzschluss. Man öffnet den Turbinenschieber ein wenig. Wenn der Generator circa 5% seiner normalen Tourenzahl erreicht hat, erzeugt er im Kurzschluss schon die Betriebs-Stromstärke. Sobald diese erreicht ist, öffnet man den Ausschalter, wodurch die Maschine in die Leitung geschaltet ist; dann öffnet man den Turbinenschieber ganz, wodurch die Spannung im System und die Spannung der dazu geschalteten Maschine steigt.

Abschalten eines Generators: Man schliesst den Turbinenschieber. Das stromerzeugende Drehmoment der Turbine ist Null. Der Generator wird zum Motor, kommt rasch zum Stillstand und will sich als Motor im entgegengesetzten Sinne drehen. Aber nach höchstens einer Umdrehung kommt der automatische Ausschalter zur Wirkung; die Maschine ist kurzgeschlossen und bleibt stehen. Man geht zum Schaltbrett, schliesst mit dem Ausschalter kurz und bringt den Automaten in die Betriebsstellung zurück.

Bedienung eines Motors: Bei Stillstand steht der Rheostathebel des Geschwindigkeits-Regulators auf Kurzschluss. Man stellt den Geschwindigkeits-Regulator auf die maximale Erregung und öffnet den Ausschalter am Schaltbrett. Mit zunehmender Tourenzahl steigt die Klemmenspannung und der Regulator functionirt. Beim Abstellen des Motors schliesst man den Motor einfach kurz.

Betrachten wir nun einmal die Vorgänge in der Centrale bei Belastungsschwankungen und nehmen wir an, wir hätten einen Motor zur Verfügung, der ein constantes Drehmoment entwickelt. Wir können das bei einiger Nachsicht von einer Dampfmaschine glauben, welche mit constanter Dampfspannung und constanter Füllung, also ohne Regulator, arbeitet. Der mittlere Kolbendruck stellt dann die constante Kraft vor, welche am Kurbelzapfen angreift. Bei einer Serien-Dynamomaschine ist der Erregerstrom gleich dem Armaturstrom und wenn wir annehmen, dass die Feldmagnete schwach gesättigt sind, so entspricht jeder Veränderung des Armaturstromes eine proportionale Aenderung des Feldes. Man kann dann sagen: Das stromerzeugende Drehmoment — constante Tourenzahl vorausgesetzt — muss proportional sein dem Quadrate der erzeugten Stromstärke. Ist nun das Drehmoment constant, so kann dieses nur eine ganz bestimmte Stromstärke erzeugen. Wird der Widerstand des äusseren Stromkreises kleiner, so wächst die Stromstärke. Wir wollen, um die Betrachtung von jeder Complication zu befreien, nicht weiter darauf eingehen, dass die Steigerung der Stromstärke auch eine Steigerung der Spannung u. s. w. zur Folge hat, bis ein gewisser Beharrungszustand eintritt. Es genügt festzustellen, dass die Entlastung des Generators ein Wachsen der Stromstärke zur Folge hat. Mit der Steigerung der Stromstärke wird auch das Feld stärker und man müsste ein entsprechend grösseres Drehmoment aufwenden, um die Tourenzahl des Generators aufrecht zu erhalten. Das Drehmoment ist aber constant, es wird daher der antreibende Motor langsamer gehen, ebenso sinkt die E. M. K. der Maschine, mit ihr die Stromstärke und das Feld und zwar so lange, bis die Stromstärke so gross ist, dass das Drehmoment, welches dieser Stromstärke entspricht, gleich ist dem Drehmoment der Dampfmaschine. Diese Stromstärke kann dann aber, wie schon gesagt, nur eine ganz bestimmte sein, nämlich diejenige, mit der das System arbeitet und welche constant erhalten werden soll. Es stellt sich also jeder Seriengenerator, der durch ein constantes Drehmoment angetrieben wird, bei allen Belastungsschwankungen durch Geschwindigkeits-Aenderung auf die bestimmte Stromstärke ein.

Der Vorgang im System ist also folgender: Wird z. B. ein Motor eingeschaltet, so verbraucht dieser so viel Spannung, als zur Erzeugung der Arbeit bei der bestimmten Stromstärke nöthig ist. Die Gegen-E. M. K. dieses Motors entspricht also einer Widerstands-Vermehrung im äusseren Stromkreise, sonst sinkt die Stromstärke, d. h. das an der Generatorwelle aufzuwendende Drehmoment ist kleiner geworden. Dadurch wird die Dampfmaschine rascher laufen, was eine Vermehrung der Spannung und des Stromes zur Folge hat. Die Geschwindigkeit wird so lange wachsen, bis die normale Stromstärke erreicht ist, weil dann wieder das aufzuwendende Drehmoment gleich ist dem antreibenden. Die Arbeitsschwankungen im äusseren Stromkreise drücken sich also durch proportionale Touren-Schwankungen in der Centrale aus.

Die Regulirung des Systemes ist also sehr ökonomisch, denn sie erfolgt ohne Rheostate und sonstige Hilfsmittel, lediglich durch Geschwindigkeits-Aenderung. Würden die Generatoren und die Antriebsmaschinen keine Trägheit besitzen, so müsste diese Regulirung eine vollkommene sein, da die elektrischen Vorgänge sich ohnehin in einem Augenblick abspielen. Nun wird aber in Wirklichkeit nicht einmal die erste Bedingung nämlich eine Antriebsmaschine mit constantem Drehmoment erfüllt. Daher kommt es zu keiner so präcisen Regulirung. Es muss darum ein Regulator, der sogenannte Intensitäts-Regulator angewendet werden, doch kommt man, wenn die Belastungs-Schwankungen nicht sehr gross und rapid sind, wie z. B. in Genua, wo die Spannung in wenigen Secunden um mehrere tausend Volt variirt, auch mit der Handregulirung aus.

Bei Turbinen erfolgt die Regulirung durch Verändern des Wasser Ein- oder Auslaufes.

Herr Thury vermeidet die Anwendung des Regulators so lange als möglich, denn gewöhnlich lassen die Wärter weil sie zum Nichtsthun verurtheilt sind - - die Anlage allein, gehen stundenlange spazieren oder schlafen. Der Regulator besteht aus einem Elektromotor, dessen Magnete im Hauptstromkreis liegen und dessen Armatur zwei Wickelungen trägt. Die eine Wickelung bedingt Rechtsdrehung, die andere Linksdrehung der Armatur, von welcher mittels Zahnräder die Regulirwelle angetrieben wird. Die Regulirwelle geht durch das ganze Maschinenhaus und kann jeder Turbinenschieber mit ihr gekuppelt werden. Normal sind beide Armaturen stromdurchflossen, so dass die Armatur stillsteht. Weicht die Stromstärke in der Anlage von der normalen ab, d. h. ist Regulirung nöthig, so wird durch eine Contactvorrichtung, welche für jede Armaturwickelung vorhanden ist und von Elektromagneten beeinflusst wird, die eine Armaturwickelung stromlos. Dadurch kommt die andere, stromdurchflossene zur Geltung und der Regulator kommt in Thätigkeit. Die Regulirwelle bewegt aber auch eine Contactvorrichtung, von deren Stellung die Erregung der oben erwähnten Elektromagnete abhängt. Dadurch, dass diese Contactvorrichtung von der Regulirwelle immer in dem Sinne bewegt wird, welcher die Einleitung der Regulirung im entgegengesetzten Sinne zur Folge hat, wird ein Ueber-

regulieren vermieden; die Regulirung wird sofort auf das richtige Mass eingestellt und geht ohne Schwankungen vor sich.

Man kann nach Inbetriebsetzung eines Generators dessen Turbinenschieber mit der Regulatorwelle kuppeln und braucht sich dann nimmer um diese Maschine zu kümmern. Bei geringen Belastungs-Schwankungen regulirt man z. B. nur mit einer Maschine, während die anderen voll belastet laufen.

In Genua sind zwei Centralen hintereinander geschaltet, von denen die eine zu gewissen Zeiten die Regulirung übernimmt, während die andere voll, also ohne Regulirung läuft.

Um die Regulirung möglichst vollkommen zu machen, trachtet man alle rotirenden Theile in der Centrale möglichst leicht, bei den Motoren hingegen schwer zu machen. Die mechanische Trägheit des secundären Theiles und die Selbstinduction des ganzen Stromkreises, weiters die Benützung des unter dem Knie liegenden Theiles der Magnetisirungscurve für die Feldmagnete der Generatoren, also schwache Sättigung unterstützen und vervollkommnen die Regulirung, welche von Leer- bis Vollauf geht. Wie vollkommen, wie genau das System regulirt wird, sowohl bezüglich der Constanz der Stromstärke wie der Tourenzahl der Motoren, geht daraus hervor, dass keinerlei Schwankungen im Licht zu bemerken sind, obgleich in der Hochspannungsleitung Motoren zu allen Zwecken eingeschaltet sind. So sind z. B. in zwei Anlagen nicht nur Licht und Kraft, sondern auch Tramways angeschlossen. Die älteste Anlage dieser Art ist in Genua.

Eine Anlage, in welcher die Generatoren mit Dampfmaschinen angetrieben werden, ist die der Poppe'schen Luftdruck-Gesellschaft in Paris. Dort werden 1200 PS mit 3600 Volt vertheilt und Accumulatoren durch den hochgespannten Strom geladen. Neuere Anlagen sind die in Val de Travers, wo 1000 PS mit 10.400 Volt auf 34 km und in Chaux du Fonds & Loele, wo 3200 PS mit 14.400 Volt auf 48 km vertheilt werden. In Brescia werden 500 PS mit 7000 Volt auf 40 km, in Rieti (1. Periode) 300 PS mit 6600 Volt auf 50 km, in Renteria 500 PS (1. Periode) mit 5100 Volt, 1000 PS 2. Periode) mit 10.200 Volt auf 27 km vertheilt.

Auf die uns zunächst liegende Anlage in Steinamanger, in welcher 1200 PS mit 12.000 Volt auf 68 km vertheilt werden, komme ich in nächster Zeit zurück.*)

KLEINE MITTHEILUNGEN.

Verschiedenes.

Im Berliner Baubureau der Act.-Ges. Siemens & Halske ist man zur Zeit mit der Construction von Typen für die Motor- und Personenwagen der elektrischen Hoch- und Unterpflasterbahnen beschäftigt. Wie die „Berl. Börs.-Ztg." hierüber mittheilt, hat dazu ein Reisebericht des Reg.-Baumstrs. A. Lerche, des technischen Leiters der künftigen Berliner Unterpflasterbahn, sehr werthvolle Unterlagen für die Auswahl praktisch eingerichteter Wagen geliefert. Je vortheilhafter die Anordnung der Betriebsmittel, desto günstiger die wirthschaftlichen Ergebnisse einer Bahnanlage. Diesen Satz beweist Baumeister Lerche durch eine Gegenüberstellung der Betriebsergebnisse der Londoner Untergrund- und der Liverpooler Hochbahn. Die Wagen der ersteren können in der Berliner Unterpflasterbahn nicht zum Vorbilde dienen, weil die Wagen einen sehr gedrückten und unfreundlichen Eindruck machen. Für die elektrischen

* In der Wiedergabe des Vortrages sind einige technische Details ausführlicher beschrieben, als dies am Vortragsabende möglich war.

D. R.

Bahnen Berlins verwerthbar wäre allenfalls die praktische Einrichtung der Plattformen, welche das Ein- und Aussteigen der art erleichtern, dass der Aufenthalt eines Zuges auf den Stationen nur 10 bis 15 Secunden dauert; bewährt haben sich in London auch die Mansell'schen Holzscheiben-Räder, welche sehr schalldämpfend wirken. Die Theilung der Sitzplätze fand Baumeister Lorke auf der Hochbahn in Chicago praktischer; hier sind die Sitze durch einzelne Kissen kenntlich gemacht, welche im Verein mit kleinen Vorsprüngen an der Rücklehne die Plätze genau abtheilen. Recht wünschenswerth wäre es, dass eine Vorrichtung nach Berlin verpflanzt würde, die sich in London an den Wagenthüren findet: ein Blechschieber nämlich, der den Fahrgästen jederzeit die nächstfolgende Haltestelle bekannt gibt. Diese Frage ist noch unentschieden, soviel aber steht fest, dass die Berliner Stadtbahn eine verbesserte Form der Liverpooler Hochbahn-Wagen erhalten wird. Die Wagen derselben machen sowohl äusserlich durch ihre hellbraune, naturfarbene Holzbekleidung, wie auch im Innern infolge des reichlich zugeführten Lichtes einen freundlichen Eindruck. Da sie gut abgefedert sind, fahren sie sehr sanft, wobei noch die Elasticität der Hobson'schen Fahrbahndecke günstig mitwirkt. Die Liverpooler Hochbahn führt zwei Wagenclassen, jeder Wagen hat (beiderseitig) drei bequeme Coupé-Thüren, 16 Sitzplätze erster und 41 Plätze zweiter Classe; die Sitzbreite beträgt 46 cm, während das Berliner Polizei-Präsidium 49 cm vorschreibt.

Eine mittelst Elektricität betriebene **Riesendrehbrücke** wurde am Lake Superior oberhalb des Saint Louisflusses erbaut, um die Städte Duluth (Minnesota) und Superior (Wisconsin) mit einander zu verbinden. Dieselbe vermittelt den Verkehr der Eisenbahnen, Strassenbahnen und Fussgänger zwischen den genannten Städten und hat der drehbare Theil derselben eine Länge von 150 m, eine Breite von 17·5 m und eine Höhe von 27 m. Die Bethätigung dieser ungeheuren Eisenmasse, welche ein Gewicht von 2000 t besitzt und sich um ihre Mittelachse dreht, bildete ein schwieriges Problem, welches indessen durch Anwendung von Elektromotoren in zufriedenstellender Weise gelöst wurde, da ein Zeitraum von weniger als 2 Minuten genügt, um diese Riesenbrücke um 90° auszuschwingen. („Schweizer Bahnen.")

Elektrische Kraftvertheilungs - Anlagen. Die General-Direction der k. k. österr. Staatsbahnen hat beschlossen, in ihren Werkstätten in Laun, Lemberg und Salzburg elektrische Kraftvertheilungs-Anlagen zu errichten und zu diesem Zwecke beschränkte Concurrenzen ausgeschrieben, bei welchen die Projecte mit dreiphasigem Strom der Firma Kolben & Cn. in Prag in allen drei Fällen zur Annahme gelangten.

Die Anlage in Laun erhält vorläufig einen 60 PS Generator mit feststehenden Wicklungen, 200 Volt Spannung mit direct an die Welle gekuppeltem Erreger, welcher Strom für folgende motorisch betriebene Hebezeuge zu liefern hat:
Die Waggon-Schiebebühne für 18 t Tragkraft,
die Locomotiv-Schiebebühne für 50 t Tragkraft,
den Kohlenaufzug mit einem 6 PS Motor und
den elektrischen Laufkrahn für 45 t Tragkraft mit zwei Laufkatzen, für je 22·5 t.

Die Anlage in Lemberg umfasst die Aufstellung eines 100 PS Drehstrom-Generators mit direct an die Welle gekuppeltem Erreger, eines Motors von 50 PS für die neue Metallschmiede und eines Motors von 30 PS für die Holzbearbeitungs-Werkstätte. Hier wird der Generator gleichzeitig zur Abgabe von Licht verwendet werden.

Die Salzburger Werk-stätten - Anlage wird aus einem 120 PS Drehstrom - Generator mit feststehenden Wicklungen und direct an die Welle gekuppeltem Erreger bestehen, der folgende elektrische Antriebe zu besorgen haben wird:
Die Transmission in der Drehrei mit einem 20 PS Motor,
die Transmission in der Locomotiv - Werkstätte mit einem 3 PS Motor,
die Transmission in der Räderdreherei mit einem 20 PS Motor,
den Laufkrahn mit 2 Motoren à 3 PS,
die Locomotiv-Schiebebühne mit einem 8 PS Motor und
die Waggon-Schiebebühne mit einem Motor für 8 PS.

Ausgeführte und projectirte Anlagen.

Oesterreich-Ungarn.

a) Oesterreich:

Kratzau. (Elektricitätswerk.) Das von der Vereinigten Elektricitäts - Actien - Gesellschaft vorm. Egger & Comp. in Wien für Kratzau sammt den Ge-

meinden Ober- und Unterkratzau erbaute Elektricitätswerk, worüber wir bereits auf S. 179 und 592 des vor. Jahrganges berichtet haben, ist Mitte December v. J. dem Betriebe übergeben worden. Die elektrische Centrale enthält ausser dem Maschinenraume, dem Accumulatorenraume und dem Kesselhause noch Bureaulocalitäten und eine Wohnung für den Maschinisten. Vorläufig sind zwei stehende Dampfmaschinen mit je 125 - 135 PS bei 200 Touren aufgestellt und zwei Kessel von 10 Atmosphären mit je 88 m² Heizfläche. Es ist Vorsorge getroffen, dass eine Vergrösserung der Anlage auf doppelte Leistung stattfinden kann. Die zur Verwendung gelangenden drei Gleichstrom-Dynamos sind direct mit der Schwungradwelle der Dampfmaschinen gekuppelt. Von den Dynamos besitzen zwei Stück eine Leistung von je 42 Kilowatt (120 - 135 V Klemmenspannung), während die dritte eine solche von 84 Kilowatt (240 - 270 V) besitzt. Für den Nachtbetrieb soll eine aufgestellte Accumulatorenbatterie dienen, welche aus 152 Elementen mit einer Capacität von 410 Amp.-Stunden bei einer Maximalentladung von 82 A besteht. Nachdem für die Anlage hauptsächlich die Abgabe von elektrischem Strom für motorische Zwecke ins Auge gefasst wurde, so ist, um die Lichtleitung möglichst unabhängig der wechselnden Belastung durch die Motore zu stellen, von der Schalttafel eine separate Leitung für die Kraftübertragung angeordnet. Die Stadtbeleuchtung besteht vorläufig aus 55 Glühlampen à 16 NK und 9 Bogenlampen à 1000 NK. Für den Privatconsum sind bezüglig 450 Glühlampen angeschlossen, für Kraftübertragung an 79 PS. Das Werk geht nach 40 Jahren in das Eigenthum der Stadt über. Der Grundpreis für den Stromconsum für Private beträgt für Licht 9 kr., für Kraft 1·2 kr. pro Hektowattstunde excl. Rabatte.

Podgorze-Plaszow. (Eisenbahn-Vorconcession.) Das Eisenbahnministerium hat der Firma Lindheim & Comp. in Wien die Bewilligung zur Vornahme technischer Vorarbeiten für eine schmalspurige Kleinbahn mit elektrischem Betriebe von der Station Podgorze - Plaszow der Staatsbahnen nach Wieliczka ertheilt.

St. Anton am Arlberge. (Elektrische Beleuchtung.) In St. Anton wurden kürzlich von Seite der österreichischen Staatsbahn-Direction Innsbruck mit nächstgelegenen Interessenten Verhandlungen betr. Errichtung eines Elektricitätswerkes gepflogen, durch welches der ganze Arlbergtunnel und die Station St. Anton elektrisch beleuchtet werden sollen. Nach „N. Fr. Pr." würde die Betriebskraft aus dem Rosannaflusse gewonnen werden. Schwierigkeiten bestehen nur in der Gemeinde Nasserreith, welche wegen des ihr im Rosanna zustehenden Holzflössrechtes Einwendungen erhoben hat.

Storkerau bei Wien. (Project einer elektrischen Bahn.) Der Stadtrath hat bezüglich eines Projectes der Firma K. Paulitschky und Dr. A. Bilitzer für eine elektrische Bahn von der Kronprinz Rudolfsbrücke über Stammersdorf nach Stockerau beschlossen, der Statthalterei bekanntzugeben, dass die Gemeinde gegen die Ertheilung der Bewilligung zur Vornahme technischer Vorarbeiten an die Projectanten keine Einwendung erhebe.

Vöcklabruck. Das Elektricitäts - Werk, worüber wir im vorigen Jahrgang, S. 148, berichtet haben, ist dieser Tage in Betrieb gesetzt worden.

Wien. (Elektrische Bahnen.) Der Bezirks-Ausschuss Döbling hat beschlossen, die Herstellung einer elektrischen Bahn aus dem Innern Bezirkes an der geplanten Cottage-Anlage am Cobenzel, und jener von Ottakring die Errichtung einer communalen elektrischen Strassenbahn Magistratsstrasse—Florianigasse—Friedmanngasse—Wilhelminenstrasse — Sandleitengasse — Thaliastrasse und Neustiftgasse einzuleiten. — Vor einem Jahre hat auch der Bezirks-Ausschuss von Hernals wegen Errichtung einer elektrischen Bahn vom Elterleinplatz nach Dornbach, Neuwaldegg, Neustift am Walde, Pötzleinsdorf und Währing eine Action eingeleitet.

Zwölfmalgreien. (Eisenbahn - Vorconcession.) Das Eisenbahnministerium hat der Actien-Gesellschaft für elektrische und Verkehrs-Unternehmungen in Budapest die Bewilligung zur Vornahme technischer Vorarbeiten für eine schmalspurige, mit elektrischer Kraft zu betreibende Kleinbahn von Zwölfmalgreien durch Bozen, und zwar durch die Viertel Zollstange, Bahnhof-strasse über den Johann-, Pfarr- und Dominikanerplatz, dann durch die Spitalgasse über die Talferbrücke nach Gries bis zum Hôtel „Austria" ertheilt.

b) Ungarn:

Budapest. (Projectirte Strassen - eventuell Localbahn mit elektrischem Betriebe) von Budapest über Kelenföld nach Kis-Tétény. Der königl.

ungar. Handelsminister hat die politisch-administrative Begehung der Theilstrecken Profil 0—11 und 20—21 der projectirten Strassen-, eventuell Localbahn Budapest—Kelenföld—Promontor—Kis-Tétény angeordnet und den Sectionsrath, Dr. Josef Stettina, mit der Führung der Commission betraut.

Projectirte Strasseneisenbahn Budapest—Szent-Mihály—Csömör—Kerepes—Besnyö.) Die Interessenten der östlichen Extravillan-Bezirke Budapests haben den Beschluss gefasst, die Realisirung des Strasseneisenbahn-, eventuell Localbahnprojectes Budapest—Szent Mihály mit Berührung der Csömör Cottage-Colonie-Anlagen über Kerepes bis Besnyö durch materielle Betheiligung zu fördern. Die Bahn soll mit elektrischem Betriebe und sowohl für den Personen- als auch für den Frachtenverkehr eingerichtet werden.

Deutschland.

Liegnitz. (Elektrische Centrale.) Die Verhandlungen des Magistrats mit der E.-G. Felix Singer & Co. über Errichtung eines Elektricitätswerkes zur Abgabe von Licht und Kraft in Liegnitz sind zu einem für die Stadt günstigen Abschluss gekommen. Die Eröffnung der von derselben Gesellschaft eingerichteten elektrischen Strassenbahn steht unmittelbar bevor.

Frankreich.

Belfort. (Gemeinnützigkeits-Erklärung einer Strasseneisenbahn mit elektrischem Betriebe im Bereiche der Stadt Belfort.) Das Journal officiel verlautbart die Gemeinnützigkeits-Erklärung zu Gunsten einer im Bereiche der Stadt Belfort sich verzweigenden und diese mit Benützung der öffentlichen Strassen mit der Gemeinde Valdoie verbindenden schmalspurigen Strassenbahn (1 m Spurweite) mit elektrischem Betriebe zum Transporte von Personen. Gleichzeitig wird von Seite der Regierung der zwischen der Stadtcommune Belfort und der Bauunternehmung Schad abgeschlossene Bau- und Finanzirungsvertrag genehmigt.

England.

London. (Bau des Blakwell-Tunnels unter der Themse.) Der mit einem Kostenaufwande von 15 Mill. Gulden im Stadtbezirke London—Blakwell vor Kurzem vollendete Tunnel unter der Themse hat eine Länge von 937 m und bei entsprechender Breite am Scheitelpunkte der Wölbung eine Höhe von 8·2 m. Die Fahrbahn, in deren Bereich der Schienenstrang einer schmalspurigen Strassenbahn mit elektrischem Betriebe eingelegt werden wird, ist 5 m breit und liegen an beiden Seiten derselben je 0·90 m breite Trottoirs für Fussgeher. Es ist dies der bedeutendste der unter der Themse in London erbauten Tunnels. (V. Bl. f. E. u. See.)

Literatur-Bericht.

Mesures Electriques. Leçons professées à l'institut électrotechnique Montefiore par Eric Gérard. Paris. Gauthier Villars et fils. Band in Gross-octav, mit 198 Figuren. Preis 12 Fres.

Das vorliegende Werk enthält eine ausführliche Beschreibung von Messapparaten und Methoden zur Durchführung elektrotechnischer Messungen; dasselbe bildet eine Wiedergabe der Vorlesungen, welche für diesen Zweck vom Verfasser am elektrotechnischen Institute Montefiore gehalten wurden. Im ersten Capitel werden die Fehlerquellen und die Genauigkeitsgrade directer und indirecter Messmethoden erörtert. Im zweiten Capitel sind die Methoden für Längen-, Dicken-, Winkel- und Geschwindigkeitsmessungen behandelt, ferner sind Methoden zur Messung der Arbeitsstärke von Dampfmaschinen und Motoren beschrieben. Im dritten Capitel sind die Lichteinheiten und photometrischen Messungen behandelt. Im vierten Capitel sind die elektrischen Maasseinheiten und die Darstellung der verschiedenen Etalons beschrieben. Das fünfte Capitel enthält eine kurze Beschreibung von Commutatoren und Ausschaltern. Die Capitel 6 bis 10 handeln von der Messung von Strömen mit Hilfe von Galvanometern mit fixem oder beweglichem Magnetsystem und von der Strommessung mit Benützung der elektrodynamischen und calorischen Wirkungen der Ströme. Im 11. und 12. Capitel sind die Messungen von Potentialdifferenzen mit Benützung elektrostatischer und elektromagnetischer Wirkungen, im 13. Capitel sind die Widerstandsmessungen, im 14. die Capacitäts-Messungen, im 15. die elektrischen Arbeitsmessungen, im 16. die Elektricitäts-Zähler be-

schrieben. Das 17. Capitel handelt von der Messung der Phasendifferenzen, im 18. sind die Methoden zur Bestimmung von Inductions-Coëfficienten angegeben. Die Messung der Intensität magnetischer Felder, der Permeabilität und Hysteresis ist im 19. und 20. Capitel behandelt. Die folgenden sechs Capitel enthalten praktische Anwendungen der beschriebenen Messmethoden auf die Untersuchung von hydro-elektrischen Elementen und Accumulatoren, auf die Untersuchung und Prüfung von Telegraphen-Linien, Kabeln und Netzen für Stromvertheilung, ferner die Methoden zur Untersuchung von Gleichstrom-, Wechselstrom-Maschinen und Transformatoren. Zum Schlusse sind dem Werke Tabellen über die elektrischen Eigenschaften von Metallen und Drähten beigegeben. Das vorliegende Werk, dessen Ausstattung eine vorzügliche ist, dürfte sich infolge der leichtfasslichen Darstellung ebenso viele Freunde erwerben, wie das sehr verbreitete Werk desselben Verfassers: L'électricité, welches in seiner deutschen Uebersetzung allgemein bekannt ist. S.

Elektrotechnik und Landwirthschaft. Eine Beantwortung der Frage: Ist die Elektrotechnik nach dem heutigen Stande ihrer Entwicklung schon befähigt, mit begründeter Aussicht in den Dienst der Landwirthschaft zur Erhöhung des Reinertrages zu treten? Von C. Köttgen, Ingenieur. Mit 6 Text-Abbildungen und 15 Tafeln. Verlag von Paul Parey. Berlin 1897.

Dieses kleine Werk, welches aus mehreren demselben Stoff behandelnden Arbeiten als preisgekrönt hervorging, füllt eine Lücke in der elektrotechnischen Literatur aus und wird gewiss sowohl dem Landwirthe, als auch dem Elektrotechniker ein willkommener Führer sein. Auf dem Gebiete der Verwendung der Elektricität zu landwirthschaftlichen Zwecken wurde unseres Wissens noch nichts in zusammenhängender Form publicirt.

In dem Köttgen'schen Buche finden wir den elektrotechnischen Theil desselben mit viel Sachkenntniss behandelt und speciell den Betrieb mechanischer Pflüge durch Elektromotoren eingehend beschrieben und kritisch besprochen. Eine Reihe von Kostenaufstellungen und Rentabilitätsberechnungen, welche als Vorlage für ähnliche Fälle dienen können, sind mit vieler Sorgfalt ausgearbeitet und die Tafeln am Ende des Buches enthalten sehr gute Reproductionen photographischer Aufnahmen und technischer Constructionszeichnungen. Wir können das vorliegende Werk bestens empfehlen. y.

Kalender für Elektrotechniker. Von F. Uppenborn. 15. Jahrgang. In zwei Theilen mit zusammen 284 Figuren und 2 Tafeln. Druck und Verlag von R. Oldenbourg. Leipzig und München. Preis M. 5,—.

Die an der neuen Auflage vorgenommenen Aenderungen betreffen hauptsächlich die Abschnitte über die Wechselstromtechnik, entsprechend dem Fortschritten, die in verflossenen Jahre auf diesem Gebiete gemacht worden. Hiebei sind besonders die Mehrphasenströme und das monocyklische System eingehender behandelt worden.

Neu bearbeitet, resp. neu hinzugefügt wurden folgende Capitel: Wechsel-ströme — Wirkung der Selbstinduction — Wirkung der Capacität, Messung der Induction in Eisen und Stahl, Messung des Isolations-widerstandes von Haus-Installationen — Isolations-messung an Wechsel-strom-Kabelnetzen im Betriebe — Mehrphasen-ströme — Mehrphasen-strom-Schaltungen — Wechsel-strom-Maschinen — Wechsel-strom-Motoren — Sicherheitsregeln für Hochspannungs-Anlagen — Kraftübertragung mit Wechsel-strom. Die Abschnitte über Telegraphie und Telephonie wurden durchgesehen und erweitert.

Im zweiten Theile des Kalenders sind Ergänzungen im maschinentechnischen und elektrotechnischen Theile vorgenommen worden.

Die Vorzüge dieses trefflichen Taschenbuches sind zu bekannt, als dass eine besondere Empfehlung an dieser Stelle nothwendig wäre. — m.

Adressbuch der chemischen und verwandten Industrien und Gewerbe in Oesterreich-Ungarn. Herausgegeben von der Abtheilung für Chemie und Physik des Niederösterreichischen Gewerbevereines, 580 Seiten Quartformat. Preis elegant und dauerhaft geb. Mk. 15. Verlag von Eduard Baldamus (Baldamus & Mahraun), Leipzig.

Dieses mit Unterstützung der österreichischen und ungarischen Handels- und Gewerbekammern in der Abtheilung für Chemie und Physik des Niederösterreichischen Gewerbevereines bearbeitete Adressbuch enthält über ca. 15.000 Adressen und gibt ein vollständiges Bild über den derzeitigen Stand der chemischen Industrie in Oesterreich-Ungarn.

Das Adressmaterial ist in vier Theilen alphabetisch und nach Branchen geordnet, der I., resp. III. Theil enthält die Firmen von Oesterreich, resp. von Ungarn alphabetisch geordnet und die

speciellen Daten über die einzelnen Firmen, der II., resp. IV.
Theil die Firmen nach Branchen und innerhalb der Branchen
alphabetisch geordnet nebst Angabe der näheren Adresse. Z.

Herstellung und Verwendung von Accumulatoren in
Theorie und Praxis. Von F. Grünwald. Mit 83 Abbildungen.
Zweite Auflage. Halle a. S. Druck und Verlag von Wilhelm
Knapp 1897.

Das vorliegende Buch hat vier Abschnitte. Der erste bespricht die Erzeugung und Wirkung des galvanischen Stromes,
der zweite die Bleiaccumulatoren und ihre Constructionsbedingungen, der dritte die dabei vorkommenden Rohmaterialien, der
vierte endlich die Anwendung, Schaltung und den Betrieb von
Accumulatoren.

In der jetzigen Auflage finden wir hauptsächlich jene
Abschnitte umgearbeitet und ergänzt, welche die Herstellungsweise der Accumulatoren zum Gegenstande haben. Damit wurde
der hohen Entwicklung der Accumulatorenfabrikation vollauf
Rechnung getragen.

Das Buch ist vor allem für Praktiker empfehlenswerth.
                                                   — m —

Die elektrischen Beleuchtungs-Anlagen mit besonderer
Berücksichtigung ihrer praktischen Ausführung. Dargestellt von
Dr. Alfred Ritter v. Urbanitzky. Mit 113 Abbildungen. Dritte
Auflage. 16 Bogen. Octav. Geh. fl. 1.65. Eleg. geb. fl. 2.30. Elektro-
technische Bibliothek. Band XI. Dritte Auflage. A. Hart-
leben's Verlag in Wien.

Seit dem Erscheinen der ersten Auflage dieses Werkes
hat sich die Anwendung des elektrischen Lichtes bekanntlich gewaltig ausgebreitet und dadurch die Sammlung vielfältiger Erfahrungen ermöglicht. Diesem Unterschiede zwischen Einst und
Jetzt wurde durch eine vollständige Um- oder richtiger Neu-
bearbeitung der vorliegenden dritten Auflage Rechnung getragen.
                                                   Z.

Die Elektricität und ihre Technik von W. Beck. Ingenieur der Elektrotechnik. Nebst einem Anhange: Das Wesen
der Elektricität und des Magnetismus von J. G. Vogt. Mit zahlreichen Illustrationen, farbigen Bildern, Tonbildern u. s. w. In
55 wöchentlichen Lieferungen à 10 Pfg., oder in 11 Heften
à 50 Pfg. Verlag von Ernst Wiest Nachfolger, Leipzig. Lfg. 31
bis 35. (Heft 7.)

Das zwanzigste Heft schliesst das 10. Capitel: Die elektrische Beleuchtung und ihre Installation und beginnt
jenes über die Anwendung der Wärmewirkung des
elektrischen Stromes.   Z.

„Unsere Monarchie". Die österreichischen Kronländer zur
Zeit des 50jährigen Regierungs-Jubiläums Sr. k. u. k. Apost.
Majestät Franz Josef I. Herausgegeben von Julius Laurencié.
Verlag: Georg Szelinski, k. k. Universitäts-Buchhändler. Com-
plet in 24 Heften à 1 Krone. — Das elfte Heft dieses Pracht-
werkes bringt Bilder und Text aus dem Küstenlande. Das
Heft beginnt mit einer Ansicht der Stadt Görz, zeigt sodann
Schloss und Ruine Duino. Auch zahlreichen antiken Bauten
Polas finden wir das Colosseum, den Augustustempel und die
Porta aurea, den Hafen und eine hübsche Totalansicht. Die bei-
den effectvollen Denkmäler Polas, das dem Erzherzog Ferdinand
Max gewidmete und das Tegetthoff-Monument, werden in künstlerischer Ausführung gezeigt. Sehr lebendig präsentiren sich die
verschiedenen Detailbilder aus Triest, das Vollbild des Schlosses
Miramare mit einem Parkbildchen, die Grotten von St. Canzian,
die Curorte Abbazia und Lussinpiccolo, das Seebad Grado und
Aquileja, Bilder von Pisino und St. Stefano, sowie Ansichten
der istrischen Städte Rovigno, Parenzo, Pirano und Capo d'Istria
schliessen das Ansichtsreiche Heft ab. Der Text aus der Feder
der Schriftstellerin Paul Maria Lacroma (Reichsedle v. Eggerl)
ist knapp, aber dessen ungeachtet sehr instructiv. Das ebenfalls bereits erschienene zwölfte Heft enthält fünf Strassenbilder der
Landeshauptstadt der „mährischen Schweiz", von
Olmütz, Iglau, Gross-Ullersdorf, Mährisch-Schönberg, Sternberg,
Neutitschein, Stramberg, Mährisch-Weisskirchen und Mährisch-
Ostrau. Aus dem Thayathale wird uns Znaim, Frain, Nikolsburg
und die Ruinen der Maidenburg gezeigt. Hieran schliessen sich
an, Bilder von Kremsier, Ungar.-Hradisch, der Burg Buchlau, von
Welehrad mit der Wallfahrtskirche und Schloss Eisgrub. — Mit
diesem Hefte schliesst der I. Band dieses, sowohl in künstlerischer
und textlicher Beziehung wie in typographischer Ausstattung
vorzügliche Werk.

Zum Einlegen der Hefte ist eine in zwölf Farben sehr
schön ausgestattete, selbstthätig bindende Sammel-Mappe hergestellt worden.   Z.

Patentnachrichten.

Mitgetheilt vom Technischen- und Patentbureau

Ingenieur **Victor Monath**

WIEN, I. Jasomirgottstrasse **Nr. 4.**

Deutsche Patentanmeldungen.[*]

Classe

21. F. 9849. Elektroden für Primär- und Secundär-Elemente und
   Zersetzungszellen. — Richard Fabian, Berlin. 15./4. 1897.
   „ L. 11.082. Elektromagnetischer, zweipoliger Quecksilberaus-
   schalter. — Johann Lühne, Aachen. 15./2. 1897.
   „ M. 14.324. Glühlampenfassung. — Louis Masson Mont-
   reuil sous Bois, Seine, Frankr. 29./7. 1897.
   „ R. 10.424. Einrichtung zur Verminderung der durch Stark-
   ströme verursachten Nebengeräusche in Fernsprechern. —
   Franz Rumrich, Josef Juraske und Hermann
   Broekelt, Dresden. 13./7. 1896.
26. L. 10.861. Apparat zur Erzeugung von Acetylengas. —
   Henri Lédier, Frankreich. 13./11. 1896.
20. S. 9367. Stromzuführung für elektrische Bahnen mit an den
   Schienen verlegten Arbeitsleitern. — Robert Cooke Sayer,
   Bristol, England. 2./4. 1896.
21. B. 20.517. Registrirvorrichtung für Verbrauchsmesser. —
   Brown, Boveri & Cie., Baden, Schweiz und Frankfurt a. M.
   19./3. 1897.
   „ U. 6180. Thermosäule. — The Cox Thermo-Electric
   Company Ltd., London. 9./6. 1898.
   „ E. 5301. Kühlvorrichtung für lamellirte Theile elektrischer
   Apparate. — Elektricitäts-Actien-Gesellschaft vor-
   mals Schuckert & Co. in Nürnberg. 19./3. 1897.
   „ H. 19.227. Wattmeter oder Strommesspyrometer für Gleich-
   und Wechselstrom; Zus. z. Pat. 92.445. — Hartmann &
   Braun, Bockenheim-Frankfurt a. M. 10./9. 1897.
   „ J. 4256. Galvanische Batterie. — V. Jeanty, Paris. 9./3. 1897.
   „ M. 14.264. Gefäss für elektrische Sammler aus mit Celluloid
   lösung durchtränkten Geweben. — Dr. E. Marekwald,
   Berlin. 13./7. 1897.
   „ St. 4748. Elektrische Glühlampe. — Charles Henry
   Stearn, Zürich. 12./10. 1896.
35. H. 18.935. Zwanglänfige Kuppelung der Bremse mit dem Um-
   steuerungs- und Anlasswiderstand elektrisch angetriebener
   Fördermaschinen; Zus. z. Pat. 88.609. — C. Hoppe, Berlin.
   1./7. 1897.
20. Sch. 12.336. Leitende Schienenverbindung für elektrische
   Bahnen. — Otto Schönfeld, Budapest. 17./2. 1897.
21. H. 18.883. Galvanisches Element. — Albrecht Heil,
   Fränkisch-Krumbach. 21./6. 1897.
   „ J. 4397. Glühlampenfassung für Hohlglas-Reflectoren. —
   Josef Kergla und Glasfabrik Marienhütte Carl
   Wolffhardt, Wien. 12./7. 1897.
   „ N. 3980. Elektrische Kraftübertragung bei gleichbleibender
   Geschwindigkeit des Stromerzeugers und wechselnder Ge-
   schwindigkeit der Triebmaschine. — Lewis Hollock Nash,
   Com. V. S. A. 2./2. 1897.
   „ R. 10.862. Sockelbefestigung bei Glühlampen. — Emil Rei-
   ckelt, Dresden. 28./1. 1897.
   „ R. 10.717. Gasflüssigkeits-Batterie mit Expansionskammer. —
   Walter Rowbotham, Birmingham. 28./11. 1896.
   „ R. 11.006. Verfahren zur Erzeugung eines gegen die ge-
   lieferte Spannung um 90 Grad verschobenen magnetischen
   Feldes. — Carl Raab, Kaiserslautern. 20./3. 1897.
   „ R. 11.246. Einrichtung zur Stromabnahme, bezw. Zuführung
   bei Wechselstrom-Maschinen und Motoren. — v. Rohr, Mün
   ster i. W. 2./3. 1897.
   „ V. 5171. Bohrmaschine mit elektrischem Antrieb. — Georg
   Assmussen, Hamburg. 25./3. 1897.
   „ V. 5429. Schaltungsweise nach Patent Nr. 95.355 (für Doppel-
   zellenschalter); Zus. z. Pat. 95.355. — Georg J. Erlacher
   und M. A. Besso, Winterthur, Schweiz. 28./6. 1897.

*) Die Anmeldungen bleiben acht Wochen zur Einsichtnahme öffentlich
aufgelegt. Nach § 24 des Patent-Gesetzes kann innerhalb dieser Zeit Einspruch
gegen die Anmeldung wegen Mangel der Neuheit oder widerrechtlicher Entnahme
erhoben werden. Das obige Bureau besorgt Abschriften der Anmeldungen und
übernimmt die Vertretung in allen Einspruchs-Angelegenheiten.

Deutsche Patentertheilungen.

21. 95.491. Elektrische Bogendichtlampe. — Patent-Ver-
wertthungs-Gesellschaft, G. m. b. H., Berlin. 30. 4.
1896.

„ 95.543. Linienwähler für Fernsprechanlagen. - - J. M. Drysdale, New-York. 10./3. 1896.

„ 95.544. Elektrischer Schalter mit Stromschluss an Metall-
und Unterbrechung an unschmelzbaren Stromschlussstellen. —
K. Belfild, London. 27./10. 1896.

„ 95.550. Elektrischer Schalter mit Stromschluss und Unterbrechung an theilweise mit Metall belegten unschmelzbaren
Stromschlussstellen. — K. Belfild, London. 27./10. 1896.

74. 95.540. Vorrichtung zum selbstthätigen Einschalten elektrischer
Läutewerke zu vorher bestimmbarer Zeit. — H. Schneider,
Manaheim. 20./1. 1897.

21. 95.544. Lösbare Fassung für Glühlampen. — P. Scharf,
Berlin. 12./8. 1896.

„ 95.661. Maschine zum Füllen von Accumulatorenplatten. —
E. Franke, Berlin. 15. 8. 1896.

35. 95.673. Selbstthätiger Regler für die Seilsteuerung elektrisch
betriebener Seilaufzüge bei veränderlicher Belastung derselben. — Siemens & Halske, Actien-Gesellschaft,
Berlin. 14./3. 1897.

36. 95.652. Elektrisch beheizte Plätteisen. — R. Wierzorek,
Charlottenburg. 28./3. 1896.

20. 95.775. Stromabnehmer Untergesell für elektrische Bahnen
zum selbstthätigen Umlegen des Stromabnehmers bei Aenderung der Fahrtrichtung. — Siemens & Halske, Actien-
Gesellschaft, Berlin. 12./3. 1897.

„ 95.775. Stromschalter für elektrische Bahnen mit Theilleiterbetrieb; Zus. z. Pat. 94.782. - - Gesellschaft zur Verwerthung elektrischer und magnetischer Strom-
kraftsystem Schieman & Kleinschmidt, Ad. Wilde
& Co., Hamburg. 11./4. 1897.

21. 95.745. Umschalter für Fernsprechanlagen. — G. Ritter,
Stuttgart. 29./5. 1896.

„ 95.780. Elektricitätszähler. — Dr. H. Aron, Berlin. 4./3. 1897.

„ 95.787. Verfahren zur Herstellung von Sammlerelektroden. —
Marschner & Co., Berlin. 26./1. 1897.

Auszüge aus Patentschriften.

**Siemens & Halske, Actien-Gesellschaft in Berlin. — Stöpsel-
schnur für Fernsprechzwecke. — Classe 21, Nr. 94.121.**

An der Austrittstelle der Schnur aus dem Stöpsel ist eine
Verstärkung und innerhalb des Stöpsels ebenfalls eine Ver-
dickung der Schnur vorgesehen, welche beiderseitig an einem
Absatz im Stöpselgriff anliegen, zum Zweck, eine sanfte Biegung
an der Austrittstelle der Schnur zu erzeugen und den Druck
oder Zug auf die Leitungsschnur nicht auf die Befestigungsstelle
der Adern wirken zu lassen.

**Siemens & Halske, Actien-Gesellschaft in Berlin. — Schmelz-
zünder für Bogenlampen. — Classe 21, Nr. 94.811.**

Um die Lichtbogenbildung beim Einschalten der Lampe
zu erleichtern, wird ein leicht schmelzbarer Körper zwischen den
Kohlenspitzen angeordnet.

Geschäftliche und finanzielle Nachrichten.

**Die Verhandlungen der Stadt Paris mit den Elektricitäts-
Gesellschaften** bezüglich der Verlängerung der Concessionen
haben bisher zu einem positiven Ergebnis nicht geführt. Bekanntlich hat die Stadt Paris Vereinbarungen mit einer Reihe derartiger Gesellschaften, von denen eine jede das Monopol für einen
bestimmten Stadtbezirk besitzt, bis zum Jahre 1904 getroffen. Die
Erneuerung dieser Concessionen stösst im Municipalrath auf
grosse Schwierigkeiten; während die eine Partei eine bedeutende
Ermässigung der Tarife für Beleuchtungszwecke verlangt, wünscht
die andere neue Vereinbarungen überhaupt nicht zu treffen
und die Versorgung der Stadt Paris mit elektrischem Lichte in
städtische Regie zu nehmen. Nach den bisher gepflogenen Verhandlungen hatten sich die Elektricitäts-Gesellschaften bereit erklärt, den Tarif von 10 Cts. für 100 Watt-Stunden und den Preis
für Installation einer elektrischen Lampe auf Frcs. 7.50 herabzusetzen. Die Annahme dieses Projectes wurde jedoch im Municipalrath verweigert. Die Herabsetzung der Tarife für 100 Watt-
Stunden auf 10 Cts. wurde in Hinblick auf die Elektricitäts-
preise im Auslande als nicht genügend erachtet, man weist speciell
darauf hin, dass dieser Tarif in Berlin nur 7½ Cts. beträgt und
dass trotzdem die Berliner Elektricitäts-Gesellschaft eine erheblich höhere Dividende zahle als die Pariser Elektricitäts-Gesell-

schaften. An der Pariser Börse veranlasste die Ablehnung dieses
Projectes einen heftigen Preisfall der Elektricitäts-Action.
„Finanz. Tgbl."

Società Toscana per Imprese elettriche. Am 17. v. M.
fand in Florenz die Constituirung dieser Gesellschaft mit einem
Capital von 2,000.000 L. statt. Dieselbe übernimmt eine von dem
Präfecten der Provinz Florenz ertheilte Concession für Erzeugung
und Vertheilung elektrischen Energie in der Stadt Florenz. Haupt-
betheiligte bei der Gründung ist die Continentale Gesell-
schaft für elektrische Unternehmungen in
Nürnberg. Der erste Aufsichtsrath besteht aus den Herren:
Senator Barsanti-Florenz, Ingenieur Papini-Florenz, Director Köhn
und Dr. Cohen, beide aus Nürnberg und Consul Kopp-Mailand.
Die Centrale ist bereits im Bau und wird voraussichtlich im
August l. J. in Betrieb kommen.

Briefe an die Redaction.

(Für diese Mittheilungen ist die Redaction nicht verantwortlich.)

(Verfahren zum Studium variabler Ströme.)

Im Hefte XXIII (1. December), Seite 677 der „Zeitschrift
für Elektrotechnik" wird ein Verfahren zum Studium variabler
Ströme beschrieben, welches auf der Eigenschaft der Kathodenstrahlen beruht, durch magnetische Kräfte abgelenkt zu werden.
Der Gedanke, diese Eigenschaft zur Bestimmung von Stromcurven
zu benützen, wird Herrn Prof. Braun zugeschrieben. Ich gestatte
mir darauf aufmerksam zu machen, dass diese Anwendungsart
von Lenard's Kathodenröhre bereits vor drei Jahren von mir beschrieben und von Herrn Prof. Cornu der Pariser Akademie
vorgelegt wurde. Siehe: Comptes Rend. CXIX, S. 57, 1894;
La Lumière Electrique, 14. Juli 1894; The Electrician,
13. Juli 1894, und andere Zeitschriften.

Paris, am 9. December 1897.   A. Hess.

Vereinsnachrichten.

Chronik des Vereines.

16. November. — IX. Ausschuss-Sitzung.

17. November — Vereinsversammlung. Vorsitzender: Präsident Prof. C. Schlenk. — Der Vorsitzende begrüsst die Versammlung und bemerkt sodann,
dass die Wahl eines Mitgliedes in das Statuten-Revisions-
Comité nöthig ist, welche Wahl laut Majoritäts-
beschlusses in der nächsten Versammlung stattfinden
soll. Sodann wird ein Schreiben des Herrn Ing. Josef
Kareis zur Verlesung gebracht, worin derselbe auf
die Nothwendigkeit hinweist, endlich auch bei uns für
die Schaffung einer Aufsichtsbehörde einzutreten, welche
die Durchführung der Vorschriften des Regulativs für
Starkstrom-Anlagen zu überwachen hätte.

Nachdem weitere geschäftliche Mittheilungen nicht
vorliegen, ertheilt der Vorsitzende dem Herrn Univer-
sitätsdocenten Dr. Josef Tuma das Wort zu dessen
Vortrage: „Ueber sein Phascometer mit directer Ablesung."

Das Bestreben, Phasendifferenzen zwischen zwei
Wechselströmen gleicher Periode auf möglichst einfache
Weise zu bestimmen, wurde gleich im ersten Entwicklungsstadium der Wechselstromtechnik wach. — Dieser
Wunsch, bemerkt der Vortragende, ist nicht nur vom
theoretischen, sondern auch vom praktischen Standpunkte
gerechtfertigt. (Parallelschalten der Wechselstrom-Maschine etc.) Der Vortragende gibt eine kurze Darstellung
der bis jetzt gangbarsten Methoden zur Bestimmung obbe-
zeichneter Grösse, so die „Methode von Puluj", Lord
Ryaleigh's die „Drei-Voltmeter-Methode". Bei
diesen Methoden sind drei Ablesungen nöthig; die erstere
Methode, bei welcher Spiegel unter dem Einfluss der
zu untersuchenden Wechselströme schwingen und zur
Erzeugung von Lissajous'schen Figuren Anlass geben,

aus welchen sich durch Ausmessung die Phasenverschiebung bestimmen lässt, sei zwar sehr schön, jedoch complicirt. — Nachdem der Vortragende noch mit einigen Worten des Phasenmessers von Dobrowolsky und desjenigen von Hartmann & Braun gedacht, ging er zur Beschreibung seiner eigenen Versuche über, eine ältere Methode, welche er, da selbe zu complicirt war, wieder fallen liess, nur kurz berührend. Der Gedanke, welchen der Vortragende zugrunde legte, war, ein Instrument zu schaffen, welches unabhängig von der Stromstärke und nur abhängig von der Phasenverschiebung ist. Das Instrument, wie es heute vorliegt, hat nicht seine ursprüngliche Gestalt, sondern machte erst ein Werdestadium durch.

Der Vortragende benützte bei weiteren Versuchen zwei kreisförmige Spulen, welche miteinander einen rechten Winkel einschlossen und von denen jede die Bahn für einen der beiden zu untersuchenden Wechselströme gleicher Periode bildete. Im Centrum der Spulen hieng der Vortragende eine kleine Nadel aus weichem Eisen an einem Coconfaden auf; zur Dämpfung der Nadel wurde ein Vaselinebad benützt. Es wird nun infolge des von jedem der Ströme erzeugten magnetischen Feldes ein gewisses resultirendes Drehmoment erzeugt; unter dem Einflusse erwähnter Dämpfung stellt sich die Nadel in eine bestimmte Richtung ein. Das resultirende Drehmoment wird also Null. — Bezeichnet man den Winkel, welchen die Nadel mit der zu einer der beiden Spulen geführten Senkrechten einschliesst, mit ψ, den Phasenverschiebungswinkel mit φ, so fand Vortragender die einfache Beziehung

$$\operatorname{tg} 2\,\psi = \cos \varphi.$$

Der Rechnung wurde die Bedingung zugrunde gelegt, dass die beiden Ströme gleiche Intensität hatten. Der Vortragende wird dieser Bedingung dadurch gerecht, dass er die beiden Wechselströme durch eisenfreie Spulen führt und in zwei secundären Wicklungen Ströme induciren lässt, welche wieder eine Wheatstonebrücke mit 2 Platindraht-Systemen durchfliessen müssen. Sind die primären, also die zu untersuchenden Ströme gleich, so sind es auch die secundären inducirten Ströme und die Platindraht-Systeme werden gleichmässig erwärmt. Durch diese einfache und sinnreiche Methode führt Vortragender die Strommessung auf eine Widerstandsmessung zurück.

Nachdem der Vortragende die ursprüngliche Form seines Apparates skizzirt hatte, ging derselbe auf die Beschreibung einer weiteren Anordnung über, welche den Zwecken der Praxis angepasst ist.

Der Apparat besteht aus zwei Spulenkreuzen; das eine fix, das andere mit einem Zeiger verbunden, im Innern des ersteren beweglich aufgehangen. Aufhängung auf Coconfaden, Stromführung mit Quecksilbernäpfchen. Vortragender verzweigt jeden der beiden zu untersuchenden Wechselströme und schickt den einen Zweig durch einen inductionsfreien Widerstand, den anderen durch eine hohe Selbstinduction. Eines dieser beiden Verzweigungssysteme ist mit dem einen Spulenkreuz, das zweite mit dem anderen in der Weise verbunden, dass zwei Drehfelder mit gleicher Drehrichtung entstehen. Vortragender macht besonders auf die kugelförmige Wicklung aufmerksam, welche unbedingt nöthig ist, um ein homogenes Feld zu erhalten. Die beiden Spulen, erklärt der Vortragende, erzeugen Drehfelder, welche einander in einem Winkelabstande nacheilen, welcher der Phasenverschiebungs-

winkel ist; nachdem sich nur das eine Spulenkreuz drehen kann, so wird Drehung so weit erfolgen, bis ein Feld das andere eingeholt hat, d. h. bis sich die Felder decken. Dieses Einholen ist aber dem Beobachter sichtbar gemacht durch die Drehung der beweglichen Spule, beziehungsweise durch das Fortschreiten des mit ihr verbundenen, auf eine Gradtheilung einspielenden Zeigers, welcher die Ablesung des gesuchten Winkels ermöglicht. Aber auch diese Form konnte noch dadurch vereinfacht werden, dass das bewegliche Spulenkreuz durch eine einfache leichte Spule ersetzt wurde. Wird diese vom zweiten Wechselstrome durchflossen, so stellt sie sich ebenfalls, wie leicht durch Rechnung zu finden ist, im Drehfelde der äusseren fixen Spulen in eine bestimmte Lage ein, welche lediglich vonr Phasendifferenzwinkel bestimmt wird. Ein solches in höchst exacter Weise von der Firma Grüll ausgeführtes Instrument wird demonstrirt und die Unabhängigkeit der Angaben desselben von den angewandten Stromstärken experimentell nachgewiesen. Bei diesem Instrumente wird das Drehfeld dadurch hergestellt, dass der Hauptstrom durch die primäreBewickelung eines eisenfreien Transformators und durch die eine der kugelförmigen Spulen des Spulenkreuzes geschickt wird, während die zweite Spule des Kreuzes an die secundäre Bewickelung des Transformators geschlossen wird. Um ein kreisförmiges Drehfeld zu erhalten, müssen zwei Bedingungen erfüllt werden. Die von den beiden Kugelspulen erzeugten Felder müssen 90° Phasenverschiebung haben, was durch den Transformator nicht ganz erreicht wird, obwohl dessen secundäre Bewickelung wie auch die daran angeschlossene Spule grossen Widerstand besitzen. Die Correctur wird durch Schiefstellung der Spulen des Kreuzes oder durch eine Hilfsbewickelung, die eine Abzweigung des Hauptstromes bildet, erreicht.

Die zweite Bedingung ist die, dass die Amplituden der von beiden Spulen des Kreuzes erzeugten Partialfelder gleich sind. Diese Bedingung wird durch Einschaltung von Widerständen in die secundäre Transformatorbewickelung und durch Anbringung von Nebenschlüssen zur Hauptstromspule erreicht. Der Vortragende betont, dass, da die secundäre E. K. proportional dem $\dfrac{di}{dt}$ des Hauptstromes, also proportional dem αJ ist, wobei $\alpha = \dfrac{2\pi}{T}$, diese Justirung für verschiedene Periodenzahlen vorgenommen werden muss und somit, falls das Instrument nicht für Messungen in einem Betriebe mit constanter Polwechselzahl verwendet werden soll, mit mehreren zu stöpselnden Widerständen versehen sein muss. — In der Vortrage folgenden Discussion betheiligten sich die Herren Dr. Sahulka, die Ingenieure Eichberg und Drexler. Der Letztere bemerkte, dass es wahrscheinlich ist, dass die Genauigkeit des Apparates nicht viel beeinflusst würde, wenn Aufhängung und Stromzuführung mit Federn vorgenommen und dieser Apparat viel besser transportabel würde.

Nachdem der Vorsitzende dem Herrn Vortragenden unter lebhaftem Beifalle für die interessanten Ausführungen gedankt, wurde die Versammlung geschlossen.[*)]

19. November. — Sitzung des Statuten-Revisions-Comité.

*) Wir werden auf die ausführliche Beschreibung und Theorie des Apparates noch zurückkommen.　　　D. R.

22. November. — Sitzungen des Redactions- und des Statuten-Revisions-Comité.

24. November. — Vereinsversammlung. Vorsitzender: Vice-Präsident Dr. Sahulka. Vortrag des Herrn Ingenieur Carl Wieshofer: „Ueber das Thury'sche System der Kraftübertragung mit hochgespanntem Gleichstrom".

Wir bringen diesen interessanten Vortrag über das Thury'sche System, bei welchem Generatoren und Motoren in einem Stromkreise in Serie geschaltet sind, an anderer Stelle dieses Heftes.

An den Vortrag schloss sich eine lebhafte Discussion an. Chef-Ing. Brock bemerkt, dass ihm das System für grössere Anlagen nicht ökonomisch erscheine, da nach seiner Ansicht solchen Anlagen Aggregate von mindestens 500 PS zugrunde zu legen sind. Bei dieser Gelegenheit wurde auch das Fin, eirungswesen, wie es bei grösseren Anlagen üblich ist, näher berührt und wurden interessante Streiflichter auf die commercielle Seite des Gegenstandes geworfen. Chef-Ing. E. Egger bemerkte, dass das System der Serienschaltung eigentlich amerikanischen Ursprunges sei und weist auf Schwierigkeiten hin, die bei Systemen mit Serienschaltung auftreten. — Ober-Ing. Klose wies auf die Mehrkosten hin, welche beim Laden von Accumulatoren aus dem Serien-Stromkreise dadurch entstehen, dass die Accumulatoren-Batterie nicht gleichzeitig an das Stromvertheilungs-Netz für die Lampen geschaltet sein kann. Ausser den genannten Herren betheiligten sich noch die Herren Ingenieure Drexler, Seidener und v. Winkler an der Discussion.

Der Vorsitzende spricht sodann unter dem lebhaften Beifalle dem Vortragenden den Dank der Versammlung aus und betont, dass hoffentlich eine Excursion nach Steinamanger stattfinden und daher die Vereinsmitglieder Gelegenheit haben werden, im Laufe dieser Saison das Thury'sche System der Kraftübertragung an Ort und Stelle kennen zu lernen.

26. November. – Sitzung des Redactions-Comité.

29. November. — Sitzung des Statuten-Revisions-Comité.

1. December. — Sitzung des Redactions-Comité.

1. December. — Vereinsversammlung. Vorsitzender Vice-Präsident Dr. Sahulka. Der Vorsitzende theilt mit, dass aus dem Plenum ein Mitglied in das Statuten-Revisions-Comité zu wählen sei; Herr Dr. Hiecke wird gewählt. Hierauf ersucht der Vorsitzende Herrn Ing. Kareis, die auf die Tagesordnung gesetzte Discussion über die Nothwendigkeit einer Institution zur „Prüfung und ständigen Ueberwachung elektrischer Starkstrom-Anlagen" einzuleiten. Herr Ing. Kareis hebt den Werth der vom Regulativ-Comité des Vereines verfassten Sicherheitsvorschriften zur Ausführung von Starkstrom-Anlagen hervor und setzt unter Anführung von Beispielen aus der Praxis auseinander, wie nothwendig eine Institution sei, die darüber zu wachen hätte, dass die Sicherheitsvorschriften eingehalten werden; ein Vortrag des Herrn Ing. Drexler im Vorjahre habe auch verschiedene Uebelstände grell beleuchtet. Die Prüfung und Ueberwachung könnte in analoger Weise wie bei Dampfkessel-Anlagen erfolgen. Der Vorsitzende dankte Herrn Ing. Kareis für seine sehr zeitgemässe Anregung.

Hierauf folgte eine sehr lebhafte Discussion. Ing. Eichberg setzte auseinander, dass nur Anlagen von einer gewissen Pferdestärkezahl der Controle unter-

worfen sein sollen. Ing. Ross wies auf die Schwierigkeiten einer zwangsweisen Durchführung der Controle hin, meint, dass die Angelegenheit am besten mit der Dampfkessel-Ueberprüfung verbunden werden könnte, betont, dass das Regulativ erweitert und das Regulativ-Comité seine Arbeiten beschleunigen möge. Ingenieur v. Winkler spricht dafür, dass der Verein die Durchführung an sich nehme, und übernimmt es im Ausschusse bestimmte Anträge zu stellen. Ing. König beantragt die Einsetzung eines Comités zum Studium der Frage. Ing. Drexler setzt auseinander, dass die Combination einer Institution zur Prüfung der Starkstrom-Anlagen mit der Dampfkesselprüfungs-Commission gegenwärtig nicht ausführbar sei und betont die Nothwendigkeit, dass das Regulativ Gesetzeskraft erlange. Ing. Fischer ist dafür, dass ein Comité, welches sich mit dem Vorstudium der Angelegenheit befassen sollte, auch Vertreter anderer interessirter Vereine und Körperschaften beiziehen möge. Der Vorsitzende übernimmt es, die geäusserten Wünsche und Ansichten im Ausschusse zur Sprache zu bringen.

7. December. — Sitzung des Statuten-Revisions-Comité.

13. December. — X. Ausschuss-Sitzung.

14. December. Sitzung des Statuten-Revisions-Comité.

Allgem. Italienische Ausstellung in Turin im Jahre 1898.

(April—October.)

Vom hohen k. k. Handelsministerium geht uns die Mittheilung zu, dass laut Berichtes des General-Consulates in Genua die internationale elektrische Abtheilung dieser Ausstellung, welche für Aussteller aller Länder offen ist, bisher nur zwei Anmeldungen aus Oesterreich aufweist, obwohl laut Ansicht des General-Consulates Italien nach Ansicht des General-Consulates Genua ein besonders günstiges Feld der Thätigkeit auf dem Gebiete der elektrischen Industrie eröffnen würde.

Indem wir dies hiemit bekannt geben, verweisen wir auf unsere Publikationen im Hefte XXIII, S. 700, Jahrg. 1897. Die Vereinsleitung.

Neue Mitglieder.

Auf Grund statutenmässiger Aufnahme traten dem Vereine die nachstehend genannten Herren als ordentliche Mitglieder bei:

Günther Hermann, General-Vertreter der Glühlampen-Fabrik, Gebrüder Pintsch in Berlin, Wien.

Deckert Wilhelm, Elektrotechniker, Wien.

Zinner Maximilian, Ober-Controlor der Oesterreichischen Nordwestbahn. Wien.

Zündel Julius, Ingen. der Oesterreichischen Schuckert-Werke, Wien.

Schwarz Carl, Ingen. der Oesterreichischen Schuckert-Werke, Wien.

- - -

Die nächste Vereinsversammlung findet Mittwoch den 5. d. M., im Vortragssaale des Wissenschaftlichen Club, I. Eschenbachgasse 9, 1. Stock, 7 Uhr abends, statt. Vortrag des Herrn Dr. Max. Reithoffer, Constructeur an d. k. k. technischen Hochschule: „Ueber geschlossene Ankerwickelungen."

Die Vereinsleitung.

Verantwortlicher Redacteur: Dr. J. Sahulka. — Selbstverlag des Elektrotechnischen Vereines.
Commissionsverlag bei Lehmann & Wentzel, Wien. — Alleinige Inseraten-Aufnahme bei Haasenstein & Vogler (Otto Maass) Wien und Prag.
Druck von R. Spies & Co., Wien.

Zeitschrift für Elektrotechnik.

Organ des Elektrotechnischen Vereines in Wien.

| Heft 2. | WIEN, 9. Jänner 1898. | XVI. Jahrgang. |

Bemerkungen der Redaction: Ein Nachdruck aus dem redactionellen Theile der Zeitschrift ist nur unter der Quellenangabe „Z. f. E. Wien" und bei Originalartikeln überdies nur mit Genehmigung der Redaction gestattet.
  Die Einsendung von Originalarbeiten ist erwünscht und werden dieselben nach dem in der Redactionsordnung festgesetzten Tarife honorirt. Die Anzahl der vom Autor even', gewünschten Separatabdrücke, welche zum Selbstkostenpreise berechnet werden, wolle stets am Manuscripte bekanntgegeben werden.

INHALT:

Ueber geschlossene Ankerwicklungen für Gleichstrom-Dynamomaschinen.

Die Bestrebungen, die verschiedenen geschlossenen Gleichstrom-Ankerwicklungen unter einem allgemeinen Gesichtspunkte zusammenzufassen, wurden durch Prof. Arnold durch die Aufstellung der nach ihm benannten Wicklungsformel zu einem gewissen Abschluss gebracht. Doch dürfte es für denjenigen, der in der Einkleidung geometrischer Vorstellungen in mathematische Form weniger Uebung besitzt, schwer sein, der Entwicklung des Herrn Prof. Arnold in seinem Buche[*] zu folgen.

Die folgende Entwicklung, die das Resultat einer Discussion ist, welche im elektrotechnischen Institute der k. k. technischen Hochschule in Wien zwischen dem Constructeur Dr. M. Reithoffer und den Assistenten des Institutes Ing. Friedrich Eichberg und Ing. Ludwig Kallir stattgefunden hat, dürfte einerseits den Zweck erfüllen, einen leichten Einblick in den Aufbau der Wicklungsformel zu gewähren, andererseits gewisse mögliche Verallgemeinerungen der von Prof. Arnold gegebenen Formel hinzuweisen.

Jede einfache Ankerwicklung setzt sich aus Elementen zusammen, die im allgemeinen am Umfang gleichmässig vertheilt und durch gesetzmässige Verbindung zu einem Stromkreise verbunden werden. Sind aus den Elementen eines Ankers mehrere geschlossene Stromkreise gebildet, so heisst die Ankerwicklung eine mehrfache.

Das Wicklungselement ist beim Trommelanker der Draht oder Stab (Fig. 1), beim Ring die Spule (Fig. 2), beim Scheibenanker entweder Stab oder Spule. Aus diesen Elementen wird die Wicklung folgendermassen gebildet:

[*] Die Ankerwicklungen und Ankerconstructionen der Gleichstrom-Dynamomaschinen von E. Arnold. Berlin 1891.

Durch e aufeinanderfolgende Theilschritte von der Grösse $y_1\ y_2\ y_3\ \ldots\ y_e$ werden e Wicklungselemente zu einer sogenannten Elementengruppe (durch stärkere Linien hervorgehoben) verbunden. Die Gesammtheit der Theilschritte, durch welche eine solche Elementengruppe entsteht, soll als Schrittcomplex bezeichnet werden. Die Entfernung des zuletzt getroffenen Elementes (3) einer Elementgruppe vom ersten Element (Ausgangselement) derselben (1) heisst der resultirende Schritt y und wird in Elementdistanzen (4) gemessen. In Figur 1 wäre der resultirende Schritt $y = 2$, in Fig. 2. $y = 6$. An den Endpunkt (3) der ersten Ele-

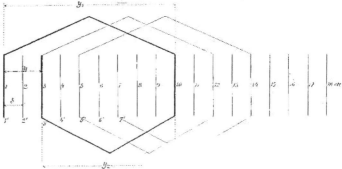

Fig. 1.

mentengruppe fügt man eine 2. Elementengruppe durch Wiederholung derselben Theilschritte ($y_1\ y_2$); man macht also den 2. resultirenden Schritt.

Ist man durch Aneinanderfügung einer bestimmten Zahl resultirender Schritte resp. Wicklungselemente wieder zum Ausgangselement (1) zurückgekommen und hat sämmtliche Elemente der Wicklung getroffen, so ist die Wicklung eine einfache. Ist ein Theil der Elemente nicht getroffen, so können unter bestimmten Bedingungen aus den nicht getroffenen Elementen noch eine oder mehrere Wicklungen zusammengesetzt werden. Man spricht dann von mehrfachen Wicklungen.

Alle Elementgruppen müssen in Bezug auf ihre Lage gegen das inducirende Feld vollkommen gleichwerthig sein. Deshalb muss jede derselben durch Drehung um die Ankerachse resp. durch Parallelverschiebung in dem gezeichneten Schema in die Lage der ersten Elementgruppe gebracht werden können. Für den Trommelanker ergibt sich hieraus, dass die Anfänge sämmtlicher Elementgruppen [1' 2' 3' etc. . . .] im gez. Schema Fig. 1 alle unten| auf derselben Seite sich befinden müssen. Da man auf dieselbe Seite nur durch Aneinanderreihung einer geraden Anzahl von Theilschritten gelangen kann, so ergibt sich von vorneherein für die Trommelwicklung die nothwendige Bedingung, dass die Anzahl der Theilschritte (c) gerade sein muss.

Bei Ringwicklungen ist c beliebig.

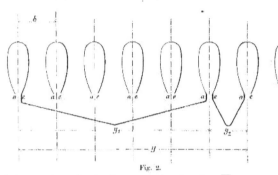

Fig. 2.

I. Aufstellung der Bedingungen für das Entstehen einer einfachen Ankerwicklung.

Die Zahl der Elemente sei t. Damit eine einfache geschlossene Wicklung entsteht, müssen zwischen:

s . . . . der Zahl der Elemente.

y . . . . dem resultirenden Schritt (in Elementdistanzen ausgedrückt), und

c . . . . der Zahl der Theilschritte, aus welchen sich der resultirende Schritt zusammensetzt, gewisse Bedingungen bestehen.

Die Zahl der auszuführenden resultirenden Schritte ist durch $\dfrac{s}{c}$ gegeben. Das grösste gemeinschaftliche Mass zwischen s und y sei t, so dass

$s = m t$ und $y = n t$, gesetzt werden kann, wobei m und n ganze Zahlen und relativ prim sind. Das Ausgangselement wird dann nach m maliger Wiederholung des Schrittes y sicher wieder erreicht, da

$m \cdot y = m \cdot n \cdot t = n \cdot s$ also ein Vielfaches von s ist. Durch m malige Ausführung des resultirenden Schrittes y werden $m \cdot c$ Elemente getroffen, weil jeder resultirende Schritt aus c Theilschritten besteht und mit jedem Theilschritt ein Element getroffen wird. Da für eine einfache Wicklung nach der Rückkehr zum Ausgangselement alle Stäbe getroffen werden sollen, so muss

$m \cdot c = s$ sein, das heisst $c = t$.

c, die Zahl der Theilschritte, muss für den Fall einer einfachen Wicklung das grösste gemeinschaftliche Mass der Elementzahl s und des resultirenden Schrittes y sein.

Wäre $c = t$ nicht das grösste gemeinschaftliche Mass, sondern hätten m und n noch den Theiler t_1, so

müssten blos $\dfrac{m}{t_1}$ Schritte aneinandergereiht werden, um ein Vielfaches von s zu geben, das heisst zum Ausgangselement zurückzukehren, da

$$\frac{m}{t_1} \cdot n t = \frac{n}{t_1} \cdot s \text{ und } \frac{n}{t_1}$$

nach der Voraussetzung eine ganze Zahl ist. Bei $\dfrac{m}{t_1}$ resultirenden Schritten werden aber blos $\dfrac{m}{t_1} \cdot c$ oder, da $c = t$ ist, $\dfrac{m \cdot t}{t_1}$ Elemente getroffen; das sind, da $s = m t$ ist, $\dfrac{s}{t_1}$ Elemente. Das wäre der Fall einer mehr als einfachen Wicklung.

II. Aufstellung der Bedingungen, damit jeder Stab nur einmal getroffen wird.

Betrachten wir den Fall einer einfachen Ankerwicklung, dann wäre es möglich, dass durch die einzelnen Theilschritte $y_1\, y_2\, \ldots\, y_c$ einmal bereits getroffene Elemente abermals getroffen werden. Um dies zu umgehen, sind zwischen s, y und den einzelnen Theilschritten $y_1\, y_2\, \ldots\, y_c$ gewisse Bedingungen erforderlich.

Jedes Element, das mit dem Ausgangselement gleichliegend ist, also alle ersten Elemente der Elementgruppen (in Fig. 1 das Element 1, 3, 5, 7 etc., in Fig. 2 1, 7, 13, 19 etc.), würde bei fortlaufender Zählung die allgemeine Nummer $a \cdot y$ bekommen.

Jedes Element, welches durch den Theilschritt y_1 getroffen wird, heisst allgemein $a_1 y + y_1$. Elemente, welche bei fortlaufender Zählung Nummern erhalten, die um s oder ein Vielfaches von s verschieden sind, sind thatsächlich identisch.

Soll daher kein Ausgangselement irgend einer Elementgruppe mit einem Element, das vom ersten Theilschritt getroffen wird, zusammenfallen, so muss die Ungleichung bestehen:

$$a y \;\substack{+\\ -}\; a_1 y + y_1 - \eta_1 s \quad \ldots \quad (1a)$$

worin a, a_1 und η_1 beliebige ganze Zahlen sind. Wir können diese Ungleichung auch so schreiben:

$$(a - a_1) y \;\substack{+\\ -}\; y_1 - \eta_1 s \quad \ldots \ldots \quad (1)$$

$(a - a_1)$ ist natürlich eine beliebige ganze Zahl. Diese Ungleichung ist nur dann erfüllt, wenn y und s einen Theiler haben, der in y_1 nicht enthalten ist. Dies ist die Bedingung, dass durch den ersten Theilschritt (y_1) kein dem Ausgangselement gleichliegendes getroffen wird. In analoger Weise findet man die Bedingung, dass durch den Theilschritt y_2 kein dem Ausgangselement gleichliegendes getroffen wird. Es muss dann:

$$a y \;\substack{+\\ -}\; a_2 y + y_1 + y_2 - \eta_2 s \quad \ldots \quad (2)$$

m_0 ist die Nummer der Ausgangselemente; a beliebig, ganzzahlig. n_0 ist die Nummer der durch den zweiten Theilschritt (y_2) getroffenen Elemente; a_2 beliebig, ganzzahlig. Es ist hinzuzufügen der Identität des $x$ten mit dem $(x + s)$ten Element. $(x + 2 s)$ten Element.

Die Ungleichung (2) ist nur dann erfüllt, wenn y und s einen Theiler haben, der in der Summe der ersten beiden Theilschritte $(y_1 + y_2)$ nicht enthalten ist.

Durch genau die gleiche Ueberlegung findet man allgemein, dass wenn durch den Schritt y_{e-1} kein dem Ausgangselement gleichbliegendes getroffen werden soll, folgende Bedingung besteht:

y und s müssen einen Theiler haben, der in der Summe $(y_1 + y_2 + \ldots + y_{e-1}) = \sum\limits_{\lambda=1}^{\lambda=e-1} y_\lambda$ nicht enthalten ist.

Für den letzten Theilschritt, y_e, ist diese Bedingung nicht aufzustellen, denn durch denselben will man ja just auf ein dem Ausgangselement gleichliegendes treffen. Es ist ja auch $y_1 + y_2 + \ldots + y_{e-1} + y_e = y$, der resultirende Schritt, der selbstverständlich die für die andern Summen verlangte Bedingung absolut nicht erfüllen könnte.

Somit lauten die Bedingungen, dass durch keinen der Theilschritte ein dem Ausgangselement gleichliegendes getroffen wird: y und s müssen einen Theiler haben, der nicht enthalten ist in

III. Aufstellung der Bürstenbedingung.

Man denke sich nun die einzelnen Elemente gemäss ihrer momentanen Lage im Felde und ihrer Bewegungsrichtung inducirt. Siehe Fig. 3 (für Stabe gezeichnet). Indem durch Ausführung der Theilschritte die einzelnen Elemente verbunden werden, können zwei Fälle eintreten: 1. die Inductionen addiren sich oder 2. die Inductionen addiren sich nicht. An allen Verbindungen, wo der Fall 2 eintreten kann, ist eine Bürste, daher auch ein Collectorsegment erforderlich. Da im allgemeinsten Fall, wo die Theilschritte beliebige Werthe haben, je zwei nacheinander passirte Elemente in eine Lage gebracht werden können, wo ihre Inductionen sich nicht addiren, so ist an jeder Verbindung ein Collectorsegment nothwendig.

Beim Ringanker ist dies in der Regel der Fall, bei der Trommel aber, wo die Schritte auf den verschiedenen Endflächen ausgeführt werden (in Fig. 3

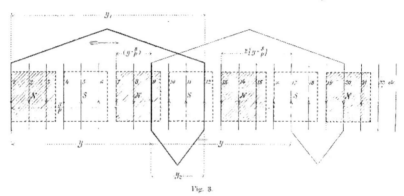

Fig. 3.

$$\left.\begin{array}{l} y_1 \\ y_1 + y_2 \\ y_1 + y_2 + y_3 \\ \qquad \ldots \\ y_1 + y_2 + \ldots + y_{e-1} \end{array}\right\} (e-1) \text{ Bedingungen.}$$

Soll durch keinen Schritt ein dem durch den ersten Theilschritt (y_1) getroffenen Element gleichliegendes (10, 12, 14, 16 in Fig. 1) getroffen werden, so muss s und y einen Theiler haben, der nicht enthalten ist in

$$\left.\begin{array}{l} y_2 \\ y_2 + y_3 \\ y_2 + y_3 + y_4 \\ \qquad \ldots \\ y_2 + y_3 + y_4 + \ldots \quad y_{e-1} + y_e \end{array}\right\} (e-1) \text{ Bedingungen.}$$

Für jeden der e Theilschritte ergeben sich genau ebensolche $(e-1)$ Bedingungen, wenn der resultirende Schritt aus e Theilschritten besteht. Im Ganzen sind also e $(e-1)$ Bedingungen für die Grösse der Theilschritte vorhanden.

Der gewöhnliche Fall ist $e=2$, d. h. der resultirende Schritt besteht aus 2 Theilschritten, y_1 und y_2; es sind dann im Ganzen 2 $(2-1) = 2$ Bedingungen für die Grösse der Theilschritte, u. zw. muss y und s einen Theiler haben, der 1. in y_1 und 2. in y_2 nicht enthalten ist. Ist s gerade (Trommel) und $y = 2$, so muss sowohl y_1 als y_2 ungerade sein.

liegen alle Theilschritte y_1 oben, alle Theilschritte y_2 unten), würde dies zu zwei Collectoren führen. Will man dies vermeiden, also blos auf der einen Trommelfläche einen Collector haben, so müssen die Theilschritte, die auf der einen Seite ausgeführt werden (in Fig. 3 z. B. alle y_1), so geartet sein, dass sie niemals sich nicht addirende Inductionen verbinden. Dies kann nur dann eintreten, wenn diese Schritte gleich $\dfrac{s}{2p}$ sind. Dabei ist 1. von der neutralen Zone und 2. vom obligaten Kurzschluss zweier benachbarten Collectorsegmenten abgesehen.

ad 1. Hat die neutrale Zone in Elementdistanzen (3, siehe Fig. 1) gemessen, die Breite b, so ergeben alle Theilschritte y_r, die der Bedingung

$$\left(\frac{s}{2p} - b\right) < y_r < \left(\frac{s}{2p} + b\right)$$

entsprechen, keine Bürsten.

ad 2. Der Kurzschluss ist in seinem Resultat gleichbedeutend mit der neutralen Zone, die eine Verlängerung oder Verkürzung der keine Bürsten gebenden Theilschritte y_r etc. gestattet. Während, wie aus Fig. 4 ersichtlich, diese Toleranz im Falle des Vorhandenseins einer neutralen Zone dadurch gegeben ist, dass das Element z, welches früher im Vereine mit Element x eine Bürste ergeben hätte, jetzt nach Einfügung der neutralen Zone von der Breite b inductionslos ist und daher von einem Entgegenarbeiten der Inductionen, also auch von einer Bürste nicht mehr die Rede sein kann, bewirkt der Kurzschluss (Fig. 5), dass die beiden Elemente m und n auch ohne Vorhandensein einer neutralen Zone deshalb keine Bürsten (B') auf der anderen Seite erforderlich machen, weil sie durch den Kurzschluss bei B aus dem Stromkreise ausgeschaltet sind.

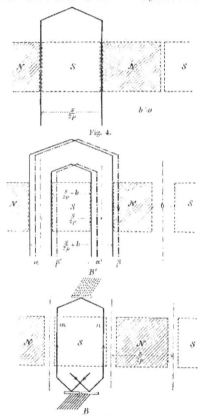

Fig. 4.

Fig. 5.

In Wirklichkeit kommt stets neutrale Zone und Kurzschluss vor, so dass die obige Toleranz in der Wahl der auf der einen Seite ausgeführten Theilschritte stets gewahrt ist.

Wann wird nun eine Bürste entstehen?

Denken wir uns dasjenige, was wir eine Elementgruppe oder einen Schrittcomplex nennen, aufgezeichnet. (In Fig. 3 durch starke Linien markirt.) Der Abstand des zuletzt getroffenen Elementes vom ersten Element, der sogenannte resultirende Schritt y, ist scheinbar der Vorschub, der Fortschritt der Wicklung. Im Felde selbst rücken wir aber blos um $\left(y - z\,\frac{s}{p}\right)$ vor; dieser Aus-

druck sei als effectiver Vorschub, Fortschritt im Felde bezeichnet. Das sagt nichts anderes als: Vom scheinbaren Vorschub müssen wir so viele ganze Feldbreiten (N u. S Polfelder) abziehen als überhaupt möglich.

Um $\left(y - z\,\frac{s}{p}\right)$ rücken wir im Felde vor der Ausführung eines resultirenden Schrittes. Wenn nach Ausführung von y Schritten der effective Vorschub eine ganze Feldbreite ausmacht, wird die Induction wechseln, eine Bürste muss auftreten.

$$\pm \left(y - z\,\frac{s}{2p}\right)\mu = \frac{s}{2p} \quad \ldots \ldots \ldots A.$$

Breite eines Feldes.

Mit jedem resultirenden Schritt fassen wir c Elemente (wenn der resultirende Schritt aus c Theilschritten besteht); mit μ Schritten μc Elemente. So oft μc Elemente in s enthalten sind, so viele Bürsten sind erforderlich.

Die Zahl der Bürsten ($2a$) ist daher:

$$2a = \frac{s}{\mu\,c} \quad \ldots \ldots \ldots B.$$

Die Gleichungen A und B zusammengefasst geben.

$$\mu = \frac{z}{2\,a\,c}, \text{ in } A \text{ eingesetzt}$$

$$\pm \left(y - z\,\frac{s}{2p}\right)\frac{s}{2\,a\,c} = \frac{s}{2p}; \quad \pm \left(y - z\,\frac{s}{p}\right)p = a\,c.$$

$$y = \frac{1}{p}\left(zs \pm ca\right) \quad \ldots \ldots \ldots \ldots I.$$

Diese Gleichung ist etwas allgemeiner als die von Professor Arnold angegebene, indem statt z in der Arnold'schen Formel 1 steht. z kann aber jede beliebige ganze Zahl sein, für welche y ganz wird; man wird aber z so wählen, dass man nicht unnöthig viele Felder überspringt, also möglichst wenig Draht braucht; d. h. man nehme als z jene kleinste Zahl, für die ein ganzes y aus der Gleichung resultirt (eventuell $z = o$).

Die Formel I kann auch geschrieben werden

$$\frac{y}{c} = \frac{1}{p}\left(\frac{zs}{c} \pm a\right) \quad \ldots \ldots \ldots Ia$$

In dieser Form unterscheidet sie sich von der Arnold'schen Formel: $y' = \frac{1}{p}\left(\frac{s}{c} \pm a\right)$ dadurch, dass y' in dieser nicht der resultirende Schritt, sondern der $c$te Theil desselben ist. Ausserdem setzt Prof. Arnold immer $c = 2$ für Trommel, resp. $c = 1$ für Ringwicklung. Blos in einem einzigen Fall setzt Prof. Arnold $c = 4$ (Reihenschaltung für Trommelanker mit Doppelspulen). Man kann gerade diesen Fall auch auf $c = 2$ bringen; im allgemeinen unterliegt es aber keinem Anstand, c beliebig zu wählen.

Wie bereits erwähnt, entspricht gewöhnlich bei der Trommel jedem zweiten Theilschritt, beim Ring jedem Theilschritt ein Collectorsegment. Diese Collectorsegmente sind am Umfange eines Cylinders gleichmässig vertheilt. Es lassen sich sowohl beim Ring als auch bei der Trommel, selbst auf der Collectorseite, Theilschritte ausführen, denen keine Segmente entsprechen, wenn diese Theilschritte Elemente verbinden, die in keiner Stellung entgegenarbeitende Inductionen erfahren. Die entfallenden Collectorsegmente können entweder regelmässig auftretende Lücken hinterlassen oder aber so gelegen sein, dass durch ihren

Wegfall ein grosser Theil des Cylinderumfanges leer bleibt.

Es lässt sich z. B. eine Ringwicklung ausführen, wo blos jedem zweiten Theilschritt ein Collectorsegment entspricht, dann nämlich, wenn bei jedem zweiten Theilschritte $z_2 y_4$ etc.) die Bedingung erfüllt ist, die früher bei der Trommel aufgestellt wurde, um den Collector auf der anderen Endfläche überflüssig zu machen. In diesem Falle sind die Collectorsegmente am Umfang des in der Figur ausgebreiteten Cylinders gleichmässig vertheilt.

Es wurden die zwischenliegenden Lücken dadurch ausgefüllt, dass die übrigbleibenden Collectorsegmente verbreitert wurden. (Siehe Fig. 7.) Im anderen Falle, wo die übrigbleibenden (nothwendigen) Collectorsegmente nur einen bestimmten Theil des Collectorumfanges bedecken, müssen, schon der continuirlichen Stromentnahme wegen, die Collectorsegmente, die nur den n ten Theil des Collectorumfanges bedecken, n mal in derselben Reihenfolge wiederholt werden.

Als Beispiel für den zweiten Fall (der wiederholten Collectorsegmente) mag die vierpolige Mordey-Ringwicklung angeführt werden. Diese mehr- ($2 p$) poligen Maschinen seien aus der zweipoligen folgendermassen hergeleitet: Man rechne sich für den p ten Theil der Ankerelemente und zwei Polen nach den gestellten Bedingungen den Wicklungsschritt aus. Vor Ausführung der Wicklungsschritte werde jedes Element des zweipoligen Grundankers (mit den homologen (gleichliegenden) Elementen der übrigen Felder verbunden. Diese Vereinigung geschieht naturgemäss durch collectorlose Schritte. Diese collectorlosen Schritte liegen aber alle nebeneinander und daher muss der Collector der zweipoligen Maschine p mal wiederholt werden. Folgende Beispiele von Ankerwicklungen sollen als Belege dafür dienen, dass der abgeleiteten Wicklungsformel allgemeine Giltigkeit zukommt. Manche Wicklungen ergeben sich aus derselben zwangloser, als aus der Wicklungsformel von Professor Arnold.

A. Zunächst seien Ringanker betrachtet:

a) Der Gramme'sche Ring. Der einfachste Fall ist $c = 1$ (blos 1 Theilschritt, der auch gleichzeitig den resultirenden Schritt vorstellt). In die allgemeine Formel für $c = 1$ gesetzt:

$$y = \frac{1}{p}\left[z\,s \pm a\right]$$

1. Für Parallelschaltung, wo die Zahl der Bürsten gleich der Polzahl ist, $a = p$, ergibt sich

$$y = \frac{z\,s}{p} \pm 1$$

Nach dem früher Gesagten kann für z jede beliebige ganze Zahl genommen werden, welche y ganzzahlig macht; für praktische Ausführung erwählt man das kleinste mögliche s.

$z = 0$ $y = \pm 1$ (die gewöhnliche Gramme'sche Wicklung für beliebige Polzahl rechts- oder linksgängig)

$z = 1$ $y = \dfrac{s}{p} \pm 1;$

das ist blos für $p = 1$ (zweipolige Maschinen) die gewöhnliche Gramme'sche Wicklung; für mehrpolige ($y = 2, 3$ etc.) ergeben sich ganz andere Ringanker. In der Formel von Arnold, wo stets $s = 1$ ist, steckt der mehrpolige Gramme'sche Ring nicht.

Deshalb fand Herr Professor Arnold, als er in seine Formel $p = 2 . 3$ etc. einführte, einen neuen Anker (Ringanker mit Parallelschaltung); mehrpolige Gramme'sche Wicklungen erhält Professor Arnold nur durch den Kunstgriff $a = p = 1$.

2. Für Reihenschaltung, wo $a < p$ ist, ergeben sich Fälle (für best. s), in denen nur durch geeignete Wahl des s ein ganzzahliger Schritt y erreicht wird.

Für $c = 1$ und $y = 2$ ergibt sich eine eigenartige Wicklung.(Siehe Arnold, Ankerwicklungen etc. Fig. 62.)

$$y = \frac{1}{p}\left[z\,s \pm a\right]$$

$p = 1$ $z = 0$ $2 = 0 \pm a;$ $a = 2$ (vier Bürsten)

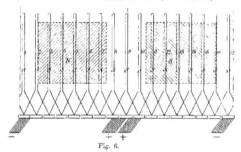

Fig. 6.

Wie aus der nebenstehenden Fig. 6 ersichtlich ist, liegen die Bürsten paarweise nebeneinander, so dass ihre sonst übliche Parallelschaltung dadurch vollzogen wird, dass man Doppelbürsten anwendet.

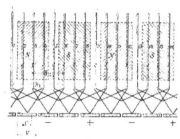

Fig. 7.

Bemerkt sei noch, dass für gerades s und $y = 2$ nach den früheren Betrachtungen zwei getrennte Wicklungen entstehen, die getrennt benutzt oder parallel geschaltet werden können; s ungerade ergibt eine einzige zusammenhängende Wicklung mit vier Bürsten, respective zwei Doppelbürsten.

Für solche Ringwicklungen, wo der resultirende Schritt aus zwei Theilschritten besteht ($c = 2$), ergibt sich die allgemeine Wicklungsformel, die Wodiéka-wicklung, ohne irgend welche Beziehung auf die Trommel. Professor Arnold leitet die Wodiéka-wicklung mit Umgehung einer seiner Hauptforderungen (für Ring $c = 1$) ab.

Mit Bezug auf nebenstehende Fig. 7 sei

$$s = 16; \quad p = 2; \quad c = 2; \quad y - 2$$

$$y = \frac{1}{p}\left(z s \pm c\, a\right)$$

$$2 = \frac{1}{2}\left(\pm 8 \pm 2\, a\right); \quad z = 9 \quad a = 2 \quad \text{(vier Bürsten)}$$

$$y_1 = 5 \text{ und } y_2 = 3$$

sind Theilschritte, welche den vorhin erwähnten Bedingungen entsprechen.

Auch die antipolare Ringwicklung kann aus der Gleichung I hergeleitet werden, wenn sie noch ein wenig verallgemeinert wird.

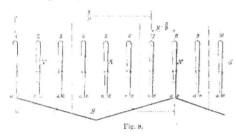

Fig. 8.

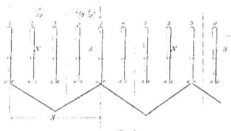

Fig. 9.

Der wesentliche Unterschied zwischen einer antipolaren Schaltung und einer äquipolaren, für welche die Gleichungen hergeleitet wurden, ist der, dass man bei der antipolaren mit jedem Theilschritte statt in das nächste gleichbezeichnete in das nächste ungleichbezeichnete Feld kommen muss; es ist jetzt der sogenannte effective Schritt

$$\left(y - z^1 \frac{s}{2p}\right),$$

wobei für antipolare Wicklung s' gleichzeitig mit c gerade oder ungerade sein muss. Die andere Ableitung bleibt dieselbe wie früher

$$\left(\begin{array}{c} y \quad z' \ \dfrac{s}{2\,p} \\ \dfrac{c}{\mu\,c} = 2\,a \end{array}\right) \; y = \frac{s}{2\,p} \; y = \frac{1}{p}\left(\frac{z'}{2}\, s \pm c\,a\right) \quad \text{II.}$$

Man könnte diese Gleichung als allgemeinste Wicklungsformel auffassen; es wäre der result. Schritt

$$y = \frac{1}{p}\left(\ c' \frac{s}{2} \pm c\, a\right)$$

Für äquipolare Schaltung ist z'' gerade: $\dfrac{z''}{2} = z$

(siehe Gleichung I.)

Für antipolare Schaltung ist $z'' = z'$ ungerade, wenn c ungerade, und gerade wenn c gerade ist.

(siehe Gleichung II.)

Man kann die Ringwicklung statt wie bisher aus eigenartigen Elementen, aus Trommelelementen zusammengesetzt denken und sonach z. B. anfänglich überhaupt bios von Stabelementen sprechen und für diese die Wicklungsregel ableiten. Zu diesem Zwecke wickle mann eine z. B. 2polige Trommel derart, dass jedes Element durch einen Theilschritt ohne Collectorsegment mit dem diametral gegenüberliegenden verbunden ist. Man denke sich nun jeden diametral gegenüberliegenden Stab von der äusseren Peripherie in den inneren Umfang gezogen: seine Inductionsrichtung bleibt; wenn auch beim Ring an der inneren Seite in Wirklichkeit keine Induction stattfindet, so ist diese übertragene Richtung im Sinne der Induction des zugehörigen äusseren Stabes.

Aus Gleichung I für Trommel (s gerade c, gerade)

$$y = \frac{1}{p}\left(z s \pm c\,a\right) \text{ findet man, da jetzt}$$

sowohl die Zahl der Elemente $S = \dfrac{s}{2}$ ist, als auch das

jetzige $Y = \dfrac{y}{2}$

$$2\,Y = \frac{1}{p}\left(z\, 2\,S \pm c\,a\right); \quad Y = \frac{1}{p}\left(z\,S \pm \frac{c}{2}\,a\right)$$

da c gerade ist, ist $C = \dfrac{c}{2}$ ganzzahlig, beliebig.

$$Y = \frac{1}{p}\left(z\,S \pm C\,a\right), \text{ wo } C \text{ beliebig ist und}$$

S die Zahl der Spulenelemente, Y den resultirenden Schritt, in Spulenelementdistanzen, gemessen vorstellt. Für solche z, die um $\frac{1}{2}$ von einer ganzen Zahl abstehen, erhält man antipolare Schaltung.

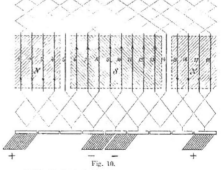

Fig. 10.

B. Trommelanker.

Für Trommelanker ist c gerade, folglich auch y und s; c ist gewöhnlich 2, kann aber auch 4 etc. sein.

Im einfachsten Fall, $c = 2$, können 2 Fälle eintreten:

$y = y_1 + y_2$: 1. y_1 und y_2 sind gleich bezeichnet (Wellenwicklung).

2. y_1 und y_2 sind entgegengesetzt bezeichnet (Schleifenwicklung).

In beiden Fällen gilt, dass y und s einen Theiler haben muss, der in y_1 und y_2 nicht enthalten ist; da jetzt y und s nur den Theiler 2 haben, so muss y_1 und y_2 ungerade sein.

Für $a = p$ (Parallelschaltung) wird aus Drahtökonomie für Schleifenwicklung $z = a$ zu setzen sein, woraus sich der resultirende Schritt $y = \pm 2$ ergibt.

Prof. Arnold wendet überhaupt nur diesen Schritt $y = \pm 2$ an. Es gibt jedoch auch Fälle wo $y = 4$ ist. Ein solcher ist äquivalent der Ringwicklung mit $y = 2$; auch hier erhält man z. B. für eine 2polige Maschine 4 Bürsten, wovon jedoch je zwei nebeneinander zu liegen kommen und daher durch eine Doppelbürste ersetzt werden können.

Z. B. (Siehe Fig. 10), $s = 18$; $2p = 2$ $y = 4$

$$ 4 = \frac{1}{1} \left(z \cdot 1 \pm 2a \right) \quad a = 3 $$

Für $z = a$ $4 = \pm 2a$; $a = 3$ (4 Bürsten).

Der geringen Stabzahl wegen wurde die neutrale Zone verhältnismässig klein bemessen.

Die Wicklungsformel findet ohne weiteres Anwendung in solchen Fällen, wo der Anker in mehreren Lagen bewickelt ist. Man kann z. B. einen Anker mit 2 Lagen so bewickeln, dass die Elemente der zweiten Lage regelmässig zwischen Elementen der ersten Lage vertheilt erscheinen, und in diesem Sinne sind die Elemente zu numeriren. Die Formel ergiebt den unmittelbar richtigen Schritt.

Z. B. $s = 11$ $p = 1$

$$ y = \frac{1}{1} \left(s s \pm 2 \right) \text{ Wellenwicklung z. B. } z = 1 $$

$y = 18$; 14

$y_1 + y_2 = 18$ $y_1 = 9$; $y_2 = 9$
$y_1 + y_2 = 14$ $y_1 = 7$; $y_2 = 7$; dem Constructeur ist es jedoch gestattet, übereinanderliegende Elemente zu vertauschen.

C. Scheibenanker, die sowohl aus Spulen als auch aus Stabelementen zusammengesetzt werden können, bieten keine Gelegenheit zur Besprechung, sie fügen sich der allgemeinen Wicklungsgleichung. Man hat blos aus dem ebenen Schema, statt wie früher durch Aufrollen auf einen Cylinder, jetzt durch Zusammendrehen zu einem ebenen Kreisring die wirkliche Wicklung herzustellen.

Elektrotechnisches Institut der k. k. techn. Hochschule in Wien.

Ueber elektrische Kochapparate.

Die elektrische Heizung von Kochapparaten hat in Amerika bereits eine ziemliche Ausbreitung gefunden und bietet thatsächlich so vielseitige Annehmlichkeiten, dass es von Interesse ist, sich eingehend mit dieser Frage zu beschäftigen. Da für eine allgemeine Anwendung jedoch in erster Linie die Rentabilität ausschlaggebend ist, und man in dieser Beziehung noch wenig Erfahrung besitzt, hat sich Herr John Price Jackson mit der Untersuchung der Kostenfrage befasst und das Resultat seiner Arbeit dem American Institute of Electrical-Engineers mitgetheilt.

Der Berichterstatter hatte folgende Typen zur Verfügung:
1 Backofen, auf drei verschiedene Stromstärken, 3, 10 oder 17 A. einstellbar.

3 kleinere Oefen für Stromstärken von 2, 4 resp. 5 A.

1 Röstofen für 12 A. und

2 Plätteisen.

Die Apparate stammten aus den Werkstätten der Electrical Heating Comp. und waren für 110 Volt Spannung gebaut. Ihre Heizplatten bestanden aus rauhen Eisenscheiben, an deren unteren Seite die Heizdrähte in wärmebeständiger Isolation eingebettet waren.

Es wurden nun vor allem die Wirkungsgrade der Oefen bestimmt; dieses geschah durch Erhitzung von Wasser bis zur Siedetemperatur bei gleichzeitiger Messung des Wattverbrauches. Das Verhältnis der vom Wasser aufgenommenen Energie zu der totalen im Ofen aufgewendeten war für den Ofen mit 3 J. Strom 48·0%, für die nächst kleinere Type 43·1%.

Diese Wirkungsgrade können aber erhöht werden, wenn man das zu erhitzende Gefäss möglichst genau in den Ofen einpasst und ferner die der Luft ausgesetzten Theile mit einem schlecht die Wärme leitenden Mantel ausstattet. Falls kein weiterer Zweck verfolgt wird, als nur das Wasser zum Kochen zu bringen, so ist es natürlicherweise am empfehlenswerthesten, den Heizkörper derart in das Kochgefäss zu versenken, dass die erzeugte Wärme unmittelbar an die Flüssigkeit abgegeben werden muss. Bei der Untersuchung von elektrisch geheizten Backöfen fand man gleichfalls eine verhältnissmässig gute Ausnützung der erzeugten Wärme. Der Wirkungsgrad wurde zwar nicht direct gemessen, doch konnte man auf eine gute Wärmeausnützung schliessen, da die Aussenwände des Ofens nach der Probe nur handwarm waren. Der Ofen wurde 5 Minuten vor Beschickung in Betrieb gesetzt, hierauf zu den backenden Gegenständen eingeführt und schliesslich der Strom 10 bis 20 Minuten vor Vollendung des Processes unterbrochen.

Annähernd dieselben Ergebnisse lieferte die Prüfung eines elektrischen Röstofens.

Um nun Mittelwerthe über den Energieverbrauch und die Betriebskosten zu erhalten, wurde eine Garnitur elektrischer Kochapparate im praktischen Gebrauche beobachtet. Die Garnitur bestand aus einem grossen Ofen, aus einem von mittlerer Grösse und einem ganz kleinen, ferner aus einem Röst- und einem Backofen. Diese Ausstattung besorgte die drei täglichen Hauptmahlzeiten einer aus 6 Personen bestehenden Familie. Die längere Zeit hindurch vorgenommenen Wattverbrauchs-Messungen ergaben, dass zur Herstellung einer Mahlzeit im Durchschnitt 1·31 Kilowatt-Stunden nothwendig waren, entsprechend einem Kostenbetrage von 13·1 Cents, wenn für die Kilowatt-Stunde ein Normaltarif von 10 Cents angenommen wird. Für das Erwärmen des Wassers zur Reinigung des Geschirres waren weitere 1·35 Kilowatt-Stunden erforderlich, so dass sich schliesslich die Ausgaben auf 16·6 Cents erhöhten.

Zur Ermöglichung eines Vergleiches zwischen den Kosten der elektrischen Heizung und jener mittels Kohle, wurden sodann auch diesbezügliche Versuche unternommen. Durch sorgfältige Messung des verbrauchten Kohlenquantums ergab sich ein Durchschnittsbedarf von 12·6 Pfund Kohle für eine Mahlzeit, gleichbedeutend einem Betrage von 3·15 Cents.

Es sind somit die Ausgaben für das Kochen mittelst Kohle nur 18% von den Kosten der elektrischen Heizung.

Auf ähnliche Weise angestellte Vergleiche zwischen gewöhnlichen und elektrisch geheizten Plätteisen führten zu dem Resultate, dass im ersten Falle für eine gewisse Quantität Wäsche für 12·25 Cents Kohle verbraucht wurden, während im zweiten Falle bei gleichem Wäschequantum die Kosten 22·7 Cents betrugen.

Diese Versuchsergebnisse führen zu der Schlussfolgerung, dass die elektrische Kochmethode vorläufig noch zu kostspielig ist, um allgemeine Einführung im gewöhnlichen Familienhaushalt zu finden. Dessenungeachtet sind jedoch zahlreiche Möglichkeiten vorhanden, in denen man dieser Methode auch bezüglich der Geldfrage den Vorzug geben muss. Es betrifft dies insbesondere alle jene Fälle, wo es sich um eine rasche Wärmeerzeugung für nur kurze Zeit handelt und man jetzt auf die Spiritus-Heizung angewiesen ist. In sehr kleinen Haushaltungen dürften die Verhältnisse gleichfalls viel günstiger sich stellen. Auch sind vielfach die Vorzüge des elektrischen Ofens: eine leichte Reinhaltung, der Wegfall von Asche und Kohle, die Vermeidung von Rauch, endlich die auf ein Minimum herabgedrückte Feuersgefahr gegenüber den eventuell erhöhten Betriebskosten so derart gewichtige, dass er nicht Wunder nehmen darf, wenn die elektrische Kochmethode immer mehr und mehr Boden fasst. — su —

KLEINE MITTHEILUNGEN.

Verschiedenes.

Die Elektrotechnik auf der Architektur- und Ingenieur-Ausstellung in Prag 1898. Das Programm dieser Gruppe — an der Spitze des Gruppen-Comités stehen die Professoren der böhmischen technischen Hochschule Herr K. V. Zenger und Herr

Fr. Pelikán, Chefingenieur der Prager elektrischen Anstalten — ist folgendes: I. Stromerzeugung: a) Dynamomaschinen, b) Transformatoren, c) Accumulatoren, d) Mess- und andere Apparate, II. Stromführung: a) Führungs-, b) Isolirungs-Material und c) Hilfsmaschinen. III. Stromverwendung. IV. Projecte, Pläne, Photographien. V. Literatur und Statistik. VI. Historischer Theil. — Schwache Ströme: 1. Stromerzeugung, 2. Stromführung, 3. die Arten der Stromverwendung. — Der Anmeldungstermin zu dieser Gruppe endet mit 31. Jänner 1898. Die Anmeldungen nimmt die Ausstellungskanzlei, Prag, Clam Gallas'sches Palais, entgegen.

Die Elektricität in schwedischen Eisengruben. Schon seit Langem werden die Maschinen in den schwedischen Eisenbergwerken durch Elektricität betrieben. Die erste Anlage einer Kraftübertragung auf grössere Distanzen ist jedoch die kürzlich von Hellsjön-See zur Grangesberger Grube angelegte, welche eine nähere Betrachtung verdient. In Hellsjön, wo die Turbinen aufgestellt sind, befinden sich drei Dynamos, eine zu 150 und zwei zu je 100 PS; sie sind mit einer Turbine gekuppelt, die 600 Umdrehungen macht. Der erzeugte Dreiphasenstrom von 150 V wird dann in einem Strom von 5500 V transformirt. Ausser diesen Generatoren sind noch zwei Dynamos von je 100 PS, jeder in Verbindung mit grössere Turbine vorhanden; der eine erzeugt einen Einphasen-Strom für Beleuchtungszwecke, der andere dient als Reserve. Diese Dynamos bethätigen 12 Motoren von 45 PS und darunter. Zum Sprengen wird ausschliesslich Dynamit benützt, das an Ort und Stelle hergestellt wird. Die jährliche Production beträgt 80 Tonnen, von denen die Hälfte in der Grangesburgermine selbst benützt wird. Ein neuer Vorgang wird in dieser Mine auch darin befolgt, dass das Erz vom Gestein in der Grube selbst gesondert wird, zu welchem Zwecke ein elektrischer Separator vorgesehen ist. (Patentbureau J. Fischer, Wien.)

Anwendung der Elektricität beim Weinbau. Vor einiger Zeit brachte die „Correspondenz Hoffmann" die Notiz, wonach auf dem unterfränkischen Weingute Reuschelberg bei Hörstein Gutsbesitzer Reissert durch Benützung der Elektricität zur Beeinflussung der Weinpflanzungen überraschende Resultate erzielt habe. Wie die „M. N. N." erfahren, beruht diese Meldung auf Irrthum. Der Besitzer hat zwar Proben im kleineren Maasstabe auf Grund einer patentirten Erfindung von Jean Fuchs in San Rocco (Insel Elba) gemacht und auch bei Vergleichen mit anderen Mosten ein 8—10 Grad höheres Gewicht erhalten, kann aber heute ein abschliessendes Urtheil über den Werth der Erfindung noch nicht fällen. Die hohen Mostgewichte rühren von der rationellen Rebbehandlung her.

Eine Reform des Telephonwesens in Berlin. Eine Fülle von Neuerungen und Reformen steht im Berliner Telephonwesen zu erwarten. Ein weniger beschränkter und nach Bedarf ein allgemeiner Nachdienst soll eingeführt werden. Anstatt der einheitlichen Telephongebühr von 150 Mark soll künftig eine Jahresmiethe von 50 Mark erhoben werden und überdies eine billige Gebühr pro Gespräch, und zwar etwa 1 Pfennig für Telephone in Privatwohnungen, 2 Pfennig bei Apparaten in Geschäftslocalen, 3 Pfennig pro Gespräch in Gasthäusern, Clubs etc. Verlässliche Apparate, welche die Gespräche selbstthätig zählen, sind nunmehr vorhanden. Künftig sollen ferner ankommende Depeschen zweckmässiger Falles dem Adressaten auch telephonisch mitgetheilt werden. Endlich soll die Anbringung telephonischer oder telegraphischer Apparate, welche von einer Centralstelle aus allen abonnirten Theilnehmern Cours- oder Sportnachrichten etc. ins Haus bringen, in Berlin gestattet werden. Bisher hat die Postverwaltung der Einführung dieses Nachrichtensystems in Berlin widerstrebt. Das sind die Reformen, die nach dem „Berl. Börs.-Cour." von angeblich wohlinformirter Seite angekündigt werden. Gegen das Dreiclassensystem im Telephontarif, der ja im übrigen nach obigen Angaben sehr billig ist, wird sicher Widerspruch erhoben werden.

Ueber eine neue Anwendung des Phonographen wird der „Frankf. Z." berichtet: Der Gemeinderath des unweit Paris gelegenen Städtchens Etampes hat beschlossen, den mit der Abfassung der Sitzungsprotokolle betrauten Secretär durch einen Phonographen zu ersetzen und dieser wird der neue automatische Protokollführer demnächst sein Amt antreten.

Ausgeführte und projectirte Anlagen.

Oesterreich-Ungarn.

a) Oesterreich.

Baden bei Wien. (Die elektrische Bahn von Baden nach Wien.) Auf der Strecke Baden–Guntramsdorf wurden bereits die Arbeiten für die elektrische Bahnlinie, über welche wir im Hefte III, S. 81, 1897, ausführlich berichtet haben, begonnen. Die Linie wird zweigeleisig. Der Betrieb soll am 1. Juni 1898 aufgenommen werden. Die Verbindung zwischen Guntramsdorf und Wien wird provisorisch durch die Züge der Dampftramway hergestellt werden. Die neue Strecke beginnt bei der Centralstation der elektrischen Bahn Helenenthal—Vöslau in Leesdorf, führt in der Nähe des Badener Trabrennplatzes, wo auch eine Haltestelle errichtet wird, vorüber und über Tribuswinkel, Traiskirchen und Möllersdorf nach Guntramsdorf, wo sie an die Dampftramway anschliesst. In Traiskirchen zweigt eine Seitenlinie zum Aspangbahnhofe ab, der weit ausserhalb des Marktes liegt und durch diese Verbindung in den Verkehrskreis einbezogen wird.

Bozen. (Elektrische Bahn.) Eine Bozener Gesellschaft nahm die Finanzirung der projectirten Rittnerhornbahn Bozen—Oberbozen in die Hand und wird die Bahn durch elektrische Kraft betreiben.

Brüx. (Elektrische Strassenbahn.) Am 15. und 16. December 1897 fand die Tracenrevision für die geplante elektrische Ringbahn statt. (Vergl. H. XXII, S. 654 ex 1897.) Zu Beginn der Verhandlungen wurde ein Erlass des Reichskriegsministeriums verlesen, laut dessen dasselbe gegen die Verwendung von Vignolschienen keine Einwendung erhob, wenn auf den benützten Strassen eine Fahrbreite von 5 m verbleibt. Infolge der Proteste der Gemeinden Oberleutensdorf und Bettelgrün brachten die Concessionswerber deshalb eine geeignete Variante, beziehungsweise eine andere Tracenführung in Vorschlag, wodurch nahezu 6 km Trace und über 150.000 fl. an Bauaufwand erspart und die für den Betrieb und Bau theuerste Linie Oberleutensdorf—Bettelgrün—Johnsdorf aus dem Projecte verlängig ausgeschaltet wurde. Die Vertreter der Gemeinden Niedergeorgenthal, Obergeorgenthal und Johnsdorf erklärten sich mit der in Vorschlag gebrachten Tracenänderung ebenso einverstanden, wie die übrigen Commissionsmitglieder. Bei der weiteren Verhandlung wurden für das Project nur günstige Erklärungen abgegeben.

Gablonz in Böhmen. (Elektrische Strassenbahnen.) Nach einem Harren der drei Jahren des Planens und Verhandelns ist jetzt diese Verkehrsangelegenheit für Stadt und Bezirk Gablonz so weit geregelt, dass auch der nahe bevorstehenden Concessionsertheilung an Herrn Gustav Hoffmann der Bau nach Schwinden dieses Winters begonnen werden kann. Die Bauwesens ist bereits für die ganze Strecke ertheilt worden. Die Finanzirung des Werkes ist durch den Beitritt der „Gesellschaft für elektrische Unternehmungen in Berlin" zu dem heimischen Capital, gesichert. Die „Union-Elektricitäts-Gesellschaft" hat den elektrischen Theil der Anlage übernommen, während die Vergebung der sonstigen baulichen Anlagen an heimische Unternehmer vorbehalten bleibt. Ausser der Ausgestaltung der Anschlussbahnhöfe in Reichenau und Brandl, Stadtbahnhof Gablonz, sowie der Endstation Johannesberg wird durch Anlage einer Centralstation längs der Allegasse (Wienerstrasse) naumentlich für den ziemlich bedeutenden Verkehr Gablonz—Reichenau alle Wünsche werthe erfolgen. Diese Centralstation wird ausser dem Administrationsgebäude, dem Güterdepot, die Wagenremisen und Reparaturwerkstätten erhalten. Die Kraftstation wird in Brandl im Anschluss an die Hoffmann'schen Werke gebaut werden. (Vergl. Heft XX, S. 592, 1897.)

Laibach. (Elektrische Beleuchtung.) Am Neujahrstage wurde das von der Firma Siemens & Halske erbaute städtische Elektricitätswerk eröffnet, und werden von diesem Tage an alle öffentlichen Strassen und Plätze elektrisch beleuchtet sein. Die Kosten belaufen sich auf eine halbe Million Gulden. (Vergl. Heft XXIV, S. 727, 1897.)

Muszyna-Krynica. (Eisenbahn-Vorconcession.) Das Eisenbahnministerium hat dem Ingenieur Conrad Schmidt in Wien im Vereine mit dem Bau-Unternehmer Isidor Herschthal in Krakau die Bewilligung zur Vornahme technischer Vorarbeiten für eine schmalspurige Kleinbahn mit elektrischem Betriebe von der Station Muszyna-Krynica der österreichischen Staatsbahnen nach dem Badeorte Krynica ertheilt.

Olmütz. (Elektrische Centrale und Strassenbahn.) Die Uebertragung der Arbeiten für den Bau der elektrischen Centrale und Strassenbahn erfolgte an die Firma Siemens & Halske. Die elektrische Centrale mit zunächst drei Dampfmaschinen à 110 PS, den erforderlichen Accumulatoren-Batterien, ein Leitungsnetz in den Hauptstrassen von Olmütz, endlich eine elektrisch zu betreibende Strassenbahn von ca. 5·5 km Länge. Die ganze Anlage wird für Rechnung der Stadt gebaut; doch wird der Unternehmung der Betrieb der Strassenbahn auf die Dauer von 20 Jahren gegen eine entsprechende Vergütung an die Stadt übertragen. Mit dem Bau der Centrale selbst wird unverzüglich begonnen, und hofft man die Arbeiten so zu fördern, dass die Inbetriebsetzung der Centrale und der Beleuchtungsanlage bis zum 1. September d. J. erfolgen kann. Die elektrische Strassenbahn muss innerhalb 6 Monaten nach Ertheilung des Baueonsenses fertiggestellt werden. Die Ueberwachung des ganzen Baues wurde Ingenieur F. Ross, Wien, übertragen. Vergl. XVIII, S.533 ex 1897.)

Pilsen. (Elektrische Kleinbahn.) Auf Grund Allerh. Ermächtigung wurde die in der Concessionsurkunde vom 30. Juni 1896 (vergl. H. XV. S. 489 ex 1896) festgesetzte Frist zur Vollendung und Inbetriebsetzung der mit elektrischer Kraft zu betreibenden schmalspurige Kleinbahn in Pilsen und Umgebung bis zum 30. Juni 1899 erstreckt. (Vergl. auch H. XXIV S. 785, 1896 und H. XXI, S. 624 ex 1897.)

Villach. (Elektrische Bahn.) Das k. k. Eisenbahnministerium hat die dem Bürgermeister Friedrich Scholz in Villach im Vereine mit der Olga Freiin v. Lang in Klagenfurt und der Bau-Unternehmung Ritschel & Comp. in Wien ertheilte Bewilligung zur Vornahme technischer Vorarbeiten für eine Kleinbahn von Villach auf den Dobratsch (Villacher Alpe) auf eine Fortsetzung dieser Linie vom Südbahnhofe in Villach zum dortigen Staatsbahnhofe ausgedehnt.

b) Ungarn.

Budapest. (Der elektrische Strassenbahnbetrieb in Budapest.) Am 18. December 1897 wurde der animalische Betrieb auf den letzten bis jetzt noch mit Pferden befahrenen Strecken im Budapest endgiltig eingestellt. Bei den Budapester Strassenbahnen ist sowohl die oberirdische als auch die unterirdische Stromzuführung und das gemischte System beider zur Anwendung gelangt. Die Geleislänge mit unterirdischer Stromzuführung nach dem Systeme der Firma Siemens & Halske beträgt ungefähr 60 km, das ist ein Drittel der Gesammtlänge der elektrisch betriebenen Strassenbahnen in Budapest, die sich jetzt auf rund 180 km Geleislänge belaufen, so dass Budapest bezüglich der elektrisch betriebenen Strassenbahn-Anlagen von sämmtlichen Städten des europäischen Festlandes nur noch um weniges durch Hamburg übertroffen wird. Für den Betrieb der elektrischen Strassenbahnen einschliesslich der 3·7 km langen Untergrundbahn dienen drei Kraftwerke, in denen insgesammt 19 liegende Verbund-Maschinen mit acht Tandem-Maschinen mit Condensation mit einer Gesammtleistung von rund 8000 PS aufgestellt sind. Den Dampf für diese Maschinen liefern 95 Wasserröhrenkessel. Bezüglich der Wagen dieser Bahnen sei bemerkt, dass rund 400 Motorwagen derzeit in Betrieb sind. Von diesen sind 160 Stück mit je einem Motor ausgerüstet, der Rest mit je zwei Motoren, ausserdem ist eine grosse Anzahl Anhängewagen eingestellt.

Deutschland.

Berlin. Der Uebergang der Berliner Pferdebahn zum elektrischen Betriebe ist die nothwendige Voraussetzung für die den steigenden Verkehrsbedürfnissen entsprechende Gestaltung der Verkehrs-Einrichtungen der Reichshauptstadt. Ein grosser Theil der Schwierigkeiten, mit denen gegenwärtig schon die Befriedigung dringlicher Bedürfnisse des Verkehres zu kämpfen hat, und welche in jedem Jahre in höherem Maasse hervortreten, wird sich durch diese Veränderung in der Einrichtung und im Betriebe des wichtigsten hauptstädtischen Verkehrsmittels beseitigen lassen. Die Durchführung des von der Grossen Berliner Pferdebahn-Gesellschaft in Aussicht genommenen Planes der Umwandlung ihrer Pferdebahnlinien in elektrischen Betrieb, worüber wir unsere Leser stets im Laufenden erhielten, hieng nach der bestehenden Gesetzgebung von der königlichen Genehmigung ab. In voller Würdigung der hohen Bedeutung, welche die in diesem Plane liegende Verbesserung der Verkehrs-Einrichtungen für die Verkehrsverhältnisse und damit zugleich für die ganze wirthschaftliche Entwicklung der Reichshauptstadt besitzt, hat der deutsche Kaiser kurz vor Weihnachten durch Ertheilung der landesherrlichen Genehmigung die alsbaldige Ausführung der Umwandlung ermöglicht, und wurde hierdurch der Stadt Berlin und deren Bewohnern eine schöne Weihnachtsgabe zutheil. — Die technischen und finanziellen Massnahmen, die für die Einführung des elektrischen Betriebes erforderlich sind, werden in kürzester Zeit vom Aufsichtsrathe beschlossen und einer a. o. Generalversammlung, die vom Laufe d. M. stattfinden soll, vorgelegt werden. — Wann werden wir in Wien auch so weit sein?

Liegnitz. (Elektricitätswerk.) Im Nachhange zu unserer Mittheilung im vor. Hefte S. 12 berichten wir, dass nach dem Vertrage, den Stadt Liegnitz mit der Gesellschaft wegen Errichtung eines Elektricitätswerkes abgeschlossen hat, die Stadt von der Brutto-Einnahme des Elektricitätswerkes und der Strassenbahn für das erste Betriebsjahr 7500 Mk., die nächsten beiden 15.000 Mk., die folgenden vier 17.000 Mk. und alle fernere 20.000 Mk. mindestens auf den vereinbarten Antheil von 6, 7½

9, bezw. vom 14. Jahre an 10% der Brutto-Einnahme garantirt erhält.

Stettin. (Elektrische Strassenbahn.) Auf den bisher noch nicht in Betrieb befindlichen Strecken der elektrischen Strassenbahn, Theilstrecke der Ringbahn und Theilstrecke der Linie Bahnhof—Friedhof, fanden am 29. v. M. die Probefahrten zur allseitigen Abnahme statt. Die Fahrten verliefen zu allseitiger Zufriedenheit, und die Vertreter der Behörden gaben nach beendeter Fahrt der Bahnverwaltung gegenüber die Erklärung ab, dass der Eröffnung des Betriebes auf den neuen Strecken nichts im Wege stehe. Dementsprechend wurde der Betrieb am 30. December eröffnet; gleichzeitig wurde der bisherige provisorische Betrieb auf einem Theile der Ringbahn, Molkerei Eckerberg—Friedrich-Carlstrasse—Breitestrasse übernommen. Bei den Probefahrten war in einem der beiden Motorwagen zum ersten Mal die Heizvorrichtung mittelst Glühstoff zur Anwendung gekommen. Das Innere des Wagens war angenehm erwärmt, und die Einrichtung fand allgemeinen Beifall. Es wird beabsichtigt, sämmtliche Wagen der Strassenbahn mit der Heizvorrichtung zu versehen. Wie die "Ostsee-Zeitung" mittheilt, hat die Direction der Strassenbahn nach längeren Verhandlungen mit dem Magistrat in Grabow a. O. einen Vertrag abgeschlossen wegen Durchführung der elektrischen Strassenbahn durch die Kochstrasse und die Langestrasse bis zur Heinrichstrasse, wodurch alsdann die in Aussicht genommene grosse Ringbahn geschaffen wird. Es bedarf zu diesem Projecte noch der Ertheilung des Consenses durch die Behörden.

England.

London. (Einführung des elektrischen Betriebes auf den derzeit mit Dampf betriebenen Untergrundstrecken der Metropolitan Railway.) Die von der Regierung eingesetzte permanente Ueberwachungs-Commission der Eisenbahnbetriebes (Board of Trade) hat sich einstimmig für die Einführung des elektrischen Betriebes auf sämmtlichen Linien der Londoner Untergrundbahn "The Metropolitan Railway" ausgesprochen. Die Veranlassung hiezu gab speciell die Mehrung der Klagen über die mangelhafte Ventilation im Bereiche der Untergrundstrecken, gegen welchen Uebelstand auch die hauptstädtische Sanitäts-Commission Einsprache erhob. Da nun beim Dampfbetrieb eine constante Rauchentwicklung im Bereiche langer Untergrundstrecken einerseits unvermeidlich ist, andererseits diesem Uebelstande nur durch die Anlage einer grossen Anzahl kostspieliger Luftschächte mit Motoren betriebener Ventilatoren, deren Aufstellung theils heutigen Schwierigkeiten begegnet, theils die Bahnunternehmungen mit unverhältnissmässig bedeutenden Anschaffungs-Regiekosten belasten würde, abgeholfen werden könnte, hat der Board of Trade die Einführung des elektrischen Betriebes beantragt. Da durch diesen Einführung der gegenwärtige Ober- und Unterbau nicht tauglich würde und selbst die Mehrzahl der vorhandenen Waggons als Beiwagen zu den Motorwagen benützt werden könnte, stellen sich die Anlagekosten des elektrischen Betriebes geringer als jene der vorangeführten Ober- und Unterbauten.

Literatur-Bericht.

Die Wirkungsweise, Berechnung und Construction der Gleichstrom-Dynamomaschinen und Motoren. Praktisches Handbuch für Elektrotechniker, Constructeure und Studierende an technischen Mittel- und Hochschulen. Von Georg Schmidt-Ulm, Ingenieur. Leipzig. Verlag von Oskar Leiner 1898. Mit 204 Abbildungen, 24 Tafeln Constructions-Skizzen und 1 Diagrammtafel.

Die früheren Werke über Dynamomaschinen befassten sich lediglich mit der Theorie und der Berechnung des magnetischen und elektrischen Theiles derselben. Dass die Dynamos auch Maschinen sind, wurde als ganz nebensächlich betrachtet und man fand es selbstverständlich, dass alle Theile der Maschine stark genug sein und ihren Zweck erfüllen müssen.

Da man die wenigsten früheren Elektrotechniker ausgebildete Maschinenbauer waren, so baute man ihre Constructionen darnach aus und man konnte selbst bei grossen Firmen bemerken, dass die grossen Dynamotypen nur getreue Vergrösserungen der kleinen waren und dadurch ein vollständiges unconstructives Aeussere hatten.

Es ist daher umso verdienstvoller, dass der Verfasser des vorliegenden Werkes die einzelnen Theile der Dynamo vom Standpunkte des Maschinenbauers auf ihre Function und Festigkeit rechnerisch behandelt und auch sehr-bahr theoretischen Details, wie z. B. den Bandagen, welche ja gewöhnlich nur nach dem Gefühle gemacht werden, die nöthige Aufmerksamkeit hinsichtlich ihrer Beanspruchung schenkt.

Die vielen guten Textfiguren, sowie die 33 Tafeln am Schlusse des Buches geben dem praktischen Dynamoconstructeur eine Fülle von Formen und bewährten Ausführungen. Die theoretischen Capitel und Berechnungsbeispiele sind gut und verständlich unter Vermeidung höherer Mathematik geschrieben, was vielen Lesern willkommen sein wird und für die Praxis vollständig ausreicht.

Von einigen Druckfehlern und zeichnerischen Mängeln z. B. Tafel 23 (ungetheilter Armaturgusskörper) abgesehen, ist das Buch bestens zu empfehlen. *X.*

Kalender für Elektrochemiker sowie technische Chemiker und Physiker für das Jahr 1898. II. Jahrgang. Herausgegeben von Dr. A. Neuburger, Redacteur der "Elektrochemischen Zeitschrift", mit einer Beilage. Berlin, Verlag von M. Krayn. Gebunden Mk. 5.

Diese übersichtliche Zusammenstellung der wichtigsten Zahlenangaben für Chemie, Elektrochemie und Physik, sowie mehrerer Gesetze und technisch-polizeilicher Verordnungen würde über den Titel eines unentbehrlichen Vademecums, als den eines Kalenders verdienen.

Der Inhalt zerfällt in drei Haupttheile. Der erste Theil umfasst die genauen Daten, welche den Elektrotechniker interessiren, der andere enthält die für den Chemiker wichtigen Tabellen und Vorschriften, der dritte Theil ist dem Chemiker und Elektrotechniker zugleich gewidmet, denn er enthält Daten aus der Chemie, deren der Elektrotechniker bedarf und Daten aus der Elektrotechnik, die der Chemiker nicht entbehren kann.

Wenn wir bedenken, welche Summe von Kenntnissen der heutige Elektrotechniker benöthigt — er soll ja Physiker, Chemiker, Maschinenbauer, Baumeister, Technologe, Jurist und Kaufmann sein — finden wir es begreiflich, warum es den Verfasser, der als Schriftleiter einer gediegenen Fachzeitschrift Gelegenheit hat, die Bedürfnisse seiner Fachgenossen mit Aufmerksamkeit zu verfolgen, gedrängt hat, in dem Taschenbuche das zusammen zu fassen, was für den Elektrotechniker aus dem Gebiete der Physik und Chemie und für den Chemiker aus dem Gebiete der Elektrotechnik wissenswerth ist. *Al.*

Bau und Betrieb elektrischer Bahnen. Anleitung zu deren Projectirung. Bau und Betriebsführung von Max Schiemann, Civil-Ingenieur für elektrische Bahnen. Strassenbahnen. Mit 364 Abbildungen, 2 photo-lithographischen Tafeln, 3 Tafeln Diagramme und mehreren Figurentafeln. Zweite, vermehrte Auflage. Leipzig, Verlag von Oskar Leiner. 1898. Preis Mk. 12.

Das Werk ist in 6 Hauptabschnitte getheilt. I. Einleitung. II. Stromerzeugung. Diese Abtheilung ist mit einer seltenen Knappheit in geradezu vorzüglicher Weise behandelt. In der dritten Abtheilung, Stromfortleitung, hat der Verfasser sich alle grösste Mühe gegeben, alles Bestehende zu besprechen; speciell hervorzuheben sind die Ansätze über die verschiedenen Accumulatorenbetriebe. Die 4., 5. und 6. Abtheilung geben sowohl dem Praktiker als dem Theoretiker in diesem Fache sehr werthvolle Winke, und enthalten soweit, als es derzeit möglich ist, alles Wissenswerthe.

Wir hoffen, dass bei der nächsten Auflage seines Werkes der Herr Verfasser Gelegenheit haben wird, mit neuen und bewährten österreichischen Constructionen sein Werk erweitern und bereichern zu können. *F.*

Die deutschen elektrischen Strassenbahnen, Klein- und Pferdebahnen, sowie die elektrotechnischen Fabriken, Elektricitätswerke sammt Hilfsgeschäften im Besitz von Aktien-Gesellschaften. A. Schumann's Verlag, Leipzig 1897. Preis 2.50 Mk.

Die Verlagsbuchhandlung veranstaltete mit diesem Buche eine Separatausgabe aus dem von ihr herausgegebenen "Handbuch der deutschen Actien-Gesellschaften".

Bei dem grossen Interesse, welches die Elektricität im öffentlichen Verkehrsleben jetzt für sich beansprucht, wird das Werkchen in allen Interessentenkreisen Beachtung finden.

Anerkennung verdient, dass die Daten sich auf die jüngste Zeit beziehen. Dem Buche zugestattetem ist ein Firmen- und Ortsregister beigegeben. *Z.*

Fortschritte der Elektrotechnik. Vierteljährliche Berichte über die neueren Erscheinungen auf dem Gesammtgebiete der angewandten Elektricitätslehre mit Einschluss des elektrischen Nachrichten- und Signalwesens. Unter Mitwirkung von Bauch, Bombe, Borus, Boy, Dühn, Maser, Michalke und Will. Herausgegeben von Dr. Carl Strecker. Neunter Jahrgang. Das Jahr 1895. Drittes Heft. Berlin, Verlag von Julius Springer. 1897. Preis Mk. 5.

Ein neues System zur elektrischen Vertheilung der Energie mittelst Wechselströmen von Galileo Ferraris und Riccardo Arnò. Mit 14 Abbildungen. — Autorisirte deutsche

Uebersetzung von Carl Heim in Hannover. Zweite, in den Abbildungen berichtigte Auflage. Weimar. Verlag von Carl Steinert. 1897. *Z.*

Motoren und Hilfsapparate für elektrisch betriebene Hebezeuge von F. Niethammer, Regierungs-Maschinenbauführer, Assistent am elektrotechnischen Institute der Technischen Hochschule Stuttgart. Mit 111 in den Text gedruckten Figuren. Verlag von Julius Springer, Berlin. 1897. Preis Mk. 2. *Z.*

J. Weipert & Söhne, Maschinen-Fabrik und Eisengiesserei, Stockerau bei Wien. Preisliste Nr. 60: Transmissionsbau. *Z.*

Patentnachrichten.

Mitgetheilt vom Technischen- und Patentbureau

Ingenieur Victor Monath

WIEN, I. Jasomirgottstrasse Nr. 4.

Deutsche Patentanmeldungen.*)

Classe

21. E. 5508. Schaltungsweise der Zusatzmaschinen in Mehrleiteranlagen mit Betriebsmaschinen von mehrfacher Gruppenspannung und hintereinander geschalteten Sammelbatterien; Zus. z. Pat. 80.563. — Elektricitäts-Gesellschaft vormals Schuckert & Co., Nürnberg. 16./7. 1897.

" H. 19.293. Vorrichtung zur Sicherung der Nullstellung für Wechselstrom-Motorzähler. — Elektricitäts-Actien-Gesellschaft Helios, Köln-Ehrenfeld. 25./9. 1897.

" K. 13.885. Regelungsvorrichtung für Bogenlampen. — Frédéric Klostermann, Paris. 14./4. 1896.

" M.14.013. Unzerbrechlich galvanisches Element mit zweitheiligem Gefässe. — B. R. Moffatt, Brooklyn. 27./4. 1897.

" B. 19.385. Antriebsvorrichtung für Dynamos und Elektromotoren. — The Britannia Motor Carriage Company Limited, London. 13./7. 1896.

" D. 8054. Differential-Bogenlampe mit Kohlenstiftmagazinen. — Hippolyte Delavan und François Félix Brérat, Chatellerault. 22./2. 1897.

20. D. 7859. Verfahren zur Vermeidung von Stromverlusten durch elektrolytische Isolirung, insbesondere für Stromabnehmer elektrischer Bahnen. — Charles Devenyns, Brüssel. 21./11. 1896.

21. A. 5324. Maximum-Verbrauchsanzeiger. — Allgemeine Elektricitäts-Gesellschaft, Berlin. 10./7. 1896.

" K. 14.661. Schaltungsweise für Sammelbatterien. — C. Wilh. Kayser & Co., Berlin. 14./12. 1896.

" P. 8757. Armatur für Glühlampen. — Friedrich Palm, Nürnberg. 8./3. 1897.

30. S. 10.293. Telephonischer Apparat für schwerhörige Personen. — Anton v. Suchorzynski u. Max Kohl, Breslau. 20./4. 1897.

42. W. 13.050. Phonograph mit Oeffnung des Spindellagers beim Abheben der Membrane. — Philipp v. Wouwermans, Theodor Fischer, Max Raphael Kohn und Ignaz Pulay. Wien. 16./7. 1897.

74. M. 12.986. Elektrischer Zeichengeber. — L. Minduch und S. Stade, Kiel. 17./6. 1896.

76. G. 11.315. Drahtführer für Elektromagnet-Wickelmaschinen. — Otto Graetzer und Friedrich Reimer, Berlin. 9./3. 1897.

83. D. 7815. Elektrische Pendeluhr mit selbstthätig angehendem Pendel. — Ottomar Dächsel, Freiberg. 30./10. 1896.

21. J. 4357. Trägervorrichtung für Bogenlampen mit äusserer und innerer Glocke. — Continentale Jandus-Elektricitäts-Actien-Gesellschaft (Société Anonyme), Brüssel. 6./2. 1895.

20. J. 3957. Vorrichtungen zum Schonen des Motors gegen die Einflüsse des plötzlichen Anhaltens und des plötzlichen Richtungswechsel zu vermeiden bei Weichenstellvorrichtungen; Zus. z. Pat. 95.478. — Max Jüdel & Co., Braunschweig. 18./4. 1896. B. 20.805. Ausschalter mit beweglichen hornartigen Stromschluss-stücken. — Brown, Boveri & Co., Baden, Schweiz und Frankf. a./M. 14./5. 1897.

21. E. 5120. Vorrichtung zur Stockwerkein-theilung bei elektrischen Fahr-Tableaus. — Elektricitäts-Actien-Gesellschaft vormals Schuckert & Co., Nürnberg. 30./9. 1896.

---

*) Die Anmeldungen bleiben acht Wochen zur Einsichtnahme öffentlich aufgelegt. Nach § 24 des Patent-Gesetzes kann innerhalb dieser Zeit Einspruch gegen die Anmeldung wegen Mangel der Neuheit oder widerrechtlicher Entnahme erhoben werden. Das obige Bureau besorgt Abschriften der Anmeldungen und übernimmt die Vertretung in allen Einspruchs-Angelegenheiten.

Classe
21. H. 19.085. Transformator oder Funkeninductor. — J. Carl
    Hauptmann, Leipzig. 3./8. 1897.
„ St. 4885. Elektricitätszähler und Ladungs- bezw. Entladungs-
    messer, begründet auf elektrische Endosmose. — Dr. Ludwig Strasser, Hagen i./W. 4./2. 1897.
„ W. 12.763. Stromanzwandler mit Isolirung für hohe
    Spannungen. — Alfred Wydts und Octave Ruchefort, Paris. 13./4. 1897.
60. D. 8260. Elektrischer Geschwindigkeitsregler für Kraftmaschinen. — Heinr. Dubbel, Aachen. 28./5. 1897.
21. H. 19.196. Elektricitätszähler mit schwingendem Anker. —
    Georg Hummel, München. 3./9. 1897.
„ K. 15.442. Selbstunterbrecher. — Fr. Glingelfluss, Basel.
    21./7. 1897.
„ S. 10.482. Einrichtung zur Erzielung constanter Dämpfung
    für Schwingungs Galvanometer. Siemens & Halske,
    Actien-Gesellschaft, Berlin. 25./6. 1897.
75. V. 2827. Elektrodensystem. — Alfred Vogelsang,
    Dresden. 20./7. 1897.

Geschäftliche und finanzielle Nachrichten.

Actien-Gesellschaft Watt Accumulatoren-Werke. Aus dem
in der Generalversammlung erstatteten Geschäftsbericht pro 1897
geht hervor, dass mit Einschluss der Abschreibungen in Höhe
von 18.384 Mk. ein Verlust von 139.706 Mk. (360.294 Mk.) entstanden ist, der bilanzmässig durch die aus der Reorganisation
sich ergebenden Buchgewinne ausgeglichen worden ist. Ueber die
Aussichten der Zukunft konnte die Verwaltung keine speciellen
Mittheilungen machen, weil das Unternehmen sich noch im Versuchsstadium befindet. Die Bilanz wurde einstimmig genehmigt,
ebenso Decharge ertheilt. (Vergl. H. II S. 55, 1897.)

Grosse Casseler Strassenbahn-Actien-Gesellschaft. Die
Gesellschaft beruft zum 21. d. M. eine Generalversammlung ein,
auf deren Tagesordnung ein Antrag auf Erhöhung des Actiencapitals, sowie ein weiterer Antrag auf Festhaltung über den
Bauvertrag zur Erweiterung des Bahnnetzes und Einführung des
elektrischen Betriebes steht. (Vergl. H. XV S. 451, 1897.)

Rand Central Electric Works, Limited in London. Dem
Berichte über die am 14. v. M. unter dem Vorsitze des Sir C.
Rivers Wilson abgehaltenen Generalversammlung entnehmen
wir die nachstehenden Daten. Laut Contractes mit der Firma
Siemens & Halske war die Fertigstellung der Werke bis
zum 3. November 1896 in Aussicht genommen. Aus verschiedenen
Gründen, namentlich infolge der grossen Schwierigkeiten und
Complicirtheit der Arbeit, konnte dieser Termin, wie der Vorsitzende mittheilte, nicht eingehalten werden und es wurde der
Lieferungs-Contract mit der Firma Siemens & Halske bis
zum 1. Jänner 1897 hinausgeschoben, wenn die Gesellschaft
auf die im Vertrage festgesetzte Conventional - Strafe von
wöchentlich 500 Lstr. seitens der Firma Siemens & Halske verzichtete, während die Unternehmer sich damit einverstanden
erklärten, dass ihre dreijährige Dividenden-Garantie erst mit
1. Jänner 1897 ab beginne. Vorerst beschränkt sich die Thätigkeit der Gesellschaft hauptsächlich auf die Lieferung von Betriebskraft an die Minen und auf die Lieferung von Beleuchtung für
die Regierung von Transvaal und die Niederländische Eisenbahn,
sowie die Stadt Johannesburg. Die Gesellschaft hat bereits das
ganze Quantum von Pferdekräften, das sie zu liefern imstande ist,
fest verschlossen. Gegenwärtig sind alle Maschinen, bis auf eine
Reservemaschine, in voller Thätigkeit, und diese Maschinen
reichen hin, um die contractlichen Verpflichtungen zu erfüllen.
Die Gesellschaft hat mit dem Präsidenten Krüger ein vortheilhaftes Abkommen wegen der Wasserversorgung aus seinem
Reservoir geschlossen, das für sie wegen der gegentheilig auftretenden Dürre von grosser Bedeutung ist. Endlich wurde berichtet, dass die Gesellschaft bereits die Erbauung einer fünften
Maschine in Erwägung ziehe, da es zweifellos sei, dass eine
weitere grosse Ausdehnung und Entwicklung des Unternehmens
bevorstehe. Die Fertigstellung der Werke erfolgte Anfang Mai
und die Eröffnung des vollen Betriebes am 1. Juli 1897. Hinsichtlich der Bilanz führte der Vorsitzende aus, dass dieselbe,
obwohl sie ein ganzes Jahr umfasse, doch nur eine provisorische
Bilanz sein könne, von der man eine regelrechte Ertragsrechnung
nicht erwarten dürfe. Erst Anfang des Jahres 1898 wird die Gesellschaft in der Lage sein, eine Bilanz per 31. December festzustellen und sich alsdann eine ausserordentliche Generalversammlung einberufen werden. Auf Wunsch der Firma Siemens
& Halske tritt der Londoner Vertreter der Firma Charrubin
in den Verwaltungsrath der Gesellschaft ein, welchem seitens der
Firma bereits Herr Carl v. Siemens angehört. Die Revisoren

Herren Price, Waterhous & Co. wurden wiedergewählt
und sodann die Versammlung geschlossen.

Elektrische Gesellschaft in Buenos Aires. Betreffs der
bereits im letzten Jahresberichte der A.-E.-G. erwähnten Concession zur Errichtung elektrischer Centralstationen in Buenos
Aires schreibt die „Buenos Aires Handels-Ztg.", dass es sich um
die Gründung einer deutschen überseeischen Elektricitäts-Gesellschaft mit einem Capital von 20 Millionen Mark handelt, welches
ausschliesslich in Amerika und speciell in Buenos Aires selbst investirt werden soll, woselbst die Gesellschaft eine elektrische Anlage ersten Ranges einzurichten beabsichtigt.

Der Liquidator der **Fabrik elekt. Beleuchtungskohlen in
Nürnberg** A.-G. vormals Ch. Schmelzer in Liquidation
veröffentlicht eine Bilanz per 30. October 1897, die mit Mk. 9633
Unterbilanz abschliesst. (Fränkischer Kurier.)

Vereinsnachrichten.

Chronik des Vereines.

15. December. — Vereinsversammlung. Vorsitzender: Vice - Präsident Dr. J. Sahulka. Der Vorsitzende eröffnet die Versammlung und ertheilt, nachdem keine geschäftlichen Mittheilungen vorliegen, dem
dipl. Chemiker. k. k. Professor J. Klaudy das Wort
zu dessen Vortrag: „Ueber Wechselbeziehungen
zwischen chemischer und elektrischer Energie".

Der Vortragende erläutert, bevor er auf die eigentlichen molekular-elektrischen Erscheinungen näher eingeht, die nöthigen Grundbegriffe. Als sogenannten
osmotischen Druck bezeichnet man jenen, welchen ein
in einer Flüssigkeit gelöster Körper innerhalb der
Flüssigkeit ausübt. Der osmotische Druck ist der Concentration der Lösung proportional. Man ist übereingekommen, jene Lösung als eine solche mit normaler
Concentration zu bezeichnen, in welcher das Atomgewicht
des Metalles in Grammen auf einen Liter gelöst ist.
Der normale osmotische Druck einer solchen normalen
Lösung beträgt 22 Atmosphären. Es ist selbstverständlich, dass man dem osmotischen Druck durch
Aenderung der Concentration verschiedene Grösse
geben kann. Vortragender theilt in Kürze die Ergebnisse der van't Hoff'schen Lösungstheorie und der
Arrhenius'schen Dissociationstheorie mit. Nach
letzterer zerfällt der bei der Auflösung von Elektrolyten
ein gewisser Bruchtheil der Moleküle in Jonen; das
heisst, es zerfällt dieser Bruchtheil gerade so in zwei
Hälften, wie wir dies durch Einfluss des elektrischen
Stromes gewohnt sind. Dieser Bruchtheil Activitäts-
Coëfficient genannt, strebt mit Verdünnung der Lösung
einem Maximum zu; concentrirte Lösungen werden
einen kleineren Activitäts-Coëfficienten, daher auch geringeren Reichthum an Jonen aufweisen. Der Vortragende erläutert nun in äusserst anschaulicher Weise
die Abhängigkeit der chemischen Affinität von dem
Jonengehalte; bei gleicher Concentration ist der jonenreichere auch der chemisch stärkere Körper, ein Umstand, welcher es uns ermöglicht, den Activitäts-Coëfficienten als Mass für die chemische Kraft zu benutzen.
Der Activitäts - Coëfficient selbst ist der Messung dadurch zugänglich gemacht, dass er direct proportional
der elektrischen Leitungsfähigkeit ist. Vortragender
zieht weiters den interessanten Schluss, dass die ungleiche Stärke der Säuren durch den verschiedenen
Jonenreichthum bedingt ist. Sodann erläutert der Vortragende an der Hand von Beispielen die Beziehungen
zwischen der specifischen und der molekularen Leitungs-

fähigkeit und den Einfluss der Temperaturänderung auf dieselbe.

Auf Grundlage der Faraday'schen Theorie, nach welcher sich jedes elektrochemische Aequivalent in Grammen mit 96.537 Coulombs ladet, zeigt der Vortragende, dass in den Jonen riesige Elektricitätsmengen bei kleinem Potentiale vorhanden sind.

Sodann geht der Vortragende auf jene Zustandsänderungen einer Lösung über, welche durch Einführungen fremder Potentialdifferenzen in derselben hervorgerufen werden, also jene Fälle, die uns in der Praxis der Elektrolyse täglich entgegentreten. Die Wanderungen des Anions und Kations erfolgen zumeist mit ungleicher Geschwindigkeit. Das schnellste aller Jonen sei der Wasserstoff, welcher sich mit einer Geschwindigkeit von 0·003 cm bewegt, wenn die Elektroden einen Abstand von 1 cm haben und zwischen denselben eine Potentialdifferenz von 1 V besteht. Der Vortragende berechnet sodann die Kraft, welche nöthig ist, um ein Gramm Wasserstoffionen mit der Geschwindigkeit von 1 cm pro Secunde durch Wasser laufen zu lassen, mit 330.000 Tonnen. Nach Erläuterung des Begriffes der Polarisation schliesst der Vortragende seine Ausführungen mit dem Bemerken, dass er die Theorie der Elektricitätserzeugung aus chemischer Energie und mit ihr auch die Theorie der Polarisation in Detail zum Gegenstande eines der nächsten Vorträge machen wird.

Vorsitzender Dr. Joh. Sahulka resümirte in Kürze die interessantesten Punkte des Vortrages und sprach sodann dem Vortragenden den Dank der Versammlung aus, worauf dieselbe geschlossen wurde. Wir kommen auf diesen Vortrag noch zurück.

22. December. — Sitzung des Redactions-Comités.

22. December. — Vereinsversammlung, abgehalten im Hörsaale des Hofrathes Dr. V. v. Lang, Türkenstrasse 3. — Vorsitzender Prof. Schlenk begrüsst die Versammlung und ersucht den Privat-Docenten Dr. Tuma um Abhaltung des angekündigten Vortrages „Ueber Telegraphie ohne Draht".

Vortragender bespricht zunächst die Hertz'schen Versuche und bringt den Entwicklungsgang der Marconi'schen Erfindung zur Darstellung. Schliesslich bespricht Dr. Tuma seine eigenen Versuche, wobei er sich der bereits im Hefte XXII. Jahrgang 1897. beschriebenen Versuchsanordnung bediente.

Sodann ergriff Ingenieur Eichberg das Wort und würdigte die besonderen Verdienste Marconi's auf Grundlage des Buches von Professor Slaby; speciell wurde auf die von Marconi zuerst angewendeten Verstärkungsdrähte beim Telegraphiren auf grössere Distanzen hingewiesen. Dr. Tuma bemerkte, dass er bereits im Begriffe ist Versuche in grösserem Style auszuführen und sodann dem Vereine über den Einfluss der Verstärkungsdrähte Mittheilung machen wird; bei den Laboratoriumsversuchen musste wegen der geringen Distanz von der Anwendung erwähnter Drähte Abstand genommen werden.

Nachdem der Vorsitzende Herrn Dr. Tuma unter lebhaftem Beifalle den Dank der Versammlung ausgesprochen, wurde die Sitzung geschlossen.

30. December. — XI. Ausschuss-Sitzung.

3. Jänner. — Sitzung des Statuten-Revisions-Comité.

Neue Mitglieder.

Auf Grund statutenmässiger Aufnahme traten dem Vereine die nachstehend genannten Herren als ordentliche Mitglieder bei:

Reinhard Oscar. Elektrotechniker. Wien.

Lang Victor. Edler v., Dr., Hofrath. o. ö. Professor. Wien.

Pilz Eugen. k. k. Ingenieur, Wien.

Ossanna Giovanni. Ingenieur b. Siemens & Halske, Wien.

Pichelmayer Carl, Ober-Ingenieur bei Siemens & Halske, Wien.

Tramway- und Elektricitäts-Gesellschaft Linz - Urfahr.

Ehrenfest Otto. Betriebsleiter der Vereinigten Elektricitäts-Actien-Gesellschaft. Budapest.

Accumulatoren - Werke, System Pollak (Actien-Gesellschaft), Frankfurt a. M.

Grünewald Christof. Geschäftsführer. Meran.

Siegmund Emil. Ingenieur. Meran.

Allgem. Italienische Ausstellung in Turin im Jahre 1898.

(April — October.)

Vom hohen k. k. Handelsministerium geht uns folgende Mittheilung zu: „Für die Elektricitäts-Abtheilung wurde aus dem Ertrage der öffentlichen Subscription, sowie mit den Beiträgen der Handelskammer und Municipalität von Turin eine Prämie unter dem Namen Galileo Ferraris im Betrage von 15.000 Lire ital. festgesetzt, welche demjenigen zuerkannt wird, der in der internationalen Abtheilung für Elektricität bei der Allgemeinen Italienischen Ausstellung in Turin 1898 eine Erfindung, eine Maschine, einen Apparat, oder auch eine Anzahl zusammengehöriger Maschinen und Apparate vorlegen wird, aus welchen sich in der Anwendung der Elektricität für die Industrie ein wichtiger Fortschritt ergibt.

Es werden nur diejenigen Erfindungen in Berücksichtigung gezogen, welche durch Gegenstände vertreten sind, die in der Ausstellung vorliegen und mit welchen praktische Experimente ausgeführt werden können. Alle italienischen sowohl, als auch ausländischen Aussteller haben Anrecht auf diese Prämie, deren Zuerkennung durch die internationale Jury der Ausstellung für Elektricität erfolgt.

Die internationale Jury wird durch das Executive-Comité im Einverständnisse mit der Handelskammer gewählt, sowie auf Vorschlag der leitenden Commission der internationalen Abtheilung für Elektricität vervollständigt."

Indem wir dies hiemit bekannt geben, verweisen wir auf unsere diesbezügliche Mittheilung im Hefte I S. 16. 1898. Die Vereinsleitung.

Die nächste **Vereinsversammlung** findet Mittwoch den 12 d. M. im Vortragssaale des Wissenschaftlichen Club. I. Eschenbachgasse 9. 1. Stock. 7 Uhr abends. statt.

Vortrag des Herrn Ingenieur Ludwig Loos: „Ueber den Diesel-Motor."

Die Vereinsleitung.

Verantwortlicher Redacteur: Dr. J. Sahulka. — Selbstverlag des Elektrotechnischen Vereines.
Commissionsverlag bei Lehmann & Wentzel, Wien. — Alleinige Inseraten-Aufnahme bei Haasenstein & Vogler (Otto Maass) Wien und Prag.
Druck von R. Spies & Co., Wien.

Zeitschrift für Elektrotechnik.

Organ des Elektrotechnischen Vereines in Wien.

Heft 3.   WIEN, 16. Jänner 1898.   XVI. Jahrgang.

Bemerkungen der Redaction: Ein Nachdruck aus dem redactionellen Theile der Zeitschrift ist nur unter der Quellenangabe „Z. f. E. Wien" und bei Originalartikeln überdies nur mit Genehmigung der Redaction gestattet.
Die Einsendung von Originalarbeiten ist erwünscht und werden dieselben nach dem in der Redactionsordnung festgesetzten Tarife honorirt. Die Anzahl der vom Autor eventl. gewünschten Separatabdrücke, welche zum Selbstkostenpreise berechnet werden, wolle stets am Manuscripte bekanntgegeben werden.

INHALT:

Rundschau.

In einem Gutachten, welches Herr Prof. Weber in Zürich über die Gefährlichkeit elektrischer Ströme vor einiger Zeit abstattete und welches auszugsweise in der „E. T. Z." 1897, Heft 40, enthalten ist, kommt derselbe auf Grund zahlreich ausgeführter Versuche zu dem Schlusse, dass das Anfassen zweier Wechselstromleitungen mit beiden Händen Gefahren mit sich bringt, sobald die Spannungsdifferenz zwischen diesen Leitungen 100 V übersteigt. Bei festem Anfassen von zwei Wechselstromleitungen von 50 V Spannungsdifferenz bei 50 Per. mit nassen Händen wurden die Muskeln der Arme und Hände sofort temporär gelähmt; die Drähte konnten nicht losgelassen werden. Die gleiche Wirkung fand bei 90 V Spannungsdifferenz statt, wenn die Hände trocken waren. Prof. Weber machte auch Versuche über die Gefährlichkeit des Anfassens einer Wechselstromleitung, welche gegen Erde eine hohe Spannungsdifferenz hatte und an einem Ende mit der Erde gut leitend verbunden war. Auf feuchtem Kiesboden stehend, konnte Prof. Weber noch die Leitung anfassen, wenn die Spannungsdifferenz gegen Erde 2000 V war, auf feuchtem Lehmboden stehend bis 1300 V; die Schuhe des Beobachters waren in beiden Fällen vollkommen trocken. In dem Rundschau-Artikel der „E. T. Z." 1897, Heft 52, sind vier interessante Fälle mitgetheilt, in welchen beim Anfassen von Leitungen von 115 V alternirender Spannungsdifferenz gegen Erde oder andere Leitungen Arbeiter getödtet wurden. — Die geschilderten Verhältnisse sind in gewissem Sinne analog den Verhältnissen beim Berühren einer Flamme. Man kann gefahrlos die Hand rasch durch eine Flamme durchbewegen, darf sie aber nicht dauernd mit derselben in Berührung lassen; aus diesem Grunde wird man auch Wechselstromleitungen von niederer Spannungsdifferenz ebenso wenig verbieten, wie die Benützung von Gasflammen. Vor dem festen Anfassen von Wechselstromleitungen sollte allerdings in den Sicherheitsvorschriften gewarnt werden. Es ist ja auch möglich, dass gerade in dem Momente des Anfassens ein an die Leitung angeschalteter grösserer Motor oder ein grösserer Lampencomplex abgeschaltet wird. In dem Secundär-Netze entsteht namentlich im extremen Falle temporär eine sehr hohe Spannung, so dass der die Leitung oder beide Leitungen Anfassende einen so heftigen Schlag erhalten kann, dass die Herzbewegung eventuell zum Stillstande kommt und nicht wieder beginnt, falls die Leitungen, welche unterdess wieder niedere Spannungsdifferenz haben, nicht losgelassen werden. Der feuchte Zustand der Hände und namentlich der Schuhe ist dabei auch von wesentlichstem Einflusse. Wollte man die Gefahr vermindern, so könnte man zwischen Secundärleitung des Transformators und Erde einen Widerstand, z. B. eine Lampe, schalten; dieselbe würde keinen Strom verbrauchen und würde zum Ableiten hoher Spannungen gegen Erde dienen. Das beste Schutzmittel ist zu warnen, dass beide Leitungen, oder auch nur eine fest angefasst werden. Bei Berührung einer Hochspannungs-Primärleitung kommt jedenfalls auch die Capacität der Leitung, resp. des ganzen Netzes in Betracht, mit welchem dieselbe in Verbindung steht. In dem Primärnetze hat man ausser den Strömen noch die statische Elektricität zu beachten, welche entsprechend der Capacität des Netzes und der jeweiligen Spannungsdifferenz in den Leitungen ebenso wie auf den Belegungen eines Condensators angesammelt ist. Ein grosser Theil dieser statischen Elektricitätsmenge, deren Potential sich periodisch ändert, ist frei und kann durch den die Leitung Anfassenden zur Erde abgeleitet werden, auch wenn das ganze Netz ausgezeichnet isolirt ist. Wie man sich durch eine einfache Rechnung überzeugt, ist bei ausgedehnten Hochspannungs-Primärnetzen der Energiewerth der Entladung der statischen Elektricität gegen Erde ein beträchtlicher; dies ist auch ein Grund, warum das Berühren von Primärleitungen gefährlich ist. Feuchte Schuhe und feuchter Boden werden die Gefahr ausserordentlich vergrössern; ein trockener Cementboden und trockene Schuhe schliessen dieselbe nahezu ebenso aus, wie die Benützung eines auf Porzellan-Isolatoren gestellten Podiums.

In der Marconi'schen Telegraphie ohne Draht ist eine Neuerung zu verzeichnen, die in der Anwendung des neuen Righi'schen Cohärers besteht, der im vierten Hefte beschrieben wird. (R. Acc. dei Lincei Vol. VI, pag. 245.) Es sei hier eine ähnliche Versuchsanordnung erwähnt, welche schon vor Jahren bei Demonstration der Hertz'schen Versuche angewendet wurde. Herz benützte bekanntlich als Sender einen Ruhmkorff'schen Apparat, dessen Elektroden in geringem Luftabstande in der Brennlinie eines Parabolspiegels angebracht waren. Die erzeugten elektrischen Wellen wurden von einem zweiten Parabolspiegel aufgefangen, in dessen Brennlinie zwei mit Kugeln versehene Drähte in sehr geringem Luftabstande angebracht waren. Zwischen den Kugeln wurde ein Fünkchen sichtbar, wenn elektrische Wellen zum Empfänger gelangten. Herz in

Boltzmann (Wied. Annal., Bd. 46. pag. 399. 1890) hat die durch die kleinen Fünkchen bewirkte Leitungsfähigkeit der Funkenstrecke benützt, um ein Elektroskop mit Hilfe einer Trockensäule zu laden; in den Stromkreis der Säule war die Funkenstrecke und ein Elektroskop eingeschaltet. Während die Fünkchen nur von wenigen Beobachtern gesehen werden konnten, war die Ablenkung des Elektroskopes einem ganzen Auditorium sichtbar. Zehnder (Wied. Annal., Bd. 47. pag. 77. 1892) hat auf Veranlassung von Prof. Warburg die feinen Funken dadurch sichtbar gemacht, dass er durch dieselben die Entladung einer Accumulatoren-Batterie von hoher Spannung in einer Geissler'schen Röhre einleitete. Marconi wählte als Empfänger einen Branly'schen Cohärer, welcher in den Stromkreis eines Relais eingeschaltet ist. So oft Wellen ankommen, wird die Leitungsfähigkeit des Cohärers eine gute und das Relais gibt Zeichen; nach jeder Zeichengebung muss der Cohärer erschüttert werden. Die Empfindlichkeit des Marconi'schen Empfängers ist so gross, dass die Parabolspiegel fortgelassen, und die Distanz zwischen Sender und Empfänger in ungeahnter Weise vergrössert werden konnte, insbesondere, wenn die Elektroden des Senders und die Elektroden des Cohärers mit langen verticalen Drähten versehen wurden, wie dies bei den Versuchen der Fall war. Die beim Sender angebrachten Drähte dienen ebenso wie die von Hertz benützten Staniolbleche zur Verstärkung der ausgesendeten Wellen, die beim Empfänger angebrachten ersetzen einen grossen Auffangspiegel und vergrössern dadurch die Empfindlichkeit des Empfängers. Durch das Fortlassen der Parabolspiegel und durch die Benützung der langen Fangdrähte ergibt sich allerdings der Nachtheil, dass die Wellen sich nach allen Richtungen im Raume ausbreiten, und jeder, der einen Sender besitzt, die Nachrichtengebung stören kann. Der Righi'sche Cohärer, welcher nun statt des Branly'schen benützt wurde, besteht im Principe aus einer kleinen Geissler'schen Röhre, deren drahtförmige Elektroden beinahe zusammenstossen. Die Geissler'sche Röhre ist gleichzeitig mit einem Relais in den Stromkreis einer hochvoltigen Batterie geschaltet. Die Versuchsanordnung ist dadurch wieder der früher bei Demonstration der Hertz'schen Versuche angewandten ähnlicher geworden. Wenn man wird vermeiden wollen, dass sich die elektrischen Wellen nach allen Richtungen des Raumes ausbreiten, wird man vielleicht auch auf die Hertz'schen Spiegel, bezw. auf Spiegel, wie sie bei Scheinwerfern üblich sind, zurückgreifen müssen. In diesem Falle dürfte es auch nicht nothwendig sein, die Elektroden des Senders und Empfängers mit so langen Fangdrähten zu versehen, wie dies bisher nothwendig war. Ist jedoch das Anbringen der Fangdrähte unbedingt nothwendig, so ist auch die Ausbreitung der Wellen nach allen Richtungen des Raumes unvermeidlich. Die Hoffnungen, welche gegenwärtig auf Anwendung der Marconi'schen Telegraphie gesetzt werden, sind wohl sehr optimistisch — hofft man doch sogar über den Ocean telegraphiren zu können. Dies wird wohl nicht möglich sein, da sich die Wellen geradlinig fortpflanzen und von einer grösseren Wasserschichte absorbirt werden. Es ist ja genug bewundernswerth, dass Distanzen bis 30 km überwunden werden konnten, wie dies bei den Versuchen der Fall war.

In der „E. T. Z." 1897, Heft 52 veröffentlichte Fischer-Hinnen seine Methode zur Vermeidung der Funkenbildung an Gleichstrom-Maschinen, welche in

der Anbringung einer Compound-Wickelung am Feldmagneten besteht und den Zweck hat, Hilfspole in der neutralen Zone zu erzeugen. Steinmetz veröffentlichte in den letzten Nummern dieser Zeitschrift einen Aufsatz über Inductions-Motoren, welche mit ein- oder mehrphasigen Strömen betrieben werden. — Im „Street Railway Journal" ist im 1897. Nr. 12 ein interessanter Aufsatz über den Bau einiger elektrischer Strassenbahnlinien mit unterirdischer Stromzuführung der Metropolitan Street Railway-Co. in New-York enthalten, welche ihre gesammten Linien von zusammen 228 engl. Meilen Geleislänge auf elektrischen Betrieb umgestalten wird. Trotz der grossen Schwierigkeiten, die wegen des Verkehres und der vielen zu verlegenden Rohrleitungen zu überwinden waren, wurden die einzelnen gegenwärtig ausgeführten Theilstrecken in 10—14 Tagen vollendet. Vorläufig sind in zwei Stationen 4 bezw. 3 Dynamos von 850 KW Leistung aufgestellt. Die grosse Centralstation für eine Leistung von 70.000 PS wird in der Stadt errichtet; daselbst werden 87 Kessel von normal 500 PS Leistung aufgestellt. 11 verticale Compound-Dampfmaschinen werden mit Dynamos direct gekuppelt sein; die Leistung jeder Dampfmaschine wird normal 4000, maximal 6800 PS sein. Der in der Centrale erzeugte Mehrphasenstrom von 6000 V wird in Unterstationen in Gleichstrom von 550 V transformirt und zu den Bahnlinien geleitet werden. — Prof. Arno in Turin zeigte („Electrician" 1897, Nr. 1022), dass einphasige Inductions-Motoren so construirt sein können, dass sie bei Ertheilung eines kleinen Impulses in beliebiger Richtung ohne Belastung angehen. Stromverzweigung und Benützung von Flüssigkeits-Condensatoren ist daher nicht nothwendig. Die Versuche wurden bei 42 Perioden mit einem 12, 25 und 110 PS Motor ausgeführt; die ersteren waren an 110 V, der letzte an 300 V angeschlossen. In den neuesten Hefte des „Electrician" ist die elektrische Locomotive von Patten beschrieben. — Eine neue verbesserte Form des Laland'schen Zink-Kupferoxyd-Elementes ist im „Electricien" 1897, XIV., Nr. 365, beschrieben. Im Journal Télégraphique XXI, Nr. 11, 1897 sind alle unterseeischen Kabel der Welt angeführt; bei jedem ist das Jahr beigefügt, in welchem dasselbe gelegt wurde, die Zahl der Leiter, die Länge in Kilometern und Seemeilen und die Bestimmung des Kabels.   S.

Elektrische Kraftübertragung im Bergbau.

Constructionen der Firma Siemens & Halske.

Im Bergbau werden bedeutende Arbeitsleistungen für das Heben der Wasser, für die Förderung und für den Betrieb der mannigfaltigen Hilfsmaschinen über und unter Tage und vor Ort erfordert. Die Stellen, wo die Kraft verbraucht wird, liegen im allgemeinen in grösserer Entfernung von einander und zum Theil unter Tage. Die nöthige Kraft wird in der Regel über Tage erzeugt und von dort den verschiedenen Verbrauchsstellen zugeführt. Zur Uebertragung der Kraft diente früher fast ausschliesslich der Dampf, später traten Druckluft und Druckwasser hinzu, in neuester Zeit gewinnt die Elektricität immer ausgedehntere Anwendung. Um sich von der rapiden Ausdehnung der elektrischen Antriebe von Bergwerksmaschinen zu machen, vergegenwärtige man sich, dass in Amerika im Juli des Jahres 1888 der erste elektrische Förderhaspel aufgestellt, im Herbst 1896 allein in den Rocky mountains gegen 20.000 PS in Bergwerken installirt

waren. Die erheblichen Vortheile des elektrischen Betriebes, welche diese rasche Verbreitung in einer Zeit-
epoche zur Folge hatten, in welcher noch mit erheblichen Schwierigkeiten namentlich bezüglich der Specialmaschinen und demnach auch mit manchen Misserfolgen
zu kämpfen war, werden am besten klar werden, wenn
man sich vergegenwärtigt, welche charakteristischen
Eigenschaften, welche specifischen Vortheile und Nachtheile die verschiedenartigen Kraftübertragungssysteme
besitzen. Zwei Fragen stehen dabei im Vordergrund:
erstens die Frage: „wie gross ist der Wirkungsgrad
des Systems, d. h. welche Verluste sind mit der Umformung der Kraft verbunden?" — zweitens die Frage:
„welche Schwierigkeiten bieten die zur Uebertragung
der Kraft dienenden Leitungen?"

Es ist nicht Brauch, die Güte einer **Dampfmaschine** durch Angabe des Wirkungsgrades zu
kennzeichnen, man giebt vielmehr den Dampfverbrauch
pro Pferdestärke an. Dieser hängt wesentlich davon ab,
wie gross die Maschine und wie sie gebaut ist, ob mit
ein-, zwei- oder
dreifacher Expan-
sion, ob mit oder
ohne Condensation.
Im Bergbau findet
man sowohl über
Tage zum Betriebe
der Aufbereitungen
und ähnlicher An-
lagen, in denen die
gewonnenen Mate-
rialien weiter ver-
arbeitet werden,
wie auch unter Tage
meistens Eincylin-
der-Dampfmaschi-
nen von nur mäs-
siger Grösse und oft
ohne Condensation.
Der Dampfver-
brauch solcher Ma-
schinen bewegt sich
in den Grenzen
15 bis 25 *kg* pro
eff. PS, beträgt also
ungefähr das zwei-
bis dreifache des
Dampfverbrauches einer den Betrieb centralisirenden
Dampfmaschine mit Condensation, wie sie bei elektrischer Kraftübertragung verwendet werden könnte.
In den Dampfrohrleitungen, die in ausgedehnten Gruben-
betrieben sehr bedeutende Länge haben müssen, treten,
selbst wenn der Wärmeschutz auf's sorgfältigste durchgeführt ist, wesentliche Verluste auf. Bei schlechten
Rohrleitungen, wie man sie gar nicht selten antrifft,
betragen diese Verluste 30 ja 40 Procent. Die hohe
Temperatur des Dampfes bewirkt eine Längenausdehnung der Rohrleitungen, der zwar durch Einfügung
von dehnbaren Stücken, in der Regel Stopfbüchsen,
begegnet wird, die aber stets eine Quelle von Störungen
bildet und ausserdem eine kostspielige Verankerung
der Leitung an vielen Stellen bedingt. Man zieht es
deshalb in manchen Fällen sogar vor, die Leitungen
beständig unter Dampf stehen zu lassen, auch wenn die
angeschlossenen Dampfmaschinen nicht arbeiten; dann
fallen aber die Condensationsverluste bei der Oekonomie
der Anlage beträchtlich ins Gewicht. Die Wärme der

Dampfleitungen bringt ferner eine Temperatursteigerung
der unterirdischen Strecken und Räume mit sich, die
der Gesundheit der Arbeiter nachtheilig ist, auch ein
schnelleres Verderben der Grubenhölzer herbeiführt
und den Zug der Grubenwetter störend zu beeinflussen
vermag.

Bei **Druckluft**-Generatoren und Motoren kommt
das bekannte physikalische Gesetz, dass beim Comprimiren von Luft Wärme frei, beim Expandiren von
Luft Wärme gebunden wird, störend zur Geltung. Die
in den Compressoren der Druckluftgeneratoren frei
werdende Wärme wird durch die Cylinderwandungen
an die umgebende Luft abgegeben und das bedeutet
einen Energieverlust. Umgekehrt entziehen die Wandungen von Druckluftmotoren, wenn in ihnen Expansion
stattfindet, der Umgebung Wärme und rufen dadurch
eine Temperaturerniedrigung hervor, die selbst Eisbildung im Gefolge haben kann. Man hat versucht,
diesen Uebelständen durch mehrstufige Compression
und Expansion sowie durch künstliche Wärme-Zufuhr
und Abfuhr zu be-
gegnen; diese Ope-
rationen bedingen
aber complicirte
Maschinen, wie man
sie vielleicht in der
Centrale über Tage
anstellen kann,
aber nicht für die
vielen kleinen
Kraftverbrauchs-
stellen unter Tage.
Man kann sich hier
allerdings dadurch
helfen, dass man
die Druckluftmo-
toren mit Vollfül-
lung arbeiten lässt,
wodurch eine Ex-
pansion und damit
Eisbildung vermie-
den wird, doch muss
man sich dann mit
einem Wirkungs-
grade der Anlage
von höchstens 40
bis 50 Procent be-

Fig. 1.

gnügen. Die zur Fortleitung der Druckluft dienenden
Rohrleitungen müssen sehr sorgfältig verlegt werden,
denn schon kleine Undichtheiten, die sich nur
schwer auffinden und beseitigen lassen, verursachen
grosse Verluste an Druckluft. Einen Vortheil hat aber
der Druckluftbetrieb vor anderen Betrieben voraus, er
lässt ohne besondere Vorkehrungen durch die Abluft
gute Wetter erreichen, ein Vortheil, der besonders bei
Arbeiten vor Ort geschätzt wird; doch darf nicht unbemerkt bleiben, dass die mit Druckluft betriebene
Ventilation gerade dann, wenn sie am nöthigsten ist,
nämlich unmittelbar nach den Schüssen, fehlen würde,
wenn man nicht die comprimirte Luft eigens zu diesem
Zwecke ausströmen lässt.

Kraftübertragungen mit **Druckwasser** können
einen einigermassen guten Wirkungsgrad erreichen, wenn
die Belastung der Anlage immer die gleiche ist. Dieser
Fall tritt jedoch nur ziemlich selten ein, höchstens bei
einer Einzelübertragung zu einer Wasserhaltungsmaschine;
in der Regel sind verschiedene Motoren mit Kraft zu

versorgen, die bald mehr, bald weniger belastet laufen. Druckwassermotoren besitzen aber, wenn sie, wie üblich, als Kolbenmotoren gebaut sind, einen umso schlechteren Wirkungsgrad, je mehr ihre Belastung unter die normale sinkt, da zur Verminderung der Arbeitsleistung ein Theil des Druckes abgedrosselt werden muss. Die Rohrleitungen für Druckwasser müssen nicht minder sorgfältig verlegt werden wie Leitungen für Druckluft. Ein wesentlicher Nachtheil ist das verhältnismässig grosse Gewicht des Wassers; wird die Wasserentnahme an einer Stelle plötzlich eingestellt, so bringt die lebendige Kraft der bewegten Wassermassen Stösse hervor, deren schädliche Wirkung durch Windkessel wohl vermindert, aber nicht ganz aufgehoben werden kann. So mancher Rohrbruch ist hierauf zurückzuführen. In Strecken, die nicht nach dem Schachte zu fallen, bereitet das Fortschaffen der Abwasser Schwierigkeiten, es müssen besondere Pumpen aufgestellt werden, um die Abwasser zur Wasserhaltung zu heben. Hiernach ist es erklärlich, weshalb man Druckwasseranlagen im Bergbau nur vereinzelt antrifft.

Die **elektrische Kraftübertragung** besitzt den grossen Vorzug, dass ihr Wirkungsgrad immer in annehmbaren Grenzen bleibt, mögen grosse Motoren oder kleine angeschlossen, mögen die Motoren stark oder schwach belastet sein. Im Durchschnitt wird man auf einen Wirkungsgrad von 75 Procent rechnen können, bei Uebertragung grosser Kräfte auf 80 Procent und darüber. Wenngleich die an den Motoren in den meisten Fällen erforderlichen Vorgelege den Nutzeffect etwas verringern, so werden die mit Dampf, Druckluft oder

Druckwasser erreichbaren Wirkungsgrade doch stets erheblich übertroffen. Leichte Umsteuerbarkeit, geringer Raumbedarf und verhältnismässig geringes Gewicht sind charakteristische Eigenschaften des Elektromotors, die ihn für Bergbauzwecke ganz besonders empfehlen. Die zu elektrischer Kraftübertragung dienenden Leitungen lassen sich bequem verlegen und haben vor den Leitungen aller anderen Kraftübertragungssysteme namentlich noch den Vortheil voraus, dass sie leicht beweglich und sehr biegsam sind. Um diesen Vorzug recht zu schätzen, muss man sich vergegenwärtigen, welche Wichtigkeit es im Bergbaubetriebe hat, an jeder Stelle unter Tage die Vortheile maschinellen Betriebes benutzen zu können. Mit elektrischer Kraftübertragung ist zugleich die Möglichkeit gegeben, die Räume unter Tage elektrisch zu beleuchten; dies ist für die Maschinenkammern, die Anschlagörter und die Hauptförderstrecken von besonderem Werth, denn die elektrische Beleuchtung erleichtert die Aufsicht und bringt vor allem eine bedeutend grössere Sicherheit für Menschenleben mit sich. Auch gibt es Fälle, in denen die Verhältnisse so liegen, dass mit dem System elektrischer Kraftübertragung überhaupt kein anderes erfolgreich concurriren kann. Wenn in ausgedehnten Grubenfeldern an jeder Stelle Kraft zur Verfügung stehen soll, ist elektrische Kraftübertragung allein rationell. Vor allem aber gehören hierher die Fälle, wo eine etwas entfernt liegende Wasserkraft für den Bergbaubetrieb nutzbar gemacht, oder wo ein ganzes Revier von einer Stelle aus mit Kraft versorgt werden soll; bei den dann in der Regel in Frage kommenden Ent-

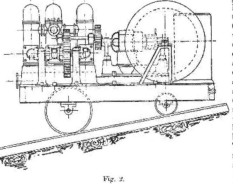

Fig. 2.

Fig. 3.

fernungen ist Elektricität das einzige Mittel, um die Kraft ohne grosse Verluste zu übertragen.

Was nun die Arbeiten, die im Bergbau mit Maschinenkraft zu leisten sind, betrifft, so lassen sich dieselben in folgende fünf Gruppen eintheilen:

1. Hebung der Wasser — Hauptwasserhaltung und örtliche Wasserhaltungen,

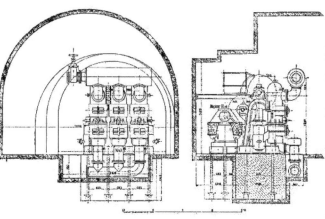

Zubringerpumpen. Abteufpumpen.

2. Einbringen guter Wetter — Hauptventilator und örtliche Bewetterung.

3. Förderung — Haspel für einfallende Strecken. Streckenförderung mit Seil-, Ketten- oder Locomotivbetrieb, Schachtförderung mit Fördermaschinen. Transport überTage. Aufzüge. Schiebebühnen.

Fig. 4.

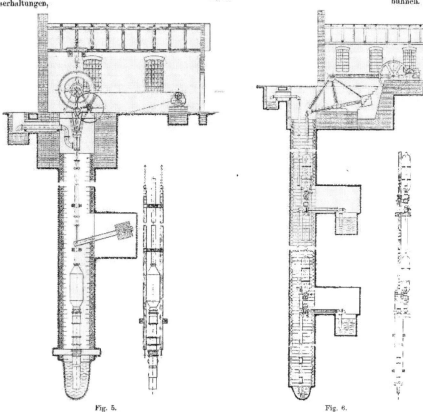

Fig. 5.

Fig. 6.

4. Arbeiten vor Ort — Bohrmaschinen, Schrämmmaschinen.

5. Weiterverarbeitung der gewonnenen Materialien über Tage — Sortirung, Aufbereitungen, Zerkleinerung. u. s. w. Alle unter diese Gruppe fallenden Specialmaschinen können von Elektromotoren betrieben werden; um den elektromotorischen Antrieb aber so zweckmässig als möglich zu gestalten, bedarf es sorgfältiger Berücksichtigung der Construction und Arbeitsweise der einzelnen Bergwerksmaschinen. Die Firma Siemens & Halske hat sich die Lösung der zahlreichen eigenartigen Aufgaben, die dem Constructeur hier gestellt werden, besonders angelegen sein lassen. Die nachstehend zusammengestellten Abbildungen und Skizzen zeigen eine Reihe von bereits in der Praxis bewährten Constructionen; ein Theil derselben rührt von Charlottenburger Werk der Firma her, welches dabei von Firmen mit grosser Erfahrung im Bau von Bergwerkmaschinen, namentlich der Firma C. Hoppe, Berlin, wirksam unterstützt worden ist.

Bei **Hebung des Wassers** handelt es sich im wesentlichen darum, das Wasser mittelst Gesenk- oder fahrbarer Pumpen auf den Horizont der Schachtwasserhaltung zu heben und von dort zu Tage zu fördern. Die Motoren müssen hierbei gegen die nachtheiligen Einwirkungen der Feuchtigkeit geschützt werden, auch ist die ganze Anordnung wegen des meistens unter Tags nur beschränkten Raumes so compact wie möglich auszuführen. Soweit Centrifugalpumpen verwendet werden, gestaltet sich der Antrieb mittelst Elektromotoren äusserst einfach, da infolge der hohen Tourenzahl der Antrieb direct erfolgen kann. Eine solche Anordnung, welche im Zieglerschacht zu Nürschan bei Pilsen Verwendung findet, zeigt Figur 1. Auf einem fahrbaren Gestell sind eine DoppelCentrifugalpumpe mit direct gekuppeltem Elektromotor sowie der Anlasser mit Schutzkasten montirt. Die Stromzuführung geschieht durch ein bewegliches Kabel. Diese fahrbare Pumpe findet besonders beim Vortreiben einfallender Strecken mit Vortheil Verwendung. Dadurch, dass das Lager zwischen Motor und Pumpe weggelassen wird, kann die Gesammtanordnung noch compendiöser gestaltet werden. Für höheren Kraftbedarf werden dann Rotations- und Kolbenpumpen, beide auch fahrbar, ausgeführt, erstere mit einfachem, letztere eventuell mit doppeltem Vorgelege. Die Anbringung eines Vorgeleges zwischen Elektromotor und Pumpenwelle bereitet zwar insofern einige Schwierigkeit, als das vom Vorgelege verursachte Geräusch ein Verfolgen des Ganges der Pumpenventile mit dem Gehör nicht hindern darf. Man kann dieser Bedingung jedoch durch Anfertigung des kleinen Rades aus Rohhaut und sauberes Fräsen des schnellaufenden Rades auf der Motorachse genügen. Eine fahrbare Kolbenpumpe, bei welcher Motor, Anlasser und Kabeltrommel auf einem fahrbaren Gestell montirt sind, zeigt Figur 2. Die Pumpe wird beim Vortreiben einer Strecke mit einem Flaschenzuge gesenkt, wobei das Kabel entsprechend dem Vorschreiten abgewickelt und am First befestigt wird. Ausgeführt ist diese Anordnung z. B. im Fürstin Pauline-Schacht der Hohenlohe-Hütte bei Kattowitz, Pr. S. Ausser diesen für Gesenke fahrbar montirten Abteufpumpen, finden auch solche für verticale Schächte Verwendung, welche alsdann an Ketten aufgehangen, je nach Bedarf mittelst Haspels gehoben und gesenkt werden können. Eine Wasserhaltung eine

horizontale Drillingspumpe für eine Förderung von 1·8 m³ Wasser pro Minute bei 40 m Druckhöhe mit elektrischem Antriebe, welche im Kohlenwerk Kalkgrube in Steiermark arbeitet, wird durch Fig. 3 dargestellt, welche den Kurbelwellenantrieb durch zweifaches Vorgelege, sowie das auf der Achse des Gleichstrom-Motors sitzende Triebrad aus Rohhaut bestens erkennen lässt. Eine verticale Triplexpumpe, ausgeführt im Zieglerschacht zu Nürschan bei Pilsen, zeigt die folgende Skizze (Fig. 4). Bei der durch den sehr beschränkten Raum bedingten gedrungenen Bauart ist dieselbe imstande, 3 m³ Wasser pro Minute auf 60 m Höhe zu fördern. Die vom Motor abgegebene Leistung beträgt somit ungefähr 60 PS. Die vorstehenden zwei Abbildungen geben Darstellungen von Gestängepumpen mit elektrischem Antriebe. Bei diesen ist zufolge der geringen Hubzahl das Umsetzungsverhältnis ein sehr grosses, für die Aufstellung aber ist, weil über Tags, mehr Raum zur Verfügung. Bei ersterer (Fig. 5) treibt ein Elektromotor von 75 PS Leistung mit Riemen und Vorgelege einen Rittingersatz an; das vom Motor zu bewegende Steigrohr ist, wie die Figur schematisch zeigt, durch ein entsprechendes Gegengewicht ausbalancirt, bei der zweiten Anordnung, Fig. 6. erhalten zwei Drucksätze, sowie ein Saugsatz durch Gestänge und Hauptkreuz Antrieb von einer Kurbelwelle aus, die ihrerseits von einem 80pferdigen Elektromotor durch Räder angetrieben wird. Beide Gestängepumpen sind in der Ashio Mine in Japan zur Ausführung gebracht.

Was das Verhältnis des Kraftbedarfes der Wasserhaltungen zu dem Gesammtkraftbedarf bei elektrischen Betrieben betrifft, so sei erwähnt, dass während man kleinere Wasserhaltungen von nicht mehr als etwa 50 PS im allgemeinen ohne weiteres an das elektrische Vertheilungsnetz der Grube anschliessen kann, bei grösseren Wasserhaltungen verschiedene Gründe dafür sprechen, sie durch eigene Primärmaschinen betreiben zu lassen. Das Ein- und Ausschalten sehr grosser Motoren und starke Veränderungen ihrer Tourenzahl würde zu unliebsamen Spannungsschwankungen im Vertheilungsnetze führen. Betreibt man den Motor der Wasserhaltung von einer eigenen Primärmaschine aus, so kommen alle Anlassvorrichtungen in Fortfall, da der Motor stets gleichzeitig mit der Primärmaschine anläuft und still gestellt wird. Bei Verwendung von Drehstrom hat man den weiteren Vortheil, dass man auch für die grössten Leistungen Motoren mit Kurzschlussanker benutzen kann. Endlich ist die Aufstellung einer eigenen Primärmaschine für die Wasserhaltung in dem Falle von besonderem grossem Werthe, wenn daneben für die übrigen Betriebe eine oder mehrere Primärmaschinen gleicher Grösse vorhanden sind, denn man kann dann im Nothfalle jederzeit eine dieser Maschinen als Reserve für den Antrieb der Wasserhaltung benutzen. Es knüpft sich hieran die naheliegende, in seiner Wichtigkeit bisher noch nicht recht gewürdigte Gedanke, überall da, wo man elektrische Kraftübertragung in den Grubenbetrieb einführt, eine entsprechend grosse Reserve-Wasserhaltung mit elektrischem Antriebe vorzusehen, auf die man bei plötzlich eintretenden grossen Wassereinbrüchen die ganze Primäranlage unter Einstellung der anderen elektrischen Betriebe arbeiten lässt.

(Fortsetzung folgt.)

Telegraphie ohne Draht.
— Eine Studie. —
Von k. k. Ober-Ingenieur **J. Mattausch.**

Im Spätherbst des Jahres 1885 habe ich am Schlusse einer Abhandlung über Accumulatoren, bezüglich ihrer Verwendbarkeit zum Betriebe von Arbeitsstromlinien, das Folgende bemerkt:

„Dem Ziele sind wir aber gerade noch so ferne, als der Telegraphie ohne jede Luftleitung. Auch diese, heute noch paradoxe Idee ist ihrer Realisirung sicher.

So gut als es Graham Bell gelungen ist, Schallwellen auf dem Wege des Lichtes zu transportiren, wird es gelingen, die Elektricität auf gleichem Wege fortzupflanzen, so gut wie in einem Kupferdraht. Vielleicht erleben wir das noch Alle! —" *)

Die Idee, Elektricität auf dem Wege des Lichtes fortzupflanzen, ward in mir beim Studium des Bell'schen Photophons angeregt. Bei diesem Apparate werden bekanntlich Lichtstrahlen von einem Planspiegel aufgefangen, und durch eine Linse auf ein Spiegeldiaphragma concentrirt, welches auf der Rückseite mit einem Mundstück versehen ist. Wird in dieses Mundstück hineingesprochen, so geräth das Diaphragma in Vibrationen, wodurch entsprechende Schwingungen in dem reflectirten Lichte hervorgerufen werden. Das in dieser Weise afficirte Licht wird durch eine Zerstreuungslinse gesendet und in dem Focus eines parabolischen Hohlspiegels gesammelt. Wird in den Brennpunkt desselben eine Selenzelle gebracht, so setzt diese die Oscillationen der Lichtintensität in Schwingungen der Stromstärke eines Stromkreises um, in welchem ein Telephon geschaltet ist, sozwar, dass in diesem alles in das Mundstück des Spiegeldiaphragmas Gesprochene deutlich vernommen wird. Es sind die erregenden Schallwellen in Oscillationen des Lichtes, diese in Schwingungen der Stromstärke, und diese wieder auf bekannte Weise in Schwingungen der Telephonmembran — in Schall umgewandelt worden.

Auf diese Art konnte Bell bis auf 213 m sprechen. Ueber die Erklärung des eben beschriebenen Vorganges haben verschiedene Ansichten geherrscht. Nach Preece sind es nicht die Vibrationen des intermittirenden Lichtstrahles, sondern Luftundulationen, welche den Ton erzeugen.

Bell hat aber in einem Vortrage der American association for advancement of science am 27. August 1880 nachgewiesen, dass die hörbaren Schallwellen aus der Expansion und Contraction des der Lichtstrahlwirkung ausgesetzten Materiales resultiren. Ich dachte nun, wenn es möglich ist, dass Licht die schwerfälligen Oscillationen des Schalles annehmen kann, so müsste es die nahezu identischen Schwingungen der Elektricität noch viel sicherer annehmen. Die grossartigen Versuche von Hertz haben dies bestätigt.

Die Anwendung der Hertz'schen Theorien zur Funkentelegraphie ist der geringste Erfolg; den sie anfzuweisen haben, viel grossartiger sind die Folgerungen hinsichtlich der Eigenschaften des allen Raum erfüllenden Aethers, seiner Flüssigkeit, Licht und Elektricität in Wellen von fast gleicher Geschwindigkeit fortzupflanzen.

Es gibt keinen horror vacui mehr, welcher der Natur angedichtet wurde; wo sonst nichts mehr zu denken war, als die endlose Leere, da haben wir mit aller Gewissheit die Existenz des Aethers erwiesen.

Ich setze nunmehr die Kenntnis des Marconi'schen Principes der Telegraphie ohne Draht voraus, nachdem dieselbe schon so ausführlich in den verschiedenen Fachschriften beschrieben erscheint.

Seit dem ersten Versuche unter Marconi's Leitung im Gebäude des Marineministeriums in Rom, bei welchem vorläufig zwischen dem ersten und dritten Stockwerke dieses Gebäudes ein telegraphischer Verkehr stattfand, sind bei Spezzia (vom 14.—18. Juli 1897) Versuche gemacht worden, welche selbst dann noch gelungen sind, als man den Empfänger auf einem Schiffe, hart in der Nähe einer 11 cm dicken Panzerwand brachte, und derselbe vollständig von metallischen Massen (Panzer, Brücken, Geschosse etc.) umgeben war.

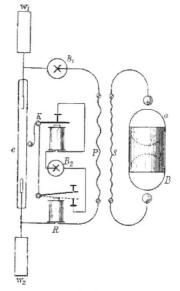

Fig. 1.

Die Entfernung, auf welche mit dem Apparate gesprochen werden konnte, war abhängig von der Configuration des zwischenliegenden Terrains, welches sich zwischen dem Schiffe und dem elektrischen Laboratorium von Sct. Bartolomeo befand, und betrug 7480 m.

Fortgesetzte Versuche von Prof. Slaby in Berlin machten es möglich, bis auf 21 km zwischen Schöneberg und Rangsdorf zu verkehren. („Zeitschrift für Elektrotechnik", Heft XXII ex 1897.)

Im gegenwärtigen Stadium der Versuche, bei denen schon die verschiedensten Formen des Empfängers im Gebrauche sind, hat keine Frage mehr Interesse als die:

„Wie weit wird es möglich sein, sich mit der Funkentelegraphie zu verständigen?"

Es wurde bereits constatirt, dass dieses von der Länge der Fangdrähte (Resonatoren) der Empfänger abhängt und dass pro Meter Fangdraht 500 m

---

*) Siehe Küstner's Telegraphenkalender 1886.

Länge der Uebertragbarkeit, bei unreiner Luft sogar nur 250 *m* resultiren.

Dieses Verhältnis begrenzt die Entfernung, weil die Fangdrähte solche Dimensionen erlangen, dass sie in das Bereich fremder Einflüsse gerathen. „Wenn es möglich wird, die ersten vom Oscillator ausgehenden, in weitester Entfernung aufgefangenen Wellen zu benützen, um mit denselben an der Auffangstelle neuerlich einen gleichartigen Oscillator in Thätigkeit zu bringen, welcher Funken derselben Art erzeugt, so ist eine Vorrichtung geschaffen, welche es gestattet, auf ganz beliebige Entfernungen zu verkehren — ein **Translator für Funkentelegraphie.**"

Dieser Translator ist leicht zu construiren.

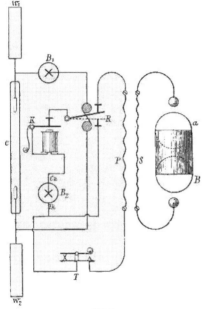

Fig. 2.

Er wird durch eine Umformung des bisherigen Empfängers erhalten, wenn wir den Cohärer in den primären Kreis eines Righi'schen Radiators schalten, und ihm die Aufgabe geben, die vom entfernten Geber angelangten Wellen aufzufangen und in der secundären Spirale den Funkenübergang zu erregen, den zugehörigen Oscillator in die vollkommen gleiche Thätigkeit mit dem Geber der Ursprungsstation zu versetzen — also die angelangten Signale weiter zu geben. Es müsste also möglich sein, mit einem derartig functionirenden Translator auf die doppelte Entfernung zu verkehren.

Auch können mehrere Translatoren nacheinander in gleicher Weise aufgestellt werden.

In der vorstehenden Skizze Fig. 1 sind die Theile des so entworfenen Translators, ihrem Wesen nach aus den vielen Beschreibungen bekannt, folgenderweise bezeichnet: W_1 W_2 die beiden Resonatoren; C das

Röhrchen des Cohärers (Frittröhrchen). R ein empfindliches Relais zum Ablesen der Zeichen (Dosenrelais Siemens-Halske), geschaltet im Stromkreise der Batterie B_1; K der Klopfer im Stromkreise der Batterie B_2, P die primäre Spirale des Radiators, S die secundäre desselben, A B die Messingkugeln des Oscillators in einer mit Vaselin gefüllten Röhre.

Die obbeschriebene Function dieser Theile des Translators ist erklärlich. Nach einer solchen Herstellung zu schaffen, in welcher Geber und Empfänger vereinigt erscheinen, um **als End- und Mittelstation** für beide Zwecke zu dienen.

In Fig. 2 tragen die analogen Theile die gleiche Bezeichnung. Ihre Function ist die folgende:

Eine ankommende Welle trifft den Cohärer. Es schliesst sich die Batterie B_1, infolgedessen das Relais R die Zeichen gibt und die Klopferbatterie B_2 in Thätigkeit setzt. Der Weg über den Taster T ist offen, der Oscillator in Ruhe. Wird beabsichtigt, Zeichen nach irgend einer Richtung, gegen welche der Oscillator gestellt wird, zu entsenden, so wird der Taster benützt. Es gelangt von der Batterie B_3 (Zk) der Strom in die Primärspirale P, über den in der Ruhelage befindlichen Hebel des Relais R, durch die Spule des Klopfers zurück zum zweiten Pole (Cu), wodurch der Oscillator und der Klopfer in Thätigkeit versetzt werden. Durch die Thätigkeit des Klopfers wird der Cohärer empfangsfähig erhalten.

Als Geberbatterie kann auch eine separate Gruppe aufgestellt werden, nur muss die Verbindung, wie angedeutet, durch den Klopfer erfolgen.

Ich halte den Translator und die Mittelstation für so einfach, dass ein Versuch mit beiden gelingen müsste.

Est ist möglich, dass beim Geben in einer Mittelstation der eigene Cohärer mitfunctionirt, da er im Bereiche des Oscillators ist — in diesem Falle würden am Relais die eigenen Zeichen erscheinen, wie in Ruhestromleitungen. Dieses Mitlesen ist erwünscht, weil es eine Controle der eigenen abgegebenen Zeichen ermöglicht. Auch aus diesem Grunde muss ein gleichzeitiges Erschüttern des Cohärers erfolgen. — Mögen die erläuterten Principien in dieser oder einer anderen Form ihre praktische Erprobung erfahren!

KLEINE MITTHEILUNGEN.

Verschiedenes.

Eine neue Beleuchtungsart für grosse Säle. Eine eigenartige Methode, grosse Säle zu beleuchten, hat man in der Leserhalle der Columbia-University in San Francisco versucht und der Versuch ist so gut gelungen, dass eine weitere Anwendung dieser Beleuchtungsmethode ausser Zweifel steht. Wie wir einer diesbezüglichen Mittheilung des Patentbureau J. Fischer in Wien entnehmen, liegt dieser Methode die Idee zugrunde, von der Mitte des Saales aus die Lichtstrahlen mittelst einer grossen Reflexfläche zu zerstreuen und so den realistischen Effect unserer natürlichen Lichtquellen der Sonne und des Mondes zu erzielen. Zu diesem Zwecke ist in der Mitte der Halle eine grosse Kugel von 7 Fuss im Durchmesser, von matt weisser Farbe, angebracht. Diese Kugel jedoch nicht dazu, die Lampen aufzunehmen und deren Licht zu diffundiren, sondern sie ist undurchsichtig und kann auffallende Strahlen nur reflectiren. Auf diese Kugel sind die concentrirten Lichtstrahlen von 8, durch Schirme verborgenen Bogenlampen gerichtet. Auf der Decke des Saales in himmelblauer Farbe gehalten ist, so wird durch diese eigenartige Beleuchtungsmethode der Effect eines sehr hellen Mondlichtes erzeugt, der für das Auge äusserst wohlthuend ist. Die Methode, anstatt des directen Bogenlichtes, das von weissen Flächen (Schirmen) reflectirte Licht zur Beleuchtung von Räumen zu verwenden, ist seit Jahren hier zu Lande in ausgezeichnetem Masse in Verwendung. Es ist aber vortheilhafter, die Lampen über den ganzen Raum zu vertheilen und mit separaten Reflectoren zu versehen, anstatt sie in der Mitte des Raumes zu concentriren.

Telephonverbindung Nordböhmen-Dresden-Lausitz. Staatssecretär v. Podbielski hatte in den ersten Tagen dieses Monates Verhandlungen mit den Vertretern der Dresdener Handels- und Gewerbekammer unter Zuziehung des Zittauer Kammerpräsidenten und mit einer Anzahl österreichischer Delegirten, darunter Postrath Pröckl von der k. k. Postdirection in Prag, wegen Schaffung einer Fernsprechverbindung Dresden-Lausitz-Nordböhmen. Hieher beziehen sich diesbezügliche, seit acht Jahren im Gange befindliche Bestrebungen an der seitens der deutschen Oberpostdirection erhobenen hohen Forderung für die Gesprächsgebühr (2 Mk.). Gegenwärtig besteht aber die Aussicht, dass mit dem Preis für jedes telephonische Gespräch nach Nordböhmen, speciell Bodenbach, Teplitz, Aussig, Brüx etc. auf 1 Mk. herabgegangen werde.

Die „Schles. Ztg." theilt die Grundzüge mit, welche die deutsche Oberpostdirection zu Liegnitz über die **Ausgestaltung des Fernsprechwesens auf dem flachen Lande** an die Postämter ihres Bezirkes gelangen liess. Es darf angenommen werden, dass diese Grundzüge auf einer Verfügung des Reichspostamtes beruhen, also allgemeine Giltigkeit haben. Aus den Grundzügen hebt die „Berliner Börs.-Ztg." hervor: Die Dörfer sollen nicht mit Berlin oder anderen weit entfernten Orten, wohl aber mit der Kreisstadt, thunlich auch mit der Bezirks- oder Provinzialhauptstadt oder dem wirthschaftlichen Centrum eines grösseren Gebietes verbunden werden, und zwar nicht nur durch Ausnützung bestehender, sondern auch durch Herstellung neuer Leitungen. Die Bürgschaft, die für die ersten fünf Jahre geleistet werden muss, richtet sich nach der Herstellungskosten. Auf eine Jahreseinnahme von 10 v. H. der Herstellungskosten auf fünf Jahre verbürgt werden. So für 15 km soll die Anlage als Stadt-Fernsprechanschluss angesehen werden. Durch unentgeltliche Uebernahme von Lieferungen oder Leistungen (Hergabe von Hölzern, Stellung von Fuhrwerk, Leistung von Arbeiten u. s. w.) sollen die Interessenten an der Verbilligung der Anlage mitwirken, dann diese Leistungen sollen auf den Zuschuss in Anrechnung gebracht werden. Landgemeinden, die solche Leistungen übernehmen, erhalten den Vorzug in der Reihenfolge der neuen Anlagen. Das Wichtigste ist, dass das Gespräch bis zur Dauer von drei Minuten im Umkreise von 50 km nur 25 Pf. kosten soll. Ferner sollen allenthalben öffentliche Sprechstellen angelegt werden, in Ermangelung einer Postanstalt beim Ortsvorsteher, in einem Gasthause oder bei einer Privatperson, wo die Möglichkeit gegeben ist, soll der Angerufene gegen eine Vergütung von 25 Pf. an die Sprechstelle geholt werden.

Ausgeführte und projectirte Anlagen.

Oesterreich-Ungarn.

a) Oesterreich.

Fischamend. (Elektrische Beleuchtung.) Der Gemeinde-Ausschuss beschloss einstimmig, in Fischamend die elektrische Strassenbeleuchtung einzuführen.

Klenberg i. Böhmen. (Elektricitätswerk „Lippner Schwebe".) Man schreibt uns hierüber: Am 6. December v. J. hat die commissionelle Erhebung und Verhandlung über dieses Project stattgefunden und ein günstiges Resultat ergeben.

Die Firma Moldaumühl Cellulosefabrik der Brüder Porák in Kienberg in Böhmen beabsichtigt nämlich die ihr gehörige Wasserkraft der Moldau nächst der am linken Flussufer in der Katze-tratgemeinde Kienberg gelegenen Radelmachermühle zur Erzeugung von Elektricität für Licht und Kraftzwecke auszunützen.

Nach dem bezüglichen Projecte wird das ganze Wasserquantum ausznutzen gedacht, welches im normalen Stande einen 8 m³ per Secunde beträgt.

Zur Aufstellung sollen 3 Stück Jonval-Turbinen gelangen, mit horizontaler Achse und je mit 2 Kränzen versehen, der innere Kranz kann während des Betriebes durch einen Schieber regulirt werden.

Die Turbinen sind ungefähr 4·0 m über dem Unterwasserspiegel aufgestellt und arbeiten daher mit Saugwirkung.

Jedes Saugrohr kann durch eine Ringschützte geöffnet und geschlossen werden; ebenso wie jede Turbine vom Hauptzulaufsrohr durch eine Drosselklappe abgeschlossen werden kann.

Ein automatisch wirkender Regulator sorgt für die Aufrechterhaltung der Tourenzahl, die circa 235 per Minute betragen soll.

Der Gesammtnutzeffect soll 1480 PS betragen.

Die Turbinen sind mit den Dynamos direct gekuppelt, wenn nothwendig, können die einzelnen Garnituren mittelst Klauen-Friction-kupplungen zusammengekuppelt werden.

Vorderhand beabsichtigt man die Dynamos nur soweit aufzustellen, als der Bedarf für Licht- und Kraftübertragungszwecke bereits gedeckt ist, und soll der Rest der Aufstellung der Dynamo je nach Bedarf weiter ergänzt werden.

Skalitz-Boskowitz. (Eisenbahn-Vorconcessions) Das Eisenbahnministerium hat dem Ingenieur Adalb. Mathausch in Wien im Vereine mit dem Gutsbesitzer Ludwig Grafen Herberstein die Bewilligung technischer Vorarbeiten für eine normalspurige Localbahn mit elektrischem Betriebe von der Station Skalitz-Boskowitz der Oesterreichisch-ungarischen Staatseisenbahn-Gesellschaft über Kniknitz nach der Station Gross-Opatowitz der Mährischen Westbahn ertheilt.

Tetschen i. Böhmen. Das Project für die Errichtung einer elektrischen Centrale ist bei der k. k. Statthalterei behufs Ertheilung der Concession eingereicht worden. Verfasser dieses Projectes ist die Firma Siemens & Halske in Wien.

b) Ungarn.

Budapest. (Fortsetzung der elektrisch betriebenen Quailinie bis zum Palaste der Akademie der Wissenschaften.) Der ungar. Handelsminister richtete einen Erlass an die Budapester Communal-Verwaltung in Angelegenheit der seit Langem projectirten Fortsetzung der bisher nur zum Corso nächst dem Petöfi Platze concessionirten linksuferseitigen Quailinie der Budapester Stadtbahn-Gesellschaft bis zum Palaste der Akademie der Wissenschaften, bezw. zum Anschlusse an die von diesem ausgehende Hauptlinie des gesellschaftlichen, durchaus elektrisch betriebenen Centralnetzes mit dem Bewerber, dass er eine Abschrift dieses Erlasses gleichzeitig dem Ministerium des Innern befürwortend übersendet, welches sich dieser Frage gegenüber bisher ablehnend verhielt. Der Mini-ster beauftragte in diesem Rescripte die Communal-Verwaltung, Erhebungen darüber zu pflegen, ob das verbleibende Terrain zur anlernbürenden Abwicklung des Frachtverkehres von der Schiffs-provenienzen und Zustreifungen genügt.

Deutschland.

Hamburg. Die Strassen-Eisenbahn-Gesellschaft hat im December v. J. eine Eingabe an die Behörde gerichtet, betreffend Verlängerung der Linie Altona - Burgfelde vom Ausschlägerweg bis Borstelmannsweg. Durch diese Verlängerung würde ein Fünfminutenbetrieb mit Hamm und Horn hergestellt werden. Durch die Linie Rathhausmarkt-Eimsbüttel hat die Strassen-Eisenbahn-Gesellschaft um die Genehmigung zur Ausführung eines Doppelgeleises nachgesucht, die auch auf dieser Linie der Fünfminutenbetrieb eingeführt werden soll. Die Linie Bismarckstrasse-Lehmweg konnte, nach der „Allg. B.-Z.", bisher nicht dem Verkehre übergeben werden, da die Postverwaltung neuerdings bei Kreuzungen von Telephondrähten die Ziehung von Längsschutzdrähten neben den jetzigen Holzleisten fordert. Die Eröffnung des Betriebes auf der genannten Linie kann erst nach Austragung dieser Angelegenheit erfolgen. Aus dem vorerwähnten Anlasse kann auch die Verlängerung der Linie Eimsbüttel zur Bostelhöhe noch nicht in Betrieb genommen werden. Die Arbeiten zur Einrichtung des elektrischen Betriebes auf der Linie Landwehr-Lockstedt schreiten rüstig fort.

Schandau. (Elektrische Bahn.) Der Bau der elektrischen Strassenbahn von Schandau durch's Kirnitzschthal bis zu dem grossen Wasserfalle (Lichtenhain) und später bis zur Felsenmühle soll demnächst in Angriff genommen werden. Der Betrieb auf derselben soll mit Juni d. J. aufgenommen werden. Hiezu soll die Strecke Schandau Wendischcisen-Königin Carola-Brücke-Bahnhof Schandau fertig gestellt werden. Das Elektricitätswerk wird im Kirnitzschthale, ungefähr 10 Minuten von der Stadtgrenze entfernt, errichtet.

Literatur-Bericht.

Elementar-Vorlesungen über Elektricität und Magnetismus von Silvanus P. Thompson. Autor. deutsche Uebersetzung der Dr. A. Himstedt. II. Auflage. Mit 283 Abbildungen. Preis 7 Mk. Tübingen 1897. Verlag von L. Lupp.

Das erste deutsche Uebersetzung dieser Vorlesungen ist vor ungefähr 10 Jahren erschienen. Inzwischen hat die Elektrotechnik sowohl in wissenschaftlicher Beziehung, wie auch in ihrer praktischen Anwendung den bekannten, ungewöhnlich raschen Entwicklungsgang genommen und es war daher sehr an der Zeit, das in seiner Anlage so vorzügliche Buch mit den gemachten Fortschritten in Einklang zu bringen.

Es wurden auch thatsächlich die erforderlichen Verbesserungen und Erweiterungen im Texte vorgenommen.

Das Werk repräsentirt eine Sammlung von 56 elementaren Vorlesungen, welche in 14 Abschnitten untergebracht sind. Diese Abschnitte bewegen sich über alle Gebiete der elektrischen Erscheinungen, suchen möglichst einfache Erklärungen für dieselben zu geben und deuten schließlich ihre praktische Verwendbarkeit an.

Die grösste Zahl der 56 Vorlesungen weist alle die nothwendig gewordenen Ergänzungen auf. In dieser Hinsicht sind die Capitel über Elektrostatik und Selbstinduction hervorzuheben. Dem Abschnitte Elektromagnetismus wurden zwei neue Vorlesungen hinzugefügt und zwar über die magnetischen Eigenschaften des Eisens und über die Grundgesetze des magnetischen Stromkreises. Die im Abschnitte Wärme, Licht und Arbeit enthaltene Vorlesung über elektrische Energie ist gleichfalls vollständig neu. Das Capitel Dynamomaschinen und Transformatoren wurde sehr erweitert, ebenso das Abschnitt über elektrische Wellen, in welchem die letzten Errungenschaften der Wissenschaft eingehende Berücksichtigung und Besprechung gefunden haben. Der Uebersetzer dieser Vorlesungen fügte zum Schlusse ein Capitel hinzu, das sich mit den Eigenschaften der Röntgenstrahlen befasst.

Bei der Durchsicht des vorliegenden Buches fällt es angenehm auf, dass der Verfasser sich bemüht hat, mit möglichster Kürze und Deutlichkeit zu sprechen. Mit wenigen Worten, unter Zuhilfenahme von instructiven Versuchen führt der Verfasser den Leser in die verschiedenen Theorien ein. Es herrscht in dem Buche der richtige Ton, um das Interesse des Studirenden zu erwecken und aufrecht zu erhalten, um das Werk zu einer angenehmen Lectüre zu machen. Der Verfasser hat dadurch erreicht, ein allgemeines, dabei aber gründliches Verständnis der elektrischen Grundgesetze zu fördern und für ein weiteres, specielles Studium eine verlässliche Basis zu geben.

Die Uebersetzung dieses neuesten, englischen Originales erfolgte, wie bereits erwähnt, durch Herrn Dr. A. Himstedt, welcher seine Aufgabe tadellos gelöst hat. —nn.—

Union Elektricitäts-Gesellschaft, Berlin. Elektrische Bahnen. Dieser uns vorliegende, elegant ausgestattete Katalog in einem Umfange von 197 Blättern enthält eine Uebersicht über die Thätigkeit einer besonders auf dem Gebiete des Strassenbahnwesens rühmlichst bekannten Firma.

Das von der Union Elektricitäts-Gesellschaft in Europa eingeführte Thomson-Houston-System für elektrische Bahnen wurde zuerst in Amerika von der früheren Thomson-Houston Co., der jetzigen General Electric Co. ausgearbeitet, erprobt und in die Praxis eingeführt. Die erste derartige Bahn gelangte im Jahre 1887 zur Ausführung und heute werden nach diesem Systeme nicht weniger als 500 Bahnen mit insgesammt 20.000 km Geleislänge und rund 30.000 Motorwagen betrieben. Es blickt daher diese Firma auf ein reiches Feld der Arbeit zurück, bei welcher sie in jeder Hinsicht ausgedehnte Erfahrungen sammeln konnte.

Das Thomson-Houston-System hat sich in den letzten Jahren auch über den Rahmen elektrischer Strassenbahnen hinaus für den Güter- und Personenverkehr auf Haupt- und Stadtbahnen mit Erfolg bewährt. Seine Leistungsfähigkeit in dieser Richtung zeigen z. B. die elektrische Hochbahn in Chicago, die elektrischen Motorwagen der New-York-, New-Haven- und Hartford-Bahn, sowie die drei 1600 PS elektrischen Locomotiven der Baltimore- und Ohio-Railroad. Augenblicklich ist die Gesellschaft in Verbindung mit der British Thomson Houston Co. beschäftigt, die elektrische Ausrüstung der Central Underground-Railroad in London auszuführen. Letztere wird zunächst 35 Stück 500 PS Locomotiven erhalten und wohl, was Anordnung und Einrichtung anbelangt, die vollendetste elektrische Stadtbahn Europas darstellen.

Der Katalog enthält als Einleitung einige allgemeine Bemerkungen über die Vorzüge des elektrischen Bahnbetriebes, über die höchste Ueberwindung von Steigungen, und die Oekonomie des elektrischen Betriebes. Es folgen sodann interessante statistische Daten, hierauf allgemeine Bemerkungen über die ober- und unterirdische Stromzuführung, wie auch über den Accumulatoren-Betrieb. An die Erklärung des U.-E.-G. Canal- für unterirdische Stromzuführung schliesst sich die Besprechung einer modernen Kraftstation.

Sehr instructiv ist die Beschreibung der Motorwagen, des Motors und der nothwendigen Hülfsapparate, wie der Graben- und Fabrikbahnen.

Unterstützt von 79 Abbildungen gliedert sich an das Vorhergehende ein Bericht über die von der Gesellschaft ausgeführten elektrischen Bahnen. Die Abbildungen wurden nach Photographien angefertigt und illustriren auf's Beste die jeweilige Situation.

Im ganzen enthält der Katalog 149 Abbildungen, welche wie die übrige Ausstattung sehr sorgfältig und elegant ausgeführt wurden.

Akademische Mittheilungen. (Officielles Organ des Verbandes der Studirenden der deutschen technischen Hochschulen.) Verlag von C. Aug. Ernst, Hannover. (Vierteljährlich 2 Mk.) Studirende und Professoren der technischen Hochschulen 1 Mk. pro Semester.)

Leichtfasslicher Rathgeber wie das Personaleinkommen-Steuerbekenntnis über Renten-Einkommen aller Art und das Rentensteuer-Bekenntnis verfasst werden sollen. Preis 20 kr. Wien 1898. Alfred Hölder, k. u. k. Hof- und Universitäts-Buchhändler.

Leichtfasslicher Rathgeber für Geschäftsleute, Schriftsteller, Künstler, Aerzte, wie das Personaleinkommen-Steuerbekenntnis verfasst werden soll. Preis 20 kr. Wien, 1898. Alfred Hölder, k. u. k. Hof- und Universitäts-Buchhändler.

Eisenbahn- und Post-Communications-Karte von Oesterreich-Ungarn und den nördl. Balkanländern. 1898. Kunst- und Landkarten-Handlung Artaria & Co. Wien.

Patentnachrichten.

Mitgetheilt vom Technischen- und Patentbureau

Ingenieur Victor Monath

WIEN, I. Jasomirgottstrasse Nr. 4.

Deutsche Patentanmeldungen.[*]

Classe

21. H. 18.011. Vorrichtung an Fernsprechanlagen zur Benachrichtigung des Anrufers von der Abwesenheit oder Anwesenheit des Angerufenen. — Oscar Hannach, Breslau, 24./11. 1896. H. 19.026. Herstellung von Bleigittern für Sammlerplatten. — A. Heil, Fränkisch-Crumbach, 22./7. 1897.

20. R. 20.654. Stromabnehmer für oberirdische Stromzuleitung. — Bisson, Bergès & Co., Paris. 13./4. 1897. S. 10.296. Stromzuleitungs-Einrichtung für elektrische Bahnen mit Wechselstrombetrieb. — Siemens & Halske, Actiengesellschaft, Berlin. 21./4. 1897.

21. S. 10.423. Vertheilungstafel mit ausschaltbaren Sicherungen für Drehstrom. — Philipp Senftel, Berlin. 3./6. 1897.

59. B. 20.974. Elektrisches Pulsometer. — Konrad Bätz, Würzburg. 10./6. 1897.

20. G. 11.746. Signalvorrichtung für Eisenbahnen mit am Zuge und zwischen den Geleisen angeordneten Inductionsspulen. — Charles William Grant, Boston, 31./8. 1897.

21. A. 4518. Verfahren und Einrichtung zum Anlassen von einphasigen Wechselstrom-Motoren. — Actiengesellschaft Elektricitätswerke (vorm. O. L. Kummer & Co., Dresden-Niedersedlitz. 28./10. 1895.

A. 5248. Sicherheitszeichnung mit Einrichtung zur Verhütung des Einsetzens zu starker Schmelzpatronen. — Actien-Gesellschaft Elektricitätswerke (vorm. O. L. Kummer & Co.), Niedersedlitz bei Dresden. 25./5. 1897. B. 20.912. Selbstthätiger Stromunterbrecher mit zwei Magneten von verschiedener Empfindlichkeit. — Reginald Belfield, London, 26./10. 1896.

K. 14.801. Einrichtung zur Entnahme von strengleichbleibender Spannung aus Vertheilungsnetzen mit wechselnder Spannung mittels Motordynamo. — Dr. Moritz Kugel, Berlin, 23./1. 1897.

S. 9369. Einrichtung zur Fernsprechanlagen, welche es ermöglicht, den Fernsprecher in derselben Leitung mit anderen telegraphischen Apparaten benutzen zu können. — Edward Wythe Smith, Chelsea, Engl. 2./4. 1896.

T. 5273. Regenerirbares galvanisches Element mit Brompentachlorid als Elektrolyt. — Charles Thérye, Marseille. 26./1. 1897.

49. D. 8567. Diaphragma für elektrolytische Apparate. — James D. Darling und Charles Leland Harrison, Philadelphia. 28./9. 1897.

48. R. 10.345. Elektrischer Verdampfer für Kohlenwasserstoff-Explosionsmaschinen. — Walter Rowbotham, Birmingham, Engl. 28./4. 1896.

[*] Die Anmeldungen bleiben acht Wochen zur Einsichtnahme öffentlich aufgelegt. Nach § 24 des Patent-Gesetzes kann innerhalb dieser Zeit Einspruch gegen die Anmeldung wegen Mangel der Neuheit oder widerrechtlicher Entnahme erhoben werden. Das obige Bureau besorgt Abschriften der Anmeldungen und übernimmt die Vertretung in allen Einspruchs-Angelegenheiten.

Classe
80. B. 10.803. Verfahren zur Herstellung von Isolatoren. — O s c a r
S c h u b a c h, Eisenberg, S./A. 23./4. 1897.
20. Sch. 12.973. Vorrichtung zur Abschwächung von Kurzschlüssen
bei elektrischen Bahnen mit Theilleiterbetrieb. — M a x
S c h ö n i n g, Berlin. 13./4. 1897.
21. A. 5451. Ankerstrom für elektrische Maschinen. — A c t i e n -
G e s e l l s c h a f t S ä c h s i s c h e E l e k t r i c i t ä t s w e r k e
vorm. P ö s c h m a n n & Co., Dresden. 16./10. 1897.
B. 20.500. Elektricitätszähler mit forthaufender Registrirung
der Gleichgewichtsherstellung an einer elektrodynamischen
Wage. — E d u a r d B e c k e r. Berlin. 17./8. 1897.
H. 19.293. Vorrichtung zur Sicherung der Nullstellung für
Wechselstrom-Motorzähler. — E l e k t r i c i t ä t s - A c t i e n -
G e s e l l s c h a f t H e l i o s, Köln-Ehrenfeld. 25./9. 1897.

Classe	D e u t s c h e P a t e n t e r t h e i l u n g e n.
20. 95.843. Wagen-Elektromagnet zur Bremsung, Adhäsionsvermehrung und Steuerung von Apparaten im Bahnkörper. —
M. S c h i e m a n n. Dresden-A. 30./3. 1897.
„ 95.878. Stromzuleitung für elektrische Bahnen mit Theilleiter-
und Relaisbetrieb. — C. B. J o h n s o n und R. L u n d e l l.
New-York. 19./5. 1896.
21. 95.805. Schaltungsanordnung zur Erzielung verschiedener Um-
laufgeschwindigkeit von Drehfeld-Motoren. — E. D a n i e l s o n.
Stockholm. 27./5. 1896.
5. 95.894. Excentrischer Bohrmeissel mit Wasserspülung. —
W. W o l s k i und K. O d r z y w o l s k i, Schodnica, Galizien.
20./8. 1897.
20. 95.890. Stromzuleitung für elektrische Motorwagen mit magnetischem Theilleiterbetrieb und am Wagen verschiebbar
angeordneten Elektromagneten. — J. F. M c. L a u g h l i n.
Philadelphia. 26./1. 1897.
„ 95.948. Stromzuführung für elektrische Bahnen mit mechanischer
Einschaltung durch Radtaster. — E. d e S y o. Augsburg.
18./5. 1897.
21. 95.891. Vielfach-Umschalter mit horizontal liegenden Klinkentafeln. — R. S t o c k & Co., Berlin. 14./4. 1895.
„ 95.903. Verfahren zur Herstellung der wirksamen Masse für
elektrische Sammler. — C. B. B o e h r i n g e r S o h n, Nieder-
Ingelheim a/Rh. 4./6. 1896.
„ 95.904. Feldmagnet mit ungleich grossen Windungen zur
Erzeugung eines gleichmässigen Drehfeldes. — T h e A l t e r -
n a t e C u r r e n t E l e c t r o M o t o r S y n d i c a t e L t d.,
Middl. England. 19./5. 1896.
„ 95.953. Elektrisches Messgeräth; Zus. z. Pat. 85.919. —
S i e m e n s & H a l s k e, Action-Gesellschaft, Berlin. 8./1. 1897.
„ 95.954. Phasenmesser. — Dr. J. T u m a. Wien. 18./7. 1897.

Auszüge aus Patentschriften.

**Siemens & Halske in Berlin. — Regelungseinrichtung für selbst-
getriebene Ausgleichmaschinen in Gleichstrom-Dreileiter-
netzen. — Classe 21, Nr. 93.865.**

Auf jeder der beiden gekuppelten Dynamomaschinen A
ist ausser der üblichen dünndrähtigen Magnetwicklung N noch
eine Hilfsmagnetwicklung D vorgesehen, durch die der Ausgleichstrom, oder ein mit demselben veränderlicher Strom in

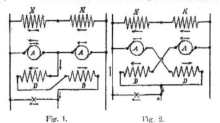

Fig. 1.	Fig. 2.

solcher Richtung geleitet wird, dass das Feld der Dynamo der
mehr belasteten Netzhälfte bei allen Werthen des Ausgleich-
stromes eine relative Verstärkung gegenüber denjenigen der
anderen Stromabnehmer erfährt. — Hierdurch wird die elektromotorische
Kraft jeder Dynamo bis zur Erzeugung möglichst gleichbleibender
Klemmen- oder Fernspannung für beide Netzhälften unabhängig
von der veränderlichen Umlaufzahl der Ausgleichmaschine erhält.

— Die Regelungswicklungen liegen dabei entweder beide im
Mittelleiter (Fig. 1), oder beide im Ankerstromkreise (Fig. 2).

**Electric Selector & Signal Co. in New-York. — Empfangs-
Instrument mit zwischen zwei Elektromagneten schwingendem
Anker. — Classe 21, Nr. 93.723.**

Das Empfangsinstrument wird durch Wechselstrom dadurch
in seine Endstellung gebracht, dass die in die Leitung gesandten
Stromstösse je nach ihrer Richtung durch einen der sich gegenüberstehenden Elektromagnete a b gelangen und hierdurch einen

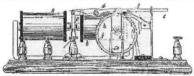

Fig. 1.

zwischen den letzteren schwingenden Anker c nach der einen
oder anderen Seite zum Ausschwingen bringen. Dieser Anker c
treibt dann das Empfangsinstrument mit Hilfe einer Klinke d so
lange an, bis der von dem Anker schwingende Hebel e die Sperrklinke f auf der glatten Fläche des Rades h lüftet. In diesem
Falle werden beide Sperrklinken f und g aus ihren Rädern h
und i ausgerückt und das Instrument gelangt in seine Anfangs-
stellung zurück.

**Marie François Xavier Fuchs in Belfort. — Primärelement
mit filterartigem Behälter für den Depolarisator. — Classe 21,
Nr. 94.140.**

In dem unteren Theile des Batteriegefässes A befindet sich
der filterartige Behälter, der aus dem Cylinder F mit der durchlöcherten Platte D, welche beide aus verzinktem Kupfer hergestellt sind, dem ebenfalls mit einer durchbrochenen Metallplatte E
versehenen Cylinder K und einem zwischen den Platten D und E
liegenden Leinwand- oder Tuchstreifen J besteht. Zur Aufnahme des depolarisirenden Stoffes S dient der obere Theil des
Cylinders F, welcher den Glascylinder G umschliesst. — Letzterer
kann unter entsprechender Verlängerung des oberen Theiles des

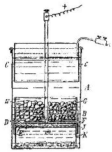

Fig. 1.

Cylinders F fortgelassen werden. — In dem oberen Theile des
Gefässes A befindet sich die Zinkelektrode C. — Als Depolarisator wird Bleisulfat, als Elektrolyt ein Alkalichlorid oder ein
Gemisch von mehreren Alkalichloriden gebraucht. — Das Bleisulfat kann allein als Pulver oder in Stücken, mit einem Alkalichlorid, Thon und Gummilakörnis zusammen, gebraucht und
benutzt werden. — Im letzteren Falle darf der filterartige Behälter aus einer einfachen, durchbrochenen Platte bestehen, die
durch einen niedrigen Cylinder in gewisser Entfernung über dem
Boden des Batteriegefässes gehalten wird. Durch die Anordnung
des Filters soll ein Auskrystallisiren der entstehenden Alkali-
sulfates innerhalb der depolarisirenden Masse vermieden werden.

Geschäftliche und finanzielle Nachrichten.

Die Aluminium-Industrie, Act.-Ges. in Neuhausen hat auf den 27. d. M. eine a. o. Generalversammlung einberufen, die über die Erhöhung des Actiencapitals um 5 Millionen Francs nominal, nämlich von 11 Millionen auf 16 Millionen Francs beschliessen soll. Die neuen 5 Millionen Francs Actien, welche vom 1. Jänner dividendenberechtigt sind, werden ebenso wie die alten mit 50% eingezahlt sein und liberirt werden. Dieselben sind zum Ankauf der der Vollendung nahegerückten Anlagen zur Kraftverwerthung der Wasserfälle in Lend-Gastein (Vergl. H. VII, S. 226, 1896) bestimmt und werden dem bekannten Consortium, das diese Anlagen ausgeführt hat, als Kaufpreis überlassen. Das Consortium übergibt die Anlagen der Aluminium-Industrie A.-G., sowie gleichzeitig die Mittel zur Fertigstellung und zum Betriebe derselben. Die Aluminium-Industrie, die in Neuhausen seit ihrer Begründung die Fabrikation von Aluminium und seit einigen Jahren auch die Erzeugung von Carbid und anderen Producten betreibt, wird in den nächsten Wochen in Rheinfelden, wo sie von den dortigen Kraftwerken Kraft erworben hat, mit der Fabrikation beginnen und nach Vollendung der Anlagen in Lend-Gastein dort ebenfalls eine Fabrik errichten, um Oesterreich-Ungarn und die Balkanstaaten mit ihren Fabrikaten zu versorgen. (Vergl. auch H. X, 1896.)

Hamburgische Elektricitäts-Werke. Entsprechend dem Beschlusse der Generalversammlung vom 3. December v. J. werden die neuzuzugebenden 3 Millionen Mark zur Rechnung des Uebernahme-Consortiums den alten Actionären nunmehr zum Bezuge angeboten. Auf je 8 alte entfallen 3 neue Actien zum Course von 125 Percent abzüglich 4 Percent Zinsen bis 1. Juli 1898. Die neuen Actien sind vom 1. Juli d. J. an dividendenberechtigt.

Bergmann-Elektromotoren- und Dynamo-Werke A.-G. in Berlin. Unter vorstehender Firma ist in Berlin ein Actienunternehmen mit 1,000.000 Mark Grundcapital in das Handelsregister eingetragen worden, dessen Gründer die Fabriksbesitzer Siegmund Bergmann in New-York, Robert Kalbe in Petersburg, Rudolf Schonburg in Berlin und die Kaufleute Ad. Neidhardt und C. O. Wienrich in Berlin sind. Dem Aufsichtsrath gehören die Herren Joseph Pschorr in München, Commerzienrath Theodor Menz und Bankier Fritz Günther zu Berlin an.

Bayerische Wasserwerke A.-G. in Nürnberg. Diese in 6. d. M. in Nürnberg gegründete Gesellschaft, welche die Erwerbung und Ausführung von Concessionen für Wasserwerke und elektrische Centralen bezweckt, glaubt, wie man dem "Berl. Börs.-C." aus Nürnberg schreibt, den Bedürfnissen zahlreicher Gemeinden in wasserarmen Gegenden zu entsprechen. Sie will die erforderlichen Projecte für eigene Rechnung ausführen und den Gemeinden die Aufnahme von Geldern zu diesem Zwecke ersparen.

Deutsch-Ueberseeische Elektricitäts-Gesellschaft in Berlin. In Ergänzung unserer diesbezüglichen Mittheilung im vorigen Hefte S. 27 berichten wir: Am 4. d. M. wurde diese Gesellschaft mit dem Sitz in Berlin unter Mitwirkung der Allgemeinen Elektricitäts-Gesellschaft, der Deutschen Bank, der Berliner Handelsgesellschaft, der Nationalbank für Deutschland, sowie der Bankfirmen Delbrück Leo & Co., Jacob Landau in Berlin und Gebrüder Sulzbach in Frankfurt a. M. errichtet. Das Capital der Gesellschaft beträgt 10 Millionen Mark, auf welches bei der Gründung 25 Perc. einbezahlt wurden. Die Gesellschaft hat zum Zwecke, elektrische Anlagen aller Art in Amerika zu errichten und zu betreiben, und Unternehmungen auf diesem Gebiete zu financiren. Die Gesellschaft beabsichtigt zunächst eine Centrale für Abgabe elektrischen Stromes zu Beleuchtungszwecken und Kraftwendung in der Stadt Buenos Aires zu errichten. In den Aufsichtsrath wurden gewählt: die Herren Arthur Gwinner, Director der Deutschen Bank, Karl Fürstenberg, Geschäftsinhaber der Berliner Handelsgesellschaft, Emil Rathenau, Generaldirector der Allgemeinen Elektricitäts-Gesellschaft, Regierungsrath Dr. Ernst Magnus, Director der Nationalbank für Deutschland, Bankier Ludwig Delbrück, Commerzienrath Hugo Landau, Dr. Carl Sulzbach, Ludwig Roland Lücke, Director der Deutschen Ueberseeischen Bank. Zu Mitgliedern des Vorstandes wurden ernannt: Herr Director Leopold Aschenheim, Herr Max Erich.

Eine Elektricitäts-Gesellschaft in Bangkok. Die siamesische Hauptstadt Bangkok hat bereits seit einiger Zeit in einigen Theilen elektrische Strassenbeleuchtung, die im Jahre 1892 von der Regierung selbst in Verwaltung genommen wurde. Von da an liess die Leitung viel zu wünschen übrig, und so wurde kürzlich die gesammte Einrichtung an einen amerikanischen Ingenieur abgetreten, der aus Geschäfts- und Privatleuten der Stadt ein Syndicat bildete, dem die elektrische Beleuchtung von Bangkok von der Regierung für zwanzig Jahre unter der Bedingung überlassen wurde, dass die Verwaltungsgebäude der Regierung ihre Beleuchtung kostenlos beziehen könnten. Infolgedessen wurden der Palast des Königs von Siam, sowie auch einige Tempel mit elektrischer Beleuchtung versehen. Auch viele Privathäuser sind jetzt bereits mit diesem modernen Comfort ausgestattet. Die 100 Actien des neuen Syndicats, dessen Capital 100.000 Tikals (etwa 120.000 Mark) beträgt, sind zur Hälfte in Händen amerikanischer Bürger von Bangkok. 41 wurden von Engländern, 5 von Deutschen und die übrigen 4 von eingeborenen Siamesen gezeichnet.

Vereinsnachrichten.

Chronik des Vereines.

5. Jänner. — Sitzung des Finanz- und Wirthschafts-Comités.

5. Jänner. — Vereinsversammlung.

Der Vorsitzende, Präsident Prof. C. Schlenk, giebt bekannt, dass von nun an die Ankündigung der Vorträge in der Vereinszeitschrift und nicht mehr mittelst Correspondenzkarten erfolgen wird. Sodann ertheilt er dem Herrn Dr. Max Reithoffer, Constructeur an der k. k. technischen Hochschule, zu dessen Vortrage: „Ueber geschlossene Ankerwicklungen".

Wir verweisen bezüglich dieses Vortrages auf das Heft 2 der Vereinszeitschrift.

Herr Ober-Ingenieur Pichelmayer würdigte das besondere Verdienst, welches sich Herr Dr. Reithoffer um die Generalisirung der Arnold'schen Formel für Ankerwicklung erworben hat.

Nachdem der Vorsitzende dem Vortragenden zu dessen hochinteressanten Darstellungen beglückwünscht und unter lebhaftem Beifalle den Dank der Versammlung zum Ausdruck gebracht hatte, wurde die Sitzung geschlossen.

10. Jänner. — Sitzung des Statuten-Revisions-Comités.

Die nächste Vereinsversammlung findet Mittwoch den 19. d. M. im Vortragssaale des Wissenschaftlichen Club, I. Eschenbachgasse 9, 1. Stock, 7 Uhr abends, statt.

Vortrag des Herrn Ing. Friedrich Eichberg, Assistent für Elektrotechnik an der k. k. techn. Hochschule, über: „Elektrische Vollbahn für den Naheverkehr".

Die Vereinsleitung.

Fragekasten.

Welche Firma erzeugt elektrische Beleuchtungsvorrichtungen für Taucher?

Wer erzeugt elektrische Cigarren-Anzünder mit kleiner Dynamomaschine als Stromquelle?

Berichtigung.

Im H. I, S. 1 soll es statt: Hugo Koestler, Ingenieur, k. k. Baurath im Handelsministerium, richtig heissen: „im Eisenbahnministerium". — S. 11: Bei Kratzan ist der Grundpreis für Licht pro Hektowattstunde statt mit 4 kr., mit 2 kr., 16 soll es statt: Friedrich Derkert, Elektrotechniker, Wien, richtig heissen: Friedrich Derkert, Elektro-Ingenieur der Firma Derkert & Homolka, Wien.

Schluss der Redaction: 11. Jänner 1898.

Verantwortlicher Redacteur: Dr. J. Sahulka. — Selbstverlag des Elektrotechnischen Vereines.
Commissionsverlag bei Lehmann & Wentzel, Wien. — Alleinige Inseraten-Aufnahme bei Haasenstein & Vogler (Otto Maass), Wien und Prag.
Druck von R. Spies & Co., Wien.

Zeitschrift für Elektrotechnik.

Organ des Elektrotechnischen Vereines in Wien.

| Heft 4. | WIEN, 23. Jänner 1898. | XVI. Jahrgang. |

Bemerkungen der Redaction: Ein Nachdruck aus dem redactionellen Theile der Zeitschrift ist nur unter der Quellenangabe „Z. f. E. Wien" und bei Originalartikeln überdies nur mit Genehmigung der Redaction gestattet.
Die Einsendung von Originalarbeiten ist erwünscht und werden dieselben nach dem in der Redactionsordnung festgesetzten Tarife honorirt. Die Anzahl der vom Autor event. gewünschten Separatabdrücke, welche zum Selbstkostenpreise berechnet werden, wolle stets am Manuscripte bekanntgegeben werden.

INHALT:

Elektrische Kraftübertragung im Bergbau.

Constructionen der Firma Siemens & Halske.

(Fortsetzung.)

Die für den Bergwerksbetrieb so ungemein wichtige Frage der **Bewetterung** findet durch Anwendung des elektrischen Antriebes die einfachste Lösung. Als ein ausserordentlicher Vortheil kommt namentlich für örtliche Bewetterung die leichte Beweglichkeit und Verlegbarkeit der Leitungen in Betracht. Der kleine Motor mit Anlassen kann schnell an jeder beliebigen Stelle aufgestellt und sofort in Betrieb genommen werden. Eine solche provisorische Anlage, welche in den Kaliwerken in Aschersleben für örtliche Bewetterung dient, zeigt Fig. 7. Der Ventilator wird von einem Elektromotor durch Riemen angetrieben. Ein Rost aus Balken nimmt

Fig. 7.

sowohl den Ventilator wie den Motor auf und ermöglicht eine leichte Verstellbarkeit der provisorischen Anlage. Ein Schutzkasten umgibt den Motor und dient zugleich zur Befestigung des Anlassers. Direct gekuppelte Ventilatoren (Fig. 8 und 9), welche bei geringem Kraftbedarfe sehr erhebliche Luftquantitäten fördern, finden im Bergwerksbetriebe zahlreiche Verwendung. Ein einpferdiger Motor z. B., wie derselbe durch Fig. 8 dargestellt ist, leistet unter einem Ueberdruck von 20 *mm* Wassersäule bei 1100 Touren

90 m^3 in der Minute. Die Feldmagnete desselben sind unmittelbar an das Gehäuse des Ventilators angeschraubt. Die sehr leichten Ventilatorflügel werden von der Welle des Motors fliegend getragen. Der grössere Ventilator (Fig. 9), welcher von einem fünfpferdigen Motor betrieben wird, bläst unter derselben Pressung bei 850 Touren 270 m^3. Für noch höhere Leistungen werden Gebläsemaschinen mit einfacher Zahnradübersetzung mit Motoren zusammengebaut.

Die Ueberlegenheit des elektrischen gegenüber anderen Kraftbetrieben zeigt sich namentlich, wenn es gilt, separate Bewetterungsschächte mit Kraftmaschinen zu versehen. Während bei Dampfbetrieb die Aufstellung einer Locomobile für jeden Schacht nothwendig ist, bei Wasser- und Luftdruckbetrieben sehr umfassende, mit erheblichen Arbeitsverlusten verbundene Rohrleitungen verlegt werden müssen, gestaltet sich die elektrische Kraftvertheilung von dem gewöhnlich in der Mitte zwischen den einzelnen Bewetterungsschächten gelegenen Hauptförderschachte, bew. von dem daselbst aufgestellten Generator aus, einfach und entsprechend billig. Das vollständige Einhauen der blanken Theile, event. bei Drehstromsystem die Vermeidung derselben überhaupt, macht den Elektromotor ganz ungefährlich in Bezug auf schlagende Wetter. Die im Gegensatz zu allen anderen Energiearten der Elektricität eigene

Feuersicherheit, welche der elektrischen Grubenlampe ihre hohe Bedeutung gibt, kommt also auch hier beim Betrieb von Ventilatoren und Gebläsemaschinen in Betracht.

Fig. 8.

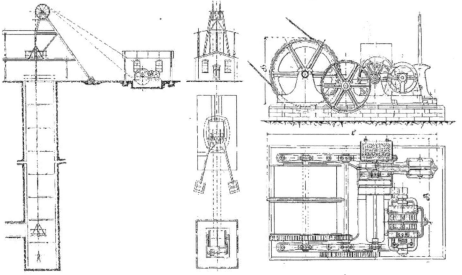

Fig. 9.

Ein weiteres Gebiet ist der Verwerthung elektrischer Energie zum Antrieb von **Fördermaschinen** erschlossen; sei es, dass es sich um Strecken- oder Schachtförderung oder auch um Transport über Tags handelt. Als ein charakteristischer Vortheil möge hier der Umstand angeführt werden, dass das Drehmoment

Fig. 10.

Fig. 11.

und somit auch die Anzugskraft des Elektromotors an allen Punkten des Umfangs des rotirenden Theiles gleich gross ist, auf eine Stellung minimaler Kraft-

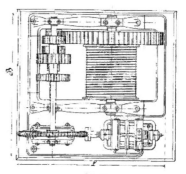

Fig. 13.

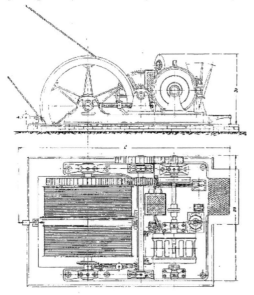

Fig. 12.

leistung wie sie bei jedem Kurbelantrieb zufolge des mit der Kurbelstellung wechselnden Druckes eintritt, demnach nicht Rücksicht genommen zu werden braucht. Der Antrieb der Fördermaschinen geschieht vom Elektromotor aus gewöhnlich in Rücksicht auf die zulässige Fördergeschwindigkeit und Seilsteifigkeit mittelst zweifachen Zahnradvorgeleges. Neben dem Motor sind Anlass-Umsteuerapparat und Bremse auf demselben Rahmen montirt, deren Bethätigung durch Hebelbewegung erfolgt, wie es jeweilig durch die nachfolgenden Skizzen illustrirt ist. Fig. 10 zeigt schematisch den Einbau einer elektrischen Fördermaschine für Schachtförderung. Derselbe gleicht vollkommen dem einer Dampf-Fördermaschine. Von den Seiltrommeln aus werden die Seile über zwei Seilscheiben zu dem Schacht geführt; die Seilscheiben sind auf einem Fördergerüst gelagert. Zur Ausbalancirung ist in der durch die Abbildung dargestellten Ausführung ein Unterseil angeordnet. Die detaillirtere Darstellung der elektrischen

Antriebsanordnung von Fördertrommeln geben die Fig. 11 und Fig. 12. Bei beiden geschieht der Antrieb durch Drehstrom-Motoren mit zweifachem Vorgelege. Die durch Fig. 11 dargestellte Anordnung wird für Seilzüge von 140 bis 3500 kg und für Seilgeschwindigkeiten von 0·5 bis 3 m pro Secunde, die durch Fig. 12 dargestellte für Seilzüge von 560 bis 1900 kg und für Seilgeschwindigkeiten von 3 bis 10 m pro Secunde gebaut. Bei ersterer ist die auf der schnell laufenden Vorgelegewelle sitzende Bremse mit dem elektrischen Umsteuerapparat so gekuppelt, dass nur ein Steuerhebel erforderlich wird. Bei letzterer ist noch eine elektrisch bethätigte Bremse und andere Sicherheits-Vorrichtungen hinzugefügt. Dieselbe wird von dem links vom Wärterstande sichtbaren kleinen Motor beim Versagen des Stromes sofort ausgelöst und besteht in einer um die Fördertrommel gelegten Bandbremse. Zur Orientirung über die Stellung des Förderkorbes ist ein Teufenzeiger an-

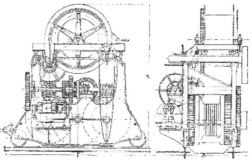

Fig. 14.

gebracht, der mit einer Sicherheits-Vorrichtung gegen Ueberheben in Verbindung steht.

Es sei gestattet, hier auch die Zeichnungen zweier Winden mit elektrischem Antriebe zu geben, welche zum Heben schwerer Lasten bei kleinen Hubhöhen resp. zum Einhängen solcher bei der Montage in tiefen Schächten dienen. (Fig. 13 und 14.)

Bei ersterer liegen die Seilzüge zwischen 500 und 12.000 kg; die auswechselbaren Vorgelege erlauben die Seilgeschwindigkeit innerhalb der Grenzen 0·03 und 0·07 m pro Secundeabzustufen. Die fahrbare Schachtwinde Fig. 14 trägt bei einer Seilgeschwindigkeit von 0·04 m pro Secunde Lasten von 10.000 bis 40.000 kg.

In Strecken sind bei der Frage der günstigsten Förderungsart die jeweiligen Verhältnisse zu berücksichtigen, denn nur die Rücksichtnahme auf die speciellen örtlichen Verhältnisse gibt ein Urtheil darüber, ob Seil-, Ketten- oder Locomotiv-Förderung sich am günstigsten gestalten. Als allgemeineGesichtspunkte aber mögen folgende Punkte angeführt werden. Eine Förderung mit Seil oder Kette ist nur in gut ausgerichteten wenig gekrümmten Strecken vortheilhaft, denn Krümmungen bereiten der Führung von Seil und Kette immer Schwierigkeiten. Die Oekonomie einer Seil- oder Kettenförderung hängt ferner davon ab, wie stark

sie besetzt ist; bei der üblichen Geschwindigkeit von 0·5—1 m in der Secunde müssen mindestens alle 20- 30 m Wagen aufgegeben werden. Zur Ueberwindung kurzer Steigungen ist der Seil- oder Kettenbetrieb geeigneter als Locomotivbetrieb; dieser ist dagegen dort überlegen, wo viele Abzweigungen vorhanden sind oder das Fördergut beim Vortreiben von Strecken oder bei Aufschlussarbeiten entfernt werden soll, da man mit Locomotiven bis vor Ort fahren kann. Ein Betriebsunfall an einer Locomotive stört die ganze Förderung nicht so empfindlich wie ein solcher bei Seil- oder Kettenbetrieb, denn reisst das Seil oder die Kette oder entgleist nur ein Wagen, so steht sofort die ganze Förderung oder doch ein grosser Theil derselben still. Seil- und Kettenbahnen können nur auf zweigleisigen Strecken, Locomotivbahnen dagegen auch auf eingleisigen Strecken eingerichtet werden.

Die nachfolgenden Abbildungen zeigen die Aufstellung und das Functioniren der Haspeln mit elektrischem Antrieb.

Fig. 15 und 16 zeigen die Förderung aus einer einfallenden Strecke. Der Haspel ist leicht transportabel, da er auf einem Balkenrost montirt ist, welcher hier gegen die First abgesteift ist. Ein Schutzkasten umgibt den Motor. Die Umsteuerung geschieht mechanisch durch Kuppelung.

Fig. 15.

Fig. 16.

Eine Förderung mit schwebender Kette, bei welcher die antreibenden Theile, um einen guten Ablauf für die Hunde zu wahren, hochgelegt sind, zeigt Fig. 17 in perspectivischer Ansicht. Fig 18 gibt die schematische Anordnung.

Was die Förderung mittelst Locomotivmaschine betrifft, so ist der constructiven Durchbildung desselben von der Firma Siemens & Halske schon seit Auftauchen der Starkstromtechnik — die erste elektrische Grubenlocomotive wurde von der Firma im Jahre 1881 in Zanckerroda i. S. dem Betrieb übergeben — die erforderliche Mühewaltung zugewandt worden, deren Erfolg durch die zahlreichen bestens functionirenden Grubenbahnen bestätigt wird. Als Beispiele sind nachfolgend die Clichés zweier Grubenlocomotiven gebracht. Das erste, Fig. 19, zeigt die für die Streckenförderung im Kübeckschachte zu Kladno dienende Maschine. Dieselbe erhält Antrieb von einem etwa 13pferdigen Gleichstrom-Motor mittelst Zahnradübersetzung, dessen Umsetzungsverhältnis etwa 1 : 6 beträgt; die an den Spurkränzen zur Verfügung

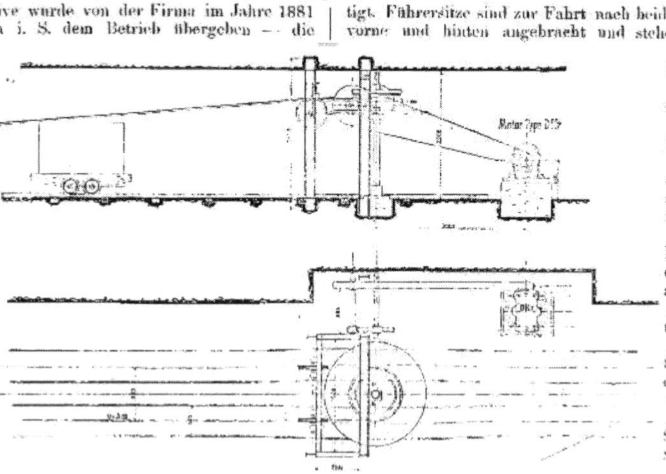

stehende Leistung ist 10 PS, sodass die Maschine bei einer secundlichen Geschwindigkeit von 3·5 m einen circa 12 Tonnen schweren Zug zu bewegen vermag. Das Steuern des Motors geschieht durch die vor den Führersitzen angebrachten Hebel, deren grösserer zum Anlassen durch Ausschalten verschiedener Widerstandsstufen, zum Halten durch Ausschalten und zum Umkehren der Fahrrichtung durch Stromwenden dient, während der kleinere eine mechanische Bremse bethätigt. Führersitze sind zur Fahrt nach beiden Richtungen vorne und hinten angebracht und stehen die beiden Steuermechanismen durch Kette in zwangläufiger Verbindung, sodass sie stets die gleiche Stellung einnehmen. Zur Stromführung dienen in Rücksicht auf die sonst noch an das Netz angeschlossenen Motoren, nicht die Schienen, sondern zwei Contactleitungen, von welchen Schienen der Strom mittelst Rollen entnommen wird. Das Gesammtgewicht der Locomotivmaschine beträgt circa 2000 kg. Eine kleinere Maschine mit nur asymmetrischer Steuerung zeigt die nächste Abbildung Fig. 20. Dieselbe ist in der k. k. Saline Aussee

Fig. 17.

Fig. 18.

in Betrieb. Der Motor treibt die Radachsen bei einem Umsetzungsverhältnis von circa 1 : 7 durch Stirnzahnräder an, wobei in Rücksicht auf ruhigen und geräuschlosen Gang ein Theil der Räder aus Leder ausgeführt ist, was sich hier wie in allen von der vorstehend genannten Firma ausgeführten Fällen auf's beste bewährt hat. Die an den Spurkränzen wirksame Kraft beträgt etwa 3 PS, so dass ein Wagenzug von etwa 4 Tonnen Gewicht mit einer secundlichen Geschwindigkeit von 3 m geführt wird. Das Steuern gestaltet sich hier sehr einfach, da es auf der in Aussee befahrenen Strecke durch die Anordnung von Drehscheiben ermöglicht ist, mit der Maschine immer nur nach vorwärts zu fahren. Der in der Figur sichtbare Hebel schaltet für Anfahren und Halten Widerstand aus resp. ein, das darunter befindliche Handrad dient zur Bethätigung der mechanisch wirkenden Bremse. Besondere Aufmerksamkeit ist mit Erfolg der Ausbildung des vom Contactdraht Strom abnehmenden Bügels geschenkt, um einerseits die Abnützung des Fahrdrahtes auf das unumgängliche Minimum zu beschränken, andererseits das

störende Geräusch, welches durch das Schleifen des Bügels verursacht wird, zu beseitigen. Zu diesem Behufe wurde der Bügel aus Aluminium gebildet und in seiner Längsrichtung mit einer Rille versehen, die mit consistentem Fett ausgeschmiert wird.

(Schluss folgt.)

Fig. 19.

Fig. 20.

Versuche mit dem neuen Cohärer von Righi.

Von
Dr. Josef Tuma.

Das allgemeine Interesse, welches die Versuche Marconi's, sich mit Hilfe elektrischer Wellen auf weitere Entfernungen verständlich zu machen, hervorriefen, veranlassten auch mich, der Sache näher zu treten, obwohl mir vollkommen klar war, dass eine solche Verbesserung der Methode, welche dieses Verfahren zu verbreiteter praktischer Anwendung bringen könnte, in nächster Zeit nicht zu erwarten ist. Wie in dieser Zeitschrift berichtet wurde,[*] demonstrirte ich vermittelst einfacher Apparate die drahtlose Telegraphie auf kurze Entfernungen. Ich bediente mich eines gewöhnlichen Morse-Apparates, auf dessen Schreibhebel der Cohärer oder mehrere solche in Parallelschaltung

---

[*] „Z. f. E.“ (Wien), 1897, Heft 22.

waren, so dass die Bewegung des Schreibhebels gleichzeitig das Abklopfen verursachte. Die angewandten Entfernungen betrugen circa 30—40 m. wobei Hindernisse, wie Mauern etc. vorhanden waren. Als Sender wurden ovoidförmige Conductoren in Petroleum verwendet und wurde die erforderliche Spannung mit Hilfe einer Tesla'schen Anordnung erzielt.

Indem ich mich enthalte, auf die möglichen praktischen Verwendungen der elektrischen Wellen zu Telegraphenzwecken trotz der noch durch die in allseitiger Ausbreitung der Wellen bedingtenUnvollkommenheit einzugehen, möchte ich in den folgenden Zeilen einige Erfahrungen erwähnen, die ich gelegentlich meiner Versuche gemacht habe.

Die von mir angewandten Cohärer bestanden in Zuleitungen aus unedlem Metalle, welche verschiebbar in Glasröhren eingeführt waren. Der Abstand im Inneren der Röhren betrug circa 0·25—0·5 cm und war zum Theile mit grobkörnigem Feilicht gefüllt. Durch Annäherung und Entfernung der Elektroden, konnte die Empfindlichkeit des Cohärers geändert werden. Das Materiale, aus welchem das Feilicht hergestellt wurde, war sehr verschieden, ohne dass ich sonderliche Unterschiede im Empfindlichkeitsgrade wahrnehmen konnte. Desgleichen war, wie im Vergleich mit einem von einem Mechaniker aus Deutschland bezogenen evacuirten Cohärer bewies, das Entfernen der Luft aus den Glasröhren nicht von Belang. Es zeigte sich überhaupt, dass maximale Empfindlichkeitsgrade nicht angewendet werden durften, da sonst das Erhöhen des Widerstandes nach erfolgtem Ansprechen des Cohärers nicht mehr erzielt werden konnte. Diese Beobachtung hat übrigens auch Slaby gemacht und ist in einem früheren Berichte unserer Zeitschrift dessen Erwähnung gethan. Was aber, so weit ich unterrichtet bin, bisher von keinem der Beobachter erwähnt wird, ist, dass ein empfindlicher Cohärer nur sehr schwer auf einen hohen Widerstand gebracht werden kann, wenn er in seinem Stromkreis eingeschaltet bleibt; dass aber gewöhnlich eine ganz schwache Erschütterung genügt, wenn der Strom unterbrochen wird. Deshalb habe ich bei meiner Anordnung ein zweites Relais in Verwendung, welches den Cohärer-Strom unterbricht, sobald der Schreibhebel des Morse bewegt wurde. Man erhält dann allerdings nur Punktreihen statt der Striche und es gehört, wie ich bemerkt habe, eine besondere Uebung dazu, diese Zeichen zu lesen: doch werden sie präciser, während sonst nur zu oft nicht gegebene Zeichen erhalten werden.

Die Ursache dieser Erscheinung liegt, wie mir scheint, in Folgendem: Ist der Cohärer in einen Stromkreis geschaltet, so fällt infolge seines Widerstandes ein Theil des vom wirkenden Elemente hervorgerufenen Potentialgefälles in ihn hinein. Erschüttert man nun, so wird im Allgemeinen jedes Körnchen des Feilichtes ein anderes Potential erhalten als früher, da es an einer anderen Stelle zu liegen kommt, oder weil das Potentialgefälle ein anderes wurde. Die bei diesen Potentialänderungen auftretenden Ladungen mögen oscillatorisch sich gegen einander bis zur sofortigen leitende Berührung je zweier benachbarter Theilchen zur Folge haben. Ist aber der Cohärer-Strom während der Bewegung der Theilchen unterbrochen, dann befinden sie sich alle fortwährend auf gleichem Potentiale und nach hinterher erfolgter Einschaltung tritt keine Veränderung mehr ein, da die leitenden Brücken zwischen den Theilchen fehlen. Am sichersten erwiesen

sich in dieser Beziehung bei meinen Versuchen Aluminium-Feilspäne. Eine zweite mögliche Ursache wird unten angegeben.

Indem daraus hervorgeht, dass es bei eingeschaltetem Cohärer-Strom und einigermassen empfindlichen Cohärern rein Sache des Zufalles ist, ob durch Erschütterungen der Widerstand erhöht oder erniedrigt wird, ergibt sich eine grosse technische Schwierigkeit in der Verwendbarkeit Branly'scher Cohärer.

Diesem Uebelstande scheint nun in neuester Zeit durch eine Construction von Righi abgeholfen zu sein. Righi beschreibt*) eine Anordnung, welche ich sofort ausgeführt und erprobt habe. Da die Abhandlung von Righi keine Zeichnung beigegeben ist, bin ich einstweilen nicht vollkommen sicher, ob die Ausführung mit den vom Erfinder selbst untersuchten Cohärern übereinstimmt. Immerhin zeigten sie sich gut verwendbar, wenngleich ich glaube, dass man auch da ein sicheres Functioniren nur bei Unterbrechungen des Cohärer-Stromes erreichen wird. Fig. 1 zeigt die Anordnung, welche ich entsprechend der Beschreibung Righi's anfertigen liess.**) Die Abbildung ist in dreifacher Vergrösserung ausgeführt. In ein Glasrohr sind zwei Pt.-Drähte a, a eingeschmolzen, welche bei b, b nur wenige Zehntel-Millimeter Abstand haben. Das Rohr ist schwach evacuirt. Righi gibt an, es solle dieses Rohr mit einem Galvanometer hintereinander in eine Batterie von 300 bis 600 Kupfer-Zinkelementen mit Wasserfüllung geschaltet werden. Die Zahl der letzteren werde so genommen, dass eben noch kein Durchschlagen des Zwischenraumes bei b stattfindet. Sobald dann elektrische Schwingungen die Spannung

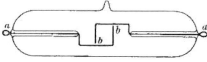

Fig. 1.

ein wenig erhöhen, tritt das Durchschlagen ein und der nunmehr das Galvanometer durchfliessende Strom bewirkt eine Ablenkung. Righi schlägt vor, das Galvanometer durch ein Relais zu ersetzen. Dieser Apparat führte nach Righi nur solange eine Ablenkung herbei, als die Wellen andauerten.

Da mir im Momente keine Batterie oberwähnter Art zur Verfügung stand, benützte ich den Strom der Wiener Gleichstrom-Centrale (Allgemeine österreichische Elektricitäts-Gesellschaft), welche Füufleitersystem hat und wovon ich die glücklicher Weise ein Aussenkabel in meinem Laboratorium habe, das circa 440 Volt Spannungsdifferenz gegen Erde hat, wenn der andere" Aussenleiter an Erde liegt. Ich schaltete zwischen das besagte Leitungskabel und die Gasrohrleitung fünf hintereinander Glühlampen l (Fig. 2) ein. In der in der Zeichnung ersichtlichen Weise (durch ausgezogene Linien gekennzeichnet) wurde der Cohärer c, der sich zwischen zwei isolirten Rosanaurblechen A befand, ferner die Magnetbewicklung des Relais R_1, der Hebel des Relais R_2 (mit Ruhecontact) und eine Serie von Glühlampen l

*) R. Acc. dei Lincei, vol. VI (1897), pag. 245. Nuovo indicatore di onde elettriche.

**) Bei dieser Gelegenheit gehört es mir, der Glühlampen-Fabrik „Watt" in Wien meinen besten Dank für die Unterstützung bei meinen Versuchen auszudrücken.

zu den Lampen l in Zweigschaltungen gelegt, so dass
das Durchschlagen im Cohärer noch nicht erfolgte.
Die Batterie B_1 bethätigte bei Ansprechen des Cohärers
mittelst des Relais R_1 (Arbeitsstrom) den Morse-
Apparat M. Sobald der Schreibhebel des letzteren bei
der Abwärtsbewegung die Contactschraube z berührte,
unterbrach das Relais R_2 den Cohärer-Strom.

Es ist selbstverständlich, dass bei dieser Schaltung,
welche im Wesentlichen mit meinem beim Branly-
schen Cohärer angewandten identisch ist, der Morse-
Apparat nur Punkte schreiben kann, so dass eine kurze
Punktreihe einen Punkt, eine längere einen Strich des
Morse-Alphabetes ersetzen muss. Die Zusammenstellung
functionirt richtig, wenn nach Aufhören der Wellen,
der Cohärer sofort unterbrochen ist. Bei Anwendung

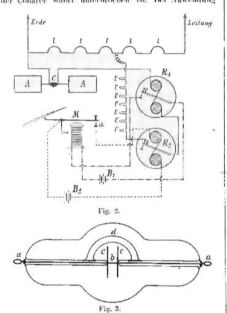

Fig. 2.

Fig. 3.

des Branly'schen Cohärers ist dies nach meinen Erfahrungen ohne das Relais R_2 selbst durch starke Erschütterungen nicht immer zu erreichen. Aber auch bei
der Righi'schen Anordnung habe ich dies noch nicht
sicher darstellen können. Ursache dessen kann sein, dass
die von mir angewandten Spannungen bis 440 Volt zu
gering waren, indem ich dadurch gezwungen wurde,
den Cohärer nur sehr schwach zu evacuiren, da bei
höherem Vacuum das Durchschlagen nicht mehr stattfand, oder dass der Cohärer-Strom zu stark war, dessen
untere Grenze durch das benutzte Relais R_1 bestimmt
wurde, oder endlich, dass eine derartige Unterbrechung
überhaupt nicht möglich ist, da sie nothwendig mit
einem Oeffnungsstrom durch Verschwinden des Magnetismus im Relais verbunden sein müsste, wodurch sofort neuer Schluss im Cohärer hervorgerufen würde.
Dieser letzten Ursache schreibe ich es vorwiegend zu
Schuld an dem Misslingen des Versuches zu und mag

sie auch bei Verwendung Branly'scher Cohärer eine
grosse Rolle spielen.

Aber auch die zuerst genannte Ursache kommt
beim Righi'schen Cohärer sehr in Betracht. Dafür erhielt ich den Beweis, als ich denselben in später zu
erörternder Weise sehr empfindlich machte. Dies geschah dadurch, dass die Drähte auf etwa wenige
Tausendstel Millimeter nahe gebracht wurden. Dann
stellte sich nämlich sehr oft trotz Anwendung des
Relais R_2, also trotz Unterbrechung des Cohärer-Stromes,
die leitende Ueberbrückung im Branly'schen Cohärer
wieder her, nachdem die Wellen bereits aufgehört
haben, während solches geschah, wenn man z. B.
die Stromquelle wiederholt ein- und ausschaltet. Ich
vermuthe, dass an dieser Erscheinung die Erhitzung
infolge des zu starken Stromes Schuld ist, die auch
nach Unterbrechung des letzteren einige Zeit andauert
und die Spannung, bei welcher das Durchschlagen
stattfindet, herunterdrückt.

Es ist leicht einzusehen, dass dieser Uebelstand
durch genügende Schwächung des Stromes bei Steigerung der Empfindlichkeit des Relais zu beheben sein
wird, und glaube ich, dass der Righi'sche Cohärer erst
das sichere Telegraphiren innerhalb der Grenzen, in
welchen es bisher nur mit Aufbietung aller Vorsichtsmassregeln bisher gelungen ist, möglich machen wird.

Nun will ich noch die Construction des oben erwähnten hochempfindlichen Cohärers beschreiben.

Es wurden zwei Pt-Drähte a (Fig. 3), die an den
Enden mit Querdrähten c versehen sind, bis zu den
letzteren in Glas eingeschmolzen und dünn versilbert.
Hierauf wurden sie durch einen Glasbügel d so ver-
bunden, dass sie mit einem Element und Klingel oben
noch Contact anzeigten. Dann wurde das Silber durch
Salpetersäure gelöst und dadurch die gewünschte kleine
Entfernung erreicht. Diese Anordnung wurde nun in
der gezeichneten Weise in einem Rohre befestigt. Das
Vacuum, welches in dem Rohre herrscht, ist sehr gering,
so dass beim Stromdurchgange noch intensives Blau-
leuchten auftritt. Die Querdrähte c dienen dazu, den
Widerstand zu erniedrigen, sobald einmal bei b das
Durchschlagen stattgefunden hat.

Die Empfindlichkeit dieses Cohärers ist schon fast
gleich jener, die die Branly'schen zeigen.

KLEINE MITTHEILUNGEN.

Verschiedenes.

† **Dr. V. Wietlisbach**, Chef der technischen Abtheilung der Telegraphen-Direction in Bern, ist am
26. November v. J., nachdem er schon längere Zeit an
einer Magenkrankheit litt, nach einer chirurgischen
Operation gestorben. Die unerwartete Kunde von dem
Hinscheiden dieses so verdienstvollen Elektrotechnikers,
dessen Name infolge seiner Arbeiten und Leistungen
auf dem Gebiete der Telegraphie und Telephonie so
hoch geehrt ist, hat alle Fachgenossen in Trauer
erfüllt. Johann V. Wietlisbach wurde am
24. August 1854 als ältester Sohn des Försters Joh.
Baptist Wietlisbach zu Bremgarten, Canton Aarau,
geboren und verbrachte daselbst die Jahre der Kind-
heit. Derselbe besuchte die niederen Schulen und die
Gewerbeschule in Aarau, hierauf die Gewerbeschule in
Solothurn, trat dann in das eidgenössische Poly-
technicum in Zürich ein, woselbst er die mathematisch-

physikalische Abtheilung absolvirte. Er löste daselbst
die Preisaufgabe: „Ueber die Bestimmung des gegenseitigen elektrodynamischen Potentiales zweier coaxialer
Drahtrollen." V. Wietlisbach studirte hierauf in
Berlin und promovirte im Jahre 1879 in Zürich; seine
Dissertation handelt über die Anwendung des Telephons
zu galvanischen und elektrischen Messungen. In wissenschaftlicher Beziehung wurde V. Wietlisbach
hauptsächlich durch seine berühmten Lehrer H. F.
Weber, v. Helmholtz und Kirchhoff angeregt.
Im Jahre 1879 wurde Wietlisbach Assistent des
Prof. H. F. Weber und habilitirte sich ein Jahr
später als Privatdocent; im Jahre 1881 wurde er von
der neugegründeten Telephon-Gesellschaft in Zürich als
Leiter des Unternehmens gewählt; infolge seiner grossen
Verdienste, die er sich in dieser Stellung rasch erwarb.
wurde er im Jahre 1884 in die technische Abtheilung
der Telegraphen-Direction in Bern berufen, in welcher
Stellung er durch seine fachlichen Arbeiten einen
Weltruf erlangte. V. Wietlisbach, welcher zweimal verheiratet war und vier Kinder hinterlässt, blieb
in dieser Stellung bis zu seinem Tode. Die wichtigsten
von Wietlisbach veröffentlichten Arbeiten sind
folgende: 1. Ueber Anwendung des Telephons zu elektrischen und galvanischen Messungen (Monatsber. d. k.
preuss. Akad. d. Wiss. 1879). 2. Die Theorie des Mikro-
telephons (Wied. Annal. 1882. Bd. XVI). 3. Licht
und Kraft in der Elektricitäts-Ausstellung in München
(Züricher Naturforscher-Gesellschaft 1882). 4. Zur
Theorie des Telephons (Centralblatt für Elektrotechnik
1884). 5. Rundschau auf dem Gebiete der Telephonie
(ebendaselbst 1885). 6. Die Selbstinduction gerade ge-
streckter Drähte (ebendaselbst 1886). 7. Die Technik
des Fernsprechwesens (31. Bd. von Hartleben's elektr.
Bibl. 1886). 8. Zur Theorie der Fernsprechleitungen
(Elektr. Rundschau 1887 und E.-T.-Z. Berlin 1887).
9. La nouvelle Station centrale des Téléphones à Zürich
(Journal Télégr. Bern 1894). 10. De l'effet utile des trans-
lateurs (ebendaselbst 1896). 11. Telephony ist der Titel
einer grossen Publikation über den gegenwärtigen Stand
der telephonischen Wissenschaft im Electrical Engineering
in Chicago 1896 und 1897. 12. On telephonic distur-
bances caused by high-voltage currents (Electrician,
London 1896). — Ehre seinem Angedenken!

**Erschütterungsfreie Aufstellung von Instrumenten nach
Julius.** [*]) (Nach einem Vortrage des Herrn Dr. Lindeck, gehalten in der Deutschen Gesellschaft für Mechanik
und Optik am 16. November 1897.)

Der in nebenstehender Figur ersichtliche Apparat zur
erschütterungsfreien Aufstellung von Instrumenten wurde von dem
Vortragenden vorgeführt; der Apparat eignet sich ganz besonders
zur absolut sicheren Aufstellung von Spiegelgalvanometern und
Elektrometern, weshalb dessen Beschreibung hier folgt.

Drei Metallstäbe S sind durch zwei Ringe R_1 und R_2 fest
mit einander verbunden. Jeder der Stäbe ist unten mit einer
Stellschraube versehen. Ueber der Mitte desselben sind drei
Haken H angebracht; diese dienen dazu, den ganzen Apparat an
einem mit drei Klemmvorrichtungen ausgerüsteten eisernen Dreifuss mittels dünner Drähte aufzuhängen. Einer (kleiner Haken (der
in der Figur an der linken Seite sichtbar) ist ein Doppelhaken,
dessen Zweck wir weiter unten kennen lernen werden. Die Auf-
hängepunkte der drei Drähte müssen die Ecken eines gleich-
seitigen Dreiecks bilden.

Sämmtliche Stäbe sind an ihren unteren Enden mit Lauf-
gewichten G versehen, welche durch Flügelmuttern klemmbar
sind. Damit nun die Gewichte nach der Justirung des Apparates
in gleicher Höhe stehen, ist auf den Stäben eine Theilung mit
eine Theilung angebracht. Ein dritter verschiebbarer Ring T dient
als Träger des schützenden Instrument, welches durch geeignete Klemmen auf demselben befestigt wird.

[*]) Siehe auch Annalen der Physik und Chemie, Neue Folge, Bd. 56,
Pag. 151—160 und Zeitschrift für Instrumentenkunde, Bd. 16, Pag. 267—269.

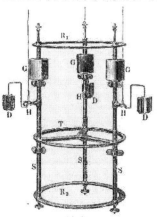

Fig. 1.

Was nun die Justirung des Apparates betrifft, so stellt
man ihn auf einen Tisch oder Sockel und nivellirt ihn, während
er auf seinen Stellschrauben steht, setzt alsdann das zu schützende
Instrument ein, so zwar, dass der zu schützende Punkt (beim
Galvanometer der Aufhängepunkt des Fadens) in die Ebene des
durch die Haken H gebildeten Dreiecks fällt, nivellirt das Instrument und klemmt es fest.

Nun kommt es darauf an, den Schwerpunkt dieses ganzen
Systems in die Ebene des Dreiecks zu bringen. Zu dem Zwecke
neigt man das Ganze auf die Seite (sollte das empfindliche System
darunter leiden, nach Entfernung desselben) und hängt es an dem
Doppelhaken H auf. Jetzt verschiebt man die Laufgewichte so
lange, bis die Stäbe eine horizontale Lage angenommen haben,
wobei zu beachten ist, dass die Gewichte an gleichen Theilstrichen
stehen. Sollten die Laufgewichte zur Justirung nicht genügen,
so setzt man Hilfsgewichte auf den über den Ring R_1 hinaus-
ragenden Stäbe. Befindet sich das ganze Vorrichtung im Gleichgewicht und sind die Gewichte festgeklemmt, so richtet man das
ganze Instrument auf, legt die Ocsen der Aufhängedrähte an die
Haken H und befestigt die Flügel D an denselben. Diese Flügel
dienen zur Dämpfung von etwa auftretenden Schwingungen des
Apparates. Hat man dann das empfindliche System des zu schützenden Instrumentes in dasselbe eingesetzt, wird der Tisch, auf
welchem das Stativ steht, durch langsames Senken der oder
der Befestigung eines Sockels schraubt man die Fussschrauben
des Stativs ungefähr 1 mm in die Höhe, so dass die ganze Einrichtung an den Drähten hängt.

Zur besseren Dämpfung der etwa auftretenden Pendel-
bewegungen des Stativs durch Luftzug oder dergl. taucht man
die Dämpfungsflügel in Oel oder eine andere zähflüssige Substanz.
Man hat auch versucht, dieselben mit einem Wattebausch zu
umgeben; das erhaltene Resultat war recht befriedigend.

Der Vortragende theilte noch mit, dass er mit dieser Vorrichtung die günstigsten Resultate in der Physikalisch-
technischen Reichsanstalt erzielte. Es sei ihm ein leichter-
gewesen, ein höchstempfindliches Thomson'sches Galvanometer
mit der grössten Sicherheit abzulesen. Dies letztere Instrument
war bis dahin wegen der durch den Strassenverkehr bedingten
Erschütterungen unbrauchbar selbst bei der sorgfältigsten Aufstellung auf völlig isolirte, fest fundirte Sockel.

Von der Befestigung des Dreifusses an einem Balkon der
Zimmerdecke ist entschieden abzurathen. Es empfiehlt sich viel-
mehr, in einer der Seitenwände des Beobachtungsraumes einen
Balkon unterhalb der Zimmerdecke einzulassen.

Der untersuchte Apparat ist von von P. J. Kipp & Zonen
(J. W. Giltay) in Delft zu beziehen. W. L.

Ein unterseeisches Boot. Im „Berl. Börse-Courier" finden
wir die nachstehende Mittheilung, deren Bestätigung wohl noch
abzuwarten ist. Der neuerfundene amerikanische Untersee-Dampfer
„Argonaut" machte am 16. December v. J. in Baltimore zwei
erfolgreiche Probefahrten, an welchen viele Vertreter der Presse,
darunter eine Dame, Fräulein Ada Patterson, theilnahmen. Das

sonderbare Fahrzeug verweilte über eine Stunde auf dem Meeresboden. Die am Bord Befindlichen verspürten nicht das geringste Unbehagen. Die einzige unangenehme Empfindung, welche von den Theilnehmern an der unterseeischen Fahrt empfunden wurde, war ein gewisser Ohrenschmerz beim Verlassen des Dampfers. Das wassermelonenförmige Fahrzeug mit den Rädern an der Seite, gleicht einer unterirdischen Locomotive, als einem Schiffe. Es ist 36 Fuss lang, 9 Fuss im Durchmesser, aus Stahl gebaut, und zwar so stark, dass es den stärksten Wasserdruck aushalten kann. Eine Gasolin-Dampfmaschine von 30 PS liefert die Triebkraft für das Fahrzeug, wenn es auf dem Wasserspiegel schwimmt, während unter Wasser sofort ohne mächtige Accumulatoren-Batterie die Räder in Bewegung setzt. Der „Argonaut" kann Vorrath für eine Tour von 2000 Meilen unter Wasser an fünf Meilen die Stunde an Bord nehmen. Die Besatzung wird aus einem Capitän, einem Ingenieur und fünf Tauchern bestehen. Das ganze Fahrzeug ist in vier Abtheilungen eingetheilt, und zwar ist der hintere Theil für die Maschine, Dynamo, Luftpressen und Pumpen abgegrenzt. Im Vordertheil sind die Taucher-Abtheilungen, Luftschleusen und das Loodsenhäuschen mit elektrischem Licht. Der Erfinder dieses submarinen Bootes, Herr Simon Lake, behauptet, dass der „Argonaut" zu einer beliebigen Tiefe hinabgehen, zu jeder Zeit wieder aufsteigen und die Mannschaft Tage lang unter Wasser bleiben kann.

Im Verein für die Förderung des Local- und Strassenbahnwesens hielt am 17. d. M. Herr A. Prasch, Ober-Inspector der k. k. österr. Staatsbahnen, einen Vortrag: „**Ueber die Ausnützung der Wasserkräfte in den Alpenländern zum Betriebe von Local- und Gebirgsbahnen**", worüber uns Nachstehendes berichtet wird:

Die Möglichkeit der elektrischen Kraftübertragung bewirkte einen einschneidenden Umschwung, indem hiedurch eine rationellere Verwerthung der billigen Wasserkräfte angebahnt werden konnte. Nordamerika, die Schweiz, Frankreich, Deutschland haben diese Erkenntnis sofort erfasst, wohingegen in Oesterreich, welches über diese Kräfte im Ueberflusse verfügt, eine kaum merkliche Bewegung zu verzeichnen ist. Die Verwerthung dieser Kräfte könne jedoch vornehmlich, wie dies in schlagender Weise in dem benachbarten Schweiz der Fall ist, zur Hebung des Fremdenverkehres erfolgen. Die Mittel hiezu sind in der Herstellung von Neben- und Gebirgsbahnen gegeben, die mit Rücksicht auf den Sommerverkehr ebenso leistungsfähig wie billig im Bau und Betriebe sein müssen.

Der Vortragende führt hierauf den Nachweis, dass die elektrischen Bahnen, sofern die erforderlichen Betriebskräfte aus den Wasserläufen gewonnen werden können, diesen Anforderungen am meisten entsprechen, weil sie sich selbe den Terrainverhältnissen besser anschmiegen, daher billiger zu bauen sind, und deren Betrieb vermöge der Elasticität der elektrischen Traction sich den jeweiligen Verkehrsverhältnissen leicht anpasst und nebstbei auch billiger wird.

Die Betriebskräfte können relativ geringe sein, wenn Accumulatoren als Kraftsammler zur Verwendung gelangen, indem auch einem vorgeführten Beispiele mit einer Betriebskraft von nur 50 PS ein Betrieb aufrecht erhalten werden kann, dessen maximaler Kraftanspruch 200 PS beträgt. Es wird auch dem Einwurf begegnet, dass die Kräfte nicht an Ort und Stelle verfügbar sind, weil ja Dank der Möglichkeit, die elektrische Kraft in dünnen Drähten auf Entfernungen bis zu 100 km zu übertragen, auch entferntere Stellen für die Anlage der Kraftstation in Aussicht genommen werden können.

In Kürze werden die unter Beobachtnahme der jeweiligen Verhältnisse anzuwendenden Arten der elektrischen Betriebes mit directer Stromzuführung vorgeführt und an der Hand eines bestehenden Projectes für die Ausnützung einer Wasserkraft in Obersteiermark, mit 8000 PS, nicht nur der Nachweis geliefert, dass die für die Betrieb elektrischer Bahnen erforderlichen Betriebskräfte verfügbar sind, sondern sich dieser Betrieb, was die reinen Zugförderungskosten anbelangt, wesentlich billiger stellt als der Dampfbetrieb. Mit Benützung des gleichen Beispieles wie für die Accumulatorenbetrieb, wurde an selben nachgewiesen, dass die gleiche Leistung bei Dampfbetrieb vorausgesetzt, für diesen 12.000 fl., bei der elektrischen Betrieb hingegen nur 8000 fl. an einem Zugförderungs-Auslagen erforderlich sein werden, wobei sich für letztere noch eine Verbilligung dieser Kosten durch Ausgabe von Licht an die Interessenten erzielen liesse.

In diesen Wasserkräften liegen also Schätze aufgespeichert, die der Verwerthung harren. Durch die Erleichterung des Verkehres wird nicht nur der Wohlstand gehoben, sondern auch durch die Einbeziehung der abgeschlossenen Bevölkerung in das moderne Leben Erkenntnis und Aufklärung gefördert.

Die Prager Telephon-Centrale, für die im Hauptpostgebäude ein eigener Tract erbaut wurde, sollte sowohl den

Centraldienst für den localen, als auch interurbanen Telephonverkehr vereinigen. Nachdem jedoch die Verlegung der einzelnen Tracen von der zweiten Centrale in die dritte viel Zeit und Geldaufwand erheischt, die erforderlichen Mittel jedoch nicht verfügbar sind, da die verfassungsmässige Behandlung des Budgets nicht stattfand und infolge dessen die Investitionen unterbleiben, überdies die Ständeforderung successive durch die Kabelleitung ersetzt wird, dürfte die Durchführung dieses Projectes eine bedeutende Verzögerung erfahren. Bis nun wurde eine Trace mit etwa 200 Leitungen von der zweiten Centrale in die dritte verlegt und in die bisherige Localität der dritten Centrale die Multiplexapparate durch einen Centralumschalter für weitere 600 Leitungen vermehrt. Von diesen 600 Leitungen ist aber auch schon bereits infolge der beständigen Erweiterung des Telephonnetzes eine bedeutende Anzahl vergriffen, so dass sich binnen nicht gar langer Zeit die Nothwendigkeit der Vornahme weiterer ähnlicher Vorkehrungen ergeben wird. Die einheitliche Localcentrale ist auf 6000 Abonnenten berechnet. Der Thurm ist bereits fertig eingerichtet für die gemischten Systeme, d. i. für unter- oder oberirdische Leitungen. Bei den Centralen sind dermalen, u. zw. bei der zweiten 24, bei der dritten 34 Telephonistinnen beschäftigt; überdies besorgen 12 Damen die telephonische Depeschen - Vermittlung, nebenbei bemerkt an 18.000 Telegramme monatlich.

Ueber die neue böhmisch-sächsische Telephon-Verbindung, von der wir im v. H. S. 37 berichtet haben, wird der „Bohemia" noch Folgendes geschrieben: Bei der vor einigen Tagen in Dresden stattgefundenen Telephon-Conferenz, über welche schon berichtet wurde, wurden verschiedene Beschlüsse sowohl in Bezug auf die Einführung neuer Gesprächsverbindungen zwischen den Telephonnetzen in Böhmen und dem Deutschen Reiche, als auch in Bezug auf die Sprechgebühren im Grenzverkehr gefasst. So wurde die Herstellung einer Verbindung des sächsischen Telephonnetzes mit Rumburg, Schluckenau, Neustadtl, Haindorf und Friedland beschlossen; weiters ist die Herstellung einer Telephonlinie Teplitz Aussig-Bodenbach-Dresden in Kürze zu erwarten. Auch die Verbindung Reichenberg-Görlitz wird ehestens gebaut werden. Vom 1. Mai d. J. an wird die Gebühr für Gespräche zwischen böhmischen und sächsischen Ortschaften, die in der Luftlinie nicht mehr als 25 km von einander entfernt liegen, auf 50 Pfg. pro Einheit herabgesetzt.

Fernsprechwesen der Welt. Das Fachblatt „Electrical Engineering" aus Chicago veröffentlicht neuerlich nachstehendes Verzeichnis über die Anzahl der Fernsprechstationen in den verschiedenen Staaten, welches nach den letzten statistischen Ausweisen zusammengestellt worden sein soll:

Vereinigte Staaten von Nordamerika	150.000 Fernsprecher
Deutschland	75.000 „
England	50.000 „
Schweden	35.000 „
Frankreich	90.000 „
Schweiz	20.000 „
Oesterreich	18.000 „
Russland	16.000 „
Norwegen	15.000 „
Bayern	15.000 „
Dänemark	14.000 „
Italien	12.000 „
Spanien	12.000 „
Holland	11.000 „
Belgien	10.000 „
Ungarn	7.000 „
Württemberg	6.000 „
Finnland	3.500 „
Japan	2.500 „
Cuba	2.000 „
Britisch Indien	2.000 „
Australien	2.000 „
Luxemburg	2.000 „
Portugal	600 „
Cap der guten Hoffnung	400 „
Rumänien	300 „
Bulgarien	300 „
Tunis	200 „
Cochin-China	200 „
Provinz Angola	100 „

Von den obigen Telephonstationen entfallen 1.402.100 für Miether (Abonnenten). *Al.*

Ausgeführte und projectirte Anlagen.

Oesterreich-Ungarn.

Prag. (Prager Tramway.) Der „Neuen Freien Presse" wird berichtet, dass in der am 13. d. M. in Brüssel abgehaltenen Generalversammlung der Actionäre der Prager Tramway beschlossen wurde, auf die Propositionen der Prager Stadtgemeinde einzugehen und die Tramway in die Verwaltung der Stadt Prag übergehen zu lassen.

Prossnitz in Mähren. (Elektrische Beleuchtung.) Vor Kurzem wurde die von uns im Hefte vom 15. April 1897 erwähnte elektrische Station eröffnet. Die elektrische Einrichtung hat die Prager Firma Křižik, den Dampfbetrieb die Königgrätzer Firma Märky, Bromovský & Schulz durchgeführt. Die elektrische Beleuchtung wurde auch in das neue Postgebäude, die Schulen, das Rathhaus, die Restaurationen und zahlreiche Privatwohnungen eingeführt. Im Stationsgebäude befinden sich zwei Dampfmaschinen mit je 100 PS, zwei Dampfkessel etc. Die beiden dynamo-elektrischen Maschinen mit 180 Umdrehungen in der Minute, sind mit den Dampfmaschinen direct verbunden, und sowohl zur Leitung des Stromes in das Netz als auch zur Ladung der Accumulatoren-Batterie bestimmt.

Vöcklabruck. (Elektricitätswerk.) In Ergänzung unserer Mittheilung auf S. 11 d. Ztsch. berichten wir noch Folgendes: Die Anlage ist im Gleichstrom-Dreileitersystem mit einer Spannung von 300 V. zwischen den beiden Aussenleitern ausgeführt und reicht in ihrem gegenwärtigen Ausbau für 1200 Glühlampen aus. Die Centrale befindet sich südlich der Stadt, circa 1200 m von dieser entfernt, in der Nähe des Agathasees; die Fernleitungen, sowie die Vertheilungsleitungen innerhalb des Consumgebietes, sind als blanke Luftleitungen geführt. Die Vertheilungsleitungen zweigen von zwei in den Stadtthürmen angebrachten Speisepunkten ab. Die öffentliche Beleuchtung wird durch circa 100 Glüh- und 9 Bogenlampen besorgt, welche in hübschen Auslegearmen bezw. Kandelabern montirt sind. — Eine telephonische Verbindung ermöglicht die Verständigung zwischen dem Consumgebiete und der Centralstation. — Die letztere enthält eine verticale Turbine von 110 PS, zwei von dieser direct mittelst Riemen angetriebene vierpolige Stahlguss-Dynamos von je 35 Kilowatt Leistung bei 560 Touren, sowie die erforderlichen Apparate, auf einer Marmortafel montirt. — Die Aufstellung einer zweiten Turbine mit zwei Dynamos ist geplant.

Die ganze Anlage, mit Ausnahme der Turbine, wurde von den Oesterreichischen Schuckertwerken im Auftrage der Stadtgemeinde Vöcklabruck ausgeführt.

Deutschland.

Spandau. Zwischen dem Magistrat von Spandau und der Allgemeinen Elektricitäts-Gesellschaft in Berlin schweben Verhandlungen mit dem Ziele, dass von dem Elektricitätswerk an der Oberspree eine Leitung nach Spandau geführt werde, um die Stadt mit elektrischer Beleuchtung und elektrischer Kraft zum Gewerbebetriebe zu versorgen. Verhandlungen mit dem Kriegsministerium sind gleichfalls angeknüpft, um die militärischen Etablissements zum Anschluss zu gewinnen.

Patentnachrichten.

Mitgetheilt vom Technischen- und Patentbureau

Ingenieur Victor Monath

WIEN, I. Jasomirgottstrasse Nr. 4.

Oesterreichische Patente.

Classe
21. Vorrichtung zum Anhalten elektrischer Wagen. — The Electrical Vehicle Syndicate Ltd. 4./12.
„ Sicherheitsvorrichtung für elektrische Wagen. — The Electrical Vehicle Syndicate Ltd. 4./12.
„ Vorrichtung zur Bethätigung von Anlass und Bremse an elektrischen Motorwagen. — Adolphe Grossmann. 7./12.
„ Neuerungen im elektrischen Antrieb von Eisenbahnwagen. — Emil Kaselowsky. 7. 12.
„ Elektrische Antriebsvorrichtung. — C. Kayser & Co. 7./12.
„ Drehgestell mit Rollenlager, insbesondere für elektrische und andere Motorwagen. — The Electrical Vehicle Syndicate Ltd. 7. 12.
„ Elektrische Locomotive. — Jean Jacques Heilmann. 17./12.
„ Neuerungen an selbstthätig wirkenden Stromschluss-Apparaten. — Charles Price und J. Gould. 23./11.
„ Elektrisches Kabel. — J. Gould. 23./11.

Classe
21. Einrichtung zur Aenderung des Luftzwischenraumes zwischen Feldmagneten und Anker von Elektromotoren und Dynamomaschinen. — Eugenio Cantono. 25./11.
„ Neue Dynamomaschine. — Ferdinand Werner. 25./11.
„ Neuerungen an elektrischen Oefen. — Charles Bradley. 26./11.
„ Hochspannungs-Ausschalter mit hintereinander geschalteten wellenförmigen Stromschlussstücken. — Electricitäts-Action-Gesellschaft vormals Schuckert & Co. 28./11.
„ Accumulatorenplatten und Verfahren zur Herstellung derselben. — William Hauscom und Arthur Hough. 29./11.
„ Neuerungen an Bürstenträgern für elektrische Maschinen. — Compagnie de l'industrie Electrique. 29./11.
„ Glockenträger für Bogenlampen. — August Eichel. 3./12.
„ Elektricitätszähler. — Louis Pelaux. 3./12.
„ Neuerungen in dem Verfahren zur Fernübertragung von Bewegungen. — Siemens & Halske. 3./12.
„ Unverwechselbare Glühlampe. — Allg. Elektricitäts-Gesellschaft. 6./12.
„ Elektricitätszähler. — Emanuel Bergmann. 6./12.
„ Neuer Accumulator. — Accumulatorenfabrik Manresso. 7./12.
„ Kabel zum Uebertragen elektrischer Ströme. — John Kolman. 7./12.
„ Elektrodenplatte. — Berliner Accumulatorenfabrik Ges. m. b. H. 10./12.
„ Vorrichtung zum Ausgleich der Reibungswiderstände bei Wechselstrom-Motorzählern. — Siemens & Halske. 11./12.
„ Elastische Kuppelung für elektrisch betriebene Fahrzeuge. — Siemens & Halske. 11./12.
„ Stromschlussstöpsel bezw. Glühlampensockel für verschieden artige Fassungen. — Jacob Fulton Gates. 14./12.

Classe
Deutsche Patentanmeldungen.*)
21. M. 13.618. Ankerwicklung für Dynamo-Maschinen zur Verminderung der Funkenbildung. — William Morris Mordey, Leicester, England. 15./1. 1897.
„ H. 12.408. Vorrichtung zur selbstthätigen Controle des Ladezustandes von Sammelbatterien. — Edwin Hauswald, Frankfurt a. M. 28./9. 1897.
26. T. 5.355. Gasfernzünder mit elektrisch gesteuertem Ventil. — Dr. Shôlé Tanaka, Berlin. 6./4. 1897.
20. U. 1286. Anordnung der oberirdischen Stromzuleitung für elektrische Bahnen auf Klappbrücken. — Union Electricitäts-Gesellschaft, Berlin. 22./5. 1897.
21. H. 19.369. Motorzähler mit einer von einer besonderen Kraftquelle angetriebenen Collector. — Dr. Richard Hiecke, Wien. 11./10. 1897.
„ Sch. 11.936. Elektrode für Mikrophone. — J. P. Schmidt, Berlin. 30./9. 1896.
„ U. 1283. Wechselstrom-Maschine mit doppeltem Inductorrad. — Union-Electricitäts-Gesellschaft, Berlin. 4./11. 1897.
42. G. 6372. Contactvorrichtung an Compassen zur elektrischen Fernregistrirung. — Alphons Custodis, Düsseldorf. 25./9. 1896.
20. B. 20.788. Vorrichtung zur Herbeiführung eines Stromschlusses durch den fahrenden Zug. — Heinrich Büssing, Braunschweig. 3./5. 1897.
21. B. 21.038. Verfahren zur Herstellung von Sammler-Elektroden. — W. B. Barr, W. Swiatsky und J. Wettstein, St. Petersburg. 1./7. 1897.
„ W. 13.172. Trommelschalter mit von Leitungen verdeckten Verbindungsleitungen für die Stromschlussstelle. — Westinghouse Electric Company, Limited, London. 3./5. 1897.
35. M. 14.224. Vorrichtung zur selbstthätigen Abstellung des Hubwerkes von elektrisch betriebenen Krahnen. — Hermann Mohr, Mannheim. 29. 6. 1897.
40. S. 10.205. Elektrischer Ofen. — Siemens & Halske, Actien-Gesellschaft, Berlin. 20. 3. 1897.

Classe
Deutsche Patentertheilungen.
20. 96.013. Schaltvorrichtung für elektrische Streckenblockirung. — A. Frank und A. Neumayer, München. 13./5. 1897.
„ 96.026. Stromabnehmer für mehrgeleisige elektrische Bahnen mit einem einzigen Arbeitsdrahte. — W. F. Kenway, Birmingham. 18./11. 1896.

*) Die Anmeldungen bleiben acht Wochen zur Einsichtnahme öffentlich aufgelegt. Nach § 24 des Patent-Gesetzes kann innerhalb dieser Zeit Einspruch gegen die Anmeldung wegen Mangel der Neuheit oder widerrechtlicher Entnahme erhoben werden. Das obige Bureau besorgt Abschriften der Anmeldungen und übernimmt die Vertretung in allen Einspruchs-Angelegenheiten.

Classe
20. 96.651. Schaltvorrichtung für elektrisch betriebene, mehr-flügelige Signalstellwerke. — W. Fiedler, Braunschweig. 22./10. 1896.
21. 96.614. Gewindevingbefestigung bei elektrischen Glühlampen. Zus. z. Pat. 93.725. — Maschinenfabrik Esslingen, Esslingen. 23./4. 1897.
„ 96.619. Pressverfahren zur Herstellung von Elektrodenplatten für elektrische Sammler. — B. Klüppel, Hagen i. W. 30./4. 1896.
„ 96.627. Phasenmesser. — Hartmann & Braun, Frankfurt a. M.-Bockenheim. 19./1. 1897.
„ 96.639. Phasenmesser. — Hartmann & Braun, Frankfurt a. M. Bockenheim. 23./1. 1897.
„ 96.640. Messgeräth zur Bestimmung der Gleichzeitigkeit der Spannung zweier Wechselströme von gleicher Periode. — Hartmann & Braun, Frankfurt a. M. Bockenheim. 7./8. 1897.
„ 96.068. Gestänge für elektrische Bogenlampen. — Körting & Mathiessen, Leutzsch-Leipzig. 2./5. 1897.
„ 96.082. Negative Elektroden für Accumulatoren. — L. Boudet & Bridson, Bergés & Comp., Paris. 24./6. 1897.
74. 96.653. Vorrichtung zum Schliessen und Öffnen eines elektrischen Stromkreises zu bestimmten Zeiten. — Ch. J. Leomeister, Aachen. 9./12. 1896.
75. 96.020. Elektrolysir-Apparat mit Quecksilberkathode. — H. P. M. Brunel Besançon, Douhy, Frankreich. 18./5. 1897.
21. 96.096. Wechselstrom-Maschine mit ruhenden Wicklungen. — Aktiebolaget de Lavals Augturbin, Stockholm. 21./11. 1896.
„ 96.118. Selbstthätiger Starkstromausschalter mit zwei die Stromschlusstheile tragenden Eisenstäben in einer Spule. — Actien-Gesellschaft Elektricitätswerke (vormals O. L. Kummer & Co), Niedersedlitz b. Dresden. 14./1. 1897.
„ 96.119. Transformator mit regelbarem Uebersetzungsverhältniss. — A. Nicolayson, Christiania. 31./1. 1897.
„ 96.151. Vorrichtung zur selbstthätigen Fernsprechschaltung. — The Strowger Automatic Telephone Exchange. Chicago. 9./5. 1895.
„ 96.170. Verfahren zur Herstellung einer Isolirmasse für elektrotechnische Zwecke. — F. A. Magdoll, Berlin. 2./6. 1896.
„ 96.171. Lösbare Befestigung der Metallkapseln an elektrischen Glühlampen. — Constantin Incandescent Lamp Manufactory, Venloo, Holland. 2./7. 1896.

Auszüge aus Patentschriften.

Carl W. Hertel in Berlin. — Kohlenelektrode mit vielfachen Stromableitern aus Kupfer. — Classe 21, Nr. 93.978.

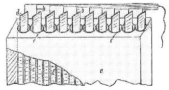

Fig. 1.

Die Elektrode besteht aus dem aus Retortenkohle hergestellten Körper e, welcher mit Hohlräumen versehen ist. — In diesen Hohlräumen stehen durchbrochene Kupfercylinder d, welche sich dicht an die Kohle anschliessen. — Die Kupfercylinder sind mehr oder weniger mit depolarisirender Masse angefüllt, welche gleichzeitig die kupfernen Ableiter d umgibt. — Die Ableitungsdrähte d derselben werden an einem Ableitungsstrang verbunden. Diese Elektrode wird mit einer Zinkelektrode und einem das Kupfer gar nicht oder nur sehr wenig angreifenden Elektrolyten z. B. Kalilauge, zu einem galvanischen Elemente zusammengesetzt.

Union-Elektricitäts-Gesellschaft in Berlin. — Einrichtung zur Herbeiführung des synchronen Laufes parallel zu schaltender Wechselstrom-Maschinen. — Classe 21, Nr. 94.674.

Zwei Synchronmotoren, von denen der eine in dem Stromkreis der belastet laufenden Maschine, der andere in der der anzulassenden Maschine liegt, sind durch ein Umlaufgetriebe gekuppelt, welches auf den Geschwindigkeitsregler der Antriebsmaschine einwirkt, so dass der Regler so lange verdreht wird, als

noch ein Unterschied in der Geschwindigkeit der beiden Motoren besteht.

Union-Elektricitäts-Gesellschaft in Berlin. — Erregungs-Anordnung für Wechselstrom-Maschinen. — Classe 21, Nr. 94.139.

Die Erregermaschine A wird durch Vermittelung von Schleifringen f durch den in der Secundärspule d eines Transformatorinducirten Wechselstrom angetrieben. Die Primärspule des Transformators erhält ihren Strom aus der Wechselstrom-Maschine B. Der Secundärstrom ist dadurch von den Stromverhältnissen im Netz abhängig gemacht, dass der Transformator einen besonderen

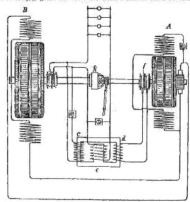

Fig. 1.

Kern e besitzt, der mit einer in den Hauptstromkreis geschalteten Spule versehen ist, und welcher eine magnetische Nebenschliessung bildet, deren magnetischer Widerstand mit wachsendem Hauptstrom abnimmt. Hierdurch wird die Feldstärke der Wechselstrom-Maschine je nach der Belastung des Netzes geregelt. Beim Anlassen wird die Erregermaschine solange mittelst der Kuppelung k von der Hauptwelle angetrieben, bis die Wechselstrom-Maschine eine Tourenzahl erreicht hat, bei welcher der an die Erregermaschine abzugebende Strom zum Antrieb derselben ausreicht. Dann wird die Kuppelung gelöst.

Geschäftliche und finanzielle Nachrichten.

Siemens & Halske, Actien-Gesellschaft in Berlin. Die Gesellschaft erzielte im abgelaufenen Geschäftsjahre inclusive eines Vortrags aus 1895/96 von 82.572 M. einen Geschäftsgewinn von 7,516.990 M. Zu Abschreibungen wurden 1,960.453 M. verwendet. Der verbleibende Reingewinn, aus dem 10% Dividende auf 28 Millionen M. (auf ein volles Jahr und auf 7 Millionen M. Actien für sechs Monate zur Vertheilung gelangten, bezifferte sich auf 4,429.512 M. Dem Reservefond wurden 221.476 M. überwiesen. Der Dispositions- und Gratificationsfond für Angestellte und Arbeiter erhielten 325.000 M. und der Rest von 733.037 M. wurde auf neue Rechnung vorgetragen.

Die Deutsche Elektricitäts-Actien-Gesellschaft in Charlottenburg, deren Vorstand Herr Roeder und deren Aufsichtsrath Herr Emil Sauer angehört, beruft eine a. o. Generalversammlung zum 31. d. M., welche über eine Capitalserhöhung bis zu 1 Million M. und über den Ankauf einer elektrotechnischen Fabrik Beschluss fassen soll.

Vereinsnachrichten.

Die nächste **Vereinsversammlung** findet Mittwoch den 26. d. M. im Vortragssaale des Wissenschaftlichen Club, I. Eschenbachgasse 9, 1. Stock, 7 Uhr abends, statt.
Discussion, eingeleitet durch Hrn. Dr. J. Sahulka:
„Ueber Bogenlampen mit geschlossenen Glocken" und über „Elektromotorische Kraft des Lichtbogens".
Die Vereinsleitung.

Verantwortlicher Redacteur: Dr. J. Sahulka. — Selbstverlag des Elektrotechnischen Vereines.
Commissionsverlag bei Lehmann & Wentzel, Wien. — Alleinige Inseraten-Aufnahme bei Haasenstein & Vogler (Otto Maass) Wien und Prag.
Druck von R. Spies & Co., Wien.

Zeitschrift für Elektrotechnik.

Organ des Elektrotechnischen Vereines in Wien.

Heft 5.   WIEN, 30. Jänner 1898.   XVI. Jahrgang.

Bemerkungen der Redaction: Ein Nachdruck aus dem redactionellen Theile der Zeitschrift ist nur unter der Quellenangabe „Z. f. E. Wien" und bei Originalartikeln überdies nur mit Genehmigung der Redaction gestattet.
    Die Einsendung von Originalarbeiten ist erwünscht und werden dieselben nach dem in der Redactionsordnung festgesetzten Tarife honorirt. Die Anzahl der von Autor evenl. gewünschten Separatabdrücke, welche zum Selbstkostenpreise berechnet werden, wolle stets am Manuscripte bekanntgegeben werden.

INHALT:

Rundschau.

In der E. T. Z. (1898. Heft 2) ist eine neue Methode zur Bestimmung der Hysteresis-Verluste im Eisen beschrieben, die von J. Gill in Montreal (Electrician 1897, 24. Sept.) ersonnen wurde. Das Princip ist folgendes: Ein Solenoid mit verticaler Achse ist von Gleichstrom durchflossen; ein Eisencylinder wird von oben in das Solenoid eingeführt, dann herausgezogen; nun wird der Strom im Solenoide commutirt und der Cylinder neuerdings in das Solenoid eingeführt und herausgezogen. Die Kraft, mit welcher der Cylinder in jeder einzelnen Stellung in das Solenoid gezogen wird, kann in der Weise bestimmt werden, dass man den Cylinder an einem Wagbalken befestigt. Die Anziehungskraft ist von der Stellung des Cylinders und von der Kraftliniendichte im Eisen abhängig; bei gleicher Stellung ist sie beim Herauszichen grösser als beim Senken des Cylinders. Zum Herausziehen ist daher eine grössere Arbeit nothwendig, als diejenige, welche beim Einsenken von der Anziehungskraft geleistet wird. Diese Arbeitsdifferenz bei dem oben beschriebenen doppelten Vorgange ist dem Hysteresis-Verluste im Eisen während des Kreisprocesses der Magnetisirung proportional. Durch einen speciell construirten Integrator wird diese Arbeit automatisch bestimmt; man hat nur die Verdrehung an einer Metallscheibe abzulesen. Um aus dem direct vorgenommenen Wägungen oder aus der Angabe des Integrators einen Schluss auf die Beschaffenheit des Eisens in Bezug auf Hysteresis-Verluste ziehen zu können, ist es nothwendig, mit einem Probestücke von bekannten magnetischen Eigenschaften die Versuche durchzuführen und auf diese Weise den Apparat zu aichen. Es dürfte bei Anwendung der Gill'schen Methode, welche sich durch grosse Einfachheit auszeichnen würde, mit Rücksicht auf den Umstand, dass in dem zu prüfenden Eisencylinder eine ganz ungleichförmige Kraftliniendichte herrscht, indem er theilweise oder ganz aus dem Solenoide herausragt, eine unerlässliche Bedingung sein, dass die von verschiedenen Eisensorten verwendeten Probecylinder genau gleiche Form haben. Es ist aber sehr fraglich, ob bei verschiedenen Eisensorten, bezw. bei solchen, welche verschiedene maximale Sättigungsgrade haben, die Messungen richtige Resultate geben. Es kann sich ja bei kleinerer maximaler Kraftlinienzahl und weiter Hysteresis-Schleife der gleiche Arbeitsverlust ergeben, wie bei grösserer Kraftliniendichte und schmälerer Schleife. Der Integrator gibt dann in beiden Fällen den gleichen Werth richtig an, die Stromstärke im Solenoide kann auch dieselbe, die maximale Kraftliniendichte in den beiden Eisensorten aber verschieden sein; die Methode bedarf daher jedenfalls noch einer Aufklärung oder eingehenden Prüfung, da es scheint, dass bei verschiedenen Eisensorten, von welchen gleiche Probestücke verwendet werden, wohl der Arbeitswerth, nicht aber die zugehörige Kraftliniendichte bestimmbar ist, wenn man den Integrator verwendet; es müsste dann wohl noch eine Wägung gemacht werden, wenn der Eisenkörper die tiefste Stellung hat. In den Hüttenwerken und Laboratorien elektrotechnischer Firmen ist gegenwärtig fast ausschliesslich die ballistische oder magnetometrische Methode der Bestimmung der Hysteresis-Verluste in Anwendung. Die Bestimmung einer einzelnen Hysteresis-Schleife, resp. des Arbeitsverlustes für eine bestimmte Kraftliniendichte erfordert nach diesen beiden Methoden sehr viel Mühe; zumeist müssen auch mehrere derartige Bestimmungen gemacht werden. Der Ersatz durch einfachere Methoden ist daher sehr wünschenswerth. Nach einer Methode, welche v. Dolivo-Dobrowolsky, Steinmetz und Andere anwendeten, kann man, wenn Wechselstrom zur Verfügung ist, sehr rasch die Hysteresis-Verluste bestimmen. Aus den Probeblechen oder Drähten wird genau so wie bei den Transformatoren ein geschlossener magnetischer Kreis gebildet, welcher durch eine von Wechselstrom durchflossene Wickelung erregt wird. Wenn die Wickelung aus dickem Drahte besteht, kann die Componente der Spannungsdifferenz, welche zur Ueberwindung des Ohm'schen Widerstandes der Wickelung dient, vernachlässigt werden; es hält daher die Klemmenspannung an der Spule der Induction durch das veränderliche Feld das Gleichgewicht. Aus der Ablesung an einem Voltmeter ergibt sich die maximale Kraftliniendichte, aus der Messung mit einem Wattmeter der Arbeitsverlust; durch Aenderung der Voltzahl erhält man verschiedene Kraftliniendichten. Da die Angabe des Voltmeters vom mittleren Quadrate der Spannungsdifferenz, die Induction in der Spule durch das Feld aber vom maximalen Werthe der Kraftlinienzahl abhängt, werden die nach dieser Methode erhaltenen Resultate nur dann ganz richtig sein, wenn die bei Ableitung der Formel angenommene Verhältniszahl $\frac{2]\frac{\sqrt{2}:1}{\pi}}{}$ zwischen dem mittleren Werthe und dem gemessenen Werthe der Spannungsdifferenz wirklich besteht, was bei genauer Sinusform des Stromes der Fall ist. Da die Stromform von der Sinusform in der Regel abweicht, wird das Resultat nicht ganz richtig sein; die Genauigkeit wird aber mit Rücksicht auf die Bedürfnisse der Praxis hinreichend gut sein. Der Aufbau eines geschlossenen magnetischen Kreises aus Eisenblechen bei zu untersuchenden Sorte und die Bewickelung wäre sehr mühevoll; v. Dolivo-Dobrowolsky bildet aus den zu untersuchenden Eisenkörper, welcher in einen geraden untertheilten Eisenkörper, welcher in einen magnetischen Kreis eingesetzt wird und dadurch diesen zu einem geschlossenen macht. Die im übrigen Theile des magnetischen Kreises verbrauchte Arbeit ist aus einer Tabelle bekannt; es ist daher aus der Wattmeter-Angabe auch die Arbeit in dem eingesetzten Eisenkörper bekannt. Diese Art der Prüfung mit Wechselstrom bietet den Vortheil, dass die Eisenbleche während des Versuches sich genau unter denselben Verhältnissen befinden, unter welchen sie später in Verwendung kommen und dass mit ziemlicher Annäherung thatsächlich die maximale Kraftliniendichte im Eisen vorhanden ist, die aus der Voltmesser-Ablesung gefolgert wird.

Im „Electrician" (1898 Nr. 1026) sind automatische Ausschalter beschrieben, welche die durch den Primärstrom der Transformatoren bedingten Verluste in Wechselstrom-Anlagen vermindern sollen. Bekanntlich werden die grossen Vorzüge der Transformatoren dadurch theilweise beeinträchtigt, dass auch in dem Falle, wenn im Secundärkreise der Transformatoren kein Strom verbraucht wird, durch die Primärströme der Transformatoren beständig Verluste bewirkt werden. Da man die durchschnittliche Belastung der Transformatoren nur mit zwei Stunden Vollbelastung pro Tag annehmen kann, wird der mittlere tägliche Wirkungsgrad der Transformatoren dadurch sehr herabgedrückt, obwohl diese Apparate bei Vollbelastung einen Wirkungsgrad von 94% und darüber haben. So beträgt nach den von der Firma Ganz & Co. angegebenen Daten bei einem 10 KW Transformator die während zwei Stunden Vollbelastung abgegebene nutzbare Energie in Kilowattstunden 20·00, die Eisenverluste während eines Tages in derselben Einheit 5·52, die Kupferverluste 0·31, der Verlust in den Nebenschlussspulen von angeschalteten drei Zählern 0·86, woraus sich ein mittlerer täglicher Wirkungsgrad von 75% ergibt; bei einem 5 KW Transformator erhält man unter der gleichen Annahme bei zwei angeschalteten Zählern 69%, bei einem 2·5 KW Transformator unter Annahme eines Zählers 65%, bei einem 1 KW Transformator 51·5%. Um diese Verluste zu verringern, hat man Transformator-Unterstationen errichtet, von welchen Secundärnetze ausgehen; es werden daselbst stets nur so viele Transformatoren eingeschaltet, dass dieselben nahezu vollbelastet sind. Das Ein- und Ausschalten der Transformatoren kann entweder mit der Hand oder automatisch erfolgen. Bei dem Systeme von Schlatter, welches in Budapest seit 18 Monaten angewendet ist und sich sehr gut bewährt haben soll, wird das Ein- und Ausschalten der Transformatoren automatisch bewirkt; auch bei einzelnen Transformatoren wird der Verlust im primären Stromkreise bedeutend vermindert, wenn secundär keine Lampen angeschlossen sind. Zu diesem Zwecke ist zu dem Transformator ein zweiter kleiner, mit dünnen Windungen versehener Transmator sowohl primär als secundär in Serie geschaltet, wodurch der Primärstrom bedeutend geschwächt und daher der Verlust vermindert wird. Sobald im secundären Kreise eine Lampe angeschaltet wird, wird durch einen in den Stromkreis eingeschalteten Elektromagneten Primär- und Secundärkreis des Zusatz-Transformators kurz geschlossen; umgekehrt verhält es sich beim Abschalten der letzten Lampe. Sind in einer Unterstation mehrere Transformatoren aufgestellt, so ist bei geringer Stromstärke im secundären Netze nur ein Transformator angeschaltet. Wird dieser Transformator voll belastet, wird durch einen in den Stromkreis desselben eingeschalteten Elektromagneten, bezw. durch den Anker desselben der Primär- und Secundärkreis des nächsten Transformators durch doppelpolige Quecksilberschalter, welche am Ankerhebel angebracht sind, geschlossen. Da nun die Belastung beim ersten Transformator wieder auf die Hälfte sinkt, sollte der Ankerhebel wieder zurückgehen; dies wird dadurch verhindert, dass am Ankerhebel ein Glasrohr angebracht ist, in welchem sich eine bestimmte Quecksilbermenge befindet, die infolge der Lageänderung nach der Ankeranziehung verhindert, dass der Hebel in die frühere Stellung zurückkehrt, bevor nicht der Strom um einen gewissen Betrag gesunken ist. In gleicher Weise wird durch den zweiten Transformator der dritte primär und secundär ein- und ausgeschaltet, etc. Das in London bei der Metropolitan Electric Supply Company in den Unterstationen verwendete Walton'sche System ist von dem Schlatter'schen verschieden; es wird nur die Einschaltung der Transformatoren bei zunehmender Belastung automatisch bewirkt, während das Ausschalten derselben mit der Hand vorgenommen wird; auch sind anstatt Quecksilberschalter gewöhnliche Ausschalter angewendet.

Im „Elektr. Anzeiger" (1898, Heft 2) ist Tesla's neuer Transformator für hohe Spannungen beschrieben. Um einen Eisenkern ist eine flache Spule (Spirale) von vielen Windungen gewickelt, welche für den hochgespannten Strom dient; um diese Spule ist die dickdrahtige gewickelt. Das äussere Ende der dünndrahtigen und das innere der dickdrahtigen sind untereinander und mit der Erde verbunden. Die Spule ist einerseits an diese Verbindungsstelle, andererseits an das äussere Ende der dickdrahtigen angeschlossen. Der hochgespannte Strom wird von der Erde abgeleiteten Verbindungsstelle und inneren Ende der dünndrahtigen Spule entnommen. Bei einer Hochspannungs-Fernleitung wird eventuell nur ein Draht in die Ferne geleitet; in der zweiten Station ist die Anordnung ebenso beschaffen wie in der ersten. In einer speciellen, für die Praxis bestimmten Form besteht die Hochspannungswicklung aus zwei parallel angeordneten, auf sehr gut isolirenden Spulenhaltern gewickelten Spulen, welche ausser mit einem spiralförmig gewickelten Kupferbande umwickelt sind, welches für den niedergespannten Strom bestimmt ist. Die äusseren Enden der parallelen Spulen sind untereinander und mit der dickdrahtigen Wicklung verbunden, die inneren Enden sind durch Isolirrohre nach aussen geführt und mit der einen Fernleitung verbunden.

An derselben Stelle ist ein von W. G. Caffrey und H. B. Maxson in Leno, Nevada, ersonnenes Trolley-System beschrieben, mittelst dessen man im Stande ist, Wagen, welche auf gewöhnlicher Strasse fahren, von zwei in 45 cm Abstand geführten Luft-leitungen aus durch Trolleys mit Strom für elektrische Traction zu versorgen. Jedes Trolley enthält zwei Con-tact- und zwei Abführungsräder, wodurch ein Abspringen von der Leitung verhindert wird, wenn der Wagen seit-lich ausweicht. Die zum Wagen führenden Kabel sind über eine Haspel gewickelt, welche automatisch ein Ab-und Aufwickeln bis 66 m Distanz gestattet.

In der E. T. Z. (1898, Heft 2) ist eine Statistik der elektrischen Bahnen in Deutschland nach dem Stande vom 1. September 1897 enthalten. Aus dieser Statistik ist zu entnehmen, wie rasch derzeit die elektrischen Bahnen in Deutschland zunehmen. Dieser Aufschwung dürfte in den nächsten Jahren noch viel grösser werden, da viele Städte den Pferdebetrieb auf den Strassen-bahnen bereits abgeschafft, die anderen die Abschaffung beschlossen haben, und die elektrische Traction auch bereits bei Kleinbahnen und Vollbahnen Eingang findet. Es seien hier die Schlussergebnisse der Statistik ange-führt; die Zahlen vom 1. September 1896 sind in Klammern beigesetzt. Am 1. September 1897 betrug in Deutschland die Streckenlänge der elektrischen Bahnen 957·1 (582·9) km, die Geleislänge 1355·9 (854·1) km, die Zahl der Motorwagen 2255 (1571), die Zahl der An-hängewagen 1601 (989), die Leistung der Dynamos in Centralen für elektrische Bahnen 24.920 (18.546) KW. Die Gesammtleistung der elektrischen Maschinen in den Cen-tralen in Deutschland betrug zu Ende des vorigen Jahres 100.000 KW.

Im „Electricien" 1898 Nr. 367 sind ausführliche Daten über das Isolirmateriale Ambroine, dessen Er-zeugung in grossem Maassstabe von einer Gesellschaft in Ivry an der Seine ausgeführt wird. In derselben Zeit-schrift ist in Nr. 368 das System der Stromzuführung im Niveau für elektrische Bahnen von Raoul Demeuse beschrieben.   S.

Ueber Wechselbeziehungen der chemischen und elektri-schen Energie.

I. Theil.

Von diplom. Chem. Jos. Klaudy, k. k. Professor.

(Vortrag, gehalten im Elektrotechnischen Vereine in Wien am 15. December 1897.)

Die van'tHoffsche Lösungstheorie be-sagt, dass die Erscheinung der Auflösung eines Körpers ganz so zu behandeln ist, wie die Verdampfung dieses Körpers in den vom Lösungsmittel umschlossenen Raum. Der gelöste Körper wird je nach der Grösse dieses Raumes einen verschieden grossen Druck äussern, den osmotischen Druck. Die Menge des gelösten Körpers im Vergleiche mit dem Volumen des Lösungs-mittels ist aber durch die sogenannte Concentration der Lösung ausgedrückt und die Concentration ist sonach dem osmotischen Drucke direct proportional. Wir wollen z. B. unter normaler Con-centration einer Salzlösung jene verstehen, bei welcher das Atomgewicht des Metalles in Grammen auf einen Liter gelöst ist. Einer solchen Normallösung entspricht ein normaler os-motischer Druck von 22 Atmosphären. Eine halbnormale Lösung hätte sonach 11 Atm., eine 10fach normale Lösung 220 Atm. osmotischen Druck. Die Variation der Concentration ist sonach ein Mittel zur beliebigen Einstellung eines osmotischen Druckes.

Die Lösungstheorie ergab nach der Analogie mit den Gasgesetzen, dass der gelöste Körper mindestens

in Moleküle zerfallen sein muss. Für lösliche Nicht-leiter (Leiter I. Classe) ist das Molekül auch that-sächlich die Grenze des Zerfalles des festen Körpers.

Die Arrhenius'sche Dissociationstheorie lehrte aber, dass bei löslichen Electrolyten (Leiter II. Classe) der Zerfall weiter geht. Bei der Auflösung von Electrolyten zerfällt nämlich immer ein Bruchtheil z aller Moleküle in 2 Hälften und zwar in ebensolche, wie sie der elektrische Strom bei der Elektrolyse erzeugen würde, d. h. in Jonen. Je verdünnter die Lösung ist, desto grösser wird dieser Bruchtheil z, der soge-nannte Activitäts-Coëfficient. Bei unendlicher Ver-dünnung erreicht er das Maximum 1, d. h. dann müssen alle Moleküle in Jonen zerfallen. Concentrirtere Lösungen enthalten also im allgemeinen weniger Jonen. Der Gehalt an Jonen, gemessen durch z, ist aber bei ver-schiedenen Stoffen bei gleicher Concentration ungleich. Es hat sich nun ferner ergeben, dass die populär sogenannte chemische Stärke, die chemische Kraft — Affinität oder chemisches Potential — von dem Jonen-gehalt abhängt; daher muss jener Stoff bei gleicher Concentration jonenreicher sein, welcher chemisch stärker ist. Darin liegt auch die Ursache der un-gleichen Stärke der Säuren und schliesslich werden bei unendlichen Verdünnungen alle Säuren etc. gleich stark. Der Activitäts-Coëfficient α ist also ein Maass der chemischen Affinität und sonach für die che-mische Theorie eminent wichtig geworden.

Er ist aber überdies der Messung spielend zu-gänglich geworden, weil auch erwiesen wurde, dass er der elektrischen Leitfähigkeit direct proportional ist und durch diese gemessen werden kann. Je leitfähiger ein Elektrolyt ist, desto chemisch stärker ist er.

Die Leitfähigkeit als reciproker Widerstands-werth, gleich dem Quotienten aus Stromstärke und elektro-motorischen Kraft $L = \frac{J}{E}$, ist bedingt durch den Jonengehalt, resp. durch z und demzufolge umgekehrt proportional der Concentration. Sie muss zur Vergleiche also auf gleiche Concentration bezogen werden. Am zweckmässigsten bezieht man sie wohl auf die Lösung eines Molekulargewichtes in Grammen auf ein Vo-lumen v und nennt den Werth dann die molekulare Leitfähigkeit.

Da die Leitfähigkeit proportional der Länge des Leiters abnimmt und ebenso mit dem Querschnitte des-selben zunimmt, so müssen die Zahlen auf die linearen Di-mensionen bezogen werden. Man pflegt die specifische Leit-fähigkeit auf einen Würfel von 1 cm Seitenlänge zu be-ziehen (eventuell auf die 10.000 mal kleinere Leitfähig-keit 100 cm x 0·01 cm². Die molekulare Leitfähigkeit wird man daher zweckmässig auf eine Länge von 1 cm und auf soviel Querschnitte beziehen, dass in dem Raume ein Grammolekulargewicht bei gegebener Concentration ge-löst sein kann. Ist ein solches in v cm³ gelöst, so muss man also den Querschnitt v cm² wählen, bei der Länge 1 cm und die molekulare Leitfähigkeit ist daher um den Werth der specifischen (eventuell den 10.000 v fachen). Löst man beispielsweise das Molekulargewicht auf 1 Liter, so ist v = 1000 cm³ und die molekulare Leit-fähigkeit sonach 1000 (eventuell 10⁷) mal grösser als die specifische. Nimmt man sehr verdünnte Lösungen, so erhält man Leitfähigkeitswerthe, welche dem Maxi-mum nahe, von der Concentration, also ziemlich un-abhängig sein werden.

Durch Temperatur-Veränderungen wird die Leit-fähigkeit aus zwei Ursachen beeinflusst:

1. Durch Temperatur-Erhöhung nimmt die Beweglichkeit der Jonen und damit die Leitfähigkeit auch zu: und

2. der Dissociationsgrad z wird verändert und zwar meist mit steigender Temperatur vergrössert, so dass auch aus dieser Ursache die Leitfähigkeit wächst, in manchen Fällen aber auch vermindert wird. Das letztere ist z. B. der Fall bei Säuren, welche eine grössere Neutralisations-Wärme als 13.520 Cal. haben, wie die meisten. Trifft bei diesen nun auch ein geringer Dissociationsgrad zu (schwache Säuren grosser Concentration), so ist es möglich, dass die Leitfähigkeit trotz der erhöhten Beweglichkeit der Jonen mit der Temperatur abnimmt. In der That zeigen Phosphorsäure und unterphosphorige Säuren diese Erscheinung. Im Allgemeinen wächst die Leitfähigkeit L annähernd linear mit der Temperatur. $L = L_0 (1 + \beta t)$. β ist dabei der Temperatur-Coëfficient und schwankt bei verdünnten Lösungen zwischen 0·020—0·024. Streng genommen wächst auch der Temperatur-Coëfficient bis zu einem Maximum.

Für Zimmertemperatur (18° Celsius) ergeben sich rund folgende molekulare Leitfähigkeiten verdünnter Lösungen:

	$v=1\,l$	$v=10\,l$	$v=100\,l$	$v=1000\,l$	$v=100.000\,l$
$H\,Cl$	278	324	341·6	345·5	
$H_2\,S\,O_4$	336	394	520	648	
$H\,N\,O_3$	299	329	342	342	
$H_3\,P\,O_4$	54	96	205	326	
$CH_3\,COOH$	1·2	4·3	13·2	38	130·4
$K\,O\,H$	172	199	212	214	
$Na\,O\,H$	149	170	187	187	
$NH_4\,O\,H$	0·84	3·1	9·2	26	
$K\,Cl$	91·9	104·7	114·7	119·3	
$K\,N\,O_3$	75·2	103·7	114	119	
$CH_3\,COOK$	59·4	78·4	87·9	91·9	
$Na\,Cl$	69·5	86·5	96·2	100·8	
$N H_4\,Cl$	90·7	103·5	114·2	119	
$Zn\,Cl_2$	68	133	173	196	
$Ag\,N\,O_3$	63·5	88·6	101·7	106·8	
$Cu\,S\,O_4$	37·5	90	114	175	

Bei gewöhnlicher Temperatur ist kein Elektrolyt flüssig, geschmolzene Elektrolyten giebt es jedoch sehr zahlreiche unter jenen Körpern, welche bei einigen hundert Grad Celsius schmelzen.

Eine eigene Stellung nimmt das W a s s e r ein, indem es ungemein wenig dissociirt ist, daher im reinen Zustande kaum leitet. Es enthält ungefähr 1 millionmal weniger Jonen des Wasserstoffes als eine Säure mässiger Concentration. Seine Leitfähigkeit wurde zu 0·25 × 10⁻¹² (specif.) gemessen.

Die beiden Jonen sind, da sie naturgemäss chemisch äquivalent sind, mit gleich grossen entgegengesetzten Elektricitätsmengen geladen. Das positiv-elektrische Jon scheidet sich bei der Elektrolyse an der Kathode (— Pol) ab und heisst daher das Kation, das negative an der Anode (+ Pol) und heisst Anion. Da die entgegengesetzten Elektricitätsmengen gleich gross sind, werden sie sich derart compensiren, dass nach aussen keine Entladungs - Erscheinungen möglich sind. Würde durch einen Vorgang ein Ueberschuss einer Art Jonen erzielt werden, so wären Entladungs-Erscheinungen nach aussen möglich, welche bei einfachen Salzlösungen weitaus heftiger als unsere grössten Gewitter wären. Nach Faraday ladet sich nämlich jedes e l e k t r o c h e m i s c h e Aequi-

v a l e n t in Grammen, d. i. das chemische Molekül (M) dividirt durch die, die Jonen verbindenden Valenzen $\left(n\varepsilon, \text{also } \dfrac{M}{n\varepsilon}\right)$ mit 96.537 Coulomb.

1 g Wasserstoff, 108 g Silber, 32·5 g Zink, 39 g Kalium etc. tragen im Jonenzustande compensirt durch eine gleiche entgegengesetzte Elektricitätsmenge eines Anions demnach 96.537 Coulomb. Umgekehrt wird ein Coulomb von der 0·00010359 fachen Menge eines Grammäquivalentes eines beliebigen Jons getragen. Nachdem 1 g Wasserstoff normal den Raum von 11·188 cm^3 hat, so wird ein Coulomb von 0·116 cm^3 Wasserstoff getragen. Da man mikroskopisch noch ein Bläschen von 0·001 cm Diam. sehen kann, könnte man durch Wasserstoff-Ausscheidungen noch 10⁻⁹ Coulomb erkennen. (Capillarelektrode.) Nehmen wir an, dass 1 g H rund 10⁵ Coulomb trägt, so ist, da 1 cm^3 H, 5 × 10¹⁹ Moleküle, d. h. 10²⁰ Atome hat und rund 10⁴ cm^3 ein Gramm wiegen, die mit einem Atom Wasserstoff verbundene Elektricitätsmenge $\dfrac{10^5}{10^{20} \times 10^4} = 10^{-19}$ Coulomb. Die Capacität der Wasserstoffatome, Kugeln vorausgesetzt, wäre nach der Capacitätsformel $1·11\,R × 10^{-12} \dfrac{\text{Coulomb}}{\text{Volt}}$ für $R = 0·9 ×$ × 10⁻⁸ eingeführt, $1·11 × 0·9 × 10^{-21} = 10^{-20} \dfrac{\text{Coulomb}}{\text{Volt}}$ Da 1 Wasserstoffatom 10⁻¹⁹ Coulomb enthält, ergäbe sich sonach ein Potential von 10 Volt. Für andere Atome weniger. Es herrschen also in den Jonen bei grossen Elektricitätsmengen kleine Potentiale.

Der Zustand einer Lösung ist also der, dass neben unzersetzten H_2O und Salzmolekülen, wenig Wasserjonen $\overset{+}{H}$ und $\overset{-}{O H}$ nebst zahlreichen Salzjonen, z. B. $\overset{+}{Cu}$, $\overset{-}{S O_4}$; $\overset{+}{Zn}$, $\overset{-}{Cl_2}$, $\overset{+}{K}$, $\overset{-}{N O_3}$ etc. frei, unabhängig herumwandern. Bei Begegnungen werden Entladungen erfolgen, welche aber immer durch neue Ladungen ersetzt werden. Die Begegnungen werden in verdünnten Lösungen sehr selten werden. Der elektrische Zustand bleibt in dem isolirenden Wasser dauernd unverändert. Nirgends können Potentialdifferenzen auftreten. Die Ursache solcher kann immer nur eine Berührung mit einem heterogenen Körper sein und entwickelt sich an der Berührungsstelle. Berührungen geben daher Veranlassungen zu Elektricitätsbewegungen, welche unter Umständen auch zu einer Elektricitätsableitung nach Aussen benützt werden können, sie führen uns zu den P r i m a r e l e m e n t e n, zur Erzeugung der Elektricität a u s c h e m i s c h e r, d u r c h d i e L ö s u n g a c t i v i r t e r E n e r g i e.

Aenderungen in dem Zustande einer Lösung werden aber auch umgekehrt dadurch hervorgerufen werden können, dass künstlich Potentialdifferenzen fremder Elektricität in der Lösung hervorgebracht werden, wodurch Bewegungen der Jonen und Wechselwirkungen der beiden Elektricitäten entstehen müssen.

Wird durch solche Wirkungen der Lösung Elektricität entzogen, so wird die bei der Auflösung activirte chemische Energie inactiv gemacht, es erfolgen Ausscheidungen der Jonen, welche unter Umständen zu secundären Lösungen oder auch zu secundären Nebenreactionen führen können. Wir erhalten die Erscheinung der E l e k t r o l y s e.

Wir wollen zunächst auf diese Erscheinungen, als die weitaus einfacheren, eingehen.

Sowie in eine Lösung die Potentialdifferenzen eines fremden Stromes eingeführt werden, so erfolgt eine Wanderung der Jonen. Die Kationen wandern nach der Kathode, die Anionen nach der Anode, die Stromleitung beweglich herstellend. Diese Wanderungen erfolgen aber für Kation und Anion relativ mit ungleichen Geschwindigkeiten. Das relative, sich zu 1 summirende Verhältnis nennt man das Verhältnis der Ueberführung. Diese Ueberführungszahlen, resp. Jongeschwindigkeitszahlen, sind Constanten des betreffenden Jons in allen Verbindungen desselben und ändern sich nur mit der Concentration und der Temperatur im allgemeinen bis zu einem Maximum. Am schnellsten wandert der Wasserstoff mit circa 0·8 Ueberführung, d. h. 80% der Summe der Geschwindigkeiten beider Jonen; Kalium hat circa 0·5, Natrium 0·4, Zink 0·24 bis 0·36. Cadmium sogar 0·2, Silber 0·5, Chlor 0·5 etc. Es gibt also Salze, wo Anion und Kation gleich schnell wandern, z. B. KCl; in den meisten Fällen erfolgt aber ungleich schnelle Wanderung und diese wird zur Folge haben, dass an den Elektroden Concentrationsveränderungen stattfinden werden.

Diese sind es umgekehrt auch, welche die Berechnung der Ueberführungszahlen ermöglichen. Aus den Ueberführungszahlen kann man in Vereine mit dem bekannten Maximalwerth der Leitfähigkeit den relativen Antheil jedes Jons an der Leitfähigkeit ermitteln. Na im NaCl hat z. B. die Ueberführungszahl 0·38 bei grosser Verdünnung. Die Leitfähigkeit bei 18° ist 102·8, der Antheil des Na an derselben also 39·1. Aus anderen Na-Salzen ergeben sich ähnliche Werthe. Man kann also sagen, die Leitfähigkeiten sind z. B. für:

Na   K   Ag   H   Cl   NO₃ etc.
38·4 60·9 59·1 32·5 62·4 58·9

Die Geschwindigkeit der Jonenwanderung ist die Folge des Reibungswiderstandes und wächst natürlich mit der treibenden Kraft, der Potentialdifferenz. Nehmen wir zwei Elektroden in der Entfernung von 1 cm an und bringen dazwischen 1 Gramm-Molekül des Elektrolyten in Lösung. Lassen wir sodann die Kraft von 1 Volt wirken, so ist die in der Secunde übergehende Elektricitätsmenge, da $L = \dfrac{J}{E}$ und $E = 1$ Volt ist, gleich der Leitfähigkeit in reciproken Ohm.

An einem Gramm-Molekül haften aber bei durch eine Valenz gebundenen Jonen 96.540 Coulomb. Der Weg eines jeden Jons bei gleicher Geschwindigkeit, z. B. bei KCl, ist dann $L : 96.540$ cm pro Secunde. für KCl bei 18° ist die Leitfähigkeit 105 (Siemens-Einh.), daher der Weg der KCl-Jonen pro Secunde 0·00115 cm. Unter der Wirkung von 1 Volt würden also die Jonen ¼ Stunde für 1 cm Weg brauchen. Die Geschwindigkeit jedes einzelnen Jons ist dabei circa die Hälfte. Die absoluten Geschwindigkeiten der Jonen wären z. B. in cm:

K 0·00057, Na 0·00035, Ag 0·00046, H 0·003
Cl 0·00059, NO₃ 0·00053, OH 0·00157 etc.

Für andere Stromgefälle hat man die Zahlen mit $\dfrac{\text{Volt}}{\text{Centim.}}$ zu multipliciren.

Ein Volt × Coulomb ist gleich 10⁷ abs. Einheiten. 96.540 Coulomb × 1 Volt sind demnach eine Energie von 9·65 × 10¹¹ Erg. Dividirt man diese Energie pro " durch den Weg pro ", d. h. die Geschwindigkeit, und erwägt man, dass 980 Erg. gleich 1 g sind, so erhält man die Kraft in Grammen, welche zur Jonenbewegung

nothwendig ist. Das schnellste aller Jonen, der Wasserstoff, hat die Geschwindigkeit von 0·003 cm und daher ist die Kraft $\dfrac{9.65 \times 10^{11}}{0.003 \times 980} = 3.3 \times 10^{11}$ Gramm oder 330.000 Tonnen. Nur mit dieser Kraft kann man 1 g Wasserstoffjonen mit der Geschwindigkeit von 1 cm pro 1" durch Wasser laufen lassen.

Die Jonen kommen nun an den Elektroden an und werden an diesen (eventuell an vorher entladene Wasser-Jonen) äquivalente Ladungen abgeben, vorausgesetzt, dass das Entladungspotentiale erreicht ist. Die entladenen Jonen scheiden sich chemisch inactiv ab und können nun zu mannigfachen chemischen Erscheinungen Veranlassung geben. Die Menge, welche sich abscheidet, hängt nur von der Stromstärke ab, da nur diese die statische Ladung der Jonen neutralisiren kann. Einen wesentlichen Einfluss wird aber auch die Stromdichte haben. Vor allem wird sie auf die Anhäufung überschüssiger Jonen (Dichte) wirken, welche ihrerseits eine Ursache der gegen-elektromotorischen Kraft, der Polarisation ist. Die Stromdichte wird auf die Abscheidungen selbst auch von Einfluss sein, vor allem auf ihre Art und Reinheit. Mit geringerem Potentialunterschied gegen den Elektrolyten scheiden sich z. B. schon bei kleineren Stromdichten ab, als solche mit grösseren. Die Ermittlung der Stromdichte ist in jedem Falle empirisch zu machen.

Die für die Elektrolyse erforderlichen Potentiale werden praktisch gewöhnlich aus der Wärmetönung durch Division durch das Product aus 23.123 und der Valenz berechnet. Es spielen aber hier noch viel complicirtere Vorgänge mit, die nur im Zusammenhang mit der Besprechung der primären Elemente erörtert werden könnten. Ebenso haben wir auch durch die Elektroden eine Berührung, welche potentialerregend sein wird und unter dem Capitel Polarisation separat behandelt werden müsste.

Die primären Producte jeder Elektrolyse sind die Jonen. Es finden nur dann secundäre chemische Vorgänge statt, wenn ein entladenes Jon entweder unter den gegebenen Verhältnissen nicht existenzfähig ist, wie die meisten Säurereste, oder wenn dasselbe oder seine Theile mit den Bestandtheilen, resp. Jonen des Lösungsmittels eine chemische Verbindung eingehen, wie Na, K, SO₄ etc. mit dem Wasser.

Bei den Chloriden z. B. sind die primären Producte stets das Metall (+) und Chlor (−). Das Metall kann, wenn es ein wasserzersetzendes ist, den Wasserstoff des Wassers entladen und in Freiheit setzen, wodurch es sich selbst positiv ladet und dadurch befähigt wird, wieder Jon zu werden, compensirt durch das Hydroxyd (−) des Wassers.

Es entsteht also das Metallhydroxyd, z. B. NaOH. Das Chlor bleibt im Wasser zunächst unverändert. Begegnet dasselbe aber einem löslichen Metallhydroxyd, so wird je nach dem die Flüssigkeit kalt oder warm ist, Hypochlorit oder Chlorat entstehen, z. B.:

$$2\,NaOH + Cl_2 = NaClO + NaCl + H_2O$$
$$6\,NaOH + 3\,Cl_2 = NaClO_3 + 5\,NaCl + 3\,H_2O$$

Die Sulfate liefern Metall (+) und SO₄ (−). Das Metall erleidet eventuell die gleiche Zersetzung wie oben. Das SO₄ ist entladen nicht existenzfähig. Es zerfällt in SO₃ und Sauerstoff. SO₃ aber löst sich im Wasser zu Schwefelsäure, so zwar, dass bei Begegnung mit dem Hydroxyd die Rückbildung des Sulfates erfolgen kann. Die Elektrolyse der Schwefelsäure und der Alkalisulfate ergibt sonach nur Wasserzersetzung.

1. $SO_3 + H_2O = H_2 SO_4$.
2. $H_2 SO_4 + 2 Na\, OH = Na_2 SO_4 + 2 H_2 O$.
3. $Na_2 SO_4 = Na_2 + SO_4$.
4. $Na_2 + 2 H_2 O = 2 Na\, OH + H_2$.
5. $SO_4 = SO_3 + O$.

Unter Umständen lässt sich aber aus freier Schwefelsäure oder sauren Sulfaten eine Spaltung in die Jonen: Wasserstoff oder Metall $(+)$ und HSO_4 $(--)$ erzielen, wodurch die überschwefelsauren Salze (Persulfate) entstehen:

$$Na\, OH | HSO_4 = Na\, SO_4 + H_2 O.$$

Dazu sind concentrirte Lösungen erforderlich.

Nitrate bilden Metall $(+)$ und NO_3 $(-)$. Das letztere zerfällt in NO_2 und Sauerstoff. Das Stickstofftetroxyd (NO_2) entweicht als rother Dampf, oder liefert Nitrat und Nitrit.

Metalle treten nie als Anion auf. Sie können aber in einem solchen enthalten sein, z. B. $Fe\, Cy_6$ vierwerthig oder $Fe\, Cy_6$ dreiwerthig, das erstere in den Ferrocyan-, das letztere in den Ferricyan - Verbindungen. $Sb\, O_4$ zweiwerthig in den Manganaten, $Mn\, O_4$ einwerthig in den Permanganaten.

Die genannten minderwerthigen Anionen nehmen leicht eine Werthigkeit (negative Ladung) mehr auf und entziehen dazu der Umgebung die erforderliche positive Compensations-Elektricität (Oxydationswirkung).

Das umfangreiche und weit durchgearbeitete Feld der Theorie der Elektricitätserzeugung aus chemischer Energie will ich seinerzeit unter Berufung auf diese Einleitung weiter erörtern.

Elektrische Kraftübertragung im Bergbau.

Constructionen der Firma Siemens & Halske.

(Schluss.)

Von den Maschinen vor Ort sind bei weitem die wichtigsten die Gesteins-Bohrmaschinen. Die eigenartigen Schwierigkeiten, welche diese Maschinen dem elektrischen Antriebe anfangs entgegen gestellt haben, sind von der Firma Siemens & Halske nach jahrelangen Arbeiten überwunden worden, und zwar für die beiden Hauptarten von Gesteinsbohrern, die drehenden und die stossenden, in gleich befriedigender Weise.

Ausführliche Mittheilungen über die beiden Maschinentypen — die Drehbohrmaschine für drehendes Bohren in weichem Gestein, die Stossbohrmaschine für stossendes Bohren in mittelhartem und hartem Gestein — finden sich in der „Elektrotechnischen Zeitschrift" 1895, Heft 34 und 40 „Der elektrische Antrieb für Gesteinsbohrmaschinen und das Gesteinsbohrsystem der Firma Siemens & Halske" von W. Meissner, sowie speciell über die Stossbohrmaschine in der „Oesterreichischen Zeitschrift für Berg- und Hüttenwesen" 1897, Nr. 46 „Die Erweiterung und Regulirung des Wolfbietrichstollens am k. k. Salzberge zu Dürnberg der k. k. Salinen-Verwaltung in Hallein", vom k. k. Oberbergverwalter Paul Sorgo, und in der „Zeitschrift des Oesterr. Ingenieur- und Architekten-Vereines" 1897 Nr. 36 „Eröffnung eines Tunnels für den Nassbach vermittelst der Elektromotor Schlagbohrmaschine System Siemens & Halske", von Ing. Carl Kinzer. Von

besonderer Wichtigkeit ist es, dass sich beide Arten von Bohrmaschinen an jedes Vertheilungsnetz für Gleichstrom oder Drehstrom ohneweiteres anschliessen lassen und dass beide nur einen sehr geringen Energieaufwand fordern, also auch nur entsprechend schwacher, leicht biegsamer Zuleitungen bedürfen. Für 6 Stossbohrmaschinen oder Drehbohrmaschinen sind an der Riemenscheibe der Kraftmaschine (Dampfmaschine, Turbine u. s. w.) 10 effective PS zu rechnen. Die Stromzuführung zur Bohrmaschine geschieht auf folgende Weise. Die fest verlegte Leitung wird bis zu einem der Bohrstelle nahen Wandanschlusskasten geführt, der durch ein an seinem freien Ende mit einem Anschlusstöpsel versehenes kurzes Verbindungskabel mit einer Kabeltrommel verbunden wird, die etwa 60 m biegsames Kabel abrollen lässt. Wandanschlusskasten sowie Kabeltrommel sind durch Fig. 21 zur Dar-

Fig. 21.

stellung gebracht. Das biegsame Kabel führt bis zu dem die Bohrmaschine treibenden Motor. Dieses Kabel kann vor dem Schiessen durch Aufwickeln zurückgezogen werden. Sind die Arbeiten genügend weit vorgeschritten, so wird die feste Leitung verlängert und der Anschlusskasten näher an den Ort herangerückt. Die an einer Schraubenspannsäule zu befestigende Drehbohrmaschine, Fig. 22, welche sich in einem soliden Schutzkasten befindet, wird von einem einpferdigen, von seinem Eisenkörper vollständig umschlossenen, mit der Bohrmaschine unmittelbar zusammengebauten Elektromotor angetrieben. Die Spindel erhält durch denselben die ihr zu ertheilende Drehung durch Stirnzahnradübersetzung, während der Vorschub sowohl automatisch als auch mit einer durch Hand zu betätigenden Bremse entsprechend der Härte des zu bearbeitenden Gesteins geregelt werden kann. Die Drehbohrmaschine eignet sich besonders für mildes Gestein.

sodass der Transport und die Bedienung von nur einem Mann ausgeführt werden kann. Das Feststellen der

Fig. 22.

wie z. B. Salz, Kohle und Schiefer, worin unter Anwendung zweier verschieden langer Bohrer Löcher bis

Fig. 24.

Spannsäule bei geringer Entfernung zwischen Sohle und First geschieht auf's einfachste, wie Fig. 23 zeigt.

Fig. 23.

über 2 m Tiefe gesetzt werden. Das Gewicht des Motors und der Bohrmaschine zusammen beträgt etwa 40 kg,

Fig. 25.

Die Stossbohrmaschine. Fig. 24. übt ausserordentlich kräftige Schläge auf das Gestein aus und leistet trotz ihres geringen Energieaufwandes annähernd soviel, wie die allergrössten Druckluftbohrer, für die man etwa 10 PS an der Dampfmaschine rechnet. Ausserdem zeichnet sich die Maschine noch durch eine sehr grosse Rückzugskraft bei Klemmungen aus, so dass ein Steckenbleiben der Bohrer selten eintritt, vielmehr ein sicheres Bohren z. B. auch in Conglomeraten ermöglicht wird. Der Stossbohrer wird unter Zwischenschaltung starker Federn und unter Anwendung eines Schwungrades durch eine Kurbel in Bewegung gesetzt, der Vorschub der Bohrmaschine geschieht mittelst einer Handkurbel. Um ein Loch fertig bohren zu können, ohne die Aufstellung der Maschine verändern zu müssen, werden die verschieden langen Bohrer durch eine

erfolgt durch den in dem leicht transportablen Motorkasten (siehe Fig. 24) eingeschlossenen Motor, welcher durch eine mit Schnellkupplung versehene biegsame Welle mit der Kurbel der Bohrmaschine verbunden ist. Das Zerlegen in die einzelnen Theile — Maschine mit Säule, Schwungrad, biegsame Welle, Motorkasten — ermöglicht bequemes Transportiren durch zwei Mann. Die Bedienung und Aufstellung einer Stossbohrmaschine vor Ort beim Auffahren einer Strecke ist durch die zwei Darstellungen (Fig. 27) zeigt das für die Anwendung der Maschine bei Tagebau angewendete sehr stabile Freigestell. Dasselbe gestattet das Bohren in jeder Lage.

Als Maschinen vor Ort, die besonders in Kohlenbergwerken Bedeutung haben, seien hier noch die Schrämmaschinen kurz erwähnt. Für diese empfiehlt sich der elektrische Antrieb schon deshalb, weil sie

Fig. 26.

Fig. 27.

Bohrung in der Maschinenachse von hinten eingeführt und durch einen Keilverschluss befestigt, wodurch die Fertigstellung jedes Bohrloches ohne Veränderung der Maschinenaufstellung und ohne die Nothwendigkeit, die Löcher mit grossem Durchmesser zu beginnen, ermöglicht ist. Die Stossbohrmaschine ist imstande, bei einem Kraftverbrauch von einer eff. Pferdestärke in festem Granit oder Quarz in einer Minute ein Loch von 35 mm Durchmesser und 8—16 cm Tiefe zu bohren. Die grösste Tiefe der Bohrlöcher, die erreicht werden kann, beträgt fast 2 m. Aus dem oben genannten Artikel von Oberbergverwalter P. Sorgo sei angeführt, dass die beim Stollennachschlag im Wolfsdietrichstollen unter Anwendung der Siemens'schen Schlagbohrmaschine per Mann und 10stündige Schicht erzielte Bohrlochtiefe durchschnittlich 3·34 m betrug, während die bei Handbohrung erreichte entsprechende Bohrlochtiefe sich daselbst erfahrungsgemäss auf 0·98 m stellt. Der Antrieb

während des Arbeitens verschoben werden müssen, also eine bewegliche Kraftzuleitung erfordern.

Es erübrigte noch, betreffs der Verarbeitung der Förderungsproducte über Tags die vom elektrischen Betrieb zu erwartenden Vortheile zu schildern. Die hiezu zu verwendenden Motore entbehren der für unterirdische Bergwerksmaschinen charakteristischen Eigenschaften, welche erhöhten Anforderungen in Bezug auf gedrängte Anordnung, Abschlussfähigkeit gegen Feuchtigkeit und Gase, sowie Isolirung entsprechen müssen. Die Anwendung elektrischer Motoren zu Arbeitszwecken in Aufbereitungen, Sortirungen, Brikettfabrikation etc. stossen somit in keiner Hinsicht auf Schwierigkeiten und gestalten den Wirkungsgrad der verwendeten Arbeitsübertragung in der den elektrischen Betrieb eigenen Weise je nach den örtlichen Verhältnissen vortheilhaft.

KLEINE MITTHEILUNGEN.

Verschiedenes.

Elektrische Heizung der Eisenbahn- und Strassenbahnwagen. Im „Bulletin internationale du congrès des chemins de fer" (Brüssel) bespricht Ingenieur Verole die Bedingungen, unter welchen sich die Anwendung elektrischer Heizung für Eisenbahn- und Strassenbahnwagen empfiehlt. Wir entnehmen der „Zeitg. des Vereines deutscher Eisenb.-Verw." die nachstehenden interessanten Ausführungen.

Die Anwendung der elektrischen Heizung bietet hauptsächlich folgende Vortheile: 1. Keine Gaserzeugung, keine unangenehme oder schädliche Ausdünstung; 2. geringste Brand- und Explosionsgefahr selbst bei Entgleisungen oder Zusammenstössen; 3. leichte Regelung der Wärme; 4. Unabhängigkeit der in einem Wagen angewendeten Heizapparate von einander.

Bei dem gegenwärtigen Stande der Elektrotechnik — sagt Verole — kann die elektrische Heizung nur in Frage kommen für Wagen, welche direct oder indirect durch Elektricität bewegt werden. Hiebei drängt sich indessen die Frage auf, ob nicht wenigstens die Wagen, welche zwar nicht elektrisch bewegt, aber elektrisch beleuchtet werden, von dieser Regel auszunehmen wären. Nach einer ausführlichen Erläuterung kommt der Referent zu dem Schlusse, dass die elektrische Heizung auch bei solchen Wagen, wie bei den mit Dampf betriebenen Eisenbahnzügen, wirthschaftlich nicht günstig sei.

Wir wollen nun dem Falle einer elektrischen Strassenbahn mit beweglichen Accumulatoren näher treten. Man wird mit Rücksicht auf die kurze Zeit des Verweilens der Reisenden in solchen Wagen, mit der Annahme von 1100 Kalorien in der Stunde für gemässigte Klimate auskommen und bedarf zu deren Hervorbringung

$$\frac{1100 \cdot 425 \cdot 736}{60 \cdot 60 \cdot 75} = \text{rund } 1275 \text{ Watts.}$$

Unter Zugrundelegung von Erfahrungszahlen, nämlich 2000 kg als Gewicht der Accumulatoren für jeden Wagen, 36.000 Wattstunden als Energieinhalt der Accumulatoren und 5000 Watts als mittlere Arbeitsleistung derselben, erhalten wir das einem Watt entsprechende Accumulatorgewicht

$$\frac{2000}{5000} = 0.4 \text{ kg},$$

also das gesammte für die Heizung nöthige Accumulatorgewicht: 0.4 . 1275 = rund 510 kg.

Diesem Gewichte muss allerdings noch dasjenige zugerechnet werden, welches dem durch die Gewichtsvermehrung bedingten Mehraufwand an Zugkraft entspricht. Immerhin erscheint solche Gewichtsvermehrung nicht unzulässig, wenn man in Betracht zieht, dass man über vollständige Einrichtungen für das Laden, das Bewegen und Auswechseln der Accumulatoren verfügt.

Könnte oder wollte man indessen das Gewicht der Wagen nicht vermehren, so würde es auch möglich sein, die Heizung mit Hilfe der für die Zugkraft bestimmten Accumulatoren zu erzielen, indem man sie für die Winterzeit zu erhöhter Leistung anspannt. In dem gewählten Beispiel müsste die Energie des Entladestromes um etwa 20% vermehrt werden. Hatten also unter den oben gemachten Voraussetzungen die Accumulatoren, falls sie der Zugkraft allein dienen, bis zum Auswechseln oder Wiederladen etwa über 7 Stunden vor, so folgt, dass schon nach 5 Stunden eine Erneuerung der Batterie nöthig wäre, wenn diese für die Fortbewegung und Heizung der Wagen zugleich benutzt würden. Das ist ohne ernstliche praktische Bedenken in vielen Fällen ausführbar. Da bekanntlich häufig der Verkehr im Winter geringer ist als im Sommer, so wird man in solchen Fällen sogar mit Elektricität heizen können ohne Vermehrung des Gewichtes oder ohne häufigeres Auswechseln der Batterien.

In einem Falle ist die elektrische Heizung nicht nur besonders keineswegs nachtheilig, sondern drängt sich gewissermaassen von selbst auf, d. i. der Fall der unmittelbaren Energieübertragung von einer oder mehreren stationären Erzeugungsstellen aus. In diesem Falle erfordert die elektrische Heizung keine Einrichtungskosten; es ist in den Wagen aufzustellenden Heizapparate sind zu beschaffen, die man auch bei keinem anderen System entbehren kann. Die Betriebskosten sind geringe, fallen unter Umständen ganz fort. Es wird nur nöthig sein, die Widerstände, welche stets zwischen der Leitung und dem Elektromotor zum Zwecke der Regelung der Fahrgeschwindigkeit eingeschaltet sind, zweckmässig einzurichten und in den Wagen so aufzustellen, dass sie als Heizkörper dienen können. Auf diese Weise kann die Energie, welche sonst in den Regulirwiderständen verloren geht, für die Heizung ausgenutzt werden und wird für

diesen Zweck oft völlig hinreichen.[*] Bei Benutzung von Anhängewagen kann man biegsame Leitungsverbindungen anbringen; nalich können für diese Wagen die Kosten der elektrischen Heizung nicht gleich Null sein, wie bei den Motorwagen selbst.

Solche Ausnutzung der Regulirwiderstände ist bei Benutzung von Accumulatoren nicht angängig, weil hier die eingeschalteten Widerstände untergeordneter Art sind und der verinderliche Kraftbedarf ohne merkbaren Energieverlust durch verschiedene Schaltung der Accumulatorzellen erreicht wird. Natürlich gilt das, was suchen von den durch stationäre Werke versorgten elektrischen Bahnen gesagt ist, im Grossen und Ganzen auch von den durch Heilmann's Locomotive bewegten Zügen, welche die energieschaffende Einrichtung mit sich führen.

Ein anderes Beispiel für die kostenlose oder nahezu kostenlose Anwendung elektrischer Heizung bilden die hydro-elektrischen Gebirgsbahnen, deren Sommerverkehr im allgemeinen grösser ist als der Winterverkehr, weshalb im Winter die Zahl und Belastung der Züge eingeschränkt wird. Man gewinnt auf diese Weise im Winter einen Ueberschuss an elektrischer Kraft, der für die Heizung zweckmässige Verwendung finden kann.

Ziehen wir das Schlussergebnis unserer Betrachtung, so finden wir, dass bei dem gegenwärtigen Stande der Elektrotechnik die elektrische Heizung im allgemeinen anwendbar und empfehlenswerth ist, wo die Zugkraft auf elektrischem Wege gewonnen wird.

Ausgeführte und projectirte Anlagen.

Oesterreich-Ungarn.

a) Oesterreich.

Lienz in Tirol. (Eisenbahn-Vorconcession.) Das k. k. Eisenbahn-Ministerium hat dem Banquier Carl Veith in Bregenz im Vereine mit dem Realitätenbesitzer Franz Schmid in Fürsch die Bewilligung zur Vornahme technischer Vorarbeiten für eine schmalspurige, mit elektrischer Kraft zu betreibende Localbahn von der Station Lienz der Südbahnlinie Marburg—Franzensfeste über Huben nach Windisch-Matrei ertheilt.

Laibach. (Electricitätswerk.) Wie wir schon im Hefte II berichteten, wurde am 1. Jänner 1896 das von der Firma Siemens & Halske in Wien für Rechnung der Stadtgemeinde Laibach errichtete städtische Electricitätswerk dem Betriebe übergeben. Dasselbe ist eine Drehstrom-Gleichstrom-Anlage mit 2 × 150 Volt Spannung. Es gelangten vorläufig zwei Wasserröhrenkessel, System Babcock & Wilcox, zur Aufstellung. Dieselben sind für 11 m² feuerberührte Heizfläche und sind für 11 Atm. Ueberdruck gebaut. Die Kessel sind mit einer rauchverzehrenden Feuerung, System Scotch, ausgerüstet. Die Wasserbeschaffung des Werkes erfolgt mittelst einer Worthington-Pumpe aus dem 19 m tiefen Brunnen. Die Speisung der Kessel erfolgt durch zwei Worthington-Pumpen, welche sich durch entsprechend angelegte Rohrleitungen aus den Förderpumpen für die Hochreservoire der aufgestellten Wasserreinigungs-Anlage, System Dervaux, verwenden lassen. Die beiden Dampfmaschinen des Werkes leisten bei 9½ Atm. Eintrittsspannung und 150 Umdrehungen pro Minute normal je 200 und maximal 250 eff. PS. Sie sind Compound-Maschinen mit hintereinander liegenden Cylindern und besitzen am Hochdruck-Cylinder die neue PräcisionsVentilsteuerung von Collmann, am Niederdruck-Cylinder eine Kolbenschieber-Steuerung mit fixer Expansion. Die Tourenzahl der Maschinen lässt sich während des Ganges von 135 auf 150 verstellen. Die Maschinen arbeiten mit Condensation. Können jedoch auch freien Auspuff umgeschaltet werden. Jede Maschine besitzt eine tiefliegende, doppeltwirkende Luftpumpe, welche mittelst Zugstange und Kniestückwinkel von verlängerten Kurbelzapfen angetrieben wird. Jede Maschine treibt eine InnenpolDynamomaschine, System Siemens & Halske, mit besonderen Commutator, welche mit der Antriebsmaschine direct gekuppelt ist. Die Dynamos besitzen einen achtpoligen Magnetstern aus Stahlguss und leisten je normal 150 Kilowatt bei 350 Volt Spannung. Die baulichen Anlage wurde für vier Dampfmaschinen und sechs Wasserröhrenkessel bemessen. Das dem Werke zur Verfügung stehende Grundstück ermöglicht einen Ausbau auf acht Dampfmaschinen mit zusammen 2000 PS Leistung. Die Vertheilung des Stromes erfolgt durch eine circa 1.1 km lange Fernleitung, welche in dem Schwerpunkt des Netzes führt, von welchem die einzelnen Speiseleitungen zu den 10 Speisepunkten als Vertheilungsnetz führen. Die Accumulatoren-Batterie ist dierct an das Netz angeschlossen und besorgt allein die Untertheilung der Maschinenspannung von 300 Volt in 2 × 150 Volt. Die AccumulatorenUnterstation besteht aus 180 Elementen Tudor-Accumulatoren

---

[*] Diese Art der Heizung ist in ausgedehntem Masse in Anwendung bei den Motorwagen der elektrischen Bahn in Wien. D. R.

von 750—1015 Ampèrestunden Capacität und wird mit der Netzspannung geladen. Zur Spannungserhöhung beim Laden der Accumulatoren wird ein Gleichstrom-Transformator von 26 *KW* Leistung, Type *D L II/14*, verwendet. Das Leitungsnetz ist zum überwiegenden Theil in eisenbandarmirten Patent-Bleikabeln ausgeführt, welche in Sandbettung und mit Ziegel abgedeckt, directe in die Erde verlegt sind. Die Speiseleitungen sind sämmtlich unterirdisch, ein Theil der Vertheilleitungen an der Peripherie der Stadt, jedoch in blanken Leitungen an Isolatoren ausgeführt. Die öffentliche Beleuchtung umfasst 800 Glühlampen von 16 Normalkerzen und 48 Bogenlampen von 6 Ampère, welch' letztere zu dreien hintereinander geschaltet sind. Von den Glühlampen zur öffentlichen Beleuchtung sind 450 Stück mit eignen Ausschaltern versehen; der Rest der Lampen ist zu 32 eignen Stromkreise angeschlossen, welche von bestimmten Punkten der Stadt aus- und eingeschaltet werden. Da das städtische Elektricitätswerk sich schon jetzt eines starken Zuspruches seitens der Bevölkerung erfreut, beabsichtigt die Stadtgemeinde noch in diesem Jahre eine Erweiterung der Betriebsanlage zur Durchführung zu bringen.

Prag. (Elektrische Bahnen der Prager Stadtgemeinde.) In einer der letzten Stadtrathssitzungen wurde mitgetheilt, dass der Bau der elektrischen Centrale in Holleschowitz noch in diesem Jahre durchgeführt werden wird. — Mit dem Baue der elektrischen Linie von der czechischen technischen Hochschule zum Wyschehrader Rathhause wird im Frühjahre begonnen werden.

b) Ungarn.

Budapest. (Projectirter Bau einer Stadtbahn nach Berliner System — Ausführungs-Verhandlungen.) Die Angelegenheit der von den Directionen der Budapester Strassen-Eisenbahnen im Vereine mit jenen der Budapester Stadtbahn projectirten, theils als Hochbahn, theils als Untergrundbahn herzustellenden Stadtbahn ist mit Rücksicht auf die sehr bedeutenden Kosten nunmehr, wenn auch nicht in strenger Ausgestaltung der ursprünglichen Idee, insofern in das Stadium der Discutirbarkeit getreten, als jetzt die Pläne und Beschreibung, welche zur Beurtheilung des Projectes und zur Führung der Verhandlungen erforderlich sind, dem Handelsministerium und in einem zweiten Exemplare auch der Stadtgemeinde eingereicht werden. Die Idee, welche dem Unternehmen zugrunde liegt, ist: durch eine Combination von Hoch- und Untergrundbahnen sämmtliche Bahnhöfe miteinander zu verbinden und ausserdem mitten in die verkehrsreichsten Theile des neuen Stadtgebietes einzudringen, also eine Stadtbahn wie in Berlin in Verbindung mit einer Untergrundbahn, wie sie in Budapest unterhalb der Andrássystrasse angelegt erscheint. Die Trace der Hochbahn geht von der Westbahnhofe aus und führt auf der äusseren Waitzerstrasse bis zum Herminenweg, dann auf diesem und auf der Hungariastrasse und äusseren Soroksorerstrasse bis zur Ueberbrückung der kgl. ungar. Staatsbahnen, wo bis auf weiteres die Endstation angelegt werden soll. Man sieht, bei diesem Theile des Unternehmens ist es mehr auf die zukünftige Entwicklung abgesehen, auf die Schaffung eines Verkehrs in Gebieten, die bisher zum grössten Theile noch nicht besiedelt, und wo der Entwicklungsprocess eben durch diese Raumanlage beschleunigt werden soll. Die Hochbahn würde den Westbahnhof, den Josefstädter und Franzstädter Bahnhof und durch eine Abzweigung auch den Leopoldstädter Bahnhof berühren. Die Geleise selbst sollen auf eigenen Viaducten geführt werden, und zwar geschieht das zu dem Zwecke, damit der Bahnverkehr, vollständig unabhängig von dem gewöhnlichen Strassenverkehre gemacht, mit der zulässig grössten Raschheit (50 *km* in der Stunde) abgewickelt werden könne. Zu bemerken ist, dass die geringste Spannweite dieses Viaductes 10·8 *m* betragen und die Fahrbahn zur Dämpfung des Geräusches entsprechend construirt und mit wasserdichtem Material imprägnirt werden soll. Die Waggons sollen 70 Personen fassen. Zur Erhöhung der Verkehrssicherheit sind die modernsten Einrichtungen der Fernbahnen in Aussicht genommen. Zur Erzeugung der elektrischen Betriebskraft würde eine eigene Central-Stromanlage errichtet werden. Die Länge der Hochbahn beträgt vorderhand 12 *km*, die Anzahl der an den bedeutendsten Verkehrspunkten angelegten Stationen zehn. Die Untergrundbahn beginnt bei der Station der Czinkotaer Vicinalbahn neben dem Ostbahnhofe und führt unter der Kerepeserstrasse, der Kossuth-Lajosgasse bis zu einem Punkte südlich von der Schwurplatzbrücke. Für die Wahl dieser Trace war, der Baubeschreibung zufolge, nicht nur der Selbstzweck dieser Bahn massgebend, sondern auch die wichtige Frage, dass hier der Vicinalbahnverkehr in das Innere der Stadt hineingeleitet werden könne. Man müsste deshalb entsprechend ist das Profil des Tunnels von solchen Dimensionen, dass die Waggons der Vicinalbahn als auch der Strassenbahn anstandslos hier passiren können. Der Tunnel soll in der denkbar einfachsten Weise, aus Beton allein

hergestellt werden. Beiderseits sind Trottoirs für die Fusspassage gedacht. Die bei den Stationen errichteten Perrons sind in solcher Ausdehnung projectirt, dass hier der längste Personenzug anzulegen im Stande sei. Der Betrieb wird im Localverkehr durch einzelne und durch doppelte Waggons, im Fernverkehr durch ganze Züge unterhalten. Die Fahrgeschwindigkeit ist mit 60 *km* in der Stunde angenommen. Für die Sicherheitsausrüstung der Bahn sind die modernsten erprobten Typen in Aussicht genommen. Zwischen den Niveau Strassenbahnen und der Untergrundbahn soll in organisch zusammenhängender Verkehr in solcher Weise eingerichtet werden, dass alle Theile des Strassenbahnnetzes mit der Vicinalbahn und vice versa verbunden sein würden.

(Legung eines zweiten Geleises in der Barossgasse.) Die durch die Einführung des elektrischen Betriebes erfolgte wesentliche Steigerung des Verkehres hat die Direction der Budapester Strasseneisenbahn-Gesellschaft zum Beschlusse veranlasst, die nach Einführung des elektrischen Betriebes noch eingeleisig verblieben Linien successive auf Doppelgeleise einzurichten. Der Umbau dieser Linien wird mit jener durch die Barossgasse beginnen, da seit Eröffnung der Quailinie ein Theil des Quaiverkehres über den Calvinplatz auf diese sehr lange Linie geleitet wird, daher seit jeher sich ein starker Verkehr abwickelt.

(Verkehrsstatut des Budapester Strasseneisenbahnwesens.) Das in der Generalversammlung des hauptstädtischen Municipalausschusses vom 6. October 1897 festgestellte Statut für Strassenbahnen mit motorischem Betrieb ist von den Bezirksvorständen an den Magistrat zurückgelangt. Gegen das Statut haben die Budapester Strassenbahn-Gesellschaft und die Budapest Neupest Rákospalotaer elektrische Bahn den Recurs an den Handelsminister ergriffen. In der sehr umfangreichen Appellationsschrift wird namentlich gegen die Verfügung Einsprache erhoben, dass in den inneren Theilen der Strassenbahnwagen keine Stehplätze mehr gestattet sein sollen; auch wird hinsichtlich mehrerer anderer Anordnungen ausgeführt, dass durch dieselben der Stadtbehörde auf Kosten des Handelsministeriums und der Eisenbahn-General-Inspection ein zu weitgehender Einfluss auf den Betrieb eingeräumt werde.

In letzter Zeit hat die politische Bedeutung dreier verschiedener elektrischer Vicinalbahnen stattgefunden, welche, vom Weichbild Budapests ausgehend, Gödöllő und Umgebung in noch engere Beziehung mit der ungarischen Haupt- und Residenzstadt bringen sollen. Alle drei projectirten Linien laufen zumeist parallel mit der ungarischen Staatsbahn, die diesen Projecten insoferne wohlwollend gegenüberstehen wird, als dadurch ihre Strecke Budapest—Ruttka, die einen bedeutenden internationalen Verkehr zu bewältigen hat, vom Nah- und Localverkehr entlastet werden würde. Die eine Linie ist über Puszta—Szent-Mihály und Csömör, ein beliebter Ort für den Sommeraufenthalt, bis Gödöllő geplant, und die zweite ist einfach die Verlängerung der Budapest—Czinkotaer Vicinalbahn bis Kerepes, während die dritte, von der Kőbányaerstrasse in der Nähe des Ostbahnhofes ausgehend, die Gemeinden Rákos-Keresztur, Rákos-Csaba und Péczel berühren würde. In allen diesen Ortschaften befinden sich bereits Sommerwohnungen in Hülle und Fülle und mehrere tausend Budapester verbringen die heisse Jahreszeit in dieser Gegend. Ausserdem ist in Rákos-Keresztur gegenwärtig eine grosse Colonie mit tausend Arbeiterhäusern im Entstehen begriffen. Alle drei Bahnen können daher auf einen bedeutenden nur ständigen Verkehr rechnen. Der hauptstädtische Baurath soll denselben jedoch nicht besonders freundlich gesinnt sein und speciell die Einführung der ersten und dritten Linie in das Weichbild von Budapest beanstanden, weil dadurch die allzu extensive Entwicklung der Stadt, welche der Baurath bereits für zu gross hält, wesentlich gefördert werden dürfte.

Deutschland.

Berlin. Der Vertragsentwurf für die Unterpflasterbahn Potsdamer Platz—Schlossbrücke, welchen die Actien-Gesellschaft Siemens & Halske der städtischen Verkehrs-Deputation unterbreitet hat, setzt als Vertragsdauer den gleichen Zeitraum von 90 Jahren fest, wie er auch im Vertrage für die elektrische Hochbahn Zoologischer Garten—Warschauer Brücke vorgesehen ist, deren Verlängerung die Unterpflasterbahn von dem Endbahnhofe der Zweiglinie am Potsdamer Platz aus, bilden soll. Da die sämmtlichen Canal- und Rohrleitungen, welche einer Untertunnelung der Königgrätzerstrasse, des Rathhauses, des Kupfergrabens etc. im Wege sind, auf Kosten der Unternehmerin verlegt und jene Strassen selbst nicht benutzt, auch die Verkehrsverhältnisse in denselben in keiner Weise durch den Bahnbetrieb beeinträchtigt werden, so musste die Abgabe, welche

die Actien-Gesellschaft Siemens & Halske an die Stadtgemeinde Berlin zu entrichten hat, entsprechend niedriger bemessen werden, als bei der Hochbahn, die obendrein 7 km länger
ist, als die 3 km lange Unterpflasterbahn. Immerhin erbietet sich
die Firma Siemens & Halske, 2⁸/₄ von der Brutto-Einnahme
an die Stadtgemeinde zu zahlen. Was den Fahrplan anbetrifft, so
ist im Allgemeinen ein Fünfminuten-Verkehr vorgesehen. Die Ablösung der Unterpflasterbahn gestattet der Vertrag schon nach
Ablauf von 30 Jahren; nach dieser Zeit steht es der Stadtgemeinde Berlin frei, die Bahnanlage entweder gegen eine nach
den Erträgnissen des Unternehmens zu bemessende Abfindungs-
summe oder gegen Zahlung des Sachwerthes mit 10% Zuschlag
eigenthümlich zu erwerben. Die Bestimmungen bezüglich der
Fristen zum Beginn des Baues und Betriebes, der Schadenersatz-
ansprüche, des Schiedsgerichtes etc. sind denen des Hochbahn-
vertrages angepasst. So wird denn die Unterpflasterbahn voraussichtlich schon im nächsten Frühjahr, zugleich mit der Neu-
regulirung des so verkehrsreichen Potsdamer Platzes in Angriff
genommen werden können. Die Theilstrecke bis zur Schlossbrücke
hofft man dann noch im Laufe dieses Jahrhunderts fertigstellen
zu können, so dass der Betriebsbeginn derselben — Frühjahr 1900 —
mit dem der Hochbahn zusammenfallen würde. Von einer Inbetriebnahme der Theilstrecke Halle'sches Thor — Warschauer
Brücke — vor Fertigstellung der ganzen Hochbahnlinie — hat die
Betriebsleitung Abstand genommen. Im Laufe dieses Jahres würden
bereits die zeitraubenden und zum Theil recht kostspieligen Verlegungen von städtischen Canälen und Rohrleitungen auf der
ganzen Unterpflasterbahnstrecke zur Ausführung gelangen.

Behufs Prüfung der Concurrenz-Entwürfe für die
künstlerische Ausgestaltung der elektrischen Hochbahn
in der Bülowstrasse (Viaduct und Haltestelle „Potsdamerstrasse") ist Mitte dieses Monats das Preisrichter-Collegium unter
dem Vorsitze des Ober-Baudirectors Hinckeldeyn im Architekten-
hause zusammengetreten. Dasselbe besteht aus den Herren: Geh.
Baurath Prof. Garbe, Prof. Dr. Müller-Breslau, Baurath Schwechten,
Geh. Baurath Dr. Zimmermann, den Stadtbauräthen Krause und
Hoffmann, dem Architekten Griesbach, sowie den Vertretern des
Hochbahn-Unternehmens Director Schwieger, Regierungs- und
Baurath Gier und Regierungs-Baumeister Wittich. Es liegen zehn
Entwürfe zur Prüfung vor, nämlich fünf aus Berlin und je einer
aus München, Dortmund, Hamburg und Lübeck. Für jeden der
beiden Entwürfe (Viaduct, bezw. Haltestelle) sind Preise im Betrage von 3000, 1500 und 1000 Mk., insgesammt also 11.000 Mk.,
ausgesetzt worden. Da mehr als 80 Blatt Zeichnungen zu prüfen
sind, so dürfte die Entscheidung voraussichtlich erst gegen Mitte
nächsten Monats fallen.

Literatur-Bericht.

„Unsere Monarchie". Die österreichischen Kronländer zur
Zeit des 50jährigen Regierungs-Jubiläums Sr. Majestät des Kaisers.
Herausgegeben von Julius Laurenčič in Wien. Complet in 24 Heften à 1 Krone. —
Verlag von Georg
Szelinski in Wien. Complet in 24 Heften à 1 Krone. —
Dieses Prachtwerk beginnt den zweiten Band mit Ansichten aus
Wien, und zwar den neuen Rathhauses (Festsaal und grosser Hof),
des Stephansdomes und des Hauptaltars. Gute Vollbilder sehen wir
vom Graben, Universitätsgebäude, Opernhaus, Albrechtsbrunnen und
Arsenal, während Detailansichten den Franzensring mit Parla-
ment, Rathhaus, Universität und Votivkirche, den Franz Josefs-
Quai, den Kärntnerring, den Volksgarten und Stadtpark, das
Musikvereinsgebäude, Künstlerhaus, Deutsche Volks- und Raimund-
Theater zeigen. Sehr hübsch präsentiren sich die Halbbilder:
Schwarzenbergplatz und zwei Ansichten des Belvedere-Gartens.
Die Texte zu den einzelnen Ansichten sind aus der Feder des
Wiener Schriftstellers Ernst Keiter.

Patentnachrichten.

Mitgetheilt vom Technischen- und Patentbureau
Ingenieur Victor Monath
WIEN, I. Jasomirgottstrasse Nr. 4.

Oesterreichische Patentanmeldungen.

Classe
21. Accumulatoren-Kastenaufhängung für elektrische Wagen. —
The Electrical Vehicle Syndicate Ltd. 4./12.
„ Unterirdische Stromzuführung für elektrische Eisenbahnen.
— Dr. H. Hillischer. 14./12.
„ Elektrische Bahn. — Robert Sayur. 18./12.
„ Vorrichtung zur Herstellung elektrischer Leitungskabel. —
Paul Breitmann und Nic. Thurzo. 9./12.

Classe
21. Elektrodenplatte für elektrische Sammler. — Siegfried Poliak.
13./12.
„ Nebenschluss-Automat. — Hans Fillunger. 14./12.
„ Elektrisches Rotes-Glühlicht. — Emil Wagner. 16./12.
„ Nullstellung für Wechselstrom-Motorzähler. — „Helios",
Electricitäts-Actien-Gesellschaft. 17./13.
„ Neuerungen an Wechselstrom-Motoren. — Max Déri. 17./12.
„ Stromabnehmerbügel mit mehreren drehbaren Rollen. — Firma
„Oberstrom", Ges. m. b. H. 22./12.
„ Elektrodenrahmen für Secundärbatterien. — Oscar Baumann.
23./12.
„ Neuerungen an elektrischer Zugsbeleuchtung. — Emil Dick.
23./12.
„ Anordnung zur Messung der Arbeit eines Drehstrom-Systems.
— Siemens & Halske. 24./12.
„ Verfahren zur Verhinderung von Funkenbildung beim Unter-
brechen und Schliessen von elektrischen Stromkreisen. —
Adolf Müller. 5./1. 1898.

Classe
Deutsche Patentanmeldungen.*)

20. R. 10.931. Stromzuführung für elektrische Bahnen mit im
Canal verlegten, durch den Stromabnehmer auf magnetischem
Wege einschaltbaren Theilleitern. — Constant François de
Redon, New-York, V. S. A. 22./2. 1897.
„ R. 11.552. Stromabnehmer für elektrische Bahnen mit Theil-
leiterbetrieb. — Albert Ramm oser, Berlin. 19./10. 1897.
„ R. 11.553. Stromzuführung für elektrische Bahnen mit mag-
netischem Theilleiterbetrieb. — Albert Ramm oser, Berlin.
19./10. 1897.
21. B. 20.436. Vorrichtung zur Anzeige der Gangdifferenz zweier
Uhr- oder Laufwerke, insbesondere für Elektricitätszähler. —
Emanuel Bergmann, Berlin. 8./3. 1897.
„ M. 13.953. Ankerwickelung für Mehrphasenstrom-Erzeuger. —
Maschinenfabrik Oerlikon, Oerlikon b. Zürich, Schweiz.
15./4. 1897.
„ U. 1235. Maschine zur Erzeugung von Wechselströmen beliebiger Frequenz und Phasenzahl. — Union Elektricitäts-Gesellschaft, Berlin. 30./5. 1897.
„ U. 1260. Elektricitätszähler für verschiedenen Stromtarif mit
mehreren Zählwerken. — Union Elektricitäts-Ge-
sellschaft, Berlin. 26./6. 1897.
42. R. 11.339. Neuerung zur Einstellung der Elektroden an fertigen Focusröhren. — A. Rzewuski, Davosplatz, Canton
Graubünden. 23./7. 1897.
21. B. 21.006. Selbstthätiger elektromagnetischer Quecksilber-
Ausschalter mit Verdrängerkolben. — J. H. Bastians,
München. 25./6. 1897.
„ H. 19.409. Drehstrom-Zähler. — Hartmann & Braun,
Frankfurt a. M.-Bockenheim. 26./10. 1897.
74. B. 21.084. Elektrische Weckvorrichtung, welche nur bei Aussicht auf gutes Wetter weckt. — Georg Vorrics, Dresden.
10./7. 1897.
20. L. 11.702. Elektrischer Verschluss für Weichen- und Fahrstrassenhebel zur Verhütung des Umstellens bei besetzter
Weiche: Dzn. v. Pat. 93.020. — Locomotivfabrik Krauss
& Co., Actien-Gesellschaft, München. 27./10. 1897.
21. H. 18.540. Gesprächszähler für Fernsprecher. — Paul Hermann, Berlin. 27./3. 1897.
40. B. 21.495. Elektrische Ofen-Anlage. — J. F. Bergmann,
Neheim a. d. Ruhr. 8./10. 1897.
74. S. 9742. Vorrichtung zur Uebertragung von Zeigerstellungen. —
Siemens & Halske, Actien-Gesellschaft, Berlin.
8./9. 1896.

Classe
Deutsche Patentertheilungen.

20. 96.253. Stromzuleitung für elektrische Bahnen mit magnetischem Theilleiterbetrieb. — R. Arnd und A. Caramagna.
Turin. 21./1. 1896.
„ 96.273. Unterirdische Stromzuführung für elektrische Bahnen
mit Theilleiterbetrieb. — Piquet & Cie., Lyon-Vaise.
1./1. 1897.
„ 96.275. Elektrisch auslösbarer Signalapparat. — W. Prokop.
Hamburg. 16./2. 1897.
21. 96.210. Regelungsvorrichtung für Bogenlampen. — W. H.
Ridings, G. F. Bull und L. R. Vodd, Birmingham.
12./5. 1896.

*) Die Anmeldungen bleiben acht Wochen zur Einsichtnahme öffentlich
ausgelegt. Nach § 24 des Patent-Gesetzes kann innerhalb dieser Zeit Einspruch
gegen die Anmeldung wegen Mangel der Neuheit oder widerrechtlicher Entnahme
erhoben werden. Das obige Bureau besorgt Abschriften der Anmeldungen und
übernimmt die Vertretung in allen Einspruchs-Angelegenheiten.

Classe
21. 96.211. Wechselstrom-Motorzähler. 3. Zus. z. Pat. 87.042. — C. Raab, Kaiserslautern, 4./4. 1897.
„ 96.912. Schaltungsweise, um Kraftanlagen mit grossen Belastungsschwankungen von elektrischen Lichtleitungen abzuzweigen. — L. Schröder, Berlin, 23./5. 1897.
96.978. Elektricitätszähler mit periodischer Fortschaltung des Zählwerks nach Massgabe der Zeigerstellung eines Strommessers. — A. W. Staveley, J. H. Parsons und Th. J. Murday, Broutonle-Gate, Leicester, Engl. 18./3. 1897.
96. 96.979. Elektromagnetische Antriebsvorrichtung für Webschützen von Rundwebstühlen. — J. Herold, Brünn. 18./2. 1897.
20. 96.320. Vorrichtung zur Abschwächung der von Stromschwankungen herrührenden Störungen elektrischer Kraftübertragungs-Anlagen, insbesondere elektrischer Bahnen. — Siemens & Halske, Actien-Gesellschaft, Berlin 22./10. 1896.
„ 96.331. Stellvorrichtung mit elektrischem Betrieb, insbesondere für nachträgliche Signale. — Max Jüdel & Co., Braunschweig. 13./5. 1897.
96.356. Stromabnehmer für elektrische Bahnen mit unterirdischer Stromzuführung. — Allgem. Elektricitäts-Gesellschaft, Berlin. 2./6. 1897.
21. 96.332. Körnermikrophon, bei welchem der Füllmasse eine schüttelnde Bewegung ertheilt wird. — C. J. Schwarze, Adrian. 25./8. 1896.
83. 96.314. Elektrische Pendeluhr mit Zeigerwerk in der Pendelscheibe. — W. Nonhoff jr., Münster i. W. 2./4. 1897.

Auszüge aus Patentschriften.

William Turrey in London. — Umschalter für Fernsprecher. Classe 21, Nr. 94.310.

In einem gleichzeitig zur Aufnahme des Mikrophons und des Fernhörers dienenden runden Kasten A ist ein Umschalter U als senkrecht beweglicher, durch Ausschnitte des Kastenrades geführter Schieber ausgebildet. — Das obere Schieberende H springt über das Mikrophon M vor und dient als Aufhängehaken für den Fernhörer. — Letzterer zieht sein Gewicht beim Aufhängen an den Haken H den Schieber U unter Spannung der Feder a nach unten. — Hierdurch kommt der Letztere vermittelst seiner aufgestauzten federnden Zunge Z mit dem Stromschlussstück L in Berührung, wodurch das Läutewerk eingeschaltet werden kann, während beim Abhängen des Fernhörers bei B Stromschluss hergestellt und damit das Mikrophon M eingeschaltet wird. (Fig. 1 u. 2.)

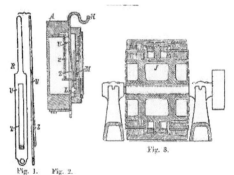

Fig. 1. Fig. 2. Fig. 3.

Union-Elektricitäts-Gesellschaft in Berlin. — Mehrphasenmaschine mit zwei Ankerstromkreisen. — Classe 21, Nr. 93.880.

Die Ankerkerne und Feldmagnete vorliegender Maschine bilden nur einen magnetischen Kreis, der zur Ausgleichung der Feldstärken bei verschiedener Belastung der beiden Ankerstromkreise in seiner Mitte magnetisches Nebenschluss J besitzt,

den Ueberschuss der magnetischen Kraftlinien der einen Seite der Maschine in sich aufnimmt. (Fig. 3.)

Elmer Howard Wright, James Jean Heckmann, Albert Henry Graves, Charles Calvin Carnahan in Chicago, Ill., und William Henry Carnahan in Apollo, Penn. — Elektrischer Umschalter für Dreileitersysteme. — Classe 21, Nr. 93.722.

Bei diesem elektrischen Umschalter für Dreileitersysteme stehen die von der einen Seite kommenden drei Leitungsenden P durch biegsame Drähte O mit drei auf einer Stange N angeordneten Stromschlussstücken M in Verbindung. — Diese letzteren

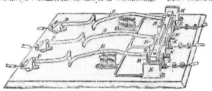

Fig. 4.

können zur Umschaltung mit drei von einer Anzahl feststehender Stromschlussstücke K in Berührung gebracht werden, welche unter sich und mit den von der anderen Seite einmündenden drei Leitern zu drei Gruppen derart verbunden sind, dass durch Umstecken sechs verschiedene Schaltungen ausgeführt werden können. — Die Pfosten Q nehmen die Stange N in der Ausschaltestellung auf.

Geschäftliche und finanzielle Nachrichten.

Eine Gesellschaft für elektrische Industrie. Der Ministerpräsident als Leiter des Ministeriums des Innern hat im Einvernehmen mit den Ministerien der Finanzen, des Handels und der Justiz dem Herrn Robert Eisner, Director der österreichischen Eisenbahn-Verkehrsanstalt in Wien, die Bewilligung zur Errichtung einer Action-Gesellschaft unter der Firma „Gesellschaft für elektrische Industrie" mit dem Sitze in Wien ertheilt und deren Statuten genehmigt. Zweck der Gesellschaft ist die Durchführung einer Reihe von elektrischen Projecten, welche die Eisenbahn-Verkehrsanstalt vorbereitet hat. Es handelt sich dabei hauptsächlich um Unternehmungen für elektrische Beleuchtung und Kraftübertragung, während die reine Traction der Eisenbahn-Verkehrsanstalt vorbehalten bleibt. Für den elektrischen Betrieb sollen namentlich Wasserkräfte herangezogen werden. Die neue Gesellschaft lehnt sich an die Eisenbahn-Verkehrsanstalt vollständig an und wird in allen Beziehungen mit der letzteren cooperiren. Vorläufig sind nicht Wiener, sondern andere österreichische, sowie ungarische und ausländische Geschäfte in Aussicht genommen. Das Actiencapital ist mit zwei Millionen Gulden, getheilt in 10.000 Stück zu je 200 fl. festgesetzt. Vorläufig wird aber nur Eine Million Gulden zur Einzahlung gelangen. Die Eisenbahn-Verkehrsanstalt ist vor fünf Jahren in's Leben gerufen worden. Das Unternehmen prosperirte ausserordentlich, so dass schon nach zwei Jahren, und neuerlich im Jahre 1896, das Capital um eine halbe Million Gulden erhöht werden musste. Da dieselbe nur auf dem Tractions-Gebiete thätig sein darf, nicht aber berechtigt ist, auch andere Zweige der elektrischen Industrie (Beleuchtung und Kraftübertragung) so erwies es sich als nothwendig, hiefür ein neues Unternehmen — die eingangs genannte Gesellschaft — zu errichten.

Elektricitätswerke Liegnitz. Die Stadtverordneten-Versammlung von Liegnitz genehmigte in ihrer Sitzung vom 17. d. M. den Uebergang der in nächster Zeit zu eröffnenden Strassenbahn und der einzelnen in Bau begriffenen elektrischen Lichtanlage an die neugegründete A.-G., Elektricitätswerke Liegnitz. Das Capital beträgt 1,600.000 Mk., der Anschlag für die Strassenbahn 1,040.000 Mk., für die Lichtanlage 400.000 Mk., während 160.000 Mk. als Betriebscapital vorgesehen sind. (Vergleiche H. II. Nr. 25.)

Schluss der Redaction: 24. Jänner 1898.

Verantwortlicher Redacteur: Dr. J. Sahulka. — Selbstverlag des Elektrotechnischen Vereines.
Commissionsverlag bei Lehmann & Wentzel, Wien. — Alleinige Inseraten-Aufnahme bei Haasenstein & Vogler (Otto Maass), Wien und Prag.
Druck von R. Spies & Co., Wien.

Zeitschrift für Elektrotechnik.

Organ des Elektrotechnischen Vereines in Wien.

Heft 6.   WIEN, 6. Februar 1898.   XVI. Jahrgang.

Bemerkungen der Redaction: Ein Nachdruck aus dem redactionellen Theile der Zeitschrift ist nur unter der Quellenangabe
„Z. f. E. Wien" und bei Originalartikeln überdies nur mit Genehmigung der Redaction gestattet.
Die Einsendung von Originalarbeiten ist erwünscht und werden dieselben auch dem in der Reductionsordnung festgesetzten Tarife
honorirt. Die Anzahl der vom Autor event. gewünschten Separatabdrücke, welche zum Selbstkostenpreise berechnet werden, wolle stets am
Manuscripte bekanntgegeben werden.

INHALT:

Automatisches, magnet-elektrisches Blocksignal von Wilfrid Boult.

Unter den neueren amerikanischen automatischen Blocksignal-Anordnungen ist es jene von Wilfrid Boult, welche insoferne von den meisten verwandten Systemen abweicht, als die eigentliche Signalgebung nicht mittelst Scheiben- oder Flügelsignalen geschieht, die am Bahnkörper längs der Strecke oder vor und auf den Stationen aufgestellt sind, sondern durch zwei kleine, in verglasten Kästchen angebrachte, aus Aluminiumblech hergestellte Flügelsignale, welche auf der Locomotive rechts und links am Führerstande ihren Platz haben. Diese bei Nacht entsprechend beleuchteten Miniatur-Semaphore geben dieselben Signalzeichen, wie die gewöhnlichen optischen Streckensignale gleicher Gattung, d. h. das bewegliche Flügelchen drückt durch seine wagrechte oder schräge Lage den Signalbegriff halt bezw. frei aus. Es entspricht ferner das zur rechten Hand des Locomotivführers befindliche Signalkästchen dem eigentlichen Block- oder Hauptsignal (Homesignal) und das linksseitige dem Vorsignal (Distanzsignal) gemäss der bekanntlich auf amerikanischen und englischen Bahnen fast allgemeinen Anordnung, dass jedes Streckenblocksignal durch ein in entsprechender Entfernung vor demselben angebrachtes Vorsignal unterstützt wird. Mit den beiden auf der Locomotive befindlichen optischen Signalapparaten ist auch noch ein Wecker verbunden, welcher jedesmal läutet, wenn sich in einem der Kästchen das Signalbild ändert; dieser Wecker wird ausserdem noch allein thätig, sobald sich die Locomotive einer Streckenstelle nähert, welche dem Standpunkte eines Block- oder Vorsignals entspricht. Das Boult'sche elektrische Blocksignal besitzt also einige Aehnlichkeit mit einem älteren amerikanischen System von Putnam, mit dem im Jahre 1882/83 auch in Oesterreich u. zw. auf der Wiener Verbindungsbahnstrecke Penzing—Hetzendorf Versuche angestellt worden sind; doch weist ersteres einen grossen Unterschied und überhaupt eine völlige Neuheit in dem Umstande auf, dass bei demselben der allen verwandten Anordnungen anhaftenden Schwierigkeit aus dem Wege gegangen ist, welche darin liegt, zwischen den fahrenden Zügen und der elektrischen Stromzuleitung eine durchaus zuverlässige

Verbindung herzustellen. Zu dem Zwecke lässt Boult die Signalapparate auf der Locomotive mit Hilfe einer von der letzteren mitgeführten, aus zwei Gruppen bestehenden Ortsbatterie durch polarisirte Relais bethätigen, an welchen die Bewegungen der Zunge nicht durch einen Elektromagneten, sondern einen U-förmigen Stab aus weichem Eisen geschieht, welches bei Passiren eigener, auf der Bahnstrecke ausgelegter, magnetischer Felder magnetisirt wird.

Die zur Erzeugung dieser magnetischen Felder erforderliche Einrichtung kann verschieden angeordnet sein, besteht jedoch am besten aus einer Anzahl senkrecht gestellter magnetisirter Stahlstäbe kreisrunden Querschnittes, welche alle mit demselben Pol, wie die Zähne eines Rechens, in einer flachen Kopfschiene aus weichem Eisen eingesetzt sind. Auf jedem der Magnetstäbe steckt eine Drahtspule und sämmtliche, entweder nebeneinander oder hintereinander geschalteten Spulen sind mit einer Stromleitung verbunden. Je nachdem diese beziehungsweise die Spulen stromlos oder stromdurchflossen sind, besitzt die die oberen Enden sämmtlicher Magnetstäbe verbindende Flachschiene dieselbe Polarität wie die oberen Stabenden der Einzelmagnete oder die entgegengesetzte, weil der Strom seiner Stärke, und Richtung nach so bemessen ist, dass er den vorhandenen Magnetismus der Stäbe nicht nur aufhebt, sondern völlig umkehrt. Jede der geschilderten magnetischen Batterien befindet sich in einem sorgfältigst abgedichteten, oben mit Messingblech abgeschlossenen, langen Holzkasten, der an den bestimmten Signalstellen in den Bahnkörper eingebettet wird. Das magnetische Feld muss natürlich umso länger sein, je rascher die Züge fahren, welche von demselben beeinflusst werden sollen, das heisst die Anzahl der aneinander zu reihenden Einzelmagnete wird um so reichlicher zu bemessen sein, je grösser die auf den betreffenden Strecken vorkommende Maximal-Fahrgeschwindigkeit der Züge ist.

Die zum Auslösen der auf den Zugsmaschinen angebrachten Signalapparate dienenden Relais sind unten am Locomotivrahmen derart befestigt, dass während der Fahrt ganz nahe über die zugehörigen, in der Strecke verlegten Magnetfelder hinweggehen, und ist deshalb ein Schenkel des die Relaiszunge tragenden Hufeisens entsprechend tief nach abwärts gekehrt und zu unterst mit einem als flache Längsschiene ausgebildeten Schuh versehen, welcher vermöge seiner Länge gleich zwei oder drei Einzelmagnete der im Geleiskörper liegenden magnetischen Batterie übergreift. Wird dieser Relaisschenkel positiv influenzirt, so legt sich die Relaiszunge nach rechts und schliesst dadurch den Ortsstrom auf der Locomotive in der Weise, dass der von dem polarisirten Anker eines gewöhnlichen Elektromagnetes bewegte kleine Semaphorflügel des betreffenden Signalkästchens die wagrechte Lage, d. i. die Stellung für halt bekommt; hat der Relaisschenkel negative Polarität erhalten, dann fällt die Relaiszunge nach links und schliesst den Strom der beiden Ortsstromhälften, wodurch die Richtung des Erregungsstromes im Signal-Elektromagneten umgekehrt, und die Schrägstellung des Signalflügelchens, d. i. das Signalzeichen für frei bewirkt wird. In beiden Fällen ertönt auch ein Weckerzeichen. Kommt der Zug im Verlaufe seiner Fahrt hintereinander über mehrere magnetische Felder gleicher Polarität, so erfährt der betreffende Locomotiv-Semaphor selbstverständlich durch die einzelnen Beeinflussungen des Auslöserelais keine Aenderung in der Flügelstellung, wohl aber erfolgt auch in allen diesen Fällen das Weckerzeichen, damit der Maschinenführer

angebracht sind, ebenso ist das Auslöserelais für die Vorsignale an der Locomotive links und jenes für die Hauptblocksignale rechts und schliesslich das Wecker-Auslöserelais in der Mitte angebracht; übereinstimmend damit liegen die auf der Strecke eingebauten Magnetbatterien für die Vorsignale links, für die Haupt-Blocksignale rechts vom Geleis und für den Wecker in der Mitte zwischen den beiden Schienensträngen. Nach den Erfahrungen aus der Praxis ist es günstig, für jeden einzelnen Signal-Apparatsatz der Locomotiven nicht blos ein, sondern mehrere in einer Linie hintereinander anzubringende Auslöserelais zu verwenden, und diese ausserdem für jeden Ortsschluss mit Doppelzungen zu versehen, welche Massregel ein völlig sicheres Arbeiten der Signaleinrichtung verbürgt und Versagungen der Zeichenapparate geradezu unmöglich macht.

Aus der schematischen Darstellung Fig. 1 lässt sich des weiteren ersehen, wie die Boult'sche Signalweise zu einer Streckenblock-Anlage vervollständigt ist. Die zur Hervorbringung von Signalzeichen dienenden Streckenmagnete D, W und H liegen mindestens zwei- bis dreihundert Meter von einander und sind D_3, D_4, D_5 . . . . . die Magnetfelder der Vorsignale, H_3, H_4, H_5 . . . . . jene der Haupt-Blocksignale,

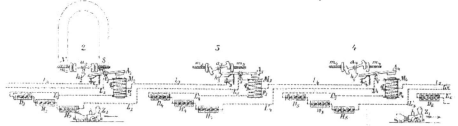

Fig. 1.

weiss, dass eine Signalstelle passirt wurde und um ihn unter allen Umständen aufzufordern, seine Flügelsignale zu beobachten. Für die Weckerauslösungen besitzt jedes Signal-Auslöserelais noch eine zweite Zunge mit Mittelstellung; überdem erachtet es Ref., wie bereits weiter oben erwähnt wurde, für zweckdienlich, zum Bethätigen des Weckers ein eigenes Auslöserelais und eigene Streckenmagnete anzuwenden, entweder lediglich zu dem Zwecke, dem Maschinenführer schon in angemessener Entfernung vor den eigentlichen Signalstellen die Annäherung an eine solche anzukündigen oder ihm ein zu gewärtigendes Haltsignal anzuzeigen. Insbesondere ist es angezeigt, zwischen jedem Hauptblocksignal und dem zugehörigen Vorsignal einen oder mehrere Wecker-Streckenmagnete von der letztgedachten Gattung einzulegen, wenn auf den betreffenden Bahnstrecken lange, schwere Güterzüge verkehren. Solche Züge würden nämlich, falls sie durch das Vorsignal benachrichtigt würden, dass das Hauptsignal auf halt steht, durch die Vorbereitungen zum Stehenbleiben überflüssigerweise viel Zeit verlieren, wenn inzwischen die Freigabe erfolgt wäre; dieser Uebelstand fällt weg, wenn innerhalb des in Betracht kommenden Streckenstückes Läutesignale den erfolgten Signalwechsel voraus verkündigen.

Wie die Signalkästchen der Locomotive von einander getrennt am Führerstande rechts und links

während W_3, W_4, W_5 . . . . . zur Hervorrufung von Wecker-Haltsignalen dienen. Von den letzteren erscheint in Fig. 1 zur Erhöhung der Uebersichtlichkeit für jede der Blockstrecken nur je einer eingezeichnet, und aus gleichem Grunde sind allfällige Streckenmagnete zum Vorläuten des optischen Vorsignals überhaupt ganz weggelassen worden, wobei jedoch hervorzuheben bleibt, dass an den für die letztgedachte Zwecke bestimmten Streckenmagneten die Einzelmagnete keine Drahtspulen erhalten und daher auch mit der ganzen übrigen Blockeinrichtung in keiner weiteren Verbindung stehen, weil sie keiner Aenderung ihrer Polarität bedürfen, da sie für alle Fälle, ob sich das von ihnen angekündigte optische Signal in der Lage auf halt oder frei befindet, die Auslösung des Weckers bewirken müssen, während die zwischen D und H in die Strecke eingelegten Streckenmagnete W die Weckerauslösung nur veranlassen dürfen, wenn das zugehörige Haupt-Blocksignal die Fahrt verbietet. Durchfährt ein Zug die Bahnstrecke, so gelangt er in jeder Blockstrecke zuerst auf den in der Zeichnung weggebliebenen Vorläute-Streckenmagnet; infolge dessen ertönt auf der Locomotive ein Weckerzeichen und der Maschinenführer weiss nun, dass er sich einem Vorsignal nähert. Gelangt dann der Zug über den Streckenmagnet D, so erfolgt neuerlich ein Weckerzeichen; ausserdem ersieht der Führer auf seinem linksseitigen Semaphor, ob das

Haupt-Blocksignal die Weiterfahrt erlaubt oder nicht. Ueberfährt der Zug ferner einen Streckenmagnet W, ertönt der Wecker nur dann, wenn die nächste Blockstrecke noch besetzt, beziehungsweise blockirt ist; ist die Fahrt jedoch f r e i, bleiben die Wecker beim Passiren der Magnete W stumm. Die Befahrung des Streckenmagnetes H bewirkt endlich — wieder begleitet von einem Weckerzeichen — das entgiltig entscheidende halt oder frei am rechtsseitigen Semaphor des Locomotivführers.

Ausser diesem Theile der Signaleinrichtung muss natürlich ein zweiter vorhanden sein, der das durch die Züge vorzunehmende Einstellen der Streckenmagnete D, W und H für f r e i oder h a l t vermittelt. Derselbe besteht im wesentlichen für jede einzelne Blockstrecke aus je einem Relais mit dem Elektromagneten M und dem Anker A, dessen Hebel, wenn er seiner Abreissfeder folgen kann, einen Contact c schliesst. Die letztgedachte Lage des Ankerhebels ist jedoch nicht blos von dem magnetischen Zustand des Elektromagnetes M, sondern ausserdem von der Lage eines Sperrhakens h abhängig, welcher auf der Drehachse eines Magnetstabes a festsitzt. Letzterer bewegt sich zwischen den als Polschuhe ausgearbeiteten Enden der beiden Schenkel eines aus weichem Eisen hergestellten, wagrecht liegenden Hufeisens. Diese Vorrichtung befindet sich nebst dem Relais M. A in einem oben mit Messingblech abgedeckten Schutzkasten, der ähnlich wie die Kasten der Streckenmagnete, innerhalb des Geleises in den Bahnkörper eingelassen ist; beeinflusst wird dieselbe von darüber wegfahrenden Zuge durch einen kräftigen Hufeisenmagnet oder zweischenkeligen Elektromagnet, der an der Locomotive in geeigneter Weise so angebracht ist, dass seine Pole knapp über die Schenkel des Hufeisens m hinweggelangen, so wie es in Fig. 1 bei der Blockstelle 2 strichpunktirten Linien angedeutet erscheint. Selbstverständlich ist jedoch die in der Zeichnung skizzirte Lage von N S und von m nur der Uebersichtlichkeit wegen so gewählt; in Wirklichkeit liegen die Schenkel des Hufeisens m parallel zur Geleisachse und die durch N S gelegte Ebene steht darauf senkrecht. In dem Momente, wo der Zug eine Blocksignalstelle überfährt, magnetisirt N S das Hufeisen m in entgegengesetztem Sinne des Ankermagnetismus, weshalb a zwischen die Polschuhe von m gezogen, aber auch sofort wieder losgelassen wird. Die Relais der einzelnen Blockstellen sind mit den Streckenmagneten durch die Leitungen l_2, l_3, l_4, l_5 . . . . . L_2, L_3, L_4, L_5 . . . . und L'_2, L'_3, L'_4, L'_5 . . . . sowie mit einer einzigen aus Accumulatoren bestehenden, in einer Station aufgestellter Batterie in Verbindung gebracht. Letztere besorgt gleichzeitig den Betrieb einer längeren Bahnstrecke und ist es am zweckdienlichsten, die Blockanlagen der beiden Geleise der Doppelbahn zu einem einzigen Schliessungskreise zusammen zu fassen.

Wie Fig. 1 leicht verfolgen lässt, sind es die Drähte L und L', welche sämmtliche Blockstellen-Relais und sämmtliche Streckenmagnete mit einander verbinden und über L'_2, i_2, M_2, L_3, D_3. W_3, H_3, L'_3, i_3, M_3, L_4, D_4, W_4, H_4, L'_4, i_4 u. s. f. eine continuirliche Leitung bilden. Der Ruhestrom, welcher diese Leitung durchfliesst, ertheilt vermöge seiner Richtung und Stärke den Streckenmagneten jene Polarität, welche dem Signal für f r e i e F a h r t entspricht; er ist jedoch nicht imstande, an den Blockstellen-Relais den Elektromagnet M zu erregen, weil die Spule desselben aus zwei Hälften p und q besteht, die im ungleichen Sinne

gewickelt sind, so dass sich ihre magnetisirenden Wirkungen gegenseitig aufheben. Während der normalen Ruhelage der Blockapparate, welche in der Zeichnung an der Blockstelle 3 dargestellt erscheint, ist sonach in dem Elektromagnete M_3 kein Magnetismus vorhanden, und wenn nichtsdestoweniger der Anker A_3 sich in der angezogenen Lage befindet, so bewirkt dies lediglich der Haken h, indem er den Relaishebel verhindert, dem Zuge der Abreissfeder zu folgen. Ueberfährt jedoch ein Zug die Blockstelle, dann erfolgt die schon oben erwähnte Drehung des Magnetstabes a, so wie es in 2 versinnlicht ist; der Haken h lässt den Relaishebel los und dieser legt sich auf den Contact e, einen neuen Stromweg herstellend. Da die Ablenkung des Magnetstabes a aber nur eine augenblicklich vorübergehende ist, kehrt der Haken h vermöge seines Uebergewichtes sofort wieder in die Normallage zurück, ohne von jetzt an auf den abgefallenen Relaishebel irgend einen Einfluss mehr nehmen zu können. Auf diese Weise wurde — wenn auf das besondere Beispiel Bezug genommen wird, welches der Fig. 1 zugrunde liegt — beim Passiren der Block-Signalstelle 4 durch den Zug Z_1 die dort dargestellte, soeben betrachtete Apparatlage bewirkt, als deren Folge über Cl_4, c_4, i_4, L'_4, H_4, W_4, D_4, L_4 und p_4 ein kurzer Schluss entstanden ist. Hierdurch sind die Streckenmagnete D_4, W_4 und H_4 stromlos oder wenigstens annähernd stromlos geworden und dieselben haben sonach ihre natürliche Polarität zurückbehalten, vermöge welcher sie bei etwaiger Befahrung durch einen nachfahrenden Zug diesem das Haltsignal geben würden. Bis zu dem Momente, wo der Zug Z_1 den Blockposten 4 passirt, hat in 3 das Relais A_3 M_3 und der Anker a_3 dieselbe Lage gehabt, wie jetzt A_4, M_4 und a_4 in 4; dadurch aber, dass nach der Bethätigung von e_4 der abgenannte kurze Schluss entstand, ist auch die halbe Spule p_3 stromlos und unwirksam geworden, so dass die magnetische Kraft der zweiten Spulenhälfte q_3 zur Wirksamkeit gelangen, weshalb M_3 den Anker A_3 anzog, wobei der Haken h_3 unter den Relaishebel gelangte, um letzteren vorläufig für alle Fälle wieder solange festzuhalten, bis die Blockstelle 3 durch einen nachfahrenden Zug befahren wird. Der Zug Z_1 hat ersichtlichermassen beim Passiren der Blocksignalstelle 4 nicht nur seine eigene von den Streckenmagneten D_4, W_4 und H_4 zu leistende Deckung veranlasst, sondern auch die hinterliegende Blockstrecke doblockirt, indem der Betriebsstrom daselbst, sobald A_3 in die angezogene Lage zurückgelangte. d. h. sobald der bei e_3 bestandene Kurzschluss behoben wurde, seinen normalen Weg wieder über D_3, W_3 und H_3 findet, so dass diese Streckenmagnete seitdem das Signal f r e i e F a h r t geben, falls sie ein Zug passirt. Ein dem Zuge Z_1 nachfolgender Zug Z_2 wird mithin, nachdem Z_1 die Blockstrecke 4—5 eingefahren ist, von den Streckenmagneten D_3, W_3 und H_3 die f r e i e F a h r t signalisirt erhalten, bekäme aber, wenn indessen Z_1 nicht schon in die Blockstrecke 5—6 vorgerückt wäre, bei den Streckenmagneten D_4, W_4 und H_4 das Signal h a l t. Wie aus diesem Beispiele hervorgeht, geschieht die Deckung jedes Zuges schon in der zweitnächsten Blockstrecke hinter demselben, d. h. für einen in der Blockstrecke 5—6, 4—5, 3—4 u. s. w. verkehrenden Zug befinden sich die Haltsignale in den Blockstrecken 3—4, 2—3, 1—2 u. s. w. Auch entspricht, wie man sieht, das Bou1l'sche Blocksignal-System vermöge der Verwendung eines Ruhestromes jener für jede elektrische Signaleinrichtung geltenden

Hauptbedingung, welche anfordert, dass im Falle eines Versagens der Batterie oder des Reissens einer Leitung stets nur das Gefahrsignal, nie aber das Freisignal eintreten kann.

Es bleibt nur noch hinsichtlich der Streckenrelais, mit deren Hilfe die selbstthätige Blockirung und Deblockirung vollzogen wird, nachzutragen, dass die Umschaltung nicht ganz so einfach durchgeführt ist, als es in der Zeichnung zur Erleichterung des Verständnisses angedeutet erscheint. Der Anschluss von *q* und *L'* erfolgt nämlich nicht am Körper des Relaishebels *A*, sondern an der Quecksilber-Füllung eines Glasgefässes, und in einem zweiten ähnlichen Quecksilbergefässe endigt ebenso die Leitung *l*; am Relaishebel aber ist isolirt eine zweizackige Gabel aus Platindraht angebracht, die bei abgefallenem Anker in beide Gefässe eintaucht und die leitende Verbindung von Quecksilber zu Quecksilber, beziehungsweise von *l* zu *L'* herstellt. Eine oberhalb des Quecksilbers stehende Flüssigkeit, über welche unsere Quelle, die amerikanische Zeitschrift „Industries and Iron" Näheres nicht angibt, soll die Funkenbildung verhindern.

Das genannte Blatt schreibt dem oben geschilderten selbstthätigen Signalsystem eine grosse Reihe von Vorzügen zu und glaubt demselben eine glänzende Zukunft prognosticiren zu dürfen. Aehnliche günstige Aussichten für eine etwaige Verwendung auf europäischen Bahnen bestehen nur aus Gründen, an die hier wohl kaum erst erinnert zu werden braucht, allerdings nicht, doch ist das Princip der Bon'lt'schen Anordnung an sich, sowie die sinnreiche Ausnützung dieses Principes für die automatische Zugsdeckung zweifellos geeignet, auch den Signaltechnikern des alten Continentes lebhaftes Interesse abzugewinnen.

L. K.

Elektrische Locomotive.

Vor Kurzem wurde von der Vereinigten Elektricitäts-Actien-Gesellschaft in Wien vorm. B. Egger & Comp. eine elektrische Locomotive geliefert, deren Construction im Nachstehenden zur Beschreibung gelangt. Dieselbe war für die Brauerei des Herrn Dr. Schaup in Zipf, Ober-Oesterreich (zwischen Wels und Salzburg) bestimmt. Ihre Aufgabe ist, Frachten, welche in 2—3 Anhängewagen untergebracht werden, sowie Personen, die im Oberkasten der Locomotive selbst Platz finden, von der Brauerei zum Bahnhofe und umgekehrt zu bringen.

Das Geleise ist schmalspurig, die Spurweite beträgt 690 *mm*. Die Locomotive muss beim Fahren vom Bahnhofe in die Brauerei eine bedeutende Steigung überwinden, kann aber dafür von der Brauerei zurück stromlos fahren; bei der Thalabfahrt ist daher nur her Anfahren das Zuführen elektrischer Energie nothwendig. Der Radstand ist 1·5 *m*, also so klein, dass man ohne Gefahr die schärfsten Curven durchfahren kann. Die Locomotive fährt durchschnittlich 10 *km* per Stunde. Die Lauträder haben 700 *mm* im Durchmesser. Die Anhängelast beträgt circa 13 Tonnen. Der Motor, ein 15pferdiger Hauptstrom-Motor, macht belastet 290 Touren in der Minute bei einer Betriebsspannung von 500 Volt. Die Locomotive wiegt sammt dem Motor ungefähr 9 Tonnen. Dieselbe nimmt daher zufolge ihres Gewichtes und ihrer Zugkraft mit Leichtigkeit die vorkommende maximale Steigung von 24%/₀₀.

Das Untergestell.

Zur Bildung des Untergestelles ist in diesem Falle hauptsächlich der Motor selbst verwendet.

Es sind an dem unteren Theile desselben symmetrisch auf beiden Seiten 2 starke ∐ förmige Stahlgussträger angebracht, so dass sich vom Motor vier Arme wegstrecken. Diese Arme sind zu Führungen für die Achslager ausgebildet, auf welch letzteren sie mittels starker Spiralfedern aufruhen. Ferner tragen je zwei Arme einen kräftigen Querbalken, auf welchem Puffer und Zugkette montirt sind. Das Untergestell ist somit sammt dem Motor durch die Tragfedern vor Stössen geschützt; das System rührt von Eickemeyer her.

Die Uebertragung der Bewegung vom Motor auf die Lauträder erfolgt auf folgende Art: Auf jeder Seite der Motorachse sitzt je ein Stirnrad aus Bronze. Dieselben greifen je in eine gezahnte Kurbelscheibe, deren gemeinschaftliche Achse unter dem Motor gelagert ist, ein. Von diesen Kurbelscheiben wird die rotirende Bewegung durch Pleuelstangen auf alle vier Räder übertragen. Dadurch ist es möglich, mit einem Motor beide Radachsen direct anzutreiben, was bei der grossen Steigung erwünscht ist. Die Kurbelzapfen an den beiden Kurbelscheiben sind um 90° gegeneinander versetzt, um die allerdings bei dieser Anordnung auftretende ungleiche Massenbeschleunigung aufzuheben. In Bezug auf Gleichförmigkeit der Bewegung hat diese Ausführung keinen merkbaren Nachtheil mit sich gebracht.

Der Motor.

Derselbe ist ein, wie schon erwähnt, zweipoliger Hauptstrom-Motor. Er ist vollständig geschlossen und somit völlig vor Eindringen von Staub und Feuchtigkeit geschützt. Sein Magnetgehäuse ist zweitheilig; während der obere Theil durch Schrauben an dem unteren befestigt ist und durch den Fussboden des Wagenkastens hindurch abgehoben werden kann, bildet der untere, wie schon beschrieben, einen Theil des Untergestelles. Um vom Wagenkasten aus bequem zum Collector gelangen zu können, sind im oberen Theile des Magnetgehäuses Klappen angebracht. Der Anker ist als Nutenanker construirt und mit Schablonenwicklung, die in Glimmer isolirt ist, versehen.

Der Wagenkasten.

Der Wagenkasten ist aus Holz, mit Flach- und Winkeleisen entsprechend versteift und aussen mit Blech verschalt. Sein Dach ist 2·80 *m* von der Schienenoberkante entfernt, seine Breite ist 1·49 *m*. An beiden Stirnseiten ist es ausgebaucht; der Innenraum dieser Ausbauchungen nimmt die Sandkasten und die nöthigen Widerstände auf. Das Innere des Wagenkastens wird durch zwei mit der Lehne aneinanderstehende Bänke in zwei Hälften getheilt. Die Vorderfüsse dieser Bänke sind vermittels Charnieren am Boden befestigt, so dass man die Bänke nach vorne drehen kann. Hernach ist es möglich, die Fussbodenklappe aufzuheben, um zum Motor zu gelangen.

Mit Hilfe eines Flaschenzuges, der an einem zu diesem Zwecke an der Decke angebrachten Ringe aufgehängt wird, kann dann der obere Theil des Motorgehäuses abgehoben und eventuell auch der Anker herausgenommen werden. Auf diese Weise ist es möglich, Reparaturen am Motor vorzunehmen, ohne das Untergestell zu demontiren.

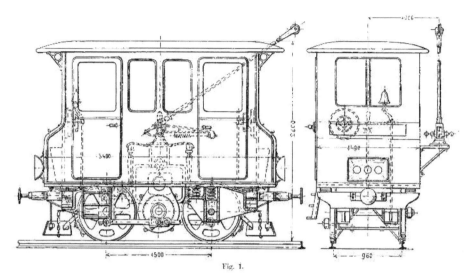

Fig. 1.

Zu den zwei Abtheilungen des Wagenkastens gelangt man durch zwei seitlich angebrachte Thüren. Beide Stirnseiten sind mit drehbaren Fenstern versehen und zu Führerständen ausgebildet. Der Wagenkasten ruht mit 4 Blattfedern und 4 Spiralfedern auf dem Stahlgussrahmen auf.

Die Bremsung

der Locomotive wird mittels Spindelbremsen bewerkstelligt; und zwar kann die Bremse von beiden Führerständen aus bethätigt werden. Alle 4 Räder werden gebremst. Der Bremshebel trägt eine R i e d e l'sche Signalglocke, welche es ermöglicht, zu läuten, ohne den Bremshebel loszulassen. An beiden Führerständen sind ferner noch die Hebel der Sandstreuvorrichtung angebracht. Die Sandkästen befinden sich, wie schon erwählt, in den von aussen zugänglichen Ausbauchungen des Wagenkastens an den Stirnseiten. Von hier führen die Rohre bis dicht unter die Räder.

Es musste hier auf die Ausführungen der Sandstreuvorrichtung besondere Sorgfalt verwendet werden, da ein Versagen derselben auf der Steigung besonders im Winter unter Umständen gefährlich sein könnte.

Die elektrische Einrichtung

der Locomotive ist folgende:

An beiden Führerständen ist nebst Bremskurbel und Sandstreuhebel ein Schaltapparat (Controller) angebracht. Dieser ist an der Wand angeschraubt und dient dazu, den Motor anlaufen zu lassen und die Fahrgeschwindigkeit zu ändern. Letzteres geschieht auf die Weise, dass Widerstand in den Stromkreis ein- und ausgeschaltet wird. Verwendet wurden Drahtspiraleuwiderstände, welche ebenfalls bei den Sandkasten untergebracht wurden. Der Schaltapparat ermöglicht auch durch Kurzschluss des Ankers eine elektrische Bremsung. Ferner finden sich noch im Wagen die nöthigen Schalter und Sicherungen für die Beleuchtung.

Die Beleuchtung.

Im Wagenkasten sind an der Decke zwei Glühlampen montirt, ferner trägt die Locomotive aussen an jeder Stirnseite eine Signallaterne, welche 3 Glühlampen enthält. Die erforderliche Beleuchtungscombination ist: Beim Fahren in der einen Richtung hat die eine Signallaterne mit den beiden Glühlampen, welche

Fig. 2.

den Innenraum beleuchten, zu brennen, beim Fahren in der anderen Richtung dagegen die andere Signallaterne mit den zwei Glühlampen. Fährt aber die Locomotive nicht allein, sondern mit einem Anhängewagen, so hat die entsprechende Signallaterne und eine der beiden Glühlampen, u. zw. die beim Führerstand, dahin eine Glühlampe in dem Anhängewagen zu brennen. Dieser Beleuchtungscombination wird durch zwei Schalter entsprochen.

Die Zuleitung des Stromes

ist oberirdisch und zwar ist das Trolleysystem angewendet. Die Trolleystange ist aber nicht wie gewöhnlich am Dache der Locomotive, sondern an deren Seite auf einer Console angebracht. Diese Anordnung wurde deshalb getroffen, weil die an und für sich 2·80 m hohe Locomotive 3 m hohe Thore zu passiren hat, wodurch das Aufsetzen der Trolleystange auf dem Dache unmöglich wurde. Die Anlage dieser Trolleyleitung war bei Bestellung und Lieferung der Locomotive bereits vorhanden. Unter der Console für die Trolleystange ist eine Blitzschutzvorrichtung und eine Hauptbleisicherung angebracht. Diese beiden sind vor Regen gut geschützt. Die Bleisicherung ist ausserdem in einem leicht zu öffnenden Thonkästchen verschlossen. Die Locomotive trägt auf jeder Seite einen Schienenräumer, der am Untergestell befestigt ist. Ferner sind die Kurbelscheiben mit ihren Zahnrädern durch schwache schwachen Guss abgedeckt, die aber so ausgeschnitten sind, dass sie die Bewegung des Kurbelzapfens nicht hindern, dagegen in ihrem untersten Theile so viel Oel aufnehmen können, dass die Zahnräder ständig in Oel laufen. Um das Eindringen von Staub zu verhindern, sind diese Radschutzkasten entsprechend abgedichtet.

Das ganze Untergestell wurde mit einer Blechverschalung umgeben, welche so eingerichtet ist, dass man durch Thüren leicht zu allen Theilen des ersteren gelangen kann. Durch all diese Vorkehrungen wird ein Dauerbetrieb absolut gefahrlos und die Wartung der Maschine äusserst vereinfacht.

Der geringe Stromconsum der Locomotive, u. zw. bei Beförderung von 13 t Last auf 24⁰/₀₀ Steigung mit 6 km Geschwindigkeit per Stunde, 24 Amp. bei 500 Volt ist besonders hervorzuheben.

Eine Abbildung der Construction gibt Fig. 1, die äussere Ansicht der Locomotive allein Fig. 2.

Ueber die magnetischen Eigenschaften der neueren Eisensorten und den Steinmetz'schen Coëfficienten der magnetischen Hysteresis.

Im verflossenen Jahre wurden der Physik.-technischen Reichsanstalt in Charlottenburg 56 Proben verschiedener Staal- und Eisensorten zur Prüfung eingesandt. Davon wurden 49 in Form von cylindrischen Stäben und 7 in Blechform geprüft.

A. Gegossene Materialien.

Für die folgenden Resultate, welche mittelst der Jochmethode gewonnen wurden, sind nur solche Materialien herangezogen, welche als gegossen bezeichnet waren. Die Magnetisirbarkeit ändert sich für diese Sorten, wenn der Zustand sich ihrer magnetischen Sättigung nähert, also etwa für eine Feldstärke $\mathfrak{H} = 100$ C. G. S. nur wenig. Für 43 Proben war der grösste Unterschied der Induction etwa 8⁰/₀ und unter Ausschluss einer Probe nur 4⁰ ₀. Aus diesem Grunde kann man die für die vergleichende Beurtheilung der magnetischen Güte auf den Werth der Coërcitivkraft und den Energieumsatz durch Hysteresis beschränken, wenn man zu hinreichend hohen Feldstärken geht.

Es fanden sich unter 45 gegossenen Proben

11 Stück oder 24⁰/₀	mit der Coërcitivkraft	1·5 bis	2·0
20	„	„	„	2·1	„	2·5
6	„	13⁰/₀	„	„	2·6	„	3·0
8	„	18⁰/₀	„	„	3·1	„	5·3

Tabelle I gibt einige weitere Daten für die besten Sorten der gegossenen Materialien. Dabei sind zum Vergleich zwei Proben des besten weichen schwedischen Schmiedeeisens unter Nr. 1 und 2 mit angegeben; ferner eine Stahlgussprobe mittlerer Güte

unter Nr. 16 und schliesslich eine solche von verhältnismässig hoher Coërcitivkraft unter Nr. 17. Es bedeutet darin in C. G. S. Einheiten: $\mathfrak{B}_{max}$ die höchste beobachtete Induction $\mathfrak{B}$ für die zugehörige Feldstärke $\mathfrak{H}_{max}$, $\mathfrak{B}_{100}$ den Werth von $\mathfrak{B}$ für $\mathfrak{H} = 100$, C die Coërcitivkraft. $E = \frac{1}{4\pi} \int \mathfrak{B} d\mathfrak{H}$ den Energieumsatz durch Hysteresis, $\eta = \frac{E}{\mathfrak{B}_{max}^{1\cdot6}}$ den Steinmetz'schen Coëfficienten der magnetischen Hysteresis, μ_{max} den höchsten Werth der Permeabilität, beobachtet bei der Feldstärke $\mathfrak{H}\mu$.

TABELLE I.

Nr.	Material	$\mathfrak{B}_{max}$	$\mathfrak{H}_{max}$	$\mathfrak{B}_{100}$	C	E	η	μ_{max}	$\mathfrak{H}\mu$
1	Schwed. Schmiede-eisen	17990	134	17400	0·8	6300	0·0010	4200	1·3
2		18020	141	17300	0·9	7500	0·0012	3700	1·3
3		18020	144	17300	1·5	11100	0·0017	2550	2·3
4	Stahlguss	18080	139	17800	1·7	13600	0·0021	2590	2·7
5		18040	133	17450	1·9	15600	0·0025	1860	2·9
6		18000	123	17500	2·1	18900	0·0029	1540	3·6
7	Ge-gossener Siemens-Martin-Stahl	17650	124	17200	1·7	16400	0·0026	1900	2·9
8		18030	140	17350	1·8	14500	0·0021	2150	2·7
9		18030	131	17530	1·8	12400	0·0019	2390	2·8
10		17660	130	17140	1·9	17500	0·0028	1690	2·8
11		18180	142	17480	1·9	15600	0·0022	2080	2·7
12		17920	131	17430	2·0	13500	0·0021	2170	2·5
13	Fluss-eisenguss	17650	121	17280	1·5	12900	0·0021		
14		18280	141	17540	2·0	14300	0·0023	2100	3·3
15		17780	121	17400	2·1	16500	0·0026		
16	Stahlguss	17960	141	17280	2·5	20000	0·0031	1700	3·5
17		17950	139	17280	5·5	34700	0·0074	900	8·3

Leider ist Näheres über die Herstellungsart der Materialien selten und schwer zu erfahren; es scheint jedoch, dass dieselbe für das Erreichen hoher magnetischer Güte nicht massgebend ist. Das eingesandte Material war für die obigen Beobachtungen nur mechanisch bearbeitet worden.

Sowie auch sonst bekannt ist, spricht sich in den Zahlen der Tabelle aus, dass eine magnetisch wichtige Grösse, wie Hysteresis, Permeabilität, Coërcitivkraft u. s. w. nicht definirt wird, da zwei Materialien in einem dieser Werthe übereinstimmen können, ohne dass dies bei den anderen der Fall ist. Es sind ferner Versuche über die Gleichmässigkeit der gegossenen Materialien und über den Einfluss, den das Ausglühen auf dieselben ausübt, angestellt worden.

a) Gleichmässigkeit der gegossenen Materialien.

Wegen des Werthes, den ein magnetisch möglichst gleichmässiges Eisen für die Technik besitzt, sind hierüber in der Reichsanstalt Untersuchungen gemacht worden, bei denen sich herausstellte, dass die neueren gegossenen Materialien am gleichmässigsten zu sein scheinen.

In einfacher Weise lässt sich die magnetische Homogenität mittelst der elektrischen Leitungsfähigkeit prüfen, deren Aenderung längs eines Prüfstabs bestimmt wird.

Von 37 gegossenen Proben zeigten

22 St.	Unterschiede in der elektr. Leitungsfähigkeit		bis zu 1⁰/₀
8	„	„	„	von 1 bis 2⁰/₀
3	„	„	„	„ 2 „ 3⁰/₀
3	„	„	„	„ 3 „ 5⁰/₀
1	„	„	„	„ 10⁰/₀

Materialien, für welche die Differenzen in den Werthen der elektrischen Leitungsfähigkeit unterhalb 3⁰/₀ liegen, erweisen sich stets als magnetisch recht homogen. Die grössten Unterschiede, die man bisher festgestellt hat, besrug für einen schmiedeeisernen Stab 15⁰/₀ und dieser Stab war auch magnetisch sehr inhomogen.

b) Einfluss des Ausglühens.

Es ist bekannt, dass Eisen durch Ausglühen magnetisch weicher wird. Inwiefern die Art des Ausglühens nicht unwesentlich sein kann, ja gegebenen Falles von grossem Einfluss sein kann, haben diesbezügliche Versuche der Reichsanstalt gezeigt, welche gleichzeitig den besonderen Zweck verfolgten, festzustellen, ob magnetisch inhomogene Eisen- und Stahlstäbe durch Ausglühen homogen gemacht werden können.

Es ergab sich bei diesen Versuchen das wichtige Resultat, dass einige der gegossenen Eisensorten magnetisch eine derartige Güte oder Weichheit erreichten, dass sie den besten geschmiedeten Sorten nur noch wenig nachstanden. Man sieht dies, wenn man die Daten der Tabelle II. in welcher die Resultate vor und nach dem Glühen für zwei Eisenproben verschiedenen Ursprunges an gegeben sind, mit der Nr. 1 und 2 in Tabelle I vergleicht.

TABELLE II.

Material	Zustand	$\mathfrak{B}_{max}$	$\mathfrak{H}_{max}$	$\mathfrak{B}_{100}$	C	E	η
Schwedischer Stahlguss	ungeglüht	17900	135	17300	2·5	18200	0·0029
Schwedischer Stahlguss	geglüht	18080	126	17600	1·0	9750	0·0015
Deutscher Stahlguss	ungeglüht	17780	130	17240	2·3	21000	0·0033
Deutscher Stahlguss	geglüht	18430	162	17440	1·2	11200	0·0017

Die Bezeichnungen entsprechen denen der Tabelle I. Andere Proben hatten sich freilich beim Ausglühen magnetisch nur wenig geändert. Aus diesem Verhalten kann man jedoch deswegen keine Schlüsse ziehen, weil man über die Behandlung der Materialien vor der Einsendung nichts wusste.

B. Eisenbleche.

In Tabelle III sind für drei der besten zur Prüfung eingesandten Eisenblechproben die magnetischen Daten angegeben; die Bezeichnungen entsprechen auch hier denen der Tabelle I.

TABELLE III.

Nr.	Material	$\mathfrak{B}_{max}$	$\mathfrak{H}_{max}$	$\mathfrak{B}_{100}$	C	E	η	μ_{max}	$\mathfrak{H}_\mu$
1	Eisenblech	18080	133	17450	1·5	11800	0·0018	2130	2·3
2	„	18140	133	17530	1·7	12300	0·0019	2780	2·3
3	„	17390	133	16800	1·8	12500	0·0021	1980	3·1

Glühversuche sind mit Blechen nicht angestellt worden. Die magnetische Gleichmässigkeit der Bleche hängt jedenfalls sehr von der Art ab, wie die Bleche hergestellt, bez. nach ihrer Herstellung ausgeglüht werden. Proben, die aus dem mittleren Theile eines Bleches und aus dem Rande herausgeschnitten wären, zeigten bisweilen recht beträchtliche Unterschiede ihrer magnetischen Eigenschaften.

Der Steinmetz'sche Coëfficient η der magnetischen Hysteresis.

Die Energiemenge E, welche beim Durchlaufen eines vollständigen magnetischen Kreisprocesses infolge von Hysteresis in Wärme umgesetzt wird, ergibt sich nach Steinmetz aus der bereits oben angegebenen empirisch gewonnenen Gleichung

$$E = \eta\, \mathfrak{B}_{max}^{1·6}$$

Hierin ist $\mathfrak{B}_{max}$ der Werth der jeweilig beobachteten maximalen Induction. Derselbe spielt eigentlich um den Betrag der zugehörig höchsten Feldstärke zu vermindern. Von dieser Correction kann jedoch abgesehen werden, wie es auch in den folgenden Berechnungen geschehen ist, da im allgemeinen der Werth von $\mathfrak{H}$ gegen $\mathfrak{B}$ klein ist. Der Factor η soll nun nach Steinmetz für ein und dasselbe Material unabhängig von dem gewählten Werthe $\mathfrak{B}_{max}$ sein. Berechnet man jedoch aus den verschiedenen von Steinmetz für $\mathfrak{B}_{max}$ und E beobachteten Werthen des zugehörigen η. so findet man zum Theile recht erhebliche Abweichungen. In Tabelle IV ist aus mehreren Versuchsreihen von Steinmetz jedesmal der grösste und kleinste Werth von η eingesetzt. Zum Vergleiche sind in der ersten Zeile die Werthe aus einer Ewing'schen Beobachtungsreihe, welche auch von Steinmetz benützt ist, hinzugefügt. Der Unterschied der beiden Werthe von η ist in Percenten des Mittelwerthes ausgedrückt.

Aus der Tabelle IV ist ersichtlich, dass die Unterschiede bei Ewing 12% erreichen und bei Steinmetz in einem Falle 20% übersteigen. Diese Abweichungen sind indess in Wirklichkeit wahrscheinlich noch grösser, da nach der eigenen Angabe von Steinmetz Werthe, welche bedeutend ausserhalb der die anderen Werthe verbindenden Curve lagen, als unrichtig fortgelassen wurden, ohne es der Mühe werth zu halten, näher zu untersuchen, ob eine unrichtige Instrumentablesung oder ein Rechenfehler die Abweichung von der die anderen Werthe verbindenden Curve verursachte.

TABELLE IV.

Tabellen-Nr. bei Steinmetz	η grösster Werth	η kleinster Werth	Unterschied in % des Mittelwerthes
Ewing	0·00219	0·00195	12
II$_2$	0·00250	0·00229	9
II$_3$	0·00244	0·00217	12
II$_4$	0·00257	0·00234	9
II$_5$	0·00258	0·00232	11
III$_2$	0·00316	0·00256	21
III$_3$	0·00354	0·00316	11
III$_4$	0·00395	0·00348	13
III$_5$	0·00423	0·00365	15

Um festzustellen, ob diese Unterschiede in den Werthen von η auch bei möglichst genauen Bestimmungen sich ergeben, wurden zwei Stäbe im geschlossenen Volljoch und drei Ellipsoide nach der magnetometrischen Methode untersucht. Ein Ellipsoid und ein Stab bestanden aus weichem Stahl, die beiden übrigen Ellipsoide aus weichem Schmiedeisen und ihre zweite Stab aus Stahlguss. Mit jedem Stabe oder Ellipsoid wurden mehrere vollständige Kreisprocesse ausgeführt, bei welchen bis zu verschiedenen Werthen der maximalen Induction aufgestiegen wurde. Die Ergebnisse der Werthe sind in der Tabelle V zusammengestellt, wo die Abweichungen ebenfalls in Percenten des Mittelwerthes angegeben sind.

TABELLE V.

Material	$\mathfrak{B}_{max}$	E	η	Grösste Abweichung in den Werthen η
Stab aus geglühtem Stahlguss	6060	1040	0·00092	43%
	9000	2170	102	
	14000	5450	127	
	16420	7940	148	
	18830	8690	131	
Stab aus geglühtem Wolframstahl	2300	1910	0·0080	23%
	3670	4370	87	
	6130	10570	92	
	9200	20610	94	
	13020	38200	100	
Ellipsoid aus weichem Schmiedeisen	5030	810	0·00097	28%
	8380	1780	94	
	14840	4940	105	
	17270	6850	114	
	18770	8550	124	
Ellipsoid aus schwedischem Schmiedeisen	4790	1300	0·00168	42%
	7980	2950	169	
	11050	5500	187	
	13770	9050	216	
	18800	16650	252	
	20450	16850	214	
Ellipsoid aus geglühtem Wolframstahl	4210	8700	0·0138	3·6%
	8310	25500	137	
	10760	38850	138	
	16770	79900	139	
	18510	90000	134	

Aus den Versuchen ergibt sich, dass zwar bei dem nach der magnetometrischen Methode untersuchten Stahldellipsoid eine ziemlich gute Uebereinstimmung in den Werthen von η vorhanden ist, dass dagegen bei weichem Schmiedeisen und Stahlguss die Werthe von η untereinander noch grössere Abweichungen zeigen als bei Steinmetz. Die grössere Abweichung bei dem Wolframstahlstab ist wohl auch dadurch zu erklären, dass derselbe eine verhältnissmässig geringe Coërcitivkraft besass und daher sich dem weichen Eisen bereits näherte. Hiernach kann der Coëfficient η der magnetischen Hysteresis nicht immer als eine Constante des Materiales angesehen werden. Derselbe ändert sich nicht mehr, wenn man zu genügend hohen Werthen der Induction aufsteigt, da sich dann auch die Gestalt der Hysteresis-Schleifen nicht merklich ändert.

Dr. R.

Ausnützung der atmosphärischen Elektricität.

Herr Moriz Reichsritter v. Leon hat in einer soeben ausgegebenen Broschüre: „Wahrheitsbeweis der Möglichkeit, die atmosphärische Elektricität praktisch ausnützen zu können, erbracht durch Moriz Reichsritter v. Leon", das Problem der praktischen Ausnützung der atmosphärischen Elektricität als gelöst hingestellt.

Aus theoretischen Gründen ist an eine Ausnützung der atmosphärischen Elektricität zur Gewinnung von Strömen für praktische Zwecke gar nicht zu denken, weil die Erde eine geringe Capacität hat und die gesammte elektrische Ladung der Erde, wenn sie auf einen anderen Planeten übergehen könnte, nur eine geringe Arbeit leisten würde. Nur bei Blitzschlägen wird während sehr kurzer Zeit durch Ausgleich der elektrischen Ladungen sozusagen momentan eine Arbeit geleistet. Herr Moriz Reichsritter v. Leon hat sich schon vor Jahren das Ziel gesetzt, die atmosphärische Elektricität praktisch auszunützen. Im Anfange des Jahres 1896 besichtigte ich auf Einladung des Herrn v. Leon eine von ihm errichtete Anlage, welche damals mit sehr unzulänglichen Hilfsmitteln ausgeführt war. An den Bürsten einer kleinen Nebenschluss-Dynamo, welche einen Strom von circa 0·1 A gab, der durch eine Boussole geschickt wurde, konnten zwei unten näher beschriebene Luftleitungen angeschlossen werden. An zwei Tagen bemerkte ich, dass nach Anschluss der Luftleitungen der Dynamostrom etwas grösser wurde, habe aber von Anfang an Herrn v. Leon erklärt, dass ich nicht der Ansicht sei, dass der Beweis für die Ausnützung der Luftelektricität erbracht sei, da in den Luftleitungen kein Strom fliesse; ich erkläre auch, dass ich es nur als meine Aufgabe betrachte, die beobachtete merkwürdige Erscheinung aufzuklären. Ueber speciellen Wunsch des Herrn v. Leon bestätige ich die an zwei Tagen beobachtete Stromverstärkung, welche aber thatsächlich wie aus einem zur Aufklärung später unternommenen Garten hervorging, nur infolge der Aenderung des Erregungszustandes des Feldmagneten der kleinen Dynamo zufällig verursacht war. Da Herr v. Leon in den Tagesblättern damals die Mittheilung machte, dass er das Problem der Ausnützung der Luftelektricität gelöst und sich hierbei auch auf mich berief, veröffentlichte ich in der "Z. f. E." 1896, pag. 496 nach Herrn v. Leon bekannte Berichtigung:

„Vor kurzer Zeit war in mehreren Tagesblättern unter der Spitzmarke „Atmosphärische Elektricität" die Mittheilung enthalten, dass es Herrn Moriz Reichsritter v. Leon gelungen sei, das Problem der Ausnützung der atmosphärischen Elektricität, und zwar als nicht unbedeutende Verstärkung eines galvanischen oder Dynamostromes zu lösen, und dass Gutachten eines hiesigen Fachmannes diese Thatsache bestätige. Als der Gefertigte Herrn Reichsritter v. Leon einen bei demselben durchgeführten Versuch einen Bericht ausstellte, sieht sich derselbe zu einer Erklärung veranlasst. Herr v. Leon versieht zwei sehr gut isolierte Luftleitungen, von welchen die eine auf das Dach des Hauses, die andere in den angrenzenden Garten geführt und daselbst in geringer Höhe über der Bodenfläche ausgespannt ist, mit Kugeln, welche mit Saugspitzen versehen sind. Die Anfänge der beiden Luftleitungen werden an die Klemmen einer Dynamo oder Accumulatorenbatterie angeschlossen; dabei sind in die Luftleitungen kleine Geis-ler'sche Röhren eingeschaltet. Herr v. Leon hat nach seinen Angaben seit langer Zeit beobachtet, dass sowohl eine Verstärkung des Stromes von galvanischen Elementen, als auch des Dynamostromes nach Anlegung der beiden Luftleitungen eintritt. Von dem Gefertigten konnte eine Verstärkung des von galvanischen Elementen oder einer Accumulatorenbatterie gelieferten Stromes nicht beobachtet werden, ebenso auch nicht das Auftreten eines Stromes in den Luftleitungen, was ja auch vorauszusehen war. Dagegen wurde bemerkt, dass nach Anschaltung der Luftleitungen der Strom einer kleinen Dynamo etwas stärker wurde und nach Abschaltung der Luftleitungen wieder abnahm; dieses Ereigniss wurde jedoch nicht regelmässig beobachtet. Der Gefertigte glaubt nicht, dass eine elektrische Energie aus der Luft entnommen werde, sondern nur, dass sich der Erregungszustand der Dynamo ändert. Der in oben erwähnten Versuch war mit sehr unzulänglichen Hilfsmitteln ausgeführt worden, so dass sich aus demselben kein sicherer Schluss ziehen lässt; in dem Berichte ist nicht bestätigt, dass aus der Luft elektrische Energie entnommen wird. Da Herr v. Leon unterdessen sich bessere Hilfsmittel angeschafft hat, wird es ihm in weiterer Verfolgung seiner Versuche wohl bald gelingen, zu einem sicheren Resultate zu gelangen.

Hochachtungsvoll Dr. J. Sahulka".

Dass die oben angeführte merkwürdige Erscheinung der Stromverstärkung durch eine Aenderung des Erregungszustandes des Feldmagneten der kleinen Dynamo bewirkt war, wie ich von Anfang an vermuthete, habe ich durch einen in Gemeinschaft mit Herrn Dr. Kusminsky ausgeführten Versuch erwiesen. Sobald nämlich die kleine Dynamo als Serien-Maschine geschaltet wurde, trat niemals eine Stromverstärkung ein. Ich habe daher Herrn

v. Leon mitgetheilt, dass, ein Beweis für die Ausnützung der atmosphärischen Elektricität nur dann erbracht wäre, wenn die Stromverstärkung bei einer Batterie einträten würde. Wohl hat Herr v. Leon mir im Sommer 1896 mitgetheilt, dass die Verstärkung bei Elementen mit Eisenelektroden eintrete. Die Ursache war aber, wie ich mich sofort überzeugte, die gewesen, dass beim Anklemmen der Luftleitungen an die Platten der Batterie die anhaftenden Gasblasen emporstiegen, wodurch der innere Widerstand verkleinert wurde. Als der Anschluss der Luftleitungen hinter Porzellan-Isolatoren gemacht wurde, war die Erscheinung der Stromverstärkung verschwunden.

Herr v. Leon hat in der Folge die ganze Anordnung mit Luftleitungen und Saugspitzen vollkommen aufgegeben, und einen von ihm als „Stromsparer" bezeichneten Apparat construirt, welcher aus einem aus Eisendraht gebildeten geraden Kerne besteht, der mit einer Spule umwickelt ist. Der Kern wird in der Inclinationsrichtung aufgestellt, die Enden der Spulenwicklung werden mit Zwischenschaltung von kleinen Geissler-Röhren an die zwei Stromleitungen einer Gleichstrom- oder Wechselstrom anlage, angeschlossen. Nach meiner Ansicht ist es von vornherein klar, dass ein derartiger Stromsparer weder nützt noch schadet, sicherlich keine Ersparniss bewirkt. Ich bin wohl von Herrn v. Leon vor circa Jahresfrist eingeladen worden, den Stromsparer zu besichtigen, habe aber, da ich die Sache für werthlos hielt, der Einladung nicht Folge geleistet. Ich hatte auch nicht die Absicht, mich über den v. Leon'schen Stromsparer zu äussern, bin aber dazu durch den Umstand veranlasst worden, dass Herr v. Leon in der citirten Broschüre sich trotz der erhaltenen Aufklärungen neuerdings auf mich beruft. Sollte ich in den nächsten Tagen in der Lage, einen solchen „Stromsparer" genau prüfen zu können, und werde ich, wenn gegen meine Voraussicht, der Apparat doch ein „Stromsparer" sein sollte, dies in einer der nächsten Nummern dieser Zeitschrift mittheilen. J. Sahulka.

KLEINE MITTHEILUNGEN.

Verschiedenes.

Im Petersburger Elektrotechnischen Verein fand am 12./24. Jänner unter Vorsitz des W. J. Rebikow ein Vortrag statt, welcher ein sehr interessantes Gegenstand zu Grunde lag: Die Mittheilung des Herrn F. A. Jeremin über Accumulatoren seines Systems, Der Referent machte zur Aufgabe, die Mängel der Accumulatoren zu untersuchen (hohes Gewicht, geringe Aufnahmsfähigkeit, rasche Unbrauchbarkeit u. s. w.) und alsdann möglichst zu beseitigen. Nach mehrjähriger Arbeit, vielen Hunderten chemischen Analysen gelang es ihm endlich, befriedigende Resultate zu erzielen.

Der Accumulator besteht bekanntlich aus gitterförmigen Bleiplatten, deren Oeffnungen mit einer Masse gefüllt sind, welche aus Bleioxyden besteht. Die Platten werden in eine Schwefelsäurelösung getaucht. Beim Laden und Entladen geht der bekannte chemische Process vor sich. Wenn sich jedoch auf den Platten mehr schwefelsaures Blei bildet, als normal zulässig, dann functionirt der Accumulator mangelhaft; ausserdem tritt die Masse aus den Oeffnungen und füllt sogar ganz heraus. Nachdem der Referent die physikalischen Erscheinungen beim Accumulator beobachtet und eine Reihe von Versuchen vorgenommen hatte, kam er zu folgendem Schluss: Die Hauptbestrebung muss darin bestehen, dass man eine zu rasche Bildung von schwefelsaurem Blei hintanhält und das Heraustreten, resp. Herausfallen der Masse unmöglich macht. Nach langwierigen Versuchen und dem Wege von theoretischer Betrachtung gelang es dem Referenten, diese Mängel zu beseitigen. Das Ergebniss war mittelst einer eigenartigen Construction des Accumulators. Er schob die Platten entsprechend auseinander und füllte den Zwischenraum mit gestossenem Glas bestimmter Form aus; dann goss er in die Zelle eine Schwefelsäurelösung von etwas höherer Concentration, als sonst bei Accumulatoren üblich, und schloss dieselbe hermetisch ab. Das Ergebniss war überraschend. Die Accumulatoren functionirten jahrelang ohne schadhaft zu werden und hielten strengen Proben stand. Man warf sie von beträchtlicher Höhe herunter, transportirte sie auf schlechten, unebenen Strassen, wobei ein Accumulator sogar den Wagenboden durchdrückte, doch trotz der Dauungslösungen behielten die Accumulatoren vorzüglich weiter. Eine dieser Zellen wurde im Verein genau untersucht und am Schluss der Mittheilung der Referent beglückwünscht.
A. B.

Entfettung durch elektrisches Licht ist fast schon eine stehende Rubrik in mehr weniger maskirten Insertentheile mehrerer Wiener- und Provinz-Journale geworden, trotzdem Prof. Winternitz in seinen „Blätt. f. klin. Hydrotherapie" 1898,

Nr. 1, gegen diesen „Missbrauch seines Namens" und „die tendenzlöse Entstellung der Dinge" ganz energisch protestirt. Die ganze Angelegenheit würde hier nicht erwähnt werden, wenn nicht in unserem „Rückblick auf 1897" in Nr. 1 der „Z. f. E." die elektrischen Lichtbäder erwähnt wären, so dass auch diese Notiz der Gefahr ausgesetzt ist, als Illustrationszeuge angerufen zu werden; dem sei vorgebeugt. Die elektrischen Lichtbäder dienen nach dem gegenwärtigen Stande unserer Erfahrungen nur dazu, dem menschlichen Körper rasch und in bequemer Form Wärme zuzuführen; sie sind also bei verschiedenen Krankheiten als Theil eines auf physiologischer Grundlage aufgebauten Heilplanes anwendbar und können daher nie und nimmer als Programm oder Devise einer specifischen Behandlung eines bestimmten Leidens hingestellt werden; geschieht dies dennoch, so muss man es trotz aller entfetteten „schweren" Patienten als rechunhafte Uebertreibung stigmatisiren, denn man könnte ebenso gut sagen oder austrommeln: „Entfettung durch das Ersteigen des Stefansthurmes." Eine Gewichtsabnahme bis zu 3 kg nach Gebrauch eines Lichtbades, welches circa fünf Minuten dauert — wie es in Tagesblättern wiederholt veröffentlicht wurde — ist nach allen Gesetzen der Natur unmöglich, da nur chemische Processe im menschlichen Körper eingeleitet, nicht aber von solchem Gewichtsverlust in so kurzer Zeit begleitet sein können.

Record im Baue einer elektrischen Bahn. Was die Amerikaner in organisatorischer Beziehung und Thatkraft leisten, grenzt an das Unglaubliche.

Dies hat eine Gesellschaft in Bound Brook N.-Y. durch den Bau und Inbetriebsetzung einer 4 km langen Tramwaystrecke mit oberirdischer Stromzuführung in 24 Stunden geleistet.

Diese und ihre Concurrenz-Gesellschaft war der Meinung, dass nur sie und nicht die andere Gesellschaft das Recht zum Baue und Betriebe dieser Strecke habe und so lief jede Gefahr, dass ihr die Arbeit durch den Einspruch der anderen Gesellschaft eingestellt werden würde, sobald sie es versuchen wollte, den Bau in officieller Weise zu beginnen.

Unter diesen Verhältnissen entschloss sich die eine der Gesellschaften zu einem Coup, der nur bei so eigenthümlichen Rechtsverhältnissen, wie sie in der „Union" bestehen, möglich ist. Ein rechtmässiger Einspruch ist dort nämlich in der Zeit von Samstag Mitternacht bis Sonntag Mitternacht unmöglich.

Diese kurze Zeit musste ausgenützt werden und gab Gelegenheit zu der erwähnten Kraftprobe.

Die Vorbereitungen wurden geheim gehalten. Die Centrale wurde schon früher unter dem Prätext, zur Beleuchtung eines Gasthauses zu dienen, erbaut.

In Baltimore und Philadelphia wurden 550 Arbeiter angenommen, ohne dass diese den Zweck ihres Engagements kannten und Samstag Nachmittag mit Extrazügen, welche auch Pferde, Pflüge, Werkzeuge, Beleuchtungskörper und Material mitführten, an den Bestimmungsort gebracht.

Zuerst wurde die Strecke mit Gasfackeln und Lampen beleuchtet, dann die macadamisirte Strasse mit Pflügen aufgerissen, und um 10 Uhr Früh begann man mit der Erdlegung und dem Spannen der Contactdrähte.

50 Compagnien führten das Material der Schienenleger-Abtheilung zu und eine eigene Abtheilung stellte die Schienenverbindungen her. Zugleich wurde die Legung der Contactleitung an mehreren Stellen begonnen und ein Speisekabel von 600 m Länge verlegt.

Um 11 Uhr nachts lief der erste Wagen, obgleich die andere Gesellschaft am Sonntag nachmittags mit 100 Mann die Zerstörung der fertigen Strecke versuchte, nachdem sie es vorher zweimal erfolglos unternommen hatte, durch die Behörden den Bau einstellen zu lassen. (Engineering 31. Dec. 1897, pag. 804.) *H.*

Fernsprechverkehr zwischen Oesterreich und Sachsen. Wie im Hefte IV kurz mitgetheilt wurde, ist auf den Conferenzen, welche zwischen Vertretern der deutschen Reichspostamtes und der Handels- und Gewerbekammern in Dresden und Zittau stattgefunden haben, nach ein Einverständniss mit der österreichischen Verwaltung erzielt worden, wonach für den Fernsprechverkehr mit Oesterreich die Gebüren zum Theile herabgesetzt und zugleich die vorhandenen Verbindungen vermehrt werden. Zunächst wird entlang der österreichisch-deutschen Grenze eine Zone für den Grenzverkehr geschaffen. Als in dieser gelegen werden diejenigen Anstalten angesehen, welche in der Luftlinie gemessen bis zu 25 km von einander entfernt und ohne allzu weite Umwege verbunden werden können. Die Gebür für ein gewöhnliches Gespräch mit drei Minuten Dauer wird in der Grenzzone auf 50 Pfg. festgesetzt. Zu diesem Gebürensatze sollen vom 1. Februar ab in Verbindung treten die Orte: Grossschönau mit Warnsdorf, Zittau mit Grottau, Kratzau, Reichenberg, Rumburg, Schönlinde und Warns-

dorf; Neugersdorf (Sachsen) mit Rumburg, Sohland (a. d. Spree mit Schluckenau, Annaberg (Erzgebirge) und Buchholz mit Weipert und Pressnitz, sowie später nach Herstellung einer Stadt-Fernsprechverbindung in Schandau diese Stadt mit Bodenbach-Tetschen. Die Zulassung weiterer Orte zu diesem Grenzverkehr ist in's Auge gefasst. Eine grössere Anzahl von sächsischen Orten sollen ferner mit österreichischen Plätzen, darunter den Hauptplätzen des nordwestböhmischen Kohlenreviers und der böhmischen Elbeschifffahrt gegen eine Gebür von Mk. 1, einige Orte gegen Mk. 2 Gebür für das einfache Gespräch von 3 Minuten Dauer zum Sprachverkehr zugelassen werden. Näheres hierüber kann erst nach Fertigstellung der in Aussicht genommenen Verbindungsanlage zwischen Dresden und dem nordböhmischen Fernsprechnetz veröffentlicht werden. Zunächst soll Dresden nebst Vororten verbunden werden mit Bodenbach-Tetschen, Aussig, Teplitz, Dux, Brüx, Warnsdorf, Rumburg und Schluckenau zur Gebür von Mk. 1, und mit Leitmeritz-Lobositz vielleicht auch Melnik zur Gebür von Mk. 2.

Ausgeführte und projectirte Anlagen.

Oesterreich-Ungarn.

Tamsweg i. Salzburg. (Elektrische Beleuchtung.) Ein Consortium, bestehend aus Bürgern des Ortes liess diese Anlage von den Oesterreichischen Schuckertwerken herstellen. Die Kraft- und Stromerzeugungs-Station wurde in der Ottingmühle errichtet, welche zu diesem Zwecke entsprechend umgebaut wurde und in welcher die Wasserkraft des Wildbaches Taurach mit einem Gefälle von 31 m und einer Wassermenge von 2500 Secundenliter zur Verfügung steht. Es wurde eine 72pferdige Turbine aufgestellt, die auch zwei Gleichstrom-Dynamos (Kapp-Type) von je 25 KW Leistung bei 150 V Klemmenspannung treibt. Die beiden Dynamomaschinen sind hintereinander geschaltet, um die Aussenspannung von 300 V für das im Dreileiter-System ausgeführte Leitungsnetz zu erzielen. Von der Centrale, welche 600 m weit vom Markte liegt, führt die Speiseleitung oberirdisch, nur an ihrer Anzapfungsstelle mit der Murthalbahn unterirdisch verlegt, zu den Vertheilungspunkten. Das Werk reicht vorläufig für 600 gleichzeitig brennende Glühlampen aus; hievon dienen 40 zur Ortsbeleuchtung. Es sind auch bereits einige Motoren angeschlossen. *K.*

Deutschland.

Berlin. Die städtische Verkehrsdeputation hat jetzt dem Consortium der südlichen Vorortebahn einen Entwurf des Strassenbahnvertrages in derjenigen Fassung, in welcher derselbe nach Erklärung des Einverständnisses des Consortiums den Gemeindebhörden zur Annahme vorgeschlagen werden soll, übermittelt. Nach diesem Vertrage verpflichtet sich das Consortium zur Herstellung und zum Betriebe folgender elektrischen Strassenbahnlinien: 1. Berlin (Eichhorn-trasse)—Schöneberg (Gebiete des Bezirkscommandos). 2. Berlin (Hallesches Thor)—Schöneberg (wie 1). 3. Berlin—Schöneberg—Tempelhof—Britz—Rixdorf—Berlin. 4. Berlin (Eichhornstrasse)—Schöneberg—Tempelhof—Südende—Lankwitz—Lichterfelde. 5. Berlin (Hallesches Thor)—Rixdorf—Treptow. Das Consortium darf für jede ununterbrochene Fahrt innerhalb des jeweiligen städtischen Weichbildes und darüber hinaus bis zum Endpunkte der zu 1, 2 und 5 gedachten Linien, sowie bei den Linien zu 3 und 4 bis zu jedem Punkte des zweiten Vorortes (von Tempelhof nach Britz) nur ein Fahrgeld von 10 Pfg. erheben. Ferner ist das Consortium verpflichtet, eine Pensionscasse nach Grundanlegung der bei den Staats- und Reichsbetrieben geltenden Bestimmungen für seine Angestellten (Kutscher, Schaffner, Bureau-, Werker-, Stall- und Hofleute sowie der Bureau-Angestellten u. s. w.) binnen sechs Monaten von der Vollziehung des Vertrages an nach Massgabe des mit Magistrate noch zu vereinbarenden Statuts einzurichten. Dem Consortium soll es jedoch freistehen, einer anderen von Magistrate zu genehmigenden Pensionscasse gleicher Art beizutreten.

Frankreich.

Paris. Ueber die Metropolitanbahn, worüber wir schon wiederholt berichtet haben, wird dem Frankfurter Actionär Folgendes aus Paris geschrieben: „Zur Zeit statuirt der französische Staatsrath über die Vorlage der Pariser Metropolitanbahn. Die Vorlage präsentirt sich in ihren Hauptpläten wie folgt: 1. Ringbahn durch die äusseren Boulevards, theils unterirdisch, theils in Tranchée, theils in Viaduct; Länge 22 km. 2. Zwei Linien von Ost nach West: a) Porte de Vincennes, Boulevard Diderot, rue de Lyon, Bastillenplatz, rue de Rivoli, place de la Concorde, place de l'Etoile, porte Dauphine; 11 km; b) Ménil montant, avenue und place de la République, rue Réaumur,

Börse, rue du 4. Septembre, rue Auber, rue de Rome, Batignolles, Ringbahn, avenue de la Grande — Armée, Porte Maillot, ganz natürlich. 3. Zwei Linien Nord-Süd: a) Porte de Clignancourt, boulevard Ornano, Barbès, Magenta, rue Strasbourg, Boulevards de Strasbourg und Sebastopol, die Hallen, rue de Rennes, boulevard Raspail, avenue d'Orleans; b) Abzweigung place de Strasbourg, boulevard Magenta, place de la République, boulevard Richard Lenoir, Bastille, boulevard de la Contrescarpe, boulevard de l'Hôpital, place d'Italie, Ringbahn. 4. Linie Porte de Vincennes-place d'Italie. Die Spurweite ist 1·30 m, die der grossen Compagnien ist 1·44 m. Natürlich werden diese letzteren auf technische Schwierigkeiten stossen, ihr Rollmaterial so zu bauen, dass es auf der Metropolitanbahn Verwendung finden kann. Die Fahrpreise wären 25 Cts. in erster und 15 Cts. in zweiter Fahrclasse; die Traction elektrisch mit Trolleys. Die Stadt würde an den Kosten 150 Millionen beitragen und der Concessionär 60 Millionen. Der Betrieb wird an die Compagnie générale de Traction vergeben werden. Vom Fahrpreise entnähme die Stadt 10 Cts. für die erste und 5 Cts. für die zweite Fahrclasse und man berechnet, dass ein Personenverkehr von 110 Millionen Reisenden ausreichen würde, die Stadt zu decken. Die Pariser Omnibus-Gesellschaft hat nach ihren letzten Geschäftsberichte in den Jahren 1894, 1895 und 1896 je 227·9, 229·0 und 246·8 Millionen Personen transportirt. Die Rentabilität der Pariser Metropolitanbahn steht daher ausser aller Frage." (Vergl. H. XVIII, S. 537 u. H. XXI, S. 625 ex 1897.)

Patentnachrichten.

Mitgetheilt vom Technischen- und Patentbureau

Ingenieur **Victor Monath**

WIEN, I. Jasomirgottstrasse Nr. 4.

Classe　　　Deutsche Patentanmeldungen.*)

30. M. 14.300. Stationsmelder u. dgl. mit Controlvorrichtung. — Carl Mostard u. Wilhelm Beeremsson, Berlin. 23./7. 1897.
21. B. 20.170. Anordnung bei Nebenschluss-Bogenlampen. — Antoine Bureau, Brüssel. 15./1. 1897.
„ D. 6116. Flüssigkeitswiderstand, bei welchem das Gefäss mit beiden Elektroden beweglich ist. — Georg Detmar, Linden vor Hannover. 12./3. 1897.
„ K. 15.824. Kurzschluss-Vorrichtung für Differential-Bogenlampen. — Körting & Mathiesen, Leutsch-Leipzig. 9./11. 1897.
„ M.13.431. Herstellung von Elektroden für elektrische Sammler. — Dr. E. Marckwald, Berlin. 25./11. 1896.
„ Sch. 12.719. Gleichstrom-Maschine zur Speisung von Drei- und Mehrleiter-Netzen. — Leo Schöler, Nancy. 29./6. 1897.
40. P. 8721. Elektrisches Schmelzverfahren. — Francis Jarvis Patte, New-York. 15./2. 1897.
21. S. 9835. Stufenschalter für elektrische Widerstände mit rollendem und gleitendem Stromschluss; Zus. z. P. 94.491. Siemens & Halske, Actien-Gesellschaft, Berlin. 17./10. 1896.
„ T. 5397. Elektromagnetischer Ausschalter. — Hubert Tudor, Rasport, Erkerzogthum Luxemburg. 5./5. 1897.
70. H. 19.259. Elektrischer Siegellackwärmer. — Hugo Helbegger, München-Thalkirchen. 17./9. 1897.
83. B. 21.403. Elektrische Pendelbahn mit Schalt- und Stromschliess-Vorrichtung. — Rich. Bürk, Schwenningen, Württemberg. 20. 9. 1897.
21. B. 18.410. Elektrodenträger für tragbare galvanische Batterien mit elektrischem Lampe. — Harry Jones Hubbell und Thomas Francis Boland, Elmira, Staat New-York, V. S. A. 2./3. 1897.
„ J. 4082. Feldmagnetanordnung zur Ausgleichung der Ankerrückwirkung bei Gleichstrom-Maschinen. — Edward Hibberd Johnson, New-York. 16./9. 1896.
„ J. 4431. Galvanisches Element. — Industriewerke Kaiserslautern Metall- und Porzellaufabrikstion, G. m. b. H. Kaiserslautern. 15./8. 1897.
25. M. 14.229. Selbstthätiger Abstellapparat für Drehwerke von elektrisch betriebenen Krahnen. — Hermann Mohr, Mannheim. 29./6. 1897.
49. T. 5479. Elektroden für Schweiss-, Löth- u. dgl. Zwecke. — R. W. v. Tunzelmann, London, England. 9./7. 1897.

*) Die Anmeldungen bleiben acht Wochen zur Einsichtnahme öffentlich aufgelegt. Nach § 24 des Patent-Gesetzes kann innerhalb dieser Zeit Einspruch gegen die Anmeldung wegen Mangel der Neuheit oder widerrechtlicher Entnahme erhoben werden. Das obige Bureau besorgt Abschriften der Anmeldungen und übernimmt die Vertretung in allen Einspruchs-Angelegenheiten.

Classe
20. H. 18.596. Stromabnehmer für elektrische Fahrzeuge mit Theilleiterbetrieb. — E. Högerstädt, Hulensee b. Berlin. 28./5. 1897.
21. K. 15.823. Vorrichtung zum Anzeigen des nahezu beendeten Kohlenabbrandes bei Bogenlampen. — Körting & Mathiesen, Leutsch-Leipzig. 9./11. 1897.

Classe　　　Deutsche Patentertheilungen.

20. 96.379. Stations- und Geschäftsanzeiger mit elektrischem Betrieb. — F. Zipperling. Berlin. 29./1. 1897.
21. 96.417. Hörapparat für Fernsprecher. — D. P. Heap, Wilmington, Grafsch. New-Hannover. 29./7. 1896.
„ 96.418. Kühleinrichtung für die Kühlflüssigkeit elektrischer Widerstände. — Elektricitäts-Actien-Gesellschaft vorm. Schuckert & Comp., Nürnberg. 26./3. 1897.
„ 96.428. Geschlossenes Secundärelement mit Füllhals; Zus. z. Pat. 92.328. — Monterde, Chavant & George. Lyon. 16. 2. 1897.
„ 96.429. Traggerüst für Sammler-Elektroden. — Elektricitäts-Gesellschaft Triberg, G. m. b. H. Triberg. 6./1. 1897.
„ 96.448. Einrichtung zur Verminderung der durch Starkströme verursachten Nebengeräusche in Fernsprechern. — F. Rumrich. J. Juraske & H. Brockelt, Dresden. 14./7. 1896.
26. 96.465. Elektrischer Gasfernzünder. — B. Jolles, Wien. 12./1. 1897.
20. 96.474. Auswechselbarer Theilleiter für elektrische Bahnen. — J. F. Mc. Laughlin, Philadelphia. 22./1. 1897.
21. 96.475. Schnellunterbrecher. — F. W. Seukheit, Offenbach a. M. 11./6. 1897.
„ 96.514. Elektromagnetischer zweipoliger Quecksilberausschalter. — J. Lühne, Aachen. 16./2. 1897.
„ 96.515. Glühlampenfassung. — L. Masson, Seine, Frankreich. 30./7. 1897.
„ 96.531. Registrirvorrichtung für Verbrauchsmesser. — Brown, Boverie & Cie., Baden, Schweiz und Frankfurt a. M. 20./8. 1897.
„ 96.532. Kühlvorrichtung für lamellirte Theile elektrischer Apparate. — Elektricitäts-Action-Gesellschaft vorm. Schuckert & Comp., Nürnberg. 20./3. 1897.
„ 96.533. Elektrodynamometer für Gleich- und Wechselstrom; Zus. z. Pat. 92.445. — Hartmann & Braun, Bockenheim-Frankfurt a. M. 11./9. 1897.

Auszüge aus Patentschriften.

Joseph Juraske, Hermann Brockelt und Franz Rumrich in Dresden. — Wechselstrom-Motorzähler. — Classe 21, Nr. 94.309.

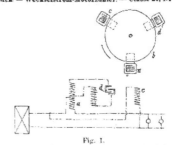

Fig. 1.

Ein metallischer Drehkörper b wird durch drei in ihren Phasen einander verschobene Magnetfelder a c d beeinflusst. Feld a wird vom Hauptstrom, Feld c durch einen Nebenschlussstrom und Feld d durch Induction des ersten Feldes a erzeugt.

Max Jüdel & Co. in Braunschweig. — Elektrische Stell- und Controlvorrichtung zur Erreichung bestimmter Stellungen von Treibmaschinen. — Classe 21. Nr. 93 883.

Die vorliegende Erfindung bezieht sich auf eine elektrische Stell- und Controlvorrichtung, bei der die Erreichung bestimmter Stellungen der Treibmaschine durch elektrische, gewissen Stellungen entsprechende Leitungen überwirbelt wird.

Es kann hierbei nicht nur in bekannter Weise jede dieser Leitungen für eine bestimmte zu erzielende Stellung der Treibmaschine von Seiten des Bedienenden bereit gelegt werden, so dass dann durch die Vollendung der Treibmaschinenbewegung an einen Stromkreis angeschlossen wird, sondern es findet zum Zwecke der Ersparnis von Leitungen ein Gleiches mit Zusammenstellungen dieser Leitungen statt, derart, dass eine der zu erzielenden Stellung entsprechende bestimmte Gruppe von Leitungen seitens des Bedienenden bereit gelegt werden kann und dass diese Gruppe nach Erreichung der gewollten Stellung von der Treibmaschine in den Stromkreis eingeschaltet wird, dass also ihre Leitungen von Strom durchflossen werden.

Sind in nachstehender Zeichnung zwei Registerleitungen vorhanden, 1 und 2, so lässt sich das Stillsetzen der Untriebsmaschine A entweder durch die Wirksamkeit der Leitung 1 oder durch die der Leitung 2 bewerkstelligen. Die beiden hierbei entstehenden Signalbilder seien mit $S1$ und $S2$ bezeichnet. Nun lässt sich aber auch die Einrichtung treffen, dass die Treibmaschine A in einer dritten Stellung $S3$ angehalten wird und zwar dann, wenn sowohl die Leitung 1 als auch die Leitung 2 Strom erhält. Es muss für diesen Fall nur eine Vorkehrung (I, II, IV und W) getroffen werden, welche bewirkt, dass nur bei gleichzeitigem Eintreffen beider Ströme die Arbeit-unterbrechung herbeigeführt werden kann und dass, wenn die betreffende dritte Stellung der Treibmaschine erreicht ist, beide Leitungen in den Stromkreis eingeschaltet werden. (Fig. 2.)

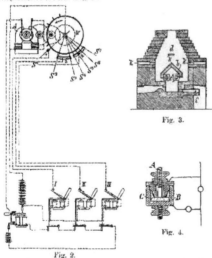

Fig. 3.

Fig. 2.

Fügt man dann den zweiten Leitungen eine dritte hinzu, so lassen sich ausser den drei diesen Stromläufen entsprechenden Stellungen noch solche erzielen, die durch gleichzeitiges Eintreffen der Ströme

$$1+2.$$
$$1+3.$$
$$2+3.$$
$$1+2+3$$

begrenzt werden, im Ganzen also sieben. Diesen entsprechen die Signalbilder $S1 \dots S7$.

Bei n-Leitungen ergibt sich als zu erzielende Stellungs-zahl die Summe aller Combinationen, also

$$n \mid 1 + n \mid 2 + \dots \dots n \mid n.$$

Ramon Chavarria-Contardo in Sèvres. — Elektrischer Schacht-ofen zur Metallgewinnung. — Classe 40, Nr. 94.508.

Die seitlich in den Ofen eingeführten Elektroden c sind durch eine Gewölbklappe b gegen den Reductionsschacht d abgedeckt, wodurch einerseits die Hitze im unteren Theil des Ofens mehr concentrirt, andererseits aber die Elektroden gegen den Druck des Beschickungsmateriales und gegen die durch die Düsen k eintretende Gebläseluft geschützt werden. (Fig. 3.)

Edmund Jokl in Wien, Wilhelm Max Christian und George Kemp in New-York. — **Selbstthätiger, beim Durchschlagen eines Funkens in Thätigkeit tretender Schalter. — Classe 21, Nr. 95.881.**

Bei diesem selbstthätigen, beim Durchschlagen eines Funkens in Thätigkeit tretenden Schalter stellt Quecksilber C, welches durch eine isolirende Membran B von der anderen Leitungselektrode A getrennt gehalten wird, bei Durchschlagen der Membran die leitende Verbindung her. (Fig. 4.)

Daniel Mc Farlan Moore in Newark, New-Jersey, V. S. A. — **Verfahren und Apparat zur Erzeugung elektrischen Lichtes. Classe 21, Nr. 94.027.**

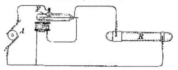

Fig. 5.

Der von dem Stromerzeuger A kommende Strom wird innerhalb eines sehr starken Vacuums bei F unterbrochen und wieder geschlossen und der dabei sich bildende Extrastrom zur Lichterzeugung in verhältnismässig weniger evacuirten Behältern R benutzt.

Siemens & Halske in Berlin. — **Stufenschalter für elektrische Widerstände. — Classe 21, Nr. 94.491.**

Bei diesem Stufenschalter für elektrische Widerstände ist der Stromschluss mittelst einer Rolle bewirkt. Es wird hier nämlich die Stromschlussrolle aus Metall, die Stromschlussstücke aber werden aus Kohle hergestellt.

Geschäftliche und finanzielle Nachrichten.

Actien-Gesellschaft Elektricitätswerke Warnsdorf. Der Minister-Präsident als Leiter des Ministeriums des Innern hat im Einvernehmen mit dem Handelsministerium den Herren Friedrich Ernst Berger und Genossen in Warnsdorf die Bewilligung zur Errichtung einer Actien-Gesellschaft unter der Firma „Elektricitätswerke Warnsdorf" mit dem Sitze in Warnsdorf ertheilt und deren Statuten genehmigt.

Die Prager Tramway. Mit Bezug auf unsere Notiz im H. 4, S. 54, berichten wir noch: Wie dem „L. Schönberger's B.-u. H." aus Prag geschrieben wird, beabsichtigt die Commune, nachdem sie selbst die Concession zum Bau und Betriebe einer elektrischen Tramway erhalten hat, die alte Pferdebahn zu erwerben. Sie will dieselbe gegen Zahlung einer jährlichen Rente übernehmen, welche 165.000 fl. beträgt und welche bis zum Ablaufe der Concessionsdauer (1924) zu entrichten ist. Den Weiteren will die Prager Stadtgemeinde die Hypothekenschuld der Tramway im Betrage von 56.000 fl. auf sich nehmen, die Caution von 100.000 fl. rückstellen, endlich die von der Tramway jüngst angeschafften und noch nicht in Verwendung gelangten 15 Wagen zum Kostenpreise übernehmen. Die Brüsseler Interessenten sind mit diesen Propositionen einverstanden, wünschen jedoch, dass die von der Stadtgemeinde angebotene Jahresrente à raison von 4% capitalisirt und der entfallende Betrag von 2.637.000 fl. in baar der Tramway-Gesellschaft zur Verfügung gestellt werde. Diese Forderung wird damit begründet, dass die Rechtsverhältnisse bezüglich des Tramwaybesitzes nicht ganz geklärt sind, und dass insbesondere der von Herrn Otlet gebildeten Actien-Gesellschaft sowohl von der Staatsverwaltung als von der Stadtgemeinde die Anerkennung als Gesellschaft versagt worden war. Aus diesem Grunde hätte es mit dem Bezuge einer Jahresrente seine Schwierigkeiten. Die Prager Stadtgemeinde erklärt, auf eine Capitalisirung der Jahresrente nicht eingehen zu können, weil die Beschaffung des nöthigen Capitals mit erheblichen Kosten für die Stadtvertretung verbunden wäre. Diese Geldbeschaffung bildet demnach den einzigen Differenzpunkt.

Grosse Berliner Pferde-Eisenbahn-Actien-Gesellschaft. In der vorgestrigen a. o. Generalversammlung wurde die mit der Stadtgemeinde Berlin an Stelle der bisherigen Verträge vereinbarte, bis zum 31. December 1919 laufende Vertrag betreffs des elektrischen Betriebes ohne Debatte einstimmig genehmigt, ebenso die Vereinigung der Neuen Berliner Pferdebahn mit der Grossen Berliner Pferdebahn, wonach die „Neue" der „Grossen" alle Activa und Passiva der Letzteren gegen 1250 Actien à 1200 Mk.

— 1,500.000 Mk. Actien der Grossen Berliner Pferdebahn überlässt und die Vereinigung spätestens am 2. Jänner 1900 zu erfolgen hat. Wie die Verwaltung der Grossen Pferdebahn mittheilte, wird diese Vereinigung derart durchgeführt, dass ein Consortium die Actien der Neuen Berliner Pferdebahn für 6.000.000 Mk.
erworben hat, mit der Verpflichtung, dieselben seinerzeit gegen
1,500.000 Actien der Grossen Berliner Pferdebahn an diese Gesellschaft wieder zu verkaufen. Ferner genehmigte die Generalversammlung die zur theilweisen Deckung der Kosten des Ueberganges zum elektrischen Betrieb und zur Erweiterung des Unternehmens nothwendige Capitalserhöhung um 22.875.000 Mk. und
um 1,500.000 Mk. Gegenleistung angeboten, dass auf
der Neuen Berliner Pferdebahn-Gesellschaft. Das Grundcapital
steigt dadurch auf 45,750.000 Mk., bestehend aus 57.000 Actien
à 300 Mk. und 23.872 à 1200 Mk. Den neu anzugebenden
22,875.000 Mk. Actien werden bis zum 31. December auf die jeweilig eingezahlten Betrag 4% Zinsen gewährt; vom 1. Jänner 1899
nehmen sie an der Dividende Theil. Zur Erweiterung des
bisherigen Actionären innerhalb einer Frist von zunächst 21 Tagen
zum Course von 1080 , zum Bezuge derartig angeboten, dass auf
1200 Mk. alte Actien eine neue Actie à 1200 Mk. entfällt. Auf
die jungen Actien werden 25% bei der Zeichnung und je 25%
am 1. Juli, 1. October und 31. December 1898 eingezahlt; doch
ist Vollzahlung vom 1. April d. J. gegen 4% Zinsvergütung gestattet. Der Name der Gesellschaft wird in Grosse Strassenbahn Gesellschaft umgewandelt. — Hierauf wurde die Zahl der
Aufsichtsrathsmitglieder von 7 auf 13 erhöht. Neugewählt wurden
die Herren Baurath Lent (Disconto-Gesellschaft), Consul Eugen
Gutmann (Dresdner Bank), General-Director Loewe, Director
Michelet (Darmstädter Bank), Banquier Immelmann
(S. Bleichröder), Banquier Siegismund Born und Justizrath
Braun (Ges. f. elektrische Unternehmungen).

Vereinsnachrichten.
Chronik des Vereines.

12. Jänner. — Vereinsversammlung. Vorsitzender : Prof. C. Schlenk. Vortrag des Herrn Ingenieurs
Ludwig Loos: „Ueber den Diesel-Motor."

Der Vortragende besprach die constructiven Details des Diesel'schen Motors, welcher ebenso wie die
Gasmotoren ein Viertact-Motor ist. Von diesen unterscheidet er sich wesentlich dadurch, dass die Compression
im Compressionsraume eine so hohe ist, dass der zugeführte Brennstoff — Petroleum, Benzin oder Kohlen-
staub — von selbst entzündet. Der Motor arbeitet
folgendermaassen: Während des ersten Hubes nach
abwärts erfolgt das Ansaugen der Verbrennungsluft,
während des folgenden Hubes aufwärts erfolgt die
Compression der Verbrennungsluft auf 30 bis 40 Atmosphären; dadurch tritt eine so hohe Temperatur ein,
dass der Brennstoff sich von selbst entzünden kann.
Während des folgenden Hubes nach abwärts wird fortwährend Petroleum oder Benzin mittelst Pressluft ein-
gespritzt und entzündet sich sofort; dabei erfolgt Expansion der Verbrennungsgase. Während des nächsten
Hubes nach aufwärts erfolgt Auspuff. Der Vortragende
erörterte das Arbeits-Diagramm dieses Motors und ver-
glich dasselbe mit den Arbeits-Diagrammen der Dampfmaschinen und gewöhnlichen Gasmotoren. Hierauf
erörterte der Vortragende die Vortheile, welche der
Diesel-Motor infolge seines hohen Nutzeffectes bietet
und die Aussichten, die infolge dieses Umstandes und
des Wegfalles der Kesselanlage für seine Anwendung
bestehen. Mit Ausnahme der Motoren für sehr kleine
Leistungen und der grossen Betriebe von 3000 Betriebs-
stunden pro Jahr angefangen, kann der Diesel-Motor
mit den Dampfmaschinen concurriren. Wenn auch der
Brennstoff für den Diesel-Motor theurer ist, als der
Kohle, so kommt doch die Ersparnis an Anlagekosten,
die ca. 40% beträgt, der Wegfall der Kesselanlage und
Kesselwartung sehr stark in Betracht. In Oesterreich
würde wegen des billigen Preises das Benzin der ge-

eignetste Brennstoff für den Diesel-Motor sein. Eine
sehr gute Verwendbarkeit dürfte dieser Motor auch
bei den Automobiles finden. — In der Discussion stellte
Dr. Sahulka eine Anfrage bezüglich der Details der
Ingangsetzung des Motors, Director Kolbe bezüglich
der Kosten für die effective Pferdekraftstunde. Nach
der Erwiderung des Vortragenden betragen die Kosten
pro effective Pferdekraftstunde bei Dampfmaschinen 1·8.
bei Gasmotoren 6 Kreuzer und würden beim Diesel-
Motor in Oesterreich bei Verwendung des Benzins als
Brennstoff 2·6 Kreuzer betragen.

Der Vorsitzende dankte dem Herrn Vortragenden
für seinen eingehenden Vortrag. welcher das Interesse der Versammlung in hohem Grade erregte. Der
Vortrag wird in der Zeitschrift ausführlich veröffentlicht werden.

13. Jänner. — Sitzung des Redactions-Comités.
17. Jänner. — Sitzung des Statuten-Revisions-
Comités.

19. Jänner. — Vereinsversammlung.
Vorsitzender Präsident Prof. C. Schlenk eröffnet
die Versammlung und ertheilt dem Herrn Ingenieur
Friedrich Eichberg, Assistenten an der k. k. techni-
schen Hochschule, das Wort zum Vortrage über:
„Elektrische Vollbahn für den Nahverkehr."

Vortragender bespricht zunächst die allgemeinen
Betriebsbedingungen für Vollbahnen für den Nahverkehr und folgert, dass sich der elektrische Betrieb für
den genannten Zweck vorzüglich eigne. Derselbe er-
mögliche es, kleine Verkehrseinheiten, also kurze Züge
in rascher Aufeinanderfolge in Verkehr zu setzen, nachdem das Anfahren und Bremsen sehr schnell erfolgt
und daher auch in Strecken, wo Stationen in kurzen
Intervallen oftmaliges Anhalten nöthig machen, eine
grosse mittlere Geschwindigkeit erreicht werden kann.
An der Hand ziffermässiger Daten behandelt der Vortragende sodann die Betriebsverhältnisse und Einrichtungen der Long Isle Railway Company und der Wannsee-
Potsdamer Bahn. Hierauf besprach der Vortragende das
auf der Alley-Linie in Chicago eingeführte System der
vielfachen Einheiten, bei welchem mehrere Motorwagen
aneinander gekuppelt werden; jeder Wagen ist mit zwei
Controllers versehen. doch erfolgt die Regulirung und
das Bremsen von einem einzigen Controller. Zum
Schlusse besprach der Vortragende das Child'sche Project für die Einführung des elektrischen Betriebes auf
den Vorortebahnen in Philadelphia. Die Geleislänge beträgt 256 km. Die Centrale liefert verketteten Drehstrom
von 5000 Volt. dieser wird in 10 Unterstationen, welche
je circa 6½ km Abstand haben. in Gleichstrom von
750 Volt verwandelt. Die Stromzuführung zu den Zügen
erfolgt durch eine Stahlschiene, welche in 60 cm Höhe
über dem Boden isolirt angebracht und oben und an
den Seiten verkleidet ist; die Stromabnahme erfolgt an
der unteren Fläche der Schienen durch Contact-Schuhe.
welche am Anfange und Ende des Zuges angebracht sind.

Nachdem der Vorsitzende dem Vortragenden den
Dank der Versammlung ausgesprochen hatte, wurde die
Sitzung geschlossen.

Die nächste Vereinsversammlung findet Mittwoch
den 9. d. M. im Vortragssaale des Wissenschaftlichen Club,
I. Eschenbachgasse 9, 1. Stock, 7 Uhr abends, statt.

Referat des Herrn Chef-Ingenieur Josef Seidener:
„Ueber Störungen an Gleichstrom-Maschinen
vom Jahre 1897". Die Vereinsleitung.

Schluss der Redaction: 31. Jänner 1898.

Verantwortlicher Redacteur: Dr. J. Sahulka. — Selbstverlag des Elektrotechnischen Vereines.
Commissionsverlag bei Lehmann & Wentzel, Wien. — Alleinige Inseraten-Aufnahme bei Haasenstein & Vogler (Otto Maass), Wien und Prag.
Druck von R. Spies & Co., Wien.

Zeitschrift für Elektrotechnik.
Organ des Elektrotechnischen Vereines in Wien.

| Heft 7. | WIEN, 13. Februar 1898. | XVI. Jahrgang. |

Bemerkungen der Redaction: Ein Nachdruck aus dem redactionellen Theile der Zeitschrift ist nur unter der Quellenangabe „Z. f. E. Wien" und bei Originalartikeln überdies nur mit Genehmigung der Redaction gestattet.
Die Einsendung von Originalarbeiten ist erwünscht und werden dieselben nach dem in der Redactionsordnung festgesetzten Tarife honorirt. Die Anzahl der vom Autor event. gewünschten Separatabdrücke, welche zum Selbstkostenpreise berechnet werden, wolle stets am Manuscripte bekanntgegeben werden.

INHALT:

Rundschau.

Im Laufe des verflossenen Jahres ist eine grosse Anzahl von Apparaten zur Messung der Phasenverschiebung und Phasendifferenz periodisch veränderlicher Ströme construirt worden. Da in dem Falle, wenn die Ströme und Spannungsdifferenzen nicht das einfache Sinusgesetz befolgen, verschiedene Anschauungen bestehen, was man als Phasenverschiebung und Phasendifferenz ansehen soll, möge eine kurze Erörterung dieses Gegenstandes an dieser Stelle gestattet sein. Wenn ein Strom nicht das einfache Sinusgesetz befolgt, aber periodisch veränderlich ist, so kann man stets einen äquivalenten, genau das Sinusgesetz befolgenden Strom construirt substituiren, welcher dasselbe mittlere Quadrat hat und welchem daher am Strommesser der gleiche Stromwerth in Ampères entspricht. Dies ist der äquivalente Sinus-Strom; in gleicher Weise kann man eine äquivalente Sinus-Spannungsdifferenz für die bestehende substituiren. Die in einem Apparate in der Secunde verbrauchte Arbeit ist der Mittelwerth des Productes der veränderlichen Werthe des Stromes und der Spannungsdifferenz während einer Secunde. Durch ein Wattmeter (Elektrometer) kann diese Arbeit, in Watt ausgedrückt, richtig gemessen werden. Setzt man diesen gemessenen Arbeitswerth gleich dem Producte aus der gemessenen Stromstärke in *A*, der Spannungsdifferenz in *V* und dem cosinus eines Winkels φ, so ist der aus dieser Gleichung sich ergebende Winkel der Phasenverschiebungswinkel zwischen Strom und Klemmenspannung; es ist dies gleichsam die Phasenverschiebung, die zwischen äquivalentem Sinus-Strom und äquivalenter Sinus-Klemmenspannung bestehen müsste, damit auch die gleiche Arbeit im Apparate verbraucht wird. Diese Definition des Phasenverschiebungswinkels ist die für die Praxis geeignetste; dieselbe rechtfertigt es auch, dass man alle Berechnungen von Wechselstrom-Problemen so ausführt, als ob die periodisch veränderlichen Grössen genau das Sinus-Gesetz befolgen würden. Der Quotient aus gemessener Spannungsdifferenz und gemessener Stromstärke gibt die impedance des Apparates. Das Product aus der impedance und cos φ gibt den Arbeitswiderstand des Apparates, d. h. einen Widerstand, dessen Ueberwindung Arbeit erfordert; das Product aus der impedance und sin φ gibt die reactance des

Apparates. Dividirt man die letztere durch 2πn, so erhält man den bestehenden thatsächlichen Verhältnissen entsprechenden Inductions-Coefficienten. Der Werth des letzteren wird sich anders ergeben, wenn die Stromstärke, Stromenorform etc. sich ändern. Haben zwei Ströme bei Stromverzweigung verschiedene Phasenverschiebungswinkel im Vergleich zu der gemeinschaftlichen Spannungsdifferenz, so ist die Differenz der Phasenverschiebungswinkel der Phasenunterschied der beiden Ströme. Wenn allgemein verschiedene Ströme und Spannungsdifferenzen von gleicher Periodenzahl betrachtet werden, kann man dieselben durch äquivalente Sinus-Ströme und Sinus-Spannungsdifferenzen ersetzen und stets solche Phasenverschiebungswinkel supponiren, dass auch die Arbeitswerthe unverändert bleiben; man erhält dadurch die für die Praxis wichtigen Werthe der Phasenverschiebungen. Ein Apparat, welcher diese Werthe in möglichst einfacher Weise, unabhängig von der Periodenzahl und bestehenden Curvenform zu messen gestattet, ist der beste Phasenverschiebungsapparat. Für Parallelschaltung von Wechselstrom-Dynamos ist ein solcher Apparat nöthig, für Laboratoriumszwecke in manchen Fällen sehr werthvoll. Die Phasenverschiebung zweier Ströme wird nicht immer in obigem Sinne definirt; vielfach wird sie aus der Zeitdifferenz ermittelt zwischen den Momenten, in welchen die beiden Ströme die Nullwerthe haben. Bei Strömen, welche nicht genau das Sinusgesetz befolgen, werden die nach beiden Definitionen erhaltenen Werthe der Phasenverschiebung nicht genau übereinstimmen; der Unterschied der Werthe ist jedoch im Allgemeinen klein und geht dies auch aus den Versuchsresultaten eines im nächsten Hefte erscheinenden Artikels hervor.

In der letzten Zeit ist ein neues interessantes System der Stromzuführung im Niveau für elektrische Stadtbahnen und ein System der Verwendung von hochgespannten Gleichstrom für elektrische Bahnen, welche nicht die Fahrstrassen benützen, vorgeschlagen worden. Das erstere, welches von Bersier ersonnen und in Havre bereits mit Erfolg erprobt wurde, wird als Spoon-Car-System bezeichnet (Mitth. des Ver. f. d. Förd. d. Localu. Strassenbahnwesens in Wien. — Elektrot. Anzeiger 1898, Heft 5). Die eine Schiene besitzt eine 12 cm tiefe Rille, in welcher das stromführende Kabel isolirt untergebracht ist. In je 5 m Abstand besitzt die Gegenschiene (Zwangsschiene) eine Unterbrechung und ist daselbst in das Strassenpflaster ein und eine horizontale, zur Schienenrichtung parallele Charniere drehbarer Kasten angebracht, dessen obere Flucht mit dem Strassenniveau übereinstimmt. Das den Kasten umschliessende Gehäuse ist stets auf derselben Schwelle befestigt wie die Rillenschiene. Die Kasten können einem Drucke von 15 Tonnen widerstehen. Im Innern des Kastens befindet sich isolirt ein scheibenförmiger Contact, welcher mit dem in der Rille verlegten Kabel durch ein flexibles Kabelstück verbunden ist. An der Rille zugekehrten Seite des Kastens befindet sich, vom Kastengehäuse wohl isolirt, eine weiche Stahlgabel, welche in die Rille hineinragt. Die Gabel ist mit einer im Innern des Kastens befindlichen Contactfläche, auf welcher eine Kupferkugel liegt, leitend verbunden. Wenn der Kasten im Strassenniveau liegt, ist die Cotactfläche und daher auch die Gabel mit dem Stromkabel nicht in leitender Verbindung. Wenn jedoch ein Kasten so weit emporgedreht wird, dass die Neigung 30° beträgt, so rollt die Kupferkugel auf der Contactfläche bis zum scheibenförmigen Contact und ist daher auch die Gabel mit dem Stromkabel in leitender Verbindung. An dem Motorwagen ist an den Achsen oder Schmierbüchsen parallel zur Gleisrichtung eine lange Metallstange angebracht, welche mit den Motoren leitend verbunden ist. An den Enden ist die Stange mit gelenkigen Armen (Löffeln) versehen, welche in die Rille hineinragen und mit kleinen Führungsrollen versehen sind, die auf den Schienen laufen. Der vordere Löffel hebt die einzelnen Kasten, welche über ein Holzstück gleiten, mit welchem der Löffel verbunden ist; die aus dem Kasten herausragende Gabel kommt mit der am Wagen angebrachten Stange in Berührung. Nach Passiren der Stange kehrt der Kasten geräuschlos in die normale Lage zurück. Bevor Stromunterbrechung an einem Kasten stattfindet, ist schon der nächste Kasten gehoben worden. Eine Sperrvorrichtung, welche durch den Löffel ausgelöst wird, verhindert, dass die Kasten mit der Hand emporgehoben werden können. Dieses System der Stromzuführung im Niveau bietet insbesondere den Vortheil, dass keine Elektrisirung des Strassenpflasters stattfindet. Ein Bedenken, das aber durch eine längere Probe bald widerlegt werden kann, besteht nur darin, ob bei grösserer Fahrgeschwindigkeit infolge des dann doch in jäher Weise erfolgenden Hebens der Kasten nicht die Charniere und Gabeln sehr leiden, da die Hebkraft dann nicht gleich ist dem Gewichte des Kastens, sondern dasselbe vielmals übersteigen kann. Auch könnte ein beträchtlicher Energieverlust durch das jähe Heben der Kasten bewirkt werden; darüber sind noch keine Mittheilungen gemacht worden.

Das zweite von Blondel vorgeschlagene System (Electr. World 1898 Nr. 1) bezweckt, hochgespannten Gleichstrom von constanter Stromstärke zur elektrischen Traction zu verwenden. Als Stromleitung hätten zwei Luftleitungen zu dienen; jede Leitung in gleich lange, von einander isolirte Sectionen einzutheilen, die z. B. 2000 m Länge haben mögen. Die Unterbrechungsstellen in der einen Leitung liegen genau in der Mitte der Theilstrecken der anderen Leitung, so dass nach je 1000 m eine Unterbrechungsstelle in einer der beiden Luftleitungen auftritt. Die Leitungsanlage geht von der Stromerzeugungsstelle aus und muss wieder zu derselben zurückgeführt werden. Die Dynamo oder mehrere in Serie geschaltete Dynamos sind an den Anfang und das zurückkehrende Ende derselben Strom-

leitung geschaltet, der Anfang und das Ende der zweiten Stromleitung sind nicht mit einander verbunden. Denkt man sich in jede Halbsection von 1000 m Länge einen Motorwagen, so ersicht man, dass dieselben alle in Serie geschaltet und von dem constanten Betriebsstrom durchflossen sind. In zwei aufeinanderfolgenden Motorwagen ist stets die Stromrichtung entgegengesetzt. Das System kann nur functioniren, wenn sich in jeder Halbsection ein Motorwagen befindet. Jeder Motorwagen soll mit zwei Motoren ausgerüstet sein, die normal parallel geschaltet sind, so dass durch jeden Motor der halbe Betriebsstrom fliesst. Ein Motorwagen darf die Halbsection nicht verlassen, bevor nicht der folgende in dieselbe gelangt. An einem eingeschalteten Stromzeiger ist dann zu sehen, dass die Stromstärke auf den halben Werth sinkt. Durch Drehen einer Controller-Curbel werden nun die Motoren in Serie geschaltet, wodurch die Stromstärke wieder den früheren Werth erreicht. Sobald der Motorwagen in die nächste Halbsection einfährt und der nächst vordere Wagen dieselbe verlässt, steigt die Stromstärke in den Motoren auf den doppelten Werth; die Motoren sind daher wieder parallel zu schalten. Ein Nachtheil dieses Systemes, welches sich für Strassenbahnen nicht eignet, liegt jedenfalls in dem Umstande, dass die Motorwagen nicht von einander unabhängig fahren können. Auch dürfte die Isolation der Motoren und die bei den Unterbrechungsstellen der Stromleitungen auftretenden langen Lichtbögen Schwierigkeiten bereiten; überdies wäre continuirlicher Betrieb nothwendig.

Von den in der E. T. Z., H. 4 und 5 erschienenen Artikeln sei insbesondere die Beschreibung der Stromerzeugungsanlage im Stuttgarter Haupt-Telegraphenamte hervorgehoben. Seit dem März 1894 wurde der Strom für die Arbeitsstromleitungen aus einer Accumulatoren-Batterie entnommen, von welcher Abzweigungen in der Weise gemacht wurden, dass Spannungen von 20 V in Stufen von 40 V zur Verfügung stehen; seit 1896 sind auch die Rubestromleitungen mit Accumulatorenstrom betrieben. Im Elektrotechnischen Anzeiger ist in Heft 7 der Ribbe-Accumulator beschrieben, bei welchem die Platten zum Schutze gegen Kurzschlüsse auf beiden Seiten mit durchlöcherten Cellnloidplatten bedeckt sind, welches Hilfsmittel in ähnlicher Weise schon von Tommasi angewendet wurde. In Heft 9 derselben Zeitschrift ist ein Artikel über die rationelle Ausnützung von Wasserkräften mit geringem Gefälle enthalten. In Electrical World sind in Heft 1 und 2 die Fortschritte auf dem Gebiete der Telephonie im vorigen Jahre beschrieben; wir kommen auf dieselben noch zurück. Im Electrical Engineer, New-York, ist in Nr. 505 eine sehr ausführliche Beschreibung der Entwicklung und des gegenwärtigen Standes der Centralstationen und Unterstationen der Edison Electric Illuminating Co. in Brooklyn enthalten. Im Electrician ist in Nr. 1027 u. 1028 das Child'sche Project für die elektrisch zu betreibenden Stadtbahnlinien in Philadelphia enthalten. In der Industrie Électrique ist in Nr. 146 eine Statistik der Centralstationen in Frankreich nach dem Stande vom 1. Jänner 1898 enthalten.   S.

Eine Ohmbestimmung nach der Methode von Lorenz.

Von Prof. W. E. Ayrton, F. R. S. und Prof. J. V. Jones F. R. S.

Die Wichtigkeit welche das Ohm als Fundamentaleinheit der Elektrotechnik für diese hat, drückt sich in den wiederholten Bestimmungen dieser Grösse in absolutem Maasse aus, die ihre Rechtfertigung darin finden, dass der Widerstand nicht allein von den Dimensionen des Leiters, sondern auch von dessen materieller Beschaffenheit abhängt, die ungewissen zeitlichen Aenderungen unterworfen ist. Es genügt daher für die Widerstandseinheit nicht, sie als Ur-Etalon irgendwo zu deponiren, wie dies bei Längen- und Gewichtsmaassen möglich ist und die Gebrauchsnormale mit jener von Zeit zu Zeit zu vergleichen; es ist vielmehr eine unbedingte Nothwendigkeit periodisch wiederkehrende absolute Bestimmungen der Ur-Etalone zur Controle vorzunehmen. Zu diesen Messungen dürfte die Lorenz'sche Methode sich am besten eignen, da sie von allen Methoden die einfachste und der grössten Genauigkeit fähigste ist.

Wenn wir in dem magnetischen Felde einer Stromspule eine mit dieser coaxialen Metallscheibe um diese gemeinschaftliche Achse drehen, so tritt zwischen Centrum und Umfang der Scheibe eine Spannungsdifferenz auf, die einerseits von der Zahl der die Scheibe treffenden Kraftlinien, andererseits von der Umdrehungsgeschwindigkeit abhängt.

Sind die Zahl der Kraftlinien, die auf die Scheibe entfallen, H und ist die Umdrehungsgeschwindigkeit n, so gilt für die Spannungsdifferenz bei geeigneter Wahl der Einheit:

$$E = n H.$$

Die Kraftlinienzahl H ist aber gegeben durch das Product aus der Intensität des Stromes J, der die Spule durchfliesst und dem gegenseitigen Inductions-Coëfficienten M zwischen Spule und Metallscheibe; somit

$$H = M J \text{ und}$$
$$E = n M J.$$

Schicken wir den Strom J, der die Feldspule durchfliesst, gleichzeitig durch den zu messenden Widerstand R, so wird die an den Enden desselben auftretende Spannungsdifferenz JR; es ist nun die Rotationsgeschwindigkeit n so zu wählen, dass die letztgenannte Spannungsdifferenz der durch Induction zwischen Centrum und Umfang der Scheibe erzeugten gleich wird; dies gibt für R die Relation

$$R = n M.$$

Die Gleichheit zweier elektromotorischer Kräfte zu constatiren, ist aber einfach dadurch möglich, dass man diese in einem Stromkreise einander entgegenschaltet; die Nullstellung des gleichzeitig in dem Stromkreise befindlichen Galvanometers ist das Kennzeichen hiefür.

Aus dieser Erörterung ergibt sich die Versuchsanordnung, die durch nachstehende Fig. 1 systematisch dargestellt wird.*)

Bei der praktischen Ausführung kommen freilich mancherlei Schwierigkeiten hinzu, deren Ueberwindung jedoch bei diesem Verfahren geringere Anstrengungen kostet, als bei anderen Methoden der Ohmbestimmung.

Es treten nämlich nebst den zur Vergleichung gelangenden elektromotorischen Kräften noch solche thermoelektrischer Natur an der Berührungsstelle zwischen Bürste und Centrum, bzw. Bürste und Umfang der Scheibe auf. Da aber diese Kräfte unabhängig von der Stromrichtung in der Feldspule sind, so kann man sie leicht dadurch eliminiren, dass die Stromrichtung gewechselt wird. Es wird dann nicht die Nullstellung

*) Fig. 1 aus „Electrician" Nr. 14. 1895, pag. 233.

des Galvanometers die Gleichheit der zu messenden elektromotorischen Kräfte anzeigen, sondern die Unveränderlichkeit des Ausschlages, mag der Strom in dieser oder jener Richtung durch die Spule geschickt werden. Der Ausschlag selbst ist ein Maass für die Grösse der theoretischen Kräfte.

Um einen gegebenen Widerstand also in absolutem Maasse zu messen, haben wir:

1. Die Spule (SSS Fig. 1) und den Widerstand (XY) zu Theilen eines und desselben Stromkreises ($BCFSS$ $SPXYQCB$) zu machen und einen Commutator (C) in diesen Stromkreis einzuschalten, um die Stromrichtung nach Belieben ändern zu können.

2. Die elektromotorische Kraft zwischen Centrum und Umfang der Scheibe (DD) und die elektromotorische Kraft an den Enden des Widerstandes in einem zweiten Stromkreise ($XMOGYX$), der ein empfindliches Galvanometer enthält, entgegenzuschalten und Contactbürsten bei O und M anzubringen.

3. Die Umdrehungsgeschwindigkeit der Scheibe so zu variiren, dass die Ablesung am Galvanometer dieselbe ist, ob der Strom diese oder jene Richtung hat.

4. Die Umdrehungsgeschwindigkeit und

5. die gefundene Zahl der Umdrehungen pro Secunde mit dem gegenseitigen Inductions-Coëfficienten zwischen Scheibe und Spule, der aus den bekannten Dimensionen berechnet werden kann, zu multipliciren.

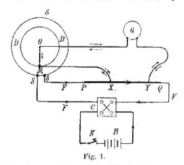

Fig. 1.

Dieses Product gibt den Widerstand in absolutem Maasse.

Eine detaillirte Beschreibung des Apparates, der bei diesen Messungen zur Verwendung gelangte, würde zu weit führen; es genügt zu sagen, dass die Feldwicklung aus einer einzigen Lage von 201 Windungen bestand, die in eine in die Mantelfläche eines massiven Marmorringes von ca. 53 cm äusserer, 38 cm innerer Durchmesser und 18 cm Dicke eingeschnittene Nuth eingelegt wurden. Zuerst wurde ein blanker Kupferdraht von einer mittleren Dicke von 0·054254 cm verwendet und der äussere Durchmesser dieser Windungen mittelst der Whitworth - Maschine an 50 verschiedenen Stellen gemessen, woraus sich für den Durchmesser ein mittlerer Werth ergibt von

53·46139 cm und reducirt auf 20·4° C.:
53·46429 cm.

Hiebei bewegen sich die einzelnen Messungsresultate nur zwischen 53·45955 cm und 53·46430 cm, so dass der Querschnitt der Drahtspule als ein kreisförmiger angesehen werden kann.

Mit einem blanken Drahte von der angewandten Dicke war es aber unmöglich, eine genügende Isolation der einzelnen Windungen von einander zu erhalten; daher wurde mit Seide doppeltumsponnener Draht gewählt, der durch Paraffin gezogen und hierauf getrocknet wurde.

Die mittlere Dicke des umsponnenen Drahtes wurde zu 0·04862 cm, der äussere Durchmesser der Drahtspule zu 53·45809 cm bestimmt.

Die Spule selbst war mit geschmolzenem Paraffin übergossen, mit einem seidenen Band, das vorher in Schellak getränkt wurde, umwickelt und schliesslich noch mit einem zweiten durch Paraffin gezogenen Seidenband bedeckt.

Subtrahirt man von dem obigen Werth für den Durchmesser der Drahtspule die Dicke des umsponnenen Drahtes, so erhält man für den mittleren Durchmesser der Spule von der Achse zu Achse des Drahtes

53·40947 cm bei 20·4° C.

Für den Durchmesser der Scheibe, deren linearer Ausdehnungs-Coëfficient von den Herren Spiers, Troua nn und Waters zu 0·0000125 per 1° C. bestimmt wurde, ergaben die Messungen den Werth:

33·01940 bei 20·4° C.

Für den gegenseitigen Inductions-Coëfficienten ergaben die Rechnungen das Resultat:

$M = 45814·45$ cm.

Die Contactbürste im Centrum war eine Röhre von 0·343 cm äusserem Durchmesser, die in eine axiale Höhlung der Scheibe von 0·365 cm hineinragte. Den Contact am Umfange der Scheibe stellten 3 Phosphorbronzeröhrchen her, die in Winkeldistanzen von 120° angebracht waren, wodurch kleine Fehler in der Centrirung der Scheibe eliminirt wurden.

Durch alle 4 Contactröhrchen floss beständig ein Quecksilberstrom, dessen Zweck später erörtert wird.

Durch den Umstand, dass die centrale Contactbürste ein Röhrchen ist, wird der vorberechnete Werth des gegenseitigen Inductions-Coëfficienten um 4·50 cm verkleinert, so dass der endgiltige Werth ist:

$M = 45809·95$ cm.

Um zu constatiren, ob sich die Scheibe mit constanter Rotationsgeschwindigkeit bewegt, wurde folgendes stroboscopisches Verfahren benützt. Die Zinken einer elektromagnetisch erregten Stimmgabel wurden mit Aluminiumplättchen versehen, die einen Schlitz trugen. Wenn die Stimmgabel vibrirte, so konnte man durch die Schlitze nur sehen, wenn sie einander gegenüberstanden. Befand sich hinter der Stimmgabel eine Scheibe, deren Rand in gleiche abwechselnd schwarze und weisse Felder getheilt war, so scheint die Scheibe einem durch die Schlitze der Stimmgabel blickenden Beobachter nur dann in Ruhe, wenn zwischen zwei aufeinanderfolgenden Durchsichten an Stelle eines schwarzen, bzw. weissen Feldes wieder ein gleichgefärbtes tritt. Indem nun die Rotationsgeschwindigkeit der Scheibe, die von einem Elektromotor angetrieben wurde, so gewählt wurde, dass dies eintrat, konnte ein Beobachter mittelst des erwähnten Verfahrens sofort constatiren, ob die Scheibe gleichförmig rotirt oder nicht und durch Ein-, bezw.

Ausschaltung von Widerständen im Motorkreise die verlangte Gleichförmigkeit wiederherstellen. Dieses eben skizzirte Verfahren rührt von Lord Rayleigh her.

Die Umdrehungszahl wurde in der Weise bestimmt, dass auf der Achse der Scheibe ein Excenter angebracht war, der bei jeder Umdrehung einen Strom entweder schloss oder unterbrach und ein Zeichen auf einen mit gleichförmiger Geschwindigkeit sich bewegenden Streifen schrieb.

Es verdient hervorgehoben zu werden, dass, als anfänglich Bronzebürsten verwendet wurden, es unmöglich war, die Galvanometernadel in Ruhe zu halten; sie bewegte sich continuirlich um 50—100 Scalentheilen auf und ab. Dies wurde erst besser, als die Bürsten amalgamirt wurden und dieser Umstand brachte uns auf den Gedanken, Röhrchen zu verwenden, in denen beständig ein Quecksilberstrom circulirt. Damit war diesem Uebelstand vollständig begegnet, der dem Auftreten thermoelektrischer Kräfte zuzuschreiben war.

Die Widerstände, deren absolute Werthe ermittelt wurden, sind einmal von Glazebrook und zweimal von Major Cardew mit den nachfolgenden Resultaten bestimmt worden.

Nr. des Widerstandes	A Glazebrook Jänner-März 1894	B Board of Trade November 1896	C Board of Trade August 1897
	bei °C.	bei °C.	bei °C.
3873	9·9919 14·8	9·992994 14·86	10·00712 19·3
3874	9·9926 14·9	9·993213 14·91	10·00775 19·3
4274	0·100050 15·2	0·1000595 14·77	0·100078 19·4
4275	0·160053 15·2	0·1000722 15·14	0·100081 19·4

Nr. 3873 und 3874 waren aus Platinsilber und die zwei anderen aus Manganin hergestellt.

Bei der Ausführung der Versuche schwankte die Temperatur zwischen 18·8° und 19·4° C., weshalb die im August 1897 erhaltenen Resultate bei der Rechnung benützt wurden, die bei ungefähr derselben Temperatur beobachtet wurden.

Die Resultate der aufeinanderfolgenden Messungen des absoluten Werthes der Widerstände stimmten sehr gut überein. Neue Beobachtungen vom 30. Juli 1897 z. B. ergaben die folgenden Werthe das Board of Trade Ohm in wahren Ohm, ohne den Fehler in der Zeitbestimmung zu corrigiren.

1,000.286,
1,000.256,
1,000.285,
1,000.351,
1,000.295,
1,000.277,
1,000.306,
1,000.284,
1,000.307,

Mittel 1,000.294.

Mit Berücksichtigung des Gangfehlers der Uhr — sie blieb um 3 Secunden während 24 Stunden zurück — erhalten wir sonach

1 Board of Trade Ohm = 1·00026 wahre Ohm. .

Es ist wichtig, zu erwägen, in welchem Sinne allfällige Beobachtungsfehler dieses Resultat beeinflussen

Fehlerquelle	Sinn der Aenderung
1. Spulendurchmesser sei zu gross bestimmt worden, etwa weil durch den Zug bei der Wickhung die untere Seite der Seidenumspinnung zusammengepresst wurde.	Resultat würde zu klein sein.
2. Durchmesser der Bronzescheibe sei zu klein ermittelt worden.	Resultat würde zu klein sein.
3. Anwesenheit von Eisenmassen in der Nähe des Apparates.	Resultat würde zu klein sein.
4. Spuren von Eisen in der Kupferscheibe.	Resultat wäre zu klein.
5. Mangelhafte Isolirung zwischen dem Träger der centralen Contactbürste und den Träger der peripherischen Bürsten.	Resultat wäre zu gross.
6. Mangelhafte Isolirung der Windungen untereinander.	Resultat wäre zu gross.
7. Spuren von Eisen im Marmorringe.	Resultat wäre zu gross.

Was die Punkte 4 und 7 anlangt, so wurde eine eigene Inductionswage construirt, um die Permeabilität des Marmorringes und der Broncescheibe zu bestimmen; aber obwohl die Abweichung $\frac{1}{15.000}$ von der Einheit noch hätte constatirt werden können, so wurde dennoch keine Ablenkung beobachtet.

Isolationsmessungen wurden täglich gemacht und der Isolationswiderstand wurde grösser als 1000 Megohm gefunden.　　　　　　　　　　　　　　　*Dr. L. K.*

Transportable elektrische Feldbahnen „System Arthur Koppel".

Die vorzüglichen Erfahrungen, die allgemein mit der Einführung der Elektricität im Strassenbahnwesen gemacht wurden, und die gewonnen Vortheile, die man hierin erkannte, veranlassten auch Versuche, diese Betriebskraft für Feldbahnen in Anwendung zu bringen.

Hiebei gieng man anfangs derart vor, dass die Constructionen des elektrischen Strassenbahnwesens unverändert auf die Feldbahn übertragen wurden, ohne auf die Eigenheit und auf die erforderliche Einfachheit einer solchen Anlage Rücksicht zu nehmen.

Je nachdem die Feldbahn - Anlage eine festliegende oder transportable sein sollte, fand das Hochleitungs - oder Accumulatoren-System Anwendung.

Im ersteren Falle wurden Pfähle in die Erde gerammt, an diesen eine mit elektrischer Central-Station in Verbindung stehende Kupferdraht - Leitung befestigt, von welcher aus der Motorwagen mittelst Bügel oder Rolle mit Strom gespeist wurde; im anderen Falle benützte man auf den Motorwagen verlegte Accumulatoren, welche in einer elektrischen Centrale geladen werden, um ihre elektromotorische Kraft sodann während einiger Stunden an den Motor abzugeben.

Da nun dieses bisherige Hochleitungs-System eine Transportabilität der Feldbahn ausschloss, der Accumulatorenbetrieb hingegen derzeit noch eine gewisse Unfertigkeit zeigt, wurde seitens der Feldbahn - Fabrik Arthur Koppel ein System geschaffen, welches, bei Vereinigung von grosser Einfachheit und Transportabilität, den Anforderungen und Eigenthümlichkeiten des Feldbahnwesens Rechnung trägt. Dieses System soll im Nachfolgenden kurz beschrieben werden.

1. Geleise und Leitungsträger.

Gleich anderen Feldbahnen besteht auch diese Anlage aus leicht transportablen Geleiserahmen, welche aus leichten der üblichen Feldbahn - Profile von 65 bis 70 mm Höhe und aus einer entsprechenden Anzahl, z. B. fünf Schwellen, gebildet sind.

Um die elektrische Leitung antragen zu können, vereinigt Koppel die Geleiserahmen und Leitungsträger zu einem transportablen Ganzen; hiezu werden „Leitungsjoche" zusammengesetzt, in der Weise, dass in Entfernungen von rund 25 m bei geraden Bahnstrecken die mittlere Schwelle des entsprechenden Geleiserahmens beiderseits über die Schienen verlängert wird,

und an deren Enden die Schenkel einer in Ω-Form gekrümmten Eisenschiene befestigt werden.

Am oberen horizontalen Theile ist in der Mitte die Leitung angeordnet.

Das Gewicht eines solchen Leitungsjoches beträgt um etwa 50 kg mehr als jenes der gewöhnlichen Geleiserahmen.

In den Curven müssen diese Leitungsjoche einander näher stehen; bei Krümmungen von kleinem Radius wird jeder Geleiserahmen als Leitungsjoch ausgebildet, damit die Hochleitung sich mehr der Kreisform anschliesst und daher die Mittellinie der Trace folgen kann.

Fig. 1.　　　　　Fig. 2.　　　　　Fig. 3.

Da die Leitungsjoche für sich jedoch nicht die erforderliche Stabilität besitzen, werden — wie dies später erörtert wird — die Leitungsdrähte selbst derart gespannt, dass diese Joche sich stehend erhalten.

2. Die Maschinen-Anlage.

Die Erzeugung des elektrischen Stromes erfolgt in einer stationären Maschinen-Anlage, in welcher eine Dynamo-Maschine durch eine Kraftmaschine, sei es Dampfmaschine, Gasmotor oder Turbine, angetrieben wird.

Zum Betriebe der Feldbahnen werden von der Dynamo-Maschine zwei Speiseleitungen abgezweigt, die durch einen Schalthebel ein- und ausgeschaltet werden können.

Um zu verhindern, dass die Dynamo - Maschine bei allzu grossem Transporte auf der elektrischen Feldbahn in nachtheiliger Weise beansprucht werde, sind in diese Speiseleitungen zwei Schmelzsicherungen eingefügt.

3. Die Speiseleitungen.

Die Speiseleitungen reichen von der Maschinenanlage bis zum Beginn der Bahnstrecke.

Sie werden auf festen Punkten oder auf Masten befestigt, je nach den örtlichen Verhältnissen.

Fig. 4.　　　　　　　Fig. 5.

Dem Charakter der Bahnstrecken entsprechend, verwendet man feste oder transportable Masten; erstere sind gewöhnliche, in die Erde versenkte Pfähle, letztere sind auf geraden Strecken Ständer mit standfähiger, schlittenartiger Basis, welche einfach auf den Erdboden gestellt werden; an Eckpunkten der Speiseleitungs-Trace gelangen Piketpfähle zur Anwendung, welche auf auf eine Piket-spitze aufgesteckt und gegen seitlichen Zug mit Spanndrähten und Erdschrauben verankert werden, wie es die beigegebene Figur ersehen lässt.

Beim Uebergang der einen Speiseleitung in die sogenannte „Arbeitsleitung" der Leitungsjoche am Anfang der Bahnstrecke wird gleichfalls ein derart verankerter Pikelpfahl aufgestellt, während die zweite Speiseleitung mit den beiden Schienen verschraubt wird; die Schienen bilden demnach die Rückleitung.

4. Die Arbeitsleitung und ihre Montage.

Wie früher erwähnt, bedürfen die Leitungsjoche, um die erforderliche Stabilität zu erhalten, einer besonderen Verspannung; hiefür wird die durch einen Kupferdraht gebildete „Arbeitsleitung" herangezogen.

Für das Verlegen und Spannen dieser Arbeitsleitung findet ein Montagewagen Verwendung; derselbe ist als zweiachsiger Plateauwagen ausgebildet, mit Montageleiter, Kupferdraht-Haspel und Spannvorrichtung, welch' kaum an den Schienen verankert werden.

Das freie Ende des Kupferdrahtes wird über eine, an der Spitze der Leiter befindliche Rolle geführt und an dem, am Beginn der Bahnstrecke angeordneten, verankerten Pikelpfahl befestigt.

Der Vorgang beim Verlegen der Arbeitsleitung ist dann folgender:

Der Montagewagen wird vor das erste Leitungsjoch geschoben und auf den Schienen verankert; der vom Drahthaspel abgewickelte Kupferdraht wird mit Hilfe der am Montagewagen befindlichen Spannvorrichtung, etwa mit einem Flaschenzug, angezogen, und sodann am Leitungsjoch befestigt.

Um die Arbeit fortzusetzen, wird der Montagewagen von der Spannung des Kupferdrahtes dadurch entlastet, dass diese durch eine zweite, jedoch transportable Montageleiter übernommen wird, welche ebenfalls eine Spannvorrichtung besitzt und verankert werden kann.

Nunmehr wird der Montagewagen vor das zweite Leitungsjoch geschoben, wo sich der geschilderte Vorgang wiederholt.

Um den Uebergang des Stromes von dem Kupferdraht nach dem Uebergange des Montagewagens hintanzuhalten, sind Haspel und Montageleiter aus trockenem, imprägnirtem Holze hergestellt; überdies werden diese durch eine isolirende, wasserdichte Flache gegen das Eindringen von Nässe und vor Berührung durch Menschenhand geschützt.

Das Ende der Arbeitsleitung wird, bei festen Bahnstrecken, an einem mit Erdschrauben verankerten Pikelpfahle befestigt; auf transportablen Bahnstrecken hingegen wird der Montagewagen am jeweiligen Endpunkte der Bahn vor dem letzten Leitungsjoche verankert, um bei Verlängerung der Bahn neue Leitungsjöchen abzuwickeln oder behufs Ver- oder Umlegung der Geleise die abgerollte Drahtleitung wieder aufhaspeln zu können.

5. Der Motorwagen.

Der einfach und solid construirte Motorwagen besitzt gewöhnlich einen, auf dem Wagenuntergestelle stehend angeordneten Motor, welcher seine drehende Bewegung mittelst eines Zahnräder-Vorgeleges und zweier Gliederketten auf die Triebachsen überträgt.

Das Untergestell des Wagens besitzt federnde Lager, federnde Puffer und die Zugvorrichtungen.

Am Perron des Wagenführers sind eine Bremse und eine Schaltkurbel angeordnet, mit letzterer kann durch Ein- und Ausschaltung von Widerständen die Fahrgeschwindigkeit innerhalb weiter Grenzen geregelt werden.

Beträgt die Spurweite der Feldbahn 500 mm und darüber, so kann die Anordnung der Motoren derart erfolgen, dass diese innerhalb des Wagenuntergestelles an den Triebachsen federnd aufgestellt werden; diese Construction verdient dann den Vorzug, wenn bei Ueberwindung grösserer Steigungen die todte Last einer eigenen Motor-Locomotive vermieden und die Nutzlast selbst zur Erhöhung der Adhäsion herangezogen werden soll.

Zur Ueberwindung bedeutender Steigungen, in jenen Fälle, wenn es sich um die Förderung grosser Lasten handelt, eignet sich ein Elektromotor sehr gut, da er besser, als andere mechanische oder thierische Betriebskräfte imstande ist, ohne Schaden auf kurze Strecken ein Vielfaches seiner normalen Zugkraft zu entwickeln.

Anwendung.

In Fabriks- und Industrie-Anlagen, in welchen, durch Vorhandensein mehrerer Dampfkessel zur Bewältigung des für den Maschinenbetrieb oder für die Heizung erforderlichen Dampfes, auch Dampf für den Betrieb der elektrischen Maschinen zur Verfügung steht, werden sich derlei elektrische Bahnen infolge des Umstandes, dass besondere Auslagen für den Transport auf denselben entfallen, gewiss sehr rentabel erweisen.

Da die Dynamo-Maschine einerseits zum Betriebe der elektrischen Feldbahn, andererseits zur Lichterzeugung benützt werden

kann, so wird die Rentabilität von elektrischen Beleuchtungsanlagen grösserer Etablissements durch Anschaffung einer erforderlichen Feldbahn mit elektrischem Antriebe wesentlich gesteigert, da die Dynamo-Maschine bei Tage den Güterstransport, bei Nacht die Beleuchtung besorgen kann.

Dieses Feldbahn-System dürfte auch deshalb rasch grössere Verbreitung finden, da bereits bestehende Anlagen ohneweiters für den elektrischen Betrieb eingerichtet werden können.[*]

Militär-Bau-Ingenieur Richard Markgraf.

Die elektrische Beleuchtung der Eisenbahnwagen

wird in allen Culturländern eifrigst studirt. Abgesehen von den englischen und skandinavischen Bahnen, gehen vor allen jene der Schweiz in dieser Richtung auf das Entschiedenste vor, was wir schon im Hefte XIV 1897 S. 428 bemerkt haben. Die Jura-Simplonbahn, die Schweizer Centralbahn, die Gotthardbahn, die Nordostbahn, die Emmenthal- und Seethalbahn und die Jura-Neuchateloisbahn haben die Beleuchtung ihrer Wagenparks bereits grösstentheils durchgeführt. Die in den letzten Jahren angeschafften Batterien sind fast ausschliesslich von der Accumulatorenfabrik Oerlikon (System Tudor) geliefert.

Nicht minder energisch wie die schweizer Bahnen führt auch die Verwaltung der dänischen Staatsbahn die elektrische Beleuchtung ihrer Züge durch. Nachdem 3 Jahre ausserordentlich sorgfältig ein grösserer Versuch mit Beleuchtung von 8 Schnellzügen, im ganzen 90 Wagen, durchgeführt worden ist, hat die Verwaltung im letzten Jahre zunächst weitere 403 Wagen für elektrische Beleuchtung eingerichtet, so dass jetzt im ganzen etwa 500 Wagen mit dieser Beleuchtungsart versehen sind. Erst vor Kurzem hat die Bahnverwaltung einen weiteren Auftrag auf 1152 Accumulatoren ertheilt und zwar der Accumulatorenfabrik Actien-Gesellschaft Hagen i. W.

In England gewinnt die elektrische Beleuchtung nach dem System von J. Stone & Co. immer mehr Verbreitung. Auf französischen Bahnen bestehen gleichfalls umfangreiche Anlagen, welche einer Accumulatorenbetrieb Verwendung findet.

Die Arad-Csanader Bahn sagt in ihrem letzten Jahresberichte über diesen Gegenstand Folgendes: „Die Probe mit elektrischer Wagenbeleuchtung wurde bei 12 Personenwagen angestellt und wurden so günstige Resultate erzielt, dass wir die Einführung dieser Beleuchtung auf sämmtlichen Personenwagen unserer Hauptlinie beschlossen haben. Wir werden daher auch die übrigen Personenwagen für elektrische Beleuchtung einrichten lassen. Die neuen Personenwagen werden schon mit der Einrichtung für elektrische Beleuchtung bestellt." Inzwischen hat die allgemeine Einführung bereits stattgefunden. Sämmtliche Accumulatoren (System Tudor) sind von der Accumulatorenfabrik, Generalrepräsentanz Budapest, geliefert. Die königl. ungarischen Staatsbahnen haben, wie bereits bekannt, vor zwei Jahren mit 5 verschiedenen Systemen eingehende Versuche angestellt und auf Grund der gemachten guten Erfahrungen die Beleuchtung der Personenwagen in grossem Umfange eingeführt. In der Mehrzahl sind Batterien, System Tudor, vorhanden.

Auch die russischen Bahnen haben sich für die Einführung der elektrischen Beleuchtung entschieden. Auf dem Congress der russischen Eisenbahn-Ingenieure, welcher am 15./17. September v. J. in Odessa stattfand, ist die Commission, welche für die Prüfung der Frage ernannt worden war, einen Bericht erstattet, und es hat die technische Versammlung der 4. Abtheilung des Departements der Eisenbahnen daraufhin Folgendes beschlossen:

1. Für die Beleuchtung der Wagen muss man als das passendste System folgendes anerkennen:

   a) die elektrische Beleuchtung von der im Zuge befindlichen Dynamomaschine ohne Accumulatoren;

   b) die elektrische Beleuchtung durch Accumulatoren in jedem Wagen, ohne dass die Wagen durch Leitungen mit einander verbunden werden.

   Den Bahnen ist die Wahl eines dieser Systeme freigestellt jedoch unter der Bedingung, dass die Wagen directer Verbindungen, welche von einer Linie auf die andere übergehen, mit gleichen Systemen versehen werden.

2. Wie die Commission beschlossen, darf bei der Beleuchtung durch Dynamomaschinen die Spannung der Lampen bis 65 Volt gehen und durch Accumulatoren bis 22 Volt.

3. Bei der Anwahl des Systems der Accumulatoren muss eine Capacität gefordert werden von nicht weniger als 15 Wattstunden auf 1 kg Totalgewicht des Accumulators.

---

[*] Abdruck aus „Mittheilungen über Gegenstände des Artillerie- und Geniewesens" 1897, pag. 670.

4. Bei der Fixirung der Lichtmenge für den Wagen der einzelnen Classen soll als Norm angenommen werden: für dreiachsige Wagen I. Classe nicht weniger als 80 Nk. und für Wagen III. Classe nicht weniger als 50 Nk.

Die k. k. österreichischen Staatsbahnen haben schon seit längerer Zeit dieser Frage besondere Aufmerksamkeit zugewendet. Erst vor kurzem, am 31. v. M., wurde ein neues System der Accumulatorenfabrik Wüste & Rupprecht Wien und Baden, am hiesigen Westbahnhofe, efficiell besichtigt. An dieser Inspicierung nahmen ausser dem Eisenbahnminister v. Wittek, noch die Herren Sectionschef R. v. Piehler, Staatsbahndirector Hofrath Khittel, Ministerialsecretär Graf Chorinsky und mehrere Oberbeamte der Staatsbahnen theil. Sowohl der Eisenbahnminister als auch die übrigen Functionäre sprachen ihre ungetheilte Anerkennung über dieses System aus. Das von der genannten Firma unter Mitwirkung des Herrn Ingenieurs Emil Dick in Karlsruhe geschaffene System ist auf den k. k. Staatsbahnen bei einem Localzuge der Strecke Wien - St. Pölten eingerichtet und wird daselbst bereits seit ca. einem Vierteljahre im regelmässigen Betriebe verwendet; die täglichen Fahrten haben ein präcises und programmgemässes Functionieren ergeben. Der Fortschritt dieses Systems liegt darin, dass eine Dynamomaschine mitgeführt, von einer Waggonachse in Betrieb gesetzt und es derart ermöglicht wird, den elektrischen Strom für die Beleuchtung des Zuges und für die Ladung der benöthigten Accumulatoren im Zuge selbst zu erzeugen. Die Einrichtung, eine mit dem Zuge mitfahrende Dynamomaschine als Stromquelle zu benützen, ist nicht neu, doch scheiterten die in dieser Richtung angestellten Versuche stets daran, dass es nicht gelang, jenes sichere Functionieren der Dynamo und der mit derselben verbundenen automatischen Schaltapparate zu erreichen, welches für eine gleichmässige Beleuchtung unerlässlich ist. Das von der Firma Wüste & Rupprecht ausgeführte System Dick soll diese Schwierigkeiten überwunden haben und wäre damit ein zuverlässiges automatisches Vorsichgehen der Regulierung der Spannung sowohl wie auch der Umschaltung des bald von der Dynamo, bald von den Accumulatoren zu liefernden Stromes gesichert. Wir werden in einem der nächsten Hefte der Z. f. E. ausführlicher hierüber mittheilen.

Auch andere Bahnverwaltungen haben bereits im Princip die Einführung der elektrischen Beleuchtung beschlossen.

Aus den vorstehenden Angaben geht zweifellos hervor, dass man in nicht zu ferner Zeit auf den Bahnen in fast allen Ländern Europas das elektrische Licht in der Hauptsache eingeführt haben wird. (Vergl. H: XXI 1897, S. 654.) *M. Z.*

KLEINE MITTHEILUNGEN.

Verschiedenes.

Elektrotechnischer Verein in Berlin. Sitzung vom 28. December 1897. Vortrag des Herrn Dr. Kallmann über die Elektricitätsvertheilung für weite Districte und die zukünftigen Elektricitätswerke von Gross-Berlin.

Der Vortragende sprach zunächst über die Situation der Vertheilung grosser Elektricitätsmengen über weite Districte und wies nach, dass von den europäischen Hauptstädten Wien, Paris, London und Berlin die letzte den drei anderen in der Stromlieferung weit überlegen sei. In London sind circa 1,250.000, in Paris 650.000, in Wien 450.000 und in Berlin 600.000 Lampen an die Leitungsnetze angeschlossen. In diesen Daten sind Bogenlampen, Elektromotoren etc. in Aequivalenten von Glühlampen à 55 Watt ausgedrückt. Die Ueberlegenheit der Berliner Elektricitätswerke vor den anderen drei Städten hat darin ihren Grund, dass hier die Lieferung von elektrischer Energie für Licht und Kraft, sowie in Zukunft für alle Strassenbahnen in der Hand einer Gesellschaft liegt, während in Wien drei, in Paris sieben und in London sogar 14 Gesellschaften in die Energielieferung theilen. Durch diese Monopolisierung der Stromlieferung in Berlin entstehen viel geringere Productionskosten, und so kommt es, dass hier der Strom billiger geliefert wird, als in sämmtlichen anderen Grosstädten der Welt; dieser Preis kann für Kraftzwecke noch verringert werden. Die Leistung der Berliner Centralen beträgt jetzt rund 20.000 PS und in den nächsten 4-5 Jahren wird sie sich auf 28.000 PS belaufen. Dies ist die höchste Leistung, die den Berliner Werken contractmässig gestattet ist. Die Gesammtleistung in 10-15 Jahren wird circa 100.000 Ps betragen, wenn sämmtliche Vororte an das Netz angeschlossen sind und die Bahnen von den Centralen gespeist werden. Der Vortragende weist darauf hin, dass gerade die Monopolisierung der Stromerzeugung einen äusserst günstigen Einfluss auf die Entwickelung von Elektricitätswerken ausübt und

auch den Consumenten, namentlich den Gewerbetreibenden wesentliche Erleichterungen schafft. In keiner anderen Stadt wird auch nur annähernd so viel Strom für Elektromotoren verbraucht als in Berlin, wo allein fast ein Drittel der gesammten Leistung der Centralen für diesen Zweck verbraucht wird. Im Ganzen werden 8000 PS für Motorenbetrieb abgegeben, während Wien circa 2000 PS und Paris 3000 PS hiefür abgeben. Dieser ausserordentliche Energieverbrauch ist ein Beweis für die grosse Bedeutung Berlins in der Industrie.

Zum Schlusse sprach Herr Kallmann noch über die zukünftige weitere Entwickelung der Berliner Industrie. Nach der Statistik bestehen hier 156.000 gewerbliche Betriebe, die circa 500.000 Personen beschäftigen, das sind ein Zehntel aller Gewerbetreibenden in Preussen. Wenn nur allen Gewerbetreibenden Berlins die Vortheile der billigen elektrischen Betriebskraft leicht zugänglich gemacht würden, so dürfte sich die Fabrikation noch erheblich vergrössern, ja es könnte sogar eine merkliche Verschiebung der preussischen Industrie nach Berlin hin stattfinden. Noch bevor die Vororte formell einverleibt würden, würde sich das Interesse Berlins in gewerblicher Hinsicht auf einen Kreis von 30 km Durchmesser ausdehnen.

Der Vortragende erwähnte noch kurz die Kraftübertragungswerke in Rheinfelden, am Niagara und an der Oberspree, und betonte, dass die Rheinfeldener Centrale durch besonders günstige Umstände zu einem aussergewöhnlichen niedrigen Preise Energie liefern könne, für einen so tiefen Preis wie ihn andere Centralen wohl nie erreichen werden.

Herr von Hefner-Alteneck knüpfte an diesen Vortrag einige Bemerkungen über die Ausnützung von Wasserkräften. Im Publikum und auch zum Theile in Fachkreisen sei man vielfach der Ansicht, dass Elektricitätswerke, die von einer Wasserkraft betrieben wurden, elektrische Energie zu einem ausserordentlich billigen Preise liefern könnten, weil die Betriebskosten infolge der kostenlosen Lieferung von Betriebskraft sehr geringe seien. Diese Ansicht ist aber irrig, da ein solches Werk meist ein viel höheres Anlagecapital erfordert wegen der schwierigen Wasserbauten etc. *W. L.*

Sitzung vom 25. Jänner 1898. Herr Ingenieur Edwin Hauswald aus Frankfurt am Main hielt einen Vortrag über den gegenwärtigen Stand der elektrischen Accumulatorenbetriebe von Bahnen, aus dem ich nur das Interessanteste und Wichtigste an dieser Stelle mittheilen will.

Nachdem der Redner über die Eigenschaften der stationären und transportablen Accumulatoren und über deren Unterschiede gesprochen, ging er zu den Anforderungen über, die man an beide Gattungen von Accumulatoren stellt.

Man verlangt von den stationären Accumulatoren eine grosse Capacität und Lebensdauer, während ihnen nur relativ schwache Ströme entnommen werden. Anders dagegen verhält es sich mit den transportablen Batterien. Diese sollen grosse Quantitäten Strom, also schnelle Entladungen geben; sie sollen ein geringes Gewicht besitzen, während eine grosse Capacität mehr in den Hintergrund tritt.

Die Accumulatorenwerke, System Pollak, haben für diesen Zweck eine Platte construirt, die für starke Entladungen bestimmt ist. Der Kern dieser Platte hat eine Menge Zacken, durch die die active Masse ausserordentlich festgehalten wird und die einen sehr innigen Contact zwischen Kern und Masse bedingen. Will man nämlich eine grosse Capacität bei geringem Gewichte erreichen, so ist das nur durch eine Vermehrung der Masse und durch gleichzeitige Verminderung des Gewichtes des Plattengerippes zu erreichen.

Die von den oben erwähnten Platten erhaltenen Resultate sind folgende: Es erfordert eine Kilowattstunde bei einer bis zweistündigen Entladung 100 kg Zellengewicht, dessen Preis ca. 250 Mark beträgt. Hat man es aber mit einer achtstündigen Entladung zu thun, so sinkt das Zellengewicht auf 60 kg herab.

Auf Grund mehrerer Experimente hat der Vortragende folgende zwei Sätze über die Lebensdauer der Accumulatoren aufgestellt:

1. Nur bei Theilentladungen vertragen die Platten hohe Stromstärken.

2. die Lebensdauer der Platten ist desto grösser, je höher der Wirkungsgrad (in Wattstunden) derselben ist.

Der zweite Satz sagt auch, dass bei einem sehr hohen Wirkungsgrad der Zellen in diesen keine Zerstörungsarbeit geleistet wird.

Bei den transportablen Batterien lässt sich das Abbröckeln der Masse und etwaige Verbiegungen und dadurch bedingte Kurzschlüsse der Platten durch sorgfältige Construction vermeiden. Die Accumulatoren, System Pollak, sind gegen diese Uebelstände dadurch geschützt, dass zwischen die Platten perforirte

Hartgummischeiben gebracht sind. Durch diese Einrichtung wird der Widerstand des Accumulators nicht erhöht. Ausserdem sind die Platten leicht auswechselbar.

Der Vortragende sprach man über die Anforderungen, die an einem Strassenbahnwagen gestellt werden, dann über die Geleiseabnützung und über das Nachladesystem. Es wird darauf hingewiesen, dass dieses System für die Erhaltung der Batterie von Bedeutung ist; auf den Endstationen wird die Wagenbatterie automatisch geladen, wodurch erstens ein übermässiges Entladen, zweitens aber auch ein Ueberladen der Batterie vermieden wird.

W. L.

In dem **Patentprocesse** der Accumulatorenfabriks-Actien-Gesellschaft gegen die Watt-Accumulatorenwerke Berlin ist laut Entscheidung des Reichsgerichtes vom 29. v. M. das Patent Nr. 80.420 der letzteren Gesellschaft für ungiltig erklärt worden. Unseres Wissens ist dieses Patent bereits seit über zwei Jahren erloschen.

Ausgeführte und projectirte Anlagen.

Oesterreich-Ungarn.

a) Oesterreich.

Baden bei Wien. (Elektrische Bahn.) Wie wir schon berichtet haben, ist am 27. v. M. vom Gemeinderathe der Stadt Baden einstimmig beschlossen worden, den Bau der elektrischen Ringbahn der Actien-Gesellschaft der Wiener Localbahnen zu übertragen; die Ausführung der Bahn wurde von den Localbahnen den Oesterreichischen Schuckert-Werken in Wien übertragen. Von verlässlicher Seite wird uns hierüber folgendes mitgetheilt: Diese Bahn soll sich an die elektrische Bahn Baden—Vöslau, Baden—Helenenthal und an die in Ausführung begriffenen elektrischen Bahnen Helenenthal—Alland und Baden—Wien (über Guntramsdorf und Matzleinsdorf zur Oper) anschliessen.

Bereits im Baue befindet sich die Centrale in Leesdorf, welche zur Zeit den Strom für die Bahn Baden—Vöslau, Baden—Helenenthal und für die Beleuchtung der Stadt Baden liefert. Diese Centrale wird bedeutend erweitert; jetzt besteht sie aus drei Aggregaten zu je 75 *PS* und einem Aggregat zu 150 *PS*, welch letzteres der Badener Unter-station für Beleuchtung speist. Die drei kleineren Aggregate sollen gegen solche zu je 210 bis 275 *PS* ausgetauscht werden. Die Dynamos sind für 550 *V* gebaut und leisten bei 180 Touren 165 *kw*; ausserdem kommen noch zwei Zusatzdynamo-Maschinen direct gekuppelt mit Elektromotoren zur Aufstellung. Die Zusatzdynamos dienen dazu, um die Spannung an den von der Centrale entfernteren Punkten der Bahn, wo grosse Steigungen vorkommen, zu erhöhen und sonst die Wagen-Motoren, welche sonst gerade dort, wo die grösste Kraft geleistet werden soll, mit der geringsten Spannung arbeiten würden, mit normaler Spannung arbeiten zu lassen.

Die Linien, welche zuerst eröffnet werden sollen, sind: Baden—Leesdorf—Guntramsdorf, Baden—Ringbahn, Helenenthal—Alland. Für später ist eine Centrale in Leesdorf geplant. Diese Centrale (bedeutend stärker als die in Leesdorf gedacht, weil sie ausser für den Localverkehr auch für den Lastenverkehr und Beleuchtung dienen wird) soll das Netz in der Richtung nach Baden, bis Guntramsdorf, und in der anderen Richtung bis Matzleinsdorf—Wien speisen (Vergl. Heft 2, S. 24, 1898).

A. B.

Brüx. Im Radetzkyschacht der Nordböhmischen Kohlenbergwerks-Gesellschaft wurde vor einiger Zeit eine elektrische Kraftübertragungs-Anlage eingerichtet. Ein Schle'scher Ventilator von 180 Touren pro Minute und ca. 2·8 *m* Flügeldurchmesser, welcher zur Ventilation eines Wetterschachtes dient, wird mittelst Riemen von einem Drehstrom-Motor, welcher bei 720 Touren pro Minute 50 *PS* eff. leistet, elektrisch angetrieben. Die Leitung, welche eine Länge von ca. 700 *m* hat, ist durchwegs oberirdisch als Freileitung verlegt. Die Betriebsspannung beträgt 1000 Volt. Der im Maschinenhause befindliche Drehstromgenerator leistet bei 750 Touren pro Minute 50.000 Watt und erfolgt dessen Antrieb durch eine Skoda'sche Vertical-Dampfmaschine. Die oben beschriebene Anlage befindet sich seit 31. October 1897 Tag und Nacht voll in Betriebe.

An die Erregerdynamo des Generators sind noch ca. 10 Glühlampen à 110 *V* zur Beleuchtung des Maschinenhauses angeschlossen.

Die Hebung der Thermalquellenwässers im Stadtbade Teplitz erfolgt seit Anfang November v. J. auf elektrischem Wege. Die von einem 15 *PS* Drehstrom-Motor mittelst hydraulischer Kuppelung angetriebene Drillingspumpe von der Firma Breitfeld, Danek & Co. steht 24 *m* unter der Erde im Quellenschachte und hebt ca. 1·4 Kubikmeter Wasser

pro Minute auf 26 *m* Höhe. Die ganze Leitung hat eine Länge von ca. 270 *m*, von denen ca. 150 *m* als Freileitung, die übrigen 120 *m* als Erdleitung mit dreifach biconcentrisch eisenbandarmirten Kabel geführt sind. Die Betriebsspannung beträgt 500 *V*. Der Uebergang der Fernleitung zur Erdleitung erfolgt am Eingang in die Stadt. Der im alten Dampfkesselhause befindliche Drehstromgenerator von 17.000 Watt Leistung bei 630 Umdrehungen pro Minute wird mittelst Riemen von einer de Laval'schen Dampfturbine, welche 30 *PS* bei 20.000 Touren pro Minute leistet, angetrieben, und ist während des Tages zur Hebung des 35° warmen Wassers bestimmt, während der des Nachts für Beleuchtungszwecke dienen soll. Die Anlage, welche sich seit 2. November 1897 täglich im Betriebe befindet, wird noch um zwei weitere Maschinen-Aggregate erweitert werden.

Im Moritzschacht der Bruch'er Kohlenbergwerks-Gesellschaft wurde eine elektrische Kraftübertragung vor Kurzem ausgeführt. Ein Förderhaspel zum Seilantrieb der Hundelebefördorung wird 410 *m* unter der Erde von einem Drehstrom-Elektromotor, welcher bei 720 Touren pro Minute 36 *PS* eff. leistet, mittelst Riemen angetrieben. Die dazu gehörige Leitung besteht durchwegs aus dreifach biconcentrisch eisenbandarmirtem Kabel; dieselbe ist im Förderschachte verlegt und wird durch Kabelschellen gehalten. Die Betriebsspannung beträgt 500 *V*. Der Drehstromgenerator im Maschinenhause leistet bei 750 Touren pro Minute 35.000 Watt und erfolgt der Antrieb desselben durch eine Skoda'sche Vertical-Dampfmaschine mit 155 Touren pro Minute. Die ganze Anlage ist anfangs Jänner l. J. voll in Betrieb gesetzt worden. An den Drehstromgenerator sind auch noch zur Beleuchtung des Motorraumes und eines Theiles der Grube 30 Glühlampen à 120 *V* angeschlossen, welche ihre Spannung von einem Drehstrom-Transformator von 1500 Watt Leistung erhalten.

Diese drei Anlagen wurden von der Firma „Oesterreichische Schuckert-Werke" in Wien ausgeführt.

Klosterneuburg. (Elektrische Kleinbahn.) Das k. k. Eisenbahnministerium hat dem Karl Prexl in Wien die Bewilligung zur Vornahme technischer Vorarbeiten für die nachbezeichneten normal- oder schmalspurigen, mit elektrischer Kraft zu betreibenden Kleinbahnen im Sinne der bestehenden Normen auf die Dauer von sechs Monaten ertheilt und zwar: 1. Von der Station Klosterneuburg—Weidling der Staatsbahnlinie Wien—Gmünd einerseits nach Weidlingbach und andererseits zur Haltestelle Klosterneuburg—Kierling der gedachten Staatsbahnlinie mit eventueller Fortsetzung bis zum nördlichen Ende des Gemeindegebietes Klosterneuburg und 2. von der sub 1 bezeichneten Haltestelle Klosterneuburg—Kierling bis zur Irrenanstalt in Kierling-Gugging.

Manterndorf a. d. Murthalbahn. Salzburg. Nun hat auch dieser, an südlichen Fusse des Radstädter Tauern, 1132 *m* über Meeresspiegel gelegene Alpencurort seine elektrische Anlage. Ein Privat-Unternehmer (einer der ersten Bürger des Ortes) hat dieselbe durch die Oesterreichischen Schuckert-Werke herstellen lassen; die nöthige Kraft wird ebenso wie in dem benachbarten Tamsweg von der Tauroh genommen, und zwar mittelst einer aus den Jenbacher Hütten stammenden verticalen Girard-Turbine, welche eine Gleichstrom-Dynamo von 165 *V* antreibt. Die Leitungsnetz ist oberirdisch verlegt.

Demnächst soll eine zweite Dynamomaschine zur Aufstellung gelangen. Die ganze Anlage wird sodann auf Dreileitersystem für 2 × 150 *V* umgeändert werden.

Die Anlage ist bereits seit einigen Monaten im Betriebe und functionirt vorzüglich.

K.

Prag. (Elektrische Bahn Brennntegasse—Weinberge.) Die technisch-polizeiliche Prüfung, bezw. Eröffnung dieser Bahn hat am 3. d. M. stattgefunden. Die Begehungs-Commission für die betreffende Strecke fand zu Anfang des vorigen Jahres statt und es wurde mit der Legung des Geleises am 30. September v. J. begonnen. Die Montirung der elektrischen Oberleitung wurde am 27. December v. J. in Angriff genommen und am 10. Jänner d. J. beendet. Den Bau hat die Firma F. Křižík ausgeführt, den Fahrpark, und zwar 8 Motorwagen, 2 Sommer Schleppwagen und 1 Lastwagen hat die Firma F. Ringhoffer, die eisernen Pfeiler haben die fürstlich Hanau'schen Eisenwerke, die elektrische Montirung der Wagen die Firma F. Suchanek, die Kabellegung die Firma Siemens & Halske in Wien geliefert. Ferner wurden zur Vermehrung des Fahrparkes der elektrischen Bahnen überhaupt weitere 7 Waggons bei der Firma Ringhoffer und die elektrische Einrichtung bei der Firma F. Křižík bestellt. Die ganze Strecke vom Schlick'schen Palais bis auf den Purkyněplatz in der Stadt Weinberge ist 1943 Meter lang und ist auf einem kleinen Theil bei der Lazarusgasse zweigeleisig. Die Stationen sind: Schlick'sches Palais, Myslikgasse, böhmische Technik, Stephansgasse, Komenskyplatz, Tylplatz und Purkynéplatz. Vorläufig werden auf dieser Strecke 7 Wagen in Pausen von je vier Minuten verkehren. Die elektrische Centrale befindet sich am Karlshofe, die Wagenremise für 45 Waggons in der Stadt Weinberg. In der elektrischen Centrale befinden sich zwei liegende Dampfmaschinen zu 300—400 Pferdekraft. System Tandem.

Eine ausführliche Beschreibung der elektrischen Bahnen in Prag haben wir in den Heften XX., S. 580, und XXIV., S. 701, Jahrg. 1897 gebracht.

Wien. (Elektrische Ausstellungsbahnen.) Die gemeinderäthliche Commission für die Errichtung elektrischer Bahnen in Wien hielt am 7. d. M. eine Sitzung ab, welcher auch der hier weilende Director der Deutschen Bank, Dr. Siemens, zugezogen war. Wie das „N. Wr. A." hierüber erfährt, kamen am nächsten Tage die Einzelheiten für das Concessionsansuchen der Gemeinde für die beiden zur Rotunde führenden elektrischen Bahnlinien im Stadtrathe festgestellt und beschlossen, das Anerbieten der Wiener Tramwaygesellschaft, die Praterlinie bis zum Südportal der Rotunde und die Löwengassenlinie über die Sophienbrücke bis zur Hauptallee des Praters zu verlängern und elektrisch zu betreiben, anzunehmen. Der Betrieb auf diesen Linien soll schon im Mai l. J. eröffnet werden. Die Wagen werden von der elektrisch betriebenen Transversallinie mit Oberleitung bis zum Südportal der Rotunde geführt. Andererseits werden die Wagen ebenfalls mit Oberleitung von der Hauptallee quer durch den Prater über die Sophienbrücke, durch die Löwengasse und über die Radetzkybrücke bis zum Ring geben. Auf dem Wege dahin werden die mitgeführten Accumulatoren geladen und diese besorgen dann den Antrieb über den ganzen Ring und Quai, worauf die Wagen über die Löwengasse in den Prater zurückfahren. Im Prater werden an den Endpunkten Wartehallen errichtet. Für diese neuen Linien gelten die bestehenden Fahrpreise; man wird sie also mit Umsteigkarten benützen können. Die gegenwärtig elektrisch betriebene Strecke Praterstrasse—Reichsbrücke soll nach Einführung der neuen elektrischen Praterlinie wieder vorläufig Pferdebetrieb erhalten.

Deutschland.

Königsberg. Die dortige Pferde-Eisenbahn-Gesellschaft soll mit dem Kreis-Ausschusse Abmachungen wegen der Anlage neuer Linien, bezw. wegen der Einführung des elektrischen Betriebes getroffen haben.

Würzburg. (Elektricitätswerk.) Der E.-A.-G. vorm. Schuckert & Co. in Nürnberg ist von der Stadt Würzburg die Errichtung eines Elektricitätswerkes übertragen worden, das bis zum Herbste fertiggestellt wird. Für die Trambahn wird Accumulatorenbetrieb vorgesehen.

Rumänien.

Jassy. (Elektrische Beleuchtung.) Der Vertrag zwischen der Continentalen Gesellschaft für elektrische Unternehmungen in Nürnberg und der Stadt Jassy betreffs Einführung der elektrischen Beleuchtung daselbst, welcher bereits vor längerer Zeit abgeschlossen war, hat nunmehr, wie aus Bukarest gemeldet wird, die erforderliche Genehmigung seitens der rumänischen Deputirtenkammer gefunden.

Literatur-Bericht.

Transportable Accumulatoren. Anordnung, Verwendung, Leistung, Behandlung und Prüfung derselben. Von Johannes Zacharias. Mit 69 Abbildungen im Texte. Berlin C. W. & S. Löwenthal, 1898.

Inhaltsverzeichnis: Anwendung transportabler Accumulatoren für Starkstrom. — Anwendung der Accumulatoren in der Schwachstromtechnik. — Untersuchung von Anlagen, Beseitigung von Fehlern. Prüfung und Untersuchungen der Accumulatoren. — Behandlung transportabler Accumulatoren. — Auswahl der Accumulatoren, verschiedene Tabellen und Angaben. — Das Löthen. — Säuretabellen.

Dieses Buch befasst sich ziemlich ausführlich mit den transportablen Accumulatoren, deren Verwendung sich bekanntlich zu einer stets ausgedehnteren und vielseitigeren gestaltet. Dem Verfasser standen bei seiner Arbeit langjährige Erfahrungen auf diesem speciellen Gebiete zur Verfügung, so dass sein Buch allgemeines Interesse finden wird.

Sammlung elektrotechnischer Vorträge. Herausgegeben von Prof. Dr. Ernst Voit. 1. Band, 4. Heft. Ueber die Planté-Accumulatoren von Dr. P. Schoop. Mit 28 Abbildungen. Stuttgart, Verlag von Ferd. Enke, 1898. Preis 1 Mark.

Die vorliegende Broschüre hat zum Gegenstande ihrer Behandlung den Planté-Accumulator und diejenigen Systeme, welche sich aus demselben bis heute entwickelt haben. Der Verfasser führt den Entwickelungsgang in chronologischer Reihenfolge vor und beschreibt ausführlich die verschiedenen Typen, welche von den hervorragenden Accumulatoren-Fabriken auf den Markt gebracht werden. Der Umstand, dass neben constructiven Einzelheiten auch ziffermässig Angaben über Gewicht, Capacität, Ladestrom, Entladestrom, Lebensdauer u. s. w. beigegeben sind, gestattet einen leichten Einblick in die Vor- und Nachtheile der einzelnen Systeme.   —nn

Voigt & Haeffner, Fabrik von Apparaten für elektrische Beleuchtung, Kraftübertragung und Elektrolyse. Frankfurt a. Main. Bockenheim. Neue Preisliste.

Die Preisliste enthält bei einem Umfange von 139 Seiten eine Uebersicht über die Thätigkeit dieser bekannten Specialfabrik. Der erste Theil des Kataloges zeigt in zahlreichen hübschen Abbildungen die verschiedensten Arten von Aus- und Umschaltern, der darauffolgende beschreibt Schaltungen. Normal- und Hochspannungs-Sicherungen. Die weiteren Hauptabschnitte beschäftigen sich mit den Zellenschaltern, Stromrichtungszeigern, Schalttafeln und Vertheilungsbrettern, Glühlichtarmaturen und Bogenlampenzubehör, Regulatoren und Widerständen. Der Katalog ist in jeder Hinsicht elegant ausgestattet.   —nn

Patentnachrichten.

Mitgetheilt vom Technischen- und Patentbureau.

Ingenieur Victor Monath

WIEN, I. Jasomirgottstrasse Nr. 4.

Oesterreichische Patentanmeldungen.

Contact-Schiff für elektrische Bahnen. — Budapester Strassenbahn-Gesellschaft. 30./12.

Vorrichtung an elektrischen Motorwagen mit unterirdischer Stromzuführung zur Vermeidung des Kurzschlusses beim Passiren von Weichen oder Kreuzungen. — Eduard Würl. 4./1. 1898.

Theilleiter mit Frictionsrollen-Stromabnehmer für elektrische Bahnen. — Eduard Würl. 4./1. 1898.

Quecksilber-Stromschliesser für elektrische Bahnen. — Eduard Würl. 5./1.

Vorrichtung zur elektrischen Beleuchtung von Eisenbahnzügen. — Bronislav Szwantowski. 8./1.

Verbesserungen an Wechselstrommotor - Zählern. — Otto T. Blathy. 30./12. 1897.

Kabelhüllen. — Edmund Perot. 30./12. 1897.

Elektrischer Heizkörper. — Friedrich Schindler-Jenny. 30./12. 1897.

Mikrophon. — R. Stock & Co. 30./12. 1897.

Regulirvorrichtung für Bogenlampen. — Emil Hungerbühler. 3./1. 1898.

Vielfach-Umschalter für Fernsprech-Vermittlungsämter. — R. Stock & Co. 3./1. 1898.

Galvanisches Element. — Josef Trillat. 7./1. 1898.

Neuerungen an Primärbatterien. — Ch. H. Hobbel, H. C. Hubbell, W. de Wald Boyer und E. P. Macklow. 7./1. 1898.

Elektrische Rotations-Schneidevorrichtung. — F. Gardner & D. Smith. 10./1. 1898.

Selbstthätiger Rufapparat für Telephonschaltstellen. — Moses Meyer. 10./1. 1898.

Neuerungen an elektrischen Widerständen. — A. Marquand. 10./1. 1898.

Neuerungen an Secundärbatterien. — A. Marquand. 10./1. 1898.

Reflectorenträger für elektrische Glühlampen. — Ing. Osers. 12./1. 1898.

Vorrichtung zur Umformung, bezw. Schwächung elektrischer Ströme. — Alfred Wydts. 15./1. 1898.

Classe   Deutsche Patentanmeldungen.*)

21. H. 19.398. Verfahren zur Herstellung elektrischer Widerstände. — Hugo Helberger, Thalkirchen-München. 20./10. 1897.

*) Die Anmeldungen bleiben acht Wochen zur Einsichtnahme öffentlich aufgelegt. Nach § 24 des Patent-Gesetzes kann innerhalb dieser Zeit Einspruch gegen die Anmeldung wegen Mangel der Neuheit oder widerrechtlicher Entnahme erhoben werden. Das obige Bureau besorgt Abschriften der Anmeldungen und übernimmt die Vertretung in allen Einspruchs-Angelegenheiten.

Classe

21. L. 10.730. Glühlampe mit mehreren Glühfäden. — John
Thomas Lister und William Selah Chamberlain, Cleveland. 21./9. 1896.

„ S. 10.100. Selbstthätige elektrische Aufzieh - Vorrichtung für
Hughes-Apparate, Zus. z. Pat. 86.855. — Siemens & Halske,
Actien-Gesellschaft, Berlin. 41./2. 1897.

26. C. 6561, Verfahren zur Herstellung von Glühkörpern unter
Anwendung organischer Siliciumverbindungen. — Chemische Fabrik von Jasper, Bernau, Mark. 11./3. 1897.

36. C. 11.058. Elektrische Heizvorrichtung. — Edward Ethel
Gold, New-York. 5./12. 1896.

42. L. 11.014. Vorrichtung zur Regulirung des Vacuums in
Röntgenröhren. — Dr. Max Levy, Berlin. 20./1. 1897.

49. C. 6506. Handscheere zum Abschneiden von Dynamobürsten.
— B. Casdorp, Hamburg. 12./12. 1896.

21. N. 4130. Verfahren zur Erzeugung von elektrischem Glühlicht. — Dr. Walther Nernst, Göttingen. 5./7. 1897.

„ P. 9040. Motor-Elektricitätszähler. — Albert Peloux, Genf.
15./7. 1897.

„ W. 12.697. Stromschlusswerk für nach verschiedenem Tarif
registrirende Elektricitätszähler. — Reginald Page Wilson,
London. 19./3. 1897.

42. M. 13.915. Selbstverkäufer für Elektricität. — V. F. R. de
Moyn a. Paris. 6./4. 1897.

Classe Deutsche Patentertheilungen.

20. 96.582. Vereinigte elektromagnetische Wirbelstrom- und
Reibungsbremse. — Helios, Elektricitäts-Actien-
Gesellschaft, Köln-Ehrenfeld. 29./5. 1897.

„ 96.632. Leitende Schienenverbindung für elektrische Bahnen.
— O. Schönfeld, Budapest. 18./2. 1897.

„ 96.634. Vorrichtung an elektrischen Blockapparaten zur Ermöglichung wiederholten Drückens der Blocktaste bis kurz
vor vollständiger Blockirung und Deblockirung. — C. Müller,
Berlin. 4./12. 1896.

21. 96.583. Elektrische Kraftübertragung bei gleichbleibender Geschwindigkeit des Stromerzeugers und wechselnder Geschwindigkeit der Triebmaschine. — L. H. Nash, South Norwalk
Conn. V. S. A. 3./2. 1897.

„ 96.656, Verfahren zur Erzeugung eines gegen die gelieferte
Spannung um 90 Grad verschiedenen magnetischen Feldes. —
C. Raab, Kaiserslautern. 21./3. 1897.

„ 96.637. Glühlampenfassung für Hohlglas - Reflectoren. —
J. Jergle und Glasfabrik Marienhütte Carl
Wolffhardt, Wien. 13./7. 1897.

„ 96.660. Thermosäule. — The Cox Thermo-Electric
Company, London. 10./6. 1896.

„ 96.661. Verfahren zur Herstellung von Elektrodenkörpern mit
ganz oder theilweise verlorenen Kernen oder Formen. —
— K. Krabs, Mariendorf bei Berlin. 14./10. 1896.

„ 96.662. Zweiflüssigkeits - Batterie mit Expansionskammer. —
W. Rowbotham, Birmingham. 29./11. 1896.

„ 96.663. Elektrode für elektrische Sammler. — J. Vaughan
Sherrin, London, S. W. 13./12. 1896.

„ 96.664. Galvanische Batterie. — V. Jeanty, Paris. 10./3. 1897.

„ 96.665. Elektroden für Primär- und Secundär- Elemente und
Zersetzungszellen. — R. Fabian, Berlin. 16./4. 1897.

„ 96.666. Galvanisches Element. — A. Heil, Fränkisch-Crumbach. 22./5. 1897.

Auszüge aus Patentschriften.

**Louis Liebmann in Frankfurt a. M. — Verfahren zur Dar-
stellung von Beryllium in Form seiner Legirungen. —
Classe 40, Nr. 94.507.**

Das Beryllium und seine Legirungen besitzen bei geringem
specifischen Gewicht ein hohes elektrisches Leitungsvermögen
(grösser als das des Kupfers). Eine Verwendung derselben für
elektrotechnische Zwecke ist deshalb von grosser Bedeutung,
sobald es gelingt, ein zweckmässiges Herstellungsverfahren dafür
zu finden. Zu diesem Zwecke wird eine Sauerstoffverbindung
des Berylliums, z. B. Beryllerde, in Gegenwart von Kohle und
dem zu legirenden Metall, z. B. Kupfer, der Weissglühhitze ausgesetzt. Das zu legirende Metall kann gleichfalls als Oxyd oder
dergleichen zur Verwendung gelangen.

**Elektricitäts - Gesellschaft Gelnhausen m. b. H. in Geln-
hausen. — Verfahren zur Herstellung plättchenförmigen
Bronzepulvers. — Classe 49, Nr. 94.542.**

Das Metall oder die Metallegirung wird zunächst in ein
feinkörniges, möglichst homogenes Pulver verwandelt, welches

die gewöhnliche Scmeinr des verarbeiteten Metalls zeigt. Darauf
werden die staubförmigen Metalltheilchen durch hochpolirte
Metallwalzen geleitet, um jedes derselben flach zu drücken und
metallisch glänzend zu machen. Dabei können sich die Walzen
mit verschiedener Geschwindigkeit drehen, um einen hohen Glanz
der Metallplättchen hervorzubringen.

**Frederick Hodgson in Hampstead, Middlesex und George Al-
fred Edwards in Peckham, Grafschaft Surrey. — Schaltungs-
Anordnung, welche es ermöglicht, eine gewöhnliche Klingel-
Anlage als Fernsprech-Anlage zu benutzen. — Classe 21,
Nr. 94.897.**

Ist auf einer der Aussenstellen, z. B. o, der Empfänger d
angehängt, so ist er über den Aufhängehebel a und die Leitung v w
eingeschaltet. Parallel zu dieser Einrichtung ist ein gewöhnlicher Druckknopf e, welcher die Leitungsunterbrechung aufhebt, vorgesehen. Auf diese Weise ist die Unterstation befähigt,
auf Wechselstrom anzusprechen und den Fernsprecher d tönen zu
lassen, während durch den Druckknopf e eine Batterie b auf der
Centralstation I mit Signalapparat zum Tönen gebracht werden
kann. Der Condensator b wirkt also einmal als Lade- und Entlade-
Apparat für den Wechselstrom, das andere Mal, d. h. im gewöhnlichen Ruhezustande, als Unterbrecher. Durch einen einzeitig
isolirten Stöpsel f wird die Centralstelle I an das das
Läutewerk k und die Klappe z enthaltende Tableauleitung geschaltet, die Leitung zu dem Tableau isolirt und die Verbindung
zur Aussenstelle o bewirkt. (Fig. 1.)

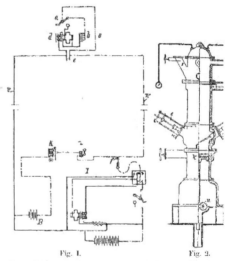

Fig. 1. Fig. 2.

**Octave Patin in Puteaux, Seine. — Elektrischer Ofen. —
Classe 40, Nr. 94.641.**

Der Ofen besitzt einen beweglichen Boden k, der durch
eine geeignete Antriebvorrichtung n in demselben Masse, wie
durch den Flammenbogen der beiden Elektroden c e die durch
die Beschickungsöffnungen s s eingebrachten Materialien umgewandelt werden, gesenkt wird. Das fertige Product wird somit
nach seiner Fertigstellung vor jeder weiteren unnöthigen Erhitzung
durch den elektrischen Strom bewahrt. (Fig. 2.)

**Siemens & Halske, Actien-Gesellschaft in Berlin. — Schalt-
tisch-Anordnung für Vielfachschaltung. — Classe 21, Nr. 94.995.**

An einem aus Holz in Verbindung mit Eisen entsprechend
gebauten Tisch sind die Umschalter U und die Verbindungsstöpsel S in bekannter Form angeordnet. In die Tischplatte sind
die Klinkenkasten mit je fünf Klinkenstreifen F zu je 20 Klinken k
in zwei Reihen angeordnet und zwar so, dass dieselben auf Ge-

lenken beweglich sind und nach oben aufgeklappt werden können. Die einzelnen Klinken k sind ebenfalls beweglich in den Klinkenstreifen F befestigt und können bei aufgeklappten Klinkenkasten nach hinten herausgenommen werden. Die Kabel K werden an

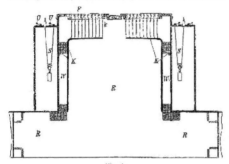

Fig. 3.

den Seitenwänden W entlang den einzelnen Klinkenstreifen F zugeführt. Der so entstehende Hohlraum R unter den Klinkenfelde dient als Arbeitsgang, um von unten und von der Seite her leicht zu den einzelnen Klinken gelangen zu können.

Oscar Behrend in Frankfurt a. M. — Vorrichtung zum Laden von Sammlerbatterien mit einem über die zwei Hälften der Batterie verzweigten Wechselstrom. — Classe 21, Nr. 94.671.

Der eine Pol der Wechselstromquelle C ist unmittelbar mit der Mitte a der Batterie, der andere mit den Enden b derselben über je eine Schaltvorrichtung verbunden. Durch letztere wird mittelst im Nebenschluss liegender polarisirter Elektromagnete f bei jedem Polwechsel ein Stromschluss abwechselnd auf der einen oder auf der anderen Seite der Batterie hergestellt. (Fig. 4).

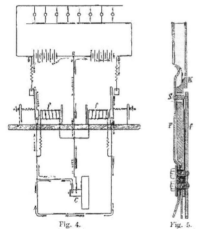

Fig. 4.　　　　　　　　　　　　　Fig. 5.

Aetien-Gesellschaft Mix & Genest in Berlin. — Klinke für Vielfach-Umschalter mit auf dem Rücken des Klinkenkörpers angeordneter Stromschlussstelle. — Classe 21, Nr. 91.899.

Die Stromschlussfeder F trägt einen Stift S, der durch ein Loch des Klinkenkörpers K hindurch auf den zweiten, auf der Rückseite des letzteren befindlichen Stromschlussfeder f drückt, zum Zwecke, durch die Verlegung der Stromschlussstelle auf die

entgegengesetzte Seite des Klinkenkörpers zu verhüten, dass Staubtheilchen, welche durch die Bohrung für den Stöpsel einfallen, zwischen die Stromschluss-stücke gelangen. Fig. 5.)

Montagu William Consett in London. — Bremsregler mit stetig wachsenden Bremsflächen. — Classe 60, Nr. 94.558.

Bei diesem für Kraftmaschinen bestimmten Regler, werden innerhalb eines feststehenden Ringes liegende, durch Federkraft ausser Berührung mit dem Ringe gehaltene, mit einer gemeinsamen Achse laufende Bremsbalken, bei stetiger Zunahme der Geschwindigkeit mit stetig wachsender Berührungsfläche gegen den Ring gepresst.

Geschäftliche und finanzielle Nachrichten.

Die Fabrik isolirter Drähte zu elektrischen Zwecken (vormals C. J. Vogel Telegraphendraht-Fabrik) Actien-Gesellschaft mit dem Sitze zu Berlin ist in das Handelsregister des Berliner Amtsgerichtes I unter dem 31. Jänner 1898 eingetragen worden.

Strassenbahn Hannover. Auf der Tagesordnung der am 21. cr. einberufenen ordentlichen General-Versammlung steht neben den gewöhnlichen Gegenständen ein Antrag auf weitere Erhöhung des Grundcapitales um 6 Millionen Mark und dementsprechende Aenderung der Statuten. Das Actiencapital beträgt bisher 12 Millionen Mark.

Actien-Gesellschaft für Elektrotechnik, vorm. Willing & Violet. Auf die Tagesordnung der am 23. Februar einberufenen General-Versammlung ist noch ein Antrag der Direction gesetzt worden, das von derselben am 31. December 1897 getroffene Abkommen, betreffend Ankauf eines Terrains in Cöthen und Betheiligung an einer zu bildenden besonderen Actien-Gesellschaft oder Gesellschaft mit beschränkter Haftung, zu genehmigen und die hiezu erforderlichen Mittel zu bewilligen.

„Telefon Hirmondó", A.-G. in Budapest. Die Direction hat beschlossen pro 1897 eine 5 percentige Dividende zu vertheilen und — mit Rücksicht auf die erzielten günstigen Resultate in den umliegenden Ortschaften (Neupest, Kleinpest, Erzsébetfalva und Kossuthfalva) — den Ausbau einer Linie über Czegléd, Kecskemét, Csongrád, H.-M.-Vásárhely, Szegedin bis Szabadka eventuell über Arad bis Temesvár, noch im Laufe dieses Jahres vorzunehmen.

Ungarische Elektricitäts-Actien-Gesellschaft. Die Direction hat in ihrer am 31. Jänner d. J. abgehaltenen Sitzung beschlossen, von den nach Zuschlag des Gewinnvortrages aus dem Jahre 1896 und nach ausreichenden Abschreibungen zur Verfügung stehenden fl. 336.459 zur Dotirung des Reservefonds und zur Deckung der statutenmässigen Tantième der Direction, den Betrag von fl. 34.488·78 zu verwenden, den nächstfälligen Coupon mit fl. 6·50, also in gleicher Höhe wie im Vorjahre, einzulösen und fl. 41.970·41 auf neue Rechnung vorzutragen.

Die Umwandlung der Wiener Tramway auf elektrischen Betrieb. Ueber diesen Gegenstand erhält die „Berl. B. Ztg." angeblich aus Wien, eine interessante Erläuterung, welche wir unseren Lesern nicht vorenthalten zu sollen glauben. Zunächst ist geplant, — heisst es in diesem Berichte — die Wiener Tramway zu liquidiren und an ihre Stelle eine neue Gesellschaft zu setzen, welche die Firma „Städtische Bau- und Betriebs-gesellschaft für elektrische Bahnen in Wien" führen soll. Die Liquidation der Tramway erfolgt in der Weise, dass die Actionäre das eingezahlte Actiencapital und die angesammelten Reserven, zusammen circa fl. 265 pro Actie, zurückerhalten. Da die Actie gegenwärtig ca. 500 notirt, so bedeutet das Liquidationsergebnis einen Verlust von fl. 235 per Actie. In diesem Mehrwerth von fl. 235 steckt bekanntlich einerseits der Werth des noch bis Ende 1925 laufenden Vertrages betreffs der Strassenbenützung, andererseits die Mehrwerth der gesellschaftlichen Activen, insbesondere der Grundstücke. Es entsteht daher die Frage: Welche Entschädigung wird dem Actionär für den Liquidationsverlust geboten? Die Antwort lautet: Das Bezugsrecht. Die neu zu errichtende Bau- und Betriebs-Gesellschaft wird mit einem Actiencapital von 15 Millionen Gulden in's Leben treten und auf diese Actien erhalten die Actionäre und Genussscheinbesitzer der Wiener Tramway das Bezugsrecht in der Weise, dass jede Actie und jeder Genussschein eine Actie der neuen Gesellschaft ausgefolgt erhält. Sie müssen hiebei natürlich ihr Nominale von fl. 200 einzahlen. Mit anderen Worten heisst dies: Die Actie der zu gründenden Bau- und Betriebs-Gesellschaft hat schon jetzt ein Agio von fl. 235. Nunmehr wäre zu untersuchen, ob und inwiefern dieses

Agio, bezw. ein Coursworth von fl. 435 gerechtfertigt ist. Der elektrischen Gesellschaft werden, wie erwähnt, 15 Mill. Gulden baar eingezahlt. Die bestehenden Geleiseanlagen der Wiener Tramway erhält sie von der Commune Wien, welche sie von der Tramway zum Buchwerthe zu erwerben hat, ohne jede Entschädigung. Ebenso hat sie für den Vertrag, der mit ihr abgeschlossen wird, keinerlei Baarzahlung zu leisten. Die 15 Mill. Gulden dienen einerseits zur Erwerbung des der Wiener Tramway gehörigen fundus instructus und andererseits zur Installirung des elektrischen Betriebes. Der Fundus der Wiener Tramway an Pferden, Requisiten, Fourragevorräthen, Stallungen, Wagen, Remisen und Baugründen soll für 5 Millionen Gulden an die neue Gesellschaft übergehen. Der Werth dieses Fundus ist aber ein bedeutend grösserer. Den grossen Theil davon wird die Gesellschaft sofort zu Gold machen. Die Pferde allein stehen mit fl. 1,327.060 zu Buche, die Fourrageyorräthe mit fl. 154.054. Die 17.670 Quadratklafter Grundflächen im Weichbilde Wiens, welche mit dem seinerzeitigen Einlösungspreise von fl. 332.392 bilancirt sind, haben heute nach fachmännischen Schätzungen einen Mindestwerth von 2·5 Millionen Gulden. Ferner werden die Stallungen, beziehungsweise die zum Theile sehr werthvollen Grundflächen, auf denen sie stehen, veräussert werden können. Auch daraus wird ein Erlös von mehreren Millionen Gulden resultiren. Diese realisirbaren Objecte allein ergeben mehr als jene 5 Millionen Gulden, so dass die elektrische Gesellschaft den grossen Wagenpark, die Remisen und sonstigen Requisiten ganz umsonst erhält. Die Gesellschaft hat also nicht zu zahlen für die Geleiseanlagen, nichts für den Betriebsvertrag, nichts für den fundus instructus. Die eingezahlten 15 Millionen Gulden bleiben intact für die Kosten der Installirung. Auf Grund des Baukosten-Erfordernisses für die probeweise installirte elektrische Transversallinie lässt sich annehmen, dass mit einem Betrage von 8 Millionen Gulden die vollständige Umwandlung des Pferdebahnnetzes auf elektrischen Betrieb wird durchgeführt werden können. Sollte es die Gesellschaft für nothwendig erachten, eine eigene elektrische Centralstation zu bauen, mit die Stromlieferung in eigener Regie zu besorgen, so wäre ein weiterer Aufwand vo 1 bis 1·5 Millionen Gulden erforderlich. Aber dazu dürfte sie sich nicht entschliessen, da die Allgemeine Oesterreichische Elektricitäts-Gesellschaft, welche den Strom für die Transversalstrecke liefert, auch grösseren Leistungen gewachsen ist. Von dem Capital verbleiben somach 5 Millionen Gulden disponibel. Diese sollen dazu dienen, das bestehende Netz der Tramway auszugestalten. Speciell ist auch in Aussicht genommen eine elektrische Untergrundbahn durch die innere Stadt, die eine enorme Steigerung der Rentabilität zur Folge haben müsste. Vorerst jedoch, insolange die neuen Linien nicht gebaut sind, hätte die Bau- und Betriebs-Gesellschaft nicht mehr als 6 Millionen Gulden Capital zu verzinsen. Der Reingewinn, welcher bisher für die Dividende von 15 Millionen Gulden aufzukommen hatte, würde sich künftig nur auf 40% dieses Capitals vertheilen. Auf Grund der Erfahrungen, die man mit dem elektrischen Betriebe anderwärts und speciell auch in Wien auf der Transversalstrecke gemacht hat, würde dieser Reingewinn überdies auch eine Steigerung um mindestens 50% erfahren. Der Verkehr auf jener Transversalstrecke hat sich nämlich gleich im ersten Jahre mehr als verdoppelt. Unter solchen Verhältnissen kann es keine Rolle spielen, dass die Gesellschaft der Commune Wien eine Participation am Reingewinn angeboten hat und diesen Gewinnantheil mit einem Minimum von fl. 800.000 garantirt. Sie konnte dies umso leichter thun, als ja die Commune 8·78 Mill. Gulden für die Erwerbung ihrer Geleiseanlagen und für die Ablösung des gegenwärtigen Tramwayvertrags ausgibt, welche den Actionären der neuen Gesellschaft zu Gute kommen. In eingeweihten Kreisen glaubt man das Uebereinkommen als ein für die Actionäre ganz abgeschlossen, dass dadurch ein endgiltiger Friede mit der Gemeinde hergestellt wird.

Bank für elektrische Industrie Berlin.

In der am 29. v. M. stattgefundenen Sitzung des Aufsichtsrathes der Bank für elektrische Industrie wurde seitens des Vorstandes der Gesellschaft die Bilanz für das erste Geschäftsjahr vorgelegt und beschlossen, der Generalversammlung vorzuschlagen, eine Dividende von 7% pro rat temporis zur Vertheilung zu bringen. Der Gesammtgewinn beträgt nach Abschreibung von 37.688 Mk. 274.893 Mk. Es wurden dem ordentlichen Reservefonds 18.744 Mk. sowie einem zu bildenden Special-Reservefonds 100.000 Mk. überwiesen.

Die Niederschlesische Elektricitäts- und Kleinbahn-Gesellschaft

in Waldenburg in Schlesien hat in ihrer Generalversammlung vom 18. October v. J. die Erhöhung ihres Grundcapitals um den Betrag von 2.600.000 Mk. beschlossen und hiermit 2600 Stück neue Actien im December vorigen Jahres ausgegeben. Die neuen Actien laufen mit Zinsen vom 1. Juli 1897, sind die alten und sind mit diesen völlig gleichberechtigt. Nach erfolgter Zulassung der neuen Actien, wie diejenigen der ersten Emission, ohne Coursunterschied lieferbar sein. Das Actiencapital des Unternehmens beträgt nunmehr 4 Millionen Mark.

Deutsche Elektricitäts-Actien-Gesellschaft in Charlottenburg.

In der am 1. d. M. stattgehabten ausserordentlichen Generalversammlung dieser Gesellschaft wurde seitens der Verwaltung berichtet, dass das Geschäft im Allgemeinen ein befriedigendes gewesen sei und dass für das laufende Jahr voraussichtlich eine Dividende von 7 bis 8% zur Vertheilung gelangen werde. Das laufende Geschäftsjahr schliesst mit dem 31. März 1898. Der Vorstand empfahl alsdann ausser den bisher fabricirten Glühlampen die Fabrication auch auf andere Artikel der elektrischen Branche auszudehnen und zu diesem Zwecke die Firma Schulz & Lange in Berlin käuflich zu erwerben. Die Generalversammlung acceptirte diesen Vorschlag einstimmig und beschloss gleichzeitig das Actiencapital um 800.000 Mk. zu erhöhen. In den Aufsichtsrath wurden neu gewählt die Herren Fabriksbesitzer Aug. Boringer in Charlottenburg und Ernst Heyne, Danzig. Die Herren Gustav Schulz und Georg Lange traten als Vorstandsmitglieder in den Vorstand der Gesellschaft.

Oesterreichische Eisenbahn-Verkehrsanstalt.

Mit Bezug auf unsere Notiz im Hefte V. S. 64 wird uns von berufener Stelle Folgendes mitgetheilt: Das Actiencapital der Oester. Eisenbahn-Verkehrsanstalt ist im Jahre 1895 um 1½, 1896 um 2 und 1897 um 2½ Millionen erhöht worden und hat die Verwaltung von der ausserordentlichen Generalversammlung im Jahre 1897 Vollmacht erhalten, das Capital weiters bis auf den Betrag von 3 Millionen Gulden zu erhöhen. Veranlassung zu der Errichtung der ungarischen Tochterinstitute gab nicht der Umstand — wie die „Berl. Börs.-Ztg." schreibt — dass ein grosser Theil der Kundschaft im Specialwagen-Geschäfte sich aus Ungarn recrutirt (die Verhältnisse liegen nämlich ganz entgegengesetzt), sondern der Gedanke, durch eine selbständige, den besonderen Verhältnissen der anderen Reichshälfte angepasste Organisation dem Strassenbahnwesen daselbst näherzutreten. Thatsächlich wurden auch seitens der ungarischen Gesellschaft im Vereine mit der österreichischen, Transactionen in Bezug auf die Strassenbahnen in Temesvár, Grosswardein, Debreczen und Arad durchgeführt, welche auf die Umwandlung der bestehenden Linien für den elektrischen Betrieb und den Ausbau der betreffenden Netze auf mehr als das Doppelte ihres bisherigen Umfanges abzielen. Die österreichische Gesellschaft hat den Eisenbahnbau in keineswegs vernachlässigt, wie das citirte Blatt meint; wenn grössere Geschäfte in diesem Gebiete nicht zustande gekommen sind, so liegt das an den bekannten Hindernissen, welche sich derartigen Actionen entgegenstellen. Rumburg-Warnsdorf ist noch nicht im Baue. Es ist unrichtig, dass die Eisenbahn-Verkehrsanstalt zur Tractionsgeschäfte machen darf, sie ist vielmehr auch berechtigt, Anlagen für Beleuchtung und Kraftübertragung herzustellen. Allerdings wünscht die Gesellschaft die Geschäfte der letzteren Art, welche mit Tractionsgeschäften nicht verbunden sind, der neuen Gesellschaft zu überlassen, insbesondere dort, wo es sich auch um die Ausnützung der Elektricität auf industriellem Gebiete handelt.

Vereinsnachrichten.

Die nächste Vereinsversammlung findet Mittwoch den 16. d. M. im Vortragssaale des Wissenschaftlichen Club, I., Eschenbachgasse 9, I. Stock, 7 Uhr abends, statt.

Vortrag des Herrn dipl. Chem. Professor Josef Klaudy: „Ueber Wechselbeziehungen chemischer und elektrischer Energie. II. Theil. (Elektromotorische Kraft und Polarisation.)"

Die Vereinsleitung.

Schluss der Redaction: 8. Februar 1898.

Verantwortlicher Redacteur: Dr. J. Sahulka. — Selbstverlag des Elektrotechnischen Vereines.
Commissionsverlag bei Lehmann & Wentzel, Wien. — Alleinige Inseraten-Aufnahme bei Haasenstein & Vogler (Otto Maass), Wien und Prag.
Druck von R. Spies & Co., Wien.

Zeitschrift für Elektrotechnik.

Organ des Elektrotechnischen Vereines in Wien.

Heft 8.	WIEN, 20. Februar 1898.	XVI. Jahrgang.

Bemerkungen der Redaction: Ein *Nachdruck aus dem redactionellen Theile der Zeitschrift ist nur unter der Quellenangabe „Z. f. E. Wien" und bei Originalartikeln überdies nur mit Genehmigung der Redaction gestattet.*
Die Einsendung von Originalarbeiten ist erwünscht und werden dieselben nach dem in der Redactionsordnung festgesetzten Tarife honorirt. Die Anzahl der vom Autor eventl. gewünschten Separatabdrücke, welche zum Selbstkostenpreise berechnet werden, wolle stets im Manuscripte bekanntgegeben werden.

INHALT:

Dreiphasen-Wechselstrom-Bahn Zermatt-Gornergrat.*)

Grosses Interesse erweckte seinerzeit das Project der Jungfraubahn, zumal sich darin die Techniker für die Verwendung des Drehstromes einsetzten, ohne dass dieselben auf Ergebnisse eines ähnlichen, bereits vorhandenen Betriebes hinweisen konnten. Wenn bis zum heutigen Tage kaum zwei Bahnen nach dem Dreiphasen-Wechselstrom-System ausgeführt wurden, so dürfte der Hauptgrund hiefür wohl nur der sein, dass in allen Fällen, wo aus technischen und anderen Rücksichten die Verwendung des Drehstromes besser am Platze gewesen wäre, als die des Gleichstromes, und man dennoch den letzteren als Betriebskraft wählte, der Aesthetik mehr Rechnung getragen wurde als der Zweckmässigkeit und Rentabilität der betreffenden Anlage. In gewisser Beziehung ist ja die Führung zweier Oberleitungen ein wunder Punkt der Drehstrombahnen, nichtsdestoweniger wird derselbe künftig ihrer Entwicklung nicht mehr in dem Maasse hemmend entgegenstehen wie bisher. Sowohl die durchaus befriedigenden Resultate, welche die von der Firma Brown, Boveri & Cie. in Lugano gebaute Strassenbahn ergeben hat, als auch die Erprobung einer Theilstrecke der von derselben Firma auszubauenden Gornergratbahn haben gezeigt, dass für Tractionszwecke der Drehstrom dem Gleichstrom jedenfalls gleichwerthig, in sehr vielen Fällen jedoch entschieden überlegen ist. Insbesondere wurde durch die Versuche auf der Gornergratbahn bewiesen, dass die Dreiphasen-Motoren gerade für den Bahnbetrieb ausgezeichnete Eigenschaften besitzen. Im Nachfolgenden sei nun diese in

jeder Hinsicht sehr interessante Bergbahn des Näheren beschrieben.

Zermatt, im Canton Wallis an einer von der Jura-Simplonbahn abzweigenden Secundärlinie gelegen, soll mit dem 3289 *m* hohen Gornergratgipfel durch eine Bahn verbunden werden. Die unmittelbare Nähe der für alle Fälle genügend grossen Wasserkräfte liess bei dem heutigen Stande der Elektrotechnik die Wahl der elektrischen Traction als Betriebssystem am praktischesten

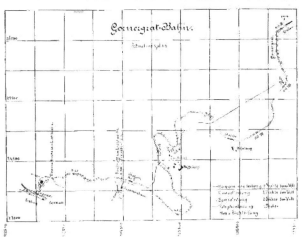

Fig. 1.

erscheinen. Da das Dreiphasen-Wechselstrom-System sowohl in ökonomischer wie in betriebstechnischer Hinsicht bedeutende Vorzüge gegenüber gänzlicher oder theilweiser Verwendung des Gleichstromes bei einer derartigen Anlage besitzen muss, so erhielt die Firma Brown, Boveri & Cie., welche den Drehstrom vorgeschlagen hatte, die Ausführung der sämmtlichen elektrischen Anlagen.

---

*) Mit Bewilligung der Firma Brown, Boveri & Cie. veröffentlicht.

Der Anfangspunkt der Bahn liegt in Zermatt selbst. Die ersten 300 m läuft die Trace in der Ebene, um dann auf einer Brücke von 30 m Spannweite über die Visp zu setzen. Hinter der Vispbrücke beginnt

Fig. 2.

die erste 12%/ betragende Steigung, die sich auf 1·3 km bis zur Findelbachbrücke erstreckt (siehe Fig. 1). Ungefähr 160 m unter der Findelbachbrücke befindet sich die Centralstation (Fig. 2). 1·6 km vom Anfangspunkte entfernt. Die Rohrleitung für das Turbinenhaus läuft unter der Bahn durch. Nach Ueberschreitung der letztgenannten Brücke beginnt die constante Steigung von 20%, welche, einige kürzere Strecken und die Stationen ausgenommen, bis zum Endpunkt anhält. Auf der ganzen Trace durchbohrt die Bahn den Berg in fünf Tunnels, von denen der längste circa 120 m beträgt. Die Bahn besitzt eine Länge von 9·3 km bei einer Gesammterhebung von ungefähr 1600 m. Das verwendete Schienenmaterial besteht aus 10 cm Vignolschienen zwischen welchen eine Zahnstange System Abt angebracht ist. Spurweite 1 m).

Zur Berechnung der Grösse der Centrale stützte man sich auf folgende Annahme: Das Gewicht einer Zugseinheit, bestehend aus dem Motor- und zwei Personenwagen incl. elektrischer Ausrüstung und 110 zu befördernden Personen, wurde mit 28 t festgesetzt, woraus sich unter Zugrundelegung eines Tractions-Coëfficienten

von 14 kg und einer secundlichen Geschwindigkeit von 2 m eine Kraft von

$$\frac{2 \cdot 28 \cdot (200 + 14)}{75} = \text{circa } 160 \, PS \text{ ergibt.}$$ Wird der Kraftverbrauch im Uebersetzungsmechanismus zu 20 PS gerechnet, so entspricht dies einem Krafterforderniss von 180 PS am Motor. Unter der Annahme, dass gleichzeitig zwei zu Berg fahrende Züge mit Strom versehen werden sollen, benöthigt man unter Berücksichtigung der Verluste in Generatoren, Speiseleitungen, Transformatoren, Contactleitungen und Motoren ungefähr 510 PS an den Wellen der Turbinen. Demzufolge wurden drei Turbineneinheiten zu je 250 PS angenommen, von denen zwei dem normalen Betrieb dienen, während die dritte als Reserve bestimmt ist. Diese Turbinen, sogenannte Peltonräder, sind horizontalachsig, machen 400 Touren und sind vermittelst elastischer Kupplungen direct mit den Wellen der Generatoren verbunden. Das Nettogefälle beträgt 100 m.

Die Hydromotoren besitzen äusserst empfindliche Regulatoren, welche im Stande sind, bei Belastungsschwankungen von 50% der Vollast bis auf 1% genau die Tourenzahl einzuhalten. Zur Erregung der Drehstrom-Generatoren laufen 15pferdige horizontalachsige Gleichstrom-Dynamos, welche mit 900 Touren machenden Special-

Fig. 3.

turbinen direct gekuppelt sind. Die Stromerzenger sind nach dem in letzter Zeit von der Firma Brown, Boveri & Cie. in vielen Anlagen ausgeführten, wohlbekannten Typus mit feststehender Armatur und rotirendem Magnetrad ausgeführt; dasselbe ist zwölfpolig, der Strom hat daher eine Periodenzahl von 40 Cyclen in der Secunde. Die von den Generatoren erzeugte Spannung beträgt 5400 V, welche in drei Transformatorenstationen auf die für die Contactleitung nothwendige Spannung von ca. 540 V reducirt wird. Eine jede solche Umformerstation besitzt eine Capacität von 180 KW. Als Hochspannungsleitung bis zur Transformatorenstation T_2 (Fig. 1) führen drei $5^1/_2$ mm Drähte und von dort ab bis zu T_3 drei 4 mm Drähte. Die Hochspannungsleitung folgt nicht der Bahntrace, sondern wird auf dem durch die Terrainverhältnisse gebotenen kürzesten Wege geführt. Von den Transformatoren T_1 und T_3 führt je eine secundäre Speiseleitung von zwei Drähten à 8 mm zum Anfangs- und Endpunkt der Contactleitung. Die Rückleitung geschieht durch die Schienen, welche vermittelst Chicago-Railbonds verbunden sind.

Der bis jetzt beschriebene Theil der Anlage bietet vielleicht weniger Interessantes, weil er in ähnlicher Zusammenstellung schon in früheren Ausführungen zur Verwendung gekommen ist.

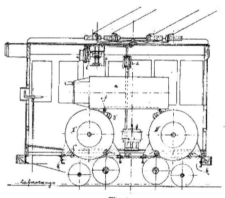

Fig. 4.

a — Ampèremeter, b — Shunt horizontal gestellt, c — Umschalter, d — Sicherungen, e — Widerstand, f — Zur Wiklung, g — Rotorklemmen, h — Elektromagnet für Bremse, i — Statorklemmen. k — Gestellcontact.

Vollständig neu und den Verhältnissen dieser Anlage angepasst ist die Construction der nachstehend beschriebenen, von der Schweizerischen Locomotivfabrik Winterthur gebauten und von Brown, Boveri & Cie. elektrisch ausgerüsteten Locomotive (Fig. 3 und 4). In der Figur 3 ist das Untergestell der Locomotive mit Zahnrädertrieb und einem Motor abgebildet. Die Locomotive besitzt zwei gleiche Motoren von je 90 PS Leistung.

Diese Motoren (Fig. 5) sind asynchrone Dreiphasenstrom-Motoren mit gewickeltem Anker und Schleifringen. Dieselben sind im Stande, nicht nur bei normalem Stromverbrauch unter Vollbelastung, sondern auch unter bedeutenden Ueberlastungen anzulaufen (in letzterem Falle natürlich unter entsprechend höherem Stromverbrauch). Beide Motoren sitzen direct auf den Tragbalken des Untergestelles der Locomotive und arbeiten vermittelst eines doppelten Rädervorgeleges auf die Triebachsen der Zahnstangen-Räder. Die Rädervorgelege sind doppelt angelegt in der Weise, dass die Motoren auf beiden Wellenenden Zahnkolben tragen. Es sind zwei

Triebachsen vorhanden und jeder Motor arbeitet getrennt auf eine derselben. Die beiden Motoren sind 6polig und machen also bei einer Periodenzahl von 4800 pro Minute ca. 800 Touren; das Uebersetzungsverhältnis der Rädervorgelege ist 12 : 1. Ueber den Motoren ist ein für beide gemeinschaftlicher Widerstand angeordnet, der in die Rotoren (beweglicher Theil des Motors) eingeschaltet wird und dazu dient, die Geschwindigkeit zu variiren. Der Widerstand in der Fig. 6 ohne Gehäuse abgebildet. Oberhalb des Widerstandes befindet sich an geeigneter Stelle ein Umschalter für die Motoren.

Fig. 5.

Auf dem Wagendache ist eine Stromabnahme-Vorrichtung angeordnet, u. zw. doppelt, in Rücksicht auf die grossen Stromstärken. Als mechanische Sicherungen sind zwei vollständig getrennte Frictionsbrems-Systeme vorgesehen, von welchen eines auf die Triebachsen und das andere auf die Motorachsen wirkt.

Fig. 6.

Das erstgenannte System wird vermittelst Kurbeln von Hand bethätigt und zwar können die Bremsen auf den beiden Triebachsen unabhängig von einander in Function gesetzt werden. Die Auslösung der Frictionsbremsen auf den Motorwellen geschieht auf drei verschiedene Arten, nämlich: 1. von Hand. 2. automatisch, sobald der Wagen eine gewisse Geschwindigkeit überschreitet und 3. sobald aus irgend einem Grunde der Strom unterbrochen wird. Letzteres wird durch ein Solenoid bewirkt, das, solange es von Strom umflossen ist, die Bremse gelöst hält, jedoch die sofortige Anziehen derselben bewirkt, sobald die Stromzufuhr aufhört.

Die Schaltung der Motoren bei der Thalfahrt kann auf zwei verschiedene Arten geschehen. Entweder werden die Motoren wie bei der Bergfahrt geschaltet und es wird in die Rotoren derselben Widerstand eingeschaltet, oder die Motoren werden auf Thalfahrt mit kurz geschlossenen Rotorwicklungen geschaltet. Der zu Thal fahrende Zug hat ungefähr die gleiche Geschwindigkeit wie bei der Bergfahrt, denn da die Motoren unter Strom stehen, so können sie eine grössere Geschwindigkeit nicht annehmen, als diejenige, welche der Periodenzahl des zur Verfügung stehenden Wechselstromes entspricht. Die Bremswirkung der im Synchronismus bleibenden Motoren, resp. die freiwerdende Energie des zu Thal fahrenden Zuges bewirkt, dass durch die Motoren während der Thalfahrt Strom in das Leitungsnetz resp. in die Centrale zurückgegeben wird. Im Falle, dass nur zu Thal fahrende Züge auf der Strecke verkehren, so dass also die Centrale eventuell mehr Strom aufnehmen als abgeben würde, könnte es vorkommen, dass die Turbinen und Generatoren eine gefährliche Geschwindigkeit annehmen würden. Man hat deshalb einen elektrischen Belastungswiderstand gewählt, der automatisch eingeschaltet wird, sobald die Turbinen eine gewisse Maximalgeschwindigkeit überschreiten. Dass die vorerwähnte Eigenschaft der durch die Thalfahrt frei werdende Energie wieder nutzbringend abzugeben, nicht nur theoretisch ist, bewiesen die Ende November v. J. vorgenommenen Versuche auf dem 1·6 km langen, complet fertiggestellten Theil der Trace. Es wurde unter Anderem mit einem vollbelasteten Zuge eine Thalfahrt unternommen, wobei die Motoren auf Thalfahrt geschaltet waren. Ohne Anwendung irgend welcher mechanischer Bremsen behielt der Zug die normale Geschwindigkeit der Bergfahrt. Der freigewordene Strom wurde in der Centrale durch einen Wasserwiderstand aufgezehrt. Weitere Versuche haben ergeben, dass die Locomotive mit vollbelastetem Zug auf jeder Steigung anläuft und dass dieses Anlaufen nicht ruckweise, sondern äusserst gleichmässig und sanft vor sich geht. Da die Geschwindigkeit der kurz ausgeschalteten Rotorwiderstand von Belastungsschwankungen nahezu unabhängig ist, so ist auch der Fahrdienst sehr einfach. Locomotive, Wagen, sowie alle Stationsgebäude etc. sind elektrisch beleuchtet. Zu diesem Zwecke befinden sich in den Stationen kleine Transformatoren, die die Betriebsspannung von 540 V auf die gewöhnliche Gebrauchsspannung reduciren. Die Lampen der Fahrzeuge sind je zu dreien hintereinander geschaltet.

Am 1. Juli 1898 wird die Firma Brown, Boveri & Cie. diese Pionnierin auf dem Gebiete der Wechselstromtechnik, die erste mit Dreiphasen-Wechselstrom betriebene Berg-Bahn dem öffentlichen Verkehr übergeben können. Binnen Kurzem werden derselben eine Reihe ähnlicher Bahnen, wie: Die Jungfraubahn, die Stansstad-Engelbergbahn u. A. folgen. Wie schon erwähnt, führten die ersten Versuche mit der Gornergratbahn und der Betrieb der ebenfalls von obiger Firma nach dem Dreiphasenstromsystem ausgeführten ersten elektrischen Strassenbahn in Lugano zu vollständig befriedigenden Resultaten, welche erkennen liessen, dass der Verwendung des Drehstromes auch auf dem Gebiete der Bergbahnen und der Bahnen überhaupt eine grosse Zukunft bevorsteht.　　　　*Adjunct W. Hönig.*

Ueber die elektromotorische Gegenkraft des Aluminium-lichtbogens.[*]
Von Victor v. Lang.

Die Erscheinung, dass eine Zersetzungszelle mit einer Aluminium- und einer indifferenten Platte (Kohle,

Platin etc.) dem elektrischen Strome nur in einer Richtung ein Hinderniss bietet, hat in neuester Zeit wieder die Aufmerksamkeit auf sich gelenkt, indem man sie zur Verwandlung von Wechselstrom in Gleichstrom benutzte.

Namentlich hat Grätz[*] diese Thatsache näher studirt und gezeigt, dass eine solche Zelle beim Durchgange des Stromes in der Richtung Aluminium—Kohle mit einer elektromotorischen Gegenkraft (ε) von 22 V wirkt, während sie in der Richtung Kohle—Aluminium den Strom, abgesehen von der Wasserstoffpolarisation, ungehindert hindurchlässt.

Der angegebene Betrag von 22 V liegt in der Nähe der Zahlen, die ich[**] seiner Zeit für die sogenannte elektromotorische Gegenkraft des Lichtbogens gefunden hatte, wenn derselbe zwischen Metallspitzen eingeleitet wird. Aluminium wurde damals nicht untersucht, die Bestimmung der betreffenden Zahl für dieses Metall bildet den hauptsächlichsten Inhalt der folgenden Zeilen.

Zwei vierkantige Aluminiumstücke wurden zum Theil rund abgedreht (Durchmesser 5 mm) und am anderen Ende an dicke Kupferdrähte geschraubt; letztere waren auf zwei Schlitten horizontal befestigt und konnten durch Schrauben bewegt werden. Von den aus Messing verfertigten Schlitten führten ersteres Drähte zu dem Kabelnetz der hiesigen Gleichstromcentrale (110 Volt), zweitens Drähte als Nebenschluss zu einem Weston'schen Voltmeter. In die Hauptleitung war ein ähnliches Instrument als Ampèremeter und ein Kurbelrheostat eingeschaltet. Die durch Nähern der Schlitten zwischen den Aluminiumspitzen eingeleitete Lichtbogen wurde durch eine Linse auf eine Scale an der gegenüberliegenden Wand projicirt und hierdurch seine Länge gemessen. Ein Theilstrich dieser willkürlichen Scale entsprach am Orte der Spitzen ungefähr eine Länge von 1·5 mm.

An den Ablesungen des Volt- und Ampèremeters betheiligten sich die Herrer Dr. Tuma, Dr. Lampa und II. Conrad, während die Einleitung des Lichtbogens nach Einschaltung von 0—15 Ohm Widerstand und die Ablesung seiner Länge selbst besorgte. Mit diesen Ablesungen musste aber sehr geeilt werden, da es nie möglich war, den Bogen längere Zeit constant zu erhalten; es bleibt aber immer sehr zweifelhaft, ob die erhaltenen Zahlen wirklich demselben Momente entsprechen und an die Genauigkeit derselben können daher nur von vornherein keine grossen Erwartungen gestellt werden. Diese Inconstanz hängt damit zusammen, dass die Spitzen sehr rasch verschlacken und der Bogen dann auf eine noch reine Stelle überspringt. Aus diesem Grunde konnte auch nach Erlöschen des Bogens derselbe nur wieder hergestellt werden, wenn die Spitzen sorgfältig gereinigt worden waren.

Im Ganzen wurden an zwei verschiedenen Tagen 47 Beobachtungen ausgeführt, 4 derselben bei der Berechnung aber nicht berücksichtigt, weil sie von den anderen allzusehr abwichen. Die übrigen 43 Beobachtungen sind in chronologischer Ordnung die folgenden; vgl. die Tabelle zur nächster Spalte.

In dieser Tabelle ist L die Bogenlänge in Theilen der willkürlichen Scale (1 p = 1·5 mm), A die Strom-

---

[*] „Annalen der Physik und Chemie", Bd. 63, 1897.

[*] L. Grätz: „Sitzungsber. d. mathem.-phys. Kl. d. k. bayer. Akad. d. Wissensch. zu München", 27, p. 223, 1897; Ch. Pollak: „Elektrotechn. Anz." Nr. 53, p. 113, 1897.

[**] V. v. Lang: „Sitzungsber. d. k. Akad. d. Wissensch. zu Wien", (2) 95, p. 84, 1887.

stärke in Ampères und V die Spannungsdifferenz zwischen den beiden Aluminiumspitzen in Volt. Die Berechnung geschah nach der Formel von Ayrton:[*]

$$V = \alpha + \beta L + \frac{\gamma + \delta L}{A}$$

in welcher α, β, γ, δ vier Constante bedeuten. Die Werthe der letzteren wurden mit Hilfe der Methode der kleinsten Quadrate gefunden:

$$\alpha = 18\cdot78, \quad \beta = 3\cdot13, \quad \gamma = 46\cdot00, \quad \delta = 12\cdot38.$$

welchen Zahlen die hier unter v angegebenen Differenzen (Beobachtung weniger Rechnung) entsprechen.

	L	A	V	v		L	A	V	v
Juni. 19.	1	3·7	40	— 2·3	Juni. 19.	4	9·8	42	+ 0·9
	2	3·5	40	— 4·2		5	9·5	42	— 3·9
	3	4·1	52	+ 3·5		4	9·4	43	+ 1·6
	1	3·7	40	+ 2·3		3	10·5	35	— 1·1
	1	5·2	32	— 1·1		1	10·8	31	+ 3·7
	1	5·7	37	+ 4·8		1·5	10·7	32	+ 2·5
	2	4·5	42	+ 1·2		2·5	10·0	39	+ 4·7
	4	8·0	40	— 3·3	Juni. 22.	1·5	6·1	30	— 4·0
	2	4·7	41	+ 0·9		1·5	5·5	33	— 2·2
	1	6·0	30	— 1·7		2	6·3	34	— 2·3
	1	7·4	27	— 2·8		2	5·6	36	— 1·7
	1	8·4	26	— 2·9		0·5	7·7	25	— 2·1
	1	9·5	24	— 4·1		3	7·0	40	— 0·1
	0·5	13·0	22	— 2·4		1	8·0	28	— 1·2
	0·5	12·3	22·5	— 2·1		1·5	7·0	34	+ 1·3
	2·5	10·4	39	+ 5·0		4	8·8	40	— 2·2
	5	9·0	50	+ 5·6		5	8·4	43	— 4·3
	2	11·1	32	— 0·1		2	9·2	35	+ 2·2
	3	10·5	35	— 1·1		3	8·9	39	+ 1·5
	6	8·5	52	+ 0·2		2·5	8·8	40	+ 4·6
	4	10·0	40	+ 0·9		2	9·0	38	+ 5·1
	3	10·5	35	— 1·1					

Die Grösse α, d. i. der constante Theil von V gibt nun die sogenannte elektromotorische Gegenkraft des Aluminiumbogens: ihr Werth 18·8 liegt in der That sehr nahe der von Grätz gefundenen Zahl $z = 22$, von welcher noch die auf die Wasserstoffpolarisation entfallende Antheil abzuziehen wäre. Freilich ist hierbei zu bemerken, dass eine Berechnung nach einer anderen ähnlichen Formel zu sehr abweichenden Werthen führen kann. So gibt die allerdings viel einfachere Formel

$$\text{(II)} \qquad V = \alpha + \frac{\delta L}{A}$$

für den constanten Antheil $\alpha = 24\cdot9$, wobei die Fehlerquadratsumme (Σv^2) nun von 318 auf 409 und der wahrscheinliche Fehler einer Beobachtung von 1·9 auf 2·1 steigt.

Ob aber zwischen den zwei Grössen α und z wirklich eine Beziehung stattfindet, dürfte nach dem folgenden sehr zweifelhaft sein. Ich habe nämlich auch noch Versuche über die Potentialdifferenz des Lichtbogens angestellt, wenn nur ein Pol desselben aus Aluminium, der andere aus Kohle besteht. Während nun bei der Stromrichtung Kohle—Aluminium diese Differenz ebenso gross war wie bei der Verwendung zweier Kohlenspitzen, war sie für die Richtung Aluminium—Kohle ungleich niedriger. Es wurden für diesen Fall nach der früher beschriebenen Methode 31 Beobach-

tungen ausgeführt und von diesen 30 der Rechnung unterzogen. Die Rechnung nach der Formel (I) ergab

$$\alpha = 15\cdot41, \quad \beta = 2\cdot89, \quad \gamma = 24\cdot50, \quad \delta = 10\cdot71,$$

wobei die Summe der Fehlerquadrate gleich 149 und der wahrscheinliche Fehler einer Beobachtung 1·6 beträgt. Die Formel (II) dagegen gibt

$$\alpha = 21\cdot15, \quad \beta = 23\cdot49$$

mit 219 als Summe der Fehlerquadrate und 1·9 als wahrscheinlichen Fehler.

Nach diesem Resultate konnte erwartet werden, dass auch durch einen Aluminium-Kohlenbogen Wechselstrom in Gleichstrom verwandelt werden kann. Es wurde also ein derartiger Lichtbogen mit Hilfe des Stromes der hiesigen Wechselstromcentrale (100 V) gespeist und in der That zeigte eine eingeschaltete Tangentenbussole zweifellos einen Gleichstrom in der Richtung Aluminium—Kohle an. Freilich konnten so nur etwa 6 Procent des Wechselstromes in Gleichstrom verwandelt werden.

Dieses Verhalten des Aluminiums ist in vollem Einklange mit den Beobachtungen von Sabulka[*] an dem Eisen-Kohlenbogen, es ist aber gerade entgegengesetzt der Wirkung des Aluminiums in der Zersetzungszelle, wo der aus Wechselstrom erhaltene Gleichstrom in der Richtung Kohle—Aluminium fliesst.

Methoden zur Messung der Phasendifferenzen von Wechselströmen gleicher Periode.[**]

Von Dr. H. Martienssen.

Als Phasendifferenz zweier Wechselströme von gleicher Periodenzahl ist im Folgenden stets die Zeitdifferenz angegeben, welche zwischen zwei aufeinander folgenden Durchgängen der beiden Ströme durch den Nullwerth verfliesst. An Stelle dieser in Bruchtheilen der Periode auszudrückenden Zeitdifferenz kann auch die entsprechende Winkeldifferenz gesetzt werden, indem einer ganzen Periode der Winkel von 360° zugezählt wird. Die Ströme können dabei entweder das einfache Sinusgesetz befolgen oder eine beliebig verzerrte Form haben, in welchem Falle sich dieselben bekanntlich aus Einzelströmen zusammensetzen, welche genau das Sinusgesetz befolgen. Die Periodenzahlen dieser Einzelströme stehen in ganzzahligem Verhältniss; die Amplituden der Ströme höherer Periodenzahl sind stets klein im Verhältniss zur Amplitude des Einzelstromes mit niedrigster Periodenzahl. Zur Messung der Phasendifferenz können die im Folgenden beschriebenen zwei Methoden dienen:

Die erste Art der Messung besteht darin, dass ein zu den Wechselströmen synchron laufendes Contactrad durch eine Schleiffeder, die um das Rad gedreht werden kann, bei jeder Umdrehung einmal für einen Augenblick den Stromkreis eines Galvanometers schliesst, das abwechselnd an je einem inductionsfreien Widerstand in den zu messenden Strömen angelegt werden kann. Es wird dann für jeden Strom eine, bezw. zwei Stellungen der Schleiffeder existiren, an welchen das Galvanometer keinen Ausschlag gibt, indem gerade im Moment des Contactes der jeweilige Strom durch 0 geht.

Wird dann an einem Theilkreis diese Stellung der Feder für beide Ströme abgelesen, so gibt die Differenz direct die numerische Phasendifferenz in Graden nach der gegebenen Definition, unabhängig von allen Eigenschaften des Stromes selbst. Hierbei kann das Contactrad direct auf die Axe der Wechselstrom-Maschine gesetzt werden, nur ist dann bei der Kreistheilung auf die Polzahl der Maschine Rücksicht zu nehmen.

Die zweite Art der Messung besteht darin, dass der Wechselstrom sich einen in der Phase verschobenen Strom inducirt, welch' letzterer in seiner Intensität solange verändert wird, bis beide zusammen in ihrer Wirkung addirt einen Strom gleichen, der dieselbe Phase hat, wie der zweite Wechselstrom. Dann lässt sich bei kleinen numerischen Werthen die zeitliche Phasendifferenz beider Ströme direct angeben an-

[*] Vgl. E. Voit: „Der elektrische Lichtbogen", p. 34, Stuttgart 1896.

[*] Sabulka: „Sitzungsber. d. k. Akad. d. Wissensch. zu Wien," (2) 105, p. 414, 1896.

[**] Der Artikel bildet einen Auszug aus der Inaugural-Dissertation des Verfassers.

dem im secundären Stromkreis eingeschalteten Widerstand bei constantem gegenseitigen Inductions-Coëfficienten oder bei constantem Widerstand aus dem veränderlichen Inductions-Coëfficienten, unabhängig von den Strömen selbst; bei grösserer numerischer Phasendifferenz muss auf die Grösse der Periode Rücksicht genommen werden.

1. Methode.

Phasendifferenzenmessung mittelst Galvanometer u. Contactrad.

1. Apparate.

1. Zwei Wechselstrom-Anker mit Hartgummikern liess ich nach meinen Angaben in der mechanischen Werkstätte des Professors Dr. Edelmann in München herstellen; einen zweipoligen Feldmagnet für dieselbe stellte mir die A. E. G. leihweise zur Verfügung. Die Anker waren von der gemeinsamen Axe abnehmbar und konnten gegeneinander verstellt werden, um eine beliebige Phasendifferenz herzustellen. Jeder hatte 2 × 700 Windungen eines 0·75 mm starken Drahtes und lieferte bei 1500 bis 2000 Umdrehungen in der Minute 4 bis 6 Volt. 4 Schleifringe auf Hartgummi montirt und Schleiffedern mit Klemmen gestatteten die Ströme getrennt abzunehmen. In beistehender Fig. 1, 1 sind diese beiden Anker auf der Axe montirt.

2. Ein weiterer Anker (Fig. 1, 2) mit untertheiltem Eisenkern für dieselben Feldmagnete wurde angefertigt. Derselbe konnte auf dieselbe Axe, wie die beiden Anker mit Hartgummikern gesetzt werden, trug 2 × 600 Windungen eines 0·70 mm starken Drahtes und lieferte 40 bis 70 Volt. Derselbe diente gleichzeitig als synchroner Wechselstrom-Motor.

Fig. 1.

3. Eine kleine Maschine (70 Volt, 4·5 Ampère) hatte die Firma C. & E. Fein in Stuttgart die grosse Liebenswürdigkeit, mir leihweise zur Verfügung zu stellen; von derselben (Fig. 1, 3) konnte Gleich-, Wechsel- und Drehstrom entnommen werden. Ich benutze dieselbe als Gleichstrom-Wechselstrom- bezw. Gleichstrom-Drehstrom-Umformer einerseits, andererseits als Motor, um die Generatoren 1 und 2 zu treiben. Die Maschine hat sich vorzüglich bewährt und kann ich dieselbe für Laboratoriumszwecke bestens empfehlen.

Fig. 2.

Der eigentliche Messapparat wurde auf der Axe der Anker 1, bezw. 2 montirt und von Institutsmechaniker angefertigt. Derselbe ist in Fig. 2 zu erkennen.

Das Contactrad a aus Hartgummi besteht aus zwei Theilen. Auf dem kleineren Umfang ist ein Schleifring (b) befestigt; derselbe ist mit einem 3 mm breiten Contactstück (c) aus Messing am grösseren Umfang leitend verbunden. Auf beiden Theilen des Rades schleifen Federn d, die mit Hilfe des Bürstenhalters e um die Axe gedreht werden können. Es wird demnach ein Stromkreis, in den die beiden Federn d eingeschaltet sind, bei jeder Umdrehung des Contactrades einmal geschlossen; wann im Laufe der Periode der Stromschluss stattfindet, hängt von der Stellung der Federn ab. Ein Theilkreis f am Bürstenhalter befestigt und der Zeiger g erlauben die Stellung auf 0·2° genau abzulesen. Bei genauerer Ausführung des Apparates müsste der Bürstenhalter mittelst Mikrometerschraube genau einstellbar und die Stellung mittelst Nonius ablesbar sein.

Als Galvanometer kann jeder beliebige Stromanzeiger verwendet werden; je schwächer die Ströme und je schmäler das Contact-stück (c), desto empfindlicher muss dasselbe natürlich sein. Mir standen zwei Deprez-Galvanometer zur Verfügung aus der Werkstätte des Prof. Dr. Edelmann, München. Das eine hatte 645 Ω inneren Widerstand und gab bei einem ruhigen Aufhängedraht aus Messing und vollkommen constantem Nullpunkt bei 1·6 . 10⁻⁹ Ampère 1 mm Ausschlag bei 3 m Scalenabstand. Das zweite Galvanometer hatte 7·5 Ω inneren Widerstand bei einer entsprechend geringeren Empfindlichkeit. Den Galvanometern waren stets 5000 bis 15.000, bezw. 500 bis 2000 Ω inductionsfreien Widerstandes vorgeschaltet.

Ferner standen mir 2 Normalinductionsspulen,[*] im Folgenden mit I und II bezeichnet, aus der Institutssammlung zur Verfügung; dieselben dienten dazu, herstellbare Phasendifferenzen herzustellen.

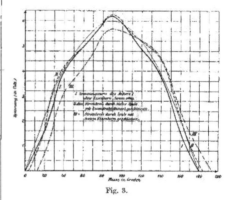

Fig. 3.

2. Vorversuche.

Da die Normalinductionsspulen auf Holz gewickelt waren, war es möglich, dass dieselben ihren Selbstinductions-Coëfficienten mit der Zeit geändert hatten, ich hielt es deswegen für nothwendig, dieselben zu controliren und führte die Messung nach der von Prof. Himstedt[**]) angegebenen Methode aus. Ich benutzte dazu einen Doppelunterbrecher des Instituts, der getrieben wurde von einem Elektromotor und bei jeder Umdrehung 8mal Galvanometer und Batterie schloss und öffnete; die Uhr, welche zur Bestimmung der Tourenzahl diente, wurde wiederholt mit einer Normaluhr verglichen.

Als Galvanometer verwendete ich zu diesen Zwecken dieselben, die eben angegeben sind, da das Arbeiten mit ballistischen Galvanometern gewöhnlicher Construction wegen der magnetischen Störungen im Institut geradezu unmöglich war. Es wurden Versuche angestellt bei verschiedenen Stromstärken (im Mittel 0·002 Ampère), verschiedenen Widerständen und Tourenzahlen. Die Abweichungen der einzelnen Versuche betrugen 0·1 bis 0·3%. Als Mittelwerthe erhielt ich:

*) Andriessen, Elektr.-techn. Zeitschr. p. 176, 1896.
**) F. Himstedt: Ueber die Bestimmung von Selbstinductions-Coëfficienten von Drahtspulen, Wied. Ann. 54, p. 336, 1895.

Für Inductionsspule I: $L = 0.09840 . 10^9 cm$. für II: $L = 0.03878 . 10^9 cm$. während früher gemessen war: $L = 0.09292 . 10^9 cm$. _ $I. = 0.03882 . 10^9 cm$, Die Widerstände der Spulen waren: $W = 19.89 \Omega$. „ $W = 12.46 \Omega$ bei 16° Celsius.

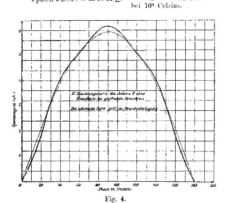

Fig. 4.

Ferner bestimmte ich die Spannungscurven der verschiedenen Wechselstrom-Generatoren ; dieselben sind durch die Figuren 3, 4 und 5 dargestellt.

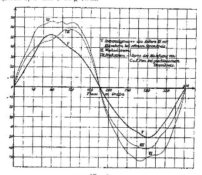

Fig. 5.

Die Curven I und IV, welche den Verlauf der Spannung der Anker ohne Eisenkern wiedergeben, sollten möglichst angenäherte Sinuscurven sein. Die Zeichnung zeigt jedoch, dass dieselben nicht unbedeutende Abweichungen aufweisen. Die Curven II und III sollen zeigen, wie die Spannungscurve im geschlossenen Stromkreise sich verändert, wenn Spulen mit Eisenkern in demselben vorhanden wären. Die Curven VI und VII gehören der Maschine von E. Fein an.

Erwähnt sei an dieser Stelle noch, dass die Ausdehnung des Contactstückes c am Phasenmesser keinen schädlichen Einfluss ausübt, so lange der Stromkreis des Galvanometers nahezu selbstinductionsfrei bleibt; das Galvanometer bleibt vielmehr auf 0, wenn während der ganzen Dauer des Contactes ebensoviel positive wie negative Elektricität dasselbe durchfliesst.

3. Versuche mit dem Phasenmesser.

a) Prüfung der Messmethode.

Bei den folgenden Versuchen wurde der Wechselstrom dem eisenfreien Anker II entnommen, in derselbe, wie die Aufnahme der Stromcurven erkennen lässt, am angenähertsten harmonisch verlaufenden Strom liefert.

Der Phasenmesser war an dem Wechselstrom-Generator

selbst anmontirt, so dass das Contactrad an und für sich synchron zu dem Strome laufen musste.

Um von der Selbstinduction des Ankers unabhängig zu sein, wurden die Versuche mit verzweigtem Stromkreis angestellt. Ist in dem einen Stromkreise der Selbstinductions-Coefficient L_1, der Widerstand R_1, in dem anderen L_2 bezw. R_2, so ist bekanntlich die Phasendifferenz beider Stromkreise gegeneinander für harmonischen Wechselstrom:

$$\varphi = \varphi'' - \varphi',$$

wo

$$tg\,\varphi'' = \frac{2\pi}{T} \cdot \frac{L_2}{R_2}, \quad tg\,\varphi' = \frac{2\pi}{T} \cdot \frac{L_1}{R_1}.$$

Die Schaltung wurde so angeordnet, dass nach jedem Versuche der Widerstand beider Stromkreise gemessen werden konnte. In jeden Stromkreis wurde ein inductionsloser Widerstand eingeschaltet, an welchen mittelst eines Doppel-Commutators Phasenmesser und Galvanometer mit passendem Vorschaltwiderstande in Nebenschluss der Reihe nach angelegt werden konnte.

Mit Hilfe dieser Schaltung wurde eine grössere Reihe von Versuchen ausgeführt, bei denen theilweise die Normal-Inductionsrolle L entfernt war, so dass der zweite Zweigstrom keine Selbstinduction hatte.

So war z. B.

$$L_2 = 0, \quad L_1 = 0.0034, \quad R_1 = 85.99, \quad T = 0.0511.$$

Hierbei musste für den ersten Zweigstrom der Phasenmesser auf 317.99, für den zweiten Zweigstrom auf 208.99 gestellt werden damit das Galvanometer keinen Ausschlag gab. Mithin ergibt sich als Phasendifferenz beider Ströme gemessen 109.0; aus obigen Daten unter Annahme eines Sinusstromes dagegen berechnet 117.89.

Folgende Tabelle gibt für 7 Versuche die gemessenen und berechneten Werthe:

Nr.	1	2	3	4	5	6	7
Gemessen	9.9	17.1	19.0	28.0	31.8	45.7	53.7
Berechnet	9.1	16.2	17.8	26.4	30.2	45.3	53.5
Differenz	0.8	0.9	1.2	1.6	1.1	0.4	0.2

Man erkennt, dass durchwegs die gemessenen Werthe grösser sind als die berechneten. Die Differenz, welche bis zu 7% ausmacht, nimmt zu, bis $\varphi = 25°$ wird, dann wieder ab, und verschwindet für $\varphi = 50°$ fast ganz. Dieses Anwachsen und Fallen der Differenz liessen mich vermuthen, dass dieselbe von der geringen Abweichung meines Wechselstromes von der Sinuscurve herrühren könne. Um hierüber Gewissheit zu erlangen, entwickelte ich zunächst aus der für den Anker erhaltenen Spannungscurve IV die Formel derselben. Durch den Verlauf der Curve sowohl, als durch eine Ueberschlagsrechnung erkannte ich zunächst, dass das 5. und 7. Glied der Sinusreihe besonders hervortreten; ich setzte daher als Formel der Curve an:

$$E = E_1 \sin p\,t + E_5 \sin 5\,p\,t + E_7 \sin 7\,p\,t,$$

und erhielt aus 6 Punkten nach der Methode der kleinsten Quadrate berechnet, als angenäherte Formel meiner Spannungscurve von 0 bis 50°:

$$E = \sin p\,t - 0.0174 \sin 5\,p\,t - 0.0295 \sin 7\,p\,t,$$

wo E in willkürlichem Masse gemessen ist.

Die so berechnete Formel kann nur als grobe Annäherung betrachtet werden, indem die Aufnahme der Curve kaum genauer als auf 1% richtig sein kann, und nur ganz geringe Veränderungen änderten die Formel wesentlich beeinflussen. Würde die Phasenverschiebung unter Annahme dieser Formel für E berechnet, was in angenäherter Weise möglich ist, so ergeben sich Werthe, welche von den oben in der Tabelle angegebenen gemessenen Werthen weniger abweichen als die unterhalb stehenden, welche unter der Annahme berechnet sind, dass E genau sinusartig verlaufe.

Hieraus glaube ich annehmen zu können, dass obige Differenzen lediglich bedingt sind durch die geringe Abweichung der Spannungscurve von der Sinusform.

Mithin ist experimentell bewiesen, dass die Methode thatsächlich die Phasendifferenz zu messen gestattet und die scheinbaren Abweichungen von den theoretisch gefundenen Werthen in der Ungenauigkeit der Rechnung ihren Grund haben.

b) Einige Messungen mit Hilfe der Methode.

Für die folgenden Versuche vertauschte ich den auf Hartgummi gewickelten Anker mit dem nicht unterthcilten Eisenkern und wurde angeschlossen als synchronen Wechselstrom-Anker den Wechselstrom der Maschine von C. & E. Fein; die Feldmagnete meines Motors wurden durch Gleichstrom erregt. Natürlich kann statt eines synchronen Wechselstrom-Motors jede andere Einrichtung benützt werden, die eine mit dem Strom synchrone Umdrehung hervorbringt.

Es zeigten sich anfangs Schwierigkeiten, den Motor zum Anlaufen zu bringen; durch starke Schwächung der Stromstärke in den Feldmagneten konnte es jedoch dahin gebracht werden, dass beide Maschinen gleichzeitig anliefen. Bei ruhigem Gange blieb dann die Stellung des Motorankers zur Phase des Stromes nahezu stationär, so dass bis auf 0·2⁰ bis 0·4⁰ genau die Phase abgelesen werden konnte. Schwankungen in der Tourenzahl des Generators folgte der Motor sehr schnell; nur bei sehr plötzlichen Veränderungen fiel er ausser Tact und blieb stehen.

Zu bemerken ist noch, dass bei der Phasenmessung darauf geachtet werden musste, dass stets die Nullpunkte verglichen wurden, bei denen der Strom im selben Sinne durch 0 geht. Bei der unregelmässigen Stromcurve lagen nämlich die beiden Nullpunkte nie genau um 180⁰ von einander entfernt, so dass nicht vom einen Nullpunkte auf die Lage des anderen geschlossen werden konnte.

Ich führte zunächst Versuche aus mit 3 verketteten Wechselströmen der Maschine von C. & E. Fein. In jeden der 3 Ströme wurde ein kleiner inductionsfreier Widerstand aus Constantandraht für Ströme bis 5 Ampère eingeschaltet, an welche der Reihe nach mittelst eines Doppelcommutators Phasenmesser und Galvanometer mit passendem Vorschaltwiderstande in Nebenschluss gelegt werden konnte.

Der Generator hatte 4 Klemmen zur Stromabnahme, 1 bis 3 für verketteten Drehstrom, 1 und 4 für einfachen Wechselstrom.

Ich entnahm zunächst den Klemmen 1, 2, 3 Strom und legte in die Leitung 1 den Motor und in 2 eine inductionsfreie Inductionsspule mit 20 Ω Widerstand, während die 3. Leitung als gemeinsame Rückleitung unbelastet blieb.

Es ergab sich, dass das Galvanometer in Ruhe blieb, wenn der Phasenmesser bei dem

1. Stromkreis auf 326⁰,
2. „ „ 296⁰,
3. „ „ 118·5,

stand. Demnach ist die Phasendifferenz zwischen

1 und 2: $\varphi_{12} = 30^0$,
2 „ 3: $\varphi_{23} = 177.5^0$,
3 „ 1: $\varphi_{31} = 152.5^0$.

Sodann entnahm ich den Strom den Klemmen 1, 2, 4; legte an 4 den Motor, an 2 dieselbe Inductionsspule; die Leitung 1 blieb unbelastet.

Dabei erhielt ich als Phasendifferenz zwischen

1 und 2: $\varphi_{12} = 171^0$
2 „ 4: $\varphi_{24} = 63^0$
4 „ 1: $\varphi_{41} = 126^0$

Legte ich dagegen an 2 eine Spule mit grober Wickelung (circa 5 Ω) mit Eisenkern, während sonst alles unverändert blieb, so erhielt ich:

$\varphi_{12} = 170.2^0, \quad \varphi_{24} = 115.2^0, \quad \varphi_{41} = 74.6^0$

Aus diesem Versuch erkennt man, wie die Phasendifferenz der 3 Ströme sich bei verschiedener Belastung verändert.

c) Selbstinductionsbestimmung durch Phasenmessung.

Schliesslich führte ich noch eine Versuchsreihe aus, die zeigen soll, wie man Phasendifferenzmessung zur Bestimmung von Selbstinductions-Coefficienten verwenden kann. Ich wählte dazu die Bestimmung der Abhängigkeit des Selbstinductions-Coefficienten von der Stromstärke in einer Inductionsspule mit festem Eisenkern.

Ich verwendete den Anker mit Eisenkern als Generator. Die Messung wurde in verzweigten Stromkreise angestellt, indem in dem einen Stromkreis ein induction-freier Widerstand, in dem anderen die Spule mit Eisenkern und ein bekannter Widerstand eingeschaltet war. Die Phasendifferenz beider Zweigströme lässt dann bei gegebener Tourenzahl den Selbstinductions-Coefficienten der Spule berechnen. Um diese Rechnung nach der einfachen Formel

$$tg\,\varphi = \frac{2\pi}{T} \cdot \frac{L}{R}$$

ausführen zu können, ist es jedoch nöthig, die erhaltenen Phasendifferenzen auf solche für Sinusstrom zu reduciren. Zu diesem Zwecke wurde nach der Messung statt der veränderlichen deren veränderlicher Inductions-Coefficient bestimmt werden sollte, eine der Normalrollen eingeschaltet, und die Widerstände so gewählt, dass ich nahezu dieselbe Phasendifferenz erhielt, wie vorher. Auf diese Weise ermittelt werden, wie gross die Differenz der gemessenen und thatsächlich vorhandenen Phasendifferenz zu der berechneten und für Sinusstrom giltigen ist.

(Fortsetzung folgt.)

Der österreichische Telegrammverkehr in den Jahren 1895—1897.

(Aus den Zusammenstellungen des statistischen Departments des k. k. Handelsministeriums.)

Länder	Bei den Staats-Telegraphenstationen												Bei den Eisenbahn-Telegraphenstationen						Gesammtzahl				Eingelöste Tariefschlösser der Staats-Telegraphenstationen in Gulden			
	anfgegebene			angekommene internationale			durchlaufende Telegramme			zusammen gebührenpflichtige Telegramme			Eisenbahn-dienstlich aufgegebene			Bei den									
	interne			internationale																						
	1895	1896	**1897**	1895	1896	**1897**	1895	1896	**1897**	1895	1896	**1897**	1895	1896	**1897**	1895	1896	**1897**	1895	1896	**1897**	1895	1896	**1897**
Oesterr. u. d. E.	1.804.488	1.782.667	1.845.247	700.802	607.661	593.176	40.438	38.068	39.587	3.514.545	3.621.148	3.843.859	961.015	1.793.767	1.780.016
Oesterr. o. d. E.	191.572	196.308	248.637	27.131	27.131	37.231	16.645	16.165	11.003	262.320	268.624	296.114	117.360	122.802	131.385
Salzburg	71.787	72.649	88.697	30.302	21.350	28.244	5.431	5.104	3.543	119.973	119.598	141.772	52.991	154.025	68.674
Steiermark	328.688	333.154	379.576	26.843	26.345	24.805	30.900	26.715	24.760	415.449	414.405	473.173	164.630	166.621	175.759
Kärnten	66.305	63.550	90.376	5.472	5.815	6.109	10.933	10.328	10.147	108.403	105.249	111.887	48.979	41.923	41.317
Krain	73.891	68.427	74.480	3.742	3.671	4.915	6.645	6.259	4.074	87.522	82.471	83.319	33.148		55.830
Oesterr. illyr. Küstenland	386.656	385.847	451.523	178.558	203.061	180.274	40.436		193.011	799.207	732.969	733.677	363.007	437.900	451.017
Tirol u. Vorarl-berg	256.551	269.913	288.825	89.449	86.523	96.123	26.301	23.304	21.592	449.079	468.055	195.537	177.820	182.416	193.151
Böhmen	1.471.147	1.485.745	1.516.388	316.308	324.257	322.524	174.610	123.662	129.473	2.305.881	2.327.269	9.581.129	972.943	970.060	1.003.467
Mähren	499.935	489.436	510.640	40.937	44.166	41.496	57.330	50.916	52.077	624.831	624.121	251.243	251.243		273.332
Schlesien	128.306	146.116	118.157	21.000	24.651	24.651	8.730	8.499	8.895	181.010	201.355	202.535	77.841	84.197	88.261
Galizien	893.221	920.077	991.449	131.292	143.867	141.880	67.692	59.591	69.623	1.460.050	1.542.326	1.542.236	519.847	523.719	533.440
Bukowina	157.553	125.466	141.110	32.372	24.491	37.715	66.344	7.338	7.919	179.536	180.348	180.648	74.110	73.285	83.123
Dalmatien	291.172	228.078	231.913	16.764	19.311	20.921	711	671	747	228.904	267.044	264.904	115.580	120.641	121.750
Im Ganzen	6.573.345	6.557.376	6.911.586	1.663.791	1.691.205	1.583.514	581.880	314.546	681.168	299.144	299.144				N. Z.

KLEINE MITTHEILUNGEN.

Verschiedenes.

Société internationale des Electriciens. In der Sitzung vom 2. Februar 1898, welche unter Vorsitz des Herrn Pellat abgehalten wurde, berichtete Branly über seine Versuche, die er mit Rücksicht auf die Telegraphie ohne Draht über die elektrische Leitungsfähigkeit anstellte und demonstrirte einen mit Eisenpulver gefüllten Cohärer, welcher zugleich mit einem Galvanometer in den Stromkreis einer Batterie geschaltet wurde. Normal bietet bekanntlich der Cohärer einen grossen Widerstand, wenn jedoch in der Nähe elektrische Wellen erzeugt, oder solche aus der Ferne anlangen, wird die Leitungsfähigkeit sofort erhöht. Boucherot berichtete hierauf über seine bezüglich der Condensatoren für industrielle Zwecke angestellten Versuche. Paraffinirtes Papier ergab gute Resultate, aber der Condensator darf nicht heiss werden, da sonst der Isolations-Widerstand des Dielectricums sehr rasch sinkt. Ein Condensator mit paraffinirtem Papier hatte einen Isolations-Widerstand von 2·5 Megohm bei 37°, von 700.000 Ω bei 56° und von 100.000 Ω bei 86°. Um zu vermeiden, dass der unterseeische Condensator durchgeschlagen werde, dürfte die Spannungsdifferenz nicht höher als 800 V gewählt werden. Unter Annahme einer Periodenzahl von 40 bis 50 in der Secunde kann man für industrielle Zwecke Condensatoren, welche 3000 V aushalten, zum Preise von 100 bis 150 Frcs. per scheinbares Kilowatt erzeugen; der Preis beträgt 50 bis 75 Frcs. für Condensatoren, welche nur 100 V aushalten haben. Die Condensatoren werden für industrielle Zwecke nur in geringem Ausmasse verwendet; ein Condensator, der sehenbar 100 Kilowatt absorbirt, würde 5000 Frcs. kosten, während eine Wechselstrom-Maschine von gleicher Leistung 10.000 Frcs. kostet.

Ein Walzwerk für Drähte, bei welchem das Walzgut durch den elektrischen Strom erhitzt wird, ist kürzlich in Deutschland patentirt worden. Wie wir einer Mittheilung des internationalen Patent-Bureaus Carl Fr. Reichelt, Berlin entnehmen, besteht dasselbe aus zwei Walzen, die, wie gewöhnlich, mit verschiedenen Kalibern abnehmenden Querschnittes versehen sind. Die Walzscheiben sind gegeneinander und von der Welle isolirt. Durch Schleifcontacte stehen sie mit dem einen Pol einer Stromquelle ausschaltbar in Verbindung. Den anderen Pol bildet ein Contact, den das Walzgut auf seinem Wege zum Walzwerk berührt.

Bei den Erörterungen im deutschen Reichstage über das **Fernsprechwesen** ist von der Reichs-Postverwaltung die Absicht zu erkennen gegeben worden, bei Einrichtung neuer Anschlüsse fortan jeden Apparat nur noch mit einem Fernhörer zu versehen. Der bisher übliche zweite Fernhörer soll nur noch auf besonderes Verlangen und gegen eine Sondergebühr (von 10 Mk.) verabfolgt werden. Der Herr Unter-Staatssecretär Fritsch suchte dies damit zu rechtfertigen, dass ein Apparat jetzt so vortrefflich construirt sei, dass der zweite Fernhörer entbehrlich sei und in der Regel auch nur noch dazu benützt werde, das zweite Ohr zuzuhalten. Demgegenüber muss bemerkt werden, dass in jedem Bureau mit etwas grösserem Personale sich beobachten lässt, dass ein nicht zu geringer Bruchtheil desselben sich beider Hörrohre zu bedienen pflegt, namentlich bei Entgegennahme von Mittheilungen von auswärts oder wenn das Organ des Sprechenden ungenügend ist, was ja nichts weniger als selten ist. Uebrigens darf auch wohl darauf hingewiesen werden, dass gerade bei geschäftlichen Mittheilungen von Wichtigkeit sehr oft beide Hörrohre von zwei verschiedenen Personen benutzt werden, theils, um den Inhalt der Mittheilung zweifelsfrei feststellen zu können, theils auch, um sich ohne Zeitverlust über die etwa zu ertheilende Antwort einigen zu können.

Der Verein zur Ermunterung des Gewerbegeistes in Böhmen hat in seiner 64. Jahresversammlung eine öffentliche Preis-Ausschreibung für Erfindungen, welche für den Gewerbebetrieb von Wichtigkeit sind, beschlossen. Diese Concurrenz verfolgt den Zweck: a) den Handwerke und der Hausindustrie Kenntnis von neuen, besonders von Bearbeitungs- und Hilfsmaschinen und Werkzeugen zu verschaffen; zwar b) insbesondere von solchen technischen Hilfsmitteln, deren Anwendung geeignet ist, die Anfertigung gewisser Erzeugnisse billiger, schneller oder vollkommener zu gestalten; c) zugleich soll dadurch auch die Einführung neuer, bei uns bislang noch nicht ausgeübter Erwerbszweige angeregt werden. Aus diesem Grunde und behufs Erlangung einer möglichst vollständigen Uebersicht der einschlägigen Errungenschaften und der diesbezüglichen technischen Fortschritte ist die hiemit ausgeschriebene Concurrenz eine internationale und folglich auch Ausländern zugänglich. Der Umfang dieser Concurrenz ist durch die Bestimmung gegeben, dass zu derselben nur neuer End in Böhmen unbekannte Erfindungen zugelassen werden, d. h. Erfindungen, die bisher auf keiner, im Königreiche Böhmen ver-

anstalteten Ausstellung öffentlich ausgestellt waren. Der erste Preis ist auf 1000 Kronen in Gold bemessen. Die weiteren Preise, bestehend aus Geldbeträgen, Ehrendiplomen, Silber- und Bronze-Medaillen, sowie aus ehrenden Anerkennungsschreiben, werden nach Schluss der Anmeldungsfrist im Verhältnisse zur Menge der vorliegenden Anmeldungen bestimmt und kundgemacht werden. Die angemeldeten und der Concurrenz zugelassenen Gegenstände werden öffentlich ausgestellt und die vorkommenden Maschinen je nach Wunsch der Aussteller in Betrieb gesetzt, geprüft, eventuell auch durch Vorträge erläutert und behufs Entscheidung über die zu gewährenden Auszeichnungen der Beurtheilung einer aus Fachmännern bestehenden Preisrichter-Jury unterworfen werden. Rücksichtlich jener Erfindungen, welche noch durch kein Privilegium geschützt sind, werden geeignete Schritte unternommen werden, damit dieselben auf die Dauer der Ausstellung provisorisch in allen Prioritätsrechten behördlichen Schutz geniessen. Die öffentliche Ausstellung der concurrirenden Gegenstände erfolgt in Prag im königl. Baumgarten vom 15. Juni bis 15. September 1898 in der Ausstellung der Architektur- und des Ingenieurwesens und zwar in einer besonderen Abtheilung K, welche neben der Ausstellungs-Section H (Motoren und Hilfsmaschinen für das Kleingewerbe) errichtet wird. Ueber Vorlangen übermittelt den Directorium (Böhm. Gewerbeverein, Prag I. jedem Reflectanten das Ausstellungsprogramm und das Anmeldungsformular; wer diejenigen, die an der Concurrenz Theil nehmen wollen, ist sodann die ordentlich ausgefertigte Anmeldung mit der ausdrücklichen Bezeichnung: "Zur Concurrenz um die Preise des böhm. Gewerbevereines zur gewerblichen Erfindungen" bis 1. März 1898 an das Actions-Comité der Ausstellung (Prag I.) einzusenden und zwar in so viel Exemplaren, als das Ausstellungs-Programm vorschreibt.

Ausgeführte und projectirte Anlagen.

Oesterreich-Ungarn.

a) Oesterreich.

Baden. (Localbahn von dem Endpunkte der Bahnlinie Baden-Rauhenstein nach Klausen-Leopoldsdorf mit einer eventuellen Fortsetzung zur Station Neulengbach.) Das k. k. Eisenbahnministerium hat dem Verwaltungsrathe der Actien-Gesellschaft der Wiener Localbahnen die Bewilligung zur Vornahme technischer Vorarbeiten für eine normalspurige, mit elektrischer und theilweise mit Dampfkraft zu betreibenden Localbahn von dem Endpunkte der stadtbekannten Bahnlinie Baden-Rauhenstein über die Cholera-Kapelle, die Krainerhütte und Alland nach Klausen-Leopoldsdorf mit einer eventuellen Fortsetzung zur Station Neulengbach der k. k. Staatsbahnen ertheilt. (Vergl. H. 7, S. 84.)

Wien. (Project einer elektrischen Bahn Nussdorferlinie-Grinzing-Cobenzl.) Diese Bahnverbindung, die als normalspurige Kleinbahn mit elektrischem Betriebe ausgeführt werden soll, beginnt bei der Haltestelle "Nussdorferlinie" der Wiener Stadtbahn — die Viaducte der Gürtellinie werden zu Aufnahmsstellen der elektrischen Linie ausgestaltet — führt durch die Billrothstrasse, unter theilweiser Mitbenützung der Geleise der Neuen Wiener Tramway, durch die Grinzinger Allee auf den Grinzinger Hauptplatz (Himmelstrasse) über die Cobenzlstrasse in das Gutgebiet des Cobenzl. Vom "Grinzinger Badhaus" soll die Bahn auf der neuen, im Anschluss an die Bacheinwölbung herzustellenden Strasse und innerhalb des Gebietes Cobenzl auf einer eigenen neuen Strasse bis zur Endstation, die bei der Meierei Cobenzl liegt, geführt werden. Die Länge der projectirten Linie beträgt 6·4 km und bei einer grössten Steigung von 6% und des schärfsten Bogen von 20 m Radius soll die Fahrgeschwindigkeit von 10 km per Stunde leicht erreicht werden können. Acht Haltestellen, welche sämmtlich als Ausweichen ausgestattet werden, sind im Zuge der Bahn vorgesehen, und zwar mit der Bezeichnung: Gymnasiumstrasse, Silbergasse, Sieveringerstrasse, Kaasgraben, Grinzing, Badhaus, Krapfenwaldl und Schlosspark. Die Contactstation für Erzeugung der erforderlichen elektrischen Kraft soll auf dem Grunde der Oesterreichisch-holländischen Baugesellschaft errichtet werden. Der Normalverkehr soll mit Intervallen von 20 Minuten eingerichtet werden. Die Stromzuleitung ist oberirdisch. Die Bauzeit nimmt der Verfasser des Projectes, Ingenieur Salliger, mit einem Jahre an. Wir haben über dieses Project bereits in Hefte vom 1. Juni 1897, S. 343, berichtet.

b) Ungarn.

Budapest. (Elektrische Bahn.) Der königl. ungar. Handelsminister hat der Budapester Firma "Action-Gesellschaft für elektrische Einrichtungen und Communicationsbauten" (Reizvény társaság villamos és közlekedési vállalatok) die Bewilligung zur Vornahme technischer Vorarbeiten, für eine von Profil 36/37 der hider mit Dampfkraft betriebenen und zunächst auf elektrischen Betrieb einzurichtenden Localbahn Budapest—Szent-Lörincz ausgehende, längs der von Kis-Pest nach Szent-Lörincz führenden öffentlichen Strasse bis Szarvas-Csarda führende normalspurige Localbahn mit elektrischem Betriebe auf die Dauer eines Jahres ertheilt.

Léva. Comitat Bars. (Elektrische Strassen-Eisenbahn). Der königl. ungar. Handelsminister hat dem Alexander Holló die Bewilligung zur Vornahme technischer Vorarbeiten für eine von der Station Léva der Linie Párkány—Nana—Léva der Königl. ungarischen Staatsbahnen und der in ihrem Betriebe stehenden Localbahn Léva—Garam Berzencze ausgehende, mit Berührung des öffentlichen Schlachthauses und mit Benützung entsprechender Strassenzüge im Bereiche der Stadt Léva sich verzweigende normalspurige Strassen-Eisenbahn mit elektrischem Betriebe auf die Dauer eines Jahres ertheilt.

Deutschland.

Berlin. Die Einführung des elektrischen Betriebes auf der Wannseebahn, worüber wir schon wiederholt berichteten, wird vermuthlich an dem Widerspruche des Observatoriums auf dem Brauhausberge bei Potsdam scheitern. In der Sitzung der Potsdamer Stadtverordneten-Versammlung vom 11. d. M. machte der erste Bürgermeister Jähne die Mittheilung, dass er persönlich Rücksprache mit dem Director des Observatoriums wegen der Anlage einer elektrischen Centrale für Beleuchtung und Kraftzwecke in Potsdam gehabt und ihm der Director erklärt habe, das Observatorium müsse mit Rücksicht auf die Empfindlichkeit seiner wissenschaftlichen Instrumente gegen jede elektrische Bahn, bei welcher die Schienen zur Rückleitung dienen, im Umkreise bis circa 15 km Einspruch erheben. Der Director habe bereits dem Kaiser, der sich persönlich mit der Sache beschäftigte, Vortrag darüber gehalten, und infolge dessen sei das Cultusministerium angewiesen worden, derartige elektrische Anlagen zu verhindern. Da hiernach die Hälfte der Wannseebahn in den Bannkreis des Observatoriums falle, erscheine der elektrische Betrieb auf dieser Bahn fraglich, ebenso wie es nicht möglich sein werde, die geplante elektrische Bahn von Spandau nach Potsdam einzurichten. Für den Betrieb elektrischer Bahnen durch Accumulatoren hat das Observatorium festgesetzt, dass im Umkreise von anderthalb Kilometern keine solchen errichtet werden dürfen, was die geplante Umwandlung des Potsdamer Pferdebahn in eine elektrische Accumulatorenbahn fast unmöglich macht. Für diesen Zweck sollte die elektrische Centrale in Potsdam mit benützt werden.

Patentnachrichten.

Mitgetheilt vom Technischen- und Patentbureau.

Ingenieur Victor Monath

WIEN, I. Jasomirgottstrasse Nr. 4.

Deutsche Patentanmeldungen.*)

Classe
21. E. 5445. Galvanisches Element. — Wilhelm Exner und Ernst Paulsen, Berlin. 10./7. 1897.
„ M. 14.560. Hitzdrahtmessgeräth mit zwei oder mehreren frei ausgespannten und durch Hebel miteinander verbundenen Hitzdrähten. — Dr. Paul Meyer, Berlin-Rummelsburg. 13./10. 1897.
„ S. 10.397. Zusammengesetzter Ringanker für Dynamomaschinen. — Siemens & Halske, Actien-Gesellschaft, Berlin. 11./8. 1897.
„ A. 5316. Einrichtung zum Antrieb von Erregermaschinen. — Allgemeine Elektricitäts-Gesellschaft, Berlin. 14./7. 1897.

Deutsche Patentertheilungen.

Classe
23. 96.717. Regelungs-Vorrichtung für Bogenlampen. — F. Klostermann, Paris. 15./4. 1896.
„ 96.718. Verfahren zur Veränderung der Umlaufs-Geschwindigkeit von Elektromotoren. — Siemens & Halske, Actien-Gesellschaft, Berlin. 30./6. 1896.

---

*) Die Anmeldungen bleiben acht Wochen zur Einsichtnahme öffentlich aufgelegt. Nach § 24 des Patent-Gesetzes kann innerhalb dieser Zeit Einspruch gegen die Anmeldung wegen Mangel der Neuheit oder widerrechtlicher Entnahme erhoben werden. Das obige Bureau besorgt Abschriften der Anmeldungen und übernimmt die Vertretung in allen Einspruchs-Angelegenheiten.

Classe
21. 96.720. Differential-Bogenlampe mit Kohlenstift-Magazinen. — — H. Delavau und F. F. Brérat, Chatellerault. — 28./2. 1897.
„ 96.722. Schaltungsweise der Zusatzmaschinen in Mehrleiteranlagen mit Betriebsmaschinen von mehrfacher Gruppenspannung und hintereinander geschalteten Sammelbatterien; Zus. z. Pat. 80.565. — „Elektricitäts-Actien-Gesellschaft vorm. Schuckert & Co., Nürnberg. 17./7. 1897.
„ 96.765. Galvanisches Doppelelement mit Flüssigkeitsvorrath; Zus. z. Pat. 88.613. — K. Krayn und C. König, Berlin. 13./4. 1897.
„ 96.766. Umkehrbares galvanisches Element mit zweitheiligem Gefässe. — R. K. Moffatt, Brooklyn. 28./4. 1897.

Auszüge aus Patentschriften.

Société anonyme pour la Transmission de la Force par l'Electricité in Paris. — Erregungsweise von asynchronen Wechselstrom-Maschinen. — Classe 21, Nr. 94.992.

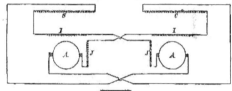

Fig. 1.

Das Feld der asynchronen Wechselstrom-Maschine wird durch mehrere Wickelungen C und S erregt, welche je für sich einen Stromkreis bilden, bestehend aus der Feldwickelung C der einen, der Ankerwickelung A der anderen von zwei gleichartigen Gleichstrom-Maschinen und einer auf dem Feldmagnet der letzteren um 90° gegen die eigentliche Feldwickelung dieser Maschine versetzt angeordneten und bezüglich ihrer Windungszahl mit der Ankerwickelung übereinstimmenden Wickelung J, welche dazu dient, den Selbstinductions-Coefficienten des zugehörigen Gleichstrom-Ankers annähernd gleich Null zu machen.

Siemens & Halske in Berlin. — Verfahren zum Zerlegen eines Wechselstromes in zwei gegen einander in der Phase um einen bestimmten Winkel verschobene. — Classe 21, Nr. 94.564.

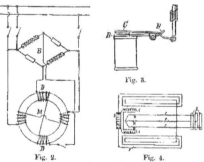

Fig. 3.

Fig. 2.

Fig. 4.

Man benutzt in Combination mit dem Wechselstrom des Netzes einen Stromzweig D, welcher den Brückendraht einer zwischen die Betriebsklemmen geschalteten Wheatstone'schen Brückenschaltung B bildet, deren Hauptzweige ausser Ohm'schen Widerstande in geeigneter Vertheilung Selbstinduction oder Capacität oder beides enthalten. Dieses Verfahren lässt sich z. B. bei allen Messgeräthen, die nach Ferraris'schem Princip construirt sind und 90° Phasenverschiebung besitzen sollen, anwenden. Die Figur gibt eine Anwendung des Verfahrens zum Inbetriebsetzen einphasiger Wechselstrommotoren M. (Fig. 2.)

Actien-Gesellschaft Schäffer & Walcker in Berlin. — Doppelanker für elektrische Gasfernzünder. — Classe 26, Nr. 93.793.

Ein Doppelanker dient zur gleichzeitigen und unabhängigen Bethätigung des Hahnes und Bewegung des Zündmechanismus. Der obere Anker C greift durch den unteren B auf den beide bethätigenden Elektromagneten, so dass der obere Anker C nach erfolgter Oeffnung und Schliessung des Hahnes durch den unteren Anker B den Zündmechanismus allein bewegt. (Fig. 3.)

Ernst Danielson in Stockholm. — Ein- oder mehrphasige Wechselstrom-Maschine für gleichbleibende Spannung bei veränderlicher Phasenverschiebung und Belastung. Classe 21, Nr. 95.153.

In eine, bezw. mehrere besondere Wicklungen B des mit dem Wechselstromanker C synchron laufenden Erregerankers A werden mit dem Strom oder den Strömen im äusseren Stromkreise nach Stärke und Phase übereinstimmender Strom, bezw. Ströme derart eingeleitet, dass die Ankerrückwirkung der Erregermaschine derjenigen der Wechselstrom-Maschine entgegengesetzt ist. — Vom Stromwender D der Erregermaschine wird der Gleichstrom sowohl um die Feldmagnete dieser Maschine, als auch um die des Wechselstromerzeugers mittels der Wicklung F geleitet. Der Wechselstrom wird von den Schleifringen E abgenommen. Vortheilhaft werden beide Anker auf gemeinschaftlicher Achse angeordnet. (Fig. 4.)

Christian Brod in Würzburg. — Hitzdrahtmessgeräth nach Heriz'schem Princip. — Classe 21, Nr. 95.005.

Auf der Zeigerwelle r befinden sich Nuten von verschiedener Tiefe m und n, in welche sich der Hitzdraht h derart aufwickelt, dass er die Zeigerwelle unter gleichbleibender Spannung der Hitzdrähte in der Schwebe hält. (Fig. 5.)

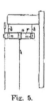 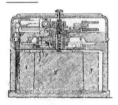

Fig. 5.   Fig. 6.

Compagnie pour la Fabrication des Compteurs et matériel d'Usines à Gaz in Paris. — Selbstthätiger elektromagnetischer Sicherheitsschalter. — Classe 21, Nr. 94.787.

Bei diesem selbstthätigen Sicherheitsschalter ist die rasch und reihangabe auslösende Sperrvorrichtung von einer kleinen Walze G gebildet, die in eine Kerbe l des Ankerrandes n eingreift. — Der Anker besitzt auf demselben Radius wie die Kerbe einen Stift p, der in ein Loch q des Kernes M eingreift, wenn der Anker angezogen wird.

Der Schalter ist ausserdem mit einer kräftigen Selbstinductionsspule N ausgerüstet, die dazu dient, den Werth des Stromes in der zum Auslösen nöthigen Zeit zu begrenzen, wobei diese Spule gewünschtenfalls zum Anziehen des einen Theil der Sperrvorrichtung bildenden Ankers dienen kann. (Fig. 6.)

Geschäftliche und finanzielle Nachrichten.

Helios, Elektricitäts-Gesellschaft in Köln. Von zuständiger Seite wird mitgetheilt, dass die Zulassung dieser Gesellschaft zum Geschäftsbetriebe in Russland durch Allerhöchste kaiserliche Bestätigung nunmehr genehmigt worden ist.

Diese Zulassung ist zunächst wichtig für die Herstellung einer Licht- und Kraftanlage in Petersburg in Höhe von 12 Millionen Mark, zu der der Helios die Genehmigung erhalten hatte. An diesem Petersburger Geschäfte ist bekanntlich die neue A.-G. für Elektricitäts-Anlagen in Köln mit 4,000.000 Mk. betheiligt, weshalb auch für sie die nunmehr erfolgte förmliche Erledigung der schon längere Zeit schwebenden Frage von Bedeutung er scheint.

Neue elektrische Unternehmungen für Argentinien sind unter Betheiligung deutschen Capitales zum Abschlusse gelangt, und zwar handelt es sich um die Anlage einer Reihe von Centralen für öffentliche und private Beleuchtung. Als erste wird die

Stadt Pergamino in Angriff genommen. Die europäische Vertretung der Conversionsinhaber liegt in den Händen der Firma Oscar Götz, Hamburg und Berlin.

Die Allgemeine Elektricitäts-Gesellschaft in Berlin trachtet, sich rechtzeitig ihren Antheil auch an der technischen Verwerthung der Elektricität in überseeischen Ländern zu sichern. Nach einem Berichte der „Buenos-Air. Handel-Ztg." sind allein für Südamerika von deutscher Seite schon Capitalinvestirungen in der Höhe von 50 Millionen Mark vorgesehen, welche sich in Bälde zum grossen Theile in Buenos Aires in elektrische Anlagen ersten Ranges umsetzen werden. Das Interesse der deutschen grossen Elektrobauanpiers in lebhafter Weise am Argentinien derart wachgerufen zu haben, dass die Allgemeine Elektricitäts-Gesellschaft für sich allein ein Tochterinstitut mit 20 Millionen Mark, speciell für das Argentinische Geschäft, begründete, ist das Verdienst der beiden Leiter der Berliner Deutschen Ueberseeischen Bank, der Herren Frederking und Schnitze. Schon in den nächsten Wochen wird mit dem Baue der grossen Centralanlage begonnen werden, welche die Deutsche überseeische Elektricitäts-Gesellschaft am Paseo de Julio, in unmittelbarer Nähe des Hafens errichten wird. Diese elektrische Centralstelle wird nicht nur Kraft für Beleuchtungszwecke abgeben, sondern es wird von ihr auch die Trambahnlinie „Metropolitana" auf elektrischem Wege betrieben werden, welche in Zusammenhang damit vor Kurzem aus der Liquidation der älteren einheimischen Gesellschaft für den billigen Preis von 1,400.000 Dollars Papier erstanden wurde. Auch im Inneren, in den alten Städten, ist speciell für die Beleuchtungs-Einrichtungen noch ein grosser Markt vorhanden. Schliesslich darf nicht die Wasserkraft vieler Gebirgsflüsse der Anden und deren Vorberge unerwähnt bleiben; liegen die Verhältnisse in dieser Hinsicht auch nicht überall so günstig wie etwa in der Schweiz, so hat doch allein schon das Beispiel der Anlage von Casa Bamba bei Cordoba gezeigt, welche Resultate sich bei geschickter Ausnützung der Terrainverhältnisse erzielen lassen. Dort genügte ein Tunnel von nur 85 m Länge, um eine Kraftquelle von etwa 6000 PS zu erschliessen, so viel, dass vorderhand nur etwa 1200 PS nutzbar gemacht werden. In diesem Falle ist nordamerikanisches Capital zuerst am Platze gewesen; aber es gibt noch Raum genug in den übrigen Gebirgsländern des grossen Continents zu ähnlichen Installationen, welche speciell in den eigentlichen Andenprovinzen in Salta, Mendoza, Jujuy etc., wo grosse Flüsse wie der Rio Passage, Rio San Francisco, Rio Mendoza u. a. Gewässer von starkem Gefälle zur Verfügung stehen, Gelegenheit geben werden, die in Elektricität umgewandelte Kraft auch zur Verhüttung von Erzen zu verwenden, die heute mit geringen stehenden Mitteln nicht exploitirt werden können.

Grünwald & Burger. Es wird uns mitgetheilt, dass der bisherige Theilhaber der Firma H. Grünwald, Wien, Herr Ingenieur Eduard Burger, als öffentlicher Gesellschafter in das Unternehmen eingetreten ist, und dasselbe nun unter der geänderten Firma „Grünwald & Burger Specialfabrik für elektrische Starkstrom-Apparate" weitergeführt wird.

Tramway-Trust in Brüssel. Wie aus Brüssel gemeldet wird, verlautet, der dort in Entstehung begriffene Tramway-Trust, an dem auch die Berliner Union E.-A.-G. betheiligt sein soll, werde zunächst die Actien der Trambahnen in Johannisburg, in der Provinz Neapel und in Madrid erwerben. Auf den beiden letzteren soll der elektrische Betrieb eingeführt werden.

Hannover'sche Strassenbahn. In Ergänzung unserer Mittheilung in voriger Hefte berichten wir: Die Gesellschaft erzielte im Jahre 1897 nach Absetzung der Abschreibungen einen Reingewinn von 479.382 Mk. (gegen 317.503 Mk. im Vorjahre), ist indess zu beachten, dass das diesmalige dividendenberechtigte Actiencapital 9,000.000 Mk. beträgt, gegen 6,000.000 Mk. im Jahre 1896. (Die im Verlaufe des Vorjahres ausgegebenen weiteren 3,000.000 Mk. Actien nehmen erst vom 1. Jänner 1898 am Gewinne Theil.) Der am 21. Februar zusammenkommenden Generalversammlung wird vorgeschlagen, davon 5% (3%) Dividende mit 450.000 Mk. zu vertheilen, die Tantiéme 23.869 Mk. (15.608 Mark) zu zahlen und 5413 Mk. (1894 Mk.) auf neue Rechnung vorzutragen. Aus dem umfangreichen Geschäftsberichte heben wir hervor, dass die Direction das Geschäftsjahr 1897 von grosser Bedeutung für die Entwickelung des Unternehmens bezeichnet, da es mit grossen Anstrengungen gelang, den elektrischen Betrieb noch vor Schluss des Jahres auf allen Linien, das heisst ein Jahr vor der von den Behörden festgesetzten Frist einzuführen. Bekanntlich ist im Stadtgebiete Hannover - Linden das sogenannte gemischte elektrische Bahnsystem, nach welchem im mit Tudor-Accumulatoren ausgerüsteten Motorwagen während der Fahrt an Oberleitungslinien elektrische Energie aufnehmen, zur Durchführung gelangt. Die Unterhaltungs- und Ersparungskosten der Tractions-Accumulatoren, welche der Betrieb gering [...]

hat, beliefen sich auf den Wagen und per Monat 46·18 Mk. per Kilometer gemischten Systems 1·22 Pfg., per Kilometer automobilen Systemes 2·06 Pfg. Durch Ueberhäufung aller Lieferanten mit Aufträgen war es nicht möglich, die geplanten Linien fertig zu stellen, und diejenigen, welche fertig wurden, so früh in Betrieb zu nehmen, dass der finanzielle Erfolg in höherem Masse bereits sich zeigen konnte; darnach errechnete die Mehreinnahmen die Höhe von 276.195 Mk., ein Betrag, der im Hinblicke auf die durch den Doppelbetrieb vermehrten Schwierigkeiten als befriedigend bezeichnet werden muss. Es sind im Ausbaue begriffen die Strecke Hannover—Hildesheim vom Dorfe Leetzen ab, durch Zurückziehung dieser Strecke vor Rethen—Plattensen, die Fortführung der Linie Hannover—Gehrden von den Sieben Trappen ab und verschiedene kleinere Bahnstrecken. Zur Fertigstellung dieser Linien, zum Ausbaue weiterer Strecken, zur Vergrösserung des vorhandenen Kraftstationen und des Personen- und Güterwagenparkes wird vom Vorstande der Generalversammlung die Erhöhung des Actiencapitales um weitere 6,000.000 Mk., also auf 18,000.000 Mk. vorgeschlagen werden. Für die eben aufgeführten Linien wird neben dem Personenverkehr auch der Güterverkehr aufgenommen werden, da das Unternehmen als Kleinbahn anerkannt ist. Bezüglich der beantragten Miethe für Kraftstationen wird bemerkt, dass Licht und Kraft an die Landgemeinden abgegeben werden soll. Der Bericht bemerkt, dass die gesammte Streckenlänge einschliesslich der von der früheren Continental Pferdeeisenbahn-Actien-Gesellschaft übernommenen Linien am 1. October v. J. 130½ km umfasst. Im Jahre 1897 wurden neu erbaut 23·14 km. An elektrischen Oberleitungen wurden ausgeführt 30·6 km. Unter den vielfachen für das Jahr 1898 projectirten Bauten zählen die Linien nach Hildesheim mit noch 25 km, von Sehnde nach Haimer mit 7 km, von den Sieben Trappen nach Gehrden mit 3 km und ab Ricklinger Grenze nach Dorf Ricklingen mit 2 km das Hauptinteresse in Anspruch. Unter dem Titel Betriebsmittel werden aufgeführt 23 Motorwagen nur für Oberleitungsbetrieb, 9 desgleichen für Oberleitungs- und Accumulatorenbetrieb, 111 Motorwagen für desgleichen (einmotorig), 17 für desgleichen (zweimotorig). Weiter werden noch besonders erwähnt 79 Anhängewagen, 40 Sommerwagen, 11 Transportlowries, 17 Decksitzwagen etc. Die für die Vergrösserung des Betriebes erforderlichen Wagen sind bereits in den eigenen Werkstätten in Arbeit und bei bewährten Firmen in Auftrag gegeben. Die Abschreibungen sollen von jetzt an in dem Umfange erfolgen, dass am Ende der Concession mindestens ein Nominalbetrag der Actien gleichnamigen Werth vorhanden ist. Zur Erreichung dieses Zweckes soll folgendermassen verfahren werden: Auf Grundstücks-Conto ist es nicht erforderlich, Abschreibungen vorzunehmen, da dieselben mit ihrem Kaufwerthe zu Buche stehen und der heutige Verkaufswerth eben ein höherer ist und demnächst aller Voraussicht nach noch höher sein wird. Auf Gebäude genügt eine jährliche Abschreibung von 1%. Die Accumulatoren werden zu Lasten des Besitzers in durchaus gutem und betriebsfähigem Zustande erhalten. Da aber die Möglichkeit nicht ausgeschlossen ist, dass in absehbarer Zeit eine neue Erfindung gemacht wird, welche es räthsam erscheinen lässt, die vorhandenen Accumulatoren durch andere zu ersetzen, ist auf Accumulatoren eine Abschreibung von 6% jährlich ausreichend. Auf Bahnbau-, Wagen-, Inventar-, elektrische Bahnen-, do. Beleuchtungs-, Werkzeugmaschinen-, Motoren- und Erwerbs-Conto soll unter der Annahme einer 3½jährigen Verzinsung der jährlichen Rücklagen derart ausgeglichene jährliche Rücklagen der, dass nach Ablauf der Concession für die derzeit städtischen Linien, also am 1. April 1937, die Tilgung durchgeführt ist. Behufs der Vornahme von Abschreibungen erfordert die Betriebsführung die Bildung eines Erneuerungsfonds zu dem Zwecke, aus demselben die Geleise, einen Theil der Strassenpflasterung, die Dampfmaschinen, Dampfkessel und Werkzeugmaschinen in vollkommen betriebsfähigem Zustande zu erhalten. Es ist anzunehmen, dass innerhalb eines Zeitraumes von 25 Jahren eine völlige Erneuerung der oben bezeichneten Gegenstände stattzufinden hat und soll dementsprechend dem Erneuerungsfonds ein jährlich im Verhältnis zu den Anlagekosten ermittelter Betrag überwiesen werden. Endlich erscheint es erforderlich, ausser dem gesetzlichen Reservefonds, der z. B. mehr als 10% des Actiencapitales beträgt, einen besonderen Betriebsreservefonds für unvorhergesehene Fälle zu bilden. Vorläufig ist eine jährliche Zuwendung von 50·00 Mk. in Aussicht genommen. Aus einer dem Berichte beigegebenen Uebersicht ersieht man, dass die Betriebseinnahmen, welche im Jahre 1891 sich auf 755.750 Mk. beliefen, im Jahre 1897 mit 1,763.345 Mk. ausgewiesen werden konnten.

Allgemeine Gas- und Elektricitäts-Gesellschaft in Bremen. Am 10. d. M. fand die constituirende Generalversammlung dieser Gesellschaft statt. Das Actiencapital beträgt 2,000.000 Mk. Den ersten Aufsichtsrath bilden die Herren J. Schlingmann von der Firma J. Schultze und Wölbe (Vorsitzender), Joh. Friedr. Holl-

mann (Stellvertreter des Vorsitzenden), Director Salzenberg, Gottfried Bergfeld von der Firma Koch und Bergfeld, A. Stürenburg von der Firma Rassow, Jung & Co., Carl Francke von der Firma Carl Francke, Director Böttcher von der Hannover'schen Eisengiesserei, Hannover.

Briefe an die Redaction.

Löbliche Redaction!

Der Gefertigte ersucht um gütige Aufnahme nachstehender Erwiderung auf den in Hefte 6 Ihrer werthen Zeitschrift, durch Herrn Doctor J. Sahulka gebrachten Artikel: „Ausnützung atmosphärischer Elektricität." Ich kann dem Herrn Doctor Sahulka nur dankbar sein, dass er mir die Möglichkeit bietet, meinen angestrebten Wahrheitsbeweis in diesem Blatte vertreten zu können. Der Herr Doctor macht mir den Vorwurf, dass ich das in seinem offenen Briefe bestätigte Ergebnis in meinen Broschüre veröffentliche und so seinem in Fachkreisen bekannten Namen gleichsam als Reclame für meinen Wahrheitsbeweis ausnütze oder gar missbrauche. Der Herr Doctor thut mir Unrecht, denn in dem Schreiben wird nur das Factum ohne Begründung bestätigt. Nicht sein Name, sondern das von ihm constatirte Ergebnis bildete für mich vor nahe zwei Jahren die erste Errungenschaft jahrelanger Arbeit und Beobachtungen. Von da ab trennten sich allerdings leider unsere Wege vollkommen. Der Herr Doctor suchte und fand in den Mängeln der Anordnung und bescheidenen vorhandenen Behelfen die Erklärung der von ihm beobachteten Erscheinungen nach dem beschränkten Theorien und legte die Sache als werthlos ad acta. Ich jedoch setzte meine Beobachtungen und Experimente mit neuem Muthe fort, trachtete, die Anordnung zu verbessern, die Mängel zu beheben und den Versuch einwandfrei zu machen, so dass dieser für mich zum Basis meiner weiteren Bestrebungen wurde. Der offene Brief des Herrn Doctor J. Sahulka gehört daher in erster Stelle in meinen Wahrheitsbeweis, denn das Ergebnis ist wirklich eine Messung der aus der Atmosphäre abgezogenen Kraft, die ich seither täglich mehrmals vornehme, und zwar mit einem Leclanché-Element jedoch ohne Chlor-Ammonium nur in destillirtem Wasser als anziehende Stromquelle und einem Galvanometer statt der Boussole. In meinen Laboratorium befinden sich zum Vergleiche der Wirkung zwei Saugkugeln und das Solenoid als Saugapparat. Nachdem ich herausgefunden habe, dass die Anziehungsvermögen der Stromquelle bei gleich gut isolirten Leitungen, bei jeder Höhe immer im gleichen procentuellen Verhältnisse mit der anziehenden Stromstärke ist, benütze ich diesen als praktischen Wahrheitsbeweis die Ströme der Gesellschaften, die Apparate sind mit Erfolg die Motoren in der verschiedenen Grösse in Verwendung und ich speichere die durch eine Leclanché-Batterie angezogene Kraft ohne Unterbrechung durch Wochen in Accumulatoren auf. Dieses in den letzten Jahren auf Gutes Hilfe angesammelte Material habe ich in der Broschüre veröffentlicht, mit der ich den praktischen Wahrheitsbeweis, als für mich einzig möglich, denn Thatsachen beweisen, anstrebe, da ich eine theoretische Begründung auf der allgemein angenommenen Basis für unmöglich halte.

Wien, am 9. Februar 1898.

Hochachtungsvollst M. v. Leon.

Berichtigung.

Der in unserer Zeitschrift im Hefte 6, pag. 70 veröffentlichte Artikel „Ueber die magnetischen Eigenschaften der neueren Eisensorten etc.", welcher uns von Herrn Dr. R. zur Publication eingesendet wurde, ist mit einem in der E. T. Z. 1897, Heft 19 erschienenen Original-Artikel identisch und sehen wir uns veranlasst, dies mitzutheilen, da in dem an uns gesendeten Artikel eine Quellenangabe nicht enthalten war. D. R.

Vereinsnachrichten.

Die nächste Vereinsversammlung findet Mittwoch den 23. d. M. im Vortragssaale des Wissenschaftlichen Club. I., Eschenbachgasse 9, I. Stock, 7 Uhr abends, statt.

Vortrag des Herrn k. k. Ingenieur R. Mermon: „Ueber Simultan-Telegraphie."

Die Vereinsleitung.

Schluss der Redaction: 15. Februar 1898.

Verantwortlicher Redacteur: Dr. J. Sahulka. — Selbstverlag des Elektrotechnischen Vereines.
Commissionsverlag bei Lehmann & Wentzel, Wien. — Alleinige Inseraten-Aufnahme bei Haasenstein & Vogler (Otto Maass), Wien und Prag.
Druck von R. Spies & Co., Wien.

Zeitschrift für Elektrotechnik.

Organ des Elektrotechnischen Vereines in Wien.

Heft 9.   WIEN, 27. Februar 1898.   XVI. Jahrgang.

Bemerkungen der Redaction: Ein Nachdruck aus dem redactionellen Theile der Zeitschrift ist nur unter der Quellenangabe „Z. f. E. Wien" und bei Originalartikeln überdies nur mit Genehmigung der Redaction gestattet.

Die Einsendung von Originalarbeiten ist erwünscht und werden dieselben nach dem in der Redactionsordnung festgesetzten Tarife honorirt. Die Anzahl der vom Autor event. gewünschten Separatabdrücke, welche zum Selbstkostenpreise berechnet werden, wolle stets am Manuscripte bekanntgegeben werden.

INHALT:

Rundschau.

Von grosser Bedeutung ist die Aufsehen erregende Erfindung der Nernst'schen Glühlampe; wir verweisen auf den Artikel über diesen Gegenstand in diesem Hefte.

Auf der Wiener Stadtbahn soll nun doch der elektrische Betrieb probeweise eingeführt werden. Diese Nachricht wird gewiss allgemein grosse Freude erregen, da dann Wien gleichen Schritt halten würde mit den anderen Weltstädten, welche zwar auf den Strassenbahnen den elektrischen Betrieb in grossem Umfange eingeführt haben, aber doch erst jetzt daran gehen, das Stadtbahn- und Localbahnnetz auf elektrischen Betrieb einzurichten. Das System der elektrischen Traction ist ja gegenwärtig so ausgebildet, dass irgendwelche Zweifel, ob sich dieses System auch auf den Stadtbahn- und Localbahnnetzen bewähren würde, nicht bestehen können. Die grossen Vortheile, welche aber mit dem Systeme der elektrischen Traction verbunden sind, brauchen hier nicht angeführt zu werden. Es sei darauf hingestellt, dass bei den Berathungen, die vor Kurzem in New-York wegen Einführung des elektrischen Betriebes auf den Hochbahnen gepflogen wurden, allseits die elektrische Traction als unabweisliche Bedingung hingestellt wurde, da bei dem enormen Verkehr auf den New-Yorker Hochbahnen die Belästigung durch Rauch und Lärm in den von den Zügen durchfahrenen Strassen fast unerträglich geworden ist; welches specielle elektrische Tractions-System daselbst eingeführt werden soll, wurde als Frage von secundärer Bedeutung angesehen, da für die Stadtbahn jedes System der elektrischen Traction besser sein als das der Dampflocomotiven. Mit Rücksicht auf das Interesse, welches der Gegenstand erregt, veröffentlichen wir in dieser Nummer auszugsweise das Project, welches von Charles Child für das Stadt- und Localbahnnetz in Philadelphia vorgeschlagen wurde. Einige technische Details, und zwar die Verwendung der Accumulatoren in den Unterstationen und die Verwendung der dritten Schiene als Stromzuleitung mögen hier näher erörtert werden. In den Unterstationen, welche Theilstrecken der doppelgeleisigen Strecke von je 64 *km* Länge mit Strom zu versorgen haben, ist je ein Mehrphasenstrom-Gleichstrom-Umformer und eine Accumulatoren-Batterie (Puffer-Batterie) aufgestellt; zur letzteren ist der Anker einer Zusatz-Dynamos (Booster-Dynamo) in Serie geschaltet, welche von der Welle des Umformers aus an-

getrieben wird; die Batterie sammt Zusatz-Dynamo ist zum Anker des Umformers parallel geschaltet. Der Feldmagnet der Zusatz-Dynamo hat zwei Erregerwicklungen, eine dünndrahtige, welche an die Klemmen der Batterie angeschlossen ist, und eine dickdrahtige, welche von ganzen an das Stromleitungsnetz abgegebenen Strome durchflossen ist; die beiden den Feldmagnet umfliessenden Ströme wirken im entgegengesetzten Sinne magnetisirend. Diese Schaltung, welche, so viel wir wissen, zuerst von der Firma Siemens Brothers & Cie. in London patentirt wurde, unterscheidet sich von der üblichen Art der Schaltung der Puffer-Batterie.[*]) Wird eine Puffer-Batterie ohne Verwendung von Zellenschaltern einfach zum Umformer parallel geschaltet, so wird in dem Falle, wenn die E. M. K. der Batterie gerade gleich ist der Bürstenspannung, von der Batterie weder Strom aufgenommen noch abgegeben, da die Batterie einen allerdings sehr kleinen inneren Widerstand hat, der bei Stromabgabe oder Aufnahme einen Spannungsverlust bewirkt. Wenn die E. M. K. der Batterie etwas grösser ist als die Bürstenspannung, hat die Batterie infolge ihres sehr kleinen inneren Widerstandes sofort die Tendenz, den ganzen an das Leitungsnetz abgegebenen Strom zu liefern und in den Umformer einen entgegengesetzt gerichteten Strom zu senden. Da aber die E. M. K. des Umformers grösser ist als die Bürstenspannung, wird die letztere auf einen Werth ansteigen, welcher fast gleich ist der E. M. K. der Batterie, und der Umformer wird, wenn auch in geringerem Masse als in dem früher betrachteten Falle, Strom an das Netz abgeben. Der Umformer wird erst aufhören Strom an das Netz abzugeben, wenn die E. M. K. der Batterie gleich ist der E. M. K. des Umformers. Denken wir uns aber nun den Fall, dass die in stromlosen Zustande gemessene E. M. K. der Batterie etwas kleiner sei als die Bürstenspannung des Umformers, so wird dieselbe trotz des sehr kleinen inneren Widerstandes nicht die gleiche Tendenz haben, einen Ladestrom aufzunehmen, weil in gewissem Grade eine Polarisation der Platten eintritt, wenn die Ladung einige Zeit andauert. Wenn die Batterie in einem halbgeladenen Zustande ist, so muss die

[*]) Vergl.: „Ueber die Verwendung von Accumulatoren in elektrischen Transcentralen." Vortrag von Dr. P. Schaup. Z. f. E. 1897. pag. 97. — „Ueber die Verwendung von Accumulatoren zum Ausgleich von Strom- und Spannungsschwankungen." Vortrag von Ober-Ingenieur G. Illner. Z. f. E. 1897, pag. 325.

Bürstenspannung um mehrere Procente grösser sein als die im stromlosen Zustande gemessene E. M. K. der Batterie, damit diese einen stärkeren Ladestrom aufnimmt. Die Differenz wird noch grösser, wenn die Batterie fast ganz geladen ist. Die Batterie hat also grosse Tendenz Strom abzugeben, geringere Tendenz Strom aufzunehmen. Durch Verwendung von Doppelzellenschaltern kann man ebenso wie in Lichtcentralen eine gute Regulirung, bezw. Stromvertheilung zwischen Batterie und Umformer erzielen. Bei Verwendung von Zellenschaltern erfordert aber eine Batterie immer eine erhöhte Aufsicht. Wenn es bei einem Systeme möglich ist, die Zellenschalter zu vermeiden und stets die ganze Batterie eingeschaltet zu lassen, so ist dies eine sehr schätzenswerthe Vereinfachung, die namentlich dann von erhöhter Bedeutung ist, wenn in vielen Unterstationen, wie dies bei dem Projecte für Philadelphia der Fall ist, Generatoren und Accumulatoren aufgestellt werden sollen. Diese Vereinfachung ist bei Wahl der beschriebenen Schaltung, wenn man Schwankungen der Bürstenspannung um einige Procente zulässt, möglich. Bei einer bestimmten Stromstärke, z. B. der maximalen, welche der Umformer liefern kann, ist die Summe der E. M. K. der Batterie und Zusatz-Dynamo gleich der Bürstenspannung; es wird daher die Batterie weder Strom aufnehmen noch abgeben. Die Zusatz-Dynamo kann in diesem Falle die E. M. K. Null haben. Steigt der Strombedarf im Netze, so sinkt die Bürstenspannung ein wenig. Die Batterie wird sowohl infolge dieses Umstandes als auch infolge der Erhöhung der E. M. K. leicht Strom abgeben. Wenn der Strombedarf im Netze unter die maximale Stromstärke des Umformers sinkt, so nimmt die E. M. K. der Zusatz-Dynamo ab. Wenn dieselbe im ersten Falle Null war, wird sie nun negativ sein; daher wird sehr leicht ein Ladestrom in die Batterie fliessen können, wenn sich die Bürstenspannung auch nur um wenige Procente erhöht hat. Wie ersichtlich ist, kann die dünndrähtige Feldmagnetwicklung der Zusatz-Dynamo eventuell fortgelassen werden. Durch die Zusatz-Dynamo ist einerseits erreicht, dass die Batterie ohne Verwendung von Zellenschaltern geladen wird, andererseits ist in den Batteriezweig ein Widerstand hineingebracht und dadurch eine leichtere Regulirung ermöglicht. Die einfachste Lösung der Aufgabe wäre jedoch, wie auch aus dem citirten Vortrage des Herrn Ober-Ing. Hluer hervorgeht, die, dass die Pufferbatterie ohne Zellenschalter und Zusatz-Dynamo zum Generator parallel geschaltet wird. Der Stromausgleich ist möglich, wenn die Klemmenspannung des Generators bei wechselnder Belastung sich sofort merklich ändert. Es wäre nur durch Versuche zu prüfen, ob dieses einfachste System auch bei Localbahnen anwendbar ist, da dann Ladungs- und Entladungs-Perioden der Batterie in längeren Intervallen auf einander folgen, und daher die Polarisation der Batterie mehr zur Geltung kommt.

Bei dem Child'schen Projecte versorgt jede Unterstation eine Theilstrecke mit Strom, welche von den anderen Theilstrecken vollkommen getrennt ist. Es dürfte sich mit Rücksicht auf den Umstand, als bei einem eintretenden Hindernisse eventuell mehrere Züge auf einer Theilstrecke stehen bleiben und sich wieder in kurzen Intervallen in Gang setzen, doch empfehlen, die Stromleitungen für die Theilstrecken durch Sicherungen zu verbinden; in diesem Falle würden auch in den Unterstationen die plötzlichen Aenderungen in der Stromvertheilung vermieden werden, die beim Einfahren eines Zuges in eine Theilstrecke oder beim Ausfahren eintreten müssen, wenn die obigen Sicherungen nicht angebracht wären. Was die Stromzuführung anlangt, so ist bei den grossen Energiemengen, die zu übertragen sind, eine dritte isolirte Schiene als Stromleitung und Schleifcontacte anstatt einer Luftleitung und Trolley wohl unbedingt nothwendig. Bekanntlich wurde bereits im Jahre 1893 auf der Intramural-Railway in Ausstellungsgebiete in Chicago eine derartige dritte Schiene als Stromzuleitung benützt. Auf der Bahn New-Haven-Hartford in Amerika ist dieses System in Verwendung; früher wurde es schon auf der Untergrundbahn London-City-South eingeführt. In diesen Fällen ist die Schiene nicht wie beim Child'schen Projecte durch ein Isolirmittel bedeckt, so dass für Leute auf dem Bahnkörper eine Gefahr besteht. Der Vorschlag, die Stromzuleitungsschiene in geringer Höhe über dem Bahnkörper zu führen und die Bahnhofgebiete zwischen den Schienensträngen erhöhte Plattformen zu errichten, mag für amerikanische Verhältnisse zulässig sein, nicht aber für hiesige Verhältnisse. In Amerika besteht an Wochentagen täglich ungefähr der gleiche Verkehr, so dass durch entsprechende Wahl des Fahrplanes eine Ueberfüllung der Plattformen vermieden werden kann; an Sonntagen ist in Amerika der Verkehr sehr gering. Hier zu Lande herrscht an Sonntagen ein grosser Andrang, so dass erhöhte Plattformen ohne Geländer unzulässig erscheinen. Ueberdies würde die Uebersetzung des Bahnhofgebietes quer zur Schienenrichtung für das Bahnpersonale sehr grosse Schwierigkeiten bieten, wenn neben jedem Geleise eine erhöhte Leitungsschiene und zwischen den Geleisen die erhöhten Plattformen angebracht wären. Es bleibt daher nichts übrig, als im Bahnhofgebiete die Stromleitungsschienen über der Waggonachshöhe anzubringen und die Motorwagen mit entsprechenden Stromabnehmern zu versehen. Die Mehrkosten würden sehr gering sein, da nur die Träger der Schienen höher gewählt werden müssten. Ausserhalb des Bahnhofgebietes könnten die Stromleitungsschienen in geringer Höhe geführt sein. In Tunnels könnten die Leitungsschienen entweder auch an der Decke angebracht sein, oder es könnten bei den Nischen Unterbrechungen in den Stromleitungsschienen angebracht und die Enden derselben ein wenig nach aufwärts gebogen sein. Die Leitungsschienen sollten dort, wo sie in geringer Höhe geführt sind, stets mit einem Isolirmittel bedeckt sein. Es sind wohl Systeme vorgeschlagen worden, welche bewirken, dass stets nur ein Stück der Leitungsschiene, über welches der Stromabnehmer schleift, stromführend ist, z. B. das System von William A. P. Willard in Boston, doch würde die Benützung dieser Systeme sehr kostspielig sein. Die Anbringung der Stromleitungsschienen und der Waggons im Bahnhofgebiete wird wohl in ästhetischer Hinsicht Bedenken erregen; darauf kommt es aber nicht so sehr an, wenn nur die Sache technisch praktisch ist. Hat doch erst vor Kurzem im Auslande eine Künstlergenossenschaft deshalb Einspruch gegen die Errichtung einer elektrischen Bahn mit oberirdischer Zuleitung erhoben, weil es dann nicht möglich wäre, bei Festzügen die Strassen mit Triumphwagen zu befahren — und doch ist jeder Motorwagen mit Trolley für denkende Menschen ein Triumphwagen menschlicher Kunst.

Die Versuche mit drahtloser Telegraphie wurden nun auch mit Erfolg auf Uebertragung mit dem

Kamm'schen Zerographen ausgedehnt. Wir bringen in einer der nächsten Nummern eine ausführliche Beschreibung des Zerographen. Derselbe ist ein Typendrucker sehr einfacher Construction. Am Sender sind 36 Tasten, am Empfänger ein Typenrad mit 36 Lettern angebracht; beide sind durch eine Leitung verbunden. Beim Niederdrücken einer Taste gehen in kurzem Intervalle zwei Stromimpulse zum Empfänger. Die Stromimpulse können natürlich auch ohne Fernleitung durch Vermittlung elektrischer Wellen und eines Cohärers, der mit dem Empfänger in einen Local-Stromkreis geschaltet ist, übertragen werden.

In der E. T. Z. sind in der Rundschau im Hefte 6 der elektrische Betrieb von Kanalbooten, im Hefte 7 die Versuche über Längenänderung des Eisens bei der Magnetisirung besprochen. Von den anderen Aufsätzen sei aus Heft 6 ein Artikel über Schaltung von Zusatzmaschinen in Dreileiteranlagen von Kügler, und aus Heft 7 die Beschreibung der unterirdischen Fernsprechanlage in Stockholm von A. Hultman, sowie ein Aufsatz über Verbesserungen an Bügelschleifcontacte für elektrische Bahnen von Stobrawa hervorgehoben. Im „Electricien" Nr. 372 ist ein Aufsatz über Umschalter in Telephon-Centralen von Mandroux. In „Electrical World" ist in Heft 1 und 2 eine Abhandlung von H. P. Brown über die Entwicklung der Schienenverbindungen enthalten. In Heft 5 sind die Ergebnisse der Versuche, welche in England mit den Sychronographen von Crehore und Squier gemacht wurden, enthalten. Im „Electrician" ist in Nr. 1029 die Artikelserie über die Telephoncentralen in England fortgesetzt und speciell die Centrale in Manchester beschrieben; aus Heft 1030 sei ein Aufsatz von Thorburn Reid über das Feuern von Bürsten hervorgehoben. S.

Die Nernst'sche Glühlampe.

In den letzten Monaten sind auf dem Gebiete der Glühlampenerzeugung zwei neue Erfindungen bekannt geworden, von denen die eine von Dr. Auer v. Welsbach, die andere von Prof. Walther Nernst in Göttingen herrührt. Während aber über die erstere bisher nichts weiter verlautete, als dass sie eine namhafte Curssteigerung der Auer-Actien bewirkte, woraus leider kein Rückschluss auf den Aufbau dieser Glühlampe gezogen werden kann, sind rücksichtlich der letzteren Details veröffentlicht worden, die das Wesen der Erfindung vollkommen enthüllten.

Wie kürzlich Prof. Klaudy in einem Vortrage, der in der Vereinszeitschrift vollinhaltlich abgedruckt wurde, ausführte, dissociiren sich alle Elektrolyte, sobald sie in Lösung sich befinden, in der Weise, dass ein Theil der Molecüle, der durch den Grad der Verdünnung und die Temperatur bestimmt wird, in seine Jonen zerfällt, die die Träger der Elektricität sind. Je mehr solcher dissociirter Molecüle in einer Lösung vorkommen, desto grösser wird die Leitfähigkeit sein. Ähnlich verhält sich ein Elektrolyt, wenn man ihn erwärmt; mit zunehmender Temperatur greift die Spaltung der Molecüle auf eine wachsende Zahl über und verringert sonach den anfänglich bedeutenden Widerstand, den diese Stoffe dem elektrischen Strome entgegensetzen; bei Heissgluth leiten sämmtliche Leiter II. Classe die Elektricität ziemlich gut. Diese Eigenschaft der Elektrolyte benützt Nernst bei seiner Glühlampe. Ein Stäbchen aus Magnesiumoxyd, Calciumoxyd etc. wird z. B. mittels einer Bunsenflamme bis zur beginnenden Heissgluth

erhitzt und ein elektrischer Strom hindurchgeleitet. Ist dieser Strom von einer solchen Stärke, dass die durch ihn im Elektrolyten erzeugte Wärme die nach aussen abgegebene zu ersetzen vermag, dann wird auch nach Entfernen des Bunsenbrenners dieses Stäbchen weissglühend bleiben und Licht aussenden. Es macht also die Verwendung eines Elektrolyten als Glühkörper einer elektrischen Glühlampe eine vorgängige Erwärmung nothwendig; solche Glühlampen müssen sonach wie Gas- oder Petroleumlampen angezündet werden. Hierin liegt ein nicht zu leugnender Nachtheil, der wohl gemildert, nie ganz beseitigt werden kann. Da die Anzündetemperatur für solche Glühlampen von der Wahl der Elektrolyten abhängt, so wird von einer günstig getroffenen Wahl viel abhängen.

Während unter Voraussetzung gleicher Dimensionirung der Stäbchen Calciumoxyd erst im Knallgasgebläse eine solche Leitungsfähigkeit annimmt, dass ein hindurchgeschickter Strom es leuchtend erhielt, ist dies bei Magnesiumoxyd schon mittels einer Bunsenflamme möglich. Nernst verwendet bei seiner Glühlampe Magnesiumoxyd, welches im Handel in Stäbchenform erhältlich ist und schlägt vor, die Zündung, bezw. Vorerwärmung mittels des Funkenstromes eines Inductoriums zu bewirken.

Letzteres Zündungsverfahren wäre wohl durch ein geeigneteres zu ersetzen, wenn diese Glühlampe allgemein gebrauchsfähig sein soll. Diese Vorerwärmung könnte ja auch in der Weise bewerkstelligt werden, dass man in das Magnesiumoxyd, bezw. den gewählten Elektrolyt, einen Kohlenfaden einbettet, der anfänglich, so lange das Stäbchen kalt ist, eine günstige Leitungsbahn für den elektrischen Strom darstellt und die Erwärmung des Stäbchens besorgt. In dem Maasse, als die Temperatur steigt, wird auch der dem Kohlenfaden umgebende Elektrolyt an der Leitung des elektrischen Stromes theilnehmen und dieser zum Glühen kommen. Kohle dürfte sich deshalb einzig und allein als verwendbar erweisen, weil Fäden aus Metall, wie z. B. Platin etc., bei den Temperaturen, wo diese Körper weissglühend werden, schmelzen würden, abgesehen von dem geringen Leitungswiderstand, den die Metalle dem elektrischen Strome entgegensetzen, so dass bei der gebräuchlichen Spannung verwendbare Glühlampen aus Metallfäden nicht hergestellt werden können. Der Wattverbrauch derartiger Lampen ist ein ausserordentlich günstiger; eine nicht evacuirte Lampe braucht ca. 1·1 Watt per 1 N. K. und es ist zu erwarten, dass im Vacuum viel günstigere Resultate erhältlich sind. 0·7—0·8 Watt per Kerze.

Ueber weitere Eigenthümlichkeiten, die diesen Lampen anhaften, ist jetzt nichts bekannt geworden, ausser dass die erreichbare Zahl der Brennstunden keine grosse sein soll; wir werden uns aber erlauben, nach Erhalt weiterer Nachrichten an dieser Stelle sofort darüber zu referiren. Dr. L. K.

Ein Problem für elektrische Traction.

Von Charles Child. *)

Das Child'sche Project bezweckt die Einführung des elektrischen Betriebes auf einem der entwickeltsten

*) Der Original-Artikel ist im „Electrical World", ein Auszug in „Electrician" 1898, Nr. 1027 und 1028 erschienen. Wir veröffentlichen den letzteren wegen des Interesses, welches der Gegenstand erregt; den wesentlichsten Theil des Aufsatzes hat Herr Ing. Eichberg in seinem Vortrage vom 19. Jänn r b sprochen.

Stadt- und Localbahnnetze der Jetztzeit. nämlich auf dem Netze der Pennsylvania Railroad in Philadelphia, welches auch von den Fernzügen dieser Bahn befahren wird.

Beschreibung des Systems.

Der Central-Bahnhof der Pennsylvania Railroad liegt in der Broad-Street; die von hier abgehenden Züge können in drei Sorten eingetheilt werden. Expresszüge, welche weite Strecken mit grosser Geschwindigkeit befahren und nur in wenigen Stationen halten; Local-Expresszüge, welche mit mittlerer Geschwindigkeit fahren und in den wichtigeren Stationen halten; Localzüge, welche nur kurze Strecken befahren und in allen Stationen halten. Das vorgeschlagene System der elektrischen Traction bezieht sich nur auf die Localzüge, bei welchen die längsten befahrenen Strecken circa 52 km betragen. Aus der Figur 1 ersieht man, dass das Netz im Wesentlichen aus fünf Zweigen besteht, welche zu einem Punkte an der Westseite des Schuylkill-River convergiren, von wo eine gemeinschaftliche Hochbahn zu dem in 2·4 km Distanz befindlichen Central-Bahnhofe in der Broad-Street führt. Das Netz für die Localzüge umfasst 268 km Länge mit doppeltem Geleise und 159 Stationen. In der folgenden Tabelle sind die Längen der einzelnen Theilstrecken und die mittleren Abstände der Stationen auf jeder Strecke angegeben.

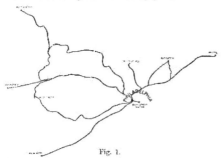

Fig. 1.

Strecken	Stationen	Länge in km	Mittlerer Abstand der Stationen in km
Maryland-Linie bis Wilmington	29	43·1	1·48
Central-Linie	26	34·1	1·31
Haupt-Linie	32	52·2	1·63
West-Chester-Abzweigung	6	10·8	1·80
Von Phönixville nach Frazer	10	18·0	1·80
Schuylkill-Thal bis Phönixville	28	45·1	1·61
Chestnut-Hügel Zweig	11	10·6	0·96
New-York-Linie bis Bristol	21	36·0	1·72
Bustleton-Abzweigung	5	5·0	1·00

Gegenwärtig ist Dampfbetrieb auf diesen Strecken eingeführt und verkehren täglich 398 Localzüge nach allen Richtungen. Die Züge bestehen zumeist aus einer Locomotive und Tender, einem Gepäckswagen, in welchem auch eine Abtheilung für Raucher vorhanden ist, und drei anderen Personenwagen, welche zusammen Sitze für 210 Passagiere vorhanden. Zur Zeit des grössten Verkehres, am Morgen und Abend, wird noch ein Wagen angehängt, so dass 270 Sitzplätze vorhanden sind. Die kleinsten Zeitintervalle zwischen den Zügen finden gegenwärtig zwischen 4 Uhr 30 Minuten Nachmittags

und 6 Uhr 30 Minuten Abends statt und betragen 30 Minuten auf der Schuylkillthal-Linie und 12 Minuten auf der Hauptlinie.

Bedingungen. welche für das elektrische Tractions-System gegeben sind:

Es mögen hier kurz die Vortheile angedeutet werden, welche durch Einführung der elektrischen Traction erreicht werden. Der wesentlichste Vortheil ist der, dass die Fahrgeschwindigkeiten erhöht und daher die Fahrzeiten verkleinert werden; der zweite, nicht minder wichtige Vortheil ist der, dass man eine grössere Anzahl leichterer Züge in kürzeren Intervallen verkehren lassen kann. Als weitere Vortheile wären anzuführen, dass die durchfahrenen Strassen nicht von Rauch und Lärm belästigt werden, die leichte Anpassungsfähigkeit des Systemes an die bestehenden Verhältnisse und die Einfachheit desselben. Um grosse Fahrgeschwindigkeiten zu erreichen, braucht man nur leichte Züge und grosse Zugkräfte verwenden. Wenn die Züge in kurzen Intervallen fahren, brauchen dieselben nur aus drei Wagen zu bestehen, welche zusammen 150 Sitzplätze enthalten; einer der Wagen ist mit Motoren zu versehen. Solche Züge würden einschliesslich der Passagiere und Motoren 72 t schwer sein; als Wagentype könnte die Manhattan Hochbahn in New-York gewählt werden. Die Berechnungen, welche im Folgenden gegeben sind, wurden unter Annahme dieses Zuggewichtes und einer Fahrgeschwindigkeit von 64·4 km in der Stunde gemacht. Bei der Einführung der elektrischen Systemes sowohl auf den gegenwärtigen Stand der elektrischen Traction genau Rücksicht nehmen. aber auch erwägen, was die gegenwärtig in Erprobung befindlichen Systeme für die Zukunft versprechen. Vor Allem muss die Sicherheit des Betriebes gewährleistet sein; Unfälle, welche auf Bahnen nicht vollkommen zu vermeiden sind, dürfen den übrigen Betrieb nicht beeinflussen. Eine Kraftreserve ist für den Fall absolut nothwendig, als infolge eines Ereignisses in der Centrale von dieser nicht Strom geliefert würde. Man muss auch im Vorhinein darauf bedacht sein, dass eine bedeutende Verkehrssteigerung eintreten kann; dabei ist vorzusorgen, dass auf denselben Strecken gleichzeitig die mit Dampflocomotiven versehenen Fernzüge fahren können. Alle diese Erwägungen lassen das bei Strassenbahnen mit oberirdischer Zuleitung bestens erprobte System der elektrischen Traction als das geeignetste erscheinen, wobei aber Abänderungen allenfalls einzuführen sind, wenn dies nach dem gegenwärtigen Stande der Elektrotechnik wünschenswerth erscheint. In dieser Beziehung scheint es, dass die Wahl von Mehrphasen-Motoren die wesentlichste Neuerung ist, die eingeführt werden könnte, da dieselben in Zukunft jedenfalls sehr in Anwendung kommen werden.

Wenn man alle Umstände in Betracht zieht, so kommt man zu dem Schlusse, dass im Folgenden beschriebene System der Erzeugung, Fernleitung und Transformation des Stromes als sicher praktisch und gut bezeichnet werden kann. Die Anlagen können nach Belieben erweitert werden; auch kann man mit geringer Modification die Mehrphasen-Motoren anwenden. Es mag aber hier bemerkt werden, dass der Vortheil der collectorlosen Motoren gering ist im Vergleiche zu dem Vortheile, welches das vorgeschlagene Gleichstrom-System wegen der gleichzeitigen Benützung von Accumulatoren-Batterien bietet.

Das elektrische System.

Um den günstigsten Wirkungsgrad in der Krafterzeugung und Vertheilung zu erzielen, ist es nothwendig, dass die Kessel, Dampfmaschinen und Dynamos unter gleichbleibender günstigster Belastung arbeiten. Es ist nothwendig, eine einzige Centralstation zu bauen, damit die Löhne weniger betragen und damit durch Wahl von grossen Dampfmaschinen und Dynamo-Einheiten die Kosten für die Centralstation und die Betriebskosten reducirt werden. Ein Blick auf Figur 1 zeigt, dass an der Stelle, wo die verschiedenen Bahnlinien in West-Philadelphia zusammenlaufen, ein Platz in der Nähe des Schuylkill River für die Errichtung der Centrale geeignet ist, da dann für Condensation hinreichend Wasser vorhanden ist. In dieser Centrale sollen verkettete Mehrphasenströme von 5000 V erzeugt werden; diese sollen längs der einzelnen Bahnlinien in Unterstationen, welche in entsprechenden Abständen zu errichten sind, geleitet, daselbst durch Transformatoren in niedergespannte Ströme verwandelt und durch rotirende Umformer in Gleichstrom von 750 V verwandelt werden; dieser soll in das Stromzuleitungsnetz der Bahnstrecken geleitet werden. In jeder Unterstation soll eine Accumulatoren-Batterie zum Umformer parallel geschaltet und eine vom rotirenden Umformer angetriebene Zusatz-Dynamo (Booster-Dynamo) aufgestellt sein. Der Anker der Zusatz-Dynamo ist in den Batteriekreis zu schalten; der Feldmagnet soll einerseits von einem Strome erregt sein, welchen die Accumulatoren-Batterie liefert, andererseits soll durch eine Compound-Wicklung der gesammte an das Leitungsnetz abgegebene Gleichstrom fliessen. Wenn der Strombedarf für die Züge gering ist, wird die Accumulatoren-Batterie zelnden. Bei einer bestimmten Stromstärke ist die Accumulatoren-Batterie und der Anker der Zusatz-Dynamo stromlos, bei weiterer Zunahme des Strombedarfes gibt die Accumulatoren-Batterie Strom ab.

Die verschiedenen Elemente des Systemes sollen nun etwas eingehender beschrieben und zum Schlusse die Kosten der Einführung des Systemes und des Betriebes kurz besprochen werden.

Wagen und Motoren.

Die Wagen sollen leicht und stark sein, etwas leichter als die Waggons unserer Dampfeisenbahnen und mit Plattformen versehen sein. Wagen von 14·6 m Länge mit 50 Sitzplätzen und 20 t Gewicht würden geeignet sein. Es sollten vier Motoren angewendet werden, welche zusammen eine Zugkraft von 3600 kg hervorbringen können. Am vortheilhaftesten dürfte es sein, Motoren von 125 PS Leistung zu wählen. Die Motoren könnten direct auf den Achsen montirt sein und daher Zahnradübersetzungen überflüssig sein. Die Regulirmethode ist durch die Betriebsverhältnisse gegeben. Die Motoren würden vom Controller aus parallel oder in Serie geschaltet. Mit diesen Motoren könnte bei einer Stromstärke von 500 Ampère eine Beschleunigung von 0·54 m pro Secunde erzielt und eine durchschnittliche Geschwindigkeit von 35·7 km auf dem schwierigsten Theile der Strecke, dem Chestnut Hügelzweige, erzielt werden, wo die Stationen nur durchschnittlich 0·96 km von einander entfernt sind, wobei in jeder Station ein Aufenthalt von 20 Secunden angenommen ist.

Schienen und Stromzuleitung.

Die einzige Aenderung die an den vorhandenen Schienen vorgenommen zu werden braucht, ist die Herstellung gut leitender Schienenverbindungen und von Erdverbindungen, welche in gewissen Abständen gemacht werden müssen, damit nicht bei trockenem Wetter von den Schienen Schläge erhalten werden können. Die Frage des Stromzuführungssystemes wäre einfach, wenn auf den Bahnstrecken nicht an einzelnen Stellen Uebersetzungen im Niveau bestünden: dadurch wird die Sache etwas schwieriger. Ein einfaches und sicheres System ist das folgende: Als Stromzuführung dient eine Stahlschiene, deren nach unten gekehrter flacher Flansch ungefähr 12·7 cm breit ist, und welche ungefähr 50 kg pro Meter wiegt. Diese Schienen können 18·3 m lang bezogen werden; die bezüglich des Spannungsverlustes

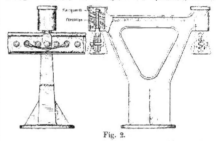

Fig. 2.

angestellten Rechnungen ergaben jedoch, dass auch die gewöhnlichen Schienen von 9·15 m Länge verwendet werden können, wenn bei jedem Stosse eine sogenannte 0·000 Schienenverbindung von circa 0·3 m Länge gemacht wird. Bei einer Betriebsspannung von 750 V würde der Spannungsverlust bei der Wahl der obigen Stromzuleitungsschiene und Rückleitung durch die Fahrschienen, bei welchen dieselben Schienenverbindungen angebracht wären, 21·7 V pro 1 km betragen, wenn ein Zug mit einem Zuge befahren ist, der mit 64 km Geschwindigkeit auf horizontaler Strecke fährt. Der thatsächliche Spannungsabfall würde, wenn ein Zug in der Mitte

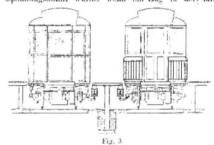

Fig. 3.

zwischen zwei unten näher beschriebenen Unterstationen führt, 52 V betragen, d. i. 7%. Die Stromzuleitungsschienen für die beiden Geleise sollten zwischen den Geleisen angebracht sein. Die Fig. 2 stellt die angenommene Form der Isolatoren und Träger für die Stromzuleitungsschienen dar, in der Fig. 3 sind die Schienen, Plattformen, Wagen und Träger der Stromzuleitungsschienen dargestellt. Aus der Fig. 2 ersieht man, dass ein gusseiserner Träger, welcher 1 m tief in den Grund gesetzt und mit Cement umgeben ist, die Isolatoren trägt, an welchen die Stromzuleitungsschienen befestigt sind. Die Isolatoren bestehen aus Porzellan und sind in gusseisernen Behältern eingeschlossen. Durch den Isolator geht ein Bolzen, dessen unterer gabelförmiger Theil die Schiene umfasst; durch einen Querbolzen erfolgt die Befestigung der durch Laschen verbundenen Schienen. Die Schienen werden mit Ziegeln aus harter Terracotta bedeckt, welche die in der Fig. 4 dargestellte Form haben und verhüten sollen, dass die Schienen berührt werden. Die Isolatoren werden in 9·15 m Abstand angebracht, die Festigkeit der Schienen ist hinreichend gross, dass sie dem verticalen Drucke des Contactschuhes Stand halten können. Der Contactschuh ist aus Bronze, hat eine Länge von circa 40 cm und eine Contactfläche von 480 cm², so dass pro 1 A Stromabnahme mehr als 1 cm² Contactfläche vorhanden ist, da zwei Contactschuhe an jedem Zuge angebracht sind, u. zw. am Anfange und Ende des Zuges. Bei Uebersetzungen, Wechseln etc. haben die Stromzuleitungsschienen Unterbrechungsstellen; die leitende Verbindung wird durch in den Grund verlegte Kabel hergestellt. Die Länge eines Zuges mit drei Wagen ist 44 m, so dass Unterbrechungsstellen von 40 m Länge keine Stromunterbrechung bewirken und daher auch die Züge an jeder

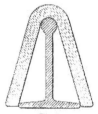

Fig. 4.

Stelle Zugkraft zur Verfügung haben. Züge mit zwei Wagen könnten Unterbrechungsstellen von 21 m Länge in gleicher Weise passiren. Die beiden Stromzuleitungsschienen mögen unter einander verbunden werden. Man könnte allerdings einwenden, dass dann bei eintretendem Kurzschluss oder Unfall auf einem Geleise auch die Züge auf dem anderen Geleise zum Stillstand gebracht werden; aber der Vortheil der infolge von Querverbindungen erreichten höheren Leistungsfähigkeit des Systemes darf nicht vergessen werden. Man kann ja zur Sicherheit leicht eine Abschmelzsicherung in den Querverbindungen anbringen. Wenn man die Unterstationen in der unten beschriebenen Weise errichtet, braucht man keine separaten Feeders, da die Schienen eine hinreichende Leitungsfähigkeit besitzen und bei gewöhnlicher Belastung der Spannungsabfall klein ist.

Unterstationen.

Jede Unterstation würde aus einem kleinen Gebäude bestehen, in welchem die Transformatoren aufgestellt wären, welche die Mehrphasenströme von 5000 V Spannung in niedergespannte Ströme umformen; ausserdem wäre daselbst ein rotirender Mehrphasenstrom-Gleichstrom-Umformer, die Zusatz-Dynamo, die Accumulatorenbatterie und die nöthigen Regulir- und Schaltapparate für die entsprechende Section der Bahnanlage aufgestellt. Die Ausrüstungen der Unterstationen würden bezüglich der Capacität differiren können; im Allgemeinen wäre aber die Ausrüstung die gleiche. Die Transformatoren für eine einzelne Station müssten zu-

sammen circa 400 Kw Leistung haben. Es ist nicht nothwendig, zwei rotirende Umformer in jeder Station aufzustellen, da auch im Falle eines Unfalles in einer Unterstation die entsprechende Section von den Nachbarsectionen Strom erhalten könnte. Diese Umformer vertragen beträchtliche Ueberlastungen und erleiden nicht so leicht Störungen, so dass der Betrieb hinreichend gesichert ist, wenn nur ein Umformer in jeder Station angenommen wird. Mit der Achse des rotirenden Umformers ist mechanisch eine Zusatz-Dynamo von 40 Kw Leistung gekuppelt, welche, wie in der Fig. 5 dargestellt ist, mit einer Accumulatorenbatterie von circa 3200 A-Stunden Leistung verbunden ist. Der Feldmagnet ist mit einer Nebenschlusswickelung versehen, welche an die Accumulatorenbatterie angeschlossen ist, und ausserdem mit einer dickdrahtigen Compound-Wicklung, durch welche der ganze abgegebene Gleichstrom so fliesst, dass die magnetisirende Wirkung die entgegengesetzte ist. Wenn die Wicklungsverhältnisse entsprechend gewählt sind, wird bei grossem Strom-

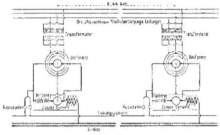

Fig. 5.

bedarfe die Batterie Strom abgeben, bei kleinem Strombedarfe die Netz aber vom Umformer geladen werden. Die Belastung des Umformers und der Transformatoren wird daher annähernd stets constant sein, wodurch ein hoher Nutzeffect ermöglicht ist.

Die angenommene Länge einer Section ist 6·4 km. Die Schaltapparate für die Stromleitungen befinden sich in den entsprechenden Unterstationen, welche den gleichen Abstand haben; auch können daselbst die Dreiphasenstrom-Secundärkreise abgeschaltet werden. Es dürfte zweckmässig sein, die ruhenden Transformatoren in einem oberen Raume unterzubringen; Kühl- oder Ventilationsvorrichtungen lassen sich leicht anbringen. Die Unterstationen könnten vortheilhaft mit dem üblichen System der Blocksignal-Thürme verbunden werden und das gleiche Personal könnte beide Dienste, ausser zur Zeit des stärksten Verkehres, in jeder Station sollten ca. 400 Accumulatoren Zellen in paraffinirten Holzgefässen und ventilirten Raume aufgestellt sein, welcher von den Räumen, in welchen die Transformatoren und Umformer aufgestellt wären, getrennt sein müsste.

Kraftübertragungs-Leitungen.

Diese bieten keine Schwierigkeit. Eiserne Pfosten von 9 m Länge, welche Querarme und grosse Porzellan-Isolatoren trugen, sind als Träger der Hochspannungsleitungen erforderlich. Der grösste Kupferquerschnitt ergibt sich, unter Annahme eines maximalen Spannungsabfalles von 20°/₀ und eines mittleren Spannungsabfalles von 10% zu 200 mm^2 für einen Stromleiter. Da an manchen Stellen die Privatrechte die Führung von Luftleitungen nicht zulassen, sind die Stromleitungen daselbst unterirdisch zu verlegen, was keine Schwierigkeit bietet. Die Hochspannungsleitungen sollen nicht am Bahnkörper geführt werden, damit sie bei einer Zugsentgleisung nicht beschädigt werden und mit den Zugstrümmern in Contact kommen können.

Centralstation.

Die Erfordernisse für die Centralstation sind sehr einfach. Dieselbe arbeitet mit gleichbleibender Belastung

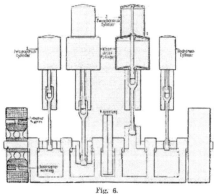

Fig. 6.

täglich 24 Stunden an Wochentagen und kann an Sonntagen auf einige Stunden zum Zwecke der Controle zum Stillstande gebracht werden.*) Die gesammte er-

vorzusorgen. Da die Anwendung der elektrischen Traction für Express-Fernzüge nicht mehr lange aufgeschoben werden kann, sollte eine solche Einheitstype gewählt werden, dass die Vergrösserung leicht durchführbar ist. Es ist am vortheilhaftesten, zwei Maschineneinheiten zu wählen, und zwar solche von der Marinetype mit vierfacher Expansion und je 12.000 PS Leistung, welche direct gekuppelt sind mit je zwei Dreiphasenstrom-Generatoren von 5000 V Spannung um 4000 Kw Leistung. Solche Dampfmaschinen, welche bei ziemlich gleichförmiger Belastung arbeiten würden, haben sich unter ähnlichen Verhältnissen auf Passagierdampfern gut bewährt und bilden keine ungewöhnliche oder schwer auszuführende Type. Die Dynamos wären von gleicher Sorte wie die bei der Niagara-Kraftübertragungsanlage; dieselben haben einen hohen Wirkungsgrad und eine sehr einfache Construction. Wenn man die Dampfmaschine nach dem in der Fig. 6 dargestellten Schema ausführt, indem man den zweiten Zwischendruck- und Niederdruck-Cylinder durch je zwei Cylinder ersetzt, so können sich die Kurbeln sehr gut balancen, und zugleich ist eine Theilung der Maschine möglich, da man im im Falle der Beschädigung einer Dynamo die Kuppelung in der Mitte lösen und eine Dynamo allein mit der Hälfte der Dampfmaschine betreiben kann, welche dann mit dreifacher Expansion arbeitet. Auf diese Art ist eine continuirliche Leistungsfähigkeit der Centrale gesichert. Diese Dampfmaschinen dürften pro Kilowattstunde Leistung nicht mehr als 0·9 kg Kohle erfordern. Die Periodenzahl der Wechselströme sollte nieder, ungefähr 16 bis 20 pro Secunde sein. Allerdings sind dann grössere Transformatoren erforderlich als in dem Falle einer höheren Periodenzahl, doch wird der Bau der Dynamos und Umformer dadurch sehr vereinfacht.

Einige Bemerkungen über die Type der Dynamos und Umformer mögen noch hinzugefügt werden. Die

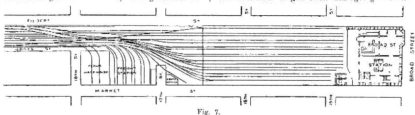

Fig. 7.

forderliche Leistung beträgt von den Stromzuleitungsschienen an gerechnet 225.000 Kilowattstunden pro Tag. Addirt man die Verluste in den Leitungsschienen, Batterien, rotirenden Umformern und Transformatoren, so erhöht sich die Zahl auf 285.750 Kilowattstunden; fügt man noch 10% Verlust in den Kraftübertragungsleitungen hinzu, so erhält man 315.000 Kilowattstunden als erforderliche Leistung der Centrale pro Tag. Unter Annahme einer gleichförmigen Belastung müsste die Leistung der Dynamos daher 13.000 Kw continuirlich betragen. Dieses Erfordernis steht unter der Annahme, dass dreimal so viel Züge verkehren würden als gegenwärtig und dass die Zahl der Sitzplätze verdoppelt würde. Da sich das Gebiet der elektrischen Traction voraussichtlich ausdehnen wird, ist es zweckmässig, für die Vergrösserung auf doppelte Grösse

Inductortype der Dynamos, welche keine Drähte im beweglichen Theile enthalten, scheint die vortheilhafteste zu sein; es empfiehlt sich solche specielle Typen zu wählen, welche sich in der Praxis gut bewährt haben. In der Figur ist daher eine Type mit rotirendem Magnetfelde angenommen. Die Schwierigkeit, die Armaturströme von 5000 V Betriebsspannung zu isoliren, ist leicht erfüllbar, da die Armatur stillsteht. Die rotirenden Umformer sollten von derselben Type sein wie die gebräuchlichen, nur sollte der Collector relativ grösser sein.

In der Centralstation sind Erreger-Dynamos von ungefähr 100 Kw Leistung erforderlich. Die Klemmenspannung soll 750 V sein, damit im Falle einer Beschädigung der Erregerstrom von der Stromleitungsschiene der Bahn abgenommen werden kann. Ausserdem ist in der Centralstation eine 1200 PS Dampfmaschine, gekuppelt mit zwei Dynamos von 560 Kw

---

*) Amerikanische Verhältnisse. — D. R.

und 750 V und eine Accumulatorenbatterie von 4500 A.St. Capacität aufzustellen, welche Strom an die Strecke zwischen dem Centralbahnhofe in der Broad-Street abgeben, wo der Zugsverkehr am grössten ist und die Radialstrecken mit Strom versehen, welche von der Powelton-Avenue und South-Street ausgehen. Die Centralstation wäre am Fusse des Hügels an der Westseite des Flusses zu errichten; die Kohlenzufuhr würde in der Höhe des ersten Stockwerkes erfolgen.

Specielle Probleme.

Das System bietet, so weit es beschrieben wurde, in der Ausführung keine Schwierigkeit. Es sind aber einige Schwierigkeiten wegen der Geleisanlage in der Broad-Street, sowie wegen der Uebergänge zu überwinden. Die Figur 7 gibt eine Vorstellung von der Complicirtheit der Kreuzungen, Wechsel und Geleise. Die Schwierigkeit, die Stromzuleitungsschiene bei einer solchen Anlage zu installiren, ist eine beträchtliche, kann aber dadurch vermindert werden, dass man nur die Geleise auf der Nordseite des Bahnhofes für die elektrisch zu betreibenden Localzüge einrichtet. Dies würde nicht eine Lösung des Problems bilden, da es sicher ist, dass bald alle Geleise für elektrische Traction eingerichtet werden müssen. Bei Wechseln und Uebergängen kann man die Stromleitungsschienen unterbrechen und könnte daselbst höchstens ein einzelner Motorwagen stehen bleiben, doch ist dies nicht wahrscheinlich. Die grössere Schwierigkeit besteht darin, Gleichstrom von 750 V Spannung auf einer Bahnhofsanlage zu vertheilen, auf der sich viele Arbeiter und Wechselwächter befinden. Das beste Mittel ist, in der Bahnhofsanlage Plattformen anzubringen. Uebergänge lassen sich leicht herstellen; in Curven braucht nur die Stromleitungsschiene umhüllende Isolirung abgeändert werden; auf Brücken wird man eine andere Form der Stromleitungsschiene wählen. Dies sind wohl alle Abänderungen, die an dem oben beschriebenen Systeme nöthig sind.

(Schluss folgt.)

Methoden zur Messung der Phasendifferenzen von Wechselströmen gleicher Periode.[*]

Von Dr. H. Martienssen.

(Fortsetzung.)

Die Verzerrung der Stromcurve durch die Hysteresis des Eisens blieb dabei allerdings unberücksichtigt, indem angenommen wurde, dass in beiden Fällen die Stromcurve nicht wesentlich verschieden ist.

Die Stromstärke wurde mittelst eines Torsions-Dynamometers für Schwachstrom, das an einen kleinen inductionsfreien Widerstand angelegt wurde, gemessen.

Die gemessenen Phasendifferenzen lagen bei den gewählten Widerständen und Tourenzahl zwischen 32·3⁰ und 37·0⁰; die gemessenen Werthe waren um 3·4 bis 3·7⁰ grösser als die unter Annahme eines Sinusstromes aus der Phasendifferenz berechneten.

Es wurde daher zur Berechnung der Selbstinduction der Spule mit Eisenkern von sämmtlichen Werthen 3·6⁰ als Mittel subtrahirt.

Folgende Tabelle gibt die Resultate, die in Fig. 6 graphisch dargestellt sind. Er bedeutet φ reducirte Phasendifferenz, R Widerstand des Stromzweiges, in welchem die veränderliche Selbstinduction lag, T Periode des Wechselstromes, J Stromstärke, L der berechnete Selbstinductions-Coëfficient. Beim Versuch 0 ist der Eisenkern der Spule entfernt.

[*] Der Artikel bildet einen Auszug aus der Inaugural-Dissertation des Verfassers.

Nr.	φ	R	T	J	L
0	3·8	7·428	0·0381	—	0·00299
1	29·0	7·428	0·0381	0·136	0·0250
2	30·4	7·430	0·0379	0·184	0·0263
3	31·8	7·486	0·0377	0·239	0·0277
4	33·1	7·436	0·0383	0·384	0·0295
5	33·6	7·440	0·0389	0·492	0·0306
6	33·2	7·447	0·0399	0·677	0·0310
7	32·4	7·585	0·0403	1·335	0·0309
8	31·8	7·664	0·0405	1·750	0·0307
9	32·2	7·720	0·0406	1·980	0·0315

Man erkennt, wie der Selbstinductionscoëfficient bei schwachen Strömen stark wächst mit der Stromstärke, dann aber nahezu constant bleibt. Die Gerade I a gibt den constanten Werth vom Selbstinductions-Coëfficient an, wenn der Eisenkern aus der Spule entfernt ist. Unter der Annahme, dass alle magnetischen Kraftlinien vom Eisen aufgenommen sind, gibt die Curve I gleichzeitig die magnetische Permeabilität des Eisenkerns an, wenn der Werth der Ordinate von I a als Einheit genommen wird.

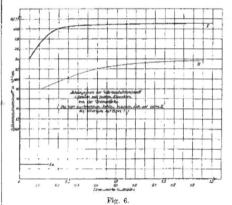

Fig. 6.

Fassen wir die Resultate zusammen, so erkennt man, dass die Methode gestattet, jede beliebige numerische Phasendifferenz beliebiger Wechselströme unabhängig von den Eigenschaften jedes einzelnen Stromes auf ca. 0·1⁰ oder genauer zu messen, wenn der Apparat direct an dem Wechselstrom-Generator angebracht werden kann, auf ca. 0·3⁰ genau, wenn derselbe durch einen Synchronmotor getrieben wird.

Phasendifferenzen sehr schneller Schwingungen, z. B. Condensatorentladungen zu messen ist mittelst dieser Methode nicht möglich; auch gibt sie für sehr kleine Phasendifferenzen nur ungenaue Werthe. Bei der Anwendung zur Selbstinductionsbestimmung verlangt sie ausserdem eine Zeitmessung und eine Reduction auf Sinusstrom, sobald mit beliebigem Wechselstrom gearbeitet wird.

2. Methode.

Phasendifferenzmessung mittelst Phasenindicator.

I. Theoretische Begründung.

Es sollen zunächst zwei harmonisch verlaufende Ströme angenommen werden. Wird dann die Zeit gemessen von einem Augenblicke an, in welchem der eine durch 0 geht, so sind dieselben gegeben durch:

$$i_1 = J_1 \sin \frac{2\pi}{T} t, \quad i_2 = J_2 \sin\left(\frac{2\pi}{T} t + \varphi\right),$$

durchläuft i_1 die primäre Wickelung eines eisenfreien Induc-

127

torium, so erzeugt er in der secundären Wickelung eine elektromotorische Kraft

$$e = L \frac{d i_1}{d t},$$

wenn mit L der gegenseitige Inductionscoëfficient bezeichnet wird. Ist dann der Widerstand des secundären Stromkreises R_2, während seine Selbstinduction zunächst unberücksichtigt bleiben soll, so durchfliesst denselben ein Strom i_2, für den gilt

$$i_2 = \frac{L}{R_2} \cdot p \cdot J_1 \cos p\,t, \quad \text{wo } p = \frac{2\pi}{T}.$$

Stelle ich jetzt ein Drehfeld dar, derartig, dass i_1 und i_3 in derselben Ebene, i_2 in der dazu senkrechten Ebene einen drehbaren Metallkörper umkreisen, so wird auf letzteren kein Drehmoment ausgeübt werden, wenn $i_1 + i_3$ dieselbe Phase haben wie i_2, mithin wenn die Gleichung erfüllt ist:

$$J_1 \sin p\,t + \frac{L}{R_2} \cdot \frac{2\pi}{T} J_1 \cos p\,t = A \sin (p\,t + \varphi),$$

wo A eine Constante.

Hieraus folgt für $p\,t = -\varphi$:

$$J_1 \sin \varphi = -\frac{L}{R_2} \cdot \frac{2\pi}{T} J_1 \cos \varphi \quad \dots \dots \quad 1)$$

oder

$$\operatorname{tg} \varphi = -\frac{2\pi}{T} \cdot \frac{L}{R_2}.$$

In dieser Gleichung kommt die Stromstärke nicht vor, und es ist die Phasendifferenz bei gegebener Periode bestimmt durch L und R_2. Wird daher bei constantem gegenseitigen Inductions-Coëfficienten der Widerstand R_2 so lange verändert, bis kein Drehmoment eintritt, so dient dasselbe direct als Mass für φ; ebenso lässt sich bei constantem Widerstand R_2 durch Veränderung von L φ bestimmen.

Ist φ klein — kleiner als ca. 5° —, so lässt sich die Gleichung (2) vereinfachen.

Da nämlich in diesem Falle $\operatorname{tg} \varphi = \varphi$ gesetzt werden darf, so erhält man:

$$\frac{L}{R_2} = \frac{2\pi}{T} \cdot \varphi$$

oder, da

$$\varphi = \frac{2\pi}{T} \cdot \Theta,$$

wenn mit Θ die zeitliche Phasendifferenz beider Ströme bezeichnet wird,

$$\Theta = \frac{L}{R_2}.$$

Daraus geht hervor, dass Θ unabhängig von Wechselzahl und Stromstärke durch L und R_2 bestimmt ist, so lange φ genügend klein ist.

Zusatz: Ist $\varphi < 10°$, also $\Theta < \frac{1}{36} T$, so wird das Resultat auf 1% genau; bei kleinerem φ entsprechend genauer.

Bei dieser Untersuchung blieb die Selbstinduction des secundären Stromes unberücksichtigt; es bleibt daher zu untersuchen, wie weit dieselbe von Einfluss ist. Wird der Selbstinductions-Coëfficient mit L_2 bezeichnet, so ist der Strom i_2'

$$i_2' = p \cdot L \cdot J_1 \frac{1}{\sqrt{1 + \left(p \frac{L_2}{R_2}\right)^2}} \sin\left(p\,t + \frac{\pi}{2} - \psi\right)$$

und

$$\operatorname{tg} \psi = p \frac{L_2}{R_2}.$$

Mithin erhalte ich genau statt (1) die Bedingungsgleichung

$$J_1 \sin \varphi = p \cdot L \cdot J_1 \frac{1}{\sqrt{1 + \left(p \frac{L_2}{R_2}\right)^2}} \sin\left(\varphi + \frac{\pi}{2} - \psi\right). \quad 2)$$

Es tritt demnach in (1) noch der Factor hinzu:

$$k = \frac{1}{\sqrt{1 + \left(p \frac{L_2}{R_2}\right)^2}} \cdot \frac{\sin\left(\frac{\pi}{2} - \varphi - \psi\right)}{\sin\left(\frac{\pi}{2} - \varphi\right)} = \frac{1}{\sqrt{1 + \left(p \frac{L_2}{R_2}\right)^2}} \cdot \frac{\cos(\varphi + \psi)}{\cos \varphi}$$

In diesem Factor ist $p = 2\pi/T$ enthalten. Es wird also die Aichungscurve, welche Θ aus R_2 bezw. L bestimmt, nur so lange von der Wechselzahl unabhängig bleiben, als k von der Einheit nicht wesentlich abweicht.

Um nun über die Grösse des Factors einen Anhalt zu bekommen, soll derselbe für einen bestimmten Fall berechnet werden.

Bei meiner ersten Versuchsreihe war $L_2 = 0.0015 \cdot 10^9$ cm. Sei ferner als ungünstigster Fall $\varphi = 10°$ gewählt; ferner $T = 0.03$ Sec., also circa 2000 Wechsel in der Minute, $R_2 = 10\,\Omega$, dann wird $k = 0.9948$.

Wird also der Factor k vernachlässigt, so würde in diesem Falle der Fehler ungefähr 0.5% ausmachen. Es erscheint demnach bei einer Genauigkeit des Resultates auf 0.5% die Vernachlässigung der Selbstinduction des secundären Leiters gestattet, so lange

$$e = p \frac{L_2}{R_2} < 0.03. \qquad \text{(Schluss folgt.)}$$

KLEINE MITTHEILUNGEN.

Verschiedenes.

Verwundung und Tod durch den elektrischen Strom. Professor Norvelle Wallace Sharpe veröffentlicht im „American Journal of Surgery and Gynæcol", Jul. 1897, eine interessante Studie über den Unterschied zwischen gewöhnlichen und durch den elektrischen Strom verursachten Wunden. Letztere greifen in der Regel weit weiter in die Tiefe, bis zu den Knochen und Gelenken und erfordern daher eine längere Heilungsdauer, rigorose Antisepsis durch Jodoform und Wasserstoffsuperoxyd und radicale Entfernung aller abgestorbenen Theile durch eine Lösung von Pepsin und Salzsäure in destillirtem Wasser; bei drohendem Weitergreifen des Brandes darf mit der Amputation nicht gezögert werden, um zu erhalten, was noch zu retten ist. Zur Lösung der noch immer strittigen Frage, ob der elektrische Strom durch Herz- oder Lungenlähmung tödte, stellten die Professoren Thom, Oliver und Rob. A. Bolam (University of Durham, Newcastle on Tyne) eine Reihe von Versuchen an Hunden und Kaninchen an und berichten hierüber im „British Medical Journal", 15. Jänner 1898. Bei genügend starken Strömen trat jedesmal sofort Herzstillstand ein, während rhythmische Athembewegungen und bei den Hunden auch lautes Bellen noch zwei Minuten anhielten; ebenso stellte sich der beim Blitztode der Menschen bekannte exspiratorische Schrei im Thierversuche ein. Die Aussichten auf Wiederbelebung sind daher goring und dieselbe kann einzig und allein durch Einleitung der künstlichen Athmung zu Stande kommen; bleibt der Gas-austausch in der Lunge durch wenigstens 20—30 Minuten in Gange, so gewinnt das vom elektrischen Shock gelähmte Herz, respective dessen motorische Nervencentren, Zeit zur Erholung und kann vielleicht wieder arbeiten. Es wurde schon in Nr. 16, Seite 472 ex 1897 dieser Zeitschrift, die energische und unermüdlich fortgesetzte künstliche Respiration als wichtigste Rettungsaction beim scheinbar durch Elektricität hingestellt und das Verfahren hiebei dargelegt; mit Rücksicht auf den Ernst der Sache sei nochmals mit allem Nachdrucke darauf hingewiesen. *Dr. R.*

Ausnützung atmosphärischer Elektricität. Mit Bezug auf die in Heft 6 unter obiger Spitzmarke gebrachte Mittheilung und die Erwiderung des Herrn v. Leon in Heft 8, sieht sich der Gefertigte veranlasst, mitzutheilen, dass derselbe mit einem an eine Beleuchtungs-Anlage angeschlossenen v. Leon'schen Stromsparer Versuche durchgeführt hat, aber keinerlei Einfluss auf den Nutzstrom, bezw. keinerlei Ersparnis an Strom constatiren konnte, was übrigens als selbstverständlich vorauszusehen war. *Schulka.*

Dem Aluminium würde ein grosses Feld seiner Verwendbarkeit erschlossen werden, wenn man dasselbe vortheilhaft für Elektricitätszwecke verwenden könnte. Die Daten, welche bisher über seine Leitungsfähigkeit und sonstiges elektrisches Verhalten vorlagen, waren bisher sehr wenig einwandigfrei, und neuere Verfolgung aufzunehmen. Auch wurden so verschiedene Resultate gegeben, dass man von vorneherein deren Genauigkeit zu bezweifeln war. Wie uns das Internationale Patent Bureau Carl Fr. Reichelt, Berlin mittheilt, veröffentlicht neuerdings das Franklin Technical Institute die Resultate einer längeren sorgfältig durchgeführten Versuchsreihe, welche sich auf günstigere Ergebnisse liefern. Darnach besass Aluminium mit 1.5% Unreinigkeiten etwas mehr als die Hälfte der Leitungsfähigkeit des Kupfers (55%). Sinkt die Beimischung der Unreinigkeiten auf 1%, so steigt die Leitungsfähigkeit bis 59%, bei 0.5% Beimischung beträgt sie 65%, bei absolut reinem Metall 67%. Für die praktische Verwendbarkeit wird es nun von Bedeutung sein, ob Aluminium, chemisch rein, um 33% billiger hergestellt werden kann als Kupfer, und dann ist kaum zu zweifeln. Durch die Versuchsreihe wurde ausserdem festgestellt, dass die Leitungsfähigkeit von gewöhnlichem harten Hammerkadmiumin um 1% stieg, wenn dasselbe ausgeglüht wurde.

Verein zur Ermunterung des Gewerbegeistes in Böhmen. Im Nachhange zu unserer diesbezüglichen Mittheilung in vorigen Hefte, S. 97, wird uns geschrieben: Die Anmeldungsfrist für die Preisausschreibung auf Erfindungen, die für den Gewerbebetrieb von Nutzen sind, läuft am 1. März d. J. ab und kann sodann längstens nur bis zum 15. März l. J. erstreckt werden. Es ist somit höchste Zeit, dass die Interessenten bei dem Böhm. Gewerbeverein, Prag, I, Programm und Anmeldungsscheine verlangen, damit noch Einlauf der Anmeldungen das Gruppen-Comité K. der „Ausstellung für Architektur- und Ingenieurwesen in Prag 1898“ dieselben ordentlich und rechtzeitig erledigen kann. Der ausgeschriebene erste Preis beträgt 1000 Kronen in Gold; die weiteren Preise werden im Verhältnis zur Concurrenz-Betheiligung festgesetzt werden.

Ausgeführte und projectirte Anlagen.

Oesterreich-Ungarn.

a) Oesterreich.

Neunkirchen. (Elektricitätswerk.) Wie wir schon berichteten, wurde anfangs December v. J. das städtische Elektricitätswerk dem Betriebe übergeben. Dasselbe wurde auf dem Grunde der alten Elz'schen Fabrik errichtet und enthält vorläufig folgende Hauptbestandtheile: 2 Wasserrohrkessel, System Dürr-Gehre, von je 100 m² Heizfläche bei 10 Atmosphären concessionirter Betriebsüberdruckspannung; 2 stehende Compound-Condensations-Dampfmaschinen mit einer Leistung von je 160 indicirten oder 180 effectiven PS bei 9 Atm. Admissionsüberdruck, 1/2 Füllung und 180 Touren; endlich 2 mittelst Riemen von je einer Dampfmaschine angetriebene Dynamos von je 80 kw, welche genau geschaltet mit einer Accumulatoren-Batterie von 288 Ampèrestunden Capacität auf das Dreileiternetz bei einer Spannung von 2 × 150 V arbeiten. Die Leitungen, welche oberirdisch verlegt sind, reichen für 2500 gleichzeitig brennende Glühlampen zu 16 Normalkerzen aus; da schon an 3000 Lampen installirt sind, so wurde bereits an die Schaffung einer Ergänzungs- bezw. Reserveanlage, bestehend aus einer 40 PS Turbine und 2 Dynamos à 17 kw, geschritten. Ausserdem ist die Dampfanlage um 3 Kessel und 2 Maschinenaggregate in der gleichen Grösse, wie die bestehenden, erweiterungsfähig.

Die ganze Anlage wurde von den Oesterreichischen Schuckert-Werken hergestellt, welche auch für das erste Jahr die Betriebsführung übernommen haben.

Prag. (Elektrische Bahnen.) Man schreibt uns: Eine Probefahrt zweier versuchsweise mit Strassenbahnmotoren, System Walker, ausgerüsteter Wagen hat im Beisein einer städtischen Commission, zu welcher u. a. auch der städtische Ober-Ingenieur abgeordnet war, am 17. v. M. in Prag stattgefunden und ein sehr zufriedenstellendes Resultat ergeben.

Es wurde zunächst mit vollbesetztem Motor- und Anhängewagen die Strecke: Remise—Weinberge—Brentegasse, für welche die Wagen bewilligt sind, befahren. Die grösste Steigung dieser Linie beträgt 4·80‰, die andauernde ca. 3·09‰, der kleinste Radius ca. 30 m. Die Fahrgeschwindigkeit von 12 km pro Stunde bedingen, der Zug erreichte jedoch bei parallel geschalteten Motoren ohne Widerstand in der grössten Steigung eine Geschwindigkeit von ca. 16·5 km.

Eine weitere Probe mit demselben Wagen wurde auf der bedeutend schwierigeren Strecke der Prager Ringbahn, deren grösste Steigung 8·9‰ beträgt, veranstaltet. Auch diese Steigung wurde vom vollbesetzten Motorwagen mit angekuppeltem Anhängewagen mit Leichtigkeit überwunden, wobei die Fahrtgeschwindigkeit in dieser Steigung ca. 10 km betrug.

Die Wagen sind von der Firma Ringhoffer in Prag geliefert und lieferten die Ausrüstung der Motorwagen mit elektrischer Ausrüstung 10·042 t, das Gewicht der Anhängewagen ca. 2·5 t. Bei der Probefahrt war der Motorwagen mit 80, der Anhängewagen mit 45 Personen besetzt. Das gesammte Zuggewicht betrug also ca. 20 t. Die beiden 35 PS bemessenen Motoren haben daher bei der Steigung von 8·9‰ und 10 km Geschwindigkeit insgesammt ca. 85 PS an Zugkraft geleistet, ein schönes Zeugnis für ihre Ueberlastungsfähigkeit.

Auch die übrigen Theile der elektrischen Ausrüstung, speciell die elektrische Bremse functionirte tadellos.

Ferner wurde der Motor vermittelst des Bremszaumes geprüft. Die Resultate der aus den vorgenommenen Messungen berechneten Werthe — es wurde ein Hand- und ein Riemen-Tachometer verwendet — enthält die folgende Tabelle. Die einge-

klammerten Zahlen beziehen sich auf das Hand-Tachometer, die nicht eingeklammerten auf das Riemen-Tachometer.

Nr.	Volt	Ampere	Hand-Tachometer	Riemen	Elektrische PS	Mechanische PS	Wirkungsgrad %
1	504	26·5	1160	1140	(18·1) 18·15	(11·74) 11·53	(65·2) 63·53
2	498	35	890	880	23·72 (23·7)	17·81 (18·1)	75·08 (76·1)
3	496	42	760	750	28·30 (28·3)	22·92 (23·7)	80·99 (83·7)
4	497	48	690	680	32·41 (32·4)	27·55 (27·9)	85·23 (86·2)
5	499	55·5	635	637	37·53 (37·6)	32·23 (32·2)	80·55 (85·4)
6	502	49	700	685	33·49 (33·4)	27·72 (28·3)	82·95 (84·6)
7	505	42·2	780	770	28·95 (28·9)	23·83 (23·7)	80·75 (78·1)
8	502	34·5	920	900	23·53 (23·5)	18·21 (18·6)	77·55 (70·9)
9	508	26·2	1200	1170	18·08 (18·1)	11·84 (12·1)	65·47 (67·2)

Elektrische Bahn Lieben—Vysočan. Am 15. d. M. fand die Commission und Tracenrevision der elektrischen Bahn von der Station „Baldabenka“ in Lieben nach Vysočan mit der Endstation bei der dortigen Apotheke und der Zweiglinie zur böhmisch-mährischen Maschinenfabrik statt. Als Commissionsleiter fungirte der Bezirks-Commissär der Statthalterei Herr Mahling. Nachdem gegen den Bau keine Einwendung erhoben wurde, wird mit demselben bei Eintritt günstiger Witterung begonnen werden.

b) Ungarn.

Budapest. Eisenbahnproject. Der königl. ungarische Handelsminister hat der Direction der Ujpest—Rákospalotaer Strasseneisenbahn-Gesellschaft für Strasseneisenbahnen mit elektrischem Betriebe die Bewilligung zur Vornahme technischer Vorarbeiten für eine von der Station Dunapart ausgehende, bis zum Káposztáser hauptstädtischen Wasserwerke führende normalspurige Zweigbahn mit elektrischem Betriebe ertheilt.

Ausbau des donaurechtsuferseitigen (Ofner) Strassenbahnnetzes. Der königl. ungarische Handelsminister hat in Angelegenheit des Ausbaues zweier Strassenbahnlinien mit elektrischem Betriebe in Budapest an die hauptstädtische Communalbehörde zwei Erlässe von principieller Bedeutung gerichtet.

Der eine dieser Erlässe betrifft die Concessionirung der Linien Kelenföld—Ofner innere Ringstrasse und Leopoldfeld, für welche als Baukosten ein Höchstbetrag von fl. 6,867.600 festgestellt werden ist. Die Kostenvoranschläge betreffend, bezüglich welcher die hauptstädtische Behörde das ausschliessliche Recht der Genehmigung beansprucht, sind nun aber vom Minister zu genehmigen und werden diesem Erlasse zufolge allerdings von Fall zu Fall der Stadtbehörde zur Revision übersendet werden. Doch darauf, dass, wie die Vertreter der Commune es forderten, dem Municipium ein bestimmender Einfluss auf die Feststellung des Investitionscapitales eingeräumt werden solle, könne, als in die Rechtssphäre des Ministers eingreifend, nicht eingegangen werden.

Der andere Erlass des Handelsministers bezieht sich auf den Bau der Budapest—Promontorer Vicinalbahn. Um das Kelenfölder Strassenbahnnetz nicht zu stören, habe der Minister das Arrangement getroffen, dass die Promontorer Vicinalbahn nur bis zur Kelenfölder Diagonalstrasse geführt werde, dass jedoch von da ab bis zur Franz Josef-Brücke die Vicinalbahntrasse auf Grund des Péagerechtes die Geleise der Budapester Strassenbahn zu benützen haben.

Die Direction der Budapester Stadtbahn-Gesellschaft für Strassenbahnen mit elektrischem Betriebe hat mit 1. d. M. im Bereiche ihres Gesammtbetriebsnetzes wesentlich ermässigte Fahrpreise eingeführt. Der Fahrpreis je einer Zone wurde von 18 auf 10 kr., für je zwei Zonen von 15 auf 10 kr. und für je drei Zonen von 20 auf 15 kr. herabgesetzt. Insonderheit wurde im Interesse des Verkehrs mit den äussersten Endstrecken des gesellschaftlichen Betriebsnetzes eine vierte Zone mit dem Tarifsätze von 20 auf 15 kr. eingeführt, in welche unter anderen Endpunkten auch der Verkehr mit dem ausserhalb Friedhofe gerechnet, als der in der Allgemeinen grössten Entfernung, mit dem Tarifsätze von 25 kr. einbezogen ist. Der Umsteigtiarif wurde in der Weise vervollkommnet, dass man mit einer Fahrkarte auf jedem beliebigen Punkte der Linien umgesteigen werden kann, daher das Umsteigen nicht wie bisher an Auszweige- oder Kreuzungspunkte gebunden ist. In entsprechendem Massstabe wurde auch der Preis der Kinderkarten herabgesetzt.

Deutschland.

Waldenburg in Schl. Aus Breslau wird dem „Berl. Börs. C."
geschrieben, dass die Niederschlesische Elektricitäts- und Kleinbahn-Gesellschaft ihren Probebetrieb bereits eröffnet hat, und
zwar ist zunächst Waldenburg mit elektrischem Strom versehen,
der zur Zufriedenheit fungirt, die übrigen Stromnetze, die sich
auf einen Kreis von etwa 35 km Radius um Waldenburg herum
erstrecken, werden im Laufe dieses Jahres betriebsfähig hergestellt werden und an die elektrischen Bahnanlage Waldenburg-
Dittersbach—Altwasser—Sorgau—Hermsdorf—Weinstein—Ober-
Bad und Niedersalzbrunn wird rüstig gearbeitet. (Vergl. Heft 7,
Seite 88.)

Literatur-Bericht.

Elektrische Kraftübertragung. Ein Lehrbuch für Elektrotechniker von Gisbert Kapp. Autorisirte deutsche Ausgabe von
Dr. L. Holborn und Dr. K. Kahle. Dritte verbesserte und vermehrte Auflage. Mit zahlreichen in den Text gedruckten Figuren.
Berlin, 1898. Julius Springer.

Die vor kurzer Zeit erschienene dritte Auflage dieses
Buches besitzt keine wesentlichen Unterschiede gegen die vorhergehende. Nur die fortschreitende Entwicklung der Wechselstrom-Technik und ihre hohe Bedeutung in der elektrischen Kraftübertragung haben einige Zusätze nothwendig gemacht, welchen
Bedürfnisse in der neuen Ausgabe auch vollauf Rechnung getragen wurde.

Im letzten Capitel wurde gegen früher die Beschreibung
der Dynamo-Maschine weggelassen und gewonnene Raum zur
Skizzirung einiger ausgeführter Kraftübertragungs-Anlagen benützt. Man findet die sorgfältig gewählten Beispielen das
Elektricitäts-werk der Budapester Allgemeinen Elektricitäts-Gesellschaft, mit Wechselstrom-Erzeugung und Gleichstrom-Vertheilung;
ferner die interessante Hochspannungs-Gleichstrom-Anlage in
Locle und Chaux de Fonds, und endlich auch die Drehstrom-
Anlage in Rheinfelden.

Die Eigenschaften, welche dieses Buch wie jedes andere
von Gisbert Kapp auszeichnen, sind bekannt. Der Verfasser
besitzt eben zwei Vortheile, welche nicht oft beisammen zu treffen
sind; ein aussergewöhnliches Wissen, verbunden mit der Gabe,
dasselbe in verständlichen Worten der Allgemeinheit mitzutheilen.
—m.—

„**Unsere Monarchie**". Die österreichischen Kronländer zur
Zeit des 50jährigen Regierungs-Jubiläums Sr. Majestät des Kaisers.
Herausgegeben von Julius Laurenčić. Verlag von Georg
Szelinski, Wien, Compl. in 24 Heften à 1 Krone. — Mit diesem
zweiten Bande liegt das zweite Heft vor, welches den weiteren
Theil der Ansichten Wiens enthält. Bei Auswahl der Bilder in
demselben wurde nun darauf Bedacht genommen, die hervor-
ragendsten Bauten des alten und neuen Wien in künstlerischer
Reproduction vorzuführen. Mit einem Gruppenbild beginnt das
Heft. Wir sehen den neuen Burgflügel, das allbewunderte Schweizer-
thor, das äussere Burgthor und den Franzensplatz. Ein Vollbild,
das Parlamentsgebäude. Auf den übrigen Bildertafeln sehen wir
zumeist in Gruppen von drei oder vier Vedutten angeordnet: das
Hofburgtheater (Interieurs, Stiegenaufgang und die herrliche
Statue Klythia); das kunsthistorische Hofmuseum mit dem Maria-
Theresia-denkmal; die Hofmuseen (Treppenhaus und Antiken-
saal); die Votivkirche, die Karlskirche, das Gebäude der k. k. Hof-
bibliothek, den Platz Am Hof mit dem Radetzky-Denkmal, den
Hohen Markt, die Schottenkirche, den Neuen Markt und Naschl-
markt. Auf anderen Blättern finden wir die Börse, das Sühlhaus,
dann die Prateralle, die Rotunde, den Praterstern, die beiden
Heldendenkmäler (Prinz Eugen und Erzherzog Karl) und auf einer
Schlusstafel die Monumente für Beethoven, Mozart, Haydn,
Schubert, Schiller und Grillparzer. Der Text stammt auch zu diesem
Hefte aus der Feder des Wiener Schriftstellers Ernst Keiter.

Patentnachrichten.

Mitgetheilt vom Technischen- und Patentbureau.

Ingenieur Victor Monath

WIEN, I. Jasomirgottstrasse Nr. 4.

Deutsche Patentanmeldungen*).

21. S. 10.085. Wechselklappe für Fernsprechämter; Zusatz zum
Patent 80.236. — Siemens & Halske, Actien-Gesellschaft,
Berlin. 28./1. 1896.

*) Die Anmeldungen bleiben acht Wochen zur Einsichtnahme öffentlich
aufgelegt. Nach § 24 des Patent-Gesetzes kann innerhalb dieser Zeit Einspruch
gegen die Anmeldung wegen Mangel der Neuheit oder widerrechtlicher Entnahme
erhoben werden. Das obige Bureau besorgt Abschriften der Anmeldungen und
übernimmt die Vertretung in allen Einspruchs-Angelegenheiten.

Classe

21. S. 10.408. Anordnung zur Messung der Arbeit eines Dreh-
strom-Systemes. — Siemens & Halske, Actien-Gesell-
schaft, Berlin. 26./5. 1897.
„ Sch. 12.173. Einrichtung zum Doppel-sprechen. — Gustav
Victor Schätzle, Frankfurt a. M. 21./12. 1896.
26. C. 6489. Elektrisch bethätigtes Gasventil. — Chateau & Fils,
Paris. 3./12. 1896.
„ H. 18.908. Elektrisch gesteuertes Gasventil. — Friedrich
Lux, Ludwigshafen a. Rh. 24./6. 1897.
36. Sch. 12.782. Elektrischer Heizkörper. — Friedrich Wilhelm
Schindler-Jenny, Kennelbach bei Bregenz. 22. 7. 1897.
46. A.5126. Elektrische Zündvorrichtung für Explosionsmaschinen.
— Herbert Austin, Birmingham. 12./2. 1897.

Classe Deutsche Patentertheilungen.

21. 96.822. Elektricitätszähler und Ladungs-, bezw. Entladungsmesser, begründet auf elektrische Endosmose. — Dr. L.
Strasser, Hagen i. W. 3./2. 1897.
„ 96.823. Stromumwandlung mit Isolirung für hohe Spannungen.
— A. Wydts und O. Rochefort. Paris. 14./4. 1897.
„ 96.824. Wechselstrom-Mehrleiter-Anlage mit Ausgleich-
Transformatoren. — G. W. Meyer, Nürnberg. 25./5. 1897.
„ 96.901. Vorrichtung zur Umformung von Wechselstrom in
Gleichstrom. — A. Müller, Hagen i. W. 27./4. 1897.
60. 96.815. Elektrischer Geschwindigkeitsregler für Kraftmaschinen.
— H. Dubbel, Aachen. 29./5. 1897.

Auszüge aus Patentschriften.

**Emil Dick in Wien. — Schaltungsweise für mit Maschinen-
und Sammlerbetrieb arbeitende Beleuchtungsanlagen für Eisenbahnzüge. — Classe 21, Nr. 94.759.**

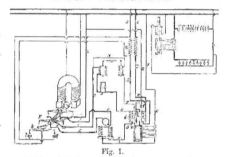

Fig. I.

Bei dieser Schaltungsweise für mit Maschinen- und Sammlerbetrieb arbeitende Beleuchtungsanlagen für Eisenbahnzüge schliesst
die gleichzeitig als Umkehrer für den Maschinenstrom und Kurz-
schliesser für den Vorschaltwiderstand einer Erregerstromkreise IV
dienende Vorrichtung F bei der zur Stromänderung dienenden
Bewegung durch die Hebel k und die Quecksilbergefässe i den
Vorschaltwiderstand r kurz, während bei der zur Regelung des
Erregerstromes dienenden Vorrichtung D von den zu dem elektrischen Wickelungen die Spule d in den Hauptstrom III, die
mittlere Spule e in den Erregerstromkreis IV und die dritte
Spule f den Nebenschluss s des Hauptstromkreises geschaltet ist.

**John Mowe Drysdale in New-York. — Linienwähler für Fern-
sprechanlagen. — Classe 21, Nr. 95.543.**

Ausser der bei den sogenannten Linienwählern gebräuchlichen eigentlichen Sprechleitung ist noch eine zweite Leitung
vorgesehen. Durch diese Leitung können alle in dem Netze vorhandenen Fernsprechstellen (jede einzelne bestehend aus einem
Gebern und Empfänger bestehende Umschalter in der Weise
hinter einander geschaltet werden, dass der Empfänger nur auf
eine bestimmte, von den Gebern der übrigen Stationen ausan-
laufende Folge von Stromstössen anspricht und in die Einstellung gebracht wird. Hierdurch werden besondere Schaltbarer
und Stöpseleinrichtungen zur Verbindung der einzelnen Theilnehmer unter einander überflüssig.

Georg J. Erlacher und M. A. Besso in Winterthur, Schweiz. — Schaltungsweise für Sammelbatterien mit aus Zellengruppen und Einzelzellen bestehenden Zuschaltzellen. — Classe 21, Nr. 95.355.

Diese Schaltungsweise für Sammelbatterien ist dadurch gekennzeichnet, dass die Zuschaltstellen aus Zellengruppen und Einzelzellen bestehen, welche mit einer Schaltvorrichtung derart verbunden sind, dass bei der Schalterbewegung zunächst die Einzelzellen während derselben auf den Stromkreis eingeschaltet werden; und dann durch eine Zellengruppe mit einer entsprechenden Zellenzahl ersetzt werden, worauf beim Weiterbewegen des Schalters wieder die Einzelzellen nach einander zugeschaltet werden können.

Harold James Bentley in Manchester. — Stationswähler-Einrichtung für Fernsprechanlagen. — Classe 21, Nr. 95.253.

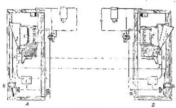

Fig. 2.

Sobald auf der Station A der Druckknopf K niedergedrückt wird, fliesst der Weckstrom aus der Batterie O nach dem Elektromagneten C der Station B, welcher die Fallscheibe J freigibt und dadurch bei S T die eigentliche Sprechleitung auf der Station B schliesst, während dieselbe auf der Station A vorläufig noch offen ist. Um die Sprechleitung auch auf der Station A zu schliessen, wird auf der Station B durch Niederdrücken des Druckknopfes K ein Rücksignal gegeben, bei welchem auch auf der Station A der Elektromagnet C seine Fallscheibe J freigibt und dadurch die Sprechverbindung S T herstellt.

Roger William Wallace in London. — Selbstthätiger Fernsprechschalter. — Classe 21, Nr. 95.256.

Die Theilnehmerleitungen sind auf der Vermittelungsstelle in Gruppen zerlegt, so dass z. B. bei einer Theilnehmerzahl von 10.000 je 10 Gruppen zu je 1000 bestehen würden. Auf jeder Theilnehmerstation befindet sich ein aus verschiedenen Strom schlussscheiben mit Stromschlussarmen, einer Batterie, sowie einem, der Zahl einer Theilnehmergruppe entsprechendem Zählwerk bestehender Vermittelungsapparat, welcher mit einem der Umschalter der Vermittelungsstelle durch eine Schleifenleitung in Verbindung steht. Diese Umschalter sind in eine der Zahl der Theilnehmergruppen (10) entsprechende Anzahl von einander isolirter Sectoren zerlegt; es sind also bei 10 Theilnehmergruppen auch bei jedem Umschalter 10 Sectoren vorhanden. Ferner befinden sich auf der Vermittelungsstelle auch 10 Schlittengruppen, und zwar bei jeder Theilnehmer in einer dieser Gruppen einen Schlitten, welcher mit einem der 10 Sectoren des Umschalters des Theilnehmers verbunden ist. Unter der Einwirkung der Ströme, welche von dem Vermittelungsapparat des Theilnehmers in den gewünschten Sector des dem Theilnehmer gehörigen Umschalters geschickt werden, kann sich bei diesem Sector verlaufene Schlitten bewegen, auf Schienen laufen, die unter dem Wege angebracht sind, bis er durchläuft und anhalten, indem er mit einer derselben in Contact kommt, wodurch der Theilnehmer, zu dem der Schlitten gehört, mit demjenigen in Verbindung gesetzt wird, zu dem die betreffende Schiene gehört.

Geschäftliche und finanzielle Nachrichten.

Kabel-Fabriks-Gesellschaft Pressburg-Wien. Der Direction-rath dieser Gesellschaft hat in seiner letzten Sitzung über die Bilanz für das Jahr 1897 Beschluss gefasst. Die Bilanz ergibt ein Brutto-Erträgnis von fl. 399.857. Zur Vertheilung der Generalversammlung verbleiben fl. 133.148. Der Direction-rath wird in der Generalversammlung beantragen, auf das Actien-Capital von fl. 1,200.000 eine Dividende von 9°/₀ = fl. 18 zur Vertheilung zu bringen und das Dotirung des Reservefonds und der Tantièmen an die Directoren und Beamten verbleibenden Betrag von fl. 7157 auf neue Rechnung vorzutragen.

Tramway- und Elektricitäts-Gesellschaft Linz—Urfahr. In Linz fand am 17. d. M. die constituirende Generalversammlung dieser E.-G. statt. Die Gesellschaft wurde auf Grund der der Oesterreichischen Länderbank ertheilten Concession mit einem volleingezahlten Grundcapital von fl. 1,750.000, getheilt in 5830 Prioritäts- und 2920 Stammactien zu fl. 200, errichtet; sie übernimmt von dem bisherigen Consortium für die Linzer elektrischen Anlagen die elektrische Strassenbahn Linz–Urfahr, dann die elektrische Kraft- und Beleuchtungsanlage für Linz und Umgebung, endlich die Pöstlingbergbahn. Das gesellschaftliche Grundcapital kann behufs Ausbreitung der Kraft- und Beleuchtungsanlage auf einfachen Verwaltungsrathsbeschluss bis auf 2 Millionen Gulden, darüber hinaus, respective für andere Zwecke, auf Beschluss der Generalversammlung bis 3 Millionen Gulden erhöht werden. Zum Präsidenten wurde Dr. Carl Beurle, zum Vice-Präsidenten Josef Binder, General-Secretär der Länderbank, gewählt.

Die Firma **Jordan & Treier** in Wien gibt uns bekannt, dass sie unter Mitwirkung der Allgemeinen Elektricitäts-Gesellschaft Berlin, deren Verkaufsgeschäft für Oesterreich sie bekanntlich inne hat, in eine Commandit-Gesellschaft umgewandelt wurde. Die Leitung derselben ist wie bisher Herrn Ernst Jordan unterstellt und wurde gleichzeitig Herr Werner Engelbrecht als Procurist bestellt.

Pressburger Strasseneisenbahn mit elektrischem Betriebe. Die Pressburger städtische Generalversammlung genehmigte die Uebernahme der elektrischen Stadtbahn, bisher Eigenthum zweier Budapester Firmen durch die unter dem Namen „Pozsony villamossági részvény-társaság" mit Gulden 730.000 Actiencapital zu gründende neue Gesellschaft. Von dem ihr vertragsmässig zustehenden Rechte der Uebernahme von 40°/₀ der Actien macht die Stadtgemeinde derzeit keinen Gebrauch, hingegen entsendet sie zwei Vertreter in die Direction und in den Aufsichtsrath.

Elektricitätswerke in Liegnitz. Am 23. d. M. fand in Liegnitz bei den Bankfirmen C. H. Kretzschmar und A. Schlesinger eine Subscription auf 1,600.000 Mark Actien der Elektricitätswerke Liegnitz statt. Der Zeichnungspreis beträgt 112¹/₂°/₀. Die Gesellschaft wurde im Jänner d. J. errichtet. Sie übernahm als Rechtsnachfolgerin der E.-G. Felix Singer & Co. die der letzteren zustehenden Rechte und Pflichten aus den Verträgen mit der Stadt Liegnitz, betreffs Erbauung von vier elektrischen Strassenbahnlinien in einer Gesammtlänge von 9·3 km. Die Bahn ist vornehmlich für den Personentransport bestimmt, doch soll ihr auch der Gütertransport gestattet werden. Der elektrische Betrieb geschieht mit oberirdischer Stromzuführung nach dem System Walker. Die Ausführung sämmtlicher Linien erfolgt gegen Zahlung von 1,040.000 Mark durch die E.-G. Felix Singer & Co. Ein von letzterer weiter übernommener Vertrag betrifft eine in Liegnitz zu errichtende Centrale für Licht und Kraft, deren Kosten sich auf 400.000 Mk. beziffert. Die Uebergabe der letzteren hat bis zum 1. October d. J. zu erfolgen. Die Genehmigung zum Betriebe der Bahn und des Elektricitätswerkes mit entsprechender Benützung der öffentlichen Strassen in Liegnitz ist auf 40 Jahre, vom 1. October d. J. ab gerechnet, ertheilt. Am gemeinsamen Tage müssen die gesammten Anlagen dem Betriebe übergeben werden. Für weitere Strassenbahnlinien hat die Gesellschaft gegenüber anderen Unternehmern bei gleichen Bedingungen den Vorrang, doch ist sie vor Ablauf von sechs Jahren verpflichtet, weitere Linien zu bauen, sofern auf den bestehenden Strecken nicht mindestens 30 Pfg. Einnahme pro Wagenkilometer im Durchschnitte eines Jahres erzielt werden. Auf der Strassenbahn ist am 21. Jänner der Verkehr mit 14 Motor- und 4 Anhängewagen eröffnet worden. An Voranmeldungen auf Fahnahme von Kraft und Licht sind eingegangen: 5136 Stück Glühlampen, 368 St. Bogenlampen und 184 PS-Motoren. (Vergl. Heft 5, Seite 64, und Heft 2, Seite 25.)

Vereinsnachrichten.

Die nächste **Vereinsversammlung** findet Mittwoch den 2. März l. J. im Vortragssaale des Wissenschaftlichen Club, I., Eschenbachgasse 9, I. Stock, 7 Uhr abends, statt.

Vortrag des Herrn k. k. Ingenieur R. Mermon:
„Ueber Simultan-Telegraphie." [*]

Die Vereinsleitung.

[*] Dieser Vortrag war schon auf den 23. v. M. anberaumt, musste aber wegen Verhinderung des Vortragenden auf den 2. d. M. verlegt werden.

Schluss der Redaction: 22. Februar 1898.

Verantwortlicher Redacteur: Dr. J. Sahulka. — Selbstverlag des Elektrotechnischen Vereines.
Commissionsverlag bei Lehmann & Wentzel, Wien. — Alleinige Inseraten-Aufnahme bei Haasenstein & Vogler (Otto Maass), Wien und Prag.
Druck von R. Spies & Co., Wien.

Zeitschrift für Elektrotechnik.

Organ des Elektrotechnischen Vereines in Wien.

Heft 10.   WIEN, 6. März 1898.   XVI. Jahrgang.

Bemerkungen der Redaction: Ein Nachdruck aus dem redactionellen Theile der Zeitschrift ist nur unter der Quellenangabe „Z. f. E. Wien" und bei Originalartikeln überdies nur mit Genehmigung der Redaction gestattet.

Die Einsendung von Originalarbeiten ist erwünscht und werden dieselben nach dem in der Redactionsordnung festgesetzten Tarife honorirt. Die Anzahl der vom Autor event. gewünschten Separatabdrücke, welche zum Selbstkostenpreise berechnet werden, wolle stets am Manuscripte bekanntgegeben werden.

INHALT:

Bestimmung der Capacität mit der Waage.[*]

Von V. v. Lang.

1. Die im Nachfolgenden gegebene Methode ist wohl nur zur Bestimmung der Capacität von Condensatoren geeignet, und da nur, wenn es sich nicht um sehr grosse Genauigkeit handelt. Sie bietet aber vielleicht Vortheile für die Praxis, die ja Condensatoren immer mehr in Verwendung nimmt. So dürfte der Versuch, auf welchem die zu beschreibende Methode fusst und die eine viel erörterte Erscheinung bei Wechselströmen illustrirt, für die Schule nicht ohne Interesse sein.

An dem einen Arm einer Waage wird eine Drahtspule II so aufgehängt, dass ihre Windungen horizontal sind. Darunter kommt eine ähnliche Spule I, durch welche unter Anwendung von Vorschaltwiderständen der auf 100 V transformirte Wechselstrom der hiesigen Internationalen Elektricitäts-Gesellschaft geleitet wird. Ist die aufgehängte Spule kurzgeschlossen, so werden dann in ihr ebenfalls Wechselströme inducirt mit einer um 90° verschiedenen Phase, da ja die Maxima derselben zu Zeiten eintreten, wann die Ströme in der fixen Spule die grössten Intensitätsänderungen aufweisen. Zu dieser Phasenverschiebung der Ströme in Spule II kommt aber noch eine weitere durch die Selbstinduction dieser Spule, wobei der Maximalwerth dieser Phasenverschiebung 90° beträgt. Die Wechselströme in den Spulen I und II sind also in nahezu entgegengesetzter Phase und infolge dieses Umstandes findet zwischen der fixen und der aufgehängten Spule eine Abstossung statt, deren Betrag durch die Waage ermittelt werden kann.

Anders jedoch, wenn man die Enden der aufgehängten Spule auf passende Weise (Spiralen aus dünnem Drahte) mit den Belegungen eines Condensators verbindet. Die in Spule II inducirten Ströme erreichen dann allerdings keine beträchtliche Stärke, sind aber in der Phase nicht in Verwendung nimmt, die Phasendifferenz zwischen den Strömen in I und II jetzt zwischen 90° und Null liegt, woraus eine Anziehung G der beiden Spulen resultirt.

Da diese Anziehung jedenfalls proportional der Producte der Stromstärken in beiden Spulen ist, so findet man für dieselbe leicht den Ausdruck

*) Aus den Sitzungsber. d. k. k. Akad. d. Wissensch. in Wien, Mathem.-naturw. Classe; Bd. CVI, Abth. II a.

$$ (1) \qquad G = M J^2 b^2 w C \frac{1}{1 - 2 b^2 L C + [w^2 + b^2 L^2] b^2 C^2} \frac{b^2 L C}{} $$

Hierin ist M ein Proportionalitätsfactor. J die Amplitude und $\tau = 2\pi/b$ die Periode des Wechselstromes in der Spule I, ferner sind w und L der Widerstand und die Selbstinduction der Spule II und C die Capacität des mit dieser Spule verbundenen Condensators.

Da in meinen Versuchen C immer sehr klein war (einige Mikrofarad), so kann man in dem vorhergehenden Bruche zweite und höhere Potenzen dieser Grösse vernachlässigen, wodurch der Ausdruck für G übergeht in

$$ (2) \qquad G = M J^2 b^2 w C (1 + b^2 L C), $$

wofür wir kurz

$$ (3) \qquad G = P C (1 + a C) $$

setzen. Im Folgenden benutzen wir für die Capacität das Mikrofarad als Einheit, in der letzten Gleichung ist daher

$$ (4) \qquad a = b^2 L 10^{-6}. $$

Hiernach lässt sich der Werth von a berechnen. Da für die bewegliche Spule $b L = 9\cdot1$ ist und der Wechselstrom der hiesigen Lichtcentrale ungefähr 5000 Polwechsel in der Minute ausführt, so erhält man aus der letzten Gleichung $a = 0\cdot00241$. Es ist aber klar, dass die Berechnung der Beobachtungen nach der Formel (3) einen Werth für a ergeben kann, der möglicherweise sehr von dem berechneten abweicht.

2. Die Messungen der Anziehung G wurden mit einer Standwaage für Vorlesungszwecke angestellt, die bei einer einseitigen Belastung von 1 kg nur 1—3 g erkennen liess. Die aufgehängte Spule wurde aus Pappe verfertigt, um sie möglichst leicht zu machen und bestand mit Seide umsponnenem Draht genommen (Gesammtgewicht 1090 g). Die fixe Spule dagegen war auf Holz gewickelt und bestand aus Draht, der doppelt mit Baumwolle umsponnen war. Die Dimensionen beider Spulen sind aus folgender Tabelle zu entnehmen.

	Aufgehängte.	fixe Spule.
Aeusserer Durchmesser	24 cm	21 cm
Innerer Durchmesser	15·5	18
Höhe	3·5	2
Drahtdurchmesser	1 mm	0·8 mm
Windungszahl	500	967
Widerstand	5·56 Ω	7·05 Ω

Von den Enden der beweglichen Spule führten zwei Spiralen aus sehr dünnem Kupferdrahte zu einem Stativ mit einem Paare doppelter Klemmen, in welche dann auch die zu den Condensatoren führenden Drähte eingespannt wurden. Als Condensatoren dienten zwei Siemens'sche Originalcondensatoren von je $\frac{1}{2}$—5 Mikrofarad und ein selbstverfertigter Condensator, dessen Capacität im Nachfolgenden mit X bezeichnet ist. Diese Apparate kamen theils einzeln, theils parallel geschaltet in Verwendung und gaben bei einer effectiven Stromstärke von 1·4 Atm. in der fixen Spule im Mittel aus 3—5 Beobachtungen folgende zusammengehörige Werthe von C und G:

	C	G
1.	5 μF	0·482 g
2.	X	0·507
3.	10	0·99
4.	5 + X	1·02
5.	10 + X	1·55.

3. Aus der ersten und dritten Beobachtung findet man

$$(5) \qquad G = 0.0938 \, C(1 + 0.00554 \, C),$$

und man sieht, dass der nur aus zwei Daten berechnete Werth 0·00554 von z wenigstens der Grössenordnung nach mit dem theoretischen stimmt.

· Mit Hilfe der letzten Gleichung findet man umgekehrt aus den für X beobachteten Zahlen der zweiten, vierten und fünften Beobachtung:

$$X = 5·25$$
$$X = 10·29 - 5 = 5·29$$
$$X = 15·26 - 10 = 5·26$$
$$\text{Mittel } X = 5·27 \ \mu F.$$

Hierdurch ist die unbekannte Capacität X bestimmt und zwar mit einer Genauigkeit, die 1 Procent des gefundenen Werthes bei Weitem übersteigt.

4. Hätte man nur eine einzige Vergleichscapacität K zur Verfügung, so könnte man die Werthe von G bei Einschaltung von K, X und $K + X$ bestimmen. Sind diese Werthe etwa a, b, c, so erhält man durch Anwendung der Gleichung (3):

$$X = K \cdot \frac{b + c - a}{a + a - b}.$$

Mit Hilfe dieser Formel findet man z. B. aus den Beobachtungen 1, 2, 4 sowohl, als aus den Beobachtungen 3, 2, 5 für X den Werth 5·25 μF.

5. Bei den folgenden Messungen wurde der Condensator X in Reihe mit den anderen geschaltet. Man fand im Mittel:

		G beobachtet	berechnet
10 {	$X = 3·45$ μF	0·330 g	0·330 g
5 {	$X = 2·57$	0·237	0·245

Die Berechnung dieser Beobachtungen wurde nach Gleichung (5) mit dem früher gefundenen Werth 5·27 μF für X ausgeführt. Die Uebereinstimmung zwischen Beobachtung und Rechnung ist ziemlich befriedigend.

6. Einige wenige Versuche wurden auch bei höheren Stromstärken ausgeführt, um zu sehen, ob die Anziehung G entsprechend der Formel (1) wirklich dem Quadrate der Stromstärke proportional ist.

Es wurde gefunden bei 2·1 Amp.:

	C	G beobachtet	berechnet
	5 μF	1·15 g	1·08 g
	10	1·88	1·93,
bei 2·8 Amp. aber			
	5	2·46	2·23
	10	3·78	3·96.

Die nicht allzugrossen Abweichungen zwischen Beobachtung und Rechnung kommen wohl daher, dass das benutzte Ampèremeter eigentlich nur für Vorlesungszwecke bestimmt ist und von dem Umstand, dass bei höheren Stromstärken die Erwärmung der Drähte sich schon störend fühlbar macht.

Parallelschaltung von Wechselstrom-Dynamos.

Von J. Sahulka.

Wechselstrom-Dynamos werden gewöhnlich in der Weise parallel geschaltet, dass die Dynamo, welche zu den bereits in Betrieb befindlichen parallel geschaltet werden soll, zuerst auf einen Belastungs-Rheostaten geschaltet und auf gleiche Periodenzahl, Klemmenspannung, Belastung und Phase gebracht wird, wie die in Betrieb befindlichen Dynamos. Die Gleichheit der Phase kann an einem Phasen-Indicator erkannt werden. Sobald dieselbe eintritt, wird die Verbindung zwischen den zuzuschaltenden Dynamo und den Hauptsammelschienen hergestellt, an welche die anderen Dynamos angeschaltet sind. Es arbeiten dann alle Dynamos auf das Netz und den Rheostaten; der letztere wird nun successive abgeschaltet und die Dynamos werden auf die vorgeschriebene Klemmenspannung einregulirt. Wenn umgekehrt wegen sinkender Belastung eine Dynamo abgeschaltet werden soll, wird zuerst der Belastungs-Rheostat parallel zu den Dynamos und daher auch zum Netze geschaltet und successive so viele Einzelwiderstände abgeschaltet, bis die durch den Rheostaten fliessende Stromstärke gleich ist der Stromstärke, welche die abzuschaltende Dynamo liefert. Hierauf wird die Verbindung zwischen dieser Dynamo und dem Netze unterbrochen, so dass sie nur den Strom liefert, welcher durch den Rheostaten fliesst; die Stromstärke bleibt dann unverändert geblieben. Die Einzelwiderstände des Rheostaten werden dann successive abgeschaltet und die Dynamo abgestellt. Das Eintreten der Phasengleichheit bei den parallel zu schaltenden Dynamos wird durch Verwendung des von der Firma Ganz & Co. als Synchroniseur benannten Apparates gefördert, welcher im Wesentlichen aus zwei Transformatoren besteht, deren Primär-Wicklungen einerseits an die Hauptsammelschienen, andererseits an die zuzuschaltende Dynamo angeschlossen werden, während die Secundär-Wicklungen mit zwischengeschaltetem Widerstande unter einander verbunden sind; diese Transformatoren wirken dann gleichsam als eine Art elektrischer Kupplung.

Bei dieser üblichen Art der Schaltung muss man es als einen Nachtheil ansehen, dass sowohl beim Zuschalten als auch beim Abschalten einer Dynamo, die Gesammtbelastung der Dynamos gesteigert werden muss. Auch besteht in dem Falle eine Schwierigkeit, wenn infolge irgend eines Unfalles in der Centrale alle Dynamos ausser Tact, eventuell zum Stillstande kämen und nach Behebung der störenden Ursache der Betrieb bei belastetem Netze wieder aufgenommen werden soll.

Durch die in der Figur 1 schematisch dargestellte Schaltungsweise und Anordnung dürfte es möglich sein, Wechselstrom-Dynamos in sehr einfacher Weise ohne Steigerung der Belastung parallel zu schalten und abzuschalten. Mit S_1 und S_2 sind die Hauptsammelschienen, mit I und II zwei Wechselstrom-Dynamos, mit R ein Belastungs-Rheostat bezeichnet. Der letztere soll mit dem einen Ende an eine Sammelschiene, z. B. S_2 angeschlossen sein. Der Widerstand R ist mit vielen Abzweigstellen versehen; diese sind mit Schienen verbunden, welche parallel zu den Sammelschienen durch sämmtliche Felder des Schaltbrettes geführt sind, welches für die Wechselstrom-Dynamos bestimmt ist. Die an die Sammelschiene S_2 angrenzenden Theile des Rheostaten R, welche zwischen den Abzweigstellen sich befinden, sollen so stark bemessen sein, dass sie wenigstens kurze Zeit den Strom mehrerer Dynamos aushalten können. Es ist nicht nothwendig, dass die Theile des Rheostaten R aus Ohm'schen Widerständen bestehen; es können namentlich die von der Schiene S_2 entfernteren Theile auch inductive Widerstände sein. Die Theile des Rheostaten R sollen kleine Widerstandswerthe haben. Alle Wechselstrom-Dynamos sind mit dem gleichen Pole an eine Sammelschiene S_1 angeschlossen, der andere Pol ist mit zwischengeschaltetem Ampèremeter A mit der Achse einer Kurbel verbunden, welche über Contactknöpfe schleift, die, wie in der

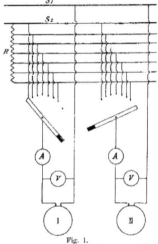

Fig. 1.

Figur dargestellt ist, mit den Schienen verbunden sind, welche von den Abzweigstellen des Rheostaten R ausgehen. Der letzte Contactknopf links ist in der Figur mit der Sammelschiene S_2 verbunden, der letzte rechts ist isolirt. Die Kurbel soll so breit sein, dass sie zwei Contactknöpfe gleichzeitig berührt. In der Figur ist der Einfachheit halber der Erregerstromkreis der Dynamos, sowie der Regulir-Widerstand, welcher für jede einzelne Dynamo in demselben Felde des Schaltbrettes anzubringen wäre, nicht gezeichnet. Die Dynamo I ist mit den Sammelschienen direct verbunden und liefert Strom an das Netz; die Dynamo II ist abgeschaltet. Soll bei steigender Belastung zugeschaltet werden, so dreht man die Kurbel allmälig von links gegen rechts und regulirt den Erregerstrom der Dynamos so nach, dass die Voltmeter V die richtige Spannung anzeigen. Der Rheostat R soll im Ganzen einen so hohen Werth haben, dass beim Anschluss der Dynamo II die von derselben im Anfang abgegebene Stromstärke nur wenige Procente der Stromstärke der Dynamo I, bezw. der bereits in Betrieb befindlichen Dynamos ausmacht. Die Dynamo II wird daher die anderen Dynamos in

ihrem Gange nicht stören, wird aber die Tendenz haben, in Synchronismus zu kommen. Schaltet man durch Drehen der Kurbel allmälig mehr Widerstand aus, so wird die Tendenz, in Synchronismus zu kommen, immer grösser werden; bei der Endstellung der Kurbel läuft die Dynamosychron mit den übrigen Dynamos. Wie ersichtlich, braucht die Belastung der Centrale während des Zuschaltens der Dynamo nicht gesteigert zu werden. Soll die Dynamo II bei sinkender Belastung abgeschaltet werden, so braucht man nur die Kurbel allmälig nach rechts zu drehen und den Erregerstrom der Dynamos nachzureguliren. Wenn infolge eines Unfalles in der Centrale alle Dynamos zum Stillstand gekommen wären, und nach Behebung der störenden Ursache der Betrieb wieder aufgenommen werden soll, so schaltet man zuerst eine Dynamo, z. B. I an, dreht aber die Kurbel nur so weit, dass die Dynamo bei der normalen Klemmenspannung die maximal zulässige Stromstärke gibt. Hierauf wird die zweite Dynamo in gleicher Weise, wie früher geschildert wurde, eingeschaltet. Die den beiden Dynamos entsprechenden Kurbeln sind nun so weit zu drehen, dass beide Dynamos die maximale Stromstärke abgeben. In gleicher Weise sind die übrigen Dynamos einzuschalten. Die beschriebene Methode ist in gleicher Weise für Gleichstrom-Centralen, in modificirter Anordnung für Drehstrom-Centralen anwendbar; bei Wechselstrom-Betrieb kann der Rheostat R aus einem untertheilten Eisenkern bestehen, der mit einer Drahtwicklung versehen ist.

Ein Problem für elektrische Traction.

Von Charles Child.

(Schluss.)

Sicherheitsvorkehrungen.

Sowohl bei diesem als auch bei einem anderen elektrischen System muss vor Allem darauf gesehen werden, dass nicht infolge irgend eines Unfalles der ganze Verkehr zum Stillstand kommt. Infolge des Umstandes, dass in jeder der zahlreichen Unterstationen eine Accumulatoren-Batterie aufgestellt ist, kann dieser Fall wohl niemals eintreten. Selbst im Falle einer vollständigen Zerstörung der Centralstation könnte der Verkehr noch einige Stunden aufrecht erhalten werden, bis die Züge ihre Fahrten beendigen und der Dampfbetrieb als Ersatz eingeführt würde. Eine zeitweise Betriebseinstellung in der Centrale hätte gar keine Störung im Verkehr der Züge zur Folge. Im Falle einer Betriebseinstellung in einer Unterstation oder der Zerstörung derselben würde die entsprechende Theilstrecke des Bahnnetzes von den benachbarten Unterstationen mit Strom versorgt werden. Im Falle eine Stromleitungsschiene an einer Stelle unterbrochen würde, könnte doch überall Strom abgenommen werden; ausgenommen ist nur der Fall, wenn in der letzten Theilstrecke beide Stromleitungsschienen unterbrochen werden. Falls ein Kurzschluss in einer Theilstrecke, z. B. infolge einer Zugsentgleisung stattfände, würden die Ausschalter in der entsprechenden Unterstation den Strom absehalten und daher alle Züge in dieser Theilstrecke zum Stillstande kommen; dadurch würden Zusammenstösse bei derartigen Unfällen vermieden werden. Falls ein Zug entgleist, aber keinen Kurzschluss bewirkt hat, könnte ein solcher leicht hergestellt werden. Eine Gefahr eines Zusammenstosses könnte darin erblickt werden, dass auf denselben Geleisen auch die mit Dampflocomotiven versehenen Expresszüge für den Fernverkehr fahren sollen. Die elektrisch betriebenen Züge können jedoch schnell genug fahren, dass sie von den Expresszügen nicht eingeholt werden. Eine Gefahr würde nur dann eintreten, wenn die Ausschalter in einer Unterstation geöffnet würden, so dass die entsprechende Theilstrecke stromlos wäre. Durch zahlreiche Signale könnte stets leicht angezeigt werden, ob die Theilstrecke stromlos ist oder nicht. Die Wahrscheinlichkeit, dass an den Motorwagen selbst, bezw. an den elektrisch betriebenen Zügen Störungen eintreten, ist keinesfalls grösser als bei den mit Dampflocomotiven versehenen Zügen. Wenn man alle Umstände in Betracht zieht, kommt man zu dem Schlusse, dass das geschilderte elektrische Betriebssystem weniger Gefahren für die Passagiere bietet, als der Betrieb mit Dampflocomotiven. Die Sicherheit der Bahnarbeiter und Aufsichtsorgane ist dadurch gewährleistet, dass die Stromleitungsschienen mit einem Isolirmittel bedeckt sind; auch könnten die Leute gewarnt werden, nicht muthwillig diese Schienen an der Unterseite zu berühren. Uebrigens würde eine momentane Berührung wohl kaum eine tödtliche Wirkung zur Folge haben.

Kosten der Construction und des Betriebes.

Die Einführung des beschriebenen Systemes ist natürlich kostspielig, aber trotzdem rentabel, wie sich durch eine Kostenberechnung nachweisen lässt. Die erste Installation müsste mindestens auf eine Bahnstrecke ausgedehnt werden. Wenn auf allen Strecken das System eingeführt würde, so würden die Kosten[*] ungefähr betragen:

Für die Dampfmaschinen, Kessel, Condensatoren, Speisepumpen und zugehörige Apparate ungefähr 1,680.000 fl. Für vier grosse Dynamos, zwei kleine Dynamos, Schaltbretter, Erreger-Dynamos ungefähr 1.440.000 fl. Die Centralstation, inclusive Grunderwerb und Baulichkeiten käme daher auf 3.600.000 fl.

Jede Unterstation hätte eine Accumulatoren-Batterie von 400 Elementen à 3200 A.-St. Capacität zu enthalten; der Preis wäre inclusive Montage: 192.000 fl. Der rotirende Umformer und die Zusatz-Dynamo käme auf 24.000 fl., das Schaltbrett und die Instrumente würden 4800 fl., die ruhenden Transformatoren 19.200 fl. kosten. Mit Einrechnung des Preises und der Baulichkeiten würden die Kosten für eine Unterstation ungefähr 264.000 fl. betragen.

Die Kraftübertragungs-Leitungen könnten als Luftleitungen von 250 km Länge ausgeführt werden. Die eisernen Tragsäulen, welche in Gusseisen einzurechnen wären, würden sammt Isolatoren 540.000 fl. kosten, die Kupferleitungen kämen bei Annahme von 10% Spannungsabfall inclusive Montage auf 228.000 fl. Die Stromleitungsschienen in einer Gesammtlänge von 512 km würden inclusive der Träger, der Isolirungen und Montage 3.360.000 fl. kosten.

Die Ausrüstung von 160 Zügen mit Motoren und Nebenapparaten käme pro Motorwagen auf 24.000 fl., also zusammen auf 3.840.000 fl. Die Kosten für die Waggons sind dabei nicht inbegriffen, da dieselben unabhängig von der Wahl des Betriebssystemes angeschafft werden müssten. Es möge aber für nothwendige Abänderungen, für Mehrbeschaffung von Wagen und für die Errichtung der erhöhten Plattformen der Betrag von 720.000 Gulden angesetzt werden.

[*] Die Preise gelten für Philadelphia, nicht aber für hiesige Verhältnisse.

Die Kosten würden demnach betragen:

Centrale	3.600.000 fl.
40 Unterstationen	10.560.000 „
Kraftübertragungs-Leitungen	768.000 „
Stromzuleitungsschienen	3.360.000 „
Für die Motoren und Mehranschaffung von Wagen	4.560.000 „
Summe	22,848.000 fl.,

d. i. rund 23,000.000 fl.

Betrachtet man nun die Betriebskosten, so ersieht man sofort, dass grosse Ersparnisse erzielt werden. Die Ausgaben in der Centralstation für Kohle, Wasser und Oel können mit 864.000 fl. pro Jahr angesetzt werden. Für Löhne und Gehälter mag jährlich 60.000 fl. angesetzt werden, wobei mechanische Feuerung angenommen ist. Die Ausgaben für die Unterstationen hängen davon ab, ob dieselben mit Stationsgebäuden oder Signalthürmen combinirt werden können; im Mittel kann man pro Unterstation jährlich für Löhne 18.000, für den Bedarf an Oel und sonstigen Bedarfsartikeln 4500 fl. ansetzen. Die Ausgaben für die Unterstationen würden demnach jährlich 900.000 fl., die Gesammtkosten für die Betriebsmittel jährlich rund 1.800.000 fl. betragen.

An Reparaturkosten kann man ansetzen: 5% für die Centrale, 7% für die Unterstationen, 4% für die Kraftübertragungs-Leitungen, 4% für die Stromleitungsschienen und 8% für die Motoren; die Gesammtausgabe pro Jahr beträgt circa 1.450.000 fl.

Für jeden Zug genügen ein Mann für den Betrieb und ein Conducteur. Im Ganzen kommt man mit 350 Mann Bedienungsmannschaft aus; die Löhne würden pro Jahr 875.000 fl. betragen. Die gesammten Betriebskosten würden demnach 4.125.000 fl. pro Jahr betragen; rechnet man hiezu noch 5% Zinsen des Anlagecapitals, so ergibt sich eine jährliche Ausgabe von 5.275.000 fl.

Die Leistung an Zugskilometern pro Jahr wäre 15.800.000, so dass sich die Kosten für die Zugskilometer auf 33·7 kr. stellen würden.

Die Bahnerhaltungskosten würden sich bei Wahl des elektrischen Betriebes bedeutend verringern. Es würden zwar die Kosten für die Stationen infolge des erhöhten Verkehres etwas vergrössert, aber die Streckenerhaltungskosten würden, wenn auch die dreifache Anzahl von Zügen angenommen wird, infolge des Umstandes, dass das Gewicht eines Motorwagens 30 t, das einer Locomotive aber 50 t beträgt, bedeutend vermindert werden. Auch würde infolge der gleichmässigen rotirenden Bewegung der Motoren im Vergleiche zum Kolbengange bei den Locomotiven die Abnützung des Oberbaues sehr verringert werden.

Die obigen Zahlen können nur als beiläufige Annahmen gelten; ebenso kann man bezüglich des Verkehres nur eine Schätzung machen. Macht man die Annahme, dass alle Züge Philadelphia voll besetzt verlassen und dass in den Zwischenstationen die Leute allmählig aussteigen, so dass die Züge in den Endstationen leer anlangen, macht man ferner bezüglich der nach dem Hauptbahnhofe in der Broad-street fahrenden Züge dieselbe Annahme, so würde die Zahl der pro Jahr beförderten Personen 736.000.000 betragen. Würde der Fahrpreis mit 1 Cent, pro englische Meile (1·6 kr. pro Kilometer) festgesetzt, so würde die Jahreseinnahme 7,360.000 fl. betragen; es würde sich daher noch ein Ueberschuss von 2,100.000 fl. ergeben.[*]

[*] Bei der Rentabilitäts-Rechnung ist der Capitalswerth der Bahn nicht in Rechnung gezogen. Die Preise würden sich hier zu Lande im Allgemeinen billiger stellen. D. R.

Schlussbemerkung.

Das beschriebene System enthält keine technischen Neuheiten: durch die Beschreibung sollte nur dargethan werden, dass das System der elektrischen Traction auf Localbahnen, selbst unter schwierigen Verhältnissen, anwendbar ist. Es ist auch vorauszusehen, dass der elektrische Betrieb auf den Stadt- und Localbahnen in naher Zukunft eingeführt werden wird. Grosse und interessante Aufgaben werden dabei von den Ingenieuren gelöst werden müssen, ein mächtiger Impuls wird der Industrie gegeben werden, in enormer Weise wird der Verkehr gesteigert werden; möge diese Aera recht bald kommen. S.

Methoden zur Messung der Phasendifferenzen von Wechselströmen gleicher Periode.*)

Von Dr. H. Martienssen.

(Schluss.)

Gehen wir jetzt von harmonischen Strömen zu solchen mit beliebigem Verlaufe über, so lässt sich durch Rechnung nachweisen, dass unter der Annahme, dass die Phasenverschiebung φ klein ist, wieder gesetzt werden kann

$$\mathrm{tg}\,\varphi = p\,\frac{L}{R_2}.$$

Bei diesen Untersuchungen wurde vorausgesetzt, dass stets das Drehmoment Null ist, wenn die Phasendifferenz Null ist. Für harmonische Ströme ist diese Bedingung durch $\pi = 0$ erfüllt. Sind beide Ströme von beliebigem aber gleichem Verlauf, so gilt dieselbe Bedingung, wie man sofort einsieht, da dann während der ganzen Periode $i_1/i_2 = $ Constans bleibt. Sind die Stromcurven verschieden, aber beide symmetrisch zur Nulllinie, so herrscht zwar in jedem Momente ein Drehmoment, aber der Mittelwerth desselben ist gleich Null. Geben nämlich die beiden positiven Theile der Ströme zusammen ein Drehmoment in der einen Richtung, so geben die beiden negativen Theile ein gleiches Drehmoment in entgegengesetzter Richtung, so dass sich beide im Laufe einer Periode aufheben.

Fassen wir demnach die Resultate zusammen. Die Methode gestattet die Messung der zeitlichen Phasendifferenz unabhängig von Stromstärken, Wechselzahl und Stromcurve unter der Bedingung, dass

1. die zeitliche Phasendifferenz klein ist gegenüber der Periode;
2. die Stromcurven entweder gleich oder beide symmetrisch verlaufen.

Die Messung von numerischen Phasendifferenzen beliebiger Grösse gestattet die Methode unabhängig von den Stromstärken, aber abhängig von der Wechselzahl und der Form der Stromcurve.

Zur Messung von grossen Phasendifferenzen ist noch zu erwähnen:

1. Die Grösse L/R_2 kann praktisch nicht beliebig gross gewählt werden, indem man, um L zu vergrössern, auch stets R_2 vergrössern muss. Um trotzdem bis nahe zu 90° Phasendifferenz messen zu können, braucht man nur an die primäre Wickelung des Phasenindicators einen Nebenschluss zu legen, so dass nur 1/n des ganzen Stromes i_1 dieselbe durchfliesst. Dann erhält man statt 1) die Bedingungsgleichung

$$\frac{1}{n}\,J_1 \sin\varphi = \frac{L}{R_2}\cdot\frac{2\,\pi}{T}\,J_1 \cos\varphi \quad\ldots\ldots 3)$$

und daraus

$$\mathrm{tg}\,\varphi = n\cdot\frac{2\,\pi}{T}\cdot\frac{L}{R_2}.$$

Durch genügend grosse Wahl von n ist dann bis nahe zu 90° die Messung möglich.

2. Die Messung der Phasendifferenzen bis zu 360° wird dann durch Vertauschen der Ströme, Commutiren des primären oder secundären Stromes, bezw. durch beides zusammen erreicht.

3. Will man das Vertauschen der Ströme vermeiden, wenn die Phasendifferenz ihr Vorzeichen ändert, so muss man beide Ströme inducirend wirken lassen und beide inducirten Ströme zu ihren primären addiren; ist dann die Phasendifferenz positiv, so schliesst man den einen, wenn sie negativ, den anderen secundären Strom.

*) Der Artikel bildet einen Auszug aus der Inaugural-Dissertation des Verfassers.

2. Apparate.

Zu den bereits bei der vorigen Messmethode beschriebenen Apparaten kommt hinzu der Phasenindicator.

Derselbe wurde nach meinen Angaben in einfacher Ausführung hergestellt und ist in beistehender Zeichnung (Fig. 7) abgebildet. Auf einem Grundbrett mit Stellschrauben und Hartgummi-Aufsatz sind zwei Spulen ineinander drehbar angebracht; die äussere trägt zwei Wickelungen eines 0.5 mm starken Drahtes, die innere nur eine aus dem gleichen Draht. Innerhalb beider ist eine Hohlkugel aus reinem Silberblech gepresst, mittelst Torsionskopf und Aufhängedraht aus Messing drehbar angebracht; dieselbe ist starr mit einem kleinen Spiegel verbunden, welcher gestattet, die Drehung der Kugel mittelst Fernrohr und Scala abzulesen. Alle Theile in der Nähe des Drahtspulen sind aus Hartgummi angefertigt, um Störungen durch Inductionsströme in benachbarten Metalltheilen zu vermeiden.

Fig. 7.

Eine Dämpfung ist nicht vorhanden, doch liesse sich leicht ein magnetischer Dämpfer anbringen, indem man eine kleine Aluminiumscheibe mit der Silberkugel verbindet, und diese sich zwischen den Polen eines kleinen Stahlmagneten bewegen lässt.

Es zeigte sich anfangs, dass jeder Wechselstrom allein bereits eine kleine Drehung verursachte; der Grund wurde in einer geringen Unsymmetrie der Kugel gefunden; es konnte jedoch eine Stellung letzterer zu den Spulen gefunden werden, bei der keine Einwirkung eines einzelnen Wechselstromes zu merken war. Bei der Aufstellung des Instrumentes wurde dafür Sorge getragen, dass sämmtliche Zuleitungen bifilar geführt waren, um gegenseitige Induction zu vermeiden. Die senkrechte Stellung beider Spulen wurde dadurch erreicht, dass durch die innere ein Wechselstrom von einem 1 Ampère geschickt wurde; stellt dann die äussere nicht senkrecht zu derselben, so wird in ihr beim Kurzschliessen ein zweiter Strom inducirt, welcher mit dem ersteren zusammen eine Drehung verursacht. Auf diese Weise wurde die senkrechte Stellung der Windungsebenen beider Spulen sehr genau ermittelt werden.

Die Empfindlichkeit des Phasenindicators hängt natürlich von den Stromstärken und der numerischen Phasendifferenz ab. Bei meinem Apparat konnte bei Stromstärken von 1 Ampère eine Phasendifferenz von zwei Bogensecunden noch gut wahrgenommen werden.

Für sehr kleine Phasendifferenzen war ein besonderes Inductorium nicht nöthig, indem die beiden Wickelungen der äusseren Spule bereits an und für sich inducirend aufeinander einwirkten. Da hierbei der gegenseitige Inductions-Coefficient nicht geändert werden konnte, musste die Messung durch Einschalten von Widerständen in secundären Strom vorgenommen werden.

Für grössere Phasendifferenzen hatte ich das in vorstehender Fig. 7 abgebildete Inductorium angefertigen lassen. Beide Spulen sind 64 mm lang; durch Drehen an der vorderen Torsionsscheibe konnte die innere Spule gegen die äussere festgehalten und verschoben werden. Die gegenseitige Stellung wurde mittelst Zeiger und Scala abgelesen, die Bruchtheile eines Millimeters an der Torsionsscheibe abgelesen.

Die Widerstände R nebst Zeichnungs-Inductions-Coefficienten L der genannten Apparate waren folgende:

Innere Spule des Phasenindicators . $R = 3\cdot15\,\Omega\quad L = 0\cdot0129\,.\,10^9$
Aeussere Spule, primäre Wickelung des Phasenindicators . . $R = 3\cdot65\,\Omega\quad L = 0\cdot0148\,.\,10^9$
Aeussere Spule, secundäre Wickelung des Phasenindicators . . $R = 3\cdot62\,\Omega\quad L = 0\cdot0150\,.\,10^9$

Gegenseitiger Inductions-Coëfficient der primären und secundären Wickelung:

$$L_{12} = 0.001439 \cdot 10^9 \, cm.$$

Innere Spule des Inductoriums . $R = 5.92 \, \Omega \quad L = 0.00384 . 10^9 \, cm$
Aeussere Spule des Inductoriums $R = 19.04 \, \Omega \quad L = 0.02912 . 10^9 \, cm$

Gegenseitiger Inductions-Coëfficient beider Spulen:

$$L_{42} = 0.007068 \cdot 10^9 \, cm.$$

Die Selbstinductions - Coëfficienten des Phasenindicators wurden nach der Methode von Prof. H i m s t e d t bestimmt, ebenso, wie im vorigen Theil für die Normal-Inductionsrollen angegeben ist; nur zeigte sich hier eine Correction wegen der Selbstinduction der Rheostaten nöthig. Die erhaltenen Werthe sind auf circa 2% genau.

Den gegenseitigen Inductions-Coëfficienten des Phasenindicators versuchte ich zunächst dadurch zu bestimmen, dass ich durch die eine Wickelung einen Strom von bekannter Stärke schickte und mit Hilfe eines Doppel-Unterbrechers die in der zweiten Wickelung inducirten Oeffnungsströme mittelst Galvanometer mass. Finden n Stromunterbrechungen in der Secunde statt, ist J die Stromstärke des primären, E die inducirte elektromotorische Kraft des secundären Stromkreises, so ist:

$$E = \frac{E}{n \cdot J}.$$

Auf diese Weise fand ich $L_{12} = 0.001434$. Es zeigten jedoch die einzelnen Versuche Abweichungen bis zu 10%.

Ich verwarf obiges Resultat und bestimmte den Coëfficienten, wie in den folgenden Versuchen genauer angegeben ist, mit Hilfe des Apparates selbst aus der Selbstinduction der Normalrollen.

Die Inductions-Coëfficienten des Inductoriums sind mittelst Phasenindicators gemessen worden.

3. Versuche.

Zur Bestimmung des gegenseitigen Inductions-Coëfficienten des Phasenindicators benutzte ich folgende Versuchsanordnung

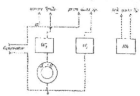

Fig. 8.

(vgl. Fig. 8). Der dem Anker mit Eisenkern entnommene Wechselstrom verzweigt sich an den Punkten a, b, indem er einerseits die innere Spule des Phasenindicators, den Widerstand R_1 und die Normal-Inductionsrolle $N J R$, andererseits die primäre äussere Spule und den Widerstand R_2 durchläuft.

Die secundäre äussere Spule des Phasenindicators ist durch einen Präcisions-Rheostaten $h R$ geschlossen. Im Stromkreis der primären äusseren Spule war noch ein Commutator vorhanden, um im Phasenindicator Ausschläge nach beiden Seiten erhalten zu können.

Bei dem ersten Versuche wurde gewählt:

Selbstinductions-Coëfficient des ersten Zweigstromes, der sich zusammensetzt aus dem der Normal-Inductionsrolle und dem des Phasenindicators:

$$L_1 = 0.03878 + 0.00129 = 0.04007 . 10^9 \, cm,$$

Gesammtwiderstand:

$$R_1 = 286.8 \, \Omega,$$

Selbstinductions-Coëfficient des zweiten Zweigstromes:

$$L_2 = 0.00148 . 10^9 \, cm,$$

Gesammtwiderstand

$$R_2 = 166.33.$$

Daraus berechnet sich die zeitliche Phasendifferenz beider Zweigströme:

$$\Theta = \frac{L_1}{R_1} - \frac{L_2}{R_2} = 0.0001311 \, \text{Secunden}.$$

In den Rheostaten wurden 7.37 Ω gezogen, damit der Phasenindicator keinen Ausschlag gab, mithin war der Gesammtwiderstand R_3 des secundären Stromkreises:

$$R_3 = 7.37 + 3.62 = 10.99 \, \Omega.$$

Daraus ergibt sich der verlangte gegenseitige Inductions-Coëfficient:

$$L_{12} = R_3 . \Theta = 0.001440;$$

ein Werth, der nur sehr wenig abweicht von dem oben zuerst gefundenen.

Bei dieser Anordnung tritt die Selbstinduction des Phasenindicators nur als Correctionsglied auf, braucht daher nicht genau bekannt zu sein. Man könnte dieselbe dadurch bestimmen, dass man sie zunächst ganz unberücksichtigt lässt und aus dem so angenähert gefundenen Werthe von L_{12} mit den Apparat selbst beide Coëfficienten aus zwei Versuchen bestimmt.

Bei der Berechnung von Θ konnten die einfachen für harmonische Ströme geltenden Formeln zugrunde gelegt werden, da für kleine Phasendifferenzen diese unabhängig von der Stromcurve werden.

Bei diesen Versuchen lag die Tourenzahl zwischen 900 und 1400 Wechsel in der Minute, sodass die numerische Phasendifferenz bei allen Versuchen kleiner war als 1.50.

Die Stromstärke lag zwischen 0.1 und 0.3 Amp. Veränderungen der Tourenzahl und Stromstärke hatten auf die Versuche keinen Einfluss.

Aus der guten Uebereinstimmung der einzelnen Versuche erkennt man, dass die Methode gestattet sehr kleine Phasendifferenzen auf ca. 0.3% genau zu messen.

Durch weitere Versuche bestimmte ich die Selbstinductions-Coëfficienten des Inductoriums.

Zunächst legte ich die äussere Spule in den ersten Zweigstrom und wählte:

$$R_1 = 182.7 \, \Omega, \quad R_2 = 203.8 \, \Omega, \quad L_2 = 0.00148;$$

im Rheostaten mussten gezogen werden 5.40 Ω, also war die Phasendifferenz beider Zweigströme:

$$\Theta = \frac{0.001439}{5.40 + 3.62} = 0.0001595 \, \text{Secunden}.$$

Daraus ergibt sich die Phasenverschiebung, die der erste Zweigstrom hervorbringt:

$$\Theta_1 = \Theta + \frac{L_2}{R_2} = 0.0001667 \, \text{Secunden},$$

also der Selbstinductions-Coëfficient desselben

$$R_1 . \Theta = 0.03046;$$

daraus schliesslich durch Subtraction des Coëfficienten der betreffenden Spule des Phasenindicators erhält man als Selbstinductions-Coëfficient der äusseren Spule des Inductoriums:

$$L = 0.03046 - 0.00129 = 0.02917 . 10^9 \, cm.$$

Für die innere Spule des Inductoriums wurde in analoger Weise $\Theta = 0.0000541$ Sec. und aus den Widerständen berechnet $L = 0.00384 . 10^9 \, cm$.

Nachdem die Selbstinductions-Coëfficienten des Inductoriums bekannt waren, konnte der gegenseitige Inductions-Coëfficient ebenso, wie für den Phasenindicator bestimmt werden, indem die äussere Spule des Inductoriums mit dem primären, die innere mit dem secundären Stromkreis des Phasenindicators in Serie gelegt war. Ich erhielt aus 4 Versuchen die Resultate:

	1	2	3	4
R_3	18.71	23.84	41.94	72.94
$10^3 . \Theta$	0.4527	0.3562	0.2031	0.1172
$10^2 . L_{12}$	0.7031	0.7053	0.7079	0.7110

daraus ergab sich als Mittelwerth $L_{12} = 0.007068 . 10^9 \, cm$.

Der erste und letzte Werth weichen um ungefähr 1% voneinander ab. Die Differenz erklärt sich theilweise aus der Vernachlässigung der Selbstinduction des secundären Stromes.

Andererseits macht sich die Form der Stromcurve schon etwas bemerkbar, da ungefähr $\varphi = 4^0$ ist. Bei dem letzten Versuch dagegen sind beide Einflüsse verschwindend klein.

Mit Zuhilfenahme des Inductoriums können daher Phasendifferenzen obiger Grössenordnung auf ca. 1% genau gemessen werden, kleinere Phasendifferenzen genauer.

Zum Schlusse dieser Versuchsreihe sei noch erwähnt, dass man, um Rechnungen zu vermeiden, sich Aichungscurven construiren kann, aus denen man direct die Phasendifferenz entnimmt, die einem gezogenen Rheostatenwiderstand entspricht.

Die Theorie gestattete, die Methode noch in anderer Weise anzuwenden, nämlich die Messung bei constantem Widerstand des secundären Stromkreises durch Veränderung der gegenseitigen Induction auszuführen. Eine Aichungscurve für diese Zwecke konnte auf folgende Weise erhalten werden:

Durch Widerstände und Selbstinduction stellte ich in zwei Zweigströmen, ebenso wie bei obigen Versuchen, bekannte Phasendifferenzen her und verschob dann die innere Spule meines Inductoriums — die innere Spule nebst dem mit der secundären, die äussere mit der primären Wickelung des Phasenindicators in Serie — solange, bis der Phasenindicator keinen Ausschlag gab. Die Verschiebung, von welcher die grössten Induction angerechnet, in Millimetern wurde auf der Abscissenachse, die zugehörige Phasendifferenz in Secunden als Ordinate aufgetragen.

Der Messbereich ist bei dieser Art der Messung beschränkt, indem die gegenseitige Induction des Phasenindicators stets als Constante zu der veränderlichen des Inductoriums hinzutritt. Es ist daher nöthig, bei kleineren Phasendifferenzen den äusseren Widerstand entsprechend grösser zu wählen; die Aichungscurve bleibt bis auf einen constanten Factor dabei dieselbe.

Mit Hilfe der Curve lässt sich an einem für diese Art der Messung bestimmten Inductorium die Eintheilung statt in Millimeter gleich in Secunden herstellen für bestimmte äussere Widerstände, sodass man direct die Phasendifferenz am Apparat abliest.

Ferner wurden Aichungscurven meines Apparates für grosse Phasendifferenzen, abhängig von der Tourenzahl, ermittelt. Die Aichung geschah auf folgende Weise:

An die primäre Spule des Phasenindicators legte ich einen Nebenschluss von 0·160 Ω, sodass also in der Formel

$$n = \frac{3·65}{0·160} = 22·8$$

wurde. Ich stellte entweder die Phasendifferenzen durch Stromverzweigung her, indem eine Spule mit Eisenkern die nöthige hohe Selbstinduction in einem der Zweigströme ermöglichte; oder ich benützte die gegenseitige Induction des Phasenindicators stets als bekannten Anker ohne Fluss als Stromquelle, und die Phasendifferenz wurde durch Verstellen beider Anker gegeneinander erreicht. Gemessen wurde die Phasendifferenz für alle drei Curven nach der ersten Messmethode mittelst Galvanometer und Contactrad.

Dabei war die Versuchsanordnung derartig, dass am selben Stativ mit Hilfe zweier Scalen durch ein Fernrohr der Phasenindicator, durch ein zweites das Galvanometer beobachtet wurde. In den Curven wurden die am Phasenmesser abgelesenen Phasendifferenzen in Graden als Ordinaten, die Widerstände, die eingeschaltet werden mussten, um den Phasenindicator auf Null zu bringen, als Abscissen aufgetragen.

Die nach beiden Arten erhaltenen Resultate zeigten, dass die Aichung thatsächlich, wie die Theorie es verlangt, von der Stromcurve abhängig ist; die Abweichung beider Aichungen sind im allgemeinen nur gering und können bei weniger genauen Messungen vernachlässigt werden.

Aus den theoretischen und experimentellen Untersuchungen erkennt man, dass die Phasenmessung mittelst Phasenindicators vornehmlich dort geeignet ist, wo es sich um die Bestimmung sehr kleiner Phasendifferenzen und Zeiten handelt. Zur Bestimmung von Selbstinductions-Coëfficienten hat diese Methode vor der zuerst beschriebenen den Vorzug, dass sie mit jedem beliebigen Wechselstrom ohne Zeitmessung und ohne Reduction auf Sinusstrom angestellt werden kann. Zur Phasendifferenzenmessung sehr schneller Schwingungen, wie Condensatorentladungen und ähnlicher Erscheinungen, kann vermuthlich diese Methode bei geeigneter Wickelung des Phasenindicators ebenso dienen, wie für den gewöhnlichen Wechselstrom der Technik, während alle bisher bekannten Methoden für derartige Versuche unbrauchbar sind.

In beiden Methoden zusammen glaube ich ein Mittel zur Messung von Phasendifferenzen gleich periodischer Wechselströme gefunden zu haben, das den Anforderungen einer exacten physikalischen Messung genügt und auch für technische Zwecke sich bei geeigneter Ausführung mit Vortheil verwenden lässt.

(Physikalisches Institut, München.)

KLEINE MITTHEILUNGEN.

Verschiedenes.

Die elektrische Locomotive für die Jungfraubahn wird die stärkste Zahnradlocomotive sein, die je construirt worden ist. Sie wird, wie wir einer Mittheilung des Internationalen Patent-

Bureaus Carl Fr. Reichelt, Berlin, entnehmen, von Brown, Boveri & Comp., Baden (Schweiz) gebaut und ist dazu bestimmt, die Wagen auf den steilsten Strecken zu befördern. Die Stromzuleitung geschieht oberirdisch. Die Motoren der Maschine sind im Passagierwagen selbst angebracht. Man erreicht dadurch eine grössere Adhäsion der Treibräder an den Schienen und das Herausspringen des Zahnrades aus der zwischen den Schienen liegenden Zahnstange wird vermieden. Das Wagengestell hat zwei Tragachsen und zwei Treibachsen, welche zwischen jenen liegen und auf denen die Zahnräder festsitzen. Zwei Elektromotoren, jeder von 125 PS bei 800 U., setzen durch doppelte Uebersetzungen die Zahnräder in Bewegung. Die Leistung kann aber bis auf 800 PS gesteigert werden. Die Spannung des Stromes beträgt 650 V. Die Bolzen der Zahnstange bestehen aus Aluminiumbronze, die Lauf- und Zahnräder aus Gussstahl. Die letzteren werden so gross als möglich gemacht, um einen guten Eingriff der Zähne in die Stange zu gestatten und möglichst wenig Reibung zu verursachen. Für eine Berglocomotive spielen natürlich Bremsen eine Hauptrolle, und trägt die vorstehend bezeichnete Vorrichtung, die an drei Arten wirken können: eine elektrische Bremse, welche auf die Treibwellen wirken kann, wenn Strom durch die Motoren geht, eine Handbremse, welche ebenfalls auf den Treibmechanismus drückt und eine dritte Bremse, welche vermittelst Backen die Schienen umfasst und die vom Aussichtspersonale der Wagen leicht in Bewegung gesetzt werden kann.

Das elektrische Läutewerk der Georgenkirche in Berlin. Wie wir schon in der Nummer vom 1. November 1897, S. 636, kurz erwähnten, ist in dieser neuen Kirche der erste Versuch gemacht worden, Kirchenglocken statt von Menschenhand, mechanisch zu läuten. Diese Einrichtung erfährt jetzt im „Centralbl. der Bauw." eine fachmännische Beschreibung, der wir aus der „Berl. Börs.-Ztg." folgende Einzelheiten entnehmen. Das Läuten grosser Glocken von Hand ist mit grossen Kosten, mit Umständlichkeiten und auch selbst mit Gefahren verbunden, was zu einer an sich unerwünschten Einschränkung der Benutzung der mit hohen Kosten beschafften Glocken führt, z. B. in der Kaiser Wilhelm-Gedächtnisskirche. Solche Glocken mechanisch zu läuten, erschien dem Bochumer Verein deshalb schon seit längerer Zeit eine lösenswerthe Aufgabe. Der Versuch des Getriebes, welche in der Georgenkirche ausgeführt wurde, gingen verschiedene andere voraus, die zwar auch zum Gegenstand von Erfindungs-Patenten gemacht worden, aber über eine Prüfung auf Ausführbarkeit aus dem Bochumer Werke nicht hinausgekommen sind. Der Antrieb erfolgt, wie wir seinerzeit berichtet haben, durch einen zehnpferdigen Elektromotor von Siemens & Halske. Die Welle macht etwa 160 Wendungen in der Minute. Für jede der drei Glocken ist eine lose sitzende Seiltrommel angebracht. Rechts dicht neben diesen Seiltrommeln sitzen fest auf der Welle verbundene Reibscheiben oder Mitnehmerscheiben. Diese Reibscheiben drehen sich also mit der Welle beständig um; jede der losen sitzenden Seiltrommeln muss sich ebenfalls mitdrehen, sobald man sie gegen die zugehörige Reibscheibe presst. Wenn letzteres geschieht, so wird das Glockenseil aufgewickelt und setzt den Schwangbebel der Glocken in Bewegung. Das Zurückgehen der Scheiben wird von der Glocke selbst veranlasst, sobald diese in der Mitte des Schwungrades angelangt ist. Die Einrichtung arbeitet tadellos. Um das Läuten einzuleiten, wird das Ein- und Auskuppeln der Scheiben mit der Hand so lange fortgeführt, bis der Ausschlag der Glocken der richtige ist. Alsdann besorgt das Getriebe selbst das Läuten. Dieses Läuten kann von einem Manne, mit einer der Glocken beginnend, in 1¼ Minute für alle drei Glocken durchgeführt sein, so dass sie dann fortdauernd zusammenklingen. Die Lösung ist sowohl vom wirthschaftlichen als vom technischen Standpunkte eine beachtenswerthe.

Von den **Fortschritten der Elektricität in China** berichtet, nach der „Berl. Börs. Ztg.", der Vereinigten Staaten-Consul in Hankow, dass Tschangscha, die Hauptstadt der Provinz Hunan, welche sich bis vor Kurzem am ablehnendsten gegen die Einflüsse westlicher Civilisation verhielt, vor der Versuch, Telegraphenlinien zu errichten, noch vor zwei Jahren in Aufständen führte, sich jetzt der Anfänge elektrischer Beleuchtung rühmen darf. Es hat sich eine Elektric.-Gesellschaft gebildet, und nach neuesten Nachrichten wurden die Geschäftsgebäude derselben, sowie die Häuser der Directoren und höheren Beamten und der Gouverneurpalast, mit Glühlicht versehen. Ausserdem war am Thore der letzteren eine Bogenlampe von 2000 Normalkerzen, welche die Eingeborenen „Mond" getauft haben, angebracht. Nach den von der Gesellschaft erlassenen Anzeigen kostet für die Zeit von Sonnenuntergang bis zur zweiten Nachtstunde (etwa 10 Uhr Abends) ein elektrisches Licht ersten Grades 500 Cash oder etwa 31 Cents; die geringeren Grade 32, 30, 28 und 25 Cash; die niedrigsten also nur 1½ Cents für den Abend. Für Lichter, welche die ganze Nacht brennen, wird der doppelte Preis berechnet. Die elektrische Beleuchtung hat solchen Beifall gefunden, dass bei der letzten Studentenprüfung sogar die Prüfungsräume elektrisch beleuchtet waren. — Auch in Hankow haben Chinesen eine Gesellschaft für die elektrische Beleuchtung der Stadt gebildet, und das nöthige Capital ist schon fast unterschrieben.

Die Entwickelung des elektrischen Nachrichtenwesens.

Nach einer im „Journal Télégraphique" gegebenen Uebersicht über die Entwickelung des elektrischen Nachrichtenwesens im Jahre 1897 beträgt die Gesammtlänge der Telegraphenleitungen auf der ganzen Erde 7,903.377 km, der Fernsprechleitungen 3,000.000 km. Von den Telegraphenleitungen entfallen auf Europa 2,841.316 km, auf Asien 500.293, auf Afrika 160.065, auf Australien 350.141, Amerika 4,051.642 km. Von den Fernsprechleitungen entfallen auf Europa 1,000.000 km, auf Amerika 1,800.000 und auf die übrigen Länder 200.000 km. Die Länge der Kabel beträgt 301.930 km und der Eisenbahntelegraphen 2,000.000 km.

Grossherzogliche technische Hochschule in Darmstadt.

Vorlesungen und Uebungen über Elektrotechnik im Sommersemester 1898, Beginn der Immatrikulationen am 13. April, Beginn der Vorlesungen am 26. April. Zufolge vom Herbst- und Ostercursen kann das Studium sowohl im Herbst als auch zu Ostern begonnen werden.

Elemente der Elektrotechnik: Geh. Hofrath Prof. Dr. Kittler, 3 Stunden wöchentlich. — Construction elektrischer Maschinen und Apparate: Ingenieur Sengel, 2 St. w. Vortrag, 3 St. Uebungen. — Uebungen im Projectiren elektrischer Licht- und Kraftanlagen: Derselbe 2 St. w. — Elektrotechnische Messkunde, II. Theil: Prof. Dr. Wirtz, 2 St. w. — Uebungen im elektrotechnischen Laboratorium: Geh. Hofrath Prof. Dr. Kittler in Gemeinschaft mit Prof. Dr. Wirtz, Ingenieur Sengel und den Assistenten des elektrotechnischen Institutes, 4 halbe Tage w. — Selbstständige Arbeiten aus dem Gebiete der Elektrotechnik für vorgeschrittene Studirende: Geh. Hofrath Prof. Dr. Kittler, Zeit nach Vereinbarung. — Grundzüge der Telegraphie und Telephonie: Prof. Dr. Wirtz, 2 St. w. — Elektrotechnisches Seminar: Geh. Hofrath Prof. Dr. Kittler in Gemeinschaft mit Prof. Dr. Wirtz, Ingenieur Sengel und die Assistenten des elektrotechnischen Institutes, 1 St. w. — Graphische Behandlung von Aufgaben aus der Wechselstromtechnik: Assistent Westphal, 2 St. w.

Patentprocess betreffs der Mehrphasenstrom-Anlage in Salgó-Tárján. Am 10. Februar l. J. gelangte vor der fünftenlichen Abtheilung des königl. ungar. Patentamtes ein Patentprocess der Firma Siemens & Co. in Budapest gegen die Firma Siemens & Halske zum Abschlusse. Der Streitfall betraf das Begehren der Firma Ganz & Co., dass einem von der Firma Siemens & Halske in Salgó-Tárján ausgeführte elektrische Mehrphasen-Anlage gegen die Patente der Firma Ganz & Co. auf Neuerungen in der Vertheilung elektrischer Energie und auf Parallelschaltung von Wechselstrom-Transformatoren verstosse, und dieses Privilegium verletze.

In dem nunmehr erflossenen Urtheil wird das Feststellungsbegehren von der Firma Ganz & Co. als gerechtfertigt und somit die von der Firma Siemens & Halske in Salgó-Tárján hergestellte, in Beschreibung und schematischer Darstellung im Laufe des Verfahrens vorgelegte Anlage als gegen das Patent der Firma Ganz & Co. verstossend und dasselbe verletzend erklärt. Der Ausgang dieses Processes hat allseitig infolge der Wichtigkeit der Streitgegenstände, sowie wegen der hervorragenden industriellen Stellung der beiden einander gegenüberstehenden Parteien, das grösste Interesse hervorgerufen. *Sehr.*

Ausgeführte und projectirte Anlagen.

Oesterreich-Ungarn.

a) Oesterreich.

Grottau. (Elektrische Beleuchtung.) Die in den Räumen der Firma Adolf Müller von dem General-Vertreter der Deutschen Elektricitätswerke in Aachen erbaute Centrale, welche zum directen Betriebe mehrerer Fabriks-Etablissements dient, wurde im Sommer v. J. zum Zwecke der elektrischen Stadtbeleuchtung durch Aufstellung einer Accumulatoren-Batterie und einer Zusatz-Dynamo vergrössert. An die Leitung sind zur Zeit auch alle grösseren Etablissements und Restaurants, sowie Privatwohnungen und Geschäftslocalitäten angeschlossen. Dieser Tage fand eine Probebelastung der Strassen statt, welche vollkommen befriedigte. Die Maschinenanlage wird im heurigen Jahre vergrössert werden, um allen Ansprüchen genügen zu können.

Josefstadt, Böhmen. (Eisenbahn-Vorconcession.) Das k. k. Eisenbahnministerium hat dem Franz Křižík, Fabriksbesitzer in Prag, die Bewilligung zur Vornahme technischer Vor-

arbeiten für eine mit elektrischer Kraft zu betreibende Kleinbahn von Josefstadt über Jaroměř nach Welchow ertheilt.

Klagenfurt. Der Landtag ertheilte Erhebungen an über die etwaige Einführung des elektrischen Betriebes der Gurkthalbahn und Kühnsdorf-Eisenkappelbahn.

Meran. (Elektrische Kleinbahn.) Das k. k. Eisenbahnministerium hat der Firma Siemens & Halske die Bewilligung zur Vornahme technischer Vorarbeiten für ein Netz von mit elektrischer Kraft zu betreibenden Kleinbahnen in Meran, Ober- und Untergrais sammt nächster Umgebung im Sinne der bestehenden Normen auf die Dauer eines Jahres ertheilt.

In Predazzo, Tirol, wurde — wie der „N. Fr. Presse" berichtet wird — ein Elektrolytwerk, Patent Siemens, errichtet, welches aus Kupfererzen direct Kupfer gewinnen soll. Auf das Resultat ist man sehr gespannt, da im Falle des Erfolges die Kupfererz-Ausbeutung in dieser brennstoffarmen, dagegen an Wasserkräften reichen Gegend von grossem Nutzen wäre.

Wien. (Die Commune und die elektrischen Bahnlinien.) Die „Wiener Abendpost" vom 24. Februar enthält die folgende Mittheilung:

„Die Vertretung der Reichshaupt- und Residenzstadt Wien ist am 15. Februar beim k. k. Eisenbahnministerium um die Concessionirung mehrerer elektrischer Bahnlinien eingeschritten. Das Gesuch umfasst nachstehende Projecte:

Erstes Project: A. Hauptlinien: a) Von der Hauptallee im k. k. Prater gegenüber der Kaiserallee beginnend, durch den k. k. Prater, über die Sophienbrücke; sodann einerseits durch die Rasumofsky- und Sechskrügelgasse und andererseits durch die Sophienbrücken- und Rochusgasse in die Ungargasse, ferner durch die Neulling-, Reisner- und Strohgasse zum Rennweg, weiter den Rennweg hinunter, über den Schwarzenbergplatz, durch die Schwarzenbergstrasse und die Walfischgasse bis zur Kärntnerstrasse; b) von dem Südportale der Rotunde längs des Ausstellungs-Gebäudes, die Ausstellungsstrasse entlang, um den Praterstern herum, dann durch die Kaiser Josefstrasse, die Grosse Stadtgutgasse, die Castellezgasse, die Obere Augartenstrasse, die Taborstrasse, die Kleine Sperlgasse und die Stephaniestrasse bis zur Stephaniebrücke, dann durch die Salzthorgasse über den Rudolfsplatz, die Gonzagagasse entlang, sodann einerseits durch das Werderthor- und Rockhgasse und andererseits durch die Esslinggasse und Helferstorferstrasse zur Schottengasse. Fortsetzungs- und Zweiglinien: c) die Fortsetzung der unter A, a) bezeichneten Linie von der Hauptallee im k. k. Prater über die Kaiserallee bis zum Südportale der Rotunde; b) die Fortsetzung der Linie sub A, b) zur Mölkerbastei, die Grillparzerstrasse und die Florianigasse bis zur Feldgasse; c) eine Abzweigung von der sub A, a) genannten Linie vom Rennweg im Zuge der Lastenstrasse, bezw. einer Parallelstrasse derselben, ferner durch die Garnisonsgasse und die Schwarzspanierstrasse bis zur Währingerstrasse.

Für den Fall, als die Ausführung der erwähnten Linien auf Schwierigkeiten stossen sollte, ist von der Gemeinde Wien ein zweites Project mit nachstehenden Tracenführungen in Aussicht genommen: a) von der Lastenstrasse durch die Grillparzerstrasse, dann nach Uebersetzung der Ringstrasse durch die Mölkerbastei, die Rockhgasse, respective die Helferstorferstrasse, über den Börseplatz, dann durch die Essling-, respective Werderthorgasse, Gonzagagasse und Salzthorgasse, über die Stephaniebrücke, dann durch die Obere Donaustrasse, Ferdinandsstrasse, respective Untere Donaustrasse. Schüttel bis zur Sophienbrücke und von da zur Rotunde; b) von der Grillparzerstrasse über die Lastenstrasse bis zum Rennweg, ferner durch die Siardgasse, Reisnerstrasse, Neulinggasse, Ungargasse, Rochusgasse, Sophienbrückenstrasse, bezw. Sechskrügel- und Rasumofskygasse bis zum Anschlusse an die sub II a) bezeichnete Linie; c) von der Linie II a) abzweigend durch die Franzensbrückenstrasse im Prater- stern; d) durch die Walfischgasse, Schwarzenbergstrasse und Postalozzigasse bis zum Anschlusse in die Linie II b). Die Gemeinde hat als Vollendungstermin für die sub A. aufgezählten Linien des Projectes I, respective für die Linien c) und b) des Projectes II Ende August 1898, die Linien sub I B, respective sub II b) und c) bezeichneten Linien den 1. Jänner 1901 in Aussicht genommen. Das k. k. Eisenbahnministerium hat in Beantwortung dieses Einschreitens unter dem 22. Februar 1898 seine Bereitwilligkeit erklärt, die angesuchte Concession für das projectirte Kleinbahnnetz an die Gemeinde Wien auf die Dauer von 90 Jahren zu ertheilen, und hiemit die Wunsch ausgesprochen, dass behufs Einleitung der Concessions-Verhandlungen seitens der Gemeinde Wien jene Linien, welche thatsächlich zur Ausführung gelangen sollen, möglichst genau bezeichnet werden. Bezüglich der politischen Begehung würde es nach der Erledigung der Eisenbahnministeriums zwar keinen Anstand unterliegen, die sämmtlichen, für eine eventuelle Ausführung in's Auge gefassten Linien einer einheitlichen Behandlung zu unterziehen, aus praktischen Gründen aber hat das Eisenbahnministerium der Gemeinde nahegelegt, dass diese Amtshandlung zunächst für die Linien von der Feuerwerksallee bis zur Rotunde und von der Sophienbrücke bis zur Hauptallee im k. k. Prater, deren Herstellung mit Rücksicht auf die im Mai dieses Jahres zur Eröffnung gelangende Jubiläums-Ausstellung als besonders dringlich anzusehen ist, abgesondert zur Durchführung zu bringen wäre. Das k. k. Eisenbahnministerium hat sohin die besonders beschleunigte Behandlung dieser Angelegenheit in Aussicht gestellt."

Aus dieser Mittheilung geht hervor, dass die Commune nicht um die Concessionirung eines Netzes von elektrischen Strassenbahnen in Wien eingeschritten ist. Das Gesuch betrifft lediglich die zwei Linien, welche im vorigen Jahre als Verbindungen zur Ausstellung projectirt waren, mit gewissen Varianten und Modificationen.

Deutschland.

Berlin. Ueber einen neuen Accumulatoren-Wagen nach dem Patente des Berliner Ingenieurs Ribbe wird berichtet, dass sowohl bei den Probefahrten, als bei seiner Einstellung in den fahrplanmässigen Dienst der Strecke Zoologischer Garten—Kaiser-Allee, also seit etwa fünf Wochen, sich nur eine einmalige Störung im Mechanismus des Motors infolge Bruches einer Feder gezeigt hat. Es sollen zunächst zwei neue vierachsige Wagen geplant und in den Betrieb genommen werden.

Von dem Wagenparke der Grossen Berliner Pferdebahn-Gesellschaft werden im Ganzen 600 Wagen für den Strassenbetrieb erhalten bleiben und als Anhängewagen umgearbeitet werden. Die übrigen Waggons, über 500 an der Zahl, werden ausrangirt und verkauft. Als Anhängewagen werden ausschliesslich Sommerwagen der Grossen Berliner Pferdebahn-Gesellschaft, sowie die Metropolwagen Verwendung finden, während die Decksitzwagen, sowie die Einspännerwaggons gänzlich aus dem Betriebe gezogen werden sollen. Für den elektrischen Betrieb des vollen Strassenbahnnetzes sind insgesammt ca. 800 Accumulatoren-Wagen erforderlich, die innerhalb fünf Jahren fertigzustellen sind. Gegenwärtig besitzt die Grosse Berliner Pferdebahn-Gesellschaft für die bereits bestehenden, sowie für die demnächst zu eröffnenden Strecken 150 derartige Waggons.

Eines der ältesten Projecte für die Errichtung einer elektrischen Bahn wird in diesem Jahre endlich zur Ausführung kommen, und zwar die elektrische Strassenbahnlinie vom Prenzlauer Thor nach Hohen-Schönhausen. Nachdem die Unterhandlungen mit den betheiligten Kreisen schon seit circa fünf Jahren geschwebt, sind sie, da auch Magistrat und Polizei dem Project zugestimmt haben, nunmehr so weit gediehen, dass dem Bauausführungen nichts mehr im Wege steht. Die Bahn, welche vom Prenzlauer Thor aus durch die Friedenstrasse, Landsberger Platz, Landsberger Allee und Hohen-Schönhausener Weg über Wilhelmsberg geleitet werden soll, wird eine Normalspurbahn mit oberirdischer Stromzuführung und sowohl für Güter- wie Personenverkehr eingerichtet werden. Eine Weiterführung der Linie über Weissensee und Heinersdorf eyent. bis nach Französisch-Buchholz ist ebenfalls in Aussicht genommen.

Königsberg. (Elektrische Bahnen.) Der ostpreussische Provinzial-Ausschuss hat in seiner Sitzung vom 25. Februar l. J. beschlossen, dem Landkreise Königsberg die vor den Thoren der Stadt belegenen Provinzialstrassen zu überlassen, wodurch der mit der Pferdeeisenbahn-Gesellschaft abgeschlossene Vertrag zur Benutzung dieser Strassen für elektrische Strassenbahnanlagen in Kraft tritt. Die Gesellschaft wird unverzüglich mit dem Bau dieser neuen Linien beginnen.

Patentnachrichten.
Mitgetheilt vom Technischen- und Patentbureau.
Ingenieur Victor Monath
WIEN, I. Jasomirgottstrasse Nr. 4.

Classe   Deutsche Patentanmeldungen.*)

21. R. 10.843. Netz zum Sammeln atmosphärischer Elektricität. — Dr. Heinrich Rudolph, St. Goarshausen a. Rh. 18./1. 1897.

*) Die Anmeldungen bleiben acht Wochen zur Einsichtnahme öffentlich aufgelegt. Nach § 24 des Patent-Gesetzes kann innerhalb dieser Zeit Einspruch gegen die Anmeldung wegen Mangel der Neuheit oder widerrechtlicher Entnahme erhoben werden. Das obige Bureau besorgt Abschriften der Anmeldungen und übernimmt die Vertretung in allen Einspruchs-Angelegenheiten.

Classe
20. S. 10.626. Sicherungseinrichtung für elektrische Eisenbahnsignal-Anlagen unter Verwendung von durch Fliehkraft betriebenen Stromschliessern. — Siemens & Halske, Actien-Gesellschaft, Berlin. 21./8. 1897.
" St. 5166. Stromabnehmerbügel für elektrische Bahnen mit oberirdischer Stromzuleitung. — Adolf Stiller und Paul Günther, Budapest, 24. 9. 1897.
21. G. 11.259. Elektrische Glühlampe. — Dr. Wilibald Gobhardt, Berlin. 22./2. 18 7.
" S. 10.628. Vorrichtung zum Ausgleich der Reibungswiderstände bei Wechselstrom - Motorzählern. — Siemens & Halske, Actien-Gesellschaft, Berlin. 14./7. 1897.
" S. 10.563. Einrichtung für die Stromzuführung bei elektrischen Glühlampen; Zus. z. Pat. 77.362. — Eugène François Alexandre Sofeaux, Paris. 29./7. 1897.
26. J. 4255. Acetylenentwickler mit durch die Gasometerglocke zu hebendem, bezw. senkendem Carbidkorb. — Firma Vve. François Janssens, Lille. 9./3. 1897.
86. H. 19.568. Elektrischer Schützenwächter für Rundwebstühle. — Josef Herold, Königsfeld b. Brünn, Mähren. 29./11. 1897.

Classe   Deutsche Patentertheilungen.
20. 96.964. Verfahren zur Vermeidung von Stromverlusten durch elektrolytische Isolirung, insbesondere für Stromabnehmer elektrischer Bahnen. — Ch. Devanyne, Brüssel. — 22./11. 1897.
21. 96.969. Trägervorrichtung für Bogenlampen mit äusserer und innerer Glocke. — Continentale Jandus Elektricitäts-Actien-Gesellschaft (Société Anonyme), Brüssel. 7./9. 1897.
" 96.970. Verfahren zur Speisung von Mehrphasen - Stromverbrauchern aus einem Einphasen-Wechselstromnetz durch einen Drehstrommotor. — G. Ferraris und R. Arno, Turin. 14./4. 1895.
" 96.971. Schaltvorrichtung für Drucktelegraphen mit schrittweiser Bewegung des Typenrades. — W. S. Steljes, Tottenham Middl., England. 19./6. 1896.
" 96.973. Armatur für Glühlampen. — F. Palm, Nürnberg. 9./3. 1897.
" 96.974. Einrichtung zur Erzielung constanter Dämpfung für Schwingungen - Galvanometer. — Siemens & Halske, Actien-Gesellschaft, Berlin. 29./6. 1897.
" 96.975. Maximum - Verbrauchsanzeiger. — Allgemeine Elektricitäts-Gesellschaft, Berlin. 20./7. 1897.
" 96.976. Reflector-Glühlampe. — C. Duvivier, Mons, Belgien. 8./10. 1897.
" 97.043. Selbstunterbrecher. — F. Klingelfuss, Basel. 22./7. 1897.

Auszüge aus Patentschriften.

Actien-Gesellschaft für Fernsprech-Patente in Berlin. — Condensator-Anordnung für Telegraphenleitungen (Zusatz zum Patente Nr. 83.591 vom 17. October 1894, vgl. Bd. 16, S. 813). — Classe 21, Nr. 94.998.

Die Fernsprech-Apparate F und T werden unter Anwendung von Inductionsspulen s bezw. s aus dickerem Drahte (95 bis 100 mm) unmittelbar in die Telegraphenleitung, und mit den Telegraphenapparaten R geschaltet. Die Unterbrechungsstelle am Morseraster wird durch einen Condensator geeigneter Capacität überbrückt. (Fig. 1.)

P. F. Degn in Hannover. — Bremsdynamometer. — Classe 42, Nr. 94.718.

Zur selbstthätigen Regelung des Druckes zwischen Bremsband und Bremsscheibe ist eine Einrichtung getroffen, die wie folgt wirkt:

Bei wagrechter Stellung der mit den Gewichtsstücken q' q'' belasteten Waagebalken s k wird der Druck c mit der Kraft q' nach oben und der Hebel f mit der Kraft q'' nach unten gezogen. Es wird also auf die beiden Hebel eine Kraft q' q'' nach oben ausgeübt. Ist der Punkt s, in welchem diese Kräfte angreifen, die gleiche Entfernung von der Achse der Bremsscheibe haben, so steht der zu messende Umfangswiderstand der Bremsscheibe, wenn Gleichgewicht vorhanden ist, in einem bestimmten Verhältnis zu q' q''. Der Umfangswiderstand ist abhängig von der Spannung des Bremsbandes, welche erzeugt wird durch Belastung des Hebels f. Bei der Belastung des Hebels f zu gross, also der Umfangskraft P grösser als q'—q'' entspricht, so bewegen sich die beiden Bremshebel c und f abwärts, das Gewicht q'' schlägt nach rechts aus und übt dadurch vermittelst des Waagebalkens e eine Kraft auf den Hebel f nach oben aus. Dadurch wird die Belastung von f und folglich die Spannung des Bremsbandes, die vorher zu gross war, verringert. Zu gleicher Zeit schlägt das Gewicht q' nach links aus: es übt dadurch vermittelst des Waagebalkens h auf den Hebel e eine Kraft nach unten aus.

Die arithmetische Summe der Kräfte, mit welchen die Bremshebel e und f nach oben gezogen werden, ändert sich infolgedessen bei dem Ausschlage der Bremshebel nach unten nicht. Die Belastungen q' — q'' stehen also sowohl bei waagrechter Stellung der Waagebalken als auch bei einem Ausschlag nach unten in dem gleichen Verhältnis zur Umfangskraft und können also für die Berechnung derselben zugrunde gelegt werden. Bei einer Bewegung der Bremshebel nach oben erfolgt die Regelung sinngemäss. (Fig. 2.)

Action-Gesellschaft Elektricitätswerke (vorm. O. L. Kummer & Co.) in Niedersedlitz bei Dresden. — Anlassvorrichtung mit Flüssigkeitswiderstand für Aufzugmotoren u. dgl. — Classe 21, Nr. 95.000.

Die Drehung einer Kurbelscheibe b wird durch Ziehen am Steuerseil des Aufzugs oder dergl. in einem oder anderem Sinne eingeleitet und durch das mittelst der Kette d am Zapfen c wirkende Gewicht der Tauchelektrode f des Flüssigkeitswiderstandes g fortgesetzt. Eine Fliehkraftbremse A lässt hiebei nur ein langsames Sinken derselben zu, während sie ein schnelles Heben derselben gestattet. Mit der Kurbelscheibe b ist ein Stift y verbunden, der eine aus federnd gelagerten Contactstücken q und einer kippbaren Gabel m bestehende Umschaltvorrichtung bewegt. (Fig. 5.)

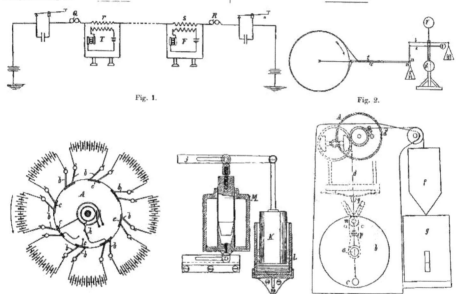

Fig. 1.　　　　　Fig. 2.

Fig. 3.　　　　　Fig. 4.　　　　　Fig. 5.

Gottfried Strömberg in Helsingfors, Finnland. — Vorrichtung zum Laden von Sammlerbatterien. — Classe 21, Nr. 94.668.

Diese Vorrichtung zum Laden von Stromsammlerbatterien mit der normalen Betriebsspannung besitzt eine Schalttrommel A mit einer Reihe von Stromschlussflächen c, Schleifbürsten b und einen Schaltarm h. Die Stromsammlerzellen sind gruppenweise so an die Stromschlussflächen angeschlossen, dass bei periodischer Drehung der Schalttrommel immer nur der der jeweiligen Differenz zwischen Lade- und Entladespannung der Sammelbatterie entsprechende Theil der Zellen auf kurze Zeit aus dem Stromkreise ausgeschlossen ist, während alle übrigen Zellen stets längere Zeit hindurch hintereinander geladen werden. (Fig. 3.)

Carl Friedrich Philipp Steudebach in Erlangen. — Selbstthätiger Spannungsregulator für Nebenschluss- und Compound-Dynamos. — Classe 21, Nr. 94.667.

Der Kolben K, mittelst dessen das in dem Gefässe I. befindliche Quecksilber zum Steigen gebracht und so Stromschluss mit den zugehörigen Widerständen hergestellt werden kann, ist an dem Hebel J eines Kugelregulators mit einem Elektromagnetkern M zusammen so angebracht, dass der Elektromagnet der Schwerkraft des zu verdrängenden Quecksilbers das Gleichgewicht hält. Eine ungleichmässige Belastung des Hebels J, bezw. des Kugelregulators wird dadurch ausgeschlossen. (Fig. 4.)

Geschäftliche und finanzielle Nachrichten.

Prager Kleinbahn- und Elektricitäts-Actien-Gesellschaft. Das k. k. Ministerium des Innern hat den Ziynostenska banka pro Čechy a Moravu in Prag im Vereine mit den Herren Johann Otto, Buchdruckereibesitzer in Prag, Johann Topinka, Bürgermeister in Karolinenthal, Benedikt Baroch, Baumeister in Prag, Prokop Sedlak, Grosshändler in Prag, und Franz Křižik, Ingenieur in Prag, die Bewilligung zur Errichtung einer Actien-Gesellschaft unter der vorstehend genannten Firma, mit dem Sitze in Prag, ertheilt.

Im Anschlusse an die auf den 18. d. M. einberufene ordentliche Generalversammlung der Actionäre der **Leipziger Elektricitäts-Werke** soll eine ausserordentliche Generalversammlung dieser Gesellschaft stattfinden, auf deren Tagesordnung Anträge der Verwaltungsorgane auf Erhöhung des Grundcapitales durch Ausgabe von einer Million Mark neuer Actien stehen.

Aachener Kleinbahn-Gesellschaft. Dem Geschäftsberichte für 1897 entnehmen wir: Die Ausdehnung des ausschliesslich elektrisch betriebenen Kleinbahnnetzes der Gesellschaft im Jahre 1897 hat weiter zugenommen und sind u. a. die Städte Aachen, Stolberg und Eschweiler nunmehr durch Kleinbahnlinien verbunden worden. Am 1. Jänner 1896 betrug die Betriebslänge sämmtlicher Bahnlinien rund 26 km. Dazu wurden in Betrieb genommen: am 22. August 1896 die Linie Aachen—Linden—Bardenberg mit 10 km, am 12. October 1896 die Linie Aachen—Eilendorf mit 3·5 km, am 11. September

1897 die Linie Eilendorf—Stolberg—Eschweiler Aue (gleichzeitig mit der einem Umbau unterworfen). 4·6 km langen Stolberger Linie mit 7 km, am 16. December 1897 die Linie Eschweiler Aue- Eschweiler Stadt mit 7·5 km, zusammen 54 km. Die seit dem 11. September 1897 eröffneten Strecken werden von der eigenen, bei Eschweiler Aue belegenen Kraftstation der Gesellschaft, welche für eine Leistung von 1200 PS eingerichtet ist, mit elektrischem Strom versehen. Auf dem 54 km umfassenden Bahnnetz wurden 1.543.478 Wagenkm. geleistet gegen 1,237.172 Wagenkilometer im Vorjahre. Die neuen Linien haben sich noch nicht zu dem auf den meisten alten Linien erzielten Erträgnis emporarbeiten können und war der erste Betrieb auch deswegen ungünstig, weil die Maschinen auf ihrer vollen Leistung nicht ausgenutzt werden konnten. Einen Misserfolg hatte die Gesellschaft auf den Kreislinien Aachen—$\dfrac{\text{Linden}}{\text{Bardenberg}}$—Eilendorf zu verzeichnen. Seit geraumer Zeit war seitens der massgebenden und betheiligten Kreise auf eine Herabsetzung des Tarifes und auf häufigere Fahrten gedrängt worden. Vom 1. Juli ab wurde diesem Verlangen nachgegeben, indem der Tarif um 20% ermässigt und die Fahrtenzahl verdoppelt wurde. Während infolge dessen nahezu die doppelten Ausgaben aufgewendet wurden, rückten die Einnahmen auch nicht im Mindesten in die Höhe. Insgesammt wurden am Löhnen im Betriebe gezahlt 173.400 Mk. gegen 139.000 Mk. im Vorjahre. In den Einnahmen ist für 1897 der von der Stadt jährlich gezahlte Zuschuss von 4000 Mk. ausser Berechnung geblieben, weil neueingetretene Verhältnisse zwischen Stadt und Gesellschaft es wünschenswerth haben erscheinen lassen, einen Vertrag, in welchem dieser Zuschuss wegfallen soll, zu vereinbaren. Die Verhandlungen sind noch in der Schwebe. Nach langwierigen Vorarbeiten sind nun behördlichen Verhandlungen ist nunmehr endlich Aussicht vorhanden, Anschlüsse an Kohlengruben zu erlangen, um nach den von der Bahn der Gesellschaft berührten Bezirken Kohlen zu befördern, wovon die Verwaltung sich noch wesentliche Vortheile für ihr Bahnunternehmen verspricht. Ein Anschluss an eine Grube bei Eschweiler ist in der Ausführung begriffen und zur Herstellung eines Anschlusses an einer Grube bei Grevenburg die behördliche Genehmigung ertheilt. Ein Anschluss an die Aachener Hütte zum Transport von Geleisematerial ist bereits im Betriebsjahre zur Ausführung und Benutzung gekommen. Durch die andauernd günstige Witterung war die Gesellschaft in der Lage, die Bauarbeiten für die rückständigen Linien bis in den Winter hinein weiter zu fördern. Es wird dadurch möglich sein, dass die Strecke Stolberg—Vicht = 3 km und Strecke Eschweiler—Nothberg = 2 km demnächst ebenfalls der behördlichen Abnahme unterzogen werden können. Die dann noch verbleibenden 33 km, und zwar Grossenich bis Eschweiler = 6 km, Eschweiler—Alsdorf = 11 km, Mariadorf—Linden = 3 km, Forst—Brand = 4·5 km, für Anschlüsse, Weichen und Bahnhofsgeleise = 8·5 km sind so weit vorbereitet, sowohl was den Grundbewerb als den Bau des 17 km langen, eigenen Bahnkörpers anbetrifft, dass auch hier in nicht allzuferner Zeit, wenn die Witterung nicht hindernd eintritt und Materiallieferungen rechtzeitig erfolgen, mit dem Bau der Geleise und der Stromzuleitung begonnen werden kann. Von dem Ueberschuss von 139.787 Mark (i. V. 166.410 Mk.) werden 40.640 Mk. (i. V. 92.282 Mk.) für Anleihezinsen und 48.477 Mk. (i. V. 40.601 Mk.) für Abschreibungen verwendet. Der Reingewinn beträgt incl. 3039 Mk. (i. V. 2112 Mk.) Vortrag 97.709 Mk. (i. V. 105.639 Mk.). Hievon erhält der Reservefonds 4520 Mk. (i. V. 5176 Mk.), der nunmehr mit 295.479 Mk. die gesetzliche Höhe erreicht hat. Die Tantiemen erfordern 15.880 Mk. (i. V. 12.423 Mk.). Die Dividende ist mit 6½% (wie im Vorjahre) gleich 78.000 Mk. festgesetzt. Auf neue Rechnung werden 1828 Mk. (i. V. 3039 Mk.) vorgetragen.

Siemens & Halske Actien-Gesellschaft in Berlin. Im Anschluss an die bereits in Hefte 4, S. 52 bekannt gegebenen Ziffern des Jahresabschlusses ist dem Geschäftsbericht für 1897 noch Folgendes zu entnehmen: Die Thätigkeit der Verwaltung auf dem Gebiete des Baues und der Einrichtung elektrischer Strassenbahnen erhellt aus der Thatsache, dass Ende 1897 von der Gesellschaft eingerichtete elektrische Bahnen mit einer Geleislänge von 715 km und 986 Motorwagen, sowie 1233 Motoren vorhanden waren. Es sind bereits in Betrieb: A. Strassenbahnen. I. Aeltere Ausführungen: Mödling—Hinterbrühl bei Wien, Frankfurt a. M. — Offenbach; II. Neuere Ausführungen: Budapest (Stadtbahn-Actien-Gesellschaft), Gross-Lichterfelde—Lankwitz—Steglitz—Südende, Hannover, Dresden (Deutsche Strassenbahn- Gesellschaft), Dresden (Dresdener Strassenbahn-Gesellschaft), Barmen (Zahnradbahn), Lemberg, Mühlhausen i. E., Barmen—Herkinghausen, Barmen Wichlinghausen, Bochum—Herne, Budapest, Bochum—Gelsenkirchen, Sarajevo, Basel, Berlin (Gesundbrunnen)—Pankow, Berlin (Behrenstrasse)—Treptow, Berlin—Charlottenburg, Budapest (Strassenbahn-Gesellschaft), Oberhausen, Kopenhagen, Bahia. B. Untergrundbahnen, Budapest (Stadtbahn-Actien-Gesellschaft und Strassenbahn-Gesellschaft). Im Bau befinden sich die Strassenbahnen: Dresden, Bochum—Gelsenkirchen (Erweiterung), Basel, Budapest, Barmen—Schwelm, Bahia (Erweiterung), Darmstadt, Hagen i. W., Oberhausen (Erweiterung), ferner die Berliner Hochbahn (Warschauer Brücke — Zoologischer Garten—Potsdamer Bahnhof). In Vorbereitung sind die Strassenbahnen: Berlin (Gesundbrunnen—Oranienburgerstrasse) Berlin (Warschauer Brücke—Central-Viehhof), Bochum-Gelsenkirchen (Erweiterung), Basel, Königswinter, Cassel, Waldenburg, Turin und die Berliner Untergrundbahn (Potsdamer Bahnhof—Schlossplatz). Der Bericht hebt dann weiter hervor: Die Elektricität habe als motorische Kraft zur Fortbewegung von Fahrzeugen nicht allein bei der Personenbeförderung auf Strassenbahnen Verwendung gefunden, sondern sei bereits in das Grossmaschinenwesen eingedrungen, und zwar ist bis jetzt die elektrische Locomotive vornehmlich bei kleineren Güterbahnen, auf grösseren Verschublbahnhöfen, im Vorortverkehr grösserer Städte und im Bergwerksbetriebe mit der Dampf-Locomotive in einem erfolgreichen Wettbewerb getreten. Es ist kein Zufall, dass die Elektricität zur Bewegung von Güterwagen zuerst im Bergwerksbetriebe Anwendung gefunden hat, denn hier sind die Schwierigkeiten, welche die Erzeugung und Fortleitung einer nutzbaren Kraft verursachen, derartige, dass an ihre Stelle meistens die erheblich theurere Menschen- oder Pferdekraft treten musste. Gerade im Bergbau kommen die Vorzüge der elektrischen Kraft in hohem Maasse zur Geltung: Motoren und Leitungen beanspruchen ein Mindestmaass an Raum und Unterhaltung, und sind sehr widerstandsfähig gegen äussere Einflüsse. Die Motoren selbst laufen, sofern keine Schlagwetter in Frage kommen, ohne die geringste Gefahr und Belästigung, sind leicht zu behandeln und selbst bei grösserer Entfernung der Kraftquelle von der Verwendungsstelle tritt keine wesentliche Erhöhung der Betriebskosten ein. Die erste elektrische Gruben-Eisenbahn, erbaut von Siemens & Halske, wurde im Oppelschachte des königlichen Steinkohlen-Bergwerks zu Zankerode vor vielen Jahren in Betrieb gesetzt. Die Locomotive, deren Gewicht 16 t beträgt, vermag Züge von 15 vollen und 15 leeren Wagen mit einer Geschwindigkeit von 2·25—3 m in der Secunde zu ziehen. Der Betrieb wird zur Zeit von zwei Locomotiven geführt, welche im Durchschnitt täglich 700—800 Wagen fortzuschaffen haben. Die auf der Gewerkschaft Neu-Stassfurt im Betrieb befindlichen 4 Gruben-Locomotiven sind im Wesentlichen der Zankeroder Locomotive ähnlich gebaut. Das Gewicht jeder Locomotive beträgt 2174 kg, ihre Zugkraft schwankt, der Reibung auf den Schienen entsprechend, zwischen 180 und 500 kg. Der aus 17 Wagen bestehende Zug, dessen Bruttogewicht etwa 20 t beträgt, wird mit 11 km Geschwindigkeit in der Stunde bewegt. Auf dem Steinkohlenbergwerk Cons. Paulus-Hohenzollern bei Beuthen sind auf der von Siemens & Halske gebauten Grubenbahn 4 Locomotiven im Betriebe, von denen die drei ersten bei einem Gewicht von je 2125 kg 500.000 kg Nettolast in zehnstündigem Betriebe mit 3 m sec. Geschwindigkeit befördern. Die Förderkosten stellen sich bei diesen Bahnen, die früher durch Menschen- bezw. Pferdekraft betrieben wurden, seit Einführung des elektrischen Betriebes erheblich geringer; es liegt nämlich das Kostenverhältniss der elektrischen Förderung zu derjenigen durch Menschen zwischen 0·37 und 0·44, zu derjenigen durch Pferde zwischen 0·67 und 0·75. Ebenfalls im Bergwerksbetriebe sind Locomotiven neuerer Bauart auf der Kupfergrube Ashio in Japan, in Kübeckschachte bei Alt-Kladno in Oesterreich und im Kaptens- und Hertigen-Stollen bei Gellivare in Norwegen mit Erfolg angewendet. Eine auf der Materialbahn der Mühlenverwaltung der Berliner Holzcomptoir-Victoriamühle in Betrieb befindliche elektrische Locomotive dient zur Beförderung der mit Nutzholz beladenen Eisenbahnwaggons nach dem Anschluss der Staatsbahn-Geleise. Sie vermag bei einem Gewicht von etwa 3·5 t eine Bruttolast von 15 t mit 2 m sec. Geschwindigkeit zu ziehen. Auch im Strassenbahnbetrieb hat die elektrische Locomotive von Siemens & Halske Verwendung gefunden, wenn auch vorläufig nur bei der Güterbeförderung mit geringer Geschwindigkeit und beim Wagenverschub auf Bahnhöfen. Zwei derartige Locomotiven, deren jede 7500 kg wiegt, sind in Sarajevo im Gebrauch; sie dienen dazu, den Güterverkehr zwischen dem Frachten- und Stadtbahnhof in Sarajevo zu vermitteln. Eine andere ähnliche Locomotive, von der königlichen Eisenbahn-Reparatur-Werkstätte zu Potsdam in Dienst gestellt, wird dort zum Verschieben der zu den Werkstätten auszubessernden Schlaf- und Durchgangswagen gebraucht. Die Stromabnahme erfolgt auch hier durch den Siemens'schen Bügel. Die Locomotive, deren Zugkraft bis zu 1400 kg beträgt, vermag zwei Schlafwagen und einen Güterwagen (rund 80.000 kg) mit 1 m Geschwindigkeit in der Secunde zu ziehen. Die Gesellschaft war ferner mit der Ausführung von städtischen Elektricitätswerken, elektrischen Kraftanlagen und Pumpen, neuen Röntgenapparaten, Gruben-Signalapparaten, elektrischen Kraftübertragungen im Bergbau, neuen Glühlicht-Armaturen, elektrischen Antrieben in Druckereien, Wassermessern,

Weichen- und Signalstell-Anlagen, beweglichen Bohrmaschinen, Centrifugen, Kabeln für Beleuchtung und Kraftübertragungen, Hafen- und Laufkrahnen, Reflectoren für Bogenlicht, Schiebebühnen und Drehscheiben, Stellwerken für Bühnen, Regulatoren etc. beschäftigt. Die Gewinn- und Bilanzziffern der Gesellschaft sind bereits bekannt.

Bericht über den Betrieb der Electricitätswerke der Stadt Köln a. Rh. vom 1. April 1896 bis 31. März 1897. Das Electricitätswerk hat sich im Berichtsjahre 1896/97 günstig entwickelt, indem eine Zunahme in der Stromabgabe von 26·85% gegen 18·98% im Jahre vorher zu verzeichnen war.

Die anzbare Stromabgabe betrug 8,574.305 Hw-Stunden, gegen 6,759.617 Hw-Stunden im Vorjahre, also 1,814.688 Hw-Stunden mehr.

An dieser bedeutenden Zunahme ist der Privatverbrauch für Beleuchtungszwecke mit 760.236 Hw-Stunden der Privatverbrauch für Kraftzwecke mit 747.924 Hw-Stunden und die öffentliche Strassenbeleuchtung mit 254.580 Hw-Stunden am meisten betheiligt.

Die angeschlossene Lampenzahl oder deren Werth vermehrte sich im Laufe des letzten Geschäftsjahres von 34.028 N. L. auf 39.159 N. L. à 50 W, die Zunahme ist demnach 5131 N. L. oder 15·08%.

Es waren an das Leitungsnetz angeschlossen:

	am 31. März 1897	1896	1895
1. Glühlampen	30.170	26.263	20.557
2. Bogenlampen	528	454	386
3. Motoren	73	35	13
mit Pferdestärken	260³/₄	150¼	35¼

	am 31. März 1897	1896	1895
4. Elektrische Uhren	2	2	1
5. Zahl der Stromabnehmer	413	349	275
6. Capacität der angeschlossenen Anlagen in Hw	19.579	17.014	12.640
7. Zahl der aufgestellten Transformatoren	389	311	259
8. Capacität derselben in Hw	26.044	21.426	18.980
9. Verhältnisszahl von 6:8	1:1·33	1:1·26	1:1·50

Das Leitungsnetz wurde erweitert um 6877·25 m Hauptkabel und 581·95 m Anschlusskabel, alles für Hochstrom, nebst einer Schaltstelle, und 1373·10 m Telephonkabel mit zwei Sprechstellen, wofür 88.620 Mk. verausgabt worden sind.

An Transformatoren wurden für 46.549 Mk. und an Elektricitätszählern für 19.736 Mk. beschafft.

Die Neuanlagen für öffentliche Strassenbeleuchtung erforderten 21.281 Mk.

Die gesammten Betriebsergebnisse des letzten Jahres im Vergleich zu den früheren Jahren gibt nachstehende Zusammenstellung Aufschluss.

Am 1. April 1896 betrug der Erneuerungsfonds 73.313 Mk.; von den Netto-Ueberscusse in Höhe von 224.346 Mk. wurden der Stadtcasse 124.346 und dem Erneuerungsfonds 100.000 Mk. überwiesen.

Die gesammten Aufwendungen für Neuanlagen beliefen sich auf 262.084 Mk., so dass der Erneuerungsfonds am 1. April 1897 keinen Bestand, sondern einen Vorschuss von 28.771 Mk. aufweist.

	Betriebsjahre					
	1891/92 (Halbjahr)	1892/93	1893/94	1894/95	1895/96	1896/97
Nutzbar abgegebene Hektowattstunden (einschl. Selbstverbrauch)	1,549.086	3,079.749	4,245.899	5,681.301	6,759.617	8,574.305
Erzeugungskosten in Mark [1])	30.182·65	71.378·12	65.949·53	78.766·65	81.360·70	102.979·44
Erzeugungskosten für 1000 Hw-Stunden in Mark [1])	19·48	23·23	15·55	13·86	12·04	12·01
Einnahmen für Strom, abzüglich Rabatt, in Mark	116.386·15	212.732·33	267.093·88	325.952·17	364.889·72	429.119·46
Einnahmen für 1000 Hw-Stunden in Mark	75·13	60·28	60·55	57·37	53·98	50·05
Betriebs-Ueberschuss in Mark [2])	86.203·50	141.354·21	191.144·35	247.185·52	283.523·02	326.146·02
Netto-Ueberschuss in Mark [2])	61.217·32	39.604·21	89.489·35	141.047·52	181.794·52	224.346·52

[1]) Die Kosten der Strassenbeleuchtung sind in diesem Posten enthalten.
[2]) Der Netto-Ueberschuss ergibt sich aus dem Betriebs-Ueberschuss nach Abzug von Zinsen und Tilgung.

Weltausstellung 1900 in Paris.

Amtlich wird verlautbart:

Der Handelsminister hat in Gemässheit des Artikels IV der organischen Bestimmungen, betreffend die Bethätigung der im Reichsrathe vertretenen Königreiche und Länder an der Weltausstellung 1900 in Paris, neuerdings mehrere Special-Comités bestellt. Hievon nennen wir, als für unsere Leser von besonderem Interesse, das

Special-Comité für Elektrotechnik.

Obmann:

Fellinger Richard, Dr., Director und General-Repräsentant der Firma Siemens & Halske, Wien.

Obmann-Stellvertreter:

Schlenk Karl, Professor, Sectionsvorstand und Leiter der Versuchs-Anstalt am k. k. technologischen Gewerbe-Museum, Wien.

Mitglieder:

Deckert Wilhelm, in Firma Deckert & Homolka, Wien.
Déri Max, Verwaltungsrath der Internationalen Elektricitäts-Gesellschaft, Wien.
Egger Béla, Repräsentant der Vereinigten Elektricitäts-Actien-Gesellschaft, Wien.
Gebhard Ludwig, Director und General-Repräsentant der Accumulatorenfabriks-Actien-Gesellschaft, Wien.
Jacottet August, Procurist der Firma Felten & Guilleaume, Wien.
Kolben Emil, in Firma Kolben & Co., Prag.
Kremenezky Johann, Director der Oesterreichischen Schuckert-Werke, Wien.
Křižik Franz, in Firma F. Křižik, Prag.

Vereinsnachrichten.

Neue Mitglieder.

Auf Grund statutenmässiger Aufnahme traten dem Vereine die nachstehend genannten Herren als ordentliche Mitglieder bei:

Mihalič Johann, k. u. k. Militär-Telegraphenlinien-Revisor, k. u. k. Oberlieutenant i. R., Banjaluka.
Pollak Edmund, Installations-Ingenieur des elektrotechnischen Bureau „Excelsior", Wien.
Müller Friedrich, Elektrotechniker, Wien.
Poech Franz, Bergrath, Wien.
Ringer Eduard, Ingenieur der Accumulatoren-Fabrik Wüste & Rupprecht, Wien.
Peml Josef, Constructeur bei der Firma Leopolder & Sohn, Wien.
Oesterreicher Alfred, Ingenieur der Union-Elektricitäts-Gesellschaft, Wien.

Die nächste **Vereinsversammlung** findet Mittwoch den 9. d. M. im Vortragssaale des Wissenschaftlichen Club, I., Eschenbachgasse 9, 1. Stock, 7 Uhr abends, statt.

Vortrag des Herrn Ingenieur L. Loos: „Ueber die Betriebskosten verschiedener Motoren."

Die Vereinsleitung.

Schluss der Redaction: 1. März 1898.

Verantwortlicher Redacteur: Dr. J. Sahulka. — Selbstverlag des Elektrotechnischen Vereines.
Commissionsverlag bei Lehmann & Wentzel, Wien. — Alleinige Inseraten-Aufnahme bei Haasenstein & Vogler (Otto Maass), Wien und Prag.
Druck von R. Spies & Co., Wien.

Zeitschrift für Elektrotechnik.

Organ des Elektrotechnischen Vereines in Wien.

Heft 11. WIEN, 13. März 1898. XVI. Jahrgang.

Bemerkungen der Redaction: Ein Nachdruck aus dem redactionellen Theile der Zeitschrift ist nur unter der Quellenangabe „Z. f. E. Wien" und bei Originalartikeln überdies nur mit Genehmigung der Redaction gestattet.
Die Einsendung von Originalarbeiten ist erwünscht und werden dieselben nach dem in der Redactionsordnung festgesetzten Tarife honorirt. Die Anzahl der vom Autor event. gewünschten Separatabdrücke, welche zum Selbstkostenpreise berechnet werden, wolle stets am Manuscripte bekanntgegeben werden.

INHALT:

Rundschau.

Die Bogenlampen mit geschlossenen Glocken finden nun auch in Oesterreich Eingang. Wir veröffentlichen in dieser Nummer ein Referat über die allgemeinen Eigenschaften dieser Lampen und in der nächsten Nummer eine detaillirte Beschreibung einer derartigen Lampe. Es sei hier bemerkt, dass die beiden Eigenschaften, durch welche sich die Lampen mit geschlossenen Glocken von den gewöhnlichen Bogenlampen unterscheiden, nämlich Luftabschluss und hohe Voltzahl nicht vereinigt zu sein brauchen. Man könnte ebenso die gewöhnlichen Bogenlampen mit niederer Voltzahl so einrichten, dass der Luftaustausch möglichst behindert ist und würde dadurch erzielen, dass die Brenndauer der Kohlen bedeutend verlängert wird. Man könnte umgekehrt den Verschluss der Lampe in der üblichen Form beibehalten und könnte durch Wahl einer grossen Lichtbogenlänge und Benützung von verhältnismässig dicken Homogenkohlen bewirken, dass die Lampe eine hochvoltige wird und mit ihrem Vorschaltwiderstande einzeln an die übliche Betriebsspannung angeschlossen werden kann. Zur Erhöhung der Voltzahl trägt bei den hochvoltigen Lampen der im Referate erwähnte Umstand, dass der Lichtbogen zwischen den schwach gekrümmten Endflächen der Kohlen hin- und herwandert, sicherlich bei. Es sei diesbezüglich ein Versuch angeführt, der vor vielen Jahren gemacht wurde. Wählt man die positive Kohle stabförmig, als negative Kohle eine um eine Achse drehbare Kohlenscheibe, gegen deren Rand die positive Kohle gerichtet ist, so wird bei ruhender Scheibe eine gewisse Voltzahl genügen, den Lichtbogen zu unterhalten. Dreht man die Scheibe, so muss die Voltzahl beträchtlich gesteigert werden und wurde bei den Versuchen bis zu mehreren Hundert Volt gesteigert, damit der Lichtbogen erhalten bleibe; ähnliche Verhältnisse bestehen auch, wenn der Lichtbogen selbst zwischen den Kohlenenden wandert. Dass der Wattverbrauch pro mittlere Kerzenstärke bei den hochvoltigen Lampen mit geschlossenen Glocken grösser sein muss, als bei den gewöhnlichen Lampen, ist leicht erklärlich, weil bei einer Bogenlampe die Kohlen das intensivste Licht aussenden, der eigentliche Lichtbogen aber minder leuchtend ist. Wird nun durch Wahl eines langen Lichtbogens die Voltzahl von 45 auf 80 vermehrt und die Stromstärke unverändert beibehalten, so wächst die ausgesendete Lichtmenge nicht in gleichem

Masse, weil das von den Kohlen ausgesendete Licht wegen der leichteren Abkühlung der Kohlen eher schwächer wird, der Lichtbogen aber nicht entsprechend dem grösseren Wattverbrauche mehr Licht entsendet. Es muss daher eine Grenze der Voltzahl geben, über welche hinaus Glühlampen mit hoher Kerzenstärke mit den geschlossenen Bogenlampen erfolgreich concurriren können; bei den Glühlampen kommt dann auch der geringere Preis und der minimale Zeitaufwand für Reinigung und Austausch mit in Betracht.

Im „Engineering" ist in Nr. 1677 ein sehr interessanter Artikel über die in London in Ausführung befindliche Untergrundbahn: Central London Railway enthalten, welche unter dem verkehrsreichsten Theile von London in einer Tiefe von ca. 20 m angelegt wird. Die Hauptlinie hat einige von 9·3 km und wird doppelgeleisig mit zwei getrennten Tunnels ausgeführt. Die Züge werden alle 2½ Minuten verkehren und aus sieben Wagen bestehen, welche 336 Sitzplätze enthalten; durch die Züge selbst wird eine gute Ventilation der Tunnels bewirkt werden. Zum Antriebe werden elektrische Locomotiven für Gleichstrom verwendet werden; die Type ist in Nr. 1678 abgebildet. In der Centrale wird Dreiphasenstrom erzeugt werden; derselbe wird in Unterstationen durch rotirende Umformer in Gleichstrom verwandelt und durch eine dritte isolirte Schiene den Zügen zugeführt werden. Es dürfte auch Interesse erregen, dass in England die Entschädigung, welche den Grundeigenthümern zu entrichten ist, wenn unter ihrem Grunde eine Untergrundbahn geführt wird, auf gesetzlichem Wege festgesetzt werden soll. Die Untergrundbahnen werden dann leicht auf kürzesten Wege geradlinig geführt werden können und nicht immer den Strassenzügen zu folgen brauchen.

Dass die dritte isolirte Schiene als Stromzuleitung bei Bahnen im Niveau auch bei sehr starkem Schneefalle sich bewährt, wurde auf der elektrisch betriebenen Theilstrecke der New-York New-Haven Hartford Eisenbahn am 31. Jänner erwiesen. Der die Zuleitungsschiene bedeckende Schnee hinderte den Betrieb nicht. Es kann dies nicht sehr überraschen, wenn man bedenkt, dass der Schnee auf ein sehr guter Isolator ist. Von der Warte am Sonnblick musste aus diesem Grunde die Blitzableiter-Erdleitung mehrere hundert Meter weit über den Gletscher bis zu einem feuchten Grunde geführt werden. Als Telephonleitung wird im

Bereiche des ausgedehnten Gletschers ein blanker Draht benützt, der einfach auf dem Gletschereise aufliegt; trotzdem ist die telephonische Verständigung möglich.

In der E. T. Z. ist in Heft 8 ein Auszug aus dem im Archiv für Post und Telegraphie enthaltenen Artikel über die elektrische Beleuchtung von Bahnpostwagen und eine Methode zur Bestimmung des Widerstandes stromdurchflossener Glühlampen veröffentlicht, welche analog der von V. v. Lang im Jahre 1885 bei Untersuchung des Lichtbogens angewandten Methode ist. Ferner ist daselbst ein Automobilwagen mit Accumulatoren-Betrieb beschrieben, welcher sich durch elegante Construction auszeichnet und in Berlin in Verwendung ist. Die Räder und das Wagengestell sind ganz ähnlich wie bei Fahrrädern ausgeführt. Der Antrieb erfolgt durch einen Elektromotor und Zahnradübersetzung auf die Hinterachse, das Lenken erfolgt durch einen Hebel, welcher auf die Vorderräder einwirkt. Die Batterie besteht aus 44 Zellen, welche in vier Holzkästen untergebracht sind und mit 110 V geladen werden können. Das Batteriegewicht ist 400 kg, das Wagengewicht 800 kg. Durch einen Thomson'schen Wattstundenzähler mit Zeiger, der auf einer halbkreisförmigen Skala einspielt, wird der Energievorrath angezeigt. Mit Rücksicht auf den Umstand, dass die Ladung mehr Energie erfordert, als zurückgegeben wird, ist diese sehr praktische Anordnung nur so denkbar, dass entweder der Zeiger nach erfolgter Ladung auf einen bestimmten Theilstrich zurückgestellt wird, oder es kann der Zähler so eingerichtet sein, dass er je nach der Stromrichtung verschieden registrirt. Die maximale Wagengeschwindigkeit beträgt 20 km. auf glatten Strassen kann der Wagen 45 km zurücklegen. Beim Verlassen eines Wagens kann man durch Heraussuchen eines Stöpsels erzielen, dass der Wagen nicht in Gang gesetzt werden kann. Im Hefte 9 der E. T. Z. ist das Edison'sche Concentrations-Verfahren zur Ausbeutung von Flötzen, die eisenarme Erze enthalten, beschrieben. Ferner befindet sich daselbst ein Aufsatz von Uppenborn über die neuen Elektricitätswerke in München und ein Artikel von F. Rossel über eine graphische Methode, um den Stromlauf in unterseeischen Kabeln darzustellen. Die Stromwellen, welche den einzelnen Zeichen entsprechen, werden graphisch zusammengesetzt und daraus Schlüsse gezogen für die Bedingungen einer raschen Zeichengebung. Mit Benützung der neuen Ader'schen Sender und Empfänger soll die Vergrösserung der Sprechgeschwindigkeit 220% betragen haben. Ein Elektrotechnischer Anzeiger erschien in Heft 15 unter dem Titel: Gummisubstitute für Isolationszwecke, ein Auszug aus dem Artikel von M. L. Terry in Electrician; es sind daselbst die vorzüglichen Eigenschaften des Isolirmittels Ambroin angeführt. In Heft 16 sind die Neuerungen und Fortschritte in der Telegraphie und Telephonie im IV. Quartal 1897 beschrieben, in Heft 17 ist ein Artikel von J. Laarmann, über die Bruckel'sche Einrichtung zur Aufhebung der durch Starkströme verursachten Telephongeräusche, enthalten.

Im „Electrician" ist in Hefte 1031 in dem Vortrage von C. E. Webber das Verfahren von Pelatan-Clerici zur Gewinnung von Gold und Silber aus den betreffenden Edelmetallerzen beschrieben. In Hefte 1032 ist ein elektrolytischer Prozess zur Herstellung von metallischen Parabolspiegeln beschrieben. Ein Glasspiegel, welcher als Modell dient, wird an der Aussenseite geschliffen; hierauf wird an der Aussenseite ein Silberniederschlag gebildet und geglättet. Der Spiegel

kommt dann in horizontaler Lage in eine Kupfervitriollösung und wird in derselben mit 15 Touren pro Minute gedreht. Gleichzeitig wird Kupfer elektrolytisch niedergeschlagen. Der Kupferüberzug wird dann durch Eintauchen des Spiegels in lauwarmes Wasser abgetrennt und wird mit einer dünnen Palladiumschichte überzogen. Um zu bewirken, dass sich der elektrolytisch gebildete Kupferüberzug vom Glasspiegel leicht ablöst, wird derselbe vorher mit einer Pasta von Eisenhyperoxyd wiederholt eingerieben und mit einer Ammoniaklösung abgewaschen. Im Hefte 1032 ist auch der Anfang eines Artikels von Prof. Fleming, über die Bestimmung des Hysteresisverlustes in geraden Eisendrahtbündeln enthalten. Die Methode ist als eine Modification der Methode von Dolivo-Dobrowolsky anzusehen, welche wir in Rundschauartikel in Heft 5 hervorgehoben haben. Es war geplant, im Anschlusse an diesen Rundschauartikel eine Modification dieser Methode zu beschreiben, bei welcher das zu prüfende Eisen in Form eines untertheilten kurzen Kernes in ein kurzes gerades Solenoid eingeführt wird, und trotzdem eine genaue Bestimmung der Hysteresisverluste möglich ist; der Artikel wird in einem der nächsten Hefte erscheinen. S.

Die Fortschritte in der Telephonie im vergangenen Jahre.[*]

Nach Kempster B. Miller.

Will man heutzutage die Entwickelung eines speciellen Zweiges der Technik in einem gegebenen Zeitabschnitte studiren, so wird dies am besten an der Hand der Patente möglich sein, die im Laufe dieses Zeitabschnittes ertheilt wurden. Im verflossenen Jahre wurden 250 Patente auf Erfindungen im Gebiete der Telephonie ertheilt, wovon die grössere Zahl sich auf Systeme zur rascheren Verbindung der Stationen untereinander bezog. Eine geringere Zahl hatte die Verbesserung der eigentlichen Telephonapparate, bezw. deren Bestandtheile zum Gegenstande.

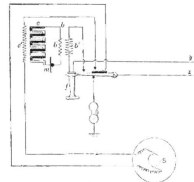

Fig. 1.

Die Aufgabe, die Mikrophon-Batterien bei den einzelnen Abonnenten durch eine gemeinsame, in der Centralstation aufzustellende Batterie zu ersetzen, der seit 1891 grosse Aufmerksamkeit gewidmet wird, ist

---

[*] Auszug aus dem Artikel: „The past year's advance in the art of telephony", Electrical World 1897. Heft 1 und 2.

von W. Dean, der schon viel in dieser Richtung geleistet hat, in vollständig neuer Weise gelöst worden. Er schlägt vor, die jetzt im Gebrauch stehenden Elemente in jeder Abonnentenstation durch eine Thermosäule zu ersetzen, die, sobald sie gebraucht wird, durch irgend eine äussere Stromquelle erwärmt wird. Die Anordnung der Apparate ist in Fig. 1 dargestellt, worin r und g die zur Telephoncentrale führenden Leitungen der Abonnentenstation sind.

Das Telephon und die Secundärwindungen der Inductionsspule sind in bekannter Weise mit diesen verbunden. Gewöhnlich ist dieser letztere Stromkreis offen und nur bei abgehobenem Telephon über den Schalthebel geschlossen, während die von dem Mikrophone der Primärwindungen obgenannter Inductionsspule und dem Thermo-Element gebildete Stromkreis permanent geschlossen ist. Die Widerstandsspule c^1 ist entweder mit einer Dynamo oder einer Batterie verbunden; dieser so gebildete Stromkreis ist aber stets unterbrochen und nur dann geschlossen, wenn das Telephon vom Schalt-

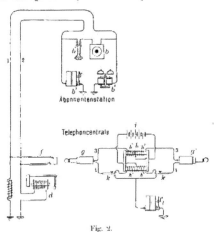

Fig. 2.

hebel abgehoben ist. In diesem letzteren Falle wird die Spule c^1 von einem Strom durchflossen und hiedurch so stark erwärmt, dass die Thermosäule eine genügende Spannung erhält. Solche Einrichtungen sind namentlich dort mit Erfolg einzuführen möglich, wo die Hausbeleuchtung eine elektrische ist; es genügen dünne Drähte, die von den Lichtleitungen abzweigend zu der Widerstandsspule c^1 geführt werden.

Ein anderes System mit gemeinsamer Mikrophon-Batterie rührt von C. E. Scribner von der Western Electric Company her und wird durch Fig. 2 dargestellt. Dieses System ist deshalb interessant, weil hiebei alle Ausschalter, mögen sie jetzt automatische oder andere sein, gänzlich vermieden sind. Das Mikrophon b und Telephon b^1 der Abonnentenstation sind in Brücke geschaltet zu den Fernleitungsdrähten, wie aus der Fig. 2 entnommen werden kann. Der eine Draht der Doppelleitung wird in der Abonnentenstation über eine Glocke von hohem Widerstande c^1_2, der andere Draht ist in ähnlicher Weise über einen Inductor von grossem Widerstande b_3 zur Erde geführt. In der Telephon-

centrale ist jener Leitungsdraht, welcher in der Abonnentenstation den Inductor enthält, durch eine Klappe d von hohem Widerstande zur Erde geschaltet, während der andere Leitungsdraht entweder isolirt endet, oder, was vorzuziehen ist, mit einer Selbstinductionsspule verbunden wird, deren anderes Ende an der Erde liegt; dies wesentlich zu dem Zwecke, die einzelnen Leitungen elektrisch zu equilibriren. Die Federneontacte der Klinke f sind parallel zur Linie geschaltet.

Die gemeinsame Mikrophon-Batterie i wird in der aus der Fig. 2 zu entnehmenden Weise mit den zwei Stöpseln (g, g^1) über einen Translator verbunden. Der Inductor l kann mittelst einer der beiden Taster (k, k) mit dem Drahte der Telephonlinie verbunden werden. der die Glocke enthält. Kommt der Telephonstrom über den Stöpsel g in die Leitungen 3 und 4, so fliesst er durch die linken Hälften der Translator-Wicklungen und die Batterie; dadurch wird das Eisen des Trans-

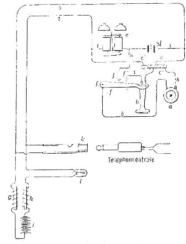

Fig. 3.

lators magnetisirt, eine Induction in den rechten Wicklungshälften bewirkt und somit ein Telephonstrom über g^1 entsendet. Bei diesem Systeme müssen die Telephone geringen, die Mikrophone grossen Widerstand haben; für die ersteren werden 10 bis 25 Ohm, für die letzteren 100 bis 150 Ohm zu wählen sein; in letzterem liegt die Schwäche des Systems, das sonst durch seine Einfachheit besticht.

Der Anwendung von Accumulatoren in den Abonnentenstationen, die von einer gemeinsamen Stromquelle geladen werden, so lange die Telephone in Gebrauch sind, wird erhöhte Aufmerksamkeit zugewendet. Accumulatoren sind in mehrfacher Hinsicht für den telephonischen Betrieb geeignet; ihr geringer innerer Widerstand im Vereine mit der Constanz der E. M. K. sind unschätzbare Vortheile für jenen.

Fig. 3 zeigt ein System dieser Art, das auch Scribner angegeben hat. Der Accumulator d und in Serie hiezu die Glocke e von hohem Widerstande sind in der Abonnentenstation parallel zur Linie geschaltet; i ist die gemeinsame Ladebatterie, g und h

sind zwei Selbstinductionsspulen. *l* eine Glühlampe, die die Stelle der Fallklappe vertritt, *k* eine gewöhnliche Klinke in Parallelschaltung. Die Batterie *i* schickt durch die Glocke und die Batterie einen Ladestrom, so lange die Linie nicht in Gebrauch ist, so dass der bei den Abonnenten aufgestellte Accumulator beständig geladen wird. Wird aber das Telephon abgehoben, so ist für die Batterie *i* ein Weg von geringerem Widerstande über die Inductionsspule, das Telephon und Mikrophon gegeben, so dass die Glühlampe aufleuchtet, während der Accumulator *d* und das Mikrophon in Kurzschluss sind. Ist aus irgend welchen Gründen der Accumulator *d* ganz oder theilweise entladen, dann übernimmt die Batterie *i* dessen Function.

Immer mehr verdrängt die Glühlampe die Fallklappe. Manchmal, wie bei dem vorbeschriebenen Umschalter, ist die Glühlampe in die Leitung eingeschaltet; in der Mehrzahl der Fälle befindet sie sich in einem localen Stromkreis, der durch ein in die Linien geschaltetes Relais geschlossen wird. Es ist auch kein Zweifel, dass die Verwendung von Inductoren in den Abonnentenstationen bald der Vergangenheit angehören, und dass, wie bei den vorstehenden Umschaltern, eine centrale Batterie dieselben entbehrlich machen wird.

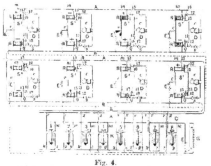

Fig. 4.

Während man jetzt für Telephonleitungen, in denen mehrere Zwischenstationen sich befinden, eine eigene Signalanordnung aufzustellen genöthigt ist, gestattet das System der Herren Barrett, Whittemore und Craft jede einzelne Station für sich anzurufen. Fig. 4 zeigt die hiefür getroffenen Anordnungen.

A und *B* sind die zwei Leitungen, die von der Centralstation *C* zu den acht Stationen S_1, S_2, S_3 etc. führen; es wird zu Signalisirungszwecken bald der eine von diesen beiden Leitungsdrähten, bald der andere benützt, während die Erde als Rückleitung dient.

Durch Umkehrung der Stromrichtung ergeben sich vier verschiedene Signale. Hiezu kommen zwei neue Signale bei Benützung der beiden in Serie geschalteten Drähte und zwei bei parallel geschalteten Drähten und der Erde als Rückleitung; im Ganzen somach acht verschiedene Signale von der Eigenthümlichkeit, dass jedes Signal einer bestimmten Zwischenstation in der Weise zugeordnet ist, dass jede andere Zwischenstation hievon unberührt bleibt.

In jeder der acht Zwischenstationen befinden sich zwei Relais *R* und R_a, die in Brücke zu den Hauptleitungen geschaltet sind. In jeder Station befindet sich eine Glocke *D*, die in einem localen Stromkreise liegt, der

durch die vorgenannten Relais geschlossen wird. Diese Relais sind in verschiedener Weise geschaltet; so z. B. ist in der Station S_1 die Leitung *A* mit einem polarisirten Relais verbunden, das nur auf positive Ströme anspricht, während die Leitung *B* zu einem gewöhnlichen Relais geführt wird; Station S_2 hat ein gewöhnliches Relais in Leitung *B*, ein polarisirtes, nur von einem negativen Strome zu beeinflussendes Relais in Leitung *A*, wie die Zeichnung zeigt.

In der Centralstation ist *G* eine Rufstromquelle, *E* eine Erdverbindung, *K* sind Taster, die den einzelnen Zwischenstationen in der Weise entsprechen, dass, wenn beispielsweise Taster K_1 benützt wird, hiedurch die Station S_1 angerufen wird.

Von grossem Interesse ist ein Apparat von John W. Gibboney. Im Jahre 1892 hatte er eine Methode angegeben, welche im Wesen darin besteht, dass er in die Linie einen Wechselstrom sandte, der im Telephon nicht vernommen wurde und von dem eigentlichen Telephonstrom überlagert wurde. War der Wechselstrom entweder von solch' hoher Frequenz, dass er deshalb nicht mehr gehört wurde, oder von geringer Wechselzahl, dass er kaum wahrgenommen wurde.

Die Erfahrung ergab nun, dass so kleine Stromfrequenzen, dass sie der Wahrnehmung durch das Gehör sich entzogen, mancherlei Störungen bewirkten. Gibboney erdachte daher jene Methode, die in Fig. 5 dargestellt ist.

a b sind die zwei zur Centralstation führenden Leitungen einer Abonnentenstation, die mit einer Wechsel-

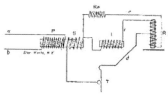

Fig. 5.

stromquelle verbunden sind. *P* ist die primäre Windung, *S* die secundäre eines Transformators, die erstere ist an die Linie geschaltet; vom Ende der zweiten theilen sich die Stromwege; ein Theil des Stromes geht durch eine Selbstinductionsspule *J* zum Telephon *R*, der andere Theil durchfliesst einen inductionslosen Widerstand *Re* und gelangt gleichfalls zum Empfangstelephon. Der Widerstand *Re* so gewählt, dass er dem Ohmschen Widerstand der Spule *J* gleich ist. Die beiden Zweige vereinigen sich im Drahte *d*, der den Strom über ein Mikrophon zur Spule *S* zurückführt.

Dieses Mikrophon hat nur die Eigenschaft zu besitzen, irgend eine der elektrischen Constanten des Stromkreises, es ist sich befindet, sei es den Widerstand, die Selbstinduction oder die Capacität, in eine den Tonschwingungen entsprechende Weise zu ändern. Die magnetisirenden Wirkungen der beiden Spulen im Empfangstelephon heben sich gegenseitig auf, wenn zwei gleich starke Ströme sie durchfliessen. Durch geeignete Wahl der Selbstinduction der Spule *J* ist es nun möglich zu bewirken, dass der in der Leitung beständig circulirende Wechselstrom, dessen Periode keine hohe sein soll, das Empfangstelephon nicht afficirt. Die Telephonströme höher Periodenzahl aber werden den Weg über *Re* nehmen und den gewünschten Effect im Telephon *R* hervorbringen.

Gibboney ging bei der Ausführung dieser Idee noch weiter, indem er mehrphasige Wechselströme zur telephonischen Uebertragung heranzieht. Fig. 6 zeigt die hiezu von Gibboney ersonnene Schaltungs-Anordnung.

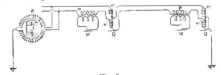

Fig. 6.

A ist ein Zweiphasengenerator. Die Empfangstelephone in *O* und *O'* sind mit zwei einander entgegenwirkenden Windungen *w* und *w'* versehen. In einem Leitungsdraht befinden sich die Primärwindungen der Inductionsspulen, deren Secundärwindungen die Mikrophone *M* enthalten, die allgemein gesprochen die Transmitter enthalten, die Widerstand, Selbstinduction oder Capacität ihrer localen Stromkreise in einer den Tonschwingungen adäquaten Weise ändern. Die bewirkten Veränderungen dienen dazu, die Impedance der Primärwindungen der Linie zu variiren und so über eine der Phasen des vom Generator erzeugten Stromes den Telephonstrom zu lagern. Es ist sonach klar, dass die Sprechströme und nur diese das Telephon beeinflussen werden. Wenn auch vorderhand noch keine Versuche vorliegen, die einen Erfolg dieses Systems garantiren, so muss dennoch gesagt werden, dass dieses an sich sehr interessant und eines eingehenden Studiums werth ist.[*]

Die Bemühungen, auf grössere Distanzen die telephonische Correspondenz zu ermöglichen, laufen parallel mit Verbesserungen in der Construction der Kabel. Alle Fachleute stimmen darin überein, dass mit unseren gegenwärtigen Kabeln die transoceanische Telephonie eine pure Unmöglichkeit ist. Soweit mir bekannt ist, hat nur Mr. John S. Stone aus Boston diesen Gegenstand erörtert[**] und seine Auseinandersetzungen sind so lehrreich, dass sie von allen Telephon-Fachleuten eingehend studirt werden sollten. Er bespricht hiebei insbesonders die Erscheinung der Reflexion. Sowie Lichtwellen an der Grenze zweier verschiedener Medien, so werden auch die elektrischen Wellen zum Theile zurückgeworfen, wenn sie von einem Medium in ein zweites mit anderen elektrischen Eigenthümlichkeiten (z. B. von einer oberirdischen in eine unterseeische Leitung) übertreten, wobei sie mit den nachkommenden Wellen interferiren. Er zeigt nun, dass alle diese für eine gute telephonische Uebertragung sehr hinderlichen Erscheinungen in ihren Wirkungen wesentlich vermindert werden können, wenn man zur Paralysirung der Capacität Selbstinductionsspulen über die Leitung vertheilt. Diese Facta sind schon lange bekannt; aber sie sind äusserst klar auseinandergesetzt in der Schrift von Stone. Um nun die Inductance eines Drahtes zu erhöhen, wird dieser von einem Cylinder aus magnetischem Material umgeben, und um zu verhindern, dass der Telephonstrom längs der Oberfläche des Eisencylinders

fliesst, trennt er den Eisencylinder vom Kupferkern durch eine dünne isolirende Schichte und untertheilt ihn seiner Länge nach.

Um die erhöhte Wirkung eines solchen Leiters zu ersehen, sollen einige Daten angeführt werden: Stone hat z. B. gefunden, dass eine Telephonlinie von 2640 Ohm Widerstand und einer Capacität von 4·11 Mikrofarad eine um ungefähr 200% bessere Wirkung zeigt bei einer Inductance von 3·175 Henry als bei 0·915 Henry.

Wir haben hiermit nur an einigen Beispielen illustriren wollen, in welcher Richtung sich die Telephonie bewegt und hiezu die interessantesten Erfindungen ausgewählt, die in Amerika patentirt wurden.

Dr. *L. K.*

Bogenlampen mit geschlossenen Glocken.

Referat, erstattet in der Vereins-Versammlung von 26. Jänner 1898 von **J. Sahulka.**[*]

Seit einem Jahre haben die Bogenlampen mit geschlossenen Glocken in Amerika, theilweise auch in Deutschland und Schweden, Verbreitung gefunden. Dieselben unterscheiden sich von den gewöhnlichen Bogenlampen dadurch, dass durch die Glocke ein nahezu vollkommener Lichtabschluss bewirkt wird und dass durch Wahl von verhältnismässig dicken Homogenkohlen, sowie durch eine grössere Lichtbogenlänge, die Voltzahl der Lampe erhöht wird.

Der Luftabschluss der Lampe darf nicht ein voll kommener sein, weil sonst infolge der Erhitzung der eingeschlossenen Luft ein Zerspringen der Glocke eintreten würde; es wäre auch ein vollkommener Luftabschluss schwer herzustellen. Eine gebräuchliche Ausführungsform ist die, dass die Glocke oben und unten in einen Hals endet. Der obere Hals ist mit einer ringförmigen Fassung versehen, auf welche mit zwischengelegten Asbestringen eine Kappe aufgeschraubt wird; der untere weitere Hals dient zum Einführen der Kohlen und zum Reinigen der Lampe; der untere Hals ist abgeschlossen und mit einem federnden Verschluss versehen. Die negative Kohle ist am unteren Kohlenhalter befestigt und kürzer als die positive Kohle, welche durch den Regulirmechanismus nachgeschoben wird. Bei den meisten Lampen nur an einem Ende ist der Lichtbogen von einer kleineren inneren Glocke aus durchsichtigem Glase umschlossen, welche den Zweck hat, die Luftcirculation zum Lichtbogen noch mehr zu beschränken. Diese zumeist cylindrische Glocke ist mit einem Metalldeckel versehen, durch welchen die obere Kohle hindurchgeht und beim Abbrennen der Kohlen nachgeschoben wird. Falls die innere Glocke einen guten Luftabschluss bildet, braucht die äussere Glocke nicht luftdicht zu schliessen. Die äussere Glocke wird aus weissem Glase verfertigt, um, wie später näher erörtert wird, die Schattenbildung zu verringern. Wie aus den mit Benützung eines Manometers von Prof. Wedding durchgeführten Versuchen hervorgeht, ist der Ueberdruck der Luft innerhalb der geschlossenen Glocke ein sehr geringer; derselbe beträgt kurz nach Stromschluss etwa 1 mm und geht auf ½ mm zurück. Der beschriebene Verschluss der Lampe

---

[*] Die Redaction wird das System „Gibboney" einer selbständigen Besprechung in einem der nächsten Hefte unterziehen.

[**] Prof. Silvanus P. Thompson hat beim Elektrotechnischen Congresse in Chicago über den gleichen Gegenstand einen Vortrag gehalten.   D. Red.

[*] Dieses Referat wurde insbesondere mit Benützung der Artikel: „The enclosed arc lamp" by W. H. Freudman H. S. Burroughs and J. Rapaport aus den Transactions of the American Institute of Electrical Engineer 1897, pag. 361—384, erstattet und durch einige speciell angeführte Daten aus dem Artikel: „Ueber Bogenlampen mit geschlossenem Lichtbogen" von W. Wedding, E. T. Z. 1897, pag. 763, ergänzt.

ist nämlich nicht luftdicht, verhindert aber ausserordentlich die Circulation der Luft. Der eingeschlossene Sauerstoff ist nach Bildung des Lichtbogens in kurzer Zeit in Kohlensäure verwandelt; die Kohle brennt dann nur in sehr geringem Maasse ab, da doch etwas Sauerstoff durch den Verschluss eindringt, wohl aber wird sie durch die Wirkung des Lichtbogens zerstäubt. Um das Abbrennen der Kohlen noch mehr zu verringern, wählt man verhältnismässig dicke Kohlen. Es ist einleuchtend, dass die Brenndauer der Kohlen eine längere ist, wenn die Lampe constant im Betriebe ist, als wenn der Strom öfters ein- und abgeschaltet wird, weil in den Zwischenzeiten ein Austausch der eingeschlossenen Luft eintreten kann; die Versuche haben dies auch bestätigt.

Man hat bei den Lampen mit geschlossenen Glocken nicht blos die Luftcirculation sehr behindert, sondern auch gleichzeitig durch Wahl einer grösseren Lichtbogenlänge die Voltzahl der Lampe hoch gewählt, damit man bei der üblichen Betriebsspannung von 100 oder 110 V nicht zwei Lampen in Serie zu schalten hat. Die Voltzahl des Lichtbogens wird zu 75 bis 85 V gewählt, der Rest der Betriebsspannung entfällt auf den Vorschaltwiderstand und Regulirmechanismus der Lampe. Die normale Lichtbogenlänge beträgt 8 bis 11 mm. Die Voltzahl des Lichtbogens hängt natürlich auch von der Beschaffenheit der Kohlen und der Stromstärke ab. Die letztere wird in der Regel zu 4 bis 5 A, die Kohlendicke zu 13 mm gewählt und zwar benützt man gleich dicke Kohlen. Mit Rücksicht auf den Umstand, als die Lampe eine hohe Voltzahl haben soll, werden niemals Dochtkohlen benützt. Aus der Fig. 1 ersieht man, welche Form die Kohlen bei einem Gleichstromlichtbogen annehmen, wenn die Lampe für niedere oder hohe Voltzahl eingerichtet ist. In beiden Fällen ist die obere Kohle die positive. Bei niederer Voltzahl, also kurzer Lichtbogenlänge, bildet sich an der oberen Kohle der Krater, an der unteren eine Spitze aus. Bei hoher Voltzahl sind die Kohlen von zwei nahezu parallelen Flächen begrenzt, die obere Kohle von einer schwach concaven, die untere von einer schwach convexen Fläche. Der Lichtbogen wandert langsam zwischen den beiden Flächen hin und her. Infolge dieses Umstandes ist es klar, dass eine starke Schattenbildung durch die Kohlenstäbe eintreten muss; dieser Uebelstand wird durch Verwendung einer äusseren Glocke aus weissem Glase beseitigt. In welchem Maasse die Voltzahl von der Lichtbogenlänge abhängig ist, kann aus den in der folgenden Tabelle enthaltenen Versuchsresultaten ersehen werden, welche bei Verwendung von 12 mm Homogenkohlen und 5 A Stromstärke erhalten wurden:

Voltzahl	Länge des Lichtbogens in mm
83	8·48
76·5	7·05
71	5·64
67·5	4·78
62	3·38
60	3·25
35	0·29.

Bei einer Bogenlampe mit geschlossener Glocke war bei Verwendung von 12 mm Kohlen, 5 A Strom, 80 V Lichtbogenvoltzahl und 8 mm Bogenlänge der Verbrauch der positiven Kohle pro Stunde 1·3 mm, der negativen 0·6 mm. Der Kohlenverbrauch ist im Allgemeinen 5 bis 10 mal geringer als bei Lampen mit

niederer Voltzahl. Es haben daher die Kohlen eine Brenndauer von 80 bis 150 Stunden, eventuell auch eine grössere Brenndauer. Wegen des geringen Verbrauches an Kohle und der grossen Lichtbogenlänge erfolgt die Nachregulirung in langen Zeitintervallen, z. B. alle drei Stunden einmal. Während bei Lampen mit niederer Voltzahl das Nachreguliren des Lichtbogens durch den Hauptstrom allein unthunlich ist, weil bei kleinen Aenderungen der Lichtbogenlänge starke Aenderungen der Stromstärke auftreten, werden die Lampen mit geschlossenen Glocken als Hauptstromlampen ausgeführt. In der Fig. 2 ist der Typus einer derartigen Lampe mit Hinweglassung der äusseren Glocke dargestellt. Es bedeutet R den Vorschaltwiderstand. S ein vom Hauptstrome durchflossenes Solenoid, P den Eisenkern, welcher in das Solenoid hineingezogen wird und durch dessen Vermittlung die Regulirung des Lichtbogens erfolgt. F die Frictionskupplung. C C die Contactstücke der Kupplung, K die positive Kohle, G den Deckel der inneren Glocke, B die innere Glocke, A den Hälter derselben. H den Hälter für die negative Kohle. D den Hälter für die äussere Glocke.

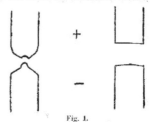

Fig. 1.

In der Fig. 3 ist eine specielle Art des Regulirmechanismus dargestellt. Der Hauptstrom fliesst durch zwei Solenoide, in dieselben werden zwei Eisenkerne hineingezogen, welche durch ein Jochstück verbunden sind. An dem Jochstücke sind zwei X-förmig gekreuzte Stäbe befestigt, deren zweite Enden mit Klemmbacken versehen sind. Durch diese wird ein Messingrohr gefasst, in welchem die Kohle steckt. Bei unterbrochenem Stromkreise berühren sich die Kohlen, bei Stromschluss werden die Eisenkerne in die Solenoide gezogen, die Klemmbacken fassen den Kohlenhalter, die Kohle wird dadurch gehoben. Bei zunehmender Lichtbogenlänge werden die Eisenkerne schwächer angezogen, die X-förmigen Stäbe und Klemmbacken senken sich, endlich geben die Klemmbacken die Kohle frei, wenn sie gegen einen Anschlag stossen. Die Klemmbacken können entweder die Kohle selbst, oder einen Messingstab, welcher als Träger derselben dient, umfassen. Die letztere Anordnung ist mit Rücksicht auf die hohe Temperatur, welche innerhalb der Lampen mit geschlossenen Glocken herrscht, vorzuziehen, weil sich an der Oberfläche der Kohle ein schellackartiger Ueberzug bildet und dadurch der Regulirmechanismus leicht versagt.

Infolge des Umstandes, dass die Kohlen bei Lampen mit geschlossenen Glocken eine andere Form annehmen als bei gewöhnlichen Bogenlampen, ist auch die Lichtvertheilung eine andere. Während bei den letzteren das Maximum der Lichtintensität in einer Richtung besteht, welche mit der durch den Lichtbogen gelegten Horizontalebene einen Winkel von 40° bildet, ist dieser Winkel bei den Lampen mit geschlossener Glocke nur circa 25°. Die Lichtemission in den Raum oberhalb der Horizontalebene ist bei diesen Lampen verhältnismässig grösser als bei den gewöhnlichen Bogenlampen: die nach aufwärts entsendete Lichtmenge beträgt ungefähr zwei Drittel der nach abwärts entsendeten Lichtmenge. Wegen der Wanderung des Lichtbogens ist die Lichtintensität auf entgegengesetzten Seiten des Lichtbogens ungleich und veränderlich. Es wurden daher auch von Prof. Wedding die photometrischen Messungen in der Weise ausgeführt, dass stets gleichzeitig auf entgegengesetzten Seiten des Lichtbogens die Lichtintensitäten gemessen und die Mittelwerthe genommen wurden.

Bestimmt man die mittlere räumliche Lichtintensität einer Lampe mit geschlossener Glocke und vergleicht dieselbe mit der einer gewöhnlichen Bogen-

Fig. 2.   Fig. 3.

lampe, welcher dieselbe Wattzahl entspricht, so findet man, dass die Oekonomie der Bogenlampen mit geschlossenen Glocken eine schlechtere ist. Prof. Wedding untersuchte die mittlere Lichtintensität in dem Raume unterhalb der durch den Lichtbogen gelegten Horizontalebene. Bei einer Lampe für 3 A, 80 V, welche sammt Vorschaltwiderstand an 110 V angeschlossen war, betrug der Verbrauch pro Kerze der mittleren sphärischen Intensität unter der Horizontalebene : 2·90 Watt. Die Kohlen waren 10 mm dick; der Kohlenverbrauch beider Kohlen zusammen war 2·4 mm pro Stunde, wenn die Lampe stets 4 Stunden brannte und dann 1 Stunde ausgeschaltet war. Bei einer Lampe für 4 A 80 V, welche mit 13 mm Kohlen versehen war, betrug der Verbrauch pro 1 Kerzenstärke der mittleren sphärischen Intensität unter der Horizontalebene : 2·81 Watt, der Kohlenverbrauch pro Stunde betrug unter den gleichen Verhältnissen wie früher 1·8 mm pro Stunde. Die positive Kohle brannte bei beiden Lampen ungefähr doppelt so rasch ab als die negative. Der Wattverbrauch pro mittlere Kerzenstärke ist wesentlich höher als bei gewöhnlichen Bogenlampen. Berücksichtigt man nicht blos das in dem unter der Horizontal-Ebene gelegenen Raum entsendete Licht, sondern das gesammte ausgesendete Licht, so wird das Verhältnis ein günstiger. Die in Amerika an einer 5 A Lampe ausgeführten Messungen ergaben günstigere Resultate.

Während der Brenndauer der Lampe wird die Kohle zerstäubt und es bildet sich namentlich am oberen Theile der inneren Glocke ein Niederschlag. Die Brenndauer der Kohlen sollte daher nicht über 140 Stunden gewählt werden. Der Niederschlag behindert theilweise den Durchgang des Lichtes und muss daher gelegentlich des Austausches der Kohlen entfernt werden. Dies kann mit einem trockenen, eventuell nassen Tuche bewirkt werden, wenn der Niederschlag zu fest haften sollte. Ebenso müssen die Klemmvorrichtungen für die obere Kohle oder den Kohlenhalter regelmässig gereinigt werden.

Wenn die Lampen mit geschlossenen Glocken im Freien benützt werden, ist es als ein Vortheil anzusehen, dass die maximale Lichtentsendung nahe der Horizontalen stattfindet; werden die Lampen in Innenräumen verwendet, so soll man unterhalb und oberhalb der Lampen Reflectoren anbringen.

Wenn auch der Wattverbrauch pro Kerzenstärke bei den Lampen mit geschlossenen Glocken höher ist als bei den gewöhnlichen Bogenlampen, so haben dieselben doch grosse Vorzüge, indem sie einzeln an die übliche Betriebsspannung angeschlossen werden können, indem der Kohlenaustausch seltener stattzufinden hat und indem sie für geschlossene Räume eine erhöhte Feuersicherheit gewähren. Die Lampen dürften daher auch hier zu Lande Eingang finden.

KLEINE MITTHEILUNGEN.

Verschiedenes.

Project der Kraftübertragung der Narva- und Imatra-Wasserfälle. Aus Petersburg wird uns berichtet: Die hier erscheinende Zeitschrift „Elektrotechniker" theilt eine Unterredung mit dem bekannten Ingenieur W. F. Dobrotworsky, welcher das Project der Kraftübertragung der Narva- und Imatra-Wasserfälle ausgearbeitet hat, mit. Diese Unterredung ist kennzeichnend für die Gleichgiltigkeit, mit welcher die russische Gesellschaft den Fortschritt auf dem Industrie-Gebieten verfolgt. „Denken Sie sich," sagte Dobrotworsky, „im Auslande interessirt man sich für mein Project mehr als bei uns in Russland, trotzdem ich dem Stadtrathe mehrmals Bericht erstattete und die Regierung mein Project und die Kostenanschläge theilweise bereits bestätigt hat. Diese Gleichgiltigkeit der russischen Gesellschaft setzt mich in Erstaunen; es handelt sich ja um die technische Entwicklung Petersburgs, des Centrums des russischen geistigen Lebens, und siehe da, dieses Centrum interessirt sich gar nicht für den eigenen Fortschritt und überlässt es ausländischen Ingenieuren und Unternehmern, sich um die Petersburger Wohlfahrt zu bekümmern.

Sogar die Stadtverwaltung verhält sich meinem Project gegenüber ganz apathisch, wo dasselbe doch nicht so theuer angeht, wie die Stadt.

Zuerst wollen wir die Kraft der Imatrafälle ausnützen, der schönsten und grössten der russischen Wasserfälle...., Die nutzbare Kraft beträgt ca. 82,000 HP. Für den Bau der Centrale bei den Narvafällen müssen wir zwei Schleusen errichten....

5 und 4 Saschen Höhe; wenn man bedenkt, dass die grössten Schleussen in Russland eine Höhe von höchstens 4 Arschin erreichen, dann kann man erst die Grossartigkeit unseres Unternehmens würdigen. Diese Schleussen werden nicht nur zu dienen, sondern auch den Fluss Narva auf seiner ganzen Ausdehnung fahrbar machen und auf diese Weise eine directe Verbindung der Estländischen Plateaus mit dem Meere bewerkstelligen. Die nutzbare Kraft dieses Wasserfalles beträgt 28.000 PS.

Was die Anwendung dieser Kraft anbelangt, so werden wir vor allem die Petroleum- und Gasbeleuchtung Petersburgs, dann die Pferde-Traction und endlich die kleinen Dampf- und Petroleummotoren in den Fabriken beseitigen. Den Beleuchtungsstrom wollen wir um 30% billiger als die niedrigsten Auslandstarife abgeben: für alle anderen Zwecke wird der Strom um 50% billiger abgegeben...." *A. B.*

St. Elmsfeuer auf dem Brocken. Am Abend des 16. Februar l. J. begleitete den Schneesturm eine hochinteressante elektrische Entladung, die, auf isolirten Berggipfeln im Allgemeinen nicht selten, auf dem Brocken merkwürdiger Weise zum ersten Male in diesem Winter aufgetreten, übrigens im vorigen Winter auch nur ein einziges Mal zur Beobachtung gelangt ist, nämlich St. Elmsfeuer. Um 9 Uhr abends gewahrte man im Freien intensiv röthlich-weisse Flämmchen an den Spitzen sämmtlicher Blitzableiter; sie fanden sich auch, in kurzen Reihen angeordnet, an den Zacken des an die Blitzableiter zeitlich angesetzten Raubreifes, ferner an anderen frei hervorragenden und mit Rauhreif bedeckten Gegenständen wie Wegweisern und Dachecken. Genauer betrachtet, erwies sich die Lichterscheinung zusammengesetzt aus einem intensiv röthlich-weissen rundlichen Kern, einem kurzen Stiel und einem darauf gesetzten Büschel 2—3 cm langer feiner Strahlen von blassröthlich weisser Färbung, deren äusserste eine Winkel von etwa 90 Grad einschlossen. Nach längerer Unterbrechung trat später die Erscheinung in etwas anderer Form auf: auf einem länglichen Kern von violetter Farbe sass ein langer Stiel und hieran ein Bündel sehr zarter, blassvioletter, scheinbar in einer Ebene gelegener Strahlen, gleichfalls 2—3 cm lang, aber nur einen Winkel von höchstens 45 Grad bildend.
(Das „Wetter" H. 2, 1898.)

Telephon Wien—Lemberg. Am 4. d. M. wurde die interurbane Telephonlinie Wien—Lemberg, von welcher wir bereits berichteten, in Betrieb gesetzt. Zu den durch diese Linie zwischen Wien und Lemberg zu vermittelnden interurbanen Verkehr werden vorläufig in Wien nur die öffentlichen Sprechstellen und die für den interurbanen Verkehr angemeldeten Abonnementsstellen, in Lemberg nur die öffentlichen Sprechstellen zugelassen. Die Sprechgebühr für ein gewöhnliches Gespräch in der Dauer von drei Minuten in der hiemit neu eröffneten Relation Wien—Lemberg beträgt 1 fl. 50 kr.

Der Verein zur Ermunterung des Gewerbegeistes in Böhmen theilt uns mit, dass im Interesse und über Verlangen vieler Reflectanten die Anmeldungsfrist zu dieser allgemeinen Concurrenz bis zum 15. März a. c. erstreckt wurde. Eine weitere Fristerstreckung könnte nicht erfolgen, da die Aufnahmejury und das Installations-Comité in ihren Functionen später aufgehalten wären. Für die ausländischen Concurrenten wird jedoch als letzter Anmeldungstermin der 20. März a. c. zugestanden.
(Vgl. H. 9, S. 110 der Z. f. E. 1898.)

Ausgeführte und projectirte Anlagen.

Oesterreich-Ungarn.

a) Oesterreich.

Eger. (Elektrische Bahn.) Wie die „Bohemia" meldet, tagte am 28. v. M. in Konradsreuth eine Versammlung, in welcher beschlossen wurde, alle Schritte zu thun, um eine elektrische Bahnverbindung Hof—Konradsreuth herzustellen. Das Project gilt als gesichert.

Gablonz i. B. Elektrische Strassenbahnen. In Ergänzung unserer diesbezüglichen Mittheilungen in Heft XX. S. 592, 1897 bringen wir nach der „Gabl. Ztg." nachstehende Detail:

Das Project behandelt die Einführung des elektrischen Bahnbetriebes durch die Union E. G. auch dem Thomson-Houston-System auf der Hauptlinie vom Bahnhof Gablonz-Brandl der R.G.T.E. bis zur Neudorferstrasse in Ober-Gablonz, auf der Hauptlinie Bahnhof Reichenau der S.N.D.V.B. bis nach Johannesberg, bezw. „Stadt Prag".

Hiezu treten noch die Hauptsache nach für den Güterfrachtverkehr projectirte Linie Reinowitz—Gablonz—Brandl und die Abzweigung aus der Wienerstrasse zum Bahnhof Gablonz der R.G.T.E.

Sämmtliche Linien sind eingeleisig mit 1 m Spurweite und den erforderlichen Ausweichen projectirt und ergeben sich die folgenden Betriebslinien:

1. Gablonz Brandl—Ober-Gablonz, 3·000 km (15 Minutenverkehr);
2. Bahnhof Gablonz—Ober-Gablonz, 2·115 km (15 Minutenverkehr);
3. Reichenau—Johannesberg, 15·785 km (30 Minutenverkehr);
4. Seidenschwanz—Reinowitz, 5·450 km (30 Minutenverkehr);
5. Reinowitz — Gablonz — Brandl, 3·100 km (facultativer Verkehr).

Durch Indienststellung von 12—15 Motorwagen erreicht man somit an den voraussichtlich die grösste Frequenz aufweisenden Strecken eine Verkehrs-Verdichtung, und zwar von Gablonz bis Ober-Gablonz bis zu 7½ g Minuten, von Seidenschwanz bis Reinowitz bis zu 15 Minuten Intervallen.

Dem Projecte liegt die Voraussetzung zu Grunde, dass die Stromlieferung sowohl für Bahnzwecke, als auch für die in Aussicht genommene Versorgung von stabilen Kleinmotoren für das Kleingewerbe ausserhalb des Weichbildes vom Gablonz durch die in Brandl im Anschlusse an die bereits bestehenden, grosse Reserve bietenden Wasserwerke der Firma Carl Hoffmann's Söhne zu errichtende Kraftstation erfolgt.

Das von dem Unternehmer zu errichtende neue Kraftstationsgebäude ist im Anbau an die untere Turbinenstation gedacht und umfasst das Maschinenhaus (mit einer 2- 300 PS Dampfmaschine), Kesselhaus (mit zwei Kesseln), sowie den Anbau für die Accumulatorenbatterie und bietet zugleich Raum für die eventuell in Zukunft nöthige Aufstellung einer zweiten Dampfmaschine und eines dritten Kessels.

Die maschinellen Einrichtungen betreffend, sollen zwei räumlich getrennte Kraftstationen geschaffen werden.

Als erste Kraftstation wird die bestehende Anlage der Firma Carl Hoffmann's Söhne (1 Turbine und 2 Dampfmaschinen mit zusammen über 800 eff. PS), welche durch dem Betriebe der Weberei, theils der Stromlieferung für die Gablonzer Elektricitätswerk dient, Verwendung finden, insoweit zum Theile jeweiliger Kraftüberschuss, insbesondere aber die in diesen Anlagen gebotenen Reserven in statten kommen: auch soll daselbst eine Thomson-Houston-Bahndynamo mit einer Leistung von ca, 100 Kw aufgestellt werden.

In der zweiten Kraftstation (dem im Anschluss an das zweite Wasserwerk zu errichtenden Neubau) sollen zwei gleiche Thomson-Houston-Bahngeneratoren von je 100 Kw Leistung Aufstellung finden, die von einer Haupttransmission angetrieben werden, welch' letztere eine Verlängerung der bereits bestehenden Turbinen- und Transmissionswelle bildet — mit auslösbaren Kuppelungen versehen — sodass die in dem bestehenden Werke vorhandene Wasserkraft max. 220 PS mit der neu zu schaffenden Dampfkraft mittelst dieser gemeinschaftlichen Welle vereint oder auch je nach Bedarf getrennt arbeiten kann.

Zum Zwecke einer ökonomischen Stromerzeugung gelangt eine Accumulatorenbatterie zur Aufstellung, welche in einem besonderen Anbau untergebracht werden soll.

Beide Kraftstationen sind mit allen nöthigen Schaltapparaten versehen und durch ein unterirdisch verlegtes Kabel mit einander verbunden.

Die Betriebsmittel anbelangend, ergibt sich entsprechend dem verschiedenen Charakter des Verkehrs der Stadtbahn gegenüber der Betriebslinie Reichenau—Stadt Prag—Johannesberg bezw. Seidenschwanz—Reinowitz die Nothwendigkeit, zwei verschiedene Wagentypen verzusehen.

Demgemäss wurden projectirt für die kürzeren Linien kleinere Motorwagen mit je 16 Sitzplätze, für die längeren, mehr den Charakter einer Localbahn aufweisenden Strecken grössere Motorwagen mit 20 Sitzplätze und Gepäcksraum für Kleingut.

Ausser einer entsprechenden Anzahl geschlossener sowie offener Beiwagen mit je 18 Sitzplätze sind für den Güterverkehr mehrere elektrische Locomotiven für Zuglasten von 20—30 t, sowie offene und gedeckte Güterwagen mit je 5 t Tragfähigkeit vorgesehen.

Die Einrichtung der Motorwagen ist derart getroffen, dass vom Führer desselben aus auch der Anhängwagen mit Hilfe einer elektromagnetischen Bremse gebremst werden kann.

Krakau. (Elektrischer Tramwaybetrieb.) Die Umwandlung der belgischen Actiengesellschaft „Tramways Autrichiens, Cracovie et extensions, société anonyme" in eine inländische Actiengesellschaft ist demnächst bevorstehend und wird gleichzeitig der Ausbau der Tramwaylinie und die Umgestaltung der bestehenden Linien in elektrischen Betrieb durchgeführt werden. Die Projecte für letztere Arbeiten gelangen in Kürze an das Eisenbahnministerium zur Vorlage.
(N. Wr. Tgbl.)

Prag. (Elektrischer Tramwaybetrieb.) In der am 4. d. M. stattgefundenen Sitzung des Prager Stadtrathes referirte der Obmann des Comités für die elektrischen Bahnen über eine Transaction, welche die Koliner Creditbank in Vertretung einer Actien-Gesellschaft durchführen will. Diese Gesellschaft macht dem Stadtrathe das Anbot, dass sie für die Prager Tramway den von der belgischen Gesellschaft verlangten Betrag, das ist die capitalisirte Jahresrente von 165.000 fl., bezahlen, ferner eine grosse elektrische Centralstation bauen und die Prager Tramway in eine elektrische Bahn umwandeln will. Diese elektrische Bahn würde nach 40 Jahren in den Besitz der Prager Stadtgemeinde übergehen. Vom Brutto-Ertrage würde die Prager Stadtgemeinde 10% erhalten, und wenn die Action eine Dividende von mehr als 6% tragen sollte, so würde das Plus zwischen der Gemeinde und der Gesellschaft getheilt werden. Ein Beschluss in dieser Angelegenheit wird erst in der nächsten Stadtrathssitzung gefasst werden.

(N. Fr. Pr.)

Sterzing in Tirol. Dieser ca. 1000 m hochgelegene Ort besitzt seit einigen Monaten eine elektrische Centralanlage. Concessionär ist der dortige Hôtelier Carl Stötter, welcher die Anlage durch die Oesterreichischen Schuckert-Werke errichten liess und den Betrieb selbst führt.

Das Maschinenhaus befindet sich nahe der Stadt am Ufer des Eisack, dessen Wasser zur Kraftabgabe benützt wird. Eine ca. 60 PS Turbine treibt auf zwei Gleichstrom-Dynamomaschinen, System Schuckert, mit einer Leistung von je 21.000 Watt; diese Dynamos arbeiten im Dreileitersystem auf die oberirdisch verlegten Leitungen bei einer Betriebsspannung von 2 × 150 V. Gegenwärtig sind ca. 400 Glühlampen in Häusern und 65 für die Strassenbeleuchtung, sowie einige Motoren bei Kleingewerbetreibenden installirt und in Function.

K.

Wien. (Elektrische Bahn Praterstern-Kagran.) Die schon seit ca. 7 Jahren projectirte Anlage einer elektrischen Bahn Praterstern—Kagran ist in einer der letzten Sitzungen des Wiener Gemeinderathes wieder zur Sprache gekommen. Die ganze Anlage einschliesslich der elektrischen Einrichtung und der Fahrbetriebsmittel soll 427.500 fl. kosten. Für den gesammten Betrieb sind jährlich 60.000 fl. vermuthslagt. Die Errichtung dieser elektrischen Strassenbahn würde unzweifelhaft einen grossen Aufschwung der von derselben berührten Gemeinden zur Folge haben.

b) Ungarn.

Budapest. (Projectirte Verbindungsbahnen zwischen den einzelnen Linien der Budapester Stadtbahn-Gesellschaft.) Die Direction der Budapester Stadtbahn-Gesellschaft bewirbt sich um die Ertheilung der Concession zum Bau und Betrieb eines combinirten Strassenbahnnetzes mit elektrischem Betriebe zur Verbindung ihrer einzelnen, theilweise von einander getrennten Linien. Dem Projecte zufolge soll der von den neuen Linien berührte Strassenkörper nicht eingeengt und insbesondere darauf Rücksicht genommen werden, dass durch Viaduct-Uebersetzungen der Fernbahnen eine Collision der beiderseitigen Betriebe ausgeschlossen und dass durch eine sechsfache, naturgemäss in einandergehende Verbindung der organische Zusammenhang mit dem Netze der Stadtbahn-Gesellschaft und damit auch mit dem Netze der Budapester Strassenbahn-Gesellschaft in ungezwungener, bequemer Weise hergestellt erscheint.

Die über die Hungariastrasse bis zur äusseren Waitznerstrasse bis zum Bahnhofe Budapest-Ferenczváros der kgl. Ungarischen Staatsbahnen projectirte Hauptlinie ist als Strassenbahn mit eisernem Oberbau und Oberleitung gedacht und entspricht den von der hauptstädtischen Behörde aufgestellten Normal-Querprofilen der Hungariastrasse. Die Gesellschaft erklärt sich bereit, die in Rede stehenden elektrischen Strassenbahnen auf Grund des mit der Commune abgeschlossenen Unificirungsvertrages dem Ausbau und der successiven Eröffnung der Hungariastrasse entsprechend, durchzuführen.

Die projectirte elektrische Bahn auf der Hungariastrasse wird durch die verschiedenen Radiallinien der Gesellschaft, welche gegenwärtig schon im Betriebe sind und demnächst erbaut werden sollen, mit dem Netze der elektrischen Linien der Stadtbahn-Gesellschaft in organische Verbindung gebracht, so dass durch diesen Zusammenhang die durch die Eröffnung der Hungariastrasse auftretende Verkehrsfrage, sowohl vom Standpunkte des allgemeinen Verkehres, als auch jenem des verkehrenden Publikums betrachtet, in zweckentsprechender Weise gelöst wird.

Die äussere Ringstrassenlinie in der Hungariastrasse wird durch folgende Radiallinien mit dem Stadtbahnnetz und sonach mit den einzelnen Bezirken des linksseitigen Stadttheiles in Verbindung gebracht:

1. mit der projectirten Verlängerung der elektrischen Bahn von der Akademie über den Rudolfsquai und Margarethenquai bis zur Victoriamühle und Neupest, entsprechend dem § 9 Punkt c des Unificirungsvertrages;
2. mit der projectirten und bereits in Verhandlung stehenden Verlängerung der Podmaniczkygassenlinie nach der Königin Elisabethstrasse;
3. mit der projectirten und demnächst zur Vorlage kommenden Verlängerung der Königsgassen-Linie;
4. mit der bestehenden Friedhof-Linie;
5. mit der bestehenden Népliget-Linie;
6. mit der projectirten und bereits zur Vorlage gelangten elektrischen Bahn in der Mestergasse.

Die projectirte elektrische Bahn auf der Hungariastrasse beginnt an der äusseren Waitznerstrasse und endigt beim Franzstädter Bahnhofe. Sie ist auf die ganze Strecke zweigeleisig und besitzt eine Länge von 8800 m. Würde die Niveauübersetzung der vom Westbahnhofe ausgehenden Geleise der königl. ungarischen Staatsbahnen nicht gestattet werden, so erklärt sich die Gesellschaft bereit, diese Uebersetzung mittelst eines eisernen Viaductes zu bewerk-stelligen.

Was die successive Eröffnung der 4 km langen Linie auf der im Ausbaue begriffenen Hungariastrasse anbelangt, wird darauf hingewiesen, dass die Strecke von der Ullöistrasse bis zum Franzstädter Bahnhofe in einer Länge von circa 1000 m und die Strecke von der Steinbrecherstrasse bis zum Népliget in einer Länge von ebenfalls circa 1000 m auszuführen sind, um etwa die Hälfte der Hungariastrasse in einem Zuge sofort eröffnen zu können. Die Eröffnung dieser beiden Strecken bietet umso geringere Schwierigkeiten dar, als das erforderliche Terrain Eigenthum der Haupt- und Residenzstadt bildet. Die Strecke von der Kerepeserstrasse bis zum Franzstädter Bahnhofe wäre sofort auszubauen und separat in Betrieb zu erhalten, bis die weitere Eröffnung der Hungariastrasse von der Kerepeserstrasse bis zur Csömörerstrasse die Verlängerung der elektrischen Bahn gestattet.

Kilometrische Längen mit Ende 1897 der Strasseneisenbahnen mit elektrischem Betriebe im Betriebe Budapests. Die Linienlänge der dem Gebiete der Hauptstadt befindlichen elektrischen Strassenbahnen beträgt 90 km. Davon entfallen 44 km auf die Budapester Strassenbahn-Gesellschaft, 27 km auf die elektrische Stadtbahn-Gesellschaft, 5.5 km auf die Budapest-Neupest-Rákospalotaer Bahn und 3.5 km auf die Untergrundbahn. Der Verkehr wird durch 353 Motorwagen und 57 Beiwagen unterhalten.

Legung des zweiten Geleises auf der Linie durch die Barossgasse der Budapester Strassenbahn-Gesellschaft. Ueber Aufforderung der hauptstädtischen Municipalverwaltung hat die Direction der Budapester Strasseneisenbahn-Gesellschaft den Beschluss gefasst, auf ihren von der Hauptlinie über die Boulevards von Calvinplatz ausgehenden Linien durch die Barossgasse, und zwar vorläufig auf den bereits durch Umbauten erweiterten Theilstrecken der Barossgasse (früher Stationsgasse), mit Rücksicht auf den bedeutenden Verkehr in der Richtung gegen die grosse Ringstrasse und weiterhin gegen die Vororte, das zweite Geleis, und zwar dem bereits liegenden entsprechend mit Untergrundleitung (System Siemens & Halske), zu legen, und dieses nach Massgabe der noch fortschreitenden Verbreiterung der genannten Strasse ungesäumt auszubauen.

Projectirter Bau einer neuen Linie der Budapester Stadtbahn-Gesellschaft für Strassenbahnen mit elektrischem Betriebe. Die Direction der elektrischen Stadtbahn-Gesellschaft hat um die Concession für den Bau einer elektrischen Strassenbahn im Niveau der Kossuth Lajos- (früher Hatvaner-)gasse angesucht und die hierauf bezüglichen Pläne vorgelegt. Dem Projecte zufolge soll die Linie bis zum Schwurplatze führen und dort an die Quai-Linie anschliessen, die Verbindung mit der Ringstrasse und Steinbrecher Linie aber hätte mittelst Benützung der der Kerepeserstrasse liegenden Geleise der Budapester Strassenbahn-Gesellschaft zu erfolgen, so zwar, dass als Gegenleistung die Stadtbahn das Recht erhielte die Kossuthgassen-Linie zu befahren. Die Ausführung dieses Projectes, durch welche die hergestellte radiale Verbindung des Ostbahnhofes mit der Dampfschiffahrtsstation am Eskütér (Schwurplatze) und über die dortige im Bau begriffene Staatsbrücke, sowie seinerzeit nach Ofen hergestellt werden wird, ist insofern von wesentlicher Bedeutung für den hauptstädtischen Verkehr, als diese Linie den bisher schienenfreien IV. Bezirk in verschiedenen Richtungen mit dem 1. Bezirk Wiens, seiner Mitte nach durchschneiden wird.

Deutschland.

Berlin. Der elektrische Betrieb der Strassenbahnlinie Schöneberg-Alexanderplatz hat am

1. d. M. stattgefunden. Die Eröffnung dieser Linie bedeutet einen wichtigen Fortschritt in der Verkehrsentwicklung Berlins. Bis jetzt musste sich der elektrische Betrieb ausschliesslich in der Peripherie bewegen und nur die Siemens und Halske'sche Bahn Behrenstrasse-Treptow drang etwas tiefer in das Innere vor. Die neue Linie führt den elektrischen Betrieb quer durch die ganze Stadt vom äussersten Westen bis zum Osten, und in der Leipziger-Strasse soll der Beweis erbracht werden, dass die neue Verkehrsform sich auch dem lebhaftesten grossstädtischen Strassenleben anpassen kann. — Es ist zu hoffen, dass die Störungen, die am Eröffnungstage eintraten, sich nicht mehr wiederholen werden.

Braunschweig. Elektrischer Strassenbahn-Betrieb. Die von der Allgemeinen Electricitäts-Gesellschaft in Berlin bewirkte Umwandlung des Betriebes bei der Braunschweigischen Strassen-Eisenbahn in elektrischen ist nunmehr durchgeführt. Die Geleislänge beträgt einschliesslich der Vorortbahn Braunschweig—Wolfenbüttel 40 km. Der Betrieb wird mit 60 Motorwagen geleistet; die Betriebskraft wird von einer eigenen Centrale geliefert.

Italien.

Mailand. Die Maschinenfabrik Ganz & Co. in Budapest erwarb in Piemont die Wasserkraft des Flusses Tanaro mit 2000 PS, genügend, um die sehr industriereiche Gegend im Umkreise von 25 km mit dem elektrischen Strome zu versehen.

Russland.

Omsk (Sibirien). Die Stadtgemeinde beschloss eine elektrische Tramway zu bauen und das Bahngebäude elektrisch zu beleuchten. Der Vertrag mit einer der grössten elektrotechnischen Firmen Petersburgs wird nächstens unterzeichnet werden. A. B.

Petersburg. In Baldo wird der Bau der elektrischen Eisenbahn von Petersburg bis zum Dorfe Prilkord begonnen; die Concession dafür erhielt Ingenieur S. A. Smirnow. Die zu erbauende Bahn wird 16 Werst lang sein, wovon 4 Werst innerhalb Petersburg liegen. A. B.

Geschäftliche und finanzielle Nachrichten.

Die Firma **Siemens & Halske** in Wien, welche gegenwärtig als eine Zweigniederlassung der Berliner Actien-Gesellschaft Siemens & Halske protocollirt ist, soll, nach einer Mittheilung der „N. Fr. Pr.", in eine selbstständige österreichische Actien-Gesellschaft umgewandelt werden, in welcher alle österreichischen und ungarischen Unternehmungen dieser Firma vereinigt sein werden. Das Wiener Unternehmen sollte schon vor einigen Jahren in eine Actien-Gesellschaft umgewandelt werden, und man sprach damals davon, dass als Kaufpreis die Summe von acht Millionen Gulden begehrt wurde. Für die Gesellschaft, welche nunmehr gebildet werden soll, ist ein weit höheres Actiencapital in Aussicht genommen, da an die Einbeziehung neuer Fabrikszweige für den elektrischen Betrieb gedacht wird.

Kabelfabriks-Actien-Gesellschaft Pressburg - Wien. Am 6. d. M. fand in Pressburg die 3. ord. General-Versammlung der Gesellschaft statt. Die Anträge der Direction in Betreff der Bilanz und der Vertheilung des Reingewinnes wurden einstimmig angenommen. Demgemäss gelangt der Dividenden-Coupon pro 1897 mit 18 fl. zur Einlösung. Der Geschäftsbericht theilt mit, dass die Summe der Facturenbeträge eine Steigerung aufweise, welche den guten Beschäftigung in Installationsdrähten und Kabeln höherer Isolirungen zu danken ist, während der Gesammtwerth der grösseren Arbeiten gegen das Vorjahr zurückblieb. Als Erfolg könne es bezeichnet werden, dass die Gesellschaft von der Stadt Zürich mit der Lieferung eines Kabelnetzes betraut worden ist, sowie vollen Zufriedenheit geleistet wurde.

Grosse Leipziger Strassenbahn-Gesellschaft. Dem Berichte über das zweite Geschäftsjahr entnehmen wir Nachstehendes: Im Jahre 1897 wurden befördert 37,036.135 Personen gegen 25,033.672 Personen in 1896, mithin mehr 12,002.463 Personen = 47·93°/₀. Die Einnahme aus der Personenbeförderung betrug 3,539.628 Mk. gegen 2,527.791 Mk. in 1896, mithin mehr 1,011.837 Mk. = 40·03°/₀. Einen merkbaren Einfluss auf die Erhöhung der Frequenz übte die Sächsische Thüringische Industrie- und Gewerbe-Ausstellung aus, innerhalb deren Dauer sich der Verkehr auf der Mehrzahl der gesellschaftlichen Bahnlinien namentlich in den Sommermonaten zu einem aussergewöhnlich lebhaften gestaltete. Es darf nicht unerwähnt bleiben, dass das oben mitgetheilte Ergebnis nur durch eine bedeutende Verdichtung des Betriebes und damit zusammenhängend, Vermehrung des Personales und der Betriebsmittel erreicht werden konnte, wodurch andererseits eine Steigerung der Betriebsausgaben und Verminderung des Ertrages für den Wagenkilometer verursacht wurde. Das Verhältniss der Ausgaben zu den Einnahmen stellt sich auf 58°/₀ gegen 59·4°/₀ im Jahre 1896. Die von der Union-E.G. mit der Sächs. Maschinenfabrik vorm. Richard Hartmann eifrig geförderten Arbeiten zur Fertigstellung der Kraftstation fanden in der zweiten Hälfte des Februar ihren Abschluss, indem um diese Zeit eine vierte grosse Dampfmaschine in Probebetrieb genommen werden konnte und hiermit die Station ihre Gesammtleistung von im Mittel 2100 PS und 1400 Kw erreicht hatte. Es konnte nunmehr endlich auf den noch mit Pferden betriebenen Linien Augustusplatz—Anger Crottendorf, Goldis—Kaiser Wilhelmstrasse, Möckern—Blücherplatz, Wiesenstrasse—Schlachthof in den Tagen vom 2. bis 5. März der elektrische Betrieb eingeführt werden; als letzte folgte am 17. April die Linie Eutritzsch Bayerischer Bahnhof, nachdem die nothwendige Erneuerung der Geleisanlagen ausgeführt worden war. Die sichere Aussicht auf baldige Erweiterung des elektrischen Betriebes durch Eröffnung einer Anzahl theils schon concessionirter, theils zur Concession angemeldeter neuer Linien veranlasste, eine Vergrösserung der Station in's Auge zu fassen. Die Direction entschloss sich, diese Vergrösserung durch Anlage einer Accumulatoren Batterie zu bewirken, welche jetzt bereits sich im Betriebe befindet. Die im Jahre 1896 begonnene Auswechselung der älteren Schienen (System Haarmann) gegen Rillen (Phönix, Profil 25 a mit Hallstoss) wurde, bis December fortgesetzt und umfasste 15.378 Geleismeter, so dass Ende 1897 nur noch 1087 m Geleismeter (Haarmann) verblieben. Die Zahl der in den Bureaus und in dem Betriebe dauernd beschäftigten Personen betrug Ende 1897 1073 gegen 817 am 1. Jänner desselben Jahres; diese bedeutende Vermehrung entfällt fast ausschliesslich auf das Fahrpersonal und die zur Unterhaltung der Betriebsmittel bezw. Beaufsichtigung und Unterhaltung der Geleisanlagen erforderlichen Arbeitskräfte. Der Bestand des Wagenparkes der Gesellschaft beträgt jetzt 341 Strassenbahnwagen und 5 Salzstreuwagen. Die Betriebslänge des Bahnnetzes erhöhte sich auf 70.455 m. Die Kosten des elektrischen Betriebes betrugen 431.534 Mk. In das neugebildete Erneuerungsfonds Conto wurden 425.976 Mk. eingestellt. Die Vertheilung des in Höhe von 734.724 Mk. erzielten Reingewinns soll, wie nachstehend, erfolgen: zum ordentlichen Reservefonds 36.134 Mk., zum Amortisationsfonds 168.925 Mk., Tantième an den Aufsichtsrath 25.916 Mk., 8°/₀ Dividende auf das Actiencapital gleich 480.000 Mk., zum Beamtenunterstützungsfonds 15.000 Mk., zum Vortrag auf neue Rechnung 9418 Mk.

Actien-Gesellschaft „Polar-Licht". Man schreibt uns: Die russische Regierung bestätigte die Statuten der Actien-Gesellschaft „Polar-Licht". Die Gesellschaft beabsichtigt Fabriken zur Erzeugung von Calcium-Carbid und anderer Carbide zu errichten und zusammen Acetylen-Gas, Beleuchtungskörper hiefür, sowie auch Heizapparate sind zu erzeugen. Auch die Nebenproducte: Theer, Holzkohle, Essig u. dgl. m. sollen verwerthet werden.

Die Gründer der Gesellschaft, die über ein Capital von 1,200.000 Rubel Gold, getheilt in Actien zu je 125 R. G., verfügt, sind G. Elfenbein und E. Block. Es besteht die Absicht, das Actiencapital später zu erhöhen, jedoch nicht über das Doppelte des jetzigen Capitals.

Die Fabrik wird bei Jamburg errichtet, am Ufer des Flusses Luga, dessen Wasserkraft nützbar wird. Anfangs April soll mit dem Bau begonnen werden. Die Gründer sind der Ansicht, dass die Acetylen-Gasbeleuchtung um die Hälfte billiger sein wird, als die Petroleum-Beleuchtung und führt bereits mit den Eisenbahn-Directionen Unterhandlungen behufs Wagenbeleuchtung. A. B.

Compagnie d'Electricité Thomson-Houston de la Méditerranée. Vor kurzem hat sich in Paris unter dem Protectorate der Thomson-Houston-Gesellschaft die vorstehend genannte Compagnie mit Capital von 5 Millionen Francs constituirt; der Zweck der neu gegründeten Gesellschaft ist die Ausbeutung der Patente Thomson-Houston in Italien, Griechenland, Spanien und Portugal. Wie die „Berl. Börs. Ztg." mittheilt, befinden sich unter den Gründern die Union E.G. mit 900 Actien, die Firma Ludwig Loewe & Co. mit 1600 Actien. In den Verwaltungsrath der jungen Unternehmens wurde u. A. Herr Isidor Loewe gewählt.

Reichenberger Strassenbahn-Gesellschaft. Amtlich wird gemeldet: Der Minister-Präsident als Leiter des Ministeriums des Innern hat auf Grund a. h. Ermächtigung und im Einvernehmen mit dem k. k. Eisenbahn-Ministerium der Stadtgemeinde Reichenberg im Vereine mit der k. k. priv. Böhmischen Unionbank in Prag und der Continentalen Gesellschaft für elektrische Unternehmungen in Nürnberg die Bewilligung zur Errichtung einer Action-Gesellschaft unter der Firma: „Reichenberger Strassenbahn-Gesellschaft", mit dem Sitze in Reichenberg, ertheilt und deren Statuten genehmigt.

Vereinsnachrichten.

Chronik des Vereines.

26. Jänner. Vereinsversammlung. Vorsitzender: Prof. Carl Schlenk.

Mittheilung von Dr. J. Sahulka über die elektromotorische Kraft des Lichtbogens, und Discussion über Bogenlampen mit geschlossenen Glocken, eingeleitet durch denselben. Der Vortragende theilt zunächst die Resultate einiger Versuche mit, welche derselbe im Jahre 1894 an einem zwischen Kohlen-Elektroden bei Benützung von Wechselstrom erzeugten Lichtbogen erhielt, aus welchen Versuchsresultaten unzweideutig hervorgeht, dass an den Elektroden im Lichtbogen elektromotorische Kräfte auftreten. Hierauf theilte der Vortragende die Versuchsresultate mit, die er in denselben Jahre an dem zwischen Kupfer-Kohle und zwischen Quecksilber-Kohle erzeugten Lichtbogen erhielt; in beiden Fällen verhält sich der Lichtbogen wie die Quelle einer gleichgerichteten elektromotorischen Kraft von circa 40 V. Der Vortrag wird in der Vereins-Zeitschrift ausführlich wiedergegeben werden. — Hierauf besprach der Vortragende die Bogenlampen mit geschlossenen Glocken und die Versuchsresultate, die mit denselben erhalten wurden. An der Discussion betheiligten sich die Herren Jordan, Chef-Ingenieur Seidener, Ober-Inspector Bechtold, Ingenieur Eichberg und Andere. In der Vereins-Zeitschrift wird sowohl über an diesem Vortragsabende gemachten Mittheilungen, als auch über eine specielle Bogenlampe mit geschlossener Glocke in einem der nächsten Hefte ausführlich berichtet werden.

9. Februar. — Vereinsversammlung. Vorsitzender Präsident Prof. Schlenk, später übernahm den Vorsitz Ingenieur Friedrich Drexler.

Referat des Herrn Chef-Ingenieurs Josef Seidener: „Ueber Neuerungen an Gleichstrom-Maschinen vom Jahre 1897."

Vortragender bemerkt, dass man bei den Dynamo-Maschinen hohe Nutzeffecte bis 96% erreicht habe und die bezüglichen Verhältnisse im Vergleiche zu Dampfmaschinen und Gasmotoren wesentlich günstigere sind. Allein der Constructeur habe neben der Qualität der Maschine auch mit den Kosten derselben vom Standpunkte der Concurrenz zu rechnen. Wiegt eine Dynamo-Maschine von bestimmter Leistung 1000 kg und gelingt es, eine Maschine gleicher Leistung vom Gewichte von 500 kg herzustellen, so ist letztere Maschine offenbar billiger. Bei der Dynamo-Maschine sind es Spannungsabfall, Funkenbildung und Temperaturssteigerung, welche möglichst verringert werden sollen. Vortragender geht auf die Besprechung der Ankerrückwirkung über, welche infolge Verzerrung des Feldes zur Bürstenverschiebung Anlass gibt, um funkenlosen Gang der Maschine zu erzielen. Hierauf erläutert derselbe den Einfluss der Gegen- und Querwindungen des Ankers auf das Feld. Aufgabe des Constructeurs ist es, Anordnungen zu ersinnen, welche es ermöglichen, das durch die Ankerrückwirkung verzerrte Feld gerade zu richten. Sayers hatte zuerst Hilfsspulen in Vorschlag gebracht, welche

jedoch nur während des Kurzschlusses derjenigen Hauptspule, mit welcher sie in Verbindung stehen, in Thätigkeit zu treten haben. Nachdem diese Hilfsspulen nicht weiters ausgenützt werden, war deren Anordnung unökonomisch, jedoch war der funkenfreie Gang erreicht. Mordey's Anordnung bedeutet einen wesentlichen Schritt nach vorwärts. Die Windungen sind so angeordnet, dass zwischen je zweien ein Zwischenraum bleibt, welcher gleich ist der Länge des Ringsegmentes zwischen den beiden Polenden. Die Spule kann bei Commutirung kurz geschlossen werden, ohne dass Funkenbildung auftritt, da sich die elektromotorischen Kräfte Gleichgewicht halten. Vortragender bespricht die bezüglichen Verhältnisse bei Ring- und Trommelanker und erwähnt auch, dass die praktischen Erfolge sehr befriedigende waren. Fischer-Hinnen und Steinbruch trafen ebenfalls Anordnungen, welche die Geradrichtung des verzerrten Feldes zum Zwecke hatten. Die Genannten verwendeten auf das Gestelle aufgeschobene, mit dem Hauptstrom in Serie geschaltete Hilfsspulen, welche das Feld unterstützten. Schliesslich beschrieb Vortragender eine von ihm selbst herrührende und bereits praktisch erprobte Anordnung, welche die Leistung der Maschine unter Beibehaltung der sonstigen Verhältnisse auf nahezu das Doppelte steigerte.

Bei dieser Anordnung wurden in dem Feldmagneten Schlitze hergestellt und auch nur zu einer der so entstandenen halben Kerne Windungen angebracht, mit dem Hauptstrom entsprechend in Serie geschaltet, das Feld unterstützten. Ueber diese Windungen waren die Nebenschlusspulen aufgeschoben; die Maschine arbeitet also als Compound-Maschine. Vortragender schliesst mit der Bemerken, dass die Errungenschaften auf dem kurz gestreiften Gebiete im Laufe des Jahres 1897 zwar keine zahlreichen, jedoch für die Praxis einschneidende waren.

Herr Ingenieur Drexler, welcher den Vorsitz übernommen hatte, dankte dem Vortragenden für die äusserst interessanten Ausführungen unter lebhaftem Beifalle und wurde sodann die Versammlung geschlossen.

15. Februar. Sitzung des Redactions-Comité.

16. Februar. — Vereinsversammlung. Vorsitzender: Dr. Sahulka. Vortrag des diplom. Chem. Herrn Prof. Josef Klaudy: „Ueber Wechselbeziehungen zwischen chemischer und elektrischer Energie", II. Theil. (Elektromotorische Kraft und Polarisation.)

Der Vortragende erläuterte zunächst die Bedingungen für die Constanz und für die Umkehrbarkeit galvanischer Ketten; jede Kette ist umkehrbar, deren Elektroden von Salzen des Elektrodenmateriales umgeben sind. Die frühere Annahme, dass in constanten umkehrbaren Ketten die gesammte chemische Energie sich in elektrische umsetze, war eine irrige. Gibbs hat im Jahre 1878, Helmholtz im Jahre 1882 erkannt, dass noch ein Correctionsglied hinzukomme, welches vom Temperatur-Coëfficienten des Elementes abhängig ist; die elektrische Energie kann daher grösser oder kleiner sein als die chemische und ist nur bei Elementen, deren E. M. K. von der Temperatur unabhängig ist, gleich der chemischen. Beim Daniell'schen Elemente ist die letztere Bedingung angenähert erfüllt und daher die E. M. K. aus der chemischen Reactionswärme ohne Correctionsglied berechenbar. Hierauf erörterte der Vortragende die Entstehung der elektromotorischen Kräfte, welche bedingt ist durch die Berührung zweier Leiter. Es kommen nur die E. M. K. in Betracht, welche bei Berührung von Metall mit Flüssigkeit und Flüssigkeit mit Flüssigkeit entstehen, da die bei Berührung zweier Metalle auftretenden verhältnismässig sehr klein sind. Der Vortragende zeigte, wie sich die in beiden Fällen auftretenden E. M. K. nach den Formeln von Helmholtz, Nernst und Planck berechnen lassen.

Es wurden der Einfluss des Concentrationsgrades der Flüssigkeiten, bezw. des osmotischen Druckes derselben, des Lösungsdruckes der eingetauchten Metalle, der Wanderungsgeschwindigkeiten der Jonen etc. erörtert. Da der Vortrag in einem der nächsten Hefte zum Abdrucke gelangt, sei hier nicht näher darauf eingegangen.

Der Vorsitzende interpellirte den Vortragenden bezüglich des von Grätz und Pollak an einer Aluminium - Elektrode, welche als Anode in einer Zelle dient, beobachteten grossen Spannungsabfalles, der bis 22 V beträgt, wenn man einen Strom durch die Zelle schickt. Herr Director Déri erklärte, dass seiner Ansicht nach der grosse Spannungsabfall nur durch einen Uebergangswiderstand bedingt werde. Der Vorsitzende dankt dem Vortragenden für seinen sehr interessanten Vortrag und theilte der Versammlung noch mit, dass aus dem Plenum in der nächsten Versammlung vier Mitglieder für das Wahl-Comité zu wählen sein werden. Hierauf wurde die Versammlung geschlossen.

22. Februar. — Ausschuss-Sitzung.

23. Februar. — Vereinsversammlung.

Vorsitzender: Präsident Prof. Schlenk.

Der Vorsitzende theilt mit, dass in der Ausschuss-Sitzung vom 22. Februar l. J. beschlossen wurde, jene Ausschuss-Mitglieder, deren Mandat mit Ende des Jahres 1897 abgelaufen ist, die aber im Sinne der Statuten wieder wählbar wären, zur Neuwahl vorzuschlagen, um dem Ausschusse neue Kräfte zuzuführen. In diesem Sinne wurden vom Ausschusse die abtretenden sechs Mitglieder desselben, nämlich die Herren: Gattinger, Granfeld, E. Müller, Siegel, Dr. Stern und Volkmer, in das Wahl-Comité berufen und wären nun zur Completirung derselben sieben Mitglieder aus dem Plenum namhaft zu machen.

Per acclamationem werden hiezu berufen die Herren: Brunhauer, Burger, Eichberg, Th. Fischer, E. Jordan, Ingenieur Kareis und L. Leopolder.

In Folge des Umstandes, dass Ingenieur Mermon verhindert war, den angekündigten Vortrag: „Ueber Simultantelegraphie" zu halten, hatte Herr Dr. Kusminsky die Güte, die „Nernst'sche Glühlampe" einer Besprechung zu unterziehen, an der sich mehrere der Anwesenden betheiligten.[*] Die Vorschläge bezogen sich auf die Art der Vorwärmung bezw. Anzündung, wovon zum grossen Theil die praktische Verwendbarkeit abhängt. Die Anfrage, ob nicht in geeigneter Weise die Wärmewirkungen des Stromes dazu benützt werden könnten, den Auer'schen Glühstrumpf zum Leuchten zu bringen, wurde dahin beantwortet, dass bei gleicher Lichtstärke der Anerlampe fast die dreifache Wärmemenge zugeführt werden muss, wie der elektrischen, wie auch Weber in Zürich constatirte.

[*] Im Hefte 9. S. 103 ist die Nernst'sche Glühlampe ihrem Wesen nach beschrieben.

Man könnte die Vorerwärmung etwa in der Weise bewerkstelligen, dass man in das Magnesiumoxyd bezw. in den gewählten Elektrolyten einen Kohlenfaden bettet, der anfänglich eine günstige Leitungsbahn für den elektrischen Strom bildet und die Erwärmung des Stäbchens besorgt. Kohle dürfte sich einzig und allein deshalb verwendbar erweisen, weil Metallfäden, wie z. B. Platin etc. bei den Temperaturen, wo diese Körper weissglühend werden, schmelzen würden, wogegen dies bei Kohle nicht zu befürchten ist. Zudem haben Metallfäden einen zu kleinen specifischen Widerstand, so dass sie ausserordentlich dünn gewählt werden müssen, wenn solche Glühlampen in bestehenden Leitungsnetzen Eingang finden sollten.

Der Wattverbrauch ist ein ausserordentlich günstiger; eine nicht evacuirte Glühlampe dieser Art braucht circa 1·1 Watt pro 1 NK und es ist daher zu erwarten, dass im Vacuum der Wattconsum leicht auf 0·8 Watt gebracht werden kann. Ueber sonstige Eigenthümlichkeiten, die diesen Lampen anhaften, ist bis jetzt nur bekannt geworden, dass die erreichbare Zahl der Brennstunden keine grosse sein soll; wir werden uns aber erlauben, nach Erhalt weiterer Einzelheiten sofort darüber zu referiren.

2. März. — Sitzung des Wahl-Comité.

Neue Mitglieder.

Auf Grund statutenmässiger Aufnahme traten dem Vereine die nachstehend genannten Herren als ordentliche Mitglieder bei:

Back Wilhelm, Repräsentant der „Jandus" Elektricitäts-Gesellschaft, Wien.

Accumulatorenfabrik-Action-Gesellschaft. Generalrepräsentanz Wien. Ingenieurbureau Prag.

Muchka Josef, Ingenieur, Wr.-Neustadt.

Cimponeriu Dionis, k. u. k. Militär-Post- und Telegraphen-Director. Sarajevo.

Porges Otto, Telephon-Mechaniker der Firma Deckert & Homolka, Wien.

Gačina Nicolaus, Post- und Telegraphen-Beamter, Caporesto.

Schrecker Ignaz, Vertreter der Oesterr. Schuckert-Werke, Wien.

Leopolder & Sohn, Elektrotechnisches Etablissement, Belgrad.

Department X der k. k. Post- und Telegraphen-Direction Prag.

Vohwinkel F. W. E., Chemiker und Elektrotechniker, Wien.

Till Hermann, technischer Fabriksleiter, Deutsch-Jassnik (Mähren).

Klauber Ed., Ingenieur, Wien.

Bloemendal A., Ingenieur, Wien.

Breslauer Dr. Max., Ingenieur, Wien.

Die nächste **Vereinsversammlung** findet Mittwoch den 16. d. M. im Vortragssaale des Wissenschaftlichen Club, I., Eschenbachgasse 9, I. Stock, 7 Uhr abends, statt.

Vortrag des Herrn General-Director J. B. Barton der Jandus Arc Lamp and Electric. Co. Limited in London: „Ueber eingeschlossene Bogenlampen, speciell Jandus-Lampen." (Mit Demonstrationen.)

Die Vereinsleitung.

Schluss der Redaction: 8. März 1898.

Verantwortlicher Redacteur: Dr. J. Sahulka. — Selbstverlag des Elektrotechnischen Vereines.
Commissionsverlag bei Lehmann & Wentzel, Wien. — Alleinige Inseraten-Aufnahme bei Haasenstein & Vogler (Otto Maass), Wien und Prag.
Druck von R. Spies & Co., Wien.

Zeitschrift für Elektrotechnik.

Organ des Elektrotechnischen Vereines in Wien.

Heft 12.   WIEN, 20. März 1898.   XVI. Jahrgang.

Bemerkungen der Redaction: Ein *Nachdruck aus dem redactionellen Theile der Zeitschrift ist nur unter der Quellenangabe „Z. f. E. Wien" und bei Originalartikeln überdies nur mit Genehmigung der Redaction gestattet.*
Die Einsendung von Originalarbeiten ist erwünscht und werden dieselben nach dem in der Redactionsordnung festgesetzten Tarife honorirt. Die Anzahl der vom Autor event. gewünschten Separatabdrücke, welche zum Selbstkostenpreise berechnet werden, wolle stets im Manuscripte bekanntgegeben werden.

INHALT:

Ueber Neuerungen an Gleichstrommaschinen im Jahre 1897.

Vortrag, gehalten im Elektrotechnischen Vereine am 9. Februar 1898, von Chef-Ingenieur Josef Seidener.

Die Gleichstrom-Maschine scheint zu einer solchen Vollkommenheit gelangt zu sein, die Vorgänge in derselben sind so klar, ihr Wirkungsgrad so hoch, das Functioniren so zuverlässig, dass man fast glauben könnte, es wäre unmöglich, noch eine wesentliche Verbesserung an ihr erreichen zu können; ungeachtet dessen sehen wir, dass im vergangenen Jahre Verbesserungen bekannt wurden, die, wenn auch nicht zahlreich, so doch beinahe als epochemachend gelten dürfen.

Worin können die Fortschritte bei Gleichstrom-Maschinen bestehen?

Im Nutzeffecte nicht, denn heute erreicht man bei kleinen Maschinen commerciell 90%, bei grösseren bis 96%. Wir kennen keinen anderen Apparat zur Umwandlung einer Energieform in die andere, der einen annähernd so hohen Nutzeffect aufweisen würde. Der Nutzeffect von Dampfmaschinen und Gasmotoren, welche die Aufgabe haben, die kinetische Energie der Gase in mechanische Arbeit umzusetzen, ist bedeutend niedriger als der der Dynamo-Maschinen, welche entweder mechanische Arbeit in elektrische Energie, oder umgekehrt, elektrische Energie in mechanische Arbeit umwandeln. Nach dieser Richtung ist also kaum mehr eine bedeutende Verbesserung zu erwarten.

Funkenbildung und Erwärmung, die ein bedeutender Nachtheil von Dynamo-Maschinen früherer Zeit waren, sind bei jetzigen gut construirten Dynamo-Maschinen sehr gering.

In Bezug auf die Qualität lässt sich also die Gleichstrom-Maschine auch nur mehr wenig verbessern.

Der Constructeur der Dynamo-Maschine hat aber nicht nur mit der Qualität, er hat auch mit dem Preise der Maschine zu rechnen; ein ausschlaggebendes Moment für den Preis ist das Maschinengewicht. Der Constructeur muss daher darnach streben, die Maschine möglichst leicht zu machen, weil dies Ersparnis an Material und an Bearbeitungskosten bedeutet, und auch erlaubt, mit gegebenen Arbeitsmaschinen grössere Einheiten und eine grössere Zahl von Maschinen auszuführen.

Der Dynamo-Constructeur hat, wie z. B. der Constructeur einer Dampfmaschine, gewisse Grössen, Leistung und Tourenzahl gegeben; andere Grössen, z. B. die Kraftliniendichte im magnetischen Kreislaufe, ferner den Spannungsverlust, den er zulassen will, kann er bis zu einem gewissen Grade frei wählen; ebenso kann der Dampfmaschinenbauer die Kolbengeschwindigkeit und die Füllung seiner Maschine frei wählen.

Sind aber unter diesen Annahmen die Dimensionen berechnet, so hat der Dampfmaschinenbauer eine Maschine vor sich, die, ihm eine Arbeit über eine ganz bestimmte Grenze hinaus absolut nicht leisten kann. Diese unübersteigbare Grenze ist gegeben durch das Product aus mittlerem Kolbendruck und Geschwindigkeit des Kolbens.

Bei der Dynamo-Maschine hingegen liegt die Sache anders. Wir können zwei Maschinen mit genau derselben Leistung, demselben Nutzeffecte, demselben Spannungsverluste construiren, deren Grösse und das Gewicht jedoch ganz bedeutend differiren. Natürlich wird man die Maschine möglichst klein zu machen suchen. Massgebend für die Güte einer Maschine ausser dem Spannungsverluste und der Erwärmung ist noch hauptsächlich der Spannungsabfall der Maschine bei Variirung des abgenommenen Stromes von Vollbelastung bis zum Leerlauf und die Grenze der Funkenbildung.

Diese beiden Bedingungen machen auf mich den Eindruck unnatürlicher Grenzen. Sie begrenzen die Leistung der Dynamo-Maschine, während man mit Rücksicht auf Erwärmung und Nutzeffect weit höher hinauf gehen könnte, ich glaube, dass im Laufe der Zeit diese Grenzen thatsächlich werden hinausgeschoben werden können.

Sowie man einer Maschine Strom entnimmt, tritt bekanntlich eine Verzerrung des Feldes ein; das früher längs des ganzen Polschuhes gleichmässige Feld wird an der vorderen Polspitze geschwächt, an der rückwärtigen verstärkt, während es in der Mitte annähernd constant bleibt. Da wir zur Commutirung des Stromes in jeder Section, die einen Moment lang unter der Bürste kurz geschlossen wird, eine gewisse Feldstärke brauchen, und das Feld an der vorderen Polspitze durch die

Anker-Reaction geschwächt ist, so muss man die Bürsten verschieben.

Eine Maschine jedoch, bei der man wegen des starken Schwächung des Feldes an der vorderen Polspitze die Bürsten noch um eine beträchtliche Grösse über dieselbe hinaus verschieben muss, kann nicht mehr als eine gute bezeichnet werden, da es sehr schwer ist, die Bürsten funkenlos einzustellen, und der Spannungsabfall der Maschine immer grösser wird.

Der Spannungsabfall der Maschine rührt, abgesehen von dem Ohm'schen Verluste im Anker, hauptsächlich von der Wirkung der sogenannten „Gegenwindungen" des Ankers her. Die Ströme nämlich, die den Ankerkern umkreisen, haben auf denselben eine magnetisirende Wirkung und man kann da nach Kapp durch Zerlegung der Ankerwicklung in vier Theile, diese Wirkung in eine doppelte zerlegen.

Wir denken uns bei einer zweipoligen Maschine einen Diameter durch die auf funkenlosen Gang eingestellten Bürsten gelegt, und einen zweiten in Bezug auf die verticale Achse symetrischen Diameter. Die Windungen nun, welche direct unter den Polschuhen zwischen diesen beiden Durchmessern liegen, haben eine quermagnetisirende Wirkung; sie verstärken das Feld an der rückwärtigen, und schwächen das Feld an der vorderen Polspitze, lassen aber die Summe des magnetischen Feldes nahezu unverändert. Die Windungen hingegen, welche zwischen den Polschuhen liegen, erzeugen ein Feld, welches dieselbe Achse hat, wie das von der Magnetwicklung erzeugte Feld, dessen Richtung aber dieser entgegengesetzt ist. Diese also, die sogenannten „Gegenwindungen", erzeugen eine directe Schwächung des magnetischen Feldes, welche der Stromstärke des Ankers proportional ist.

Die Anker-Reaction kann auf zweierlei Weise verringert werden:

1. dadurch, dass man das Feld verstärkt, und
2. dadurch, dass man den Luftraum vergrössert, was aber nur durch einen hohen Aufwand an Kupfer für die Magnetwicklung zu erzielen ist.

Dasjenige, wogegen man hauptsächlich ankämpfen muss, ist, die Wirkung der Armatur-Reaction. Spannungsabfall und Funkenbildung, denn der Spannungsverlust im Anker kann bei Nuten-Anker-Maschinen fast beliebig klein gemacht werden, da man genug Platz für Ankerdrähte zur Verfügung hat. Mit der Verringerung der Anker-Reaction beschäftigen sich die Erfindungen und Verbesserungen, welche im abgelaufenen Jahre gemacht worden sind. Vor Allem wichtig ist dabei die neue Wicklung von Mordey, welche nicht nur die Funkenbildung und die Bürstenverschiebung verringert, sondern auch die Gegenwindungen des Ankers, so gut wie beseitigt.

Die Wicklung von Mordey ist eine Erfindung und eine Entdeckung.

Mordey ging von einem Gedanken aus, den vor ihm schon Sayers gehabt hatte, davon nämlich, dass man der Selbstinduction der kurz geschlossenen Spule eine elektromotorische Kraft entgegensetzen müsse, die in einem Theile dieser Spule selbst erzeugt wird; deshalb hat Sayers die einzelnen Sectionen der Wicklung nicht mit den Collectoregsegmenten direct verbunden, sondern zwischen diesen Windungen Hilfsspulen hinzugefügt, die nur in dem Momente in Action treten, wenn die Windung kurz geschlossen ist, und zwar befindet sich die Hilfsspule an einem anderen Theile des Ankers, der sich in einem Felde von gerade ausreichender

Stärke befindet, um die Stromumkehrung in der kurz geschlossenen Spule zu besorgen. Diese Spulen, von denen immer nur eine einzige in Action tritt, nehmen einen ziemlich grossen Raum am Ankerumfang ein, und sind für die Leistung der Maschine nutzlos.

Mordey suchte nun diese Windungen auszunützen, und deshalb theilte er jede Ankersection in zwei Theile, zwischen denen eine grössere Anzahl von Sectionen Platz findet. Bei einer Section einer Ringwicklung z. B., die aus vier Windungen besteht, legt er etwa zwei Windungen an eine Stelle und die anderen zwei an eine andere Stelle des Ankers, die von derselben ungefähr den Abstand zwischen den zwei Polschuhen hat.

So lange nun die beiden Theile der Wicklung sich unter der Einwirkung desselben Poles befinden, verstärken sich ihre elektromotorischen Kräfte. Wenn aber die Wicklung unter die Bürste gelangt, und der Selbstinductionsstrom entsteht, so ist schon der eine Theil der Wicklung unter die Einwirkung des nächsten Poles gekommen, er erzeugt eine gegenelektromotorische Kraft, welche den Kurzschlussstrom compensirt und den Hauptstrom umkehrt.

Bei genauer Verfolgung der Stromrichtung in den einzelnen Sectionen gelangt man aber zu dem Resultate, dass nicht, wie bei der gewöhnlichen Wicklung, alle jene Windungen, welche wir früher als Gegenwindungen bezeichnet haben, vom Strom in derselben Richtung durchflossen werden, sondern abwechselnd vom Strome in der einen und in der entgegengesetzten Richtung. Dies hat, wenn z. B. die beiden Theile der Section gleich sind, zur Folge, dass die entmagnetisirende Wirkung dieser Sectionen vollständig aufgehoben wird. Die Gegenwindungen des Ankers existiren nicht mehr.

Dasselbe lässt sich bei der Trommelwicklung erzielen. Dort ist die Sache praktisch noch einfacher, weil man nur den Wickelabstand, der sonst bei einer zweipoligen Maschine 180° beträgt, zu verkürzen braucht, und zwar soll derselbe ungefähr dem Polschuhwinkel entsprechen. Diese Wicklung verbessert thatsächlich die Maschine und erlaubt eine Erhöhung ihrer Leistung wie Mordey angibt, um ca. 30%. Auch ich habe thatsächlich eine bedeutende Verbesserung nicht nur dadurch bemerkt, dass die Bürstenverschiebung und Funkenbildung eine geringere wurde, sondern der Spannungsabfall bei derart gewickelten Maschinen verringerte sich auch um ein Bedeutendes, z. B. bei einer 110 Volt Maschine von 25 Volt auf 10 Volt herunter.

Durch die Mordey-Wicklung sind wir dem Ideal der Gleichstrom-Maschinen einen Schritt näher gerückt. Die Gegenwindungen sind verschwunden. Noch aber bleibt die Hauptsache die Quermagnetisirung.

Wir können die Feldstärke in einer Maschine, die leer läuft, als eine horizontale Gerade darstellen, indem an jedem Punkte des Polschuhes die gleiche Kraftliniendichte herrscht.

Die Quermagnetisirung kann durch eine schiefe aufsteigende Linie dargestellt werden, die in der ersten Hälfte des Polschuhes negativ, das heisst der Feldmagnetisirung entgegengesetzt, in der zweiten Hälfte mit derselben gleichgerichtet, also positiv ist.

Das resultirende Feld ist also durch Ordinaten einer schief ansteigenden Linie dargestellt, die in der ersten Hälfte niedriger als die frühere Horizontale, in der zweiten höher als dieselbe ist.

Je grösser die Steigung dieser Linie für eine gewisse Stromstärke, desto grösser ist die Ankerreaction, desto schlechter ist die Maschine. Denn man braucht in

der vorderen Polspitze eine gewisse Feldstärke, circa
2—3000 Linien pro cm^2, zur Umkehrung des Stromes
in der kurz geschlossenen Spule, damit die Maschine
funkenlos geht und man kann annehmen, dass die zur
Stromumkehrung erforderliche Feldstärke etwa in einfacher Proportion zu dem Strome steht.

Hätte man in der vorderen Polspitze dasselbe Feld
wie in der Mitte des Poles, z. B. 6000 Kraftlinien
statt 2000, so könnte man dem Anker, wenn man nur
die Funkenbildung zu berücksichtigen hätte, und dies
ist bei einer Nutenankermaschine fast wirklich der
Fall, den dreifachen Strom entnehmen.

Es ist daher schon seit einiger Zeit das Bestreben der
Elektrotechniker, die Ankerreaction zu compensiren, bemerkbar, und zwar versuchten dies R y a n und F i s c h e r-
H i n n e n, die sich die Priorität streitig machen, in der
Weise, dass sie die Polschuhe parallel zur Ankerachse
durchlochten und durch die Löcher eine Wicklung
durchzogen, die mit dem Anker in Serie geschaltet war.

Die Stromrichtung in dieser Serienwicklung ist
dem Ankerstrom entgegengesetzt. Nun ist klar, dass,
wenn man in diese Polschuhwicklung so viele Ampère-
Windungen hineinbringt, als die Querwindungen des
Ankers betragen, dass dann die Querreaction des Ankers
vollständig aufgehoben wird; das Mittel ist also theoretisch ein vollkommen befriedigendes, praktisch aber
nur sehr schwer durchzuführen.

F i s c h e r - H i n n e n hat nun erkannt, dass es für
die Polspitze, und auf diese kommt es ja am meisten
an, gleichgiltig ist, ob man die Anzahl Ampère-Windungen, die zur Compensirung der Ankerwindungen erforderlich sind, längs des ganzen Polschuhumfanges,
oder an einer einzigen Stelle desselben anbringt, und
hat deshalb die praktische Verbesserung geschaffen, dass
er in der Mitte des Poles eine Nut anbrachte, in welche
er diese Compensationswicklung legte, dadurch war
also die Compensation auf eine praktisch ausführbare
Weise ermöglicht.

Bei Maschinen nach dem Manchester- und Kapp-
Typus ist die Sache sogar ziemlich einfach, indem man
diese Compenswicklung anbringen kann, ohne dass man
den Anker erst kunstvoll umgeben müsste.

T h o m p s o n hat zur Verringerung der Quermagnetisirung den ganzen Magnetpol mit Schlitzen versehen; dadurch wird erreicht, dass der magnetische Kreislauf für die Querwindungen einen grossen magnetischen
Widerstand bekommt.

Aber diese Zertheilung des Poles hat keine sehr
bedeutende Wirkung, wenn die Sättigung der Magnete
eine mässige ist. Bei stark gesättigtem Eisen ist die
Wirkung allerdings eine bessere, aber wie ja aber bekanntlich die Quermagnetisirung an und für sich nicht
sehr bedeutend.

S w i n b u r n e hat in der Mitte des Raumes zwischen den Polschuhen Hilfspole gesetzt, welche von
einer Spule in Serie mit dem Ankerstrome erregt waren.

F i s c h e r - H i n n e n hat diese Wicklung derart
abgeändert, dass er Hilfspole anwendete, aber keine
eigenen Spulen dazu gab, sondern eine Serienwicklung,
die oberhalb des Hilfspoles gleich dem Nebenschlusswicklung gleich unterhalb desselben entgegengesetzt
gerichtet ist, so dass diese Spule auf das gesammte
Feld keinen Einfluss hat, aber im Hilfsfeld bildet, das
genau dieselbe Wirkung hat, wie die Spule auf dem
Hilfspole S w i n b u r n e s.

F i s c h e r - H i n n e n gibt an, dass er von einer
Maschine, die normal 400 Ampère leistet, mit Hilfe

dieser Wicklung 1200 Ampères entnehmen konnte, ohne
dass sie feuerte.

Ich habe in der letzten Zeit ebenfalls eine Wicklung ausgeführt, die den Zweck hat, die Querreaction
des Ankers zu compensiren, aber auch gleichzeitig eine
Compoundirung, das heisst eine Verstärkung des Feldes
bei zunehmender Belastung verfolgt.

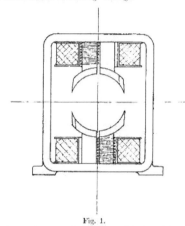

Fig. 1.

Zu diesem Versuche verwendete ich (Fig. 1) eine
zweipolige Maschine nach dem Manteltypus, eine sogenannte L a h m e y e r - Maschine und machte in der
Mitte des Poles einen Schlitz durch die ganze Länge
des Polkernes hindurch. Dieser Schlitz an und für sich
würde schon die Armatur-Reaction vermindern, weil
dadurch der magnetische Widerstand für das Querfeld
vergrössert wird. Ich brachte nun aber auf der oberen
der vorderen Hälfte dieses so getheilten Magnetkernes
eine Serienwicklung und ebenso auf die diametral
gegenüberliegenden Hälfte des unteren Poles. Die Stromrichtung war dabei gleich mit der der gewöhnlichen
Nebenschlusswicklung, die über diese Hauptwicklung
darauf kam.

Die Wirkung dieser einseitigen Serienspule ist
nun eine doppelte. Sie erzeugt:

1. einen Kraftlinienfluss durch die beiden Theile
jedes Magnetschenkels und zwar ist die Kraftlinien-
richtung auf dem bewickelten Theile, d. i. der vorderen
Polhälfte gleichgerichtet mit der des normalen Feldes,
auf dem unbewickelten Theile der rückwärtigen Polhälfte, derselben entgegengesetzt;

2. erzeugen die beiden Compensationswicklungen
einen Kraftlinienfluss, der seinen Weg durch den Anker
und durch die Magnetjoche nimmt; dieser Theil der
Kraftlinien bildet also durchgehend eine Verstärkung
für das magnetische Feld der Maschine.

Die beiden Wirkungen der einseitigen Serienwick-
lungen werden in verschiedener Weise hervortreten, jenach-
dem die Sättigung in den Magnetpolen und dem Magnetjoche ist. Sind die Magnetschenkel nur schwach gesättigt,
das Eisen im Magnetjoche hingegen stark, so wird sich
hauptsächlich eine Compensation der Querwicklung des
Ankers zeigen. Sind die Magnetschenkel stark gesättigt,
das Joch schwach, so werden wir wieder in hervor-

ragender Weise die compoundirenden Wirkungen dieser Wicklung sehen. Denn für den ersten magnetischen Kreislauf, den compensirenden, haben wir die magnetomotorische Kraft einer Spule, den Widerstand des doppelten Luftraumes und des doppelten Weges durch den Magnetschenkel; für den zweiten Kreislauf, den compoundirenden, ist als magnetomotorische Kraft die Summe der Ampèrewindungen beider Spulen einzusetzen, der magnetische Widerstand ist hingegen auch grösser als früher, er ist dargestellt durch den doppelten Luftraum, den doppelten Weg in den Magnetschenkeln, den Weg im Anker und den Weg durch die Magnetjoche. Durch Abänderung der verschiedenen Querschnitte kann man also nach Wunsch eine gleichbleibende Compandirung, eine Ueber- oder eine Unter-Compandirung erzielen. Diese Wicklung lässt sich bei Manchester-Maschinen ebenso gut anbringen, wie bei zwei- und mehrpoligen Mantelmaschinen.

Ich habe den Versuch an einer zweipoligen Mantelmaschine ausgeführt, die normal 10.000 Watt leistet, und habe dieselbe bei gleichbleibender Tourenzahl durch viele Stunden hindurch mit 20.000 Watt belastet und mit 27.500 Watt überlastet, ohne dass der Nutzeffect kleiner, die Erwärmung oder Funkenbildung grösser geworden wäre. Allerdings habe ich die Maschine, die normal glatten Ringanker hat, mit genutetem Trommelanker versehen und zwar nach Mordey mit kurzem Wickelschritt ausgeführt. Der Luftraum wurde dabei aber auf 8/3 seiner früheren Grösse reducirt, was bekanntlich ebenso wie die Nuten des Ankers funkenbefördernd wirkt, während allerdings der Uebergang von Ring zur Trommelwicklung ebenso wie die Anwendung des kurzen Wickelschrittes der Ankerreaction entgegenarbeiten. Die Erhöhung der Maschinenleistung kann man somit hauptsächlich der Anwendung der Compenswicklung zugute schreiben.

Der Spannungsabfall dieser Maschine war ein sehr kleiner. Das Voltmeter zeigte bei Leerlauf 113, bei 185 Ampère 110 Volt. Die Maschine wirkte also fast genau compendirend. Durch Schwächung des Feldes konnte man auch bei geringerer Spannung eine Uebercompandirung erzielen.

Dass jedoch diese Wicklung nicht vollständig einer Compaundwicklung gleich ist, dass sie ihre schlechten Eigenschaften nicht zeigt, erkannte ich dadurch, dass ich sie ohne Weiteres mit Accumulatoren und einer Nebenschluss-Maschine parallel schalten konnte, ohne dass sie funkte, ohne dass sie sich umpolarisirte. Selbst bei einer starken Schwächung des Feldes lief sie einfach als Motor weiter, ohne sich umzupolarisiren.

Dauerbogenlampe der Allgemeinen Elektricitäts-Gesellschaft in Berlin zum Einzelbrennen bei 100—120 Volt Gleichstrom.

In vielen Fällen sah man bisher von Bogenlichtbeleuchtung ab, weil die kurze Brenndauer der Bogenlampe ein oftmaliges Erneuern der Kohlenstäbe bedingte und die Bedienung der Lampen aus irgend welchem Grunde kostspielig oder schwer ausführbar war. Diesem Uebelstande abzuhelfen, hat die A.E.G. eine Bogenlampe construirt, in welcher ein Kohlenpaar, ohne eine besondere Bedienung zu erfordern, ungefähr zehnmal so lange brennt als in gewöhnlichen Bogenlampen.

Die lange Brenndauer empfiehlt die Anwendung von Dauerbogenlampen, z. B. innerhalb der Schau-

fenster, welche infolge der ausgestellten Artikel schwer zugänglich sind, oder auf Bahnhöfen und an Orten, wo das häufige Bedienen von gewöhnlichen Bogenlampen gefahrvoll ist, vor allen Dingen aber auf weiten Strecken, deren Begehung viel Zeit erfordert. Da die lange Brenndauer durch möglichst dichten Luftabschluss des Lampengehäuses erreicht wird, so ist die Dauerbogenlampe für feuchte Räume geeigneter, als eine gewöhnliche Lampe. Auch auf dem Meere oder an Meeresküsten, wo gewöhnliche Bogenlampen unter dem Einflusse der feuchten, salzhaltigen Luft sehr leiden und häufig reparaturbedürftig werden, sind Dauerbogenlampen zu empfehlen. Da die Lichtausstrahlung mehr nach der Seite stattfindet, als bei gewöhnlichen Bogenlampen, so eignen sie sich besonders als Reclamelampen, Signallampen, ferner zur Beleuchtung von Concertsälen und überhaupt allen Räumen, bei denen eine allgemeine Belenchtung mehr als eine intensive Bodenbeleuchtung erwünscht ist, damit

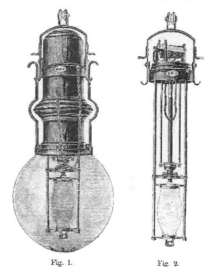

Fig. 1.   Fig. 2.

die Decorationen an Decken und Wänden zur Geltung kommen. Da überdies die Lichtfarbe der Dauerbogenlampen für das Auge weicher und angenehmer ist, so kommen auch natürliche Farben besser zur Geltung, was wiederum für Schaufenster und geschmückte Räume von Wichtigkeit ist.

Diesen Vortheilen der Dauerbogenlampen steht der etwas grössere Verbrauch an elektrischer Kraft gegenüber. Der Lampenstrom ist zwar geringer, als der einer gewöhnlichen Lampe von gleicher Lichtstärke, jedoch erfordert der Lichtbogen circa die doppelte Spannung und kann man deshalb bei 100—120 V Netzspannung niemals zwei Dauerbogenlampen wie bei gewöhnlichen Bogenlampen hintereinanderschalten. Dies hat andererseits den Vortheil, dass eine Lampe unabhängig von einer anderen ist. Die Brenndauer eines Kohlenpaares ist um so länger, je länger die jedesmalige Brennzeit der Lampen. Die längste Brenndauer erhält man demnach dann, wenn ein Kohlenpaar ohne Unterbrechung abgebrannt wird, die kürzeste dann, wenn die Lampen nur jedesmal einige Minuten eingeschaltet bleiben. In letzterem Falle sind daher Dauerbogenlampen nicht rationell.

Wegen der wesentlich verschiedenen Lichtvertheilung der Dauerbogenlampen ist ein Vergleich der Lichtstärken mit gewöhnlichen Bogenlampen nur bedingt zulässig. Die A. E. G.-Bogenlampe wird für 4, 5 und 6 Ampère Stromverbrauch angefertigt und ersetzt bei:
4 Ampère Stromverbrauch etwa eine 5$\frac{1}{2}$—6 Ampère gewöhnliche Bogenlampe.
5 Ampère Stromverbrauch etwa eine 7 Ampère gewöhnliche Bogenlampe.
6 Ampère Stromverbrauch etwa eine 8—9 Ampère gewöhnliche Bogenlampe.

Die äussere Form der Lampe ist gefällig und ihre Bedienung einfach. Das Gehäuse der Lampe kann schwarz lackirt oder auch aus Tombakblech polirt geliefert werden.

Die Brenndauer eines Kohlenpaares beträgt bei 4 Ampère circa 150 Stunden, bei 5 Ampère circa 130 Stunden, bei 6 Ampère circa 110 Stunden bei je fünfstündiger Brennzeit und Verwendung der unten angegebenen Kohlensorte.

Die Lichtbogenspannung ist circa 75 V, die Lampe ist mit Vorschaltwiderstand an 100—110 V Gleichstrom anzuschliessen. Als obere Kohle ist eine Homogenkohle von 13 mm Durchmesser, 300 mm Länge, als untere eine Homogenkohle von 13 mm Durchmesser und 150 mm Länge zu verwenden.

Da der Lichtbogen dieser Lampe von einer kleinen Glasglocke umschlossen wird, welche die Luftcirculation beschränkt, so brennen die Kohlen infolge der verminderten Zufuhr von Sauerstoff nur langsam ab.

Die Bedienung bezw. Kohlenerneuerung der Lampe geschieht in folgender Weise:

Die äussere Glocke wird herabgelassen und die innere kleine Glocke trocken gereinigt, in die Lampe eingesetzt und mit Deckel versehen. Nachdem der Bajonettverschluss am unteren Kohlenträger abgenommen ist, schiebt man zunächst die obere Kohle von unten in die Lampe ein und steckt sie in das Rohr der oberen Stromzuführung. Hierauf schiebt man die untere Kohle gleichfalls von unten nach, befestigt dieselbe vermittelst der seitlichen geränderten Druckschraube und bringt dann den Bajonetverschluss wieder an. Besonders zu beachten ist, dass der Deckelverschluss die innere Glocke gut abschliessen muss. Glocken mit ausgesprungenen Rändern dürfen deshalb nicht verwendet werden. Die äussere Glocke ist nach Bedarf zu reinigen.

Die Kohlenstifte müssen möglichst genau 13 mm Durchmesser erhalten und von einer Qualität sein, die wenig Ascheniederschlag erzeugen. Sie müssen trocken aufbewahrt werden, da die geringste Feuchtigkeit ein flackerndes Licht erzeugt.

Handhabung der Wasser-Rheostate.

Eduard J. Willes veröffentlicht im „American Electrician" einen lehrreichen Artikel über den Gebrauch der Wasser-Rheostate, welchen wir in Anbetracht der guten Dienste, die diese künstlichen Widerstände leisten, Folgendes entnehmen.

Die Abhandlung hat nicht die Bestimmung Denjenigen noch Etwas zu sagen, welche über Wasser-Rheostate bereits Alles wissen, sondern denjenigen Ingenieuren, welche mit denselben zum ersten Male Prüfungen anstellen wollen, mit einigen Fingerzeigen zu dienen.

Wie bei den meisten Messungen hängt das Verfahren von dem Widerstande ab, den man benöthigt, und von der Art und Weise, wie man diesen Widerstand am zweckmässigsten herstellt. Der gewöhnliche Wasserwiderstand ist nämlich kein constanter, d. i. kein solcher, welcher einmal grösser, das andere Mal kleiner wird, sondern ein solcher, welcher bei starkem Strome für eine längere Zeit nicht gleich bleibt.

Ein Wasser-Rheostat ist, wenn richtig angefertigt, schnell regulirbar und liefert bei sorgfältiger Behandlung vollkommen zufriedenstellende Ergebnisse; Derjenige jedoch, welcher der Meinung ist, den Wasserwiderstand für eine gewisse Amperezahl belassen zu können, hierauf fortgeht und wieder zurückkehrt und nach dem Amperemeter einen Blick wirft, wird vermuthlich übermrscht sein, noch einmal soviel Ampère zu finden, als er benöthigt.

Diese Erscheinung der Widerstands-Verminderung ist besonders bei neuen Platten bemerkbar, indem sich die metallische Oberfläche derselben durch den Gebrauch verändert und hat ihren Grund in der elektrolytischen Thätigkeit, welche den Salzgehalt des Wassers vermehrt.

Diese Wirkung macht es nothwendig, die Platten von Zeit zu Zeit aus dem Wasser zu heben, um die Steigerung der Leitungsfähigkeit zu verändern.

Manchesmal überrascht es, wie schnell die Leitungsfähigkeit der Lösung steigt, besonders wenn vor der Benützung dem Wasser zu viel Salz zugesetzt wird.

Eine reichliche Menge Tabellen über die Leitungsfähigkeit einer Masseinheit des Wassers bei so und so viel Procentgehalt des Salzes u. s. w., und auch viele Angaben betreffs der Stromdichte für die eingetauchte Flächeneinheit können zur Richtschnur dienen, allein der Verfasser hegt nicht die Meinung, dass jene Tabellen der Wasserwiderstände und der Stromdichten bei der Manipulation mit dem Wasser-Rheostat erspriessliche Dienste leisten.

Es gibt ja zwei Faktoren, welche sich so schnell und in weiten Grenzen ändern, dass es viel bequemer erscheint, mit einem viel höheren Widerstande zu beginnen, als benöthigt wird und so viel davon auszuschalten als man braucht, als zu viel in den Gegenstand einzugehen.

Diese zwei Faktoren beziehen sich auf den Procentgehalt des Kochsalzes und auf die Grösse der Eintauchung der Platten.

Wenn es nun möglich ist, mit ausgehobenen Platten und ohne Salzzusatz zu beginnen, so unterliegt es keiner Schwierigkeit, einzusehen, dass bei einiger Uebung der Strom geregelt werden kann, nach der Capacität des Rheostates.

Der Wasser-Rheostat besteht in der Regel aus zwei Theile in Wasser getauchten Platten, von denen eine mit dem positiven, die andere mit dem negativen Leiter in Verbindung steht und von denen der beide Platten derart regulirbar sind, dass die Tauchfläche verändert werden kann. Die Art und Weise des Hebens der Platten hängt im Allgemeinen von den Umständen, von der Grösse der Platten u. s. w. ab. Was die Regulirfähigkeit anbelangt, so ist das Aufhängen an Stricken ganz entsprechend und wohlfeil und die Stricke selbst geben gute Isolatoren ab.

Am besten werden die Platten an ein starkes Holzgestell angeschraubt und die leitenden Verbindungen mit den Platten mittelst biegsamer Kabel hergestellt. Die Gestalt, Dicke der Platten u. s. w. ist nicht wesentlich. Gewöhnlich bedient man sich zu diesem Zwecke alter Kessel- oder Reservoirplatten.

Der Rost macht keinen Unterschied, jedoch ist es gut, den Oelanstrich zu entfernen und die Dicke der Platten ist nicht wesentlich, so lange dieselben noch dick genug sind, um beim Gebrauche ein Auseinanderkommen und Kurzschliessen zu verhüten. Die Entfernung der Platten voneinander ist auch gleichgiltig, insofern der Widerstand von derselben nicht abhängt. Der geringste Abstand der Platten voneinander ist 125 bis 15 cm, wodurch der gegenseitigen Berührung thunlichst vorgebeugt wird.

Der Wasserbehälter kann entweder aus Eisen oder aus Holz bestehen; das letztere Material ist vorzuziehen, indem es weniger Kurzschlüsse und Erdschlüsse verursacht und die Handhabung weniger gefährlich.

Die oft gestellte Frage, wenn man einen Wasser-Rheostat anzufertigen gedenkt, wird zum lauten: wie gross soll der Behälter sein und wie gross das Ausmass der Platten?

Wie wir oben bemerkt haben, hängen diese Abmessungen von dem Widerstande ab, der benöthigt wird. Es ist nicht überflüssig zu bemerken, dass diese Rheostate meistens zu gross gemacht und die gebräuchlichen Wasserwiderstände in Bezug auf ihre Capacität bedeutend unterschätzt werden.

Am besten ist es, bei Wasser-Rheostaten die erzeugte Wärme in Rechnung zu ziehen, denn praktisch genommen nimmt die Elektricität, sobald sie durch den Rheostat geht, die Gestalt der Wärme an.

Einer der besten Wege für die Absorbirung der Wärme ist der, sie in latente gebundene Wärme zu verwandeln. Sobald das Wasser im Rheostat zu sieden anfängt, hat der Vorgang begonnen, indem der Dampf latente Wärme enthält.

Der Rheostat sollte ausserhalb des Gebäudes aufgestellt werden, oder wenigstens an einem Orte, wo die Dünste oder Dämpfe den Maschinen oder den elektrischen Apparaten nicht schädlich sein können. Ist er so untergebracht, kann man den Rheostat ohneweiters sieden lassen. Die Capacität des Rheostat ist infolge dessen, analog wie bei einem Kessel, abhängig davon, wie bald das Wasser wallen soll. Beim Ersetzen des verdampfenden Wassers muss der Wasserspiegel constant erhalten werden.

Verlangt man von dem Rheostat eine höhere Leistung, so kann ein Strom von kaltem Wasser zugeführt werden, und sorgt man für passende Vorrichtungen gegen das Ueberlaufen des Wassers, so kann die Capacität des Rheostates gesteigert werden.

Der leichteste Weg, dem Rheostat Wasser zuzuführen, bleibt der mittelst eines auf dem Boden liegenden Schlauches. Durch Regelung des Wasserabflusses mittelst eines Hahnes oder Ventiles können ausgezeichnete Ergebnisse erzielt werden. Man ist geneigt mehr Wasser zu verwenden, als es nöthig ist. Oft kocht es im Gefässe ruhig fort und es ist nur nothwendig das verdampfte Wasser zu ersetzen. Manchmal, wenn der Widerstand infolge der elektrolytischen Thätigkeit der Platten abnimmt, entweicht das alte Salzwasser durch einen rascheren Kreislauf und so kann der Widerstand durch Regelung des Wassers auf einer gleichen Höhe erhalten werden. Ist die Zuströmung des Wassers zu gross, soll man bedenken, dass der reiche Zufluss

Fig. 1.

des frischen Wassers die Salzlösung schwächt und den Widerstand bedeutend steigert. Diese Zunahme des Widerstandes dürfte unter sehr hoher Belastung vorkommen, allein der Verfasser hat diesen Fall in keinem Elektricitätswerke beobachtet.

Die folgende Untersuchung, welche an der Baltimore und Suburban Railroad vorgenommen wurde, gibt einen Begriff von den hohen Stromstärken, welche von verhältnismässig kleinen Platten vertragen werden können.

Auf dieser Linie wurde vor nicht sehr langer Zeit ein 100 kw Bogenlampen und ein 800 kw Generator mit Benützung eines Wasser-Rheostates untersucht; durch Heben und Senken von Eisenplatten in einem längs des Maschinenhauses befindlichen Basin wurde die Stromstärke geändert.

Die Einzelheiten während der Prüfung des Spannungserhöhers waren: Platten $0365\,m \times 1525\,m \times 00063\,m$, grösste Tiefe der Eintauchung $0610\,m$, höchste Spannung $625\,V$, Maximalstrom $800\,A$; eingetauchte Maximalfläche $0610\,m^2$ grösste Stromdichte per dm^2 $43\,A$.

Zur Prüfung des Generators wurden dieselben Platten verwendet; die grösste Tiefe der Eintauchung betrug $0610\,m$; die höchste Spannung $550\,V$, die maximale Stromstärke $1460\,A$, die grösste eingetauchte Fläche $04185\,m^2$, die grösste Stromdichte für $1\,dm^2$ der eingetauchten Fläche $346\,A$.

Im Maschinenhause ist in der Fall, dass Salzwasser in der Nähe des Maschinenhauses vorhanden ist; es können aber auch Quellen und Brunnen benützt werden, wenn man in dieselben Salz hineinwirft. Gewöhnlich tritt der Fall ein, dass es am besten

ist, das Eintauchen der Platten in irgend ein Wasserbassin vorzunehmen.

Der Verfasser hat neulich die Prüfung an zwei 300 kw = Einheiten vorgenommen, wobei eine Cisterne von $1220 \times 1220 \times 1525\,m$ benützt wurde. Diese Cisterne gestattete mit Leichtigkeit $1000\,A$ bei $550\,V$ aufzunehmen. Aus einem Spritzenschlauch zufliessendes Wasser war nöthig, um die Cisterne vor heftigem Wallen zu schützen. Die grösste Tiefe der Eintauchung der Platten betrug $0915\,m$, die grösste eingetauchte Fläche, beide Seiten beider Platten gerechnet, betrug $3348\,m^2$, die maximale Stromdichte per $1\,dm^2$ $30\,A$. Die Stromdichte kann eine viel höhere sein, wenn die Wassermasse grösser ist, als wenn die Platten in ein Becken oder in einen Brunnen versenkt sind.

Für die gewöhnlichen Betrieb eines Elektricitätswerkes, für Prüfungen u. s. w., empfiehlt der Verfasser die in nebenstehender Zeichnung veranschaulichte Construction.

Man nimmt ein $2\frac{1}{2}$ bis $2\frac{3}{4}$ Hektoliter grosses Fass, rollt eine gewöhnliche Blechtafel aus galvanisirtem Eisen zusammen, nietet sie zu einem Cylinder für die äussere Platte. Die innere Platte, welche als positive zu dienen hat, wird aus dem gleichen Material angefertigt, nur ungefähr $152\,cm$ kleiner im Durchmesser. Ein auf diese Weise ausgerüstetes Fass lässt ohne Schwierigkeit den Verbrauch von $50\,kw$ zu und bei etwas zufliessendem Wasser — wenn die Constanz des Widerstandes nicht wesentlich ist — können auch 75 bis $100\,kw$ von dem Fasse ausgehalten werden.

Durch Zuhilfenahme solcher Fässer für je 50 oder $75\,kw$ — je nach der Beständigkeit des Widerstandes, welche verlangt wird — können ohne grosse Constructionskosten ganz zufriedenstellende Ergebnisse erzielt werden. Nachdem nicht sämmtliche Fässer zu gleicher Zeit überwallen, können ganz constante Resultate erreicht werden, selbst dann, wenn man die Fässer noch intensiver in Anspruch nimmt.

Ist eine genaue Regelung des Stromes erwünscht, z. B. für eine oder zwei Bogenlampen in einem Stromkreise von $500\,V$, empfiehlt der Verfasser die Plattencylinder durch einen schräg zur Achse geführten Schnitt zuzuschneiden. Mittelst dieser Vorkehrung beginnt der Strom praktisch mit Null, steigt allmälig bis zum grössten Werthe und die Regelung wird empfindlicher, insoferne der Strom an Stärke abnimmt.

Es dürfte nicht überflüssig sein, Jeden, der zum ersten Male einen Wasser-Rheostat benützt, aufmerksam zu machen, dass nur wenig Salz nöthig ist. Die Salzmenge hängt von der herrschenden Spannung, sowie von der erforderlichen Stromstärke ab. Bei dem erwähnten $2\frac{3}{4}$ Hektoliter-Fass und bei $550\,V$ genügt vollkommen ein Esslöffel Kochsalz, und bei einem schwächeren Strome, das heisst unter $50\,A$, wird es vermuthlich besser sein, gar kein Salz zu verwenden, sondern den Rheostat für sich einzuschalten und ihn einige Zeit wirken zu lassen, bis die elektrolytische Kraft die genügende Leitungsfähigkeit erzeugt hat. Wenn bei Einwerfen von Salz der Strom sich nicht augenblicklich zeigt, warte man eine Weile, indem sogar beim Umrühren einige Zeit nöthig ist, bis sich das Salz auflöst. Man darf daher kein Salz nachwerfen, wenn der Rheostat bei dem verlangten Strome nicht sofort anspricht.

Falls gleich bei Beginn zu viel Salz hineingethan wurde, steigt die Leitungsfähigkeit zu schnell und die Messung wird wahrscheinlich zu Ende sein, wenn die Platten nur ganz wenig in's Wasser tauchen. Dieses ist aber nicht recht, indem es nicht nur die Handlichkeit der Vorrichtung beeinträchtigt, sondern auch die Hitze auf die Oberfläche des Wassers beschränkt und hiedurch die Capacität des Rheostates vermindert.

Wird ein vollkommen sich gleich bleibender Widerstand verlangt, sollte ein eingetauchter Draht-Rheostat verwendet werden, der in der Regel aus einem Drahtkasten-Rheostat, versenkt in ein Fass mit durchfliessendem Wasser, besteht. Es kann ein sehr dünner Draht genommen werden, da eine grosse Menge fliessenden Wassers durch den Behälter geleitet werden kann. Neusilberdraht dürfte der beste sein, denn man verwenden kaum; Eisendraht kann auch verwendet werden, muss jedoch nach dem Gebrauche sorgfältig getrocknet und gefirnisst werden, weil sich an einer Stelle zu viel Firniss ansammelt, so kann der Draht leicht an dieser Stelle durchbrennen. Die Capacität solcher Rheostate ist sehr gering, gewöhnlich nicht über ein Zehntel von jener des Platten-Rheostates derselben Grösse.

Manche dürften erfahren wollen, was für eine elektrische Spannung im Wasser eines Wasser-Rheostates herrsche.

Die Spannung des Wassers wechselt mit jedem Punkte. Rund um die negative Platte ist sie negativ und an der positiven Platte ist dieselbe positiv. Zwischen den beiden Platten fällt sie stufenweise. Die Folge davon ist die Empfindung beim Eintauchen der Hand in den Wasser-Rheostat von dem Orte abhängt, wo die Hand eingetaucht wird, sowie von der Ausdehnung der Eintauchung. Hält man die Hand so, dass ein grösseres

Potentialgefälle auf dieselbe entfällt, so verspürt man einen heftigen Schlag.

Ein Wasser-Rheostat mit einem hinlänglichen Zwischenraume zwischen den Platten, so dass ein Mensch darin baden könnte, ohne Gefahr, die Platten zu berühren, würde das idealste elektrische Bad darstellen, in welchem der Strom in beliebiger Richtung und beliebiger Stärke durch den Körper gesendet werden könnte.

Im Anschlusse an diese schätzenswerthe Mittheilung berichtet E. A. Merrill über seine vor einigen Jahren an Wasser-Rheostaten mit schwachen Strömen angestellten Versuche. Diese Versuche bezweckten die Ermittlung mehr qualitativer als quantitativer Resultate, und können deshalb nur allgemeine Andeutungen gegeben werden. Nachdem jedoch auch solche Andeutungen nicht ohne allen Werth sind, insofern sie die Ermittlung genauer Ergebnisse anregen, wollen wir jene Versuche hier anführen.

Es wurde ein Trog mit rechteckigem Querschnitt, ungefähr bei 15 cm tief und ebenso breit von einer Länge von 1·8 bis 2·5 m aus Tannenbrettern hergestellt. Dieser Trog wurde zuerst bis auf 2·5 cm unter dem Rande mit Wasser aus der Wasserleitung angefüllt, welches wohl von genügender Reinheit war, da das Wasser als Trinkwasser von dem auf einem Hügel befindlichen Reservoir kam. Zwei dreieckige Elektroden waren aus Kupferblech angefertigt und an dieselben wurden sorgfältig Kupferleitungsdrähte befestigt. Als Stromquelle diente eine Sammler-Batterie mit constanter elektromotorischer Kraft, welche aber verändert werden konnte; die Messungen wurden mit einem Weston-Ampèremeter im Stromkreise und mit einem Weston-Voltmeter zwischen den Batterieklemmen vorgenommen. Durch Veränderung der elektromotorischen Kraft, sowie des Widerstandes im Schliessungskreise war eine Reihe von Ablesungen möglich ohne jemals 20 A zu überschreiten.

Nach wenigen Ablesungen ersah man, dass das Wasser chemisch vollkommen rein, ja zu rein war, um in Bezug auf den Widerstand zufriedenstellende Resultate zu liefern, indem der Widerstand des Wassers für ein Volum von 1 dm Länge mit einem Querschnitt von 1 dm² sich nahezu auf 305 Ω stellte. Dieser unerwartet hohe Widerstand brachte es mit sich, dass die Elektroden für starke Ströme und niedrige Spannungen, sagen wir 10 A und 10 V, so nahe an einander gebracht werden mussten, dass eine feine Abstufung unmöglich wurde, nachdem die geringste Verschiebung bedeutende Fehlerschwankungen verursachte. Man hat beobachtet, dass, so lange das Wasser genügend schwach war, um kein heftiges Aufwallen zu verursachen, der Widerstand durch Aenderungen der Stromdichte oder durch die Dauer des Stromes nur wenig beeinflusst war.

Es wurde sowohl in diesem, als auch in den späteren Versuchen die Wahrnehmung gemacht, dass, wenn die Stromdichte genügend war, um ein lebhaftes Aufbrausen hervorzubringen, der scheinbare Widerstand zwischen weiten Grenzen schwankte, eine Zweifel infolge der Ansammlung der Gasblasen an der Oberfläche der Elektroden, deren wirksame Fläche hiedurch verringert wurde.

Der nächste Versuch erstreckte sich auf die Aufstellung neuer Reihen von Messungen, nachdem das Wasser mit verschiedenen Mengen käuflichen Vitrioles oder Schwefelsäure versetzt und der Trog früher gereinigt und mit frischem Wasser gefüllt worden war.

Das Sinken des Widerstandes war dann mehr bemerkbar, als wenn man die gleiche procentualische Gewichtsmenge Kochsalzlösung genommen hat.

Die Ergebnisse sind nachstehend verzeichnet und gelten für ein Volum der Lösung von 0·305 m in der Länge und für einen Querschnitt von 0·093 m².

Gewichtsprocent der Säure	Widerstand in Ohm
0·174	4·12
0·435	1·75
0·724	1·10
0·985	0·85

Die Verwendung der Säure lieferte so gleichförmige Ergebnisse. Für einen gegebenen Grad der Lösung blieb der Widerstand nahezu constant, wenn man die Stromdichten bedeutend änderte, und den Versuch längere Zeit ausdehnte; die Gase entwichen frei von den Oberflächen der Elektroden und zeigten sich diese wenig angegriffen.

Der weitere Versuch bestand in der Aufstellung neuer Messungsreihen, nachdem verschiedene Mengen von Kochsalz dem Wasser beigemengt wurden. Das Aenderungen des Widerstandes der Salzlösung war merklich und die Ergebnisse bezogen auf das Volum der Lösung von 0·305 m Länge und 0·093 m² Querschnitt sind in folgender Zusammenstellung enthalten:

Gewichts-procente des Salzes	Widerstand in Ohm
0·23	7·84
0·46	4·65
0·70	3·12
0·93	2·38
1·16	1·90
1·39	1·48

Der Gebrauch des Salzes bietet ein wohlfeiles und bequemes Verfahren, um innerhalb weiter Grenzen den Widerstand im Stromkreise zu verändern, aber der Verfasser findet diesen Widerstand für genaue Arbeiten wenig verlässlich.

Das durch die Zersetzung der Lösung freiwerdende Chlorgas greift in hohem Grade die Elektroden an, zerfrisst dieselben sehr bald und setzt an der Oberfläche einen schweren Schaum von verhältnismässig geringem specifischen Leitungswiderstande ab, welcher Schaum den Ohm'schen Widerstand zwischen den Elektroden bald vermindert.

Die Ergebnisse, welche oben angeführt wurden, stammen von den Beobachtungen, die gemacht wurden, als die Oberfläche noch rein war. Ueberdies schliesst der Schaum Wasserstoffbläschen ein; wenn eine Elektrode aus der Lösung herausgezogen wird, entzünden sich dieselben bei Unterbrechung des Stromes unter Aufblitzen, welches manchmal so heftig ist, dass es die zu nahe befindliche Hand oder das Gesicht gefährden kann.[*) A/.

Untersuchungen über Erdleitungen. [**]

Die Ansichten über die vortheilhafteste Form und das beste Material einer Erdleitung für Blitzableiter, Telegraphen- und Fernsprechanlagen gehen trotz der zur Klärung der Frage angestellten zahlreichen Untersuchungen weit aus einander. Als Elektroden werden Platten, Netze, Seile und Cylinder empfohlen, als Material Blei, Kupfer, Eisen und Messing. Während einige es für genügend erachten, die Erdleitung nicht unter die Erdoberfläche zu verzweigen, wollen andere sie möglichst tief verlegen; die vielfach verbreitete Meinung, dass es zweckmässig sei, die Erdleitung

Nummer	Form und Material oder Elektroden	Abmessung in			Oberfläche in m²	Gewicht einschliesslich Zuleitungen kg	Einbettungs-art
		Länge mm	Breite bezw. äusserer Durchmesser mm	Dicke mm			
1	Eisenrohr, roh	3135	102	3·75	1	46·85	im Grundwasser
2	Eisenrohr, verzinkt.	3130	102	3·75	1	39·55	dto.
3	Eisenrohr, verzinnt	3130	102	3·75	1	37·12	dto.
4	Kupferrohr, roh.	3130	102	2	1	22·3	dto.
5	Kupferrohr, verzinnt.	3130	102	2	1	22·6	dto.
6	Bleirohr.	2900	110	2	1	21·23	dto.
7	Kupferplatte	1003	1003	2	1	19·38	dto.
8	Kupferdrahtnetz.	1000	1000	4	1	6·24	dto.
9	Kupferdrahtnetz, mit Bandeisen.	1000	1000	4	1	5·25	dto.
10	Eisenrohr, roh	1562	102	3·75	½	26·1	oberh. d. Grundwassers.
11	Eisenrohr, roh	1562	102	3·75	½	26·1	dto.
12	Kupferdrahtnetz	1000	1000	4	1	6·99	oberh. d. Grundwassers.
13	Kupferdrahtnetz	1000	1000	4	1	6·09	wie 12, jedoch in 1½ m³ Coaks.
	Ausserdem wurde gemessen:						
14	Wasserstandsrohr	5100	105	10¼			Oberkante 75 cm über Erde.

*) Flüssigkeits-Rheostate sind hier zu Lande als Anlasswiderstände für Motoren in Verwendung; auch bei den Motorwagen der elektrischen Bahn Bieler-Zigeunerwald würden solche Anlasswiderstände verwendet. Die Red.

**) „Archiv für Post- und Telegraphie." Beiblatt zum Amtsblatte des Reichspostamtes. Nr. 3. 1898.

u Coaks einzuletten, wird von mancher Seite verworfen und bekämpft. Dabei stützt jeder seine Ansicht auf die Erfahrungen, die mit Erdleitungen der einen oder anderen Art gemacht worden sind. Meist ist hierbei der Umstand nicht oder nicht genügend berücksichtigt, dass die Güte einer Erdleitung — ausser von der Construction und dem verwendeten Material! — auch abhängig ist von der Leitungsfähigkeit des sie umgebenden Erdreiches, die wiederum bedingt ist durch den Feuchtigkeitsgrad der Erde und manche andere, bisher noch nicht aufgeklärte Ursachen. Oft zeigt die Leitungsfähigkeit des Bodens schon in geringen Entfernungen grosse Unterschiede. Ein vergleichendes Urtheil über verschiedenartige Erdleitungen ist deshalb nur dann von Werth, wenn sie in Erdreich von möglichst gleicher Leitungsfähigkeit verlegt sind.

Auf dieser Grundlage hat das Telegraphen-Ingenieurbureau auf Anordnung des Reichspostamtes vom Jahre 1892 ab eine grosse Reihe von Versuchen angestellt, über deren Ergebnis wir nach einem Vortrage des Telegraphen-Ingenieurs Vesper im Elektrotechnischen Vereine das Bemerkenswertheste mittheilen.

Durch die Untersuchungen sollten die Beziehungen festgestellt werden, die zwischen der Grösse von Erdleitungswiderständen und der Grösse der Oberfläche, sowie der Art der Einrichtung derjenigen Leiter bestehen, die den Uebergang des elektrischen Stromes in die Erde vermitteln; es sollte ferner das Verhalten der zu den Elektroden verwendeten Materialien namentlich gegen die zersetzenden Einwirkungen des Bodens geprüft werden.

Die Lösung der Aufgabe bedingte die Einbettung einer Anzahl verschieden geformter und aus verschiedenen Materiale hergestellter Elektroden in geringem Abstande von einander in Erdboden von möglichst gleicher Leitungsfähigkeit, sowie die dauernde Beobachtung ihres elektrischen Widerstandes. Ein Abstand der Elektroden von durchschnittlich 2·5 m erwies sich als gross genug, um eine gegenseitige Beeinflussung auszuschliessen; selbst zwei je 10 m lange und nur 1·5 m von einander entfernte

Erdleitungen zeigten keine gegenseitige Einwirkung. Als ein für den Zweck geeigneter Platz wurde ein Theil des in der Köpenickerstrasse 132 liegenden reichseigenen Grundstückes ausgewählt, dessen Erdreich aus einer oberen Schicht von losem Humusboden besteht, unter dem sich eine gleichmässige, feste Schichte von grobem Sande bis zu grosser Tiefe erstreckt. Das Grundwasser wurde in 2·6 m Tiefe unter der Oberfläche gefunden. Alle ungewöhnlichen Formen von Elektroden wurden von den Versuchen ausgeschlossen; die Prüfung erstreckte sich nur auf cylindrisch und eben geformte Elektroden aus Eisen, Kupfer, Blei oder Coaks, sowie auf Kupferdrahtnetze. Form, Abmessungen, Gewicht und Einbettungsart der verwendeten Elektroden sind in vorstehender Uebersicht bezeichnet.

Das unter Nr. 9 bezeichnete Kupferdrahtnetz wurde mit 12 Bandeisenstreifen von 1100 mm Länge, 65 mm Breite und 2 mm Dicke durchflochten, um festzustellen, ob es möglich und vortheilhaft sei, das Erdreich in der Nähe des Netzes mit den durch die Oxydation des Bandeisens entstehenden Eisensalzen zu durchtränken, dadurch den Uebergangswiderstand herabzumindern und den Kupferdraht gegen Oxidation zu schützen. Da der städtische Grundwasserstand Schwankungen nur auf 1 m aufweist, so mussten die Elektroden mindestens bis auf 3·6 bis 4 m Tiefe eingebettet werden. Bei den Röhren bot dies keine Schwierigkeit; sie wurden mittelst Bohrrohres so tief versenkt, dass ihre Oberkanten sich mindestens 4 m unter der Erdoberfläche befanden, und die Röhre ihrer ganzen Länge nach dauernd im Grundwasser liegen. Die ebenen Elektroden auf diese Tiefe niederzubringen, war ohne bedeutende Kosten für Versteifung und Auspumpen der Gruben nicht möglich; sie wurden daher mit Ausnahme der 10 bis 13 nur auf 3 m Tiefe, und zwar wagrecht verlegt. Die Elektroden 10 bis 13, welche den Einfluss einer Coaksaufschüttung erkennen lassen sollten, wurden so eingebettet, dass ihre wagrechte Schwerpunktsebene in gleicher Tiefe, etwa 2 m unter der Erdoberfläche lag.

(Fortsetzung folgt.)

Verkehr der Eisenbahnen mit elektrischem Betriebe
im IV. Quartal 1897
und Vergleich des Verkehres und der Einnahmen des Jahres 1897 mit jenen des Jahres 1896.

Benennung der Eisenbahn	Durchschnittl. Betriebslänge im IV.Quartal km 1897	1896	jährlich m	Beförderte Personen im Monate 1897 Oct.	Nov.	Dec.	Die Einnahmen für Personen und Gepäck betrugen im Monate 1897 Oct.	Nov.	Dec.	Vom 1. Jänner bis 31. December 1897 Personen	Die Einnahm. betrugen vom 1. Jänner bis 31. Decemb. 1897	1896
a) Oesterreich												
Baden—Vöslau	8·04	8·04	normal	24.801	*)	—	2.357	*)	—		670.311	63.069	61.969
Bielitz—Zigeunerwald	4·85	4·85	1	19.268	11.559	13.268	1.665	905	950	295.530	28.578	31.603
Czernowitzer Strassenbahn	6·49	—	1	87.219	77.409	67.553	4.798	4.231	3.669	211.308	32.402	—
Gmunden Bahnhof—Stadt	2·68	2·53	1	6.526	4.500	4.809	683	505	441	97.002	12.463	13.138
Lemberger elektrische Eisenbahn	8·33	8·33	1	351.137	314.980	321.537	18.360	17.079	17.169	4.165.977	233.650	203.006
Linz—Urfahr	3·10	—	1	122.771	104.940	101.702	8.972	7.644	7.351	607.263	43.959	—
Mödling—Brühl	4·43	4·43	1	11.818	5.155	4.817	1.868	825	761	314.205	47.020	49.834
Prager Strassenbahnen (Königl. Weinberge—Žižkow)	5·80	—	normal	—	133.027	209.238	—	4.677	6.814	547.010	19.112	—
Prag—Vysočan und Abzweigung Lieben	5·14	5·14	"	126.400	107.454	108.274	8.914	6.744	6.759	1.330.357	88.133	46.490
Prag (Belvedere)—Bubenč (Thiergart.)**	1·38	1·38	"	—	—	—	—	—	—	—	—	—
Prag (Smichow)—Košíř	2·80	—	"	53.459	55.758	60.831	1.970	1.741	1.852	440.409	16.861	—
Reichenberger elektr. Strassenbahnen	2·29	—	t	100.937	63.683	73.773	5.630	4.219	4.317	378.902	24.502	—
Teplitz—Eichwald	8·94	8·94	1	63.854	57.862	69.631	5.964	5.167	6.131	572.653	80.394	58.776
Summe	64·79												
b) Ungarn (Budapester Eisenbahnen)												
Elektrische Stadtbahn Act.-Gesellsch.	25·8	24·1	normal	1.713.949	1.562.792	1.391.754	129.500	118.210	117.020	19.695.396	1.403.334	1.695.027 ***)
Franz Josefs-Elektrische Untergrundbahn Actien-Gesellschaft	3·7	3·7	"	264.558	241.550	299.660	26.456	24.155	29.966	3.557.657	355.76	314.795
Strassenbahn Act. Gesellsch.**)	46·7	—	"									
Neu-Pest, Palotaer Act.-Gesellsch.**)	19·7	—	"									
Summe	88·9												
c) Bosnien-Herzegowina.												
Stadtbahn in Sarajevo	4·90	4·90	0·76	97.486	79.690	87.565	3.991	3.179	3.463	1.025.895	44.379	41.184

*) Gesammtverkehr eingestellt. **) Hat keine Betriebsausweise abgegeben. ***) 1896 war das Millennium-Ausstellungsjahr, daher die grösseren Einnahmen. M. Z.

KLEINE MITTHEILUNGEN.

Verschiedenes.

Die erste elektrische Tramway in China. Die „Zeitschrift d. Oesterr. Ing. u. Arch. Vereines" bringt hierüber in ihrer Nr. 10 einen Bericht des ö.-n. Consular-Attaché in Shanghai Herrn N. Post, welchem wir das Nachstehende entnehmen. Während die seit längerer Zeit beabsichtigte Herstellung von elektrischen Strassenbahnen in Peking noch immer nur Projecte geblieben sind, beschloss kürzlich der Stadtrath der vereinigten englischen und amerikanischen Settlements in Shanghai, das Project einer belgischen Kleineisenbahn-Gesellschaft über die Errichtung einer elektrischen Tramway der nächsten diesjährigen General-versammlung der fremden Steuerzahler in den obgenannten Settlements zur vorgeschriebenen Beschlussfassung vorzulegen.

Hiemit gelangt neuerdings ein Unternehmen zur Erörterung, das schon vor Jahren im Principe geplant wurde, dessen Ausführung aber bisher stets an dem Widerstande der fremden Steuerzahler scheiterte, welche befürchteten, dass, sobald in den Strassen Shanghais elektrische Tramwagen laufen, sie sich nicht mehr dem ungestörten Genusse ihres Pferdesportes hingeben können. Mit dem starken Anwachsen der fremden und einheimischen Bevölkerung in Shanghai, nicht minder infolge der zunehmenden Lastentransporte, die noch ausschliesslich theils durch einrädrige Handschiebkarren (Wheelbarrows), theils durch Lastträger (Tragknüs) vermittelt werden, steigerte sich der Strassen-verkehr derart, dass eine Vereinfachung und Beschleunigung desselben dringend geboten erscheint. Nachdem man voriges Jahr versucht hatte, durch Erhöhung der diesbezüglichen Licenzgebühren die Zahl der Wheelbarrows zu verringern und dieselben allmälig durch europäische Lastwagen zu ersetzen, ist neuerdings mit Rücksicht darauf, dass ein ca. 20 Personen fassender Waggon einer elektrischen Tramway weniger Raum einnimmt und ein geringeres Verkehrshinderniss bildet als eben so viele schwerfällige, auch zur Personenbeförderung dienende Wheelbarrows, die Frage der Errichtung von elektrischen Tramways in Betracht gezogen worden.

Die eingangs erwähnte belgische Gesellschaft liess ein hiebezügliches Project ausarbeiten, welches vor Kurzem zur Veröffentlichung gelangte. Demzufolge sollen zunächst zwei Linien gebaut werden, von welchen die eine am nördlichsten Ende der amerikanischen Settlements beginnt und längs des schiffbaren Whangpoeflusses laufend, das amerikanische, englische, französische Settlement, sowie die Chinesenstadt der Reihe nach von Norden nach Süden durchzieht; die andere Linie zweigt von dieser ungefähr in deren Mitte ab, durchläuft in der Richtung von Ost nach West das englische Settlement und endigt in dem europäischen Villenviertel am Babbingwell. Die Anlage dieser beiden Linien, deren Gesammtlänge 12 km beträgt, ist zunächst eingeleisig, mit oberirdischer Stromzuleitung und einer Spurweite von 1 m gedacht und sollen auf denselben Züge bis zu drei Waggons verkehren. Die genannte Gesellschaft, welche zum Baue dieser Tramway eine eigene Actien-Gesellschaft in Shanghai unter englischen Gesetzen errichten will, erklärt sich bereit, den betheiligten Municipal-Verwaltungen der verschiedenen Settlements, je nach dem Antheile derselben an der kilometrischen Länge der ihren Bezirk durchziehenden Linien, vom Bruttoerträgnisse der Tramway während der ersten fünf Jahre 2%, während der nächsten fünf Jahre 3%, für die weiteren fünf Jahre 4% und endlich nach Ablauf derselben 5% zu entrichten. Ausserdem soll den Municipalitäten nach Ablauf von 15 Jahren das Einlösungsrecht der gesammten Linien gegen Entrichtung eines Preisschillings zustehen, welcher nach dem mit 4% capitalisirten durchschnittlichen Einnahmen der drei letzten günstigen Betriebsjahre nach Abzug aller Amortisation berechnet wird. Trotz dieser ausserordentlich günstigen Einlösungsbedingungen mehren sich in Anbetracht der voraussichtlichen Rentabilität dieser Tramway schon heute die Stimmen, welche verlangen, dass dieselbe von den betheiligten Municipalitäten selbst gebaut werde. Das Beispiel Shanghais wird unzweifelhaft auch in den anderen europäischen Vertragshäfen in kurzer Zeit elektrische Strassenbahnen erstehen lassen.

Die Elektricität in der Kirche. In der neuen St. Angastin-kirche in Brooklyn wurde kürzlich ein prächtiger Marmoraltar von wundervoller Bildhauerarbeit gesetzt, in dessen Mitte sich ein höchst kostbares Tabernakel aus massivem Gold und Silber befindet, ganz mit Diamanten und anderen Edelsteinen besetzt. Wie die „W. Allg." hierüber schreibt, scheint sich die Geistlichkeit grosser Besorgnis hingegeben zu haben, dass sich Diebeshände an diesem kostbaren Kleinode vergreifen könnten und man hat daher eine sinnreiche Vorrichtung angebracht, welche es unter den Schutz der Elektricität stellt. Hinter den Marmorsäulen des Altars verbirgt sich ein cylindrisch

geformter feuerfester Schrank aus drei Stahlplatten von zusammen 25 cm Dicke. Diese drei Stahlplatten sind in Rinnen beweglich und können sich zu aneinanderschieben, dass sie zu schützenden Sacramenthäuschen vollkommen von einem Panzer umschlossen wird. Die Zurückgleiten legen sich die Platten so übereinander, dass sie durch die Marmorengel verdeckt werden, welche dem Oberbaue des Altardiates als Träger dienen. Die Stahlplatten sind aussen mit einer leichten Goldschicht bedeckt. Zum Oeffnen und Schliessen dieses eigenartigen Panzerschrankes wird Elektricität verwendet; die schweren Platten werden durch Vermittlung eines Zahnrades bewegt, welches durch einen Treibriemen mit einem Elektromotor verbunden ist, der in der Mauernische des Altars untergebracht ist. Das ganze Triebwerk der Vorrichtung ist in einem zweiten Panzerschrank eingeschlossen, nach Art der Geldschränke mit einem Combinations-Schloss versehen ist und dessen einzelne Theile ausserdem durch elektrische Alarmleitungen mit dem nächsten Polizei-Bureau in Verbindung stehen. — Von der vorhandenen elektrischen Kraft machen die Amerikaner noch weitere Verwendung; so wird z. B. durch den Elektromotor auch eine Art Blasebalg in Bewegung gesetzt, an den ein Schlauch mit dünnem Ende angebracht ist, um damit den Staub aus den Fugen der herrlichen Altarschnitzerei herauszublasen. Ausserdem dient die elektrische Kraft zum Betriebe von Ventilatoren in verschiedenen Theilen des Gebäudes, für die Beleuchtung und zum Betriebe der Orgela. Zweifellos ist diese Kirche mit solcher Einrichtung eine der modernsten der Welt.

Ausgeführte und projectirte Anlagen.

Oesterreich-Ungarn.

a) Oesterreich.

Grottau, Böhmen. (Eisenbahn-Vorconcession.) Das k. k. Eisenbahnministerium hat dem Stadtrathe Grottau in Böhmen die Bewilligung zur Vornahme technischer Vorarbeiten für eine mit elektrischer Kraft zu betreibende Kleinbahn vom Marktplatze in Grottau auf der Grottau-Zittauer Chaussée bis zur Reichsgrenze gegen das Königreich Sachsen ertheilt.

Pola, (Eisenbahn-Vorconcession.) Das k. k. Eisenbahnministerium hat dem Ingenieur und Baumeister Hugo Ritter v. Haider in Wien in Vereine mit dem Corvetten-Capitän i. R. August Baron Bucovich in Pola die Bewilligung zur Vornahme technischer Vorarbeiten für eine normal- oder selbstspurige, mit elektrischer Kraft zu betreibende Kleinbahn in Pola, und zwar von Seeglio S. Pietro durch die Via di Circonvallazione dell' Arsenale, Via S. Policarpo, Contrada dell' Arsenale, Riva del Mercato und Corsia della Riva über die Piazza Ninfeo zum Staats-bahnhofe in Pola mit einer in der Via S. Policarpo abzweigenden und durch die Via delle Scuole und Via di Circonvallazione führenden, in die Hauptlinie nächst der Piazza Ninfeo einmündenden Zweiglinie ertheilt.

Prag. (Neue elektrische Bahnlinie.) Am 9. d. M. wurde mit dem Baue der elektrischen Bahnlinie von der Weinberger Kirche nach Wrschowitz, worüber wir bereits berichtet haben, begonnen, indem ein Theil des Geleises der Ringbahn Weinberge–Žižkow ausgehoben wurde, da an dessen Stelle Ausweichgeleise gelegt werden sollen.

(Die Uebernahme der Prager Tramway seitens der Stadtgemeinde Prag.) Am 10. d. M. ging das 24. Vorwaltungs-jahr der Prager Tramway-Unternehmung zu Ende und es sollten — vertragsgemäss noch 26 Jahre — bis zum 10. März 1924 — abgewartet werden, bis die Tramway in das Eigenthum der Stadtgemeinde Prag übergeht. Die Erfahrungen, welche die Stadt mit dieser Gesellschaft gemacht hatte, zeitigten jedoch die Erkenntniss, dass ein ausschliessbares Functioniren einer Communicationseinrichtung, wie es die Strassenbahn ist, nur dann denkbar ist, wenn die Ingerenz auf das Unternehmen der Gemeindeverwaltung vorbehalten bleibt. Mit der Entwicklung der Stadt und der Nachbarorte ergab sich auch das Bedürfniss neuer Communicationen, die man jedoch, durch Erfahrungen gewitzigt, nicht aus der Hand geben durfte. Und so war kaum einem Jahre die Grundlage zu einem elektrischen Bahnnetz geschaffen. Die Folge davon war, dass die Tramway, welche noch vor Kurzem unannehmbare Forderungen stellte, sich zu Verhandlungen bereit erklärte, welche ihren Anschluss daran fanden, dass die Prager Stadtgemeinde sich mit der Tramway-Unternehmung in dem jährlichen Einkommen von 168.000 fl. einigte, welches Betrag der Tramway-Unternehmung durch die folgenden 26 Jahre auszuzahlen wäre. Indessen ging die Generalversammlung der Actionäre der Prager Tramway in Brüssel, wie wir schon berichteten, auf diesen Antrag nicht ein und beschloss, von der Prager

Stadtgemeinde anstatt der Rente das entsprechende Capital sammt Verzinsung für 26 Jahre zu verlangen. Hierauf wurden die Verhandlungen abgebrochen und erst nach Beseitigung vielerlei Hindernisse neuerlich in Angriff genommen. Der Verwaltungsrath der städtischen elektrischen Unternehmungen wurde nun in der Sitzung des Prager Stadtrathes am 8. d. M. bevollmächtigt, mit der Tramway-Unternehmung direct zu verhandeln und es wurde am nächsten Tage eine Einigung erzielt und vorbehaltlich der Genehmigung des Stadtrathes und des Stadtverordneten-Collegiums unterfertigt. Es liegt somit seitens der Stadt Prag ein bindendes Offert vor, über welche das Stadtverordneten Collegium zu entscheiden hat. Diesen Abmachungen gemäss übernahm die Stadt auf Grund des am Donnerstag den 16. März vorhandenen Inventars, nach Abschluss des Verwaltungsjahres der Tramway mit dem 11. März den Betrieb auf den gesammten Tramwaystrecken. Zu diesem Behufe wurden am Nachmittag den 16. d. M. sämmtliche Objecte, Einrichtungen, die Futtervorräthe etc. und gegen Mitternacht das lebende und rollende Material in Anwesenheit der Stadträthe Dr. Chudoba, Havlik, Kopecký, k. R. Tichý und Vendalák und des Stadtverordneten Jaroslav Ritter von Pátroß verzeichnet, bei Tagesanbruch der Zustand der Pferde und der Werth derselben constatirt und der Betrieb begann auf Rechnung der Prager Stadtgemeinde. Bei der definitiven Uebernahme wird die bezügliche Abrechnung gepflogen werden. Die Umwandlung in die elektrische Bahn erfolgt nach der Ratificirung des Vertrages und sobald die Vollpacht in die Hände des Stadtrathes gelangt sein wird. Die Gemeinde will die Umwandlung im Ausschluss an die Ringbahn baldmöglichst in Angriff nehmen, damit der elektrische Betrieb auf den meisten Linien noch in diesem Jahre eingeführt wird. Die Lieferung der Maschinen, Handwerkarbeiten etc. für die neue elektrische Centralstation wurde deshalb auf den Monat October d. J. festgesetzt.

Prossnitz, Mähren. (Eisenbahn-Vorconcession.) Das k. k. Eisenbahnministerium hat dem Ingenieur Franz Křižik in Karolinenthal im Vereine mit Victor Troltsch in Karolinenthal die Bewilligung zur Vornahme technischer Vorarbeiten für eine Localbahn mit elektrischem Betriebe von Prossnitz über Bedihost, Hrubschitz, Tobitschau, Troubek, Preran, Zelawitz, Czech, Domazelitz, Drewohostitz, Lipora, Krtomil, Bychlow nach Bistritz a. H. ertheilt.

Przemyśl, Galizien. (Eisenbahn-Vorconcession.) Das k. k. Eisenbahnministerium hat dem Adam Fürsten Sapieha, Gutseigenthümer in Krasiczyn, die Bewilligung zur Vornahme technischer Vorarbeiten für eine schmalspurige Kleinbahn mit elektrischem Betriebe von Przemyśl nach Krasiczyn ertheilt.

Wien. (Die elektrischen Strassenbahnen zur Jubiläums Ausstellung.) Das k. k. Eisenbahnministerium hat mit dem Erlasse vom 5. d. M. das von der Gemeinde Wien vorgelegte Detailproject für die Theilstrecken Löwengasse-Sophienbrücke-Hauptalle (Prater) und Ausstellungsstrasse-Rotunde der von der Gemeinde intendirten elektrischen Strassenbahnen in Wien an die Statthalterei zur weiteren Amtshandlung nach den abgekürzten Verfahren im Sinne der H.-M.-Verord. vom 29. Mai 1880 mit dem Auftrage geleitet, die Tracenrevision und Stations-Commission und bei einem zustandelosen Ergebnisse derselben dazu anschliessend die politische Regelung vorzunehmen. Diese Amtshandlungen werden unter Leitung des k. k. Statthalterei - Secretärs Hans Hruschka am 17. und 18. d. M. vorgenommen werden.

Zwickau, Böhmen. (Eisenbahn-Vorconcession.) Das k. k. Eisenbahnministerium hat dem Albert Jordan in Wien im Vereine mit dem J. U. Dr. Max Patzek, Advocaten in Zwickau, die Bewilligung zur Vornahme technischer Vorarbeiten für eine mit elektrischer Kraft zu betreibende Kleinbahn von Zwickau über Lindenau und Kunnersdorf nach Gabel ertheilt.

Deutschland.

Berlin. In seiner ausserordentlichen Sitzung vom 11. d. M. berieth das Magistratscollegium den Vertragsentwurf der Stadtgemeinde mit der Actien-Gesellschaft Berliner Elektricitätswerke. Nach diesem Vertrage will die Stadtgemeinde bis zum Jahre 1915 — also drei Jahre vor Ablauf der Strassenbahnconcessionen — von ihrem jetzigen Rechte der Uebernahme der Werke keinen Gebrauch machen, wogegen seitens der Werke den Berliner Elektricitätswerke weitreichende Zugeständnisse gemacht werden. Von den wichtigsten Punkten sei hervorgehoben, dass die Berliner Elektricitätswerke in den Anlagen innerhalb des Weichbildes ihre Leistung auf circa 63.300 PS und in den Anlagen ausserhalb Berlins zunächst bis auf 50.000 PS erhöhen dürfen. Die Berliner Elektricitätswerke sind verpflichtet, diese Anlagen an der Oberspree u. s. w. im Umkreise von 50 km um Berlin in eigene Regie zu nehmen. Die Stadtgemeinde hat die Oberaufsicht über alle diese elektrischen Anlagen von Gross-Berlin und erhält diese Abgaben sowohl von den Innenwerken

eine erhöhte Gewinnbetheiligung wie auch von den Aussenwerken soweit deren Strom innerhalb des Weichbildes zur Verwendung kommt. Die in Berlin zu betreibenden Strassenbahnen erhalten sämmtlich den Strom aus den Elektricitätswerken, welche auch hiervon eine Bruttoabgabe von 10% an die Stadt zu entrichten haben. Bei eintretendem Licht- oder Kraftbedürfnis sind die Werke verpflichtet, auf Verlangen des Magistrats die betreffenden Strassen an das Kabelnetz anzuschliessen. Die Stadt erhält für Strassen- und sonstige öffentliche Beleuchtung einen Preis, der gegen den früheren Tarif auf mehr als die Hälfte ermässigt ist; sie darf die gesammten Werke im Jahre 1915 zum einfachen Taxwerthe übernehmen. Die Berathungen sind noch nicht endgiltig zum Abschluss gelangt.

Umwandlung des Strassenbahnnetzes für elektrischen Betrieb. Wie wir schon im vorigen Hefte an gleicher Stelle kurz berichteten, hat die Grosse Berliner Pferdebahn-Gesellschaft mit der am 1. d. M. stattgefundenen Eröffnung der elektrischen Strassenbahnlinie Schöneberg—Alexanderplatz die Ausführung des neuen Vertrages, hinsichtlich des elektrischen Betriebes auf ihrem gesammten Netze, begonnen. Von den 297 km Geleise dieser Gesellschaft sollen 42 km mit Accumulatoren betrieben werden; alle übrigen Strecken erhalten oberirdische Stromzuführung. Die Steigerung des Verkehrs und demgemäss auch der Einnahmen der Berliner Strassenbahnen verspricht eine ganz ausserordentliche zu werden. Schon jetzt hat Berlin, was die Einwohnerzahl nach die vierte Stelle unter den Millionenstädten der Welt — London, Paris und New-York-Brooklyn — einnimmt, durch die Anlage der Stadtbahn, die Ausbildung des Vorortverkehrs und die Herstellung eines ausgedehnten Strassenbahnnetzes Paris überflügelt. Nach der erfolgten Umwandlung der Pferdebahnen in elektrische Strassenbahnen und nach Fertigstellung der im Bau begriffenen Hoch- und Untergrundbahnen wird Berlin in diesem Punkte auch London geschlagen haben, mit dem es ohnehin bereits, wenn auch nicht bezüglich des Umfanges des Verkehrs, so doch in der Beschaffenheit der Verkehrsverhältnisse für den Stadt- und Vorort-Verkehr, sowie namentlich in der Billigkeit der Beförderung den Vergleich aufzunehmen vermag. Aber auch der Umfang des Verkehrs, der von Jahr zu Jahr zunimmt, ist ungemein stattlich. Im Jahre 1896 wurden befördert: auf Stadt- und Ringbahn rund 77 Millionen Personen, auf der grossen Berliner Pferdebahn 154·2 Millionen, Berlin-Charlottenburger Pferdebahn 7·5 Millionen, auf der neuen Berliner Pferdebahn 21·8 Millionen, auf der Dampfstrassenbahn 3·5 Millionen, auf der elektrischen Strassenbahn Siemens und Halske 3·8 Millionen und auf den verschiedenen Omnibuslinien 48·5 Millionen, im Ganzen rund 311 Millionen Personen. Vom Jahre 1897 liegt eine genaue Zusammenstellung noch nicht vor, doch dürfte, nach der Durchschnittssteigerung der vorangegangenen Jahre, die Gesammtzahl der beförderten Personen für das verflossene Jahr mit 350 Millionen nicht zu hoch angenommen sein. Das sind wahrhaft imposante Ziffern, wenn man das fast dreimal grössere London mit all den besonders verkehrsreich geltende Stadt New-York zum Vergleich heranzieht. In London wurden im Jahre 1896 von den beiden grossen Omnibusgesellschaften, den beiden Untergrundbahnen und der elektrischen Untergrundbahn zusammen 648·8 Millionen, in New-York im Jahre 1895/96 von den Hochbahnen, der Metropolitan Traction-Company und der Third Avenue Surface Company zusammen 366·6 Millionen Personen befördert. (Wien hat pro 1896 bei einer Einwohnerzahl von 1,365.000, auf der Wr. Tramway. Neuen Wr. Tramway und der Dampf-Tramway vorm. Krauss & Co., mit einer Betriebslänge von in summa 152·8 km — 73,923.732 Personen befördert.)

Patentnachrichten.

Mitgetheilt vom Technischen- und Patentbureau.

Ingenieur Victor Monath

WIEN, I. Jasomirgottstrasse Nr. 4.

Classe Deutsche Patentanmeldungen.[*]

20. L. 9796. Stromschluss-vorrichtung für elektrische Eisenbahnen mit unterirdischer Speiseleitung. — James Francis Mc. Laughlin, Philadelphia. 19./8. 1895.

21. A. 5017. Elektrostatische Voltmeter. — Allgemeine Elektricitäts-Gesellschaft, Berlin. 16./12. 1896.
— A. 5068. Selbstthätiger Starkstrom - Ausschalter zur gleichzeitigen Verwendung als Blitzschutz - Vorrichtung. Zus. z. Pat. 96.118. — Action - Gesellschaft Elektri-

*) Die Anmeldungen bleiben acht Wochen zur Einsichtnahme öffentlich aufgelegt. Nach § 24 des Patent-Gesetzes kann innerhalb dieser Zeit Einspruch gegen die Anmeldung wegen Mangel der Neuheit oder widerrechtlicher Entnahme erhoben werden. Das obige Bureau besorgt Abschriften der Anmeldungen und übernimmt die Vertretung in allen Einspruchs-Angelegenheiten.

Classe
cität swerke (vorm. O. L. Kummer & Co.), Niedersedlitz
b. Dresden. 13. 1. 1897.
21. D. 8600. Aus einem Glasstab gewickelte Birne für Glühlampen. — Forest William Dunlap, London. 16./11. 1897.
„ U. 1393. Kerntransformator für den Uebergang von Zwei-
leiter- auf Dreileiternetze und umgekehrt. — Union-Elektricitäts-Gesellschaft, Berlin. 14./12. 1897.
„ P. 9926. Verwendung von Persulfaten als Depolarisatoren in
galvanischen Elementen. — Dr. Franz Peters, Charlottenburg. 2./10. 1897.
„ S. 9057. Zweischnur - Vielfachschaltsystem. — Siemens
& Halske, Berlin. 11./1. 1895.
36. F. 10014. Elektrische Heizvorrichtung. — George Brinton
Fraley, Philadelphia. 98./6. 1897.
42. H. 19.088. Vorrichtung für den Rücktransport der Membrane
von anderen Apparaten. — Alexander v. Hoi mendahl,
Hans Boekdorf b. Kempen a. Rh. 4./8. 1897.

Classe Deutsche Patentertheilungen.
21. 97.082. Vorrichtung an Fernsprechanlagen zur Benachrichtigung
des Anrufers von der Abwesenheit oder Anwesenheit des Angerufenen. — O. Hannach, Breslau. 22./11. 1896.
„ 97.104. Herstellung von Bleizittern für Sammelplatten. —
A. Heil, Fränkisch-Grumbach. 23./7. 1897.
„ 97.137. Verfahren und Einrichtung zum Anlassen von einphasigen Wechselstrom - Motoren. — Actien-Gesellschaft Elektricitätswerke (vorm. O. L. Kummer
& Co.), Niedersedlitz b. Dresden. 1895.
„ 97.138. Einrichtung an Fernsprechanlagen, welche es ermöglicht, den Fernsprecher in derselben Leitung mit anderen
telegraphischen Apparaten benutzen zu können. — E. W.
Smith, Chelsea, England. 3./4. 1896.
„ 97.139. Selbstthätiger Stromunterbrecher mit zwei Magneten
von verschiedener Empfindlichkeit. — R. Belfield, London.
27./10. 1897.
„ 97.140. Einrichtung zur Entnahme von Strom gleichbleibender
Spannung aus Vertheilungsnetzen mit wechselnder Spannung
mittelst Motordynamo. — Dr. M. Kugel, Berlin. 24./1. 1897.
„ 97.141. Stromabnehmerbürste. — L. Boudreaux, Paris.
11./5. 1897.
„ 97.142. Schmelzsicherung mit Einrichtung zur Verhütung
des Einsetzens zu starker Schmelzpatronen. — Actien-
Gesellschaft Elektricitätswerke (vorm. O. L.
Kummer & Co.), Niedersedlitz b. Dresden. 26./5. 1897.

Auszüge aus Patentschriften.

Georg Ritter in Stuttgart. — Umschalter für Fernsprech-Anlagen. — Classe 21, Nr. 95.745.

Ein mit einer Batterie und einem Elektromagneten ausgestatteter Hilfsstromkreis ist einerseits mit den Klinkenhülsen und
andererseits mit den Verbindungsklinken derart verbunden, dass
nach dem in Folge Einsetzens der Stöpsel in die Klinken erfolgten Schluss des genannten Hilfsstromkreises durch den mit
einer Umschaltevorrichtung verbundenen Anker des Elektromagneten die Verbindung der an den Verbindungsstöpseln gehörenden Schlussklappe mit dem Sprechstromkreis, bezw. die
Trennung des Beamtenfernsprechers von den ersteren, sowie das
Aufrichten der Schlussklappe bewirkt wird.

R. Nithack in Nordhausen. — Verfahren zur elektrolytischen
Herstellung von Stickstoff-Verbindungen (besonders Ammoniak
und Ammoniumnitrat) aus atmosphärischem Stickstoffe. —
Classe 75, Nr. 95.532.

Die Erfindung betrifft die technische Verwerthung der,
bereits von Davy gemachten Beobachtung, dass bei der Elektrolyse lufthaltigen Wassers am negativen Pole Ammoniak und
am positiven Pole Salpetersäure entsteht, und besteht darin,
dass hierbei das Wasser während der Elektrolyse beständig mit
unter hohem Drucke stehendem Stickstoffe gesättigt gehalten wird,
während zugleich in die Sauerstoffzelle zwecks energischerer
Bindung des dort auftretenden Sauerstoffes zu Ammoniumnitrat
concentrirte Ammoniakflüssigkeit eingeleitet wird.

Marschner & Co. in Berlin. — Verfahren zur Herstellung von
Sammelerelektroden. — Classe 21, Nr. 95.787.

Der wirksamen Masse werden als Bindemittel Bernstein,
welcher in einer heissen Mischung von Alkohol und Terpenthinöl
gelöst ist, oder andere, ähnlich zusammengesetzte fossile Harze
zugesetzt.

R. Stock & Cie. in Berlin. — Abfragesystem für Vielfachumschalter. — Classe 21, Nr. 95.459.

Die gewöhnlichen dienstlichen Bemerkungen des Beamten
auf der Vermittlungs-Anstalt in Verkehr mit einem Theilnehmer
zwecks Herstellung der gewünschten Verbindung werden durch
telephonische Signale ersetzt. Dies geschieht in der Weise, dass
durch das Einschalten des Abfrage-Apparates, sowie durch Drücken
einer Taste nach erfolgter Verbindung der beiden Theilnehmer
durch den Beamten die Töne eines regelmässig schlagenden
Weckers durch ein Mikrophon mit Inductionsspule dem anrufen-
den Theilnehmer übermittelt werden.

Geschäftliche und finanzielle Nachrichten.

Budapester Allgemeine Elektricitäts-Actiengesellschaft.
Die Gesellschaft erzielte einen Reingewinn von 149.444 fl. Die
Actionäre erhalten eine Dividende von 4 fl. per Actie und
2444 fl. werden auf neue Rechnung vorgetragen. Die Stromabgabe
hat sich im Jahre 1897 wesentlich gehoben und auch der Erlös
aus dem verkauften Strome den vorjährigen überschritten. Wenn
die Gesellschaft trotz dieser günstigen geschäftlichen Entwicklung
dennoch einen geringeren Reingewinn als im Vorjahre aufweist,
ist dies auf den Umstand zurückzuführen, dass die Direction im
Interesse der Solidität des Unternehmens und der fortgesetzt
günstigen Entwicklung desselben alle schwebenden Lasten und
dubiosen Forderungen abgeschrieben hat, welche Abschreibungen
und Amortisationen den Betrag von 120.225 fl. in Anspruch genommen haben, um 60.629 fl. mehr als im Jahre 1896.

Gesellschaft für elektrische Unternehmungen in Berlin.
In der Sitzung des Aufsichtsrathes vom 14. d. M. wurde der
Abschluss für 1897 vorgelegt. Der Brutto-Gewinn beträgt an
Zinsen, Dividenden und Effecten-Verkäufen 3,337.260 Mk. (i. V.
1,911.609 Mk.), wovon an Generalunkosten, Provisionen und Abschreibungen 332.970 Mk. (i. V. 153.838 Mk.) abgehen, so dass sich
der Nettogewinn auf 139.649 Mk. Vortrag aus 1896 auf 143.946 Mk.
(i. V. 2.00.870 Mk.) stellt. Es wird beschlossen, der auf den
5. April einzuberufenden Generalversammlung die Vertheilung
einer Dividende von 8¹⁄₂ % gegen 7¹⁄₂ % im Vorjahre und die
Ueberweisung an die beiden Reservefonds von je 150.000 Mk. vorzuschlagen.

Elektrische Strassenbahn Breslau. Dem Geschäftsberichte
pro 1897 für das vierte volle Betriebsjahr entnehmen wir folgende
Mittheilungen: Nach angemessenen, den vorliegenden Verhältnissen
entsprechender Bemessung des Erneuerungsfonds, welche nach den
reichlichen Rückstellungen der Vorjahre für das Geschäftsjahr
1897 nicht so hoch zu sein brauchen wie bei vorausgegangenen
Jahren, nach den sonstigen Abschreibungen und Rückstellungen
kann die Verwaltung nach das verflossene Geschäftsjahr wieder
eine Dividende von 6 % in Vorschlag bringen. An rollendem
Material sind nunmehr vorhanden: 55 Motorwagen, 15 geschlossene,
50 offene Anhängewagen, 1 Schneepflug mit elektrischem Antrieb,
3 Salzwagen, 2 Mannschaftswagen, 4 grosse Arbeitswagen, 1 Bahn-
meisterwagen. An Wagenkilometern wurden geleistet im Jahre
1897 2,8:3.882, also gegen das Vorjahr mehr 110.571 km oder im
Durchschnitte 302·93 km per Tag. Die Gesammtzahl der Anlage reisen gegen das Vorjahr einen Mehrbetrag von Mk. 100.646 auf.

Siemens-Trust. Die meisten Elektricitäts - Gesellschaften
Deutschlands haben zur Beschaffung des Capitals für neue Unternehmungen besondere Gesellschaften gegründet, sogenannte Trust-Companien,
gebildet. Ein solches Finanzinstitut wurde vor einigen Monaten
auch für die Unternehmungen der Berliner Firma Siemens &
Halske ins Leben gerufen, und zwar unter der Firma „Elektrische Licht und Kraftanlagen-Gesellschaft".

Dresdener Strassenbahn. Im Geschäftsberichte für 1897
betont die Direction, dass sie sich betreffs Einführung des elektrischen Betriebes nur schwer den Bedingungen anzubequemen hat,
welche sich auf die Höhe des an die Stadt zu zahlenden Strom-
preises und auf die zeitlich ausgedehnte Verwendung der Accumulatoren bei gleichzeitiger Verbilligung der Fahrpreise vom
Jahre 1900, bezw. 1903 ab beziehen. Die Direction glaubt aber,
vor Opfern nicht zurückschrecken zu sollen, um Misshelligkeiten
zu vermeiden, die bei der Stellung zu den städtischen Behörden und insbesondere für eine weitere Ausgestaltung des Unternehmens durch die Stadtgebietes hinderlich werden könnten.
Was die Betriebsergebnisse des abgelaufenen Geschäftsjahres anbelangt, so haben die Unternehmen mit Rücksicht auf die geleisteten
Wagenkilometer, auf die Zahl der beförderten Personen und auf
die erzielten Brutto - Einnahmen einen Aufschwung genommen,
welcher die Ergebnisse früherer Jahre ganz wesentlich übertrifft.
Dagegen sind andererseits die Mehraufwendungen, insbesondere
an Löhnen, Stromkosten, Motorwagen-Reparaturen und städtischen

Abgaben in so unverhältnismässiger Weise gestiegen, dass die Mehreinnahmen nicht ausreichten, um sie auszugleichen. Von den Wagen wurden im Berichtsjahre 8.413.050 km zurückgelegt (i. V. 6,562.655), was eine Mehrleistung von 22% ergibt. Die Zahl der beförderten Personen ist von 29,079.776 im Vorjahre, auf 36,413.945 in 1897 gestiegen, hat sich somit um 20·1% vermehrt, während die Fahrgelder-Einnahme die Höhe von Mk. 3,692.097 erreichte, gegen Mk. 3,166.024 im Vorjahre und somit nur eine Erhöhung von 14·3% aufweist. Wenn an der Vermehrung der Wagenkilometer, der gesteigerten Personenbeförderung und der Erhöhung der Brutto-Einnahme die elektrischen Linien den grösseren Antheil haben, so weist doch auch die Mehrzahl der noch mit Pferden betriebenen Linien einen fortgesetzt erheblichen Aufschwung des Verkehres auf. Der Percentsatz der Betriebsausgaben zu den Betriebseinnahmen beträgt hiernach pro 1897 63·05%, während er sich in 1896 auf 57·41% gestellt hat. Der Bruttogewinn stellt sich incl. Mk. 32.694 (i. V. Mk. 20.475) Vortrag auf Mk. 4,067.546 (i. V. Mk. 3,606.126). Die Abschreibungen beziffern sich auf Mk. 491.663 (i. V. Mk. 565.810). Der Reingewinn stellt sich auf Mk. 1,019.021 (i. V. Mk. 1,041.830). Hievon werden für Tantièmen verwandt Mk. 39.093 (i. V. Mk. 46.854), für Gratificationen Mk. 9773 (i. V. 10.213). Auf Bahnbauconto werden Mk. 100.000 (i. V. Mk. 200.000) abgeschrieben. Die Dividende beträgt 8% gleich Mk. 800.000 auf das Actiencapital von 10 Millionen Mark (i. V. 8% mit Mk. 693.000 auf ein Actiencapital von 8,650.000).

Elektrische Strassenbahnen im Oberschlesischen Industriebezirke. Die von der Firma Kramer & Co. zu Berlin geplanten schmalspurigen, elektrisch zu betreibenden Schienenverbindungen für Personen- und Güterverkehr, und zwar 1. von Laurahütte nach Beuthen O.-S. mit Abzweigung von Baiagow nach der russischen Grenze, anschliessend in Laurahütte an die Kleinbahn Königshütte—Kattowitz—Laurahütte und in Beuthen O.-S. an die Kleinbahn Gleiwitz—Dt. Piekar, 2. von Beuthen O.-S. über Dombrowa nach Trockenberg mit Abzweigung nach Radzionkau, anschliessend in Beuthen an die Kleinbahn Gleiwitz—Dt. Piekar, sowie an die Kleinbahn Beuthen O.-S., Schomberg, Borsigwerk, Zabrze und Beuthen, Schomberg, Morgenroth, Friedenshütte, Antonienhütte, Schwientochlowitz, 3. von Rudahammer über Ruda nach Carl Emanuel-Colonie anschliessend in Rudahammer an die Kleinbahn Beuthen, Schomberg, Borsigwerk, Zaluze, und in Carl Emanuel-Colonie an die Kleinbahn Gleiwitz—Dt. Piekar sind nach Verfügung des Ministers der öffentlichen Arbeiten als Kleinbahnen nach dem Gesetze vom 28. Juli 1892 zugelassen. Die Finanzirung dieser Linien hat die Oberschlesische Dampfstrassenbahn-Gesellschaft m. b. H. zu Berlin W. übernommen, deren sämmtliche Antheile sich im Besitze der Allgemeinen Deutschen Kleinbahn-A.-G. befinden, und welche auch Besitzerin aller derjenigen vorgenannten Strecken ist, an welche die neuen Kleinbahnlinien directen Anschluss erhalten.

Correspondenz.

Herr Gisbert Kapp theilt mit, dass die unter dem Titel: „Parallelschaltung von Wechselstromdynamos" im vorigen Hefte beschriebene Schaltung genau mit der von ihm in der „E. T. Z." 1894, Seite 485 angegebenen Methode übereinstimmt. Gisbert Kapp hat diese Anordnung im Jänner oder Februar 1894 in der Centrale zu Bristol in England angewendet und war damit recht zufrieden; die vielen Unterbrechungen der Induction-Spule hält derselbe nicht für nöthig. Gisbert Kapp hat nur zwei Hilfsschienen angewendet, glaubt jedoch drei wären besser gewesen. Die Schaltungsmethode sei auch in Deutschland bekannt, denn Kummer und Co. habe sie mit seiner Einwilligung angewendet.

In der Fig. 1 ist die Kapp'sche Anordnung dargestellt. Mit s s sind die Sammelschienen für Wechselstrom bezeichnet, L_1 L_2 sind die zu den Wechselstrom-Generatoren führenden Leitungen. Durch die Ausschalter I, bezw. II können die Generatoren mit den Sammelschienen verbunden werden. Durch Einstecken zweier Stöpsel S kann man irgend einen Generator mit den zwei Hilfsschienen H H verbinden. Die untere Hilfsschiene ist, wenn der Ausschalter O geschlossen ist, mit der unteren Sammelschiene verbunden, die obere Hilfsschiene ist, wenn gleichzeitig die Ausschalter a und b geschlossen sind, mit der oberen Sammelschiene verbunden. Durch Unterbrechung der Ausschalter a und b können zwei Inductions-Spulen A und B eingeschaltet werden. Die Schaltmethode ist nun folgende: Es soll Dynamo L_2 an das Netz geschaltet und Dynamo L_1 soll zugeschaltet werden,

so müssen die Ausschalter I, a, b offen, O geschlossen sein. Man lässt die Dynamo L_1 anlaufen, steckt die Stöpsel S ein, schliesst bei gleichzeitiger Nachregulirung den Ausschalter a, hierauf b, wodurch die Inductions-Spulen kurz geschlossen werden; hierauf ist I zu schliessen, dann Ausschalter a und b sind zu öffnen und die Stöpsel S herauszuziehen; dadurch sind die Inductions-Spulen wieder für Zuschaltung einer neuen Dynamo verwendbar. Umgekehrt ist beim Abschalten zu verfahren.

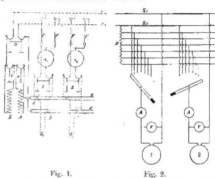

Fig. 1. Fig. 2.

Der Gefertigte hat von dem Artikel des Herrn Gisbert Kapp keine Kenntnis gehabt, ebenso auch einige anderen Herren nicht, welchen derselbe die im vorigen Hefte beschriebene, des Vergleiches halber in der Fig. 2 abgebildete Anordnung zeigte. Der Unterzeichnete war zur Aufstellung dieser Schaltmethode lediglich durch den Gedanken veranlasst worden, ein Hilfsmittel zu ersinnen, welches es ermöglicht, den Betrieb in einer Wechselstrom-Centrale wieder aufnehmen zu können, wenn durch irgend einen Umstand alle Dynamos zum Stillstande kommen und das Netz voll belastet ist. Der Gefertigte gibt zu, dass das Princip der von ihm vorgeschlagenen Schaltung identisch ist mit der Schaltmethode des Herrn Gisbert Kapp und anerkennt vollkommen das Verdienst desselben, dieses Princip zuerst angewendet zu haben. Trotzdem glaubt derselbe, dass die im vorigen Hefte beschriebene und in der Fig. 2 dargestellte Anordnung gewisse Vorzüge bietet und zwar:

1. Die Schaltmethode ist einfacher, weil man nur eine Kurbel zu drehen hat.

2. Die Verwendung einer Inductions-Spule mit vielen Abzweigungen dürfte bei vielen Wechselstrom-Generatoren eine unerlässlich zu erfüllende Bedingung sein, wenn die Parallelschaltung gelingen soll, da bei Verwendung von nur zwei Vorschaltstufen die Belastungsänderungen des zuzuschaltenden Generators sehr gross sind.

3. Die Anordnung nach Fig. 2 gestattet in dem Falle, wenn alle Dynamos in einer Centrale zum Stillstande kommen, den Betrieb bei voll belastetem Netze wieder anzunehmen, was nach der Schaltung in der Fig. 1 nicht möglich ist.

Schliesslich sei bemerkt, dass der Gefertigte die Schaltung (Fig. 2), welcher nach dem Vorigen ein von Kapp zuerst angewendetes Princip zu Grunde liegt, weder patentirt, noch zu patentiren beabsichtigt. J. Sahulka.

Neue Mitglieder.

Die nächste **Vereinsversammlung** findet Mittwoch den 23. d. M. im Vortragssaale des Wissenschaftlichen Club, I., Eschenbachgasse 9, I. Stock, 7 Uhr abends, statt.

Vortrag des Herrn Director der Accumulatoren-fabriks-Actien-Gesellschaft Ludwig Gebhard: „Ueber Erfahrungen auf dem Gebiete der Accumulatoren."

Die Vereinsleitung.

Schluss der Redaction: 15. März 1898.

Verantwortlicher Redacteur: Dr. J. Sahulka. — Selbstverlag des Elektrotechnischen Vereines.
Commissionsverlag bei Lehmann & Wentzel, Wien. — Alleinige Inseraten-Aufnahme bei Haasenstein & Vogler (Otto Maass), Wien und Prag.
Druck von R. Spies & Co., Wien.

Zeitschrift für Elektrotechnik.

Organ des Elektrotechnischen Vereines in Wien.

Heft 13.   WIEN, 27. März 1898.   XVI. Jahrgang.

Bemerkungen der Redaction: Ein Nachdruck aus dem redactionellen Theile der Zeitschrift ist nur unter der Quellenangabe „Z. f. E. Wien" und bei Originalartikeln überdies nur mit Genehmigung der Redaction gestattet.

Die Einsendung von Originalarbeiten ist erwünscht und werden dieselben nach dem in der Redactionsordnung festgesetzten Tarife honorirt. Die Anzahl der vom Autor event', gewünschten Separatabdrücke, welche zum Selbstkostenpreise berechnet werden, wolle stets am Manuscripte bekanntgegeben werden.

INHALT:

Rundschau.

Die Leistungsfähigkeit der Gleichstrom-Centralen und die Ausnützung der verlegten Leitungsnetze würde bedeutend erhöht werden, wenn bei Mehrleitersystemen von den gegenwärtig zumeist üblichen Theilspannungen zu 100 bis 120 V zur doppelten Betriebsspannung übergegangen würde. Der Uebergang ist bei bestehenden Elektricitätswerken durchführbar und wird in England gegenwärtig an einem Dreileiternetze durchgeführt. Man kann, wenn das Netz nach dem Dreileitersysteme ausgeführt ist, in den Sommermonaten successive sämmtliche Lampen und Motoren zwischen Mittelleiter und einen Aussenleiter schalten; hierauf wird zwischen dem Mittelleiter und anderen Aussenleiter die Betriebsspannung auf den doppelten Werth erhöht. Die Lampen und Motoren sind dann successive durch solche für die doppelte Betriebsspannung bestimmte zu ersetzen und an den anderen Aussenleiter anzuschliessen. Nun kann man auch zwischen dem ersten Aussenleiter und Mittelleiter die Betriebsspannung auf den doppelten Werth erhöhen und kann die Anschlüsse des Stromconsumenten wieder auf beide Aussenleiter vertheilen. Bei Fünfleitersystemnetzen ist der Uebergang noch leichter durchzuführen. Für die Betriebsspannung von 200—240 V werden Glühlampen verwendet, welche zwei in Serie geschaltete Kohlenfäden enthalten, die für die übliche Voltzahl von 100 bis 120 V zur doppelten Betriebsspannung übergegangen würde. Der Uebergang ist bei bestehenden Elektricitätswerken durchführbar und wird in England gegenwärtig an einem Dreileiternetze durchgeführt. Man kann, wenn das Netz nach dem Dreileitersysteme ausgeführt ist, wenn jeder Faden 8 Kerzen liefert, so hat die Lampe die übliche Lichtstärke von 16 Kerzen. Solche Lampen können auch eine horizontale Lage haben, insbesondere, wenn der Faden nicht die einfache Bügelform hat. In den letzten Jahren wurden Versuche gemacht, Glühlampen zu erzeugen, welche einen einzigen Kohlenfaden enthalten und direct für Betriebsspannungen von 200—240 V geeignet sind. Man kann allerdings anstatt zweier in Serie geschalteter Fäden einen einzigen von der doppelten Länge wählen; es wird aber dadurch die Lampe grösser und überdies wird der dünne Faden schon merklich durch die elektrostatischen Anziehungskräfte beeinflusst, welche bei den erhöhten Betriebsspannungen nicht mehr verschwindend klein sind. In einem Vortrage, welcher in der Institution of Electrical Engineers in London am 24. Februar gehalten wurde, berichtete G. Bing-wanger-Byng über die Resultate, welcher in der Fabrikation von hochvoltigen Glühlampen für 200 bis

240 V in den letzten Jahren erreicht wurden. Der Vortrag ist im „Electrician" in Nr. 1034 veröffentlicht und ist im Folgendem auszugsweise wiedergegeben.

Da die Kerzenstärke der Lampen gewöhnlich vorgeschrieben ist, und zumeist verlangt wird, dass die Lampen nicht grösser sein sollen, als die gewöhnlichen Lampen für 100—120 V, hat man die Kohlenfäden aus einem Materiale von höherem specifischem Widerstande gewählt. Man benützte einerseits reinen Kohlenfäden, andererseits versuchte man die Fäden aus einer mit schlecht leitenden Materialien vermengten Kohle herzustellen. Die nicht carbonisirten Fäden haben einen grösseren specifischen Widerstand als die carbonisirten; die Oberfläche ist rauher und daher das Emissionsvermögen grösser. Die wenig carbonisirten Fäden nehmen in der Helligkeit rascher ab als niedervoltige; der Wattverbrauch pro Kerzenstärke nimmt rascher zu. Mr. Robertson fand durch Vergleich mit 100- und 200-voltigen Lampen für 16 Kerzen, welche gleiche Grösse hatten, dass nach 600 Brennstunden die Abnahme der Lichtstärke bei den ersteren 35%, bei den letzteren 42% betrug. Mit Hilfe des Mikroskopes kann man sehen, dass nach längerer Brenndauer die nicht carbonisirten Kohlenfäden eine noch rauhere Oberfläche erhalten haben, als sie schon ursprünglich hatten, während die carbonisirten Fäden sich in ihrem Aussehen wenig verändern. Die nicht carbonisirten Fäden werden bei Stromdurchgang leichter verflüchtigt, durch Vergrösserung der rauhen Oberfläche nimmt das Emissionsvermögen zu, die Temperatur und Lichtstärke des Fadens nimmt ab. Robertson glaubt daher auch, dass die hochvoltigen Lampen mit nicht carbonisirten Fäden niemals so gut sein werden wie die gewöhnlichen Glühlampen.

Die nicht carbonisirten Fäden enthalten überdies Gase in absorbirtem Zustande, welche während des Carbonisirungs-Processes ausgetrieben werden. Bei den Lampen mit nichtcarbonisirten Fäden entweichen die Gase erst während des Betriebes und geben, wenn der Verdünnungsgrad der Lampe ein bestimmter ist, manchmal zur Bildung eines Lichtbogens, bezw. Kurzschlusses in der Lampe, Veranlassung; die erhöhte Betriebsspannung trägt hiezu ebenfalls bei. Robertson empfiehlt daher, wenn Lampen grösserer Form gestattet sind, stets einen wohlcarbonisirten Faden von grösserer

Länge zu benützen, in welchem Falle die hochvoltigen Lampen ebenso gut sind, wie die niedervoltigen; es dürfen jedoch wegen der Wirkung der Schwere und der elektrostatischen Anziehung solche Lampen niemals in horizontaler Lage montirt werden. Diese Ausführungsform der Lampen bietet auch den Vortheil, dass durch den Lampenhals nur zwei Stromzuführungsdrähte geführt zu werden brauchen, während bei zwei in Serie geschalteten Faden vier Drähte einzuführen sind; mit Rücksicht auf die erhöhte Betriebsspannung ist dieser Vortheil nicht zu unterschätzen. Die Lampenfassungen sollen so beschaffen sein, dass die Leitungsdrähte möglichst weit von einander entfernt sind; auch sind mit Rücksicht auf Kurzschlussgefahr Fassungen aus isolirendem Material zu empfehlen; die Edison-Fassung hat sich gut bewährt.

Es wurde auch versucht, Kohlenfäden von höherem specifischem Widerstande herzustellen, indem man die Kohle mit verschiedenen Oxyden, Boraten und Silicaten vermischte, oder die in gewöhnlicher Weise hergestellten Faden mit einem Ueberzuge versah, welcher während des Betriebes der Lampe mitglühen sollte. Es zeigte sich aber stets, dass schon bei geringer Glühhitze des Fadens, wenn pro gelieferte Kerzenstärke der Wattverbrauch noch 5 Watt beträgt, diese beigemengten Substanzen verflüchtigen und am Glase niedergeschlagen werden. Die besten hochvoltigen Lampen sind daher die, welche nur einen langen carbonisirten Kohlenfaden enthalten. In England sind seit mehr als zwei Jahren hochvoltige Lampen in den Centralen in Bradford und St. Pancras in Verwendung. In Wien wird von der Firma Bartelmus & Co. für die Stadtbahn eine Fünfleitersystemanlage mit 4×240 V errichtet.

In Amerika dürfte, wie wir aus einem Artikel von Alfred H u n t in „Electrical World", Heft 9, entnehmen, das Aluminium bei Starkstrom- und Schwachstromfernleitungen mit dem Kupfer infolge der Bemühungen der Pittsburg Reduction Co. in Wettbewerb kommen. Das specifische Gewicht des reinen Kupfers ist 8·93, die Leitungsfähigkeit bezogen auf Hg ist circa 58, die Zugfestigkeit pro 1 cm² beträgt bei weichem Kupfer circa 1170 kg, bei hartem bis zu 4600 kg. Der Preis des für elektrotechnische Zwecke geeigneten Kupfers beträgt in den Vereinigten Staaten 30·8 Cents pro 1 kg. — Aluminium hat das spec. Gewicht 2·68, im reinen Zustande eine Zugfestigkeit von 1840 kg, im weichen Zustande eine Zugfestigkeit von 1840 kg, im harten von 2830 kg pro 1 cm². Will man Leitungen von gleichem Widerstande erzeugen, so muss man bei Verwendung von Aluminium den Querschnitt 1·6 mal grösser wählen als bei Verwendung von Kupfer, das Gewicht des Aluminiums beträgt aber nur $4·8°/_0$ des Kupfergewichtes. Der Preis für blanke Leitungen aus Aluminium ist gegenwärtig in Amerika schon etwas niedriger als der des Kupfers.

Die Pittsburg Reduction Co. verfertigt auch Legirungen des Aluminiums und hat eine Sorte geschaffen, welche bei einer Leitungsfähigkeit 30 die grosse Zugfestigkeit von mehr als 4600 kg pro 1 cm² hat, welche also der grössten Zugfestigkeit des harten Kupfers gleichkommt. Aluminium widersteht besser den Einflüssen der Luft, insbesondere aber der schwefligen Säure und des Ammoniaks, welche Producte namentlich von Dampflocomotiven ausgeschieden werden; die Zahl der Stützpunkte für die Leitungen kann kleiner gewählt werden.

Einen Nachtheil hat das Aluminium im Vergleich zum Kupfer, dass Löthungen schwer auszuführen sind. Man kann aber das Aluminium an der Löthstelle früher verkupfern und dann die Löthung ausführen; übrigens lassen sich leicht verlässliche mechanische Verbindungen herstellen. Bei der Verwendung von Aluminium für Kabel ergibt sich der Nachtheil, dass wegen des grösseren Querschnittes die Isolation theurer wird. Die Pittsburg Reduction Co. hat jedoch erklärt, dass sie den Preis des Aluminiums um die Mehrkosten der Isolation billiger stellen könne.

In Nummer 10 von „Electrical World" sind interessante Versuche beschrieben, welche S t e i n m e t z mit 150.000 V alternirender Spannungsdifferenz ausführte. Der Strom einer Wechselstrommaschine von 30 kw Leistung und 125 ∼ wurde durch drei Gruppen von je 4 Transformatoren bis zu der angegebenen hohen Spannung transformirt. Die Entladung wurde zwischen zwei Nadelspitzen bewirkt, welche 37 cm im Abstand hatten. Wird die Spannung successive erhöht, so bilden sich immer zuerst oscillatorische Funkenentladungen, wobei die Nadelspitzen nur glühen. Sobald der Lichtbogen entsteht, schmelzen die Nadeln ab und muss man daher, wenn man den Lichtbogen dauernd beobachten will, denselben zwischen Kugelelektroden erzeugen; die Schlagweite der oscillatorischen Entladungen, welche der Bildung des Lichtbogens vorangehen, ist dabei dieselbe, wie bei der Verwendung von Nadelspitzen.

In demselben Hefte ist von S k i n n e r ein von der Westinghouse Co. verfertigter, für Isolationsprüfungen bestimmter Wechselstrom-Transformator beschrieben, welcher gestattet, die Secundär-Spannung in Stufen von $1°/_0$, von 1200 bis 100.000 V zu steigern.

In jüngster Zeit ging durch die Tagesjournale die Kunde von einer neuen Erfindung, die das Fernsehen ermöglichen soll. Nicht zum ersten Male taucht diese Meldung auf; die stets mit der nothwendigen Vorsicht aufzunehmen ist; denn die Aufgabe, mittelst der Elektricität Lichtschwingungen zu übertragen, bot sich in dem Augenblicke dar, als es gelang, mittelst jener Töne zu übertragen; nun sind in dem ersten Falle die Schwierigkeiten unendlich grösser als im letzteren. Während die Telephonie nur das Problem zu lösen hatte, zeitlich aufeinanderfolgende Tonschwingungen nach entfernte Orte zu übertragen, soll durch das Teleskop eine coexistierende Vielheit von Lichtschwingungen transportirt werden. Dass ein gleichzeitiger Transport dieser Vielheit von Lichtschwingungen eine grosse Zahl von Uebertragungsmechanismen zur Voraussetzung hat, ist klar und eben deshalb unausführbar. Thatsächlich suchten alle Erfinder von Teleskopen diese Vielheit gleichzeitig hervorzurufender Eindrücke in zeitlich aufeinanderfolgende Einzeleindrücken zu zerlegen und diese physiologisch durch die Nachwirkung im Auge zu einem Gesammteindrucke zu componiren. Um aber dies zu bewirken, ist es nothwendig, die Zerlegung in einer sehr kurzen Zeit zu vollziehen; dies setzt rasch und präcis sich bewegende Theile voraus, deren Construction Schwierigkeiten macht. S z e z e p a n i k nimmt die vorerwähnte Zerlegung mittelst Spiegel vor, die in beiden Apparaten, dem Empfangs- und Aufnahmeapparate, synchron sich bewegen und die das eindringende Licht im Aufnahmeapparate auf einen Selenring schicken, dessen Widerstand sich ändert, so dass Inductionsströme in die Leitung entsendet werden, deren Stärke der Intensität des auffallenden Lichtes proportional ist. Diese Ströme beeinflussen einen Elektromagnet, dessen Anker in einer der Stromstärke entsprechenden Weise das von einer künstlichen Lichtquelle kommende Licht abblenden und so geschwächt auf die beweglichen Spiegel fallen lassen. Die von diesen reflectirten Strahlen geben das ursprüngliche Bild wieder, das gemäss der gegebenen Darstellung nur ein schwarzes Bild sein kann. Die das Bild in den Farben des Originals erscheinen, dann bringt Szezepanik auf dem Anker des vom Inductionsstrome durchflossenen Magnetes ein Prisma an und filtrirt das auf den Aufnahmeapparat gelangende Licht gleichfalls durch ein solches. Wir haben hier das Telektroskop Szezepanik's zu skizziren versucht und keiner der Leser wird uns verargen können, wenn wir der Behauptung des Erfinders, einen brauchbaren Apparat geschaffen zu haben, sceptisch gegenüberstehen. Ueberdies ist Szezepanik nicht der erste, der sich an die Construction eines solchen Apparates wagte; er hat eine Reihe von Vorgängern, deren Aufzählung wir deshalb unterlassen, weil sie in der „Elektrotechnischen Zeitschrift" im Octoberhefte 1885 im Aufsatze von P. Nipkow: „Ueber den Telephotograph und das elektrische Teleskop" ziemlich vollständig verzeichnet sind.

S.

Ueber Wechselbeziehungen chemischer und elektrischer Energie.

II. Theil. (Elektromotorische Kraft).

Von dipl. Chemiker Jos. Klaudy, k. k. Professor.

Die aus einem chemischen Vorgange auf umkehrbarem Wege zu erhaltende elektrische Energie ist das Maass der verwandelbaren chemischen Energie des Vorganges. Die elektrische Energie ist durch das Product aus Potential- und Elektricitätsmenge leicht zu messen, in analoger Weise ist die äquivalente chemische Energie durch die Stoffmenge und die chemische Verwandtschaft (Affinität) bestimmt. Da nun nach dem Faraday'schen Gesetze die ersten Factoren, die Elektricitätsmenge und die Stoffmenge, proportional sind, so müssen es auch die zweiten sein, d. h. „das Potential der auf umkehrbaren Wege aus chemischer Energie zu erhaltenden elektrischen Energie ist das Maass der chemischen Verwandtschaft." Durch diesen Satz wird die unzugängliche chemische Affinität bestimmbar, wenn wir einen umkehrbaren Umwandlungsvorgang erzielen können. Andererseits gibt diese Betrachtung auch ein Verfahren, die Potentialunterschiede der aus chemischer Energie entstehenden Elektricität zu berechnen, nämlich dann, wenn es möglich ist, die auf einem anderen umkehrbaren Wege aus einem chemischen Vorgange zu erzielende Energie (z. B. als Wärme- oder Volumenenergie) zu messen. Man braucht dann nur die fragliche Energie durch die Zahl der bewegten Jonen und die Constante 96.540 Coulomb zu dividiren.

Die erste Anwendung dieser Erkenntnisse wurde 1877 von H. v. Helmholtz gemacht, welcher die elektromotorische Kraft von Concentrationsketten aus dem Dampfdrucke berechnete. Jede Anordnung, um aus „chemischer" Energie elektrische zu erhalten, heisst kurzweg eine Kette. Die Ketten können constant sein. d. h. während der Dauer des Stromschlusses nur einen constanten chemischen Vorgang aufweisen, oder inconstant. Störende chemische Vorgänge sind insbesondere Oxydschichten, Sauerstoffabsorptionen aus der Luft und Elektrodenveränderungen.

Die Ketten können ferner umkehrbar sein oder nicht, d. h. sich durch einen Strom von entgegengesetzter Richtung in ihrer elektromotorischen Kraft nicht ändern oder ändern. Die Bedingung der Umkehrbarkeit ist, dass sich die Elektrodenbeschaffenheit nicht ändert und dies wieder wird dann erzielt, wenn die Jonen, welche aus den Elektroden entstehen, von Vorneherein im Elektrolyten vorhanden sind. Umkehrbare Ketten sind also solche, deren Elektroden von Salzen des Elektrodenmetalles umgeben sind.

Die Salze können gelöst oder praktisch unlöslich sein. (Wirkliche Unlöslichkeit gibt es nicht). Im ersten Falle werden die Bewegungen der Elektricität durch Kationen (Metalle) bewirkt (Elektroden mit beweglichem Kation) im zweiten Falle, wo man dafür sorgen muss, dass das Anion des unlöslichen Salzes in Gestalt eines anderen löslichen Salzes zugegen ist, bewirken die Anionen die Bewegung der Elektricität (Elektroden mit beweglichem Anion) z. B.:

Das Daniell'sche Element ist umkehrbar mit beweglichem Kation [*)

$$Zn + Cu'' + SO_4'' = Zn'' + SO_4'' + Cu.$$

Die Helmholtz'sche Calomelkette Zn, $Zn\,Cl_2$; $Hg_2\,Cl_2$, Hg ist bezüglich der Zinkelektrode eine mit beweglichem Kation, bezüglich des Quecksilbers mit beweglichem Anion

$$Zn + 2\,Hg' + 2\,Cl' = Zn'' + 2\,Cl' + 2\,Hg.$$

Zn, $Zn\,CO_3$; $Ag_2\,CO_3$, Ag wäre eine Combination, wo beide Elektroden solche mit beweglichem Anion CO_3'' wären und würde ein lösliches Hilfscarbonat, z. B. $Na_2\,CO_3$ erfordern.

Ag, $Ag\,Br$; $Ag\,Cl$, Ag würde zwei Hilfselektrolyte brauchen, z. B. KBr und KCl.

Die einfache frühere Annahme, dass in den constanten umkehrbaren Ketten die gesammte chemische Energie sich ohne Rest in elektrische umsetzt, hat sich als irrig erwiesen. Gibbs 1878 und Helmholtz 1882 haben erkannt, dass der Temperatureinfluss dabei ein wesentlicher ist. Sie erkannten, dass die Electricitätswärme E_e eines chemischen Aequivalentes ausgedrückt werden kann durch die Formel $E_e = E_c + E_n\,T\,\dfrac{d\,\pi}{d\,T}$,

wobei E_o die Elektricitätsmenge 96540 Coulomb, π die elektromotorische Kraft, T die absolute Temperatur und E_e die elektrische Energie bedeuten. Die elektrische Energie der Kette ist gleich der chemischen, mehr einem Correctionsgliede, welches der absoluten Temperatur und dem Differentialquotienten $\dfrac{d\,\pi}{d\,T}$, dem sogenannten Temperatur-Coefficienten, proportional ist. Ist dieses Correctionsglied positiv, d. h. erhöht die Kette ihre elektromotorische Kraft mit der Temperatur, so ist die elektrische Energie grösser als die chemische, die Kette nimmt Wärme auf aus der Umgebung und umgekehrt. Der letztere Fall ist der häufigere. Dividirt man die Gleichung durch E_o, so erhält man:

$$\pi = \frac{E\,e}{E_o} + T\,\frac{d\,\pi}{d\,T}$$

da $E_e = E_o\,\pi$ ist. Die Grösse $\dfrac{E\,e}{E_o}$ wäre die aus der chemischen Energie berechnete elektromotorische Kraft,

*) Die positiven Jonenladungen sind durch Punkte, die negativen durch Striche gekennzeichnet.

nennen wir sie π_1 und es erschiene die Gleichung in der Form:

$$\pi = \pi_1 + T \frac{d\pi}{dT}.$$

Nur wenn $\frac{d\pi}{dT} = \varrho$ ist, d. h. die elektromotorische Kraft sich mit der Temperatur nicht ändert, ist es zulässig, die elektromotorische Kraft einer Kette aus der chemischen Reactionswärme zu berechnen. Dies ist z. B. annähernd beim Daniell'schen Elemente der Fall, welches 59500 Cal. Stromenergie aus 50100 Cal. chemischer Energie gibt, während in anderen Fällen grosse Differenzen entstehen.

Ist der Temperatur-Coëfficient, wie meistens, negativ, so kann man eine Temperatur finden, bei welcher die elektromotorische Kraft gleich Null wird. Steigt die Temperatur noch weiter, so kehrt sich das Zeichen von π um und die Kette verhält sich wie eine solche mit Wärmeverbrauch.

Wird $T = \varrho$, d. h. beim absoluten Nullpunkte, so wird die chemische Energie immer gleich der elektrischen.

Ist der Coëfficient positiv, so steigt der Unterschied zwischen chemischer und elektrischer Energie immer mehr, bis schliesslich die chemische Energie neben der aufgenommenen thermischen verschwindet. Eine solche Kette würde einfach Wärme in Electricität proportional der Temperatur verwandeln, genau so wie Gase die zugeführte Wärme in Volumenenergie verwandeln. Dasselbe gilt für die Ketten erster Art, nachdem der Nullpunkt passirt ist. In extremen Temperaturen verhalten sich also alle Ketten gleich.

Wir wollen uns nun dem Capitel über die Entstehung der elektromotorischen Kraft zuwenden. Elektromotorische Kraft entsteht erfahrungsgemäss bei der Berührung zweier Leiter. Untersuchen wir eine Kette auf Berührungen, so können sich folgende Sitze der elektromotorischen Kraft, resp. Erregungen ergeben.

1. Metall — Flüssigkeit.
2. Flüssigkeit — Flüssigkeit.
3. Flüssigkeit — Metall.
4. Metall — Metall.

Da 1) und 3) identischer Art sind, so verbleiben drei Arten von Berührungsstellen.

Ad 4) ist zu bemerken, dass die Berührung von Metallen, wie aus den Messungen der Peletier-Wärmen hervorging, nur äusserst kleine elektromotorische Kräfte erregt, welche bei allen technischen Berechnungen vernachlässigt werden können. (Einige zehntausendstel Volt.) Es bleiben sonach nur die Erregungen zwischen zwei Flüssigkeiten und jene zwischen Metallen und Flüssigkeiten. Die ersteren sind kleiner, aber immerhin sehr wichtig und sollen zunächst besprochen werden. Die Theorie dieser ersteren Erregungen wurde an den Concentrations- (resp. Diffusions-) Ketten studirt und erkannt. Es war schon lange bekannt, dass durch zwei ungleich concentrirte Lösungen eines Metallsalzes, die mit dem Metall des Kations in Berührung standen, Ströme erregt werden, z. B. in einer Doppelschichte von Zinnchlorür mit einem Zinnstab. Die verdünnte Lösung löst Zinn, die concentrirte scheidet Zinn ab, indem die Cl-Jonen durch den osmotischen Druck aus der concentrirten in die verdünnte Lösung getrieben wurden. Diese Beobachtungen wurden schon 1804 von Bucholz gemacht. Helmholtz entwickelte aus ihnen die Theorie, welche von W. Nernst ausgebildet wurde.

Die Electricität erzeugende Energie in den Concentrationsketten ist die osmotische, eine Art Volumenenergie. Diese beiden Energien umwandeln sich äquivalent; das heisst, es muss in jedem kleinsten Momente die Menge der verschwindenden osmotischen gleich der entstehenden elektrischen Energie sein.

Die Volumenenergie, welche bei der Aenderung des osmotischen Druckes von p_1 auf p_2 beim Volumen v nach aussen abgegeben wird, ist $-\int_{p_1}^{p_2} v\, dp$. Betrachten wir solche Volumen, welche ein Molekular-Gewicht in Grammen enthalten, so gilt $pv = RT$, wobei R unabhängig von der Art des Körpers $= \frac{2\,cal}{grade}$ im Wärmemaass beträgt.

Setzen wir $v = \frac{RT}{p}$ in das Integral ein, so erhalten wir für die Volumenenergie, welche der gelöste Körper beim Uebergang vom osmotischen Drucke p_1 in jenen p_2 nach Aussen abgibt:

$$-RT \int_{p_1}^{p_2} \frac{dp}{p} = RT\, ln \frac{p_1}{p_2}.$$

Gehen dabei n_1 Moleküle über, so ist n_1 noch als Factor hinzuzufügen. Für eine unendlich kleine Aenderung wir $n_1 RT\,d(ln\,p)$.

Die elektrische Energie ist gleich der an einem Gramm-Aequivalent haftenden Elektricitätsmenge ε_0 multiplicirt mit der Werthigkeit n_e, wenn man sie für ein Molekül berechnet, und mit der Potentialdifferenz $\pi_1 - \pi_2$. Für eine unendlich kleine Aenderung also $n_e\, \varepsilon_0\, d\pi$. Diese beiden Werthe müssen einander gleich sein und wir haben die Fundamentalgleichung für das gesammte Gebiet der elektromotorischen Kräfte in elektrolytischen Ketten aller Art:

$$-n_1 RT\,d(ln\,p) = n_e\, \varepsilon_0\, d\pi.$$

Nachdem $RT = 2\,T$ cal und 1 cal $= 4{\cdot}18 \times 10^7$ Erg, ferner die Einheit der elektrischen Energie (elektromagnetische) $= 10^7$ Erg ist, so folgt für $\frac{RT}{\varepsilon_0}$ der Werth $0{\cdot}0000867\ T$ Volt. Uebergeht man durch Division durch $0{\cdot}4343$ auf die dekadischen Logarithmen, so wird dieser Werth zu rund $0{\cdot}0002$ und die Formel erhält die Gestalt $-n_1 . 0{\cdot}0002 . T d(\log p) = n_e\, d\pi$ oder

$$d\pi = -\frac{0{\cdot}0002\,n_1}{n_e} T d\log p.$$

Integrirt man zwischen 2 Grenzen 1 und 2, so ergibt sich die Potentialdifferenz:

$$\pi = \frac{0{\cdot}0002\,n_1}{n_e} T \log \frac{p_1}{p_2}\ \text{Volt}.$$

Diese Formel gestattet uns, die elektromotorischen Kräfte zu berechnen.

Berechnete man dieselben glatt aus der chemischen Energie, so ging man so vor, dass man sagte: 1 Volt-Coulomb $= 10^7$ Erg $= 0{\cdot}2391$ Calorien. Da mit einem Aequivalent Jonen 96537 Coulomb verbunden sind, so entspricht 1 Volt einer beliebigen Energie $96537 \times 0{\cdot}2391$ Cal $= 23090$ Calorien. Werden n_e Aequivalente bewegt, so ist die Energie die n_e fache. Dividirt man also die chemische Reactionswärme durch $23090 \times n_e$ Cal., so erhält man die elektromotorische Kraft. Vorausgesetzt aber, dass die Rechnung überhaupt zulässig ist.

Für den Fall, dass 2 Elektroden von gleichem Metalle in verschieden concentrirte Lösungen eines seiner

Salze tauchen, haben wir bei der Berechnung der osmotischen Arbeit darauf Rücksicht zu nehmen, dass die Aenderung der Concentration nicht mehr einfach durch das Faraday'sche Gesetz gegeben ist, sondern durch dasselbe im Vereine mit den Ueberführungszahlen. Bezeichnet man die Wanderungsgeschwindigkeit des Kations mit u und die des Anions mit v, so wird die elektromotorische Kraft der Concentrationskette

$$\pi = \frac{v}{u+v} \cdot \frac{n_1}{n_e} \, 0{\cdot}0002 \; T \log \frac{p_1}{p_2}$$

Für Flüssigkeitsketten hat Nernst 1889 nun entwickelt, dass, nachdem der Bruchtheil $\frac{v}{u+v}$ des Anions im negativen, der Bruchtheil $\frac{u}{u+v}$ des Kations im positiven Sinne wandert, der Energiegewinn die Differenz $\frac{u-v}{u+v}$ als Factor erhält, und sonach die Formeln entstehen

$$\pi = \frac{u-v}{u+v} \, 0{\cdot}0002 \, T \log \frac{p_1}{p_2} \quad \text{für einwerthige Jonen}$$

und $\pi = \dfrac{\dfrac{n}{u}-\dfrac{v}{n_1}}{u+v} \cdot 0{\cdot}0002 \; T \log \dfrac{p_1}{p_2}$ für Jonen, bei denen

n die Valenz des Kations und n_1 die des Anions ist.

Damit war die Frage der Berührung zweier ungleich concentrirter Lösungen desselben Elektrolyten gelöst, und M. Planck löste die Frage 1890 auch für beliebige Elektrolyten. Die Vorgänge spielen sich hiebei in folgender Weise ab: Grenzt die Lösung eines Elektrolyten z. B. H Cl an reines Wasser oder eine verdünnte Lösung, so werden beide Jonen wegen ihrer gleichen Zahl von dem gleichen osmotischen Druck in die verdünnte Lösung hineingetrieben. Sie folgen diesem Antrieb aber mit Geschwindigkeiten, welche ihrer Beweglichkeit, d. h. ihren Wanderungsgeschwindigkeiten entsprechen und es erfolgt somit eine Trennung der Jonen, resp. auch ihrer Elektricitäten, welche einen Potentialunterschied zur Folge hat. Dadurch entstehen elektrostatische Kräfte, welche die schnelleren Jonen zurückhalten und die langsameren beschleunigen.

Es muss daher die verdünnte Lösung stets das Potential des schnelleren Jons annehmen. Da H und OH schneller als alle anderen Jonen wandern, so muss daher jede Säure gegen ihre verdünnte Lösung negativ, jede Basis positiv werden.

Aus der Formel von Nernst ergibt sich eine praktisch wichtige Thatsache. Die elektromotorische Kraft bei der Flüssigkeitsberührung hat den Factor $\frac{u+v}{u-v}$ und wird daher o, sobald $u=v$ wird, d. h. für alle Elektrolyten mit gleich schnell wandernden Jonen, z. B. K Cl, K Br, K J.

Die Ursache der Potentialdifferenz in Flüssigkeitsketten liegt in der Differenz der Wanderungsgeschwindigkeiten der Jonen.

Wir gelangen nun zur Frage der Potentialdifferenzen bei der Berührung von Metallen und Flüssigkeiten, zur Hauptfrage der Volta'schen Elemente.

Zunächst betonen wir, dass keine Substanz unlöslich ist. Jeder Körper muss, wenigstens spurenweise, in Lösung gehen, so lange, bis das Gleichgewicht zwischen dem festen Körper und der Lösung erzielt ist. Dazu hilft der Vorstellung am besten, dass man dem festen Körper einen gewissen Lösungsdruck zuschreibt, mit welchem er seine Jonen in die Lösung schickt, wie Nernst

zuerst betonte. Dieser Lösungsdruck ist eine für den Körper charakteristische, nur von der Temperatur abhängige Constante. Ihm wirkt bei jedem Lösungsvorgange der osmotische Druck entgegen und jeder Lösungsvorgang ist beendet, wenn die beiden Drücke einander gleich sind.

Bringt man einen festen Körper in eine für diesen ungesättigte Lösung, so löst sich derselbe so lange, bis ein bestimmter osmotischer Druck erreicht ist. Wird andererseits ein fester Körper in eine übersättigte Lösung gebracht, so scheidet sich fester Körper ab. Diese Vorgänge bleiben dieselben, ob nun der Lösungsprocess ein einfacher ist, wie bei Zucker etc., oder ob wie bei Elektrolyten eine Dissociation in Jonen eintritt. Nur wird im letzteren Falle neben dem Gleichgewicht, fester Körper — undissociirter Antheil, noch ein zweites Gleichgewicht zwischen dem letzteren und dem dissociirten Antheil bestehen. Die Formulirung dieser Gleichgewichte geschieht in den Nernst'schen Sätzen der Löslichkeits-Beeinflussung, u. zw.:

1. in einer gesättigten Lösung einer theilweise dissociirten Substanz bleibt unter allen Umständen, auch wenn ein zweiter Stoff zugesetzt wird, die active Masse des undissociirten Theiles constant und 2. das Product der activen Massen der Dissociationsproducte des Stoffes, womit die Lösung gesättigt ist, bleibt auch constant.

(Schluss folgt.)

Kamm's Zerograph.

Leo Kamm suchte mit seinem „Zerograph" benannten Apparate die schwierige Aufgabe zu lösen, eine Schreibmaschine mit einer zweiten entfernt aufgestellten elektrisch zu kuppeln, ohne dass zur Bedienung dieses Apparates besondere Vorkenntnisse nothwendig sind, ein Problem, das namentlich in Folge der letztgenannten Forderung zu complicirten Constructionen führt, wodurch ein tadelloses Functioniren während längerer Zeit fast ausgeschlossen ist.

Auch Kamm's Zerograph dürfte hievon keine Ausnahme machen und nur zum erneuten Beweise dienen, dass die Erfüllung von Forderungen, die über die im Hughe s'schen Typendrucke realisirten hinausgehen praktisch unmöglich ist.

Jeder Apparat (Fig. 1) hat eine Anzahl Tasten a, die auf um a^2 drehbare Hebel wirken, an die Stangen b^4 angelenkt sind, welche mittels der Hebel b^3 die federnden, im Kreise angeordneten Stifte b, die in den durch die Säulen b^5 verbundenen Platten b^1 geführt werden, heben oder senken. Gegen die Hebel a^2 drückt eine Schiene b^6, die in einem federnden Rahmen b^6 drehbar gelagert ist. Wird sonach eine Taste des Gebers niedergedrückt, dann wird nebst den Stiften auch der federnde Rahmen gehoben, der mittelst der Stangen b^{14} während deren Aufwärtsbewegung den Hebel b^9 (Fig. 2) einen Moment an die Contactschraube b^{13} andrückt, die, wie aus der Schaltungsskizze (Fig. 3) zu entnehmen ist, über den Auslösemagnet c^{21} mit der Localbatterie verbunden ist.

Es wird sonach beim Niederdrücken einer Taste am Geber der Auslösemagnet einen Stromimpuls bekommen, seinen federnden Anker c^{22} anziehen, wodurch der von dem Hebel c^{22} in seiner Ruhe- oder Nullstellung festgehaltene Schlitten c frei wird und durch den Einfluss der Feder c^2 in Rotation geräth.

Gleichzeitig legt sich der Anker c^{22} an den Contactstift c^{24}, der mit der Linie B verbunden ist, wodurch, da c^{23} an den einen Pol der Linienbatterie A angeschlossen ist, ein Stromimpuls in die Linie entsendet wird, der in der Empfangsstation bei E bezw. D ein-

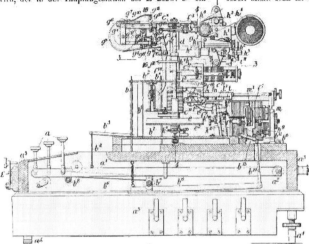

Fig. 1.

tritt und den Schlittenmagneten c^{10} durchfliesst. Der Anker c^{11} dieses Magnetes, der die Achse c^1 kreisförmig umfasst, löst hiedurch den Anschlag c^{14} von dem Haken c^{22}, so dass sich gleichzeitig mit dem

gehobenen Stift in seiner Drehung aufgehalten wird, die diesem Stifte entsprechende Type zum Drucke bereit steht. Nun ist die Platte b^1 mit der Localbatterie b^{19} verbunden; es wird daher durch die Berührung des Stiftes b, der, wie erwähnt, durch b^1 hindurch geht, ein Strom über Hebel h^{19}, Contactschraube h^{11}, die beiden Elektromagnete, den Druckmagnet f^7, den Contactmagnet m und die Achse c^1 geschlossen; der Anker des Contactmagnetes m legt sich an die Contactschraube m^2, die mit der Linie B über F und E communicirt, da beim Geberapparate der Umschalter E auf dem Contactknopf F sitzt; auf diese Weise gelangt ein neuerlicher Stromimpuls in die Linie, indem m^1 mit dem einen Pol der Linienbatterie verbunden ist, erregt den Schlittenmagnet c^{10}, dessen Anker den mit ihm verbundenen zweiten Anschlag c^{13} vorschiebt, der zwischen zwei aufeinanderfolgende Stifte geräth und hiedurch den Schlitten c zum Stillstand bringt. Bewegen sich die beiden Schlitten des Empfangsapparates und des Ge-

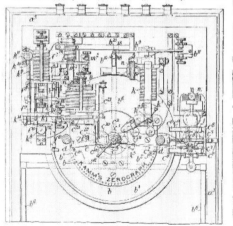

Fig. 2.

Schlitten des Gebers der des Empfängers in Bewegung setzt. Dieser Schlitten c, dessen Drehungsachse c^1 mit der Mitte jenes Kreises zusammenfällt, den die obengenannten Stifte b bilden, bewegt sich über die letzteren und mit ihm ein Sector f^1, der die Typen trägt, so dass, wenn der Schlitten c des Gebers durch einen

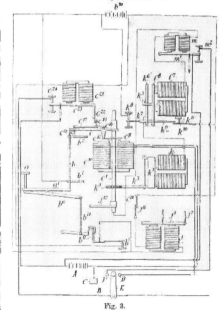

Fig. 3.

bers synchron, dann werden beide Apparate bei den gleichen Stiften angehalten und die gleichen

Typen zur Druckstellung bereit sein; es ist sonach sowie beim Hughesapparate nothwendig, dass beide Apparate mit gleicher Geschwindigkeit rotiren, was durch eine Aenderung der Federspannung c^2 bei einem Apparate ermöglicht wird. Hierin liegt eine Schwierigkeit; denn, wenn viele Apparate in einem Leitungsnetze eingeschaltet sind, müssen sämmtliche Schlitten die gleiche Rotationsgeschwindigkeit besitzen, soll nicht vor Beginn einer Correspondenz jeweilig der Synchronismus hergestellt werden.

Beide Schlitten werden sonach an Stiften b anliegen, der des Empfangsapparates über den Anschlag c^{13}, der des Gebers direct. Hiedurch werden sonach unserer obigen Auseinandersetzung gemäss beide Druckmagnete in Function treten, ihre Anker f^3 anziehen, wodurch die Kolben f^5 die zu druckende Type gegen das Papier pressen und mittels der Schaltklinken g^1 das Farbband g weiterbewegt wird. Der Anker des Druckmagnetes trägt einen Vorsprung k^5, welcher bei der Drehung des Ankers mit einer drehbaren Schiene k^6 in Berührung kommt, die einen isolirten Arm k^7 besitzt und sich bei gedrehter Schiene k^6 an den Contactstift k^8 legt. Hiedurch erhalten die Nullmagnete k Strom und bringen die Schlitten c in die Anfangslage zurück, in der sie von den Haken c^{22} festgehalten werden. Gleichzeitig kommen die Ansätze ausser Eingriff mit den Vorsprüngen k^{13}, so dass der Strom bei k^7 und k^8 unterbrochen ist und k^{10} an k^{11} anliegt.

Dies ist in seinen Grundzügen die Construction und Wirkungsweise des Kamm'schen Zerographen.

Kamm hat ausserdem noch Vorrichtungen angebracht, um Beschädigungen der Stifte b durch das Anschlagen des Schlittens zu verhindern, das Papier um Zeilenbreite vorzuschieben etc. Wir werden hierauf nicht eingehen, da wir der Meinung sind, dass der Apparat in seiner oben skizzirten Ausführungsform mit Hinweglassung der vorgenannten Details schon complicirt genug ist, um die eingangs ausgesprochene Erwartung bezüglich seiner praktischen Verwendbarkeit berechtigt erscheinen zu lassen.   X. Y. Z.

Untersuchungen über Erdleitungen. *)

(Fortsetzung.)

Das Rohr Nr. 14 hatte den Zweck, den Grundwasserstand beobachten zu können. Die Zuleitungen bestanden bei den kupfernen Elektroden aus 6 mm starkem Kupferdraht, bei den übrigen aus Seilen von 10 mm Durchmesser. Die Verbindung zwischen Zuleitung und Elektrode wurde unter Verwendung von Schellen und Klemmen durch Löthung bewirkt. Um später bei Aufgrabung der Elektroden den Materialverlust durch Oxydation mittelst Wägung leicht feststellen zu können, wurden die Gewichte aller Theile vor der Einbettung genau ermittelt.

Der Widerstand der vorbezeichneten 14 Elektroden ist in der Zeit von 1892 bis August 1897 in kürzeren oder längeren Zwischenräumen je 27 mal gemessen worden. Die Messungen wurden anfangs in bekannter Weise mit einer Inductionsmessbrücke von Hartmann & Braun vorgenommen; später fanden die Kirchhoff-Wheatstone'sche Drahtcombination und die Wiechert'sche Messmethode Anwendung. Um Messfehler und Irrthümer auszuschliessen, erschien es nothwendig, jede Ermittlung an jedem Beobachtungstage mindestens 2 mal zu messen und aus beiden Messungen den Mittelwerth zu nehmen. Aus den Ergebnissen der sämmtlichen Messungen sind nachstehend nur die höchsten, geringsten und mittleren Widerstandswerthe der Erdleitungen zusammengestellt.

Die Messungen des Grundwasserstandes ergaben nur unerhebliche Schwankungen: der höchste Wasserstand war 2·27 m, der tiefste 2·65 m, der tiefste 2·45 m unter der Oberfläche. Die höheren Widerstandswerthe fallen im Allgemeinen mit den tiefsten

*) „Archiv für Post- und Telegraphie." Beiblatt zum Amtsblatte des Reichspostamtes. Nr. 3. 1898.

Nr.	Bezeichnung der Elektroden	Höchster Werth	geringster Werth	Mittel-werth
1	Eisenrohr, roh	10·7	6·0	7·9
2	Eisenrohr, verzinkt	10·6	4·9	6·9
3	Eisenrohr, verzinnt	11·5	6·8	7·9
4	Kupferrohr, roh	10·0	5·2	7·2
5	Kupferrohr, verzinnt . . .	9·0	5·2	6·9
6	Bleirohr	9·7	6·0	7·8
7	Kupferplatte	18·3	11·8	15·0
8	Kupferdrahtnetz	22·5	10·8	17·0
9	Kupferdrahtnetz, mit Bandeisen . .	22·0	10·3	16·1
10	Eisenrohr, roh	225	53	111
11	Eisenrohr, roh	18·7	6·8	13·3
12	Kupferdrahtnetz	81	22	51
13	Kupferdrahtnetz	38	13·8	26·3
14	Wasserstandsrohr	20	12·0	16·6

Grundwasserständen zusammen. Eine Ausnahme machen die oberhalb des Grundwassers liegenden Elektroden; bei ihnen spielt die Einwirkung der Austrocknung des Bodens durch Sonne und Wind in den heissen Sommermonaten, sowie die Niederschlagsmenge eine grössere Rolle als der Grundwasserstand. Die im Grundwasser liegenden Röhren (Nr. 1 bis 6) zeigen mit 6·9 bis 7·9 Ohm weitaus den geringsten Widerstand; 2·3 mal grösser — 15·0 bis 17·0 Ohm — ist der Widerstand der im Grundwasser liegenden ebenen Elektroden (Nr. 7 bis 9). Das Material der Rohre spielt in Bezug auf die Grösse des Widerstandes zunächst keine wichtige Rolle; es scheint allerdings nach den Beobachtungen der letzten Jahre, als wenn das rohe Kupferrohr eine allmähliche Vergrösserung, das Bleirohr umgekehrt eine Verringerung des Widerstandes erfährt. Welches Material sich am besten bewährt, lässt sich erst später, wenn die Elektroden aus dem Erdreich entfernt werden, ersehen.

Auffällig gross erwies sich die Verbesserung der oberhalb des Grundwassers liegenden Elektroden durch die Einbettung in Coaks. Während bei den Kupferdrahtnetzen (Nr. 12 und 13) der mittlere Widerstand durch die Coaksschüttung von 51 Ohm auf 26·3 Ohm herabgemindert wurde, betrugen diese Werthe bei den Eisenrohren (Nr. 10 und 11) 111, bez. 13·3 Ohm. Auch war der Widerstand während der ganzen Beobachtungszeit bei diesen Rohre ein viel gleichmässigerer als bei dem Netze; bei dem ersteren betrug der Unterschied zwischen dem höchsten und dem niedrigsten beobachteten Werthe nur 11·9 Ohm, während diese Zahl bei dem

Nummer	Material	der Coakserde			Beschaffenheit der Metallelektrode	Widerstandswerth in Ohm		
		Abmessung in Metern				höchster Werth	geringster Werth	Mittel-werth
		Länge	Breite	Höhe				
15a	Coaksasche	2	2	0·25	Kupferdrahtnetz 1 m².	30	18·0	23·6
15b	„	2	2	0·25	4 Eisenrohrstangen .	33·3	26·3	29·3
15c	„	2	2	0·25	Kupferdrahtnetz und 4 Stangen	29	17·5	23·7
16	„	1	1·5	1·5	Kupferdrahtnetz 1 m².	30	8·2	16·6
17	„	1	1	1	Kupferdrahtnetz 1 m².	33·5	18·5	25·9
18	Grobe Coaksstücke	1	1	1	Kupferdraht netz 1 m².	27	12·9	20·0
19a	Coaksasche	1	1	1	Kupferdrahtnetz ¼ m².	35·9	22	28·2
19b	„	1	1	1	Kupferdrahtnetz ¹⁄₁₆ m².	29·5	19	23·3
20a	„	1	1	1	6 Eisenrohrstangen .	25	15·6	19·6
20b	„	1	1	1	3 Eisenrohrstangen .	25·7	19	20·5
20c	„	1	1	1	1 Eisenrohrstange . . .	28·6	22	24·2

Netze 24·2 Ohm erreichte. Der Grund für das günstigere Verhalten des Rohres wird hauptsächlich in der grösseren Menge des diese Elektrode umgebenden Coaks zu suchen sein, obwohl auch die Möglichkeit vorhanden ist, dass die Uebertragung durch die Metallelektroden bei dem Rohre eine günstigere ist als bei dem Netze.

Dieses bereits nach den Messungen des Jahres 1892 erkennbare Ergebnis bot Veranlassung, die Wirkung der Coaksschüttung näher zu untersuchen. Die Absicht ging dahin, festzustellen, ob die Masse oder die Oberfläche des Coakskörpers von entscheidendem Einfluss sei; ferner welche Bedeutung die Form und Grösse der überleitenden Metallelektrode habe, und ob die bisher verwendete feingesiebte sogenannte Coaksasche oder Coaks in groben Stücken vortheilhafter sei. Zu dem Zwecke wurde Ende März 1893 noch eine Anzahl in Coaks gebetteter Erdleitungen hergestellt. Die Anordnung dieser Coaks-Erdleitungen und die Ergebnisse der Widerstandsmessungen sind in der vorstehenden Uebersicht zusammengestellt.

(Schluss folgt.)

KLEINE MITTHEILUNGEN.

Verschiedenes.

Elektrische Locomotive für die Jungfraubahn. In Ergänzung der Notiz in Nr. 10, betreffend elektrische Locomotive für die Jungfraubahn, kann noch erwähnt werden, dass ausser dieser Locomotive alle elektrischen Einrichtungen besagter Bahn, namentlich die Kraftcentrale in Lauterbrunnen, die Transformatorenstationen für den Bahnbetrieb, sowie die Leitungen für die Zuführung des Stromes zu der Locomotive von der Maschinenfabrik Oerlikon ausgeführt werden.

Aber auch eine andere elektrische Locomotive für die Jungfraubahn ist zur Zeit in der Maschinenfabrik Oerlikon in Ausführung begriffen. Dieselbe ist von gleicher Stärke wie die in jener Notiz erwähnte, weicht aber in der Construction wesentlich von dieser ab und soll namhafte Fortschritte auf dem Gebiete von elektrischen Zahnrad-Locomotiven für Bergbahnen aufweisen.

Ein Gesetzentwurf über die elektrischen Maasseinheiten ist am 11. d. M. dem deutschen Reichstage zugegangen. Bei der grossen Ausdehnung, welche die industrielle Anwendung der Elektricität erlangt hat, und bei der Höhe der Geldsummen, die für Lieferung von elektrischen Strömen und Apparaten gezahlt werden, ist die Schaffung von Maasseinheiten immer nothwendiger geworden. Die Wissenschaft hat dies schon seit Langem erkannt und angestrebt, zugleich aber ist es als erforderlich erschienen, auf internationaler Grundlage nach einheitlichen Gesichtspunkten vorzugehen und eine gleichmässige Regelung für alle Culturstaaten anzubahnen. In diesem Sinne haben sich seit 1881 verschiedene Congresse und Conferenzen mit der Angelegenheit befasst, bis im Jahre 1893, hauptsächlich auf Grund der Arbeiten der physikalisch-technischen Reichsanstalt und der Bemühungen ihres damaligen Leiters v. Helmholtz der internationale Elektriker-Congress in Chicago Beschlüsse fasste, die die Sache für die Wissenschaft zur Erledigung brachten. Da nun die dort getroffenen Festsetzungen auch in der Technik überall Eingang gefunden haben, und nicht zu befürchten ist, dass man in irgend einem Lande von den elektrischen Maasseinheiten abweichende Bestimmung der elektrischen Maasseinheiten vorzunehmen, so wird die Reichsregierung den Zeitpunkt für gekommen erachtet, an die gesetzliche Regelung der Frage heranzutreten und den wissenschaftlich festgelegten Einheiten im Wege der Gesetzgebung auch für das bürgerliche Recht und für den gesammten Verkehr Geltung zu verschaffen, wie dies in mehreren Staaten, insbesondere in den Vereinigten Staaten, in Grossbritannien und in Frankreich bereits geschehen ist. Zu diesem Zwecke ist in der physikalisch-technischen Reichsanstalt ein Gesetzentwurf ausgearbeitet und von dem Curatorium der Anstalt nach eingehender Berathung genehmigt worden. Dieser Entwurf ist nunmehr dem Reichstage zugegangen und enthält nach dem "Berl. Börs.-C." folgende hauptsächlichen Bestimmungen:

§. 1. Die gesetzlichen Einheiten für elektrische Messungen sind das Ohm, das Ampère und das Volt. §. 2. Das Ohm ist die Einheit des elektrischen Widerstandes. Es wird dargestellt durch den Widerstand einer Quecksilbersäule von der Temperatur des schmelzenden Eises, deren Länge bei durchweg gleichem, einem Quadratmillimeter gleich zu achtenden Querschnitte 106·3 cm und deren Masse 14·4521 g beträgt. §. 3. Das Ampère ist die Einheit der elektrischen Stromstärke. Es wird dargestellt durch den unveränderlichen elektrischen Strom, welcher bei dem Durchgange durch eine wässerige Lösung von Silbernitrat in einer Secunde 0·001118 g Silber niederschlägt. §. 4. Das Volt ist die Einheit der

elektromotorischen Kraft. Es wird dargestellt durch die elektromotorische Kraft, welche in einem Leiter, dessen Widerstand ein Ohm beträgt, einen elektrischen Strom von einem Ampère erzeugt. §. 5. Der Bundesrath ist ermächtigt, a) die Bedingungen festzusetzen, unter denen bei Darstellung des Ampère die Abscheidung des Silbers stattzufinden hat, b) Bezeichnung für die Einheiten der Elektricitätsmenge, der elektrischen Arbeit und Leistung, der elektrischen Capacität und der elektrischen Induction festzusetzen, c) Bezeichnung für die Vielfachen und Theile der elektrischen Einheiten vorzuschreiben, d) zu bestimmen, in welcher Weise die Stärke, die elektromotorische Kraft, die Arbeit und Leistung der Wechselströme zu berechnen ist. §. 6. Bei der gewerbsmässigen Abgabe elektrischer Energie dürfen Messwerkzeuge, sofern sie nach den Lieferungsbedingungen zur Bestimmung der Vergütung dienen sollen, nur verwendet werden, wenn ihre Angaben auf den gesetzlichen Einheiten beruhen. Der Gebrauch unrichtiger Messgeräthe ist verboten. Der Bundesrath hat nach Anhörung der physikalisch-technischen Reichsanstalt die äussersten Grenzen der zu duldenden Abweichungen von der Richtigkeit festzusetzen. Der Bundesrath ist ermächtigt, Vorschriften darüber zu erlassen, inwieweit die im Absatz 1 bezeichneten Messwerkzeuge amtlich beglaubigt oder einer wiederkehrenden amtlichen Ueberwachung unterworfen sein sollen. §. 9. Die amtliche Prüfung und Beglaubigung elektrischer Messgeräthe erfolgt durch die physikalisch-technische Reichsanstalt. Der Reichskanzler kann die Befugnis hiezu auch anderen Stellen übertragen. Alle zur Ausführung der amtlichen Prüfung benutzten Normale und Normalgeräthe müssen durch die physikalisch-technische Reichsanstalt beglaubigt sein. §. 11. Die nach Massgabe dieses Gesetzes beglaubigten Messgeräthe können im ganzen Umfange des Reiches im Verkehre angewendet werden. §. 12. Wer bei der gewerbsmässigen Abgabe elektrischer Energie den Bestimmungen in § 6 oder den auf Grund derselben ergehenden Verordnungen zuwiderhandelt, wird mit Geldbusse bis zu 100 Mk. oder mit Haft bis zu vier Wochen bestraft. Neben der Strafe kann auf Einziehung der vorschriftwidrigen oder unrichtigen Messwerkzeuge erkannt werden. §. 13. Dies Gesetz tritt mit den Bestimmungen in §§ 6 und 12 am 1. Jänner 1902, im Uebrigen am Tage seiner Verkündigung in Kraft. — In Oesterreich steht die gesetzliche Annahme der elektrischen Maasseinheiten ebenfalls bevor.

Ausgeführte und projectirte Anlagen.

Oesterreich-Ungarn.

a) Oesterreich.

Komotau. (Elektrische Bahn.) Herr Carl Bondy, öffentlicher Gesellschafter der Firma Kolben & Co. in Prag, hat beim k. k. Eisenbahnministerium um Ertheilung der Concession zur Vornahme technischer Vorarbeiten für eine elektrische Kraft zu betreibende Kleinbahn von dem Bahnhofe Komotau der Buschtěhrader Eisenbahn durch die Stadt Komotau bis zur Gasanstalt, im Anschlusse an die projectirte Localbahn Komotau-Postelberg angesucht.

Oberwaltersdorf a. d. Aspangbahn. Hier ist gegenwärtig eine kleine Centralanlage in Ausführung; dieselbe wird im Gleichstrom-Dreileitersystem 2 × 150 Volt gebaut. Von den zur Aufstellung gelangenden zwei Dynamomaschinen von je 40 kw Leistung und 300 Volt Klemmenspannung wird immer eine zusammen mit einer Accumulatorenbatterie von 260 Amperéstunden (jedoch auf die doppelte Leistung vergrösserungsfähig) in den Dreileiter geschaltet. Die erforderliche Kraft wird von einer 120 PS Escher-Wyss-Turbine genommen.

Erwähnenswerth ist die im Anschlusse an dieses Werk zur Ausführung gelangende elektrische Beleuchtungs- und Kraftübertragungs-Anlage im Prinz Solms'schen Schloss- und Herrschaftsbesitz; dieselbe umfasst ausser 300 Glühlampen einen 18-pferdigen Elektromotor für landwirthschaftliche Zwecke, einen solchen zu 2·5 PS für die Wasserversorgung des Schlosses und auch eine elektrische Fontaine lumineuse, welche vom Balcone des Schlosses zu bethätigen sein wird.

Die ganze Anlage wird von den Oesterreichischen Schuckert-Werken hergestellt. *K.*

Prag. In einer der letzten Sitzungen des Verwaltungsrathes der elektrischen Bahnen wurde beschlossen, in der nächsten Zeit die Linie Karlsplatz—Wyschehrader Rathhaus auszubauen. — Auch wurde in Erwägung gezogen, ob es möglich wäre, für den Fall der Uebernahme der Tramwaynetzes die Strecke Josefsplatz-Baumgarten bis zur Eröffnung der Architektur- und Ingenieur-Ausstellung auf den elektrischen Betrieb einzurichten. In dieser Hinsicht wurde der Beschluss gefasst, hiefür alle Vorbereitungen zu treffen, aber derart, dass in keinem Falle der Pferdebetrieb unterbrochen werde, dass also in dem Falle, als die Zeit nicht hinreichen sollte, die Umwandlung auf elektrischen Betrieb durchzuführen, der Pferdebetrieb ungestört fortgeführt werde; für diese Strecke wurden für 20 Waggons die nöthigen Motoren, System Walker, bei der Elektricitäts-Gesellschaft vorm. Singer & Comp. bestellt.

Teplitz. (Elektrische Kleinbahn Teplitz—Dux—Ossegg.) Das k. k. Eisenbahnministerium hat das vom Consortium Richard Baldauf vorgelegte Detailproject der ersten Theilstrecke Dux—Ossegg der projectirten elektrischen Kleinbahn Teplitz—Dux—Ossegg genehmigt und der Statthalterei die Tracenrevision und die politische Begehung aufgetragen.

Wien. (Elektrischer Betrieb auf der Stadtbahn.) Die Commission für die Verkehrsanlagen hat in der Sitzung vom 19. d. M. beschlossen, auf der Strecke Heiligenstadt—Michelbeuern der Gürtellinie der Stadtbahn den elektrischen Betrieb einzuführen. Die Kosten für die Umgestaltung der Geleise belaufen sich auf 40.000 fl. — Wir werden darauf noch zurückkommen.

b) Ungarn.

Budapest. (Politisch-administrative Begehung der projectirten Hochbahn.) Am 28. v. M. fand in Budapest unter Vorsitz des Ministerialrathes Ludwig Mándy und mit Beiziehung der Vertreter der interessirten Staats-, Comitats- und Communalbehörden, der königl. ungarischen Staatsbahnen, der in Budapest exploitirenden Local- und Strasseneisenbahnen und der Interessenten der von der Bahn zu berührenden Stadtgebiete die politisch administrative Begehung der vom General-Director der Budapester Strasseneisenbahnen, Heinrich Jellinek, projectirten Hochbahn mit elektrischem Betriebe (vergl. Heft VII, Seite 205, 1897) statt.

Ministerialrath Mándy eröffnete die Berathung, indem er kurz den Gegenstand derselben skizzirte. Den Details zufolge soll der eiserne Viaduct für diese Bahn vom Westbahnhofe aus bis zur Endstation der Haraszter Localbahn geführt werden; auf einer Länge von 12 km sind 12 Haltestellen geplant; die Fahrgeschwindigkeit soll 50 km per Stunde betragen.

In erster Linie erklärt der Vertreter des Bauraths, dass hier weder von einer Local-, noch von einer Strassenbahn, sondern von einer grossen Bahn die Rede ist, zu welcher der Baurath seine Zustimmung nicht geben könne. Der Baurath könne derselben aus verschiedenen erläuterten Gründen, beispielsweise auch deshalb nicht zustimmen, weil durch die semerzeit zu erfolgende Hinausschiebung des Westbahnhofes die Regulirung der Gegend behindert würde. Gegen den Bau einer Bahnlinie auf einem abgesonderten Bahnkörper hätte der Baurath keine Einwendung.

Director Marx der königl. ungarischen Staatsbahnen präcisirt deren Standpunkt gegenüber der Frage. Die Herstellung der geplanten Verbindung der Bahnhöfe sei schon aus dem Grunde nothwendig, weil diese seinerzeit weiter hinaus werden verlegt werden müssen. Ferner sei diese Viaductbahn nicht nur für den Personenverkehr, sondern auch vom Standpunkte der Approvisionirung wichtig, weil sie später bis zur Centralmarkthalle geführt werden soll. Der Vorsitzende fügt hinzu, dass wahrscheinlich die Staatsbahnen selber den Ausbau besorgt hätten, wenn sich ein Privatunternehmer nicht gefunden haben würde.

Bürgermeister Halmos gab folgenden Protest der Commune zu Protokoll: „Die Entsendeten des Municipiums der Haupt- und Residenzstadt erklären auf Grund des ihnen ertheilten Auftrages, dass sie den im Hauptstadt gerichteten Erlass des Handelsministers als gesetzlich nicht ansehen und daher sowohl im Allgemeinen gegen den Erlass des Ministers, als auch im Besonderen gegen die auf den heutigen Tag anberaumte administrative Begehung, als die Rechte und Interessen der Hauptstadt gleichermassen schädigend, entschieden protestiren."

Im Uebrigen erklären die Exmittirten des hauptstädtischen Municipiums, dass sie an der administrativen Begehung nur unter entschiedener Aufrechthaltung ihres oben erörterten rechtlichen Standpunktes und infolge der Erklärung des Herrn Ministers in der mehrerwähnten Conferenz factisch theilnahmen, und dass die Herr Minister die Exmittirten des hauptstädtischen Municipiums dessen versichert hat, dass ihre Intervention bei der administrativen Begehung dem Rechtsstandpunkte und den materiellen Interessen der Hauptstadt in keiner Weise präjudiciren soll.

Auf Grund all dessen hätten sie um Nichtannahme des fraglichen Eisenbahnprojectes, um die Einstellung des ganzen Verfahrens, bezw. um die Zurückweisung des Ansuchens, indem sie unter Einem erklären, dass die Hauptstadt zu den Zwecken der geplanten Bahn kein öffentliches Gebiet überlassen wird.

Die Direction der Budapester Stadtbahn-Gesellschaft für Strasseneisenbahnen mit elektrischem Betriebe hat den Beschluss gefasst, eine von einem geeigneten Punkte ihres Betriebsnetzes ausgehende, das „Népliget" (Volks-

wäldchen) und weiterhin die Schweinemastanstalten berührende, elektrisch betriebene, bis zum Vororte Kis-Pest führende Linie zu erbauen. Der einem längst gehegten Wunsche der von der Bahn zu berührenden zahlreichen Fabriks-Etablissements, sowie auch der Arbeiterschaft entsprechende Bau soll bereits im Laufe des Frühjahres in Angriff genommen werden.

Oedenburg. (Ministerielle Genehmigung des Baues und Betriebes der Strassenbahn mit elektrischem Betriebe in Oedenburg und Umgebung.) Der königl. ungarische Handelsminister hat vom Seiten des Municipal-Ausschusses der königl. Freistadt Oedenburg (Sopron) dem Grafen Géza Batthyány und Consorten ertheilten Concession zum Baue und Betriebe einer Strassenbahn mit elektrischem Motor im Bereiche der Stadt Sopron (vergl. Heft XVI, Seite 477, 1897) die Sanction ertheilt. Das in zwei Schienensträngen vom Bahnhofe der Eisenbahn Raab—Oedenburg—Ebenfurth und vom Südbahnhofe ausgehende Strassenbahnnetz führt nach Verzweigung im Bereiche entsprechender innerstädtischer Strassenzüge auch in das Extravillan zu den Sommerfrischen. Bemerkenswerth ist, dass der die Dynamos in Bewegung setzende elektrische Strom von der 80 km von Sopron entfernten Central-Stromerzeugungsstation Ikervár angeleitet wird, deren Maschinen von der Wasserkraft des Raabflusses durch Vermittlung von Turbinenwerken betrieben werden. Abgesehen davon, dass ausser der Soproner Tramway auch jene der Stadt Steinamanger (Szombathely) auf eine Entfernung von 30 km von Ikervár aus elektrisch betrieben wird, ist der vorhandene Kraftüberschuss noch so bedeutend, dass die Nachbarschaft gelegene Fabriken damit gespeist und eine Anzahl grösserer und kleinerer Ortschaften von dort aus elektrisch beleuchtet werden.

Peterwardein. (Ertheilung einer Vorconcession.) Der königl. ungarische Handelsminister hat mit Erlass vom 5. März 1898 der Eszéker Strasseneisenbahn-Actien-Gesellschaft in Eszék die Bewilligung zur Vornahme technischer Vorarbeiten im Sinne der bestehenden Normen für ein von der Station Peterwardein (Péterváad) der Hauptlinie Budapest—Neusatz (Ujvidék)—Semlin (Zimony)—Belgrad der königl. ungarischen Staatsbahnen ausgehende und sich im Bereiche der Stadt Peterwardein mit Benützung entsprechender Strassenzüge verzweigendes, sowie auch an die gleichnamige Donau-Dampfschiffahrtsstation anschliessendes normalspuriges Strasseneisenbahnnetz mit elektrischem Betriebe auf die Dauer eines Jahres ertheilt.

Deutschland.

Berlin. Die Pläne für den Nordring der Siemens und Halske'schen Gürtelbahn sind am 11. d. M. dem Magistrate und dem Polizeipräsidium zur Genehmigung eingereicht worden. Die neue Linie zweigt an Bahnhof Brandenburger Thor der bereits concessionirten Centralhochbahn Hallesches Platz—Schlossbrücke ab, läuft neben dieser bis zum Reichstagsplatz und verfolgt dann, während jene sich ostwärts, der Weidendammer Brücke zuwendet, den Spreelauf nach Norden. Hinter der Kronprinzenbrücke unterfährt diese Unterpfeilerbahn die Spreebett in schräger Richtung, um unter dem Alexanderufer in der Nähe der Landungsbrücke die Invalidenstrasse zu erreichen. Der Spreecanal soll im Tagesbau ausgeführt, das heisst streckenweise von oben her eingebaut werden, während das Wasser von der jeweilng Baustelle abgedämmt wird. Der Erläuterungsbericht hebt hervor, dass die flache Untertauchung der Spree an der bezeichneten Stelle um so gefahrloser erscheint, als hier nirgends Bauliebkeiten zu berücksichtigen sind. Hinter der jetzigen „Neuen Charité" ist eine Variante in der Weise vorgesehen, dass die Bahn, anstatt direct nach der Invalidenstrasse, auch unter der beim Neubau der Charité vorgesehenen Durchfahrtsstrasse entlang nach dem Neuen Thor geführt werden kann. Vom letzteren verfolgt die Bahn weiter die Invalidenstrasse bis zum Stettiner Bahnhof, durchschneidet den Häuserblock auf dem Vorplatze des Stettiner Güterbahnhofes, sowie die zwischen Garten- und Bergstrasse belegenen Gebäude und gelangt danach in die grosse Gürtelstrasse, die den Norden Berlins mit dem Osten verbindet: Bernauer-, Eberswalder-, Danziger-, Elbinger- und Petersburgerstrasse bis zur Warschauer Brücke, woselbst die neue Linie an die bereits im Bau begriffene Hochbahn Zoologischer Garten—Warschauer Brücke anschliessen soll. Als Unterpfeilerbahn ist der Nordring gedacht vom Brandenburger Thor bis zur Kreuzung der Danziger- und Greifswalderstrasse; hier, gegenüber der städtischen Gasanstalt, steigt die Bahn mittelst Rampe zur Hochbahn empor, um als solche durch die Elinger- und Petersburgerstrasse bis zu ihrem Anschlusse an die Bahnhofsgeleise der Hochbahn Warschauer Brücke—Zoologischer Garten weiterzufahren. Die Länge der nördlichen Gürtelbahn Brandenburger Thor—Warschauer Brücke beträgt 9·8 km, davon kommen nicht ganz 4 km auf die bezeichnete Hochbahnstrecke. Ausser den Endstationen sind acht Haltestellen vorgesehen, welche circa 1100 m von einander entfernt, zu den Kreuzungen der Trace mit den grossen Radialstrassen liegen: Neues Thor, Stettiner Bahnhof, Brunnenstrasse, Schönhauser Allee, Prenzlauer Allee, Greifswalderstrasse, Landsberger Allee und Frankfurter Allee. Der westliche Zweig der neuen Linie wird mit der Verlängerung der Schlossbrückenlinie eine directe Verbindung von Norden nach dem Süden bilden, so dass man — in etwa fünf Minuten — vom Stettiner Bahnhofe via Brandenburger Thor nach dem Potsdamer Platze gelangen kann. Andererseits wird ein unter dem Reichstagsplatz vorgesehenes Geleisedreieck gestatten, dass die Nord-Süd-Bahnzüge direct in die Schlossbrückenlinie einbiegen können; man kann also — ebenfalls in nur fünf Minuten — vom Stettiner Bahnhofe nach der Schlossbrücke fahren.

Literatur-Bericht.

Elementarer praktischer Leitfaden der Elektrotechnik in technisch-wissenschaftlichem Zusammenhange mit der Maschinen-, Berg- und Hütten-Technik, aufgebaut auf der technischen Mechanik. Für Techniker und Nichttechniker. Von Oscar Hoppe. Mit 37 Abbildungen im Text. Essen. Druck und Verlag von G. D. Baedeker. 1898. Preis gebunden Mk. 4.—

So oft ein Buch mit einem derartigen Titel zur Besprechung einläuft, wird es mit einem gewissen Misstrauen empfangen, das leider in zahlreichen Fällen nur zu sehr gerechtfertigt ist. Was den Verfasser bewogen hat, zu den vielen existirenden, guten und schlechten „Leitfäden" noch einen neuen hinzuzufügen, ist im Vorworte auseinandergesetzt. Das Buch soll nämlich hauptsächlich zum Studium für Berg-, Hütten- und Gewerbe-Schüler dienen, nebstbei den „gelehrten" Elektrotechniker unterrichten, wozu seine Wissenschaft dem Techniker nützt". Es ist nicht besonders schwer, diesen Zielen nahe zu kommen, zumal es giebt, wie schon erwähnt, heute bereits eine ganz erkleckliche Zahl von Büchern, welche ähnlichen Zwecke verfolgen. So lange man sich nun damit begnügt, solche Hilfsquellen zur Zusammenstellung von speciellen Nachschlagebüchern zu benützen, ist Nichts dagegen einzuwenden; man hat ja auch bekanntlich ganz vorzügliche Specialwerke, die in der geschilderten Weise entstanden sind und die man heute nicht gerne vermissen möchte. Wenn man dagegen nur den Zweck verfolgt, aus zehn vorhandenen Büchern ein elftes der gleichen Gattung zu machen, wenn schliesslich dieses elfte Buch schlechter ist als das geringwerthigste der benützten, dann wird ein derartiges Werk nicht nur werthlos, sondern geradezu schädlich.

Der vorliegende „Leitfaden" gehört in die Classe solcher Bücher. Der Inhalt, dem es nicht an humoristischen Originalbeiträgen des Verfassers mangelt, berührt so ziemlich alle Gebiete der Elektrotechnik, denn er enthält folgende Abschnitte: I. Bedeutung und Stellung der Elektrotechnik unter den technischen Wissenschaften. — II. Erklärung, mathematische, bildliche Darstellung, Verallgemeinerung wichtiger Gesetze der Elektrotechnik. — III. Absolutes Maasssystem (Maasseinheiten der Elektrotechnik). — IV. Dynamomaschinen, Transformatoren und Accumulatoren. — V. Technische Verwerthung des elektrischen Stromes. — VI. Elektrisch angetriebenes Arbeitsmaschinen.

Dem Inhaltsverzeichnisse nach zu urtheilen, wäre an der Eintheilung des Buches Nichts auszusetzen. Bei näherer Betrachtung hingegen ergibt sich ein ganz eigenthümlicher Aufbau. Der Verfasser hat es z. B. vorgezogen, statt am Anfange, erst am Schlusse der theoretischen Abhandlungen eine Erklärung über die Grundbegriffe — Volt, Ampère, Ohm etc. — abzugeben, trotzdem diese Begriffe in den vorhergehenden Theilen des Buches fortwährend genannt und gebraucht werden. Die Berg-, Hütten- und Gewerbe-Schüler werden demnach gut thun, beim Studium des „Leitfaden" mit Seite 34 zu beginnen. Bemerkenswerth ist ferner die Thatsache, dass höchst einfache Beziehungen, die Jeder ohne weitere Erklärung versteht, mit Weitläufigkeit behandelt und während andererseits für jeden absolut unverständliche Begriffe ohne jede weitere Besprechung blieben. Der Verfasser hält es z. B. für überflüssig, die Bedeutung von Werthen wie: Verschiedene Phase, Coërcitiv-Kraft, Dielektrikum u. s. w. auch nur mit einer Silbe näher zu erläutern.

Die einzelnen Abschnitte zeugen übrigens von seinem besonderen Ordnungssinn. Im zweiten Abschnitte z. B. erscheint plötzlich mitten unter dem Grundgesetzen der Elektrotechnik ein Paragraph über die Wirkungsgrade der Dynamomaschinen. Unter dem Capitel „Bogenlampen" findet man andererseits das „Dürr-Licht" ausführlicher beschrieben als das eigentliche Thema.

Welchen sachlichen Werth der Inhalt dieses „Leitfadens" besitzt, soll durch einige Beispiele gezeigt werden.

Im ersten Abschnitte, Seite 4, erklärt der Verfasser das Wesen der „Elektrischen Drillings-Maschinen" (sogenannte Drehstrom-Motoren), und kommt dabei zu dem überraschenden Resultate, „dass der Dreh-trom aus drei oder mehreren Wechselströmen besteht, die sich zu einem „Misch-trom" zusammensetzen. Geradezu fascinirend wirkt das hübsche Gleichniss: „Die Dynamomaschinen sind Elektricitätspumpen." Das nächste Capitel ist ziemlich harmlos. Es sei nur bemerkt, dass „Widerstand" und „Gefällsverlust" keineswegs identische Begriffe sind; man könnte höchstens für „Spannungsabfall" diesen Ausdruck gebrauchen. Auf Seite 33 wird der Transformator von Déri, Zipernowsky und Bláthy als eine besondere Form der Funken-Inductoren hingestellt. Die Behauptung, dass der specifische Leitungswiderstand bei reinen, festen Metallen 10 Cum 00004 misst, lässt gleichfalls viel zu wünschen übrig. Im dritten Abschnitte ist in der Tabelle auf Seite 36 die Dimensionsformel für den „Effect" unrichtig mit C²G·S⁻² angegeben. Im vierten Abschnitte heisst es auf Seite 48: „Der Ankerkern (der Dynamo-Maschinen) wird aus dünnen Blechen besten, weichsten Flusseisens, neuerdings Stahlguss, zusammengesetzt, welche durch isolirende Schichten von Papier, Glimmer (auch Oelanstrich) von einander getrennt sind." Sowohl die Stahlgussanker, wie auch die Glimmerisolation der Ankerbleche waren uns bis dato unbekannt. Der fünfte Abschnitt bringt die interessante Mittheilung, dass die für Bogenlampen erforderliche Klemmenspannung zwischen 40 und 50 V liegt. Das letzte Capitel dieses Abschnittes führt den Titel: „Elektrische Fernwirkung oder elektrische Kraft- (Energie) Uebertragung und Vertheilung". Bis jetzt hat man den Ausdruck „Elektrische Fernwirkung" in ganz anderem Sinne gebraucht. Anlässlich der „Neuerungen" (worunter Anlasser zu verstehen sind), spricht der Verfasser auf S. 122 von einer „Anstauung" des Stromes und einer damit verbundenen Wärmeentwickelung im Elektromotoranker.

Wie man sieht, vertritt der Verfasser überall dort, wo er sich mit eigenen Meinungen hervorwagt, höchst sonderbare Anschauungen. Ueber den letzten Abschnitt „Elektrisch betriebene Arbeitsmaschinen" glauben wir mit Rücksicht auf das Vorausgegangenen nichts mehr sagen zu müssen.

Die Verlagsbuchhandlung hat für die Ausstattung des Werkes Vorzügliches geleistet. —nr.

„Unsere Monarchie." Die österreichischen Kronländer zur Zeit des 50jährigen Regierungs-Jubiläums Sr. k. u. k. Apost. Majestät Franz Josef I. Herausgegeben von Julius Laurencic. Verlag: Georg Szelinski, k.k. Universitäts-Buchhändler. Complet in 24 Heften à 1 Krone. — Das 15. Heft, welches jüngst zur Versendung gelangte, bringt Ansichten von den Städten und bemerkenswerthen Landschaften und Baulichkeiten Niederösterreichs. Das erste Gruppenbild zeigt Schönbrunn, und zwar das k. u. k. Schloss, die römische Ruine und das Palmenhaus. Hierauf folgt Laxenburg mit der Franzensburg und dem k. k. Lustschlosse Lainz, Baden bei Wien, Hohenenthal, Mödling, Hinterbrühl, Wiener-Neustadt. Ein Gruppenbild zeigt den Semmering mit den Weinzettelwand, Breitenstein, Marien Schutz, Klamm, die Hôtels der Südbahn auf dem Wolfsbergkogel, dann Rax und Schneeberg; Kaldenberg und Leopoldsberg und St. Pölten ziehen in gelungenen Bildern vorüber. Prächtige Blätter sind die Bilder von Melk (mit einer Miniaturansicht von Klosterneuburg), Krems, Dürnstein mit der berühmten Veste und Marbach mit der Wallfahrtskirche Maria Taferl. Der Text zu den einzelnen Bildern ist von dem touristischen Schriftsteller Ernst Keiter. M Z.

Patentnachrichten.

Mitgetheilt vom Technischen- und Patentbureau.

Ingenieur **Victor Monath**

WIEN, I. Jasomirgottstrasse Nr. 4.

Classe **Deutsche Patentanmeldungen.**[*]

21. D. 8052. Anordnung zur Erzielung von zwei verschiedenen Polzahlen bei asynchronen Wechselstrom-Motoren. — Robert Dahlander und Carl Arvid Lindström, Westeras, Schweden. 11./2. 1897.

42. K. 15.949. Vorrichtung zur Veränderung des Springens der Fallröhren bei Quecksilber-Luftpumpen nach Sprengel'schem System. — Dr. Georg W. A. Kahlbaum, Basel, Schweiz. 13./12. 1897.

[*] Die Anmeldungen bleiben acht Wochen zur Einsichtnahme öffentlich aufgelegt. Nach § 24 des Patent-Gesetzes kann innerhalb dieser Zeit Einspruch gegen die Anmeldung wegen Mangel der Neuheit oder widerrechtlicher Entnahme erhoben werden. Das obige Bureau besorgt Abschriften der Anmeldungen und übernimmt die Vertretung in allen Einspruchs-Angelegenheiten.

Classe

20. St. 4718. Durch einen Luftdruckkolben bethätigte Regelungsvorrichtung für elektrisch angetriebene Luftpumpen den Luftdruckbremsen. — Standard Air Brake Company, New-York. 15./9. 1896.

21. B. 21.115. Selbstthätig auslösender Schalter mit Magnet als Gegenkraft. — Reginald Belfield, London. 26./10. 1896.

„ D. 8626. Verfahren zum Parallel-, bezw. Auseinanderschalten von Wechselstrom-Maschinen. — Georg Dettmar, Linden vor Hannover. 2./12. 1897.

„ K. 15.822. Bogenlampe mit zwei Kohlenpaaren und zwei unabhängigen Laufwerken. — Körting & Mathiesen. Leutzsch-Leipzig. 9./11. 1897.

„ S. 9824. Elektrodenplatte für Accumulatoren. — William Henry Smith, Penge, und William Willis, London.

48. D. 8398. Verfahren zur Vorbereitung von Kathoden zur unmittelbaren Herstellung polirter Metallblätter oder anderer Gegenstände auf elektrischem Wege. — L. E. Dessolle, Epinay-sur-Seine. 11./8. 1897.

21. S. 9824. Schaltungs- und Regelungssystem für Elektromotoren. — Elmer Ambrose Sperry, Cleveland, Ohio, V. S. A. 13. 10. 1896.

Geschäftliche und finanzielle Nachrichten.

Die Firma **Julius Overhoff**, technisches Bureau, Wien IV., theilt uns mit, dass sie die Vertretung der Herren L. & C. Steinmüller in Gummersbach vor Kurzem niedergelegt, dagegen die Vertretung der inländischen Firma: Jos. Panker & Sohn, Dampfkessel- und Kupferwaaren-Fabrik, Wien IV., übernommen hat.

Stettiner Strassen-Eisenbahn-Gesellschaft. In dem abgelaufenen Geschäftsjahre der elektrische Betrieb, wie der Geschäftsbericht mittheilt, mit Ausschluss der 714 m langen Strecke am Hafen von der Mönchenbrückstrasse bis zur Handelshalle, auf dem gesammten Bahnnetz eingeführt worden. Der elektrische Betrieb wurde eröffnet: am 4. Juli 1897 auf der Linie „Molkerei Eckerberg—Breitestrasse" und in der „Friedrich Carl-Strasse"; am 4. August 1897 auf der Theilstrecke „Bellevue—Grabow" der Linie „Bellevue—Bollinken Frauendorf", gleichzeitig wurde der Betrieb in der Friedrich Carl-Strasse weitergeführt über Königsthor bis Breitestrasse; am 26. October 1897 auf der weiteren Theilstrecke „Grabow - Bollinken Frauendorf", der vorerwähnten Linie „Bellevue—Bollinken Frauendorf" und auf der Linie „Capchéri - Heinrichstrasse"; am 30. December 1897 auf der Linie „Bahnhof—Friedhof" und auf der ganzen „Ringbahn". Mit der Einführung des elektrischen Betriebes fand eine erhebliche Steigerung der Betriebseinnahmen statt. Die Gesellschaft hat mit dem 26. October 1897 den Einheitstarif von 10 Pf. mit der Berechtigung des einmaligen Umsteigens von einer Linie auf die andere innerhalb Stettin und Grabow und für die Vorortslinie einen gegen früher ebenfalls herabgeminderten Zahltarif mit übergreifenden Zahlstationen von 10, 15 und 20 Pf. eingeführt. Ganz besonders zeigte sich eine Steigerung des Verkehrs auf der Linie „Bellevue-Bollinken—Frauendorf" so dass schon am 3. December 1897 der 5 Minutenbetrieb, welcher anfänglich nur von Bellevue bis Grabow stattfand, während die Theilstrecke Grabow—Bollinken Frauendorf 10minutlich betrieben wurde, auf die ganze Linie ausgedehnt werden musste. Einen 5minutlichen Betrieb hat ferner die Linie Molkerei Eckerberg—Breitestrasse", während die anderen Linien vorläufig mit 10minutlichem Betriebe ausgestattet sind. Die Gesellschaft erzielte einen Gewinn aus Betriebe von 533.790 Mk. (i. V. 414.683 Mk.), an Zinsen 5608 Mk. (i. V. 4298 Mk.). Diverse Einnahmen erbrachten 16.538 Mk. (i. V. 2645 Mk.). Inclusive Vortrag von 1500 Mk. beträgt sonach der Bruttogewinn 557.436 Mk. (i. V. 421.629 Mk.). Nach Abzug der Unkosten, Reparaturen, Obligationen-Zinsen etc. bleiben 65.233 Mk. (i. V. 47.246 Mk.). Davon werden dem Reservefonds 3488 Mk. (i. V. 2486 Mk.) überwiesen, ebensoviel als Tantième vertheilt. Die Actionäre erhielten 5⁰/₀ Dividende mit 60.000 Mk. (i. V. 3¹/₂⁰/₀ = 42.000 Mk.) und die Stadt als Gewinnantheil 1800 Mk. (i. V. 1260 Mk.). Eine Erweiterung des Bahnnetzes steht durch Anbau einer circa 3 km langen Linie durch Grabow in Aussicht. Mit dem Magistrat von Grabow ist der Vertrag bereits abgeschlossen und liegt das Project dem Regierungspräsidenten vor. Diese projectirte Linie stellt die Fortsetzung der auf der Grenze Stettin-Grabow in der Unterweik endigenden Bahn. Das Bahnnetz stellt sich am Schlusse des Betriebsjahres wie folgt: Doppelbahnlänge 34.902 m, hiervon Depôtgeleise 1792 m, bleibt Bahnlänge der Strecken 33.110 m. Die Gesammt-Streckenlänge beträgt 26.645 m. Dagegen beträgt die Bahnlänge (Doppelgeleise als einfache Länge gerechnet), da verschiedene Linien streckenweise dasselbe Geleise benutzen, 22.451 m.

Accumulatoren- und Elektricitäts-Werke-Actien-Gesellschaft, vormals W. A. Boese & Co. in Berlin, Altdamm und

Augsburg. Der Abschluss für das am 31. December 1897 zu Ende gegangene erste Geschäftsjahr zeigt ein befriedigendes Bild, da derselbe gestattet, nach Abschreibungen von 66.625 Mk. eine Dividende von 10⁰/₀ auf das mit 1.870.000 Mk. eingezahlte Actiencapital von nom. 3 Millionen in Vorschlag zu bringen. Bisher bildete für Norddeutschland speciell die Fabrikation transportabler Accumulatoren das Hauptarbeitsfeld, welche insbesondere zu Zwecken der elektrischen Waggonbeleuchtung, der Telegraphie und der Telephonie Verwendung fanden. Es sind gegenwärtig über 1200 dem Reichs-Postamte zugehörige Bahnpostwagen mittelst Accumulatoren der Gesellschaft elektrisch beleuchtet. Dem Vorgehen der Reichspostverwaltung haben sich u. A. die bayerischen Staatsbahnen angeschlossen. In Zukunft wird die Gesellschaft ihre Thätigkeit nicht als bisher auf die Ausführung stationärer Accumulatoren erstrecken und zugleich die Fabrikation von Tractionsbatterien aufnehmen. Die Fabrikation besteht deshalb in Alt-Damm neben ihrem Elektricitätswerke zur Versorgung der Stadt eine wesentliche Erweiterung der Fabriksgebäude vorgenommen. Die Fabrikation daselbst soll im Laufe des nächsten Monates aufgenommen werden. Zugleich sollen die elektrotechnische und mechanischen Werkstätten in Berlin mit den in Alt-Damm bestehenden vereinigt werden. Auch für eine entsprechende Erweiterung der Geschäfte in Süddeutschland ist Vorsorge getroffen, indem ein grösseres Grundstück in München erworben wurde. Die Fertigstellung der Bauten wird zu Beginn des zweiten Halbjahres zu erwarten, und dann soll die Augsburger Zweigfabrik nach München übersiedeln. Der Bruttogewinn beträgt 620.444 Mk. Die Handlungsunkosten erforderten 168.965 Mk., die Hypothekenzinsen 42.370 Mk., und die Abschreibungen 66.620 Mk. Als Reingewinn bleiben 347.479 Mk. Hieraus erhält die gesetzliche Reserve 17.373 Mk., der Erneuerungsfonds 25.000 Mk., 10⁰/₀ Dividende erfordern 187.500 Mk. Die Tantièmen betragen 34.010 Mk. Ferner werden zur Tilgung des Process-Contos 8382 Mk. und zur Bildung eines Special-Reservefonds 50.000 Mk., sowie behufs Schaffung eines Unterstützungsfonds 10.000 Mk., verwendet, so dass als Vortrag auf neue Rechnung 15.242 Mk. verbleiben.

Vereinsnachrichten.

Chronik des Vereines.

2. März. — Vereinsversammlung. Vorsitzender: Prof. C. Schlenk. — Vortrag des Herrn k. k. Ing. R. Mermon: „Ueber Simultantelegraphie".

Nach einer kurzen Erörterung des van Rysselberghe'schen Systems ging der Vortragende auf die Besprechung der Picard'schen und Cailho'schen Schaltungsanordnungen über, von welchen die letztere einer Erprobung seitens der österreichischen Telegraphenverwaltung im heurigen Jahre unterzogen wurde. Bei der Anordnung von Picard werden Translatoren verwendet, deren eine Spule mit den Telephonapparaten einen geschlossenen Stromkreis bildet, während die andere Spule einerseits mit der Leitung, andererseits mit dem einen Pol der Linienbatterie und den Telegraphenapparaten in Verbindung steht. Die Linienbatterie wird hiebei an solche Punkte der Spule angeschlossen, dass der Strom sich nach beiden Zweigen der Doppelleitung in gleicher Stärke vertheilt, so dass eine Magnetisirung des Translatorkernes nicht stattfindet. Cailho hingegen verwendet keinen Translator, weil die doppelte Uebertragung der Telephonströme zu sehr schwächt, sondern schliesst die Doppelleitung beiderseits durch Drosselspulen, die er an geeigneten Punkten mit den Telegraphenapparate und der Linienbatterie verbindet, während die Telephonapparate in Brücken zur Doppelleitung geschaltet werden. Die deutsche Telegraphenverwaltung ersetzte die Drosselspulen durch gewöhnliche Stöpselwiderstände, welchem Beispiele auch die österreichische Verwaltung folgte. Leider war der Vortragende aus dienstlichen Rücksichten nicht in der Lage, über die erhaltenen Versuchsresultate berichten zu können.

9. März. — Vereinsversammlung. Vorsitzender: Präsident Prof. C. Schlenk. Vortrag

des Herrn Ingenieurs Ludwig Loos: „Ueber die Betriebskosten verschiedener Motoren."

Der Vortragende hob hervor, dass die Betriebskosten der verschiedenen Motoren für den Elektrotechniker in zweierlei Fällen besonderes Interesse bieten; einerseits dort, wo es sich um die Erzeugung elektrischer Energie handelt, wo also die verschiedenen Motoren zum Antrieb der elektrischen Generatoren verwendet werden, andererseits dort, wo sie mit dem Elektromotor als Betriebsmittel gewerblicher Unternehmungen concurriren. Für den erstangeführten Zweck kommen vorzüglich die Dampfmaschinen, Gas-, Generatorgas-, Benzin- und Diesel-Motoren in Betracht, für welche sich die nachfolgenden Betriebskosten ergeben:

Die Grossdampfmaschine verbraucht je nach Betriebsart (Auspuff oder Condensation, Eincylinder- oder Compoundmaschine) und Grösse 2½ 1¾ kg Kohle pro 1 eff. P.S.-Stunde, so dass die P.S.-Stunde 1—2 kr. kostet. Günstigere Resultate haben mit Schmidt'schen Heissdampfmotoren angestellte Versuche ergeben, indem die letzteren auch bei geringer Leistung (z. B. in einem Falle 17 P.S.) nur 1·44 kg Kohle, bei grösserer Leistung (100 P.S.) nur ungefähr 0·84 kg Kohle für 1 eff. P.S.-Stunde verbrauchen. Den günstigen Wirkungsgrad erklärt der Vortragende hauptsächlich damit, dass der überhitzte Dampf ein schlechterer Wärmeleiter und auch weiter vom Condensationspunkt entfernt ist, als der nasse Dampf. — Die Dampfturbine von de Laval weist einen Dampfverbrauch auf, der dem der normalen Dampfmaschine sehr nahekommt, z. B. braucht eine Turbine von 5 P.S. bei 6—7 Atm. Admissionsspannung 16—17 kg Dampf, eine solche von 200 P.S. 8·1 kg Dampf pro 1 P.S.-Stunde.

Sie besitzt der gewöhnlichen Dampfmaschine gegenüber den grossen Vortheil sehr geringer Dimensionen und der Möglichkeit des directen Antriebes auch kleiner elektrischer Generatoren.

Die Gasmaschine ergibt bei einem Verbrauch von 0·75 m³ pro 1 P.S.-Stunde bei einer 2-pferdigen Maschine und 0·56 m³ pro 1 P.S.-Stunde bei einer 20-pferdigen Maschine als Kosten einer P.S.-Stunde 7—5¼ kr., wenn man den in Wien geltenden Preis von 9·5 kr. pro 1 m³ zu Grunde legt. Billiger ist der Betrieb mit Generatorgas, bei welchem 1 P.S.-Stunde 1—1·5 kr. kostet.

Als ernstlicher Concurrent des Gasmotors hat nach des Vortragenden Ansicht auch der Benzinmotor zu gelten, indem derselbe bei 3 P.S. Leistung pro 1 P.S.-Stunde eff. 0·35 kg Benzin verbraucht, die P.S.-Stunde also für ungefähr 2½ kr. liefert. Auch der Benzinmotor vollkommen ungefährlich; eine schriftliche Umfrage des Vortragenden hat über 100 Benzinmotoren-Besitzer Oesterreichs habe ergeben, dass in den 60 Antwortschreiben, welche verwendbar waren, nur ein einzigesmal der Benzinmotor als gefährlich bezeichnet wurde.

Der Diesel-Motor verbraucht 0·25—0·2 kg Petroleum pro P.S.-Stunde; die hohe Steuer, welcher das Petroleum in Oesterreich unterliegt, verhindert eine vortheilhafte Verwendung dieses Brennmaterials; die P.S.-Stunde würde 4—4·5 kr. kosten.

Der Vortragende bespricht sodann, auf die Verwendung der verschiedenen Motoren zum Betriebe kleinerer gewerblicher Anlagen übergehend, die Bedeutung des sogenannten Betriebscoëfficienten, d. i. des Verhältnisses der thatsächlich in einer bestimmten Zeit geleisteten P.S.-Stunden zu denjenigen, welche die Anlage während derselben Zeit bei dauernder Voll-

belastung zu leisten imstande wäre, und zeigt, wie die Grösse dieses Coëfficienten für die Betriebsart einer Anlage entscheidend werden kann. Trotz des höheren Preises einer P.S.-Stunde kann unter Umständen die Verwendung eines Gasmotors ökonomischer als die einer Dampfmaschine, die eines Elektromotors oder mehrerer solcher ökonomischer als die eines Gasmotors sein. Nur durch die grosse Anpassungsfähigkeit des elektrischen Betriebes sei es erklärlich, dass der Elektromotor auch bei dem jetzigen hohen Preise der elektrischen Energie, z. B. 13 kr. pro Kilowatt in Wien, mit anderen Motoren erfolgreich concurriren kann.

In der darauf folgenden Discussion hob Herr Ing. Ross hervor, dass für die Calculation einer Anlage auch Amortisirung und Verzinsung von Bedeutung seien, dass ferner nach seiner Ansicht der Betrieb mittels Gasmotors sich in der Praxis weniger günstig gestalte, als es der Herr Vortragende angegeben habe. Was den Preis elektrischer Energie anlange, so sei derselbe nicht überall so hoch, wie in Wien; der normale Verkaufspreis der Berliner Spreewerke betrage 10 Pfg., d. i. 5·8 kr. per Kilowattstunde.

11. März. Ausschusssitzung.

16. März. Sitzung des Redactions-Comité.

G. Z. 747 ex 1898. Wien, den 14. März 1898.

An die p. t. Vereins-Mitglieder!

Sie werden hiemit zu der am Mittwoch, den 30. März 1898 um 7 Uhr Abends, im Vortragssaale des Wissenschaftlichen Club, Wien, I. Eschenbachgasse 9, stattfindenden

XVI. ordentlichen General-Versammlung

des

„Elektrotechnischen Vereins in Wien"

eingeladen.

Tagesordnung:

1. Bericht über das abgelaufene Vereinsjahr.
2. Bericht über die Cassa-Gebahrung und Vorlage des Rechnungsabschlusses pro 1897.
3. Bericht des Revisions-Comité.
4. Beschlussfassung über den Rechnungsabschluss.
5. Wahl eines Vice-Präsidenten mit dreijähriger Functionsdauer.
6. Wahl von Ausschuss-Mitgliedern.*)
7. Wahl der Mitglieder des Revisions-Comité pro 1898.

Die Vereinsleitung.

Die p. t. Mitglieder werden ersucht, beim Eintritte in den Sitzungssaal unter Vorweisung der Mitgliedskarte ihren Namen in die Präsenzliste einzutragen.

Gäste haben zur General-Versammlung keinen Zutritt.

_____

*) Laut § 7 der Vereins-Statuten sind ausscheidende Ausschuss-Mitglieder wieder wählbar.

Neue Mitglieder.

Auf Grund statutenmässiger Aufnahme traten dem Vereine die nachstehend Genannten als ordentliche Mitglieder bei:

Wiener Handels-Akademie. Wien.

„Obecni elektrárna polsko-ostravská". Polnisch-Ostrau.

Fach und rich Wilhelm. Ingenieur und Bauunternehmer. Mödling.

Trojan Alois, Ingenieur, Baden.

Kusminsky. Dr. Ludwig, Ingenieur, Wien.

Schluss der Redaction: 21. März 1898.

Verantwortlicher Redacteur: Dr. J. Sahulka. — Selbstverlag des Elektrotechnischen Vereines.

Commissionsverlag bei Lehmann & Wentzel, Wien. — Alleinige Inseraten-Aufnahme bei Haasenstein & Vogler (Otto Maass), Wien und Prag.

Druck von R. Spies & Co., Wien.

Zeitschrift für Elektrotechnik.

Organ des Elektrotechnischen Vereines in Wien.

| Heft 14. | WIEN, 3. April 1898. | XVI. Jahrgang. |

Bemerkungen der Redaction: Ein Nachdruck aus dem redactionellen Theile der Zeitschrift ist nur unter der Quellenangabe „Z. f. E. Wien" und bei Originalartikeln überdies nur mit Genehmigung der Redaction gestattet.
   Die Einsendung von Originalarbeiten ist erwünscht und werden dieselben nach dem in der Redactionsordnung festgesetzten Tarife honorirt. Die Anzahl der vom Autor event. gewünschten Separatabdrücke, welche zum Selbstkostenpreise berechnet werden, wolle stets am Manuscripte bekanntgegeben werden.

Ueber Wechselbeziehungen chemischer und elektrischer Energie.

II. Theil. (Elektromotorische Kraft).

Von dipl. Chemiker **Jos. Klaudy**, k. k. Professor.

(Schluss.)

Noch complicirter als das Gleichgewicht dissociirbarer Körper ist das Gleichgewicht der Metalle mit den Salzlösungen, weil die Metalle nur als positiv geladene Jonen in Lösung gehen können.

Betrachten wir z. B. den Fall, dass ein Metall in seine ungesättigte Lösung gebracht wird, z. B. Zink in eine Zinksulzlösung vom osmotischen Drucke p. Das Zink geht als positive Jonen in Lösung, die äquivalente negative Ladung bleibt in dem rückständigen Zink zurück, es wird daher negativ geladen, d. h. in Lösung wird, das heisst es entsteht ein Potentialunterschied zwischen Elektrode und Lösung. Die entgegengesetzt geladenen Jonen des Zinks ziehen sich elektrostatisch an. Hier Bildung einer sogenannten „Doppelschichte" um das Zink, und diese Anziehung, welche bei der enormen Ladung der Jonen sehr rasch eine bedeutende Kraft erlangt, wirkt der Lösungsdrucke entgegen. Das Gleichgewicht wird sich nahezu momentan herstellen und zwar dann, wenn die Kraft, mit welcher das Metall seine Jonen aussendet, der sogenannte „elektrolytische Lösungsdruck P^k", gleich geworden ist der Summe des osmotischen Gegendruckes der gelösten Jonen mehr der elektrostatischen Anziehung, welche den gewöhnlichen Gesetzen folgend und eine Function der Jonenanzahl s sein wird.

$$P = p + f(s).$$

Je grösser die Anfangsconcentration der gelösten Zinkionen war, desto weniger Zinkionen werden in Lösung gehen, desto kleiner wird $f(s)$ und es muss daher eine Concentration des Zinksalzes geben, bei welcher $f(s) = 0$ ist, d. h. $P = p$. Dann entsteht überhaupt keine Potentialdifferenz und dieser osmotische Druck ist das Maass des elektrolytischen Lösungsdruckes. Vorausgesetzt ist, dass sich diese Bedingung $P = p$ überhaupt praktisch erfüllen lässt. Beim Zink ist dies nicht der Fall, denn eine so concentrirte Lösung, dass dieselbe den osmotischen Druck 10^{18} Atmosphären hat, ist undenkbar, da 65 g Zink pro 1 Liter erst 22 Atm. entspricht.

Betrachten wir den umgekehrten Fall, welcher beim Kupfer z. B. eintritt, dass die Lösung einen osmotischen Druck hat, welcher grösser ist als der Lösungsdruck des Metalles. Dann werden sich die Cu-Jonen aus der Lösung niederschlagen. Die Elektrode wird dadurch positiv, während die Lösung, wegen der überschüssigen Anionen, negativ wird. Die positiven Kupferionen in der Flüssigkeit und das positive Metall werden eine elektrostatische Abstossung ergeben, welche mit dem Lösungsdrucke dem grösseren osmotischen Drucke bis zum Gleichgewichte entgegenwirkt.

$$P = p - f(s).$$

Gelänge es, praktisch den osmotischen Druck beliebig zu variiren, so könnte jedes Metall gegenüber seiner Salzlösung nach Belieben positiv oder negativ gemacht werden.

Bisher ist es nur gelungen, dies am Quecksilber zu zeigen, welches gegenüber den meisten Elektrolyten positiv wird, gegenüber Cyankalium jedoch wie das Natrium negativ wird, was sich durch die Bildung von $Hg(CN)_2$ Anionen, d. h. Verschwinden des Quecksilbers bis zu einem osmotischen Drucke unter 10^{-15} Atm. erklärt.

„Bringt man ein Metall in eine Salzlösung, so kann also 1. das Metall in Lösung gehen und negativ werden, 2. das Metall abscheiden und dasselbe positiv werden, oder 3. es kann sich zufällig nichts ändern, wenn $P = p$ ist, aber auch keine Potentialdifferenz entstehen."

Es handelt sich hier wieder um die Gleichgewichtsbedingung zwischen osmotischer und elektrischer Energie

$$n_t \varepsilon_u \, dz = - \quad v \, dp.$$

Hiesse der elektrolytische Lösungsdruck P_M und herrscht der osmotische Druck p, so erzielt man, wenn nach dem eben unter 3. gesagten $z = 0$ wird, wenn $p = P_M$ wird. Man muss also da für $z = z$, $p = p$ wird, zwischen den Grenzen 0 und π, resp. P_M und p integriren.

Setzt man für v (bezogen auf ein Gramm-Atomgewicht Metall) den Werth $\dfrac{RT}{p}$ aus der Gleichung $p v = RT$, so erhält man

$$n_e \, i_0 \int_a^\pi dx = - RT \int^p \frac{dp}{P_M} \cdot \frac{dp}{p}$$

oder

$$\pi = \frac{RT}{n_e \, \varepsilon_0} \, ln \frac{P_M}{p}.$$

Der Werth RT ist wieder
$= 2$ Cal., 1 Cal. $= 4·19 \times 10^5$ Erg und 1 Volt $= 10^7$ abs.
Einheiten.

$$\frac{R}{\varepsilon_0} = \frac{2 \times 4·19}{96.540} \, T = 0·000086 \, T \text{ Volt}.$$

$$\pi = \frac{0·000086}{n_e} \, T \, ln \cdot \frac{P_M}{p} \text{ Volt}.$$

Für Zimmertemperatur von $25^0 \, C = 298^0$ abs. und
beim Uebergang auf dekadische Logarithmen:

$$\pi = \frac{0·059}{n_e} \cdot log \frac{P_M}{p} \text{ Volt}.$$

Diese Gleichung ist die Fundamentalgleichung
für die Potentialdifferenz einer umkehrbaren Elektrode.

Man braucht also, da die Werthigkeit — n_e immer
bekannt ist, nur den elektrolytischen Lösungsdruck P_M
des Metalles M und den osmotischen Druck der Kation-
lösung zu kennen. Es lässt sich daher der Satz aus-
sprechen, welchen Goodwin zuerst formulirte:

„Der Potential-Unterschied zwischen
einem Metall und einer Flüssigkeit bestimmt
sich, abgesehen von einer Constanten, die
sich stets berechnen lässt, durch eine für
das Metall charakteristische Constante,
seinen elektrolytischen Lösungsdruck und
die Kation-Concentration der Lösung, in der
das Metall sich befindet." Dieser Satz gilt für alle
Ketten.

Nehmen wir den Fall des Daniell'schen Elementes Cu, Zn und $H_2 SO_4$ mit der elektromotorischen
Kraft 1·06 Volt, so setzt sich dieselbe zusammen aus
der Differenz zwischen der Zink- und Kupfer-Elektroden-
Potentialdifferenz.

$$1·06 = \frac{RT}{n_e \varepsilon_0} \left(ln \frac{P_{zn}}{p} - ln \frac{P_{cu}}{p} \right) = \frac{RT}{n_e \varepsilon_0} \, ln \frac{P_{zn}}{P_{cu}} = \frac{0·0002}{3} \, T log \frac{P_{zn}}{P_{cu}}$$

und bei Zimmertemperatur 290^0 abs.

$$log \frac{P_{zn}}{P_{cu}} = 36·5 \text{ oder } P_{zn} = 10^{36·5} P_{cu}.$$

Der Lösungsdruck des Zinks ist $10^{36·5}$ mal so gross,
als der des Kupfers. Direct lassen sich die Lösungsdrücke
nicht ermitteln, denn die praktischen Lösungsverhältnisse
der verschiedenen Metalle gestatten nur Variationen der
osmotischen Drücke von 0·001 bis 100 Atmosphären,
so dass für diese äussersten praktischen Grenzen gilt

$$log \frac{P_2}{P_1} = log 10^5 = 5. \text{ Dies entspricht für } T = 290^0 \text{ abs.}$$

einer äussersten Variation von 0·29 Volt durch Con-
centrationsänderungen.

Versuchen wir die Werthe des P_{zn} und P_{cu}, welche
also das Verhältnis $10^{36·5}$ haben, unter der willkürlichen
Annahme zu ermitteln, dass beide Metalle gleich viel
zur Potentialdifferenz beitragen, und nehmen wir eine
Lösung mit 10 Atmosphären Metallionendruck an, so
beträgt der Lösungsdruck des Zinks 10^{18}, der des
Kupfers 10^{-18} Atm. Einen Druck von einer Atmosphäre
hat aber eine Kupferlösung, welche ein Gramm-Atomgewicht in rund 20 Litern gelöst enthält. Für eine

Lösung von 10^{-18} Atm. genügt also eine 20×10^{-18} mal
verdünntere Lösung, das ist eine solche, in welcher wir mit
keinem Reagens mehr Spuren von Kupfer ermitteln
könnten. Eine solche Lösung würde nur 25 Atome im
cm^3 enthalten. Nur in einer solchen Lösung würde das
Kupfer das Potential-Null haben. Jede stärkere lässt
es positiv erscheinen.

Die Potentialunterschiede zwischen Metallen und
Elektrolyten, welche sich aus der obigen Formel berechnen
lassen, wurden wiederholt von Braun, Wright u. A.
gemessen. Da sie von der Kationconcentration abhängen,
so muss man sie auf eine bestimmte Normalconcentration
beziehen. Am besten eine solche, welche das
Gramm-Atomgewicht des Metalles im Liter gelöst hat
und sodann den osmotischen Druck von 22 Atm. aufweist. Für die Dissociation ist eine Correctur anzubringen. Es ergaben sich folgende Potentiale der Metalle
gegenüber ihren Normal-Lösungen:

Magnesium .	$+$ 1·22	Volt
Zink .	$+$ 0·51	„
Aluminium .	$+$ 0·22	„
Cadmium	$+$ 0·19	„
Eisen .	$+$ 0·06	„
Blei .	$-$ 0·10	„
Kupfer .	$-$ 0·60	„
Quecksilber .	$-$ 0·99	„
Silber .	$-$ 1·01	„

Nimmt man diese Potentiale zur Grundlage, so
kann man nach obiger Formel, in welcher jetzt π sowohl
als p (22 Atm.) bekannt sind, die elektrolytischen Lösungsdrücke berechnen.

Dieselben ergaben sich:

Magnesium .	10^{44}	Atmosphären
Zink . . .	10^{18}	„
Aluminium .	10^{13}	„
Cadmium . .	10^7	„
Eisen . . .	10^8	„
Blei . . .	10^{-2}	„
Kupfer . .	10^{-19}	„
Quecksilber .	10^{-15}	„
Silber . . .	10^{-15}	„

Der Wasserstoff hätte 10^{-1} Atm. Lösungsdruck
und wird daher durch viele Metalle so leicht verdrängt.

Aus den genannten Werthen für π, welche allerdings heute noch nicht so scharf bestimmt sind, als
dies geschehen muss, lässt sich nun das π aus der
Formel immer bestimmen, wenn der Werth des osmotischen Druckes p ermittelt wurde. Da der letztere der
Concentration proportional ist, so kann er mit Hilfe
dieser Ermittlung, event. der Gefrierpunktserniedrigung
und der Leitfähigkeitsbestimmung stets ermittelt werden.

Für den Fall zweier Elektroden aus gleichem Metalle fällt in der Potentialdifferenz der Werth des
Lösungsdruckes überhaupt heraus und es bleibt nur
das Verhältnis der Kation-Concentrationen.

$$E = \frac{RT}{n_e \, \varepsilon_0} \left(ln \frac{P_M}{p_2} - ln \frac{P_M}{p_1} \right) = \frac{RT}{n_e \, \varepsilon_0} \, ln \frac{p_1}{p_2}.$$

In keinem Falle darf aber übersehen werden, dass
sich zum Potential der Kette auch noch das der
Flüssigkeitsberührung addirt. Das letztere ist Null bei
Flüssigkeiten, deren Jonen gleiche Ueberführungszahlen
haben, z. B. KCl, es ist im allgemeinen ziemlich klein,
kann aber in besonderen Fällen, bei grossen Concen-

trationsdifferenzen. doch ausschlaggebend sein. Z. B. in der Kette

$$Hg, Hg_2 Cl_2. \ 0.1 \ HCl, \ 0.01 \ HCl, \ Hg_2 Cl_2. \ Hg$$

beträgt es 67 Hundertel des Gesammtpotentiales der Kette.

Es ist also heute das Problem der Berechnung der elektromotorischen Kräfte zwar nicht ganz gelöst, aber so klargelegt, dass seine vollständige Lösung nur mehr eine Frage der nächsten Zeit ist.

Zur Frage der Simultantelegraphie.

Im Anschlusse an den Vortrag, den Herr Ing. Mermon über den im Titel bezeichneten Gegenstand in der Vereinsversammlung vom 2. v. M. gehalten hat, erlauben wir uns hiezu die folgenden Bemerkungen:

Nach Picard und Cailho sind die Telephonapparate an solche Punkte einer Doppelleitung, die zugleich für die telegraphische Correspondenz dienen soll, anzuschliessen, welche rücksichtlich des Telegraphirstromes von gleichem Potentiale sind. Da aber der Telegraphirstrom von veränderlicher Stärke ist, so erwächst hieraus die Forderung, dass die verlangte Spannungsgleichheit nicht nur für einen bestimmten Moment zu bestehen hat, sondern unabhängig von der Zeit sein muss. Dies führt zu einer stets zu erfüllenden Bedingungsgleichung zwischen den elektrischen Constanten der beiden Zweige der Doppelleitung, deren mathematische Formulirung wir deshalb unterlassen, weil sie practisch genommen werthlos ist. Es genügt uns zu wissen, dass es durch günstige Wahl des Widerstandes, der Selbstinduction und Capacität, bewirkt werden kann, dass die Stärke des Telegraphenstromes für den einen Leiter der Doppelleitung zeitlich denselben Verlauf nimmt, wie für den andern.

Die Lösung der Aufgabe der gleichzeitigen Telegraphie und Telephonie erscheint sonach höchst einfach; in der Praxis dürften sich aber der glatten Durchführung derselben mannigfache Schwierigkeiten in den Weg stellen, die ihren Ursprung hauptsächlich darin haben, dass der Widerstand, die Capacität etc. kurz die elektrischen Eigenschaften einer Landleitung beständig Veränderungen unterworfen sind, die fortwährende Schaltungsänderungen bedingen, wenn eine tadellose telephonische Correspondenz bei gleichzeitigem Telegraphiren möglich sein soll. Es gilt dies in gleicher Weise für die Picard'sche und Cailho'sche Anordnung; für letztere kommt noch die Anwendung derselben erschwerender Umstand hinzu.

Solange nämlich die Telephonstationen zwischen den beiden Telegraphenstationen gelegen sind, besteht zwischen den beiden Methoden rücksichtlich ihrer Brauchbarkeit kein Unterschied; wenn aber eine der Telephonstationen oder beide ausserhalb der Telegraphenstationen liegen, dann ist das Cailho'sche Verfahren im Nachtheil gegen das von Picard. Bei der Picard'schen Schaltung ist es gleichgiltig, wie lang die Telephondoppelleitungen sind, die vom Translator wegführen; bei der Methode von Cailho aber wird durch den Anschluss der Telephonleitungen an die bereits elektrisch gleichwerthig gemachten Leitungen eine Veränderung dieses letzteren Zustandes herbeigeführt, wenn nicht die beiden Zweige der Anschlussleitungen in elektrischer Hinsicht in derselben Beziehung zufällig zu einander stehen, wie die Zweige der Hauptleitung. Es

wird diese Behauptung verständlich, wenn man sich den krassen Fall vorstellt, dass nur der eine Zweig der Hauptleitung sich über die Telegraphenstation hinaus fortsetzt, der andere Zweig aber nicht. Die hiedurch bewirkte elektrische Zustandsänderung des einen Zweiges verschiebt einerseits die äquipotentialen Punkte und ändert andererseits die Stromcurve in einer solchen Weise ab, dass es unmöglich ist, zwei Punkte zu finden, deren Potentiale unabhängig von der Zeit gleichbleiben. Diesen Schwierigkeiten könnte dadurch begegnet werden, dass man die Cailho'sche Schaltungsanordnung durch Hinzufügung von Spulen von geringem Ohm'schen Widerstand (0—20 Ω) und grosser Selbstinduction in nachstehend erläuterter Weise ergänzt.

Wie Eingangs erwähnt, ist die beiden Schematas zugrundeliegende Idee die, die Telephonapparate an zwei Punkte der Doppelleitung anzuschliessen, die gleiches Potential besitzen. Sind zwei Punkte von dieser Beschaffenheit nicht aufzufinden, dann bleibt nichts anderes übrig, als zwei arbiträre Punkte auf gleiches oder nahezu gleiches Potential zu bringen. Dies geschieht, wenn wir die beiden in Rede stehenden Punkte noch ausserdem durch eine Spule von geringem Ohm'schen Widerstande und hoher Selbstinduction verbinden. Da die Telegraphirströme in Folge des Umstandes, dass sie eine Drosselspule passiren mussten, sich im Verhältnisse der Ohm'schen Widerstände an den Verzweigungs-, bezw. Anschlusspunkten vertheilen werden, so wird der Spannungsausgleich bezüglich der Telegraphirströme über diese Spulen und nicht durch die Telephonapparate erfolgen, während dem Durchgang des Telephonstromes die hohe Selbstinduction als Hinderniss entgegensteht. Selbstredend wird man Spulen der vorgeschlagenen Art nicht nur an den Anfangs- und Endstationen einschalten können, sondern mit Vortheil auch in Zwischenpunkten. Wie viele solche Spulen eventuell einzuschalten sind, wie gross die Selbstinduction, bezw. ihr Widerstand gewählt werden muss, das kann einzig und allein der Versuch entscheiden. Dr. L. K.

Zur Lage der elektrotechnischen Industrie Oesterreichs.

Von Carl Bondy.

Die elektrotechnische Fabriks-Industrie in Oesterreich hat sich aus sehr kleinen Anfängen erst im letzten Decennium derart entwickelt, dass von einer Industrie im eigentlichen Sinne des Wortes die Rede sein kann, sie gehört somit zu den jüngsten Kindern modernen Fortschrittes und einige Betrachtungen über deren Entwicklung und die Ursachen der Stagnation dürften an dieser Stelle nützlich sein.

Wenn auch als „mildernder" Umstand für die verhältnismässig unbedeutende Rolle, die die österreichische elektrotechnische Industrie auf dem Weltmarkte spielt, ihre Jugend gelten kann, so ist dennoch ein Vergleich mit der Industrie der Nachbarländer, insbesondere mit jener Deutschlands, so naheliegend, dass man ihm umsoweniger aus dem Wege gehen kann, als bei tieferem Eingehen in die Factoren, welche die Industrie Deutschlands zur allerersten entwickelten, gleichzeitig die Schäden sichtbar werden, an denen unsere eigene Entwicklung krankt.

Es muss vorausgeschickt werden, dass die österreichischen Elektrotechniker sich fast durchwegs — und auch im Auslande — durch gute Constructionen und erstclassiges Fabrikat einen wohlverdienten Ruf erworben haben, ja sogar epochemachende Erfindungen von hier aus ihren Weg in alle Culturstaaten machten, so dass die Rückständigkeit der elektrotechnischen Industrie nicht in den Personen, die zur Führung und Leitung der grossen Unternehmungen berufen sind, zu suchen ist, sondern in den Fabrikationsbedingungen, den Wirthschafts- und handelspolitischen Beziehungen liegen müssen.

Unter sonst gleichen Bedingungen, wird jene Fabrik umso leistungsfähiger sein, die das billigere Rohmaterial, das geschulterte Arbeitspersonal, die besseren Fabrikationseinrichtungen, die günstigeren Transportrelationen und nicht zuletzt die Möglichkeit der Aufnahme des Exportes besitzt.

Es würde den Rahmen unserer Abhandlung weit überschreiten, wenn die Preise auch nur der wichtigen Rohmaterialien im Vergleiche mit denen anderer Staaten angeführt werden sollten und wir wollen nur als eclatantes Beispiel die bei der Fabrikation von Dynamomaschinen hauptsächlichst zur Verwendung kommenden Rohmaterialien in unser Calcul ziehen. Es sind dies (bei Gleichstrommaschinen) Stahlguss, Eisenguss, Ankerblech, Wellenstahl, elektrol. Kupfer. Letzteres sowohl, als auch Eisenguss weisen gegenüber deutschen Provenienzen keine nennenswerthe Preisdifferenz auf, während beim Stahlguss und Ankerblechen ganz erhebliche Unterschiede sehr zu Ungunsten der inländischen Untersuchungen bestehen. — Es kostet:

Stahlguss
in Stücken von 500 Ko. ab deutschem Werk Mk. 38 = fl. 22.40;
ab österr. Werk fl. 27.— per 100 kg.

Ankerbleche 0·5 mm ab deutschem Werk Mk. 21 = fl. 12.40;
ab österr. Werk fl. 20.— per 100 kg.

Wellenstahl ab deutschem Werk Mk. 38 = fl. 22.10;
ab österr. Werk fl. 31.— per 100 kg.

Bei einer Maschine für 100 kw Leistung werden circa 2500 kg Stahlguss, 1500 kg Ankerbleche und 240 kg Wellenstahl gebraucht, so dass eine Vertheuerung des Rohmaterials allein um circa fl. 250.— gegenüber deutschen Fabrikaten eintritt. Hiebei ist das meist aus Deutschland und England bezogene Isolirmaterial (Glimmer, Micanit, Stabilit etc.) ganz unberücksichtigt geblieben. Aehnliche und noch grössere Preisdifferenzen finden wir bei Trambahnschienen, gewalzten Trägern, welche trotz des Eingangszolls von fl. 2·75 in Gold noch immer viel günstiger von den deutschen Werken bezogen werden. Die österreichischen Eisenwerke haben schon seit Jahren die Marktpreise à raison der deutschen Werkspreise zuzüglich der Zoll- und Frachtsätze festgelegt und wenn dies auch für den inländischen Bedarf des fertigen Productes nicht von Nachtheil ist, da andererseits wieder der Eingangszoll beispielsweise für Dynamomaschinen fl. 5.— Gold per 100 kg beträgt, so tritt der Nachtheil sofort klar zu Tage, wenn es sich um den Export oder die Concurrenz mit jenen Unternehmungen Deutschlands, der Schweiz und anderer Staaten handelt, die ihr Rohmaterial so wesentlich billiger beschaffen.

Die volkswirthschaftliche Berechtigung der Eisencartelle, welche allein diese Folgen gezeitigt haben, soll mit dem Vorhergesagten nicht bestritten werden, aber es müssen zum Schutze des österreichischen Producenten seitens der staatlichen Factoren Massregeln ergriffen werden, die die offenbaren Nachtheile gegenüber dem ausländischen Industriellen wettmachen. Das in Vorbereitung befindliche Cartellgesetz wird sich gewiss auch

mit dieser Frage befassen: Soll eine cartellirte Industrie, wie beispielsweise die Eisenindustrie, nicht dazu verhalten werden, dem inländischen Producenten, der das bearbeitete Material nachweislich exportirt, eine Exportprämie in der beiläufigen Höhe der Preisdifferenz zwischen dem billigeren Auslands- und dem theureren Inlandsmaterial zu gewähren?

Unter dem theuren Rohmaterial leiden auch die inländischen Accumulatorenfabriken sowie Kabelfabriken, die mit dem um circa fl. 3.— per 100 kg theureren Bleipreisen rechnen müssen.

Etwas günstiger liegen zwar die Verhältnisse für die Industrie der Schwachstromtechnik in Bezug auf das Rohmaterial, weil dasselbe im Verhältnis zum Lohne nicht so sehr in's Gewicht fällt, aber auch hier ist die inländische Production gegenüber der ausländischen, ganz abgesehen von der Möglichkeit der Massenfabrikation, da der locale Bedarf schon ein enormer ist, im Nachtheil, weil eine ganze Reihe von Halbfabrikaten (Hartgummi etc.) aus dem Nachbarreiche importirt werden müssen.

Ein zweiter Factor, der für die Entwicklung der Industrie von Bedeutung ist und dem nicht genügend Aufmerksamkeit geschenkt wird, ist die Schulung des Arbeitspersonals. Nicht so sehr die individuellen Eigenschaften des österreichischen Arbeiters, sondern dessen gewerbliche Ausbildung lassen ihn gegenüber seinem deutschen Berufscollegen als minderwerthig erscheinen. Die staatlichen Fachschulen im deutschen Reiche, deren ausgezeichnete Organisation und die vorzügliche Gelegenheit der praktischen Ausbildung stehen noch immer trotz der unzweifelhaft grossen Fortschritte, die Oesterreich in den letzten Jahren in dieser Richtung gemacht, als nachahmenswerthe Muster da.

Dass bei kürzerer Arbeitszeit in Deutschland, England und namentlich in Amerika, auch relativ höheren Löhnen das Arbeitsproduct billiger ist, liegt nicht so sehr an der intensiveren Ausnützung der Arbeitszeit, sondern hauptsächlich an den besseren Fabrikationseinrichtungen.

Nur derjenige Producent wird in der Lage sein, sich mit rationellen Betriebsstätten, guten Arbeitsmaschinen und Werkzeugen auszurüsten und den Concurrenzkampf auf dem Weltmarkt mit Erfolg aufzunehmen, der mit hinreichendem Capital versehen, auch eine Periode geschäftlichen Rückganges und wirthschaftlicher Depression ertragen kann.

An mobilem Capital fehlt es bekanntlich in Oesterreich nicht, nur ist es derart verschüchtert und namentlich industriellen Neubildungen gegenüber so zurückhaltend, dass es lieber ruhig zusieht, wie das deutsche Capital und deutscher Unternehmungsgeist eine Position nach der anderen auf dem jungfräulichen Boden Oesterreichs erringt und befestigt, bevor es sich um die süsse Ruhe eines 3½-procentigen aber „sicheren" Zinsengenusses bringt.

So sind auch thatsächlich die wenigen bedeutenden elektrotechnischen Unternehmungen Oesterreichs auf die Initiative deutschen Capitals — mit wenigen Ausnahmen — zurückzuführen.

Will man gerecht sein, darf man die ganze Schuld an diesem Mangel an Unternehmungsgeist nicht dem Capital in die Schuhe schieben, sondern auch den gebührenden Theil jenen Factoren zur Last schreiben, welche in Verkennung der vitalsten Interessen aller Productionszweige, der gesunden und kräftigen Entwicklung des Unternehmungsgeistes nicht jene Förderung und werkthätige Unterstützung angedeihen lassen, die als Lebensbedingung unserer noch sehr jungen aber entwicklungsfähigen Industrie bezeichnet werden muss.

Erleichterungen bei Bildung von Actien-Gesellschaften, Anlage von Wasserstrassen, Subventionirung überseeischer Schiffahrts-Verbindungen, bessere Organisation des Consularwesens sowie eine zielbewusste Tarifpolitik wären die wichtigsten Aufgaben, die der moderne Industriestaat zu lösen hätte.

„Die Industrie braucht in ihrem eigenen und im Interesse ihrer Arbeiter lediglich Arbeit, sie braucht Stabilität und Continuität in der Arbeit. Um diese zu schaffen und zu sichern ist die Hebung des Unternehmungsgeistes, welcher in Oesterreich durch die bestehende Actiengesetzgebung unterbunden ist, nothwendig. Es müssen die legislativen Schwierigkeiten, die sich der Bildung neuer Actiengesellschaften entgegenstellen, behoben werden, dann wird sich auch das Capital mehr als bisher der Industrie zuwenden, dann wird sich aus der grösseren Anzahl der Betheiligten leichter ein Stab von Persönlichkeiten entwickeln können, welche die volle Eignung besitzen, Unternehmungen zu leiten und zu schaffen. Wenn die gesetzgebenden Körperschaften hierin Wandel schaffen, dann wird die österreichische Industrie prosperiren und im Stande sein, die Lasten, die ihr durch die socialpolitische Gesetzgebung einerseits, durch das neue Steuergesetz andererseits auferlegt werden, zu überwinden." So die Prager Handelskammer in ihrem letzten Jahresberichte.

Um wie viel mehr gilt das Gesagte für die elektrotechnische Industrie, welche nur auf dem Wege weitgehendster Association des Capitals die grossen Unternehmungen: Licht- und Kraftcentralen für Städte und ganze Industriebezirke, elektrische Trambahnen, Ausnützung grosser Wasserkräfte für elektrotechnische Processe etc. zur Ausführung bringen kann. Auch nach dieser Richtung hin kann Deutschland mit seinen zahlreichen Trustgesellschaften als Vorbild dienen.

Unser Consularwesen, so grosse Fortschritte es auch in den letzten Jahren gemacht, bedarf noch der liebevollsten Fürsorge des Staates, soll es wirklichen Nutzen den interessirten Kreisen bringen. Insolange noch Consularauskünfte, wie die hier folgende seitens eines k. u. k. Consulates möglich sind, kann dieser für den Export so überaus wichtigen Institution nicht die Bedeutung zukommen, die sie bei verstandnisvoller Anpassung an die Bedürfnisse des internationalen Marktes hätte.

Hier das Exempel:

Eine österreichische Fabrik wendet sich am 20. October 1897 an ein k. u. k. österreichisches Consulat in X. um eine Creditauskunft über eine Installationsfirma am Orte des Consulates. Am 21. December, also nach gerade zwei Monaten erhält die betreffende Firma folgende Anwort, die hiermit als warnendes Beispiel wortgetreu wiedergegeben wird:

„In Erledigung Ihrer Eingabe vom 20. October wird Euer Wohlgeboren (Ohne Obligo) mitgetheilt, dass die über die angefragte Firma eingezogenen Auskünfte wie folgt lauten: „Maschinen und Elektricität; sind gut."*)

Der Gerent des k. u. k. Consulates."

Welchen Werth haben für den Industriellen derartige Auskünfte, die zu einer Zeit einlangen, wo das bezügliche Geschäft seitens des deutschen oder schweizerischen Concurrenten längst abgewickelt ist? Die wenigen brauchbaren Schiffahrtsverbindungen, die dem überseeischen Verkehre dienen, sind ein weiterer Mangel, den der österreichische Industrielle oft zu fühlen bekommt und der ihn dazu zwingt sein Product oft auf dem Umwege durch ganz Deutschland einem norddeutschen Hafen zuzuführen, von dem aus die Verschiffung noch immer rascher und billiger, als über Triest oder Fiume erfolgt. Welch' geringen Antheil die österreichische Handelsflotte an dem Weltverkehre hat, ist ja statistisch festgestellt und die Rückwirkungen auf die Exportverhältnisse sind oft genug eindringlich hervorgehoben worden.

Wenn sich auch der inländische Bedarf von Tag zu Tag erhöht und daher Aussicht vorhanden ist, dass die bestehenden Fabriken vorläufig noch hinreichend Arbeit finden, so darf andererseits nicht verkannt werden, dass auch der deutsche und schweizer Fabrikant einen nicht unbedeutenden Theil des österreichischen Bedarfes deckt und neue Absatzgebiete ausserhalb der Reichsgrenzen aufgesucht werden müssen, soll die österreichische elektrotechnische Industrie nicht verkümmern. Um dieses Ziel zu erlangen ist, vor Allem die thatkräftigste Unterstützung des Staates — oder wenigstens wohlwollende Behandlung der zahlreichen in industriellen Kreisen (siehe die Export-Enquête im November 1897) kommenden Anregungen — nothwendig. Die neuerlich aufgetauchte Intention, die Concession zur Ausnützung von Wasserläufen nur auf eine beschränkte Reihe von Jahren zu ertheilen, wird gewiss zur Investirung von Capital in solchen Unternehmungen nicht animiren.

Wie sehr auch die innerpolitischen Verhältnisse Oesterreichs einer Erstarkung der Industrie hinderlich sind, so wollen wir diese nicht in den Bereich unserer Betrachtungen ziehen, da man einerseits guten Grund zur Annahme hat, dass diese beklagenswerthen Erscheinungen vorübergehender Natur sind, andererseits nicht nur für die elektrotechnische, sondern für jede Industrie Geltung haben.

Untersuchungen über Erdleitungen. *)

(Schluss.)

Die Coakserden waren so hergestellt, dass ihre horizontale Schwerpunktsebene in der gleichen Tiefe, 1 m unter der Erdoberfläche sich befand, so dass der Feuchtigkeitsgehalt des umliegenden Erdreichs bei allen nahezu der gleiche war, in dieser Schwerpunktsebene lagen auch die Drahtnetze.

Um festzustellen, ob Kupferdrahtnetze, welche etwa durch Oxydation innerhalb der Coaks zerstört würden, ohne Beschädigung der Coakserde durch Eisenstangen ersetzt werden könnten, wurden 6 schmiedeeiserne Gussrohre von 40 mm Weite und 3 m Länge an dem einen Ende mit einer Spitze versehen und von oben durch das Erdreich und den Coaks hindurchgetrieben. Die Vertheilung der Rohre auf die horizontale Fläche der Erde (Nr. 20 a) zeigt Fig. 1. Der Widerstand wurde gemessen, wenn alle 6 Rohre unter einander verbunden waren (Nr. 20 a), wenn nur 3 in der Diagonale liegende Rohre (Nr. 20 b) oder nur ein in der Mitte liegendes Rohr (Nr. 20 c) den Uebergang des Stromes vermittelten.

gegeben, waren correct; dieselbe bedeutet, dass die Firma in Maschinen und elektrotechnischen Fabrikaten arbeitet, und dass die Firma gut sei; bedauerlich ist nur, dass die Auskunft so spät gegeben wurde.

---

*) Nach Ansicht der Reduction ist die Auskunft, die wahrscheinlich gekabelt wurde, nur in kurzem, geschäftlichen Styl

*) „Archiv für Post- und Telegraphie," Beiblatt zum Amtsblatte des Reichspostamtes. Nr. 3, 1898.

Da die Berührungsfläche zwischen jedem Rohr und der Coakserde 0·16 m² beträgt, so besass die Erdleitung Nr. 20 a rund 1 m² Metallelektrodenfläche, Nr. 20 b eine solche von 0·5 m² nach Nr. 20 c 0·16 m². Die Anordnung der Elektroden in den Erdleitungen Nr. 15 a, 15 b und 15 c ist durch Fig. 2 angedeutet. In Nr. 15 b beträgt die Berührungsfläche zwischen jedem Rohr in dem Coakskörper entsprechend der geringeren Höhe des letzteren nur 0·94 m², die Berührungsfläche aller 4 Rohre, wie bei Nr. 20 c, 0·16 m².

Fig. 1.

Fig. 2.

Eine Vergleichung der Werthe für Nr. 15, 19 und 20 zeigt, dass die Berührungsfläche der Metallelektrode, wenn eine günstige Stromüberleitung erreicht werden soll, eine gewisse Grösse haben muss, dass aber eine dieses Maass übersteigende Grösse die Leistungsfähigkeit nicht mehr wesentlich verbessert. Dass ferner die Lage der Elektrode zum Coakskörper ebenfalls von Bedeutung ist, ergibt die Vergleichung von Nr. 15 a mit 20 c, wo in beiden Fällen gleiche Coaksmengen und Berührungsflächen vorhanden sind und doch die Widerstandswerthe erheblich von einander abweichen. Man sollte annehmen, dass bei Nr. 15 b die Vertheilung der Berührungsfläche auf 4 Punkte des Coakskörpers eine bessere Ueberleitung zur Folge haben müsste als bei Nr. 20 c; die Messungsergebnisse zeigen aber, dass das Gegentheil der Fall ist. Offenbar liegen bei Nr. 15 b die 4 Rohre so nahe an den Ecken, dass die Uebertragung auf den mittleren Theil der Coakserde Widerstand verursacht und dieser Theil an der Ueberleitung des Stromes zur Erde nur geringen Antheil hat. Die Werthe bei Nr. 20 c; die durch Zerstörung der Metallelektrode herbeigeführte Vergrösserung des Widerstandes einer Coakserde durch Hineintreiben einiger Rohre wieder behoben werden kann. Ein Vergleich zwischen Nr. 17 und 18 zeigt noch, dass Coaks in groben Stücken besser wirkt als feingesiebte Coakserde.

Aus dem Vorstehenden sowie aus einem Vergleich zwischen Nr. 15 und 18 erhellt, dass eine möglichst grosse Oberfläche der Coakserde in Verbindung mit einer guten und gleichmässig vertheilten Metallelektrode von zureichender Grösse die geringsten Widerstandswerthe ergeben muss. Dieser Forderung genügt, wie durch weitere Versuche festgestellt worden ist, in einfachster Weise eine Metallelektrode in Form eines Seiles, das allseitig von einer Coaksschicht in nicht zu grosser Stärke umgeben ist. Das benutzte Seil war 12 m lang und bestand aus 4 je 4 mm starken verzinkten Eisendrähten; es war an den Enden in einer Länge von 1 m umgebogen. Der mittlere, 10 m lange Theil wurde 0·5 m tief in die Erde gelegt, die umgebogenen Enden dienten als Zuleitungen. Bei einem anderen Erdseil wurde der mittlere Theil allseitig mit einer 20 cm dicken Coaksschicht umgeben, ein drittes Seil lag nur mit 2 m Länge in einer 10 m langen Coaksbettung. Diese 3 Erdleitungen wurden im Jänner 1894 hergestellt, mussten aber wegen Bebauung des benutzten Platzes im September 1895 an eine andere Stelle verlegt werden. Während die alte Lagerstätte der austrocknenden Wirkung von Sonne und Wind ausgesetzt war, lag die neue im Schatten benachbarter Häuser. Den Einfluss der günstigeren Lage der Erdseile nach ihrer Umbettung zeigt die folgende Uebersicht, in welcher die Widerstandswerthe für die umgelegten Erdleitungen in Klammern gesetzt sind.

Die sehr erheblichen Unterschiede in dem Widerstande einer und derselben Erdleitung je nach ihrer Lage in trockenem oder in an sich gleichem, aber beschattetem Erdreich liefern den Beweis dafür, ein wie geringer Werth solchen Messungen beizulegen ist, die an verschiedenen Stellen von Elektroden der gleichen Beschaffenheit erhalten wurden, und wie richtig es ist, verschiedene zu vergleichende Elektroden möglichst dicht zusammenzulegen. Aus dem augenfälligen Unterschiede in den Werthen der Elektroden Nr. 21 und 22 ist wiederum die schon bei Besprechung der Elektroden 10 – 13 hervorgehobene grosse Bedeutung zu entnehmen, welche eine Coaksbettung auf die Verminderung des Widerstandes ausübt; die Werthe der Elektrode Nr. 23 lassen erkennen, dass es zwar vortheilhaft, aber nicht unbedingt nothwendig ist, wenn die Metallelektrode einen Coakshaufen seiner ganzen Länge nach durchdringt.

Nummer	Beschaffenheit der Elektrode	Widerstandswerth in Ohm			Bemerkungen
		höchster Werth	geringster Werth	Mittelwerth	
21	Eisenseil 10 m lang in trockener Erde 0·3 m² Berührungsfläche ...	279 (47)	33·6 (21·5)	138 (33·1)	Erdleitung 21 im Schatten
22	Eisenseil 10 m lang in Coaks, 0·3 m² Berührungsfläche	41 (10·7)	18 (6·9)	28·5 (8·6)	Erdleitung 22 im Schatten
23	Eisenseil 2 m lang in Coaks, 0·06 m₂ Berührungsfläche ...	47 (22)	20·7 (12·7)	31·7 (17·3)	Erdleitung 23 im Schatten

Die Untersuchungen über die Erdleitungen, namentlich über die Gebrauchsdauer der Elektroden, sind, da sie durch Aufgraben in ihrem Zustande eine wesentliche Veränderung erleiden würden, noch nicht abgeschlossen; die Messungen werden daher voraussichtlich noch längere Zeit fortgesetzt. Eine Vergrösserung des Widerstandes der Erdleitungen etwa durch Rosten der Metallelektroden ist bis jetzt nicht beobachtet worden. Nach den bisherigen Wahrnehmungen ist die Metallelektrode dem Rosten am meisten ausgesetzt an der Stelle, wo sie aus der Coaksschicht heraustreten und mit Erde in Berührung kommen. Diesem Uebelstande ist dadurch abzuhelfen, dass man das Seil bis zum Austritt an der Erdoberfläche mit Coaks umgibt.

Auf Grund der gewonnenen Ergebnisse werden im Reichs-Telegraphengebiete Seil-Erdleitungen in Coaksbettung versuchsweise bei Telegraphenanstalten an solchen Orten angelegt, wo das Grundwasser nur mit grossen Kosten zu erreichen ist. Der zur Aufnahme der Erdleitungselektrode bestimmte Graben erhält bei einer Länge von 40 m eine Breite von 40 cm und eine Tiefe von 50 cm und wird zunächst 20 cm hoch mit Coaks angefüllt. Auf diese Coaksschicht wird das aus 4 mm starken, verzinkten Eisendrähten gefertigte Erdseil gelegt, dessen beide Enden ungefähr in einer Länge von 25 cm rechtwinklig nach oben zu biegen sind. Dann wird eine zweite, ebenfalls 20 cm starke Coaksschicht aufgetragen, der Graben mit Erde angefüllt und mit Ziegelsteinen abgedeckt. Jedoch besserer Ausnutzung des für die Versuchsanlage zur Verfügung stehenden Raumes sind die Gräben in Form von gestaltenen Figuren anzulegen; die beiden Seilenden werden mit einander verbunden.

Ueber die Erfahrungen mit den neuen Seil-Erdleitungen werden wir seiner Zeit weitere Mittheilungen bringen.

KLEINE MITTHEILUNGEN.

Verschiedenes.

† W. N. Tschikoleff. (Petersburg, 6. März 1898.) Einer der hervorragendsten Pioniere der Elektrotechnik in Russland ist mit Wladimir Nikolajewitsch Tschikoleff der Oeffentlichkeit durch den Tod entrissen worden; die Elektrotechnik beklagt den Verlust eines Mannes, der an der Schwelle ihres Anfanges gestanden, der zu ihrer Entwicklung vieles beigetragen hat.

Tschikoleff wurde im Jahre 1845 geboren. Nachdem er das Alexandrinische Waisen-Corps und die höhere Artillerie-Schule in Moskau absolvirt hatte, trat er als ausserordentlicher Hörer in die mathematische Facultät der Moskauer Universität ein. Mit kaum 20 Jahren ist er bereits Assistent an der Peters-Akademie und will sich daselbst als Privat-Docent habilitiren lassen. Missliche Familienverhältnisse zwingen ihn, die Universität zu verlassen. Einige Zeit darauf finden wir ihn im physikalischen Laboratorium der Moskauer technischen Schule; um diese Zeit begann zugleich seine literarische Thätigkeit. Mit 22 Jahren verfasst er das

bekannte Buch: „Die Anwendung der elektrischen Beleuchtung in der Pyrotechnik."

Im Jahre 1872 erhält Tschikoleff auf der Polytechnischen Ausstellung Auszeichnungen für die von
ihm ausgestellten Elektromotoren. 1874 erfand er als
erster die Differentiallampe, mit welcher er bereits
1869 Versuche machte, um die von ihm 1867 erfundene
Lampe mit einem Quecksilber-Gegengewicht durch
diese Lampe zu ersetzen. Er hat diese Lampe an Werner
Siemens verkauft, da ihm die Mittel zu weiteren
Versuchen fehlten. 1881 wurde auf seine Veranlassung
die 1. Elektrotechnische Ausstellung der Welt eröffnet,
und es erschien zugleich die erste russische elektrotechnische Zeitschrift „Elektritschestwo", deren Redacteur der Verstorbene wurde.

Als Jablochkoff seine Fabrik eröffnete, trat
Tschikoleff in seine Dienste und wurde auch der
Miterfinder Jablochkoffscher Erfindungen. Als
man Versuche mit den Jablochkoff-Kerzen machte,
arbeitete Tschikoleff in Ermanglung guter Arbeitskräfte
selbst als Monteur bei der Installation; bald darauf
wurde der Newsky-Prospect mit Jablochkoff-Kerzen
beleuchtet. Er versuchte auch als Geschäftsmann thätig
zu sein; es gieng jedoch schlecht, da er als Mann der
Wissenschaft wenig Eignung dazu hatte; die von ihm
gegründete „Gesellschaft der Elektrotechniker" florirte
nicht und musste dann verkauft werden; einige Zeit
darauf hat dieselbe Siemens erworben.

1877 entdeckte er, dass die Bogenlicht-Reflectoren
bei einer gewissen, jetzt üblichen Kohlenstellung doppelt
so viel Licht geben, als früher. Die Artillerie-Verwal-
tung, die schon vorher seine Kenntnisse gerne in Anspruch nahm, untersuchte diese Eigenschaft und rüstete
die Festungen mit Tschikoleffschen Reflectoren aus.
Im Jahre 1883 verbesserte er die Gläser bei den Reflectoren, indem er sie durch zusammengesetzte Gläser
ersetzte. Durch die parabolischen Reflectoren von
Schuckert wurden sie zwar verdrängt, doch Tschikoleff setzte seine Versuche mit Schuckertschen
Reflectoren fort und findet 1892 eine Methode für die
Untersuchung der Richtigkeit der Reflectoren auf photographischem Wege. Schuckert selbst erklärt, dass
die Tschikoleffsche Methode viel zur Verbesserung
der Reflectoren und deren Ueberprüfung beigetragen
hat. Im selben Jahre veröffentlichte er seine „Theorie
der Projections-Apparate (Scheinwerfer)" — die erste
literarische Arbeit auf diesem Gebiete. Die Tschikoleffsche Theorie hatte zur Folge, dass Schuckert
die Reflectoren entsprechend dieser Theorie mit einer
grösseren Brennpunkts-Entfernung erzeugte.

Es würde zu weit führen, wenn wir alle Arbeiten
und Erfindungen Tschikoleffs erwähnen sollten —
ununterbrochen und unablässig hat er an der Vervollkommnung der russischen Elektrotechnik gearbeitet,
der Tod raffte ihn hinweg, als er die Correcturen seines
letzten Buches: „Elektrische Messungen und Ueber-
prüfungen" besorgte.

Die deutsche Elektrotechnik kennt kaum seinen
Namen; die russische Elektrotechnik jedoch hat in
Tschikoleff einen Mann verloren, der sein Leben
lang daran gearbeitet hat, die Segnungen der europäischen Technik in Russland zugänglich zu machen.
Sein allzufrüher Tod hinterlässt die russische Elektrotechnik leider noch in dem Zustand der Halbentwicke-
lung. Und lange wird es wohl noch dauern, bis sie
selbständig wird. A, B.

† M. M. Boreskow (Petersburg). Am 1. März
starb hier der Chef der elektrischen Abtheilung beim
Ingenieur-Departement. General-Lieutenant Michaïl
Matwejewitsch Boreskow. Er erwarb sich hervorragende Verdienste durch Einführung und Anwendung
der Elektrotechnik zum Zwecke der Landes-Vertheidi-
gung; ihm ist es zu verdanken, dass die russischen
Militär-Einrichtungen in dieser Beziehung nicht hinter
den west-europäischen stehen. Durch seine hohe Bildung,
sowie humanes Vorgehen zeichnete er sich vortheilhaft
aus und erwarb sich viele Freunde. A. B.

Telegraphen-Verbindung mit Island. Die nordische Kabel-
Compagnie hat die Verhandlungen über die Herstellung einer
Telegraphen-Verbindung mit Island und den Faröer-Inseln mit
der dänischen Regierung zum Abschlusse gebracht, so dass die
Legung des Kabels noch in diesem Sommer erfolgen wird. Die
britische Regierung zahlt der Gesellschaft jährlich 5000 Pfd. St.,
wofür das meteorologische Amt in London täglich Wetterberichte
von den nordischen Inseln erhält. Die dänische Regierung hat die
gleiche Summe für amtliche Telegramme gewährleistet. Die
isländische Althig hatte sich in seiner letzten Tagung gleichfalls
zu einem ziemlich bedeutenden jährlichen Beitrage für die Telegraphen-Verbindung bereit erklärt. Die hohe Wetterkunde, die
transatlantische Schifffahrt und die nordische Hochseefischerei wird
diese Kabellegung von hohem Werthe sein. (Vergl. H. I, S. 31, 1897.)

Werkmeisterschule für Elektrotechnik. An der k. k.
Staatsgewerbeschule im X. Wiener Gemeindebezirk, Eugengasse
Nr. 81, besteht eine auf vier Semester-Curse sich erstreckende
Werkmeisterschule für Elektrotechnik mit theoretischem und
praktischem Unterrichte. Für die Aufnahme ist nur der Nachweis einer zweijährigen praktischen Thätigkeit in der Meister-
lehre oder in einer Fabrik erforderlich. Die Absolventen erhalten
den Befähigungsnachweis für das Mechanikergewerbe. Programme
können durch die Direction der Anstalt bezogen werden.

Ausgeführte und projectirte Anlagen.

Oesterreich-Ungarn.

a) Oesterreich.

Aussig. (Elektrische Strassenbahn.) Das k. k.
Eisenbahnministerium hat das vom Stadtrathe vorgelegte Detail
project einer elektrischen Kleinbahn mit 10 m Spurweite im
Stadtgebiete von Aussig als Grundlage der Tracenrevision geeignet befunden, die Statthalterei in Prag beauftragt, die Tracenrevision und unter Anwendung des abgekürzten Verfahrens bei
anstandslosem Ergebnisse dieser Verhandlung anschliessend an
dieselbe die Stationscommission und die politische Begehung vorzunehmen, wobei die Statthalterei ermächtigt wird, den Bauconsens
mit dem Bemerken zu ertheilen, dass derselbe erst nach Ertheilung
der Concession in Kraft tritt.

Niemes (am Polzen, Böhmen). In dieser Stadt wird in allernächster Zeit die Errichtung einer Centralanlage für Licht und
Kraft in Angriff genommen. Unternehmer ist der Besitzer einer
Walzkunstmühle, Franz Freyer, welcher seine ca. 70 pferdige
Wasserkraft ausnützen will, und der wegen Errichtung und Betrieb des Elektricitätswerkes mit der Gemeinde Niemes einerseits
und mit der Firma Oesterreichische Schuckert-
werke andererseits Vertrag geschlossen hat.
Da die Wasserkraft allein auf die Dauer nicht ausreicht,
so wird die Kraftstation des Werkes durch eine Dampfmaschine
ergänzt werden. Die Anlage wird im Gleichstrom Dreileitersystem
2 × 150 Volt, und zwar in der Weise ausgeführt, dass der Mittelleiter von einer Accumulatoren-Batterie, welche mit einer Dynamomaschine parallel geschaltet ist, abgezweigt wird. K.

Prag. (Bau der städtischen elektrischen Centrale in Holeschowitz.) Wie bereits mitgetheilt, wird auf
dem ehemaligen Kubinzky'schen Gründen in Holleschowitz längs
des Bahndammes der Staats-Eisenbahn-Gesellschaft und längs
am kgl. Thiergarten vorbeiführenden Weges die Prager städtische
elektrische Centralstation errichtet, welche die nöthige elektrische
Energie zu Beleuchtungszwecken zu erzeugen
haben wird. Am 24. v. M. fand unter diesem Anlasse unter der
Leitung des Mag.-Rathes Josef Kubin am 24. v. M. Stelle das
Edictalverfahren statt. Die Erzeugungsstätte der Elektricität besteht aus der dem Kesselhause vorliegenden Maschinenhalle,
den Centralwerkstätten, den Remisen, dem Administrationsgebäude,
dem Materialien-Depot und dem Kohlenmagazin. In dem zwei-
stöckigen Anbau vor der Maschinenhalle werden sich die Bäder,

die Garderoben, die Vermessungslocale und (im zweiten Stocke) die Wohnungen der Maschinisten befinden. Im Maschinenhause werden für die erforderliche mechanische Arbeit nach dem vollständigen Ausbaue zehn liegende Dampfmaschinen mit etwa 12.000 *PS* angebracht. Das Kesselhaus wird 24 Dampfkessel, System Tischbein, mit je 230 *m²* Heizfläche und 12 Atmosphären Vordruck enthalten. Der Wasserverbrauch wird mit Rücksicht auf die erforderliche Dampfkraft und Condensation bei der ersten Bauperiode mit 151, bei der zweiten Bauperiode mit 605 Liter in der Secunde bemessen, und wird die Speisung durch einen aus der Moldau in den Stationsbrunnen führenden Canal bewirkt. Überdies wird die Centrale mittels der Röhrenleitung mit der städtischen Wasserleitung verbunden sein. In der ersten Bauperiode wird die Centrale 19.030 *kw* der elektrischen Energie für 36.000 Glühlichter, 70 Bogenlampen und 70 elektrische Motorwagen erzeugen und bei-stellen. In der zweiten Periode werden 62.100 *kw* Energie für 160.000 Glühlichter, 237 Lampen und 200 elektrische Motorwagen erzeugt. Die Remisen werden an der Fabriksgrenze angebracht werden und einen Raum für 70 Motorwagen enthalten. Das elektrische Leitungsnetz wird in seinen Hauptheilen aus zwei Strängen bestehen; beide werden durch die Gassen und Plätze unterirdisch angebracht. Behufs Transformirung der Ströme mit hoher Spannung in jene mit niederer Spannung werden auf den Plätzen oder in grösseren Gebäuden Transformatoren, und zwar entweder in Gruben oder in eigenen Häuschen angebracht werden. Die Centrale wird mittels eines eigenen Geleises mit der Staatseisenbahn verbunden sein. Bei dem in polizeigewerblicher Hinsicht vorgenommenen Edictalverfahren wurde von keiner Seite eine Einwendung erhoben. Im Laufe des nächsten Monates wird die baupolizeiliche Commissionsverhandlung stattfinden.

Salzburg. (Projectirte elektrische Kleinbahn.) Das k. k. Eisenbahnministerium hat der Firma Siemens & Halske in Wien im Vereine mit der Actiengesellschaft „Elektricitätswerke Salzburg" die Bewilligung zur Vornahme technischer Vorarbeiten für nachstehend bezeichnete, elektrisch zu betreibende Kleinbahnlinien in Salzburg und Umgebung, und zwar: 1. vom Staatsbahnhofe durch die Vorstadt Froschheim und von da, nach Übersetzung der Salzach mittels einer eigenen Brücke, durch Lehen nach Maxglan, 2. vom Franz Josefs-Quai durch die Vorstadt Mülln nach Maxglan und 3. vom Mirabellplatze durch die Paris-, Lodron-, Franz Josefs- und Schallmooser Hauptstrasse nach Gnigl, ertheilt.

Tarvis (Elektrische Kleinbahn.) Das k. k. Eisenbahnministerium hat der Generaldirection der Grafen Hugo Lazy und Arthur Henckel v. Donnersmark in Carlshof bei Tarnowitz für eine mit elektrischer Kraft zu betreibende Kleinbahn von Tarvis nach Raibl mit eventueller Fortsetzung bis zum Raibler See und mit einer Abzweigung von Kaltwasser und dem Luschariberg ertheilt.

Wien. (Verconcession für eine elektrische Kleinbahn.) Das Eisenbahnministerium hat dem Ingenieur Carl Paulischek im Vereine mit dem Hof- und Gerichtsadvocaten Dr. Adalbert Biilitzer in Wien die Bewilligung zur Vornahme technischer Vorarbeiten für eine normalspurige, mit elektrischer Kraft zu betreibende Bahn niederer Ordnung von der Kronprinz Rudolfbrücke in Wien über Kagran, Leopoldau, Gross-Jedlersdorf, Stammersdorf, Hagenbrunn, Königsbrunn, Enzersfeld, Seebarn und Leobendorf nach Stockerau ertheilt.

(Elektrischer Betrieb auf der Stadtbahn.) Wie wir schon mitgetheilt haben, werden auf einem Theile der Gürtellinie der Stadtbahn Versuche mit elektrischem Betriebe gemacht. Das Protokoll der Commission für Verkehrsanlagen in Wien, in welcher diese Probeversuche beschlossen wurden, enthält hierüber Folgendes: Mit diesem Probebetriebe soll bezweckt werden, die bis jetzt noch nicht klargestellte Frage zur Lösung zu bringen, ob ein Massenverkehr von im Umfange des Personenverkehrs der Wiener Stadtbahn unter Anwendung elektrischer Motoren, und zwar neben dem Dampfbetriebe, welcher für den Güter- und Militärverkehr unter allen Umständen beibehalten werden muss, bewältigt werden kann. Ferner soll diese Probe auch verlässliche Anhaltspunkte für die Beurtheilung des ökonomischen Werthes einer Anwendung der Elektricität zur Traction der Personenzüge der Wiener Stadtbahn bieten. Es sollen zunächst auf Personenwagen mit elektrischen Motoren von Siemens & Halske derart angerichtet und zu einem Zuge verbunden werden, dass die Motoren aller acht Wagen vom Standplatze des Führers des Zuges bethätigt und in vollkommen gleichzeitiger Arbeit erhalten werden können. Zur Hemmung der Bewegung des Zuges soll neben einer elektrischen Bremse auch noch eine durchgehende mechanische Bremse zur Anwendung kommen, und beide Bremsen sollen vom Führer des

Zuges gehandhabt werden. Der für die Probefahrten nöthige Strom wird von der Allgemeinen Oesterreichischen Elektricitäts-Gesellschaft geliefert und durch eine zwischen den Fahrschienen anzuordnende Contactschiene den Motorwagen zugeführt werden. Die erforderlichen Installationen werden einen Zeitraum von mindestens sechs Monaten erfordern. Sobald die Installationen vollendet sind, wird die Probezug in der Versuchsstrecke Heiligonstadt-Michelbeuern während der zwischen den normalen Stadtbahnzügen sich ergebenden Zeitintervalle, und zwar zunächst leer, in Verkehr kommen, und erst dann, wenn sich die Einrichtungen durchwegs bewährt haben, wird der Zug dem Publicum zur Benützung zugänglich gemacht werden. Zur Vornahme der besprochenen Versuche wurde von der Commission ein Credit von 58.000 fl. bewilligt.

b) Ungarn.

Grosswardein (Nagyvárad). (Eisenbahn-Project.) Der kgl. ung. Handelsminister hat der Direction der Actien-Gesellschaft der Nagyvárader (Grosswardeiner) Strasseneisenbahn für eine von der Station Nagyvárad—Olaszi der Hauptlinie Budapest—Nagyvárad—Brassó (Kronstadt)—Predeal der kgl. ungar. Staatsbahnen ausgehende, sich mit Benützung entsprechender Strassenzüge im Bereiche des innerstädtischen Gebietes verzweigende und in das Extravillan bis zum Rhédei-Park führende Strasseneisenbahn mit elektrischem Betriebe auf die Dauer eines Jahres ertheilt.

Salgó-Tarján. (Technisch-polizeiliche Begehung und Eröffnung des Betriebes der schmalspurigen Bergwerksbahn mit elektrischem Betriebe im Salgó-Tarjáner Bergbaureviere.) Die von der Direction der Salgó-Tarjáner Kohlenbergbau-Actien-Gesellschaft erbaute schmalspurige Gewerksbahn, welche von der Station Pálfalva (nächst Salgó-Tarján) der Hauptlinie Budapest—Hatvan—Ruttka der kgl. ung. Staatsbahnen ausgehend, diese ihrer Etres mit dem gesellschaftlichen Haupt-Grubenbesitzer verbindet, ist, nachdem laut Commissionsbefund der am 6. März abgehaltenen technisch-polizeilichen Begehung der Kunzustand und die Betriebs-Einrichtung der neuerbauten Linien als entsprechend befunden wurde, noch am selben Tage dem Verkehre übergeben worden.

Deutschland.

Berlin. Mit Bezug auf die neuen Strassenbahn-Linien hat die Direction der Grossen Berliner Strassenbahn-Gesellschaft der städtischen Verkehrs-Deputation einen besonderen Betriebsplan eingereicht, welcher unter Berücksichtigung der ausgeschlossenen Strecken die bestehenden Linien der Gesellschaft mit den von der Stadt gewünschten zu einem ganzen Netze von Strassenbahnen verbindet. So wird z. B. zu der ausgeschriebenen Ringlinie (Zoologischer Garten—Oberbaumbrücke, Memeler- etc., Schwedter- etc. Strasse, Moabiter Brücke—Lützow-Ufer) vorgeschlagen, vier der anderen neuen Linien zu Hilfe zu nehmen und daraus zwei Ringstrecken, einen Südring und einen Nordring zu bilden, durch welche sich bessere Verbindungen der Vorstädte mit dem Centrum Berlins ermöglichen liessen. Das Befahren von Ringen, so heisst es in dem beigegebenen Erläuterungsberichte, bietet beim elektrischen Betriebe den Vortheil, dass die Wagen keine Haltestelle aufzusuchen brauchen, in gleicher Weise (Verschmelzung bestehender mit neuen Linien) würde eine bequeme Verbindung zwischen dem Lehrter, Potsdamer und Anhalter Bahnhofe geschaffen werden, wobei zugleich empfohlen wird, die Linie vom Anhalter Bahnhofe aus durch die Möckern-, Klein- und Grossbeerenstrasse nach dem Victoriapark zu verlängern, wodurch die längst ersehnte directe Verbindung der Kreuzberges mit der genannten Bahnhöfen und dem Thiergarten hergestellt sein würde. Zu der Ausschreibung der Linie Hermannplatz—Schillingsbrücke—Landsbergerplatz zeigt die Direction der Strassenbahn einen Ausenring vor sich, unter Heranziehung mehrerer Linien, vom Kreuzberg über das östliche, nordöstliche und nördliche Vorstadtgebiet bis nach Moabit und Kreuzberge sämmtlicher und unter Mitbenützung einer Strecke der südlichen Vorortebahn am Kreuzberg endigen würde. Die neue Linie Landsbergerplatz—Rummelsburg würde mit dem bestehenden Strecke Alexanderplatz—Rosenthaler Thor—Moabit zu verbinden sein, wodurch der Osten Berlins die gewünschte Verbindung mit dem Stettiner Bahnhof und dem Stadttheil Moabit erhielte. Zu der Ausschreibung Bücherplatz—Waterloobrücke—Alexandrinenstrasse—Dresdenerstrasse endlich wird eine weitere Durchquerung der Stadt in Vorschlag gebracht, nämlich vom Tempelhofer Berg (neue Kaserne) durch die Alexandrinen-, Dresdener-, Neue Jacobstrasse, Waisenbrücke, Neue Friedrich-, Schicklerstrasse, Alexanderplatz, Prenzlauerstrasse, Bahnhof Schönhauser Allee. Neben den geplanten Ringstrecken dürfte diese Verticallinie zu den beachtenswerthesten Verkehrsverbindungen der deutschen Reichshauptstadt zu rechnen sein.

Frankreich.

Bau der ersten mit elektrischem Betriebe eingerichteten, öffentlichen normalen Eisenbahn. Die Compagnie de Paris—Lyon—Mediterranée hat die Concession zum Bau und Betriebe der projectirten Eisenbahn Favet-Chamonnix mit elektrischem Betriebe bereits erhalten. Es ist dies im Bereiche Frankreichs die erste öffentliche Eisenbahn, die auf einer Länge von 20 km ausschliesslich für Elektricität als Betriebsmotor eingerichtet sein wird. Die Hauptkriterien des Systemes sind:

a) Die Zuführung des elektrischen Stromes erfolgt durch Einlegen einer an der Aussenseite des einen Geleisestranges nächst diesem eingelegten dritten Schiene, welche die Drahtleitung ersetzt;

b) jeder einzelne Wagen ist mit einem selbstständigen Motor (Automoteur) ausgerüstet, dem der Strom durch Vermittlung einer auf der Leitungsschiene schleifenden Drahtbürste zugeführt wird.

Die Stromerzeugung erfolgt in beiden Endstationen, und zwar insofern mittelbar durch Wasserkraft, als das zum Betriebe erforderliche Wasserquantum der Arve entnommen und durch Dampfpumpen auf eine Höhe von 80 m gehoben wird, von welcher aus es sich in Turbinentrichter ergiesst, deren jeder einen Effect von 2000 PS erzeugt, so dass durch ein verhältnismässig nur geringes Wasserquantum ein Gesammtausmaass von 4000 PS den Stromerzeugungs-Centralen zur Verfügung gestellt wird. Obzwar die Maximalsteigung der Trace an mehreren Stellen 110% beträgt, entfällt die Nothwendigkeit der Einlage einer Zahnschiene, so dass die Sicherheit des Betriebes gefährdet wird. Der Bau der Linie wird im Frühjahre in Angriff genommen werden.

Gründung einer Gesellschaft zum Betriebe von elektrisch betriebenen Fiakern in Paris. Unter den Auspicien der „Banque internationale de Paris" und der „Compagnie générale des Voitures" wurde unter der Firma „Compagnie française de Voitures automobiles" mit dem Sitze in Paris eine Gesellschaft gegründet zum Zwecke der Aufstellung von Automobil-Fiakern mit elektrischem (Accumulatoren-) Betriebe im Bereiche von Paris. Die Elektromobils, welche derzeit in Verkehr gesetzt werden, sind nach einem neuen System in England erzeugt. Zur Speisung der Accumulatoren werden an verschiedenen Punkten des hauptstädtischen Weichbildes sowohl, als auch der Umgebung Ladestationen errichtet.

Patentnachrichten.

Mitgetheilt vom Technischen- und Patentbureau.

Ingenieur Victor Monath

WIEN, I. Jasomirgottstrasse Nr. 4.

Classe Deutsche Patentanmeldungen.*)

20. C. 6869. Anordnung an Ausweichstellen für elektrische Eisenbahnen mit Stromzuleitung durch die Schienen. — Michelangelo Cattori, Rom. 9./6. 1897.

21. D. 7249. Elektrische Gleichstrom-Maschine mit wanderndem Polen. — Gev. F. Dieckmann, Chicago, V. S. A. 14./12. 1895.

„ H. 18.671. Verfahren zur Behandlung von Bogenlichtkohlen. — Albrecht Heil, Fränkisch-Crumbach. 8./7. 1897.

„ P. 9106. Vorrichtung zur Umwandlung von Wechselstrom in Gleichstrom und umgekehrt. — Charles Pollak, Frankfurt a. M. 17./8. 1897.

Classe Deutsche Patentertheilungen.

20. 97.189. Stromabnehmer für oberirdische Stromzuleitung. — Bisson, Bergès & Co., Paris. 14./4. 1897.

„ 97.227. Vorrichtung zur Abschwächung von Kurzschlüssen bei elektrischen Bahnen mit Theilleiterbetrieb. — M. Schöning, Berlin. 14./4. 1897.

„ 97.354. Anordnung der oberirdischen Stromzuleitung für elektrische Bahnen auf Klappbrücken. — Union-Elektricitäts-Gesellschaft, Berlin. 23./5. 1897.

21. 97.318. Vorrichtung zur selbstthätigen Controle des Ladezustandes von Sammelbatterien. — E. Hauswald, Frankfurt a. M. 29. 9. 1897.

*) Die Anmeldungen bleiben acht Wochen zur Einsichtnahme öffentlich aufgelegt. Nach § 24 des Patent-Gesetzes kann innerhalb dieser Zeit Einspruch gegen die Anmeldung wegen Mangel der Neuheit oder widerrechtlicher Entnahme erhoben werden. Das obige Bureau besorgt Abschriften der Anmeldungen und übernimmt die Vertretung in allen Einspruchs-Angelegenheiten.

Classe

21. 97.378. Elektrode für Mikrophone. — J. P. Schmidt Berlin. 1. 10. 1896.

„ 97.379. Schaltung zur Erzielung einer Phasenverschiebung von 90° oder mehr zwischen zwei Wechselstromkreisen. — Hartmann & Braun, Bockenheim-Frankfurt. a. M. 6./12. 1896.

„ 97.381. Wechselstrom-Maschine mit doppeltem Inductoreisen. —Union-Elektricitäts-Gesellschaft, Berlin. 5./11. 1897.

49. 97.406. Elektrischer Ofen. — Siemens & Halske, Actien-Gesellschaft, Berlin. 21./3. 1897.

Auszüge aus Patentschriften.

Max Jüdel & Co. in Braunschweig. — Elektrische Weichenstell-Vorrichtung mit nur bei der Umstellung selbst auftretenden Controlströmen. — Classe 20. Nr. 94 311.

Der die Bewegung einleitende, feindliche Bewegungstheile in seinen Arbeitsstellungen verriegelnde Stellhebel S kann aus seiner Ruhelage a nicht ohne weiters in die den Bewegungsvorgang einleitende Stellung c gebracht werden, sondern er wird in einer Zwischenlage c durch Sperre a festgehalten, wofern nicht ein Controlstrom, der dort zustande kommen kann, diese Sperre elektromagnetisch auslöst. Ebenso wird die Weiterbewegung des Stellhebels S von c nach d so lange gehindert, bis ein Controlstrom die Sperre H auslöst. (Fig. 1.)

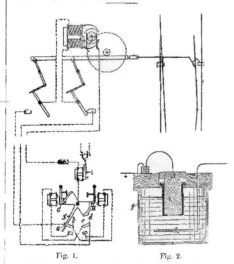

Fig. 1.   Fig. 2.

Josef Rieder in Thalkirchen bei München. — Verfahren zum Nachbilden von Reliefs und ähnlichen Formen in Metall auf elektrolytischem Wege. — Classe 48, Nr. 95 081.

Das Metall A, in welches unter Zuhilfenahme des elektrischen Stromes ein Relief oder dergl. eingeätzt werden soll, ist mit der positiven Stromleitung verbunden, bildet somit die Anode, während die in den Elektrolyten eingetauchte Kathode K aus löslichem Metall bestehen kann. Das Metallstück A ruht auf einem porösen Blocke E, in dessen Oberseite eine Negativ des Reliefs eingeschnitten, eingepresst oder dergl. ist. Dieselbe kann bei spielsweise aus Gyps oder Thon bestehen. Wird durch den unteren Ende taucht der poröse Block E in den Elektrolyten ein, mit dem er sich vollständig durchtränkt. Wird der elektrische Stromkreis geschlossen, so findet an dem Metallstücke A immer nur da eine Auflösung von Metall statt, wo es den mit dem Elektrolyten durchfeuchteten Körper E berührt. Es wird somit nach und nach in dem Metalle eine genaue positive Wiedergabe des im Blocke E eingeprägten Reliefs erzeugt werden. Fig. 2.

Franz Westhoff in Düsseldorf. — Draht- oder dergleichen Walzwerk, bei welchem das Walzgut durch den elektrischen Strom erhitzt wird. — Classe 7, Nr. 94.220.

Das Drahtwalzwerk ist mit zwei Walzen und mehreren Calibern von abnehmendem Querschnitt versehen. Zur Erhizung des Drahtes durch den elektrischen Strom sind alle Caliberselben gegeneinander und gegen die gemeinschaftliche Welle isolirt und durch Schleifcontacte mit dem einen Pol einer Stromquelle einzeln ausschaltbar verbunden. Den anderen Pol bildet ein Contact, den das Walzgut auf dem Wege zum Walzwerk berührt.

Geschäftliche und finanzielle Nachrichten.

Remscheider Strassenbahn-Gesellschaft. Nach dem Geschäftsbericht ergab das abgelaufene Geschäftsjahr 1897 trotz der ungünstigen Betriebsverhältnisse in den Monaten Jänner und Februar im Ganzen doch eine wesentliche Zunahme sowohl im Personenverkehr, als auch in der Kraftabgabe. Es wurden 1,486.567 Personen befördert (gegen 1,324.813 i. V.) und daraus eine Einnahme von 18½.674 Mk. (gegen 164.663 Mk. i. V.) erzielt, während für Kraftabgabe 35.213 Mk. (gegen 26.057 Mk.) eingenommen wurden. Die Gesammteinnahmen stellen sich auf 227.517 Mark (gegen 196.286 Mk.); die Ausgaben weisen mit 145.773 Mk. (gegen 130.120 Mk.) zwar eine erhebliche Steigerung auf, aber der Uebersehuss ist mit 86.331 Mk. gegen den vorjährigen von 66.168 Mk. doch um rund 20.000 Mk. erhöht. Die Abschreibungen sind auf 43.458 Mk. festgesetzt, so dass nach Abzug der Rücklagen und Gewinnantheile eine Dividende von 5% auf das bisherige Acticapital von 850.000 Mk. zur Vertheilung gelangt. Inzwischen ist das Grundcapital um 150.000 Mk. auf 1,000.000 Mk. erhöht worden zum Zwecke der Erweiterung der Kraftstation und ist die erste 25%ige Einzahlung bereits geleistet. Die an die Anlage einer Accumulatorenbatterie und der Condensations- und Wasserreinigung geknüpften Erwartungen haben sich ganz erfüllt. Indem die Kosten bei einer Gesammtenergung von 795.648 *kw* nur 40.695 Mk. betrugen gegen 45.740 Mk., die die Erzeugung von 528.962 *kw* i. V. kostete, sank schliesslich Verzinsung und Amortisation der Neuanlagen. Die Herstellungskosten pro Kilowatt sanken also von 8·64 Pfg. auf 5·21 Pfg. — Um die Abnehmer von Strom gegen die Folgen von Betriebsstörungen zu sichern, übernahm die Gesellschaft den Vertrieb der Elektromotoren der Union, um bei eintretenden Defecten Ersatzmotoren aufstellen zu können. Die Stadtverordneten-Versammlung hat der Gesellschaft neuerdings das Recht eingeräumt, den Abnehmern von Strom für Kraftzwecke auch zur Beleuchtung der Werkstätten Strom zu liefern.

Ganz & Cie. Unter dem Vorsitze des Präsidenten, Markgrafen Eduard Pallavicini, wurde die Generalversammlung der Maschinenfabrik Ganz & Cie. am 19. v. M. in Budapest abgehalten. Der Bericht der Direction constatirt, dass das vorliegende Geschäftsjahr hinsichtlich der Auslieferung hinter dem Jahre 1896 zurückgeblieben ist, in welchem Jahre die höchste Leistung des Unternehmens erzielt wurde. Es wurden im Jahre 1897 Facturen im Werthe von 12·1 Millionen Gulden gegen 15 Millionen Gulden im vergangenen Jahre ausgeliefert. Die Waggonfabrik war zu Beginn des Jahres geringer beschäftigt. Im zweiten Semester kamen grössere Bestellungen, allein der Ausfall konnte nicht mehr gedeckt werden, und die Aussichten für das Jahr 1898 sind für diesen Zweig der Fabrication keine günstigeren. Der Bau der neuen elektrischen Fabrik, sowie die Ergänzungsbauten in den Waggonfabriken, ferner in den Etablissements zu Ratibor und Leobersdorf sind beendigt. Die neue elektrische Fabrik ist bereits in vollem Betriebe. Nach dem statutenmässigen Abschreibungen von fl. 102.918 bleibt ein Reingewinn von fl. 737.359. Die Direction beantragt die Zahlung einer Dividende von fl. 100 per Actie. Sämmtliche Anträge der Direction wurden genehmigt und der Verwaltung wurde das Absolutorium ertheilt.

Accumulatorenwerke System Pollak in Frankfurt a. M. Der Bruttogewinn für 1897 wird mit Mk. 349.996 (1896 Mk. 289.993) ausgewiesen. Die Unkosten erforderten Mk. 125.740 (1896 Mk. 92.853), Provisionen Mk. 36.404 (1896 Mk. 26.170) und Abzug und Abschreibungen Mk. 89.369 (1896 Mk. 98.867), von den Abschreibungen entfallen Mk. 64.939 gleich 33½% (1896 25%) auf Einrichtungen, Geldvorausschuss und Kabel, und Mark 20.000 (1896 0) auf Debitoren. Einschliesslich der aus dem Vorjahr übertragenen Mk. 4949 (1896 Mk. 3061) worden der Reserve überwiesen Mk. 14.737 (1896 Mk. 6019) zu Tantièmen und Gratificationen verwandt und Mk. 6185 (1896 Mk. 5934) vorgetragen. Der Bericht theilt mit, dass das Werk im abgelaufenen Geschäfts-

jahr gut beschäftigt war. Grössere Batterien wurden im Berichtsjahre u. a. geliefert für die Elektricitätswerke Zoppot, Abendsberg, Marktbreit, Nordstemmen, Pfullendorf, Homburg v. d. H., Biella, Montabaur, Rüsselsheim, Elze, Zara, Grevenbroich, Laba, Falkenstein i. P., Linden vor Hannover, Pilollburg, Hanau, Glücksburg, Hamburg und Turin. Der von der Gesellschaft eingerichtete Probebetrieb mittelst Accumulatoren auf einer Strecke der Frankfurter Trambahn bewährt sich gut. Auch in Accumulatoren für Centralen und Einzelanlagen hatte die Gesellschaft bei Jahresschluss reichliche Aufträge. Seitdem ist allerdings eine abermalige starke Herabsetzung der Preise eingetreten, doch hofft die Gesellschaft, der Wirkung derselben in bisheriger Weise mit Erfolg entgegentreten zu können. In Liesing bei Wien hat die Gesellschaft eine Grundstück gekauft, auf dem eine Fabrik für Herstellung von Accumulatoren erbaut wird, da sich die Errichtung einer Zweigniederlassung in Oesterreich mit einer besonderen Productionsstätte als nothwendig erwiesen hat. Mit Rücksicht hierauf und zur Verstärkung der Betriebsmittel wurde das Actiencapital von 1 Million Mk. auf 1½ Million Mk. erhöht. Die Debitoren haben sich von Mk. 633.000 auf Mk. 807.989 erhöht, während sich die Creditoren auf Mk. 120.290 belaufen.

Breslauer Strassenbahn-Gesellschaft. Die diesjährige Generalversammlung wurde am 24. v. M. unter Vorsitz des Herrn Conrad Fromberg zu Breslau abgehalten. Der Vorsitzende nahm zunächst auf den gedruckt vorliegenden Geschäftsbericht pro 1897 nebst Rechnungsabschluss Bezug. Eine Discussion fand nicht statt und die Generalversammlung genehmigte einstimmig die vorgeschlagene Gewinnvertheilung, wonach eine Dividende von 12% = 48 Mk. pro Actie zur Vertheilung gelangt.

Stettiner Elektricitätswerke. Der Aufsichtsrath beschloss den Grundpreis für den Lichtstrom abermals um ½ Pfg. zu ermässigen und den neuen Tarif vom 1. Juli d. J. ab in Kraft treten zu lassen. Hiernach würde dann der Strom, der von einer 16kerzigen Glühlampe während einer Stunde verbraucht wird, nur noch mit 3 Pfg. gegen 3½ Pfg. bisher berechnet werden. Die Centrale hat einer Erhöhung im Jahre 1890 grosse Fortschritte gemacht; es sind jetzt im Ganzen 987 Bogenlampen, 22.686 Glühlampen und 110 Motoren an dieselbe angeschlossen. Die Maschinenstation hat in dem vergangenen Jahre durch zwei grosse Maschinen, eine 600pferdige und eine 500pferdige vergrössert werden. Die ganzen Ermässigungen seit dem Bestehen der Centrale betragen für die Stromlieferung 62.5% und der Preis dafür ist jetzt gleich mit Berlin.

Elektricitäts-Lieferungs-Gesellschaft in Berlin. Auf das Actiencapital der Gesellschaft wurden bei der Gründung am 8. April v. J. 25% mit 1,250.000 Mk. eingezahlt, während die restlichen 75% mit 3,750.000 Mk. am 30. Juni v. J. eingezahlt wurden. In der am 31. December beendeten ersten Betriebsperiode wurde ein Brutto-Erträgniss von 208.785 Mk. erzielt, wovon 132.678 Mk. auf die Betriebserträgnisse der in eigener Verwaltung stehenden Elektricitätswerke und der Rest von 76.107 Mk. auf Zinsgewinne entfielen. Nach Abzug der Handlungs-Unkosten etc. verbleibt ein Reingewinn von 191.027 Mk. Von demselben werden dem Reservefonds 9701 Mk. überwiesen, zu Tantièmen werden 6875 Mk. verwendet und als Dividende 137.500 Mk., entsprechend einer 5½proc. Verzinsung für sechs Monate, bestimmt. Als Vortrag auf neue Rechnung bleiben 39.957 Mk. Unter den Activen stehen zu Buch die Anlage-Conten der Elektricitäts-Werke Tempelhof mit 599.549 Mk., im Freihafen Kopenhagen mit 333.919 Mk., in Craiova mit 1,140.384 Mk., in Deidesheim mit 135.600 Mk., in Schmalkalden mit 32.938 Mk., in Magdeburg mit 1.822.343 Mk., in Schmalkalden mit 305.589 Mk., in Planen i. V. mit 94.435 Mk.; ferner die Effectenbestände mit 689.720 Mk. und die Debitoren mit 767.281 Mk. Andererseits sind dem Erneuerungsfonds überwiesen worden für Tempelhof 75.000 Mk., für Kopenhagen 25.0×0 Mk., für Craiova 179.525 Mk. Sämmtliche Actien der Gesellschaft befinden sich im Besitze der Allgemeinen Elektricitäts-Gesellschaft.

Briefe an die Redaction.

(Für diese Mittheilungen ist die Redaction nicht verantwortlich.)

Ad Transformatoren-Schutzgehäuse.

Mit Bezug auf einen in Heft 22 des vorigen Jahrganges Ihrer geehrten Zeitschrift veröffentlichten Artikel über „Neuartige Transformatoren - Schutzgehäuse" erlauben wir uns Ihnen mitzutheilen, dass uns schon im Jänner des Jahres 1896 eine Anordnung patentirt wurde, welche den Zweck verfolgt, elektrische Apparate vor den Einflüssen von Wasser und schädlichen Gasen zu schützen und auf dem Principe der Taucherglocke basirt. Es sei gestattet, aus unserer Patentschrift Folgendes auszuführen: Der Apparat befindet sich in einer nach unten offenen Glocke, ähnlich einer Taucherglocke. Diese Glocke wird nun in einen Kasten derart eingesetzt, dass ihr unterer Rand vom Boden des Kastens absteht, welcher dann bis über den oberen Rand der Glocke mit einer Flüssigkeit gefüllt wird, wobei diese Flüssigkeit ein wenig über den unteren Rand der Glocke in dieselbe aufsteigt und ein vollständig gesicherter Abschluss des den elektrischen Apparat umgebenden Luftraumes erzielt wird.

Indem wir Sie um gefällige Veröffentlichung Dieses bitten, zeichnen wir

hochachtungsvoll

Wien, 11. März 1898. Siemens & Halske.

Ad Parallelschaltung von Wechselstrom-Maschinen.

Ich habe mit grosser Aufmerksamkeit die Artikel in Nr. 10 und 12 Ihrer geschätzten Zeitschrift über die Parallelschaltung von Wechselstrom-Maschinen gelesen und dürfte Sie die Ansicht eines Praktikers vielleicht interessiren.

Bei der von Herrn J. Sahulka vorgeschlagenen Schaltung dürfte die Frage, wie man mehrere Maschinen bei Betriebsstörungen, wenn das Netz stark belastet, leicht wieder in Betrieb setzt, wohl die wichtigste gewesen sein, und erst in zweiter Linie der Umstand, dass die Gesammtbelastung beim Zu- und Abschalten nicht steigt. Ich besorge hier in Marienbad seit 1889 das Parallelschalten der Wechselstrom-Maschinen, und zwar habe ich dies in den ersten zwei Jahren ausschliesslich allein besorgt. Es sei nebenbei bemerkt, dass in Marienbad eine der ersten, wenn nicht die erste Anlage überhaupt ist, wo Wechselstrom-Maschinen, welche von separaten Dampfmotoren angetrieben werden, parallel geschaltet wurden. Die Anlage wurde, wie Ihnen bekannt sein dürfte, von der Firma Ganz & Cie. in Budapest ausgeführt. Ich war im Jahre 1890 in der Lage die Inbetriebsetzung der Maschinen bei einer Betriebsstörung veranlassen zu müssen. Es waren bei der Störung bereits drei Garnituren von je 50.000 Watt Maximalleistung (25 A bei 2000 V) in Betrieb und das Netz mit circa 60 A (primär) belastet. Da mir dieser Fall schon vorher immer gewissermassen „vorgeschwebt" ist, war ich nicht ganz unvorbereitet, obwohl ich für diesen Fall ganz auf mich selbst angewiesen war. Ich habe nun das Parallelschalten bei ungleichen Spannungen vorgenommen. Und zwar habe ich die erste Maschine auf 25 A auf's Netz belastet und eine Spannung von circa 60 V (reducirte Spannung 1:18) erzielt, die zweite Maschine habe ich dann Belastungs-Rheostat normal belastet auf circa 110 V (110 × 18) und bei gleicher Periode und Phase parallel geschaltet, dann beide Maschinen auf je 25 A in's Netz belastet (nach dem Abschalten des Belastungs-Rheostates) und die natürlich schon bedeutend höhere Spannung erhalten, und die dritte Maschine in derselben Weise zugeschaltet.

Ich war in diesem Falle in einer Zwangslage und könnte nähere Betrachtungen über die Richtigkeit des Vorganges nicht anstellen. Ich muss jedoch bemerken, dass, wohl die Maschinen für den kleinsten Kurzschluss im secundären Netze sehr empfindlich waren und beim Abschmelzen einer Bleisicherung von 1 mm Bleidraht im secundären Netze schon ein deutliches Zucken im Lichte bemerkbar war, die Maschinen beim Zusammenschalten mit verschiedenen Spannungen nicht den leisesten Ruck vernehmen liessen und auch sonst keinen Schaden erlitten haben. Ich habe auf dieselbe Weise nachher öfter parallel schalten müssen, ohne dass auch nur das geringste passirt wäre.

Die ganze Manipulation nahm von dem Einschalten der ersten Maschine bis zum normalen Betriebe mit drei Maschinen kaum fünf Minuten Zeit in Anspruch. Dieser Vorgang dürfte theoretisch nicht einwandfrei sein und will ich mit diesen Mittheilungen blos einen vielleicht interessanten Fall aus der Praxis aufzählen.

Ich erlaube mir noch vom rein praktischen Standpunkte aus einige Bemerkungen. Bei der Schaltanordnung des Herrn J. Sahulka dürfte es sich wohl empfehlen, auch den zweiten Pol mit einem Ausschalter zu versehen, da es gefährlich wäre, wenn auch die nicht in Betrieb stehenden Maschinen, welche gereinigt oder reparirt werden müssen, mit einem Pol der Hochspannungsleitung dauernd in Verbindung sind.

Bei der in Nr. 12 angegebenen Schaltmethode nach Herrn Kapp sollte es mich sehr wundern, wenn das Parallelschalten insbesondere von kleineren Maschinen, ohne deutlich bemerkbare Schwankungen im Lichte, möglich wäre. Es dürfte sich selbst nach der Schaltanordnung des Herrn J. Sahulka empfehlen, möglichst viele Abstufungen im Belastungs-Rheostat (besser Hilfs-Rheostat) auszubringen.

In der Hoffnung, dass Sie vorstehende Mittheilung einigermassen interessiren werden, zeichnet

hochachtungsvoll

V. Matulka

Betriebsleiter des Elektricitätswerkes in Marienbad.

Marienbad, 22. März 1898.

Vereinsnachrichten.

Chronik des Vereines.

16. März. — Vereinsversammlung.

Vorsitzender: Präsident Prof. Schlenk. Vortrag des Herrn General-Directors J. B. Barton der Jandus Are Lamp and Electric Co. Limited in London: „Ueber eingeschlossene Bogenlampen, speciell Jandus-Lampen."

Der Vortragende gab zunächst einen historischen Ueberblick über die Versuche, welche vor Erfindung der Jandus-Lampe gemacht wurden, um durch Verschluss der Glocke die Brenndauer der Kohlen zu verlängern; hierauf wurde die Jandus-Lampe eingehend besprochen und demonstrirt; die beiden in Betrieb befindlichen Lampen gaben ein sehr ruhiges weisses Licht. Der Vortragende hob insbesondere die Einfachheit der Lampe hervor, welche dadurch ausgezeichnet ist, dass alle Theile concentrisch angeordnet sind. Es möge hier nicht näher darauf eingegangen werden, da der Vortrag in nächster Nummer abgedruckt ist. Hierauf berichtete der Vortragende über die photometrischen Messungen, welche an der Lampe gemacht wurden und erklärte, dass es nicht ausreichend sei, die Lichtmessungen in einer einzigen durch den Lichtbogen gehenden Verticalebene zu machen, da das intensivste Licht nicht gerade in dieser Verticalebene sich befinden muss. Nach Ansicht des Vortragenden sendet die Jandus-Lampe doppelt so viel Licht aus, als eine Lampe mit offener Glocke bei gleichem Energieverbrauch. Der Vortragende bemerkte, dass es nicht möglich sei, eine Lampe mit niederer Voltzahl mit geschlossener Glocke zu versehen und dass er eine diesbezügliche Bemerkung im Rundschau-Artikel im Hefte 11 nicht für richtig halte; zum Schlusse theilte derselbe mit, dass demnächst eine Jandus-Lampe mit 100 V Lichtbogenspannung und eine Jandus-Lampe für Wechselstrom in Betrieb kommen werde. Die Versammlung stattete durch lebhaften Beifall den Dank für den interessanten Vortrag ab. In der darauf folgenden Discussion bemerkte Dr. Sahulka, dass nach den Verhältnissen, die im Lichtbogen bestehen, nicht zu erwarten sei, dass die Lichtaussendung günstiger sei als bei den Bogenlampen mit niederer Voltzahl, dass aber auch in dem Falle, wenn die Lichtmenge thatsächlich geringer wäre, die Jandus-Lampe infolge ihrer einfachen Construction, infolge des Umstandes, dass sie einzeln an die übliche Netzspannung angeschaltet werden kann und dass das Maximum der Lichtintensität näher der Horizontalen ist, als bei gewöhnlichen Bogenlampen, so viele Vorzüge habe, dass sie gewiss eine grosse Verbreitung finden werde. Dr. Sahulka bemerkte ferner, dass er an der im Rundschau-Artikel ausgesprochenen Ansicht, dass Abschluss der Glocke und hohe Voltzahl zwei Eigenschaften seien, die in der Jandus-Lampe vereint seien, aber getrennt werden könnten, festhalte. Wenn man die Jandus-Lampe intermittirend brennen lässt, so dass sich die Luft in der Glocke theilweise erneuern kann, so haben die Kohlen eine kürzere Brenndauer; würde man den luftdichten, federnden Verschluss entmachen, so würden die Kohlen noch rascher verbrennen. Durch den Luftabschluss wird eben das Verbrennen der Kohlen gehindert, und dies würde ebenso bei einer niedervoltigen Lampe der Fall sein, wenn sie mit geschlossener Glocke versehen wäre. Die hohe Voltzahl hängt wieder nur von der Lichtbogenlänge ab und ist vom Luftabschluss unabhängig. Herr Ingenieur Ross meinte. dass es müssig sei. die gesammte Lichtmenge in Betracht zu ziehen und dass es hauptsächlich darauf ankomme. dass die Lampe in der Nähe der Horizontalen viel Licht aussende; durch Vergleich einer J a n d u s - Lampe und einer gewöhnlichen Lampe im Freien könnte man ein sicheres Urtheil gewinnen. Herr Chef-Ingenieur S e i d e n e r fragte den Vortragenden, ob die Lampe gegen Erschütterungen empfindlich sei; Herr B a r t o n demonstrirte durch starkes Erschüttern der Lampe, dass dieselbe in dieser Beziehung unempfindlich sei. Herr Ingenieur D r e x l e r sprach die Ansicht aus. dass infolge der hohen Temperatur im Inneren der kleinen Glocke die ausgesendete Lichtmenge vergrössert werde; Herr B a r t o n stimmte dieser Ansicht zu und bemerkte. dass die Temperatur im Inneren der kleinen Glocke circa 700° F betrage. An der Discussion betheiligten sich noch Herr Director K o l b e. Ingenieur E i c h b e r g und Andere. Der Vorsitzende dankte Herrn B a r t o n für seinen interessanten Vortrag.

23. März. — Vereinsversammlung.

Vorsitzender: Vicepräsident Director Carl H o e h e n - e g g. Vortrag des Herrn Directors der Accumulatoren-fabriks-Actien-Gesellschaft, Ludwig G e b h a r d „U e b e r E r f a h r u n g e n a u f d e m G e b i e t e d e r A c c u m u - l a t o r e n.“

Herr Director G e b h a r d gab einen kritischen Ueberblick über die Entwicklung der Accumulatoren von der P l a n t é'schen Zelle an bis zum heutigen Tage. Es wurden besprochen: die Erfahrungen und Verbesserungen in der Construction und im Aufbaue der Platten. sowie in der Behandlung. Wartung und im Betriebe der Accumulatoren. Besonderes Interesse erregten auch die Ausführungen des Vortragenden über die Quoten, welche die Accumulatoren-Fabriken für zehnjährige Versicherung der Batterien verlangen. Durch den Umstand, dass die Accumulatoren-Fabriken die Wartung grosser Batterien selbst übernehmen, wodurch sie in der Lage sind, dieselbe sachgemäss durchzuführen, könnte die Versicherungsquote bedeutend herabgesetzt werden. In eingehender Weise wurden die Tudor-Platten besprochen, insbesondere die bei transportablen Accumulatoren verwendeten neuen Platten ohne Füllmasse, bei denen aber infolge der schmalen hohen Rippen die effective Oberfläche achtmal so gross ist als die Plattengrösse. Die mit derartigen Platten versehenen sogenannten Schnellade-Accumulatoren haben sich insbesondere für Beleuchtung von Eisenbahnzügen und für elektrische Bahnen sehr brauchbar erwiesen. Während man bei stationären, in Lichtcentralen aufgestellten Accumulatoren erst nach einer längeren Reihe von Jahren sagen kann, ob dieselben wirklich gut sind, kann man bei Accumulatoren, welche für Tractionszwecke bei Bahnen mit gemischtem Systeme verwendet werden, wie es in Hannover. Dresden etc. eingeführt ist, schon nach kürzerer Zeit ein sicheres Urtheil abgeben, da die im Wagen untergebrachten Accumulatoren bei jeder einzelnen Fahrt auf der Theilstrecke. wo die Lichtleitung besteht. geladen werden. während sie auf der restlichen Theilstrecke Strom abgeben. Ladung und Entladung erfolgt an jedem Tage oftmals und nicht wie in Lichtcentralen nur einmal während eines Tages. Die in Hannover und Dresden während 2½ Jahren gesammelten

sehr günstigen Erfahrungen sind daher vollkommen ausreichend. Bei diesem gemischten Systeme braucht die Capacität des Accumulators nicht für die Fahrten während eines ganzen Tages auszureichen, sondern nur für 1½ Stunden; es kann daher bei starker, betriebssicherer Construction das Gewicht kleiner gewählt werden. als bei den üblichen Accumulatoren mit grosser Menge von Füllmasse, deren Capacität für den ganzen Tag hätte ausreichen sollen. Herr Director G e b h a r d zeigte nun an einem Diagramme, dass der Spannungsabfall der Schnellade-Accumulatoren während der Entladung nur 3½% betrage; hierauf wurden die neuen Accumulatoren-Typen demonstrirt. Lebhafter Beifall von Seite der Versammlung folgte den Ausführungen des Vortragenden.

In der darauf folgenden Discussion fragte Herr Ingenieur K i t t l mit Rücksicht auf einen in der „E. T. Z.“ im Vorjahre von Herrn Professor P e u k e r t veröffentlichten Artikel an. bei welcher Entladestromstärke der Wirkungsgrad der Accumulatoren am günstigsten sei. Herr Ober-Ingenieur I l l n e r von der Accumulatorenfabriks-Actien-Gesellschaft erwiderte, dass er glaube, dass die von Herrn Professor P e u k e r t gezeichnete Curve mit Benützung der von einer Firma in Preis-Couranten gegebenen Daten construirt worden sei, dass diese Grundlage nicht immer eine vollkommen sichere sei und dass daher aus der Curve nicht auf einen günstigsten Wirkungsgrad geschlossen werden könne. Der Vorsitzende dankte Herrn Dir. G e b - h a r d t für seine interessanten Ausführungen, insbesondere aber dafür, dass er alle Mängel und Schwierigkeiten, die zu überwinden waren, offen besprochen habe. Die Accumulatoren seien billiger und haltbarer geworden. der Spannungsabfall bei Entladung sei auf 3% gesunken; dies seien grosse Vorzüge. Zwei Uebelstände seien aber noch zu überwinden. Das Gewicht der Accumulatoren ist noch immer zu gross und ausserdem seien gute Accumulatoren, welche für elektrische Traction vollkommen geeignet sind. wo nicht das gemischte System angewendet ist. noch immer nicht erfunden. In Zukunft werde aber wohl bald diese Lücke ausgefüllt werden. Indem der Vorsitzende die Mitglieder noch einlud. bei der Generalversammlung zahlreich zu erscheinen. schloss derselbe die Versammlung.

29. März. — Ausschuss-Sitzung.

Wegen der Osterferien findet am Mittwoch, d e n 6. A p r i l k e i n e V e r e i n s v e r s a m m l u n g statt, dafür zwanglose Zusammenkunft in Haller's Restauration „Zum goldenen Kegel“. Volksprater 41.

Schluss der Redaction: 28. März 1898.

Verantwortlicher Redacteur: Dr. J. S a h u l k a. — Selbstverlag des Elektrotechnischen Vereines.
Commissionsverlag bei Lehmann & Wentzel, Wien. — Alleinige Inseraten-Aufnahme bei Haasenstein & Vogler (Otto Maass), Wien und Prag.
Druck von R. Spies & Co., Wien.

Zeitschrift für Elektrotechnik.

Organ des Elektrotechnischen Vereines in Wien.

Heft 15.   WIEN, 10. April 1898.   XVI. Jahrgang.

Bemerkungen der Redaction: Ein Nachdruck aus dem redactionellen Theile der Zeitschrift ist nur unter der Quellenangabe „Z. f. E. Wien" und bei Originalartikeln überdies nur mit Genehmigung der Redaction gestattet.
Die Einsendung von Originalarbeiten ist erwünscht und werden dieselben nach dem in der Redactionsordnung festgesetzten Tarife honorirt. Die Anzahl der vom Autor event. gewünschten Separatabdrücke, welche zum Selbstkostenpreise berechnet werden, wolle stets am Manuscripte bekanntgegeben werden.

INHALT:

Rundschau.

In den „Transactions of the American Inst. of Electr. Eng." ist in der Nr. 1 dieses Jahrganges eine interessante, elektrisch betriebene Seilbahn, System Richard Lamb, beschrieben. Seilbahnen können bekanntlich in der Weise eingerichtet sein, dass eine einzige bewegliche Seilschleife benützt wird, an welche der Wagen angeklemmt werden; an dem einen Ende der Strecke ist das Seil um eine Trommel gewickelt, welche von einem Motor gedreht wird; in dieser Weise wird der Transport der Wagen bewirkt. Dieses System ist nur auf kurzen geraden Strecken anwendbar. Es kann jedoch auch ein fixes Tragseil verwendet werden, auf welchem die Wagen mit Führungsrädern laufen, während sie von einem beweglichen Zugseile gezogen werden; wenn alle Wagen von demselben Zugseile gezogen werden und der Antrieb vom Ende der Strecke aus erfolgt, ist dieses System natürlich wieder nur für kurze gerade Strecken anwendbar. Wenn jeder Wagen für sich mit einem Zugseile versehen ist und der Antrieb nicht vom Ende der Strecke aus erfolgt, kann das Tragseil lang sein und kann eine beliebige Trace verfolgen. Ein grosser Uebelstand ist aber in diesem Falle der, dass die Richtung des Zugseiles nicht immer parallel ist zur Richtung des Tragseiles; namentlich treten bei den Stützpunkten des Tragseiles, wenn infolge grosser Belastung des Wagens ein starker Durchhang desselben entsteht, sehr ungünstige Verhältnisse auf, so dass der Wagen oft nicht weiter bewegt werden kann. Diese Schwierigkeiten sind bei dem Lamb'schen System vermieden. Das Tragseil ist auf Masten fix angebracht, kann eine beliebige Trace verfolgen und eine beliebige Länge haben. Parallel zu dem Tragseil ist unterhalb desselben ein Zugseil angebracht, welches an den Enden der Strecke verankert ist. Die Wagen sind in folgender Weise eingerichtet: Auf dem Tragseile rollen zwei tandemartig verbundene Führungsräder; dieselben sind mit einem nach abwärts gerichteten Rahmen verbunden, welcher mit einer Achse versehen ist, an welchem der Wagen hängt, der mit einem Elektromotor und mit einem für eine Person bestimmten Sitz versehen ist. Der Motor treibt durch eine Radachübersetzung eine mit tiefer Nuth versehene Rolle an, um welche das Zugseil zweimal geschlungen wird; beim Passiren der Maste wird das Zugseil von seinem Stützpunkte abgehoben. Das Tragseil ist isolirt befestigt und dient als eine Stromzuleitung;

der Strom gelangt von diesem in den Anlasswiderstand und Motor, hierauf in das Zugseil, welches in entsprechenden Abständen mit einer Erdleitung verbunden ist. An dem Wagen ist noch ein kleiner Controller angebracht, um die Geschwindigkeit des Wagens zu regeln. Bei dieser Anordnung ist das Zugseil stets parallel dem Tragseil; die Trace kann, da der Antrieb nicht vom Ende der Strecke aus erfolgt, beliebig gekrümmt sein und kann starke Steigungen haben. Bei langen Strecken hat man in Abständen von circa 3 km eine Spannvorrichtung für das Zugseil anzubringen. Ein grosser Vortheil ist noch der, dass die Last eines einzelnen Wagens nicht das Seil bis an die Enden der Strecke beeinflusst; vielmehr wird in Abständen von circa 200 m keine Beanspruchung des Seiles durch den Wagen mehr constatirbar sein. Die beschriebene Seilbahn lässt die mannigfachsten Anwendungen zu, da an den einzelnen Wagen Lasten, Krahne oder Schleppseile befestigt werden können. Eine interessante Anwendung ist für die Beförderung von Schiffen in Kanälen gemacht worden. Die Seilbahn ist an einem oder an beiden Ufern angebracht. Der elektrisch betriebene, auf der Seilbahn fahrende Wagen, auf dem Niemand mitzufahren braucht, ist durch ein Schleppseil mit dem Schiffe verbunden. Die Controllerkurbel ist in diesem Falle mit einer Feder versehen, welche die Kurbel so zu drehen sucht, dass der Strom ausgeschaltet ist. An der Kurbel wird eine Schnur befestigt, welche zum Schiffe geführt ist. Solange die Schnur angezogen wird, bewegt sich der Wagen und daher auch das Schiff. Begegnen sich zwei Schiffe, welche in dem Kanale geschleppt werden, so wechseln sie die Seilbahnwagen. Eine derartige Seilbahn würde insbesondere für den Transport von Schiffen im Donaukanale in Wien sehr geeignet sein. Die Treppelwege könnten dann im Stadtgebiete aufgelassen und durch Quaimauern ersetzt werden; dadurch würde auch eine Strassenverbreiterung erzielt werden. Die Seilbahnwagen könnten mit einer besonderen Seilbahn oder mit einem Schiffe zum Ausgangsorte zurückgebracht werden. Auch die Kettenschiffahrt im Donaustrome liesse sich durch Seilbahnbetrieb ersetzen und dürfte die Betriebskraft aus dem Strome selbst entnommen werden können; einen Uebelstand würde allerdings das zum Ufer führende Schleppseil bilden.

Im „Electrician", Nr. 1035, ist die Fortsetzung des Vortrages von Byng über die Verfertigung von Lampen und anderen Apparaten für Stromkreise mit 200 V Betriebsspannung abgedruckt. Dieser Theil des Vortrages handelt hauptsächlich über die Verwendung von Bogenlampen. Bei Wechselstrombetrieb bestehen keine Schwierigkeiten, da man den Transformator mit einer separaten Klemme im Secundärkreise versehen oder einen eigenen Transformator mit niederer Secundär-Spannung für die Bogenlampen verwenden kann. Anders verhält es sich bei Gleichstrom. Man könnte anstatt zweier Lampen, die an die übliche Betriebsspannung von 100 bis 120 V angeschlossen sind, vier oder fünf Lampen mit halber Stromstärke an die erhöhte Betriebsspannung anschalten. Lampen mit niederer Ampèrezahl sind aber nicht so empfehlenswerth, wie solche mit höherer Ampèrezahl, weil sie nicht so gleichmässig brennen; jedenfalls muss ein hinreichend grosser Vorschaltwiderstand gewählt werden. Zu beachten ist noch, dass bei Verwendung von Nebenschlusslampen leicht ein Durchbrennen des in Nebenschluss geschalteten Magneten eintritt, weil im Falle einer Störung im Nachschub der Kohle oder in dem Falle, wenn bei den anderen Lampen die Kohlen zur Berührung kommen, die Spannungsdifferenz an einer Lampe sehr hoch werden kann; es sind daher Sicherheitsausschalter nothwendig und ist im Vortrage beschrieben, wie dieselben beschaffen sein müssen. Die Lampen mit geschlossenen Glocken und hoher Voltzahl dürften sich für Stromkreise mit erhöhter Voltzahl gut eignen.

In „Electrical World" ist im Hefte 10 eine Bagger-Maschine. System Bennet, mit elektrischem Antriebe beschrieben, welche in den Goldminen in Colorado in Verwendung ist; die goldführenden Erdmassen werden durch einen auf einer Drehscheibe angebrachten Löffelbagger gehoben, die werthvollen Bestandtheile abgesondert und die goldarmen Rückstände hinter den Bagger geworfen. Einen Auszug dieses Artikels ist im „Elektr. Anzeiger" in Heft 26 enthalten. In Heft 24 und 25 der letzteren Zeitschrift findet sich ein Aufsatz über Messung des Stromverbrauches bei doppeltem Tarif.

Im Hefte 12 von „Electrical World" ist ein Auszug eines Artikels über Magnete ohne Temperatur-Coëfficienten von Ashworth enthalten. Die Magnete wurden abwechselnd in einen Strom kalten und warmen Wassers getaucht und ihre magnetische Constanten bestimmt; die Versuche wurden so lange fortgesetzt, bis man zwei Grenzwerthe der Constanten erhielt. Bei Prüfung verschiedener Sorten von Magneten wurde das Resultat erhalten, dass der Temperatur-Coëfficient klein ist bei Magneten aus hartem Eisen und Stahl, insbesondere klein bei Magneten aus gehärtetem Gusseisen; gehärteter Nickelstahl hat manchmal einen negativen Temperatur-Coëfficient. Durch Aenderung der Dimensionen oder des Härtegrades kann der Coëfficient geändert werden. Dadurch ergaben sich die Hilfsmittel, um Magnete ohne Temperatur-Coëfficienten zu erzeugen.

Im „Electricien" ist in Nummer 375 und 376 ein Geschwindigkeitsregulator mit elektrischer Bremsvorrichtung für Turbinen von Rieter beschrieben.

Aus den in der „E. T. Z." erschienenen Artikeln sei ein Auszug aus dem in Electrical World H. 5 erschienen Berichte von A. C. Crehore und G. O. Squier über die in England mit dem Synchronographen ausgeführten Versuche hervorgehoben. Während bei den üblichen Telegraphen-Apparaten eine constante Stromquelle verwendet und der Strom bei der Zeichengebung unterbrochen wird, wenn er die grösste Stärke hat, wird bei dem Synchronographen eine Wechselstrom-Maschine als Stromquelle benützt, wie schon im Rückblickartikel in Nr. 1 der „Z. f. E." beschrieben wurde. Den Stromwellen entsprechen Punkte; je nachdem ein Punkt oder mehrere aufeinander folgende Punkte fehlen, erhält man beim Empfänger das Zeichen Punkt oder Strich. In England wurden bei den Versuchen Schleifenlinien benützt, welche von London ausgingen und wieder nach London zurückkehrten. Die längste Linie über Aberdeen, Edinburg und zurück nach London hatte 1057 englische Meilen Länge. Die vergleichenden Versuche wurden bei Verwendung von Wheatstone-Sender und Wheatstone-Empfänger, Synchronograph-Sender und Wheatstone-Empfänger, Synchronograph-Sender und chemischen Empfänger nach Delamy gemacht. Die Uebertragungsgeschwindigkeit war in den beiden letzteren Fällen bedeutend erhöht. Es konnten z. B. auf der Linie London, York, Leeds, London nach der zweiten Art 666 Worte pro Minute übertragen werden; dabei war die Polwechselzahl des Wechselstromes 533 pro Secunde, die Betriebsspannung 175 V. Nach der dritten Art konnte die Wechselzahl bis 1446 gesteigert werden, welcher unter Annahme der Proportionalität 1800 Worte entsprechen würden. Nach der ersten Art der Uebertragung werden in Amerika 200, in England bis 400 Worte in der Minute übertragen.

In Nummer 12 der „E. T. Z." ist ein Ausschalter für hochgespannte Wechselströme von Ober-Ingenieur H. Müller beschrieben, bei welchem das von Wurts bei Blitzschutzvorrichtungen verwendete Princip, dass ein Wechselstromlichtbogen zwischen Metallrollen oder Kugeln nicht stehen bleibt, wenn die Summe der Abstände wenige Millimeter beträgt, zur Anwendung kommt. Mehrere kleine Metallrollen sind auf Blattfedern mit kleinem Luftabstande nebeneinander angebracht. Durch einen Schalthebel, dessen Achse mit einem Excenter versehen ist, werden die Rollen gegeneinander gedrückt und dadurch Stromschluss bewirkt. Beim Oeffnen entstehen zwischen den Rollen Unterbrechungsstellen; daher bleibt kein Lichtbogen stehen. Durch den Excenter werden beim Schliessen und Oeffnen die Rollen etwas gedreht; die oxydirten Stellen der Rollen kommen dadurch nicht leicht wieder in gegenseitigen Contact. *S.*

Die Jandus-Bogenlampe.

Vortrag, gehalten im Elektrotechnischen Vereine am 16. März 1898 von J. B. Barton, Generaldirector der Jandus Arc Lamp Co.

Elektrische Lampen mit eingeschlossenem Lichtbogen hat man bereits zu einer Zeit herzustellen versucht, als noch die Dynamomaschine zur Elektricitäts-Erzeugung nicht zur Verfügung stand. Kaum tauchte die Erfindung der Bogenlampe auf, als man sofort auch begriff, dass es wünschenswerth wäre, die beständige Auswechselung der Kohlenstift-Elektroden zu verhüten, und dass Mittel gefunden werden müssten, die Brenndauer der Kohlenstifte zu verlängern. In dieser Absicht haben viele Erfinder Zeit und Geld auf die Bemühung verwendet, den bezeichneten, sehr erheblichen Mangel der Bogenlampe zu beseitigen.

Gehen wir bis zum Jahre 1846, so findet sich ein aus dieser Zeit datirendes englisches Patent eines Erfinders namens Staite; dieses Patent betrifft die Einschliessung der Elektroden in einer engräumigen Glasglocke zu dem Zwecke, den Sauerstoff-Austausch zu den Kohlen zu unterdrücken und so deren schnellen Verbrauch zu verhindern. Mr. Staite hat thatsächlich alle die Elemente ins Auge gefasst, welche einen Erfolg verbürgen konnten, und er muss, so eigenthümlich dies auch klingt, als ein Mann bezeichnet werden, welcher damals, als man Bogenlampen kaum kannte und als die Hilfsmittel heutiger Art zur Stromerzeugung nicht vorhanden waren, der Lösung des Problems hinsichtlich der Abschliessung des Lichtbogens näher kam, als mancher andere Erfinder in den nächsten 40 Jahren. Versehen wir nämlich die von Staite herrührende Lampe mit wenigen, unwesentlichen Modificationen, so ergibt sie thatsächlich eine verhältnismässig lange Gebrauchsdauer der Kohlen, wie sie heutzutage erzielt wird. Hingegen sind Viele, die nach ihm auf dasselbe Ziel hinstrebten, weit an einer erfolgreichen Lösung des Problems vorbeigegangen.

Aus dem Jahre 1882 haben wir die Bemühungen eines G. W. Beardslee zu verzeichnen; seine Idee betrifft die Anwendung einer doppelten Glocke, welche am Boden geschlossen, hingegen am Oberende offen ist. Letztere Oeffnung sollte etwas verengert sein. Diese Idee ist gänzlich unpraktisch schon wegen der Schwierigkeit, die sich mit Bezug auf die Auswechselung der Kohlen und Reinigung der Glocken ergeben musste.

Ein aus dem Jahre 1883 datirender Vorschlag eines Erfinders, Baxter, geht dahin, den Lichtbogen in einer luftdichten Kammer brennen zu lassen. Dies ist nun aber ganz unmöglich wegen der Expansion der Gase und der Zerbrechlichkeit der Glasglocke. Beiläufig sei bemerkt, dass in den Ansprüchen von Baxter's Patent die sonderbare Mittheilung enthalten ist, dass der Wind oft die Theilchen der Kohle fortbläst, während sie in dem Wege des Lichtbogens von einer Elektrode zur anderen hinübergehen, und dass auf diese Weise eine Verkürzung der Brenndauer der Kohlen verursacht würde.

Im Jahre 1884 construirte S. H. Short eine Lampe, die mit einer weiten Glocke versehen und mit einer Platte von grossen Dimensionen überdeckt war. Man findet betreffs dieser Construction die Behauptung ausgesprochen, dass die Gase um den Lichtbogen, wenn der Sauerstoff entzogen sei, so schwer wären, dass sie diese Glocke unter Ausschluss der gewöhnlichen atmosphärischen Luft erfüllen; eine derartige, mit dem Erfolg natürlich nicht übereinstimmende Erklärung konnte selbstverständlich den Fehlschlag seiner Erfindung nicht bemänteln.

Im Jahre 1886 nahm Jandus ein Patent auf die Anwendung einer umgestülpten, kleinen Glocke für Bogenlampen, welche oben luftdicht geschlossen, hingegen am Boden offen war. Diese Vorrichtung hatte den Erfolg, dass die Brenndauer der Kohlen auf das doppelte der gewöhnlichen verlängert wurde; dennoch war sie in Wirklichkeit unpraktisch, da infolge eines kalten Luftzuges häufig die Kohle zerbrach; aus diesem und anderen Gründen war die Idee ohne Werth.

Im Jahre 1893 war ein von L. E. Howard herrührender Fortschritt für die Entwicklung dieser Idee zu verzeichnen; dieser Erfinder benützte eine umgestülpte kleine Glocke und setzte sie innerhalb einer zweiten Glocke, wobei der Kleinen Glocke abgeschlossen wurde. Die grosse Glocke in dieser Lampe war nicht luftdicht oberhalb des Lichtbogens abgeschlossen; den Hals der kleinen Glocke dichtete man mit Asbest oder mit einem anderen hitzebeständigen Material so

dicht ab, dass der Nachschub der positiven Kohle mehr oder weniger verzögert wurde. Merkwürdig ist die mit Bezug auf diese Lampe ausgesprochene Behauptung, dass sie nämlich mit niedriger Spannung und höher Stromstärke brennen würde, und dass die Kohlentheilchen, die im Lichtbogen von der positiven Elektrode abgeschleudert werden, auf der negativen Elektrode sich anhäufen sollten, wodurch dem Kürzerbrennen der negativen Elektrode vorgebeugt und so der Lichtbogen an seinem Ort festgehalten wäre. Man befindet sich hier auf einem gänzlich überwundenen Standpunkt, denn die wirklich brauchbare Bogenlampe mit eingeschlossenem Lichtbogen brennt gerade mit doppelter Spannung im Lichtbogen, verglichen mit derjenigen offen brennender Bogenlampen, während der Stromverbrauch die Hälfte beträgt.

Zurückblickend auf die erste Idee des Erfinders Staite aus dem Jahre 1846 erkennen wir, dass ein Fortschritt diesem gegenüber trotz der zahlreichen späteren Erfindungen nicht zu constatiren ist. Ergänzend seien noch die Namen solcher angeführt, die sich in verschiedener Weise um die Fortbildung des Gedankens bemühten, den Kohlenstiften der Bogenlampen eine längere Brenndauer zu verleihen; es waren dies hauptsächlich: Cheseborough, Brougham, Andree, Varley, Bremer, Lake, Allison, Justice, Marks, Ranson, Okun, Hildebrandt, Seymour. Diesen und vielen anderen fehlte der Erfolg.

*

*   *

Nach dieser historischen Entwicklungs-Darstellung gehe ich nun zur Besprechung der Jandus-Bogenlampe mit eingeschlossenem Lichtbogen über. (Fig. 3, 4 und 5.) Man bemerkt zuerst die solide und einfache Bauart der Lampe; die empfindlichen Constructions-Hilfsmittel sind vermieden, und das Lampenwerk enthält keine Federn, keine Hebel, kein Uhrwerk und keinerlei Vorrichtung, die in üblicher Weise sonst für Vervielfachung magnetischer Anziehungskraft angewendet werden, wenn sie zu schwach ist. Die Arbeitsorgane des Lampenwerkes sind auf ein Minimum verringert und auf diese Weise wird Reibung und reibende Bewegung von Theilen der Lampe vermieden; das Ergebnis ist ein starker, haltbarer und vollkommen zuverlässiger Mechanismus. Die Jandus-Lampe ist bestimmt, in einem abgezweigten Stromkreise benutzt zu werden, und umfasst als Bestandtheile wesentlich ein Solenoid in Hintereinanderschaltung mit dem Lichtbogen, wobei durch die Solenoid-Wirkung ein Klemmgesperre für die positive Kohle beeinflusst wird. Da das Solenoid und der Lichtbogen sich in gleichem Abzweig-Stromkreise eingeschaltet befinden, so äussern sich die Widerstands-Aenderungen des Lichtbogens in entsprechenden Aenderungen der Anziehungskraft des Solenoides. Die Einstellung ist derart, dass, wenn der Lichtbogen seine volle, vorschriftsmässige Länge erreicht, die Anziehung des Solenoids schwach wird und in demselben Masse die Klemmung der Kohle nachlässt, infolgedessen der Abwärtsschub der positiven Kohle erfolgt. Sobald jedoch im Lichtbogen der erforderliche Widerstand wieder hergestellt ist, wird das Solenoid von neuem die Klemmsperrung der Kohle bewirken. Diese Bethätigungs-Vorgänge des Klemmgesperres wiederholen sich, da die Kohlen nur sehr langsam abbrennen, in grossen Zeitzwischenräumen, d. h. ungefähr ein Fünfzehntel so oft, als wie in gewöhnlichen Bogenlampen.

Die in der Jandus-Lampe angewendete Construction des Magneten ergibt eine Anziehungs- bezw. Hebkraft von bedeutender Stärke, daher geschieht der Kohlen-Nachschub mit sehr grosser Präcision. Es ist ein grosser Vortheil, dass die Jandus-Lampe nicht mehr als einen einzigen beweglichen Theil enthält, welcher die Klemmgesperr-Ringe zum Eingriff an der Kohle zur Hebung derselben trägt. Die Klemmgesperre solcher Art sind bei den bisherigen Lampen-Constructionen in der Regel äusserst empfindlich und gerathen leicht ausser Ordnung, trotz unausgesetzter Aufmerksamkeit. die man hierauf zu verwenden hat. Der bewegliche Theil der hier vorliegenden Jandus-Lampe ist ein massiver, circa 10 cm im Durchmesser haltender Block aus Gussmessing, welcher ungefähr $^1/_2$ kg wiegt; seine ganze Bewegung ist auf ungefähr 15 mm beschränkt. Zu der hierdurch bedingten ausserordentlichen Haltbarkeit und Widerstandsfähigkeit trägt noch der Umstand bei, dass jeder Theil der Jandus-

Lampe gebildeten Lichtbogens im Vergleich zu demjenigen des offen brennenden, bezw. die relative Lichtvertheilung. Der abgeschlossen brennende Lichtbogen hat eine Länge von 12 mm, ist also viermal so lang, als der Lichtbogen der offen brennenden Lampen. Zwei Figuren dienen zur Erläuterung dieses Punktes; Fig. 2 zeigt die Kohlen einer Bogenlampe gewöhnlicher Art, unter der Annahme gezeichnet, dass die Kohlenstifte 13 mm stark sind und in einem Normalabstand von $2^1/_2$ mm brennen; es ist dies der durchschnittlich gewählte Kohlenabstand für Bogenlampen mit kurzem Lichtbogen. Der im ausgehöhlten Ende der positiven Kohle gebildete Krater strahlt etwa $8·5^0/_0$ des Gesammtlichtes aus. Die negative Kohle, die beim Abbrennen eine zugespitzte Gestalt annimmt, bleibt mit ihrer Oberfläche $2^1/_2$ mm von dem darüber befindlichen Krater entfernt. Fig. 1 ist eine Vergleichsdarstellung der Kohlen in der Jandus-Lampe mit einem Lichtbogen, der über viermal so lang ist, als der bei Fig. 2. Der Krater ist

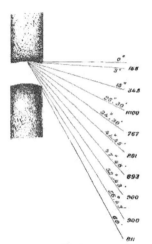

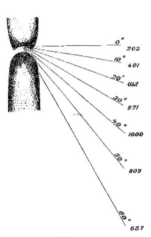

Fig. 1.   Fig. 2.   Fig. 3.

Lampe von kreisrunder Form und concentrisch rund um die mittlere Stabachse der Lampe angeordnet ist. Nach regelrechter Zusammensetzung fällt jeder arbeitende Theil der Lampe in seine ordnungsmässige Lage, um erst infolge elektrischer Einwirkung zur Verrichtung seiner Functionen bethätigt zu werden. Der ganze Mechanismus ist so einfach, dass ich mich wohl nicht in ausführlicherer Darlegung zu ergehen brauche.

An dieser Stelle möchte ich eine Art persönlicher Entschuldigung einschalten. Ich habe viele Jahre hindurch die Entwickelung dieser Lampe verfolgt und sie im Verein mit Mr. Jandus ausgebildet; ich habe ihren Fortschritt von dem Zeitpunkt an beobachtet, wo Niemand auf gänzlichen Erfolg hoffte, bis zu dem heutigen Tage, wo über 50.000 Jandus-Lampen in den verschiedenen Städten diesseits und jenseits des Oceans leuchten. — Wie leicht erklärlich, neige ich dazu, etwas enthusiastisch und wohl voreingenommen für die Sache einzutreten.

Betrachten wir den Fall eines in der geschlossenen

ziemlich flach, die negative Kohle sehr wenig conisch und die Oeffnung zwischen den Kohlen genügend weit, um im Bereich eines sehr grossen Winkels die Lichtausströmung des ganzen Kraters wirksam werden zu lassen. Offenbar hängt die Licht-Intensität unter einem gegebenen Ausstrahlungswinkel von der vorhältnismässigen Sichtbarkeitsgrösse des (als Ebene angenommenen) Kraters für diesen Winkel ab; somit ist der Kohlenabstand ein mitbestimmender Factor sowohl für welchen Winkel das meiste Licht gesehen wird, als auch für die Breite der Lichtzone, innerhalb deren die Leuchtkraft annähernd der maximalen entspricht. Ein Blick auf Fig. 2 lehrt, dass hier von keinem Punkte aus die ganze Kraterfläche gesehen werden kann, da die negative Kohle als Schatten werfender Körper in grösserem oder geringerem Masse dazwischen tritt.

Ohne weiteres führt der Vergleich der beiden Figuren zu der Feststellung, dass, falls in beiden Lichtbogen gleiche Lichtmenge ausgegeben wird, der lange

Lichtbogen nicht nur eine grössere Helligkeit spendet, sondern auch eine mehr gleichmässige Helligkeits-Vertheilung ermöglicht, als im Falle der von einem kurzen Lichtbogen ausgehenden Beleuchtung. Bezügliche Lichtmessungen sind einerseits von den elektrotechnischen Experten, den Herren Houston & Kenelly in New-York an Lampen mit langem Lichtbogen, und andererseits von Herrn Wybauw (Europa) an 26 Bogenlampen verschiedener Construction, welche seinerzeit auf der Antwerpener Ausstellung ausgestellt waren, vorgenommen worden; genannte Experten sind persönlich mir völlig unbekannt. Die Prüfung der letztgenannten 26 Lampen mit kurzem Lichtbogen durch Wybauw ergab, dass das Maximum der Helligkeit bei 40" unter-

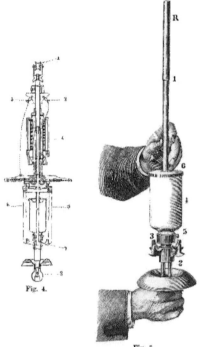

Fig. 4.

Fig. 5.

halb der Horizontalen angetroffen wird und dass das Durchschnitts-Maximum zwischen 28" und 50" liegt; das Maximum besteht also für eine Zone von 22". Hingegen zeigt die Jandus-Lampe ihr Helligkeits-Maximum zwischen 20" und 60" unterhalb der Horizontalen, hat also eine Maximum-Zone von 40" oder eine, die doppelt so gross ist, als diejenige der mit kurzem Lichtbogen brennenden Lampen.

Nunmehr wenden wir uns zu der Frage, wie viel Licht mittelst der Jandus-Lampe per Watt erhalten wird. Es liegen über diese Frage eine grosse Anzahl von Veröffentlichungen vor, die theils zu Gunsten der Jandus-Lampe und theils auch gegen dieselbe sprechen. Man muss berücksichtigen, wie die Hauptschwierigkeit

bei der Ausmittelung derartiger Versuche daraus entsteht, dass es nicht zwei Personen gibt, die sich derselben Lichtstärken-Einheit bedienen, und dass das Licht einer Jandus-Lampe überdies anderartig bezw. weisser, als das Licht gewöhnlicher Bogenlampen ist. Man kann fast sagen, dass der Unterschied zwischen dem Jandus-Lampenlicht und gewöhnlichem Bogenlampen-Licht etwa derselbe ist, wie zwischen Gasglühlicht und Gaslicht, indem das weisse Licht der Jandus-Lampe, wenn man es im Contact mit dem mehr gelblichen Licht der gewöhnlichen Bogenlampe vergleicht, den scheinbaren Eindruck einer bläulichen Färbung erweckt. In Geschäftshäusern, wo Waaren von verschiedener Farbe verkauft werden, bevorzugt man das Jandus-Licht ganz besonders, ebenso in lithographischen Anstalten, wo das gewöhnliche Bogenlampen-Licht ungeeignet scheint. Die Eigenschaft der vollkommeneren Lichtvertheilung macht die Jandus-Lampe in höherem Masse tauglich, zur Strassenbeleuchtung, Platzbeleuchtung, Beleuchtung von Bahnhöfen u. s. w. angewendet zu werden, wobei die zweckmässigere Lichtzerstreuung und gleichmässigere Lichtvertheilung ausschlaggebende Vorzüge sind.

Aus den Versuchen der Herren Houston & Kenelly über das im Verhältnis zum Arbeitsaufwand erzeugte Licht sind folgende Daten entnommen. Die Versuchslampe, an welcher 40 Messungen vorgenommen wurden, verbrauchte einen Strom von 5·60 Ampères bei einer Spannung von 110 Volts an den Lampenklemmen; hieraus berechnet sich die verbrauchte Energie zu 616 Watts oder 0·826 einer elektrischen Pferdestärke. 80 bis 82 Volts wurden als Spannungsverbrauch am Lichtbogen während des Betriebes gemessen; der dauernd in der Lampe eingeschaltete Widerstand bewirkt demnach einen Spannungsabfall von 28—30 Volts. Die Lampe arbeitete unter diesen Bedingungen vollkommen und mit äusserst stetigem Lichtbogen. Bei Feststellung der nach Kerzen gemessenen Lichtstärke verwendete man an der Lampe zwei Glocken aus klarem Glase. Die Vergleichs-Lichtquelle, bezw. Lichteinheit, war die Hefner-Alteneck'sche Amylacetat-Lampe, und als Hilfseinheit diente in zweiter Linie eine Glühlampe, die pro Watt ein Lichtvermögen von 0·4 Kerzenstärken ergab.

Die unabhängig von der Stellung ermittelte maximale Leuchtkraft betrug 1295 englische Normalkerzen. Die mittleren, aus zwei Versuchsreihen gewonnenen Werthe der Lichtstärke unter verschiedenen Winkeln ergaben das beachtungswerthe Resultat, dass hier eine Lampe vorliegt, welche für den Verbrauch eines Watts zwei englische Normalkerzen Leuchtkraft erzeugt. Mögen nun auch andere Prüfer der Jandus-Lampe zu nur weniger günstigen Resultaten gekommen sein, so wird man doch zweifellos daran festhalten können, dass die Jandus-Lampe hinsichtlich des Wattverbrauchs wirklich mehr Licht und zwar zugleich besser zerstreutes Licht gibt, als die gewöhnlichen offen brennenden Bogenlampen.

Für die hervorragenden Eigenschaften der Beleuchtung mittelst Jandus-Lampen kann man sich ferner auf das Zeugnis des wohlbekannten englischen Elektro-Ingenieurs Thomas Hesketh berufen, welcher seinen Bericht über Helligkeits-Beobachtungen in der Zeitschrift „Electrician" vom 9. April 1897 erscheinen liess. Aus den Curven der relativen Lichtstärken, welche im Falle der Jandus-Lampe und einer gewöhnlichen Bogenlampe bei gleichem Bedarf an elektrischer Energie erhalten wurden, schliesst Mr. Hesketh, dass, obwohl in nahem

Erhellungsbereiche das Licht des offenen Lichtbogens ziemlich viermal so stark ist, als das der Jandus-Lampe, doch die letzere für Entfernungen von 15 m an, im Umkreise des Lampenmastes, mehr als zweimal so viel Licht gibt, als der offene Lichtbogen. Ein solcher Erfolg kann niemals hoch genug geschätzt werden; die für öffentliches Beleuchtungswesen interessirten Ingenieure sollten gerade ihr Augenmerk darauf richten, dass es nicht darauf ankomme, hohe Helligkeitsgrade um den Fuss des Lampenmastes herum zu erzielen, sondern in Entfernungen von 10—15 m eine grössere Helligkeit zu beschaffen.

Wir kommen nun zu der Erörterung der langen Brenndauer der Kohlenstifte in der Jandus-Lampe. Diese beruht einfach auf der Fernhaltung des Sauerstoffes von den Kohlenstiften, die eben viel weniger durch die Stromwirkung, als gerade durch den Sauerstoffzutritt an den hocherhitzten Kohlenspitzen Abbrand erleiden. Das Mittel, um auf diesem Wege die lange Brenndauer zu erzielen, besteht zunächst in der Einschliessung des Lichtbogens innerhalb einer kleinen, vorzugsweise cylinderförmigen Glasglocke, welche am Boden völlig geschlossen ist und zwar vermöge dichten Verschlusses, welcher gleichzeitig als Träger der negativen Kohle dient, während das obere Ende mit einer eisernen Kappe bedeckt ist, die ebenfalls dicht am Glase aufliegt, und deren Mittelbohrung eben weit genug ist, um neben der frei hindurchgehenden oberen Kohle die Gase der im Gascylinder enthaltenen verdünnten Atmosphäre entweichen zu lassen; an dieser Stelle muss also ein beständiger Austausch der Gase aus dem Cylinderinnern stattfinden. Als Hilfsmittel zur Absperrung der Gase dient bei der Jandus-Lampe eine äussere grosse Glocke, welche die innere Glocke umschliesst und oben luftdicht geschlossen, unten hingegen mit einem federnden, nach unten sich öffnenden Ventilschluss-Teller derart gedeckt ist, dass bei Abnahme dieses Ventiltellers von unten her eine Oeffnung zum Zwecke der Reinigung und der Kohlenauswechslung freigelegt wird. Es ist gerade diese eigenartige Combination, welche, obgleich deren Wesentlichkeit mit Unrecht vielfach von Prüfern der Jandus-Lampe unterschätzt worden ist, den verlangten Patentschutz hauptsächlich stützt und zu einem ausgiebig gesicherten macht. Die neue Anordnung ergibt eine Lampe, die von aussen praktisch luftdicht ist. Den von dem inneren Cylinder entweichenden Gasen dient die Aussenglocke als eine Art Aufspeicher-Behälter; umgekehrt muss sich die Gasmenge innerhalb des Cylinders aus diesem Aussenbehälter ergänzen, bis die Gase in beiden Räumen schliesslich nur aus Kohlenoxyd, Kohlensäure und Stickstoff bestehen.

Thatsächlich vermindert also die Mitbenutzung der Aussenglocke die Sauerstoff-Zufuhr zum Lichtbogen und verlängert folglich die Brenndauer der Kohlen[*].

---

[*] In der Fig. 5 ist die Jandus-Lampe in $\frac{1}{10}$ der natürlichen Grösse abgebildet, die Fig. 4 zeigt die Lampe ohne Bekleidung. Es bedeutet in dieser Figur:

1 Die Porzellanrolle zum Aufhängen der Lampe,
2 die positive Stromzuführungsklemme,
3 die negative Stromzuführungsklemme,
4 das Solenoid mit beweglichem Magnetkern,
5 den Kohlenhalterrahmen, der senkrecht in der grossen Glocke zu befestigen ist,
6 das kleine Innenglas mit Deckel,
7 den Bajonnetverschluss,
8 den Druckknopf mit Feder für Abschluss der grossen Glocke.
In der Fig. 5 bedeute:
B Ein Messingrohr, welches als Träger der positiven Kohle I dient,

---

Die Garantie, die für die Jandus-Lampen gewährt wird, geht dahin, dass eine bei 4 Ampère und 100 Volt mit 13 mm Kohlenstiften brennende Lampe nicht weniger als 200 Brennstunden für ein Kohlenstiftpaar functionirt; Lampen anderer Grösse und für höhere Spannungen eingerichtete Lampen haben eine verhältnismässig andere Brenndauer. Es liegen Zeugnisse von Prof. Andrew Jamieson (Glasgow-Universität), von Dr. Bottomley, von W. H. Preece und Anderen vor, welche ausnahmslos die lange Brenndauer constatiren. Von dem Franklin-Institut Philadelphia wurde dem Herrn Jandus die John Scott-Medaille verliehen und auf der Brüsseler Ausstellung erlangte er den grossen Preis.

Ich schliesse mit der Versicherung meines Dankes für die Aufmerksamkeit, die Sie mir geschenkt haben und bitte Sie, davon überzeugt zu sein, dass es mir ein Vergnügen gewesen ist, in Ihrer schönen Stadt über die neuesten Fortschritte in der Bogenlampen-Technik gesprochen zu haben.

KLEINE MITTHEILUNGEN.

Verschiedenes.

Unfälle durch das Berühren elektrischer Leitungen von geringer Spannung. Dem „Hannover'schen Gewerbeblatt" vom 15. März l. J. entnehmen wir nachstehenden Unfallsbericht: Im Gewerbe-Inspectionsgebiet Magdeburg kamen zwei Arbeiter mit elektrischen Leitungen in Berührung und blieben sofort todt. Der Strom war Wechselstrom; seine Spannung betrug in dem einen Falle nur 130, in dem anderen 230 V. Da man Ströme unter 500 V für ungefährlich hält, zeigt dieser Vorfall, eine wie grosse Vorsicht bei Anwendung von Wechselströmen erforderlich ist. Allerdings scheint eine körperliche Disposition vorgelegen zu haben, da ein Angestellter der Fabrik den Strom in der grössten Weise durch seinen Körper gehen liess, wie es bei dem Verunglückten der Fall gewesen ist, ohne erhebliche Empfindungen zu verspüren. Nach der Ansicht einiger Aerzte soll der menschliche Körper in jenen Zustande der Spannung, welcher reichlichem Alkoholgenusse folgt, besonders empfindlich gegen elektrische Entladungen sein. Es dürfte sich daher empfehlen, Alkoholikur von der Bedienung elektrischer Anlagen namentlich dann auszuschliessen, wenn Wechselströme zur Anwendung kommen[*]. L. K.

Zweistöckige Personenwagen mit elektrischem Betriebe. Die Pullman'sche Waggonfabrik in Chicago baut gegenwärtig für den Localverkehr bestimmte zweistöckige Localbahnwagen mit Einrichtung für elektrischen Betrieb. Diese mit 34pferdekräftigen Motoren ausgestatteten Wagen sind 38 Fuss lang und 13 Fuss hoch, mit einem Gesammtgewichte von 13 t bei voller Besetzung mit 90 Personen. Das zweite Stockwerk ist im Winter mit Glaswänden versehen, welche während des Sommers abgenommen werden. Im Mittelpunkte des Wagens sind heiderseits Thüren angebracht, von welchen aus im Innern des Wagens Stiegen zum zweiten Stockwerke führen.

Bau des grössten Tunnels der Welt. Zur Verbindung der verschiedenen, durch hohe Gebirge von einander getrennten Bergwerke von Colorado, wird ein Tunnel gebaut, welcher weniger als 50 km lang, 4 m hoch und 5 m breit sein wird. Zur Beleuchtung sind 950 Glühlampen bestimmt und zur Ventilation werden in grösseren Abständen Schornsteine durchbrochen. Im Mittel wird sich diese Passage in einer Tiefe von 845 m befinden, stellenweise aber auch von mehr als 2000 m. Dieser Tunnel, für dessen Vollendung ein Zeitraum von 10 Jahren in Aussicht genommen ist, wird der grösste sein, dessen Bohrung jemals unternommen worden ist.

Die k. u. k. Pionnier-Cadettenschule zu Hainburg (Nieder-Österreich) nimmt zu Beginn des nächsten Schuljahres (September 1898) circa 50 Studirende in den I. und II. Jahrgang auf.

---

2 ist der Halter der negativen Kohle,
3 die Befestigungsschraube für die negative Kohle,
4 ist die kleine innere Glocke,
5 die Befestigungsschraube für dieselbe,
4 ist der Deckel der inneren Glocke.

---

[*] Vergl. unsere „Rundschau" H. 3, S. 29 und „Verwundung und Tod durch elektrischen Strom", H. 9, S. 103 ex 1896 der „Z. f. E."   Die Red.

Für den Eintritt in den 1. Jahrgang ist normal die absolvirte 5. Classe einer öffentlichen Mittelschule, bezw. einer gleichwerthigen Lehr-Anstalt erforderlich. Aspiranten, welche blos die vier unteren Classen einer Mittelschule absolvirt haben, müssen einen mindestens befriedigenden Gesammterfolg nachweisen.

Die Pionnier-Cadettenschule bietet den Zöglingen bezüglich ihrer weiteren Carrière ganz wesentliche Vortheile und gegenüber allen Bildungs-Anstalten die billigste Erziehung. Das Schulgeld beträgt die Hälfte von jenem der übrigen Cadettenschulen.

Das Schul-Commando ist gerne bereit, alle, die Aufnahme betreffenden Anfragen, den Eltern und Angehörigen zu beantworten und denselben die „sämmtliche Eintritt-Bedingnisse enthaltenden Programme" zuzusenden, sobald das bezügliche Ansuchen der Schule zugeht.

An dem Elektrotechnischen Institute der Grossherzogl. Technischen Hochschule in Karlsruhe werden im Anschluss an dasselbe werden im Sommer-Semester 1898 folgende Vorlesungen und Uebungen abgehalten:

Hofrath Professor Dr. Lehmann: Experimentalphysik 4 Stunden; derselbe und Dr. Mie: Physikalisches Praktikum 6 St.; Professor Arnold: Gleichstromtechnik 3 St.; derselbe: Wechselstromtechnik 3 St.; derselbe: Uebungen im Berechnen und Construiren elektrischer Maschinen und Apparate 4 St.; derselbe: Elektrotechnisches Colloquium, alle 14 Tage ein Abend; derselbe mit Professor Dr. Schleiermacher und Dr. Teichmüller: Elektrotechnisches Laboratorium I, 2 Nachmittage; derselbe mit Dr. Teichmüller: Elektrotechnisches Laboratorium II, 3 Nachmittage; Hofrath Professor Dr. Meidinger: Die älteren Anwendungen der Elektricität 2 St.; Professor Dr. Schleiermacher: Elektrotechnische Messkunde 3 St.; Ingenieur Dr. Rasch: Elektrische Hausinstallationen 2 St.; Dr. Mie: Die Maxwell'sche Theorie 2 St.; Dr. Luggin: Methoden der elektrochemischen Untersuchung 1 St.; derselbe mit Dr. Haber: Elektrotechnische Uebungen 3 St.; Dr. Haber: Elektrochemie II, 2 St.

Das neue Institut ist am 1. Jänner 1898 bezogen worden.

Ausgeführte und projectirte Anlagen.

Oesterreich-Ungarn.

a) Oesterreich.

Klosterneuburg. (Elektrische Beleuchtung.) Die Gemeindevertretung von Klosterneuburg hat, wie bereits gemeldet, die Einführung der elektrischen Beleuchtung beschlossen. Die neuerliche Sitzung entschied nun, zu diesem Zwecke für die Errichtung eines eigenen Elektricitätswerkes den Betrag von 200.000 fl. zu bewilligen. Bei der Anlage wird, nachdem die Nachbargemeinde Kritzendorf die Einführung der elektrischen Beleuchtung gleichfalls anstrebt und den Strom von Klosterneuburg zu beziehen gedenkt, auf diesen Umstand Rücksicht genommen werden.

Rumburg. (Elektrische Kleinbahn.) Das k. k. Eisenbahnministerium hat dem unter Führung des Fabrikanten Josef Lindner in Alt-Ehrenberg stehenden Consortium für den Bau der Kleinbahn Rumburg—Warnsdorf die Bewilligung zur Vornahme technischer Vorarbeiten für die auf österreichischem Gebiete gelegenen Theilstrecken einer mit elektrischer Kraft zu betreibenden schmalspurigen Kleinbahn zur Verbindung der Städte Rumburg und Warnsdorf ertheilt.

Teplitz. (Elektrische Bahn Teplitz—Dux—Ossegg.) Das k. k. Eisenbahnministerium hat unterm 14. März l. J. die k. k. Statthalterei in Prag beauftragt, hinsichtlich des von Richard Baldauf, Bergwerksbesitzer in Sobrusan, und Consorten vorgelegten Detailprojectes für die erste Theilstrecke Dux-Ossegg der projectirten elektrischen Kleinbahn Teplitz-Dux-Ossegg die Tracenrevision und bei zustandelosem Ergebnisse dieser Verhandlung anschliessend an dieselbe die Stations-Commission und politische Begehung vorzunehmen. (Vergl. H. 13, S. 157, 1898.)

Tetschen. (Elektrische Bahn Tetschen—Bodenbach.) Auf Grund des Ergebnisses der am 4. Jänner l. J. durchgeführten Tracenrevision bezüglich der von Eduard Spaick, Fabrikant in Tetschen, vorgelegten, mit 70 ↔ Spurweite auszuführenden, elektrisch zu betreibenden Kleinbahn mit Strassenbenützung von Tetschen zum Bahnhofe in Tetschen und von hier nach Ulgersdorf, hat das k. k. Eisenbahnministerium dem seitens der betheiligten Gemeindevertretungen erhobenen Einspruche gegen die geplante Mitbenützung von Gemeindestrassen stattgegeben. Dem Concessionswerber bleibt anheimgestellt, nachträglich die Zustimmung der betheiligten

Gemeinden zu erwirken oder das Project entsprechend zu modificiren.

Warnsdorf. (Elektricitätswerke Warnsdorf.) Die von der Firma Siemens & Halske in Wien gebauten Werke (Drehstrom) sind bereits im Betriebe und umfassen ganz Warnsdorf, sowie einen Ortstheil von Niedergrund. — Die A.-G. Elektricitätswerke Warnsdorf hielt am 12. v. M. in Warnsdorf ihre constituirende Generalversammlung ab. Das Actiencapital beträgt 300.000 fl., zerlegt in 1500 Actien à 200 fl.)

Wien. (Die elektrischen Strassenbahnen zur Jubiläums-Ausstellung.) Bei der am 30. v. M. abgehaltenen Generalversammlung der Wiener Tramway wurde auch über die vorstehende Angelegenheit Bericht erstattet, und entnehmen dem Referate für Vervollständigung unserer früheren Mittheilung, das Folgende. Der Verwaltungsrath beantragt die bereits früher ertheilte Ermächtigung zur Umwandlung weiterer gesellschaftlicher Linien auf elektrischen Betrieb dahin auszudehnen, dass im Wege von Vereinbarungen mit der Gemeinde Wien zu Zwecken eines ausreichenden Verkehres zu der Jubiläums-Ausstellung nicht allein bestehende, sondern auch neue Linien, nöthigenfalls nur provisorisch, für elektrischen Betrieb um- bezw. neugebaut und eingerichtet werden. Diese Bauten werden verschiedene Ausgaben umfassen. Es werden Angaben gemacht werden müssen für die alten Linien, welche zum elektrischen Betriebe umgestaltet werden, und es werden neue Linien gebaut werden. Diese neuen Linien haben allerdings nur provisorischen Charakter. Die eine dieser Linien ist eine Verschwenkung der bereits bestehenden elektrischen Transversal-Linie, welche zum Nordportal der Rotunde führen wird. Der Rest dieser Strecke ist einbezogen in die Jubiläums-Ausstellung, und nur aus dem Grunde muss diese Linie umgebaut werden, weil sie nicht innerhalb der eingefriedeten Ausstellung geführt werden kann und infolge dessen zum Südportal und ausserhalb der Einplankung geführt wird. Die zweite Linie ist die Verlängerung der bestehenden Linie zur Sophienbrücke. Diese neu zu erbauende Strecke ist 1·2 km lang, wird im Prater neu gebaut und führt bis zur Hauptallee. Bis zur Rotunde konnte sie nicht geführt werden, weil die Hauptallee im Strassenniveau nicht gekreuzt werden konnte. Diese Strecke und die alte, gleichfalls 1·2 km lange Strecke von der Sophienbrücke bis zur Aspernbrücke werden mit elektrischer oberirdischer Leitung eingerichtet. Die Wagen sind gleichzeitig mit Accumulatoren versehen werden dann auf der Strecke während der Fahrt geladen und um die ganze Ringstrasse herum zu Accumulatorenwagen ohne Leitung zu fahren imstande sein. Die Kosten werden sich auf 800.000 fl. belaufen. (Vergl. H. 7, S. 85 u. H. 12, S. 144, 1898.)

b) Ungarn.

Neusatz (Ujvidék). (Ausführungsbeschluss über die projectirte Strassenbahn mit elektrischem Betriebe im Bereiche der Stadt Neusatz und Umgebung.) Die Municipal-Verwaltung der Stadt Neusatz hat im Vereine mit der Actien-Gesellschaft für elektrische Einrichtungen und Bahn von Ganz unternehmungen in Budapest den Ausbau eines Strasseneisenbahnnetzes mit elektrischem Betriebe der Stadt Ujvidék beschlossen. Diese für den Personen- und Frachtverkehr einzurichtende Strasseneisenbahn wird nebst Verzweigung im städtischen Strassennetze die Bahnhöfe Ujvidék mit den dortigen Donauschiffahrt-stationen verbinden.

Deutschland.

Berlin. Die neuen Sommerwagen der Grossen Berliner Strassenbahn wurden am 2. d. M. den Mitgliedern der städtischen Verkehrsdeputation vorgeführt. Die beiden Typen, welche zur Vorführung gelangten, stimmen darin überein, dass ein Mittelgang die Querbänke des Wagens theilt, wodurch in jeder drei Sitze (zu 1) entstehen; beide Wagen zeichnen sich durch elegantes Aeussere, sowie geschmackvollen Ausrich und praktische Ausstattung aus, auch ist auf die Federung des zweinachsigen Wagengestelles besondere Sorgfalt verwendet worden. Der Unterschied zwischen beiden Typen besteht darin, dass die grössere der Typen (nur bei der äusseren, in der Fahrtrichtung rechten) Seite des Perrons zugänglich ist, während der kleinere von beiden Seiten betreten werden kann, so dass man direct in jede Sitzreihe gelangen kann. Die verglasten Schutzwände der grossen Wagen haben Perrouthüren, weil hier die Seiten durch hohe Gitter völlig abgeschlossen sind; bei den kleineren, von allen Seiten offenen Wagen erscheinen diese Thüren entbehrlich, und da die Wagen, wie gesagt, einen Mittelgang besitzen, so braucht der Schaffner das Passiren des Wagens zu erspaaren nicht mehr die gefährlichen Trittbretter zu benützen; ganz wird sich dieser Uebelstand freilich nicht vermeiden lassen, da der Schaffner, um vom Perron in das Innere zu gelangen,

Schritt über das Trittbrett zu thun haben wird. Die älteren Sommerwagen sind sämmtlich nach dem Muster der kleineren (völlig offenen) Wagen umgebaut worden, welche 20 Sitz- und zwei mal fünf Stehplätze haben, sie werden nur als Anhängewagen benützt werden. Der grössere, seitlich durch Gitter abgeschlossene Wagen (mit 24 Sitz- und zwei mal acht Stehplätzen) gilt als Muster für die neu zu erbauenden Sommerwagen. Baurath Krause äusserte den Wunsch, dass, um ein bequemeres Einsteigen zu ermöglichen, bei den neu zu erbauenden Wagen die Plattform etwas niedriger gelegt werde. Die Trittstufen sind übrigens erheblich niedriger, als die der Accumulatoren-Wagen.

Breslau. (Strassenbahnen.) Der zwischen dem Magistrate zu Breslau und der Leitung der Elektrischen Strassenbahn vereinbarte neue Vertragsentwurf liegt nunmehr vor. Nach demselben wird der Gesellschaft der Bau und Betrieb der beiden Strecken Gneisenauplatz—Hundsfelder Steuerbarrière und Brüderstrasse—Rothkretscham zugestanden, unter Auferlegung nicht unerheblicher einmaliger Ausgaben für Pflasterungen und Beleuchtung. Ferner wird bestimmt, dass die Linien der neuen Strecken für die Mitbenützung durch andere Strassenbahnen unter gewissen Bedingungen zur Verfügung stehen müssen. Der Pferdebahn-Gesellschaft soll in dem mit ihr neu abzuschliessenden Vertrage eine ähnliche Verpflichtung auferlegt werden. Nach dem neuen Vertrage mit der Elektrischen Bahn sollen ferner künftig deren Strecken für die Abfuhr des Strassendüngers und Kehrichts nutzbar gemacht werden. Im Fall der Erweiterung des Strassenbahnnetzes über das städtische Weichbild hinaus wird dem Magistrat in dem neuen Vertrage ein gewisses Mass von Einwirkung gesichert. Der neue Vertrag mit der Pferdebahn-Gesellschaft soll dieser noch im laufenden Monat zur Erklärung zugehen. Bei alsbaldiger Genehmigung des neuen Vertrages mit der Elektrischen Bahn gedenkt diese den Betrieb auf der Linie Gneisenauplatz—Hundsfelder Barrière bereits im Mai d. J., auf der Strecke Brüderstrasse—Rothkretscham aber am 1. October d. J. zu eröffnen.

Frankreich.

Paris. (Vermehrung der Strasseneisenbahnen im Bereiche von Paris.) Dem im Einvernehmen mit der Pariser Communalverwaltung von der Handelskammer gestellten Antrago zufolge werden im Bereiche von Paris neuerdings drei neue bis zum Anstellungsjahre fertig zu stellende Strasseneisenbahnlinien zur Ausführung gelangen, und zwar die Linien Montreuilsous-Bois—Bois de Boulogne, Edinay—Place de la Trinité und Porte Orléans—Autouy. Die Zulässigkeit des Ausbaues dieser Linien hängt von der Annahme folgender Bedingungen ab: Anwendung des Elektricität als Motor, Unzulässigkeit des Hochleitungssystems bei allen jenen Linien, die die Stadt durchkreuzen, dagegen Anwendung entweder von Untergrund-Kabelleitungen oder von Accumulatoren, Einführung fahrplanmässiger Arbeiterzüge früh morgens und spät abends zu wesentlich herabgesetzten Fahrpreisen; in der Mitte des Strassenkörpers hinzulegende, nur eingeleisige Theil-strecken im Bereiche aller jener Strassenzüge, deren räumliche Verhältnisse es bedingen würden, dass bei Anwendung von Doppelgeleisen diese zu beiden Seiten der Strasse unmittelbar an die Trottoirränder zu legen wären; Gewährleistung der Fertigstellung vor Beginn der Ausstellung.

Entsendung von Experten nach Amerika zum Studium des elektrischen Betriebes als Motor im Vollverkehr. Die Direction der Paris—Orléansbahn hat über Einladung des Ministers für öffentliche Arbeiten eine aus Oberbeamten des technischen Dienstes zusammengesetzte Commission nach Amerika entsendet, um dort die, und zwar speciell in Baltimore bereits activirte Zugförderung mit elektrischer Kraft, motor in den Bereiche jener Linienabschnitte der Hauptbahnen zu studiren, welche den Stadtbezirk Baltimores durchschneiden. Das Ergebniss dieser Enquête wird insoferne von entscheidendem Einfluss gegenüber der Lösung der Zugförderungsfrage sein, als man auf die bei den Bau und Betriebe der elektrischen Strecke Paris—Wallhnbert Quai d'Orsay als Verlängerung der Hauptlinie Paris—Orléans in das Stadtinnere der Stadt, die Einführung des elektrischen Betriebes bei Normal-, Personen- und vollbelasteten Lastzügen dem mit Rauchentwicklung verbundenen Dampfbetriebe principiell vorziehen würde.

Literatur-Bericht.

Elektrische Licht- und Kraft-Anlagen. Gesichtspunkte für deren Projectirung. Von Dr. Ludwig Fischer. Mit 165 Abbildungen im Text. Wiesbaden. C. W. Kreidel's Verlag. 1898. Preis 6 Mk. 60 Pfg.

Der Verfasser bezweckt mit diesem Buche, Studirende und angehende Ingenieure mit den Grundlagen vertraut zu machen,

auf denen die Projectirung von Licht- und Kraft-Anlagen beruht. Das Werk beschränkt sich darauf, den Leser in grossen Zügen in den Geist der Sache einzuführen. Bei der Mannigfaltigkeit der durch die Praxis gestellten Anforderungen und der Verschiedenheit der in verschiedenen Firmen hergestellten Maschinen und Apparate, bei der rastlosen Weiterentwicklung der Technik wäre der Versuch einer erschöpfenden Darstellung auch gar nicht zu empfehlen, da sie auf Kosten der Uebersichtlichkeit zu einem sehr umfangreichen Buche führen müsste.

Der Inhalt ist in XII Abschnitte getheilt: Allgemeine Ermittlungen. — Wahl des Systemes. — Wahl der stromerzeugenden Maschinen. — Wahl der Transformatoren. — Wahl der Accumulatoren. — Wahl der Antriebsmotoren. — Schalttafel und Apparate. — Maschinen-, Accumulatoren- und Transformatoren-Raum. — Die Leitungen. — Lampen und Zubehör. — Die Motoren. — Betriebskosten.

Die Art der Behandlung der einzelnen Abschnitte ist sowohl sachlich wie auch sonst eine tadellose. Der Verfasser hat seine Aufgabe sehr ernst genommen und seine Ausführungen durch ein reichhaltiges Material von praktischen Beispielen ergänzt. Sowohl die grosse Zahl von instructiven Abbildungen, wie auch der Umstand, dass den einzelnen Abschnitten die entsprechenden Sicherheitsvorschriften mitgegeben sind, tragen Vieles dazu bei, dem Buche einen erhöhten Werth zu verleihen. —m—

Technisches Auskunftsbuch für das Jahr 1898. Notizen, Tabellen, Regeln, Formeln, Gesetze, Verordnungen, Preise und Bezugsquellen auf dem Gebiete des Bau- und Ingenieurwesens. Von Hubert July. Mit 148 in den Text gedruckten Figuren. 5. Jahrgang. Leipzig: K. F. Köhler. In Leinwand gebunden 8 Mk.

Der Inhalt ist bereits durch den Titel zur Genüge gekennzeichnet. Er hat Aehnlichkeit mit jedem technischer Kalender, ist aber alphabetisch geordnet, so dass das schnelle Aufsuchen des gewünschten Gegenwortes ermöglicht ist. Das Werk enthält gleichzeitig ausführliche Preisangaben über technische Artikel und Erzeugnisse. Die unter den Artikeln angegebenen Bezugsquellen dürften vielen Interessenten willkommen sein.

Das Buch, welches in fünf Jahren fünf Auflagen gehabt hat, ist empfehlens-werth für Fabrikanten, Ingenieure, Baumeister, Taxatoren u. s. w.

Die äussere Ausstattung dieses Auskunftsbuches, das circa 1200 Seiten umfasst, ist eine gefällige. —m—

Experimental-Vorlesungen über Elektrotechnik. Von Dr. K. E. F. Schmidt. Mit 2 Tafeln und vielen Abbildungen im Text. I. Lieferung. Halle a. d. Saale. Verlag von Wilhelm Knapp. 1898. Preis pro Lieferung 1 Mk.

Diese Sammlung von Vorlesungen soll in sieben oder acht Lieferungen erscheinen und Ende April beendigt sein. Zur Orientirung über das darin berührte Gebiet diene das nachstehende Inhaltsverzeichnis des ganzen Werkes:

1. Betrachtungen über Energie. — 2. Magnetische Energieform. — 3. Elektrische Energieform. — 4. Zusammenhang der elektrischen und magnetischen Energieform. — Messinstrumente der Technik. — 6. Dynamomaschinen für Gleichstrom. — 7. Maschinen für Wechselstrom. — 8. Elektrische Accumulatoren. — 9. Elektromotoren. — 10. Drehstromströme. — 11. Beleuchtung. — 12 Sicherheitsvorkehrungen im speciellen Eisenbahnbetriebe.

Die Aufgabe, welche sich obige Vorlesungen stellen, ist die, auf Grundlage des Experimentes und mit möglichster Vermeidung der Mathematik eine Darstellung der Constructions-Principien der im elektrotechnischen Betrieben verwendeten Apparate und Maschinen zu geben und ihre Wirkungsweise auf Anordnung an der Hand von Versuchen klarzulegen.

Bei der Durchsicht der ersten, vorliegenden I. Lieferung zeigt sich ganz offenbar das Bestreben des Verfassers, nur das Experiment zum Ausgangspunkte seiner Betrachtungen zu machen. Schwerer verständliche Begriffe sind durch analoge, mechanische Beispiele leicht begreiflich gemacht. Ueber die sachliche Behandlung des Stoffes kann vorläufig nur ein günstiges Urtheil gefällt werden. —m—

Encyklopädie der Elektrochemie. Band X. Der elektrische Widerstand der Metalle. Von C. Liebenow. Mit neun Abbildungen. Halle a. d. Saale. Verlag von Wilhelm Knapp. 1898.

Der Verfasser beabsichtigt mit diesem Buche nachzuweisen, dass der beim Durchgang einer Elektricitätsmenge durch feste, metallische Leiter auftretenden Erscheinungen so vor sich gehen, als ob thermoelektrische Gegenkräfte die schnelle Verschiebung der Elektricität verhindern würden. Um die bis jetzt gewonnenen Erfahrungen in einfacher Weise beschreiben zu können, hat der Verfasser im Laufe des Buches eine Hypothese entwickelt, die sehr gut dem angestrebten Zwecke entspricht. Dieselbe gestattet, sowohl die „umkehrbaren" wie auch die „nicht umkehrbaren" Wirkungen elektrischer Ströme in metallischen Leitern zu verfolgen, und gibt gleichzeitig ziffermässige Rechenschaft über die eigenthümliche, starke Vermehrung des Widerstandes, welche so häufig beim Vermischen zweier Metalle beobachtet wird.

Mit Hilfe der allgemeinen Gleichung, die für die Legirungen aufgestellt wurde, ist es möglich, auf rechnerischem Wege den Widerstand eines aus zwei festen Metallen bestehenden Gemisches zu bestimmen, ebenso ist es möglich, den Temperatur-Coefficienten zu ermitteln. Die im Texte enthaltenen Curven und Tabellen beweisen eine recht schöne Uebereinstimmung zwischen den gerechneten und gemessenen Werthen. Die erwähnte Gleichung lässt ferner mit Sicherheit erkennen, ob man bei einer derartigen Zusammensetzung von Metallen eine physikalische Mischung oder eine chemische Verbindung vor sich hat. —nn—

Patentnachrichten.

Mitgetheilt vom Technischen- und Patentbureau.

Ingenieur Victor Monath

WIEN, I. Jasomirgottstrasse Nr. 4.

Classe　　Deutsche Patentanmeldungen.*)

21. H. 18.554. Träger für die wirksame Masse elektrischer Sammler. George Washington Harris und Richard Josiah Holland, New-York. 5./1. 1897.

„ H. 19.746. Ankerwicklung für durch Veränderung der Polzahl anzulassende Wechselstrom-Motoren. — „Helios“, Elektricitäts-Action-Gesellschaft, Köln-Ehrenfeld. 7./1. 1897.

40. B. 21.718. Elektrischer Ofen. — Charles Schenk Bradley. New-York. 26./11. 1897.

21. L. 11.864. Gleichstromanker mit Schablonenwicklung. — Ernst Leist, Berlin. 21./12. 1897.

„ M. 13.998. Einrichtung zur Gleichstromtransformirung. — Adolf Müller, Hagen i/W. 24./4. 1897.

Classe　　Deutsche Patentertheilungen.

20. 97.430. Vorrichtung zur Herbeiführung eines Stromschlusses durch den fahrenden Zug — H. Büssing, Braunschweig. 4./5. 1897.

„ 97.450. Stromzuführung für elektrische Bahnen mit im Canal verlegten, durch den Stromabnehmer auf magnetischem Wege einschaltbaren Theilleitern. — C. F. de Redon, New-York. 23./2. 1897.

21. 97.831. Ankerwicklung für Mehrphasen-Stromerzeugung. — Maschinenfabrik Oerlikon, Oerlikon bei Zürich. 16./4. 1897.

„ 97.432. Maschine zur Erzeugung von Wechselströmen beliebiger Frequenz und Phasenzahl. — Union-Elektricitäts-Gesellschaft, Berlin. 23./5. 1897.

„ 97.454. Verfahren zur Herstellung von Sammelelektroden. — W. B. Bary, W. Swiatsky und J. Wettstein, St. Petersburg. 2./7. 1897.

„ 97.514. Wechselstrom-Triebmaschine mit einseitigen Verschiebungsspulen und den Magnetpolen. — A. Kolbe, Frankfurt a. M. 11./12. 1894.

Auszüge aus Patentschriften.

Willy Silberstein in Berlin. — Aus Holzkohle bestehende Schutzhülle für Elektroden. — Classe 21, Nr. 95.269.

Auf trockenem oder nassem Wege hergestellte, von den Aschensalzen durch Auslaugen mit Mineralsäure und Nachbehandeln mit Wasser gereinigte hochporöse Holzkohle wird in Plattenform um die Elektroden gelegt, um das beim Gebrauch hervortretende, allmälige Abfallen der wirksamen Masse zu verhüten.

Firma A. Spiess in Siegen i. Westph. — Glessform mit zurückziehbaren Lamellen für gerippte Accumulatorplatten. — Classe 31, Nr. 94.388.

Die beiden von den Lamellenkämmen durchsetzten Formhälften werden durch ihr Eigengewicht während des Giessens gegen einander gehalten, während die Kämme durch eine vom Handkurbel um einen bestimmten Winkel gedrehtes Zahnradsegment horizontal verschoben werden können, um das gegossene Platte vollständig frei auf eine der nach dem Giessen durch Aus

*) Die Anmeldungen erfolgen nach Wochen zur Einsichtnahme öffentlich aufgelegt. Nach § 24 des Patent-Gesetzes kann innerhalb dieser Zeit Einspruch gegen die Anmeldung wegen Mangel der Neuheit oder widerrechtlicher Entnahme erhoben werden. Das obige Bureau besorgt Abschriften der Anmeldungen und übernimmt die Vertretung in allen Einspruche-Angelegenheiten.

bung eines Druckes auf einen Tritthebel auseinander geklappten Formhälften zu legen und leichtes Abnehmen der gegossenen Accumulatorplatte und bequemes Reinigen der Formkästen zu ermöglichen.

Paul Scharf in Berlin. — Lösbare Fassung für Glühlampen. — Classe 21, Nr. 95.584.

Mittelst einer Klemme z werden Federn v, die einen Theil des Sockels bilden, auf einen Ring t aus Gummi, Kautschuk oder dergleichen gepresst, so dass eine feste, aber leicht lösbare Verbindung zwischen Sockel und Glaskörper entsteht. (Fig. 1 u. 2.)

Max Jüdel & Co. in Braunschweig. — In jeder Bewegungsphase zurücklegbare Weiche mit elektrischem Betriebe. — Classe 20, Nr. 95.478.

Die schematische Darstellung der Figur zeigt bei A den Motor, welcher für zwei Bewegungsrichtungen zwei Wickelungen besitzt. — Der Motor treibt den Schalthebel C, der mit der Weichenstange in Verbindung ist. — Der Hebel C bewirkt nur in seinen Endstellungen den Contact für eine Bewegungsrichtung des Motors allein. In den Mittelstellungen hält er die Verbindung der Batterie D mit den Motorspulen E und F infolge seines bogenförmigen Armes aufrecht, so dass es in dem Belieben des Stellwerkwärters steht, welchen Stromkreis er durch den Hebel B einschalten, das heisst ob er die Weiche nach der einen oder anderen Seite bewegen will. (Fig. 3.)

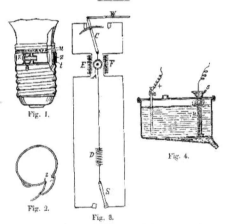

Fig. 1.

Fig. 2.

Fig. 3.

Fig. 4.

Otto Arlt in Görlitz. — Verfahren zur Elektrolyse von Metallsalzen. — Classe 75, Nr. 95.791.

Das die Elektroden bildende flüssige Material (z. B. Quecksilber oder geschmolzenes Metall) wird ohne Unterlage frei in den Elektrolyten aufsteigen oder durch ihn herabfallen gelassen, wobei seine Bewegungs-richtung durch die Art des Eintritts in den Elektrolyten verändert werden kann. — So z. B. lässt man das flüssige Material aus einem mit Nischboden versehenen Behälter in beliebig geformten Strahlen z fortwährend in den Apparat einströmen; die Stromzuleitung macht dann in das in dem Behälter stets befindliche und fortwährend ein-strömende Material. — Bei der Benutzung von Kochsalz als Elektrolyt und Quecksilber als das flüssige Kathodenmaterial wird das Quecksilber beim Passiren des Apparates Natrium aufnehmen und kann es dann unterhalb des Apparates an Wasser oder dergleichen wieder abgeben, um von neuem den Apparat zu durchfliessen. (Fig. 4.)

C. H. Boehringer's Sohn in Nieder-Ingelheim a. Rh. — Verfahren zur Herstellung der wirksamen Masse für elektrische Sammler. — Classe 21, Nr. 95.903.

Die wirksame Masse besteht aus Bleioxyden, welchen als Bindemittel Bleiacetat unter Zusatz von Wasser hinzugefügt wird, um nach dem Formiren eine feinporige Elektrode zu erhalten.

Gesellschaft zur Verwerthung elektrischer und magnetischer Stromkraft (System Schlemann & Kleinschmidt) Ad. Wilde & Co. in Hamburg. — Stromschalter für elektrische Bahnen mit Theilleiterbetrieb. — Classe 20, Nr. 94.782.

Zwei concentrische und durch eine Isolirmasse getrennte Stromschluss-ringflächen ek bilden oberhalb des gegen sie heranziehbaren Ringankers E die Decke der Dose, während ein mit der einen Stromschlussfläche k und dem Zuleiter K verbundener, stromleitender Schaft S den Ringanker E als Führung lose und den Boden der Dose wasserdicht durchsetzt. Die Hartgummihülse ist zusammen mit einem schalenförmigen Träger J des Kabels K in einem U-förmigen, den Strom weiter leitenden Träger U mittelst Kugelgelenk und Spannschraube $p\,m$ eingespannt. (Fig. 5.)

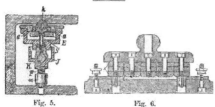

Fig. 5.   Fig. 6.

Elektricität-Action-Gesellschaft vormals Schuckert & Comp. in Nürnberg. — Abschmelzsicherung mit mehrfach getheilter Funkenstrecke für Wechselstrom. — Classe 21, Nr. 94.792.

Die Abschmelzsicherung für Wechsel-strom besteht aus mehreren hintereinander liegenden Funkenstrecken zwischen rollenförmigen, leicht oxydirbaren Metallstücken, die aus je zwei oder mehreren Scheiben s zusammengesetzt sind, zwischen denen die Abschmelzdrähte oder Streifen f festgeklemmt sind. (Fig. 6.)

Max Jüdel & Co. in Braunschweig. — Elektrische Weichenstell-Vorrichtung mit selbstthätiger Umschaltung. — Classe 20, Nr. 94.301.

Um die Starkstromcontacte an eine beliebige, leicht zugängliche Stelle legen zu können, schaltet die mit den Weichenzungen verbundene Umschaltvorrichtung C nicht den Betriebsstrom selbst aus und ein, sondern einen Hilfsstrom, der nun seinerseits wieder den Betriebsstrom elektromagnetisch schliesst und unterbricht. (Fig. 7.)

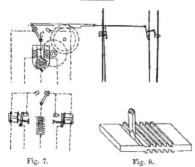

Fig. 7.   Fig. 8.

Wilh. Majert in Grünau und Fedor Berg in Berlin. — Verfahren zur Herstellung von Accumulatorenplatten. — Classe 49, Nr. 93.654.

Aus der Oberfläche des Metalls durch einen Stahl abgelöste Theile werden nur einer hinter der Schneide des Stahls liegenden Fläche zu geraden, spiralförmigen oder sonst zweckmässig verlaufenden Rippen aufgebogen, wobei die Regelfläche des Stahls auch von der Schneidfläche getrennt sein kann. (Fig. 8.)

Geschäftliche und finanzielle Nachrichten.

Allgemeine Oesterreichische Elektricitäts-Gesellschaft. Die A. Oe. E.-G. hielt am 30. v. M. ihre (7.) ordentliche Generalversammlung. Der vom Präsidenten Hofrath Ritter v. Hauffe pro 1897 erstattete Geschäftsbericht bezeichnet die Entwicklung auf allen Gebieten als befriedigend. Ueber die Details der Geschäftsgebahrung wird mitgetheilt: Die Betriebsanlagen sind sowohl in der Centrale „Neubad" als insbesondere in der Hauptcentrale in der Leopoldstadt wesentlich erweitert worden. In der gesellschaftlichen Stadtcentrale wurde die Accumulatoren-Station durch 16 Zusschaltzellen und 6 Zollenschalter ergänzt. In der Centrale Leopoldstadt wurde das Accumulatorenhaus vollendet. Die Accumulatoren-Station in Döbling, deren Inangriffnahme bereits im letzten Geschäftsberichte erwähnt wurde, ist seither zur Ausführung gelangt. Das Kabelnetz wuchs von 83·3 km Tracenlänge zu einer Tracenlänge von 103·7 km an. Die Anzahl der angeschlossenen Lampen und Motoren betrug bei Jahresschluss 173.396, hat sich somit um 58.918 Lampen gegenüber dem Vorjahre erhöht. Die Zahl der Abnehmer stieg auf 3706 gegen 2699 im Vorjahre. Die Wiener Tramway-Gesellschaft beabsichtigt, auch für die binnen Kurzem herzustellenden sogenannten Ausstellungs-Linien den elektrischen Strom von der A. Oe. E.-G. zu beziehen. Die Stromeinnahmen stiegen auf 1,151.522 fl., das ist um 207.040 fl. mehr gegen das Vorjahr. Dagegen vermehrten sich die Ausgaben an Materialverbrauch, Gehalte und Löhne um 119.077 fl. Für Amortisationen wurden in der Bilanz des abgelaufenen Jahres 160.000 fl. eingestellt. Der Amortisationsfonds hat sich hiedurch einschliesslich der Amortisation auf 668.349 fl. erhöht. In der a. o. Generalversammlung vom 7. October 1897 wurde der Beschluss auf Erhöhung des Actiencapitals der Gesellschaft um 3 Millionen Gulden durch Ausgabe von 10.000 neuen Actien gefasst. Der Verwaltungsrath hat den Actionären der Gesellschaft das Bezugsrecht auf die sämmtlichen neu auszugebenden Actien angeboten, und dasselbe ist bis auf einen minimalen Rest ausgeübt worden, so dass hiernach das neue Actiencapital als zur Gänze begeben erscheint. Infolge dieser Capitalsvermehrung wurde in der vorliegenden Bilanz das Actiencapital mit 8 Millionen Gulden eingestellt. Da aber im Gemässheit des Beschlusses der a. o. Generalversammlung die neuen Actien per 2 Millionen Gulden Nominale an den Geschäftsergebnissen erst vom Jahre 1898 ab participiren, wird bei Berechnung des zur Vertheilung verfügbaren Reingewinnes und bei der Feststellung der Dividende das Actiencapital nur in der früheren Höhe von 6 Millionen Gulden in Betracht kommen. Die Gewinn- und Verlust-Conto des Jahres 1897 weist ein Gewinn-Saldo von 446.982 fl. aus. Der Verwaltungsrath beantragt: 7155 fl. dem Reservefonds zuzuweisen, die Tantièmen mit 9810 fl. in Abzug zu bringen, auf die den Ertragsschuss des Jahres 1897 participirenden 30.000 Actien 14 fl. per Actie, das ist 420.000 fl. als Dividende zu vertheilen, und den Rest von 10.516 fl. auf neue Rechnung vorzutragen. Der Antrag wurde ohne Discussion angenommen. Die Versammlung genehmigte noch mehrere Statuten-Aenderungen formaler Natur und berief die ausscheidenden Verwaltungsräthe Arnold v. Siemens und Adolph Klein wieder in den Verwaltungsrath.

Böhmische Elektricitäts-Gesellschaft. Unter der Aegide der Koliner Creditbank wurde die bisherige Firma W. Suchánek & Comp. in Prag in eine Commandit-Gesellschaft unter der Firma: „Böhmische Elektricitäts-Gesellschaft, W. Suchánek & Comp." umgewandelt. Später soll aus der Commandit-Gesellschaft eine Actiengesellschaft gebildet werden.

Budapester Allgemeine Elektricitäts-Gesellschaft. Am 28. v. M. hat die Generalversammlung dieses Unternehmens, welches von der Triester Gasgesellschaft gegründet wurde, stattgefunden. Die Gesellschaft zahlt pro 1897 4 fl. Dividende gegen 6 fl. im Vorjahre. Dem Berichte der Direction entnehmen wir Folgendes: „Wir haben mit Abschluss des verflossenen Betriebsjahres, trotzdem die im Sommer 1896 während der Millenniums-Ausstellung installirten circa 6600 Lampen nach Schluss der Ausstellung ausser Betrieb kamen und wir daher zu Beginn des Jahres 1897 mit der Stromabgabe bedeutend im Rückstande gegen den vorhergehenden Betriebsperiode waren, nicht nur diesen Ausfall hereingebracht, sondern hatten am 31. December 1897 18·6 Consumenten mit 73.682 (auf die Einheit von 16 Kerzen reducirten) Lampen, also um 331 Consumenten und circa 17.000 Lampen mehr als am 31. December 1896, sowie auch den Erlös aus dem verkauften Strom den vorjährigen übersteigend. Das Kabelnetz umfasste bis 31. December 1897 eine Stromanlange von 91.660 Currentmetern gegen 82.507 Currentmeter des Vorjahres. Sowohl unsere Centralstation, als auch alle drei Unterstationen waren das ganze Jahr hindurch fortwährend in regelmässigem Betrieb. Trotz oben erwähntem Fortschritt in der Entwicklung des Unternehmens ist der zur Verfügung der Actionäre stehende Reingewinn dieses Jahr bedeutend geringer als der vorjährige, da sowohl die Gesammtkosten der Millenniums-Ausstellung im Betrage von fl. 27.905, als auch bei dem Installations-Geschäfte, welches wir ganz aufzulassen beabsichtigen, an Waaren und Aussenständen sehr bedeutende Abschreibungen vorgenommen wurden, so dass dieselben zusammt den auch bei den übrigen Contis berücksichtigten namhaften Abschreibungen die vorjährigen um fl. 59.188 überschreiten, endlich lieferte auch das Zinsen-Conto einen um fl. 13.743 geringeren Ueberschuss als im 1896, weil unsere Baarschaften im Laufe des Jahres zu neuen Investitionen verwendet wurden. Der Reingewinn des Jahres 1897 beträgt fl. 136.445, hiezu kommt der Gewinn-Vortrag vom Jahre 1896, d. i. fl. 5899, so dass der zur Verfügung stehende Gesammtbetrag fl. 142.445 ist. Wir bringen nun in Vorschlag, von dieser Summe *a*) eine 4% Dividende nach 35.000 Stück Actien à 200 Kronen mit fl. 4 per Stück, zusammen daher fl. 140.000 auszuscheiden, und *b*) den Rest von fl. 2445 auf neue Rechnung vorzutragen. Die Generalversammlung nahm den Bericht zustimmend zur Kenntnis und ertheilte das Absolutorium."

Projectirte Zweigniederlassung der Continental-Eisenbahnbau- und Betriebsgesellschaft in Budapest. Wie aus Budapest berichtet wird, beabsichtigt die in jüngster Zeit unter der Mitwirkung der Dresdener Bank, der Berliner Gesellschaft für elektrische Unternehmungen und der Firmen Born & Busse im Vereine mit Ludwig Löw & Comp. mit einem Actiencapitale von 12,000.000 Mk. in Berlin constituirte „Continental-Eisenbahnbau- und Betriebsgesellschaft" eine Zweigniederlassung in Budapest zu errichten, welche speciell den Bau und Betrieb von Tramways mit elektrischem Motor im Bereiche der ungarischen Provinzstädte cultiviren wird.

Bank für elektrische Industrie in Berlin. Die Errichtung der Gesellschaft mit einem Actiencapital von 4,000.000 Mk. hat am 26. Jänner 1897 stattgefunden. Die Bildung der Gesellschaft erfolgte bereits mit der Absicht, die unter der Firma Felix Singer & Co. in Berlin bestehende Elektricitäts-Gesellschaft in eine Actiengesellschaft umzuwandeln, um alsdann in der Hauptsache die Finanzirung der Unternehmungen dieser Firma durchzuführen. Diese Absicht wurde am 26. März 1897 ausgeführt und das Actiencapital der E.-G. Felix Singer & Co. auf 1,000.000 Mk. festgesetzt. Diese Actien, welche mit 50% eingezahlt sind, befinden sich im Besitze der Bank für elektrische Industrie. Durch die von der E.-G. Felix Singer & Co. geschlossenen Verträge, betreffend das alleinige Verkaufsrecht der Fabrikate der amerikanischen Walker-Company in Cleveland (Ohio) und New-Haven, welches sich dieselbe für einen Theil von Europa allein, für den übrigen Continent in Gemeinschaft mit der Compagnie Générale de Traction in Paris gesichert hatte, war der Erfolg für deren Unternehmungen gewährleistet. Von den Unternehmungen der E.-G. Felix Singer & Co. in der vergangenen Geschäftsperiode sind zum Theil ausgeführt, zum Theil noch im Bau und in der Ausrüstung befindlich, die elektrischen Strassenbahnen: Prag-Smiehov-Kosir, Bamberg, Liegnitz, Temesvár, Fiume und Leece Cataldo (Italien), ferner die Lieferungen von Strassenbahnmotoren: für die oberschlesische Dampfstrassenbahn (208 Motore), sowie die im Bau befindlichen Lichtcentralen für Liegnitz und Leece (Italien). Die Bank für elektrische Industrie hat es übernommen, die Durchführung der Unternehmungen in Bamberg, Liegnitz, Temesvár, Fiume finanziell sicherzustellen, und es resultiren daraus ansehnliche Zins- und Provisionsgewinne. Dieselbe hat sich auch an anderen elektrischen und Verkehrsunternehmungen betheiligt, unter Anderem an einer Accumulatorenfabrik und an einer belgischen Tramway-Trust-Gesellschaft, welche Actien von diversen auf elektrischen Betrieb umzuwandelnden Pferdebahnen in grösseren Städten Oesterreichs, Russlands und Spaniens besitzt. Ferner hat die Bank die Licenz für die Verwerthung der auf Registrirapparate und Controluhren bezüglichen Patente von Herrn Paul Marix in Paris für Deutschland und Oesterreich-Ungarn übernommen. Infolge der raschen Entwicklung der Gesellschaft hat man im December beschlossen, das Capital von 4,000.000 Mk. auf 8,000.000 Mk. zu erhöhen. Diese neuen Actien, und zwar zunächst 25% eingezahlt sind, während weitere Einzahlungen nach Bedarf erfolgen werden, sind durch ein Consortium übernommen worden. Das das Geschäftsjahr der E.-G. Felix Singer & Co. erst mit Ende Februar 1898 abschliesst, ist ein mit möglich gewesen, den aus dem Actienbesitz dieser Gesellschaft entfallenden Dividendenantheil in das Resultat dieses Jahres einzubeziehen. Der Gewinn beträgt 362.696 Mk. Dagegen betragen die Handlungsunkosten und Tantiemen etc. zusammen 87.802 Mk. Es bleiben alsdann 274.893 Mk. disponibel. Hiervon sind an den gesetzlichen Reservefonds zu

überweisen 13.744 Mk., desgleichen an einen Extra-Reservefonds 100.000 Mk., 7% Dividende auf 4,000.000 Mk. pro rata temporis zu zahlen mit 148.750 Mk. und 12.398 Mk. auf neue Rechnung vorzutragen. (Vergl. H. 7, S. 88, 1898.)

Union Elektricitäts-Gesellschaft in Berlin. Am 1. d. M. wurde unter Vorsitz des Commerzienrathes J. Löw die ordentliche Generalversammlung für das Geschäftsjahr 1897 abgehalten. Wir entnehmen dem Rechenschaftsberichte das Nachstehende: Das Geschäft hat sich nicht nur auf dem Gebiete der elektrischen Strassenbahnen weiter entwickelt, sondern auch in Licht- und Kraftübertragungs-Anlagen befriedigend erweitert. Insbesondere ist dies der Fall bei Einrichtungen für Hüttenbetrieb und Bergbau. Die Anwendung von Elektricität für Transportzwecke gestattet die nutzbringende Erschliessung von Gruben in viel grösserem Masse, als dies früher erreichbar war. Derartige Anlagen wurden hergestellt für: Caliwerke Aschersleben, Barbacher-hütte, Aachener Hütten-Actienverein, Krainische Industrie-Gesellschaft, Harzerwerke u. a. m. Die Rimamurány-Salgó-Tarján Eisenwerk-Hütten-Actiengesellschaft betreibt seit mehreren Jahren eine von der Union gelieferte complette Zahnradbahn zur Förderung der Erze auf die Höhe der Martin-Oefen. Der von der Gesellschaft hergestellte Stossbohrer für hartes Gestein ist bereits in etwa hundert Exemplaren in Betrieb. Der elektrische Betrieb schafft mit seinen anerkannten Vorzüge eine vollständige Umwandlung für den Hebe- und Transportdienst der verschiedensten Fabrikationszweige. Neben Krahnbauten für Werkstätten, Giessereien und Stahlwerke verdient die Krahnanlage auf dem Dampfer „Bremen" des Norddeutschen Lloyd Erwähnung, auf welchem 16 Ladekrähne seit Juni 1897 in Betrieb sind. Für dieselben Dampfer hat die Union auch die elektrische Beleuchtung und die Kraftstation für den Betrieb der letzteren sowie der Krähne an Bord installirt. Zwei von der Bonrather Maschinenfabrik erbaute Ladembrücken für das Kohlensyndikat in Rheinau erhielten von der Union neben circa 20 Motoren die compluten elektrischen Einrichtungen einer sehr complicirten Betriebes. Für Hamburg-Altona übernahm die Union die elektrische und maschinelle Einrichtung des Amerika- und O'Swald-Quai mit 22 Portalkrähnen, der Kraftstation, der Beleuchtungs-Anlage etc. — Elektrisch betriebene Winden werden auf den Kohlen-Lichtern installirt und von den an Bord der Schiffe befindlichen Dynamos angetrieben. In Buenos-Aires errichtet die Union eine Licht-Centrale nach ihrem Monocycle Wechselstrom-System mit einer Anfangs-Capacität von etwa 2500 PS. Eine Anlage nach demselben System und von derselben Grösse führt die Gesellschaft in Madrid aus. In Neusatz in der Niederlausitz wird eine interessante Centralanlage errichtet, welche 12 benachbarte Ortschaften in einer Entfernung von 2—12 km mit Licht und Kraft versehen wird. Eine andere Anlage, besonders zur Unterstützung der Kleinindustrie wird z. Z. auf dem Werk von Thyssen & Cie. in Mülheim a. d. Ruhr errichtet. Von Strassenbahnen kamen 1897 unter Anderen zur Abrechnung: die elektrischen Bahnen in Lüttich, Essen, Solingen, Brünn, Ruhrort, Bergen i. Norwegen, Aachen, Cairo, Posen. Mit besonderer Genugthuung weist der Vorstand auf die in der internationalen Ausstellung in Brüssel im Mai 1897 fertiggestellten elektrischen Strassenbahnlinien mit durchwegs unterirdischer Stromzuführung in Länge von 22 km hin. Grössere Strassenbahnaufträge bleiben der Ausführung im Jahre 1898 gewärtig und zwar für Halle a. S., Meissen, Kreis Solingen, Herne-Recklinghausen, Coblenz, Dresden, Karlsruhe-Ettlingen, Harburg, Bologna, Batavia u. a. m. Neben verschiedenen Kleinbahnen ist die Union ferner im Begriff, unter schwierigen Verhältnissen eine solche im Centrum des belgischen Kohlengebietes elektrisch auszurüsten. Für längere Zeit wird die Gesell-

schaft der Auftrag der Grossen Berliner Strassenbahn auf die
elektrische Umwandlung eines Theiles ihres Luienuetzes, sowie
die elektrische Ausrüstung einer grösseren Anzahl von Motorwagen beschäftigen. Gemeinsam mit der Brit- Thompson-Houston-
Company in London betheiligt sich die Union bei ihr elektrischen
Ausrüstung der Central London Railway, deren Betrieb voraussichtlich viel zur baldigen Einführung der Elektricität auf Voll-
bahuen beitragen wird. Ende 1897 waren 1368 von der Union
gelieferte Motorwagen mit 1923 ihrer Motoren auf 726 km Geleis im
Betrieb. Der Bruttogewinn betrug 1,316.320 Mk. (i. V. 1,002.604 Mk.)
Dagegen waren erforderlich für Handelsunkosten 552.559 Mk.
(i. V. 430.650 Mk.), für Zinsen 201.937 Mk. (i. V. 82.884 Mk.), davon
für Abschreibungen 177.418 Mk. (i. V. 103.974 Mk.) Als Reingewinn
bleiben 384.416 Mk. (i. V. 385.095 Mk.). Davon erhält der Aufsichtsrath 18.914 Mk. Tantième (i. V. 18.961 Mk.) Die Dividende
von 12% erfordert wiederum 360.000 Mk.; als Vortrag auf neue
Rechnung verbleiben 5502 Mk. (i. V. 6133 Mk.).

Breslauer Strassenbahn. Die Frage der Concessionsver-
längerung mit gleichzeitiger Umwandlung des Pferdebetriebes der
Breslauer Strassenbahn in elektrischen ist noch nicht gelöst.
Nach der „Berl. Börs.-Ztg." soll den Vertretern der Strassenbahn
im jetzigen Stadium jeder Einfluss auf die Ausgestaltung des
Vertrages entzogen sein; mündliche Verhandlungen, um im
Interesse der Gesellschaft die Unhaltbarkeit einzelner Bestimmungen
klarzulegen und andere zu mildern, sollen abgelehnt sein, es
soll vielmehr der Vertrag fix und fertig den Verwaltungsvor-
ständen des Unternehmens mit der Massgabe vorgelegt werden,
ihn mit Ausschluss jeder weiteren Verhandlung einfach anzunehmen oder abzulehnen. Diese Procedur würde freilich die
Regelung der weite Kreise der Stadt hochinteressirenden Angelegenheit recht sehr beschleunigen, aber, wie man hört, sollen
die Bestimmungen auf der einen Seite so rigoros, auf der andern
das Unternehmen so schwer belastende sein, dass die Verwaltung
zur gehörnamen Dienern des jeweiligen Magistratsdecernenten
herabgedrückt und die Rentabilität des sich so schön entwickelnden Unternehmens auf ein äusserst niedriges Niveau sinken würde.
In dieser Zwangslage erscheint es zweifelhaft, ob die Vertreter
der Gesellschaft der Generalversammlung werden empfehlen
können, diesen Vertrag anzunehmen, und ob die Interessen der
Actionäre nicht besser gewahrt würden, wenn der Betrieb auf
Grund der bestehenden Concession bis 1906 fortgeführt wird, um
die Gesellschaft, wenn bis dahin nicht Wandel in den Ansichten
der Stadtverwaltung eintritt, oder die Bürgerschaft dahin drängt,
dann der Liquidation zuzuführen, bei welcher vertragsmässig das
Actiencapital zuzüglich der bis dahin angesammelten Reserven
den Actionären zufliessen würde.

Briefe an die Redaction.

(Für diese Mittheilungen ist die Redaction nicht verantwortlich.)

„Mordey"-Wicklung.

Der in der letzten Nummer der Z.f.E. veröffentlichte Vortrag
„Ueber Neuerungen an Gleichstrom-Maschinen im Jahre 1897"
veranlasst mich zu einer Bemerkung.

Herr Chef-Ingenieur S. Hess lässt sich durch das Beispiel Kapp's
(El. mech. Constr. Seite 9) zu der Benennung „Mordey"-
Wicklung verleiten. Doch mit Unrecht. Denn nicht Mordey im
Jahre 1897 war der erste, der diese Wicklungsart angegeben,
sondern Swinburne im Jahre 1890; siehe E.T.Z. 1890, S. 235,
besonders die Fig. 9. — Silvanus P. Thompson hat sie dann
unter dem Namen „Sehnenwicklung" in sein Handbuch aufgenommen. Fig. 162 auf S. 238 der 5. Auflage in Thompson-
Grawinkel ist identisch mit Mordey's Fig. 20 und 26 in
der E.T.Z. 1897.

Dass ferner diese Wicklung vor Mordey nicht nur
beschrieben war, sondern auch schon — wenn auch vereinzelt —
thatsächlich benutzt wurde, beweist der Brief Koppelmann's,
E.T.Z. 1897, S. 521.

Mordey's Verdienst bleibt aber, dass er die Idee in ihren
Einzelheiten verfolgt, vortheilhafte Variationen angegeben und
überhaupt derselben eine allgemeine Beachtung erworben hat.

J. K. Sumec, Brünn.

Vereinsnachrichten.

Chronik des Vereines.

**Wahlergebnis der XVI. ordentl. Generalversammlung
vom 30. März 1898.**

Gewählt wurden:

Zum Vice - Präsidenten: (mit dreijähriger
Functionsdauer) an Stelle des statutenmässig abtretenden
Herrn Dr. Sahulka: Herr Ottomar Volkmer,
k. k. Hofrath, Director der k. k. Hof- und Staatsdruckerei, Oberst-Lieutenant i. R. etc.

Zu Ausschuss-Mitgliedern, die Herren:

Gustav Klose, Ober-Ingenieur des Wiener Stadtbauamtes.

Gustav Frisch, Director der Internationalen Electricitäts-Gesellschaft.

Gustav Illner, Ober - Ingenieur der Accumulatoren-
fabriks-Action-Gesellschaft.

Dr. Max Reithoffer, Constructeur an der k. k. Wiener
Technischen Hochschule.

Carl Barth Edler von Wehrenalp, k. k. Baurath im
Handelsministerium.

Rudolf Latzko, Glühlampen-Fabrikant.

(Sämmtlich Neuwahlen.)

In das Revisions-Comité, die Herren:

Ernst Jordan, Vertreter der Allgemeinen Elektricitäts-
Gesellschaft.

Dr. Julius Miesler.

Alois Reich, Glasfabriken-Besitzer.

(Das Protokoll der Generalversammlung erscheint in nächster
Nummer.)

Die nächste Vereinsversammlung findet
Mittwoch den 13. d., 7 Uhr abends, im Vortrags-
saale des Wissenschaftlichen Club, I. Eschenbachgasse 9,
I. Stock. statt.

Vortrag des Herrn Ingenieurs Max Déri, Verwaltungsrathes der Internationalen Electricitäts-Gesellschaft: „Ueber Wechselstrom-Motoren."

Schluss der Vortrags-Saison 1897—1898.

Ueber die in Aussicht genommenen Excursionen erhalten
die P. T. Mitglieder Verständigung, sowohl mittelst Correspondenzkarten, als auch durch die Zeitschrift. — Wie in den Vorjahren
finden auch während der Sommermonate dieses Jahres gesellige
Zusammenkünfte an den Mittwoch-Abenden, in Haller's
Restauration „Zum goldenen Kegel", Volksprater 41, statt.

Neue Mitglieder.

Auf Grund statutenmässiger Aufnahme traten dem
Vereine die nachstehend genannten Herren als ordentliche Mitglieder bei:

Richter Franz, k. k. Ingenieur, Iglau.

Wolf Adolf, Elektrotechniker, Wien.

Granfeld Raoul, Elektrotechniker, Wien.

Frucht K., Ingenieur, Wien.

Die Vereinsleitung.

Schluss der Redaction: 5. April 1898.

Verantwortlicher Redacteur: Dr. J. Sahulka. — Selbstverlag des Elektrotechnischen Vereines.
Commissionsverlag bei Lehmann & Wentzel, Wien. — Alleinige Inseraten-Aufnahme bei Haasenstein & Vogler (Otto Maass), Wien und Prag.
Druck von R. Spies & Co., Wien.

Zeitschrift für Elektrotechnik.

Organ des Elektrotechnischen Vereines in Wien.

Heft 16.   **WIEN, 17. April 1898.**   **XVI. Jahrgang.**

Bemerkungen der Redaction: Ein Nachdruck aus dem redactionellen Theile der Zeitschrift ist nur unter der Quellenangabe „Z. f. E. Wien" und bei Originalartikeln überdies nur mit Genehmigung der Redaction gestattet.

Die Einsendung von Originalarbeiten ist erwünscht und werden dieselben nach dem in der Redactionsordnung festgesetzten Tarife honorirt. Die Anzahl der vom Autor event. gewünschten Separatabdrücke, welche zum Selbstkostenpreise berechnet werden, wolle stets am Manuscripte bekanntgegeben werden.

INHALT:

Elektricitätswerk Hermannstadt in Siebenbürgen.

Von Ingenieur **Oscar v. Miller** in München.

Gelegentlich der Frankfurter elektrotechnischen Ausstellung im Jahre 1891 lernte ich einige Herren aus Hermannstadt kennen, welche auf einer Studienreise begriffen, sich hauptsächlich für die Fortschritte der Elektrotechnik auf dem Gebiete der Beleuchtung und Kraftübertragung interessirten. Die Stadt Hermannstadt trug sich gerade mit dem Gedanken ein Elektricitätswerk zu errichten und ihre Delegirten ersuchten mich, die einschlägigen Verhältnisse an Ort

Die grosse Entfernung von der Hauptstadt des Landes, die schlechte Bahnverbindung mit den entlegenen Industrie- und Handelsstädten zwingt die Stadt Hermannstadt sich nach Möglichkeit eine eigene, wenn auch kleine Industrie zu schaffen. Als ich ferner in dem 9 *km* von Hermannstadt entfernt gelegenen Markte Heltau mit etwa 5000 Einwohnern, die seit mehr als einem Jahrhundert mit den primitivsten Hilfsmitteln betriebene, früher sehr einträgliche, jetzt stark im Rückgange befindliche Hausindustrie der Wollweberei kennen lernte, musste ich immer mehr dem Gedanken beipflichten, dass unter den obwaltenden Verhältnissen ein

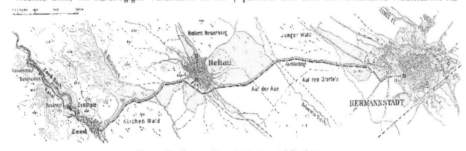

Fig. 1. (Situation der Wasserkraftanlage und Fernleitung.

und Stelle zu studiren, um dann auf Grund meiner Erhebungen geeignete Vorschläge für die Errichtung eines Elektricitätswerkes zu machen.

Meine Erwartungen bezüglich der Durchführbarkeit des Unternehmens waren, bevor ich nach der etwa 24.000 Einwohner zählenden Garnisonsstadt Hermannstadt kam, nicht sehr gross; als ich jedoch die massgebenden Persönlichkeiten kennen lernte, welche schon früher manche öffentliche Anlage im Interesse ihrer Landsleute in uneigennützigster Weise durchgeführt hatten, wurde ich überzeugt, dass das Bedürfnis nach einem grossen Elektricitätswerke, welches nicht nur elektrisches Licht, sondern vor Allem auch Betriebskraft für das darniederliegende Kleingewerbe liefert, wirklich vorhanden war.

Elektricitätswerk von allergrösstem Vortheile für die ganze Gegend sein würde.

Meine Erhebungen ergaben, dass die vom Herrn Stadt-Ingenieur im Zoodthale aufgefundene Wasserkraft für das geplante Unternehmen geeignet wäre.

Unter Berücksichtigung dieser Wasserkraft wurde von mir ein detaillirtes Project ausgearbeitet, doch verflossen vier volle Jahre bis das Werk im Einvernehmen mit der Stadt Hermannstadt von einer Actien-Gesellschaft in Angriff genommen wurde.

Sämmtliche Bauarbeiten der Wasserkraftanlage und des Maschinenhauses im Zoodthale wurden nach meinem generellen Projecte und unter meiner Bauleitung an die bekannte Betonunternehmung Pittel & Brausewetter in Wien übertragen.

Die Ausführung der maschinellen und elektrischen Einrichtungen wurde von mir in Generalentreprise übernommen und betraute ich die vaterländische Firma

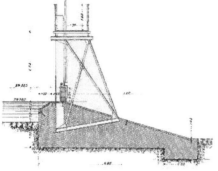

(Stauwehr, 1:94.)

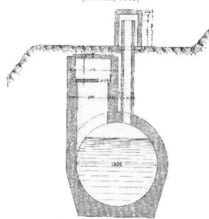

(Canal mit Einsteigschacht, 1:47.)

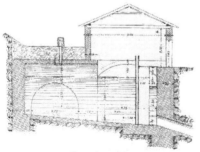

(Reservoir, 1:185.)

Fig. 2.

Ganz & Co. in Budapest mit der Lieferung der Turbinen, Dynamo-Maschinen, Schaltbrett-Einrichtungen und Transformatoren, während ich der Ersten Brünner Maschinenfabriks-Gesellschaft die Lieferung der Dampfmaschine und des Wasserröhrenkessels mit Rohrleitung übergab.

Der Bau der Fernleitung, der Leitungsnetze in Hermannstadt und Heltau, die Einrichtung der Transformatorenstationen, Hausanschlüsse u.' s. w. erfolgte durch mein Baubureau in Hermannstadt, unter Leitung der Herren Ingenieure Maetz und Dietze.

Die technischen Einrichtungen des Werkes, welche in mancher Hinsicht allgemeines Interesse verdienen, sollen im Nachstehenden kurz beschrieben werden.

In einer Entfernung von 18 km von Hermannstadt ist in dem bereits erwähnten Zoodtthale eine Turbinenstation (Fig. 1) errichtet, welche das Wasser in einem 2·5 km langen Betoncanal zugeführt erhält. Durch diese Canalanlage, deren einzelne Details aus Fig. 2 ersichtlich sind, war es möglich, ein nutzbares Gefälle von rund 30 m zu gewinnen.

Das Maschinenhaus ist, wie aus Fig. 3 hervorgeht, zur Aufnahme von drei Hochdruckturbinen für je 1 m³ Wasser bei circa 30 m nutzbarem Gefälle bestimmt, von denen jedoch zunächst nur zwei Turbinen zur Aufstellung gelangten. Ausser den Turbinen werden auch zwei 350pferdige Reservedampfmaschinen vorgesehen, von welchen im ersten Ausbaue gleichfalls nur eine aufgestellt wurde. Der Dampf wird von einem und später von zwei Babcock & Wilcox-Röhrenkesseln geliefert. Turbinen und Dampfmaschine sind mit Einphasenwechselstrom-Maschinen direct gekuppelt, welche bei 250 bezw. 167 Umdrehungen und 5000 Polwechseln pro Minute je 200 bezw. 230 wirkliche Kilowatt bei 4500 Volt Spannung am Schaltbrett der Centrale abzugeben imstande sind.

Für die Controle der Wasserstände und für die Regulirung der Turbinen sind folgende Einrichtungen vorgesehen.

Zur Beobachtung der Wasserstände im Reservoir habe ich einen äusserst einfachen elektrischen Wasserstandsanzeiger ausführen lassen, dessen Wirkungsweise darauf beruht, dass durch die Auf- oder Abwärtsbewegung eines mit verticaler Stange leicht geführten Schwimmers ein Schleifcontact verschiedene Stromkreise schliesst und dadurch verschiedenfarbige Glühlampen zum Leuchten bringt, deren Farbe und Anordnung den Wasserstand stets erkennen lässt, wie dies Fig. 4 veranschaulicht.

Ferner befindet sich im Sandkasten eine einfache mit einem Klingelwerk in Verbindung gesetzte Schwimmervorrichtung, welche den Schleusenwärter beim Zurückgehen des Wasserstandes rechtzeitig mahnt, die Einlassschütze entsprechend zu heben oder nöthigenfalls die Bereitstellung der Dampfmaschine telephonisch zu veranlassen.

Die Regulirung der Turbinen erfolgt von Hand durch Leitradschieber, welche von der Hauptschaltwand aus bewegt werden können.

Die Regulirung ist ausserdem durch einen entsprechend abgestuften Hochspannungsrheostaten, dessen Claviaturschalter an der Schaltwand angebracht ist, wesentlich erleichtert.

Durch Einschaltung von Widerständen bei steigender Spannung und Ausschaltung derselben bei abnehmender Spannung können in bequemster und einfachster Weise selbst grössere Consumschwankungen sehr rasch ausgeglichen und Spannungsschwankungen vermieden werden.

Um die in Heltau und Hermannstadt vorhandene Netzspannung am Schaltbrett der Centrale direct beobachten zu können, führen zwei Messleitungen auf besonderem Gestänge nach Hermannstadt und Heltau. Die

In entsprechendem Abstand von der Mess- und Telephonleitung führen auf einem 12 bis 15 m hohen Gestänge aus Eichenmasten zwei Leitungen von 6 mm und eine von 4 mm Durchmesser nach Hermannstadt, bezw. nach dem zwischen Zoodt und Hermannstadt gelegenen Markt Heltau. Die Fernleitungen sind auf

Fig. 3. (Elektricitätswerk Hermannstadt.)

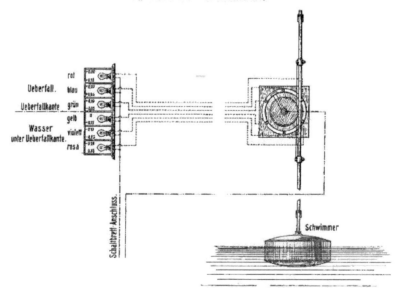

Ueberfall. rot
           blau
Ueberfallkante grün
           gelb
Wasser   violett
unter Ueberfallkante. rosa

Schaltbrett-Anschluss.

Schwimmer

Fig. 4. (Wasserstandsanzeiger mit Glühlampen-Signal-Contacten.)

Messleitungen können durch entsprechende Schaltvorrichtungen in der Centrale und den beiden Betriebsbureaux vorübergehend zum Telephoniren benützt werden.

An der Hauptschaltwand befindet sich ausser den zur Schaltung, Messung und Regulirung der elektrischen Maschinen erforderlichen Apparaten noch ein Hochspannungs-Erdschlussanzeiger, welcher aus zwei hintereinander geschalteten statischen Voltmetern besteht, deren Verbindungstelle an Erde gelegt ist.

ihrer ganzen Länge durch einen zu oberst angeordneten Stacheldraht, welcher an jeder zehnten Stange mit der Erde gut leitend verbunden ist, gegen atmosphärische Entladungen geschützt. In Hermannstadt und Heltau schliessen sich ringförmig angeordnete Hochspannungs-Vertheilungsleitungen an die Fernleitungen an.

Die mit dem Hochspannungsnetz verbundenen Transformatoren-Stationen sind dem zu erwartenden Consum entsprechend in den Strassen vertheilt.

Die Transformatoren haben an jederzeit leicht zugänglichen Orten, also fast durchwegs auf freier Strasse, in wenigen Fällen, wo es die gegebenen Platzverhältnisse nicht anders zuliessen, in Höfen Aufstellung gefunden.

Fig. 5 zeigt eine Transformatoren-Station mit einer Niederspannungsschalttafel links und einer Hochspannungsschalttafel rechts. Unten sind jeweils die Blitzschutz-Apparate angeordnet, welche während des ersten aussserordentlich gewitterreichen Betriebsjahres ausgezeichnet functionirt haben. — Die Hochspannungsschalttafel, sowie die Transformatoren selbst sind nur den hiemit vollkommen vertrauten Bediensteten des Werkes zugänglich.

Der durch die Transformatoren auf die Gebrauchsspannung von 105 Volt reducirte Strom wird durch

Fig. 5.

die Niederspannungs-Vertheilungsleitungen nach den verschiedenen Strassen und Plätzen geleitet, in welchen die einzelnen Hausanschlüsse abzweigen.

Die Hochspannungsleitungen sind entweder auf 12 bis 18 m hohen Masten, oder auf 3 bis 4 m hohen eisernen Dachständern geführt, während für die Niederspannungsleitungen hauptsächlich eingemauerte Ausleger aus Mannesmannrohren verwendet wurden, wie dies aus Fig. 6 ersichtlich ist.

Diese Auslegerohre, welche in Hermannstadt zum erstenmale angewendet wurden, haben sich sowohl mit Rücksicht auf Festigkeit und leichte Montage, als auch durch ihr gefälliges Aussehen bestens bewährt.

Da besonders grosses Gewicht darauf gelegt wurde, ein absolut ruhiges, gleichmässiges Licht zu erzielen, wurden nur Motoren bis zu 1 PS an das Lichtvertheilungs-

netz angeschlossen, während grössere Motoren eigene Transformatoren erhielten.

Die Hausinstallationen wurden fast ausschliesslich von der Actien-Gesellschaft Elektricitätswerk Hermannstadt in mustergiltiger Weise ausgeführt. Als Elektromotoren kamen Inductions- und Serien-Motoren der Firma Ganz & Co. zur Verwendung.

Die gesammte Anlage war trotz der grossen Schwierigkeiten, welche insbesondere der Transport der schweren Maschinentheile verursachte, am 19. December 1896 vollendet, während der vertragliche Termin der Betriebseröffnung für den 1. Jänner 1897 angesetzt war.

Sobald das Elektricitätswerk im Betriebe und den Bewohnern von Hermannstadt und Heltau Gelegenheit geboten war, sich von den Vortheilen des elektrischen Lichtes und der Elektromotoren zu überzeugen, stieg der Consum in unerwartet hohem Masse, wie dies aus nachstehender Tabelle ersichtlich ist.

Verwendungsart	Vor Erbauung des Werkes f. d. ersten Ausbau angenommener Consum			Consum am 31. December 1897		
	Hermannstadt	Heltau	Insgesammt	Hermannstadt	Heltau	Insgesammt
Oeffentliche Beleuchtung						
a) Bogenlampen à 18 Amp.	—	—	—	4	—	4
b) Glühlampen à 16 Nk	455	60	515	468	60	528
Privatbeleuchtung						
a) install. Bogenlampen im Mittel 9 Amp.	—	—	—	26	—	26
b) install. Glühlampen à 16 Nk	3470	400	3870	5173	148	5221
Motoren (installirte)						
a) Anzahl	—	—	—	33	6	39
b) Leistung in PS	63	50	113	51	42	93
Heizapparate (Anzahl)	—	—	—	75	—	75
Gesammtstrombedarf in Ampère	—	—	—	270	—	270
Stromäquivalent in kw	2600	1000	3600	3860	430	4290

Der aus vorstehender Tabelle zu entnehmende Stromconsum muss für die beiden Städte Hermannstadt und Heltau, welche zusammen 29.000 Einwohner besitzen, schon als äusserst günstig betrachtet werden, nichtsdestoweniger ist die noch zu erwartende Consumerhöhung so bedeutend, dass schon jetzt, nach Ablauf des ersten Betriebsjahres, eine Erweiterung des Elektricitätswerkes um circa 400 PS zur Ausführung kommt.

Diese grosse Consumsteigerung ist hauptsächlich dadurch bedingt, dass die Verwendung von Wasserkraft die Abgabe des elektrischen Stromes nach einem billigen Pauschaltarife ermöglichte, dass unter diesen Umständen die bei einem Zählertarif übliche möglichst sparsame Ausnützung des elektrischen Lichtes und der elektrischen Kraft nicht nöthig ist und dass durch die gründliche Ausnützung des zur Verfügung gestellten elektrischen Stromes die Sympathien für das Elektricitätswerk ausserordentlich gross wurden.

Durch den ausgedehnten Stromconsum wurden auch sehr günstige finanzielle Betriebsergebnisse erzielt, indem bereits für das erste Betriebsjahr eine Dividende von 5% vertheilt werden konnte. Mit diesem finanziellen Erfolg geht der allgemeine wirthschaftliche Erfolg, welcher in Hebung der einheimischen Industrie besteht, Hand in Hand.

In Heltau haben sich mehrere Consortien gebildet, welche hauptsächlich der Wollspinnerei ihr Augenmerk zugewandt haben. Im ersten Betriebsjahr entstanden bereits vier Spinnereien mit einem gesammten Kraftbedarf von etwa 40 PS, während noch weitere gleiche Anlagen im Bau begriffen sind. Durch die grösseren Spinnereien sind die Handweber andererseits wieder leistungsfähiger geworden, weil dieselben das Garn viel billiger geliefert erhalten, als sie sich dieses durch ihren Handbetrieb zu beschaffen imstande waren.

keiten des elektrischen Lichtes vertraut gemacht. — Der civilisatorische Einfluss des Werkes ist hier unverkennbar und schon aus dem Grunde von besonderer Bedeutung, weil man es hier mit urwüchsigen Naturmenschen zu thun hat, deren Gemüth für derartige epochale Eindrücke besonders empfänglich und daher bildungsfähig ist.

Die Bevölkerung der drei vom Elektricitätswerke berührten Orte Hermannstadt, Heltau und Zoodt haben somit je nach den ihnen eigenen Entwicklungsstufen und Bedürfnissen an diesem ersten grösseren Elektricitätswerke Siebenbürgens Antheil genommen.

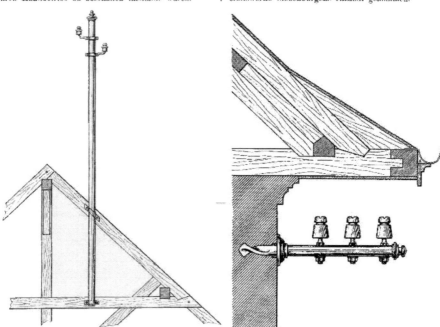

(Dachständer für Hochspannungsleitungen, 1:45.)

Fig. 6.

(Eisenträger für Niederspannungsleitungen, 1:11.)

Von den kleinen Wollwebern haben zwei den früheren Handbetrieb mit dem Motorenbetrieb vertauscht. Wenn die Wollwebereibetreibenden noch mehr einsehen werden, welch' weiterer Vortheil sich ihnen in der Verwendung der motorischen Kraft zum Betriebe von mechanischen Webstühlen und Tuchwalken bietet, dann wird die volkswirthschaftliche Bedeutung des Hermannstädter Elektricitätswerkes, welche heute schon nicht mehr angezweifelt werden darf, ein ganz ausserordentliches Maass erreichen.

Für die rumänische Gebirgsgemeinde Zoodt ist mit der Errichtung des Elektricitätswerkes zunächst ein moralischer Erfolg zu verzeichnen. Die Leute, welche bei Aufbau der gewaltigen Eichenmasten nur ungläubig die Köpfe schüttelten und beim ersten Leuchten der elektrischen Lampen eher an Teufelsspuck denn an Menschenwerk dachten, haben sich auch unterdessen, wenn auch in bescheidenem Maasse mit den Annehmlich-

Die guten Absichten der uneigennützigen Gründer haben sich in reichlichem Maasse verwirklicht und auf diese Weise das Gelingen manches, wenn auch zunächst nur kleineren ähnlichen Unternehmens vorbereitet, und diesem letzteren Erfolg messe ich insoferne besondere Bedeutung zu, als dadurch ein neuer kräftiger Impuls zur gewerblichen und vielleicht auch industriellen Entwicklung Siebenbürgens gegeben ist.

Die stabilen Phasentransformatoren und einige praktische Anwendungen derselben.

Von Gustav Wilhelm Meyer, Ingenieur der E. A. vorm. Schuckert & Co., Nürnberg.

Vor einiger Zeit veröffentlichte G. T. Hartlett im „El. World" eine interessante Abhandlung über die nützliche Belastung bei Wechselstrom-Systemen. Die Erörterung dieser Frage ist für die Wechselstromtechnik von der grössten und weittragendsten Wichtigkeit. Es ist wohl kein Zweifel vorhanden, dass dort, wo keine zu grossen Distanzen zu überwinden sind und nur während kurzer Zeit eine volle Belastung der Centrale stattfindet, die Anwendung des Gleichstromes in Combination mit Accumulatoren der Anwendung von Wechselstrom vorzuziehen ist.

Bei mit Accumulatoren combinirtem Gleichstrombetriebe sind wir in der Lage, mit kleineren Maschinenaggregaten, geringerem Bedienungspersonal auszukommen. Wir erhalten eine grössere Anpassungsfähigkeit der Leistung der Centrale an den jeweils vorhandenen Stromconsum.

Aus Allem lässt zu entnehmen, dass wir noch mehr als wie beim Gleichstrome bei einer Wechselstrom-Centrale, wenn wir eine günstige Rentabilität der Anlage erhalten wollen, auf einem Consum der elektrischen Energie über Tag angewiesen sind. Eine gleichmässige Ausnützung einer Wechselstrom-Anlage wird daher gewöhnlich dann vorhanden sein, wenn am Tage zahlreiche Elektro-Motoren an das Netz geschaltet sind, während am Abend und in der Nacht die Elektricität zur Beleuchtung verwendet wird.

Erhärtet werden diese Behauptungen durch die Betriebsresultate elektrischer Wechselstrom-Lichtcentralen. Es sei hier nur auf den Bericht des Chefs des Elektricität-werkes der Stadt Zürich, Herrn H. Wagner, in dem „Jahrbuche des Schweizerischen Elektrotechnischen Vereines 1896" über die Rentabilität elektrischer Wechselstrom-Lichtcentralen hingewiesen, welcher seinerzeit in der mannigfachsten Weise kritisirt wurde.

In diesem Berichte gelangte Herr Wagner auf Grund der bei dem Elektricitätswerk Zürich gemachten Erfahrungen zu folgenden Grundsätzen: Eine Erhöhung der Rentabilität bei Wechselstrom - Lichtcentralen kann erreicht werden, wenn die Anlage so disponirt wird, dass:

a) die Betriebsmotoren-Anlage tagsüber zu anderweitiger Krafterzeugung benutzt werden kann;

b) das Vertheilungsnetz so angelegt ist, dass in enggebauten Quartieren mit gut belasteten Secundärnetz nur grössere Transformatorenstationen errichtet werden, während in den äusserst weit bebauten Quartieren kleinere Transformatoren, also relativ kurze Secundärleitungen angewendet werden;

c) während der Sommermonate Theiltransformatoren der einzelnen Transformatorenstationen ausgeschaltet werden können;

d) das Maximum der Beanspruchung der Maschinen durch günstig angelegte Accumulatoren-Unterstationen niedrig gehalten wird;

e) eine solche Tagesbelastung durch Ladung von Unterstationen oder Betrieb von Klein-Elektromotoren erreicht werden kann, dass eine Dynamo annähernd vollbelastet arbeitet.

Diese Verhältnisse können wesentliche Modificationen erfahren, wenn der Wechselstrom mit Gleichstrom combinirt wird. Es ist dies durch Anwendung von Gleichstrom-Umformern möglich. Für den gleichen Zweck eignet sich der wohl hinlänglich bekannte mechanische Gleichrichter von Charles Pollak in Frankfurt a. M. und der erst in neuester Zeit bekannt gewordene chemische Gleichrichter, ist eine Accumulatorenbatterie vorhanden, so kann diese bei der Anwendung vorerwähnter Apparate in indirecter Weise wie in Wechselstrom-Centralen auf die Belastung der Generatoren egalisirend einwirken.

Am Tage werden mittelst der Wechselstrom-Gleichstrom-Umformer die Accumulatoren von den Wechselstrom-Maschinen gespeist. Am Abend arbeitet die Batterie mit den Maschinen gemeinsam auf das Netz, indem die Batteriestrom Gleichstrom-Motoren antreibt, die mit Wechselstrom-Maschinen gekuppelt sind, welche Strom in das Netz liefern. Zu diesem Zwecke werden aus einfachsten die erwähnten Wechselstrom-Gleichstrom-Umformer angewendet, die somit am Tage Gleichstrom, am Abend Wechselstrom liefern werden.

Eine derart mit Gleichstrom combinirte Wechselstrom-Centrale wird aber ziemlich kostspielig sein. Auch werden die Verluste an Elektricität ziemlich gross bei diesem Verfahren zu-fallen. Dieselben lassen sich zerlegen in den Verlust, der stattfindet:

a) bei der Umformung von Wechselstrom in Gleichstrom am Tage;

b) in den Accumulatoren;

c) bei der Umformung von Gleichstrom in Wechselstrom am Abend.

Ein solcher mit Gleichstrom combinirter Wechselstrom-Betrieb wird daher nur ein beschränktes Anwendungsgebiet vorfinden. Eine solches wird beispielsweise dann vorhanden sein, wenn die Anzahl der bei voller Beanspruchung der Centrale geleisteten bezw. benöthigten Kilowattstunden gross ist. In diesem Falle spielen dann die Anlagekosten der Accumulatoren keine ausschlaggebende Rolle mehr.

Zudem arbeiten unter diesen Umständen die Umformer, da es sich dann wahrscheinlich um grössere Aggregate handeln wird, wesentlich ökonomischer.

In kleinen Wechselstrom-Centralen fallen aber alle diese Punkte, die zum Vortheil der Anwendung von Accumulatoren mit zugehörigen Umformeraggregaten sprechen, fort. Es werden die Vortheile des Wechselstromes, leichte Erzeugung von hohen Spannungen und einfachste Umwandlung derselben in niedere, durch den Nachtheil desselben, dass die Aufspeicherung der Elektricität fortfällt, wesentlich beeinträchtigt.

Es ergibt sich daher, dass eine Wechselstrom-Centrale mit reinem Maschinenbetriebe eine ziemlich gleichmässige Belastung erhalten muss, wenn sie ökonomisch arbeiten soll. Man wird nur dann unter Umständen davon absehen können, wenn eine billige Betriebskraft, wie beispielsweise eine Wasserkraft zur Ausnutzung, zur Verfügung steht.

Bekanntlich gewinnt die elektrische Arbeitsübertragung von Tag zu Tag immer mehr an Bedeutung und Ausdehnung. Die Elektromotoren laufen gewöhnlich am Tage und werden bei Eintritt der Dunkelheit ausgeschaltet. Es findet somit zwischen Licht- und Kraftbedarf eine fast regelmässige Abwechslung statt, der Betrieb wird daher ein continuirlicher, die Belastung der Centrale eine gleichmässigere und somit auch die Rentabilität eine höhere.

Selbstverständlich werden auch elektrochemische Fabriken, sofern sie den Strom nicht von eigener Centrale erhalten, auf die Belastung der Centrale egalisirend einwirken. Vor Allem wird dieses bei Fabriken, welche sich mit der Erzeugung von Calciumcarbid, Aluminiumcarborund etc. beschäftigen und die unausgesetzt die Erhaltung einer hohen Temperatur im elektrischen Ofen bedingen, zutreffen.

Die Ersetzung mechanischer Transmissionen in Fabriken durch elektrische Kraftübertragung ist bekanntlich höchst vortheilhaft. Allerdings sind die Anlagekosten einer elektrischen Transmission im Verhältnisse zu einer mechanischen bedeutend; dieselben werden aber durch die reduzirten Betriebskosten wieder rentabel gemacht.

Wäre es nun möglich, die Generatoren einer Fabrik am Abend anstatt zum elektrischen Betriebe der Transmissionen zur Strassen- und Hausbeleuchtung zu verwenden, so würde eine neue Einnahmequelle entstehen, welche der einer elektrischen Lichtstation von derselben Capacität gleich wäre. Gleichzeitig wäre diese Lichtanlage gegenüber einer Lichtstation, welche allein zur Beleuchtung dient, in ihren Anlage- wie Betriebskosten billiger. Die Einnahmen der Station, abzüglich der Kosten des Nachtbetriebes, würden die Verzinsung des Anlagecapitales gegenüber einer gewöhnlichen, bei derselben Belastung arbeitenden elektrischen Lichtstation nicht verdoppeln.

Es wird daher eine sehr zweckmässige Massregel sein, bei der Gründung von Industrie-Etablissements das Anlagecapital etwas zu erhöhen, eine elektrische Kraftübertragung in der Fabrik einzurichten und dann die Erlaubnis nachzusuchen, die Stadt mit elektrischem Lichte zu versehen.

Wechselweise könnte eine elektrische Lichtanlage ein Abkommen mit einer zu gleichen Orte befindlichen Fabrik treffen, wodurch die Vortheile der elektrischen Kraftübertragung in der Fabrik erreicht und die elektrische Lichtstation auch am Tage eine ausgiebige Belastung erhalten würde. In grösseren Städten würde natürlich eine Fabrik zur Beleuchtung keineswegs genügen; es müsste ein Blockbeleuchtungssystem hinzutreten und jeder Block für eine der zahlreichen Fabriksinteressen sorgen. Das Gleichstromsystem ist für eine combinirte Kraft- und Lichtbelastung manchmal weniger gut geeignet, da es insbesondere in Fabriksbetrieben erwünscht ist, dass die Motoren zum Antriebe der Transmissionen und Arbeitsmaschinen ohne jede Wartung laufen und keine blanken Contacttheile besitzen. Ferner kommen hier noch bei grösseren Netzen die Ersparnisse an Kupfer in Betracht.

Bei dem Zwei- und Dreiphasensysteme kommt es bei einer Lichtanlage häufig vor, dass ein schwer belasteter Stromkreis mehr als die Hälfte der Maschinenleistung verlangt, während ein anderer leicht belastet ist, so dass die andere Hälfte der Maschine Kraft ersparen kann. Der Maschinenwärter wird daher seine Maschine auf einer Seite überlastet sehen und unfähig sein, sie mit voller Kraft auf der anderen Seite zu unterstützen, da sie verschiedene Phasen besitzt. Um, so zu vermeiden, wurde vorgeschlagen, zwei Wechselstrom-Maschinen bei 0°, bei 90° oder 120° kuppelbar einzurichten, um ein- zwei- oder dreiphasige Ströme erzeugen zu können.

Es ist dann durch Kupplungsänderung möglich, binnen einigen Minuten mit Drehstrom-Maschinen, wenn sie beispielsweise für Zweiphasenstrom gekuppelt sind, auf einphasigen Strom umzuwandeln. Diese Wechselstrom-Maschinen können direct entweder mit einer mässig schnell laufenden Maschine gekuppelt werden oder es können bei elektrischen Anlagen zwei Wechselstrom-Maschinen auf derselben Grundplatte montirt werden und eine gemeinsame Riemenscheibe erhalten. Am Tage dann die Centrale eine Zwei- oder Dreiphasencentrale sein und die Transmissionen (beim Gruppenantriebe), bezw. die Arbeitsmaschinen (beim Einzelantrieb) der Fabrik mittelst Inductions-motoren antreiben, welche bekanntlich weder Bürsten noch Commutatoren besitzen und daher ohne Aufsicht und Bedienung laufen können. Nach Schluss der Fabrik verwandelt man in wenigen Minuten die Station in eine einphasige, um an das Strassennetz Strom abzugeben. Wirken die Wechselstrom-Maschinen als Zweiphasen-Generatoren, so kann das Reguliren durch Veränderung der von einander ganz unabhängigen Feldströme erfolgen und ist so der Einwirkung gegen die gewöhnlich construirten Zweiphasen-Generatoren beseitigt, welcher in der schlechten Regulirbarkeit beruht.

Es soll nun im Folgenden dargelegt werden, dass man auch von einer gewöhnlichen einfachen Wechselstrom-Maschine mehrphasigen Wechselstrom erhalten kann, ohne besondere Veränderungen an ihr selbst vornehmen zu brauchen. Häufig genug wird man bei Maschinen, welche bislang zur Lichterzeugung dienten, vor die Initiative gestellt werden, diese durch eine mehrphasige Wechselstrom-Maschine zu ersetzen, wenn später auch Strom für elektrische Kraftübertragung verlangt wird. Bis jetzt hat man sich einfach dadurch zu helfen gewusst, dass man eine Maschine nur für Lichtstrom, eine andere nur für Kraftstrom laufen liess. Dies bedingt jedoch eine bedeutende Erhöhung der Anlagekosten.

Viel zweckmässiger ist es, eine und dieselbe Maschine für Licht- und Kraftstrom benützen zu können; umsomehr da Licht- und Kraftbedarf sich fast regelmässig ablösen. Man kann hier mit einer viel kleineren Reserve auskommen, als in dem Falle, wo je eine Maschine gesondert für Kraft- und Lichtbedarf aufzukommen hat.

Es wird im höchsten Grade zweckmässig sein, durch Ein-, Aus-, Umschaltung gewisser Stromkreise eine Aenderung in der Phasenverschiebung der von einem Generator gelieferten Wechselströme erzeugen zu können. Hierbei dürfte erwünscht sein, diese Aenderung in der Phase fast momentan ohne Unterbrechung des Betriebes vornehmen zu können. Dadurch findet bei dem Uebergange von der elektrischen Beleuchtung (bezw. elektrischer Heizung) zur elektrischen Kraftübertragung keine Unterbrechung im Maschinenbetriebe statt. Dies setzt voraus, dass Schaltungsveränderungen an der Maschine selbst nicht vorgenommen werden dürfen; es würde dies dann auch ermöglichen, Einphasen-Wechselstrom-Maschinen, die bislang zur elektrischen Beleuchtung dienten, zum Kraftbetriebe heranziehen zu können, ohne an denselben kostspielige Aenderungen in der Armatur und Construction vornehmen zu brauchen.

Soll eine Maschine anstatt Einphasenstrom Mehrphasenstrom liefern, so wird es zweckmässig sein, die Aenderung in der Phase durch Apparate erzeugen zu lassen, die ausserhalb der Maschine liegen und unabhängig von dieser functioniren. Diese Apparate müssen vor Allem möglichst einfach sein und keiner Aufsicht bedürfen. Ein rotirender Phasentransformator wie er beispielsweise von Galileo Ferraris und Riccardo Arnò angegeben wurde,[*] dürfte für diesen Zweck wohl nicht geeignet sein. Ausserdem ist der Spannungsabfall in dem Drehfeld aus erzeugten Phasen ungemein gross. Ferner entsteht aus der Nothwendigkeit, einen hochphasigen Wechselstromrotor als „Phasentransformator" zu verwenden, eine Complication sowie eine Herabsetzung des Wirkungsgrades des ganzen Systems.

Bekanntlich wird auf einfachste Weise zweiphasiger Wechselstrom erhalten, indem man in dem einen Zweig eines einfachen Wechselstromes einen Widerstand mit verhältnismässig hoher Selbstinduction, in dem anderen Zweig einen inductionslosen Widerstand einschaltet. Anstatt des mit Selbstinduction versehenen Leiters kann natürlich auch ein solcher mit Capacität angewendet werden.

In Fig. 1[**] ist die Anordnung und das Schaltungsschema zu erkennen, die diesem Systeme der Umwandlung von einphasigen in mehrphasigen Wechselstrom zu Grunde liegt. Der

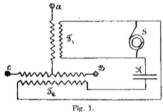

Fig. 1.

Generator erzeugt einphasigen Wechselstrom. Derselbe wird durch geeignete Schaltung und Vorrichtung (Condensator) in zweiphasigen Wechselstrom umgewandelt. Man kann hierbei durch geeignete Anordnung zwischen den beiden Phasen annähernd eine Verschiebung von 90° erhalten. Dieser so erhaltene Zweiphasenstrom wird nun mittelst der Scott'schen Transformatoren in dreiphasigen Wechselstrom umgewandelt.

Fig. 2 zeigt die Anwendung dieses Verfahrens zum Betriebe von elektrischen Bahnen mittelst einphasigen Wechselstromes. Vergleichen wir diese Anordnung mit der von Riccardo Arnò und Galileo Ferraris angegebenen, so ist ersichtlich, dass ersteres wesentlich einfacher ist. Bei dem Verfahren von Arnò und Ferraris haben wir bei den elektrischen Bahnbetriebe einen rotirenden Phasentransformator und zwei Zweiphasenmotoren nothwendig. Hierbei sind die Drehstrommotoren noch nicht ausgerechnet.

Wir wissen, dass sich der Drehstrommotor gut zum elektrischen Bahnbetriebe eignet.[*] Das grösste Hinderniss, welches sich der Anwendung des Drehstromes zur elektrischen Traction gegenüberstellt, ist, dass er mindestens zweier oberirdischer Leitungen bedarf. Durch die oben erwähnten zwei Verfahren könnte man sich von der Nothwendigkeit zweier oberirdischer Stromzuführungen emancipiren, ohne sich die Vortheile des Drehstrommotors für den elektrischen Bahnbetrieb verlustig zu machen.

Bekanntlich gibt es ausser dem Drehstrommotor keinen Wechselstrommotor, der eine so grosse Anlaufzugkraft besitzt,

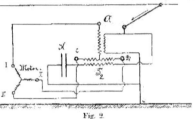

Fig. 2.

dass er mit Erfolg bei elektrischen Bahnen angewendet werden und als Ersatz für den dem Betriebe sich anschmiegenden Gleichstrom-Serienmotor dienen könnte.

Der Lösung des Problems kommt der von Herrn A. Heyland erfundene Wechselstrommotor am nächsten, doch dürfte, wie aus der Discussion nach dem Vortrage des Herrn A. Heyland über seinen Wechselstrommotor auf dem Verbandstage deutscher Elektrotechniker in Eisenach[**] im Jahre 1897 hervorging, auch hier die Anlaufzugkraft die an denselben gestellten Ansprüche beim Anfahren nicht erfüllen.

Der Union-Elektricitäts-Gesellschaft wurde vor einiger Zeit ein Verfahren patentirt, mit dessen Hilfe Drehstrommotoren mittelst einphasigen Wechselstrom betrieben werden können.[***] Man kann somit auch hier mit einer oberirdischen Leitung bei dem elektrischen Betriebe von Bahnen auskommen, ohne auf die Vortheile des Drehstrommotors verzichten zu müssen. In dem oben beschriebenen Verfahren wurde ein Condensator benutzt; bei dem Systeme der Union El.-G. ist derselbe durch einen Transformator ersetzt.

Es werden die drei Leitungen der inducirenden Wicklungen des Inductionsmotors nach den beiden Aussenenden der Secundärwicklungen zweier Stromwandler und zur Verbindungsstelle derselben geführt; die Primärwicklungen sind hintereinander geschaltet und die Enden mit den beiden Leitungen des Einphasengenerators verbunden. Das Anlassen des Motors geschieht durch Einschaltung eines Widerstandes und eine Selbstinductionsspule.

Nachdem der Motor angelassen ist, werden die einphasigen elektromotorischen Kräfte in denselben gespalten, und der-selbe nahezu wie ein Dreiphasenmotor weiterläuft. Figur 3 stellt die solchen Verfahren erforderliche Schaltung, Figur 4 dieselbe Schaltung mit den zum Anlassen erforderlichen Einrichtungen dar, Figur 5 zeigt die Anwendung dieser Erfindung bei einer mit Einphasenstrom betriebenen elektrischen Bahn.

In Fig. 3 ist A ein einphasiger Wechselstrom-Erzeuger; a b sind die Leitungen, C die in Serie geschalteten Primärwicklungen zweier Transformatoren. D D die Secundärwicklungen, M ist ein

[*] E. T. Z., 1897, S. 23. Vgl. auch „Electrical World", Bd. 8. Nr. 22.
[**] Fig. 1 u. 2 aus „EL. Anzeiger" 1897, pag. 1288.

[*] E. T. Z., Der Drehstromtram in Lugano[?] 1896, S. f. E.　Goerggrathgasse[?] 1898, pag. 38.
[**] E. T. Z. 1897.
[***] D. R. P. Nr. 92.572 „Schaltungsweise zum Betriebe von Drehstrommotoren mit Einphasenstrom."

Inductionsmotor, dessen Feldspulen E, E_1, E_2 in der oben beschriebenen Weise mit den Secundärwicklungen verbunden werden. F ist die Armatur. In Fig. 4 sind ein Widerstand B und ein Selbst-Inductionsspule B_1 gezeichnet und an die beiden Leitungen a und b des Einphasen-Stromerzengers A geschaltet; die dritte Leitung ist mit einem Punkte verbunden, der zwischen B und B_1 liegt. Durch Ausschalthebel S und S_1 können B und B_1, nachdem der oder die Motoren angelassen sind, ausgeschaltet werden.

Es ist mittelst dieser Methode möglich, unter Benützung von Einphasenstrom, also einer oberirdischen Leitung, Motoren anzuwenden, welche allerdings nicht von selbst angelassen werden können, aber in Bezug auf Drehmoment und Wirkungsgrad doch gute Resultate ergeben.

Fig. 3.

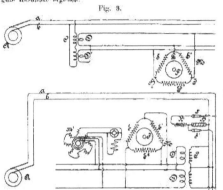

Fig. 4.

In der Fig. 5 ist ein Wagen, dessen Umrisse in punktirten Linien angedeutet sind, mit einem einfachen Rollencontact versehen; a und b bezeichnen die Contact- und die Rückleitung. Die Ausschalthebel S bleiben beim Anlassen des Wagens so lange geschlossen, bis das Anlassen bewirkt ist, dann werden dieselben geöffnet und die Motoren laufen zwischen den beiden Leitungen ohne Hilfsphase.

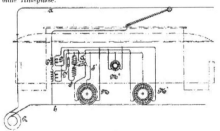

Fig. 5.

Ein anderes Mittel zum Anlassen des Motors besteht in der Anwendung eines kleinen Inductionsmotors M_2. Derselbe kann auf irgend eine Weise angelassen werden, ehe der Wagen in Betrieb kommt. Man lässt ihn dann beständig laufen. Er liefert die für das Anlassen der Treibmotoren M und U_1 erforderliche, in der Phase verschobene elektromotorische Kraft. Er wirkt also dann als rotirender Phasen-Transformator. Diese Anordnung dürfte also weniger empfehlenswerth sein.

Bei den Dreiphasen-Motoren, die in den Figuren 3, 4 und 5 dargestellt sind, ist eine gewöhnliche Feldmagnet-Wirkung verwendet in Verbindung mit der Armatur einer Dreiphasenwicklung, welche die durch den Einphasen-strom in dem Felde inducirte Strömung verschiedet, wobei in der Armatur eine gewisse elektromotorische Gegenkraft erzeugt.

Die Gegenwirkung zwischen der elektromotorischen Kraft der Armatur und des zugeführten Einphasenstromes veranlasst eine Phasenverschiebung, der Motor strebt somit, die ihm zugeführte elektromotorische Kraft zu spalten. Wendet man bei

Einphasenstrom nur einen Transformator an, so ist es nicht möglich, die elektromotorischen Kräfte in dieser Weise zu spalten, weil alle Spulen von derselben Strömung durchflossen werden; werden aber Transformatoren in der beschriebenen Weise angewendet, so werden die elektromotorischen Gegenkräfte des Motors, die Spannung an den Klemmen des Transformators ändern und hierdurch entstehen im Motor elektromotorische Kräfte von verschiedener Phase. Annähernd ist der Vorgang folgender: Wenn die Armatur des Motors M steht, sind die Spannungen zwischen den Punkten $G H$ 100 Volt, $G J$ 100 Volt, $H J$ 0 Volt; wenn der Motor anläuft, so wird die Spannung zwischen $H J$ wachsen, bis bei voller Belastung dieselbe gleich den Spannungen zwischen $G H$ und $J G$ geworden ist.

Die Erfindung lässt sich nicht blos auf Inductions-Motoren anwenden, sondern auch auf mehrphasige Synchron-Motoren. In der Fig. 6 ist deshalb ein Inductionsmotor und ein Synchron-Motor in demselben Stromkreise dargestellt.

Herr Thomas Marcher erhielt im Jahre 1895 ein Patent[*] auf ein „Umformungssystem zur gleichzeitigen Erzeugung von Ein- und Mehrphasenstrom aus einem einzigen Wechselstrom". Diese Anordnung bezweckt, secundär zwei von einander unabhängige Zweiphasenströme zu erhalten, oder einen Zweiphasen- und einen Einphasenstrom und diese Ströme zusammen in drei, höchstens vier Leitungen an die Verbrauchsstelle zu leiten.

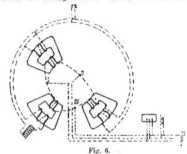

Fig. 6.

Die Fig. 6 stellt die Anordnung und Schaltung für einphasigen Wechselstrom dar. Auf der einen Seite wird eine durch eine Inductionsspule verschobene Phase angewendet und kann zwischen III und I, und I und II zum Motorbetriebe Zweiphasenstrom und zwischen II und III für Lichtbetrieb Einphasenstrom entnommen werden. Die gleiche Spannung der Leitung von links und rechts an den Punkten II und III wird durch ein geeignetes Verhältnis der Secundärwicklung hergestellt.

Das System von Marcher unterscheidet sich von dem Verfahren von Riccardo Arnò und G. Ferraris, welches wir bereits oben beschrieben haben dadurch, dass kein rotirender Umformer angewendet ist.

Wir haben bereits im Vorhergehenden auf die hohe Wichtigkeit eines stabilen Phasentransformators hingewiesen, der abwechselnd in irgend einer Weise verschiedenphasige Ströme liefern könnte. Es wäre dann in diesem Falle möglich, eine Mehrleiter-Anlage[**], am Tage als Drei- oder Mehrphasen-Stromkraftübertragungs-Anlage, am Abend und in der Nacht als gewöhnliche einphasigen Wechselstrom-Drei- oder Mehrleiteranlage für die elektrische Beleuchtung gebrauchen zu können.

In den Figuren 7 und 8 sehen wir einen stabilen Verfahren auf eine Mehrleiter-Anlage angewendet, welches abwechselnd für Beleuchtung und Kraftübertragung fungiren soll. Es sollen die einphasigen Ströme in stabilen Transformatoren in Ströme von niederer Spannung mit einer oder mehreren Phasen umgewandelt werden.

Fig. 7 zeigt uns den Generator auf das secundäre Netz einphasig arbeiten; Fig. 8 denselben Generator auf das secundäre Netz dreiphasig arbeiten. Es entspricht Fig. 7 der elektrischen Beleuchtung, Fig. 8 der elektrischen Kraftübertragung. Hierbei ist angenommen, dass für die Kraftübertragung ein besonderes secundäres Netz existirt.

Selbstverständlich kann auch Strom gleichzeitig für elektrische Beleuchtung geliefert werden. Zu diesem Zwecke schlage ich die Anwendung zweier stabiler Phasen-Transformatoren vor: der eine arbeitet einphasig auf das Beleuchtungsnetz, der andere

---

[*] D. R. P. Nr. 89.418.

[**] Innen- wie Aussenleiter müssen hierbei gleichen Querschnitt besitzen.

drei- oder mehrphasig auf das Kraftübertragungs-netz. Die primären Wicklungen der stabilen Phasen-Transformatoren sind hierbei in der Hochspannungs-leitung nebeneinander geschaltet.

Die Anwendung zweier gesonderter stabiler Phasen-Transformatoren, der eine speciell für die elektrische Kraftübertragung, der andere speciell für die elektrische Beleuchtung, bringt zwei Vortheile mit sich. Die Motoren können mit höherer Spannung arbeiten, als wie mit der, welche in Beleuchtungsnetzen zur Anwendung gelangt und aus gewissen Gründen (weil hochvoltige Glühlampen noch nicht allgemein zur Anwendung gelungen ist etc.) nie überschritten werden. Ausserdem fällt das Zucken der Glühlampen bei Einschalten grösserer Elektromotoren im Beleuchtungs-netze fort. Letzteres trifft natürlich nur in kleinen Netzen zu. Ferner ist es in diesem Falle viel leichter möglich, in Beleuchtungsnetze eine constante Spannung zu erhalten.

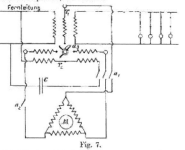

Fig. 7.

Wenden wir zwei stabile Phasen-Transformatoren mit gesondertem secundären Netze an, so functionirt das eine in gewissem Grade unabhängig von dem anderen. Es wird dadurch eine erhöhte Betriebssicherheit erhalten. Es kann die elektrische Beleuchtung unter diesen Umständen auch dann noch functioniren, wenn durch irgend welche Vorkommnisse und Betriebsstörungen Strom für elektrische Arbeitsübertragung nicht geliefert werden kann.

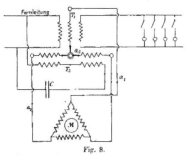

Fig. 8.

Dadurch, dass der Strom aus dem Beleuchtungsnetze nicht zur elektrischen Kraftübertragung infolge seiner niederen Spannung verwendet werden kann, ist es möglich, den Strom für motorische Zwecke wesentlich billiger liefern zu können, ohne dass aus diesem Grunde die Elektricitäts-Lieferungsgesellschaften geschädigt werden könnten. Es ist auch möglich, mittelst der oben gekennzeichneten Anordnung zum einheitliche Arbeitszeit in Industriecentren oder Fabriken zu erhalten, da über diese hinaus Strom für motorische Zwecke nicht mehr erhalten werden kann.

Natürlich dürfte es sich empfehlen, auch hier nicht einseitig vorzugehen, indem man eine gewisse Anzahl von Motoren, die im Betriebe mit der Beleuchtungsspannung laufen, vorzieht. Ebenso wird man eine gewisse Anzahl von Lampen vorziehen, welche hochvoltig brennen und daher ohne Schaden zu nehmen, an das Kraftübertragungsnetz direct oder indirect angeschlossen werden können. Selbstverständlich wird sich die Anzahl dieser Motoren wesentlich beschränken und vor allem dort zur Anwendung gelangen, wo es sich um continuirlichen Betrieb oder um Reserve-Motoren handelt, welche während des Tages sowie in der Nacht jederzeit mit mechanischer Arbeit zur Verfügung stehen müssen.

Ebenso wird man bei der elektrischen Beleuchtung auf gewisse Präcedenzfälle Rücksicht nehmen und eine gewisse Anzahl hochvoltige Glühlampen neben einer gewissen Anzahl von niedervoltigen Glühlampen vorsehen, so dass unter Umständen eine continuirliche Beleuchtung möglich ist, auch wenn wegen irgend einer Ursache der Beleuchtungs- oder Kraftstrom versagt.

In dieser Abhandlung wurden ausschliesslich stabile Phasen-Transformatoren berücksichtigt. Da rotirende Umformer oder Phasen-Transformatoren beim Wechselstrom wohl vollkommen ausgeschlossen sein dürften. Der Vortheil des Wechselstroms beruht bekanntlich hauptsächlich darin, dass er die Umwandlung von hohen Spannungen in niedere und umgekehrt in einfachster Weise in ruhenden, stabilen Transformatoren, billigen Apparaten, welche keiner Aufsicht und Wartung bedürfen, gestattet. Auf diesen Vortheil dürften wir wohl mit Recht auch bei der Anwendung von Phasen-Transformatoren nicht verzichten.

In Fig. 7 und 8 sind T_1 und T_2 Transformatoren, bei welchen die bekannte Scott'sche Schaltung angewendet ist. Die Phasenverschiebung in dem Nebenschluss des primären Stromkreises kann auf der Anwendung eines inductiven Widerstandes oder eines Condensators beruhen. Bekanntlich ist es in neuester Zeit gelungen, Condensatoren zu construiren, welche auch hohe Spannungen, ohne Schaden zu nehmen, vertragen können, a_1 und a_2 zeigen uns dreipolige Ausschalter, a_2 einen einpoligen[*]. Mit M ist der mehrphasige Motor, in unserem Falle ein Drehstrommotor gekennzeichnet.

Auf die Anwendung des Phasen-Transformators bei mit Einphasen-Wechselstrom betriebenen elektrischen Bahnen sind wir bereits in Früherem gekommen.

Es eröffnet sich somit für den stabilen Phasen-Transformator, dessen Vortheile im Vorhergehenden eingehend gewürdigt wurden, ein weites und grosses Anwendungsgebiet in der Wechselstrom-Technik.

Mögen meine Zeilen und die darin gemachten Vorschläge eine eingehende Beachtung seitens der Herren Fachcollegen erfahren und den stabilen Phasen-Transformator mit Erfolg in die Praxis einführen.

KLEINE MITTHEILUNGEN.

Verschiedenes.

Société internationale des Electriciens. In der Sitzung vom 2. März l. J., welche unter dem Vorsitze von Dr. Arsonwal stattfand, berichtete l. Janet im Namen von Bouchet über eine neue Art von Stromunterbrechern. In einem Blocke aus isolirendem Material sind zwei Höhlungen gemacht, welche durch einen erhöhten Canal miteinander verbunden sind; der Canal ist in der Mitte sehr versenkt. In jeder Höhlung befindet sich Quecksilber, welches aber nicht bis zu dem Canale reicht. Senkt man in die Höhlungen Gefässe ein, so steigt das Quecksilber, fliesst von beiden Seiten in den Canal und bewirkt eine leitende Verbindung. Zieht man die Gefässe heraus, so wird wieder Unterbrechung bewirkt. Bei den nach diesem Principe construirten Ausschaltern sind in einen isolirenden Block zwei mit Quecksilber gefüllte Metallnäpfe eingesetzt, welche mit den Stromleitungen verbunden sind. An einem Hebel sind zwei Eisenkörper angebracht; sobald diese in das Quecksilber eingesenkt werden, steigt das Quecksilber und stellt in einer zwischen den Näpfen angebrachten Rinne eine leitende Verbindung her. Die Stromunterbrechung erfolgt an drei Stellen. Diese Art von Ausschaltern haben sich gut bewährt; für Wechselströme von 3000 V Betriebsspannung werden Ausschalter benutzt, welche mit drei Näpfen versehen waren. Bei automatischen Ausschaltern, welche nach diesem Principe construirt werden, stehen die Einsenkkörper in Verbindung mit einem Eisenkern, welcher sich in einem Solenoid befindet. Ueberschreitet die Stromstärke das zulässige Maass, so werden die Eisenkörper gehoben und gleichzeitig zwei Arretirungen ausgelöst, worauf durch die Wirkung von zwei Federn eine sehr rasche Unterbrechung des Stromkreises bewirkt wird. In analoger Weise wurden auch automatische Stromschliesser und Unterbrecher construirt.

Barbarat berichtete über die neuen unterirdisch verlegten Telephonkabel mit Papier, der richtiger gesagt mit Luftisolation. Die Isolation wird dadurch in sehr guten Zustande erhalten, dass man in der Centralstation trockene Luft in die Kabel pumpt; in Paris wurden durch Anwendung dieses Hilfsmittels sehr gute Resultate erhalten.

In der Generalversammlung, welche am 6. April l. J. unter Vorsitz von Dr. Arsonwal stattfand, wurde zum Präsidenten

---

[*] Selbstverständlich werden auch hier die Ausschalter gemeinschaftliche Grundplatte und Welle haben.

212

für das Jahr 1899—1900 J. Violle, zu Vice-Präsidenten Cléray und Mennier, zum Cassa-Verwalter L. Violet gewählt. Luftargue berichtete in der Sitzung über die Centralstationen in Deutschland.

Maschinen-Ausstellung in Lima. Zufolge Decrotes der h. Regierung vom 27. Februar 1897 wird im Laufe des heurigen Jahres in Lima, der Hauptstadt der südamerikanischen Republik Peru, eine permanente Maschinen-Ausstellung eröffnet. Platzmiethe von Seiten der Aussteller wird nicht gefordert und ist bei rechtzeitiger Anmeldung die Zuweisung von 25 m² an jeden Aussteller in Aussicht genommen. Die zur Ausstellung eingeführten Artikel sind zollfrei.

Zweck dieser permanenten Ausstellung ist die Vorführung der jüngsten Erfindungen im Maschinenfache, insbesondere für Agricultur, Manufactur, Berg- und Wasserwerke, Haus-Industrie, Wasser- und Beleuchtungs-Anlagen, Transport, Schall- und Lichtbeförderung aller Art sowie aller in's Maschinenfach oder verwandte Fächer einschlagender Verbesserungen.

Alle Ausstellungsobjecte werden, soweit sie nicht während der Ausstellung an Ort und Stelle verkauft werden, und deren Rücktransport verlangt wird, bis nach Callao kostenfrei von der englischen Eisenbahn-Gesellschaft in Lima zurückbefördert, an deren Repräsentanten, Herrn Cantuarias, sich auch die P. T. Aussteller wegen Repräsentation ihrer Firmen bei der Ausstellung wenden können, da er für diesen Zweck ausdrücklich vom Comité der National-Industrial-Gesellschaft bestellt worden ist.

Weitere Mittheilungen, und insbesondere das Verzeichnis der in Aussicht genommenen Maschinen-Ausstellungs-Abtheilungen, werden bereitwilligst ertheilt und Anmeldungen angenommen.

Ausgeführte und projectirte Anlagen.

Oesterreich-Ungarn.

Mariazell. (Elektrische Bahn. Das projectirte Elektricitätswerk, von dem wir wiederholt schrieben, gelangt nunmehr endlich zur Ausführung. Vor Kurzem hat die Gemeinde Mariazell ein Abkommen mit den Oesterreichischen Schuckert-Werken getroffen, wonach die Anlage sofort in Angriff genommen und bereits im Sommer dem Betriebe übergeben werden soll. Zur Errichtung der Centralstation wird ein an der Salza in der Luftlinie 3 km von Mariazell entferntes Gebäude benützt, welches bisher dem Gusswerke der Oesterreichischen Alpinen Montan-Gesellschaft zugehörte, nun aber von der Gemeinde Mariazell zu diesem Zwecke angekauft worden ist.

Die Anlage wird mit Drehstrom von 2000 V ausgeführt, welcher in der Stadt auf 120 V transformirt wird; die erforderliche Kraft ist in der Salza mit über 80 P.S. vorhanden.

K.

Deutschland.

Berlin. Zu dem Entwurfe für die elektrische Stadtbahn Potsdamer Platz—Spittelmarkt—Köpenicker Brücke veröffentlicht Siemens & Halske, A. G., nunmehr einen Erläuterungsbericht, welcher über die Berliner Verkehrsmittel im Allgemeinen die folgenden interessanten Angaben enthält. Angesichts der bereits jetzt an ihrer Grenze angelangten Leistungsfähigkeit der Strassenbahnen, welche auch durch Einführung des elektrischen Betriebes nicht durchgreifend erhöht werden kann, ist die Fortentwicklung der Verkehrsmittel für Berlin nur noch möglich durch die Anlage von elektrischen Schnellbahnen, welche als Hoch- oder Untergrundbahnen und jedenfalls unabhängig vom Strassenverkehr durch die Stadt und nach aussen hin auszuführen sind. Hochbahnen verbieten sich in den vornehmen und dicht bebauten Theilen der inneren Stadt meist wegen der unzureichenden Breite der Strassenzüge, theils wegen der Übermässige hohen Kosten für Grunderwerb, wenn man der Mitbenutzung der Strassen ausgehen werden muss. Für eine Bahn in und durch das Herz der Stadt können daher nur im Allgemeinen nur Untergrundbahnen in Frage kommen. Die nach dem bewährten Budapester Systeme anzuführenden Unterpflasterbahnen dürften natürlich nur da zur Anwendung gelangen, wo die für das Publikum angenehmeren Hochbahnen undurchführbar wären. Nach dem vorliegenden Entwurfe soll für das verkehrsreiche Geschäftsviertel der innersten Stadt eine Schnellbahn geschaffen werden, welche diesem Stadttheil einerseits mit den vornehmen, als Wohnviertel bevorzugten Westen und Thiergarten und mit den dort vom Mittelständige theilweise benutzten Vorortbahnen, andererseits aber mit dem vom Kleingewerbe dichtbevölkerten und an Handwerkstätten reichen Osten verbindet. Als einfachste Linienführung der neuen elektrischen Unterpflasterbahn von Westen nach dem Osten Berlins würde sich diejenige unter der Leipziger Strasse ergeben. Auch

die Lage der Canäle in der Leipziger Strasse würde der Anlage einer Bahn unter dieser Strasse nicht entgegenstehen, wohl aber verbietet sich die Bananführung unter dieser vorkehrsreichsten Strasse Berlins, welche unzweifelhaft grosse Unzuträglichkeiten im Gefolge haben würde. Es ist deshalb für die beabsichtigte neue elektrische Untergrundbahn eine Linienführung gewählt, welche solche Schwierigkeiten vermeidet und welche trotzdem allen Anforderungen des Verkehres nicht minder vollkommen entspricht, indem sie die an den Enden der Leipziger Strasse liegenden Verkehrsschwerpunkte, nämlich den Potsdamer Platz und den Spittelmarkt, fast auf dem geradesten Wege verbindet und dabei auf der Zwischenstrecke zur Anlage einer sehr günstig gelegenen Haltestelle zwischen der Friedrich- und Charlottenstrasse Gelegenheit bietet.

Russland.

Krementschuk. Hier soll eine elektrische Strassenbahn errichtet werden. Das Bauproject ist bereits zur behördlichen Bestätigung eingereicht. A. B.

Moskau. Der Stadtrath hatte die Absicht eine Offertaufforderung für den Bau und Betrieb elektrischer Strassenbahnen auszuschreiben. Alle Gesuche verschiedener Gesellschaften zum Zwecke der Erlangung einer Concession für den Betrieb elektrischer Strassenbahnen in Moskau wurden abschlägig beschieden. Darunter waren auch neun Firmen beworben haben, darunter viele ausländische. Jetzt beschloss der Stadtrath selbst den günstigsten Ausweg für den elektrischen Betrieb zu suchen und wurden für diese Zwecke 10.000 Rubel bestimmt. A. B.

„Elektrischestwo" meldet, dass Herr Prigatschewski die Concession für den Bau einer elektrischen Bahn von Moskau nach Sergijew erhalten habe. Mit dem Bau ist bereits begonnen worden; am 1. Juli soll auf einer Theilstrecke der Betrieb aufgenommen werden. Alle Administrationsgebäude wurden im russischen Styl ausgeführt. A. B.

Die Herren Elvogreen und Konner hatten die Absicht die Kraft des Wallinkoski-Wasserfalles (in Finnland) zum Zwecke der elektrischen Beleuchtung Petersburgs auszunützten; der finnländische Senat hat jedoch ihr Gesuch hierüber abgelehnt, ebenso wie das Gesuch des Ingenieurs Dubrotwarsky, welcher bekanntlich die Imatra-Fälle zum selben Zwecke utilisiren wollte, abschlägig beschieden hatte. A. B.

Noworossijsk. Die Stadtgemeinde hat beschlossen eine Concession für den Bau und Betrieb einer elektrischen Bahn, sowie für die elektrische Beleuchtung der Stadt auf 37 Jahre und 10 Monate zu ertheilen. A. B.

Petersburg. Die Stadtgemeinde hat beschlossen, dass alle Contracte, bezüglich der elektrischen Beleuchtung der Stadt die Clausel enthalten müssen; nicht weniger als zwei Drittel der Beamten dieser Unternehmungen müssen der russischen Nationalität angehören. Der Antrag bezüglich der Verpflichtung ausschliesslich russische Maschinen zu verwenden, wurde verworfen, da dieser Industriezweig in Russland noch zu wenig entwickelt ist, um mit dem Auslande zu concurriren. A. B.

Literatur-Bericht.

Führer durch die technische Literatur. Special-Katalog für Physik und Elektrotechnik. Herausgegeben von der Polytechnischen Buchhandlung A. Seydel in Berlin. 1898. Preis 75 Pfg.

Anlässlich ihres 25jährigen Bestehens hat die Buchhandlung A. Seydel einzelne von den schon seit Jahren herausgegebenen Specialkatalogen neu erscheinen lassen, darunter auch den uns vorliegenden für Physik und Elektrotechnik. Der Katalog ist in drei Abtheilungen geschieden und enthält in denselben eine ausserordentliche Zahl der Werke über theoretische Physik, Elektrotechnik und Telegraphen-Technik. Das Verzeichnis ist möglichst übersichtlich angelegt, jede der Hauptabtheilungen in seine enger begrenzten Specialgebiete zerlegt. In den einzelnen Abschnitten sind die Autoren alphabetisch geordnet. Am Schlusse befindet sich ausserdem noch eine Zusammenstellung sämmtlicher Verfasser, welche überhaupt in diesem Kataloge vertreten sind, so dass man in jeder Hinsicht rasch das Gewünschte auffinden wird.

Die bereits erwähnte Buchhandlung hat zwölf ähnliche Verzeichnisse über die verschiedenen Gebiete der Technik neu herausgegeben; die Reichhaltigkeit der vorliegenden lässt auf die hervorragende Stellung schliessen, welche die Firma A. Seydel im deutschen Buchhandel einnimmt. —au—

Patentnachrichten.

Mitgetheilt vom Technischen- und Patentbureau

Ingenieur Victor Monath

WIEN, I. Jasomirgottstrasse Nr. 4.

Auszüge aus Patentschriften.

Hans Boas in Berlin. — Inductionsapparat — Classe 21, Nr. 95.003.

Der Inductionsapparat besitzt die Primärwicklung auf dem Eisenkern ausserhalb des Hohlraumes der Secundärspule, zum Zwecke, die Selbstinduction der Primärwindungen zu vermindern und die Induction des Eisenkernes auf die Secundärspule günstiger zu gestalten.

Um die Isolatoren der Wickelungen gegen einander zu sichern, können noch zwei die primären Theile gegen die secundären abgrenzende, an je einem Ende kropfartig erweiterte Isolationsröhre Verwendung finden, auf deren weiterem die Secundärspule aufgebaut ist, während das engere die Primärarmatur aufnimmt und mit dieser in das weitere geschoben wird.

Thodem Balukiewitsch in Tiflis. — Schaltung für Fernsprecher zum Sprechen beim gleichzeitigen Telegraphiren auf derselben Leitung. — Classe 21, Nr. 94.359.

Die eine Spule des Elektromagneten des Fernsprechers ist mit einem Stromwandler und an einem der Erde angeschlossenen Condensator verbunden, und der Leitungsdraht wird so zwischen die beiden Spulen des Fernsprechers eingeschaltet, dass die Telegraphen- und Inductionsströme, je nachdem die Spulen mit nur einer oder mit doppelter Wickelung versehen sind, entweder nur in einer oder in beiden Spulen entgegengesetzt gerichtet sind und sich aufheben.

Louis Doignon und Jules Daumarie in Paris. — Einrichtung zur Mehrfach-Telegraphie. — Classe 21, Nr. 94.993.

Der aus der Leitung kommende Strom gelangt in einen Vertheiler, der dazu dient, den Strom auf verschiedene Relais zu vertheilen. Diese Relais öffnen und schliessen den Strom einer Ortsbatterie, die für den, dem betreffenden Relais entsprechenden, Hughes-Apparat vorgesehen ist. In letzterem wird durch den, von dem betreffenden Relais geschlossenen Ortsstrom ein Buchstabe abgedruckt. Gleich nach diesem Abdrucke wird von dem elektrischen Druckapparate selbst ein Ortsstrom geschlossen, durch welchen das Relais in seine erste Stromschlussstellung zurückgeführt wird und daher zu einer neuen Wirkung bereit ist.

Howard Lawrence Osgood in Rochester, New-York, und Horatio Allen Duncan in Bath, Maine, V. S. A. — Typendrucktelegraph. — Classe 21, Nr. 94.994.

Auf der Empfangsstation befindet sich ein, eine Zusammenstellung verschiedener Relais und Inductionsspulen bildender Stromvertheiler. Ferner ist daselbst eine Anzahl von Relaisgruppen aufgestellt, welche durch die vermittelst eines Tastenwerkes oder eines gelochten Streifens von der Hebestelle abgeschickten, in ihrer Richtung und Stärke verschiedenen Stromimpulse verschiedenartig sich einander verbinden werden können. Je nach der Art dieser Verbindung, die von der Hebestelle aus geregelt wird, bewirkt ein bestimmtes Solenoid vermittelst eines Typenhebels den Abdruck des betreffenden Buchstabens.

Leo Kamm in London. — Typendrucktelegraph mit einander gleichem Geber und Empfänger. — Classe 21, Nr. 94.507.

Mit einem, kreisförmig angeordnete Typen tragenden Sector ist ein durch ein Gewicht oder eine Feder beeinflusster Laufarm verbunden, der beim Niederdrücken einer, einem bestimmten Buchstaben entsprechenden Taste des Gebers sowohl bei diesem, wie beim Empfänger aus seiner Nullstellung ausgelöst und über eine Anzahl von kreisförmig angeordneten, mit den Tasten verbundenen Stiften fortbewegt wird. Sobald der Laufarm des Gebers gegen einen, durch Niederdrücken der betreffenden Taste gehobenen Stift stösst, wird ein Stromkreis geschlossen, welcher auf einen Elektromagneten des Empfängers einwirkt. Dieser Elektromagnet schiebt dann einen verschiebbaren Anschlag des Laufarmes zwischen die Stifte des Empfängers, so dass der Laufarm und der mit demselben verbundene Typen-

sector des Empfängers in derselben Stellung festgestellt ist, wie derjenige des Gebers, worauf bei beiden Laufarmen die gleiche Type gegen das Papier geschlagen werden und der Druck eines Buchstabens erfolgen kann. (Vergl. H. 13, pag. 153.)

Bisson, Bergès & Cie. in Paris. Aufhängevorrichtung für elektrische Leitungen. — Classe 21, Nr. 94.793.

Die Aufhängevorrichtung für elektrische Leitungen besteht aus einem keilförmigen ausgeschnittenen Bügel A mit einer durch denselben hindurchgesteckter Pressschraube C in Verbindung mit zwei seitlich in denselben einzusetzenden Keilen B, welche durch das Gewicht des Leitungsdrahtes D festgezogen werden. (Fig. 1.)

Fig. 1.   Fig. 2.

Ignace Hippolyte Heguer in Paris. — Bogenlampe mit mehreren zu einer Gruppe geschalteten Kohlenpaaren. — Classe 21, Nr. 94.360.

Jedem Kohlenpaare sind ausser den gebräuchlichen Regelungsspulen und Regelungsvorrichtungen noch eine besondere Spule und eine besondere Regelungsvorrichtung zugegeben, welche letzteren von der Klemmenspannung der ganzen Kohlenpaargruppe beeinflusst werden, so dass die Regelungsvorrichtungen eines jeden Kohlenpaares erst dann in Wirkung treten kann, wenn die beiden Spulen gleichzeitig auf die Regelungsvorrichtung einwirken. So wird bei einer Gruppe von z. B. drei Lampen mit den Regelungsspulen A C D und E gleich hinter dem Vorschaltwiderstand W ein Nebenschlusskreis K an die Klemmen der Lampengruppe gelegt, welches die Regelung der ganzen Gruppe übernimmt.

Elektricitäts-Actien-Gesellschaft vormals Schuckert & Comp. in Nürnberg. — Hochspannungs-Ausschalter mit hintereinander geschalteten rollenförmigen Stromschlussstücken. — Classe 21, Nr. 94.788.

Dieser Hochspannungs-Ausschalter mit mehreren hintereinander liegenden rollenförmigen Stromschlussstücken aus leicht oxydirbarem, nicht lichtbogenbildendem Metall ist dadurch ge-

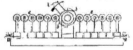

Fig. 3.

kennzeichnet, dass beim Umlegen des Schalthebels h die Rollen e sowohl beim Auseinanderdrücken beim Freizeichen durch ein entsprechend geformtes, mit dem Schalthebel h fest verbundenes Gleitstück b in drehende Bewegung versetzt werden, infolge dessen ein Abwälzen der einzelnen Rollen aufeinander stattfindet. (Fig. 3.) (Vergl. H. 15, pag. 174.)

Siemens & Halske, Actien-Gesellschaft in Berlin. — Einrichtung zum Ausgleich störender magnetischer Fernwirkungen elektrischer Apparate; Zusatz zum Patente Nr. 93.561 vom 22. Februar 1896. — Classe 21, Nr. 95.152.

Die durch das Patent Nr. 93.561 geschützte Compensations-Vorrichtung wird so ausgeführt, dass drei Elektromagnete, deren Achsen auf einander senkrecht stehen, so magnetisirt werden, dass der Magnetismus eines Raumes, welchen sie einschliessen, keine Fernwirkung mehr ausübt.

Fr. Schneider in Triberg i. Schwarzwald. — Elektrode für elektrische Sammler; II. Zusatz zum Patente Nr. 91.137 vom 27. Mai 1896. — Classe 21, Nr. 95.188 vom 2. April 1897.

Der oberhalb der Massefüllung befindliche Theil der Kohlenwandung ist als Deckel ausgebildet, und das Einbringen der wirksamen Masse zu erleichtern. Der Deckel kann eine wellen- oder zickzackartige Form geben, er kann mit Erhöhungen versehen werden.

Geschäftliche und finanzielle Nachrichten.

Budapester Strassen-Eisenbahn-Gesellschaft. Die Bilanz dieser Gesellschaft weist per 31. December 1897 folgende Ziffern auf: A c t i v e n: Neubau der Linien und elektrische Einrichtung fl. 8.508.815. Investitionen vor der elektrischen Umgestaltung fl. 2.521.659, Vorauslagen für neue Linien fl. 19.665, Inventar fl. 27.163, Vorräthe fl. 56.659, Debitoren fl. 672.978, Effecten, Barbestand und Immobilien fl. 19.935.192, im Portefeuille befindliche gesellschaftliche Actien im Nominale fl. 2.371.300; zusammen fl. 34.108.511. P a s s i v e n: Actiencapital fl. 10.371.800. Obligationen fl. 9.000.000, Fonds und Reserven fl. 10.441.809, Amortisations-Quote der Obligationen pro 1897 fl. 65.130, Actien-Amortisations-Quote pro 1897 fl. 42.909, Cautionen fl. 169.023, unbehobene Dividenden fl. 1355, Creditoren fl. 2.524.484, Gewinn fl. 1.491.908, zusammen fl. 34.108.511. Die Betriebsrechnung zeigt folgende Ziffern: E i n n a h m e n: Aus dem Personenverkehr fl. 2.262.666, aus dem Lastentransport fl. 18.800, Zinseneinnahmen fl. 656.687, Erträgnis der Vicinalbahn- und Franz Josephs-Untergrundbahn-Actien fl. 224.205, diverse Einnahmen fl. 36.906, Gewinn-saldo aus dem Vorjahre fl. 396.557, zusammen fl. 3.595.683. A u s g a b e n: Direction und Central-Bureau fl. 64.354. Ausgaben des Pferdeleichtriebes fl. 735.817, Ausgaben des elektrischen Betriebes fl. 569.774, Antheil der Hauptstadt fl. 71.261. Zinsen der Obligationen fl. 355.376, Steuern und Abgaben für Personal-Beförderung und Benützung der Brücke und anderer Gebühren fl. 185.978, Capitals-Amortisation fl. 108.650, Verluste fl. 5382, Beitrag zum Pensionsfonds fl. 7200, Gewinn fl. 1.491.908. Hievon entfallen auf Tantièmen fl. 76.200, auf die D i v i d e n d e fl. 1.101.345, das ist fl. 14 per Actie und fl. 9 per Genussschein, auf den Gewinnvortrag fl. 314.363, zusammen fl. 3.595.683. (Im vorigen Jahre betrug die Dividende fl. 12 per Actie.)

Die Budapester elektrische Stadtbahn-Gesellschaft hielt am 7. d. M. unter dem Vorsitze des Directions - Präsidenten Dr. Max Falk ihre Generalversammlung ab. Der Directionsbericht constatirt, dass auf das aussergewöhnliche Jahr der 1896er Millennium-Ausstellung, welches durch den gesteigerten Verkehr die volle Leistungsfähigkeit des Bahnbetriebes in Anspruch nahm, innerhalb der normalen Verkehrsgrenzen das abgelaufene 1897 Betriebsjahr folgte, dessen Geschäftsergebnisse im Verhältnisse zum Jahre 1895 eine befriedigende Zunahme zu verzeichnen hat. (Vergl. Heft 12, Seite 144, 1898.) Aus den Ertragnissen des abgelaufenen Jahres gelangen nebst dem Actien-Capitale von fünf Millionen Gulden die mittelst Beschlusses der Generalversammlung v. J. 1896 im abgelaufenen Jahre emittirten Prioritäts-Obligationen im Nominalwerthe von einer Million Gulden derzeit zum erstenmale zur Verzinsung. Der Bilanzabschluss für 1897 ergibt als Brutto-Einnahme aus dem Bahnbetrieb fl. 1.494.289 fl., von besonderen Einnahmen 447.568 fl., daher zusammen 1.641.858 fl. Hievon kommen in Abzug: Betriebs-auslagen 951.703 fl., für Werthverminderung, respective Abschreibung 60.000 fl., eine 2%ige Brutto-Abgabe an die Hauptstadt mit 29.885 fl., für die statutenmässige Amortisation der Actien und Prioritäts - Obligationen 43.300 fl. und für die Prioritäten-Obligationen 20.999 fl., zusammen 1.104.888 fl. Es verbleiben sonach als U e b e r s c h u s s 536.969 fl. Hiezu kommt der Vortrag aus dem Jahre 1896 pro 19.475 fl., so dass der Generalversammlung der Betrag von 556.444 fl. zur Verfügung steht. Die Direction beantragt, hievon vorerst für 43.961 Stück Actien à 100 fl. Nominale 5% Dividende zu bezahlen, mit 219.805 fl. Von den nach Abzug dieses Betrages und des vorjährigen Gewinnvortrages verbleibenden 292.164 fl. entfallen auf den Reservefonds 5% gleich 14.608 fl., 10% als statutenmässige Tantième für die Directionsrath gleich 29.216 fl. und für den Pensions-fonds der Beamten 5000 fl. Es verbleiben sonach unter Hinzurechnung des vorjährigen Gewinnvortrages 262.814 fl., von welchen Betrage die Direction eine S u p e r d i v i d e n d e von 5% gleich 250.00 fl. zur Auszahlung beantragt, während der restlichen 12.814 fl. als Gewinnvortrag pro 1898 hinzuzuschlagen wären. Diese Anträge, sowie auch der Vorschlag, den Coupon Nr. 7 der Actien für das Geschäftsjahr 1897 mit 10 fl. per Stück und den Coupon der veranzugleichenden Genussscheine Nr. 5 mit 5 fl. per Stück einzulösen, wurden angenommen.

Die Elektricitäts-Gesellschaft Felix Singer & Co., Actien-Gesellschaft in Berlin, theilt uns mit, dass sie ihr technisches Zweigbureau in Wien, I. Wipplingerstrasse 17, in eine selbstständige Commandit-Gesellschaft unter der Firma Elektricitäts-Gesellschaft Felix Singer & Co., Commandit-Gesellschaft (Commanditäre: Bank für elektrische Industrie, Berlin) umgewandelt und der neuen Gesellschaft ihr Geschäft in Elektricitäts-Zählern, System Elihu T h o m s o n für den ganzen europäischen Continent übertragen hat.

Briefe an die Redaction.

(Für diese Mittheilungen ist die Redaction nicht verantwortlich.)

Ad Transformatoren-Schutzgehäuse.

Gestatten Sie mir, gegenüber der im Hefte 14 Ihrer geehrten Zeitschrift gebrachten Darstellung von Siemens & Halske über „T r a n s f o r m a t o r e n - S c h u t z g e h ä u s e" richtig zu stellen, dass die mir patentirte Erfindung der der Anordnung der Firma Siemens & Halske schon der Construction nach grundsätzlich verschieden ist.

Aber auch in der Wirkungsweise besteht ein wesentlicher und wie ich glaube, für das Zweckdienliche meiner Erfindung ausschlaggebender Unterschied. Dieser besteht darin, dass bei meinem Schutzgehäuse schon unter gewöhnlichen Verhältnissen eine ununterbrochene Ventilation stattfindet, welche zur Abkühlung der Transformatoren wünschenswerth ist.

Bei dem System von Siemens & Halske hingegen ist diese Ventilation unter normalen Umständen von vorneherein verhindert, weil hier, wie aus der Beschreibung hervorgeht, eine vollständige gasdichte Abschliessung vorhanden ist.

Indem ich Sie um Aufnahme vorstehender Ausführungen in Ihrer geschätzten Zeitschrift höflich ersuche, zeichne ich

hochachtungsvoll

Franz Probst.

Vereinsnachrichten.

Protokoll

über die XVI. ordentliche Generalversammlung vom 30. März 1898.

Der Vorsitzende, Präsident Prof. S c h l e n k, begrüsst die Versammlung, constatirt die statutenmässige Beschlussfähigkeit, sowie die erfolgte Anzeige bei der Behörde und erklärt die XVI. ordentliche Generalversammlung für eröffnet.

Ueber Vorschlag des Vorsitzenden werden die Herren Ingenieure Brock und B r u n b a u e r zur Verification des Protokolles und die Herren Theodor F i s c h e r, Lambert L e o p o l d e r und Ingenieur E i c h b e r g als Wahl-Scrutatoren nominirt.

Der Vorsitzende bittet sodann um das Einverständnis, abweichend von der Reihe der Tagesordnung, vorerst mit Punkt 5, Wahl des Vicepräsidenten, beginnen zu dürfen, weil hievon die Zahl der zu wählenden Ausschussmitglieder abhängt. (Einverstanden.)

Hierauf ersucht der Vorsitzende den Obmann des Wahlcomités, Herrn Ober-Baurath G r a n f e l d, um Erstattung des Wahlvorschlages und wird die Wahl des Herrn Hofrathes V o l k m a r wärmstens empfohlen. Nachdem sich über Befragen des Vorsitzenden Niemand zum Worte meldet, werden die Stimmzettel durch die Scrutatoren eingeholt und hierauf mit der Tagesordnung ad Punkt 1 fortgesetzt.

Der Schriftführer, Ober-Inspector B e c h t o l d erstattet den Jahresbericht:

„Hochgeehrte Herren!"

In Beobachtung des gleichen Vorganges wie in den Vorjahren, sei es Ihrem Ausschusse gestattet, seinen Jahresbericht mit den statistischen Daten über den Mitgliederstand einzuleiten.

Zu Beginn des Jahres 1897 gehörten unserem Vereine 551 Mitglieder an.

Im Laufe desselben verlor er durch den Tod 4 Mitglieder; es sind dies die Herren: Georg Berghausen jun., Ober-Ingenieur in Köln am Rhein, Galileo Ferraris, Professor in Turin; Ludwig K o h a u t, Ober-Inspector der österr.-ungar. Staatseisenbahn-Gesellschaft i. P. in Mödling und Carl M u n d e r, Betriebs-Director der Agramer Gas-Gesellschaft in

Agram. (Zu Ehren der Dahingeschiedenen erhebt sich die Versammlung.)

Ihrem Austritt meldeten 21 Mitglieder ordnungsmässig an und 11 Mitglieder mussten, theils wegen unbekannten Aufenthaltes, theils wegen Nichterfüllung Ihrer Beitragsleistungen aus den Listen gestrichen werden.

Diesem Abgange von 36 Mitgliedern steht ein Zuwachs von 61 Mitgliedern gegenüber, so dass der Stand mit Ende 1897 576 Mitglieder betrug.

Dieselben vertheilen sich hinsichtlich ihrer Domicile wie folgt:

Auf Wien 283;
auf die österreichischen Kronländer, u. zw. auf

Böhmen	67
Niederösterreich	14
Mähren	13
Galizien	10
Steiermark	10
Tirol und Vorarlberg	10
Oberösterreich	9
Küstenland	6
Bukowina	3
Dalmatien	3
Salzburg	3
Schlesien	2
Kärnten	1
Krain	1
in Summa	152;

auf die Länder der ungarischen Krone, u. zw. auf

Ungarn	51
Croatien und Slavonien	4
Siebenbürgen	2
in Summa	57;

auf Bosnien und Herzegowina 4

und somit auf Oesterreich-Ungarn und Bosnien-Herzegowina: 283 Wiener und 213 auswärtige, d. i. in Summa 496 Mitglieder; ferner auf das Ausland u. zw. auf

Deutschland	44
Schweiz	7
Russland	6
Italien	4
Frankreich	3
Niederlande	3
Vereinigte Staaten von Nordamerika	3
Belgien	2
England	2
Portugall	2
Australien	1
Rumänien	1
Schweden und Norwegen	1
Spanien	1
in Summa	80;

das sind im Ganzen die vorausgewiesenen 576 Mitglieder.

Im laufenden Jahre sind bisher dem Vereine 18 Wiener und 12 auswärtige Mitglieder beigetreten; es hat derselbe somit am heutigen Tage einen Stand von 301 Wiener und 305 auswärtigen Mitgliedern, daher im Vergleiche zur Generalversammlung des Vorjahres die Gesammtzahl ein neuerliches Steigen um 30 Mitglieder aufweist.

Die laufenden Geschäfte erledigte Ihr Ausschuss in 11 Sitzungen, während die ständigen und ad hoc eingesetzten Comités ihren Arbeiten 48 Sitzungen widmeten.

Hier sind vor Allem die Arbeiten unseres Regulativ-Comité's hervorzuheben, welches den Entwurf der vom Redactions-Comité des Verbandes deutscher Elektrotechniker ausgearbeiteten „Sicherheits-Vorschriften für Anlagen mit Spannungen über 1000 Volt" in eingehender Weise in Berathung zog und eine Anzahl von Abänderungs-Vorschlägen obigem Redactions-Comité einsandte.

Bei der vom 7. bis 10. Mai in Eisenach stattgehabten Delegirten-Conferenz, welche die Schlussberathung über diese Sicherheits-Vorschriften vorzunehmen hatte, war unser Verein durch Herrn Ingenieur Ross vertreten, und können wir mit besonderer Genugthuung constatiren, dass der grösste Theil der von unserem Regulativ-Comité ausgegangenen Abänderungs-Vorschläge zur Annahme gelangte.

Das Statuten-Revisions-Comité hat seine Arbeiten, soweit selbe die Statuten selbst betreffen, beendet. Nachdem aber die Geschäftsordnung mit denselben in innigem Zusammenhange steht, so wurde das Comité ersucht, auch die alte Geschäftsordnung einer Revision zu unterziehen, um sodann beide Elaborate gemeinsam in weitere Berathung ziehen zu können.

An 16 Vereinsabenden wurden Vorträge gehalten, die gleich den 2 Excursionen, u. zw. in die Accumulatoren-Fabrik der Herren Wüste und Rupprecht in Baden und in die Centrale der Internationalen Electricitäts-Gesellschaft Wien, sich der regen Theilnahme seitens der Vereinsgenossen erfreuten.

Die corporative Betheiligung am V. Verbandstage Deutscher Elektrotechniker in Eisenach wurde durch das verspätete Einlangen der bezüglichen Einladung leider unmöglich gemacht.

Was den zweiten Cyklus gemeinverständlicher Vorträge 1896—97 anbelangt, so kann constatirt werden, dass derselbe hinsichtlich des Gebotenen auf gleicher Höhe mit dem ersten Cyklus stand, dass aber die Theilnahme seitens des Publikums nachgelassen hatte, und somit das finanzielle Ergebnis sich nicht so günstig gestaltete wie beim ersten Cyklus.

Zum Schlusse hat Ihnen der Ausschuss noch über eine im verflossenen Jahre eingeleitete Action Bericht zu erstatten, welche unser Vereinsorgan betrifft.

Die bisherige halbmonatliche Erscheinungsweise unseres Vereins-Organs machte es unserem Redacteur unmöglich, mit den ausländischen, wöchentlich erscheinenden Fachblättern auch nur annähernd gleichen Schritt halten zu können.

Ueberdies mussten die Autoren-Honorare so bescheiden bemessen werden, dass es sehr schwer hielt, gediegene Arbeiten zu erhalten.

Wenn trotz dieser durch die Verhältnisse bedingten Sparsamkeit die Kosten für die Zeitschrift die hiefür zur Verfügung stehenden Mittel überschritten, wie dies der Bericht Ihres Herrn Cassaverwalters darthun wird, so ist es klar, dass andere höchst wünschenswerthe Ausgestaltungen zum Wohle der Mitglieder, von denen wir nur die Schaffung eines entsprechend ausgestatteten Lesezimmers und die Vergrösserung unserer Bibliothek hier anführen wollen, nothgedrungen unterbleiben mussten.

Um nun in dieser Hinsicht Wandel zu schaffen, bezw. um die wöchentliche Erscheinung der Zeitschrift zu ermöglichen, die dadurch bedingte Mehrleistung des Redacteurs entsprechend honoriren, die Autoren-Honorare erhöhen und den Vereinsmitgliedern die vorangedeuteten Verbesserungen schaffen zu können, war es erforderlich, unseren Vereine ausserordentliche Hilfsquellen zu eröffnen.

Zu diesem Behufe nahm Ihr Präsident mit den elektrotechnischen Firmen des Inlandes Fühlung, und erklärten sich dieselben nahezu einhellig bereit, unseren Verein nach Massgabe ihrer Kräfte durch Zahlung ausserordentlicher Beiträge während der nächsten fünf Jahre zur Erreichung der angestrebten Ziele unterstützen zu wollen.

Es sei uns gestattet, diese Firmen hier anzuführen und denselben gleichzeitig im Namen unseres Vereines für die munificente Unterstützung, welche sie demselben zutheil werden lassen, den verbindlichsten Dank auszusprechen.

Es sind dies:

Allgemeine Elektricitäts-Gesellschaft Berlin durch Jordan & Treier in Wien.

Allgemeine Oesterreichische Elektricitäts-Gesellschaft in Wien.

Aron, Elektricitätszähler-Fabrik in Wien,

Bartelmus & Co., Elektrotechnisches Etablissement in Brünn.

Commandit-Gesellschaft Jordan & Treier in Wien.

Deckert & Homolka. Elektrotechnisches Etablissement in Wien,

Elektricitäts-Gesellschaft Felix Singer & Co. in Wien.

Felten & Guilleaume. Kabelfabrik in Wien.

Franz Křižik. Elektrotechnisches Etablissement in Prag-Karolinenthal.

Ganz & Co., Action-Gesellschaft in Budapest-Leobersdorf.

General-Repräsentanz der Accumulatoren-Fabriks-Action-Gesellschaft General-Repräsentanz Wien.

Hauptmann Grünebaum in Wien,

Internationale Elektricitäts-Gesellschaft in Wien,

Kabelfabriks-Action-Gesellschaft vorm. Otto Bondy in Wien.

Leopolder & Sohn. Telegrafenbau-Anstalt in Wien,

Oesterreichische Schuckert-Werke in Wien.

Schiff & Co., Fabrik elektrischer und galvanischer Kohlen in Wien.

Siemens & Halske. Action-Gesellschaft in Wien.

Vereinigte Elektricitäts-Action-Gesellschaft vorm. B. Egger & Co. in Wien,

Vereinigte Telephon- und Telegraphen-Fabrik Czeija, Nissl & Co. in Wien.

Wiener Elektricitäts-Gesellschaft in Wien.

Wüste & Rupprecht, Accumulatoren-Fabrik Baden und Wien.

Als auf diese Weise die finanzielle Frage gelöst und dem wöchentlichen Erscheinen unseres Vereins-Organes ab 1. Jänner 1898 nichts mehr hindernd im Wege stand, gab Herr Hofrath Kareis, der, wie Ihnen ja bekannt, unsere Zeitschrift seit der im Jahre 1883 erfolgten Gründung unseres Vereines mit bescheidenen Mitteln in so dankenswerther und umsichtiger Weise redigirt hat, die Erklärung ab, dass es ihm angesichts der in Aussicht genommenen Erweiterung

des Vereinsorganes wegen Zeitmangel unmöglich sei, die Redaction weiterführen zu können und er sich daher gezwungen sehe, die Redaction niederzulegen.

Behufs Erlangung eines würdigen Remplaçanten musste daher eine Concurrenz ausgeschrieben werden, deren Ergebnis darin gipfelte, dass Herr Dr. Sahulka für den Redacteurposten gewonnen wurde.

Nachdem unser Vereinsorgan nunmehr in seiner neuen Form bereits durch 3 Monate erschienen ist, und, wie wir wohl anzunehmen berechtigt sind, auch den allgemeinen Beifall gefunden hat, so wird Ihr Finanz- und Wirthschafts-Comité nunmehr in der Lage sein, auf Basis der Kosten dieses ersten Quartales eine Bilanzirung der total geänderten Einnahmen und Ausgaben vorzunehmen, um jene Beträge festzustellen, die den vorerwähnten weiteren Verbesserungen gewidmet werden können."

Der Vorsitzende fragt, ob Jemand hiezu eine Bemerkung zu machen wünsche, was nicht der Fall ist, und gibt sodann das Ergebnis der Wahl des Vice-Präsidenten bekannt. Von abgegebenen 34 Stimmzetteln entfielen 32 auf Hofrath Volkmer, welcher somit als gewählt erscheint. (Allgemeiner Beifall.)

Hofrath Volkmer, welcher die Wahl annimmt, dankt für das Vertrauen. Er sei zwar durch die heurige Jubiläums-Ausstellung und insbesondere durch die Ausstellung in Paris im Jahre 1900, wo er in fünf Comités sei, besonders angestrengt, wolle aber dem Vereine seine Willfährigkeit trotz dieser Ueberbürdung beweisen, zumal sich auch seine Gesundheit gebessert habe, und werde er bestrebt sein, seiner Pflicht bestens nachzukommen. (Lebhafter Beifall.)

Der Vorsitzende schreitet nun über Genehmigung der Versammlung vorerst zu Punkt 6 der Tagesordnung: Wahl von 6 Ausschussmitgliedern.

Herr Ober-Baurath Granfeld erstattet den Vorschlag des Wahleomités, wobei er bemerkt, dass die ausscheidenden Herren wohl wieder wählbar seien, das Wahleomité jedoch im Sinne der diesbezüglichen Ausschussbeschlüsse die Wahl neuer Ausschussmitglieder empfehle, um dem Ausschusse neue Kräfte zuzuführen.

Der Vorsitzende fügt dem Gesagten noch hinzu, dass durch den bedauerlichen Austritt des Herrn Ingenieurs v. Winkler 6 Mitglieder in den Ausschuss zu wählen seien.

Nach erfolgter Stimmenabgabe schreitet der Vorsitzende zu Punkt 2 der Tagesordnung und ertheilt dem Cassaverwalter Herrn Director Wüste zur Erstattung des Berichtes das Wort:

„Meine Herren!

Die Jahresrechnung pro 1897 unseres Vereines erlaube ich mir Ihnen, wie folgt, zur Kenntnis zu bringen. (Siehe nächste Seite.)

Entsprechend der grösseren Anzahl der Mitglieder, welche im vergangenen Jahre unseren Verein angehörten, haben sich die Beiträge derselben dem Jahre 1896 gegenüber um mehr als 200 fl. erhöht.

Die Einnahmen aus der Zeitschrift haben sich dem Vorjahre gegenüber nicht geändert. Dieselben betrugen im Jahre 1896 2458·07 fl., im vergangenen Jahre 2446·98 fl.

Jahres-Rechnung pro 1897.

	Einnahmen.	fl.	kr.	fl.	kr.
1.	Saldo vom 1. Jänner 1897 . . .			66	75
2.	Beiträge ordentlicher Mitglieder:				
	a) Bezahlte rückständigeMitglieder-				
	Beiträge pro 1896	128	97		
	b) Bezahlte Mitglieder - Beiträge				
	pro 1897	4615	03		
	c) Bezahlte Mitglieder - Beiträge				
	pro 1898	147	16		
	d) Bezahlte Eintrittsgebühren . . .	109	50		
	e) Agio der Beiträge von aus-				
	wärtigen Mitgliedern	71	64	5072	30
3.	Zinsen der Effecten und der Post-				
	sparcassa			327	71
4.	Einnahmen aus der Zeitschrift:				
	a) Privatabonnenten	9	40		
	b) Commissions-Verlag	843	75		
	c) Inseraten-Pacht und Beilagen .	1525	—		
	d) Erlös aus dem Verkaufe von				
	Einzelheften	20	68		
	e) Rückersatz der Clichékosten. .	48	15	2446	98
5.	Einnahmen aus dem Vortrags-				
	Cyklus:				
	Erlös für verkaufte Karten . .			422	55
6.	Bezahlte ausserordentliche Bei-				
	träge pro 1898			1400	—
7.	Diverse Einnahmen			199	07
				9935	36

	Ausgaben:	fl.	kr.	fl.	kr.
1.	Inventar-Conto:				
	a) Mobilien-Conto; Neuanschaffungen	6	40		
	b) Biblioth.-Conto: Neuanschaffungen	40	77	47	17
2.	Ausgaben für die Zeitschrift:				
	a) Druck-Kosten	2427	74		
	b) Cliché-Kosten	1038	49		
	c) Autoren-Honorare	880	15		
	d) Redacteur-Honorar	800	—		
	e) Porto für die Zeitschrift . .	238	01	5384	39
3.	Bureau-Kosten-Conto:				
	a) Vereinslocal-Miethe	500	—		
	b) Gehalte, Löhne, Remunerationen	1365	—		
	c) Drucksorten	225	75		
	d) Beleuchtung, Heizung, Reinigung	139	28		
	e) Porto-Auslagen	243	31		
	f) Diverse Bureau-Auslagen	198	21	2666	55
4.	Ausgaben für den Vortrags-Cyklus:				
	a) Saal-Miethe	397	50		
	b) Stenographen-Honorar	2	—		
	c) Diverse Auslagen anlässlich des				
	Vortrags-Cyklus	687	46	1086	96
5.	Auslagen anlässlich Excursionen .			5	—
6.	Provision an die Postsparcassa .			7	63
7.	Diverse Ausgaben			673	70
8.	Cassa-Saldo am 31. December 1897			63	96
				9935	36

Wien, 31. December 1897.

Das Revisions-Comité:

Dr. **Julius Miesler** m. p.   **E. Jordan** m. p.

Der Schriftführer: Der Cassaverwalter:

F. Bechtold m. p.   **F. Wüste** m. p.

Als ausserordentliche Einnahmen verzeichnen wir im vergangenen Jahre die Einnahmen aus dem Vortrags-Cyklus, und zwar „Erlös für verkaufte Karten" 422·55 fl., sowie die bezahlten ausserordentlichen Beiträge pro 1898 von Seiten zweier Firmen im Totalbetrage von 1400 fl. Da letztgenannter Betrag gemäss den Intentionen der Beitragenden, für die dem Vereine im Jahre 1898 erwachsenden Mehrkosten, welche ihm in erster Linie aus der Redigirung und Erweiterung der Zeitschrift entstehen, zur Verwendung gelangen soll, so erscheint

diese Post in der weiter unten angeführten Bilanz als Passiv-Post aufgeführt.

Was die Ausgaben anbelangt, so haben sich dieselben für das Inventar-Conto auf ein Minimum beschränkt.

Die Ausgaben für die Zeitschrift haben sich dem Vorjahre gegenüber um circa 30 fl. niedriger gestellt, während die Bureau-Kosten eine Steigerung von 180 fl. dem Vorjahre gegenüber, erfahren haben. Die diversen Ausgaben sind im Verhältnis zum Jahre 1896 um 280 fl. gestiegen, von welchem Betrag circa 190 fl. auf Arbeiten des Regulativ-Comités entfallen. An Gebühren und Personal-Einkommensteuer wurden im letzten Jahre 199·90 fl. verausgabt, welche ebenfalls das Conto „Diverse Ausgaben" belasten.

Was die Post c der Ausgaben für den Vortrags-Cyklus „Diverse Ausgaben anlässlich des Vortrags-Cyklus" anbelangt, so enthält dieselbe, ausser den Auslagen, welche durch den experimentellen Theil dieser Vorträge, sowie den Bureau- und Cassendienst für dieselben hervorgerufen wurden, den Betrag von 330 fl. für an die Herren Vortragenden bezahlte Ehrenhonorare.

Es sei gestattet, hier eine Zusammenstellung der anlässlich der beiden Vortrags-Cyklen gehabten Einnahmen und Ausgaben einzufügen.

Einnahmen:

1895	. . .	fl. 2435·40
1896	. . .	„ 1745·90
1897	. . .	„ 422·55

Summa der Einnahmen . . . . fl. 4603·85

Ausgaben:

1895	. . .	fl. 414·64
1896	. . .	„ 1226·38
1897	. . .	„ 1086·96

Summa der Ausgaben . . . . . . fl. 2727·98

Mithin Erträgnis der Cyklen 1895/96, 1896/97 fl. 1875·87

Wenn wir bei den Einnahmen den Saldo vom 1. Jänner 1897 per 66·75 fl., die ausserordentlichen Einnahmen aus dem Vortrags-Cyklus per 422·55 fl. und die bezahlten ausserordentlichen Beiträge pro 1898 per 1400 fl. ausscheiden, so ergibt sich eine Reineinnahme pro 1897 von 8046·06 fl.

Wenn wir bei den Ausgaben von den Ausgaben für den Vortrags-Cyklus per 1086·96 fl. und vom Cassa-Saldo vom 31. December 1897 per 63·96 fl. absehen, so stellen sich die ordentlichen Ausgaben für das verflossene Jahr auf 8784·44 fl. und weist mithin das Jahr 1897 ein Ueberwiegen der ordentlichen Ausgaben im Vergleiche zu den ordentlichen Einnahmen im Betrage von 738.38 fl. aus.

Aus dieser Zusammenstellung ist zu ersehen, dass die bisherigen normalen Einnahmen nicht mehr im Stande sind, die unumgänglich nothwendigen Ausgaben zu decken, ein Umstand, der in erster Linie darin seine Erklärung findet, dass das Budget der Zeitschrift uns zu stark belastet.

So beträgt im verflossenen Jahre die Differenz zwischen den Ausgaben und Einnahmen, welche dem Verein aus der Herausgabe der Zeitschrift erwuchsen, 2937·41 fl.

Es liesse sich diesen Ausführungen gemäss gewiss nicht leugnen, dass unserem Verein, wenigstens in finanzieller Beziehung, trübe Zeiten bevorstünden, wenn nicht, wie Ihnen bereits durch den soeben verlesenen Jahresbericht bekannt, sich eine Anzahl von Freunden unseres Vereines bereit erklärt hätten, durch eine Reihe von

Jahren einen ganz bedeutenden Betrag (6900 fl.) an ausserordentlichen Beiträgen zu leisten, welche in erster Linie für die Zeitschrift Verwendung finden sollen. Die diesbezüglichen Schritte sind bereits von Ihrer Vereinsleitung eingeleitet worden und ist Ihnen ja Allen die neue Form unseres Organes bekannt.

Es wird nun Sache Ihrer Vereinsleitung sein, die Einnahmen und Ausgaben für die Zeitschrift derartig zu reguliren, dass aus dieser Post, wenigstens in den nächsten Jahren, keine finanzielle Gefahr für den Verein mehr erwächst und hoffen wir, dass sich im Laufe des nächsten Quinquenniums unser Verein derartig finanziell kräftigt, dass wir dann auch ohne an das besondere finanzielle Wohlwollen unserer Gönner und Freunde weiter appelliren zu müssen, in der Lage sein werden, die uns gesteckten Anfgaben zu erfüllen.

Es bleibt mir nur noch übrig, Ihnen die Bilanz pro 31. December 1897 zur Kenntnis zu bringen.

Diese setzt sich wie folgt zusammen:

Bilanz pro 31. December 1897.

	Activa.	fl.	kr.	fl.	kr.
1.	**Mitglieder-Conto:** Rückständige Mitgliederbeiträge nach Abzug der uneinbringlichen			286	45
2.	**Effecten Conto:** N. Kr. 13.500.— zum Course von fl. 100.— (40% Staatsrente)	6750	—		
	N. Fl. 500. - 4½% ungar. Boden-Credit-Obligationen à fl. 100.—	500	—	7250	—
3.	**Cassa-Conto:** Saldo vom 31. December 1897			63	96
	Summe der Activa			7600	41

	Passiva.	fl.	kr.	fl.	kr.
1.	**Vorausbezahlte Mitgliederbeiträge**			147	16
2.	**Bezahlte ausserordentliche Beiträge pro 1898**			1400	—
3.	**Activsaldo**			6053	25
				7600	41

Vermögenstand am 31. December 1896 . . . fl. 6807·60
"   "   31.   "   1897 . . . " 6053·25
Mithin Abgang . . . . fl. 754·35

Wien, am 1. Jänner 1898.

Der Schriftführer: Der Cassaverwalter:
F. Bechtold m. p.   **F. Wüste m. p.**

Nach meinen vorhergegangenen Ausführungen kann es Sie nicht überraschen, dass diese Bilanz mit einem Abgange von fl. 754·35 abschliesst.

Analog den vorjährigen Buchungen haben wir unter den Activen das Mobilien- und Bibliotheks-Conto nicht eingestellt und den Cours der Effecten zum Nominalwerthe, also unter dem Börsenwerthe, angenommen.

Ich schliesse mit dem Ersuchen, die Jahresrechnung und Bilanz genehmigend zur Kenntnis nehmen zu wollen." (Lebhafter Beifall.)

Der Vorsitzende fragt, ob Jemand hiezu das Wort zu ergreifen wünsche. Nachdem dies nicht der Fall,

übergeht er zu Punkt 3 der Tagesordnung: Bericht des Revisions-Comités.

Herr Ernst Jordan verliest folgenden Revisionsbefund:

„Wir haben die Bücher und Rechnungen sammt allen Belegen eingehend geprüft und uns durch vielfache Stichproben von der richtigen Buchführung Ueberzeugung verschafft.

Wir bestätigen den Effectenstand und erlauben uns den Antrag zu stellen, dem löblichen Ausschusse das Absolutorium zu ertheilen und dem Herrn Cassaverwalter für die vielfachen Bemühungen den wärmsten Dank auszusprechen."

Wien, den 12. März 1898.

Das Revisions-Comité:

Ernst Jordan m. p.   Dr. Jul. Miesler m. p.
(Beifall.)

Der Antrag auf Ertheilung des Absolutoriums gelangt hierauf einstimmig zur Annahme, womit Punkt 4 der Tagesordnung erledigt ist.

Ad Punkt 7 der Tagesordnung: Wahl von drei Mitgliedern des Revisoren-Comités, beantragt Herr Oberbaurath Granfeld die Wahl der bisherigen Revisoren, der Herren Ernst Jordan, Dr. Julius Miesler und Alois Reich per Acclamation vorzunehmen. (Angenommen.)

Sodann gibt der Vorsitzende das Ergebnis der Ausschusswahlen wie folgt bekannt:

Abgegeben wurden 36 Stimmzettel und erscheinen gewählt:

Herr Ober-Ing. Klose mit 35 Stimmen
"   Director Frisch   "   33   "
"   Ober-Ing. Illner   "   32   "
"   Dr. Reithoffer   "   31   "
"   k. k. Baurath Barth
"   v. Wehrenalp   "   27   "
"   R. Latzko   "   23   "

Der Vorsitzende begrüsst die neugewählten Ausschussmitglieder, spricht dem abtretenden Vice-Präsidenten Herrn Dr. Sahulka, sowie den ausscheidenden Ausschussmitgliedern, weiters dem Schriftführer und dem Cassaverwalter namens des Vereines unter lebhafter Zustimmung der Versammlung den Dank aus und erklärt sodann die XVI. ordentliche Generalversammlung für geschlossen.

Der Präsident:

Prof. Schlenk m. p.

Die Verificatoren: Der Schriftführer:

F. Brunbauer m. p.   F. Bechtold m. p.
Ing. Fr. Brock m. p.

Unserer heutigen Auflage liegt eine Beilage bei von **Julius Springer, Berlin**, worauf wir unsere Leser aufmerksam machen.

Schluss der Redaction: 12. April 1898.

Verantwortlicher Redacteur: Dr. J. Sahulka. — Selbstverlag des Elektrotechnischen Vereines.
Commissionsverlag bei Lehmann & Wentzel, Wien. — Alleinige Inseraten-Aufnahme bei Haasenstein & Vogler (Otto Maass), Wien und Prag.
Druck von R. Spies & Co., Wien.

Zeitschrift für Elektrotechnik.

Organ des Elektrotechnischen Vereines in Wien.

| Heft 17. | WIEN, 24. April 1898. | XVI. Jahrgang. |

Bemerkungen der Redaction: Ein Nachdruck aus dem redactionellen Theile der Zeitschrift ist nur unter der Quellenangabe „Z. f. E. Wien" und bei Originalartikeln überdies nur mit Genehmigung der Redaction gestattet.

Die Einsendung von Originalarbeiten ist erwünscht und werden dieselben nach dem in der Redactionsordnung festgesetzten Tarife honorirt. Die Anzahl der vom Autor eventl. gewünschten Separatabdrücke, welche zum Selbstkostenpreise berechnet werden, wolle stets am Manuscripte bekanntgegeben werden.

INHALT:

Rundschau.

In Wiedemann's Annalen 1898. pag. 233. veröffentlicht Hermann Simon interessante Beobachtungen über akustische Erscheinungen am elektrischen Lichtbogen. Simon beobachtete zunächst, dass in dem Falle, wenn zum Stromkreise einer Bogenlampe die zu einem Inductorium führende Leitung parallel gelegt war, der Lichtbogen jedesmal mittönte, wenn das Inductorium in Thätigkeit war; diese Erscheinung bildete den Ausgangspunkt weiterer Untersuchungen. Schaltet man in die Stromleitung des Lichtbogens einen kleinen Transformator ein, dessen Secundärkreis durch einen Accumulator und ein Mikrophon geschlossen ist, so wird in dem Falle, wenn das Mikrophon mit einer tönenden Stimmgabel berührt wird, der Ton vom Lichtbogen wiedergegeben; ebenso wird Pfeifen, Klopfen, Singen und selbst die Sprache übertragen. Für Wahrnehmung der vom Lichtbogen wiedergegebenen Töne bediente sich Simon eines Glastrichters, welchen er gegen den Lichtbogen hielt; an den Trichter waren Hörschläuche angeschlossen. Im rotirenden Spiegel konnten keine Veränderungen am Lichtbogen beobachtet werden; ein langer Lichtbogen erwies sich günstiger als ein kurzer. Der Lichtbogen kann auch als Sender benützt werden; man hat zu diesem Zwecke nur anstatt des Accumulators und Mikrophons ein Telephon einzuschalten. Singt man durch den Trichter gegen den Lichtbogen, so wird der Ton vom Telephone wiedergegeben. Die Erklärung, welche Simon von diesen Erscheinungen gibt, ist folgende: Wenn der Lichtbogen als Empfänger benützt wird, so bewirken die kleinen Stromschwankungen, welche durch das Mikrophon, bezw. durch den Transformator im Stromkreise des Lichtbogens erzeugt werden, kleine Temperaturänderungen im Lichtbogen und dadurch Dichtigkeitsänderungen der umgebenden Luft, welche akustisch wahrgenommen werden. Umgekehrt werden in dem Falle, wenn der Lichtbogen als Sender benützt wird, durch die Schallwellen Dichtigkeitsänderungen der Luft und daher Widerstandsänderungen im Lichtbogen bewirkt, welche Stromschwankungen zur Folge haben.

Vor kurzer Zeit entstand in der Telephon-Centrale in Zürich ein Brand, welcher dadurch verursacht worden sein soll, dass die ober einer Starkstromleitung geführten Telephon-Leitungen rissen und mit der Starkstromleitung in Berührung kamen. Es werden bekanntlich verschiedene Schutzmittel gegen einen derartigen Vorfall angewendet. Man ersetzt die Schwachstromleitungen, soweit sie oder Starkstromleitungen verlaufen, durch isolirte Luftleitungen, oder man lässt die Schwachstromleitungen die Strassen, in welchen eine Starkstromluftleitung geführt ist, nur an einzelnen Stellen kreuzen und bringt an den Kreuzungsstellen Schutzdächer, oder an Stelle derselben eine Reihe parallel gespannter Schutzdrähte an, welche verhindern sollen, dass die etwa reissenden Schwachstromleitungen mit den Starkstromleitungen in Berührung kommen; auch benützt man eventuell an den Kreuzungsstellen für die Schwachstromleitungen unterirdisch verlegte Kabel. Das in manchen Städten und auch in Wien angewandte Schutzmittel, dass man die Luftleitung einer elektrischen Bahn an den Stellen, wo sie von Schwachstromleitungen gekreuzt werden, mit Holzleisten bedeckt, kann wohl kaum einen Schutz bieten, da ein abgerissener Schwachstrom-Leitungsdraht sich in der Regel um die Starkstromleitung herumschlingt und dadurch mit dieser trotz der Holzleiste in Contact kommt; das Trolley des nächsten Wagens bewirkt sicher den Contact. Wählt man an den Kreuzungsstellen isolirte Schwachstrom-Luftleitungen, so ist für längere Zeitdauer auch kein vollkommener Schutz gewährleistet, weil die Isolation infolge der atmosphärischen Einflüsse schadhaft werden kann. Die Verwendung unterirdisch verlegter Schwachstrom-Leitungskabel an den Kreuzungsstellen bietet natürlich vollkommenen Schutz. In allen Fällen, in welchen kein vollkommener Schutz gegen Contact der Schwachstromleitung mit einer Starkstromleitung besteht, sollten in die Schwachstromleitungen Sicherungen eingeschaltet werden. An den Ueberführungs-Objecten, wo der Uebergang von Luftleitungen in Kabel stattfindet, sind solche Sicherungen anzubringen, welche nur die Leitung allein zu schützen haben und daher für einige Ampère Abschmelz-Stromstärke dimensionirt sein können; diese Sicherungen sollen infolge der schwachen atmosphärischen Entladungen, welche während der Gewitter in einer für das Auge nicht sichtbaren Weise stattfinden, nicht abschmelzen. Bei den Telephon-Abonnenten in der Centrale vor den Endapparaten oder Telegraphen-Apparaten sind Sicherungen zwischen den Blitzschutz-Vorrichtungen und Apparaten anzubringen, welche in sicherer Weise im Falle eines Contactes zwischen Schwachstrom- und Starkstromleitungen zu functioniren haben. Die Abschmelz-Stromstärke darf nur wenige Zehntel Ampère betragen; die Länge des Abschmelzdrahtes muss so bemessen sein, dass kein Lichtbogen stehen bleibt. Wegen der geringen Abschmelz-Stromstärke können nur Metalldrähte mit Anschluss der Bleidrähte, oder Kohlenfäden als Abschmelzdrähte verwendet werden; das Glühen der Abschmelzdrähte darf keine Feuersgefahr bewirken und müssen die Sicherungen entsprechend construirt sein. Bei Anwendung dieses Schutzmittels ist wohl jede Brandgefahr ausgeschlossen.

In Deutschland hat sich in den letzten beiden Jahren zweimal der Fall ereignet, dass Jemand aus dem Kabelnetze einer Elektricitäts-Gesellschaft ohne Wissen der Gesellschaft Strom entnommen hat und von der gegen ihn erhobenen Diebstahlsanzeige sowohl von dem Gerichte erster Instanz als auch von dem Reichsgerichte freigesprochen wurde, da die Elektricität nicht als eine bewegliche Sache angesehen werden konnte und daher das Kriterium des Diebstahls nicht gegeben war. Diese gerichtlichen Entscheidungen gaben Veranlassung, dass in einzelnen Staaten Gesetze gegen den Diebstahl von Elektricität erlassen wurden. In der „E. T. Z." ist im Hefte 14 dieses Jahrganges in einem Aufsatze von Prof. Dr. Meili die Entwendung von Elektricität vom juristischen Standpunkte in eingehender Weise erwogen. In dem Rundschau-Artikel ist in derselben Nummer mitgetheilt, dass auch in Deutschland gesetzliche Bestimmungen gegen den Diebstahl der Elektricität erlassen werden dürften. Infolge des Interesses, welches die Angelegenheit allgemein erregt hat, wurde am Verbandstage der deutschen Elektrotechniker über Anregung der Elektrotechnischen Gesellschaften zu Frankfurt a. M. und Leipzig eine Commission gewählt, welche eine Eingabe an den Reichskanzler und Handels-Minister zu verfassen hatte. Die Eingabe, welche die Commission überreicht hat, bezweckt, es möge im Reichsstrafgesetzbuche nach § 242. Abth. 1. der Satz eingefügt werden: „die gleiche Strafe trifft Denjenigen, welcher einer von einem Anderen betriebenen Kraftanlage Arbeit entnimmt, in der Absicht, dieselbe sich rechtswidrig anzueignen."

Wir sind der Ansicht, dass in dem Falle, wenn Jemand ohne Wissen der Elektricitäts-Gesellschaft einen Anschluss an das Kabelnetz macht, schon eine boshafte Beschädigung fremden Eigenthumes vorliegt. Sobald derselbe auch Strom entnimmt, hat er einen Betrug begangen, denn das österr. Strafgesetz, § 197, lautet: „Wer durch listige Vorstellungen oder Handlungen einen Anderen in Irrthum führt, durch welchen Jemand, sei es der Staat, eine Gemeinde oder andere Person, an seinem Eigenthume oder anderen Rechten Schaden leiden soll; oder wer in dieser Absicht und auf die oberwähnte Art eines Anderen Irrthum oder Unwissenheit benützt, begeht einen Betrug; . . . Es ist dabei gar nicht nothwendig, dass die Elektricität in juristischem Sinne als eine Sache, als eine Kraft oder Zustandsänderung irgendwie definirt wird. Thatsächlich ist die Stromentnahme die Nutzniessung einer Arbeit, gleichgiltig zu welchem Zwecke der Strom verwendet wird. Der Stromconsum ist als Arbeitsmiethe anzusehen und hat in vereinbarter Weise gegen Entgelt stattzufinden. Ein zu dem besprochenen Falle analoger ist der, dass Jemand ohne Bezahlung einer Fahrkarte eine Fahrt in einem Eisenbahnzuge mitmacht. Zur Durchführung des Transportes ist eine Arbeitsleistung nothwendig; der

ohne Fahrkarte Fahrende hat keine bewegliche Sache entwendet, also auch keinen Diebstahl begangen, hat sich aber des Betruges schuldig gemacht. Gegen die Anschauung, dass man die Elektricität in juristischem Sinne als Sache und die unbefugte Stromentnahme als Diebstahl ansehen soll, scheint uns noch ein Grund zu bestehen. Wenn Jemand aus einem Niederspannungsnetze ein Anderer aus einem Hochspannungsnetze gleiche Mengen elektrischer Energie entnimmt, so hätte sich der letztere des Diebstahles in geringerem Masse schuldig gemacht, als der erstere, weil er bei gleicher Energieentnahme viel weniger Strom, also viel weniger Elektricität entnommen hat.

Im „Electrical Engineer", London, Heft 11, ist das Kenway'sche System der oberirdischen Stromzuführung für elektrische Bahnen beschrieben, welches dadurch gekennzeichnet ist, dass für doppelgeleisige Bahnen eine einzige Stromleitung nothwendig ist; dieselbe wird von Auslegern, welche seitlich von den beiden Geleisen angebracht sind, getragen. Der Stromabnehmer ist ein verticaler, cylindrischer Stab, der sich nicht von unten, sondern seitlich an die Stromleitung anlegt und von einem Trolley-Arme getragen wird. Der Trolley-Arm ist an einem Ständer befestigt, welcher in gewissen Grenzen eine Verstellung des Armes gestattet; solange die Verstellung nicht gemacht wird, behält der stromabnehmende Stab stets die gleiche Höhe über der Bahntrace.

Die Stromabnehmer sind bei den entgegengesetzter Richtung fahrenden Wagen in der Höhe ein wenig verschieden eingestellt. Am oberen und unteren Ende der Stromabnehmer ist je ein um die vertikale Achse drehbarer kleiner Stern angebracht. Durch dieses Hilfsmittel wird erzielt, dass die Stromabnehmer zweier in entgegengesetzter Richtung fahrenden Wagen sich leicht übereinander hinwegbewegen können. Ein Nachtheil des Systemes scheint darin gelegen zu sein, dass beim Wechsel der Fahrtrichtung die Trolley-Arme etwas verstellt werden müssen; auch dürften bei grösserer Fahrgeschwindigkeit die Stromabnehmer stets in sehr heftiger Weise aneinanderstossen. Wir führen dies nicht an, um das System zu bemängeln und werden, wenn die Versuche unsere Bedenken widerlegen, dies gerne berichtigen.

Die Bogenlampen mit geschlossener Glocke und hoher Voltzahl werden nun, wie wir einem Artikel im „Electrical World" in Nr. 13 von Hallberg entnehmen, nun auch bei den Serien-Lampenstromkreisen versuchsweise verwendet. Die Lampen erhalten in diesem Falle natürlich keine Vorschaltwiderstände. Anstatt der bisher üblichen Lampen von 10 A und 45 bis 50 V (500 Watt) verwendet man nun Lampen von 7 A und 70 V. Der Energieverbrauch ist derselbe; die Lichtstärke soll auch im Mittel dieselbe sein. Da in hellen Mondnächten und in dem Falle, wenn der Boden mit Schnee bedeckt ist, eventuell auch überhaupt nach Mitternacht nicht so viel Licht benöthigt wird als Abends, hat man in Bogenlampenkreisen Nebenschlusslampen verwendet, welche auf constante Voltzahl und zwar 70 V einreguliren. Solange viel Licht gebraucht wird, lässt man die Bogenlicht-Dynamos mit 7 A Stromstärke arbeiten; bei geringerem Lichtbedarfe reducirt man die Stromstärke auf 4·5 oder 6·5 A. Wie schon im Rundschauartikel in Heft 15 bemerkt wurde, müssen die Nebenschluss-Magnete der Lampen gegen Durchbrennen geschützt sein.

Im „Electrical Engineer", New-York. Nr. 509 ist ein interessanter Artikel von Rushmore über Dynamos, welche mehrfache Betriebsspannungen geben, enthalten; der Artikel ist in diesem Hefte übersetzt. In derselben Zeitschrift sind die Versuchsergebnisse beschrieben, welche mit den Bogenlampenkohlen der Open Arc Carbon Co. in New-York erzielt wurden. Beide Kohlen sind mit einer tiefen Längsrinne versehen; dadurch soll erzielt werden, dass der Lichtbogen stets an der Spitze der Kohlen bleibt und dass der Krater viel ausgedehnter wird, da er sich auch innerhalb der Rinne bildet.

Im „Railway Journal" ist im April-Hefte von Albert Herrick eine Methode beschrieben, um die Widerstände der Feeder-Leitungen und Erdrückleitungen elektrischer Bahnen zu messen.   S.

Dynamo für mehrere, von einander unabhängige Spannungen.

Im New-Yorker „Electrical Engineer" vom 3. Februar d. J. ist auf Seite 137 ein interessanter Bericht über die Versuchsergebnisse enthalten, welche an einer für mehrere von einander unabhängige Stromkreise gebauten Maschine erzielt wurden. Nachstehend folgt ein Auszug aus der citirten Abhandlung.

Es werden schon seit Jahren Versuche unternommen, eine Dynamomaschine mit den angedeuteten Eigenschaften herzustellen, ohne dabei bezüglich des Wirkungsgrades und der Stabilität der Maschine eine Einbusse zu erleiden. Obwohl von Vielen an der Verwirklichung dieses Gedankens gearbeitet wurde, war man doch bis vor Kurzem von einer vollständigen Lösung der Frage weit entfernt.

Nach langwierigen Versuchen gelangte endlich Rushmore durch die Construction seiner Multi-Voltage-Dynamo zu beachtenswerthen Ergebnissen. Diese Maschine besitzt in Aufbau keine principiellen Unterschiede gegen die normalen vielpoligen Maschinen; ihre Eigenthümlichkeiten bestehen nur in der Schaltung der Ankerdrähte und in der Möglichkeit, jedes Polpaar der Magnetwicklung auf eine bestimmte Abtheilung der Armatur wirken zu lassen. Es ist also die Ankerwicklung in eine Serie von Stromkreisen getheilt, deren Zahl mit jener der vorhandenen Polpaare in Zusammenhang steht. Die einzelnen Stromkreise sind von einander unabhängig und führen durch einen gemeinschaftlichen Commutator zu je einem Bürstenpaare. Die Spannung, die zwischen zwei derartigen, zusammengehörigen Bürsten herrscht, speist die Erregerwicklung desjenigen Polpaares, welches der betreffenden Armaturabtheilung entspricht. Es folgt nun ohne Weiteres, dass die Dynamo ebenso viele Stromkreise besitzen kann, als Polpaare vorhanden sind, und dass ferner Spannung und Stromstärke in jedem einzelnen Kreise nach Belieben variabel ist. Die Spannungsänderung erfolgt in der gewöhnlichen Weise mit Hilfe eines Regulirwiderstandes im Erregerstromkreise; sie kann zwischen 0 und ihrem Maximum stattfinden, ohne ungünstige Beeinflussung der benachbarten Ankersectionen.

Es ist natürlicherweise möglich, die verschiedenen Stromkreise in beliebiger Art zu schalten; man kann sie sowohl zu einem einzigen verbinden, wie auch jeden Kreis separat oder in irgend einer Combination benützen. Bringt man z. B. die Spannung in allen Sectionen auf die gleiche Höhe, so kann man durch Verbindung

der gleichnamigen Bürsten sämmtliche Stromkreise parallel schalten und zu einem einzigen vereinigen.

Eine Maschine, welche auf den entwickelten Principien aufgebaut wurde, ist gegenwärtig von den „Rushmore-Works" zu Versuchszwecken ausgestellt. Sie ist vierpolig und dem äusseren Eindrucke nach durch nichts von einer normalen Multipolar-Maschine verschieden. Der erste Versuch bestand darin, einen der beiden Stromkreise mit einem Wasserwiderstand belastete, dessen Aufnahmsfähigkeit 125 A bei 110 V war. Das zweite Bürstenpaar führte zuerst zu einigen kleinen Rheostaten, dann gleichfalls zum grossen Widerstande. Wenn die Stromstärke in beiden Kreisen gleich sein sollte, war es nöthig die Spannung im zweiten Stromkreise auf 150 V zu erhöhen. Die Schaltung ist in Fig. 1 schematisch angedeutet und ist daraus die Verwendung für ein Feeder-System ersichtlich.

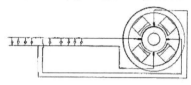

Fig. 1.

Bei einem weiteren Versuche trug die Dynamo auf einer Hälfte ruhige Vollbelastung mit 110 voltigen Lampen, während im anderen Kreise ein Aufzugsmotor eingeschaltet war. Der letztere lief an, blieb stehen, war überhaupt mit verschiedener Belastung, Tourenzahl und Umdrehungsrichtung in Thätigkeit. Obgleich die Belastungsvariationen von 0 bis zum Maximum in plötzlichen Stössen erfolgten, waren im Licht-Stromkreise nicht die mindesten Schwankungen wahrnehmbar.

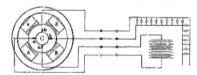

Fig. 2.

Bei einer anderen Probe war es anstandslos möglich, den einen Theil der Maschine zur Accumulatorenladung zu verwenden und mit dem zweiten inzwischen die Lichtleitung zu versorgen. Die Anordnung ist in Fig. 2 veranschaulicht. Durch diese Methode kommen sowohl die Zusatzmaschinen in Wegfall, wie auch die arbeitverbrauchenden Widerstände. Wenn die Batterie zum Ausgleiche schwankender Belastungen benützt werden soll, lässt sich das in Fig. 3 angedeutete Schema verwenden. Diejenigen Magnetpole, welche den ladenden Armatursectionen entsprechen, werden mit einer Serienwicklung versehen, die dem Nebenschlusse entgegenwirkt.

Die Maschine wurde ferner noch als Motordynamo in Thätigkeit gesetzt. Das eine Bürstenpaar empfing Strom, so dass der Anker mit constanter Tourenzahl lief, am zweiten Bürstenpaare wurde Strom von gewünschter Spannung entnommen. Man hat dadurch einerseits die Vortheile erreicht, die dieser Transformator gegenüber den gewöhnlichen Doppelmaschinen bezüglich des Wirkungsgrades besitzt, andererseits werden sich die Anschaffungskosten im ersten Falle niedriger stellen.

Die Bürsten der Versuchsmaschine waren fix eingestellt und feuerten selbst dann nicht, wenn Stromüberlastung bei geschwächter Erregung eintrat. Der Grund für diese Erscheinung, wie auch dafür, dass die einzelnen Stromkreise nicht störend aufeinander einwirken, liegt in dem Schaltungssysteme der Armatur. Das letztere wurde von Rushmore anlässlich der Beschreibung einer Bogenlicht-Dynamo ebenfalls im „Electrical Engineer" vor Kurzem ausführlich

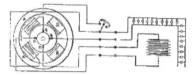

Fig. 3.

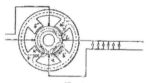

Fig. 4.

beschrieben. Es besteht dem Wesen nach darin, den Ankerstrom derart abzunehmen, dass das Armaturfeld keinen Einfluss auf jene Polschuhe hat, unter denen gerade der Strom gesammelt wird. Zum leichteren Einblick dürfte die Skizze Fig. 4 beitragen. Dieselbe zeigt das Ankerfeld einer vierpoligen Maschine mit Ringanker und Stromentnahme von nur einem Bürstenpaare. Das Magnetfeld sei in der Figur weggelassen und die magnetischen Ankerstromkreise durch vier Linien dargestellt, je nach der verschiedenen Richtung, in der die Kraftlinien verlaufen können. Zwei dieser Linien zeigen den Weg, den ein Theil des Feldes quer durch den Magnetpol nehmen wird, während die beiden anderen Linien die sonst noch möglichen Wege vorstellen. Dementsprechend wird der übrige Theil der Kraftlinien entgegengesetzt zum Erregungsfelde durch den Pol N_1 und im Magnetkranze entlang zum Pole S_2 ziehen, der dann im selben Maasse verstärkt wird, als N_1 geschwächt wurde. Es bleibt somit die Feldstärke jener Pole S_1 und S_2, unter denen der Strom entnommen wird, unverändert, während die Wirkung auf N_1 und N_2 neutralisirt wird, falls die Belastung in beiden Armaturhälften gleich ist. Da das letztere nur in den wenigsten Fällen zutrifft, hat Rushmore Versuche jedoch zu dem Resultate, dass die gegenseitigen Einflüsse sich unter allen Umständen in kaum wahrnehmbarer Weise bemerkbar machen und dass daher solche Hilfsmittel als unnöthig entfallen können.

— nn —

Elektrische Seilbahn, System Richard Lamb.[*]

In Ergänzung zu der im Rundschauartikel in Heft 15 gemachten Mittheilung über die elektrische Seilbahn, System Richard Lamb, bringen wir in Fig. 1 die Abbildung eines Seilbahnwagens, welcher mit einem

Fig. 1.

Sitze für den Wagenführer versehen ist. Wie schon berichtet wurde, sind bei dem Lamb'schen Systeme Tragseil und Zugseil fix; dieselben werden von Winkelträgern gehalten. Auf dem Tragseile laufen die Führungsräder des Wagens, das Zugseil ist um eine von einem

[*]: Auszug aus den „Transactions of the American Institute of Electrical Engineers" 1898. Heft 1.

Elektromotor angetriebene, am Wagen angebrachte Trommel mehrmals herumgeschlungen. Das Zugseil ist, wie aus der Figur ersichtlich ist, beim Passiren des Mastes von seiner Stütze stark abgehoben; dasselbe legt sich, wenn der Wagen eine Strecke weit gefahren ist, selbst wieder in den Träger ein. Die Winkelträger sind auf Holzstücken befestigt, welche leicht an Masten oder Bäumen angeschraubt oder abgenommen werden können. Das Tragseil ruht an den Stützpunkten in U-förmig gekrümmten, isolirt befestigten Satteln. Die Wahl geeigneter Isolirmittel bot im Anfange Schwierigkeiten, da die Wagen sammt Belastung in manchen Fällen 5000 kg schwer sind. Lava, Hartgummi, Micanit, Glimmer, Glas, Porzellan und Ozit erwiesen sich als zu leicht zerbrechlich. Endlich wurde vulcanisirte Fiber, welche bei der Fabrikation einem sehr hohen Drucke ausgesetzt war, als geeignetes Isolirmittel gewählt und in 7 mm dicken Stücken benützt. Die Sattel, die Fiberstöcke und die Träger werden sehr gut gefirnisst. Bei einer Seilbahnanlage, welche längs des Erie-Canales ausgeführt ist, drücken die Laufräder beim Passiren eines Stützpunktes nicht auf das Seil, sondern laufen mit ihren Rändern auf dem Sattel. Durch Flanschen wird eine Führung für die Räder bewirkt. An gekrümmten Stellen der Bahn sind die Flanschen je nach Erfordernis concav oder convex geformt. Die Richtungsänderungen, welche man bei Seilbahnen bisher anwendete, betragen bis 25 Grade. Das als Tragseil verwendete Kabel ist in besonderer Weise verfertigt; die Verbindungsstellen lassen sich leicht herstellen und werden von den Laufrädern der Wagen sehr leicht passirt. Das Kabel lässt sich in Windungen von 1·20 m Durchmesser leicht zusammenrollen. Als Zugseil wird ein 1·6 bis 2·0 cm starkes Seil aus Stahldrähten verwendet, welches einen Kern aus weichem Eisen enthält. Der zum Betriebe der Seilbahn verwendete Gleichstrom hat in der Regel 500 V Betriebsspannung und wird dem Tragseile zugeführt. Das Zugseil ist in entsprechenden Abständen mit einer Erdplatte verbunden. Der Wagen ist von dem mit den Laufrädern verbundenen Rahmen und von dem Motor isolirt. Der Strom fliesst von dem Tragseil in die Führungsräder und den Rahmen, hierauf durch eine isolirte Leitung in den Anlasswiderstand und Motor, hierauf durch das Gestelle des Motors, die Trommel und das Zugseil zurück.

Die erste Anwendung des Lamb'schen Systemes wurde am Delaware- und Raritan-Canal in Trenton, hierauf in Tonawanda am Erie-Canal gemacht. In Trenton wurde ein 5 P.S. Storey-Motor von 500 V benützt; die Geschwindigkeit betrug aber bei 220 V schon ·57 km pro Stunde bei einer Zugkraft von mehr als 400 kg. Zum Betriebe von Krahnen mit Seilbahnwagen wurden 15 P.S.-Motoren verwendet; es konnten Lasten von 5000 kg gehoben und mit einer Geschwindigkeit von 1·5 m pro Secunde bewegt werden. Sehr gut dürften sich die Seilbahnen auch in Steinbrüchen verwenden lassen. Eine interessante Anwendung wurde auch zum Fortschaffen gefällter Bäume aus Wäldern gemacht. Die Seilbahn wird an den Bäumen befestigt, die gefällten Baumstämme werden mit Benützung eines Schleppseiles aus dem Walde gezogen. S.

Die Entwicklung der Telephonie in Oesterreich.

Das Staatstelephon.

Sowie in den meisten Staaten der Welt verhielt sich auch in Oesterreich die Staatsverwaltung dem neuaufgetauchten Verkehrsmittel gegenüber anfänglich äusserst zurückhaltend, sich darauf

beschränkend, concessionirte Privatunternehmungen zur Herstellung von Telephonanlagen zwar keine Hindernisse in den Weg zu legen, jedoch zur Vorsicht das Staatsmonopol, — wie es für den Telegraphen und die Post besteht, zu sichern und die staatliche Genehmigung hiefür vorzubehalten. Am 3. Juni 1881 erliess, entsprechend diesem Verhalten der Staatsverwaltung, die Wiener Privat-Telegraphen-Gesellschaft die erste Concession zur Errichtung eines Privat-Telephonnetzes in Wien auf einem Umkreise von 15 km vom St. Stephansdome als Mittelpunkt.

Die Eröffnung des ersten Telephonverkehres erfolgte am 1. December 1881 mit einer Centrale in der Friedrichstrasse, an welche 154 Theilnehmer am Schlusse des Jahres 1881 angeschlossen waren; ferner hatte die Gesellschaft im Laufe desselben Jahres 37 telephonische Verbindungen, ohne Anschluss an die Centrale, unmittelbar zwischen je zwei Sprechstellen eines und desselben Eigenthümers hergestellt. Die Einrichtung der ersten Telephon-Centrale wurde von der Firma O. Schäffler in Wien besorgt mit einer Umschaltvorrichtung — gekreuzten, mit Löchern versehenen Kupferlamellen (vom Telegraphenbetriebe bekannter Lamellenwechsel oder Linienumschalter), Fallscheiben, Metallstöpsel, welche die Telephonisten an einer Schnur im Gürtel tragen musste u. s. w. — welche für die ersten Jahre des damaligen einfachen Betriebes trotz der etwas schwerfälligen Bedienung — während der Verständigung mit dem rufenden Theilnehmer musste die Telephonistin in der Centrale fortwährend niedergedrückt festhalten — vollkommen genügte.[*]

Vom folgenden Jahre (1882) ab übernahm es eine englische Gesellschaft, die „Consolidated Construction and Maintenance Co. Limited" aus London, in mehreren Städten Oesterreichs nach erlangter Concession Telephonnetze zu errichten und betreiben. Am 12. August 1882 den Telephonverkehr in Graz, Prag und Triest, am 1. Juni 1883 in Lemberg und am 1. November 1883 in Bielitz-Biala, Czernowitz, Pilsen und Reichenberg; die Ausgestaltung dieser mit Stadt-Telephonnetzen wurde später von den „Oesterreichischen Telephongesellschaft" durchgeführt.

Unterdess hatte die Eröffnung der ersten öffentlichen Sprechstelle am 12. April 1882 an den Plätzen stattgefunden und am 1. Mai 1884 eröffnete die Wiener Privat-Telephongesellschaft die zweite und auch letzte von ihr errichtete Telephonnetz in Brünn; gleichzeitig wurde auch eine zweite Centrale in der Heinrichsdorferstrasse in Wien für 200 Theilnehmer eingerichtet.

Bis Ende 1883 waren an der Börse in Wien mit sieben Sprechzellen gegen 13.000 und im Jahre 1884 mehr als doppelt soviel (31.000) Verbindungen hergestellt worden, während sich die Anzahl der Theilnehmer des Stadtnetzes in Wien, ohne den direct verbundenen, von 450 Ende 1883 auf wenig über 700 (Ende 1884) — in Triest von 50 auf nicht ganz 150 — gehoben hatte; allerdings ein bescheidenes Resultat im Vergleiche zu dem nicht viel älteren, jedoch schon besser entwickelten Telephonverkehre in ungefähr 50 Orten in Deutschland, voraus in Berlin und Hamburg, wo Ende October 1884 schon über 2200, bezw. 1220 — darunter in Berlin 20 Hörzellen mit 9 öffentlichen Sprechstellen — Theilnehmerstellen existirten, abgesehen von den im Jahre 1877 zuerst eröffneten Telegraphenämtern und sogenannten Telegraphenhilfsstellen mit Telephonbetrieb, deren über 2500 in ganz Deutschland Ende October 1884 schon errichtet waren, sowie schon mehreren 20 im Betriebe stehenden interurbanen Telephonlinien. Diese grossen Erfolge im Nachbarstaate und ähnliche in anderen Staaten schienen auch in Oesterreich im Jahre 1884 den Plan einer Privatunternehmung gereift zu haben unter dem Namen „Wiener Central-Telephon" die Reichshaupt- und Residenzstadt Wien mit den im Umkreise von ungefähr 40 km entfernt liegenden Orten und Sommer-Villeggiaturen in telephonische Verbindung zu bringen. Das geplante Unternehmen, für welches die staatliche Bewilligung eingeholt wurde, blieb jedoch auf wenige Vorarbeiten beschränkt und gelangte nicht zur praktischen Ausführung.

Im Jahre 1885 erhielt auch L. Weiss mit Ingenieur Schmidt für Linz mit dem benachbarten Urfahr eine Telephon-Concession — die Eröffnung des Telephonverkehres in Linz-Urfahr erfolgte am 1. October 1885 mit ungefähr 80 Anschlussnummern — womit die Reihe der Privat-Telephonnetze, deren insgesammt 11 in den grössten oder verkehrsreichsten Städten in Oesterreich errichtet waren, abgeschlossen erscheint.

Erst nach weiteren zwei Jahren (Ende 1887) begann in den Telephonanlagen in Oesterreich einen schnelleren Aufschwung

*) Eine Beschreibung der zwei ersten Telephon-Centralen in Wien ist im Jahrgange 1884 der „Zeitschrift für Elektrotechnik" (Heft 8, Seite 242) enthalten.

zu nehmen und auch kleinere Städte, sowie besuchte Sommerfrischen und Curorte in ihren Kreis zu ziehen. Namentlich das Jahr 1894 hat bis nun den grössten Zuwachs mit 24 neuen Telephonnetzen, davon 10 allein in Böhmen, zu verzeichnen, während auf das Jahr 1897 der grösste Zuwachs an Theilnehmern — über 3500 — entfällt.

In dem Zeitraume von sechs Jahren — Ende 1881 — Ende 1887 — hatte sich auch die Anzahl der Theilnehmer nicht so rasch vermehrt wie in anderen Ländern, wie namentlich in Schweden; man zählte in den bestehenden 11 Privat-Telephonnetzen Ende 1887 etwas über 3800 Theilnehmer, hievon nicht ganz 1900 in Wien; während in Paris auf beinahe 700, in Berlin auf ungefähr 500, in Rom auf 150, in Genf auf 60 und in Stockholm der telephonreichsten Stadt der ganzen Welt, schon auf 40 Bewohner ein Theilnehmer gezählt wurde, kam in Wien erst auf ungefähr 1050 Bewohner 1 Theilnehmer.

Es ist dies wohl zum Theile dem Umstande zuzuschreiben, dass einerseits die Privat-Telephongesellschaften aus verschiedenen Gründen allen Wünschen nach neuen Anschlüssen nicht entsprechen konnten oder wollten und andererseits auch die ursprünglichen Einrichtungen in den Centralen einer weitgehenden Vervollkommung, sowie überall, bedürftig waren, um den gesteigerten Anforderungen bei vermehrten Anschlüssen nachkommen zu können. Der schnellere Aufschwung des Telephonverkehres fällt nun mit dem Zeitpunkte zusammen, in welchem die Uebernahme des Baues und Betriebes von Telephonanlagen und interurbanen Telephonlinien in die Hände des Staates nach in Oesterreich nach dem vorausgegangenen Beispiele in anderen Ländern, wie namentlich in Deutschland und in der Schweiz, als zweckdienlich für die allgemeinen Verkehrsbedürfnisse erachtet wurde.

Diese feststehende Thatsache bringt den erneuerten Beweis mit sich, dass die Initiative des Staates auf allen Gebieten der öffentlichen Verkehrsanlagen zum Mindesten keine Gefahren für die gesunde Fortentwicklung derselben in sich birgt; im Gegentheil, nur fördernden Einfluss darauf nehmen kann.

Die k. k. Telegraphen-Verwaltung in Oesterreich (Cisleithanien) hat noch im Jahre 1882, als schon die ersten Stadt-Telephonnetze in den vier grössten Städten (Wien, Graz, Prag, Triest) von Privat-Telephongesellschaften errichtet waren und auch anderwärts einseitige Wünsche nach Einrichtung eines öffentlichen Telephonverkehres laut wurden, zu denen Verwirklichung die Staatsverwaltung die Initiative ergreifen sollte, gezögert, den telephonischen Verkehr für eine Abart des telegraphischen zu erklären und damit in das Postregal einzubeziehen, wie aus einem Erlasse hervorgeht, in dem ausdrücklich hervorgehoben wird, dass das Telephon noch nicht zu den Apparaten zählt, welche für den allgemeinen Verkehr einzuführen die Staatsverwaltung Veranlassung hätte.

Erst durch die Verordnung des k. k. Handelsministeriums vom 7. October 1887, enthalten in R.-G.-Bl. Nr. 116 vom Jahre 1887, wurde der mittlerweile rastlos fortgeschrittenen Telephontechnik im vollen Umfange Rechnung getragen und dadurch das Telephon als öffentliches Verkehrsmittel dem Telegraphen zu die Seite gestellt und in den innigsten Zusammenhang mit diesem sowie auch mit der Post gebracht.

Der k. k. Telegraphenverwaltung wurde damit das ausschliessliche Recht vorbehalten, alle Telephonanlagen herzustellen und zu betreiben, welche im directen Anschlusse an das bestehende Staatstelegraphennetz stehen.

Es war hiebei die Absicht massgebend, nicht nur die Entwicklung des Telephonverkehres als öffentliches Verkehrsmittel durch den Staat zu fördern, sondern zugleich auch die Vortheile des Telegraphenverkehres mit gleichzeitiger Hebung desselben in ausgedehnterem Masse den weitesten Kreisen sowohl in Städten als auch am flachen Lande zugänglicher zu machen.

Man hat auf diese Weise den richtigen Weg eingeschlagen, um der Einbürgerung des Telephonverkehres eine breite Basis zu schaffen, ohne eine schädliche Concurrenz für den Telegraphenverkehr nur im Geringsten befürchten zu müssen.

Im Gegentheile, ebenso wie schon seit längerer Zeit Post und Telegraph zur Vermittlung des Nachrichtenverkehres sich gegenseitig unterstützen, wurde auch in Oesterreich das Staats-Telephon als neues Verkehrsmittel der Post und dem Telegraphen an die Seite gestellt, so dass gegenwärtig ein wechselseitiges Ineinandergreifen der drei Verkehrsmittel: Post, Telegraph und Telephon auf die Hebung des gesammten Nachrichtenverkehres den möglichst günstigen Einflüssen nehmen kann, daher von einer gegenseitigen Concurrenz und bedingt nicht zu sprechen ist.

Als Hauptaufgabe der Staatstelephonie in Oesterreich gilt es: an jedes k. k. Post- und Telegraphenamt möglichst viele telephonische Ausschlüsse herzustellen, so dass hiedurch auch solche Orte und einzeln liegende Objecte an den telegraphischen und telephonischen Verkehr theilnehmen können, welche sonst noch lange Zeit oder für immer eines solchen Nachrichten-Fernschnellverkehres hätten entbehren müssen.

Alle jene Telephonanlagen, welche ohne directen Anschluss an ein k. k. Staatstelegraphenamt bestehen, wie z. B. die von grossen Geschäftsunternehmungen, Fabriken, Hôtels u. dgl., welche zu ausschliesslich eigenen privaten Zwecken, d. i. nur zur telephonischen Verbindung einzelner Räume in grossen Gebäuden oder weiter von einander entfernten Objecten ein und desselben Eigenthümers etc. dienen, sind dem Staatsvorbehalte auch jetzt, so wie früher, nicht unterworfen, und bezieht sich das auch auf solche Privat-Anlagen, welche zwar an ein Telephon-Centrale angeschlossen sind, wenn jedoch das in demselben Gebäude befindliche k. k. Telegraphenamt in einem anderen Raume als die Telephon-Centrale untergebracht ist.

Die Errichtung von selbständigen Privattelephonanlagen unterliegt jedoch, wenn öffentliche Strassen- oder Staatstelegraphenleitungen hiebei in Frage kommen, der staatlichen Bewilligung und einer gewissen Beaufsichtigung von Seite der k. k. Telegraphenverwaltung, wofür letztere eine jährliche Gebühr, die sogenannte "Recognitionsgebühr", einhebt.

Der Verstaatlichung der Telephonie wurde übrigens schon früher insoferne vorgearbeitet, indem die k. k. Telegraphenverwaltung für die Theilnehmer einiger bestehender Privat-Telephonanlagen die telephonische Auf- und Abgabe von Telegrammen zur Einführung brachte, so zwar, zuerst in Wien und Brünn Ende 1885, in Linz Mitte 1886, in Prag, Pilsen und Reichenberg Anfang 1887.

Die Staatsverwaltung konnte sich bei der gewaltig anwachsenden Beliebtheit des einfach abzuwickelnden Telephonverkehres der hochgeschätzten Vortheile einer unmittelbaren Verständigung zwischen den Centralen und den einzelnen Theilnehmern gestattet, nicht länger mehr ganz abweisend verhalten und begann wohl auch im vorliegenden Interesse und in jenem des öffentlichen Verkehres eine vollständige Wandlung ihrer überwältigen noch im Jahre 1882 ausgesprochenen Ansichten über die Verwendbarkeit des Telephons in der Praxis eintreten lassen.

Dazu kommt, dass die im Jahre 1883 stattgefundene internationale elektrische Ausstellung in Wien schon damals ausserordentlich grosse Erfolge des fortgeschrittenen Telephonwesens aufweisen konnte, die zur baldigsten Ausnützung und Nachahmung in Oesterreich den Antrieb geben mussten.

Hatte sich doch mittlerweile in anderen Staaten, wie namentlich in der Schweiz, Belgien, Frankreich und Deutschland, begünstigt durch die der praktischen Erprobung zugeführten Erfindungen des jüngsten, heute schon gestorbenen Gelehrten F. van Rysselberghe, damals Ingenieur des belgischen Ministeriums für Communicationen und öffentliche Arbeiten, und Anderer in England und Amerika, ein interurbaner Telephonverkehr herangebildet, so dass in Amerika sogar bis auf 1850 km Entfernung mit gutem Erfolge mittelst Telephonen gesprochen wurde.

Es war die im Jahre 1882 inaugurirte gleichzeitige Telegraphie und Telephonie auf ein und derselben Leitung mit den Apparaten van Rysselberghe's, welche anfänglich, wie bekannt, die allgemein grosse Sensation erregende Hoffnung aufkommen liess, dass alle bestehenden Telegraphenleitungen auch gleichzeitig für die Telephonie verwendbar gemacht werden könnten.

Nach diesem System wurden zwei Reichstelegraphenleitungen für die gleichzeitige Telephonie adaptirt und die erste interurbane Staatstelephonlinie Wien—Brünn anfangs August des Jahres 1886 dem öffentlichen Verkehre übergeben.

Die Anfänge der ersten staatlichen Telephonverkehres bewegen sich in sehr bescheidenen Grenzen, u. zw. waren an die im Telegraphengebäude am Börseplatze errichtete Fern-Centrale in Wien fünf Doppelleitungen von k. k. Telegraphenämter (Börse, Fruchtbörse, Reichsrathsgebäude und zwei Bankhäuser — mit einfacher Leitung überdies noch die Börse, welche als Avisolinie zum Anmelden der Ferngespräche zwischen Centrale und Börse diente, angeschlossen; in Brünn waren drei Banken und zwei Zeitungsredactionen auf je zwei Doppel- und zwei Privattheilnehmer mit je einer einfachen Leitung an die dortige Centrale im Telegraphenamt angeschlossen. Die Theilnehmer wurden über einen phonischen Translator mit der interurbanen Linie verbunden, während die Doppelleitungen mittelst eines Linienumschalters in directe Verbindung mit der interurbanen Linie gebracht wurden.

In beiden Fällen war die telephonische Verständigung in der Regel eine gute; zuerst wurden Telephone von A d e r (später solche verbesserte, stärker wirkende) und Mikrophone von R y s s e l b e r g h e (später von D e J o n g h e) verwendet.

Die Benützung der ersten interurbanen Telephonlinie war anfänglich bis zum Jahre 1888 beschränkt, nachdem die Fern-Centralen zuerst keine Verbindung mit den Local-Centralen der Privatnetze hatten; es konnten daher nur die wenigen, an die Fern-Centralen angeschlossenen Theilnehmer von ihren Stellen aus sprechen und von den Sprechstellen in der Effecten- und Fruchtbörse nur die Börsenbesucher.

Ungefähr ein Jahr später, am 29. Juni 1887, nach der Eröffnung der ersten interurbanen Telephonlinie, wurde das e r s t e staatliche Telephonnetz in Reichenau in Nieder-Oesterreich dem öffentlichen Verkehr übergeben. Der Bau und Betrieb dieser ersten Staatstelephonanlage erfolgte auf Grund der in Bearbeitung stehenden allgemeinen, schon mehrerwähnten Staatstelephonverordnung als Erweiterung des Staats-t e l e g r a p h e n n e t z e s mit dem als „Telephon-Centrale" eingerichteten Post- und Telegraphenamte in Reichenau, an welche als öffentliche Sprechstellen die Postämter der nächstgelegenen Orte: P a y e r b a c h, Hirschwang und P r e i n, sowie das Gasthaus Seipopf in K a i s e r b r u n n und Anfang 1888 auch die Unterkunftshäuser: „Am Lackerboden" das Baumgartnerhaus am S c h n e e b e r g e und das Carl Ludwigshaus auf der R a x a l p e angeschlossen wurden.

Die z w e i t e Staatstelephonanlage wurde am 28. November 1887 in A u s s i g (Böhmen) eröffnet mit der Telegraphenstation dieses Ortes als Centrale o h n e e i g e n t l i c h e U m-s c h a l t e t h ä t i g k e i t zwischen den nur zwei angeschlossenen Theilnehmern (zwei Fabrikanten dort), welche bis zum Hinzutreten weiterer Anschlüsse in beständiger Verbindung blieben und nur gegenseitig miteinander sprechen konnten, bis erst einige Monate später die Centrale auch zur telephonischen Vermittlung von Telegrammen und Phonogrammen zur Benützung eingerichtet wurde.

Ende 1887 zählte man in den vier bestehenden staatlichen Netzen 36 Theilnehmer und 12 öffentliche Sprechstellen inclusive der vier Centralen, welche auch als öffentliche Sprechstellen zu fungiren haben; mit etwas mehr als 1860 localen Theilnehmer, welche zum grössten Theile (gegen 1500) auf das Reichenauer Netz entfallen, ferner eine interurbane Linie mit den zwei grösseren verbundenen Ortsnetzen (in Wien und Brünn), 127 km Linien-Trace(länge und 8220 interurbanen Verbindungen, während in den 11 Privatnetzen mit 10.683 km Leitungs-(Drähten)länge im Jahre 1887 rund 4·8 Millionen, u. zw. in Wien beinahe 4 in Triest über 1, in Prag beinahe 0·9, in Brünn über 0·4 Mill. etc. locale Verbindungen hergestellt und über 160.000 Telegramme (aufgegebene und angekommene) telephonisch vermittelt wurden.

Anfänglich stellten sich eben der Ausbreitung des telephonischen Verkehres manche Hindernisse entgegen, selbst seitens der Bevölkerung, in deren Interesse doch die möglichste Ausdehnung lag. So verweigerten viele Grund- und Hausbesitzer die Benützung ihrer Objecte zur Herstellung der Leitungen, weil sie der irrigen Ansicht waren, dass durch die Anbringung der Leitungen an ihrem Besitze die Blitzgefahr für diesen erhöht wird, wiewohl das gerade die Gegentheil richtig ist.

Es wurde z. B. in I n n s b r u c k, um nur eine der markantesten Beispiele hier anzuführen, der für das Jahr 1889 projectirte Bau eines Telephonnetzes, trotzdem, dass sich in diesem Jahre die erforderliche Anzahl von Theilnehmern — Industrielle, Kaufleute, Private, Staatsbehörden etc. — zum Beitritte angemeldet hatte, um beinahe vier Jahre aufgehalten, nur deshalb, weil der Besitzer des Hauses, in welchem das Post- und Telegraphenamt untergebracht ist und das als Telephon-Centrale eingerichtet werden sollte, sich beharrlich weigerte, die Einführung der Theilnehmerleitungen bezw. die Errichtung eines Telephonthurmes zu gestatten. Erst nachdem man eingesehen hatte, dass trotz aller Unterhandlungen ein Einvernehmen mit dem Besitzer nicht zu erzielen sei, wurde ein zwar als Centrale an und für sich günstig gelegenes Object gemietet, so dass am 20. Juni 1893 statt schon im Herbste oder Ende 1889 der Telephonverkehr in Innsbruck endlich nach Ueberwindung noch anderer Schwierigkeiten eröffnet werden konnte.

Im Laufe des Jahres 1888 wurden in 9 Orten in Nieder-österreich, nämlich Wien selbst, (den Curorten Baden und Vöslau, den Städten Mödling, Wiener-Neustadt, Neunkirchen, St. Pölten, den Orten Liesing, Rabenstein und dem im Semmeringgebiete gelegenen Dorfe Singerin-Nasswald, sowie in 4 Orten in Böhmen (Warnsdorf, Aussig, Teplitz und Haindorf, somit im Ganzen 13 neue Telephon-Anlagen gebaut; allerdings in sehr bescheidenem Umfange u. zw. 8 mit nur 1—3 Anschlüssen (in Mödling, St. Pölten, Rabenstein,

Singerin-Nasswald mit einer noch nicht als Centrale eingerichteten öffentlichen Sprechstelle im Post- und Telegraphenamte des Ortes und je einem Theilnehmer, bezw. einer öffentlichen Sprechstelle im Orte Nasswald, in Liesing mit 3 öffentlichen Sprechstellen (davon 2 in den Post- und Telegraphenämtern der nächstgelegenen sehr besuchten Sommerfrischorte Perchtoldsdorf und Kaltenleutgeben) ohne Theilnehmer, in Haindorf mit 2 und in Aussig und Teplitz mit je 4 Theilnehmern, welche im Staatsvoranschlage für das Jahr 1888 auf rund 65.000 fl. bemessen waren.

In dieser Summa war übrigens zum weitgrössten Theile für die Errichtung von interurbanen Linien vorgesehen, deren 4 in Niederösterreich und 1 in Böhmen dem öffentlichen Verkehre übergeben wurden u. zw. Wien — Reichenau, Baden, Wien—Vöslau, Wien — Wr.-Neustadt — Neunkirchen — Reichenau und Baden—Vöslau in der Gesammt-Linien-(Trace)Länge von rund 150 km in Niederösterreich und A u s s i g—T e p l i t z mit rund 40 km in Böhmen.

In die Linie Wien—Reichenau wurde auch das Post- und Telegraphenamt in Gloggnitz mit einer öffentlichen Sprechstelle eingeschaltet und die Ortschaft Edlach mit einer öffentlichen Sprechstelle beim dortigen Post- und Telegraphenamte an die Centrale in Reichenau angeschlossen. Sowohl die Theilnehmer und öffentlichen Sprechstellen des ersten im Jahre 1887 eröffneten Bezirksnetzes in Reichenau mit Umgebung und die im Jahre 1888 für den interurbanen Verkehr errichteten staatlichen Netzes in Wien und Brünn, als auch die der neu errichteten Netze in Liesing, Baden, Vöslau, Wr.-Neustadt und Neunkirchen, sowie die öffentliche Sprechstelle in Gloggnitz konnten nicht nur zuerst untereinander, sondern auch durch die Vermittlung der staatlichen Fern-Centrale in Wien später (ab 22. August 1888) mit dieses des Privatnetzes in Wien, jedoch vorläufig noch nicht mit jenen des Privatnetzes in Brünn verbunden werden.

Erst im Jahre 1890, nachdem die mit dem Systeme von R y s s e l b e r g h e zur gleichzeitigen Telegraphie und Telephonie verwendeten Reichs-Telegraphenleitungen zwischen Wien Brünn durch eigene Telephon-(Doppel)leitungen ersetzt waren, erhielt auch das Brünner Privatnetz telephonische Verbindung mit anderen Netzen.

Von der Reichshauptstadt Wien aus konnte man also schon im Jahre 1888 auf 4 interurbanen Linien telephonisch verkehren, was als eine grosse Wohlthat nicht nur für die geschäftlichen, sondern auch für die privaten Interessen der vielen Besucher abgenannter Curorte und Städte, sowie der Sommerfrischorte im Semmeringgebiete zur vollen Geltung gelangte; von den Ende 1888 hergestellten interurbanen Verbindungen 123.109 entfielen mehr als die Hälfte (über 13.000), auf die von der Fern-Centrale in Wien vermittelten Telephonrufe.

Die interurbane Linie in Böhmen, A u s s i g—T e p l i t z, war über gemeinschaftliches Ansuchen der zahlreichen Industriellen im Kohlenbezirke des nordwestlichen Theiles dieses Kronlandes gebaut und die Fortsetzung der Linie nach D u x und B r ü x unter Einbeziehung der Orte K a r b i t z und M a r i a s c h e i n noch für das Jahr 1888 angeordnet worden; trotz rüstig fortgeführten Baues konnte jedoch die Eröffnung der Anschlusslinie T e p l i t z—D u x—B r ü x erst am 1. Februar 1889 erfolgen.

Einer der bedeutendsten Industriebezirke in Oesterreich erhielt durch diese telephonische Verbindung die gewünschte staatliche Förderung, und die Errichtung je eines Telephonnetzes in allen Orten dieses Bezirkes mit den daselbst bestehenden Post-und Telegraphenämtern als Telephon-Centralen erschien nur mehr als eine Frage sehr kurzer Zeit und besonders geeignet, die allgemeine Aufmerksamkeit auf die Vortheile des Telephonverkehres zu lenken, das Interesse hiefür zu wecken.

Beim Baue dieser Linien mit Doppelleitungen kamen 8 m lange imprägnirte Telegraphensäulen, ungefähr 60 m von einander entfernt aufgestellt, und 2 mm Silliciumbronce-draht in Verwendung; die Theilnehmer wurden mit e i n f a c h e r oder d o p p e l t e r Leitung angeschlossen.

In das Jahr 1889 fällt noch die Einrichtung der e r s t e n Telegraphenstation mit Telephonbetrieb in Oderberg (Schlesien) beim dortigen Staatspostamte, das durch eine eigene Telephonleitung mit dem Telegraphenamte im Bahnhofe verbunden wurde; das Telephon wird hiebei lediglich an Stelle eines Telegraphenapparates im inneren Dienste benützt. Diese Publikation ist als ein unzugänglich, weil eine Sprechverbindung mit Theilnehmern oder öffentlichen Sprechstellen irgend eines Telephonnetzes oder interurbanen Linien nicht vermittelt werden kann.

Fortsetzung folgt.

KLEINE MITTHEILUNGEN.

Verschiedenes.

Mit Berlin telephonisch verbunden sind insgesammt 416 Orte. Nach Berlin folgt Leipzig mit 176, Mannheim mit 172, Köln mit 143, Hamburg mit 143, Frankfurt a. M. und Hannover mit je 131, Stuttgart mit 129, Dresden mit 128 Fernsprechverbindungen mit anderen Ortschaften. Ueberhaupt besitzen im Deutschen Reiche 491 Ortschaften städtische Fernsprechnetze und können mit anderen Ortschaften in Fernsprechverkehr treten.

„Sommer - Fernsprechanschlüsse" sollen in Berlin mit Beginn dieses Sommers zur Einführung gelangen. Während im Uebrigen die Verlegung von Sprechstellen nach und von Vororten unstatthaft ist. Hat andererseits das Reichspostamt jetzt ... nachgegeben, dass in Stadt - Fernsprecheinrichtungen, welche durch Leitungen für den Vor- und Nachbarortsverkehr miteinander in unmittelbarer Verbindung stehen, für denselben Theilnehmer neben seinem Anschluss in dem Hauptorte noch ein zweiter Anschluss in dem Vor- oder Nachbarorte als sogenannter Sommer Fernsprechanschluss hergestellt und ihm abwechselnd die Benutzung des einen oder anderen Anschlusses gestattet wird. Der Theilnehmer hat sich zu verpflichten, ausser der für den Haupt-Fernsprechanschluss zahlbaren Jahresvergütung, ohne Rücksicht auf die Dauer seines Sommeraufenthaltes im Vor- oder Nachbarort folgende Beträge zu entrichten: 1. für je 100 m der für den Nachbarorte für den Theilnehmer herzustellenden Anschlussleitung oder einen Theil dieser Länge jährlich 3 Mk., mindestens aber jährlich 30 Mk., 2. für einen gewöhnlichen Sprechapparat im Voroder Nachbarort jährlich 20 Mk., 3. für die Benutzung der Verbindungsleitungen zwischen dem Vor- oder Nachbarorte und dem Hauptorte nach Massgabe der allgemeinen Bedingungen entweder Einzelgebühren oder eine Pauschalvergütung von jährlich 50 Mk.

Die neugegründete Röntgen-Vereinigung zu Berlin hat sich constituirt und Prof. Dr. Walther Wolff zum Vorsitzenden, Dr. Immelmann zum Schriftführer gewählt. Die Vereinigung besteht aus Aerzten, Elektrotechnikern und Physikern und beabsichtigt die wissenschaftliche Vervollkommnung der durch die Röntgen'sche Entdeckung erschlossenen Beobachtungsmethode. Ueber die erste Sitzung berichtet die „D. Med. Wchschr.": Nach Absendung eines Telegramms an Prof. Röntgen hielt Herr Overbeck – Tübingen einen Vortrag über die Wirksamkeit des Inductionsapparates, Herr Schütz stellte zwei Fälle von Verrenkung der Mittelhand vor, weitere Fälle zeigten die Herren Immelmann und W. Becher. Zum Schlusse führte Herr Bzalski sein neues Skiameter vor. Die zweite Sitzung ist am 25. April.

Ausgeführte und projectirte Anlagen.

Oesterreich-Ungarn.

a) Oesterreich.

Baden–Vöslau. (Erweiterung der elektrischen Centralstation in Leesdorf.) Das von der Actiengesellschaft der Wiener Localbahnen vorgelegte Project für die Erweiterung der ein Zugehör der Localbahn Baden–Vöslau bildenden elektrischen Centralstation in Leesdorf wurde principiell genehmigt und an die k. k. Statthalterei in Wien zur Prüfung vom Standpunkte der Landesbauordnung und der Privatinteressen mit der Ermächtigung übermittelt, bei anstandslosem Prüfungsbefunde die Bauconsens im Namen des k. k. Eisenbahnministeriums zu ertheilen.

Komotau. Die Stadtvertretung steht mit der Imperial Continental Gas-Association, welche bekanntlich vor Kurzem die hiesige Gasanstalt erworben hat, wegen Errichtung einer elektrischen Centrale zur Beschaffung von Licht und elektrischer Betriebskraft für industrielle Zwecke in Verhandlung.

Olmütz. (Anordnung der Tracenrevision und politischen Begehung der elektrischen Strassenbahn.) Im Nachhange zu unserer Mittheilung im Heft 2, S. 24, 1898, berichten wir: Das k. k. Eisenbahnministerium hat unterm 24. März die k. k. Statthalterei in Brünn beauftragt, hinsichtlich des von der Gemeindevertretung der königl. Hauptstadt Olmütz vorgelegten Detailprojectes der projectirten elektrischen Strassenbahn in Olmütz die Tracenrevision und bei anstandslosem Ergebnisse dieser Verhandlung anschliessend an dieselbe die politische Begehung vorzunehmen. Gleichzeitig wurde die k. k. Statthalterei ermächtigt, für das ganze begangene Project, resp. für einzelne Theilstrecken desselben, bei anstandslosem Commissionsergebnisse den Bauconsens im Namen des k. k. Eisenbahnministeriums nach dem Bemerken zu ertheilen, dass derselbe erst nach Ertheilung der Concession in Kraft tritt.

Prag. (Elektrische Centralstation.) Die Böhmische Unionbank hat dieser Tage der Prager Stadtvertretung ein Offert der Oesterreichischen Schuckert-Werke, betreffend den Bau einer elektrischen Centralstation in Prag, überreicht. Die gewerbebehördliche Commission hat bereits stattgefunden. Die Kosten der Centralstation sind mit 2½ Millionen Gulden präliminirt.

Saaz. Elektrische Kleinbahn. Das k. k. Eisenbahnministerium hat dem Heinrich Bergmann in Brüx in Vereine mit Johann Salomon, Anton Hanslik, Karl Melzer in Saaz und Anton Rziha in Brüx die Bewilligung zur Vornahme technischer Vorarbeiten für eine mit elektrischer Kraft zu betreibende Kleinbahn von den Bahnhöfen der o. priv. Buschtěhrader Eisenbahn und der k. k. Staatsbahnen in Saaz über den Egerfluss, den Oberleutensdorfer Bahnhof bis zur Kreuzung der Prager- und der Karlsbadergasse, mit Abzweigungen in die Jakobsund in die Karlsbadergasse, ertheilt.

Teplitz. (Bewilligung zur Vornahme technischer Vorarbeiten für elektrische Kleinbahnen von Klostergrab nach Ossegg und von Teplitz zur Kreuzschenke bei Zuckermantel.) Das k. k. Eisenbahnministerium hat der Teplitzer Elektricitätsund Kleinbahn-Gesellschaft die Bewilligung zur Vornahme technischer Vorarbeiten für die folgenden, mit elektrischer Kraft zu betreibenden, schmalspurigen Kleinbahnen, und zwar: 1. von Klostergrab nach Ossegg und 2. vom Schulplatze in Teplitz zur Kreuzschenke bei Zuckermantel ertheilt.

Trebitsch, Mähren. (Elektrische Beleuchtung.) Die Stadt hat die Einführung der elektrischen Beleuchtung beschlossen und die Ausführung des Werkes an die Firma Ganz & Comp. übertragen.

Wien. (Eine elektrische Linie durch die Bezirke IV bis IX.) In der Sitzung des Bezirks-Ausschusses Neubau vom 13. d. M. wurde auf Antrag des Bezirksvorstehers Weidinger einstimmig beschlossen, die Schaffung einer Tramway-, bezw. elektrischen Bahnlinie, welche die Bezirke Wieden, Margarethen, Mariahilf, Neubau, Josephstadt und Alsergrund verbinden und im VII. Bezirke speciell durch die Neubaugasse führen soll, neuerlich in Anregung zu bringen. In der Begründung des Antrages wird darauf hingewiesen, dass eine Entlastung der Ringstrassen-Linie, welche dermalen auch den Verkehr unter den genannten Bezirken auf weiten Umwegen vermittelt, eintreten muss, wenn die oft und mit Recht erhobenen Klagen über die Ueberfüllung der Tramway verstummen sollen.

b) Ungarn.

Budapest (Elektrische Bahn.) Der königl. ungarische Handelsminister hat dem Budapester Advocaten Dr. Wilhelm Klever und dem dortigen Civil-Ingenieur Johann Pollák die Bewilligung zur Vornahme technischer Vorarbeiten für eine von der Endstation Kelenföld der projectirten Strassenbahn mit elektrischem Betriebe Budapest - Kelenföld abzweigende, bis zur Gemarkung der Gemeinde Budakesz führende normal-, eventuell schmalspurige Localbahn mit elektrischen Betriebe ertheilt.

Deutschland.

Berlin. Mit der Umwandlung der Dampfstrassenbahn in eine elektrische Bahnanlage soll jetzt, nachdem endlich auch der Berliner Magistrat die Ausdehnung der Letzteren vom Nollendorf bis zum Potsdamer Platz (Linkstrasse), Askanischen Platz und vom Wilhelmplatz in Schöneberg ebenfalls bis zum Potsdamer Platz genehmigt hat, noch in diesem Sommer auf allen Strecken begonnen werden, da mit Schöneberg und Charlottenburg die Verträge längst abgeschlossen sind, ferner, wie schon mitgetheilt, auch Friedenau jetzt den Vertrag angenommen hat, und seitens der Gemeinde Steglitz in Kürze ein Gleiches zu erwarten steht. Die Umwandlung zur Umwandlung und Erweiterung der Strassenbahn nach Berlin hinein sind schon längst getroffen. Sobald daher der letzte Vertrag perfect geworden sein wird, kann mit dem Bau in Angriff genommen werden. Die Ausführung der Arbeiten wird dann schnell von Statten gehen, da für die gesammte Anlage die Oberleitung angenommen worden ist. Zu erwähnen ist dabei noch, dass auf der Strecke Berlin–Schöneberg–Friedenau die Züge der elektrischen Bahn vertragsmässig in Zeitabständen von höchstens zehn Minuten verkehren sollen.

Russland.

Krassnojarsk, eine Station der Mittelsibirischen Eisenbahn, wird noch im Laufe dieses Monats elektrisch beleuchtet; die Moskauer Firma F. Rosenthal führt die Beleuchtungsanlage aus-

Odessa. Der Stadtrath hat mit Beihilfe einiger ausländischer Firmen das Project der städtischen und Vororte Linien der elektrischen Bahn ausgearbeitet.

Petersburg. Zwei russische Unternehmer, welche angeblich ein belgisches Capitalisten-Consortium vertreten, haben der Stadtgemeinde ein Project für den Bau sämmtlicher elektrischer Bahnen der Stadt unterbreitet.

Im März wurde hier die erste elektrische Heilanstalt Russlands eröffnet. Der Schöpfer derselben ist Dr. Koslowsky; sie ist mit den modernsten Apparaten zur Heilung mittelst Electricität versehen. Der Strom wird von einer Dynamo-Maschine 300 $A \times 100$ V, von einem Gasmotor angetrieben, erzeugt.

A. R.

Literatur-Bericht.

Analytische Berechnung elektrischer Leitungen. Von Willy Hentze. Mit 37 in den Text gedruckten Figuren. Verlag von Julius Springer in Berlin und R. Oldenbourg in München. 1898. Preis 8 Mk.

Diesem Buche ist die Absicht zugrunde gelegt, die zur Berechnung von Leitungsanlagen erforderlichen Formeln und Erfahrungswerthe kurz zusammenzufassen. Der Verfasser bespricht zuerst die Gleichstromleitungen, die Consumschätzung, die Art des zu wählenden Systems, und beginnt sodann mit der Berechnung von einzelnen und zusammengesetzten Leitungen. Dieser erste Theil des Buches ist mit Rücksicht auf seine Wichtigkeit für das Nachfolgende sehr sorgfältig ausgearbeitet und durch viele Zahlenbeispiele unterstützt. An demselben schliesst sich ein Capitel über Erwärmung und Feuersicherheit, ferner ein Abschnitt über den Spannungsabfall in Knotenpunkten.

Der dem Wechselstrom gewidmete Theil enthält als Einleitung einige Worte über die Schaltung der Generatoren. Darauf folgt die Berechnung von Mehrphasen-Leitungen ohne Abzweigungen, sowie eine Abhandlung über den Einfluss der Selbstinduction auf den Spannungsabfall. In diesem Absatze ist auf Seite 73 ein Rechenfehler unterlaufen, der ziemlich störend wirkt. Der procentuale Spannungsabfall — 4·53%, von 3000 V — beträgt nicht 136°, sondern 136 V. Den Schluss des Buches bildet ein Vergleich zwischen dem nothwendigen Kupferaufwand bei Gleich- und Wechselstrom-Leitungen und einige allgemeine Bemerkungen über Kraftübertragung.

Das Werk beschränkt sich auf 87 Seiten und ist trotz dieses geringen Umfanges sehr geeignet, den Studierenden mit den Grundlagen der Leitungsberechnung vertraut zu machen. Die Darstellungsweise ist klar und präcis, die Ausstattung eine gefällige.

—aa—

Die Meteorologie der Sonne und das Wetter im Jahre 1888, zugleich Wetterprognose für das Jahr 1898. Von Professor K. W. Zenger. Mit einer Tafel mit neun Heliogravuren. Prag. Selbstverlag. — In Commission bei Fr. Řivnáč.

Der Kampf um die Handels-Hochschule von R. Beigel. Strassburg i./E. Verlag der Handels-Akademie Leipzig (Dr. jur. Ludwig Huberti). Octav broschirt Preis Mk. 1.—

Berichte der Deutschen **Pharmaceutischen Gesellschaft**. Im Auftrage der Gesellschaft herausgegeben vom Vorstande. Achter Jahrgang. Heft 3. Berlin. Verlag von Gebrüder Borntraeger. SW. 46, Schöneberger-strasse 17a. 1898.

„**Unsere Monarchie.**" Die österreichischen Kronländer zur Zeit des 50jährigen Regierungs-Jubiläums Sr. Majestät des Kaisers Franz Josef I. Herausgegeben von Julius Laurencie. Verlag: Georg Szelinski, k. k. Universitäts-Buchhandlung. Wien. Complet in 24 Heften à 1 Krone. — Das jüngst erschienene 16. Heft dieses Jubiläums-Werkes bringt die schönsten Ansichten aus Oberösterreich, nämlich: Grein, Wels, Steyr und Linz. Ein Blatt zeigt die Stifte St. Florian, Kremsmünster und Lambach. Diesem Bilde reihen sich Ansichten von Gmunden mit dem Schlösschen Ort und Cumberland, des Seeörtchens Hallstatt, des Gosausees, von Traunkirchen und vom Traunfall an. Hierauf folgen Phototypien von Ischl mit der Reitenbach-Wildnis, des Wolfgangsees mit der Schafbergspitze und dem Hôtel, auf der letzteren, des Mondsees mit dem vielbesuchten Marktorte und der stellungssteigenden Drachenwand, und des Attersees. Die Texte aus der Feder des Schriftstellers Ernst Keitor bringen im feuilletonistischen Gewande Historisches und Landschaftliches aus diesem freundlichen Kronlande.

Patentnachrichten.

Mitgetheilt vom Technischen- und Patentbureau

Ingenieur Victor Monath

WIEN, I. Jasomirgottstrasse Nr. 4.

Classe　　Deutsche Patentanmeldungen.*)

21.　L. 11.454. Kurzschlussvorrichtung, um Hochspannungs-Freileitungen beim Riss stromlos zu machen. — Albert Lohmann, Berlin. 12./7. 1897.

„　　N. 4296. Vorrichtung zum Erhitzen des Glühkörpers bei dem durch Patentanmeldung Nr. 4130 geschützten Verfahren zur Erzeugung elektrischen Lichtes. — Dr. Walther Nernst, Göttingen. 1.-10. 1897.

Deutsche Patentertheilungen.

21.　97.515. Schaltungsweise für Stromsammler mit zwei ungleichen Batterietheilen. — C. Wilh. Kayser & Co., Berlin. 10./1. 1897.

40.　97.808. Elektrisches Schmelzverfahren. — F. J. Patten, New-York. 16./2. 1897.

Auszüge aus Patentschriften.

Max Schiemann in Dresden. — **Stromzuführung für elektrischen Bahnbetrieb mit magnetischer Kraftübertragung zwischen magnetisirtem Geleise und magnetisirten Wagenachsen.** — **Classe 20, Nr. 95.149.**

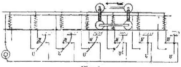

Fig. 1.

Die Geleisespannungen tragen Primärtransformatorwicklungen. Verlegt man diese Geleisespannungen in einer solchen Entfernung zu einander, welche mit dem Wagenachsenabstand nicht zusammenfällt, so erfolgt eine Phasenverschiebung der in den Wagenachsenwicklungen inducirten Stromes, und man kann dann Mehrphasenmotoren verwenden.

Die Primärspulen sind im Ruhezustande kurz geschlossen, und es sind Hitzdrahtschalter HU vorgesehen, welche jede einzelne oder mehrere zu einer Gruppe vereinigte Geleisemagnetspulen bei eintretender Erregung durch magnetischen Nebenschluss in die Betriebsleitungen einschalten.

Siemens & Halske in Berlin. — **Weiche für elektrische Bahnen mit Untergrundleitung.** — **Classe 20, Nr. 95.147.**

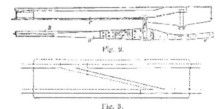

Fig. 2.

Fig. 3.

Die Leitungszunge besteht aus zwei in der Längsrichtung von einander isolirten Stücken, und ihr Drehpunkt ist gegen denjenigen der Fahrschienenzunge C in Richtung der Zungenspitze verschoben. Hierbei erfolgt die Verbindung der beiden Zungen behufs gemeinsamer Umstellung durch ein an einer der beiden Zungen fest angebrachtes isolirtes Verbindungsstück, welches in einer solchen Entfernung von den beiden Zungendrehpunkten angeordnet ist, dass der Anschlag der Leitungszunge gegenüber dem der Fahrschienenzunge entsprechend verzögert wird.

*) Die Anmeldungen bleiben noch Wochen zur Einsichtnahme öffentlich aufgelegt. Nach § 24 des Patent-Gesetzes kann innerhalb dieser Zeit Einspruch gegen die Anmeldung wegen Mangel der Neuheit oder widerrechtlicher Entnahme erhoben werden. Das obige Bureau besorgt Abschriften der Anmeldungen und übernimmt die Vertretung in allen Einspruchs-Angelegenheiten.

wird. Die isolirten Stücke in den Leitungen B sind länger als das isolirte Zwischenstück der Leitungszange, um den Funkenabriss an die Leitungen B selbst zu verlegen. Endlich ist die Schaltung derart getroffen, dass die unter jeder Weichenspitze zusammenlaufenden Leitungen gleichpolig sind, während die anderen Leitungen durch Kabel so miteinander verbunden werden, dass beim Befahren jeder Weichenspitze am Wagen Polwechsel eintritt.

Reginald Belfield in London. — Elektrischer Schalter mit Stromschluss an Metall und Unterbrechung an unschmelzbaren Stromschlussthellen. — Classe 21, Nr. 95.541.

Die Erfindung bezieht sich auf solche Schalter für elektrische Stromkreise, bei welchen der Schaltarm mit zwei Sätzen von Stromschlussstücken versehen ist, deren einer aus Metall und der andere aus einem unschmelzbaren Leiter hergestellt ist. Die Neuerung besteht darin, dass das Schliessen des Stromkreises an den metallenen, das Öffnen desselben dagegen an den unschmelzbaren Stromschlussstücken erfolgt.

Léger Bomel und Bisson, Bergès & Cie. in Paris. — Negative Elektrode für Accumulatoren. — Classe 21, Nr. 96.082.

Die negative Elektrode von Zink-Accumulatoren taucht mit ihrem unteren Ende in einen niedrigen, mit Quecksilber gefüllten Trog. Beim Laden des Accumulators findet durch das Hochklettern des Quecksilbers an dem sich bildenden Zinkniederschlage eine Amalgamirung des letzteren statt, während beim Entladen das frei werdende Quecksilber wieder in den Trog zurückfällt.

The Alternate Current Elektro-Motor Syndicate Limited in Earls Court, Middlesex, England. — Feldmagnet mit ungleich grossen Windungen zur Erzeugung eines gleichmässigen Drehfeldes. — Classe 21, Nr. 95.933.

Der Feldmagnet hat die Gestalt eines Cylinderringes und besitzt eine Wicklung in ungleich grossen Windungen, deren Abstufungen so bemessen sind, dass das entstehende Feld ein über den ganzen Querschnitt gleichmässiges wird. Zur Erzeugung eines gleichmässigen Drehfeldes wird der Feldmagnet mit zwei derartigen Wicklungen versehen. Diese werden unter einem Winkel angeordnet, der das Supplement des Phasenunterschiedes der Ströme bildet, welche in den beiden Wicklungen verlaufen.

Siemens & Halske, Actien-Gesellschaft in Berlin. — Vorrichtung zur elektrischen Bewegung des Steuerruders. — Classe 74, Nr. 95.385.

Der Starkstromschalter am Steuer wird durch einen Schwachstromschalter am Commandoapparat geschlossen. Der Starkstrom dreht den Steuermotor so lange, bis der Starkstromschalter mit dem Schwachstromschalter gleiche Stellung hat, indem dann letzterer den Strom wieder unterbricht. Eine Ausführungsform zeigt eine federnde Kupplung zwischen der Bewegungseinrichtung des Starkstromhebels und diesem selbst.

Geschäftliche und finanzielle Nachrichten.

Salzburger Elektricitätswerke. Am 16. d. M. fand die Generalversammlung der Salzburger Elektricitätswerke statt. Von 7795 Actien waren 6837 vertreten. Es wurde eine Erhöhung des Actiencapitals um 300.000 fl. beschlossen. Die Actionäre haben das Bezugsrecht auf die neuen Actien. Die nichtbezogenen Actien werden von der Firma Siemens & Halske übernommen. Namens des Regres-Actions-Comités erstattete Dr. Weixlut Bericht. Der Antrag auf Gewährung weiterer Mittel zur Führung des Processes gegen die frühere Verwaltung wurde mit 908 gegen 439 Stimmen genehmigt.

Budapester Stadtbahn-A.-G. für Strasseneisenbahnen mit elektrischem Betriebe. Die Direction dieser A.-G. hat im Sinne des mit der hauptstädtischen Communal-Verwaltung abgeschlossenen Vertrages von ihrer Brutto-Einnahme an dem Personenverkehre im Betriebsjahre 1897 per 1.494.289 fl. an die hauptstädtische Hauptcassa eine Betrag von 20.885 fl. als percentuell stipulirten Antheil der Commune abgeführt.

Rand Central Electric Works. Mit Bezug auf unsere Mittheilung im Heft 2, S. 27, 1898, wird berichtet: In der am 14. d. M.

in London abgehaltenen Generalversammlung führte der Vorsitzende aus, dass die Actionäre die für das vergangene Jahr 60% Dividende erhalten, im laufenden Jahre auf eine Dividende von 80% rechnen dürfen. Bezüglich der Arrangements mit Siemens & Halske wies der Präsident darauf hin, dass das Abkommen, welches mit denselben getroffen sei, für die Actionäre als sehr zufriedenstellend zu bezeichnen sei, da die Garantie von Siemens & Halske vom 1. Jänner 1897 an begonnen habe. Die Gesellschaft hat Abschlüsse für ihre gesammte Pferdekraft gemacht. Ende December 1897 waren ungefähr 1300 $P.S.$ im Betriebe.

Die Accumulatorenwerke System Pollak, Actien-Gesellschaft Frankfurt a. M. theilen uns mit, dass sie in Wien, IV. Schleifmühlgasse Nr. 15, eine selbstständige Firma unter dem Wortlaute: „Accumulatorenwerke System Pollak, Zweigniederlassung Wien" errichtet haben. Als Repräsentant wurde der seitherige General-Vertreter für Österreich-Ungarn, Herr Friedrich Treier, bestellt. (Vergl. H. 14, S. 170.)

Vereinigte Eisenbahnbau- und Betriebs-Gesellschaft in Berlin. Der Geschäftsbericht für 1897 weist darauf hin, dass die Ausdehnung der Geschäfte, insbesondere die in verschiedenen Formen erfolgte Betheiligung an der Finanzirung neuer Bahnen die Einforderung der noch rückständigen Einzahlungen auf das Actiencapital mit 1,500.000 Mk., sowie die Begebung einer 4½%igen Obligationenanleihe von 4,000.000 Mk. mit Zinsfuss vom 1. Juli 1897 als erforderlich machte. Das Actiencapital hat sich damit auf 5,000.000 Mk. erhöht. Die Gesellschaft kann Obligationen bis zum dreifachen Betrage des Grundcapitals ausgeben. Der Bericht erwähnt sodann, dass die Bahnen Aschersleben—Nienhagen und Salzburg-Oberndorf-Lamprechtshausen abgerechnet sind, während die Harzquerbahn voraussichtlich im Jahre 1898 beendet und abgerechnet werden wird. Durch Zuschlag vom 18. December 1897 ist der Gesellschaft die Ausführung des von der Preussischen Staatsbahn-Direction zu Danzig ausgeschriebenen Baues der etwa 75 km langen Staat-Industriestrecke Jaidonowo—Rixenburg übertragen worden. Mit den Bauvorbereitungen ist begonnen worden. Neu betheiligt ist die Gesellschaft durch ihre Wiener Zweigniederlassung bei dem für Rechnung der böhmischen Landesausschusses erfolgenden Bau der etwa 88 km langen Localbahn Sedlitz—Tschischkowitz mit 50 %. Die Bahn Hildesheim—Hämelerwald ist bis auf einige Restarbeiten fertiggestellt, am 1. October 1897 in vollem Umfange genommen und in der Hauptsache abgerechnet. Die Drahtseilbahn Loschwitz—Weisser Hirsch, sowie die Localbahn Saitz—Göding sind in besonderen dieserhalb errichtete Actiengesellschaften eingebracht. Die Bahnen Teplitz—Eichwald und Stramberg—Wernsdorf sind von den für diese Unternehmungen errichteten Actiengesellschaften gegen Zuweisung von Actien übernommen worden. Bei der im Bau, bezw. Bauvorbereitung befindlichen Fortsetzungs- und Anschlusslinien der elektrischen Kleinbahn Teplitz—Eichwald ist die Vereinigte Eisenbahnbau- und Betriebs-Gesellschaft betheiligt. Die Geschäfte Tiszapolgár—Nyiregyháza, Temesvár—Lippa-Radna, Losonez—Aszód und Schneeberg-bahn sind im Wesentlichen unverändert. Die Prioritäts-Actien der Léva-Garam-Berzencze Local-Eisenbahn hat die Vereinigte Eisenbahnbau- und Betriebs-Gesellschaft übernommen. Ferner hat sie sich bei der Finanzirung der neu errichteten Actiengesellschaft „Hanauer Kleinbahn-Gesellschaft" zu Hanau a. M. betheiligt. Die Gesellschaft betreibt folgende Bahnen: die Drahtseilbahn Loschwitz—Weisser Hirsch, die Riesengebirgsbahn, die Unternehmungen der Salzburger Eisenbahn- und Tramway-Gesellschaft, die Herzogenbahn, deren Theilstrecke Nordhausen—Ilfeld am 12. Juli 1897 in Betrieb gekommen ist und die Hildesheim—Peiner Kreiseisenbahn, deren Betrieb vom 1. October 1897 ab für die Dauer von 4½ Jahren übernommen wurde. Die Zweigniederlassung in Wien hat ihre Thätigkeit am 1. November 1897 aufgenommen. Sie erzielte bis Ende des Jahres 1897 mit Rücksicht auf die bisherige blos vorbereitende Thätigkeit noch keinen nennenswerthen Reingewinn. Einschliesslich 20.197 Mk. Vortrag belief sich der Bruttogewinn auf 763.347 Mk. (im Vorjahr, das für 1. October 1895 bis 31. December 1895 umfasste, 535.001 Mk.). Als Reingewinn verblieben 467.902 Mk. (i. V. 440.405 Mk.). Davon werden dem ordentlichen Reservefonds 22.388 Mk. (i. V. 22.034 Mk.), dem a. o. Reservefonds 20.000 Mk. überwiesen, als Tantième 50.000 Mk. (i. V. 50.000 Mk.) verwendet und den Actionären 7⅕% Dividende auf 5,000.000 Mk. 350.000 Mk. (i. V. 7½% auf 3½ Millionen Mk. mit 328.125 Mk.) gewährt. Als Vortrag auf neue Rechnung bleiben 16.5 3 Mk. (i. V. 20.197 Mk.). Bei den österreichisch-ungarischen Bahnen kann im Berichtsjahre die ungünstige Ernte zum Ausdrucke; es ist jedoch nicht zu bezweifeln, dass diese Unternehmungen in ihrer weiteren Entwicklung den Erwartungen entsprechen werden. Die Anzahl der im Berichtsjahre behandelten Projecte ist nicht unerheblich gegen das Vorjahr angewachsen.

Wiener Tramway-Gesellschaft Dem Jahresberichte an die XXX. ordentliche Generalversammlung am 30. März 1898 entnehmen wir die nachstehenden interessanten Daten, welche sich auf die seit 28. Jänner 1897 in Betrieb stehende elektrische Einrichtung der sogenannten Transversallinie beziehen. Am Schlusse des Jahres 1897 waren für die Personenbeförderung 40 Motorwagen und 43 Anhängewagen = 88 Wagen vorhanden (beim Pferdebetrieb 687 Wagen). Von 3813 Beamten und Bediensteten waren 207 Bedienstete für den elektrischen Betrieb in Verwendung.

Im Laufe des Jahres 1897 waren 158·3 km Geleise (80·8 km Bahn) im Betriebe, mithin 0·2 km Geleise (0·02 km Bahn) mehr als im Vorjahre.

Im Jahre 1897 wurden 17.083.512 Wagen-Km., somit 2,446.659 Wagen Km. = 16·72% mehr als im Vorjahre zurückgelegt.

Die gefahrenen Wagen-Km. vertheilen sich auf:

14,606.442 Pferdewagen-Km.,
1,284.107 elektrische Motorwagen-Km.,
1,192.963 Beiwagen-Km.

Die Kosten der Transversallinie sind im Bilanzconto mit 177.740 fl. eingestellt, unter den Betriebskosten für Stromlieferung 60.953 fl. und für sonstige Anlagen für den elektrischen Betrieb 7779 fl. verrechnet.

Verkehrs-Uebersicht: 1897 (Gesammt Betrieb).

	Wagentage a) Einspännig	Zweispännig	b) Motorwagen	Beiwagen	Zusammen	Anzahl der zurückgelegten Fahrten a) Einspännig	Zweispännig	b) mit Motorwagen	mit Beiwagen	Zusammen	Wagenkilometer a) Einspännig	Zweispännig	b) mit Motorwagen	mit Beiwagen	Zusammen	Beförderte Personen	Einnahme aus der Personen-Beförderung fl.	kr.
a) Pferde-Betrieb 365 Betriebstage	25.977	133.788	159.760	259.500	797.964	1,057.464	2,427.809	12,178.683	14,606.442	56,867.900	5,047.132	65						
b) Elektrischer Betrieb 338 Betriebstage	9.507	9.087	18.594	69.058	65.252	134.310	1,284.107	1,192.963	2,477.070	7,963.341	666.886	84						
Gesammt - Betrieb 1897 365 Betriebstage			178.354			1,191.774			17,083.512	64,131.241	5,714.018	99						
Gesammt - Betrieb 1896 366 Betriebstage	35.225	121.115	156.375	325.644	673.612	999.869	3,404.670	11,230.436	14,636.853	60,124.294	5,362.961	08						
1897 gegen 1896 { Vermehrung in % / Verminderung in %			14·06			19·19			16·72	6·66	6·55							

	Im Tagesdurchschnitt Wagen a) Einspännig	Zweispännig	b) Motorwagen	Beiwagen	Zusammen	Fahrten a) Einspännig	Zweispännig	b) mit Motorwagen	mit Beiwagen	Zusammen	Wagenkilometer a) Einspännig	Zweispännig	b) mit Motorwagen	mit Beiwagen	Zusammen	Beförderte Personen	Einnahme fl.	kr.	Im Tagesdurchschnitt entfielen auf einen Wagen Fahrten	Wagen-Kilometer	Beförderte Personen fl.	kr.	Einnahme	Im Durchschnitt entfielen auf einen Wagen-Kilometer kr.
a) Pferde-Betrieb 365 Betriebstage	71·2	366·5	437·7	711·0	2186·2	2897·2	6651·5	33366·1	40017·6	155802	13827	76	6·6	91·4	356·0	31·55	3·86	34·55	8·84					
b) Elektrischer Betrieb 338 Betriebstage	28·1	26·9	55·0	208·2	189·2	397·4	3799·1	3529·5	7328·6	21480	1973	04	7·2	134	390·6	35·87	2·93	26·95	9·18					
Gesammt - Betrieb 1897 365 Betriebstage			488·6			3265·0			46804·1	175702	15654	85	6·7	95·8	359·6	32·04	3·75	33·45	8·91					
Gesammt - Betrieb 1896 366 Betriebstage	96·3	331·0	427·3	889·7	1842·2	2731·9	9302·4	30689·0	39991·4	164274	14659	90	6·4	93·6	384·4	34·30	4·11	32·61	3·02					
1897 gegen 1896 { Vermehrung in % / Verminderung in %													4·69	2·35						6·90	7·06	9·60	9·54	0·11

230

Elektrische Strassenbahn Barmen- Elberfeld. Die an das Betriebsjahr 1897 geknüpften Erwartungen haben sich, wie der Geschäftsbericht mittheilt, im Allgemeinen in durchaus zufriedenstellender Weise erfüllt. Der am 1. Jänner 1897 eingeführte Einheitstarif von 10 Pfennig für die ganze Strecke von Barmen-Schwarzlaufe bis Elberfeld Sonnborn mit einer Betriebslänge von 11·7 km hatte eine bedeutende Vermehrung der Fahrgäste zur Folge, ebenso wie am 8. April 1897 erfolgte Einführung eines einheitlichen Abonnements für die ganze Strecke unter wesentlicher Herabsetzung des Tarifes an Stelle der bis dahin im Gebrauche gewesenen Theilstrecken-Abonnements mit progressiv steigenden Tarifen. Um der erhöhten Nachfrage nach Fahrgelegenheit zu entsprechen, wurden die Fahrleistungen erheblich vermehrt. Die Entwickelung des Verkehrs ist aber eine stetig fortschreitende, so dass die Fahrleistungen auch während des laufenden Jahres durch Vermehrung des Wagenparks weiter erhöht werden müssen. Es betrugen die Betriebseinnahmen 1.036.544 Mk. (i. V. 834.621 Mk.), die Betriebsausgaben 575.887 Mk. (i. V. 481.760 Mk.), die Abgaben an die Städte 41.083 Mk. (i. V. 32.198 Mk.), der Anleihenszins 134.512 Mk. (i. V. 134.608 Mk.), der Rohgewinn 364.678 Mk. (i. V. 253.845 Mk.). Davon sollen dem Erneuerungsbestand 115.000 Mk. (i. V. 100.000 Mk.), dem Tilgungsbestand für die Actien 8250 Mk. (wie im Vorjahre), der Reserve 8492 Mk. (i. V. 7270 Mk.) zugewiesen, 8070 Mk. (i. V. 7270 Mk.) Tantiemen an den Aufsichtsrath und 137.500 Mk. = 11% (i. V. 106.250 Mk. gleich 8½%) Dividende gezahlt, sowie 8599 Mk. (i. V. 10.935 Mk.) vorgetragen werden. Die Genussscheine erhalten 18.166 Mk. (i. V. 13.671 Mk.). Die Betriebs-Ausgaben machen 56·67% der Betriebs-Einnahme aus. Die unter Leitung der Gesellschaft stehende städtische Strassenbahn Elberfeld Nord-Süd verbindet den nördlichen mit dem südlichen Stadttheile Elberfelds, indem sie die Gleise der Gesellschaft durchschneidet; sie hat eine Länge von 4280·84 m, ist Spurweite und ist eingeleisig mit Ausweichen. Nach dem südlichen Stadttheile hinauf hat sie erhebliche Steigungen, deren grösste 1:14·2 auf 12·40 m Länge ist. Die Betriebskraft wird von einer eigenen Kraftstation geliefert. An Betriebsmitteln sind 15 Motorwagen zu 16 Sitz- und 12 Stehplätzen und zwei Anhängemotoren vorhanden. Beiwagen werden nicht verwendet. In der Bilanz figuriren unter den Activen: Vorräthe 65.018 Mk. (i. V. 35.144 Mk.), Bankguthaben 255.577 Mk. (i. V. 357.782 Mk.) und diverse Debitoren 28.133 Mk. (i. V. 16.469 Mk.), Creditoren hatten zu fordern 69.304 Mk. (i. V. 76.845 Mk.).

Briefe an die Redaction.

(Für diese Mittheilungen ist die Redaction nicht verantwortlich.)

Der folgende Brief wurde an die Redaction mit dem Ersuchen um Veröffentlichung eingesendet:

„Elektricitäts-erzeugung durch Wasserkräfte auf directem Wege, d. h. ohne Anwendung hydraulischer Motoren.

Bekanntlich wird beim Durchschneiden von Magnetkraftlinien seitens einer ponderablen Masse in dieser selbst eine elektromotorische Kraft und hiedurch ein von deren Leitungsfähigkeit abhängiger elektrischer Strom inducirt.

Fliesst also ein Wasserstrahl, etwa aus einem Canal, zwischen zwei Wänden hindurch, die die Schenkelpole eines Magneten repräsentiren, so muss in der Richtung senkrecht auf Strömungslinie und Kraftlinie ein elektrischer Strom inducirt werden, den man durch leitende Verbindung der extremen Partien des Wasserkörpers innerhalb des Magnetsystems zur Entwickelung bringt.

Arrangirt man das Ganze nach dem Dynamoprincip, so hat man auf diese Weise die unmittelbarste und einfachste Art, Wasserkräfte elektrisch zu transformiren.

Der Leitungswiderstand der natürlichen Wässer ist zudem aus sehr zu geringer, da stets deren Beschaffenheit sehr weit von absoluter Reinheit entfernt bleibt und die Grösse des Querschnittes der strömenden Masse gegenüber dem immerhin noch gegen Kupfer sehr bedeutenden Leitungswiderstand. Da die natürlichen Wässer je nach Witterungseinflüssen und Jahreszeiten feste Theilchen in wechselnder Masse suspendirt enthalten, so werden die Leitungswiderstände dieser "Wasseranoden" im Inneren derselben allerdings variiren; dies trifft aber höchst selten nur auf kurze Zeit ein und überdies ist wegen dieses Umstandes (ebenfalls leicht automatisch oder von Hand wirkende Regulirungen für Erhaltung der nöthigen Constanten anzubringen, namentlich Ausgleichungen durch Accumulatoren ins Auge zu fassen. Man erspart also die kostspieligen Anlagen für hydraulische Motoren.

vergrössert den Nutzeffect der Umwandlung infolge der directen Transformation und hat eine viel einfachere Beaufsichtigung als bisher. Gewisse Verluste, die bei meiner Methode wohl zu erwarten sind und auf die ich hier nicht näher eingehe, dürften wohl durch geeignete Arrangements auf ein Minimum herabzubringen sein.

Da keine schweren Massen in Rotation kommen, wie es bei hydraulischen Antriebsmaschinen der Fall ist, so ist der Geschwindigkeit der Wasserströmung — mit der elektromotorische Kraft proportional wächst — gar keine praktische Grenze gesetzt; man kann also mit voller Sicherheit jede beliebige Fallhöhe der natürlichen Wässer direct ausnutzen.

Andererseits sieht man, dass nichts im Wege steht, auch unter grosser Spannung ausfliessende Gase, z. B. Dämpfe, zwischen Magnetpolen strömen zu lassen und auf diese Weise durch blosse Benützung von Dampfkesseln, also ohne Dampfmaschinen, elektrische Ströme zu erzeugen. Bei dem enormen Leitungswiderstand der Dämpfe und Gase jedoch dürfte diese Methode nicht für die Anwendung im Grossen, sondern mehr für Herstellung elektrischer Apparate dienen, die anstatt der gebräuchlichen Inductorien oder Influenzmaschinen schwache Ströme von grosser Spannung liefern; also hätte man dann „dynamische Dampfelektrisirmaschinen" gewonnen. Mit Studien im Kleinen war ich vor ungefähr einem Jahre wohl beschäftigt, an deren Fortsetzung wurde ich jedoch durch widrige Umstände gehindert, und ich hoffe, sie im nächsten Winter wieder vornehmen zu können.

Ich hätte nun die blosse Idee der directen Transformation noch nicht publicirt und lieber praktische Resultate abgewartet, wenn mir nicht heute Nr. 15 der „Naturwissenschaftlichen Rundschau" d. J. zu Gesicht gekommen wäre, wo es (S. 196) heisst, dass Bouty Intensitäten magnetischer Felder dadurch misst, „dass eine leitende Flüssigkeit, welche auch Flusswasser sein kann, senkrecht zu den Kraftlinien die zu messenden Feldes fliesst: man misst dann mittelst eines Capillar-Elektrometer die constante elektromotorische Kraft zwischen der oberen und unteren Fläche des Strahles ...".

Näheres kenne ich über Bouty's Vorrichtung nicht. Aber ersehe ich, dass eine Anwendung ihres Grundgedankens auf die grosse Praxis nicht mehr ferne liegt. Aus diesem Grunde constatire ich mit diesen Zeilen meine Priorität auf die Idee, Wasserkräfte und Gasstrahlen direct zur Elektricitätserzeugung zu benützen und führe noch an, dass ich seit anfangs des Jahres 1895 in meinen Aufschreibungen verzeichnet finde und dass ich sie Herrn Professor Dr. E. Mach, sowie Herrn Hofrath Kareis im schriftlichen Wege, und zwar mit der Bitte mittheilte, meine Grundgedanken eventuell nach meinem Tode behufs Wahrung meiner Priorität zu publiciren.

Ich kann dies nun heute noch selbst thun und möchte zum Schlusse noch folgende Bemerkung machen: Der oben dargelegte Gedanke repräsentirt die einfachste Realisirung jenes anderen Gedankens der Umwandlung und Fernleitung der Naturkräfte, den ich als der Erste im Jahre 1862 aussprach; die Realisirung dieses Gedankens ist heute etwas Alltägliches, hoffentlich wird die Realisirung des heute veröffentlichten Gedankens ebenfalls bald etwas Alltägliches werden."

Wien, den 13. April 1898.

Josef Popper.

Druckfehler-Berichtigung.

Herr Chef-Ingenieur Seidener hatte die Güte in einem Schreiben vom 5. April uns aufmerksam zu machen, dass im Hefte 8, pag. 199, letzte Zeile eine Unrichtigkeit enthalten ist; Aluminium dürfte in Wirklichkeit 2·2 mal theurer sein als Kupfer, um mit diesem in Concurrenz treten zu können. Diese von Herrn Seidener mitgetheilte Zahl stimmt mit der im Rundschau-Artikel im Hefte 13 vom 27. März angegebenen Zahl, dass Aluminiumleitungen im Vergleiche mit Kupferleitungen bei gleichem Leitungsvermögen nur 48% des Gewichtes haben, gut überein, da daraus hervorgeht, dass das Aluminium (20:48) mal theurer sein darf als Kupfer. Im Hefte 9, pag. 109, letzte Zeile soll anstatt des Wortes "Kupfer" das Wort "glänzt" gesetzt werden. Im Hefte 16 soll auf pag. 194 anstatt Mariazell (Elektrische Bahn) stehen: Mariazell (Elektricitätswerk).

Schluss der Redaction: 19. April 1898.

Verantwortlicher Redacteur: Dr. J. Sahulka. — Selbstverlag des Elektrotechnischen Vereines.
Commissionsverlag bei Lehmann & Wentzel, Wien. — Alleinige Inseraten-Aufnahme bei Haasenstein & Vogler (Otto Maass), Wien und Prag.
Druck von R. Spies & Co., Wien.

Zeitschrift für Elektrotechnik.

Organ des Elektrotechnischen Vereines in Wien.

| Heft 18. | WIEN, 1. Mai 1898. | XVI. Jahrgang. |

Bemerkungen der Redaction: Ein Nachdruck aus dem redactionellen Theile der Zeitschrift ist nur unter der Quellenangabe „Z. f. E. Wien" und bei Originalartikeln überdies nur mit Genehmigung der Redaction gestattet.
Die Einsendung von Originalarbeiten ist erwünscht und werden dieselben nach dem in der Redactionsvordnung festgesetzten Tarife honorirt. Die Anzahl der vom Autor eventl. gewünschten Separatabdrücke, welche zum Selbstkostenpreise berechnet werden, wolle stets am Manuscripte bekanntgegeben werden.

INHALT:

Untersuchungen über den elektrischen Lichtbogen.

Von J. Sahulka.[*]

Im Folgenden sind die Resultate einiger Versuche mitgetheilt, welche als Ergänzung zu den unter dem gleichen Titel[**] beschriebenen Versuchen im Jahre 1894 im k. k. Elektrotechnischen Institute in Wien mit Erlaubnis des Herrn Hofrathes von Waltenhofen ausgeführt wurden. Bei der Durchführung der Versuche unterstützten mich in gleicher Weise wie bei den ersten Versuchen die Herren Oberingenieur Böhm-Raffay, Ingenieur Eisler und Dr. Reithoffer, wofür ich denselben bestens danke. Es wurden Versuche über den mit Wechselstrom zwischen Kohlenelektroden und zwischen ungleichen Elektroden erzeugten Lichtbogen ausgeführt.

Erzeugt man mit Wechselstrom einen Lichtbogen zwischen zwei Kohlenelektroden und schaltet man zwischen eine Elektrode und ein in den Lichtbogen eingesenktes Probestäbchen aus Kohle ein Galvanometer nebst Vorschaltwiderstand, so beobachtet man stets, wie bereits in der ersten Abhandlung beschrieben wurde, eine im Galvanometerkreise auftretende gleichgerichtete elektromotorische Kraft, welche klein ist, wenn das Stäbchen in den centralen Theil des Lichtbogens eintaucht, aber beträchtlich anwächst, wenn man das Stäbchen aus dem centralen Theile des Lichtbogens herauszieht, oder wenn dasselbe successive abbrennt; der Lichtbogen erweist sich dabei stets als negativ elektrisch im Vergleich zu den Kohlenelektroden. Bei Verwendung eines empfindlichen Spiegelgalvanometers, welchem ein Widerstand von $10^5 \,\Omega$ vorgeschaltet war, stieg die beobachtete gleichgerichtete elektromotorische Kraft bis 13 *V* an, während bei Verwendung eines Torsionsgalvanometers von Siemens und Halske mit Zeigerablesung von 1 Ω Widerstand, welchem 999 Ω vorgeschaltet waren, die am Instrumente abgelesene Spannungsdifferenz im Maximum 10 *V* betrug. Beim Herausziehen des Stäbchens aus dem centralen Theile des Lichtbogens oder allmählichen Abbrennen desselben wird die Spitze des Stäbchens immer weniger glühend und hat daher offenbar eine viel kleinere Temperatur als in dem Falle, wenn die Spitze in den centralen Theil des Lichtbogens eingeführt ist.

Das Anwachsen der mit dem Galvanometer beobachteten gleichgerichteten Spannungsdifferenz lässt sich durch die Annahme von Uebergangswiderständen von unveränderlichem Werthe, welche an der Oberfläche der Kohlenelektroden auftreten, nicht erklären, da sonst beim Herausziehen des Probestäbchens aus dem centralen Theile des Lichtbogens und der dadurch verursachten Vergrösserung des Widerstandes des Galvanometerkreises die beobachtete gleichgerichtete Potentialdifferenz sinken müsste.

Die Erscheinung lässt sich durch Annahme von gleichgerichteten elektromotorischen Kräften erklären, welche an der Oberfläche der Elektroden und des Probestäbchens auftreten. Ist das Stäbchen in den centralen Theil des Lichtbogens eingeführt, und daher seine Temperatur angenähert gleich der der Kohlenelektrode, so ist die beobachtete gleichgerichtete Spannungsdifferenz sehr klein, weil sich die an der Kohlenelektrode und dem Kohlenstäbchen auftretenden elektromotorischen Kräfte, welche einander entgegenwirken, nahezu das Gleichgewicht halten. Wird das Probestäbchen aus dem centralen Theile des Lichtbogens herausgezogen und daher seine Temperatur niedriger, so wird die an demselben auftretende elektromotorische Kraft schwächer, und daher die mit dem Galvanometer beobachtete gleichgerichtete Spannungsdifferenz grösser. Dass bei Verwendung des Torsionsgalvanometers die an demselben abgelesene gleichgerichtete Spannungsdifferenz nicht so hoch ansteigt, als die bei Verwendung des Spiegelgalvanometers abgelesene, das bei weit herausgezogenem Stäbchen der durch den Lichtbogen gebildete Theil des Galvanometerkreises selbst einen grossen Widerstand hat, welcher im Vergleich zu den $10^5 \,\Omega$ welche dem Spiegelgalvanometer vorgeschaltet waren, noch klein, nicht aber im Vergleich zu den 999 Ω welche dem Torsionsgalvanometer vorgeschaltet waren. Die an den Kohlenelektroden und dem Probestäbchen auftretenden elektromotorischen Kräfte könnte man als thermoelektrische ansehen, wobei der Lichtbogen, welcher aus erhitzten verdünnten Gasen und fein zertheilten Kohlentheilchen besteht, den einen Leiter, die Kohlenelektroden oder das Probestäbchen den anderen Leiter bilden. Die in dem beschriebenen Falle beob-

---
[*] Der Inhalt dieses Artikels wurde im Elektrot. Vereine am 26. Jänner l. J., auszugsweise besprochen.
[**] Z. f. E. 1894 pag. 547 und 569.

achtete gleichgerichtete Spannungsdifferenz ist bei dieser Annahme stets durch eine Differenz von elektromotorischen Kräften verursacht.

Das Auftreten gleichgerichteter Spannungsdifferenzen an dem mit Wechselstrom erzeugten Lichtbogen könnte jedoch noch in anderer Weise erklärt werden. Im vorigen Jahre wurde von L. Grätz[*] und Ch. Pollak[**] die Erscheinung beobachtet, dass eine Zersetzungszelle mit einer Aluminium- und einer indifferenten (Kohle- oder Platin-) Elektrode dem Durchgange des elektrischen Stromes nur in einer Richtung ein grosses Hinderniss entgegengesetzt, und zwar dann, wenn der durchgesendete Strom vom Aluminium zur Kohle fliesst. Das sich bildende Aluminiumoxyd verursacht einen so grossen Uebergangswiderstand, dass zwischen der Aluminiumplatte und Flüssigkeit eine Spannungsdifferenz von 22 C beobachtet wurde, wenn ein Gleichstrom durch die Zelle gesendet wurde; bei entgegengesetzter Stromrichtung fliesst der Strom, abgesehen von dem Einflusse der Wasserstoff-Polarisation, ungehindert durch die Zelle. Sendet man einen Wechselstrom durch die Zelle, so ist in den Halbperioden, in welchen die Aluminium-Platte die Anode ist, der Strom schwach, in den anderen Halbperioden stark, daher tritt im Stromkreise ein gleichgerichteter Strom auf. Im Lichtbogen könnten ähnliche Verhältnisse bestehen, indem jedesmal, wenn eine Elektrode oder das Probestäbchen Anode ist, ein Uebergangswiderstand entsteht, der einen Spannungsabfall bewirkt. Da das in den Lichtbogen eingeführte Probestäbchen vom Strome quer durchflossen ist, so ist dasselbe auf der den einen Kohlenelektrode zugewendeten Seite als Anode und gleichzeitig auf der der anderen Kohlenelektrode zugewendeten Seite als Kathode anzusehen; in den aufeinander folgenden Halbperioden kehren sich die Verhältnisse um. Taucht das Stäbchen in den centralen Theil des Lichtbogens ein und betrachten wir dabei nur die Verhältnisse in dem Galvanometerkreise zwischen dem Stäbchen und der einen Kohlenelektrode, so wird in der einen Halbperiode an der Kohlenelektrode infolge des durchfliessenden Starkstromes ein grosser Spannungsabfall erzeugt, am Stäbchen ein kleiner; in der nächsten Halbperiode kehren sich die Verhältnisse um. Wenn die alternirenden am Stäbchen und an der Kohlenelektrode erzeugten Spannungsabfälle gleich gross sind, so tritt im Galvanometerkreise keine gleichgerichtete elektromotorische Kraft auf. Wird das Probestäbchen aus dem centralen Theile des Bogens stark herausgezogen, so ist es nur mehr von einem kleinen Theile des Starkstromes quer durchflossen; die Oxydation und der durch dieselbe verursachte Spannungsabfall ist nun viel kleiner, als im früheren Falle. Man hat daher im Galvanometerkreise während einer Halbperiode an der Kohlenelektrode einen grossen, an dem Stäbchen einen kleinen Spannungsabfall, in der nächsten Halbperiode an der Kohlenelektrode und dem Stäbchen einen kleinen Spannungsabfall. In dieser Weise lässt sich die Erscheinung, dass im Galvanometerkreise eine gleichgerichtete elektromotorische Kraft beobachtet wird, welche beim Herausziehen des Stäbchens aus dem centralen Theile des Lichtbogens zunimmt, erklären.

Welche der beiden schon so oft einander gegenübergestellten Erklärungen soll man als die richtigere ansehen? Bei dem zwischen Kohlenelektroden mit Gleich-

strom erzeugten Lichtbogen müsste, wenn die zweite Erklärung die richtigere wäre, an der positiven Kohle ein unveränderlicher Uebergangswiderstand vorhanden sein, welcher den Spannungsabfall bedingt. Nach der Methode, welche v. Lang zur Bestimmung der elektromotorischen Kraft des Lichtbogens anwendete), hätte dieser Widerstand bei den Messungen constatirt werden müssen, was aber nicht der Fall war. Ich glaube, dass bei dem mit Gleichstrom oder Wechselstrom erzeugten Lichtbogen an jener Elektrode, welche gerade Anode ist, wohl ein Uebergangswiderstand entsteht, dass infolge des Uebergangswiderstandes eine hohe Temperatur und infolge dieser eine elektromotorische Kraft entsteht, welche den grössten Theil des Spannungsabfalles verursacht.

Die entstehende elektromotorische Kraft mag ganz oder zum Theile eine thermoelektrische sein. An der Anode hat diese elektromotorische Kraft jedenfalls ein solches Zeichen, dass sie überwunden werden muss; dadurch wird Hitze erzeugt und die elektromotorische Kraft neuerdings vergrössert; der Grenzzustand wird erst erreicht, wenn die Anode zu verdampfen beginnt. Vergleichen wir noch diese Vorgänge im Lichtbogen mit denjenigen in einer Zersetzungszelle. In dieser entsteht an der Anode eine Oxydschichte, welche in dem speciellen Falle, wenn die Anode eine Aluminiumplatte ist, einen hohen Spannungsabfall bewirken kann; eine thermoelektrische Kraft kann in diesem Falle nicht in nennenswerthem Masse auftreten, weil sich die Platte in der Flüssigkeit abkühlt. Im Lichtbogen kann eine an der Anode sich bildende Oxydschichte schon wegen der hohen Temperatur keinen grossen Widerstand verursachen; dagegen wird wegen der hohen Temperatur eine thermoelektrische, vielleicht aber auch noch eine andere elektromotorische Kraft auftreten.

In analoger Weise muss man annehmen, dass bei dem mit Wechselstrom zwischen ungleichen Elektroden erzeugten Lichtbogen gleichgerichtete elektromotorische Kräfte auftreten. Wenn man in einen Stromkreis einen Eisenstab und einen Kohlenstab, welche durch irgend einen anderen Leiter von geringer Länge getrennt sind, einschaltet und nun die Contactstellen des Eisenstabes, Zwischenleiters und Kohlenstabes mit einer Flamme erwärmt, so gibt jedermann zu, dass thermoelektrische Kräfte auftreten; warum sollte dies im Falle des mit Wechselstrom zwischen Eisen und Kohle erzeugten Lichtbogens nicht der Fall sein, in welchem Falle der Lichtbogen den Zwischenleiter ist und die hohe Temperatur für die Entstehung thermoelektrischer Kräfte besonders günstig ist.

Die Versuchsresultate, welche ich im Jahre 1894 bei dem mit Wechselstrom zwischen einer Eisen- und einer Kohlenelektrode erzeugten Lichtbogen erhalten habe, sind in dem ersten Artikel ausführlich beschrieben. Die Versuche wiederholte Herrn Franz Gold[*], wobei jedoch zur Messung des im Stromkreise auftretenden Gleichstromes ein Kupfer-Voltameter benutzt wurde. Am Eingange der citirten Abhandlung ist gesagt, dass meine Resultate infolge der Benützung der ablenkenden Wirkung des Stromes auf die Magnetnadel nicht ganz einwandsfrei seien. Ich muss hervorheben, dass die bei meinen Versuchen verwendeten Torsions-Galvanometer und ein aperiodisches Spiegelgalvanometer von Siemens

* L. Grätz; Sitzungsber. d. math. phys. Kl. d. k. bayer. Akad. d. Wiss. zu München, Bd. 27, p. 223, 1897.
** Ch. Pollak; „Elektrot. Anzeiger" Nr. 53, p. 113, 1897.

*) Sitz.-Ber. d. kais. Akad. d. Wiss. in Wien, Bd. 104, S. 814, 1895.

und Halske Glockenmagnete enthalten, und dass niemals ein durch die Spulen gesendeter Wechselstrom im Stande war, die Glockenmagnete abzulenken. Es wurde auch bei keiner der im k. k. elektrotechnischen Institute befindlichen Tangentenbussolen eine Ablenkung der geraden Magnetnadeln durch Wechselstrom beobachtet, was auch erklärlich ist, da die magnetisirende Kraft des durch die Windungen fliessenden Stromes viel zu schwach ist, um die Stahlmagnetnadeln in den aufeinanderfolgenden Halbperioden ummagnetisiren zu können. Herr Gold hat an dem zwischen Eisen und Kohle mit Wechselstrom erzeugten Lichtbogen die Erscheinung beobachtet, dass der an dem Eisenstäbchen sich bildende Tropfen flüssigen Eisens in den aufeinanderfolgenden Halbperioden des Wechselstromes seine Form ändert, indem er in Schwingungen geräth, und glaubt, dass das Auftreten des Gleichstromes sich durch Widerstandsänderungen des Lichtbogens erklären lasse, welche durch die Schwingungen des Tropfens verursacht werden. Ich kann dieser Ansicht nicht zustimmen; denn wenn man ein in einen Lichtbogen eingesenktes Probestäbchen zwischen den Elektroden im Bereiche des Lichtbogens verschiebt, so wird stets nur eine sehr kleine Aenderung der zwischen dem Stäbchen und einer Elektrode beobachteten Spannungsdifferenz wahrgenommen. Es können daher die Schwingungen des Tropfens nur kleine Pulsationen des Stromes bewirken, nicht aber den im Stromkreise auftretenden intensiven Gleichstrom verursachen. Das Auftreten dieses intensiven Gleichstromes ist, in analoger Weise, wie früher auseinandergesetzt wurde, zum Theile durch das Auftreten von Uebergangswiderständen an der Oberfläche der Elektroden, hauptsächlich aber durch die infolge der hohen Temperatur auftretenden elektromotorischen Kräfte zu erklären, und zwar muss man annehmen, dass während der Halbperioden, wenn die Kohle Anode ist, ein stärkerer Spannungsabfall an derselben stattfindet, als der Spannungsabfall an der Eisenelektrode in den anderen Halbperioden ist.

Ich habe im Jahre 1894 noch einige Versuche an Lichtbögen ausgeführt, welche mit Wechselstrom zwischen ungleichen Elektroden erzeugt wurden. Die Versuchsanordnung und die verwendeten Apparate waren genau dieselben, wie in der ersten Abhandlung beschrieben wurde. Der Lichtbogen verhielt sich wieder wie die Quelle einer gleichgerichteten elektromotorischen Kraft, so dass im Stromkreis ein starker Gleichstrom auftrat.

Die in den folgenden Tabellen verwendeten Buchstaben haben die gleiche Bedeutung wie in dem ersten Artikel, und zwar bedeutet:

Δ_1 die am Lichtbogen gemessene gleichgerichtete Spannungsdifferenz in Volt.

Δ die am Lichtbogen gemessene gesammte Spannungsdifferenz in Volt.

$\Delta_2 = \sqrt{\Delta^2 - \Delta_1^2}$ die am Lichtbogen herrschende berechnete alternirende Spannungsdifferenz in Volt.

J die Stärke des gesammten Stromes in Ampère.

J_1 die Stärke des im Stromkreise auftretenden Gleichstromes.

$J_2 = \sqrt{J^2 - J_1^2}$ die berechnete Stärke des im Stromkreise fliessenden Wechselstromes.

W den mit einem Wattmeter gemessenen Arbeitsverbrauch im Lichtbogen in Watt ausgedrückt.

$W_1 = J_1 \Delta_1$ die dem Gleichstrom entsprechende Arbeit in Watt, welche ausserhalb des Lichtbogens geleistet wird.

$W_2 = J_2 \Delta_2 \cos \varphi$ stellt die dem Wechselstrome im Lichtbogen entsprechende Arbeit dar und zwar ist $W_2 = W + W_1$; die Arbeit W wird im Lichtbogen thatsächlich verbraucht, die Arbeit W_1 nach Aussen abgegeben.

Da W mit dem Wattmeter gemessen wird und W_1 bekannt ist, so ist auch W_2 bekannt; daraus ergibt sich die Phasenverschiebung φ, welche zwischen J_2 und Δ_2 besteht.

Mit r ist der dem Lichtbogen und den Elektroden äquivalente Widerstand bezeichnet und zwar ist r aus dem Arbeitsverluste im Lichtbogen nach der Formel $W = J^2 r$ berechnet.

Endlich ist $E = \Delta_1 + r J_1$ die im Lichtbogen auftretende gleichgerichtete elektromotorische Kraft.

Bei Verwendung einer 9 mm dicken Dochtkohle und eines 4 mm dicken Kupferstabes wurden die in der folgenden Tabelle zusammengestellten Resultate erhalten. Der Wechselstromlichtbogen zwischen Kupfer und Dochtkohle verhielt sich unter Verhältnissen beim Eisen-Kohle-Lichtbogen wie die Quelle einer gleichgerichteten elektromotorischen Kraft und zwar bildet die Kohle den positiven, der Kupferstab den negativen Pol, da im Lichtbogen der Gleichstrom von Kupfer zur Kohle fliesst.

Nr.	Δ_1	Δ	Δ_2	J	J_1	J_2	W	W_1	W_2	$\cos\varphi$	r	E
1	32·7	75·0	67·5	12·68	6·75	10·73	165·1	220·7	385·9	0·53	1·097	39·6
2	32·8	76·0	68·4	12·53	6·75	10·56	165·1	224·1	389·2	0·54	1·069	40·0
3	32·8	76·0	68·6	12·46	6·53	10·67	166·8	214·2	381·0	0·52	1·066	39·8
4	33·3	76·0	68·3	12·65	6·90	10·67	166·8	229·4	393·2	0·54	1·043	40·4
5	33·3	76·5	68·9	12·38	6·53	10·53	175·4	217·4	392·8	0·54	1·145	40·8
6	33·0	76·5	69·0	9·49	4·76	8·21	120·7	157·0	277·7	0·49	1·935	40·8
7	33·3	78·0	68·3	9·55	1·86	8·22	123·8	161·9	285·7	0·51	1·360	39·9
8	33·1	76·0	68·4	9·39	4·65	8·13	123·8	155·2	979·0	0·50	1·440	39·9

Die Versuche Nr. 1 bis 5 sind bei Verwendung einer grösseren Stromstärke, die Versuche Nr. 6 bis 8 bei kleinerer Stromstärke ausgeführt. Der auftretende Gleichstrom beträgt circa 60% des Wechselstromes; der Lichtbogen verhält sich wie die Quelle einer gleichgerichteten elektromotorischen Kraft von 40 V. Zwischen einer Homogenkohle und Kupfer konnte bei Anwendung einer Betriebsspannung von 105 V kein Lichtbogen erzeugt werden.

Die in der nächsten Tabelle zusammengestellten Resultate wurden von einem Wechselstromlichtbogen erhalten, welcher zwischen einer 11 mm Homogenkohle und Quecksilber erzeugt wurde, welches in einer grösseren Schale enthalten war; der entstehende Gleichstrom floss wieder ausserhalb des Lichtbogens von der Kohle zum Quecksilber.

Nr.	Δ_1	Δ	Δ_2	J_1	J_2	W	W_1	W_2	$\cos\varphi$	r	E
1	29·4	79	69·5	11·78	6·11	10·07	154·8	179·6	334·4	0·48	1·12	36·2
2	31·7	78	71·3	12·16	6·25	10·43	179·0	193·2	370·2	0·54	1·16	39·9
3	31·5	77	70·3	12·03	6·51	10·12	178·9	205·1	384·0	0·54	1·24	39·6
4	31·5	77	70·3	12·03	6·42	10·17	165·1	205·1	370·2	0·52	1·14	38·8

Endlich wurde der Wechselstromlichtbogen zwischen dem 2 mm Probestäbchen und Quecksilber erzeugt; es ergaben sich die Werthe:

Nr.	Δ_1	Δ	Δ_2	J	J_1	J_2	W	W_1	W_3	$\frac{g}{\omega}$	c	E
1	32·6	76	68·7	6·34	3·58	5·36	101·5	110·2	211·7	0·57	2·53	41·1
2	33·0	77	69·9	6·38	3·48	5·35	99·8	114·8	214·6	0·57	2·45	41·5
3	33·3	76	68·3	7·52	4·15	6·26	121·8	138·2	263·0	0·61	2·21	42·5

Die Beobachtungen an dem zwischen Kohle und Quecksilber erzeugten Lichtbogen waren schwierig auszuführen.

Bemerkenswerth ist das Resultat, dass bei allen durchgeführten Versuchen der Lichtbogen sich stets wie die Quelle einer gleichgerichteten elektromotorischen Kraft von circa 40 V verhielt.

Londoner Centralbahn.

„Engineering" bringt in seinen letzteren Nummern 1677—79 eine Beschreibung der gegenwärtig im Baue befindlichen elektrisch zu betreibende Untergrundbahn, welche bestimmt ist, genau unter dem verkehrsreichsten Strassenzuge Londons zu verlaufen.

Der Ausgangspunkt der Bahn und gleichzeitig die Kraft-Centrale befindet sich nahe dem östlichen Ende von Oxbridge Road. Die Trace verläuft unter dieser Strasse, weiters unter Bayswater Road, Oxford Street, Cheapside bis zur Bank und besitzt mit einer kleinen Fortsetzung bis zur Liverpool Street Station eine Gesammtlänge von ungefähr 10·5 km.

In London hat man bei Erbauung einer Untergrundbahn nicht so viele Schwierigkeiten zu überwinden, als beispielsweise in New-York. Die letztgenannte Stadt steht auf felsigem Grunde, welcher durch seine Klüfte und Sprünge die Tunnelarbeit zu einer besonders schwierigen macht. Der Boden, auf welchem London gebaut ist, besteht aus einer compacten Thonschichte, durch welche man mittelst des Greathead'schen Tunnelbohr-Apparates leicht hindurchkommt; nach dem Muster der City- und South London-Linie wird die Centralbahn mit zwei getrennten Tunnels gebaut, von denen jeder nur für die nach einer Richtung verkehrenden Züge bestimmt ist. Die Tunnels werden unterhalb aller bereits liegenden Canäle, Rohre, Kabel etc. geführt und einen Durchmesser von circa 3·5 m erhalten.

Die Auskleidung der Tunnels wird aus Gusseisen bestehen. Da man mit Rücksicht auf die Haus- und Grundbesitzer gezwungen ist, genau unter der von den Strassen eingenommenen Fläche zu bleiben, so werden in Newgate-Street, welche sehr eng ist, die Tunnels und Plattformen übereinander angeordnet.

Die Züge werden in Intervallen von 2½ Minuten verkehren und aus je sieben Waggons bestehen, welche einen Fassungsraum für 336 Fahrgäste haben. Das Zugsgewicht wird ohne die Locomotive ca. 105 Tonnen betragen. Es wird eine brillante elektrische Waggonbeleuchtung eingeführt werden, bei welcher die Fahrgäste bequem ihre Zeitung lesen können. Die ganze Strecke wird man in 25 Minuten durchfahren, wogegen die jetzigen Omnibusse hiezu 1¾ Stunde brauchen.

Die Ventilation wird dadurch besonders kräftig sein, dass die Züge in jedem Tunnel stets nach einer Richtung verkehren, und selbst als Kolben wirken. Durch die Einführung des elektrischen Betriebes wird die Luft überhaupt gegenüber dem Dampfbetriebe auf den alten Untergrundlinien sehr gut bleiben; man nimmt

an, dass eine Dampflocomotive die Luft ebenso verschlechtert, wie 30,000 Personen.

Die Bahnlinien werden in verticaler Richtung eine Wellenform erhalten, so dass jede Station sozusagen auf einem Hügel liegt. Es hat dies zwei Vortheile: Erstens wird dadurch die Höhe der zu den Stationen führenden Aufzüge und Stiegen verringert, zweitens wird die Geschwindigkeit der Züge beim Einfahren verzögert, beim Ausfahren beschleunigt. Die Centrale wird dadurch diese Anordnung weit weniger zu plötzlichen Kraftabgaben herangezogen, als dies beim Anfahren der Züge auf horizontaler Strecke der Fall wäre.

Von den Stationsanordnungen bietet diejenige bei der Bank das meiste Interesse. Jedermann, der London kennt, weiss, welch' riesiger Verkehr auf diesem Kreuzungspunkt zusammengedrängt ist. Es wird daher durch die Bahngesellschaft unmittelbar unter dem Pflaster ein Netz von elektrisch beleuchteten Gängen hergestellt, welches von den verschiedenen hier zusammenlaufenden Strassen aus durch ein System von Stiegen zugänglich sein wird; von diesen Gängen aus führen dann fünf Aufzüge zu der eigentlichen Bahnstation, welche 20 m tief unter der Strassenoberfläche liegt. Die Gänge sind dem allgemeinen Verkehre geöffnet und werden vom Publikum umsomehr zur Ueberschreitung dieses ungemein frequenten Platzes benützt werden, als ja nur wenige Stufen zu denselben führen. Unmittelbar unter diesen Gängen werden eben solche für Canäle, Röhren und Kabel hergestellt.

Nach Berechnungen wäre die Bahn im Stande, jährlich 85 Millionen Fahrgäste zu befördern. Da jedoch nicht jeder die ganze Bahnstrecke befährt, so wird die jährlich zu befördernde Personenzahl auf 100 Millionen geschätzt. Wenn man bedenkt, dass der Verkehr auf der ober der Bahn liegenden Strassenstrecke den ganzen Tag hindurch ein gleich lebhafter ist, so erscheint diese Zahl nur zu optimistisch. Vermöge ihrer nahe aneinanderliegenden Stationen, ihrer Aufzüge und des 2½ Minuten-Verkehres wird die Londoner Centralbahn ebenso bequem als im Omnibus und weitaus schneller sein.

Die elektrischen Locomotiven dieser Bahn werden von einer dritten Schiene aus mit Gleichstrom gespeist. Dieselben werden von der General Electric Company in Schenectady gebaut, da die englischen Fabriken dieselben in der verlangten Zeit nicht liefern könnten.

Aus der beistehenden Abbildung, Fig. 1, möge die charakteristische Form der Locomotive entnommen werden. Die Hauptabmessungen sind beiläufig folgende:

Entfernung der Triebachsen eines Drehgestelles	1·700 m
Entfernung der Drehzapfen	4·2 „
Anzahl der Triebräder	8·0 „
Gesammtzahl der Räder	8·0 „
Raddurchmesser	1·050 „
Totaler Radstand	6·200 „
Ganze Länge der Locomotive	8·900 „
Ganze Höhe der Locomotive	2·900 „
Belastung eines Rades	ca. 5·5 Tonnen
Totalgewicht der Locomotive	48·0 „
Zugkraft	6·2 „
Zugkraft bei 35 km Geschwindigkeit pro Std.	3·5 „

Auf jeder Triebachse sitzt direct je ein Motor ohne Zahnradübersetzung auf, dessen Totalgewicht 5200 kg beträgt. Es sind demnach auf jeder Locomotive 4 Motoren vorhanden, welche von dem in der Mitte der Maschine befindlichen Führerstande aus gesteuert werden, welcher nach vorne und rückwärts einen guten Aus-

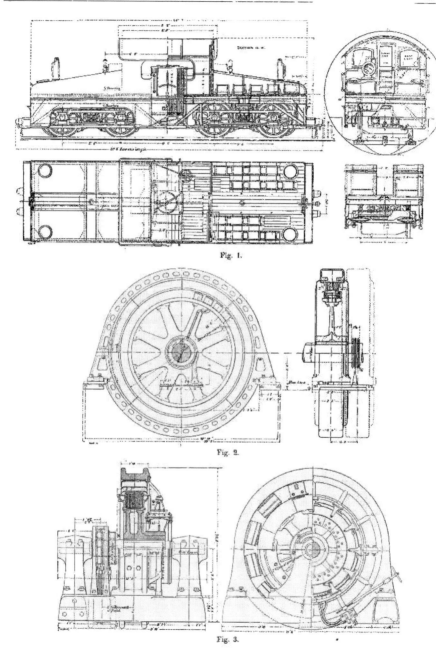

Fig. 1.

Fig. 2.

Fig. 3.

blick gewahrt. Zum Reguliren der Geschwindigkeit dient der bekannte Serie-parallel-Controller, mit 22 Schaltungsstufen, der die Motoren beim Anfahren paarweise parallel und die beiden Paare hintereinander schaltet. Zugleich ist jedem Motor ein Widerstand vorgeschaltet. Sodann wird ein Motorenpaar nach und nach direct eingeschaltet und zuletzt befinden sich alle 4 Motoren in Parallelschaltung. Wie aus dem Grundrisse und Schnitte, welche in der zweiten Reihe in der Fig. 1 dargestellt sind, ersichtlich ist, sind die Widerstände ober dem Wagengestelle vor und hinter dem Führerstande angebracht und ein Gang zwischen denselben frei gelassen.

In dem Artikel des „Engineering" findet sich eine Reihe von interessanten Diagrammen, welche in graphischer Darstellung sämmtliche auf die Zugsgeschwindigkeit bezughabende Grössen berücksichtigen. Die Wiedergabe aller dieser Diagramme ist hier leider nicht möglich, obgleich ihr Studium äusserst interessant ist. An Hand derselben wurde die nöthige Betriebskraft bestimmt, welche pro Zug im Maximum über 300 HP, im Mittel 157·3 HP beträgt.

Bei Projectirung der Anlage wurden die verschiedenen Vorzüge des Dreileiter- und Dreiphasen-Systemes sorgfältig gegeneinander abgewogen; man entschied sich der geringeren Verluste wegen, sowie auch des constanteren Lichtes der Zugsbeleuchtung wegen für das Dreiphasensystem mit Unterstationen, in welchen sowohl feststehende Transformatoren, als auch rotirende Umformer aufgestellt werden. Man installirt gegenwärtig drei Unterstationen und eine vierte in Reserve, welch' letztere bei steigendem Verkehre ebenfalls zum regelmässigen Dienste herangezogen werden wird.

Die in Shepherds Bush situirte Kraftcentrale liegt an dem einen Ende der Bahnstrecke, so dass der Strom über eine lange Strecke von über 10 km vertheilt werden muss. Die verwendete Primärspannung beträgt 5000 V und die Leistung der Centrale 6000 kw.

Acht Paare von Babcock und Wilcox-Kesseln mit einer Gesammt-Heizfläche von 6400 m³ liefern den Dampf bei einem Drucke von 12 Atmosphären. Die Kohlenzufuhr, Heizung und Aschenabfuhr geschieht auf mechanischem Wege durch elektrisch betriebene Vorrichtungen. Jedes Kesselpaar besitzt eine eigene Verbindung mit dem Hauptdampfrohre, sowie jede Dampfmaschine ihre eigene Dampfzuleitung hat. Durch diese Anordnung der Rohre mit den nothwendigen Ventilen können beliebige Combinationen herbeigeführt werden und es braucht kein Dampfrohr in dieser grossen Centrale weiter als 200 mm zu sein.

Sechs Reynolds-Corliss Compound Dampfmaschinen mit Condensation betreiben je einen direct gekuppelten Drehstrom-Generator von 850 kw bei 94 Touren in der Minute und leisten je 1300 indicirte Pferdestärken. Das Schwungradgewicht jeder Maschine beträgt 5 Tonnen.

In Fig. 2 ist ein Dreiphasen-Generator dargestellt. Er besitzt 32 Pole und gibt 5000 V verkettete Spannung bei 25 Perioden pro Secunde. Die Magnete sitzen auf dem rotirenden Theile und die 96 inducirten Spulen sind in 192 Nuthen der äusseren feststehenden Armatur untergebracht. Der Gesammtdurchmesser eines Generators beträgt über 5 m.

Die Feldspulen sind aus flachen Kupferstreifen hochkantig gewickelt. Zuerst werden sie in einer eigenen Maschine mit Papierzwischenlagen kreisförmig gewickelt, und nachträglich viereckig gepresst und auf die Kerne

geschoben. Der Erregerstrom wird durch Schleifringe mit 100 V Spannung zugeführt.

Das Güteverhältnis der Generatoren muss bei Vollast 95%, bei Halblast 91% sein, und die Erregung muss weniger als 16 kw betragen. Die sechs Erregerdynamos sind unter der Schaltwand angebracht; vier davon genügen für den gewöhnlichen Betrieb und zwei Erreger stehen in Reserve.

Die Schaltwand ist durch die Hochspannungsausschalter interessant; dieselben besitzen doppelte Unterbrechungsstellen; alle Contacte sind auf Ebonitsäulen montirt und befinden sich an die verschiedenen Pole an den entgegengesetzten Seiten einer Platte aus isolirendem Materiale, so dass ein Kurzschluss unmöglich auftreten kann.

Die Schalter sind in beträchtlicher Höhe montirt und werden durch hölzerne Zugstangen bedient; sie geben durch die federnde Anordnung eine sehr rasche Unterbrechung. Je drei solcher Schalter werden gleichzeitig bewegt.

Einer der rotirenden Umformer ist in Fig. 3 dargestellt. Seine Capacität ist 900 kw bei 250 Touren, sein Gewicht 30·5 Tonnen; das garantirte Güteverhältnis beträgt 95% bei Vollast und 93% bei Halblast. Der durch die feststehenden Transformatoren von 5000 auf 310 V gebrachte Drehstrom trifft in die rotirenden Umformer mit dieser Spannung ein und verlässt dieselben als Gleichstrom von 550 V.

Die Umformer sind 12polig und besitzen nur je eine Trommelarmatur, deren Wicklung einerseits an 18 Punkten an die drei Schleifringe für Drehstrom, andererseits an einen Collector und 12 Bürstensätze für Gleichstrom angeschlossen ist. Diese Maschinen laufen von selbst an, sowohl von der Drehstrom- als auch von der Gleichstromseite aus, und sind mechanisch sehr wenig beansprucht, da sie keine Kraft zu übertragen haben.

Die feststehenden Transformatoren sind mit künstlicher Ventilation versehen, indem die abgeschlossenen Unterstationen dieses Hilfsmittel zur Fortschaffung der entwickelten Wärme nothwendig machen. Elektrisch getriebene Ventilatoren saugen die heisse Luft ab und treiben sie durch Stahlblechrohre, welche in der Mitte der Schneckenstiegen angebracht sind, in's Freie. Das Gewicht eines jeden Transformators beträgt ca. 4000 kg. Es ist aus den verschiedenen Daten ersichtlich, dass man je drei Einphasen-Transformatoren combiniren wird, im Gegensatze zu eigentlichen Dreiphasen-Transformatoren, welche magnetische Verkettung ihrer Spulensysteme besitzen.

Die Zuleitungen zu den Unterstationen werden auf Consolen im Tunnel befestigt.

Die Ingenieure der Bahn sind Sir John Fowler und Sir Benjamin Baker, und Herr F. Hudleston, der Ingenieur der Electric Traction Company Limited. Wir hoffen in nächster Zeit noch manches Interessante über diese grossartige Anlage bringen zu können.   x.

Die Entwicklung der Telephonie in Oesterreich.

Es liegt im Sinne der Telephonverordnung vom Jahre 1887, dass auch Orte, die eine grössere Entfernung vom Bahnhofe gelegenen Ortspostanstalten wie in Oderberg, sondern ebenso auch viele kleine Orte, welche ein Postamt, aber noch kein Telegraphenamt besitzen, durch eine telephonische Verbindung mit dem nächstgelegenen Telegraphenamte den Anschluss an das Staatstelegraphennetz mit geringen Kosten erhalten können.

In Verfolgung dieses angestrebten Zieles wird es übrigens zweifellos in Oesterreich wie in anderen Ländern, z. B. in Deutschland, zur ausgedehnteren Einführung gelangen, dass e i n f a c h e T e l e p h o n s t e l l e n, von Privaten gegen sehr geringes Entgelt bedient, in Orten oder einzelnen Objecten, wo sich die Errichtung eines Postamtes aus verschiedenen Gründen vorerst nicht durchführen lässt, ausgerüstet mit dem einfachen Sprech- und Hörapparat, Magnetinductor, Läutewerk etc. dem Publikum als weitab vom grossen Verkehre gelegene, sozusagen e x p o n i r t e T e l e g r a p h e n s t a t i o n e n zur Aufgabe und zum Empfange von Telegrammen zur Verfügung stehen, welche naturgemäss bei fortschreitender Verdichtung des interurbanen Telephonnetzes auch als ö f f e n t l i c h e S p r e c h s t e l l e n benützt werden können.

Wir finden Letzteres schon im Jahre 1888 durchgeführt in dem Reichenauer Bezirks-Telephonnetze mit mehreren solchen weitab gelegenen exponirten Telephonstellen, der im Orte Nasswald errichteten Telephonstelle und in gewisser Beziehung sogar ein Jahr früher (1887) mit dem Anschlusse der Telephonleitung auf dem „Sonnblick" zur höchsten europäischen Wetterwarte, an das Post- und Telegraphenamt in Rauris, wodurch der vereinsamte Beobachter in diesem vereinzelt, weitab vom Weltverkehre gelegenen Objecte, in die angenehme Lage versetzt wurde, nicht nur die täglichen Wetterberichte zur rechten Zeit an den rechten Ort, die Centralanstalt für Meteorologie und Erdmagnetismus in Wien gebracht zu sehen, sondern auch für seine eigenen Bedürfnisse und seiner jeweiligen Besucher eine directe Verbindung mit der Aussenwelt erhalten kann.

Im Jahre 1891 existirten jedoch erst sechs Telegraphenämter mit Telephonbetrieb, benützbar für j e d e Art Telegramme, u. zw. in Mallnitz, Meltsch, Oderberg Stadt, Schmittenhöhe, Stablowitz und D. Krawarn.

Ende 1888 waren schon 13 staatliche Telephonnetze nebst vier kleinen Anlagen mit 1—2 Sprechstellen — also nach ungefähr 1½ Jahren mehr als innerhalb 5—6 Jahre private Netze gebaut worden waren — dem öffentlichen Verkehre übergeben und sechs interurbane Linien, durch welche zehn Orte m i t Telephonnetz und vier Orte o h n e Netz (mit einer öffentlichen Sprechstelle) verbunden waren, abgesehen von weiteren acht kleinen Orten, bezw. einzelnen Objecten, die durch den Anschluss an das Reichenauer Bezirksnetz eine interurbane Verbindung erhalten konnten.

Die für die Errichtung bewilligten Mittel waren in den abgelaufenen drei Baujahren beinahe vollständig verausgabt worden und es verblich mit Hinzurechnung der Betriebskosten Ende 1888 nach Abzug der Einnahmen von rund 45.000 fl. während der ersten drei Jahre der neueingeführten Staatstelephonie ein Ausfall von rund 20.000 fl.; dieses, wie nicht anders zu erwarten war, negative finanzielle Ergebnis muss aber im Hinblicke auf die erzielten Fortschritte innerhalb sehr günstig erscheinen.

Im Jahrgange 1889 des Post- und Telegraphen-Verordnungsblattes für das Verwaltungsgebiet des k. k. Handelsministeriums erscheint zum ersten Male der Stand der staatlichen Telephonnetze und interurbanen Telephonlinien mit Ende 1888 und im December des laufenden Jahres (1889) verlautbart und erfolgten von diesem Jahre ab alljährlich die weiteren Verlautbarungen, wovon die letzte vom Jahre 1897 (im Jahrgange 1898) einen Raum von ganzen neun Seiten beansprucht, während die erste vom Jahre 1888 auf beinahe eine halbe Seite gebracht werden konnte.

Im gleichen Jahrgange (1889) wurde auch zuerst verlautbart, dass die interurbanen Telephonleitungen in das Verzeichnis der Leitungen des österreichischen Staatstelegraphennetzes aufgenommen wurden, eingereiht als die fünfte Kategorie, mit Nummer 800 später 901 beginnend, und als neue vierte Kategorie, mit Nummer 700 später 801 beginnend, jene Leitungen verzeichnet sind, welche die überwähnten Telegraphenstationen mit Telephonbetrieb mit dem Staatstelegraphennetze verbinden.

Ueber die weitere Fortentwicklung der Staatstelephonie und der von den Privatgesellschaften betriebenen Staatsnetze bis zu deren Ankauf durch den Staat lassen daher die zum Schlusse beigegebenen auf Grund der amtlichen Verlautbarungen verfassten Zusammenstellungen A und B einen Ueberblick gewinnen, so dass wir uns unter Hinweis auf die Bemerkungen zu diesen Zusammenstellungen darauf beschränken können, besonders hervorzuhebende Details hervorzuheben, welche seit Anfang 1889 bis zum gegenwärtigen Zeitpunkte (Anfang 1898), also innerhalb neun Jahre, einzelne Stadien des Fortschrittes markiren.

Die Post- und Telegraphenverwaltung (Centralleitung für die Telephonie) machte in erster Linie sehr eingehende Versuche, um die interurbane Telephonverbindung von Wien mit Prag und Budapest nach den neuesten technischen Anforderungen, ohne Benützung des Systems Rysselberghe, fussend auf praktischen Erfahrungen in den schon bestehenden interurbanen Linien, namentlich der ersten Linie Wien—Reichenau, so gebrauchswerth als möglich zur allgemeinen Befriedigung herzustellen.

Es wurden Ingenieure der Centralleitung beordert, mehrere ausländische gut bewährte interurbane Linien wie Brüssel—Paris, Berlin—Hamburg etc. eingehend zu studiren und daraus die Erkenntnis geschöpft, dass die mittlerweile im Bau vollendete Linie Wien—Prag in ihrer gesammten Ausführung auf der Höhe der Zeit stehe.

Am 18. September 1889 wurde die erste interurbane Verbindung von Wien mit Böhmen auf der Linie Wien—Prag in der Tracenlänge von 310 km über das sogenannte „Waldviertel" in Niederösterreich und Südböhmen geführt, durch Vermittlung der beiden Fern Centralen in Wien und Prag auch für die Theilnehmer der beiden Privatnetze eröffnet.

Diese erste über 300 km lange Linie ist als Doppelleitung mit bestem 3 mm starkem Kupferdraht in überall angemessener Entfernung von den auf gleicher Trace nächstgelegenen Telegraphenleitungen auf eigenen Gestänge unter Verwendung von guten Porzellan-Isolatoren, welche mit Anwendung von in Oel getränkten Haaf auf die Eisenstützen geschraubt sind, geführt.

Die Verbindung von Wien mit Budapest wurde ebenfalls noch im Jahre 1889 durch ein am 27. Juli d. J. abgeschlossenes Uebereinkommen zwischen der österreichischen und ungarischen Regierung sichergestellt und mit dem Bau von drei im Ganzen 282 km langen Linien — auf Oesterreich entfallen rund je 40 km — sofort begonnen, so dass die Eröffnung des ersten österreichischungarischen interurbanen Telephonverkehres am 1. Jänner 1890 erfolgen konnte, vorläufig jedoch nur zwischen den beiden Centralen und Börsen in Wien und Pest. Die 3 cm starken Doppelleitungen der drei Linien wurden an der Landesgrenze in Bruck a. d. Leitha und in Raab eingeführt, sie laufen in Oesterreich längs der Reichsstrasse, in Ungarn längs der Bahnlinie auf ein und demselben Gestänge und sind zum Schutze gegen die Induction benachbarter Telegraphenleitungen anfänglich derart geführt worden, dass jeder der sechs Drähte nach je sechs Säulenabständen an die gleichliegende Stelle der ersten Säule zurückkehrt, während zur möglichsten Verhinderung der „telephonischen" Induction die einzelnen Stromkreise nach je 10, 20 und 40 km gekreuzt wurden.

Trotz dieser Vorkehrungen konnten in den ersten zwei Betriebsjahren (1890/91) nur je zwei Linien bez. vier Drähte gleichzeitig benützt werden, weil das sogenannte „Ueberhören" in der dritten Linie eine deutliche Verständigung nicht zuliess; diesem Uebelstande konnte endlich nach mehrfachen Versuchen, wenn auch nicht vollständig, so doch bis zu einem Grade, dass die gleichzeitige Betrieb aller drei Linien möglich wurde, abgeholfen werden, dass die Kreuzungen der Drähte vermehrt und an genau bestimmte Säulen ohne Rücksicht auf die Länge der einzelnen Parcellen gebunden, sowie dadurch die Länge des Parallellaufes der Drähte vermindert wurde.

Bezüglich der Verbindung von Wien mit Prag ist zu bemerken, dass die Theilnehmer des Prager Netzes mit Theilnehmern anderer Netze, ausser Wien, in den von Wien nach Süden (Baden, Wr.-Neustadt etc.) eröffneten interurbanen Linien sowohl anfänglich als auch gegenwärtig n i c h t direct verkehren können, nachdem bekanntlich die lautschwächenden Wirkungen der Translatoren beim Zusammenschalten zweier oder mehrerer Linien die deutliche Verständigung von Theilnehmer zu Theilnehmer mehr-minder beeinträchtigen.

Man hatte nämlich in dieser Hinsicht mit den directen Verbindungen der Theilnehmer der Brünner Privatnetzes über Wien hinaus nach den südlich gelegenen Orten schon bis zum Eröffnung der ersten über 300 km langen Linie Wien—Prag gleich von vornherein dem telephonirenden Publikum nicht eine so günstige einzuräumen, unter Umständen also geeignet erscheinen konnte, den interurbanen Telephonverkehr zu discreditiren.

Zu den acht Landeshauptstädten incl. Wien, welche schon früher Telephonnetze hatten, kamen im Jahre 1889 Salzburg und Troppau hinzu und sei noch erwähnt, dass die Direction der k. k. österr. Staatsbahnen im 1. August 1889 die telephonische Avisirung von Eil- und Frachtgütern, welche an Telephon-Theilnehmer in Wien, Prag, Triest, Linz, Salzburg und Pilsen anlangen, zur Einführung brachte.

Werfen wir nun am Schlusspunkte der Entwicklung der Telephonie in Oesterreich einen Blick in das Ausland, so gegenwär wir den interessanten Thatsache, dass in Frankreich die Regierung durch ein Gesetz ermächtigt wurde, die vollständige Verstaatlichung der Telephonie durch den Ankauf der bestehenden privaten Netze durchzuführen.

Es scheint dieses Vorgehen in Frankreich nach dem Beispiele der damals bereits fortgeschrittenen Staatstelephonie in Deutschland und in der Schweiz zweifellos nicht ohne Einfluss gewesen zu sein, dass man in Oesterreich das gleiche Ziel sobald als möglich zu erreichen suchte; es fallen auch thatsächlich die Vorbereitungen der österreichischen Staatsverwaltung zu den

Unterhandlungen mit den Privat-Telephongesellschaften zwecks Ankaufes ihrer Netze in die Jahre 1890/91.

Im Hinblicke auf diese immer mehr zu Tage tretende Tendenz in Europa bezüglich der Staats-telephonie und deren als bewährt vortheilhaft anerkannten Nothwendigkeit für den einheitlichen Ausbau der Telephonanlagen dürfte es am Platze sein, einige Daten vom Jahre 1889 über die Entwicklung der ausschliesslich privaten Telephonie in den Vereinigten Staaten von Nordamerika in Erinnerung zu bringen, u. zw. betrug die Zahl der im Bautosgebiete geweichselten Gespräche (locale und interurbane) im Jahre 1889 mehr als 400 Millionen; hiezu dienten Ende 1889 rund 445.000 Hör- und Sprechapparate und über 500.000 km Drähte bei mehr als 300.000 Theilnehmern und sonstigen Anschlüssen mit 1238 Centralen. Das sind allerdings erstaunliche Zahlen, welche die grossartigen durch die private Initiative erzielten Erfolge illustriren; jedoch ist es allgemein bekannt, dass die eigenthümlichen amerikanischen Verhältnisse im privaten und geschäftlichen Leben von denen in Europa grundverschieden sind, daher keine Berechtigung vorliegt, die staunenswerth raschen Fortschritte in Amerika als Beweis gegen die Vortheile des staatlichen Telephonmonopoles in das Feld zu führen.

Ist man ja doch auch in Schweden, wo die amerikanischen Erfolge eigentlich allerdings verfügt wurden, dazu übergegangen, dem Staatstelephone grösseren Eingang zu verschaffen; Ende 1892 waren schon gegen 36.000, im Jahre 1897 mehr als das doppelte, 63.000 staatliche Telephonleitungen vorhanden, also nur um 11.000 km weniger als Ende 1896 in Oesterreich.

Entsprechend den gehegten Erwartungen hatte die erste Linie Wien—Prag sehr günstige Betriebsergebnisse aufzuweisen, obwohl man im ersten Winter mit Störungen zu kämpfen hatte, welche aber sofort gründlich behoben wurden; abnorme Witterungsverhältnisse bewirkten nämlich im Monate Jänner 1890 ein derart starkes Aneisen der Drähte, dass diese an mehreren Stellen im oberwähnten sogenannten „Waldviertel" zu gleicher Zeit rissen.

Die praktisch erwiesenen Vortheile des Telephonverkehres wurden dadurch immer weiteren Kreisen der Bevölkerung bekannt und brachten es mit sich, dass im Laufe des Jahres 1890, sowie auch in den folgenden Jahren regelmässig wiederkehrend, in den österreichischen Abgeordnetenhause anlässlich der Berathung des Budgets, namentlich in den Verhandlungen des Budgetausschusses, mannigfache Wünsche und Anregungen in Telephonsachen ausgesprochen wurden, deren Erfüllung von Seite der Regierung, insoweit es nach und nach thunlich und für Industrie, Handel und Verkehr vortheilhaft erschien, mit Rücksichtnahme auf die staatlichen finanziellen Kräfte, im Wesentlichen zugesagt wurde.

Nicht minder liessen es sich die Börse und Handelskammern in Wien und die Handelskammern in den einzelnen Kronländern Oesterreichs angelegen sein, als Vertreter des gesammten Handels, Börse- und Industriekreise von Jahr zu Jahr immer mehr mit speciellen Ansuchen an die Telephonverwaltung heranzutreten, so im Jahre 1891 um Verbindung der internurbanen Linien von Wien nach Prag und Pest, Errichtung neuer Linien, namentlich zur Verbindung der bedeutendsten Industrieorte Böhmens mit Wien und Prag, von Wien nach Triest über Graz und Laibach, sowie von Wien nach Tirol und Vorarlberg (Innsbruck und Bregenz) über Oberösterreich und Salzburg, Errichtung von Staatsnetzen in den Landeshauptstädten und anderen grösseren, an diesen projectirten Linien gelegenen Orten.

Ein grosser Theil aller dieser Wünsche wurde auch in den zwei Jahren 1891 und 1892 in Ausführung gebracht, nachdem noch früher, am 1. November 1890, die erste nach System R y s s e l b e r g h e eröffnete Linie Wien—Brünn durch eine specielle Telephonlinie ersetzt worden war.

Die zweite Linie Wien—Prag über Brünn, Iglau und Kolin (354 km) wurde Ende 1891, die Linien Prag—Warnsdorf (170 km) mit der Zweiglinie Böhm.-Kamnitz—Böhm.-Leipa (20 km), Prag—Reichenberg (113 km) mit der Anschlusslinie Reichenberg—Tannwald (28 km) zur Verbindung des nördlichen und nordwestlichen Industriebezirkes in Böhmen mit den Orten: Aussig, Bodenbach, Tetschen, Bensen, Schönlinde, Rumburg, Jungbunzlau, Gablonz, Morchenstern als directe eingeschaltete Stationen, in welchen successive Telephonämter errichtet wurden, — Pilsen (94 km) theils 1891, theils 1892, die Linie Wien—Triest, die längste auf österreichisch-ungarischem Gebiete und zugleich eine der längsten in Europa (506 km) mit der staatlichen Centrale in Graz als Mittelstation am 1. October 1892 dem öffentlichen Verkehre, theils beschränktem Umfange übergeben, ferner die ersten vier internationalen Linien eröffnet (siehe letztere unter Bemerkungen p) zu den zwei Zusammenstellungen A und B).

Um einen anstandslosen Betrieb zu sichern, wurde in der Theilstrecke auf dem Karste in einer Länge von 15 km, welche am meisten dem Angriffe des „Bora" ausgesetzt ist, 4 mm starker Compounddraht, zu den Ortsleitungen und im Freien 2—3, bezw.

4 mm Bronzedraht verwendet, an jeder 18. Säule die Drähte (Doppelleitung) gekreuzt und schon anderwärts als gut bewährte Linien-Blitzableiter in grösserer Anzahl in den meist gefährdeten offenen Strecken angebracht.

Ende 1892 zeigte sich also die Staatstelephonie in Oesterreich schon derart entwickelt, dass die Telephonverwaltung mit Befriedigung auf die erzielten Erfolge blicken konnte und auch die am Telephonverkehre zu meisten interessirten Kreise zufrieden sein konnten, wie nicht minder die österreichische Telephonindustrie, die durch das staatliche Telephonmonopol einen erheblichen Aufschwung genommen hatte, indem heimische Firmen mit namhaften Aufträgen bedacht wurden. Die Theilnehmer von fünf Privatnetzen (Wien, Brünn, Prag, Reichenberg, Pilsen) konnten bis zu gewissen Grenzen am internurbanen Verkehre sich betheiligen und von den 59 staatlichen Netzen oder Centralen waren 39 internurban betheiligt, davon 13 mit Wien und 17 mit Prag in 13. bezw. 6 Linien.

Ueber 1·83 Millionen Gulden waren in den vier Jahren (1889—1892) an Errichtungs- und Betriebskosten vom Staate verausgabt und nicht ganz eine Million vereinnahmt worden, somit das Staatstelephon, wie vorauszusehen, noch immer passiv, während die Privat-Gesellschaften in dem gleichen Zeitraume über 4·1 Millionen Gulden neu investirt und nach Abzug der Betriebskosten und sonstigen Abschreibungen von den Einnahmen eine 8·10%ige Verzinsung des gesammten seit 1881 investirten Capitales von über 7 Millionen Gulden erzielt hatten.

Mittlerweile waren auch die im Jahre 1891 eingeleiteten Verhandlungen der Regierung mit der österreichischen Telephon-Gesellschaft behufs Ankaufes ihrer Netze, mit der Wiener Privat-Telegraphen-Gesellschaft bezüglich des Brünner Netzes und mit dem Concessionär L. W e i s s in Linz zum Abschlusse gelangt und für sämmtliche zehn Netze mit dem Pauschal-Ablösungspreis von 1·14 Million Gulden nebst Vergütung nachträglicher Investitionen nach dem Abschätzung zu Grunde liegenden Zeitpunkte des Standes, u. zw., für den ersteren nach dem vom 31. Mai 1891, des Brünner Netzes vom 1. Februar 1892 ein Uebereinkommen erzielt.

Die Action der Regierung beschränkte sich jedoch nicht nur auf diesen Abschluss, sondern sie hatte zugleich bereits zu Beginn des Jahres 1892 der Wiener Privat-Telegraphen-Gesellschaft die bestimmte Absicht kundgegeben, auch das Wiener Netz abzulösen; über Ansuchen der Gesellschaft wurde im Laufe des Jahres 1892 ein höherer technischer Beamter der Telephon-Centralleitung mit der Aufgabe betraut, die Regierung über den Werth des Netzes zu orientiren und auf Grundlage dieser Erhebungen wurden noch vor Ablauf des Jahres 1892 die eigentlichen Einlösungs- Abhandlungen begonnen, welche sich jedoch wider Erwarten derart verzögerten, dass im Jahre 1894 ein Abschluss erfolgte, worauf wir später zu sprechen kommen.

Auf Grund des Reichsrathe angenommenen und mit der kaiserlichen Sanction versehenen Gesetzes vom 29. December 1892 (enthalten im 83. Stücke des Reichs-Gesetz-Blattes Nr. 234) erfolgte die Uebernahme von zehn Privatnetzen in das Staatseigenthum am 1. Jänner 1893 zum oben angegebenen Preise, sowie weiter die Regierung ermächtigt wurde, bis zum Gesammthöchstbeitrage von 1½ Millionen Gulden die Kosten der Verlegung der Privatcentralen in die Post- und Telegraphengebäude in den betreffenden Städten zu bestreiten und diese Summe in der Weise zu beschaffen, dass das aufzunehmende Capital mit höchstens 4½%-igen verzins-t und in längstens zehn Annuitäten getilgt werde unter Einstellung dieser jeweilig fälligen Annuität in das Erfordernis des Staatsschatzes.

Mit Beginn des Jahres 1893 war also nur mehr ein Privatnetz (Wien) vorhanden und damit der Entwicklung des Staatstelephones im Interesse der gesammten Bevölkerung Oesterreichs ein weites Feld eröffnet, ohne durch die verschiedenartigen Einrichtungen in den bestandenen Privatnetzen an dem einheitlichen Ausbau der neu zu errichtenden und umzugestaltenden Telephonanlagen gehindert zu sein.

Ausser den in der Zusammenstellung B namentlich angeführten Telephonorten hatte Ende 1892 noch folgende Städte mit mehr als 50 Telephontheilnehmern zu verzeichnen; die vom Staate übernommenen Privatnetze in Reichenberg (410), Pilsen (195), Bielitz-Biala (188), die staatlichen Netze in Wien (68), in Karlsbad (140), Krakau (122), Agram (118), Warnsdorf (96), Cilli (92), Saaz (76), Olmütz und Mähr.-Ostrau (je 68), Tetschen (64), Asch, Eger und Dornbirn (je 60) und nur zehn Netze mit 2—10 Theilnehmern.

Ueber 200 Theilnehmer hatten neun Privatnetze, in welchen die Einführung des Vielfachbetriebes in den Centralen nach und nach schon durchgeführt oder in der Durchführung begriffen war, wozu Vielfachumschalter nach dem System der Western-Electric-Company, u. zw. Zweischnurumschalter mit Klappenschränken und senkrechten Klinkentafeln in Verwendung genommen wurden.

Die meisten öffentlichen Sprechstellen befanden sich in Wien, u. zw. in dem staatlichen Netze: 30 im Gemeindegebiete und fünf in mittelst interurbaner Linien angeschlossenen Orten (Liesing, Kaltenleutgeben, Perchtoldsdorf, Weidlingau und Pressbaum, in der Nähe von Wien gelegene, sehr besuchte Sommerfrischen), welche in der Zusammenstellung B unter den Stationen der interurbanen Linien, bezw. den verbundenen Orten ohne Centrale (in Klammern angegeben) eingerechnet sind, ferner im Privatnetze: 12 Sprechzellen an der Effectenbörse, somit im Ganzen 47 und im Reichenauer Bezirksnetze 11 Sprechstellen, davon 10 in Orten ohne Centrale.

Schon im Jahre 1891 hatten mehrere Wiener Geschäfts-Firmen an die Telephonverwaltung das dringende Ansuchen gestellt, die sich zur Bewältigung der gewünschten Verbindungen als nicht genügend erwiesenen drei Linien nach Pest — eigentlich waren es nur zwei, weil, wie schon früher erwähnt, die dritte längere Zeit unach liegen musste — um weitere zwei bis drei zu vermehren.

Dem wurde in reichlichem Maasse im Jahre 1893 durch Eröffnung von vier neuen Linien über Marchegg, Pressburg und Raab nach Pest entsprochen, welche auch für den Verkehr über Pest hinaus durch Zusammenhalten der von Pest nach Arad, Szegedin und Temesvar gebauten Linien dienen, sowie nach Pest — eigentlich waren es nur zwei, weil, wie schon früher erwähnt, Wien—Pester Verkehr ab 1. Juni 1893 auf die Theilnehmer und öffentlichen Sprechstellen des Pester Netzes ausgedehnt wurde. Ferner wurde im Jahre 1893 die ebenfalls viel gewünschte dritte Linie Wien—Prag, auf dem Gestänge der ersten im Jahre 1889 eröffneten geführt, fertiggestellt, die nordöstliche Böhmen mit den Netzen in Asch, Eger, Karlsbad, Saaz und Kladno durch die ausgel aute Linie Prag—Asch (230 km) in den interurbanen Verkehr mit Wien einbezogen und von Wien eine neue Linie (84 km) über Gloggnitz und Schottwien nach dem Semmering gebaut, mit Eröffnung des interurbanen Verkehres nicht nur zwischen diesen drei Orten untereinander und mit Wien, sondern auch mit allen an der Südbahn von Wien—Reichenau liegenden Telephonstationen und mit Brünn. Von besonderer, zum Theile nicht allein auf Oesterreich beschränkter Bedeutung in der Entwicklungsgeschichte der Telephonie wurde das folgende Jahr 1894, u. zw. durch die Eröffnung der internationalen Linie Wien—Berlin und zweitens durch die Uebernahme des letzten bestehenden Privatnetzes in Wien in das Staatseigenthum.

Kurze internationale Linien an der Grenze zwischen böhmischen und sächsischen Orten waren schon 1891 eröffnet und weitere solche mehrseitig gewünschte Grenzverbindungen in Aussicht gestellt worden, wozu heute, etwas vorausgreifend, bemerkt werden kann, dass gegenwärtig (1898), wie bekannt, eine grössere Action im Zuge ist, eine weit umfassendere Verbindung zwischen den Telephonnetzen in Böhmen und Sachsen herzustellen und die Sprechgebühren im Grenzverkehre zu ermässigen. (Siehe Heft II, S. 57 und Heft IV, S. 60 in diesem Jahrgange.)

Der verstorbene Staatssecretär des deutschen Reichspostamtes, Dr. v. Stephan, interessirte sich ganz besonders für die Verbindung Wien—Berlin und nahm persönlich an den Verhandlungen theil, welche im August 1894 in Prag zwischen den Vertretern der deutschen und österreichischen Regierung zu diesem Behufe stattfanden, wobei die näheren Vereinbarungen zur Ausführung beschlossen wurden.

Nachdem die Vorarbeiten zur Herstellung dieser von der deutschen und österreichischen Handelswelt schon lange ersehnten Verbindung auf Grund des im Frühjahre von deutscher Seite beantragten Projectes noch vor der Conferenz in Prag begonnen hatten, was auch in Deutschland der Fall gewesen sein dürfte, so konnte der Bau der über Prag—Bodenbach—Dresden geführten Linie in der Gesammtlänge von über 630 km, wovon rund 435 auf Oesterreich entfallen, sofort (September) in Angriff genommen werden, mit der Absicht, die neue Linie schon im Spätherbste eröffnen zu können.

Ungünstige Terrain- und Witterungsverhältnisse, namentlich aber andere Schwierigkeiten beim Baue des österreichischen Linientheiles verzögerten jedoch die Fertigstellung.

Man benützte nämlich, um möglichst billig die Linie herstellen zu können, da der Telephonverwaltung grössere Mittel nicht zur Verfügung standen, das bestehende Gestänge zwischen Wien und Aussig, auf welchem die neue Leitung aufgespannt wurde.

Diese Zuspannungsarbeiten gestalteten sich aber dadurch, dass viele Auswechslungen von niederen Säulen gegen höhere erfolgen mussten, weil sonst die neugespannten Drähte, wozu 4 mm starker Silicium-Bronzedraht verwendet wurde, zu tief gelegen wären, nicht nur zeitraubend, sondern auch mit Rücksicht auf die Vermeidung jeder Störung des bestehenden, sehr regen Telephonbetriebes, sehr schwierig.

Trotz dieser ungünstigen Umstände erfolgte die Eröffnung der Linie, deren beiderseitige Leitungstheile in Peterwalde (Sachsen) angeschlossen wurden, am 1. December 1894 um 7 Uhr Früh, nachdem schon mehrere Tage vorher im Beisein höherer

staatlicher Functionäre und Vertreter der Presse die vollkommen gelungene Erprobung der neuen bedeutungsvollen Verbindung stattgefunden hatte.

Vorläufig wurde der neu eröffnete Verkehr, ohne eingeschaltete Mittelstation, zwischen Wien und Berlin beschränkt, einerseits auf die Fern-Centrale und staatlichen öffentlichen Sprechstellen und Theilnehmer in Wien, andererseits auf das in Berlin in seiner ganzen Ausdehnung bestehende Telephonnetz.

Erst am 1. April 1896 wurde diese Beschränkung für Wien aufgehoben und können nunmehr alle Theilnehmer des mittlerweile verstaatlichten Wiener Netzes, nach vorheriger Anmeldung für den interurbanen Verkehr, von ihren Stellen aus mit Berlin sprechen.

Schon in den ersten Tagen nach der Eröffnung hatte es sich gezeigt, dass die in Berlin in Verwendung stehenden Sprechapparate die telephonische Uebertragung der Worte zwar rein, aber schwächer als die Wiener Mikrophone bewirken, so dass also namentlich die über den Translator in der Fern-Centrale verbundenen Theilnehmer in Wien über eine nicht deutliche Verständigung mehrfach Klage führten, während die Berliner gut verstanden. Um diesen nachzuweisen, dass nicht die Wiener Leitung daran Schuld sei, wurden interessante Versuche zwischen Bodenbach und Triest, sowie Hamburg und Wien (je über 1100 km) mit sehr gutem Erfolge unternommen und weiter in Berlin statt der deutschen Sprechapparate die österreichischen versucht, wobei die Verständigung beiderseits gleich gut von statten ging.

Dass übrigens die österreichische Telephon-Industrie auf einer hohen Stufe der Entwicklung steht, beweist die Thatsache, dass im Jahre 1895 in den drei neu eröffneten interurbanen Linien zwischen den drei Hauptstädten (London, Edinburgh, Dublin) in England unter mehreren ausländischen und englischen Fabrikaten das von einer Wiener Firma (Deckert & Homolka) erzeugte "Graphit-Lautsprech-Mikrophon" zur Verwendung angenommen wurde.

Die vollkommen gute Betriebsfähigkeit der Linie Wien—Berlin, trotz der in unmittelbarer Nähe im gleichen Gestänge befindlichen älteren Linien, ohne störend wahrnehmbare Induction, musste in Anbetracht der immerhin bedeutenden Länge der Linie die beiden betheiligten Telephonverwaltungen mit Stolz und Befriedigung erfüllen, wenn auch die Börsewelt anfänglich sehr unzufrieden war, dass in Wien nur eine Sprechzelle an der Börse für diesen neuen interurbanen Verkehr zu Gebote stand.

Das zweite bedeutsame Ereigniss, die Verstaatlichung des grössten Netzes in Oesterreich, in der Reichshaupt- und Residenzstadt Wien, sollte eigentlich, wie schon erwähnt, nach der Intention der Regierung schon im Jahre 1893 zugleich mit der aller anderen privaten Netze in Oesterreich erfolgen.

Gegen Ende 1894 führten endlich die Unterhandlungen mit der Wiener Privat-Telegraphen-Gesellschaft zu einem greifbaren Resultate durch den Abschluss eines Uebereinkommens, nach welchem für die Telegraphen- und Telephonanlagen dieser Gesellschaft ein Pauschal-Ablösungspreis von 4 Millionen Gulden nach dem Stande vom 30. Juni 1894 für die Telephonnetze und 31. December 1894 für die Telegraphenanlagen, sowie incl. der Vergütung für eine etwaige Vermittlung im interurbanen Verkehre, zugestanden wurde, vorbehältlich der erst einzuholenden legislativen Genehmigung durch den Reichsrath seitens der Regierung und der Zustimmung der noch vor Ende 1894 einzuberufenden Generalversammlung der Actionäre seitens der Gesellschaft, welch' letztere am 29. December 1894 erfolgte.

Nach den weiteren Bestimmungen des Uebereinkommens wurde daher der Betrieb und die Verwaltung der zur Ablösung bestimmten Anlagen am 1. Jänner 1895 von der staatlichen Telephonverwaltung übernommen, während die eigentliche Uebernahme in das Staatseigenthum erst auf Grund des von beiden Häusern des Reichsrathes angenommenen und mit der kaiserlichen Sanction versehenen Gesetzes vom 28. Mai 1895 (enthalten im 87. Stück des Reichsgesetzblattes Nr. 76) erfolgen konnte mit der Pauschalsumme, ausbedungenen 4½% Zinsen derselben vom 1. Jänner 1895, innerhalb 14 Tage nach der erfolgten Uebernahme an die Gesellschaft ausbezahlt werden mussten.

Durch dieses Gesetz wurde die Regierung ermächtigt, zum Ankaufe der Anlagen und zur Ausgestaltung des Wiener Telephonnetzes die Summe von höchstens 5 Millionen Gulden in der Weise zu beschaffen, dass das mit höchstens 4% zu verzinsende und nebenbei Capital in höchstens 20 Annuitäten getilgt werde und die jeweilig fälligen Annuitäten jährlich in dem Erfordernisse des Staatsvoranschlages einzustellen sind.

Neben diesen zwei vorstehend angeführten, besonders hervorragenden Ereignissen im Jahre 1894 wurde im nördlichen Böhmen die zweite längere interurbane Linie (154 km, von Prag über Rostock, Kalup, Melnik, Leitmeritz, Aussig, Bodenbach nach Tetschen mit der zweiten Anschlusslinie (70 km) von Aussig über Teplitz, Brüx mit neuer Linie bis nach Komotau Ende 1894 eröffnet.

Von den Ende 1894 bestehenden 104 staatlichen Netzen entfiel beinahe die Hälfte auf Böhmen allein und auf Niederösterreich (incl. des Privatnetzes in Wien) 20, während in den westlich von Wien gelegenen Kronländern: Oberösterreich, Salzburg, Tirol und Vorarlberg nur je 2—4 (im Ganzen 10) Telephonnetze existirten, bezw. vorhanden waren, Salzburg mit Hallein, seit Anfang 1895 durch eine 15 km lange Linie interurban verbunden waren.

Das Jahr 1894 brachte nun auch diesem Theile Oesterreichs mehrere lang gewünschte interurbane Verbindungen, davon auch eine internationale mit Bayern (Salzburg—Reichenhall) und die Linie von Wien über Rekawinkel, St. Pölten nach Linz, 187 km lang, mit der Zweiglinie von St. Pölten über Wilhelmsburg, Lilienfeld nach Hainfeld in Niederösterreich, wodurch die Landeshauptstadt von Oberösterreich, Linz, mit dem benachbarten Urfahr, in den interurbanen (anfänglich beschränkten) Verkehr mit Wien einbezogen erscheint.

Im nächsten Jahre (1895) wurde diese Linie von Linz bis nach Wels, dem bedeutendsten Marktplatze in Oberösterreich, und im Jahre 1896 bis nach Salzburg, im Ganzen 132 km, ausgebaut, sowie Linz mit Budweis, der grössten Stadt in Südböhmen, interurban verbunden.

Es ist selbstverständlich, dass durch das derart immer grösseren Umfang erreichende interurbane Telephonnetz, trotz verschiedenster Hindernisse, welche trocken immer theilweise dem Bestrehen der Telephonverwaltung nach bald thunlichster grösster Ausbreitung des localen und interurbanen Telephonverkehres in den Weg gelegt wurden, von dem weitaus grössten Theile der Bevölkerung aller Stände fort und fort neue Anmeldungen zum Beitritte als Theilnehmer erfolgten und allerhand Wünsche nach neuen internationalen Verbindungen rege wurden, welche aber, wie es wohl gleichfalls einleuchtend ist, die Telephonverwaltung nicht so schnell ausführen, bezw. befriedigen konnte, als es für beide Theile wünschenswerth erscheinen möchte.

Ganz gewiss ist die Telephonverwaltung in Oesterreich seit Beginn der Staatstelephonie in mancherlei Hinsicht gerechten Wünschen soweit es die vom Reichsrathe bewilligten Mittel erlauben, nach neuen Telephonanlagen mit anerkennenswerther Bereitwilligkeit zu entsprechen bemüht gewesen, doch harren manche schon länger projectirte neue Netze und interurbane wichtige Linien, wie z. B. die Linie Wien—Lemberg) und der Ausbau der Linie Wien - Salzburg bis nach Innsbruck und Bregenz mit Abzweigung nach Südtirol (Meran) noch gegenwärtig (1898) der baldigen Eröffnung.

Kürzere bestehende Linien in den zwei Kronländern Mähren und Schlesien wurden zur Verbindung der grössten Orte: Olmütz, Sternberg, Jägerndorf, Mähr.-Ostrau und Bielitz-Biala mit den beiden Landeshauptstädten: Brünn und Troppau (1894—1896) ausgebaut; drei der bedeutendsten Orte in Vorarlberg: Dornbirn, Feldkirch und Bludenz mit der Landeshauptstadt Bregenz schon 1894 verbunden; viele kleinere Orte mit grösseren Industriebetriebe, namentlich in Niederösterreich im Umkreise von circa 50 km nächst Wien gelegene, sowohl untereinander, als auch an nahe befindliche grosse Industrie- oder sonst bedeutende Orte, bezw. an Wien durch kürzere Linien bis Ende 1896 angeschlossen, darunter einige zweite und dritte Linien von Wien nach Baden, Vöslau, Leobersdorf und Wr.-Neustadt, sowie die westlichen Bezirke des im Jahre 1891 geschaffenen „Gross-Wien" nach den im Wienthale im schönen sogenannten „Wienerwalde" hineingebetteten Sommerfrischorten: Purkersdorf, Tullnerbach, Pressbaum, Rekawinkel bis nach Neulengbach und St. Pölten u. s. w.

Es ist übrigens aus den Zusammenstellungen A und B ersichtlich, dass Ende 1897 unter den 83 interurbanen (davon 17 internationale) Linien mehr als die Hälfte (42) kürzere Linien bis 50 km und 6 über 300 km lang wären und dass nebst 131 österreichischen unter im Ganzen 169 noch 14 ausländische (directe angeschlossene) Telephonnetze, davon 100 österreichische in Orten unter 10.000 Einwohnern und ausserdem Ende 1896 von 42 kleineren Telephonanlagen und mehreren in ein Bezirksnetz einbezogenen österreichischen Orten, bezw. einige gelegenen österr. Gast- und Schutzhäuser u. dgl. in Gebirgsgegenden, 30 Orte ohne Telephoncentrale, mithin im Ganzen 161 Orte in Oesterreich an einem mehr-weniger ausgedehnten interurbanen Verkehr theilnehmen konnten.

(Schluss folgt.)

*) Diese Linie wurde am am 1. März 1896 eröffnet.

KLEINE MITTHEILUNGEN.

Verschiedenes.

Verband deutscher Elektrotechniker. Die VI. Jahresversammlung wird, wie wir einer Mittheilung in der „E. T. Z." entnehmen, vom 8. bis 11. Juni 1898 in Frankfurt a. M. abgehalten werden. Mitglieder, welche Vorträge halten wollen, mögen diese in der Geschäftsstelle des Verbandes in Berlin, N. Monbijouplatz 3, anmelden; die Manuscripte sind bis Mitte Mai einzusenden. Falls während der Vorträge Demonstrationen stattfinden, möge dies vorher mitgetheilt werden.

Verstärkter Erreger für Elemente. Wir berichteten bereits über die von Chemiker Busse und Anderen gemachten Beobachtungen und Erfahrungen über die Verwendung von Salmiakcalcium als sehr energischen Erreger für Kohlen-Zink-Elemente (Leclanché) an Stelle von krystallisirtem Salmiak und erwähnten namentlich die grosse Beständigkeit, Leitungsfähigkeit und absolute Frostsicherheit des Calcidiumerregers. Nach uns vorliegenden Berichten werden jene Beobachtungen seitens der kgl. Eisenbahn-Telegraphen-Inspection Elberfeld voll und ganz bestätigt.

Salmiakcalcium konnte bislang wegen seiner grossen Neigung, Wasser in sich aufzunehmen und energisch zurückzuhalten nicht trocken, sondern nur in concentrirt flüssiger Form geliefert werden, was bei den guten Erfolgen allseitig bedauert wurde. Dieser Unbequemlichkeit ist jetzt nach langwierigen Versuchen abgeholfen. Die ehem. Fabrik Busse, Hannover, trocknet neuerdings Salmiakcalcium in Vacuum. Das trockene Salmiakcalcium hält sich in luftdicht verschlossenen Gefässen unbegrenzt lange trocken, während es an der Luft zerfliesst, was seiner Wirksamkeit aber nicht schadet.

Das trockene Salmiakcalcium ist leicht löslich in Wasser (50 Theile desselben lösen sich in 100 Theilen Wasser), die gesättigte Lösung entspricht einer hochconcentrirten Lösung von Salmiak mit den genau gleichen Eigenschaften sowohl des Calcidiums als auch des Salmiaks, ist also ein sehr energischer Erreger von grosser Lebensdauer, dessen concentrirte Lösung nicht auskrystallisirt, nicht verdunstet und niemals einfriert (Calcidium bleibt bekanntlich bis 60° Kälte flüssig). Für Trockenelemente empfiehlt sich das trockene Salmiakcalcium ganz von selbst. Für Nasselemente kann man nehmen:

Für kleine 200—250 g Salmiakcalcium	in 400—500 g Wasser
„ grosse 400—500 g	„ 800—1000 g „

Ausgeführte und projectirte Anlagen.

Oesterreich-Ungarn.

a) Oesterreich.

Teplitz. (Elektrische Bahnen.) Das k. k. Eisenbahnministerium hat der Firma Lindheim & Comp. in Wien die Bewilligung zur Vornahme technischer Vorarbeiten für nachbezeichnete Linien, und zwar: a) für eine schmalspurige Kleinbahn mit eventuell elektrischem Betriebe von Teplitz (Bilinerstrasse) über Krzemnach, Hostomitz, Schwaz und Kutterschitz nach Bilin, eventuell nach Bilin-Sauerbrunn und b) für eine schmalspurige Kleinbahn mit eventuell elektrischem Betriebe von einem Punkte der bestehenden Linie Teplitz-Eichwald in der Nähe der Kreuzschänke bei Zuckmantel über Zuckmantel, Tischau und Kosten nach der Stadt Klostergrab, eventuell zum Anschlusse an die Station Klostergrab der Staatsbahnen ertheilt. (Vergl. Heft 17, S. 208, 1898.)

b) Ungarn.

Budapest. (Projectirte Localbahn mit elektrischem Betriebe Budapest-Nagy-Tétény und deren Flügelbahn nach Török-Bálint.) Der kgl. ungar. Handelsminister hat Ende März l. J. der Legislative einen Gesetzentwurf, betreffend den Bau der mit elektrischem Kraft zu betreibenden Localbahn Budapest (11. Bezirk)-Budafok-Nagy-Tétény und einer von einem geeigneten Punkte dieser Linie ausgehenden, bis Török-Bálint führenden Flügelbahn vorgelegt. Die effectiven Baukosten dieser zu erbauenden Localbahn sind mit 1,300.000 fl., d. i. 147.777 fl. pro laufenden Kilometer, bemessen, von welcher Summe im Betrag von 530.000 fl. für die Beschaffung der Fahrbetriebsmittel und von 30.000 fl. für die Anlage eines Reservefonds entfallen. Die projectirte Localbahnstrecke beim rechtsuferseitigen Brückenkopfe der Franz Josef-Staatsbrücke (Zollamtsbrücke), wo selbe mit gegenseitigen Peagerechte, durch Vermittlung der über die genannte Brücke führenden

Geleise Anschluss an das Budapester Strasseneisenbahnnetz finden wird.

'Projectirter Bau einer am rechten Donau-ufer führenden, elektrisch zu betreibenden Linie der Budapester Strasseneisenbahn-Gesellschaft.' Die Direction der Budapester Strasseneisenbahn-Gesellschaft hat im Einvernehmen mit der hauptstädtischen Communalverwaltung den Beschluss gefasst, vom Gellert (Blocksberg)-Quai, I. Bezirk—Tabán, nächst der Endstation der projectirten Zahnradbahn auf den Blocksberg aus eine längs dem Donau-Quai bis zur Franz Josef (Zollamts)-Brücke führende Linie mit elektrischem Betriebe zu erbauen, die dort directen Anschluss sowohl an die über die Brücke zu legenden Geleise, als auch an die vom rechtsuferseitigen Brückenkopfe über Kelenföld—Nagy-Tétény—Török—Bállint zu erbauende Localbahn mit elektrischem Betriebe finden wird.

Raab (Györ). (Eisenbahnproject.) Der kgl. ungar. Handelsminister hat der Direction der Ungarischen Verkehrs-Actiengesellschaft in Budapest (Magyar vasuti reszveny társaság) die Bewilligung zur Vornahme technischer Vorarbeiten für eine vom Donauhafen der Ersten Donau-Dampfschiffahrts-Gesellschaft in Györ (Raab) ausgehende, sich mit Benützung entsprechender Strassenzüge im Bereiche der Stadt Györ verzweigende und vom Centrum der Stadt aus, einerseits bis zur Jägerkaserne, anderseits über Kiskut bis zum Hauptbahnhofe der Station Györ der Linie Budapest—Bruck a. d. L. der kgl. Ungar. Staatsbahnen und der Eisenbahn Györ-Sopron (Oedenburg)—Ebenfurth führende normalspurige Strasseneisenbahn mit elektrischem Betriebe ertheilt.

Versecz. (Eisenbahnproject.) Der kgl. ungar. Handelsminister hat der Direction der Actiengesellschaft für elektrische Verkehrsanlagen in Budapest (Részveny társaság villámos és közlekedési számára) die Bewilligung zur Vornahme technischer Vorarbeiten für eine von der Station Versecz der Linie Temesvár—Bazias der kgl. Ungar. Staatsbahnen und der Eisenbahn Versecz—Knpin—Dunapart und der Ungar. Südostbahn-Strecke Versecz-Gattaja ausgehende, mit Benützung entsprechender Strassenzüge im Bereiche der Stadt Versecz sich verzweigende und bis zum städtischen Central-Stromerzeugungs-Etablissement für elektrische Kraft führende normalspurige Strasseneisenbahn mit elektrischem Betriebe ertheilt.

Deutschland.

Berlin. Die Grosse Berliner Strassenbahn-Gesellschaft hat mit der Gemeinde Reinickendorf Unterhandlungen wegen Durchführung einer Strassenbahnlinie vom Gesundbrunnen aus durch die Schweden-, Residenz-, Provinz-strasse bis nach der Kirche in Reinickendorf angeknüpft. Die Gesellschaft beabsichtigt, die vom 1. October ab elektrisch zu betreibende Linie Kreuzberg—Gesundbrunnen via Molkenmarkt durch die genannten Strassenzüge bis Reinickendorf zu verlängern, in der Voraussetzung, dass die Gemeindebehörde dieses Vorortes der Durchführung Schwierigkeiten nicht entgegensetzen wird. Da die Bürgerschaft von Reinickendorf bei dem Bau dieser Linie sehr interessirt ist, so dürfte die Unterhandlungen jedenfalls zu einem günstigen Resultat führen. Die Linie soll event. im nächsten Jahre zur Ausführung gelangen.

Zwischen der Gemeinde Rixdorf und der Grossen Berliner Strassenbahn-Gesellschaft ist jetzt behufs Umwandlung des Pferdebetriebes der Letzteren in elektrischen Betrieb, sowie auch behufs Erweiterung des Rixdorfer Bahnnetzes der erforderliche neue Vertrag vereinbart worden. Nach demselben soll zunächst die durch die Berliner- und Bergstrasse jetzt nur bis zur Ringbahn führende Hauptlinie bis nach Britz verlängert werden. Ausserdem aber soll dann Rixdorf noch sechs neue Verbindungen erhalten, zwar 1. von der Strasse "Hasenhaide" aus durch die Wissmann- und Karlsgartenstrasse bis zur Hermannstrasse; 2. von der Berlinerstrasse durch die Richard- und Cannerstrasse bis zur Ringbahn; 3. und 4. zwischen der Berg- und Hermannstrasse durch die Steinmetz- und Ziethenstrasse; 5. von der Thielenbrücke — falls diese ohne erhebliche Kosten für die schweren elektrischen Wagen benutzbar gemacht werden kann — durch die Pionnier- und Reuterstrasse bis zur Berlinerstrasse und endlich 6. von der Berlinerstrasse durch die Erkstrasse bis zur Ringbahn. Dabei ist hervorzuheben, dass eine der vom Ringbahnhof durch die Berlinerstrasse führenden Linien, die jetzt am Hermannplatz in den Kotthuser Damm einbiegen, sofort nach dem Vertragsabschluss durch die Strasse Hasenhaide über das Hallesche Thor nach Berlin gehen, und dass ferner die von der Hermannstrasse nach dem Moritzplatz führende Linie sogleich nach Einrichtung des elektrischen Betriebes auf derselben über den Moritzplatz hinaus bis zum Rathaus oder Alexanderplatz verlängert werden soll. Die Herstellung und Inbetriebnahme der

neuen Bahnstrecken soll insgesammt bis spätestens am 1. October 1899, die Umwandlung des Pferdebetriebes in elektrischen Betrieb aber auf sämmtlichen Rixdorfer Linien bis spätestens Ende 1900 erfolgt sein, zur Vermeidung einer Conventionalstrafe von 25.000 Mk. Auf den beiden Hauptstrecken durch die Berliner- und Hermannstrasse soll Sechs-Minutenverkehr eingerichtet werden.

Breslau. Die Stadtverordneten-Versammlung genehmigte den Vertrag mit der Elektrischen Strassenbahn wegen des Ausbaues der beiden wichtigen Strecken nach der Hunds-felder Brücke und den Rothkretschamer Kirchhöfen.

Mittweida. (Elektrische Bahn.) Seitens des sächsischen Ministeriums des Innern ist der A.-G. Elektricitätswerke vormals O. L. Kummer & Co. in Dresden die Erlaubnis zu generellen Vorarbeiten für eine mit elektrischer Kraft zu betreibende Eisenbahn zunächst von Mittweida bis Burgstadt ertheilt worden.

Patentnachrichten.

Mitgetheilt vom Technischen- und Patentbureau

Ingenieur Victor Monath

WIEN, I. Jasomirgottstrasse Nr. 4.

Auszüge aus Patentschriften.

Max Jüdel & Co. in Braunschweig. — **Blockapparat.** — Classe 20, Nr. 95.364.

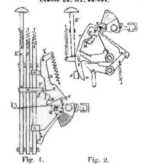

Fig. 1.   Fig. 2.

Die Klinke a wird gleichzeitig mit folgenden Arbeitsflächen versehen: 1. mit einer sperrenden Fläche r, durch welche das Anfwärtsgehen der Verschlussstange verhütet werden kann; 2. mit einem Anschlag o, gegen welchen die Sectorwelle Q durch Dammen s zur sperrenden Wirkung ausübt, um den Eintritt der unter 1. genannten Sperrung bei vollendeter elektrischer Blockirung zu verhindern; 3. mit einer ausweichenden Fläche b, durch welche die Klinke a während der elektrischen Blockirung so weit auszuweichen gezwungen wird, dass das Sperrglied a, ohne selbst eine Hebelarbeit zu müssen, in seine die Klinke a zurückhaltende Lage gelangen kann. — Die Drehachse z von a sitzt auf einem beweglichen Theil, Anschlag n dagegen fest oder auch umgekehrt. (Fig. 1 und 2.) Die Klinke a kann ferner noch folgende Arbeitsflächen besitzen: 4. Die Fläche t, welche die Abwärtsbewegung von k nach vollendeter Blockirung hindert; 5. die Fläche l, welche die Klinke a bei der Aufwärtsbewegung der Zunge, bezw. Mittelzunge K S nach vollendeter Blockirung so lange zum seitlichen Ausweichen zwingt, bis die das erneuerte Herabdrücken hindernden Flächen a und die für den Eingriff erforderliche Lage zu einander gelangt sind; 6. eine ausweichende Fläche a zur Herbeiführung eines Ausweichens der Klinke a behufs Aufhebung der Druckstangensperrung nach eingetretener Doblockirung.

Siemens & Halske, Actiengesellschaft in Berlin. — Stromab-nehmer-Untergestell für elektrische Bahnen zum selbstthätigen Umlegen des Stromabnehmers bei Aenderung der Fahrt-richtung. — Classe 20, Nr. 95.773.

Der durch ein Gegengewicht h zur Fahrtrichtung ausbalancirte Stromabnehmer ist an dem einen Arm eines Doppel-hebels e bei f drehbar gelagert. Dieser Hebel e trägt an seinem andern Arme ebenfalls ein Gegengewicht c in der Weise, dass ein selbstthätiges Umlegen des Stromabnehmers der Veränderung der Fahrtrichtung eintritt. (Fig. 3.)

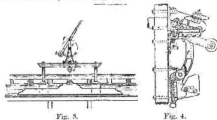

Fig. 3.   Fig. 4.

Reginald Belfield in London. — Elektrischer Schalter mit Stromschluss und Unterbrechung an theilweise mit Metall belegten unschmelzbaren Stromschlusstheilen. — Classe 21, Nr. 95.550.

Die Erfindung bezieht sich auf solche Schalter zum Schliessen und Oeffnen von elektrischen Stromkreisen, bei welchen die Oeffnung über Nebenschlussstücke aus schwer schmelzbarem Stoff, wie Kohle, erfolgt, die als Nebenschluss zu Metall-schlussstücken angeordnet sind. Die Neuerung besteht darin, dass die Nebenschlussstücke a und b zur möglichsten Verminderung des Widerstandes auf einem grösseren Theil der Berührungsflächen mit Metall belegt sind, so dass während des Schliessens über die metallenen Hauptschlussstücke c und d und einige Zeit nach dem Oeffnen derselben der Stromweg durch den Metallbelag der Nebenschlussstücke geht. (Fig. 4.)

Hierbei können, wenn die beweglichen Schlussstücke auf einem Klappurm f angeordnet sind, die feststehenden Schlussstücke e je aus einem Bündel dünner Platten e bestehen, die sich unter einem Winkel in die Bahn des Stromschlussarmes f streckt und an der Unterseite so abgeschrägt ist, dass die dünnen Platten vorn mehr als hinten in den Weg des beweglichen Schlussstückes d hineinragen, um den Strom allmählig mit gegenseitiger Reibung beider Stücke zu schliessen und zu öffnen.

Siemens & Halske, Actiengesellschaft in Berlin. — Elektrische Zündmaschine mit Energieaufspeicherung an der Antriebsachse. — Classe 21, Nr. 95.804.

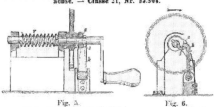

Fig. 5.   Fig. 6.

Durch eine vorgespannte Feder r werden zwei mit einer Anschlag- und Abgleitfläche versehene und auf einer gemeinschaftlichen Achse drehbare Sperrzähne z von der Nase eines Auslösehebels h in ihrer vorgespannten Lage gehalten. Nach ein maliger Umdrehung macht der eine Zahn mit seiner Abgleitfläche den anderen Zahn durch Fortdrehung des sperrenden Hebels h frei und löst so die aufgespeicherte Energie der Feder aus. Hierbei nimmt gleichzeitig der auslösende Zahn vermöge der Vorspannung der Feder r seine frühere Stellung wieder ein, so dass nach erfolgter Umdrehung des zweiten Zahnes beide Zähne wieder an den entsprechenden Anschlägen des zurückgeschnellten Auslösehebels liegen. (Fig. 5 u. 6.)

Geschäftliche und finanzielle Nachrichten.

„Elektricitätswerke Warnsdorf". Beim Kreisgerichte in Böhmisch-Leipa wurde in das Handelsregister für Gesellschaftsfirmen die Actiengesellschaftsfirma „Elektricitätswerke Warnsdorf" mit dem Sitze in Warnsdorf eingetragen. Die Gesellschaft hat zum Zwecke die Errichtung und den Betrieb von elektrischen Centralstationen und sonstigen Anlagen und Vorrichtungen für Erzeugung, Leitung und Vertheilung von Elektricität zu Zwecken der Beleuchtung und Kraftübertragung und ist auf unbestimmte Dauer errichtet. Die Höhe des Actienkapitales beträgt dermalen 300.000 fl. und zwar der einzelnen Actie 200 fl. Die Actien lauten auf den Inhaber. Die Firma der Gesellschaft wird giltig gezeichnet, indem unter der Firma „Elektricitätswerke Warnsdorf" zwei Verwaltungsräthe oder ein Verwaltungsrath und ein mit der Procura betrauter Beamte ihren Namen eigenhändig unterzeichnen.

Die Budapester Strassen-Eisenbahn-Gesellschaft hielt am 20. v. M. ihre ordentliche Generalversammlung ab. Die „N. Fr. Pr." meldet hierüber Folgendes: Der Bericht der Direction beschäftigt sich eingehend mit der Frage der Umgestaltung der Linien auf elektrischen Betrieb, die vollkommen durchgeführt erscheint, und gedenkt der Schwierigkeiten, die dabei zu überwinden waren. Im abgelaufenen Jahre wurden viele Linien gänzlich umgebaut und elektrisch eingerichtet. Die Einnahmen stellten sich auf 3,199.325 fl., die gesammten Ausgaben auf 2,096.575 fl. Mit dem Vortrage von 396.357 fl. verbleibt ein Reinertrgänis von 1,499.108 fl. Die Direction beantragt, nach Vornahme der statutenmässigen Abschreibungen für 78.269 Actien mit einem Nominale von je 100 fl. eine Dividende von 14 fl. zu bezahlen und den Coupon der 3731 Stück Genussscheine mit 9 fl. einzulösen. Es verbleiben dann noch 314.363 fl., welche für das Jahr 1898 vorgetragen werden. Die Versammlung nahm den Bericht und die Rechnungsabschlüsse einstimmig zur Kenntnis und acceptirte die Anträge der Direction bezüglich der Gewinnvertheilung. General-Director Heinrich v. Jellinek erstattete sodann Bericht über die Umgestaltung und ausgeführten Arbeiten, welche ein volles Jahr vor dem bedungenen Termine vollendet wurden. Zur Bestreitung der Baukosten gelangten 30.000 Actien zur Emission. Hiervon erhielten auf Grund des angebotenen Bezugsrechtes die Actionäre 10.000 Actien, die übrigen 20.000 Actien wurden freihändig begeben. Das Aufgeld der Actien wurde der Specialreserve zugewiesen, welche mit Schluss des Jahres 1897 die Summe von 9,179.000 fl. erreichte. Die Generalversammlung genehmigte auch die bisherigen finanziellen Transactionen und ertheilte der Direction einstimmige die Vollmacht zur Durchführung weiterer finanzieller Massnahmen, welche sich auf den Umfang der oberen Netz im Sinne des Beschlusses der ordentlichen Generalversammlung vom 18. Februar erstrecken.

Ed. J. von der Heyde, Fabrik für elektrische Apparate, Berlin N., theilt uns mit, dass seine unter obiger Firma betriebene Fabrik für elektrische Apparate in eine Gesellschaft mit beschränkter Haftung umgewandelt wurde und unter der neuen Firma: Fabrik für elektrische Apparate Ed. J. von der Heyde G. m. b. H. in erweitertem Maßstabe fortgeführt werden wird.

Accumulatoren-Werke System Pollak, Actien-Gesellschaft. In Ergänzung unserer Notiz in Heft 17, Seite 210, wird uns noch mitgetheilt, dass der Bau der Fabrik in Liesing bei Wien bereits soweit vorgeschritten ist, dass die Gesellschaft den Betrieb in wenigen Wochen zu eröffnen gedenkt.

Die Coblenzer Strassenbahn-Gesellschaft hat im Jahre 1897 eine Gesammteinnahme von 154.894 Mk. gegen 131.345 Mk. im Vorjahre erzielt. Dagegen haben sich die Ausgaben in Höhe von 118.051 Mk. auch um 22.068 Mk. erhöht, sodass der Ueberschuss pro 1897 denjenigen des Vorjahres nur um 570 Mk. übersteigt. Der Reingewinn bezifferte sich auf 7313 Mk. und gestattet die Auszahlung einer Dividende von 4% mit 5000 Mk. In Betreff des Ueberganges vom jetzigen Pferdebetriebe zum elektrischen Betrieb sind die Vorarbeiten im Berichtsjahre soweit gefördert worden, dass mit Sicherheit anzunehmen ist, dass der elektrische Betrieb auf einigen Strecken bereits im Jahre 1898 aufgenommen werden kann.

Allgemeine Acetylen-Gesellschaft „Prometheus", G. m. b. H. Am 20. April l. J. fand in Leipzig die Gründung dieser Gesellschaft statt. Das Grundkapital ist vorläufig auf 500.000 Mk. normirt und wurde von den Gründern der Leipziger Bank in Leipzig, der A.-G. für Trebertrocknung in Cassel und der Sächs. Bronzewaaren-Fabr. vorm. K. A. Seifert A.-G. in Wurzen bereits eingezahlt. Als Director dieser Gesellschaft wurde Herr Ferdinand Duderstadt bestellt, bislang Centraldirector der Oesterreich-Ungarischen „Acetylen-Gas-Gesellschaft", Wien und Budapest. Der Gegenstand dieses neuen Leipziger Unternehmens ist laut § 3 der Statuten die Einrichtung von Acetylen-Anlagen, der Vertrieb von Acetylen-Apparaten und Beleuchtungskörpern und der Handel mit Calciumcarbid, sowie der Erwerb und die Veräusserung von auf die Acetylengas-Erzeugung und -Beleuchtung bezüglichen Patenten.

Schluss der Redaction: 26. April 1898.

Verantwortlicher Redacteur: Dr. J. Sahulka. — Selbstverlag des Elektrotechnischen Vereines.

Commissionsverlag bei Lehmann & Wentzel, Wien. — Alleinige Inseraten-Aufnahme bei Haasenstein & Vogler (Otto Maass), Wien und Prag.

Druck von R. Spies & Co., Wien.

Zeitschrift für Elektrotechnik.

Organ des Elektrotechnischen Vereines in Wien.

Heft 19.	WIEN, 8. Mai 1898.	XVI. Jahrgang.

Bemerkungen der Redaction: Ein Nachdruck aus dem redactionellen Theile der Zeitschrift ist nur unter der Quellenangabe „Z. f. E. Wien" und bei Originalartikeln überdies nur mit Genehmigung der Redaction gestattet.
Die Einsendung von Originalarbeiten ist erwünscht und werden dieselben nach dem in der Redactionsordnung festgesetzten Tarife honorirt. Die Anzahl der vom Autor event, gewünschten Separatabdrücke, welche zum Selbstkostenpreise berechnet werden, wolle stets am Manuscripte bekanntgegeben werden.

INHALT:

Rundschau.

In dieser Nummer veröffentlichen wir einen interessanten Artikel über die von der Internationalen Elektricitäts-Gesellschaft verwendete Synchronisir-Vorrichtung für die Parallelschaltung von Wechselstrom-Dynamos. Die im Hefte 12 und 10 beschriebenen Synchronisir-Vorrichtungen sind von der in diesem Hefte beschriebenen dadurch verschieden, dass bei der letzteren die zuzuschaltende Dynamo auf einen separaten Belastungs-Rheostaten geschaltet wird; der Synchronisir-Apparat hat den Zweck, die auf den Rheostaten arbeitende Maschine in gleiche Phase mit den auf das Netz arbeitenden Maschinen zu bringen, damit sie dann auch auf das Netz geschaltet werden kann. Der Rheostat wird hierauf successive ausgeschaltet. Bei den im Hefte 12 und 10 beschriebenen Synchronisir-Vorrichtungen wird die zuzuschaltende Dynamo mit Einschaltung von Vorschaltwiderständen direct auf das Netz geschaltet.

In der „E. T. Z." ist im Hefte 12 der Entwurf eines Gesetzes, betreffend die elektrischen Maasseinheiten, welcher dem Reichstage in Deutschland zugegangen ist, abgedruckt. Im Rundschauartikel im Hefte 13 ist die Geschichte dieses Entwurfes mitgetheilt. Der Vorgang, welcher dabei in Deutschland eingehalten wurde, erscheint uns als ein sehr nachahmenswerthes Beispiel, wie in ähnlichen Verhältnissen auch hier zu Lande vorgegangen werden sollte. Vor mehr als zwei Jahren wurde der Verband deutscher Elektrotechniker vom Reichsamte des Inneren aufgefordert, neun Sachverständige zu bezeichnen, welche den Berathungen über das beabsichtigte Gesetz, so weit sie technische Natur wären, beiwohnen sollten. In diesem Collegium von Sachverständigen waren die Elektricitätswerke, Installateure und Fabrikanten von Zählern vertreten, während das Reichsamt des Inneren seinerseits Vertreter der physikalisch-technischen Reichsanstalt und der Stadt Berlin zuzog. Im folgenden Jahre übersandte das Ministerium für Handel und Gewerbe den ganzen Gesetzentwurf dem Verbande deutscher Elektrotechniker mit dem Ersuchen um eine gutachtliche Aeusserung darüber. Die Angelegenheit wurde zunächst vom Ausschusse des Verbandes auf der letzten Jahresversammlung und später von einer zu diesem Zwecke besonders eingesetzten Commission behandelt und das gewünschte

Gutachten dem Ministerium überstellt. In dem dem Reichstage nun vorgelegten Gesetzentwurf sind nicht alle Vorschläge des Gutachtens angenommen; das letztere ist im Hefte 13 der „E. T. Z." abgedruckt. — Hoffentlich werden auch hier zu Lande die elektrischen Maasseinheiten bald gesetzlich angenommen sein, und die Form des Gesetzes alle betheiligten Kreise befriedigen, obwohl nicht in gleicher Weise vorgegangen wurde wie in Deutschland.

Nach einer im „Electr. Engineer", New-York, im Hefte 516 enthaltenen Mittheilung soll H. J. Haines mit Benützung von Strömen höher Wechselzahl bei einem Arbeitsaufwand von 200 W 16 Röhren von 1·68 m Länge und 6·6 cm Weite zu intensiven Leuchten gebracht haben, wobei 4 Röhren für die Beleuchtung eines Zimmers ausreichend gewesen wären. Professor Nernst ist gegenwärtig damit beschäftigt, den Glühkörper seiner Lampe aus verschiedenen Oxyden in solcher Weise zusammenzusetzen, dass die Temperatur erniedrigt wird, bei welcher die Leitungsfähigkeit für elektrische Ströme eine hinreichend gute wird. In analoger Weise, wie Legirungen von Metallen häufig einen niedrigeren Schmelzpunkt haben, dürften auch die Versuche Nernst's von Erfolg begleitet sein.

Ueber die neue Auer'sche Glühlampe ist im Journal für Gasbeleuchtung und Wasserversorgung im Hefte 15 ein Artikel enthalten, aus welchem wir auszugsweise Folgendes entnehmen: Der Faden der Lampe besteht aus Osmium, welches unter allen Körpern das höchste specifische Gewicht, 22.477, und zugleich die höchste Schmelztemperatur hat. Die Lichtemission eines glühenden Körpers wächst ausserordentlich mit der Höhe der Temperatur und kann daher der Wattverbrauch pro Kerzenstärke bei einem glühenden Osmiumfaden bedeutend kleiner sein, als bei einem Kohlenfaden, wenn die Glühtemperatur höher gewählt wird. Der Osmiumfaden verträgt insbesondere im Vacuum oder in einer reducirenden Atmosphäre eine höhere Temperatur als die Schmelztemperatur des Platins oder die Temperatur glühender Kohlenfäden und verflüchtigt dabei nicht. Fäden aus reinem Osmium oder solche mit geringem Platinzusatz sind hinreichend elastisch und für Glühlampen geeignet. Glühende Metallfäden schmelzen jedoch, wenn sie sehr dünn sind, bekanntlich sehr leicht an einer Stelle durch. Ist jedoch der Faden von einer feuerbeständigen Hülle umgeben, so tritt das Durchschmelzen nicht leicht ein. Auer umgibt daher den Osmiumfaden oder einen anderen sehr schwer schmelzbaren Faden mit einer Thoroxyd-Schichte. Dieses Thoroxyd-Röhrchen glüht intensiv mit, schützt aber den Metallfaden vor dem Abschmelzen. Der Lichteffect ist insbesondere dann sehr günstig, wenn das Thoroxyd-Röhrchen nur eine Dicke von einigen Zehntel Millimeter hat. Magnesia und andere seltene Erden eignen sich nicht als Ueberzug für die Metallfäden, da sie leicht verflüchtigen. (Siehe den Artikel im Hefte 9, p. 103.)

Im „Electrical World" ist in Nr. 16 die Blondel und Psaroudaki'sche Glocke für Bogenlampen beschrieben, welche als „holophane globe" bezeichnet wird. Die kugelförmige Glocke aus durchsichtigem Glas besitzt auf der Innenseite zahlreiche Rippen, welche, wie die Meridiane von oben nach unten verlaufen, während die Aussenseite mit horizontalen Rippen, welche wie die Parallelkreise verlaufen, versehen ist. Die horizontalen Rippen haben solche Querschnittsformen, dass durch dieselben nur wenig Licht in der Richtung oberhalb der Horizontalebene durchdringt. Während in Wirklichkeit die Glocke einige Procente der gesammten vom Lichtbogen ausgehenden Lichtmenge absorbirt, nimmt die Lichtaussendung in den unter der Horizontalebene liegenden Richtungen zu. Gleichzeitig findet eine sehr gute Diffusion des Lichtes statt. Das Auge wird durch den Anblick der Glocke nicht geblendet, da diese als eine mit zahlreichen glänzenden Punkten versehene Kugel erscheint.

Im „Electrical Engineer", New-York, ist in Nr. 519 die von der Firma Schmidt und Westerman in Hannover verfertigte Bogenlampenglocke beschrieben, welche ebenfalls eine gute Diffusion des Lichtes bewirkt. Die Glocke ist aus geraden Glasstäben zusammengesetzt, welche cylinderförmig angeordnet und oben und unten durch einen gemeinschaftlichen Metallring zusammengehalten werden, in welchen sie eingelassen sind. Die beiden Ringe werden durch einige verticale Stäbchen, welche durch die Ringe gehen und mit Muttern versehen sind, zusammengehalten. Die Glasstäbe lassen sich zum Zwecke der Reinigung leicht aus den Ringen herausnehmen; einzelne zerbrochene Glasstäbe lassen sich ersetzen.

In der „E. T. Z." ist im Hefte 17 die elektrische Zugbeleuchtung. System Dick, beschrieben. An dem Gestelle eines Wagens ist in ganz gleicher Weise wie bei den Motorwagen der Strassenbahnen eine Nebenschluss-Dynamo befestigt; dieselbe wird durch einfache Zahnradübersetzung von einer Wagenachse angetrieben. In jedem Wagen ist eine Accumulatoren-Batterie untergebracht; die Batterien aller Wagen sind parallel geschaltet. Die Dynamo ist an die Accumulatoren nur dann angeschaltet, wenn die Zugsgeschwindigkeit zwischen 25 und 80 km ist; durch einen Automaten wird dabei in den Nebenschluss so viel Widerstand eingeschaltet, dass die Bürstenspannung der Dynamo stets den erforderlichen Werth hat, damit die Accumulatoren geladen werden. Wenn die Geschwindigkeit des Zuges unter 25 km beträgt, ist nur der Nebenschluss an die Dynamo angeschlossen und in denselben ein grösserer Widerstand eingeschaltet, so dass im Nebenschlusse wenig Arbeit verloren geht. Die Accumulatoren brauchen bei diesem Systeme keine grosse Capacität zu haben, da sie in kurzen Intervallen nachgeladen werden.

Dieses System ist mit Genehmigung der k. k. Staatseisenbahn-Direction von der Firma Accumulatoren fabrik Wüste & Rupprecht bei einem auf der Linie Wien—St. Pölten verkehrenden Zuge, welcher aus 13 Wagen besteht, probeweise seit fünf Monaten angewendet worden und hat sich sehr gut bewährt; das Zu- und Abschalten der Dynamo ist für das Auge nicht wahrnehmbar.

In der „E. T. Z." ist im Hefte 15 ein vereinfachter Empfänger für Marconi'sche Telegraphie von Dr. H. Rupp beschrieben. Das Cohärer-Röhrchen wird nicht durch einen Klopfer, sondern durch Rotation für beständige Zeichengebung empfänglich gemacht. Das Röhrchen ist zu diesem Zwecke drehbar gelagert und wird durch den ablaufenden Papierstreifen des Morseapparates selbst gedreht. Die Einschaltung in den Stromkreis erfolgt durch zwei Schleifbürsten.

Im „Elektrot. Anzeiger" ist im Hefte 29 die elektromagnetische Bremse von Siemens & Halske beschrieben, im Hefte 32 befindet sich ein Artikel über die Kosten der Calciumcarbid-Darstellung.

In der „Zeitschrift für Instrumentenkunde" ist im Aprilhefte ein Aufsatz über die Constanz von Normalwiderständen aus Manganin von W. Jaeger und St. Lindeck enthalten.

Aus dem Aprilhefte Nr. 1, Jahrg. V der „Elektrochem. Zeitschrift" seien insbesondere ein Artikel von G. W. Meyer über die Bestimmung tiefer Temperaturen und ein Artikel über den Monterde-Accumulator hervorgehoben.

In der „Industrie Électrique" ist in Nr. 152 der Blei-Zink-Cadmium-Accumulator von Werner beschrieben.

In dem „Bulletin de la Société Int. des Electr." sind die Ausschalter, System Bouchet, beschrieben, deren Princip wesentlich darin besteht, dass zwei Quecksilbermengen durch einen verticalen schmalen, oben in eine horizontale Kante zulaufenden Steg getrennt werden. Werden in die Quecksilbermengen Eisenkörper getaucht, so steigt das Quecksilber in den beiden Behältern, bis eine Vereinigung ober dem Stege eintritt; dadurch wird Stromschluss bewirkt.

Im „Journal Télégraphique", Heft 4, ist ein Artikel über den automatischen Zeichengeber von Muirhead für transatlantische Kabel enthalten.

Im Hefte 15 von „Electrical World" sind die neuen bei der Kraftübertragungsanlage Niagara-Buffalo in Verwendung kommenden Transformatoren der Westinghouse Co. beschrieben. Da der Primär-Strom dreiphasig ist, werden drei Transformatoren von je 850 kw Leistung aufgestellt. Bei einer Variation der Primär-Spannung zwischen 9500 und 11.000 V soll die secundäre Spannung nach Belieben zwischen 2100 und 2300 V variirt werden können. Um diese Regulirung zu ermöglichen, mussten besondere Zusatz-Transformatoren und Hilfsspulen verwendet werden.

In „Electrical Review" ist im Hefte 1064 ein Auszug der von Bouty der französischen Akademie der Wissenschaften vorgelegten Abhandlung über Messung der Intensität magnetischer Felder enthalten. Durch das Feld lässt man eine leitende Flüssigkeit (Kupfer-Vitriol oder Wasser) fliessen und misst die zwischen zwei eingetauchten Platten entstehende Spannungsdifferenz; dieselbe kann stets nur klein sein. Wir verweisen diesbezüglich auch auf den im Hefte 17 unserer Zeitschrift veröffentlichten Brief des Herrn Ingenieur Popper.

Im „Electrical Engineer“, New-York, ist im Hefte 518 das Murphy'sche System der Stromzuführung für elektrische Bahnen im Niveau beschrieben, wobei eine dritte Schiene als Stromzuführung dient, welche aber nur stückweise an der gerade vom Wagen befahrenen Stelle in den Stromkreis eingeschaltet wird. Im Hefte 519 ist das Brown'sche System der Stromzuführung im Niveau und der Clarke'sche Apparat für drahtlose Telegraphie, im Hefte 517 eine nach dem monocyclischen Systeme ausgeführten Stromvertheilung in Middleton, Ohio, beschrieben.

Aus den im „Street Railway Journal“ im April-hefte enthaltenen Artikeln sei der von Albert Herrick über die Bestimmung der Widerstände der Feeder-Leitungen für elektrische Bahnen und der Verluste in der Erdrückleitung hervorgehoben. S.

Ueber Synchronisir-Vorrichtungen für Parallelschaltung von Wechselstrom-Maschinen.

Die Wiener „Zeitschrift für Elektrotechnik“ bringt in den Nummern 10, 12 und 14 des heurigen Jahrganges Besprechungen von Schaltanordnungen und Apparaten, welche den Zweck haben, neuzuschaltende Wechselstrom-Maschinen in den erforderlichen Synchronismus allmälig hineinzuführen.

Herr Dr. Sahulka schlägt einen aus vielen Theil-widerständen bestehenden Vorschaltwiderstand vor, welcher in den Stromkreis der zu- oder abzuschaltenden Dynamo eingeschaltet wird, eventuell aber für mehrere Dynamos gleichzeitig verwendet werden kann.

Nach einer von Kapp im Jahre 1894 angegebenen Methode erfolgt die Synchronisirung durch Einschaltung von zwei Drosselspulen, die der Reihe nach kurz geschlossen werden und für eine Dynamo allein verwendet werden können.

Es sei nun gestattet, zu constatiren, dass in der Wiener Centralstation der Internationalen Elektricitäts-Gesellschaft nachweislich bereits October des Jahres 1893 ein den eben beschriebenen Methoden ähnliches Synchronisirungsverfahren mit bestem Erfolge in Anwendung ist, und wurde dieses Verfahren später von der Firma Ganz & Co. auch in anderen Wechselstrom-Centralen eingeführt.

Bei den bezüglichen Versuchen war es gleichfalls beabsichtigt, den Schliessungswiderstand durch einen eingeschalteten Hilfswiderstand allmälig zu verringern; allein bei der praktischen Ausführung zeigte sich, dass ein solcher Apparat nicht so ohne Weiteres gehandhabt werden kann, wenn auf die Constanz der Betriebs-spannung und des Lichtes ein besonderer Werth gelegt wird. Es zeigte sich vielmehr, dass es zunächst nothwendig ist, die zuzuschaltende Maschine in ihren Touren derart zu reguliren, dass wenigstens eine annähernde Gleichheit der Polwechselzahl vorhanden ist. Aus diesem Zustande lässt sich nun die zuzuschaltende Maschine mit einer verhältnismässig geringen Kraft in jenen der vollsten Phasengleichheit überführen. Mit Rücksicht hierauf und um sich die Handhabung eines Primär-strom führenden Schaltapparates zu ersparen, wurde nun eine Anordnung gewählt, welche in der neben-stehenden Fig. 1 schematisch dargestellt ist.

Es bedeuten darin S_1 und S_2 die Haupt-Sammel-schienen, an welche sämmtliche im Betriebe befindlichen Wechselstrom-Maschinen, in Fig. 1 schematisch durch M dargestellt, angeschlossen sind; L_1 und L_2 sind ein Paar durchlaufender Hilfsleitungen, an welche die zuzu-

schaltende Maschine zunächst angeschlossen wird. An eben diese Hilfsleitungen sind auch jene Belastungs-rheostate angeschlossen, welche — wie dies derzeit bei den Maschinen in der Wiener Centralstation der genannten Gesellschaft der Fall ist — zur Belastung der Maschinen zum Zwecke der Zuschaltung dienen.

Der Synchronisirapparat besteht nun aus zwei Transformatoren von je 10 kw, von denen der eine T_1 an den Betriebs-Sammelschienen, der andere T_2 jedoch an den vorerwähnten Hilfsleitungen angeschlossen ist. In dem gemeinsamen secundären Stromkreise beider Transformatoren befindet sich ein Rheostat R, dessen einzelne Abtheilungen mit separaten Schaltern a_1, a_2 bis a_5 nach und nach parallel zugeschaltet werden können. Diese Anordnung ist also eigentlich ganz analog der-jenigen, welche bei den Phasenindicator in Verwendung ist, nur entsprechend den stärkeren Strömen, die hier auftreten, auch entsprechend stärker dimensionirt.

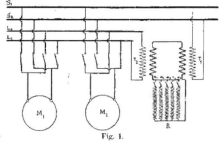

Fig. 1.

Der Vorgang bei der Parallelschaltung ist nun der, dass die zuzuschaltende Maschine M_2 nachdem sie auf volle Touren gebracht wurde, auf die Hilfsleitungen L_1, L_2 geschaltet und sodann durch Belastung und Magnetisirung auf ungefähre Spannungs- und Phasengleichheit mit den Betriebsmaschinen gebracht wird, was in zwei bis drei Minuten leicht bewerkstelligt werden kann. Nun werden die einzelnen Abtheilungen des Synchronisir-Rheostaten mittelst der Schalter a_1, a_2 bis a_5 in ange-messenen Intervallen geschlossen, was zur Folge hat, dass — während die Maschinen ursprünglich infolge ihrer elektrischen Unabhängigkeit ihre Phasen wechselten, was an dem Aufleuchten und Verlöschen der Phasen-Indicatorlampen beobachtet werden konnte — die Ma-schinen immer kräftiger gekuppelt erscheinen, je mehr Abtheilungen des Synchronisir-Rheostaten eingeschaltet sind; die Phasen-Indicatorlampen schwanken noch in ihrer Leuchtkraft, aber sie kommen nicht mehr zum Verlöschen und auch das mit diesen Lampen geschaltete Phasen-Voltmeter zeigt nunmehr Schwingungen, die immer kleiner werden, je kleiner der Schliessungs-widerstand des secundären Stromkreises der Synchronisir-Transformatoren ist. Sind endlich alle Abtheilungen eingeschaltet, so leuchten die Indicatorlampen continuir-lich, das Phasen-Voltmeter steht stille und die Zu-schaltung der Maschine kann anstandslos und ohne die geringste Spannungsänderung im Netze erfolgen.

Der eben ausführlich beschriebene Vorgang des Synchronisirens erfordert in der wirklichen Ausführung kaum die Zeit von einer halben Minute, so dass die ganze Manipulation für die Zuschaltung einer Wechsel-strom-Maschine von dem Momente, wo sie auf volle Touren gebracht ist, bis zur vollständigen Durchführung

246

der Schaltung leicht in drei bis vier Minuten bewerkstelligt werden kann. Die geschilderte Anordnung beweist, dass nicht allzu bedeutende Kräfte erforderlich sind, um eine Maschine, welche annähernd im Zustande der Phasengleichheit ist, in den vollständigen Synchronismus überzuführen. Bei den in der genannten Centralstation vorhandenen Wechselstrom-Generatoren von 440 *kw* Leistung genügt es vollständig, wenn die Synchronisir-Transformatoren mit je 10 *kw* gewählt werden. Ist die zuzuschaltende Maschine in normalem maschinellem Zustande, so tritt niemals der Fall ein, dass die synchronisirende Stromstärke im secundären Stromkreise den der erwähnten Transformatorentype zulässigen maximalen Betrag von 100 Ampère überschreitet; geschieht dies dennoch ausnahmsweise einmal, so hat es zur Folge, dass eine der primären oder secundären Bleisicherungen des Synchronisir-Apparates abschmilzt, wodurch verhindert wird, dass eine nicht in entsprechendem Zustande befindliche Maschine an die übrigen Betriebsmaschinen angeschlossen wird. Eine mangelhafte, mit Spannungsschwankungen verbundene Zuschaltung kann also bei Benützung dieses Synchronisir-Apparates nicht zustande kommen.

Was nun die von Herrn Dr. S a h u l k a angegebene Schaltanordnung betrifft, so liesse sich eine Vereinfachung in der Weise erzielen, dass nicht für jede Maschine ein separater Schaltkopf verwendet wird, sondern es genügt ein Schaltekopf allein, sowie zwei durchgehende Hilfsleitungen, die es ermöglichen, jede Maschine bipolar an diesen Schaltapparat anzuschliessen. Dadurch ist es allerdings nicht möglich, die angegebene Methode, wie dies beschrieben wurde, für die Aufnahme eines Vollbetriebes anzuwenden, es kann dies jedoch einfacher und rascher in einer anderen Art geschehen.

Man kann nämlich im Falle einer Betriebsunterbrechung mit allen Maschinen gleichzeitig den Vollbetrieb wieder in der Weise aufnehmen, dass man sämmtliche Maschinen im stromlosen Zustande auf die Linie schaltet, sie auf volle Touren bringt und ihre Stromabgabe durch gleichmässige Erhöhung der Magnetisirung steigert. Hiebei kann man wahrnehmen, dass die Maschinen sich umsomehr dem Synchronismus nähern, je weiter die Magnetisirung fortschreitet, und dass schon bei ungefähr der halben Betriebsspannung vollständiger Synchronismus erreicht ist. Es ist nur erforderlich, dass alle Maschinen gleiche Dampfspannung und gleiche Magnetisirung haben. Letzteres kann leicht in der Weise bewerkstelligt werden, dass die parallel geschalteten Nebenschlüsse sämmtlicher Erregermaschinen durch einen gemeinsamen Regulirhauptrheostaten geführt werden, durch dessen Handhabung die gleichmässige Magnetisirung sämmtlicher Wechselstrom-Generatoren bewirkt werden kann.

Was endlich die Methode von K a p p anbelangt, so wird es wohl erforderlich sein, mehr als zwei Drosselspulen zu verwenden, da sonst Spannungsschwankungen bei Kurzschluss der Spulen nicht zu vermeiden sein dürften.

Sowohl bei der Methode von Kapp, als auch bei der Schaltanordnung von Dr. S a h u l k a, wird es aus demselben Grunde, also im Interesse einer möglichst genauen Constanz der Spannung und des Lichtes nothwendig sein, vor dem Gebrauche der Synchronisir-Vorrichtungen die annähernde Tourengleichheit der parallel zu schaltenden Maschinen herbeizuführen.

G. Frisch.

Die Entwicklung der Telephonie in Oesterreich.

(Schluss.)

Im Laufe des Jahres 1896 (5. September) war auch die zweite internationale Linie von Wien nach Berlin, in welche auch Prag und Dresden eingeschaltet wurde, mit 424 *km* Länge in Oesterreich, dem öffentlichen Verkehre übergeben worden, so dass nun von diesen Zeitpunkte an nach zwischen Prag einerseits und Dresden, sowie Berlin andererseits gesprochen werden konnte, und zwar wurde der Reihe nach durch je eine halbe Stunde zur Abwicklung der vorliegenden Gesprächsanmeldungen eingeschaltet wurden und nach Ablauf von je 1½ Stunden jede Relation sich wiederholt.

An diese Eröffnung der zweiten Linie Wien—Berlin schlossen sich, wie nicht unerwähnt bleiben kann, die Verhandlungen der ungarischen Regierung in Wien und Berlin zu behufs Herstellung einer directen Linie Budapest—Berlin; sie gelangten auch im Frühjahr 1897 zum Abschlusse, worauf sofort der Bau der neuen Linie von Pest über Gran, mit Uebersetzung der Donau, Parkany, Galantha, Csaca in Ungarn, nach Oderberg (Oesterreich.-Schlesien) einerseits und von Berlin über Breslau zum Anschlusse nach Oderberg andererseits, in der Gesammtlänge von beinahe 1000 *km*, als eine der längsten des europäischen Continentes und auch der ganzen Welt, wovon 416 *km* auf Ungarn und Oesterreich entfallen, begonnen und am 1. September 1897 schon eröffnet wurde.

Die mannigfachen Erfahrungen, welche die Post-, Telegraphen- und Telephon-Verwaltung in Oesterreich nicht nur beim Baue der neuen und ausgestalteten älteren privaten Telephonnetze, sonstigen staatlichen Telephonanlagen und interurbanen Linien in dem Zeitraume von beinahe 10 Jahren (1886—1895) in jüngerer Zeit, sondern auch schon früher beim Baue der Telegraphenleitungen zu machen Gelegenheit hatte, mussten natürlich auch in Oesterreich dazu führen, nach dem vorausgegangenen Beispiele in anderen Ländern eine neue gesetzliche Regelung in dieser Hinsicht ins Leben zu rufen. Am 21. April 1896 wurde daher von der Regierung dem Reichsrathe (Abgeordnetenhause) der vollständig ausgearbeitete Entwurf eines Gesetzes vorgelegt, womit die Rechte festgestellt wurden, die der Staatsverwaltung an öffentlichem Gute und privatem Eigenthume zustehen, rücksichtlich des Baues, der Einrichtung und Instandhaltung von staatlichen Telegraphen und Telephonanlagen.

Das Gesetz verfolgt den Zweck, bei peinlichster Aufrechthaltung und grösster Schonung der privaten Eigenthumsrechte, eine gesetzliche Verpflichtung allen Eigenthümern von privaten Grundstücken und Gebäuden aufzuerlegen, die vom Staate im öffentlichen Interesse zu errichtenden Telegraphen- und Telephonanlagen mit Benutzung ihres Eigenthums, insoweit es nothwendig erscheint, zu gestatten.

Bei voller Schadloshaltung, welche durch Vereinbarung oder eventuell durch richterlichen Schiedsspruch erfolgt, und ohne Beeinträchtigung des unantastbaren Rechtes der freien Benützung und beliebigen Abänderung des Privateigenthumes soll dem Staate das Recht zuerkannt sein, die zur Ausführung der Leitungserrichtung nothwendigen Arbeiten auf privaten Grundstücken und Gebäuden, im Anbringung von Mauerstützen, Dachständern u. dgl. vorzunehmen, nachdem es nicht zu den Seltenheiten gehört, dass einzelnen Eigenthümern masslose Ansprüche gestellt oder andere Hindernisse bereitet werden, welche der Telegraphen- und Telephon-Verwaltung die Bauarbeiten ungemein erschweren und verzögern, ja unter Umständen beinahe unmöglich erscheinen. Zur Begründung des Gesetzes sind von der Regierung mehrere der Praxis entnommene Beispiele erschwerter Bauausführungen angegeben; ferner wird ausdrücklich erklärt, dass im Falle der verfassungsmässigen Genehmigung des Gesetzentwurfes, die hiedurch den Privateigenthümern auferlegten Verpflichtungen möglichst mass- und taetvoll durch die ausführenden Behörden und Organe in Anspruch genommen werden dürfen bei voller Rücksichtnahme auf besondere Bedürfnisse und Wünsche der einzelnen Eigenthümer.

Das ausgedehnte öffentliche Interesse, welches die Staatsverwaltung zur baldthunlichsten Ausbreitung jedweden Verkehres zur Hebung des Volkswohles und des Nationalvermögens mit immer grösserer Gewalt drängt, ist gewiss höher zu stellen als das vermeintliche Interesse der Staatsangehörigen, so dass das vorgeschlagene Gesetz, trotz manch' heftiger Gegner, vollen Anspruch hat, so bald nur immer möglich, in Kraft treten zu können.

Die Staatsverwaltung war durch eine geraume Zeit, ungefähr zwei Jahre (Anfang 1895—Ende 1896), in die sehr unangenehme Lage versetzt, neue Anmeldungen zum Beitritt als Telephontheilnehmer in Wien nicht berücksichtigen zu können, oder doch nur in sehr beschränktem Umfange; die Zusammenstellung *B* zeigt 1895 einen Zuwachs von nur 303, 1896 von nur 487 Theilnehmern, welche von über 2000 neu Angemeldeten den gewünschten Anschluss erhielten.

Die Erweiterung der alten oder Errichtung von neuen Telephon-Centralen war daher in Wien eine brennende Frage geworden: man hat sich zum Letzteren entschlossen und können wir diesbezüglich auf die Notiz „Telephonie" (II. Heft vom Jahrgange 1897, S. 52) und die Abhandlung „Entwicklung des Vielfachetriebes in grossen Telephon-Centralen" (XXIV. Heft vom Jahrgange 1897, S. 718) hinweisen.

Einen kaum nennenswerthen Aufschwung hat die Einrichtung der früher erwähnten „Telegraphenämter mit Telephonbetrieb" in Oesterreich genommen; es bestanden Ende 1897 nur 38 gegen 3 Ende 1889, während im deutschen Reiche schon Ende 1895 die zum gleichen Zwecke ähnlich eingerichteten sogenannten „Telegraphen-Hilfsstellen" auf beinahe 7800 angewachsen waren, woraus zu ersehen ist, dass die Telephonverwaltung in Oesterreich im Interesse der Land- und Gebirgsbevölkerung grosse Versäumnisse einzuholen hat, welche aber nicht so sehr der fehlenden Initiative der Telephonverwaltung als vielmehr dem Umstande zur Last fallen, dass im Reichsrathe die Bewilligung der nöthigen, doch gewiss nicht übermässigen Mittel von den Abgeordneten der dabei interessirten Bevölkerung nicht mit grösster Energie betrieben wird.

Was nun die finanziellen Ergebnisse der privaten und staatlichen Telephonie in dem Zeitraume vom Jahre 1895 bis Ende 1896 betrifft, so ergeben die aus der Zusammenstellung *A* gezogenen Gesammtsummen der Einnahmen, Ausgaben und Errichtungskosten folgendes Bild:

Die Privat-Telephon-Gesellschaften investirten zur Errichtung und Ausgestaltung ihrer Netze bis zu deren Uebernahme von dem Staate ein Capital von über 7·4 Millionen, der Staat über 3·5 Mill. Gulden; somit reducirt in den gesammten, Ende 1896 bestehenden, verstaatlichten und staatlichen Telephonanlagen in Oesterreich beinahe 11 Mill. Gulden investirt.

Der private Betrieb erzielte eine Einnahme von 5·7 Mill., der staatliche 7·3 Mill. Gulden; somit wurden im Ganzen 13 Mill. Gulden innerhalb 15 Jahren an Telephongebühren bei der Benützung von privaten und staatlichen Telephonanlagen von dem telephonirenden Publikum eingehoben bezw. bezahlt.

An Ausgaben für Personale und Betriebskosten entfallen im privaten Betriebe 3·2 Mill., im staatlichen 2·4 Mill. Gulden; somit im Ganzen 5·6 Mill. Gulden, so dass die gesammte reine Einnahme sich auf 7·4 Mill. Gulden stellt, von welcher auf die privaten Gesellschaften nur ein Drittel kommt.

Nachdem aber der Staat die mit einem Aufwande von über 7·4 Mill. Gulden errichteten und ausgestalteten 11 privaten Netze um den Preis von nur 6·5 Mill. Gulden in seine Hände brachte, so reducirt sich das in Wirklichkeit vom Staate investirte Capital für die gesammten Ende 1896 allein bestehenden staatlichen Telephonanlagen gegenüber den oben angegebenen gesammten 11 Mill. um beinahe 1 Mill. Gulden und stellt sich auf 10 Mill. Gulden.

Bis Ende 1896 erscheint daher beinahe die Hälfte des vom Staate für die Telephonanlagen ausgelegten Capitals amortisirt, wenn man die auf die Staatsschuld übernommenen Annuitäten-Zahlungen der zum Ankaufe der Privatnetze beschafften 6·5 Mill. Gulden als schon vollgeleistet betrachtet. Da jedoch ein Theil des Ankaufspreises, 1·5 Mill. Gulden, erst im Jahre 1903 und der andere Theil, 5 Mill., erst im Jahre 1915 zur Gänze abgezahlt sein muss, so ist vom Staate Ende 1896 das ganze bis dahin thatsächlich zur Ausgabe gelangte Investirungscapital durch die bis zu diesem Zeitpunkte erzielten Reineinnahmen hereingebracht worden.

Nimmt man ferner die zwei ersten Jahre (1895 und 1896) des alleinigen staatlichen Betriebes in Betracht, so erhält man im Durchschnitte eine jährliche Reineinnahme von einer halben Mill. Gulden, woraus sich ergibt, dass das Staatstelephon in Oesterreich nicht mehr passiv ist, und binnen wenigen Jahren, wenn auch die Anschann- und Zinsenzahlungen von den Ankaufspreisen der Privatnetze eingerechnet werden, ein steigender finanzieller Erfolg mit voller Berechtigung zu erwarten ist.

Allerdings darf dieser günstige Erfolg des Staatstelephons nicht überschätzt werden, denn es gilt, wie ja aus der früher dargestellten Entwicklung der Telephonie in Oesterreich klar erhellt, noch viele grosse Auslagen erheischende interurbane Linien grösserer Länge herzustellen, grössere Netze, wie ganz besonders das Wiener Netz, durch Abänderungen und Errichtungen von neuen Centralen mit grosser Aufnahmsfähigkeit für neue Anschlüsse auszugestalten und andere Versäumnisse nachzuholen.

Der Aufschwung des Staatstelephones in Oesterreich bis Ende 1896, bezw. 1897, soll schliesslich durch nachstehende Ziffern noch besser illustrirt und dadurch das hierüber zu gewinnende Bild vervollständigt werden. (Die entsprechenden Daten vor 10 Jahren — Ende 1887 — sind in Klammer nachstehend beigesetzt.)

Im Jahre 1896 kommen auf eine Theilnehmer- oder öffentliche Sprechstelle im Durchschnitte jährlich: 3465 (1224) Gespräche im localen Verkehre und mit Hinzurechnung des interurbanen Verkehres 3500 (1226) Gespräche im Ganzen, ferner entfällt auf 1 *km* Telephondraht im Durchschnitte eine Bodenfläche von 4 (27) *km*².

Das Telephonnetz in Oesterreich hat sich also innerhalb 10 Jahren um beinahe das Siebenfache verdichtet und die Anzahl der Gespräche im jährlichen Durchschnitte per Telephonstelle auf das dreifache gehoben, jedoch absolut auf das beinahe 15fache.

Telegramme und Phonogramme, incl. Telephonavisi, wurden im Jahre 1896 durchschnittlich per Telephonstelle 38 (27) telephonisch, bezw. schriftlich, von den Telephoncentralen vermittelt, und hat dieser Verkehr absolut genommen, eine mehr als siebenfache Vermehrung erfahren.

Von den Theilnehmer- incl. öffentlichen Sprechstellen, u. zw. 24.511 (3805) entfällt Ende 1897 beinahe die Hälfte (ein Drittel) auf Wien allein, auf 15 (7) Landeshauptstädte mehr als ein Viertel (ungefähr zwei Drittel), und auf 153 (7) Telephonnetze, incl. 42 (ohne) kleinere Telephonanlagen in Provinzorten ebenfalls mehr als ein Viertel (ohne Steiermark).

Das Verhältnis der Vertheilung stellt sich also gegenwärtig für Wien und die Provinzorte, namentlich die letzteren, günstiger und hat sich innerhalb 10 Jahren die Zahl der Theilnehmerstellen in Wien und den Provinzorten auf ungefähr, bezw. mehr als das zehnfache gehoben. Zieht man jedoch den Zuwachs an Theilnehmern in dem letztverflossenen Jahre (1897) allein in Betracht, so stellt sich das Verhältnis für Wien besonders günstig, indem in Wien allein in diesem Jahre 1787 Theilnehmer gegen 1019 in den Provinzorten und 813 in den Landeshauptstädten (davon in Prag 325) neu angeschlossen wurden. Im Verhältnis zu der Einwohnerzahl steht aber Wien noch immer nicht an erster Stelle unter den grösseren Städten mit Telephonnetzen; in dieser Beziehung haben die weltberühmten Curorte Karlsbad, Teplitz, Meran und die industriereiche Stadt Reichenberg einen sehr grossen Vorsprung gewonnen und dürften sobald von keiner Stadt von grösserer Bedeutung in Oesterreich eingeholt werden.

Es kommt nämlich ein Theilnehmer in Karlsbad auf ungefähr 40, in Teplitz, Meran und Reichenberg auf 60—70, in Brünn, Triest, Bregenz und Bozen auf 120—125, in Wien, Prag, Aussig, Saaz und Mähr.-Ostrau auf 130—185, in Salzburg und Innsbruck auf 140—145, in Graz, Troppau und Warnsdorf auf 150—155 Einwohner u. s. w.; unter den Landeshauptstädten stehen an letzter Stelle: Laibach, Klagenfurt, Czernowitz und Zara, wo auf rund 400, bezw. 500, 700 und 750 Einwohner erst ein Theilnehmer kommt.

Ein Vergleich dieser Daten mit denselben in Frankreich von Ende 1896 zeigt, dass die praktische Benützung des Telephons in Oesterreich, trotz geringerer Bevölkerungszahl, eine grössere Verbreitung als in Frankreich gefunden; man zählte nämlich in Oesterreich Ende 1896 schon 20.512 Theilnehmer in 146 Orten gegen 18.191 in 112 Städten in Frankreich und in Paris kam ein Telephon erst auf 253 Einwohner, in Mentone auf 215 und in Cannes auf 120, welches an erster Stelle stand.

Dagegen wurden die Theilnehmerleitungen geringerer Anzahl in Frankreich im Jahre 1896 mehr ausgenützt, als die grössere Anzahl in Oesterreich, u. zw. hat die Zahl der Gespräche in Frankreich ungefähr um 2 Millionen mehr als in Oesterreich betragen und sind demgemäss auch im Durchschnitte jährlich über 4000 Gespräche, gegen 3500 in Oesterreich, per Theilnehmer entfallen. Es ist dies ein Beweis, dass die im Allgemeinen sehr hohen und auch im Vergleiche zu Oesterreich höheren Telephongebühren in Frankreich der Ausbreitung des Telephons hinderlich im Wege stehen und solche Kreise der Bevölkerung sich ein Telephon halten, welche dasselbe öfters benützen können.

Jede Telephonverwaltung wird daher im allgemeinen öffentlichen Interesse zur Förderung einer gesunden Fortentwicklung der Telephonie ein besonderes Augenmerk auf die zukünftige Gestaltung des Telephontaxes zu richten haben und bleibt uns nur zum Schlusse vorstehender Darstellung der Entwicklung des Staatstelephons in Oesterreich zu wünschen übrig, dass bei der österreichischen Telephonverwaltung bestmöglichst gelingen möge.

über die Entwicklung der Telephonie: private und staatliche Telephonanlagen, interurbane Telephonlinien etc. etc. in Oesterreich (excl. Ungarn) von dem Jahre 1881 bis zum Jahre 1896.

Zusammenstellung A.
(Ihnen als Ergänzung: Zusammenstellung B.)

Ende des Jahres	Staatliche Telephon-Anlagen mit einzelnen Anschlüssen und Sprechstellen (davon mit 1 Centrale)	Amzahl staatliche	Amzahl private	Amzahl öffentliche Sprechstellen (Centralen)	Theilnehmer-Zahl staatl.	Theilnehmer-Zahl privaten	Verbindungen im Betriebsjahre hergestellt (davon in staatlichen)	Länge der Leitungen insgesammt	Länge der Leitungen Linien (davon im staatlichen Betriebe)	Anzahl (davon internationale [ungar.])	Anzahl in verbundenen Orts- resp. Bezirksnetze	Verbindungen im Betriebsjahre hergestellt (davon in privaten Netzen)	Telegramme (davon in staatl. Netzen)	Phono-gramme	Einnahmen	Ausgaben	Errichtungs-kosten	Zahl der Telephone und Mikro-phone (Umschalter)
1881	—	—	—	—	—	—	?	?	?	—	—	—	—	—	—	—	—	—
1882	—	—	4	8	1679	(7)	?	1670	?	—	—	—	—	—	—	—	—	—
1883	—	7	9	10	(3)	(3)	?	3663	?	1	58	8290	10.240	—	230.104	176.358		9594
1884	—	4	11	11	9	(413)	2.546.853	6833	(152)	2	43	965	30.171	1297	300.922	154.121	von 1881 bis Ende 1884: 325.514 fl	5635
1885	2	11	11	9	36	3940	8.814.899	6393	(152)	2	41	—	103.505	—	(985)	(9620)	von 1881 bis Ende 1885: 1.815.581 (incl. der Betriebskosten)	(67)
1886	4	13	11	10	48	3994	4.897.033	11.376	1454	6	58	—	161.280	2858	365.316	247.825		4091
1887	13	28	11	(12)	71	4676	5.849.674	16.829	2366	10	74	545.905	185.861	5596	418.861	309.784		3685
1888	(7)	38	11	(18)	682	3716	11.671.756	36.352	(198)	17	87	194.576	(42.811)	6478	529.494	782.735	526.983	16816
1889	(8)	49	11	(24)	1582	3990	13.606.607	37.800	(1435)	8	117	297.596	385.015	7953	(140.655)	(34.365)		(122)
1890	(9)	58	11	(49)	1793	7669	16.906.607	57.968	(1596)	28	343	286.761	189.704		627.424	782.555		(109)
1891	(5)	98	11	(60)	2159	9872	19.672.116	54.340	(4600)	29	415	1.046.613	883.016		523.550	571.510		(315)
1893	(8)	113	11	(70)	10.605	(440)	24.120.391	(665)	(3602)	59		3.094.735	884.586		(209.300)	(78.633)	1.111.403	13257
1894	(3)	59	1	(193)	7479	6909	35.319.259	60.686	(3490)	58	117	371.932	490.675	10.953	981.655	476.837	1.601.882	14.941
1895	(4)	80	1	(644)	8723	7954	(8.214.550)	(18.418)	(39.702)	74		(77.502)	(?)		(880.971)	(106.948)	(837.508)	(363)
1896	19	104	—	2291	8723	—	(14.883.186)	64.605	(42261)	47	117	545.905	633.485	16.089	1.830.014	740.844	526.477	17.104
1896*	(4)	194	1	(109)	7964	—	62.182.909	(81.536)	(4203)	(18)	87	(101.246)	744.246	16.692	(991.449)	(963.620)	(903.249)	19.416
—	(8)	134	—	(120)	16.603	—	68.160.683	694.966	(4358)	63		752.650		17.992	2.138.360	741.308	307.471	(242)
1897	?	146	—	50	90.656	71.585.051	74.690	(7853)	(16)	117	752.650	775.692		9.967.648	826.664	1.301.?	(318)

Zusammenstellung I:

über (als Ergänzung zur Zusammenstellung I) die Entwicklung der Telephonie in Oesterreich (excl. Ungarn) vom Jahre 1881 bis zum Jahre 1898.

Ende des Jahres	Telephonnetze (Orte mit mehr als einer Centrale)							Zuwachs	öffentliche	Theilnehmer incl. der directe verbundenen (öffentliche Sprechstellen) in der Reichshaupt- und den Landeshauptstädten																in allen übrigen Orten zusammen	Interurbane Linien											
	bis 50	51–200	201–500	501–1000	über 1000	1	2/5	über 5			Wien (Niederösterr.)	Prag (Böhmen)	Graz (Steiermark)	Triest (Küstenland)	Lemberg (Galizien)	Czernowitz (Bukowina)	Brünn (Mähren)	Linz (Oberösterr.)	Salzburg (Salzburg)	Troppau (Schlesien)	Bregenz (Vorarlberg)	Innsbruck (Tirol)	Görz (Küstenland)	Zara (Dalmatien)	Laibach (Krain)	Klagenfurt (Kärnten)		Kilometer Linien (Trace) Länge	bis 50	51–100	101–300	über 300	Zuwachs	2	3/5	über 5	Stationen mit Ortsnetz
1881	—	1	—	—	—	—	—	I	1	191	191	—	—	—	—	—	—	—	—	—	—	—	—	—	—	—	—											
1882	1	2	I	—	—	—	1	3	338	326 (3)	?	?	50																								
1883	5	3	—	1 (1)	—		1	5	714	712 (7)	187	136	139	14	13									41													
1884	2	6	1	1 (1)	—	1	1	1	738	936 (7)	320	170	195	32	53	144								129													
1885	—	7	3	1	—	1	1	1	541	955 (7)	414	187	306	62	69	204	87							235													
1886	2	6	3 (1)	1	1 (1)	2	3	2	738	1007 (8)	511 (2)	226	409 (2)	198	95	261 (2)	140 (1)							412		127	2	1									
1887	4	4	5 (1)	1	1 (1)	2	4	2 (2)	633	1191 (9)	582 (2)	283	435 (2)	243	107	311 (2)	169 (1)							549 (9)		1	—	1									
1888	13	4	5 (1)	1	1 (1)	6	8	3 (7)	959	1698 (15)	640 (2)	341	468 (2)	330	111	392 (1)	186 (1)							693 (27)	4	1	—	1	189	8	4	2 (12)					
1889	24	8	4 (1)	2 (1)	1	25	4	3	15	1616	2121 (28)	789 (3)	456	542 (2)	427	114	447 (1)	198 (1)	79 (1)	66				1155 (36)	5	1	1	1	348	7	5	3 (12)	—	3			
1890	30	12	2 (2)	4 (1)	1	29	10	3	10	2584	3630 (25)	908 (3)	554	589 (2)	493	125	504 (1)	198 (1)	90 (5)	81 (1)				1830 (53)	10	1	2	1	204 (40)	5	9	4 (13)	1	5			
1891	35	18 (1)	1 (1)	4 (1)	2 (2)	43	14	3	11	2219	5001 (40)	1023 (3)	628	653 (2)	523	132	533 (2)	200 (1)	103 (5)	90 (1)				2205 (72)	16	2	3	2	763 (26)	14 (2)	13 (1)	9 (15)	1	6			
1892	41	20 (1)	3 (4)	5 (1)	1	51	16	3	10 (5)	1684	6107 (47)	1026 (3)	652 (1)	661 (4)	555	137	542 (2)	203 (1)	115 (5)	99 (3)	40 (1)			2692 (80)	21	2	3	3	589 (22)	19 (2)	16 (1)	11 (15)	1	9			
1893	52	20 (1)	3 (1)	4 (2)	2	62	16	3	11 (7)	1669	6995 (57)	1070 (4)	598 (1)	692 (4)	518 (1)	113 (1)	568 (3)	221 (3)	109 (5)	42 (1)	95 (4)			3225 (107)	34	4	4	4	451 (54)	17 (2)	19 (2)	17 (15)	4	10			
1894	74	19 (1)	8	4 (1)	2 (2)	78	24	3	24 (16)	1299	8040 (50)	1281 (8)	616 (1)	766 (4)	516 (1)	110 (1)	623 (4)	253 (3)	155 (5)	122 (1)	45 (4)	132 (2)	81	3957 (133)	25	11	6	5	1015 (145)	19 (3)	22 (2)	20 (15)	5	12			
1895	86	26 (1)	6 (1)	4	2 (2)	86	32	6	19	2077	8343 (45)	1600 (6)	648 (1)	854 (4)	550 (6)	117 (1)	679 (8)	266 (6)	173 (7)	131 (3)	48 (3)	157 (2)	33 (1)	39	3920 (188)	31	11	6	5	88 (03)	15 (2)	24 (6)	25 (17)	4	17			
1896	104	29 (1)	6	5	2 (2)	104	38	7	22	1957	8836 (48)	1889 (16)	685 (4)	915 (7)	553 (6)	105 (1)	758 (8)	293 (5)	180 (7)	137 (2)	54 (3)	187 (2)	41 (1)	38	5894 (289)	40	13	14	6	1953 (126)	32 (2)	29 (3)	39 (25)	4	24			
1897	123	32 (1)	7 (1)	4	3 (2)	118	45	8	23	3604	10573 (53)	2205 (16)	728 (4)	993 (7)	615 (6)	112 (1)	807 (6)	316 (8)	199 (5)	144 (3)	57 (3)	223 (8)	49 (2)	38	89 (1)	35 (2)	5834 (289)	42	20	15	6	1177 (73)	14 (3)	33 (23)	43 (2)	7	18			
Summa	169 (4)								169	169	24.311 (100)																24.105 (406)						83 (†)				6904 (569)	145 (14)	83 (††)

*) Darunter der österreichische Linienantheil (71 km) der directen Linie Budapest—Berlin; eröffnet 1. September 1897. — **) 6913. Darunter in Reichenberg 583, Karlsbad 373, Krakau 395, Teplitz 285, Pilsen 271, Bielitz—Biala 250, Aussig 189, Mährisch-Ostrau 188, Warnsdorf 138, Bozen 129, Saaz 129, Olmütz 127, Meran—Obermais 121, Brüx 102, in allen übrigen Orten unter 100 Theilnehmer. — ‡) Und zwar: in Böhmen 72, Niederösterreich 31, Salzburg 15, Mähren 15, Tirol und Vorarlberg 12, Schlesien 6, Steiermark 5, Oberösterreich und Küstenland je 4, Salzburg und Dalmatien je 2, Kärnten, Krain und Bukowina je 1 (in der Landeshauptstadt). — ††) Und zwar: in Wien eingeführt 31, in Prag 3, in Brünn, Reichenberg, Aussig, Baden etc. etc. je 2 bis 5.

Bemerkungen zu den Zusammenstellungen A und B.

a) Für die staatlichen und privaten — Wien, Brünn, Linz — Anlagen beziehen sich die angegebenen Daten auf das Kalenderjahr, für die übrigen acht Privatnetze auf das Finanzjahr vom 1. April bis 31. März; im Jahre 1892 auf 9 Monate, u. zw. vom 1. April bis 31. December.

b) Die Orte mit mehr als 1 Centrale sind: Wien (1883/84 mit 2 Centralen im Privatnetze, später (1885) sind mit Einführung des Vielfachbetriebes (1888/89) an einer Stelle (Friedrichsstrasse) 2—4 Centralen in verschiedenen Räumen, als 1 Centrale gerechnet, und 1896 die staatliche Fernsprech-Centrale, ferner 1896 die zweite Localcentrale in der Kolingasse), Brünn (1886), Prag (1889), Reichenberg (1 90), Pilsen (1891), Graz und Triest (1892) — in den letzteren sechs Städten die staatliche Fernsprech-Centrale nebst der privaten Localcentrale —; vom Jahre 1893 ab nur mehr: Wien, Prag, Karlsbad und Meran-Obermais.

c) In A ist die Anzahl der interurban verbundenen Ortsnetze, in B (in Klammer) die Anzahl der interurban verbundenen Orte ohne Netz, bezw. Centrale, welche entweder directe mit einer öffentlichen Sprechstelle als „Station" oder durch Vermittlung einer nächstgelegenen Centrale an eine interurbane Linie angeschlossen sind, angegeben excl. mehrerer mit den Centralen in Wien verbundenen, im Gemeindegebiete von Wien gelegenen Orte wie Hernals, Ottakring, Ober-und Unter-St. Veit, Hacking etc., welche als öffentliche Sprechstellen des Wiener Stadtnetzes gezählt sind; die Summe ergibt die Anzahl aller interurban verbundenen Orte und einzeln liegender Objecte.

d) Unter der Zahl der „Phonogramme" sind die „telephonischen Avisi" inbegriffen; in den Jahren 1893 und 1894 ist die Zahl der telephonisch vermittelten Telegramme in dem letzten bestehenden Privatnetze in Wien nicht speciell angegeben.

e) Die Einnahmen setzen sich zusammen aus:
1. von den Theilnehmern bezahlten einmaligen und jährlichen Gebühren,
2. den eingehobenen Sprechgebühren im Localen und interurbanen Verkehre,
3. den eingehobenen Vermittlungs-gebühren für Telegramme, Phonogramme und telephonische Avisi.

f) Die Ausgaben begreifen in sich die Betriebskosten, u. zw.: für das zur Besorgung des Dienstes angestellte Personale und für das aufgewendete Materiale nebst Instandhaltung der Anlagen.

g) Die Errichtung der staatlichen Anlagen wird grösstentheils von dem technischen Personale der Post- und Telegraphen-Directionen besorgt.

h) Die verwendeten Hör- und Sprechapparate gehören verschiedenen Typen an.

i) In A ist die Anzahl der Netze und Theilnehmer getrennt — staatliche und private — ausgegeben, in B angeschlossen zugegeben. Die Anzahl der Privatnetze ohne öffentliche Sprechstelle — ein solches staatliches Netz gibt es nicht — ergibt sich aus der Differenz der in B angegebenen Anzahl Netze mit öffentlicher Sprechstellen von der gesammten Anzahl (staatliche und private) Netze excl. der in A 2. Rubrik) ersichtlichen Zahl der staatlichen Telephonanlagen mit einzelnen Anschlüssen.

Die Zahl der Sprechzellen, deren mehrere, wie z. B. in der Fern-centrale und an der Börse in Wien (17) etc. bestehen, ist in der Zahl der Sprechstellen bis incl. 1894 inbegriffen, vom Jahre 1895 ab nicht mehr eingerechnet.

k) Theilnehmer sind auch jene mit staatlichen und öffentliche Sprechstellen gezählt, welche in kleinen staatlichen Telephonanlagen (siehe A, 2. Rubrik) angeschlossen sind.

Die „directe verbundenen Theilnehmer" sind vom Jahre 189 ab, staatliche Anlagen betreffend, nicht mehr speciell angegeben.

l) Die Anzahl der Verbindungen (Gespräche) setzt sich zusammen aus:
1. solchen zwischen den Theilnehmern untereinander,
2. solchen zwischen den öffentlichen Sprechstellen untereinander und
3. solchen zwischen den öffentlichen Sprechstellen und Theilnehmern.

Gesprächsdauer in den ersten Jahren 5, dann 3 Minuten.

m) Mit Annahme des Wiener Netzes — mit Ende 1894 rund 35.000 km Drähte in verschiedener ungefähr 4—6 km Kabelsträngen von etwa 160 km Tracenlänge unter der Gesammtdrahtanlage von beinahe 43.000 km — ist nur ein äusserst geringer Theil der Leitungen unterirdisch gelegt. Die interurbanen Linien sind vollkommene, die Stadtleitungen in Prag grösstentheils vollkommene oder mindestens theilweise Doppelleitungen, in den anderen Orten einfache Leitungen. In den Privatnetzen Wien und Brünn ist Kupferdraht, in den übrigen 1·25 mm-Silicium-

bronzedraht, bei den interurbanen Linien zumeist Bronzedraht, im Ortsbereiche 1·25—1·5 mm, im Freien 2—5 mm, verwendet. Vom Jahre 1893 ab ist die Länge der Linien in Ortsnetzen (in A) nicht mehr angegeben, dafür die gesammte Länge der interurbanen Linien, während (in B) 2 Linien Wien—Baden, 2 Linien Wien—Brünn und 2 Linien Wien—Prag, sowie 7 Linien Wien—Budapest (bis zur ungarischen Grenze) als „einfache Trace" gerechnet sind, worum sich die Differenz ergibt, welche Ende 1897 sich auf 661 km stellt.

n) Unter diesen befinden sich mehrere, weitab von den grossen Verkehrsadern in Alpenthälern und auf Bergspitzen gelegene staatliche Fernsprechstellen wie: Smittenhöhe, Trannersalpe, Kesselfall-Alpenhaus, Kaprun etc. etc.

o) Die höchsten interurbanen Sprechgebühren betragen: Wien—Berlin fl. 1·80; Wien—Triest, Wien—Reichenberg fl. 1·50; Wien—Prag, Wien—Brünn fl. 1 etc. etc.

p) Die internationalen, bzw. ungarischen Linien mit Netzen sind:
1. in Ungarn: Budapest, Raab, Komorn, Pressburg in 7 Linien Wien—Budapest, davon 3 im Jahre 1890 und 4 im Jahre 1893 eröffnet.
   Fiume in der Linie Abbazia—Fiume, 1896 eröffnet.
2. im deutschen Reiche: Grossschönau, Zittau in den Linien Warnsdorf—und Reichenberg—Zittau, 1891 eröffnet; Berlin, Dresden in 2 Linien Wien—Berlin, 1894 und 1896 eröffnet; Buchholz, Annaberg in der Linie Weipert—Annaberg, 1895 eröffnet.
3. in Bayern: Lindau in der Linie Bregenz—Lindau, 1892, und Reichenhall in der Linie Salzburg—Reichenhall, 1894 eröffnet.
4. in der Schweiz: St. Gallen in der Linie Bregenz—St. Gallen, 1892 eröffnet.
5. im Transite: Die directe Linie Budapest—Berlin, 1897 eröffnet.

q) Hiebei ist die Länge (Trace) der interurbanen Linien nach dem Auslande und Ungarn nur bis zur Landesgrenze gerechnet.

Hans v. Hellrigl.

KLEINE MITTHEILUNGEN.

Verschiedenes.

Der Verein für die Förderung des Local- und Strassenbahnwesens in Wien hielt am 25. April l. J. seine ordentliche Generalversammlung ab. Der Jahresbericht liefert ein befried genolos Bild über die mannigfachen Bestrebungen und Arbeiten, wie nicht minder über die zunehmende Prosperität des Vereines. Die Versammlung genehmigte den Bericht, sowie die Jahresrechnung und votirte dem Ausschusse unter dankender Anerkennung seiner Mühewaltung das Absolutorium. Unter lebhaftem Beifall erfolgte hierauf die Ernennung Sr. Excellenz des Herrn k. k. Eisenbahnministers Dr. Heinrich Ritter v. Wittek zum Ehrenmitgliede und wurden die ausscheidenden Ausschussmitglieder Verwaltungsrath Dr. Isidor Bing, k. k. Baurath Ernst Gaertner und Director J. M. Wolfhauer neuerlich zu dieser Function berufen und Herr k. k. Professor Carl Schlenk neugewählt.

Ausgeführte und projectirte Anlagen.

Oesterreich-Ungarn.

a) Oesterreich.

Friesach i. Kärnten. (Elektricitätswerk.) Wie die „Klagenf. Ztg." mittheilt, hat die Stadtgemeinde Friesach dem Besitzer des Mineralbades Einöd, Herrn Georg Schmalzl, die Bewilligung zur Errichtung der elektrischen Beleuchtung und Kraftübertragung in der Stadt Friesach ertheilt. Die elektrische Centralstation wird bei dem Werke Olsa von der Firma Ganz & Comp. erbaut; als Stromerzeuger dienen zwei Drehstrommaschinen, davon eine als Reserve. In Verbindung mit dem Elektricitätswerke wird beabsichtigt, eine neue Wassergerberei und eine Säge in Olsa zu errichten, welch' letztere mittelst elektrischer Kraftübertragung betrieben werden soll.

Graz. (Elektrische Bahn.) Am 20. Jänner wurde die elektrische Kleinbahn von Graz nach Maria-Trost, worüber wir schon früher berichteten, in einer Länge von 5·2 km, 1 m Spurbreite, eröffnet. Der „Zeitschrift für Elektrotechnik-neuerungs- und Versich.-Ges." entnehmen wir diesbezüglich folgende Details: Die Bahn hat eine Maximalsteigung von 39‰ mit vielen Krümmungen von 50 m Minimalradius, welche durch ungünstige Terrainverhältnisse und Schwierigkeiten der Expropriation bedingt erscheinen. Der Bau wurde durch den Stadtbaumeister Franz Andrea projectirt, in dem Zeitraume von zehn Monaten ausgeführt und trotz mehrfacher Hindernisse technischer Natur vollendet.

Die Stromleitung der Bahn ist oberirdisch mit der gewöhnlichen Schienenrückleitung. Auf einer Länge von fast 4 km ist ein Speisekabel von 170 mm² Querschnitt neben dem Arbeitsdrahte gelegt, um den Spannungsverlust zu vermindern und bei allfälligem Bruche des Arbeitskabels auf Theilstrecken doch verkehren zu können.

Die Centralstation der elektrischen Anlage ist in dem schattigen Thale der Fölling, welches von der auf mässigem Hügel schimmernden Wallfahrtskirche Maria Trost abgeschlossen ist, gebettet, und das Aufspriessen dieser industriellen Anlage modernster Richtung macht in seinem Contraste für die umgebenden landschaftlichen Reize der einschliessenden waldgekrönten Hügel nur noch empfänglicher.

Zur Stromerzeugung dienen zwei sechspolige Compound-Dynamomaschinen, System Thury (vergl. H. f. S. 5, 1898) von 600 V × 135 Ampères-Leistung bei 450 Touren. Der Strom wird durch einen automatischen Spannungsregulator, System Thury, auf die Betriebsspannung von 450 V regulirt und an das Speisekabel abgegeben.

Der Wagenpark besteht vorläufig aus 8 Motor- und 4 Beiwagen und 3 Kohlenlowries. Die eleganten und bequemen Wagen sind mit zwei Motoren von je 20 PS ausgerüstet und werden durch fünf hintereinandergeschaltete Glühlampen à 65 V beleuchtet. Die Wagenachsen werden von den Motoren durch eine Rädterübersetzung von 9:41 angetrieben, die Fahrgeschwindigkeit wird durch den Motoren vorgeschaltete Widerstände regulirt. Bei der Thalfahrt kann bei genügendem Gefälle ohne Strom gefahren und die Geschwindigkeit mit der mechanischen Bremse regulirt werden. In ausserordentlichen Fällen kann auch mittelst der Kurzschlussbremse elektrisch gebremst werden.

Die gesammte elektrische Anlage wurde durch die Société de l'Industrie électrique à Genève ausgeführt, die Wagen durch die Firma Johann Weitzer in Graz geliefert. Die von der Maschinenfabrik Andritz der Oesterr. Alpinen-Montagegesellschaft gelieferten Betriebsmaschinen sind nach dem Compoundsystem entwickelte Schnellläufer von 180 e PS. Sie sind mit Rundschiebern und Federkraft-Regulatoren an der Achsenscheibe versehen und arbeiten mit Auspuff durch Speisewasser-Röhrenvorwärmer. Es sind die Hauptdaten d = 280 mm, D = 400 mm, s = 350 mm, n = 220 Touren. Der Antrieb auf die Dynamo ist durch fast meterbreite Gliederriemen besorgt. Die grosse Riemenscheibe ist als Schwungrad für die Dampfmaschine ausgebaut. Die Dampfmotoren sind in dem Betrieb und in dem eleganten Formgebung, sowie in den wichtigen Armaturen der Schmierung auf das Vollkommenste ausgeführt und arbeiten, sowie die gesammte Anlage, mit Präcision und ohne die geringste Störung. Den Dampf liefern zwei Dampfkessel, System Dürr, von je 91 m² Heizfläche, 12·5 Atm. Betriebsspannung mit Ueberhitzer von Kausch mit je 23 m² Ueberhitzfläche, welche bestimmt sind, den Arbeitsdampf von seiner Normaltemperatur von 187° C. auf 250° C. vorzuwärmen, um dessen Energie zu vergrössern. Die Dampfkessel wurden durch die Röhrenkesselfabrik von Dürr, Gehre & Co. in Mödling geliefert.

Komotau. (Localbahn von Komotau nach Postelberg.) Das k. k. Eisenbahnministerium hat dem Hof- und Gerichtsadvocaten Dr. Albert Suxl in Wien die Bewilligung zur Vornahme technischer Vorarbeiten für eine Localbahn von Komotau über Eidlitz, Bielenz, Welmschloss, Tattina und Wittosess nach Postelberg ertheilt. (Vergl. H. 17, S. 208, 1898)

Prag. (Ausgestaltung des elektrischen Localbahnnetzes.) In unserer Nummer vom 20. März l. J., S. 145, haben wir bereits von der Uebernahme der Prager Tramway seitens der Stadtgemeinde Prag ausführlich berichtet. Nun tritt diese Angelegenheit, welche eine Umgestaltung der bestehenden desolaten Zustände in moderne, dem steigenden Verkehrsbedürfnisse vollauf genügende Einrichtungen bewirken wird, in die letzte dieser Monate in ein entscheidendes Stadium. Der detaillirte Kaufvertrag, durch den die Prager Tramway in das Eigenthum der Grosscommune übergehen soll, ist fertiggestellt, und werden die Bestimmungen desselben bezüglich der Uebernahme der Stadtvertretung und von dem Verwaltungsausschusse der elektrischen Bahnen Prags einer eingehenden Prüfung unterzogen, ohne dass bisher diese Prüfung zu Ende geführt worden wäre. Da die Beendigung dieser Arbeiten jedoch bestimmt in kürzester Zeit zu erwarten ist, so wird noch innerhalb des Monats Mai der Kaufvertrag dem Stadtverordneten Collegium in einer separaten Sitzung zur Ratification vorgelegt werden. Ueber alle Bedingungen des Vertrages kann derzeit nur gesagt werden, dass als Grundbestimmung die Auszahlung des Kaufcapitals an die Tramway-Gesellschaft gilt.

Während auf einer Seite die eben geschilderte Thätigkeit herrscht, wird andererseits an der Ausgestaltung des bereits bestehenden Bahnnetzes eifrig gearbeitet. So wird innerhalb vier Wochen mit der Erbauung von zwei neuen Linien begonnen werden. Als erste Linie ist jene nach Wischehrad in Aussicht genommen, und wird mit der Schienenlegung nach vierzehn Tagen begonnen werden. Diese 1050 m lange Linie beginnt bei der böhmischen Technik, führt an der städtischen Versorgungsanstalt vorüber, überführt die Brücke der Verbindungsbahn und endet vor dem alten Wischehrader Rathhause. Die grösste Steigung auf dieser Strecke beträgt 60 pro mille. Der kleinste Krümmungsradius beträgt 30 m. Was die Verkehrsverhältnisse der neuen Strecke, die innerhalb zweier Monate vom Baubeginn an fertiggestellt sein soll, betrifft, so ist diesbezüglich eine definitive Entscheidung noch nicht getroffen worden. Gegen Ende dieses Monats wird vertragsgemäss auch mit der Herstellung einer zweiten Linie begonnen werden. Diese Linie, die bis zum Gasthause „Na kovárně" in Verschovitz führt, ist 1·7 km lang und durchführt in ihrer ganzen Länge die Palaekygasse, eine der längsten Verkehrsstrassen Prags.

(Elektrische Kleinbahn.) Das k. k. Eisenbahnministerium hat dem Stadtrathe der königl. Hauptstadt Prag die Bewilligung zur Vornahme technischer Vorarbeiten für eine normalspurige, mit elektrischer Kraft zu betreibenden Kleinbahn von der Palackybrücke in Prag nach Hodkovička ertheilt.

Man schreibt uns: Der Elektricitäts-Gesellschaft Felix Singer & Co., A. G. in Berlin, ist von der Stadt Prag der Auftrag auf Lieferung von 20 doppelten Wagenausrüstungen (40 Motore System Walker) für die Umwandlung der Prager Tramway in elektrischen Betrieb ertheilt worden.

Pilsen. (Elektrische Tramway.) In der Sitzung vom 26. v. M. wurden von der Gemeinde bezüglich der Ausführung des Projectes einer elektrischen Tramway in Pilsen definitive Beschlüsse gefasst, und zur Bedeckung des Aufwandes ein Betrag von 927.250 fl. präliminirt, welcher im Wege einer Anleihe aufzubringen ist. Die Lieferungen der Dampfkessel und Dampfmaschinen wurde der hiesigen Maschinenfabrik E. Skoda für 80.464 fl., die Lieferung der Dynamos, der Accumulatoren und der ganzen elektrischen Einrichtung überhaupt Herrn Fr. Křižik in Prag für 339.260 fl. übertragen. (Vergl. H. 2, S. 24, 1898.)

Teplitz. (Elektrische Localbahn Teplitz-Dux-Ossegg.) Die k. k. Stadtbahnerei in Prag hat hinsichtlich des von Richard Baldauf, Bergwerkebesitzer in Sobrusan, vorgelegten Projectes für die erste Theilstrecke Dux-Ossegg der elektrischen Eisenbahn Teplitz-Dux-Ossegg die Tracenrevision auf den 5. Mai anberaumt. Bei anstandslosem Ergebnisse dieser Verhandlung wird anschliessend an dieselbe die Stationscommission und politische Begehung vorgenommen werden. (Vergl. H. 17, S. 208, 1898.)

Wien. (Elektrische Tramway Praterstern-Ausstellung.) Das Eisenbahnministerium hat das principiell genehmigte Project der Wiener Tramway-Gesellschaft für die elektrische Einrichtung der Tramwaylinien Praterstern-Ausstellungsstrasse — Südportal der Rotunde und Radetzkybrücke — Löwengasse - Prater - Hauptaller, ferner für die Anlage eines Zufahrtgeleises zu den provisorischen Remisen durch die Valeriegasse, endlich für die Verlängerung der bestehenden Geleise in der Ausstellungsstrasse und Verbindung derselben mittelst Weichen behufs Vornahme der politischen Begehung an die Statthalterei geleitet. Diese Amtshandlungen werden am 6. d. hinsichtlich der Linie Praterstern — Ausstellungsstrasse — Rotunde und der Linie Radetzkybrücke — Prater - Hauptaller und der in Verbindung derselben projectirten Herstellungen vorgenommen werden.

b) Ungarn.

Makó. (Politisch-administrative Begehung der projectirten Strasseneisenbahn mit elektrischem Betriebe.) Am 1. April l. J. fand die politisch-administrative Begehung im Bereiche der Stadt Makó der projectirten Strasseneisenbahn mit elektrischem Betriebe statt. Die Trace der von der Station Makó der Linie Szegod—Makó—Arad der vereinigten Arader und Csanáder Eisenbahn ausgehenden Strasseneisenbahn, welche für den Personen- und Frachtenverkehr einzurichten ist, wird nach Verzweigung im Bereiche der Stadt mit Benützung entsprechender Strassenzüge, bis zum Ufer der Maros führen.

Stuhlweissenburg (Székesfehérvár, Technisch-polizeiliche Begehung und Eröffnung des Betriebes der Strasseneisenbahn mit elektrischem Betriebe.) Am 4. April fand die technisch polizeiliche Begehung der in Székesfehérvár (Stuhlweissenburg) erbauten Strasseneisenbahn mit elektrischem Betriebe statt. Die Linie geht von der gemeinschaftlichen Station Székesfehérvár der Südbahn und der kgl. ung. Staatsbahnen aus, durchschneidet die Stadt und führt im Bereiche des Extravillans bis zu den Weinbergen an der Lovasberényer Strasse. Nachdem die Commission die Ausführung des Baues und die Betriebseinrichtungen der 6 km langen Linie als entsprechend befand, ertheilte der Commissionsleiter die Bewilligung zur Eröffnung des Betriebes.

Szolnok. (Eisenbahnprojekt.) Der kgl. ung. Handelsminister hat dem Grossgrundbesitzer Béla Fáy die Bewilligung zur Vornahme technischer Vorarbeiten a) für eine von der Station Szolnok der kgl. ungarischen Staatsbahnen nächst dem Aufnahmsgebäude abzweigende, die Zagyvabrücke überschreitende und sich mit Benützung entsprechender Strassenzüge im Bereiche der Stadt Szolnok verzweigende Linie, b) für eine vom Frachtenbahnhofe der genannten Station ausgehende und an einem geeigneten Punkte des innerstädtischen Betriebsnetzes einmündende, für den Personen- und Frachtenverkehr einzurichtende normalspurige Strasseneisenbahn mit elektrischem Betriebe ertheilt.

Deutschland.

Berlin. Die Gemeindevertretung von Friedenau hat in ihrer Sitzung vom 29. v. M. den mit dem Dampfbahn-Consortium abzuschliessenden Vertrag behufs Umwandlung des bisherigen Betriebes in der Kaiserallee in einen solchen mit elektrischer Triebkraft einstimmig angenommen.

Dem Rechenschaftsberichte der Gesellschaft für elektrische Hoch- und Untergrundbahnen in Berlin für die erste Geschäftsperiode vom 13. April bis 31. December 1897 entnehmen wir Nachstehendes: Die Gesellschaft hat ihre Thätigkeit mit der Herstellung einer 11·4 km langen elektrischen Hoch- und Untergrundbahn vom Zoologischen Garten nach der Warschauer Brücke mit Abzweigungen nach dem Potsdamer Platz nach den Entwürfen der Actiengesellschaft Siemens & Halske und auf Grund der mit diesen getroffenen Vereinbarungen begonnen. Die behördlichen Genehmigungen für den Bau und Betrieb der Bahn sind, soweit sie bereits dieser Gesellschaft ertheilt waren, von dieser auf die obige Gesellschaft übertragen worden. Die Bahnanlage ist Siemens & Halske übertragen worden mit der Verpflichtung, die gesammte Bahnanlage spätestens bis zum 31. December 1900 betriebsfähig fertigzustellen. Die Bauarbeiten im Frühjahr des Berichtjahres auf der Oststrecke begonnen werden. Im Laufe des Jahres wurde der Grundbau für die 3·5 km lange Strecke vom Hallesehen Thor bis zum Schlesischen Thor ausgeführt. Es folgte der Bau der Werksteinpfeiler für die Ueberbrückung des Platzes am Wasserthor und des Lausitzer Platzes. Der Aufbau der Eisenconstruction begann am 1. Juni v. J. Bis zum Jahresschlusse wurden 326 m Viaduct im Gesammtgewicht von 2600 t fertig aufgestellt. Die Eisenarbeiten für die 1·5 km lange Teststrecke mit einem Gewicht von 2400 t wurden noch im Berichtjahre den Eisenwerken in Auftrag gegeben und gelangen jetzt zur Aufstellung. Gleichzeitig mit der Bauausführung wurden die Entwürfe und Verdingungen für den nächsten Bauabschnitt vorbereitet. Die Entwürfe für die Bahnstrecke über das Gelände des Potsdamer und des ehemaligen Dresdener Aussenbahnhofes mussten neu bearbeitet werden, weil inzwischen die Einführung der Vorortsgeleise der Anhalter Bahn in den Potsdamer Ringbahnhof beschlossen war. Hierbei bot das Geleisedreieck, welches die Abzweigung von der durchgehenden Hauptlinie nach dem Potsdamer Platz vermittelt, so umgestaltet werden können, dass durch Höher- und Tieferlegen der einzelnen Geleise Kreuzungen von Zügen in Schienenhöhe nunmehr bei allen drei Abzweigungen vermieden werden. Die bei dieser Anlage entstehenden höheren Kosten werden reichlich aufgewogen durch die so nach jeder Fahrtrichtung ermöglichte schnellere Zugfolge, also grössere Leistungsfähigkeit der Bahn und durch die grössere Betriebssicherheit. Bei der Zustimmung zu dem Uebergange der Verträge an die Gesellschaft haben sich die Stadtgemeinden das Recht vorbehalten, ihre Anforderungen auch in Bezug auf die äussere Erscheinung der Bauwerke geltend zu machen. Um den in dieser Hinsicht fast gewordenen dringlichen Wünschen entgegenzukommen, wurde im October 1897 ein Wettbewerb unter den deutschen Architekten und Ingenieuren zur Erlangung geeigneter Entwürfe für eine Viaductstrecke und eine Haltestelle ausgeschrieben. Wenn auch die Ergebnisse des Wettbewerbes nicht ohne Weiteres für die Ausführung Verwendung finden konnten, so sind auf diesem Wege doch wichtige Anhaltspunkte für die Lösung der vorliegenden neuen und eigenartigen Aufgaben gewonnen worden. Es wird vor Allem darauf ankommen, die langen durchgehenden Viaductstrecken an den Strassenüberbrückungen und Haltestellen durch wirkungsvollere architektonische Ausbildung zu beleben. Die hierdurch entstehenden

Mehrausgaben werden erst nach Feststellung der Entwürfe berechnet werden können. Es wird jedoch daran festgehalten werden, dass die Ausführung in schlichter Weise ohne zu grossen Aufwand erfolgt. Während die Bahnbauten vertragsmässig von der A.G. Siemens & Halske ausgeführt werden, ist die rechtzeitige Beschaffung der für die Bahnanlage erforderlichen Grundflächen und deren Freilegung innerhalb der Häuserviertel von der Gesellschaft selbst vorzunehmen. Mit Siemens & Halske wurde die Vereinbarung getroffen, dass die von ihr nachzusuchenden Erweiterungslinien in ähnlicher Weise, wie die erste Hoch- und Untergrundbahn auf die Gesellschaft übergehen sollen. Als derartige Erweiterungen haben Siemens & Halske die Entwürfe für folgende Linien zur behördlichen Genehmigung vorgelegt: 1. Untergrundbahn: Potsdamer Platz—Brandenburger Thor—Bahnhof Friedrichstrasse—Schloss-Brücke, 2. Untergrund- und Hochbahn: Potsdamer Platz—Spittelmarkt—Janowitzbrücke —Köpenickerbrücke, 3. Untergrund- und Hochbahn: Potsdamer Platz—Brandenburger Thor—Stettiner Bahnhof mit ev. Fortsetzung zum Halten-Platz und zum Bahnhof Warschauer Brücke (Nordringlinie). Alle drei Entwürfe waren bereits Gegenstand von Verhandlungen mit den dabei in Betracht kommenden Staats- und städtischen Behörden. Die Entwürfe wurden allseitig wohlwollend aufgenommen und günstig beurtheilt, so dass ihre Verwirklichung zu erwarten steht. Die Gesellschaft hat bereits Massnahmen getroffen, um die spätere Durchführung dieser Entwürfe zu fördern. Bei den von der städtischen Verkehrsdeputation erlassenen Ausschreiben für neue elektrische Flachbahnen hat sich die Gesellschaft im Hinblick auf eine spätere einheitliche Gestaltung des Betriebes durch ein Angebot auf die Ringlinie Nr. 9 des Ausschreibens betheiligt, welche mit der oben unter 3 genannten Linie auf der ganzen Strecke der Stettiner Bahnhof bis zum Halten-Platz zusammenfällt.

Die plötzliche Abnahme und Betriebseröffnung der elektrischen Strassenbahnlinie Demminerstrasse—Kreuzberg hat am 1. d. M. stattgefunden. Es kommen auf der Linie ausschliesslich kleinere zweiachsige Waggons zur Verwendung, da die grösseren Wagen die zahlreichen scharfen Curven in der Münz- und Alexanderstrasse nur sehr schwer nehmen können.

Mansfeld. Wie wir hören, ist die Elektricitäts-Gesellschaft Felix Singer & Co., A.G. in Berlin, mit der Lieferung der elektrischen Wagenausrüstungen (System Walker) für die elektrischen Kleinbahnen im Mansfelder Kupfer Bergrevier betraut worden. Für diesen Zweck ist eine neue Motortype mit einer Leistung von 40 PS bei 1 m Spurweite construirt worden. Auf der 83 km langen Linie sollen zunächst 20 Stück vierachsige Motorwagen — ausgerüstet mit je zwei der vorerwähnten Motoren — mit zwei bis drei Anhängewagen je nach Bedarf verkehren.

Belgien.

Brüssel. (Probefahrten mit elektrisch betriebenen Waggons auf Hauptbahnstrecken.) In Belgien werden schon seit einiger Zeit Probefahrten zwischen Brüssel und Lüttich mit eigens construirten Personenwagen mit elektrischem Betriebe vorgenommen. Diese mit Accumulatoren ausgerüsteten, 15 m langen Personenwagen, deren Bruttogewicht mit Inbegriff der Accumulatorenausrüstung 40 t beträgt, wurden aus einem Kostenpreise von 75.000 Frcs. hergestellt. Ihre Leistungsfähigkeit betreffend, wird mit dieser eine Zuggeschwindigkeit von 100 km per Stunde erreicht, und zwar bei Wahrung voller Betriebssicherheit. Durch Einführung dieser in den normalen Zugverkehr eingeschalteten Wagen sollen auch die Eilgut-touren wesentlich vermehrt werden. ("Verordnungsbl. für Eisenb. und Schifff." Nr. 47.)

Literatur-Bericht.

Handbuch der elektrischen Beleuchtung von Jos. Herzog und C. P. Feldmann. Herausgegeben von Julius Springer, Berlin und R. Oldenburg, München. 1898. Preis Mk. 16·—.

In der Erwartung, Gediegenes in dem Buche zu finden, nahmen wir es zur Hand und fanden uns nicht getäuscht, obwohl der Stoff, den sich die beiden Verfasser wählten, ein schwieriger zu behandeln ist, da die Fülle des vorhandenen Materiales einerseits die Uebersicht, andererseits die Wahl erschwert. Nur die vorjährige Erfahrung, die die Verfasser auf dem Gebiete des Beleuchtungswesens sich erworben haben, konnte ihnen als Wegweiser bei Sichtung des neu gesammelten Stoffes dienen.

Nach der Beschreibung der elektrischen Lichtquellen, der Bogen- und Glühlampen, geben sie im zweiten Capitel einen Ueberblick über den Leitungsbau, an das sich im dritten Capitel die Schaltungen reihten. Im vierten Capitel werden die Regulirungsmethoden nebst Vorrichtungen ihrer Wichtigkeit wegen einer eingehenden sachgemässen Besprechung unterzogen. Die folgenden Capitel enthalten die Hilfsapparate, Beleuchtungskörper und Beleuchtungsanlagen, das letzte Beispiele über ausgeführte Central-stationen.

Wie aus dieser knappen Uebersicht zu entnehmen ist, suchten die Verfasser thatsächlich das gesammte Gebiet der elektrischen Beleuchtung auf ca. 500 Seiten zur Darstellung zu bringen; dass diese letztere daher keine vollkommen erschöpfende sein kann, ist klar; sie begnügten sich, eben das Wesentlichste hervorzuheben und die Aufgaben zu skizziren, die auf diesem Gebiete zu lösen sind. Indem sie an einigen Beispielen zeigten, wie man in der Praxis diesen Aufgaben bisher gerecht wurde, weisen sie zugleich den Weg zu Verbesserungen.

Was wir in dem Buche vermissen, ist die Beigabe einer Literaturübersicht. Welchen Werth diese für Jedermann besitzt, braucht wohl nicht erörtert zu werden; wir hoffen auch, dass bei einer Neuauflage dieser Wunsch Berücksichtigung finden wird.

Dr. K.

Elektrotechnischer Unterricht und Anleitung zum Betriebe elektrischer Anlagen, insbesondere auf Kriegsschiffen. Von M. B u r s t y n, k. u. k. Marine-Elektro-Oberingenieur. II. Auflage mit 252 Textfiguren. Pola 1896. Selbstverlag der k. u. k. Kriegs-Marine.

Dieses Buch, welches im Auftrage des k. u. k. Reichs-Kriegsministeriums erscheint, enthält einleitend einen kurzen Abriss über Magnetismus und Elektricität, soweit die Kenntnis dieses Theiles der Physik für die nachfolgenden Capitel, in denen der Bau und die Wirkungsweise der elektrischen Maschinen besprochen wird, nothwendig ist. Hieran schliesst sich eine detaillirtere Beschreibung der elektrischen Anlagen auf Schiffen, Torpedobooten, Dampfbarkassen, nebst Vorschriften für den Betrieb und die Instandhaltung derselben. Die verschiedenen bei der k. u. k. Marine zur Verwendung kommenden Projectoren, sowie Signalvorrichtungen werden einer ebenso eingehenden wie sachlichen Besprechung unterzogen.

Es ist uns bei Durchsicht des Buches, das zunächst Lehrzwecke verfolgt, eines aufgefallen, nämlich, dass der Verfasser vermied, zur Erklärung der Wirkungsweise der Dynamomaschinen die magnetischen Kraftlinien heranzuziehen, die die Vorgänge bei der Induction so vortrefflich illustriren. Durch das Zurückgreifen auf das Lenz'sche Gesetz in seiner alten Form wird unserer Meinung nach die Verständlichkeit der erwähnten Vorgänge erschwert. *Dr. L.*

Angewandte Elektrochemie in drei Bänden. Von Dr. Franz P e t e r s. II. Band. A n o r g a n i s c h e E l e k t r o c h e m i e. (In zwei Abtheilungen.) Erste Abtheilung: Elektrochemie der Metalloide und der Alkalimetalle. Mit 43 Abbildungen. 20 Bogen. Octav. Geh. 2 fl. 65 kr. = 3 Mk. Eleg. gebunden 2 fl. 20 kr. = 4 Mk. — Zweite Abtheilung: Elektrochemie der Erdalkali-, Erd- und Schwermetalle. Mit 1 Abbildung. 16 Bogen. Octav. Geh. 1 fl. 65 kr = 3 Mk. Eleg. gebunden 2 fl. 20 kr. = 4 Mk. (Elektrotechnische Bibliothek. Band XLVIII/XLIX.) A. H a r t l e b e n's V e r l a g in Wien, Pest und Leipzig. Dieses Werk will dem Fachmanne, hauptsächlich dem Techniker, die Möglichkeit bieten, die bisher vorgeschlagenen elektrochemischen Processe in systematischer Anordnung leicht überblicken zu können. Von der Fülle des verarbeiteten Materials geben die Patent- und Namenregister einen ungefähren Begriff. Die ständigen Quellennachweise ermöglichen ein eingehenderes Studium. Der vorliegende zweite Band gibt eine Zusammenstellung des auf dem Gebiete der anorganischen Elektrochemie bisher Geleisteten. Den ersten Band haben wir in H. IV., S. 121, 1897, besprochen.

„**Unsere Monarchie.**" Die österreichischen Kronländer zur Zeit des 50jährigen Regierungs-Jubiläums Sr. Majestät des Kaisers Franz Josef I. Herausgegeben von Julius L a u r e n č i č. Verlag: Georg Szulinski, k. k. Universitäts-Buchhandlung, Wien. Complet in 24 Heften à 1 Krone.

Das 17. Heft dieses Werkes ist eine Bilderschau aus S a l z b u r g. Die ersten vier Tafeln führen die malerischesten und wichtigsten Punkte aus der Hauptstadt des Kronlandes vor. Die einzelnen Blätter zeigen den Residenzplatz, Mozart's Geburts- und Wohnhaus, das Mozart-Denkmal, den alten St. Peter-Friedhof, eine Ansicht der Salzachstadt von der Vorstadt Mülln aus und die Schlösser Mirabell und Hellbrunn. Werfen und Bischofshofen führen den beiden plastischen Bildern der Liechtenstein- und Kitzlochklamm zu. Sodann zeigt ein Blick auf eine der nahen fürstlich Liechtenstein'schen Schlösse Fischhorn, Wildbad-Gastein, Hofgastein, Bad Fusch, Ferleiten, die Franz Josef's-Höhe und die Pfandlscharte. Die folgenden Tafeln bringen Ansichten des Kaprunerthales, des Wasserfall- und Moserbodens, der Erzherzog Johann-Hütte und des Pasterze des Grossglockners mit dem Glocknerhaus. Der Text stammt von Ernst K e i t e r.

Patentnachrichten.

Mitgetheilt vom Technischen- und Patentbureau

Ingenieur Victor Monath

W I E N, I. J a s o m i r g o t t s t r a s s e Nr. 4.

Classe   **Deutsche Patentanmeldungen.**[*)]

21. A. 5430. Thermoelektrische Batterie und Verfahren zur Herstellung ihrer ringförmigen Elemente. — E. A n g r i c k, Berlin. 2./10. 1897.

20. J. 4360. In jeder Bewegungsphase zurücklegbare Welche mit elektrischem Betrieb; Zus. z. Pat. 95.178. — Max J ö d i e l & Co., Braunschweig. 13./2. 1897.

21. V. 2909. Elektrischer Stromregler mit zwei Flüssigkeitszellen. — Paul V o g e l, Breslau. 7./9. 1897.

86. W. 12.835. Elektrischer Kettenfadenwächter, für mechanische Webstühle. — W. P. A. W e r n e r, Itzehoe. 7./6. 1895.

Classe   **D e u t s c h e P a t e n t e r t h e i l u n g e n.**

21. 97.886. Selbstthätige elektrische Aufziehvorrichtung für Uhrglas-Apparate; Zus. z. Pat. 88.855. S i e m e n s & H a l s k e, Actien-Gesellschaft, Berlin. 12./2. 1897.

„ 97.887. Transformator oder Funkeninductor. — J. C. H a u p t m a n n, Leipzig. 4.-8. 1897.

Auszüge aus Patentschriften.

Gesellschaft zur Verwerthung elektrischer und magnetischer Stromkraft (System Schiemann & Kleinschmidt), Ad. Wilde & Co. in Hamburg. — Stromschalter für elektrische Bahnen mit Theilleiterbetrieb. Zusatz zum Patente Nr. 94.782 vom 21. October 1896. — Classe 20, Nr. 95.777.

Die Dose *b* wird hier mit dem schieben förmigen Träger *l* für den Zuleiter *k* bisher durch zwei Muttern *y* und eine Ueberwurfmutter *i* verbunden, welche den mittleren Innenleiter *z* zwischen Zu- und Ableitung umgeben und gleichzeitig den Zuleitungs-träger *l* gespalten werden, die federnden Spalthenkel werden dann von einem gelochten Kopfstück des Zuleiters *k* eng umschlossen. (Fig. 1.)

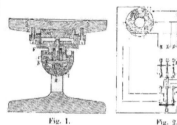

Fig. 1.   Fig. 2.

Ernst Danielson in Stockholm. — Schaltungsanordnung zur Erzielung verschiedener Umlaufsgeschwindigkeit von Drehfeldmotoren. — Classe 21, Nr. 95.895.

Die Anordnung ermöglicht es, mehrere mechanisch zwangläufig gekuppelte Drehfeldmotoren verschiedener Polzahl derart zu schalten, dass einer der Motoren entweder allein oder genau Patent Nr. 73.050 in Tandemschaltung mit einem oder mehreren anderen an das Leitungsnetz angeschlossen sind. Die Fig. 2 zeigt die Tandemschaltung zweier Motoren *A* und *B* mit 6 bezw. 4 Polen. Wird der Schalter *D* nach oben umgelegt, so ist nur der Motor *A*, ist auch der Schalter *C* eingelegt, nur der Motor *B* eingeschaltet.

Josef Tuma in Wien. — Phasenmesser. Classe 21, Nr. 95.951.

Der Apparat besitzt ein feststehendes und ein bewegliches Spulenkreuz *S* und *s*, durch welche Theile Theilströme der beiden

---

[*)] Die Anmeldungen bleiben behufs acht Wochen zur Einsichtnahme öffentlich aufgelegt. Nach § 24 des Patentgesetzes kann innerhalb dieser Zeit Einspruch gegen die Anmeldung wegen Mangel der Neuheit oder widerrechtlicher Entnahme erhoben werden. Das obige Bureau besorgt Abschriften der Anmeldungen und übernimmt die Vertretung in allen Einspruchs-Angelegenheiten.

zu vergleichenden Wechselströme einerseits durch einen inductionsfreien Widerstand w, andererseits durch Selbstinduction l gesendet werden. Es entstehen so zwei Drehfelder, die einander

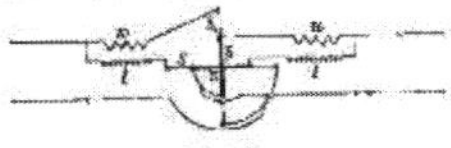

Fig. 3.

in einem Winkelabstande gleich dem Phasenverschiebungswinkel folgen. Das Spulenkreuz s besitzt zweckmässig halbkugelförmige Spulen und das Kreuz s Ringspulen. (Fig. 3.) (Vergl. H. 1, S. 14, 1898.)

E. Franke in Berlin. — Maschine zum Füllen von Accumulatorenplatten — Classe 21, Nr. 95.661.

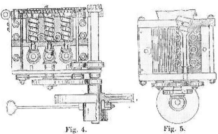

Fig. 4.   Fig. 5.

Die in den Trichter h gefüllte wirksame Masse wird durch die Schnecken g den Schnecken t in den Auswurfkanälen k zugeführt und durch das Gitter m und die Oeffnungen des Schiebers n hindurch in das über dem Schieber liegenden Masseträger gepresst. Der Schieber n hat eine oscillirende Bewegung, vermöge welcher die Masse über den Masseträger gleichmässig vertheilt und geglättet wird. (Fig. 4 u. 5.)

Siemens & Halske, Actien-Gesellschaft in Berlin. — Verschluss-Vorrichtung an Blitzableiter-Isolatoren; Zusatz zum Patente Nr. 61.111 vom 8. December 1891. — Classe 21, Nr. 95.002.

Bei dem Blitzableiter des Patentes Nr. 64.111 ist die untere gerieffte Platte so befestigt, dass kein Befestigungselement im Bereiche des Flammenbogens liegt, so dass die zusammengeschmolzenen Theile an Ort und Stelle ausgewechselt werden können und nur diese verloren gehen.

S. Kaltscher in Berlin. — Verfahren zum Schutze elektrischer oder elektromagnetischer Instrumente gegen äussere magnetische Kräfte. — Classe 21, Nr. 95.061.

Elektrische oder elektromagnetische Messwerkzeuge sollen dadurch gegen andauernde oder mit der Zeit sich verändernde magnetische Störungen aller Art geschützt werden, dass der zu schützende Eisenkörper oder Theil oder eine Spule eingehängt wird in den Hohlraum eines an einem Ende ausgehöhlten Dauermagneten oder Elektromagneten, oder in eine magnetisirte Röhre von hinlänglicher Wandstärke, oder eine dieser gleichwerthigen Anordnung.

Siemens & Halske, Actien-Gesellschaft in Berlin. — Einrichtung zur beliebigen Befehls-Uebermittelung von mehreren räumlich von einander getrennten Gebern aus. — Classe 21, Nr. 96.840.

Eine gleichzeitige Einstellung mehrerer Geberzeiger wird dadurch ermöglicht, dass dieselben elektrisch gekuppelt sind, zu arbeiten nämlich die verschiedenen Stromschlusswerke von demselben Phase aus und stellen sich bei der Ausschaltung wieder auf dieselbe Phase ein. Ein zweites, genau gleichartiges Zeigersystem ist noch zu dem Zwecke angebracht, den richtigen Empfang des Befehles mittheilen zu können.

Geschäftliche und finanzielle Nachrichten.

Gmundener Elektricitäts-Actiengesellschaft. Am 27. v. M. hat die dritte ordentliche Generalversammlung dieser Gesellschaft stattgefunden. Den Vorsitz führte der Präsident General-Baurathnehmer und Ingenieur Josef Stern. Aus dem zum Vortrage gebrachten Geschäftsberichte war zu ersehen, dass das Unternehmen prosperire und im Aufblühen begriffen sei. Der Bahnverkehr hat sich anfangs des Jahres 1897 schon recht günstig gestaltet, die Einnahmen waren gegenüber dem Vorjahre im steten Steigen, aber der grossen Elementar-Ereignisse haben dieselben wieder vermindert, und doch ist kein wesentlicher Ausfall gegenüber dem Vorjahre zu verzeichnen; es sind im abgelaufenen Jahre 96.342 Stück Fahrkarten und 3487 Gepäcksscheine ausgegeben worden. Dagegen hat die Consumvermehrung im Lichtbetriebe und die Verminderung der Betriebskosten einen bedeutend höheren Gewinnsaldo gegen das Vorjahr erreicht; derselbe stellt sich im Jahre 1897 auf 16.839 fl. gegen 13.043 fl. im Jahre 1896. Der Gewinn im Betrage von 15.839 fl. wurde, wie folgt, vertheilt: Für Amortisation der drei verlosten Prioritäts-Actien 1200 Kronen, 3% in den Reservefond mit 914 Kronen, 4½% ige Dividende für die Prioritäts-Actien mit 14.652 Kronen, 3% ige Dividende für die Stamm-Actien mit 8538 Kronen; der Rest per 6403 Kronen wurde auf neue Rechnung vorgetragen. In den Beleuchtungsrayon sind im abgelaufenen Jahre die Gemeinde Altmünster und Traundorf mit einer Beleuchtungsnetz-Verlängerung von 3100 m einbezogen worden.

Continentale-Gesellschaft für elektrische Unternehmungen zu Nürnberg. Am 7. d. M. findet in Berlin bei dem A. Schaaffhausen'schen Bankverein und der Commerz- und Disconto-Bank, sowie an mehreren süddeutschen Plätzen die Subscription auf 10 Millionen Mark von 4% igen Obligationen statt. Dieser Betrag bildet die Hälfte einer Gesammtanleihe von 20 Millionen Mark, welche bis zum 1. April 1903 unkündbar und von da ab im Wege der Verlosung oder Kündigung zum Course von 102% bis spätestens mit Ablauf des Jahres 1930 tilgbar ist. Die Stücke lauten auf 1000 Mark. Das Actiencapital der Gesellschaft beträgt 32 Millionen Mark, auf welche bis jetzt 20 Millionen Mark einbezahlt worden sind. Als Dividende kamen im vorletzten, am 31. März 1897 beendeten Geschäftsjahr 6% zur Vertheilung. In eigener Verwaltung betreibt die Gesellschaft die Elektricitätswerke in Stuttgart, Sigmaringen, Hardt, Wachenheim, Bergzabern und Berchtesgaden. Erwähnt sei, dass mit der Stadtgemeinde Stuttgart ein neues Abkommen geschlossen wurde, wonach die Stadt vor dem Jahre 1905 von ihrem Einlösungsrecht nicht Gebrauch machen kann; dagegen werde die Gesellschaft den Ausbau des städtischen Wasserkräfte bei Marbach und eine Erweiterung der Accumulatorenanlage bewirken, um den steigenden Anforderungen am Stromabgabe zu genügen. Die Abgabe der anderen genannten elektrischen Centralen ist seitens der E.-A.G. vorm. Schuckert & Co. an die Stuttgarter Elektricitätswerke und für die Stuttgarter Elektricitätswerke eine 5% ige Verzinsung garantirt. Im Monat März dieses Jahres hat die Gesellschaft von der E.-A.G. vorm. Schuckert & Co. weiter übernommen: Die Centrale und elektrischen Bahnanlagen in Ulm und in Czernowitz, sowie die Centralen in Grevenbroich, Günsburg an der Donau und Bergamo, wofür insgesammt 3,685.000 Mark anzuwenden sind. Die Anlagen in Czernowitz gehen an eine selbstständige unter Betheiligung der Stadt zu bildende Actiengesellschaft über, deren Constituirung in Vorbereitung ist. Für die Anlagen in Ulm, Grevenbroich, Günsburg und Bergamo hat die Gesellschaft Schuckert'sche 6% ige Zinsgarantie übernommen. Ferner wird die Gesellschaft von Schuckert & Co., deren Betheiligung an der Augsburger Strassenbahn, welche in eine selbstständige Actien-Gesellschaft umgewandelt werden wird, in Höhe von 2,900.000 Mark zu übernehmen. In Ausführung bezw. in Vorbereitung stehen: Ein Elektricitätswerk in Jassy, Strassenbahnen von Langenberg nach Hattingen und von Strassburg nach dem Industriebahner Wasserfall, eine Bahn von Loschwitz nach der Rochwitzer Höhe und ausserdem noch eine Reihe anderer Unternehmungen. Der Erlös der jetzt auszugebenden Obligationen dient zur Entrichtung des Kaufpreises der erwähnten, im März d. J. erworbenen und noch zu erwerbenden Unternehmungen der Firma Schuckert & Co. und zur Erhöhung der Mittel im Hinblick auf den Ausbau von Unternehmungen, an denen die Gesellschaft interessirt ist.

Schluss der Redaction: 3. Mai 1898.

Verantwortlicher Redacteur: Dr. J. Sahulka. — Selbstverlag des Elektrotechnischen Vereines.
Commissionsverlag bei Lehmann & Wentzel, Wien. — Alleinige Inseraten-Aufnahme bei Haasenstein & Vogler (Otto Maass), Wien und Prag.
Druck von R. Spies & Co., Wien.

Zeitschrift für Elektrotechnik.

Organ des Elektrotechnischen Vereines in Wien.

Heft 20.   **WIEN, 15. Mai 1898.**   **XVI. Jahrgang.**

Bemerkungen der Redaction: Ein *Nachdruck aus dem redactionellen Theile der Zeitschrift ist nur unter der Quellenangabe „Z. f. E. Wien" und bei Originalartikeln überdies nur mit Genehmigung der Redaction gestattet.*
Die Einsendung von Originalarbeiten ist erwünscht und werden dieselben nach dem in der Redactionsordnung festgesetzten Tarife honorirt. Die Anzahl der vom Autor event. gewünschten Separatabdrücke, welche zum Selbstkostenpreise berechnet werden, wolle stets ans Manuscripte bekanntgegeben werden.

INHALT:

Skizzen über das moderne Fernsprechwesen.

Von k. k. Baurath Barth von Wehrenalp.

I. Der Telephonleitungsbau in Grossstädten.

Bei der rapiden Entwicklung, welche auf dem Gebiete des Fernsprechwesens hinsichtlich der Verbreitung dieses Verkehrsmittels und der technischen Ausbildung desselben zu constatiren ist, können vorläufig nur wenige der hiebei auftauchenden, mitunter recht schwierigen Aufgaben auch nur annähernd einer endgiltigen Lösung zugeführt werden; in der Regel wird man sich damit begnügen müssen, den jeweilig gestellten Anforderungen nach Massgabe der in nächster Zukunft zu gewärtigenden Verhältnisse und unter Beachtung der leider oft noch sehr mangelhaften Erfahrungen zunächst zu genügen und im Uebrigen darauf gefasst sein, dass die für den Moment vielleicht in ganz zweckmässiger Weise geschaffene Einrichtung wahrscheinlich bald reformbedürftig sein wird.

In ähnlichen Lagen befindet sich jeder Techniker, welcher seine Thätigkeit einem im Aufschwunge begriffenen Fache widmet und der technischen Ausbildung desselben, wenn die durch die Umstände gebotene Unbeständigkeit insolange keinen bedenklichen Charakter hat, als es sich um Einrichtungen handelt, welche ohne Schwierigkeit und ohne bedeutende Auslagen dem Wechsel der Anschauungen angepasst und den neueren Erfahrungen entsprechend abgeändert werden können. Kritischer wird die Situation jedoch, sobald vor Erreichung einer gewissen Stabilität in den leitenden Principien Anlagen projectirt und ausgeführt werden sollen, deren nachträglicher Umbau, wenn die Verhältnisse dringend eine durchgreifende Reconstruction erheischen, ohne bedeutende finanzielle Opfer nicht mehr möglich erscheint.

Unter diese Anlagen gehören in erster Linie die Fernsprechnetze in Grossstädten. Heute existiren bereits Anlagen mit über 30.000 Abonnenten, solche mit 10—12.000 Anschlüssen sind sogar schon häufig und trotzdem herrscht noch keineswegs volle Klarheit in den wichtigsten bei solchen Anlagen in Betracht kommenden Fragen. Es sei in dieser Hinsicht zunächst an die Meinungsverschiedenheiten erinnert, welche derzeit in den fachlichen Kreisen über die zulässige Zahl und die günstigste Capacität der Centralen in grossen Städten, über die technische Einrichtung solcher Centralen bestehen, Fragen, welche umsomehr mit einem sicheren Blick in die Zukunft entschieden werden sollten, als eine nachträgliche Aenderung in der Anlage, die Uebersiedlung, Theilung oder Zusammenziehung von grossen Centralen schon in Netzen mit 12—15.000 Anschlüssen schwierig und kostspielig ist.

Von nicht minderer Tragweite für die ungehinderte Entwicklung grossstädtischer Fernsprech-Anlage sind die Grundsätze, nach welchen das Leitungsnetz selbst angelegt und ausgebaut werden soll. Diese Grundsätze sind es hauptsächlich, mit welchen wir uns im Folgenden zu beschäftigen haben werden und bei deren Erörterung die charakteristischen Merkmale der bestehenden interessanteren Anlagen ausführlich besprochen werden sollen, ohne hiebei auf die technischen Details näher einzugehen, als es im Interesse der Verständlichkeit geboten ist.

Unter den die verschiedenen Bedürfnisse einer Grossstadt deckenden Versorgungsnetzen erfordert jenes, welches den telephonischen Verkehr der Bewohner zu vermitteln hat, in Folge der eigenartigen Bedingungen, welche der Fernsprechbetrieb an die Führung und die Beschaffenheit der Leitungen stellt, bei der Projectirung eine besondere Rücksichtnahme auf den künftigen Ausbau der Anlage.

Behufs Lieferung von Leuchtgas, Wasser, elektrischem Starkstrom etc. genügt es, die Hauptadern des Netzes mit hinreichender Sicherheit zu dimensioniren, um sodann auf Jahrzehnte hinaus das jeweilige Bedarfe entsprechend beliebig verästeln zu können. In einem Telephonleitungsnetze muss dagegen jede einzelne Anschlussleitung für sich und isolirt von den Nachbarleitungen bis in die betreffende Centrale geführt werden. Die einzelnen Leitungsstränge unterscheiden sich hier nicht nur durch den Querschnitt, bzw. den nutzbaren Umstand die künftige Entwicklung namentlich bei einem unterirdischen Netze wesentlich erschwert. Nachträgliche Abzweigungen sind nur mit grossen Kosten entweder durch Zulage eines besonderen Kabels von der Centrale bis zur Abzweigstelle, oder bei Vorhandensein von Reservedrähten in der betreffenden Strecke durch Blosslegen und Spleissen der Letzteren zu bewirken, in welchem Falle überdies die hinter der Spleissstelle liegenden Theile der Reservedrähte für immer unbenützbar bleiben.

Den bei den übrigen Versorgungsnetzen obwaltenden Verhältnissen in Bezug auf den späteren Ausbau kommen am nächsten Telephonanlagen mit ausschliesslich blank geführten Drähten, wiewohl auch bei diesen die erwähnte Untertheilung des nutzbaren Leitungsquerschnittes mit allen ihren für die Vertheilung misslichen Folgen vorhanden ist. Leider ist jedoch der Bestand solcher Netze in grösseren Städten mit anderen Nachtheilen verbunden, welche immer mehr zur Verwendung von Kabeln drängen und dies in umso höherem Maasse, als bei der gegenwärtigen Sachlage die baldige Umwandlung aller bestehenden Einzelleitungen in Schleifen und die ausschliessliche Anwendung metallischer Rückleitungen bei neu herzustellenden Anschlüssen nur mehr eine Frage der Zeit sein kann. Die Gründe, weshalb auch in den localen Fernsprechbetriebe Schleifenleitungen unbedingt den Vorzug verdienen, sind schon oft ausführlich erörtert worden. Nicht nur die engen Beziehungen des localen und interurbanen Verkehres, die durch metallische Rückleitung erreichbaren Vortheile hinsichtlich der Ruhe in der Leitung und der Güte der Lautübertragung sind es, welche diesen keinesfalls gewiss folgenschweren Schritt vollauf rechtfertigen; er wird sich schon deshalb auf die Dauer nicht vermeiden lassen, weil die metallische Rückleitung von der dadurch erzielte Ausschluss der Erde das einzig wirksame Mittel darstellt, die Telephonie vor den störenden Einflüssen der Starkstromanlagen, insbesondere der elektrischen Bahnen, zu schützen.

In Städten, wo bei 20.000 und mehr Drähte einem Punkte zuzuführen sind, erscheint die offene Führung der Hauptstränge schon im Interesse der Betriebssicherheit unzulässig, abgesehen davon, dass die Tausende von Drähten tragenden Gestänge und die über die Dächer gespannten Drähte selbst der Stadt gewiss nicht zur Zierde gereichen werden. Dort, wo sich derzeit noch sehr dichte Drahtnetze vorfinden, kann man eine Vorstellung gewinnen, wohin ein solches System, bis in's Extrem getrieben, führen würde.

In Stockholm z. B., wo das ursprünglich oberirdisch angelegte gesellschaftliche, circa 8000 Leitungen umfassende Netz noch im Umbau begriffen ist, sieht man sogar einstöckige Häuser mit eisernen Dachgallerien für 1500 Drähte gekrönt. Welche Auslagen die Instandhaltung solcher Netze, namentlich bei elementaren Ereignissen, verursacht, kann daraus entnommen werden, dass vor nicht gar langer Zeit bei einem starken Schneefall mehrere von diesen Dachgerüsten bei ihrem Umsturze das zu ihrer Befestigung bestimmte Dach aufgehoben haben. — — Ungethüme dieser Art findet man, Dank der raschen Ausbreitung der Untergrundleitungen, wohl schon sehr selten, hauptsächlich in Städten der nordischen Königreiche, wo die Telephonie eine ganz besondere Verbreitung zu einer Zeit erlangte, als das geeignete Kabelmateriale für Telephonzwecke noch nicht zu Gebote stand.

Da sonach für grossstädtische Netze wenigstens in der Nähe der Centralen, wo die Drähtezahl am grössten ist, die offene Führung blanker Drähte als ausgeschlossen bezeichnet werden muss, entsteht die weitere Frage, ob es mit Rücksicht auf die speciellen Anforderungen des Fernsprechbetriebes zulässig oder opportun erscheint, für Stadtnetze ausschliesslich Kabelleitungen in Aussicht zu nehmen, bezw. wie weit mit der Führung der Anschlussleitungen in Kabeln gegangen werden soll?

Bevor diese Frage beantwortet wird, empfiehlt es sich, die Gliederung eines ausgedehnten Telephonleitungsnetzes im Allgemeinen zu erwägen.

Sowie jetzt in geordneten Gemeinwesen die Stadterweiterungen sich nach einem im Vorhinein festgestellten Plane vollziehen, wie bei Projectirung anderer Werke schon die künftige Entwicklung in's Auge gefasst werden muss, sollte auch bei Errichtung einer neuen Telephonanlage oder bei den jetzt so häufig durch die Fortschritte der Fernsprechtechnik erzwungenen Umgestaltungen bestehender Anlagen der spätere Ausbau nicht dem Zufall überlassen bleiben, sondern darauf Bedacht genommen werden, den Rahmen, in welchem sich das Leitungsnetz in der Folge verdichten und erweitern soll, soweit festzulegen, als es die Erkenntnis künftiger Verhältnisse gestattet.

Zunächst wird zu entscheiden sein, wo die Centralen am zweckmässigsten zu situiren und für welche Capacität, oder richtiger gesagt, für welche Stadtgebiete diese zu bemessen sind. Die Momente, welche die Vertheilung und die Grösse der Centralen in einer Grossstadt beeinflussen, werden in einem zweiten, speciell den Telephoncentralen und deren technischen Einrichtung gewidmeten Aufsatze zur eingehenden Besprechung gelangen. Hier genügt die Annahme, dass in dem zu projectirenden Leitungsnetze nicht nur die Lage der künftigen Centralen, sondern auch die Grenzen der den einzelnen Centralen zugedachten Anschlussrayone festgestellt sind.

Die erste Anlage derart zu entwerfen, dass sich das Netz zwanglos dem Zuwachse der Abonnenten entsprechend ausbauen lässt, wird durch den Umstand erschwert, dass die Dichtigkeit der Theilnehmerstellen in den einzelnen Stadtvierteln eine sehr verschiedene sein wird und überdies die Unterschiede in der Dichtigkeit mit der Zeit in gewissen Grenzen variiren werden. Es lässt sich aber dennoch ein den Zukunftsbedürfnissen genügender Entwurf concipiren, wenn die den einzelnen Centralen zugehörigen Stadttheile in kleinere Netze, welche annähernd die gleiche Zahl von Anschlüssen enthalten und womöglich keine Hauptstrassen, öffentlichen Plätze, Gewässer etc. in sich einschliessen, zerlegt werden.

Selbstverständlich werden diese Theilnetze eine grössere Flächenausdehnung in den verkehrsärmeren Stadtgebieten besitzen und gegen das Verkehrscentrum bei gleicher Capacität immer kleiner an Fläche werden. In jedem dieser Netze denken wir uns an einem für die Vertheilung günstig gelegenen Punkte ein besonderes Ueberführungsobject aufgestellt, welches mit der Centrale durch Kabel verbunden ist und von welchem aus die Vertheilung der Anschlussleitungen zu den Abonnentenstationen erfolgt. Ist nun in der Folge ein oder das andere Object voll besetzt, so bedingt der weitere Zuwachs an Abonnenten in dem betreffenden Theilnetze nur die Bildung eines neuen Netzes in der Nähe und die Regulirung der zu den benachbarten Objecten gravitirenden Leitungen.

Natürlich werden die Netze in jenen Stadtvierteln, wo die Abonnentenzahl am raschesten wächst, auch den entsprechend rascher sich vermehren, deren Rayone sonach immer beschränkter werden, bis schliesslich in den verkehrsreichsten Gebieten vielleicht sogar jeder Gebäudeblock für sich einen directen Kabelanschluss an die Centrale besitzen wird.

Die richtige Grösse der einzelnen Theilnetze beeinflusst die Länge der Anschlussleitungen und die

Kosten der Vertheilung. Werden die Netze sehr gross angenommen, z. B. 500 und mehr Leitungen von einem Objecte aus vertheilt, so müssen in der Regel viele Anschlussleitungen im Hauptkabel an ihrem Bestimmungsort vorbei zum Object geführt werden, um dann als Einzelschleife entweder ober- oder unterirdisch wieder in derselben Trace zurückzukehren, was selbstredend zwecklose Auslagen verursacht. Anderseits sind aber wieder kleine Ueberführungsobjecte verhältnismässig theurer, da viele der für ein Object aufzuwendenden Kosten entweder gar nicht oder nur in geringem Maasse von der Capacität desselben abhängig sind. In den meisten Fällen dürfte eine mittlere Aufnahmsfähigkeit von 100 bis höchstens 200 Doppelleitungen den localen Verhältnissen entsprechen, umsomehr, da selbst in den Haupt-Geschäftsvierteln einer Stadt pro Baublock kaum jemals mehr Abonnenten vorhanden sein werden, ein solches Object sonach auch in später Zukunft zumeist für mehrere Blöcke ausreichen wird.

Die Vertheilung der Anschlussleitungen wird bisher nur in Paris und Brescia, deren Anlagen noch eingehender besprochen werden sollen, mit isolirten, sonst überall mit blanken, über Dachständer, Säulen oder Mauerträger gespannten Drähten bewerkstelligt, wobei das im Netze gelegene Object aus einem auf einem geeigneten Dache errichteten Einführungsthurm oder Centralständer, einer Ueberführungssäule oder einem an einer Façade befestigten Ueberführungskästchen besteht. Im ersten Stadium der Entwicklung, solange die Vertheilung über ausgedehnte Stadtviertel stattfinden muss, kann diese natürlich nur oberirdisch mit offenen Leitungen erfolgen, da sonst die erforderlichen Kabel eine sehr bedeutende Länge erhielten und auch die Lage der künftigen Anschlüsse zu unsicher wäre, um die weit kospieligere Zuführung mit isolirten Drähten gerechtfertigt erscheinen zu lassen. Wird bei der Gliederung in Theilnetze rationell vorgegangen, so können überdies die Hauptnachtheile der oberirdischen Vertheilung für die Instandhaltung vermieden werden; die dichtesten Stränge werden kaum über 100 Drähte enthalten und in der Regel nur Seitenstrassen in verhältnismässig geringen Spannweiten kreuzen.

Es unterliegt jedoch keinem Zweifel, dass mit der Zeit auch die Vertheilung durch Kabel wenigstens in Vierteln, wo die Theilnetze nur wenige Baublöcke mehr überspannen, platzgreifen wird. Ob diese von einem Vertheilungskasten ausstrahlenden Kabel nun unterirdisch weitergeführt, oder ob dazu Luftkabel über die Dächer oder an den Gebäudefronten gelegt werden sollen, mag vorläufig dahingestellt bleiben. Die Technik bietet jedenfalls genug Hilfsmittel, dort, wo es im Hinblick auf die Zahl und die Stabilität der vorhandenen Theilnehmer zweckmässig erscheint, auch eine definitive Vertheilung mit isolirten Drähten auszuführen.

Damit ist die Beantwortung der oben offen gebliebenen Frage, in welchen Theilen eines Netzes vorzugsweise Kabel verwendet werden sollen, gegeben: Unbedingt sollen Kabelleitungen von den Centralen bis zu den Vertheilungspunkten, d. h. bis zum Uebergang in die Vertheilungsleitungen gelegt werden. Die Vertheilung ist dagegen vorherrschend oberirdisch und nur in jenen Stadttheilen, wo die Abonnentenstationen sehr dicht aneinandergehäuft sind und eine dauernde Benützung der in

die einzelnen Häuser einzuführenden Vertheilungskabel zu gewärtigen steht, durch Kabel zu bewirken.

Es ergibt sich aber weiters aus dieser Darstellung auch die zweckmässigste Führung der Anschlussleitungen zur Centrale, für welche der kürzeste Weg und die thunlichste Vereinigung der Einzelkabel zu Strängen anzustreben ist. Von der Centrale aus werden zunächst die aus einer entsprechenden Zahl von Kabeln bestehenden Hauptstränge nach mehreren Richtungen in jenen Strassen, wo deren Unterbringung mit Rücksicht auf die sonst vorhandenen Untergrundobjecte die geringsten Schwierigkeiten verursacht, zu legen sein. Diese Hauptstränge werden sich nach Bedarf in Seitenstränge theilen und letztere sich wieder in die einzelnen, zu den Netzmittelpunkten abzweigenden Kabel auflösen.

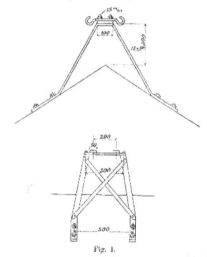

Fig. 1.

Bei allen diesen Kabelleitungen, namentlich in den Hauptsträngen, wird überdies Vorsorge zu treffen sein, bei möglichst geringem Kostenaufwande die Adernzahl dem zu gewärtigenden Bedarfe gemäss nachträglich vermehren zu können.

Nachdem somit die vortheilhafteste Anordnung der Netze im Allgemeinen festgestellt wurde, gehen wir nun zur Besprechung der für die Zweckmässigkeit und Oekonomie einer Anlage nicht minder wichtigen technischen Ausführung der Kabelleitungen, der Ueberführungsobjecte und der Vertheilungsleitungen über.

Bezüglich der Kabelleitungen von der Centrale zu den Objecten handelt es sich vorerst um die Entscheidung, wie die Kabel am zweckmässigsten zu legen und welche Typen für die einzelnen Theile einer Anlage nach dem derzeitigen Stande der Kabeltechnik zu wählen sind?

Die verschiedenen heute im Gebrauche stehenden Systeme von Kabelleitungen lassen sich in zwei Hauptgruppen eintheilen:

1. Luftkabelleitungen.
2. Untergrundkabelleitungen.

258

Die letzteren können wieder unterschieden werden, je nachdem die Kabel

a) in die Erde eingebettet (**Einbausystem**),

b) in schliefbaren Gängen unter der Strassendecke eingelegt (**Tunnelsystem**), oder

c) in eigens hergestellte, röhrenförmige Hohlräume eingezogen sind (**Einziehsystem**).

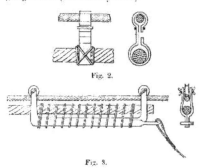

Fig. 2.

Fig. 3.

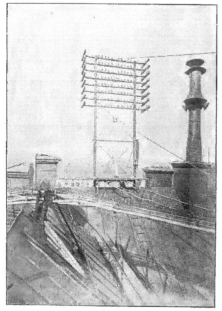

Fig. 4.

Ausgedehnte **Luftkabelleitungen** trifft man verhältnismässig selten. Die schwedische Staatstelegraphenverwaltung war gezwungen, von diesem Systeme umfassenderen Gebrauch zu machen, als ihr die Benützung städtischer Strassen zum Einbau von Kabeln erschwert worden war. Die Allmänna Telephone Cie.

in Stockholm griff wieder zu diesem billigen Mittel, um trotz des bereits vorhandenen, ausserordentlich dichten Dachleitungsnetzes den raschen Uebergang zu Doppelleitungen und eine theilweise Verlegung der Vermittlungsämter zu ermöglichen. Endlich finden sich noch Luftkabelleitungen in Christiania und Kopenhagen, wo gleichfalls eine weitere Vermehrung der offenen Leitungen mit der Zeit undurchführbar wurde.

In Deutschland wurden anfangs Luftkabel mit Vorliebe angewendet (Ende 1888 waren in Berlin 14·5 *km* verlegt), seither ist man aber von diesem System für definitive Herstellungen abgegangen und bedient sich desselben nur, um provisorisch und mit möglichst geringen Kosten viele Drähte betriebssicher unterzubringen.

In Schweden, Norwegen und Dänemark sind die Luftkabel an Drahtseilen aufgehängt, welche an eigenen, auf den Hausdächern befestigten Kabelböcken befestigt sind. Die Construction der schwedischen Kabelböcke für zwei Kabel, die Aufhängung der Kabel und die zum Ziehen der Kabel dienende Vorrichtung (Kabelwagen) ist den Figuren 1, 2 und 3 zu entnehmen, welche wohl keiner weiteren Erläuterung bedürfen. Einen grösseren Kabelbock in Stockholm zeigt das nebenstehende Bild (Fig. 4) in sehr anschaulicher Weise.

Die Luftkabel werden nicht armirt und enthalten bis zu 204 durch Jute, India-rubber und neuestens Papier isolirte Drähte, welche in einem Bleimantel von 2·25 *mm* Stärke und einem äusseren Durchmesser von 39 *mm* eingeschlossen sind. Wiewohl die Instandhaltung solcher Kabelleitungen bei entsprechend solider Herstellung nur geringe Kosten verursachen dürfte, wie es doch dort, wo sie zahlreicher auftreten, mit ihren schwerfällig gebauten Unterstützungspunkten einen so hässlichen Anblick, dass eine wesentliche Verbreitung derselben kaum zu erwarten steht. Dagegen könnte ihre Verwendung seinerzeit, wenn das Bedürfnis sich geltend machen wird, die Vertheilung zum Theil durch isolirte Drähte zu bewirken, bei Strassenkreuzungen etc. immerhin einige Vortheile bieten.

(Fortsetzung folgt.)

Die Fortschritte der elektrochemischen Industrie.

Vortrag, gehalten im Ungarischen Ingenieur- und Architekten-Verein von **Etienne de Fodor**.

Wenn man von den Versuchen einzelner Forscher ausgehen will, so hat die Elektrochemie schon eine ziemlich lange Geschichte. Um das Jahr 1800 herum wurde mit den ersten Versuchen von **Galvani** und **Volta** die Elektricität in die Chemie eingeführt. An Stelle der **Reibungs**-Elektricität trat die durch **chemische** Processe hervorgerufene Elektricität. In dem galvanischen Element, oder besser gesagt Volta-Element, fand man eine neue Elektricitätsquelle, mit deren Hilfe man die wunderlichsten Sachen ausführen konnte.

Man brachte Drähte ins Glühen, man rief zwischen Platin- und Kohlenspitzen den sogenannten Lichtbogen hervor. Je überraschender die erzielten Effecte wurden, desto höher suchte man sie zu steigern; man baute immer grössere elektrische Batterien. **Davy** zeigte mit seiner aus 2000 Zellen bestehenden Batterie, dass die aus chemischen Processen hervorgegangene Elektricität auch die mannigfaltigsten chemischen Prozesse hervorrufen konnte. Man hatte die Zersetzung des Wassers entdeckt,

D a v y zersetzte nun auch Metallsalze, und zwar nicht nur in wässeriger Lösung, sondern auch in geschmolzenem Zustande. Sein klassischer Versuch, geschmolzene Pottasche zu elektrolysiren und das Kali in Metallform zu gewinnen, datirt aus dem Jahre 1806.

Eine grosse Bewegung ergriff damals die technische Welt. Die Elektrochemie hätte als I n d u s t r i e schon damals einen grossartigen Aufschwung genommen, wenn die zur Verfügung stehende Elektricitätsquelle ökonomisch genug gewesen wäre. Aber selbst mit galvanischen Batterien von riesigen Dimensionen konnte man kein nennenswerthes Resultat erzielen. Spannungen selbst bis zu 10.000 V liessen sich erreichen, aber Stromstärken, wie sie industriell angewandte Elektrochemie benöthigt, die zwischen 100 und 7000 Ampères variiren, sind mit einer galvanischen Batterie unerreichbar. Umsonst stellte F a r a d a y sein Genie in den Dienst der Elektrochemie, umsonst eiferte der alte erfindungsreiche B e c q u e r e l zur industriellen Entwicklung der Elektrochemie an. — Alles, was sich noch vor zwanzig Jahren als elektrochemische „Industrie" bezeichnen liess, war: die Galvanoplastik, das Vergolden, Versilbern oder Verkupfern von Metallgegenständen u. s. w.

Anders wurde die Sache, als mit der Erfindung der Dynamomaschine eine neue Elektricitätsquelle geschaffen wurde, von deren Mächtigkeit man sich noch vor zwanzig Jahren keinen rechten Begriff machte. Als ich im Jahre 1881 in der ersten elektrischen Weltausstellung zu Paris Edison's Riesendynamo „Jumbo" aufstellen half, die 1000 Glühlampen speisen sollte, konnte ich oft die Ausdrücke staunender Bewunderung hören, welche von den gewiegtesten Elektrikern der damaligen Zeit ausgingen. Diese Maschine stand da wie ein Gigant, wie das non plus ultra elektrotechnischer Ambition. Wenn wir heute, nach 17 Jahren, von Dynamomaschinen reden, die 20.000 Glühlampen leisten, so reden wir von etwas ganz Selbstverständlichem.

In dem orkangleichen Aufschwung, welchen die Elektrotechnik seit zwanzig Jahren genommen, entwickelte sich vor Allem die Technik der elektrischen Beleuchtung, etwas später gelangte die elektrische Kraftübertragung daran, und heute ist auch für die lang vergessene Elektrochemie der so lang gehoffte Aufschwung gekommen.

Dieser Aufschwung ist nun, wie Alles, was in neuerer Zeit mit der Elektrotechnik zusammenhängt, ein ausserordentlich rascher. Beinahe jede Woche hören wir von neuen Gründungen, welche sich auf elektrochemische Industrien beziehen. Wo es nur irgend eine verfügbare grössere Wasserkraft gibt, da wird die Elektrochemie mit Beschlag belegt. Erfinderische Geister, für welche es auf dem Gebiete des elektrischen Lichtes oder der Kraftübertragung nichts zu holen gibt, werfen sich nun auf die Elektrochemie und gehen den Patentämtern aller Staaten genug zu schaffen.

Einzelne Producte der jungen elektrochemischen Industrie sind schon so weit vorgeschritten, dass man von ihnen, als von einer längst eingebürgerten Sache spricht. Nehmen wir als Beispiel das C a l c i u m c a r b i d und eines seiner Producte: das A c e t y l e n g a s. Ich will hier nicht darüber sprechen, ob das Acetylengas eine Zukunft hat oder nicht, ich will nur constatiren, dass die Calciumcarbid-Industrie im Verhältnis zu ihrer Jugend einen phänomenalen Aufschwung ge-

nommen hat. Es gibt heute besondere Fachzeitschriften[*] für Acetylengas, besondere Vereine, eine zahlreiche Literatur über diesen Gegenstand, man veranstaltet sogar schon Specialausstellungen der Acetylengas-Industrie. Bereits gibt es über dreissig Fabriken für Calciumcarbid, und noch immer werden neue errichtet, bereits bestehende Fabriken wie in Neuhausen, Bitterfeld, werden vergrössert. Die Productionskosten des Calciumcarbids sind in einem Zeitraume von drei Jahren auf die Hälfte der ursprünglichen Kosten herabgesunken.

Die Herstellungsweise des Calciumcarbids ist bekannt. Es könnte auch auf gewöhnlichem elektrochemischen Wege hergestellt werden, aber am Praktischesten und am Billigsten kann es doch nur im e l e k t r i s c h e n S c h m e l z o f e n, durch Zusammenschmelzen von Kalk mit Kohle, hergestellt werden.

Hier begegnen wir einem elektrochemischen Hilfsapparate, dessen Grundprincipien schon vor nahezu einem Jahrhunderte bekannt waren, der aber erst jetzt ausgebildet und mit staunenswerthem Erfolge in die Praxis eingeführt wurde. Es ist dies der e l e k t r i s c h e S c h m e l z o f e n. In ihm wird die elektrische Energie in Wärme verwandelt, wir können in demselben die denkbar höchsten Temperaturen hervorbringen. Wir können in diesem Apparate enorme Hitze auf einen beliebig kleinen Raum concentriren, wir können in jeder Atmosphäre arbeiten und jede Verunreinigung von den zu gewinnenden Producten fernhalten.

Der elektrische Schmelzofen ist einfach und handlich. Es gibt viele Systeme, aber ihr gemeinsames Grundprincip ist einfach. Entweder ist die zu erhitzende Substanz als Widerstand zwischen die beiden Pole eines Stromkreises eingeschaltet, oder aber die zu erhitzende Substanz befindet sich in einem von einem Lichtbogen erhitzten Raume. Dort, wo es sich um die einfache Reduction eines Metalls oder aber um die Herstellung einfacher Verbindungen handelt, kann die Erhitzung auch mit Wechselstrom geschehen; bei allen jenen Verfahren aber, wo es sich um die Elektrolyse geschmolzener Stoffe handelt, muss natürlich Gleichstrom in Anwendung kommen. Als Elektroden dienen gewöhnlich Graphit, Retortenkohle, sogenannte Elektrodenkohle, aber auch Kohlenpulver, Coakspulver u. s. w. Manchmal dient auch der zu gewinnende Stoff als Elektrode.

Das Material, aus welchem der Ofen hergestellt wird, ist ebenfalls sehr einfach und braucht nicht einmal absonderlich feuerfest zu sein. Nachdem die Erhitzung der zu behandelnden Stoffe nicht von Aussen, sondern im Innern dieser Stoffe geschieht, können wir ein beliebiges Material von genügender Festigkeit wählen, um daraus einen brauchbaren Schmelztiegel herzustellen. Man kann den Tiegel von Aussen kühlen, während im Innern desselben Temperaturen von 3000 bis 4000° herrschen. Dadurch, dass ein Theil der schmelzenden Masse an den Wandungen des Schmelzgefässes erstarrt, bildet sich innerhalb des äusseren Gefässes ein zweites Gefäss, Borchers'[**]. Es gibt fast kein Material, das auszuschliessen wäre. Man könnte einen Strohhut als Aussenwand eines elektrischen Schmelz-

*) Die neueste derselben betitelt sich: „Acetylen in Wissenschaft und Industrie. — Centralorgan für die Gesammtinteressen der Acetylen- und Carbidtechnik," und erscheint in Halle a. S.

**) Dr. B o r c h e r s: „Die elektrischen Öfen zur Metallgewinnung und Metallraffination. Ihre Entwicklung, Arbeits- und Constructionsbedingungen," Zeitschrift für Elektrochemie, 1895, p. 221.

tiegels verwenden, in welchem man Temperaturen von über 3000° hält, ohne die Strahlhülle auch nur zu versengen.

Die im elektrischen Schmelzofen bis jetzt erreichten Temperaturen liegen zwischen 3500 und 4000°. Die Temperatur des positiven Kraters beträgt ungefähr 3500°, bei welcher sich der Kohlenstoff verflüchtigt, ohne zu schmelzen. Wenn wir für die Elektroden ein anderes geeignetes leitendes Material gefunden haben werden, als Kohle, wird es vielleicht möglich sein, noch höhere Temperaturen zu erreichen.

Wir können nun wieder zu dem bereits erwähnten Producte des elektrischen Schmelzofens, zum Calciumcarbid, zurückkehren. Wir wissen, dass es seine hauptsächlichste Verwendung bei der Acetylengasbereitung findet. Es wurde schon viel über dieses Gas gesprochen, dessen Leuchtkraft jene des Leuchtgases um das Zehnfache übertrifft, vorausgesetzt, dass es in solchen Brennern gebraucht wird, welche das Russen verhindern. Es ist heute schwer zu sagen, ob das Acetylengas direct angewandt werden kann, ob es nicht vielmehr zur Erhöhung der Leuchtkraft des jetzigen Leuchtgases benutzt werden sollte. In diesem Falle müsste der jetzige Modus der Gaserzeugung abgeändert werden, eine Frage, die wohl nicht in allernächster Zukunft zur Entscheidung kommen dürfte.

Interessant für unser Vaterland ist, dass das Calciumcarbid auch zur Vertilgung der Phylloxera und anderer der Weinrebe schädlichen Insecten verwendet werden soll. Diesbezügliche Versuche sind in Spanien und Frankreich angestellt worden. Ein Herr Rodier hat speciell mit den Reben weisser Weine (Santernes) von günstigem Erfolg begleitete Versuche angestellt. Die Reben werden mit pulverisirtem Calciumcarbid eingestaubt. Durch die Einwirkung der Feuchtigkeit entwickelt sich das giftige Acetylengas, welches die Insecten tödtet, während der übrigbleibende Kalk abfällt. Wenn diese Versuche von Erfolg begleitet sein sollten, so dürften in unserem Vaterlande wohl Tausende und Tausende von Tonnen Calciumcarbid Absatz finden.

Wir wollen uns nun zu einem zweiten, ebenfalls sehr bekannten Producte des elektrischen Schmelzofens wenden.

Einen der wichtigsten Zweige der elektrochemischen Industrie bildet die Fabrikation von Aluminium. Es wird aus Thonerden gewonnen, wie z. B. Bauxit, das 50—60 % Aluminiumoxyd enthält. Obwohl es möglich wäre, dieses Metall auch auf gewöhnlichem chemischen Wege herzustellen, so war es doch dem elektrischen Schmelzofen vorbehalten, die Production dieses bisher beinahe unbekannten Metalles in grossen Mengen zu ermöglichen. Heute dienen Tausende und Tausende von Pferdekräften der Aluminiumfabrikation, die, kaum entstanden, so rasch emporgewachsen ist, dass man schon von einer Ueberproduction sprechen kann. Das Aluminium, das noch vor fünfzehn Jahren per Kilogramm 60 fl. kostete, ist heute bereits so billig, dass es dem Kupfer und Messing Concurrenz zu machen beginnt.

Das Aluminium wird vielfach in der Stahlgiesserei verwendet, wo man es als Zusatz verwendet. Bei Siemens Martinstahl beträgt der Zusatz 60 bis 120 Gramm per Tonne Stahl, bei Bessemer-Stahl beträgt der Aluminiumzusatz etwas mehr. Die Wirkung des Aluminiums besteht darin, dass es das Aufwallen der geschmolzenen Masse beruhigt, die Homogenität der Gussstücke und die Zugfestigkeit des Stahles erhöht, ohne seine Dehnbarkeit zu beeinträchtigen.

Aluminium lässt sich sehr gut zu Küchengeräthen verwenden und wird in amerikanischen Küchen ausgiebig davon Gebrauch gemacht. Ueber andere Verwendungen citiren wir (nach Hunt) noch folgende: Handgriffe chirurgischer Instrumente, Fahrradtheile, Ersatz für lithographische Steine, Buchstaben und Thürschilder; an Stelle mancher Holzrahmen und Verkleidungen im Eisenbahnwagen; Badewannen; im Schiffsbau zum Ersatz schwerer Metall- und Holztheile; auch Möbel, besonders Bücherschränke hat man zum Schutz der Bücher gegen Nagethiere und anderes Ungeziefer mit Erfolg aus Aluminium gebaut; in der Buchbinderei zu Büchereinbänden; Theebüchsen, Kämme und Bürsten, Militäreffecten, Särge u. s. w. In neuester Zeit ist die Rede davon, in elektrischen Installationen anstatt der Kupferdrähte Aluminiumdrähte anzuwenden, welchem Vorhaben nichts im Wege stehen wird, sobald Aluminium noch etwas billiger geworden sein wird.

Auch Phosphor ist zu einem Producte des elektrischen Schmelzofens geworden, und zwar wird er in demselben durch Reduction von Phosphaten mittels überschüssigem Kohlenstoff erhalten. Joudrain hat darauf hingewiesen, dass die Herstellung von Calciumcarbid bequem mit der des Phosphors vereinigen lasse, wenn man ein Gemenge von dreibasischem Calciumphosphat mit überschüssigem Kohlenpulver erhitze. Es entstehen dabei Calciumcarbid, Kohlenoxyd und Phosphor. Borchers hat bei Reduction von Thomasschlacke durch Kohlenstoff im elektrischen Ofen gefunden, dass die Reductionsproducte der ersteren aus Calciumcarbid, stark phosphorhaltigem Eisen und aus Phosphor bestehen.[*] Elektrolyt-Phosphor wird fabriksmässig in Wednesfield (England) hergestellt. An den Niagarafällen ist ebenfalls eine Fabrik für elektrochemische Herstellung des Phosphors angelegt worden.

Wir können nun zu einem anderen Producte des Schmelzofens übergehen, das sich schon seit einigen Jahren eine Existenzberechtigung errungen hat, u. zw. zum Carborundum. Hier besteht der elektrische Ofen aus einer ohne Mörtel aufgeführten Mauer aus Ziegelsteinen, in welchen die aus zahlreichen Kohlenstäben bestehenden Elektroden eingeführt sind. Zwischen die Elektroden kommt eine cylindrische Schicht, das heisst ein Kern von grobem Coakspulver, welche den Erhitzungswiderstand bildet, und sich später in beinahe reinen Graphit verwandelt. Die Beschickung des Ofens besteht aus Kohle, Sand, einem Salz und etwas Sägemehl, die sich theilweise zu Siliciumcarbid krystallisirt, das von dem Erfinder Acheson "Carborundum" genannt wurde, und bekanntlich ein ausgezeichnetes Polir- und Schleifmittel ist.

Wir wollen nun den elektrischen Ofen verlassen und auf ein anderes Gebiet der Elektrochemie übergehen, auf dem sich Vielversprechendes bietet. Es ist dies die elektrochemische Herstellung von Alkalien. Nehmen wir gewöhnliches Steinsalz (Chlornatrium) und sehen wir, was wir Alles mit Hilfe der Elektricität daraus gewinnen können. Wenn wir eine wässerige Lösung von Kochsalz elektrolysiren, so erhalten wir, von anderen complicirten chemischen Reactionen ganz abgesehen, an der Kathode kaustische Soda, während sich an der Anode Chlorgas entwickelt. Dieses Chlorgas kann vielfache Verwendung finden, um es aber sofort praktisch zu verwerthen, leiten wir es in

*) Zeitschrift für Elektrochemie 1897, p. 551.

gebrannten Kalk und machen Chlorkalk daraus. Die gewonnene Natronlauge wird eingedampft, concentrirt, die erhaltene kaustische Soda geschmolzen und in eisernen Trommeln verpackt.

Wir hätten somit aus gewöhnlichem Kochsalz zwei werthvolle industrielle Producte: Aetznatron und Chlorkalk, gewonnen. Aus Chlorkalium, resp. aus Kalisalz gewinnen wir Aetzkali und Chlorkalk.

Aber wir gewinnen mit Hilfe der Elektricität noch andere Producte bei diesem Verfahren. Es entwickelt sich Wasserstoffgas in grossen Mengen. Wir können dasselbe sammeln, comprimiren, in eisernen Behältern aufbewahren und so auf den Markt bringen. Für Löthzwecke ist Wasserstoffgas ein gesuchter Artikel, der umso verbreiteter werden wird, je billiger man ihn herstellen wird. Wollen wir das gewonnene Hydrogen nicht aufbewahren, so können wir es mit dem überschüssigen Chlorgas zusammenbringen und aus dem Gemische Salzsäure herstellen. Interessant ist bei dem letzteren Processe, dass sich bei der Combination von Chlor mit Hydrogen auch elektrische Energie entwickelt, die man eventuell durch ein Gaselement nutzbar machen könnte.

Die Herstellung von Aetznatron, Aetzkali, Chlorkalk, ferner der in der Industrie so wichtigen Chlorate ist eine der wichtigsten Zweige der elektrochemischen Industrie und beziffert sich auf viele Tausende von Tonnen.[*]) Die elektrische Herstellung dieser Stoffe wird in Bälde die bisher üblichen rein chemischen Verfahren verdrängt haben.

Durch die Elektrochemie wird es jedem Industriellen möglich gemacht, den Gebrauch von Chlorkalk bei Seite lassend, die Bleichflüssigkeiten, welche er zu seinem Gewerbe nöthig hat, sich selbst herzustellen. Beinahe in jeder modernen Fabrik ist eine elektrische Beleuchtungsvorrichtung vorhanden, deren Strom auch zur Elektrolyse benützt werden kann. Man nimmt irgend ein chlorhältiges Salz, sagen wir Kochsalz, löst dasselbe in Wasser auf und leitet den Strom in die Flüssigkeit ein. Bei diesem Vorgange wird das Salz in Chlor und Natrium zerlegt; das Natrium bildet mit Wasser Natronlauge, welche sich mit dem freien Chlor zu unterchlorigsauren Natron verbindet. Mit Hilfe eines Elektrolyseurs, sei es nun ein Spilker'scher oder ein Kellner'scher Spitzen-Elektrolyseur, kann man sich daher mit geringen Kosten aus der Lösung eines billigen Salzes eine kräftig wirkende Bleichflüssigkeit herstellen, die man aus einem Reservoir an die Verbrauchsstellen führt. Die erschöpfte Flüssigkeit kann dann aufs Neue in den Elektrolysirapparat geleitet und daselbst regenerirt werden. Ein Vorzug der auf elektrischem Wege hergestellten Bleichflüssigkeit ist, dass das Auswaschen der gebleichten Stoffe leichter bewerkstelligt werden kann, wie bei einer Chlorkalklösung, und dass ferner das Säuern nach der Bleiche entfallen kann.

(Schluss folgt.)

---

*) Die Castner-Kellner Company zu Weston Point in England producirt wöchentlich 30 t Aetznatron auf elektrolytischem Wege bei einer wöchentlichen Nebenproduction von 70 t Chlorkalk. Eine Erweiterung der Anlage ist im Zuge, welche eine wöchentliche Production von 120 t Aetznatron ermöglichen wird. Die Electrochemical Company in London producirt wöchentlich 70 t Aetznatron und 130 t Chlorkalk.

Die Ausnützung der Kerkafälle bei Scardona in Dalmatien.

Eine der mächtigsten Wasserkräfte Oesterreich-Ungarns, durch Beständigkeit und günstige Lage wohl einzig in Europa, wird nun der elektrischen Industrie im grossen Massstabe dienstbar gemacht. Der praktische Blick eines Wiener Ingenieurs erkannte die enormen Vortheile, die eine elektrische Kraftanlage hier bieten würde, und seiner mehrjährigen Thätigkeit ist es gelungen, dieses schöne Project der Verwirklichung zuzuführen.

Der in den dinarischen Alpen entspringende Kerkafluss bildet in seinem Laufe zum Adriatischen Meere fünf Wasserfälle, deren grösster jener bei Scardona ist, wo die bedeutende Wassermenge ein nutzbares Gefälle von 44·818 m ergibt.

Am 5. April l. J. hat bereits das Edictalverfahren bezüglich Zuweisung der erforderlichen 28 m³ Wasser pro Secunde an die unter Führung des Ingenieurs Fr. Fischer stehende Unternehmung auf der Scardonaseite stattgefunden.

Die Gesellschaft hat die am rechten Ufer befindlichen 46 Mühlen und damit das Bezugsrecht von 17·28 m³ Wasser käuflich erworben und dadurch auch gleichzeitig die Möglichkeit, nunmehr das ganze Bruttogefälle von 45 m auszunützen.

Das Etablissement ist direct unter den Wasserfällen und die Turbinenanlage theilweise in den Felsen eingesprengt projectirt.

Die klimatischen und örtlichen Verhältnisse sind für das Unternehmen äusserst günstige: keine dem Wasserbetriebe so hinderliche Eis- und Schneebildung, der Wegfall der Herstellung einer Wehre und des Untergrabens, der bequeme und billige Transport per mare, die niedrigen Arbeitslöhne, das Vorhandensein des Rohmateriales in unbeschränktem Masse, die Nähe eines Kohlenbergwerkes mit Rücksicht auf den Export die günstige geographische Lage.

Oberhalb des Falles bei Scardona bis zu jenem bei Marasovac verbreitert sich der Kerkafluss zu einem 11 km langen, weitverzweigten und stellenweise 1·5 km breiten See. Die Variationen der beiden Wasserspiegel sind sehr gering, indem das Meer zwischen Ebbe und Fluth dort nur einen Unterschied von 0·25 m hat und der Oberwasserspiegel des erwähnten Sees infolge der grossen Abflussquerschnitte nur in den ungünstigsten Fällen — bei Sturm und Hochwasser — einen Wasserstandsunterschied von höchstens 1 m erfährt. Die Wassertiefe der Kerka bei Scardona, im gleichnamigen Canal, im Lago Prokljan und im Unterlaufe des Flusses bis zum Meere beträgt 7 bezw. 9, 15, 36 m im Durchschnitte, so dass, wie oben erwähnt, Seeschiffe bis Scardona gelangen können.

Diese Herstellungs- und Fabrikationsbedingnisse lassen diesem Unternehmen, welches sich mit der Erzeugung gleicher elektrochemischer Producte wie jenes in Golling — von dem wir an anderer Stelle dieses Heftes berichten — befassen wird, ein günstiges Prognostikon stellen. Es gereicht uns zur Genugthuung, auch im Süden Oesterreichs ein Etablissement erstehen zu sehen, welches zum Exporte so ganz besonders geeignet sein wird und den Verkaufspreis für die erzeugten Producte vielleicht noch niedriger stellen kann als jener von Golling ist.

M. Z.

Kabelflotte der Welt.*)

Besitzerin	Name	Tonnen-gehalt	Pferde-stärken	Capitän	Elektro-technischer Leiter	Stationsort
				des Schiffes		
Amazon-Telegraphen-Compagnie	Viking	436	60	T. C. Dayson	—	Para
Anglo-amerikanische Telegraphen-Gesellschaft	Minia	1986	250	S. Trott	Maynard Dodd	Halifax, N. A.
Britische Regierung	Monarch	1121	1040	F. Alford	D. Lamsden	Woolwich
„	Alert	369	350	J. Wrake	W. R. Culley	Dover
Canadische Regierung	Newfield	785	90	J. H. Campbell	—	Halifax, N. A.
Central- u. Südamerika (Telegraphen-Gesellschaft)	Relay	1200	180	Alex. Taylor	H. Kingsford	Callao
Commercial-Kabel-Gesellschaft	Mackay-Bennett	1718	300	E. G. Schenk	C. Priest	Halifax, N. A.
Compagnie française des Câbles	Pouyer Quertier	1385	160	„	—	Westindien
„	Contre-Admiral Caubet	1361	262	—	G. Burst	Hâvre
Chinesische Regierung	Fee Chen	1084	150	Len Youcho	E. Hansen	„
Eastern (Telegraphen-Gesellschaft)	Amber	1084	250	H. C. Gifford	W. Murphy	Gibraltar
„ „	Electra	1219	200	R. Grecij	H. Barwell	Suez
„ „	John Pender	1218	98	W. Perkins	W. E. Pender	Zanzibar
„ „	Mirror	1545	250	C. Pettison	C. Shaw	London
Eastern and South African (Telegr. Gesellsch.)	Chiltern	1372	200	J. W. Starkey	H. W. Anzell	Malta
„ „	Great-Northern	1422	150	A. V. Bonitto	F. Ryan	Kapstadt
Eastern Extension (Telegraphen-Gesellschaft)	Duplex	874	123	W. Gibson	A. Helbling	„
„ „	Recorder	1201	200	R. A. E. Brereton	A. C. M. Weaver	Singapore
Französische Regierung	Sierad Osborn	1429	200	C. O. Madge	J. H. D. Jones	„
„	Ampère	305	70	—	—	„
„	Charente	548	190	—	—	La Seyne
Grosse Nordische Kabel-Gesellschaft	H. C. Oersted	749	120	G. Oersted	C. E. Kosfod	Kopenhagen
„	Store Nordiske	883	120	Einar Suenson	W. J. Schönau	Shanghai
India-Ruber Company	Buccaneer	785	140	D. Morton	—	Silvertown
„	Dacia	1856	170	—	—	„
„	International	1381	110	—	—	„
„	Silvertown	4985	400	R. S. Thomas	—	„
Indo-europäische Telegraphen-Gesellschaft	Patrik Stewart	1115	130	W. A. Tindall	—	Karachi
Japanische Regierung	Okinawa Maru	?	350	F. J. Allen	—	„
Neuseeländische Regierung	Tuta nekai	811	233	J. Fairchild	—	Wellington
Pirelli & Comp.	Cita di Milano	1290	220	—	—	Spezia
Siemens Brothers & Co.	Faraday	4917	500	P. Le Fanu	—	London
Société industrielle des Téléphones	François Arago	3191	300	M. Orret	—	Calais
Telegraph Construction and Maintenance	Britannia	1525	200	J. Kennedy	—	London
„ „	Calabria	3321	200	H. Woodcock	—	„
„ „	Scotia	4667	550	W. R. Cato	—	„
„ „	Seine	3553	500	J. Seymour	—	„
Western and Brazilian (Kabel-Gesellschaft)	Norsemann Nr. 2	1117	287	H. H. Adamson	—	Bahia
„ „	Norsemann Nr. 1	1372	200	—	—	„
West Coast of American (Kabel-Gesellschaft)	Retriever	624	95	W. B. Minchinick	—	Callao
Westindien und Panama Telegraphen-Gesellsch.	Duchess of Malborough	402	80	—	—	auf der See im Dienste
„ „	Grappler	868	100	J. W. Dickinson	A. C. O'Brien	auf der See im Dienste

*) Aus dieser nach den Angaben des „The Electrician" Electrical Trades Directory and Handbook for 1898 zusammen-gestellten Uebersicht geht hervor, dass während des laufenden Jahres für die Zwecke der elektrischen Telegraphie im Ganzen 43 Specialschiffe im Dienste verwendet mit 66.793 t Gehalt (die japanischen Regierungsdampfer umgerechnet) und 8764 Pferdestärken. Es sind dies überraschend stattliche Ziffern, die so recht die Entwicklung kennzeichnen, der sich das unterseeische Leitungsnetz erfreut, das die Welt umspannt.   L. K.

KLEINE MITTHEILUNGEN.

Verschiedenes.

Verband deutscher Elektrotechniker. Die VI. Jahres-versammlung, welche, wie im Hefte 18 mitgetheilt wurde, vom 8. bis 11. Juni in Frankfurt a. M. hätte abgehalten werden sollen, wird in Folge einer getroffenen Abänderung in der Zeit vom 2. bis 5. Juni stattfinden. („E. T. Z." Berlin, Heft 18.)

Société internationale des Electriciens. In der letzten Sitzung dankte M. R. Picon für seine Wahl zum Präsidenten der Gesellschaft. Hierauf berichtete M. F. Laporte über die Untersuchungen, die er mit den gebräuchlichen photometrischen Etalons der Carcel-, Hefner-Lampe und der Paraffin-Kerze aus-geführt hatte. Eine gewöhnliche Glühlampe wurde bezüglich der Lichtintensität mit den verschiedenen Etalons wiederholt ver-glichen. Die Versuchsresultate stimmten innerhalb 2% überein. Die Intensität der untersuchten Lampe war gleich 0·341 Carcel-Lampen, 1·72 Hefner-Lampen und 3·13 Paraffin-Kerzen-Einheiten.

M. P. Girault erörterte in theoretischer Weise die Commutation des Stromes in den Gleichstrom-Dynamos.

Ausgeführte und projectirte Anlagen.

Oesterreich-Ungarn.

a) Oesterreich.

Asch. (Elektricitätswerk.) Die Firma Siemens & Halske wird in nächster Zeit mit dem Baue eines Elektri-citätswerkes für Licht und Kraft in Asch, beziehungsweise in der Nachbargemeinde Nassengrub beginnen.

Golling in Salzburg. (Ausbau der Wasserkräfte der Salzach in Verbindung mit der Errichtung einer elek-trochemischen Fabrik.) Die Oesterreichische Länder-bank hat von der Regierung auf unbeschränkte Zeit die Con-cession zur Benutzung der Wasserkräfte der Salzach bei Golling erhalten. Wie wir der „Berl. Börs.-Ztg." entnehmen, wird nach dem von Professor Intze in Aachen, einem der her-vorragendsten Wasserbau-Techniker, ausgearbeiteten Projecte die concessionsmässig gestattete Wasserentnahme an der Turbine eine Kraftentfaltung von im Maximum ca. 6000, im Minimum ca. 3660 e. PS ergeben. Da an Ort und Stelle angestellten Untersuchungen dürfte sich ein Durchschnitt von 4560 e. PS in normalen Jahren erzielen lassen. Die Länderbank ist dann verpflichtet, mit 66.793 t Gehalt an genannter Concession an ein Consortium zu übertragen, welches sich gebildet hat, um die Patente des Herrn Dr. Kellner zur Herstellung von Chlorkalk, Aetznatron und Chloraten für

Oesterreich zu verwerthen.*) Die Concession zur Errichtung einer derartigen Fabrik, sowie die Genehmigung zur Errichtung einer Actien-Gesellschaft ist Herrn Dr. Kellner von der Regierung bereits ertheilt worden. Es würde hier zu weit führen, auf die technische Seite des Verfahrens des Herrn Dr. Kellner einzugehen, es sei hier nur erwähnt, dass nach seinem Verfahren bereits seit einer Reihe von Jahren in England (The Castner-Kellner Alkali Co. Ld. in Runcorn bei Widness) gearbeitet wird; das Verfahren hat sich dort derartig bewährt, dass man im Begriffe ist, den Betrieb zu vervierfachen. Für Belgien, Deutschland und Russland sind die Patente des Herrn Dr. Kellner von den Solway-Werken erworben worden, es wird nach denselben im Oesternienburg gearbeitet, und stellt Solway im Begriff, auch in Russland und in Belgien eine Anlage nach Kellner'schem Verfahren zu errichten. Auch in Golling ist bereits der Versuch gemacht, nach seinem Verfahren zu arbeiten; nach der Expertise der Fa. Siemens & Halske sowohl als der des Regierungsrathes Dr. Perger sind die Resultate derart, dass sich ein Consortium gebildet hat, um unter Ausbau der Wasserkräfte der Salzach im grossen Massstabe die Herstellung von Chlorkalk, Aetznatron und Chloraten, sowie anderen elektrochemischen Erzeugnissen zu betreiben. Die Lage der Fabrik dürfte als eine sehr günstige bezeichnet werden, weil nicht nur die zum Betriebe nöthige Kraft, durch Ausnützung der Wasserkräfte der Salzach, sehr billig wird hergestellt werden können, sondern auch das Salz aus den in nächster Nähe gelegenen ararischen Salzwerken, sowie der Kalk als unmittelbar an der Fabrik gelegenen Kalkbrüchen sehr günstig bezogen werden kann. Andererseits liegt das Gollinger Werk den Haupt-Consumstellen speciell für Chlorkalk sehr nahe, da die meisten grösseren Cellulose und Papierfabriken des Holzes wegen in den Berggegenden liegen, die von Golling aus mit geringen Bahntransport-Kosten zu erreichen sind. Für Ueberlassung des Patents wird Herrn Dr. Kellner keine Baarentschädigung gewährt, sondern derselbe erhält 25—20% vom Reingewinn (sollte sich die Anlage bedeutend vergrössern, so verringert sich sein Antheil nach einer gewissen Scala procentual). Als Reingewinn wird der Ueberschuss aller Eingänge nach Abzug aller Geschäftsauslagen und der entsprechenden Abschreibungen, sowie der Administrationskosten, und nach Deckung von 5% Zinsen auf das gesammte Geschäftscapital zu verstehen. Herr Dr. Kellner hat sich ferner verpflichtet, alle seine späteren Erfindungen und Verbesserungen, soweit dieselben auf Chlorkalk, Aetznatron und Chlorate aus Alcalichloriden Bezug haben, dem Consortium gratis zu überlassen. Nach den eingeforderten Kostenanschlägen dürften sich die Anlagekosten des Gesammtunternehmens auf ca. 8 Millionen Gulden stellen, und zwar dürften sich die Kosten des Wasserbaues incl. des nöthigen Grunderwerbes auf ca. 1½ Millionen Gulden belaufen, während die Fabrik selber betriebsfertig sich gleichfalls auf ca. 1½ Millionen Gulden stellen wird. Es besteht die Absicht, sich wegen vollständigen Ausbaues der Wasserkräfte mit ersten Constructionsfirmen, wie Ganz & Co., oder Escher, Wyss & Co. dahin zu verständigen, dass diese die Garantie dafür übernehmen, dass bei einem gewissen Minimal-Wasserstande an der Turbinenwelle ca. 3600 PS erzielt werden, und dass die Kosten des Ausbaues keinesfalls mehr als 1½ Millionen Gulden ausmachen. Auch für den Bau der Fabrik sollen derartig verbindliche Kostenanschläge seitens der Lieferanten eingeholt werden. Nach den von Dr. Kellner im Verein mit den Herren Siemens & Halske aufgestellten Rentabilitäts-Berechnungen ergibt sich bei 557.000 fl. Betriebsunkosten, bei 200.000 fl. Amortisation und Reparaturen und bei einem Bruttoerlöse von 1,220.000 fl. ein Ueberschuss von circa 463.000 fl., was nach Abzug des Gewinnantheiles des Herrn Dr. Kellner einer Verzinsung von über 13% des investirten Capitals gleich käme, wobei noch zu berücksichtigen ist, dass im Jahresdurchschnitt noch ca. 1000 PS kostenlos übrig bleiben, um deren Erlös sich die Rentabilität des Werkes noch erhöht. Als Verkaufspreis für die erzeugten Producte sind hiebei Preise eingesetzt, welche sich auf ca. 20% unter den jetzigen Marktpreisen in Oesterreich stellen sollen.

Graz. (Einführung des elektrischen Betriebes.) Das k. k. Eisenbahnministerium hat die Bewilligung zur Umwandlung der in Graz bestehenden Tramway in ein elektrisches Unternehmen ertheilt. Die Firma Siemens & Halske wurde mit der Durchführung der Umwandlung für den elektrischen Betrieb betraut. Das gesammte elektrische Bahnnetz soll am 1. April 1899 fertiggestellt sein.

Meran. (Eisenbahn-Vorconcession.) Das k. k. Eisenbahnministerium hat dem Bürgermeister Dr. Roman Weinberger in Meran im Vereine mit den Gemeindevorstehern Josef Hölzl in Unter-Mais und Josef Gruber in Lana, sowie

mit dem Ingenieur Josef Riehl in Innsbruck die Bewilligung zur Vornahme technischer Vorarbeiten für eine mit elektrischer Kraft zu betreibenden Kleinbahn von Meran über Unter-Mais nach Lana ertheilt.

Wien. In der am 5. d. stattgefundenen Stadtrathssitzung wurde eine Zuschrift der Wiener Tramway Gesellschaft zur Kenntnis gebracht, wonach sich die technische Anordnung, dass die über den Ring zur Ausstellung verkehrenden Accumulatorenwagen die hiezu nothwendige elektrische Energie auf der mit elektrischer Oberleitung ausgestatteten Strecke Radetzkybrücke-Löwengasse-Ausstellung anzusammeln hätten, nicht vollständig verlässlich erwiese, beziehungsweise die Strecke, welche für die Ladung der Accumulatoren in Aussicht genommen ist, zu kurz erscheine. Es sei daher seitens der Gesellschaft das Ersuchen gestellt worden, die Verlängerung der oberirdischen Leitung provisorisch über den Ring, und zwar von der Radetzkybrücke bis zum historischen Museum und am Franz Josef-Quai bis zum Schottenring herstellen zu dürfen. Diesem Ansuchen wurde mit Rücksicht darauf, dass diese Installation einen provisorischen Charakter hat, Folge gegeben. Die elektrischen Ausstellungslinien sollen Mitte d. M. dem öffentlichen Verkehre übergeben werden und Wien wird sodann einen elektrischen Tramwaybetrieb gemischten Systems besitzen. Es werden ungefähr 20 Accumulatorwagen und 10 Wagen für den Oberleitungsbetrieb neu in Verkehr gesetzt werden.

Wie bekannt, hat die Gemeinde Wien im April 1896 Delegirte zum Studium der elektrischen Strassenbahnen ins Ausland entsendet und diese Herren: Magistratsrath Ludwig Linsbauer, Baurath Friedrich Ehlers und Ingenieur Gustav Klose haben nun einen Bericht über die gesammelten Erfahrungen erstattet, der in einem recht ansehnlichen Hefte von 54 Seiten mit Illustrationen nun auch der Oeffentlichkeit übergeben wurde. (In Commission bei W. Braumüller und Sohn, Wien.) Dieser Bericht schliesst mit den Anträgen: "Es mögen die Verträge mit den Unternehmungen nicht auf lange Zeiträume hinaus abgeschlossen werden, damit die Gemeinde in absehbarer Zeit die freie Verfügung über ihre Strassen in die Hand bekomme. Aus diesem Grunde wären theuere Investitionen zu vermeiden. Das Mitbenützung der Gleise durch fremde Unternehmungen sei möglichst zu erweitern. Dem Oberleitungssysteme mögen so wenig Hindernisse als möglich bereitet werden, jedoch unter ausdrücklicher Wahrung seines Charakters als Provisorium, welches nach Massgabe der Verbesserung anderer Systeme auf Verlangen der Gemeinde durch dieses ersetzt werden müsste. Unterleitungscanäle wären nur in Strassen von repräsentativer Bedeutung und mit starkem Verkehr herzustellen. Dem Accumulatorwagen, welcher besonders geeignet erscheint, dem Verkehr von den Radiallinien in die innere Stadt zu vermitteln, und welcher auch auf den schwach befahrenen Aussenlinien mit Vortheil zu verwenden sein würde, wäre Gelegenheit zu bieten, seine Eigenschaften auf dem Wiener Terrain zu erproben. Es wird schliesslich empfohlen, den zutage tretenden Neuerungen auf dem Gebiete der elektrischen Traction mit Aufmerksamkeit zu folgen und wird auch auf die Bestrebungen von Krizik u. A., die Contactleitung in das Strassenniveau zu verlegen, aufmerksam gemacht, wenn auch in dieser Richtung nicht verwirklichen worden darf, dass die Schwierigkeiten, welche einer vollkommenen Lösung dieser Aufgabe entgegenstehen, bedeutende sind." Wir werden auf diese Publikation noch zurückkommen.

b) **Ungarn.**

Budapest. (Projectirter Bau einer neuen Strassenbahn mit elektrischem Betriebe.) Die Interessenten des im Nordosten des Stadtwäldchens im Ausbaue begriffenen neuen Stadttheiles sind im Einverständnisse mit der hauptstädtischen Municipalverwaltung an die Direction der Budapester Stadtbahn mit der Proposition herangetreten, ihre Linie Akademie—Podmaniczkygasse—Stadtwäldchen im Bereiche der Elisabethstrasse zur Verbindung des ausserhalb derselben im Baue begriffenen Stadttheiles mit dem hauptstädtischen Centralverkehrsnetze der Strasseneisenbahnen fortzusetzen. Durch weiteren Ausbau dieser Linie zum Anschlusse an einen geeigneten Punkt der Linie Budapest—Köbánya (Steinbruch) wird vorläufig der dritte (donaulinksuferseitige) Stadtbezirk umspannende äussere Ring geschlossen werden.

(Umgestaltung der Localbahn Budapest—Szt. Lörincz auf elektrischen Betrieb.) Die Direction der im Betriebe der königl. ungarischen Staatsbahnen stehenden Localbahn Budapest—Szt. Lörincz hat den Beschluss gefasst, ihr Betriebsnetz auf elektrischen Betrieb umzugestalten. Die Stromerzeugungs-Centralstation wird an einem geeigneten Punkte der hauptstädtischen Peripherie nächst der äusseren Ullöerstrasse errichtet werden.

*) Vergl. H. 2, S. 40, 1897.

Deutschland.

Berlin. Der Magistrat hat nunmehr die Entwürfe zu den mit den verschiedenen Strassenbahn-Unternehmern abzuschliessenden Verträgen fertiggestellt und soll sich am 12. d. M. die Stadtverordneten-Versammlung mit denselben zu beschäftigen haben. Es werden den Stadtverordneten zur Genehmigung unterbreitet: Die Vertragsentwürfe *a*) mit der Actiengesellschaft Siemens & Halske, *b*) mit dem Consortium der südlichen Vorortbahn, *c*) mit der Actiengesellschaft der Continentalen Gesellschaft für elektrische Unternehmungen in Nürnberg, mit dem Berliner Dampfstrassenbahn-Consortium, bestehend aus dem Eisenbahn-Bauunternehmer Hermann Bechstein und der Bank für Handel und Industrie. Es betreffen nunmehr die Vertragsentwürfe: Zu *a*) 1. die seit der Gewerbe-Ausstellung 1896 bereits im Betriebe befindliche Behrenstrasse—Treptow; 2. den Bau und Betrieb einer elektrischen Bahn vom Gesundbrunnen durch die Bellermannstrasse, Grünthaler, Bad-, Hoch-, Wiesen-, Hussiten-, Feld-, Garten-, Elsässer-, Artillerie-, Georgen-, Charlottenstrasse bis Mittelstrasse (im Anschluss an die bereits im Betrieb befindliche Bahn Gesundbrunnen-Pankow); 3. den Bau und Betrieb einer elektrischen Strassenbahn von der Warschauerbrücke durch die Warschauer- und Petersburgerstrasse über den Baltenplatz durch die Thaer- und Eldenaerstrasse bis zum städtischen Viehhof. Zu *b*) den Bau und Betrieb folgender elektrischen Strassenbahnlinien (südliche Vorortbahn): 1. Berlin (Eichhornstrasse)—Schöneberg (Gebäude des Bezirks-Commandos); 2. Berlin (Hallesches Thor)—Schöneberg (wie 1); 3. Berlin (Hallesches Thor)—Schöneberg—Tempelhof-Britz—Rixdorf—Berlin (Hallesches Thor); 4. Berlin (Eichhornstrasse)—Schöneberg—Tempelhof—Südende—Lankwitz—Lichterfelde; 5. Berlin (Hallesches Thor)—Rixdorf—Treptow. Zu *c*) den Bau und Betrieb einer elektrischen Strassenbahn vom Böschingsplatz durch die Landsbergerstrasse über den Landsbergerplatz durch die Landsberger Allee bis zur Weichbildgrenze (die Bahn geht bis zur Colonie Hohen-Schönhausen). Zu *c*) den Bau und Betrieb folgender elektrischer Strassenbahnlinien: 1. Vom Nollendorfplatz durch die Motz-, Kurfürsten-, Dennewitz-, Flottwellstrasse—Königsberger Ufer—Königin Augustabrücke—Linkstrasse mit einer Abzweigung durch die Königin Augusta-Strasse—Hafenplatz—Dessauer-, Bernburgerstrasse bis zum Askanischen Platz; 2. vom Kaiser Wilhelm-Platz in Schöneberg durch die Bahnstrasse—Neue Culmstrasse—Culmstrasse bis zur Strecke 1; 3. von der Ecke der Goltzstrasse durch die Grunewald- und Kaiser Friedrichstrasse bis an die zu 1. bezeichnete Strecke. Gleichzeitig mit dem Bau beabsichtigt das Consortium, die zur Zeit des Vertragsabschlusses von ihm ausserhalb des städtischen Weichbildes mit Dampf- und Pferdekraft betriebenen Strassenbahnlinien dahin abzuändern, dass ausschliesslich elektrischer Betrieb stattfindet. Die Vertragsentwürfe stimmen in den wesentlichsten Punkten überein. Die Dauer der Zustimmung reicht bei sämmtlichen Verträgen bis 31. December 1919, was bekanntlich auch in dem Betriebsumwandlungs-Vertrage mit der Grossen Berliner Strassenbahn und der Neuen Berliner Pferdebahn-Gesellschaft vereinbart worden ist. Als Betriebssystem ist durchwegs die oberirdische Stromzuführung vorgeschrieben. Für sämmtliche Linien mit Ausnahme der bereits im Betrieb befindlichen Linie Pankow—Gesundbrunnen der Firma Siemens & Halske, für welche bereits in Pankow eine besondere Kraftstation zur Erzeugung der elektrischen Energie besteht, ist festgesetzt, dass die Unternehmer mindestens innerhalb des jetzigen Weichbildes von Berlin die Betriebskraft aus den Berliner Electricitätswerken zu entnehmen haben nach Massgabe des vom Magistrat mit der Actiengesellschaft „Berliner Elektricitätswerke" abzuschliessenden neuen Vertrages. Für den Fall, dass dieser Vertrag nicht zustande kommt, haben die Unternehmer die elektrische Betriebskraft innerhalb des jetzigen Weichbildes von Berlin aus denjenigen Quellen zu beziehen, welche der Magistrat vorschreibt.

Die Gegenleistung der Unternehmer besteht, analog den Betriebsumwandlungs-Vertrage mit der Grossen Berliner Strassenbahn und der Neuen Berliner Pferdebahn-Gesellschaft ausser einer Abgabe von 8% der Brutto-Einnahme in einer Betheiligung der Stadtgemeinde am Reingewinn, und zwar lautet der betreffende Passus folgendermassen: „Ausser diesem Entgelt (d. h. 8% der Brutto-Einnahme) zahlt der Unternehmer an die Stadtgemeinde in denjenigen Jahren, in welchen der Reinertrag seines Unternehmens 6% des erwähnten in demselbe angelegten Capitals übersteigt, die Hälfte dieses übersteigenden Betrages als Gewinnantheil. Für die Berechnung des Gewinnantheils der Stadtgemeinde ist der Reinertrag nach den gesetzlichen Vorschriften unter Berücksichtigung der nachstehenden Bestimmungen festzustellen: 1. Als Reservefonds dürfen, und zwar nur bis dahin, dass derselbe 10% des Gewinnantheils erreicht hat, 5% des Reingewinnes in Abzug gebracht werden; 2. für Vergütungen, welche

in einem Antheil am Jahresgewinn bestehen (Tantièmen), dürfen nicht mehr als insgesammt 5% für den etwa eingesetzten Aufsichtsrath und 2% für jedes Vorstandsmitglied von demjenigen Reingewinn abgezogen werden, welcher nach Vertheilung einer Dividende von 4% des Actiencapitals — die Bildung einer Actiengesellschaft ist vorausgesetzt — übrig bleibt; 3. es sind nur ordnungsmässige Abschreibungen zulässig; 4. weitere Abzüge, insbesondere zur Bildung von Specialreserven oder Erneuerungsfonds und für Schuldentilgung sind weder als Betriebs- oder Handelskosten, noch als Abzüge vom Reingewinn zulässig." Bei der Berechnung des Entgelts kommen nur die Einnahmen aus denjenigen Bahnlinien in Betracht, welche auf den in der Unterhaltungspflicht der Stadtgemeinde befindlichen stehenden Strassenstrecken betrieben werden. Anders wie in den gedachten Betriebsumwandlungs-Verträgen ist in den jetzt vorliegenden Verträgen den fremden Unternehmern ein sehr weitgehendes Mitbenutzungsrecht eingeräumt worden. Als Fahrpreis ist in allen Verträgen der Einheitspreis 10 Pf. festgesetzt. Die sonstigen Bestimmungen, namentlich in Bezug auf Heizung der Wagen, Einrichtung der Sommerwagen, Beschaffung von Wartefrauen, Beschäftigungszeit der Wagenführer etc. sind aus dem mehr erwähnten Betriebsumwandlungs-Vertrage herübergenommen und dürfen noch als bekannt vorausgesetzt werden.

Die Grosse Berliner Strassenbahn hat am 6. d. M. die Pläne für den elektrischen Betrieb der Linie Schöneberg (Colonnenstrasse)—Schlesisches Thor dem Polizei-Präsidium und dem Berliner Magistrat zur Genehmigung eingereicht. Da diese Linie vom Kaiser Wilhelm-Platz bis zum Spittelmarkt mit der bereits elektrisch betriebenen Strecke Schöneberg - Alexander-Platz zusammenfällt, so ist nur die Genehmigung der elektrischen Einrichtungen in der Seydel-, Alten und Neuen Jacobstrasse, Köpenikerstrasse bis zum Schlesischen Thor und der Haltestelle in der Bevernstrasse erforderlich. Die landespolizeiliche Abnahme der Verlängerung der Linie Alexander-Platz—Schöneberg, vom Nollendorf-Platz bis zur Prinz Luitpoldstrasse wird in den nächsten Tagen erfolgen und der elektrische Betrieb dann sofort eröffnet werden. Die Linie Kreuzberg—Gesundbrunnen (Demminerstrasse), welche am 1. d. M. in Betrieb genommen werden sollte, ist noch nicht abgenommen worden, wenigstens ist der Direction der Grossen Berliner Strassenbahn die Genehmigung zur Inbetriebnahme dieser Strecke noch nicht ertheilt worden.

Literatur-Bericht.

Kurzer Abriss der Elektricität. Von Dr. L. Graetz. Mit 143 Abbildungen. Stuttgart. Verlag von J. Engelhorn. 1897. Preis 3 Mk.

Der Verfasser gibt in diesem Buche eine kurze, zusammenhängende Uebersicht über die hauptsächlichsten Kenntnisse und Anschauungen von der Elektricität und ihren wichtigsten praktischen Anwendungen. Das Werk streift in nur Abschnitten sämmtliche Hauptgebiete der Elektrotechnik. Im Gegensatze zu dem grösseren Buche über denselben Gegenstand hat der Verfasser diesmal die Erzeugung elektrischer Ströme zum Ausgangspunkte gewählt und von dieser Grundlage aus die weiteren Begriffe nach und nach entwickelt. Es ist ferner von vornherein versucht worden, die elektrischen Erscheinungen immer als Bewegungs- oder Zustands-Erscheinungen des Aethers aufzufassen. Wenn auch noch keine vollkommen befriedigende Aethertheorie ist, so lassen sich doch die Haupterscheinungen als Vorgänge im Aether einigermassen anschaulich machen und manches, wie die elektrischen Oscillationen, die sonst nur mühevoll zu erklären sind, wird auf diese Weise sofort einleuchtend. Ein weiterer Unterschied gegen das grössere Werk besteht darin, dass an die gesetzmässig anerkannten Thatsachen gleich die Anwendungsarten angeschlossen wurden. Die Gründe dafür sind die Kürze und die grössere Eindringlichkeit, welche dadurch den Thatsachen gegeben wird.

Die sachliche Bearbeitung des Stoffes geschah in der Weise, dass jeder mit allgemeiner Bildung versehene Leser dem Buche- dem Entwicklungsgange mit Leichtigkeit folgen kann. Zahlreiche Abbildungen unterstützen erfolgreich den klar gehaltenen Text. Wir sind überzeugt, dass dieses empfehlenswerthe, hübsch ausgestattete Werk viele Freunde finden wird. —sen—

Le Laboratoire d'Electricité. Notes et Formules. Par Dr. J. A. Fleming. Traduit de l'anglais sur la 2. édition et augmenté d'un appendice par J. L. Routin. Paris. Gauthier-Villars et Fils. 1898.

Diese reichhaltige Sammlung von Versuchen dürfte besonders jenen Fachleuten willkommen sein, die in dem Probirräumen der elektrotechnischen Fabriken beschäftigt sind. Das Buch enthält 40 verschiedene Untersuchungs- und Messmethoden, wobei in jedem einzelnen Falle die dazu erforderlichen Instrumente angegeben wurden. Der Uebersetzer hat am Schlusse einen Anhang beigefügt, der sich unter Anderem mit der Besprechung der Rehn-Eschenburg'schen Methode zur Untersuchung von Alternatoren befasst.

— ms —

Patentnachrichten.

Mitgetheilt vom Technischen- und Patentbureau

Ingenieur Victor Monath

WIEN, I. Jasomirgottstrasse Nr. 4.

Auszüge aus Patentschriften.

Louis Fritz Albert Magdolf in Berlin. — Verfahren zur Herstellung einer Isolirmasse für elektrotechnische Zwecke. — Classe 21, Nr. 96.170.

Das Verfahren zur Herstellung einer Isolirmasse für elektrotechnische Zwecke besteht darin, dass Schellack, Harz o. dgl. in Alkohol oder einem anderen mit Wasser mischbaren Lösungsmittel gelöst wird, dieser Lösung wasserbeständige Füllkörper und gegebenenfalls Farbstoffe zugemischt werden, und dass dann so lange Wasser zugesetzt wird, bis das Bindemittel mit der Füllmasse sich von dem Lösungsmittel trennt, also Ausscheidung erfolgt. Hierauf wird der ausgeschiedene Brei getrocknet, pulverisirt und in heissen Formen gepresst.

Constantia Incandescent Lamp Manufactory in Venloo, Holland. — Lösbare Befestigung der Metallkapseln an elektrischen Glühlampen. — Classe 21, Nr. 96.171.

Der Sockel c wird durch einen federnden Bügel e gehalten, der zwischen der Sockelhülse und der Birne um eine halsartige Einschnürung der letzteren gelegt und in drei oder mehr symmetrisch vertheilten Vertiefungen der Einschnürung durch entsprechende Ansätze b an einer Verdrehung verhindert wird. (Fig. 1 u. 2.)

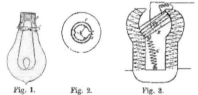

Fig. 1.   Fig. 2.   Fig. 3.

A. Nicolaysen in Christiania. — Transformator mit regelbarem Uebersetzungsverhältnis. — Classe 21, Nr. 96.119.

In den magnetischen Kreis des Transformators ist ein beweglicher Theil B eingefügt, durch dessen Verstellung der magnetische Kreislauf in der Weise geändert wird, dass die Zahl der im magnetischen Kreise eingeschlossenen primären und secundären Wickelungen und damit das Uebersetzungsverhältnis geändert wird. Soll die Regelung selbstthätig vor sich gehen, so wird der bewegliche Theil mit einigen primären oder secundären Wickelungen versehen, die von einem Strom hervorgerufenen Bewegung wirkt dann eine Feder C oder dergleichen entgegen. (Fig. 3.)

Körting & Mathiesen in Leutzsch-Leipzig. — Gestänge für elektrische Bogenlampen. — Classe 21, Nr. 96.068.

Das Gestänge ist für Bogenlampen mit mehreren Kohlenpaaren bestimmt und besteht aus drei oder mehr in einer Ebene liegenden Rohren, von denen die in der Mitte gelegenen als gemeinschaftliche Führung für je zwei Paar Kohlenhälter dienen.

Baptist Klüppel in Hagen i. W. — Pressverfahren zur Herstellung von Elektrodenplatten für elektrische Sammler. — Classe 21, Nr. 96.019.

Das Pressen von Elektrodenplatten mit cylindrischen oder prismatischen Erhöhungen erfolgt mittelst Pressplatten, deren Bohrungen nicht durch die ganze Platte gehen. Hierdurch wird erreicht, dass die in den Höhlungen der Pressplatte befindliche Luft beim Beginn des Pressens abgeschlossen wird und im weiteren

Verlauf des Pressens derartig comprimirt wird, dass nach erfolgter Pressung ihre Expansionskraft genügt, die Trennung des Werkstückes von der Pressplatte herbeizuführen.

Ludwig Schröder in Berlin. — Schaltungsweise, um Kraftanlagen mit grossen Belastungsschwankungen von elektrischen Lichtleitungen abzuzweigen. — Classe 21, Nr. 96.312.

Die der Kraftanlage K parallel geschaltete Sammlerbatterie B ist durch einen Widerstand W mit der Lichtleitung L verbunden, zum Zweck, die Rückwirkung der Belastungsschwankungen auf die Lichtanlage zu vermindern. (Fig. 4.)

Carl Josef Schwarze in Adrian, Mich., V. St. A. — Körnermikrophon, bei welchem der Füllmasse eine schüttelnde Bewegung ertheilt wird. — Classe 21, Nr. 96.332.

Vor der Schallplatte a des Mikrophons b ist der Eisenkern e mit seinen Inductionsspulen d und e derart angeordnet, dass der Eisenkern bei der Erregung der Inductionsspulen auf die Schallplatte a einwirken und der Füllmasse des Mikrophons eine schüttelnde Bewegung ertheilen kann. (Fig. 5.)

Fig. 4.   Fig. 5.   Fig. 6.

Riccardo Arno und Aristide Caramagna in Turin. — Stromzuleitung für elektrische Bahnen mit magnetischem Theilleiterbetrieb. — Classe 20, Nr. 96.253.

Ein zweipoliger, hermetisch verschlossener Contactkasten A A K K ist im Strassenkörper vorgesehen. (Fig. 6.) Seine beiden Theile sind elektrisch mit einander verbunden, aber magnetisch von einander (bei J) isolirt. Im Innern des Kastens ist ein zweipoliger Anker C um eine diamagnetische Achse drehbar gelagert. Sobald der Wagen den magnetischen Stromkreis schliesst, dreht sich der Anker und stellt Stromschluss mit dem Hauptleiter bei R her.

Die Pole des Ankers haben am besten die gezeichnete Form; der untere von ihnen taucht in Quecksilber.

Max Jüdel & Comp. in Braunschweig. — Stellvorrichtung mit elektrischem Betrieb, insbesondere für mehrflügelige Signale. — Classe 20, Nr. 96.331.

Die Stellvorrichtung dient zur Erzeugung einer vierfachen Drehung, wie sie zumal für Flügelsignale erforderlich ist, nämlich:
1. aus der Mittellage nach rechts,
2. aus der Endlage rechts in die Mittellage,
3. aus der Mittellage nach links,
4. aus der Endlage links in die Mittellage auf elektrischem Wege.

Die Feldmagnete der Treibmaschine sind zunächst in bekannter Weise mit zwei getrennten, verschieden gewickelten, nach Wahl zu benutzenden Wickelungen versehen. Ausserdem kann noch die Stromrichtung im Anker durch Zusammenwirken selbstthätiger, von der Treibmaschine bedienter Umschaltcontacte mit einem vom Bedienenden gehandhabten Stromwähler gewechselt werden.

Je einer der vier sich aus dieser Anordnung ergebenden Stromläufe wird für je einen der unter 1. bis 4. genannten Bewegungsvorgänge benutzt, wobei auch umgekehrt der Anker die doppelte Wickelung und die Feldmagnete die Umkehrbarkeit der Stromrichtung aufweisen können.

Siemens & Halske, Actien-Gesellschaft in Berlin. — Vorrichtung zur Abschwächung der von Störungen herrührenden Störungen elektrischer Kraftübertragungs-Anlagen, insbesondere elektrischer Bahnen. — Classe 20, Nr. 96.320.

Bei jeder Consumstelle, bezw. auf jedem Motorwagen ist eine Drosselspule aufgestellt, wodurch verhindert wird, dass von den Stromschwankungen herrührende Wechselströme von Störungen der Stärke in den Leitungen auftreten.

Geschäftliche und finanzielle Nachrichten.

Hirschwanger Accumulatoren - Fabriks - Gesellschaft, Schoeller & Co., Hirschwang, Niederösterreich. Wie man uns mittheilt hat die von Herrn Emanuel Jilek, behördl. concess. Ingenieur-Bureau für Elektrotechnik, Wien, VI. bis jetzt besorgte General-Repräsentanz für Oesterreich-Ungarn der Kölner Accumulatoren Werke Gottfried Hagen in Kalk bei Köln a. Rh. mit Ende März l. J. zu existiren aufgehört, dagegen wurde seitens der neueröffneten Firma Hirschwanger Accumulatoren-Fabriks-Gesellschaft Schoeller & Co. in Hirschwang, Niederösterreich, welche die Patente und sonstige auf die Erzeugung des Accumulators nach „System Gottfried Hagen" bezughabenden Rechte erworben hatte, Herrn Jilek neuerdings mit der Besorgung der Geschäfte als Repräsentanten für Oesterreich-Ungarn und die Balkanstaaten betraut.

Zwickauer Electricitätswerk und Strassenbahn-Actien-gesellschaft. Im Betriebsjahre 1897 ist der Verkehr auf den bisher betriebenen Strecken weiter gestiegen und zur Erhöhung der Einnahmen hat die am 16. October den Verkehr übergebene neuerbaute Anschlusslinie Zwickau—Marienthal beigetragen. In Folge des Ausbaues erwies sich die Vermehrung des Wagenparkes um je zwei Motor- und Anhängewagen erforderlich. Noch im Laufe dieses Jahres hofft man den Weiterausbau der Bahnstrecke nach Wilkau in Angriff nehmen zu können. Die 1897er Frequenz stieg, 20.000 frei fahrende Personen nicht gerechnet, auf 1,409.727 Personen gegen 1,297.155 Personen im Vorjahre, was einer Zunahme um 8% entspricht. Eine rechte günstige Entwicklung nimmt die Abgabe elektrischer Energie für Beleuchtung und Elektromotorenbetrieb. Ende 1897 waren 169 Abonnenten mit 3154 Hektowatt (+ 10 Abonnenten mit 700 Hektowatt) angeschlossen. Abgegeben wurden 1,948.852 Hektowatt-Stunden, 462.823 oder 31% mehr als in 1896. Der Stromconsum stieg auf 396.897 Hektowatt-Stunden gegenüber vorjährigen 309.684 Hektowatt-Stunden. Die Betriebseinnahmen betragen einschliesslich Vorjahressaldo 217.296 Mk. (+ 11.941 Mk.) und zuzüglich Contocorrentzinsen 221.667 Mk., die Gesammtausgaben 117.691 Mk., der Bruttogewinn demnach 103.976 Mk. Vom Reingewinn werden 42.000 Mk. wie im Vorjahre für 3% a Dividende auf 1,400.000 Mk. Actiencapital verwendet. Die ordentliche Generalversammlung genehmigte die Bilanz nebst Gewinn- und Verlustrechnung und stimmte den Vorschlägen des Vorstandes über Verwendung des erzielten Reingewinnes in allen Punkten bei.

Thüringer Accumulatoren- und Elektricitätswerke. Unter dieser Firma ist in Saalfeld aus dem benachbarten Görlitzmühle eine Actien-Gesellschaft gegründet und in's Handelsregister eingetragen worden. Das Grundcapital beträgt 835.000 Mk. in 835 auf den Inhaber lautende Actien à 1000 Mk. Gegenstand des Unternehmens ist der Erwerb und Betrieb der Accumulatoren-, Elektricitäts- und Mühlenwerke von E. Schroth in Görlitzmühle.

Berlin—Charlottenburger Strassenbahn. Der Rechnungsbericht pro 1897 bezeichnet dieses Geschäftsjahr als einen wichtigen Wendepunkt in den Verhältnissen der Gesellschaft, weil in demselben auf der Hauptlinie Charlottenburg—Berlin (Brandenburger Thor)—Kupfergraben (am 1. October) die Einführung des elektrischen Betriebes erfolgte. Das am Spree-Ufer errichtete elektrische Kraftwerk enthält aus vier Wasserröhrenkesseln von je 150 m² Heizfläche und zwei Compound-Dampfmaschinen von 400, bezw. 200 PS nebst zugehörigen Dynamos. Mit den bisherigen Einrichtungen werden 16 Wagen auf einmal geladen. Die mit 17 Geleisen versehenen Wagenhallen sind durchwegs unterkellert, um die Wagen von unten leicht und bequem revidiren zu können. Zwischen beiden Hallen liegt eine mit elektrischem und Kurbelantrieb versehene Schiebebühne. Die mit elektrischem Antrieb versehene Krahn ermöglicht das Hinaufheben completer Wagen in die über den Wagenhallen angeordnete Reparatur-Werkstätte. Ausser den 28 anderwärts bezogenen grossen vierachsigen Motorwagen mit Drehgestell wurden in der eigenen Werkstätte fünf kleine ehemalige Pferdebahnwagen umgebaut und mit Motoren und Accumulatoren-Batterien ausgerüstet. Ueber den Accumulatorenbetrieb selbst lässt sich bei der Kürze der bisherigen Betriebszeit ein definitives Urtheil noch nicht bilden. Die Betriebsergebnisse waren insofern befriedigend, als sie nicht hinter dem vorjährigen Ausstellungsjahr zurückblieben.

Es ist schon jetzt die sehr erfreuliche Thatsache zu constatiren, dass sich der Verkehr seit Einführung des elektrischen Betriebes ausserordentlich gehoben hat und die Gesellschaft zur Bewältigung des noch fortgesetzt zunehmenden Verkehrs auf Beschaffung weiterer Wagen Bedacht nehmen muss. Dem Ergebnisse des abgelaufenen Geschäftsjahres konnte diese Verkehrsentwicklung bei der Kürze der Zeit und der einstweiligen Höhe der Kosten des elektrischen Betriebes nur theilweise zu Gute kommen. Der aus dem Vertragsabschlusse mit der Stadtgemeinde Charlottenburg resultirende neue Tarif trat am 1. December in Kraft und äussert, wie von vornherein befürchtet wurde, auf der Hauptlinie seine Wirkung in unerfreulicher Weise dahin, dass für den billigen Fahrpreis das Publicum die ganze Strecke Berlin—Charlottenburg zurücklegt, die Wagenplätze länger als bisher beansprucht und die Möglichkeit, an unbelastten Thiergarten an und für sich noch schwachen Ab- und Zugangs noch mehr als früher beschränkt. Die mit ihrer Hauptlinie in einer weit ungünstigeren Lage als andere durch bebaute Strassen fahrende Gesellschaften. Trotz der Einführung des elektrischen Betriebes konnte der Pferdebestand nicht entsprechend reducirt werden, weil die Verhandlungen mit der Stadt Berlin noch immer nicht zum Abschluss gekommen sind. Die Sommerwagen werden, einem Verlangen der Stadt Berlin entsprechend, unter Wegfall von acht Sitzplätzen mit einem Mittelgange versehen, damit die Schaffner mehr auf den seitlichen Laufbrettern vorzunehmen haben. Die Verhandlungen über Verlängerung der Concession für eine Anzahl neuer Linien haben nach Ueberwindung vieler und grosser Schwierigkeiten zum Abschluss eines nunmehr einheitlichen Vertrages mit der Stadtgemeinde Charlottenburg geführt, durch welchen der Gesellschaft die Concession für die bestehenden Linien und für ein ausgedehntes Netz neuer ausgiebsreicher Linien bis zum 1. October 1937 gewährt wird. Bis zum 1. October 1912 ist an die Stadtgemeinde Charlottenburg für die Benutzung der Strassen eine feste Abgabe von 1 Mk., bezw. 2 Mk. für das laufende Meter einfachen Geleises zu entrichten, während erst von dem genannten Zeitpunkte ab eine Abgabe von der Brutto-Einnahme zu zahlen ist, welche bis zum 1. October 1920 6% von da an 8% beträgt. Eine weitere Betheiligung der Stadtgemeinde Charlottenburg am Reingewinn findet nicht statt, Das Ankaufsrecht der Stadtgemeinde Charlottenburg während der 40jährigen Vertragsdauer ist auf bestimmte Zeitpunkte beschränkt und kann nur nach vorheriger einjähriger Kündigung zu Beginn der Jahre 1920, 1925, 1930 und 1935 gegen Vergütung des vollen Werthes des Unternehmens nach den Grundsätzen des Enteignungsgesetzes ausgeübt werden. Die Verhandlungen mit der Stadt Berlin sind in letzter Zeit wieder aufgenommen worden. Es ist begründete Aussicht vorhanden, dass dieselben, sowohl was die Genehmigung zur Einführung des elektrischen Betriebes als die Verlängerung der beiden am Kupfergraben, bezw. am Lützowplatz endigenden Linien bis in das Centrum Berlins betrifft, bald zum Abschlusse gelangen. Nach dem bevorstehenden Einbau der neuen Maschinen wird für die Kraftanlage ein Betrag von rund 1,600.000 Mk. aufgewendet sein. — Der Reingewinn des Jahres 1897 beziffert sich einschliesslich 3961 Mk. Vortrag auf 124.060 Mk. Davon erhalten der Reservefonds 6004 Mk., der Extra-Reservefonds 6004 Mk. und die Actionäre eine Dividende von 5%. Die Abschreibungen sind mit 128.775 Mk. verbucht, davon 40.000 Mk. auf Amortisations-Conto.

Siemens & Halske. Die Petersburger Firma Siemens & Halske, die im Jahre 1853 daselbst ihre Thätigkeit eröffnet hatte, ist vor Kurzem in eine Actien-Gesellschaft umgebildet worden. Das Actiencapital beträgt 4,000.000 Rubel, die auf 8000 Actien von je 500 Rubel vertheilt sind. Die Eröffnung anderer elektrischer Institute in verschiedenen Theilen des Russischen Reiches ist in Aussicht genommen. Die Gründer des Unternehmens sind A. J. Rothstein, A. W. Gwinner, K. F. Siemens und W. W. Siemens. Im Gesellschaftsregister der königl. Amtsgerichtes zu Berlin ist eingetragen worden, dass das Grundcapital der Siemens & Halske A.-G. um 5 Millionen Mark und 40 Millionen Mark erhöht worden ist.

Schluss der Redaction: 10. Mai 1898.

Verantwortlicher Redacteur: Dr. J. Sahulka. — Selbstverlag des Elektrotechnischen Vereines.
Commissionsverlag bei Lehmann & Wentzel, Wien. — Alleinige Inseraten-Aufnahme bei Haasenstein & Vogler (Otto Maass), Wien und Prag.
Druck von R. Spies & Co., Wien.

Zeitschrift für Elektrotechnik.

Organ des Elektrotechnischen Vereines in Wien.

Heft 21.	WIEN, 22. Mai 1898.	XVI. Jahrgang.

Bemerkungen der Redaction: Ein Nachdruck aus dem redactionellen Theile der Zeitschrift ist nur unter der Quellenangabe „Z. f. E. Wien" und bei Originalartikeln überdies nur mit Genehmigung der Redaction gestattet.
   Die Einsendung von Originalarbeiten ist erwünscht und werden dieselben nach dem in der Redactionsordnung festgesetzten Tarife honorirt. Die Anzahl der vom Autor event. gewünschten Separatabdrücke, welche zum Selbstkostenpreise berechnet werden, wolle stets am Manuscripte bekanntgegeben werden.

INHALT:

Rundschau.

In „Electrical World" ist im Hefte 10 ein Artikel von Prof. H. S. Carhart über die Trennung der Eisenverluste in Transformatoren enthalten. Bekanntlich ist das Feld eines Transformators unabhängig von der Belastung des secundären Kreises; die maximale Kraftliniendichte ist bei Annahme einer bestimmten Periodenzahl der primären Spannungsdifferenz proportional und lässt sich unter der Annahme, dass die Feldstärke und Spannungsdifferenz nach dem Sinus-Gesetze variiren. aus der letzteren eventuell berechnen. Carhart misst die Eisenverluste bei offenem secundären Kreise des Transformators bei zwei verschiedenen Periodenzahlen n und n_1. Der Eisenverlust pro Secunde setzt sich zusammen aus einem durch Hysteresis-Arbeit. welcher der Periodenzahl proportional ist, und einem durch Foucault'sche Ströme verursachten Verluste. welcher dem Quadrate der Periodenzahl proportional ist; es kann daher der bei irgend einem Versuche gemessene Verlust gleich gesetzt werden der Summe zweier Glieder, welche die Potenzen n und n^2 enthalten, die mit unbekannten Proportionalitäts-Factoren multiplicirt sind. Von den bei den verschiedenen Periodenzahlen n und n_1 ausgeführten zwei Versuchsreihen werden stets zwei solche Versuche als zusammengehörig angesehen, bei welchen die maximale Kraftliniendichte dieselbe ist. War bei einem Versuche der ersten Versuchsreihe die primäre Spannungsdifferenz: Δ. so ist der zugehörige Versuch der zweiten Reihe jener, bei welchem die primäre Spannungsdifferenz gleich ist: $\Delta \cdot \frac{n}{n_1}$. Stellt man die beiden Gleichungen für die Verluste zusammen. so kann man die unbekannten beiden Proportionalitätsfactoren ausrechnen und hat daher die Trennung der Eisenverluste erreicht. Aus den bei verschiedenen primären Spannungsdifferenzen, bezw. bei verschiedenen maximalen Kraftliniendichten erhaltenen Hysteresis-Verlusten ergab sich das Resultat. dass das Steinmetz'sche Gesetz, dass der Hysteresis-Verlust der 1·6-ten Potenz der maximalen Kraftliniendichte proportional war. in sehr gut übereinstimmender Weise erfüllt war.

In derselben Zeitschrift ist in Nummer 18 unter dem Titel permanente Magnete ohne Kraftlinien eine interessante Frage aufgeworfen. Denkt man sich eine stählerne Hohlkugel durch Schnitte, welche durch den Mittelpunkt gehen, in eine grosse Anzahl pyramidenstumpfartiger Stückchen zerlegt. hierauf alle Stückchen für sich gleich stark magnetisirt, so dass sie z. B. alle an der Innenfläche der Hohlkugel einen Nordpol, an der Aussenfläche einen Südpol erhalten, und setzt man die Hohlkugel wieder zusammen, so müssen alle Kraftlinien verschwinden. Es ist wohl anzunehmen, dass in diesem Falle alle Theile der Hohlkugel vollständig entmagnetisirt werden; dieselben sollten, wenn man die Kugel wieder zerlegt, unmagnetisch sein.

In der V. Hauptversammlung der deutschen elektrotechnischen Gesellschaft wurde eine Reihe interessanter Vorträge gehalten. von denen einige auszugsweise im „Elektrot. Anzeiger" in Nr. 35 veröffentlicht sind. Aus dem Vortrage von Prof. Dr. Hittorf-Essen über das elektromotorische Verhalten des Chroms entnehmen wir. dass sich das Chrom bei niederer Temperatur wie ein edles Metall verhält. Es läuft an der Oberfläche nicht an und ist gegen Säuren indifferent; elektromotorisch ist es inactiv und steht neben Platin am negativen Ende der Spannungsreihe. Für eine Anzahl von Verbindungen, insbesondere diejenigen aus den Salzsäuren, genügt eine Steigerung der Temperatur, welche aber noch unter 100° C. sein kann. dass das Chrom ein äusserst actives Metall sowohl in chemischer als elektromotorischer Beziehung wird; es entwickelt dann lebhaft Wasserstoff, reducirt andere Metalle, wie z. B. Kupfer, Silber etc. und stellt sich in der Spannungsreihe hinter das Zink. — Herr Dr. Hans Goldschmidt hielt in derselben Versammlung einen Vortrag über ein neues Verfahren zur Erzeugung hoher Temperaturen. Das Verfahren besteht darin, dass Aluminium mit einem Oxyde, z. B. Eisenoxyd gemengt wird; das Gemenge kann mit einem Streichholz angezündet werden und brennt unter hellster Weissgluth weiter, wobei sich das Aluminium mit dem Sauerstoffe des Oxydes verbindet. Die Versuche wurden in der Weise ausgeführt. dass ein Holzgefäss mit Sand gefüllt wurde; innerhalb des Sandes befindet sich das glühende Gemenge. In dem Gemenge kann man Metallstücke weissglühend machen. Das Verfahren eignet sich zum Schmelzen und Schweissen. Man kann die neue Wärmemasse auch zum Hartlöthen benützen und stellen sich die Kosten sehr niedrig. Wichtig ist die Anwendung in der

Metallurgie, da man durch Benützung dieses Verfahrens reine geschmolzene, kohlenfreie Metalle herstellen kann. Während des Vortrages wurde ein 3 kg schwerer Eisenbolzen weissglühend gemacht, ein Flansch auf ein einzölliges Eisenrohr gelöthet, ein 25 kg schweres Stück weissglänzenden Chroms und reine kohlenfreie Manganstücke vorgezeigt, die nach dem beschriebenen Verfahren hergestellt waren. Die Schlacke, welche bei dieser Metalldarstellung sich bildet, ist künstlicher, sehr harter Korund bezw. Schmirgel; in der Schlacke befinden sich kleine künstliche Edelsteine eingeschlossen, Herr Doctor Goldschmidt wies auch darauf hin, welch' grosse Bedeutung ein allerdings noch ungelöstes Problem hätte, wenn es gelänge, aus dem Aluminium, zu dessen Erzeugung eine grosse Menge elektrischer Energie nöthig war, bei der Oxydation anstatt der in Form von Wärme zurückgegebenen Energie wieder elektrische Energie zu erhalten.

Herr Dr. Bredig-Leipzig berichtete über einige Anwendungen des elektrischen Lichtbogens. Bildet man den Lichtbogen innerhalb Petroleum, Aether, Alkohol, Aceton, so bilden sich infolge trockener Destillation brennbare Gase. Das aus Petroleum gebildete Petroleumgas enthält circa 6% Acetylengas und brennt mit grösserer Leuchtkraft als das Steinkohlengas. Bildet man den Lichtbogen zwischen Metallelektroden unter Wasser, so condensiren sich die Metalldämpfe sofort im Wasser; in dieser Art kann man Platinmoor erzeugen.

Von Prof. Dr. Heim wurde über eine neue Methode der Bestimmung der Polarisation in galvanischen Zellen berichtet. Herr Dr. Cohen-Aachen berichtete über seine Versuche mit dem Weston-Normal-Element; aus diesen Versuchen geht hervor, dass das Element stets bei einer Temperatur verwendet werden soll, welche ober 15° C. ist.

In London sind, wie wir einer Notiz in der „Elektrochemischen Zeitschrift" entnehmen, bereits viele mittelst Accumulatoren betriebene Fiaker in Benützung, welche von der „The London Electrical Cab Co." eingeführt werden. Die Wagen haben ein elegantes Aeusseres; die Accumulatoren sind unter dem Wagen in einem Kasten angebracht und haben eine Capacität von 170 A.-St. Zwischen den Radachsen ist nahe der Hinterachse ein dreipferdiger Motor angebracht, welcher mittelst eines Vorgeleges jedes der Hinterräder mit einer Gelenkkette antreibt. Die Fahrgeschwindigkeit kann zwischen 4·8 und 12·3 km variirt werden. Die Accumulatoren haben ein Gewicht von 711 kg, der ganze Wagen mit Kutscher und Passagieren ein solches von circa 1520 kg.

Im „American Electrician" befindet sich im Hefte 4 unter den zahlreichen interessanten Artikeln ein solcher über elektrisch betriebene Drehscheiben für Eisenbahnen. An der Drehscheibe ist ein 5 bis 7 PS Motor angebracht, welchem durch Schleifringe der Strom zugeführt wird; durch Zahnradübersetzung wird ein auf der Kreisschiene laufendes Rad angetrieben. Die ganze Ausrüstung verursacht wenig Kosten, die für den elektrischen Betrieb der Drehscheibe verursachten Kosten sind viel geringer als beim Handbetrieb.

Die Fortschritte der elektrochemischen Industrie.

(Schluss.)

Im Zusammenhange mit der Herstellung von Bleichstoffen steht die Fabrikation von Ozon, welches ebenfalls als Bleichmittel angewendet wird. Ozon ist activer Sauerstoff, O_3, und wird zumeist durch Glimm-

entladungen hergestellt, welche durch eine Inductionsspule von hoher Spannung hervorgerufen werden. Die Luft, welche durch diese Glimmentladungen gejagt wird, wird durch die Berührung mit dem elektrischen Fluidum ozonisirt und hat in diesem Zustande eine kräftige bleichende Wirkung. Durch Verwendung von Ozon ist die Bleiche von Leinwand z. B. nicht mehr von der Sonne, resp. vom Tageslicht abhängig, es entfällt die Nothwendigkeit, die Waaren auf einem Rasen auszubreiten, sondern man bringt dieselben einfach in mit ozonisirter Luft gefüllten Kammern. — Ozon wird übrigens nicht nur zum Bleichen von Leinwand, sondern auch zum Bleichen von Wachs, Oelen und Stärke, zum Altern von Weinen und Cognac, zur Beförderung der Fermentation des Tabaks, sowie zur Herstellung von Parfümerien verwendet.

Ozon kann in vorzüglicher Weise zur Sterilisirung von Flüssigkeiten verwendet werden, und ist die Vernichtung der enthaltenen Bacillen eine absolut gewisse. Auch das Eindicken von Leinöl, sowie es in der Linoleumfabrikation nöthig ist, wird durch Ozon in kurzer Zeit besorgt.

Auch in der Färberei, sowie in der Fabrikation von Farbstoffen ist die Elektrochemie berufen, eine wichtige Rolle zu spielen. Bei Klärung von Farbholzextracten erzielt man mit Elektrolyse gute Resultate. Versuche zur elektrolytischen Gewinnung von Theerfarben, ferner zur Herstellung von künstlichem Indigo sind im Zuge. Gewisse Farbstoffe, welche aus der Gährung von Farbhölzern (z. B. aus dem Quebrachoholze) gewonnen werden, können aus einer Extraction des Holzes mittelst Elektrolyse gewonnen werden. Auf elektrolytischem Wege hergestellte Blei- und Zinkfarben sind bereits im Handel.

Um zu veranschaulichen, wie Farbstoffe auf elektrochemischem Wege hergestellt werden, sei folgendes Beispiel angeführt. In einem mit Natriumacetat- oder Natriumnitrat-Lösung gefüllten Gefässe befinden sich zwei Bleielektroden. Werden dieselben mit einer Elektricitätsquelle verbunden, wird sich an der einen Elektrode Bleioxyd, d. h. ein als weisse Farbe verwendbarer Stoff abscheiden. Lässt man nun in die Flüssigkeit einen rothen Farbstoff, sagen wir Eosin oder Rhodamin einfliessen, so wird das entstehende Bleioxyd den Farbstoff absorbiren und das Bleioxyd wird sich als rothgefärbtes Pulver abscheiden, das im Handel als „Japanroth" bekannt ist. Je nach der Concentrirung der Farbstofflösung wird das abfallende Pulver heller oder dünkler werden. Wendet man statt der Bleielektroden solche aus Zink an, so erhält man nach demselben Verfahren Zinkoxydfarben.

Man mag den bis jetzt angeführten Erfolgen der elektrochemischen Industrie mit Zweifel begegnen; ein Gebiet gibt es doch, auf welchem die Elektrochemie unbestreitbare glänzende Erfolge errungen hat, und das ist die Metallurgie. Nehmen wir, auf ältere Beispiele zurückgreifend, vor Allem die Elektrolyse wässiger Lösungen in Betracht, so finden wir, dass wir mit Hilfe der letzteren beinahe sämmtliche Metalle, ausgenommen: Eisen, Quecksilber, Wismuth u. s. w. auf ökonomische Weise gewinnen können. Besonders aber hilft uns die Elektrolyse bei der Metallraffination. Einer der wichtigsten Zweige derselben ist die Raffination des Kupfers, und um die Bedeutung derselben mit einem concreten Beispiel zu erhärten, erwähnen wir vor Allem die Werke der Baltimore Copper Works, welche eine tägliche Production von 100 t Elektrolytkupfer aufweist. Zwei Drittel des sämmtlichen Kupfers, welches die Anaconda Minen produciren, wird auf elektrolytischem Wege raffinirt. Wenn wir die Werke der übrigen amerikanischen Bergwerks-Gesellschaften dazu rechnen, finden wir, dass in den Vereinigten Staaten täglich ungefähr 350 *t* Elektrolytkupfer hergestellt werden. Die Raffinationskosten per Tonne, die im Jahre 1892 noch ungefähr 20—30 Dollars betrugen, sind heute auf 8 Dollars heruntergesunken.

Speciell uns Elektrotechnikern ist das elektrolytische Kupfer ein Lebensbedürfnis geworden. Die Leitungsdrähte, mit welchen wir vor anderthalb Jahrzehnten hantirten, besassen etwa 50% der Leitungsfähigkeit des reinen Kupfers. Ohne elektrolytisches Kupfer wäre es unmöglich gewesen, die anfänglich so enormen Dimensionen der Dynamomaschinen und der Apparate so bedeutend zu reduciren, es wäre unerschwinglich gewesen, ausgedehnte Leitungsnetze zu verlegen u. s. w.

Die elektrische Kupfer - Raffination ist eigentlich das, was wir als Galvanoplastik zu bezeichnen gewohnt sind. Als Anode dient das in Platten gegossene, unreine Kupfer (Schwarzkupfer); auf der Kathode, die aus reinem Kupferblech besteht, schlägt sich das reine Kupfer nieder. Das letztere wird dann geschmolzen und in Barrenform gegossen und kann dann weiter verarbeitet werden. Es ist dies ein einfacher und verhältnismässig wenig kostspieliger Process, der es auch gestattet, dass das dem unreinen Kupfer etwa beigemengte Gold oder Silber nebstbei gewonnen werde. In neuester Zeit wird nun versucht, das elektrolytische Kupfer direct aus den Erzen zu gewinnen. Die Kupfererze können roh zusammengebacken und in Plattenform gebracht werden, und besitzen als rohes Conglomerat noch immer so viel Leitungsfähigkeit, dass sie im elektrolytischem Bade als Anoden dienen können. Es entfällt somit der thermische Process, aus welchem gegenwärtig das Rohkupfer hervorgeht, was also wieder eine neue Umwälzung in der Metallindustrie bedeuten würde.

Auch bei der Goldgewinnung spielt die Elektrochemie eine wichtige Rolle. Wir wissen, dass der rein chemische Process der Auslaugung der Golderze mit Cyankaliumlösung am Verbreitetsten ist. In den Laugen bleibt jedoch ein geringer Percentsatz von Gold zurück, der früher verloren ging, während er jetzt mittelst Elektrolyse ausgeschieden und auf diese Weise nutzbar gewonnen wird. Besonders in den südafrikanischen Goldminen ist diese Neuerung rapid in Anwendung gekommen, und wurden im letzten Jahre beinahe eine Million Tonnen goldhaltigen Stoffes elektrochemisch behandelt, die sonst als werthlos weggeworfen worden wären.

Die Gewinnung des Zinks auf elektrolytischem Wege hat die anfänglichen Schwierigkeiten überwunden; elektrolytisches Zink ist nunmehr keine Neuheit auf dem Markte. Wir wissen, dass die bisherige Methode der Zinkgewinnung eine umständliche und kostspielige war. Die Zinkerze mussten durch Röstung zu Oxyd reducirt und hernach in Thonretorten mit Kohle destillirt werden. Besonders der Destillationsprocess war mit grossen Verlusten verbunden, weil bei der hohen Temperatur Zink verdampfte und sich wieder in Zinkoxyd zurückverwandelte. Beim elektrolytischem Verfahren wird das Zink entweder durch directe Elektrolyse oder aber durch ein combinirtes Verfahren aus einer Lauge

gefällt, und schlägt sich als metallischer Niederschlag nieder.

Das Verzinken von Eisenwaaren scheint ebenfalls eine grosse Zukunft zu haben. Bis jetzt geschieht die Verzinkung fast ausschliesslich in der Weise, dass man die Eisengegenstände in verdünnter Schwefelsäure beizt und sie sodann in flüssiges Zink taucht, das über seinen Schmelzpunkt erhitzt wurde. Hiebei geht viel Zink und viel Heizstoff verloren, so dass man sich an die Lösung der Frage auf elektrochemischem Wege machte. Eine bedeutende Schwierigkeit stellt sich diesem Vorhaben dadurch entgegen, dass sich das Zink im elektrolytischen Bade gerne in Schwammform niederschlägt, während das niedergeschlagene Zink reguliuisch, hart und fest anhaftend sein sollte. Aber auch diese Schwierigkeit ist beseitigt worden und es steht nun nichts mehr einer grösseren Ausdehnung der elektrochemischen Verzinkung entgegen.

Elektrolytisches Nickel ist schon seit mehreren Jahren bekannt und kommt in Platten von 1 *m* Länge und 50 *cm* Breite und 15 *mm* Dicke auf den Markt. Es wird aus Bessemer-Kupfer-Nickelsteinen gewonnen, welche circa 40% Kupfer und 30% Nickel enthalten. Diese Steine werden in verdünnter Schwefelsäure gelöst. Zuerst wird durch einen schwachen Elektrolysirstrom das Kupfer ausgeschieden; später wird die Stromdichte verstärkt, worauf das reine Nickel ausfällt. Anderes elektrolytisches Nickel erhält man durch die elektrolytische Raffination des Rohnickels, welche in einer Auflösung eines Nickelsalzes stattfindet, wobei das Rohnickel als die eine Elektrode fungirt.

Antimon, das bisher in Regulusform in den Handel gebracht wurde, gelangt nun auch als Elektrolyt-Antimon in den Handel. Das neue Verfahren von Siemens & Halske aus einer Sulfantimoniit-Lösung elektrolytisch niedergeschlagene Antimon besteht aus dichten, grauen Platten, deren Bruch krystallinisch und silberweiss ist. Sie besitzen grosse Sprödigkeit und lassen sich leicht zerbrechen und pulverisiren.

Einen besonderen elektrochemischen Industriezweig bildet die Gewinnung des Zinns, welches sich auf den Weissblechabschnitzeln vorfindet. Man packt die Blechabfälle in Körbe, welche als Anoden dienen, und senkt sie in mit Schwefelsäure, Salzsäure oder Kalilauge gefüllte Tröge. Als Kathoden dienen verzinnte Kupferbleche, welche neben den Körben eingetaucht werden. An der Anode bildet sich Zinnoxyd, welches sich löst; an der Kathode scheidet sich Zinn aus, das umgeschmolzen wird. Eine Schwierigkeit bietet das allmälige Unbrauchbarwerden des Elektrolyten, für dessen Regenerirung verschiedene Verfahren ausgedacht wurden.

Es gibt noch andere Industrien, in welchen die Elektrochemie eine wichtige Rolle zu spielen berufen sein wird. Greifen wir ein Beispiel heraus: das elektrische Gerbverfahren. Man weiss, welch langer Process die Naturgerberei ist, man weiss auch, dass selbst das Gerben mit Extract eine ziemlich lange Zeit in Anspruch nimmt. Es gibt heute drei Verfahren, die Gerbung durch Elektricität zu beschleunigen: von Worms und Balé, von Groth und von Dr. Fölsing in Niederlahnstein. Das letztere Verfahren gestattet nach Angabe des Erfinders, leichte und schwere Ledersorten marktfähig in 3—6 Tagen herzustellen. Die Analysen sollen ergeben haben, dass sich das elektrisch gegärbte Leder hinsichtlich seiner Zusammensetzung nicht von dem auf alte Weise gegerbtem Leder unterscheidet.

Die Bestrebungen, der Elektricität auch in der Zuckerfabrikation eine Rolle zu verschaffen, sind keine neuen, und haben schon zu manchen Misserfolgen geführt. Es scheint aber, dass nun auch die Aera der Erfolge angebrochen ist. Die in Russland nach dem System Schollmeyer und Huber angestellten Versuche haben ergeben, dass der mit Kalk versetzte, vorgewärmte Saft, der mit schwarzrother Farbe in das Elektrolysegefäss gelangt, dasselbe nach 15 bis 25 Minuten mit schöner gelblicher Farbe verlässt und in dem Elektrolyse-Gefäss circa 80 % seiner ursprünglichen Farbe verloren hat. Infolge dieser Klärung kann das zur Saturation zu verwendende Quantum Kalk um 40 bis 50 % vermindert werden, und geht die Saturation auch viel leichter und schneller von statten. Mit derselben Anzahl von Saturateuren kann man ohne Mühe die Arbeit um 25 bis 30 % erhöhen; die Schaumbildung ist viel geringer als gewöhnlich. Die Arbeit auf den Filterpressen erfolgt viel schneller, da man 22 bis 25 % weniger Schlamm als früher producirt; schliesslich erfolgt die Verdampfung des Saftes viel leichter dank seiner grossen Flüchtigkeit und dem Fehlen jeder Schaumbildung.*)

Mit der Aufzählung der vorher erwähnten Industrien habe ich keineswegs Alles erschöpft, was den Bestand der heutigen elektrochemischen Industrie ausmacht. Ich wollte nur eine kurze Uebersicht Dessen geben, was aus dem rührigen Getriebe dieser Industrie besonders herausragt. Auch habe ich vermieden, so Manches anzuführen, das über das Stadium der Versuche noch nicht hinausgekommen ist. ich wollte Ihnen nur von solchen Verfahren berichten, welche praktisch bereits angewendet sind.

Manche der angeführten Industrien bedürfen keiner besonders billigen elektrischen Kraft, sondern lassen sich leicht überall dort einführen, wo ähnliche, aber auf erwärteten Verfahren basirende Industrien bereits existiren. Manche elektrochemische Processe aber lassen sich nur durch ausserordentlich billige elektrische Kraft zu rentablen gestalten. Darum habe ich Industrien, wie Aluminiumgewinnung, Calciumcarbidfabrikation u. s. w. nur dort eine Zukunft, wo ausreichende und constante billige Naturkräfte, z. B. hydraulische, zur Elektricitätserzeugung verwendet werden können. In dieser Erkenntnis bemächtigt sich auch jetzt der Unternehmungsgeist aller verfügbaren Wasserkräfte. In Finnland, Schweden, Nordamerika, Canada, in der Schweiz, Italien, Spanien u. s. w. werden Wasserkräfte angekauft; an manchen derselben werden wahrhaft gigantische Turbinen-Anlagen gemacht; Installationen von 20.000 bis 30.000 PS gehören schon zu gewöhnlichen Begriffen.

Dort, wo keine grossen Wasserkräfte vorhanden sind, sucht man nach anderen billigen Productionsbedingungen. Wo es Hochofen-Anlagen gibt, wird man versuchen, die Abgase zur Erzeugung elektrischer Energie zu verwenden. Wo es Kohle gibt, welche bis jetzt zu schlecht befunden wurde, um sie zu transportiren, wird man sie, an Ort und Stelle beim Betriebe elektrochemischer Processe zu verwerthen.

Wie ich schon nachgewiesen habe, ist es besonders die Metallurgie, wo die Elektrochemie eine Umwälzung theilweise schon hervorgerufen hat. Dass diese Umwälzung eine vollständige sein wird, dessen sind wir heute schon sicher. Das Lösungswort Borchers', des bekannten deutschen Elektrotechnikers: „Ohne Elek-

*) Zeitschrift für Elektrochemie, 1896—1897, p. 321.

tricität keine Metallurgie!“ wird bald zur Wahrheit werden. An uns ist es, diesen Mahnruf zeitlich genug zu verstehen und ihn zu beherzigen. Anfängliche Misserfolge dürfen uns nicht zurückschrecken. Obwol die Elektrochemie noch recht jung ist, so hat sie doch schon bittere Leidensjahre hinter sich, und nur darum, weil uneruüdliche Ausdauer und eiserner Wille ihre Pathen waren, konnte sie sich zu dem entwickeln, was sie heute ist. Und weil ich überzeugt bin, dass diese Charaktereigenschaften dem ungarischen Techniker nicht fremd sind, hoffe ich auch auf eine baldige, blühende Entwicklung der Elektrochemie in Ungarn!

Skizzen über das moderne Fernsprechwesen.

Von k. k. Baurath Barth von Wehrenalp.

I. Der Telephonleitungsbau in Grossstädten.

(Fortsetzung.)

Uebergehend zu den für den städtischen Telephonleitungsbau ungleich wichtigeren Untergrundleitungen sind es zunächst die sogenannten Einbausysteme, nach welchen bis vor wenigen Jahren die meisten Kabelnetze ausgeführt wurden. Hieher gehören alle jene Anlagen, bei welchen die zu Kabeln verseilten isolirten Drähte direct oder in einem aus geeignetem Materiale verfertigten Schlauch in die Erde eingelegt sind. Es wurde wohl auch versucht, blanke Drähte in eine Isolirmasse einzuschliessen, doch führten diese Versuche nirgends zu befriedigenden Ergebnissen.

Die Art und Weise der Bettung ist je nach den localen Verhältnissen sehr verschieden und können hier nur einige der in ausgedehnterem Maasse zur Ausführung gelangten Constructionen angeführt werden.

Armirte Kabel werden in der Regel entweder in die blosse Erde oder zweckmässiger in eine entsprechend hohe Schichte von reinem Sande gelegt und durch Auflegen einer Ziegelschaar gegen mechanische Angriffe geschützt. Diese Methode, nach welcher z. B. in Wien vor zwei Jahren ca. 150 km Papierkabel verlegt wurden, dürfte unter den Einbausystemen wohl die rationellste sein. Durch die Sandschichte ist dem Kabel ein reines, wasserabführendes Lager geboten und die chemische Einwirkung des Bodenmateriales auf die übrigens zumeist durch eine Compoundschichte geschützte Eisenarmirung mindestens sehr erschwert. Die Ziegelschaar deckt andererseits das Kabel erfahrungsgemäss am sichersten gegen mechanische Beschädigungen bei späteren Aufgrabungen, da sie durch ihre auffallende und dauernde Färbung viel rothen Jahren auf das Vorhandensein des Untergrundobjectes aufmerksam macht und im Falle unvermutheter Blosslegung die Ziegel wohl zertrümmert, aber selbst mit den schärfsten Werkzeugen nicht durchgeschlagen werden können. In dieser Hinsicht ist die Abdeckung mit Ziegeln dem Einlegen der Kabel in Holzschläuche entschieden vorzuziehen, da Holz schon nach kurzer Zeit die Färbung des Bodens annimmt und von einem scharfen Krampenhieb durchschnitten werden kann.

Von Schläuchen aus in verschiedenen Substanzen getränktem Holze wurde seinerzeit auch in Amerika ein ausgedehnter Gebrauch gemacht, seit der allgemeinen Einführung der Papierkabel ist man jedoch von dieser Bettungsart abgegangen, weil sich ein höchst ungünstiger Einfluss des getheerten Holzes auf den Bleimantel constatiren liess.

Von sonstigen Materialien wurden zur Herstellung der Kabelschläuche noch Gusseisen (in Hamburg), Cement (in Kopenhagen) u. s. w. verwendet.

Allen diesen Bettungsmethoden ist der fatale Umstand gemeinsam, dass die Kabelstränge nur durch Aufbrechen des Strassenkörpers zugänglich sind, daher jede nachträgliche Vermehrung der Kabel, sogar jede Reparatur die kostspielige Wiederinstandsetzung der Strassendecke und unangenehme Verkehrsstörungen zur Folge hat, Nachtheile, welche bei den Hauptsträngen des Netzes umso schwerer in's Gewicht fallen, als gerade diese zumeist in äusserst frequenten und mit theuerem Materiale gepflasterten Strassen verlegt sind.

Die anlässlich der Vermehrung der Kabel erforderlichen Aufgrabungen lassen sich wohl in den nahe der Centrale gelegenen Strecken, mit einem gewissen Risiko vielleicht auch in entfernteren Zweigsträngen dadurch vermeiden, dass schon bei der ersten Anlage eine entsprechende Kabelreserve mit verlegt wird. Die Billigkeit des in Rede stehenden Bausystemes wird aber hiebei gänzlich in Frage gestellt, da die für die Reserve aufzuwendenden bedeutenden Capitalien auf Jahre hinaus, in manchen Strecken vielleicht für immer unfruchtbar investirt werden müssen.

Unvermeidlich bleiben dagegen bei solchen Anlagen die unaufhörlichen Aufgrabungen infolge von Reparaturen, Auswechslungen schadhafter Kabel, kurz aller Instandhaltungsarbeiten. So zweckmässig im Uebrigen die Methode der unterirdischen Einbettung auf den ersten Blick erscheint, kann dieselbe sonach für alle jene Gebiete einer Grosstadt, in welchen eine allmählige Verdichtung des Netzes zu gewärtigen ist und wo Aufgrabungen in den Strassen mit grossen Kosten und mit Verkehrsstörungen verbunden sind, weder in technischer noch in finanzieller Hinsicht empfohlen werden.

Die Erkenntnis dieser Umstände hat zur Schaffung eines Einbausystemes geführt, bei welchem die Kabel dadurch jederzeit zugänglich gemacht erscheinen, dass der die Kabel bergende Schlauch unmittelbar unter der Strassenoberfläche zu liegen kommt, die Abdeckung desselben sonach gleichzeitig einen Theil der Strassendecke bildet.

Die möglichst seichte Lage der Kabel, welche freilich erst seit der Verwendung von Isolationsmaterialien zulässig erscheint, welche gegen Temperaturänderungen unempfindlich sind, hat mit Rücksicht auf die in den Grossstädten ziemlich gleichgearteten Untergrundverhältnisse Vieles für sich. Fast alle Untergrundobjecte, Wasser-, Gasleitungen etc. müssen gegen die Wirkungen des Temperaturwechsels geschützt werden, daher eine grössere Tiefenlage erhalten. Die Canäle, Wasserläufe u. dgl. liegen in der Regel noch tiefer, um den seitlichen Zuflüssen ein genügendes Gefälle zu sichern. Unmittelbar unter der Strassenoberfläche sind daher anderen Zwecken dienende Anlagen entweder gar nicht oder nur in sehr beschränktem Maasse vorhanden, so dass der erforderliche Raum für den Kabelschlauch da am ehesten zur Verfügung steht.

Dafür ist es in diesem Falle wieder schwieriger, die zu schaffenden Hohlräume in sicherer Weise gegen die Stösse der darüber fahrenden Fuhrwerke, welche Beanspruchung auch bei der Benützung der Trottoire der vielen Hauseinfahrten wegen nicht unbeachtet bleiben darf, zu schützen. Die Constructionen müssen in diesem Falle sehr widerstandsfähig sein und erscheinen hiezu

fast nur gemauerte Canäle. Canäle aus Monierbeton oder aus Schmiedeeisen zulässig.

Ein interessantes Beispiel einer Anlage mit zu Tage liegenden, bezw. in der Strassenoberfläche abgedeckten Kabelcanälen bietet Amsterdam, wo die Kabelcanäle vorherrschend in den Trottoiren so nahe als möglich den Hausfluchten untergebracht sind.

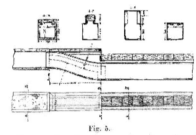

Fig. 5.

Fig. 5 zeigt die Construction eines derartigen Canales, wie er vom Trottoir auf den Fahrdamm übergeht. Im Trottoir besteht der Canal aus Monierbeton, dessen Flechtwerk aus 4—5 mm starken Eisendrähten gebildet ist, und dessen Stärke im Boden und in den Seitenwänden 35 mm beträgt. Der quadratische Hohlraum ist 300 × 300 mm im Lichten und genügt für die Aufnahme von ungefähr vierzig 56adrigen eisenarmirten Papierkabeln. Die einzelnen Stücke werden in Längen von 3—4·5 m in der Fabrik erzeugt und an Ort und Stelle durch Laschen untereinander verbunden. Die in der Trottoirfläche liegenden 3 m langen Deckel bestehen aus einem Rahmen von L-Eisen, an welchem eine eiserne Platte befestigt ist; die Platte trägt eine Cementschichte, worauf sich eine 2 cm starke, die Gehfläche bildende Asphaltlage befindet.

Profil EF zeigt die Canalconstruction aus Profileisen im Holzstöckelpflaster. CD das Profil an der Uebergangsstelle zwischen Trottoir und Fahrdamm.

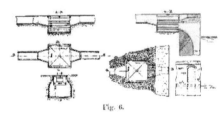

Fig. 6.

Fig. 6 stellt die Construction der Spleissbrunnen für Untergrundkabel, und zwar für die Verbindung der letzteren mit den in den „Grachten" eingebetteten Wasserkabeln dar.*) Die Brunnen sind aus 6 cm starkem Monierbeton mit einem Geflecht aus 5—6 mm dicken Drähten hergestellt. Auf die an den Seiten befestigten Winkeleisen kommen die Spleisskasten zu liegen.

Solcher Canalstrecken sind gegenwärtig sechs in einer Gesammtlänge von 11·5 km ausgeführt, welche derzeit 67 km Kabel enthalten. In den einzelnen Strecken

*) Grachten werden die die Stadt nach allen Richtungen durchziehenden, der Schiffahrt dienenden Canäle genannt.

liegen vorläufig nur 3—12 Kabel, so dass das Netz noch eine bedeutende Verdichtung verträgt.

Das eben beschriebene System entspricht jedenfalls den besonderen Amsterdamer Verhältnissen, wo ein Tieferlegen der Kabel schon der Höhe des Grundwasserspiegels wegen unzulässig wäre, und soll sich in jeder Beziehung bewährt haben. Die Anlage ist relativ billig; die Kabel sind stets leicht zugänglich, und ist eine Vermehrung, Auswechslung oder Reparatur derselben mit minimalen Kosten und ohne Verkehrsstörung durchführbar. Der einzige, aber wohl schwerwiegende Nachtheil ist der, dass durch die zu Tage liegenden eisernen Deckrahmen sowohl die Strassenerhaltung, als auch die Strassenreinigung wesentlich beeinträchtigt wird, da die eisernen Deckrahmen schon auf den Trottoiren die Continuität des Pflasters unterbrechen, schlüpfrige Stellen bilden und den Wasserablauf hindern, beim Uebergang über die Fahrstrassen aber durch das Aufstossen der Wagenräder das umgebende Pflaster schädigen. Wo solche Uebelstände strenger beurtheilt werden, als dies vielleicht in Holland der Fall ist, hat das System trotz seiner sonstigen Vorzüge wenig Aussicht, allgemein acceptirt zu werden. Immerhin stellt es jedoch vom Standpunkte der Fernsprechtechnik eine Vervollkommnung des reinen Einbausystemes dar und bildet sonach ein Uebergangsglied zu dem nunmehr zu behandelnden Tunnelsystem, welches in technischer Beziehung die richtigste, leider nur unter besonderen Verhältnissen mögliche Lösung der Aufgabe, die Untergrundleitungen in grossstädtischen Strassen rationell unterzubringen, bildet.

Das System besteht darin, im Strassenkörper luftige Gänge aus Mauerwerk (Beton) herzustellen, welche gross genug sind, um die erforderlichen Leitungen, eventuell sogar, wie in Paris, die Abfallwässer aufzunehmen. Hätte man bei Inangriffnahme der modernen Stadterweiterungen dahin getrachtet, ein solches Netz von Canälen, wenigstens in den Hauptverkehrsadern der Grossstädte zu schaffen, so hätten vielleicht die enormen Summen, welche seither alljährlich für Aufgrabungen und Pflasterungen verausgabt wurden, hingereicht, um nicht nur die Verzinsung, sondern auch die Amortisirung des Anlagecapitales zu decken, abgesehen davon, dass sich die Vertheilung der Versorgungsnetze weit systematischer hätte durchführen lassen, als dies heute zum Nachtheil aller Betheiligten der Fall ist. So wurde aber überall diese weittragende Massregel der grossen Kosten wegen ausser Acht gelassen oder mindestens so lange verschoben, bis der richtige Zeitpunkt versäumt war, um Ordnung in das unterirdische Chaos zu bringen. Heute, da nun in allen Städten ausser Paris kreuz und quer mit den verschiedenartigsten Untergrundobjecten besetzt sind, würde die allgemeine Einführung der Tunnelsysteme eine Verlegung fast sämmtlicher Leitungen, empfindliche Betriebsstörungen in allen betroffenen Anlagen und allein aus diesen Gründen Kosten verursachen, gegen welche jene der Canalisirung selbst in den Hintergrund treten würden.

Paris ist, wie erwähnt, die einzige Stadt der Welt, wo dieses System in grossem Massstabe zur Durchführung gelangt ist. Es ist bekannt, dass in den Hauptstrassen von Paris Canäle (égouts) bestehen, welche nebst ihrem eigentlichen Zwecke, die Abfallwässer abzuführen, noch dazu dienen, alle Rohr- und Kabelleitungen in diesen Tracen aufzunehmen.

Nebst den Gas- und Wasserleitungen befinden sich darin die Röhren der pneumatischen Post und

sämmtliche Telegraphen- und Telephonkabel, u. zw. sind letztere in auf Supports am Scheitel des Gewölbes befestigten Eisenblechkästen gelagert. Die égouts sind mit den Kellern der Centralstationen durch geräumige Gewölbe in Verbindung. Von den Hauptcanälen verzweigen sich die Kabel mittelst eigener Vertheilungskästen in die kleineren Strassencanäle, von welchen schliesslich die einzelnen Doppelleitungen in die Höfe der Häuser geführt werden. Im Hofe wird die Leitung an einer geeigneten Stelle aus dem Canale übergeführt und an der Hoffaçade in die betreffende Wohnung geleitet.

Das gesammte Kabelnetz befindet sich sonach in den Canälen, sämmtliche Aufführungen werden in den Höfen der Häuser bewerkstelligt, so dass in der That in Paris kein einziger Isolator von der Strasse aus zu sehen ist, aber auch alle Kabelarbeiten unter der Erde ausgeführt werden können. Die Zulage neuer Kabel vollzieht sich in der einfachsten Weise dadurch, dass die höchstens 400 m langen Kabelstücke auf den Schultern einer entsprechenden Zahl von Arbeitern im Canale bis zur Stelle, wo sie einzubetten sind, getragen werden.

Diese Methode nähert sich wohl dem Ideal eines unterirdischen Tunnelsystemes, setzt jedoch den Bestand einer so einheitlich ausgebildeten Canalisirung voraus, wie sie eben nur in Paris mit sehr grossen Kosten geschaffen wurde. Der wichtigste Vortheil des Tunnelsystemes, alle Aufgrabungen und die dadurch bedingten Verkehrsstörungen in den Strassen bei Verlegung neuer und Erhaltung alter Kabel vermeiden zu können, lassen sich auf minder kostspielige und doch nicht weniger zweckentsprechende Weise dadurch erreichen, dass in den Strassen künstliche Hohlräume von geeignetem Profile geschaffen werden, in welche man von eigens hergestellten Schächten aus die Kabel einzieht. Anstatt gangbare Canäle in der ganzen Länge der Leitung zu erbauen, werden hier beim sogenannten Einziehsystem nur in gewissen Entfernungen entsprechende Räume unter dem Erdboden hergestellt, von welchen aus mit den Kabeln manipulirt werden kann.

Das Einziehen der Kabel in eiserne Röhren wurde praktisch schon seit langer Zeit bei Telegraphenleitungen in allen jenen Strecken, wo das offene Einlegen der Kabel aus irgend welchen Rücksichten für den Verkehr oder die Instandhaltung unzulässig erschien, geübt. In grösserem Massstabe wurde die Methode im Jahre 1853 in Berlin angewendet, wo statt der ursprünglich eingeführten nackten Guttaperchadrähte später (1862) dreidrähtige Kabel eingezogen wurden.

Begreiflicherweise konnte dieses System, solange es nur zur Unterbringung von Telegraphenleitungen diente, keine ausgedehntere Verwendung finden. Erst durch die Entwicklung der Telephonie wurde die rationelle Unterbringung der Leitungen zu einer wichtigen Frage.

Der Mangel plangemässer Gestaltung der Leitungsnetze machte sich besonders früh in jenen Ländern geltend, wo die Ausbeutung des Fernsprechwesens concurrirenden Gesellschaften überlassen war, und die Nachtheile dichter, oberirdischer Leitungsnetze durch den gleichzeitigen Aufschwung des elektrischen Beleuchtungswesens noch vermehrt wurden. Die hiedurch geschaffene Situation wurde schliesslich, namentlich in den grösseren Städten Amerika's eine derart unhaltbare, dass 1886 eine mit grossen Befugnissen ausgestattete Commission zur Entscheidung über die zweckmässigste

Führung der Schwach- und Starkstromleitungen in grossen Städten eingesetzt wurde. Nach eingehender Prüfung aller bestehenden und vorgeschlagenen Systeme erklärte diese Commission das Tunnelsystem des Kostenpunktes halber, das Einbau- (built in) System aus Gründen der Betriebssicherheit für unannehmbar und entschied sich grundsätzlich für das Einziehsystem. Was das Material, aus welchem die für die Aufnahme der elektrischen Leitungen bestimmten Canäle herzustellen sind, anbelangt, sprach sich die Commission zunächst gegen die Wahl von eisernen Röhrenleitungen aus und entschied sich für einen Canal aus Asphaltmörtel, einer aus reinem Asphalt und Sand bestehenden Mischung von hoher Isolation, genügender Festigkeit und Dauerhaftigkeit, ein Material, mit welchem Luft- und Wasserdichtigkeit leicht zu erreichen ist. Der Canal (System Dorsett) wird aus rechteckigen, mit einer entsprechenden Zahl von cylindrischen Längsöffnungen (ducts) versehenen Blöcken zusammengesetzt. Die dichte Verbindung der Blöcke wird dadurch bewirkt, dass an der Stossfuge ein eisernes, in der Mitte aufgetriebenes Band um die beiden zu verbindenden Blöcke gelegt und in den so gebildeten Hohlraum erhitzter Dampf eingelassen wird, welcher den Asphalt erweicht. Schliesslich wird der Hohlraum mit geschmolzenem Asphalt ausgegossen, welcher sich mit der erweichten Masse der Blöcke innig verbindet. In geeigneter Entfernung werden gusseiserne Untersuchungsbrunnen (junction boxes) eingebaut, um von da aus die Kabel einziehen zu können.

Seitdem sind kaum 12 Jahre vergangen und das Einziehsystem ist in der That bereits in den meisten grösseren Städten in den mannigfaltigsten, wenn auch durchaus nicht gleichwerthigen Formen verbreitet.

In New-York wurden 1890 Cementcanäle, in welchen Eisenrohre eingebettet sind, in Broocklyn, Boston und Buffalo Holzcanäle, in Chicago, Washington und Baltimore Canäle aus glasirtem Thon mit ein oder mehreren rechteckigen Abtheilungen verwendet.

In Europa dagegen wurden bis vor wenigen Jahren die Kabel, wenn überhaupt, so nur in Eisenrohre eingezogen. Ueber die ausgedehnteste Anlage nach diesem System verfügt seit 1889 Berlin, welche diesen in besehreiben in Hinblick auf die diesen Gegenstand in ausführlichster Weise behandelnden und der Mehrzahl unserer Leser bekannten Publicationen (siehe „Archiv für Post und Telegraphie“ und „Elektrotechnische Zeitschrift“) wohl unterlassen werden kann.

Weniger bekannt in den Details sind die seit mehreren Jahren in Württemberg und in den nordischen Königreichen eingeführten Einziehsysteme, welche ihrer besonderen Vorzüge wegen eine eingehendere Darstellung verdienen. Um diesen Vorzügen die richtige Beurtheilung zu sichern, erscheint es geboten, noch auf einen Umstand aufmerksam zu machen, welcher für den Vergleich der Einziehmethoden untereinander von Wichtigkeit ist. Ein rationelles Einziehsystem soll nicht nur die Vermehrung, sondern auch die Auswechslung und Reparatur der Kabel ohne Aufbruch der Strassendecke gestatten, wie dies z. B. beim Tunnelsystem und in beschränktem Masse auch schon bei der Amsterdamer Anlage der Fall ist. Es soll also das Herausziehen der Kabel ebenso leicht von Statten gehen, wie das Einziehen. Die früher erwähnten amerikanischen Bausysteme, bei welchen die Kabel in glasirte Thoncanäle mit rechteckigen Unterabtheilungen oder in die Oeffnungen von Asphaltblöcken eingezogen werden, entsprechen diesen

Anforderungen in vollkommener Weise. Anders verhält es sich bei jenen Methoden, bei welchen viele Kabel gemeinschaftlich in eine Röhre oder in einen Schlauch eingeführt werden müssen.

Abgesehen davon, dass hier aus begreiflichen Gründen eine vollständige Ausnützung des Hohlraumes niemals zu erzielen sein wird, wird auch das Herausziehen eines bestimmten Kabels nur gelingen, solange die Kabel lose geschlichtet liegen. In Röhrencanälen, wo bereits eine grosse Zahl von Strängen verlegt ist, werden höchstens die Kabel der obersten Schichte ausziehbar sein, jene der unteren Lagen werden zweifellos eher reissen. Diese übrigens bereits erwiesene Thatsache ist leicht erklärbar, wenn man sich den Vorgang beim Einziehen der Kabel vergegenwärtigt. Jedes längere Zeit auf einer Trommel aufgewickelte Kabel hat im abgerollten Zustande, sich selbst überlassen, die Tendenz, nachträglich die innegehabten Windungen wiederzugewinnen. Die ersten Kabel werden daher nicht gestreckt, sondern in mehr oder weniger flachen Bögen im Rohr liegen. Die weiters dazukommenden Kabel müssen sich diesen Windungen anpassen und werden sich daher mit den alten verschlingen, gleichzeitig aber mit ihrem vollen Gewichte auf die unteren drücken. Wenn nun noch im Laufe der Zeit sich Staub und Feuchtigkeit in den Röhren ansammelt, die Eisenarmaturen überdies zusammenrosten, wird ein solcher verkitteter Kabelzopf jeder noch so grossen Zugkraft widerstehen und beim Herausziehen eines unteren Kabels eher eine Trennung desselben eintreten, als dass es sich lösen würde.

Die Ursache, weshalb sich die amerikanischen Systeme mit untertheilten Hohlräume zunächst nicht besonders bewährt haben, ist nicht in der allgemeinen Anordnung, sondern in der nicht ganz glücklichen Wahl des Materiales gelegen. Thon wie Asphalt leisten den verhältnismässig grossen Beanspruchungen, welchen Untergrundobjecte, namentlich wenn sie seicht liegen, ausgesetzt sind und den unvermeidlichen mechanischen Angriffen bei nachträglichen Aufgrabungen nicht mit der erforderlichen Sicherheit Widerstand. Dasselbe System erlangte jedoch sofort Verbreitung, als man zu jenem Materiale, welches sich am besten zur Herstellung derartiger unterirdischer Objecte eignet, dem Beton, überging.

Aus Beton lassen sich bei entsprechender Mischung von gutem Cement und Sand Werkblöcke anfertigen, welche hinsichtlich der Tragfähigkeit, Härte und Glätte der Rohrwandungen allen billigen Anforderungen genügen. Die einzige Schwierigkeit besteht darin, die einzelnen Blöcke so aneinanderzusetzen und dauernd zu verbinden, dass die Continuität der Hohlräume und die Wasserdichtigkeit des Canales hinreichend verbürgt werden kann. Diese Schwierigkeiten mit Erfolg überwunden zu haben, ist das Verdienst der Erfinder der beiden nunmehr zu beschreibenden Systeme.

In Stuttgart verwendeten Einziehcanäle werden aus 1 m langen Cementformstücken, wie sie in Fig. 7 dargestellt sind, zusammengesetzt. Die dadurch entstehenden Hohlräume gestatten das bequeme Einziehen von je fünf 56adrigen Kabeln. Auf die Sohle der Cunette wird eine ca. 5 cm starke Betonlage aufgetragen, welche in der Mitte eine der Breite des untersten Formstückes entsprechende Erhöhung erhält, um dasselbe in seiner Position zu fixiren. Hierauf werden die einzelnen Formstücke eines auf das andere, voll auf Fug. gelegt, bis die gewünschte Capacität erreicht ist. Würde bei grösserer Zahl der erforderlichen Hohlräume der Aufbau zu hoch werden, so können auch derartige Stösse nebeneinander in dieselbe Cunette verlegt werden.

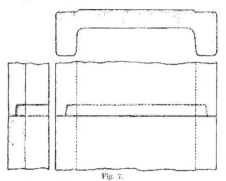

Fig. 7.

Schliesslich wird die Grube, soweit sie im Fahrdamme liegt, mit Beton ausgefüllt, um ein Verschieben der Formstücke in Folge der äusseren Belastung hintanzuhalten, wogegen im Trottoir bloss Erdreich einge-

stampft und die Cunette mit einer Betonschichte abgedeckt wird. Die Einziehcanäle sind durch Einsteigbrunnen (Fig. 8), von welchen aus die Kabel eingezogen

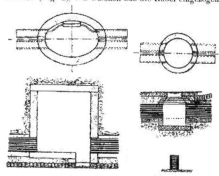

Fig. 8. Fig. 9.

und in welchen dieselben gespleist werden und durch Ziehbrunnen (Fig. 9), welche nur dazu bestimmt sind, das Einziehen der Kabel durch Einlegen von Rollen zu erleichtern, untertheilt.

(Fortsetzung folgt.)

Verkehr der Eisenbahnen mit elektrischem Betriebe
im I. Quartal 1898
und Vergleich des Verkehres und der Einnahmen des Jahres 1898 mit jenen des Jahres 1897.

Benennung der Eisenbahn	Durchschnittl. Betriebslänge im I. Quartal km		Spurweite	Beförderte Personen im Monate 1898			Die Einnahmen für Personen und Gepäck betrugen im Monate 1898			Vom 1. Jänner bis 31. März 1898 beförd. Personen	Die Einnahmen betrugen vom 1. Jänner bis 31. März	
	1898	1897		Jänner	Februar	März	Jänner	Febr.	März		1898	1897
a) Oesterreich												
Baden—Vöslau*)	8·04	—	normal	—	—	—	—	—	—	—	—	—
Bielitz—Zigeunerwald	4·85	4·85	1	16.703	15.064	17.628	2.360	990	1.309	49.405	4.657	3.234
Czernowitzer Strassenbahn	6·49	—	1	68.763	59.626	70.121	3.748	3.256	3.825	198.510	10.830	—
Gmunden Bahnhof—Stadt	2·63	2·63	1	5.227	4.701	4.770	585	540	553	14.698	1.678	1.608
Graz—Maria Trost (Tölling)	5·24	—	1	—	44.813	39.353	—	5.828	5.689	91.966	12.433	—
Lemberger elektrische Eisenbahn	8·33	8·33	1	313.240	288.407	306.794	16.595	30.847	16.125	908.441	48.144	43.832
Linz—Urfahr	3·10	—	1	102.935	—	105.559	7.387	—	7.596	300.616	21.495	—
Mödling—Brühl	4·43	4·43	1	8.138	8.837	14.523	731	754	1.341	30.998	2.829	3.013
Prager Strassenbahnen (Königl. Weinberge—Žižkov)	5·80	—	normal	281.752	433.944	453.671	9.032	17.211	19.311	1.171.367	45.574	—
Prag—Vysočan mit Abzweigung Lieben	5·50	5·50	"	106.623	102.514	117.017	6.638	6.264	7.228	326.154	20.130	20.659
Prag (Belvedere)—Bubenč (Thiergart.)	1·38	—	"	—	—	—	—	—	—	—	—	—
Prag (Smichow)—Košíř	2·80	—	b	62.246	59.059	68.448	1.901	1.755	2.065	189.787	5.723	—
Reichenberger elektr. Strassenbahnen	3·41	—	1	79.528	64.381	73.609	4.647	3.787	4.347	217.518	12.351	—
Teplitz—Eichwald	8·94	8·94	1	69.343	69.382	69.028	5.931	6.372	6.272	207.953	18.485	12.990
Summe	70·94											
b) Ungarn (Budapester Eisenbahnen)												
Budapester elektr. Stadtbahn Actien-Gesellschaft	28·6	25·2	normal	1.563.113	1.384.354	1.574.604	114.736	102.139	116.860	4.519.271	333.738	335.880
Franz Josef elektrische Untergrundbahn Act.-Gesellschaft	3·7	3·7	"	302.303	242.801	271.253	32.700	24.250	27.125	816.357	84.106	75.879
Budapest-Neupest-Rákospalotaer elektrische Strassenbahn Act. Gesellsch.	12·7	12·7		220.273	195.032	226.179	15.604	14.063	16.304	641.484	45.970	39.288
Summe	45·0											
c) Bosnien-Herzegowina												
Stadtbahn in Sarajevo	5·3	4·9	0·76	89.675	81.011	84.040	3.565	2.865	3.678	254.726	10.108	8.789

*) Verkehr eingestellt.

M. Z.

KLEINE MITTHEILUNGEN.

Verschiedenes.

Eine Bekanntmachung des deutschen Reichskanzlers vom 11. d. M. gibt Kenntnis von einer Reihe technischer und gesundheitlicher Vorschriften bezüglich der Einrichtung und des Betriebes von Anlagen zur Herstellung elektrischer Accumulatoren aus Blei oder Bleiverbindungen.

Der Gemeinderath von Moskau wird eine Petition einreichen behufs Einführung beim Telephon-Betrieb einer ermässigten Taxe von 75 Rubel für eine Entfernung von nicht über 5 Werst von der Central-Station aus und einen Zuschlag von nicht über 15 Rubel für jede Werst mehr; weiters soll die oberirdische Leitung in eine unterirdische umgewandelt werden.
A. B.

Paris wird in nächster Zeit elektrische Motorwagen erhalten, die die Fiaker ersetzen sollen. Vorläufig hat die Fiaker-Gesellschaft in Paris 250 Motorwagen bestellt, von denen 50 im Juni und der Rest im September in den Dienst gestellt wird. Die Motoren werden drei 1·8 batten und ein Wagen wird imstande sein, 80 km ununterbrochen mit einer mittleren Fahrgeschwindigkeit von 16 km per Stunde zurücklegen zu können.

Die Elektricität wird gegenwärtig auch in den Dienst des Jagdsports gestellt. Dieselbe fand, wie ein Berliner Blatt berichtet, bei den jüngsten Auerhahnjagden des deutschen Kaisers von der Firma Siemens u. Halske construirte Scheinwerfer Verwendung, denen als Elektricitätsquelle transportable Sammler der Accumulatoren- und Elektricitäts-Werke-Actiengesellschaft vormals W. A. Boese & Co. in Berlin dienten. Ueber die Handhabung des Apparates wird mitgetheilt: Zwei Förster trugen die in tornisterartige Kästen eingebaute Batterie. Durch Aus- bezw. Umschalter wurde die Veränderung der Lichtstärke für die verschiedenen Zwecke bewirkt. Der Apparat arbeitete zur vollen Zufriedenheit.

Ausgeführte und projectirte Anlagen.

Oesterreich-Ungarn.

a) Oesterreich.

Brünn. (Brünner Localbahn.) Die Union-E. G. in Berlin hat mit dem Brünner Gemeinderathe, beziehungsweise der Brünner Localeisenbahn-Gesellschaft Verhandlungen wegen des Ankaufes der Brünner Localbahn, beziehungsweise des Ausbaues der weiteren, von der Stadtgemeinde als Concessionärin projectirten Localbahn-Linien in Brünn auf folgender Basis eingeleitet: 1. Die Gesellschaft bringt die Localbahn käuflich an sich, führt die Erweiterung auf ihre Kosten durch und führt den Betrieb auf eigene Rechnung. 2. Die Gemeinde wird Eigenthümerin der Localbahn durch käufliche Ablösung der Unternehmung, führt die Erweiterungsbauten auf ihre Rechnung durch und übergibt den Betrieb der Gesellschaft auf einen Zeitraum von mindestens fünfzehn Jahren in Pacht. Der Vertrag soll auf die Dauer von fünfzig Jahren abgeschlossen werden, und schon nach fünfzehn Jahren soll das Einlösungsrecht der Gemeinde eintreten, welches von fünf zu fünf Jahren weiterhin ausgeübt werden darf. Da bekanntlich noch in diesem Sommer das seiner Vollendung entgegengehende städtische Elektricitätswerk eröffnet wird, soll dasselbe berufen sein, den elektrischen Strom sowohl für die hier schon bestehenden Localbahn-Linien, welche für den elektrischen Betrieb umgebaut werden sollen, sowie für die nun anzulegenden Linien zu liefern. Im Schosse der Gemeindevertretung finden gegenwärtig die einleitenden Vorberathungen wegen des erwähnten Augelos statt.

Deutschland.

Berlin. Auch die Linien der Neuen Berliner Pferdebahn-Gesellschaft sollen, wie die „Berl. Börs.-Ztg." erfährt, innerhalb dreier Jahre in elektrische Strassenbahnen umgewandelt werden. Als erste derartig zu befahrende Linie wird die Strecke Molkenmarkt–Weissensee bezeichnet, bei welcher gegenwärtig ein zweites Geleise ausgebaut wird. Bei Legung der neuen Schienenstränge werden sofort die für den elektrischen Betrieb erforderlichen schweren Geleise eingelassen und die Verbindung derselben mittels Kupferdraht bewirkt, so dass später nur durch Herstellung der Oberleitung in verhältnismässig kurzer Zeit die Umwandlungsarbeiten vollzogen werden können. Die officielle Uebernahme der Linien der Neuen Berliner Pferdebahn durch die Grosse Berliner Strassenbahn-Gesellschaft wird erst am 1. Januar erfolgen.

Das Berliner Dampfstrassenbahn-Consortium (Darmstädter Bank und Hermann Bachstein) hat jetzt sämmtliche Verträge mit den Gemeinden abgeschlossen, die an der Umwandlung der Vorortdampfbahnen in elektrische Bahnen mit Hochleitung interessirt sind, mit Charlottenburg, Schöneberg, Wilmersdorf, Steglitz, Friedenau, Schmargendorf und der Colonie Grunewald (Kurfürstendammgesellschaft). Es fehlt jetzt nur noch die Genehmigung der Stadtverordnetenversammlung zu dem bereits von der Verkehrsdeputation und dem Berliner Magistrat genehmigten Vertrag betreffend die erforderliche Verlängerung der Vorortbahnen nach dem Anhalter und Potsdamer Bahnhof (Linkstrasse) und die staatliche Concession, die jedoch bereits durch ein Schreiben des Königl. Polizeipräsidiums zu Berlin in sichere Aussicht gestellt ist.

Die Subcommission der Verkehrs-Deputation hat am 14. d. M. unter Vorsitz des Bürgermeisters Kirschner einen für die Verkehrsgestaltung in Berlin grundlegenden Beschluss von bedeutender Tragweite gefasst, indem sie beschloss, der Deputation die Ablehnung sämmtlicher Offerten zu empfehlen, vielmehr die neuen Linien auf Rechnung der Stadtgemeinde zu bauen und auf dem Wege der Verpachtung betreiben zu lassen.

Spandau. Die Allgemeine Elektricitäts-Gesellschaft hat, wie erinnerlich, mit den städtischen Behörden von Spandau einen Vertrag geschlossen, wonach sie Spandau mit Elektricität für Kraft- und Beleuchtungszwecke zu versehen hat. Sie wollte zu diesem Zwecke elektrischen Strom von ihrem Werk an der Oberspree oberirdisch nach Spandau leiten. Die zuständigen Behörden haben jedoch die Spannung einer Luftleitung nach Spandau nicht gestattet und es der Gesellschaft anheimgestellt, das Leitungskabel unterirdisch zu verlegen. Wegen der allzu grossen Kosten wurde hiervon aber Abstand genommen und nunmehr beschlossen, in Spandau ein eigenes grosses Elektricitätswerk zu bauen, das auch in der Lage sein soll, Elektricität für die weitere Umgebung der Stadt zu liefern.

Russland.

Kasan. Die Russische Telegraphen-Agentie meldet, dass die „Belgische anonyme Gesellschaft", welche hier die elektrische Beleuchtung einführen sollte, ihren contractlichen Verpflichtungen zum bestimmten Termin nicht nachgekommen ist, weshalb die Gemeinde den Beschluss fasste, den Vertrag mit der Gesellschaft für ungiltig zu erklären und mit anderen Contrahenten in Unterhandlungen zu treten.

Dieselbe Gemeinde bestätigte den Vertrag mit der obenerwähnten Gesellschaft behufs Concessions-Verlängerung des städtischen und Hafen-Pferdebahnbetriebes in Kasan auf weitere 27 Jahre, wobei die Stadt zur Bedingung stellt, es sollen neue Linien gelegt werden, die Pferdebetrieb soll in einen elektrischen umgewandelt werden und die Gesellschaft der Stadt 15% und dem Semstwo 10% der Reingewinnes zahlen. Diese Summe muss jedoch mindestens 5000 Rubel betragen.

Moskau. Die „Erste Tramway-Gesellschaft" hat mit mehreren Gesellschaften einen Vertrag geschlossen behufs Umwandlung der Pferdebahn in eine elektrische Bahn. Die Bewilligungen der Tramway-Gesellschaft sind der Verwaltungsrath und die beiden Actionäre P. A. Schlakow und F. E. Swezow.

Pskow. Die Gemeinde unterhandelt mit der Firma „Helios" behufs elektrischer Beleuchtung der Stadt.
A. B.

Witebsk. Hier wird von einer belgischen Gesellschaft eine elektrische Bahn gebaut. Der Vertrag ist auf die Dauer von 40 Jahren abgeschlossen. Nach dieser Zeit geht die Bahn in den Besitz der Stadt über.

Literatur-Bericht.

Essai sur la Théorie des Machines électriques à influence. Par V. Schaffers. Paris, Gauthier, Villars & Fils. Bruxelles, Polleunis & Ceuterick, 1898. Prix 5 frcs.

Dieses Buch bildet einen vortrefflichen Anschluss an das bekannte Werk von J. Gray und ist vor allem für jene bestimmt, die sich einem Specialstudium der statischen Elektricität widmen wollen. Nach einem kurzen historischen Ueberblick wendet sich der Verfasser dem ersten Theile seines Themas zu, der Aufstellung der Fundamentalprincipes der Influenzmaschinen, hierauf ihrer Theorie und den ersten Versuchen. Daran schliesst sich das Hauptcapitel, das die modernen Maschinensysteme beschreibt und einer sorgfältigen Besprechung unterzieht. Man findet

u. s. in diesem interessanten Abschnitte die neuesten Influenzmaschinen von J. Gray, Wimhurst etc. Das Schlusscapitel
beschäftigt sich mit der Untersuchung allgemeiner Fragen.

Die Forschungen auf diesem, der Praxis ziemlich unzugänglichen Gebiete sind umfangreicher, als man in der Regel
annimmt; nur sind die einzelnen Versuche und theoretischen Abhandlungen derart zerstreut, dass ein Ueberblick über das bis
jetzt Erreichte sehr schwer ist. Es ist daher dem Verfasser als
Verdienst anzurechnen, dass er sich der Mühe unterzogen hat,
das reiche Material zu sammeln und durch Erweiterung der
Theorien das Studium der statischen Elektricität zu unterstützen.

Die Elektricität und ihre Anwendungen. Ein Lehr- und
Lesebuch. Von Dr. L. Graetz. Mit 490 Abbildungen. Siebente
vermehrte Auflage. Stuttgart. Verlag von J. Engelhorn. 1898.
Preis 7 Mk.

In überraschend kurzer Zeit hat der Verfasser die siebente
Auflage dieses Buches erscheinen lassen. Die vorgenommenen
Aenderungen bestehen in einer Vervollständigung des Stoffes,
wobei auch die neuesten Fortschritte Berücksichtigung gefunden
haben. Die Anlage des Buches ist im Allgemeinen unverändert
geblieben; es besitzt zwei Hauptabschnitte, welche schon aus dem
Titel zu erkennen sind. Der erste Abschnitt befasst sich mit den
Erscheinungen und Wirkungen der Elektricität, der zweite
mit den Anwendungsarten derselben. Beide Abschnitte zerfallen
wieder in eine grössere Anzahl von Unterabtheilungen, den verschiedenen engeren Gebieten angepasst.

Im ersten Hauptabschnitte wurden die thermoelektrischen
Pyrometer neu aufgenommen, ferner die verbesserten Inductions-
apparate, der Coherer mit seinen Anwendungen zur Untersuchung
elektrischer Wellen, endlich die letzten Erfahrungen in der Herstellung der Röntgen-Röhren.

In ähnlicher Weise weist das zweite Hauptcapitel wesentliche Ergänzungen und Erweiterungen auf. Der Abschnitt über
die Verwendung des elektrischen Stromes zu Heiz- und Koch-
zwecken wurde ganz neu eingefügt, ebenso die Untersuchungen
von Moissan über den elektrischen Schmelzofen. Der Verfasser
hat es schliesslich auch nicht versäumt, über die Telegraphie ohne
Draht einige Worte zu sprechen.

Die Vorzüge dieses sehr empfehlenswerthen Buches liegen
in der leicht verständlichen Schreibweise. Der Leser wird gewissermassen in angenehm dahinfliessendem Conversationstone mit den
verschiedenen Erscheinungen und Anwendungen der Elektricität
vertraut gemacht. Das Wissen, das derselbe aus diesem Werke
ohne sonderliche Anstrengung schöpfen kann, verleiht einer nachfolgenden fachlichen Ausbildung eine gesunde Basis.   —nn—

Elektromechanische Constructionen von Gisbert Kapp.
Berlin; Julius Springer. München; R. Oldenburg. Preis 20 Mk.

Kapp führt uns in diesem Buche eine Reihe von Con-
structions-Beispielen und Berechnungen von Maschinen und Apparaten für Starkstrom vor, denen er eine Erläuterung vorausschickt.
Zunächst für die Studirenden der königlichen technischen Hochschule in Berlin bestimmt, wuchs dieses Buch weit über den
hiedurch gesteckten Rahmen hinaus und wurde, so wie es vorliegt,
zu einem wahren Vademecum für den Constructeur. Mit der
generellen Anführung der Formeln ist aber nicht die Absicht
verbunden, durch diese ein tieferes Eindringen in den Gegenstand entbehrlich zu machen; im Gegentheile, es warnt der Verfasser ausdrücklich davor, irgend eine der Formeln anzuwenden,
„bevor er durch Studium des Gegenstandes überhaupt und der
hier gegebenen Beispiele die Bedeutung und Tragweite der
Formeln kennen gelernt hat." Dass der Stoff in dem Buche nicht
methodisch angeordnet wird, kann durchaus nicht als ein Fehler
angesehen werden; indem Kapp mit der Berechnung eines 100 kw
Drehstrom-Generators beginnt, löst er die schwierigste Aufgabe
und erleichtert sich die Besprechung aller folgenden Probleme.
So leicht gerade dieser Aufbau einen faetischen Vortheil für
den Kapp vortrefflich auszunützen wusste. Wie immer, hat sich
auch Kapp als ein Meister präciser
Darstellung erwiesen der, gestützt auf seine in der Praxis gewonnenen Erfahrungen, die eine Voraussetzung hiefür sind, stets den
Kern der Sache ins richtige Licht zu setzen wusste.

Die äussere Ausstattung des Buches ist, obwohl der Preis
kein hoher ist, eine gediegene glänzende zu nennen; die Tafeln,
welche in separatem Umschlage beigegeben sind, zeigen die Constructionen in vollster Deutlichkeit.   K.

Patentnachrichten.

Mitgetheilt vom Technischen- und Patentbureau
Ingenieur Victor Monath
WIEN, I. Jasomirgottstrasse Nr. 4.

Classe   **Deutsche Patentanmeldungen.*)**

20. R. 10.905. Stromzuleitungseinrichtung für elektrische Bahnen
    mit Gruppen-Theilleiterbetrieb durch elektromagnetische Ver-
    theiler. — August Rast, Nürnberg. 18./2. 1897.
„   R. 11.697. Schaltungssystem für elektrische Bahnen mit
    Relais- und Theilleiterbetrieb. — August Rast, Nürnberg.
    8./12. 1897.
26. S. 10.670. Faden zum Aufhängen von Glühkörpern. — Emil
    Skriwan, Wien. 15./9. 1897.
20. B. 21.965. Streckenstromschliesser; Zus. z. Pat. 94.260. —
    Heinrich Büssing, Braunschweig. 17./1. 1898.
„   U. 1292. Sicherungseinrichtung für Stromzuführungssysteme
    elektrischer Bahnen mit Theilleiter- und Relaisbetrieb. —
    Union Elektricitäts-Gesellschaft, Berlin. 4./11. 1897.
21. H. 19.428. Verfahren zur Bestimmung der Phasendifferenz
    zweier Wechselströme von gleicher Periode. — Hart-
    mann & Braun, Frankfurt a./M.-Bockenheim. 27./10. 1897.
46. B. 20.921. Elektrischer Funkengeber zur Zündung des Explo-
    sionsgemisches in Gasmaschinen u. dgl. — Robert Bosch,
    Stuttgart. 10./6. 1897.
20. J. 4387. Kraftleitungs-Schaltvorrichtung für elektrische Bahnen
    mit unterirdischer Stromzuführung — Gustav Ihle, Dresden.
    6./7. 1897.
„   Sch. 12.514. Stromzuleitung für elektrische Bahnen mit zwei-
    rolligem Theilleiterbetrieb. — Max Schöning, Berlin.
    18./4. 1897.
21. H. 19.098. Messvorrichtung zur Bestimmung der electro-
    motorischen Kraft von Stromsammlern; Zus. z. Pat. 88.649.
    — Robert Hopfelt, Berlin. 6./8. 1897.
„   W. 13.051. Schaltung der Regelungselektromagnete für Bogen-
    lampen. — Dr. Th. Weil und Ph. Richter, Frankfurt a./M.
    17./7. 1897.

Classe   **Deutsche Patentertheilungen.**

21. 97.991. Stromschlusswerk für nach verschiedenem Tarif regi-
    strirende Elektricitätszähler. — R. P. Wilson, London.
    20. 3. 1897.
„   97.992. Vorrichtung zur Uebersendung von Nachrichten mittelst
    regelmässig wechselnder oder sich verändernder Ströme. —
    A. C. Crehore, Hannover, V. S. A. und G. O. Squier,
    Virginia. 21./4. 1897.
„   97.993. Stromabnehmerbürste. — W. M. Mordey, Leicester.
    14./5. 1897.
„   97.994. Motor-Elektricitätszähler. — A. Peloux, Genf.
    11./7. 1897.
„   97.995. Zusammengesetzter Ringanker für Dynamomaschinen.
    — Siemens & Halske, Actien-Gesellschaft, Berlin.
    12./8. 1897.
„   98.000. Verfahren zur Herstellung elektrischer Widerstände.
    — H. Helberger, Thalkirchen-München. 23./10. 1897.
20. Stromzuführungseinrichtung für elektrische Bahnen mit Relais-
    und Theilleiterbetrieb. — Union-Elektricitäts-Gesell-
    schaft, Berlin. 7./2. 1897.
„   98.165. Stromzuführung für elektrische Bahnen mit Theil-
    leiterbetrieb unter Zuhilfenahme einer Wagenbatterie. —
    F. C. Esmond, Brooklyn. 18./2. 1897.
„   98.166. Stromzuleitungssystem mit Theilleiter- und Relaisbetrieb
    für elektrische Bahnen. — F. C. Esmond, Brooklyn.
    18./12. 1895.

Geschäftliche und finanzielle Nachrichten.

Aus dem Geschäftsberichte der **Actien-Gesellschaft Mix
& Genest**, Telephon-, Telegraphen- und Blitzableiter - Fabrik,
Berlin, für das Jahr 1897 entnehmen wir Folgendes: Die in Abänderung des Beschlusses der letzten ord. General-versammlung,
von der am 21. Juli stattgefundenen a. o. Generalversammlung
zum Zwecke der Vergrösserung der Fabriksanlagen beschlossene
Erhöhung des Grundcapitales der Gesellschaft auf 2,000.000 Mk.,

*) Die Anmeldungen bleiben acht Wochen zur Einsichtnahme öffentlich
aufgelegt. Nach § 24 des Patent-Gesetzes kann innerhalb dieser Zeit Einspruch
gegen die Anmeldung wegen Mangel der Neuheit oder widerrechtlicher Entnahme
erhoben werden. Das obige Bureau besorgt Abschriften der Anmeldungen und
übernimmt die Vertretung in allen Einspruchs-Angelegenheiten.

ist im Monat September durch Ausgabe von 600 neuen Actien à 1000 Mk. zur Ausführung gebracht worden. Die neuen Actien, welche am 1. Jänner 1898 ab an der Dividende gleichberechtigt theilnehmen, sind den Besitzern der alten Actien zum Course von 145% zuzüglich Stempel zur Verfügung gestellt worden. Der Reservefonds beträgt 381.045 Mk. und hat die Höhe von nahezu 20% des vollen Actiencapitals erreicht. Die Erweiterungsbauten der Fabrik sind so weit fertiggestellt, dass die Inbetriebnahme mehrerer neuer Arbeitssäle bereits stattgefunden hat, während ein grösserer Theil zur Benützung gelangt, sobald die Aufstellung der neuen 300 PS Dampfmaschine erfolgt ist. Auch während des vergangenen Jahres waren sämmtliche Werkstätten der Gesellschaft voll beschäftigt. Ebenso haben sich die beiden Filialen in Hamburg und in London in erfreulicher Weise weiter entwickelt und gegen das Vorjahr erhebliche Mehrumsätze und Gewinne erzielt. Die zur besseren Bearbeitung des Geschäftes in dem Rheinlande und Westphalen neu errichtete Verkaufsstelle in Köln hat ebenfalls den Erwartungen voll entsprochen. Um eine intensivere Ausdehnung des Umsatzes und eine regelrechtere Einführung ihrer Fabrikate auch im Auslande zu ermöglichen, hat die Gesellschaft die Errichtung einiger neuer Zweigniederlassungen ernstlich in Aussicht genommen und die nöthigen Schritte dazu bereits in die Wege geleitet. Das Geschäftsergebnis für das Jahr 1897 weist ungefähr das gleiche Resultat wie für das Vorjahr auf und beziffert sich das Bruttogewinn auf 271.452 Mark. Nach Abzug der in der Bilanz vorgesehenen Abschreibungen von 64.001 Mk., beläuft sich der Reingewinn pro 1897 unter Hinzufügung von 1830 Mk. Vortrag aus 1896 auf 209.282 Mk., dessen Vertheilung der Aufsichtsrath wie folgt vorschlägt: An den Aufsichtsrath 6% von 207.451 Mk., an Direction und Beamte 12.447 Mk., contractliche Tantieme und Gratificationen 34.975 Mk., 10% Dividende auf die alten Actien 150.000 Mk., zum Delcredere-Conto 6000 Mk., zum Unterstützungsfonds für Beamte 3000 Mk., zum Unterstützungsfonds für Arbeiter 2000 Mk., zum Vortrag auf neue Rechnung 1560 Mk.

Die **Prager Kleinbahn- und Elektricitäts-Actien-Gesellschaft** in Prag, welche bekanntlich von der „Živnostenská banka" gegründet wurde, hat am 9. d. M. ihre constituirende Generalversammlung abgehalten und ihre Functionäre gewählt. In den Verwaltungsrath wurden die Herren: kaiserl. Rath J. Otto, Vice-Präsident der „Živnostenská banka", K. Dimmer jun., Mitglied des Verwaltungsrathes der Smichover Actien-Brauerei, J. Janatka, Director der Maschinenfabrik, vorm. Breitfeld, Danek & Co., B. Mařik, Director der Böhmisch - mährischen Maschinenfabrik, Fr. Křižik, Fabrikant in Karolinenthal, A. Mastný, Director der „Živnostenská banka", H. Ronz, Kunstmühlenbesitzer in Karolinenthal, J. Peleman, Director der Zuckerfabrik in Smichov gewählt. Das Actiencapital der Gesellschaft beträgt vier Millionen Kronen.

Land- und See - Kabelwerke - Actien - Gesellschaft. Am 11. d. M. constituirte sich in Berlin diese Gesellschaft mit einem Capital von sechs Millionen Mark und dem Sitze in Köln nebst Zweigniederlassung in Berlin. Zweck der Gesellschaft ist die Herstellung von Land- und Seekabeln. Die Actien Gesellschaft übernimmt das bisher von Herrn Franz Clouth in Nippe betriebene Kabelwerk.

Unter der Firma „**Süddeutsche Kabelwerke - Actien-Gesellschaft Mannheim**" hat sich eine Gesellschaft in Mannheim mit einem Capital von vier Millionen Mark constituirt, welche eine bedeutende Fabriksanlage errichten wird zur Herstellung von elektrischen Kabeln nach dem System Berthoud-Borel. Die Société d'exploitation de cables électriques in Cortaillod-Neuchâtel soll hauptsächlich betheiligt sein und übernimmt die Herstellung und Inbetriebsetzung der neuen Anlage. Die Finanzirung hat die Pfälzische Bank in Ludwigshafen übernommen.

Actien-Gesellschaft für elektrische Anlagen und Bahnen. Der Verwaltungsrath wird für das Geschäftsjahr 1897, nach Vornahme der vertragsmässigen Abschreibungen, einer bedeutenden Rückstellung auf dem Conto eigener Centralen, sowie weiterer Zuweisung von 20.000 Mk. zum Special-Reservefonds die Vertheilung einer Dividende von 6% (wie im Vorjahre) beantragen.

Elektrische Industrie in Frankreich. In Frankreich hat sich eine neue Elektricitäts-Gesellschaft unter der Mitwirkung der Société Générale und anderer Banken, sowie erster Bankfirmen und einer schweizerischen Elektricitätsfirma constituirt, welche die in Liquidation tretende Société Industrielle des Moteurs Électriques à vapeur (System Heilmann, Capital fünf Millionen) in sich aufnehmen wird. Das Capital ist mit 9 Millionen Francs in Aussicht genommen. Ausserdem hat die Gruppe de Secteur de Clichy unter dem Namen „Le Triphase" eine neue Gesellschaft zur Herstellung von Elektricität zu industriellen Zwecken mit einem Capital von 4 Millionen Francs gegründet.

Sie wird ihre Fabrik in Asnières bei Paris errichten, was ihr die Möglichkeit billigerer Lieferung gestattet.

Aus Russland. Petersburg. Die Firma Nobel & Co. soll das Patent auf den Diesel-Motor um 1,000.000 Mark erworben haben. Es werden demnach diese Motoren bald in Russland erzeugt werden. Die deutsche Actien-Gesellschaft „Elektricitäts-Gesellschaft Helios in Köln" hat von der Regierung die Bewilligung erhalten Geschäftsoperationen auszuführen, und wurden die Bedingungen ihrer Thätigkeit bestätigt (Nr. 32 des Gesetzb). — Die Berliner Firma „Union Elektricitäts-Gesellschaft" kaufte das elektrotechnische Etablissement Dettmann in Riga und beabsichtigt das Feld ihrer Thätigkeit in Russland zu erweitern. A. P.

Vereinsnachrichten.

Chronik des Vereines.

13. April. — Vereinsversammlung. Vorsitzender: Dr. Sahulka in Vertretung des Präsidiums. Vortrag des Herrn Ing. Max Déri, Verwaltungsrathes der Internationalen Elektricitäts-Gesellschaft: „Ueber Wechselstrommotoren". Der Vortragende besprach einen neuen von ihm erfundenen Drehfeldmotor, welcher die Eigenschaft hat, dass er mit grosser Zugkraft angeht und bei den verschiedenen Belastungen einen sehr günstigen Wirkungsgrad hat; hierauf erklärte derselbe einen neuen, ebenfalls von ihm erfundenen einphasigen Inductions-Motor, welcher bei Anwendung desselben Principes und infolge Mitbenützung eines Collectors ebenfalls mit Belastung angeht. Der Vorsitzende dankte Herrn Ing. Déri für seinen mit grossem Beifalle aufgenommenen hochinteressanten Vortrag und beglückwünschte denselben zu seinem Erfolge. Da Herr Ing. Déri seinen Vortrag in unserer Zeitschrift demnächst ausführlich veröffentlichen wird, wollen wir den Inhalt hier nicht näher besprechen.

19. April. — Sitzung des Redactions-Comité.

22. April. — Sitzung des Redactions-Comité, hierauf (4.) Ausschusssitzung.

27. April. — Corporative Besichtigung der Jubiläums-Ausstellung Wien 1898. Durch die freundliche Bemühung unseres Cassaverwalters des Herrn Fabriksbesitzers Floris Wüste, Directors der Jubiläums-Ausstellung, hat die Direction derselben unseren Vereinsmitgliedern die Besichtigung der Ausstellung noch vor deren Eröffnung gestattet. An hundert Theilnehmer versammelten sich um 1/26 Uhr Abends beim Südportale der Rotunde, wo sie vom Director Wüste begrüsst wurden und ihren Rundgang in der Rotunde begannen.

Abgesehen von der Rotunde, die eine Area von 45.000 m² bedeckt, wurde für Zwecke der Ausstellung ein Gebiet von über 200.000 m² überlassen, so dass also die gesammte Ausstellung eine Fläche von rund 250.000 m² bedeckt.

Die Ausstellung zerfällt in acht Theile und zwar: 1. die Gewerbe-Ausstellung. Die Beschickung derselben wurde auf österreichische Erzeugnisse und auf solche Firmen, die in Niederösterreich vertreten sind, beschränkt, und wurden nur jene Industrielle und Gewerbetreibende zugelassen, die anerkannt vorzügliche Leistungen zur Vorführung bringen. 2. Die land- und forstwirthschaftliche Ausstellung. Dieselbe gliedert sich in einen ständigen Theil und in temporäre Ausstellungen. Der ständige Theil ist nach dem Pavillon-System aufgebaut und zeigt einerseits die Leistungen der Land- und Forstwirthschaft und die Leistungen der landwirthschaftlichen Industrien, andererseits die Leistungen von Industrie und Gewerbe für Zwecke der Land- und Forstwirthschaft. 3. Die österreichische Wohlfahrts-Ausstellung. In derselben ist das ganze Gebiet der öffentlichen, gesellschaftlichen und socialen Wohlfahrtsbestrebungen, soweit dasselbe während der Regierungszeit Sr. Majestät des Kaisers ins Leben gerufen und ausgebildet wurde, dargestellt. 4. Die Jugendhalle ist eine Special-Ausstellung, deren Programm ganz neuartig ist und sich wesentlich abhebt von allen Darbietungen auf den verwandten Gebieten. Sie ist eine systematische, aber sehr fesselnd gestaltete Zusammenstellung von allen Bestrebungen und Leistungen des Gewerbes und der Industrie, die sich auf das Gebiet der Körperpflege, des Volksschul-Unterrichtes und des Kinderspieles beziehen. 5. Die Bäckerei-Special-Ausstellung umfasst zwei Pavillons. In dem einen Pavillon sind alle landwirthschaftlichen, gewerblichen und industriellen Producte vereinigt, die der Bäckerei und ihren verwandten Gewerben zu dienen berufen sind; in dem zweiten Pavillon werden in einer Reihe von Musterwerkstätten Bäckerei und verwandte Gewerbe im Betriebe vorgeführt. 6. Die „Urania" wird ein populärwissenschaftliches Institut nach Art der Berliner „Urania" darstellen. Ihr Kernpunkt ist ein populärwissenschaftliches Theater, in dem täglich mehrere Vorstellungen gegeben werden. An das Theater gliedern sich Demonstrations- und Experimentirsäle, in welchen Experimente und Demonstrationen so angeordnet sind, dass auch der Laie in der Lage sein wird, sich von den Grundlagen der modernen naturwissenschaftlichen Doctrinen eine vollständig getreue Vorstellung zu machen. In der „Urania" werden überdies eine Reihe von Vorträgen über wissenschaftliche Themen gehalten werden, die den Zweck erfüllen sollen, unter Vorführung von Experimenten und Demonstrationen naturwissenschaftliche Themen in gemeinverständlicher Form dem grossen Publikum vertrauter zu machen. 7. Die Special-Ausstellung für Sport und Sport-Industrie zeigt in einem eigenen Pavillon die Entwicklung der sportlichen Bestrebungen, wie die Leistungen von Industrie und Gewerbe für alle modernen Sporte in einem reichen Ensemble. 8. In der Luftschifffahrts-Abtheilung wird ein Drachen- und ein Kugel-Ballon in Betrieb gesetzt. Der wissenschaftlich-ernste Charakter der Luftschifffahrts-Abtheilung wird einerseits in einer ausgewählten aëronautischen Ausstellung, andererseits in regelmässigen meteorologischen Beobachtungen mit den Fesselballons seinen Ausdruck finden.

Abgesehen von den acht vorgenannten grossen Veranstaltungen muss noch hervorgehoben werden eine Ausstellung der bosnischen Landesregierung, die in einem eigenen Pavillon die Leistungen der bosnischen Gewerbe und Kunstgewerbe vorführt.

Die elektrische Beleuchtung und Kraftübertragung der Ausstellung ist nahezu in ihrer Gesammtheit von der Internationalen Elektricitäts-Gesellschaft eingerichtet und betrieben.

Die elektrische Beleuchtung des Ausstellungsrayons allein umfasst mehr als 1000 Bogenlampen und 9000 Glühlampen verschiedener Kerzenstärke. Ueberdies sind an speciellen Vorrichtungen 6 Projectoren grosser Mächtigkeit, sowie diverse Heiz- und Kochapparate installirt. Einen Vergleich, um wie viel grösser der Lichtaufwand der Jubiläums-Ausstellung gegenüber früheren Ausstellungen im gleichen Rayon ist, bietet die Thatsache,

dass der Rotundencomplex gegenwärtig durch nahezu doppelt so viel Lampen erhellt ist und dass die beiden grossen Park-Avenuen diesmal nicht einreihig, sondern mit einer Doppelreihe starker Bogenlampen beleuchtet werden. Für den Kraftbetrieb sind nahezu 130 Elektromotoren verschiedener Grösse eingerichtet, von $1/10$ PS bis 50 PS mit einer Leistung von zusammen über 558 PS. Der Energiebedarf, der dieser Strombeanspruchung gleichkommt, ergibt über 1·5 Millionen Watt. An Kabelleitungen nur innerhalb des Ausstellungsbereiches sind verwendet: 80.000 m unterirdisch verlegte Bleikabel und 20.000 m oberirdische Leitungen. Ueberdies gibt die Internationale Elektricitäts-Gesellschaft in ihrem speciellen Ausstellungsobjecte ein anschauliches und lehrreiches Bild verschiedener Hilfsapparate, welche zur Weiterleitung, Transformirung und Nutzbarmachung des elektrischen Stromes dienen. Neben einphasigem Wechselstrom wird Drehstrom und zum Theile auch Gleichstrom geliefert. Behufs Erzeugung des Drehstromes ist eine Anzahl von Maschinen der Betriebsanlage als Zweiphasenmaschine gebaut, die derart construirt und angeordnet sind, dass sie je nach Bedarf einfachen Wechselstrom, oder unter Benützung eines besonderen, mit dem bestehenden Netze vereinigten Kabels auch Drehstrom zu erzeugen und zu vertheilen vermögen. Der Gleichstrom, mit welchem auch die ausgestellten Accumulatoren geladen werden, wird durch Wechselstrom-Gleichstrom-Umformer erzeugt. Besondere Beachtung verdienen weiters die mannigfachen Zwecke, welche die elektrischen Kraftbetriebe auf der Ausstellung erfüllen. Den geläufigen Verwendungen zur Bethätigung der verschiedensten Motoren, Werkzeug- und Arbeitsmaschinen für gewerbliche Zwecke in den Arbeitsgalerien und speciell in der graphischen Ausstellung, für landwirthschaftlichen Bedarf, in den Ausstellungen für Bäckerei, Molkerei u. s. w., dann für Aufzüge u. dgl. reihen sich einzelne in ihrem Wesen und in ihrer Bestimmung bisher noch minder bekannte Verwendungen an, die auf dem einschlägigen Gebiete einen namhaften Fortschritt bedeuten und der Jubiläums-Ausstellung besondere Attractionen verschaffen. Darunter zählt hauptsächlich der Betrieb der elektrischen Luftbahn, der elektrisch betriebene Fesselballon – zugleich ein Pendant des Riesenrades im Englischen Garten — die elektrisch betriebenen Apparate und Mechanismen des Urania-Theaters, ein Spillmechanismus für Wagenrangirung und viele andere. Weiterhin ist bemerkenswerth die Einrichtung der sogenannten indirecten Beleuchtung für die Musterschulzimmer der Jugendhalle und für die Bühnenbeleuchtung des „Urania"-Theaters. Besonderes Interesse wird die Demonstration der vom Professor Nernst erfundenen elektrischen Glühlampe, die im Laufe der Ausstellung in ihrer Function zum erstenmale der grossen Oeffentlichkeit vorgeführt werden dürfte, erregen.

Die äussere Ausstattung der Ausstellung selbst, sowie des Parkes, ist ein im hohen Masse anziehendes und fesselndes Bild.

Am Schlusse des Rundganges dankte Herr Ingenieur Fr. Fischer Herrn Director Wüste herzlichst für dessen freundliche Führung und die interessanten Erläuterungen der einzelnen Gruppen und brachte auf den gewiss zu erhoffenden Erfolg der Jubiläums-Ausstellung Wien 1898 ein dreifaches Hoch aus, in das sämmtliche Theilnehmer lebhaftest einstimmten.

Schluss der Redaction: 17. Mai 1898.

Verantwortlicher Redacteur: Dr. J. Sahulka. — Selbstverlag des Elektrotechnischen Vereines.
Commissionsverlag bei Lehmann & Wentzel, Wien. — Alleinige Inseraten-Aufnahme bei Haasenstein & Vogler (Otto Maass), Wien und Prag.
Druck von R. Spies & Co., Wien.

Zeitschrift für Elektrotechnik.

Organ des Elektrotechnischen Vereines in Wien.

Heft 22.   ·   WIEN, 29. Mai 1898.   XVI. Jahrgang

Bemerkungen der Redaction: Ein Nachdruck aus dem redactionellen Theile der Zeitschrift ist nur unter der Quellenangabe „Z. f. E. Wien" und bei Originalartikeln überdies nur mit Genehmigung der Redaction gestattet.
Die Einsendung von Originalarbeiten ist erwünscht und werden dieselben nach dem in der Redactionsordnung festgesetzten Tarife honorirt. Die Anzahl der vom Autor event. gewünschten Separatabdrücke, welche zum Selbstkostenpreise berechnet werden, wolle man am Manuscripte bekanntgegeben werden.

INHALT:

Erfahrungen auf dem Gebiete der Accumulatoren.

Vortrag, gehalten im Elektrotechnischen Vereine in Wien am 23. März 1898 von Herrn Ludwig Gebhard, Director der Accumulatoren-Fabriks-Actiengesellschaft.

Meine Herren!

Die Erfahrungen auf dem Gebiete der Accumulatoren sich bemerke, dass ich natürlich nur von jenen Erfahrungen sprechen, welche meine Gesellschaft und ich mit ihr während ihres zehnjährigen Bestandes, bezw. meiner neunjährigen Thätigkeit gewonnen haben gipfeln in der Wahrnehmung, ja man kann sagen in der Thatsache, dass man über den Accumulator erst nach einer langen Reihe von Ladungen und Entladungen etwas positiv Günstiges sagen kann. Positiv Ungünstiges lässt sich natürlich je nach der Qualität des Accumulators manchmal innerhalb der kürzesten Zeit sagen.

Wenn ich ausdrücklich betont habe, dass ich nur über Erfahrungen auf dem Gebiete der Accumulatoren, die meine Gesellschaft und ich mit ihr gemacht haben, sprechen will, so geschieht es in der ausgesprochenen Absicht, hier an dieser Stelle nicht die Frage aufzuwerfen, welches der vorhandenen Accumulatorensysteme das Beste sei.

Eine Entscheidung über diese Frage kann selbst vor einem Forum von Fachleuten, vor dem ich hier die Ehre habe zu sprechen, herbeigeführt werden; dieselbe liegt in der Praxis und kann nur durch sie entschieden werden. Es geht mit dem Accumulator nicht wie beispielsweise mit einer Maschine, die man der zu verrichtenden Arbeit entsprechend construirt. Nach vollendeter Construction kann man sich hiebei überzeugen, ob die Maschine die von ihr erwartete Arbeit verrichtet und ob die Constructionstheile stark genug bemessen sind. Man weiss auf Grund langjähriger Erfahrungen im Maschinenbau, ob die sich abnützenden Theile, die entweder auf Reibung oder auf Stoss beansprucht sind, entsprechend dimensionirt sind. In der That verlangt man auch in der Regel von einem Maschinenfabrikanten, nachdem die Maschine die verlangte Leistung erwiesen hat, keine grössere als eine einjährige Garantie, die sich in der Hauptsache auf den Ersatz solcher Theile beschränkt, die in Folge eines Constructionsfehlers oder Verwendung von fehlerhaftem oder ungeeignetem Material defect werden.

Bei den Accumulatoren waren die Fabrikanten von Anfang an gezwungen, eine langjährige Ver-

sicherung einzugehen, um den Consumenten die Unterhaltungskosten zu begrenzen. Man hatte von Anfang an erkannt und stillschweigend zugegeben, dass der Accumulator ein Verbrauchsgegenstand ist und von Zeit zu Zeit erneuert werden muss.

Es ist Ihnen wohl Allen bekannt, dass die Accumulatoren-Fabrikanten neben ihrer für den Verkauf bestimmten Fabrikation auch noch fabriciren müssen, um den Verpflichtungen, welche jene Garantien und insbesondere diejenigen, welche die zehnjährigen Versicherungen mit sich bringen, gerecht zu werden.

Als meine Gesellschaft vor ca. zehn Jahren die Accumulatoren in die Industrie einzuführen begann, trat an sie sofort die Aufgabe heran, sich über den Percentsatz, den man wählen musste, um den entsprechenden Verpflichtungen gerecht werden zu können, klar zu werden. Dabei zog die Verkaufsunmöglichkeit, wenigstens wenn man bei einer grosse umfassende Verwendung der Accumulatoren dachte, die bei einem zu hohen Prämiensatze logisch eintreten musste, ziemlich enge Grenzen. Meine Gesellschaft fand bei ihrem Entstehen keine Concurrenz vor und hatte ziemlich lange sowohl in Oesterreich-Ungarn wie auch in Deutschland das Monopol in der Hand. Veranlasst war dies einerseits durch die vielen Verluste, die bis dahin alle ihre Vorgänger auf dem Gebiete der Accumulatoren-Industrie erlitten hatten, wodurch die Capitalisten von den Accumulatoren-Fabriksunternehmungen abgeschreckt waren und andererseits etwas später durch Erwerbung des bekannten Faure-Patents. Trotzdem wir also keine directe Concurrenz hatten und somit durch sie in der Bestimmung des Percentsatzes nicht behindert waren, so hatte doch der Accumulator von den ersten Tagen seines Entstehens an einen mächtigen Concurrenten und das war der directe Maschinenbetrieb. Besonders starke Concurrenz machte dem ihrem Accumulator der directe Betrieb in Form von Wechselstrom. Die Vertreter desselben griffen den Accumulatorenbetrieb angemein heftig an. Sie behaupteten, dass Accumulatoren sowohl in der Anschaffung wie auch in der Unterhaltung zu theuer seien und daher den Betrieb zu unökonomisch beeinflussten.

Um diesen Gegnern der Accumulatoren nicht noch Wasser auf ihre Mühle zu giessen, mussten wir uns dazu bequemen, den Percentsatz nach Möglichkeit niedrig zu halten. Freilich war die Sache nicht so schlimm, wie es die Vertreter des Wechselstromes hinzustellen beliebten und haben die Herren zweifelsohne aus der Noth eine Tugend gemacht. Der Umstand, dass man mit Wechselstrom nicht direct Accumulatoren laden kann, hat besonders die an der möglichsten Ausnützung der Transformatoren-Patente interessirten Kreise zu der auch vielleicht verzeihlichen Geschäftspolitik geführt, den Accumulator als ein unbrauchbares, unzuverlässiges, viel zu theures Möbel zu erklären. Man glaubt ja bekanntlich immer sehr gerne das, was man wünscht, und da die Accumulatoren damals ein schlechtes Renommé hatten, nebenbei bemerkt, schlechter, als sie es verdient hatten, so war es, wie ich eben bemerkte, in der That verzeihlich, wenn die Wechselstromleute nichts thaten, um sich von dem Gegentheil zu überzeugen, sondern im guten Glauben handelnd, den Gedanken: „Accumulatoren bei Centralen zu verwenden" über Bord warfen, denn waren die Accumulatoren wirklich diese unbrauchbaren Dinger, für die sie die Wechselstromleute ausgaben, dann lag kein Grund mehr vor, das Gleichstromsystem für Centralen anzuwenden, welches ohne Anwendung von Accumulatoren in den meisten Fällen von den Vorzügen des Wechselstrom-Systemes überragt wird.

Die Höhe des Prämiensatzes, den man natürlich im Interesse der Sicherheit des Fabrikations-Unternehmens zwar recht hoch bemessen hätte, lag demnach nicht ausschliesslich in unserer Hand und bemessen sich damals je nach der Höhe des Objectes und je nach der Entfernung zwischen der Fabrik und dem Orte der Aufstellung zwischen sechs und zehn Procent der damaligen Brutto-Verkaufspreise.

Grundlegend für die Bestimmung des damaligen Percentsatzes waren die Erfahrungen, welche Tudor seit seinen im November 1882 in Rosport (Luxemburg) aufgestellten Accumulatoren gewonnen hatte. Da wir im Herbste 1887 die Fabrikation in Hagen aufgenommen haben, so lag eine circa fünfjährige Erfahrung vor. Im Laufe der Jahre konnten wir in Folge der fortschreitenden Verbesserungen, die unsere Accumulatoren erfahren haben, diesen Percentsatz nicht unwesentlich reduciren und sind wir allmälich auf ungefähr die Hälfte der damaligen Kosten heruntergegangen. Ob die heutigen Unterhaltungsquoten eine noch weitere Reduction erfahren können, wird lediglich davon abhängen, ob es uns gelingt, die Accumulatoren zu verbessern, worüber nur die Zukunft wird Aufschluss geben können. Jedenfalls darf eine vorsichtig und gewissenhaft arbeitende Fabrik die Unterhaltungsquote nicht so weit heruntersetzen, dass sie damit an die Grenze der Erzeugungskosten kommt. In der That haben wir ja auch bis jetzt immer mit einem, wenn auch nur bescheidenen Nutzen nach dieser Richtung hin gearbeitet, der unter keiner Bedingung geschmälert werden darf, wenn die von uns den Abnehmern gebotenen Garantien und Versicherungen nicht illusorisch werden sollen.

Da ich soeben von der Verbesserung gesprochen habe, auf Grund welcher wir im Stande waren, allmählich mit der Unterhaltungsquote herunterzugehen, so ist es wohl angezeigt, auf dieselbe hier näher einzugehen, umsomehr, als sie sich hauptsächlich auf die in einer Reihe von Jahren von uns gemachten Erfahrungen gründet.

Ich komme damit zum eigentlichen Thema meines Vortrages und möchte dabei folgende Eintheilung machen:

1. Erfahrungen und Verbesserungen der positiven Platten.

2. Erfahrungen und Verbesserungen im Aufbau.

3. Erfahrungen und Verbesserungen in der Behandlung von Accumulatoren, resp. Verbesserungen der Warte und Betriebs-Vorschriften.

1. Erfahrungen und Verbesserungen der positiven Platten.

Planté bediente sich bekannter Weise blanker Bleiplatten, welche er isolirt von einander in verdünnte Schwefelsäure tauchte; er verband die eine Bleiplatte mit dem positiven Pol einer Stromquelle, während er die andere Bleiplatte mit dem negativen Pol derselben Stromquelle verband und formirte dieselben durch einen elektrischen Strom, indem er abwechselnd in der einen und in der anderen Richtung Strom hindurchschickte.

Sie wissen, dass der elektrische Strom das Wasser in seine Bestandtheile: Sauerstoff und Wasserstoff, zerlegt. Der Sauerstoff geht an die positive Platte und bildet mit dem Blei derselben Bleihyperoxyd, während der Wasserstoff an die negative Platte geht. Die auf den positiven und negativen Platten durch den Strom erzeugten Schichten von Planté waren zunächst jedoch nur sehr dünn, so dass Planté, wenn er die Stromquelle von den Platten trennte und die letzteren unter sich durch einen Leiter verband, der geringen Stärke der wirksamen Schichte entsprechend, nur für kurze Zeit Strom aus den Bleiplatten erhielt. Um die Schicht zu verstärken, liess Planté den Strom der zur Formation benutzten Stromquelle in dem immer vorhergehenden entgegengesetzt gerichteten Sinne durch die Platten gehen, indem er den positiven Pol der Stromquelle an die negative Platte des Accumulators und den negativen Pol an die positive Platte des Accumulators anschloss. Zwischen den einzelnen Umladungen liess Planté eine Ruhepause eintreten. So folgte stetig nach und nach Ladung, Entladung, Ruhe und entgegengesetzte Ladung aufeinander, bis die Schichten im Laufe der Zeit immer stärker wurden und die Aufnahmefähigkeit stieg. Würde Planté den Strom immer in einer und der gleichen Richtung hindurchgesandt haben, so würde er die wirksamen Schichten nicht vergrössert haben. Es ist daher die Umkehrung des Stromes beim Formiren ein wesentliches Erfordernis zur Steigerung der Capacität. Dieses Verfahren war natürlich kostspielig und langwierig und es ist begreiflich, dass das Bestreben der Physiker darauf gerichtet war, diesen Process zu verkürzen.

Eine epochemachende Umgestaltung erfuhr deshalb der Accumulator durch Camille Faure, welcher 1881 die beim Formirungsprocess auf den Platten entstehenden Bleiverbindungen, Bleisuperoxyd und schwammiges Blei künstlich auf die Bleiplatten auftrug. Er bestrich die blanken Platten mit Bleioxyden und formirte dieselben nur einmal, wodurch ein Accumulator mit grosser Capacität entstand.

Faure schien die weittragende Bedeutung seiner Erfindung geahnt zu haben, denn er nahm in fast allen Ländern, welche damals in Frage kamen, Patente. Das deutsche Patent datirt vom Februar 1881 und ist jenes vielumstrittene Patent gewesen, das erst vor zwei Jahren erloschen ist.

Wie bekannt, war das Faure-Patent sehr geschickt genommen und sind sämmtliche Processe, die in Deutschland gegen die Giltigkeit des Faure-Patentes geführt worden sind, von den Besitzern des Patentes gewonnen worden. Die Besitzerin dieses Patentes war die Electrical Power Storage Company in London. die sich in den verschiedenen Ländern die diversen Accumulatoren-Fabriken tributpflichtig gemacht hat. In Deutschland. bezw. Oesterreich-Ungarn war die Accumulatoren - Fabriks-Actiengesellschaft. bezw. deren Generalrepräsentanz hier. die Licenzträgerin und mithin auch die Verfechterin des Patentes. Auch in Frankreich. England und Amerika haben die Patent-Inhaber des Faure-Patentes in allen Instanzen ein obsiegendes Urtheil erstritten.

Diese einfache Herstellungsweise zeigte jedoch bald ihre Mängel. Die künstlich aufgetragene Masse der Bleiverbindungen wurde unter dem Einflusse der chemischen Veränderung beim Laden und Entladen weich und verlor ihren Halt am Bleiträger. so dass nach kurzer Zeit ein Abfallen der Masse und somit ein Nachlassen der Capacität eintrat. Man versuchte deshalb, das Abfallen der Masse durch poröse Scheidewände zu verhindern. doch auch dieses Mittel erwies sich als wenig brauchbar, da es obendrein noch den inneren Widerstand des Elementes wesentlich erhöht. Erst Volckmar. der sich im December 1881. und Sellon, der sich die gleiche Erfindung im Jahre 1882 patentiren liess, welche darin bestand, dass sie die Bleiplatten mit Oeffnungen. (Löchern, viereckigen Caros) von 1 10 mm^2 und mehr in grosser Anzahl versahen. so dass die Platten wie ein Sieb aussahen. hatte einen wesentlichen Erfolg.

An diese Gitterform reihten sich im Laufe der Zeit noch andere Constructeure mit anderen Gitterformen, die alle hauptsächlich auf ein Festhalten der künstlich aufgetragenen Masse hinzielten. Alle diese Gitterconstructionen konnten zwar das frühzeitige Ausfallen der erweichten Füllmasse verhindern. waren jedoch nicht im Stande. in der positiven Platte die Masse dauernd festzuhalten. Die Masse der positiven Platte fiel allmählich ab, so dass nach kurzer Zeit die leeren Gitter übrig blieben. die schliesslich selbst durch den Formationsprocess zerstört wurden. Das Verderben der Platten wurde natürlich beschleunigt. wenn grosse Stromstärken. die der Accumulator abgeben oder aufnehmen musste, in Anwendung kamen. Diese Erfahrungen veranlassten Herrn Henri Tudor in Rosport. eine positive Platte zu construiren, welche die Vortheile einer Planté-Platte mit Faure-, bezw. Volekmar-Sellon-Platte vereinigte. Er stellte eine mit Rippen versehene Bleiplatte her und unterwarf dieselbe eine Zeit lang. circa 2-3 Monate, einem Planté-Formationsprocess, darauf strich er in die Rippen künstlich Füllmasse und erreichte dadurch eine hohe Capacität, während die Füllmasse einen guten Halt an der porösen rauhen Oberfläche hatte. Die Oberfläche des Bleiträgers war so gross bemessen. dass. wenn der allmählich bis zu einer bestimmten Grenze fortschreitende Formationsprocess vollendet war. dass dann die Platte auch ohne Füllmasse in Folge der gebildeten Planté-Schichte die garantirte Capacität besass. Die ursprünglich eingetragene Füllmasse hatte also nur den Zweck, so lange die fehlende Capacität zu liefern. bis die Plantéschichte allein die Capacität besass. Es war dann gleichgiltig, ob die Füllmasse vorhanden war oder nicht. Durch diese Methode umging Tudor eine kostspielige langjährige Formation und erreichte schliesslich denselben Zweck.

Dass diese Schlussfolgerung sich in der Praxis bewahrheitete, zeigte die Erfahrung, und zur Veranschau-

lichung möge eine derartige positive Platte dienen. die sich seit März 1890 in der hiesigen k. k. Hofoper in der dort aufgestellten Accumulatorenbatterie in ununterbrochenem Betriebe befand und vor einigen Tagen erst zur Demonstration für diesen Vortrag von dort entnommen wurde.

Die rasche Ausbreitung der Accumulatoren in den letzten zehn Jahren ist unzweifelhaft dieser Erfindung Tudor's zuzuschreiben. denn nur die Haltbarkeit und die Solidität der neuen Platte konnte das schwere Misstrauen beseitigen. das bis dahin den Accumulatoren entgegengebracht wurde.

Den Umfang der Ausbreitung der Tudor-Accumulatoren mögen Sie am besten aus dem Umstande ermessen. dass die Accumulatoren-Fabriks-Actiengesellschaft und die mit ihr befreundeten Fabriken gleichen Systems bis heute für circa 50 Millionen Mark Accumulatoren geliefert haben. und zwar in Deutschland. Oesterreich-Ungarn und den meisten anderen europäischen und ausereuropäischen Ländern.

Tudor gab sich jedoch mit dieser Platte nicht zufrieden. die nur zur Hälfte das Ideal war. welches er ersehnte. Die Füllmasse war nur ein Aushilfsmittel. das über die ersten Jahre hinweghelfen sollte, während das Ideal eine Platte sein musste. die von Anfang an ohne Füllmasse die erforderliche Capacität gäbe. Dieser Wunsch und das Bestreben. eine solche Platte zu erzeugen. war besonders deshalb wichtig. weil bei sehr starken Strombeanspruchungen das Ausfallen der Füllmasse zeitlicher erfolgte, als wünschenswerth war. so dass bei sehr hohen Stromstärken ein sehr frühzeitiges Ausfallen der Masse und ein Nachlassen der Capacität eintreten musste.

Vor circa drei Jahren ist es Tudor gelungen. die Oberfläche der Platte so gross zu machen und durch eine verhältnismässig kurzen Formationsprocess soweit zu formiren. dass die Anwendung von künstlicher Füllmasse unnöthig wurde. Diese Platten besitzen das achtfache der projeirten Oberfläche. Da bei den gewöhnlichen geschmierten Bleiplatten die Oberfläche gleich der projeirten Oberfläche ist. so ist ohne Weiteres klar. dass die Belastung bei den Grossoberflächenplatten achtmal so gross sein kann als bei den Masseplatten. ohne dass die Beanspruchung per Flächeneinheit eine grössere ist. Bedenkt man aber. dass bei den Masseplatten nur eine ganz dünne aus dem Blei gebildete Oxydschichte vorhanden ist, die mit dem Bleikern innig zusammenhängt. so dass selbst bei geringen Belastungen Massetheilchen nur in minimalen Partikelchen abfallen können. so wird ohne Weiteres klar. dass die Grossoberflächenplatte einer vielfachen Beanspruchung einer gewöhnlichen Platte gewachsen ist.

Es ist interessant. die verschiedenartigen Wandlungen zu verfolgen. die die ursprüngliche Planté-Platte durchgemacht hat. bis man wieder zu derselben zurückkehren konnte. d. h. welche Wandlungen der vorher unökonomische Planté-Platte durchmachen musste, bis sie zu einer ökonomischen Platte durchgebildet war. In der That hat die Grossoberflächenplatte der Accumulatoren-Industrie schon gute Dienste geleistet und nach den mit ihr bis jetzt gemachten Erfahrungen zu schliessen. eröffnen sich dadurch für die hoffentlich noch immer allgemeinere Einführung der Accumulatoren recht günstige Aussichten.

Neben der Verwendung als stationärer Acculator. sei es bei Licht- oder Kraftanlagen Pufferbatterien etc., eignen sich diese Accumulatoren für Tractions-zwecke sehr gut und die Erfahrungen bestätigen dies seit einem 2½jährigen Betrieb in Hannover, Dresden und Paris etc.

Der Hannover'sche Strassenbahn-Geschäftsbericht aus dem Jahre 1897 besagt, dass die Erhaltungsquote per Wagenkilometer der Gesellschaft 2·06 Pfennige für den automobil zurückgelegten. 1·22 Pfennige für den Wagenkilometer gemischten Systemes gekostet hat.

Die Hannover'sche Strassenbahn hat nämlich, nachdem sie die Abnützung der Accumulatoren circa 2½ Jahre beobachtet hatte, die Erhaltung der Accumulatoren in eigene Regie übernommen und bezieht von der Hagener Fabrik gegen entsprechende Entschädigung nur die benöthigten Ersatztheile.

Die von stationären Accumulatoren nach einem 2½järigen Betriebe kaum berechtigt ist, aus dem Aussehen der Platten einen positiv günstigen Schluss auf die Lebensdauer derselben zu ziehen, es sei denn, dass der Accumulator täglich mit mindestens 80—90% seiner garantirten Capacität beansprucht worden ist, verhält sich diese Frage bei dem Tractions-Accumulator ganz anders. Hier genügt ein 2½jähriger Betrieb vollkommen, um mit absoluter Sicherheit ein abschliessendes Urtheil zu fällen. Während nämlich der stationäre Accumulator im Allgemeinen täglich nur einmal und da nur im Mittel mit ca. 50% seiner Capacität beansprucht wird, ist die Beanspruchung bei der Traction, besonders beim Tramway-Betriebe eine erheblich andere. Abgesehen von den beträchtlichen Strommengen, die besonders beim Anfahren gebraucht werden und die, wenn das Anfahren auf einer starken Steigung erfolgen soll, das Vielfache, eventuell Zehnfache des normalen Entladestromes, dem stationären Batterien gegenüber, betragen, so ist auch bei den Tractionsbatterien, wie ich sofort nachweisen werde, die Beanspruchung auf Capacität innerhalb des gleichen Zeitraumes das Vielfache.

Angenommen sei eine Strecke von 12 km Länge. Die Wagen sollen mit einer durchschnittlichen Geschwindigkeit von 12 km verkehren, somit legt der Wagen in einer Stunde die Strecke zurück. Die Strecke sei nach dem gemischten System ausgerüstet und zwar seien 6 km mit Oberleitung versehen, während der Rest von 6km automobil zurückzulegen ist. Damit der Wagen, soweit dieser von der Capacität der Batterie abhängt, unter allen Umständen die 6 km automobil durchfahren kann, sei die Batterie so dimensionirt, dass zum Durchfahren der 6 km langen automobilen Strecke bei mittleren Schienenverhältnissen nur 40% der mitgeführten Capacität benöthigt werden. Setzen wir weiter einen 16stündigen Betrieb voraus, so folgt, dass die Strecke von dem Wagen per Tag 16 mal durchfahren wird. Da mit jeder Fahrt die Batterie mit circa 40% der Capacität beansprucht wird, so wird die Batterie per Tag 16 × 0·4 = 6·4mal voll in ihrer Capacität beansprucht.

Wie oben angeführt, wird bei stationären Batterien dieselbe im Mittel bezüglich Capacität täglich mit 50% beansprucht. Während also die stationären Anlagen im Mittel 365 × 0·50 = 182·5 complette Ladungen und Entladungen erfahren, sind die Tractionsbatterien bei Anwendung von Schnellauflade-Accumulatoren 6·4 × 365 = 2336 completten Capacitäts-Entnahmen ausgesetzt.

Das Verhältnis ist also:

182·5 : 2336 oder 1 : 13.

Wenn man annimmt, dass der Wagen im Jahre im Maximum ca. 20% der Zeit zu Reinigungs- und Reparatur-Zwecken ausser Verkehr gezogen wird, so reducirt sich das Verhältnis auf

circa 1 : 10,

also sowohl in Bezug auf Lade- als Entladestromstärke, wie auch in Bezug auf Capacität findet bei den Tractionsbatterien eine zehnfache Beanspruchung gegenüber den stationären Accumulatoren statt.

Es ist also wohl berechtigt, nachdem über die Grossoberflächenplatten oder sogenannten Schnellauflade-Accumulatoren in Hannover und Dresden bereits aus einer 2½jährigen Betriebsperiode günstige Erfahrungen vorliegen, etwas positiv Günstiges über die Grossoberflächen-Accumulatoren zu sagen und denselben eine gute Zukunft zu prognosticiren, umsomehr, als die bescheidene Unterhaltungsquote, die wir in Hannover bekommen hätten, die Strassenbahn in Hannover hat, wie ich schon mittheilte, die Erhaltung der Accumulatoren in eigene Regie übernommen), genügt haben würde, die Accumulatorenplatten während des 2½jährigen Betriebes zu ersetzen.

Die von dem genialen Accumulatoren-Constructeur Henri Tudor erfundene Grossoberflächenplatte nach Planté formirt, hat die Lösung der Frage der Traction mittelst Accumulatoren bei den städtischen Tramways nicht allein wesentlich geändert, sondern mit einem Schlage gelöst.

Vor der Grossoberflächenplatte gieng das Bestreben sämmtlicher Accumulatoren-Fabrikanten dahin, einen bei möglichst leichtem Gewicht möglichst capacitätsreichen Accumulator zu construiren. Um keine Auswechslungen während des Tagesbetriebes bei den Accumulatoren vornehmen zu müssen, und um gleichzeitig keine theuren Reserven anschaffen zu müssen, galt es als Ideal, einen Accumulator zu construiren, mit dem man im Stande war, 16 Stunden lang den Betrieb zu führen und bei dem die Nachtzeit genügen sollte, ihn für den kommenden Tag wieder dienstfertig herzustellen, d. h. zu laden. Dabei kann man natürlich auf ganz enorme Capacitäten, die zur Anwendung von ganz dünnen Platten mit verhältnissmässig grossen Mengen von Blei-Oxyden führten. Nun weiss jeder Accumulatoren-Fabrikant, dass die Oxyde mit jeder Ladung und Entladung sich immer mehr und mehr erweichen und verfeinern, so dass sie schliesslich als Brei in das Elektrolyt übergehen und dort zu allen möglichen Betriebsstörungen Veranlassung geben.

Bei Tramway-Betrieben in Städten handelt es sich im Allgemeinen nur um verhältnissmässig geringe Entfernungen. Wendet man den sogenannten gemischten Betrieb an, so ist die Strecke, die aus Schönheitsrücksichten automobil zurückzulegen ist, in der Regel nur ein Bruchtheil der ganzen Strecke. Sollten die Accumulatoren unter Anwendung von grossen Strommengen beim reinen Accumulatorenbetrieb an den Endstationen unter Benutzung von kurzen Ruhepausen schnell aufgeladen werden oder sollten die Accumulatoren beim gemischten Betrieb geladen werden, solange sich die Wagen unter der Oberleitung bewegen, so waren dadurch Accumulatoren bedingt, die verhältnissmässig nur eine kleine Capacität zu haben brauchen, aber gleichzeitig enorme Lade- und Entladestromstärken vertragen.

Ein solcher Accumulator ist nun der Grossoberflächen-Accumulator mit Planté-Formation. Damit wurde, wie schon erwähnt, die Frage der Lösung der Traction mittelst Accumulatoren beim Tramway-Betriebe in den Städten in ganz andere Bahnen gelenkt. Von den Accumulatoren, die 16 Stunden lang den Betrieb führen sollten und die der Sicherheit des Betriebes halber mit Rücksicht der zeitweilig auftretenden ungünstigen Schienenverhältnisse, wie sie z. B. bei Schneestürmen und kothigem Wetter auftreten, mit mindestens 24stündiger Capacität construirt sein müssten, kam man auf Accumulatoren mit 1½stündiger Capacität.

Dass diese Accumulatoren, selbst wenn sie nur 60—70% des früheren Gewichtes schwer sind, ungleich solider hergestellt werden können, unterliegt wohl keinem Zweifel.

(Schluss folgt.)

Skizzen über das moderne Fernsprechwesen.

Von k. k. Baurath **Barth von Wehrenalp.**

I. Der Telephonleitungsbau in Grossstädten.

(Fortsetzung.)

Das zweite System, vom schwedischen Telegraphen-Inspector H u l t m a n n herrührend, geht in der Theilung des Hohlraumes noch weiter, indem, wie bei den oben beschriebenen D o r s e t t'schen Asphaltcanälen, für jedes einzelne Kabel eine eigene Röhre vorhanden ist. Die Canäle sind aus 1 m langen Cementblöcken gebildet, welche die nöthige Zahl von 75 mm weiten

Längsöffnungen enthalten. Die Fig. 10 a bis g zeigen die Quer- und Längsschnitte einiger dieser Blöcke, welche in eigenen Formen aus Beton, 1 Theil Portlandcement mit 3 Theilen reschen Sandes gemischt, hergestellt werden. Die Blöcke, welche an den Stössen mit einer halben Nuth versehen sind, werden auf Cementunterlagsplatten (siehe Fig. 10 d e f g und Fig. 11) bis auf ein Interval von 10 mm so aneinandergereiht, dass die correspondirenden Oeffnungen genau zusammenfallen. Die durch die Platten unterstützten und durch diese fixirten Blockenden werden mit einem getheerten Seile umwickelt und hierauf mit Asphalt ausgegossen, wodurch ein genügend wasserdichter Abschluss erzielt wird.

In die in den Profilen ersichtlichen Vertiefungen werden Längsschienen aus Quadrateisen eingelegt und erstere sodann mit Cementmörtel ausgefüllt und verstrichen. Die über 5 m langen Eisenschienen werden mit einem Interval von circa 20 mm stumpf gestossen, u. zw. so, dass auf einen Block höchstens ein Stoss entfällt. Die auf diese Weise verbundenen Blöcke bilden nun einen Canal, welcher einerseits genügende Flexibilität besitzt, um den unvermeidlichen Bodensenkungen nachgeben zu können, andererseits aber auch hinreichenden Widerstand gegen Durchbiegungen und Verschiebungen bietet.

In Entfernungen von 100—120 m werden Brunnen von 1·5 × 2 m bis 1 × 1 m Grundfläche und 2—4 m Tiefe angelegt, um die Kabel einziehen und die Spleissungen unterbringen zu können (Fig. 10 h i j). Da die Rohr-

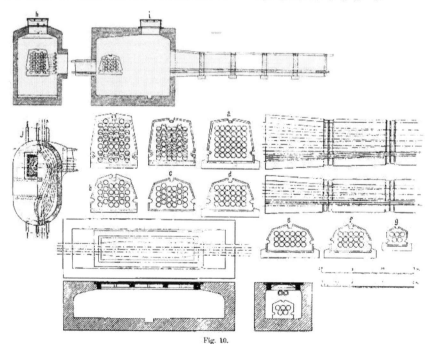

Fig. 10.

wandlungen durch das Herausziehen der stählernen Form-
kerne sehr glatt werden, vollzieht sich das Einziehen
selbst starker Kabel ohne Anstand. Ein Hauptaugenmerk ist bei Herstellung des Blockcanales darauf zu
richten, dass die Achsen der Längsöffnungen genau übereinstimmen.

Um das Zugseil einzuführen, wird von einem
Schachte aus ein circa 2 m langer, vorn mit einem
Haken und hinten mit einer Oese versehener Stab in
die betreffende Röhre eingeschoben, an diesen ein
zweiter ebensolcher Stab angehängt, welcher wieder
den ersten vor sich her bewegt u. s. w. Schliesslich
wird der erste Stab beim zweiten Brunnen zum Vor-
schein kommen und kann dann mit Hilfe dieser Stab-
kette das Seil nachgezogen werden. Da beim Hultmann-System ausschliesslich nichtarmirte Kabel zur

Fig. 11.

Verwendung gelangen, erhält das Kabelende eine zwei-
theilige, mit Dornen und Schrauben befestigte Kappe,
in deren Ring der Haken des Zugseiles eingreift.

Dieses System zeichnet sich durch Einfachheit
und Billigkeit aus und kommt namentlich das letztgenannte Moment dadurch zum Ausdruck, dass hier die
kostspielige Eisenarmirung der Kabel entfallen kann,
wogegen beim Röhrensystem die Kabel unbedingt mit
Flachdrähten armirt sein müssen, um den erforderlichen
Zug, ohne Gefahr einer Beschädigung des Kabels, ausüben zu können.

Gegenüber dem Würtemberg'schen System wird
die Hultmann'sche Methode vorzuziehen sein, weil die
Blockcanäle rascher und billiger auszuführen sind und
hiebei mit den von einander getrennt liegenden Kabeln
noch leichter zu manipuliren ist. Künftige Erweiterungen

lassen sich in allen Strecken des Netzes ohne wesentliche Mehrkosten durchführen, wenn schon bei der ersten
Anlage Blöcke mit einer grösseren Zahl von Oeffnungen,
als unmittelbar erforderlich erscheint, gelegt werden.

Die schwedische Telegraphenverwaltung führte
dieses System zunächst in Stockholm und einigen anderen schwedischen Städten durch, von wo aus es sich
bald in Dänemark, Norwegen und jüngster Zeit selbst
in England Eingang verschaffte. In unwesentlich abge-
änderter Form wird dasselbe System auch von der
Telephongesellschaft in Stockholm für ihre Kabel-
anlagen angewendet.

Mindestens ebenso wichtig als die richtige
Bettungsart ist für eine Untergrundanlage auch die
Wahl der Kabeltype.

Die ersten im Fernsprechwesen verwendeten Kabel
waren von ähnlicher Construction wie die Telegraphenkabel; in Frankreich wurden 3 mm starke Guttaperchaadern, zu 7 Paaren gedrillt, von einem 1·25 mm starken
Bleimantel umpresst, und diese Kabel ohne weitere Armirung in die an Scheitel der Canäle befestigten Eisen-
blechschläuche eingelagert. Ebenso wurden in Deutschland, England, Amerika etc. zunächst Guttaperchakabel
für Telephonzwecke verwendet. Eine eigenthümliche
Kabelsorte, bei welcher gleichfalls Guttapercha zur
Isolirung dient, ist in dem von der Privattelegraphen-
Gesellschaft in Wien erbauten, nunmehr verstaatlichten
Kabelnetze im Betrieb. Es sind dies 10 40drähtige
Kabel, deren einzelne Adern mit einer dünnen Gutta-
perchaschicht überzogen und mit Baumwolle übersponnen
sind. Die Western Union Telegraph Cie. hat in New-
York Telephonkabel eingebaut, deren Isolationsmateriale
aus Kerit, einer Masse aus Theer mit Schwefel und
vegetabilischen Oelen, besteht. Kerit soll dem wechselnden Einflusse von Trockenheit und Feuchtigkeit
besser widerstehen als Guttapercha.

Später fanden in Frankreich, um die hohe Capacität der Guttaperchaadern zu vermeiden, die sogenannten Fortin-Herrmann-Kabel, anderwärts die
Berthoud-Borel-Kabel allgemeine Verbreitung.
Bei ersteren sind die einzelnen Adern durch anein-
andergereihte, 8 mm lange Perlen aus paraffinirtem
Holze von einander isolirt und sieben solche Doppelleiter
in einer 3 mm starken Bleiröhre eingeschlossen. Die
Isolation der Berthoud-Borel-Kabel wird durch
Bewicklung mit imprägnirtem Baumwollgarn erzielt
und werden hier bis zu 56 Adern in einer Bleiröhre
vereinigt.

Alle die verschiedenen Kabelgattungen sind im
Fernsprechbetrieb seit 1893 fast gänzlich durch die
Papierkabel verdrängt.

Guttaperchakabel hatten den Nachtheil der grossen
Ladungscapacität und des mit dem steigenden Bedarfe
sich ewig erhöhenden Preises, die Fortin-Herrmann-Kabel wurden bei grösserer Aderzahl zu un-
förmlich und zu theuer; bei den Berthoud-Borel-
Kabeln war wieder das Ausschwitzen oder Ausrinnen
der flüssigen Imprägnirmasse trotz aller noch so sinnreich erdachten Endverschlüsse nie gänzlich hintanzuhalten. Erst durch die Verwendung von Papier zur
Isolirung der Adern war die Fernsprechtechnik in den
Besitz von Kabeln gelangt, welche allen an Fernsprech-
kabel zu stellende Anforderungen entsprechen.

Die Fabrikation dieser Kabel hat im Laufe der
wenigen seit ihrer Erfindung vergangenen Jahre schon
mannigfache Wandlungen erfahren. Ursprünglich wurde
eine besondere Gattung von Papier, welche zuerst von

285

der Norwich Insulated Wire Company in Längen bis zu 5 englische Meilen erzeugt wurde, in schmalen Streifen und in mehreren Lagen entweder spiralig auf die zu isolirenden Drähte gewickelt oder um dieselben gefaltet. Die aus solchen Adern bestehende Kabelseele wurde in Trockenöfen einer sehr hohen Temperatur ausgesetzt und in noch warmem Zustande in einer isolirenden Flüssigkeit von etwa 200° C imprägnirt. Die mit Blei umpressten Kabel zeigten zwar einen sehr grossen Isolationswiderstand, aber eine immerhin noch ziemlich bedeutende Capacität (0·1 mf pro Kilometer). Um letztere die Güte der Lautübertragung beeinträchtigende Eigenschaft möglichst herabzumindern, wurde in der Folge von der Imprägnirung des Papieres abgesehen und wurden die Drähte nur lose von der isolirenden Papierlage umgeben, so dass mit Luft erfüllte Hohlräume entstanden.

Eben diese Papierluftraumkabel sind es, welche gegenwärtig für Fernsprechanlagen eine so grosse Bedeutung erlangt haben.

Um die Abhängigkeit der Kabeltype von der gewählten Bettungsart zu kennzeichnen, dürfte es von Interesse sein, an dieser Stelle die Construction der in einigen bestehenden Anlagen eingebauten Kabel in Kürze zu beschreiben:

Die in den Pariser Canälen zur Verwendung gelangenden und zum Theil auch direct in den Grund gebetteten Papierkabel mit 56 Doppeladern besitzen einen äussersten Durchmesser von 43 mm und ein Gewicht von ca. 5600 kg pro Kilometer. Jeder Leiter besteht aus einem Kupferdraht von 1 mm Stärke, welcher mit zwei Papierstreifen umwickelt ist. Das Papier ist durchwegs französischer Provenienz und wird einer sehr scharfen Festigkeitsprobe unterzogen. Die erste Papierlage wird von Specialmaschinen so umwickelt, dass ein Luftraum um den Draht herum verbleibt. Darüber wird ein zweiter 15 mm breiter Streifen in entgegengesetzter Richtung gewickelt, welcher durch einen dünnen Faden in seiner Lage erhalten bleibt. Die Einzelleiter werden dann zu Paaren gedrillt und zu je 2, 7, 16, 28, 56 und 112 Doppelleitungen in einer Seele vereinigt. Diese wird durch 24 Stunden in einer Temperatur von 110° C getrocknet, sodann mit reinem Blei in der Stärke von mindestens 3·5 mm (bei 56 Doppeladern) umpresst. Von einer Juteumhüllung oder Eisenarmirung wird bei Bettungskabeln stets Abstand genommen. Die Kabel besitzen 20·5—21·5 Ω Widerstand bei der in den Canälen zumeist herrschenden Temperatur von 12° C, während die Capacität eines Drahtes, wenn alle übrigen Adern und der Bleimantel an Erde gelegt sind, 0·06 mf pro Kilometer beträgt.

Die in Amsterdam verwendeten Bettungskabel enthalten 56 Kupferadern von 1 mm Stärke, welche von zwei Lagen paraffinirten Papieres umgeben sind. Die Adern sind in Gruppen zu vier miteinander gedrillt und dann zur Seele vereinigt. Die mit einem gleichfalls paraffinirten Bande umwickelte Seele wird mit Blei umpresst, dann mit imprägnirter Jute umwickelt und mit 20 Flachdrähten armirt, Schliesslich wird die Armirung von asphaltirter Jute umkleidet. Die die „Grachten" unter Wasser traversirenden Kabel werden noch mit einer äusseren Armirung, bestehend aus 19·7 mm starken Drähten und einer Jutelage, versehen. Der elektrische Widerstand dieser Kabel beträgt 20 Ω, die Isolation 1500 Megohm und die Capacität 0·075 mf pro Kilometer.

Als Beispiele für Einziehkabel wählen wir die in Zürich und Stockholm im Gebrauch stehenden Kabeltypen:

In Zürich, wo bekanntlich die Kabel in Eisenröhren eingezogen werden, enthalten die Kabel 27 und 52 gedrillte Doppelleiter von 0·8 mm Drahtstärke, deren Isolationsschichte aus lose umwickelten Papierlagen besteht. Die Seele ist mit Jute umwickelt und in einem Bleimantel von 2 mm Stärke eingeschlossen. Die Armatur besteht aus 4·7 bis 4·8 mm breiten und 1·7 mm dicken Flachdrähten. Der äussere Durchmesser des Kabels beträgt 40, bzw. 50 mm, der Kupferwiderstand 34·4 Ω, die Isolation 5000 MegΩ und die Capacität 0·055 mf pro Kilometer. Bei der während des Ziehens angewendeten Zugkraft von 2000 kg dehnt sich das Kabel um 0·3%.

Die in Schweden für das Hultmann-System bestimmten Kabel enthalten 100, 200 und 250 Doppelleitungen. Jeder Leiter besteht aus einem Kupferdraht von 0·7 mm Stärke und 98% Leitungsfähigkeit. Die Leiter sind von Papier umgeben und zu Paaren gedrillt. Die Seele wird mit einem Baumwollbande umwickelt. Der aus einer Legirung (97% Blei, 3% Zinn) bestehende Mantel ist 3 mm stark und besitzt 42, 52, bezw. 55 mm äusseren Durchmesser. Das fertige Kabel muss der Luft bei einer Anfangspressung von 1·5—2·5 Atmosphären freien Durchgang gewähren. Die Kabel sollen eine Maximalcapacität von 0·05 mf und einen Isolationswiderstand von mindestens 1000 MegΩ pro Kilometer bei 15° C. und 100 V Spannung ergeben. Wie aus dieser gedrängten Beschreibung einzelner Typen hervorgeht, sind bezüglich der Kabelconstructionen Unterschiede zu constatiren, welche die Beschaffungskosten wesentlich alteriren.

In dieser Hinsicht sind es hauptsächlich drei Factoren, welche bei der Wahl der Kabeltype zu beachten sind:

1. Die Stärke der Kupferader,
2. Die Zahl der Adern pro Kabel,
3. Die Armirung.

Was zunächst den Leiter betrifft, so wurden bei Fernsprechkabeln schon ursprünglich die einzelnen Adern nicht aus mehreren dünnen Kupferlitzen gebildet, sondern fast allgemein 1 mm starker Kupferdraht als Leiter gewählt. Seither ist in dem Bestreben, bei gleichem äusseren Durchmesser der Kabel möglichst viel Doppelleitungen unterzubringen und die Kosten thunlichst herabzumindern, die Stärke der Kupferadern auf 0·8 mm, in einigen Verwaltungen sogar auf 0·7 mm herabgesetzt worden. Damit dürfte voraussichtlich die zulässige Grenze auf lange Zeit erreicht sein, da bei dünneren Drähten die Fabrikation der Kabel äusserst schwierig und kostspielig, die Herstellung der Spleissungen sehr mühsam und schliesslich denn doch selbst für kurze Entfernungen der elektrische Widerstand zu gross wird.

Uebrigens ist es auch schon bei 0·7—0·8 mm starken Drähten möglich, in Kabel von handsamem Querschnitt und für die Legung zulässigem Gewichte der Einzellängen eine ganz beträchtliche Zahl von Adern unterzubringen. Wenn von den sogenannten Antiinductionskabeln, deren Leiter behufs Beseitigung der gegenseitigen Induction mit Staniol umwickelt sind, im Hinblick darauf, dass Einzelleitungskabel immer seltener zur Verwendung gelangen, abgesehen wird, enthalten die modernen Typen der Telephonkabel in den Hauptsträngen mindestens 56 Doppelleitungen. Selbst Erdkabel. welche ohneweiters in den Boden eingelegt sind und deshalb in der Regel zum Schutze gegen mechanische Beschädigungen eine Eisenarmirung erhalten, werden heute zumeist mit über 200 Adern erzeugt. Am weitesten in dieser Hinsicht kann bei allen jenen Systemen gegangen werden, welche das Einziehen nicht armirter Kabel gestatten. So werden in Schweden Kabel mit 500 Adern, in Wien demnächst solche mit 480 Adern verlegt.

Hinsichtlich der Armirung ist nur zu erwähnen, dass der Bleimantel des Papierkabels bei den in Sand zu bettenden Kabeln mit Band-, Rundeisen- oder Flachdrahtarmirung, bei den in Röhren einzuziehenden Kabeln aber der geringeren Reibung zwischen den Kabeln wegen ausschliesslich mit Flachdrahtarmirung versehen werden muss. Nun erst, nachdem die jetzt üblichen Kabelconstructionen und deren Abhängigkeit von der Bettungsart erörtert worden sind, lassen sich die einzelnen Bausysteme vom ökonomischen Standpunkte vergleichen.

Eine zu diesem Behufe angestellte approximative Berechnung der Durchschnittskosten pro Kilometer Doppelleitung führt zu folgenden Ergebnissen:

Der Kabelstrang enthält Doppelleitungen	Kosten pro km Doppelleitung in Gulden					
	Einbau-system		Einziehsystem mit Guss-eisen röhren		Einziehsystem Cementblock-canäle	
	Bettung	Kabel	Bettung	Kabel	Bettung	Kabel
über 10.000	1	45	8	66	3	34
2000	4	45	12	66	7	34
500	8	45	16	66	12	34

So wenig Anspruch bei dieser Rechnung auf allgemeine Giltigkeit gemacht werden kann, geht doch daraus zur Genüge hervor, dass das in technischer Beziehung unstreitig vortheilhafteste Einziehsystem nur dann erhöhte Anlagekosten verursacht, wenn hiezu eiserne Röhren verwendet werden, dass jedoch die Gesammtkosten bei Anwendung von Cementblockcanälen noch geringer sind als bei der Kabelbettung in Sand, u. zw. hauptsächlich aus dem Grunde, weil in Blockcanäle nicht armirte Kabel von sehr grosser Adernzahl eingezogen werden können.

Bevor die Ausführungen über die Untergrundleitungen abgeschlossen werden, ist es unerlässlich, noch eine Einrichtung zu erwähnen, welche weniger für die Anlage, als für die Instandhaltung eines Kabelnetzes von grösster Bedeutung zu werden verspricht, nämlich jener erst seit wenigen Jahren praktisch erprobten Methode, Papierkabel mit Hilfe von comprimirter Luft künstlich zu trocknen.

Alle Kabel, deren Isolation einzig und allein von dem Grade der Trockenheit der im Kabel eingeschlossenen Luft abhängt, leiden an dem Uebelstande, dass deren Isolation rapid bis zur gänzlichen Betriebsunfähigkeit sinkt, sobald durch irgend einen Zufall der Bleimantel beschädigt wird und feuchte Luft eindringt. Ein solcher Fehler kann nicht mehr durch örtliche Reparatur, sondern nur durch Auswechslung langer Strecken beseitigt werden, weil die feuchte Luft sich in dem Kabel nach beiden Richtungen verbreitet und die Isolation beeinträchtigt. Diese Gefahr bei Papierkabeln herabzumindern, wurden ursprünglich, wie erwähnt, die Papierlagen

paraffinirt (Type Patterson); da ähnliche Uebelstände sich in Paris auch bei den Fortin'schen Kabeln fühlbar machten, wurden 1891 Versuche angestellt, die Luft in den Kabeln im Bedarfsfalle künstlich zu trocknen und auf diese Weise die Isolation auf dem ursprünglichen Werte zu erhalten. Zunächst wurde versucht, mit verdünnter Luft die Feuchtigkeit anzusaugen, was jedoch bald aufgegeben werden musste, weil durch schadhafte Stellen die feuchte Canalluft in das Kabel gesaugt und so gerade das Gegentheil von dem bewirkt wurde, was anzustreben war. Mit weit mehr, ja, wie heute nach mehrjährigen Erfahrungen in Frankreich und auch in anderen Ländern behauptet werden kann, mit durchgreifendem Erfolge wurde comprimirte Luft zur Trocknung der Kabel verwendet.

Der in Frankreich und speciell in Paris übliche Vorgang, die Fortin'schen, Patterson'schen Kabel (soweit beide Gattungen noch im Betriebe stehen) und die nicht imprägnirten Papierkabel zu trocknen, ist folgender: Der in der Telephoncentrale aufgestellte

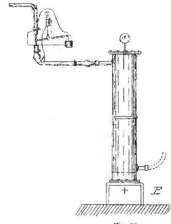

Fig. 12.

Trockenapparat besteht aus Cylindern aus 5 mm starkem Eisenbleche von je 200 mm Durchmesser und 1200 mm Höhe. Jeder der der Reihe nach einem Plateau P (s. Fig. 12) montirten Cylinder ist in einer Höhe von 20 cm durch einen Rost untertheilt, auf welchem, ca. 1 m hoch, sonach eine Menge von 15—20 kg Chlorcalcium aufgeschüttet ist. Seitlich ist ein Reductionsapparat angebracht, welcher die von der Popp'schen Druckluftanlage entnommene Compression von 5 Atmosphären auf 1—3 Atmosphären reducirt.

Um den Durchgang der verdichteten Luft durch die Kabel zu ermöglichen, werden weder die Endverschlüsse, noch die Vertheilungskästen und Sploissungen ausgegossen. Der Endverschluss in der Centrale besteht aus einem Zinkgusskasten, in welchem das ausmündende Kabel, bezw. dessen Bleimantel eingelöthet wird. Die Enden der einzelnen Drähte führen zu Klemmen, welche an dem Deckel des Kastens befestigt sind. Zwischen dem Deckel und dem gefalzten Kasten wird eine Gummieinlage gelegt und sodann der Deckel festgeschraubt. Für den Zutritt der Compression ist ein mit

einem Hahne absperrbares Rohr in den Kasten luftdicht eingelassen.

Der Vertheilungskasten (s. Fig. 13), um z. B. von
einem Kabel von 112 Doppelleitungen in 7 Stränge
à 16 Schleifen überzugehen, besteht aus einem durch
eine Gasswand untertheilten Kasten, welcher mit zwei
gleichfalls mit Gummidichtung versehenen Deckeln
geschlossen wird. Im Zwischenboden sind wie beim
Endverschlusse die Klemmen in Ebonit gefasst. In den
Kasten münden zwei Luftrohre ein, um sowohl durch
den Hauptstrang als auch durch die Theilstränge vom
Vertheilungskasten aus Luft leiten zu können. Zum
Unterschiede vom Endverschluss, wo die niemals ganz
luftdicht schliessenden Klemmen im Deckel durchsetzen, kann der Vertheilungskasten überall, selbst in
sehr feuchten Räumen, untergebracht werden, weil er
von beiden Seiten dicht geschlossen ist. Eine ähnliche
Einrichtung liesse sich auch bei den Endverschlüssen
erzielen. Ein besonderer Vortheil des Trocknungsver-
fahrens liegt darin, dass Reparaturen schnell und sicher
vorgenommen werden können, ohne den Betrieb stören
zu müssen. So hat sich in Paris ein Fall ergeben, dass

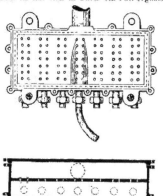

Fig. 13.

an einem Samstage Abends plötzlich zwei Kabel mit
zusammen 112 Abonnentenleitungen schadhaft wurden.
Da die eigentliche Reparatur vor Montag nicht ausgeführt werden konnte, wurde ein trockener Luftstrom
beständig durch die Kabel geleitet, welcher die Adern
bis zur endgiltigen Wiederherstellung vollkommen betriebsfähig erhielt.

Die Möglichkeit, die Isolation stets künstlich
wiederherstellen zu können, erleichtert die allgemeine
Verwendung der sonst so zweckmässigen Papierkabel
wesentlich. Die Isolation hängt eben hier weniger vom
Materiale als von der Trockenheit der eingeschlossenen
Luft ab, und dieser Factor kann durch entsprechende
Vorkehrungen auf constanter Höhe erhalten bleiben.
Ein solches Kabel wird, sofern der Bleimantel intact
bleibt, daher auch an Dauerhaftigkeit alle anderen
Kabel, selbst jene mit Guttapercha-Isolation, übertreffen.

In Städten, wo Rohrpostanlagen sich befinden, ist
die Beschaffung von verdichteter Luft von ungefähr
2 Atm. Spannung ohne Schwierigkeit und mit geringen
Kosten möglich. Für Fernleitungen, sowie dort, wo
keine Rohrpost besteht, kann die Compressionsmaschine

(Motor und Gebläse) sammt den Trockenapparaten durch
Montirung auf einen Wagen mobil gemacht und zu allen
für Lufttrocknung eingerichteten Untersuchungsobjecten
geführt werden. Dieses Verfahren wird sich übrigens
im Allgemeinen in ausgedehnteren Anlagen empfehlen,
weil dann die Trockenluft nicht auf weite Entfernungen
durch das Kabel gepresst werden muss, sondern die
Compression unmittelbar in der Nähe des Fehlers
wirken kann.

Um einige Daten über den Einfluss der Compression auf die Isolation der Papierkabel zu geben,
sei Folgendes erwähnt: Ein 175 m langes Papierkabel
hatte ursprünglich 256 Meg Ω, nach dreistündigem
Durchgang von trockener Luft von 1 Atm. Spannung
2270 Meg Ω. Ein Kabel von 10 m Länge, eine Spleissstelle ohne Bleihülle enthaltend, ergab in freier Luft
500 Meg Ω Isolation. Nachdem die Spleissung in Wasser
getaucht und die Bleimuffe darüber gelöthet worden
war, wurde eine Isolation von 10,0 Ω constatirt. Mit
Compression von 1 Atm. Spannung stieg die Isolation
sofort auf 6250 Ω und nach 41 Stunden auf 4200 Meg Ω.
Diese Zahlen dürften genügen, um die Vortrefflichkeit
der geschilderten Methode zu illustriren.

(Fortsetzung folgt.)

Die elektrische Kraftübertragung in Bleiberg.[*]

Durch die Errichtung der nachstehend beschriebenen Anlage in Bleiberg ist ein in vieler Beziehung interessantes und
hervorragendes Werk geschaffen worden. Dieselbe dürfte eine der
grössten Kraftübertragungen sein, welche bis jetzt für Bergbauzwecke zur Ausführung gelangten. Die mit grossen Kosten
und mit Ueberwindung bedeutender technischer Schwierigkeiten
hergestellte Anlage wird es ermöglichen, den Betrieb in dem
alten Bleiberger Reviere nicht nur in vollem Umfange aufrecht zu
erhalten, sondern denselben durch Aufschliessung neuer Gruben-
theile auszudehnen und lebensfähiger zu gestalten.

Bei der Ausdehnung der Anlage und bei der grossen Entfernung der einzelnen Betriebsstätten konnte für die Arbeitsübertragung nur ein System mit hochgespannten Strömen in
Frage kommen, und es wurde daher auch dem Dreiphasenstrome
der Vorzug gegeben.

Als Kraftquelle dient das Gefälle des Nötschbaches. Aus
mehrjährigen Beobachtungen hatte sich ergeben, dass derselbe
durchschnittlich 700 bis 800 l pro Secunde während neun bis
zehn Monaten des Jahres führt. Als geringste Wassermenge
ermittelte man 350 Secundenliter im Monate Februar. Das für
die Anlage disponible Gefälle beträgt 83 m, wovon 80 m als effectiv
anzunehmen sind. Unter diesen Voraussetzungen berechnet sich
die minimal zu gewinnende Kraft mit 384 PS, während das
durchschnittliche Leistung doppelt so gross ist. Für die weitere
Calculation und die Offert-Verhandlungen wurde das Minimal-
wasserquantum zugrunde gelegt. Damit es jedoch jederzeit möglich ist, eine grössere Kraft ohne weitere Bauausführungen nutzbar
zu verwerthen, wurden sämmtliche Wasserleitungsquerschnitte für
die doppelte Wassermenge benützt. Um das Bett des Nötschbaches unterhalb der Wehranlage in eine enge, ungangbare
Schlucht übergeht, musste zur Fortführung des gesammten Wassers
eine Bergkuppe durchbohrt und ein 452 m langer Tunnel angelegt
werden, der einen Querschnitt von 4.5 m² besitzt. Der wasser-
benetzte Umfang ist mit einer ... starken Betonschicht ausgekleidet, der übrige Theil mit einfachem Cementverputz versehen. Das Gefälle beträgt 1:1000. An den Tunnel schliesst sich
ein 300 m langer, gemauerter Canal an. Derselbe bietet gegenüber einer Rohrleitung den Vortheil, dass er infolge seiner
Geräumigkeit als Reservoir wirkt und nebstbei weniger kostspielig
ist. Sein Querschnitt beträgt 2·5 m², das Gefälle 1:3000. Die
Seitenwände sind sorgfältig aus Cementmauerwerk hergestellt und
glatt verputzt, die Sohle mit 25 bis 30 cm hoher Betonschicht
ausgelegt. Vom Ende des Canales, wo ein Ueberfall das überschüssige
Wasser ableitet, führt eine 165 m lange ... starke Rohrleitung
zum Maschinenhaus und speist daselbst eine 285 PS Girard-Turbine
mit horizontaler Achse und innerer, theilweiser Beaufschlagung.
Dieselbe arbeitet mit 170 Touren und treibt mittelst einer directen

*) Nach einem Separat-Abdruck aus der „Oesterr. Zeitschrift für
Berg- und Hüttenwesen“. XLV. Jahrg. (Vortrag von Otto Neuburger.)

288

Lederkupplung eine Ganz'sche Drehstrom-Maschine mit 30 Polen. Die Normalspannung dieses Generators beträgt 3000 V, die Periodenzahl somit 42·5. Die Erregermaschine ist gleichfalls direct gekuppelt. In der Primärstation befindet sich ferner noch das aus Marmor verfertigte Schaltbret, an dem sämmtliche Regulir-, Controll-, Mess- und Sicherheits-Apparate angebracht sind. Bei dem Baue des Maschinenhauses wurde eine spätere Vergrösserung der Anlage berücksichtigt. Es sind deshalb nicht allein die nöthigen Kraftwasserzuleitungen, sondern auch die Maschinenfundamente für eine gleichartige Doppelanlage fertiggestellt worden, damit der Einbau derselben ohne Betriebsstörung erfolgen kann.

Die Hochspannungsleitungen bestehen durchwegs aus 8 mm starkem Kupferdrahte; sie sind 7 m über dem Terrain auf hölzernen Stangen fortgeleitet, und zwar auf Porzellan- und Doppelglockenisolatoren montirt. Längs der ganzen Stromleitung ist eine Blitzschutzleitung aus 4 mm starkem, verzinkten Eisendraht gespannt. Auf jeder Holzsäule befindet sich eine Saugspitze, die mit der Schutzleitung in Verbindung steht; letztere hat bei jeder fünften Stange sorgfältigen Erdschluss. Die Länge der gesammten Fernleitung beläuft sich auf 9326 m.

Die Transformirung des hochgespannten Stromes auf die Gebrauchsspannung geschieht durch parallel geschaltete Transformatoren. Je nachdem der transformirte Strom für Beleuchtungszwecke allein, oder für gleichzeitigen Licht- und Motorenbetrieb Verwendung findet, ist das Umsetzungsverhältnis verschieden gewählt worden. Im ersten Falle beträgt dasselbe 1:27, im zweiten 1:15. Für Licht ist daher die Spannung 110 V, für gleichzeitigen Licht- und Motorenbetrieb 200 V.

Die Secundärleitungen sind über Tag bis zur Einführung in die mehr oder weniger nassen Schachte blank geführt. In den letzteren fanden nur concentrische, drahtarmirte Kabel Verwendung. Die eisenbandarmirten Kabel sollen sich speciell für Schachtleitungen nicht besonders bewährt haben, da sie sich zu leicht dehnen.

Wie bereits erwähnt, besitzt das Netz eine Längenausdehnung von circa 10 km, über welche Strecke auch die Stromentnahmen vertheilt sind. Die Ortschaft Bleiberg hat selbst elektrische Strassenbeleuchtung mit beiläufig 500 Glühlampen erhalten, ferner sind sämmtliche Etablissements, die Betriebskanzleien und Beamtenwohnungen elektrisch beleuchtet. Die Beleuchtungstransformatoren in den verschiedenen Grössen von 1000 bis 5000 W wurden direct an die Leitungsstangen montirt. Der grösste Theil der in der Primärstation erzeugten Energie wird jedoch zum Betriebe von Bergwerksmaschinen ausgenützt. Am Eingange des Jukobi-Stollens ist eine Transformatorenstation errichtet, in der drei Transformatoren von je 17 KW untergebracht sind. Der daraus entnommene Strom treibt eine Fördermaschine und eine Wasserhaltung von je 16 PS. Im Kadikschacht, der vor 30 Jahren wegen zu starker Wasserandranges zum Erliegen kam, wurde eine gleichfalls 12 PS Fördermaschine und eine 8 PS Abteufpumpe aufgestellt. Sobald das Abteufen beendigt ist, wird diese Pumpe durch eine stabile ersetzt, deren Antrieb durch einen 25 PS Drehstrom-Motor erfolgt. Zum Zwecke einer späteren Vergrösserung sind daselbst drei Transformatoren à 17 KW parallel geschaltet. Die im Rudolfs-Schachte bestehende Eisenbahn wird gleichfalls elektrisch betrieben. Die Lieferung des nothwendigen Stromes besorgt ein 12 PS Drehstrom-Motor, der mittelst Riemen die Gleichstrom-Dynamo antreibt. Auch in diesem Schachte sind zwei Transformatoren à 17 KW aufgestellt. Für die Grube Friedrich, die ausgedehnteste und ergiebigste, aber auch die wasserreichste, ist der grösste Kraftbedarf vorhanden. Da der Wasserzufluss bei ungünstiger Witterung circa 6000 Minuteuliter beträgt, ist eine Pumpe erforderlich, die dieses Quantum auf 62 m zu heben vermag. Der Antrieb dieser Pumpe wird durch einen 160 PS Motor bewerkstelligt, welcher durch eine doppelte Zahnradüber-setzung auf die Wasserhaltung verbunden ist. Die Stromlieferung geschieht durch drei Transformatoren à 50 KW.

Die Bleiberger Kraftübertragungs-Anlage functionirt bis jetzt tadellos und wurde von der Firma Ganz & Co. ausgeführt, soweit der maschinelle und elektrische Theil in Frage kommt. Alles Uebrige, die gesammten Wasserbauten, das Maschinenhaus und die Maschinenfundamente sind in eigener Regie hergestellt worden.

　　　　　　　　　　　　　　　　　　　　— mr —

✝ O. B. Shallenberger und sein Werk.

Vor Kurzem starb in Nordamerika der alten Elektrotechnikern des Erdballs durch seine Erfindungen auf dem Gebiete der Wechselstrom-Elektricität-Zähler bekannte O. B. Shallenberger. Er hat zwar, als die Wechselstromtechnik noch in ersten Entwicklungsstadium war, auch Vieles in Generatoren,

Transformatoren und Hilfsapparaten für Wechselstrom geleistet, sein Hauptwerk bleibt aber der durch seine Einfachheit ausgezeichnete Wechselstrom-Zähler, von dem bisher über 130.000 Stück, entsprechend einem auf Grund derselben verrechneten jährlichen Stromeinnahme von ca. 10 Millionen Dollars, in Function sind.[*] Wir glauben daher, das Andenken des Erfinders nicht besser als durch eine Beschreibung des Zählers ehren zu können.

Die Erfindung stammt aus dem Jahre 1888; die Drehung einer Spiralfeder, welche zufällig auf die Spitze einer Versuchsbogenlampe fiel, gab dem scharfblickenden Erfinder die Idee ein. In wenigen Monaten war der Zähler entworfen, durchprobirt und construirt und ist seither, also durch zehn Jahre, keiner nennenswerthen Aenderung unterworfen worden. Im Principe ist es bekanntlich ein Inductions- oder Drehfeldmotor in miniature, dessen bewegliche Theile nicht in Contact mit dem Strom sind, sondern durch das rotirende magnetische Feld, welches die eiserne Ringarmatur des Zählers umgibt, in Bewegung gesetzt werden. Die Ringarmatur wurde später durch eine mit einem Eisenringe versehene Scheibe ersetzt. Der Nutzstrom durchfliesst eine Spule, welche den Ringen gegenüber unter einem Winkel von circa 45° im Vergleich zur Windungs-ebene der Hauptstromspule zu beiden Seiten der Achse angebracht. In den Ringen entstehen Wechselströme, welche in der Phase verschoben sind. Durch die Wirkung beider periodischer Felder entsteht das Drehfeld. Diese treibende Kraft wächst mit dem Quadrate der Stromstärke, daher sind kleine Windflügel angebracht, welche eine dem Quadrate der Geschwindigkeit proportionale Bremskraft ausüben und so die Geschwindigkeit proportional dem Strome machen. Die beweglichen Theile erfordern bei voller Geschwindigkeit nur 1/200.000 PS, wodurch der Zähler ungemein empfindlich ist. Eine entsprechende Form des unteren Lagers ermöglicht es ferner, dass der Apparat schon bei 1/25 der vollen Belastung angeht, trotzdem hiebei die Drehkraft nur 1/25 der vollen Belastung ist.

Das Shallenberger'sche Integrations-Wattmeter ist die besondere Form eines Zweiphasen-Inductionsmotors, dessen rotirender Theil eine glatte Scheibe von papierdünnem Aluminiumblech ist, welche innerhalb des durch Nebenschluss und Hauptstrom entwickelten Drehfeldes angebracht ist und durch die in der Scheibe entstehenden Wirbelströme bewegt wird. Das von der Nebenschlusswicklung herrührende magnetische Feld hat eine solche Phasenverzögerung gegenüber dem Felde der Hauptwicklung, dass die Verdrehung der Zählerscheibe stets der von diesem Strome übertragenen Kraft proportional und, unabhängig von der Phasenverschiebung ist. Bei dieser Type ist die Drehkraft proportional der durch den Zähler gehenden Energie (nicht dem Quadrate derselben), zufolge dieser dem Wattmeter eigenthümlichen Wirkungsweise geht dasselbe bei weit geringerem Strome als der Amperezähler, nämlich bei 1/25 der vollen Belastung an. Zur Bremsung dienen zwei permanente Magnete, welche die Scheibe zwischen den Polen umgreifen. Der Einfluss der Temperatur auf die Geschwindigkeit ist sehr klein.

In sehr hübscher Weise ist auch beim registrirenden Zähler Shallenberger's die Temperaturcompensation durchgeführt, welche in diesem Falle wegen der Veränderlichkeit des Widerstandes der Scheibe nothwendig ist. Es wird nämlich die Inductionswicklung im Nebenschluss compensirt, so zwar, dass mit dem Wachsen der Temperatur auch mehr Strom durchfliessen kann. Da die anderen Factoren gleich bleiben, so variirt der Strom im Inductionskreis so wie der Luftzwischenraum im Magnetkreis der Inductions-spule, und die letztere Aenderung wird durch die Differenz in der Ausdehnung von Zink- und Eisenstäben bewerkstelligt. Eine Aenderung von bloss 0·004" im Luftzwischenraume entspricht einer Temperaturänderung von 50° Fahrenheit.

Das günstigste Verhältnis, welches sonst zwischen warmem und scheinbarem Verlust im Nebenschluss erreicht wurde, beträgt 0·09 bis 85° Verschiebung der Nebenschlussstromstärke in Bezug auf die elektromotorische Kraft im Nebenschluss. Hiemit war jedoch Shallenberger nicht zufrieden; um sein Instrument unter allen Umständen genau functioniren zu lassen, wendete er eine kleine geschlossene Secundärwicklung innerhalb der Nebenschlusswicklung an, welche sowohl in Bezug auf Lage als auch Widerstand einstellbar ist.

So hat O. B. Shallenberger einen Wechselstrom-Verbrauchsmesser geschaffen, welcher wohl nicht so bald durch einen einfacheren verdrängt werden kann und der ihm in jedem Falle einen ersten Platz unter den Pionieren des Wechselstromes sichert.

　　　　　　　　　　　　　　　　　　　　　　　Kst.

[*] Diese und die folgenden Daten sind dem „Electrical Engineer", Nr. 514 vom 10. März 1898 entnommen.

Ausgeführte und projectirte Anlagen.

Oesterreich-Ungarn.

a) Oesterreich.

Linz a./D. Project einer elektrischen Kleinbahn von Linz nach Kleinmünchen.) Das k. k. Eisenbahnministerium hat der Tramway- und Elektricitäts-
gesellschaft Linz-Urfahr die Bewilligung zur Vornahme
technischer Vorarbeiten für eine schmalspurige, mit elektrischer
Kraft zu betreibende Kleinbahn von einer auf der Linzer Landstrasse gelegenen Abzweigungsstelle der bestehenden Linzer
Strassenbahn von Linz nach Kleinmünchen ertheilt.

Lunz. (Project einer elektrischen Bahn von
Lunz nach Maria-Zell mit einer Abzweigung auf
den Oetscher, sowie eine Flügelbahn von Maria-
Zell nach Gusswerk.) Das k. k. Eisenbahnministerium hat
dem diplomirten Ingenieur Josef Tauber in Wien die Bewilligung zur Vornahme technischer Vorarbeiten für eine mit Dampf-
oder elektrischer Kraft zu betreibende Bahn niederer Ordnung
von der Station Lunz der im Bau befindlichen Strecke Gross-
Hollenstein-Lunz der Ybbsthalbahn nach Maria-Zell,
und zwar entweder über Langau und Neuhaus oder über
Lackenhof und Mitterbach mit einer Abzweigung auf
den Oetscher, sowie für eine Flügelbahn von Maria-Zell
nach Gusswerk ertheilt.

Zwölfmalgreien. (Eisenbahn-Project.) Das k. k. Eisenbahnministerium hat der Bankfirma E. Schwarz' Söhne in Bozen
die Bewilligung zur Vornahme technischer Vorarbeiten für eine
mit elektrischer Kraft zu betreibende Kleinbahn vom Bahnhofe der projectirten Rittnerbahn in Zwölfmalgreien durch
Bozen nach Gries ertheilt.

Deutschland.

Berlin. Mit dem Bau der Unterpflasterbahn in
der Köthener Strasse soll voraussichtlich Anfang October d. J.
begonnen werden. Der Leiter der Abtheilung für Untergrundbahnen, Reg.-Baumeister Wittig, hat die Vorarbeiten zum Baue
dieses Abzweiges der elektrischen Hochbahn, welcher sich in der
Nähe des Hafenplatzes in der Richtung nach dem Hinterfronten
der Grundstücke in der Köthener Strasse unter das Pflaster
senkt, nun dann in den Unterpflaster-Bahnhof „Potsdamer Platz"
einzumünden, bereits fertig gestellt, so dass mit dem Baue schon
jetzt begonnen werden könnte, wenn nicht der Erwerb der für
die Bahn erforderlichen Grundstücksflächen auf Schwierigkeiten
gestossen wäre.

Von den Strassenbahnstrecken, auf denen demnächst der elektrische Betrieb eingeführt werden soll,
wird eine der ersten die Linie von Moabit nach dem Stadtbahnhof Charlottenburg sein. Die Strecke ist bereits versuchsweise
mit einem elektrischen Accumulatorenwagen befahren worden.
Die Probefahrt verlief zur Zufriedenheit. Die zahlreichen scharfen
Curven der Strecke wurden ohne Schwierigkeit überwunden.

Behufs Einführung des Drei Wagen-Betriebes
hatte die Berlin-Charlottenburger Strassenbahn-
gesellschaft vor einiger Zeit auf der Linie Kupfergraben—
Westend meiner Probefahrten mit zwei Anhängewagen hinter
den Accumulatorenwagen unternommen, um so den Polizeibehör-
den den Nachweis zu liefern, dass auf der bezeichneten Strecke
sich der Drei Wagen-Betrieb ohne jede Verkehrsstörung durchführen lasse. Das Polizei-Präsidium hat aber diesen Betrieb alsbald wieder ohne Angabe von Gründen inhibirt. Daraufhin hat
nunmehr die Strassenbahn-Gesellschaft an das Polizei-Präsidium
die Vorstellung gerichtet, ihr den Drei Wagen-Betrieb wenigstens
auf der Charlottenburger Chaussee durch den Thiergarten, bezw.
zwischen dem Brandenburger Thor und dem Wilhelmsplatz in
Charlottenburg (Berlinerstrasse), also auch nicht bis Westend, zu
gestatten, auf welcher Strecke Verkehrsstörungen nicht in Betracht kommen könnten. Auf dieses Gesuch der Strassenbahn-
Gesellschaft steht aber der Bescheid des Polizei-Präsidiums noch
aus, und man darf umsomehr darauf gespannt sein, als das
letztere bekanntlich der Erweiterung der Verkehrsmittel durch
Anhängewagen, wie sie in andern Städten, selbst in den engsten
und verkehrsreichsten Strassen verwendet werden, nicht sehr
wohlwollend gegenübersteht. Soll doch, wie aus sicherer Quelle
verlautet, das Polizei-Präsidium sich auch mit der Absicht tragen,
der Grossen Berliner Strassenbahn den ihr für die Sonn- und
Feiertage zur Bewältigung des Verkehrs zwischen dem Westen
und Süden der Stadt und Treptow auf der Linie Zoologischer
Garten—Büllowstrasse—Halle'sches Thor—Treptow genehmigten
Drei Wagen-Betrieb wieder zu entziehen und auch an den Sonntagen die Anhängung nur eines Wagens zu gestatten.

Patentnachrichten.

Mitgetheilt vom Technischen- und Patentbureau

Ingenieur Victor Monath

WIEN, I. Jasomirgottstrasse Nr. 4.

Classe   Deutsche Patentanmeldungen.*)

20. A. 4995. Schalteinrichtung für elektrische Bahnen mit Theilleiterbetrieb. — J. P. Anney, Paris. 23./11. 1896.

" R. 11.675. Leitende Schienenverbindung für elektrischen
Bahnbetrieb. — Adolf Reger, Darmstadt. 2./12. 1897.

21. G. 11.401. Elektrisches Messinstrument mit getheilten ringförmigen Polschuhen und Magnetenden. — Gans & Goldschmidt, Berlin. 13./4. 1897.

" M. 14.378. Synchron laufender Stromwender zur Umwandlung
von Mehrphasenstrom in Gleichstrom. — Hermann Müller,
Nürnberg. 16./8. 1897.

20. R. 4052. Stromabnehmer für durch zwei Hochleitungsdrähte
elektrisch betriebene Fahrzeuge. — F. Nave, Paris. 15./4.
1897.

" S. 10.129. Unterirdische Stromzuführung für elektrische Bahnen
mit durch Druckrollen mechanisch einschaltbaren Theilleitern.
— Mathias Spätri, München. 20./2. 1897.

21. B. 22.168. Elektrischer Doppelschalter zum abwechselnden
Öffnen und Schliessen zweier Stromkreise. — Reginald
Belfield, London. 18./2. 1898.

" E. 5354. Fernsteuerung für elektrische Triebwerke. — Eisenwerk (vorm. Nagel & Kaemp) Actien-Gesell-
schaft. Hamburg-Uhlenhorst. 30./4. 1897.

" L. 11.778. Dynamo-Maschine mit Sayers'scher Ankerwicklung.
— James Slater Lewis, Felix John Hewitt und P. R. Jackson & Co., Ltd. Manchester. 27./11. 1897.

Classe   Deutsche Patentertheilungen.

20. 98.187. Stromzuführung für elektrische Bahnen mit Theilleiterbetrieb. — J. G. W. Aldridge, London. 19./8. 1897.

" 98.188. Sicherungseinrichtung für elektrische Eisenbahn-
signalanlagen unter Verwendung von durch Fliehkraft betriebenen Stromschliessern. — Siemens & Halske, Actien-
Gesellschaft, Berlin. 22./8. 1897.

" 98.247. Stromabnehmerfeige für elektrische Bahnen mit oberirdischer Stromzuleitung. — A. Stiller und P. Günther,
Budapest. 25./9. 1897.

21. 98.190. Vorrichtung zur Abgabe des Schlusszeichens bei Fern-
sprech-Vermittlungsämtern. — Siemens & Halske, Actien-
Gesellschaft, Berlin. 5./4. 1896.

" 98.211. Vorrichtung zum Ausgleich der Reibungswiderstände
bei Wechselstrom-Motorzählern. — Siemens & Halske,
Actien-Gesellschaft, Berlin. 15./7. 1897.

" 94.249. Einrichtung für die Stromzuführung bei elektrischen
Glühlampen; Zus. z. Pat. 77.362. — E. F. A. Suleau, Paris.
30./7. 1897.

Auszüge aus Patentschriften.

**Franz Rumrich, Josef Juraske und Hermann Brockelt in
Dresden.** — Einrichtung zur Verminderung der durch Stark-
ströme verursachten Nebengeräusche in Fernsprechern. —
Classe 21, No. 96.448.

Die primäre Wickelung e der Inductionsspule E ist in die
Hauptstromleitung l der Fernhörer $s r$ geschaltet, während die

Fig. 1.   Fig. 2.

secundäre Wickelung b in einem Nebenschluss zu den parallel
oder hinter einander geschalteten Fernhörern liegt. Hierdurch wird
erzielt, dass ein in der Hauptstromleitung l durch einen Starkstromanlage inducirter Strom in der Secundärwickelung b einen

*) Die Anmeldungen bleiben acht Wochen zur öffentlichen Einsichtnahme
ausgelegt. Nach § 24 des Patent-Gesetzes kann innerhalb dieser Zeit Einspruch
gegen die Anmeldung wegen Mangel der Neuheit oder widerrechtlicher Entnahme
erhoben werden. Das obige Bureau besorgt Abschriften der Anmeldungen und
übernimmt die Vertretung in allen Einspruchs-Angelegenheiten.

Strom erzeugt, welcher auf dem gemeinsamen Wege durch die Fernhörer dem in der Linie erzeugten Primärstrome entgegenfliesst und den letzteren zum grössten Theile aufhebt. (Fig. 1.)

Elektricitäts-Gesellschaft Triberg, G. m. b. H. in Triberg. — Traggerüst für Sammlerelektroden. — Classe 21, Nr. 96.129.

Die mit Versteifungsstreifen g versehenen durchbrochenen Isolirplatten a sind auf Bolzen c geschoben und werden durch Hartgummihülsen d in den den Elektroden b und b' entsprechenden Abständen gehalten. Durch Muttern e, welche auf die Bolzen c geschraubt werden, wird das Ganze zusammengehalten. (Fig. 2.)

Geschäftliche und finanzielle Nachrichten.

Gesellschaft für elektrische Hoch- und Untergrundbahnen in Berlin. Unter dem Vorsitze des Staatsministers a. D. Hobrecht fand am 17. d. M. die diesjährige ordentliche Generalversammlung statt. Im Anschluss an die Vorlegung des Geschäftsberichtes wurde an der Hand einer Reihe von Plänen der Stand der Bauausführung erläutert. Durch ein grosses Modell wurde der neue Viaducentwurf veranschaulicht, der für die Abzweigungen der Hochbahn von der durchgehenden Hauptlinie nach dem Potsdamer Platz zur Ausführung kommen soll; es wird bei einer Anlage durch die Vermeidung aller Geleiskreuzungen in Schienenhöhe die Vortheilung der Zugfolge auf ein bis zwei Minuten ermöglicht. Eine derartige schnelle Zugfolge aber wird unbedingt eintreten müssen, wenn die beabsichtigte Weiterführung der jetzigen Linie zum Schlossplatze und zum Spittelmarkte erfolgt sein wird, da diese Verlängerung der Linie bei zwei Minuten entworfenen, an Allerhöchster Stelle genehmigten Pläne für die Bauausführung am Auguste-Victoria-Platz vorgelegt, die sich in ihrer Ausbildung der Architektur der Kaiser Wilhelm-Gedächtniskirche anschliessen sollen. Auf eine Anfrage aus der Versammlung, welche ungefähren Kosten diese neuen Anlagen verursachen würden, gab der Vorstand folgende Auskunft: Die Herstellung der schienenfreien Kreuzung bei den Abzweigungen zum Potsdamer Platz ist auf etwa 600.000 Mk. berechnet worden. Die städtischerseits geforderte architektonische Ausbildung der Bahnhöfe wird bei den kleinen Haltestellen einfach gehalten werden, sodass nennenswerthe Mehrkosten hiebei nicht entstehen. Bei den Haltestellen in bevorzugter Lage werden die Kosten der Ausstattung sich auf je 80.000 bis 150.000 Mk. belaufen. Für die Ueberbrückung der wichtigeren Strassenzüge wird seitens der Stadt die Verwendung von Werksteinpfeilern und der Fortfall von Zwischenstützen verlangt; die Kosten, welche durch diese Ausstattung und die grössere Spannweite erwachsen, werden bei einer derartigen Strassenüberbrückung je nach ihrer Ausbildung auf 20 bis 40.000 Mk. geschätzt. — Die Versammlung erklärte sich mit diesen Ausführungen einverstanden, sie genehmigte den Geschäftsbericht und die Gewinn- und Verlustrechnung und ertheilte dem Vorstande und dem Aufsichtsrathe Entlastung. Der Aufsichtsrath, welcher zur Zeit aus den Herren Staatsminister Hobrecht, Bankdirector Steinthal, Justizrath Dr. Braun, Eisenbahn-Director Schrader, Director Schwieger und Wilhelm v. Siemens besteht, wurde einstimmig wiedergewählt.

Berlin—Charlottenburger Strassenbahn-Gesellschaft. Die ordentliche Generalversammlung dieser Gesellschaft fand am 17. d. M. statt. Der vorgelegte Geschäftsbericht, sowie der Rechnungsabschluss für 1897 wurde genehmigt und die Dividende auf 5% festgesetzt. Von dem Vorsitzenden wurde noch die Erklärung abgegeben, dass sich der Verkehr auf den beiden Hauptlinien seit Einführung des elektrischen Betriebes ausserordentlich gehoben habe. Es sei jedoch nur zu bedauern, dass die Gesellschaft noch nicht in der Lage gewesen, auf allen Linien den elektrischen Betrieb einzuführen und es sei bisher noch nicht möglich gewesen sei, die Linie Charlottenburg—Brandenburger Thor—Kupfergraben bis zum Alexander-Platz, und die Linie Charlottenburg—Lützow-Platz bis zum Dönhoff-Platz durchzuführen. Die Genehmigung für die Verlängerung beider Linien sei zwar von der Stadt Berlin zugesagt, aber bisher noch nicht ertheilt.

Strassen-Eisenbahn-Gesellschaft in Braunschweig. Auf Grund der Beschlüsse, die in den Generalversammlungen vom 27. Juli 1896 und 21. April 1897 und der in diesen vorgelegten Vertragsurkunden, welche mit dem Ministerium und der Stadt Wolfenbüttel über die Neuanlage einer elektrischen Bahn zwischen Braunschweig und Wolfenbüttel und mit der Stadt Braunschweig über Umänderungen des Pferdebahnbetriebes in einen elektrischen Betrieb und Ausdehnung des letzteren abgeschlossen wurde, wurde der Betrieb elektrisch und der einzelnen Linien in folgender Weise eingeführt: Die Bahn Braunschweig bis Wolfenbüttel wurde, wie wir dem Rechenschaftsbericht entnehmen, am 28. October 1897, die Linie Richmond—Schützenhaus und Richmond—Nordbahnhof am 19. November 1897, die Linie Westbahnhof bis Gliesmaroderbahnhof am 11. December 1897 und die Linie Augustthorbrücke—Neues Krankenhaus am 23. December 1897 eröffnet. Am 17. Februar 1898 wurde sodann die Linie Madamenweg—Friedhof und am 1. März 1898 die Linie Friedrich Wilhelmsplatz—Kastanienallee eröffnet, so dass die durchgehende Einführung des elektrischen Betriebes, zu dem am 8. März 1897 der erste Spatenstich und der Centrale Richmond gethan wurde, als durchgeführt zu betrachten ist. Die noch zu bauende Linie Ruhfäutchenplatz—Stadtpark, welche augenblicklich noch nicht durchgeführt werden kann, weil der Hagenring, über den sie laufen wird, noch nicht ausgebaut ist, wird im Laufe dieses Jahres vollendet werden. Die Bauausführung und Finanzirung der vorerwähnten Bahnen erfolgte durch die Allgemeine Elektricitäts-Gesellschaft in Berlin, die in vertragsmässiger Weise zu allseitiger Zufriedenheit den Bau ausführte. Die Bahn erzielte eine Betriebseinnahme von 247.064 Mk. (i. V. 219.770 Mk.). Dazu treten Zinsen 46.675 Mk. und Diverse 6024 Mk., ferner Vortrag aus 1896 1790 Mk.; insgesammt beträgt die Einnahme 301.558 Mk. (i. V. 226.159 Mk.). Nach Abzug der Abschreibungen von 24.500 Mk. (i. V. 25.434 Mk.), der Tilgungen 5540 Mk. (i. V. 5494 Mk.), der Prioritätszinsen 53.850 Mk. (i. V. 7730 Mk.) und der Unkosten an Gehältern, Fourage, Steuern etc. 174.189 Mk., verbleibt ein Reingewinn von 43.475 Mk. (i. V. 43.177 Mk.), der folgende Verwendung findet: den Reservefonds und zu Tantièmen je 2084 Mk. (i. V. 2105 Mk.), den Actionären 6%, = 36.000 Mk. (i. V. 1397 Mk., i. V. 1175 Mk.) den Beamten, 1000 Mk. (i. V. 0 Mk.) für Wohlfahrtszwecke und 909 Mk. (i. V. 1789 Mk.) als Vortrag für neue Rechnung. Die Bilanz führt unter den Activen auf: Cassa und Bankguthaben 1.304.781 Mk. (i. V. 14.208 Mk.).

Die Gesellschaft für elektrische Beleuchtung in St. Petersburg ist mit allem Eifer daran, die auf Grund des 40jährigen mit der Petersburger Stadtverwaltung geschlossenen Vertrages zu errichtende Central-Station zu vollenden. Die Baulichkeiten sind fertiggestellt und ist für dieses Jahr nur noch eine Vergrösserung des Kesselhauses vorgesehen. Vier Kessel von je 300 m² sind bereits montirt und die Rohrleitungen, sowie die Speisewasseranlage sind in Montage. Mit der Montage der ersten 1900 PS Dampfmaschine wurde begonnen, dieselbe soll derart geführt werden, dass vier Wochen später mit der Montage der 1000 PS und 300 PS Dampfmaschine begonnen werden kann. Das Schaltbrett ist in der Montage weit vorgeschritten und die Dynamomaschinen werden, soweit zu überschen, ebenfalls mit den Dampfmaschinen montirt werden können. Die Centrale wird zum Beginn der Saison den Betrieb übernehmen können. An das Kabelnetz der Gesellschaft werden angeschlossen: Im Mai 1897 19.800 Lampen und für Strassenbeleuchtung 153 Bogenlampen, im Mai 24.700 Lampen und für Strassenbeleuchtung 157 Bogenlampen, ferner sind contractlich abgeschlossen 3380 Lampen. In Unterhandlungen 3500 Lampen. Die Moskauer Centrale entwickelt sich befriedigend; die zur Zeit geführten Verhandlungen lassen ein erhebliches Anwachsen der Lampenzahl für dieses Jahr erwarten. An das Kabelnetz waren angeschlossen (reducirt auf 16kerzige Lampen): im Mai 1897 24.300 Lampen und für Strassenbeleuchtung 121 Bogenlampen, im April 1898 40.600 Lampen und für Strassenbeleuchtung 121 Bogenlampen. Mit Beginn der Winter-Saison dürften jedoch bereits weitere 20.000 Lampen zum Anschluss gelangen und somit wird dann die Centrale rund 60.000 Lampen mit Strom zu versorgen haben. Infolge Ausbreitung der Geschäfte ist es bereits nothwendig geworden, für die Aufstellung weiterer 1000 PS Aggregate Fürsorge zu treffen.

EINLADUNG

zur Theilnahme an der Jahresversammlung des Verbandes Deutscher Elektrotechniker in Frankfurt a. M. am 2. bis 5. Juni l. J.

Der Vorstand des Verbandes Deutscher Elektrotechniker ladet in einem an den Elektrotechnischen Verein in Wien gerichteten Schreiben vom 20. d. M. den Verein zur Theilnahme an der diesjährigen Jahresversammlung des Verbandes ein und hofft, dass recht viele Mitglieder an den Veranstaltungen theilnehmen werden.

Die Vereinsleitung.

Schluss der Redaction: 24. Mai 1898.

Verantwortlicher Redacteur: Dr. J. Sahulka. — Selbstverlag des Elektrotechnischen Vereines.
Commissionsverlag bei Lehmann & Wentzel, Wien. — Alleinige Inseraten-Aufnahme bei Haasenstein & Vogler (Otto Maass), Wien und Prag.
Druck von R. Spies & Co., Wien.

Zeitschrift für Elektrotechnik.

Organ des Elektrotechnischen Vereines in Wien.

Heft 23.   **WIEN, 5. Juni 1898.**   **XVI. Jahrgang.**

Bemerkungen der Redaction: Ein Nachdruck aus dem redactionellen Theile der Zeitschrift ist nur unter der Quellenangabe „Z. f. E. Wien" und bei Originalartikeln überdies nur mit Genehmigung der Redaction gestattet.
    Die Einsendung von Originalarbeiten ist erwünscht und werden dieselben nach dem in der Redactionsordnung festgesetzten Tarife honorirt. Die Anzahl der vom Autor event. gewünschten Separatabdrücke, welche zum Selbstkostenpreise berechnet werden, wolle stets am Manuscripte bekanntgegeben werden.

INHALT:

Rundschau.

Im „Electrical World" sind im Hefte 17 die nach dem Systeme des Prof. E d g e r t o n von der High Tension Electric Storage Company in Sonderton, Pa., gebauten Accumulatoren-Batterien beschrieben, welche ähnlich wie die Volta'schen Säulen zusammengesetzt und dadurch ausgezeichnet sind, dass die Plattenzahl nur um Eins grösser ist, als die Elementenzahl, indem jede einzelne Platte auf der einen Seite die positive, auf der anderen die negative Schichte trägt. Die Bleiplatten haben eine Dicke von 1·7 *mm* und werden aus ebenen Stücken in Form von viereckigen Tassen mit umgebogenen Rändern gepresst; die Grösse der Bleitassen hängt von der erforderlichen Capacität der Batterie ab. In die einzelnen Tassen wird eine circa 3 *mm* dicke Schichte aus Mennige gegeben, auf diese Schichte kommt eine gleich dicke aus pulverisirter Holzkohle, welche ebenso wie die Mennige-Schichte mit Schwefelsäure von 30° Beaumé getränkt ist; darauf kommt eine Platte aus Asbestpappe und auf diese eine 3 *mm* dicke Schichte von Bleiglätte. Die so gefüllten Tassen werden über einander geschichtet und auf diese Säule mit Hilfe eines Rahmens zusammengepresst. Zwischen die Ränder je zweier auf einander folgender Bleitassen wird ringsherum ein in Bienenwachs getränktes Seil eingezwängt, dessen Länge so gewählt ist, dass eine einzige Stelle frei bleibt, welche zum Nachfüllen von Säure dient; es kann aber auch diese Stelle geschlossen werden. Die Formirung erfolgt mit schwachen Ladestrom innerhalb 10 Tagen, wobei ungefähr die dreifache schliessliche Capacitäts-Menge der Batterie verbraucht wird. Der innere Widerstand der Batterie ist Anfangs gross, wird aber während des Formirungs-Processes, wenn sich die Bleiglätte in schwammiges Blei verwandelt hat und die Asbestpappe von Säure gut durchtränkt ist, sehr klein; die Formirung der Batterie schreitet während des späteren Gebrauches natürlich noch weiter fort. Einer der Vorzüge der E d g e r t o n - Batterien besteht in der Abwesenheit von Säuredämpfen, in der geringen Gewichte und Raumerfordernis im Vergleich zu Accumulatorenbatterien anderer Systeme von gleicher Capacität. Das Gewicht beträgt pro 1 *Vor*-Stunde Capacität: 34 *kg*.

Bezüglich der Dauerhaftigkeit der Batterie liegen nur Erfahrungen im kleinen, für experimentelle und therapeutische Zwecke construirten Batterien vor, welche seit fünf Jahren in Function waren und sich sehr gut bewährt haben sollen. Die grösste in letzter Zeit verfertigte Batterie hat eine Leistung von 2000 *A. St.* bei 230 *V*, die maximale Stromstärke ist 200 *A*. Gegenwärtig werden bereits viele Batterien für Waggonbeleuchtung verwendet; dieselben sind in Kasten aus Eichenholz eingeschaltet und haben eine Leistung von 30 *A. St.* bei 8 *V* oder 60 *A. St.* bei 30 *V*. Das Gesammtgewicht einer Batterie der letzteren Art beträgt 81 *kg*. Falls sich diese Accumulatoren gut bewähren, scheinen sie uns wegen des geringen Gewichtes, wenn der Säureausfluss verhindert wird, für Tractionszwecke geeignet zu sein; auch für Laboratorien gewähren sie infolge des geringen Raumerfordernisses und der Leichtigkeit, mit welcher man verschiedene Spannungen abnehmen kann, Vortheile.

Der in der „Elektrochemischen Zeitschrift" im V. Jahrgang. Heft 1. beschriebene M u n t e r d e - Accumulator enthält zwei concentrische, cylinderförmige Bleiplatten, wobei die äussere, zu einem Gefässe ausgebildete Cylinder die positive, der innere Cylinder die negative Platte bildet; ein separates Gefäss wird mit angewendet. Die Cylinder sind auf den einander zugekehrten Flächen mit Rippen versehen, zwischen welche die Pasten eingestrichen werden. Durch diese specielle Form soll erreicht werden, dass die Füllmasse an der positiven Platte beim Aufquellen nicht herabfällt, sondern sich um so fester in die Rinnen einlegt. An der negativen Platte, welche mit höheren Rippen versehen ist, findet kein Aufquellen der Füllmasse statt. Der negative Cylinder ist überdies mit einer durchbrochenen Bleiführung überzogen, um den Bleischwamm festzuhalten. Zwischen den Rippen ist der Cylinder durchlöchert, damit die Säure besseren Zutritt zur activen Masse hat; von den positiven Cylinder ist der Cylinder durch einen Halter isolirt. Das positive Gefäss ist mit einer Bleikappe verschlossen, durch welche centrisch die negative Elektrode durchgeführt ist. Elemente, welche als transportable verwendet werden, sind noch mit einem besonderen Schutzblech versehen. Ein Element von angeblich

35 A. St. Capacität hat inclusive Schutzblech ein Gesammtgewicht von 4·7 kg.

In der „Industrie Electrique" ist in Nr. 152 der Blei-Zink-Cadmium-Accumulator von Werner beschrieben. Bisher wurden schon mehrere Accumulatoren gebaut, welche eine Zinkplatte als negative Platte und eine mit Bleisuperoxyd bedeckte positive Platte hatten. Der erste derartige Accumulator rührt von d'Arsonval und Carpentier her; Reynier benützte als Elektrolyt eine Zinksulfat-Lösung und amalgamirte die Zinkplatten. Der Blei-Zink-Accumulator bietet im Vergleiche zu den gewöhnlichen Accumulatoren den Vortheil, dass die E. M. K. um 0·3 bis 0·4 V höher ist, und dass er geringeres Gewicht hat; es erwies sich jedoch keiner der Accumulatoren bisher haltbar. M. Werner soll nun durch eine bestimmte Zusammensetzung des Elektrolyts, welches aus einer Mischung von Zink-, Cadmium- und Magnesiumsulfat besteht, erzielt haben, dass der Accumulator haltbar ist. Während der Ladung bildet sich auf der Kathode ein Zink-Cadmium-Niederschlag, welcher viel Wasserstoff enthält; während der Entladung löst sich der Niederschlag auf. Die Klemmenspannung sinkt dabei von 2·3 bis 1·9 V. Damit der Accumulator gut wirke, muss nach Werner dafür gesorgt werden, dass sich während der Ladung ein gut haftender fester Niederschlag an der Kathode und eine Bleisuperoxyd-Schichte von grosser molecularer Permeabilität an der Anode bilde; auch soll der Accumulator bei offenem Stromkreise möglichst wenig Energievorrath verlieren, bezw. es darf sich der Metallniederschlag an der Kathode nicht auflösen. Diese Forderungen sollen durch Zusatz des Magnesiumsulfates in das Elektrolyt erreicht werden. Ohne diesen Zusatz wird bei Benützung einer concentrirten Lösung guter Niederschlag an der Kathode, aber eine schlechte Peroxyd-Schichte an der Anode erhalten; das umgekehrte ist bei Benützung einer sehr verdünnten Lösung der Fall. M. Werner verfertigt zwei Typen von Accumulatoren, von welchen die eine für rasche, die andere für langsame Entladung bestimmt ist. Die für elektrisch betriebene Wagen bestimmten Accumulatoren haben zu sechs oder mehr Stunden angenommene Entladungsdauer. Die negativen Platten bestehen aus dünnen Eisenblechen, welche durch Eintauchen in flüssiges Blei einen dünnen Bleiüberzug erhalten haben; die Lösung ist ziemlich concentrirt. Während der Ladung wird die Stromstärke allmählich verringert, da sich sonst ein schwammiger Zink-Cadmium-Niederschlag bildet; die Ladung wird eingestellt, wenn 60% der Salze zersetzt sind. Bei offenem Stromkreis beträgt der Verlust infolge theilweiser Auflösung des Niederschlages an der negativen Platte pro Tag circa 3% der gesammten Energie, wenn das Cadmiumsulfat in der Lösung überwiegt. Bei Accumulatoren mit rascher Entladungsdauer wird eine verdünnte Lösung verwendet; damit sich jedoch kein schwammiger Niederschlag an der Anode bei der Ladung bilde, sind diese aus einem feinen Gitter gebildet, in welches unter hohem Drucke schwammiges Blei und Cadmium gepresst wird. Der Metallniederschlag und Wasserstoff kann sich dann in den Poren der Platte abscheiden. Diese Accumulatoren zeigen im stromlosen Zustande keine Verluste. Die positiven Platten bestehen bei beiden Typen von Accumulatoren, um eine möglichst grosse Contactfläche zwischen dem Träger und der Peroxyd-Schichte zu erzielen, aus einem Bleigitter mit grossen Oeffnungen 4 bis 5 cm, wobei in jede Oeffnung mehrere Gewebestücke aus Bleidraht hinein gelöthet sind. Diese Träger

werden zuerst nach dem Planté'schen Verfahren formirt; hierauf werden die Oeffnungen mit einer Paste aus Bleisuperoxyd und Mennige unter starkem Drucke gefüllt. Der Werner'sche Accumulator soll pro Kilogramm Plattengewicht 82 Wattstunden bei einem Entladestrome von 12 bis 15 A liefern; pro Kilogramm Gesammtgewicht erhält man in diesem Falle 36 Wattstunden. Ein Automobilwagen, welcher in London seit einem Monate fährt, ist mit einer Batterie von 334 kg Gewicht ausgerüstet; dieselbe besteht aus 30 Zellen von 180 A. St. Cap. Die Leistung beträgt 1·5 PS während sechs Stunden.

In der „E. T. Z." sind im Hefte 20 die Vorschläge der vom Verbande deutscher Elektrotechniker eingesetzten Commission zur Normirung von Edison Gewinden abgedruckt. Wir kommen auf diesen Gegenstand demnächst ausführlich zurück.   S.

Skizzen über das moderne Fernsprechwesen.

Von k. k. Baurath Barth von Wehrenalp.

I. Der Telephonleitungsbau in Grossstädten.

(Fortsetzung.)

Bisher war nur von der Projectirung und Ausführung der Kabelleitungen von der Centrale bis zu den eingangs erwähnten Netzmittelpunkten die Rede. Bei den daselbst errichteten Ueberführungsobjecten müssen nun die Kabel in geeigneter Weise aufgelöst und in die an die einzelnen Theilnehmerstationen anzuschliessenden Leitungsschleifen überführt werden.

Dass dies durchwegs mit Hilfe von isolirten, ober- oder unterirdisch geführten Drähten erfolgen kann, lehren die Beispiele von Paris und Brescia. Die unterirdische Vertheilung der Leitungen in Paris wurde bereits beschrieben. In Brescia sind sämmtliche Leitungen in Kabeln geführt und vertheilt. Die Hauptstränge bestehen aus in Sand gelegten und mit Ziegel abgedeckten Bertheaud-Borel-Kabeln. An geeigneten Häusern sind die Kabel hochgeführt und endigen in an den Façaden befestigten Vertheilungskästen, von welchen aus schwächere Kabel zu den Abonnenten führen. Um mit den Vertheilungskabeln keine Strassen übersetzen zu müssen, ist je ein Untergrundkabel für jeden Häuserblock bestimmt. Die Kosten einer solchen Vertheilung werden zwar wesentlich höhere sein, dafür wird aber die Instandhaltung nur sehr geringe Auslagen verursachen.

Wie schon erwähnt, wird diese Methode von Vortheil sein, wenn die Abonnentenstationen sehr dicht aneinander liegen. In allen weniger besetzten Stadttheilen ist die Vertheilung mit offenen Leitungen stets zweckmässiger, zu welchem Behufe die Errichtung eines für den Uebergang der Leitungen aus dem Kabel in die oberirdische Trace geeigneten Objectes erforderlich ist. Hiezu können an den Façaden der Häuser befestigte Ueberführungskästchen, auf den Dächern aufgestellte Einführungsthürme (Centralständer), oder endlich an geeigneten Punkten situirte Ueberführungssäulen dienen. Erstere werden in der Regel nur dort verwendet, wo die offenen Leitungen in ihrem weiteren Verlaufe an Mauerträgern oder niederen Säulen befestigt sind. Thürme und Ueberführungssäulen dagegen aufgestellt, wo die Leitungen über die Dächer gespannt werden sollen.

In allen diesen Objecten sind Vorkehrungen für die Ueberführung der Kabelleitungen in die zu den

Abspannisolatoren führenden. isolirten Drähte zu treffen. was speciell bei Papierkabeln die Anbringung eines isolirenden Endverschlusses bedingt. weiters noch zum Schutze der Kabel gegen die Einwirkungen atmosphärischer Entladungen und elektrischer Starkströme geeignete Vorrichtungen zwischenzuschalten. Da die Anordnung in der Regel in hohem Masse durch die localen Verhältnisse beeinflusst wird. dürfte es angezeigt sein. hier einige der bestehenden Einrichtungen zu beschreiben: An den Façaden befestigte Ueberführungskästchen befinden sich in Wien. und zwar in dem von der Privatgesellschaft erbauten Kabelnetze. Da diese infolge ihrer natürlich sehr beschränkten Dimensionen und der schwierigen Zugänglichkeit die Instandhaltung ausserordentlich erschweren. überdies für die jetzt allgemein eingeführten Papierkabel schon wegen der

Aehnliche Einführungsthürme sind in dem neuen Netze von Amsterdam zur Ueberführung der Kabel in die oberirdischen Leitungen vorhanden. In Schweden werden

Fig. 15.

Dachständer oder Dachreiter von grossen Dimensionen für 120 bis 180 Doppelleitungen. wie sie in den

Fig. 14.

Unmöglichkeit. einen geeigneten Endverschluss unterzubringen. unzulässig erscheinen. wird auf deren Construction und innere Einrichtung nicht näher eingegangen.

In dem von der Staatsverwaltung in Wien erbauten Kabelnetze dienen als Vertheilungsobjecte Einführungsthürme für je 120 Doppelleitungen. in einzelnen Fällen aus localen Rücksichten Centralständer gleicher Capacität.

Die Thürme sind aus Winkeleisen construirt (s. Fig. 14) und ist deren Gewicht durch Traversen auf die Hauptmauern des Gebäudes übertragen. wodurch eine bei solchen Objecten nur wünschenswerthe Unabhängigkeit vom Dachgebälke erzielt werden kann. Unter dem Thurme im Dachboden sind die Hauptständer mit flammensicher gestrichenen Pfosten verschalt. Der so geschaffene Raum dient zur sicheren Unterbringung der Endverschlüsse. Blitzschutzvorrichtungen und Schmelzsicherungen. Die Kabel werden an den Hoffaçaden hochgeführt und mit Zinkblechschläuchen verkleidet.

Fig. 16.

Fig. 4 und 15 dargestellt sind. zur Ueberführung benützt. Um die oberirdischen Leitungen nach allen Richtungen abzweigen zu können. sind in der Front des Ständers Doppelstützen für je zwei Isolatoren und an den Enden der Querträger eiserne Flügelträger befestigt. Die die Endverschlüsse, Sicherungsvorrichtungen etc. enthaltenden Untersuchungskästen sind in in die Hausfaçade im Parterre versenkten, verschliessbaren Nischen untergebracht, bei den Luftkabeln sind sie dagegen, wie aus den Bildern ersichtlich, aussen am Ständer selbst befestigt und durch eine gut schliessende Zinkblechkappe gegen Feuchtigkeit geschützt. Diese Art der Abspannung setzt natürlich eine ganz besonders aufmerksame Verankerung des Ständers voraus, um demselben gegen eventuell auftretenden einseitigen Zug hinreichende Stabilität zu sichern.

In Zürich sind schmiedeiserne, 10 bis 25 m hohe Ueberführungsmaste in recht geschmackvoller Ausstattung aufgestellt, welche an der Spitze einen aus eisernen Trägern käfigartig gestalteten Aufsatz für die Aufnahme von 250 bis 400 Isolatoren tragen. (S. Fig. 16.) Die Basis des Mastes ist mit Eisenblech verschalt und bietet hinreichenden Raum zur Aufstellung der Endverschlüsse, der Blitzschutzvorrichtungen und einer mit der Centrale in directer Verbindung stehenden Sprechgarnitur. Von den Untersuchungsklemmen führen leichte Kabel in den vier Ecken des Mastes gedeckt zum oberen Aufsatz, wo sie in die einzelnen Adern aufgelöst sind. Ausserdem sind in derselben Stadt auf einigen Gebäuden eiserne Thürme verschiedenartigster Construction errichtet, welche die in Kabel anlagernden Leitungen nach allen Richtungen oberirdisch vertheilen. Die angeführten Beispiele dürften genügen, um zu zeigen, wie verschiedenartig die Aufgabe der Kabelüberführung gelöst werden kann.

Bezüglich der Construction des Objectes selbst ist noch zu bemerken, dass die Stabilitätsverhältnisse bei Thürmen, welche direct mit dem Mauerwerk verankert sind, bezw. auf den Hauptmauern aufruhen, am günstigsten sind. Ueberführungsmaste müssen sehr massiv gebaut sein, um trotz der grossen Höhe noch genügende Sicherheit gegen Umsturz zu bieten, sobald zufällig bei Aneisung, Feuer u. s. w. einseitiger Zug sich geltend macht. Dieser Umstand dürfte umsomehr die Wahl von Masten zur Ueberführung nur auf jene Fälle beschränken, wo die Aufstellung von Thürmen unthunlich erscheint, als in den städtischen Strassen eine wirksame Verankerung des Mastes in allen Richtungen zumeist undurchführbar bleiben wird.

Für die Instandhaltung von Wichtigkeit ist noch die Lage und Grösse des Untersuchungsraumes. Dieser soll jedenfalls eine bequeme Manipulation in Störungsfällen gestatten. Da in den seltensten Fällen geeignete Nischen an den Façaden zur Verfügung stehen werden, muss zu diesem Zwecke entweder im Hofe eine kleine Untersuchungsnische aus Holz oder Eisen hergestellt oder, was in der Regel am einfachsten durchzuführen sein wird, das Hauptkabel bis auf den Dachboden geführt und daselbst ein Schaltraum eingerichtet werden. Der scheinbare Vortheil der ebenerdig gelegenen Untersuchungsräume, dass sie jederzeit bei Tag und Nacht zugänglich sind, verliert durch den Umstand an Bedeutung, dass die Mehrzahl der Störungen in den offenen Vertheilungsleitungen auftreten wird, dass daher die Zugänglichkeit des Dachobjectes selbst nicht minder wichtig erscheint.

Von den eben besprochenen Ueberführungsobjecten werden die offenen Leitungen über geeignete Stützpunkte zu den Abonnentenstationen geführt. Je nach der Construction der Stützpunkte unterscheiden wir in

Städten Façadeleitungen, Dachleitungen und Säulenleitungen.

Façadeleitungen, bei welchen die Drähte über Mauerträger, welche an den Hauptmauern der Gebäude befestigt sind, gespannt sind, finden sich in grösserer Ausdehnung nur in Oesterreich, Frankreich und Belgien, und sind entschieden vom Standpunkte der Betriebssicherheit als nicht vortheilhaft zu bezeichnen. Nicht nur, dass von den Fenstern aus zufällige oder absichtliche Störungen hervorgerufen werden können, müssen diese Leitungen auch häufig provisorisch verlegt werden, um bei Renovirungen der Façaden freizumachen.

Die Construction der Mauerträger in Oesterreich, speciell der von der Wiener Privattelegraphen-Gesellschaft eingebauten, ferner je eine französische und belgische Type, zeigen die Figuren 17, 18, 19; hiezu ist nur zu bemerken, dass die österreichischen Mauerträger leicht auswechselbar sind, und dass die beiden letztgenannten Typen eine genügend grosse Ausladung besitzen, um die Drähte auf Armweite von den Mauern entfernt zu halten. Abgesehen davon, dass hiedurch

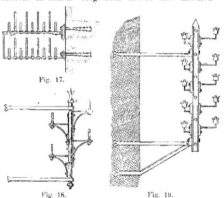

Fig. 17.

Fig. 18. Fig. 19.

viele Störungen vermieden werden, hat letztere Anordnung noch den Vortheil, dass die geradlinige Führung der Drähte durch vorspringende, architektonischen Schmuck, Risalite, Balkone etc. nicht beirrt wird, und daher alle den Leitungszustand beeinträchtigenden Nothbehelfe, wie Zwischenschaltung geeigneter Stützen, Einschaltung isolirter Drähte u. dgl., welche dazu dienen, solche Hindernisse zu umgehen, zumeist entfallen können.

In jeder Hinsicht den Façadeleitungen vorzuziehen ist jedoch für Stränge mit grösserer Drähtezahl die jetzt allgemein gebräuchliche Führung der Drähte über die Dächer der Gebäude (Dachleitungen). Die Kosten der Anlage sind hiebei natürlich infolge der schwierigeren Drahtspannung, der immerhin kostspieligen Aufstellung von Dachständern wesentlich höher, dafür besitzen aber auch diese Leitungen den sichersten Zustand, in grossen Städten die blanke Drähte überhaupt zu finden ist. Die Betriebssicherheit der Dachleitungen wird noch erhöht, wenn man dabei grössere Spannweiten möglichst vermeidet, was nach dem Früheren bei richtiger Lage der Aufführungsobjecte in den meisten Fällen gelingen wird.

Die Hauptschwierigkeit bei Anlage von Dachleitungen ist nicht technischer Natur, sondern in dem begreiflichen Widerstande der Hausbesitzer gelegen, Objecte an ihren Realitäten anbringen zu lassen, welche nicht, wie Mauerstützen von aussen, sondern in der Regel nur vom Dachboden aus zugänglich sind.

(Schluss folgt.)

Erfahrungen auf dem Gebiete der Accumulatoren.

Vortrag, gehalten im Elektrotechnischen Vereine in Wien am 23. März 1898 von Herrn **Ludwig Gebhard**, Director der Accumulatoren-Fabriks-Actiengesellschaft.

(Schluss.)

Zugsbeleuchtung.

Ein weiteres sehr wichtiges Gebiet dürfte durch die Schnellauflade-Accumulatoren erobert werden und das ist die elektrische Zugsbeleuchtung, welche bis jetzt leider noch nicht im grossen Massstabe eingeführt ist, wenn meine Gesellschaft auch schon, wie die Liste zeigt, an 15.000 Zellen für Zugsbeleuchtung geliefert hat.

Zusammenstellung

der von der Accumulatoren - Fabriks - Actiengesellschaft in Wien, Budapest und Hagen i/W. und von der Accumulatoren-Fabrik Oerlikon gelieferten Zugsbeleuchtungs-Anlagen.

Ausgeführt von	Datum	Geliefert an, bezw. für	Kasserien	Elemente	Type	Capacität Amp.-Std.	Bemerkung
Wien und Budapest	Febr 1891	Hofzng Sr. Majestät des Kaisers v. Oesterreich	30	60	T IV	75	
			30	60	T IX	150	bezmp.
	1894	k. k. pr. Kaiser-Ferd. Nordbahn Wien,	288	576	T VI	100	in 200 A.
	1895		144	288	E 3	180	
	1896		180	360	Z V	200	
	1896	Kgl. ung. Staatsbahnen	230	2760	Z 3	92	
	1897		12	144	O 4	120	
	1897	Kgl. ung. Post	26	300	Z 3	92	
	1897	Franz Josef-Untergrundbahn	40	240	Z 3	92	bisher keine Reparatur
	1897	Elektr. Stadtbahn, Pest	6	36	O 4	120	Versuch
	1896	Vereinigte Arader- u. Csanader Eisenbahnen	—	1000	Z IV	160	Sämmtl. Wagg.
	1896	Kgl. rumän. Staats-Eisenbahnen, Bukarest	18	144	Z VI	240	
Hagen i W.	1889	Novara - Sereguo - Saronno-Bahn (Ferrovie Nord-Milano-Bahn)	47	376	A Tudor	60	
		Badische Bahn	10	80	HI 130 40	90	
	in Westfälische Eisenbahn Nota	23	184	HO22	65		
	1898	Dortmund - Gronau-Enscheder Eisenbahngesellschaft	21	168	Z 515	140	Sämmtl. Wagg.
			6	48	Z 615	120	
Oerlikon (Schweiz)	1897	Dänische Staatsbahnen	—	1153	—	—	in Copenhagen 53 Wagg.
	1898		—	1152	—	—	
	—	Hofzng des Deutschen Kaisers	25	300	III G 050	116	
	1894	Schweizerische Seethalbahn	—	162	JS. 13	125	
	1895	Jura-Simplon-Bahn	—	1710	JS. 13	125	
	1896	Schweizerische Centralbahn	—	1620	CB	186	
	1896	Emmenthalbahn	—	144	JS 13	126	
	1897	Gotthardbahn	—	2100	GB	160	
		in Summa ...	—	15164			

Bis heute war man gezwungen, für die elektrische Zugsbeleuchtung, resp. zum Laden der Accumulatoren eigene kostspielige Ladestationen zu errichten. Der Grund lag in der geringen zulässigen Ladestromstärke, so dass eine 10—12stündige Ladezeit nothwendig wurde. Da man aus Eisenbahnbetriebs-Rücksichten die Züge nicht so lange an einer Stelle stehen lassen konnte, mussten die Accumulatoren nach der Ladestation geschafft werden. Diese Manipulation bedingte einerseits viele Arbeitskräfte, anderseits waren die Accumulatoren durch den Transport mancherlei Zerstörungen ausgesetzt. Heute ist man mit den Grossoberflächen-Accumulatoren im Stande, ohne eine theuere Ladestation zu errichten, einen heimkehrenden Zug, selbst wenn er 32 Stunden lang von den Accumulatoren beleuchtet wurde, in längstens 1½ Stunden zu laden und zwar, ohne dass die Accumulatoren aus den Wagen genommen werden müssen.

Es werden einfache Ladekabel sowohl an das entsprechende Leitungsnetz als an die Accumulatoren angestöpselt und dadurch diese mit der Stromquelle verbunden, in ähnlicher Weise, wie heute die Gasbehälter durch Anlegen eines Schlauches an den Behälter und an die Rohrleitung mit der Gasanstalt verbunden und gefüllt werden.

Berücksichtigt man ferner, dass bei diesem System die Anschaffung von Reserven sich um mehr als die Hälfte reducirt, so wird klar, dass nicht allein die Einführung des elektrischen Betriebes im Grossbetriebe ermöglicht wird, sondern auch, dass, wenn man alle die angezogenen günstigen Factoren berücksichtigt, die Kosten der Zugsbeleuchtung sich ganz erheblich reduciren.

Die Grossoberflächen-Accumulatoren bieten aber nicht allein den Vortheil, dass die elektrische Zugsbeleuchtung sich ungemein verbilligt, sondern sie verbessern auch den Beleuchtungseffect. Wie die Curve (Fig. 1) zeigt, beträgt bei einer 30stündigen Capacitätsentnahme der gesammte Spannungsabfall nur 3%, u. zw. für den Fall, dass 30 Stunden lang ohne Unterbrechung dem Accumulator Strom entnommen wird. Mit Berücksichtigung des Umstandes, dass die Entladung bei der Zugsbeleuchtung immer mindestens in zwei Abschnitten erfolgt, reducirt sich der Spannungsabfall von 3% auf ca. 2%, da erfahrungsgemäss nach Eintritt einer längeren Ruhepause der Accumulator sich zu erholen pflegt und einen geringeren Spannungsabfall aufweist. Sie werden mir zugeben, dass diese Eigenschaft eine ausserordentlich wichtige ist und einen grossen Einfluss auf die Schönheit des Lichtes ausübt.

Ich will bemerken, dass bei den königl. ung. Staatseisenbahnen seit einem Jahre zwei Waggons mit diesen Accumulatoren beleuchtet werden und dass innerhalb dieses Jahres die Accumulatoren nur einmal zwecks Besichtigung und Reinigung aus den Waggons genommen wurden, wobei sich herausstellte, dass sich die Accumulatoren in tadellosem Zustande befanden. Auch für das neuerdings hie und da favorisirte System, jeden Wagen mit einer Dynamo und einer kleinen Batterie oder den geschlossenen Zügen einen Wagen mit einer Dynamo und jeden Wagen wiederum mit einer kleinen Batterie auszurüsten, in welch' beiden Fällen die Dynamo von den Achsen der Wagen angetrieben werden, eignet sich dieser Accumulator ungemein, da ein Kurzschluss durch Abfallen der Masse unmöglich gemacht ist und da diese Accumulatoren jede Ueberladung und jede in diesem Betriebe mög-

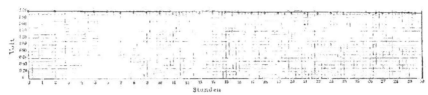

Fig. 1.

licherweise vorkommende Beanspruchung bezüglich der Ladestromstärke ohne Weiteres vertragen.

Ich halte diesen Umstand gerade bei dem System Dick,[*] wo es in Folge der Parallelschaltung der vielen Batterien nicht möglich ist, die jeweilige Ladestromstärke der einzelnen Batterien zu reguliren, demnach grosse Ladestromstärken und Ueberladungen unvermeidlich sein werden, von sehr schätzbarem Vortheil.

Wir sehen also, wie diese Grossoberflächen-Accumulatoren auf den verschiedensten Gebieten der Elektrotechnik gegenüber den von uns bis vor ca. zwei Jahren angefertigten Tudor-Accumulatoren bedeutende Vortheile bieten. Bei Besprechung der Erfahrungen mit den positiven Platten ist es von Interesse, die Thatsache zu erwähnen, dass eine ausserordentlich geringe Menge activer Oxydschicht genügt, um eine verhältnismässig grosse Capacität zu erhalten, wenn nur die Oxydschichte so angeordnet ist, dass dieselbe möglichst zur Function kommt. Wenn Sie eine solche Grossoberflächenplatte betrachten, werden Sie finden, dass die aus dem Bleikern gebildete Plauté- oder Oxydschicht im Verhältnis der Masse-Accumulatoren angewendeten Oxydschicht ganz minimal ist.

Die Ausnützung der Masse ist nämlich bei den Masse-Accumulatoren eine sehr geringe. Theoretisch sollten 4½ g Masse eine Amperestunde liefern, so dass mit 1 kg Masse theoretisch ca. 220 Amperestunden geleistet werden können. Praktisch dagegen ist die Ausnützung eine viel geringere und hängt von einer ganzen Anzahl von Factoren ab. Die Ausnützung ist eine desto grössere, je kleiner die Entladestromstärken relativ sind, d. h. je mehr Zeit der Säure für die Diffusion gelassen wird und je vortheilhafter die Masse auf dem leitenden Träger angeordnet ist. Z. B. bei der hier vorliegenden Platte, bei der die Masse ziemlich günstig vertheilt angeordnet ist, werden nur 80 Amperestunden aus 1 kg Masse gewonnen und die auch nur dann, wenn sie, wie bei der Zugbeleuchtung üblich, mit sehr geringen Entladestromstärken beansprucht werden. Bei grösseren Entladestromstärken, wie sie bei stationären Betrieben vorkommen, z. B. bei dreistündiger Entladung, gewinnt man aus 1 kg Masse, auf diese positive Platte bezogen, nur ca. 40 Amperestunden, das heisst ca. ⅜ der Masse bleibt dabei inactiv.

Ungünstiger angeordnete Masse giebt eine noch bedeutend geringere Ausnützung. Als Regel kann man wohl aufstellen, dass die Ausnützung der Masse eine umso grössere sein wird, je dünner die Schichte ist und je geringer der Weg ist, den die diffusionirende Säure bis zum leitenden Träger zurückzulegen hat.

Von diesem Gesichtspunkte aus ist die Grossoberflächen-Platte construirt.

Es lässt sich leider nicht rechnerisch feststellen, wie viel Gewichtstheile bei den Grossoberflächen-Accu-

mulatoren infolge des Formationseingriffes von Blei in Bleiüberoxyd übergeführt werden. Allein die blosse Betrachtung mit dem Auge zeigt, wie ausserordentlich dünn die Schichte ist und dass bei diesen Platten die wirksame Ausnützung der Masse eine sehr beträchtliche sein muss.

Da die wirksame Oberfläche einerseits eine 8mal so grosse wie bei den Masse-Accumulatoren ist, aber die Stärke des vorhandenen Oxydes kaum ein Zehntel derjenigen der gewöhnlichen Masse-Accumulatoren beträgt, so wird ohne Weiteres klar, dass die Diffusion der Säure hier ausserordentlich bequem vor sich geht und der innere Widerstand sowohl beim Laden wie beim Entladen sich sehr günstig stellt. Welch' günstigen Einfluss der geringe Widerstand ausübt, sieht man am Besten aus der hier vorliegenden Curve, bei der zu sehen ist, dass die gesammte Capacität innerhalb circa 3% Spannungsabfall enthalten ist, während man sonst für Zugbeleuchtungsplatten auf 5, ja sogar bis 10% gekommen ist.

Bei näherer Betrachtung der Grossoberflächen-Platte sieht man aber sofort, wie man in der Lage ist, hierbei die Capacität per Kilogramm Plattengewicht erheblich zu vergrössern. Man erkennt das Mittel, das man anwenden muss, wenn man bei gleicher Leistung einen leichteren Accumulator construiren will. Man hat nur nothwendig, einen Plattenquerschnitt von halber Dicke herzustellen und der Accumulator wird bei gleicher Leistung sofort nur halb so schwer sein. Da der Plauté sich fortschreitend, wenn auch sehr langsam, erneuert, bei jeder Ladung und Entladung, werden durch die dabei auftretenden Gasblasen kleine Partikelchen von der Platte losgelöst; es folgt daraus, dass die Platte eine umso kürzere Lebensdauer hat, je schwächer sie in ihrem Kern ist. Die grössere Leistung auf die Gewichtseinheit bezogen, muss demnach mit einer kürzeren Lebensdauer bezahlt werden.

2. Erfahrungen und Verbesserungen im Aufbau von Accumulatoren.

Die Verbesserung im Aufbau der Platten trägt wesentlich zur Verlängerung der Lebensdauer des Accumulators bei.

An den hier ausgestellten Elementen wollen Sie bei Besichtigung derselben besonders darauf achten, dass Oxyde, welche wirklich von Platten abfallen sollten, nirgends Auflageflächen finden, von welchen aus sie metallischen Schluss zwischen zwei benachbarten Platten bilden können.

So selbstverständlich dies heute aussieht und klingt, so hat es doch eine verhältnismässig lange Reihe von Jahren und eine grosse Reihe trübster Erfahrungen gekostet, ehe man auf diese einfache Construction gekommen ist. Aber gerade diese Einfachheit ist das beste Kriterium der Güte und es ist in der Technik

*) Vergl. Heft 19. pag. 226. Rundschau.

eine allgemein gemachte Erfahrung, dass man stets
vom Complicirtesten zum Einfachsten kommt.
Schliesslich komme ich zu den:
3. Erfahrungen und Verbesserungen in der
Behandlung der Accumulatoren, resp. zu den
Warte-Betriebsvorschriften.

Ein sehr wichtiger Factor für die Erhaltung des
Accumulators ist bekanntlich seine Behandlung während
des Betriebes.

Auch dieser Grundsatz wird einem heute als selbstverständlich erscheinen, und doch hat es manche schwere
Opfer gekostet, dies zu erkennen. Man hat meiner
Gesellschaft lange Jahre hindurch den vom Standpunkte
der Installateure und Besitzer wohl berechtigten Vorwurf gemacht, dass wir alle Augenblicke mit neuen
Vorschriften kämen, welche das Gegentheil verlangten,
als bisher. Ja, in der That, es war vielfach so. Aber,
meine geehrten Herren, wir hatten zu Anfang unserer
Existenz absolut nichts vor uns, aus dem wir irgend
welche Erfahrungen für auszustellende Behandlungs-
Vorschriften für Accumulatoren schöpfen konnten. Die
einzige Quelle, aus der wir zu schöpfen vermochten,
waren die schlechten Erfahrungen, dass die und die
Behandlungsvorschrift, welche wir ausgegeben hatten,
sich als unseren Accumulatoren gerade nicht sehr zu-
träglich erwiesen hatte. Dann mussten wir ändern, um
vielleicht wieder etwas vorzuschreiben, was nach einem
Jahre weiterer Praxis durch eine neue Vorschrift um-
gestossen werden musste. Sie werden vielleicht fragen,
meine Herren: Hat denn die Accumulatorenfabriks-
Actiengesellschaft kein Laboratorium, in welchem
sie sich über solche Sachen vorher vollständige Klarheit
verschaffen konnte?

Diese Frage erscheint berechtigt und wir haben
auch in Hagen von Anfang an und heute noch ein mit
allen Mitteln und ausgezeichneten Fachleuten ausge-
stattetes Laboratorium, aber dem Accumulator gilt in
höchstem Masse das Wort Goethe's: „Grau, theurer
Freund, ist alle Theorie und grün des Lebens goldener
Baum."

Nur in der Praxis konnten für die Fortentwicklung
der Accumulatoren-Technik diejenigen Erfahrungen gewonnen werden, auf welche mit Sicherheit weiter gebaut werden konnte. Aus nutzbringenden Betrieben,
bei welchen die Accumulatoren in fremden Händen
sich befanden, mussten die Hilfsschreie kommen, um
uns die Fingerzeige zu geben, wo wir auf falschen
Wegen waren.

Heute sind unsere Behandlungs-Vorschriften so
ungemein einfach und klar und erscheinen eigentlich
so selbstverständlich, dass auch hierin die Gewähr liegt,
nun das Richtige erreicht zu haben. Seit den letzten
vier Jahren ist nichts mehr an den Vorschriften abzuändern nöthig gewesen.

Es war nicht allein erforderlich, Vorschriften zu
geben, es musste auch dafür gesorgt werden, dass die
Accumulatoren nach dieser Richtung hin behandelt
wurden. Wir mussten die Wärter, das Publikum und
auch die Installateure zu einer sachgemässen Behandlung
der Accumulatoren gewissermassen erst erziehen.

Zu diesem Zwecke haben wir nicht allein Accumulatoren fabrizirt und verkauft, sondern wir haben
auch über jede von uns ausgeführte und im Betriebe
befindliche Anlage gewacht. Ueber jede Anlage wird
ein Journal geführt, welches durch ständige, in gewissen
Zeiträumen stattfindende Revisionen stets auf dem Laufenden gehalten wird.

Gelegentlich dieser Revisionen werden die Wärter
von uns controllirt bezw. instruirt.

Trotz aller dieser Bemühungen war aber kaum in
einem einzigen Falle und wenn wir noch so sehr davon
überzeugt waren, dass unsererseits kein Verschulden
vorlag, seitens eines Anlagenbesitzers die Anerkennung
zu erzielen, dass der Wärter das Verschulden begangen
habe. Der Wärter schwor natürlich hoch und theuer,
dass er jederzeit mit dem Accumulator wie mit einem
rohen Ei umgegangen sei und alle ihm gegebenen
Wartevorschriften auf das Gewissenhafteste befolgt habe.
Selbstverständlich betheuerte der Betriebsleiter ebenso
hoch, dass er den Wärter jederzeit strenge controllirt
habe und dass niemals eine Ueberanstrengung vorgekommen sei.

In jedem solchen Falle mussten wir, nachdem wir
durch unsere Einwände und Bedenken Wärter, Betriebsleiter und schliesslich auch den Anlagebesitzer zu unseren
grimmigsten Feinden gemacht hatten, zum moralischen
Schaden noch den finanziellen auf uns nehmen und die
Batterie auf unsere Kosten ersetzen.

So konnte die Sache natürlich nicht weiter fort-
gehen, da musste Wandel geschaffen werden und wir
haben mit grossem Erfolge in solchen Betrieben, wo
die Batterien in solchem Umfange zur Aufstellung
kamen, dass sie die Bestreitung der Unkosten, die mit
der Entlohnung eines eigenen Wärters verbunden sind,
vertragen, die Wartung der Batterie in eigene Regie übernommen. Da war auf einmal Ruhe. Wir brauchten
die Wärter nicht mehr zu denunziren, diejenigen, die
ihre Schuldigkeit nicht gewissenhaft erfüllten, kamen
in Gefahr, da sie von da ab unter beständiger Controlle
unserer Aufsichtsorgane standen, im Betretungsfalle
entlassen und durch gewissenhafte Wärter ersetzt zu
werden, während brave, zuverlässige und pflichttreue
Wärter sich nicht unbedeutende Prämien verdienen
konnten.

Finanziell läuft es für den Anlagebesitzer auf das
Gleiche hinaus, da es ihm gleichgiltig ist, ob er uns
für die Beistellung des Wärters bezahlt, oder ob er
den Wärter direct honorirt.

Die Wartung folgender Anlagen führen wir in
eigener Regie:

Centrale Neubad	Centrale Baden
„ Leopoldstadt	„ Znaim
„ Hernals	„ Laibach
„ Döbling	„ Smichov
„ Mariahilf	„ Sarajevo
„ Gablonz	„ Czernowitz
„ Graz	

ferner die Accumulatoren in der Hofoper sowie im
Hofburgtheater; ausserdem in Budapest in der Central-
Station der Budapester Allgemeinen Elektricitäts-Actien-
Gesellschaft, sowie in den Unterstationen Kazinczygasse,
Davidgasse und Muranygasse und andere mehr.

Zum Thema der Erfahrung über Accumulatoren
gehört noch ein sehr wichtiges Capitel.

Wie Sie wissen, beschäftigt sich eine Unzahl von
Erfindern mit dem Problem, einen besseren Accumulator
zu erfinden und man kann es vom Standpunkte des
Fortschrittes auch nur warm begrüssen, wenn eine
Menge von tüchtigen Leuten sich mit dieser, wie ich
gerne zugeben will, wünschenswerthen Aufgabe beschäftigen.

Wie gross die Zahl der Accumulatoren-Erfinder
ist, möge aus folgenden Zahlen hervorgehen:

Seit dem Jahre 1890 sind bis heute nach den von mir gemachten Aufschreibungen, die aber voraussichtlich nicht sämmtliche umfassen werden, nicht weniger als 130 Accumulatoren-Patente in Deutschland ertheilt worden. Man kann aber auch hier sagen: „Viele sind berufen. Wenige aber auserlesen."

Gelingt es einem glücklichen Erfinder, ein deutsches Reichspatent zu erhalten, so ist er an und für sich schon ausserordentlich beglückt, existirt doch in Deutschland beim deutschen Reichspatent eine sehr strenge Prüfung auf Neuheit. Seine frohen Hoffnungen werden aber noch viel grösser, wenn sein Accumulator, den er natürlich einem wissenschaftlichen Institute zur Untersuchung und Begutachtung übergibt, daselbst gute Resultate erzielt. Dass das betreffende Institut nur eine Anzahl von Untersuchungen, die für die Praxis und für die richtige Beurtheilung des wahren Werthes des Accumulators absolut ungenügend sind, vornimmt, und nur vornehmen kann, entgeht dem glücklichen Erfinder. Es liegt in der Natur der Sache, dass wissenschaftliche Institute nicht in der Lage sind, die Untersuchungen lange genug fortzusetzen, denn es gehören, wie ich am Eingange meines Vortrages ausgeführt habe, eine grosse Anzahl von Ladungen und Entladungen dazu, um über einen Accumulator etwas absolut Positives sagen zu können. Eingehende, lang andauernde Versuche werden natürlich sehr kostspielig, und ausserdem glauben auch die Erfinder, dass es nicht nöthig sei, so lange zu untersuchen.

Dessenungeachtet ist der Erfinder überzeugt, schon weil jeder Mensch stets gerne das glaubt, was er hofft, dass sein Accumulator der beste der Welt sei und innerhalb weniger Jahre sein Accumulator sich derartig den Markt erobert haben werde, dass ein anderer Accumulator als der seinige überhaupt nicht mehr in Frage kommen kann.

Auf Grund der günstigen Resultate, die in dem wissenschaftlichen Institute festgestellt wurden, sucht der Erfinder und findet auch meistens, wenn er selbst die Mittel dazu nicht besitzt, die nöthigen Geldleute und die Fabrikation und der Verkauf kann beginnen. Dieses wissenschaftliche Gutachten hat nun in der Regel festgelegt, dass der Accumulator per Kilogramm Platte eine ganz ausserordentlich grosse Capacität erwiesen hat, es heisst meistens, dass mit dem Accumulator alle möglichen Malträtirungen vorgenommen worden sind, dass man den Accumulator tagelang kurzgeschlossen hatte, dass man ihn mit enormen Lade- und Entlade-Stromstärken beansprucht habe, dass man ihn sogar verkehrt geladen habe und jedesmal nach ein- oder zweimaliger vorschriftmässiger Ladung habe der Accumulator wieder seinen normalen Zustand gezeigt; der Wirkungsgrad des Accumulators habe dadurch gar nicht gelitten und das Aussehen der Platten verspreche eine lange Lebensdauer.

Diese oder ähnliche Gutachten, die, wie ich bemerke, selbstverständlich mit bestem Wissen und Gewissen gegeben sind, veranlassen die Geldleute nicht selten, an Accumulatoren-Unternehmungen heranzutreten.

Zum Schaden des Erfinders und der Geldleute kommt in den meisten Fällen mit der Zeit die Erkenntnis, dass die Zahl der Ladungen und Entladungen, die in dem wissenschaftlichen Institute mit dem Accumulator gemacht worden sind, doch nicht genügend gross gewesen sein müssen, denn in der Praxis zeigen sich alle diese schönen Hoffnungen, die man auf diesen Accumulator aufgebaut hatte, als eitel!

Da kein Accumulator ohne langjährige Garantie oder Versicherung gekauft wird, so sieht sich der Käufer leider nur allzu oft den Preis an, indem er sich damit beruhigt, dass es ja für ihn ganz gleichgiltig sei, ob der Accumulator lange oder weniger lange hält. Der Accumulator soll ja versichert werden und da trifft der Schaden der frühzeitigen Auswechslung nur den Fabrikanten, der ja wissen muss, was er zu garantiren in der Lage ist.

Diese Ansicht kann man hundertmal hören und fast hat es den Anschein, dass für den Ankauf bei Accumulatoren nicht mehr die Qualität, sondern nur der Preis entscheidend sei. Die Versuchung für den Käufer, sich nur von der Preisfrage bestimmen zu lassen, ist bis zu einem gewissen Grade erklärlich, denn der Accumulatoren-Fabrikant ist nicht in der Lage, ähnlich wie der Maschinenfabrikant, dem Anlagebesitzer nachweisen zu können, dass er vortheilhafter thut, einen theuren Accumulator zu kaufen, wie es meistens vortheilhafter ist, eine theure Maschine zu kaufen, weil sie ihm im Betriebe Ersparnisse einbringt, denn der Accumulator muss eben, sobald er seinen Garantien nicht mehr entspricht, von den betreffenden Fabrikanten ersetzt, bezw. in Ordnung gebracht werden. Die Anschauung, dass für den Käufer die Qualitätsfrage nicht so wichtig ist, und dass es sich in der Hauptsache um den Preis handelt, ist aber nur anscheinend richtig. Trotzdem hat dies nicht unwesentlich dazu beigetragen, den Preis der Accumulatoren bereits heute auf einen Standpunkt herunterzudrücken, so dass derselbe demnächst mit den Bleipreise fluctuiren wird.

Der Verdienst bei dem Verkaufe der Accumulatoren ist demnach so schmal geworden, dass billige Garantien nur dann von Fabrikanten angeboten und auf die Dauer erfüllt werden können, wenn dessen Fabrikat von hervorragender Qualität ist, denn nur wenn der Fabrikant eine Qualität liefert, die in sich die Bürgschaft trägt, dass der Fabrikant seinen Verpflichtungen auf die Dauer und — meine Herren, zehn Jahre Versicherung ist eine lange Zeit, — nachkommen kann, wird er zu seinem und zum Vortheile der Mitmenschen als Accumulatoren-Fabrikant bestehen können.

Sie sehen also, meine Herren, was Sie von vorneherein als Fachleute niemals bezweifelt haben werden, dass beim Accumulator, wie bei jedem anderen technischen Gegenstand die Qualitätsfrage die entscheidende ist.

Elektrische Steinbohrmaschinen.

Jahrelang schon ist man bemüht, die Elektricität als treibende Kraft dem Bergbaue zugänglich zu machen. In erster Linie handelte es sich darum, Maschinen resp. Apparate zu construiren, die durch elektrischen Antrieb die Sprenglöcher zu bohren im Stande waren, um das mühselige und beschwerliche Schlagen derselben durch menschliche Kraft aufzuheben.

Für weiches Gestein verwendete man zwar schon seit langer Zeit elektrisch rotirende Steinbohrer, und zwar für Kohle, Salz, Schiefer und sogar auch für Sandstein mit ziemlich gutem Erfolge an. Infolge des langsamen Ganges des Bohrers, das erforderlichen grossen Druckes und der schweren Construction lässt sich für hartes Gestein ein rotirender Bohrstahl jedoch nicht vortheilhaft verwenden, und kommt hiezu auch noch der Umstand, dass besondere Bohrstähle für das harte Gestein benöthigt werden, die nicht an Ort und Stelle verfertigt werden können.

Vielfach kamen Elektromotoren für derartige Zwecke in Betrieb, denen man durch Einschalten eines Schubkurbelmechanismus eine hin- und hergehende Bewegung gab, doch ist dieses Princip in so complicirtes, dass schon die Antmerksamkeit des betreffenden Maschinisten bezw. Bergmannes zu sehr in Anspruch genommen ist, zumal die einzelnen Theile infolge der schweren Arbeit einer starken Abnutzung unterworfen sind, was wiederum zu langwierigen Betriebsstörungen Anlass gibt. Im übrigen verhindert das bedeutende Gewicht die Transportfähigkeit.

Die „Union" E.-G. construirt Bohrmaschinen, welche allen Anforderungen, die bei harten Gestein gestellt werden, genügen. Das Princip besteht in der praktischen Nutzbarmachung der Erregung von Solenoiden mit pulsirenden Strömen und Wechselströmen mittelst einer speciell construirten Dynamo, wodurch einem zwischen Solenoiden schwebenden Eisenkern eine hin- und hergehende Bewegung ertheilt wird. Diese Stossbohrmaschinen bestehen in der Hauptsache aus zwei nebeneinander liegenden magnetisirenden Spulen, die von einem eisernen Rohr umschlossen werden und in deren Innerem ein cylindrischer Eisenkern die hin- und hergehende Bewegung ausführt. An den Eisenkern schliesst sich eine sechseckige schraubenförmig gewundene Stange, die in einem Kopf zur Befestigung des Bohrers endigt. Diese Bronzestange bewegt eine Sperrklinkenvorrichtung, die den Bohrer gleichzeitig mit umsetzt. Nach vorne ist der Hub der Maschine durch das Aufschlagen der Meissels gegen das Gestein begrenzt, sodass der Kolben in dieser Richtung aus der Maschine herausgezogen werden kann. Der Rückschlag wird von einer Spiralfeder aufgefangen. Mittelst einer Kurbel kann die in einem Schlitten gleitende Bohrmaschine bis auf 32 cm zum Zwecke der Hubänderung vor- oder rückwärts geschoben werden; ein tellerförmiger Ansatz an dem Schlitten dient zur Befestigung der Maschine am Bohrgestell, welches entweder als Dreifuss, als hydraulische oder Schraubenspannsäule ausgebildet sein kann. Die Stossbohrmaschine gestattet ein Bohren nach allen Richtungen.

Die Dimensionen derselben sind 96 cm (125 Ø); dieselbe wiegt mit Schlitten 72 kg. Sie ist die leichteste unter allen Stossbohrmaschinen.

Als Bohrer können Kreuz-, mehrkantige oder runde Meisselbohrer benützt werden, die gebohrten Löcher schwanken zwischen 24 und 50 mm im Ø.

Der Eisensteinbergbau in Bindt bezog von der „Union" eine complete Stossbohranlage, die folgende Resultate zeitigte:

Art des Gesteins	Zahl der Bohrlöcher	Bohrlochtiefen in m	reiner Bohrzeit in m	ganzer Bohrzeit in m	Leistung in 10 Min.
Spatheisenstein, sehr fester Gang	9249	4501·19	44·13	14·20	
" fester "	2021	1455·96	45·78	15·80	
quarzreicher Schiefer	2081	1393·87	46·46	14·84	
fester Schiefer	3768	2805·00	53·57	17·80	
milder Schiefer	4389	28.803·93	75·14	21·76	

Der verhältnismässig grosse Unterschied der Leistung zwischen reiner und ganzer Bohrzeit rührt daher, dass mit eine Bohrfäre zwei weit von einander liegende Arbeitsorte bedient; die erforderliche Transportzeit von einem zum anderen Orte ist in den obigen Zahlen inbegriffen.

Eine rotirende Steinbohrmaschine installirte die „Union" auch für die Bergwerke der Canell Coal Company in Durea Pa. Es wurden zwei Typen dieses Modells hergestellt; die grössere ist mit einem Motor von 3 PS ausgerüstet und findet vornehmlich bei Schiefer oder harter Anthracitkohle Verwendung, die kleinere ist mit einem 2 PS Motor ausgerüstet und für Bohrungen in bituminöse Kohlenflötze geeignet. Sollte der Bohrer während der Arbeit plötzlich auf hartes Gestein stossen, wird der Vorschub, welcher den Bohrer automatisch vorgehen lässt, selbstthätig arretirt. Im übrigen ist der Bohrer so construirt, dass Bohrungen in jeder Richtung stattfinden können. — Das Eindringen des Bohrers in Gestein von verschiedener Härte bedingt das Vorgehen desselben auch von verschiedener Geschwindigkeit, weshalb die Verschubstangen Gewinde von ungleichen Steigungen erhalten.

Das Facit des Betriebes aus den Bergwerken der Canell Coal Comp., Durea Pa., ist:

Material	Lochtiefe	Zeit
Schiefer I	0·6 m	30 Sec.
" II	0·7 m	32 "
Anthracitkohle I	0·6 m	17 "
" II	0·7 m	17 "
harter Schiefer III	0·7 m	50 "

In der Kohle unter II wurden in 48 Secunden 2 m gebohrt. Der kleinere Bohrer wiegt mit Ständer 75 kg, der Bohrer selbst 46 kg; in bituminöser Kohle bohrt derselbe 2·2·3 m pro Minute.

W. Seb.

Parallelschalten der Multiplications-Spulen der elektrischen Apparate.

Von E. Polaschek, Telegraphen-Controlor, Prag, St. E. G.

Seit mehreren Jahren wurden Versuche mit dem Parallelschalten der Multiplications-, bezw. Elektromagnet-Spulen bei diversen elektrischen Einrichtungen angestellt.

Diese Versuche haben ein sehr befriedigendes Resultat geliefert und wurde daher von dem „Parallelschalten" vielseitig Gebrauch gemacht.

Diese Schaltungsweise hat allerdings den Nachtheil, dass der Materialverbrauch in den galvanischen Elementen zu grösser ist als bei der „Hintereinander-Schaltung". Dieser Nachtheil ist jedoch nicht von Belang, weil die Kosten für die Erhaltung der galvanischen Batterien bei den Eisenbahnen und den Telegraphen-Anstalten, im Verhältnisse zu den übrigen Betriebs-Auslagen, so gering sind, dass dieselben auf das finanzielle Resultat des Unternehmens beinahe keinen Einfluss haben, es muss jedoch jeder Anstalt darum zu thun sein, die elektrischen Apparate derart eingerichtet zu haben, dass dieselben verlässlich functioniren. Bei Eisenbahnen ist dies nicht allein aus Rücksicht für die Sicherheit des Zugsverkehres, sondern auch deshalb nothwendig, weil ein guter Zustand der elektrischen Apparate, z. B. der Glockensignal-Apparate, nicht unwesentlichen Einfluss auf die Abwicklung der am Bahnkörper vorzunehmenden Arbeiten ausübt und man daher mit Recht behaupten kann, dass die kleine Mehrauslage, welche etwa die Instandhaltung der galvanischen Batterien verursacht, sehr reichliche Zinsen trägt.

Die Parallelschaltung hat nach den gemachten Erfahrungen gegenüber der Hintereinander-Schaltung im Allgemeinen nachstehende Vortheile, und zwar:

1. Die Selbstinduction ist selbstverständlich in der Linie bedeutend geringer.

2. Durch die Parallelschaltung erzielt man eine bedeutend stärkere Anziehung im Elektromagneten und kann daher der Anker von den Eisenkernen nicht weiter entfernen, sondern überdies eine grössere Hubhöhe dem Anker geben und die Abreissfeder stärker anspannen.

3. Bei der Parallelschaltung ist die Drahtstärke der Multiplicationen eigentlich doppelt so gross als bei der Hintereinander-Schaltung und es sind daher die Apparate gegen Beschädigung durch Gewitter widerstandsfähiger.

Dieser Vortheil wird sich zwar bei Serienschaltung durch Verwendung eines stärkeren Multiplicationsdrahtes ebenfalls erreichen lassen, es würde aber dann, weil die Abstände der einzelnen Drahtlagen von den Eisenkernen rascher zunehmen, bei dem dünneren Drahte, keine so kräftige Magnetisirung des Eisenkernes erzielt werden.

Für die Glockensignalleitungen hat der im Punkte 2 angeführte Umstand den Vortheil, dass man wegen der grösseren Ankerhubhöhe auch die Auflage des Auslösungsprisma grösser machen kann und daher das so lästige Ueberschlagen der Apparate, selbst wenn der Auslösungslappen etwas angeschliffen ist, nicht vorkommen wird.

KLEINE MITTHEILUNGEN.

Verschiedenes.

Ein Unfall auf der elektrischen Strassenbahn Czernowitz. Wir erhalten hierüber von competenter Stelle folgende Mittheilung: Ueber einen Unfall, der sich am 5. Mai l. J. auf der Strassenbahn Czernowitz ereignete, sind Berichte in die Presse gelangt, die den Thatsachen nicht entsprechen und geeignet sind, die öffentliche Meinung irre zu führen. Um auf die verschiedentlich daran geknüpften tendenziösen Ausführungen näher einzugehen, sollen im Nachstehenden nur die falschen Darstellungen berichtigt werden.

Der Unfall trug sich folgendermassen zu: Ein Motorwagen fuhr mit zu hoher Geschwindigkeit in das bei der Paraskiwakirche beginnende grosse Gefälle, das an einer Stelle 11·1% beträgt, ein rutschte infolgedessen, als die mechanische Bremse benützt wurde, mit stillstehenden Rädern bergab, entgleiste in der zweiten Krümmung der S-Curve hinter dem Springbrunnenplatz, wobei ein eiserner Mast der Strassenbahn umgebogen wurde, griff bei dabei auf der neben dem Geleise liegende Böschung und legte sich deshalb auf die Seite, wobei er auf ein Bauernfahrwerk stiess das kurz vor der Entgleisung mit dem Motorwagen zusammengestossen war. Wegen des durch die mechanische Bremse bewirkten Stillstandes der Räder konnte die sonst gut wirkende elektrische Kurzschlussbremse nicht functioniren und das im letzten Augenblicke erfolgte Stellen des Regulators auf „Rückstrom- blich wirkungslos, da die Contactrolle bei dem schnellen Durchfahren der Curve entgleist war.

Durch die vom k. k. Eisenbahnministerium in Wien veranlasste Untersuchung ist festgestellt, dass sich sämmtliche Betriebsmittel in vollständig betriebsfähigem Zustande befanden. (Drei Wagen waren zur Vornahme laufender Arbeiten in Reparatur.)

Sämmtliche Wagen konnten sowohl auf elektrischem Wege als auch mit Hilfe der mechanischen Bremse auf allen Stellen der Strecke sicher und schnell gebremst werden. Insbesondere ist die- für den verunglückten Wagen hervorzuheben, welcher nach dem Unfälle auf Grund polizeilicher Anordnung unberührt geblieben war. Ebenso wie alle übrigen Wagen.

Durch den Unfall wurde nur ein Theil der vorderen Personbrücke beschädigt und die Pufferstange verbogen, worin ein Beweis für die solide Ausführung der Wagen liegt.

Nach der ministeriellen Untersuchung wurde die Erlaubniss zur Wiedereröffnung des Betriebes ertheilt.

Elektrische Beleuchtung in Sägewerken. Im Jahre 1897 hat die Vereinigte Elektricitäts-A.-G., Budapest, folgende Sägewerke mit Lichtanlagen versehen: Kalotaszeger Forst-Industrie in Kolozsel, Baron Popper'sche Gutsverwaltung in Nagy-Rittse, A. Veres in Gyergyó Ditró, K. Neuschloss & Sohn in Szatmár, Lord & Co. in Gilvács, Strickler & Tscharner in Csernik, Croatien, Guldfinder & Teplanszky in Száz-Sebes, Carl Schlesinger in Jakovlje, Croatien, W. Langfelder, Berektova-Naszod.

Die zunehmende Ausdehnung des für den **elektrischen Bahnbetrieb** erforderlichen Kabelnetzes in den Strassen Berlins hat Veranlassung gegeben, der Frage näher zu treten, ob die oberirdischen Leitungen die Thätigkeit der Feuerwehr irgendwie beeinträchtigen können. Es haben daher Sachverständige der Feuerwehr und der Siemens & Halske A.G. Versuche angestellt, durch die festgestellt werden sollte, ob ein Wasserstrahl den Strom jener Leitungen, der eine Spannung von 500 V nur nie besitzt, abzuleiten vermag und ob, bejahenden Falles, der Spritzenrohrführer einer Gefahr durch elektrische Schläge ausgesetzt ist. Bei diesen Versuchen hat sich herausgestellt, dass solche Gefahr nicht zu besorgen ist. Man wird sich damit begnügen können, die Rohrführer mit gutem Schuhhandschuhen auszurüsten und von der früher geplanten Einführung eines besonders isolirten Rohres Abstand zu nehmen. (B. B. Ztg.).

Fernsprechverkehr zwischen Dresden und Nordböhmen. Wie bereits gemeldet, ist am 24. v. M. die von uns bereits erwähnte Fernsprechverbindung zwischen Sachsens Hauptstadt und einer grösseren Anzahl böhmischer Plätze eröffnet worden. Zunächst ist Dresden nebst Vororten, Meissen, Riesa, Schandau telephonisch verbunden mit Bodenbach, Tetschen, Aussig, Leitmeritz, Lobositz, Melnik, Raudnitz, Teplitz, Dux, Brüx und Oberleutensdorf. Die Gebür für jedes Gespräch beträgt eine Mark, zwischen Schandau und böhmischen Plätzen jedoch nur eine halbe Mark.

II. Kraft- und Arbeitsmaschinen-Ausstellung München 1898. Aehnlich wie bei allen früheren Ausstellungen, sind auch seitens der General-Direction der königl. bayer. Staatseisenbahnen den Besuchern der Ausstellung ganz wesentliche Verkehrs-Erleichterungen zugestanden worden. Wir lassen dieselben nachstehend folgen, indem wir bemerken, dass noch weitere Erleichterungen im Wechselverkehre mit den übrigen Staaten des Deutschen Reiches, sowie mit Oesterreich-Ungarn (mit namentlich mit Rücksicht auf die Wiener Jubiläums-Ausstellung) angestrebt werden.

1. Die Gültigkeitsdauer der Rückfahrkarten nach München wird für die Aussteller und deren Personal auf dreissig Tage, für die Mitglieder des Preisgerichtes auf die Dauer der Thätigkeit der Letzteren verlängert.

2. Für Arbeiter bedeutender Fabriken und gewerblicher Anstalten, welche in grösserer Zahl die Ausstellung besuchen, wird bei gemein-schaftlicher Hin- und Rückfahrt die Beförderung nach München und zurück zur einfachen Fahrkarte III. Classe gewährt.

3. Für Gewerbevereine u. dgl. können bei einer Theilnehmerzahl von mindestens 200 Personen zum Besuche der Ausstellung Sonderzüge gestellt werden, bei deren Benützung die für die Hinfahrt gelöste Fahrkarte III. Classe zur traktiven Rückfahrt innerhalb zehn Tagen berechtigt.

4. Während der Dauer der Ausstellung werden an jedem Samstage und Sonntage Fahrkarten nach München zu einfachem Fahrpreise ausgegeben, welche zur freien Rückfahrt innerhalb zehn Tagen berechtigen, soferne sie in der Ausstellung abgestempelt worden sind.

Im Allgemeinen wird bemerkt, dass Schnellzugskarten auch zur Rückfahrt in Schnellzügen berechtigen, dass Vorauszugkarten nicht zur Rückfahrt giltig erklärt werden, dass schliesslich die Fahrpreisermässigungen auf den Verkehr der besten

Bahnhöfe München Centralbahnhof und München-Ostbahnhof beschränkt bleiben.

Allgemeine italienische Ausstellung in Turin. Der Erfolg der Ausstellung in Turin gewinnt von Tag zu Tag an Bedeutung und Umfang, je mehr dieselbe im In- und Auslande bekannt und nach ihrem wahren Werthe beurtheilt wird.

Da das Comité die Ausstellung an dem zum Voraus festgesetzten Tage, am 1. Mai, eröffnen wollte, so war dieselbe an jenem Tage in einzelnen Abtheilungen noch etwas Rückstand.

Nun ist aber Alles in bestem Gange: Die Gallerie der Arbeit ist in voller Thätigkeit, die internationale Abtheilung für Elektricität ist vollständig geordnet, die elektrischen Abendbeleuchtungen (mit nächtlichem Zutritt in die elektrisch beleuchteten Räumlichkeiten der Ausstellung) haben bereits begonnen, und die Turiner Ausstellung mit ihrer herrlichen Lage im Park des Valentino, bietet sich dem Auge des Beschauers nun vollkommen ausgerüstet in ihrem ganzen Glanze dar.

Ausgeführte und projectirte Anlagen.

Oesterreich-Ungarn.

a) Oesterreich.

Komotau. (Elektrische Bahn.) Das k. k. Eisenbahnministerium hat dem Carl Bondy, öffentlichen Gesellschafter der Firma Kolben & Comp. in Prag, die Vornahme technischer Vorarbeiten für eine mit elektrischer Kraft zu betreibende Kleinbahn von der Station Komotau der Buschtěhrader Eisenbahn durch die Stadt Komotau zur Gasanstalt daselbst zum Anschlusse an die projectirte Localbahn Komotau—Postelberg im Sinne der bestehenden Normen auf die Dauer eines Jahres ertheilt.

Kufstein. (Elektricitätswerk.) Diese seit vielen Jahren projectirte Anlage gelangt nun endlich zur Ausführung und wird bereits mit den Vorarbeiten begonnen. Die Centralstation wird in einer Entfernung von 2-2 km von der Stadt am Sporchenbache errichtet werden und für eine Gesammtleistung von 600 PS, bezw. 400 KW ausreichen. Für den ersten Bedarf werden zwei Turbinen zur je 150 PS und zwei mit denselben direct gekuppelte Schuckert'sche Dreiphasenstrom-Generatoren zu je 100 KW effectiver Leistung bei 2000 V Spannung in Betrieb gesetzt werden.

In der Stadt wird der hochgespannte Strom mittelst Transformatoren, welche an neun Punkten in eigenen Transformatorenhäuschen zur Aufstellung gelangen, auf die Gebrauchsspannung von 120 V herabgedrückt. — In der Centrale selbst wird ferner eine Umformung des Stromes von 2000 auf 10.000 V Spannung stattfinden und zwar zu besonderen Fernleitungen, eine mit Strom von 10.000 V und eine mit solchem von 2000 V, für die Versorgung der Umgebung Kufsteins dienen.

Sämmtliche ausserhalb der Stadt liegenden Drähte, welche hochgespannten Strom führen, sowie die Niederspannungsleitungen in den Verbrauchsrayons werden als blanke Luftleitungen gespannt, nur diejenigen Hochspannungsleitungen, welche sich innerhalb der Stadt befinden, werden unterirdisch geführt.

Zur Beleuchtung der Strassen werden ca. 100 Glühlampen und 16 Bogenlampen installirt werden. Die ganze Anlage soll noch in diesem Herbste der Benützung übergeben werden.

A. K.

Prag. (Der Kaufvertrag der Prager Tramway.) Der Abschluss des Kaufvertrages zwischen den Vertretern der Gemeinde Prag und der Prager Tramway-Gesellschaft, demgemäss sämmtliche Linien der letzteren mit allem Inventar etc. um die Summe von 2.893.179 fl. in das Eigenthum der Stadt Prag übergehen sollen, ist unmittelbar bevorstehend, und wird noch vor Ende dieses Monats perfectionirt werden. Nach Unterfertigung des diesbezüglichen Notariatsactes wird das wohlmotivirte Resultat der Unterhandlungen dem Stadtrathe und dann dem Stadtverordneten-Collegium unterbreitet werden, das in einer ausserordentlichen Sitzung über Annahme oder Nichtannahme des Kaufvertrages definitiv zu entscheiden haben wird.

Der ausschliessliche Zweck dieses Kaufes ist der Bau, die Errichtung, Inbetriebsetzung und Erhaltung elektrischer Bahnen in Prag.

Wien. Auf den ausgedehnten Anlagen der Wienerberger Ziegelfabriks- und Bau-Gesellschaft gewinnt die Elektricität in immer grösserem Masse Raum und wurde kürzlich wieder eine elektrische Krafttübertragungsanlage zum Betriebe einer Schlämmerei und Pumpenstation zur Ausführung gebracht. Die Anlage umfasst ca. 60 PS und arbeitet mit Drehstrom.

Mit elektrischer Beleuchtung versehen wurde die Fabrik landwirthschaftlicher Maschinen der Herren Mayfahrt & Co.

in Jedlesee, und zwar gelangten bis nun zur Installation 120 Glüh- und 22 Bogenlampen.

Die Ausführung dieser Anlagen erfolgte durch die Vereinigte Elektricitäts-A.-G., vorm. B. Egger & Co., Wien.

Deutschland.

Görlitz. Die Strecke Görlitz—Landeskrone (4·5 km) der Görlitzer elektrischen Strassenbahn ist am 21. v. M. eröffnet und damit dieser berühmte Ausflugsort Niederschlesiens an das vorhandene Bahnnetz angeschlossen worden. Der Betrieb auf der neuen Strecke erfolgt mit sechs Motorwagen, das System ist die oberirdische Stromzuführung der Allgemeinen Elektricitäts-Gesellschaft.

Italien.

Die zwei grossen Gesellschaften, die Meridionale und die Mittelmeerbahn sind übereingekommen, auf verschiedenen Linien den elektrischen Betrieb einzuführen. Die Meridionale haben zwei Projecte aufgestellt, und zwar für die Linie Lecco-Colico mit Abzweigungen nach Sondrio und Colico-Chiavenna, und die Mittelmeerbahn ebenfalls zwei Projecte, und zwar Rom—Frascati und Mailand—Monza. Auch im Localverkehre um Bologna soll diese Förderungsart Anwendung finden. — Diese Einführung dürfte eine Umwälzung im Eisenbahnbetriebe hervorrufen, weil sie eine Vermehrung der Züge um das Dreifache und eine Erhöhung der Fahrgeschwindigkeit bei gleichzeitiger Herabsetzung der gesammten Tarife gestattet.

Die Stadt Averra erhält eine elektrische Centralstation für ca. 800 Lampen, deren Betrieb durch eine Dowson Kraftgasanlage erfolgen wird.

Diese Einrichtung, sowie jene des maschinellen Theiles des Elektricitätswerkes Potenza, 800 Lampen, und San Severino, 1600 Lampen, wurde der Vereinigten Elektricitäts-A.-G. in Wien in Auftrag gegeben.

Patentnachrichten.

Mitgetheilt vom Technischen- und Patentbureau

Ingenieur Victor Monath

WIEN, I. Jasomirgottstrasse Nr. 4.

Auszüge aus Patentschriften.

F. W. Senkbeil in Offenbach a. M. — Schnellunterbrecher. — Classe 21, Nr. 96.475 vom 11. Juni 1897.

Der als Anker wirkende eine Schenkel e eines im Wesentlichen hufeisenförmigen Elektromagneten ist mit dem anderen verstellbar federnd zusammengelenkt und auf einer Achse d derart pendelnd gelagert, dass bei Stromdurchgang beide Schenkel sich nicht nur an den Polen, sondern auch an der Verbindungsstelle anziehen. (Fig. 1.)

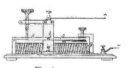

Fig. 1.   Fig. 2.

Louis Masson in Montreuil Sous Bois, Seine, Frankreich. — Glühlampenfassung. — Classe 21, Nr. 96.515 vom 30. Juli 1897.

Im Inneren des aus zwei Theilen zusammengesetzten Sockels a ist in eine Nut eine Scheibe b als Träger der Stromschlussstifte h und Anschlussklemmen i drehbar eingelegt, so dass ein Verdrehen der Leitungsdrähte während des Anschraubender Fassung und Reinschraubungskörper vermieden wird. (Fig. 2.)

Monterde, Chavant M. George in Lyon. — Geschlossenes Secundärelement mit Füllhals. — Classe 21, Nr. 96.428. Zusatz zum Patente Nr. 92.328 vom 11. März 1896.

Die innere Elektrode des durch Patent Nr. 92.328 geschützten Sammlers setzt sich, um den Sammler gasdicht abzuschliessen und den Elektrolyten unter Druck zu setzen, in einen verschliessbaren Flaschenhals c fort. Derselbe ist gegen die Kappe k durch den eingefügten Gummiring B abgedichtet. Die

---

Kappe k ist mit der äusseren, das Sammlergefäss bildenden Elektrode verlöthet. (Fig. 3.)

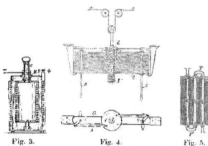

Fig. 3.   Fig. 4.   Fig. 5.

Allgemeine Elektricitäts-Gesellschaft in Berlin. — Stromabnehmer für elektrische Bahnen mit unterirdischer Stromzuführung. — Classe 20, Nr. 96.356.

Ein senkrecht geführter Gewicht-block G, in welchem die drehbaren Stromabnehmer S gelagert sind, ist mit dem von einer Kurbel vom Führerstande aus bedienten Zugorgan a mittelst einer im Block G geführten Stange d mit Anschlag g verbunden. Diese Stange überträgt die ihr vom Zugorgan a ertheilte Bewegung auf die Stromabnehmerwellen S in Form einer Drehung. Es geht also dem Anheben der Vorrichtung die Drehung der Zungenwellen voran. (Fig. 4.)

Elektricitäts-Actiengesellschaft vorm. Schuckert & Co. in Nürnberg. — Kühlvorrichtung für lamellirte Theile elektrischer Apparate. — Classe 21, Nr. 96.532 vom 20. März 1897.

Die durch die Lamellen und Zwischenstücke gebildeten Canäle k werden derart durch Verbindungsstücke l unter einander verbunden, dass für den Umlauf des Kühlmittels geschlossene Bahnen geschaffen werden. Fig. 5.

Josef Jergle und Glasfabrik Marienhütte Carl Wolfhardt in Wien. — Glühlampenfassung für Hohlglas-Reflectoren. — Classe 21, Nr. 96.497.

Die kittlose und lösbare Fassung besteht aus zwei mit Isolirmaterial angefüllten, stromleitenden Metalltheilen b und c, von welchen der Theil c haltende Theil b von innen in die centrale Durchbrechung des Reflectors a eingesetzt ist, während der andere Theil c diese Durchbrechung und den offenen Rand des Reflectors umschliesst und durch eine einzige Schraube d mit dem Theil b verbunden ist. Fig. 6.

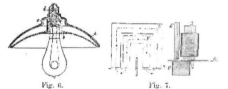

Fig. 6.   Fig. 7.

Carl Raab in Kaiserslautern. — Wechselstrom-Motorzähler. (III. Zusatz zum Patente Nr. 57.042 vom 13. August 1895 und II. Zusatz Nr. 91.849.) Classe 21, Nr. 96.211.

Auf der einen Seite des Motors A werden die beiden Halbeisen E und D hinter einander gestellt, während auf der anderen Seite die Stromspulendioxid C angeordnet wird. Der Anker wird also an vier Stellen vom Kraftlinienstrom des Nebenschlusses durchsetzt. (Fig. 7.)

Piguet & Cie in Lyon-Vaise. — Unterirdische Stromzuführung für elektrische Bahnen mit Theilleiterbetrieb. — Classe 20, Nr. 96.273.

Der Anschluss der Theilleiter geschieht mit Hilfe eines dauermagnetischen Zwischenstückes k, welches z. B. in der dargestellten Weise durch Zweigstrom angehoben wird. — Sobald die Theilleiter a hiedurch magnetisch werden, wird der beweglich Schaltertheil a eines den Spulen-tromkreis vervollständigenden Contactschliessers von dem festen Stück abgehoben und dadurch

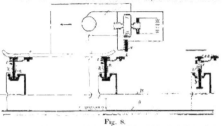

Fig. 8.

die Anschaltspule s wieder ausgeschaltet. Das Zwischenstück b wird dann vom Wagen aus durch einen entgegengesetzten polarisirten Magneten o wieder zurückbewegt, wenn der nächste Theilleiter erreicht ist. — H ist die Hauptleitung, R die Rückleitung.

Brown, Boveri & Cie in Baden, Schweiz, und Frankfurt a. M. — Registrirvorrichtung für Verbrauchsmesser. — Classe 21, Nr. 96.541.

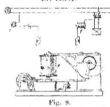

Fig. 9.

Der bei sämmtlichen Consumenten aufgestellte Registrirapparat ist mit einem Elektromagneten f versehen, dessen Spule einerseits an den einen Leitungspol angeschlossen ist, während sie andererseits mit der Erde in Verbindung steht. — Ferner ist an denselben Leitungspol eine Stromquelle a angeschlossen, die periodisch, z. B. mit Hilfe einer Uhr, an Erde gelegt wird und so die Registrirapparate in Thätigkeit setzt. Der Hilfsraum s ist zweckmässig anderer Natur als der Netzstrom a.

David Porter Heap in Wilmington, Grafschaft New-Hanover, Nord-Carolina, V. St. A. — Hörapparat für Fernsprecher. — Classe 21, Nr. 96.417.

Ueber den Kopf der Sprechenden soll zur Abhaltung von Aussengeräuschen von den Schädelknochen eine aus schalldämpfendem Materiale bestehende Kappe gezogen werden, in welche vermittelst Gummischläuche der Schall von dem betreffenden Fernhörer eingeleitet wird.

Lewis Hallok Nash in South Norwalk, Conn., V. St. A. — Elektrische Kraftübertragung bei gleichbleibender Geschwindigkeit des Stromerzeugers und wechselnder Geschwindigkeit der Triebmaschine. — Classe 21, Nr. 96.583.

Um bei gleichbleibender Geschwindigkeit des Stromerzeugers stets gleiche Energie mit wechselnder Spannung und Stromstärke zu erzeugen, erhalten die Feldmagnete entmagnetisirende, der Reihenwicklung entgegengesetzt gewickelte Nebenschlusswicklungen. — Bei der Verwendung derartiger Stromerzeuger auf Fahrzeugen u. dgl. wird der Elektromotor mit Reihenschaltung in den Stromkreis des mit den entmagnetisirenden Nebenschlussverbindungen versehenen Stromerzeugers eingeschaltet, so dass sich bei vermindertem Stromverbrauch des Motors die Spannung des zugeführten Stromes selbstthätig ändert.

Geschäftliche und finanzielle Nachrichten.

Elektrische Bahn in Teplitz. In der am 25. v. M. stattgefundenen Generalversammlung der Elektrischen Bahn wurde beschlossen, von dem Reinerträgnisse pro 1897 im 20.565 fl. eine 3%percentige Dividende zu vertheilen und zum Zwecke des Ausbaues der Fortsetzungslinie Teplitz-Schlossplatz bis zum Bahn-

hof-Schlossgarten und Vornahme von Investitionen das Actiencapital um 184.000 fl. zu erhöhen.

Actiengesellschaft Elektricitäts-Werke vormals O. L. Kummer & Co., Dresden. Das durch Generalversammlungs-Beschluss vom 10. April 1897 von 2,300.000 Mk. auf 4,500.000 Mk. erhöhte Actiencapital hat vortheilhafte Verwendung gefunden, mit dem Erfolge, dass, obgleich die neuen Werkstätten erst im Laufe des Jahres 1898 in Benutzung genommen werden können, nach Abschreibungen in Höhe von 137.313 Mk. ein Reingewinn von 522.244 Mk. zur Verfügung steht, von welchem nach den Vorschlägen der Verwaltung 6991 Mk. zur Abrundung des Reservefonds II auf 50.000 Mk. bestimmt sind, 50.675 Mk. zu Tantieme, 450.000 Mk. zu 10% Dividende und 14.557 Mk. zum Vortrag auf neue Rechnung. Der Bericht hebt hervor, dass die erweiterten Werkstätten der Gesellschaft fortdauernd voll kommen beschäftigt gewesen sind. Nicht nur für das Inland, sondern auch für das Ausland habe umfangreiche Lieferungen vor, die Beziehungen namentlich zu Oesterreich haben sich derart entwickelt, dass in Teplitz eine Filiale errichtet werden musste. Die Betriebsübernahme der Fürstlich Clary'schen Centrale in Turn hat zu einer ganz wesentlichen auf mehrere Ortschaften sich ausdehnenden Erweiterung geführt. Die Betheiligung bei der Nordischen Elektricitäts-Actiengesellschaft in Danzig brachte Aufträge für die Centralen Strassburg in Westpr., Graudenz und Briesen und die Erlangung der Concession für die Strassenbahn durch Danzig nach Neufahrwasser. Die Verbindung mit der Actiengesellschaft für elektrische Anlagen und Bahnen in Dresden hat zu Aufträgen für Riesa, Schmölln und Linsheim geführt, ferner kamen für anderweite Rechnung die Centralen Siegmar, Harthau und Niederseeditz zur Ausführung, sowie die Erweiterung der Centrale im Plauen'schen Grunde. Das Strassenbahnnetz Mühlheim a. Ruhr wurde dem Verkehr übergeben, die elektrische Vollbahn Aibling Zenbach-Wendelstein in Betrieb gesetzt und der Bau der elektrischen Vollbahn Murnau—Oberammergau begonnen. Im Bau ist die elektrische Strassenbahn Witten—Langendreer—Annen—Bommern. Auch für die Württembergische Staatsbahn wurde ein gewöhnlicher für 48 Personen berechneter Wagen für Accumulatorenbetrieb eingerichtet. Im Ganzen sind Arbeiten im ungefähren Betrag von 4,870.000 Mk. aus dem alten Jahre in neue übernommen worden, wozu sich bis jetzt noch 2,900.000 Mk. gesellten. Arbeiten in ähnlicher Höhe stehen in Aussicht. Zur Bewältigung dieser Aufgaben und Durchführung anderer Projecte tritt abermals die Nothwendigkeit heran, an Vermehrung des Actiencapitals zu denken; auf die Tagesordnung der für den 4. Juni einberufenen Generalversammlung ist deshalb der Antrag gestellt worden, durch Ausgabe von 3 Millionen Mark neuer Actien das Grundcapital auf 7½ Millionen Mark zu erhöhen.

Oberschlesische Kleinbahnen- und Elektricitäts-Werke Actiengesellschaft zu Kattowitz. Am 27. v. M. constituirte sich in den Bureaux des Schlesischen Bankvereins in Breslau diese Gesellschaft, welche den Bau, Betrieb, den Erwerb u. s. w. von Transport-Unternehmungen, insbesondere von elektrischen Bahnen, Beleuchtungs- und Kraftübertragungs-Anlagen, vorzugsweise in Oberschlesien, zum Zweck hat. Die Gesellschaft ist mit einem Actiencapital von 4,500.000 Mk. gegründet worden. Als Gründer fungiren u. A. der A. Schaaffhausen'sche Bankverein in Berlin, der Schlesische Bankverein zu Breslau; der erste Aufsichtsrath wird gebildet von den Herren: Geheimer Ober-Finanzrath Hugo Hartung, Director des A. Schaaffhausen'schen Bankverein zu Berlin; Director Ernst Martins, Geschäftsinhaber des Schlesischen Bankvereins zu Breslau, Bergrath und General-director Sauner in Kattowitz, Generaldirector Dr. Erbs, Beuthen O.S., Kaufmann Berthold Hamburger in Firma Kuznitzky & Co., Kattowitz, Baurath Köhn, Directionsmitglied der Continentalen Gesellschaft für elektrische Unternehmungen in Nürnberg, Oberbürgermeister Schneider in Kattowitz und Oberbürgermeister Dr. Brüning in Beuthen O.S. Die Gesellschaft wird zunächst die Strecke Beuthen, Kattowitz, Myslowitz ausbauen. Die dazu nothwendigen Vorarbeiten sind vollendet und sämmtliche Verträge mit den Behörden und den in Betracht kommenden Körperschaften abgeschlossen.

EINLADUNG.

Die **Institution of Electrical Engineers in London,** 28. Victoria Street, ladet die Vereinsmitglieder, welche etwa am 16. Juni in London sind, zur Festversammlung an diesem Tage ein und ersucht um frühere Bekanntgabe, damit die Einladungskarten übersendet werden können. **Die Vereinsleitung.**

Schluss der Redaction: 31. Mai 1898.

Verantwortlicher Redacteur: Dr. J. Sahulka. — Selbstverlag des Elektrotechnischen Vereines.
Commissionsverlag bei Lehmann & Wentzel, Wien. — Alleinige Inseraten-Aufnahme bei Haasenstein & Vogler (Otto Maass), Wien und Prag.
Druck von R. Spies & Co., Wien.

Zeitschrift für Elektrotechnik.

Organ des Elektrotechnischen Vereines in Wien.

| Heft 24. | WIEN, 12. Juni 1898. | XVI. Jahrgang. |

Bemerkungen der Redaction: Ein Nachdruck aus dem redactionellen Theile der Zeitschrift ist nur unter der Quellenangabe „Z. f. E. Wien" und bei Originalartikeln überdies nur mit Genehmigung der Redaction gestattet.
Die Einsendung von Originalarbeiten ist erwünscht und werden dieselben nach dem in der Redactionsordnung festgesetzten Tarife honorirt. Die Anzahl der vom Autor event. gewünschten Separatabdrücke, welche zum Selbstkostenpreise berechnet werden, wolle stets als Manuscripte bekanntgegeben werden.

INHALT:

Wechselstrom - Motoren mit grosser Anlaufskraft.

Von Max Déri.[*)]

Unter den verschiedenen Systemen von Wechselstrom-Motoren, die seit einem Jahrzehnt in Verwendung gekommen sind, haben die Inductionsmotoren (Drehfeld-Motoren) für Mehrphasen-Strom und Einphasen-Inductionsmotoren mit Kunstphase) in der elektrischen Kraftübertragung eine besonders hervorragende Bedeutung gewonnen.

Der Inductionsmotor ist eine ideale Maschine, nicht nur wegen der grossen Einfachheit und Solidität seines Baues, sondern auch wegen seiner vorzüglichen Regulirung; doch haftet ihm eine unter Umständen bedeutungsvolle Schwäche an, seine Anlaufskraft ist nämlich gering.

Der Drehfeld-Motor hat in vielen Beziehungen, so auch in Bezug auf die soeben erwähnte Geschwindigkeits-Regulirung, grosse Aehnlichkeit mit dem Gleichstrom-Nebenschluss-Motor; eigenthümlich ist ihm jedoch, dass sein Magnetfeld — ein durch Zusammenwirken der verschiedenphasigen Erregung entstehendes constantes Feld — mit einer Winkelgeschwindigkeit (der sogenannten Synchron-Geschwindigkeit) rotirt, und ferner, dass die Ankerströme nicht von aussen zugeführt, sondern in der Wicklung des Ankers inducirt werden. Man kann den Inductions-Motor gewissermassen als Combination von Transformator und Motor ansehen, und annehmen, dass in den Feldspulen die Ströme, welche das Feld erregen, und die, welche den Anker induciren, sich also in Ankerströme umsetzen, als rechtwinkelige Componenten vereinigt sind.

Zwischen den in Betracht kommenden drei Feldern, nämlich dem inducirenden Felde, dem Ankerfelde und dem resultirenden Felde, bestehen folgende Beziehungen: Die Richtung des Ankerfeldes und des resultirenden Feldes differiren um die halbe Poldistanz $\left(\frac{p}{2}\right)$; die drei Felder stellen ihrer Grösse nach ein rechtwinkeliges Dreieck dar, dessen Hypothenuse das inducirende Feld ist; das Drehmoment ist proportional dem Producte

*) Nach einem am 13. April 1898 im Elektrotechnischen Vereine in Wien gehaltenen Vortrage.

des resultirenden und des Ankerfeldes. Wenn γ den Winkel bezeichnet, um welchen das resultirende hinter dem inducirenden Felde zurückbleibt, folgt aus diesen Sätzen, dass das Drehmoment $D = \frac{k a^2}{2 \pi L} \sin \gamma \cos \gamma$ ist, wobei k eine Constante (welche nebst z und der Zahl der Ankerwindungen noch jenen Factor enthält, der zur Umrechnung der Drehmomente in mkg dient) und a die hier gleichfalls als constant geltende inducirende Feldstärke bezeichnen.

Andererseits, wenn n die Synchron-Geschwindigkeit und m die jeweilige Umlaufsgeschwindigkeit bezeichnen, ist die Differenz dieser Geschwindigkeiten, die sogenannte Gleitung

$$n - m = \frac{r}{2 \pi L} \operatorname{tg} \gamma \text{ und } \frac{n - m}{n} = \frac{r}{w L} \operatorname{tg} \gamma,$$

wobei r den ohmischen Widerstand und $w L$ den inductiven Widerstand $2 \pi n L$ darstellen.

Aus den zwei Gleichungen kann das Drehmoment als Function der Geschwindigkeit abgeleitet werden, und es entsteht die bekannte theoretische Gleichung

$$D = k a^2 \frac{r (n - m)}{r^3 + 4 \pi^2 L^3 (n - m)^2}$$

Dabei sind die Energieverluste wegen Streuung, Hysteresis, Stromwärme etc. nicht berücksichtigt.

Es soll zunächst versucht werden, das Diagramm, welches die Beziehungen zwischen den Drehmomenten und den Umlaufsgeschwindigkeiten darstellt und gewissermassen die Charakteristik des Inductions-Motors ist, nach einer rein graphischen Methode als Combination von Polar- und Orthogonal-Diagramm (Fig. 1) wiederzugeben. Diese Darstellungsweise erleichtert wesentlich den Ueberblick über sämmtliche in Frage kommende Grössenwerthe und über deren Beziehungen zu einander.

Das theoretisch grösste Drehmoment bemessen wir mit der Hülfe von A, d. i. von dem Halbmesser eines Kreises, von welchem in Fig. 1 ein Quadrant gezeichnet ist, wonach die von den Dimensionen des Motors abhängige Constante $k a^2 = 4 \pi L . D \max$, oder auch mit Bezug auf die maximale Energie-Inanspruchnahme des betreffenden Motors W in Watt.

$$k\,q^2 = \frac{2 \cdot L}{9\cdot 81 \cdot n} \cdot W.$$

sein wird. In diesem Quadranten zeichnen wir einen Kreis mit dem Halbmesser $\frac{A}{2}$, dann ist $ac = A\cos\gamma$ und

in einem Kreise, dessen Halbmesser $\frac{A}{4}$ ist, wird $od = ac \sin\gamma = A \sin\gamma \cos\gamma$ sein, folglich den Werth von D für den betreffenden Winkel γ vorstellen.

Wenn wir ferner den ohmischen Widerstand r im Ankerstromkreise im Verhältnisse zu $w\,L (w\,L = 2\pi n L$

wir das Diagramm von D als Function von m, bezogen auf das bestimmte r. In der Fig. 1 sind die Diagramme für $r = 0·2\,wL$ und für $r = wL$ ausgeführt.

In Fig. 1 ist auch das Diagramm der Anlaufsmomente (Drehmomente für $m = o$) als Function von r dargestellt, indem auf die Gerade RR für beliebige γ die zugehörigen Werthe von r als Abscissen von O_r gemessen betrachtet und die betreffenden Ordinaten — wie oben — aufgetragen werden. Das Anlaufsmoment D_0 wird ein Maximum für $r = wL$, wird Null für den theoretischen Werth $r = o$ und verläuft asymptotisch mit über wL hinaus wachsendem r.

Weiters zeigt diese graphische Darstellung ein praktisches Mittel, um die Inductanz L eines gegebenen

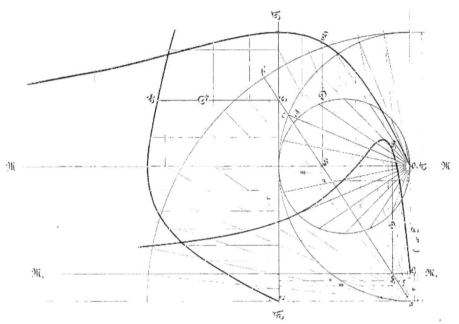

Fig. 1.

in der Darstellung mit $\frac{A}{2}$ bemessen) auftragen und mit diesem parallel zu MM die Gerade $M_1 M_1$ ziehen, so werden die Längen auf dieser Geraden von O gemessen die Werthe

$$r\,\mathrm{tg}\,\gamma = \frac{n-m}{n}\,w\,L.$$

bezw. von dem Schnittpunkte mit RR gemessen die Werthe von $\frac{m}{n} \cdot w\,L$ geben.

Betrachten wir $M_1 M_1$ als Abscissenachse und tragen für die verschiedenen γ die betreffenden Sehnen des kleinsten Kreises als Ordinaten auf, so erhalten

Inductionsmotors zu bestimmen. In der Figur ist nämlich m_1 diejenige Umlaufsgeschwindigkeit (die kritische Umlaufszahl z) des Motors, bei welcher sein Drehmoment das Maximum erreicht. Es ist nun $\frac{n-m_1}{n} = \frac{r}{w\,L}$, folglich

$$L = \frac{r}{2\pi(n-m_1)}, \text{ wobei an einem vorhandenen Motor}$$

dessen Synchron-Geschwindigkeit n aus der Periodenzahl und der Polzahl bekannt ist, die kritische Umlaufs-Geschwindigkeit m_1 durch Abbremsen und der ohmische Widerstand r durch Messung eines Ankerkreises leicht ermittelt werden können. Aus den letzteren Gleichungen folgt auch, dass $\frac{m_1}{n} = 1 - \frac{r}{w\,L}$, was be-

deutet, dass die kritische Geschwindigkeit >z< eines
Motors umso grösser ist, je kleiner dessen ohmische
Ankerwiderstände sind.

Nachdem bekanntlich das Verhältnis $\frac{m}{n}$ den theoretischen Wirkungsgrad ausdrückt, so kann dieser
Wirkungsgrad aus der Charakteristik von D für eine
beliebige Leistung des Motors ohneweiters bestimmt
werden, indem man durch Projection auf die Abscissenachse den zugehörigen Werth von m in Procenten
des n abmisst. Der Wirkungsgrad für eine gewisse
Leistung wird demnach umso besser, je steiler der
gegen O abfallende Ast der Charakteristik, d. h. je
kleiner r ist. Daraus muss die bedauerliche Thatsache
gefolgert werden, dass bei den Inductionsmotoren die
Bedingungen eines günstigen Wirkungsgrades und einer
grossen Anlaufskraft mit einander im Widerspruche
stehen.

oder man versieht den Anker mit Schleifringen und
fügt einen Aussenwiderstand hinzu, welcher beim Anfahren eingeschaltet und mit zunehmender Geschwindigkeit des Motors allmälig ausgeschaltet wird. In
letzterem Falle wird die Ankerwicklung die ideale
Einfachheit einbüssen; es müssen nämlich die Windungen in wenige Stromkreise combinirt hintereinander
geschaltet und mit Rücksicht auf die nunmehr auftretenden höheren Spannungen sorgfältig isolirt werden,
wodurch gleichfalls indirect Leistung und Wirkungsgrad Abbruch erleiden.

Die folgende Anordnung des Verfassers macht es
möglich, den zum kräftigen Anfahren nothwendigen
Ankerwiderstand vorübergehend herzustellen und ihn
nach Erreichung einer gewissen Geschwindigkeit wieder
ausser Thätigkeit zu setzen, in einer solchen Weise,
dass die Ankerwicklung in ihrer einfachsten Ausführung
aus Kupferstäben mit geringer Isolirung beibehalten-

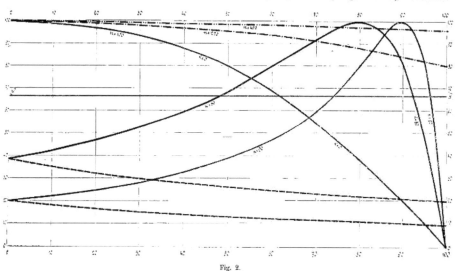

Fig. 2.

Fig. 2 zeigt die charakteristischen Curven von Drehfeld-Motoren für z = 0, z = 80 und z = 90, wobei z die kritische Umlaufsgeschwindigkeit in Procenten der Synchron-
Geschwindigkeit bedeutet. Für z = 0 ist die Charakteristik ausserdem mit Rücksicht auf verschiedene Syn-
chron-Geschwindigkeiten (entsprechend der verschiedenen
Anzahl der Pole) $n = 100$, $n = 200$ und $n = 400$ gezeichnet. Auch hier ist die Abhängigkeit der Anlaufsmomente von z, folglich auch von r deutlich zu erkennen;
für z = 90, was einer praktischen Motor-Construction
entspricht, beträgt das Anlaufsmoment nur ungefähr
$\frac{1}{5}$ des maximalen.

Um diesem Umstande Rechnung zu tragen, müssen
in solchen Betrieben, bei denen eine grosse Anlaufskraft nothwendig ist, in den Ankerkreis Widerstände
eingeschaltet werden. Entweder man erhöht den Wick-
lungswiderstand permanent, wodurch Leistungsfähigkeit
und Wirkungsgrad des Motors herabgemindert werden;

werden kann, dass Schleifringe, Rheostate und Schaltvorrichtungen für den Anker nicht gebraucht werden,
sondern blos in der Feldwicklung eine Umschaltung
vorgenommen wird. Fig. 3 zeigt im Schema die gebräuchliche einfache Ausführungsform der Ankerwicklung, nämlich eine in sich kurzgeschlossene Vierdrahtwindung für einen vierpoligen Motor; von der Verbindung
a b a möge vorläufig abgesehen werden. Wird eine
solche Windung der Induction eines zweipoligen
Wechselfeldes ausgesetzt, so wird ihre elektromotorische
Kraft in jeder Stellung Null, die Windung daher
stromlos sein. Verbinden wir aber solche Punkte a, a
der geschlossenen Windung, die ungleiche Potentiale
haben, durch den Leiter a b a mit einander, so entstehen stromführende Schliessungskreise; im zweipoligen
Felde stellt also der Vierdrahtwindung mit dem
Schliessungsdrahte a b a eine einfache geschlossene
Windung dar, eine Diametral-Windung mit gespaltenen

Drähte. Wenn hingegen das inducirende Feld vierpolig ist, sind die in der Vierdrahtwindung inducirten elektromotorischen Kräfte hintereinander kurzgeschlossen, der Strom fliesst in der Vierdrahtwindung, während der Schliessungsdraht $a\,b\,a$ stromlos ist. Man versieht nun alle Ankerwindungen — analog auch bei jeder beliebigen Polanzahl — mit solchen Drahtverbindungen

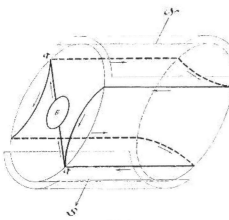

Fig. 3 a.

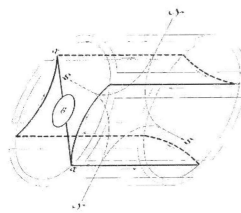

Fig. 3 b.

zwischen den Punkten von ungleichem Potentiale, auf einer Seite oder eventuell auch zu beiden Seiten des Ankers, und wählt für diese Verbindungen die passenden Widerstände, um das Anlaufmoment zu erhöhen. Diese Widerstände können aus minder leitungsfähigen Drähten in geringen Dimensionen, aber auch aus Kupferdrähten oder Kupferblechen von 10—20 cm

Länge ausgeführt und bequem am Anker untergebracht werden.

In der Feldwicklung wird ein Umschalter angebracht, um durch einfache Aenderung der Verbindungen — was nicht näher erläutert zu werden braucht — das inducirende Feld zum Anlassen des Motors n-polig und nach erreichter Geschwindigkeit 2 n-polig oder unter besonderen Umständen $\frac{n}{2}$-polig zu machen.

Im ersteren Falle ist es nicht nothwendig, die Ankerwiderstände allmälig zu ändern, um während der ganzen Anlaufsperiode ein genügendes Drehmoment zu erzielen, denn es kommt hier der Umstand zu statten, dass die Drehmomente bei der doppelten Synchron-Geschwindigkeit innerhalb der in Betracht kommenden Periode nur wenig abnehmen, wie die Charakteristik für $n = 200$ in Fig. 2 zeigt.

Von ähnlichen Ueberlegungen ausgehend, war die weitaus wichtigere Aufgabe zu lösen, die einphasigen Inductionsmotoren geeignet zu machen, um unter Volllast in Gang gesetzt werden zu können. Der einphasige Inductionsmotor besitzt nämlich — wenn nicht eine Kunstphase zu Hilfe genommen wird — gar keine Anlaufskraft, und auch vermittelst der Kunstphase kann die genügende Kraft zum Anlauf unter Volllast entweder überhaupt nicht oder nur mit unerschwinglichem Stromaufwande hervorgebracht werden, selbst dann, wenn besondere Anlaufswiderstände benützt werden, wie dies in neuester Zeit vorgeschlagen wurde.

Die einphasigen Inductionsmotoren functioniren nach denselben Grundprincipien, wie die Drehfeldmotoren. Man kann bekanntlich die Functionsgleichung der ersteren Motoren bestimmen, indem man annimmt, dass ein oscillirendes Wechselfeld aus zwei mit gleicher Winkelgeschwindigkeit in entgegengesetzter Richtung sich drehenden constanten Feldern resultirt. Hiernach ist die Gleichung für das Drehmoment des einphasigen Inductionsmotors als Function der Geschwindigkeitsgrössen:

$$D_1 = k_1\,n_1^2\cdot r\left[\frac{n-m}{r^2+4\,\pi^2\,L^2(n-m)^2} - \frac{n+m}{r^2+4\,\pi^2\,L^2(n+m)^2}\right]$$

In den Diagrammen der Fig. 2 sind die Werthe von D_1 als Differenzwerthe zwischen den Ordinaten der vollausgezogenen und der zugehörigen unterbrochenen Curven abzumessen, indem die ersteren Curven die Drehmomente für $n-m$ und die letzteren diejenigen für $n+m$ darstellen. Es ist klar, dass bei beliebigem Werthe von r, der Anfangswerth von D_1, das Anlaufsmoment, immer Null ist.

Man hat mehrfach versucht, um eine grössere Anlaufskraft zu erzielen, einphasige Wechselstrom-Motoren als Combination von Collectormotoren und Inductionsmotoren herzustellen; alle Vorschläge in dieser Beziehung führten jedoch zu grossen Complicationen, mit welchen man die Möglichkeit, unter Last anzufahren, theuer hätte erkaufen müssen.

Bei der Construction des Verfassers sind ähnliche Anordnungen zugrunde gelegt, wie diejenigen, welche soeben rücksichtlich der Drehfeld-Motoren beschrieben wurden; die Fig. 4 u. 5 zeigen in zwei Ausführungsarten die Zusammensetzung des Collectors mit der Ankerwicklung. Die Windungen auf dem Anker — in dem vorliegenden Beispiele gleichfalls Vierdrahtwindungen —

sind in der gebräuchlichen einfachen und wirksamen Act hergestellt, und auf die Welle des Ankers ist ein Collector aufgesetzt. Jede einzelne Vierdrahtwindung stellt mit den zugehörigen Verbindungsdrähten eine Windung nach dem Systeme der Trommelwicklung vor. In der Figur ist die Anzahl der in Betracht kommenden Windungen 36:4 =9, und aus gleichviel Lamellen wird der

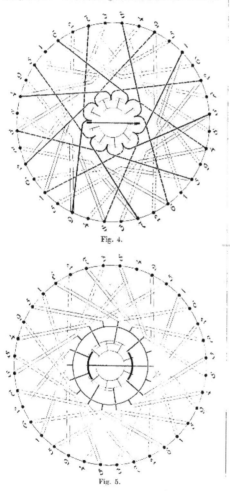

Fig. 4.

Fig. 5.

Collector zusammengesetzt. Die Ankerwindungen werden in der bestimmten Reihenfolge, wie eine gewöhnliche Dynamotrommel, durch Verbindungsdrähte mit den Collector-Lamellen verbunden, und zwar nach Fig. 4 in der bekannten Serienschaltung der Windungen und nach Fig. 5 nach Art der Wicklung mit offenen Spulen, indem die Enden der einzelnen Anker-

windungen einerseits sämmtlich untereinander, andererseits einzeln mit den Lamellen des Collectors in Verbindung gebracht wurden. Auf dem Collector sind in beiden Fällen Bürsten aufgelegt, im zweiten Falle von solcher Construction, dass sie eine grössere Zahl von Lamellen bedecken; die Bürsten sind zu dem inducirenden Felde schräg gestellt und mit einander leitend verbunden. Wenn das Feld zweipolig ist, werden in den Ankerwindungen je nach ihrer Lage im Felde Ströme inducirt, die durch die Verbindungsdrähte, den Collector und die Bürsten fliessen; diese Ströme bringen ein Ankerfeld hervor, welches mit dem inducirenden Felde einen bestimmten Winkel einschliesst (am zweckmässigsten $\frac{p}{4}$), so dass durch die gegenseitig abstossende Wirkung der beiden Felder ein Drehmoment entsteht.

Soll der Motor angelassen werden, so wird das Feld mit Hilfe eines Umschalters zweipolig gemacht. Der Collector mit seinen Verbindungen wird stromführend und der Motor setzt sich in Gang. Nach Erreichung einer gewissen Geschwindigkeit schaltet man das Feld in ein vierpoliges um. Dadurch werden die Verbindungsdrähte, der Collector und die Bürsten stromlos, hingegen bleiben die Ankerwindungen als Vierdrahtwindungen in sich kurz geschlossen und in sich stromführend und der Motor functionirt ausschliesslich als Inductionsmotor mit der normalen Umlaufsgeschwindigkeit. Nach erfolgter Umschaltung sind der Collector und seine Verbindungen gänzlich ausser Function und werden elektrisch gar nicht beansprucht.

Die Drahtverbindungen zwischen der Ankerwicklung und dem Collector sind hier gleichfalls als Widerstände hergestellt, weil auch für den durch Bürsten kurzgeschlossenen Anker eine ähnliche Bedingung besteht, wie jene, welche für Drehfeld-Motoren abgeleitet wurde, dass nämlich der ohmische Widerstand der einzelnen oder der gesammten Ankerwindungen gleich dem betreffenden inductiven Widerstande sein soll, um das günstigste Anlaufsmoment zu erzielen.

Durch Anordnung der Widerstände als Verbindungen zwischen der Ankerwicklung und den Collector-Lamellen wird noch der Vortheil erreicht, dass die Funkenbildung an den Bürsten verhütet wird, welche bei Collectormotoren mit Wechselstrombetrieb in störendem Masse aufzutreten pflegt, wenn die Bürsten gleichzeitig mehrere Lamellen berühren und einzelne Spulen oder Windungen kurzschliessen. Durch die eingeschalteten Widerstände wird nämlich erreicht, dass das Verhältnis zwischen der elektromotorischen Kraft und dem Widerstande des geschlossenen Stromkreises ungefähr gleichbleibt, ob der Stromschluss in einzelnen Kreisen durch Verbindung von Nachbar-Lamellen oder in einer Serie von Windungen durch Verbindung der Bürsten untereinander hergestellt wird. Folglich können keine bedeutenden Veränderungen des inducirten Stromes während des Kurzschlusses an den Bürsten auftreten. In dieser Construction sind die Verbindungswiderstände nicht vorübergehend in die inducirten Stromkreise eingeschaltet, sondern sind so lange stromführend, als der Strom durch Collector und Bürsten fliesst. Es ist daher diese Art der Anbringung von Widerstandsdrähten verschieden von den bei Collectormotoren gebräuchlichen Einschaltewiderständen.

Nach der Anordnung des Verfassers ist der Collector mit den zugehörigen Theilen nur in kurzen Perioden in Thätigkeit, nämlich vom Beginne des Anlassens, bis zu dem Momente, da der Motor die normale Geschwindigkeit erreicht hat. Ist diese erreicht und die Umschaltung bewerkstelligt, dann können die Bürsten auch abgehoben und dadurch der Collector auch in mechanischer Beziehung vor jeder Abnützung bewahrt werden. Bedeutet die Linie PP in Fig. 2 die Kraftbeanspruchung des Motors, so ist zu erkennen, dass jene Periode, bei welcher die Umschaltung vorgenommen werden kann, bei einer Geschwindigkeit von circa 48% bezw. 74% beginnt, von wo ab der Inductionsmotor die Belastung überwinden und sich bis zur normalen Umlaufsgeschwindigkeit beschleunigen kann. Dabei sind während der Anlaufsperioden die Verhältnisse $n = 200$, bezw. $n = 400$ zu berücksichtigen, wonach der Uebergang von einer zu der anderen Periode, von 70% der Geschwindigkeit aufwärts, ganz glatt vor sich gehen kann. Es ist also für die Umschaltung ein weiter Spielraum gegeben, innerhalb dessen nicht zu befürchten ist, dass der Motor ausser Tact kommt. Die Umschaltung kann geschmässig durch einen Centrifugal-Regulator bewerkstelligt werden, der an der Motorwelle so angeordnet ist, dass er — entsprechend der Geschwindigkeit — entweder direct umschaltet, oder als mechanisches Relais einen Anschlag, ein Excenter o. dgl. einstellt, wodurch die Kraft der Motorwelle den Umschaltehebel nach der einen oder der anderen Richtung umlegt. Gegebenenfalls kann man gleichzeitig mit dieser Umschaltung auch das Abheben, bezw. Auflegen der Collectorbürsten bewirken. Es ist klar, dass jedesmal, bevor der Motor gänzlich stille steht, der Umschalter in eine solche Lage gebracht wird, dass beim darauffolgenden Anfahren diejenige Schaltung vorhanden ist, welche die Anlaufskraft des Collectorankers in Wirksamkeit bringt.

Die Umsteuerung des Motors geschieht entweder durch entsprechende Umschaltung der Feldspulen, wodurch die Consequenzpole nach der einen oder der anderen Richtung um $\frac{p}{4}$ von den Bürsten verlegt werden, oder durch Verdrehung der Bürsten selbst um den Winkel einer halben Poldistanz $\left(\frac{p}{2}\right)$. Die Umsteuerung hat beim Beginne der Anlaufsperiode zu erfolgen und kann unter allen Umständen sehr bequem vorgenommen werden.

Fassen wir das Ergebnis der obigen Ausführungen zusammen, so zeigt es sich, dass in dem beschriebenen Einphasen-Wechselstrommotor alle Vorzüge der Inductionsmotoren in Bezug auf die Construction und auf die Regulirungsfähigkeit ungeschmälert gewahrt bleiben, und mit den einfachsten Mitteln ein Einphasen-Wechselstrom-Motor geschaffen ist, welcher mit voller Kraft anzuziehen vermag.

Skizzen über das moderne Fernsprechwesen.

Von k. k. Baurath Barth von Wehrenalp.

(Schluss.)

In constructiver Beziehung sind zwei Haupttypen von Dachstützen zu unterscheiden: Die sogenannten Dachständer, welche aus Rohrsäulen oder Façoneisen bestehen, und im Dachboden am Gebälke befestigt sind, und Dachreiter, welche in der Regel aus Eisenwinkeln zusammengeschraubt und stets auf die Dachfläche aufgesetzt sind, ohne dieselbe zu durchbrechen. Als Beispiel für einen Dachständer bringen wir in Fig. 20 die Ansicht der in Wien eingeführten Type, welche hier als Doppelständer für 60 Leitungen

dargestellt ist, sonst aber auch mit einer Rohrsäule als einfacher Ständer für 12—20 Leitungen dienen kann. Ferner die Skizze eines Dachreiters belgischer Provenienz, und zwar in Fig. 21 in der Vorder-, in Fig. 22 in der Seitenansicht, gleichfalls für 60 Leitungen.

Dachständer aus Rohrsäulen finden sich derzeit in Oesterreich, Deutschland und Holland, solche aus Façoneisen in Dänemark und Frankreich; in allen übrigen Ländern Europas sind fast ausschliesslich Dachreiter im Gebrauch. Diese Erscheinung bietet unwillkürlich Anlass, die erwähnten Constructionen hinsichtlich ihrer Zweckmässigkeit etwas eingehender mit einander zu vergleichen: Dachständer können fast auf

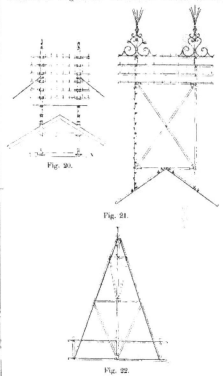

Fig. 20.

Fig. 21.

Fig. 22.

jedem, nicht zu flachen Dache nach einheitlicher Type aufgestellt werden, mag der First wie immer zur Richtung der Trace gelegen sein. Schlimmsten Falles sind im Dachgebälke Zwischengesparre anzubringen und daran die Ständer zu befestigen. Dachreiter sind dagegen wesentlich von der gegenseitigen Lage des Dachfirstes und der Trace abhängig; sie müssen verschiedenartig construirt werden, je nachdem deren Front senkrecht auf dem First oder in der Richtung desselben gelegen ist. Billiger und rascher werden daher Dachständer aufzustellen sein.

Die Befestigung der Dachständer muss im Innern des Dachbodens erfolgen und zu diesem Behufe die

Eindeckung durchbrochen werden. wogegen Dachreiter aufgesetzt werden. ohne den Dachboden irgendwie in Anspruch zu nehmen; in letzterem Falle dürfte deshalb auch die Einwilligung der Hauseigenthümer leichter zu erreichen sein.

Was endlich die Stabilität anbelangt. so besitzen Dachständer. wenn sie hinreichend stark und am Gebälke solid befestigt sind. schon an sich eine ziemliche Widerstandsfähigkeit, während bei Dachreitern die

Auswechslung der Stützpunkte nur selten durchführbar sein wird, so ist die Annahme gerechtfertigt. dass doch Rohrständer den Dachreitern im Allgemeinen vorzuziehen und letztere nur dort am Platze sind, wo eine zu geringe Pfeilhöhe der Dächer die Verwendung von Rohrständern ausschliesst oder der Dachbodenraum unbedingt freigehalten werden muss. Für Seitenstränge von sechs Leitungen abwärts sind jedoch unter allen Umständen Dachreiter. und zwar solche. deren Ständer aus Rohrsäulen bestehen und in auf der Dachfläche unverrückbar festgemachten Füssen eingelassen sind, zu verwenden.

Gewöhnliche Säulenleitungen werden zumeist nur in den äusseren Bezirken der Städte zulässig erscheinen. Dagegen sind in einigen Städten. namentlich Belgiens und Hollands, Säulenleitungen mit Dacheitungen so combinirt. dass die über die Dächer führenden Leitungen in jenen Strecken, wo die Anstellung von Dachständern unthunlich ist. ohne an Höhe zu verlieren, über haushohe hölzerne oder eiserne Maste gespannt sind. Einen sehr interessanten Anblick bietet auch in dieser Hinsicht Amsterdam mit seinen bis zu 30 m hohen Leitungsmasten. Die hölzernen 15—28 m hohen

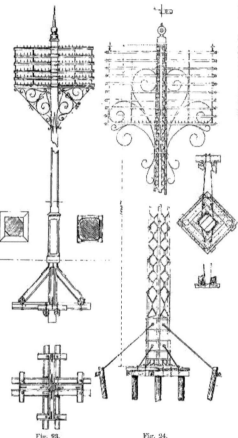

Fig. 23.   Fig. 24.   Fig. 25.

Sicherung gegen Umsturz einzig und allein durch starke und vielfache Verankerung erzielt werden kann. Wird nun speciell noch bei Rohrständern der Umstand berücksichtigt. dass infolge der üblichen Befestigung der Querträger eine Drehung der letzteren ohneweiters möglich ist, daher die Ständer nachträglichen Aenderungen der Tracenrichtung leicht angepasst werden können. während eine Verschwenkung der Dachreitertracen ohne

Säulen (Fig. 23) stecken auf 2—3 m Höhe in einem im Boden tief fundirten Holzkasten. welcher nicht nur der Säule selbst eine sehr solide Basis gibt. sondern auch den Vortheil besitzt. die werthvolle Säule aus amerikanischem Holze vor dem frühzeitigen Verfaulen zu schützen. Zeigt sich die Basis in der Grundfläche angefault. so wird nur diese ausgewechselt. ohne deshalb den Mast selbst tiefer setzen zu müssen.

Sehr constructiv sind die eisernen Maste gehalten (Fig. 24). Auf einer 40 mm starken Eisenplatte von 1·5 m im Gevierte ist ein 2 m hoher eiserner, durch Bandeisen verstärkter Kasten angeschraubt, dessen Ecken von den Gurten der Gitterträger gebildet werden. Dieser unter der Strassenoberfläche befindliche, auf einem Pfahlrost fundirte und solid verankerte Kasten ist mit Beton ausgefüllt. Das Netzwerk der Gitterträger dient den Arbeitern gleichzeitig zum Besteigen des Mastes und im oberen Theile zur Fixirung der Querträger. Alle übrigen Details sind in den Skizzen deutlich erkennbar. Dass sich derartige Maste auch recht gut präsentiren, ja sogar in gewisser Hinsicht eine Strassenzierde bilden können, zeigt die nebenstehende Ansicht einer Amsterdamer Strasse (Fig. 25).

Da hier nur die Grundsätze zu erörtern waren, nach welchen, dem actuellen Stande der Fernsprechtechnik entsprechend, Telephonleitungsnetze in grossen Städten projectirt und ausgeführt werden sollen, würde es zu weit führen, auf die Details der Ausführung, die Montirung, das Leitungsmaterial, die Stationseinführungen etc. näher einzugehen. Wenn auch diesbezüglich ein Vergleich der in den verschiedenen Verwaltungen geltenden Normen zweifellos für den Specialisten werthvolle Ergebnisse liefern würde, könnte eine Besprechung der in den einzelnen Baninstructionen enthaltenden Bestimmungen umsoweniger Anspruch auf allgemeines Interesse erheben, als solche Details zwar unter Umständen für die Betriebssicherheit, nie aber für die Entwicklungsfähigkeit und den finanziellen Erfolg einer Anlage von Einfluss sein können.*)

Ueber den „Stromsparer" des Herrn Moriz Reichsritter von Leon.**)

Seit einiger Zeit macht eine Vorrichtung von sich reden, mittelst deren die Luft-Elektricität nutzbar gemacht werden soll. Es wird allerdings noch nicht an eine selbstständige Ausnützung der „atmosphärischen Elektricität" gedacht, wohl aber an die Möglichkeit, diese Elektricität zu Hilfe zu nehmen, um bei einem bestimmten Leitungsverbrauch elektrischer Lampen, Motoren u. dgl. nicht die ganze Leistung aus der künstlichen Stromquelle (Dynamo-Netz) entnehmen zu müssen, sondern einen Theil derselben aus der Lufthülle der Erde als natürliche Stromquelle zu gewinnen und dadurch an der künstlich erzeugten Leistung zu sparen.

Diese Vorrichtung rührt von Herrn Moriz Reichsritter von Leon her; dieselbe könnte geeignet sein, alle mit eifriger Mühe und gründlichem Fleisse während langer Jahrzehnte durch Geistesarbeit und Versuche gewonnene Erfahrung über den Haufen zu werfen.

Es liegen über dieselbe nur wenige Veröffentlichungen vor, u. zw.:

1. Ein Aufsatz in „Neue Freie Presse" vom 21. November 1896, vom einem Elektro Ingenieur;

2. Ein Aufsatz in „Zeitschrift des allgemeinen technischen Vereines" vom 1. Mai 1897, vom Erfinder herrührend, nebst Zeugnissen;

3. Ein Aufsatz in derselben Zeitschrift vom 1. August 1897 nebst Zeichnung und Berufung auf Zeugnisse;

4. Ein Schriftchen „Wahrheitsbeweis .... u. s. w." vom Erfinder, Wien, 1898.

Wenn nun auch diese Veröffentlichungen so Vieles sich Widersprechendes, so viele Ungenauigkeiten und Unklarheiten enthalten, dass man aus denselben nicht klug werden kann, so lohnt es sich, sich kurz mit ihnen zu beschäftigen.

Zunächst sind die Veröffentlichungen mit diesen angegebenen Eigenschaften ebenso harmlos, als die Erfindung bis zu einem gewissen Zeitpunkte war.

Man lese nur den ersten 1. angeführten Aufsatz unbefangen und mache sich klar, was der Verfasser desselben gesehen hat, und was er mit seinen Darlegungen meint!

*) Die anderen Abschnitte des Artikels werden demnächst zur Veröffentlichung kommen.

**) Vergl. Heft 6, pag. 71 und Heft 9, pag. 109

Da ist zunächst ein Stromkreis vorhanden, hergestellt durch zwei in die Erde auf eine Entfernung von circa 5 Metern versenkte Weicheisenstäbe einerseits, andererseits durch eine in der Höhe von circa 6 Metern mit der Spitze (!) nach aufwärts und eine unmittelbar ober der Erde mit der Spitze (!) nach abwärts gut isolirt angebrachte Saugkugel." — Man construire einen solchen „Stromkreis". Ferner beobachtet man an dem dauernd eingeschalteten Galvanometer „einen Ausschlag von 22—30". (?)

Darauf schalte man „gegen" ein aus „einfach in die Erde gesenkten Kohlenplatten und Eisennägeln" bestehendes „Erdelement" (!) „einen „secundär-statischen Strom" (!) mit „vorgeschalteten Geisslerröhr" und erfreue sich an den „äusserst üppig wuchernden, zwischen den die Eisenelektrode bildenden Nägeln ausgesäten Hafersaat"!

Wenn man dann noch immer den „wissenschaftlichen und praktischen Erfolg", der nach dem Verfasser des genannten Aufsatzes „nicht mehr zu bestreiten ist", dennoch anzweifelt, so muss man sich wohl sein Schulgeld wieder geben lassen!

Der zweite erwähnte Aufsatz enthält viele bekannte Wahrheiten gemischt mit einer Menge von falschen Begriffen, und es ist daher kaum zu verwundern, dass auch die Schlussfolgerungen Bedenken erregen müssen.

Was heisst: „das Zuschalten des statischen Stromes"? „Statisch" wird doch allgemein als Unterscheidungsmerkmal zu „Strom" gebraucht, um den Unterschied zwischen ruhender und bewegter Elektricität zu kennzeichnen.

Was einen „in der Inclination" aufgehängten Eisenstab magnetisch macht, sind nicht „die beiden atmosphärischen Elektricitäten", sondern nach den heutigen Auffassung die magnetischen Kraftlinien der Erde.

Der Verfasser des dritten Aufsatzes, welcher im Wesentlichen die Schlagworte des zweiten wiederholt, begeht, gleich letzterem, einen Irrthum insoferne, als er Stromquellen voraussetzt, „deren Stromstärke und Spannung genau bekannt sind". Diese beiden Grössen stehen in inniger Abhängigkeit von einer dritten, dem Widerstande, und ändern sich mit diesem. Wenn die Versuche ernsthafter durchgeführt worden wären, so hätte sich dieser bekannte Umstand gerade bei peinlich gleich erhaltener Spannung sicher neuerdings ergeben, und es wären auch die Schlüsse andere geworden.

Was nun des Erfinders eigenes Schriftchen anlangt, so enthält dasselbe nichts weiter, als die Wiedergabe der Behauptungen und Beobachtungen, welche schon in den beiden letzterwähnten Aufsätzen gegeben wurden; es ist nur die Anordnung eine andere, die Mischung von als wahr längst erkannten Lehren mit falschen Schlüssen ist noch weiter gediehen, und das Ganze athmet ein beneidenswerthes Selbstbewusstsein.

Was Franklin, wem es erlaubt ist den Namen dieses Forschers in Verbindung mit der vorliegenden Sache zu nennen, vor mehr als 100 Jahren aller Welt nachgewiesen hat, und was Gemeingut des grundlegenden Wissens aller Menschen geworden ist, diese Thatsache musste der Erfinder erst durch „jahrelange Versuche und Beobachtungen" — nachentdecken!

„Die grössten Gelehrten und Forscher haben auch bisher jeden Versuch, diese Kraft praktisch auszunützen zu können, als hoffnungslos und unmöglich hingestellt und beurtheilt." Gerade deshalb musste es meine Aufgabe sein, sagt der Erfinder, zu dieser Beurtheilung eine andere Basis zu suchen und zu finden!

Es ist schon recht, von dem Grundsatze auszugehen, dass in der Wissenschaft keine Autorität unbeschränkbar sein soll; aber Diejenigen, welche Autoritäten bekämpfen, deren massgebender Einfluss nur auf strenger Prüfung und gereifter Erkenntniss von der Richtigkeit ihrer Ansichten beruht, müssen auch die Eignung dazu haben, und ist diese Eignung nicht auf Grund der vorhandenen Veröffentlichungen dem Erfinder ohne Weiteres zugestehen.

Die vorstehenden Bemerkungen und die kleine Blüthenlese von Aussprüchen der Verfasser der Aufsätze haben wohl dargethan, dass sämmtliche Veröffentlichungen, sowie auch die in Rede stehende Erfindung selbst, harmlose Beschäftigungen eines irregeführten oder sich irreführenden Geistes sind, der bei geschickter Geistesarbeit vielleicht etwas Nützliches leisten könnte.

Weniger harmlos wird die Sache aber, wenn auf Grund solcher, zunächst der grossen Allgemeinheit vorgelegter Berichte und „Gutachten" eine Reihe von Vorrichtungen, welche aus den Versuchen des Erfinders hervorgingen, an Stromabnehmer verkauft wird. Sobald der Irrthum auftört, sich nicht mehr darauf zu beschränken, und hoffentlich unbewusst das Bestreben zeigt, auf Andere Einfluss zu gewinnen, ist es doch wohl Pflicht eines jeden gewissenhaften

Elektrotechnikers, sich die Sache genauer anzusehen und seine Erfahrungen bekannt zu machen.

Um also aus eigener Anschauung den wirklichen Werth der neuen Vorrichtung beurtheilen zu können, habe ich von dem Anbot der Herren König, Breinhälder & Co. Gebrauch gemacht und eine solche an die in meinen Arbeitsräumen befindliche Lichtleitung ausschalten lassen, welche zur Speisung von Glühlampen aus dem Netze der Internationalen Elektricitäts-Gesellschaft dient. Die Vorrichtung wurde mir in der entgegenkommendsten Weise für 14 Tage zur Verfügung gestellt, nachdem ich ganz offen erklärt hatte, dass ich mit derselben Versuche bezüglich ihrer Wirkung auf den Stromverbrauch zu machen beabsichtige.

Bezüglich der Wahl des Aufstellungsortes, der Einstellung u. s. w. habe ich begreiflicher Weise nicht den geringsten Einfluss genommen.

Die Vorrichtung war in folgender Weise zusammengestellt: Ein Ständer aus Metall trägt, mittelst eines Gelenkes beweglich, ein Solenoid, dessen Kern von einem cylindrischen, beiderseits zugespitzten Eisenkern gebildet wird.

In untenstehender Zeichnung sind die Masse in Millimeter angegeben. Die Wickelung des Solenoids bestand aus ziemlich

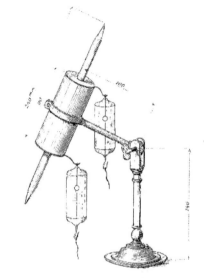

dünnem Drahte, wurde aber bezüglich der Zahl der Windungen und Lagen, bezüglich der Isolirung und des Drahtdurchmessers, sowie bezüglich des Widerstandes, nicht gemessen, um durchaus möglichst wenig an der Vorrichtung Hand anzulegen.

Die Einstellung des Apparates erfolgte parallel zur Inclinations-Magnetnadel unter Zwischenschaltung zweier Geisslerröhren unmittelbar an die beiden Pole des Netzes hinter dem Elektricitätszähler.

Es fiel mir auf, dass weder auf die Eisenstützen des Zählers, noch auf etwaige eiserne Bautheile des Hauses, noch auf andere in der Nähe befindliche Eisentheile Rücksicht genommen wurde, und dass gar keine Frage nach der Art des verwendeten Stromes (Gleich- oder Wechselstrom) gestellt wurde; es scheint dies Alles für die Wirkung der Vorrichtung ganz ohne Belang zu sein.

Nun liess ich zunächst mit Hilfe einer stets gleich erhaltenen Zahl von Glühlampen, eines Strommessers und eines Spannungsmessers den Zähler durch etwa einen halben Tag auf die Richtigkeit seiner Angaben prüfen; derselbe zeigte innerhalb der Gebrauchsgrenzen richtig und liess deutlich die bekannten, kleinen, wohl von den an das Netz angeschlossenen Motoren herrührenden Schwankungen erkennen.

Hierauf wurden durch etwa 14 Tage Beobachtungen gemacht, u. zw. sowohl Lesungen an der Messvorrichtung als am

Zähler, abwechselnd mit und ohne eingeschalteten „Stromsparer". Die Zahl der eingeschalteten Glühlampen wurde stets, solange die Messungen dauerten, gleich erhalten; das Ein- bezw. Ausschalten der Vorrichtung wurde nach Ablauf von je einer Stunde vorgenommen.

Das Ergebnis der zahlreichen Messungen mit **diesem, bei mir eingeschalteten „Sparer"** ist nun durchaus kein solches gewesen, wie es nach den verschiedenen Schilderungen und Anpreisungen erwartet werden durfte. Es steht im grellen Widerspruch zu all den Messungen, von welchen die Zeugnisse zu erzählen wissen; der bei mir eingeschaltete „Sparer" half aber **auch nicht ein Kleinstes an Strom ersparen**, so dass das Einschalten desselben ganz zwecklos war.

Da mir die Wirkungslosigkeit dieses Sparers im Gegensatz zu dessen Rahmen gemachter Wirkung an anderen Orten auffiel, so erkundigte ich mich bei Freunden nach den Vorgängen bei anderen Messungen und erfuhr z. B. bezüglich einer Messung bei Bogenlampen, dass folgender Vorgang eingeschlagen wurde:

Die Bogenlampen, welche vorher nicht brannten, wurden eingeschaltet, und der innerhalb der nächsten halben Stunde unmittelbar nach dem Einschalten verbrauchte Strom wurde durch Zählerablesung ermittelt. Hierauf wurde ohne Unterbrechung des Lampenstromkreises der „Sparer" angeschaltet, und wieder wurde nach Verlauf einer halben Stunde durch Zählerablesung der Stromverbrauch während dieser letzteren Zeit festgestellt. Das Ergebniss, welches eine Ersparnis von 17% geliefert haben soll, war wohl nur Wenigen überraschend.

Weitere Folgerungen aus dem Erwähnten zu ziehen, bleibe Jedermann anheimgestellt; gewissenhaften Leuten, welche Selbsttäuschungen von Erfindern erklärlich und deshalb auch nachsichtig finden, welche sich aber weder durch dieselben, noch dadurch beeinflussen lassen, dass die „Erfindung" „Gott zur Ehre" gemacht wurde, wird dies nicht schwer fallen.

Zum Schlusse möchte ich noch Eines kurz erwähnen. Herr Reichsritter von Leon hat es für gut befunden, gegen eine objective und sachlich gehaltene Berichtigung seiner Behauptungen, welche von Dr. Sahulka in der „Zeitschrift für Elektrotechnik" (Heft 5 u. 9) gegeben wurde, eine „Erklärung" in den Anzeigentheil der „Neue Freie Presse" Samstag, den 5. März 1898, Nr. 12.044, S. 17, erscheinen zu lassen, in welcher er sich gegen über dem „seiner Ueberzeugung nach etwas voreilig und von oben herab veröffentlichten absprechenden Urtheil" Sahulka's beruft, welche die Vorrichtung für die Patentdauer erworben haben, und jedenfalls eher, und in einer so vollkommen neuen Sache vorurtheilsfreier, praktisch in der Lage sind, zu beurtheilen, ob sie thatsächlich eine Ersparnis an Strom, und daher Geld, erzielen, oder nicht."

Meiner Meinung nach ist das Forum, vor welches diese Frage gehört, nicht die grosse Oeffentlichkeit, sondern einzig die elektrotechnische Welt, und es ist nicht in der Ordnung, dass der Erfinder die Sache vor die Oeffentlichkeit zieht, wohin zu folgen Herrn Dr. Sahulka das wissenschaftliche Ehrgefühl verbietet.

Das Urtheil von noch so vielen P. T. Parteien, welches nicht controlirt werden kann, darf absolut nicht öffentlich über dasjenige eines sachlich urtheilenden und nicht zu beeinflussenden Fachmannes gestellt werden, und es ist durchaus nicht statthaft, dass ein solcher durch Bemerkungen, wie „voreilig oder „von oben herab" in den Augen der Oeffentlichkeit verunglimpft wird.

Unsere Wissenschaft und Technik sind denn doch noch nicht für jeden „Erfinder vogelfrei!

Wien, März 1898. *Winkler.*

Elektrisch betriebene Schiffskrahne.

Nachdem vor Jahren die Versuche mit elektrischen Schiffswinden auf dem Dampfer „Darmstadt" des Norddeutschen Lloyd und in noch grösserem Masse auf dem Dampfer „Prinz Heinrich" zufriedenstellend ausgefallen, entschloss sich der Norddeutsche Lloyd zur Installation elektrischer Drehkrahne für den Reichspostdampfer „Bremen". Von ihrer Construction nach gleichen 16 Krahnen wurden 4 für eine Nutzlast von 3000 kg und je für eine solche von 1500 kg gebaut, bei der Ausladung beträgt bei allen ca. 5,5 m. Die mechanische Ausführung bewirkte das „Grusonwork" nach Zeichnungen der „Union" E.G.

Um allen Anforderungen gerecht zu werden und alle Unbequemlichkeiten zu vermeiden, entschloss man sich dazu, Versuche an, die dahin führten, das aus einem eingängigen Globoidschneckengetriebe bestehende Hubwerk, starr mit einem Haupt-

-trommotor von 25 *PS* eff. bei 900 Touren per Minute zu kuppeln, der bei fallender Belastung proportionell höhere Umgangsgeschwindigkeit annimmt, bis zum 2½fachen bei leerem Haken. Der Drehwerk-Motor. 7 *PS* bei 700 Touren, arbeitet mit doppelgängigem Schneckengetriebe und Zahnradübersetzung ohne Selbstsperrung des Triebwerkes andetrachts in Frage kommender Massen.

Die Selbstsperrung bewirkt bei ruhender Last, durch die auf der verlängerten Motorachse sitzende Bandbremse, lediglich das Ablassen derselben bei stromlosem Motor. Das momentane Festhalten mit maximaler Geschwindigkeit abfallender Last geschieht durch leichten Druck auf die Fussplatte der Bremse; das Anlassen, Reguliren und Wenden der Motore erfolgt durch Marinecontroller, hinter welchen zwei Widerstände von 32 *PS* Capacität angebracht sind. Beide Controller und somit auch beide Motore werden durch einen einzigen Hebel gesteuert in der Art, dass durch Ablenkung dieses horizontal gefügelten Hebels aus seiner fixirten Mittelstellung die Bewegungen des Lasthakens genau vorgeschrieben sind. Hebt der im grossen und ganzen mit dem Mechanismus des Krahnes unbekannte Arbeiter den Hebel an, so geht die Last aufwärts, drückt er ihn nieder, so senkt sich die Last, dreht er den Hebel nach rechts, so wendet sich der Krahn auch nach dieser Richtung, bewegt er den Hebel in der Diagonale, so wird die Last bei gleichzeitiger Drehung im Raume angehoben etc.

Die elektrischen Ausrüstungen beider Krahntypen sind absolut gleich, weshalb der kleinere Krahn mit nahezu doppelter Geschwindigkeit, als der grosse, arbeitet.

Für die Krahne galten folgende Daten:

Nutzlast	3000 *kg* 1500 *kg*
Anladung	5·5 *m* 5·5 *m*
Hubgeschwindigkeit bei Last	0·33 „ 0·63 „
" " Leerlast	0·6—0·75 *m* 1·1—1·3 *m*
Hubmotor	35 *PS* 900 Touren 25 *PS* 900 Touren
Dreigeschwindigkeit im Haken	4 *m* per Sec. 4 *m* per Sec.
Drehmotor	7 *PS* 700 Touren 7 *PS* 700 Touren
Nutzeffect des gesammten bewegten Krahnes einschliesslich Motor 55%.	

Die Kraftstation enthält 4 Dampf-Dynamomaschinen, welche für Lichtbetrieb 75 *kw*, für Kraftbetrieb 90 *kw* dauernd leisten. Die Dampfmaschinen ist bei 105 Volt Betriebsspannung 210. Von den vier Maschinen arbeiten zwei auf die Krahne, eine an Licht, die vierte steht in Reserve.　　　　　*W. Sch.*

KLEINE MITTHEILUNGEN.

Verschiedenes.

Zusammenstellung der von Siemens & Halske ausgeführten elektrischen Bahnen. Die Firma S i e m e n s & H a l s k e A.-G. hat soeben eine neue Zusammenstellung der von ihr ausgeführten e l e k t r i s c h e n Bahnanlagen nach dem Stande vom Januar 1898 herausgegeben. Dem sehr interessanten Berichte, der in klarer Weise ein anschauliches Bild der Thätigkeit der Firma auf dem Gebiete des elektrischen Bahnbetriebes gibt, entnehmen wir Folgendes: Die erste elektrische Bahn der Firma, die zugleich die erste öffentliche Personenbeförderungsbahn der Welt ist, wurde im Mai 1881 in Lichterfelde bei Berlin eröffnet. Dieser folgten in den Jahren 1883 und 1884 die Bahn in Mödling in Wien und die von Frankfurt a. Main nach Offenbach; beide mit oberirdischer Stromzuführung vermittelst geschlitzter Röhren versehen, sind noch heute in unveränderter Form im Betriebe. Trotzdem durch diese Bahnanlagen die Durchführbarkeit des elektrischen Bahnbetriebes sowohl in technischer wie in wirthschaftlicher Beziehung erwiesen war, konnte man sich in den nächsten Jahren in Deutschland, dem Geburtslande der neuen Zugkraft, nicht sogleich zu weiteren Bahnanlagen nach diesem Systeme entschliessen; erst mit dem Jahre 1889, als S i e m e n s & H a l s k e die Budapester Stadtbahnen in Angriff nahm, begann eine regere Thätigkeit auf dem bisher in Europa noch fast gänzlich unbekannten Gebiete. Die Budapester Bahnen, deren Netz mit einer Geleisslänge von 180 *km* in Europa jetzt nur durch die Hamburger Anlagen um wenige Kilometer übertroffen wird, boten insofern ein erhöhtes Interesse, als bei ihnen 1889 zum ersten Male die unterirdische Stromzuführung nach dem System S i e m e n s & H a l s k e mit gleich gutem technischen und finanziellen Erfolge in Anwendung gekommen ist. Zur Zeit sind in B u d a p e s t 58·5 *km* Geleise mit Unterleitung versehen. Ausser diesen besitzt Budapest noch eine bis jetzt in Europa einzig dastehende Unterpflasterbahn, nämlich die im Jahre 1896 eröffnete Kaiser Franz Josef Elektrische Untergrundbahn. Im Anfang der neunziger Jahre wurde in rascher Aufeinanderfolge durch S i e m e n s & H a l s k e der elektrische Betrieb in Han-

nover, Dresden, Barmen, L e m b e r g, Mülhausen i. E., in dem industriereichen Bezirk Bochum-Gelsenkirchen, in Bukarest, Gross-Lichterfelde und in Berlin eingeführt. Von den neueren Anlagen sind die Bahnen in Sarajewo, Basel, Kopenhagen, Bahia, Berlin-Charlottenburg, Oberhausen (Rhld.), Darmstadt die nahezu vollendeten Bahnen in O l m ü t z, und der Umbau und Ausbau der gesammten Trambahnnetzes in G r a z zu erwähnen. Auf diesen Bahnen mit nahezu 700 *km* sind fast 1000 elektrische Motorwagen, zum Theil mit je 1, zum Theil mit je 2 Motoren ausgerüstet und eine grosse Zahl Anhängewagen im Betrieb. Die zur Erzeugung des elektrischen Stromes für den Bahnbetrieb von Siemens & Halske installirten Pferdestärken betragen 30.000. Zur Zeit sind in Bau bezw. in Vorbereitung begriffenen Strassenbahnanlagen in Berlin, im Kreise Bochum-Gelsenkirchen, in Waldenburg, Bonn, Hagen, Cassel, Frankfurt a. M., Düsseldorf-Crefeld, W i e n, B u d a p e s t, T e p l i t z-D u x-O s s e g g, G l o g g n i t z, S c h o t t w i e n, B o z e n-G r i e s, M e r a n-O b e r M a i s, Weimar und Peking-Ma-chia-pu. Besondere Erwähnung verdient noch die von der Firma S i e m e n s & H a l s k e zur Zeit in Berlin in Angriff genommene Elektrische Stadtbahn mit ihren Erweiterungslinien, die theils als Hochbahnen ausgeführt werden, theils als Unterpflasterbahnen nach dem Budapester Vorbilde.

Der Kessel als Elektrisirmaschine. Die „Zeitschrift der Dampfkesseluntersuchungs- und Vers.-G." schreibt: Ein im Jahre 1840 von A r m s t r o n g bereits erkanntes Phänomen, dass der unter Druck ausströmende Dampf eines Kessels elektricitätserregend wirken kann, wurde am Montag den 14. März l. J. Früh bei einem Doppeldampfcornwallkessel von 122 *m²* Heizfläche der Firma R. Horny, Ultramarinfabrik in Karbitz in Böhmen, wahrgenommen. An dem bereits genannten Tage um 3/46 Uhr Früh das Dampfventil des Kessels — wahrscheinlich etwas zu rasch — geöffnet wurde, fingen die Flanschen des Hauptdampfrohres stark zu blasen an. Das Hauptdampfrohr liegt auf eisernen Schienen, welche ihrerseits auf hölzernen Balken ruhen und so vollkommen isolirt sind. Als der Heizer die Schrauben der Flanschen nachziehen wollte, sprang von der Mutter zum Schlüssel ein Funken über und erhielt beim Berühren der Leitung heftige Schläge, was auch von Werkmeister und einem Schlosser der genannten Fabrik constatirt wurde. Erst als die Muttern nachgezogen waren, verschwand die Erscheinung. Der austretende Dampf ist dabei positiv, das Eisen negativ elektrisch. Nach F a r a d a y (Müller-Pouillet, Lehrbuch der Physik) ist die Quelle dieser Elektricität die Reibung des mit Gewalt ausströmenden Dampfes. Auf dieser Erscheinung beruht die sogenannte Dampfelektrisirmaschine.

Ausgeführte und projectirte Anlagen.

O e s t e r r e i c h-U n g a r n.

a) *Oesterreich.*

Asch. Die e l e k t r i s c h e Beleuchtung wurde eingeführt: in der Filialfabrik der Deutschen Spitzenfabrik-A.-G. Leipzig-Lindau mit 500 Glühlampen und 16 Bogenlampen und in der Weberei Chr. Fischer's Söhne mit 150 Glühlampen, und in der Färberei C. F. J ä g e r eine K r a f t ü b e r t r a g u n g s-a n l a g e von 30 *PS*.

Heidenpiltsch. Die Litzen- und Bortenfabrik der Firma A. R u d o l p h hat eine e l e k t r i s c h e B e l e u c h t u n g s-a n l a g e, 615 Glüh- und 3 Bogenlampen umfassend, ausführen lassen.

Jungbunzlau. Eine umfangreiche K r a f t ü b e r t r a g u n g s-a n d B e l e u c h t u n g s a n l a g e wird in der Jungbunzlauer Spiritus- und chemischen Fabriks-Actien-Gesellschaft erbaut. Selbe umfasst für Kraftbetrieb einen Drehstromgenerator für 200 *PS* und vorläufig 22 Motoren, für Beleuchtung eine Dynamo für 50 *PS* sammt Accumulatoren-Batterie. Bis jetzt sind die sämmtlichen Betriebe durch eine gleiche Anzahl Eincylinder-Anspaff-dampfmaschinen erfolgt.

Laas i. Vintschgau. Die Marmorwerke von J. L e c h n e r in Laas bei Meran werden mit elektrischer K r a f t ü b e r-t r a g u n g und B e l e u c h t u n g, erstere dienend zum Betriebe von Steinsägen, versehen.

Lieben bei Prag. Im Heft XVI, Jahrgang 1896 der „Zeitschrift f. E.", ist auf Seite 531 einer elektrischen Kraftvermittelungs-Anstalt Erwähnung gethan, welche Herr Th. Stein in Prag-Lieben hat erbauen lassen. Diese Anlage nimmt einen grossen Aufschwung, der an den besten daraus ersichtlich ist, dass im ersten Betriebsjahre bereits für deren 50 *PS* Motoren angeschlossen waren. Gegenwärtig gelangt ein 60 *PS* Motor zum Betriebe einer Eisfabrik, sowie drei 6 *PS* Motoren zum Betriebe einer Rollbalken-fabrik und anderer Werkstätten zur Aufstellung.

Mürzzuschlag. Die Stahlwerke von Bleckmann, welche bereits elektrisch betriebene Krahnanlagen besitzen, erhalten nunmehr auch ausgedehnte Beleuchtungen mit Bogenlicht.

Pottenbrunn. Die Papierfabrik Fohlmühle von E. Coulon in Pottenbrunn erhielt eine elektrische Kraftübertragungs-Anlage, und zwar für Kalander- und Querschneider, sowie Ventilatorenantrieb mit Einzelmotoren im Umfange von ca. 70 PS.

Die sämmtlichen vorstehend genannten elektrischen Einrichtungen sind von der Vereinigten Elektricitäts-A.-G., Wien, ausgeführt worden.

Wien. (Elektrische Bahn nach Kagran.) Dieses schon seit Jahren bestehende Project, worüber wir zuletzt im Hefte 11, S. 133, berichtet haben, gelangt nun endlich zur Ausführung. In der am 3. d. M. stattgefundenen Sitzung des Wiener Gemeinderathes wurde der mit der Bauunternehmung Ritschl & Co. abzuschliessende Vertrag, betreffend die Erbauung einer elektrischen Bahn nach Kagran, genehmigt. Der Vertragsentwurf enthält folgende wesentliche Punkte:

Die Gemeinde Wien erwirbt die Concession für eine elektrische Strassenbahn vom Praterstern durch die Kronprinz Rudolfsstrasse unter Mitbenützung der Geleise der Wiener Tramway-Gesellschaft über den Erzherzog Carl-Platz, die Kronprinz Rudolfs-Brücke und die Kagraner Reichsstrasse bis nach Kagran mit einer Abzweigung bei der Schüttanstrasse zum Schüttanplatz im Bezirkstheile Kaisermühlen. Den Bau der bezeichneten Linien überträgt die Gemeinde an die Unternehmung Ritschl & Co. Die Unternehmung wird die Zustimmung der Wiener Tramway-Gesellschaft zur Mitbenützung der Geleise der letzteren in der Kronprinz Rudolfsstrasse herbeiführen. Alle Strecken werden mit elektrischer Oberleitung ausgerüstet. Der Betrieb wird der genannten Unternehmung auf die Dauer von 60 Jahren vom 26. Juni 1898 an überlassen. Die Unternehmung verpflichtet sich, eine jährliche Abgabe im Betrage von fünf von hundert Gulden der Brutto-Einnahmen an die Gemeinde zu zahlen. Der nach einer Verzinsung des Anlage-Capitales mit 6% verbleibende Rest der Reineinnahmen wird zwischen der Gemeinde und der Unternehmung zu gleichen Theilen getheilt. Vor Ablauf von zehn Jahren steht der Gemeinde das Recht zu, die Bahn mit dem gesammten Fundus instructus nach vorausgegangener einhalbjähriger Kündigung von dem im Kostenvoranschlage, abzüglich der in der Zugrundelegung einer sechzigjährigen Tilgung und vierprocentiger Verzinsung bereits verfallenen Tilgungsbeträge und zuzüglich eines Betrages von fünfzehn Procent der im Kostenvoranschlage ausgewiesenen Baussummen zu übernehmen. Nach Ablauf des zehnten Betriebsjahres kann die Gemeinde die Bahn entweder auf der eben angeführten Grundlage oder zu jenem Preise einlösen, der sich aus folgender Berechnung ergibt: Es wird der Durchschnitt der Reineinnahmen der letzten sieben Betriebsjahre berechnet; das Fünfundzwanzigfache dieses Betrages abzüglich der bis zum Einlösungstermin erfolgten Amortisationen bildet die Einlösungssumme. Nach Ablauf von sechzig Jahren geht die Bahn sammt Fundus instructus unentgeltlich an die Gemeinde über. Die Unternehmung erlegt eine Caution von 15.000 fl. Die Bahn soll am 26. d. M. dem Verkehre übergeben werden.

Elektrische Bahn Wien-Baden. Die Concessions-Verhandlungen für die elektrische Bahn von Wien nach Baden (vergl. H. 8, S. 97, H. 7, S. 84 und H. 2, S. 24) sind im Wesentlichen beendigt. Die Ertheilung der Concession an die Actien-Gesellschaft der Wiener Localbahnen wird demnächst erfolgen. Das Project umfasst die Umgestaltung der bereits bestehenden, mit Dampf betriebenen Localbahn von Wien nach Guntramsdorf, die Fortführung dieser Linie bis Baden, endlich den Ausbau der Badener Tramway. Alle diese Linien sollen in ein Unternehmen vereinigt und die Rechtsurkunden sollen in eine Gesammt-Concession verschmolzen werden. In Baden selbst wird die elektrische Centralstation Leesdorf mit Rücksicht auf den steigenden Lichtbedarf der Stadt vergrössert werden. Ferner soll die Badener Tramway durch den Ausbau einer Ringlinie (Badener Bahnhof-Wassergasse-Franzensgasse) erweitert werden. Die bestehende, mit Dampf betriebene Bahn der Guntramsdorfer Linie bis Guntramsdorf wird für elektrischen Betrieb umgewandelt und mit einem zweiten Geleise versehen werden. Hiedurch wird es möglich sein, eine einheitliche elektrische Verbindung von Matzleinsdorf bis in's Helenenthal zu gewinnen. Endlich wird der Ausbau der Badener Tramway in das Helenenthal beabsichtigt. Die Tracirung der Linie vom Helenenthal bis Alland ist bereits vollendet und das Detailproject wurde der Regierung mit dem Ersuchen übermittelt, die Tracen-Revision demnächst einzuleiten. Mit den Bauarbeiten für die elektrische Linie von Guntramsdorf nach Baden wurde bereits begonnen. Diese Arbeiten sollen bis zum Herbste durchgeführt werden, so dass der elektrische Betrieb von Guntramsdorf nach Baden noch heuer aufgenommen werden kann. Die Umgestaltung der bestehenden Linie Matzleinsdorf-

Guntramsdorf wird im Winter und nächsten Frühjahre erfolgen. Demnach wird die directe elektrische Verkehr von der Matzleinsdorfer Linie nach Baden in der nächsten Saison ermöglicht werden. Die Grundeinlösungen sind bereits vollständig durchgeführt. Für den Ausbau der Bahn sollen vierprocentige Prioritäts-Actien der Wiener Localbahnen im Gesammtbetrage von rund vier Millionen Gulden ausgegeben werden. Hievon sind für die Linie Guntramsdorf-Baden, sowie für die Ablösung und den Ausbau der Badener elektrischen Tramway 2¾ Millionen Gulden bestimmt, während der Rest die Kosten für die Umgestaltung der Matzleinsdorf-Guntramsdorf bedecken soll. Der Begebungscurs der auszugebenden Prioritäts-Actien wurde im Einvernehmen mit der Regierung mit 88 Percent festgesetzt. Die Prioritäts-Actien werden von der Continentalen Gesellschaft für elektrische Unternehmungen in Nürnberg, sowie von der Oesterreichischen Eisenbahn-Verkehrsanstalt übernommen werden.

b) Ungarn.

Oedenburg (Sopron). (Politisch-administrative Begehung der projectirten Strassenbahn mit elektrischem Betriebe im Bereiche der Stadt Oedenburg und Umgebung.) Am 20. v. M. fand unter Führung des Ministerialsecretärs Arpád Papp des kgl. ungarischen Handelsministeriums und mit Beiziehung der Vertreter der interessirten Staats-, Comitats- und Communalbehörden die politisch-administrative Begehung des für die kgl. Freistadt Sopron und Umgebung projectirten Strasseneisenbahnnetzes mit elektrischem Betriebe statt. Die Gesammtlänge des zu erbauenden Netzes beträgt 52 km und erhalten auch die Bahnhöfe der Südbahn und der Eisenbahn Raab-Oedenburg-Ebenfurth durch eine Verbindungslinie dieses Bahnnetzes wechselseitige Anschlüsse.

Deutschland.

Magdeburg. (Elektrische Bahnen.) Mit den Vorbereitungen zur Einführung des elektrischen Strassenbahnbetriebes wird jetzt seitens der dabei betheiligten Gesellschaften energisch vorgegangen. Wie die „Magd. Ztg." mittheilt, hat die „Union" Elektricitäts-A.-G. ein ständiges Ingenieur-Bureau für die Bauleitung eingerichtet. Es haben bereits seitens der Vertreter des Magistrats und der Gesellschaften Begehungen stattgefunden, um über die an verschiedenen engen Stellen der in Betracht kommenden Verkehrsstrassen entstehenden Schwierigkeiten Klärung zu schaffen.

Patentnachrichten.

Mitgetheilt vom Technischen- und Patentbureau

Ingenieur Victor Monath

WIEN, I. Jasomirgottstrasse Nr. 4.

Deutsche Patentanmeldungen.*)

Classe

20. D. 7988. Relais für Stromzuführung an elektrischen Bahnen mit Theilleiterbetrieb. — Raoul Demeuse, Brüssel 26./1. 1897.

„ D. 19.839. Contactrollenführung für elektrische Bahnen mit Hochleitung. — Carl Hahlweg, Stettin. 25./1. 1898.

21. K. 15.589. Trockenelement mit inneren Flüssigkeits-vorrath; Zus. z. Pat. 88.613. — Carl König, Berlin. 1./10. 1897.

„ S. 10.186. Verwendung von Cement zu Umhüllung-körpern für elektrische Schmelzsicherungen. — Siemens & Halske, Actien-Gesellschaft, Berlin. 14./12. 1896.

„ T. 5761. Regelungsvorrichtung für Bogenlampen. — Albert Tribelhorn, Buenos-Aires. 15./2. 1898.

74. U. 1223. Anordnung von zwei oder mehreren gegeneinander geneigten Signalphoren-armen auf derselben Achse für Schiffssignale. — Union-Elektricitäts-Gesellschaft, Berlin. 27./3. 1897.

21. E. 5841. Leitungssystem für mehrphasige Wechselströme. — Elektricitäts-Actien-Gesellschaft, vormals Schuckert & Co., Nürnberg. 14./3. 1898.

„ H. 20.043. Direct zeigender Widerstandsmesser; zweiter Zus. zum Pat. 75.503. — Hartmann & Braun, Bockenheim-Frankfurt a. M. 4./3. 1898.

„ H. 19.012. Verfahren zum Anlassen und Verändern der Geschwindigkeit von Wechselstrom-Motoren. — Alexander Heyland, Frankfurt a. M. 19./7. 1897.

*) Die Anmeldungen bleiben acht Wochen zur Einsichtnahme öffentlich aufgelegt. Nach § 24 des Patent-Gesetzes kann innerhalb dieser Zeit Einspruch gegen die Anmeldung wegen Mangel der Neuheit oder widerrechtlicher Entnahme erhoben werden. Das obige Bureau besorgt Abschriften der Anmeldungen und übernimmt die Vertretung in allen Einspruchs-Angelegenheiten.

21. M. 11.262. Vorrichtung zur Umformung von Wechselstrom und Gleichstrom und umgekehrt; Zus. z. Pat. 96.904. — Adolph Müller, Hagen i. W. 21./7. 1897.

„ M. 11.474. Schaltung zur gleichzeitigen Sprechverbindung einer Doppelleitung mit einem Fernsprechapparat und einer davon unabhängigen, einem Telegraphen oder zweiten Fernsprechapparat enthaltenden Einfachleitung. — Louis Maiche, Paris. 16./9. 1897.

„ S. 10.796. Schaltung der Widerstände für Elektromotoren. — Siemens & Halske, Actien-Gesellschaft, Berlin. 30./10. 1897.

20. E. 4925. Stromabnehmer für elektrische Bahnen mit unterirdischer Stromzuführung. — A. Elsner, Berlin. 24./4. 1896.

Classe　　Deutsche Patentertheilungen.

20. 98.360. Stromabnehmer mit seitlich verschiebbarer Walze. — Ph. Lentz, Berlin. 9./8. 1896.

21. 98.301. Selbstthätiger Starkstrom-Ausschalter zur gleichzeitigen Verwendung als Blitzschutzvorrichtung; Zus. z. Pat. 96.118. Actien-Gesellschaft Elektricitäts-Werke (vorm. O. L. Kummer & Co.), Niedersedlitz bei Dresden. 14./1. 1897.

„ 98.302. Kerntransformator für den Uebergang von Zweileiterauf Dreileiternetze und umgekehrt. — Union-Elektricitäts-Gesellschaft, Berlin. 15./12. 1897.

20. 98.415. Relais mit zwangsweiser Abschaltung für elektrische Bahnen mit Theilleiterbetrieb; Zus. z. Pat. 96.064. — Union-Elektricitäts-Gesellschaft. Berlin. 11./4. 1897.

21. 98.416. Zweileiter-Vielfachschaltsystem. — Siemens & Halske, Actien-Gesellschaft, Berlin. 12./11. 1895.

„ 98.434. Verwendung von Persulfaten als Depolarisatoren in galvanischen Elementen. — Dr. F. Peters, Charlottenburg. 3./10. 1897.

Auszüge aus Patentschriften.

Hartmann & Braun in Bockenheim—Frankfurt a. M. — Wattmeter oder Elektrodynamometer für Gleich- und Wechselstrom. — (Zusatz zum Patente Nr. 92.445 vom 6. December 1896.) — Classe 21, Nr. 96.553.

Die gegen einander geneigten Solenoide werden hier durch ein einziges, ebenfalls in Bezug auf das bewegliche System geneigtes oder auch durch ein concabstales geneigtes Spulenpaar S H mit ringförmigem Felde ersetzt. (Fig. 1)

Fig. 1.　　　　　　Fig. 2.

Otto Schönfeld in Budapest. — Leitende Schienenverbindung für elektrische Bahnen. — Classe 20, Nr. 96.632.

Die Schienenverbindung besteht aus einem zwischen Spiralfedern in Bohrungen der Schienen eingelegten Bolzen c. (Fig. 2.)

Gustav Wilhelm Meyer in Nürnberg. — Wechselstrom-Mehrleiteranlage mit Ausgleichtransformatoren. — Cl. 21, Nr. 96.821.

Die Primärwickelungen der Ausgleichtransformatoren sind zwischen die verschiedenen Haupt-, bezw. Mittelleiter geschaltet, während die Secundärwickelungen paarweise hinter einander geschaltet sind.

Geschäftliche und finanzielle Nachrichten.

Breslauer Strassenbahn-Gesellschaft. In Ergänzung unserer Mittheilung im Hefte 15, S. 184, berichten wir heute „B. B. Ztg.": Der Entwurf des Vertrages zwischen dem Magistrate und dieser Gesellschaft ist in diesem gegenüber dem ursprünglich aufgestellten Entwurfe. Die Verhandlungen wird sehr erschweren, da einerseits eine Vereinbarung von allen Seiten gewünscht und erstrebt wird, andererseits aber das gewiss blühende Unternehmen so stark belastet werden soll, dass für die Actionäre kaum noch eine befriedigende Rente verbleiben dürfte. Der Magistrat verlangt der Strassenbahn-Gesellschaft drei neuen Linien, und zwar Verlängerung der bestehenden, bestreitenden Linie Oberthor Bahnhof—Kleinburg bis zum St.-Hause Wiesenthal, jedoch mit der Einschränkung, dass diese Strecke schon vom Kaiser Wilhelms-

platze ab auch einer anderen Strassenbahn-Gesellschaft zur Mitbenützung überlassen werden soll, ferner eine Linie von der Gartenstrasse abzweigend durch die Teichstrasse etc. bis zur Strehlener Theraxposition und eine andere von der Universitätsbrücke durch die Rosenthaler Strasse über die Gröschelbrücke nach Oswitz zu. Hinsichtlich der beiden letzteren Linien behält sich der Magistrat das Recht vor, innerhalb sechs Monaten nach Abschluss des Vertrages sich zu erklären, ob er den Bau und Betrieb selbst übernimmt oder einer anderen Strassenbahn-Gesellschaft überträgt. Alles: Bau, Betrieb, Ausrüstung hängt von der Genehmigung des Magistrates ab und untersteht seiner Controlle, gegen die es einen Einspruch nicht gibt. Wenn dies Alles schon ertragen werden soll, um eine Einigung zu erzielen, so sind doch die directen Belastungen des Unternehmens so schwerwiegend, dass weitere Verhandlungen kaum zu entbehren sein dürften. Gegen die Entnahme der elektrischen Energie aus den städtischen Elektricitätswerken lässt sich nichts einwenden, auch kann man dagegen, dass die Stadt dafür die Selbstkosten plus einen Nutzungszuschlag von 20% berechnen will, wenn auch bemerkt werden muss, dass die elektrische Strassenbahn, die ihren erforderlichen Strom im eigenen Werk herstellt, dadurch einen gewissen Vorsprung hat. Die Gewinnbetheiligung der Stadt ist in dem alten Vertrage geregelt: vom 1. Jänner 1908 fordert der Magistrat die volle Hälfte des Jahresertrages, und der Gipfel wird durch die weitere Forderung erreicht, dass die Zinsen aller Obligationen und anderer Schuldverpflichtungen die Gesellschaft allein aus ihrer Gewinnhälfte zahlen solle. Wenn nach Inhalt des Vertrages die Umwandlung des Betriebes in einen elektrischen erfolgt, so wird diese Umwandlung, der Bau und die Ausrüstung erhebliche Kosten verursachen und die Beschaffung reicher Geldmittel erheischen. Es ist durchaus rationell und allgemein üblich, dass in solchen Fällen die Mittel zum Theil durch Emission von Prioritäts-Obligationen beschafft werden; letztere können in gewissen Zeitraume getilgt werden, erstere nicht. Die Magistratsvorlage macht diese wirthschaftlich einzig richtige Art der Geldbeschaffung unmöglich und das ist ein Punkt, der über alle anderen Bedenken hinausgeht. (Vergl. auch Heft 12, S. 147.)

Dem Geschäftsberichte der **Actien-Gesellschaft für elektrische Anlagen und Bahnen in Dresden** entnehmen wir Folgendes: Die finanziellen Betheiligungen haben im letzten Jahre reiche Gewinne gebracht, so dass über die geringen Ergebnisse, welche neu in Betrieb genommene Elektricitäts-Werke in den ersten Jahren stets zu liefern pflegen, hinweggegangen werden kann. In regelrechtem Betriebe befinden sich unter den Elektricitätswerken in eigener Regie ausser denen in Meerane und Plauen bei Dresden noch solche in Gössnitz. Oelsnitz und Riesa, letzteres jedoch nur zur Stromversorgung der Hafen- und Quai-Anlagen der sächsischen Staatsbahnen. Die Anlage für Stromabgabe an die Einwohner der Stadt Riesa dürfte im Sommer fertiggestellt werden; zur gleichen Zeit werden die Elektricitätswerke in Schmölln, Sinsheim z. B. mai Ladenburg dem Verkehre übergeben werden. Von den finanziellen Betheiligungen ist besonders die bei der baltischen Elektricitäts-Gesellschaft in Kiel zu erwähnen. Von mehreren Bahnprojecten sind den zuständigen Ministerien zur definitiven Baugenehmigung die Unterlagen vorgelegt worden; die baldige Entscheidung über einige bedeutende Baulinien ist zu erwarten. Einschliesslich 4715 Mk. Uebertrag aus 1896 beträgt der Rohgewinn 222.136 Mk., der Reingewinn 165.640 Mk., davon sind bestimmt: 6046 Mk. für den Reservefonds, 120.000 Mk. zu 6% Dividende wie im Vorjahre; je 4372 Mk. zu Tantiémen an Vorstand und Aufsichtsrath, 20.000 Mk. für den Special-Reservefonds und 8848 Mk. zum Vortrage auf neue Rechnung.

Bank für elektrische Unternehmungen in Zürich. Die Società di Ferrovie Elettriche e Funicolari, die Unione Italiana Tramways Elettrici, die Società dei Tramways Orientali und die Officine Elettriche Genovesi, an welchen vier Gesellschaften die Bank betheiligt ist, berufen ihre ordentlichen und zu Anschluss ihrer ausserordentlichen Generalversammlungen zum 18. d. M. ein. Auf der Tagesordnung der ordentlichen Generalversammlungen stehen die gewöhnlichen Verhandlungs-gegenstände, während die ausserordentlichen Generalversammlungen über einen Betheiligungs-Vertrag im Sinne der Art. 233—238 des Codice di Commercio und damit in Zusammenhang stehende Statutenänderungen Beschluss fassen sollen.

Deutsche Gesellschaft für elektrische Unternehmungen in Frankfurt a. M. Im Anschlusse an die zum 27. d. M. einberufene ordentliche Generalversammlung findet eine ausserordentliche Generalversammlung statt, in der über den Antrag des Aufsichtsrathes, das Actiencapital von 5 auf 15 Millionen Mark zu erhöhen und die entsprechenden Statutenänderungen, Beschluss gefasst werden soll.

Schluss der Redaction: 7. Juni 1898.

Verantwortlicher Redacteur: Dr. J. Sahulka. — Selbstverlag des Elektrotechnischen Vereines.

Commissionsverlag bei Lehmann & Wentzel, Wien. — Alleinige Inseraten-Aufnahme bei Haasenstein & Vogler (Otto Maass), Wien und Prag.

Druck von R. Spies & Co., Wien.

Zeitschrift für Elektrotechnik.

Organ des Elektrotechnischen Vereines in Wien.

Heft 25.　　　　　　WIEN, 19. Juni 1898.　　　　　XVI. Jahrgang.

Bemerkungen der Redaction: Ein Nachdruck aus dem redactionellen Theile der Zeitschrift ist nur unter der Quellenangabe „Z. f. E. Wien" und bei Originalartikeln überdies nur mit Genehmigung der Redaction gestattet.
Die Einsendung von Originalarbeiten ist erwünscht und werden dieselben nach dem in der Redactionsordnung festgesetzten Tarife honorirt. Die Anzahl der vom Autor evev. gewünschten Separatabdrücke, welche zum Selbstkostenpreise berechnet werden, wolle stets am Manuscripte bekanntgegeben werden.

INHALT:

Rundschau.

Während der VI. Jahresversammlung des Verbandes deutscher Elektrotechniker wurde eine Reihe von Vorträgen gehalten; wir berichten über einige derselben auszugsweise.

Herr Dr. R. Haas sprach über „Enteignungsverfahren bei Elektricitätswerken." Elektrotechnische Anlagen geniessen derzeit, obwohl sie dem öffentlichen Wohle dienen, nicht einen hinreichenden Schutz; es kann z. B. Entwendung von Elektricität in Deutschland nicht bestraft werden. Mit besonderen Schwierigkeiten ist die Anlage von Elektricitätswerken und Kraftübertragungsanlagen verbunden, da das Enteignungsrecht nicht angewendet werden kann. Das Gesetz vom Jahre 1874 bestimmt, dass bei Grundeigenthum aus Gründen des öffentlichen Wohles gegen Entschädigung Enteignung stattfinden kann. Privatbahnen besitzen das Enteignungsrecht, nicht aber Elektricitäts-Gesellschaften, weil derzeit nicht als erwiesen anerkannt wird, dass elektrische Anlagen dem öffentlichen Wohle dienen, obwohl gerade die elektrotechnische Industrie in die Sphäre aller anderen Industrien eingreift und die letzteren durch Anlage von Centralen und Kraftübertragungsanlagen sehr gefördert werden. Fernleitungen können nicht immer längs der Reichsstrassen, sondern müssen häufig über Land geführt werden. Da die Elektricitäts-Gesellschaften auf das Enteignungsrecht besitzen, muss mit den Grundeigenthümern eine Vereinbarung getroffen werden. Manchmal wird dadurch die Errichtung einer Anlage ganz unmöglich. Wenn aber auch gegen hohe Entschädigungen Vereinbarungen zu Stande kommen, so basiren diese nur auf Verträgen, welche kündbar sind; es ist dadurch dem Grundeigenthümer die Möglichkeit gegeben, seine Forderungen fortwährend zu erhöhen. Falls für elektrische Anlagen das Enteignungsrecht erlangt würde, müsste auch der Umfang der Enteignung festgestellt werden, da es nicht angeht, dass ein Grundeigenthümer den Ankauf eines ganzen Feldes verlangt, wenn auf demselben eine Stange aufgestellt wird; der Schaden des Grundeigenthümers besteht ja in diesem Falle nur darin, dass er beim Pflügen einen kleinen Umweg machen muss. In der Schweiz ist den Elektricitätswerken das Enteignungsrecht zuerkannt worden, in England ist der Erlass eines diesbezüglichen Gesetzes im Zuge. Der Vortragende empfiehlt, dass zur Einleitung von Schritten zur Erlangung des Enteignungsrechtes für elektrische Anlagen eine Commission eingesetzt werde. Herr Ingenieur Russ theilt mit, dass in Oesterreich in ähnlicher Angelegenheit eine Eingabe an das Abgeordnetenhaus gemacht wurde. Ueber Einladung des Vorsitzenden, Geheimrathes Prof. Dr. Slaby, wurde der Vorstand des Verbandes ermächtigt, die durch Herrn Dr. Haas angeregte Angelegenheit weiter zu verfolgen.

Herr J. Berliner beschrieb das verbesserte Grammophon von Emile Berliner in Washington und demonstrirte dasselbe; Trompetensignale und eine Declamation wurden im ganzen Saale laut vernehmbar wiedergegeben.

Herr Geheimrath Prof. Dr. Aron hielt einen Vortrag über „Elektricitätszähler für Accumulatorenbetrieb." Zunächst bemerkte der Vortragende, dass er bereits im Jahre 1882 im elektrotechnischen Vereine in Berlin zuerst darauf aufmerksam gemacht habe, dass während der Ladung und Entladung der Accumulatoren sich die Säuredichte ändere und dass er mit Hilfe eines Aräometers den Ladungszustand prüfe. Auf Grund dieser Erscheinung wurden zur Messung der Energiemengen mit Benutzung von Schwimmern Zähler construirt, welche sich aber nicht bewährt haben; es kann auch die in einem bestimmten Zeitmomente abgelesene Säuredichte nicht genau dem Ladezustande entsprechen, weil die Platten viel Säure absorbirt enthalten, welche in ihrer Dichte am meisten verändert wird, ehe nur allmälig in die übrige Flüssigkeit diffundirt. Zur Controle der Energiemengen, welche der Ladung und Entladung entsprechen, hat Prof. Aron nach einem Vorschlage von Miller Zähler construirt, welche in Kensington in Verwendung sind. Prof. Aron demonstrirte diesen Zähler, welcher eine lange Achse und ein grosses Zifferblatt mit Zeiger. Während der Entladung bewegt sich der Zeiger vom Nullpunkte des Zifferblattes nach vorwärts; die Entladung soll sistirt werden, wenn der Zeiger eine der Capacität der Batterie entsprechende Stellung erlangt. Während der Ladung geht der Zeiger zurück und zwar über den Nullpunkt hinaus; nach beendeter Ladung wird der Zeiger auf Null gestellt. Herr Miller fügte noch ein automatisches Relais hinzu, welches bewirkt, dass bei der Ladung in den Nebenschlusskreis des Zählers ein Widerstand, welcher circa

10³/₄ des gesammten Widerstandes beträgt, eingeschaltet wird, so dass der Zeiger bei der Ladung langsamer zurückgeht, als er bei der Ladung vorrückt. Es braucht dann der Zeiger nicht nach jeder einzelnen Ladung, sondern nur von Zeit zu Zeit auf Null gestellt werden. Die Zähler, welche diese automatische Vorrichtung nicht besitzen, können nur verwendet werden, wenn Ladung und Entladung getrennt aufeinander folgen; die mit Relais versehenen Zähler auch dann, wenn die Batterie mit der Dynamo in Parallelschaltung arbeitet. Prof. Aron construirte noch andere Zähler, bei welchen die den Ladungen und Entladungen entsprechenden Energiemengen getrennt registrirt werden. An der Achse des Differentialwerkes ist ein Arm mit zwei Klinken befestigt; jede Klinke nimmt ein Zahnrad mit, das sich aber nur in einem Sinne drehen kann, da in die Zahnräder Sperrzähne eingreifen. Die Zahnräder stehen mit zwei getrennten Zählwerken in Verbindung. Bei Ladung oder Entladung registrirt immer nur ein Zählwerk; aus den Ablesungen ersieht man, wie viel Energie in Ganzen die Batterie aufgenommen und wie viel sie abgegeben hat. Die Zähler sind verwendbar, wenn Batterie und Dynamo in Parallelschaltung arbeiten; Ladung und Entladung können auch rasch aufeinander folgen. Auf die Genauigkeit der Angaben hat die Trägheit der Pendel und der todte Gang der Zählwerke Einfluss. Der Fehler infolge der Trägheit der Pendel kann höchstens eine halbe Pendelschwingung betragen; der durch den todten Gang verursachte Fehler kommt nur bei einer einzelnen Ablesung, nicht aber bei längeren Zeiträumen in Betracht. Die neueren, zur Controle der Accumulatorenbatterien construirten Zähler sind mit kurzen Pendeln versehen, und ist dadurch der Fehler auf ein Minimum reducirt.

Herr Dr. Th. Bruger besprach ein von ihm ersonnenes, direct zeigendes Phasometer, welches von der Firma Hartmann und Braun erzeugt wird. Der Apparat ermöglicht es, die Phasenverschiebung φ zwischen einem Wechselstrome und einer Spannungsdifferenz direct abzulesen, kann aber so eingerichtet werden, dass er die Phasenverschiebung zwischen zwei Strömen anzeigt. Der Apparat ist eigentlich ein Doppel-Wattmeter und enthält ein fixes Spulen-System, welches vom Wechselstrome durchflossen ist und zwei bewegliche Systeme. Die Schaltung ist so gemacht, dass die beiden Drehmomente einander entgegenwirken. Das eine bewegliche System ist nebst vorgeschaltetem grossen inductionslosen Widerstand an die Spannungsdifferenz angeschlossen; das entsprechende Drehmoment ist daher dem cos. φ proportional. Das zweite bewegliche System ist von einem Strome durchflossen, welcher im Vergleich zu dem im ersten beweglichen Systeme fliessenden Strome um 90° in der Phase verschoben ist; das entsprechende Drehmoment ist daher dem sin. φ proportional. Wenn φ = 0° ist, so ist nur das dem cos. φ proportionale Drehmoment vorhanden; wenn φ = 90° ist, nur das dem sin. φ proportionale Drehmoment. Der Zeiger des Doppel-Wattmeters nimmt entsprechend zwei extreme Stellungen ein; für jeden zwischen 0 und 90° liegenden Werth der Phasenverschiebung nimmt der Zeiger eine Zwischenstellung ein.

Herr Dr. C. Hoepfner hielt einen Vortrag über elektrolytische Reingewinnung von Metallen aus Erzen und besprach speciell die Gewinnung von Zinn aus Chloriden.

Herr Prof. Dr. Du Bois sprach über elektromagnetische und mechanische Schirmwir-

kung. Die magnetische Schirmwirkung wurde für den Fall einer eisernen Hohlkugel bereits im vorigen Jahrhundert berechnet; Prof. Stefan berechnete dieselbe für den Fall eines Hohlcylinders. In neuerer Zeit ist es gelungen, die Rechnungen für den Fall zweier concentrischer Hohlkugeln oder conaxialer, unendlich langer Hohlcylinder zu machen. In letzterem Falle gelten die Resultate annähernd auch noch für endlich lange Cylinder, wenn die Länge mindestens das Dreifache des Durchmessers beträgt. Wenn die beiden eisernen Hohlcylinder mit einander hinreichend weit entfernt sind, bezw. wenn der Durchmesser des äusseren Hohlcylinders mindestens dreimal so gross ist, als der des inneren, ist der Schutz, welchen die beiden Hohlcylinder zusammen für den inneren Raum gewähren, gleich dem Producte der Schutzwirkungen der einzelnen Hohlcylinder. Der Vortragende erörtert hierauf den speciellen Fall, in welchem durch eine compacte, sehr ausgedehnte Eisenmasse eine cylindrische Bohrung von kleinem Querschnitte gemacht ist. Wenn die Bohrung parallel zu den Kraftlinien gerichtet ist, so ist die Kraftliniendichte innerhalb der Bohrung gleich der Kraftliniendichte im umgebenden Eisen dividirt durch die Permeabilität des Eisens. Dieselbe Beziehung gilt, wenn der Querschnitt der eine elliptische oder rechteckige Form hat. Als Folge dieser Erscheinung ergibt sich eine mechanische Schirmwirkung auf einen in der Bohrung befindlichen Stromleiter; die auf denselben wirksame Kraft ist nämlich nur abhängig von der Felddichte innerhalb der Bohrung. Wenn man daher einen Stromleiter, auf welchen infolge einer Feldwirkung eine Kraft ausgeübt wird, mit Eisen umgibt, so wird der grösste Theil der Kraft auf das Eisen und nur ein kleiner auf den Stromleiter wirken; dies lässt sich experimentell bestätigen. Zum Schlusse erörterte der Vortragende die Verhältnisse bei der Induction. Wird ein Leiter in einem Felde bewegt, so findet in ihm eine Induction statt. Wenn man den Leiter mit einer schützenden Eisenmasse umgibt und den Leiter innerhalb der Bohrung bewegt, so ist die Induction schwach, weil die Feldstärke gering ist; wenn man aber den Leiter sammt dem ihn umgebenden Eisenpanzer im Felde bewegt, ist die Induction ebenso stark als ob der Schutzpanzer nicht vorhanden wäre. Als Folgerung ergibt sich, dass bei Loch- und Nuthenankern die Induction auf die Wicklung stark, der mechanische Zug aber schwach ist.

Hierauf hielt Herr Ober-Ingenieur R. Hundhausen einen Vortrag über neuere Installationsmaterialien der Firma Siemens und Halske, die nach den Sicherheitsvorschriften und Normalien des Verbandes hergestellt worden sind.

Herr Dr. Passavant sprach über Sicherungen der Allgemeinen Elektricitäts-Gesellschaft für Spannungen bis 250 V. An die beiden letzten Vorträge, auf welche wir noch zurückkommen werden, schloss sich eine Discussion an, in welcher übereinstimmend anerkannt wurde, dass die Erhöhung der Spannung erhebliche Erweiterungen der Massregeln zur Verhütung von Feuersgefahr bedingen.

Herr Dr. M. Levy sprach über Fortschritte der Röntgentechnik und berührte zunächst die Theorie. Nach den neueren Anschauungen sind die Röntgenstrahlen eine Bewegungserscheinung von Uratomen, aus denen nach den derzeitigen Hypothesen alle Körper zusammengesetzt sind. Die Geschwindigkeit der Bewegung wurde auf 450—6000 m in der Secunde bestimmt. Der Redner besprach dann die Fortschritte in der Einrichtung der Apparate und führte einen bequem angeordneten, transportablen Apparat vor, der selbst von Nichtfachleuten benützt werden kann. Von den neueren Anwendungen erwähnte der Vortragende die Unterscheidung von echten und falschen Diamanten, sowie Genussmitteln, Kaffee, Thee u. s. w.

Hierauf erklärte Herr Dr. M. Kallmann sein Isolations-Controlsystem zur directen Anzeige von Stromentweichungen. Die Methode besteht im Wesentlichen darin, dass in eine Stromleitung an zwei verschiedenen Stellen zwei gleiche Widerstände eingeschaltet werden. Von einem Differential-Galvanometer wird eine Spule nebst Vorschaltwiderstand an den einen in die Leitung eingeschalteten Widerstand, die andere Spule in gleicher Weise an den zweiten Widerstand angeschlossen. Das Differential-Galvanometer gibt die Differenz der Ströme in den beiden Widerständen an und soll keine Ablenkung erleiden, wenn zwischen den beiden Stellen, wo die Widerstände in die Leitung eingeschaltet sind, keine Stromentweichung stattfindet. Man kann auch anstatt der beschriebenen Schaltung die bei Vergleichung von kleinen Widerständen übliche Thomson'sche Brückenschaltung anwenden, in welchem Falle ein gewöhnliches Galvanometer verwendet werden kann; aus der Ablenkung der Galvanometer-Nadel kann die Grösse des Isolationsfehlers ermittelt werden. Die Methode ist für Gleichstrom-Zwei- und Mehrleiteranlagen anwendbar. Bei einer Zweileiter-Systemanlage hat man die Widerstände in Hin- und Rückleitung einzuschalten. Bei einer elektrischen Bahn glaubt der Vortragende auch zwei Schienen an Stelle der Widerstände benützen zu können.

Herr Dr. M. Breslauer schlug eine neue Fassung der Inductionsgesetze vor.

Herr Dr. Th. Weil zeigte ein neues System von Bogenlampen vor.

Herr Prof. Sengel sprach über eine Schaltungsanordnung zur Erregung von Gleichstrom-Nebenschlussmaschinen mit der halben Bürstenspannung. Bringt man auf der Achse einer Gleichstrom-Dynamo zwei Schleifringe an, welche mit zwei Punkten der Wicklung verbunden sind, so kann man bekanntlich einen Wechselstrom aus der Dynamo entnehmen. Betrachtet man die Spannungsdifferenz zwischen einem der beiden Schleifringe und einer auf den Collector schleifenden Bürste, so ist diese Spannungsdifferenz aus einer gleichgerichteten Spannungs-Componente, welche gleich ist der halben Bürstenspannung am Collector, und aus einer alternirenden Componente zusammengesetzt. Ebenso verhält sich die Spannungsdifferenz zwischen dem Schleifringe und der zweiten Collectorbürste. Bringt man auf der Achse der Dynamo einen Schleifring an, welcher mit einem Punkte der Armaturwicklung verbunden ist und schaltet man die Feldmagnetwicklung an diesen Schleifring und eine Collectorbürste, so hat nur die gleichgerichtete Componente der Spannungsdifferenz auf den Feldmagnet eine Wirkung; die alternirende liefert wegen der grossen Selbstinduction der Feldmagnetwicklung nur einen verschwindend kleinen Strom. Der Feldmagnet ist daher mit der halben Bürstenspannung erregt. Dieses Ergebnis bietet mannigfache Vortheile in der Praxis.

$S.$

Einiges über Kohlenbürsten.[*]

Prof. Forbes hat schon im Jahre 1885 den Gedanken ausgesprochen, Kohlenklötze aus feinkörnigem Materiale zur Stromabnahme bei Dynamomaschinen zu benützen. Dennoch dauerte es bis ungefähr 1892, dass man die Vorzüge dieser Idee zu würdigen und praktisch zu verwerthen begann. Von da an nahm die Verwendung der Kohlenbürsten einen überraschend schnellen Aufschwung, besonders bei Motoren mit wechselnder Umlaufsrichtung; es dürfte daher angemessen sein, die gewonnenen Erfahrungen und die wichtigsten constructiven Fortschritte einer kurzen Besprechung zu unterziehen.

Eine der Bedingungen für einen anstandslosen Betrieb ist die genügend grosse Dimensionirung der Schleiffläche. Als guten Mittelwerth kann man 6·5 Amp. für den cm^2 annehmen. Die specifische Belastung hängt von der Güte der Maschine, der Construction des Bürstenhälter und von der Beschaffenheit der Kohle ab, weshalb dieser Werth auch nach beiden Richtungen hin ziemlich stark variirt. Bei den Generatoren der „Waterloo and City-Railway", welche 450 Amp. bei 550 Volt abgeben, wird ein vollkommen befriedigender Betrieb durch 5 Kohlenbürsten erreicht, deren Contactflächen 50 mm lang und 25 mm breit sind. Die Belastung der Flächeneinheit beträgt also 7·2 Amp. Die 25 PS Wagenmotoren derselben Bahn laufen normal mit ca. 1·9 Amp. Stromdichte beim Anlauten, bei Steigungen u. s. w. wächst aber die Stromdichte bis auf das Fünffache, ohne nennenswerthe schädliche Folge für den Commutator oder die Bürsten.

Die Leistungsfähigkeit des Materiales selbst kommt nur in manchen Fällen in Betracht und zwar besonders dann, wenn die Bürstenhälter derart entworfen werden, dass die Länge des stromführenden Kohlenendes verhältnismässig gross ist. Die Carré-Bürsten aus Lampenschwarz hergestellt, besitzen das grösste Leistungsvermögen, sind aber für den allgemeinen, praktischen Gebrauch etwas zu kostspielig. Die für gewöhnlich ausreichende Kohle besteht aus Petroleum-Coakes, Theer und Graphit, im Mischungsverhältnisse 70 : 20 : 10, und kann normal mit 10 Amp. pro cm^2 belastet werden.

Der Graphit spielt dabei die Rolle eines Schmiermittels. Es mag erwähnt werden, dass das Bürstenmaterial Einfluss auf den Wirkungsgrad der Maschine hat; es wurde festgestellt, dass durch schlechte Kohle das Güteverhältnis von Dynamos eine merkliche Beeinträchtigung erfährt und dass sogar gute Kohlenbürsten bei Maschinen mittlerer Grösse einen 1 bis 2% schlechteren Wirkungsgrad als Metallbürsten ergeben können. Der Grund hiefür liegt zum grossen Theile in dem mehr oder minder starken Anflagedruck, der für funkenloses Laufen erforderlich ist.

Die Kohlenbürsten verdanken ihre Ueberlegenheit dem Umstande, dass sie das Feuern in hohem Grade unterdrücken, wodurch der raschen Abnützung des Commutators Einhalt geboten wird. Die Ursachen dieser Erscheinung sind durch das Wesen der Funkenbildung selbst begründet, denn zu nicht geringem Theile wird die letztere durch die Selbstinduction der kurzgeschlossenen Ankerwindungen hervorgerufen. Wenn man nun ein Mittel hat, die Segmente der neutralen Zone erst durch einen Widerstand kurzzuschliessen, wie es

[*] Mit Benützung eines Aufsatzes von Ernest Kilburn Scott in der Londoner „Electrical Review" vom 22. April und 6. Mai 1898.

durch die Kohlenbürste thatsächlich geschieht, so können die selbstinductionsfunken erfolgreich bekämpft werden. Ein weiterer Vortheil liegt ferner in der Unschmelzbarkeit der Kohle. Bekanntlich unterscheidet man am Commutator bläuliche und gelbrothe Funken. Während die ersteren unschädlich und das Zeichen eines richtigen, guten Betriebes sind, entstehen die anderen durch Verbrennen oder Verdampfen des Collector- und Bürstenmaterials. Bei Verwendung von Metallbürsten wird der letztere Umstand viel eher eintreten können, da sich durch ungleichmässiges Ablaufen vorstehende Zacken bilden, welche unter dem Einflusse des Stromes schmelzen und den Collector viel rascher abnützen, als es durch die blosse Reibung geschieht.

metall gegossen, die Kohlen selbst haben gegenseitig eine Distanz von 1·5 bis 2 mm. damit die Metallrippen noch genügende Festigkeit besitzen. Wenn die Bürsten abgelaufen sind, kann das Metall weggeschmolzen und wieder frisch verwendet werden. Es ist selbstverständlich, dass sich diese Construction nur für Maschinen mit gleichbleibender Umdrehungsrichtung eignet und zwar muss sie derart angebracht sein, dass die Rotation des Commutators die Kohle an das Gehäuse anpresst.

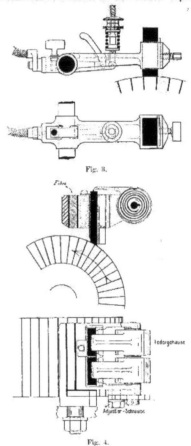

Fig. 3.

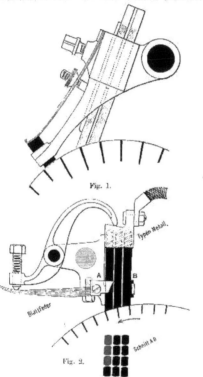

Fig. 1.

Typen Metall.

Blattfeder

Schnitt A B

Fig. 2.

Untergehäuse

Adjuster-Schraube

Fig. 4.

Eine der ersten Anwendungen der Kohlenbürsten zur Herabminderung des Feuers geschah durch Crompton bei einigen grossen Maschinen für Aluminiumgewinnung, vorläufig noch in Combination mit Metallbürsten. Die Anordnung hat sich in der Praxis sehr gut bewährt und ist aus Fig. 1 ohne weiteres ersichtlich. Viel häufiger ist die alleinige Verwendung von Kohle. Fig. 2 zeigt eine derartige Construction von Scott. Die Bürsten, aus Bogenlampenkohlen bestehend, sind in einem Bündel angeordnet, wie es der Schnitt A—B ersichtlich macht. Um die oberen Enden ist Typen-

Fig. 3 stellt einen Bürstenhälter aus Aluminium vor, von Greenwood und Batley entworfen und bei den Generatoren der Leeds Tramway im Betriebe. Der Hälter hat den Fehler, dass sich durch das Ablaufen sowohl die Bürstenstellung, wie auch die Grösse der Contactfläche ändert. Bei den meisten neuen Constructionen wurde auch dieser Uebelstand berücksichtigt und ein automatisches Nachrücken der Kohle parallel zu sich selbst ermöglicht. Der Bürstenträger Fig. 4, bei Bergwerksmotoren im Gebrauch, zeigt eine solche Anordnung. Diese Construction hat den Vortheil eines sehr ruhigen Ganges. Bezüglich der zuletzt erwähnten Eigenschaft sei bemerkt, dass mit radial stehenden Bürsten ein geräuschloser Betrieb viel schwerer erreicht werden kann, als mit schräggestellten. Man findet daher auch eine gewisse Vorliebe für die letzteren, besonders dann, wenn die Ausführung des Commutators mangelhaft ist. Fig. 4 besitzt ferner den Vorzug eines geringen Raumbedarfes, hat aber den Nachtheil, dass die Spiralfeder schwer zugänglich ist, wenn sie versagen oder brechen sollte. Die Kohlenklötze sind 65 *mm* lang, 30 *mm* breit, 10 *mm* stark und mit einem elektroly-

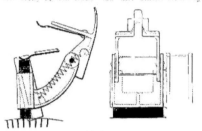

Fig. 5.

tischen Kupferniederschlage überzogen. Der Bürstenhälter für die Tramway-Motoren der Thomson-Houston Co. zeichnet sich durch grosse Einfachheit aus. Er ist in Fig. 5 dargestellt und zwar mit aufge-

Fig. 6.

hobenem Druckhebel. Das Gehäuse wird in der richtigen Lage am Bürstenbolzen festgeklemmt und braucht nur von Zeit zu Zeit, dem allmäligen Ablaufen des Collectors entsprechend, nachgestellt werden. Das Ende des Hebels drückt durch die Zugkraft einer Feder auf das obere Ende des im Gehäuse frei beweglichen Kohlenklotzes, weshalb dieser auch immer bei seiner Abnützung automatisch nachrücken kann, ohne die ursprüngliche Relativlage zum Collector zu verändern. Die Kohlen haben eine Länge von 90 *mm* bei einer Contactfläche von 65 × 13 *mm* und werden bis auf ein circa 35 *mm* langes Abfallstück aufgebraucht. Gleichfalls für Wagenmotoren dient die Construction Fig. 6, von der Steel-Motor Co. herrührend. Sie besitzt im Principe eine gewisse Aehnlichkeit mit der vorigen, doch ist eine genauere Nachstellbarkeit des ganzen Hälters möglich. Die beiden Hälter sind nämlich zu ein gemeinsames Joch montirt, das im Obertheile des Motorkastens befestigt ist. Wenn durch Ablaufen des Commutators eine Nachstellung nothwendig ist, können die Hälter längs den gehobelten und diametral ver-

laufenden Führungen am Joche nach abwärts bewegt werden, bei vollkommener Aufrechterhaltung der ursprünglichen Lage der Contactfläche. Die Walker Manufacturing Co. bringt Fig. 7 zur Ausführung. Der Hälter ist nur für eine Rotationsrichtung, das Gehäuse lässt sich heben und senken.

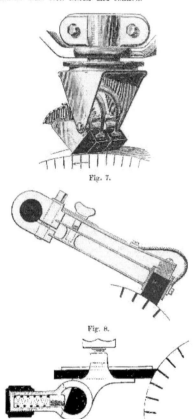

Fig. 7.

Fig. 8.

Fig. 9.

Die Federspannung und damit die Pressung der Kohle gegen den Commutator ist auf folgende einfache Weise regulirbar. Das eine Federende ist fest verbunden mit einem Hebel, der in passende Einschnitte auf einem Quadranten einklinken kann. Falls z. B. ein grösserer Druck gewünscht wird, tordirt man die Spiralfeder etwas mehr mit Hilfe dieses Hebels, den man dann in den am nächsten befindlichen Einschnitt des Quadranten einschnappen lässt. Die Rotation des Collectors wird gleichzeitig dazu benützt, die Kohle an das Gehäuse anzudrücken, so dass der Strom direct durch das Gehäuse nach aussen tritt. Das ruhige Laufen dieser Bürstenhälter verdient hervorgehoben zu werden, ebenso die leichte Auswechslung der Kohle. Fig. 8

zeigt eine Anordnung mit Blattfedern; das biegsame
Kabel zwischen Feder und Gehäuse verfolgt den Zweck,
von der ersteren den Strom fernzuhalten.

Zum Schluss möge noch die Construction Fig. 9
erwähnt werden. Dieselbe ist ausserordentlich einfach
und billig, aber nur für kleine Maschinen und Motoren
zu empfehlen.　　　　　　　　　　　　　　　—ng—.

VI. Jahresversammlung des Verbandes deutscher Elektrotechniker.*)

Die schöne Mainstadt Frankfurt a. M., von der im Jahre
1891 bei Gelegenheit der elektrischen Ausstellung und des internationalen Elektrotechniker-Congresses die Anregung zur Abhaltung regelmässiger Elektrotechnikertage zur Berathung von
einschlägigen Fragen technischer und wirthschaftlicher Natur
ausgieng, ist für dieses Jahr als Versammlungsort der deutschen
Elektrotechniker bestimmt worden, nachdem ihr die Städte Köln,
Leipzig, München, Berlin und Eisenach als Festorte vorangegangen waren. Man hat mit der Wahl Frankfurts gewiss einen
guten Griff gethan, denn wenige andere Städte dürften sich
gerade für eine Versammlung von Elektrotechnikern so gut
eignen als Frankfurt mit seiner grossen elektrotechnischen Industrie und den vielfachen und ausgiebigen Anwendungen des
elektrischen Stromes. Die auswärtigen Theilnehmer konnten viel
Neues sehen und manche Anregung mit nach Hause nehmen.

Für den Begrüssungsabend am 2. Juni, dem im Laufe des
Tages Vorstands- und Ausschusssitzungen vorangegangen waren,
hatte sich der Ortsausschuss des grossen Saalbaunaales versichert;
dieser grosse Festraum erwies sich eher zu klein, als zu gross.
Ausserordentlich zahlreich waren sie gekommen, die Männer der
Elektrotechnik, aus Frankfurt und den verschiedensten deutschen
Städten. Viele mit ihren Damen, denen als besondere Gabe ein
hübsch verziertes Glas überreicht wurde. Jeder Theilnehmer erhielt die Festschrift und einen Führer durch Frankfurt. Die Festschrift besteht in einem mit zahlreichen Illustrationen und Plänen
versehenen Bande, betitelt: „Die Elektrotechnik in Frankfurt a. M.",
in welchem interessante Artikel über die Elektrotechnische
Gesellschaft, den Physikalischen Verein, die Reichspost, das städtische
Elektricitätswerk, sowie über alle anderen elektrotechnischen
Fabriken und Firmen in Frankfurt enthalten sind. Für das Fest-
abzeichen wurde ein Miniatur-Voltmeter gewählt, das einen auf
einem Bande mit der Inschrift „V. D. E. 1898" ein Adler mit
ausgebreiteten Flügeln thront. Die Zahl der Theilnehmer betrug
mehr als 350 und waren die hervorragendsten Vertreter der
Elektrotechnik in Frankfurt versammelt.

Am Saalbau war von der Firma Brown, Boveri & Co.
ein grosser, Abends in bunten elektrischen Licht erstrahlender
Stern, mit den Buchstaben „V. D. E." in der Mitte, angebracht.
das Treppenhaus und der Saal selbst waren in hübscher Weise
decorirt: von der Decke hingen die Fahnen der deutschen Bundes-
staaten. Balkon und Gallerien waren mit roth-weissem und schwarz-
weiss-rothen Tuche, grossen mit Fahnen umgebenen Wappen
und den Bildern von: Ampère, Volta, Faraday, Coulomb, Ohm und
Watt geschmückt. Die Logen hatten Lorbeer- und Palmenschmuck
erhalten und auf dem Podium hatten vorne in der Mitte die
Büsten von Werner von Siemens, Staatssecretär von Stephan und
S. Schuckert, rechts und links diejenigen von Sömmerring und
Ph. Reis, im Hintergrunde eine weibliche Figur, darstellend die
Huldigung für Wilhelm Weber, dem Begründer des elektromagnetischen Maasssystems, in reichem Pflanzenschmuck Auf-
stellung gefunden. Auf langen Tafeln stand ein Abendessen be-
reit. Die Musik stellte die Infanterie-Capelle unter Leitung des
Musik-Directors Kalkbrenner.

Namens der Elektrotechnischen Gesellschaft entbot Herr
Eugen Hartmann den Erschienenen herzlichen Gruss; er meinte,
man hätte mit der Einladung nach Frankfurt noch ein Jahr
warten sollen, da man dann die Gäste auf elektrischer Traum-
bahn befördert könnte. Sein Hoch galt dem Fortschritte in der
Elektrotechnik. Dann folgte von Herrn Otto Hörth verfasster
und von Fräulein Kempf-Hartmann gesprochener, mit grossem
Beifall aufgenommener Prolog, welcher, der elektrischen Ausstellung und des Elektrotechnikertages vom Jahre 1891 gedenkend,
die damals auswendigen hervorragenden Gelehrten und die seitdem
gemachten Fortschritte feiernd und wie folgt schloss:

Die Kraft, sie ist das Ziel, das vor Euch steht,
Dess seid gedenk, da Ihr zur Arbeit geht;
Und Eure Losung sei das Wort: Mehr Licht!
Das ist mein Willkommen-Gruss, vergesst ihn nicht!

*) Mit Benutzung der Berichte in der Frankfurter Zeitung.

Der Sänger-Chor des Lehrervereines brachte, unter Leitung des Herrn Directors Max Fleisch, mehrere Lieder in
vorzüglicher Ausführung zum Vortrage; sie wurden, ebenso
wie die Solovorträge des Herrn Adolf Müller, mit lebhaftem
Beifalle ausgezeichnet. Damit hatte der officielle Theil sein
Ende erreicht und es folgte eine lebhafte Unterhaltung, bei der
alte Bekannte begrüsst und neue Bekanntschaften geschlossen
wurden.

Die Verhandlungen wurden am 3. Juni im kleinen Saale
des Zoologischen Garten durch den stellvertretenden Verbands-
Vorsitzenden Prof. Slaby-Berlin eröffnet. Er wies in seiner Be-
grüssungsansprache darauf hin, wie sehr die grossen Städte sich
beeilt haben, den Bewohnern die grossen Vortheile zugänglich zu
machen, die heute die Elektricität dem modernen Leben bietet.
Mit Stolz dürfen wir bekennen, das von allen Ländern des Continents Deutschland in der Anwendung und der Ausdehnung
der Elektrotechnik, in der Verwendung der Elektricität an der
Spitze steht, und der deutschen Elektrotechnik anschliesst sich
der Weltmarkt von Tag zu Tag mehr. Der Rückblick auf die
fünfjährige Verbandsthätigkeit kann uns mit froher Befriedigung
erfüllen, und es dürfte Niemanden geben, der den Verband verschwinden lassen möchte. Die vom Verbande aufgestellten Sicherheitsvorschriften sind von den Regierungen aller deutschen
Staaten angenommen und anerkannt worden, und schon dies allein
ist ein grosser Erfolg der Verbandsthätigkeit. Mit einer verbesserten Aenderung der Verbandsorganisation bleibt der Vorstand weiter befasst, und er hofft im nächsten Jahre Vorschläge
machen zu können, die alle berechtigten Wünsche erfüllen. Der
Vorsitzende begrüsst dann besonders die Vertreter der Behörden:
Polizei-Präsident v. Müffling, Oberlandesgerichts-Präsident
Dr. Hagens, Eisenbahn-Directions-Präsident Beeher, Ober-Post-
director Tomforde, Stadtrath Riese, dann die Vertreter von befreundeten Vereinen, Prof. Dr. Petersen und Fabrikant Weismüller.

Polizeipräsident Freiherr v. Müffling hiess die Versammlung namens der königl. Behörden willkommen, und dass grosse
Interesse hinweisend, dass die Staatsbehörden der Elektrotechnik
zuwenden.

Dann begrüsste Stadtrath Riese die Versammlung namens
der Stadt Frankfurt, in Vertretung des durch einen Trauerfall
verhinderten Oberbürgermeisters. Ganz besonders gern sehen wir
die Vertreter der Elektrotechnik in unserer Stadt, ist doch noch
die Erinnerung an den Congress von 1891 und die damalige
Elektrische Ausstellung in Aller Gedächtnis, gingen doch von
diesen Veranstaltungen die wichtigsten Anregungen aus, wurden
doch hier damals die Grundlagen geschaffen für die wichtigsten
Entscheidungen, für die Gestaltung städtischer elektrischer Einrichtungen. In kurzer Zeit ist die Elektrotechnik zu grossen Erfolgen geführt, zu einer Fürstin der Technik erhoben worden.
War früher die Schaffung verbesserter hygienischer Einrichtungen
die Hauptaufgabe der Städte, so gehört sich dazu jetzt andere
wichtige Aufgaben, die der Elektrotechnik ihren Entstehung, aber
auch Lösung verdanken. Was Frankfurt auf diesem Gebiete gethan, werden die Theilnehmer an der Versammlung zu beurtheilen
noch Gelegenheit haben.

Begrüssungsansprachen hielten dann noch Professor Dr.
Petersen namens des Physikalischen Vereins und Fabrikant
Weismüller namens des Vereins deutscher Ingenieure und
der übrigen Frankfurter technischen Vereine.

Der Vorsitzende dankte für diese Begrüssungen. In keiner
Stadt Deutschlands weiss sich die Elektrotechnik so heimat-
berechtigt wie in Frankfurt, nicht allein in dem Herzen von
Deutschland, sondern auch an der Stätte, von der vor sieben
Jahren der Antrieb ausging, der die ausserordentliche und erstaunliche Entwicklung der Elektrotechnik in den letzten fünf
Jahren zur Folge gehabt hat. Dieser Gedanke erfüllt unsere
Herzen mit Dank. Der Vorsitzende gibt dann noch von den eingegangenen Einladungen zur Versammlung der Gas- und Wasser-
fachmänner in Nürnberg (28. Juni bis 2. Juli) und des Vereins
deutscher Ingenieure in Chemnitz (6. bis 9. Juni) Kenntnis und
macht auf die von einigen Firmen ausgestellten Gegenstände aufmerksam.

Dem vom Generalsecretär Gisbert Kapp erstatteten Jahresbericht entnehmen wir, dass die Mitgliederzahl sich im Vorjahr
um 291 auf 2112 vermehrt hat. Die Rechnung ergibt ein Saldo
von 10.500 Mk. Der Reservefonds beträgt 21.200 Mk.
Für das neue Jahr ergibt sich mit dem Umsaltenbuchwerth und
dem Effecten im Bestand von 37.857 Mk. Gutachten erbrachte
6000 Mk., die Elektrotechnische Zeitschrift und die Sicherheitsvorschriften 20.290 Mk. Der Absatz der Zeitschrift steigerte sich
um 16.9%, die Einnahme für Inserate um 20%. Die vom Verbande
herausgegebenen Sicherheitsvorschriften haben eine grosse Verbreitung gefunden. Eine ansehnliche Zahl von Elektricitätswerken

hat ihr Einverständnis mit den Vorschriften kundgegeben. Die
Berliner Mitglieder der Sicherheits-Commission befassten sich auf
Grund besonderer Fälle auch mit der Frage der persönlichen
Sicherheit. Die Sicherheitsvorschriften sind in drei neuen Auflagen
erschienen, gleich 7000 Exemplaren; ausserdem wurden 7000 Exemplare in grösserem Formate gedruckt. Von den Sicherheitsvorschriften für Hochspannungsanlagen sind in zwei Auflagen
7000 Exemplare gedruckt worden. Die von Firmen eingereichten
Abänderungsvorschläge werden in Commissionen berathen; die
Regierung hat anlässlich von vier in Zuckerraffinerien vorge-
kommenen Unfällen den Verband ersucht, diesbezügliche Abänd-
rungsvorschläge der Sicherheitsvorschriften zu machen.

In technischen Angelegenheiten ist der Verband wieder
mehrfach um Rath gefragt worden, u. A. auch von verschiedenen
Stadtverwaltungen, und wurde auch ersucht, die elektrolytische
Einwirkung von Bahnströmen auf Gas- und Wasserleitungen zu
prüfen.

Generalsecretär Kapp berichtete namens der Glühlampen-
Commission und bittet, das Mandat um ein Jahr zu verlängern,
damit man gemeinsam mit den Vertretern der Elektricitätswerke
vorgehen könne. Die Versammlung ist mit der Verlängerung einverstanden und nimmt die früher vorläufig genehmigten Methoden
für die Lichtmessung endgiltig an. Auch die Vorschläge des
Ausschusses für Normal-Lampengewinde, dessen Bericht Ober-
ingenieur Hundhausen erstattet, wurden ohne Debatte
gebilligt.

Prof. Dr. Budde theilte mit, dass von den Regierungen
gewisse Aenderungen der bestehenden Sicherheitsvorschriften verlangt worden, und dass es sich daher empfiehlt, die Aenderung
verbesserungsbedürftiger Bestimmungen heranzuziehen. Die Commission beantragt, sie mit der Vornahme der nöthigen Untersuchungen zu beauftragen und bei Dreiviertel-Mehrheit die nothwendig befundenen Aenderungen für verbindlich zu erklären.
Die Versammlung stimmt zu. Sie ist auch mit dem weiteren Anträgen der Commission einverstanden, dass die Sicherheitsvorschriften auf Mehrleitersystem-Anlagen mit Theilspannungen von
200—250 V ausgedehnt werden, in welcher Beziehung aber erst
Bericht an den Verbandsvorstand erstattet werden soll. Auf Vorschlag des Vorsitzenden wird der Vorstand ermächtigt, unter
Umständen, wenn eine Beschleunigung der Beschlussfassung nothwendig ist, auch diese Vorschriften für endgiltig zu erklären.

Einem Antrage West auf Abänderung der Normalien vom
Jahre 1895 für Sicherungen etc. hinsichtlich der Abstufung von
Stromstärken wird zugestimmt; die Normalien sollen in Einklang
mit den Sicherheitsvorschriften gebracht werden. Sobald die
Commission die Arbeiten erledigt haben wird, werden die neuen
Normalien den Sicherheitsvorschriften als Anhang beigefügt
werden.

Darauf stellt und begründet Fleischhacker-Dresden
folgenden Antrag: „Der Verband deutscher Elektrotechniker
wolle beschliessen: Die Einsetzung eines wirthschaftlichen Ausschusses von zunächst 21 Mitgliedern mit dem Rechte der Coop-
tation, in dem alle Interessengruppen der elektrotechnischen
Industrie vertreten sind, und zwar zu dem Zweck: a) die
Handelsverträge vorzubereiten, und zwar in der Weise, dass b) die
Handelsverträge vorzubereiten; b) Eingaben an Behörden in wirth-
schaftlichen Angelegenheiten zu veranlassen; c) Fragen, die sich
im Verkehr mit dem Ausland aufdrängen, zu verfolgen und deren
Lösung anzustreben." Herr Fleischhacker begründete seinen
Antrag damit, dass beim Export elektrotechnischer Artikel in das
Ausland häufig ein viel höherer Zoll bezahlt werde, als nach den
Handelsverträgen bezahlt werden sollte, weil keine specialisirten
Waarenverzeichnisse bestehen; auch sollte Stellung genommen
werden gegen die Anfeindung, welcher die deutsche elektrotech-
nische Industrie theilweise im Auslande ausgesetzt sei.

Die Versammlung ist mit der Einsetzung einer solchen
Commission einverstanden und beauftragt den Herren, am nächsten
Tage geeignete Vorschläge zu machen.

Es folgten Vorträge: Herr Dr. R. Hass sprach über das
Enteignungsverfahren bei Elektricitätswerken,
Herr J. Berliner demonstrirte das verbesserte Gram-
mophon von J. Berliner in Washington vor, Herr Prof.
Aron führte Elektricitätszähler zur Controle der
Ladung und Entladung von Accumulatorenbat-
terien vor, Herr Dr. Th. Bruger erklärte sein direct
zeigendes Phasometer, Herr Dr. C. Hoepfner be-
richtete über eine sehr wirthschaftliche elektrolytische
Reingewinnung von Zinn aus Chloriden.

In den an den Vortragssaal angrenzenden Nebenräumen
waren von einigen Firmen Artikel ausgestellt worden und zwar
Fabrikate der Ambrosia-Werke in Berlin-Pankow, Vulcanit
Asbest-Fabrikate von E. Ladewig u. Co. in Rathenow bei
Berlin, biegsame Metallröhren der „Deutschen Waffen-
und Munitionsfabriken" in Karlsruhe und ein Verfahren

nach Frank, nach welchem Metallröhren unter einander oder
mit Anschlussmuffen ohne Löthung vereinigt werden können.

Die Theilnehmer erhielten einen Elektrotechnikers Notiz-
Kalender 1898/99, welcher als Festgabe zur IV. Jahresversammlung gedruckt war und einen Wegweiser für elektrotechnische Fachliteratur.

Damit war die Tagesordnung des Vormittags erschöpft und
die Theilnehmer begaben sich mit ihren Damen, die inzwischen
unter Führung der Directoren den Zoologischen Garten besichtigt
hatten, in geschmückten Trambahnwagen nach dem Palmengarten,
wo das Frühstück eingenommen wurde. Während des Essens con-
certirte die Gartencapelle. Der Regen hatte inzwischen aufgehört
und die Damen unternahmen, auch hier unter sachverständiger
Führung, einen Spaziergang durch den Garten und die Treib-
häuser, die Herren aber machten sich in Maibischs und anderen
Wagen auf den Weg zur Besichtigung elektrotechnischer Anlagen.
Ein Theil besuchte die Fabrik von Lahmeyer u. Co., ein
anderer die Accumulatorenwerke von Pollak, und die Fabriken
von Hartmann u. Braun und Voigt und Häffner.
Ueberall wurden von den leitenden Ingenieuren bei dem Rund-
gange die gewünschten Erläuterungen gegeben. So ging der Nachmittag vorüber und man begab sich in die Oper, wo vor vollbesetztem Hause „Heirathsautomat" und „A Basso Porto" gegeben
wurden.

Dann erfolgte in geschmückten Wagen die Fahrt nach dem
städtischen Elektricitätswerke im „elektrischen Wäldchestag".
Der Vorsitzende der Elektrotechnischen Gesellschaft, Herr Hartmann, bedauerte den Begrüssungsabend, dass den Festthei-
nehmern noch keine elektrische Trambahnfahrt geboten werden
könne. So Mancher theilte wohl dieses Bedauern. Heute wird wohl
kein Festtheilnehmer mehr so denken, denn gerade der erwähnte
Mangel bot den Gästen zu einem sehr schönen Feste im Elektricitätswerke verholfen. Wäre der elektrische Trambahnbetrieb im
Gange, so würde zweifellos der sechste Dampfdynamo schon stehen
und — kein Platz vorhanden gewesen sein, die zahlreichen Festtheilnehmer unterzubringen und ein so schönes Fest zu arran-
giren. Der östliche Theil des Maschinensaales war das „Wäldche",
das durch viele Guirlanden, an Masten befestigt und bunt be-
wimpelte Kränze etc. dargestellt wurde. Unter dem Laube
standen lange Tischreihen mit allerlei Ess- und Trinkbarem. Bald
hatten sich die „Wäldchestag"-Besucher an den Tischen nieder-
gelassen, um bei den Klängen einer Musikcapelle das Nachtessen
einzunehmen. Herr Director Melms begrüsste namens der fest-
gebenden Firma Brown, Boveri u. Co. die Gäste, Herr
Strohecker gab einen Vortrag in heimischer Mundart, der die
Hoffnung aussprach, dass man auf die elektrische Trambahn nicht
so lange warten müsse, wie auf die elektrische Strassenbeleuchtung. Einen weiteren humoristischen Vortrag brachte Herr Voigt,
und Herr Naglo dankte namens der Gäste den Festgebern.
Auch einige Lieder wurden gemeinschaftlich gesungen. Daran
schloss sich, ganz wie im „Wäldche", ein Tanzkränzchen. Bei
solch fröhlichem Treiben vergingen natürlich die Stunden sehr
schnell und nur zu früh schlug die Scheidestunde.

In den Verhandlungen am 4. Juni wurden zunächst die Er-
satzwahlen für den Vorstand vorgenommen; die Wahl fiel auf
die Mitglieder Rathenau-Berlin, Höffner-Frankfurt, Kohl-
rausch-Hannover und Ulbrich-Dresden. Zum Vorsitzenden
wurde für die nächste zweijährige Amtsperiode Wilhelm von
Siemens ernannt. In den Ausschuss treten an Stelle der Ausscheidenden neu ein: zunächst die zurücktretenden Vorstandsmitglieder Jordan, Hartmann, Slaby und Stübben, ferner
Corscelius, Dobrowolsky, Ebert, Görges, Passavant, Friese, May, Weber, Dettmar und Uppenborn.

Es folgte der Bericht der Sicherheitsvorschriften-Com-
mission, die gestern angefangen hat, die jetzt bestehenden Sicherheitsregeln für Hochspannungen nochmals durchzusehen und zu
prüfen, ob die Annahme der Regeln als Vorschriften gesichert
kann. Das Ergebnis der Berathung ist, wie Referent Görges
mittheilte, dass wesentliche Bedenken dagegen nicht vorhanden
sind; die Commission empfiehlt daher, die Regeln zu Vorschriften
zu machen. Die Versammlung ist damit einverstanden. Es sollen
nur noch einige redactionelle Aenderungen vorgenommen werden,
was Ende Juni in Leipzig gelegentlich der Prüfung der Vorschriften für Niederspannungsanlagen geschehen wird.

Für die nächstjährige Versammlung haben Hannover und
Dresden Einladungen gesandt. Die Versammlung entscheidet sich
für Hannover, nachdem der Vorsitzende auf die älteren Rechte
dieser Stadt hingewiesen und Dresden daraufhin für diesmal
seine Bewerbung zurückgezogen hat. Ein Vertreter des Dresdner
Elektrotechnischen Vereines spricht den Wunsch aus, dass
Dresden im zweitnächsten Jahre als Versammlungsort gewählt
werden möge.

In den wirthschaftlichen Ausschuss werden 25 Mitglieder
gewählt.

Die Cassa-Revision, welche die am Vortage gewählten Revisoren vorgenommen hatten, hat die ordnungsmässige Cassenführung ergeben, und es wird dem Vorstande Entlastung ertheilt.

Die geschäftlichen Angelegenheiten sind damit erledigt und es folgt eine Reihe von Vorträgen.

Es sprach Herr Dr. Du Bois über elektromagnetische Schirmwirkung, Ober-Ingenieur Hundhausen über neuere Installations-Materialien der Firma Siemens & Halske, die nach den Sicherheitsvorschriften und Normalien des Verbandes hergestellt worden sind, Dr. Passavant über Sicherungen der Allgemeinen Elektricitäts-Gesellschaft für Spannungen bis 250 V. An letztere beiden Vorträge schloss sich eine längere Discussion, an der Dr. May, Dr. Feuerlein, Dr. Kallmann, Dr. Weber und Dr. Passavant theilnahmen und in der übereinstimmend anerkannt wurde, dass die Erhöhung der Spannungen erhebliche Erweiterung der Massregeln zur Verhütung von Feuersgefahr bedingen. Es wurde besonders vor minderwerthigem Materialien bei der voraussichtlich grossen Zahl von Concurrenz-Constructionen, gegenüber den beiden durch Versuche und Erfahrungen bewährten Systemen, gewarnt. Dr. May wies darauf hin, dass dem Verbande unter diesen Umständen wohl kaum etwas anderes übrig bleiben werde, als eine Material-Prüfungsstelle zu schaffen, um in zweifelhaften Fällen eine authentische Erklärung unter Verantwortung des Verbandes erlasse.

Die Sicherungen und Ausschalter der beiden obgenannten Firmen waren in den an den Vortragssaal angrenzenden Räumen ausgestellt. Daselbst befanden sich auch die neuen leicht transportablen Apparate zur Erzeugung von Röntgen-Strahlen der Firma Dr. M. Levy in Berlin.

Herr Dr. M. Levy sprach über Fortschritte der Röntgen-Technik und demonstrirte seine Apparate, sowie zahlreiche Photographien. Dr. M. Kallmann-Berlin erklärte sein Isolations-Controlsystem zur directen Anzeige von Stromentweichungen. Dr. Th. Weil führte ein neues System von Bogenlampen vor. Professor A. Slaby besprach eine neue Schaltungsanordnung zur Erregung von Gleichstrom-Nebenschlussmaschinen mit der halben Bürstenspannung. Herr Dr. Breslauer schlug eine neue Definition der induction Gesetze vor.

Die Tagesordnung war damit erschöpft und es erfolgte der Schluss der Versammlung.

Die Damen machten im Laufe des Vormittags in bereit gestellten Privatwagen eine durch das ausnahmsweise schöne Wetter begünstigte Rundfahrt durch die Stadt, nachdem vorher Telegraphenamt und Fernsprechamt besucht worden waren. In der Römerhalle wurden Erfrischungen gereicht.

Um 2½ Uhr begann das Festessen im Grossen Saale des Zoologischen Gartens, und daran schloss sich um 7 Uhr Abends eine Fahrt in den Stadtwald zum Forsthause.

An der Rheinfahrt, die am 5. Juni nach St. Goarshausen und dem Niederwalde mit Extrazug und Extradampfer veranstaltet wurde, nahmen fast alle Theilnehmer des Verbandstages theil. Der Ausflug verlief in animirtester Weise; es schieden alle Theilnehmer in grosser Befriedigung über das Gesehene und über die in Frankfurt gefundene herzliche Aufnahme.

KLEINE MITTHEILUNGEN.

Verschiedenes.

Telephonie.

Telephonische Uebermittlung von Telegrammen in Deutschland. Das „Amtsblatt des Reichs-Postamtes" veröffentlicht eine Verfügung des Staatssecretärs, betreffend die Uebermittlung von Telegrammen durch den Fernsprecher. Um die Benutzung des Fernsprechers für die Uebermittlung von Telegrammen an die Theilnehmer der Stadt-Fernsprecheinrichtungen und für die Aufnahme der Telegramme von solchen zu erleichtern, sollen für diesen Verkehr vom 1. Juli ab, zunächst versuchsweise, die folgenden Bestimmungen unter Ermässigung und Abrundung der bestehenden Gebühren in Kraft treten: Die Gebühr für das Zusprechen eines angekommenen Telegrammes an den Theilnehmer beträgt ohne Rücksicht auf die Wortzahl 10 Pfg. Die Uebermittlung durch den Fernsprecher erfolgt wie bisher nur auf Antrag des Theilnehmers; bei chiffrirten Telegrammen und bei solchen in fremder oder verabredeter Sprache findet sie in der Regel nicht statt. Doch bleibt es den Vorständen der Telegraphenanstalten überlassen, sie auch hiebei zu gestatten, soweit dies nach Lage der örtlichen Verhältnisse völlig unbedenklich erscheint. In allen Fällen sind die Telegramme dann durch Boten abzutragen, wenn anzunehmen ist, dass sie auf diese Weise schneller und sicherer zugestellt werden. z. B. Telegramme von

sehr grosser Länge, oder dass die Zustellung durch Boten der Absicht des Absenders mehr entspricht (Glückwunsch-Telegramme zu Familienfesten etc.). Nach Berlin gerichtete Telegramme können den Theilnehmern, welche den erforderlichen Antrag gestellt haben, nur dann zugesprochen werden, wenn die Telegramme entweder eine verminderte abgekürzte Adresse tragen oder wenn darin als erstes Wort die Bezeichnung des Fernsprech-Anschlusses nach Amt und Nummer enthalten ist. Dies kann durch eine einzige herstellige Zahl geschehen, deren erste Ziffer die Nummer des Vermittlungsamtes und deren folgende Ziffern die Nummer des Anschlusses bedeuten, z. B. 61.642 = Amt VI Nr. 1642. (Amt I a ist nur mit 1 zu bezeichnen.) Der Angabe von Strasse und Hausnummer bedarf es in diesem Falle nicht. Telegramm-empfänger in Berlin, für welche eine abgekürzte Telegrammadresse nicht eingetragen ist, werden also, wenn sie die Uebermittlung der Telegramme durch den Fernsprecher wünschen, nicht nur den entsprechenden Antrag an das Haupttelegraphenamt zu richten, sondern auch dafür zu sorgen haben, dass ihre Correspondenten Amt und Nummer ihrer Anschlüsse an den Kopf der Telegramme setzen. Bei Telegrammen nach anderen Orten als Berlin ist, wenn sie zugesprochen werden sollten, die Bezeichnung durch Angabe des Fernsprechanschlusses ebenfalls zulässig. Doch kann auch bei diesen das Zusprechen stets nur dann erfolgen, wenn der Empfänger es beantragt hat. Ein vollständiges Verzeichnis der Empfänger, welche das Zusprechen ihrer Telegramme beantragt haben, sowie ein berichtigtes Verzeichnis der Fernsprechtheilnehmer muss bei der Telegramm-Abfertigungsstelle stets zur Hand sein. Die zugesprochenen Telegramme sind dem Empfänger in einem verschlossenen, mit seinem Namen und seiner Wohnung versehenen Umschlag durch die Post zu übersenden. Die Gebühr für die Aufnahme abzuteilender Telegramme beträgt 1 Pfg. für das Wort, mindestens 20 Pfg. Ueberschiessende Beträge sind auf die nächst höhere, durch 10 theilbare Summe abzurunden.

Ein neues Telephonsystem, bei welchem die Verbindung der einzelnen Abonnenten automatisch stattfindet, soll in Amerika bereits in mehreren Städten eingeführt sein. Nach einem Berichte der „Berl. Börs.-Ztg." wäre Kopenhagen eine der ersten Städte in Europa, welche sich mit diesem Telephon des 20. Jahrhunderts versehen, denn von dort reiste der Director des Fernsprechwesens, Petersen, und der Fernsprechingenieur Jensen nach London, um die neue Erfindung zu besichtigen, mit der die gegenwärtige Bedienung auf den Fernsprechämtern überflüssig gemacht werden soll. Der neue Fernsprechapparat sieht, nach einer von der „Voss. Ztg." veröffentlichten Schilderung, ungefähr ebenso wie der gegenwärtige aus, hat aber vorn eine Scheibe, in deren rechtem Halbkreis sich zehn Knöpfe, die Ziffern 0 bis 9 darstellend, befinden. Wer nun mit einem Abonnenten sprechen will, der beispielsweise die Nummer 82 hat, drückt erst auf die 8, dann auf die 2. Ist der betreffende Abonnent besetzt, hört man beim Drücken keinen Laut, anderenfalls ist ein schwaches Läuten hörbar. In diesem Falle läutet es auch im Apparat des Abonnenten und damit ist die Verbindung hergestellt. Die Apparate der Centrale sind derart eingerichtet, dass die Einstellung des betreffenden Nummer automatisch in demselben Augenblick erfolgt, wo jemand auf die Knöpfe seines Apparates drückt, kann der vorliegenden Mittheilungen sollen die automatischen Apparate der Centrale mit voller Sicherheit arbeiten. Das automatische Fernsprechsystem soll trotz der kostspieligen ersten Einrichtung für die Dauer ökonomische Vortheile bieten, da ja die Bedienung auf der Centralstation überflüssig wird. Soweit sich bisher ersehen lässt, darf eine Centrale nicht mehr als 1000 Abonnenten haben, wenn die automatische Bedienung zuverlässig arbeiten soll. Ist dies der Fall, dann bleibt die Frage, ob zwischen den verschiedenen Centralstationen eine Verbindung hergestellt werden kann, sonst wäre die Erfindung nur für kleine Städte zu verwenden. Die Gesellschaft, von der die Erfindung ausgenützt wird, hofft aber bestimmt, dass es nur eine Frage der Zeit sei, wann das System eine weitere Ausdehnung erfährt. (Vergl. Die Elektrotechnik auf der Weltausstellung in Chicago von J. Sahulka und Z. f. E. 1894, pag. 316.)

Ausgeführte und projectirte Anlagen.

Oesterreich-Ungarn.

a) Oesterreich.

Graz. (Elektrische Centralanlage.) Das von der Grazer Tramway-Gesellschaft vorgelegte Detailproject für die elektrische Centralanlage in Graz wurde als entsprechend befunden und an den k. k. Stadtmagistrat in Graz zur Prüfung nach § 22 der M. V. vom 26. Jänner 1879 mit der Ermächtigung übermittelt, bei anstandslosem Prüfungsbefunde den Baucosens im Namen des k. k. Eisenbahnministeriums zu ertheilen.

Prag. (Elektrische Strassenbahnen.) Die „Verkehrsanstalt" hat auf den Gassengründen in Holeschowitz eine Hafen-Ringbahn projectirt, welche den Verkehr vom Hafen im Anschlusse an die bestehenden Prager Strassenbahnen vermitteln soll. Bei der dieser Tage stattgehabten Local-Commission unterwerteten die Vertreter der Prager Stadtgemeinde dieses Unternehmen, da nach der einerzeitigen Herstellung des Holeschowitzer Hafens die projectirte Bahnstrecke einen weiteren bedeutenden Schritt zur endgiltigen Durchführung der Schiffbarmachung der Moldau und der Schiffahrt bis Prag bedeuten würde. Der Stadtrath genehmigte in der letzten Sitzung die Erklärung der Vertreter der Hauptstadt, desgleichen die Anträge der technischen Commission hinsichtlich der Bedingungen, unter welchen die Gemeindegrundstücke zum Baue der genannten Bahn verliehen werden sollten.

Elektrische Bahnstrecke Kleinseite—Hradschin. Der Prager Stadtrath brachte bei dem Ingenieur Abt das Project einer elektrischen Zahnradbahn mit Oberleitung für die Strecke Kleinseitner Ring—Hradschin in Bestellung.

Triest. (Elektrische Strassenbahnen.) Das k. k. Eisenbahnministerium hat unterm 25. Mai die k. k. Statthalterei in Triest beauftragt, hinsichtlich des von Julius Modern in Wien vorgelegten generellen Projectes eines Complexes normalspuriger elektrischer Strassenbahnen in Triest, und zwar: a) Kaserplatz—Rojano, b) Kaserplatz—Landwehrkaserne, c) Via del Torrente—Riva del Mandrachio und d) Via dell' Instituto Servola im Sinne der bestehenden Vorschriften die Tracenrevision in Verbindung mit der Stations-Commission einzuleiten.

b) Ungarn.

Arad. (Eisenbahnproject.) Der königl. ungarische Handelsminister hat der Arader Strasseneisenbahn- und Ziegelfabriks-Actien-Gesellschaft in Arad (Aradi közúti vaspálya és téglagyár részvény-társaság), die Bewilligung zur Vornahme technischer Vorarbeiten, bei gleichzeitiger Umwandlung des derzeitigen Pferdebetriebes und Anlage der entsprechenden Stromerzeugungs-Etablissements, für die Fortsetzung der bereits bestehenden Linien und Herstellung von gleichfalls elektrisch zu betreibenden neuen Linien zur Verbindung zwischen den einzelnen Strecken und Ergänzung des Strassennetzes bei Benützung entsprechender Strassenzüge in- und ausserhalb des Bereiches der Stadt Arad, ertheilt.

Budapest. Eine ziemlich bedeutende Beleuchtungs- und Ventilationsanlage mit elektrischem Betrieb wird in der Frauenklinik der Universität Budapests errichtet. — Es gelangen dortselbst ausser verschiedenen elektrisch betriebenen Pumpen und Aufzügen auch 16 Exhaustoren mit elektrischem Antrieb mit Flügeldurchmessern bis 750 m zur Aufstellung.

Die Buchdruckerei Pallas, Budapest, welche bereits vor drei Jahren den Antrieb aller Pressen, Schneidmaschinen und Giessmaschinen mit Einzelmotoren, insgesammt 30 Motoren mit zusammen 35 PS ausführen liess, kann neuerdings eine Vergrösserung der Primäranlage (32 KW) bewerkstelligen lassen.

Die neuerbaute Elisabethstädter Kirche in Budapest wird mit einer elektrischen Lichtanlage für ca. 250 Glühlampen versehen. Die Leitungen werden in stahlgepanzerten Bergmannrohren verlegt.

Die vorstehend genannten Anlagen sind von der Vereinigten Elektric-Actien-Gesellschaft Wien—Budapest ausgeführt worden.

Deutschland.

Berlin. In der Frage der Zuleitung des elektrischen Stromes auf der Linie der Dampfstrassenbahn bei der Kaiser Wilhelms-Gedächtniskirche ist, wie der „B. B. C." schreibt, am 9. d. M. die Entscheidung erfallen. Das Berliner Polizei-Präsidium sieht davon ab, oberirdische Zuleitung an der Stelle zu untersagen. Dem Dampfstrassenbahn-Consortium wird es so ermöglicht, auf seinen sämmtlichen Linien ausschliesslich Oberleitung einzuführen, eine Vergünstigung, die von der grössten Bedeutung für die fernere Entwicklung des Bahnnetzes der Vororte sein wird. Südlich von der Gedächtniskirche, wo die jetzige Dampfbahn vorbeifährt, wird ein grosser Isolperron errichtet werden.

Düsseldorf. In der am 7. d. M. abgehaltenen Stadtverordneten-Sitzung wurde beschlossen, die Umwandlung der Strassenbahnen in elektrischen Oberleitungsbetrieb der Elektricitäts-Actien-Gesellschaft vorm. Schuckert & Co. in Nürnberg zu übertragen. Ausgenommen von diesem Beschlusse bleibt der Corneliusplatz und die Elberfelderstrasse, für welche das Oberleitungssystem nicht eingeführt werden soll.

Bezüglich dieser Strecken schwebten nach der „Rh.-W. Ztg." mit einer anderen Firma Unterhandlungen. Die Kosten der Umwandlung durch Schuckert & Co. belaufen sich auf 2,680.000 M.

Königsberg i. Pr. Bezugnehmend auf unsere Notiz im Hefte 7, S. 85, und Heft 10, S. 121, berichten wir, dass die Königsberger Pferdeeisenbahn-A.-G. den Vertrag mit der Stadt nicht geschlossen hat, weil die Bedingungen für die Gesellschaft ungünstig waren, dagegen hat sie den Vertrag mit dem Kreis Königsberg zu günstigen Bedingungen abgeschlossen und glaubt die Verwaltung durch Einführung des elektrischen Betriebes, bei durchwegs oberirdischer Stromzuführung, eine wesentliche Erhöhung des Verkehres und der Einnahmen den Actionären in Aussicht zu stellen. Mit dem Bau der Linien wird, da die Vorarbeiten bereits beendet sind, sofort begonnen.

Patentnachrichten.

Mitgetheilt vom Technischen- und Patentbureau

Ingenieur Victor Monath

WIEN, I. Jasomirgottstrasse Nr. 4.

Classe　　**Deutsche Patentanmeldungen.**[*]

20. C. 1192. Stromzuleitung für elektrische Bahnen mit Reinis- und Theilleiterbetrieb. — D. Urquhart und F. Wynne, London. 4./1. 1897.

21. C. 6956. Kupplung für elektrische Kabel nach Art des Bajonettverschlusses. — Michael Culligan, Dublin, Irland. 28./7. 1897.

„　H. 17.473. Wechselstromtrichmaschine mit einseitig an den Feldpolen angeordneten, magnetisch leitenden Schlussstücken für die Ankerkraftlinien. — Friedrich A. Haselwander, Frankfurt a. M. 22./6. 1896.

K. 13.800. Schaltung für Anlagen mit Stromsammler-Batterien. — Kölner Accumulatoren-Werke Gottf. Hagen, Kalk bei Köln. 17./3. 1896.

M. 14.643. Einrichtung zur funkenlosen Unterbrechung von Stromkreisen. — Adolf Müller, Hagen i. W. 21./7. 1897.

P. 9111. Depolarisationsmasse für galvanische Elemente. — Dr. Gustav Platner, Witzenhausen a. d. Werra. 17./8. 1897.

S. 10.148. Einrichtung zur Erzeugung des remanenten Magnetismus in den Elektromagneten von Morseschreibern, Relais u. dgl. — Fritz Sohl und Max Hiller, Magdeburg. 1./3. 1897.

„　S. 11.003. Feldmagnetsystem für Dynamomaschinen. — Siemens & Halske, Actien-Gesellschaft, Berlin. 11./1. 1898.

Classe　　**Deutsche Patentertheilungen.**

21. 98.506. Verfahren zum Parallel-, bezw. Auseinanderschalten von Wechselstrom-Maschinen. — G. Dettmar, Linden vor Hannover. 3./12. 1897.

„　98.513. Elektrodenplatte für Accumulatoren. — W. H. Smith, Penge, Engl., und W. Willis, London. 30./5. 1897.

„　98.569. Schaltungs- und Regelungsart für Elektromotoren. — E. A. Sperry, Cleveland. 14./10. 1896.

„　98.570. Motorzähler mit selbstthätiger Bremsung mit geöffnetem Verbrauchsstromkreis. — L. Cauro, Neapel. 28./4. 1897.

„　98.571. Bogenlampe mit zwei Kohlenpaaren und zwei unabhängigen Laufwerken. — Körting & Mathiesen, Leutzsch-Leipzig. 10./11. 1897.

„　98.597. Vorrichtung zur Umwandlung von Wechselstrom in Gleichstrom und umgekehrt. — Ch. Pollak, Frankfurt a. M. 17./8. 1897.

Englische Patentertheilungen.

Knöschke, „Accumulator". Nr. 4825 vom 1898, erth. am 7./5. 1898.

Dohell, „Element". Nr. 10.484 vom 1897, erth. am 14./5. 1898.

Denny, „Extraction von Gold aus Erzschlämmen und Aufbereitungsrückständen". Nr. 28.013 vom 1897, erth. am 21./5. 1898.

Haasn, „Anoden". Nr. 2967 vom 1898, erth. 21./5. 1898.

Laura, „Element". Nr. 5912 vom 1898, erth. am 21./5. 1898.

Rowbotham, „Element". Nr. 10.719 vom 1898, erth. am 28./5. 1898.

[*] Die Anmeldungen bleiben acht Wochen zur Einsichtnahme öffentlich aufgelegt. Nach § 24 des Patent-Gesetzes kann innerhalb dieser Zeit Einspruch gegen die Anmeldung wegen mangelnder Neuheit oder widerrechtlicher Entnahme erhoben werden. Das obige Bureau besorgt Abschriften der Anmeldungen und übernimmt die Vertretung in allen Einspruchs-Angelegenheiten.

Kraus und König, „Element". Nr. 12.675 von 1897, erth. am
28./5. 1898.
Heinemann, „Accumulator". Nr. 15.047 von 1897, erth. am
28./5. 1898.
Lehmann und Mann, „Accumulator". Nr. 20.145 von 1897,
erth. am 28./5. 1898.
Smith, „Edelmetalle". Nr. 3807 von 1898, erth. am 28./5. 1898.
Landiu, „Carbide". Nr. 4033 von 1896, erth. am 28./5. 1898.

Auszüge aus Patentschriften.

**Union-Elektricitäts-Gesellschaft in Berlin. — Vorrichtung zum
Absperren des Zwischenraumes zwischen gekuppelten Strassenbahnwagen. — Classe 20, Nr. 95.778.**

Fig. 1.

Der Zwischenraum zwischen gekuppelten Strassenbahnwagen wird durch ein über Rollen lautendes Tau, Drahtseil,
Kette, Gurt u. dgl. abgesperrt, wobei in Bahnkrümmungen eine
selbstthätige Verkürzung des Taues u. dgl. auf der Innenseite um
eben so viel eintritt, als es auf der entgegengesetzten Seite verlängert wird.

(Zusatz zum Patente Nr. 85.719 vom 14. Juni 1895; vergl.
Bd. 17, S. 268.) **Siemens & Halske, Actien-Gesellschaft in
Berlin. — „Elektrisches Messgeräth." — Classe 21, Nr. 95.953.**

Symmetrisch zur Drehungsachse der beweglichen Spule S
sind zwei Windungssysteme so angeordnet, dass sie halbkreis-
förmig ausgebildet sind und sich gegenseitig zu einem Kreise
ergänzen. — Bei Stromdurchgang sind daher die Ströme in Bezug
auf ihre lineare Richtung gleichgerichtet, in Bezug auf die Kreis-
richtung laufen sie jedoch in einander entgegengesetztem Sinne,
so dass ein radiales Feld erzeugt wird wie bei der Anordnung
des Hauptpatentes. (Fig. 2 u. 3.)

Fig. 2.

Fig. 3.   Fig. 4.

**Aktiebolaget de Lavals Angturbin in Stockholm. — Wechsel-
strom-Maschine mit ruhenden Wicklungen. — Classe 21,
Nr. 96.096.**

Die Erfindung betrifft Wechselstrom-Maschinen, bei denen
der stillstehende Theil des magnetischen Feldes aus einem
Eisenrahmen mit nach innen ragenden, von je einer Inductionsspule l umgebenen Polvorsprüngen besteht. — Bei derartigen
Maschinen werden zwei und zwei der neben einander liegenden
Polvorsprünge i mit gemeinsamen Magnetisierungsspulen M
derart umwickelt, dass beim Durchfluss des erregenden Gleichstromes durch die Spulen zwei neben einander liegenden, derselben
Magnetisierungsspule angehörenden Polen nördliche Polarität u. s. w.
ertheilt wird. — Hierdurch werden die Inductionswirkungen auf
die Magnetisierungsspule bei der Umdrehung des Eisenkernes E
verhindert. (Fig. 4.)

**Elektricitäts-Gesellschaft Triberg, G. m. b. H. in Triberg. —
Betriebseinrichtung für Fahrzeuge mit Stromsammleranrieb.
— Cl. 20, Nr. 96.714.**

Zur Hauptbatterie wird beim Anfahren eine kleine, für
schnelle Entladung eingerichtete Hilfsbatterie parallel geschaltet.
Diese soll den beim Anfahren eintretenden Stromstoss aufnehmen
und so die Hauptbatterie schonen.

**Albert Louis Camille Nodon und Louis Albert Bretonneau in
Paris. — Verfahren zur elektro-capillaren Imprägnirung oder
Färbung poröser Stoffe, insbesondere von Holz. — Cl. 38,
Nr. 96.772.**

Die zu behandelnden Holzblöcke werden zwischen zwei
Filzplatten gebracht, auf welchen zwei Bleiplatten ruhen. Die
untere Bleiplatte ist mit dem positiven, die obere mit dem negativen Strom in Verbindung gebracht. Die Holzblöcke tauchen
nur mit ihrem unteren Theil in das Imprägnirbad ein. Der elektrische Strom wird somit durch die Holzblöcke selbst geleitet.
Je nach Art der Imprägnirflüssigkeit wird durch das Verfahren
ein Färben oder Imprägniren mit antiseptischen Stoffen erreicht.

**Max Schiemann in Dresden. — Wagen-Elektromagnet zur
Bremsung. Adhäsionsvermehrung und Steuerung an Apparaten
im Bahnkörper. — Classe 20, Nr. 95.843.**

Der Elektromagnet besteht aus einzelnen Spulenkästen F
mit sich nach unten verbreiternden Polflächen P, welche durch
eine Verbindungsschraube S zusammengehalten werden. — Man
kann so den Magneten rasch zu beliebiger Länge zusammensetzen und hat vermöge seiner Form nicht nöthig, in Curven dem
Magneten eine seitliche Verschiebung zu geben. (Fig. 5 u. 6.)

Fig. 5.

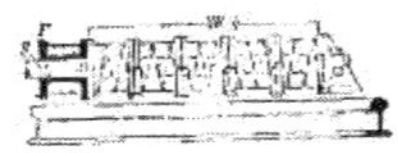

Fig. 6. 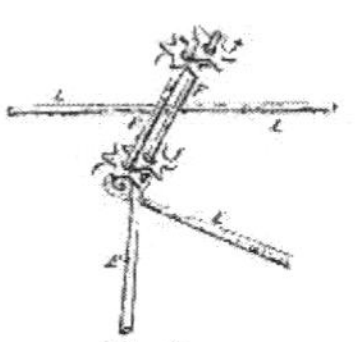   Fig. 7.

**Wm. E. Kenway in Birmingham, England. — Stromabnehmer
für mehrgeleisige elektrische Bahnen mit einem einzigen
Arbeitsleiter. — Classe 20, Nr. 96.026.**

Der Stromabnehmer besteht aus einem drehbaren und der
Höhe nach einstellbaren Arme E, an dessen Ende die senkrechte
und an der Leitung L gleitende Stange F sitzt. — Diese Contactstange F ist mit drehbaren Sternchen f versehen, welche das
Abwerfen von der Leitung verhindern und das Vorbeigang zweier
sich entgegengesetzt bewegter Stromabnehmer an einander
(vergl. Fig.) ermöglichen sollen. (Fig. 7.)

Geschäftliche und finanzielle Nachrichten.

**Galizische Actien-Gesellschaft für elektrische Unter-
nehmungen, Wasserwerke und Canalisations-Anlagen.** Man
schreibt uns aus Lemberg: Im Sitzungssaale der Galizischen
Hypothekenbank hat sich am 4. d. M. eine Galizische
Actien-Gesellschaft für elektrische Unternehmungen, Wasserwerke und Canalisationen
mit einem Actiencapital von einer Million Kronen constituirt.
In den Verwaltungsrath wurden gewählt: Dr. Alexander Dworski,
Bürgermeister von Przemyśl, Roman Dzieślewski, Professor
der Polytechnik in Lemberg, Hermann Feldstein, Secretär
der Hypothekenbank, Dr. Richard Fellinger, Director der
Firma Siemens & Halske Wien, Dr. J. Fruchtmann, Vice-
Director der Hypothekenbank, Carl Hirschmann, Ingenieur
der Firma Siemens & Halske, Reichsrathsabgeordneter J. Piepes-
Poratyński Vice-Präsident der Handelskammer in Lemberg,
Dr. Alois Rybicki Director der Hypothekenbank, Franz R.
v. Szezerbicki in Lemberg und Kasimir R. v. Tchorznicki
Vice-Präsident der Hypothekenbank. Der Verwaltungsrath wurde
ermächtigt die von der Hypothekenbank gegründeten Elektricitäts-
werke Przemyśl, Jasło und Stanisław zu übernehmen.
Hierauf constituirte sich der Verwaltungsrath und wählte Kasimir
Ritter v. Tchorznicki zum Präsidenten, Dr. Alois Rybicki
zum Vice-Präsidenten und in die Direction: Prof. Dzieślewski,
Secretär Feldstein und Ingenieur Hirschmann.

Braunschweigische Strassenbahn-Gesellschaft. In der am
10. d. M. stattgefundenen Generalversammlung ist die Ausgabe von
zwei Millionen 4%iger Prioritäten und einer Million Actien für
Errichtung eines Elektricitätswerkes und Erweiterung der Bahnanlagen beschlossen worden. Die Allgemeine Elektric.-
Ges. übernimmt die Schuldverschreibungen zu 99%, die Actien
zu 110% mit der Verpflichtung, die Hälfte der letzteren den

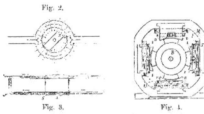

Actionären zu 110% zuzüglich Unkosten anzubieten. Die Bilanz und der Geschäftsbericht wurden dann einstimmig genehmigt. Die ausscheidenden Mitglieder des Aufsichtsrathes, die Herren S t e r n b e i m - Hannover und Director K o l l e - Berlin wurden wieder- und an Stelle des Justizraths G e r h a r d t - Braunschweig Rentner O h l m e r - Braunschweig neugewählt.

Die Bank für elektrische Industrie in Berlin wurde am 26. Jänner 1897 mit einem Grundcapital von vier Millionen Mark errichtet. Dieselbe ist in der Hauptsache eine Trust-Gesellschaft, deren Aufgabe es vorzugsweise ist, die Unternehmungen der Elektric.-Ges. Felix S i n g e r & Co. A.-G., zu finanziren. Schon gegen Ende des ersten Geschäftsjahres stellte sich in Folge der Ausdehnung der Geschäfte die Nothwendigkeit heraus, die werbenden Mittel zu vergrössern, so dass die Generalversammlung am 17. December 1897 die Erhöhung des Grundcapitals um weitere vier Millionen beschloss. Das Grundcapital beträgt demnach acht Millionen Mark, wovon drei Millionen Mark zu 140% am 15. d. M. in Berlin, Frankfurt a. M., Breslau, Basel zur Subscription aufgelegt werden. Das am 31. December 1897 beendete erste Geschäftsjahr der Bank für elektrische Industrie zeigt einen Nettogewinn von 274.893 Mark. Daraus erhielten die Actionäre 7% Dividende pro rata temporis. Ausserdem wurden 100.000 Mark einem zu bildenden Extra-Reservefonds zugewiesen. In diesem Abschluss ist die Dividende aus dem Besitz an Actien der Elektric.-Ges. Felix S i n g e r & -G., nicht einbezogen, da deren Geschäftsjahr erst Ende Februar 1898 schloss; diese kommt dem laufenden Jahre zu Gute. Die Bildung der Bank für elektrische Industrie erfolgte bereits mit der Absicht, die damalige Commandit-Gesell- schaft Felix S i n g e r & Co. in eine Actien-Gesellschaft umzu- wandeln, was am 26. März 1897 geschah. Das Actiencapital wurde auf eine Million Mark, welche mit 50% eingezahlt sind, fest- gesetzt. Von der S i n g e r - Gesellschaft x. Th. ausgeführt, z. Th. noch in Bau, resp. in Lieferung begriffen sind die elektrischen Strassenbahnen P r a g Smichow-Košir, Bamberg, Liegnitz, Thorn, T o m e s v a r, Fiume, Lecco-Cantaldo (Italien), P r a g e r S t a d t b a h n, elektrische Kleinbahn im Mansfelder Bergrevier, oberschlesische Dampfstrassenbahn, ferner die Lichtcentralen Liegnitz und Thorn. In Bamberg steht die Bildung einer be- sonderen Actien-Gesellschaft bevor. Die Dividende für das am 28. Februar 1898 abschliessende Geschäftsjahr der S i n g e r - Gesellschaft beträgt 12½% p. r. t.

Gesellschaft zur Förderung und Entwicklung elek- trischer Unternehmungen in Italien. Ueber die Vorgeschichte dieses Unternehmens wird berichtet. Die Banca Commerciale hat die Absicht, eine elektrische Trust-Gesellschaft für Italien zu gründen. Das Project ging von der Gruppe der Ungarischen Creditbank, bezw. von der mit ihr verbundenen Gesellschaft G a n z & C o m p. aus. Die zu gründende Actien-Gesellschaft soll die nöthigen Mittel beistellen zur Exploitirung der Wasserkräfte in Ober-Italien, zur Anlage der elektrischen Beleuchtung in ver- schiedenen Städten Italiens, endlich zum Baue elektrischer Bahnen. Im Directions-Gebäude der österr. Creditanstalt hat man am 10. d. M. eine Consortial-Besprechung stattgefunden, in welcher die Errichtung dieser Gesellschaft beschlossen wurde. An der Besprechung nahmen Vertreter der österr. Creditanstalt. sowie die ungar. Creditbank und des Banco Commerciale, ferner Directoren der Gesellschaft G a n z & C i e., sowie der Berliner Union-Elektricitäts-Gesellschaft theil. Das neu zu gründende Unternehmen wird den Titel „Gesellschaft zur Förderung und Entwicklung elektrischer Unternehmungen in Italien" führen und seinen Sitz in Mailand haben. Das Actiencapital wird einen Betrag von zwei Millionen Lire umfassen. Hievon sollen zunächst 60% eingezahlt werden, und zwar 30% sofort und die anderen 30% nach einer gewissen Zeit. Die Statuten sehen die Möglichkeit, das Actiencapital auf 30 Millionen Lire zu erhöhen. Ausser- dem erhält die Gesellschaft das Recht, Obligationen in jenem Betrage auszugeben, welcher der Höhe des effectiv eingezahlten Actiencapitals entspricht. Einer Concession zur Errichtung der Actien-Gesellschaft bedarf es nicht, da in Italien das Conces- sionirungssystem nicht besteht und die behördliche Prüfung sich auf die Uebereinstimmung der Statuten mit den gesetzlichen Nor- mativ-Bestimmungen beschränkt. Eine Emission der Actien wird nicht in Aussicht genommen. Dem Consortium für die Errichtung der geplanten Trustgesellschaft in Italien gehören an: das Haus S. M. R o t h s c h i l d, die österr. Creditanstalt. ungar. Creditbank und die Firma G a n z & C o., das Banco Commerciale nebst den ihr affiliirten italienischen Instituten, endlich die Berliner Union - Elektricitäts - Gesell- schaft. Für das neue Unternehmen sind bereits mehrere elek- trische Geschäfte in Aussicht genommen, nämlich die Ausge- staltung der bestehenden elektrischen Anlagen bei den Wasser- fällen in Tivoli, die elektrische Beleuchtung der Stadt Bologna. die Ausnützung der Wasserkräfte zu Ivrea bei Turin, endlich

eine elektrische Kraftanlage in Cherasco bei Alessandria. In Vor- bereitung befindet sich ein Project, welches den elektrischen Betrieb einer Theilstrecke der Mittelmeerbahn betrifft. In der Direction des neuen Unternehmens ist jede der an der Gründung betheiligten Gesellschaften durch einen ihrer Directoren ver- treten, und zwar: die österr. Creditanstalt durch Director B l u m. die ungar. Creditbank durch Director K o r n f e l d, Ganz & Comp. durch Director M e c h w a r t und die Berliner Unionbank durch Director K o c h e n t h a l e r. Auch die italienischen Interessenten dürften Delegirte in die Leitung des Institutes entsenden.

Die Mitteldeutschen Elektricitätswerke, Actien-Gesell- schaft in Dresden, deren Firma am 4. d. M. in das Handels- register des Amtsgerichtes Dresden eingetragen worden ist, sind mit einem Actiencapitale von 600.000 Mk. ausgestattet. Den Vor- stand bilden die Herren Fabrikant F. O. R. B e r g e r in Dresden, F. J. N i t z s c h m a n n in Dresden und Ingenieur A. O. Z s c h o c k e l t in Dresden. Gegenstand der Unternehmens ist Uebernahme und Fortbetrieb des von den drei genannten Herren unter der Firma Sächsische Elektricitätswerke Berger, Nitzsch- mann & Zschockelt in Dresden und Eiban betriebenen Ge- schäftes, sowie Errichtung oder Ankauf und Weiterbetrieb ähn- licher Unternehmungen, die Errichtung von elektrischen Anlagen für Bahnen, Licht-, Kraft- und Wärme-Production u. s. w. Die Gesellschaft übernimmt die Elektricitäts-centralen in Eiban. Oderwitz, sämmtliche Maschinen u. s. w., Forderungen, Grund- stücke für den Preis von 554.773 Mk., der Kaufpreis wird abzüg- lich 49.773 Mk. Passiven mit 505.000 Mk. durch Hingabe von 505.000 Mk. in Actien der Gesellschaft gewährt.

Die Maschinenfabrik von Otto Weiss & Co. in Berlin, welche insbesondere die Fabrikation von Maschinen-Apparaten und -Anlagen für die gesammte Kabel-Industrie als Specialität betreibt, hat wegen bedeutender Vergrösserung ihrer Fabrik aus der Feaustrasse 21 nach der Greifswalderstrasse 140/141 verlegt.

Die Actiengesellschaft Fabrik Elektrischer Apparate in Aarburg (Schweiz) hat das gesammte Inventar der eingegan- genen Actiengesellschaft „Orion" in Aarburg einerseits, und der Commanditgesellschaft Georg J. E r l a c h e r & Cie. in Zürich andererseits käuflich übernommen und sich das Alleinausführungs- recht der diesen Firmen patentirten Constructionen gesichert. Die Unterschrift für die Firma führen die Mitglieder des Verwaltungs- rathes und der Betriebsleiter je zu zweien collectiv. Der Verwal- tungsrath besteht zur Zeit aus den Herren: Adolf Z i m m e r l i. Fabrikant in Aarburg als Präsident, Hans L ü s c h e r, Staatsrath in Aarburg als Vicepräsident, Michele Angelo B e s s o, Ingenieur in Winterthur als Beisitzer, Betriebsleiter ist Herr Georg Jakob E r l a c h e r, Ingenieur in Aarburg.

Elektricitäts-Gesellschaft in Santiago (Chile). Wie die „Berl. Börs. Ztg." mittheilt, haben die wegen Gründung dieser Gesellschaft schwebenden Verhandlungen jetzt zum Abschluss des Geschäftes geführt. Die Constituirung der Gesellschaft, welche die Strassenbahnen in Santiago übernimmt und elektrische Cen- tralen errichtet, ist unter Mitwirkung der Gesellschaft L o e w e & Co. der A l l g e m e i n e n E l e k t r i c i t ä t s - G e s e l l s c h a f t und der Firma W e r n h e r B e i t & Co. mit einem Grundcapital von 24 Millionen Mark erfolgt.

Tempelhofer Elektricitäts-Werke, Gesellschaft mit be- schränkter Haftung. Das Stammcapital der Gesellschaft ist auf 516.900 Mk., dann weiter auf 1,116.900 Mk. erhöht worden, ferner haben die Gesellschafter beschlossen, die Firma in „Berliner Vororts - Elektricitäts - Werke" umzuwandeln. Gegen- stand des Unternehmens ist die Weiterführung der Tempelhofer Elektricitäts-Werke und die Versorgung der Vororte Berlins mit elektrischem Strom. Geschäftsführer ist Ingenieur Paul R u d o l p h zu Gross-Lichterfelde.

Vereinsnachrichten.

Vereins-Functionäre im Jahre 1898.

Präsident:

S c h l e n k Carl. Professor und Vorstand der Versuchs- anstalt für Elektrotechnik an der k. k. Technologischen Gewerbe-Museum. (Bis Ende 1899.)

Vice-Präsidenten:

H o c h e n e g g Carl. stellvertretender Director von Siemens & Halske. (Bis Ende 1898.)

V o l k m e r Ottomar. k. k. Hofrath, Director der k. k. Hof- und Staatsdruckerei, k. u. k. Oberst-Lieutenant i. d. R. (Bis Ende 1900.)

Verantwortlicher Redacteur: Dr. J. Sahulka. — Selbstverlag des Elektrotechnischen Vereines.
Commissionsverlag bei Lehmann & Wentzel, Wien. — Alleinige Inseraten-Aufnahme bei Haasenstein & Vogler (Otto Maass), Wien und Prag.
Druck von R. Spies & Co., Wien.

Zeitschrift für Elektrotechnik.

Organ des Elektrotechnischen Vereines in Wien.

Heft 26. WIEN, 26. Juni 1898. XVI. Jahrgang.

Bemerkungen der Redaction: Ein Nachdruck aus dem redactionellen Theile der Zeitschrift ist nur unter der Quellenangabe „Z. f. E. Wien" und bei Originalartikeln überdies nur mit Genehmigung der Redaction gestattet.
Die Einsendung von Originalarbeiten ist erwünscht und werden dieselben nach dem in der Redactionsordnung festgesetzten Tarife honorirt. Die Anzahl der vom Autor event. gewünschten Separatabdrücke, welche zum Selbstkostenpreise berechnet werden, wolle stets am Manuscripte bekanntgegeben werden.

INHALT:

Ueber eine einfache Näherungsmethode zur Bestimmung der einfachen harmonischen Componenten einer graphisch gegebenen complexen Wellenbewegung.[*)]

Von Ed. J. Houston und A. Kennelly.

Die folgende Methode, welche die einfachen harmonischen Componenten einer Wechselstromwelle zu ermitteln gestattet, hat den Vortheil, dass zu ihrer Ausführung weder ein Apparat, noch eine weitausholende Rechnung nothwendig ist. Andererseits ist sie aber nicht strenge richtig und daher eher ein Hilfsmittel für den Ingenieur wie für den Mathematiker.

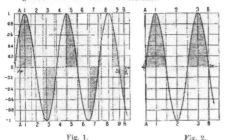

Fig. 1. Fig. 2.

Die Methode basirt auf Folgendem:

Sei w eine ungerade Anzahl von halben Wellen einer Sinuscurve und diese untergetheilt durch gerade Linien senkrecht zur Nulllinie in p Streifen gleicher Breite, dann ist, wenn p eine Zahl grösser als Eins und prim zu w ist, die Differenz zwischen den Flächensummen in alternirenden Streifen gleich Null.

So sind in Fig. 1 fünf Halbwellen einer Sinuscurve zwischen den Ordinaten $A A$ und $B B$ in neun gleich breite Streifen ($w = 5$, $p = 9$) getheilt, und ist die Summe der schraffirten Flächenbreiten 1, 3, 5, 7 und 9 gleich der Summe der nichtschraffirten 2, 4, 6 und 8 oder, wenn mit s die Fläche eines Streifens bezeichnet wird

$$(s_1 + s_3 + s_5 + s_7 + s_9) - (s_2 + s_4 + s_6 + s_8) = 0$$

[*) Aus „Electrical World" 1898, Heft 20.]

Bei der Summation sind alle Flächenstücke, die oberhalb der Achse liegen, als positiv und alle unterhalb derselben als negativ anzusehen. Es kann daher die Gleichung so geschrieben werden:

Summe der geraden Streifen — Summe der ungeraden Streifen = 0.

In Fig. 1 ist:

$$
\begin{aligned}
s_1 &= + 1{\cdot}5263 \\
s_3 &= \qquad\quad - 1{\cdot}3884 \\
s_5 &= + 1{\cdot}0834 \\
s_7 &= \qquad\quad 0{\cdot}6474 \\
s_9 &= + 0{\cdot}1335 \\
&\quad + 2{\cdot}7432 - 2{\cdot}0358 = 0{\cdot}7074 \\
s_2 &= \qquad\quad\quad\quad\quad 0{\cdot}3961 \\
s_4 &= + 0{\cdot}8781 \\
s_6 &= \qquad\quad - 1{\cdot}2551 \\
s_8 &= + 1{\cdot}4799 \\
&\quad + 2{\cdot}3586 \quad 1{\cdot}6512 = 0{\cdot}7074
\end{aligned}
$$

Es ist also

$$(s_1 + s_3 + s_5 + s_7 + s_9) - (s_2 + s_4 + s_6 + s_8) = 0$$

Dasselbe Resultat wird erhalten, wenn man drei Halbwellen in 5, 7 oder 11 Streifen etc. getheilt werden.

Ist jedoch $p = w$, wie in Fig. 2 und beginnen die Streifen mit der Nulllinie, dann ist die

Summe der geraden Streifen = Summe der ungeraden Streifen = p Mal die Fläche einer Halbwelle.

In Fig. 2 ist:

$$s_1 = 1, \quad s_2 = 1, \quad s_3 = 1$$

sohin $s_1 + s_2 + s_3 = 3 \times$ Fläche einer Halbwelle.

Wir bilden uns also die folgende Regel:

Sei eine graphisch gegebene Welle, die einer Periode entspricht und von der Nulllinie aufsteigt, durch den Ausdruck gegeben:

$$A_1 \sin \alpha + A_3 \sin 3\alpha + A_5 \sin 5\alpha + A_7 \sin 7\alpha + \ldots$$
$$+ B_1 \cos \alpha + B_3 \cos 3\alpha + B_5 \cos 5\alpha + B_7 \cos 7\alpha + \ldots$$

Um einen bestimmten Coëfficienten, z. B. A_3 der Sinusreihe zu finden, theile man die Curve in drei gleiche Streifen vom Anfangspunkte der Wellenbewegung und bestimme die Differenzsumme S. sei a mittelst eines Planimeters. sei es auf andere Weise. dann ist $A_3 = \dfrac{\pi S}{L}$. wo L die Länge der ganzen Welle. bezw. die Länge zweier Halbwellen ist.

Will man einen Coëfficienten der Cosinusreihe. z. B. B_5 finden. so theile man die Halbwelle in fünf Streifen von einer Stelle an. die um eine halbe. dem cos 5 z entsprechende Wellenlänge vom Anfangspunkte entfernt ist. Es ist dann ebenso

$$B_5 = \frac{\pi S}{L}$$

Es ist jedoch nicht nothwendig. ein Planimeter zur Ermittlung der Flächen anzuwenden; für alle praktischen Fälle genügt es. die gegebenen Curven auf einem Millimeterpapier zu verzeichnen und durch Abzählen der von den Streifen umschlossenen Quadrate den Flächeninhalt zu finden.

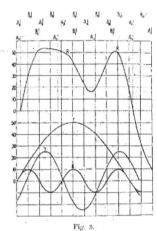

Fig. 3.

Fig. 3 zeigt eine Anwendung dieser Methode. Eine Sinuswelle $F = 50 \sin z$ ist combinirt mit einer Welle $T = 25 \sin (3 z - 60^0)$ und $G = 10 \sin 5 z$. Die Curve R der Fig. 3 stellt die combinirte Welle dar.

Stellen wir uns die Aufgabe. die Amplitude A der Sinuswelle $T = 25 \sin (3 z - 60^0)$ zu bestimmen. Wir ziehen die Linien A_3. A_3. A_3 .... und zählen die Quadrate im 1.. 2. und 3. Streifen; diese sind näherungsweise 1412·9. 1155 und 1163·5; es ist dann

$$s_1 + s_2 + s_3 = 1423·4.$$

d. i. dreimal die Fläche einer halben Sinuswelle 3 z. Für die Amplitude ergibt sich nach der Formel der Werth

$$A_3 = \frac{\pi \times 1423·4}{200}.$$

da 200 die Länge zweier Halbwellen der gegebenen sinusartigen Welle ist.

Hieraus ergibt sich $A_3 = +22·33$.

Um B_3. die Cosinus-Componente der Welle $\sin (3 z - 60^0)$. zu finden. ziehe man die Linien B_3. B_3 .... Die bezüglichen Flächenstreifen sind 1660·3. 972·6. 33·5.

Wir finden

$$B_3 = -\frac{\pi \times 721·2}{200} = +11·33$$

Wir bilden

$$A_3 \sin 3 z_0 + B_3 \cos 3 z.$$

Die resultirende Amplitude ist

$$\sqrt{A_3^2 + B_3^2} = 25·04.$$

und zwar in sehr guter Uebereinstimmung mit dem wirklichen Werthe. In derselben Weise findet man durch Ziehen der Linien A_5 A_5 und B_5 B_5

$$A_5 = +8·76$$
$$B_5 = -5·06$$

und hieraus die resultirende Amplitude zu 10·12.

Will man die Amplitude von $\sin z$ finden. dann zeichne man sich die Curven $\sin 3 z$ und $\sin 5 z$ und. indem man diese letztere Welle summirt und von der

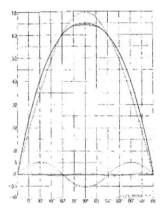

Fig. 4.

resultirenden subtrahirt. erhält man die Welle $\sin z$ und sonach deren Amplitude.

In dem durch Fig. 3 dargestellten Falle ist die Sache deshalb einfach. weil keine weiteren Componenten als z. 3 z und 5 z in der resultirenden Welle enthalten sind.

Wären noch mehr solcher Theilwellen vorhanden. dann würden die erhaltenen Resultate durch die Componenten höherer Ordnung verändert werden, und zwar deshalb. weil, wenn die Zahl der Wellen w ein gerades Vielfaches der Streifenzahl p ist. die Summendifferenz nicht Null ist. sondern das p-fache einer Halbwellenfläche.

Es ergibt sich daraus die Consequenz. dass die auf diesem Wege erhaltene Differenz von Flächensummen nicht das Mass für die Amplitude einer einzigen Welle ist. sondern für mehrere. deren Periodenzahl Multipeln der Grundwelle ist. Für die Praxis hat dies freilich keine Bedeutung. da für alle Amplituden von Wellenbewegungen. deren Periode das Fünffache der Grundwelle übersteigt. vernachlässigt werden können.

Zum Beweise für den Grad der Genauigkeit. der dieser Methode innewohnt. wollen wir sie bei zwei

Wellenformen verwenden, die sehr einfach sind, wenn sie auch in der Praxis nicht vorkommen.

1. Die Welle habe die Form eines Dreieckes; die Rechnung ergibt

$$0.81057 \sin \alpha - 0.090063 \sin 3z - 0.032423 \sin 5z - 0.016542 \sin 7z$$

und die beschriebene Methode

$$0.7854 \sin \alpha - 0.087266 \sin 3z - 0.031416 \sin 5z - 0.016029 \sin 7z$$

Zufällig ist der Fehler, der bei der Bestimmung der einzelnen Amplituden gemacht wurde, der gleiche, nämlich 3.1%.

2. Die Welle sei ein Halbkreis; für diese ergibt die Rechnung

$$1.781 \sin z + 0.2948 \sin 3z - 0.1332 \sin 5z$$

und die graphische Methode

$$1.800 \sin z + 0.324 \sin 3z + 0.146 \sin 5z$$

Wie man sieht, sind die Unterschiede praktisch gesprochen belanglos. Schliesslich zeigen wir noch die Anwendung der Methode auf die Curve der E. M. F. der grossen Wechselstrom-Maschine für die Niagarafälle. Diese Curve befindet sich auf Seite 298 in Cassier's Magazine July 1895 und ist in Fig. 4 durch die vollausgezogenen Linien reproducirt.

Die gestrichelten Linien geben die Theilwellen; für sie wurden die Amplituden gefunden $+ 6.98, + 0.526, + 0.053$. Für die resultirende Welle finden wir sonach die folgende Formel:

$$6.98 \sin \alpha - 0.526 \sin z + 0.053 \sin 5z.$$

Die durch den vorstehenden Ausdruck gegebene Wellencurve weicht von der vollausgezogenen Linie, wie die Figur zeigt, nur an der Spitze ab.

Dr. L. K.

Die elektrische Einrichtung der k. k. Tabak-Hauptfabrik in Wien-Ottakring.

Von dem Momente an, in dem es möglich geworden ist, die Theorie der elektrischen Kraftübertragung in praktischen Leben zu verwerthen, wurde viel über die Vortheile, die dieselbe für das Kleingewerbe wie für die Grossfabrikation birgt, geschrieben und gesprochen. Der beste Beweis für die Vorzüge des elektrischen Antriebes ist aber die Schnelligkeit, mit der sich derselbe innerhalb einer so kurzen Reihe von Jahren in fast alle Gebiete der Industrie Eingang verschafft hat.

So möge auch in Folgendem die elektrische Einrichtung der neu erbauten Tabak-Hauptfabrik in Ottakring, welche von der „Vereinigten Elektricitäts-Actiengesellschaft vormals B. Egger & Co." ausgeführt wurde, und die einige sehr interessante Details aufzuweisen hat, beschrieben werden.

Insbesondere bei einer solchen Fabrik, in der einzelne Maschinen nicht den ganzen Tag verwendet werden, kommt die durch die elektrische Kraftübertragung gebotene Möglichkeit, nebst den Gruppenantrieben von ständig laufenden Maschinen, jene Maschinen, die nur zeitweise in Betrieb stehen, einzeln und direct antreiben zu können, sehr zu Gute. Es werden dadurch die Verluste und Unannehmlichkeiten durch leerlaufende Transmissionen und Riemen beseitigt.

Die Primärmaschine ist eine Gleichstrom-Dynamo der Type E9 m. Dieselbe hat eine Leistung von 40.000 W bei 110 V Spannung und 760 Touren und wird von einem Schnellläufer mittelst directen Riemens angetrieben. Die Stromvertheilung für Kraftübertragung und Beleuchtung erfolgt in vier Stromkreisen von einem Schaltschranke aus.

Interessant ist besonders der Antrieb der Brunnenpumpe, welche das Wasser in die auf dem Dachboden stehenden Reservoire pumpt und so die Fabrik mit Nutzwasser versieht. Diese Pumpe ist im Brunnenschachte selbst montirt, und zwar sind in einer Tiefe von 10.5 m, also einer Entfernung von 1.35 m vom höchsten Wasserspiegel, drei I-Träger in ca. 400 mm Abstand nebeneinander horizontal in den Brunnenschacht, dessen Durchmesser 2 m beträgt, eingemauert. Auf diese Traversen ist der gusseiserne Fundamentrahmen aufgeschraubt, welcher die Pumpe sammt dem direct gekuppelten Motor trägt. Dieser Motor, welcher der Type W 160 angehört, leistet 2 PS; er ist, wie Fig. 1 veranschaulicht, von allen Seiten vollkommen abgeschlossen.

Fig. 1.

Dies befähigt ihn, trotz der grossen Feuchtigkeit, der er ausgesetzt ist, tadellos zu functioniren; und thatsächlich hat er bis jetzt, obwohl das Wasser fast unausgesetzt auf ihn herabtropft, noch zu keiner Betriebsstörung Anlass gegeben. Der Anlasswiderstand zu diesem Motor befindet sich im Maschinenhause.

In der Trockenkammer der Fabrik sind zwei elektrisch betriebene Blackmann-Exhaustoren in Verwendung.

Bei dem Gruppenantriebe des 15 PS-Motors G 6 in der Tischlerei und des 6 PS-Motors E 3 in der Schlosserei ist besonders der Momentabsteller zu erwähnen. Derselbe ist von der Brünn-Königsfelder Maschinenfabrik Lederer & Porges ausgeführt und hat den Zweck, es zu ermöglichen, bei einem Ungltickssfalle von jeder Werkzeugmaschine aus die Transmissionswelle sammt allen Arbeitsmaschinen momentan zum Stillstande zu bringen. Diese Momentabstellung wird dadurch bewirkt, dass ein Schalter, der im Arbeitsstrom des Motors liegt, geöffnet und gleichzeitig die Transmission stark gebremst wird. Diese äusserst praktische

Einrichtung, deren Entwurf von Herrn Director Hauptfleisch herrührt, ist durch Fig. 2 erläutert.

An der Mauer A wird der erwähnte Schalthebel C angebracht und an derselben Wand, jedoch unter der angetriebenen Transmission, eine Auslösevorrichtung D für die Bremse befestigt. Diese Bremse besteht aus einer auf der angetriebenen Transmission fest aufgekeilten Bremsscheibe E, einem Bremsband F, welches um die Bremsscheibe geschlungen und mit seinen Enden an einem Doppelhebel G befestigt ist. Dieser Hebel G und der Bremshebel H sind auf einer in zwei Augenlagern J drehbar gelagerten Welle aufgekeilt. Die Lage der Bremsscheibe, sowie der Lager ist den örtlichen Verhältnissen angepasst. Der Bremshebel H ist mittelst einer Stange K, welche am unteren Ende mit Gewichten belastet ist, mit der Auslösevorrichtung D

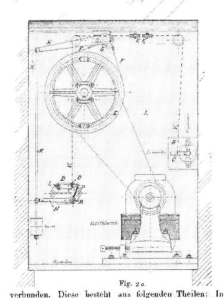

Fig. 2 a.

verbunden. Diese besteht aus folgenden Theilen: In einer gusseisernen Platte, welche mit zwei Steinschrauben an der Mauer befestigt ist, sind zwei Bolzen L und M fest eingesetzt, auf welchen die von einander ganz unabhängigen Winkelhebel N und Arretirhebel O drehbar angebracht sind. Der Winkelhebel N ist mit der vorher erwähnten Stange K verbunden und kann von dem Hebel O, der mit einer Nase o versehen ist, in der in der Zeichnung dargestellten Lage festgehalten werden. Damit die beiden Hebel in Eingriff bleiben und nicht durch Zufall ausgelöst werden können, wird das Ende des Arretirhebels mittelst Spiralfeder von dem Winkelhebel festgehalten. Der Hebel O ist ausserdem noch mit einer Oese versehen, an der eine Schnur oder Kette V_1 befestigt ist, die über Rollen geführt mit einer ebensolchen Schnur V_2, die mit dem Schalthebel des Elektromotors verbunden ist, zusammengespleisst ist. Diese Doppelschnur V_1 V_2 wird dann über an der Decke

befestigte Rollen durch das ganze Local zu den einzelnen Arbeitsmaschinen geführt und erhält vor jeder Maschine eine freihängende in Holzgriffen endende Abzweigung. Falls ein Unglücksfall eintritt oder aus irgend einem Grunde momentan eine Abstellung der Transmission, resp. der Arbeitsmaschinen nothwendig ist, zieht man an einer der freihängenden Abzweigungen der Schnur, was zur Folge hat, dass der Schalthebel des Elektromotors ausgerückt, d. h. der Strom unterbrochen und auch gleichzeitig der Hebel O der Auslösevorrichtung in die Höhe gezogen wird. Der Winkelhebel N wird dadurch frei und die Stange K_1, welche, wie bemerkt, mit Gewichten belastet ist, bewegt den Bremshebel in der Pfeilrichtung x und zieht die Bremse an, was den momentanen Stillstand der Transmission zur Folge hat.

Der in der Schmiede verwendete Essenfeuer-Ven-

tilator wird mit einem halbpferdigen Motor W 160 betrieben.

Im Souterrain ist jener vorerwähnte Motor C 6 von 15 PS aufgestellt, der die Tischlereitransmission treibt, von welcher wieder ein Riemenzug in den I. Stock zu der Vorgelegswelle geht, mit welcher die Tabakschneidmaschinen laufen. Auch bei diesen Antrieben ist, wie gesagt, die Momentabstellung ermöglicht.

In der Tischlerei befindet sich ferner ein 3·4pferdiger Motor E 2 b, der zum Antriebe einer Cirenlarsäge dient. Den Antrieb der acht Cigarettenhülsen-Maschinen besorgt ein Motor W 200 mit 2 PS. Er ist auf einer Console an der Wand montirt und treibt drei, unter dem Fussboden gelagerte Vorgelegswellen, von welchen die Hülsenmaschinen in Gang gesetzt werden.

Weiters arbeitet noch eine Siebmaschine mit einem 1 PS Motor W 160.

In der Fabrik befinden sich acht Lastenaufzüge, von denen jeder 500 kg Last bei einer durchschnittlichen Fördergeschwindigkeit von 0·25 m per Secunde befördern kann. Jeder derselben wird von einem vierpferdigen Motor, der von der Vereinigten Elektricitäts-Actiengesellschaft speciell für Aufzüge construirten Type Z 4 betrieben. Diese Motoren haben eine ausserordentlich hohe Anzugskraft und einen sehr günstigen Wirkungsgrad. Sie laufen funkenlos und lassen sich wegen ihrer Kleinheit, ihrer Kastenformen und ihrer tiefliegenden Welle sehr bequem in das Windwerk, das sie direct durch Schneckenradübersetzung treiben, einbauen. Ihre Tourenzahl ist für Aufzüge 600. Sie werden mit einem von der Firma patentirten Reversirapparat reversirt. Dieser ist so eingerichtet, dass der Strom im Felde stets seine Richtung beibehält, während der Ankerstrom seine Richtung ändert.

Die Ausschaltung erfolgt durch den Apparat funkenlos, da dem Inductionsstrom ein Weg gegeben ist, auf dem er sich schliessen kann. Die Motoren haben Ringschmierlager, so dass deren Wartung höchst einfach ist.

Jeder Aufzug besitzt eine Steuerung, welche es ermöglicht, von jedem beliebigen Stockwerke oder vom Innern des Fahrstuhles aus diesen durch einen kurzen Zug am Steuerseil sanft in Bewegung zu setzen. Der Fahrstuhl bleibt am Ende seiner Bahn selbstthätig; in jedem Stockwerke nach Einstellung der betreffenden Marke stossfrei stehen. Nachdem die ganze Steuerungsvorrichtung innerhalb des verschlossenen Fahrschachtes untergebracht ist, so erscheint ein unbefugtes Hantiren mit dem Aufzuge ausgeschlossen.

Die Führungen der Fahrstühle bestehen aus kräftigen Kanthölzern, auf welche die harten Gleithölzer aufgeschraubt sind. Entlang diesen bewegt sich der Fahrstuhl mittelst dieselben umgreifenden Gleitbalken stossfrei auf und ab.

Die Fahrstühle sind von drei Seiten mit fester Verschalung aus weichem Holz bis Parapethöhe abgeschlossen und besitzen darüber bis zur ganzen Höhe und in der Ausdehnung der Decke eine Sicherung aus engmaschigem Drahtgeflecht.

Die Höhe ist 1·90 m und die Ladefläche durchschnittlich 1·30 m².

Jeder Fahrstuhl ist mit doppelter Sicherheitsfangvorrichtung, welche sofort zur Wirkung gelangt, wenn auch nur eines der beiden Tragseile sich dehnen oder reissen sollte, indem sie mittelst Federn die gezahnten excentrischen Fangbacken gegen die Führungen presst und den Fahrstuhl zum Stillstande bringt.

Bei der Ankunft in jedem Stockwerke ertönt ein Glockensignal, und zwar mit so vielen Schlägen, als der Nummer des Stockwerkes entsprechen.

Während des Beladens und Entladens bleibt die Steuerung arretirt, so dass ein unbefugtes oder unzeitiges Inbetriebsetzen des Aufzuges nicht möglich ist.

Die Fahrschächte sind in ihrer vollen Höhe auf drei Seiten mit engmaschigem Drahtgitter abgeschlossen, die Ladeseiten mit schmiedeisernen, senkrecht verschiebbaren Gittern versehen. Letztere sitzen auf Gummipuffern und sind mittelst Rollbalkenfedern ausbalancirt, wodurch sie sich leicht auf und ab bewegen lassen. Das Oeffnen derselben ist nur dann möglich, wenn der Fahrstuhl hinter einem Gitter anhält und ist von Hand aus zu machen, während der Verschluss

selbstthätig durch den Fahrstuhl erfolgt, gleichgiltig ob sich derselbe nach auf- oder abwärts bewegt.

Der Maschinenraum eines jeden Aufzugs ist durch Glaswände abgeschlossen, gut beleuchtet und für den Befugten leicht zugänglich.

Die acht Aufzüge sind zu gleichen Theilen von den Firmen F. Wertheim & Co. und A. Freissler, Wien, hergestellt.

Die elektrische Beleuchtung ist besonders in den Sortirsälen durchgeführt, da sie es ermöglicht, die feinsten Farbennuancen, nach welchen die Tabakblätter sortirt werden, ebenso wie bei Tageslicht zu unterscheiden.

Sie wird von ca. 300 Glühlampen mit 110 V und 16 Normalkerzen besorgt. Diese Beleuchtung ist blos bei Stillstand der Motoranlage in Betrieb, welch' letztere gegenwärtig 24 verschiedene Elektromotoren umfasst. Für eine entsprechende Erweiterung der Primärstation ist vorgesehen.

Behebung des Nebengeräusches im Fernsprechbetriebe innerhalb einer Werksanlage.

In ausgedehnten Werkstätten und Fabrikshöfen, wo die Leitungen der Beleuchtungs- und Kraftübertragungs-Anlagen neben Fernsprechdrähten laufen, wirken die von aussen in den letzteren erregten Ströme auf die Reinheit der Wiedergabe des zwischen den Werkskanzleien Gesprochenen oft in hohem Grade störend.

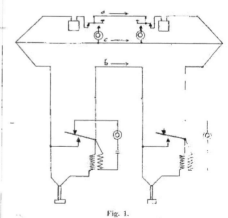

Fig. 1.

Um diesem lästigen Uebelstande vorzubeugen, empfiehlt O. H. Fitch im IV. Hefte 1898 des „American Electrician" ein Dreileitersystem, wie es nebenstehende Skizze zeigt, mit drei isolirten und untereinander vertheilten Leitungsdrähten.

In der einen Leitung sind die Anrufklingeln mit den dreipunktigen Anruftasten und ebenso in der zweiten Leitung die Fernsprechapparate hintereinander geschaltet; die dritte Leitung dient als gemeinsame Rückleitung für den Anruf und für das Sprechen. (Fig. 1.)

Die Schaltung kann für zwei oder mehr Sprechstellen gemacht werden und hat sich recht gut bewährt.

Zum Verständnis der Erscheinung, dass die durch äussere Einflüsse in den drei Leitungen im Sinne der Pfeile erregten Momentanströme einander vernichten, führt folgende Ueberlegung.

Nehmen wir bei zwei Sprechstellen die Widerstände der drei Linien beispielsweise mit 40, 200 und 1 Ω und die Drähte nicht als verseilt an, sondern parallel zu einander verlaufend, so wird von den im Verhältnisse der Leitungswiderstände erregten Strömen der in der Klingelleitung a inducirte Strom wegen des 200mal grösseren Widerstandes der Sprechlinie b den Weg nicht ganz über die Sprechleitung b, sondern grösstentheils über c nehmen und aus gleichem Grunde — wegen des 40mal grösseren Widerstandes der Klingellinie a — ein in b inducirter Strom den Weg nicht über die Klingelleitung a, sondern über c nehmen. was übrigens mit Rücksicht auf die weniger empfindlichen Klingeln von keinem Belang wäre. Dagegen theilt sich der von c ausgehende Strom mit dem reducirten Rück-

leitungswiderstande von $\dfrac{40 \cdot 200}{40 + 200} = 33$ Ohm in die

beiden Zweige a und b und hebt zum Theil die in demselben Augenblicke von a und von b entgegenkommenden Ströme auf.

Von dem Sprechstrom hingegen circuliren 40 Theile ungeschmälert über die Rückleitung und nur ein Theil über die Klingelleitung.   .A.

Elektrische Bahnen System Thomson-Houston.

In der Zeit vom 8. bis 9. August v. J. tagte bekanntlich die Ausstellung des Vereins „Deutscher Strassenbahn- und Kleinbahn-Verwaltungen" in Hamburg. Eine grosse Anzahl interessirter Firmen hatte sich an derselben betheiligt; die „Union" Elektri-

cität-Gesellschaft Berlin, die das System Thomson-Houston vertritt, war auch auf derselben vertreten und lenkte die Ausstellung dieser Firma das ungetheilte Interesse aller Besucher auf sich.

In Nachstehendem ist ein Ueberblick der Apparate dieser Firma für elektrische Bahnen gegeben.

Fig. 1 zeigt einen Strassenbahn-Motor, Type G. E. 800; derselbe ist der Normalmotor der „Union" für Strassenbahn-

betriebe und wiegt inclusive Zubehör ca. 850 kg. Seine Leistungen sind 400 kg Zugkraft bei 30° Laufrädern; die erreichbare Fahrgeschwindigkeit beträgt 9·5—20 km pro Stunde, je nach Ausführung der Wickelung. Infolge einfacher Feldveränderungen, wodurch auch ein höchst ökonomischer Energieconsum erzielt wird, ist es möglich, die Geschwindigkeit des Motors innerhalb 50% variiren zu lassen, ohne Anwendung von Vorschaltwiderständen. Gegen äussere Einflüsse ist der Motor durch ein gehäuseartiges Magnetsystem geschützt, dessen ungeachtet lässt sich der Motor infolge Anbringung einer hermetisch verschliessbaren Oeffnung im Magnetgehäuse, bequem bedienen. Zur Zeit sind ca. 5000 Stück solcher Motoren im Betriebe. Der Motor ist jedoch bei der Hamburger Strassenbahn allein zur Installation und hat sich bewährt.

Ein neuer Motor der „Union", welcher auf der Hamburger Ausstellung in Verbindung mit einem Schmalspurradsatz aufgestellt war, trägt die Bezeichnung „Schmalspur-Motor U. 400"; derselbe leistet trotz seiner minimalen Spurweite normal effectiv 22 PS, was einer Zugkraft von 900 kg bei 20 km Fahrgeschwindigkeit pro Stunde gleichkommt. Der Motor ist jedoch im Stande, 27 effective PS gleich 400 kg Zugkraft bei 18 km Geschwindigkeit zu geben. Der Nutzeffect beträgt 84% bei 15 und 81·50% bei 27 effectiven PS inclusive des Verlustes der Zahnradübersetzung, ein ebenfalls vorzügliches Resultat.

Die Fig. 2 veranschaulicht einen Union-Motor G. E. 1200, welcher sich bezüglich seiner Construction an Fig. 1 anlehnt, leistet jedoch bei 30° Laufrädern 550 kg Zugkraft. Dieser Motor eignet sich besonders für kleinere Localbahnen, das heisst zum Betriebe auf solchen Bahnen, die kleine Städte untereinander verbinden; derselbe fand bisher in Amerika seine grösste Verbreitung. Auch an solchen Wagen, zur einen Bewegung mit der vorgeschriebenen Geschwindigkeit man die Leistungen zweier G. E. 800 Motoren bedarf, bei denen jedoch nur eine Wagenachse für den Motor zur Verwendung kommen soll, da die zweite Achse zur Anbringung einer elektromagnetischen oder Luftbremse nöthig ist, empfiehlt sich der Motor G. E. 1200.

Zur Regulirung der Fahrgeschwindigkeit dienen bekanntlich die Controller. Der Strassenbahn-Controller K. 4 bewirkt die Regulirung eines einzelnen Motors und ermöglicht durch die letzten vier Contacte nach vorheriger Ausschalten des gesammten Vorschaltwiderstandes, wie schon erwähnt wurde, lediglich durch Feldveränderung eine Erhöhung der Fahrgeschwindigkeit um

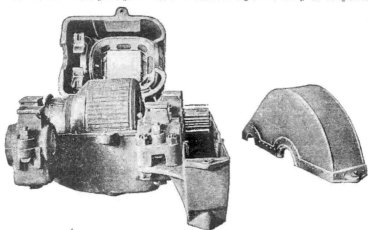

Fig. 1.

50%. Die durch das Schalten entstehenden Funken werden durch einen elektromagnetischen Funkentödter augenblicklich vernichtet. Gerade dieses Princip ist um Vorzug des Thomson-Houston-Systems, denn hiedurch wird ein hoher Grad Betriebssicherheit erreicht und die Haltbarkeit des Controllers gefördert.

Auch bezüglich der elektrischen Heizungseinrichtungen in den Wagen hat das Thomson-Houston-System den Vorzug, dass dieselbe nur dann Energie consumirt, wenn der Motor keinen

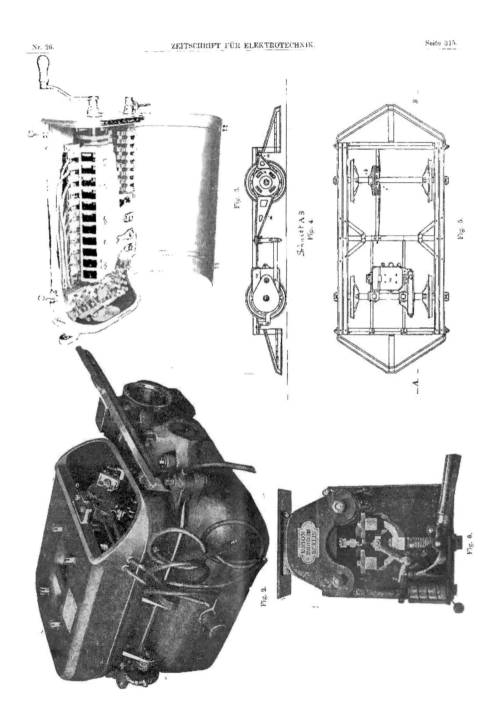

oder wenig Strom benöthigt. Dies wird durch besondere Schaltungsanordnungen erreicht, die sich auch im praktischen Betriebe gut
bewährt haben.

Der Controller K der „Union" ist auch im Stande, zwei
Motoren zu controliren, was vorerst durch Hintereinanderschaltung
und alsdann durch Parallelschaltung erfolgt.

Der Controller B. A., Fig. 3, besitzt eine einzige Handkurbel,
mittelst welcher nicht allein der Motor regulirt, sondern auch der
Wagen kräftig und schnellwirkend gebremst werden kann.

Die Bremsung erfolgt durch Umschaltung der Motoren;
dieselben arbeiten dann als Stromerzeuger auf besonderen elektrischen Bremsen, oder aber nur auf Widerstände. Wenn auch die
Anhängewagen mit elektrischen Bremsen ausgerüstet sind, so
kann man durch einfache Rückwärtsbewegung der Kurbel jede
Räderachse des Zuges bremsen. Diese Controller fanden Verwendung in Wien, Essen und Dresden und haben sich tadellos
bewährt.

Die Fig. 4 und 5 zeigen die auf dem Untergestelle montirten elektrischen Bremsen.

Die von der Hamburger Strasseneisenbahn selbst construirten Wagenuntergestelle sind mit selbstthätigem Schienen-
reiniger versehen und werden infolge ihres compendiösen Baues
auch von anderen Bahnen viel in Verwendung genommen.

Die „Union" hat ferner einen Maximalausschalter construirt,
den Fig. 6 darstellt; er ist für verschiedene Stromstärken einstellbar, functionirt präcise und ist auch mit magnetischer Funkenlöschung versehen, welch' letztere selbst bei eintretendem absoluten
Kurzschluss eine Funkenbildung unterdrückt.

Die erste Bahn dieses Systemes eröffnete die „Union" E.-G.
Berlin im Jahre 1890 in Bremen, und zwar in Verbindung mit
der zu dieser Zeit daselbst tagenden Gewerbe-Ausstellung; im
Jahre 1892 waren auch alle übrigen Linien hergestellt.

Die grösste elektrisch betriebene Strassenbahn errichtete
die „Union" in Hamburg, welche unstreitig die grösste des Continentes ist. Nach dem Resultate der Statistik des Betriebsjahres
1896—1897 betrugen die gesammten Ausgaben incl. Reparaturkosten und Löhnen nur 2·43 Pfg. pro Wagenkilometer. Dieser
Betrag setzt sich zusammen:

Kraftstation	0·20 Pfg.
rollendes Material	2·01 „
und Leitungsanlage	0·22 „
gibt zusammen . .	2·43 Pfg.

Der mittlere Kohlenverbrauch betrug für Heizung, Beleuchtung der Kraftstation und Remise im gleichen Zeitraum
pro Wagenkilometer 1·08 kg.

Zur Zeit befinden sich in Hamburg 20 Linien mit einer
Gesammtlänge von 188 km; 406 Motor-
wagen verkehren auf derselben; die Bahn functionirt tadellos.

Im Nachstehenden folgt ein Verzeichnis der „Union"-Bahnen.

Verzeichnis der von der Union ausgeführten und
im Bau befindlichen elektrischen Bahnen.

Nr.	Stadt	Eigenthümer	Motorwagen-zahl	Motorenzahl	Kraftstation eff. PS
1	Aachen	Aachener Kleinbahn-Ge-sellschaft	32	106	1340
2	Batavia	Batavia Electricke Tram Maatschappy Amsterd.	22	44	500
3	Barmen-Elberfeld	Elektrische Strassenbahn Barmen-Elberfeld . . .	65	65	—
4	Bergen	Bergens Elektriske Spor-veisselskab	16	32	500
5	Berlin	Gr. Berliner Pferdeeisen-bahn-Actien-Gesellsch.	153	306	—
6	Bremen	Bremer Strassenbahn-Gesellschaft	32	32	400
7	Brüssel	1. Société Anonyme des Tramways Bruxellois .	98	196	2920
8	Brüssel	2. Société Nationale des Chemins de fer Vicinaux	18	36	750
9	Cairo	Société des Chemins de fer économiques (Brüssel)	40	80	1000
10	Centre (Belgien)	Société Nationale des Chemins de fer Vicinaux (Brüssel)	17	34	1130
11	Dresden	1. Dresdener Strassen-bahn-Gesellschaft . . .	85	134	—

Nr.	Stadt	Eigenthümer	Motorwagen-zahl	Motorenzahl	Kraftstation eff. PS
12	Dresden	2. Deutsche Strassen-bahn-Gesellschaft . . .	10	10	—
13	Elberfeld	1. Stadt Elberfeld	15	30	330
14	Elberfeld-Kronenberg	2. Gesellschaft für elektr. Unternehmungen (Brl.)	7	14	—
15	Elbing	Gesellschaft für elektr. Unternehmungen (Brl.)	10	10	330
16	Erfurt	Erfurter elektr. Strassen-bahn-Gesellschaft . . .	30	30	500
17	Essen	Essener Strassenbahn .	70	140	—
18	Gmunden	Storn & Hafferl	4	8	—
19	Gotha	Elektricitäts-Actien Ge-sellschaft Frankfurt a. M	6	6	—
20	Halle	Hallesche Strassenbahn	35	70	750
21	Hamburg	Hamburger Strassen-eisenbahn-Gesellschaft	406	456	—
22	Herne-Recklinghausen	Herne-Recklinghausener Strassenbahn	8	12	200
23	Leipzig	Gr. Leipziger Strassen-bahn	190	190	2500
24	Linz a. D.	Consortium: Länderbank, Kitschel & Co., Wien, Union E.-G. Berlin . .	17	23	500
25	Lorient (Frankr.)	Compagnie Industrielle pour Traction pour la France et l'Etranger .	24	48	500
26	Lüttich	Société anonyme des Tramways Liégois . . .	40	40	—
27	Meissen	Consortium: H. Eckstein, Credit- und Sparbank, Leipzig, Union E.-G. Berlin	6	6	200
28	München	Münchener Trambahn-Actien-Gesellschaft . .	23	23	—
29	Posen	Posener Strassenbahn .	25	25	330
30	Remscheid	Remscheider Strassen-bahn-Gesellschaft . . .	18	36	670
31	Ruhrort	Kreis-Ruhrorter Strassen-bahn-Actien-Gesellsch.	14	14	330
32	Solingen (Stadt)	1. Stadt Solingen	12	24	330
33	Solingen (Kreis)	2. Gesellschaft für elektr. Unternehmungen (Brl.)	18	36	500
34	Szabadka (Ungarn)	Ganz & Co., Budapest	7	17	—
35	Teplitz	Teplitzer Elektricitäts-u. Kleinbahn-Gesellsch.	11	22	—
36	Wien	Wiener Tramway - Ge-sellschaft	40	80	—
37	Wiesbaden	Centr.-Verw. f. Secundär-Bahnen (H. Bachstein)	7	7	330
		Insgesammt . .	1831	2442	16.840

W. Sch.

Telephon-Automat.

(Patent Alexander Baek.)

So viele Verbesserungen auch dem wichtigen Verkehrsmittel der Neuzeit, dem Telephon, schon zu Theil geworden sind,
so lässt dasselbe in seinem Gebrauch doch noch mancherlei zu
wünschen übrig, weil dasselbe bei seiner Benutzung immer noch
einiger vorbereitenden Manipulationen bedarf, um den Apparat
zum Gespräch herzurichten.

Bekanntlich hängt das Sprechtelephon an einem seitlich am
Mikrophonkasten befindlichen Haken, so dass durch das Gewicht
des Telephons die Alarmglocken-Leitung geschlossen erhalten
wird; nach erfolgtem Anruf nimmt man das Instrument vom
Haken und schaltet dadurch die Fernleitung ein. Das Anhalten
des Fernsprechers mit den Händen an die Ohren stellte nun bis
jetzt die durch von vielen Unzuträglichkeiten dar, indem der
Gebrauch der Hände zur Aufzeichnung von Notizen unmöglich
wird und das Halten der Apparate bei längeren Gesprächen
ermüdet; ebenso gibt es auch Personen, denen selbst die so einfache Handhabung der Apparate bei der Herstellung einer Verbindung noch zu umständlich erscheint.

Die neue Vorrichtung besorgt diese Ein- und Ausschaltung
nun von selbst, d. h. der Apparat ist jederzeit ohne weitere Vor-

bereitung benutzbar und bleiben beide Hände völlig frei. Telephon und Mikrophon sind an gelenkigen für jede Person leicht einstellbaren Armen befestigt.

Das hohe k. k. Handelsministerium hat nach mehrmonatlichem Gebrauche dieser Erfindung bei 20 Telephon-Abonnenten den Apparat für bestens geeignet gefunden und die Anbringung neben den staatlichen Apparaten in Oesterreich gestattet. Der Apparat kann von der Telephon-Automaten-Gesellschaft, Wien, VI. Wehgasse Nr. 21, bezogen werden.

KLEINE MITTHEILUNGEN.

Verschiedenes.

Zur Geschichte des Telephons. Von Eugen Hartmann Frankfurt.*) Kurze Zeit nach der Erfindung und Verbreitung des Bell'schen Telephons sind in Amerika, England, Frankreich und Deutschland Bücher herausgegeben worden, welche die Geschichte des Telephons behandeln, so von Dolbear, Prescott, du Moncel, Sack, Grawinkel u. A. Fast alle Autoren besprechen in der Einleitung zunächst die akustische Fernübertragung des Schalles von Hooke (1667)**, von Wheatstone (1819), dann die galvanische Musik von Page (1837) und Wertheim (1847), vergessen nicht den leider unausführbar gebliebenen Vorschlag von Bourseul (1854) bezüglich der elektrischen Sprachübertragung zu erwähnen, erinnern ferner an Laborde's schöne Versuche (1850) zur Fernübertragung von Tönen. — alle Autoren stimmen auch darin überein, dass einem Deutschen, dem Lehrer Philipp Reis zu Friedrichsdorf bei Homburg v. d. Höhe 1860 die Lösung der Aufgabe vorbehalten blieb, nicht blos musikalische Töne, sondern auch die articulirten Laute der menschlichen Sprache auf elektrischem Wege in die Ferne zu übertragen.

Von vielen Seiten wurde zwar behauptet, dass mit dem Reis'schen Telephon höchstens musikalische Töne, nicht aber Sprachlaute übermittelt werden können, und von anderer Seite wieder bestritten, dass das Reis'sche Telephon in irgend einer Beziehung zu dem Bell'schen Telephon (1876) stehe, obwohl die amerikanischen Gelehrten, vor Allen Bell selbst, aber auch Dolbear und Edison ausdrücklich erklärt haben, dass sie das Reis'sche Telephon, das im Jahre 1868 zum ersten Mal von van der Weyde im Polytechnischen Club in Amerika demonstrirt wurde, zum Ausgangspunkt ihrer Erfindungen gewählt haben.

Ein hochangesehener englischer Gelehrter Silvanus Thompson — man wird in Frankfurt seiner sympathischen Persönlichkeit aus der Zeit der Elektrischen Ausstellung gerne erinnern — hatte es unternommen, die Verdienste des Philipp Reis in einer 1883 erschienenen umfangreichen, mit vielen unanfechtbaren Documenten belegten Schrift für alle Zeiten festzustellen.

Trotzdem glaubten die Brüder Holthof 1883 und später auch Andere ohne ein ernsteres physikalisches Studium wieder für den Bourseul'schen Vorschlag eintreten zu müssen, der von der Didaskalia vom 28. September 1854 von Dr. Lankenhein auszugsweise reproducirt und am 11. März 1884 ebenda vollständig mitgetheilt ist.

Begnügt man sich nicht mit den referirenden Angaben, die über den nämlichen Gegenstand in den verschiedenen Schriften oft erheblich differiren, geht man vielmehr auf die Quellen selbst zurück und nimmt dabei noch das physikalische Experiment zu Hilfe, so muss man nothwendigerweise zu folgenden Sätzen gelangen:

1. Die Bezeichnung Telephon für einen Apparat zur Fortleitung des Schalles von Bourseul zum ersten Male gebraucht, sondern von Wheatstone (1819), später von Rommershausen (1838). Auch der Ausdruck „elektrisches Telephon" scheint vor 1854 mehrfach angewendet worden zu sein. Ohne vom Vorhandensein des Ausdruckes unterrichtet gewesen zu sein, hat Reis nach Berathung mit dem Landgeometer Amend den Namen selbst gebildet.

2. Bourseul hat nichts weiter veröffentlicht, als eine schöne Idee, die weder er selbst, noch jemals ein Anderer ausgeführt hat. Würde irgend Jemand nach seinen 1854 gemachten Angaben das Experiment anstellen, so könnte man niemals articulirte Laute, sondern nur musikalische Töne übertragen. Nicht einmal das letztere ist auf dem von ihm vorgezeichneten Wege

*) Auszug aus einem am 27. Februar l. J. im Physikalischen Verein zu Frankfurt gehaltenen Vortrag. („Frankfurter Ztg.")

**) Es ist denkbar, der 1684 die erste Telegraphie erfunden hat, die 100 Jahre später von Chappe (1793) wieder erfunden und von Napoleon in seinen Feldzügen vortheilhaft benutzt wurde.

versucht worden. Kein französischer Gelehrte wagte es für die Priorität Bourseul's einzutreten, selbst Graf du Moncel verwahrt sich gegen den Vorwurf, die Wichtigkeit von Bourseul's Vorschlag verkannt zu haben; der eben aus dem Reich der Phantasie stammte.*)

3. Den ersten Apparat zur elektrischen Fernübertragung von Tönen hat Philipp Reis erfunden. Die Annahme der Brüder Holthof, dass das Reis'sche Telephon nicht articulirte Laute, sondern nur musikalische Töne übermitteln könne, ist ebenso irrig, als deren Angabe, dass Reis von seinem Apparat nie etwas Anderes behauptet habe, denn Reis sagt in seinem mehrfach veröffentlichten Prospect ausdrücklich, dass nach seiner Erfahrung die Töne der Orgelpfeifen und des Pianos ebenso gut wiedergegeben werden, wie die menschliche Stimme. Es existiren auch die Zeugnisse von zum Theil noch lebenden Zeitgenossen, dass durch den Apparat die menschliche Sprache übertragen wurde. Ausserdem hat Professor Silvanus Thompson die Reis'schen Versuche öfters mit gutem Erfolg wiederholt. Auch ich selbst habe vor einigen Tagen überraschende Resultate erhalten und stehe nicht an, zu behaupten, dass es nur der Ungeschicklichkeit der Experimentatoren zuzuschreiben ist, wenn andorwärts weniger gute Resultate erzielt wurden.

4. Reis hat die Publikation in der Didaskalia vom 28. September 1854 nicht gekannt, sonst würde er nicht den umständlichen Weg einer Erfindung eingeschlagen, sondern die von Bourseul vorgeschlagene Membran am Empfänger angewandt haben. Es liegt kein Grund vor, an der Wahrheit seiner Angabe, dass er sich schon 1852 mit dem Problem der Fernübertragung des Schalles mit Hilfe des galvanischen Stromes beschäftigt habe, zu zweifeln. Auch wäre er nicht erst zu Amend gegangen, um sich die Richtigkeit des Namens „Telephon" testiren zu lassen.

5. Aber auch wenn Reis den Vorschlag von Bourseul gekannt hätte, so würde ihm dennoch die Priorität der Erfindung gebühren, da er thatsächlich einen brauchbaren Apparat hergestellt hat, während Bourseul's Idee zur Uebermittlung der menschlichen Sprache unausführbar war. Im Sinne des Patentgesetzes § 1 muss eine Erfindung gewerblich verwerthbar sein. „Die Erfindung ist Neuschöpfung, sie ist die Darstellung von etwas noch nicht Vorhandenem, sie ist die Erzeugung eines concreten technischen Gutes", sagt Kohler. Bourseul hat nicht einmal eine Entdeckung gemacht.

In den Reis'schen Versuchsapparaten finden sich alle einzelnen Theile der später erfundenen Telephone und Mikrophone vor.

6. Alle Gelehrten, mit Ausnahme des Graf du Moncel, ferner Dolbear, Bell, Gray und Edison erkennen an, dass das Reis'sche Telephon den Ausgangspunkt für alle anderen gebildet habe.

70. Versammlung deutscher Naturforscher und Aerzte zu Düsseldorf. Juli—September. Laut Programme für die mit der Versammlung verbundenen Ausstellungen werden eine historische Ausstellung, eine Ausstellung die Photographie im Dienste der Wissenschaft, eine Neuheiten-Ausstellung veranstaltet und eine physikalische und chemische Lehrmittel-Sammlung vorgeführt.

I. Die historische Ausstellung zerfällt in:

A. Allgemeine Geschichte der Medizin und Naturwissenschaft.

B. Sonder-Ausstellungen.

Die Ausstellung wird im Juli eröffnet und am 30. September geschlossen.

II. Ausstellung betreffend die Photographie im Dienste der Wissenschaft.

Die Ausstellung beginnt im August und wird gegen Ende September geschlossen.

III. Die Neuheiten-Ausstellung.

Als Neuheiten gelten alle nach der 1888 in Köln abgehaltenen Versammlung deutscher Naturforscher und Aerzte ausgeführten Apparate, Präparate und Objecte. Die Neuheiten-Ausstellung soll am 17. September geöffnet und am 28. September geschlossen werden.

IV. Die physikalische und chemische Lehrmittel-Sammlung.

Diese Ausstellung wird vom 17. bis 25. September dauern.

Betriebsergebnisse der ungarischen elektrischen Kleinbahnen im Jahre 1896. Den Berichte des Statistikers der Direction der kgl. ungar. Staatsbahnen, Oberinspector Wilhelm Maurer, entnehmen wir die nachstehenden, aus officiellen Quellen geschöpften Daten über die Betriebsergebnisse der ungarischen elektrischen Kleinbahnen.

*) Jules Verne wird wieder als Erfinder des lenkbaren Luftschiffes noch den Unterseebootes bezeichnet werden, obwohl er vorzügliche Beschreibungen geliefert hat, die seine Ideen als praktisch ausführbar erscheinen liessen.

Durchschnitt-liche Betriebs-länge in km	Investirtes Bau-capital		Betriebs-Ueber-schuss	in Percenten des Capitals
	Zusammen	per Kilometer		
	fl.	fl.	fl.	
Budapester Strassenbahn[*] . .	20·50[2]	3.845.050[1]	77.508·[2]	753.147[2]	19·58[2]
Neupest – Rákos-Palota-Bahn . . .	11·00	2.128.196	167.574	79.338	3·73
Budapester städtische elektri-sche Strassenbahn	23·27	5.442.929	167.574	744.745	13·69
Budapester Franz Josephs-Untergrundbahn	3·70	3.600.000	972.973	147.748	4·10
Pressburger städtische elektri-sche Bahn	3·80	572.842	173.588	(2.824)	(0·49)

*) Die Gesammtlänge betrug 40·872 km, hievon 21·50 km auf elektrischen Betrieb umgestaltet, 1·316 km auf Locomotivbetrieb und 29·006 km mit Pferdebetrieb.
‡) Ist die Summe aller Betriebe; jene des elektrischen Betriebes ist nicht separat ausgewiesen worden.

Zur Abwicklung des Verkehres bei diesen Bahnen waren 2 elektrische Locomotiven und 296 Motorwagen in Verwendung.

Im Jahre 1896 wurde der Bau folgender elektrischer Bahnen in Angriff genommen, beziehungsweise waren Ende des Jahres im Baue begriffen:

Steinamangerer elektrische Stadtbahn mit . . . 1·8 km
Maria-Theresiopeler　　„　　　　　„　　　 . . 2·8 „
　　　„　　　　-Palicser elektrische Bahn . 8·9 „
Im Stadium der Concessionsverhandlung befanden sich:
Fiumaner elektrische Stadtbahn mit . . . . 4·4 km
Herkulesbader elektrische Bahn . . . . . . 5·5 „
Budapester „Donauufer" elektrische Bahn mit . 1·9 „
Temesvárer Strassenbahn (Umgestaltung auf elektrischen Betrieb und Ergänzung des Bahn-netzes) mit . . . . 10·3 „
Fünfkirchner elektrische Stadtbahn mit . . . 6·3 „

Ausgeführte und projectirte Anlagen.

Oesterreich-Ungarn.

a) Oesterreich.

Wien. (Eisenbahn von Wien bis zur Landes-grenze bei Neuhof.) Das Eisenbahnministerium hat dem diplomirten Ingenieur Josef Tauber in Wien die Bewilligung zur Vornahme technischer Vorarbeiten für eine Eisenbahn niederer Ordnung mit Dampf oder elektrischem Betriebe von Wien über Schwechat, Fischamend, Petronell, Deutsch-Alten-burg und Hainburg bis zur Landesgrenze bei Neuhof ertheilt.

b) Ungarn.

Budapest. (Ausführungsmodus der projectirten Localbahn Budapest–Promontor–Nagy-Tetény und deren bis Török-Bálint führende Flügelbahn.) Einem in Angelegenheit der Ausführungsweise der von Budapest über Promontor bis Nagy-Tetény projectirten Localbahn und deren von einem geeigneten Punkte der Linie abzweigenden, bis Török-Bálint führenden Flügelbahn, welche beide Linien mit elektrischem Betriebe einzurichten sind, erflossenen Erlasse des kgl. ungar. Handelsministers zu Folge, hat die Trace der Bahn vom donau-rechtsseitigen Brückenkopfe der Franz Josefs-Brücke (Zoll-amtsbrücke) auszugehen und ist selbe mit Benützung der Haupt-strasse nach Stuhlweissenburg (Székesfehérvár) bis Albertfalva und von dort an auf eigenem Bahnkörper vorläufig bis zur Station Promontor der Linie Budapest–Bombovár–Gyékényes–Zágráb (Agram)-Firma auszubauen. Die Concessionäre sind verpflichtet, über Aufforderung der Regierung die Hauptlinie bis nach Nagy-Tetény fortzusetzen und von einem geeigneten Punkte dieses Linienschnittes aus eine bis Török-Bálint führende Flügelbahn zu erbauen. Der Abschnitt Budapest–Promontor ist innerhalb eines Jahres, vom Tage der Concessionsertheilung an gerechnet, fertigzustellen, die Abschnitte Nagy-Tetény und Török-Bálint aber sind innerhalb weiterer zwei Jahre auszubauen. Das Investitions-capital der Gesammtlinien ist mit fl. 1,330.000 veranschlagt. Für

die theilweise Mitbenützung der Geleise der Linien der Budapester Strasseneisenbahn-Gesellschaft ist die Hälfte der Herstellungs-kosten zu vergüten und auf der Péagestrecke eine besondere Leitung für die zum Zwecke des Betriebes von der neuen Gesell-schaft zu beschaffenden elektrischen Strom herzustellen. Die Action der Gesellschaft dürfen erst nach einjährigem Betriebe zur Emission gelangen und deren eventuell erzielte Antgeld ist dem gesellschaftlichen Reservefonds zuzuführen. Die Fahrordnung ist derart zu erstellen, dass im Bereiche der Péagestrecke der Vor-kehr der Züge der Budapester Strasseneisenbahn nicht behindert werde und ist ferner bedungen, dass durch den Wagenübergang die Péage, die Ausgabe von Umsteige- und directen Karten im Interesse der einheitlichen Verkehrsentwicklung nicht behindert werde. Die Tendenz der vorangeführten Verfügungen ist die Gewährleistung von Garantien für die fiscalischen Interessen der hauptstädtischen Commune.

(Eisenbahnproject.) Der kgl. ungar. Handelsminister hat dem Hidekuter Einwohner Erwin Steinbach de Hidekut die Bewilligung zur Vornahme technischer Vorarbeiten für eine von der zukünftigen Haltestelle Hidegvölgy der von der Di-rection der Budapester Strasseneisenbahn durch das Hidegvölgy (Schwabenberg-Gebirgsstock) projectirten Betriebslinie abzwei-gende, bis zum Wallfahrtsorte Marie Remete führende normal-spurige Strasseneisenbahn mit elektrischem Betriebe ertheilt.

Die Staatsgewerbeschule in Budapest ist vor Kurzem die Unterrichtsräume und Werkstätten elektrisch beleuchtet und wurde für die Zeichensäle elektrisches Bogenlicht mit gutem Erfolge angewendet. Die ganze Anlage umfasst 42 Bogenlampen und 250 Glühlampen, deren Strom eine eigene Centrale besorgt und ist in allen Theilen von der Verein. Elektr. A.-G. Budapest ausgeführt worden.

Promontor. In der letzten Zeit ist das von der Verein. Elektr. A.-G., vorm. B. Egger & Co., Budapest, für die Promontorer Beleuchtungs-Act.-Ges. erbaute Elektricitäts-werk, dessen wir bereits in der „Zeitschr. f. Elektr.", Heft XIII, Jahrg. 1897, S. 390, kurz erwähnt, dem Betriebe übergeben worden. Dasselbe besteht aus zwei Dampfmaschinen mit einer ausgelehnten Kessel- und Wasserversorgungsanlage, welche das Speise- und Condenswasser der Donau entnimmt und reinigt, ferner zwei Dynamos à 60 kw und einer Accumulatorenbatterie von circa 500 Ampèrestunden Capacität. Im Orte Promontor be-finden sich die Freilager der Budapester Weingrosshändler; dies bringt einen ziemlich bedeutenden Tagesconsum in den Kellern mit sich, welcher sich sowohl in Beleuchtungsanschlüssen als Motorbetrieb der Weinpumpen äussert. Bei Eröffnung des Werkes war daher schon ein Aequivalent von circa 1000 Glühlampen à 16 NK angeschlossen.

Sátoralja-Ujhely. (Eisenbahnproject.) Der kgl. ungar. Handelsminister hat dem Emanuel Neuwohner, dem Eugen Neuwohner und dem Advocaten Dr. Jacob Weiler in Buda-pest die Bewilligung zur Vornahme technischer Vorarbeiten für eine von der Eisenbahnstation Sátoralja-Ujhely der Hauptlinie Budapest–Szerencs–Marmaros-Sziget–Körösmező und Sátoralja-Ujhely-Mező-Laborcz der kgl. ungar. Staatsbahnen ausgehende, mit Benützung entsprechender Strassenzüge die Stadt Sátoral-ja-Ujhely durchschneidende und diese mittelst Benützung der Poststrasse mit der Nachbarstadt Sárospatak verbindende und nach Durchschneidung des dortigen Stadtbezirkes bis zur Szent-Negyeder Strasse führende normalspurige Strasseneisenbahn mit elektrischem Betriebe ertheilt.

Steinbruch bei Budapest. Die Königsbranerei in Stein-bruch, welche bereits eine elektrische Lichtanlage für 1000 Glüh-lampen und 24 Bogenlampen besitzt, hat nun auch die elektrische Kraftübertragung in Verwendung gezogen. Es werden für zwei Pumpenanlagen circa 25 PS übertragen.

Deutschland.

Warmbrunn. (Elektrische Bahnen im Riesen-gebirge.) Im Hefte vom 15. Juli 1898 haben wir unter den gleichen Spitzmarke bereits ausführlich über den jetzt bereits kräftig in Angriff genommenen Plan des gräfl. Schaffgottschen Cameralamtes, ein Netz von elektrischen Bahnen zur Erschliessung des Riesen- und Isergebirges zu bauen, berichtet und ergänzen nun diese Mittheilungen mit den nachfolgenden weiteren Details:

Das Gesammtproject erstreckt sich auf Kleinbahnanlagen, die theils als Thallinien, theils als Gebirgslinien geführt werden, von denen die Thallinien Personen- und Güterverkehr erhalten, während die eigentlichen Gebirgslinien in erster Reihe dem In-teresse der Forstwirthschaft dienen, aber auch für Personen- und Gepäcksbeförderung eingerichtet werden, ferner auf Licht- und Kraftanlagen unter Benützung der auch für den Bahnbetrieb die

Energie hergebenden Wasserkräfte, drittens auf die Wasserversorgung für die Orte Warmbrunn, Hermsdorf, Schreiberhau und Flinsberg, endlich auf eine Hôtelanlage in der Nähe der Riesenbaude.

Die Spurweite wird, den örtlichen Verhältnissen angemessen, einen Meter betragen, und es sollen da, wo die Ueberführung von Hauptbahnwagen wünschenswerth ist, Rollböcke angewendet werden.

Als Betriebskraft ist Elektricität in Aussicht genommen und zwar mit oberirdischer Stromzuleitung, wobei man bei der günstigen Vertheilung der Energiequellen mit einer Spannung von 500 V auskommt, doch sollen für Rangierzwecke und im Dienst auf Anschlussgeleisen auch Accumulatoren-Locomotiven verwandt werden.

Die stärkste Steigung soll 1:15 bei den Gebirgslinien und 1:25 bei den Thallinien betragen. Dabei kommt, vielleicht mit Ausnahme der Strecke Riesenbaude bis Schneekoppe, ausschliesslich die Adhäsion, ohne Zahnstangen und dergleichen, zur Wirkung.

Der kleinste Curvenradius wird auf freier Strecke 100 m betragen, und es sollen alle Strecken thunlichst auf eigenem Planum geführt werden.

In den elektrischen Centralen erfolgt der Antrieb durch Turbinen mit direct gekuppelten Dynamos. Die in den oberen Theilen der Flussläufe anzulegenden Sammelteiche haben zugleich den Vortheil, Hochwassergefahren abzuschwächen und erhalten ihr Wasser aus den Gebieten des grossen und kleinen Zacken, des Kocherle und Zackerle, des Schneegruben- und des Giersdorfer Wassers, der kleinen Lomnitz und des Queis. Ausserdem kommen als natürliche Sammelteiche der grosse und der kleine Teich in Betracht. Nach den bisherigen Berechnungen können in diesen Teichen rund 5 Millionen Kubikmeter Wasser aufgespeichert und aus ihnen bei mittleren Niederschlagsverhältnissen im Sommer etwa 2500 PS am Tage nutzbar gemacht werden.

Für Ortsbeleuchtungen und für feststehende Motoren werden Accumulatoren-Batterien aufgestellt werden, welche, ebenso wie die Batterien der Accumulatoren-Locomotiven von den nächsten Centralen aus gespeist werden.

Als Theil sind folgende drei in Aussicht genommen:

1. Hermsdorf-Kynwasser-Arnsdorf-Schmiedeberg, 30 km lang, mit Anschluss in Hermsdorf und Schmiedeberg an die Staatsbahn, welche seit Langem ein Bedürfnis ist;

2. Warmbrunn-Giersdorf-Kynwasser, 6·5 km lang;

3. Hermsdorf-Petersdorf-Flinsberg, 25·3 km lang, welche die Verbindung zwischen Riesen- und Isergebirge herstellen.

Als Gebirgsbahnen kommen in Betracht:

1. Kynwasser-Saalberg-Riesenbaude, 24·6 km lang;

2. Saalberg-Agnetenhof-Josephinenhütte, 12·3 km lang;

3. Josephinenhütte-Jakobsthal-Schneegrubenbaude, 18 km lang;

4. Jakobsthal-Karlsthal-Gross-Iser, 8 km lang;

5. Riesenbaude-Schneekoppe, 0·6 km lang;

6. Schneegrubenbaude-Spindelmühl-Hohenelbe, 43·8 km lang.

An diese Kleinbahnlinien sollen sich auch Bedürfnis transportable Waldbahnen in den Forsten anschliessen.

Die gesammten Anlagekosten des Projects sind auf rund 15 Millionen Mark veranschlagt.

Nimmt man an, dass die Züge im Sommer nur zwei Drittel besetzt sein werden, so werden doch in dieser Jahreszeit mit den vorgesehenen Betriebsmitteln und nach den aufgestellten Fahrplänen etwa 1,000.000 Personen befördert werden können.

Mit den speciellen Vorarbeiten der Strecke Warmbrunn-Kynwasser-Riesenbaude-Schneekoppe ist bereits begonnen worden, nachdem durch den Minister der öffentlichen Arbeiten die Genehmigung für diese Linie ertheilt wurde.

Für den Sommer ist ein halbstündiger, und wenn nöthig ein viertelstündiger Verkehr vorgesehen. Da hier nur immer ein grosser Motorwagen für 50 Personen einen Zug bildet, so werden etwa 2500 bis 3000 Personen befördert werden können.

Als Bauzeit sind circa 3 Jahre in Aussicht genommen, doch wird es hoffentlich möglich sein, die Strecke Warmbrunn bis Kynwasser, bis an den Fuss des Gebirges, schon im Sommer 1899 dem Betriebe zu übergeben.

Literatur-Bericht.

Angewandte Elektrochemie. III. Band. Organische Elektrochemie. Von Dr. Franz Peters. Mit 5 Abbildungen. Elektrotechnische Bibliothek. Band L. — Wien, A. Hartleben's Verlag. Preis ö. W. fl. 1.65.

Dieses Buch bildet den Abschluss eines dreibändigen Werkes über angewandte Elektrochemie und bewegt sich aus-

schliesslich auf dem Gebiete der organischen Verbindungen. Es ist für den Gebrauch in der Praxis bestimmt, daher sind auch vorzugsweise jene chemischen Vorgänge berücksichtigt worden, die für die Praxis Wichtigkeit haben.

Das Buch besitzt drei Hauptabschnitte. Der erste bespricht die Verbindungen, welche der Fettreihe angehören, und enthält interessante Kapitel über die Herstellung des Jodoforms, die Behandlung der Alkohole und ihre Rectificirung, über die elektrochemischen Eigenschaften der Fette, Zuckerarten und Kohlehydrate.

In dem zweiten Abschnitte sind die Verbindungen der aromatischen Reihe behandelt. Da man durch dieses Kapitel Einblick in die Herstellungsweise vieler organischer Farbstoffe bekommt, verdient es volle Beachtung.

Im letzten Abschnitte beschreibt der Verfasser die verschiedenen Anwendungen der organischen Elektrochemie. Dies hat besonders bei der Färberei und Druckerei, beim Gerberfahren, in der Nahrungsmittelindustrie und Agricultur zu befriedigenden Ergebnissen geführt.

Die reichhaltigen Sach-, Namen- und Patent-Register liefern allein schon einen Beweis für die Sorgfalt, die der Verfasser seinem Buche zugewendet hat. Bei der täglich wachsenden Bedeutung der organischen Elektrochemie muss das Erscheinen dieses ausführlichen und guten Werkes begrüsst werden. — nn. —

Die wirthschaftliche Bedeutung der Gas- und Elektricitätswerke in Deutschland. Eine volkswirthschaftlich-technische Untersuchung von Dr. R. Lux. Leipzig. Verlag von Oscar Leiner. 1898. — Preis 3 Mk.

Das Buch repräsentirt einen kritischen Vergleich zwischen den Gaswerken und elektrischen Centralanlagen in Deutschland. Der Verfasser benützte zu diesem Zwecke die ausgezeichnete Statistik Küttgers über die Gaswerke, die Statistik von Bunte-Rasch über die elektrischen Centralstationen und Einzelanlagen, und die letzte, leider nicht mehr wiederholte Statistik der freien Vereinigung von Vertretern der Elektricitätswerke.

Die Besprechung der Vor- und Nachtheile der einzelnen Systeme, der ihnen praktischen oder wirthschaftlichen Ueberlegenheit von Gas oder Elektricität erfolgte mit nachahmenswerther Objectivität, sie macht daher Anspruch auf das volle Interesse der Gas- und Elektrotechniker. — nn —.

Elektrotechniker's Notiz-Kalender. Vierter Jahrgang 1898/99. Leipzig. Verlagsbuchhandlung Schulze & Co. Preis 1 Mk. 25 Pf.

Dieses Taschenbuch hat sich in den letzten drei Jahren im Kreise der Elektrotechniker schon viele Freunde erworben.

Praktisches Wörterbuch der Elektrotechnik und Chemie in deutscher, englischer und spanischer Sprache mit besonderer Berücksichtigung der modernen Maschinentechnik, Giesserei und Metallurgie, von Paul Bayno unter Mitwirkung von Dr. R. Sánchez-Rosal. 3 Bände. I. Deutsch-englisch-spanisch. II. Englisch-spanisch-deutsch. III. Spanisch-deutsch-englisch. I. Band. Deutsch-englisch-spanisch. Preis 4 Mk. 80 Pf. Dresden 1898. Verlag von Gerhard Kühtmann.

Infolge der besonders engen Verbindungen der deutschen Industriellen mit England und Amerika musste sich die technologische englisch-deutsche Literatur aus sich selbst bis zu einem hohen Grade entwickeln. Wir besitzen bereits zahlreiche gute englisch-deutsche Werke, die das Kapitel der Elektro- und Maschinentechnik behandeln, doch hat man in terminologischer Hinsicht die spanische Sprache vernachlässigt, weil man derartige Werke für überflüssig und nutzlos hielt. Diese Ansicht wird indess widerlegt, wenn wir unseren Blick beispielsweise nach den mittel- und südamerikanischen Staaten wenden, wo die deutsche Maschinenindustrie, und ganz besonders die deutsche Elektrotechnik, gegenwärtig die herrschende Stellung einnimmt und einer guten Zukunft entgegensieht. Das vorliegende deutsch-spanische technologische Wörterbuch wird daher gute Dienste leisten. In demselben sind speciell solche Wörter und Wortverbindungen aufgenommen worden, die zumeist in gleichartigen Werken anderer Sprachen fehlen, obgleich sie am häufigsten in der Praxis vorkommen. Es ist übersichtlich nach alphabetischer Reihenfolge geordnet, so dass sich beim Nachschlagen keine Schwierigkeiten einstellen.

Wegweiser durch die elektrotechnische Fachliteratur. Schlagwort-Katalog der Bücher und Zeitschriften für Elektrotechnik und verwandte Gebiete. 3. Auflage. Leipzig 1898. Verlag von Hachmeister & Thal. Preis 50 Pfg.

338

Patentnachrichten.

Mitgetheilt vom Technischen- und Patentbureau

Ingenieur Victor Monath

WIEN, I. Jasomirgottstrasse Nr. 4.

Classe Deutsche Patentanmeldungen.*)

20. P. 9459. Stromalnehmeranordnung für elektrische Bahnen mit unterbrochener Arbeitsleitung. — Henri Pieper, Lüttich. 4./5. 1897.

21. E. 6245. Ein Wechselstromkabelnetz. — Franz Clonth, Köln-Nippes. 11./7. 1896.

„ E. 5662. Phasenmessgeräth nach Ferrari'schem Princip. — Elektricitäts-Actien-Gesellschaft vorm. Schuckert & Co. in Nürnberg. 29./11. 1897.

„ H. 19.951. Kurbelschaltung für Compensations-Widerstände. — Hartmann & Braun, Frankfurt a./M.-Bockenheim. 14./2. 1898.

„ U. 1384. Elektricitätszähler für verschiedenen Tarif. — Union-Elektricitäts-Gesellschaft, Berlin. 26./4. 1897.

20. S. 11.152. Verfahren und Einrichtung zum Laden der Sammelbatterie elektrisch betriebener Strassenfahrwerke während der Fahrt. — Marc Sarasin, Treptow bei Berlin. 24./2. 1898.

21. E. 5647. Verfahren und Einrichtung zur Umwandlung von mehreren phasenverschobenen Wechselströmen in Gleichstrom mittels elektrolytischer Stromrichtungswähler. — Dr. Johannes Edler, Potsdam. 10./11. 1897.

Classe Deutsche Patentertheilungen.

21. 98.653. Ankerwickelung für durch Veränderung der Polzahl anzulassende Wechselstrommotoren. „Helios" Elektricitäts-Actien-Gesellschaft, Köln-Ehrenfeld. 8./1. 1898.

74. 98.657. Sicherheits- und Anrufschaltung bei Signalanlagen. — Siemens & Halske, Action-Gesellschaft, Berlin. 8./1. 1897.

Auszüge aus Patentschriften.

Max Jüdel & Co. in Braunschweig. — Vorrichtung zur Herbeiführung elektrischer Abhängigkeit zwischen Weichen und Signalen. — Classe 20, Nr. 96.716 vom 19. Mai 1897.

Die Vorrichtung dient zur Herstellung einer elektrischen Abhängigkeit zwischen Weichen und Signalen. Bei derselben ist die bekannte Einrichtung vorhanden, dass der Strom, welcher zur Umstellung der Streckensignale nötig ist, über sogenannte Signalstrom, erst dann geschlossen werden kann, wenn ein Controlstrom mit Unterbrechungsstellen an den in Frage kommenden Weichen dieses gestattet. Damit nun ein Controlstrom mit mehrere Contacte bedienen muss, wie es bei der bisherigen Einrichtung vorkommen kann, wenn eine Weiche in verschiedenen Fahrstrassen auftritt, ist zur Bestimmung darüber, welche dieser Controlcontacte von dem Strome jedesmal zu durchfliessen sind, für jede Fahrstrasse noch eine besondere Contactgruppe angeordnet, welche diejenigen Leitungsverbindungen einschaltet, die zu den für den Zustand der in Frage kommenden Fahrstrasse massgebenden Controlmagneten führen.

Elektricitäts-Actiengesellschaft, vormals Schuckert & Co., in Nürnberg. Schaltungsweise der Zusatzmaschinen in Mehrleiteranlagen mit Betriebsmaschinen von mehrfacher Gruppenspannung und hintereinander geschalteten Sammelbatterien. (Zusatz zum Patente Nr. 80.563 vom 5. Juli 1894; vgl. Bd. 16, S. 359.) — Classe 21, Nr. 96.722 vom 17. Juli 1897.

Die Schaltung des Hauptpatentes ist dahin abgeändert worden, dass jede der Zusatzdynamos beim Laden der Batterie auf die entsprechende Seite des Dreileiternetzes arbeitet als der zugehörige Motor und zwar so, dass entweder die beiden Maschinenpaare zusammen auf die beiden Hälften der Batterie arbeiten oder nur in Pase mit die entsprechende Batteriehälfte, wobei die Spannung der Batterie, an deren Mitte die Mittelleiter des Dreileiternetzes stets angeschlossen bleibt, mittelst zweier Einfachzellenschalter geregelt wird.

*) Die Anmeldungen liegen acht Wochen zur Einsichtnahme öffentlich aufgelegt. Nach § 24 des Patent-Gesetzes kann innerhalb dieser Zeit Einspruch gegen die Anmeldung wegen Mangel der Neuheit oder widerrechtlicher Entnahme erhoben werden. Das obige Bureau besorgt Abschriften der Anmeldungen und übernimmt die Vertretung in allen Einspruchs-Angelegenheiten.

Geschäftliche und finanzielle Nachrichten.

Internationale Elektricitäts-Gesellschaft. In der am 14. d. M. stattgefundenen Sitzung des Verwaltungsrathes wurde die Bilanz für das abgelaufene Geschäftsjahr vorgelegt. Dieselbe schliesst nach Berücksichtigung der statutarischen Abschreibungen mit einem Gewinnsaldo von 588.217 fl., woraus sich nach Abzug des Vortrages ein Gewinn von 567.980 fl. gegen 558.179 fl. im Vorjahre ergibt. Es wurde beschlossen, der am 1. Juli abzuhaltenden Generalversammlung die Vertheilung einer Dividende von 8%, beziehungsweise 16 fl. per Actie (gleichwie im Vorjahre) zu empfehlen. Dem Sparvereine der gesellschaftlichen Angestellten soll ein Betrag von 6000 fl. zugewendet und der nach Dotirung der Reserven und abzüglich der Verwaltungsraths-Tantieme verbleibende Rest von 30.695 fl. auf neue Rechnung übertragen werden. Ueberdies wird der Generalversammlung der Antrag gestellt werden, das Gesellschafts-Capital, welches gegenwärtig 6 Millionen Gulden beträgt, durch Ausgabe von 7500 Stück Actien auf 7·5 Millionen Gulden zu erhöhen. Hiedurch sollen die neuen Mittel beschafft werden, welche zur Deckung der infolge Ausbreitung der gesellschaftlichen Unternehmungen bereits gemachten und noch bevorstehenden Investitionen erforderlich sind.

Italienische Gesellschaft für elektrische Unternehmungen in Mailand. Zwischen einer italienischen Bankgruppe, an deren Spitze die Credito Italiano und das Haus Manzi und Co. sich befinden, und der E.-A.-G. vorm. Schnckert & Co. in Verbindung mit der Continentalen Gesellschaft für elektrische Unternehmungen in Nürnberg, ist, wie dem „Berl. Börs.-C." mitgetheilt wird, schon vor längerer Zeit ein Vertrag geschlossen worden wegen Gründung einer italienischen Gesellschaft für elektrische Unternehmungen, welche den Namen „Società Nazionale per Industrie ed Imprese Elettriche" erhalten soll. Die Gesellschaft wird ihren Sitz in Mailand haben und zunächst mit einem Capital von 5 Millionen Lire mit späterer Facultät der Erhöhung auf 20 Millionen Lire gegründet werden. Die Gesellschaft wird einen Theil der zahlreichen italienischen Unternehmungen, welche die beiden genannten deutschen Gesellschaften bereits erricht haben, in sich aufnehmen, ebenso sind bereits eine Zahl grösserer Geschäfte zum Abschlusse nahe, welche der neuen Gesellschaft übertragen werden sollen.

Gas- und Elektricitätswerke Bremen. Der Aufsichtsrath dieser Actiengesellschaft hat beschlossen, vorbehaltlich der Genehmigung der Generalversammlung, nach reichlichen Abschreibungen eine Dividende von 12%, zur Vertheilung zu bringen.

Gesellschaft für elektrische Unternehmungen zu Berlin. Von 20 Millionen Mk. der 4%igen Obligationen, welche auf Beschluss des Aufsichtsrathes zur Ausgabe gelangen, werden am 22. d. M. 10 Millionen Mk. in Berlin bei der Discouto-Gesellschaft, der Dresdener Bank, der Darmstädter Bank und den Bankhäusern S. Bleichröder und Born & Busse zur Zeichnung aufgelegt. Der Subscriptionspreis beträgt 101.75% zuzüglich laufender Zinsen vom 1. April d. J. ab. Die Obligationen sind vom 1. April des Jahres 1906 unkündbar und von da ab im Wege der Verlosung oder Kündigung zum Course von 103% rückzahlbar. Die Anleihe muss spätestens bis zum Jahre 1956 getilgt sein. Besondere Sicherheiten werden für diese Anleihe nicht verpfändet; dagegen ist die Gesellschaft auch nicht berechtigt, zur vollständiger Tilgung der Anleihe eine neue Anleihe aufzunehmen, welche deren Inhabern ein besseres Recht auf das Vermögen der Gesellschaft als den Inhabern der jetzt ausgegebenen Schuldverschreibungen einräumt. Die Gesellschaft für elektrische Unternehmungen ist bekanntlich im Jahre 1894 gegründet worden. Ihr ursprüngliches Actiencapital von 15 Millionen Mk. ist Anfang 1896 auf 30 Millionen Mk. erhöht worden. Als Dividende wurde im ersten Geschäftsjahre 1895 7%, im nächsten Jahre 11·2% und im Jahre 1897 8½% vertheilt. Die Gesellschaft hat die Finanzirung der Solinger Kreisbahn übernommen, einen grossen Theil der Actiencapitals der Rigaer Pferdebahn-Gesellschaft und der Anglo Argentine Tramways Co. in Buenos Aires erworben. Dazu kommt das Bergische Elektricitätswerk, welches seinen Betrieb im Juli d. J. eröffnen wird, in Betracht. Von den Neapeler Provinzial-Tramways wurde die Hälfte der Antheilscheine erworben, ferner ein Antheil an den Lütticher Ost-West Tramways, sowie Betheiligungen bei der chilenischen elektrischen Tramway- und Lichtgesellschaft und an der in Chur begründeten Elektrischen Strassenbahn- und Elektricitätsgesellschaft. (Vergl. H. 12. S. 147.)

Schluss der Redaction: 21. Juni 1898.

Verantwortlicher Redacteur: Dr. J. Sabulka. — Selbstverlag des Elektrotechnischen Vereines.

Commissionsverlag bei Lehmann & Wentzel, Wien. — Alleinige Inseraten-Aufnahme bei Haasenstein & Vogler (Otto Maass), Wien und Prag.

Druck von R. Spies & Co., Wien.

Zeitschrift für Elektrotechnik.

Organ des Elektrotechnischen Vereines in Wien.

Heft 27.　　　　　WIEN, 3. Juli 1898.　　　　　XVI. Jahrgang.

Bemerkungen der Redaction: Ein Nachdruck aus dem redactionellen Theile der Zeitschrift ist nur unter der Quellenangabe „Z. f. E. Wien" und bei Originalartikeln überdies nur mit Genehmigung der Redaction gestattet.

Die Einsendung von Originalarbeiten ist erwünscht und werden dieselben nach dem in der Redactionsordnung festgesetzten Tarife honorirt. Die Anzahl der vom Autor event. gewünschten Separatabdrücke, welche zum Selbstkostenpreise berechnet werden, wolle stets am Manuscripte bekanntgegeben werden.

INHALT:

Elektrische Zugsbeleuchtung (System Dick) der Accumulatoren-Fabrik Wüste & Rupprecht, Baden und Wien.[*)]

Beschreibung des Systemes.

Das von der Accumulatoren-Fabrik Wüste & Rupprecht acceptirte neue System Dick für elektrische Zugsbeleuchtung, dessen ausführliche Beschreibung nachfolgend vorliegt, erfordert für eine aus beliebig vielen Waggons zusammengestellte Zuggarnitur nur eine einzige Dynamomaschine und auch nur ein Exemplar der gesammten Regulirvorrichtung, und können dessen wesentlichste Vorzüge wie nachstehend hervorgehoben werden:

1. Vollste Betriebssicherheit,
2. überaus präcise und zuverlässige Regulirung, einfachste Bedienung, geringste Wartung;
3. relativ geringe Anlagekosten,
4. geringe Betriebskosten,
5. denkbar befriedigendster Effect der Beleuchtung.

Das überaus dankenswerthe, einsichtsvolle Entgegenkommen der hohen k. k. General-Direction der österreichischen Staatsbahnen ermöglichte es der Accumulatoren-Fabrik Wüste & Rupprecht, einen aus 12 Personenwagen und einem Gepäckswagen bestehenden Localzug mit der in Rede stehenden Einrichtung der elektrischen Zugsbeleuchtung auszustatten; dieser Probezug steht sei: nahezu sechs Monaten im fahrplanmässigen Verkehre und haben die täglichen Fahrten das wünschenswertheste, präcise Functioniren der ganzen Anlage ergeben. Es hat dies umso mehr zu bedeuten, als dieser Localzug seinem Charakter gemäss die für dieses System ungünstigsten Fahrtverhältnisse und Zugsgeschwindigkeiten bietet, und das Laden der Batterien während der Fahrt nur auf kurze Intervalle von zwei bis fünf Minuten beschränkt erscheint. Trotzdem kann auf die überaus befriedigenden Resultate hingewiesen und besonders betont werden, dass das Licht völlig constant ist und sich auch beim Zu- und Abschalten der Dynamo nicht die geringsten Schwankungen wahrnehmen lassen.

Um die nachfolgende Darstellung einem concreten, praktisch durchgeführten Falle anzupassen, schliesst sich dieselbe in allen Stücken den auf dem in Betriebe stehenden Probezug geschaffenen Einrichtungen an. welche selbstredend für anders geartete Verhältnisse

*) Mit Benützung der Broschüre der Firma. Siehe auch E. T. Z., Heft 17 und Rundschau, Heft 19.

und irgendwie modificirte Voraussetzungen gleich vortheilhaft adaptirt werden können.

Wie schon angedeutet, bedient sich unser System für jeden Zug einer einzigen Dynamomaschine, während jeder Waggon mit einer Accumulatoren-Batterie versehen wird, die in bekannter Weise in einem Behälter am Untergestelle eingeschlossen ist; ein Oeffnen des Behälters wird nur behufs etwaiger Revisionen erfolgen. Die Dynamomaschine (Waggondynamo *D*, Fig. 1) ist an irgend einem Waggon in derselben Weise angehängt, wie ein Tramwaymotor, der Antrieb der Armatur wird durch eine Zahnradübersetzung von der Waggonachse aus bewerkstelligt. Da in Uebereinstimmung mit dem Fahrplane die Zugsgeschwindigkeit eine variable ist, haben besondere Apparate die Regulirung der an der Waggondynamo erzeugten Spannung und Stromstärke, wie auch die Zu- und Abschaltung der Dynamomaschine zu verrichten. Diese Regulirapparate sind insgesammt oberhalb der Dynamomaschine im Waggon selbst untergebracht und nehmen einen äusserst geringen Raum in Anspruch.

Zur Zeit des Lichtbedarfes bestreitet, so lange die Zugsgeschwindigkeit nicht unter 25 *km* pro Stunde herabgeht, die Waggondynamo allein die Speisung der Lampen, erst bei niedrigerer als der genannten Fahrgeschwindigkeit, wie auch bei zeitweisem Stillstande wird der Lampenstrom von den Accumulatoren geliefert. Sobald die Beleuchtung selbst die Dynamomaschine nicht mehr nur behufs etwaiger Revisionen nimmt, dient letztere dazu, die Batterien wieder zu laden, beziehungsweise den aus denselben verbrauchten Strom zu ersetzen. Daraus ergibt sich von selbst, dass bei den Batterien eine untergeordnetere Rolle zufällt und dass selbe in viel kürzerer Zeit wieder geladen, oder richtiger nachgeladen sein werden, als bei anderen sonst gebräuchlichen Einrichtungen, und gilt dies in umso höherem Masse, mit je beschleunigteren und je mehr in Bewegung erhaltenen Zugsgattungen man es zu thun hat. Ueberdies folgt ohneweiters, dass man sich mit wesentlich kleineren und leichteren Batterien, d. i. mit Sammlern von geringerer Capacität begnügen wird dürfen, wie auch, dass ein stabiles Verbleiben im Aufbewahrungsraume nebst der niedrigeren Entladestromstärke die günstigsten Voraussetzungen für ihre gute Erhaltung und lange Lebensdauer bietet.

Um den einzelnen Batterien den Ladestrom zuzuführen, durchzieht alle Waggons eine gemeinschaftliche, aus zwei gut isolirten Kabeln von kräftigem Querschnitt bestehende Hauptleitung, an welche die Accumulatoren unter Zwischenschaltung von Sicherungen parallel angeschlossen sind. Zur Verbindung der Hauptleitung von Wagen zu Wagen dienen leicht lösbare, flexible Kuppelungen, welche sich selbstthätig trennen, wenn das Abkuppeln derselben beim Ablösen eines Waggons vom Zuge übersehen werden sollte; die elektrische Kuppelung beeinträchtigt somit die vorhandenen anderweitigen in keinerlei Weise. Nun kann zur Construction der einzelnen Theile der Einrichtung, ihrer Zusammengehörigkeit und Wirkungsweise übergangen werden.

der Dynamo erfolgt direct durch einfache Zahnradübersetzung im Verhältnisse 1 : 4 von der Waggonachse aus; die Stirnräder sind aus Stahlguss und die Zähne aus dem Vollen geschnitten, um ein ruhiges Eingreifen zu erzielen. Zum Schutze gegen das Eindringen von Fremdkörpern, Staub und dergleichen sind die Räder in einem gusseisernen Schutzkasten eingeschlossen, welcher zur Verminderung der Abnützung der Zähne theilweise mit Valvolinöl gefüllt ist.

Den beständigen Erschütterungen, welche die Dynamomaschine auf den Schienenstössen ausgesetzt ist, wurde durch reichliche Dimensionirung der Lager

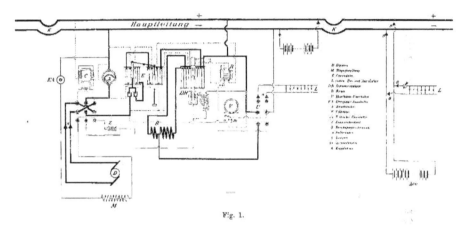

Fig. 1.

Dynamomaschine (Waggondynamo).

Damit die Dynamo sowohl für Schnellzüge mit einer kleineren Anzahl Waggons, wie auch für längere Personenzüge ausreicht, wurde als Normale eine einzige, der grössten Belastung entsprechende Construction gewählt; die maximale effective Leistung, welche die Dynamomaschine absorbirt, variirt demnach in den Grenzen von circa 6 bis 12 Pferdekräften. Da die Regulirung der Klemmenspannung, wie auch die Stromstärke der Dynamo nur durch Veränderung der Erregung bewirkt wird, bot vor Allem die Construction und Dimensionirung der einzelnen Theile grosse Schwierigkeiten, welche hauptsächlich darin bestanden, dass ja die Maschine nicht allein unter Umständen zwischen den Zugsgeschwindigkeiten von 25 bis 80 km pro Stunde dieselbe Spannung an den Klemmen aufzuweisen hat, sondern dass auch die nöthigen Vorkehrungen zur Vermeidung zu starker Funkenbildung an den Bürsten getroffen werden mussten. Wie schon erwähnt, ist die Aufhängung der Dynamo ähnlich der bei Trammotoren üblichen bewerkstelligt, die Maschine ist einerseits auf der Waggonachse gelagert und andererseits am Waggonuntergestelle mittelst Gummipuffern federnd aufgehängt. Der Antrieb

und breite Schmiernuthen in denselben Rechnung getragen, so dass das zur Verwendung kommende Schmiermaterial leicht Zugang zwischen die sich reibenden Flächen findet. Die Dynamo hat vier Pole, die Magnetenschenkel und Polschuhe sind aus einem Stücke gegossen und mit je zwei Bolzen an das Gehäuse befestigt; Schraubensicherungen verhindern ein Losewerden der Bolzen.

Auf den vier Magnetschenkeln sitzen die Magnetisirungsspulen, welche die Isolation der Wicklungen gegen das Gestelle ist besonders reichlich bemessen.

Die Magnetspulen, Armatur und Bürsten sind vom Gehäuse vollständig eingeschlossen, so dass keine fremden Bestandtheile in die Maschine gelangen können und Beschädigungen völlig ausgeschlossen sind. Die Armatur besteht aus einem Nuthenanker mit Trommel-Seriewicklung, die Abnahme des Stromes erfolgt am Collector an zwei um 90° von einander abstehenden Stellen mittelst Kohlenbürsten, welche unverschiebbar sind. Eine Klappe oberhalb des Collectors gestattet, die Bürsten bequem nachzustellen oder auszuwechseln. Bei einem Radreifendiameter von 1000 mm, einem Uebersetzungsverhältnis von 1 : 4 und einer Zugsgeschwindigkeit von 25 km pro Stunde ergibt sich für die Armatur eine Tourenzahl von 530 per Minute; die maximale Tourenzahl bei 80 km Zugsgeschwindigkeit beträgt ohne Berücksichtigung des Gleitens auf den Schienen 1700 Umdrehungen per Minute. Das Gewicht der Maschine kommt ungefähr dem des 15 HP Oerlikoner Tramwaymotors gleich.

Der automatische Commutator.

Die Erregung der Maschine wird schon bei Stillstand des Zuges von den parallel geschalteten Batterien aus bewirkt; da je nach der Richtung der Fahrt die Lage des positiven und negativen Stromlaufes wechseln würde, müsste ein Apparat, der Commutator, zur Verwendung gelangen, welcher die Herstellung der richtigen Verbindungen der Dynamo mit den Batterien bezw. immer gleiche Polarität in den Hauptleitungen, entsprechend der Fahrtrichtung erzielt.

Dieser automatische Commutator *C* besteht im Wesentlichen aus einer Wippe, welche mit drei doppelarmigen Contacthebeln versehen ist, die miteinander starr verbunden, aber von einander isolirt und drehbar gelagert sind. Die beiden im beigegebenen Schaltungsschema vorkommenden oberen Hebel dienen zur Herstellung des Contactes zwischen der Maschine und den Batterien, das ist der dahinführenden Hauptleitung, während der dritte Hebel zum gleichzeitigen Kurzschliessen eines Zusatzwiderstandes *Z* dient, welcher die Bestimmung hat, während des Stillstandes des Zuges einen grösseren Widerstand in der Erregerleitung einzuschalten und derart einen unnöthigen Wattverlust auf ein Minimum einzuschränken. Neben der Wippe befindet sich ein Elektromagnet mit zwischen seinen Polschuhen drehbar angeordnetem Lochanker, die Wicklung des letzteren ist in den Löchern in parallelen Ebenen untergebracht und der Anker selbst aus massivem, weichem Eisen hergestellt.

Während der Elektromagnet durch den Accumulatorenstrom beständig erregt ist, empfängt der Lochanker nur dann Strom, wenn die Waggondynamo in Betrieb gelangt; man erhält somit, je nach der Spannung, trotz der geringen Erregung des Magnetfeldes am Lochanker ein Drehmoment, durch welches je der Stromrichtung entsprechend die Commutirung bewirkt. In der Ruhelage, welche durch ein schwaches Regulirgewicht erhalten wird, stellen die drei Hebel weder auf der einen, noch auf der anderen Seite Verbindung her. Der Apparat ist ziemlich starken Erschütterungen unterworfen, daher alle Theile äusserst solide ausgeführt, um den an sie gestellten Anforderungen genügen zu können.

Automatischer Ein- und Ausschalter.

Um nach erfolgter Herstellung richtiger Verbindung durch den Commutator *C* die Zu- und Abschaltung in gegebenen Momente hervorzurufen, musste der automatische Ein- und Ausschalter (*E* im Schaltungsschema) zur Anwendung gelangen, welcher erst in Thätigkeit tritt, sobald die Waggondynamo eine gewisse Klemmspannung — in unserem Falle circa 120 V — erreicht hat.

Das Princip dieses Apparates ist aus dem Schaltungsschema ersichtlich; ein Balancier trägt an beiden Enden je einen Eisenkern; während nun der rechte Stab mit einem regulirbaren Contregewicht versehen ist, das zugleich den Spielraum der Bewegung begrenzt, trägt der linke Stab eine Contactgabel, mittelst welcher die Verbindung der Dynamo mit den Batterien (der Hauptstromleitung) hergestellt wird. Die Eisenkerne tauchen in Solenoide ein, die ihrerseits mit je drei von einander unabhängigen Wicklungen versehen sind; die innerste und mittlere Wicklung besteht aus dünnen Drahte, erstere ist an die Hauptleitung (damit auch an die parallel angeschlossenen Batterien), letztere an die Dynamo angeschlossen. Die äusserste Wicklung ist aus dickem Drahte hergestellt. Die innerste Wicklung hat nun den Zweck, die Eisenkerne zu polarisiren, und zwar derart, dass beständig dieselben Magnetpole an beiden Eisenkernen vorhanden sind; die mittlere Wicklung bewirkt die Zu- und Ausschaltung der Maschine an die Hauptleitung, vorausgesetzt, dass der Commutator *C* richtig functionirt hat, dadurch, dass in diesem Falle die magnetisirenden Wirkungen der beiden dünnen Wicklungen einander unterstützen.

Sollte jedoch der Fall eintreten, dass sich die Fahrtrichtung des Zuges geändert und der automatische Commutator die ihm zugewiesene Function aus irgend einer Ursache versagt hat, dann würden die Ampèrewindungen der mittleren Wicklung den Ampèrewindungen der Innersten entgegenwirken, die Anziehungskraft der Contactvorrichtung müsste kleiner werden als bei blosser Einwirkung der innersten Wicklung allein, und es könnte daher eine Zuschaltung der Maschine absolut nicht erfolgen.

Sobald die Dynamo durch die Contactvorrichtung an die Hauptleitung angeschlossen ist, durchfliesst der Hauptstrom der Maschine sofort auch die äusserste dicke Wicklung und verstärkt die Anziehungskraft auf den Contactarm umsomehr, je grösser die von der Maschine abgegebene Stromstärke ist. In analogous Vorgang, wie bei der Zuschaltung, erfolgt auch die Abschaltung der Waggondynamo von der Hauptleitung und den Batterien beim Herabgehen der Maschinenspannung unter circa 120 V; einestheils verringert sich hiemit die Anziehungskraft der mittleren Spule und die Unterstützung durch die äusserste, dicke Wicklung, zu gleicher Zeit geht die Stromstärke der Maschine auf Null herab, unter Umständen den entgegengesetzten Werth anzunehmen, der dabei auftretende Rückstrom in die Maschine, welcher selbstredend nur einen Moment andauern kann, sichert im selben Augenblicke aufs zuverlässigste die Abschaltung, bezw. auch für diese das präcise Arbeiten des automatischen Ein- und Ausschalters.

Da die Contactgabel in zwei Quecksilbergefässe eintaucht, verdient die Frage einer eventuellen Funkenbildung einiges Interesse. Die Beobachtungen bei dem hier beschriebenen Versuchszuge haben gezeigt, dass bei der Abschaltung absolut keine Funken an der Unterbrechungsstelle vorkommen, während im Augenblicke der Zuschaltung nur ein kurzes Zischen auftritt. Nachdem die Grösse der Funkenbildung von der an der Unterbrechungsstelle herrschenden Spannung abhängt, diese aber mit Hilfe des regulirbaren Gegengewichtes auf ein Minimum gebracht werden kann, haben sich thatsächlich während des fünfmonatlichen Betriebes die Quecksilbercontacte trotz unausgesetzten, durch den Fahrplan des Zuges bedingten Arbeitens ausgezeichnet bewährt.

Der automatische Dynamoregulator.

Zur Erreichung einer einfachen Anordnung der Magnetwicklung der Maschine erfolgt die Regulirung der Spannung sowohl wie auch die Stromstärke einzig durch Veränderung des Erregerstromes. Hätte man sich zur Lösung dieser Aufgabe eines anderen Mittels, z. B. einer Compoundwicklung, bedient, welche bei steigender Stromabgabe der Maschine der Nebenschlusswicklung entgegenzuwirken hat, so würde die Dynamo mit der Verwendung einer zweiten unabhängigen Wicklung betreffs der gegenseitigen Isolation der Spulen und der umständlichen Herstellung der Verbindungen in der Maschine, dann auch der Dimensionirung der Magnetspulen erhöhte Schwierigkeiten in der Construction und praktischen Durchführung geboten haben.

Bei unserem Systeme nun erzielt der automatische Dynamoregulator *DR*, welcher von Stromabgabe und Spannung der Maschine direct abhängig ist, selbstthätig die jeweilig benöthigte Veränderung des Widerstandes der Magnetwicklung. Er besteht dem Wesen nach aus einem, in einem Solenoid befindlichen Eisenkerne, welcher entsprechend den auf ihn wirkenden Ampèrewindungen in verschiedenen Lagen gehalten wird. Mit dem unteren Ende taucht der Kern in ein mit Quecksilber gefülltes Gefäss ein, welches aus übereinandergelagerten, durchlochten Eisenscheiben besteht, die durch Zwischenschaltung von Glimmerscheiben von einander isolirt und fest zusammengepresst sind. Jede Scheibe ist mit einem Ableitungskabel versehen, welches nach dem zugehörenden Elemente des Regulirwiderstandes führt. Am oberen Ende trägt der Eisenkern einen Kolben, welcher in einer dicht abgeschlossenen Hülse gleitet und lediglich zur Abdämpfung allzu heftiger Bewegungen dient.

Der Eisenkern wird von vier Wicklungen beeinflusst, die zwei inneren Wicklungen bestehen aus dünnem, die beiden äusseren Wicklungen aus dickem Drahte; alle vier Wicklungen unterstützen einander. Die erste Wicklung ist der an der Dynamo jeweilig herrschenden Spannung unterworfen, die zweite tritt nur bei beendeter Ladung in Kraft, die dritte wirkt während der Ladung der Batterien und die dritte und vierte Wicklung gemeinschaftlich während der Stromabgabe der Waggondynamo an die Lampen; die Anordnung der Wicklungen ist aus dem Schaltungsschema leicht ersichtlich.

Das Relais.

Von ebenso grosser Wichtigkeit wie die bis nun beschriebenen Apparate ist das Relais *R*, dem die Aufgabe zufällt, bei beendeter Ladung der Accumulatoren eine Verminderung der Dynamospannung indirect zu bewirken. Im Wesentlichen bildet dieser Apparat einen Hufeisen-Elektromagneten, der auf jedem Schenkel eine Magnetisirungsspule trägt. Sobald die Zellenspannung der Accumulatoren circa 2·5 *V* erreicht hat, wird durch die Wirkung der einen Spule an dem betreffenden Magnetschenkel ein Anker angezogen, der dann im selben Moment einen Contact herstellt, durch welchen nun auch die obere Spule Strom empfängt. Ueber den weiteren Zusammenhang soll später noch gesprochen werden; hier sei vorläufig nur noch bemerkt, dass das Relais *R* erst bei beendeter Ladung der Batterien in Thätigkeit tritt, während der Stromabgabe der Dynamo an die Lampen hingegen abgeschaltet verbleibt.

Die Accumulatorenbatterien.

Bei dem im Betriebe stehenden Versuchszug sind alle Waggons mit je einer aus 57 Elementen bestehenden Batterie ausgerüstet. Die maximale Ladestromstärke der betreffenden Accumulatoren beträgt 3 Ampères; ihre Capacität von 25 Ampèrestunden reicht aus, um sämmtliche Lampen des zugehörigen Waggons durch mehr als acht Stunden selbstständig, also auch bei beliebiger Verwendung des Wagens in irgend einem anderen Zuge, zu speisen. Es ist wohl selbstverständlich, dass es ganz dem freien Ermessen anheimgestellt bleibt, Batterien von grösserer Capacität zu verwenden, die auch eine entsprechend länger dauernde Beleuchtung

von den Batterien allein aus ermöglichen werden, und dass eine derartige Wahl das System selbst in keinerlei Weise tangirt.

Hier sei noch zu erwähnen gestattet, dass der mehrerwähnte fünfmonatliche Betrieb auch betreffs unseres Specialfabrikates, das ist der Accumulatoren an und für sich, beziehungsweise den von uns mit den befriedigendsten Ergebnissen gleichkommen.

Jede Batterie ist in bekannter Art in einem versperrbaren Holzkasten am Untergestelle des Waggons angebracht und wiegt sammt dem Kasten circa 180 *kg*. Der letztere ist mit Oeffnungen für den freien Abzug der bei der Ladung entstehenden Gase und sowohl innen wie aussen mit einem zweckdienlichen Anstrich versehen.

Leitungen und Installation.

Das Schaltungsschema gibt auf seiner rechtsseitigen Hälfte ein hinreichend deutliches Bild über die Anordnung der Leitungen zu den Lampen und den Batterien, wie auch der Sicherungen; wie ersichtlich, ist die ganze Installation äusserst einfach. Es muss noch besonders hervorgehoben werden, dass im Falle eines Kurzschlusses in der Hauptleitung sofort die Batterie eines jeden Wagens dessen Beleuchtung von selbst übernimmt und eine Störung des Lichtbetriebes völlig ausschliesst.

Jeder Waggon ist mit durchschnittlich sieben Lampen zu 8·5 Kerzen (bei 111 *V* Spannung) ausgestattet, es wurden einfache Tramwaygarnituren, die mit einer starken, halbrunden Glasglocke versehen sind, verwendet, und sämmtlich an der Waggondecke angebracht; die beiden Plattformen erhielten je eine fünfkerzige Lampe. Ein in verschliessbarem Kästchen in jedem Waggon befindlicher Ausschalter ermöglicht es dem Conducteur, alle Lampen des Waggons auf einmal ein- oder abzuschalten.

Eine reichere Ausstattung, andere Vertheilung der Lichtkörper, Errichtung getrennter Leitungskreise und von einander unabhängiger Beleuchtungsgruppen, je nach speciellen Bedürfnissen, bleibt natürlich gänzlich unbenommen und findet in diesem Systeme selbst keinerlei Beschränkung.

Wirkungsweise der Schaltung.

Nach den vorangestellten Einzelbeschreibungen können wir nun den Zusammenhang in den Functionen der einzelnen Theile erörtern.

Bei Stillstand des Zuges circulirt ein schwacher Strom von den parallel geschalteten Batterien nach der Erregerwicklung der Dynamomaschine, und zwar: Von der negativen Hauptleitung durch die Magnetwicklung *M* und den Zusatzwiderstand *Z* zur positiven Hauptleitung zurück. Bei anhaltender, etwa mehrtägiger Betriebssistirung kann zur Vermeidung unnöthigen Stromverbrauches der Erregerstrom durch den Erregungsausschalter *EA* unterbrochen werden. Weiters geht Strom durch die innerste Wicklung des automatischen Ein- und Ausschalters *E*, die untere Spule des Relais *R* und die innerste Wicklung des Dynamoregulators *DR*, auch könnte die Magnetwicklung des Commutators *C* in Serie mit den angeführten Wicklungen geschaltet sein. Die beiden Hebel des Umschalters *t* werden für den Ladebetrieb in die untere, für den Lichtbetrieb in die obere Lage gebracht, welch' letztere auch die Verbindung mit der Lampenleitung des Generatorwagens herstellt. Der Wechsel zwischen Lade- und Lichtbetrieb wird also ohneweiters vom Conducteur durch Umschlagen der Hebel des Umschalters *t* bewerkstelligt. Die auf dem Schaltbrett vorgesehenen Messinstrumente ermöglichen es, jederzeit Stromstärke und Spannung an Maschine und Hauptleitung abzulesen, und sich so über den augenblicklichen Stand der Stromverhältnisse zu orientiren.

Wir wollen zunächst den Ladevorgang verfolgen. Sobald der Zug und damit die Armatur der Maschine in Bewegung gelangt, herrscht bei dem vorhandenen schwachen Feld der Dynamo an den Bürsten eine Spannung, wie sie der Tourenzahl und der Erregung entspricht; die Lochankerwicklung des Commutators C wird von Strom durchflossen und damit auch die mit dem Anker direct gekuppelten drei Magnethebel entweder nach der einen oder der anderen Seite, der Fahrt- und Stromrichtung gemäss, in Bewegung kommen, um die richtige Verbindung der Maschine mit den Batterien herzustellen. Wie schon bei Beschreibung des Commutators C gezeigt, wird unter einem auch der Zusatzwiderstand Z kurz geschlossen, womit die Magnetwicklung M sogleich der vollen Spannung der Batterien ausgesetzt wird. Nach dem Einspielen des Commutators wird sofort die mittlere Spule des Ein- und Ausschalters E Strom erhalten, und wie die Zugsgeschwindigkeit (die für die vorliegende Anlage normirte Uebergangsgrenze, das ist) 25 km pro Stunde erreicht, ist die Klemmenspannung der Waggondynamo etwas höher als die der Batterien und der Apparat E muss, dank seiner an betreffender Stelle geschilderten Construction, die Zuschaltung der Maschine an die Hauptleitung und die Batterien bewirken.

Erhöht sich die Zugsgeschwindigkeit weiter, dann vergrössert sich auch die an die Batterie abgegebene Stromstärke bis zu einem bestimmten maximalen Werthe, der Ladestrom umfliesst entsprechend die äusserste (dicke) Wicklung des Ein- und Ausschalters E, was natürlich in Folge der Einwirkung einer vermehrten Ampèrewindungszahl erst recht das Verharren der Contactgabel in der Einschaltestellung bedingen muss.

Mit der letzterwähnten dicken Wicklung des E ist die dritte Wicklung des Dynamoregulators $D\,R$, wie auch ein Theil des Beruhigungswiderstandes B in Serie geschaltet, während die vierte Wicklung des Dynamoregulators $D\,R$ und der zweite Abschnitt des soeben erwähnten Widerstandes B durch den in Ladestellung befindlichen Umschalter U kurzgeschlossen ist. Der Widerstand B ist so dimensionirt, dass er bei Durchgang der maximalen Stromstärke circa 10 V absorbirt, derselbe wirkt daher der Stromstoss, welcher eventuell im Augenblicke der Einschaltung auf die Lager und Zahnradübersetzung der Maschine rückwirken könnte, erheblich abschwächen.

In Folge der combinirten Einwirkung der innersten wie der dritten Wicklung des Dynamoregulators auf dessen Eisenkern übersteigt die Stromstärke nie die zulässige Höhe und nimmt mit zunehmender Zugsgeschwindigkeit nur wenig zu, trotzdem die Tourenzahl der Armatur zwischen 500—1600 Touren per Minute variirt.

Ein ausführliches Eingehen auf die Charakteristik der Waggondynamo, die Dimensionirung der Regulirwiderstände und die Bemessung der beiderlei Wicklungen des Dynamoregulators würde nur die Uebersichtlichkeit dieser Erläuterungen beeinträchtigen.

Die Wirkungsweise der Apparate nach beendeter Ladung besteht darin, dass, sobald die Zellenspannung die Höhe von 2·5 bis 2·6 V, welche nicht überschritten werden darf, erreicht hat, der Anker des Relais R an-

gezogen wird, indem mit steigender Spannung an der Hauptleitung die Anziehungskraft der unteren Relaisspule die Gegenkraft der schon erwähnten Feder überwiegt. Ist aber die Contactfeder mit dem zugehörenden Stift am Relais in Berührung gekommen, dann wirkt die Klemmenspannung der Maschine auch auf die zweite Wicklung des Dynamoregulators $D\,R$ ein, dessen Eisenkern in Folge dessen eine relativ höhere Stellung einnimmt. Hiemit wird, entsprechend dem Dazwischenkommen einer grösseren Anzahl von Widerstandselementen, der Erregerstrom des Dynamo geschwächt und die Spannung geht auf circa 2·2 bis 2·4 V pro Zelle zurück, womit gleichzeitig die Ladestromstärke gleich Null wird. Da aber die jetzt noch anftretende Spannung immer noch mehr als 120 V beträgt, wird ein Abschalten der Maschine in Uebereinstimmung mit der an früherer Stelle gegebenen Erläuterung auch weiterhin nicht erfolgen, es sei denn, dass die Zugsgeschwindigkeit unter 25 km pro Stunde herabgeht.

Da die beiden inneren Wicklungen des Dynamoregulators $D\,R$ (die zweite und dritte) in diesem Stadium des Betriebes (nach beendeter Ladung) die Aufgabe erfüllen, die Spannung in der Hauptleitung innerhalb der Grenzen von 2·2 und 2·4 V zu halten, ist ein Weiterladen ausgeschlossen, wenn auch die Dynamo bei mehr als 25 km Zugsgeschwindigkeit noch immer mit den Batterien parallel geschaltet bleibt, was von wesentlicher Bedeutung ist.

Um ein Abspringen des Relaisankers vom Contactstifte, wie es die reducirte Spannung hervorrufen müsste, und in Wiederholung des Vorganges ein beständiges Vibriren zu vermeiden, besitzt das Relais seine zweite, obere Spule, welche die Wirkung der unteren unterstützt und ein Festhalten des Ankers am Contacte verursacht.

Verlangsamt der Zug beim Annähern an eine Haltestelle seine Geschwindigkeit, dann wird in einem bestimmten Augenblicke der Uebergang unter die kritische Tourenzahl der Waggondynamo vor sich gehen, nach welchem der automatische Ein- und Ausschalter E in Function tritt und die Maschine abgeschaltet wird; der Anker des Relais schnellt nunmehr in seine Ruhelage zurück.

Nach Wiederaufnahme der Fahrt kann sodann das Spiel von Neuem beginnen.

Soll hingegen der Lichtbetrieb activirt werden, so besorgt der Conducteur das Einstellen der früher erwähnten Ausschalter, welche sich in den Kästchen der einzelnen Waggons befinden, und bringt den Umschalter U im Generatorwagen auf die schon erläuterte Lichtstellung der beiden Hebel nach aufwärts. Bei stillstehendem Zuge decken dann die Batterien den Strombedarf für die Lampen; geräth der Zug in Bewegung, dann vollzieht sich die Verbindung der Dynamo mit der Hauptleitung wieder in analogem Vorgang wie während der Ladung und übernehmen hiebei die Apparate ihre bereits bekannten Functionen. Die Schaltung jedoch erfährt jetzt eine Veränderung, indem nunmehr in Folge geänderter Hebelstellung am Umschalter U in die Zuleitung der Dynamo zur Hauptleitung der totale Widerstand B, wie auch eine Additionalwicklung des Dynamoregulators $D\,R$ eingeschaltet, hingegen deren Verbindung mit dem Relais R aber unterbrochen wird, eine Anordnung, welche die Einschränkung der von der Maschine erzeugten Spannung auf die für den Lampenstrom zulässige verfolgt und auch erzielt.

Mit Eintritt der wiederholt gekennzeichneten Zugsgeschwindigkeit von circa 25 km pro Stunde bestreitet die Dynamo zum grössten Theile die Beleuchtung; den Batterien fällt hiebei die wichtige Rolle der Regulirung, d. i. der Erzielung einer nahezu constanten Lichtspannung, zu. Von hohem Interesse ist es, das Zusammenwirken von Dynamo und Batterien in diesem Betriebsstadium, zum Theile mit Hilfe des beigedruckten Diagrammes, näher zu erörtern:

Nachdem die Gesammtleistung für die Beleuchtung des im Betriebe stehenden Probezuges 730 Kerzenstärken gleichkommt, ergeben sich bei 3·1 W pro Normalkerze circa 2260 W als totale Wattleistung zur Deckung des erforderlichen Stromverbrauches. Bei der Normalspannung von 111 V. für welche die Glühlampen gebaut sind, stellt sich die gesammte an die Lampen abzugebende Stromstärke $\lessgtr$ 20 Ampères. Da der Dynamoregulator auch während des Parallelbetriebes nur eine Maximalspannung von 57 · 2·6 — 148 V an der Maschine zulässt, müssen beim Auftreten dieser Maximalspannung 148 — 111 $\lessgtr$ 37 V im Beruhigungswiderstande B getilgt werden; der totale Widerstand R hat demnach $\frac{37}{20}\lessgtr$1·85 Ω zu betragen und wurde in der Ausführung auf 2 Ω erhöht.

Da in der Hauptleitung und den Glühlampen — praktisch genommen, unter Vernachlässigung der Leitungswiderstände — nur die gleiche Spannung herrschen kann, so besteht, je nach dem Grade der Entladung, die Beziehung:

$$E - I R = e - i r$$

in welcher E die Klemmspannung der Waggondynamo, e die elektromotorische Kraft einer Batterie, I die von der Maschine und i die von einer Batterie abgegebene Stromstärke, R den Widerstand B, r aber den inneren Widerstand einer Batterie bedeutet. Das Diagramm

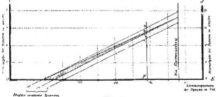

Fig. 2.

(Fig. 2) entspricht obiger Gleichung; auf der linken Seite sind darin die Werthe von i, auf der rechten Seite die Werthe von I als Ordinaten, auf der Abscisse die Klemmenspannungen der Dynamo aufgetragen, die schiefen Strahlen hingegen bedeuten Strahlen constanter Spannung an der Hauptleitung. In der schraffirten Fläche wird sich nun, je nach dem Grade der Entladung der Batterie, wie auch in einer gewissen Abhängigkeit von der Zugsgeschwindigkeit, die Lampenspannung bewegen; die Veränderungen der Lampenspannung, die sich maximal nur auf 2·5 V unter oder über der normalen belaufen, werden ganz allmälig vor sich und werden die Grenzwerthe höchst selten erreicht.

Zur weiteren Erläuterung des Diagramms betrachten wir die im Punkte P auf die Abscissenachse errichtete Verticale, welche die schiefen Strahlen schneidet; aus den Schnittpunkten S_2 und s_3 geht hervor, dass die Stromabgabe der Dynamo an die Glühlampen, der Klemmenspannung entsprechend, 13·5, beziehungsweise

14 Ampères, die der Accumulatoren 6·5, beziehungsweise 6 Ampères beträgt, die Summe beider ergibt die zur Speisung der Lampen erforderliche Stromstärke von 20 Ampères. Im ersteren Falle hat man 112 V, im anderen 111 V Spannung an den Lampen. Nehmen wir aber an, die Klemmenspannung einer Zelle wäre 2·02 V, dann würde das Diagramm, dem Schnittpunkte S_1 entsprechend, für die Maschine eine Stromabgabe = 12, für die Batterien = 8 Ampères ergeben, ein Fall, welcher jedoch nicht eintreten kann, weil bei einer solchen Entladung der Batterien die Zellenspannung sofort auf 1·95 sinken müsste. Aus dieser Betrachtung ergibt sich der äusserst wichtige Schluss, dass eine selbstthätige Regulirung der Stromentnahme aus den Batterien thatsächlich erfolgt, und dass die Dynamo die Deckung des Strombedarfes für die Lampen zum grössten Theile bestreitet, wenn die Batterien stark entladen sind, dagegen die Stromabgabe der letzteren verhältnismässig gross ist, wenn sich die Batterien im Zustande starker Ladung befinden.

Die Wahrnehmungen während des bisher beobachteten Betriebes haben die vollste Uebereinstimmung der Praxis mit diesen theoretischen Erwägungen erwiesen.

Eine Frage könnte noch aufgeworfen werden, ob nicht die an die Hauptleitung parallel geschalteten Batterien hinsichtlich ihres Verhaltens gegeneinander Bedenken verursachen können. Solche müssten aber durch nachfolgende Betrachtung widerlegt werden: Treten auch Verschiedenheiten in der Aufnahmsfähigkeit der einzelnen Batterien ein, wird beispielsweise eine defect gewordene Batterie durch eine neue, frisch geladene ersetzt, welche ungeachtet des einheitlichen Fabrikates bei der ersten Ladung keinen Strom annimmt, so wird sich die von der Waggondynamo gelieferte Stromstärke auf alle übrigen Batterien vertheilen; bei der Entladung wieder wird die neue Batterie einfach eine grössere Stromstärke abgeben als die übrigen, und dies so lange, bis ihre elektromotorische Kraft jener der anderen Sammler gleich geworden ist, der Ueberschuss der Stromabgabe wird sich aber auf die ganze Hauptleitung gleichmässig vertheilen. Der innere Widerstand wie auch die Polarisation in den Zellen trägt überdies zur gleichmässigen Beanspruchung bei, und es findet somit ein fortwährender Ausgleich zwischen den stärker und schwächer geladenen Accumulatorenbatterien statt.

Anlagekosten und Betriebskostenvergleich.

Eine ins Einzelne gehende Zusammenstellung aller Anschaffungspreise sowie aller Calculationsbehelfe würde zu weit führen.

Als wichtigste Feststellung sei hervorgehoben, dass im Vergleich mit anderen die elektrische Zugsbeleuchtung bezweckenden Einrichtungen die Aufnahme dieses Systems als Mehrerforderniss eigentlich nur die Anschaffungskosten für die Waggondynamo und die automatischen Apparate beansprucht, welche sich auf ungefähr dreitausend Gulden ö. W. pro Zugsgarnitur, also für einen beinahe beliebig grossen Beleuchtungscomplex, belaufen.

In der nächstwichtigsten Frage der Betriebskosten der Leistungseinheit theilen wir mit, dass unsere auf Grund der gesammelten Erfahrungen angestellte Berechnung als Kosten einer Normalkerzenstunde den Betrag von 0·118 Kreuzern ö. W. ergeben hat. Unsere diesfällige Calculation basirt auf ziemlich ungünstigen

Voraussetzungen und berücksichtigt die Erfordernisse für Amortisirung aller Einrichtungstheile, für Verzinsung des Anlagecapitals und den laufenden Aufwand, in sachgerechtem und reichem Maasse. Eine Umrechnung des oben angeführten Einheitskostenbetrages auf die Brennstunde der meist vorkommenden achtkerzigen Lampe ergibt für diese den Betrag von 0·95 Kreuzern ö. W., während sich die Kosten der Brennstunde einer achtkerzigen Oelgasflamme bekanntlich, je nach Massgabe der allergünstigsten und der ungünstigsten Gestehungsfactoren, in den Grenzen von 1·5 bis circa 5 Kreuzern ö. W. bewegen.

So viel dürfte an dieser Stelle zur Charakterisirung der ökonomischen Seite des Gegenstandes genügen.

Bedienung und Wartung.

Die hierher einschlägigen Anforderungen sind die denkbar geringfügigsten. Die Voraussetzungen für die vortheilhafte Erhaltung der Sammlerbatterien sind, wie schon an früherer Stelle gezeigt wurde, überaus günstig; in den meisten Fällen wird übrigens die hiefür nöthige Vorsorge und das diesbezügliche Risico mit Vortheil durch ein dahin zielendes Abkommen mit uns, seitens der betreffenden Bahnverwaltung abgewälzt und damit auf eine bestimmte Quote festgelegt werden können.

Hinsichtlich der dem Zugsbegleitungspersonale aufzutragenden Functionen, für welche die seitens der k. k. Staatsbahnen anlässlich der Betriebsübernahme des uns zur Verfügung gestellten Versuchszuges herausgegebene Behandlungsvorschrift bezeichnend erscheint, ist als wesentlich wohl lediglich zu normiren:

Vor Antritt der Tagesfahrt ist behufs Ladebetrieb der Doppelhebel des Umschalters U in die Stellung nach abwärts zu bringen.

Vor Beginn der Nachtfahrt, beziehungsweise des Lichtbetriebes, sind die Ausschalter in den Kästchen der einzelnen Waggons einzustellen und hierauf besagter Umschalterhebel nach aufwärts zu richten.

Nach Beendigung der Fahrt, oder dem Bedarf entsprechend auch früher, sind die Einzelausschalter in den Waggons auszurücken und der Hebel des Umschalters U in die Mittellage zu stellen.

Weiters wird seitens der Eisenbahnorgane nur noch das Schmieren der Lager an der Waggondynamo besorgt werden müssen.

Vorzüge des Systemes.

Das beschriebene System gewährt folgende Vorzüge: Die Accumulatoren, deren Ladung sich während der Fahrt vollzieht, erfordern keine periodische Umwechslung und keine Transporte; ein jeder Wagen beansprucht auch nur eine Batterie.

Die möglichst geringfügige und einfache Bedienung und Wartung kann unbedingt von dem ohnehin vorhandenen Personale bestritten werden; einem einzelnen, technisch geschulten Special-Organe kann eine grössere Anzahl von Zugsgarnituren unterstellt werden.

Jeder Waggon kann nach vorkommendem Bedarf vom Zuge abgetrennt werden, und dann ohneweiters für eine bestimmte Zeit einen unabhängigen Beleuchtungscomplex bilden.

Bei Fahrt im Gefälle kann ein Theil der durch die Bremsen aufzuhebenden Energie von der Dynamo aufgenommen und in den Accumulatoren aufgespeichert werden.

Absolute Betriebssicherheit; jeder einzelne Apparat functionirt einfach, präcise und zuverlässig, muss ein

ihm aufgetragene Verrichtung auf constructiven Grundlagen besorgen und kann selbe daher niemals versagen.

Die Anlagekosten sind relativ niedrig, besonders wenn elektrische Zugsbeleuchtung überhaupt als Vergleichsmaassstab genommen wird.

Die Betriebs-, bezw. Lichtgestehungskosten gestalten sich überaus günstig.

Wien, im Mai 1898.

Ein Beitrag zur Erklärung der Luftelektricität. [*)]

In einem Artikel in „Ciel et terre“, XVIII. (1897) S. 359 gibt Herr M. Brillouin einen beachtenswerthen Beitrag zur Erklärung der elektrischen Ladung der Wolken. Der Verfasser geht aus von der Wirkung der ultravioletten Strahlung auf negativ geladene Körper. Die wichtigsten Beobachtungsthatsachen, auf welchen diese Ansicht beruht, sind in Kürze die Folgenden: Hertz hat 1887 entdeckt, dass der elektrische Funken leichter unter dem Einflusse ultravioletten Lichtes überschlägt als in der Dunkelheit. Im Jahre 1888 zeigten Wiedemann und Ebert, dass sich diese Wirkung auf die Kathode beschränkt und ihr Maximum in atmosphärischer Luft bei 309 mm Druck zeige. Nach Arrhenius würde dies Maximum bei 6 mm eintreten, dagegen nach Stoletow bei einem veränderlichen Drucke je nach der Intensität des elektrischen Feldes und etwa dieser letzteren proportional.

Das Studium dieser Erscheinungen ergab, dass jede negativ geladene metallische Oberfläche ihre Elektricität verliert, wenn sie ultravioletten Strahlen ausgesetzt wird, wie schwach auch die Ladung sein möge.

Die Wirkung auf positive Elektricität ist Null. Righi und Stoletow konnten sogar diese Wirkung benutzen, um Potentialdifferenzen beim Contact zu messen.

Herr Buisson, welcher diese feinen Untersuchungen gleichfalls ausgeführt hat, hat nun auf Veranlassung von Herrn Brillouin eine Reihe von Versuchen mit Eis gemacht und mit der Wirkung auf Zink verglichen.

Ein ultraviolettes Lichtbündel (elektrischer Lichtbogen, Aluminium) bestrahlt eine durchlochte Messingplatte, die auf ein positives Potential geladen ist und fällt auf einen Eisblock, welcher die negative Belegung des Condensators bildet. Dieser Block ruht auf einer metallischen auf isolirtem Fusse in Verbindung mit einem Elektrometer. Vor der Beleuchtung wird der Eisblock und das Elektrometer zur Erde abgeleitet, dann wird diese Ableitung aufgehoben. Sobald beleuchtet wird, verstellt sich die Nadel des Elektrometers und zeigt an, dass der Eisblock seine negative Elektricität verliert, bis das Potential des Eises und der Messingplatte gleich sind.

Die Wirkung auf den trockenen Eisblock, der aus einer Kältemischung entnommen wird, ist sehr intensiv (von der Ordnung $1/10$ bis $1/20$ des Zinkes). Sobald die Oberfläche des Eises zu schmelzen beginnt, verringert sich die Wirkung des ultravioletten Lichtes sehr stark. Endlich, wenn eine Wasserschichte den Eisblock bedeckt, war der Verlust verschwindend klein.

Dies sind die Resultate, welche Herr Buisson im physikalischen Laboratorium der Ecole normale erhalten hat.

Das Eis ist somit sehr empfindlich gegen ultraviolette Strahlen, während das Wasser dagegen unempfindlich ist.

Wenn man nun nicht zu bezweifelnden Einfluss der Erniedrigung des Druckes auf diese Wirkung in Rechnung zieht und andererseits auch die Abschwächung der ultravioletten Strahlung in der Atmosphäre, kann man wohl auf diese experimentellen Ergebnisse eine Theorie der Luftelektricität aufbauen.

Wenn in irgend einem Augenblicke in der Atmosphäre ein elektrisches Feld existirt, werden sich die Eisnadeln der Cirruswolken durch Influenz laden, positiv an einem Ende, negativ am andern. Wenn nun die negativ geladenen Enden der Eisnadeln von ultravioletten Strahlen getroffen werden, werden die Nadeln so ihre negative Elektricität verlieren und allein positiv geladen bleiben.

Der neutrale oder negativ-elektrische Zustand der Cirruswolken ist somit ein labiler; sobald dieselben von der Sonnenstrahlung getroffen werden, werden sie positiv elektrisch.

Die Untersuchungen haben nun weiter ergeben, dass ultraviolett bestrahlte Luft selbst ein Isolator bleibt (während sie durch Röntgen-Strahlen leitend wird). Im Laboratorium, wo der positive Conductor nicht weit vom negativen sich befindet,

*) Aus der Meteorologischen Zeitschrift 1898, pag. 58.

ist der Elektricitäts-Transport durch die Bewegung der Luft ein rapider. In der Atmosphäre wird dies anders sein.

Die negative Elektricität, welche aus den Eisnadeln stammt, verbleibt auf der umgebenden Luft (Hypothese). Die Wolke als Ganzes erscheint daher positiv, wenn die Nadeln sich von der umgebenden Luft trennen.

Der neutrale Zustand der Luft ist daher ein labiler. Die Luft, welche aus einer Gegend kommt, in welcher Cirrus vorhanden ist, ist negativ elektrisch.

Her Brillouin weist weiter auf die Bedeutung dieser Theorie für die Lehre vom Polarlicht und noch einige andere Momente hin und kommt zu dem Schluss:

Die atmosphärische Elektricität wird durch die Wirkung der ultravioletten Sonnenstrahlung auf die Eisnadeln der Cirren hervorgerufen.

Die elektrische Strassenbahn Blasewitz—Laubegast bei Dresden.

In Dresden machte sich Ende der Achtzigerjahre das Bedürfnis nach einem ausreichenden Verkehrsmittel recht fühlbar, weshalb von mehreren grösseren elektrotechnischen Firmen dieser Stadt elektrische Bahnen für die Stadt selbst und in Verbindung mit den Vororten projectirt wurden, da die Pferdebahnen trotz zahlreicher Linien den Erfordernissen nicht entsprachen.

Die Actiengesellschaft Elektricitätswerke, vorm. O. L. Kummer & Co. Niedersedlitz-Dresden, trat mit der „Dresdner Strassenbahn-Gesellschaft" im Jahre 1891 in den Bau einer elektrischen Bahn von Dresden nach Blasewitz und Laubegast betreffende Verhandlungen, wobei vorerst eine Einigung dahingehend erzielt wurde, dass die bereits bestehende Pferdebahn von Dresden nach dem Vorort Striesen bis nach Laubegast weitergeführt werden sollte. Da jedoch kein befriedigendes Uebereinkommen mit den beim Baue dieser projectirten Linie interessirten Anliegern getroffen werden konnte, beschloss man, die Bahnstrecke nach dem Pferdebahnhof Blasewitz weiterzuführen, welche Arbeiten hiezu im Juli 1893 begannen.

Bei der Strecke Blasewitz—Laubegast erwählte man das oberirdische Stromzuführungs-System. Ursprünglich waren die Wagen für eine Geschwindigkeit von 400—450 m pro Minute berechnet, die Behörde redacirte dieselbe jedoch bis auf 200 m und, nachdem die Wagen und Motoren fertiggestellt waren, wurde eine Erhöhung auf 330 m pro Minute vorgenommen und genehmigt.

Bei dem Bau der Linie nach Blasewitz wurde gleichzeitig auch der Anbau der Linie nach Striesen berücksichtigt, was eine Erhöhung der Wagenzahl und Verstärkung der Leitung bedingte, welch' letztere für eine Zahl von 10 Motor- und 10 Anhängewagen bemessen wurde.

Das Betriebs-Elektricitätswerk wurde in Niedersedlitz bei Dresden erbaut, wo sich auch die Fabrik der Firma Kummer & Co. befindet. Aufstellung fanden 2 Dampfdynamos zu je eff. 170 PS, von welchen eine constant im Betriebe ist. Die Dynamos sind mit Moment-Achsen-Regulatoren (Patent der Firma Kummer & Co.) versehen und dienen solche zugleich als Schwungrad. Der Regulator bewirkt durch directe Verstellung des Schieberexcenters nach Ruh und Vereilung, entsprechend der betreffenden Maschinenleistung, die Regelung der Cylinderfüllung in der Weise, dass selbst bei minimalster Belastung, ja beim Leerlauf, der ungeschwächte Admissionsdruck im Cylinder vorhanden ist. Erreicht wird dieses Resultat durch zweckentsprechende Anordnung der schwingenden Massen, der Federkräfte, ihrer Hebelarme und durch eine die Wirkung der Centrifugalkraft unterstützende Momentscheibe, resp. eines kleineren Hilfsschwungrades. Es wird bei zweckmässiger Wahl der Schieberverhältnisse die Beibehaltung einer constanten Umlaufszahl mit Abweichung nur 2 % von vorgeschriebenen Mittelwerth garantirt. Die Umlaufsrichtung der Regulatoren ist die des Zeigers.

Da die Dampfmaschinen mit Condensation arbeiten und das benöthigte Kühlwasser nicht abfliessen konnte, so wurde ein Gradirwerk errichtet, in welchem das Condenswasser durch einen elektrisch betriebenen Ventilator gekühlt und somit wieder brauchbar wird. Die Maschinen können eventuell jedoch auch mit Auspuff functioniren. Die Betriebsspannung zwischen Stromleitung und Schienen beträgt 400 V.

Die Wagen sind mit 2 Motoren à 10—13 PS versehen, bei jeder treibt durch Zahnradübersetzung eine Wagenachse an, weshalb der Gang der Wagen ein äusserst geräuschloser und gleichmässiger ist.

Die bei anderen Wagen übliche Trennung der Regulirapparate von der Bremse und Warnungsglocke ist hier nicht vorhanden. Vielmehr befindet sich Regulirapparat, Bremse und Glocke an einem Hebel. Es wird hiedurch alles Fehlgreifen, was bei Trennung der genannten Gegenstände leicht eintreten kann, behoben. Einer eventuellen Störung an Apparat oder Motor ist

in der Weise vorgebeugt, dass die Regulirapparate in doppelter Anzahl angebracht sind.

Die Bremse wirkt in Folge ihrer besonderen Construction leicht und schnell. Ein in voller Fahrgeschwindigkeit, also 330 m pro Minute, befindlicher Wagen kann nach 8 m Lauf zum Stehen gebracht werden. Die neueren Wagen sind derart eingerichtet, dass sie auf elektrischem Wege gebremst werden können, wodurch rasch gehalten werden kann. Jeder Wagen enthält 14 Sitz- und 13 Stehplätze. Zur Beleuchtung des Inneren des Wagens dienen 4 Glühlampen.

In Bezug auf die Bahn selbst sei noch erwähnt, dass dieselbe im Allgemeinen horizontal verläuft, doch ist an der Einmündung der Tolkewitzer- in die Pillnitzerstrasse die höchste Steigung von 1 : 33 zu passiren. In Folge des Umstandes, dass hier zugleich eine Curve und Weiche zu überwinden sind, ist eine erhöhte Kraftleistung erforderlich. Dieser Punkt wird aber auch mit Anhängewagen bei doppelter Belastung regelmässig gut durchfahren. Die Bahn bildet die directe Fortsetzung der elektrischen Linie „Böhmischer Bahnhof"—Blasewitz. Dieselbe ist somit ein Verkehrsmittel vom Centrum Dresdens nach den Vororten Blasewitz und Laubegast. — Auf der Strecke sind, da dieselbe eingeleisig ist, Weichen eingeschaltet.

Die Zuführung des Stromes erfolgt von der Centrale Niedersedlitz aus durch Isolatoren gespannte Kupferdrähte.

Die Masten sind grösstentheils aus Holz, 8—12 m hoch und haben eine Kopfstärke von 20 cm. An starken Curven jedoch fanden eiserne Gittermasten Verwendung.

Das System der Bahn ist so durchgeführt, dass beliebige Theile derselben im Falle localer Störungen ausgeschaltet werden können. Mehrere getrennte Zuleitungen sind an verschiedenen Stellen der Bahn an das Fahrdraht angeschlossen. Dadurch wird ein hoher Grad von Betriebssicherheit erreicht. Die Rückleitung erfolgt durch die Schienen. Die Stromabnahme erfolgt durch den Trolley. Der Fahrdraht hat eine Höhe von 6 m an den Aufhängepunkten über dem Schienen. Die Querdrähte sind aus Stahl, das Schienenprofil Phönix 14 A. Die Betriebsverhältnisse sind vorzüglich.

Der Aufwand pro Wagenkilometer beträgt circa 325 Wattstunden, die Kosten betragen bei mittleren Betriebe 7—9 Pfg. pro Wagenkilometer, bei schwachem Betriebe 9—11 Pfg.

W. Sch.

KLEINE MITTHEILUNGEN.

Verschiedenes.

Urania. Die diesjährige Jubiläums-Ausstellung bietet Gelegenheit, eine Einrichtung vorzuführen, welche sich immer mehr als ein unabweisbares Bedürfnis des Bildungstriebes grosser Volksschichten herausgestellt hat. Der Sinn der Bevölkerung ist ernster geworden und wir sehen sie immer wieder Schaustellungen zuströmen, in welchen in erster Linie Belehrung, wenngleich in unterhaltender Form, geboten wird.

Am Ende der Süd-Avenue der Jubiläums-Ausstellung ist auf einer Bodenfläche von über 13.000 m² ein Institut — die Ausstellungs-Urania — erbaut worden, das ein wissenschaftliches Theater mit 800 Personen Fassungsraum enthält, in welchem neben den zugkräftigsten Stücken der Berliner „Urania", wie „Der Kampf um den Nordpol" und „Die Reise durch den Gotthard", neue und eigenartige specifisch österreichische Stücke gebracht werden, zunächst „Das Eisen", das die Rolle dieses wichtigsten aller Culturträger im menschlichen Leben behandelt, von den Uranfängen der menschlichen Cultur in grauer Vorzeit bis zu den modernen eisernen Riesenwerken, dabei unsere heimische Eisenindustrie am steirischen Erzberg mit seinen herrlichen Naturschönheiten und seinem schier unerschöpflichen Reichthum an köstlichem, reinen, zu Tage liegenden Erz. — Ein anderes Stück, „Quer durch Oesterreich", führt den innigen Zusammenhang der in grösster Mannigfaltigkeit verbundenen ethnographischen Typen mit der Bodenbeschaffenheit vor Augen.

Nicht minder fesselnd werden die wissenschaftlichen Vorträge sein, welche im kleinen, 180 Personen fassenden Hörsaal von den hervorragendsten Fachmännern aller Disciplinen mit Zuhilfenahme eines reichen Demonstrationsmateriales abgehalten werden; einzelne darunter, wie Bakteriologie, Hygiene und Nahrungsmittelkunde, werden geschlossene Cyclen von 10 bis 20 Vorträgen bringen und sie ausserdem durch reichhaltige Ausstellungen dem Studium einprägen.

Etwas ganz Eigenartiges sind die Experimentir-Säle, die insbesondere von den Physikern und Elektrotechnikern eingerichtet worden; hier wird jedem Besucher Gelegenheit geboten, einen vollständigen Lehrgang an der Hand ausführlicher Anweisungen selbst durchzuexperimentiren und sich auf diese Weise in der angenehmsten Form Kenntnisse zu er-

werden, welche keine Schule in solcher Reichhaltigkeit und Un-
mittelbarkeit vermittelt.

Die Chemiker veranstalten sorgfältig vorbereitete Ex-
perimentalvorträge über die interessantesten Fragen dieser tief in
das tägliche Leben einschneidenden Disciplin und führen in ihrer
Ausstellung die schönsten und farbenprächtigsten Producte, die
Farbstoffe, die Salze, die kostbaren Metalle, das Gold, Platin und
Silber u. a. vor.

Einen ganzen Park von Instrumenten, vom Achtzöller bis
zu den kleinen Vierzöllern und den Brachyten, stellen die Astro-
nomen zur beständigen Benützung des Publicums aus; ein
grosser Kuppelraum, ein Passagezimmer und eine grosse Terrasse
werden so reich ausgestattet sein, dass selbst bei starkem Men-
schenandrange niemand leer ausgehen wird.

Die Zoologen führen originelle Zusammenstellungen
vor; einen Stammbaum mit grossen Thierbildern, stellen die Astro-
biologischen Vergesellschaftungen, Zuchten von Schmetterlingen
und deren Metamorphosen, Aquarien und dergleichen bieten reiche
Anregung.

In der Gruppe „Berg- und Hüttenwesen" gewährt
die grosse Salzexposition dem Publicum einen Einblick in die
Verhältnisse dieses für den Haushalt des Staates wie des Indi-
viduums gleich wichtigsten Stoffes; sämmtliche österreichischen
Salinen, sowie die sich mit Salz befassenden Fabrikationszweige
haben ein ungemein lebensvolles Bild des Vorkommens, der Production und Verwendung dieses Minerals geliefert.

Originell ist auch der Park der Urania gestaltet worden;
die botanische Section hat hier neben grossen Zusammenstellungen aller wichtigen Gemüse und Cerealien instructive
Gruppirungen der bekanntesten einheimischen Zierpflanzen nach
ihren Heimatsländern, sowie endlich eine Pflanzenuhr geliefert,
deren Beete zu verschiedenen Stunden aufblühen und an bestimmten
Stunden die Blüthen geschlossen zeigen, so dass daran die Tages-
stunde abgelesen werden kann.

Nimmt man hinzu, dass zwei grosse Lesesäle den Besuchern ein paar Hundert in- und ausländische wissenschaftliche
und technische Zeit- und Gesellschaftsschriften bieten, deren
laufender Jahrgang von den betreffenden Redactionen unentgeltlich
eingesendet wurde, und dass eine automatische Restauration mit niedrigen Preisen den Urania-Besuchern den Aufenthalt behaglich gestaltet, so begreift man, dass die Ausstellungs-
Urania der vornehmste Attractionspunkt der Jubiläums-Ausstellung ist.

Hoffentlich wird es durch das Interesse der Bevölkerung
gelingen, nach Schluss der Ausstellung an die Errichtung der
definitiven Urania zu schreiten; dazu aber bedarf es grosser Geldmittel und das Syndicat Urania, welches mit 100 fl.-Antheil-
scheinen bisher ein Vermögen von 30.000 fl. zusammengebracht
hat, vieler neuer Mitglieder !

Internationale Ausstellung in Como 1899. Im nächsten
Jahre wird es gerade ein Jahrhundert, dass die Volta'sche Säule
erfunden wurde, und Como, die Vaterstadt Alexander Volta's,
beabsichtigt dieses Ereignis, welchem die wichtigsten Entdeckungen
und Erfindungen dieses Jahrhunderts ihren Ursprung verdanken,
würdig zu feiern.

Es wurde daher beschlossen, vom 15. Mai bis 15. October
1899 eine Internationale Elektricitäts-Ausstel-
lung abzuhalten, welcher sich eine andere — die Seiden-Industrie
betreffend — anschliesst.

In einem Congresse von Elektrotechnikern und Gelehrten
werden die neuesten Fortschritte in dieser Wissenschaft und
deren Anwendungen hervorgehoben und Gelegenheit zu frucht-
baren Erörterungen geboten.

Como ist eine durch Industrie und Handel blühende Stadt
zu Füssen der rhätischen Alpen und am Südende des schönsten
der italienischen Seen.

An dem Erfolge einer Ausstellung für Elektricität in Italien,
wo durch die Fülle an hydraulischer Kraft die elektrische Anwendungen in den letzten Jahren eine so grosse Ausdehnung genommen, kann nicht zu zweifeln sein.

Die Stadt Como hat 10.000 Lire als Prämien für neue Erfindungen zur Verfügung gestellt und wird die Art und Weise
der Vertheilung noch besonders bekannt gemacht.

Das Programm dieser Internationalen Elektricitäts-Ausstellung werden wir demnächst bringen.

Auf der **Pariser Weltausstellung** wird voraussichtlich ein
wahrer Wettstreit von Fernsehapparaten entbrennen.
Wie das Berliner Patent-Bureau Gerson & Sachse schreibt,
hat man auch der Erfinder des Mikrophonographen Dussaud
einen derartigen „Teleoskop" benannten Apparat angemeldet, mit
dem, wie regelmässig in solchen Fällen berichtet zu werden
pflegt, schon befriedigende Versuche angestellt sein sollen. Der
Schleier des Geheimnisvollen ist für alle diese Vorrichtungen

einstweilen noch recht nothwendig, mögen sie nun mit mehr oder
weniger Reclame in die Welt gesetzt werden. Bei wirklich branch-
baren Einrichtungen — es sei nur an das Telephon und die
Röntgen-Strahlen erinnert — bedarf es keinerlei Geheimnisthuerei.
Bei den Fernsehapparaten liegt die Sache aber ein wenig anders.
Die Thatsache, dass Selen je nach der Stärke des auffallenden
Lichtes die Leitungsfähigkeit für den elektrischen Strom ändert,
wurde schon vor Jahrzehnten zu Versuchen benutzt, Bilder mittelst
des elektrischen Stromes zu übertragen. Schon die früheren Projecte waren geistvoll und machten den Erfindern alle Ehre. Dass
man aber schon zum wirklichen Sehen gekommen, konnte damals ebensowenig behauptet werden, wie bei den neueren Projecten.

Die Beförderungsmittel für die nächste
Pariser Weltausstellung sind soeben in ihren Plane
von dem Minister für Handel und Industrie genehmigt worden.
Es handelt sich zunächst um eine elektrische Bahn, die den Verkehr innerhalb der Ausstellung zu vermitteln haben wird. Unter
fünf Angeboten wurde der Plan von de Mocomble ausgewählt
als derjenige, der am meisten originell und zur grössten Leistung
befähigt wäre. Die Beförderung wird danach eine doppelte sein:
einmal durch eine eigentliche elektrische Eisenbahn, die den
Strom aus einer seitlichen Schiene empfängt und in geschlossenem
Kreise neu nach einer Richtung verkehrt, zweitens durch eine
bewegliche Plattform mit zweifacher Geschwindigkeit, also eine
Stufenbahn nach Art derjenigen der letzten Berliner Ausstellung,
die die Personenbeförderung in entgegengesetzter Richtung wie
die Züge der elektrischen Bahn übernimmt. Die Stufenbahn wird
bestehen aus einem festen Trottoir, von dem man auf eine erste
bewegliche Diele mit einer ständlichen Geschwindigkeit von 5 km
und dann auf eine zweite mit der doppelten Geschwindigkeit
von 10 km hinaufsteigt. Nach „Genie civil" werden diese beiden
Verkehrsmittel stündlich 50—60.000 Personen befördern können.
Die Unternehmen ist eine „Gesellschaft für elektrische Beförderung auf der Ausstellung", sie wird zunächst eine Probestrecke
von 300—350 m Länge in geschlossenem Kreise herzustellen haben.

Ausgeführte und projectirte Anlagen.

Oesterreich-Ungarn.

a) Oesterreich.

Salzburg. Wie der „Berl. Börs.-C." schreibt, ist seitens der
Salzburger Eisenbahn- und Tramway-Gesell-
schaft in Salzburg und der Firma Siemens & Halske
ein Vorvertrag vollzogen worden, welcher die Umwandlung des
Pferdebahnbetriebes in der Stadt Salzburg in einen elektrischen
zum Gegenstand hat.

Wien. Am 25. v. M. wurde die elektrische Tram-
way-Linie Radetzkybrücke-Löwengasse-Sophien-
brücke-Hauptallee eröffnet. Die Wagen verkehren alle
fünf Minuten und werden durch Oberleitung betrieben. Die
Strecke von der Radetzkybrücke bis zur Hauptallee wird in
fünfzehn Minuten zurückgelegt. Wann diese Linie eine Fortsetzung
über den Ring und Quai finden wird, ist vorläufig noch unbe-
stimmt. Am gleichen Tage wurde die von der Bau-Unternehmung Ritschl & Cie. erbaute Bahn vom Praterstern
nach Kagran in der Theilstrecke Praterstern-Schützen-
festplatz eröffnet. Die ganze Strecke wurde in den kurzen
Zeitraume von 17 Tagen vollkommen betriebsfähig hergestellt,
und die Probefahrt ergab keinen einzigen Mangel.

b) Ungarn.

Agram. In der k. k. Landesbef. Agramer Lederfabrik,
welche schon seit Jahren elektrische Einrichtung besitzt, gelangte abermals eine elektrische Kraftübertragungs-
Anlage im Umfange von 50 PS zur Installirung.

Almás-Füzitö. Eine interessante Pumpenanlage mit
elektrischem Antriebe wurde für die Vereinigten Stärke-
Fabriken in Almás-Füzitö hergestellt. Eine Centrifugalpumpe hat
das nothwendige Betriebswasser bei circa 9 m Förderhöhe durch
eine circa 700 m lange Rohrleitung von der Donau bis zum
Kesselhaus zu fördern. Die Betriebsspannung beträgt 500 V und
werden circa 12 PS übertragen. Die Ein- und Ausschaltung des
Motors erfolgt von der Primärstation, so dass die Bedienung der
Pumpenanlage auf ein Minimum beschränkt ist.

Krompach. Das in diesem Jahre in Betrieb gesetzte ausgedehnte Eisenwerk der Hernadthaler Ungar. Eisenindustrie-A.-G.
in Krompach hat die elektrische Beleuchtung eingeführt
und ist bereits ein grosser Theil dieser Anlage in Betrieb. Derzeit sind 60 Bogenlampen und circa 1000 Glühlampen angeschlossen.

Die Beleuchtung erfolgt durch Drehstrom von 330 V verketteter Spannung, der zum Theil direct mit dieser Spannung für in Serie geschaltete Bogenlampen, zum Theil auf 190 V transformirt, verwendet wird.

Raab. (Elektrische Kraftübertragung.) Die Werke der Ungar. Waggon- und Maschinenfabriks-A.-G. in Raab erfahren fortwährend bedeutende Vergrösserungen. Dieselbe ist, entsprechend der Zunahme der Baulichkeiten und Maschinen, ebenfalls in stetigem Wachsthum begriffen und umfasst derzeit bereits Primäranlagen für 220.000 Watt und 40 Motoren von einer Leistung zu zusammen 170 PS, ferner circa 800 Glüh- und 16 Bogenlampen. (Vergl. II. 13, S. 390 ex 1897.)

Schemnitz. Die kgl. ung. Regierung lässt gegenwärtig auf dem Amaliaschacht zu Schemnitz eine interessante Kraftübertragungsanlage erbauen. Die Primärstation arbeitet mit dem Stauwasser eines Teiches, welches gesammelt und mit 105 m Gefälle einer Hochdruckturbine zugeführt wird. Diese ist mit einer Gleichstromdynamo von 12.000 Watt Leistung bei 500 V und 1100 r per M. direct gekuppelt. Der Strom wird durch eine Freileitung und daran anschliessende concentrische Okonitkabelleitung im Schachte einem 12 PS leistenden Kapselmotor zugeführt, welcher eine Förderhaspel mittelst Zahnrädern betreibt.

Die sämmtlichen vorstehend genannten Anlagen sind von der Vereinigten Elektricitäts-A.-G. vorm. B. Egger & Co., Budapest-Wien, ausgeführt worden.

Italien.

Catania in Sicilien. (Elektrische Strassenbahn.) Die Elektric.-Ges. Felix Singer & Co. A.-G. hat die Concession für eine elektrische Strassenbahn von 29 km, sowie für eine Licht- und Kraftanlage, von der Stadt Catania erhalten.

Patentnachrichten.

Mitgetheilt vom Technischen- und Patentbureau

Ingenieur Victor Monath

WIEN, 1. Jasomirgottstrasse Nr. 4.

Classe Deutsche Patentanmeldungen.[*]

20. St. 4924. Weichenstellwerk mit mechanischer Stellvorrichtung und elektrischer Kuppelung. — E. Stahmer, Georgmarienhütte. 10./3. 1897.

„ U. 1220. Schaltwerk für elektrische Bahnen mit gemischtem Betriebe. — Union-Elektricitäts-Gesellschaft, Berlin. 12./8. 1897.

21. H. 19.450. Galvanische Batterie mit Zuführung neuer und Abführung der verbrauchten wirksamen Masse. — Henry Kaspar Hess, New-York. 1./11. 1897.

„ M. 14.885. Verfahren zum Aufbau von primären oder secundären galvanischen Elementen; Zus. z. Pat. 83.627. — C. L. R. E. Menges, Haag. Holl. 19./1. 1896.

„ E. 5703. Eine Fernschalter-Anordnung. — Elektricitäts-Action-Gesellschaft vormals Schuckert & Co., Nürnberg. 22./12. 1897.

„ L. 11.718. Schaltung für Elektricitätszähler, um deren Angaben von der wechselnden Belastung der Centralstation abhängig zu machen. — Dr. H. Lux, Berlin-Wilmersdorf. 5./11. 1897.

„ S. 11.641. Verfahren zur Herabsetzung der Magnetisirungsarbeit von Transformatoren bei schwacher Beanspruchung. — 2. Zus. z. Pat. 73.200. — Siemens & Halske, Actien-Gesellschaft, Berlin. 25./1. 1898.

74. S. 10.521. Einrichtung zur Fernübertragung von Bewegungen; Zus. z. Pat. 93.912. — Siemens & Halske, Actien-Gesellschaft, Berlin. 12./7. 1897.

„ Sch. 13.140. Einrichtung zur periodisch selbstthätigen Einschaltung elektrischer Läutewerke zu beliebig vorher bestimmten Zeiten. — C. Schulde, Homburg, Pfalz. 29./11. 1897.

Deutsche Patentertheilungen.

Classe
21. 98.749. Vorrichtung zur Erzeugung von schraubenförmig verlaufenden Lufträumen in Papierumhüllungen von Fernsprechkabeln. — Deutsche Kabelwerke, vormals H. Hirschmann & Co., Actien-Gesellschaft, Rummelsburg b. Berlin. 23./5. 1897.

---
*) Die Anmeldungen bleiben nebst Wochen zur Einsichtnahme öffentlich aufgelegt. Nach § 24 des Patent-Gesetzes kann innerhalb dieser Zeit Einspruch gegen die Anmeldung wegen Mangel der Neuheit oder widerrechtlicher Entnahme erhoben werden. Das obige Bureau besorgt Abschriften der Anmeldungen und übernimmt die Vertretung in allen Einspruchs-Angelegenheiten.

Classe
21. 98.808. Vielfachumschaltung für Schleifenleitungen. — E. Baivy, Brüssel. 14./2. 1896.

32. 98.710. Vorrichtung zum Ueberspinnen von elektrischen Glühlichtbirnen. — F. W. Dunlap, London 27./11. 1897.

40. 98.766. Schmelzgefäss zur Elektrolyse geschmolzener Salze. — C. Haneke p, Altona i. W. 4./7. 1896.

48. 98.767. Kathode für die Herstellung von Hohlspiegeln — The Reflector Syndicate Limited, London 24./8. 1897.

Auszüge aus Patentschriften.

Continentale Jandus-Elektricitäts-Actien-Gesellschaft (Société Anonyme) in Brüssel. — Trägervorrichtung für Bogenlampen mit äusserer und innerer Glocke. — Classe 21, Nr. 96.969.

Der innerhalb der äusseren Glocke A angebrachte Träger besteht aus zwei durch einen Arm verbundenen Ringen G g, von denen der untere g mit Ausbiegungen zum Durchlassen der Nasen K der den unteren Kohlehalter tragenden Büchse L versehen ist, so dass sie die unteren Lampentheile sammt der inneren Glocke a leicht aus der äusseren Glocke A entfernen lassen. (Fig. 1.)

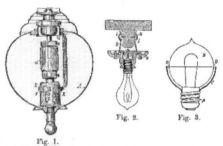

Fig. 1.

Fig. 2.   Fig. 3.

Friedrich Palm in Nürnberg. — Armatur für Glühlampen. — Classe 21, Nr. 96.973.

Die Fassung ist an einer Isolationsschale a befestigt, die Klemmfedern k trägt, mittels deren die Armatur auf die Leitungen i unter gleichzeitiger Herstellung einer stromleitenden Verbindung aufgesetzt werden kann. (Fig. 2.)

Carl Duvivier in Mons, Belgien. — Reflector. — Glühlampe. — Classe 21, Nr. 96.976.

Am Lampensockel A ist ein der Form der Lampenbirne B angepasster Metallschirm C befestigt. Der Zwischenraum D zwischen Schirm und Birne wird mit Gyps ausgefüllt. (Fig. 3.)

Elektricitäts-Actiengesellschaft vorm. Schuckert & Co. in Nürnberg. — Kühleinrichtung für die Kühlflüssigkeit elektrischer Widerstände — Classe 21, Nr. 96.418.

Zur gleichmässigen Kühlung der Kühlflüssigkeit für elektrische Widerstände ist die Einrichtung derart getroffen, dass jeder Theil des Widerstandes W von zwei Theilen der Kühlschlange r umgeben ist, deren einer so weit vom Anfang

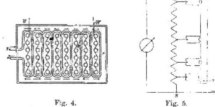

Fig. 4.   Fig. 5.

der Kühlschlange entfernt ist wie der andere vom Ende derselben. Es wird hierdurch erreicht, dass die Summe derjenigen Temperaturunterschiede, welche die Hin- und welche die Rückleitung der Kühlschlange gegen die zu kühlende Flüssigkeit aufweisen, an allen Stellen gleich gross ist. (Fig. 4.)

Siemens & Halske, Actiengesellschaft in Berlin. — Einrichtung zur Erzielung constanter Dämpfung für Schwingungsgalvanometer. — Classe 21, Nr. 96.974.

Die Nebenschliessung zur Veränderung der Empfindlichkeit wird hier so angeordnet, dass die Galvanometerwindungen durch einen constanten Widerstand A B geschlossen werden und an Abzweigungen von bestimmten Bruchtheilen dieses Widerstandes der zu messende Strom eingeführt wird. In den Galvanometerzweig kann man noch einen regulirbaren Zusatzwiderstand zur Regelung der Empfindlichkeit einschalten. (Fig. 5.)

Allgemeine Elektricitäts-Gesellschaft in Berlin. — Maximum-Verbrauchsanzeiger. — Classe 21, Nr. 96.975.

Fig. 6.

Die durch Längenausdehnung eines Hitzdrahtes d hervorgerufene Bewegung eines federgespannten und federnden Hebels oder Gelenkes k k lässt die Drehung einer durch Eigengewichts- oder Federwirkung schwingenden Curven- oder Staffelscheibe s bis an den dem Stromwerth entsprechenden Werth zu, während dieser Hebel beim Zurückgehen infolge Sinkens der Stromstärke durch seine Federung die Scheibe s festhält.

Bisson, Bergès & Co. in Paris. — Stromabnehmer für oberirdische Stromzuleitung. — Classe 20, Nr. 97.189.

Die festliegende Drehachse b der Contactstange A liegt gegen die Mittelachse der letzteren versetzt, und die beiden zur Stange nahezu parallel liegenden Zugstangen U wirken auf das obere und untere Ende der die Stange umgebenden Schraubenfeder D und drücken die Rolle federnd an die Arbeitsleitung an. (Fig. 7.)

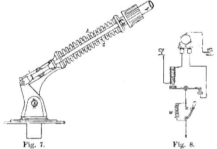

Fig. 7. Fig. 8.

Max Schöning in Berlin. — Vorrichtung zur Abschwächung von Kurzschlüssen bei elektrischen Bahnen mit Theilleiterbetrieb. — Classe 20, Nr. 97.229.

Um zu verhindern, dass, sobald der Stromabnehmer S gleichzeitig auf den Theilleitern und Fahrschienen, z. B. schleift, störende Kurzschlüsse entstehen, wird ein Widerstand W in die Leitung eingeschaltet. Will man doch an diesen Stellen ausnahmsweise mit starkem Strome anfahren, so kann man diesen Widerstand von Hand ausschalten. (Fig. 8.)

Galileo Ferraris und Riccardo Arnó in Turin. — Verfahren zur Speisung von Mehrphasen-Stromverbrauchern aus einem Einphasen-Wechselstromnetz durch einen Drehfeldmotor. — Classe 21, Nr. 96.970.

Der mit den Wickelungen A und B und den Kurzschlussanker M versehene Drehfeldmotor dient als phasenverschiebender Transformator, indem in der Wickelung B ein gegen den Hauptstrom um 90° verschobener Strom inducirt wird. Die Mehrphasen-

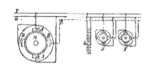

Fig. 9.

stromverbraucher N N werden aus den, einphasigen Wechselstrom führenden, Hauptleitungen P und Q und der Hilfsleitung k gespeist, während die Einphasenstromverbraucher I nur an P und Q angeschlossen sind. Das Wickelungsverhältnis des Transformators ist so gewählt, dass phasenverschobene secundäre Ströme gewonnen werden, deren Phase, Spannung und Stromstärke von derjenigen des primären Einphasen-Wechselstromes verschieden ist.

Robert Krayn und Carl König in Berlin. — Galvanisches Doppelelement mit Flüssigkeitsvorrath. — Zusatz zum Patente Nr. 88.613 vom 19. März 1896. — Cl. 21, Nr. 96.765.

Der innere Zinkcylinder des durch Patent Nr. 88.613 geschützten Elementes ist von dem äusseren isolirt. Hierdurch sind zwei von einander unabhängige Elemente geschaffen, welche sowohl einzeln als auch in Parallelschaltung benützt werden können.

Edward Wythe Smith in Chelsea, England. — Einrichtung an Fernsprechanlagen, welche es ermöglicht, den Fernsprecher in derselben Leitung mit anderen telegraphischen Apparaten benützen zu können. — Cl. 21, Nr. 97.138 vom 3. April 1896.

Auf derselben Leitung liegen in Parallelschaltung ein Telegraphenapparat und ein Fernsprecher. Bei dem Fernsprecher ist anstatt der gewöhnlichen Inductionsspule für die Uebertragung der Ruf- und Sprechströme ein an sich bekanntes Phonopor benutzt und der Ruftaster, bezw. der Hakenumschalter sind derart mit Stromschlussstücken verbunden, dass die primäre Wickelung des Phonopors kurz geschlossen ist, sobald der Apparat zum Anrufen eingestellt, der Fernhörer demnach an den Hakenumschalter angehängt ist.

In einer Abänderung der Einrichtung sind zwei Empfänger in Verbindung mit einem Commutator benutzt zum Zwecke, eine Fernsprechverbindung nach zwei Richtungen hin herstellen zu können.

Fritz Dannert in Berlin. — Blei-Zink-Sammler. — Cl. 21 Nr. 97.243 vom 14. Mai 1897.

Die Erregerflüssigkeit besteht aus einer Lösung von saurem, borsaurem oder selen- oder molybdän- oder wolframsauren Kalium oder Natrium und Zinksulfat, welcher, falls Klärung erforderlich ist, eine möglichst unschädliche Säure, wie Ameisensäure, zugesetzt wird. Bei der Ladung bilden sich festhaftende, häutige Kalium- oder Natrium-, Zink-, Bor- etc. Verbindungen, welche einen unzeitigen Zinkangriff verhindern.

E. Marckwald in Berlin. — Gefäss für elektrische Sammler aus mit Celluloidlösung durchtränkten Geweben. — Cl. 21, Nr. 97.283 vom 14. Juli 1897.

Eine Anzahl von fein, netzartig durchlöcherten, maschigen oder porösen Geweben, Fasern, Watten, Baumwolle- oder Wollstoffen wird mit einer gefärbten oder ungefärbten Lösung von Celluloid in Aceton, Alkoholäther oder einem sonst geeigneten Stoff in passender Weise durchtränkt und in verschiedenen Lagen über einander um eine für diesen Zweck hergestellte Form gewunden und nächstdem an der Aussen- und Innenseite mit einem Ueberzug von Celluloid versehen. Hierdurch werden nahtlose, säurebeständige und elastische Batteriegefässe erhalten.

Moritz Kugel in Berlin. — Einrichtung zur Entnahme von Strom gleichbleibender Spannung aus Vertheilungsnetzen mit wechselnder Spannung mittelst Motordynamo. — Cl. 21, Nr. 97.140 vom 24. Jänner 1897.

Zur Entnahme von Strom gleichbleibender Spannung aus Vertheilungsnetzen mit wechselnder Spannung dient eine Motor-Dynamomaschine, bei der entweder das Feld des Motors entsprechend den Spannungsschwankungen im Primärstromkreise oder das Feld der Dynamo, entsprechend den Spannungsschwankungen, änderung des Motors durch Zusatzwicklungen verstärkt, bezw. geschwächt wird. Bei dieser Einrichtung werden die Zusatzwicklungen vom Lade-, bezw. Entladestrom einer zum Motor parallel geschalteten Sammlerbatterie durchflossen.

J. P. Schmidt in Berlin. — Elektrode für Mikrophone. — Cl. 21, Nr. 97.378 vom 1. October 1896.

Als Elektrodenkörper soll Platinmohr entweder für sich oder in Form eines Ueberzugs geeigneter Körper verwendet werden.

William B. Barym Waldemar Swiatsky und Jacques Wettstein in St. Petersburg. — Verfahren zur Herstellung von Sammlerelektroden. — Cl. 21, Nr. 97.454 vom 2. Juli 1897.

Die wirksame Masse besteht aus Bleioxyden, Glycerin und einem Zusatz von Alkohol oder alkoholischen Lösung von Aceton. Diese Masse soll langsamer erhärten und sich dem zu Folge in Formen giessen lassen.

Hyppolyte Delavan und Francois Felix Brerat in Châtellerault. — Differential-Bogenlampe mit Kohlenstift-Magazine. — Classe 21. Nr. 96.720.

Die zur Erzielung eines schattenfreien Lichtbogens winkelig gestellten Kohlenstift-Magazine enthalten mit Zapfen, bezw. Zapflöchern versehene Kohlenstäbe, die durch Klemmvorrichtungen vorgeschoben werden. — Der Strom wird nun durch ein Nebenschlussrelais derart geregelt, dass die Nebenschluss-Elektromagnete die Kohlenstifte bereits nach unten ziehen, bevor die Hauptstrom Elektromagnete die Stäbe loslassen, so dass beim Nachrücken eines neuen Stabes dieser durch den Nebenschluss-Elektromagneten mit dem alten Stabe fest verzapft wird.

The Britannia Motor Varriage Company, Limited in London. — Antriebsvorrichtung für Dynamos und Elektromotoren. — Classe 21, Nr. 96.719.

Bei Elektromotoren, deren Feldmagnete und Anker durch ein Zwischengelege verbunden sind, in entgegengesetzter Richtung umlaufen und beide die Achse treiben, trägt eine zwischen der Achse und der Feldmagnetnabe angeordnete Lagerhälse das oder die festen Räder des Zwischengeleges in Ansätzen innerhalb des Feldmagnetgestelles. — Hiedurch lässt sich das Magnetgestell als ein die ganze Maschine einschliessendes Gehäuse ausbilden.

Siemens & Halske, Actien-Gesellschaft in Berlin. — Verfahren zur Veränderung der Umlaufsgeschwindigkeit von Elektromotoren. — Classe 21, Nr. 96.718.

Um die Umlaufsgeschwindigkeit der Elektromotoren mit zwei oder mehreren von einander getrennten Ankerwicklungen zu verändern, wird die elektromotorische Kraft der einen Wicklung durch Verstellen der zugehörigen Bürsten verändert, so dass sie sich zu der elektromotorischen Kraft der anderen Wicklung hinzufügt oder von derselben abzieht.

Albrecht Heil in Fränkisch-Grumbach. — Herstellung von Bleigittern für Sammelplatten. — Classe 21, Nr. 97.104.

Das aus bienenwabenartigen Zellen bestehende Bleigerüst erhält durch Bearbeiten seiner Aussenflächen mittelst gekörnter oder gerippter Walzen an den einzelnen Zellen vorspringende Ränder, um der wirksamen Masse einen besseren Halt zu gewähren.

Geschäftliche und finanzielle Nachrichten.

Die **Russische Elektricitäts-Gesellschaft Union in St. Petersburg**, an welcher, wie wir bereits berichtet haben, die A.-G. Ludwig Loewe & Co., sowie die zur Finanzgruppe der Gesellschaft für elektrische Unternehmungen gehörigen Banken und Bankhäuser betheiligt sind, wurde am 21. d. M. in Petersburg mit einem Actiencapital von 6,000.000 Rubel constituirt. Die neue Gesellschaft übernimmt die elektrotechnische Fabrik von Heinrich Dettmann in Riga, welche bedeutend vergrössert wird. In den Aufsichtsrath wurden als Vertreter der Deutschen Gruppe die Herren Geh. Ober-Finanzrath W. Mueller, Director der Dresdner Bank, Dimitry Schereschewsky, Vertreter der Dresdner Bank in St. Petersburg, Wm. Laue, Director der Actiengesellschaft Ludw. Loewe & Co. und Louis Magee, Director der Union Elektricitäts Gesellschaft, gewählt.

Königsberger Pferdeeisenbahn-Gesellschaft. Am 14. Jul l. J. wird eine ausserordentliche General-Versammlung einberufen, in welcher über Erhöhung des Grundcapitals um 1,960.000 Mk. durch Ausgabe neuer Vorzugsaction behufs Erweiterung des bestehenden Netzes und Einführung des elektrischen Betriebes Beschluss gefasst werden soll. — Der Aufsichtsrath der Gesellschaft hat in seiner letzten Sitzung den Beschluss gefasst, den elektrischen Ausbau der neuen Strecken, sowie für einen Theil der alten Strecken der Actiengesellschaft Schuckert & Co. zu übergeben.

Prager Kleinbahn- und Elektricitäts-Actiengesellschaft. Der Verwaltungsrath dieser Gesellschaft hat in seiner letzten Sitzung den mit der Firma Kolben & Co. in Wysotschan abgeschlossenen Vertrag genehmigt, nach welchem das elektrische Fabriksunternehmen dieser Firma an die oben genannte Gesellschaft übergeht. Die genannte Gesellschaft hat Herrn Ingenieur E. Kolben als leitenden technischen Director für das erworbene Wysotschaner Unternehmen gewonnen.

Popp'sche Druckluft-Gesellschaft. Im laufenden Geschäftsjahr, welches am 30. Juni 1898 endigt, haben sich die Verhältnisse dieser Gesellschaft gegenüber dem Vorjahre gebessert, so dass voraussichtlich ein Betriebsüberschuss von 1,800.000 Francs bleibt. Die Verhandlungen der verschiedenen Pariser Elektricitäts-Gesellschaften mit der Stadt Paris wegen Concessions-Verlängerung schweben noch immer, dürften aber zu einem befriedigenden Ergebniss führen. Inzwischen soll die finanzielle Reconstruction der Compagnie Parisienne erfolgen, welche eine entsprechende Rückwirkung auf die Bilanz der Internationalen Druckluft- und Elektricitäts-Gesellschaft in Berlin, bei der die Disconto-Gesellschaft hervorragend interessirt ist. üben wird. Die Internationale Druckluft-Gesellschaft setzte die eventuelle Gewinnbetheiligung des Herrn Popp mit 22.970 Mark, das heisst dem vierten Theil der Specialreserve ab. Der vom 31. December 1897 datirende Jahresabschluss zeigt 927.564 Mark Gewinn, welcher aber nur ein buchmässiger Gewinn ist, weil er Zinsen und Provisionen bei der Compagnie Parisienne darstellt, die nur zu geringem Betrag baar entrichtet wurden. Nach Abzug der Geschäftskosten bleibt ein Buchgewinn von 852.626 Mk. Hierdurch und unter Zuziehung von 91.883 Mk. Specialreserve ermässigt sich der vorjährige Verlust von 1,890.364 auf 945.854 Mk. Im Hinblick auf die günstige Entwicklung des Pariser Unternehmens hat sich die Internationale Druckluft- und Elektricitäts-Gesellschaft entschlossen, der Compagnie Parisienne weitere Credite zum Ausbau von Secteurs zu gewähren, da ohne diese Erweiterung die Anlagen im Winter 1898/99 den gesteigerten Anforderungen nicht mehr genügen würden.

Die **Budapest-Neupest-Rákos-Palotaer elektrische Strassenbahn A.-G.** hielt am 19. v. M. ihre ordentliche Generalversammlung ab. Laut des Directionsberichtes wurden im Jahre 1897 fl. 257.160 vereinnahmt, denen Ausgaben im Betrage von fl. 254.669 gegenüberstehen, so dass ein Reingewinn von fl. 2491 resultirt, der auf neue Rechnung vorgetragen wird. Im Berichte der Direction wird ferner hervorgehoben, dass die Gesellschaft behufs Durchführung von Bauten unter Vornahme von Investitionen fl. 650.000 benöthigt, zu dessen Beschaffung die Direction beantragt, mit höchstens 5% verzinsliche Prioritäts-Obligationen im Betrage von fl. 700.000 zu emittiren, welcher Antrag zum Beschlusse erhoben wurde.

„Società Nazionale per Industrie ed Imprese elettriche." In Ergänzung unserer Notiz im H. 26, S. 320, können wir mittheilen, dass diese Gesellschaft mit dem Sitze in Mailand am 21. v. M. gegründet worden ist. Gründer sind die Continentale Gesellschaft für elektrische Unternehmungen in Nürnberg, der Credito Italiano in Mailand, die Firma Manzi & Co. in Rom. Wie bereits erwähnt, wird das Capital der Gesellschaft zunächst 5,000.000 Lire betragen mit späterer Facultät der Ergänzung auf 20,000.000 Lire. In den Aufsichtsrath sind eingetreten die Herren Ober-Regierungsrath a. D. Schröder vom A. Schaaffhausen'schen Bankverein, Köln am Rhein, Commerzienrath Alexander Wacker, Generaldirector der Elektricitäts-Actiengesellschaft, vormals Schuckert & Co. Nürnberg, und die Directoren der Continentalen Gesellschaft für elektrische Unternehmungen in Nürnberg, Stadtbaurath a. D. Köhn und Regierungsbaumeister Petri. Von italienischer Seite sind in den Aufsichtsrath eingetreten die Herren Manzi senior, Chef der Firma Manzi & Co., Rom, Director Pfizmayer vom Credito Italiano, Mailand, und die Universitäts-Professoren Saldini und Zunini in Mailand.

Schluss der Redaction: 28. Juni 1898.

Verantwortlicher Redacteur: Dr. J. Sahulka. — Selbstverlag des Elektrotechnischen Vereines.
Commissionsverlag bei Lehmann & Wentzel, Wien. — Alleinige Inseraten-Aufnahme bei Haasenstein & Vogler (Otto Maass), Wien und Prag.
Druck von R. Spies & Co., Wien.

Zeitschrift für Elektrotechnik.

Organ des Elektrotechnischen Vereines in Wien.

Heft 28.   WIEN, 10. Juli 1898.   XVI. Jahrgang.

Bemerkungen der Redaction: Ein Nachdruck aus dem redactionellen Theile der Zeitschrift ist nur unter der Quellenangabe „Z. f. E. Wien" und bei Originalartikeln überdies nur mit Genehmigung der Redaction gestattet.
Die Einsendung von Originalarbeiten ist erwünscht und werden dieselben nach dem in der Redactionsordnung festgesetzten Tarife honorirt. Die Anzahl der vom Autor event. gewünschten Separatabdrücke, welche zum Selbstkostenpreise berechnet werden, wolle stets am Manuscripte bekanntgegeben werden.

INHALT:

Rundschau.

In „Electrical World" sind im Hefte 21 die charakteristischen Aenderungen besprochen, welche in den letzten Jahren im Dynamobau gemacht wurden und an den in der elektrischen Ausstellung in New-York ausgestellten Dynamos ersehen werden können. Gleichstrom-Dynamos werden nun zumeist multipolar ausgeführt, selbst bis zu Leistungen von ½ PS herab bei geringer Tourenzahl; die Feldmagnete bestehen aus einem kreisförmigen Jochkranze mit nach innen gerichteten radialen Kernen. Stahl wird nicht mehr in ausgedehntem Masse für die Feldmagnete verwendet. Das Joch besteht gewöhnlich aus Gusseisen, die Kerne oder wenigstens deren Enden aus Weicheisenplatten oder Blechen von 3—7 *mm* Dicke. Die Kerne werden durch Guss mit den Jochkränzen vereinigt oder mit Benützung von Verbindungsstücken und Bolzen an denselben befestigt. Die Joche werden dünner, aber breiter als bisher gemacht; dieselben decken vollständig die Feldmagnetwickelungen, so dass dieselben nur von den Stirnseiten der Dynamos aus sichtbar sind. Die Wickelungen werden dadurch mechanisch geschützt; bei manchen Typen (apron type field) sind die Jochkränze auf den Stirnseiten sogar mit nach innen gerichteten Flanschen versehen, um die Spulen noch mehr zu schützen. Generatoren sind allgemein mit Compound-Wickelung versehen.

Bezüglich der Luftzwischenräume ist zu bemerken, dass grosse Kraftliniendichte angestrebt wird; man giebt daher die Anwendung der Polschuhe ziemlich allgemein auf. Bei manchen Typen sind sogar die Polenden verjüngt, so dass der Querschnitt des Luftzwischenraumes kleiner ist als der des Kernes. Da überdies Nutenanker angewendet und die Kraftlinien dadurch bei den Zähnen zusammengedrängt werden, ist die Kraftliniendichte in der Luft grösser als in den Eisenkernen. Der Zweck dieser Anordnung ist, die Einwirkung des Armaturstromes auf das Feld bei Belastung möglichst klein zu machen. Allerdings ist dadurch ein grösserer Arbeitsaufwand für die Magnetisirung erforderlich, doch erzielt man den Vortheil, dass die Bürsten funkenlos sind und bei Uebergange von Leergang bis 50% Belastung nicht verschoben zu werden brauchen. Armaturen mit glatter Oberfläche sind nun vollkommen verschwunden. Die Nuten haben eine Tiefe,

welche ungefähr der halben Zahnbreite gleich ist, und haben gewöhnlich parallele Seitenflächen, so dass die Zähne an der Basis schwächer sind als an den Enden. Zur Befestigung der Armaturwickelung werden noch häufig Bindedrähte angewendet, doch benützt man sehr häufig Holzleisten, welche in die einzelnen Nuten von der Stirnseite eingeschoben werden und sich gegen die Zahnenden gut anlegen; dadurch wird die Wickelung sehr gut festgehalten und geschützt. Die Zähne sind manchmal an der Aussenseite so verbreitert, dass zwischen benachbarten Zähnen nur ein sehr schmaler Luftschlitz bleibt; die Wickelung ist in diesem Falle allerdings schwieriger auszuführen, doch erzielt man einen sehr guten Schutz und Befestigung der Wickelung; bei Dynamos mit derartigen Ankern sind die Feldmagnetkerne nicht untertheilt, weil die Kraftlinien sich stets gleichförmig vertheilen und nicht auf die einzelnen Zähne überzuspringen brauchen.

Die Collectoren, welche in der Regel durch Ringe festgehalten werden, welche entsprechend den Segmenten getheilt sind, haben einen grösseren Durchmesser erhalten als früher üblich war; dies war wegen der Vergrösserung der Polzahl nothwendig. Kohlenbürsten werden auch bei 100 V Dynamos sehr stark angewendet. Die Bürstenhalter sind wesentlich verbessert worden und sind namentlich die sogenannten Hayli s Bürstenhalter sehr in Anwendung; die Bürsten sind nicht geklemmt, sondern legen sich locker gegen ein Kupferlager und Contact-Stück auf der einen Seite und gegen den Commutator auf der anderen Seite und werden gegen beide mit Hilfe eines Hebels und einer Feder gedrückt. Bürstenhalterringe kommen sehr in Anwendung; bei manchen Dynamos sind zwei Ringe angebracht, von denen jeder die Bürsten gleicher Polarität trägt. Die Ringe werden am Magnetjoche und nicht an den Lagerböcken befestigt.

Die Anlassapparate für Motoren sind sehr durchgebildet worden; dieselben sollen vor Schäden bewahren, welche durch Unvorsichtigkeit oder Unwissenheit verursacht werden könnten. Die Motor-Ausschalter und Rheostaten-Kurbeln stehen miteinander in Verbindung und werden der eine oder anderen oder beide sind so eingerichtet, dass der Strom unterbrochen wird, wenn die Belastung zu gross oder die Betriebsspannung zu klein wird. Zwei verschiedene Methoden werden zu diesem Zwecke angewendet. Bei der einen Art wird ein Auslösemagnet benützt, welcher mit zwei Wickelungen versehen ist; die eine ist vom Armaturstrom, die andere von dem in Nebenschluss geschalteten Feldmagnetstrome durchflossen. Die Ströme in den beiden Wickelungen wirken entgegengesetzt magnetisirend. Normal überwiegt die Magnetisirung durch den Feldmagnetstrom und der Hebel bleibt geschlossen. Bei Ueberlastung überwiegt der zweite Strom und der Hebel wird geöffnet. Bei Stromunterbrechung werden beide Wickelungen stromlos und der Hebel frei; bei zu geringer Betriebsspannung überwiegt wieder der Armaturstrom und zwar schon bei normaler Belastung des Motors; dadurch wird der Collector vor Funkenbildung geschützt, welche bei zu geringer Erregung des Feldmagneten infolge der verminderten Betriebsspannung eintreten würde. Bei der zweiten Art wird ein Magnet verwendet, von dem in Nebenschluss geschalteten Feldmagnetstrome erregt ist und den Auslöschebel festhält, und ein zweiter Magnet, welcher vom Armaturstrome des Motors erregt ist. Der Anker des zweiten Magneten ist mit einem verstellbaren Gewichte versehen, welches je nach der maximalen Stromstärke eingestellt wird; bei Ueberlastung wird durch den Anker des zweiten Magneten die Wickelung des ersten kurz geschlossen und dadurch der Stromkreis unterbrochen, weil der Auslöschebel frei wird.

Anstatt des Riemenantriebes kommt sowohl bei Generatoren als auch bei Motoren die directe Kuppelung in Anwendung.

Die Bogenlampen mit geschlossenen Glocken, sowohl für Gleichstrom als auch für Wechselstrom, verdrängen, wie man auf der Ausstellung sehen kann, die mit offenen Glocken. Die Regulirung erfolgt durch einen Hauptstrommagnet, welcher den Nachschub der Kohle ungefähr alle halbe Stunde bewirkt.

Von Glühlampen kommen solche mit 2 Fäden für 220 V zur Anwendung, auch werden die oberen Theile der Birnen häufig mit Silberspiegeln versehen.

S.

Normalien für Edison-Gewinde.[*]

Von R. Hundhausen.

Die vom Verbande Deutscher Elektrotechniker gelegentlich seiner letzten Jahresversammlung eingesetzte Commission zur Normirung von Edison-Gewinden hat ihre Vorschläge auf der diesjährigen Jahresversammlung erstattet. Die Voschläge wurden vom Verbande als Regeln angenommen.

Die Commission hat ihre Aufgabe so auffassen zu sollen geglaubt, dass unter möglichster Berücksichtigung der zur Zeit vorhandenen Edison-Fassungen Abmessungen und Formen anzugeben seien, wonach vorschriftsmässig zusammen passende Glühlampenfüsse und Fassungen mit Edison-Gewinde hergestellt werden könnten. Auf die vorhandenen Glühlampen glaubte man hiebei nicht Rücksicht nehmen zu sollen, da sonst die Aufgabe nicht nur wesentlich erschwert worden, sondern auch eine gleich gute Lösung nicht möglich gewesen wäre; es erschien diese Rücksichtnahme auch unnöthig, weil die vorhandenen Lampen ja doch in verhältnismässig kurzer Zeit verbraucht werden, während die Fassungen bestehen bleiben. Bei letzteren war es unter diesen Umständen auch angängig und erschien es an-

*) Aus der „E. T. Z." Berlin, Heft 20.

gezeigt, auf die fremdländischen (amerikanischen) Fabrikate Rücksicht zu nehmen.

Die Gewindeform ist bei den deutschen Fabrikaten im Allgemeinen den amerikanischen gegenüber tiefer geworden, was als ein nicht wieder aufzugebender Vorzug anzusehen ist, weil dabei eine minder grosse Genauigkeit erforderlich ist.

Eine gewisse Ungenauigkeit erscheint unter Einhaltung bestimmt festzusetzender Grenzen nämlich keineswegs als Fehler, sondern als durchaus zulässig. Es kommt nur darauf an, dass unter allen Umständen zwei Bedingungen erfüllt sind: 1. Die Lampen müssen sich leicht in die Fassungen einschrauben lassen und 2. beide Theile müssen im Gewinde genügende Ueberdeckung haben, sodass sie einander sicher festhalten, das heisst sich nicht überschrauben lassen und dieser Gefahr auch nicht zu nahe kommen.

Um dies zu erzielen, müssen beide Theile nach bestimmten Maassen ausgeführt werden, welche eine Erfüllung der aufgestellten Bedingungen gewährleisten. Hiezu ist auch insbesondere erforderlich, dass eine ideale Form festgestellt wird, welche die äusserste Grenze einerseits für den Lampenfuss nach aussen hin und andererseits für die Fassung nach innen hin angibt. Um unzulässigen Abweichungen in der umgekehrten Richtung vorzubeugen, müssen auch dafür bestimmte Grenzen festgelegt werden.

Zu jener idealen Berührungsgrenze für die beiden Gewindetheile bot es nun besondere Schwierigkeiten, einwandsfreie Maasse und Profile anzugeben. Auf die in dieser Richtung angestellten Versuche soll hier nur insoferne eingegangen werden, als es erforderlich erschien, möglichst abgerundete Maasse anzugeben und ein aus möglichst einfach zu construirenden Linien bestehendes Gewindeprofil aufzufinden; in letzterer Beziehung erschien namentlich die Zusammensetzung aus zwei Kreisbogen unter möglichster Vermeidung einer Verbindungstangente erstrebenswerth.

Beiden Anforderungen ist nun durch die hier mitzutheilende Lösung entsprochen worden (vergl. Fig. 1, das unten in grossem Maassstabe gezeichnete Profil.)

Ueber die Gewindesteigung s war von vornherein kein Zweifel vorhanden, sie beträgt $^1/_7$" engl. $= 3.62$ mm. Der äussere Durchmesser D_0 soll 26.6 mm, der innere Durchmesser d_0 soll 24.3 mm betragen, wie in Fig. 1, oben links, in fünffacher Vergrösserung und auch in der Profilcurve sieben gezeichnet ist. Das Gewindeprofil soll zusammensetzen aus zwei gleichen Kreisbogen, deren Radien r_1 und r_2 je 1 mm betragen. Die Gewindetiefe t ergibt sich aus den beiden Durchmessern 26.6 und 24.3 mm als deren halbe Differenz

$$\frac{D_0 - d_0}{2} = 1.15 \, mm$$

Um nun zunächst eine Ueberschreitung, sowie auch eine zu grosse Annäherung der hiedurch gekennzeichneten Grenzfläche sicher zu verhindern, soll vorgeschrieben werden, dass für Lampenfuss und Fassung als praktische Grenzen zwei von der idealen um je 0.05 mm im Durchmesser abstehende Gewindeflächen gelten sollen, so dass also die äusseren und inneren Durchmesser D' und d' des Lampenfusses um wenigstens 0.05 mm kleiner, die der Fassung Df und df um ebensoviel grösser seien, als die des Idealgewindes; es sollen also, wie in Fig. 1 oben rechts gezeichnet ist, die grösstzulässigen Durchmesser des Lampenfusses $D'_{max} = 26.55$ und $d'_{max} = 24.25$ mm die kleinst zulässigen der Fassung dagegen $Df_{min} = 26·65$ und $df_{w.in} = 24·35$ mm betragen.

Um andererseits eine zu weite Unterschreitung der bezeichneten Grenzen zu verhindern, soll vorgeschrieben werden, dass die zuletzt genannten Werthe um höchstens 0·25 mm kleiner, bezw. grösser werden dürfen, die Idealform also um höchstens je 0·3 mm im Durchmesser nach innen und aussen verlassen werden darf. Strenger ausgedrückt, soll sich diese Bestimmung nur beziehen einerseits auf den Aussendurchmesser des Lampenfusses, welcher nicht kleiner als $Dl_{min} = 26·3$ mm werden soll, und andererseits auf den Innendurchmesser der Fassung, welcher nicht grösser als $df_{max} = 25·6$ mm werden soll.

Wenn diese am weitesten von den Idealmaassen abweichenden Werthe erreicht sind, so wird der Lampenfuss noch in der Fassung gehalten mit einer Gewindeüberdeckung von $Dl_{min} - df_{max} = 26·3 - 24·6 = 1·7$ mm im Durchmesser, bezw. 0·85 mm im Radius.

Hiemit ist die Aufgabe bezüglich des Gewindes erledigt; der zuletzt genannte Fall ist in Fig. 1 (oben in der Mitte) in natürlicher Grösse zur Anschauung gebracht.

Es erübrigt noch, einige andere Maasse, welche für das gute und richtige Zusammenpassen von Lampen und Fassungen mit Edison-Contact von wesentlicher Bedeutung sind und welche sich auf die achsinle Ausdehnung beziehen, in ähnlicher Weise zu behandeln.

Es sind dies einerseits am Lampenfuss der Abstand zwischen Mittel- und Aussencontact Al und die gangbare Gewindehöhe Gl, andererseits an der Fassung, deren Tiefe Tf und gangbare Gewindehöhe Gf. Erfordernis ist, dass die Summe von Al und Gl gleich oder grösser sei, als das Maass Tf und dass das Maass Gf grösser sei als die Differenz von Tf und Al, bezw. grösser als das Maass Gl.

Unter möglichster Anlehnung an die z. Zt. gebräuchlichen Formen werden folgende Grenzwerthe vorgeschlagen:

1. Für den Lampenfuss:
$$Al_{min} = 7 \text{ mm}; \quad Al_{max} = 8 \text{ mm};$$
$$Gl_{min} = 14 \text{ mm}.$$
woraus folgt:
$$Al_{min} + Gl_{min} = 21 \text{ mm}$$
wie in der Mitte der Figur links eingeschrieben.

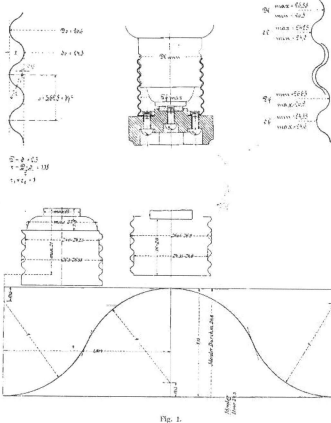

Fig. 1.

2. Für die Fassung:
$$Tf_{min} = 18 \text{ mm}; \quad Tf_{max} = 20 \text{ mm};$$
$$Gf_{min} = 15 \text{ mm}.$$
Hiedurch wird die Bedingung erfüllt, dass
$$Al_{min} + Gl_{min} (= 21)$$
grösser sei als
$$Tf_{max} (= 20).$$
und dass
$$Gf_{min} (= 15)$$
grösser sei als
$$Tf_{max} - Al_{min} (= 20 - 7 = 13)$$
oder grösser als
$$Gl_{min} (= 14).$$

Andere Maasse, wie die Grösse des Mittelcontactes am Lampenfuss und die des Isolirstückes am Rande des Aussencontactes gemessen, erscheinen von untergeordneter Bedeutung; jenes sollte maximal 15 mm, dieses maximal 23 mm betragen.

Die zahlenmässigen Unterlagen scheinen hiemit erschöpfend gegeben zu sein und die Commission er-

achtete ihre Aufgabe, bezw. auch die des Verbandes
als erfüllt, wenn die vorgeschlagenen Normalien durch
die Jahresversammlung angenommen würden.

Es drängt sich nun aber wohl doch die Frage
auf, mit welchen Hilfsmitteln man eine möglichst gute
Verwirklichung der theoretisch dargelegten Bedingungen
erzielen will. Wie will man in einfacher und zuverlässiger Weise Glühlampenfüsse und Fassungen mit
Edison-Contact prüfen, ob sie den Vorschriften entsprechen, das heisst weder nach unten, noch nach oben
die zulässigen Grenzen überschreiten? Es wurde zugegeben, dass der Nachweis einer zweckmässigen Ausführbarkeit immerhin erwünscht erscheinen könnte, weshalb ich eine Beschreibung der auch in der Commission
zur Berathung gebrachten und allseitig für gut anerkannten Anordnung von Kaliberlehren zur Nachmessung
von Lampenfüssen und Fassungen demnächst folgen
lassen werde.

Caliberlehren für Glühlampenfüsse und Fassungen mit Edison-Contact.[*]

Von R. Hundhausen.

Im Anschluss an die in Heft 20 der „E. T. Z."
von mir mitgetheilten Vorschläge zu Normalien für
Edison-Gewinde[**] sollen im Folgenden Caliberlehren
beschrieben werden, welche zur Prüfung von Glüh-
lampenfüssen und Fassungen mit Edison-Contact nach
den vorerwähnten Normalien dienen sollen.

Für die praktische Anwendung genügt es nämlich
durchaus nicht, abstracte Vorschriften festzusetzen, sondern es sind vielmehr mechanische Vorrichtungen erforderlich, um die theoretisch bestimmten Maasse und
Formen in einfacher Weise praktisch controliren zu
können. Ja, es erweist sich sogar bei einem Versuche,
die Vorschriften in dieser Weise zur Anwendung zu
bringen, als nothwendig und zweckmässig, die festgesetzten Normalien theilweise etwas zu modificiren.

In dieser Beziehung sei nur an Hand der Fig. 1
und 2 darauf hingewiesen, dass die aufgestellten Bedingungen bezüglich der äusseren und inneren Gewinde-
durchmesser, deren Erfüllung sich als besonders wichtig
erwies, erhebliche Abweichungen des Gewindeprofils
zulassen, ohne praktische Bedenken zu verursachen;
Fig. 1 zeigt ein sehr tiefes, Fig. 2 ein sehr flaches
Gewindeprofil.

Insbesondere ist zu beachten, dass für den inneren
Durchmesser des Lampenfusses ein Minimalwerth und
für den äusseren Durchmesser der Fassung ein Maximalwerth in Wirklichkeit nicht angegeben zu werden
braucht, da eine Abweichung in diesen Maassen für
das gute Passen der beiden Gewindetheile in einander
ohne praktische Bedeutung ist, weshalb auch diese
Maasse in der Fig. 7 fortgelassen wurden.

So zeigt zunächst Fig. 1 zwei in diesem Sinne
von den idealen und von den Grenzprofilen stark ab-
weichende Gewindeprofile, wobei die Gewindetiefe t_1
erheblich grösser als die Gewindetiefe des idealen Profils $t_0 = 1.15$ (vergl. Fig. 5), also auch erheblich grösser
ist als die maximale Ueberdeckung

*) Aus der E. T. Z. Berlin. Heft 22.
**) Leider waren in den Figuren im vorigen Artikel einige
Fehler untergelaufen, welche in den hier beigefügten Fig. 5—8
berichtigt werden; insbesondere war letztere Figur, welche die in
Text gebrauchten Bezeichnungen für die achsialen Maasse enthält,
gänzlich fortgeblieben.

$$u_{max} = \frac{D_{t\,max} - d_{t\,min}}{2} = 1.1 \; mm$$

(vgl. Fig. 7).

Fig. 2 stellt den umgekehrten Fall dar, wobei
die Gewindetiefe t_2 erheblich kleiner geworden ist als
die ideale Gewindetiefe t_0 und wobei die Ueberdeckung
u ihr Minimum erreicht hat

$$u_{min} = \frac{D_{t\,min} - d_{t\,max}}{2} = 0.85 \; mm$$

(vgl. Fig. 6 und 7).

Die beiden Fig. 1 und 2, wobei in der Mitte
die idealen Grenzprofile mit dünnen Linien angegeben
sind, zeigen ohne Weiteres, dass diese beiden in entgegengesetzten Richtungen von dem Idealprofil wesentlich abweichenden Gewindeformen einer Erfüllung der
aufgestellten Bedingungen durchaus nicht zuwiderlaufen;
sie lassen sogar erkennen, dass eine Abweichung
namentlich im Sinne der Fig. 1 unter Umständen
praktisch zweckmässig erscheinen könnte, da beide
Gewinde bei möglichst grosser radialer Ueberdeckung
auch in achsialer Richtung mehr Spielraum in einander
haben und also einen grösseren Ungenauigkeitsgrad bei
ihrer Herstellung zulassen würden.

Auch lassen diese Figuren erkennen, dass für die
von dem theoretischen Gewindeprofil abweichenden
Grenzlinien (Fig. 7) vielleicht zweckmässiger nicht
zwei congruente und nur radial gegen einander verschobene Linien gewählt würden (Fig. 3), sondern statt
dessen zwei aus verschieden grossen Kreisbögen zusammengesetzte Linien (Fig. 4), wobei diese Kreisbögen untereinander und mit denen des idealen Profils
concentrisch wären, wobei also auch die Summen ihrer
Radien einander gleich und gleich 2 mm zu machen
wären.

Des Ferneren sind noch Bedingungen zu erfüllen,
welche beinahe als selbstverständlich erscheinen könnten
und durch die aufgestellten Normalien nicht besonders
zum Ausdruck gekommen sind, welche aber, um praktisch auf einfache Weise geprüft werden zu können,
bestimmte mechanische Vorrichtungen nothwendig erscheinen lassen.

Es deckt sich daher die Entscheidung, ob Lampenfüsse und Fassungen den an sie zu stellenden Anforderungen wirklich entsprechen, schliesslich mit dem
Ergebnisse einer Prüfung mittels mechanischer Caliberlehren, durch welche die vorher theoretisch entwickelten
Bedingungen, Formen und Zahlenwerthe ihre praktische
Verwirklichung finden.

Insbesondere ist dieses der Fall bezüglich der
Stärke des Lampenfusses und der Weite der Fassung.
Zu diesem Zweck sind nun verschiedene Gebrauchslehren vorzusehen und zwar für die Lampenfüsse und
die Fassungen je eine Hauptlehre (Fig. 9 und 10),
sowie je eine Hilfslehre (Fig. 11 und 12).

Die Hauptlehren dienen gleichzeitig zur Nachmessung der übrigen hauptsächlichsten Maasse inachsialer
Richtung, welche in Fig. 8 für die Lampenfüsse und
die Fassung neben einander angegeben sind und
worauf weiter unten noch zurückgekommen werden soll.

In ihrem Gewindetheil verkörpern die Hauptlehren,
Fig. 9 und 10, die vorgeschriebenen Grenzflächen,
gewährleisten also, dass zu ihnen passende Lampenfüsse
und Fassungen auch unter sich jedenfalls ein leichtes
Incinanderschrauben ermöglichen.

355

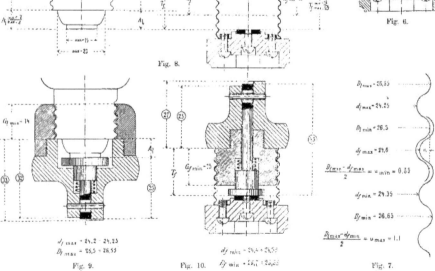

Fig. 1.

Fig. 2.

Fig. 3.

Fig. 4.

Fig. 5.

Fig. 6.

Fig. 8.

Fig. 9.

Fig. 10.

Fig. 7.

Die Hilfslehren, Fig. 11 und 12, welche in einem einfachen Cylinderringe und einem cylindrischen Bolzen mit Griff bestehen, dienen dazu, in umgekehrtem Sinne die Stärke des Lampenfusses bezw. die Weite der Fassung zu prüfen, d. h. festzustellen, ob jene nicht zu klein und diese nicht zu gross sei.

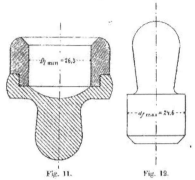

Fig. 11.　　　　　Fig. 12.

Beide Messungen geschehen in der bekannten Weise gewissermassen negativ, indem ein Passen zu diesen Hilfslehren eine Ueberschreitung der zulässigen Ungenauigkeiten anzeigt: Ein Lampenfuss also, der sich in den Caliberring, Fig. 11, hineinstecken liesse, würde zu schwach sein, bezw. einen zu kleinen äusseren Durchmesser — $D_{l\,min}$ — haben, ebenso wie eine Fassung, in welche sich der cylindrische Bolzen, Fig. 12, hineinstecken liesse, zu weit wäre, bezw. einen zu grossen Innendurchmesser — $d_{f\,max}$ — hätte.

Die Hauptlehren (Fig. 9 und 10) dienen ferner vermöge ihrer eigenthümlichen Anordnung dazu, gleichzeitig die Minimalmaasse der gangbaren Gewindehöhen $G_{l\,min}$ und $G_{f\,min}$ beim Lampenfuss und bei der Fassung in achsialer Richtung unmittelbar zu controliren.

Ausserdem dient die Hauptlehre für den Lampenfuss (Fig. 9) zur Controlirung des Abstandes A_l zwischen dem Mittelcontact und der Unterkante des Aussencontactes, ebenso wie die Hauptlehre für die Fassung (Fig. 10) dazu dient, deren Tiefe T_f (bezw. den Abstand des Mittelcontactes von der Oberkante des Aussencontactes der Fassung) nachzumessen.

In den beiden Fig. 9 und 10 ist die zu diesem Zweck angewandte Anordnung deutlich zu erkennen: In dem Hauptcontact der Lehre ist eine achsiale Durchbohrung und in dieser ein Stift angebracht, welcher in der Richtung gegen die auf. bezw. in die Lehre zu schraubenden Erzeugnisse federt und durch einen Querstift innerhalb gewisser Grenzen verschiebbar festgehalten wird. An seinem der Gewindetheile abgewandten Ende ist der Stift gerade abgeschnitten, während an dem Hauptkörper der Lehre eine stufenförmige Begrenzung des den Stift umgebenden Theiles vorgesehen ist. Die Höhe der Stufe ist gleich der zulässigen Ungenauigkeit des zu controlirenden Maasses und die Gesammthöhe des bezüglichen Abstände an dem Hauptkörper der Lehre ist relativ so gemacht, dass die Endfläche des Stiftes zwischen die beiden Absätze des Hauptkörpers sich einstellt, wenn das zu prüfende Maass innerhalb der vorgeschriebenen

Grenzen liegt. Wird dieses Maass über- oder unterschritten, so steigt oder sinkt die Endfläche des Stiftes über die obere oder unter die untere Grenzfläche des Hauptkörpers.

In den Fig. 9 und 10 sind zwei Fälle gezeichnet, wo die zu prüfenden Maasse gerade in der Mitte der zulässigen Grenzwerthe liegen, beim Lampenfuss ist also der Abstand

$$A_l = \frac{A_{l\,min} + A_{l\,max}}{2} = 7{\cdot}5 \ mm$$

bei der Fassung ist die Tiefe

$$T_f = \frac{T_{f\,min} + T_{f\,max}}{2} = 19 \ mm$$

gemacht worden.

Bei der Hauptlehre für den Lampenfuss (Fig. 9) wird ausserdem eine Prüfung des auf 23 mm angenommenen Maximaldurchmessers des Isolirkörpers durch die entsprechend weite Ausdrehung ermöglicht. Auf eine besondere Vorkehrung zum Nachmessen des auf 15 mm festgesetzten Maximaldurchmessers des Mittelcontactes des Lampenfusses kann dagegen wohl verzichtet werden.

Es werden hiernach also gemessen:

A. I. durch die Hauptlehre für Lampenfüsse (Fig. 9):

1. deren grösstzulässiger Innendurchmesser $d_{l\,max} = 24{\cdot}2$ bis $24{\cdot}25 \ mm$,

2. deren grösstzulässiger Aussendurchmesser $D_{l\,max} = 26{\cdot}5$ bis $26{\cdot}55 \ mm$.

3. deren grösstzulässiger Contactabstand $A_{l\,min} = 7 \ mm$,

4. deren grösstzulässiger Contactabstand $A_{l\,max} = 8 \ mm$.

5. deren kleinstzulässige Gewindehöhe $G_{l\,min} = 14 \ mm$;

II. durch die Hilfslehre für Lampenfüsse (Fig. 11):

6. deren kleinstzulässiger Aussendurchmesser $D_{l\,min} = 26{\cdot}3 \ mm$.

Ferner werden gemessen:

B. I. durch die Hauptlehre für Fassungen (Fig. 10):

1. deren kleinstzulässiger Innendurchmesser $d_{f\,min} = 24{\cdot}4$ bis $24{\cdot}35 \ mm$,

2. deren kleinstzulässiger Aussendurchmesser $D_{f\,min} = 26{\cdot}7$ bis $26{\cdot}65 \ mm$.

3. deren kleinstzulässige Tiefe $T_{f\,min} = 18 \ mm$,

4. deren grösstzulässige Tiefe $T_{f\,max} = 20 \ mm$,

5. deren kleinstzulässige Gewindehöhe $G_{f\,min} = 15 \ mm$;

II. durch die Hilfslehre für Fassungen (Fig. 12):

6. deren grösstzulässiger Innendurchmesser $d_{f\,max} = 24{\cdot}6 \ mm$.

Die bei *A* und *B* unter 1. und 2. genannten Doppelwerthe beziehen sich auf gewisse Ungenauigkeiten bei den Gewindetheilen der Hauptlehren (Fig. 9 und 10), welche infolge der starken Abnutzung beim Gebrauche unvermeidlich und daher praktisch unbedingt zu berücksichtigen sind.

Dieser eine Gesichtspunkt ist nämlich in Vorstehendem noch unberücksichtigt geblieben, obwohl er von ganz besonderer Wichtigkeit für die vorliegende Frage ist.

Es erscheint also erforderlich, von vornherein diesem nicht zu umgehenden Uebelstande Rechnung zu tragen und deshalb das Hohlgewinde der Lehre für den Lampenfuss ursprünglich enger und das Vollgewinde der Lehre für die Fassung ursprünglich stärker zu halten, als es den festgesetzten Grenznormalien entspricht. Es wurde diese Frage auch bereits in der Commission einer entsprechenden Berücksichtigung unterzogen, wobei als zulässige Toleranz 0·05 mm im Durchmesser festgesetzt wurde. Insofern erschien es also jedenfalls nothwendig, die der Commission gestellte Aufgabe in erweitertem Umfange aufzufassen, als gewissermassen Normalien für die vorerwähnten Gebrauchslehren und für Controllehren zu diesen aufgestellt werden müssten.

Es wird den praktischen Bedürfnissen demnach wohl am besten Rechnung getragen werden können dadurch, dass eine leistungsfähige Specialfirma für Präcisionsmechanik, wie beispielsweise J. E. Reinecker in Chemnitz-Gablenz, sich mit der Herstellung solcher Caliberlehren befassen und solche den Fabrikanten und Consumenten zur Verfügung stellen würde; als letztere kommen insbesondere auch die einzelnen städtischen und anderen Elektricitätswerke in Betracht, welche zur Prüfung der nach ihren Vorschriften und Bedingungen zu liefernden Glühlampen und Fassungen mit Edison-Contact keineswegs mit den abstracten Normalien auskommen würden, sondern bestimmen, möglichst genau nach diesen hergestellten, sowie leicht und einfach zu handhabender Caliberlehren bedürfen, mit denen die Fabrikate nachgemessen werden und denen sie entsprechen müssen.

Dritter internationaler Congress für angewandte Chemie Wien 1898.

Wien, IV/2 Schönburgstrasse 6.

Auf dem im Jahre 1896 zu Paris tagenden II. internationalen Congresse für angewandte Chemie wurde für den III. Congress für angewandte Chemie das Jahr 1898 bestimmt und als Ort für seine Abhaltung Wien gewählt.

Zur Durchführung dieses Beschlusses hat sich in Wien ein Organisations-Comité aus Vertretern der hohen Regierung und Repräsentanten aller Zweige der Theorie und Praxis der angewandten Chemie gebildet.

Auf dem Congresse werden die Nahrungsmittel-Chemie, medicinische und pharmaceutische Chemie, Agricultorchemie, Zucker-, Stärke- und Traubenzuckerfabrikation, Bierbrauerei, Malzfabrikation, Spiritus- und Presshefe-Industrie, die Chemie des Weines, die chemische Gross-Industrie, die Kunstdüngerfabrikation, die Glas- und keramische Industrie, die Kalk- und Cementerzeugung, die Industrie der Leuchtstoffe, die Metallurgie und Hüttenkunde, sowie die Chemie der Explosivstoffe, ferner die Chemie der Theer-Industrie, sowie der textilen Veredelungen, die Fettindustrie, die Chemie der Lederzeugung und Leimfabrikation, die Papier- und Cellulose-Industrie, die Chemie der graphischen Gewerbe und die in neuerer Zeit zu erhöhter Bedeutung gelangte Elektrochemie ihre sachliche Vertretung finden.

Neben den speciellen Angelegenheiten der vorgenannten Gebiete soll aber auch eine Reihe allgemeiner, sämmtliche Vertreter aller Zweige der angewandten Chemie gleichmässig interessirender Fragen zur Sprache und Lösung kommen, als die überhaupt eine Hauptaufgabe des III. internationalen Congresses für angewandte Chemie sein soll, das einigende Band, das die obengenannten Industriezweige und Gewerbe sowie ihre Vertreter gegenseitig bindet, zu festigen und dem technischen Chemiker einen Ueberblick über den heutigen Stand seines weiten Arbeitsfeldes zu geben, um ihn auf der wissenschaftlichen Höhe seines schönen Berufes zu erhalten.

Mit dem Congresse werden zu gleicher Zeit auch eine Reihe anderer, jenem verwandter Corporationen in Wien tagen; so sind für die Congresszeit in Aussicht genommen:

Die internationale Versammlung der Nahrungsmittelchemiker und Mikroskopiker,

Die Jahresversammlung der internationalen Commission für einheitliche Methoden der Zuckeruntersuchung,

Die Versammlung der Vertreter österreichischer land- und forstwirthschaftlicher Versuchsstationen und

Die Festversammlung anlässlich des 25jährigen Bestandes der Wiener pharmaceutischen Gesellschaft.

Neben den Congressberathungen sind auch eine Reihe kleinerer und grösserer Excursionen in Aussicht genommen, so die Besichtigung der Wiener Hochquellenleitung und jene des Baues der neuen Wiener städtischen Gasanlagen. Ebenso wird auch ein corporativer Besuch der in diesem Jahre, anlässlich des 50jährigen Regierungs-Jubiläums Sr. Majestät des Kaisers Franz Josef I. in Wien stattfindenden grossen Jubiläums-Ausstellung gewidmet sein.

Als Zeitpunkt für die Abhaltung des Congresses wurden die Tage vom 28. Juli bis inclusive 2. August 1898 bestimmt und wird die definitive Tagesordnung den sich anmeldenden Theilnehmern rechtzeitig bekannt gegeben werden.

Als Aufgaben des Congresses sind zu bezeichnen:

a) Berathungen über actuelle Fragen auf allen Gebieten der angewandten Chemie, und zwar in erster Richtung solcher, deren Lösung im öffentlichen Interesse gelegen ist.

b) Anbahnung international giltiger, einheitlicher Untersuchungsmethoden für die Analyse solcher Producte, welche auf Basis ihrer chemischen Zusammensetzung bewerthet und in Verkehr gebracht werden.

c) Anbahnung international giltiger, einheitlicher Untersuchungsmethoden für die Controle der verschiedenen industriellen chemischen Betriebe.

d) Besprechung von Fragen des Unterrichtes auf dem Gebiete der angewandten Chemie, sowie Berathungen über allgemeine Angelegenheiten der Chemiker.

e) Anbahnung eines freundschaftlichen Verkehres der in- und ausländischen Vertreter der verschiedenen Gebiete der angewandten Chemie.

Für die Erledigung der Congressarbeiten sind zwei allgemeine Versammlungen und eine grössere Anzahl von Specialberathungen (Sectionssitzungen) bestimmt. Ausserdem sind Excursionen zur Besichtigung wissenschaftlicher Institute und industrieller Anlagen in Aussicht genommen.

Die Specialberathungen des Congresses finden in 12 Sectionen statt, und zwar:

I. Section. Allgemeine analytische Chemie und Instrumentenkunde. (Allgemeine analytische Methoden, analytische Untersuchungsapparate, massanalytische Instrumente, Aräometer etc.)

II. Section. Nahrungsmittelchemie, medicinische und pharmaceutische Chemie. (Chemische und physikalische Nahrungsmitteluntersuchung, Besprechung von chemischen Fragen solcher Nahrungsmittelgewerbe, welche nicht in das Gebiet einer anderen Section fallen; ferner Fragen der medicinischen und pharmaceutischen Chemie.)

III. Section. Agriculturchemie. Agriculturchemie, landwirthschaftliche Versuchswesen, milchwirthschaftliche Untersuchungen.

IV. Section. Zucker-Industrie, Stärke- und Traubenzuckerfabrikation.

V. Section. Gährungs-Industrie.
1. Subsection: Bierbrauerei und Malzfabrikation.
2. Subsection: Spiritus- und Presshefe-Industrie.

VI. Section. Chemie des Weines.

VII. Section. Chemische Industrie der anorganischen Stoffe. Schwefelsäure, Soda- und Chlorkalkfabrikation. Industrie der Alkalien, Kunstdüngererzeugung, Kalk- und Cement-Industrie, Industrie der Leuchtstoffe, Glas-, Porzellan- und Thonwaarenfabrikation.)

VIII. Section. Metallurgie, Hüttenkunde und Industrie der Explosivstoffe.

IX. Section. Chemische Industrie der organischen Stoffe. (Industrie der Theerfarbstoffe, Färberei und Zeugdruck, Fabrikation pharmaceutischer Präparate, Chemie de

Fette, Oele und Schmiermaterialien, Papier- und Holzstoff-Industrie, Gerberei und Leimfabrikation.

X. Section. Chemie der graphischen Gewerbe. Photochemie, photographisches und chemisches Druckverfahren, Farbendruck etc.

XI. Section. Unterrichtsfragen und allgemeine Angelegenheiten der Chemiker.

XII. Section. Elektrochemie.

Fragen, welche gleichzeitig das Gebiet mehrerer Sectionen berühren, werden in gemeinschaftlichen Sitzungen der betreffenden Sectionen berathen.

Mitglied des Congresses kann Jeder werden, der auf irgend einem Gebiete der Chemie theoretisch oder praktisch thätig ist, ferner solche Personen und Corporationen, welche an einem Unternehmen betheiligt sind, in dessen Betriebe chemische Processe zur Anwendung kommen, und ebenso auch alle jene Personen und Körperschaften, welche an der Förderung der angewandten Chemie ein Interesse besitzen.

Jedes Mitglied hat einen Theilnahmerbeitrag von 10 fl. ö. W. an die Congresscassa zu entrichten, wofür ihm eine Mitgliedskarte ausgestellt wird, welche ihn zur Theilnahme an den allgemeinen Versammlungen sämmtlicher Sectionssitzungen und allen sonstigen unentgeltlichen Congressveranstaltungen, sowie zum unentgeltlichen Bezuge der Congresspublicationen berechtigt.

Mitglieder, welche den Betrag von mindestens 100 fl. zu Gunsten des Congresses erlegen, werden als Förderer des III. internationalen Congresses für angewandte Chemie, Wien 1898, in den Congresspublicationen besonders namhaft gemacht.

Jedes Mitglied hat sich zu Beginn des Congresses in die Listen jener Sectionen, an deren Berathungen es theilnehmen will, einzutragen und gleichzeitig sein Domicil für die Dauer des Congresses anzugeben.

Jeder mit einer Mitgliedskarte versehene Theilnehmer des Congresses ist berechtigt, sich an den Debatten der Sectionsberathungen zu betheiligen und hat das active und passive Wahlrecht bei allen Wahlen und Abstimmungen der allgemeinen Versammlungen und den Berathungen jener Sectionen, denen er als Mitglied angehört.

Als Congresssprachen gelten: Deutsch, Französisch und Englisch.

Indem das Organisations-Comité versichert, dass es nach jeder Richtung bestrebt sein wird, seinen Gästen den Aufenthalt in der alten Kaiserstadt an der Donau so angenehm als nur möglich zu machen, bemerkt dasselbe noch, dass das Generalsecretariat des III. internationalen Congresses für angewandte Chemie gerne bereit ist, weitere Auskünfte in Congressangelegenheiten zu ertheilen.

KLEINE MITTHEILUNGEN.

Verschiedenes.

Dr. Carl Ritter v. Hahn †. Am 21. Juni d. J. verschied nach langem, schwerem Leiden unser Vereinsmitglied Herr Dr. Carl Ritter v. Hahn nach kaum zurückgelegtem 50. Lebensjahre.

Der Verblichene war seit circa drei Jahren Vorstand des Wiener Zweigbureaus der Union-Elektricitätsgesellschaft in Berlin.

Im Kreise seiner Fachcollegen erfreute sich der Verewigte allgemeiner Beliebtheit und Werthschätzung.

Der Nachruf, welchen die Union-Elektricitätsgesellschaft in Berlin ihrem Verblichenen in den Wiener Tagesblättern widmet, legt das schönste Zeugniss für das Wirken desselben ab und gipfelt in Folgendem:

„Der Verstorbene hat sich durch hervorragende Charaktereigenschaften und unermüdliches Streben unsere Verehrung und Hochschätzung in einem Masse erworben, dass wir seinen Verlust als Mensch und liebenswürdigen Mitarbeiter tief zu bedauern haben."

Dr. v. Hahn hatte sich an der juridischen Facultät der Wiener Universität den Doctortitel erworben und widmete sich hierauf dem Studium der Elektrotechnik an der technischen Hochschule in Lüttich.

Reiche Erfahrungen auf dem Gebiete der Elektrotechnik sammelte Dr. v. Hahn durch seine praktische Thätigkeit bei der General Electric Company (früher Thomson Houston Comp.).

An dem am 23. Juni stattgefundenen Leichenbegräbnisse nahm im Auftrage des Vereines unser Präsident, Herr Professor Carl Schlenk, theil. Der Vater des Verewigten, Herr Hofrath Ritter v. Hahn, hat denselben seinen herzlichen Dank den Vereinsmitgliedern für die hiedurch erwiesene Theilnahme ausgedrückt.

Siegfried Marcus †. Am 30. Juni l. J. nachts ist in seiner Wohnung, Lindengasse Nr. 4, 67 Jahre alt, unser Vereinsmitglied Herr Siegfried Marcus gestorben, ein Mann, der zu den hervorragendsten und talentirtesten Mechanikern und Elektrikern unserer Monarchie gezählt werden darf. Wie das „N. Wr. Tgbl." mittheilt, war er vor mehr als vierzig Jahren aus Deutschland — er stammte aus Mecklenburg und absolvirte die Berliner Gewerbeschule — nach langjähriger Thätigkeit an der Seite des grossen Werner Siemens hieher gekommen. Bei Siemens arbeitete er an der ersten Telegraphenleitung Berlin-Magdeburg, und der geniale Arbeiter hatte es bald so weit gebracht, dass er ein Telegraphenrelais erfand, für welches ihm die sächsische Regierung einen Preis von 1000 Thalern auszahlte. In Wien trat er als Arbeiter beim damaligen Hofmechaniker Kraft ein, seine Erfindungen folgten Schlag auf Schlag, und die viele davon in das rein wissenschaftliche Gebiet schlugen, wurde er als Mechaniker an das physiologische Institut des Josephinums berufen, wo er viele Jahre bis an seiner selbstständigen Etablirung thätig war. Eine Arbeit über die Thermosäule, welche er der Akademie der Wissenschaften überreichte, trug ihm den grossen Preis von 2500 fl. ein. Die bedeutendste Erfindung, die Marcus machte, war die Construction des Benzinmotors. Aber dieses Gebiete war er der Erste und ein wahrer Bahnbrecher. In der Jubiläumsausstellung befindet sich von ihm das erste auto-Automobil, das er gebaut und mit dem er bereits in den Sechzigerjahren in Wien gefahren ist, also jahrelang vor den ersten englischen und französischen Automobils, so dass er mit Recht für sich die Priorität der Erfindung in Anspruch nehmen konnte. Obwohl die Einrichtung der Automobilwagen seither an Eleganz gewonnen hat, so ist die Construction seines Motors von einer derartigen Einfachheit, dass sie heute noch die Bewunderung der Fachmänner hervorruft; dies hat erst jüngst Professor Czizek in der letzten Nummer des Centralorgans für Automobilismus hervorgehoben. Zahlreiche Erfindungen machte Marcus auf kriegstechnischem Gebiete; hieher gehören die elektropneumatischen Seeminen, die während des Krieges 1866 zur Anwendung kamen, ferner die elektrische Centralgeschützabfeuerung auf österreichisch-ungarischen Kriegsschiffen, die er im Verein mit dem früheren Flügeladjutanten des Kaisers Fregattencapitän Carl v. Wohlgemuth einführte, ferner eine Schusswaffe, welche die Abgabe von 30 Schüssen pro Minute ermöglichte. Seine magneto-elektrischen Zündapparate („Wiener Zünder"), von erstaunlicher Kraft, wurden im Kriege 1870—71 von den deutschen Armee angewendet. Die meisten französischen Festungen, wie Strassburg, Laon, Toul, mussten die Wirksamkeit dieser Zündapparate erfahren. Für die Tiefseeforschung der Akademie der Wissenschaften construirte er höchst sinnreiche Apparate, welche die Beschaffenheit des Meeresgrundes kennen zu lernen ermöglichten. Marcus war Besitzer einer geradezu ungeheuren Zahl von Patenten, von denen er auch viele nutzbringend zu verwerthen verstand. Er war jedoch noch im Besitze von ausländischen Patenten, insbesondere solcher mit rotirende Saug- und Druckpumpen, deren Construction bei allen Fachleuten den lebhaftesten Beifall fand. Und dass er auch der Erfinder der ersten Lustgasmaschine war, darf gleichfalls nicht unerwähnt bleiben. So gab es kein Gebiet der Mechanik, auf dem Marcus nicht Vorzügliches leistete. In der letzten Zeit beschäftigte er sich mit der Erfindung einer Maschine zur Verstärkung des Schalles. Als in der Maschine angebrachtes Rohr, welches in einer mit einer Gummimembrane überspannten Trommel endigt, gibt bei der leisesten Berührung der Membrane ausserordentlich verstärkte Töne. Er wollte auf diese Weise den Aerzten es ermöglichen, durch die leisesten Geräusche verstärkt wahrzunehmen, um so die Auscultation und Percussion zu vervollkommnen. Marcus stand in vielfachen Beziehungen mit den hervorragendsten Geistern unserer Zeit, er correspondirte mit Helmholtz und Brücke, mit den Physikern Ettingshausen und Mach. Seine Erfindungen wurden in zahlreichen Lehrbüchern und Abhandlungen besprochen. Dabei war er persönlich von einer rührenden Einfachheit und Bescheidenheit. Trotz seines grossen Wissens blieb er der einfache Mechaniker. Für seine zahlreichen Arbeiten wurde er vor zwei Jahren vom Kaiser mit dem goldenen Verdienstkreuze mit der Krone ausgezeichnet.

Elektrische Untergrundrohrpost in Budapest. Die Ingenieure Dr. Alfred Brunn und Victor Takács haben dem ungarischen Handelsminister ihr Project einer elektrischen Untergrundrohrpost für Brief- und Packetverkehr vorgelegt. Das System der automatischen, und ohne Begleitpersonal zu betreibenden Anlage, wie die Form der Ausführung derselben, bilden den Gegenstand eines Patentes der genannten Ingenieure. Wie die „Perl. Bau. C." mittheilt, wird von der Budapester Postdirection die Verbindung zwischen 23 Postämtern und beiden Seiten der Donau geplant. Die Projectanten sind jedoch sich auch erbötig, eine Probestrecke auf ihre Kosten und Gefahren herzustellen, wenn sich das postalische Aerar verpflichten würde, diese Probe-

strecke nach Jahresfrist gegen Zahlung einer gewissen jährlichen
Amortisationsquote zu übernehmen. Der Handelsminister hat nunmehr für diese Probestrecke die Verbindung zwischen dem West-
und Ostbahnhofe bestimmt, die Dimensionen für die ganze Anlage
gegeben und die Projectanten aufgefordert, die diesbezüglichen
Pläne und Kostenvoranschläge zu unterbreiten.

Deutsche Landwirthschafts-Gesellschaft. XII. Wander-
Ausstellung zu Dresden. Auf der diesjährigen Wander-Aus-
stellung ist eine ausgedehnte elektrische Kraftvor-
theilungs-Anlage seitens der Firma Emil Klemm in
Dresden, General-Vertreter der E.-A.-G. vorm. W. Lahmeyer
& Co. in Frankfurt a. M. hergestellt worden. Als Kraftstation auf
dem Stande der Firma R. Wolf, Magdeburg-Buckau treibt eine
Compound-Locomobile von 65 e. PS eine Niederspannungs-Gleich-
strom-Dynamomaschine von 25.000 Watt Leistung. Die zweite
Station befindet sich auf dem Platze der Firma Garrett
Smith & Co. in Magdeburg - Buckau, wo eine Compound-
Locomobile von gleichfalls 65 PS eine Gleichstrom - Dynamo-
maschine von 35.000 Watt Leistung in Bewegung setzt. Beide
Maschinen arbeiten mit 110 V Betriebsspannung gemeinschaftlich
in ein Leitungsnetz, welches von der Firma Emil Klemm für
die Ausstellung errichtet wurde und setzen auf den verschiedenen
Punkten des ausserordentlich ausgedehnten Ausstellungsgeländes
durch Elektromotoren verschiedener Grösse einen Theil der aus-
gestellten Maschinen und Geräthe in Bewegung. Der grösste
Elektromotor der Ausstellung treibt die grosse Centrifugalpumpe.
Auch eine elektrische Grubenbahn - Locomotive der genannten
Firma mit einer im Anhängewagen untergebrachten Accumulatoren-
Batterie wird im Betriebe vorgeführt.

Ausgeführte und projectirte Anlagen.

Oesterreich-Ungarn.

Oesterreich.

Brünn. (Elektrische Bahn.) Die Gemeinde-Ver-
waltung der Landeshauptstadt Brünn beabsichtigt im Falle der
Erwerbung der vom der Brünner Localeisenbahn-Gesellschaft betriebenen Dampftramway in Brünn (Strecke Karthaus—Schreib-
wald und Ugartesstrasse—Centralfriedhof circa 16·1 km, mit Ab-
zweigungsgeleisen nur für den Frachtenverkehr per 4·1 km) diese
Linien in eine elektrische Bahn umzuwandeln und zugleich eine
elektrische Bahn für nachfolgende Linien zu bauen: a) Von
Obrowitz zur Jodokstrasse (rund 5 km); b) im Anschlusse an die
eben bezeichnete Strecke eine Strassenbahnstrecke vom Grossen
Platz zum städtischen Schlachthause (etwa 2 km); c) im Anschlusse
an die zur Kröna führende Strecke eine Strassenbahnstrecke nach
Komorowitz (etwa 1·15 km); d) im Anschlusse an die oben unter
a) bezeichnete Strecke eine Strassenbahnstrecke vom Getreidemarkt bis zum Altbrünner Badhause (etwa 1·25 km), und zwar
alle diese Linien normalspurig und zum Betriebe mit elektrischen
Motoren geeignet, zu welchem Behufe die Gemeinde die erforderliche Concession ansuchen wird. Der Bau dieser Linien, bezw.
die Umwandlung der alten Linien zum Zwecke des elektrischen
Betriebes, sowie der Betrieb der gesammten und der etwa noch
später zu erlangenden Strecken soll auf eine Reihe von Jahren,
jedoch nicht über 50 Jahre, einer Unternehmung auf gegen unentgeltlichen Heimfall nach Ablauf der Vertragsdauer, gegen Betheiligung am Brutto- und Nettoertrag gegen ein nach einer Reihe
von Jahren der Gemeinde zustehendes Einlösungsrecht, sowie
gegen Abnahme der elektrischen Kraft aus dem städtischen Elektricitätswerke und gegen Einhaltung der übrigen von der Gemeinde-Vertretung festgesetzten Bedingungen übertragen werden.
(Vergl. H. 21, S. 257 ex 1898 und die „Kundmachung" in dem An-
zeigentheile dieses Heftes.)

Patentnachrichten.

Mitgetheilt vom Ingenieur Victor Monath

W I E N, I. Jasomirgottstrasse Nr. 4.

Classe.   Deutsche Patentanmeldungen.*)

21. H. 19.255. Isolirender Träger für die Elektroden galvanischer
Elemente. — Hydra - Werke, Krayn & König, Berlin.
16./9. 1897.

*) Die Anmeldungen bleiben acht Wochen zur Einsichtnahme öffentlich
aufgelegt. Nach § 24 des Patent-Gesetzes kann innerhalb dieser Zeit Einspruch
gegen die Anmeldung wegen Mangel der Neuheit oder widerrechtlicher Entnahme
erhoben werden, doch giebt Bureau besorgt Abschriften der Anmeldungen und
übernimmt die Vertretung in allen Einspruchs-Angelegenheiten.

Classe.

21. K. 15.698. Fernsprechautomat. — Christen Heiberg, Kahrs
und Thorkild Aselchoug, Christiania. 1./10. 1897.

65. S. 10.587. Anlage zur Bethätigung von Elektromotoren zur
Einstellung eines Schiffruders oder anderer Apparate. —
Société Sautter, Harlé & Co., Paris. 7./8. 1897.

21. B. 18.146. Wechselstrommaschine. — Alexander Bewicke,
Blackburn und William Buchanan, Wolverhampton,
England. 23./9. 1895.

H. 15.725. Selbstthätiger Vielfachumschalter für Fernsprechanlagen mit Schleifenleitung. — George William Hey und
Arthur Edward Parsons, New-York. 11. 2. 1895.

P. 9494. Verfahren zur Herstellung von Sammler-Elektroden.
— Henri Pieper fils, Lüttich. 18./1. 1898.

V. 2949. Verfahren zum Kuppeln der beiden Stromschluss-
hebel bei Doppelzellenschaltern. — Voigt & Haeffner,
Frankfurt a. M.-Bockenheim. 22./7. 1897.

26. H. 18.765. Aufhängevorrichtung für Glühlichtlampen. — Joseph
Hudler, Glauchau. 24./5. 1897.

40. W. 13.881. Elektrischer Ofen. — C. L. Wilson, Ch. Munn,
J. W. Unger, H. Schneckloth, A. P. Brosius und
J. C. Kuchel, Holstein, V. St. A. 28./3. 1898.

51. M. 14.709. Elektromagnetische Mechanik zur Erziehung eines
orgelartigen Claviertones. — Rolf Medger, Stolp. 30./11.
1897.

75. K. 11.713. Doppelpolige Elektroden. — Dr. Carl Kellner,
Hallein. 9./5. 1894.

Deutsche Patentertheilungen.

Classe.

20. 98.826. Stellvorrichtung für Weichensignale. — Firma
J. Gast, Berlin. 21./8. 1897.

„ 98.887. Stromschlussvorrichtung für elektrische Bahnen mit
mechanischem Theilleiterbetrieb. — O. Linker, Leipzig.
21./11. 1894.

„ 98.918. Stromzuleitung für elektrische Bahnen mit Theilleiterbetrieb. — S. Ph. Thomson und M. Walker,
London. 5./9. 1897.

21. 98.857. Gesprächszeitzähler für Fernsprechanlagen. —
H. Weber, Neufchâtel. 30./6. 1897.

„ 98.875. Regulirungsvorrichtung für Bogenlampen. — J. F.
Meyer, Grossaislesben i. Anh. 23./1. 1898.

„ 98.897. Verfahren zur Herstellung einer Phasenverschiebung
von 90° bei auf Ferrariscbem Princip beruhenden Wechselstromzählern. — G. Hummel, München. 20./12. 1895.

„ 98.938. Ausführungsform von Telephonen. — E. Grund,
Köln-Nippes. 6./9. 1896.

Auszüge aus Patentschriften.

**Thomas Richard Cannig in Birmingham. — Anode. —
Classe 40, Nr. 96.432.**

Aus einem Stück bestehende Nickelanoden zeigen den
Nachtheil, dass sie nicht völlig im Bade aufgebraucht werden
können, ein Schmelzen und Giessen ihrer Reste aber sehr
schwierig ist.

Dieser Uebelstand wird nach vorliegendem Patente dadurch
vermieden, dass die Anode aus einer grösseren Anzahl von Nickel
stücken a zusammengesetzt wird, die in einem aufklappbaren
Rahmen b, dessen Vorderseits ein Gitterwerk c bildet, sich befinden. — Durch Kohlenstäbe f, die mit den Aufhängern g in
leitender Verbindung stehen, erfolgt die Stromzufuhr. (Fig. 1.)

**Victor Jeanty in Paris. — Galvanische Batterie. — Classe 21,
N. 96.664.**

Die unlöslichen Elektroden a stehen in schmalen, undurch-
lässigen Behältern d, welche in ihrem unteren Theile das Depolarisationsmittel enthalten. — Parallel zu den Behältern d, und zwar
in gleicher Höhenlage mit diesen oder nur wenig unter denselben
liegen die löslichen Elektroden b. — Das Ganze umgibt der mit
der Erregerflüssigkeit gefüllte Behälter b. — Letzterer kann mit
einem Speisebehälter verbunden sein, welcher das lösliche
Depolarisationsmittel enthält und mit den einzelnen Behältern d
in Verbindung steht. — Die aus der Auflösung der Elektroden b
herrührenden und zu Boden sinkenden Stoffe gelangen unter die
Wand r hindurch in den Raum g und fliessen durch die Oeffnung t
ab. — p und s sind die Strom-Sammelschienen.

Durch die Anordnung soll eine Mischung der Erreger-
und Depolarisationsflüssigkeit vermieden werden, obgleich beide
Flüssigkeiten in elektrischer Verbindung bleiben. (Fig. 2.)

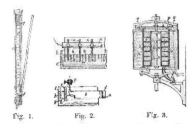

Fig. 1.   Fig. 2.   Fig. 3.

The Cox Thermo-Electric-Company Ltd. in London. — Thermosäule. — Classe 21, Nr. 96.660.

Die Anordnung ist derartig getroffen, dass die aus den einzelnen Thermoelementen gebildete Säule A behufs Auswechslung schadhafter Elemente leicht aus dem sie umschliessenden Gehäuse herausgenommen werden kann. — Zu diesem Zwecke ist der zwischen Säule und Gehäusewand liegende Raum a durch die Dichtungsringe i und j, in welche die die Säule umgebende Metallhülse u in sich eindrückt, abgedichtet. — Die Dichtungsringe werden durch die Schrauben q und den Ring p festgepresst. (Fig. 3.)

Frédéric Klostermann in Paris. — Regelungsvorrichtung für Bogenlampen. — Classe 21, Nr. 96.717.

Der Tauchkern D der mit Selbstunterbrechung arbeitenden Nebenschlussspule CC trägt am oberen Ende keilförmige, von einander und vom Kern magnetisch isolirte, unabhängig von einander um eine nicht magnetische Achse O schwingende Eisenblechstreifen L. — Mittelst dieser Streifen versetzt der Kern vermöge der zwischen den Platten L und dem Eisenring f auftretenden magnetischen Anziehung den Eisenring f und damit die Schnur- oder Kettenrolle in Drehung. — Der Kern E der Hauptstromspule A trägt an seinem oberen Ende einen magnetisch isolirten, federnden Eisenstreifen K, der sich in Folge magnetischer Anziehung an den Eisenring F anlegt und durch die Rolle bremst. (Fig. 4.)

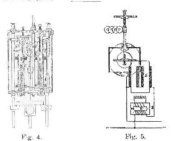

Fig. 4.   Fig. 5.

Carl Raab in Kaiserslautern. — Verfahren zur Erzeugung eines gegen die gelieferte Spannung um 90 Grade verschobenen magnetischen Feldes. — Classe 21, Nr. 96.636.

Die eine, das verschobene Feld erzeugende Drosselspule S wird behufs Steigerung des Wattstromes aus Blechen von grosser magnetischer Hysteresis (Stahlblech o. dgl.) oder aus massivem, nicht unterteiltem Eisen hergestellt, während bei der zweiten Drossel W behufs Steigerung des Erregerstromes dünne Bleche bester magnetischer Qualität unter Einschaltung von Luft in den Magnetstromkreis verwendet werden. — Zur Regelung des Phasenverschiebungswinkels kann man noch eine secundäre Wirkung W mit regelbarem Widerstands auf die Vorschaltdrossel vorsehen. (Fig. 5.)

Helios Elektricitäts-Actien-Gesellschaft in Köln-Ehrenfeld. — Vereinigte elektromagnetische Wirbelstrom- und Reibungsbremse. — Classe 20, Nr. 96.582.

Die Feldmagnete S bilden den feststehenden, bezw. beweglichen Theil, und der Wirbelstromanker D den beweglichen, bezw. feststehenden Theil einer Reibungsbremse. — Der auf der zu bremsenden Achse A verschiebbare Wirbelstromanker D ist unter dem der anziehenden Wirkung der Feldmagnete S entgegenstehenden Einfluss einer Feder F und dem von der Fahrgeschwindigkeit abhängigen, gleichgerichteten weiteren Einfluss von Fluggewichten G derart angeordnet, dass beim Stromgeben

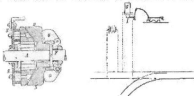

Fig. 6.   Fig. 7.

nebst der bei hoher Fahrgeschwindigkeit zunächst allein auftretenden Wirbelstrombremsung eine mit abnehmender Fahrgeschwindigkeit bis zum Stillstand der Bremsachse A allmählig zunehmende Bremsung durch Reibung mitwirkt. (Fig. 6.)

Max Jüdel & Co. in Braunschweig. — Vorrichtung zum Ver- und Entriegeln von Signal- und Weichenstellhebeln. — Zusatz zum Patente Nr. 68.690 vom 5. Februar 1892. — Classe 20, Nr. 96.330.

Im Gegensatz zur Patentschrift Nr. 68.690 wird durch den fahrenden Zug nur einmal ein Strom geschlossen und wieder unterbrochen (oder umgekehrt).

Dieser Strom wirkt auf einen Elektromagneten G, dessen Anker dadurch einmal angezogen und einmal losgelassen wird. — Derselbe ruft dann abwechselnd die Stützung und Freigabe einer nach Patent Nr. 74.412 wirksamen Sperrklinke hervor, so dass in der Ruhestellung die Klinke gestützt, also in der Sperrthätigkeit gehindert ist, dass bei der Zugeinfahrt aber der wechselnde Stromanstoss der Stützung beseitigt. — Diese wird dann erst durch Wiederherstellung des ersten Stromzustandes beim Verlassen der zu sichernden Geleisestrecke wieder herbeigeführt. (Fig. 7.)

E. de Syo in Augsburg. — Stromzuführung für elektrische Bahnen mit mechanischer Einschaltung durch Radtaster. — Classe 20, Nr. 95.938.

Die Stromzuführung arbeitet mit einer unter dem Geleise senkrecht zu demselben geführten, verschiebbaren Stange c, welche in der Mitte einen drehbaren, isolirt gelagerten Contactwirbel b gerad trägt, das derselbe, sich selbst überlassen, eine schräge Stellung einnimmt und bei Verschieben der Stange nach der einen Richtung zuerst durch einen Anschlag l vertical gestellt

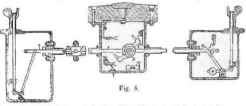

Fig. 8.

und bei der darauf folgenden Verschiebung der Stange c nach der entgegengesetzten Richtung zum Schlusze des Contactes durch eine Führung n senkrecht aufrecht erhalten wird.

Zur Bedienung der Stange c sind als Radtaster wirksame, verstellbare Druckrollen am Wagen vorgesehen. (Fig. 8.)

Geschäftliche und finanzielle Nachrichten.

Internationale Elektricitäts-Gesellschaft. Die achte ordent-liche Generalversammlung der Internationalen Elektricitäts-Gesell-schaft wurde am 1. d. M. unter dem Vorsitze des Präsidenten, Hofrathes Dr. A. v. Waltenhofen, abgehalten. Wir entnehmen dem Geschäftsberichte nachstehende Daten. Die Anmeldungen im Anschlusse an die Wiener Central-Station haben für Beleuchtung gegen das verflossene Jahr um 34.955 Lampen zu-genommen und sohin einen Stand von 194.949 Lampen der 16kerzigen Einheit, darunter 60.003.000 Bogenlampen, erreicht. Seit Berichtsschluss hat sich diese Zahl um 202.000 Lampen ver-mehrt. Ausserdem sind 296 Elektromotoren mit zusammen 757 PS, um 74 Stück mehr als im Vorjahre, angeschlossen. Die Strom-abgabe mit 60.003.000 Hektowattstunden hat sich um 24% erhöht. Die Central-Station Engerthstrasse wurde bis auf 10.200 PS ver-stärkt. Für die maschinellen und stromvertheilenden Einrichtungen sind mehrfache Neuerungen und Verbesserungen im Zuge, und wird theilweise auch die Erzeugung von mehrphasigem Wechsel-strom vorgesehen. Die Gesammtlänge des Kabelnetzes hat 246 km überschritten. Auch das gesellschaftliche Elektricitäts-werk in Bielitz-Biala wird wesentlich ausgestaltet, und zählen daselbst ausser der Stromlieferung für die elektrische Bahn Bielitz-Zigeunerwald die Anmeldungen für Beleuchtung 4311 Lampen für Kraftübertragung 12 Elektromotoren. Die neue Erzeugungs-stätte der Fiumaner Anlage wurde im Berichtsjahre er-öffnet und die Centralisirung des dortigen Betriebes durchgeführt. Die Gesellschaft war durch die Installation für die Wiener Jubiläums-Ausstellung stark beschäftigt. Ueberdies wurde für die neue Linie Schulplatz - Schlossgarten der Bahn Teplitz-Eichwald die elektrische Ausrüstung ausgeführt. Der Verkehr auf dieser elektrischen Bahn, auf welcher die Gesell-schaft betheiligt ist und die durch die erwähnte Linie abermals erweitert wurde, hat erheblich zugenommen. — Die Bilanz schliesst mit einem Gewinne von 888.217 fl. Bezüglich der Verwendung dieses Ertragnisses wird vom Verwaltungsrathe beantragt: 480.000 Gulden als 8%ige Dividende, das ist 16 fl. per Actie, gleich-wie im Vorjahre, zu vertheilen, den statutarischen Reserven 16.359 fl. zu widmen, dem Sparvereine der gesellschaftlichen Be-amten 6000 fl. zuzuwenden und den nach Abzug der Verwaltungs-raths-Tantième verbleibenden 30.695 fl. auf neue Rechnung vor-zutragen. Mit dieser Abrechnung ist das Amortisations-Conto auf 744.354 fl. und der Betrag der Reserven auf 1,249.992 fl. angewachsen. — Nach Entgegennahme des Revisions-Berichtes genehmigte die Generalversammlung einstimmig die Bilanz. In gleicher Weise wurde nach Absolvirung des Verwaltungsrathes der Antrag be-züglich Verwendung des Reingewinnes angenommen. Weiters liegt der Antrag des Verwaltungsrathes vor, zur Bestreitung der infolge Erweiterung der gesellschaftlichen Unternehmungen ge-machten und bevorstehenden Investitionen das Gesellschafts-Capital durch Begebung von neuen 7500 Stück volleingezahlter Actien à 200 fl. Nominale auf 7·5 Mill. Gulden zu erhöhen. Auch dieser Antrag wird einhellig angenommen und der Verwaltungs-rath ermächtigt, die Modalitäten und den Zeitpunkt für die best-mögliche Begebung dieser Actien im eigenen Wirkungskreise zu bestimmen. Zugleich beschliesst die Generalversammlung die durch die Capitalsvermehrung bedingte Abänderung der Gesell-schafts-Statuten. Die hierauf vorgenommenen Wahlen in den Verwaltungsrath wurden mit Acclamation die beiden ausscheiden-den Verwaltungsräthe Ingenieur M. Déri und Dr. J. v. Krauss wieder- und Herr Hofrath Johann Edler v. Radinger, Pro-fessor für Maschinenbau an der technischen Hochschule in Wien, neugewählt.

Wiener Elektricitäts-Gesellschaft. Die (9.) ordentliche Generalversammlung der Wiener Elektricitäts-Gesellschaft wurde am 30. v. M. abgehalten. Der vom Präsidenten, Herrn Anton Harpke, über das Betriebsjahr 1897/98 erstattete Bericht con-statirt die befriedigende Fortentwickelung des gesellschaftlichen Unternehmens. Die von der Centrale gelieferte Strommenge beträgt 13.742 Mill. Hektowatt-Stunden, was gegenüber dem Vor-jahre einer Zunahme von 20¼% zu repräsentiren scheint. Die gesellschaft-liche Kabellänge hat sich von 37·717 km auf 43·693 km Tracenlänge erweitert; die Zahl der Anschlüsse hat sich vom 1297 auf 1707 gehoben. Auf die 16 NK-Lampe reducirt stellt sich deren Ge-sammtcapacität, sowohl Licht als Kraft, auf 52.910 solcher Lampen gegenüber 43.498 im Vorjahre. Entsprechend dieser Erhöhung des Absatzes sind auch die Betriebseinnahmen von 349.912 fl. auf 413.850 fl. gestiegen, während sich die Betriebs-auslagen von 155.937 fl. auf 170.430 fl. erhöhten. Auf elek-trische Kraftübertragung entfallen 409 Anschlüsse mit 908 PS gegenüber 310 Antrieben mit 773 PS im Vorjahre. Der Bericht erwähnt weiters verschiedener unter der Verwaltung behufs Erhöhung der Leistungsfähigkeit der Centrale vorgenommener technischer Massnahmen zum finanziellen Theile des Berichtes übergehend, wird

vor Allem constatirt, dass die Begebung der seinerzeit beschlossenen Emission der dritten Million des gesellschaftlichen Actiencapitals nunmehr erfolgt ist. Die mit 30. April d. J. abschliessende Bilanz weist einen Reingewinn von 189.753 fl. aus. Hievon sind zu-nächst 5% Dividende für das Actiencapital von drei Millionen Gulden, sonach 150.000 fl. auszuscheiden. Von dem Reste bean-tragt der Verwaltungrath, dem Reservefonds 9000 fl. zuzu-weisen, auf Abschreibungen 8344 fl. zu verwenden, nach statu-tarischer Dotirung der Tantièmen eine halbpercentige Super-dividende mit 15.000 fl. zu vertheilen und den Rest per 6409 fl. auf neue Rechnung vorzutragen. Der Antrag wurde ohne Dis-cussion genehmigt.

Gesellschaft für elektrische Industrie. Am 30. Juni l. J. fand unter dem Vorsitze des Concessionärs kaiserl. Rathes Robert Eisner die constituirende Generalversammlung der Gesellschaft für elektrische Industrie statt. Zweck derselben ist hauptsächlich die Ausnützung der Elektrotechnik, insbesondere Installation und Betrieb von Beleuchtungs-Anstalten, Abgabe von elektrischem Strom zur Kraftübertragung oder für gewerbliche Zwecke, Bau und Betrieb elektrotechnischer Fabriken, Ueber-nahme und Ausführung von hydrotechnischen Arbeiten, Erzeu-gung bezüglicher Maschinen etc. und finanzielle Betheiligung an Gesellschaften und Unternehmungen gleicher Art. Die Gesell-schaft hat ihren Sitz in Wien, ist jedoch berechtigt, Zweignieder-lassungen, Agentien und Commanditen im In- und Auslande zu errichten. Das Grundcapital besteht aus einer Million Gulden = zwei Millionen Kronen, zerlegt in 5000 Stück volleingezahlte Actien à 200 fl., kann aber nach Bedarf durch Ausgabe weiterer, volleingezahlter Actien à 200 fl. bis zum Betrage von zwei Mil-lionen Gulden erhöht werden. Nach Erledigung der Formation wurden die derzeitigen Mitglieder des Verwaltungsrathes der österreichischen Eisenbahn-Verkehrsanstalt: die Herren Dr. Guido Freiherr v. Clauer, kaiserl. Rath Robert Eisner, Dr. Julius Lederer, Johann Mödinger, Hofrath Johann Poschacher, Edler v. Avelshöh, Josef Simon und Dr. Gustav Bloch in den Verwaltungsrath gewählt. Bei der im Anschlusse an die constituirende Generalversammlung stattgehabten Verwaltungs-raths-Sitzung wurde Dr. Guido Freiherr v. Clauer zum Präsi-denten, Hofrath Johann Poschacher zum Vice-Präsidenten gewählt, kaiserl. Rath Robert Eisner zum Executiv-Organ mit dem Wirkungskreis eines Directors ernannt und den Herren Simon Landau und Heinrich Eisner die Procura verliehen. Endlich wurde ein Abkommen mit der österreichischen Eisen-bahn-Verkehrsanstalt getroffen, nach welchem derselben die Ge-schäftsführung der neuen Unternehmen übertragen wurde. (Vergl. H. 5, S. 64 und H. 7, S. 88 ex 1898.)

Act.-G. der Wiener Localbahnen. Am 30. v. M. wurde die 10. ordentliche Generalversammlung dieser Gesellschaft unter Vorsitz des Präsidenten Peter Freiherrn v. Pirquet abgehalten. Nach dem Geschäftsberichte hat die Regierung die Uebernahme der Betriebslinien auf die Bahnlinien Wien–Wiener-Neudorf und Wiener-Neudorf–Guntramsdorf — früher bekanntlich durch die Bau-Unternehmung Leo Arnoldi betrieben — sowie der elek-trischen Bahn- und Beleuchtungs-Anlagen Baden–Vöslau durch die Gesellschaft der Wiener Localbahnen ab 1. Jänner ge-nehmigt, und ist sohin die für Rechnungsabschluss pro 1897 für sämmtliche abgenannte Linien verzeichnet. Wie weiters mitgetheilt wird, sind die Concessions-Verhandlungen wegen Ausbaues der Linien Guntramsdorf–Baden, Badener Ringlinie und der Umwandlung der Linie Wien Guntramsdorf in elektrischen Betrieb zum Abschlusse gekommen. Ebenso ist durch die Regierung der Ankauf des Unternehmens Baden–Vöslau genehmigt und mit dem Baue der Linie Guntramsdorf–Baden bereits begonnen worden. Der Verwaltungsrath hält es weiters im Interesse des Unternehmens für geboten, zur Verbindung der gesellschaftlichen Hauptlinien mit der im Besitze der Staatsbahn befindlichen Donauländebahn herzustellen. — Ueber die Ergeb-nisse des abgelaufenen Betriebsjahres wird mitgetheilt: Auf der Linie Wien–Guntramsdorf betrugen die Gesammt-Brutto-Ein-nahmen für die abgelaufenen Betriebsjahre 175.198 fl. = 12.164 fl., auf der Linie Baden–Rauhenstein und Baden–Vöslau 13.715 fl. (= 302 fl.). Das Gewinn- und Verlust-Conto weist für die Ge-sammtlinien einen Ueberschuss von 8273 fl. aus. Hievon sind die Kosten der Arbeiter für Ueberstunden mit 2698 fl. in Abzug zu bringen; ferner 2611 fl. in den Reservefond zu hinterlegen, so dass der Saldo von 2963 fl. erübrigt, welchen der Verwaltungsrath auf neue Rechnung vorzuschreiben beantragt. Nach Entgegennahme des Berichtes des Revisions-Ausschusses wurde vom Verwaltungsrathe der Absolutorium ohne Discussion einstimmig ertheilt. (Vergl. H. 24, S. 295. 1898.)

Localbahn Lemberg-Kleparow—Janow A.-G. Der Minister-Präsident als Leiter des Ministeriums des Innern hat auf Grund a. h. Ermächtigung und im Einvernehmen mit den Ministerien der Eisenbahnen und der Finanzen der privileg. Galizischen Actien-Hypothekenbank, dem Geheimen Rathe Grafen Siemienski-Lewicki und dem Grafen Roman Potocki als Concessionären der den Gegenstand der Concessions-Urkunde vom 1. Jänner 1895 bildenden Localbahn von Lemberg (Kleparow) nach Janow die Bewilligung zur Errichtung einer Actien-Gesellschaft unter der Firma „Localbahn Lemberg-Kleparow—Janow", („Koley lokalna Lwów-Kleparów—Janów") mit dem Sitze in Lemberg ertheilt und deren Statuten genehmigt.

Czernowitzer Elektricitätswerk- und Strassenbahn-Gesellschaft. Der Minister-Präsident als Leiter des Ministeriums des Innern hat im Einvernehmen mit dem Eisenbahnministerium der Czernowitzer Stadtgemeinde gemeinschaftlich mit den Herren Oskar Petri, königl. Regierungs-Baumeister, und Max Mayer, Kaufmann in Nürnberg, die Bewilligung zur Errichtung einer Actien-Gesellschaft unter der Firma „Czernowitzer Elektricitätswerk- und Strassenbahn-Gesellschaft" mit dem Sitze in Czernowitz ertheilt und deren Statuten genehmigt.

Die Commandit-Gesellschaft für elektrische Anlagen Albert Jordan, Wien, theilt uns mit, dass das bisher unter der Firma: Albert Jordan betriebene elektrische Installations-Geschäft in eine Commandit-Gesellschaft verwandelt wurde, welche unter der Firma „Commandit-Gesellschaft für elektrische Anlagen Albert Jordan", das bisherige Geschäft in erweitertem Umfange fortführen wird, Herr Ernst Koessler ist der neuen Firma als öffentlicher Gesellschafter beigetreten.

Brasilianische Elektricitäts-Gesellschaft. Unter hervorragender Betheiligung der Elektrischen Licht- und Kraftanlagen-Gesellschaft ist sich diese mit 5 Millionen Mark Grundcapital ausgestattete Gesellschaft gebildet, welche die von der Siemens & Halske Act.-Ges. erworbenen Strassenbahnen in Rio de Janeiro, die Concession eines Telephonnetzes daselbst und andere brasilianische Geschäfte zum Zwecke ihrer Thätigkeit machen wird. Gründer der Gesellschaft sind die Deutsche Bank, Siemens & Halske, die Firma Robert Warschauer & Co., die Mitteldeutsche Creditbank, sämmtlich in Berlin, das Bankhaus Jakob S. H. Stern in Frankfurt a. M., die Bergisch-Märkische Bank in Elberfeld, der Schlesische Bankverein in Breslau, die Oberrheinische Bank in Mannheim, die Firma Theodor Wille in Hamburg und die Elektrische Licht- und Kraftanlagen-Act.-Ges. In den Aufsichtsrath wurden gewählt die Herren Regierungsrath Kommaun, Präsident Dr. Büdiker, Kommaun, Geh. Commercienrath Diffené, Dr. jur. H. Jordan und Bankdirector Arthur Gwinner. Den Vorstand bilden die Herren Hugo Feldmann und Dr. Eudemann.

Rheinische Schuckert-Gesellschaft für elektrische Industrie, Mannheim. Im abgelaufenen ersten Geschäftsjahre dieser Gesellschaft, die bekanntlich die Zweigniederlassung Mannheim und die technischen Bureaus Strassburg und Saarbrücken der Elektricitäts-Gesellschaft vorm. Schuckert übernommen hat, betrug der Brutto-Gewinn 237.849 Mk. Die Unkosten erforderten 93.115 Mk., die Abschreibungen 11.721 Mk.; als Reingewinn bleiben mithin 133.014 Mk. Davon sollen 69.000 Mk. als Dividende von 8·4% vertheilt werden.

Briefe an die Redaction.

(Für diese Mittheilungen ist die Redaction nicht verantwortlich.)

Ad Stromsparer.

Gestatten Sie mir die ergebene Bitte um Aufnahme nachstehender Erwiderung auf die in Hefte Nr. 24 Ihrer Zeitschrift erschienene, mit Winkler gezeichnete Besprechung meines Apparates und meiner Person.

Wenn Herr Winkler die Beurtheilung von noch so vielen p. t. Parteien, welche den Apparat benützen und daher thatsächlich wissen können, ob sie durch denselben eine Wirkung erzielen oder nicht als nicht maass-gebend bezeichnet, so kann ich dies nur umso mehr bedauern, als diese so eben sind, die meine Bemühungen unterstützen und die Wahrheitsbeweis ermöglichen, dem die wissenschaftliche Begründung bald folgen wird und muss. Der Apparat wird von mir vollkommen kostenfrei behufs Erprobung zur Verfügung gestellt. Nur ersuche ich, sich darauf an mich zu wenden, damit ein Fall, wie ihn Herr Winkler aus eigener Erfahrung beschreibt, wo ein Monteur, ohne die gute Leitung zur Leitung zu prüfen, ohne die in unmittelbarer Nähe des Apparates befindlichen ableitenden Objecte zu beachten und dieselbe Schaltung für Gleich- und Wechselstrom anwendet, wodurch jeder Erfolg in Vorans ausgeschlossen ist, nicht vorkommen kann. Mit aufrichtigem Bedauern habe ich auch die incorrecte Messung an den Bogenlampen gelesen; die betreffende Partei wird mich zu grossem Danke verpflichten, wenn sie sich mir nennen und gestatten würde, eine Probe-

messung in umgekehrter Anordnung vornehmen zu können. Bei einigem guten Willen hätte sich jedoch Herr Winkler durch das veröffentlichte Attest eines Fachmannes, welcher ausdrücklich constatirt, dass die Stromersparnis an den Motoren des Eisenrades trotz dem Umstande erzielt wurde, dass das Rad 8 Stunden vorher in Ruhe war, überzeugen können, dass die incorrecte Messung der Stromersparnis als Norm der Messungen überhaupt und als Erklärung zu betrachten sei.

Auf die persönlichen Angriffe des Herrn Winkler einzugehen sehe ich mich nicht veranlasst, da ich mich zur Beurtheilung meines Geisteszustandes: Grössenwahn, Selbsttäuschung, Befähigung etc. nicht für competent erachte und diese daher Anderen überlassen muss.

Wien, am 15. Juni 1898.   M. v. Leon.

(Entgegnung.)

Wer meinen Aufsatz bezüglich seines Inhaltes und seiner Absicht genau gelesen hat und dann Kenntnis von vorstehenden Briefe nimmt, wird begreifen, dass ich auf das Verfassen einer ausführlichen Entgegnung verzichte. Gerade die vorstehenden Zeilen haben mir den Beweis gebracht, dass ich im Rechte bin, daran zu zweifeln, dass der Apparat des Herrn v. Leon die angepriesene Wirkung hat. Um meinen Zweifel zu beseitigen, würde nothwendig sein, dass der Erfinder durch mehrfache Urtheile unparteiischer, wirklicher Fachmänner einen unzweifelhaften Beweis für die Richtigkeit seiner Angaben erbringt.

Auf das Urtheil von Parteien kann ich unmöglich etwas halten und habe dabei die Zustimmung aller ernsthaften Fachgenossen.

Die Firma, von der ich den Apparat bekam, arbeitet oder arbeitete damals im Einverständnisse, bezw. Auftrage des Herrn v. Leon; ich hätte also keine Veranlassung, einen von jener aufgestellten Apparat von diesem noch controliren zu lassen. Meine persönlichen Bemerkungen darüber erklären sich wohl zur Genüge aus den wörtlich angeführten Stellen der Schriften, welche zur Propagirung des Apparates herausgegeben wurden.

Was mich zu den Schlussbemerkungen veranlasst hat, steht auch deutlich in denselben zu lesen.

Wien, am 2. Juli 1898.   W. v. Winkler.

EINLADUNG

zur Theilnahme am dritten internationalen Congress für angewandte Chemie, Wien 1898.

Das gefertigte Organisations-Comité erlaubt sich die Mittheilung zu machen, dass in der Zeit vom 28. Juli bis 2. August l. J. in Wien der III. internationale Congress für angewandte Chemie stattfindet.

Dieser Congress dürfte nach den vorbereitenden Arbeiten wohl kaum hinter seinen Vorgängern in Brüssel und Paris zurückbleiben, und sich ein Verlauf zu einem für unser Vaterland ehrenden gestalten. Durch Betheiligung aller Interessenten Oesterreichs wird derselbe aber auch einen Beweis dafür erbringen, welch' hervorragenden Aufschwung die angewandte Chemie in unserem Vaterlande in den letzten 50 Jahren genommen, und so sich der Congress gleichzeitig jenen Unternehmungen anreihen, welche Oesterreichs Völker in diesem Jahre zur Feier des 50jährigen Regierungsjubiläums unseres allgeliebten Kaisers veranstalten.

Indem wir den verehrlichen elektrotechnischen Verein in Wien zur Theilnahme an diesem Congresse ergebenst einladen, geben wir uns der Hoffnung hin, dass der verehrliche Verein dieses der Förderung aller auf Chemie beruhenden Gewerbe und Industrien gewidmete Unternehmen durch Entsendung von Delegirten unterstützen werde und zeichnen

hochachtungsvoll

Organisations-Comité des III. internationalen Congresses für angewandte Chemie, Wien 1898.

Der Präsident: Der General-Secretär:
Dr. v. Perger.   F. Strohmer.

Schluss der Redaction: 5. Juli 1898.

Verantwortlicher Redacteur: Dr. J. Sahulka. — Selbstverlag des Elektrotechnischen Vereines.

Commissionsverlag bei Lehmann & Wentzel, Wien. — Alleinige Inseraten-Aufnahme bei Haasenstein & Vogler (Otto Maass), Wien und Prag.

Druck von R. Spies & Co., Wien.

Zeitschrift für Elektrotechnik.

Organ des Elektrotechnischen Vereines in Wien.

| Heft 29. | WIEN, 17. Juli 1898. | XVI. Jahrgang. |

Bemerkungen der Redaction: Ein Nachdruck aus dem redactionellen Theile der Zeitschrift ist nur unter der Quellenangabe „Z. f. E. Wien" und bei Originalartikeln überdies nur mit Genehmigung der Redaction gestattet.

Die Einsendung von Originalarbeiten ist erwünscht und werden dieselben nach dem in der Redactionsordnung festgesetzten Tarife honorirt. Die Anzahl der vom Autor event. gewünschten Separatabdrücke, welche zum Selbstkostenpreise berechnet werden, wolle stets am Manuscripte bekanntgegeben werden.

INHALT:

Professor K. Zickler's lichtelektrische Telegraphie.

Diese neue Art der drahtlosen Telegraphie beruht auf einer im Jahre 1887 vom Prof. H. Hertz zuerst beobachteten Erscheinung, die darin besteht, dass Lichtstrahlen von geringer Wellenlänge, also besonders die ultravioletten Lichtstrahlen, die Eigenschaft besitzen, elektrische Entladungen auszulösen. Zieht man die kugelförmigen Elektroden eines im Gange befindlichen Inductoriums so weit auseinander, bis die elektrische Spannungsdifferenz an den Elektroden nicht mehr hinreicht, um noch eine Funkenentladung zwischen den Elektroden zu erhalten, und lässt man dann auf die Funkenstrecke im erhalten, und lässt man dann auf die Funkenstrecke ultraviolette Lichtstrahlen fallen, so setzt infolge der lichtelektrischen Wirkung dieser Strahlen die Funkenentladung sofort wieder ein.

Diese lichtelektrische Erscheinung wird nun von Prof. K. Zickler in Brünn in folgender Weise bei seiner neuen Art der drahtlosen Telegraphie benützt. Von einem an der Abgabestation des Telegrammes befindlichen elektrischen Bogenlichte, welches bekanntlich sehr reich an ultravioletten Strahlen ist, werden in der den telegraphischen Zeichen (Morsezeichen) entsprechenden Intervallen solche Strahlen in der Richtung der Empfangsstation ausgesendet, und diese lösen an letzterer in denselben Intervallen elektrische Funken aus. Die von den Funken wiedergegebenen Zeichen können dann leicht durch die in dem Raume um die Funken entstehenden schwachen elektrischen Wellen unter Vermittlung eines Cohärers oder durch die Funkenströme selbst auf eine elektrische Klingel, ein Telephon oder einen Morseschreiber übertragen werden.

Es besteht also der strahlenerzeugende Apparat auf der Sendestation aus einem entsprechend stark gewählten elektrischen Bogenlichte, welches nach Art der Scheinwerfer in ein in horizontaler und verticaler Ebene drehbares Gehäuse eingeschlossen ist. Durch eine Oeffnung des Gehäuses treten die Lichtstrahlen in der Richtung der Empfangsstation aus demselben aus. Zur Steigerung der Intensität der Strahlen in dieser Richtung werden Hohlspiegel oder Linsen oder beide Mittel in Combination angewendet. Kommen Linsen zur Verwendung, so dürfen dieselben, damit sie auch die wirksamen ultravioletten Strahlen durchlassen nicht aus Glas, sondern aus Bergkrystall hergestellt sein. Für die

Zeichengebung ist an der Ausstrahlungsöffnung ein Verschluss durch eine oder mehrere Glasplatten angebracht, die, ähnlich wie bei den Verschlüssen der photographischen Apparate, am besten auf pneumatischem Wege, rasch vor die Oeffnung geschoben, beziehungsweise von dieser entfernt werden können. Sobald der Lichtbogen hergestellt ist, treten die sichtbaren Strahlen auch bei verschlossener Oeffnung aus, da diese den Glasverschluss durchdringen. Die wirksamen ultravioletten Strahlen werden jedoch von dem Glase absorbirt. Ihr Austritt erfolgt erst beim Oeffnen des Glasverschlusses. Durch kürzeres oder längeres Offenlassen dieses Verschlusses können die wirksamen Strahlen entsprechend den Punkten und Strichen des Morse-Alphabetes ausgesendet werden. Bei der Zeichengebung erfahren also nur die ultravioletten Strahlen eine Abblendung, während die sichtbaren Strahlen ungehindert austreten, wodurch es erklärlich ist, dass selbst zur Nachtzeit einem Beobachter des Strahlenganges die Zeichengebung verborgen bleibt, da die Strahlen dadurch keine für das Auge bemerkbare Intensitätsänderung erfahren.

An der zweiten Station befindet sich der Strahlenempfänger. Derselbe besteht aus einem Glasgefässe, welches mit einer planparallelen Quarzplatte als Fenster für den Eintritt der wirksamen Strahlen versehen ist. In das Glasgefäss sind an zwei gegenüberliegenden Punkten Elektroden eingeschlossen, die ca. 10 mm von einander abstehen. Die eine der Elektroden ist kugelförmig, die andere bildet eine kleine kreisförmige Scheibe, deren Ebene so geneigt ist, dass ein durch das Quarzfenster eintretender Strahlenkegel leicht von ihr getroffen wird. Beide Elektroden sind mit Platinblech belegt. In dem Glasgefässe ist die Luft bis zu einem entsprechenden Grade der Verdünnung gebracht, oder es ist dasselbe mit einem verdünnten Gase gefüllt. Durch eine Quarzlinse oder einen Hohlspiegel werden die von der Sendestation kommenden Strahlen durch das Quarzfenster hindurch auf der scheibenförmigen Elektrode zu einem kleinen schwachen Lichtfleck concentrirt. Die Elektroden stehen mit der Secundär-Wicklung eines kleinen Inductoriums derart in der Verbindung, dass die kugelförmige Elektrode Anode und die scheibenförmige Elektrode Kathode wird. In den Primärstromkreis des Inductoriums ist ein Regulirwiderstand eingeschaltet, der eine allmähliche Aenderung des Primärstromes zulässt.

Für die Aufnahme eines Telegrammes befindet sich das Inductorium im Gange. Die Einstellung am Regulirwiderstande ist so gewählt, dass die Spannung an den Elektroden noch nicht hinreicht, damit Funken zwischen denselben entstehen. Sobald dann durch Oeffnen des Glasverschlusses am Sendeapparat der ersten Station auch die ultravioletten Strahlen des Bogenlichtes die scheibenförmige Elektrode (Kathode) treffen, erfolgt durch ihre lichtelektrische Wirkung eine Auslösung der Funken, die sofort wieder eingestellt wird, wenn der Austritt dieser Strahlen durch den Glasverschluss gehindert wird. Das Oeffnen und Schliessen bei der ersten Station entsprechend den Morsezeichen, bringt also in der Empfangsstation Funkenübergänge in den diesen zukommenden Intervallen hervor. Diese in der Empfangsstation in Form von Funken auftretenden Zeichen können nun leicht vermittelst eines in unmittelbarer Nähe des Empfangsapparates aufgestellten Cohärers sammt Klopfer, welcher von den in dem Raume um die Funken entstehenden, schwachen elektrischen Wellen getroffen wird, auf eine elektrische Klingel oder einen Morseschreiber übertragen werden. Es lässt sich diese Uebertragung, an Stelle eines Cohärers, auch durch ein in den Funkenstromkreis eingeschaltetes und entsprechend construirtes Relais ermöglichen. Sollen die Zeichen nur hörbar gemacht und nicht auch aufgeschrieben werden, so genügt schon die Einschaltung eines Telephones in den Funkenstromkreis. Durch ganz einfache Mittel können dabei die Zeichen so laut gemacht werden, dass sie an jedem Punkte eines grossen Raumes deutlich zu hören sind.

Aus der vorstehenden Beschreibung geht hervor, dass der Hauptunterschied zwischen der Marconi'schen und der Zickler'schen Telegraphie ohne Draht in der Art der Zeichenübertragung gelegen ist. Während bei ersterer elektrische Strahlen, also Aetherwellen von grosser Wellenlänge, hiezu benutzt werden, stehen bei letzterer Lichtstrahlen von sehr geringer Wellenlänge für diesen Zweck in Verwendung. Die Anwendung von elektrischen Wellen bei der Marconi'schen Telegraphie bedingt nun einen grossen Uebelstand. Bekanntlich müssen bei ihr, wenn man über eine Entfernung von etwa 50 m hinausgeht, an die Apparate der Sende- und Empfangsstation isolirt ausgespannte Drähte zur Uebertragung der elektrischen Wellen angebracht werden, deren Länge sich nach der Entfernung der beiden Stationen und anderen besonders obwaltenden Umständen richtet. Eine Aussendung der elektrischen Strahlen nur nach einer bestimmten Richtung, etwa durch Hohlspiegel, wie in dem Falle, wenn der Strahlenapparat allein benützt würde, ist dadurch unmöglich gemacht. Die elektrischen Strahlen, welche die Zeichen übermitteln, verbreiten sich daher von dem Sendedrahte nach allen Richtungen des Raumes, so dass ein Mitlesen des Telegrammes an jedem Punkte des ganzen Wirkungsbereiches dieser Strahlen durch einen an diesem Orte aufgestellten Empfangsapparat möglich ist.

Die Zickler'sche Erfindung ist vollkommen frei von diesem Uebelstande. Da die zur Uebertragung der Zeichen benutzten Lichtstrahlen sich leicht durch entsprechenden Abschluss der Strahlenquelle nur nach einer bestimmten Richtung aussenden lassen, wird an der Empfangsstation nur eine verhältnismässig geringe Fläche von den Strahlen getroffen. Auch ist, wie bereits früher erläutert wurde, das Verfahren so eingerichtet,

dass selbst zur Nachtzeit dem Gange der sichtbaren Strahlen die Zeichen nicht abgelauscht werden können. Es wird also das Depeschengeheimnis wie bei der gewöhnlichen Stromtelegraphie gewahrt.

Prof. Zickler hat seine diesbezüglichen Versuche mit den ihm zur Verfügung gestandenen nur sehr mangelhaften Mitteln bis auf eine Entfernung von 200 m ausgedehnt, wobei er seine Versuche mit 2 m begann. Letztere Distanz ist jene, bei welcher bisher die lichtelektrische Wirkung der ultravioletten Strahlen beobachtet wurde. Schon mit den unzulänglichen Mitteln ist also die Uebertragungsentfernung von der ursprünglichen auf den hundertfachen Betrag gesteigert worden. Bei den Versuchen auf der Entfernung von 200 m war nur dem Strahlenempfänger eine kleine Quarzlinse von 4 cm Durchmesser zur Concentration der Strahlen vorgesetzt, während von der Sendestation die Strahlen von einem Bogenlichte, welches eine Stromstärke von 25 Ampère und eine Spannung von 54 V aufwies, ganz ohne jedes Hilfsmittel, wie Spiegel oder Linsen, ausgiengen. Wenn man nun bedenkt, wie bedeutend die Intensität in einer bestimmten Richtung durch derartige Mittel gesteigert werden kann (man brauche sich ja nur an die Wirkung bei den Scheinwerfern zu erinnern), ferner die Verwendung von stärkeren Bogenlichtern und eine möglichst erfolgreiche Concentration der Strahlen an der Empfangsstation durch Hohlspiegel berücksichtigt, so lässt sich die Schluss berechtigt erscheinen, dass es auch bei dieser Art der drahtlosen Telegraphie, trotz der starken Absorption der benützten Strahlen in der Atmosphäre, möglich sein wird, bedeutend grössere Distanzen zu bewältigen.

Schliesslich sei noch des wichtigen Umstandes Erwähnung gethan, dass gerade an jenen Orten, an welchen die drahtlose Telegraphie in der Zukunft die grösste Anwendung finden dürfte, z. B. bei Leuchtthürmen, Schiffen, Festungen u. s. w., häufig bereits Scheinwerfer vorhanden sind, die durch entsprechende Einrichtungen dann auch für diesen Zweck Verwendung finden könnten.

Transformatoren für die Kraftübertragung am Niagara.

Nach S. Peek. [*]

Um das Umsetzungsverhältnis eines Transformators ohne Unterbrechung des Betriebes zu ändern, hat man verschiedene Methoden vorgeschlagen, die im Wesentlichen auf eine Verringerung, bezw. Vermehrung der Zahl der Primärwindungen oder der Secundärwindungen hinauslaufen. Die Anwendung dieser Methoden ist aber dann ausgeschlossen, wenn die Spannungen, bezw. Stromstärken so hohe Werthe annehmen, dass hiefür gut functionirende Schalter zu construiren unmöglich ist. Da nun die Primärspannungen bei der im Titel genannten Kraftübertragung 9.500—11.000, bezw. 21.000 bis 23.000 V betragen und die Stromstärken im Secundärkreise beträchtliche sind, so war die Westinghouse Electric Manufacturing Co., die diese Transformatoren lieferte, genöthigt, eine Methode zu ersinnen, durch die jenen Schwierigkeiten begegnet werden kann. Sie besteht im Wesen in der Erzeugung einer Zusatzspannung, die zur Hauptspannung additiv oder subtractiv hinzugefügt wird. Da diese Zusatzspannung nur die Aufgabe zu erfüllen hat, die Spannung

[*] Auszug aus einem Artikel in „Electrical World" 1898. Heft 15. Vergl. Rundschau im Hefte 19.

im Secundärnetze möglichst constant zu erhalten, die auftretenden Schwankungen zu paralysiren, so genügt hiezu eine Spannung von niedriger Voltzahl, wofür Ausschalter zu construiren unschwer ist.

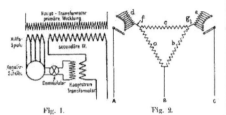

Fig. 1.   Fig. 2.

Fig. 1 zeigt die Anwendung dieser Methode auf einen einzigen Transformator. Der Secundärkreis ist mit einer Hilfsspule versehen, die für ca. 750 V und einen Maximalstrom von 300 A gewickelt und mit den Contacten einer Regulirscheibe verbunden ist. Ein 75 KW Transformator, der von 750 V auf ca. 240 V herabtransformirt, steht durch seine Secundärwicklung mit der Secundärspule des Haupttransformators in Verbindung, während seine Primärspule über einen Umschalter zur vorerwähnten Reputirscheibe geführt ist. Aus dieser Anordnung ist ersichtlich, dass durch Verstellen des Schalthebels an der Regulirscheibe die Zusatzspannung zwischen 0 und 240 V variirt werden kann, wobei auf den Regulator eine Spannung von höchstens 750 V und ein Maximalstrom von 100 A entfällt.

Eine andere Regulirungsmethode zeigt Fig. 2, welche einen Dreiphasenstrom-Transformator mit Anwendung der Dreieckschaltung vorstellt.

a, b und c sind die Secundärspulen dreier Transformatoren in Dreieckschaltung; d und e sind Hilfswindungen auf den Transformatoren a und b. A, B und C sind die drei Secundärleitungen. Aus dem Diagramme geht hervor, dass, wenn der Schalthebel in A von f weg bewegt wird, die Spannung zwischen A und B um einen gewissen Betrag zunehmen wird, während die Spannung zwischen A und C in geringerem Maasse zunehmen wird. Wird der Schalthebel in der Leitung C von g gegen das Ende e bewegt, dann wird die Spannung

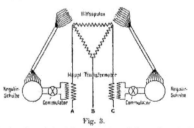

Fig. 3.

zwischen C und B sich um mehr erhöhen als zwischen C und A. Es ist sonach evident, dass, wenn beide Schalthebel in dem erwähnten Sinne um gleich viele Contacte bewegt werden, die zwischen A und B, B und C, C und A herrschenden Spannungen sich ändern werden, aber einander gleich bleiben.

Fig. 3 stellt diese Methode in anderer Ausführung dar; die Leitungen A und C sind aber nicht direct mit den Hilfsspulen verbunden, sondern durch Zwischenschaltung von Hauptstrom-Transformatoren und Regulirscheiben.

Dr. L. K.

Apparate für 220 Volt-Anlagen.[*]

Das immer mehr zutage tretende Bestreben, die Gebrauchsspannung bei den elektrischen Anlagen zu erhöhen, erfordert eine zweckentsprechend sorgfältigere Ausführung derjenigen Apparate, welche an der Stelle des Stromconsumes in der Regel von Laien bedient werden. Gerade dieser Umstand wird manchmal sehr wenig berücksichtigt und muss dann bei der erhöhten Spannung zu Betriebsstörungen und anderweitigen Unannehmlichkeiten Anlass geben.

Die Edison-Swan-Light-Co. war eine der ersten Firmen, welche sich eingehend mit dem Studium dieser Frage beschäftigt hat. Ihre Apparate, von denen im Nachstehenden einige skizzirt sind, zeichnen sich sowohl durch Einfachheit, wie durch Betriebssicherheit und leichte Bedienung aus und wurden für eine Normalspannung von 220 bis 250 V entworfen. Die Ausschalter besitzen eine ungewöhnlich lange Funkenstrecke, so dass eine rasche Stromunterbrechung mit möglichster Vermeidung der Lichtbogenbildung sichergestellt ist. Ebenso ist die Distanz zwischen den beiden Polklemmen sehr reichlich bemessen. In der Regel befindet sich der Mechanismus in einem Porzellangehäuse, das durch einen Deckel verschlossen wird. Der letztere besteht entweder ebenfalls aus Porzellan oder aber er ist metallisch, in welchem Falle dann durch isolirende Zwischenlagen für seine Stromlosigkeit gesorgt ist. Die Contact-Anordnung selbst weist natürlicherweise keine nennenswerthen Aenderungen auf; das bewegliche System wird durch eine Lage federnder Kupferstreifen gebildet, die sich gegen die fixen und massiven Contactklötze anpressen. Die letzteren sind gleichzeitig zu Klemmen ausgebildet, mit seitlichen Klemmschrauben.

Fig. 1.

Fig. 1 zeigt einen derartigen Ausschalter, einpolig, mit Gehäuse und Deckel aus schwarzem oder weissen Porzellan. Die Klemmen sind von einander und von der Mittelachse durch Porzellanwälle getrennt, gegen die sich der aufgeschraubte Deckel presst, so dass eine vollständige und verlässliche, gegenseitige Isolirung stattfinden muss. Diese Type wird in zwei Grössen: für 5 und 10 A ausgeführt.

Der doppelpolige Ausschalter, Fig. 2, ist hauptsächlich für den Gebrauch bei Bogenlampen und Mo-

*) Nach „The Electrical Engineer" London. 1. Juli 1898.

toren bestimmt. Auch hier sind die entgegengesetzten Pole durch hohe Porzellanscheidewände getrennt. Der Handgriff kommt seitlich durch den Deckel und ist aus Ebonit. Der Apparat gelangt in den Grössen für 8. 15 und 25 A auf den Markt.

Fig. 2.

Fig. 3.

Fig. 4.

Der in Fig. 3 skizzirte Stöpsel ist auf ähnlichen Principien aufgebaut, ebenso die Lampenfassung Fig. 4. Die Inneneinrichtung der letzteren zeigt mit Ausnahme der erhöhten Sicherheit gegen Kurzschlüsse keine wesentliche Aenderung des bekannten Edison-Swan-Patentes. Die äusseren Theile der Fassung sind von den stromführenden Theilen vollständig isolirt, so dass man anstandslos mit ihnen in Berührung kommen kann.

In gleicher Weise hat die Edison-Swan-Light-Co. die übrigen Installations-Apparate umgearbeitet und dadurch einem nicht mehr zu umgehenden Bedürfnisse Rechnung getragen. —nn—

Die Anlage der Compagnie Parisienne de l'air comprimé in ihrer neuen Ausgestaltung.

Aus den Heften Nr. 150 und 151 der Industrie électrique (25. März und 10. April u. a.) entnehmen wir Folgendes:

Es ist seitens der obgenannten Gesellschaft, welche identisch mit der alten Popp-Compagnie ist, der Beschluss gefasst worden, für ihr ganzes Netz die Fünfleitersystem zu adoptiren und als Erzeugungscentrum ausschliesslich das neue Werk am Quai de Jemappes heranzuziehen.

Das der Gesellschaft von der Stadt Paris eingeräumte Consumgebiet ist begrenzt: Von dem rechten Seine-Ufer, den Festungswerken auf dem place de la Concorde, dem place de la Concorde selbst, der rue Royale, den grands Boulevards bis zum place de la Republique, der rue du Temple, rue de Belleville und endlich den Festungswerken. — Anfänglich geschah die Stromvertheilung auf folgende Weise: Eine Reihe von Accumulatoren-Batterien, die auf eine Anzahl von Unterstationen vertheilt waren, wurden hintereinander geladen; nach erfolgter Ladung wurden die Batterien vom hochgespannten Strome abgetrennt und auf das 110 V Zweileiter-Vertheilungsnetz geschaltet. Zwei Centralen von 750, bezw. 800 KW Leistung (rue Saint-Fargeau und Boulevard Richard Lenoir), lieferten den Hochspannungsstrom, welcher von Dynamos der Type Desrozier mit der Société alsacienne de constructions mécaniques (400—600 V, 250 Amp.), die man in entsprechender Anzahl hintereinander schaltete, erzeugt wurde. Anfangs 1892 bestanden 21 Unterstationen mit Accumulatoren von zusammen 130.000 Kilowattstunden Lade- und 98.000 Kilowattstunden Entlade-Capacität; die Spannung betrug 4000 V bei voller Ladung. — Ferner war eine Niederspannungs-Centrale mit einer Leistung von 192 KW in den Souterrains der Handelsbörse untergebracht, wo als motorische Kraft comprimirte Luft benützt wurde; endlich befand sich ein kleines Werk in der cité du Retiro, welches die Beleuchtung der Boulevards mittelst Thomson-Houston-Maschinen constanter Stromstärke versorgte und niedergespannte Energie (50 KW) an einige wichtige Abonnenten der Nachbarschaft abgab. Später wurde noch eine Centrale mit niederer Spannung in der rue des Jeûneurs, mit einer Leistung von 110 KW, geschaffen.

Als die Accumulatoren nicht mehr genügten, wurden die Unterstationen mit 21 rotirenden Gleichstrom-Umformern (je zwei Thury-Dynamos, der Motor mit Serien-, der Generator mit Nebenschlusswickelung) versehen, welche zusammen 900 A abgeben und von fünf in der Centrale Saint-Fargeau aufgestellten, hintereinander geschalteten Thury-Dynamos zu 275 A 1100 V gespeist wurden. — Die Secundär-Maschinen der Transformatoren arbeiteten parallel mit den Accumulatoren auf das Secundärnetz. Gegen Ende 1893 wurde wieder eine bedeutende Unterstation mit drei Gruppen Thury'scher Gleichstrom-Transformatoren und 12 Batterien mit 50 KW Leistung für ein im Quartier Vendôme neugeschaffenes Fünfleiternetz (440 V Aussenspannung) errichtet.

Da bald darauf die beiden Centralen Saint-Fargeau und Richard Lenoir unzureichend wurden und das Vertheilungssystem fortwährende Umwandlungen und Ergänzungen der Unterstationen erforderte, so wurde, wie erwähnt, an die Umänderung des ganzen Netzes auf Fünfleiter und die Erbauung einer grossen Centrale am Quai de Jemappes gegangen. Sowohl die Umwandlung der Leitungsanlage als auch die Lieferung des gesammten elektrischen und mechanischen Materials wurde der Société alsacienne de constructions mécaniques in Belfort übertragen. Sämmtliche Kabel (früher zum Theile blank auf Isolatoren in Betoncanälen, theils mit Kautschukisolation in paraffinirten Holzcanälen mit Eisenabdeckung verlegt), sind durch armirte Kabel ersetzt worden, dieselben wurden entsprechend tief in die Erde zwischen zwei Lagen feinem Sand gelegt.

Das vollständig umgewandelte Leitungsnetz ist Ende April 1896 dem Betriebe übergeben worden; gleichzeitig wurde in der rue Mauconseil eine neue Unterstation für das Netz des Hallenviertels, mit der Stromzuführung von der neuen Centrale (zwei Speisekabel à 1000 mm²) eingerichtet. Desgleichen wurde die Unterstation Saint-Roch für Stromzuführung von der Centrale mittelst zweier Kabel à 1000 mm² umgewandelt. — In allen diesen Fällen werden die rotirenden Transformatoren von den Werken Richard Lenoir und St. Fargeau gespeist und functionirten in der oben beschriebenen Weise.

Alle Umänderungen, von denen oben die wichtigsten erwähnt sind, wurden ausgeführt, ohne die Stromabgabe einen Augenblick zu unterbrechen und ohne das Licht besonders zu stören. — Folgende Ziffern mögen dienen, um eine beiläufige Vorstellung von der gegenwärtigen Ausdehnung des Netzes zu haben:

	Länge der Kabel in Metern
Hochspannungs-Leitungen	39.972
Haupt-Speisekabel, Zweileiter à 1000 mm²	25.150
Secundär-Speisekabel, Fünfleiter	56.866
,, ,, Dreileiter	5.825
Fünfleiter-Vertheilungsnetz	227.460
Dreileiter ,,	17.019
Zweileiter ,,	2.000

Der Querschnitt der Secundär-Speisekabel variirt von 350 bis 500 mm² für die äusseren und von 120—185 mm² für die

Mittelleiter; beim Fünfleiternetz betragen die Querschnitte 35 bis 150 mm², bezw. 16—70 mm².

Die neue Centrale am Quai de Jemappes zeichnet sich vornehmlich dadurch aus, dass die gleichartigen Betriebseinheiten in je einem Stockwerke angeordnet sind, dass sich also die zu einem Aggregate gehörigen Theile nicht neben- sondern übereinander befinden. Zu dieser Disposition war man durch die verhältnissmässig geringe Grundfläche (60 $\times$ 90 m) gezwungen, und ist auf diese Weise die Unterbringung von 23 Generatoren à 12·0 PS, also einer Totalleistung von 27.600 PS ermöglicht. Das Maschinengebäude ist nämlich in 23 Schiffe (Fächer) getheilt, wovon jedes enthält: 1. Im Erdgeschoss, einen Dampfdynamo von 1200 PS, 2. im ersten Stock eine Gruppe von vier Kesseln, 3. im zweiten Stock und auf dem Dachgeschosse die Kohlenkammern und die für eine Kesselgruppe erforderlichen Wasser-Reservoirs. Die Vortheile dieser Anordnung sind klar. — Gegenwärtig sind sieben solche Fächer fertig ausgebaut, vier weitere in Ausführung begriffen, die übrigen folgen successive nach, ohne an den bestehenden etwas zu ändern und ohne die geringste Betriebsstörung.

Im Centrum des Gebäudecomplexes, von den anderen Bauten isolirt, befinden sich die Gebäude mit dem Wasserreinigern, Pumpen, Kohlen-Elevatoren, Aufzügen, Reparatur-Werkstätten und Material-Depôts. — Die Kohle kommt grösstentheils vom Canal St. Martin (welcher auch die Condensation speist) mit Barken direct zur Centrale. Der Gebrauch erreicht die respectable Ziffer von 140 t per Tag, sobald die Anlage einmal voll in Function ist. Die Beförderung der Kohle wird mittelst der erwähnten Elevatoren und mittelst Schnecken, beide elektrisch betrieben, erfolgen; da dieselben jedoch noch nicht fertiggestellt sind, so bedient man sich vorläufig zweier ebenfalls elektrisch betriebenen Aufzüge, welche zu Reservezwecken vorhanden sind.

Das Speisewasser wird von den städtischen Wasserleitungen genommen und mit D o r v e a u x'schen Apparaten und 6 Filtern gereinigt. Die Pumpen, welche das Wasser in die über den Kesseln (im Dachgeschoss) befindlichen Reservoire fördern, werden theils von einer besonderen Dampfmaschine, theils von Elektromotoren angetrieben.

Die Kessel sind Röhrenkessel der Firma D e l a u n a y-B e l l e v i l l e von je 216·38 m² totaler Heizfläche und im Stunde, unter einem Druck von 8 kg per 1 cm² je 2500 kg Dampf per Stunde zu erzeugen. Drei Kessel genügen für eine Dampfmaschine, der vierte einer jeden Gruppe dient als Reserve. Die Speisung erfolgt durch B e l l e v i l l e'sche, direct wirkende Pumpen, und zwar sind deren für jede Kesselgruppe zwei installirt, von denen eine im Nothfall alle vier Kessel versehen kann.

Im Centrum eines jeden Aggregates erhebt sich ein Blechschornstein von 2 m Durchmesser und 20 m Höhe, so dass das Werk nach aussen eine Batterie von 23 Dampfschloten aufweisen wird.

Bis jetzt sind fünf Betriebseinheiten in Function. Die Dampfmaschinen und Dynamos sind construirt und gebaut von der Société alsacienne de constructions mécaniques in Belfort. Jede Maschine kann bei 70 Touren einen Strom von 1500 A bei 500 V oder 1200 A bei 600 V entwickeln; die Versuche haben einen Dampfconsum von 8 kg per verfügbare PS-Stunde ergeben oder 10·9 kg per KW-Stunde. Die Dampfmaschine allein hat einen Consum von 6·5 kg per eff. PS und Stunde an der Welle aufgewiesen. Es ist eine stehende zweicylindrige Maschine mit Doppelexpansion, Corliss-Steuerung und mit Condensation; auch für freien Auspuff ist vorgesehen; ferner ist eine Vorrichtung vorhanden, um die Maschine, falls dieselbe einmal auf dem toden Punkte stehen bleiben sollte, durch Einwirkung auf das Schwungrad von aussen in Bewegung zu bringen.

Die mit der Dampfmaschine gekuppelte Dynamo ist eine Innenpolmaschine mit 12 Polen und 12 Serien von Bürsten (aus einem Metall von geringerem Härtegrad als Kupfer), die auf der als Collector fungirenden Aussenseite des Ankers schleifen. Die Abnützung des Collectors ist nahezu Null, die Ankerreaction sehr schwach und die Bürstenverschleudung bei Leerlauf bis Vollbelastung unbedeutend. Der Ankerwiderstand beträgt 0·006 Ohm bei 45°. Der Arbeitsverlust in Anker und Magneten circa 20 KW. Die Einzelheiten der Construction müssen, obwohl sehr interessant, aus Raummangel übergangen werden und sei nur, um die Grösse der Maschine anzudeuten, bemerkt, dass ihr äusserster Durchmesser 3·81 m misst.

Die drei Schalttafeln sind ebenfalls im Erdgeschoss placirt, und zwar die Centraltafel für den Anschluss der Feeder in einer Glasgallerie und vier Tafeln für die Regulirung und Schaltung. Bei den letzteren ist bemerkenswerth, dass sich die Sammelschienen auf der Rückseite der Bretter befinden, ferner sind die automatischen Ausschalter zu erwähnen, welche für den Fall vorgesehen sind, dass aus irgend einer Ursache die Dynamo keinen Strom giebt oder im Gegentheile solchen aufnimmt (bei einer etwaigen Verlangsamung des Ganges der Dampfmaschine, einem

Defect in der Dampfleitung, Unterbrechung im Erregungsstrom etc.).

Die Rheostate können einzeln oder gleichzeitig bedient werden. Zu letzterem Zwecke dienen Frictions-Uebersetzungen und eine die ganze Schaltbrettlänge durchlaufende Welle. Ein sinnreicher Signalapparat ermöglicht die stumme Verständigung der Schaltbrettwärter mit den Maschinenwärtern.

Bezüglich der Speiseleitungen ist noch zu erwähnen, dass anstatt Prüfvoltmeter Prüfdrähte und grosse Vorschaltwiderstände zu verwenden, jeder Feeder in eine Anzahl paralleler Kabel getheilt ist, welche je nach Bedarf zusammengeschaltet werden können; Amperemeter und schwache Rheostate ermöglichen eine ziemlich genaue Regulirung der Belastung.

Die Beleuchtung des Werkes selbst wird von einer 50 PS-Dynamo, die von einem an den Sammelschienen des Hauptschaltbrettes abgezweigten Elektromotor getrieben wird, und eine Accumulatorenbatterie besorgt; die Installation ist im Dreileiter 2 $\times$ 110 V ausgeführt.

Von den Unterstationen ist jene von St. Roch vergrössert, die in der rue de Manconseil vollständig neu hergestellt worden. Letztere enthält drei Stockwerke mit Accumulatoren, und zwar je vier Batterien, von denen jede 2200 A-Stunden Capacität bei 300 A mittlerer Entladung hat. Die Ladung geschieht, indem der Strom von der Centrale und ein oder zwei hintereinander geschaltete Umformer eine controlirte Batterie laden oder indem die Umformer Batterietheile laden, oder endlich auch indem der Strom von Jemappes Theile der Batterien ladet. Bei der Entladung werden die Umformer zur Unterstützung der Accumulatoren für die meistbelasteten Zweige herangezogen. Zu Folge dieser verschiedenartigen Functionen variirt die Spannung der Umformer beträchtlich, die Stromstärke von 0 bis 400 A. Trotzdem laufen die Maschinen funkenlos und ohne dass es nothwendig wäre, die Bürsten zu verschieben, wie gross auch die Belastung sei.

Kn.

Ein Versuch, die bei Blitzschlägen erreichte maximale Stromstärke zu schätzen.[*]

Von F. Peekels.

Eine Bestimmung, bezw. Abschätzung der Stromstärke von Blitzen ist bisher, so viel mir bekannt geworden, nur durch Herrn W. K o h l r a u s c h auf Grund der an Kupferdrähten beobachteten Schmelzwirkungen versucht worden.[**] Aus der zum Schmelzen des Drahtes nöthigen Wärmemenge einerseits und dessen galvanischem Widerstande andererseits konnte zunächst das über die ganze Dauer der Entladung genommene Integral

$$\int_0^T i^2\,d\,t$$

und sodann unter einer bestimmten Annahme über jene Dauer der Mittelwerth $\sqrt{\frac{1}{T}\int i^2\,d\,t}$ berechnet werden; für diesen ergaben sich, wenn T zwischen 0·001 und 0·03 Sekunden liegend angenommen wurde, die Grenzen 52000 und 9200 Ampère. Indessen unterliegt diese Angabe theils wegen der Annahme über die Entladungsdauer, theils wegen der starken Veränderlichkeit des Widerstandes mit der Temperatur jedenfalls einer beträchtlichen Unsicherheit. Ueberdies muss es, da der zeitliche Verlauf der Stromstärke in Blitzentladungen zunächst völlig unbekannt ist, wünschenswerth erscheinen, ausser jenem Mittelwerth des Quadrates der Stromstärke weitere Anhaltspunkte zu gewinnen. Einen solchen würde die Kenntnis der gesammten entladenen Elektricitätsmenge, also des Integrals $\int i\,d\,t$, bieten, zu welcher Herr E. R i e c k e durch eine Berechnung zu gelangen suchte, die sich auf die Wirklichkeit freilich wohl wenig entsprechende Annahme gründete, dass sich eine Gewitterwolke wie ein geladener kugelförmiger Conductor verhalte.[***]

Bei Gelegenheit von Versuchen, die im physikalischen Institute der technischen Hochschule zu Dresden zunächst zu dem Zwecke ausführte, um den an exponirten Basaltfelsen häufig beobachtete starke polare Magnetismus durch elektrische Entladungen verursacht zu können, habe ich nun gefunden, dass die remanente Magnetisirung von Basaltstäben geeignet erscheint zur Ermittelung der maximalen Stromstärke, welche bei sehr schnell, jedoch nicht oscillatorisch verlaufenden Entladungen erreicht wird.[†] Es dürfte somit in der angezeigten den Wirkung auch ein Mittel gegeben sein, um wenigstens das Maximum der Stromstärke bei Blitzentladungen, die je höchst wahrscheinlich, wegen der grossen inneren Widerstände wegen, nicht

[*] Aus „Meteorologische Zeitschrift", Heft 2.
[**] W. K o h l r a u s c h, „E.-T. Z." 1888, p. 124.
[***] E. R i e c k e, Göttinger Nachrichten 1896, p. 446.
[†] Gewöhnlich wird die Blitzentladung als oscillatorisch ang. D. R.

oscillatorisch sind, unabhängig von unsicheren Hilfsannahmen wirklich zu bestimmen. Bei den erwähnten demnächst ausführlich zu veröffentlichenden Versuchen wurden die Basaltstäbe, für welche zuvor das remanente magnetische Moment als Function der wirksam gewesenen magnetischen Feldstärke bestimmt worden war, durch Batterieentladungen magnetisirt, welche durch eine geeignete Drahtspule geleitet wurden, und deren zeitlicher Verlauf durch Aenderung der Capacität der Batterie, sowie des Widerstandes im Schliessungskreis in weiten Grenzen variirt werden konnte. Das remanente Moment der Stäbe wurde in der gewöhnlichen Weise mittelst eines Spiegel-Magnetometers gemessen. Es ergab sich, dass dasselbe von dem zeitlichen Verlauf der Entladung, so lange sie nicht oscillatorisch war, unabhängig war und mit einer den Umständen nach befriedigenden Genauigkeit dem berechneten Maximum der Entladungsstromstärke entsprach.

Statt des Basaltes könnte natürlich auch irgend ein anderes Material benutzt werden, welches die beiden Bedingungen erfüllt: 1. hinreichend starken remanenten Magnetismus anzunehmen, der sich nicht zu schnell der Sättigungsgrenze nähert und in einem möglichst grossen Intervall annähernd proportional der Feldstärke wächst; 2. in seiner Gesammtmasse nichtleitend oder doch sehr schlecht leitend zu sein, damit sich keine merklichen Inductionsströme bilden können, welche sonst die Magnetisirung in einem Masse, welches sich bei Unkenntnis des Entladungsverlaufes der Berechnung entzieht, schwächen würden. Wegen dieser letzteren Bedingung sind z. B. Stäbe von massivem Stahl unbrauchbar; bei den Beobachtungen mit stark verzögerten Batterieentladungen zeigten selbst Stahldrähte von 0·4 mm Durchmesser noch erheblich zu kleine Magnetisirungen. Dagegen scheint nach vorläufigen Versuchen eine Masse, die durch Einkneten von Eisenpulver in Fett oder Klebwachs hergestellt wurde, dem Zwecke zu entsprechen. Immerhin hat wohl der Basalt vor solchem künstlichen Material den Vorzug feinerer und gleichmässigerer Vertheilung und absolut fester, eine Drehung der unter Wirkung starker Magnetfelder ausschliessender Einbettung der magnetisirbaren Partikel; auch dürfte bei Verwendung von Basalt aus einem und demselben Steinbruch ein hinreichend gleichmässiges magnetisches Verhalten gewährleistet sein.

Handelt es sich um die Messung eines auf längerer Strecke geradlinig verlaufenden Stromes, z. B. eines von einem Blitzableiter aufgefangenen Blitzstrahles, so muss man einen (zuvor von etwa vorhandenem Magnetismus befreiten)[*] Basaltstab von passenden Dimensionen in solcher Lage zur geradlinigen Strombahn anbringen, dass seine Längsachse senkrecht zu der durch die Strombahn und den betreffenden gelegenen Ebene sei.

Die magnetische Kraft, welche ein vom Strome i (in Ampère gemessen) durchflossener langer geradliniger Leiter im Abstande r hervorruft, ist gleich $\frac{i}{5\,r}$ C. G. S. In einem dünnen Stab von der gegen den Abstand r kleinen Länge l und dem Querschnitt q, der sich in der angegebenen Lage befindet, wird demnach das remanente Moment $k\,q\,l\,\frac{i}{5\,r}$ hervorgerufen, wenn k seine Susceptibilität für remanenten Magnetismus bezeichnet. Ist l nicht klein gegen r, so muss man berücksichtigen, dass die Feldstärke gegen die Stabenden hin abnimmt, und dass die magnetischen Kraftlinien mit der Längsachse des Stabes einen gegen die Enden zunehmenden Winkel bilden; hierdurch ergibt sich das gesammte longitudinale Moment, welches man später am Magnetometer bestimmt, im Verhältnis $\frac{r\,\gamma}{l}$ kleiner als der obige Werth, unter γ den Winkel (in Bogenmaass) verstanden, den die beiden durch die Strombahn und durch die Endpunkte der Stab-Längsachse gelegten Ebenen miteinander einschliessen. Hiernach ist das Moment der Volumeinheit gegeben durch die $k\,i\,\frac{\gamma}{5\,l^2}$, und dieser Ausdruck wird auch noch für einen Stab, dessen Querdimensionen nicht verschwindend klein gegen r und l sind, hinreichend genau gültig sein[**]; nur ist erforderlich, dass die Feldstärke im Bereich des Stabes überall innerhalb desjenigen Bereiches liegt, wo sich die Susceptibilität nur langsam mit der Feldstärke ändert. Zweckmässig wird es innerhalb eine, die Länge des Stabes nicht gegen

---

[*] Die Entmagnetisirung wird leicht dadurch ausgeführt, dass man den Stab in eine Spule steckt, die von einem bei beständig abnehmender Stärke oft commutirten Strom durchflossen wird.

[**] Eigentlich tritt dann an Stelle von k der Ausdruck $\frac{k'}{1 + k'\,N}$, wo N der von der Form des Stabes abhängige „Entmagnetisirungsfactor" ist; indessen hat der Nenner bei Basalt, wo k' den Werth 0·02 nicht übersteigt, selbst bei Stäben, die nur wenig länger als dick sind, der einen Einfluss von weniger als 1 Procent, welcher überdies bei der i-Bestimmung ganz fortfällt, wenn die Magnetisirungscurve an einem Stabe gleicher Form bestimmt worden ist.

---

als den Abstand r zu nehmen, damit die durch die Krümmung der Kraftlinien bedingten transversalen Momente (welche übrigens in den beiden Hälften des Stabes entgegengesetzt sind), bei der magnetometrischen Messung des longitudinalen Momentes vernachlässigt werden können.

Um die Verwendbarkeit des erörterten Verfahrens für die Messung starker, geradliniger Entladungsströme zu prüfen, wurde eine Batterie von grosser Capacität durch einen 1—2 m langen geraden Messingdraht entladen und im 2·9 cm langer und 1·8 cm dicker Basaltstab in der oben näher bezeichneten Lage und in solchem Abstande (circa 2½ cm), dass der Winkel $\varphi = 1$ war, daneben gelegt. In den Schliessungskreis war ein Funkenmikrometer und ein willkürlich veränderlicher Flüssigkeitswiderstand eingeschaltet. Wurde der letztere allmählich vergrössert, so nahm die durch eine einzelne Entladung verursachte remanente Magnetisirung des Stabes zu. Dieses Maximum wird, wenigstens annähernd, dann eintreten, wenn der Widerstand denjenigen „kritischen Werth" w hat, bei welchem die aperiodische Entladung in die oscillatorische übergeht, und in diesem Falle ist die maximale Stromstärke, wie die Rechnung ergibt, $\bar{i} = \frac{2}{\pi}\,\frac{V}{w}$, wo V das aus der Schlagweite bekannte Entladungspotential, e die Basis der natürlichen Logarithmen = 2·718 . . . ist. Andererseits kann das Stromstärkemaximum $\bar{i}$ aus derjenigen, durch vorhergehende Beobachtungen an einem Stabe von direct zu messendem Strom bekannten magnetischen Feldstärke H, welche das gleiche remanente Moment hervorbringt, wie die Entladung, nach dem Obigen gefunden werden mittelst der Gleichung $\bar{i} = \frac{5}{\varphi}\,H$, in vorliegendem Beispiele $= 5\,l\,H = 14\cdot 4\,H.$

Es wurde gefunden bei Anwendung einer Batterie von der Capacität 35200 cm und 1 cm Schlagweite (entsprechend $V = 26400$ Volt):

$$w = 16 \text{ Ohm}, \quad \text{daraus } \bar{i} = 1240 \text{ Ampère};$$
$$H = 86 \text{ C. G. S}, \quad \text{daraus } \bar{i} = 1240 \text{ Ampère};$$

ferner bei einer Capacität 220.000 und gleichem Potential

$$w = 8\cdot3, \quad \text{daraus } \bar{i} = 2390 \text{ Ampère},$$
$$H = 156, \quad \text{daraus } \bar{i} = 2250 \text{ Ampère}.$$

Die Uebereinstimmung ist sogar besser, als bei der Unsicherheit der Bestimmung von w zu erwarten war.

In ganz analoger Weise, wie in diesen Fällen für Batterieentladungen geschehen, würde sich nun ohne Zweifel für eine durch einen einzelnen gegebenne Blitzentladung die maximale Stromstärke aus der Magnetisirung von Basaltstäbchen, die in dessen Nähe geeignet angebracht waren, nachträglich ermitteln lassen. Es würde sich zu diesem Zwecke aber wegen der zunächst unbekannten Grössenordnung der Stromstärke empfehlen, mehrere Stäbe in verschiedenen Abständen vom Blitzableiter auszulegen; dieselben würden, wenn bekannt oder zu vermuthen ist, dass der Blitzableiter von einem Blitzschlage getroffen worden ist, alsbald auf ihr magnetisches Moment zu untersuchen sein. Würde diese Beobachtungsmethode an möglichst zahlreichen Blitzableitungen von exponirten Gebäuden, Kirchthürmen, Aussichtsthürmen etc. längere Zeit hindurch angewendet, so hätte man wohl einige Aussicht, verlässliche Zahlwerthe für die Blitzstromstärke zu gewinnen.

Vorläufig konnte ich zu einer rohen Abschätzung der letzteren auf durch Aufsuchung solcher Orte gelangen, wo sich an Waldbäumen auf Basaltbergen die Spuren von Blitzschlägen und gleichzeitig am Fusse der Bäume in der Nähe der Stelle, wo die Blitzbahn in die Erde eingetreten ist, kleinere lose Basaltsteine vorfanden; dabei musste auch darauf geachtet werden, dass nur die in unmittelbarer Nähe des betreffenden Baumes liegenden Steine magnetisch waren, damit ihr Magnetismus in der That mit grosser Wahrscheinlichkeit demjenigen Blitzschlage zugeschrieben werden konnte, dessen Spur am Baumstamm sichtbar war. Derartige Vorkommnisse fand ich am Landberge bei Specht-hausen (Thozander Wald) und am Grossen Winterberge (sächsische Schweiz), wo die betreffenden Bäume die bekannten Aufrissungsrinnen in der Rinde zeigten, und somach die Entfernung, in welcher sich die gesammelten Basaltstücke vom unteren Theil der Blitzbahn befunden hatten, und welche hier dem einem mit r bezeichneten Abstande entspricht, einigermassen abgeschätzt werden konnte; diese betrug für die untersuchten Stücke im ersteren Falle etwa 15, im letzteren etwa 20 cm. Aus diesen Basaltstücken wurden Stäbe so geschnitten, dass ihre Längsrichtung möglichst mit der lokalen Magnetisirungsachse zusammenfiel; beim Winterberger Stück (Nr. 2) war dies gut zu erreichen und wurde daher der Stab regelmässig zugeschnitten; bei dem anderen (Nr. 1) lag die magnetische Achse ziemlich schräg und wurde wegen der schon dadurch bedingten Ungenauigkeit auch von der Herstellung einer regelmässigen Gestalt abgesehen. Die magnetometrische Untersuchung und Volumbestimmung der Stücke ergab eine Grösse des specifischen Momentes, wie sie nach Einwirkung eines Magnetfeldes von der Stärke $H = 86$ im Falle 1. $H = 108$ im Fall 2 zurückgeblieben wäre, und hieraus berechnet sich nach der angenäherten Formel $i = \delta r H$ die Stromstärke, welche in der Entfernung $r = 15$ bezw. 20 cm von der unbegrenzt gedachten geradlinigen Strombahn jene Feldstärke hervorgerufen hätte, zu 6450 Ampère im Falle 1. 10,800 Ampère im Falle 2.

Ein drittes offenbar durch einen Blitz magnetisirtes Gesteinsstück (Dolerit) verdanke ich Herrn M. Toepler, welcher dasselbe auf der „Löwenburg" im Siebengebirge hart an Stamme eines oben augenscheinlich durch einen Blitzstrahl zersplitterten Baumes sammelte. Da der Baumstamm bereits der Rinde entkleidet war, so konnte zwar die Blitzbahn am Fusse des Stammes nicht mehr festgestellt werden; weil aber der fragliche Stein unter den um den Baum herumliegenden der am stärksten magnetische war, wahrscheinlich geschlossen, dass er in unmittelbarer Nähe der Stelle, wo der Blitz am Stamme entlang in den Erdboden eingetreten war, gelegen hatte. Die Entfernung r für die Partie des Steines, aus welcher der später untersuchte Stab geschnitten wurde, konnte hiernach im Minimum 5 cm betragen haben. Nun fand ich, dass das natürliche magnetische Moment dieses Stabes, nachdem derselbe entmagnetisirt worden, durch ein Magnetfeld von 265 C. G. S. wieder erzeugt wurde, und dies führt unter obiger Annahme über die Entfernung auf eine Blitzstärke von mindestens 6600 Ampère, also einen ganz ähnlichen Werth wie im Falle 1.

Die angegebenen Werthe der Stromstärke sind nur als untere Grenzen anzusehen aus folgenden Gründen: 1. weil für die Entfernung von der Blitzbahn das nach den örtlichen Verhältnissen mögliche Minimum angenommen ist; 2. weil die Blitzbahn als nach beiden Seiten unbegrenzt, bezw. sehr lang gerechnet ist, während in Wirklichkeit von da ab, wo der am Baumstamm entlang gleitende Blitz den feuchten Erdboden erreicht hat, gewiss eine sehr schnelle Ausbreitung des Stromes stattgefunden hat, so dass man in Anbetracht der Lage der untersuchten Steine die Blitzbahn wohl richtiger als in deren Horizontalniveau begrenzt anzunehmen und demgemäss die angegebene Zahlwerthe für i zu verdoppeln hätte; 3. weil nur die, allerdings in 2. und 3. Falle sehr überwiegende Componente des magnetischen Momentes nach der Längsrichtung der geschnittenen Stäbe gemessen worden ist; 4. weil die betreffenden Steine seit ihrer Magnetisirung die Blitzspuren waren jedenfalls schon mehrere Jahre alt — möglicherweise durch Temperaturschwankungen etc. eine Abschwächung ihres remanenten Magnetismus erfahren haben können, und eine solche auch noch durch die Erschütterung beim Zerschneiden bewirkt sein kann. In welchem Grade eine solche Abschwächung bei Basalt stattfinden, wird noch durch besondere Beobachtungen festzustellen sein.[*]) Alle die angeführten Fehlerquellen würden aber in Wegfall kommen, wenn die Messung in der schon oben angedeuteten Weise an Blitzableitern mittelst zuvor geschnittener und in beträchtlicher Höhe über dem Boden quer zum Blitzleiter angelegter Stäbchen ausgeführt würde.

Vorläufig lässt sich aus den mitgetheilten Beobachtungen, da die principiellen Fehler der Schätzung als im Sinne der Verkleinerung von i wirken, nur der Schluss ziehen, dass die Stromstärke von Blitzentladungen jedenfalls 10.000 Ampère, wahrscheinlich aber noch bedeutend höhere Werthe erreicht.

Einen directen Vergleich mit den von Herrn W. Kohlrausch angegebenen Zahlen (9200 bis 59.000 A) gestattet dieses Resultat zwar nicht, da es sich bei ersterem um einen Mittelwerth, hier hingegen um das Maximum der Stromstärke im Verlauf der einzelnen Entladung handelt; jedenfalls aber steht mein Resultat mit denjenigen Kohlrausch's nicht in Widerspruch, namentlich wenn man erwägt, dass sich letzteres wohl auf einen besonders starken Blitzschlag bezieht. Was endlich die von Herrn Riecke unter speciellen Annahmen berechneten Werthe für die in einem Blitzschlage entladene Elektricitätsmenge = 43, bezw. 98 Coulomb anbetrifft, so würde dieselbe auf eine durchschnittliche Stromstärke von 10.000 A. führen, wenn man die Dauer der Entladung zu 0·04), bezw. 0·01 Secunden annimmt; bei einer maximalen Stromstärke von 10.000 A. fällt natürlich die Dauer noch grösser aus.

Schliesslich will ich noch erwähnen, dass an anstehenden Basaltfelsen auf Blitzspuren viel stärkere polarer Magnetismus vorkommt, als ihn die Steine, von denen im Vorhergehenden die Rede war, besassen. So bestimmte ich an einem rechteckigen Stab aus einem Basaltstück, welches von der am Fuss der

*) An einem zur Sättigung magnetisirten Stabe wurde in der That nach einigen Wochen eine geringe Abnahme des Momentes beobachtet. Starkes Klopfen des Stabes bewirkte dann gleichfalls eine geringfügige Entmagnetisirung.

des Grossen Winterberges anstehenden Felsen ohne besondere Auswahl entnommen war, das specifische Moment zu 0·464, was einer wirksam gewesenen Feldstärke von 286 Einheiten entspricht. Ueber die Entfernung der elektrischen Entladung, welche diesen Stein magnetisirt hat, ergibt sich in diesem Falle kein Anhaltspunkt, doch ist es nach der ziemlich gleichförmigen Magnetisirung des ganzen Stückes wahrscheinlich, dass dieselbe nicht unter 10 cm betragen hat, in welchem Falle die Stromstärke 14—15.000 A betragen haben müsste. Uebrigens würde man an derartigen Oertlichkeiten ohne Zweifel noch stärker magnetisirte Gesteinstücke finden können.

KLEINE MITTHEILUNGEN.

Verschiedenes.

Feuermelder mit Telephon. Wie den „Berl. Börs. Corr." von unterrichteter Seite mitgetheilt wird, sollen die öffentlichen Feuermelder in Berlin dem Fernsprechbetrieb dienstbar gemacht werden. Man beabsichtigt nämlich, an den Feuermeldern Einschalt-Vorrichtungen anbringen zu lassen und sämmtliche Löschzüge mit Fernsprechapparaten auszurüsten, so dass wenigstens für einen schnelleren, directen Verkehr zwischen der Brand- und der Feuer-Wache gesorgt ist. Freilich kann die Feuermelder zu Fernsprechdiensten zunächst nicht vor Eintreffen eines Löschzuges benutzt werden, welch' letzterer den Apparat erst mitbringt. Wenn diese Neuerung auch noch nicht allen wünschenswerthen Anforderungen entspricht, so ist sie doch als ein Fortschritt auf dem Gebiete des Feuerlöschwesens zu begrüssen und es ist, nachdem erst der Anfang gemacht, die weitere Vervollständigung des Fernsprechnetzes zur Erhöhung der Feuersicherheit nur eine Frage der Zeit.

Ausgeführte und projectirte Anlagen.

Oesterreich-Ungarn.

a) Oesterreich.

Gablonz. (Elektrische Strassenbahnen.) Im Eisenbahnministerium wurde am 6. d. M. von Seite des Gustav Hofmann, Fabrikanten in Gablonz, als Concessionswerbers das Concessionsprotokoll bezüglich der von ihm projectirten elektrischen Strassenbahnen in Gablonz und Umgebung unterfertigt. Die gesammte Bahn hat eine Länge von 28 km.

Die elektrischen Arbeiten für den Bau der Strassenbahn Gablonz und Umgebung werden von der Union-E.-G. Berlin, alle anderen Arbeiten in eigener Regie geführt werden. Von dem hiezu erforderlichen Capital von 2,700.000 Kronen wurden 800,000 Kronen in Gablonz gezeichnet, der Rest 1,900.000 Kronen von der Gesellschaft für elektrische Unternehmungen in Berlin übernommen. Als Director wurde der bisherige Betriebsleiter der elektrischen Bahn Teplitz-Eichwald, Herr Ingenieur O. Hausmann, bestellt. Mit den Arbeiten wurde am 10. d. M. begonnen.

Prag. (Elektrische Bahnen.) Am 9. d. wurden unter Intervention des Sectionsrathes des k. k. Eisenbahnministeriums Herrn Edler v. Leber und des Vertreters des Verwaltungsrathes der elektrischen Unternehmungen der Stadt Prag, Herrn v. Fietz, sowie des Herrn Ingenieurs Křižik weiters fünf Motorwagen mit dem von der Firma Fr. Křižik gelieferten Motoren geprüft. Die Probefahrten wurden mit verschiedenen Geschwindigkeit vorgenommen und es wurden sowohl die Bremsvorrichtungen als auch alle anderen Vorrichtungen allseitig als geeignet erklärt und auf Grund dessen die Bewilligung ertheilt, diese Wagen in Verkehr zu setzen zu dürfen. Am 10. d. M. wurden fünf weitere Waggons aus der Ringhofferschen Fabrik in die Weinberger Remise für die Prager elektrischen Bahnen überführt. Die elektrische Einrichtung dieser Waggons besteht aus der Firma W. Suchánek & Co. gelieferten Elektromotoren System Walker. In der nächsten Woche werden noch weitere fünfzehn Waggons desselben Systems abgeliefert werden. Dieselben sind für die Linie Josefsplatz—Baumgarten bestimmt.

b) Ungarn.

Kecskemét. (Projectirter Bau von der Station Kecskemét ausgehender Localbahnen.) Das Kecskeméter Municipium hat in seiner am 21. Juni abgehaltenen Sitzung den Bau einer von der Station Kecskemét der Hauptlinie Budapest-Orsova-Vercioroova und der Localbahn Kecskemét-Fülöpszállás ausgehenden Bahn beschlossen. Die aus zwei Theilen bestehen wird, und zwar im Intravillan aus einer Strassenbahn und einer vom anderen Bahnhofe der Stadt nach der Endstation Lajosmize der als Sackbahn endigenden Localbahn Budapest-Lajosmize führenden Vicinalbahn mit einer Seitenlinie nach Jász-Kerekegyháza. Diese Bahnlinien werden auf elektrischem Betrieb eingerichtet sein, und votirte „Es Stadt einen Betrag von 170.000 fl. unentgeltliche Ueberlassung städtischer Grundstücke und die Abgabe von elektrischer Kraft aus der städtischen Elektricitätsanlage zu ermässigten Bedingungen. Des Fernern wurden im Interesse der Realisirung der projectirten Localbahn Tisza-Ugh—Kun-Szent-Márton—Kecskemét, ausser der bereits votirten Beitragssumme von 10.000 fl. weitere 10.000 fl. bewilligt. Durch erstere Linie wird Kecskemét auf dem kürzesten Wege durch Vermittlung der Linie Budapest-Lajosmize mit Budapest und durch letztere mit der Dampfschiffahrtsstation Tisza-Ugh verbunden werden.

Miskolcz. (Fortsetzung des städtischen Betriebsnetzes der Strasseneisenbahn bis zum Bade Tapolcza.) Die Direction der Miskolczer Strassen-eisenbahn-Gesellschaft hat im Einvernehmen mit der städtischen Municipal-Verwaltung die mit elektrischer Kraft zu betreibende Fortsetzung des innerstädtischen Betriebsnetzes zum Badeorte Tapolcza (Comitat Borsod) beschlossen. Der Bau dieser finanziell bereits sichergestellten, auch für den Frachtenverkehr einzurichtenden Linie wird noch im Laufe dieses Jahres ausgeführt werden.

Deutschland.

Berlin. Für die Umwandlung der Dampfbahn in eine elektrische Strassenbahn, worüber wir schon wiederholt berichtet haben, sind auf den meisten Strecken die Arbeiten jetzt in vollem Gange. Der gesammte Betrieb muss nach der jetzt erlangten Zustimmung aller betheiligten staatlichen und communalen Behörden von der Gesellschaft innerhalb 18 zum Bau geeigneten Monaten umgewandelt sein, weshalb die Arbeiten mit grosser Eile betrieben werden müssen. Auf der Hauptlinie Charlottenburg—Schöneberg—Steglitz, die als erste bereits zum kommenden Herbst elektrischen Betrieb erhalten soll, sind die Arbeiten schon weit vorgeschritten. Bei der Umwandlung des Betriebes sollen die Anlagen der Bahn durch verschiedene neue Strecken erweitert werden. Von Nollendorfplatze aus soll nach Berlin hinein eine neue Linie durch die Motz-, Kurfürsten-Dennewitz-, Flottwellstrasse, dann einerseits durch die Linkstrasse bis zum Potsdamer Bahnhof, andererseits über den Hafenplatz nach dem Anhalter Bahnhof geführt werden. Eine andere Linie ist von der Colonnenstrasse durch die Bahn-, Nene Culm-und Culmstrasse bis zur Dennewitzstrasse projectirt. Eine weitere Verbindungslinie soll von der Bahnstrasse aus durch die Kaiser Friedrich- und Grunewald-Strasse bis zur Goltzstrasse führen. Das durch die „Derfana" in Schöneberg führende Geleise soll in Fortfall kommen und der Betrieb von der Akazien-strasse ab durch die Hauptstrasse und das Geleise der Grossen Berliner Strassenbahn weitergeführt werden. Als Betriebssystem wird auf allen Strecken oberirdische Leitung in Anwendung kommen. Die neuen Wagen werden für 30 Personen eingerichtet und erhalten je 18 Sitz- und 12 Stehplätze. Die Fahrgeschwindigkeit soll in den verkehrsreichen Strassen 12 bis 15 km, auf offener freier Bahn dagegen mindestens 18 km, höchstens aber 25 km in einer Stunde betragen.

Die Grosse Berliner Strassenbahn hat sich dem Magistrat von Schöneberg gegenüber bereit erklärt, den Ausbau der für die Entwickelung Schönebergs äusserst wichtigen Linie Schöneberger Ufer—Genthinerstrasse—Zauthen-strasse mit thunlichster Beschleunigung auszuführen. Der Schöneberger Magistrat hat infolge dessen an die städtische Verkehrsdeputation das Ersuchen gerichtet, der Gesellschaft die Genehmigung zur Benutzung der in Frage kommenden Strassen zur Anführung des Baues baldigst zu ertheilen.

Die Siemens & Halske A.G. hat jetzt der städtischen Verkehrsdeputation und dem Polizeipräsidium einen Entwurf zu der von der Stadt bewilligten Verlängerung der elektrischen Strassenbahn Christiania-strasse—Oranienburgerstrasse und Artilleriestrasse-Ecke durch die Artilleriestrasse über die Ebertsbrücke durch den umgestalteten Stallstrasse-Georgenstrasse und Prinz Louis Ferdinandstrasse mit der Bitte überreicht, zum Bau und Betrieb der fraglichen Verlängerung die Genehmigung zu ertheilen. Der Fahrpreis für die ganze Linie Christianiastrasse (Gesundbrunnen)—Mittelstrasse solle 10 Pfennige betragen.

Zoppot. (Elektrische Bahn.) Die Elektricitäts-A.G. Helios in Köln beabsichtigt eine elektrische Bahn von Zoppot nach Oliva und durch das Königsthal nach dortigen Walde zu bauen. Die ersten Vermessungen haben bereits stattgefunden.

Literatur-Bericht.

Stromvertheilung für elektrische Bahnen. Von Dr. Louis Bell. Autorisirte deutsche Bearbeitung von Dr. Gustav Rasch. Mit 136 in den Text gedruckten Figuren. Verlag von Julius Springer in Berlin und R. Oldenbourg in München. 1898. Preis 8 Mk.

Die Grundlage zu diesem Buche bildet das Bell'sche Werk: Power distribution for electric railroads. Da aber dasselbe fast ausschliesslich für rein amerikanische Verhältnisse geschrieben ist, hat Herr Dr. Rasch nicht nur eine einfache Uebersetzung, sondern auch eine Umarbeitung des Originales vorgenommen, die es mit dem europäischen Standpunkte in Einklang bringt. Einzelne Stellen erscheinen in einer gründlicheren Behandlung, andere, minder interessante Theile sind kurz gehalten oder ganz unberücksichtigt geblieben, da z. B. die amerikanischen Maassbezeichnungen durch die international gebräuchlichen ersetzt wurden und die gewonnenen Ergebnisse übersichtlicher als im Originale geordnet sind.

Das erste Capitel enthält die nöthigen allgemeinen Erläuterungen der principiellen Fragen über die verschiedenen Arten der Stromvertheilung, den Zusammenhang zwischen Leitungsquerschnitt und Spannungsverlust, und die daraus bedingten Verhältnisse. Im zweiten Abschnitte wird die Rückleitung besprochen und auf die Wichtigkeit guter Schienenverbindungen hingewiesen. Auch die schädlichen elektrolytischen Vorgänge, sowie die anderweitig störenden Einflüsse des Stromes haben Besprechung gefunden. Auf Seite 49 sind einige Zahlenwerthe über den Widerstand der Rückleitung in Verhältnisse zur Hinleitung angegeben, welche wohl etwas zu ungünstig angenommen sein dürften. Das dritte Capitel befasst sich mit den Systemen directer Speisung und mit den Bedingungen, die beim Entwerfen einer derartigen Anlage eingehalten werden müssen. Es enthält diesbezüglich ein sehr schön durchgearbeitetes Beispiel, durch welches der richtige Gedankengang beim Entwurfe von Speiseleitungen festgelegt wird. Der nächste Abschnitt ist besonderen Vertheilungsmethoden und den Unterstationen gewidmet. Der Verfasser zeigt die Rolle, welche die Unterstationen bei Anlagen mit mehreren Vertheilungscentren spielen, durch die Bahnanlage im Westen Bostons illustrirt, wo die 10.500 KW Central-station in Albany-Street durch fünf Hülfsstationen mit circa 8100 KW Gesammtleistung unterstützt wird. Für interurbane Linien ist gleichfalls ein Beispiel gegeben, und zwar jene Anlage, in deren Mittelpunkt sich die Stadt Cleveland befindet. Jenes System, bei welchem die Unterstationen in einem kleineren Bezirke Arbeit vertheilen und durch Fernleitungen mit einer Centrale in Verbindung stehen, ist durch die 24 km lange Linie Lowell-Nashua vertreten. Die nächsten beiden Capitel beschäftigen sich mit der Arbeitsübertragung nach Unterstationen und den Wechselstrommotoren im Bahnbetrieb. Bei dieser Gelegenheit werden die rotirenden Umformer und Wechselstrommotoren besprochen, ferner die Verwendbarkeit der letzteren im Bahnbetrieb, wofür die Strassenbahn in Lugano als Beispiel gewählt wurde. Unter den Methoden zur Umwandlung des einphasigen Stromes in der Leitung in mehrphasigen im Wagen führt der Verfasser die Methoden von Bradley, Korda und der Union-Elektricitäts-Gesellschaft an, die erste eingehender dargestellt, die beiden anderen sind nur erwähnt. In diesem zuletzt genannten Abschnitte sind in einem vergleichenden Beispiele vier verschiedene Arten der Ausführung bezüglich der Anlage- und Betriebskosten einer Bahn gegenüber gestellt, wobei die grosse Vorliebe für das System mit rotirenden Umformern auffällt. Das achte Capitel handelt über die interurbanen Linien, das neunte über allzu schwere Züge und hohe Fahrgeschwindigkeiten zum Gegenstande der Betrachtung.

Das Buch mit dem eben skizzirten Inhalte ist eines der besten auf diesem Gebiete.
— sn —

Preisliste (April 1898) über stationäre Bleistaub-Accumulatoren der Elektricitäts-Gesellschaft Gelnhausen m. b. H. in Gelnhausen.

Illustrirte Preisliste der Rheinischen Glühlampenfabrik Dr. Max Fremery & Co., Commandit-Gesellschaft Oberbruch, Station Dremmen. Die sämmtlichen Zeichnungen der Liste sind in Naturgrösse ausgeführt und die entsprechenden Maasse in Millimeter angegeben.

„Unsere Monarchie." Die österreichischen Kronländer zur Zeit des 50jährigen Regierungs-Jubiläums Sr. Majestät des Kaisers Franz Josef I. Herausgegeben von Julius Laurenčič. Verlag: Georg Szelinski, k. k. Universitäts-Buchhandlung, Wien. Complet in 24 Heften à 1 Krone. — Das soeben erschienene 18. Heft enthält Ansichten von Schlesien. Neben dem Gesammtbilde der Landeshauptstadt Troppau, finden wir Detailbilder des Kaiser Franz Josef - Museums, der Pfarrkirche von Troppau und des Schlosses Grätz. Ein Totalbild zeigt Bielitz und kleinere Bildchen den Ausflugspunkt „Im Zigeunerwald", das Schutzhaus auf der Kamnitzer Platte und Vignetten der dortigen deutschen Bauerntracht. Interessant sind die Ansichten aus dem Weichselthal, des Weichselfalles und der Eisenquelle in Ustron, sowie Typen der Gorslen aus Brenna. Teschen wird im Längsbilde vorgeführt. Den Schlossberg in Teschen, Trzynietz und Trachtentypen der Landfrauen bei Teschen, sowie der Bewohner von Istebna zeigt die nächste Tafel. Ein Gruppenbild führt Friedek, die Lissa, Althammer, den Satinafall und das romantische Muzaktal vor. Der Johann-Schacht in Karwin und der Dreifaltigkeitsschacht in Polnisch-Ostrau führt den Beschauer in das berühmte Bergwerksgebiet ein. Eine andere Tafel präsentirt Odrau, Wigstein, Wagstadt, Johannesbad Meltsch und den Kaiser Josef-Brunnen in Odrau. Auf anderen Blättern sehen wir Freudenthal, Bennisch, Engelsberg, Jägerndorf, den Burgberg, Bad Carlsbrunn, mehrere Villen des Badeortes, das Georgs-Schutzhaus, Freiwaldau, die berühmten Badeorte Gräfenberg und Lindewiese und schliesslich Zuckmantel, Friedeberg und Jannesberg-Jauernig. Die beigegebenen Texte, welche die einzelnen Blätter erläutern, sind aus der Feder des Professors J. Matzura in Brünn.

Patentnachrichten.
Mitgetheilt vom Ingenieur Victor Monath.
WIEN, I. Jasomirgottstrasse Nr. 4.

Classe **Deutsche Patentanmeldungen.[*)]**

13. E. 5601. Vorrichtung zum Ausscheiden von Oel aus Speisewasser. — Erste Brünner Maschinenfabriks-Gesellschaft, Brünn. 9./10. 1897.

21. S. 10.422. Körnermikrophon. — Société anonyme de Téléphone privée, Brüssel. 30./12. 1896.

„ C. 7604. Schaltvorrichtung für elektrische Grubenlampen. — Richard Cremer, Leeds, Engl. 23./4. 1898.

„ M. 14.397. Pendel-Elektricitätszähler. — Josef Möhrle, München. 23./8. 1897.

„ M. 15.143. Schaltung für die Telegraphie mittelst elektromagnetischer Wellen. — Guglielmo Marconi, London. 3./12. 1896.

42. H. 19.594. Selbstverkäufer für elektrisches Licht. — Konrad Hahn, Leipzig i. P. 20./1. 1898.

Deutsche Patentertheilungen.

Classe

20. 98.947. Stromabnehmeranordnung für mit Theilladung von Stromsammlern arbeitende Stromzuleitungssysteme elektrischer Bahnen. — H. Pieper, Lüttich. 5./5. 1897.

„ 99.016. Stromzuführungseinrichtung für elektrische Bahnen mit Theilleiterbetrieb. — O. Linker, Leipzig. 21./11. 1894.

21. 98.951. Bogenlampe. — The Brockie-Pell Arc Lamp Limited, London. 10./1. 1897.

„ 99.006. Träger für die wirksame Masse elektrischer Sammler. — G. W. Harris und R. J. Holland, New-York. 6./1. 1897.

„ 99.018. Selbstkassirende Fernsprecheinrichtung — H. R. Otteson, Hannover. 21./8. 1897.

99.019. Ankerwickelung für Dynamomaschinen mit genutetem, gelochtem oder gezahntem Ankerkerne zur Verminderung der Funkenbildung. — W. M. Morday, Leicester, Engl. 17./1. 1897.

99.020. Stromabnahmebürste aus Metall mit verschiebbaren Kohleneinlagen. — Firma C. Schniewind, Neuenrade i. W. 16./7. 1897.

„ 99.021. Elektricitätszähler für verschiedenen Stromtarif mit mehreren Zählwerken. — Union-Elektricitäts-Gesellschaft, Berlin. 30./6. 1897.

99.022. Kurzschlussvorrichtung für Differential-Bogenlampen. — Körting & Mathiesen, Leutzsch-Leipzig. 10./11. 1897.

„ 99.034. Verfahren zur Prüfung von Blitzableitern. — E. Rubstrat, Göttingen. 26./8. 1897.

40. 98.974. Elektrischer Ofen mit feststehenden Elektroden und beweglichem, aus der Anordnung des Erzeugnisses bestimmter Ofensohle. — W. S. Horry, Sault Sainte Marie, N. St. A. 3./10. 1897.

*) Die Anmeldungen bleiben acht Wochen zur Einsichtnahme öffentlich aufgelegt. Nach § 24 des Patent-Gesetzes kann innerhalb dieser Zeit Einspruch gegen die Anmeldung wegen Mangel der Neuheit oder widerrechtlicher Entnahme erhoben werden. Das obige Bureau besorgt Abschriften der Anmeldungen und übernimmt die Vertretung in allen Einspruchs-Angelegenheiten.

Auszüge aus Patentschriften.

Elektricitäts-Actien-Gesellschaft vormals Schuckert & Co. in Nürnberg. — **Vorrichtung zur Stockwerkseinstellung bei elektrischen Fahrstühlen.** — Classe 21, Nr. 96.821.

In den einzelnen Stockwerken sind Umsteuerungshebel angebracht, die alle mit einander zwangläufig verbunden sind und zum abwechselnden Ein- und Ausschalten von Relais dienen, die in entgegengesetztem Sinne auf die Hebel der zur Umsteuerung des Anzugmotors dienenden Umschalters einwirken. Ebenfalls zwangläufig verbundene Stockwerkschalter dienen zum Auslösen der Relais von dem eingestellten Stockwerke aus. Am Fahrstuhl ist ein Elektromagnet befestigt, der bei Ankunft des Korbes in dem vorher eingestellten Stockwerke selbstthätig erregt wird, Schleifcontacte von den Schachtleitungen abhebt und dadurch den Stromkreis des vorher eingeschalteten Relais unterbricht, so dass der Umschalter in die Mittelstellung zurückschnellt und den Aufzugmotor ausschaltet.

Alfred Wydts und Octave Rochefort in Paris. — **Stromumwandlung mit Isolirung für hohe Spannungen.** — Cl. 21, Nr. 96.823.

Die Spulen werden in ein Isolirmittel, bestehend aus einer Lösung von Paraffin in Petroleum, eingebettet. Dieses Isolirmaterial wird in erwärmtem Zustande eingegossen und erstarrt dann beim Erkalten zu einer gallertartigen Masse.

Richard Fabian in Berlin. — Elektroden für Primär- und Secundär-Elemente und Zersetzungszellen. — Cl. 21, Nr. 96.665.

Die Elektroden bestehen aus in einander setzbaren Hohlkörpern von abnehmbarer Grösse. Dieselben sind, um das Ineinandersetzen zu ermöglichen, in zwei oder mehr Theile zerlegt, welche durch Verzahnung, Vernietung u. dgl. mit einander leitend verbunden sind. — Sie werden über einen rohrförmigen Träger a aus nicht leitendem Material geschoben und durch auf diesem gleichen Materiale in entsprechenden Abständen von einander gehalten. — Als Stromleiter dienen zwei Metallschienen z, welche mit Rippen versehen sind, die durch Längsschlitze des Trägers a hindurchragen und mit den gleichnamigen Elektroden verbunden sind. — Durchbrechungen d in dem unteren Theile der Elektroden ermöglichen den Zutritt des Elektrolyten und dienen gleichzeitig als Abzugscanäle für die etwa abfallende wirksame Masse nach aussen hin. — Das ganze Element wird in dem den Elektrolyten aufnehmenden Gefäss in geeigneter Weise gehalten. (Fig. 1.)

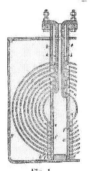

Fig. 1.

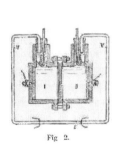

Fig. 2.

Ludwig Strasser in Hagen i. W. — Elektricitätszähler und Ladungs-, bezw. Entladungsmesser, begründet auf elektrische Endosmose. — Classe 21, Nr. 96.822.

Der Zähler arbeitet mit einem Tropfen oder Faden F, der in einer Röhre M, welche die beiden Abtheilungen I und II einer osmotischen Zelle verbindet, vermittelst ist und hiedurch auf elektrischem Wege das Zählwerk periodisch in Gang setzt. — Hiebei wird die Richtung des Faden oder der Zelle durchflossenden Stromes jedesmal umgekehrt. — Wird der Zähler als Lade- oder Entlademelder für Sammelbatterien benutzt, so wird bei jedem Stromschluss durch den verschiebbaren Tropfen ein Signal in bekannter Weise ausgelöst. (Fig. 2.)

Hartmann & Braun in Bockenheim-Frankfurt a. M. — Flachspulengalvanometer. — Classe 21, Nr. 95.779.

Um auch bei grösseren Ausschlägen eine nahezu gleichmässige Empfindlichkeit zu erzielen, sind, wie Fig. 4 zeigt, jedem Felde, dessen Kraftlinien parallel zur Achse verlaufen, mehrere Spulen zugeordnet, die nacheinander in das Feld eintreten. Oder aber man gruppirt (Fig. 4) mehrere Felder im Kreise und ordnet jedem eine Spule derart zu, dass sie nicht gleichzeitig, sondern nacheinander in ihre Felder zu liegen kommen. Ebenso könnte man einen Ringmagneten mit neutraler Zone und ein Spulenpaar in derartiger Stellung verwenden, dass gleichzeitig die eine Spule von der neutralen Zone zum Pol und die andere vom Pol zur neutralen Zone bewegt.

Fig. 4.

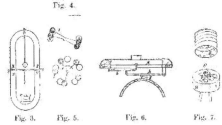

Fig. 3. Fig. 5. Fig. 6. Fig. 7.

A. Kültzow in Berlin. — Verbindung zwischen Sprechspitze und Membrane an Phonographen. — Classe 42, Nr. 94.908.

Um die Bewegung des Wiedergabestiftes k ohne schädliche Nebenwirkungen vergrössert auf die Membrane zu übertragen, ist der genannte Stift an einem Hebel h befestigt, auf dem ein zweiter, mit der Membrane verbundener Hebel s ruht. (Fig. 6.)

Maschinenfabrik Esslingen in Esslingen. — Gewinderingbefestigung bei elektrischen Glühlampen. Zusatz zum Patente Nr. 93.725 vom 26. November 1896. Classe 21, Nr. 96.914.

Der hufeisenförmige Bügel des Hauptpatentes ist durch einen mit Vorsprüngen B versehenen Bügel ersetzt. An Gewinderinge sind entsprechende Ansätze D vorgesehen, die sich zwischen die Ansätze B und die Oberfläche des Isolirsteines C schieben lassen. Bei einer anderen Ausführungsform ist der Bügel durch zwei oder mehr in den Isolirstein eingelassene Schrauben oder Bolzen ersetzt. Ansätze am Boden des Gewinderinges greifen dann zwischen die Schraubenköpfe und die Oberfläche des Isolirsteines. (Fig. 7.)

Adolph Müller in Hagen i. W. — Vorrichtung zur Umformung von Wechselstrom in Gleichstrom. — Classe 21, Nr. 96.901.

Die Umformung von Wechselstrom in Gleichstrom und umgekehrt wird durch eine synchron zum Wechselstrom betriebene Umschaltvorrichtung bewirkt. Und zwar wird vor der Abschaltung der Gleichstromleitung von der Wechselstromleitung in letztere eine Polarisationsbatterie oder dergleichen von äusserst geringer Capacität eingeschaltet, welche während der Dauer dieser Abschaltung im Wechselstromkreis eingeschaltet bleibt. Es soll hierdurch im Augenblick der Ausschaltung Stromlosigkeit im Wechselstromkreise erzielt werden, indem der elektromotorischen Kraft des Wechselstromes eine elektromotorische Gegenkraft annähernd gleicher Grösse entgegengestellt wird.

Actien-Gesellschaft Elektricitätswerke (vorm. O. L. Kummer & Co.) in Niedersedlitz b. Dresden. — Verfahren und Einrichtung zum Anlassen von einphasigen Wechselstrommotoren. — Classe 21, Nr. 97.137.

In Zweileiteranlagen mit einphasigem Wechselstrom werden die Motoren in der Weise angelassen, dass ein bereits in Rotation befindlicher Motor von geeigneter Stelle seiner Wicklung aus durch einen Hilfsdraht mit der Wicklung des anzulassenden Motors verbunden wird. Der den Hilfsdraht durchfliessende Strom beeinflusst und verzerrt den von der Erzeugerspannung gelieferten Wechselstrom derart, dass hierdurch ein Inpuls zur Rotation hervorgebracht wird.

Max Jüdel & Co. in Braunschweig. — Vorrichtung zum Schonen des Motors gegen die Einflüsse des plötzlichen Anhaltens und der plötzlichen Richtungswechsel an elektrischen Weichenstellvorrichtungen: Zusatz zum Patente Nr. 95.478 vom 29. März 1896. — Classe 20, Nr. 97.134.

Zur Schonung des Motors gegen die Einflüsse des plötzlichen Anhaltens und der plötzlichen Richtungswechsel wird zwischen dem Motor und den Bewegungsübertragungstheilen eine nachgiebige Kupplung eingeschaltet, damit beim Wachsen eines Bewegungshindernisses eine von den Übertragungstheilen unabhängige Drehung des Motors stattfinden kann.

Locomotivfabrik Krauss & Co., Actiengesellschaft in München. — Elektrischer Verschluss für Weichen- und Fahrstrassenhebel zur Verhütung des Umstellens bei unbesetzter Weiche. — Zusatz zum Patente Nr. 93.020 vom 21. März 1896. — Cl. 20, Nr. 97.639 vom 28. October 1897.

Die Schaltung der Patentschrift Nr. 93.020 ist dahin abgeändert, dass nur eine einzige Leitung zu der isolirten Schiene geführt wird. Diese Leitung ist mit ihrem anderen Ende an die Batterie angeschlossen, welche ihrerseits mit der Erde in Verbindung steht. Wenn die Schiene befahren wird, wird diese durch Kurzschluss der Batterie zur Anzeige gebracht.

Maschinenfabrik Oerlikon in Oerlikon b. Zürich, Schweiz. — Ankerwickelung für Mehrphasenstrom-Erzeuger. — Classe 21, Nr. 97.431 vom 16. April 1897.

Die Ankerwickelung ist dadurch gekennzeichnet, dass die Zahl der Spulen an einem inducirten Kranz gleich der Polzahl des inducirten Systems multiplicirt mit 2/3 bezw. 3/4 — je nachdem die Maschine Zwei- oder Dreiphasenstrom erzeugt — ist, und dass zwischen je zwei aufeinander folgenden Spulen ein Zwischenraum bleibt gleich dem Viertheil einer Polos des inducirten Systems dividirt durch 2 bezw. 3. Die Zahl der Pole ist dabei so zu wählen, dass dieses Product ein ganzes Vielfaches der Zahl der Phasen ausmacht und bei Stromerzeugern der gleichen Phase in beiden Kränzen nur eine oder zwei Poltheilungen gegeneinander versetzt sind. Infolge dieser Anordnung lassen sich leicht, sich nicht kreuzende Spulen verwenden, welche einen ganzen Polkreis umfassen.

Union-Elektricitäts-Gesellschaft in Berlin. — Maschine zur Erzeugung von Wechselströmen beliebiger Frequenz und Phasenzahl. — Classe 21, Nr. 97.432 vom 23. Mai 1897.

Die durch Art eines Gleichstromankers angeordneten Ankerwindungen der Maschine sind derart mit dem Stromwender verbunden, dass die neutralen Punkte umlaufen, und zwar mit einer Geschwindigkeit, die von der Art der Verbindung abhängig ist. Die Maschine ist besonders auch zur Erzeugung von Strömen niedriger Frequenz, z. B. zur Speisung von Stossbohrern u. dgl. geeignet.

C. M. J. Bodien in Hamburg. — Röntgenröhre mit zerstäubbarer Hilfskathode zur Regelung des Vacuums. — Classe 42, Nr. 97.167 vom 26. Mai 1897.

In der Röntgenröhre ist eine zweite Kathode aus zerstäubbarem Material zur Regulirung des Vacuums angeordnet. Ist zu viel Gas in der Röhre vorhanden, so schickt man den Funkenstrom durch diese Hilfskathode. Es zerstäubt dann das Material der Kathode und erzeugt einen Niederschlag, der Gas absorbirt. Ist zu wenig Gas vorhanden, so kann man einen Theil des absorbirten Gases durch Erwärmung wieder austreiben.

A. Rzewuski in Davosplatz, Canton Graubünden. — Verfahren zur Einstellung der Elektroden an fertigen Focusröhren. — Classe 42, Nr. 97.491 vom 24. Juli 1897.

Um Vacuumröhren mit möglichst günstiger Stellung von Kathode und Antikathode zu erhalten, stellt Erfinder Röhren her, in denen eine dieser Elektroden durch Schütteln u. s. w. verschoben werden kann, ermittelt experimentell die günstigste Stellung und schmelzt dann mit der Stichflamme einen mit der Elektrode fest verbundenen Glasansatz an die äussere Wandung der Röhre an, um diese Stellung zu sichern.

Joseph Newby Newson in St. Louis, V. S. A. — Einrichtungen an Telegraphenleitungen zum Anschluss beliebiger Signalvorrichtungen. — Classe 74, Nr. 97.473 vom 24. März 1897.

Ein Elektromotor ist an die Telegraphenleitung angeschlossen und setzt mit Hilfe eines Uhrwerkes ein Klinkenrad in Drehung.

Die Klinken desselben werden abwechselnd gehoben und gesenkt und greifen bei der Abgabe eines für den betreffenden Apparat charakteristischen Zeichens in eine, mit diesem Zeichen entsprechend geformten, mit Einschnitten und Zähnen versehenen Ankerhemmung ein. Hierdurch wird das Uhrwerk angehalten und der Ortsstromkreis geschlossen und zum Empfang der Depeschen bereit gemacht.

Emanuel Bergmann in Berlin. — Vorrichtung zur Anzeige der Gangdifferenz zweier Uhr- oder Laufwerke, insbesondere für Elektricitätszähler. — Classe 21, Nr. 97,151 vom 9. März 1897.

Das eine Uhrwerk schaltet periodisch nach Zurücklegung bestimmter Weglängen eine Kuppelung derartig um, dass beide Uhrwerke nacheinander, in einander entgegengesetztem Sinne während bestimmter gleichbleibender Wegperioden des einen Uhrwerks auf ein Zählwerk einwirken. Hierbei wird die Voreilung des einen Uhrwerks gegenüber dem andern am Zählwerk in bestimmten Intervallen angezeigt, und die während der verschiedenen Perioden aufgelaufenen Gangunterschiede werden summirt.

Geschäftliche und finanzielle Nachrichten.

Die Berliner Union-Elektricitäts-Gesellschaft in Wien beabsichtigt, schreibt die „N. Fr. Pr.", ihre hiesige Zweigniederlassung in eine selbstständige Actiengesellschaft umzuwandeln und hat das bezügliche Gesuch bereits beim Ministerium des Innern eingereicht. Das Capital der zu gründenden Gesellschaft ist mit drei Millionen Kronen in Aussicht genommen. Wiener Banken sind hiebei nicht betheiligt.

Batavia Elektrische Tram Maatschappij. Am 2. d. M. fand zu Amsterdam die Generalversammlung dieser Gesellschaft statt. Wir schicken voraus, dass ein nicht unbedeutender Theil des Actiencapitals sich in deutschen Händen befindet und die Ausführung des Baues der Union Elektricitäts-Gesellschaft zu Berlin übertragen worden ist. Die Concession wurde der Gesellschaft am 16. Juni 1897 überschrieben und am 14. August 1897 wurde die Uebernahme durch den General-Gouverneur von Holländisch-Indien eingewilligt. Sofort nachdem die Bauarbeiten angefangen hatten, welche durch den Ingenieur Herrn Steinhauer der Union E.-G. geleitet werden (der vorher die Wiener Transversallinie gebaut hatte), erhoben sich Schwierigkeiten gegen die Weiterführung des Baues, weil sich die Direction des magnetischen und meteorologischen Observatoriums zu Batavia der Weiterführung der Arbeiten widersetzte. Um diesen Widerspruch zu beseitigen, musste die ursprüngliche Trace der Bahn verändert werden. Infolge dieser Traceänderung besitzt die Gesellschaft augenblicklich die Concession für elektrischen Betrieb mit oberirdischer Leitung für eine Totallänge von ungefähr 127 km in Batavia; gleichzeitig mit der Genehmigung dieser Traceänderung erhielt die Gesellschaft die Concession für die Anlage und den Betrieb einer Seitenlinie, wodurch der Bantam-Eisenbahn unmittelbar mit dem Bahnhöfen der Batavia'schen Oosterbahn verbunden werden wird. Durch die Verzögerung der Concessions-Angelegenheit wurde naturgemäss auch eine Verzögerung in den Arbeiten verursacht, so dass bis jetzt nur ein kleiner Theil der Trace fertiggestellt werden konnte. An der Kraftstation wird mit Hochdruck gearbeitet, die Hochbauten sind beinahe gänzlich fertiggestellt, die Montage der Dampfkessel und Maschinen ist begonnen und man hofft, die Kraftstation bis Ende August betriebsfertig zu haben. Die Montage der 22 Motor- und Anhängewagen ist im Werke, so dass die Wagen noch im August fertiggestellt sein werden. Der erste Geschäftsabschluss wird 31. December 1898 stattfinden.

Elektra, Actiengesellschaft Dresden. Unter dieser Firma wurde unter vorausgewiesener Mitwirkung der E.-A.-G. vormals Schuckert & Co. und der Continentalen Gesellschaft für elektrische Unternehmungen in Nürnberg eine Actiengesellschaft gegründet. Das Actiencapital beträgt 6,000.000 Mk. Den Aufsichtsrath bilden die Herren: Consul Max Arnhold (Gebr. Arnhold, Dresden), Geh. Oberfinanzrath a. D. Hartung (A. Schaaffhausen'scher Bankverein Berlin), Geh. Regierungsrath Hierling in Gotha, Regierungs-Baumeister Petri und Stadtbaurath a. D. Kühn (Continentale Gesellschaft für elektrische Unternehmungen, Nürnberg), Oberfinanzrath a. D. Leipold in Berlin, kgl. sächs. Commerzienrath Mackowsky (sächs. Bank in Dresden), Regierungsrath a. D. und General-Director Udo Schulz, Breslau, Dr. Stössel und Consul Wiedemann in Dresden und Oberst a. D. Wittmer in Nürnberg. Zum Vorstand wurde ein aus der Verwaltung der kgl. sächs. Staatseisenbahnen ausscheidender höherer Beamter gewählt. Die Gesellschaft beabsichtigt, ihre auf Ausnutzung der elektrischen Kraft in jeder Form und insbesondere

Schaffung elektrischer Lichtanlagen und Bahnen gerichtete Thätigkeit im Königreich Sachsen, den thüringischen Staaten und der preussischen Provinz Schlesien auszuüben.

Elektricitäts-Actiengesellschaft vorm. Schuckert & Co. Dem Geschäftsbericht für das Jahr 1897/98 entnehmen wir Folgendes: Der Umsatz für das abgelaufene Jahr ist entsprechend den Erwartungen erheblich gestiegen, und zwar von 33·8 Millionen im Vorjahr auf 46·5 Millionen. Der Gesammtpersonalstand der Gesellschaft hat sich entsprechend den Verhältnissen beträchtlich erhöht und weist jetzt 5850 Arbeiter und Monteure, sowie 943 Beamte gegen 4440 Arbeiter und Monteure und 796 Beamte im Vorjahr auf. Es wurden im abgelaufenen Geschäftsjahre vollendet die Elektricitätswerke in Barcelona, Kassel, sowie Schwaz in Tirol, während eine Anzahl weiterer Centralen, unter ihnen die grosse neue Centrale der Hamburgischen Elektricitätswerke in Barmbeck, theils ihrer Vollendung entgegengehen, theils im Bau befindlich sind. Neu übernommen wurden die Elektricitätswerke in München, Jassy, Hanau und in anderen Städten und früher errichtete Werke wurden ausgebaut, bezw. erweitert. Von elektrochemischen Anlagen wurde die in Compiègne errichtete fertiggestellt und je eine solche befindet sich im Bau in Billingsfors, Jajce und Flix, während neu übernommen wurden die Anlagen bei Gampel und in Berga. Die früher begonnenen elektrischen Strassen- und Kleinbahnen sind theils vollendet, theils befinden sich noch im Bau. An neuen Bahnbauten sind zur Ausführung übernommen worden: Mühlhausen in Thür., Remscheid-Ronsdorf, Hamburg-Harburg, Palermo und andere. Die neuen Fabriksanlagen der Oesterreichischen Schuckert-Werke in Wien gehen ihrer Vollendung entgegen und erwartet die Gesellschaft gemäss der bisherigen Entwicklung der Geschäfte in Oesterreich, dass auch für die erhöhte Herstellung Absatz zu lohnenden Preisen gefunden werde. In Frankreich und den skandinavischen Ländern ist die Gesellschaft zu neuen Unternehmungen mit Capital betheiligt, während für Grossbritannien die Bildung einer Actiengesellschaft geplant ist, welche sich mit Uebernahme und Ausführung elektrischer Anlagen dort beschäftigen soll. Der Geschäftsgewinn ist von 5,001.615 Mk. im Vorjahr auf 7,105.692 Mk. gestiegen. Der Reingewinn von 3,474.429 Mk. auf 4,544.898 Mk. In dieser Ziffer ist der Reingewinn der deutschen Zweigniederlassungen mit 908.437 Mk. (im Vorjahr 467.636 Mk.) enthalten. Die allgemeinen Verwaltungskosten haben sich von 1,223.181 Mk. auf 1,574.481 Mk. erhöht. Abschreibungen wurden insgesammt 1,037.063 Mk. (719.694 Mk.) gemacht. Der bereits erwähnte Reingewinn von 4,544.898 Mk. soll nach Abzug der Gewinnantheile im Betrage von 3,671.130 Mk. wie folgt verwandt werden: Tantième 210.000 Mk., 14% (14%) Dividende 3,150.000 Mk., Ueberweisung an die Pensionscasse 50.000 Mk., Vortrag 261.130 Mk.

Continentale Gesellschaft für elektrische Unternehmungen in Nürnberg. Im Nachhange zu unserer Mittheilung im H. 19, S. 236 ex 1898 berichten wir: Das am 31. März abgeschlossene Geschäftsjahr 1897/98 zeigt eine erhebliche Zunahme der Geschäfte. Der Rechenschaftsbericht erwähnt zunächst die Erhöhung des Actiencapitals um 16,000.000 Mk., auf welche am 1. Juli 1897 eine Einzahlung von 25% geleistet wurde, mit der die neuen Actien pro rata temporis an der Dividende theilnehmen. Ferner wurden von der neuen Obligationenanleihe von 20,000.000 Mk. die Hälfte zum 31. März d. J. an ein Consortium zu pari begeben. Die Hamburgischen Elektricitätswerke sind in fortschreitender Entwicklung und konnten auch im abgelaufenen Geschäftsjahr eine erhöhte Dividende ausschütten und zwar 6½% gegen 5% im Vorjahre. Auf den Besitz an Actien der Zwickauer Elektricitätswerk- und Strassenbahn-Gesellschaft erhielt die Gesellschaft für das am 31. December 1897 abgelaufene dritte Geschäftsjahr eine Dividende von 3% wie im Vorjahre. Die Bahnstrecke nach Marienthal ist im abgelaufenen Jahre in Betrieb gekommen. Zum Weiterausbau der Bahnstrecke nach Wilkau ist von der Regierung die Genehmigung ertheilt worden, während die Unterhandlungen mit der Stadt Zwickau noch schweben. Die Bahn beförderte im abgelaufenen Geschäftsjahre 105.572 Personen mehr als im Vorjahre. Auch wurden 67.838 W = 2½% mehr angeschlossen. Mit befreundeten Bankfirmen hat das Etablissement, hauptsächlich für den Betrieb der in dem Regierungsbezirke Düsseldorf gelegenen Kleinbahnen bestimmte Actiengesellschaft „Bergische Kleinbahnen" in Elberfeld mit einem Actiencapital von 3,600.000 Mk. gegründet, an welcher sie sich mit 50% eingezahlt sind, errichtet. Die Gesellschaft hat von der Continentalen Gesellschaft für elektrische Unternehmungen die Kleinbahnen Elberfeld-Neviges, Velbert—Werden mit Abzweigungen nach Langenberg und Heiligenhaus-Hösel übernommen. Die Strecke Elberfeld-Neviges-Velbert ist bereits im Betrieb und ist die Entwicklung eine befriedigende. Der Bau der Linie Velbert—Werden, Nevi...

ges—Langenberg und Vellbert—Heiligenhaus—Hösel ist derart gefördert worden, dass das gesammte Netz im Laufe des Jahres 1898 in Betrieb genommen werden kann. Die Strecke Heiligenhaus—Hösel wird zunächst mit Locomotiven betrieben werden. Es ist von der Regierung für die Linie Vellbert—Hösel ausser dem Personenverkehr der Stückgut- und Wagenladungsverkehr bewilligt worden. Für das Kleinbahnnetz Düsseldorf—Benrath—Hilden—Vohwinkel mit Abzweigung Hilden—Ohligs ist inzwischen die Genehmigung für den Personen- und Stückgutverkehr ertheilt und der Bau so weit gefördert worden, dass die Eröffnung der Theilstrecke Düsseldorf—Benrath—Hilden im nächsten Monate und der übrigen Strecken im Laufe des Jahres zu erwarten ist. Es sind ferner mit den betroffenen Gemeinden Verträge geschlossen worden wegen Ausbaues einer Kleinbahn von Langenberg nach Steele über Nierenhof Kupferdreh mit einer Abzweigung von Nierenhof nach Haffingen. Sodann wurden mit den Gemeinden Eller und Gerresheim Verträge über den Bau einer Strassenbahn in Anschluss an die Linie Düsseldorf—Benrath über Eller nach Gerresheim und Grafenberg geschlossen. Eine Theilstrecke der Schwebebahn Vohwinkel- Elberfeld—Barmen, welche bereits im Bau ist, wird voraussichtlich im Laufe dieses Jahres fertiggestellt und in probeweise Benützung genommen werden. Nach den geschlossenen Bauverträgen soll die Theilstrecke Vohwinkel—Elberfeld bis 1. September 1899, die ganze Strecke bis 1. August 1900 in Betrieb genommen werden. Mit der Stadtgemeinde Elberfeld wurde ein Vertrag über Bezug des elektrischen Stromes für die Schwebebahn aus dem städtischen Elektricitätswerk abgeschlossen. Der Bau der in Loschwitz bei Dresden geplanten Bergbahn nach dem Schwebebahnsystem wird in nächster Zeit begonnen werden.

Durch Bauverträge ist die Eröffnung des Betriebes bis zum Frühjahr nächsten Jahres gesichert. Die etwa 8 km lange elektrische Strassenbahn von Schandau zum Lichtenhainer Wasserfalle konnte zum diesjährigen Pfingstfeste in Betrieb genommen werden. Die Stuttgarter Elektricitätswerke befinden sich in guter Entwicklung. Es betrug am 31. März 1898 die Zahl der Abnehmer 1141 (i. V. 817), Glühlampen 90.850 (i. V. 22.024), Bogenlampen 754 (i. V. 573), Motoren 347 (i. V. 149), das angeschlossene Aequivalent stieg von 1,799.000 W auf 2,851.000, also um rund 60%. Die Strassenbahnstromlieferung hat das garantirte Minimum beträchtlich überschritten und ist gegen das Vorjahr um rund 42% gestiegen. Die Gesellschaft hat es übernommen, den ausschen städtischen Schwebekräfte bei Marbach und eine Erweiterung der Accumulatorenanlage zu bewirken, wogegen die Stadt in einem neu abgeschlossenen Abkommen bis zum Jahre 1905 auf ihr Einlösungsrecht verzichtet hat. Die Entwicklung der kleineren Werke Sigmaringen, Neustadt-Haardt, Mussbach, Wachanheim, Bergzabern und Berchtesgaden machte ebenfalls Fortschritte. Das Elektricitätswerk in Berchtesgaden ist an der Grenze seiner Leistungsfähigkeit angelangt und wird zur Zeit durch Ausbau einer Wasserkraft erweitert. Im abgelaufenen Geschäftsjahre wurden von der E.-A.-G. vormals Schuckert & Co. weiter übernommen: die Centrale und elektrische Bahnanlage in Ulm, die Centrale und elektrische Bahnanlage in Czernowitz, die Centralen in Grevenbroich, Günzburg a. Donau und Bergamo insgesammt für rund 3,685.000 Mk. In Czernowitz gehen an eine selbstständige, unter Betheiligung der Stadt zu bildende Actiengesellschaft über. Wegen Erbauung einer elektrisch zu betreibenden Strassenbahn nach Berlin (Büschingsplatz) nach Hohenschönhausen sind mit den Gemeinden entsprechende Verträge vereinbart worden. Mit dem Bau soll noch in diesem Jahre begonnen werden. Ferner hat die Gesellschaft mit der E.-A.-G., vormals Schuckert & Co. vereinbart, deren Betheiligung an der Augsburger Strassenbahn, welche in eine selbstständige Actiengesellschaft umgewandelt werden wird, in Höhe von etwa 2,000.000 Mk zu übernehmen. Die Eröffnung des elektrischen Betriebes ist in diesem Monate erfolgt.

Die österreichischen Schuckert-Werke haben ein grösseres Areal in Donaunfergelände erworben und errichten dort neue Werkstätten, wie solche den gesteigerten Anforderungen entsprechen. Die Wiener Localbahnen erhielten seitens der Regierung die Genehmigung zur Uebernahme des Betriebes in eigener Verwaltung, wie auch ferner die Concession zum Ausbau der Strecke Baden—Guntramsdorf mit Anschluss an die Aspangbahn in Traiskirchen und der Badener Ringlinie, sowie zur Uebernahme der bestehenden elektrischen Kleinbahn Baden—Vöslau und zur Umwandlung in elektrischen Betrieb der bestehenden Linien Wien—Guntramsdorf. Die bezüglichen Bauarbeiten haben bereits begonnen. Mit Hilfe eines einheimischen Bahn-Instituts wurde die Reichenberger

Strassenbahn-Gesellschaft in Reichenberg (Böhmen) mit einem Actiencapital von 450.000 fl. gegründet. Die Bahn ist seit August v. J. im Betrieb. Es ist eine Erweiterung des Netzes durch neue Linien in Aussicht genommen. Der Besitz der Gesellschaft an Actien der Tramways autrichiens de Cracovie et Extensions in Brüssel brachte 6% Dividende gegen 5% im Vorjahre. Die Umwandlung der Linien in elektrischen Betrieb und die Errichtung neuer Linien ist von der Stadtgemeinde genehmigt worden und soll möglichst noch im Laufe dieses Jahres in Angriff genommen werden. Es ist beabsichtigt, das ganze Unternehmen in eine österreichische Gesellschaft mit der Firma „Krakauer Tramway-Gesellschaft" überzuführen. Auch die Geschäfte in Italien haben sich in ungleicher Masse ausgedehnt und deshalb auch für Italien eine Generalvertretung mit dem Sitze in Mailand errichtet. Die Ergebnisse der Società Torinese sind erheblich gestiegen und die Gesellschaft konnte nach reichlichen Abschreibungen 9½% Dividende gegen 8% im Vorjahre vertheilen. Die Verhandlungen mit der Stadt wegen Einführung des elektrischen Betriebes wurden abgeschlossen und war es bereits möglich, am 1. Mai d. J. drei Linien, welche zur Ausstellung führten, dem elektrischen Betriebe zu übergeben. In der letzten Generalversammlung der Società Torinese wurde die Erhöhung des Actiencapitals um 4½%, im vergangenen Jahre übernahm die Gesellschaft 1,200.000 Lire Actien und 572.500 Lire 4½%ige Obligationen der Società Anonyma dei Tramways Vapore nella Provincia di Torino, und zwar die Actien unter pari. Das Unternehmen umfasst 61 km Geleise und wird zur Zeit mit Dampf betrieben. Es ist theilweise Umwandlung in elektrischen Betrieb vorgesehen, ebenso weiterer Ausbau der Linien, von welchen eine günstige Entwicklung des Unternehmens erwartet werden darf. Die in dem Besitze der Gesellschaft befindlichen Actien der Società Sicula Tramways-Omnibus in Palermo erbrachten wie im Vorjahre eine Dividende von 4½%. Die Verhandlungen wegen Umwandlung in elektrischen Betrieb konnten abgeschlossen werden und ist mit den Bauarbeiten auf Theilstrecken bereits begonnen. Für die Società Lombarda per distribuzione di energia in Mailand war die Ausbeute abgelaufenen Jahre gut. Die Gesellschaft hat vor einigen Monaten unter dem Namen Società Toscana per imprese elettriche in Florenz mit einem Actiencapital von 2,000.000 Lire, auf welche 30% eingezahlt sind, eine Actiengesellschaft gegründet. Dieselbe baut auf Grund einer Concession eine elektrische Centrale für Abgabe von Licht und Kraft in Florenz. Die Centrale wird noch in diesem Jahre in Betrieb kommen. In Spanien wird die Gesellschaft an der Sociedad Electro Quimica de Plix in Barcelona betheiligt, welche mit einem Actiencapital von 4,000.000 Pes., von welchen 50% einbezahlt sind, unter Mitwirkung deutscher und ausländischer Firmen zur Herstellung von Chlorkalk und Soda errichtet wurde. Die Fabrikation wird Ende dieses Jahres aufgenommen werden. In Norwegen übernahm das Etablissement eine Betheiligung an der Aktieselskabet Hafslund in Hafslund, welche mit einem Capital von 3,000.000 Kr. gegründet wurde. Die Gesellschaft bezweckt die Verwerthung des Wasserfalles des Sarpsfos und wird zunächst Abgabe von Licht und Kraft zu industriellen Zwecken und die Calciumcarbid-Fabrikation betreiben. Die Verhandlungen mit den Behörden wegen der Strassenbahn und des Elektricitätswerkes in Libau sind noch nicht beendet. In Jassy (Rumänien) ist der Gesellschaft eine vierzigjährige Concession für Abgabe von Licht und Kraft ertheilt worden. Mit den Bauarbeiten wird derzeit begonnen und hofft die Verwaltung, noch in diesem Herbste zur Betriebseröffnung zu kommen. Mit belgischen und deutschen Finanzgruppen hat sich die Gesellschaft zum Ankäufe der Majorität bei der Trambahn-Gesellschaft in Constantinopel geeinigt, welche bereits erbaut ist, aus den Rohüberschusse von 1,757.561 Mk. für Abschreibungen auf Mobilion 8989 Mk., für Abschreibung auf Schwebebahn-verzuchsanlage und Patente 100.000 Mk., zu Rückzahlungen für Erneuerungen und Capitaltilgung der Unternehmungen in eigener Verwaltung 191.228 Mk., zusammen 300.217 Mk. zu verwenden. Hiernach ergibt sich ein Reingewinn von 1,458.343 Mk. Von diesem sind für den gesetzlichen Reservefonds 71.074 Mk. und zur Tantieme 107.752 Mk., so dass als Restbetrag 1,278.516 Mk. zur Verfügung der Generalversammlung bleiben, welcher die Vertheilung einer 6½%igen Dividende mit 1,250.000 Mk. auf das eingezahlte Capital vorgeschlagen wird.

Schluss der Redaction: 12. Juli 1898.

Verantwortlicher Redacteur: Dr. J. Sahulka. — Selbstverlag des Elektrotechnischen Vereines.

Commissionsverlag bei Lehmann & Wentzel, Wien. — Alleinige Inseraten-Aufnahme bei Haasenstein & Vogler (Otto Maass), Wien und Prag.

Druck von R. Spies & Co., Wien.

Zeitschrift für Elektrotechnik.

Organ des Elektrotechnischen Vereines in Wien.

Heft 30.   WIEN, 24. Juli 1898.   XVI. Jahrgang.

Bemerkungen der Redaction: Ein Nachdruck aus dem redactionellen Theile der Zeitschrift ist nur unter der Quellenangabe „Z. f. E. Wien" und bei Originalartikeln überdies nur mit Genehmigung der Redaction gestattet.

Die Einsendung von Originalarbeiten ist erwünscht und werden dieselben nach dem in der Redactionsordnung festgesetzten Tarife honorirt. Die Anzahl der vom Autor event. gewünschten Separatabdrücke, welche zum Selbstkostenpreise berechnet werden, wolle stets am Manuscripte bekanntgegeben werden.

INHALT:

Rundschau.

Die Strassenbeleuchtung mit Bogenlicht wurde in Amerika früher in der Weise durchgeführt, dass je 40 bis 50 Lampen in einen Stromkreis in Serie geschaltet wurden und von einer Bogenlicht-Dynamo, welche normal 6·6 oder 10 A bei maximal 2000, bezw. 3000 V Klemmenspannung gab, mit Strom versorgt wurden. Manche Bogenlicht-Dynamos, z. B. solche der Brush Co., versorgen auch zwei oder vier Stromkreise gleichzeitig mit Strom. Man hat nun den Vortheil, welchen grosse Dynamos im Vergleich zu einer grossen Anzahl kleiner Dynamos in Bezug auf Oekonomie gewähren, erkannt und beginnt das bisherige System der Strassenbeleuchtung mit Bogenlicht abzuändern; dies ist insbesondere bei Benützung von Wechselstrom leicht durchführbar. Ein lehrreiches Beispiel bietet die Art und Weise wie dies von der Missouri Edison Plant Co. in St. Louis durchgeführt wird. Die Centralen dieser Gesellschaft sind von G. Percival in „Electrical World" im Hefte 24 beschrieben; die Leistung, welche im Jahre 1888 nur 500 Glühlampen betrug, umfasst gegenwärtig 174.300 Lampen à 16 Kerzen, 3575 Wechselstrom-Bogenlampen. 1036 Gleichstrom-Bogenlampen und 2390 PS für Motoren. Die Wechselstrom-Bogenlampenkreise werden von den Sammelschienen für Wechselstrom, welche 1000 V Spannungsdifferenz haben, mit Strom versorgt. In jedem Stromkreis ist ein Transformator mit veränderlichem Umsetzungsverhältnis eingeschaltet, welcher ermöglicht, die secundäre E. M. K. zwischen 100 und 4000 V abzuändern; ausserdem ist in jeden secundären Kreis eine Inductionsspule mit verstellbarem Kerne eingeschaltet. Durch Aenderung des Umsetzungsverhältnisses des Transformators und Verstellung des Kernes der Spule kann unabhängig von der Zahl der in den secundären Kreis eingeschalteten Lampen die Stromstärke auf 10 A erhalten werden. Zu jeder Bogenlampe ist ähnlich wie beim Glühlampen - Seriensysteme der Westinghouse Co. eine Inductionsspule parallel geschaltet, welche normal, wenn die Bogenlampe brennt, wegen ihrer Selbstinduction nur wenig Strom durchlässt. Wenn in der Lampe eine Unterbrechung eintritt und der ganze Strom von 10 A durch die Spule fliesst, entfällt auf dieselbe eine höhere Spannungsdifferenz als früher, der Strom im Lampenkreise bleibt aber beinahe unverändert. Durch diese Anordnung sind Betriebs-

störungen, welche in Gleichstrom-Lampenkreisen infolge Schadhaftwerdens von Lampen verursacht werden, vermieden. Die Lampen werden normal zu 20 bis 80 in einen Stromkreis geschaltet; am Schaltbrette für die Lampenkreise kann die Regulirung für constante Stromstärke in einfacher Weise vorgenommen werden. Sämmtliche 2500 in dieser Weise geschaltete Lampen können an die beiden in der Centrale aufgestellten 1000 PS monocyclischen Dynamos der General Electric Co. in dieser Art angeschlossen werden.

In der elektrischen Ausstellung in New-York wurden nach „Electrical World" Versuche angestellt über den Vortheil der Beleuchtung mit geschlossenen Bogenlampen im Vergleiche mit der Glühlichtbeleuchtung. Ein Platz war mit 2200 Glühlampen à 16 Kerzen beleuchtet, doch war die Gesammtlichtstärke, da die Lampen schon einige Zeit brannten, nur circa 3000 Kerzen; der Stromverbrauch war 1200 A bei 110 V. Die Glühlampen wurden durch 100 geschlossene Bogenlampen à 5 A 80 V ersetzt. Das Licht war dem Tageslichte viel ähnlicher und intensiver, die Gesammtlichtstärke wurde auf 40.000 Kerzen geschätzt; der Gesammtstromverbrauch war dabei dreimal kleiner. Aus den Versuchen wurde gefolgert, dass der Energieverbrauch bei Beleuchtung einer bestimmten Lichtmenge circa dreimal kleiner ist, wenn geschlossene Bogenlampen an Stelle der Glühlampen verwendet werden.

Nach den von Prof. Dietrich vor Kurzem an Jandus-Lampen für 5 A 110 V ausgeführten Lichtmessungen, welche in der „Zeitschrift für Beleuchtungswesen" veröffentlicht sind, war die gesammte mittlere sphärische Lichtintensität bei diesen Lampen 193 Kerzen. die mittlere sphärische Intensität in dem Raume unter der durch den Lichtbogen gelegten Horizontalebene 276 Kerzen. Es ergibt sich daraus für die untere Halbkugel ein Verbrauch von 1·94 W pro Kerze.

In England haben Zähler, welche auf elektrolytischer Wirkung des Stromes beruhen, allgemeines Interesse erregt. Der Zähler von Gibbings, welcher in „London Electr. Eng.", Mai 20., beschrieben ist, besteht aus einer mit ungesäuertem Wasser gefüllten Glasröhre, welche im unteren Theile die Elektroden enthält; das Wasser ist mit einer dünnen Oelschichte bedeckt, welche die Verdampfung des Wassers hindert. Die Calibrirung der Röhre geschieht in der Weise, dass wiederholt in die Röhre eine Wassermenge gegossen wird, welche einem

Verbrauche von 25 Kilowattstunden entspricht; nach den erhobenen Marken wird die Theilung verfertigt. Der Stromverbrauch wird nicht nach der entwickelten Knallgasmenge, sondern nach der zersetzten Wassermenge beurtheilt. Der Zähler hat allerdings den Vortheil, dass derselbe wohlfeil, von einfacher Construction ist und schwache Ströme registrirt; doch stehen diesen Vortheilen bedeutende Nachtheile gegenüber. Der durch den Zähler verursachte Spannungsabfall beträgt 2—3 V, der Zähler misst nicht den Energieverbrauch, sondern den Stromverbrauch, endlich kann im abgeschlossenen Kasten sich ansammelndes Knallgas eventuell explodiren. Für Ströme über 10 A ist der Zähler nicht geeignet.

Aus „Electrician", Heft 1047 entnehmen wir, dass der elektrolytische Zähler von Bastian auch zur Strommessung in Wechselstromkreisen verwendet werden soll. In den Stromkreis werden zwei Zellen, die je eine Aluminium- und eine Kohlenplatte enthalten, in Parallelschaltung eingeschaltet; die Zellen sind entgegengesetzt angeordnet. Der Wechselstrom spaltet sich in zwei aus gleichgerichteten Stromwellen bestehende Hälften. Der Bastian-Zähler wird mit einer der Zellen in Serie geschaltet.

In „Electr. Review", April 22, veröffentlicht Russell einen Artikel als Entgegnung auf den von Hunt in „Electrical World" veröffentlichten Artikel über die Verwendung von Luftleitungen aus Aluminium („Rundschau", Heft 15). Russell kommt zu dem Schlusse, dass, obwohl Aluminiumleitungen, welche gleichen Widerstand hätten wie Kupferleitungen, ein kleineres Gewicht haben als diese, trotzdem die Zahl der Stützpunkte nicht wesentlich geringer gewählt werden kann als bei Kupferleitungen, weil der Winddruck auf die Aluminiumleitungen stärker einwirkt.

In „Electrical World" ist vom Hefte 18 an von Prof. Northrup ein ausführlicher Artikel über oscillirende Ströme und die von denselben hervorgerufenen Erscheinungen veröffentlicht; George Hanchett beschrieb von Heft 17 an elektrische Bahnsysteme mit geschlossenem Theilstromcanal. Im Hefte 20 ist ein einphasiger Inductionsmotor von Steinmetz beschrieben. Der Motor hat eine bewegliche Armatur mit kurzgeschlossener Wickelung, der feststehende Feldmagnet ist mit zwei Wickelungen versehen. Die eine wird an das Einphasennetz angeschlossen, die andere ist direct oder mit Zwischenschaltung eines Transformators, welcher nach aufwärts transformirt, mit einem Condensator verbunden, die zweite Wickelung ist von einem Theile des Feldes, welches die erste Wickelung erzeugt, durchflossen. Durch die in den beiden Wicklungen des Feldmagneten fliessenden Ströme wird ein Drehfeld erzeugt, so dass der Motor mit Zugkraft angeht.

Im Hefte 25 und 26 ist in „Electrical World" ein Artikel von H. E. Raymond über Blitzschutzvorrichtungen enthalten. Es wird die Zahl der an Luftleitungen anzubringenden Blitzschutzvorrichtungen erörtert und gezeigt, wie nothwendig es ist, den Funkenstrecken Widerstände, z. B. Wassersäulen, in Serie zu schalten, damit in dem Falle, wenn ein Blitzstrahl die Leitung trifft, die Dynamo dadurch, dass bei den Funkenstrecken die Lichtbögen stehen bleiben, nicht Kurzschluss erhält.

In „Electrician", Heft 1045, befindet sich ein Artikel von Prof. Carus Wilson über Motoren für elektrische Bahnen mit grosser Beschleunigung. Aus Heft 1047 entnehmen wir, dass Accumulatoren, System Edgerton, welche ähnlich wie eine Volta-Säule gebaut und in der „Rundschau" im Hefte 23 beschrieben

wurden, nun auch in sehr grossen Dimensionen ausgeführt werden. Bei der grössten Type haben die Platten eine Fläche von $1{\cdot}8 \times 2{\cdot}2$ m; eine Batterie, bestehend aus 110 solchen Platten, hat eine Höhe von $2{\cdot}2$ m und ein Gewicht von 16 t; die Capacität beträgt 3000 Amperestunden, die elektromotorische Kraft im geladenen Zustande 225 V.

Die Kathodenstrahlen haben nach Versuchen, welche A. Majorana (Rendie. R. Accad. dei Lincei VI. 66) beschrieb und mit rotirendem Spiegel ausführte, Geschwindigkeiten von 150—600 km per Secunde; die Versuche wurden in der Weise ausgeführt, dass in dem Weg der Kathodenstrahlen angebracht wurden; im rotirenden Spiegel wurde die Verschiebung der Bilder der entstehenden Funken beobachtet; zur Erzeugung der Funken diente eine Holtz'sche Influenzmaschine.

In „Comptes rendus", Mai 31., beschrieb M. Villard Versuche, aus welchen hervorgeht, dass die Kathodenstrahlen eine reducirende Wirkung haben. In den Weg der Kathodenstrahlen einer Crookes'schen Röhre wurde ein Kreuz aus oxydirtem Kupferblech und hinter diesem eine oxydirte Kupferplatte gebracht. Unter Einwirkung der Kathodenstrahlen wird das Kreuz roth, auf der Kupferplatte bleibt ein schwarzes Kreuz, während die umgebende Fläche, auf welche die Kathodenstrahlen auffallen können, roth wird. In gleicher Weise wird grünes Glas, welches Kupferoxyd enthält, in der Farbe verändert, wenn es von den Kathodenstrahlen getroffen wird. Flintglas wird ebenso geschwärzt, als wenn es mit einer reducirenden Flamme in Berührung gebracht würde.

Ein interessanter Bericht über Versuche über Schirmwirkung des Eisens in Bezug auf Magnetisirung ist in „Electrician", Heft 1047 enthalten. Bekanntlich wird ein dicker Eisenstab nicht gleichförmig magnetisirt, indem die Magnetismus im Inneren schwächer ist als in den Randtheilen. Verschiedene Hypothesen wurden darüber aufgestellt. Grotrian schreibt die Erscheinung einer Schirmwirkung der äusseren Eisenschichten. Du Bois und Ascoli der entmagnetisirenden Wirkung des freien Magnetismus, insbesondere derjenigen an den Endflächen, zu. Um die Frage zu entscheiden, verfertigte F. Kirstädter hohle, zerlegbare Eisenringe und in dieselben innen passende, massive Eisenringe. Wurden durch Spulen die Ringe magnetisirt, so konnte durch Versuche mit dem ballistischen Galvanometer nachgewiesen werden, dass die Magnetisirung über alle Querschnitte vollkommen gleich ist, dass also eine Schirmwirkung in Bezug auf Magnetisirung nicht besteht. Aehnliche Versuche führte A. Stefanini aus.

In demselben Hefte ist ein interessanter Artikel von A. Russell über Isolations-Widerstände und Erdströme enthalten. Im Hefte 1048 sind Versuche über Kraftübertragung beschrieben, welche in Ogden, U. S. A., bei einer Anlage der Pioneer Electric Co. ausgeführt wurden. Die Länge der Linie war 120 km, die Betriebsspannung des dreiphasigen Wechselstromes 30.000 V, die übertragene Leistung 1000 PS. Die Generatoren hatten 2300 V bei 60 ~. Der Gesammtverlust bei der Uebertragung betrug 9%, wovon 4% auf die Transformatoren entfielen; das Wetter war während der Versuche sehr regnerisch. Im Hefte 1048 ist eine neue Methode von Baille und Jéry beschrieben, das mechanische Aequivalent der Wärme zu bestimmen. Ein Kupfer-Cylinder befindet sich im Bereiche eines magnetischen Dreh-

feldes. ist aber an der Drehung gehindert. Das Drehmoment und die Temperaturerhöhung in einer gewissen
Zeit wird gemessen; daraus wird das mechanische Aequivalent der Wärme bestimmt. Im Hefte 1049 ist eine
sehr einfache Bogenlampe von C o t s w o r t h beschrieben.

S.

Wirkung länger dauernder Erwärmung auf die magnetischen Eigenschaften des Eisens.*)

S R. Roget, B, A.

Man weiss seit mehreren Jahren. dass bei in Verwendung stehenden Transformatoren der Energieverlust
bei offenem Kreise mit der Zeit beträchtlich anwächst;
dies rührt von einer Erhöhung der magnetischen Hysteresis des Eisenkernes her. Man begann diesem
Gegenstande Aufmerksamkeit zuzuwenden. nachdem im
Jahre 1894 G. P a r t r i d g e (The Electrician, Vol.
XXXIV. p. 160) Hysteresiscurven publicirt hatte. die
diese Eigenthümlichkeit aufwiesen.

Man dachte zuerst an eine Art magnetischer Ermüdung. die eine Folge der vielfachen Umstellung der
Eisenmoleküle bei der wechselnden Magnetisirung sei;
Prof. E w i n g bewies aber schon im Jahre 1895, dass
dies nicht die wahre Ursache ist. Versuche von B l á t h y
und M o r d e y stellten vielmehr ausser allen Zweifel,
dass diese Erscheinung eine directe Wirkung der Wärme
sei und immer auftrete. wenn die Transformatoren
längere Zeit einer hohen Temperatur ausgesetzt waren.
wobei es gleichgiltig ist. wie diese Temperaturerhöhung
erzeugt wurde. Die von M o r d e y (Proc. Roy. Soc.,
Vol. LVII. p. 224) und die von P a r s h a l l (Min. Proc.
Inst. C. E., Vol. CXXVI. p. 244) publicirten Resultate
beziehen sich auf Temperaturen. die 140⁰ C. nicht überschreiten. Auf Anregung Prof. E w i n g's hin hat der
Verfasser Untersuchungen angestellt bei weit höheren
Temperaturen. Obwohl diese Versuche noch nicht abgeschlossen sind, so erscheinen doch die bis jetzt erlangten Resultate der Publication werth.

Die Hysteresis des Eisens wurde direct mittelst
des von Prof. E w i n g zur Bestimmung derselben construirten Apparates ermittelt. der im Journal Inst.
Elec. Ing., Vol. XXIV, p. 403. beschrieben wurde. Zur
Verwendung kam sehr weiches schwedisches Eisen von
geringem anfänglichem Hysteresisverlust. Die Probestücke wurden zuerst ausgeglüht und dann in kleinen
Oefen. die mittelst Glühlampen geheizt wurden. erwärmt. wobei die Temperatur der Oefen meistens
mittelst Quecksilber-Thermometer ermittelt wurde. die
dann durch Callendar-Griffiths Platinpyrometer ersetzt
wurden sind. wenn die Temperaturen über 200⁰ giengen.
Die Probestücke wurden von Zeit zu Zeit aus dem
Ofen herausgenommen, um auf ihren Hysteresisverlust
bei gewöhnlicher Temperatur untersucht zu werden. Es
war nicht gut möglich. die Temperatur der Oefen constant zu erhalten, jedoch betrug die Variation in irgend
einer Richtung selten mehr als 10⁰ C.; diese Variationen aber dürften scheinbar den in den Beobachtungen
gelegenen Unregelmässigkeiten zuzuschreiben sein; der
allgemeine Charakter des Einflusses länger dauernder
Erwärmung tritt jedoch klar hervor. Jedes Probestück
bestand aus einem Bündel von sieben ca. 8 cm langer
und 1·6 cm dicker Stäbe. von denen jeder für sich in
einer Bunsenflamme bis zur Rothglüht erhitzt und hierauf
an der Luft abgekühlt wurde. Da die Wirkung länger
andauernder Erwärmung durch erneutes Ausglühen

*) Aus Electrician, Heft 1046.

vollständig vernichtet wurde. so konnten dieselben Eisenproben wiederholt verwendet werden. Bei den Messungen
variirte die Induction B von $+ 4000$ zu $- 4000$ C. G. S.
Einheiten.

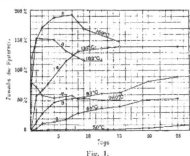

Fig. 1.

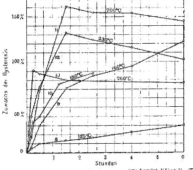

Fig. 2.

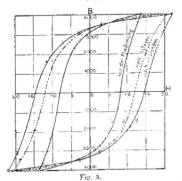

Fig. 3.

Die Wärmewirkung war beträchtlich verschieden
bei den verschiedenen Temperaturen. Unter 40⁰ C. war
keine auffallende Aenderung vorhanden, zwischen 40⁰ C.
und 135⁰ C. wuchs die Hysteresis einfach mit der Zeit;
dies gilt naturgemäss nur von jenem Zeitraum. der

TABELLE I.

Curve Nr.	1.		2.		3.		4.		5.		6.		7.	
Temperatur	50° C.		65° C.		87° C.		135° C.		160° C.		180° C.		260° C.	
	Hysteresis		Hysteresis		Hysteresis		Hysteresis		Hysteresis		Hysteresis		Hysteresis	
Zeit in Tagen	Abs. C.G.S.	Percentueller Zuwachs	Abs. C.G.S.	Percentueller Zuwachs	Abs. C.G.S.	Percentueller Zuwachs	Abs. C.G.S.	Percentueller Zuwachs	Abs. C.G.S.	Percentueller Zuwachs	Abs. C.G.S.	Percentueller Zuwachs	Abs. C.G.S.	Percentueller Zuwachs
0	635	0	620	0	600	0	610	0	590	0	665	0	595	0
1	—	—	635	2	695	16	690	57	1480	151	1680	153	1030	73
2	—	—	695	12	770	29	1090	67	1600	172	—	—	940	58
3	643	1·5	—	—	—	—	1090	78	—	—	—	—	—	—
4	—	—	710	14	885	48	—	—	1700	188	1670	151	920	55
6	645	1·6	740	19	910	52	1325	117	—	—	1540	132	940	58
7	—	—	775	25	915	53	—	—	1720	192	1515	128	905	52
8	—	—	805	29	—	—	1415	132	1650	180	—	—	—	—
9	—	—	—	—	930	35	—	—	1590	170	1445	117	910	53
12	—	—	855	37	960	61	1450	138	—	—	1440	116	—	—
13	645	1·6	—	—	—	—	—	—	—	—	—	—	890	50
15	—	—	875	40	975	63	1465	140	1470	149	—	—	900	51
20	660	4	940	51	1090	82	—	—	—	—	—	—	—	—
25	—	—	945	56	1135	89	1465	140	—	—	—	—	—	—
27	690	9	—	—	—	—	—	—			—	—	—	—

TABELLE II.

Curve Nr.	8.		9.		10.		11.		12.		13.	
Temperatur	125° C.		160° C		180° C.		200° C.		230° C.		260° C.	
	Hysteresis		Hysteresis		Hysteresis		Hysteresis		Hysteresis		Hysteresis	
Zeit der Erwärmung	Abs.	Zuwachs in %	Abs.	Zuwachs in %	Abs.	Zuwachs in %	Abs.	Zuwachs in %	Abs.	Zuwachs in %	Abs.	Zuwachs in %
h. min.												
0 0	600	0	595	0	599	0	570	0	570	0	595	0
0 10	630	5	630	6	—	—	785	18	800	40	—	—
0 15	—	—	—	—	790	33	—	—	—	—	1145	91
0 30	660	10	770	36	825	40	960	68	980	72	1110	87
1 15	—	—	—	—	1040	76	—	—	—	—	—	—
1 30	680	13	1015	71	—	—	1480	160	1320	132	1070	80
2 30	690	15	1090	84	1100	87	1455	155	1275	124	—	—
4 0	750	22	1160	96	—	—	1440	153	1230	116	—	—
6 0	800	30	1300	122	—	—	1415	146	1080	102	—	—

TABELLE III.

1. Vor der Erwärmung		2. Nach 20 h. bei 200° C.		3. Nach 4 Tagen bei 200° C.	
H.	B.	H.	B.	H.	B.
1·36	4000	2·20	4000	2·06	4000
1·26	3650	1·97	3170	1·91	3500
1·06	2900	1·05	— 1900	1·47	1950
0·72	— 850	0·70	— 2620	1·02	— 1310
0·44	— 2320	0·28	— 3100	0·68	— 2480
0·26	— 2740	0·00	— 3400	0·28	— 3050
0·00	— 3130	— 0·28	— 3460	0·00	— 3310
— 0·26	— 3400	— 0·87	— 3700	— 0 28	3520
— 0·72	— 3700	— 1·23	— 3790	— 0·87	— 3740
— 1·05	— 3850	— 1·51	— 3880	— 1·45	— 3930

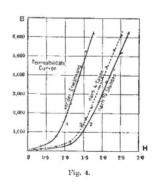

Fig. 4.

über die Versuchsdauer nicht hinausreicht. Der Hysteresisverlust wächst anfänglich rasch, wie die Curven 1—4 (Fig. 1) zeigen. Die Curven geben den percentuellen Zuwachs der Hysteresis bei verschieden langer Dauer der Erwärmung. Die absoluten Werthe der Hysteresis können aus Taf. I entnommen werden.

Bei Temperaturen über 135° C. wurde in verhältnismässig kurzer Zeit ein Maximalwerth der Hysteresis erlangt, von wo aus bei fortgesetzter Erwärmung jene abnahm. Der anfängliche Zuwachs ist bei höheren Temperaturen beträchtlich, so z. B. verdoppelt sich innerhalb weniger Stunden bei einer Temperatur von 160° C. die Hysteresis und erreicht das Dreifache des anfänglichen Werthes nach wenigen Tagen; die Curve 5 der Fig. 1 zeigt diesen Fall.

Nach sieben Tagen begann die Hysteresis bei dem Probestücke abzunehmen und nach 15 Tagen fiel sie auf das 2½fache des Anfangswerthes. Eine noch weit grössere Abnahme könnte bei höheren Temperaturen constatirt werden.

Es scheint, dass für eine Temperatur, die ungefähr bei 180° C. liegt, der maximale Hysteresisverlust am grössten ist. Bei höheren Temperaturen steigt er wohl anfänglich schneller an, erreicht aber niemals einen so hohen Werth und nimmt eher und dann ziemlich rasch ab, wobei er einem stationären Werthe zustrebt, der umso niedriger ist, je höher die Temperatur anstieg. Ein Beispiel hiefür zeigt Curve 7 in Fig. 1. In diesem Beispiele brauchte das Eisen nur eine Viertelstunde, um den maximalen Hysteresisverlust zu erreichen, der nur um 91% höher war als der anfängliche.

Fig. 2 gewährt einen genaueren Einblick in die Erscheinung. Die absoluten Werthe der durch Fig. 2 dargestellten Resultate sind in Tabelle II enthalten.

Um besser zu erkennen, von welcher Art der Einfluss ist, der eine länger dauernde Erwärmung auf die magnetischen Eigenschaften des Eisens ausübt, wurde nach der ballistischen Methode ein weicher Eisenring, der aus Stäbchen zusammengesetzt wurde, untersucht.

Er wurde zuerst ausgeglüht und dann auf 200° erwärmt; die Resultate sind aus Tabelle III, bezw. den Curven der Fig. 3 zu entnehmen.

Curve 1 zeigt den Anfangszustand, wobei der Hysteresiswerth 850 erg per Cycle und cm^3 ($B = 4000$) ist. Die Curve 2 zeigt den Zustand nach 19stündigem Kochen bei 200° C., wobei der Hysteresisverlust 1580 erg erreichte. Die Curve 3 stellt die Hysteresis nach weiterem viertägigem Kochen bei 200° C. dar, wobei die Abnahme des Hysteresisverlustes eine augenscheinliche ist. Die Permeabilitätscurven sind in Fig. 4 gezeichnet.

Um festzustellen, ob die geschilderte Erscheinung etwa einem Einflusse der Luft auf das Eisen zuzuschreiben ist, wurden auf Rath Prof. Ewing's die Versuche mit Eisenkernen wiederholt, die in einem evacuirten Behälter eingeschlossen waren; es wurde aber kein Unterschied gefunden. *Dr. L. K.*

Elektro-Agricultur.

Die „Bohemia" schreibt: „Aus Schweden kommt eine Nachricht, die geeignet ist, das Interesse der landwirthschaftlichen Kreise in Anspruch zu nehmen. Die Elektricität soll künftig nicht nur als Triebkraft bei der Bearbeitung des Bodens, sondern auch als Mittel zur Beförderung der Fruchtbarkeit und Ergiebigkeit

Anwendung finden. Eine schwedische landwirthschaftliche Zeitung bringt die Mittheilung, dass der Professor der Physik an der Universität in Helsingfors, Lemström, und der Professor an der Cornell-Universität in Nordamerika, L. H. Bailey, demnächst in Finnland eine Reihe von Versuchen mit der Anwendung der Elektricität zur Beförderung des Wachsthums und der Triebkraft landwirthschaftlicher Pflanzen unternehmen werden. Die beiden Gelehrten gehen dabei von der durch Experimente gewonnenen Ansicht aus, dass es nicht das elektrische Licht sei, welches einen günstigen Einfluss auf das Wachsthum der Pflanzen ausübt, sondern die Elektricität in der Luft, und dieser Auffassung entsprechend sollen die erwähnten Versuche durchgeführt werden. Der betreffende Acker soll mit Drähten zur Leitung der Elektricität in der Weise umgeben werden, dass diese von Punkt zu Punkt an der Leitung überspringt, damit die Luft mit Elektricität geladen werde.

Prof. Lemström wurde durch Beobachtungen über den Einfluss meteorologischer Erscheinungen auf die Vegetation im hohen Norden, insbesondere im finnischen Lappmarken und auf Spitzbergen, zu diesen Gegenstand veranlasst und seine Untersuchungen ergaben, dass die schnelle Entwicklung der Vegetation in den kurzen Sommern dieser Gegenden der Elektricität der Luft zu verdanken ist. Seine ersten Versuche im Laboratorium hatten einen so befriedigenden Erfolg, dass er sie später auf freiem Felde fortsetzte. Er fing mit einem kleinen Kornacker in Finnland an. Ein Theil desselben wurde mit feinen, auf Stäbchen in einer Höhe von 1 m angebrachten und mittelst Porzellanglocken isolirten Metalldrähten umgeben. In Abständen von je ½ m waren die Drähte mit Metallspitzen versehen, durch welche die Ausladung in die Luft erfolgte. Die Metalldrähte waren mit dem positiven Pole einer die Elektricität erzeugenden Holtz'schen Maschine verbunden. Man liess den Strom von der Mitte Juni bis 1. August in den Stunden von 6—10 Uhr Vormittags und von 5—9 Uhr Nachmittags auf den Acker einwirken. Das Korn war schon hervorgekommen, als man die Versuche begann. Der elektrisirte Theil des Ackers reifte um 35% früher als der andere, und seine Ernte war grösser und besser. Später hat Prof. Lemström mit Erfolg in Frankreich experimentirt. Er glaubt, dass die vermehrte Wachsthumsfähigkeit nicht eine directe Folge der Elektrisirung der Luft oder der Pflanze ist, sondern darauf beruht, dass die Elektricität irgend welche chemische Veränderung in der Atmosphäre bewirkt. Dies ist eben eines jener Probleme, das Prof. Lemström mit Prof. Bailey zusammen behandeln will. Wenn dasselbe gelöst werden könnte, so würde man weitaus besser verstehen, wie weit man mit dem künstlichen Process zum Pflanzentreiben gehen darf. In vereinzelten Fällen hat es sich nämlich erwiesen, dass die Elektrisirung bis zu einem gewissen Puncte erspriesslich, sodann aber nachtheilig wirkt. Wenn die jetzt zu unternehmenden Versuche diesbezüglich ein praktisches System ergeben, wäre ein grosser Schritt zur Erreichung des Zieles gethan.

Schau vor mehr als 100 Jahren sollen übrigens Experimente über die Einwirkung der Elektricität auf das Wachsthum der Pflanzen angestellt worden sein. In einem im Jahre 1788 in Stockholm erschienenen Buche wird nämlich erzählt, dass in Folge eines Berichtes der physikalischen und wirthschaftlichen Gesellschaft in Stuttgart ein Mann namens E. F. Nuneberg ähnliche Versuche mit Zwiebeln angestellt haben soll. Diese wurden in Kästen und Töpfen angestellt und der Beeinflussung der Sonne und der Luft gleichmässig unterzogen. Zu einer der Kisten wurde aber eine elektrische Leitung geführt und die in dieser Kiste angesetzten Pflanzen schlugen früher als die andern aus, ja eine erreichte sogar binnen 24 Stunden eine Höhe von 18 Linien. Die nicht elektrisirten Pflanzen kamen nicht nur später hervor, sondern erreichten niemals dieselbe beschleunigte Entwicklung. Im Laufe der ersten acht Tage wuchsen die elektrisirten Pflanzen 82½ Linien, die anderen nur 53½ Linien. Die Elektrisirung wuchs bis zum 14. November fortgesetzt. Die elektrisirten Pflanzen wuchsen dann langsamer, aber sie wurden üppiger als die übrigen. Im Winter wurden sie in ein kaltes Zimmer gestellt und erst im Februar fielen die Blätter ab. Die elektrisirten Pflanzen hatten keinen stärkeren Geruch als die anderen und an den Blättern entdeckte Nuneberg keine besonderen Eigenschaften. Im nördlichen Norwegen sollen im Jahre 1896 ähnliche Versuche bei Kartoffeln angestellt worden sein, indem ein elektrischer Strom durch die Erde zum Acker geleitet wurde. Auch in diesem Falle soll der Besitzer einen günstigen Einfluss der Elektricität auf die Kartoffelernte wahrgenommen haben."

Dr. Franz Peters hat in seinem jüngst erschienenen Buche[*] „Angewandte Elektrochemie" über die Verwendung der Elektricität in der Landwirthschaft ebenfalls Mittheilungen gemacht. Nach demselben soll das Elektrisiren der

*) A. Hartleben's Verlag, Wien. Elektrotechn. Bibliothek, Band L.

beste höhere Hanfstengel, grössere Kartoffel und früher reife Tomaten zur Folge haben. Die Saftdichte und der Zuckergehalt der Rüben soll sich erhöht und die Samen überhaupt schneller entwickelt haben, namentlich wenn die Erde mit sehr schwacher Essigsäure befeuchtet wurde.

Pariser Weltausstellung im Jahre 1900.

Mr. Delaunay-Belleville, Generaldirector der Weltausstellung, ist Samstag den 11. Juni zur Constituirung der jüngst durch Ministerial-Erlass neben dem General-Commissariat noch ernannten technischen Comité's, u. zw. des „Comité technique de l'eclectricité" und des „Comité technique des machines" geschritten.

Die Arbeiten dieser Comité's werden wohl Hand in Hand gehen, jedes derselben wird sich jedoch speciell auf die Organisation des ihn betreffenden elektrischen resp. maschinellen Dienstes beschäftigen und sind diese Comité's berufen, in dem Betriebe der Ausstellung eine sehr wichtige Rolle zu spielen.

Wir entnehmen hierüber dem „Temps" folgende Details über die constituirende Sitzung der beiden Comité's:

Comité technique de l'eclectricité. Dieses Comité hat zufolge des vorangeführten Ministerial-Erlasses als Präsidenten Mr. Mascart, Mitglied des „Institut", als Vice-Präsidenten Mr. Hippolyte Fontaine.

Mr. Delaunay-Belleville eröffnete die Sitzung, indem er den Mitgliedern die Grundzüge des Reglements in Erinnerung brachte.

Hierauf ertheilte der Präsident Mr. Mascart dem Ingenieur Mr. Picou das Wort.

Mr. Picou setzte das Comité auf Grund detaillirter Vorentwürfe über die allgemeine Organisation in Kenntnis. 20.000 e. PS werden für die Lieferung der nöthigen elektrischen Energie dienen, u. zw. für Beleuchtung 15.000 PS und für elektrische Kraftübertragung 5000 PS. Die elektrische Beleuchtung wird auf die verschiedenen Punkte der Ausstellung mit einer Maximalintensität von 30 Nk pro m² vertheilt sein. Alle elektrischen Generatoren werden in Betrieb sein; die Stromabgabe erfolgt nach einem Tarife, welchen von einem Comité bestimmt werden wird. Die Kessel zur Erzeugung des nothwendigen Dampfes werden pro Stunde 200 m³ Wasser verbrauchen.

Das Studium der Einrichtungen sowie das der Maschinen ist schon sehr vorgeschritten und man kann mit Sicherheit auf die Beschaffung der nothwendigen Dampf- und Dynamomaschinen rechnen. Das Comité hat zur Durchführung seiner Aufgaben drei Specialcommissionen ernannt u. zw. die erste für Aufstellung der Tarife (Mr. Mist, Secretär); die zweite für Zuleitung und Abgaben (Mr. Soubeyran, Secretär); die dritte für Verschiedenheit, Telegraphen, Telefon, Electrolyse etc. (Mr. Max de Nausonty, Secretär). Die Arbeiten dieser Commissionen werden sofort beginnen.

Comité technique des machines. Das technische Comité für Maschinen hat Mr. Linder als Präsidenten, Mr. E. Richemond als Vice-Präsidenten und ist dessen Constituirung analog jenem des Vorgenannten vor sich gegangen.

Mr. Bourdon, Chef-Ingenieur der maschinellen Installation, gab dem Comité auf Grund von Plänen die nöthigen Aufklärungen in Bezug auf das vorläufige Project.

Das Comité nahm hierauf die Ernennung von drei Special-Commissionen vor, u. zw. für Maschinen im engeren Sinne (Mr. A. de Duxe, Secretär); für Dampfmaschinen (Mr. Mange, Secretär) und für diverse Einrichtungen (Mr. Denis-Poulot Sohn, Secretär).
　　　　　—L.—

KLEINE MITTHEILUNGEN.
Verschiedenes.

Protest gegen eine Haltestelle einer elektrischen Strassenbahn. Ein Bahnmeister hatte die Concession zum Betriebe einer elektrischen Bahn von Graz nach Maria-Trost erlangt, welche Strecke er auch nach erzielter Einigung mit der Gemeinde Graz ausbaute. Ein Hausbesitzer, vor dessen Hause eine Haltestelle einer errichtet werden war, machte geltend, dass diese Haltestelle eine ständige Gefahr für alle Bewohner seines Hauses bilde und strengte zuerst gegen den Concessionär eine Besitzstörungsklage an, die in allen Instanzen abgewiesen wurde. Ausserdem brachte er aber auch wegen der bezeichneten Haltestelle einen Protest ein, dass wegen der ...dass er in Ansehung des Eigenthumsrechtes als Hausbesitzer behindert sei, daher vor Bewilligung der fraglichen Haltestelle das Enteignungsverfahren hätte eingeleitet werden sollen. Dieser Protest blieb unberücksichtigt, worauf der betreffende Hausbesitzer die Be-

schwerde an den Verwaltungs-gerichts-hof richtete, nachdem auch noch das Eisenbahnministerium zu seinen Ungunsten entschieden hatte. Der Verwaltungsgerichtshof erkannte auf Abweisung der Beschwerde mit der Begründung, dass durch die Bestimmung einer Haltestelle für eine elektrische Strassenbahn allerdings unter Umständen eine Situation geschaffen werden könne, die ein Enteignungsverfahren nothwendig macht, allein im gegebenen Falle erleide der Hausbesitzer nur eine stets momentane, vorübergehende Behinderung an seinem Eigenthumsrechte, wie durch andere die Strasse passirende Vehikel, nicht aber, was zu erweisen gewesen wäre, eine stetige, dauernde Behinderung.

Der deutsche Elektriker und Civilingenieur Hans Liebreich in Jersey City, dem ein Syndikat mit bedeutenden Mitteln zur Verfügung steht, hat einen Apparat erfunden, der das erfüllt, was Caselli mit seinem Pautelographen anstrebte, aber nie in einer Weise praktische Anwendung finden konnte. Liebreich's Erfindung besteht darin, dass er mittelst eines von ihm hergestellten elektrischen Apparates einen Brief in der Zeit von einer Minute in der Handschrift des Schreibers nach irgend einem Punkte absenden kann, der mit dem Apparat verbunden ist. Nicht nur die mit einer dazu bestimmten Tinte geschriebenen Briefe, sondern auch Zeichnungen können durch den elektrischen Draht nach irgend einem entfernten Punkte gesandt werden. Die Beförderung selbst des längsten Briefes in Facsimile soll nur eine Minute in Anspruch nehmen. Liebreich wird in einigen Wochen seinen Apparat zwischen New-York und San Francisco in Betrieb setzen.

Ausgeführte und projectirte Anlagen.
Oesterreich-Ungarn.
a) Oesterreich.

Olmütz. (Kraftstation für die Strombeschaffung in Olmütz.) Die von der Stadtgemeinde Olmütz vorgelegten Projectspläne der elektrischen Kraftstation für die Strombeschaffung der elektrischen Kleinbahn in Olmütz werden genehmigt und an die k. k. Statthalterei in Brünn zur Prüfung nach § 22 der Handelsministerial-Verordnung vom 25. Jänner 1879, R. G. Bl. 19, und der Ermächtigung übermittelt, bei anstandslosem Prüfungsergebnisse den Baunossen im Namen des k. k. Eisenbahnministeriums zu ertheilen (Vgl. H. 17, S. 208 ex 1898.).

Payerbach. (Schmalspurige Kleinbahn Payerbach—Reichenau nach Prein mit Abzweigung nach Hirschwang.) Das k. k. Eisenbahnministerium hat unterm 2. Juli die k. k. Statthalterei in Wien beauftragt, hinsichtlich des von der Repräsentanz der Vereinigten Elektricitäts-Actien-Gesellschaft in Wien vorgelegten Detailprojectes für eine schmalspurige Kleinbahn von der Südbahnstation Payerbach—Reichenau nach Prein mit der Abzweigung nach Hirschwang, worüber wir bereits berichteten, die politische Begehung im Zusammenhange mit der Enteignungsverhandlung vorzunehmen. Gleichzeitig wurde die k. k. Statthalterei ermächtigt, für das ganze begangene Project, resp. für einzelne Theilstrecken desselben bei anstandslosem Commissionsergebnisse dem Baunossen im Namen des k. k. Eisenbahnministeriums mit dem Bemerken zu ertheilen, dass dieselbe bei nach Ertheilung der Concession in Kraft tritt.

Prag. (Elektrische Bahn vom Radetzkyplatz auf den Pohořelec.) Der Verwaltungsrath der städtischen elektrischen Bahnunternehmungen acceptirte das Project einer mir Patent geschützten combinirten Adhäsionsbahn des Ingenieurs Abt und wurde derselbe mit der Ausarbeitung der Detailpläne beauftragt. Dieses System ist combinirt mit Zahnrädern und hemmt keine Passage, so dass Wagen ohne Anstand darüber passiren können. Nach Vorlage der Detailpläne wird das ganze Elaborat den k. k. Eisenbahnministerium zur Bestätigung vorgelegt werden. Nach Herablangung der Bewilligung soll der Bau dieser Bahn sogleich in Angriff genommen werden.

St. Lorenzen unter Knittelfeld in Steiermark. In dem der Firma B. Fischel & Söhne Wien gehörigen Lohwerke zu St. Lorenzen wurde die elektrische Beleuchtung durch die Vereinigte Elektricitäts-A.-G. vorm. B. Egger & Co. eingeführt.

Teplitz. (Kleinbahn Teplitz—Dux—Ossegg. Theilstrecke Dux—Teplitz.) Das k. k. Eisenbahnministerium hat unterm 11. Juli die k. k. Statthalterei in Prag beauftragt, hinsichtlich des von Richard Baldauf in Sobrusan vorgelegten Detailprojectes der zweiten Theilstrecke Dux—Teplitz der elektrischen Kleinbahn Teplitz—Dux—Ossegg die Tracenrevision bezüglich der angeführten Strecke und bei an-

standslosem Ergebnisse dieser Verhandlung anschliessend an dieselbe die politische Begehung vorzunehmen. (Vergl. H. 15. S. 179
und H. 19, S. 233 ex 1898.)

b) Ungarn.

Budapest. (Projectirte Drahtseilbahn mit
elektrischem Betriebe auf die Höhe des „Gellér-
thegy" [Blocksberg] in Budapest.) Der Projectant der
Blocksberg-Drahtseilbahn, Architekt Franz Nowak, hat behufs
Erlangung der localbehördlichen Baubewilligung die Detailpläne
für den Hoch- und den Oberbau der Drahtseilbahn eingereicht.
Die Bahnlinie ist 200 m lang und hat eine Steigung von 670/00;
die obere Aufnahmsstation liegt 184 m höher als diejenige am
Fusse des Berges und wird als Betriebsmotor mit bereits erfolgter
Genehmigung des kgl. ungar. Handelsministers entweder die
hydraulische oder die elektrische Kraft in Anwendung gebracht
werden, in welch' letzterem Falle als Betriebskraft für die den
Strom erzeugenden Dynamomaschinen, bei Anwendung sogenannter
„unterschlächtiger" Turbinen, die Wasserkraft der der unteren
Endstation der Bahn ganz nahe liegenden Donau nutzbar gemacht
werden soll. Die effectiven Bau- und Installationskosten sind insgesammt mit rund 600.000 fl. bemessen. Die doppelgeleisige Linie
wird mit einer Spurweite von 1 m hergestellt werden.

Deutschland.

Berlin. Die Absicht der Verkehrs-Deputation,
Strassenbahn-Unternehmungen in städtische Regie zu nehmen,
scheint ihrer Verwirklichung entgegenzugehen. Nachdem Stadtbaurath Krause mit den Mitgliedern der Deputation die
Kaiser Franz Josefs-Untergrundbahn zu Buda-
pest besichtigt hat, ist jetzt auch Baurath Gottheiner zum
Studium dieser Musteranlage dorthin gereist. Den beiden
genannten Beamten der Berliner Bauverwaltung dürfte die Bauleitung der künftigen Unterpflaster-Bahn-Anlagen übertragen
werden. Das zunächst für städtische Versuchszwecke auserkorene
Unternehmen, die Zweiglinie der Hochbahn vom Unterpflaster-
Bahnhof „Potsdamer Platz" nach der Schlossbrücke, für welche
bereits ein Project der Siemens & Halske A.-G. fertig vorliegt, wird wohl mancherlei Schwierigkeiten bieten. Man wird
hier tief unter den Grundwasserstand gerathen und vermag bei
dem leidigen Bodenverhältnissen Berlins nicht vorauszusagen, in
welcher Weise die Fundirung der Tunnelbauten gelingen wird.
Baurath Krause ist indess Willens, einen Anfang zu machen,
und er wird dabei auch nicht stehen bleiben; es soll vielmehr
gleich ein ganzes Netz von unterirdischen Strassenbahnen auf
Kosten der Stadt angelegt werden. Ausser der genannten Strecke
ist nämlich eine Ringlinie geplant, welche die einzelnen Bahnhöfe
Berlins mit einander verbinden, ferner zwei Linien, welche die
Stadt von NW. nach SW. bezw. von NO. nach SO. durchqueren,
dergestalt, dass beide mittelst einer südlichen Verbindungslinie
auch zusammenhängend betrieben werden können, sowie endlich
eine West-Ost-Linie, welche durch einen Theil des Thiergartens
und im Zuge der Linden und Kaiser Wilhelmstrasse nach dem
fernen Osten (Central-Viehhof oder noch weiter bis zur Stralau-
Rummelsburg) gehen soll. Ob diese letztere Linie genehmigt
werden wird, erscheint zweifelhaft, weil durch dieselbe ein
Theil der Sieges-Allee, die „Linden" und der Lustgarten
unterminirt sein würden, was, wie man sagt, der Kaiser nicht
unter erschwerenden Bedingungen gestattet werde. Eine wichtige
Vorfrage für die Verwirklichung eines städtischen Verkehrs-
Unternehmens bildet ferner die voraussichtliche Rentabilität des
Bahnbetriebes. Der letztere bisher nur lückenhafte Unterlagen gegeben sind, so liegt diesbezüglich nur das statistische Material
der Londoner und der Budapester Untergrundbahn-Gesellschaften
vor. Die Bau-Ausführung wird sich hier jedenfalls erheblich
theurer stellen, als in London und Pest; man schätzt hier die
Kosten eines Kilometers Unterpflasterbahn weit über zwei Millionen Mark. Danach würde das eingangs erwähnte Krause
geplante Strassenbahn-Netz, welches gegen 40 km umfassen dürfte,
einen Kostenaufwand von rund 80 Millionen Mark erfordern. Dass
man angesichts einer so beträchtlichen Summe mit der denkbar
grössten Vorsicht zu Werke geht, ist nur zu billigen. Endlich
hat sich denn zum Studium der Bau- und Betriebsverhältnisse
der Untergrundbahn der Baurath Gottheiner nach Pest begeben; die Thatsache, dass ihn der Regierungs-Baumeister Lorch
von der Firma Siemens & Halske begleitet, scheint darauf
hinzudeuten, dass man städtischerseits die Absicht hat, dieser im
Bau von Untergrundbahnen erfahrenen Firma die Berliner Bahnbauten ausführen zu lassen.

Eine Versuchsfahrt mit einem elektrischen
Omnibus veranstaltete die Allgemeine Omnibus-Gesellschaft

am 16. d. M. von ihrem Bahnhof an der Kurfürsten- und Froben-
strasse aus nach Halensee. Mitglieder des Aufsichtsrathes und
der Direction sowie Ingenieure der Union E.-G., die die elektrische Einrichtung geliefert hat, nahmen daran Theil. Die Wagen
sind ganz wie die neuen grossen Sommerwagen gebaut und werden durch Accumulatoren aus der Güleher Fabrik getrieben.
Sie enthalten 20 Sitz- und 6 Stehplätze.

(Die elektrische Beleuchtungs- und Kraftübertragungsanlage in der Velvetfabrik M. Men-
gers & Söhne.) Diese Fabrik setzt sich aus einer Anzahl
mehrstöckiger Gebäude mit verschiedenen kleinen Höfen zusammen, wobei auch in den oberen Stockwerken Maschinen, besonders
Bürstenmaschinen, Glättmaschinen etc. anzutreiben sind. Ursprünglich
erfolgte der gesammte Antrieb durch zwei ziemlich entfernt von
einander liegende Dampfmaschinen, von denen die kleinere eine
Leistung von 30 i. PS hatte, während die grössere 70 i, PS zu
leisten vermochte, wobei sie einen Dampfverbrauch von 45 kg
pro PS und Stunde aufwies. Von diesen beiden Dampfmaschinen
aus erhielt nun durch eine weitverzweigte Transmissionsanlage
das ganze ausgedehnte Fabriksgebiet seine Kraft. Durch die
genauere Untersuchung dieser alten Einrichtung wurde festgestellt,
dass eine elektrische Anlage aus zwei Gründen wesentliche technische und wirthschaftliche Vortheile erwarten liess. Einmal können
die beiden kleinen weit auseinander liegenden und höchst unökonomisch arbeitenden Dampfmaschinen durch eine dem derzeitigen Stande der Technik entsprechende einheitliche Dampf-
dynamostation ersetzt werden; während andererseits an Stelle
der langen mehrfach winkligen Haupttransmissionen die elektrischen Zuleitungen zu treten hatten, auf diese Weise abermals
eine erhebliche Verbesserung des Wirkungsgrades erzielend. Für
die gesammte Anlage wurde als Betriebsstrom der Drehstrom
gewählt. Die Primärstation besteht aus einer Drehstrom-Dynamo
O 2000 für 190 V, und einer Erreger-Gleichstrommaschine S 100
für 110 V. Angetrieben werden diese Maschinen durch eine Com-
pounddampfmaschine der Görlitzer Maschinenbau-
Gesellschaft und Eisengiesserei, welche bei 120 Umdrehungen in der Minute, 530 mm bezw. 800 mm Cylinderdurch-
messer und 800 mm Hub, eine Leistungsfähigkeit von 330 PS
besitzt. Der Antrieb selbst erfolgt durch 13 Seile von je 45 mm
Durchmesser. Die Dampfmaschine ist mit Cullmannsteuerung
versehen und arbeitet mit Condensation bei einer Dampfspannung
von 7 kg. Von der Dynamomaschine wird der Strom nach zwei
Schalttafeln für die Beleuchtungs- bezw. Kraftanlage geführt,
von welchen die einzelnen Hauptleitungen nach den Motoren abzweigen. Für die Motoren ist dabei fast ausnahmslos Gruppen-
betrieb vorgesehen, da fast alle Maschinen mit kleinen oder verhältnismässig nur geringen Arbeitspausen arbeiten. Der Antrieb
selbst erfolgt mit Ausnahme eines kleinen Ventilators DR, mittelst
Riemen. Ausser den genannten Motoren ist noch eine umfangreiche Beleuchtungsanlage von 26 Bogenlampen und 1200 Glühlampen vorhanden. Die Anlage ist von der Allgemeinen
Elektricitäts-Gesellschaft Berlin durchgeführt worden.

Der elektrische Betrieb auf der Strassenbahnlinie Gesundbrunnen—Molkenmarkt
Kreuzberg ist am 16. d. M. aufgenommen worden, nachdem
die ministerielle Abnahme der Linie am 15. d. M. stattgefunden
hat. Auf der neueröffneten Strecke verkehren nur grosse Wagen,
die für den gemischten Betrieb eingerichtet sind: Anhängewagen
werden vorläufig seitens der Polizei nicht zugelassen. Die zu den
stärkeren Verkehrszeiten eingelegten Wagen vom Gesundbrunnen
bis zum Hackeschen Markt werden vorläufig noch mit Pferdekraft betrieben. Von der Strassenbahnlinie Kreuzberg—Moritzplatz—Dennewitzstrasse fahren die Hälfte der Wagen bis zum
Gesundbrunnen. Als nächste Linien, die den elektrischen Betrieb
erhalten, werden die Ringbahn und die Linien Pappelallee—
Rixdorf und Grossgörschenstrasse—Schlesischer Thor bezeichnet,
die am 1. October zur Eröffnung kommen sollen. Die Vorarbeiten
für die Umwandlung dieser Linien sind theils bereits in Angriff genommen,
oder werden in den nächsten Tagen beginnen.

Kattowitz. Die von der Berliner Firma Kramer & Co.
erbaute elektrische Strassenbahn-Strecke Kattowitz—Hebe-
lohe-Laurahütte, welche den elektrischen Strom aus der
Centrale der Allgemeinen Elektricitäts-Gesellschaft in Chorzow
erhält, wurde nun fertiggestellt und am 19. Juli landespolizeilich
abgenommen. Es ist die erste Strecke, welche mit elektrischer
Kraft aus den Werken der Gesellschaft versorgt wird.

Geschäftliche und finanzielle Nachrichten.

Erste Brünner Maschinen-Fabriks-Gesellschaft. Am
28. Juni 1898 fand die XXVI. ordentliche Generalversammlung
dieser Gesellschaft statt. Wir entnehmen dem Rechenschaftsbe-

richte über das Betriebsjahr vom 1. April 1897 bis 31. März 1898 folgendes: Der Umsatz erreichte die Höhe von 1.848.988 fl. und übersteigt somit den des Vorjahres um 92.214 fl. Entsprechend diesem erhöhten Umsatze weist der Bilanz-Conto einen Reingewinn von 294.592 fl. beziehungsweise zuzüglich des vorjährigen Saldo-Vortrages einen verfügbaren Reingewinn von fl. 298.205 aus. Zur Ablieferung gelangten im verflossenen Geschäftsjahre 62 Dampfmaschinen mit zusammen 15.085 PS und 94 Dampfkessel mit zusammen 12.167 m² Heizfläche mit Betriebsspannungen bis 14 Atm. Ueberdruck. Sowohl der Absatz als auch die Absatzgebiete sind in stetiger Ausdehnung begriffen. Die Summen der aus dem Vorjahre in das neue Geschäftsjahr hinübergenommenen und in demselben neu eingelaufenen Bestellungen überschreitet bereits heute die Ziffer von 1,500.000 fl., wovon circa 400.000 fl. auf Export entfallen. Der Bilanz-Conto schliesst mit dem bereits genannten Reingewinn von 298.205 fl., und wird diesbezüglich beantragt: Von dem pro 1897/98 erzielten Reingewinn seien zunächst die 12.167 an Zinsen des Actien-Capitales zu bezahlen mit 63.000 fl. Von dem hiernach verbleibenden Betrage seien dem Reservefonds 25% zuzuweisen, dann je 10% Tantièmen dem Verwaltungsrathe und der Direction zu entrichten, zusammen 74.246 fl. Von dem sodann verbleibenden Rest zuzüglich des Gewinn-Saldos vom Vorjahre, zusammen 103.958 fl. werde den Actionären eine Superdividende von 7% mit 84.000 fl. hinauszahlen, ferner werde ein Betrag von 5.000 fl. anlässlich des 50-jährigen Regierungsjubiläums S. M. des Kaisers zu einer humanitären, unseren Arbeitern zugute kommenden Widmung, deren nähere Bestimmung dem Verwaltungsrathe überlassen bleibe, ausgeschieden, zusammen 89.000 fl. und der Rest per 14.958 fl. auf neue Rechnung des laufenden Geschäftsjahres vorgetragen.

Gesellschaft für elektrische Beleuchtung St. Petersburg.

In der am 12. d. M. stattgehabten Generalversammlung erstattete der Vorstand Bericht über die Lage der Gesellschaft sowie über den erfolgten Abschluss eines 40jährigen Vortrages mit der Petersburger Stadt-Verwaltung. Bei der alsdann vorzunehmenden Wahl eines Verwaltungsraths-Mitgliedes und dreier Candidaten wurden gewählt: in den Verwaltungsrath Staatsrath A d a d u r o w, Präsident der Rjäsan-Uralsk-Eisenbahn-Gesellschaft, und als Candidaten Präsident Bödiker, in Firma Siemens & Halske A.-G., Architekt Nagel, Mitglied der Petersburger Duma, sowie Herr Podmener. Schliesslich erfolgte nach Tagesordnung die Bestätigung eines Betriebsdirectors, sowie Feststellung einer neuen Instruction für die Betriebsdirection. Im Heft 22, S. 272 haben wir über diese Gesellschaft ausführlich berichtet.

Reichenberger Strassenbahn-Gesellschaft.

Beim Kreisgerichte Reichenberg wurde in das Register der Gesellschaftsfirmen eingetragen die Firma "Reichenberger Strassenbahn-Gesellschaft". Der Gegenstand des Unternehmens ist: a) die Erwerbung und der Betrieb der im § 1 bezeichneten fortiggestellten und im Betriebe befindlichen Kleinbahn; b) der Bau und Betrieb, sowie die Erwerbung und Pachtung anderer normal- oder schmalspurigen Eisenbahnen niederer Ordnung in Reichenberg und Umgebung, insbesondere von mit elektrischer Kraft oder mit anderen Motoren zu betreibenden Kleinbahnen, deren Concession von der Gesellschaft in der Folge erworben werden wird, sowie von Schleppbahnen zu einzelnen industriellen Etablissements, insoweit die Errichtung solcher Schleppbahnen von der k. k. Staatsverwaltung bewilligt wird; c) der Bau und Betrieb, sowie die Erwerbung von elektrischen Beleuchtungsanlagen und Kraftüber tragungen in Reichenberg und Umgebung; d) die Erwerbung und Herstellung, beziehungsweise der Betrieb von Villen-, Hôtel- und Restaurationsanlagen, insoweit dieselben in Ortschaften gelegen sind, welche die gesellschaftlichen Bahnlinien berühren und insoferne diese Unternehmungen zur Förderung in den Absätzen a) bis e) bezeichneten Zwecke der Gesellschaft geeignet sind; e) der Betrieb von Stell- und Lohnfuhrwerks-Unternehmungen in Reichenberg und Umgebung, insofern dieselben zur Förderung des Verkehres auf den gesellschaftlichen Bahnlinien dienen; f) der Betrieb des Speditions- und Frachtengeschäftes in Zusammenhange mit den auf den Linien der Gesellschaft in Aussicht genommenen Gütertransporten. Die Dauer der Gesellschaft ist unbeschränkt. Das Grundcapital beträgt 900.000 Kr. = 450.000 fl., zerlegt in 2250 auf den Ueberbringer lautende Actien à 400 Kr. = 200 fl. ö. W. Dermalen besteht der Verwaltungsrath aus den gewählten Herren: Oscar Petri, Director der Continentalgesellschaft für elektrische Unternehmungen in Nürnberg; Adolf Horzfeld, Director der Böhm. Union-Bank; Theodor Freiherr v. Liebieg, Grossindustrieller in Reichenberg; Paul Götz, königl. Regierungsbaumeister in Nürnberg; Peter Gierlich,

k. Bahninspector a. D. in Wien; Karl Mullmann, Bankdirector in Reichenberg und aus den von der Stadtgemeinde Reichenberg entsendeten Dr. Franz Bayer, Bürgermeister in Reichenberg, Ferdinand Felsenhauer, Stadtrath in Reichenberg, Adolf Schmidt, Stadtverordneter in Reichenberg.

Compagnie Electrique Anversoise.

In Antwerpen wurde auf Grund einer von der Stadt verliehenen Concession für die Versorgung mit elektrischem Licht eine Gesellschaft unter dem Namen "Compagnie Electrique Anversoise" errichtet. Zu den Gründern gehören die "Société générale pour favoriser l'industrie nationale" in Brüssel, der A. Schaaffhausensche Bankverein in Köln und die Continentale Gesellschaft für elektrische Unternehmungen in Nürnberg. Das Actiencapital beträgt 4,400.000 Francs.

Elektricitäts-Actiengesellschaft vormals Hermann Pöge in Chemnitz.

Die Gesellschaft ist, wie der Geschäftsbericht mittheilt, in der Lage, nach reichlichen Abschreibungen und Rücklagen eine Dividende von 8% vorzuschlagen. Durch erweiterte Hilfsmittel konnte das Etablissement seinen Betrieb rationeller gestalten und seinen Umsatz vergrössern. Eine Reihe grösserer Anlagen kam im vergangenen Jahre zur Abrechnung und in das neue Jahr gehen eine reichliche Anzahl neuer Aufträge über. Den Reinertrag von 91.427 Mk. schlägt der Vorstand folgendermassen zu vertheilen vor: dem Reservefonds 4477 Mk., Tantième für den Vorstand 3402 Mk., für den Aufsichtsrath 5101 Mk. und zwei ausserordentliche Reserven von zusammen 16.000 Mk. 60.000 Mk. entfallen auf die 8% Dividende, 2445 Mk. kommen auf neue Rechnung. Die Generalversammlung findet am 22. d. M. statt.

Vereinsnachrichten.

Chronik des Vereines.

3. Juni. — Sitzungen des Finanz- und Wirthschafts-, des Redactions-, Vortrags- und Excursions- und des Bibliotheks-Comité.

8. Juni. — Sitzung des Regulativ-Comité.

13., 20. und 27. Juni. — Sitzungen des Regulativ-Comité.

15. Juli. — Sitzung des Finanz- und Wirthschafts-Comité und Ausschuss-Sitzung.

Neue Mitglieder.

Auf Grund statutenmässiger Aufnahme traten dem Vereine die nachstehend Genannten als ordentliche Mitglieder bei:

Schiessl Josef, Elektrotechniker, Linz a. d. D.

Walter Johann. k. u. k. Hauptmann, Wien.

Huber Josef jun., Ingenieur, Chef der elektrischen Abtheilung der Maschinenfabrik Josef Huber & Co., Steyr.

Hirschwanger Accumulatoren-Fabriks-Gesellschaft Schöller & Co., Hirschwang, Niederösterreich.

Kramer, Sprinar, Hertlein. Bau- und Handelsunternehmung. Graz.

Oehmann Hieronim, Chef der Firma Oehmann, Wierzbicki & Co., Krosno.

Stein Theodor, elektrische Kraftvermiethungs-Anstalt, Prag.

Haas Friedrich, Ingenieur und Baumeister, Göding.

Tomicki Josef. Ingenieur und Betriebsleiter der elektrischen Bahn. Lemberg.

Schluss der Redaction: 19. Juli 1898.

Verantwortlicher Redacteur: Dr. J. Sahulka. — Selbstverlag des Elektrotechnischen Vereines.
Commissionsverlag bei Lehmann & Wentzel, Wien. — Alleinige Inseraten-Aufnahme bei Haasenstein & Vogler (Otto Maass), Wien und Prag.
Druck von R. Spies & Co., Wien.

Zeitschrift für Elektrotechnik.

Organ des Elektrotechnischen Vereines in Wien.

Heft 31. WIEN, 31. Juli 1898. XVI. Jahrgang.

Bemerkungen der Redaction: Ein Nachdruck aus dem redactionellen Theile der Zeitschrift ist nur unter der Quellenangabe „Z. f. E. Wien" und bei Originalartikeln überdies nur mit Genehmigung der Redaction gestattet.

Die Einsendung von Originalarbeiten ist erwünscht und werden dieselben nach dem in der Redactionsordnung festgesetzten Tarife honorirt. Die Anzahl der vom Autor event. gewünschten Separatabdrücke, welche zum Selbstkostenpreize berechnet werden, wolle stets am Manuscripte bekanntgegeben werden.

INHALT:

Erdrückleitung des Stromes für elektrische Bahnen.

Von H. F. Parshall.[*]

Bei nahezu allen elektrisch betriebenen Bahnsystemen gelangt der Strom nach dem Durchgange durch den Motor in die Schienen. Je nach der Leitungsfähigkeit des Geleises und jener des umgebenden Erdreiches wird der Strom zum Theil durch die Schienen, zum Theil durch die Erde zurückkehren. Auch die Nähe von Gas- und Wasserleitungsröhren, ihre relative Lage zum stromführenden Geleise, ferner die Grösse der Oberfläche, mit der die Schienen mit der leitenden Umgebung in Berührung sind, spielen dabei eine wichtige Rolle.

Um den Arbeitsverlust einzuschränken, muss man bestrebt sein, sowohl in die Hinleitung, wie auch in die Rückleitung möglichst wenig Widerstand zu legen. Man wird deshalb bedacht sein, die rückleitenden Schienen mit genügend grossem Querschnitt auszustatten, die Schienenverbindungen mit möglichst geringem Spannungsverlust herzustellen und nach Thunlichkeit das umgebende Erdmaterial zur Rückleitung heranziehen. Es müssen jedoch auch die elektrolytischen Wirkungen berücksichtigt werden, welche sich unausweichlich einstellen, wenn der Strom von einem metallischen Leiter — den Schienen — durch das vermittelnde Medium zu einem zweiten Leiter — Gas- und Wasserleitungsröhren — übersetzt.

Der Percentsatz des Stromes, welcher von den Schienen weg durch die Erde geht, variirt, wie es in der Natur der Sache liegt, innerhalb weiter Grenzen. Nach Versuchen, die vom Verfasser angestellt wurden, ergab sich, dass im Mittel ungefähr 33% der Gesammtstromes die Schienen verlassen unter der Annahme eines normal feuchten Bodens. Da man oft gezwungen ist, den Stromaustritt aus den Schienen auf ein praktisch erreichbares Minimum herabzudrücken, muss man in derartigen Fällen beim Verlegen der Geleise für eine entsprechende isolirende Construction Sorge tragen. Es wurde weiters durch Versuche festgestellt, dass in der Regel benachbarte Gas- und Wasserleitungsrohre vom Strome nicht durchsetzt werden, wenn nämlich deren Relativ-Lage zum Geleise keine wesentliche Aenderung des Gesammtleitungsvermögens bedingt.

[*] Auszug aus dem Artikel im „Journal of the Institution of Electrical-Engineers", Nr. 135.

Jedenfalls ist es aber unerlässlich, bei der Anlage einer Tramwaylinie z. B. sich über die Lage und den Verlauf der in der Nähe befindlichen Rohrstränge, Bleikabel u. s. w. Gewissheit zu verschaffen, um den zerstörenden elektrolytischen Wirkungen mit Erfolg entgegentreten zu können. Ein oft versuchtes und mit mehr oder minder gutem Erfolge angewendetes Mittel ist jenes, die Rohre mit den Schienen durch Verbindungskabel auf das gleiche Potential zu bringen. Dieses Mittel hat sich zum Schutze von Bleikabeln bewährt. Bei Gas- und Wasserleitungsröhren empfiehlt es sich nicht, weil die Röhren keinen continuirlichen metallischen Leiter bilden. Ein anderes, aber nicht ausführbares Mittel besteht darin, dass die gefährdeten Objecte gegen die stromführende Erde isolirt werden. Die bekannte Methode, den Strom so fliessen zu lassen, dass die zu schützenden Rohre zur Kathode werden, ist sehr empfehlenswerth, denn die elektrolytische Zerstörung kann nur an der Anode, d. h. an den Schienen selbst auftreten.

Wenn man über den jeweiligen Zustand der Anlage, über die Güte der Verbindungen zwischen den einzelnen Schienen im Laufenden bleiben will, ist es am zweckentsprechendsten, vor dem Verlegen des Geleises den Widerstand der Schienen, wie der Schienenverbindungen zu bestimmen. Sobald dann die Bahn beendigt ist, zeigt eine abermalige Messung des Widerstandes der ganzen Anlage die durch die Erdleitung vergrösserte Leitungsfähigkeit an. Es ist auch möglich, den in die Erde fliessenden Strom dadurch zu bestimmen, dass man einerseits den Strom in der Hinleitung misst, andererseits durch Einschaltung eines Amperemeters zwischen zwei Schienen den im Geleise fliessenden. Die Differenz der beiden Grössen ergibt die Intensität des in die Erde gehenden Stromes. Diese Versuche, von Zeit zu Zeit wiederholt, geben ein getreues Bild über den Zustand der Rückleitung, denn es ist einleuchtend, dass bei einer Verschlechterung der Schienenverbindungen der Widerstand des ganzen Stranges steigen muss und dass der Erdstrom in seinem Verhältnisse gegen den Schienenstrom früher zugenommen haben wird.

Bezüglich der chemischen Beschaffenheit des Schienenmaterials ist zu bemerken, dass mit zunehmendem Kohlenstoffgehalt auch der Widerstand grösser wird. Wenn man trotzdem allgemein kohlenstoffreichen Stahl vorzieht, so liegt die Ursache in dem Umstande, dass in diesem Falle die Widerstandsfähigkeit gegen äussere chemische Einflüsse viel bedeutender ist. Die Percentsätze von Kohlenstoff, Mangan u. s. w. im Stahl sind ziemlich ungleich in den verschiedenen Ländern. So enthalten z. B. die englischen Schienen, die vor einigen Jahren hergestellt wurden, percentuell folgende Bestandtheile:

Kohle	0·25 bis 0·35
Mangan	0·8 „ 1·0
Silicium	0·05
Phosphor	0·06
Schwefel	0·06.

Das jetzt in England zur Verwendung kommende Schienenmaterial zeigt folgende Zusammensetzung:

Kohle	0·4 bis 0·5
Mangan	0·95 „ 0·85
Silicium	0·10 „ 0·06
Phosphor	0·10 „ 0·08
Schwefel	0·08

Die amerikanischen Schienen besitzen einen grösseren Kohlenstoffgehalt:

Kohle	0·45 bis 0·55
Mangan	0·80 „ 1·00
Silicium	0·10 „ 0·15
Phosphor	0·06
Schwefel	0·06.

In Frankreich wurden Versuche mit noch höherem Kohlenstoffgehalt — bis zu 1°/₀ — angestellt.

Der Zusammenhang zwischen der chemischen Beschaffenheit und dem Leitungswiderstande ist aus nachstehender Tabelle zu entnehmen:[*)]

Kohle	Mangan	Silicium	Phosphor	Schwefel	Widerstand im Vergleich mit Kupfer von 20° C.	Widerstand von 1 engl. Meile mit 1 Quadrat-Zoll Querschnitt
0·378	0·550	0·181	0·040	0·041	10·8	0·468
0·446	0·568	0·188	0·046	0·044	11·1	0·482
0·536	0·592	0·201	0·051	0·059	11·3	0·490
0·568	0·608	0·204	0·053	0·061	11·4	0·495
0·588	0·632	0·214	0·056	0·065	11·5	0·499
0·610	0·650	0·220	0·062	0·071	12·9	0·560

Zahlreiche Messungen an gebrauchten, wie auch an neuen Schienen führten zu dem Ergebnisse, dass das Leitungsvermögen durch die Benützung im Laufe der Zeit etwas zunimmt. Im Durchschnitte haben die jetzt in Verwendung stehenden Schienen einen 10·5fach grösseren Widerstand als Kupfer von gleichem Querschnitte bei 20° C.

Es wurde bereits früher darauf hingewiesen, dass es von grosser Wichtigkeit ist, die Verbindungen zwischen den einzelnen Schienen mit möglichster Sorgfalt herzustellen. Diesbezüglich gibt es verschiedene Methoden. Diejenige, bei welcher die Schienenstösse elektrisch zusammengeschweisst werden, hat beim ersten Anscheine

viele Vortheile für sich, es ergaben sich aber mancherlei Uebelstände, welche zur Folge hatten, dass sich das erwähnte System nicht allgemein einbürgern konnte. Es machten sich z. B. die Einflüsse des Temperaturwechsels durch die Längenveränderung des verbundenen Stranges merklich fühlbar. Man fand ferner, dass durch den Schweissprocess die verbundenen Stellen sehr hart und spröde, die angrenzenden Theile der Schienen jedoch weich wurden, wodurch das Geleise seine Widerstandsfähigkeit gegen die im Betriebe unvermeidlichen Stösse verliert. Die Verbindungsstellen selbst sind stärker als die anderen Theile der elektrolytischen Zerstörung ausgesetzt, schliesslich steht der zur Ausführung des Processes erforderliche Strom nicht immer zur Verfügung. Es ist zweifelhaft, ob später alle diese Uebelstände überwunden werden können, aber es wäre wünschenswerth, denn die elektrisch geschweissten Verbindungen haben die Gewähr eines innigen Contactes für sich. Eine andere, der vorigen etwas ähnliche Methode besteht darin, dass um die zu verbindenden Enden geschmolzenes Metall gegossen wird. Sie ist bekannt unter der Bezeichnung „cast weld" oder „Falk joint". Das Gussmetall kommt in eine entsprechend geformte Schale, welche auch die beiden Schienenenden aufnimmt. In diesem Falle findet keine vollständige Schweissung statt, denn das flüssige Metall wird an den Berührungsstellen mit den Schienen sofort erstarren und ähnlich wie bei sogenannten Schalenguss eine harte, sehr widerstandsfähige Oberfläche erhalten, die sich mit einem geringfügigen Spielraume um die Schienenenden herumlegt. Dieser Spielraum bringt eine kleine Beweglichkeit mit sich, die für die Construction sehr vortheilhaft ist, ohne die Güte des Contactes wesentlich zu beeinträchtigen; er ist aber andererseits eine Fehlerquelle, da leicht Feuchtigkeit eintritt, zur Oxydation Anlass gibt und so die Leitungsfähigkeit vermindert. Dem Bedürfnisse nach flexiblen Verbindungen hat Edison durch die von ihm ersonnenen Plastic bonds Rechnung getragen. Die Plastic-bonds sind zwischen den Schienenenden und der Verbindungslasche eingeschaltet und bestehen aus einer Legirung von Quecksilber mit anderen gut leitenden Metallen. Die damit beobachteten Resultate sind sehr günstige, sowohl in Bezug auf Leitungsfähigkeit, wie auch in Bezug auf Dauerhaftigkeit.

Am häufigsten stehen die Kupferverbindungen in Gebrauch; sie haben sich auch für die gewöhnlichen Bedürfnisse vorzüglich bewährt. Der Contact wird durch Zusammenpressung der sich berührenden Flächen bewerkstelligt und die Erfahrung hat ergeben, dass man bei allerdings sehr sorgfältiger Arbeit bis zu einer Stromdichte von 100 A per Quadratzoll der Berührungsfläche gehen kann. Im Allgemeinen sind jedoch viel niedrigere Werthe zu empfehlen, bessere Resultate hat man mit einer Stromdichte von 25 A erhalten, in welchem Falle der Widerstand der Verbindung so klein wird, dass man ihn im Verhältnisse zu dem der Schiene vernachlässigen kann. Der Strom fliesst im Schienenstosse theils durch die Kupferverbindung, zum Theil durch die gewöhnlichen Verbindungslaschen, die auf diese Weise wesentlich zur Erhöhung der Gesammtleitungsfähigkeit beitragen. Im Nachstehenden sind die Ergebnisse einiger Versuche mitgetheilt, die an Kupferverbindungen vorgenommen wurden. Zur Untersuchung waren leider nur amerikanische Typen vorhanden, und zwar die unter den Bezeichnungen „Chicago Bond", „Crown Bond" und „Columbia Bond" häufig in Ge-

---

[*) 1 engl. Meile = 1609·3 m, 1 engl. Quadrat-Zoll = 6·45 cm².]

brauch stehenden Constructionen, ferner die flexible Crown-Verbindung.

Bezeichnung	Versuch	Widerstand per Verbindung (zwei Klemmen) Ohm	Widerstand von 176 Schienenstössen oder 1 Meile mit 30 Fuss-Schienen	Anmerkung
Chicago Bonds 7/8" Klemmen; 1·37 Quadratzoll Contact fläche	1	0·00000197	0·000347	Verbindung und Loch für dieselbe sorgfältig gereinigt
dtto.	2	0·00000215	0·000379	dtto.
dtto.	3	0·0000025	0·000440	Verbindung nicht gereinigt, Loch frisch ausgerieben, jedoch eingefettet.
dtto.	4	0·0000080	0·00141	Verbindung ohne Aufsicht angelegt
Crown Bonds 7/8" Klemmen; 1·2 Quadratzoll Contactfläche	5	0·0000108	0·00190	Verbindung ohne Aufsicht angelegt.
Crown flexible Bonds 7/8" Klemmen; 1·2 Quadratzoll Contactfläche	6	0·0000940	0·0165	Verbindung ohne Aufsicht angelegt; bei einer späteren Untersuchung zeigte sich das Loch rostig.
Columbia Bond 7/8" Klemmen; 1·37 Quadratzoll Contactfläche	7	0·0000072	0·00127	Loch gereinigt, Verbindung unberührt.
dtto.	8	0·0000095	0·00167	dtto.
dtto.	9	0·0000077	0·00136	Loch 4 Tage alt. Verbindung unberührt.

Der Widerstand der ganzen Verbindung setzt sich aus dem Widerstande des Kupferbondes und dem Contactwiderstande zusammen. Der letztere kann durch nachlässiges Anlegen der Verbindung einen sehr hohen Betrag erreichen. Bei Versuch Nr. 5 äusserte sich der Mangel an Sorgfalt dadurch, dass von dem Gesammtwiderstand von 0·0000108 Ω nur 0·0000080 Ω auf den thatsächlichen Leitungswiderstand entfielen, während die übrigen 0·0000028 Ω durch den Contact bedingt waren. Noch deutlicher zeigte sich dies bei Versuch Nr. 6, da von den totalen 0·0000094 Ω dem Contactwiderstande 0·0000518 Ω entsprachen. Es sei bei dieser Gelegenheit darauf hingewiesen, dass der Contactwiderstand durch Amalgamiren der sich berührenden Flächen bedeutend erniedrigt werden kann.

Ausser den oben besprochenen Verbindungen, den „Bonds", sind auch die gewöhnlichen Verbindungslaschen, wie sie bei jedem Eisenbahngeleise aus mechanischen Gründen vorkommen, stromführend. Die nächstfolgende Tabelle gibt über den Widerstand dieser Laschen Aufschluss. Die diesbezüglichen Versuche wurden zum Theil im Laboratorium, zum Theil an den im Betrieb stehenden Geleisen vorgenommen und för-

derten u. A. auch das Ergebnis zu Tage, dass in den meisten Fällen durch den Betrieb keine nennenswerthe Verschlechterung des Contactes auftritt. Manche der untersuchten Schienen waren schon sehr alt; dennoch zeigten die Verbindungslaschen an jenen Stellen, wo sie mit den Schienen verbunden waren, eine blanke Oberfläche, vermuthlich deshalb, weil zu Folge der vorhandenen Beweglichkeit die Contactflächen unter fortwährender Reibung sind.

Laboratoriums-Versuche.

Schiene und Art der Verbindung	Widerstand pro Schienenstoss Ohm	Widerstand von 176 Schienenstössen oder 1 Meile mit 30 Fuss-Schienen
83 Pfund-Schiene; *) 6 Versuche; Keine Kupferverbindungen; Laschen nicht gereinigt und nicht völlig dicht sitzend ..	0·0000095 bis 0·000081	0·0017 bis 0·0143
Mittelwerth	0·000039	0·0068
83 Pfund-Schiene mit einer Crown-Verbindung. Die Laschen festgezogen	0·0000024	0·00041

Versuche an Schienen, im Betrieb stehend.

Schiene und Art der Verbindung	Widerstand pro Schienenstoss Ohm	Widerstand von 176 Schienenstössen oder 1 Meile mit 30 Fuss-Schienen
76 Pfund-Schiene mit einer Chicago-Verbindung und mit Verbindungslaschen	0·0000307 bis 0·0000632	0·0054 bis 0·011
Mittelwerth	0·000043	0·0076
76 Pfund-Schiene wie oben, jedoch 2½ Jahre im Betrieb; 4 Versuche	0·0000275 bis 0·0000843	0·0048 bis 0·0148
Mittelwerth	0·000046	0·0081
Alte 65 Pfund-Schiene mit einer Chicago-Verbindung, Laschen nicht dicht . . .	0·000069	0·0121
Mit entfernten Laschen	0·000090	0·0158
Laschen wieder angebracht und festgeschraubt	0·0000473	0·0083
Neue 90 Pfund-Schiene	0·0000081	0·0143
Mit 2 Chicago-Verbindungen . .	0·0000040	0·0071
Mittelwerth	0·000006	0·0105

Zum Schlusse sei noch eine Zusammenstellung von Messungsergebnissen bezüglich der Edison'schen Plastic bonds angefügt.

---

*) D. h. 83 Pfund Gewicht für 1 Yard Länge.
1 Pfund = 0·4536 kg, 1 Yard = 0·9144 m.

Schiene u. Art der Verbindung*) *) Das plastische Material befindet sich in einem Korkbehälter, welcher zwischen Lasche und Schiene zusammengepresst wird, der Behälter hat ein 1½ Zoll Loch.	Widerstand pro Schienenstoss Ohm	Widerstand von 176 Schienenstössen oder 1 Meile mit 80 Fuss-Schienen
83 Pfund-Schiene; verbunden mit nur 1 Lasche; nicht festgezogen	0·0000213	0·00375
dtto.; verbunden mit beiden Laschen; etwas mehr festgezogen	0·0000126	0·00222
dtto.; verbunden mit beiden Laschen und normal festgezogen	0·0000117	0·00206
dtto.; verbunden mit beiden Laschen; sehr dicht sitzend .	0·0000083	0·00146

—nn—

Erdströme.

In der Erde circuliren Ströme, deren wahre Ursache uns unbekannt ist. Diese Erdströme in den Polargegenden zu messen, war eine der Aufgaben, die in den Jahren 1882—1883 und 1883—1884 die finnländische Polarexpedition unter Selim Lemström und Ernst Biese auszuführen hatte. Die Resultate der damals vorgenommenen Messungen liegen nunmehr in einer umfangreichen Publication vor. Von der Annahme ausgehend, dass das Nordlicht durch elektrische Ströme, die die Atmosphäre von oben nach unten durchfliessen, erzeugt wird, war zu erwarten, dass ein gewisser Parallelismus zwischen dieser Erscheinung und dem Erdstrome besteht, der dieser Auffassung gemäss der in die Erde aus der Atmosphäre eindringenden Elektricität sein Entstehen verdankt. Beobachtungen, die während der finnländischen Lappland-Expedition des Jahres 1871 gemacht wurden, liessen keine präcisen Schlüsse zu. Es war daher natürlich, dass die Polarexpedition nach Sodankyla zu eingehenden Untersuchungen über Erdströme und ihre Ursachen von Lemström und Biese benützt wurde. Sie begnügten sich während der Jahre 1882—1883 mit einem Studium über die Variation dieser Ströme und den Zusammenhang mit anderen Erscheinungen, insbesondere dem Erdmagnetismus, während der Jahre 1883—1884 führten sie die Beobachtungen weiter und suchten nicht nur die Variationen dieser Ströme, sondern auch deren Intensität in absoluten Werthen zu ermitteln.

Die Messungen fanden in Kultala 68° 30′ nördl. Breite und 26° 46′ 15″ östl. Länge von Greenwich und in Sodankyla 67° 27′ 28·8″ nördl. Breite, 26° 35′ 57″ östl. Länge von Greenwich statt und hatten zum Gegenstande, die Ermittlung der Potentialdifferenz zweier Platinelektroden, die entweder in der Richtung des magnetischen Meridians oder senkrecht hiezu in die Erde versenkt wurden.

Zur gleichen Zeit hat auch M. Wild in Pawlowsk die Erdströme studirt und ist fast zu denselben Resultaten gekommen, wie die eingangs erwähnten Herren. Wild berichtete: Der Erdstrom tritt bei kurzen Distanzen (1 km) nicht als Gleichstrom von wechselnder Intensität auf, sondern wechselt die Richtung; die Componente des Erdstroms in der Richtung Ost-West ist im Allgemeinen grösser, als die in der Richtung Nord-Süd. Während Wild keine täglichen Variationen des Erdstromes constatiren konnte, ergaben die Beobachtungen Lemström's deutlich zwei Maxima und Minima, die im Sommer um mehr von einander verschieden sind, wie im Winter.

Ob jedoch der Erdstrom die directe Ursache des Erdmagnetismus sei, kann nicht behauptet werden, wenn auch die grossen Variationen des Erdmagnetismus stets von solchen des Erdstromes begleitet sind; diese Variationen des Erdstromes finden stets vor den correspondirenden Variationen des Erdmagnetismus statt; letztere bleiben sonach zurück.

Lemström sucht diese Eigenthümlichkeit dadurch zu erklären, dass er annimmt, die Erde verhalte sich wie der Eisenkern einer von Strom durchflossenen Spule; die Wirkung auf die magnetischen Variations-Instrumente wäre sonach eine doppelte, nämlich eine directe Wirkung des elektrischen Stromes und eine indirecte, durch die Aenderung des magnetischen Momentes des Erdkernes hervorgerufene; die erstere ist viel kleiner, tritt aber gleichzeitig mit der Aenderung des Stromes ein; die letztere zeigt sich später, und zwar ist die Verzögerung bedingt durch die Zeit, die der Erdstrom zur Magnetisirung des Erdkernes braucht.

Es gibt jedoch auch Variationen des Erdstromes, die mit keiner des Erdmagnetismus coincidiren und umgekehrt, wie die Beobachtungen in Sodankyla zeigten. Was die magnetischen Variationen anlangt, die keinen Variationen des Erdstromes entsprechen, so kann ihre Ursache entweder in Erdströmen gelegen sein, die an anderen Orten der Erde auftreten, oder in Strömen in der Atmosphäre; diese Ströme haben ihre maximale Intensität an den Orten, wo das Nordlicht am häufigsten auftritt. Hiefür spricht die Thatsache, dass die magnetischen Störungen zu beiden Seiten des Nordlichtgürtels entgegengesetzt sind, wie Wijkander zuerst gezeigt hat.

		Abweichungen u. Osten		Abweichungen u. Westen	
		Max.	Min.	Max.	Min.
Südlich d. Nordlicht-zone	Kew	7—14h	20—22h	23h	6—16h
	Toronto . . .	8h	20—23h	22h	8—15h
	Philadelphia .	6h	20h	8h	8—14h
Nördlich der Nordlicht-zone	Port Kennedy	23—24h	5—20h	9—14h	20—4h
	Cap Barrow .	24h	7—17h	8h	16h
	Polhem . . .	19h	3—11h	6h	18—20h

Es ist auch wahrscheinlich, dass eine Maximalzone der Erdströme existirt, die aber südlich von der Nordlichtzone gelegen sein dürfte. *Dr. L. K.*

Elektrisch betriebenes Propeller-Boot.

Vor Kurzem fanden in den Canälen des Etablissements „Venedig in Wien" Probefahrten mit einem elektrischen Boot, Patent Miller-Bechtold, statt, welche Samstag den 11. v. M. zu Ende geführt wurden und ein ausserordentlich zufriedenstellendes Resultat ergaben. Anwesend bei den Probefahrten waren die Herren: Chef-Elektriker Ing. Seidener, Prof. Schlenk, Dir. Frisch, Ing. Braumer und Ober-Inspector Bechtold. Das Boot (Fig. 1), von der Schiffbauanstalt des Ingenieurs Miller in Pürschbach am See gebaut, hat einen Fassungsraum für 6 Personen und wird von einem Elektromotor der Oesterreichischen Schuckert-Werke bethätigt. Den hiezu nothwendigen Strom entnimmt der Motor einer Accumulatoren-Batterie von 16 Zellen der Firma Wüste u. Rupprecht in Baden und Wien. Die Accumulatoren sind für Tractionszwecke dicht verschlossen in Celluloid-Kasten eingebaut, von denen je 4 in einem Transportkasten untergebracht sind und sammt Kasten 25 kg wiegen. Ihre Capacität beträgt 70 Ampère-Stunden. Der geschlossene Motor (Kapsel-Type) ist für eine effective Leistung von ½ PS bei 32 V gebaut und mit Kohlenbürsten versehen. Seine verticale Achse ruht in Kugellagern und wird mittelst

Fig. 1.

Kegelräderübersetzung mit der zweiflügeligen Schiffsschraube verbunden. Auf der horizontalen Welle der Schraube ist das Steuer befestigt, welches durch Drehen des freigelegten Motors bethätigt wird. Zur Regulirung der Touren des Motors dient ein kleiner Controller der Oester. Schuckert-Werke, welcher die Gruppenschaltung der Accumulatoren besorgt. Besonders hervorzuheben ist die Construction des Elektromotors und die sinnreiche Verbindung desselben mit der Schraube und dem Steuer, sowie das relativ geringe Gewicht der Accumulatoren-Batterie.

A. B.

KLEINE MITTHEILUNGEN.

Verschiedenes.

Rangirversuche mit einem Elektromotorwagen. Vor einiger Zeit wurde auf dem Bahnhofe Königstein in Sachsen ein Rangirversuch mittelst eines von dem elektrotechnischen Bureau von Emil Klemm in Dresden gelieferten Elektromotorwagens unternommen. Der Wagen hat die Form einer geschlossenen Lowry und besitzt eine Accumulatorenbatterie, die durch einen Elektromotor die Räder des Wagens in Bewegung setzt. Bei den Versuche wurden 16 einzelne Verschiebungen mittelst des Motorwagens vorgenommen. Dabei zeigte sich der Motorwagen fähig, zwei bis drei vollbeladene Wagen in genügender Geschwindigkeit zu befördern, während Gruppen von sechs bis acht Wagen mit geringerer Geschwindigkeit zurückgedrückt und verzogen werden konnten. Die Fahrgeschwindigkeit beim eigentlichen Befördern kam ungefähr starkem Pferdeschritte, beim Fahren mit leeren Motorwagen kurzem Trabe gleich. Der Elektromotor arbeitete bei grösster Kraftanstrengung mit etwa 40 Ampères Stromstärke, die mittlere Leistung kann zu 3·4 PS, die grösste zu 6 PS angenommen werden. Von rein technischen Standpunkte aus betrachtet, ergab der Versuch, dass da, wo Pferde zum Rangiren verwendet werden, der elektrische Motorwagen brauchbarer ist als Pferde. In wirthschaftlicher Beziehung wurde festgestellt, dass da, wo elektrischer Strom zum Laden der Accumulatoren vorhanden ist, die Kosten des elektromotorischen Verschubdienstes noch etwas niedriger sind, als diejenigen des Rangirens mit Pferden. (Vergl. auch H. 6, S. 68, 1898.)

Telephonie.

Neue interurbane Telephonlinien. Von informirter Seite wird gemeldet, dass noch im Laufe dieses Jahres eine wesentliche Ausgestaltung unseres Telephonnetzes stattfinden wird. Die Aufnahme eines grossen Theiles des Investitionscredites in das

Budgetprovisorium macht es möglich, dass trotz der vorgeschrittenen Jahreszeit im laufenden Jahre noch folgende Staatstelephoninlagen zum Bau gelangen, und zwar: Telephonverbindungen zwischen Prag und Budweis, zwischen Saaz, Podersam und Rakonitz, sowie zwischen Dux und Bilin und zwischen Falkenau a. d. Eger und Graslitz. Durch diese Leitungen werden die Telephometze Beneschau, Tabor, Prossnitz, Podersam, Rakonitz, Bilin und Graslitz in den interurbanen Verkehr einbezogen. Ausserdem wird zwischen Brünn und Olmütz, St. Pölten und Amstetten je eine zweite Leitung hergestellt.

Zur weiteren **Verbesserung des Berliner Fernsprechwesens** beabsichtigt die deutsche Reichspostverwaltung — wie die „Berl. Börs.-Ztg." schreibt — die Apparate der Fernsprechtheilnehmer mit den aus Celluloid oder Metall herzustellenden, Nummern der Vermittlungsstellen versehen zu lassen, an welche die einzelnen Theilnehmer angeschlossen sind. Zunächst soll diese Einrichtung bei allen Neuanschlüssen erfolgen und dann nach und nach auf die sämmtlichen Apparate auch der bisherigen Theilnehmer ausgedehnt werden. Die Massnahme hängt zusammen mit der vor nicht langer Zeit für Berlin eingeführten Vereinfachung der Anschlussvermittelungen auf den Centralen, nach welcher die Theilnehmer, wenn sie Ferngespräche über andere Aemter wünschen, von der eigenen Vermittelungsstelle mit den Letzteren jetzt nur verbunden werden und diese dann selbst erst anrufen müssen, statt dass, wie früher, dies seitens der Telephonbeamten geschieht, und nach der im weiteren den Theilnehmern beim Anrufe des eigenen Amtes von diesem auch nicht mehr die Nummer desselben angeschlossen, sondern nur mit „Amt" geantwortet wird. Diese Vereinfachung des Vermittlungsdienstes bringt für das Publikum eine gewisse Unsicherheit in Bezug darauf mit sich, zu welchem Amte die einzelnen Fernsprechtheilnehmer gehören. Um diese Unsicherheit zu beheben, sollen nun die Apparate der Theilnehmer die obenerwähnten Nummern erhalten. Im Uebrigen jedoch hat sich die eingeführte Betriebsvereinfachung vollkommen bewährt und soll daher nun dauernd beibehalten werden.

In nächster Zeit wird **Berlin** mit **Stralsund** durch eine neue **Fernsprech-Doppelleitung** verbunden werden. Durch diese neue Fernsprechleitung wird die Fernsprechverbindung des ganzen nördlichen Theiles von Vorpommern und der Insel Rügen mit sämmtlichen zum Sprechverkehre zugelassenen Orten erheblich verbessert. Die Sprechgebühr bleibt unverändert. Die Herstellungsarbeiten sind bereits in vollem Gange.

Hinsichtlich des **Schutzes der Berliner Stadt-Fernsprechleitungen**, Nebentelegraphen und besonderer Telegraphenleitungen gegen die Einwirkung bereits vorhandener Starkstromanlagen hat jetzt das deutsche Reichspostamt bestimmt, dass der Zuschlag zu der üblichen Jahresgebühr für die besondere Kostenanwendung, welche die Sicherung neuer Fernsprechleitungen etc. gegen Starkstromanlagen erfordert, statt, wie bisher, vom Reichspostamt, in Zukunft selbstständig von den Ober-Postdirectionen festgesetzt werden soll. Demgemäss hat das Reichspostamt für die Berechnung der Zuschläge sowie die sonstige Handhabung der den Ober-Postdirectionen ertheilten diesbezüglichen Befugnis gleichzeitig bestimmte Grundsätze aufgestellt, aus denen Folgendes hervorzuheben ist: Der Zuschlag beträgt 10% der aufzuwendenden Selbstkosten, einschliesslich der bestimmungsmässigen Generalkosten, mindestens jedoch 5 Mk. jährlich. Beträge über 5 Mk. sind nach oben auf den nächsten, durch fünf theilbaren Markbetrag (10, 15, 20 Mk. u. s. w.) abzurunden. Wird eine Schutzvorrichtung — Rückleitung, Schutznetz u. s. w. — gleichzeitig für mehrere Reichsleitungen hergestellt, so sind die Gesammtkosten durch die Zahl der Leitungen zu theilen und hiernach die Zuschläge für die einzelnen Betheiligten gemäss den vorbezeichneten Bestimmungen festzusetzen. Werden später noch andere Leitungen an dieselbe Rückleitung angeschlossen oder über dasselbe Schutznetz hinweggeführt, so sind Zuschläge nur dann zu erheben, wenn für den Schutz besonderer Kosten erwachsen. Ist der Unterschied zwischen diesen Beträgen und den Zuschlägen, welche von den anderen an die Schutzvorrichtung Betheiligten gezahlt werden, erheblich, oder liegen sonstige Umstände vor, welche eine für alle Betheiligten gleichmässige Bemessung der Zuschläge erwünscht erscheinen lassen, so ist die Entscheidung der Reichspostamtes einzuholen. Behörden u. s. w. ist eine Ermässigung der Zuschläge nicht zu gewähren. Bei Verlegungen von Leitungen sind Zuschläge dann nicht zu erheben, wenn die Abkommen über die Herstellung der Anlagen keinen Vorbehalt wegen Festsetzung höherer Jahresgebühren enthalten, oder wenn die Verlegungen ohne den Willen der Betheiligten lediglich im Interesse der Postverwaltung erfolgen. Anderweitige Unterbringung der Fernsprech-Vermittlungsanstalten, Verlegungen von

Dachstützpunkten u. s. w.) In allen übrigen Fällen ist den Anträgen auf Verlegung vorhandener oder Herstellung neuer Leitungen, für welche die Anbringung von Schutzmassregeln in Frage kommt, erst zu entsprechen, nachdem die Betheiligten sich zur Entrichtung der Zuschlagsgebühr bereit erklärt haben. Sind die Kosten der Schutzmassnahmen vom Unternehmer der Starkstromanlage zu tragen, so kommen Zuschläge zu den Jahresvergütungen der Fernsprechtheilnehmer etc. nicht zur Erhebung.

Arbeitszeit in verschiedenen Ländern. Eine interessante Zusammenstellung der Arbeitszeit erwachsener männlicher Arbeiter in den verschiedensten Ländern der Erde veröffentlicht das Schweizer Arbeitersecretariat. Die kürzeste Arbeitszeit finden wir in den Vereinigten Staaten von Amerika und in Australien. Die Regierung der Union hat überall den Achtstundentag eingeführt für ihre Arbeiten. Aber auch anderweitige öffentliche Arbeiten werden unter diesem System ausgeführt, desgleichen haben viele Privatbetriebe denselben übernommen. Im Staate Connecticut gelten acht Stunden Arbeit als ein Tagewerk vor dem Gesetz, was darüber hinausgeht, gilt als Ueberstunde. In der Industrie gilt der elfstündige Arbeitstag als Maximum, haus- und landwirthschaftliche Arbeiter dürfen allein länger beschäftigt werden. Für Bäckereien ist der Zehnstundentag gesetzlich eingeführt, ebenso für den Eisenbahndienst. In Australien gibt es keine gesetzlichen Bestimmungen über die Arbeitszeit; sie sind dort eben schon überflüssig; denn der Branch steht fest, dass mit Ausnahme der Strassenarbeiter, die 10 Stunden arbeiten, Niemand länger als 9 Stunden täglich beschäftigt wird. Der Achtstundentag gilt in 65% aller Betriebe als Regel. Bemerkenswerth ist die Beschränkung der Arbeitszeit auf die Hälfte, welche des Samstags in vielen Arbeitszweigen geübt wird. In Ostindien herrscht in den Fabriken gesetzlich die elfstündige Arbeitszeit mit ½, beziehungsweise ¼stündiger Pause für Männer und Frauen. In Deutschland gelten nur vereinzelte Beschränkungen, namentlich solche aus hygienischen Rücksichten. So ist für Quecksilberspiegelbelegen nur eine sechs- bis achtstündige Arbeitszeit gestattet, in Bleifabriken eine zwölfstündige, eine gleichlange in Bäckereien, eine achtstündige in Accumulatorenfabriken. Im Bergbau herrscht zumeist zwölfstündige Arbeitszeit mit Einschluss der Ein- und Ausfahrt. In England wird in Staats- und Gemeindebetrieben allmälig überall der Achtstundentag eingeführt. Fabriksbedienstete haben das Recht, sich über zu lange Beschäftigung zu beschweren. Für Schiffsheizer ist nur eine Maximalleistung von 3 t Verfeuerung zulässig. In Belgien ist nur die Frauen- und Kinderarbeit zeitlich geregelt, in Frankreich die der Bahnangestellten (10 Stunden), in Oesterreich ist die elfstündige Arbeitsdauer für Fabriksbetriebe festgesetzt, in Russland 11½stündige, in der Schweiz bestimmt das Fabriksgesetz 11 Stunden als Maximum, meist wird jedoch nur 10 Stunden gearbeitet.

Ausgeführte und projectirte Anlagen.

Oesterreich-Ungarn.

a) Oesterreich.

Bozen. (Elektrische Kleinbahn.) Das k. k. Eisenbahnministerium hat die der Firma Siemens & Halske in Wien mit dem Erlasse vom 22. Jänner 1898 auf die Dauer eines Jahres ertheilte Bewilligung zur Vornahme technischer Vorarbeiten für eine mit elektrischer Kraft zu betreibende Kleinbahn vom Bahnhof in Bozen durch die Stadt nach Gries auf die Fortsetzungsstrecke von Gries bis zur Station Sigmundskron der k. k. priv. Bozen-Meraner Bahn ausgedehnt.

Lana a./d. Etsch. (Elektrische Kleinbahn.) Das k. k. Eisenbahnministerium hat der Firma Siemens & Halske in Wien die Bewilligung zur Vornahme technischer Vorarbeiten für eine mit elektrischer Kraft zu betreibende Kleinbahn von der Station Lana-Burgstall der k. k. priv. Bozen-Meraner Bahn über Lana- oder Mitter-Lana nach Ober-Lana mit einer eventuellen Fortsetzung nach Tscherms im Sinne der bestehenden Normen auf die Dauer eines Jahres ertheilt.

Prag. (Elektrische Bahn.) Dem Prager Stadtrathe wurde ein Erlass des Eisenbahnministeriums intimirt, womach die Statthalterei ermächtigt wurde, bezüglich des Baues der elektrischen Bahn vom Josephsplatze in den Baumgarten die Begehungscommission anzuordnen und, falls sich keine Anstände ergeben, den Bauconsens zu ertheilen. Für die elektrischen Unternehmungen der Stadt Prag, deren Agenda bisher nur von einem technischen Bureau besorgt wurde, hat der Prager Stadtrath ein eigenes Referat errichtet, mit dessen Leitung der Magistratsconcipist Herr Vodička betraut wurde.

Saaz. (Elektrische Kleinbahn.) Das k. k. Eisenbahnministerium hat die dem Heinrich Bermann in Brüx im Vereine mit Johann Salomon, Anton Hanzlik, Carl Melzer in Saaz und Anton Eziba in Brüx mit dem Erlasse vom 31. März 1898 ertheilte Bewilligung zur Vornahme technischer Vorarbeiten für eine mit elektrischer Kraft zu betreibende Kleinbahn in Saaz auf die Verbindungsstrecke der Bahnhöfe der a. priv. Buschtěhrader Eisenbahn und der k. k. Staatsbahnen durch die Flur bezw. Vorstadt Mlinarschen bis zur Karlsbadergasse mit Ueberbrückung des Egerflusses, sowie des Mühlgrabens ausgedehnt.

b) Ungarn.

Budapest. (Eröffnung einer Linie der Budapester Strasseneisenbahn-Gesellschaft in Buda (Ofen). Am 1. Juni wurde die elektrisch betriebene Linie Carlskaserne—Franz-Josef-(Zollamts-)Brücke—Süd-Bahnhof—Alt-Ofen—Zahnradbahn der Budapester Strassenbahn-Gesellschaft dem Verkehre übergeben. Durch diese die Bezirke I, II und III (rechtes Donauufer) im Bogen umspannende Linie erhielt der Christinenstädter Südbahnhof eine zweifache Verbindung mit den Budapester donaulinksuferseitigen Bezirken, und zwar nebst der Verbindung mit den nördlichen Bezirken via Margarethenbrücke—Carlskaserne, nunmehr auch mit den südlichen Bezirken via Franz-Josefsbrücke- Carlskaserne, woselbst sich beide Linien vereinigen.

(Politisch-administrative Begehung der projectirten Budapester Untergrundbahn „Metropolitan".) Am 30. Juni fand in Budapest unter Führung des Sectionsrathes Dr. Josef Stettina des kgl. ungarischen Handelsministeriums die politisch-administrative Begehung der projectirten Budapester Untergrundbahn „Metropolitan" statt. Der Commissionsleiter demonstrirte die Pläne des Projects-Elaborates, welchem zufolge sich die Bahn von der Lehelgasse aus durch die Csáky- und die Honvédgasse, über den Grund des Neugebäudes, durch die Götter-, Wiener- und die Kronprinzgasse, über den Schlangenplatz, am Universitätsplatz, durch die Kecskemétergasse, über den Calvinplatz bis zur Soroksárergasse zieht. Von der Lehelgasse bis zur Csákygasse liegen die Geleise im Niveau der Strasse, von dort weiter in einem Tunnel unter dem Strassenpflaster. Als Triebkraft ist Elektricität projectirt. Bis zum Schlangenplatze ist ein Doppelgeleise, weiterhin ein einfaches Geleise angeordnet. Bezüglich der Trace lagen ausserdem noch zwei Varianten vor. Nach der ersten, dem ursprünglichen Projecte, hätte die Linie von der Güttergasse bis zum Franz-Josef-Quai und von da durch die Maria Valerie-Gasse bis zum Schwurplatze und weiterhin über die Verlängerung der Kossuth Lajos-Gasse auf den Schlangenplatz zu führen, von wo dann die oben beschriebene Richtung weiter verfolgt würde. Die zweite Variante besteht in der Fortsetzung der Linie vom Calvinplatze durch die Soroksárergasse bis zum Borárosplatze. Auf die Frage des Bauraths-vertreters Emerich Kupp: ob unter Einem auch die administrative Begehung der Variante „Borárosplatz" stattfinden solle, erwiderte Sectionsrath Stettina, dass dies nur in dem Falle geschehen könnte, wenn das Project im Uebrigen die Billigung der Stadtbehörde und des Baurathes, bezw. der Vertreter dieser Behörden fände. In der über die bezüglich der Führung der Linie durch die Maria Valerie-Gasse Schwierigkeiten obwalten sehen, könnte man der Linie bis zum Franz Josef-Platz begangen werden. Der Präsident befragte daher die Vertreter der Concessionsperwerber, ob sie mit der Begehung der Linie mit Ausnahme der Marie Valerie-Gasse zufrieden wären? Die Vertreter der Concessionäre erwiderten, dass sie sich angesichts der aufgetauchten Schwierigkeiten mit der vorläufigen Begehung der im zweiten Alternativplane bezeichneten Linie zufrieden geben, dass sich jedoch das Unternehmen vorbehalte, auch auf dem Abschnitt der Marie Valerie-Gasse zurückzukommen. Von allen Interpellationen wurde nur jene des Vertreters des Bauraths — Herstellung der Linien des gesammten Betriebsnetzes mit Doppelgeleise — einstimmig acceptirt. Bei der Feststellung der Stationen forderte die Commission die Unternehmung auf, die Frage, ob nicht in den engeren Gassen der Stationen in Häusern untergebracht werden könnten, studiren zu wollen. Die endgiltige Erledigung mehrere noch offener principieller Fragen, bezüglich welcher eine Einigung nicht erzielt werden konnte, wird bei Anlass einer neuerlichen Begehung erfolgen.

Orsova. (Eisenbahnproject.) Der kgl. ungar. Handelsminister hat der Budapester Eisenbahn-Unternehmungsfirma Nikolaus Gfrerer & Wilhelm Grossmann die Bewilligung zur Vornahme technischer Vorarbeiten für eine von der Station Orsova der Hauptlinie Budapest—Orsova—Vercziorova der kgl. Ungarischen Staatsbahnen ausgehende und nach Verzweigung mit Benützung entsprechender Strassenzüge im Bereiche der Stadt Orsova einerseits bis zur Karánsebeser, andererseits bis zur Buziáser Landstrasse führende schmalspurige Strasseneisenbahn mit elektrischem Betriebe auf die Dauer eines Jahres ertheilt.

Deutschland.

Berlin. Eine praktische Einrichtung ist seit Kurzem in einem Wagen der elektrischen Strassenbahn von Charlottenburg versuchsweise angebracht worden, nämlich eine Orientirungstafel, an welcher der Fahrgast jederzeit die nächstgelegene Haltestelle abzulesen vermag. Für Fremde ist diese Neueinrichtung von grosser Wichtigkeit, aber auch für Einheimische, die sich wegen herrschender Dunkelheit, frostbeschlagener Fenster etc. nicht zu orientiren vermögen. Es wäre zu wünschen, dass derartige Tafeln in allen Wagen, und zwar nicht allein der Strassenbahn, sondern auch der Stadt- und Ringbahn eingeführt würden. In den Vehikeln der künftigen Unterpflasterbahnen wird diese Einrichtung, wie bereits früher erwähnt, sicherlich nicht fehlen; als Vorbild dienen hier die gleichen Orientirungstafeln, welche die Untergrundbahnen-Gesellschaften von London und Liverpool schon längst eingeführt haben. Dort functionirt die Einrichtung allerdings automatisch, während der Charlottenburger Probe-Apparat von dem Wagenführer bedient werden muss. Die Umstellung der Schilder geschieht aber in einfacher Weise durch eine Zugvorrichtung, die unweit des Controllers, bezw. der Bremse angebracht ist.

Patentnachrichten.

Mitgetheilt vom Ingenieur Victor Monath.

WIEN, I, Jasomirgottstrasse Nr. 4.

Classe   Deutsche Patentanmeldungen.*)

12. A. 5557. Verfahren zur elektrolytischen Reduction aromatischer Nitroverbindungen zu Azo- und Hydrazoverbindungen. — Anilinöl-Fabrik A. Wülfing, Elberfeld. 3./1. 1898.

„ St. 5056. Verwendung von substantiell verschiedenen Elektroden bei elektrolytischen Processen. — Dr. Otto Strecker und Dr. Hans Strecker, Köln a./Rh. 25./6. 1897.

20. A. 5727. Gestelllagerung und Antriebsrad-Befestigung für Dynamomaschinen zur elektrischen Beleuchtung von Eisenbahnfahrzeugen. - American Railway Electric Light Comp., New-York. 29./11. 1897.

„ M. 15.185. Vorrichtung zur Festlegung eines durch Doppeldrahtzug bewegten Schlagbaumes in den Endlagen. — Müller u. May, Rauschwalde, Görlitz. 9./4. 1898.

21. K. 16.290. Galvanisches Element mit innerem Flüssigkeitsvorrath; Zus. z. Pat. 88.613. — Carl König, Berlin. 9./3. 1898.

„ St. 5113. Trommelschalter mit elektromagnetischer Funkenlöschung. — The Steel Motor Company, Johnstown, V. S. A. 9/8. 1897.

„ T. 5431. Einrichtung zur Erzeugung eines Mehrphasensystems aus einem Einphasensystem. — Friedrich Tischendörfer, Nürnberg. 28./5. 1897.

12. T. 5528. Darstellung von α-Mononitronaphtalin auf elektrolytischem Wege. - Dr. R. Tryller, Sondershausen. 9./3. 1897.

24. S. 10.421. Klinke für Vielfachschaltung. — Siemens & Halske, Actien-Gesellschaft, Berlin. 1./6. 1897.

75. Sch. 11.623. Verfahren zur Elektrolyse von Lösungen unter Anwendung von vermindertem Druck. — Ernst Schwartz, Berlin. 26./5. 1896.

6. H. 19.616. Verfahren zur Abdichtung von Filtrirelementen. — Berthold Herzog, Berlin. 8./12. 1897.

20. E. 5908. Selbstschmierender Schleifbügel für Stromabnehmer elektrischer Bahnen. — Elektricitäts-Actien-Gesellschaft vorm. Schuckert & Co., Nürnberg. 19./3. 1898.

21. A. 5627. Linienwähler. — Actien-Gesellschaft Mix & Genest, Berlin. 14./2. 1898.

„ C. 7141. Verfahren zum absatzweisen Vielfachtelegraphiren mit Morseapparaten. — Dr. Luigi Cerebotani, München, und Johann Friedr. Wallmann & Co., Berlin. 4./11. 1897.

„ H. 19.848. Verfahren zum Anlassen von Wechselstrommotoren. — Alexander Heyland, Frankfurt a./M. 27./1. 1898.

„ K. 16.406. Umschaltvorrichtung für Bogenlampen mit zwei Kohlenpaaren; Zus. z. Pat. 98.571. — Körting & Mathiesen, Leutzsch-Leipzig. 30./8. 1898.

*) Die Anmeldungen bleiben acht Wochen zur öffentlichen Einsichtnahme öffentlich aufgelegt. Nach § 24 des Patent-Gesetzes kann innerhalb dieser Zeit Einspruch gegen die Anmeldung wegen Mangel der Neuheit oder widerrechtlicher Entnahme erhoben werden. Das obige Bureau besorgt Abschriften der Anmeldungen und übernimmt die Vertretung in allen Einspruchs-Angelegenheiten.

Classe

21. S. 10.378. Selbstkassirende Fernsprecheinrichtung. — Siegfried Silberberg, New-York, V. S. A. 17./5. 1897.

„ S. 11.190. Anordnung zur Ermittelung der Fernspannung in Wechsel- und Drehstromanlagen. — Siemens & Halske, Actien-Gesellschaft, Berlin. 7./3. 1898.

51. P. 9742. Doppel-Relais für Orchestrions und ähnliche Musikwerke. — Joh. Daniel Philipps, Frankfurt a./M.-Bockenheim. 15./4. 1898.

75. S. 11.224. Elektrolyse von Chloralkalien mittelst Quecksilberkathode. — Solvay & Cie., Brüssel. 18./3. 1898.

20. C. 11.995. Vorrichtung zur Bedienung der Schaltwalze und des Bremswerks elektrischer Motorwagen. — A. Grossmann, New-Orleans. 6./12. 1897.

„ S. 11.151. Durch den Zug zu steuernde Eisenbahnsignalsicherung. — Siemens & Halske, Actien-Gesellschaft, Berlin. 24./2. 1898.

21. M. 14.815. Reflectorfassung für Glühlampen. — J. Mütz & Comp., Wien. 30./12. 1897.

26. C. 7039. Aufhängevorrichtung für Glühlichtlampen. — William Richard Clay und Ben Walmsley, Bolton, Lancashire. England. 11./9. 1897.

40. M. 14.443. Elektrischer Ofen mit Gühleiter. — Hudson Maxim, London, und William Henry Graham, Trowbridge. 6./9. 1897.

„ R. 11.347. Elektrischer Schmelzofen. — Isaiah Lewis Roberts, Niagara-Falls. 27./7. 1897.

42. Sch. 13.176. Polarisations-Beobachtungsröhre mit Luftbläschen-Absorbülber. — Franz Schmidt & Haensch, Berlin. 9./12. 1897.

48. H. 19.739. Elektroplattirapparat. — John Eborall Hartley und Herbert Edward Hartley, Birmingham. 26./1. 1898.

Classe   Deutsche Patentertheilungen.

4. 99.087. Einstellbarer Reflector für elektrische Glühlampen. — G. W. de Tunzelmann, London. 13./10. 1897.

20. 99.142. In jeder Bewegungsphase zurücklegbare Weiche mit elektrischem Betrieb; 2. Zus. z. Pat. 95.478. — Max Jüdel & Co., Braunschweig. 14./2. 1897.

21. 99.071. Fassung für elektrische Glühlampen. — R. J. Batt, Tottenham, Engl. 1./1. 1897.

„ 99.116. Knöpfbefestigung mehrtheiliger Lamellen von Stromwendern und dergl. — Ph. Richter und Dr. Th. Weil, Frankfurt a./M. 24./10. 1897.

„ 99.125. Verfahren zur Herstellung von Elektrodenplatten. — O. Siedentopf, Berlin. 18./1. 1898.

„ 99.143. Verfahren zum Anlassen einphasiger asynchroner Wechselstrommotoren. — R. Arno, Turin. 25./8. 1897.

„ 99.144. Selbstthätiger Stromregler mit zwei Fliehkraftreglern. — P. Vogel, Breslau. 8./9. 1897.

„ 99.145. Verbindungsgabel für Stabwickelungen. — Elektricitäts-Actien-Gesellschaft vorm. W. Lahmeyer & Co., Frankfurt a./M. 23./11. 1897.

„ 99.149. Thermoelektrische Batterie und Verfahren zur Herstellung ihrer ringförmigen Elemente. — E. Angrick, Berlin. 3./10. 1897.

„ 99.161. Klinke für Fernsprechvermittlungsämter. — Telephon-Apparate-Fabrik Fr. Welles, Berlin. 3./8. 1897.

„ 99.162. Einführungsschutzglocke mit Vorrichtung zum Festhalten des Anschlussdrahtes. — F. Walloch, Berlin. 3./12. 1897.

40. 99.128. Verfahren zur elektrolytischen Gewinnung von Phosphormetallen. — L. Dill, Frankfurt a./M. 29./10. 1897.

78. 99.152. Elektrischer Funkenzünder. — L. Walloch, Spandau. 24./2. 1898.

12. 99.235. Verfahren zur elektrolytischen Abscheidung von Essigsäure. — Graf H. Plater-Syberg, Paris. 29./12. 1897.

20. 99.169. Stromzuleitungseinrichtung für elektrische Bahnen mit Gruppen-Theilleiterbetrieb durch elektromagnetische Vertheiler. — A. Rast, Nürnberg. 14./2. 1897.

„ 99.170. Stromabnehmerbügel für elektrische Eisenbahnen mit Stromschluss-Walze oder Rolle. — Ph. Lentz, Berlin. 1./4. 1897.

„ 99.172. Schaltungssystem für elektrische Bahnen mit Relais- und Theilleiterbetrieb. — A. Rast, Nürnberg. 9./12. 1897.

21. 99.173. Einrichtung zur Erzielung von Strömen hoher Frequenz aus Gleichströmen durch Condensatorentladungen. — N. Tesla, New-York. 19./8. 1897.

40. 99.232. Geschlossener elektrischer Schmelzofen mit einseitiger Schüttung. — Dr. W. Rathenau, Bitterfeld. 14./7. 1897.

74. 99.200. Signalvorrichtung zum Anzeigen des Eintrittes von Wasser in Räume. — Frh. v. Beaulieu-Marconnay, Wehlheiden bei Kassel. 27./4. 1897.

Classe
83. 99.221. Elektrische Uhr mit selbstthätiger Ausschaltung des Betriebsstromes nach geleisteter Arbeit. — W. Whitehead, Manchester. 30./5. 1897.
86. 99.190. Elektrischer Kettenfadenwächter für mechanische Webstühle. — W. P. A. Werner, Itzehoe. 8./5. 1897.

Auszüge aus Patentschriften.

Eduard Becker in Berlin. — Elektricitätszähler mit fortlaufender Registrirung der Gleichgewichtsherstellung an einer elektrodynamischen Waage. — Classe 21, Nr. 97.267 vom 18. März 1897.

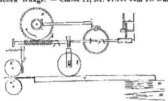

Fig. 1.

Das verschiebbare Laufgewicht *l* der Waage, welches unter dem Einflusse eines Wendegetriebes oder dergl. die Waage im Gleichgewicht zu halten sucht, steht fortwährend im Eingriffe mit einem der beiden Uhr- oder Laufwerke *a* 6, während andererseits die Waage die Uhr- oder Laufwerke (bei *a* 6? selbst beeinflusst (bremst). Es ist hierdurch jeder Theilpunkt vermieden und jede kleine Gleichgewichtsänderung unter Einfluss der Stromspulen w bewirkt zur Registrirung. (Fig. 1.)

Paul Englisch in Jena. — Rohrverbindung. — Classe 47, Nr. 97.370 vom 11. Juli 1897.

Durch Anpressung eines aufgeschnittenen, kegelförmigen Ringes *c* auf eine, von dem Rohrende fort verjüngte Kegelfläche *e* des Rohres *a* werden die beiden Rohre mittelst der Ueberwurfmutter *d* fest verbunden. Statt der einfachen Kegelfläche können auch zwei oder mehrere Flächen *e e'* mit entgegengesetzt gerichteten Verjüngungen angewendet werden. (Fig. 2.)

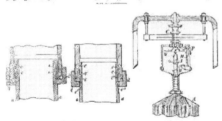

Fig. 2. Fig. 3.

Richard Illeke in Wien. — Motorzähler mit von einer besonderen Kraftquelle angetriebenem Collector. — Classe 21, Nr. 97.380 vom 12. October 1897.

Um den Gang des Zählers von der Bürstenreibung unabhängig zu machen, wird der Collector *C* sammt dem Zählwerk durch eine besondere Kraftquelle angetrieben. Hierbei ist der Gang dieser Theile in der Weise vom Gange des Ankers *A* abhängig gemacht, dass der Anker bei seiner Drehung eine Hemmvorrichtung *N M P U*, welche den Collector arretirt, zeitweise auslöst. (Fig. 3.)

Elektricitäts-Gesellschaft Gelnhausen m. b. H. in Gelnhausen. — Verfahren zur feinen Pulverisirung von Körpern: II. Zusatz zum Patente Nr. 70.348 vom 2. März 1892 und I. Zusatz Nr. 86.983. — Classe 49, Nr. 97.656 vom 21. Juli 1897.

Nach dem unter Nr. 70.348 patentirten Verfahren wird nicht allein Blei oder ein anderes Metall, sondern es werden auch Körper nicht metallischer Art auf gleiche Weise zerstäubt.

Leo Schüller in Nancy. — Gleichstrommaschine zur Speisung von Drei- und Mehrleiter-Netzen. — Classe 21, Nr. 97.631 vom 30. Juni 1897.

Der Anker der Maschine besitzt Weston-Wickelung, so dass die Funkenbildung an den Bürsten ausgeschlossen ist.

Geschäftliche und finanzielle Nachrichten.

Die Bahn-Bau- und Betriebs-Unternehmung Ritschl & Cie., Wien, theilt uns mit, dass sie den Titel ihrer handelsgerichtlich protokollirten Firma „Bauunternehmung Ritschl & Cie.“ als ihrer Thätigkeit besser entsprechend in „Bahn-Bau- und Betriebsunternehmung Ritschl & Cie.“ geändert hat und demgemäss handelsgerichtlich eintragen liess.

Budapester Vororte-Strasseneisenbahn-Actiengesellschaft Budapest—Ujpest—Rákos-Palota mit elektrischem Betriebe. Am 1. Juli fand in Budapest unter Vorsitz des Directionspräsidenten Reichstagsabgeordneten Johann Radocsa die diesjährige ordentliche Generalversammlung der Actionäre der Budapest—Ujpest—Rákos-Palotaer Linie mit elektrischem Betriebe der Budapester Vororte-Strasseneisenbahn-Actiengesellschaft statt. Nach Constatirung der Beschlussfähigkeit der Versammlung und Constituirung des Bureau gelangte der Bericht der Direction über deren Gestion im Betriebsjahre 1897 zur Verlesung. Diesem zufolge wurden im Jahre 1897 257.160 fl. vereinnahmt, denen Ausgaben im Betrage von 254.669 fl. gegenüberstehen, so dass ein Reingewinn von 2491 fl. resultirt, der auf neue Rechnung vorgetragen wird. Im Berichte der Direction wird ferner hervorgehoben, dass die Gesellschaft behufs Durchführung von Bauten und Vornahme von Investitionen 650.000 fl. benöthigt, zu deren Beschaffung die Direction beantragt, mit höchstens zu 5% verzinslichen Prioritätsobligationen im Betrage von 700.000 fl. zu emittiren, welcher Antrag zum Beschlusse erhoben wurde. Schliesslich wurden nach Ertheilung des Absolutoriums die nöthig gewordenen Modificationen der Statuten vorgenommen und die Mitglieder der Direction und des Aufsichtsrathes wiedergewählt.

United States Electrical Leather Process Company. Am 14. Juni l. J. hat sich zu Portland (Me.) die vorstehend genannte Gesellschaft organisirt zum Zwecke der Herstellung von Apparaten der elektrischen Gerbung. Das Capital der Gesellschaft soll 6 Millionen Mark betragen, von welchen 60% eingezahlt sind. Im Directorium befinden sich die Herren George D. Burton aus Boston und George Wallace ebendaselbst. Näheres ist bisher über die Gesellschaft und das Verfahren mit ihren neuen elektrischen Apparaten nicht bekannt.

Eastern Telegraph Company, Limited. In dem mit dem 31. März 1898 beendeten Halbjahre hat die Gesellschaft einen Betrag von 472.734 Pfd. St. vereinnahmt, wovon 18.402 Pfd. St. für Betriebsausgaben und 35.979 Pfd. St. für Reparaturen und Kabelerneuerungen abgehen. Nachdem 2306 Pfd. St. auf Kabelentwerthungs-Conto geschrieben und 6887 Pfd. St. an Einkommensteuer gezahlt sind, bleibt ein Saldo von 309.160 Pfd. St., der sich durch aus dem Vorjahre vorgetragene 41.904 Pfd. St. auf 351.064 Pfd. St. erhöht. Daraus sind bereits gezahlt: Zinsen, Interims-Dividende von 2 sh. 6 d. per Actie und ein Bonus von 27.344 Pfd. St. an die Beamten, so dass ein Gewinn-Saldo von 223.568 Pfd. St. bleibt, aus welchem dem Pensions-Reservefonds 10.000 Pfd. St. zugewiesen, 10.000 Pfd. St. auf Assecuranz-Reserve, 10.000 Pfd. St. auf Grundbesitz und 60.000 Pfd. St. auf Reserve-Conto geschrieben werden sind. Jetzt soll eine Schlussdividende von 2 sh. 6 d. und ein Bonus von 4 sh. per Actie für das mit dem 31. März 1898 beendete Jahr gezahlt werden, so dass die Actien sich mit 7% p. a. verzinsen. Auf neue Rechnung werden 3568 Pfd. St. vorgetragen. Um die erforderlichen Geldmittel für die Legung weiterer Kabel zu erlangen, sollen 500.000 Pfd. St. 3½%ige Prioritäten emittirt werden.

Berichtigung.

Im Hefte 26, pag. 313, rechte Spalte, Zeile 9 von unten, soll anstatt: „unter einander vertheilten Leitungsdrähten“ stehen: „unter einander verseilten (verdrillten) Leitungsdrähten“.

Schluss der Redaction: 26. Juli 1898.

Verantwortlicher Redacteur: Dr. J. Sahulka. — Selbstverlag des Elektrotechnischen Vereines.
Commissionsverlag bei Lehmann & Wentzel, Wien. — Alleinige Inseraten-Aufnahme bei Haasenstein & Vogler (Otto Maass), Wien und Prag.
Druck von R. Spies & Co., Wien.

Zeitschrift für Elektrotechnik.

Organ des Elektrotechnischen Vereines in Wien.

Heft 32. WIEN, 7. August 1898. XVI. Jahrgang.

Bemerkungen der Redaction: Ein Nachdruck aus dem redactionellen Theile der Zeitschrift ist nur unter der Quellenangabe „Z. f. E. Wien" und bei Originalartikeln überdies nur mit Genehmigung der Redaction gestattet.

Die Einsendung von Originalarbeiten ist erwünscht und werden dieselben nach dem in der Redactionsordnung festgesetzten Tarife honorirt. Die Anzahl der vom Autor event. gewünschten Separatabdrücke, welche zum Selbstkostenpreise berechnet werden, wolle stets am Manuscripte bekanntgegeben werden.

INHALT:

Rundschau.

In der „E. T. Z." ist im Hefte 21 Ewing's magnetische Wage für den Gebrauch in Werkstätten beschrieben, welche in einfacher Weise ermöglicht, Eisensorten in Bezug auf ihre Permeabilität zu untersuchen. Der Apparat besteht aus einem U-förmigen Elektromagneten mit verticalen Schenkeln, welcher durch Gleichstrom erregt wird; ein Pol ist V-förmig ausgeschnitten, der andere schwach convex abgerundet. Aus der zu untersuchenden Eisensorte ist ein Stab von 10·1 *cm* Länge, 6·32 *mm* Durchmesser zu verfertigen. Ein gleichgeformter Etalon-Eisenstab, dessen magnetische Eigenschaften bekannt sind, ist dem Apparate beigegeben. Wird ein Eisenstab auf die Pole des Magneten gelegt, so nimmt er eine solche Lage ein, dass die Berührung mit dem convex abgerundeten Pole stets in demselben Punkte stattfindet. Ein Waagbalken mit ungleichen Armen ist um eine Achse drehbar, welche sich über dem V-förmig ausgeschnittenen Pole befindet. Der kürzere Arm des Wagbalkens umfasst mit einem Bügel den Eisenstab nahe dem anderen Magnetpole. Der Wagbalken ist mit einer linearen Theilung und einem Laufgewichte versehen; das letztere wird so lange verschoben, bis der Eisenstab vom convexen Magnetpole abgerissen wird. Die Scala auf dem Wagbalken wird mit Benützung des Etalon-Eisenstabes gemacht, welcher auf den Magnet gelegt wird. Variirt man den Erregerstrom, so erhält man verschiedene Werthe der magnetisirenden Kraft *H* und der Induction *B*; das Laufgewicht muss entsprechend verschoben werden, damit der Stab abgerissen wird. Zu den einzelnen Lagen des Laufgewichtes wird die Kraftliniendichte *B* geschrieben, welche die Etalonstab hat; die zugehörigen Werthe *H* sind bekannt; die Stelle der Scala, welche dem *H* = 20 entspricht, wird besonders markirt. Soll nun zu anderer Zeit eine Eisensorte untersucht werden, so wird zunächst der Etalon-Eisenstab eingelegt, das Laufgewicht auf die markirte Stelle gelegt und der Erregerstrom so variirt, dass der Stab gerade abgerissen wird; es ist nun *H* = 20. Nun wird der Erregerstrom unverändert gelassen, der zu untersuchende Eisenstab aufgelegt und das Gewicht so verschoben, dass der Stab gerade abgerissen wird. Aus der Stellung des Gewichtes kann die Kraftliniendichte abgelesen werden. Es wird angenommen, dass diese wieder dem *H* = 20 entspricht,

was nicht strenge der Fall ist, weil sich der Werth des *H* je nach der Beschaffenheit des eingelegten Eisenstabes etwas ändert. Selbstverständlich muss vor der Messung der Erregerstrom mehrmals commutirt werden, um den Einfluss des remanenten Magnetismus zu vermeiden. Bei der beschriebenen Methode werden die Eisenstäbe nur bei Inductionen verglichen, welche dem Werthe *H* = 20 entsprechen; es kann aber aus dem Verhalten der Eisenstäbe bei dieser Induction ganz gut gefolgert werden, ob dieselben eine gute Permeabilität haben oder nicht.

Im Hefte 23 der „E. T. Z." ist eine Statistik des Fernsprechwesens in Deutschland nach dem Stande vom 1. October 1897 (für Bayern vom 1. Jänner 1897, für Württemberg vom 31. März 1897) veröffentlicht; im Rundschauartikel ist das Ergebnis der Statistik mit den entsprechenden Zahlen vom Jahre 1894 verglichen. Die für 1897 geltenden Zahlen sind folgende, welchen die pro 1894 in Klammern beigefügt sind. Ortsnetze 632 (461). Sprechstellen 164.681 (110.894), Anschlussleitungen 240.127 (154.435) *km*, Zahl der täglichen Ortsgespräche 1.440.657 (1.078.265), Verbindungsleitungen 90.512 (48.627), Zahl der täglichen Ferngespräche 191.884 (129.256). Die Zunahme der Ortsnetze ist im Jahre 1898 so bedeutend, dass sie mehr betragen wird, als in den drei Vorjahren zusammengenommen. Die Zahl der interurbanen Linien, welche schon vor drei Jahren das dichteste der grossen europäischen Netze bildeten, hat sich um 86 % vergrössert. Die Gesammtzahl der interurbanen Linien beträgt gegenwärtig in Deutschland circa 2100. In Bezug auf die Grösse des Netzes nimmt Berlin den ersten Rang ein mit 36.650 Sprechstellen, hierauf folgt Hamburg mit 13.561. Dresden mit 5714, München mit 5599, Leipzig mit 5289. Frankfurt a. M. mit 5053 Sprechstellen.

Im Hefte 24 der „E. T. Z." ist ein Vortrag von J. H. West über Einrichtungen für gemeinschaftliche Fernsprechleitungen mit getrenntem Anruf der einzelnen Theilnehmer abgedruckt. In dem neuen Systeme von J. H. West sind ebenso wie in einem früher vorgeschlagenen Systeme mehrere Theilnehmer mittelst einer gemeinschaftlichen Leitung an das Amt angeschlossen, es ist aber im Vergleich mit dem früheren Systeme die Einrichtung getroffen, dass jeder Theilnehmer sowohl vom Amte aus, als auch von jedem anderen Theilnehmer angerufen werden kann. Zum Schlusse des interessanten Artikels, auf welchen wir noch zurückkommen, ist noch die wirthschaftliche Bedeutung dieses Systemes auseinandergesetzt, indem auf Grund einer Rentabilitäts-Rechnung gezeigt wird, dass die Gebühren für die Theilnehmer wesentlich erniedrigt werden könnten; auch erörterte der Vortragende noch die Wichtigkeit der Anwendung von Gesprächszählern.

Im Hefte 25 ist ein Indicator für magnetische Drehfelder und Wechselstrom-Spannungen von Prof. H. Ebert und M. W. Huffmann beschrieben. Der Apparat beruht auf der ablenkenden Wirkung von magnetischen und elektrostatischen Feldern auf Kathodenstrahlen. Diese werden mit Benutzung eines Inductors oder einer Influenz-Maschine in einer Braun'schen Röhre erzeugt, welche vertical gestellt ist und sich im oberen Theile birnförmig erweitert; die Kathode ist unten, die Anode seitlich angebracht. Die Kathodenstrahlen gehen von der Kathode vertical nach aufwärts, gehen durch die Oeffnung in einem Diaphragma, welches nur ein schmales Lichtbündel durchlässt und treffen hierauf einen in den oberen birnförmigen Theil der Röhre eingesetzten Phosphorescenzschirm, welcher mit einem Systeme concentrischer Kreise und Radien versehen ist. Mit Hilfe eines kleinen, seitlich von der Röhre angebrachten, verschiebbaren Richtmagneten kann stets erzielen, dass das Kathodenstrahlen-Bündel auf das Centrum des Schirmes auffällt.

Wird die Röhre in den Bereich eines magnetischen Feldes gebracht, so wird der Strahl und daher auch das Lichtbild auf dem Schirme abgelenkt. Ist das Feld ein alternirendes, so erhält man eine Lichtlinie. Bringt man die Röhre in den Bereich eines magnetischen Drehfeldes, so beschreibt das Strahlenbündel, welches gleichsam einen Zeiger ohne Trägheit vorstellt, eine Kegelfläche und daher erhält man auf dem Schirme eine geschlossene helle Curve. Ist das Drehfeld vollkommen gleichförmig, so erhält man eine Kreislinie. Die Kathodenstrahlen werden nicht blos durch magnetische, sondern auch durch elektrostatische Felder abgelenkt. Bringt man den schmalen Theil der Röhre zwischen die Belegungen eines kleinen Condensators, so erfolgt eine Ablenkung der Kathodenstrahlen, wenn zwischen den Belegungen eine Spannungsdifferenz besteht. Im Falle der Spannungsdifferenz eine alternirende ist, beschreibt das Lichtbild wieder eine Linie. Lässt man gleichzeitig einen von einem Wechselstrom erregten Magneten und einen Condensator, welcher an eine alternirende Spannungsdifferenz angeschlossen ist, auf die Kathodenstrahlen einwirken, so sollte das Lichtbild gleichzeitig zwei Linien auf dem Schirme bilden. Besteht zwischen dem Strome und der Spannungsdifferenz kein Phasenunterschied, so ist das resultirende Lichtbild eine gerade Linie, sonst eine geschlossene Curve. Mit dem Apparate lassen sich daher auch Phasenverschiebungen messen.

Im Hefte 26 ist der am letzten Verbandstage deutscher Elektrotechniker von Dr. Weil gehaltene Vortrag über Regelungs-Elektromagneten bei Bogenlampen, im Hefte 27 der Vortrag über Installationen der A. E.-G. in Berlin für eine Gebrauchsspannung von 250 V. im Hefte 30 der Vortrag von Dr. Breslauer über eine neue Definition der Inductions-Gesetze enthalten; diese Vorträge wurden in unserer „Rundschau" im Hefte 25 besprochen. Im Hefte 29 sind die vom Verbande angenommenen Sicherheitsvorschriften für elektrische Starkstrom-Anlagen, im Hefte 30 die Sicherheitsvorschriften für Hochspannungs-Anlagen enthalten.

Im Hefte 27 befindet sich eine Statistik der Elektricitätswerke in Deutschland nach dem Stande vom 1. März 1898; die Resultate sind im „Rundschau"-Artikel zusammengefasst.

Wir entnehmen dem Berichte die folgenden Zahlen (die entsprechenden Zahlen pro 1897 sind in Klammern beigesetzt). Es gibt in Deutschland 303 (204) Werke für Gleichstrom mit einer Leistung von 69.966 (54.273) KW, 29 (26) Werke für Wechselstrom mit 14.706 (11.269) KW, 23 (16) Werke für Drehstrom mit 14.195 (7.685) KW, 15 (11) Werke für Drehstrom und Gleichstrom mit 11.537 (4.366) KW, 5 (3) Werke für Wechselstrom und Gleichstrom mit 1.134 (607) KW Leistung. Anlagen, welche nur einzelne Gebäude oder einen Block mit Strom versorgen, sind in dieser Statistik nicht aufgenommen.

In Amerika und in England ist in der elektrotechnischen Industrie das Bestreben jetzt dahin gerichtet, Normaltypen für elektrotechnische Starkstrom-Apparate, und ihre Bestandtheile einzuführen, und die Fabrikation und Reparaturen zu vereinfachen und wohlfeiler zu machen. Der vorläufige Bericht des vom American Institute of Electr. Eng. für die Standardisation der Apparate ist in dem „Transactions"-Heft Vol. XV. Nr. 5 abgedruckt. In denselben Hefte sind die Vorträge, welche während der letzten Jahresversammlung in Omaha gehalten wurden, und zwar von Ch. Steinmetz über die dielektrische Kraft der Luft, von Howell über Blitzschutzvorrichtungs-Systeme für 200—240 V, von Armstrong über rasche elektrische Zugsbeförderung, von Berg über Kraftübertragung und Vertheilung für elektrische Bahnen, von Abbott über Verwendung von Glühlampen anstatt der Rufklappen in Telephoncentralen und andere Vorträge abgedruckt. Wir kommen auf einige derselben noch zurück.

In mehreren Telephoncentralen hat man in Amerika nicht blos gemeinschaftliche Batterien anstatt der Einzelbatterien bei den Abonnenten eingeführt, man hat auch im Anrufsystem die Neuerung eingeführt, dass anstatt der Rufklappen kleine Glühlampen, welche so lange leuchten, als das Gespräch dauert, verwendet werden können. Vom Abonnenten wird durch Abnahme des Telephons eine Widerstandsänderung im Telephon-Stromkreise bewirkt und dadurch ein entsprechendes Rélais in der Centrale bethätigt, welches einen Local-Stromkreis für die Glühlampe schliesst. Die vielen Rélais in der Centrale sind allerdings ein Uebelstand, und sind daher die Versuche dahin gerichtet, Lampen für sehr kleine Stromstärken zu verwenden, welche direct in dem Stromkreise eingeschaltet sind.

Im Hefte 1, Bd. XXXII vom „Electrical World" befindet sich ein Artikel von Wurts über Blitzschutzvorrichtungen, in welchem er auch die mit Influenzmaschinen und Funkenstrecken gemachten Versuche beschreibt. Um zu entscheiden, welche Art der Schutzvorrichtung vortheilhafter sei, die mit kurzer Funkenstrecke und in Serie geschaltetem Ohm'schen Widerstande oder die eine längeren oder mehreren Funkenstrecken bestehende Vorrichtung, bei welcher kein Widerstand in die Endverbindung in Serie geschaltet ist, schaltete Wurts zu derartigen Schutzvorrichtungen ein Funkenmikrometer parallel und konnte daher entscheiden, welche Form für disruptive oder oscillatorische Entladungen, als welche man auch die Blitzentladung ansehen muss, geeignet ist. Es zeigte sich, dass ein Weg, bestehend aus einer kurzen Funken-strecke und in Serie geschaltetem Widerstande, viel un-günstiger ist, als z. B. ein Weg, in welchem drei gleich beschaffene Funkenstrecken, aber kein Widerstand ge-schaltet war. In beiden Fällen war ein Funkenmikro-meter parallel geschaltet, dessen Funkenstrecke so lange verkleinert wurde, bis die disruptive Entladung nur durch dieselbe und nicht durch die Blitzschutzvorrich-tung gieng; auf diese Weise ergab sich, dass die aus drei Funkenstrecken bestehende Vorrichtung dreimal günstiger sei. Die disruptiven Entladungen durchsetzen eben sehr leicht Funkenstrecken und finden, wenn der Funke einmal übergesprungen ist, fast keinen Wider-stand, während ein in die Leitung geschalteter Wider-stand ein grosses Hinderniss für den Durchgang dis-ruptiver Entladungen bildet. Wurts findet es auch mit Recht für widersinnig, wenn in Sicherheitsvor-schriften einerseits verlangt wird, dass die Erdleitung einer Blitzschutzvorrichtung sehr gut leitend sein müsse, wenn andererseits verlangt wird, dass zur Funkenstrecke ein Widerstand in Serie geschaltet wird. Wir können den Ausführungen von Wurts nur in vollem Maasse zustimmen.   S.

Eine neue erdmagnetische Aufnahme Oesterreich-Ungarns.[*)]

. Eine besondere Eigenthümlichkeit jener Grössen durch welche der erdmagnetische Zustand unseres Erd-balles definirt wird und welche wir kurz als erdmag-netische Elemente zu bezeichnen pflegen, ist bekanntlich die, dass dieselben im Laufe bedeutender Zeitabschnitte sehr beträchtliche Aenderungen zeigen. Sie unterscheiden sich dadurch scharf von anderen veränderlichen Zu-ständen unseres Planeten, welche, wie z. B. die meteo-rologischen, im Laufe grösserer Zeitabschnitte nur un-bedeutende Aenderungen aufweisen, dagegen sehr wesentliche Variationen im Laufe des Tages und des Jahres zeigen. Bei den erdmagnetischen Elementen treten im Gegentheile die tägliche und jährliche Periode und andere kurzdauernde Veränderungen ganz in den Hinter-grund gegenüber den grossen — man möchte sagen: die Haupterscheinung darstellenden — säculären Aenderungen. Wir sind über die Ursachen und den Charakter dieser Variationen so gut wie gar nicht unterrichtet und selbst über die Dauer der grossen Periode sind unsere Kenntnisse recht mangelhaft. Es ist daher ein Bedürfnis und vielfach, beispielsweise für den Berg-mann, von höchster praktischer Bedeutung, dass von Zeit zu Zeit eine Erforschung des jeweiligen magnetischen Zustandes der Erde vorgenommen werde. Nur so können wir kaften, allmälig die Ursachen der räthselhaften Erscheinung der säculären Variation auf die Spur zu kommen. In Oesterreich-Ungarn war die erste und auch letzte erdmagnetische Vermessung durch Karl Kreil

*) J. Liznar: Die Vertheilung der erdmagnetischen Kraft in Oesterreich-Ungarn zur Epoche 1890·0 nach den in den Jahren 1889—1894 ausgeführten Messungen. I. Theil: Erdmagnetische Messungen in Oesterreich. Denkschr. der Wiener Akademie. Math. Naturw. Cl. LXII (1895). 4°, 232 S. II. Theil: A. Die nor-male Vertheilung zur Epoche 1890·0. B. Die Störungen und die störenden Kräfte zur Epoche 1890·0. C. Die Secularänderung 1850·0. D. Die Störungen 1850·0. E. Säculäre Aenderung. F. Formel zur Berechnung der erdmagnetischen Elemente für eine beliebige Epoche. Denkschrift der Wiener Akademie, Mathem. Naturw., Cl. LXVII (1898). 4°, 96 S. Mit 8 Karten.

im Jahre 1850 erfolgt. Wie sich seit jener Zeit in nun bald 50 Jahren die Verhältnisse geändert haben, darüber war man natürlich völlig im Unklaren und man sah sich genöthigt, wenn das praktische Bedürfnis entstand, für irgend einen Ort der Monarchie die Declination oder ein anderes Element anzugeben, die — unerlaubte — Voraussetzung zu machen, es habe sich dieses Element an dem betreffenden Orte seit 1850 so geändert wie in Wien.

Es ist daher auf das Freudigste zu begrüssen, dass nun wieder einmal die Möglichkeit einer neuen magnetischen Aufnahme dadurch geboten wurde, dass von Seite der kaiserl. Akademie der Wissenschaften die Geldmittel dafür bewilligt wurden, und es war ein besonders glücklicher Umstand, dass mit dem Entwurfe eines Programmes und auch der schliesslichen Aus-führung desselben eine so hervorragende Autorität auf erdmagnetischem Gebiete wie Liznar betraut werden konnte. Nach diesem Programme sollten die Messungen an den Küsten der Adria durch das k. u. k. hydro-graphische Amt in Pola, in den übrigen Theilen Oester-reichs durch die k. k. Centralanstalt für Meteorologie und Erdmagnetismus ausgeführt werden und erfreulicher Weise gelang es, auch in Ungarn die maassgebenden Factoren für eine gleichzeitige erdmagnetische Aufnahme daselbst zu gewinnen, so dass, da ausserdem die kaiserl. Akademie auch noch die Mittel zu einer Aufnahme Bosniens und der Herzegowina bewilligte, nun Messungen aus der ganzen Monarchie vorliegen, welche auf den-selben Zeitpunkt, Beginn 1890, reducirbar sind und es gestatten, einen Ueberblick über die gegenwärtige Ver-theilung sämmtlicher magnetischer Elemente zu ge-winnen.

Die Messungen an den Küsten der Adria wurden ausgeführt in den Jahren 1889 und 1890 vom Fregatten-Capitän Laschober und Schiffslieutenant Kesslitz, die Messungen in Ungarn 1892—1894 von Ig. Kur-länder, die Messungen in Bosnien und der Herze-wina im Sommer 1893 von Kesslitz und v. Schluet, endlich die Messungen in Oesterreich, wie erwähnt, von Liznar in den Jahren 1889—1894, so dass die ganze Aufnahme, wie projectirt, in nur fünf Jahren voll-endet war.

Im ersten Theile seiner Arbeit gibt Liznar eine Zusammenstellung seiner Messungen in Oesterreich. Es braucht kaum hervorgehoben zu werden, dass, um eine strenge Vergleichbarkeit zu sichern, die Messungen von den anderen Beobachtern in derselben Weise angestellt und berechnet wurden und eine genaue Vergleichung der verwandten Instrumente vorausgieng. Es galt als oberstes Princip, so weit es möglich war, an denselben Orten zu beobachten, die seinerzeit Kreil gewählt hatte, im Uebrigen einen Ort zu wählen, der möglichst fern von Eisenmassen, in freier Lage und so gelegen war, dass voraussichtlich auch nach Jahrzehnten bei einer späteren Aufnahme derselbe Punkt wieder gewählt werden könne. Ausserdem wurde Rücksicht genommen auf die Nähe eines Wohnhauses zur Unterbringung der Instrumente.

Die Messungen selbst bestanden erstlich aus astro-nomischen Messungen zur Ermittlung der Zeit (aus Sonnenhöhen) und des Azimuthes der Mire, dann aus den Messungen der Declination mit Hilfe eines Lamont-schen Reisetheodolithen, aus den Messungen der Hori-zontal-Intensität mit demselben Apparat und endlich der Inclination mit einem Schneider'schen Inclina-torium. Diese Beobachtungen wurden fast alle in einer zerlegbaren Bretterhütte angestellt, da sich diese wesentlich besser bewährte als ein grosser Schirm, wie er an den ersten Stationen in Verwendung war. Zur Ermittlung der Declination wurden fast überall fünf Messungen mit insgesammt 50 Einstellungen gemacht; bei Beobachtung der Horizontal-Intensitäten wurde zunächst aus 30 Schwingungen genähert der Eintritt des 100. Durchganges bestimmt und einige Zeit vor diesem Moment abermals jeder dritte Durchgang bis zur 30. Schwingung aufgezeichnet.

Im ersten Theile der grossen Arbeit werden chronologisch für alle einzelnen Orte ausführlichst die einzelnen Messungen mitgetheilt. Es möge noch erwähnt werden, dass alle Werthe nach den Angaben der selbstregistrirenden Apparate in Wien auf denselben Zeitpunkt reducirt wurden.

Die eigentlichen Resultate aus dem gesammten Messungsmateriale enthält der kleinere, äusserst interessante zweite Theil.

Da im Allgemeinen an jedem einzelnen Orte die magnetischen Elemente eine locale Störung besitzen, so kann man sagen, jede einzelne Ablesung setze sich zusammen aus dem „normalen" ungestörten Werthe und der Störung. Während nun diese letztere im Allgemeinen willkürlich vertheilt sein wird, ist die erstere selbstverständlich abhängig von geographischer Breite und Länge, und Liznar setzt es sich nun als erste Aufgabe, die normale Vertheilung der erdmagnetischen Elemente für die Epoche 1890·0 als Function von Breite und Länge zu ermitteln. Die Methode, wie dies Liznar that, ist, möchte man fast sagen, die einzig überhaupt mögliche, und wenn sie nichtsdestoweniger von Liznar gelegentlich der neuen magnetischen Vermessung Oesterreich-Ungarns zum ersten Male angewendet wurde, so liegt der Grund eben nur darin, dass bisher noch jeder Bearbeiter eines derartigen Materiales vor der Riesenarbeit, die diese Methode in sich schliesst, zurückschrak. Wenn jedes einzelne magnetische Element eine Function von Breite und Länge ist, dann wird auch der Unterschied dieses Elementes e_δ an irgend einer Station und des Elementes in Wien e_m eine Function des Breiten- und Längenunterschiedes $\Delta \varphi$ und $\Delta \lambda$ zwischen der Station und Wien sein; es wird also, wenn wir Glieder dritter Ordnung vernachlässigen, die Gleichung gelten:

$$e_\delta - e_m = a\,\Delta\varphi + b\,\Delta\lambda + c\,\Delta\varphi^2 + d\,\Delta\varphi\,\Delta\lambda + e\,\Delta\lambda^2$$

Von e_δ und e_m sind die gestörten Werthe bekannt, man erhält also durch Einsetzen dieser Werthe von allen 195 Stationen, an welchen beobachtet wurde, 195 Gleichungen, aus denen a, b, c, d und e nach der Methode der kleinsten Quadrate berechnet werden können. Dieser von einem ausserordentlichen Fleisse zeugenden Arbeit hat sich nun Liznar für die Declination, Inclination und Horizontal-Intensität unterzogen. Hat man die Constanten ermittelt, dann ist es leicht, für jeden Ort den normalen, ungestörten Werth zu rechnen und daraus die locale Störung abzuleiten.

Liznar hat durch Auflösung der drei Gleichungssysteme das Ziel, in sich gesetzt hat, erreicht, für Declination, Inclination und Horizontal-Intensität ist die normale ungestörte Erscheinung als Function der geographischen Coordinaten ausgedrückt. Selbstverständlich hat nun aber Liznar auch mit Hilfe der gewöhnlichen graphischen Methode, durch Zeichnung von Isogonen, Isoklinen und Isodynamen ein Bild der Vertheilung der erdmagnetischen Grundelemente in Oesterreich-Ungarn gegeben. Es war bisher üblich, die Isolinien unmittelbar nach den beobachteten gestörten Werthen in möglichster Anlehnung an dieselben zu zeichnen. Dass dieser Vorgang immer etwas Willkürliches an sich hat, dass bei einem nur einigermassen weitmaschigen Netz durch denselben ein geradezu irreführendes Bild der Vertheilung des betreffenden Elementes gewonnen werden kann, ist zweifellos, und man wird Liznar nur beipflichten, wenn er sich zunächst darauf beschränkt hat, die Vertheilung der ungestörten Elemente, also gewissermaassen die ideale Vertheilung graphisch zur Darstellung zu bringen und die Darstellung der thatsächlichen Vertheilung mit Einschluss der localen Störungen einer späteren Detailaufnahme vorbehalten hat.

Das Entwerfen der Isolinien für die ungestörte Erscheinung bereitet nun aber keinerlei Schwierigkeit. Nachdem einmal für jedes Element die Constanten der Gleichung ermittelt waren, wurden die Normalwerthe der betreffenden Elemente von ein halb zu ein halb Grad Länge und Breite berechnet und tabullirt. Die Länge der Schnittpunkte der Isolinien mit den Breitenkreisen lassen sich dann durch einfache Interpolation bestimmen.

Betrachten wir zunächst die Isogonen, so zeigt sich, dass die Isogone von 10° fast genau von Nord nach Süd, parallel dem Meridian 14° 30' E. v. Gr. verläuft, es ist dies ungefähr der Meridian von Laibach. Die westlich liegenden Isogonen von 11° und 12° verlaufen mehr NE—SW, dagegen umgekehrt die östlichen von 9° bis 5° mehr NW.—SE. Die äussersten Isogonen der Monarchie, etwa 12½° an der Grenze Vorarlbergs und etwa 4½° an der Grenze der Bukowina, sind somit am stärksten geneigt, als während gegen Norden zusammen, so dass auf den höheren Breitenkreisen die Isogonen viel enger aneinandergedrängt erscheinen; in 51° Breite ändert sich die Declination längs eines Längengrades um rund 32', auf dem 42. Breitenkreis nur um rund 22'.

Die Linien gleicher Inclination, die Isoclinen, laufen etwa senkrecht auf die Isogonen, ungefähr parallel den Breitenkreisen, aber mehr in der Richtung SW—NE. Ihr Abstand nimmt von Nord nach Süd ab.

Ganz ähnlich den Isoclinen verlaufen auch die Isodynamen.

Liznar hat nun aber auch die Nord-, West- und Verticalcomponente graphisch dargestellt, was vor ihm Kreil nicht gethan hat. Da diese Componenten durch die drei Elemente Declination, Inclination und Horizontal-Intensität gegeben sind, lassen sie sich unmittelbar von ein halb zu ein halb Grad Länge und Breite aus den für diese Punkte bekannten drei Elementen berechnen.

Die Isodynamen der Nordcomponente verlaufen sehr ähnlich jenen der Horizontal-Intensität, nur sind sie stärker gegen die Breitenkreise geneigt, die Isodynamen der Westcomponente verlaufen etwa NNW—SSE und endlich jene der Vertical-Intensität verlaufen fast parallel den Breitenkreisen, aber mit convexer Krümmung gegen Norden. Diesen letzteren Charakter haben auch die Isodynamen der Total-Intensität.

Es wird vielleicht nicht ohne Interesse sein und zur Illustration des eben Gesagten beitragen, wenn in der folgenden kleinen Tabelle für einige extrem gelegene Orte die ungestörten Werthe von Declination, Inclination, Horizontal- und Total-Intensität hier wiedergegeben werden.

Station	Declination	Inclination	Horizontal-Intensität	Total-Intensität
Bregenz	12° 19·2'	63° 28·2'	2·0483	4·5858
Suczawa	4° 37·5'*	61° 56·3'	2·1716	4·6163
Bodenbach	10° 14·3'	65° 28·4'	1·9381*	4·6688
Gravosa	8° 42·5'	58° 15·8'*	2·3179	4·4065*
Wien	9° 11·8'	63° 19·2'	2·0638	4·5964
Budapest	7° 59·0'	62° 26·6'	2·1176	4·5574

Aus den Unterschieden zwischen beobachtetem und berechnetem Werthe ergibt sich nun sofort der Betrag der Störung für das betreffende Element. Liznar hat in die einzelnen Karten der isomagnetischen Linien für die verschiedenen Orte auch den Betrag der Störung (positiv blau, negativ roth) eingetragen und damit die Möglichkeit geboten, mit einem Blick den Charakter der einzelnen Störungsgebiete zu übersehen. Es kann natürlich hier nicht auf diese Einzelheiten eingegangen werden, es möge nur erwähnt werden, dass die Störung der Declination bis fast einen Grad steigen kann (Schässburg + 53·5'), bei der Inclination beträgt die grösste Störung — 21·3 in Hermannstadt, bei der Horizontal-Intensität 0·0313 gleichfalls in Hermannstadt; es liegt eben in Siebenbürgen eines der stärksten Störungsgebiete unserer Monarchie.

Noch deutlicher wird dies gemacht durch eine Karte, in welcher die störenden Kräfte ihrer Grösse und Richtung nach dargestellt sind. Von besonderem Interesse ist es wohl, dass alle Stationen auf Inseln der Adria eine störende Kraft gegen das Festland erkennen lassen, alle Stationen der dalmatinischen Küste auf dem Festlande selbst eine Richtung gegen das Meer.

Auch die Frage, ob Störungen der Schwere und des Erdmagnetismus eine gewisse Beziehung zeigen, hat sich Liznar vorgelegt; er muss sie nach den vorliegenden Daten verneinen.

Es ist damit der magnetische Zustand jenes Gebietes unserer Erde, das innerhalb der Grenzen Oesterreich-Ungarns liegt, für den Zeitpunkt 1890·0 nach allen Richtungen hin beschrieben. Nachdem Kreil im Jahre 1850 auch eine magnetische Aufnahme Oesterreichs gemacht hatte, so war nun aber zum ersten Male die Gelegenheit geboten, die Aenderungen des erdmagnetischen Zustandes eines grösseren Gebietes systematisch und auf exacter Grundlage zu untersuchen. Es leuchtet nun sofort ein, dass, wenn dieses Ziel angestrebt werden sollte, dann auch die Kreil'schen Messungen nach derselben Methode neu verarbeitet werden mussten. Auch vor dieser Arbeit ist Liznar nicht zurückgeschreckt, obwohl sich diese Arbeit als eine wesentlich undankbarere erwies, denn nur für die Declination und Inclination konnten nach der Methode der kleinsten Quadrate die Constanten der Normalgleichungen berechnet werden, während die Kreil'schen Werthe der Horizontal-Intensität mit so bedeutenden Fehlern behaftet sind, dass die Ermittlung des ungestörten Zustandes völlig illusorisch wurde.

Nur für die Declination und Inclination gelang es, hiernach die ungestörten Elemente für die Zeit 1850·0 graphisch wiederzugeben, und eine Vergleichung der beiden um 40 Jahre abstehenden Aufnahmen zu ermöglichen.

Was die Declination betrifft, so lehrt ein Blick auf die Karte, dass sich die Isogonen von 1850—1890 sehr wesentlich, um etwa 8 Längengrade nach Westen verschoben haben oder, anders ausgedrückt, die Declination ist überall um ungefähr 4° kleiner geworden.

Die Isoclinen haben sich umgekehrt in der Richtung der Meridiane um etwa 1° von Süd nach Nord verschoben; ausserdem sind die Winkel, welche die Isoclinen von 1850 mit den Parallelkreisen einschliessen, kleinere gewesen.

Die einzelnen Curvensysteme haben also nicht blos eine Verschiebung, sondern auch eine Drehung erlitten, woraus ohne Weiteres folgt, dass es einfach unrichtig ist, wenn man die Voraussetzung macht, dass sich auf einem grösseren Gebiete wie Oesterreich-Ungarn die Elemente gleichförmig ändern. Unter 51° n. Br. und 10° Länge nimmt beispielsweise die Declination jährlich um etwa 7½' ab, unter 42° n. Br. und 18° Länge um weniger als 6'.

Liznar hat nun dieses Material benützt, um einerseits gleicher Linien der Aenderung der Declination und Inclination zu zeichnen, andererseits aber auch zur Ableitung einer Formel zur Berechnung der erdmagnetischen Elemente für eine beliebige, zwischen 1850 und 1890 liegende Epoche, die aber wohl auch vorläufig zur Extrapolation für spätere Zeiten verwendet werden darf.

In derselben erscheint jedes Element ausgedrückt einerseits als Function der geographischen Coordinaten, andererseits als Function der Zeit, so dass es sehr leicht ist, für einen beliebigen Ort und eine beliebige Zeit innerhalb der noch erlaubten Grenzen die erdmagnetischen Elemente abzuleiten.

Es konnte der reiche Inhalt der Liznar'schen Arbeit hier nur in Kürze wiedergegeben werden, aber schon das Gesagte lässt erkennen, dass wir es hier mit einer Arbeit zu thun haben, in der erstlich ein grosses, auf lange Zeit hinaus maassgebendes Beobachtungsmateriale niedergelegt ist, die aber zweitens auch methodologisch von grösster Wichtigkeit ist und mustergiltig werden dürfte für alle künftigen derartigen Arbeiten.

Liznar wollte nicht über den engen Rahmen der blossen Wiedergabe des Beobachtungsmateriales hinausgehen und hat daher keine weiteren Schlüsse daran geknüpft. Wie sehr dasselbe hiezu geeignet ist, möge in aller Kürze an zwei neueren Arbeiten Liznar's gezeigt werden, die wir hier erwähnen, weil sie die Genauigkeit der Liznar'schen Messungen charakterisiren.

Es ist eine vielumstrittene Frage: Haben die erdmagnetischen Kräfte ein Potential oder nicht? Wenn sie eines haben, dann muss für eine beliebige, ein grösseres Stück der Erdoberfläche einschliessende Curve das Integral aus Curvenelement ds und die in die Richtung dieses Elementes fallende Componente der Kraft S Null sein.

$$\int S\,ds = 0.$$

Diese Frage ist $\int S\,ds = 0$?, hat nun Liznar an den Ergebnissen der erdmagnetischen Aufnahme Oesterreich-Ungarns untersucht.[*] Geht man längs des Meridians 10° von Gr. von 42° bis 51° Breite und dann längs des 51. Breitenkreises von 10° bis 27° Länge, so ergibt sich als Summe der Producte: Kraft mal Bogenelement 0·0271442. Geht man nun aber den anderen Weg längs dem 42. Breitenkreise von 10° bis 27° Länge und dann längs des Meridians von 27° v. Gr. von 42°

*) Meteorol. Zeitschr. 1898, S. 175.

bis 51°. so gelangt man zum selben Punkte und erhält 0·0271396.

Wenn ein Potential vorhanden ist, sollen beide Werthe gleich, ihre Differenz Null sein; thatsächlich ist der Unterschied, wie ersichtlich ist, ein minimaler; er beträgt nur 0·017% des in Betracht kommenden Werthes. Es geht hieraus wohl deutlich hervor, d a s s w e n i g s t e n s f ü r d a s G e b i e t, w e l c h e s d u r c h d i e i n R e d e s t e h e n d e A u f n a h m e u m f a s s t w i r d, e i n Potential e x i s t i r t, aber es illustrirt auch die Genauigkeit der Beobachtungen, gegen welche jene K r e i l's weit zurücktritt. Verwendet man zu dieser Untersuchung die K r e i l'schen Werthe, so beträgt der Unterschied 1·29%, ist also etwa 75mal grösser.

In einer allerjüngsten Arbeit hat L i z n a r noch einige andere, sehr wichtige Schlüsse aus seiner Aufnahme gezogen. Er ermittelte zum ersten Male die A e n d e r u n g d e r e r d m a g n e t i s c h e n Elemente m i t d e r Seehöhe.*)

Ueberraschender Weise ergibt sich nun eine a n - d e r e A b n a h m e als sie t h e o r e t i s c h unter der Voraussetzung sein sollte, dass alle wirkenden magnetischen Massen im Erdinnern ihren Sitz haben. Es müssen somit auch in der Atmosphäre magnetische Massen oder elektrische Ströme vorhanden sein, deren Wirksamkeit recht gut nachgewiesen werden kann. Es ist wohl kein Zweifel, dass wir hiebei an elektrische Ströme zu denken haben. Von welcher Wichtigkeit dieses Resultat ist, braucht nicht erläutert zu werden, erschliesst sich damit doch eine innige Beziehung zwischen den Erscheinungen des Erdmagnetismus und jenen der Luftelektricität.   *Dr. Wilh. Trabert.*

Fortschritte in der Röntgentechnik.

(Auszug aus dem von Dr. **M. Levy** am Verbandstage deutscher Elektrotechniker gehaltenen Vortrage.)

Nach den heutigen theoretischen Anschauungen über das Wesen der Kathoden- und Röntgenstrahlen, deren Klärung wesentlich den Arbeiten J. J. T h o m - s o n's zu verdanken ist, bestehen erstere aus den von der Kathode abgeschleuderten, negativ geladenen kleinsten materiellen Theilchen.**)

Treffen diese in ihrem Wege auf Widerstand, zum Beispiel auf die Antikathode, so wird ihre Geschwindigkeit sofort vernichtet, der Stoss aufgenommen, und es entstehen dort unter dem Einfluss dieser Stösse unperiodische Aetherwellen, welche in ihren Eigenschaften den bekannten Explosionswellen der Luft entsprechen. Diese Stosswellen sind die Röntgenstrahlen, deren Absorption von Seiten der einzelnen Körper übrigens nicht mit deren specifischem Gewichte steigt, wie man ursprünglich annahm, sondern mit dem Atomgewichte.

Zur Erzeugung der zum Betriebe der Röntgenröhren erforderlichen hohen Spannungen benutzt man heute fast ausschliesslich die Funkeninductoren; Tesla-transformatoren und Influenzmaschinen haben sich nicht einbürgern können. Erstere haben im Laufe der letzten Jahre wesentliche Vervollkommnungen erfahren hinsichtlich der Güte der Isolation, des Energieverbranches, des Raumbedarfes und Gewichtes, sowie auch ihrer mechanischen Durchbildung. Unterbrecher und Stromwender werden bei den grösseren Typen am besten

*) Anzeiger der kaiserl. Akad. Nr. XVII.
**) Diese Theorie wurde zuerst von Prof. Dr. P u l u j aufgestellt.   D. R.

separat angebracht, damit man bei der Handhabung, welche häufig im Dunkeln erfolgen muss, in keine Berührung mit den Hochspannungstheilen des Inductors kommen kann. Bei den Platinunterbrechern hat sich die Anwendung einer separaten Contactfeder bewährt, die bei dem vom Vortragenden construirten Präcisions-Platinunterbrecher erfolgt. Von den bisherigen Unterbrechern ist der Motorunterbrecher am beliebtesten. Die Röhren haben heute wesentlich längere Lebensdauer, als früher. Je nach ihrer Construction und ihrer Luftverdünnung haben die von ihnen ausgehenden Röntgenstrahlen ganz verschiedene Eigenschaften. Dieser Umstand wird zu wenig beachtet, dass häufig völlig entgegengesetzten Resultate; z. B. was den Einfluss auf die Pflanzenwelt, auf die Bacterien betrifft.

Die Ausnutzung der Röntgenstrahlen ist sowohl bei der Durchleuchtung (Dioscopie) wie der Aufnahme (Diagraphie) eine nicht geringe, wenn auch in letzterer Beziehung durch die vom Redner eingeführten, doppelseitig begossenen Platten und Verstärkungsschirme eine wesentliche Besserung erzielt ist. Was die completen Röntgeneinrichtungen anbetrifft, so führte Redner eine von ihm construirte, transportable, sehr compendiöse und leicht zu handhabende Einrichtung vor. Dieselbe enthält in einem gemeinsamen verschliessbaren Schränkchen alle zur Durchleuchtung und zu Aufnahmen erforderlichen Apparate.*) Die Einschaltung der Röhre erfolgt ähnlich wie die einer Glühlampe mit einem einzigen Handgriff.

Eine praktische Anwendung der Röntgenstrahlen erfolgte bisher fast ausschliesslich für medicinische Zwecke.

Es werden jedoch voraussichtlich sich auch weitere Gebiete erschliessen; Dr. T h ö r n e r - Osnabrück hat eine Reihe von Anwendungen für die Nahrungsmittelchemie veröffentlicht. Redner legte die Originalnegative vor, speciell zur Erkennung von Verfälschungen, zum Beispiel des Kaffees, Thees, Cacaos etc.

Bezüglich der Anwendung in der Metallindustrie ist zu bemerken, dass die Zeit längst überwunden ist, in der man Metalle als undurchlässig für Röntgenstrahlen ansah. Man ist mit Hilfe der sogenannten harten Röhren in der Lage, durch mehrere Millimeter starke Metallschichten hindurchzudringen. Eine Original-Aufnahme, die R ö n t g e n selbst von einem Flintenlauf angefertigt hatte, und welche Einzelheiten der innen befindlichen Patronen erkennen lässt, sowie Aufnahmen, welche die Franzosen R a d e g u e l und S a g n a c und der Engländer H a l l - E d w a r d s angefertigt hatten und dem Vortragenden zur Verfügung standen, beweisen dies auf's Deutlichste.

Abgesehen von Aluminium, welches, Dank seinem geringen Atomgewicht, im Lichte der Röntgenstrahlen eine besondere Stelle einnimmt, ist bei den Arbeiten mit Metallen von durch Aufnahmen mit Röntgenstrahlen ein Erfolg zu erwarten, nicht durch einfache Durchleuchtung. Es ist daher deren Anwendung zunächst nur im Laboratorium rathsam.

Dagegen gibt es eine Reihe von in der Elektrotechnik gebrauchten Materialien, welche hinreichend durchlässig sind, um auch auf dem Fluorescenzschirme genügende Contraste zu geben; dies sind alle Isolationsmaterialien, wie Porzellan, Stabilit, Hartgummi, Glimmer, Ambroin. Es ist z. B. ein Leichtes, Fehler innerhalb

*) Eine ausführlichere Beschreibung dieses Apparates stellte Herr Dr. L e v y in Aussicht.

dieser einzelnen Materialien festzustellen, sofern sie die Dichte beeinflussen; ebenso kann man bei den bereits verarbeiteten Gegenständen constatiren, wie weit das leitende Metall, wie weit das Isolirmaterial reicht.

Nach der einen oder anderen Richtung werden sich voraussichtlich auch in der Industrie bald Anwendungen der Röntgenstrahlen ergeben.

Dr. L.

Elektrische Glühlampe von Auer v. Welsbach.

Zur Herstellung der neuen Auer'schen Glühlampe, über welche wir in der Rundschau im Hefte 19 berichtet haben, ist nun eine Action-Gesellschaft gegründet worden.*) Es dürfte wohl selten vorkommen, dass in eine Erfindung, welche sich noch im Stadium der Laboratoriums-Versuche befindet, so grosse Hoffnungen gesetzt werden, wie dies aus dem Inhalte der Mittheilung über die Gründung der Oesterreichischen Gasglühlicht- und Elektricitäts-Gesellschaft ersichtlich ist. Bekanntlich verwendet v. Auer reines Osmium zur Herstellung seines Glühkörpers. Zu diesem Zwecke wird Osmiumtetroxyd gegen einen glühenden Platindraht gespritzt; es scheidet sich dann reines Osmium aus, das das schwerst schmelzbare Metall ist. Verdampft man das Platin, so bleibt ein Osmiumröhrchen zurück, welches in einer Länge von ca. 2 *cm* den Glühkörper bildet. Soll nun diese Lampe bei 160 V brennen, so muss dieses Röhrchen unter Zugrundelegung des bisher beobachteten kleinsten Wattconsums pro Kerze so dünnwandig erzeugt werden, dass einer fabrikationsmässigen Herstellung grosse Schwierigkeiten entgegenstehen dürften. In einer zweiten Ausführungsform wird das Osmiumröhrchen mit einer Mischung von Thor- und Ceroxyd umgeben; welche auch zur Erzeugung der Glühstrümpfe verwendet wird; die Mischung leuchtet beim Betriebe der Lampe mit. Es ist fraglich, ob diese Glühkörper eine lange Lebensdauer haben werden, da sich eine Verbindung zweier Körper von so verschiedenem Wärmeleitungsvermögen in dauernder Weise kaum herstellen lässt. Hiezu kommt, dass das Osmium einen sehr hohen Preis hat (circa 3000 fl. per *kg*). Der Preis würde natürlich noch immens steigen, wenn das Osmium aufhören würde, in den Museen ein sorgfältig bewahrtes Schaustückchen zu sein.

Der geringere Wattverbrauch pro Kerze, welcher die Auer'sche Lampe auszeichnet, dürfte daher durch hohen Anschaffungspreis und kurze Lebensdauer der Lampe vollkommen paralysirt werden.

Blitzschläge in Steiermark und Kärnten (1886 1892 und 1896).**)

Seit 1886 habe ich die Notizen über die Steiermark und Kärnten betreffenden Blitzschläge aus den Berichten der Gewitterstationen und den Tagesblättern gesammelt. Ueber einige Ergebnisse der Jahre 1886 1892 und 1896 habe ich in den einzelnen Jahresberichten über die Gewitter des stabilen Stationsnetzes Mittheilung gemacht. Eine Zusammenstellung der Blitzschäden der bezeichneten Jahrgänge an dieser Stelle mag vielleicht nicht unwillkommen sein.

Nicht uninteressant ist es, zu erfahren, unter welchen Verhältnissen der Blitz den Verlust des Lebens von Personen herbeigeführt hat. Im Jahre 1896 ging dies in 19 Fällen mit Sicherheit aus den Berichten hervor: Vier Personen wurden innerhalb der Gebäude, vier unter einzeln stehenden Bäumen,

*) Siehe Geschäftliches pag. 361. Oesterreichische Gasglühlicht- und Elektricitäts-Gesellschaft.

**) Aus der Meteorologischen Zeitschrift 1896, pag. 32.

eine im Walde (?), eine auf einem Dache, und acht auf freiem Felde (davon zwei Personen unter einem Regenschirme, eine in einem Wagen) getödtet. In der Nacht des 1. Juli vorigen Jahres wurde ein siebenjähriger Knabe zu Feldbach in Bette vom Blitze erschlagen. Hiebei war der Blitz von einer Pappel, die vor dem Hause stand, abgesprungen; ein Fall, der recht oft eintritt.

Hausthiere

Jahrgang	Todesfälle durch vom Blitz getödtet		Zündende Blitze
	Blitzschlag		
1886	24	130	83
87	18	86	67
88	14	43	41
89	10	115	73
1890	12	42	59
91	22	111	101
92	18	98	111
96	24	31	66
achtjährige Summe	142	655	604
Mittel	18	82	76

Für die Thatsache, dass zwei oder drei unmittelbar aufeinanderfolgende Blitze dasselbe Ziel treffen, gibt es viele Belege. So gingen im Juli 1896 drei Blitzstrahlen in dieselbe Eiche in Stadeihof bei Windisch-Landsberg, am 1. September 1889 ebenfalls drei Schläge unmittelbar hintereinander in eine Stallung zu St. Anton am Bacher, am 26. Juli v. J. drei in einen Nussbaum in Brückl. Am 2. August v. J. zündete der Blitz in Ottmanach bei Klagenfurt, darauf trafen noch zwei weitere Blitze das brennende Object.

Zu den „Launen" des Blitzes gehört seine auffällige Vorliebe für gehäuftes Stroh, für Heu- und Kleeschober; aus einem Jahrgange allein — liegen 15 Berichte über Blitzschläge in Stroh- oder Heuhaufen vor. Auch Kukuruzstengel, Lattenzäune, Laternenpfähle, „Maibäume" und dürres Holz werden getroffen, ja selbst Ameisenhaufen, Kürbisse etc. bleiben nicht verschont.

Unter den Hausthieren sind es besonders die auf Alpenweiden exponirten Rinder und Schafe, die in grösserer Zahl zum Opfer fallen. Am 22. Juli v. J. tödtete ein Blitzstrahl auf einer Alpenwiese im Gailthale mitten aus einer grösseren Schafherde heraus 33 Stück, die vorangehenden, sowie die nachfolgenden Schafe blieben unversehrt.

Viele Blitze entladen sich im Beobachtungsgebiete in den Spiegel des Wassers, der Seen und Flüsse, seltener bilden der Wiesen- oder Ackerboden und unfruchturer Fels (Schiefer häufiger als Kalk) ihren Zielpunkt.

D. Jenzsch veröffentlicht in den Jahresheften des Vereines für vaterländische Naturkunde in Württemberg 1893 eine sehr interessante Abhandlung „Ueber die Ursache der Blitzschläge in Bäumen". Er betonte in derselben, dass die Höhe des Grundwasserstandes allein für die Gefährdung der Bäume nicht massgebend sein könne, da die einzelnen Baumarten unter sonst gleichen Umständen doch verschieden stark den Blitz anziehen. Er erbrachte durch Laboratoriumsversuche den Nachweis, dass das Holz der „Stärkebäume" (Eiche, Pappel, Weide, Esche, Ahorn, Ulme u. s. f.) vom elektrischen Funken viel leichter durchschlagen wird, als das der „Fettbäume" (Buche, Nussbaum, Linde, Nadelhölzer). Das fette Oel, das letztere Holzsorten in grösseren und kleineren Tropfen in den Zellen aufspeichern, ist ein schlechter Leiter der Elektricität und daher werden „Fettbäume" seltener vom Blitze getroffen.

Die in den Lippe'schen Forsten (in Lippe-Detmold) gemachten Aufzeichnungen der Blitzschläge in Waldbäumen*) lassen die grössere Gefährdung der Eiche gegenüber der Buche sehr deutlich erkennen und stehen mit Jenzsch's experimentellen Resultaten in Uebereinstimmung. In unseren Alpenprovinzen tritt der grosse Gegensatz zwischen Eiche und Buche noch stärker hervor, wie aus folgender Zusammenstellung ersichtlich ist.

*) Zur Vervollständigung dieser Mittheilung wiederholen wir hier die von uns bereits im H. XX, S. 403 sx 1893 unter der Spitzmarke: „Die Ursachen der Blitzschläge in Bäumen" gebrachte Notiz:

Statistische Beobachtungen aus den Lippe'schen Forsten ergaben, dass in den Jahren 1879—85 vom Blitz getroffen wurden 169 Buchen, 21 Buchen, 70 Fichten, 59 Kiefern. Das Beobachtungsgebiete ist bestanden von etwa 11% Buchen, 70% Buchen, 13% Fichten und 16% Kiefern. Die Blitzgefahr erweist sich also für eine Eiche 80mal, für eine Kiefer 32mal, für eine Buche 8mal grösser als für eine Buche. Es hat etwa im achten Verhältnis auch die Leitungsfähigkeit der verschiedenen Hölzer für den elektrischen Strom gestanden; dabei nicht auf den Wassergehalt des Holzes an, sondern auf seinen Fettreichthum; Buche, Wallnuss, Linde, Birke sind mit fettreicher als die der Blitzgefahr stärker ausgesetzten Eichen, Pappeln, Weiden, Ahorn, Ulmen, Fichten. Die Kiefer hat in ihrem Holz während des Winters grössere Mengen fetten Oel's in ihrem Holze aufgespeichert; dem entsprechend wird sie vom elektrischen Strom im Sommer einen sehr geringen Widerstand, im Sommer einen sehr geringen entgegen.

Die Redaction der „Z. f. E."

Baumart:	Fichte	Tanne	Föhre	Lärche
Anzahl der Blitzschläge innerhalb sechs Jahren	92	18	15	77
Häufigkeit der Baumart in Perc. der Landes-Waldfläche	50·0	4·7	16·2	8·1
Quotient, die Gefährdung ausdrückend	1·8	3·8	0·9	9·5

Baumart:	Eiche	Buche	Birke	Erle
Anzahl der Blitzschläge innerhalb sechs Jahren	90	3	3	0
Häufigkeit der Baumart in Perc. der Landes-Waldfläche	2·8	11·6	2·1	1·6
Quotient, die Gefährdung ausdrückend	32·1	0·3	1·4	0·0

Baumart:	Pappel	Kastanie	Linde	Holländer
Anzahl der Blitzschläge innerhalb sechs Jahren	43	12	18	1

Baumart:	Esche	Ulme	Weide	Ahorn
Anzahl der Blitzschläge innerhalb sechs Jahren	8	3	6	1

	Nuss-baum	Apfel-baum	Birn-baum	Kirsch-baum
Baumart: Anzahl der Blitzschläge innerhalb sechs Jahren	8	7	38	13

	Edel-Pflaumen-baum	Pfirsich-baum	Wein-stock	Zirbel-kiefer
Baumart: Anzahl der Blitzschläge innerhalb sechs Jahren	5	1	2	1

Für die Beurtheilung der Häufigkeit der einzelnen Baumarten konnte ich nur eine auf Steiermark bezügliche Zusammenstellung („Die Wälder Steiermarks …" von Fr. Feigel, Zeitschrift des steiermärkischen Forstvereines, I. Jahrgang, 1884), benützen, die überdies nur jene Holzgewächse berücksichtigt, die eine ausgedehnte Verbreitung besitzen. Da in Kärnten die Vertheilung der letzteren jener von Steiermark ähnlich ist und überhaupt auch nur ungefähr ein Viertel der Blitzschläge in Bäume auf Kärnten entfällt, so geben die Quotienten jedenfalls ein angenähert richtiges Maass der Blitzgefahr der in der ersten Tabelle aufgenommenen Hölzer. Ein nicht unwesentlicher Umstand, nämlich, dass das zerstreute, vereinzelne Vorkommen ausserhalb zusammenhängender Bestände nicht für alle Baumsorten relativ gleich häufig ist, konnte allerdings nicht berücksichtigt werden.

Eiche und Buche verhalten sich also hinsichtlich ihrer Gefährdung wie 32·1 : 0·3, d. h. unter sonst gleichen Umständen wird die Eiche 107 Mal häufiger getroffen als die Buche. Sehr auffällig ist es, dass kein einziger Bericht über Blitzschläge in Erlen vorliegt.

Ueber die Verbreitung der im zweiten Theile der Tabelle zusammengestellten Hölzer konnte ich nur keine verlässlichen Angaben verschaffen. Wenn man erwägt, dass die Pappeln (Pyramiden- und Schwarzpappeln) ungleich seltener sind als die Eichen, die namentlich in Südoststeiermark, gegen die croatische Grenze hin, sehr häufig werden, so wird man aus der Zahl der Blitzschläge (90 : 43) den Schluss ziehen dürfen, dass die Pappel den Blitz noch stärker anzieht, als die Eiche in dieser Hinsicht berühmtigte Eiche.

Apfelbäume werden in Steiermark und Kärnten viel häufiger gepflanzt als Birnbäume; trotzdem zählen letztere 38, erstere hingegen nur 7 Blitzschläge im sechsjährigen Zeitraume. Der Birnbaum hat eine tiefere Wurzel, es wäre interessant, den Versuche Jonesco's auf das Holz dieser beiden Obstsorten auszudehnen.

Der Vorliebe des Blitzes für todte Pflanzenkörper, für Pfähler, Stangen, Stroh und dergleichen wurde bereits oben gedacht. Im Zusammenhange damit steht die auch in unseren Provinzen beobachtete Thatsache, dass der Blitz gerne in dürre Aeste schlägt. Er meidet oft auch den Gipfel, da das Laub schlecht leitet und trifft den Stamm manchmal erst unter der Krone, oder er schlägt, wie auch Jonesco erwähnt hat, den Wipfel ab.　　　　　　　　　　Karl Prohaska.

KLEINE MITTHEILUNGEN.

Verschiedenes.

Das Telephon im Dienste der Feuerwehr. Wie wir schon im H. 29, S. 351 mittheilten, wird zur Zeit bei der Feuerwehr-Verwaltung in Berlin eine bemerkenswerthe Neuerung auf dem Gebiete des Feuermeldewesens eingeführt. Wir geben im Nachstehenden eine kurze Beschreibung dieser gesammten Anlage:

Das Telegraphennetz der Berliner Feuerwehr ist, der Anzahl der Feuerwachen entsprechend, in 15 Sectionen eingetheilt. Jede dieser Sectionen bildet ein eigenes Radial-System, indem von den Telegraphen-Apparaten jeder Feuerwache eine Anzahl unterirdischer Kabel nach allen Richtungen sich verzweigt. Sowohl die öffentlichen Strassen-Feuermelder, als auch die Privatmelder, zusammen etwa 700 automatische Melder, sind an diese Kabelleitung angeschlossen. Der Betrieb geschieht mittelst Arbeitsstromes, die Morseapparate liegen unter Zwischenschaltung einer Batterie einem Pol an Erde, während der zweite Pol mit einer Kabelleitung in Verbindung steht, welche bei Inbetriebsetzung eines Melders in bekannter Weise durch das Morse-Contactrad mit der Erde in Verbindung gebracht wird.

Eine Verständigung von dem Feuermeldestelle am nächsten gelegenen Melder nach der Feuerwache war bisher nur mit Hilfe eines Telegraphisten unter Benutzung des an jedem Melder angebrachten Tasters und Beobachtung der Nadel des Galvanoscops möglich. Selbstverständlich war diese Form der Correspondenz sehr umständlich und beschränkt, und machte sich dringend der Wunsch nach telephonischer Verständigung bemerkbar.

Zu diesem Zwecke wird jetzt jede Kabelleitung bei ihrer Einmündung in die Feuerwache mit einem Telephon-Apparat in Verbindung gebracht. Diese Apparate werden direct in den Apparatitischen und leicht erreichbar für die Telegraphisten angeordnet.

Jeder Feuermelder wird mit einer Stöpselung ausgestattet, um die von jedem Mannschaftsrayon und jedem Telegraphisten mitgeführten transportablen Sprechapparat bei Benutzung eines Stöpsels einzuschalten.

Die tragbaren Apparate sind in einem Lederkasten mit Tragriemen eingeschlossen und von geringem Gewichte. Sowohl die feststehenden Apparate auf den Wachen, wie die transportablen Apparate enthalten je ein Mikrotelephon mit Vorrichtung zur Einschaltung eines zweiten Telephones, dieses zweite Telephon, eine Inductionsspule, automatischer Umschalter, Condensator und Batterie. Die transportablen Apparate sind ausserdem noch mit einem Anschlussstöpsel und die stationären Apparate mit einer Anruf-Vorrichtung versehen. Der Anruf von den Meldern aus erfolgt mit Benützung der Telegraphiren-Taste.

Die Apparate zeichnen sich durch grosse Einfachheit und Uebersichtlichkeit aus und sind unter Zwischenschaltung eines besonders construirten Condensators mit der Leitung verbunden. Die angestellten Versuche ergaben selbst bei grösstem Verkehrslärm (z. B. am Spittelmarkt, Ecke Leipzigerstrasse) eine ausgezeichnete Verständigung, ohne dass der Telegraphenbetrieb im Geringsten beeinflusst oder gestört wurde.

Mit Hilfe dieser von der Telephonfabrik J. Berliner, Berlin, gelieferten Apparate steht der Commandirende eines Löschzuges während eines Feuers in beständiger telephonischer Verbindung mit der Feuerwache und ist dadurch in der Lage, alle Anordnungen und Berichte ohne Zeitverlust abzugeben.

Die tägliche Prüfung der Melder findet ebenfalls mit Hilfe der transportablen Apparate statt.

Aehnliche Anlagen sind bei der städtischen Telegraphen-Verwaltung Stuttgart und in einigen anderen Städten des In- und Auslandes bereits seit längerer Zeit im Betriebe und haben sich vorzüglich bewährt.

Telegraphenkabel zwischen Deutschland und Schweden. Zwischen der deutschen Reichspostverwaltung und der schwedischen Telegraphenverwaltung haben Verhandlungen wegen der Legung eines neuen Telegraphenkabels zwischen Südschweden und der Insel Rügen stattgefunden, infolge deren schwedischerseits Anerbieten wegen Anfertigung des Kabels eingefordert wurden. Zwei eingelaufene und eine deutsche Firma hatten Offerten eingereicht; die schwedische Telegraphenverwaltung hatte eine der englischen zu bevorworten, dem deutschen Reichspostamt es aber überlassen, die Entscheidung zu treffen. Letzteres hat nun für die deutsche Firma sich entschieden, obwohl deren Forderung von 395.000 Mk gegen 20.000 Mk höher ist als die der englischen Firma. Das Kabel soll noch in diesem Herbst gelegt werden. Mit Hilfe dieses Kabels hofft man bald die Telephonverbindung zwischen Berlin und Stockholm herstellen zu können.

Verspätetes Halten der elektrischen Tramway. Von einem hiesigen Bezirksgerichte war vor Kurzem die Frage zu entscheiden, ob es gerichtlich strafbar sei, wenn der Motorführer eines elektrischen Tramwayzuges anstatt unmittelbar auf der Haltestelle erst einige Meter weiter mit dem Wagen zum Stehen bringt. Der Angeklagte brachte vor, die Schienen seien feucht und schlüpfrig gewesen, so dass der Wagen trotz Bremsens ein Stück weiter fuhr, allein eine Gefahr sei dadurch absolut nicht hervorgerufen worden. Er wies auch darauf hin, dass es gestattet sei, an einer Haltestelle gar nicht stehen zu bleiben, wenn niemand ein- und absteige, und dass auch bei Probe- und Extrafahrten die Haltestellen nicht beobachtet werden. Der Sicherheitswachmann, welcher die Anzeige erstattet hatte, machte geltend, der Angeklagte habe dadurch, dass er um etwa vier Meter zu spät stehen blieb, die körperliche Sicherheit in hohem Masse gefährdet, weil an derselben Stelle schon einmal ein bedeutender Tramwayzusammenstoss vorgekommen sei. Der Richter erkannte den Motorführer der Uebertretung nach § 432 des Strafgesetzes schuldig und verurtheilte ihn zu 12 Stunden Arrest.

Ausgeführte und projectirte Anlagen.

Oesterreich-Ungarn.

a) Oesterreich.

Prag. (Städtische elektrische Centralstation.) Der Stadtrath hat in seiner Sitzung vom 15. Juli über Antrag des Verwaltungsrathes der städtischen elektrischen Unternehmungen beschlossen, den elektrischen Theil der Lieferungen für die Centrale der E.-A.-G. vorm. Kolben & Co. zu übertragen.

In der Holeschowitz zu erbauenden Centrale gelangen zunächst zur Aufstellung: drei dreiphasige Wechselstrom-Generatoren à 1000 PS Leistung für 3000 V verkettete Spannung, als Schwungraddynamos direct gekuppelt mit Triple-Expansions-Dampfmaschinen von 90 minutlichen Umdrehungen.

In der Unterstation in der Sokolstrasse, wo sich jetzt die provisorische Maschinenstation für den Bahnbetrieb befindet, werden zwei Umformergruppen à 450 KW, bestehend aus je einem Synchron-Drehstrommotor von 700 PS Leistung direct verbunden mit einem Gleichstrom-Generator für 600 V Spannung aufgestellt. Diese arbeiten parallel mit grossen Pufferbatterien für den ausgedehnten Bahnbetrieb.

Eine zweite Unterstation wird auf der Kleinseite errichtet, woselbst zwei Umformergruppen à 180 KW ebenfalls für Bahnzwecks aufgestellt werden.

Scheibbs, Niederösterreich. Vor drei Jahren wurde in Scheibbs von der Firma W. v. Winkler ein Elektricitäts-werk errichtet, welches unter Zuhilfenahme von Accumulatoren eine Wasserkraft von 40 PS zur Beleuchtung des Marktes ausnützte. Das Werk ist Eigenthum der Firma und wird auch von derselben betrieben.

Da nun der Lichtbedarf eine stete, unerwartet starke Steigung erfahren hat und heute bereits mehr als 700 Lampen à 16 NK (bei ca. 1100 Fassungen) angeschlossen sind, so wurde nunmehr die Erweiterung des Werkes mittelst einer Dampfanlage von 75 PS beschlossen.

Das vergrösserte Werk wird auch die öffentliche Strassenbeleuchtung übernehmen, da die bisher getrennt hiezu verwendete, von der Gemeinde unabhängig vom Werke betriebene alte Schuckert-Maschine aus Steyr zu vielen Störungen Anlass gibt.

b) Ungarn.

Arad. (Politisch-administrative Begehung der Strasseneisenbahn mit elektrischem Betriebe im Bereiche der Stadt Arad und Umgebung.) Am 24. Juni 1898 fand unter Führung des Ministerialsecretärs Ladislaus Halaszi und mit Beiziehung der interessirten Staats-, Comitats- und Communalbehörden die politisch-administrative Begehung mehrerer zur Ergänzung und weiteren Ausdehnung des Arader Strasseneisenbahnnetzes projectirten Linien statt. In diese Begehung wurde auch das alte, bisher noch mit Pferden betriebene gesellschaftliche Strassenbahnnetz einbezogen, behufs Umwandlung desselben auf elektrischen Betrieb.

Barlangliget. (Höhlenhain.) Elektrische Lichtanlage. Die Gemeinde Szepes-Béla errichtete durch die Vereinigte Elektricitäts-Actiengesellschaft vorm. B. Egger & Comp., Budapest, mit Benützung der motorischen Kraft des Bélbaches eine elektrische Lichtcentrale in dem Curorte Barlangliget an der hohen Tátra zur Beleuchtung der Strassen, des grossen Hotels, der Villen und der Tropfsteinhöhle. Mittelst eines hölzernen Wehres im Bélbache wurde der Wasserspiegel desselben an der betreffenden Stelle um ca. 1 m gehoben. Durch eine Einfallschütze gelangt das so gestante Wasser in ein offenes, hölzernes Gerinne von 1 m × 60 cm innere Oeffnung. 700 m weit mit einem Gefälle von 1 : 1000 zum Turbinenhause. Dort fällt das Wasser aus einem Wasserkasten durch ein eisernes Rohr auf die Turbine.

Die Turbine nach System Jonval mit horizontaler Achse ist für eine Wassermenge von 430 l pro Secunde und ein Gefälle von 11·5 m gebaut; sie macht 250 Touren pro Minute und gibt bei 400 l Wasser pro Secunde 40 PS.

Das Betriebswasser fliesst aus der Turbine in einen „Sumpf" (Vertiefung des Unterwassercanals) und aus diesem durch den Abflusscanal in den Waldbach.

Das Turbinenhaus ist mit Rücksicht auf Hochwasser genügend hoch angelegt, so dass vom verhandenen Höhenunterschied von ca. 13 m zwischen Wasserspiegel beim Wehr und Wasserspiegel bei Einmündung des Abflussgrabens in den Bach, mit Berücksichtigung des Gerinne-Gefälles von 700 mm und der höheren Situirung des Turbinenhauses von ca. 1 m über dem normalen Wasserstand des Baches ein nutzbares Gefälle von 11·220 m verwerthet worden ist.

Die horizontale Turbinenwelle treibt mittelst Riemens zwei Gleichstrom-Nebenschlussdynamos à 12.000 Watt bei 120 V, welche nach dem Dreileitersystem zusammengeschaltet sind.

Während isolirte Leitungen von den Dynamos zur Schalttafel führen, ist die im Dreileiter ausgeführte Speiseleitung aus blanken Elektrolytkabeln mittelst Porzellandoppelglocken-Isolatoren theils an eingesetzten Leitungsmasten, theils an den Bäumen selbst befestigt.

In der Mitte der Landstrasse befindet sich der Speisepunkt, von welchem nach beiden Richtungen längs derselben einerseits zum Casino (Hôtel) andererseits die Lichtleitungen führen. Im Speisepunkte befinden sich die Abzweigungen für die Spannungscontrolleitung und die Abschmelzsicherungen für die Lichtleitungen, ferners Ausschalter für die Landstrassenleitung.

Vom Casino führt die Leitung mit den zwei äusseren Drähten mit Benützung der Bäume durch einen Nadelholzwald auf einen Berg hinauf bis zur Tropfsteinhöhle. In der vor dem Eingange befindlichen Schutzhütte ist der Generalschalter für die Höhlenbeleuchtung und ein Telephon angebracht, welches mit dem Maschinenhause Verbindung besitzt. Die Höhlenbeleuchtung functionirt während des Tages, periodisch nach dem Gästebesuch und ist es daher vortheilhaft, den fast 2 km entfernten Maschinisten jeweilig vom Ein- und Ausschalten der Höhlenbeleuchtung zu verständigen.

Die totale Höhlenbeleuchtung wird auf einmal ein- und ausgeschaltet. Die Glühlampen sind je zwei hintereinander geschaltet, da der Mittelleiter nicht bis zur Höhle geführt ist. Die Leitungen in der Tropfsteinhöhle bestehen aus blanken Elektrolyt-Kupferdrähten mittelst Porzellandoppelglocken-Isolatoren an den Steinwänden befestigt; in engen, niedrigen Gängen aus gummiisolirten Leitungen. Die Beleuchtung der Höhle umfasst 150 Glühlampen à 16, 25 und 50 NK. Die Fassungen sind Oceanfassungen mit seichtem Anschlusskorn und hat sich diese Construction in den feuchten Räumen gut bewährt.

Die Beleuchtung der Strassen umfasst 38 einzeln ausschaltbare Wandarme à 25 NK; diejenige des Hôtels 150 Glühlampen. Zur Aussenbeleuchtung dienen derzeit 6 Bogenlampen à 1000 NK; überdies benützen die Privatvillen die elektrische Beleuchtung.

Die elektrische Anlage functionirte in der Saison 1897 (vom 15. Juni bis 15. September) anstandslos ohne Störung bei den niedrigsten Wasserständen des Gebirgsbaches.

Die Frequenz der Tropfsteinhöhle fand um 40% vermehrt, seitdem die effectvolle elektrische Beleuchtung an Stelle der Kerzen- und Magnesiumbeleuchtung getreten ist und findet die Kühnheit der Leitungslegung über die tiefen Schluchten, an nassen, schlüpfrigen und harten Felswänden auch von Laien die verdiente Anerkennung. Bei Benützung der lebenden Bäume als Leitungsstangen werden die Aeste und die Wipfel geschnitzen, um die Schwankungen der Bäume bei Stürmen zu verringern und so die Leitungen vor dem Zerreissen zu schützen. Das Aufstellen von Leitungsstangen auf dem steilen, felsigen Bergsrücken hätte grosse Kosten und Mühe verursacht.

Die Wasseranlage ist solid gebaut, die tiefergelegenen Partien des Gerinnes durch Abflussgräben vor dem Verschütten mit Gerölle von den benachbarten Gebirgsbächen geschützt. Da hier zahlreichen, immer gefürchteten Wolkenbrüche und Hochwässer haben bei der Anlage keinerlei Schäden anstellen können; auch vor atmosphärische Entladungen ist die Leitungsanlage durch die bestehenden Blitzschutzapparate gesichert.

Der Betrieb wird vorläufig von der Vereinigten Elektricitäts-Actien-Gesellschaft geführt und functionirte täglich von 11 Uhr vormittag bis 5 Uhr nachmittag für die Höhle und von 7 Uhr abends bis 11 Uhr abends für den Curort.

So wurde durch die Ausnützung der bisher unbenützten Kraft des Bélbaches ein Factor zur Hebung der herrlichen Sommerfrische Barlangliget und seiner berühmten Tropfsteinhöhle gewonnen.

Deutschland.

Berlin. Die elektrische Einrichtung der Linie Rixdorf—Pappel-Allee (Ecke der Schönhauser-Allee) ist der Direction der Grossen Berliner Strassenbahn jetzt im Einverständnisse mit der Königlichen Eisenbahn-Direction Berlin vom Polizei-Präsidium genehmigt worden. Sobald die Zustimmung der städtischen Verkehrsdeputation vorliegt, soll mit der Aufstellung der Masten und der Herstellung der Oberleitung begonnen werden.

Der erste Accumulatoren-Omnibus wird von der Allgemeinen Omnibus-Gesellschaft auf der Linie Potsdamer Bahnhof—Rosenthaler Thor in Betrieb gesetzt werden. Der Wagen ist von dem Betriebs-Ingenieur der Gesellschaft, Herrn Gottschalk, erbaut. Er ist 7·5 m lang, 2 m breit und wiegt mit Batterie 6650 kg. Die Vorderachse ist drehbar. Je ein federnd aufgehängter Hauptschlussmotor von 5 PS treibt vermittelst zweier Zahnräder jedes Vorderrad an. Wird einer dieser Motoren zum Stillstand gebracht, während der andere Motor in Bewegung bleibt, so schlägt der Wagen die Richtung nach der Seite dieses Motores ein; auf solche Weise kann der Omnibus elektrisch gelenkt werden und vermag dabei Curven von 13 m Durchmesser zu durchfahren. Dabei besteht aber noch eine mechanische Lenkung, welche der Allgemeinen Berliner Omnibus-Gesellschaft geschützt ist. Auch die Bremsung ist elektrisch und mechanisch. Schaltung der Motoren auf Widerstand bewirkt eine elektrische Bremsung, eine durch den Fuss in Thätigkeit zu setzende Bremse die mechanische. Je nach der Schaltung der Motoren kann dieser Omnibus vor- oder rückwärts fahren. Nachdem 60 km gemacht sind, muss die Batterie von Neuem geladen werden. Der vollbesetzte Wagen braucht beim Anfahren einen Strom von 50 A bei 225 V, bei geringer Geschwindigkeit 35 A, bei der höchsten etwa 46 A bei 230 V.

Die Ueberführung der elektrischen Hochbahn über das eisenbahnfiscalische Gelände des Potsdamer und alten Dresdener Bahnhofes hat der Minister der öffentlichen Arbeiten nun genehmigt, nachdem der erste Entwurf dahin abgeändert worden ist, dass die Mittelstütze der Hauptbrücke von ihrem vorläufig fixirten Standort bei einem etwaigen Umbau des Potsdamer Bahnhofes nach jeder Seite hin um 4·5 m verschoben werden kann, und zwar ohne jegliche Betriebsstörung. Die fragliche Brücke, welche das Terrain zwischen Wasserthurm und Locomotiv-Schuppen überspannen soll, wird eine lichte Durchfahrtsöffnung von 140 m erhalten; an der einen Seite schliesst sich dann eine Brücke von 81 m Spannweite an, auf der anderen reihen sich fünf Doppelbrücken mit einer Gesammtlänge von rund 600 m an. Dieses vielgliedrige Hochbauwerk wird circa fünfzig Geleisgrüsse beschützen. Was die Aufgabe complicirter machte, war der Umstand, dass besagtes Terrain das eine Geleisspaar über das andere hinweggeführt werden muss, damit in dem hier entstehenden Bogendreieck (Durchgangslinie Zoologischer Garten-Warschauer Brücke und von beiden Endpunkten aus je eine Zweiglinie nach dem Potsdamer Platz) jede Niveaukreuzung vermieden wird. So erhalten einige der verwähnten Doppelbrücken eine verschiedene Höhenlage zu einander. Die Siemens & Halske A.-G. hat, nachdem der abgeänderte Entwurf genehmigt worden, sofort eine Submission auf Lieferung der erforderlichen Ueberbauten ausschreiben lassen. Das Gesammt-Eisengewicht der zu liefernden Brückenträger etc. beläuft sich auf nahezu 1800 t. Die Eisenconstructionen sämmtlicher Bauwerke sollen bis zum 1. Jänner 1900 soweit fertiggestellt sein, dass mit dem Verlegen des Oberbaues begonnen werden kann. Der zweite Austrich muss bis zum 1. April bewirkt sein, da nach dieser Zeit der Probebetrieb sogleich eröffnet werden soll.

Die zahlreichen Störungen im Betriebe der Charlottenburger Strassenbahn durch Mattwerden der Sammlerwagen sollen jetzt endgiltig durch Einführung des gemischten Systems beseitigt werden. Der gemischte Betrieb soll im October beginnen, dann soll auch der Verkehr durch die Bismarckstrasse nach demselben System eröffnet werden. Um den bedeutend gesteigerten Anforderungen an die Kraftstelle in der Spreestrasse entsprechen zu können, hat die Gesellschaft schon jetzt eine Dynamomaschine von 600 PS aufstellen lassen. Da in nächster Zeit auch noch 40 neue Sammlerwagen gebaut und in Dienst gestellt werden sollen, so wird die Kraftstation ausserdem eine Erweiterung erhalten müssen.

Italien.

Alessandria. (Elektrische Centrale.) Siemens & Halske A.-G. Berlin errichtete eine Action-Gesellschaft mit einem Capital von 1½ Millionen Mark zwecks Lieferung des elektrischen Stromes zu Beleuchtungs- und Industriezwecken der Stadt Alessandria; nach dem mit dem Gemeinderath getroffenen

Abmachungen sollen die Installirungsarbeiten demnächst ihren Anfang nehmen.

Rom. Die E. A. G. Felix Singer & Co., Berlin, ist von der Società Romana Tramways Omnibus in Rom auf Grund mehrjähriger praktischer Versuche mit Walker Material neuerdings mit der Lieferung von 30 doppelten elektrischen Wagenausrüstungen System Walker à je zwei Motoren für den Betrieb der römischen Linien beauftragt worden.

Literatur-Bericht.

Ueber sichtbares und unsichtbares Licht. Von Silvanus P. Thompson. Deutsche Ausgabe von Professor Dr. Otto Lummer. Mit ca. 150 in den Text gedruckten Abbildungen und 10 Tafeln. Halle a. S. Verlag von Wilh. Knapp. 1898. Preis 9 Mark.

Das Buch besteht aus einem Cursus von Vorlesungen, die von Prof. Silv. Thompson an der Royal Institution zu London über das Licht abgehalten wurden. Der Vortragende hat, so weit es möglich war, das Experiment zur Grundlage seiner Ausführungen gewählt und unter Beibehaltung einer allgemein verständlichen Sprechweise die Optik bis zu ihren letzten, grossen Fortschritten verfolgt. Die Uebertragung in die deutsche Sprache wurde von Prof. Dr. Otto Lummer, einer anerkannten Grösse auf diesem Gebiete der Physik, unternommen. Der Uebersetzer ist im Grossen und Ganzen den Grundzügen des Originales treu geblieben und hat nur innerne Aenderungen angebracht, als die zum Theile wissenschaftlichen Anhänge zu den einzelnen Vorlesungen an das Ende des Werkes vorsetzt wurden.

Die erste der sechs Vorlesungen, aus denen der ganze Cursus zusammengefügt ist, erläutert unter dem Schlagworte „Licht und Schatten" die hauptsächlichsten Grundbegriffe der Optik, die Fortpflanzung des Lichtes durch den Raum, die Lichtbrechung und Reflexion. Der zweite Abschnitt beschäftigt sich mit dem sichtbaren Spectrum, der Farbenanalyse, den Complementärfarben, dem künstlerische Ermühung des Auges auf die Wahrnehmung von Contrastfarben und den Wirkungen infolge der Dauer eines Lichteindruckes. Die dritte Vorlesung hat die Polarisation des Lichtes zum Gegenstande, die vierte und fünfte das unsichtbare Spectrum, sowohl den ultravioletten, wie auch den ultrarothen Theil desselben. Die sechste Vorlesung ist den Röntgenstrahlen gewidmet.

Jeder dieser Abschnitte besitzt am Schlusse des Buches einen Anhang, welcher dem Bedürfnisse nach einer tiefer gehenden, mehr theoretischen Besprechung der wichtigsten Fragen Rechnung trägt.

Die klare, von pedantischen Ausdrücken freie Sprache, ferner die vielen zweckmässigen Abbildungen unterstützen ausserordentlich das Studium dieses stellenweise schwer zu beherrschenden Gebietes.

— m —

Alphabetischer Katalog der Bibliothek der Handels- und Gewerbekammer für das Erzherzogthum Oesterreich unter der Enns.

Preisliste der Sächsischen Accumulatoren-Werke System Marschner Actien-Gesellschaft. Dresden-A. 1898

Patentnachrichten.

Mitgetheilt vom Ingenieur Victor Monath,

WIEN, I. Jasomirgottstrasse Nr. 4.

Auszüge aus Patentschriften.

Compagnie de Fives-Lille in Paris. — Luftstromregler für Luftbremsen (Druck und Vacuum) nach der durch Patent Nr. 67.310 geschützten Art. — Classe 20, Nr. 97.186 vom 7. October 1897.

Zum Verändern der Weite des Luftdurchlasses von einer Kammer des Reglers zur anderen sind die Durchlassöffnungen derart gestaltet, dass durch geringe Verschiebungen der Schiebertange infolge der zum Zwecke des Bremsens herbeigeführten Luftverminderung der Querschnitt des Luftdurchlasses sich verhältnismässig stark und ganz allmälig ändert, so dass der Luftdurchlass in den einzelnen Reglern genau, aber umgekehrt, der in dem betreffenden Theil der Luftleitung eingetretenen Druckverminderung entsprechend, sich einstellt. Zu diesem Zwecke ist der hohlen, mit der Scheidewand der beiden Bremskammern dienenden Biegehant verbundenen Schiebertange ein zur Bewegungsrichtung der letzteren senkrechter,

gerader Ausströmungsschlitz angeordnet, welcher sich vor einem
feststehenden, mit seiner Längsachse in der Bewegungsrichtung
der Schieberstange liegenden Schlitz von trapezähnlicher Form
verschiebt.

**Charles Devenyns in Brüssel. — Verfahren zur Vermeidung
von Stromverlusten durch elektrolytische Isolirung, insbesondere für Stromabnehmer elektrischer Bahnen. — Classe 20,
Nr. 96.964 vom 22. November 1896.**

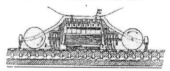

Fig. 1.

In als Leiter des verlorenen Stromes wirkende, mit Feuchtig-
keit gefüllte Fugen L sind metallische Nebenleitungen k von ge-
eignetem Widerstande eingelegt, um die Feuchtigkeit durch den
Strom zu zersetzen und durch das erzeugte Gas die Isolirung des
Stromabnehmers k aufrecht zu erhalten. — Die Nebenleitungen k
setzen den ziemlich erheblichen Widerstand in den einzelnen
Fugen herab und ermöglichen hiedurch die Wasserzersetzung.
(Fig. 1.)

**Hartmann & Braun in Frankfurt a. M.-Bockenheim. — Phasen-
messer. — Classe 21, Nr. 96.039 vom 23. Jänner 1897.**

Ein drehbares System n¹ n², bestehend aus zwei fest mit
einander verbundenen Spulen, von denen die eine einen um 0⁰,
die andere einen um 90⁰ gegen die Spannung des zu prüfenden
Stromes phasenverschobenen Strom führt, wird derart von einem
Haupstromfeld N beeinflusst, dass ausser den beiden einander
entgegengesetzten Drehmomenten des vorgenannten Spulenpaares
keine weiteren Kräfte seine Einstellung direct der Winkel entnommen
werden kann, um welchen der die feste Spule durchfliessende
Hauptstrom gegen seine Spannung verschoben ist. (Fig. 2.)

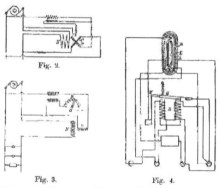

Fig. 2.

Fig. 3. Fig. 4.

**Hartmann & Braun in Frankfurt a. M.-Bockenheim. — Phasen-
messer. — Classe 21, Nr. 96.027 vom 19. Jänner 1897.**

Die Phase der beweglichen Spule n eines wattmeterartigen
Instrumentes kann mittelst regulirbarer Widerstände R gegen
diejenige der festen Spule N um zwischen 180⁰ und 0⁰ oder
zwischen 90⁰ und 0⁰ liegende Winkel verschoben werden; sie
wird so eingestellt, dass beim Hinzutreten einer Verschiebung im
Haupstrom der totale Phasenwinkel zwischen den beiden Strömen
genau zwischen 90⁰ oder 0⁰ beträgt. — Eine auf dem Regulirwiderstande angebrachte Scala gestattet die directe Ablesung des
Verschiebungswinkels. (Fig. 3.)

**Hartmann & Braun in Frankfurt a. M.-Bockenheim. — Mess-
geräth zur Bestimmung der Gleichphasigkeit der Spannungen
zweier Wechselströme von gleicher Periode. — Classe 21,
Nr. 96.040 vom 7. August 1897.**

Die bewegliche Spule A wird von der einen und die feste
Spule B von der zweiten Spannung so mit Strom gespeist, dass
die Stromverschiebung bei einer Verschiebung der Spannungen
um 0⁰ oder 180⁰ im Instrument 90⁰ beträgt und dadurch bei 0⁰
Verschiebung der Spannungen das Drehmoment zwischen den
Spulen Null wird. — Dagegen wird die Nullstellung bei 180⁰
Verschiebung der Spannungen durch eine zweite feste Spule E
dadurch verhindert, dass diese nur in der Nähe dieser Verschiebung Strom durch selbstthätige Einschaltung D G N von der
zweiten Spannung so erhält, dass ein von Null verschiedenes
Drehmoment ausgeübt wird. (Fig. 4.)

**Hartmann & Braun in Frankfurt a. M.-Bockenheim. — Schal-
tung zur Erzielung einer Phasenverschiebung von 90⁰ oder
mehr zwischen zwei Wechselstromkreisen. — Classe 21,
Nr. 97.379 vom 6. December 1896.**

Der eine der beiden Stromkreise A B C und a b, zwischen
denen 90⁰ Phasenverschiebung erzeugt werden soll, wird gleichzeitig von den übereinander gelagerten Strömen der Primär- p
und der Secundärwickelung s eines Transformators durchflossen,
wodurch eine Phase resultirt, die zwischen der des Primär- und
der des Secundär-Transformatorstromes liegt. (Fig. 5.)

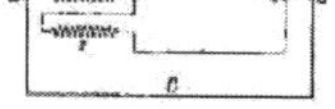

Fig. 5. Fig. 6.

**Paul Herrmann in Berlin. — Gesprächszähler für Fernsprecher.
— Classe 21, Nr. 97.618 vom 28. März 1897.**

Das Einzahnrad i eines Uhrwerkes wird beim Drehen der
Inductionskurbel k vermittelst einer, auf der Inductorskurbel-
welle l sitzenden Daumenscheibe d, welche gegen den drehbaren
mit einer Rolle r versehenen Winkelhebel s w stösst, ausgelöst.
— Nach erfolgter Auslösung kann die Inductorkurbel innerhalb
eines bestimmten, durch die Umlaufsdauer des Rades i geregelten
Zeitraumes behufs Erreichung der gewünschten Verbindung beliebig oft gedreht werden. (Fig. 6.)

**Industriewerke Kaiserslautern, G. m. b. H. in Kaiserslautern.
— Galvanisches Element. — Classe 21, Nr. 97.712 vom
14. August 1897.**

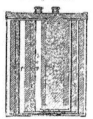

Fig. 7.

Der mit depolarisirender Masse a gefüllte und unten durch
eine Metallplatte verschlossene Braunsteincylinder b steht auf
isolirender Unterlage in dem Zinkcylinder c, der an seiner Aussenseite einen Kupferüberzug k trägt und excentrisch in einen zweiten
Braunsteincylinder f derart eingesetzt ist, dass er an diesem auf einer
Mantellinie berührt. Der zwischen beiden verbleibende Raum ist
mit depolarisirender Masse g gefüllt. Dieses Ineinanderschachteln
kann je nach der verlangten Spannung fortgesetzt werden. (Fig. 7.)

**James D. Darling und Charles Leland Harrison in Philadelphia.
— Diaphragma für elektrolytische Apparate. — Classe 40,
Nr. 97.166 vom 29. September 1897.**

Um für die schmelzflüssige Elektrolyse Diaphragmen zu
erhalten, die weder von dem Elektrolyten, noch von seinen Zer-

setzungsproducten merklich angegriffen werden, werden die hiezu zu verwendenden Materialien (Magnesia, Calciumoxyd, Bariumoxyd oder ein Gemenge derselben) im elektrischen Ofen geschmolzen, die glasartigen Oxyde, die fast völlig unangreifbar geworden sind, werden zerkleinert und als Füllung für die Diaphragmenbehälter benutzt. Eine besonders zweckmässige Anordnung derselben stellt die nebenstehende Figur dar. *A A* sind zwei durchlochte, ineinander gehängte Eisenblechbehälter mit vollem Boden *B B*. Der Zwischenraum *C* zwischen den beiden Behältern wird mit dem verglasten und gekörnten Oxyde ausgefüllt und das Ganze sodann durch einen Ring *D* geschlossen. (Fig. 8.)

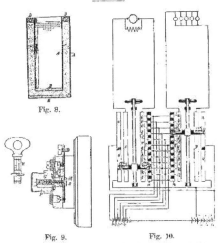

Fig. 8.

Fig. 9.   Fig. 10.

Actien-Gesellschaft Elektricitätswerke (vorm. O. L. Kummer & Co.) in Niedersedlitz b. Dresden. — Schmelzsicherung mit Einrichtung zur Verhütung des Einsetzens zu starker Schmelzpatronen. — Classe 21, Nr. 97.142 vom 26. Mai 1897.

Die Einrichtung soll das Einsetzen falscher Schmelzpatronen an solchen Schmelzsicherungen verhüten, bei denen Patronen mit zu starkem Schmelzdraht stromleitend nicht eingesetzt werden können.

Die die Patrone *P* aufnehmende Schraubenspindel *S* wird durch eine gegen Verschiebung gesicherte Mutter *M*, die nur für einen geeigneten, mit Scala versehenen Schlüssel *K* zugänglich ist, derart in ihrer Höhenlage verstellt, dass die herausragende Gewindelänge der Spindel *S* den entsprechenden Gewindelängen *G* in den Patronen angepasst werden kann.

Georg J. Erlacher und M. A. Besse in Winterthur, Schweiz. — Schaltungsweise nach Patent Nr. 95.355 für Doppelzellenschalter. Zusatz zum Patente Nr. 95.355 vom 16. April 1896. — Classe 21, Nr. 96.721 vom 29. Juni 1897.

Die Erfindung bezieht sich auf eine Ausführungsform der Schaltungsweise nach Patent Nr. 95.355 für Doppelzellenschalter. Bei derselben sind die Einzelzellen *z¹* bis *z⁹* an die paarweise unter einander verbundenen Stromschlussstücke *a* bis *m* der beiden Schaltvorrichtungen und die Zellengruppe *z⁶* bis *z¹¹* an die von einander isolierten Schienenpaare *n n* und *o o* angeschlossen.

Hierbei vermittelt der Stromschlussschlitten der einen Schaltvorrichtung die Verbindung der Einzelzellen und der Zellengruppe mit den an die Lichtleitung angeschlossenen Schienen *q q* und der Schlitten der anderen Schaltvorrichtung der Einzelzellen und Zellengruppe mit den an die Maschine angeschlossenen Schienen *r s*. (Fig. 10.)

Geschäftliche und finanzielle Nachrichten.

Oesterreichische Gasglühlicht- und Elektricitäts-Gesellschaft. Die österreichische Gasglühlicht-Gesellschaft wurde am 27. v. M. behufs Annahme der von der Regierung genehmigten neuen Gesellschaftsstatuten zu einer ausserordentlichen Generalversammlung einberufen. Die Gesellschaft, deren Firma nunmehr „Oesterreichische Gasglühlicht- und Elektricitätsgesellschaft" lautet, hat die Erfindung von Herrn Dr. Carl A u e r v. Welsbach, bestehend in einer elektrischen Lampe, sammt allen aus dieser Erfindung erfliessenden Rechten, insbesondere Patentrechten für die Länder der östlichen Hemisphäre erworben und übergibt dem Erfinder als Entgelt 2000 Stück zu emittirender Actien à 1000 fl. Das Gesellschaftscapital wird nun 3½ Mill. Gulden betragen, bestehend aus 1500 Stück Actien erster Emission von je 1000 fl. (Stammactien) und aus 2000 Stück Actien zweiter Emission à 1000 fl. (Actien lit. *B*). Die Gesellschaft wird nunmehr zwei Unternehmungen betreiben, und zwar: das bisherige Beleuchtungssystem des „Auer"schen Gasglühlichtes (Unternehmung *A*) und parallel mit derselben den Betrieb der elektrischen Lampe (Unternehmung *B*). Die Besitzer der 1500 Stück Stammactien haben das ausschliessliche Recht auf das Vermögen und die Erträgnisse der Unternehmung *A* und überdies das Recht auf drei Siebentel des Vermögens und der Erträgnisse der Unternehmung *B*. Die von Dr. Adolph G a l l i a geleitete Generalversammlung genehmigte ohne Discussion die neuen Statuten.[*]

Elektricitätswerke vormals O. L. Kummer & Co. Das Ministerium des Innern hat im Einvernehmen mit dem Handelsministerium der Actien-Gesellschaft Elektricitätswerke vormals O. L. K u m m e r & Co. in Dresden die Bewilligung zum gewerbsmässigen Betriebe in dem österreichischen Reichsrathe vertretenen Königreichen und Ländern mit der Niederlassung ihrer Repräsentanz in Teplitz-Schönau-Turn für die Dauer ihres rechtlichen Bestandes im Heimatslande ertheilt. Die genannte Gesellschaft verfügt über ein Grundcapital von 7,500.000 Mk., welches in 7500 Actien zu je 1000 Mk. zerlegt ist. Gegenstand des Unternehmens ist der Betrieb der Fabriks- und Werksanlagen für Elektrotechnik, Mechanik und Maschinenbau in Niedersedlitz bei Dresden.

Eisenbahnsignal-Bauanstalt Max Jüdel & Co. Unter dieser Firma ist in Braunschweig eine Aetiengesellschaft errichtet worden, welche die Uebernahme und Weiterführung der in Braunschweig domicilirenden Commanditgesellschaft Max J ü d e l & Co. bezweckt. Das Grundcapital der Gesellschaft beträgt 4 Millionen Mark.

„Trust électrique" Brüssel. Am 25. v. M. hat sich in Brüssel eine neue Gesellschaft unter dieser Firma gebildet mit einem Actien-Capital von 10 Millionen Francs. An der Spitze stehen der Crédit Général Liégeois und der Administrateur-Délégué der Lütticher Internationalen Elektricitäts-Gesellschaft, die mit einem Apport von 3½ Millionen Antheil nehmen. Dieser Apport besteht in Uebernahme der elektrischen Societäten in Moskau, Rostow und Jekaterinenburg durch die neue Gesellschaft; ausserdem sollen verschiedene neue Geschäfte das abschlussreif sein, so u. A. die Beleuchtung der Vorstadt Ixelles.

Bayerische Elektricitätswerke, Act.-Ges. in München. Am 26. v. M. wurde in München unter der Firma „Bayerische Elektricitätswerke" eine Actien-Gesellschaft mit einem Actiencapital von 4,000.000 Mk. gegründet unter der Mitwirkung der Actiengesellschaft für Elektricitätsanlagen in Köln, der Pfälzischen Bank in München, der Bankhäuser Adolf B ö h m in Landshut, Sal. O p p e n h e i m & Co, in Köln und J. L. E l t z b a c h e r & Co. in Köln. Zu Mitgliedern des Aufsichtsrathes wurden bestellt die Herren J. K r a p p, Director der Pfälzischen Bank in München (Vorsitzender), Geheimer Baurath S t ü b b e n in Köln (stellvertretender Vorsitzender), ferner J. B ö h m, Landshut, Dr. Franz Paul Dattorer, Freising, Rechtsanwalt E. E l t z b a c h e r, Köln, J. Ch. K l ö p f e r, München, Bürgermeister M a r s c h a l l, Landshut, Frhr. Ed. v. O p p e n h e i m, Köln, und Stadtverordneter Fried. S c h m a l b e i n, Köln. Zum Vorstand wurde Herr Otto S c h a l t e r, Oberingenieur in Frankfurt a. M., ernannt. Der Charakter des neuen Unternehmens wird den „M. N. N." zufolge, nach Art der Continentalen Gesellschaft für elektrische Unternehmungen in Nürnberg. Feste Beschlüsse über den Erwerb der genannten Werke liegen aber noch nicht vor.

[*] Siehe pag. 379. **Elektrische Glühlampe von Auer v. Welsbach.**

Schluss der Redaction: 2. August 1898.

Verantwortlicher Redacteur: Dr. J. S a h u l k a. — Selbstverlag des Elektrotechnischen Vereines.
Commissionsverlag bei Lehmann & Wentzel, Wien. — Alleinige Inseraten-Aufnahme bei Haasenstein & Vogler (Otto Maass), Wien und Prag.
Druck von R. Spies & Co., Wien.

Zeitschrift für Elektrotechnik.

Organ des Elektrotechnischen Vereines in Wien.

Heft 33.   WIEN, 14. August 1898.   XVI. Jahrgang.

Bemerkungen der Redaction: Ein Nachdruck aus dem redactionellen Theile der Zeitschrift ist nur unter der Quellenangabe „Z. f. E. Wien" und bei Originalartikeln überdies nur mit Genehmigung der Redaction gestattet.
    Die Einsendung von Originalarbeiten ist erwünscht und werden dieselben nach dem in der Redactionsordnung festgesetzten Tarife honorirt. Die Anzahl der vom Autor event. gewünschten Separat-abdrücke, welche zum Selbstkostenpreise berechnet werden, wolle stets am Manuscripte bekanntgegeben werden.

INHALT:

Anschalt-Telephone mit Selbstinductionsspule.

Von F. Bechtold.

Auf Grund eines unlängst erflossenen Eisenbahn-Ministerial-Erlasses wird auf den österreichischen Eisenbahnen, behufs Sicherung des Verkehres von Folgezügen, anstatt des bisher üblichen Fahrens in Zeitdistanz, nunmehr das Fahren in Raumdistanz platzgreifen.

Diese Reform bedingt eine wesentliche Vermehrung der elektrischen Bahneinrichtungen.

Während für Strecken mit dichtem Zugsverkehre die Errichtung von Blocksignalen nach bekannter und bewährter Type in Aussicht genommen wurde, genügt auf minder frequenten Strecken, falls die Entfernung zweier Nachbarstationen von einander so gross ist, dass das Fahren in Stationsdistanz nicht möglich ist, die Einschaltung eines oder mehrerer sogenannter „Zugmeldeposten."

Für die Verständigung dieser Zugmeldeposten mit der Nachbarstation können Telegraphen- oder Telephon-Apparate dienen, doch sind dieselben so einzurichten, dass die Verständigung nur zwischen je zwei benachbarten Zugmeldestellen (Zugmeldeposten, Station) erfolgen kann.

Es liegt nun wohl auf der Hand, dass man für diesen Zweck dem Telephon den Vorzug geben wird.

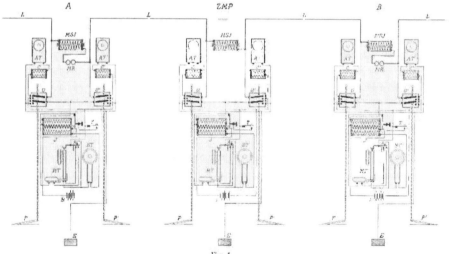

Fig. 1.

da dessen Bedienung die denkbar einfachste und
rascheste ist. Ferner liegt es nahe, um den kostspieligen
Bau eigener Leitungen für diesen Zweck zu vermeiden,
sich hiefür der bereits bewährten und in vielen Fällen
in Verwendung stehenden „Anschalt-Telephone"
zu bedienen.

Mit diesen Anschalt-Telephonen
kann aber in ihrer derzeitigen Construction der vorstehend angeführten Bedingung, wonach die Verständigung nur zwischen je
zwei benachbarten Zugmeldestellen möglich sein soll,
nicht entsprochen werden.

Schaltet man nämlich mehrere solcher Anschalt-
Telephone an eine Telegraphenlinie an, so wird bekanntlich der von einer dieser Stationen gegebene telephonische Anruf von allen übrigen angeschalteten Stationen gehört werden, was zu schwer wiegenden Miss-
verständnissen führen könnte. Der gleiche Uebelstand
macht sich auch bei telephonischen Gesprächen geltend.

In Nachstehendem ist nun mein
neues Anschalt-Telephon beschrieben,
welchem dieser Mangel nicht anhaftet.

Die Schaltungsskizze (Fig. 1) stellt zwei Stationen
A und B und einen dazwischen befindlichen Zugmeldeposten ZMP dar. In alle drei Stellen ist die Telegraphenlinie L eingeführt, in welche in A und B je
ein completer Morsetelegraphen-Apparatsatz, welcher
zur Vereinfachung der Skizze nur durch das Morse-
Relais MR angedeutet erscheint, und überdies in A,
MZP und B je ein Elektromagnet MSJ eingeschaltet,
dessen Zweck später beschrieben wird. AT und C C
sind Anruf-Telephone mit Schalttrichtern und C C
Condensatoren, welche Apparate, wie die Skizze zeigt,
einerseits in die Telegraphenlinie eingeschaltet, andererseits mit der Erde verbunden sind. Die Umschalter U
und U' werden durch Niederdrücken der Pedale P
und P' bethätigt. Die Functionen des Inductorium J,
des Tasters T, des Hörtelephon HT, des Mikrotelephon
MT, des Automat-Umschalters A und der Batterie B
können als bekannt vorausgesetzt werden.

Der in allen drei Stellen direct in die Telegraphenlinie eingeschaltete Elektromagnet MSJ besitzt
bei geringem Ohm'schen Widerstande eine sehr hohe
Selbstinduction, welche den Uebergang von Inductionsströmen über diese Spule hinaus verhindert.

Es sei nun beispielsweise angenommen, die Station A wollte sich mit dem Zugmeldeposten ZMP in
Correspondenz setzen. Zu diesem Behufe setzt der
Diensthabende in A den rechten Fuss auf das Pedal P
und gibt gleichzeitig mittelst des Tasters T das vorgeschriebene Signal, welches auf dem Anruf-Telephon
AT in ZMP hörbar wird, wogegen das daneben befindliche Anruf-Telephon AT', sowie die Anruf-Telephone
AT der Stationen A und B infolge der früher geschilderten Selbstinductionswirkung der dazwischen
liegenden Elektromagnete MSJ stumm bleiben. Das
Anruf-Telephon AT der Station A kann bei dieser
Signalabgabe auch nicht ertönen, weil dasselbe durch
Bethätigung des Umschalters U' vollständig abgeschaltet ist.

Der Diensthabende in ZMP gibt hierauf, unter
Niederdrücken des Pedals P mit dem linken Fusse
auf dem Taster T das Rücksignal, welches in A, falls
dessen Pedal P' mittlerweile enthastet wurde, am Anruf-Telephon AT', andernfalls aber nur an seinem Inductorium J, beziehungsweise am Hör-Telephon HT
hörbar wird.

Hierauf erfolgt die auf diese Weise eingeleitete
telephonische Correspondenz, unter unausgesetztem Nie-
derhalten der betreffenden Pedale, von welcher aber
ebenfalls weder in B noch in dem etwa vor A liegenden Zugmeldeposten über die Elektromagnete MSJ hinweg etwas zu hören ist.

Zu erwähnen ist noch, dass der Zugmeldeposten
ZMP, während seiner Telephon-Correspondenz mit A,
von B auf dem Anruf-Telephon AT' angerufen
werden kann, ohne dass erstere hiedurch irgendwie
gestört werden würde, was übrigens im Hinblicke auf
die früher geschilderte Wirkung der Selbstinductionsspulen MSJ selbstverständlich ist.

Schliesslich sei noch bemerkt, dass auch mehrere
Zugmeldeposten in der geschilderten Weise zwischen
je zwei Stationen angeordnet werden können.

Bericht über den dritten internationalen Congress für angewandte Chemie, Wien 1898.

Sitzung am 29. Juli 1898.

Vorsitzender: Dr. Kellner.

Professor Moissan ergreift das Wort zu seinem
Vortrage: „Préparation et propriétés du calcium
pur et cristallisé."

Referent gibt zunächst eine Uebersicht über die
bisherige Literatur des Calciums. Er erwähnt die
Arbeiten von Humphry Davy, Matthiessen,
Lies-Bodart, Jobin, Somstadt Caron und
Winkler. Letzterer hatte zuerst die Bildung von
Caleiumhydrür beobachtet. Als Schwierigkeiten bei der
Darstellung reinen Calciums stellt Referent hin:

1. Bei der Elektrolyse eines Gemisches von Calcium
und Alkalisalz scheidet sich zuerst das Alkalimetall ab
und beeinträchtigt den Verlauf der Reaction.

2. Bei der chemischen Reduction von Calciumsalz
durch ein Alkalimetall ist das erhaltene Calcium alkali-
haltig.

3. Weder von Alkalimetall, noch von Quecksilber
lässt sich das Calcium durch Erhitzen in indifferenten
Gasen reinigen, da es sich sowohl mit Wasserstoff, wie
mit Stickstoff zu krystallisirten Körpern verbindet.
Daher konnten auch frühere Forscher kein reines Calcium erhalten, höchstens Producte mit 93% Ca.

Referent stellt reines Calcium auf folgende
Arten dar:

1. Durch Reduction von Calciumjodid mit einer
dreimal so grossen Menge Natrium als theoretisch
erforderlich ist. Das Calcium hat nämlich die Eigenschaft, sich in geschmolzenem Natrium bei dunkler Rothgluth aufzulösen und beim Erkalten krystallinisch zu
erstarren. Der Versuch wird ausgeführt, indem man das
Gemisch von Calciumjodid und Natrium in einem Eisen-
tiegel mit festgeschraubtem Deckel eine Stunde auf
dunkle Rothgluth erhitzt. Den Regulus behandelt man
nach dem Erkalten mit absolutem Alkohol; man führe
die Operation schnell aus, damit nur das Natrium als
Aethylat in Lösung geht und nur Spuren von Calcium
gelöst werden.

Die Ausbeute von Ca. ist ca. 50% der theoretischen.
Das so erhaltene Metall ist ein weisses glänzendes
Pulver; unter dem Mikroskop bemerkt man, dass es
aus hexagonalen Krystallen besteht. Die Analyse ergab
98·9—99·2% Ca.

2. Ferner erhält man Calcium durch Elektrolyse
von geschmolzenem Calciumjodid in Gestalt von Kry-

stallen oder geschmolzenen Kügelchen. Die Kathode bildet ein Nickeltiegel. während ein Graphiteylinder als Anode sich in einer grossen Thonzelle befindet. Stromverhältnisse sind: 40 V bei 2 A pro cm^2 der Elektrodenfläche. Die entwickelte Stromwärme hält den Elektrolyten geschmolzen.

Das Calcium ist weiss, lässt sich schmieden, in Formen pressen und zu Draht ausziehen. Seine Reaction mit Wasser- und Sauerstoff sind bekannt. Von Interesse sind die Verbindungen mit Wasserstoff und Stickstoff.

C a l c i u m h y d r ü r. Bei gewöhnlicher Temperatur wirkt Wasserstoff auf Calcium nicht ein. Bei dunkler Rothgluth verbindet es sich jedoch mit Calcium unter Erglühen; die eingeleitete Reaction geht von selbst fort und ein Theil des Hydrürs schmilzt dabei. Das Hydrür entspricht der Formel Ca H_2. Es ist ein weisses Pulver oder geschmolzen eine weisse krystallinische Masse, die unter dem Mikroskop deutlich Krystalle erkennen lässt. Es ist sehr reactionsfähig. Die Halogene zersetzen es unter Erglühen nach der Formel: Ca H_2 + 4 Cl = = Ca Cl_2 + 2 HCl. Aus Alkalichloriden und -fluoriden setzt es beim Erhitzen das Alkalimetall in Freiheit. In Sauerstoff verbrennt es unter so enormer Wärmeabgabe. dass das gebildete Calciumoxyd schmilzt, was doch bisher nur im elektrischen Lichtbogen gelang. Das Hydrür zersetzt Wasser nach der Formel Ca H_2 + + 2 H_2O = Ca $(OH)_2$ + 2 H_2.

C a l c i u m n i t r i d. $Ca_3 N_2$ bildet sich analog wie das Hydrür. es findet Erglühen statt, doch ist die Reaction nicht so energisch. Es ist bronzegelb gefärbt und ist von früheren Forschern für das Metall gehalten worden. Aus krystallisirtem Calcium erhalten. ist es durchscheinend und braun im durchfallenden Lichte. Ein Gehalt von Hydrür verleibt ihm hellere Farbe. Im Wasserstoffstrom erhitzt. liefert das Nitrid Ammoniak und Hydrür. Wasserstoff treibt also Stickstoff aus seiner Calciumverbindung aus. Chlorwasserstoff reagirt unter Bildung von Salmiak und Chlorcalcium. Mit Wasser gibt es Calciumhydroxyd und Ammoniak nach der Gleichung: $Ca_3 N_2$ + 6 H_2O = 3 Ca $(OH) 2$ + 2 N H_3.

Sitzung der Section XII am 30. Juli 1898.

Vorsitzender: *Dr. Kellner.*

Nach Verlesung des Einlaufes ergreift das Wort Herr Ober-Ingenieur E n g e l h a r d t zu seinem Vortrag über E r f a h r u n g e n a u f e l e k t r o c h e m i s c h e m G e - b i e t e. Redner entschuldigt sich zunächst, dass er über sein eigentliches Thema. nämlich die Besprechung des Say-Gramme'schen Zucker - Raffinationsverfahren. aus Rücksichten geschäftlicher und commercieller Natur nur allgemeine Angaben machen könne. Das Verfahren wird noch in der Campagne dieses Jahres in einer deutschen Zuckerfabrik in Betrieb gesetzt und werden Details nach Erprobung desselben veröffentlicht werden. Referent hatte als Sachverständiger Gelegenheit, das Verfahren in einer egyptischen Rohrzuckerfabrik in Betrieb zu sehen, doch dürfte es bei Rübenzucker noch bessere Resultate ergeben. Nach dieser Arbeitsweise fallen alle bisherigen Operationen zwischen der Diffusion und dem Eindampfen des Saftes weg, wie die Filtration durch Knochenkohle, die Behandlung mit Kalk. Saturation u. s. w. Die Betriebskosten sind zwar hoch, doch stellt sich trotzdem wegen bedeutender Vereinfachung die Fabrikation viel billiger. — Hierauf bespricht Referent die elektrolytische Erzeugung von Kupfergeschirren nach den neuesten Patenten von N u s s b a u m.

Das graphitirte Modell ist bei diesem Verfahren mit einem konischen Zapfen in Verbindung steht. welches mit einem Druckrohr in Verbindung steht. Auf dieses Modell schlägt man nun das Kupfer in beliebig starker Schicht nieder. Hierauf drückt man mittelst einer Handpumpe Wasser in das Druckrohr. Das Wasser dringt durch den feinen Spalt des Ventils zwischen Modell und Niederschlag, und indem es keilförmig immer weiter vordringt, löst es den Niederschlag glatt und sicher von der Unterlage ab.

Referent zeigt Proben von derart erzeugten Geschirren verschiedenster Art. Die kleine Anlage des Erfinders in Krain hatte Referent Gelegenheit in Augenschein zu nehmen. Bei billiger Wasserkraft wird nach des Referenten Ansicht das Geschirr mit gehämmerten, jedenfalls mit emaillirten Eisenwaaren in vielen Fällen erfolgreich concurriren können. Man hat es hiebei in der Hand. dem Niederschlag an beliebiger Stelle jede gewünschte Dicke zu ertheilen.

Darauf folgt der Vortrag des Herrn General-Directors Dr. K e l l n e r:

Nach einigen einleitenden Worten erklärt Referent über die E l e k t r o l y s e d e r C h l o r a l k a l i e n sprechen zu wollen.

So einfach die Elektrolyse der Chloralkalien im Princip auch sein mag, so schwierig gestaltet sich die Construction von Apparaten. die nicht nur den Grossbetrieb, sondern auch den Dauerbetrieb aushalten. Die Construction dieser Apparate hat sich nach drei Richtungen hin entwickelt. Es sind erstens Apparate mit Diaphragmen, zweitens zur Elektrolyse im Schmelzfluss und drittens mit Quecksilber als Kathode. Von den Diaphragmen bezeichnet Redner als die besten solche aus festem Salz, ferner Seife und endlich Cement. Besonders letztere werden in einigen deutschen Fabriken heute noch angewendet und sollen sich bewähren. Ein Nachtheil der Diaphragmenprocesse ist die Complicirtheit der Apparate. sowie der grosse Widerstand der Diaphragmen, welcher die Anzahl der zur Production eines gegebenen Quantums nöthigen Apparate unverhältnismässig vermehrt. Die Methoden. die auf der Elektrolyse im Schmelzfluss basiren, erklärt Redner als noch nicht reif zum Grossbetrieb. Er hebt indessen hervor. dass manchem derselben ein guter Gedanke zu Grunde liegt, wie z. B. dem Verfahren von V a u t i n, welcher mit geschmolzenem Blei oder Zinn als Kathode arbeitet. und sei es nicht ausgeschlossen. dass man in der Zukunft noch einmal darauf zurückkommt. Nun zu Apparaten mit Quecksilberkathode übergehend, spricht Redner zuerst von den Schwierigkeiten des Verfahrens. Das gebildete Amalgam befindet sich an der Oberfläche und muss erst von dort mit Hilfe geeigneter Circulationsvorrichtungen in den Zersetzungsraum befördert werden. Ferner hält bei den hoch angewandten Stromdichten die Zersetzung des Amalgams nicht gleichen Schritt mit dessen Bildung. Er beschreibt den Apparat von Sinding-Larsen, dessen Uebelstand die mangelhafte Circulation des Quecksilbers ist. C a s t n e r verwendet einen dreitheiligen Elektrolyser und lässt ihn durch einen darunter angebrachten Excenter bald nach der einen, bald nach der anderen Seite neigen. wodurch das Amalgam aus den Anodenraum in die Zersetzungszelle und wieder retour befördert wird. In eigenartiger Weise wurde die Circulation in einem vom Referenten erfundenen Apparate bewirkt. Der Anodenraum ist in Form einer Glocke ausgebildet.

welche über das Quecksilber hinweggezogen wird, so dass das Amalgam bald mit Chlornatriumlösung, bald mit Wasser in Berührung kommt. Um das Amalgam genügend rasch zersetzen zu können, sind verschiedene Methoden in Vorschlag gebracht worden. Hermite zersetzt es mit heissem Wasser, nach dem neuesten Patent der Fabrik Electron wird das Amalgam durch einen Dampfstrahl zerstäubt und auf diese Weise zersetzt, worauf das Quecksilber wieder in den Anodenraum zurückkommt. Nach einem Vorschlage des Referenten wird das Amalgam in der Zersetzungszelle an eine Eisenkathode kurzgeschlossen. In dem auf diese so einfache Weise entstehenden galvanischen Element wird das Amalgam zur Anode und zersetzt sich ungemein rasch. Ein enormer Vortheil dieser Anordnung ist es, dass sich der Wasserstoff nunmehr nicht am Quecksilber, sondern an der Eisenkathode abscheidet. Dadurch nämlich, dass sich der Wasserstoff an der Oberfläche des Quecksilbers entwickelt, wird dieses in kleine Tröpfchen zertheilt, die nicht mehr zusammenfliessen. Gelangt dieser sogenannte Quecksilbermull in den Anodenraum, so schalten sich diese kleinen Kügelchen bipolar und geben so zur Bildung von Quecksilberchlorid und zu Verlusten an Quecksilber Anlass. Durch den Kellner'schen Kurzschluss ist dies vermieden. Bei Verwendung von Quecksilberkathoden arbeitet man mit über 90% Nutzeffect. Um auch die letzten Percente herauszubringen, haben Solvay in Brüssel eine sinnreiche Anordnung erfunden. In ihrem Apparate fliesst eine concentrirte Kochsalzlösung über die Quecksilberoberfläche hinweg, so dass die Kathode nur mit chlorfreiem Elektrolyt zusammenkommt und infolge dessen keine Rückzersetzung eintritt. Referent erwähnt zum Schlusse, dass die Quecksilberverfahren auch in sanitärer Hinsicht nichts zu wünschen übrig lassen und glaubt, dass diese ihre Stelle im Grossbetriebe behaupten werden.

Sitzung der Section XII am 1. August 1898.

Vorsitzender: Ober-Ingenieur *Engelhardt*, Wien.

Prof. G. **Vortmann**, Wien, gibt eine Anregung, künftighin nur mehr einheitliche Bezeichnungen für die elektrochemischen Einheiten zu gebrauchen. Nach einer Discussion, an der sich Prof. Leblanc, Frankfurt und Dr. Wagner betheiligen, beschliesst die Section einstimmig, sich den von der Deutschen elektrotechnischen Gesellschaft bereits ausgearbeiteten Bezeichnungen anzuschliessen. Auf Antrag des Vorsitzenden wird Prof. Leblanc als Delegirter des Congresses in die Commission entsendet, deren Mitglied er bereits ist.

Prof. Moissan ergreift das Wort und berichtet über eine Arbeit von P. Lebeau, betitelt: „Préparation electrolytique du Glucinium et de ses alliages et préparation des alliages du Glucinium au four électrique."

¹ Bisher scheint das metallische Beryllium nur durch Einwirkung von Alkalimetallen auf seine Salze gewonnen worden zu sein. Vor Kurzem beschrieb zwar Warren eine elektrolytische Methode zur Darstellung von Beryllium. Auf diese Weise will er Metall erhalten haben, aus welchem Schmuckgegenstände für den Emir von Afghanistan erzeugt wurden; indessen scheint es, dass das von ihm zur Elektrolyse verwendete Berylliumbromid unrein war, da die geschmolzenen Halogensalze des Berylliums den Strom nicht leiten. Dagegen fand Lebeau, dass Doppelsalze von Beryllium und Alkalimetallen in geschmolzenem Zustande gute Leiter sind.

Er arbeitet mit Kaliumberylliumfluorid. Als Kathode dient ein Nickeltiegel, die Anode besteht aus graphitisirter Kohle. Nach der Elektrolyse mischt man den Inhalt des Tiegels rasch mit Wasser und trennt so das erhaltene Metall von dem unzersetzten Doppelfluorid.

Als Endproduct erhält man sehr glänzende sexagonale Krystalle von metallischem Beryllium. Sp. G. bei 15⁰ 1·73. Die chemischen Eigenschaften sind dieselben wie bei dem durch chemische Reduction hergestellten Metall. Hervorzuheben ist, dass das Beryllium sich bei sehr hohen Temperaturen mit Stickstoff, Bor, Silicium und Kohlenstoff verbindet. Beryllium-Carbid ist eine krystallisirte Substanz von der Formel Be_3C und liefert durch Zersetzung mit Wasser Beryllerde und Methan. Beryllium bildet mit vielen Metallen Legirungen, von denen die Kupferlegirung zur Zeit am genauesten untersucht ist. Schon 0·5% Beryllium verändert das Aussehen des Kupfers und verleiht ihm einen stärkeren Klang. Eine Legirung mit 1·32% von goldgelber Farbe wird in Drahtform vom Referenten vorgezeigt. Die elektrischen Constanten dieser Legirung werden bestimmt. Der Temperatur-Coëfficient ist positiv, und zwar ist er gleich 0·000241. Legirungen, die bis 10% Beryllium enthalten, sind fast weiss.

Hierauf referirt Moissan über eine Arbeit von P. Williams über die Darstellung von einigen Doppelcarbiden, sowie eines neuen Wolfram-Carbides im elektrischen Ofen. Die Arbeit hat vorwiegend wissenschaftliches Interesse.

Es wurden Carbide hergestellt von der Zusammensetzung:

$$2\,Fe_3\,C, \qquad 3\,Wo_2\,C,$$
$$3\,Fe_3\,C, \qquad 2\,Cr_3\,C^2,$$
$$Mo_2\,C, \qquad Fe_3\,C.$$

Diese Verbindungen sind krystallinische Pulver von metallischem Aussehen und zeichnen sich aus durch die grosse Beständigkeit gegen Königswasser.

Das Wolfram-Carbid hat die Formel $Wo\,C$, während das schon von Moissan dargestellte der Formel $Wo_2\,C$ entspricht.

Darauf spricht Herr Dr. René Lucion, Brüssel, über das Sodaverfahren von Hargreaves-Bird.

Referent hatte Gelegenheit, eine kleine nach diesem Systeme arbeitende Anlage zu besichtigen. Seiner Meinung nach arbeitet das Verfahren besser, als man nach den confusen Patentbeschreibungen erwarten sollte. Er skizzirt den Apparat, welcher aus einem schmalen Gefäss (3 m hoch, 5 m lang) besteht. Die beiden breiten Seiten werden durch Diaphragmen gebildet, an welche die Kathoden von aussen angedrückt sind. Das Diaphragma wird aus geschlämmtem Asbest, ähnlich wie Cellulosepappe, dargestellt und mit einer geheim gehaltenen Flüssigkeit imprägnirt. Die Kathoden bestehen aus Kupferdrahtnetzen, während die Anoden aus Gaskohle sind. An den Diaphragmen streicht fortwährend ein Strom von Dampf und Kohlensäure, wodurch aus dem heraustretenden Aetznatron Carbonat wird, welches von der Oberfläche des Diaphragmas abgespült wird.

Durch den Apparat giengen 4000 A bei 3·8 V Spannung. Die Diaphragmen sollen sehr haltbar sein. Vermöge der Construction des Apparates ist es möglich, in demselben sehr unreine Salzlösungen, sogar direct Solen, zu verarbeiten.

Hierauf wird die Sitzung geschlossen.

Sitzung der Section VIII am 29. Juli 1898.

Vortrag des Herrn Dr. Heinrich Paweck, betitelt: „Mittheilung zweier elektrolytischer Zinkbestimmungs-Methoden."

Referent verwendet eine in der Elektroanalyse bisher noch nicht eingeführte Form der Elektrode, die Drahtnetzform. Aus einem Messingdrahtnetz wurden mittelst einer Rundschneidemaschine Scheiben von 6 cm Durchmesser geschnitten, in deren Mittelmasche wird ein konisch zugefeilter Messingdrahtstift gesteckt. Netzdrahtstärke 0·5 mm, Maschengrösse 1 mm². Diese so geformte Elektrode wird als Kathode eingeschaltet und das Zink darauf niedergeschlagen. Will man es als Amalgam abscheiden, so amalgamirt man die Elektrode vor der Wägung. Sowohl auf die eine, wie auf die andere Art erhielt Referent schöne Niederschläge, Schwammbildung trat nie ein. Die erhaltenen Analysenzahlen beweisen zur Genüge die Brauchbarkeit der Methode. Der Vortheil bei dieser Anordnung liegt eben darin, dass die Gasblasen sich in der Kathode nicht ansetzen, sondern durch die Maschen des Netzes passiren können.

Referent will auch Versuche auf Platindrahtnetzen anstellen.

Eine vollständige Beschreibung des ganzen Analysenganges wird in der „Oesterreichischen Zeitschrift für Berg- und Hüttenwesen" veröffentlicht.

Wechselstrom-Zähler. [*]

Der nachfolgend beschriebene Zähler hat das Princip des Ferraris-Motors zur Grundlage, ist für einphasigen Wechselstrom bestimmt, besitzt Hauptstrom- und Spannungswicklung und berücksichtigt daher bei der Consummessung die Phasenverschiebung infolge inductiver Belastung.

Die allgemeine Anordnung ist aus den schematischen Skizzen Fig. 1 und Fig. 2 und aus der Schaltung Fig. 3 zu entnehmen.

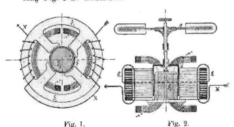

Fig. 1. Fig. 2.

Das lamellirte Armatureisen E_1 besitzt vier Pole mit seitlichen Ansätzen, alle nach derselben Richtung verlaufend. Dieser Eisenring ist mit zwei getrennten Wicklungen versehen, und zwar sind die Hauptstromwindungen H nach Gramme'scher Methode herumgelegt, während sich die Nebenschlussspulen N in Rahmen zwischen den Polstücken befinden. Der Nebenschluss wird mit einem regulirbaren inductiven Widerstand hinter einander geschaltet, so dass man die Stromstärke nach Bedarf verändern kann. Zwischen den vier Polen rotirt der inducirte Theil, in diesem Falle eine

[*] Nach „The Electrical Engineer", London, 15. Juli 1898.

einfache Kupferglocke, welche nur 50 gr wiegt. Durch den Thomson-Effect wird überdies das geringfügige Gewicht der Glocke fast ganz aufgehoben. Damit der magnetische Widerstand möglichst niedrig werde, befindet sich im Inneren der Glocke mit kleinem Luftzwischenraume der unbewegliche Eisenkern E_2. Die vom Motor geleistete Arbeit wird von der Bremsscheibe D aufgenommen, die zwischen den Polen eines permanenten Magneten rotirt.

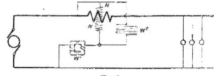

Fig. 3.

Die Empfindlichkeit des Zählers ist eine grosse, auch bei geringer Belastung. Dazu trägt wesentlich der Umstand bei, dass schon von vornherein durch den Nebenschlussstrom und die einseitigen Polhörner ein Drehmoment vorhanden ist, wenn auch die Serienwindungen noch stromlos sind. Dieses Drehmoment ist so gross, dass es gerade die Reibungswiderstände überwindet und die Glocke unter dem alleinigen Einflusse des Spannungsstromes laufen würde. Die Rotation darf jedoch erst beim Fliessen des Hauptstromes eintreten, weshalb an der Dämpfungsscheibe ein kleines Eisenstück angebracht ist, das von dem permanenten Magneten angezogen und festgehalten wird, so lange die drehende Kraft nicht durch die Serienwindungen verstärkt wird. Schaltet man den Hauptstrom ein, so vollführt die Scheibe nachher noch eine Umdrehung, bis eben das Eisenstück wieder unter dem Magnetpole stehen bleibt.

Die im Nebenschluss aufgewendete Arbeit kann vernachlässigt werden, denn sie übersteigt bei sorgfältiger Ausführung des Apparates kaum ein Watt. Die Genauigkeit der Angaben ist bei vielen ähnlichen Instrumenten. Ein Zähler, dessen Hauptstromwicklung für 10 A bemessen war, zeigte bei verschiedenen Belastungspunkten folgende Abweichungen:

Strom in Ampère	Fehler in Percent
0·19	+ 0·25
0·99	- 0·60
4·01	- 0·31
6·01	- - 0·25
9·97	+ 0·30

Die meisten Motorzähler, die nach dem Ferraris-Principe aufgebaut sind, z. B. die Apparate von Shallenberger, Duncan etc. nehmen keine Rücksicht auf die äussere, inductive Phasendifferenz, da die Spannungswicklung fehlt. Um inductive Ströme genau messen zu können, muss im Nebenschluss eine Phasenverschiebung um 90° vorhanden sein. Bei dem beschriebenen Instrumente wird dies angestrebt mit Hilfe des parallel geschalteten inductionsfreien Widerstandes W_2.

— nn —

Verkehr der österr.-ungar. Eisenbahnen mit elektrischem Betriebe
im II. Quartal 1898
und Vergleich des Verkehres und der Einnahmen des Jahres 1898 mit jenen des Jahres 1897.

Benennung der Eisenbahn	Durchschnittliche Betriebslänge im II. Quartal km		Spurweite m	Beförderte Personen im Monate 1898			Die Einnahmen für Personen und Gepäck betrugen im Monate 1898			Vom 1. Jänner bis 30. Juni 1898 beförd. Personen		Die Einnahmen betrugen vom 1. Jänner b. 30. Juni	
	1898	1897	m	April	Mai	Juni	April	Mai	Juni	1898	1897	1898	1897
a) Oesterreich													
Baden—Vöslau	8·03	8·03	normal	93.027	60.604	122.497	2.332	5.946	11.473	119.808	19.756	19.184	19.184
Biella—Zigeunerwald	4·84	4·84	1	18.081	36.195	52.042	1.380	3.631	5.494	88.237	14.991	14.991	12.788
Czernowitzer Strassenbahn . . .	6·49	6·49	1	77.685	92.360	85.140	4.299	4.788	4.788	413.895	22.838	22.838	—
Gmunden Bahnhof—Stadt . . .	9·53	9·53	1	6.757	8.921	10.125	736	971	1.319	40.471	40.471	35.195	4.783
Graz—Maria Trost (Pölting) . .	3·94	3·94	1	99.353	63.160	59.318	5.569	8.699	6.398	257.473	35.195	35.195	—
Lemberger elektrische Eisenbahn .	8·83	8·83	1	350.682	415.416	170.188	15.583	22.016	16.674	745.070	58.450	†)	†)
Linz—Urfahr	3·10	3·10	1	122.804	127.701	170.188	8.075	10.517	16.674	159.631	18.660	18.660	†)
Mödling—Brühl	4·43	4·43	1	16.384	43.603	68.806	2.076	6.408	8.401	18.660	18.941	1.156	1.156
Prager Strassenbahnen	7·78	7·78	normal	489.171	534.243	334.401	20.243	24.396	29.098	704.497	704.182	44.223	44.012
Prag - Vysočan mit Abzweigung Lieben .	5·54	5·54	1	2.529	9.101	9.090	902	749	638	19.711	19.711	1.389	1.433
Prag (Holešovice)—Bubeneč (Thiergarten) .	1·37	1·37	1	75.401	96.861	96.774	3.841	3.988	3.983	448.900	448.900	14.950	—
Prag (Smíchov)—Košíř	2·80	2·80	1	76.810	112.042	118.042	6.683	6.603	6.693	661.500	661.500	29.703	—
Reichenberger elektrische Strassenbahnen .	3·41	3·41	1	71.378	92.702	86.398	6.416	18.651	18.651	144.864	259.703	15.734	—
Teplitz—Eichwald	8·93	9·93	1	71.378	92.702	86.398	6.416	18.651	18.651	458.965	48.107	119.635	48.107
b) Ungarn													
Budapester Strassenbahn (elektrische) . .	46·9	46·6	normal	3.878.461	3.871.330	3.882.166	228.670	273.341	274.914	*)3.442	*3.449	735.198	787.129
...-er elektrische Stadtbahn . . .	38·1	25·9	—	482*)	668*)	453*)	129.690	135.924	192.446	17.101.777	9.638.346	177.198	192.132
Franz Josef elektr. Untergrundbahn (Budapest) .	3·7	3·7	—	1.608.929	1.828.981	1.821.864	29.977	31.326	31.326	17.101.777	1.773.730	177.374	171.411
Budapest - Neupest - Rákospalotaer elektrische Strassenbahn .	19·7	19·7	1	969.772	359.351	313.239	90.975	90.907	90.907	*)59.356	109.222	109.080	99.080
Budapest-Umgebung elektrische Bahn. .	4·6	4·6	1	7.901*)	8.662*)	8.258*)	18.494	20.904	20.904	*)8.461	111.147	11.147	10.647
Miskolczer elektrische Stadtbahn . . .	7·3	3·3	1	242.741	277.798	243.728	7.306	2.904	4.007	130.461	21.591	21.591	—
Pressburger elektrische Stadtbahn . .	6·91	—	1	1.319*)	1.005*)	900*)	3.680	5.974	7.602	273.616	87.257	87.257	26.692
Szabadkaer (Maria Theresiopoler) elektrische Stadtbahn .	10·2	—	1	21.950	99.705	92.117	6.628	7.874	7.874	563.645	565.645	—	—
Szombathelyer (Steinamanger) elektrische Bahn. .	2·1	1·8	1	48.528	57.305	51.970	5.043	5.193	5.193	144.864	6.892	15.734	—
c) Bosnien-Herzegowina													
Stadtbahn in Sarajevo	3·7	4·9	0·76	86.092	98.713	†)	3.682	4.278	†)	119.635	6.892	6.892	1.829
Summe	191·8									1.370.574	1.064.658	1.064.658	787.129

†) Kein Ausweis vorhanden. — †) Kein Ausweis vorhanden in Sarajevo. — *) Güter in Tonnen. — *) Güter in Tonnen. — **) Gilt nur vom Juni an den Ausweis, daher frühere Daten nachbekannt.

Société internationale des Electriciens.

Unter dem Präsidium des Herrn M. R. T. Picou fand am 6. Juli die monatliche Sitzung statt.

Herr Ch. Ed. Guillaume machte zunächst einige Mittheilungen über die mechanische Bestimmung der Grenzcurven von Spiralfedern. Anschliessend daran berichtete Herr Hospitalier über die kürzlich veranstaltete Automobil-Ausstellung und -Wettfahrt. Er erinnerte an den vor längerer Zeit gehaltenen Vortrag, der damals sehr skeptisch aufgenommen, nun durch die jüngst gewonnenen Erfahrungen bestätigt werde. Nach den erzielten Ergebnissen scheint es für die nächste Zukunft den elektrischen Fahrzeugen vorbehalten zu sein, in den Strassen der Stadt den Verkehr zu vermitteln, während der Dampfkraft die Beförderung grosser Lasten obliegt und der Petroleum-Motor für Vergnügungszwecke, Ausflüge etc. Anwendung finden dürfte.

Die Vortheile der elektrisch betriebenen Fahrzeuge gegenüber den von Pferden gezogenen bestehen in der erhöhten Reinlichkeit, Verringerung des Geräusches, Leichtigkeit der Lenkung, in der grösseren Beweglichkeit und der höheren, mittleren Geschwindigkeit. Gegenüber den Petroleum-Motoren besitzen sie den Vorzug, dass die unangenehme Geruch wegfällt, dass sie weniger verbrauchen, leichter gereinigt und bedient werden können. Die elektrischen Wagen leiden aber wieder an den Unannehmlichkeiten der umständlichen und zeitraubenden Ladung, des Accumulatorgewichtes, der schwierigen Instandhaltung und raschen Zerstörung der Batterien. Alle diese Nachtheile lassen sich jedoch beträchtlich verbessern.

Herr Hospitalier gelangt dann weiter zur Besprechung von Wettfahrten zwischen 12 Automobils, von denen 11 elektrisch, 1 mittelst Petroleum betrieben wurde. Sämmtliche elektrischen Automobils waren mit Fulmen-Accumulatoren ausgestattet, weshalb man keinen Vergleich zwischen verschiedenen Accumulator-Systemen anstellen konnte. Alle Wagen befanden sich unter genau gleichen Betriebsbedingungen und ergaben 25 bis 30 Wattstunden Capacität für das kg des Gesammtgewichtes. Bezüglich der Dauerhaftigkeit der Accumulatoren sind jedenfalls Verbesserungen zu erwarten, durch die neuntägigen Versuche konnte man natürlich kein Bild über ihr diesbezügliches Verhalten bekommen. Auch den Gefässen, in denen die Zellen untergebracht sind, wäre mehr Aufmerksamkeit zu schenken, da das sonst sehr geeignete Celluloid zu leicht entzündlich ist, dürfte die Anwendung von Ambroin und Ebonit zu empfehlen sein. Die Kriegerschen Automobile haben den Antrieb an den Rädern des vorderen Drehgestelles, die Bremsung an den rückwärtigen Rädern, die Accumulatoren-Gefässe sind auswechselbar, die Steuervorrichtungen automatisch, um falsche Bedienung unmöglich zu machen. Zum Antriebe dienen zwei Motoren, die man in beliebiger Weise, entweder einzeln oder gekuppelt, laufen lassen kann.

An der Probe betheiligten sich auch sechs Wagen, System Jeantaud; fünf hatten den Antrieb rückwärts, ein Wagen mittelst conischer Räder an der vorderen Achse. Bei diesem Systeme befinden sich in jedem Wagen zwei Batterien, die für grosse Geschwindigkeiten auf Spannung, für kleinere parallel geschaltet werden.

Der Petroleumwagen hatte einen sehr grossen Petroleumbedarf, ca. 16·5 Liter für 60 km.

Herr Jenatzi von der Compagnie des voitures electromobiles hatte eine gewöhnliche Droschke für elektrischen Betrieb eingerichtet und benützt zum Antriebe nichts als einen Serienmotor mit Vorschaltwiderstand. Auch hier war für die Möglichkeit vorgesehen, die Accumulatoren nach Bedarf parallel oder hintereinander schalten zu können.

An die Wagen wurden ziemlich bedeutende Anforderungen gestellt: sie legten 3mal 3 Touren zu 60 km zurück, d. h. im Ganzen 540 km, bei Steigungen bis zu 14·5%. Bei den Probefahrten war leider nur ein einziger Wagen mit einem Elektricitätszähler versehen, daher war es auch nicht möglich, den Energieverbrauch in allen Fällen genau zu bestimmen. Man fand im Allgemeinen einen nothwendigen Arbeitsaufwand von 60 bis 62 Wattstunden für den Tonnenkilometer, gegen 95 Watt bei den im Vorjahre untersuchten Constructionen. Wenn man sämmtliche in Frage kommenden Kosten berechnet, den Lohn des Kutschers, die Unterhaltung des Pferdes, den Petroleumverbrauch, Leerlauf des Motors und endlich die Kosten des Stromes, so ergeben sich für Paris folgende Auslagen: Für einen Wagen mit einem Pferd täglich 19·37 Frcs.; für einen Petroleumwagen 27·28 Frcs. und für einen elektrischen Wagen 18·86 Frcs. Dabei ist es sehr wahrscheinlich, dass weitere Fortschritte eine noch grössere Ueberlegenheit des elektrischen Betriebes zu Tage fördern werden.

Die Ausstellung des Automobile Club de France bedeutet einen Sieg der Elektricität, sie umfasste 30 elektrische Wagen, von denen 25 Stück Strecken ihn Versailles zurückgelegt hatten. Ausserhalb des Wettbewerbes stehend, war der Wagen von Doré bemerkenswerth, der die Accumulatoren an verschiedenen Stellen des Wagens untergebracht hatte. Die Lenkung erfolgte durch ein fünftes Rad. Dieser Wagen verbrannte, u. zw. durch Entzündung der brennbaren Celluloidgefässe. Beachtenswerth waren endlich auch die Constructionen von Mildé-Mondos, sowie jene der Compagnie générale des voitures.

Der Vortragende begleitete seine Ausführungen mit zahlreichen Lichtbildern und Schaltungsskizzen.

— an —

Ventilatoren der Allgemeinen Elektricitäts-Gesellschaft, Berlin.

Neben zahlreichen Constructionen von Centrifugal-, Schrauben-, und Fächer-Ventilatoren hat die Allgemeine Elektricitäts-Gesellschaft, Berlin (Jordan & Treier, Wien) eine Reihe neuer Modelle geschaffen, welche besonders zur Lüftung von Räumen geringen Rauminhaltes dienen sollen, und die überall da mit Vortheil zu verwenden sind, wo man bisher mit Rücksicht auf Schwierigkeiten bei der Anbringung oder den Preis eines Elektroventilators von der Anschaffung eines solchen absehen musste. Der neue Ventilator passt sich allen örtlichen Verhältnissen sehr leicht an und ist auch äusserst praktisch.

Es wurden verschiedene Constructionen für Gleichstrom V I und für Drehstrom V IV ausgeführt. Der Fuss der Motorgehäuse auf stehendem oder verticalem Grunde ist nach allen Richtungen verstellbar.

Der am Fusse des Motorenträgers montirte Widerstand ermöglicht bei den V I Gleichstrom-Ventilatoren die Regelung der Tourenzahl in wünschenswerthen Grenzen, bei den Deckenventilatoren jedoch muss bei besonderer Bestellung ein in montirenden Widerständen und Schalten. Die Umdrehungszahl des Deckenventilators beträgt überhaupt nur 500 Touren, so dass derselbe nur als Luftbeweger dient und eine Regulirung wohl kaum erfordern lässt und ist ungemein praktisch. Sämmtliche Motoren werden normal für eine Spannung von 100—115 V ausgeführt.

Der Stromverbrauch der *V* 1 Motoren ist im Mittel circa 0·44 *A* bei 110 *V* = ca. 50 *W*, derjenige der *VW* 1 Motoren ca. 1·4 *A* bei 110 *V* d. h. mit Rücksicht auf die Phasenverschiebung ca. 85 *W*.

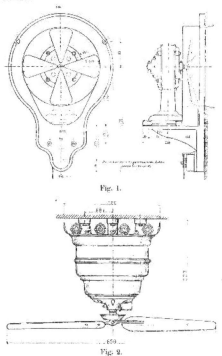

Fig. 1.

Fig. 2.

Bei den Motoren für Wechselstrom *VW* 1 ist die Tourenzahl nicht regulirbar.

Die Fig. 1 stellt einen *V* 1 oder *VW* 1 Ventilator mit Wandconsole, die Fig. 2 einen Decken-Ventilator mit Motor *V* 1 vor.

KLEINE MITTHEILUNGEN.

Verschiedenes.

Bekanntlich lässt sich der Strom, welchen man zur **Herstellung eines elektrolytischen Niederschlages**, z. B. zur Herstellung von Kupferclichés, nicht über eine gewisse Grenze steigern, wenn man nicht die Qualität des erhaltenen Abzuges auf's ungünstigste beeinflussen will. Die Herstellung eines genügend starken Kupferniederschlages dauert jetzt mindestens 5—6 Stunden. Wie uns das Internationale Patentbureau Carl Fr. Reichelt, Berlin, mittheilt, hat jetzt Swan einen Weg angegeben, wie man den Niederschlag beschleunigen kann, und zwar, indem man das elektrolytische Bad in beständiger Bewegung hält. Auf dem Swan'schen Principe weiterbauend, hat Killingworth Hedges die Stromstärke auf 20 *A* pro Quadratdecimeter steigern können, und er stellte ein Cliché in 1 Stunde statt wie bisher in 6 her. Er hebt nämlich die Kupfervitriollösung mittelst einer Centrifugalpumpe auf etwa 2 *m* Höhe über die Zellen und lässt sie dann durch Röhren unter die Matrize treten.

Kupfer im Welthandel. Die nahezu allmächtige Stellung, welche der Londoner Kupfermarkt früher in Beziehung auf die Preisbestimmung einnahm, hat vor nicht allzu langer Zeit einen empfindlichen Stoss bekommen. Im vorigen Jahre hat die Gesammtproduction

von Kupfer annähernd 390.000 *t* betragen, wovon die Vereinigten Staaten 227.089 *t* — mehr wie 58% — geliefert haben. Von diesen 227.089 *t* wurden 101.404 im eigenen Lande verbraucht, während 125.685 *t* nach Europa exportirt wurden. Im Jahre 1891 wurden in den Vereinigten Staaten 134.738 *t* Kupfer erzeugt, wovon 96.797 *t* im eigenen Lande verbraucht und nur 43.500 *t* exportirt wurden. Die Kupferausfuhr der Vereinigten Staaten hat sich somit seit sechs Jahren nahezu verdreifacht. Es ist ganz natürlich, dass infolge dieser Verhältnisse die Bedeutung von New-York als Kupfermarkt gewaltig gestiegen ist, während die von London bedenklich nachzulassen beginnt.

Nach dem „Montanmarkt" findet sich in einem Berichte der Metallfirma Aron Hirsch & Sohn in Halberstadt eine interessante Aufstellung des Kupferconsums der vier hauptsächlichsten Verbrauchsländer, Deutschland, Frankreich, England und Nordamerika, über der letzten Jahre im Verhältnis zur Gesammtproduction, welche wir mit den daran geknüpften Erläuterungen folgen lassen:

	1894	1895	1896	1897
			in Tonnen	
Deutschland	62.955	70.349	85.371	96.585
Frankreich	31.837	40.323	49.007	58.366
England	90.069	92.084	115.557	110.210
Nordamerika ...	94.511	108.000	93.698	101.404
	279.372	309.756	343.633	366.365

	pro 95 gegen 94	Mehrverbrauch pro 96 gegen 95 in Tonnen	pro 97 gegen 96
Deutschland	7.251	14.922	11.014
Frankreich	8.486	8.684	9.359
England	1.015	24.473	—
Nordamerika	13.489	—	7.706
	30.241	48.079	28.079
Ab Minderverbrauch:			
England			5.347
Nordamerika		14.302	—
Summa 30.241		33.777	22.732

Die Production betrug 1894 324.405, 1895 334.105, 1896 373.208, 1897 taxirt zu 390.000 *t*.

Die Production war in den Jahren 1891 279.309, 1892 310.472, 1893 303.530 *t*.

Um klarzulegen, wie sich in den Jahren 1895, 1896 und 1897 die Mehrproduction zu dem Mehrverbrauch verhält, lassen wir nachstehende Berechnungen folgen, wobei wir gleichzeitig die in jedem einzelnen Jahre erfolgte Abnahme der Vorräthe berücksichtigen, die zur Befriedigung des Mehrverbrauches mit herangezogen werden. Das Resultat wird zeigen, dass die Mehrproduction und die Vorrathsverringerung nicht ausreichten, um den jedesmaligen Mehrverbrauch zu decken; folglich müssen die statistisch nicht controlirbaren Vorräthe — auch solche in den Fabriken der Consumenten — sich verringert haben. Demgemäss ist eine fortgesetzte Abnahme der „invisible supplies" zu constatiren:

	pro 1895 gegen 1894 Tonnen 1895	pro 1896 gegen 1895 Tonnen 1896	pro 1897 gegen 1896 Tonnen 1897
Production	344.105 / 325.405	373.208 / 334.105	390.090 / 373.208
also Mehrproduction .... ab: Vorrathsabnahme in englischen Warehouses	9.700 7.950	39.103 12.229	16.792 4.201
Mithin Plus aus der Mehrproduction nach Abzug der im Vorrathen entnommenen Quantitäten.	1.750	26.874	12.591
gegen Mehrverbrauch wie vorstehend ermittelt ...	30.241	33.777	22.732
Mithin Verminderung der unsichtbaren Vorräthe (invisible supplies)	28.491	6.903	10.141

Allerdings gewährt diese Vergleichung kein absolutes Bild, weil ja die genannten vier Länder nur etwa 90% der Weltproduction aufbrauchen. Das gewonnene Resultat kann jedoch den Anspruch, den thatsächlichen Verhältnissen zu entsprechen, umso mehr erheben, als der Verbrauch der anderen Länder während der letzten drei Jahre keinesfalls abgenommen hat, sondern sogar gestiegen ist.

Aus dieser Uebersicht folgt ferner, dass die erwähnten vier Länder bereits in den Jahren 1893 und 1894 die gesammte Weltproduction bis auf 12% resp. 15% für sich allein verbrauchten, dann aber in den Jahren 1895, 1896 und 1897 ihr Verbrauch derartig weiter zunahm, um für alle übrigen Länder nur 7—8% der Production übrig zu lassen. Es ist danach leicht begreiflich, dass die englischen Vorräthe, die am 1. Jänner 1893 noch 47.663 t umfassten, zur Deckung des Weltbedarfs mit herangezogen werden mussten; diese Vorräthe sind bekanntlich bis zum 81. December 1897 auf 25.098 t und abermals bis zum 15. Februar 1898 auf 23.079 t gesunken.

Einschliesslich derjenigen Quantitäten, die bisher jährlich aus dem Ueberrest der Production frei blieben, und derjenigen, die durch die Verminderung der Vorräthe herangezogen wurden, blieben für die übrige Welt etwa jährlich nur 40.000 t, ausschliesslich uncontrolirter Quantitäten alter Metalle, übrig. In dieses kleine Quantum hatten sich also alle übrigen Länder — ausgenommen England, Nordamerika, Deutschland und Frankreich — zu theilen. Da unter diesen anderen Ländern Russland, Oesterreich-Ungarn, Italien und Belgien mit einem Verbrauch von etwa 50.000 t figuriren, so ist es leicht begreiflich, dass man nirgends zu einer Anhäufung von Kupfervorräthen kommen könnte.

Die Aussichten für die Zukunft liegen danach günstig, denn der Verbrauch wird allem Anschein nach nicht nur fortdauern, sondern sogar zunehmen. Hiefür sprechen neben der fortschreitenden Ausbreitung der Elektricität in allen Zweigen ihrer Anwendung der vermehrte Schiffsbau, Vergrösserung des Locomotivenbestandes, Neumlage von Maschinen aller Art, Erweiterung des Militärbedarfes und dergleichen mehr.

Eine nur geringe Vermehrung der Production, wenn diese sich in bescheidenen Grenzen — ähnlich jener in 1897, die weniger als 50% betrug — hält, wird die gesunde Entwicklung des Marktes, sofern es Frieden bleibt und finanzielle Krisen ausbleiben, nicht beeinträchtigen, wohl aber könnte eine zu schnelle Erweiterung der Production höchst nachtheilige Folgen haben.

Kupferstatistik. Nach der Aufstellung der Herren Henry R. Merton & Co. in London betrugen in England und Frankreich am:

	1898 31. Juli	1898 30. Juni	1897 31. Juli
Kupfervorräthe . . .	25.161 t	24.201 t	29.754 t
Schwimmende Zufuhren .	4.700 t	3.900 t	4.250 t
Zusammen .	29.861 t	28.101 t	34.004 t
Preis für Chilibarren .	50 Lstr. 2 sh. 6 d	49 Lstr. 15 sh.	48 Lstr.

Die Gesammtzufuhren zu den europäischen Häfen betrugen im Juli 19.973 t (Juni 19.145 t) und die Gesammtablieferungen 18.213 t (Juni 18.833 t).

Unglücksfälle auf elektrischen Bahnen. Laut statistischen Ausweises der ungarischen Eisenbahn- und Schiffahrtsinspection haben sich in der ersten Hälfte des laufenden Jahres auf sämmtlichen elektrischen Bahnen Budapest's 26 Unglücksfälle ereignet. In 23 Fällen wurden Personen überfahren, in 3 Fällen kamen Zusammenstösse mit Fuhrwerken vor, wobei eine Person schwer und drei leicht verletzt wurden. In der ersten Hälfte des vorigen Jahres betrug die Zahl der Unglücksfälle 30.

Ausgeführte und projectirte Anlagen.

Oesterreich-Ungarn.

a) Oesterreich.

Brünn. (Elektricitätswerk.) Am 1. August l. J. fand die Inbetriebsetzung des städtischen Elektricitätswerkes in Brünn statt. Ueber Vorschlag des Sachverständigen der Stadt, Ingenieur F. Ross, Wien, gelangte als Vertheilungssystem zum erstenmale ein combinirte Wechselstrom-Drehstromanlage zur Ausführung. In der Centrale werden drei Drehstrom-Generatoren für 2200 V Spannung und eine Leistung von 300 KW aufgestellt; im Beleuchtungsgebiete ist eine dreifach verseilte Leitung verlegt, wobei für Beleuchtungszwecke nur eine Phase, für Motorzwecke sämmtliche drei Phasen herangezogen werden.

Die Anlage weist einige interessante Neuerungen auf. So werden zum erstenmale die heissen Gase der Retortenöfen der Gasanstalt für die Kesselheizung mit herangezogen, die aufgestellten Babcock-Kessel erhielten zwangsweise Wassercirculation nach Dubiau, sowie Ueberhitzung, die Erregung der Drehstrom-Generatoren erfolgt durch Umformer unter Zuziehung einer Batterie. Wir werden nach Durchführung der Uebernahmsversuche eine Beschreibung der Anlage bringen.

Die Herstellung des gesammten elektrischen Theiles erfolgte durch die Oesterr. Schuckertwerke, die Lieferung der Kabel durch Felten & Guilleaume, die des gesammten maschinellen Theiles durch die Erste Brünner Maschinenfabrik.

Kagran. (Elektrische Bahn.) Das Eisenbahnministerium hat der Bauunternehmung Ritschl & Comp. in Wien die Bewilligung zur Vornahme technischer Vorarbeiten für eine Bahn niederer Ordnung mit elektrischem Betriebe von Kagran nach Pyrawarth, und zwar entweder über Gerasdorf, Eibesbrunn und Bockfliess oder über Deutsch-Wagram und Bockfliess auf die Dauer von sechs Monaten ertheilt.

Prag. (Die neuen Elektricitätswerke.) Zur Ergänzung unserer diesbezüglichen Mittheilung im vorigen Hefte entnehmen wir den „Politik" die nachstehenden Details. Nachdem einmal die Frage des Systemes, für welches man sich entschliessen sollte, zu Gunsten des dreiphasigen Wechselstromes gelöst war, erwarb die Prager Stadtgemeinde die ehemaligen Kuhinzky'schen Gründe in Holeschowitz im Ausmaasse von 1154 Quadratklaftern, die mit der Staatsbahn durch ein Schleppgeleise verbunden werden, um eine möglichst billige Kohlen- und Materialzufuhr zu ermöglichen. Die unmittelbare Nähe der Moldau gestattet die Anwendung billiger Condensation des Dampfes.

Das Maschinen- und Kesselhaus wird ca. 145 m lang, 40 m breit und 12 m hoch, mit entsprechenden Administrationsräumen angelegt und gross genug sein, um 24 Dampfkessel mit je 250 m² Heizfläche, 10 Triple-Expansions-Dampfmaschinen zu 750- 1000 PS, direct gekuppelt mit 10 gleich starken Drehstrom-Dynamomaschinen, aufzunehmen; ferner fünf Dampfdynamogruppen zu 300-400 PS für den Tramwaybetrieb.

Der erste Ausbau wird vorläufig drei complete Maschinen-Aggregate zu 1000 PS und neun Kessel umfassen. Der Dampf wird mittelst Dampfüberhitzern auf 300° C. von den Kesseln geliefert; die Beschickung der Roste mit Kohle erfolgt mittelst elektrisch betriebenen Aufzügen und automatischen Beschickungsvorrichtungen, die Abfuhr der Asche und der Antrieb der Pumpen ebenfalls mit Elektromotoren, wie denn im Allgemeinen auf möglichst einfache Betriebsmanipulation auf mechanischem Wege, mit Benützung der modernsten Erfahrungen des Maschinenbetriebes, Rücksicht genommen wurde.

Die 1000pferdigen Triple-Expansions-Dampfmaschinen werden mit den Dynamos direct gekuppelt, indem die letzteren — sog. Steigrad-Dynamos — direct auf die Dampfmaschinenwelle, die 90 Touren per Minute macht, aufgesetzt werden. Die Dynamomaschinen liefern dreiphasigen Wechselstrom von 3000 V Spannung an die grosse Schaltbühne, die sich in einer Höhe von 6 m über dem Maschinenhausboden befindet, und von da in die unterirdisch verlegten, gepanzerten Speisekabel, welche zunächst sämmtlich in einen Hauptvertheilungspunkt am Josefsplatz und von da zu den Transformatoren-Stationen führen.

Ein zweites System von Speiseleitungen, gleichfalls unterirdisch verlegt, führt von der Centrale in Holeschowitz in die zwei Unterstationen in der Sokolstrasse und auf die Kleinseite. In diesen Stationen befinden sich die Umformermaschinen, welche den 3000voltigen Drehstrom in 600voltigen Gleichstrom für den Betrieb der elektrischen Bahnen umwandeln. Der Bahnbetrieb erfolgt gemeinschaftlich mit den in den Unterstationen aufgestellten Accumulatoren, welche den Ausgleich der grossen, durch den Bahnbetrieb verursachten Belastungsschwankungen bewirken.

In der Sokolstrasse, wo jetzt die Einrichtung für den provisorischen Betrieb der elektrischen Bahn Königl. Weinberge—Žižkov und Brenntegasse—Königl. Weinberge bereits besteht, werden vorläufig zwei, später drei Umformergruppen von je 700 PS, auf der Kleinseite in Palais Oettingen vorläufig zwei, später drei Gruppen von je 300 PS aufgestellt. Jede Gruppe besteht aus einem Wechselstrom-Elektromotor, der direct mit einer Gleichstrom-Dynamomaschine verbunden ist, welch' letztere den für den Bahnbetrieb erforderlichen Strom liefert.

Durch die Anlage dieser Werke wird in allen Theilen der Stadt ein Strom für elektrisches Licht und elektrische Kraft zur Verfügung stehen.

Der Stadtrath hat demnach ein fortschreitenden Bedürfnissen der Bewohnerschaft, sowie der einer Grossstadt würdigen Verkehrspolitik Rechnung getragen.

Die Arbeiten für die Elektricitätswerke wurden den nachstehend genannten Firmen übertragen: Die 1000pferdigen Dynamomaschinen, sowie die gesammte elektrische Einrichtung der Centrale, den Strom zum Umformer in den Unterstationen in der Sokolstrasse und auf der Kleinseite sammt allen Schaltapfeln, Motoren und elektrischen Einrichtungen der Prager Kleinbahn- und Elektricitäts-Actiengesellschaft vorm. Kolben & Co. in Prag-Vysočan; die Transformatoren der Firma Ganz & Co. in Budapest; die Kabelleitungen der Firma Felten & Guilleaume in Wien; die Dampfmaschinen der Ersten böhmisch-mährischen Maschinenfabrik in Prag; die Dampfkessel sammt Ueberhitzern und Rohrleitungen an die Firmen Märky, Bromovsky

& Schulz in Prag, Maschinenbau-Actiengesellschaft vorm. Breitfeld, Danĕk & Co. in Karolinenthal, sowie F. Ringhoffer, Smichov; die Krahuv, Galerien, Geleise und Transportkarren an die Prager Maschinenbau-Actiengesellschaft vorm. Ruston & Co. in Prag.

(Zur Errichtung der elektrischen Bahn Josephsplatz-Baumgarten.) Am 5. d. M. fand unter der Leitung des Herrn Bezirkscommissärs Mahling die Begehungscommission aus Anlass der projectirten Umwandlung der Pferdebahn in eine Bahn mit elektrischem Betriebe statt. Der Commission lag das Detailproject der elektrischen Bahn vor. Nach demselben wird das Geleise gleich beim Pulverthurme nach links abbiegen und längs des Trotoirs, das sich an der Gartenmauer der Cadettenschule hinzieht, zur Neustädter Dammstift vorbei in die Elisabethstrasse führen. Das alte Geleise bei der Josephskaserne und dem Capuzinerkloster wird cassirt werden. Im Uebrigen behält das Geleise dieselbe Richtung wie bisher. Da gegen das Project keine Einwendungen erhoben wurden, so dürfte die Baubewilligung es commissione ertheilt werden. Auf der elektrischen Bahn Josephsplatz-Baumgarten werden zwanzig elektrische Wagen, bei Bedarf mit Schleppwagen, in Zeitabschnitten von je fünf Minuten und bei grossem Andrange des Publikums verkehren.

(Elektrische Bahn vom Wolschaner- zum evangelischen Friedhofe.) Am 5. d. M. fand eine Begehungs-Commission bezüglich der projectirten Herstellung der elektrischen Bahnstrecke vom Wolschaner Friedhofe zum evangelischen Friedhofe in der Stadt Weinberge statt. Die Strecke wird 1·7 km lang sein und eingeleisig mit fünf Ausweichstellen hergestellt werden.

(Elektrische Bahn Prag-Wysotschan-Lieben.) Das k. k. Eisenbahnministerium hat auf Grund und in Gemässheit der Bestimmungen des Gesetzes über Bahnen niederer Ordnung vom 31. December 1894 dem Ingenieur Franz Křižik in Prag die angesuchte Concession zum Baue und Betriebe zweier einerseits bis nach Wysotschan, andererseits zur böhmisch-mährischen Maschinenfabrik führenden Fortsetzungslinien der bestehenden normalspurigen, mit elektrischer Kraft betriebenen Kleinbahn von Prag gegen Wysotschan mit einer Abzweigung in Lieben zum Lieboer Schlosse ertheilt. Die beiden Fortsetzungslinien werden als integrirende Bestandtheile der vorstehend bezeichneten, den Gegenstand der Kundmachung des k. k. Handelsministeriums vom 18. März 1895 bildenden Kleinbahn von Prag gegen Wysotschan erklärt und haben für dieselben die Bestimmungen der vorerwähnten Kundmachung entsprechende Anwendung zu finden, jedoch mit der Massgabe, dass der Concessionär nunmehr auch rücksichtlich der genannten Linien die Verpflichtung übernimmt, dass er, falls aus Anlass von Feierlichkeiten, Truppenmärschen, Paraden etc. von Seiten der Behörden die zeitweilige Einstellung des Betriebes auf der concessionirten Bahn für nothwendig erachtet werden würde, sich den einschlägigen Anordnungen der Behörden ohne irgend einen Anspruch auf Entschädigung für den ihm aus der zeitweiligen Einstellung des Betriebes erwachsenden Verlust fügen muss.

Wien. (Elektrischer Tramwayverkehr über den Ring und Quai.) Nachdem seitens der Gemeinde Wien die Arbeiten für die Legung der Gasrohre an der Radetzkybrücke beendet wurden, hat die Wiener Tramwaygesellschaft die entsprechenden Geleislegungsarbeiten und die Oberleitung auf der Nothbrücke und an der Radetzkybrücke innerhalb zweier Tage hergestellt, so dass der elektrische Betrieb unter Einbeziehung der Ringstrasse und des Quai am 6. d. M. aufgenommen werden konnte. Am 5. d. M. fanden die commissionellen Probefahrten statt, welche den Zweck hatten, die Leistungsfähigkeit der Accumulatoren, soweit diese für den Tramwayverkehr auf dem Ring und Quai verwendet werden sollen, zu prüfen und haben sich hiebei keinerlei Anstände ergeben.

Die Commission, welche an dieser Probefahrt theilnahm, bestand aus Delegirten des Eisenbahnministeriums, der General-Direction der Staatseisenbahnen, ferner aus Vertretern des Stadtbauamtes, der Polizei und der Tramway-Gesellschaft. Die Commissionsmitglieder versammelten sich in der neuen Tramwayremise nächst der Sophienbrücke im Prater, von wo aus die Fahrt angetreten wurde. Voran fuhr ein für den elektrischen Betrieb eingerichteter Wagen, ein Accumulatoren-Wagen, wie solche auf den bereits im Betriebe stehenden elektrischen Linien in Verwendung sind, dann folgte auf eine Entfernung von etwa 200 Schritt abermals ein elektrischer Wagen, an den ein Beiwagen angehängt war, und weitere 200 Schritte hinter diesen wieder ein elektrischer Wagen. Auf den ersten und letzten Wagen befanden sich nur je die Führer und ein Conducteur. Auf dem mittleren Wagen hatte die aus zehn Personen bestehende Commission Platz genommen. Der diesem angehängte Beiwagen

war mit so viel Granitwürfeln beladen, dass durch das Gewicht derselben die grösste Belastung, wie solche nur bei Ueberfüllungen vorkommt, überschritten wurde.

Die Fahrt ging von der Remise über die Sophienbrücke, durch die Radetzkystrasse, dann über die neu erbaute Nothbrücke neben der Radetzkybrücke, weiters über den ganzen Ring und Franz Josefs-Quai und wieder durch die Radetzkystrasse zurück zur Remise. Vom Prater aus durch die Radetzkystrasse und über den Quai bis zur Angartenbrücke, bezw. bis zum Schottenring besteht eine Oberleitung, während von der Radetzkybrücke an über den ganzen Ring der Betrieb durch Accumulatoren bewerkstelligt wird. Es konnte natürlich, da der normale Tramwayverkehr auf der Strecke nicht unterbrochen war, auch nur mit der normalen Geschwindigkeit der Pferdebahnwagen gefahren werden. Die Fahrtdauer um den Ring und Quai betrug 38 Minuten. Gegen 10 Uhr wurde die Fahrt in entgegengesetzter Richtung, d. i. von der Radetzkybrücke über den Quai und Ring unternommen. Später machten bis 1 Uhr nachmittags ununterbrochen nach beiden Richtungen hin in Intervallen von fünf Minuten elektrische Wagen mit Beiwagen die Tour um den Ring und Quai.

Erwähnt sei noch, dass schon früher zwischen 2 und 4 Uhr morgens, also zu einer Zeit, in welcher der normale Tramwayverkehr gänzlich ruht, zur Prüfung der Leistungsfähigkeit der Accumulatoren mit mehreren elektrischen Wagen über den Ring und den Quai Probefahrten unternommen wurden. Ein schwerbelasteter Wagen fuhr auch von der Bellaria durch die Lerchenfelderstrasse bis zum Lerchenfelder Gürtel und wurde hiebei die Ueberzeugung gewonnen, dass mit den Accumulatoren die ziemlich beträchtliche Steigung in der Lerchenfelderstrasse anstandslos bezwungen werden konnte.

Deutschland.

Berlin. Die Grosse Berliner Strassenbahn-Gesellschaft beabsichtigt, wie ein Correspondent der „B. B.-Ztg." mittheilt, für den elektrischen Betrieb an ihren gesammten westlichen und südwestlichen Strassenbahnlinien ein eigenes Elektricitätswerk zu errichten, u. zw. auf Schöneberger Gebiet ausserhalb der Stadt. Das Gelände hiezu ist der Gesellschaft von dem Schöneberger Grossgrundbesitzer A. Hewald gesichert. Die Schaffung eines solchen Elektricitätswerkes werde dadurch nothwendig, dass die bisherige Dampfstrassen-Bahn, welche für sechs Millionen Mark in den Besitz der neugegründeten Gesellschaft „Westliche Berliner Vororbahn" übergeben werde, in Verbindung mit der Grossen Berliner Strassenbahn gelangt, und dass in ähnlicher Weise auch die neugegründete „Südliche Vorortbahn" der „Grossen Berliner" angegliedert werden ist.

Schweiz.

Bern. Die erste normalspurige, mittelst Elektricität betriebene Eisenbahn auf dem Continente wird — wie das „Journal des transports" schreibt — eine in der Schweiz zwischen Burgdorf und Thun soeben im Bau begriffene sein. Diese 40 km lange Linie, welche vorläufig nur eine locale Bedeutung hat, wird dem Verkehre zwischen Bern und dem Oberlande dienen; sie wird aber eine erhöhte Wichtigkeit gewinnen, sobald die Simplonlinie fertiggestellt sein wird. Die bewegende Kraft wird dem Kanderbache entnommen, welcher in der Nähe von Spiez in den Thuner See mündet; die erzeugte Energie wird 4000 PS betragen, von welcher jedoch nur ein Theil als Zugkraft verwendet wird, während der Rest für die Beleuchtung der Stadt Bern und für Vertheilung der elektrischen Kraft in die Stadt dienen wird. Die Beförderung der Reisenden wird durch Motorwagen mit einer Geschwindigkeit von 38 km in der Stunde und jene der Waaren durch Locomotive mit Waggons mit einer Maximalgeschwindigkeit von 18 km in der Stunde erfolgen.

Italien.

Mailand. (Elektrische Förderung auf der Linie Mailand—Monza.) Wie der „Monitore delle Strade Ferrate" schreibt, hat die Mittelmeerbahn dem Ministerium für öffentliche Arbeiten das Uebereinkommen, betreffend die probeweise Anwendung der elektrischen Förderung auf der Linie Mailand—Monza mit Accumulatorwagen vorgelegt. Der Versuch soll zwei Jahre in Anspruch nehmen, während welcher Zeit die zwei adaptirten Wagen je 100.000 km durchlaufen sollen.

Frankreich.

Bourges. (Betriebseröffnung eines im Departement du Cher erbauten Strasseneisenbahnnetzes.) Im Monate Juni wurde ein von der Compagnie des

Tramways de Bourges im Bereiche der Stadt Bourges und Umgebung erbautes, für den Personen- und Güterverkehr eingerichtetes Strasseneisenbahnnetz mit elektrischem Betriebe dem Verkehr übergeben.

Brest. Gemeinnützigkeits-Erklärung eines im Departement Finistère zu erbauenden Strasseneisenbahn-Netzes mit elektrischem Betriebe.) Von Seiten des Präfecten des Departement Finistère erfloss die Gemeinnützigkeits-Erklärung zu Gunsten eines im Bereiche des genannten Departements zu erbauenden Strasseneisenbahn-Netzes, und zwar: a) Einer vom Handelshafen der Stadt Brest ausgehenden, mit Berührung des Westbahnhofes und jenes des Localbahnnetzes des Departements Finistère und der Gemeinde Lambezellec bis Kérinou; b) einer von Lambezellec aus bis Saint Pierre-Quilbignau führenden Linie. Die genannten für den Personen- und Frachtenverkehr einzurichtenden Linien sind mit elektrischer Kraft zu betreiben.

Marseille. (Gemeinnützigkeits-Erklärung einer Strassenbahn in Extravillan von Marseille.) Das „Journal Officiel" verlautbart die zufolge Ministerialerlasses vom 13. Juni erfolgte Gemeinnützigkeits-Erklärung zu Gunsten des Baues und Betriebes einer elektrischen, für Personen- und Güterverkehr einzurichtenden Strasseneisenbahn im Bereiche des Extravillans von Marseille. Concessionärin dieser Linie ist die Compagnie générale française de Tramways.

Paris. (Ausführungs- und Organisirungsmodus der Pariser Untergrundbahn: „Le Métropolitain".) In dem nun veröffentlichten Gesetze, betreffend den Bau der Pariser Untergrundbahn „La Métropolitain", welches im Sinne des von der Commune vorgelegten Entwurfes von der französischen Legislative sanctionirt wurde, ist auch der Vertrag enthalten, den die Stadt Paris über die Betriebsführung der Bahn in organisatorischer Beziehung mit der „Compagnie générale de Traction" abgeschlossen hat. Diesem Vertrage gemäss wird die Bahn zum grössten Theile unterirdisch theils in Tunnels, theils als Unterpflasterbahn (ähnlich wie jene in Budapest) erbaut und durchwegs elektrisch betrieben. Die Stadt liefert den gesammten Bahnkörper und einen kleinen Theil der Stationsanlagen mit einem Kostenaufwande von 135,000.000 Fres. Den Oberbau und die Betriebsmittel stellt die Betriebsgesellschaft, die von der „Compagnie générale de Traction" mit einem Actiencapital von 25,000.000 Fres. speciell für Bau und Betriebszwecke der „Métropolitain" zu bilden ist.

Die Stadt Paris hat sich einen beträchtlichen Antheil der Brutto-Einnahmen gesichert. Sie erhält nach jedem ausgegebenen Fahrschein 5 Cts., nach einem solchen I. Classe 10 Cts.; dieser Antheil steigt, sobald die Zahl der beförderten Personen 140,000.000 Fahrgäste im Jahre beträgt, und zwar für jede weiteren 10,000.000 Fahrgäste um 0·1 Cts. für die Person und erreicht bei einer Beförderung von 190,000.000 Personen das Maximum von 5·5 Cts. für den Fahrschein II. Classe und 10·5 Cts. für einen solchen I. Classe, worüber hinaus eine Steigerung nicht stattfindet.

Der an die Stadt zu zahlende Betrag ist als Betriebsausgabe bei der Bezeichnung des Reingewinnes in Abzug zu bringen. Die Concession ist auf die Dauer von 35 Jahren ertheilt. Die Fahrpreise sind auf 15 Cts. für die II. Classe, für die I. Classe festgesetzt. Morgens bis 9 Uhr sind für die II. Classe Rückfahrtskarten zum Preise von 20 Cts., für einen Tag giltig, auszugeben, eine Bestimmung, die im Interesse der Arbeiterkreise getroffen worden ist. Für die Angestellten der Bahn sind folgende Bestimmungen getroffen worden:

Die Gehälter und Löhne müssen durch die Gesellschaft mindestens alle 14 Tage ausbezahlt werden; selbe müssen mindestens 150 Fres. für jeden Angestellten monatlich betragen. Der Taglohn für gelegentlich eingestellte Arbeiter darf nicht unter 5 Fres. heruntergehen. Die tägliche Arbeitszeit darf 10 Stunden nicht übersteigen; wöchentlich ist ein ganzer oder zwei halbe Ruhetage, sowie alljährlich ein Urlaub von 10 Tagen neben Auszahlung der Gehalts- oder Lohngebühren zu gewähren. Die Unternehmung hat jeden Arbeiter bei der National-Sparcasse einzukaufen und 6% des Lohnes auf ihre Kosten, 2% durch Lohnabzüge für ihn einzubezahlen. Uebersteigt die Zahl der beförderten Personen 220,000.000 im Jahre, so hat die Gesellschaft 7%, der Arbeiter dann statt 2%, 4% des Lohnes zur Sparcasse einzubezahlen; ärztliche Hilfe und Medicamente sind unentgeltlich zu gewähren.

Literatur-Bericht.

Die Jungfranbahn. Elektrischer Betrieb und Bau. Mit einem ersten Preise gekrönte Eingabe auf die internationale Preisausschreibung zur Erlangung von Entwürfen für die Anlage der Jungfraubahn. Von C. Wäst-Kunz und L. Thormann, Zürich, Verlag Art. Institut Orell Füssli. 1898.

Von 48 Entwürfen, welche der Commission der Jungfraubahn zur Begutachtung vorlagen, erhielt die zunächst in Druck gelegte Schrift der beiden Ingenieure der Maschinenfabrik Oerlikon den ersten Preis. Erweckt schon diese Thatsache Interesse für das Werk, so erhöht sich dieses durch den Umstand, dass der Concessionär der Bahn, Herr Guyer-Zeller die Betriebseinrichtungen im allgemeinen nach den in dieser Schrift niedergelegten Principien bereits zur Ausführung gebracht hat. Nach allgemeiner Erörterung des zu wählenden Betriebssystemes und Anfertigung von Kostenvoranschlägen für ein Gleichstrom- und ein Drehstromproject gehen die Verfasser auf die Beschreibung der Motorwagen über, deren Gestelle und Triebwerk besonders besprochen werden. Da die Bahn 4100 m. ü. M. endet, die letzten 66 m die Personen durch einen Schacht vertical nach aufwärts befördert werden, so ist hiezu ein Anzug nothwendig, der im Detail beschrieben wird. Nach einer Besprechung der Bremsmethoden und einer Vergleichung des Dreh- und Gleichstromprojectes gehen die Verfasser zum Schluss- eine Darstellung der Tunnelbohrung und der dazu gehörigen Bohrmaschinen. Die beigegebenen Zeichnungen illustriren in gelungener Weise die Ausführungen der Verfasser.　　　U. V. W.

Patentnachrichten.

Mitgetheilt vom Ingenieur Victor Monath.

WIEN, I. Jasomirgottstrasse Nr. 4.

Classe **Deutsche Patentanmeldungen.*)**

20.	C. 7492. Umgearm zum Befestigen des Kanels an den Querdrähten bei elektrischen Bahnen. — W. A. Mc. Callum Avondale, V. S. A. 19./4. 1898.
„	E. 5674. Accumulatorenkasten-Aufhängung. — The Electrical Vehicle-Syndicate Ltd., London. 6./12. 1897.
18.	E. 5676. Aufhaltvorrichtung für elektrische Wagen, bei denen der Stromschalter und die Bremse durch denselben Hebel bedient werden. — The Electrical Vehicle-Syndicate Ltd., London. 6./12. 1897.
21.	E. 5684. Elektrisches Empfangsinstrument. — Electric Selector & Signal-Company. New-York, V. S. A. 31./8. 1896.
„	H. 20.441. Thermo-Element. — Hartmann & Braun. Frankfurt a./M.-Bockenheim. 31./5. 1898.
„	W. 13.148. Kohlenwalzen-Mikrophon mit Papierdämpfung. — Carl Winterstein, Frankfurt a./M. 27./8. 1897.
36.	B. 21.961. Verfahren zur Herstellung einer nicht verbrennbaren Graphitmasse für elektrochemische Zwecke. — Adolf Behn und Josef Breuer, Wien. 14./4. 1898.
42.	W. 13.019. Vorrichtung zur Durchleuchtung und Beobachtung mittelst Röntgen-Strahlen. — Jacques Wertheimer. Paris. 2./7. 1897.
21.	S. 10.695. Ruhestromschaltung zum Telegraphiren mit Hilfe elektrischer Wellen unter Benützung einer Frittröhre. Dr. Paul Spies, Charlottenburg. 21./9. 1897.
„	T. 5621. Elektrische Sammelbatterie. — Albert Tribelhorn, Buenos Ayres. 5./11. 1897.
„	V. 3127. Elektrischer Ausschalter mit Nürnberger Scheere. — Voigt & Haeffner, Frankfurt a./M. 7./2. 1898.
20.	W. 13.337. Glühlampe mit metallener Verschlusskappe. — Adolph Wörre, Paris. 26./10. 1897.
„	O. 2810. Vorrichtung zur Geschwindigkeitsänderung bei elektrisch betriebenen Fahrzeugen. — C. T. J. Oppermann, London. 20./1. 1898.
„	S. 10.721. Schaltungseinrichtung für elektrische Bahnen mit gemischtem Betriebe. — Siemens & Halske, Actien-Gesellschaft, Berlin. 30./9. 1897.
21.	S. 5702. Selbstthätiger Maximal- und Minimalschalter. — Elektricitäts-Action-Gesellschaft, vorm. Schuckert & Co., Nürnberg. 22./12. 1897.
20.	E. 5909. Widerstands-Regelungsapparat für Bühnenbeleuchtung mit mehreren parallel geschalteten Schrumbrahtwindungen. — Elektricitäts-Action-Gesellschaft, vorm. Schuckert & Co., Nürnberg. 22./4. 1898.
21.	F. 10.692. Umkehrbare galvanische Batterie. — J. Ensign. Fullor, New-York. 14./3. 1896.
„	S. 9593. Widerstandsschal für elektrische Ströme. — Siemens & Halske, Action-Gesellschaft, Berlin. 8./5. 1896.

*) Die Anmeldungen bleiben acht Wochen zur Einsichtnahme öffentlich aufgelegt. Nach § 24 des Patent-Gesetzes kann innerhalb dieser Zeit Einspruch gegen die Anmeldung wegen Mangel der Neuheit oder widerrechtlicher Entnahme erhoben werden. Das obige Bureau besorgt Abschriften der Anmeldungen und übernimmt die Vertretung in allen Einspruchs-Angelegenheiten.

Classe
74. A. 5580. Elektromotor-Wecker. — Actien-Gesellschaft Mix & Genest, Berlin. 19./1. 1898.
77. P. 9637. Anzeigevorrichtung für Kegel- und ähnliche Spiele. — Albert Päschel, Schöningen. 24./5. 1898.
20. H. 1292. Sicherungseinrichtung für Stromzuführungssysteme elektrischer Bahnen mit Theilleiter- und Relaisbetrieb. — Union-Elektricitäts-Gesellschaft, Berlin. 4./11. 1897.
„ W. 12.558. Stellwerksanlage für Weichen und Signale mit Druckluftbetrieb und mechanisch elektrischer Verriegelung. — The Westinghouse Brake Company Limited, London. 26./1. 1897.
21. G. 11.570. Abzweigstromschalter für an Starkstromleitungen angeschlossene Schwachstromanlagen. —Dr. Lucian Gottsche, Charlottenburg. 28./6. 1897.
„ H. 18.934. Vorrichtung zur Angabe der Zeit und Anzahl von Ferngesprächen. — Johannes Härdén, Berlin. 29./5. 1897.
65. H. 19.267. Selbstthätige elektrische Pumpvorrichtung für Schiffe. — Carl Adolph Hollstein, Dresden. 18./8. 1897.
„ H. 19.565. Elektrische Seemine. — F. Hoffmann, Kiel. 27./11. 1897.

Classe   Deutsche Patentertheilungen.
12. 99.312. Verfahren zur Darstellung von Condensations-Producten aus Formaldehyd und aromatischen Nitrokörpern vermittelst des elektrischen Stromes. — Dr. W. Löb, Baumschuler Allee, Bonn. 17./1. 1898.
21. 99.271. Gleichlaufvorrichtung für zwei von einander entfernte Wellen mittelst in der Linie entgegengesetzt verlaufender Stromstösse. — Ch. Thuron, Paris. 24./5. 1896.
„ 99.272. Bogenlampe mit innerer und äusserer Glocke. — S. Bergmann, New-York. 2./6. 1897.
„ 99.273. Einrichtung zum Antrieb von Erregermaschinen. — Allgemeine Elektricitäts-Gesellschaft, Berlin. 15./7. 1897.
„ 99.274. Einstellvorrichtung für Galvanometer. — Keiser & Schmidt, Berlin. 24./9. 1897.
25. 99.290. Acetylenentwickler mit elektrisch bethätigter Wasserzuflussregelung. — A. Bonte, Meerane. 19./11. 1897.
20. 99.330. Wasserdichte Schaltvorrichtung für elektrische Bahnen mit unterirdischer Stromzuführung. — G. Plug, Dresden. 7./7. 1897.
„ 99.332. Streckenstromschliesser; Zus. z. Pat. 94.260. — H. Büssing, Braunschweig. 18./1. 1898.
20. 99.358. Gemeinschaftliche Antriebsvorrichtung für einen Stationsmelder und Zeichengeber oder dergleichen. — K. Mostard und W. Beerensson, Berlin. 16./5. 1897.
21. 99.359. Messvorrichtung für Bestimmung der elektromotorischen Kraft von Stromsammlern; Zus. z. Pat. 88.649. — A. Hopfelt, Berlin. 7./8. 1897.
46. 99.399. Elektrischer Funkengeber zur Zündung des Explosionsgemisches in Gasmaschinen u. dgl. — R. Bosch, Stuttgart. 11./6. 1897.

Auszüge aus Patentschriften.

Union-Elektricitäts-Gesellschaft in Berlin. — Anordnung der oberirdischen Stromzuleitung für elektrische Bahnen auf Klappbrücken. — Classe 20, Nr. 97.554 vom 23. Mai 1897.

Ueber die Brücke ist eine aus starrem Material bestehende Leitung A geführt, die, mit ihren Stromleitungsträgern in den Mastenpaaren verbunden, durch parallele Gelenkstangen S mit der Brücke verbunden ist und zugleich mit dieser auf- und abbewegt wird. (Fig. 1.)

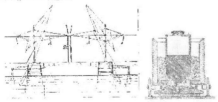

Fig. 1.   Fig. 2.

Siemens & Halske, Actiengesellschaft in Berlin. — Elektrischer Ofen. — Classe 40, Nr. 97.406 vom 21. März 1897.

Zum Zwecke des freien beiderseitigen oder allseitigen Abflusses des erschmolzenen Productes ist unter der Abstichöffnung A ein oben dachförmiges Versatzstück T angeordnet, welches der Oeffnung A derart genähert werden kann, dass das Ruhrgut P nicht herabfällt, sondern sich in der Böschung B auf das Versatzstück T legt. (Fig. 2.)

C. Wilh. Kayser & Co. in Berlin. — Schaltungsweise für Sammlerbatterien. — Classe 21, Nr. 96.972 vom 15. Dec. 1896.

Diese Schaltungsweise für Sammlerbatterien ist dadurch gekennzeichnet, dass die zwischen den Schaltarmen Z und H zweier Zellenschalter liegenden Zusatzzellen mit den übrigen Zellen in Hintereinanderschaltung verbunden sind und die Verbrauchsleitung durch den Schaltarm H entweder unmittelbar oder durch den Schaltarm H über die zwischen diesem und dem Schaltarm H liegenden Zusatzzellen an einen mit dem Stromerzeuger verbundenen Regelungswiderstand W angeschlossen werden kann. Hiebei bestimmt der Hebel Z des einen Zellenschalters die bereits geladenen abzuschaltenden Zellen, der Hebel H des anderen Zellenschalters die Anzahl der hinter einander geschalteten Zellen und gleichzeitig die dem Verbrauchsstrom vorgeschalteten Zellen. (Fig. 3.)

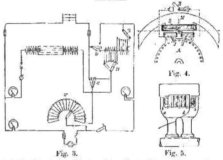

Fig. 4.

Fig. 3.   Fig. 5.

Adolf Kolbe in Frankfurt a. M. — Wechselstromtriebmaschine mit einseitigen Verschiebungsspulen auf den Magnetpolen. — Classe 21, Nr. 97.514 vom 11. December 1884.

Die Pole der Feldmagnete M sind radial gegen den Anker A gerichtet. Gleichzeitig sind in oder unter den Anker zugewendeten Polflächen Schlitze, Nuten oder Bohrungen angebracht und kurzschliessbare Verschiebungsspulen j derart angeordnet, dass deren eine Spulenhälfte neben einer entsprechenden Theile der Magnetspule S liegt und von letzterer direct inducirt wird, während der andere durch seine secundären Ströme einseitig verschiebbar auf das primäre Magnetfeld wirkt. Hierdurch wird dem Anker ein Drehmoment ertheilt. Durch Umlegen des Schalthebels H kann die Drehrichtung umgekehrt werden. (Fig. 4.)

Union-Elektricitäts-Gesellschaft in Berlin. — Wechselstrommaschine mit doppeltem Inductorrad. — Classe 21, Nr. 97.381 vom 5. November 1897.

Die Wechselstrommaschine besitzt zwei Inductorräder n, welche zu beiden Seiten des Ankers angeordnet sind und durch die Erregerspulen b so magnetisirt werden, dass die an dem Anker vorbeibewegten, abwechselnd dem einen oder dem anderen Inductorrad angehörenden Polhörner d entgegengesetzte Polarität haben. (Fig. 5.)

Geschäftliche und finanzielle Nachrichten.

Oester. Union-Elektricitäts-Gesellschaft. Der Ministerpräsident als Leiter des k. k. Ministerium des Innern hat den Herren J. Löwe, königl. preussischer Commercialrath in Berlin, und Hugo Noot, öffentlicher Gesellschafter der Firma Vogel & Noot in Wien, die Bewilligung zur Errichtung einer Actien-Gesellschaft unter der Firma „Oesterreichische Union-Elektricitäts-Gesellschaft" mit dem Sitze in Wien ertheilt.

Schluss der Redaction: 9. August 1898.

Verantwortlicher Redacteur: Dr. J. Sahulka. — Selbstverlag des Elektrotechnischen Vereines.
Commissionsverlag bei Lehmann & Wentzel, Wien. — Alleinige Inseraten-Aufnahme bei Haasenstein & Vogler (Otto Maass), Wien und Prag.
Druck von R. Spies & Co., Wien.

Zeitschrift für Elektrotechnik.

Organ des Elektrotechnischen Vereines in Wien.

Heft 34.   WIEN, 21. August 1898.   XVI. Jahrgang.

Bemerkungen der Redaction: Ein Nachdruck aus dem redactionellen Theile der Zeitschrift ist nur unter der Quellenangabe „Z. f. E. Wien" und bei Originalartikeln überdies nur mit Genehmigung der Redaction gestattet.

Die Einsendung von Originalarbeiten ist erwünscht und werden dieselben nach dem in der Redactionsordnung festgesetzten Tarife honorirt. Die Anzahl der vom Autor event. gewünschten Separatabdrücke, welche zum Selbstkostenpreise berechnet werden, wolle stets am Manuscripte bekanntgegeben werden.

INHALT:

Rundschau.

Im Hefte Nr. 385 des „Electricien" werden die asynchronen Motoren für mehrphasige Ströme, System Boucherot, beschrieben. Bei aller Vollkommenheit der asynchronen Motoren sind sie von einer Schwäche nicht frei, und diese ist die geringe Anlaufskraft. Leblanc hat im Jahre 1889 die Bedingungen aufgestellt, die zu erfüllen sind, damit ein bestimmtes, von der Winkelgeschwindigkeit unabhängiges Drehungsmoment bei constantem Strome erzeugt wird. Diese Bedingung ist die, dass der Widerstand des Armaturkreises, bezw. Rotorkreises $R = w L$ ist, wobei L der Selbstinductions-Coëfficient dieses Kreises und w die 2π-fache Periode der hierin inducirten Ströme ist. R und w müssen sonach gleichzeitig ihre Maximalwerthe erlangen, d. h. der Widerstand des Armaturkreises muss am grössten sein, wenn die Geschwindigkeit des Rotors Null ist, d. h. beim Angehen. Dies hat Complicationen zur Folge, indem abschaltbare Anlasswiderstände dem Motor angegliedert werden müssen, wodurch die gerühmte Einfachheit und Solidität der asynchronen Motoren zum Theil verloren geht. Boucherot sucht diesem Uebelstande dadurch zu begegnen, dass er den Stator aus zwei Theilen zusammensetzt, wovon der eine um einen gewissen Winkel verstellbar ist. Die Wickelung des Stators ist die gewöhnliche, für Stern- wie Dreiecksschaltung geeignete und zwar können die Wickelungen der beiden Theile des Stators entweder parallel oder hintereinander geschaltet werden. Der Rotor besteht gleichfalls aus zwei Theilen, entsprechend den beiden Theilen des Stators; die Kupferstäbe der Wickelung sind beiden Rotortheilen gemeinsam und werden in dem zwischen diesen freibleibenden Raume von einem Ringe umfasst, der aus einem Metall von geringer Leitungsfähigkeit hergestellt ist.

Zum Angehen sind die beiden Statortheile um einen Winkel, der einer Halbperiode entspricht, verstellt; die in den Rotorstäben inducirten elektromotorischen Kräfte sind also entgegengesetzt gerichtet und gleichen sich durch den mittleren Ring, der, wie erwähnt, von grossem Widerstande ist, aus. In dem Maasse, als die Geschwindigkeit wächst, wird der bewegliche Statortheil verstellt, bis bei normalem Gange die beiden Statortheile parallel zu einander sind.

Wir verweisen überdies zum Vergleiche mit dem eben besprochenen Motoren auf die Wechselstrommotoren, System Déri, die im Hefte 24 dieser Zeitschrift beschrieben sind.

Im Hefte Nr. 394 derselben Zeitschrift ist ein neuer Elektricitätszähler, Amperestundenzähler von Blondlot, beschrieben. Im Innern einer langen Spule, deren Achse horizontal ist, befindet sich eine zweite, aus wenigen Windungen bestehende, so aufgehängt, dass deren Windungsebene vertical ist und sie sich frei um ihren verticalen Durchmesser drehen kann; die beiden Spulen werden von einem und demselben Strom durchflossen. Unter der Wirkung stellt sich die bewegliche Spule so, dass ihre Windungsebene parallel zu der der fixen Spule ist. Bringt man sie aus der Ruhelage, so vollführt sie Schwingungen, deren Dauer der Stromstärke umgekehrt proportional ist; das Product aus Stromstärke und Schwingungsdauer ist sonach constant und allein von der Construction des Apparates abhängig; dieses Product ist aber auch die Elektricitätsmenge, die während der Dauer einer Schwingung die beiden Spulen durchströmt, so dass gesagt werden kann, dass, welches auch immer die Stromintensität und die Oscillationsdauer sein mag, die während einer Oscillation hindurchgehende Strommenge stets dieselbe bleibt. Es ist daher nur nothwendig, die Anzahl der Oscillationen zu bestimmen, um aus dieser früher erwähnten constanten Strommenge, die für jeden Apparat eine bestimmte ist, multiplicirt, die während einer beliebigen Zeit hindurchgehende Strommenge zu erhalten. Um auf Grund des eben erläuterten Principes einen Zähler zu construiren, ist es nothwendig, die Oscillationen zu erhalten und diese zu registriren. Zu diesem Zwecke trägt die Achse der Spule einen Zeiger, welcher in dem Momente, wo die bewegliche in die Gleichgewichtslage zurückführt, gegen eine Feder schlägt, die eine kleine Armatur für einen Elektromagneten trägt, die in diesem Augenblicke wirksam wird und den Zeiger sammt Spule zurückschleudert.

Im Hefte Nr. 387 derselben Zeitschrift wird ein automatischer Rheostat, System Ferrand, beschrieben, der dazu dient, entweder die Spannung oder die Intensität eines Gleichstromes constant zu erhalten. Er gründet sich auf die Variation des Widerstandes der Kohle durch mehr oder minder starke Compression, die mittelst eines von dem Strome durchflossenen Elektromagneten auf jene ausgeübt wird.

Im Hefte Nr. 392 und 393 wird eine Installation einer neuen telephonischen Verbindung für Eisenbahnen. System B e r n h e i m, gezeigt. Die Bernheimsche Anordnung gestattet sieben Stationen in Serie in eine Doppelleitung zu schalten, wobei zur Correspondenz die Doppelleitung, zu Signalzwecken aber auch die Erde herangezogen wird. Wenn zwei Stationen in Verkehr sind und nur ein Stück der Leitung benützen, ist der übrige Theil der Leitung für die Correspondenz durchaus nicht blockirt. Eine genaue Beschreibung der Anordnung ist in Kürze nicht möglich; wir müssen bezüglich der Details auf das Original verweisen.

Im Hefte Nr. 391 berichtet F o r t u n é D e r r y über die Verwendung von Metallgittern als Widerstände für grosse Stromstärke; er konnte hiebei bis zu einer Stromdichte von 10 Ampère per Quadratmillimeter gehen.

Im Hefte Nr. 395 ist eine Note von D u b o i s aus Bern enthalten, der Versuche über den Widerstand des menschlichen Körpers anstellte. Aus physiologischen Experimenten, die D u b o i s ausführte und die zeigten, dass kleine Metallwiderstände die physiologische Wirkung bei Stromschutz viel stärker beeinflussten, als der beträchtliche Widerstand des menschlichen Körpers, folgerte er, dass diese theilweise Vernichtung der physiologischen Wirkung auf eine Verlängerung des variablen Zustandes zurückzuführen sein dürfte. Er fand, dass der menschliche Körper einen Condensator mit flüssigem Dielektricum repräsentirt, von einer Capacität von 0·965 Mikrofarad.

„L'industrie électrique" bringt in ihrem Hefte Nr. 255 eine Beschreibung der Fabrication des Ambroïne, das als ein Ersatz für Kautschuk und Guttapercha dienen soll. Nach den Angaben dieses Journales beträgt der Widerstand einer Stange aus diesem Material von 10 mm^2 im Querschnitt und 25 mm Länge 1000 Megohms; legt man diese Stange in's Wasser, so sinkt ihr Widerstand nach einem Tage erst auf 290 Megohms; bei einer Spannung von 5000 V und einer Dicke des Ambroïne von 0·84 mm wurde letzteres noch nicht durchgeschlagen.

Dasselbe Journal bringt in Nr. 152 eine Beschreibung des Blei - Zink - Cadmium - Accumulators W e r n e r. In diesem Accumulator ist die Schwefelsäure durch eine Zinksulfatlösung und die negativen Platten durch Zink ersetzt; die positiven Platten sind aus Blei und zwar entweder von der Planté- oder Fauretype. Bei der Ladung schlägt sich das Zink auf der negativen Elektrode nieder und peroxydirt sich die positive; bei der Entladung löst sich das Zink auf und die positive Platte wird in einen anderen Oxydationszustand übergeführt. Diese Accumulatoren haben aber den Nachtheil, dass ein dauerhafter Niederschlag auf der negativen Elektrode schwer zu erhalten ist und dass das Zink auch bei offener Kette unter Wasserstoffentwicklung sich auflöst. Diesen letzteren Schwierigkeit sucht man W e r n e r dadurch zu begegnen, dass er als Elektrolyt eine Mischung der Sulfate des Zinks, Cadmiums, Magnesiums wählt. Bei der Ladung bildet sich ein Niederschlag von Zink-Cadmium unter gleichzeitiger Entwicklung von Wasserstoff, der sich mit den beiden Platten chemisch verbindet. Den Angaben des Erfinders zufolge soll der Accumulator per Kilogramm 36 Wattstunden liefern.

Im „B u l l e t i n" von März-April 1898 ist der Vortrag enthalten, den D e l P r o p o s t o über die Spannungsregulirung in einem Dreileiter-Gleichstromnetze gehalten hat. Wenn auch die meisten darin beschriebenen Methoden bekannt sind, so dürfte doch dieser Vortrag seiner klaren Darstellungsweise wegen Interesse erwecken.

In den Heften Nr. 385 bis Nr. 392 ist der vollständige Bericht abgedruckt, den der Deputirte G u i l l a i n im Namen der Commission zur Prüfung des Gesetzentwurfes s u r l e s d i s t r i b u t i o n s d'é n e r g i e der Kammer vorgelegt hat. Wir können bei dem grossen Umfange des Berichtes, der die einzelnen Paragraphe commentirt, nur auf die Ausführungen des Referenten verweisen, die mutatis mutandis auch für Oesterreich gelten mit der einzigen Ausnahme, dass unseres Wissens ein ähnlicher Entwurf noch nicht im Abgeordnetenhause eingebracht wurde. Als Ergänzung hiezu hat in der französischen Kammer der Deputirte J o n a r t ein Gesetz eingebracht, welches die Exploitirung der Wasserkräfte zur Kraftübertragung betrifft. Diesem Entwurfe zufolge soll die Ausnützung der Wasserkräfte an eine Concession seitens der Regierung gebunden werden, wofür eine jährliche, mit der entnommenen Energiemenge wachsende Gebür zu entrichten käme. Wir werden gelegentlich einer Besprechung des in Oesterreich geltenden Wasserrechtes, das gänzlich socialpolitische Gesichtspunkte vermissen lässt, auf diesen Entwurf zurückkommen.

Dr. L. K.

Die Entwickelung des Liniensignales.

Arthur Vaughn Abbott.

Bei der ersten grossen Ausstellung in Philadelphia war in der Maschinenhalle ein Draht zwischen zwei kleinen Zellen gespannt, die eigenthümlich trompetenartig gestaltete Apparate beherbergten, aus denen man bei einiger Phantasie und Aufmerksamkeit Worte heraushören konnte, die bei dem anderen Apparate gesprochen wurden. So präsentirte sich das Telephon zum ersten Male; in dem Vierteljahrhundert, welches seitdem verflossen, wurde der amerikanische Continent mit einem Spinnengewebe von Drähten überzogen, die eine Gesammtlänge von 600.000 engl. Meilen repräsentiren, 400.000 Menschen untereinander verbinden und jährlich ca. 900,000.000 Gespräche übermitteln. Während das Telephone und Transmitter dem Principe, wie die Ausführung nach ziemlich unverändert geblieben sind, haben die Schaltschränke eine grosse Entwickelung hinter sich und auch - vor sich.

Wir wollen nur die Entwickelung der Liniensignale besprechen. Für den Anfang bot sich in dem Zimmertableau, wie es in Hôtels und Gasthöfen üblich ist, ein geeignetes Muster dar. Zwei Magnetspulen, deren Armatur eine Klappe in verticaler Lage erhält, die, wenn ein Strom diese Spulen durchfliesst, abfällt und auf ihrer Innenseite entweder eine Nummer oder einen Namen zeigt, bilden die Urform der Liniensignalapparate.

Als man daran gieng, mehrere Spulen der vorerwähnten Art nebeneinander in einem Schranke zu montiren, da machte sich die Inductionswirkung der einen Spule auf die benachbarte in der Weise bemerkbar, dass das über eine Spule stattfindende Gespräch in der anderen Leitung vernommen wurde. Dies wurde dadurch beseitigt, dass man die Spulen mit einem eisernen Mantel umgab, wie Fig. 1 zeigt.

Diese Construction der Klappe wurde durch eine Reihe von Jahren beibehalten und ist heute noch sehr verbreitet. Allen Fallklappen aber haftet der Uebelstand an, dass sie unverlässig sind. Entweder verhindert der in die Lager der Fallklappenachse gerathende Staub das Fallen der Klappe, oder die Klappe ist so empfindlich, dass ein leichter Erdstrom, luftelektrische Entladungen sie zum Fallen bringen. Der zweite mit den genannten Fallklappen verbundene Uebelstand ist der, dass es nothwendig ist, sie selbst aufzurichten, wodurch viel Zeit verloren geht. Diesem letzteren Mangel wurde mittelst der automatischen Fallklappen, die sich von selbst aufrichten, begegnet. Fig. 2 zeigt solche Klappen.

3. klar,
4. solid construirt sein und endlich
5. automatisch functioniren.

Der Versuch, allen diesen Forderungen zu genügen, hat zu mannigfaltigen Constructionen geführt, die wir in drei Gruppen theilen wollen.

1. Elektrische Signale.
2. Elektro-mechanische Signale.
3. Optische Signale.

Die automatische Fallklappe, die wir vorgängig beschrieben haben, ist das beste Beispiel eines Signales der ersten Gattung.

Fig. 1.

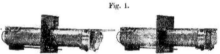

Fig. 2.

Strom zur Wiederherstellung

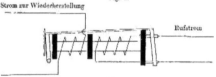

Rufstrom

Fig. 3.

Fig. 4.

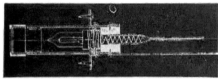

Fig. 5.

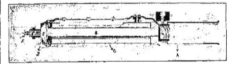

Fig. 6.

Fig. 7.

Diese Klappen tragen zwei Scheiben, von denen die eine, die die Nummer aufgeschrieben hat, aus Eisen ist, während die zweite, welche die erstere verdeckt, aus Aluminium besteht. Ein leichter Hebel, der mit der Armatur des Richtmagneten in Verbindung steht, hält die eiserne Scheibe fest, wie aus Fig. 3 ersichtlich, und gestattet ihr erst dann vorzufallen, wenn durch den Rufstrom der Eisenkern der Spule magnetisirt wird, hiebei erhebt sich die Aluminiumscheibe und zeigt die Nummer des Rufenden.

Soll die Scheibe in ihre Anfangslage zurückgeführt werden, so ist es nothwendig, den Richtstromkreis zu schliessen, was der Manipulant nach Beendigung des Gespräches besorgt. Dieser Strom muss stark genug sein, um die schwere eiserne Scheibe zurückzuführen.

An die Liniensignale werden wir im Allgemeinen fünf Forderungen stellen. Sie müssen:

1. sicher wirken,
2. leicht wahrnehmbar sein,

Ein Beispiel für die zweite Gattung ist in Fig. 4 dargestellt. Die Magnetisirungsspule wird von einem eisernen Rahmen umgeben, welch' letzterer normal die Stellung einnimmt, welche die rechtsseitige Figur zeigt; fliesst ein Strom durch die Magnetisirungsspirale, dann erhebt sich diese rahmenförmige Armatur zu der in der linksseitigen Figur dargestellten Position. Unglücklicher Weise kann dieses Signal nur dort angewendet werden, wo Rufbatterien in Gebrauch stehen, da es bei Wechselströmen nicht gut functionirt. Ein weiterer Nachtheil, der dieser Construction anhaftet, ist der, dass der Magnet, so lange das Signal sichtbar sein soll, erregt bleiben muss.

Zur dritten Gattung übergehend, kann gesagt werden, dass bei den vielen Formen optischer Signale die Signalisirung mittelst Miniaturglühlämpchen den grössten Erfolg für sich hat. So weit als uns bekannt ist, rührt die Idee hiezu von J. J. O'Connell von der Telephone Co. in Chicago her, welche im Jahre 1888 Glühlampen zu Alarmsignalzwecken benützte.

Im Spätsommer 1890 wurden einige der Hauptlinien Chicagos mit Schlusssignalen, die in Glühlampen bestanden, versehen. So lange als die Linie besetzt war, durchfloss ein Relais, das mit der Linie in Verbindung stand, ein Strom der Linienbatterie und blieb die Armatur angezogen. Sobald das Gespräch beendet war, unterbrach der Manipulant in der Ausgangsstation durch Ziehen des Stöpsels die Leitung, der Armaturhebel kehrte in seine Anfangslage zurück und schloss über eine Localbatterie den Glühlampenstromkreis. Hiedurch war der Manipulant in der Empfangsstation aufmerksam gemacht, dass das Gespräch beendigt ist und der Verbindungsstöpsel herausgezogen werden kann. Da hiedurch gleichzeitig auch der Glühlampenstromkreis unterbrochen wurde, hörte die Lampe zu brennen auf.

Diese Anordnung hatte solchen Erfolg, dass die wichtigsten Linien der Telephone Co. in Chicago mit derlei Schlusssignalen versehen wurden.

Im Frühling 1893 schlug man vor, einen grossen Multipelschrank der Telephoncentrale in Chicago mit automatischen Fallklappen zu versehen. Anstatt dieser

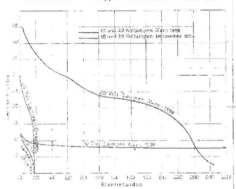

Fig. 8.

proponirte ich. Glühlampen als Abonnentensignale zu verwenden, und zwar wegen der besseren Raumausnützung, der geringeren Installationskosten und — last not least — der besseren Wirkung.

Manche bezweifelten die Güte des Vorschlages und sprachen die Befürchtung aus, dass die vielen hiebei in Verwendung kommenden Relaiscontacte beständige Fehlerquellen sein werden. Man gab diesen Bedenken damals nach; erst im Winter 1894 stattete man diejenigen Abonnenten, deren Geschäfte umfangreich waren, mit Signalglühlampen aus. Die Einrichtung war derart, dass beim Wegheben des Telephons von seinem Aufhängehaken der Stromkreis der Linienbatterie geschlossen wurde, wodurch ein Relais, das in der Telephoncentrale aufgestellt war, in Function trat und eine Glühlampe mit Strom versorgt wurde, die hinter einer mit der Nummer des Abonnenten versehenen Glasscheibe sich befand. Die Erfahrung bestätigte, dass die wegen der vielen Relaiscontacte gehegten Befürchtungen nicht eintraten, und die vier Jahre, die seither verflossen sind, zeigten unwiderleglich die Ueberlegenheit der Glühlampe zu Signalzwecken.

so dass fast alle grossen Klappenschränke hiermit ausgestattet worden.

Man verwendete zuerst 4 Voltlampen mit einem mit Schraubengewinde versehenen Sockel. Fig. 5 zeigt die Montirung.

Ein Zuleitungsdraht ist mit der Hülse, in der die Glühlampe eingefügt wird, verbunden; der zweite Zuleitungsdraht führt zu einer Feder, die beständig gegen die Basis der Lampe drückt. Diese Montirungsart erwies sich aber als eine keineswegs glückliche, man wählt jetzt eine den Klinken ähnliche Einrichtung, die aus zwei auf Hartgummi montirten Federn besteht, welche die Glühlampe umfassen; diese Federn führen gleichzeitig den Strom zu.

Anfänglich benützte man Lampen von niedriger Voltzahl; gegenwärtig sind 12 und 24 Voltlampen in Gebrauch, die eine längere Lebensdauer besitzen und geringere Stromstärke brauchen.

Wie schon erwähnt, verwendete man Relais, die in die Linie geschaltet waren und einen Localstromkreis für die Glühlampen schlossen. Um die Aufstellung

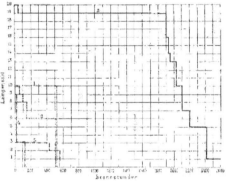

Fig. 9.

solcher Relais zu vermeiden, schaltete man die Glühlampe direct in die Linie. Man versuchte dies zuerst in Chicago, wo es sich im Ganzen bewährte. Nur wenige Lampen giengen infolge Kurzschluss und anderer Zufälle zu Grunde. In einem anderen Amte bewährte sich jedoch diese Schaltung gar nicht; es rührt dies daher, dass in diesem letztere Amt meist Luftleitungen mündeten, die, wenn sie infolge eines Windstosses z. B. sich berührten, einen Kurzschluss herbeiführten; im ersteren Amte waren meist Kabelleitungen, so dass eine solche Eventualität ausgeschlossen war.

Gegenwärtig benützt man fast ausschliesslich Relais, die wesentlich sind für eine erfolgreiche Lampensignalisirung. Man hat versucht, Relais und Lampe zu einem einzigen Apparate zu verbinden. Ein solches Relais wurde von M. A. Edson der Telephone Co. in Chicago construirt und zeigt Fig. 6 und 7.

Da die Lampen stets nur kurze Zeit brennen, so hegte man Befürchtungen wegen ihrer Lebensdauer. Um dies zu untersuchen, verband man eine Anzahl Lampen mit einem Pendelunterbrecher und liess die Lampe jede Secunde einmal aufflammen, indem man

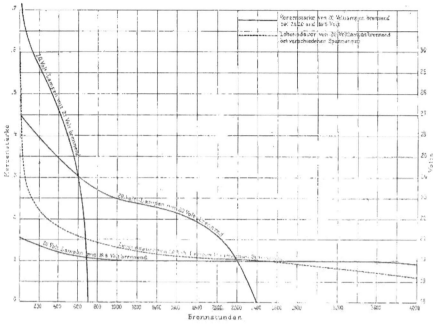

Brennstunden.

Fig. 10.

dies einen Monat hindurch that, konnte man wahrnehmen, dass hiedurch die Lampen an Brenndauer nicht einbüssen. Bei dem Hauptschranke in Chicago sind jetzt Lampen seit 3 Jahren in Function und sind noch in sehr gutem Zustande.

Im Anfange nahm man die Lampen, ohne sie weiter zu prüfen. Jetzt werden alle Lampen geprüft, und zwar: 1. ob sie in die Hülsen passen; 2. ob die geforderte Voltage haben und der Stromconsum innerhalb bestimmter Grenzen liegt, und 3. ob sie die verlangte Kerzenstärke bei einer bestimmten Wattzahl geben. Ein gewisser Percentsatz jeder Lieferung wird überdies auf Brenndauer geprüft.

In Fig. 8 sind 4 Curven, die auf einen Blick die in puncto Lebensdauer erzielte bedeutende Verbesserung erkennen lassen.

Die punktirten Linien geben die Kerzenstärke und Lebensdauer von je 10 Exemplaren 10- und 20voltiger Lampen vom Jahre 1895, die vollen Linien die von Lampen des heurigen Jahres.

Einen interessanten Vergleich über den Ausfall der Lampen gestattet Fig. 9.

Die Curven 1, 2, 3 und 5 gelten für 20 Voltlampen verschiedener Provenienz, während Curve 4 sich auf 4voltige Lampen bezieht. Die Ordinaten geben die Zahl der Lampen, die die auf der Abscissenachse aufgetragenen Brennstunden erreichten. Die 4 Voltlampen erreichen keine lange Brenndauer, während von den 20 Glühlampen, die der Curve 5 entsprechen, 19 eine Brenndauer über 1900 Stunden aufweisten.

Fig. 10 stellt den Einfluss dar, den die Voltage auf das Leben und die Kerzenstärke der Lampen ausübt. Curven 1, 2 und 3 zeigen diese Verhältnisse für 20 Voltlampen, wenn sie bei 21, bezw. 20, bezw. 18½ V gebrannt werden. Es empfiehlt sich aber nicht, durch Vorschalten von Widerstand die Spannung constant zu erhalten, da die Kosten hiefür, wie gerade diese Curven zeigen, in keinem Verhältnisse zum Erfolge stehen. Bis jetzt zeigen die Versuche, dass jene lange Brenndauer, wie sie im Laboratorium für die Lampen erreicht wurde, im wirklichen Betriebe niemals constatirt werden dürfte. Wir müssen uns wahrscheinlich begnügen mit einer mittleren Brenndauer von 1200 Stunden, da die Lampen meist vorzeitig durch andere Zufälligkeiten zu Grunde gehen.

Das eine kann zum Schlusse gesagt werden, dass die Glühlampe sicherlich alle anderen Signalformen bei Klappenschränken verdrängen wird; denn heute, wo noch die Sache in der Entwickelung begriffen ist, signalisiren in Chicago schon 20.000 Abonnenten mit Glühlampen. X. Y. Z.

Transatlantische Kabel.

In „Electrical Review", Heft 1071, ist mit Zustimmung der Firma Siemens Brothers eine Tabelle zusammengestellt, in welcher die für transatlantische Kabel berechneten und thatsächlich erreichten Sprechgeschwindigkeiten enthalten sind.[*]

Man ersieht, dass unter den beiden 1894er Kabeln, welche verschiedene Längen, verschiedene Kupfer- und Isolations-Gewichte haben, dem Kabel von Siemens Bros. and Co. die grössere

*) 1 Seemeile = 1851·86 m, 1 Pfund = 0·4536 kg.

1	2	3	4		5	6	7	8	9	10	11
Datum der Verlegung	Bezeichnung des Kabels	Länge in Seemeilen	Type des Tiefseekabelkernes; Gewicht in Pfund per Seemeile Kupfer	Gutta percha	Ohm × Mikrofarad $\frac{KR}{Tos}$	Berech. Sprechgeschw. bei Annahme von 20·2 Worten per Minute für das 1874 Kabel	Berechn. Sprechgeschw. bei Annahme von 27·6 Worten per Minute für das 1874 Kabel	Im Betriebe thatsächlich erreichte Sprechgeschwindigkeit	Berechnete Sprechgeschwindigkeit, wenn die Länge 1850 Seemeilen wäre	Beech. Sprechgeschw. wenn die Länge 1850 Seemeilen und der Kern 650/400 wäre	Verfertigt von
1873	Anglo-American	1876	400	400	3·919	16·11	24·75	—	—	—	Tel. Const. and Mtuc. Co.
1874	„	1437	400	400	3·512	20·20	27·60	20·2	19·9	28·2	dtto.
1875	Direct United States	2423	400	360	7·558	9·38	12·82	22·6	33·6	70·2	Siemens Bros.
1879	Pouyer-Quertier	2242	350	300	6·600	10·78	14·67	22·0	32·2	59·8	dtto.
1866/80	Anglo-American	1852	—	—	4·632	15·31	20·91	—	—	—	Tel. Const. and Mtuc. Co.
1881	Jay Gould	2518	350	300	7·834	9·05	12·37	21·5	39·8	69·4	Siemens Bros. and Co.
1882	„	2568	350	300	8·030	8·84	12·08	21·5	41·2	71·2	dtto.
1884	Mackay-Bennett (S.)	2353	350	300	6·740	10·52	14·37	26·0	42·0	72·3	dtto.
1884	„ (N.)	2346	350	300	6·630	10·71	14·63	26·0	41·8	71·2	dtto.
1894	„ (3.)	2161	500	320	4·671	15·18	20·74	40·0	54·6	77·2	dtto.
1894	Anglo-American	1850	650	400	2·420	29·31	40·04	47·4	47·4	47·4	Tel. Const. and Mtuc. Co.

Leistung entsprechen würde, wenn die Längen und das Gewicht des Kernes gleich wären (siehe Rubrik 9 und 10).

Da die sich auf die früheren Kabel beziehenden Zahlen einer ergänzenden Aufklärung bedürfen, ob die Sprechgeschwindigkeiten sich auf die Aufnahme mit Spiegel-Instrument, mit Recorder, mit Simplex- oder Duplex-Apparat beziehen, möge die Aufmerksamkeit nur auf die beiden letzten Zahlenreihen gelenkt werden, welche sich auf die 1894er Kabel beziehen.

Aus der Rubrik 8 ersieht man, dass die thatsächlich erreichte Sprechgeschwindigkeit bei den von der Firma Siemens Bros and Co. verfertigten und verlegten Kabeln viel grösser ist als die berechnete. Aus den Rubriken 9 und 10 ist dies noch klarer ersichtlich; die Zahlen werden aus dem thatsächlich erreichten Sprechgeschwindigkeiten mit Hilfe einer erprobten Formel berechnet. Die Rubrik 9 gibt an, wie gross die Sprechgeschwindigkeiten wären, wenn alle Kabel die gleiche Länge von 1850 Seemeilen hätten, die Rubrik enthält die Sprechgeschwindigkeiten, wenn das Gewicht des Kabelkernes bei allen Kabeln dasselbe wäre wie beim 1894 Anglo Cable.

In Nr. 1074 „Electrical Review" ist nachträglich darauf aufmerksam gemacht, dass die grosse Verschiedenheit in der Sprechgeschwindigkeit bei den beiden 1894er Apparaten wohl in der Verschiedenheit der Empfangsapparate begründet sein dürfte.

S.

KLEINE MITTHEILUNGEN.

Verschiedenes.

Ueber das **elektrolytische Saftreinigungsverfahren Say-Gramme**, für dessen Einführung in der Zuckerfabrik Piesdorf eine Versuchsanlage eingerichtet wird, kann die „Magdeb. Ztg." einiges Nähere mittheilen. An der Spitze der Finanzgruppe, welche das Patent des elektrolytischen Verfahrens für Deutschland angekauft hat, stehen die Deutsche Bank und Siemens n. Halske A.-G.; die Saugerhäuser Maschinenfabrik soll betheiligt sein. Das Russische Patent haben das Baukhaus Robert Warschauer erworben, das Schwedische der Industrielle R. Transehell zu Landskrona, das Belgische mit einigen andern Patenten das französische Syndicat, an dessen Spitze der Crédit Liégeois steht. Erfunden ist das Verfahren in der kürzlich in eine Actien-Gesellschaft umgewandelten Say'schen Raffinerie zu Paris unter Beihilfe der Pariser Gesellschaft Gramme. Das Verfahren selbst wird geheim gehalten; die Vertreter des Syndicats beschränken sich darauf, über die Ergebnisse, Einrichtungskosten etc. Angaben zu machen. Für die Verarbeitung von täglich 250 t Rüben soll eine elektrische Energie von 250 PS erforderlich sein und der in der Melasse verbleibende Zuckermenge sich auf ein Fünftel der bisherigen Menge vermindern. Der russische Vertreter erklärt, bei einem Zuckerpreis von 38 Frcs. für den Doppel-Centner würde die Anwendung des Verfahrens auf die Tonne Rüben einen Vortheil von 5·70 bis 6·20 Frcs. darbieten (?). Nach den von derselben Seite aufgegebenen weiteren Erklärungen würde in Russland für den Werth der zur Einrichtung des Verfahrens erforderlichen Maschinen etc. 300 Rbl. für jede Tonne täglich zu leistende Rübenverarbeitung erforderlich sein, d. h. eine täglich 280 t Rüben verarbeitende Fabrik 84.000 Rbl. (181.440 Mk.) zu zahlen hätte. Die ganze zur Anwendung des Verfahrens erforderliche

Einrichtung wird vom Syndicat, bezw. der von diesem begründeten Finanzirungsgesellschaft geliefert. Dafür erhält letztere von der Fabrik 25% des veranschlagten Capitals und ausserdem im Verlaufe von fünf Jahren eine Vergütung von 1¼ Rbl. für jede verarbeitete Tonne Rüben. Diese Vergütung deckt sämmtliche Leistungen der Fabrik mit Einschluss der Tilgung, so dass die Fabrik nach Ablauf der fünf Jahre für die Neueinrichtung nichts mehr zu zahlen hat. Es wird eine Betriebs-(Finanzirungs-)Gesellschaft mit einem Capitale von 2—3 Millionen Rubel gegründet, welche das Verfahren erwerben und in den Fabriken einrichten soll. Von dem Grundcapitale sind 3 Millionen Francs für den Ankauf des Verfahrens zu verwenden; den Gründern werden Vorzugsrechte bewilligt. Als solche treten Victor Baudouin zu Tirlemont (Belgien) und Raimund Reinecker (Brüssel) auf, welche mit der zu Paris (Boulevard de la Gare) ansässigen elektrolytischen Zuckercompagnie (vertreten durch den Ingenieur Robert Pornitz, Wien) den Gründungs- und Licenzvertrag für Russland abgeschlossen haben. Es wird eine Berechnung veröffentlicht, wonach die Betriebsgesellschaft von den 240 russischen Zuckerfabriken (NB. wenn alle das Verfahren einführen) in fünf Jahren 21,252.000 Rbl. verdienen würde. Darin ist die jährlich von jeder Fabrik im Durchschnitte zu leistende Zahlung mit 35.000 Rbl., also für fünf Jahre mit 175.000 Rbl. in Ansatz gebracht, wovon 21.000 Rbl. als vorweg zu leistende Zahlung (25%) des mit 84.000 Rbl. angenommenen Werthes der Einrichtung) treten, so dass die Einnahme von jeder Fabrik 196.000 Rbl. betragen würde. An Ausgaben stehen gegenüber: fünf für ein Capital zu leistende Jahreszahlungen von 19.500 Rbl. = 97.500 Rbl., und 9700 Rbl. sonstige Ausgaben, zusammen in Ganzen 107.200 Rbl. abgelten und aus den obigen 196.000 Rbl. ein Reinertrag von 88.800 Rbl., also 21,252.000 Rbl. von den 240 Fabriken verbleiben würde. So ist die Ausbeutung des Patentes für Russland geplant, in den übrigen Ländern dürfte das Syndicat in ähnlicher Weise vorgehen. Wenngleich der Nachweis einer praktischen Bewährung des neuen Verfahrens noch aussteht, haben doch die Kreise der Zuckerindustrie aller Länder ein Interesse daran, die weitere Entwickelung der Sache mit Aufmerksamkeit zu verfolgen.

Zur Beurtheilung der Frage der **Ausführung von Unterpflasterbahnen** durch Berlin ist ein Bericht von besonderem Werthe, welchen die städtische Verkehrscommission von Boston vor Kurzem abgegeben hat. Bereits im Jahre 1894 wurde die „Boston Transit Commission" von der städtischen Verwaltung beauftragt, zur Verbesserung der städtischen Verkehrsmittel ein Netz von Untergrundbahnen herzustellen. Es ist jedenfalls höchst beachtenswerth, dass eine Grossstadt in den Vereinigten Staaten, dem classischen Lande des privatwirthschaftlichen Systems auf allen Gebieten des Verkehrswesens mit Ausnahme der Post, dazu übergeht, die Beschaffung neuer Verkehrsmittel selbst in die Hand zu nehmen, während in Deutschland, dem Lande der Staatsbahnen, die städtischen Gemeinden immer noch ein thatkräftiges Vorgehen auf diesem Gebiete scheuen, so dringend auch die zum Theile sehr mangelhaften Verkehrsverhältnisse dazu auffordern. Dass der Bau von Hoch- und Untergrundbahnen durch die städtische Gemeinde keineswegs mit Opfern oder mit Risico verknüpft ist, beweist das Beispiel Bostons. In einem Vertrag mit der Westend-Strassenbahn-Gesellschaft, wodurch dieser der Betrieb der zu bauenden Untergrundbahnen für die nächsten zwanzig Jahre überlassen wird, hat sich die Stadt eine Rente von 4·87% des Anlagecapitals gesichert, während sie das für den Bau der Bahn aufgenommene Anlehen mit nicht ganz 3½% zu verzinsen hat, so dass der Gemeinde ein Ueberschuss von wenigstens 1¾% verbleibt. Die Pachtsumme steigt ausserdem, falls die Zahl der beförderten Wagen eine gewisse Summe überschreitet. In Boston stellt die Stadt nur die Fahrbahn her, während die Betriebsgesellschaft auf ihre Kosten die Geleise, die Leitungen für den elektrischen Strom, sowie die Betriebsmittel beschafft. Die Gesellschaft hat sich ausserdem verpflichtet, den Tunnel ausreichend zu beleuchten und sämmtliche Anlagen in einem gebrauchsfähigen Zustande zu erhalten.

Telephonie.

Der Fernsprechverkehr Berlin mit Cosel (Schl.), Rybnik, Ohlau, Wildungen, Borbeck Vionenburg, Pyritz, Emden, Grossammensloben, Gommern (Prov. Sachsen), Rosslau (Anhalt), Wriezen, Cürlin (Pers.), Naugard und Weisswasser (Oberl.) ist eröffnet worden. Die Gebür für ein gewöhnliches Gespräch bis zur Dauer von 3 Minuten beträgt je eine Mark.

Eine werthvolle Neuerung für das telephonirende Publikum wird aus Stockholm gemeldet. Um den beschwerlichen Umzug von Telephonapparaten zu umgehen, welcher bisher durch den jeweiligen Umzug der Abonnenten bedingt war, hat die Verwaltung bestimmt, dass vom 1. October 1898 an die Apparate an Ort und Stelle hängen bleiben sollen. Ist der nächste Miether Abonnent, so kann er den Apparat ohne Weiteres benutzen, wenn nicht, so bezahlt er für die jedesmalige Benutzung des Telephons eine Gebür von 10 Pfennigen. Der Zehn-Pfennig-Tarif für Nicht-Abonnenten ist in Scandinavien schon seit 6 Jahren eingeführt und längst populär geworden. In den Städten findet man überall Telephonkioske mit Automaten, in welchen nach Einwurf eines Nickels der Telephonapparat benutzt werden kann. Auch sind bei vielen Geschäftsleuten solche Telephon-Automaten aufgestellt.

Kosten des Dampfes in den Jahren 1870—1897. Einen wie gewaltigen Fortschritt die Technik in dem Zeitraume von etwa 25 Jahren aufzuweisen hat, zeigt u. a. deutlich die Verminderung der Kosten für die Herstellung von Dampf zur Krafterzeugung. Um hiefür einen richtigen Anhaltspunkt zu erhalten, ist es natürlich erforderlich, die Kosten für die Herstellung des Dampfes auf eine bestimmte Einheit zu beziehen und eignet sich hiefür am besten die mit dem Dampfe erzielte Leistung und zwar die Pferdekraftstunde. In dem genannten Zeitraum haben sich diese Kosten um etwa 40% vermindert, was gewiss eine hervorragende Leistung der Technik ist. Von diesem Procentsatze entfallen 17% auf die Anwendung von mehrcylindrigen Maschinen, die Condensationsvorrichtung, die angewandte höhere Dampfspannung, sowie das Ueberhitzen des Dampfes, 5% entfallen auf die Anwendung von stehenden Dampfmaschinen, wobei u. a. der Rechnung der Verbesserungen der Dampfkessel zu setzen, während 7% der Vorwärmung des Speisewassers zuzuschreiben sind. Die Verbesserungen der Feuerungsroste participiren schliesslich noch mit 2%. Durch diese verschiedenen verwerthbaren Verbesserungen sind die Kosten für die Pferdekraftstunde um 40% verringert worden. Wie aus Vorstehendem ersichtlich, ist die Verbilligung des Dampfes weniger auf dessen Production als vielmehr auf dessen ökonomische Verwendung zu setzen, die sich eben in den constructiven Verbesserungen der maschinellen Einrichtungen kennzeichnet.

Ein ungarisches Eisenbahnministerium. Wie der Budapester „Alkotmany" berichtet, trifft man massgebendenorts Anstalten, ein ungarisches Eisenbahnministerium zu errichten und werden diesbezüglich auf Grund eines vom Staatssekretär Vörös ausgearbeiteten Entwurfes Berathungen gepflogen. Alle Verkehrsangelegenheiten sollen aus dem Handelsministerium ausgeschieden und dem neu zu errichtenden Eisenbahnministerium zugewiesen werden. Für die Leitung desselben soll nach der citirten Quelle das Mitglied des Magnatenhauses und Feldmarschall-Lieutenant a. D. Ernst v. Hollan in Aussicht genommen sein.

Ausgeführte und projectirte Anlagen.
Oesterreich-Ungarn.
a) Oesterreich.

Trient. (Elektrische Bahn Brescia—Caffaro—Trient.) Das Gründungscomité dieser elektrischen Eisenbahn, das in Brescia seinen Sitz hat, hat den vorgelegten Plan genehmigt und die Vorlage desselben an die Provincial- und an die Gemeindevertretung zum Zwecke der Erlangung der Con-cession beschlossen. Von den Firmen Siemens & Halske in Mailand, Brown, Boveri & Cie. in Baden und der Maschinenfabrik Oerlikon sind dem Comité Bauanerbietungen zugekommen.

b) Ungarn.

Budapest. (Concessionsurkunde der projec-tirten Localbahn Budapest - Budafok — Nagy-Tétény mit einer von Nagy-Tétény aus bis Török-Bálint führenden Flügelbahn.) Die im Sinne des G.-A. XXXI ex 1880 und des diesen ergänzenden G.-A. IV ex 1888 als normalspurige Localbahn zu erbauende und als solche zu betreibende Linie wird vom donaurechtsuferseitigen Brückenkopfe der Budapester Franz-Josefs-Brücke (im Anschlusse an das hauptstädtische Strasseneisenbahnnetz) ausgehen mit theilweiser Benützung der nach Stuhlweissenburg (Szekesfehérvár) führenden Chaussée und weiterhin mit Berührung der Gemeinde Albertfalva bis zur Station Budafok der Hauptlinie Budapest—Bruck a. d. L. der königl. Ungar. Staatsbahnen, ferner von dort aus im Bereiche des Comitates Pest-Pilis-Solt-Kis-Kun bis Nagy-Tétény führen, von wo aus deren bis Török-Bálint projectirte Flügelbahn abzweigen wird. Das effective Baucapital dieser mit elektrischer Kraft zu betreibenden Linien ist mit 1,330.000 fl. bemessen, von welcher Summe ein Betrag von 130.000 fl. für Beschaffung der Fahrbetriebsmittel und ein solcher von 30.000 fl. zur Anlage eines Reservefonds entfällt.

Debreczen (Ertheilung von Vorconcessionen.) Der königl. ungar. Handelsminister hat dem Budapester Advocaten Dr. Franz Kisbary-Kiss und dem Budapester Eisenbahn-Bauunternehmer Otto Mayer, die Bewilligung zur Vornahme technischer Vorarbeiten für eine von einem geeigneten Punkte des Strassenbahnnetzes der Stadt Debreczen abzweigende, über Hoszu-Pályi, Poczaj, Kis-Márja, Bihar und Püspöki führende, und mit dem Strassenbahnnetze der Stadt Grosswardein (Nagyvárad) und der gleichnamigen Station der Hauptlinie Budapest—Grosswardein— (Brassó) Kronstadt—Predeal der königl. ungar. Staatsbahnen verbindende Localbahn für Personen- und Güterbeförderung mit elektrischem Betriebe auf die Dauer eines Jahres ertheilt.

Orsova. Wie wir schon berichteten, hat die Braunschweiger Firma Luther mit der serbischen Regierung einen Vertrag abgeschlossen bezüglich der Ausnützung der Wasserkraft des Eisernen Thores zu Zwecken elektrischer Kraftübertragung. Die Firma will am serbischen Ufer verschiedene Industrieanlagen errichten, deren Betrieb durch elektrische Kraftübertragung geschehen soll. Die ungarische Regierung ist aber vollkommen einverstanden damit, dass die werthvolle Wasserkraft, auf die Ungarn in erster Reihe Anspruch zu haben glaubt, von fremder Seite in Beschlag genommen werde, und hat daher durch das Ministerium des Aeussern bei der serbischen Regierung gegen die einseitige Benützung der Wasserkraft des Eisernen Thores zu Gunsten Serbiens, Vorstellungen gemacht. Die Frage ist die, ob die beiden Uferstaaten (Ungarn und Serbien) zur Ausnützung der Wasserkraft die gleichen Rechte besitzen, oder ob dieses Recht nicht etwa ausschliesslich Ungarn, als dem auf die Regulirung des Eisernen Thores betrauten Staate, gebührt. Von anderer Seite wird aber folgende Ansicht ausgesprochen. Die Wasserkräfte selbst liegen auf serbischem Territorium. Serbien ist also unbestrittener Eigenthümer derselben. Ungarn könnte gegen den Ausbau derselben nur dann Einwendungen erheben, wenn die zur Regulirung der Schiffahrtstrasse im Eisernen Thore hergestellten Wasserbauten, der Canal und die Leitdämme der Nutzbarmachung der Wasserkraft dienstbar gemacht werden sollen, oder wenn die Schiffbarkeit des Canals dadurch beeinträchtigt würde. — Das von der Firma Luther ausgearbeitete und dem ungarischen Ministerium Berathungen vorgelegte Project hat die Lösung zweier Aufgaben zum Zwecke: erstens, die Schiffbarkeit des hergestellten Canales zu ermöglichen, und zweitens durch im Canal vorhandene starke Strömung von circa 5 m per Secunde hindernd entgegentritt, und zweitens durch die an dieser Zwecke einzubauenden Schleusen eine Stau-Anlage zu schaffen, durch welche gleichzeitig die Wasserkräfte in verhältnismässig leichter Weise verwerthet werden könnten.

Deutschland.

Berlin. Auf der am 8. d. M. der Eröffnung gelangten Linie Grossgörschenstrasse—Schlesische Brücke verkehren ausschliesslich vierachsige Accumulatorenwagen für gemischten Betrieb. Anhängewagen werden für Wochentage vorläufig nicht zugelassen, dürften jedoch für Sonn- und Feiertage bewilligt werden. Für die Ringbahnstrecke Brandenburgstrasse-Oranienburger Thor via Landsberger Thor, auf welcher die Vorarbeiten für den elektrischen Betrieb zum grössten Theil beendet sind, beabsichtigt die Grosse Berliner Strassenbahn möglichst bald den elektrischen Verkehr aufzunehmen. Diese Theilstrecke, die obendrein einen ausserordentlich lebhaften Verkehr hat, dürfte späterhin als eine selbständig eingebaute Strecke erhalten bleiben. Die Eiserne Brücke muss, bevor der elektrische Betrieb über die Linden hinweg aufgenommen werden kann, vollständig umgebaut werden. Die Vorarbeiten für diesen Umbau werden im October durch Anlegung einer Nothbrücke, die auf der Südseite der alten Brücke errichtet werden wird, in Angriff genommen werden. Die Fertigstellung der neuen Eisernen Brücke, die gelegentlich des Umbaues eine Verbreiterung erfahren wird, ist im August 1899 zu erwarten. Mit diesem Termine werden dann auch die gegenwärtig bestehenden Gesundbrunnen—Marheinekeplatz und Vinetaplatz—Bülowstrasse elektrischen Betrieb erhalten.

Cassel. Die projectirten Arbeiten für die Erweiterung und den Umbau des Bahnnetzes der Grossen Casseler Strassenbahn A.G. behufs Einführung des elektrischen Betriebes sind zur Zeit soweit gefördert, dass ein Theil des Netzes noch im Herbste des Jahres, der Rest zu dem vertragsmässigen Termin im Februar 1899 elektrisch betrieben werden kann. In dem laufenden Geschäftsjahre sind die Betriebseinnahmen gegen das Vorjahr noch gestiegen, trotzdem wegen des Umbaues der bestehenden Linien der Betrieb vielfach unterbrochen werden musste. Für eine im Jahre 1890 herzustellende Transversallinie werden zur Zeit die Vorarbeiten gemacht und ist für eine Theilstrecke dieser Linie die behördliche Genehmigung bereits beantragt. Während die bisherigen Linien die Stadt in der Richtung von Osten nach Westen (Wilhelmshöhe) durchqueren, soll diese neue Linie die Verbindung zwischen den südlichen und nördlichen Stadttheilen unter einander und mit dem Centrum von Cassel vermitteln.

Merseburg. (Elektricitätswerk.) Die Stadt Merseburg hat sich für die Errichtung eines Elektricitätswerkes erklärt. Dasselbe soll auf Rechnung der Stadt betrieben, in den ersten fünf Jahren jedoch vom Erbauer geleitet werden, der der Stadt eine möglichst hohe Rente zu garantiren hat. Eine diese Angelegenheit vorberathende Commission ist bereits mit den Firmen Allgemeine Elektricitäts-Gesellschaft, Schuckert & Co., Siemens & Halske und Gebr. Steckner (Merseburg) in Verbindung getreten und forderte von diesen Kostenanschläge ein, welche sich bei 200—360 PS zwischen 209.384 und 280.000 Mk. bewegen. Die Rentabilitätsberechnungen stellen eine Verzinsung des Capitals in Höhe von 3—10% in Aussicht.

Schweiz.

Zürich. Die Vorarbeiten für die Umwandlung des Züricher Tramwaynetzes in elektrischen Betrieb schreiten allmälig vorwärts, sowie auch der Bau der verschiedenen Ergänzungslinien. Der Kanton Genf, der bisher die Entwickelung seines Tramwaynetzes und seiner Localbahnen ganz der Privatunternehmung unterliesses, ist von einer rikanischen Capitalisten um die Gewährung einer Concession behufs Ertheilung eines weiteren cantonalen Schmalspurbahnnetzes angezogen worden. Ausserdem sind daselbst Verhandlungen im Gange, um die Genfer Schmalspurbahn-Gesellschaft, die über ein Netz von ca. 50 km verfügt, zu reconstruiren und an Stelle des Dampfbetriebes den elektrischen Betrieb bei derselben einzuführen.

(Ausnützung der Wasserkräfte.) Mit welcher Eile die Gründer elektrotechnischer Gesellschaften, die Privatindustrie und staatliche Corporationen für die Sicherung von Wasserkräften in der Schweiz vorgesorgt haben, ist aus dem Umstande ersichtlich, dass über alle zur Stunde bedeutenderen natürlichen Wasserkräfte am Nordfusse der Alpen verfügt worden und daher keine weitere Concession zur Ausnützung von Wasserkräften nur zu vergeben ist. Dagegen hat sich ein Consortium gebildet, das die nöthigen technischen Vorarbeiten machen lässt, um die Concession für den Bau eines Canals zwischen dem Vierwaldstädter- und Zugersee, wodurch eine Wasserkraft von nahezu 30.000 PS angeblich gewonnen werden kann, zu verlangen.

Argentinien.

Buenos-Aires. Die Allgemeine Elektricitäts-Gesellschaft Berlin hat der Stadt Buenos Aires eine Vorlage eingereicht behufs elektrischer Strassenbeleuchtung in dem Stadtviertel zwischen der Strasse Chile, Entre Rios, Callao, Paseo Colon und Paseo de Julio mittelst 400 Bogen-

lampen. In den Strassen über 20 m Breite wird die Beleuchtung vermehrt. Die Lampen werden durch Gestelle gehalten, die in die Mauern eingelassen werden. Es wird hiefür eine eigene Leitung gelegt, so dass die Stadtverwaltung nach Belieben, ohne weitere Einrichtungen treffen und grössere Unkosten machen zu müssen, den Betrieb selber übernehmen kann. Die von der Gesellschaft vorgeschlagenen Projecte richten sich nach den Veränderungen des Goldcourses und stehen für Lampen, die während der ganzen Nacht brennen, 16 bis 33·50 Doll., für die, welche bis 1 Uhr brennen, von 12 bis 25 Doll. Nach Ablauf von 20 Jahren können alle Einrichtungen auf Verlangen in das Eigenthum der Stadtverwaltung übergehen. Die Concession muss wenigstens auf zwei Jahre gegeben werden; übernimmt nachher die Stadtverwaltung den Betrieb, so hat sie für jedes Beleuchtungsgestell nach zwei Jahren 250 Doll., nach drei Jahren 237·50 Doll. nach vier Jahren 225 Doll., nach fünf Jahren 212·50 Doll. etc. zu bezahlen.

Patentnachrichten.

Mitgetheilt vom Ingenieur Victor Monath,
WIEN, I. Jasomirgottstrasse Nr. 4.

Auszüge aus Patentschriften.

Hartmann & Braun in Frankfurt a. M.-Bockenheim. — Drehstromzähler. — Classe 21, Nr. 97.563 vom 26. October 1897.

Fig. 1.

Von den beiden gekreuzten Feldern wird das eine durch die Summenwirkung zweier Hauptstromspulen J gebildet, die in zwei verschiedene Leitungen des Drehstromsystems geschaltet sind, während das andere Feld durch eine Spannungsspule E erzeugt wird, welche an dieselben bei den Leitungen angeschlossen ist. Bei inductionsfreier Belastung haben dann die beiden Felder thatsächlich die erforderliche Phasenverschiebung von 90°. An der Erzeugung des Hauptstromfeldes können auch Windungen theilnehmen, die vom Strom der dritten Leitung in umgekehrter Richtung durchflossen werden. (Fig. 1.)

Geschäftliche und finanzielle Nachrichten.

Elektrische Kleinbahn im Mansfelder Bergreview, Actien-Gesellschaft. Unter dieser Firma wurde in Berlin eine Actien-Gesellschaft gegründet, deren Grundcapital 4½ Millionen Mark beträgt. Zweck des Unternehmens ist die Herstellung einer für die Beförderung von Personen und Stückgütern einzurichtenden 1 m-spurigen elektrischen Kleinbahn von Hettstedt über Mansfeld, Kloster Mansfeld, die Grunddörfer und Eisleben nach Helfta mit Anschluss von Strassenbahnlinien nach dem Friedhofe zu Eisleben. Aus der für das Unternehmen einzurichtenden Kraftstation soll elektrische Energie zur Erzeugung von Licht und Kraft an Dritte, u. A. an die Mansfeld'sche Gewerkschaft, abgegeben werden. Die Bahn ist in einer Länge von rund 32 km projectirt. Den Aufsichtsrath der neuen Gesellschaft bilden die Herren Erler, Sulzer und Sobernheim-Berlin, Bankier Ertel-Leipzig. Die Direction hat Baurath Griebel übernommen.

Freudenstein & Co. (Feldbahnen und Eisenbahn-Bau-Material) in Berlin. Bezüglich der Umwandlung dieser Firma schweben seit einiger Zeit Verhandlungen, welche nunmehr zu einer festen Vereinbarung geführt haben, auf Grund welcher durch die Mitteldeutsche Creditbank voraussichtlich im Laufe nächsten Jahres die Errichtung einer Action-Gesellschaft bewirkt werden wird.

Miejska kolej elektryczna. (Firmaprotokollirung.) In dem Handelsregister des k. k. Landes- als Handelsgerichtes Lemberg wurde am 11. Juni die Firma „Miejska kolej elektryczna" eingetragen und dabei ersichtlich gemacht, dass die Gemeinde der Stadt, freien Haupt-stadt Lemberg Eigenthümerin dieser Unternehmung mit dem Sitze in Lemberg ist. Die Firma wird auf die Art gezeichnet werden, dass unter den vollen Wortlaut der Firma gewöhnlich der Präsident der Stadt Lemberg, bei Verpflichtungen aber auch noch drei Gemeinderäthe ihre eigenhändige Unterschriften zu setzen haben.

Schluss der Redaction: 16. August 1898.

Verantwortlicher Redacteur: Dr. J. Sahulka. — Selbstverlag des Elektrotechnischen Vereines.
Commissionsverlag bei Lehmann & Wentzel, Wien. — Alleinige Inseraten-Aufnahme bei Haasenstein & Vogler (Otto Maass), Wien und Prag.
Druck von R. Spies & Co., Wien.

Zeitschrift für Elektrotechnik.

Organ des Elektrotechnischen Vereines in Wien.

Heft 35.   WIEN, 28. August 1898.   XVI. Jahrgang.

Bemerkungen der Redaction: Ein Nachdruck aus dem redactionellen Theile der Zeitschrift ist nur unter der Quellenangabe „Z. f. E. Wien" und bei Originalartikeln überdies nur mit Genehmigung der Redaction gestattet.
    Die Einsendung von Originalarbeiten ist erwünscht und werden dieselben nach dem in der Redactionsordnung festgesetzten Tarife honorirt. Die Anzahl der vom Autor event'. gewünschten Separatabdrücke, welche zum Selbstkostenpreise berechnet werden, wolle stets am Manuscripte bekanntgegeben werden.

INHALT:

Umwandlung von Mehrphasenströmen in Gleichstrom ohne Motor-Generator.

J. Sahulka.

Zur Umwandlung von Wechselstrom in Gleichstrom werden gegenwärtig allgemein Motor-Generatoren verwendet, welche dieselbe Form haben wie eine Gleichstrom-Dynamo mit Nebenschlusswickelung, wobei jedoch die Armaturwickelung nicht blos mit den Segmenten eines Collectors, sondern auch mit Schleifringen in Verbindung steht, welche auf derselben Achse angebracht sind wie der Collector. Der hochgespannte einphasige oder die hochgespannten mehrphasigen Wechselströme werden durch Einzeltransformatoren oder durch einen Transformator für mehrphasige Ströme in niedergespannte Ströme verwandelt und durch die Schleifringe in die Armatur des Motor-Generators geleitet. Dieser wird durch die Wechselströme als Motor getrieben und liefert gleichzeitig Gleichstrom, da sich die Armatur in dem magnetischen Felde dreht, welches dem Feldmagneten entspricht. Der Gleichstrom wird von den am Collector schleifenden Bürsten abgenommen; ein Theil des Gleichstromes dient zur Erregung des Feldmagneten des Motor-Generators. Es ist hiebei gleichgiltig, ob die Armatur Ring- oder Trommelwickelung hat, ob der Generator zwei- oder mehrpolig ausgeführt ist. Diese Art der Umformung von ein- oder mehrphasigen Wechselströmen in Gleichstrom hat bei Centralen für Lichtbetrieb und für elektrische Bahnen Verbreitung gefunden, da die Vortheile der Verwendung von Gleichstrom und der Fernleitung hochgespannter Wechselströme combinirt werden. Die mehrphasigen Ströme werden in einer Centrale erzeugt, an einen oder mehrere Vertheilungspunkte in der Stadt geleitet und daselbst in der beschriebenen Art in Gleichstrom verwandelt, welcher an das Stadtnetz abgegeben wird. Soll eine elektrische Bahn betrieben werden, so wählt man Speisepunkte in entsprechenden Abständen, z. B. in je 10 *km* Entfernung und wandelt in diesen die hochgespannten Wechselströme in Gleichstrom um, welcher zum Betriebe der Bahn dient. Für Stadt- und Strassenbahnen, welche auf elektrischen Betrieb umgewandelt werden sollen, ist das beschriebene Betriebssystem das bestgeeignetste und wird nun auch allgemein eingeführt. Ein Uebelstand ist jedoch mit dem Systeme verbunden,

welcher darin besteht, dass die Umformung kostspielig ist und mit bedeutenden Verlusten erfolgt, da zur Umformung sowohl ruhende Wechselstrom-Transformatoren als auch rotirende Motor-Generatoren erforderlich sind. Wenn es möglich wäre, die Umformung in betriebssicherer Weise ohne Motor-Generator durchzuführen, so würden dadurch die Kosten und Verluste bedeutend verringert werden. Es sind bereits vor längerer Zeit zwei derartige Methoden vorgeschlagen worden, von welchen die zweite wesentlich vereinfacht werden kann; dieselben sollen im Folgenden beschrieben werden. Die Pollak'sche Methode der Spaltung eines Wechselstromes in zwei gleichgerichtete Stromhälften mit Benützung von Zersetzungszellen, welche je eine Aluminium- und eine Kohlenelektrode enthalten, möge hier nicht in Betracht gezogen werden, da die Forderung erfüllt werden soll, dass ein Gleichstrom von möglichst unveränderlicher Stärke erhalten wird.

I. Art der Umformung.

Hutin und Leblanc haben im Jahre 1892 (D. R. P., Classe 21, Nr. 78.825) vorgeschlagen, mehrphasige Wechselströme in der Weise in Gleichstrom umzuwandeln, dass die Secundär-Wickelungen des zur Umformung der hochgespannten mehrphasigen Ströme dienenden ruhenden Transformators aus je zwei Spulensystemen mit entgegengesetzter Windungsrichtung gebildet werden, welche unter einander und mit den Segmenten eines Collectors verbunden sind, auf welchem zwei Bürsten schleifen, welche von einem kleinen synchronen Wechselstrommotor bewegt werden. Von den Bürsten kann Gleichstrom von unveränderlicher Stärke abgenommen werden.

Man könnte wohl daran denken, mehrphasige Ströme in der Weise in einen Gleichstrom umzuwandeln, dass man jeden Wechselstrom für sich durch einen einfachen Wechselstrom-Commutator gleichrichtet und die erhaltenen gleichgerichteten Ströme in Serie schaltet, wodurch ein pulsirender Gleichstrom erhalten sollte; alle Commutatoren könnten von einem gemeinschaftlichen kleinen synchronen Wechselstrommotor gedreht werden. Eine genaue Ueberlegung zeigt aber, dass diese Art der Umformung nicht möglich ist, weil in jedem einzelnen Secundärkreise nach jeder Halbperiode der Strom bei ungeänderter Stärke plötzlich die Richtung wechseln müsste; dies ist wegen der Selbstinduction der Secundärkreise nicht möglich. Es muss daher vorgesorgt werden, dass die Rückwirkung der secundären Ströme auf den Kern des Transformators möglichst analog ist wie bei einem gewöhnlichen Transformator, und dies wird durch die Anordnung von Hutin und Leblanc erreicht. Die Darstellung der Methode ist im Folgenden in einfacherer Weise als in der Patentschrift gegeben; aus derselben sind die Figuren 7 und 8 entnommen.

Das Princip der Umformung ist zunächst unter Annahme eines einphasigen Wechselstromes in den

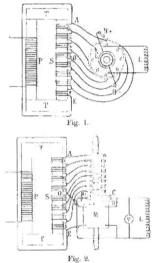

Fig. 1.

Fig. 2.

Figuren 1 und 2 dargestellt. Mit T ist der Eisenkern eines Wechselstrom-Transformators, mit P die primäre, mit S die secundäre Wickelung bezeichnet. Die letztere besteht aus zwei Spulensystemen, welche in entgegengesetzter Richtung gewickelt und zu einem kurzgeschlossenen Stromkreise vereinigt sind; ein von aussen durch den Secundärkreis gesendeter Strom würde daher keine magnetisirende Wirkung auf den Kern ausüben. Die mit 1. 2. 3. 4 bezeichneten Spulen sind in den Figuren im Sinne der Uhrzeigerbewegung gewickelt, die Spulen 5. 6. 7. 8 im entgegengesetzten Sinne. Die Verbindungsstellen je zweier auf einander folgender Spulen (Fig. 1) sind mit den Segmenten eines ruhenden Commutators C verbunden; die Zahl der Segmente möge zunächst gleich sein der Spulenzahl. Die Bürsten B_+ und B_- mögen von einem kleinen synchronen Wechselstrommotor gedreht werden, welcher in der Figur nicht gezeichnet ist. Der für den Motor erforderliche Strom kann von einem der Spulensysteme des secundären Kreises abgenommen werden, d. i. entweder von A und O oder von E und O. Die Bürsten B sind mit einem Stromkreise L mittelst Schleifringen verbunden, welche auf der Motorachse angebracht sind. Wenn die Bürsten vom Commutator abgehoben sind,

fliesst kein Strom im Secundärkreise des Transformators, da sich die in den beiden Spulensystemen inducirten elektromotorischen Kräfte aufheben. Wenn die Bürsten auf dem Collector schleifen, sind die secundären Spulen in zwei Hälften parallel geschaltet und liefern Strom für den Kreis L. Die in einem Spulensysteme des secundären Kreises inducirte E. M. K. sei $E \sin \alpha$; dieselbe möge auf der Vorderseite der Spulen von links nach rechts gerichtet sein, wenn die E. M. K. einen positiven Werth hat. Der Collector schleife so, dass in dem Momente, wenn $\alpha = 90^{\circ}$ ist und daher die E. M. K. den maximalen Werth $+E$ hat, die Bürsten B_+ über die Segmente $a \, a'$ schleifen. In den Zeitmomenten, in welchen α den Werth 135°, 180°, 225°, 270° hat, ist die in einem Spulensysteme inducirte E. M. K., bezw. gleich

$$ \frac{+E}{\sqrt 2}, \quad O, \quad \frac{E}{\sqrt 2}, \quad -E; $$

die Bürste B ist in den entsprechenden Zeitmomenten in Verbindung mit den Segmenten $b' \, c' \, d'$, die Bürste B_+ mit $b \, c \, d$. Die an den Stromkreis L abgegebene E. M. K. ist bezw.

$$ \frac{-E}{2\sqrt 2}, \quad O, \quad \frac{+E}{2\sqrt 2}, \quad +E. $$

In dem Stromkreise L wird daher ein gleichgerichteter Strom fliessen. Der maximale Werth der E. M. K., welche im ganzen Stromkreise L wirksam ist, ist gleich der maximalen E. M. K., welche in einem Spulensysteme des secundären Kreises inducirt wird; die zu anderen Zeitmomenten im Kreise L wirksame E. M. K. ist kleiner als die in einem Spulensysteme des secundären Kreises inducirte, weil sich die in den einzelnen Spulen inducirten E. M. K. wegen der entgegengesetzten Windungsrichtung theilweise aufheben. Die wirksame E. M. K. variirt nach dem Sinus-Gesetze und gleichzeitig nach dem Gesetze einer Geraden.[*)]

Bei jeder anderen Stellung des Collectors C würde die im Stromkreise L wirksame E. M. K. schwächer sein. Um dem Collector C die günstigste Stellung zu

---

[*)] Hutin und Leblanc legen Gewicht darauf, dass die im gesammten Stromkreise L wirksame E. M. K. so variire welcher Werth von $\sin \alpha$. Dies kann in zweifacher Weise erreicht werden. Man kann die einzelnen Spulen mit ungleich vielen Windungen versehen und die Windungszahlen der auf einander folgenden Spulen so wählen, dass sich dieselben verhalten wie die Werthe der Sinusfunction von Winkeln, welche um den gleichen Betrag wachsen; der Gesammtzahl der Spulen muss dabei der Winkelzuwachs um 360° entsprechen. Wählt man z. B. im Ganzen 12 Spulen, so können die Windungszahlen der 6 Spulen des ersten Systemes gleich sein: $N \sin 15$, $N \sin 45$, $N \sin 75,\dots N \sin 165$, die Windungszahlen der Spulen des zweiten Systemes $N \sin 345\dots N \sin 345$. Wenn die Bürsten am Collector so gestellt sind, dass im Momente, wenn $\alpha = 90^{\circ}$ ist, die Spulen jedes Systemes die ganze E. M. K. an den Stromkreis L abgeben, so ist, wie man durch Rechnung findet, die im Stromkreise L wirksame E. M. K. zu jeder beliebigen Zeit proportional dem $E \sin \alpha$. Allgemein sollen die $2 n$ Spulen des secundären Kreises nach Hutin und Leblanc die durch die Formel

$$ N \cdot \sin \left(\alpha + k \cdot \frac{2\pi}{2n} \right) $$

gegebene Windungszahl haben, wobei α einen beliebigen Werth haben kann und für k der Reihe nach 0, 1, 2, ... $(n-1)$ zu setzen ist. Anstatt die Spulen mit ungleichen Windungszahlen zu wickeln, können alle Spulen gleiche Windungszahl haben, es ist jedoch die Breite der auf einander folgenden Collector-Segmente entsprechend der obigen Formel zu wählen. Das Ergebniss für die im Stromkreise L wirksame E. M. K. ist das gleiche wie im vorigen Falle.

geben, hat man nur ein Voltmeter V zwischen die Klemmen des äusseren Kreises L zu schalten und den Collector so zu drehen, dass die Angabe des Voltmeters eine maximale wird, während die Bürsten B von dem synchronen Wechselstrommotor gedreht werden. Es ist vortheilhaft, die Zahl der Spulen des secundären Kreises und ebenso die Segmentenzahl des Collectors grösser zu wählen, als in der Figur angenommen ist, weil jede Spule einen Moment lang kurz geschlossen ist, während die Bürsten B über die entsprechenden Collectorsegmente schleifen. Um die Funkenbildung am Collector zu verringern, kann man die Verbindungsleitungen zwischen den Spulen und den Collectorsegmenten aus Drähten von geringem Leitungsvermögen wählen.

Die Rotations-Geschwindigkeit der Bürsten B müsste mit Rücksicht auf die üblichen Periodenzahlen eine sehr hohe sein. Dieser Uebelstand kann vermieden werden, indem man den Motor mehrpolig wählt und gleichzeitig die Zahl der Collector-Segmente vervielfacht. Wählt man den Motor achtpolig, so muss man die Zahl der Segmente viermal so gross wählen als die Zahl der Spulen des secundären Kreises. Je vier um 90^0 abstehende Segmente sind untereinander zu verbinden; die Bürsten B_+ und B_- erhalten einen Winkelabstand von 45^0.

Um die rotirenden Bürsten zu vermeiden, kann die in der Fig. 2 dargestellte Anordnung benützt werden. Der Collector und der bewegliche Theil des Motors M sind auf derselben Achse montirt, welche zugleich mit so vielen Schleifringen versehen ist, als der secundäre Kreis des Transformators Spulen enthält. Diese sind mit den Schleifringen und Collector-Segmenten verbunden. Die Bürsten B sind in diesem Falle fix.

Wenn nur einphasiger Wechselstrom zur Umwandlung in Gleichstrom zur Verfügung steht, würde die Stärke des im Kreise L fliessenden gleichgerichteten Stromes zwischen Null und einem maximalen Werthe pulsiren. Durch Einschaltung einer Selbstinductionsspule in den Stromkreis könnte die Pulsation verringert werden.

Um ohne Verwendung einer Selbstinductionsspule einen wenig pulsirenden Strom im Kreise L erhalten zu können, müssen zwei- oder mehrphasige Wechselströme zur Verfügung sein. Diese können durch Einzeltransformatoren oder durch einen combinirten Mehrphasenstrom-Transformator in niedergespannte Ströme verwandelt werden. Alle secundären Kreise müssen aus zwei Spulensystemen von der Beschaffenheit bestehen wie in den Fig. 1 und 2 dargestellt wurde. Man könnte jeden Secundärkreis mit einem besonderen Collector C verbinden und alle Collectoren in den Stromkreis L in Serie schalten. Die Bürsten könnten von einem gemeinschaftlichen Motor gedreht werden; bei Verwendung der in der Fig. 2 dargestellten Anordnung könnte man alle Collectoren auf einer gemeinschaftlichen Achse befestigen. Man braucht jedoch nur einen einzigen Collector zu verwenden, wenn man die in den Fig. 3, 4 ... dargestellten Schaltungen anwendet. In den Figuren ist, da es auf die Form des Transformators nicht ankommt, immer nur der Theil des Eisenkernes gezeichnet, um welchen der secundäre Kreis gewickelt ist; auch ist der Einfachheit halber immer nur die der Fig. 1 entsprechende Anordnung gezeichnet, obwohl die in der Fig. 2 dargestellte vorzuziehen ist. Es ist in den Figuren stets angenommen, dass die in einer Spule eines secundären Kreises inducirte E. M. K. auf der Vorderseite der Spule die

Richtung von links nach rechts hat, wenn sie einen positiven Werth hat. Der Motor ist der Einfachheit halber stets als zweipolig, die Rotationsrichtung der Bürsten ist entgegen der Uhrzeigerbewegung angenommen.

In der Fig. 3 ist angenommen, dass zwei in der Phase um 90^0 verschobene Wechselströme zur Verfügung stehen, durch welche die Kerne I und II magnetisirt werden. Jeder der beiden Secundärkreise besteht aus zwölf Spulen, welche zwei Spulengruppen von entgegengesetzter Windungsrichtung bilden. Die im Sinne der Uhrzeigerbewegung gewickelten Spulen sind auf jedem Kerne mit 1 bis 6, die im entgegengesetzten Sinne gewickelten mit 7 bis 12 bezeichnet. Die in einer Spulengruppe des Kernes I inducirte E. M. K. sei mit $E \sin \alpha$, die in einer Spulengruppe des Kernes II inducirte mit $E \cos \alpha$ bezeichnet; die letztere eilt in der Phase um eine Viertelperiode voraus. Da in dem betrachteten speciellen Falle der Drehung der Bürsten am Collector während einer Viertelperiode ein Abstand

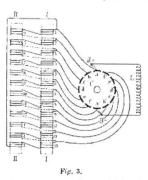

Fig. 3.

von drei Spulen entspricht, sollen die Spulen der beiden secundären Kreise so miteinander verbunden werden, dass jede Spule des Kernes I mit einer Spule des Kernes II verbunden wird, deren Nummer um drei höher ist. Es ist daher die Spule 1 des Kernes I mit der Spule 4 des Kernes II zu verbinden, hierauf gelangt man zur Spule I 2, dann zu II 5 u. s. f., bis man wieder zur Spule 1 I zurückgelangt. Die Verbindungen, welche von den Spulen des Kernes II zu denen des Kernes I führen, sind in der Figur punktirt dargestellt. Die Anfänge der Spulen des Kernes I sind mit den Segmenten des Collectors C verbunden. Die Fig. 3 entspricht dem Zeitmomente, in welchem $\alpha = 90^0$ ist; die Bürsten schleifen gerade über die Segmente a und a'. Die in einer Spulengruppe des Kernes I inducirte E. M. K. hat den maximalen Werth $+ E$, während die in einer Spulengruppe des Kernes II inducirte gleich Null ist. Die Spulengruppen des Kernes I geben die ganze E. M. K. $+ E$ an den Stromkreis L ebenso wie in dem Falle eines einfachen Wechselstrom-Transformators ab. Der in diesem Kreise fliessende Strom übt in diesem Zeitmomente keine magnetisirende Wirkung auf den Kern II aus, da er durch die beiden Spulengruppen in entgegengesetztem Sinne fliesst. In den Zeitmomenten, in welchen $\alpha = 120^0$, 150^0, 180^0 ist, berührt die Bürste B_- die Segmente b' c' d', die Bürste B_+ die Segmente b c d. In dem Momente, welcher

$\alpha = 120^0$ entspricht, ist die in einer Spulengruppe des Kernes I inducirte E. M. K. gleich $+ \frac{1}{2} \sqrt{3} E$, doch wird nur der Betrag $+ \frac{1}{3} \sqrt{3} E$ an den Stromkreis L abgegeben; die in einer Spulengruppe des Kernes II inducirte E. M. K. ist gleich $- \frac{1}{2} E$, an den Stromkreis L wird dabei $+ \frac{1}{6} E$ abgegeben. Die gesammte an den Kreis L abgegebene E. M. K. ist in diesem Momente gleich 0·7440 E. In den Zeitmomenten, welche α gleich 150^0 und 180^0 entsprechen, ist die im Stromkreise L wirksame E. M. K., bezw. gleich 0·7440 E und E. Die E. M. K. im Kreise L variirt daher um $\pm 14·7^0/_0$. [*]

Für die Rotation der Bürsten B oder im Falle, wenn die Bürsten fix und der Collector drehbar ist, zur

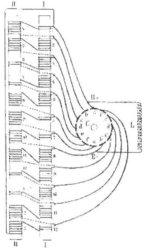

Fig. 4.

Rotation des letzteren kann man einen kleinen synchronen Zweiphasenstrom-Motor verwenden. Die zum Betriebe erforderlichen Wechselströme kann man von den Enden je eines Spulensystemes der Kerne I und II abnehmen, während der Gleichstrom für die Erregung des Feldmagneten des Motors von den Bürsten B abgenommen werden kann, nachdem der Motor den synchronen Lauf erreicht hat; der Motor kann in diesem Falle selbst anlaufen.

In dem in der Fig. 3 dargestellten Falle ist die Pulsation der im Stromkreise L wirksamen E. M. K. noch gross. Die Pulsation kann bedeutend verkleinert

*) Wählt man die Windungszahlen der Spulen der beiden secundären Kreise nach Hutin und Leblanc, so wird von dem einen secundären Kreise an den Kreis L die E. M. K.: $E \sin^2 \alpha$, vom anderen $E \cos^2 \alpha$ abgegeben; die resultirende E. M. K., welche im Kreise L wirksam ist, hat daher den constanten Werth E. Da die in den secundären Kreisen inducirten E. M. K. im Allgemeinen nicht genau das Sinus-Gesetz befolgen, wird auch die resultirende E. M. K. im Stromkreise L nicht genau constant sein.

werden, wenn man diejenigen Spulen der beiden Systeme, bei welchen die Windungsrichtung wechselt, oder ev. auch die benachbarten Spulen mit weniger Windungen versieht als die übrigen Spulen; dadurch wird auch die Funkenbildung am Collector verringert, weil diese Spulen durch die am Collector schleifenden Bürsten kurz geschlossen werden, wenn gerade das Maximum der E. M. K. inducirt wird.

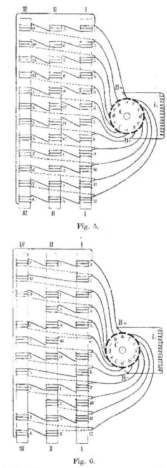

Fig. 5.

Fig. 6.

In der Fig. 4 ist wieder angenommen, dass zwei in der Phase um 90^0 verschobene Wechselströme zur Verfügung stehen; die in einem Spulensysteme der Kerne I und II indueirte E. M. K. sei wieder $E \sin \alpha$ und $E \cos \alpha$. Die Spulen, welche mit 6, 7, 1, 12 bezeichnet sind, mögen aber nur den dritten Theil der Windungen erhalten, welche die anderen Spulen haben. Dies hat zur Folge, dass in dem Momente, wenn

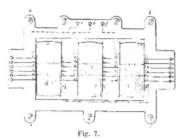

Fig. 7.

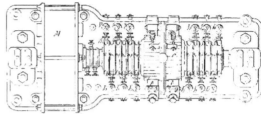

Fig. 8.

in einem Spulensysteme gerade das Maximum der E. M. K. inducirt wird. dieses Maximum kleiner ist als in dem früher betrachteten Falle; dadurch wird die Pulsation der E. M. K. im Stromkreise L verkleinert. In den Zeitmomenten, welche z = 90°. 120°, 150°, 150° entsprechen, ist die im Stromkreise L wirksame E. M. K. gleich 1 . E, 0·9566 E. 0·9566 E, 1 . E; die Pulsation beträgt im Mittel $\pm$ 2·22°/₀

In den Fig. 5 und 6 ist der Fall angenommen, dass drei in der Phase um je 120° verschobene Wechselströme zur Verfügung stehen. Die in einem Spulensystem der secundären Kreise der Kerne I. II. III inducirten E. M. K. seien bezw. E sin α, E sin (z + 120°), E sin (z + 240). Jeder secundäre Kreis möge aus zwölf Spulen bestehen, welche wieder zwei in entgegengesetztem Sinne gewickelte Spulensysteme bilden. Da einer Phasendifferenz von 120° in diesem Falle ein Spulenabstand von vier Spulen entspricht. hat man die Spule 1 des Kernes I mit der Spule 5 des Kernes III zu verbinden, diese mit der Spule 9 des Kernes III. diese wieder mit der Spule 2 des Kernes I zu verbinden u. s. f. Die Verbindungen zwischen den Enden der Spulen des Kernes III und den Anfängen der Spulen des Kernes I sind in der Figur mit punktirten Linien dargestellt. In der Fig. 5 haben alle Spulen gleiche Windungszahl. Die im Stromkreise L wirksame E. M. K. ist in den Zeitmomenten, in welchen z gleich 90°, 120°, 150° ist, bezw. gleich 1·3333 E 1·1547 E. 1·3333 E. Die Pulsation beträgt im Mittel. $\pm$ 7·18°/₀. Die Pulsation wird verringert, wenn man die Spulen 6. 7, 1. 12 mit weniger Windungen wickelt.[*]

In der Fig. 6 sind die Spulen 6 und 12 ganz weggelassen, so dass jeder Kern nur mit 10 Spulen bewickelt ist; aber der Collector und die Verbindungen sind so ausgeführt, als ob jeder Kern mit 12 Spulen bewickelt wäre. Wenn der maximale Werth der in einem Spulensysteme eines der secundären Kreise inducirten E. M. K. mit E bezeichnet wird, so ist die im Stromkreise L in den Zeitmomenten, welche α = 90°, 120°, 150° entsprechen, wirksame E. M. K. bezw. gleich 1·4000 E. 1·3856 E. 1·4000 E. Die Pulsation beträgt in diesem Falle $\pm$ 0·52°/₀.

Wenn unter Annahme von Dreiphasenstrom jeder der drei secundären Kreise aus 18 Spulen von gleicher Windungszahl gebildet würde, so würde die Pulsation der E. M. K. im Stromkreise L: $\pm$ 6·283°/₀ betragen, Verkleinert man die Windungszahlen der Spulen 9. 10, 1, 18, so wird die Pulsation verringert.

Wenn zwei- oder dreiphasiger Wechselstrom zur Verfügung steht, kann man nicht blos die unmittelbar ge-

gebenen secundären E. M. K. benützen; man kann durch Zusammensetzung derselben E. M. K. erhalten, deren Phasen Zwischenwerthe haben. Wickelt man die secundären Kreise in der Art. dass man sowohl die unmittelbar gegebenen. als auch die durch Zusammensetzung derselben gebildeten E. M. K. benützt, so ist das Endergebnis immer so beschaffen. dass jeder Kern mit zwei Spulensystemen von entgegengesetzter Windungsrichtung bewickelt ist, wobei diejenigen Spulen, bei welchen die Windungsrichtung wechselt und die benachbarten eine kleinere Windungszahl erhalten als die anderen Spulen. Die Pulsation der E. M. K. im Stromkreise L wird dadurch verringert. Eine specielle Betrachtung dieser Fälle ist nicht nothwendig, da man stets nur die unmittelbar gegebenen secundären E. M. K. zu berücksichtigen hat.

Aus den durchgeführten Betrachtungen eht hervor, dass zur Erzielung einer annähernd constanten E. M. K. im Kreise L es nicht unbedingt nothwendig ist, dass die Spulen der secundären Kreise, wie Hutin und Leblanc vorschreiben. Windungszahlen haben, welche sich wie die Sinuswerthe von Winkeln verhalten, die um gleiche Beträge wachsen. Man kann entweder die Spulen von gleicher Windungszahl wählen oder kann denjenigen Spulen, bei welchen die Windungsrichtung wechselt, eventuell auch den benachbarten kleinere Windungszahlen geben als den übrigen Spulen; dadurch lässt sich erzielen, dass die Pulsation der im Stromkreise L wirksame E. M. K. sehr klein wird.

In den Fig. 7 und 8 ist ein Umwandler von Hutin und Leblanc dargestellt, welcher zur Umwandlung von Dreiphasenstrom in Gleichstrom dient. Die Fig. 7 stellt den ruhenden Transformator dar; die Klemmen z. p. γ dienen für den Anschluss der primären hochgespannten Wechselströme, die Enden x, y, z der primären Wicklungen sind untereinander verbunden. Jeder secundäre Kreis besteht aus 12 Spulen; die Enden derselben sind mit e. s. bezw. mit 1. 3. 5, 7. 9. 11 und 2. 4. 6. 8, 10. 12 bezeichnet. In der Fig. 8 ist der vom sechspoligen Motor M in Rotation versetzte Collector C gezeichnet, welcher 36 Segmente enthält. von welchem je drei um 120° abstehende mit einem der 12 Schleifringe verbunden sind. Die Schleifringe sind mit z, die zugehörigen schleifenden Bürsten mit p̣ die zugehörigen Klemmen mit γ bezeichnet; die Verbindungen mit den Spulen der secundären Kreise sind in der beschriebenen Art zu machen. Von den auf dem Collector C schleifenden Bürsten b kann Gleichstrom abgenommen werden.

Das Verfahren von Hutin und Leblanc kann auch in umgekehrter Art zur Umwandlung von Gleichstrom in Mehrphasenstrom benützt werden.

Schluss folgt.

---

[*] Wählt man die Windungszahlen nach Hutin und Leblaac, so ergibt sich theoretisch wieder ein constanter Werth für die im Stromkreise L wirksame E. M. K.

Magnetanordnung für kräftige Felder.

Die Londoner Electrical Review bringt in dem Hefte vom 15. Juli 1898 interessante Details über die Construction eines sehr kräftigen Elektromagneten, dessen Anordnung und Dimensionirung aus den nachstehenden Figuren ersichtlich ist.

Die grosse Spule trägt 2200 Windungen 2 mm starken Drahtes, jede der beiden kleineren 600 Windungen dieses Drahtes, der für kurze Zeit mit 14 A, für längere Zeit 9 A belastet werden kann. An den Polstücken können ferner noch zwei Spulen hinzugefügt werden. Die Letzteren sind in Fig. 3 skizzirt und mit je 200 Windungen bewickelt. Es erreicht somit die magnetisirende Kraft in dem einen Falle die Grösse von ca. 53.000 Ampère-Windungen, im zweiten Falle ca. 34.000 Ampère-Windungen. Der Widerstand des ganzen Stromkreises beträgt ungefähr 9 Ω.

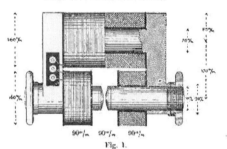

Fig. 1.

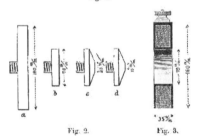

Fig. 2.　　　　　　　　　　Fig. 3.

In Fig. 2 sind für verschiedene Feldintensitäten die entsprechenden Polstücke angegeben. Das Polstück a liefert ein grosses Feld von ca. 2000 Einheiten, b ein kleineres, noch ziemlich gleichförmiges von ca. 20.000 Einheiten. Die Formen c und d gelangen bei Feldstärken bis zu 30.000 Kraftlinien pro cm² zur Verwendung.

Bei diesem Anlasse seien kurz die Stefan'schen Untersuchungen über die Herstellung intensiver, magnetischer Felder[*] in Erinnerung gebracht:

Wird das Maximum des magnetischen Momentes in der Volumeinheit weichen Eisens mit $\mu = 1700$ angenommen, so beträgt die entsprechende Feldintensität zwischen den Polflächen eines Rhumkorff'schen Magneten infolge der Magnetisirung des Eisens

---
[*] Wiener Sitzungsberichte. Bd. XCVII. Seite 176–183, 9. Februar 1888.

$4 \pi \mu = 21.360$ absolute Einheiten, wozu im Mittelpunkte des Feldes noch die Wirkung der Stromspiralen gleich $4 \pi n J$ hinzukommt, worin n die Anzahl der Windungen per Centimeter ist.

Die Wirkung, welche die Eisenkerne im Mittelpunkt des Feldes ausüben, kann ohne Beschränkung der achsialen Ausdehnung des Letzteren verstärkt werden, wenn man ihren Endflächen eine andere Gestalt gibt. Diese Verstärkung erreicht den grössten Werth, wenn man den Enden der Eisenkerne die Form von abgestutzten Kegeln gibt, derart, dass die Erzeugungslinien der beiden Kegelflächen durch den Mittelpunkt des Feldes gehen, und mit seiner Achse einen Winkel von 54° 44' bilden, oder genauer, einen Winkel, dessen Tangente $= \sqrt{2}$ ist.

Für verschieden lange magnetische Felder können verschiedene Polstücke in die ebenen Endflächen eingeschraubt werden. Solche Anker wirken wie Sammellinsen, durch welche ein cylindrisches Büschel von parallelen Kraftlinien in ein ebensolches Büschel von geringerem Querschnitt zusammengedrängt wird.

Die Intensität des Feldes zwischen den Polflächen eines solchen Magneten ist dann:

$$ H = \pi \mu \left(0.2893 + 0.8863 \log \frac{r}{a} \right), $$

worin der Brigg'sche Logarithmus des Verhältnisses zwischen Halbmesser r der Eisenkerne und dem Abstande a der Polflächen vorkommt. Für $r = 20 \, a$ wird $H = 1.442 \cdot 4 \pi \mu$ und für ebene Polflächen $H = 0.95 \cdot 4 \pi \mu$.

—*m—

Der Stand der elektrischen Beleuchtung und Kraftübertragung in Wien im Jahre 1897.

Nach dem „Berichte über die Industrie, den Handel und die Verkehrsverhältnisse in Niederösterreich während des Jahres 1897", welchen die Handels- und Gewerbekammer in Wien dem Handelsministerium erstattete, hat die Elektrotechnik auch im Jahre 1897 neue und wesentliche Erfolge erzielt. Die Anwendung der Elektricität dringt in immer weitere und grössere Kreise, und was noch vor wenigen Jahren als Versuch gegolten hatte und erst auf die Erprobung seiner Zuverlässigkeit und Bewährung angewiesen war, hat durch seine Erfolge ein Bedürfnis hervorgerufen, welches immer allgemeiner und lebhafter nach Befriedigung verlangt. Die Verwerthung der elektrischen Energie für Beleuchtung, motorische und sonstige gewerbliche Zwecke hat sich so umfassend eingebürgert, dass diesem Zweige industrieller und gewerblicher Thätigkeit, der schon gegenwärtig so günstige Ergebnisse liefert, auch weiterhin die verheissungsvollsten Aussichten sich eröffnen. Dem elektrischen Strom ist es vermöge der Vorzüge seiner Eigenschaften und Wirkungsweise gelungen, trotz der Concurrenz anders beschaffener Energieverwerthungen, sich immer grössere Absatzgebiete zu erschliessen und sich dieselben ungeachtet der vielfachsten Schwierigkeiten und Behinderungen als wohlerworbenen Besitzstand zu sichern.

Diese erfreuliche Gestaltung der Verhältnisse spiegelt sich auch in der Thätigkeit der heimischen Electricitätsunternehmungen wieder und speciell derjenigen, welche in Wien den Sitz ihres Geschäftes haben, zumal hier die fortdauernd erhöhte Bauthätigkeit vor Allem auf die Verbreitung der elektrischen Beleuchtung vortheilhaften Einfluss ausübt.

So ist die Internationale Elektricitäts-Gesellschaft in der Lage, nach dem Berichtsjahre als ein für sie durchaus zufriedenstellendes und den gehegten Erwartungen sehr entsprechendes zu bezeichnen. Die stetig wachsende Benützung des elektrischen Stromes, gefördert durch die im letzten Berichte (vide „Z. f. E.", Nr. 19, S. 559, 1897) besprochene Tarifregulirung, hat der Wiener Centralstation dieser Gesellschaft neuerdings eine namhafte Anzahl von Consumenten zugeführt. Die erster Linie haben die Anmeldungen für elektrische Beleuchtung sehr beträchtlich zugenommen, indem dieselben Ende 1897 auf 5295 Abnehmer mit zusammen 200.479 Lampen der 16kerzigen Einheit gestiegen sind; darunter erscheinen 1974 Bogenlampen mit inbegriffen. Gegenüber dem Abschlusse, der in dem vorjährigen

Referate seinen ziffermässigen Ausdruck gefunden hat, bedeutet dies eine Erhöhung der Inanspruchnahme von rund 43.500 Lampen. Auch die Anschlüsse für motorische Zwecke zeigen eine gleich befriedigende Steigerung, indem dieselben 259 Elektromotoren mit einer Leistung von 650 Pferdekräften aufweisen, was gegenüber dem Vorjahre ein Mehr von 96 Elektromotoren mit 279 Pferdekräften gleichkommt. Der Absatz von elektrischem Strom für die verschiedenen Zwecke hat sich im Gegenstandsjahre auf 55.252.490 Hektowattstunden belaufen, und als erwähnenswerth wird hiebei des Umstandes gedacht, dass im heurigen Winter als Maximum des gleichzeitig abgegebenen Stromverbrauches 4000 Kilowatt überschritten wurden. Diesem bedeutenden Bedarfe entsprechend, sind auch die baulichen und maschinellen Anlagen der Stromerzeugungsstätte in der Engerthstrasse abermals einer grösseren Ausgestaltung zugeführt worden, und wurde damit die Productionskraft der Centralstation auf 9300 Pferdestärken gebracht.

Ueber den Umfang der maschinellen Einrichtungen mögen die folgenden Daten Aufschluss geben:

In der Centralstation sind gegenwärtig aufgestellt und in Benützung: Im Maschinenhause: 14 Maschinengarnituren, in zwei Hauptgruppen gesondert, von denen die erste Gruppe 7 Dampfmaschinen à 600 PS bei 125 Umdrehungen und 7 Wechselstrommaschinen à 200 A bei 2000 V, die zweite Gruppe 7 Dampfmaschinen à 650 PS bei 125 Umdrehungen und 7 Wechselstrommaschinen à 220 A bei 2000 V umfasst, sechs Erreger mit zusammen 550 PS. Im Kesselhause: 23 Kessel mit zusammen 6050 m² Heizfläche. Das primäre Kabelnetz besitzt derzeit die ansehnliche Länge von circa 230 Kilometern; ferner sind 1763 Transformatoren für 9.825.500 Hektowatt aufgestellt. Hier sei auch bemerkt, dass das Elektricitätswerk der Gesellschaft in der Anordnung seiner maschinellen und stromvertheilenden Einrichtungen für die kommende Saison einer Ausrüstung entgegensieht, welche bezwecken wird, die Leistungsfähigkeit und Oekonomie des Betriebes zum Vortheil einer noch weitergehenden Ausnützung speciell für elektrische Kraftübertragung in wesentlichem Maasse zu heben, womit zugleich die Schaffung einer dritten Hauptgruppe der maschinellen und Stromvertheilungs-Einrichtungen verbunden sein wird.

Die Betriebsstatistik der Wiener Anlage im letztverflossenen Geschäftsjahre, das statutengemäss mit 1. Mai 1896 begonnen hat und am 30. April 1897 endigte, wird in ihren Details durch die nachstehende tabellarische Zusammenstellung ersichtlich gemacht:

Leistungsfähigkeit der Centralstation in effectiven Pferdestärken		8.600
Länge des Kabelnetzes in Kilometern		216
Anmeldungen { Anzahl der Abnehmer		4.025
{ Hektowatt		85.357
Anschlüsse { Anzahl der Abnehmer		3.924
{ Hektowatt		82.093
Bogenlampen		1.939
Darunter { Elektrische Motoren { Anzahl		242
{ { Pferdestärken . .		536
Abgegebene Stromenge in Hektowattstunden . .		48.228.070

Für Beleuchtung wurde im Berichtjahre eine sehr beträchtliche Anzahl von Objecten neu an das Wiener Kabelnetz der Gesellschaft angeschlossen.

Die von der Unternehmung mit Strom gespeisten motorischen Betriebsanlagen lassen sich nach der Bestimmung, welcher sie dienen, nach den folgenden Gewerbekategorien gliedern:

Für Aufzüge	26 Motoren	Für Riesenrad	1 Motoren
„ Ventilatoren .	50 „	„ Elevator	1 „
„ Druckereien .	26 „	„ Briefpapier-	
„ Nähmaschinen	3 „	fabrikation . .	2 „
„ Bäckereien . .	2 „	„ Carrousel . .	5 „
„ Zahntechnische		„ Sortirmaschinen	1 „
Ateliers . . .	19 „	„ Wäschereien .	1 „
„ Pumpen . . .	15 „	„ Holzschneide-	
„ Pneumatische		tungsmaschine	26 „
Post	1 „	„ Laboratorien .	4 „
„ Emailmühle .	1 „	„ Photograph.	
„ Farbmühlen .	5 „	Ateliers . .	3 „
„ Stempelmasch.	2 „	„ Centrifuge . .	1 „
„ Versuchsappa-		„ Trägerschneid-	
rate	6 „	maschinen . .	1 „
„ Accumulatoren-		„ Schleifereien	5 „
Ladung . . .	6 „	„ Hufbohrken .	4 „
„ Werkstätten u.		„ Lederschab-	
Werkzeugma-		maschinen . .	1 „
schinen	15 „		

Für Seilerei	1 Motoren	Für Umformung . .	2 Motoren
„ Kartenfabriken	5 „	„ Mechanische	
„ Tischlereien . .	2 „	„ Werkstätte . .	1 „
„ Bürstenfabrik	1 „	„ Kupferschmiede	1 „
„ Drechslereien	2 „	„ Winde für viele	
„ Drahtgewebe-		„ Kesselbolten .	1 „
maschinen . . .	1 „	„ Hektographen-	
„ Optiker	1 „	massafabrik . .	1 „
„ Wagenfabrik	1 „		259 Motoren

Vor grösseren Specialaufgaben sah sich die Gesellschaft im Berichtsjahre durch zwei Veranstaltungen gestellt, die dem Zwecke gewidmet sind, das fünfzigjährige Regierungsjubiläum Sr. Majestät des Kaisers zu feiern. Es ist dies zunächst die II. Internationale Kochkunst-Ausstellung, welche in den ersten Jännertagen 1898 in den Sophiensälen stattgefunden und deren elektrische Beleuchtung durch die Centralstation eingerichtet und versorgt wurde. Die hiefür beigestellte Beleuchtungs-Installation wies einen Umfang auf von mehr als 2000 Glühlampen und 60 Bogenlampen, und wurde die Stromzuführung im Anschlusse an das Strassenkabel der Centralstation Engerthstrasse bewirkt.

Die zweite Veranstaltung betrifft die 1898er Jubiläums-Ausstellung, welche vom Mai bis October in den Ausstellungsbereiche des k. k. Praters abgehalten wird, und für welche der gesammte Bedarf an Elektricität für Beleuchtung, wie für Kraftzwecke der Gesellschaft gleichfalls im Anschlusse an ihre Kabelleitungen übertragen wurde. Die für die allgemeine Ausstellungsbeleuchtung allein bereitzuhaltende Inanspruchnahme umfasst, den zu Berichtszwecken getroffenen Dispositionen zufolge, weit über 10.000 Glühlampen und 1500 Bogenlampen, bestimmt, den inneren Rotundencomplex und die weit ausgedehnten Parkanlagen und Objecte der äusseren Ausstellungsenyons zu illuminiren, für Bedeutung und dem Glanze dieser Schaustellung entsprechend, auf welcher der vaterländische Gewerbefleiss auf allen Gebieten seiner Bethätigung in hervorragender Repräsentation vorgeführt wird, hat auch die Gesellschaft die Activirung der elektrischen Beleuchtung in schönswerth grossem Style geplant. Damit wird auch die erwähnenswerthe Errungenschaft zur Geltung gebracht, dass dort, wo durch den Bestand von elektrischen Centralstationen ein weitverzweigtes Kabelnetz zur Verfügung steht, Beleuchtungen grössten Umfanges selbst von lediglich passagerem Bedarfe mit den einfachsten und verhältnissmässig ungemein billigen Mitteln in Scene gesetzt werden können. Es wird dies als ein ausserordentlich schätzbarer Vortheil bezeichnet, im Gegensatz zu den früheren Verhältnissen, wo die Etablirung von Beleuchtungen für vorübergehende Zwecke jeweils die Errichtung eigener, kostspielig zu beschaffender Maschinenstationen bedingt hat.*)

In juristischer Beziehung mag auch der bemerkenswerthen Vorkommnisse gedacht sein, dass die unbefugte und eigenmächtige Entnahme von elektrischem Strom aus den Leitungen der stromerzeugenden Unternehmung gerichtsordnungsmässig als strafbare Handlung erkannt und als Delict des Betrruges in Concurrenz mit jenem der Gefährdung der körperlichen Sicherheit qualificirt und geahndet wurde.**)

Auch im Thätigkeitsbereiche der Allgemeinen österreichischen Elektricitäts-Gesellschaft hat die Ausbreitung der elektrischen Beleuchtung und Kraftübertragung im Jahre 1897 regelmässige Fortschritte gemacht. Infolge dessen wurden in den Stadtbezirken XVIII und XIX Leitungen gelegt und für letzteren der Bau einer Unterstation auf der Parzelle Billrothstrasse 7 in Angriff genommen, welche lediglich mit Accumulatoren ausgerüstet wird.

*) Auch die auswärtigen Zweiganstalten der Gesellschaft, und zwar das Elektricitätswerk Bielitz-Biala, welches hauptsächlich auch den Kraft zum Betriebe der elektrischen Bahn von Bielitz nach Zigeunerwald abgibt, sowie die Centralstation Fiume, deren neuerbaute Betriebsanlage im Laufe des Jahres integrirt wurde, waren durchwegs sehr befriedigend beschäftigt. Die elektrische Bahn der Teplitzer Elektricitäts- und Kleinbahn-Gesellschaft, an welcher die Internationale Elektricitäts-Gesellschaft interessirt ist, hatte schon in der ersten achtmonatlichen Geschäftsperiode, im Laufe des December 1896 abschliessend die Verzinsung ergeben. Im Verlaufe des Berichtsjahres, welches zugleich die Verwaltungsperiode dieser Gesellschaft umfasst, ist die von Teplitz nach Eichwald führende Hauptlinie durch die Fortsetzungslinien vom Schafplatz oberseits bis zum Schlossplatz, andererseits in den Gaisengürtel, nämlich erweitert worden. In soferwart die neue Bahnlinie von der Stadtgrenze vom Stadttheater bis zum Neuande verzweigt ist, hat dieser Theil der Bahnlinie den Charakter einer Stadtbahn erlangt, was für die Hebung der Frequenz und Vermehrung der Verkehrsdichtigkeit von bedeutendem Vortheil ist. Seitdem hat die Bahn neuerdings einen beträchtlichen Aufschwung genommen, so dass die Ausnützung für die Prosperität dieses Unternehmens selbst eine völlig genügende bezeichnet werden künnte. Gegenwärtig beträgt die Gesammtlänge der Bahn 8.565 km, und der Wagenpark ist 12 Motoren und 7 Beiwagen. Die Fahrtleistung erreichte bisher 253.772 Zugskilometer bei einer Frequenz von 903.301 Personen.

Ueber den Verkehr der elektrischen Bahnen Oesterreichs im Jahre 1897 haben wir authentische Daten im Hefte 12, S. 141, gebracht.
Die Red.

**) Ueber die diesbezüglichen Entscheidungen der Auslands verweisen wir auf die Notiz in dieser Nummer, S. 414. Die Red.

Bedauerlicherweise traten diesem Unternehmen, das, wie an zahlreichen ähnlichen Accumulatoren-Batterien erwiesen ist, keinerlei irgendwie geartete Belästigung der Nachbarschaft in sich schliesst, doch wieder so erhebliche Anrainer-Schwierigkeiten entgegen, dass die für den Herbst des Berichtsjahres in Aussicht genommene Betriebseröffnung verschoben und die Stromabgabe mit Hilfe von provisorisch an anderer Stelle aufgestellten Ausgleichsmaschinen aufgenommen werden musste.

Die Tracenlänge des Kabelnetzes vergrösserte sich von 84 Kilometern im Vorjahre auf 104 Kilometer, die Anzahl der Abnehmer wuchs von 2699 auf 3853; im Ganzen wurden am Schlusse des Jahres 1897 gespeist: 84.329 Glühlampen, 3262 Bogenlampen und 559 Motore, gleichwerthig mit 158.402 Glühlampen à 50 Watt.

Neben zahlreichen grösseren Anlagen, welche im Berichtsjahre an das Netz der Gesellschaft angeschlossen wurden, ist ausserdem eine Reihe von Neubauten mit Anschlüssen an deren Leitungsnetz versehen worden.

Die Kraftabgabe für Motorenbetrieb ist ebenfalls in stetiger Zunahme begriffen, und standen die Ende 1897 angeschlossenen 559 Motoren in folgenden Betrieben in Verwendung:

Betriebsart	Motoren-zahl
Elektrisch betriebene Pumpen für hydraulische Aufzüge	48
Motoren für directen Aufzugsbetrieb	186
Antrieb von Ventilatoren	59
„ „ Druckereipressen	81
„ „ Werkzeugmaschinen	51
Für medicinische Zwecke	30
Antrieb von Salzmühlen	3
„ „ Bäckereimaschinen	3
„ „ Buchbindereimaschinen	3
„ „ Krahnwinden	2
Für Verscheuzwecke	3
Antrieb von Wurstmaschinen	5
„ „ Gefrorenesmaschinen	3
„ „ Teppichklopfmaschinen	2
„ „ Hutformmaschinen	4
„ „ Dynamomaschinen	2
Für Tractionszwecke der Tramway-Gesellschaft	74
	559

Die Wiener Elektricitäts-Gesellschaft bezeichnet das Berichtsjahr ebenfalls als ein für die Entwicklung ihres Werkes günstiges, indem ein wachsendes Bedürfnis nach Elektricität für Beleuchtungs- und motorische Zwecke sich geltend machte. Mit besonderer Befriedigung wird hervorgehoben, dass die Benützungen der Gesellschaft, die Vortheile der elektrischen Kraftübertragung für gewerbliche Zwecke auch in weiteren Kreisen zu verbreiten, von Erfolg begleitet waren, was sich in einem bedeutenden Zuwachs der angeschlossenen Motoren äusserte. Die günstigen Bedingungen, unter welchen Motorenstrom abgegeben wird, ermöglichen es auch Kleingewerbetreibenden, die Vortheile des elektrischen Betriebes gegenüber anderen Betriebsmitteln nutzbringend zu verwerthen. Die Zahl der an das gesellschaftliche Kabelnetz angeschlossenen Elektromotoren betrug am Ende des Berichtjahres 370 mit zusammen 681 PS, gegen 267 Motoren mit 580 PS am Ende des Vorjahres.

Auch die Stromabgabe für Beleuchtungszwecke hat eine nicht unerhebliche Steigerung erfahren. Die Annehmlichkeiten dieser Beleuchtungsart finden in immer weiteren Kreisen Würdigung, was sich besonders in der Einführung derselben in Wohnräume geäussert hat. Es gibt wohl kaum mehr einen Neubau, welcher nicht von dem Kabelnetze irgend eines Werkes mit Strom versorgt wird, um den gesteigerten Anforderungen des Publikums nach Comfort Rechnung zu tragen.

In Geschäftslocalitäten ist die elektrische Beleuchtung schon längst zum Bedürfnis geworden und kann auch infolge der niedrigen gestellten Preise erfolgreich mit anderen Beleuchtungsarten concurriren. Die Zahl der am Ende des Berichtsjahres angeschlossenen Rechnungslampen betrug 50.794, gegen 41.140 am Ende des Vorjahres.

Die Zahl sämmtlicher Installationen war 1639, gegen 1155 mit Ende December 1896. Die Tracenlänge des Kabelnetzes erhöhte sich auf 41·3 km, gegen 36·7 km mit Ende December 1896. In dieser Zahl finden Leitungen mit einer Gesammtlänge von 4·9 km, welche zur Verstärkung des bestehenden Netzes zugelegt werden mussten, keinen Ausdruck.

Den gesteigerten Anforderungen gemäss erfuhr auch das Werk eine entsprechende Erweiterung durch Aufstellung einer 600 PS Condensations-Dampfmaschine mit dazu gehöriger Dynamomaschine und zweier Wasserröhrenkessel.

Eine weitere Ausgestaltung des Werkes ist für das Jahr 1898 vorgesehen. Dieselbe umfasst den Bau einer grossen Accumulatorenstation, sowie die Errichtung und Vergrösserung von Wasserreinigungsanlagen.

Vom Gaswerke Baden der Allgemeinen österreichischen Gasgesellschaft wurden an elektrischem Strom abgegeben:

	für Strassen-beleuchtung	für Privat-beleuchtung	für Motoren	zu-sammen
				Hektowattstunden
1896	208.689	+ 364.051	+ 4.377	= 577.117
1897	208.086	+ 533.798	+ 12.447	= 753.331

Diesem Berichte über die Entwicklung der heimischen Elektrotechnik schliessen wir den Bericht des Berliner ältesten Collegiums an über

die Lage und Aussichten der elektrotechnischen Industrie in Deutschland.

Hiernach wird constatirt, dass die Entwickelung dieser Industrie im Jahre 1897 in jeder Hinsicht glänzend war, wobei besonders hervorzuheben ist, dass die deutsche Elektrotechnik auch im Auslande mehr und mehr ein sehr bedeutendes Arbeitsgebiet fand. Der Absatz von Glühlampen, deren Preise allerdings so sehr gedrückt sind, dass es eine lohnende Erzeugung kaum mehr gestatten, hat eine bedeutende Zunahme aufzuweisen trotz der technischen Fortschritte in der Gasindustrie. Die Anlage von Elektricitätswerken, die theils nur der Stromlieferung für Licht-, Kraft- und technische Zwecke, theils ausserdem der Stromlieferung für Bahnen dienen, ist rüstig vorwärts geschritten; ein solches Werk ist nunmehr auch an der Oberspree in Berlin im Betrieb. Bedeutende technische Fortschritte waren auf dem Gebiete des elektrischen Kleinmateriales zu verzeichnen, indessen war noch immer über gedrückte Preise zu klagen. Von grosser Bedeutung für die Berliner Elektrotechnik wird die bevorstehende Umwandlung des Pferdebetriebes der Grossen Berliner Strassenbahn in elektrischen Betrieb sein. Nach einer Auslassung der Allgemeinen Elektricitäts-Ges. hat sich die Thätigkeit der elektrotechnischen Unternehmungen gegen das Vorjahr noch gesteigert, und wenn man, wie Kenner des gewerblichen Lebens vielfach annehmen, auf ihrer Höhe thatsächlich jetzt angelangt sein sollte, so wird Niemand behaupten, dass der Wendepunkt sogleich folgen müsse. Man darf im Gegentheil erwarten, dass der Zustand des Maximums eine längere Dauer zeigen wird, sofern die Zuversicht der Erhaltung des Weltfriedens wie bisher den Gewerbefleiss unterstützt. Würdig der Weltausstellung, die das Jahrhundert beschliessen soll, würde die Einführung der Elektricität an Stelle der Dampfkraft auf Eisenbahnen; ganz gewiss lätte es nur eines geringen Entgegenkommens der Ausstellungs-Leitung bedurft, um die für die Lösung des grossartigen Problems erforderlichen Mittel aufzubringen. Denn die Epoche der elektrischen Schnellbahnen gibt der angewandten Elektricität neue Impulse, welche sie trotz ihrer gegenwärtigen Blüthe und die Dauer nicht entbehren können wird. Wenn die Production der elektrotechnischen Fabriken in Deutschland in gleichem Maasse, wie in den letzten Jahren wächst, so kann eine Zeit kommen, in der die bisherigen Anwendungen der Beleuchtungs-Technik, der Kraftübertragung, des Strassenbahn-Betriebes oder Elektrochemie für den Absatz nicht mehr ausreichen, und in der auch das mit grossem Capital ausgestattete Unternehmer-Geschäft, in Europa wenigstens, hinreichende Arbeitsgelegenheit nicht zu schaffen vermag. Denn selbst in Ländern des südlichen Europas, dessen klimatische Verhältnisse allein schon die Elektricität begünstigen, werden die Bedingungen für Erlangung von Concession infolge des vielseitigen Wettbewerbes zusehends lästiger. Frankreich und England sind den Unternehmungen der deutschen Elektrotechnik, und zwar aus politischen Motiven, nahezu verschlossen; während jenes indessen seine Antipathien mit dem Schutz des nationalen Arbeit fortsetzt, sucht dieses von, gegen das Eindringen deutscher Erzeugnisse minder öffentlich zu agitiren. Von anderen europäischen Ländern dürften Russland, Oesterreich-Ungarn noch die meisten Chancen bieten, besonders, wenn deutsche Capitalien zur Durchführung der Unternehmungen herangezogen werden müssen. Das Augenmerk wird sich zweifellos auf den Ueber-see-Handel zu richten haben. Leider sind uns die Vereinigten Staaten von Amerika durch Zollschranken gänzlich verschlossen, während die amerikanischen Werke ihre Fabrikate fast ohne Kosten beeförbringen. So können wir einer Ueberfluthung unseres Marktes von dorther mit der Güte unserer Erzeugnisse gegenüberstellen, auf denen andererseits beim Eintritt in Amerika ein Zoll bis zu 50% lastet. Dagegen müsste Etwas geschehen. In China, Japan und Südamerika sind geschäftliche Beziehungen vielfach mit Erfolg angeknüpft.

Die Firma Siemens & Halske betont, dass der volle Höhepunkt der Fluth der elektrotechnischen Industrie noch nicht erreicht ist; wenigstens zeigen sich bis jetzt noch keine Anzeichen für eine Verminderung derselben. Hand in Hand mit dem steigenden Consum geht der immer noch vorhandene Optimismus des Publikums gegenüber elektrotechnischen Unternehmungen. Der Letztere legt den soliden Firmen die Verpflichtung auf, in der Auswahl ihrer Gründungen besonders sorgfältig zu verfahren. Ausnahmsweise sind auch Geschäfte eingeleitet und Finanzoperationen vorgenommen worden, die nicht als vortheilhaft für den elektrischen Markt angesehen werden können; die Ges. hofft, dass die Beunruhigungen, welche daraus hervorgehen können, nicht den Markt als Ganzes, sondern nur locale Theile desselben berühren werden. Die elektrischen Bahnen haben den Sieg über die thierische Traction überall davongetragen und breiten sich in den Städten gewaltig aus. Zugleich zeigt sich das Streben, die Elektricität auch im unterirdischen Bahnverkehr anzuwenden und dieselbe namentlich für schnellere Beförderung von Menschen und Poststücken nutzbar zu machen. Als bemerkenswerth mag hervorgehoben werden, dass das Jahr 1897 die lange geplante Berliner Hochbahn endgiltig entstehen sah. Ob der Versuch, den elektrischen Betrieb der sogenannten Automobilwagen einzuführen, dauernde Ergebnisse zeitigen wird, muss die Zukunft lehren. Mit elektrischen Beleuchtungs-Einrichtungen sind die grösseren Städte des Inlandes jetzt so ziemlich versorgt. Die kleineren Städte folgen ihrem Beispiele, doch weist das Fehlen grosser deutscher Objecte die Industrie ans Ausland hin. Ferner kommen Ueberland-Centralen mehr und mehr in Aufnahme; die bei den ersten Anlagen dieser Art gesammelten Erfahrungen gelangen zur Verwerthung, und im Anschluss an dieselben sind namentlich die Erzeugung und Fortleitung hochgespannter Ströme in rascher Vervollkomnung begriffen. Bedeutende technische Fortschritte sind auch auf dem Gebiete des elektrischen Kleinmaterials zu verzeichnen. Ueber gedrückte Preise ist freilich noch immer zu klagen, doch machen sich schon die ersten Anzeichen einer Reaction gegen die Vorliebe des Publikums für billige Schundwaare geltend. Der Verschlechterung der Producte wird voraussichtlich bald durch die Ueberwachung von Seiten des Verbandes deutscher Elektrotechniker, dann sich die Feuerversicherungen anschliessen, eine Grenze gesetzt werden, und es ist nur zu wünschen, dass die Käufer ganz allgemein den Werth besserer Erzeugnisse schätzen lernen.

Wie die Elektricitäts-Actien-Gesellschaft, vorm. Schuckert & Co., hervorhebt, ist was die erzielten Preise anbelangt, eine Besserung gegenüber dem Jahre 1896 nicht zu verzeichnen, trotzdem viele Rohmaterialien weitere Steigerungen erfahren haben. Obschon anscheinend alle in der Industrie thätigen Werke gut beschäftigt sind, wird die Concurrenz bei sehr vielen Lieferungen von Jahr zu Jahr schärfer, was naturgemäss zu mehr oder minder grossen Preisnachlässen führt. Erfreulicherweise nimmt aber auch die Zahl derjenigen Abnehmer zu, die in erster Linie auf die Güte der einzelnen Theile einer elektrischen Anlage und deren dauernde Betriebssicherheit sehen und daher für billigere Angebote auf minderwerthige Lieferungen nicht zugänglich sind. Nicht minder scharf ist bei den Lieferungen per Cassa ist die Bewerbung um Concessionen für Errichtung und Betrieb elektrischer Anlagen und Bahnen in eigener Regie. Infolge dessen wurden die Bedingungen der städtischen und Provinzial-Behörden in manchen Fällen so ungünstig, dass die Gesellschaft von deren Uebernahme Abstand nehmen musste. Neuerdings sind auch vereinzelte Fälle zu verzeichnen, wo die Stadtverwaltungen zum Bau und Betrieb mit ausgedehnter Strassenbahnnetze in städtischem Regime sich entschlossen. Während die überwiegende Mehrzahl der elektrischen Bahnen dem Personenverkehr in Städten und zwischen benachbarten Ortschaften dient, sind auch (allerdings vorerst nur einige) Fälle der Einrichtung des elektrischen Betriebes und Vollbahnen zu verzeichnen. So hat die Gesellschaft für die Pfälzischen Eisenbahnen und die Belgische Staatsbahn zusammen sechs Motorwagen ausgerüstet mit Accumulatoren und Motoren für 50 bis 100 PS. Mit Hilfe derselben sind die Bahnverwaltungen imstande, zu Zeiten geringeren Verkehres einen Motorwagen mit zwei bis drei Anhängewagen laufen zu lassen, wofür der Dampflocomotivbetrieb zu kostspielig wäre. Die Ladung der Accumulatoren erfolgt von den vorhandenen Lichtcentralen, so dass die Anlagekosten sich auf die elektrische Ausrüstung der Wagen und die Zuleitung zwischen Centrale und Ladestelle beschränken. Was die Aussichten für die Zukunft anbelangt, so ist nach dem Fortbestande der ganz ungewöhnlichen Steigerung des Bedarfes auf allen Gebieten und dem Preise der Rohmaterialien zu schliessen, dass der Höhepunkt in der deutschen Industrie und des Verkehres noch nicht überschritten ist, dass besonders die Starkstromtechnik noch für Jahre kaum instande sein wird, der Nachfrage gerecht zu werden. Dieses findet darin seine Begründung, dass trotz der bis-

herigen, sehr umfangreichen Thätigkeit auf den älteren Gebieten (Einzelanlagen für Licht- und Kraftvertheilung, Städtebeleuchtung, Strassenbahnbetrieb, Kraftübertragung) erst ein kleiner Theil (selbst in den wichtigsten Culturländern Europas) erledigt ist, dass die Leistungen der deutschen Elektrotechnik im Auslande immer mehr Anerkennung finden, dass deutscher Unternehmungsgeist immer grössere Mittel zur Verfügung stellt, um im Auslande ein bedeutendes Absatzfeld zu sichern. Dazu kommt, dass andere Gebiete (Elektrochemie, elektrischer Betrieb auf Vollbahnen) noch im Anfangsstadium der Erschliessung sich befinden und für einen etwaigen Ausfall auf den älteren Gebieten mehr als reichlichen Ersatz versprechen. Dass in Wechselwirkung hiermit sich auch für die allgemeine Maschinen-, Eisen- und Metallindustrie günstige Aussichten eröffnen, braucht nicht besonders betont zu werden.

KLEINE MITTHEILUNGEN

Verschiedenes.

Eine Telegraphenkabel-Durchschneidung im spanisch-amerikanischen Kriege. Die „Etincelle électrique", eine Pariser Fachzeitschrift für Elektrotechnik, veröffentlicht in ihrer Nr. 16 von 25. Juni d. J. einen anschaulichen Bericht über die Vorgänge bei der ersten Kabel-Durchschneidung an der Küste der Insel Cuba durch die Amerikaner. Im Nachstehenden bringen wir einen Auszug aus jenem Berichte, müssen aber der genannten Quelle die Verantwortung für die Richtigkeit der einzelnen Angaben überlassen.

Die von der Nordküste Cubas ausgehenden Kabel haben sich, die sie sämmtlich auf der den Amerikanern gehörenden Insel Key West gelandet sind, vom Beginn der Feindseligkeiten an in der Gewalt der Amerikaner befunden; eine einfache Verfügung der Regierung der Vereinigten Staaten genügte, um auf ihnen die Beförderung von Telegrammen nach und von Cuba zu verbieten. Anders ist die Sachlage hinsichtlich der übrigen Kabel, die sämmtlich an der Südküste Cubas gelandet sind und theils von den in neutralem Besitz befindlichen Inseln Jamaica und Haïti ausgehen, theils als Küstenkabel die Verbindung herstellen zwischen verschiedenen Punkten auf der Insel Cuba selbst; diese Kabel mussten, um die telegraphische Isolirung Cubas zu einer vollständigen zu machen, durchschnitten werden.

Nach einem Befehle der Kriegsleitung in Washington sollte bei der Stadt Cienfuegos die Reihe der Kabel-Durchschneidungen eröffnet werden, u. zw. mit dem Kabel Jamaica-Cienfuegos und dem Küstenkabel Cienfuegos-Havanna.

Drei Schiffe von der Flotte des Admirals Sampson: Marblehead, Nashville und Windom, wurden bestimmt, die Ausführung des Unternehmens zu decken. Zum Zwecke der Ausführung selbst waren zwei Dampfboote, zwei Segelboote und ein Dutzend kleiner Segelbarken zu einer Flotille vereinigt und unter dem Befehl des Lieutenants Winslow von Nashville gestellt worden.

Die Stadt Cienfuegos liegt, gleich den meisten Hafenorten auf der Insel Cuba, am innersten Punkte einer tiefen Bucht, deren Zugang eine lange Strasse ist. Vom Meere wird die Stadt durch beträchtliche Höhenzüge getrennt. Rechts und links von der Einfahrt erstrecken sich hohe Sandufer, welche das Anlegen von Seeschiffen unmöglich machen und nur kleinen Fahrzeugen die Annäherung gestatten, wie solche unter dem Befehl des Lieutenants Winslow gestellt waren. Die Durchführung des Anschlags war allein in der Weise möglich, dass die Kriegsschiffe in genügender Entfernung vom Ufer sich vor Anker legten, um von dort aus zur Deckung des Unternehmens die Spanier mit Kartätschen zu überschütten, falls diese den Versuch machen sollten, sich zu nähern und die Lieutenant Winslow in seinem Vorhaben zu stören. Dessen Aufgabe konnte unter Umständen geraume Zeit in Anspruch nehmen; denn es galt, das Kabel, dessen Lage keineswegs genau bekannt war, zu fassen, es auf Deck eines Fahrzeuges zu heben und ein Stück von solcher Länge auszuschneiden, dass eine Ausbesserung des Kabels nach der Absicht des Gegners nicht so leicht möglich wäre.

Obgleich die Amerikaner die Lichter auf den Schiffen ausgelöscht, und letztere unter dem Schutze der Nachtdunkelheit Aufstellung genommen hatten, zeigte sich bei Tagesanbruch, dass die Spanier — infolge der von ihnen eingerichteten ununterbrochenen Küstenwachtdienste — die Bewegungen der Amerikaner bemerkt hatten und Vorbereitungen trafen, um sich dem Vorhaben zu widersetzen.

Während die Amerikaner ihre weiteren Massnahmen ergriffen, wurden am Ufer rechts und links von der Richtungslinie des Kabellagers Schützengräben ausgehoben und Geschütze herangebracht worden. Sobald nun die kleinen Fahrzeuge von den Kriegsschiffen abstiessen, eröffneten die

Truppen am Lande das Gewehr- und Geschützfeuer. Aus den Booten, in denen ebenfalls einige Geschütze sowie mit Gewehren ausgerüstete Mannschaften untergebracht worden waren, wurde das Feuer der Spanier prompt und nach besten Kräften erwidert. Immer mehr steigerte sich letzteres, als die Spanier sahen, wie von den Booten aus die Nachforschungen vorgenommen und die Greifhaken auf dem Grunde des Wassers umhergezogen wurden; und es verdoppelte sich geradezu, als sie bemerkten, dass das Kabel gefasst worden war, dass es quer über eines der Boote gelegt, und dass mit dem Durchschneiden begonnen wurde. Letztere Arbeit dauerte ziemlich lange; denn das Kabel war in seinem Kerngehäuse mit starken Schutzdrähten aus festem Nickelstahl armirt, die auf lange Zeit der Gewalt der Wogen Trotz geboten haben würden.

50 Meter weiter östlich wurde dasselbe Kabel ein zweites Mal durchschnitten und so ein entsprechend langes Kabelstück losgetrennt, das die Amerikaner mit sich nahmen. Sodann durchschnitt man noch das erwähnte zweite Kabel.

Während der ganzen Zeit liessen die amerikanischen Kreuzer ihr schweres Geschütz spielen und unterwarfen das Gestade einem heftigen Bombardement. Dabei wurde nicht allein das Telegraphenamt zerstört, sondern mancher Theil, der ohedem von vielen das Sternenbanner führenden Schiffen Rettung gebracht hat. Die „Etincelle électrique" hält die Zerstörung des Leuchtthurmes für eine beabsichtigte und bezeichnet die That als Vandalismus, vollführt aus Rachsucht dafür, dass der Anschlag von Amerikanern zwei Todte gekostet hat und fünf bis sechs verwundete, darunter den Lieutenant Winslow.

Wie der „New York Herald" in seiner Pariser Ausgabe vom 11. Juni mittheilt, hat man jenes Kabelende in kleine Abschnitte zertheilt und zur Herstellung von Galanteriewaaren und dergl. verwendet, die geradezu als Reliquien oder Glückbringer gelten, um derentwillen die Millionäre des Broadway sich in Dollars überbieten.

Wir erinnern uns, so bemerkt hierzu die „Etincelle électrique", dass derartige Kabelstückchen nach der erfolgreichen Verlegung des ersten Kabels zum Verkauf gelangt sind; wir selbst gehörten zu den damaligen Käufern. Wer aber hätte in jenem Augenblicke der Begeisterung für eine der Geschichte angehörende wissenschaftliche Grossthat voraussagen können, dass man eines Tages die gleiche Ehrung einem Kabelstück erweisen würde, das unter dem Beistande der Kanonen losgetrennt und davongeführt wurde. (Archiv f. P. u. T. 15, 1898.)

Eine directe Kabelverbindung zwischen Nordamerika und den neuen amerikanischen Besitzungen im Grossen Ocean herzustellen, hat schon am 26. Juli die Hawaiische Regierung mit der Pacific Cable Company einen Contract unterzeichnet, demzufolge die letztgenannte Gesellschaft ermächtigt wird, ein Kabel zwischen den Vereinigten Staaten, San Francisco, Hawaii, Japan, China und den Philippinen zu verlegen. Der betreffende Contract erstreckt sich über einen Zeitraum von 20 Jahren und die Verlegung des Kabels ist contractmässig in sechs Monaten nach Unterzeichnung des Contractes zu beenden. Das Capital der Pacific Cable Company beträgt 100,000.000 Dollar, für Legung des Kabels ist ein Preis von 10,000.000 Dollar vereinbart worden.

Der elektrische Vollbahnbetrieb in Italien. Seit einigen Wochen beschäftigt sich die römische Presse mit der Frage der Umwandlung des Dampfbetriebes der italienischen Eisenbahnen in den elektrischen. Der frühere Minister der öffentlichen Arbeiten, General Afan de Riviera, hatte darüber einen grossen Aufsatz in der „Nuova Antologia" veröffentlicht, der sehr skeptisch gehalten war, nicht etwa der technischen, sondern finanziell-administrativen Schwierigkeiten wegen. Jetzt berechnet ein Geometer aus Modena im „Resto del Carlino" die Statistik der gesammten Wasserkräfte in Italien. Die Bodenfläche Italiens beträgt 236.402 km², die jährliche Regenmenge auf den Quadratmeter 0·900 m³; dies ergibt also für ganz Italien eine jährliche Gesammtregenmenge von rund 180 Milliarden Cubikmeter. Ein Drittel dieser Wassermenge geht in's Meer, ein anderes Drittel verdunstet oder ernährt die Vegetation; multiplizirt man das letzte Drittel, d. h. 60 Milliarden Cubikmeter, mit der durchschnittlichen Höhe der Flussquellen, die 200 m beträgt, so erhält man eine Kraft, vergleichbar 5 Millionen Dampf-Pferdekräften. Augenblicklich berechnet sich die Summe der jährlichen Dampf-Pferdekräfte in Italien auf 400.000; würde diese in hydraulische Kraft umgewandelt und fügte man die Summe der jetzt schon verwandten 600.000 hydraulischen Pferdekräfte hinzu, so bleiben in Italien noch 4 Millionen hydraulische Pferdekräfte zur Ausnützung, zu der noch eine weitere Million aus Sicilien und Sardinien hinzukäme. Berechnet man den Werth der hydraulischen Pferdekraft auf nur 200 Lire, so besitzt also Italien allein an Wasserkraft ein Vermögen von einer Milliarde. — In der Theorie nimmt sich das alles recht schön und gut aus, aber vor ein Theil der Wasser-

kräfte lässt sich ausnützen und fehlt der grüne Baum des lebenspendenden Wagemuths, die industrielle Initiative, die nicht aufkommen kann.

Vor Kurzem ist in Brest mit dem Baue des von dem Ingenieur M. Laubeuf erfundenen **Unterwasser-Torpedobootes** „Narval" begonnen worden, über dessen Beschaffenheit die „B. B. Ztg." Folgendes erfährt: „Narval" wird bei 34 m Länge und 3·8 m Breite ein Deplacement von 106 t erhalten und gewissermassen aus zwei ineinandergesetzten Booten bestehen, von denen das äussere die Form eines gewöhnlichen Torpedobootes besitzt. Durch das Einlassen von Wasser in besondere Abtheilungen wird das Untertauchen und durch das Austreiben desselben mittelst Dampfes das Emporkommen bewirkt werden. Im hinteren Schiffstheile befindet sich ein grosses Reservoir mit comprimirter Luft zum Ersatz der verbrauchten. Durch besondere leicht zu schliessende Ballastkästen kann das Emporkommen des Bootes an die Oberfläche auch dann noch bewirkt werden, wenn das Austreiben des Wassers mittelst Dampfes infolge unvorhergesehener Umstände (Havarien) nicht möglich ist. „Narval" besitzt eine kleine Dampfmaschine und eine Dynamomaschine und 158 Accumulatoren mit dem nothwendigen Elektricitätsapparaten. Die Steuerung des Bootes geschieht durch ein Verticalruder und ein Horizontalruder. Der Actionsradius beträgt an der Oberfläche bei Benutzung der Dampfmaschine 252 Seemeilen bei 12 Knoten und 624 Seemeilen bei 8 Knoten Fahrt und unter Wasser bei Benutzung der Dynamomaschine 25 Seemeilen bei 8 Knoten, respective 70 Seemeilen bei 5 Knoten Geschwindigkeit. Das Boot wird 4 Torpedolancirrohre (System Drzewiecki) und eine Besatzung von 11 Mann, einschliesslich des Führers, erhalten. Der Erfinder des „Narval", welcher den Bau auch beaufsichtigt, hegt grosse Erwartungen von seinem Boote und glaubt, dass es zur Brauchbarkeit alle jetzigen schon fertiggestellten, bezw. in Bau befindlichen Unterseeboote erheblich übertreffen wird.

In Marseille hat man, wie uns das Internationale Patentbureau Carl Fr. Reichelt, Berlin, schreibt, mit sehr befriedigendem Erfolg **Glasröhren zum Schutze von unterirdischen elektrischen Kabeln** verwendet. Als Umhüllungen für elektrische Lichtleitungen etc. in Fabriken, Theatern etc. haben sie sich ebenfalls sehr gut bewährt. — Die Röhren können zu günstigen Preise hergestellt werden, dass der geringe Mehraufwand für erste Anschaffungskosten vollständig durch die erreichte bessere Isolirung und die dadurch erreichte geringere Stromverluste und höhere Betriebssicherheit aufgewogen wird. Der grosse Vortheil der Glasröhren gegenüber den jetzt verwendeten Eisen-, Blei- oder Zinkröhren besteht in dem vollständig luftdichten Abschlusse. Verläufig macht die Schwierigkeit, die Verbindung zwischen den einzelnen Röhren herzustellen, die Verlegung noch theurer; aber entsprechend der grösseren Nachfrage werden die Fabrikanten bemüht sein, die Herstellung etc. mehr und mehr zu verbessern. — Bei unterirdischen Kabeln dürften sich Glasröhren kaum bewähren. D. R.

Elektricitätsdiebstahl ist nach Erkenntnissen Deutscher Gerichte nicht strafbar, weil Elektricität im Sinne des Strafrechts keine bewegliche Sache sei. Anders und — wie die „Deutsche Banzeitung" meint — ihm Verstande der Laien einleuchtender hat ein französischer Richter entschieden, obwohl auch der Code pénal einen Diebstahl nur an beweglichen Sachen kennt. Ein Angeklagter, der Elektricität aus einer fremden Leitung widerrechtlich zu seinem Gebrauche abgeleitet hatte, erhob den Einwand, dass Elektricität Niemandes Eigenthum, res nullius, sei, und nicht als Privateigenthum gedacht werden könne. Das Gericht entschied jedoch, dass die Worte des Code pénal nichts Sacramentales an sich, vielmehr jede Aneignung von Sachen, die einem Anderen gehören, im Sinne hätten. Und wenn es selbst zuträfe, dass die Elektricität eine res nullius sei, so könne sie doch durch die darauf verwendete Arbeit zum Gegenstande des Privateigenthums gemacht werden und sei alsdann ein entziehbarer Werthgegenstand, dessen widerrechtliche Aneignung der Code pénal mit Strafe bedroht.

Ausgeführte und projectirte Anlagen.

Oesterreich-Ungarn.

Ungarn.

Arad. *Politisch-administrative Begehung der projectirten Localbahn mit elektrischem Betriebe Arad—Ménes.* Der königl. ungar. Handelsminister hat die politisch-administrative Begehung einer von den Interessenten der Arad-Gyorok-Ménes er Weinbaugebieten von Arad aus über Ménes mit Berührung von 14 Gemeinden bis zu dem Hegyaljaer Gebirgsstocke projectirten circa 38 km langen Localbahn mit elektrischem Betriebe angeordnet.

Budapest. (Projectirter Bau einer neuen Linie der Budapester Strasseneisenbahn-Gesellschaft.) Die Direction dieser Gesellschaft hat den Beschluss gefasst, ihre von der Franz Josef- (Zollamts-) Brücke aus bis Kelenföld projectirte Linie bis zum Mattoni'schen Salzbade zu verlängern.

(Politisch-administrative Begehung einer projectirten neuen Linie der Budapester Strasseneisenbahn-Gesellschaft.) Am 6. August l. J. fand unter Führung des Oberinspectors Garibaldi Pulszky des königl. ungar. Handelsministeriums und mit Beiziehung der Vertreter der interessirten Staats-, Comitats- und Communalbehörden die politisch-administrative Begehung einer von der Direction der Budapester Strasseneisenbahn-Gesellschaft in Ergänzung ihres donaulinksuferseitigen Betriebsnetzes von ihrer Csömörer Linie aus bis zur Strasse nach Hajtsár projectirten Strasseneisenbahn mit elektrischem Betriebe statt.

Eperjes. (Eisenbahnproject.) Der königl. ungar. Handelsminister hat dem Eisenbahnbau-Unternehmer August Szalay die Bewilligung zur Vornahme technischer Vorarbeiten für eine von der Station Eperjes der Linie Abos—Eperjes—Orló der Kaschau-Oderberger Eisenbahn und der Localbahn Eperjes-Bartfa (Bartfeld) bis zum Badeorte Czemete führende Strasseneisenbahn mit elektrischem Betriebe auf die Dauer eines Jahres ertheilt.

Sátoraja-Ujhely. (Eisenbahnproject.) Der königl. ungar. Handelsminister hat dem Einwohner von Sátoraja-Ujhely Hermann Goldschmied, und dem Einwohner von Fäzér, Gustav Pehán, die Bewilligung zur Vornahme technischer Arbeiten für eine von einem geeigneten Punkte zwischen den Stationen Sátoraja-Ujhely und Legenye-Mihály, eventuell vom Wächterhause bei Czörgő der Hauptlinie Sátoraja—Legenye—Mihály—Meező-Laborez der königl. ungar. Staatsbahnen abzweigende, über Alsó-Regenecz und die Gemarkung der Gemeinde Pálháza bis zum dortigen Sägewerke führende normalspurige Localbahn mit elektrischem Betriebe auf die Dauer eines Jahres ertheilt.

Deutschland.

Berlin. (Grosse Berliner Strassenbahn-Gesellschaft.) Nach einem Berichte des Baurathes Fischer-Dick hat diese Gesellschaft in den 25 Jahren ihres Bestandes 50 Millionen Mark investirt. Von dieser Summe kommen allein ca. 30 Millionen auf Geleise-Neubauten und 10 Millionen auf Erneuerung und Umbau der Geleiseanlagen. Die Hochbauten - 24 Bahnhöfe mit Stallungen für mehr als 6200 Pferde, Wagenschuppen für nahezu 1400 Wagen, Wohn- und Diensträume, Werkstätten etc. - erheischten einen Kostenaufwand von über 8 Millionen Mark. Eingeschlossen sind in den 50 Millionen Mark die Kosten für die beiden Motoren-Bahnhöfe in der Brandenburg- und Ackerstrasse, welche für 63 Motorwagen, bezw. 26 Motorwagen und 26 Anhängewagen bequemen Raum gewähren. Was die Veränderungen im Geleisenetze und deren Umwandlung für den elektrischen Betrieb betrifft, so mögen einige Zahlen zeigen, welch' ungeheure Aufwendungen noch bevorstehen: Der schwierige Neubau in den Potsdamer- und Leipzigerstrasse, d. h. die Erneuerung der Geleise im Betriebe, wobei das Auswechseln der Schienen, die Anlage der Nothgeleise etc. nur Nachts geschehen kann, kostet pro Kilometer Doppelgeleise nicht weniger als 178.000 Mk., ist etwa doppelt so viel, als unter normalen Verhältnissen aufgewendet zu werden pflegt. Da die Cementbettung in der verkehrsreichen Leipzigerstrasse nicht schnell genug trocknet, so wurde Asphaltbettung verwendet, von welcher der einzelne Cubikmeter mit 125 Mk. berechnet wird. Das Arbeitsprogramm für die Bauperioden 1898/99 ist ein sehr reichhaltiges, mit dem Ausbaue des Netzes kräftig fortgefahren und daneben auf Grund der schon Vortragenenden abgeschlossenen Verträge die Strecken Charlottenburg, Schöneberg, Rixdorf etc. umfangreiche Erweiterungen erfahren sollten. Für den Hochbau liegen grosse Ausführungen vor, die sämmtlich möglichst rasch in Benutzung genommen werden müssen. Die Gesellschaft hat für den elektrischen Betrieb grosse Grundstücks-Complexe in Wilmersdorf, Schöneberg, am Treptower Park und in der Uferstrasse erworben, auf welchen bis zum Herbst d. J. die grossen Wagenhallen für je 500 Wagen mit Wohn- und Diensträumen, Reparatur-Werkstätten etc. fertig gestellt sein müssen. In der Uferstrasse ist der Bau einer grossen Montage- und Reparatur-Werkstatt für 100 Wagen bereits soweit vorgeschritten, dass die vom Baurath Fischer-Dick in praktischer und ökonomischer Weise construirten Baulichkeiten schon in wenigen Wochen dem Verkehr übergeben werden können. Sodann folgt eine Reihe älterer Bahnhöfe, die für den elektrischen Betrieb umzubauen sind. Bedauerlicher Weise können viele der bisherigen, zum Theil noch neuen Anlagen

nicht umgebaut werden, sie müssen vollständig niedergelegt und von Grund aus neu aufgebaut werden. So muss z. B. der zweietagige Bahnhofsbau in der Waldenserstrasse (Moabit), der Millionen verschlungen hat, einfach abgerissen werden.

(Die Berlin—Charlottenburger Strassenbahn) beabsichtigt auf der Linie Knpfergraben—Westend den gemischten Betrieb - Accumulatoren- und Oberleitung - in der Weise einzuführen, dass vom Strasseneninhofe in Charlottenburg bis zum Wilhelmsplatze daselbst und vom Thiergartenbahnhof bis zur westlichen Seite der Siegesallee die oberirdische Stromzuführung und Rückleitung durch die Schienen stattfindet, während auf den übrigen Strecken, nämlich: 1. vom Wilhelmsplatz in Charlottenburg bis zum Thiergartenbahnhof, 2. auf dem Platze „Grosser Stern" und 3. von der Siegesallee bis zum Kupfergraben der Betrieb durch Accumulatoren erfolgt. Die königl. Polizeipräsidium hat dem Magistrat um Mittheilung darüber ersucht, ob gegen den Antrag der Gesellschaft Bedenken zu erheben seien, und um Mittheilung der in die Genehmigungs-Urkunde aufzunehmenden Bedingungen gebeten.

Merseburg. (Elektrische Bahn.) Das Stadtverordneten-Collegium hat am 16. d. M. einen zwischen der Stadtverwaltung und der Allgemeinen Elektricitäts-Gesellschaft zu Berlin abzuschliessenden Vertrag zur Errichtung einer elektrischen Kleinbahn Halle—Merseburg zugestimmt. Wie das „Leipz. Tagbl." schreibt, überlässt die Stadt der Gesellschaft die Mitbenutzung der Halleschen Strasse bis zur Ecke der Bahnhofstrasse zur Anlegung der Kleinbahn mit oberirdischer Stromzuleitung. Die Stadt behält sich das volle Eigenthumsrecht an dem zur Mittenführung überlassenen Strassenterrain vor. Die Dauer des Vertrages wird auf 90 Jahre festgesetzt; derselbe verliert jedoch seine Giltigkeit, wenn die Gesellschaft das Benutzungsrecht der Chaussee seitens der Provinzialverwaltung entzogen wird. Mit dem Bau der Bahn muss innerhalb zweier Jahre nach Abschluss des Vertrages begonnen werden. Es sind Rillenschienen zu verwenden, in welchen schmale Räder und die Hufstollen der Pferde nicht eingeklemmt können. Die Rückleitung des elektrischen Stromes erfolgt durch die Schienen, hierbei muss jede Verbindung mit den Gas- und Wasserleitungsröhren vermieden werden. Eine von der Gesellschaft zu stellende Caution haftet für die Beobachtung der im Vertrage festgesetzten Bestimmungen.

Patentnachrichten.

Mitgetheilt vom Ingenieur Victor Monath,

WIEN, I., Jasomirgottstrasse Nr. 4.

Auszüge aus Patentschriften.

Körting & Mathiesen in Leutzsch-Leipzig. — Vorrichtung zum Anzeigen des nahezu beendeten Kohlenabbrandes bei Bogenlampen. — Classe 21, Nr. 97.805 vom 10. November 1897.

Fig. 1. Fig. 2.

An dem unteren Kohlenhalter ist mittelst des Seiles h ein Druckkolben f aufgehängt, der in seiner Ruhelage ein Signalrohr c mittelst verschiebbarer gelagerter Ringe d festhält. — Beim Aufstieg des Kohlenhalters wird der Druckbolzen angehoben, worauf die Ringe nach innen gleiten und das Signalrohr herabfällt. (Fig. 1 u. 2.)

Siemens & Halske, Actien-Gesellschaft in Berlin. — Wechselklappe für Fernsprechämter: Zusatz zum Patente Nr. 80.236 vom 21. November 1895. — Classe 21, Nr. 98.101 vom 29. Jänner 1896.

Die im Patent Nr. 80.236 geschützte Klappe ist durch Anwendung eines Magneten in eine polarisirte Wechselklappe umgeändert worden. Der permanente Magnet M ist mit seinem einen Pole N an dem Joch K aus weichem Eisen befestigt, während der Pol S das Ankerende des Ankers A trägt, mit welchem die Klappe K in starrer Verbindung steht. Der eine lange Schenkel des Joches, welcher die hinter einander geschalteten Spulen $E E$

trägt, ist durch einen Schlitz unterbrochen, so dass sich hier infolge der polarisirenden Wirkung des permanenten Magneten M zwei gleichnamige Pole gegenüberstehen. Zwischen diesen Polen ist der, an seiner wirksamen Fläche im Wesentlichen cylindrisch gestaltete Anker A gelagert. Derselbe besitzt in der Mitte einen Steg, welcher zwischen den Elektromagnet-Polen spielt, zum Zwecke, eine Streuung zwischen den beiden Elektromagnet-Polen und zwischen diesen und dem permanenten Magneten möglichst zu verhindern. (Fig. 3.)

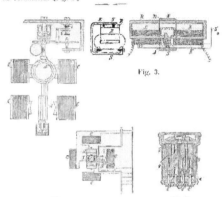

Fig. 3.

Fig. 4.   Fig. 5.

Albert Peloux in Genf. — Motor-Elektricitätszähler. — Classe 21, Nr. 97.991 vom 11. Juli 1897.

Um die Reibung zu vermindern und die Beeinflussung des Zählers durch äussere magnetische Kräfte unmöglich zu machen, ist ein feststehender Stromwender I und eine einzige um denselben kreisende Bürste S angeordnet, welche die Nebenschlussspulen C der Reihe nach einschaltet, so dass ein rotirendes Magnetfeld entsteht. A sind die Hauptstromspulen des Ankers. (Fig. 4.)

Harry Cross Hubbell und Thomas Francis Voland in Elmira New-York, V. S. A. — Elektrodenträger für tragbare galvanische Batterien mit elektrischer Lampe. — Classe 21, Nr. 97.712 vom 3. März 1897.

Die in den Boden des Batteriegefässes eingelassenen Elektrodenträger d sind oben gespalten oder gegabelt und legen sich federnd dicht an die Innenfläche der ausgehöhlten Elektroden a, wobei von der in dem Hohlraum derselben abgeschlossenen Luft ein Luftpolster gebildet wird, welches ein Hinaufkriechen der Säure verhindert. (Fig. 5.)

Edward Hibbers Johnson in New-York. — Feldmagnetanordnung zur Ausgleichung der Ankerrückwirkung bei Gleichstrommaschinen. — Classe 21, Nr. 97.697 vom 17. September 1896.

Bei Gleichstrommaschinen, bei denen zur Ausgleichung der Ankerrückwirkung die Feldmagnetkerne durch parallel zum Ankerdraht verlaufende Schlitze in mehrere Theile zerlegt sind, werden diese Theile derart mit Polschuhen versehen, dass das Verhältniss der durch verwendeten Polfläche zum Querschnitt des zugehörigen Kerntheiles im Sinne der Ankerdrehung im Grösse zunimmt. Infolge dessen wird der Grad der magnetischen Sättigung der Kerntheile in demselben Sinne stärker.

Geschäftliche und finanzielle Nachrichten.

Siemens & Halske Act.-Ges. in Berlin. Die Stadt Nordenham (Oldenburg) hat mit der Siemens & Halske Act.-Ges. ein Uebereinkommen getroffen, wonach diese eine Kabelfabrik in Nordenham errichtet. Dieselbe wird 500 Arbeiter beschäftigen.

Münchener Trambahn-Actiengesellschaft. Der Geschäftsbericht für das vergangene Jahr erwähnt der weiteren Ausdehnung des elektrischen Betriebes. Mit dem

Beginn desselben wurde auf den betreffenden Linien der Einheitstarif von 10 Pf. für directe Fahrt eingeführt. Auf den Pferdebahnlinien wurden insgesammt 140,219.646 (im Vorjahre 129,489.632), auf der Dampftramstrahn 25,712.221 (im Vorjahre 14,284.780) und auf den elektrischen Linien 39,369.166 Platzkilometer gefahren. Beansprucht wurden bei dem Pferdebetrieb 48,279.928 (im Vorjahre 46,223.670), bei dem Dampfbetrieb 2,812.195 (im Vorjahre 2,336.685) und bei den elektrischen Betrieb 15,608.614 Platzkilometer, was einer Ausnützung der Wagenplätze von 34% (36%), 11% (17%) und 40% entspricht, wobei die in Abonnements gemachten Fahrten nicht berücksichtigt sind. Der Wagenpark besteht aus 399 (im Vorjahre 356) Wagen. An Pferden waren vorhanden 561 (611) der Gesellschaft und 105 (75) der Stadtgemeinde gehörige. Am Schlusse des Geschäftsjahres waren 92.925 (im Vorjahre 91.477) km (Geleise im Betrieb. Das finanzielle Resultat des Betriebsjahres ist ein zufriedenstellendes. Die Gesammteinnahmen aus Fuhrgeldern und Abonnements betrugen 3,372.275 Mk. (im Vorjahre 3,053.763 Mk.). Nach Abzug der Einnahmen der gemeindlichen Linien und Theilstrecken entfallen davon auf den Gesellschaftsbetrieb 2,681.728 Mk. gegen 2,378.355 Mk. im Vorjahre. Die Gesammt-Betriebsausgaben zeigen gegen das Vorjahr eine wesentliche Steigerung und beliefen sich auf 2,065.678 Mk. (im Vorjahre 1,848.807 Mk.), wovon auf den Pferde- und Dampfbahnbetrieb der Gesellschaft 1,708.596 Mk. (im Vorjahre 1,605.901 Mk.) auf den elektrischen Betrieb 357.082 Mk. (im Vorjahre 242.905 Mk.) entfallen. Es verbleibt somit ein Gesammtüberschuss von 1,306.597 Mark und nach Abzug von 383.378 Mk. (393.671 Mk.), die der Antheil der gemeindlichen Linien bilden, sowie von 47.560 Mk. (47.076 Mk.) Steuern ein Einnahmen-Ueberschuss der Gesellschaftslinien von 875.658 Mk. gegen 876.140 Mk. im Vorjahre. Die Gesammteinnahmen belaufen sich auf 970.682 Mk. gegen 1,056.108 Mk. im Vorjahre, wobei jedoch zu beachten ist, dass das Vorjahr aus dem Betriebsjahr 1895/96 einen Vortrag von 100.000 Mk. übernommen hatte, so dass nach Abzug dieser Post die effectiven Einnahmen des letzten Jahres noch um 14.574 Mk. höher sind als in 1896/97. Der Reingewinn beträgt 606.792 Mk. (599.534 Mk.). Nach Abzug der statutenmässigen Tantiémen des Vorstandes von 19.015 Mk. (11.870 Mk.), des Aufsichtsrathes von 33.767 Mk. (33.179 Mk.), der Dotirung des gesetzlichen Reservefonds mit 6000 Mk. (wie im Vorjahre), einer Gratification von 13.680 Mk. (11.420 Mk.) für verdiente Beamte, verbleibt ein Betrag von 541.589 Mk. zur Verfügung der am 25. August stattfindenden Generalversammlung. Es sollen daraus 400.000 Mk. zur Ausschüttung einer Dividende von 10% (im Vorjahre) verwendet und der Rest von 141.389 Mk. (63.064 Mk.) der vorhandenen Gewinnreserve zugeführt werden.

Actien-Gesellschaft Land- und See-Kabelwerke in Köln. Die Gesellschaft, die jüngst mit 6 Millionen Mark Capital gegründet worden ist, gedenkt eine Stelle, wo es ihr möglich ist, ihre Erzeugnisse sofort in Seeschiffe zu verladen, und hat einen solchen Platz nördlich von Flagbalgersiel gefunden, wo sie einen besonderen Pier errichten und ein Walzwerk erbauen will.

Companhia Carris de Ferro de Lisboa. Nach langjährigen Unterhandlungen hat die Regierung vor etlicher Zeit der Lissaboner Pferdeeisenbahn-Gesellschaft auf Actien, genannt Carris de Ferro de Lisboa, die Concession für Einführung des elektrischen Betriebes gewährt. Die Zustimmung der städtischen Verwaltung von Lissabon wurde erst nachher eingeholt; sie ist nunmehr unter einigen Abänderungen in der „Frkft. Ztg.“ berichtet, die Concession läuft auf die ursprüngliche Dauer von 99 Jahren; indes hat sich die Behörde das Recht vorbehalten, nach Ablauf von 20 Jahren Aenderungen im Betriebssysteme fordern zu können. Die Allgemeine Elektricitäts-Gesellschaft in Berlin hat die Pläne für die Concessions-Einholung ausgearbeitet; sie interessirt sich auch weiter, gemeinsam mit dem englischen Hause Wornhor Boit & Co., für die Durchführung des Projects, und es unterhandelt gegenwärtig in diesem Sinne mit der Lissaboner Gesellschaft, deren Hauptinteressent der Bankhaus Henry Burnay & Co. ist.

Unter der Firma **Société Italienne d'Electricité système Cruto** ist in Turin mit einem Capital von 2½ Millionen Lire eine Actiengesellschaft begründet worden, die die Geschäfte des Hauses Cruto (Herstellung elektrischer Lampen) übernimmt und zugleich das Patent Pesetto für elektrische Accumulatoren erworben hat. Die römische Tramway-Gesellschaft hat der neuen Unternehmung bereits zwei bedeutende Aufträge ertheilt.

Schluss der Redaction: 23. August 1898.

Verantwortlicher Redacteur: Dr. J. Sahulka. — Selbstverlag des Elektrotechnischen Vereines.
Commissionsverlag bei Lehmann & Wentzel, Wien. — Alleinige Inseraten-Aufnahme bei Haasenstein & Vogler (Otto Maass), Wien und Prag.
Druck von R. Spies & Co., Wien.

Zeitschrift für Elektrotechnik.

Organ des Elektrotechnischen Vereines in Wien.

Heft 36.   WIEN, 4. September 1898.   XVI. Jahrgang.

Bemerkungen der Redaction: Ein Nachdruck aus dem redactionellen Theile der Zeitschrift ist nur unter der Quellenangabe „Z. f. E. Wien" und bei Originalartikeln überdies nur mit Genehmigung der Reduction gestattet.
Die Einsendung von Originalarbeiten ist erwünscht und werden dieselben nach dem in der Redactionsordnung festgesetzten Tarife honorirt. Die Anzahl der vom Autor event. gewünschten Separatabdrücke, welche zum Selbstkostenpreise berechnet werden, wolle stets am Manuscripte bekanntgegeben werden.

INHALT:

Rundschau.

In letzter Zeit wurden mit Erfolg Versuche gemacht, die Hochofengase, welche reich an Kohlenoxyd und anderen brennbaren Bestandtheilen sind, zum Betriebe von Gasmotoren auszunützen; bisher wurden die Gase entweder gar nicht oder in sehr unökonomischer Weise zur Feuerung von Kesseln benutzt. Die Hochofengase enthalten sehr viel Staub und sind daher nicht unmittelbar zum Betriebe von Gasmotoren verwendbar; man muss die Gase zuerst auf mechanischem Wege, insbesondere durch Waschen mit zerstäubtem Wasser vom Staube reinigen. Aus den Gasen, welche pro Tonne erzeugten Roheisens entweichen, kann man nach „Electrical World", Heft 4, angeblich 2000 Pferdekraftstunden in Gasmotoren gewinnen. Man wird daher vortheilhaft bei Hochöfen elektrische Kraftübertragungsanlagen errichten können. In den Vereinigten Staaten würde die continuirliche Leistung, welche durch Ausnützung der Hochofengase erzielt werden könnte, 1,500.000 PS betragen.

Der Verbrauch an Calciumcarbid nimmt in erheblichem Maasse zu; in den Vereinigten Staaten wurden im Jahre 1896 860 t, im Jahre 1897 1925 t erzeugt. Viele Gaswerke richten sich für Calciumcarbid-Fabrikation ein, um das Leucht- oder Oelgas durch einen Zusatz von Acetylengas zu verbessern. Das Acetylengas wurde in Mischung mit dem zehnfachen Luftvolumen bereits versuchsweise zum Betriebe von Gasmotoren verwendet und dürfte dadurch ein neuer Bedarf an Calciumcarbid sich ergeben. Die Erwartung, welche ursprünglich gehegt wurde, dass jedes Elektricitätswerk zur Zeit geringer Belastung werde Carbid erzeugen können, hat sich nicht erfüllt, da eine rentable Erzeugung nur dort möglich ist, wo eine billige Betriebskraft zur Verfügung steht. Eine grossartige Fabriksanlage für Carbiderzeugung ist vor Kurzem von der Union Carbide Co. in Sault St. Marie errichtet worden und im Hefte 6, Bd. 33, in „Electrical World" beschrieben; es können gegenwärtig täglich 100 t Carbid erzeugt werden, doch kann die Leistung auf den vielfachen Betrag erhöht werden. Die Betriebskraft wird aus dem St. Marys Flusse entnommen, welcher den Abfluss vom Lake Superior zum Lake Huron bildet. Der Fluss bildet einen Wasserfall von 6 m Höhe;

durch einen Canal von 3·35 km Länge wird ein Theil des Wassers in 300 m Distanz ober dem Falle gefasst und in die Fabrik geleitet. Die maximale Leistung in der Fabrik beträgt 40.000 PS; dabei hat das Wasser im Canal eine Geschwindigkeit von 2·3 m. In der Fabrik sind gegenwärtig 80 Turbinen, 40 Dynamos und 60 Oefen zur Erzeugung von Carbid aufgestellt; die Turbinen und Dynamos sind in der unteren, die Oefen unmittelbar oberhalb in der oberen Etage aufgestellt. Als Dynamos sind Walker'sche Wechselstrommaschinen von je 2000 A, 200 V Leistung in Verwendung. Die Armatur ist aussen angeordnet und fix; der bewegliche Feldmagnet hat 10 radiale Pole mit getrennten Erregerspulen. Die Armaturspulen sind in Aussparungen des Armaturringes eingelegt und befestigt. Jede Dynamo wird von zwei direct gekuppelten Turbinen angetrieben. Je vier Dynamos bilden eine zusammengehörige Gruppe und besitzen eine gemeinschaftliche 100 PS Erregerdynamo. Von den einzelnen Dynamos führen sehr starke Leitungen zu separaten Schaltbrettern, die unmittelbar neben den Dynamos angebracht sind und von da zu zwei starken Kupferschienen in der oberen Etage. An diese Schienen sind die Dynamos parallel angeschaltet; eine Transformation des Stromes findet nicht statt. In der oberen Etage sind sechs nach dem Systeme von W. S. Horry ausgeführte Oefen für Carbid-Erzeugung aufgestellt, doch werden nur stets vier in Betrieb erhalten, während die beiden anderen als Reserve dienen. In dieser Art ist die ganze Anlage in Aggregate von je 4 Dynamos, 8 Turbinen und 6 Oefen getheilt. Die Horry'schen Oefen sind analog wie die Oefen in Neuhausen für continuirliche Beschickung eingerichtet. Dieselben haben die Gestalt von kurzen, um eine horizontale Achse drehbaren, eisernen Trommeln. Die Mantelfläche dieser Trommeln ist von starken eisernen Leisten gebildet, welche an den Seitenwänden leicht festgeschraubt und wieder abgenommen werden können. Der obere Theil der Mantelfläche bleibt offen; daselbst ragen in die Trommel Kohlenstäbe hinein, welche die Elektroden bilden. In die Trommel wird ein Gemenge von gepulverten Coaks und Kalk gefüllt, welche in der Hitze zusammenschmelzen und Carbid bilden. Die Trommel wird mit Hilfe eines Handrades und einer Schraube ohne Ende von Zeit zu Zeit langsam gedreht. Die metallenen Leisten, welche die Mantelfläche bilden, werden auf einer Seite allmählich entfernt, auf der anderen festgeschraubt, damit die Trommel immer im unteren Theile geschlossen bleibt. Auf der einen Seite erfolgt die continuirliche Beschickung; auf der anderen kann das erstarrte Carbid herausgeschlagen werden. Ueber jeder Trommel ist ein halbcylinderförmiger Deckel mit Gasabzug angebracht.

Ein sehr einfacher Apparat zur Messung der Intensitäts-Variationen des Erdmagnetismus ist von Heydweiller in Wied. Annal., Bd. 64. pag. 735, beschrieben. Derselbe besteht aus zwei Declinations-Nadeln mit gemeinschaftlicher Drehachse, welche über einander angebracht, aber gegenseitig frei beweglich sind; der Erdmagnetismus sucht die Nadeln gleich zu richten. wegen der gegenseitigen Abstossung der Nadeln ist dies aber nicht möglich; dieselben stellen sich unter einem Winkel ein, welcher abhängig ist von der Intensität des Erdmagnetismus und der Polstärke der Nadeln. Man kann die Nadeln so magnetisiren, dass der Winkel ungefähr ein rechter ist. Wenn die Intensität des Erdmagnetismus variirt, wird der Winkel eine Aenderung erleiden. Prof. Liznar will das Instrument zur Messung der Intensitäts-Aenderungen des Erdmagnetismus in verschiedenen Höhen über der Erdoberfläche benützen; die Messungen können im Ballon ausgeführt werden, was mit anderen Instrumenten unmöglich ist.

Im „Electrician", Heft 1052 ist die elektrische Untergrundbahn beschrieben, welche die Endstation der South Western Eisenbahn mit dem Centrum Londons verbindet, und vor Kurzem eröffnet wurde: es ist dies die zweite elektrisch betriebene Untergrundbahn in London. Die Bahn ist doppelgeleisig in zwei getrennten Tunnels ausgeführt, welche zumeist neben-, stellenweise übereinander angebracht sind. Die Länge beträgt nur 2400 m; es sind keine Zwischenstationen vorhanden. Von den Endstationen senkt sich die Bahn rasch in die Tiefe, wodurch schnell eine hohe Geschwindigkeit erzielt wird und am Ende rasch gehalten werden kann. Die Bahn bildet am Ausgange der Waterloo-Station der South Western Eisenbahn eine scharfe Curve. ist dann in 6 m Tiefe unter der Yorkstrasse, hierauf unter der Stamfordstrasse geführt, unterfährt die Themse. ist dann unter der Queen Victoriastrasse geführt und endet bei Mansion House. Gegenwärtig verkehren continuirlich vier Züge in Intervallen von 5 Minuten. Jeder Zug besteht aus vier Wagen: je einem Motorwagen am Anfang und am Ende und zwei Zwischenwagen. Die Wagen enthalten zusammen 204 Sitzplätze; ausserdem sind Stehplätze vorhanden. Die Bremsung erfolgt durch Luftdruckbremsen, welche auf alle Räder einwirken; die Stromabnahme erfolgt von einer blanken Schiene. Die Tunnels sind der ganzen Länge nach elektrisch belenchtet. Grosse Schwierigkeit bot die Bahnhofsanlage in den Endstationen. In der Waterloo-Station musste die Bahnhofsanlage zum Theile unter der Bahnhofsanlage der South Western Eisenbahn ausgeführt werden, ohne dass eine Betriebsstörung eintreten durfte; beim Bau der Station Mansion House waren die vielen Rohr- und Kabelleitungen sehr hinderlich, und wurden daselbst auch unterirdische Zugänge von den gegenüberliegenden Strassenseiten zum Bahnhofe gemacht. Im übrigen bot der Strecke bot der Bau nicht besondere Schwierigkeiten; es wurden zwei Schachte errichtet, durch welche alles Material heraus und umgekehrt die Eisensegmente, mit welchen die Tunnel ausgekleidet sind, Ziegel, Schienen etc. hineingeschafft wurden. Die

Schächte waren an solchen Stellen errichtet, dass die Zufuhr und Abfuhr durch wenig frequente Strassen erfolgen konnte. Die Züge können in der Endstation unmittelbar die Geleise wechseln. Schon seit 50 Jahren hat man einen Anschluss an die South Western Eisenbahn bis zum Centrum Londons machen wollen. doch hätten die Kosten 60 Millionen Gulden betragen. Durch Ausführung der elektrischen Untergrundbahn sind die Kosten zehnmal geringer geworden. Die Centrale befindet sich in der Nähe der Bahn; es sind daselbst 5 Siemens Compounddynamos à 300 PS, welche jede 400 A × 500 V leisten, aufgestellt. Jede Dynamo ist mit einer schnelllaufenden Belliss-Dampfmaschine direct gekuppelt.

Es wäre sehr wünschenswerth, wenn in Wien unter der inneren Stadt solche Untergrundbahnen gebaut würden; infolge der Bodenbeschaffenheit liessen sich dieselben leicht bauen. Wir heben auch insbesonders die praktische Einrichtung hervor, dass in sehr kurzen Intervallen Züge mit sehr geringer Wagenzahl verkehren; dies entspricht dem Bedürfnisse und trägt zur Steigerung des Verkehres am meisten bei.   S.

Ueber die Streuung bei Gleichstrom-Maschinen.

Anstatt nach dem Hopkinson'schen Verfahren das Verhältnis der gesammten Kraftlinienzahl zum Kraftfluss im Anker mit Hilfe einer Inductionsspule und eines ballistischen Galvanometers zu bestimmen, lässt man die Dynamo als Motor laufen und nimmt die Leerlaufscurve für constante Tourenzahl auf. Weiters ermittelt man den Wattverbrauch in der Magnetwickelung und zeichnet beide Curven in ein rechtwinkeliges

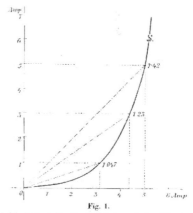

Fig. 1.

Coordinatensystem ein. Der bei constanter Tourenzahl sich gleichbleibende Reibungsverlust wird vorher von der Leerlaufsarbeit abgezogen, so dass nur die auf Hysteresis und Foucaultströme entfallenden Watt übrig bleiben.

Wenn für einen bestimmten Magnetisirungsstrom die Wattverluste im Anker bekannt sind, so kann gefragt werden: Welcher Leitungsstrom wäre nöthig, wenn die Magnetschenkel als geschlossener Ring betrachtet und von einem Wechselstrom umflossen gedacht würden,

um als Componenten dieses Leitungsstromes den thatsächlich vorhandenen Magnetisirungs- und Wattstrom
zu erhalten? Die Producte aus Wattstrom und Spannung und aus dem Leitungsstrom mit derselben Spannung stellen bekanntlich zwei Arbeitswerthe vor, von
welchen der eine eine Function der nutzbaren Kraftlinienzahl ist, der andere dagegen zum gesammten Kraftfluss in abhängiger Beziehung steht.

Wären keine Hysteresis- und Wirbelstrom-Ver-
luste in Rechnung zu ziehen, so würde natürlich der
ganze Leitungsstrom zur Magnetisirung des Ringes aufgewendet werden. Da aber letzterer die Resultirende
zweier Ströme repräsentirt, so wird das Verhältnis des
gedachten Leitungsstromes zum Wattstrom ein directes
Mass der Streuung sein. In untenfolgender Figur wird
dieses Verhältnis für eine Nebenschluss-Maschine bei
verschiedenen Erregungen graphisch zum Ausdrucke
gebracht. Es stellen hierin die Ordinaten den Magnetisirungsstrom, die Abscissen den Verluststrom vor. Für
einige Feldstärken wurde der Streuungs-Coëfficient

$$\frac{J}{J^1} = v$$

ausgerechnet und in die Figur eingetragen.

Nebenbei sei erwähnt, dass die in Untersuchung gezogene Maschine der bekannten Kapp-Type angehörte
und bei 1450 Touren 110 V Spannung und circa 50 A
gab. Für den im Vorhergehenden besprochenen speciellen Zweck lief die Maschine mit 810 Touren, bei
welchen ungefähr 60 V Normalspannung erreicht wurden.
Weiters sei hervorgehoben, dass der durch Armatur-
reaction bedingte Einfluss auf die Streuungsverhältnisse
unberücksichtigt blieb. *Wilh. Hönig.*

Elektrische Bahn mit Dreiphasenstrom in Evian-les-Bains (Frankreich).

In dem berühmten Bade Evian-les-Bains am Ufer
des Genfer Sees befindet sich das grosse „Splendide

Fig. 1.

Hôtel" auf einer Anhöhe 20 m über der Avenue des
Sources, längs welcher die Trinkbrunnen liegen. Die
Curgäste müssen also diese Anhöhe nach dem Trinken
ersteigen. Zur Bequemlichkeit der Badegäste hat nun
die „Société Anonyme des Eaux Minérales"
sich entschlossen, ein möglichst bequemes und gefälliges
Transportmittel zu beschaffen. Auf Anregung der Firma
Lombard-Gerin & Co. in Lyon wurde hiezu eine
Adhäsionsbahn mit Drehstrombetrieb in Aussicht ge-
nommen.

In dem vorliegenden Falle wurde aus dem Grunde
Drehstrom gewählt, weil dadurch der Strom aus einer
bereits vorhandenen Centrale entnommen werden konnte,
ohne eine — durch Anlage und Betrieb — kostspielige
Unterstation errichten zu müssen; ferner bietet die
Eigenschaft der Drehstrom-Motoren, dass dieselben sich
bei der Thalfahrt automatisch bremsen, ein äusserst
bequemes Mittel, um dieselbe ohne das lästige
Einbremsen der Räder sicher und in gleichmässigem
Tempo vollführen zu können. Eine weitere vortheilhafte
Eigenschaft der Drehstrom-Motoren, welche im vorliegenden Falle ebenfalls nicht ganz gleichgiltig ist,
liegt in der leichten Wartung derselben, da die gehärteten
und geschliffenen stählernen Schleifringe — ausser der
Reinhaltung — gar keine weitere Wartung benöthigen,
während die Instandhaltung der Commutatoren der
Gleichstrom-Motoren schon ein mehr geübtes und ge-
wissenhaftes Personal benöthigt.

Die ganze Bahnanlage hat eigentlich mehr den
Charakter eines Lift, indem dieselbe nur ca. 300 m
lang ist; dieselbe bildet in der Trace ein grosses „S".
Die Steigung beträgt ca. 80%, die Spurweite ist 1·1 m,
das Geleise besteht aus doppelten Vignoles Schienen
die auf Stahlschwellen verlegt sind. Der Minimalradius
beträgt 15 m, in dieser Curve befindet sich auch die grösste
Steigung der Bahn, die auf einige Meter 102% beträgt.

Die Stromzuleitung besteht aus
zwei 6 mm hartgezogenen Kupferdrähten, die auf verzierten Stahlrohr-
masten mit Auslegern, in einer Entfernung von 30 cm von einander entfernt, geführt sind. Die dritte Leitung
wird von den Schienen gebildet, die
auf bekannte Weise mit kupfernen
Schienenstossverbindungen leitend
verbunden sind.

Der Strom wird in einer Entfernung von 13 km im Elektricitätswerk „Cevenos" mit 5200 V und
50 Perioden in der Secunde erzeugt
und mittelst einer einzigen Primärleitung für Licht und Kraft nach
Evian geführt, wo derselbe für die
Bahn mittelst eines 30 Kilowatt
Drehstrom-Transformators auf 200 V
Phasenspannung reducirt wird.

Derselbe Transformator liefert
auch den Strom für einen 6 PS
Pumpenmotor für den hydraulischen
Lift im Hôtel.

Die Bahn besitzt — wie aus
der Fig. 1 zu ersehen ist — keine
Weichen, da nur ein einziger Wagen
auf derselben verkehrt; die Steigungen sind aus der Fig. 2 er-

sichtlich. Der in der Fig. 3 abgebildete Wagen hat ein Gesammtgewicht von 3800 kg und enthält acht Sitzplätze und sechs Stehplätze. Dieser Wagen ist,

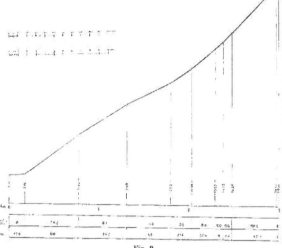

Fig. 2.

mit Berücksichtigung des Charakters des vornehmen Badeortes, mit besonderem Luxus ausgestattet. Die innere Täfelung besteht aus hellem gemaserten Ahorn- und Mahagoniholz mit schwarzen Zierleisten aus gebeiztem Birnholz. Die Sitze sind aus schwarz gebeizten, gebogenem Buchenholz mit leichtem Rohrgeflecht hergestellt. Die grossen Spiegelscheiben sind mit schweren, chamoisfarbenen Seidenvorhängen versehen. Sämmtliche Metalltheile im Wagenkasten sind stark vernickelt. Der Fussboden ist mit Kautschuk belegt und mit einem orientalischen Laufteppich versehen. Das Innere des Wagens wird durch zwei an der Decke angebrachte Glühlampen beleuchtet und befindet sich ausserdem an jeder Stirnseite des Wagens eine färbige Laterne.

Der Wagenkasten ruht auf einem zweiachsigen, leicht gehaltenen Truck, und ist mit einem Dreiphasenmotor für 15 PS Dauerleistung ausgerüstet, der jedoch auf nicht zu lange Zeit sehr leicht auch 25—30 PS leisten kann. Die Motorwelle macht 750 Umdrehungen in der Minute und betreibt mittelst Zahnräder eine Vorlegewelle, die dann mittelst Ketten und Kettenräder die zwei Wagenachsen antreibt; diese Anordnung war durch die nöthige Adhäsion gegeben. Der inducirende Theil des Motors steht fest, während der inducirte

rotirt; in den letzteren Theil kann mittelst Schleifringen und Bürsten der Anlasswiderstand eingeschaltet werden. Auf jedem Perron befindet sich je eine einfache Anlassvorrichtung und ein Nothausschalter. Auf dem Wagendache befindet sich das Trolleygestell mit zwei Trolleystangen.

Das Anfahren erfolgt äusserst sanft, dabei wird der Strom, sowohl beim bergauf-, wie beim bergabfahren, immer eingeschaltet; im letzteren Falle nimmt der Wagen bald eine etwas grössere Geschwindigkeit an, als dem Synchronismus des Motors mit dem Generator der Centrale entsprechen würde; hiedurch wird der Motor zum Generator und gibt Strom in die Hauptleitung zurück, es wird daher ein Theil der Energie beim bergabfahren zurückgewonnen. Die Bahn arbeitet somit ohne jede Complication im Motor oder den übrigen Theilen sehr ökonomisch und wird hiedurch bewirkt, dass der Wagen mit gleichmässiger Geschwindigkeit auf dem Gefälle hinabrollt.

Das Entgleisen einer Trolleystange ist ohne Bedeutung, da der Motor als Einphasenmotor noch in Action bleibt und auch als solcher zum sanften Abbremsen genügt. Entgleisen hingegen beide Trolleystangen, so muss die Handbremse in Thätigkeit gesetzt werden; dieselbe ist so kräftig construirt, dass der Wagen sehr rasch zum Stillstande gebracht werden kann.

Für feuchtes Wetter ist ausserdem noch eine sinnreiche Sandstreuvorrichtung an den beiden Enden des Wagens vorgesehen. Dieselbe besteht aus zwei cylindrischen, in einander geschobenen Mänteln; der äussere derselben hat unten trichterförmige Ansätze die in den Sandstreurohren endigen, während der innere Cylinder der Achse parallel aufgeschlitzt und mit

Fig. 3.

trockenem Sand gefüllt ist. In der Ruhelage befindet sich der Schlitz des inneren Cylinders immer oben, durch eine leichte Handbewegung dreht sich derselbe nach unten und giesst einen Theil des Sandes in den Trichter. Beim Loslassen des Hebels stellt sich die Trommel wieder in die ursprüngliche Lage zurück. Bei dieser Sandstreuvorrichtung ist also das sehr unangenehme Verstopfen der Abschlussvorrichtung ausgeschlossen.

Die kleine Bahn wurde am 10. Juni 1898 dem Betriebe übergeben und functionirt dieselbe seither anstandslos und zur vollen Zufriedenheit. Der Wagen macht täglich rund 60 Hin- und Herfahrten mit einer Geschwindigkeit von 10 km, sowohl beim Hinauf- wie auch beim Herabfahren.

Der Eisenbahn Unter- und Oberbau, sowie die Stromzuleitung wurde von der Firma Lombard-Gerin & Co. in Lyon, der Motorwagen sammt completer elektrischer Ausrüstung von der Firma Ganz & Co. in Budapest geliefert.

Die Fernsprech- und Glockensignal-Einrichtungen auf den Strecken der k. k österreichischen Staatsbahnen.

Wie bekannt, benöthigen die mobilen Anschalttelephone keine eigenen Leitungen, sondern sie werden auf offener Strecke an schon bestehende angeschaltet, ohne diese in ihrem ursprünglichen Zwecke zu beeinträchtigen.

Die häufige Benützung dieser Fernsprecher hat erst den hohen Werth der directen und mündlichen Verständigung zwischen Strecken- und Stationspersonale zu Tage gefördert und die Idee gezeitigt, solche Einrichtungen nach und nach allgemein und dauernd einzuführen.

Da diese Correspondenz stets durch die beiden Nachbarstationen begrenzt wird, so wurden hierzu die Glockensignallinien gewählt. Aus technischen Gründen war es für diesen Zweck wünschenswerth, die Leitungen stromlos zu machen; es wurde desshalb der Betrieb mit Inductionsströmen eingerichtet, wodurch die galvanischen Elemente entfielen und die Glockensignale eine gröbere Einstellung erhalten konnten. In den Stationen und Wächterhäusern wurden Magnetinductoren aufgestellt, die weichen Anker der Apparate gegen polarisirte ausgewechselt, rechenartige Auslösungen angebracht und Fernsprecher mit gewöhnlicher automatischer Einschaltung eingebunden. Um aber den Stationen auch die Möglichkeit zu bieten, mit der Nachbarstation, oder mit einzelnen bestimmten Wächterposten, telephonisch verkehren zu können, ohne durch den Anruf die übrigen Bahnwärter zwecklos zu alarmiren, sind diese Magnetinductoren, ähnlich wie bei den Blockstationen, durch halbseitiges Aussparen der stromführenden Ankerachse so gearbeitet, dass durch Schluss einer zweiten Taste und durch gleichzeitiges Drehen der Inductorkurbel, anstatt der sonst entsendeten Wechselströme gleichgerichtete Ströme in die Leitung gelangen, die zwar wohl die auf bestimmten Posten und in den Stationen aufgestellten Rasselwecker, aber nicht auch die Glockensignalapparate ansprechen machen.

Die Apparate sind mit einer vielplattigen Gattinger'schen Gewitterschutzvorrichtung versehen und die früheren Ausschaltklemmen entfernt worden, daher sowohl Signal- als Sprechapparate stets gebrauchsfähig bleiben. Wenn auch das Personale in der ersten Zeit bei Gewitter begreiflicherweise mit einigem Zagen an die Bethätigung der Apparate gieng, so hat sich doch heute, durch jahrelange Erfahrung, diese Scheu gelegt, und sowohl Signal- als Telephonapparate, wie auch die gleich ausgerüsteten Telegraphenapparate werden bedient, ohne den atmosphärischen Entladungen mehr Aufmerksamkeit zu schenken.

In grösseren Stationen, wo ehemals für Ruhestrom automatische Signalgeber bestanden, sind wieder solche für Inductionsbetrieb aufgestellt worden. Das sind grössere in Schutzkästen eingeschlossene Läutewerke, welche von Gewichten getrieben, auf einer mit der grössten Umdrehungszahl arbeitenden Achse den Inductoranker aufgekeilt tragen.

Die Auslösung und Hemmung, sowie die Contactgebung vermittelt ein kleines Uhrwerk mit Federaufzug, welches den früheren für Ruhestrombetrieb gebräuchlichen Automaten nachgebildet ist. Dasselbe hat keine Arretirung; sein Gang wird durch Aufzug und Ablauf der Feder begrenzt.

Der Vorgang bei der Abgabe eines Signales ist folgender: durch das Umlegen der Kurbel des kleinen Federwerkes, wozu ein Fingerdruck genügt, wird die Zugfeder desselben gespannt und gleichzeitig die Hemmung des grossen Laufwerkes ausgelöst. Das kleine Uhrwerk ist so eingerichtet, dass es genau in jener Zeit abläuft, welche für die Abgabe der Glockenschläge und für die Pausen eines Signales in der Signalordnung vorgeschrieben ist. Am Ende dieser Zeit bleibt das kleine Uhrwerk stehen und legt das grosse Laufwerk wieder fest. Die Geschwindigkeit des Letzteren kann aber durch die Grösse des Treibgewichtes leicht variirt werden, wodurch die Umdrehungszahl der Ankerachse des Inductors je nach Bedarf gesteigert oder verringert, also auch die Spannung dem jeweiligen Widerstande in der Leitung vollständig angepasst werden kann. Auf diese Weise hat man es in der Hand, ein und dieselbe Einrichtung in beliebigen Strecken mit vollkommener Sicherheit für die richtige Auslösung der Glockensignalapparate verwenden zu können, gleichgiltig, ob die Zahl derselben gross oder klein ist.

Eine andere Ausführung von Automaten gestattet mit nur einem grossen Laufwerke von verschiedenen Punkten eines Stationsplatzes Glockensignale auf die Strecke zu entsenden. Zu dem Behufe erhält das Laufwerk die gewöhnliche elektrische Auslösung eines Glockensignalapparates; die Federwerke, welche nur mehr den Contact vermitteln, können daher an beliebigen Orten angebracht werden. Diese Art der Signalgebung bleibt nur auf bestimmte ausnahmsweise Fälle beschränkt, weil sich durch die dabei bedingte elektrische Uebertragung neue Fehlerquellen einschleichen können.

Dass in den seltenen Fällen, wo Beleuchtungsströme zur Verfügung stehen, diese eventuell unter Zuhilfenahme von Stromwendern zum Signalisiren herangezogen werden, ist selbstverständlich.

Der Vollständigkeit wegen möge hier noch eine solche Vorrichtung Erwähnung finden, welche vor Kurzem einer Staatsbahndirection angeboten wurde. Der Erfinder will an Stelle der Magnetinductoren wieder galvanische Elemente verwenden und die benöthigten Wechselströme durch Vermittlung eines Stromwenders schaffen; er übersieht aber dabei, dass damit ein Cardinalpunkt des Programmes, der Wegfall der galvanischen Elemente, unterfüllt bleibt und überdies die ganze Anlage dadurch nur wesentlich verschlechtert würde. Es ist daher anzunehmen, dass diese Neuerung bei den k. k. Staatsbahnen nicht eingeführt werde.

Sicherheitsvorschriften für elektrische Starkstromanlagen.

Herausgegeben vom Verbande Deutscher Elektrotechniker. [*]
(Zweite Ausgabe, angenommen von der VI. Jahresversammlung zu Frankfurt a. M., 1898.)

Abtheilung I.

Die Vorschriften dieser Abtheilung gelten für elektrische Starkstromanlagen mit Spannungen bis 250 V zwischen irgend zwei Leitungen oder einer Leitung und Erde, mit Ausschluss unterirdischer Leitungsnetze, elektrischer Bahnen und elektrochemischer Betriebsapparate.

Für solche gewerbliche Betriebe, welche die darin beschäftigten Personen der Gefährdung durch elektrische Ströme erfahrungsgemäss besonders zugänglich machen, gelten ausser den nachstehenden Vorschriften die im Anhang A enthaltenen Zusatzbestimmungen.

I. Betriebsräume und -Anlagen.

§ 1.

Dynamomaschinen, Elektromotoren, Transformatoren und Stromwandler, welche nicht in besonderen luft- und staubdichten Schutzkästen stehen, dürfen nur in Räumen aufgestellt werden, in denen normaler Weise eine Explosion durch Entzündung von Gasen, Staub und Fasern ausgeschlossen ist. In allen Fällen ist die Aufstellung derart auszuführen, dass etwaige im Betriebe der elektrischen Einrichtungen auftretende Feuererscheinungen keine Entzündung von brennbaren Stoffen hervorrufen können.

§ 2.

In Accumulatorenräumen darf keine andere als elektrische Glühlichtbeleuchtung verwendet werden. Solche Räume müssen dauernd gut ventilirt sein. Die einzelnen Zellen sind gegen das Gestell mit isolirenden Unterlagen in isoliren. Es müssen Vorkehrungen getroffen werden, um beim Auslaufen von Säure eine Gefährdung des Gebäudes zu vermeiden. Während der Ladung dürfen in diesen Räumen glühende oder brennende Gegenstände nicht geduldet werden.

§ 3.

Die Hauptschalttafeln in Betriebsräumen sollen aus unverbrennlichem Material bestehen, oder es müssen sämmtliche stromführende Theile auf isolirenden und feuersicheren Unterlagen montirt werden. Sicherungen, Schalter und alle Apparate, in denen betriebsmässig Stromunterbrechung stattfindet, müssen derart angeordnet sein, dass etwaige im Betriebe der elektrischen Einrichtungen auftretende Feuererscheinungen benachbarte brennbare Stoffe nicht entzünden können, und unterliegen überdies den in § 1 geregelten Vorschriften.

Für Regulirwiderstände gelten die Bestimmungen des § 14.

II. Leitungen.

§ 4.

Das Kupfer der Stromleitungen muss den Normalien des Verbandes Deutscher Elektrotechniker [**] entsprechen.

§ 5.

Die höchste zulässige Betriebs-Stromstärke für isolirte Drähte und Kabel aus Leitungskupfer ist aus nachstehender Tabelle zu entnehmen:

Querschnitt in mm^2	Betriebs-Stromstärke in A	Querschnitt in mm^2	Betriebs-Stromstärke in A
0·75	3	95	165
1	4	120	200
1·5	6	150	235
2·5	10	185	275
4	15	240	330
6	20	310	400
10	30	400	500
16	40	500	600
25	60	625	700
35	80	800	850
50	100	1000	1000
70	130		

[*] Mit Bewilligung der „E. T. Z." abgedruckt.
[**] Siehe Anhang E.

Blanke Kupferleitungen bis zu 50 mm^2 Querschnitt unterliegen den Vorschriften der vorstehenden Tabelle; blanke Kupferleitungen von 50 bis 1000 mm^2 Querschnitt können mit 2 A für den Quadratmillimeter belastet werden.

Bei Verwendung von Drähten aus anderen Metallen müssen die Querschnitte entsprechend grösser gewählt werden.

Der geringste zulässige Querschnitt für isolirte Kupferleitungen, ausser an und in Beleuchtungskörpern, ist 1 mm^2, an und in Beleuchtungskörpern $3/4$ mm^2.

Der geringste zulässige Querschnitt von blanken Leitungen in Gebäuden ist 4 mm^2; derjenige von blanken oder isolirten Freileitungen aus Kupfer oder anderen Metallen von mindestens gleich grosser Bruchfestigkeit ist 6 mm^2.

§ 6.

Blanke Leitungen (Bezeichnung L oder $B L$) sind nur ausserhalb von Gebäuden und in feuersicheren Räumen ohne brennbaren Inhalt, soweit sie vor Beschädigungen oder zufälliger Berührung gesichert sind, ferner in Maschinen- und Accumulatorenräumen, welche nur dem Bedienungspersonal zugänglich sind, gestattet. Ausnahmsweise sind auch in nicht feuersicheren Räumen, in welchen ätzende Dünste auftreten, blanke Leitungen zulässig, wenn dieselben durch einen geeigneten Ueberzug gegen Oxydation geschützt sind.

Blanke Leitungen sind nur auf Isolirglocken zu verlegen und müssen, soweit sie nicht unanstastbare Parallelzweige sind, von einander bei Spannweiten von über 6 m mindestens 30 cm, bei Spannweiten von 4 bis 6 m mindestens 20 cm, und bei kleineren Spannweiten mindestens 15 cm, von der Wand in allen Fällen mindestens 10 cm entfernt sein. Bei Verbindungsleitungen zwischen Accumulatoren, Maschinen und Schaltbrett sind Isolirrollen und kleinere Abstände zulässig.

Im Freien müssen blanke Leitungen wenigstens 4 m über dem Erdboden verlegt werden. Den örtlichen Verhältnissen entsprechend, sind Freileitungen durch Blitzschutzvorrichtungen zu sichern, die auch bei wiederholten Blitzschlägen wirksam bleiben. Es ist dabei auf eine gute Erdleitung Bedacht zu nehmen, welche unter möglichster Vermeidung von Krümmungen auszuführen ist.

Bezüglich der Sicherung vorhandener Telephon- und Telegraphenleitungen gegen Freileitungen wird auf § 12 des Telegraphengesetzes vom 6. April 1892 verwiesen. [*]

Betriebsmässig geerdete, blanke Leitungen fallen nicht unter die Bestimmungen des § 6.

Isolirte Einfachleitungen.

§ 7.

a) Leitungen (Bezeichnung U), welche eine doppelte, fest auf dem Draht aufliegende, mit geeigneter Masse imprägnirte und nicht brüchige Umhüllung von faserigem Isolirmaterial haben, dürfen, soweit ätzende Dämpfe nicht zu befürchten sind, auf Isolirglocken überall, dagegen auf Isolirrollen, Isolirringen oder diesen gleichwerthigen Befestigungsstücken nur in ganz trockenen Räumen verwendet werden. Sie sind in einem Abstand von mindestens 25 cm von einander zu verlegen.

b) Leitungen (Bezeichnung J), die unter der oben beschriebenen Umhüllung von faserigem Isolirmaterial mit einer zuverlässigen, aus Gummiband hergestellten Umwickelung versehen sind, dürfen, soweit ätzende Dämpfe nicht zu befürchten sind, auf Isolirglocken überall, dagegen auf Rollen, Ringen und Klemmen, und in isolirenden Röhren, sowie an und in Beleuchtungskörpern nur in solchen Räumen verwendet werden, welche im normalen Zustande trocken sind.

c) Leitungen (Bezeichnung G), bei welchen die Gummiisolirung in Form einer ununterbrochenen, nahtlosen und vollkommen wasserdichten Hülle hergestellt ist, dürfen, soweit ätzende Dämpfe nicht zu befürchten sind, auch in feuchten Räumen angewendet werden.

d) Blanke Bleikabel (Bezeichnung $K B$), bestehend aus einer oder mehreren Kupferseelen, starken Isolirschichten und einem nahtlosen einfachen oder einem mehrfachen Bleimantel, müssen gegen mechanische Beschädigung geschützt sein und dürfen nicht unmittelbar mit Stoffen, welche das Blei angreifen, in Berührung kommen.

e) Asphaltirte Bleikabel (Bezeichnung $K A$) dürfen nur da verlegt werden, wo sie gegen mechanische Beschädigung geschützt sind.

f) Asphaltirte armirte Bleikabel (Bezeichnung $K E$) bedürfen eines besonderen mechanischen Schutzes nicht.

[*] Dieser Paragraph lautet: „Elektrische Anlagen sind, wenn eine Störung des Betriebes an einer Leitung durch die andere eingetreten oder zu befürchten ist, auf Kosten desjenigen Theiles, welcher durch eine spätere Anlage oder durch die später eintretende Aenderung einer bestehenden Anlage diese Störung oder die Gefahr derselben veranlasst, soweit Möglichkeit so auszuführen, dass sie nicht störend beeinflussen.

g. Bleikabel jeder Art dürfen nur mit Endverschlüssen, Abzweigmuffen oder gleichwerthigen Vorkehrungen, welche das Eindringen von Feuchtigkeit wirksam verhindern und gleichzeitig einen guten elektrischen Anschluss vermitteln, verwendet werden.

An den Befestigungsstellen ist darauf zu achten, dass der Bleimantel nicht eingedrückt oder verletzt wird; Rohrhaken sind daher nur bei armirten Kabeln als Befestigungsmittel zulässig.

Blanke Bleikabel, deren Kupferseele weniger als 6 mm² Querschnitt hat, sind nur dann zulässig, wenn ihre Isolation aus vulkanisirtem Gummi oder gleichwerthigem Material besteht.

h. Bei eisenarmirten Kabeln für Ein- oder Mehrphasenstrom müssen sämmtliche zu einem Stromkreis gehörigen Leitungen in demselben Kabel enthalten sein.

i. Wenn vulkanisirte Gummiisolirung verwendet wird, muss der Leiter verzinnt sein.

Mehrfachleitungen.
(Bezeichnung *L*).
§ 8.

a. Leitungsschnur darf nur in trockenen Räumen verwendet werden, wenn jede der Leitungen in folgender Art hergestellt ist:

Die Kupferseele besteht aus Drähten unter 0·5 mm Durchmesser, darüber befindet sich eine Umspinnung aus Baumwolle, welche von einer dichten, das Eindringen von Feuchtigkeit verhindernden Schicht Gummi umhüllt ist; hierauf folgt wieder eine Umwickelung mit Baumwolle und als äusserste Hülle eine Umklöppelung aus widerstandsfähigem Stoff, der nicht brennbarer sein darf als Seide oder Glanzgarn.

Der geringste zulässige Querschnitt für biegsame Leitungsschnur zum Anschluss beweglicher Lampen und Apparate ist 1 mm² für jede Leitung.

b. Derartige Leitungsschnur darf nur in normal trockenen Räumen und in einem Abstand von mindestens 5 mm vor der Wand- oder Deckenfläche, jedoch niemals in unmittelbarer Berührung mit leicht entzündlichen Gegenständen fest verlegt werden. Bei fester Verlegung darf der Querschnitt jeder Leitung nicht kleiner als 1·5 und nicht grösser als 4 mm² sein.

c. Beim Anschluss biegsamer Leitungsschnur an Fassungen, Anschlussdosen und andere Apparate müssen die Enden der Kupferlitzen verlöthet sein.

Die Anschluss- und Verbindungsstellen müssen vor Zug geschützt sein.

d. Biegsame Mehrfachleitungen zum Anschluss von Lampen und Apparaten sind in feuchten Räumen und im Freien zulässig, wenn jeder Leiter nach § 7 *c* und *i* hergestellt ist und die Leiter durch eine Umhüllung von widerstandsfähigem Isolirmaterial geschützt sind.

e. Drähte bis 6 mm² Querschnitt, oder Litzen, welche aus Drähten von mehr als 0·5 mm Durchmesser zusammengesetzt sind, dürfen, wenn ihre Beschaffenheit mindestens den Vorschriften 7 *b* und *i* entspricht, verdrillt oder in gemeinschaftlicher Umhüllung in trockenen Räumen wie Einzelleitungen nach 7 *b* fest verlegt werden.

Verlegung.
§ 9.

a. Alle Leitungen und Apparate müssen auch nach der Verlegung in ihrer ganzen Ausdehnung in solcher Weise zugänglich sein, dass sie jederzeit geprüft und ausgewechselt werden können.

b. Drahtverbindungen. Drähte dürfen nur durch Verlöthen oder eine gleich gute Verbindungsart verbunden werden. Drähte durch einfaches Umeinanderschlingen der Drahtenden zu verbinden, ist unzulässig.

Zur Herstellung von Löthstellen dürfen Löthmittel, welche das Metall angreifen, nicht verwendet werden. Die fertige Verbindungsstelle ist entsprechend der Art der betreffenden Leitungen sorgfältig zu isoliren.

Abzweigungen von frei gespannten Leitungen sind von Zug zu entlasten.

Zum Anschlusse an Schalttafeln oder Apparate sind alle Leitungen über 25 mm² Querschnitt mit Kabelschuhen oder einem gleichwerthigen Verbindungsmittel zu versehen. Drahtseile von geringerem Querschnitt müssen, wenn sie nicht gleichfalls Kabelschuhe erhalten, an den Enden verlöthet werden.

c. Kreuzungen von stromführenden Leitungen unter sich und mit sonstigen Metalltheilen sind so auszuführen, dass Berührung ausgeschlossen ist. Kann kein genügender Abstand eingehalten werden, so sollen isolirende Rohre übergeschoben oder isolirte Platten dazwischen gelegt werden, um die Berührung zu verhindern. Rohre und Platten sind sorgfältig zu befestigen und gegen Lagenveränderung zu schützen.

d. Wand- und Deckendurchgänge sind entweder der in dem betreffenden Raume gewählten Verlegungsart entsprechend auszuführen, oder es sind haltbare Rohre aus isolirendem Material (Holz ausgeschlossen), welche ein bequemes Durchziehen der Leitungen gestatten, zu verwenden. In diesem Falle ist für jede einzeln verlegte Leitung, sowie für jede Mehrfachleitung je ein Rohr zu verwenden, und die Rohre sind in geeigneter Weise abzudichten. Die Rohre müssen über Deckenund Wandflächen mindestens 2 cm und über Fussböden mindestens 10 cm verstehen und sind in letzterem Falle gegen mechanische Beschädigung zu schützen. In feuchten Räumen sind entweder Porzellanrohre zu verwenden, deren Enden nach Art der Isolirglocken ausgebildet sind, oder die Leitungen sind frei durch genügend weite Canäle zu führen.

Betriebsmässig geerdete Leitungen fallen nicht unter die Bestimmungen des § 9 *d.*

e. Schutzverkleidungen sind da anzubringen, wo Gefahr vorliegt, dass Leitungen beschädigt werden können, und sollen so hergestellt werden, dass die Luft zutreten kann. Leitungen können auch durch Rohre geschützt werden.

III. Isolirung und Befestigung der Leitungen.
§ 10.

Für die Befestigungsmittel und die Verlegung aller Arten von Leitungen gelten folgende Bestimmungen:

a. Isolirglocken dürfen im Freien nur in aufrechter Stellung, in gedeckten Räumen nur in solcher Lage befestigt werden, dass sich keine Feuchtigkeit in der Glocke ansammeln kann.

b. Isolirrollen und -ringe müssen so geformt und angebracht sein, dass die Leitung in feuchten Räumen wenigstens 10 mm und in trockenen Räumen wenigstens 5 mm lichten Abstand von der Wand hat.

Bei Führung längs der Wand soll auf je 80 cm mindestens eine Befestigungsstelle kommen. Bei Führung an der Decke kann die Entfernung im Anschluss an die Deckenconstruction ausnahmsweise grösser sein.

c. Klemmen müssen aus isolirendem Material oder Metall mit isolirenden Einlagen und Unterlagen bestehen und sind nur in normal trockenen Räumen zulässig.

Auch bei Klemmen müssen die Leitungen von der Wand einen Abstand von mindestens 5 mm haben. Die Form der Klemmen müssen so geformt sein, dass sie keine Beschädigung des Isolirmaterials verursachen können.

d. Mehrfachleitungen dürfen nicht so befestigt werden, dass ihre Einzelleiter auf einander gepresst sind; metallene Bindedrähte sind hierbei nicht zulässig.

e. Rohre können zur Verlegung von isolirten Leitungen mit einer Isolation nach § 7 *b* oder *c* unter Putz, in und auf Wänden, Decken und Fussböden verwendet werden, sofern sie den Zutritt der Feuchtigkeit dauernd verhindern. Rohre für Leitungen nach § 7 *b* müssen aus Isolirmaterial bestehen oder mit Isolirmaterial ausgekleidet sein. Rohre für Leitungen nach § 7 *c* können aus Metall ohne isolirende Auskleidung bestehen. Es ist gestattet, Hin- und Rückleitungen in dasselbe Rohr zu verlegen; mehr als drei Leiter in demselben Rohre sind nicht zulässig. Bei Wechselstrom metallener Rohre für Wechselstromleitungen müssen Hin- und Rückleitungen in demselben Rohre geführt werden. Drahtverbindungen dürfen nicht innerhalb der Rohre, sondern nur in Verbindungsdosen ausgeführt werden, welche jeder Zeit leicht geöffnet werden können. Die lichte Weite der Rohre, die Zahl und der Radius der Krümmungen, sowie die Zahl der Dosen müssen so gewählt werden, dass man die Leitungen jeder Zeit leicht einziehen und entfernen kann.

Die Rohre sind so herzurichten, dass die Isolation der Leitungen durch vorstehende Theile und scharfe Kanten nicht verletzt werden kann; die Stossstellen müssen sicher abgedichtet sein. Die Rohre sind so zu verlegen, dass sich an keiner Stelle Wasser ansammeln kann. Nach der Verlegung ist die höher gelegene Mündung des Rohrcanals luftdicht zu verschliessen.

f. Holzleisten sind zur Verlegung von Leitungen nicht gestattet.

Krampen sind nur zur Befestigung von betriebsmässig geerdeten blanken Leitungen zulässig.

g. Einführungsstöcke. Bei Wanddurchgängen ins Freie sind Einführungsstöcke von isolirendem und feuersicherem Material mit abwärts gekrümmtem Ende zu verwenden.

h. Bei Durchführungen der Leitungen durch hölzerne Wände und hölzerne Schalttafeln müssen die Oeffnungen durch isolirende und feuersichere Tüllen ausgefüllt sein.

IV. Apparate.

§ 11.

Die stromführenden Theile sämmtlicher in eine Leitung eingeschalteten Apparate müssen auf feuersichern, auch in feuchten Räumen gut isolirenden Unterlagen montirt und von Schutzkästen derart umgeben sein, dass sie sowohl vor Berührung durch Unbefugte geschützt, als auch von brennbaren Gegenständen feuersicher getrennt sind.

Die stromführenden Theile sämmtlicher Apparate müssen mit gleichwerthigen Mitteln und ebenso sorgfältig von der Erde isolirt sein, wie die in den betreffenden Räumen verlegten Leitungen. Bei Einführung von Leitungen muss der für die Leitung vorgeschriebene Abstand von der Wand gewahrt bleiben. Die Contacte sind derart zu bemessen, dass durch den stärksten vorkommenden Betriebsstrom keine Erwärmung von mehr als 50° C über Lufttemperatur eintreten kann. Für Apparate in Betriebsräumen gilt § 3.

Sicherungen.

§ 12.

a) Die neutralen oder Null-Leitungen bei Mehrleiter- und Mehrphasen-Systemen, sowie alle betriebsmässig geerdeten blanken Leitungen dürfen keine Sicherungen enthalten; dagegen sind alle übrigen Leitungen, welche von der Schalttafel nach den Verbrauchsstellen führen, durch Abschmelzsicherungen oder andere selbstthätige Stromunterbrecher zu schützen.

b) Die höchste zulässige Abschmelzstromstärke bestimmt sich (mit Ausnahme des unter g angeführten Falles) aus folgender Tabelle:

Drahtquerschnitt in Quadratmillimeter	Normalstärke der Sicherung in Ampère	Abschmelzstromstärke der Sicherung in Ampère
0·75	6	12
1	6	12
1·5	6	12
2·5	10	20
4	15	30
6	20	40
10	30	60
16	40	80
25	60	120
35	80	160
50	100	200
70	130	260
95	165	330
120	200	400
150	235	470
185	275	550
240	330	660
310	400	800
400	500	1000
500	600	1200
625	700	1400
800	850	1700
1000	1000	2000

Es ist zulässig, die Sicherung für eine Leitung schwächer zu wählen, als nach dieser Tabelle sein sollte.

c) Sicherungen sind (mit Ausnahme des unter g angeführten Falles) an allen Stellen anzubringen, wo sich der Querschnitt der Leitung in der Richtung nach der Verbrauchsstelle hin vermindert; und zwar in einer Entfernung von höchstens 25 cm von der Abzweigstelle. Das Anschlussleitungsstück kann von geringerem Querschnitt sein als die Hauptleitung, welche durch dasselbe mit der Sicherung verbunden wird, ist aber in diesem Falle von entzündlichen Gegenständen feuersicher zu trennen und darf dann nicht aus Mehrfachleitern hergestellt sein.

Ist die Anbringung der Sicherung in einer Entfernung von höchstens 25 cm von den Abzweigstellen nicht angängig, so muss die von der Abzweigstelle nach der Sicherung führende Leitung den gleichen Querschnitt wie die durchgehende Hauptleitung erhalten.

d) Die Sicherungen müssen derart construirt sein, dass beim Abschmelzen kein dauernder Lichtbogen entstehen kann; selbst dann nicht, wenn hinter der Sicherung Erdschluss entsteht; auch muss bei Sicherungen bis 6 mm² Leitungsquerschnitt (20 A Normalstromstärke) durch die Construction eine irrthümliche Verwendung zu starker Abschmelzstöpsel ausgeschlossen sein.

Bei Sicherungen aus weichen plastischen Metallen darf das Metall nicht unmittelbar den Contact vermitteln, sondern es müssen die Enden der Schmelzdrähte oder Schmelzstreifen in Contactstücke aus Kupfer oder gleichgeeignetem Material eingelöthet werden.

e) Sicherungen sind möglichst zu centralisiren und in handlicher Höhe anzubringen.

f) Die Maximalspannung und die Normalstromstärke sind auf dem auswechselbaren Stück der Sicherung zu verzeichnen.

g) Mehrere Vertheilungsleitungen können eine gemeinsame Sicherung von höchstens 6 A Normalstromstärke erhalten. Querschnittsverminderungen oder Abzweigungen jenseits dieser Sicherung brauchen in diesem Falle nicht weiter gesichert zu werden.

Die beweglichen Leitungsschnüre zum Anschluss von transportablen Beleuchtungskörpern und Apparaten sind stets mittelst lösbaren Contactes und Sicherung an allen Polen abzuzweigen, welch' letztere der Stromstärke genau anzupassen ist.

h) Innerhalb von Räumen, wo betriebsmässig leicht entzündliche oder explosible Stoffe vorkommen, dürfen Sicherungen nicht angebracht werden.

Ausschalter.

§ 13.

a) Die Schalter müssen so construirt sein, dass sie nur in geschlossener oder offener Stellung, nicht aber in einer Zwischenstellung verbleiben können.

Hebelschalter für Ströme über 50 A und in Betriebsräumen alle Hebelschalter sind von dieser Vorschrift ausgenommen.

Die Wirkungsweise aller Schalter muss derart sein, dass sich kein dauernder Lichtbogen bilden kann.

b) Die normale Betriebsstromstärke und Spannung sind auf dem Schalter zu vermerken.

c) Metallcontacte sollen ausschliesslich Schleifcontacte sein.

d) Betriebsmässig geerdete Leitungen dürfen keinen Ausschalter enthalten. Null-Leiter dürfen nur gleichzeitig mit den Aussenleitern ausschaltbar sein.

e) In Räumen, wo betriebsmässig leicht entzündliche oder explosible Stoffe vorkommen, ist die Anwendung von Ausschaltern und Umschaltern nur unter verlässlichem Sicherheitsabschluss zulässig.

Widerstände.

§ 14.

Widerstände und Heizapparate, bei welchen eine Erwärmung von mehr als 50° C eintreten kann, sind derart anzuordnen, dass eine Berührung zwischen den wärmeentwickelnden Theilen und entzündlichen Materialien, sowie eine feuergefährliche Erwärmung solcher Materialien nicht vorkommen kann.

Widerstände sind auf feuersicherem, gut isolirendem Material zu montiren und mit einer Schutzhülle aus feuersicherem Material zu umkleiden. Widerstände dürfen nur auf feuersicherer Unterlage, und zwar freistehend oder an feuersicheren Wänden angebracht werden. In Räumen, in denen betriebsmässig explosible Gemische von Staub, Fasern oder Gasen vorhanden sind, dürfen Widerstände nicht aufgestellt werden.

V. Lampen und Beleuchtungskörper.

Glühlicht.

§ 15.

a) Glühlampen dürfen in Räumen, in denen eine Explosion durch Entzündung von Gasen, Staub oder Fasern stattfinden kann, nur mit dichtschliessenden Ueberglocken, welche auch die Fassungen einschliessen, verwendet werden.

Glühlampen, welche mit entzündlichen Stoffen in Berührung kommen können, müssen mit Schalen, Glocken oder Drahtgittern versehen sein, durch welche die unmittelbare Berührung der Lampen mit entzündlichen Stoffen verhindert wird.

b) Die beweglichen Theile der Fassungen müssen auf feuersicherer Unterlage montirt und durch feuersichere Umhüllung, welche jedoch nicht unter Spannung stehen darf, vor Berührung geschützt sein. Hartgummi und andere Materialien, welche in der Wärme einer Formveränderung unterliegen, sowie Steinmass, sind als Bestandtheile im Innern der Fassungen ausgeschlossen.

c) Die Beleuchtungskörper müssen isolirt aufgehängt, bezw. befestigt werden, soweit die Befestigung nicht an Holz oder bei besonders schweren Körpern an trockenem Mauerwerk erfolgen kann. Sind Beleuchtungskörper entweder gleichzeitig für Gasbeleuchtung eingerichtet, oder können sie mit metallischen Theilen des Gebäudes in Berührung, oder werden sie an Gasleitungen oder feuchten Wänden befestigt, so ist der Körper an der Befestigungsstelle mit einer besonderen Isolirvorrichtung zu versehen, welche einen Stromübergang vom Körper zur Erde verhindert. Hierbei ist sorgfältig darauf zu achten, dass die Zuführungsdrähte den nicht isolirten Theil der Gasleitung nirgends berühren.

Ausgenommen von der Vorschrift § 15 c sind Anlagen mit geerdetem Mittelleiter.

d) Beleuchtungskörper müssen so aufgehängt werden, dass die Zuführungsdrähte durch Drehen des Körpers nicht verletzt werden können.

e) Zur Montirung von Beleuchtungskörpern ist gummiisolirter Draht (mindestens nach § 7 *b*) oder biegsame Leitungsschnur zu verwenden. Wenn der Draht aussen geführt wird, muss er derart befestigt werden, dass sich seine Lage nicht verändern kann und eine Beschädigung der Isolirung durch die Befestigung ausgeschlossen ist.

f) Schnurpendel mit biegsamer Leitungsschnur sind nur dann zulässig, wenn das Gewicht der Lampe nebst Schirm von einer besonderen Tragschnur getragen wird, welche mit der Litze verflochten sein kann. Sowohl an der Aufhängestelle, als auch an der Fassung müssen die Leitungsdrähte länger sein als die Tragschnur, damit kein Zug auf die Verbindungsstelle ausgeübt wird.

Auch sonst dürfen Leitungen nicht zur Aufhängung benützt werden, sondern müssen durch besondere Aufhängevorrichtungen, welche jederzeit controlirbar sind, entlastet sein.

Bogenlicht.

§ 16.

a) Bogenlampen dürfen nicht ohne Vorrichtungen, welche ein Herausfallen glühender Kohlentheilchen verhindern, verwendet werden. Glocken ohne Aschenteller sind unzulässig.

b) Die Lampe ist von der Erde isolirt anzubringen.

c) Die Einführungsöffnungen für die Leitungen müssen so beschaffen sein, dass die Isolirhülle der letzteren nicht verletzt werden und Feuchtigkeit in das Innere der Laterne nicht eindringen kann.

d) Bei Verwendung der Zuleitungsdrähte als Aufhängevorrichtung dürfen Verbindungsstellen der Drähte nicht durch Zug beansprucht und die Drähte nicht verdrillt werden.

e) Bogenlampen dürfen nicht in Räumen, in denen eine Explosion durch Entzündung von Gasen, Staub oder Fasern stattfinden kann, verwendet werden.

VI. Isolation der Anlage.

§ 17.

a) Der Isolationswiderstand des ganzen isolirten Leitungsnetzes gegen Erde muss mindestens $\dfrac{1{,}000{,}000}{n}$ Ohm betragen.

Ausserdem muss für jede Hauptabzweigung die Isolation mindestens

$$10{.}000 + \dfrac{1{.}000{.}000}{n} \text{ Ohm}$$

betragen.

In diesen Formeln ist unter *n* die Zahl der an die betreffende Leitung angeschlossenen Glühlampen zu verstehen, einschliesslich eines Aequivalentes von 10 Glühlampen für jede Bogenlampe, jeden Elektromotor oder anderen stromverbrauchenden Apparat.

b) Bei Messungen von Neuanlagen muss nicht die Isolation zwischen den Leitungen und der Erde, sondern auch die Isolation je zweier Leitungen verschiedenen Potentiales gegen einander gemessen werden; hierbei müssen alle Glühlampen, Bogenlampen, Motoren oder andere stromverbrauchenden Apparate von ihren Leitungen abgetrennt, dagegen alle vorhandenen Beleuchtungskörper angeschlossen, alle Sicherungen eingesetzt und alle Schalter geschlossen sein. Dabei müssen die Isolationswiderstände den obigen Formeln genügen.

c) Bei Messung der Isolation sind folgende Bedingungen zu beachten: Bei Isolationsmessung durch Gleichstrom gegen Erde soll, wenn möglich, der negative Pol der Stromquelle an die zu messende Leitung gelegt werden, und die Messung soll erst erfolgen, nachdem die Leitung während einer Minute der Spannung ausgesetzt war. Alle Isolationsmessungen müssen mit der Betriebsspannung gemacht werden. Bei Mehrleiteranlagen ist unter Betriebsspannung die einfache Lampenspannung zu verstehen.

d) Anlagen, welche in feuchten Räumen, z. B. in Brauereien und Färbereien, installirt sind, brauchen der Vorschrift *a* dieses Paragraphen nicht zu genügen, müssen aber folgender Bedingung entsprechen:

Die Leitung muss ausschliesslich mit feuer- und feuchtigkeitsbeständigem Verlegungsmateriale und so ausgeführt sein, dass eine Feuersgefahr infolge Stromableitung dauernd ganz ausgeschlossen ist.

VII. Pläne.

§ 18.

Für jede Starkstromanlage soll bei Fertigstellung ein Plan und ein Schaltungsschema hergestellt werden.

Der Plan soll enthalten:

a) Bezeichnung der Räume nach Lage und Verwendung. Besonders hervorzuheben sind feuchte Räume und solche, in welchen ätzende oder leicht entzündliche Stoffe oder explosible Gase vorkommen.

b) Lage, Querschnitt und Isolirungsart der Leitungen. Der Querschnitt wird in Quadratmillimeter ausgedrückt neben die Leitungslinien gesetzt. Die Isolirungsart wird durch die unten angeführten Buchstaben bezeichnet.

c) Art der Verlegung (Isolirglocken, Rollen, Ringe, Rohre u. s. w.); hierfür sind ebenfalls nachstehend Bezeichnungen angegeben.

d) Lage der Apparate und Sicherungen.

e) Lage und Art der Lampen, Elektromotoren und sonstigen Stromverbraucher.

Für alle diese Pläne sind folgende Bezeichnungen anzuwenden:

✕	= Feste Glühlampe.
∿✕	= Bewegliche Glühlampe.
⊗ 5	= Fester Lampenträger mit Lampenzahl (5).
∿⊗ 3	= Beweglicher Lampenträger mit Lampenzahl (3).

Obige Zeichen gelten für Glühlampen jeder Kerzenstärke, sowie für Fassungen mit und ohne Hahn.

◎ 6	= Bogenlampe mit Angabe der Stromstärke (6) in Ampère.
◇ 10	= Dynamomaschine bezw. Elektromotor jeder Stromart mit Angabe der höchsten zulässigen Beanspruchung in Kilowatt.
⫲⫲⫲	= Accumulatoren.
)—	= Wandfassung, Anschlussdose.
∮∮∮	= Einpoliger, bezw. zweipoliger, bezw. dreipoliger Ausschalter mit Angabe der höchsten zulässigen Stromstärke (5) in Ampère.
∮ 3	= Umschalter, desgl.
⊢▬	= Sicherung (an der Abzweigstelle).
⊠ 10	= Widerstand, Heizapparate u. dgl. mit Angabe der höchsten zulässigen Stromstärke (10) in Ampère.
∿⊠ 10	= Desgl., beweglich angeschlossen.
⋀ 7,5	= Transformator mit Angabe der Leistung in Kilowatt (7·5).
⋀	= Drosselspule.
⊤	= Blitzschutzvorrichtung.
⋈ ⋈	= Zweileiter- bezw. Dreileiter- oder Drehstromzähler mit Angabe des Messbereichs in Kilowatt (5 bezw. 20).
══════	= Zweileiter-Schalttafel.
══════	= Dreileiter-Schalttafel oder Schalttafel für mehrphasigen Wechselstrom.
- - - - -	= Einzelleitung.
──────	= Hin- und Rückleitung.

.... — Dreileiter- oder Drch-transleitung.

------ — Fest verlegte biegsame Mehrfachleitung jeder
Art.

nach oben } führende-
nach unten } Steigleitung.

B = Blanker Kupferdraht.
$B\,E$ = Blanker Eisendraht.
U = Leitung nach § 7 *a*.
J = „ „ „ § 7 *b*.
G = „ „ „ § 7 *c*.
L = „ „ „ § 8 *a — c*.
$K\,B$ = Kabel „ § 7 *d*.
$K\,A$ = „ „ § 7 *e*.
$K\,E$ = „ „ § 7 *f*.
(g) = Verlegung auf Isolirglocken nach § 10 *a*.
(r) = Verlegung auf Rollen oder Ringen nach § 10 *b*.
(k) = Verlegung auf Klemmen nach § 10 *c*.
(r) = Verlegung in Röhren nach § 10 *e*.

Das Schaltungsschema soll enthalten: Querschnitte der
Hauptleitungen und Abzweigungen von den Schalttafeln mit Angabe der Belastung in Ampère.

Die Vorschriften dieses Paragraphen gelten auch für alle
Abänderungen und Erweiterungen.

Der Plan und das Schaltungsschema sind von dem Besitzer
der Anlage aufzubewahren.

VIII. Schlussbestimmungen.

§ 19.

Der Verband Deutscher Elektrotechniker behält sich vor,
diese Vorschriften dem Fortschritte und Bedürfnissen der Technik
entsprechend abzuändern.

§ 20.

Die vorstehenden Vorschriften sowie Anhang *A* hierzu sind
von der Commission des Verbandes Deutscher Elektrotechniker
einstimmig angenommen worden und haben daher in Gemässheit
des Beschlusses der Jahresversammlung des Verbandes vom
3. Juni 1898 als Verbandsvorschriften zu gelten.

Der Vorsitzende der Commission.
B u d d e.

Anhang A

zur Abtheilung I der Sicherheitsvorschriften.

Für diejenigen Theile von industriellen und gewerblichen
Betrieben, in denen erfahrungsgemäss die dauernde Erhaltung
normaler Isolation erschwert und der Widerstand des Körpers
der darin beschäftigten Personen erheblich vermindert wird,
gelten die folgenden Zusatzbestimmungen.

1. An geeigneten Stellen sind Tafeln anzubringen, welche
in deutlich erkennbarer Schrift vor der Berührung der elektrischen
Leitung warnen.

2. Die Gestelle von Dynamomaschinen und Motoren müssen
entweder isolirt und mit einem isolirenden Bedienungsgang umgeben oder dauernd geerdet sein.

3. Die Gehäuse von Transformatoren sind zu erden.

4. Accumulator-Batterien müssen mit einem isolirenden
Bedienungsgang umgeben und ihre Anordnung muss derart getroffen sein, dass bei der Bedienung eine gleichzeitige Berührung
von Punkten, zwischen denen eine Spannung von mehr als 100 *V*
besteht, nicht möglich ist.

5. Schalttafeln müssen von Erde isolirt und mit isolirendem Bedienungsgang umgeben sein, oder es müssen sämmtliche
Theile, welche unter Spannung stehen, auf der Bedienungsseite
durch Gehäuse vor Berührung geschützt sein.

6. Schalter an Vorrichtungsstellen müssen mit Schutzgehäusen
versehen sein.

7. Schutzgehäuse jeder Art müssen entweder aus Isolirmaterial hergestellt oder geerdet sein; dasselbe gilt von den aus
den Schutzkästen hervorragenden Theilen (Griffen u. s. w.)
derselben.

8. Jeder Verbrauchsstromkreis muss innerhalb der von ihm
versorgten Räumlichkeiten ausschaltbar sein. Die Ausschalter
müssen leicht erreichbar zu den durch Betriebsordnung frei zu halten-
den Stellen angebracht sein.

Das Fabrikpersonal ist in geeigneter Weise über Zweck
und Handhabung dieser Ausschalter zu belehren.

9. Die äussere Metallumhüllung von Leitungen, der äussere
Bleimantel oder die Armirung von Kabeln, Schutzdrähte, Schutz-
netze, metallische Schutzverkleidungen und Schutzkästen von
Theilen, die unter Spannung stehen, müssen geerdet sein.

10. Die Verwendung von Leitungen mit einer Isolirung
nach § 7 *a*, sowie von fest verlegter Leitungsschnur ist verboten.

11. Freileitungen müssen aus blanken Drähten von wenigstens
10 mm^2 Querschnitt bestehen.

Wo Freileitungen in die Nähe von Apparaten kommen,
sind sie im Handbereich vor zufälliger Berührung zu schützen.

Die Freileitungen müssen mindestens 6 *m* von der Erdoberfläche entfernt sein.

Freileitungen in der Nähe von Gebäuden sind so anzubringen, dass sie von den Gebäuden aus ohne besondere Hilfsmittel
nicht zugänglich sind.

12. Leitungen in und an Gebäuden müssen, soweit sie im
Fabrikbetriebe der Berührung zugänglich sind, durch eine Ver-
kleidung geschützt sein. Bei armirten Bleikabeln und metallumhüllten Leitungen kann die Schutzverkleidung wegfallen.

13. Lampen, die ohne besondere Hilfsmittel zugänglich
sind, müssen eine geerdete Schutzumhüllung haben. Bahnfassungen
aus Metall sind verboten.

Bei transportablen Lampen muss die Leitungsschnur mit
einem geerdeten oder geerdetem Metall umgeben sein.

14. Lampenträger jeder Art müssen, sofern sie aus Metall
sind, gegen Berührung geschützt oder geerdet sein.

15. Bogenlampen sind isolirt in die Laternen (Gehänge,
Armaturen) einzusetzen; letztere sowohl wie die Aufzugsvorrich-
tungen sind zu erden.

16. Die Anlage ist, soweit sie unter diese Zusatzbestimmungen fällt, monatlich einmal auf brauchbaren Zustand, insbesondere auf Isolation zu prüfen. Ueber den Befund ist Buch
zu führen.

17. Installationsarbeiten dürfen während des Betriebes nur
von besonders geschultem Personale ausgeführt werden. Ein Einzelner ohne Begleitung darf niemals derartige Arbeiten vornehmen.

18. An passenden Stellen sind Vorschriften über die Behandlung von Personen, die durch den elektrischen Strom betäubt
sind, anzubringen.

Anhang B.

**Kupfernormalien des Verbandes Deutscher
Elektrotechniker.**

§ 1. Der specifische Widerstand des Leitungskupfers wird
gegeben durch den in Ohm ausgedrückten Widerstand eines
Stückes von 1 *m* Länge und 1 mm^2 Querschnitt bei 15° C.

§ 2. Als Leitfähigkeit des Kupfers gilt der reciproke Werth
des durch § 1 festgesetzten specifischen Widerstandes.

§ 3. Kupfer, dessen specifischer Widerstand grösser ist als
0.0175, oder dessen Leitfähigkeit kleiner ist als 57, ist als Leitungskupfer nicht annehmbar.

§ 4. Als Normalkupfer von 100% Leitungsfähigkeit gilt
ein Kupfer, dessen Leitfähigkeit 60 beträgt.

§ 5. Zur Umrechnung des specifischen Widerstandes oder
der Leitfähigkeit von anderen Temperaturen auf 15° C ist in allen
Fällen, wo der Temperaturcoëfficient nicht besonders bestimmt
wird, ein solcher von 0·4% für 1° C anzunehmen.

KLEINE MITTHEILUNGEN.

Ausgeführte und projectirte Anlagen.

Oesterreich-Ungarn.

a) Oesterreich.

Gross-Reifling. (Eisenbahnproject.) Das k. k. Eisenbahnministerium hat dem diplomirten Ingenieur Josef T a u b e r
in Wien die Bewilligung zur Vornahme technischer Vorarbeiten
für eine schmalspurige, mit elektrischer Kraft zu betreibende
Bahn niederer Ordnung von der Station G r o s s - R e i f l i n g der
k. k. Staatsbahnen über P a l f a u nach G ö s t l i n g auf die
Dauer eines Jahres ertheilt.

b) Ungarn.

Budapest. (Umgestaltung der Localbahn Budapest-Szent-Lörincz auf elektrischen Betrieb.)
Die Direction der derzeit mit Dampfkraft betriebenen Localbahn
Budapest-Szent-Lörincz hat den Beschluss gefasst, ihre vom Ende
der Ullöerstrasse nächst dem Ludoviceum ausgehende Betriebslinie mit elektrischer Kraft zu betreiben. Der elektrische Strom
wird in einer von der Gesellschaft auf eigene Rechnung zu erbauenden Centralstation erzeugt werden.

(Budapester Bergbahn mit Zahnradbetrieb
auf die Höhe des Schwabenberg (Svábhegy) im

Ofner Budaer Gebirgsstocke). Die infolge unerwartet rascher und umfangreicher Entwicklung der Villegiatur am Hochplateau des Svábhegy gesteigerte Frequenz auf der Schwabenberger Zahnradbahn, welche seit Einführung des elektrischen Betriebes auf der ihrs untere Station unmittelbar berührenden Zugliget- (Auwinkel-) Linie der Budapester Strasseneisenbahn-Gesellschaft bereits um circa 35% zunahm, veranlasste die Direction der Zahnradbahn, die Anzahl ihrer Ausweichen um deren weitere drei, welche nach dem Abt'schen System construirt sind, zu vermehren. Dank dieser Neuerung kann der bisher auf halbstündigen Turnus beschränkt gewesene Verkehr der Züge sich nunmehr innerhalb viertelstündiger Zugsintervalle abwickeln.

(Maschinelle Einrichtung für Ver- und Entladungszwecke im Verkehre zwischen Schiffen und Eisenbahnwaggons, Magazinen etc. im Winterund Handelshafen in Budapest.) Wie aus Budapest berichtet wird, sind zur Einrichtung des zu erbauenden grossen Winter- und Handelshafens in Budapest, eventuell auch für den Donau-Umschlagsplatz Orsova Elevatoren mit elektrischem Betriebe für die rasche und ökonomische Bewegung grosser Getreidemassen, schwerwiegender und voluminöser Güter etc. in Aussicht genommen. Die Leistungsfähigkeit eines solchen von der Firma Braunschweigerische Mühlenbauanstalt Könegen, Aume & Giesecke im neu erbauten Dresdener König Albert-Hafen aufgestellten und seit Monaten im Vollbetriebe stehenden Elevators beträgt 50.000 kg Getreide per Stunde. Im Wesentlichen besteht die vom derzeit die genannten Firma angehörenden Budapester Maschinenfngenieur Otto Müller montirte maschinelle Einrichtung der Anlage aus dem freischwebenden eisernen Elevator, dem Teleskoprohr, dem horizontalen Transporteur, der Motoranlage und dem Absack-, Wägu- und Verladeeinrichtungen. Der Elevator mit einer Länge von 14 m ist in seiner Höhenlage vermittelst elektrischer Kraft sowohl vom Maschinenhause, als auch vom Schiff aus einstellbar; letzterm, damit bei fortschreitender Entleerung des Schiffes ein entsprechendes Nachsenken des Elevators beginnen und leicht erreicht werde. Der Elevator ist an den Quaiständer so angebracht gelagert, welcher ebenso wie die circa 60 m lange, das Transportband bergende Bandbrücke in Eisenconstruction das ganze Gebiet der Ufer- und Ladegeleise in 4 m Höhe überbrückt. In dem Maschinenhause befinden sich der Elektromotor, der von dem mit Quai entlang laufenden Hauptkabel mit Drehstrom von 150 Volt Spannung versorgt wird, die elektrischen Zähl- und Messapparate, die Windevorrichtungen, sowie sämmtliche Antriebe. Das vom Schiff geholene Getreide gelangt durch das Teleskoprohr auf den Horizontal-Transporteur, ein endloses, über Rollen laufendes Band von 130 m Länge, welches das Getreide je nach Bedarf entweder der dicht an den Verladegeleisen liegenden Verladestelle für directen Bahntransport in die Waggons, den entfernter liegenden Getreidespeichern oder aber beiden gleichzeitig, sowie vice versa nach den Schiffen zuführt. Zur Verladung schwerwiegender oder sperriger Güter behufs deren je nach ausführbaren Aus- und Einschaltung entsprechender Maschinenbestandtheile.

(Concessionsbedingungen der Budapester projectirten Strasseneisenbahn mit Kabelbetrieb.) Die vom rechten Donauufer nächst der im Baue begriffenen Staatsbrücke am Eskütér (Schwurplatz) aus mit Durchschneidung des zweiten Stadtbezirkes Taban-Christinaváros und Berührung des Südbahnhofes auf die Höhe des Svábhegy (Schwabenberg) projectirte Strassen- und Gebirgsbahn wird die erste im Bereiche Ungarns sein, die auch auf Theilstrecken im horizontalen Terrain mit endlosem, durch elektrische Kraft bewegten Kabel betrieben werden wird. Die vorbehaltlich der ministeriellen Sanction mit Genehmigung des Budapester Municipalausschusses zwischen der hauptstädtischen Communalbehörde und den Projectanten speciell mit Rücksicht auf die eigenthümliche Beschaffenheit der Bahn vereinbarten Concessionsbedingungen sind folgende: Die Concessionsdauer ist definitiv mit 90 Jahren festgesetzt. Ferner wurde bestimmt: Jährlich müssen von den Investitionskosten 15.000 fl. abgeschrieben werden. Der Hauptstadt hat nach 45 Jahren das Recht, die Bahn abzulösen. Die Tarife wurden folgendermassen festgestellt: Die Bahn ist in 6 Kreuzer-Zonen eingetheilt. Der Fahrpreis für die ganze Linie beträgt 90 kr. Theilkarten sind zu 6, 8, 12 und 16 kr. auszugeben. Der Hauptstadt steht nach 30 Jahren das Recht der Tarifrevision zu. Das Unternehmen ist verpflichtet, in dem inneren Theile der Stadt den Weg auf 18 Klafter zu erweitern. In den äusseren Gebieten muss nur so viel expropriirt werden, als im Interesse des Bahnkörpers erforderlich ist. Die Bahn ist nur nach jedem halben Jahre verpflichtet, der Hauptstadt ein Verzeichnis ihrer Vermögenszunahme vorzulegen. Das Unternehmen kann gegen Ordnungsstrafen an den Handelsminister appelliren. Die Betheiligung der Hauptstadt an dem Ereignisse der Bahn beginnt nach Ablauf der ersten 30 Jahre;

nur wenn früher eine Dividende von 6% bezahlt wird, erhält die Hauptstadt schon vor Ablauf dieses Termines 2½% der Bruttoeinnahmen. Nach Ablauf der 30 Jahre erhält die Hauptstadt im ersten Decennium vom Bruttoeinkommen 2%, im zweiten Decennium 3%, im dritten 4%, und weiterhin bis zum Ablauf der Concessionsdauer 5%. Als Sicherstellung müssen ausser den in die Staatscasse schon eingezahlten 100.000 fl. in die Cassa der Hauptstadt noch weitere 25.000 fl. hinterlegt werden. Wenn der Verkehr 45 Tage unterbrochen ist, kann die Hauptstadt die Bahn im eigenen Betrieb nehmen, jedoch nur provisorisch, bis ein gerichtliches Urtheil erflosst. Dem Unternehmen steht das Recht zu, das Stammcapital herabzusetzen; die erfolgte Summe braucht nicht in Reserve gelegt zu werden. In einzelnen speciell benannten Strassen ist die Bahn mit Inanspruchnahme der neben den Wegen befindlichen überwölbenden Grübben zu führen. Der Unternehmung wird nicht gestattet, den Betrieb im Winter auch nur theilweise einzustellen. Das gesammte Baucapital mit Inbegriff der Central-Krafterzeugungsstation und der maschinellen Einrichtung derzellen in baar mit 2,792.000 fl. bemessen. Die Frage der Ueberleitung der Bahn über die Eskütér-Brücke nach dem donaujenseitigen Stadtgebiete und Errichtung der Kopfstation am dortigen Quai, gegenüber welcher die hauptstädtische Verwaltung sich zustimmend verhält, hängt von der Genehmigung der Regierung ab, da die Frage stehende Brücke als Staatseigenthum von dieser erbaut wird.

Fiume. (Elektrische Bahn.) Die Bank für elektrische Industrie in Berlin hat in Gemeinschaft mit der Pester Ungarischen Commercial-Bank die Fiumaner elektrische Tramway-Actiengesellschaft begründet. Die Bahn, welche längs der vom Scoglietto-Platz bis zur Torpedofabrik angebaut wird, soll später die Stadt mit Abbazia und anderen Orten verbinden. Dem Directionsrath gehören u. A. an: Director Voss von der Pester Ungarischen Commercial-Bank und Director Felix Singer von der Elektricitäts-Gesellschaft Felix Singer & Co., Act.-Ges. resp. Bank für elektrische Industrie.

Deutschland.

Berlin. (Weiterführung der elektrischen Stadtbahn im Westen.) In dieser Angelegenheit fand am 20. d. M. eine Conferenz im Polizeipräsidium statt. Den Vorsitz führte in Vertretung des Herrn Polizeipräsidenten der Geheime Ober-Regierungsrath Friedheim. Vertreten waren ausserdem die königliche Eisenbahndirection Berlin, der Magistrat von Berlin und Charlottenburg, die den Bau ausführende Gesellschaft für Hoch- und Untergrundbahnen in Berlin, sowie die Firma Siemens & Halske, A.-G. Zur Berathung stand der von Seiten einer Behörde angefertigte Plan, die den Bau begriffene elektrische Stadtbahn im Westen nicht als Hoch-, sondern als Unterpflasterbahn zur Ausführung zu bringen. Offen ist noch die Frage, ob der Uebergang von der Hoch- zur Unterpflasterbahn schon südlich von der Potsdamerstrasse stattfinden soll, oder erst nachdem die Bahn als Hochbahn die Potsdamerstrasse im Zuge der Bülowstrasse übersehritten hat. Es steht jedoch bei diesem Projecte noch nicht fest, ob der in der Bülowstrasse südlich von der Potsdamerstrasse vorgesehene Haltepunkt „Potsdamerstrasse" als Hochbahnhof oder als Unterpflasterbahnhof zur Ausführung gelangen würde. Die weiter südlich vorgesehenen Bahnhöfe Nollendorfplatz und Wittenbergplatz würden jedoch jedenfalls unter der Erde angelegt werden, die diese jenerdings für den Endbahnhof Zoologischer Garten bestimmt werden ist. Das Ergebnis der Sitzung wird vorläufig geheim gehalten. Ist die in letzter Zeit zu Tage tretenden Vorliebe der Behörden für die Unterpflasterbahn dürfte an dem Zustandekommen des Projectes selbst kaum zu zweifeln sein.

Zur Umwandlung einer weiteren Pferdebahnlinie in einen elektrischen Betrieb, zum Theil mittelst Oberleitung, zum Theil mittelst Accumulatoren, hat die Grosse Berliner Strassenbahn die Genehmigung der zuständigen Behörden nachgesucht. Diese Linie beginnt in der Mauerstrasse, führt über die Bülowstrasse, den Dennewitzplatz, die Potsdamerstrasse, den Potsdamer- und Leipzigerplatz, die Leipziger-, Mauer-, Kanonier- und die Französische Strasse, die Strasse Hinter der katholischen Kirche, den Platz am Opernhause, das Kastanienwäldchen über die Eiserne und Friedrichsbrücke, die Burgstrasse, den Hausk'schen Markt, die Rosenthalerstrasse, den Weinbergsweg, die Kastanien-Allee, die Zionskirchstrasse, die Swinemündorstrasse, die Arconastrasse und endigt auf dem Vinetaplatz.

Seit einigen Tagen finden Probefahrten mit einem Accumulatoren-Omnibus der Neuen Berliner Omnibus-Gesellschaft statt, die günstig verlaufen. Am 25. v. M. fand eine solche Probefahrt im Thiergarten statt, bei welcher der Omnibus, der 32 Passagierplätze enthält, circa 12 km in kurzer Zeit zurück-

legte. Man hat zwecks Ausprobung der Lenk- und Bremsvorrichtung auf die Herstellung eines schweren Wagens gehalten;
für den regelmässigen Betrieb sollen wesentlich leichtere erbaut
werden. Sowohl die Brems- als die Lenkvorrichtungen bewährten
sich gut. Die Einleitung der Fahrbewegung, die Lenkung, sowie
die Bremsung geschieht durch einen leicht beweglichen Hebel,
der von einer bestimmten Mittellage in die Richtung der angestrebten Bewegung abzulenken ist. Die elektromotorischen Theile
des Omnibus sind von der Union-Elektricitäts-Gesellschaft, die Accumulatoren von Böse und die Wagentheile von
Kühlstein hergestellt.

Schweiz.

St. Bernhard. Projectirte Eisenbahn über den
St. Bernhard.) Das Project einer elektrischen Eisenbahn
über den grossen St. Bernhard ist durch die Bildung einer englischen Gesellschaft, der „Great Saint Bernard Railway
Concessionary Company", in ein neues Stadium getreten.
Im Namen dieser Gesellschaft hat der Ingenieur John B. Fell
in Turin vor Kurzem bei der italienischen Regierung ein Gesuch
um die Bauerlaubniss eingereicht, mit dem Hinzufügen, die Gesellschaft habe bereits dem schweizerischen Bundespräsidenten
mitgetheilt, dass sie auch in Bern das Concessionsgesuch für die
Bahn von der italienischen Grenze bis Martigny im Canton Wallis
einzureichen beabsichtige. Auf der italienischen Seite soll die
Bahn von Aosta ausgehen; ihre Länge würde hier bis zum Hospiz
auf dem grossen St. Bernhard etwa 30 km betragen, ihre Gesammtlänge bis Martigny etwa 70 km. Der starken Steigungen
wegen soll das auf dem Mont Cenis eingeführte System einer
dritten gezahnten Mittelschiene angewendet werden. Um den Betrieb auch für die Wintermonate zu sichern, sollen zahlreiche
Schutzdächer gegen Schnee- und Lawinengefahr angebracht werden.
Die Gesellschaft erklärt ausdrücklich, dass sie ausser einigen
Privilegien keinerlei Subventionen verlangt, weder vom Staate,
noch von den Gemeinden oder Provinzen. Die Kosten des Baues
der Linie und der ersten Betriebseinrichtung sind auf 15 Millionen
Lire veranschlagt; die Interessenten erhoffen sich eine Brutto-
Einnahme von 2 Millionen Lire jährlich.

Literatur-Bericht.

Sammlung elektrotechnischer Vorträge. Herausgegeben
von Prof. Dr. Ernst Voit. I. Band, 9. Heft. Stuttgart. Verlag
von Ferd. Enke, 1898. Preis 1 M.

Dieses Heft enthält zwei Abhandlungen. Die erste, von
Ingenieur C. P. Feldmann, befasst sich mit den elektrischen Transformations-Methoden. Nach einer kurzen,
allgemeinen Erläuterung des Wesens und des Zweckes der Umformung wendet sich die Abhandlung ihrem Thema zu, geordnet
nach den jeweiligen Umständen, ob die Spannung, der Strom,
die Phasenverschiebung oder der Kapp'sche Kraftfactor, die
Periodenzahl in geeigneter Weise abgeändert werden soll. Das
Princip der Wirkungsweise ist bei den einzelnen Methoden
graphisch klar gemacht, unter Benützung der bekannten einschlägigen Arbeiten, die in den letzten Jahrgängen der „E. T. Z."
veröffentlicht wurden.

Den zweiten Theil des Heftes bildet ein Vortrag von
Ingenieur G. Hummel über Motor-Elektricitätszähler. Da für die Gegenwart und die nächste Zukunft hauptsächlich diese Zähler in Betracht kommen, ist der Vortrag sehr
zeitgemäss. Er beschränkt sich auf die Beschreibung und kritische
Besprechung der wichtigsten Systeme und verdient besonders
wegen Vorführung einiger neuer Constructionen des Verfassers
Interesse.

Der Drehstrom. Seine technische und wirthschaftliche Bedeutung. Von Franz Bendt. Verlag: George Westermann,
Braunschweig, 1 98. Preis 1 M.

Der Verfasser hat in dieser kleinen Schrift an der Hand
vieler instructiver Figuren die technische und wirthschaftliche
Seite des Drehstromsystems in klarer und fesselnder Weise zur
Darstellung gebracht.

Untersuchungen über die **Theorie des Magnetismus**, den
Erdmagnetismus und das **Nordlicht.** Von Dr. Eugen Dreher
und Dr. K. F. Jordan. Verlag: Jul. Springer, Berlin. 1898.

Jordan & Treier, Commandit-Gesellschaft, Wien. VII.
Preisliste über Regenlampen, Fassungen, Messinstrumente,
Schmelzsicherungen, Ausschalter und Ventilatoren für Gleich-
und Wechselstrom. Juli 1898. — Ergänzungs-Preisliste

über Porzellan-Isolir- und Leitungs-Material und Diverse für
elektrotechnische Zwecke. Juni 1898.

Die deutschen elektrischen Strassenbahnen, Klein- und
Pferdebahnen, sowie die **elektrotechnischen Fabriken, Elektri-
citätswerke** sammt Hilfsgeschäften. A. Schümann's Verlag,
Leipzig 1898.

Patentnachrichten.

Mitgetheilt vom Ingenieur Victor Monath,
WIEN, I. Jasomirgottstrasse Nr. 4.

Auszüge aus Patentschriften.

**Charles Thérye in Marseille. — Regenerirbares galvanisches
Element mit Brompentachlorid als Elektrolyt. — Classe 21,
Nr. 97.539 vom 27. Januar 1897.**

Als Elektrolyt wird wegen seines hohen Chlorgehalts
Brompentachlorid benützt, das in einem geschlossenen Gefässe
mit einer aus Zink, Eisen oder einem anderen, der chemischen
Verbindung mit Chlor fähigen Metall oder Metalloide bestehenden negativen Elektrode und einer von Kohle oder zweckmässiger
von Platin oder einem mit Platin überzogenen Metalle gebildeten
positiven Elektrode untergebracht ist. Um im Zustande der Ruhe
einen Verbrauch des Elementes zu verhindern, empfiehlt es sich,
mit dem Batteriebehälter einen zweiten, von diesem absperrbaren
Behälter zur Aufnahme des Brompentachlorids zu verbinden, aus
welchem letzteres beim Arbeiten der Batterie in den Wasser
oder die beiden Elektroden enthaltenden Batteriebehälter durch
ein am Boden des Behälters mündendes Rohr tritt. Das erschöpfte
Element kann durch Nachhelfen des elektrischen Stromes
wieder belebt werden. Das hierdurch von neuem gebildete Brompentachlorid wird durch Erwärmung des Batteriegefässes durch
ein zweites, weit in den Aufnahmebehälter hineinragendes, absperrbares Rohr in diesen getrieben.

**Oscar Hannach in Breslau. — Vorrichtung an Fernsprech-
anlagen zur Benachrichtigung des Anrufers von der Abwesenheit oder Anwesenheit des Angerufenen. — Classe 21, Nr. 97.082.**

Je nach der Stellung eines beim Angerufenen aufgestellten
Umschalters wird dem Anrufer die Anwesenheit des Gerufenen
durch ununterbrochenes Glockenläuten, die Abwesenheit desselben
dagegen durch unterbrochene und nach kurzer Zeit wieder auf-
hörende Glockenschläge kenntlich gemacht.

**Louis Boudreaux in Paris. — Stromabnehmerbürste. —
Cl. 21, Nr. 97.141.**

Die Bürste besteht aus Kupfer, dessen gewöhnlichen Legirungen oder anderen Metallen, sowie molecularer Beschaffenheit
durch Legirung derart verändert ist, dass an Stelle der faserigen
Structur eine crystallinische vorhanden ist. Es werden hiezu Zusätze von Wismuth, Antimon, Cadmium, Arsen und dergleichen
benützt.

Geschäftliche und finanzielle Nachrichten.

Die Aluminium Company in London ist in Verhandlungen
mit einer der grössten deutschen Firmen der Chemikalienbranche
eingetreten, um eine Aluminium-Gesellschaft in
Deutschland zu gründen, welche die sämmtlichen Patente
der Englischen Gesellschaft zur Ausnützung in Deutschland übertragen werden sollen. Man hofft den Bau so rasch beenden zu
können, dass die Fabrik am 1. Jänner nächsten Jahres sich schon
in voller Thätigkeit befindet. In dem mit dem 30. Juni 1898 beendeten Betriebsjahre hat die Englische Gesellschaft, deren
Fabriken hauptsächlich in Oldbury sich befinden, einen Bruttogewinn von 17.189 £ erzielt, aus welchem nach Bestreitung der
Geschäftsunkosten ein Reingewinn von 6938 £ verblieb. Daraus
erhalten die Actien Lit. A eine Dividende von 10% = 6000 £,
so dass 938 £ auf neue Rechnung vorgetragen werden. In Anbetracht der beiden Reservefonds, sowie angesichts der Thatsache,
dass neuerdings erst wieder 3000 £ für die Erneuerung der
Fabrik aufgewendet worden sind, werden Abschreibungen nicht
vorgenommen.

Schluss der Redaction: 30. August 1898.

Verantwortlicher Redacteur: Dr. J. Sahulka. — Selbstverlag des Elektrotechnischen Vereines.
Commissionsverlag bei Lehmann & Wentzel, Wien. — Alleinige Inseraten-Aufnahme bei Haasenstein & Vogler (Otto Maass), Wien und Prag.
Druck von R. Spies & Co., Wien.

Zeitschrift für Elektrotechnik.

Organ des Elektrotechnischen Vereines in Wien.

| Heft 37. | WIEN, 11. September 1898. | XVI. Jahrgang. |

Bemerkungen der Redaction: Ein Nachdruck aus dem redactionellen Theile der Zeitschrift ist nur unter der Quellenangabe „Z. f. E. Wien" und bei Originalartikeln überdies nur mit Genehmigung der Redaction gestattet.

Die Einsendung von Originalarbeiten ist erwünscht und werden dieselben nach dem in der Redactionsordnung festgesetzten Tarife honorirt. Die Anzahl der vom Autor event. gewünschten Separatabdrücke, welche zum Selbstkostenpreise berechnet werden, wolle stets am Manuscripte bekanntgegeben werden.

INHALT:

Umwandlung von Mehrphasenströmen in Gleichstrom ohne Motor-Generator.

J. Sahulka.

(Schluss von pag. 409.)

Zweite Art der Umwandlung.

Bei der gegenwärtig üblichen Art der Umwandlung von Mehrphasenstrom in Gleichstrom werden bekanntlich die hochgespannten mehrphasigen Ströme zuerst durch ruhende Transformatoren in niedergespannte verwandelt und diese mittelst Motor-Generatoren, welche die Form von Gleichstrom-Nebenschlussdynamos haben, in Gleichstrom verwandelt. In der Armatur dieser Motor-Generatoren wird durch die mehrphasigen Ströme ein magnetisches Drehfeld erzeugt; in Folge der Wechselwirkung zwischen diesem rotirenden Felde und den vom Gleichstrom erregten Feldmagnetpolen rotirt die Armatur entgegen der Rotationsrichtung des Drehfeldes, und zwar mit gleicher Winkelgeschwindigkeit, so dass die Drehfeldpole im Raume ihre Lage unverändert beibehalten.*) Dadurch, dass die Armatur, welche Gramme'sche Ring- oder Trommelwickelung hat, in dem Felde rotirt, welches dem vom Gleichstrom erregten Feldmagnete entspricht, kann aus derselben mit Hilfe eines Collectors Gleichstrom entnommen werden, da es gleichgiltig ist, ob die Armatur durch eine Kraftmaschine oder durch die Wirkung der Mehrphasenströme gedreht wird. Die Armatur hat bei den gebräuchlichen Umformern eine einzige Wickelung, welche gleichzeitig von den Mehrphasenströmen und dem erzeugten Gleichstrome durchflossen wird.

Betrachtet man diesen Vorgang, so liegt der Gedanke nahe, die Armatur ruhen zu lassen und unmittelbar das durch die mehrphasigen Ströme erzeugte rotirende Magnetfeld zur Gleichstromerzeugung in der Armaturwickelung zu benützen.

Bei den gebräuchlichen Umformern wird dieses rotirende Feld nicht zur Gleichstromerzeugung benützt; es wird dieses Feld dadurch, dass man die Armatur im entgegengesetzten Sinne rotiren lässt, künstlich zum Stillstande gebracht, und der Gleichstrom wird dadurch erhalten, dass die Armatur in dem fixen, dem Feldmagnete entsprechenden Felde rotirt.

*) Z. f. E. 1892, pag. 5, 74, 118 u. 166. „Ueber Wechselstrommotoren mit magnetischem Drehfelde". J. Sahulka.

Im Jahre 1888 haben bereits Zipernowsky und Déri einen Umformer vorgeschlagen, welcher auf dem angeführten Principe beruht*) und in der Fig. 1 abgebildet ist; für die einzelnen mehrphasigen Ströme und für den Gleichstrom sind in diesem Umformer getrennte Wickelungen angewendet. Durch die mehrphasigen Ströme wird in einer Armatur, welche die Form eines Gramme'schen Ring- oder Trommelankers hat, ein magnetisches Drehfeld erzeugt; die Ring- oder Trommelwickelung ist mit den Segmenten eines ruhenden Collectors verbunden, auf welchem Bürsten schleifen, die von einem synchron laufenden Anker gedreht werden; von den Bürsten kann Gleichstrom abgenommen werden. In der Fig. 1 ist R der feststehende Gramme'sche Ring, C der feststehende Collector. T die ebenfalls unbewegliche, ungetheilte Trommel, welche mit zwei Spulensystemen bewickelt ist, die von zwei in der Phase um eine Viertelperiode verschobenen Wechselströmen durchflossen sind; die Enden der Wickelungen sind mit a b und c d bezeichnet. Auf dem Collector schleifen zwei Bürsten x und y, welche von dem synchron laufenden Anker A gedreht werden; durch Vermittlung der Schleifringe m n, welche mit den Bürsten x y verbunden sind, kann von den Bürsten p q Gleichstrom abgenommen werden. Da der Anker A nur für die Drehung der Bürsten nothwendig ist und keinen magnetischen Schluss für die im Umformer erzeugten Felder zu bilden braucht, kann derselbe klein dimensionirt sein. Die Umformung der Mehrphasenströme in Gleichstrom erfolgt daher in diesem Falle, wenn man von der Rotation der Bürsten absieht, in einem ruhenden Apparate, so dass dieselbe ebenfalls wie das Verfahren von Hutin und Leblanc als Umwandlung ohne Motor-Generator bezeichnet werden kann. Die übrigen in der citirten Patentschrift angegebenen Umformer sind als Motor-Generatoren anzusehen und daher hier nicht wiedergegeben.

Der Umformer von Zipernowsky und Déri hat wegen des verwendeten Ring- oder Trommelankers den gleichen Bau wie ein Motor-Generator; auch muss derselbe, weil bei der üblichen Periodenzahl der Stromabnehmer zu rasch rotiren müsste, stets mehrpolig aus-

*) D. R. P. 51.596.

geführt werden; die Wickelungen müssen in Nuthen versenkt werden, um die magnetischen Widerstände zu verringern. Aus diesem Grunde ist es erklärlich, dass der beschriebene Umformer im Bau von gleicher Be-

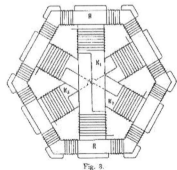

Fig. 1.

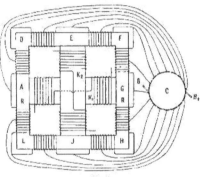

Fig. 2.

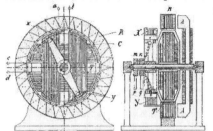

Fig. 3.

schaffenheit und daher ebenso theuer sein muss wie die gegenwärtig gebräuchlichen Motor-Generatoren, welche als Umformer dienen.

Der Verfasser des Artikels hat sich vor zwei Jahren mit der Aufgabe befasst, die Mehrphasenstrom-Gleichstrom-Umformer zu vereinfachen. Die Vorschläge,

welche derselbe leider nicht praktisch erproben konnte, sind im Folgenden gemacht: Nach Ansicht des Verfassers könnte die Umwandlung von Mehrphasenstrom in Gleichstrom ohne Motor-Generatoren, und zwar in einfacherer Weise als oben beschrieben wurde, durchgeführt werden, und zwar durch folgende Anordnungen:

1. Der Stromabnehmer soll nicht am Umformer selbst, sondern getrennt angebracht sein, wie dies bei dem im ersten Abschnitte beschriebenen Umformer von Hutin und Leblanc der Fall ist; der Umformer braucht dann stets nur zweipolig gewickelt zu sein, während der kleine Motor, welcher den Stromabnehmer dreht, allein mehrpolig gewickelt zu sein braucht.

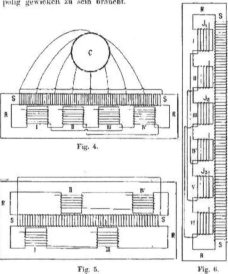

Fig. 4.

Fig. 5.   Fig. 6.

2. Da der Umformer selbst keine rotirenden Theile enthält, kann man die Ring- oder Trommelform der Armatur aufgeben und sehr einfache Rahmenformen wählen, wodurch der Umformer die Gestalt eines gewöhnlichen Wechselstrom-Transformators erlangt; auch lassen sich durch diese Anordnung die Widerstände der magnetischen Kreise sehr verkleinern.

In der Fig. 2 bedeutet R einen untertheilten Rahmen, welcher aus einzelnen Stücken zusammengesetzt und eventuell auch ringförmig sein kann. Der Rahmen ist ebenso wie ein Gramme-Ring bewickelt; die Wickelung ist in gleicher Weise wie bei einer Gleichstrom-Dynamo mit den Segmenten eines Collectors C verbunden. Innerhalb des Rahmens befinden sich zwei untertheilte Kerne K_1 K_2, welche von zwei in der Phase um eine Viertelperiode verschobenen Wechselströmen erregt sind. Die Spulen der Kerne $K_1 K_2$ sind direct von den hochgespannten Strömen durchflossen. Die Bleche, aus welchen die Kerne bestehen, können abwechselnd übereinander geschichtet sein oder es können die Kerne getrennt übereinander gelegt sein;

der Rahmen R muss so dick sein, dass er einen magnetischen Schluss für beide Kerne bildet. Die Kerne $K_1 K_2$ können eventuell auch aus gemeinschaftlichen kreuzförmigen Blechen gebildet sein. Auf dem Collector C schleifen zwei Bürsten $B_+ B_-$, welche von einem synchronen Wechselstrommotor gedreht werden. Um eine zu hohe Rotations-Geschwindigkeit zu vermeiden, kann man die Zahl der Collectorsegmente vervielfachen und den Motor mehrpolig wählen, wie im ersten Abschnitte beschrieben wurde. Man kann ebenso, um die rotirenden Bürsten zu vermeiden, den Collector drehbar und die Bürsten B fix anordnen; die Collectorsegmente sind im letzteren Falle durch Schleifringe mit der Wickelung des Rahmens R verbunden. In dem Rahmen R entstehen durch die Wirkung der Wechselströme wandernde Pole; von den Bürsten B kann Gleichstrom abgenommen werden. Der Betriebsstrom für den kleinen Motor, welcher die Bürsten dreht, kann von zwei secundären Spulen entnommen werden, welche auf die Kerne $K_1 K_2$ aufgeschoben sind; der für den Feldmagneten erforderliche Gleichstrom kann von den Bürsten B abgenommen werden. Die letzteren, bezw. der Collector C, sind so zu drehen, dass die zwischen den Bürsten bestehende gleichgerichtete Spannungsdifferenz den maximalen Werth erreicht.

Vergleichen wir die Stromumwandlung in dem in der Fig. 2 dargestellten Falle mit der Stromerzeugung im Ringanker einer Gleichstrom-Dynamo, so ersehen wir, dass in dem in Fig. 2 dargestellten Falle ungünstigere Verhältnisse bestehen. Bei einer Gleichstrom-Dynamo findet in jenen Spulen, welche bei den Polschuhen gerade vorübergehen, die stärkste Induction statt, während in den Spulen, welche sich der neutralen Ebene nähern, die Induction beinahe den Nullwerth hat; daher können die Bürsten funkenlos sein. Betrachten wir nun den in der Fig. 2 dargestellten Fall näher und nehmen wir an, dass der Kern K_1 von einem Strome $J \cos \alpha$, der Kern K_2 von dem Strome $J \sin \alpha$ erregt sei. Die Kraftlinien mögen in K_1 von rechts nach links, in K_2 von unten nach oben verlaufen, wenn die Ströme positive Werthe haben. In dem Momente, welcher $\alpha = 0$ entspricht, findet die Induction auf die Wickelung des Rahmens R nur durch die Kraftlinien des Kernes K_2 statt. In den Windungen der linken Rahmenhälfte fliessen die inducirten Ströme auf der Vorderseite nach einwärts, in den Windungen der rechten Rahmenhälfte nach auswärts; die Bürste B_+ muss mit E, die Bürste B_- mit J verbunden sein. Es besteht in diesem Falle keine neutrale Zone für die Spulen, welche mit den Bürsten in Verbindung sind. Analog fliessen zur Zeit, welche $\alpha = 90$ entspricht, die in der Rahmenwickelung inducirten Ströme in der Wickelung der oberen Rahmenhälfte nach einwärts, in der Wickelung der unteren Rahmenhälfte nach auswärts; die Bürste B_+ müsste mit G, die Bürste B_- mit A in Verbindung sein. In dem Momente, welcher $\alpha = 45$ entspricht, wird von den Kraftlinien beider Kerne eine gleich starke inducirende Wirkung auf die Wickelung des Rahmens R ausgeübt. In den Spulen $E F G$ und $A L J$ heben sich die inducirten E. M. K. auf; in den Spulen $A D E$ und $J H G$ summiren sich dieselben, und zwar fliessen in den ersteren die inducirten Ströme nach einwärts, in den letzteren nach auswärts. Die Bürste B_+ ist mit F, die Bürste B_- mit L verbunden. In diesem Momente findet in den Spulen, welche durch die Bürsten kurz geschlossen werden, keine Induction statt. An den Bürsten wird daher in

gewissen Momenten Funkenbildung auftreten. Um dieselbe möglichst zu verringern, kann man die Zahl der Theilspulen, mit welchen der Rahmen bewickelt ist, gross wählen, kann Doppelbürsten am Collector benutzen und die Verbindungsleitungen zwischen der Wickelung des Rahmens R und den Collectorsegmenten aus einem schlechter leitenden Materiale machen. In dem beschriebenen Falle würde die Pulsation der E. M. K. in dem an die Bürsten B angeschlossenen Stromkreise noch gross sein; durch Einschaltung einer Inductionsspule oder Parallelschaltung einer Accumulatoren-Batterie kann die Pulsation des Stromes klein gemacht werden.

In der Fig. 3 ist eine Ausführungsform für dreiphasigen Strom gezeichnet. Die Verbindungen mit dem Collector C sind ebenso zu machen wie in dem früheren Falle und daher gar nicht gezeichnet; dieselbe Vereinfachung ist bei den Fig. 5 und 6 angewendet. Die Kerne $K_1 K_2 K_3$, welche eventuell in einen gemeinschaftlichen Kern vereinigt sein können, sind von den drei Wechselströmen erregt. Der Rahmen R kann aus einzelnen Stücken bestehen, damit die Spulen im fertigen Zustande aufgesteckt werden können.

In der Fig. 4 ist die Wickelung des Rahmens R durch eine einzige Spule gebildet; ein Wechselstrom erregt die Kerne I und III, ein Strom um eine Viertelperiode verschobener Wechselstrom die Kerne II und IV. Innerhalb der Wickelung des Rahmens R entstehen wandernde Pole; die Wickelung ist mit den Segmenten eines Collectors C verbunden. Der Rahmen R kann aus einzelnen Stücken so zusammengesetzt sein, dass sich die Spulen in fertigem Zustande aufschieben lassen.

In der Fig. 5 sind die von den beiden Wechselströmen erregten Kerne auf verschiedenen Seiten der Spule S angebracht.

In der Fig. 6 ist eine Ausführungsform unter Annahme von dreiphasigem Wechselstrom gezeichnet.

Ausgleich der Reibungswiderstände bei Wechselstrom-Motorzählern.

Um bei Elektricitätszählern, welche nach dem Princip der Motorzähler gebaut sind, die durch die Reibung der Zapfen der umlaufenden Theiles, sowie des Zählwerkes verursachten Ungenauigkeiten auszugleichen, empfiehlt es sich, dem Motor, auch wenn er nicht von einem Nutzstrom durchflossen wird, schon ein solches Drehungsmoment zu geben, dass das durch die Reibung verursachte bremsende Drehungsmoment gerade ausgeglichen wird und der Motor bei der geringsten Vergrösserung des treibenden Drehungsmomentes, sobald nämlich ein Nutzstrom auftritt, in Bewegung geräth. Bei den Thomson-Zählern ist zu diesem Zwecke innerhalb der dickdrahtigen, vom Nutzstrom durchflossenen Spule noch eine kleine dünndrahtige Angehspule angebracht, welche in den Nebenschluss eingeschaltet und daher dauernd vom Strom durchflossen ist. In der Fig. 1 ist eine Anordnung der Firma Siemens & Halske, Actien-Gesellschaft in Berlin (D.R.P. 98.211) dargestellt, durch welche bei Motorzählern für einphasigen oder mehrphasigen Wechselstrom, die mit einem rotirenden Felde arbeiten, das erforderliche Angehdrehmoment in anderer Weise erzielt wird. Ein solcher Zähler ist im Wesentlichen folgendermassen gebaut. $A_1 A_2$ ist ein aus von einander isolirten Eisenblechen zusammengesetzter feststehender Ring, der vier radial nach innen gerichtete Polansätze trägt. Innerhalb dieses Ringes und concentrisch mit ihm befindet sich ein ebenfalls aus isolirtem Eisenblech hergestellter feststehender Cylinder E. Zwischen den cylindrisch ausgebohrten Polansätzen und dem genannten Cylinder ist ein Raum von einigen Millimetern gelassen, in dem eine Kupfertrommel F um die Achse G sich drehen kann. Die Polansätze B, $B_1{}^1$ erhalten eine diekdrähtige Wickelung, die vom Nutzstrome durchflossen wird, die Polansätze B_2 $B_2{}^1$ dagegen eine Wickelung aus feinem Draht, deren Strom durch geeignete Vorrichtungen um 90^0 gegen die Spannung des Verbrauchsstromes verschoben wird. Auf diese Weise entsteht in dem Eisensystem ein Drehfeld, das die Trommel in Rotation versetzt, und zwar um so stärker, je grösser die Nutzstromstärke oder die Betriebsspannung ist. Die Rotation der Trommel wird in geeigneter Weise auf ein Zählwerk übertragen. Die Aufgabe ist nun, der Trommel F auch dann ein geringes Drehmoment zu geben, wenn die Spulen C stromlos sind und nur die Spulen D Strom haben.

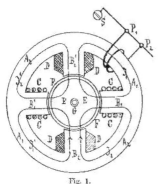

Fig. 1.

Um dieser Aufgabe zu genügen, ist bereits vorgeschlagen worden, ausser den beiden Wickelungen, die den Hauptstrom und den Nebenschlussstrom führen, eine dritte, symmetrisch angeordnete und in sich selbst kurzgeschlossene Wickelung auf den Eisenkörper des Zählermotors aufzubringen. Eine solche Kurzschlusswickelung kann durch Einschaltung eines passenden Widerstandes leicht so abgeglichen werden, dass sie, mit der Nebenschlusswickelung allein zusammengenommen, ein schwaches Drehungsmoment erzeugt, welches gerade ausreicht, um mit genügender Genauigkeit den Reibungswiderstand in den Lagern der Motorachse und im Zählwerk auszugleichen.

Hierzu genügen einige wenige Windungen W eines beliebigen Drahtes, der an einer Stelle A_1 um den Kranz des Ringes A_1 A_2 gewunden und in sich kurzgeschlossen ist. Je nach der Lage dieser Windungen in Bezug auf die Spannungswickelung ist der Drehungssinn verschieden. Bringt man nämlich die Kurzschlusswickelung statt bei A_1 bei A_2 an, so kehrt sich der Drehungssinn der Trommel um. Die Erklärung hiefür ist folgende: Sind die Windungen bei A_1 offen, so werden unter dem Einfluss der Ströme in den Spulen D Kraftlinienströme J_1 J_2 $J_1{}^1$ $J_2{}^1$ entstehen, die den durch

die Pfeile bezeichneten Verlauf haben und sich in dem Polstück B_1 und $B_1{}^1$ genau aufheben. Mit anderen Worten: Die Kraftlinien treten nur bei den Polstücken B_2 $B_2{}^1$ aus dem äusseren Ringe durch die Kupfertrommel in den inneren Theil E ein und aus ihm aus.

Werden die Windungen W geschlossen, so werden in ihnen Ströme inducirt, die eine drosselnde Wirkung auf den Kraftlinienkreis J_1 ausüben, während die übrigen Kreise unverändert bleiben. Der Kraftlinienstrom J_1 wird daher, ohne wesentlich in seiner Stärke geändert zu werden, eine geringe Phasenverschiebung gegen den Kreis J_2 erhalten. Die beiden Kraftlinienströme J_1

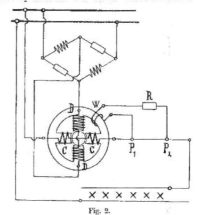

Fig. 2.

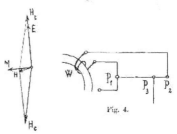

Fig. 4.

Fig. 3.

und J_2 bilden daher jetzt in dem Polansatz B_1 eine Resultante J, die um nahezu 90^0 gegen J_1 und J_2 in der Phase verschoben ist. Es entsteht somit jetzt neben dem pulsirenden Felde ein ganz schwaches superponirtes Drehfeld, das ein geringes Drehungsmoment auf die Kupfertrommel F ausübt.

Wird die Kurzschlusswickelung statt bei A_1 bei A_2 angebracht, so wird der Kraftlinienstrom J_2 etwas in seiner Phase verschoben. Infolge dessen entsteht jetzt eine Resultante, die gegen die frühere Resultante ungefähr 180^0 Phasenverschiebung besitzt. Das bedeutet, dass die Trommel jetzt das Bestreben hat, umgekehrt zu rotiren.

Diese Einrichtung bringt indessen einen wesentlichen Uebelstand mit sich. Es folgt nämlich aus den

angestellten Betrachtungen, dass die Starkstromwickelung
in Verbindung mit der Kurzschlusswickelung ein
Drehungsmoment im entgegengesetzten Sinne im Vergleich zu dem erzeugt, das durch die Schwachstrom-
wickelung und durch die Kurzschlusswickelung erzeugt
wird. Denn A_1 liegt zu C so, wie A_2 zu D liegt. Soll
daher das zusätzliche Drehungsmoment, das die Fehler
der Reibung compensiren soll, bei allen Nutzstromstärken
dasselbe bleiben, so darf die Nutzstromstärke mit der
Kurzschlusswickelung kein Drehungsmoment hervorrufen.

Dies wird nun durch die in Fig. 2 dargestellte
Schaltung erreicht. Der Justirwiderstand $P_1\,P_2$, durch
den die Kurzschlusswindungen W geschlossen sind, wird
zugleich in den Nutzstromkreis eingeschaltet. Man kann
dann den Justirwiderstand so wählen, dass die Potentialdifferenz zwischen seinen Klemmen $P_1\,P_2$, von gleicher
Grösse ist, wie die durch den Nutzstrom in den Kurzschlusswindungen W erzeugte elektromotorische Kraft
und nahezu entgegengesetzte Phase hat. Man findet dann,
dass die Spulen C, wenn die Spulen D stromlos sind,
in W keinen Strom induciren.

Nach Fig. 3 setzt sich nämlich die magnetomotorische Kraft aus H_c und H_t zusammen, wobei H_c von
dem Strome in den Spulen C und H_t von den Strömen in
der Kupfertrommel herrührt. Die resultirende magnetomotorische Kraft ist gleich H und der entstehende
Magnetismus M. Die elektromotorische Kraft in den
Kurzschlusswindungen ist um 90^0 gegen M verschoben
und hat mithin die Phase E, während die Potentialdifferenz zwischen $P_1\,P_2$ die Phase der Ströme in C,
also die Phase von H_c haben muss. Man sieht nun,
dass E und H_c nahezu entgegengesetzt gerichtet sind.
Mann kann auf diese Weise den schädlichen Einfluss
der Nutzströme auf die Kurzschlusswindungen aufheben.
Um nun die Stromstärke in den Stromschlusswindungen
auf das gewünschte Mass bringen zu können, schaltet
man passend noch einen kleinen Justirwiderstand R in
deren Stromkreis ein, wie in Fig. 2 angegeben ist.
Dieser Justirwiderstand wird in der Regel ebenfalls aus
einem kurzen Stückchen Draht bestehen. Man kann
auch beide Justirwiderstände vereinigen und die Kurzschlusswindungen W durch einen geeigneten Widerstand $P_1\,P_2$ schliessen, von dem ein Theil $P_1\,P_3$ gleichzeitig in den Nutzstromkreis eingeschaltet ist, wie Fig. 4
als Abänderung von Fig. 2 darstellt.   *Dr. R.*

Sicherheitsvorschriften für elektrische Hochspannungs-anlagen.

Herausgegeben vom Verbande Deutscher Elektrotechniker.[*]

(Angenommen von der VI. Jahresversammlung in Frankfurt a. M. 1898.)

Die nachstehenden Vorschriften gelten für elektrische
Starkstrom-Anlagen, bei denen die effective Spannung zwischen
irgend zwei Leitungen 1000 V oder mehr beträgt.
Derartige Anlagen werden als Hochspannungs-Anlagen bezeichnet.

§ 1.
Bezeichnungen.

a) Isolation. Als isolirend im Sinne der Hochspannungs-
Vorschriften gelten faserige oder poröse Isolirmaterialien, welche
mit geeigneter Isolirmasse getränkt sind, ferner feste Isolirmaterialien, welche nicht hygroskopisch sind und bei $^1/_4$ der verwendeten Stärke und den im Betriebe vorkommenden Temperaturen
von der in Betracht kommenden Spannung nicht durchschlagen
werden.

---

[*] Mit Bewilligung der „E. T. Z." abgedruckt. (Siehe auch H. 36, S. 422,
1898 der „Z. f. E.", Wien.

Material, wie Schiefer, Holz oder Fiber, darf als Constructionsmaterial, nicht aber als Isolirmaterial angewendet werden.

Das Isolirmaterial muss derart gestaltet und bemessen sein,
dass ein merklicher Stromübergang über die Oberfläche (Ober-
flächenleitung) unter normalen Umständen nicht eintreten kann.

b) Erdung. Einen Gegenstand erden heisst ihn mit der
Erde derart leitend verbinden, dass er eine für unisolirt stehende
Personen gefährliche Spannung nicht annehmen kann.

c) Freileitungen. Als Freileitungen gelten alle ausserhalb von Gebäuden auf Isolirglocken verlegten oberirdischen
Leitungen ohne metallische Umhüllung und ohne Schutzverkleidung.

d) Isolirte Leitungen. Als isolirte Leitungen gelten
umhüllte Leitungen, welche nach 24stündigem Liegen in Wasser
bei Spannungen unter 3000 V die doppelte Betriebsspannung, bei
höheren als einer Betriebsspannung von 3000 V gegen das Wasser eine
Stunde lang aushalten.

e) Metallumhüllte Leitungen. Als metallumhüllte
Leitungen gelten isolirte Leitungen, welche in Rohre aus Metall
oder mit Metallüberzug eingezogen sind.

f) Feuersichere Gegenstände. Als feuersicher
gilt ein Gegenstand, der nach Entzündung nicht von selbst weiter
brennt.

Allgemeines.

§ 2.
Warnungszeichen.

Träger und Schutzverkleidungen von Hochspannungs-
Leitungen müssen durch einen deutlich sichtbaren, rothen Zick-
zackpfeil (Blitzpfeil) gekennzeichnet sein. Wo Kabel oder metallumhüllte Leitungen in oder an Decken, Wänden und Fussböden
verlegt sind, muss der Verlauf der Leitungen durch das gleiche
Zeichen kenntlich gemacht werden. Ausserdem ist an geeigneten
Stellen durch Anschlag auf die Bedeutung dieses Zeichens aufmerksam zu machen.

§ 3.
Uebertritt hoher Spannungen.

Die Entstehung hoher Spannung in Niederspannungs-Strom-
kreisen muss verhindert oder ungefährlich gemacht werden, zum
Beispiel durch erdende oder kurzschliessende Sicherungen oder
durch dauernde Erdung geeigneter Punkte.

§ 4.
Erdung benachbarter Metalltheile.

Die äussere metallische Umhüllung von Leitungen (mit
Ausnahme von direct in die Erde verlegten Kabeln), Schutzdrähte, Schutznetze und die metallische Umhüllung der Schutzkästen und Schutzverkleidungen von stromführenden Theilen
müssen geerdet sein.

§ 5.
Vermeidung von Explosions- und Brandgefahr.

In Räumen, in denen betriebsmässig explosible Gemische
von Gasen, Staub oder Fasern vorkommen, dürfen Maschinen und
Apparate nur in Schutzkästen, welche jede Feuersgefahr ausschliessen, aufgestellt werden. In allen Fällen ist die Aufstellung
derart auszuführen, dass etwaige im Betriebe der elektrischen
Einrichtungen auftretende Feuererscheinungen keine Entzündung
brennbarer Stoffe hervorrufen können.

Maschinen und Transformatoren.

§ 6.
Generatoren und Motoren.

a) Mit isolirtem Gestell. Die Maschinen müssen
mit einem isolirenden Bedienungsgang umgeben werden. Die Anordnung muss derart getroffen sein, dass die Bedienung ohne
gleichzeitige Berührung eines freien Hochspannung führenden Theiles
und des Gestelles oder eines nichtisolirten Körpers erfolgen kann.

b) Mit geerdetem Gestell. Die Hochspannung führenden Theile müssen, soweit sie im Betriebe zugänglich sind,
durch Stromverkleidungen aus geerdetem Metall oder isolirendem
Material gegen Berührung geschützt sein.

§ 7.
Erreger-Stromkreise von Hochspannungs-Maschinen.

Wenn das Gestell von Hochspannungs-Maschinen nicht geerdet ist, so gelten die Vorschriften des § 6 auch für Erreger-
Stromquellen und sonstige mit den Hochspannungs-Maschinen
in Verbindung stehende Niederspannungs-Stromkreise.

§ 8.

Transformatoren.

a) Für zugänglich aufgestellte Transformatoren gelten die Vorschriften des § 6.

Für Transformatoren, welche in besonderen abgeschlossenen Räumen oder Behältern aufgestellt und nur besonders instruirtem Personale zugänglich sind, brauchen diese Vorschriften nicht eingehalten zu werden, sofern eine Vorrichtung angebracht ist, mittelst welcher vor Hantirung das Gestell geerdet werden kann.

b) Bei Reihenschaltung muss entweder durch entsprechende Construction des Transformators oder durch eine selbstthätige Vorrichtung dafür gesorgt sein, dass bei Unterbrechung des secundären Stromkreises eine gefährliche Erhitzung des Transformators nicht eintreten kann.

c) Die Hochspannungs-Wickelungen müssen bei Spannungen unter 5000 V die doppelte Betriebsspannung, bei höheren eine Ueberspannung von 3000 V gegen Erde, gegen Gestell und gegen Niederspannungs-Wickelungen eine Stunde lang aushalten können.

Accumulatoren für Hochspannung.

§ 9.

In Accumulator-Räumen darf keine andere als elektrische Glühlicht-Beleuchtung verwendet werden. Solche Räume müssen dauernd gut ventilirt sein. Die einzelnen Zellen sind gegen das Gestell und letzteres ist gegen Erde durch Glas, Porzellan oder ähnliche nicht hygroskopische Unterlagen zu isoliren. Es müssen Vorkehrungen getroffen werden, um beim Auslaufen von Säure eine Gefährdung des Gebäudes zu vermeiden. Während der Ladung dürfen in diesen Räumen glühende oder brennende Gegenstände nicht geduldet werden.

Die Hochspannungs-Batterien müssen mit einem isolirenden Bedienungsgang umgeben und ihre Anordnung muss derart getroffen sein, dass bei der Bedienung eine gleichzeitige Berührung von Punkten, zwischen denen eine Spannung von mehr als 250 V herrscht, nicht erfolgen kann. Niederspannungs-Batterien, welche zur Erregung von Hochspannungs-Maschinen dienen, unterliegen diesen Vorschriften gleichfalls, wenn die Gestelle der zugehörigen Maschinen nicht geerdet sind.

Hochspannungs-Apparate

§ 10.

Schalttafeln.

Die Schalttafeln, mit Ausnahme des Gerüstes und der Umrahmung, müssen aus feuersicherem Material bestehen; für die isolirenden Theile gelten die Vorschriften des § 1 a.

a) Die Bedienungsseite. Wird ein isolirender Bedienungsgang verwendet, so müssen die stromführenden Theile der Messinstrumente, Sicherungen und Schalter der Berührung unzugänglich angeordnet sein; alle der Berührung zugänglichen, nicht stromführenden Metalltheile dieser Apparate und des Gerüstes müssen unter sich metallisch verbunden und von der Erde isolirt sein.

Wird kein isolirender Bedienungsgang verwendet, so müssen die stromführenden Theile der Messinstrumente, Sicherungen und Schalter, sofern sie nicht geerdet sind, der Berührung unzugänglich angeordnet sein; die zugänglichen nicht stromführenden Metalltheile dieser Apparate und des Gerüstes müssen geerdet sein.

b) Rückseite. Die gleichen Vorschriften gelten auch für die Rückseite der Schalttafel, sofern diese Seite nicht derart abgeschlossen ist, dass nur besonders instruirtem Personal Zutritt hat. Bei Schalttafeln, welche betriebsmässig auf der Rückseite zugänglich sein müssen, darf die Entfernung zwischen ungeschützten stromführenden Theilen der Schalttafel und der gegenüberliegenden Wand nicht weniger als 1 m betragen. Sind auf der letzteren ungeschützte stromführende Theile in erreichbarer Höhe vorhanden, so muss die horizontale Entfernung bis zu denselben 2 m betragen und der Zwischenraum durch ein Geländer getheilt sein.

§ 11.

Apparate.

a) Alle Apparate müssen derart construirt und angebracht sein, dass eine Verletzung von Personen durch Splitter, Funken und geschmolzenes Material ausgeschlossen ist.

b) Die stromführenden Theile der sämmtlichen in Hochspannungs-Leitungen eingeschalteten Apparate müssen auf feuersicherer, isolirender Unterlage montirt und von Schutzkästen, soweit erforderlich, derart umgeben sein, dass sie von brennbaren Gegenständen feuersicher getrennt sind.

Alle Theile von Apparaten, welche eine hohe Spannung annehmen können, müssen, soweit sie im Handbereich sind, durch

einzelne Schutzkästen oder gemeinsamen Abschluss gegen Berührung geschützt sein.

Apparate, welche im Freien an Masten in der in § 16 b für Freileitungen vorgeschriebenen Höhe angebracht sind, können Schutzkästen entbehren.

Alle Contacte müssen derart construirt sein, dass durch den stärksten vorkommenden Betriebsstrom eine Erwärmung von mehr als 50° C. über Lufttemperatur nicht eintreten kann.

§ 12.

Sicherungen.

a) Sämmtliche Leitungen, welche von der Schalttafel nach den Verbrauchsstellen führen, sind durch Abschmelzsicherungen oder andere selbstthätige Stromunterbrecher zu schützen; ausgenommen sind neutrale oder Null-Leitungen bei Mehrleiter oder Mehrphasen-Systemen, sowie alle betriebsmässig geerdeten Leitungen; alle diese dürfen keine Sicherungen enthalten.

b) Die höchste zulässige Abschmelzstromstärke bestimmt sich nach folgender Tabelle:

Leitungsquerschnitt in Quadratmillimeter	Normalstärke der Sicherung in Ampère	Abschmelzstromstärke der Sicherung in Ampère
1·5	6	12
2·5	10	20
4	15	30
6	20	40
10	30	60
16	40	80
25	60	120
35	80	160
50	100	200
70	130	260
95	165	330
120	200	400
150	235	470
185	275	550
240	330	660

Es ist zulässig, die Sicherung für eine Leitung schwächer zu wählen, als in dieser Tabelle angegeben.

c) Sicherungen sind an allen Stellen anzubringen, wo sich der Querschnitt der Leitung vermindert. Das Anschlussleitungsstück zwischen Hauptleitung und Sicherung kann von geringerem Querschnitt sein als die Hauptleitung, ist aber in diesem Falle von entzündlichen Gegenständen feuersicher zu trennen und derart zu befestigen, dass Kurz- und Erdschlüsse auf der Strecke zwischen Sicherung und Abzweigstelle nicht eintreten können.

d) Die Sicherungen müssen derart construirt sein, dass beim Abschmelzen auch bei Kurzschluss hinter der Sicherung kein dauernder Lichtbogen entstehen kann.

Bei Sicherungen dürfen weiche plastische Metalle und Legirungen nicht unmittelbar zur Contact vermitteln, sondern es müssen die Schmelzdrähte oder Schmelzstreifen in Contactstücke aus Kupfer oder gleichgeeignetem Material enden.

e) Sicherungen müssen derart construirt und angebracht sein, dass sie auch unter Spannung gefahrlos gehandhabt werden können.

§ 13.

Blitzschutz-Vorrichtungen.

Alle Maschinen und Apparate, welche mit Freileitungen in Verbindung stehen, müssen an passenden Stellen durch Blitzschutz-Vorrichtungen geschützt sein. Es ist dabei auf eine gute Erdleitung Bedacht zu nehmen, welche unter möglichster Vermeidung von Krümmungen auszuführen ist.

§ 14.

Schalter.

a) Die Schalter müssen derart construirt sein, dass auch beim Ausschalten des vollen Betriebsstromes sich kein dauernder Lichtbogen bilden kann.

b) Jede Hauptabzweigung soll für alle Pole, sofern nicht die Sicherungen das Ausschalten unter Strom ermöglichen, Ausschalter erhalten, gleichviel, ob für die einzelnen Unterabzweigungen noch besondere Ausschalter angebracht sind oder nicht; doch dürfen folgende Ausnahmen: Betriebsmässig geerdete Leitungen dürfen keine Ausschalter enthalten; Null-Leiter dürfen nur gleichzeitig mit den Ausschaltern ausschaltbar sein.

c) Wenn kein isolirender Bedienungsgang am Schalter und am stromverbrauchenden Apparat verwendet wird, so muss der Schalter nach dem Ausschalten den Verbrauchsstromkreis erden; die nicht stromführenden Metalltheile der Schalter müssen, sofern sie der Berührung zugänglich sind, dauernd geerdet sein.

Wird ein isolirender Bedienungsgang verwendet, so gelten die für diesen Fall in den §§ 6 und 10 angeführten Vorschriften.

Leitungen.

§ 15.

Allgemeines.

a) Die Abstände stromführender Leitungen von einander und von fremden Gegenständen sind derart zu bemessen, dass sowohl Berührung als auch Stromübergang ausgeschlossen ist.

b) Drahtverbindungen. Drähte dürfen nur durch Verlöthen oder eine gleich gute Verbindungsart mit einander verbunden werden; es ist insbesondere unzulässig, Drähte nur durch Uneinanderschlingen der Drahtenden mit einander zu verbinden.

Zur Herstellung von Löthstellen dürfen Löthmittel, welche das Metall angreifen, nicht verwendet werden. Die Isolation der fertigen Verbindungsstellen muss gleichwerthig mit der Isolation der Leitung sein. Abzweigungen von freigespannten Leitungen sind von Zug zu entlasten.

Zum Anschluss an Schalttafeln oder Apparate sind alle Leitungen über 25 mm² Querschnitt mit Kabelschuhen oder gleichwerthigen Verbindungsmitteln zu versehen. Drahtseile von geringerem Querschnitt müssen, wenn sie nicht gleichfalls Kabelschuhe erhalten, an den Enden verlöthet sein.

§ 16.

Freileitungen.

a) Freileitungen müssen aus blanken Drähten bestehen.

b) Höhe der Freileitungen. Freileitungen müssen mindestens 6 m, bei Wegübergängen mindestens 7 m von der Erdoberfläche entfernt sein.

c) Freileitungen in der Nähe von Gebäuden sind so anzubringen, dass sie von den Gebäuden aus ohne besondere Hilfsmittel nicht zugänglich sind.

d) Mechanische Festigkeit der Freileitungen und des Gestänges. Freileitungen müssen mit Rücksicht auf mechanische Festigkeit einen Mindestquerschnitt von 10 mm² haben.

Spannweite und Durchhang müssen derart bemessen werden, dass Gestänge aus Holz mit zehnfacher und aus Eisen mit fünffacher Sicherheit und Leitungen bei —25° C. mit fünffacher Sicherheit ausgeführt sind. Dabei ist der Winddruck mit 125 kg für 1 m² senkrecht getroffener Fläche in Rechnung zu bringen.

§ 17.

Schutzmassregeln bei Freileitungen.

a) Für Freileitungen längs öffentlicher Wege ausserhalb von Ortschaften müssen Vorrichtungen angebracht werden, welche bei Bruch der Leitungen oder der Isolatoren ein Herabfallen der Leitungen hindern oder sie spannungslos machen.

b) Schutzdrähte sind zu verwenden: in Ortschaften, ferner über einzeln liegenden bebauten Grundstücken und bei Kreuzungen öffentlicher Wege.

c) Freileitungen in Ortschaften müssen streckenweise während des Betriebes ausschaltbar sein.

d) Gegenseitiger Schutz benachbarter Leitungen. Bei parallelem Verlauf von Hochspannung-Freileitungen mit anderen Leitungen sind dieselben so zu führen, dass eine solche Vorkehrungen zu treffen, dass eine Berührung der beiden Arten von Leitungen mit einander erschwert und ungefährlich gemacht wird.

Bei Kreuzungen mit anderen Leitungen sind Schutznetze oder Schutzdrähte zu verwenden, sofern nicht durch Construction des Gestänges auch im Falle eines Drahtbruches die gegenseitige Berührung ausgeschlossen ist.

Wenn Telephonleitungen an einem Hochspannungs-Gestänge geführt sind, so müssen die Telephonstationen so eingerichtet sein, dass eine Gefahr für die Sprechenden ausgeschlossen ist.

Wenn Niederspannungs-Leitungen an einem Hochspannungs-Gestänge geführt werden, so sind Vorrichtungen anzubringen, die bei Bruch der Leitungen oder Isolatoren eine Berührung der beiden Arten von Leitungen mit einander oder das Auftreten hoher Spannungen in den Niederspannungs-Leitungen verhindern.

Bezüglich der Sicherung vorhandener Telephon- und Telegraphenleitungen gegen Hochspannungs-Leitungen wird auf § 12 des Telegraphengesetzes vom 6. April 1892 verwiesen. *)

§ 18.

Leitungen in und an Gebäuden.

a) Blanke Leitungen sind in Gebäuden nur in feuersicheren Räumen ohne brennbaren Inhalt zulässig.

---

*) Dieser Paragraph lautet: Elektrische Anlagen sind, wenn eine Störung des Betriebes an einer Leitung durch die andere entgegen oder zu befürchten ist, auf Kosten desjenigen Theiles, welcher durch eine spätere Anlage oder durch eine später eingetretene Aenderung einer bestehenden Anlage diese Störung oder die Gefahr derselben veranlasst, nach Möglichkeit so auszuführen, dass sie sich nicht störend beeinflussen.

---

b) Blanke Leitungen müssen an aufrechtstehenden Isolirglocken befestigt werden, desgleichen isolirte Leitungen, sofern sie nicht in Schutzrohre mit geerdeter Metallumhüllung eingezogen sind (vgl. § 19).

c) Alle Hochspannungs-Leitungen in und an Gebäuden müssen durch geeignete Schutzverkleidung gegen Berührung und Beschädigung gesichert sein. Diese Schutzverkleidung muss, soweit sie der Berührung durch Personen zugänglich ist, aus geerdetem Metall bestehen oder mit einer geerdeten Metallumhüllung versehen sein.

An besonders unzugänglichen Stellen, wie z. B. Giebelwänden, kann die Schutzverkleidung durch ein Schutznetz von höchstens 15 cm Maschenweite ersetzt werden.

Der Abstand zwischen der Leitung, einerlei ob sie blank oder isolirt ist, und Gebäudetheilen oder der Schutzverkleidung darf an keiner Stelle weniger als 10 cm betragen. Ausgenommen hiervon sind Wand- und Deckendurchgänge, für welche die nachstehende Vorschrift *d* gilt.

Bei eisenarmirten Bleikabeln und metallumhüllten Leitungen kann die Schutzverkleidung wegfallen; dieselben können unter Berücksichtigung der §§ 2, 4, 19 und 22 in oder an Wänden, Decken und Fussböden zugänglich verlegt werden.

d) Wand- und Deckendurchgänge. Bei Wand- und Deckendurchgängen muss entweder, unter Einhaltung einer Mindestentfernung von 5 cm zwischen Wand und Leitung, ein Canal hergestellt werden, welcher die Durchführung der Leitung auf Isolirglocken gestattet, oder es sind Porzellan- oder gleichwerthige Isolirrohre zu verwenden, deren Enden mindestens 5 cm aus der Wand hervorragen; nach Aussen und nach feuchten Räumen hin aber als Isolirglocken ausgebildet sein müssen. Für jede Leitung ist, abgesehen von Mehrleiterkabeln, ein besonderes Rohr vorzusehen.

Diese Bestimmung findet auf eisenarmirte Bleikabel keine Anwendung.

§ 19.

Schutzrohre.

a) Schutzrohre müssen aus widerstandsfähigem Material bestehen und eine Wandstärke von mindestens 1 mm besitzen.

b) Die Rohre sind so herzurichten, dass die Leitungen durch vorstehende Theile und scharfe Kanten nicht verletzt werden kann. Stossstellen müssen zum Zwecke der Erdung (§ 4) elektrisch leitend verbunden sein. Die Rohre sind so zu verlegen, dass sich an keiner Stelle Wasser ansammeln kann.

Die lichte Weite der Rohre, die Zahl und der Radius der Krümmungen müssen so gewählt werden, dass man die Drähte ohne Schwierigkeit einziehen und entfernen kann.

c) Drahtverbindungen dürfen niemals innerhalb der Rohre liegen.

d) Bei Gleichstrom dürfen Hin- und Rückleitung in dasselbe Rohr verlegt werden; mehr als drei Leiter in demselben Rohre sind nicht zulässig.

Bei Schutzrohren mit eiserner Hülle für Ein- oder Mehrphasenstrom müssen sämmtliche zu einem Stromkreis gehörigen Leitungen in demselben Rohre verlegt sein.

§ 20.

Querschnitt der Leitungen.

Die höchsten zulässigen Betriebs-Stromstärken für Leitungen aus Kupfer, welches den Normalien des Verbandes Deutscher Elektrotechniker entspricht, sind nach folgender Tabelle zu bemessen:

Leitungsquerschnitt in Quadratmillimeter	Betriebsstromstärke in Ampère	Leitungsquerschnitt in Quadratmillimeter	Betriebsstromstärke in Ampère
1·5	6	50	100
2·5	10	70	130
4	15	95	160
6	20	120	200
10	30	150	235
16	40	185	275
25	60	240	330
35	80		

Der geringste zulässige Querschnitt von Leitungen ist 1·5 mm².

Bei Verwendung von Materialien von geringerer Leitfähigkeit sind die Querschnitte entsprechend zu vergrössern.

§ 21.

Biegsame Mehrfach-Leitungen.

(Bezeichnung *L*).

Biegsame Mehrfachleitungen sind ausserhalb bewohnter Gebäude zulässig, wenn die Spannung zwischen den verschiedenen

Adern 250 V nicht übersteigen kann. Sie dürfen nicht so befestigt werden, dass ihre einzelnen Adern auf einander gepresst werden; metallene Bindedrähte sind zur Befestigung nicht zulässig.

§ 22.
Kabel.

a) Blanke Bleikabel (Bezeichnung *K B*), bestehend aus einer oder mehreren Kupferseelen, starken Isolirschichten und einem nahtlosen einfachen oder einem mehrfachen Bleimantel, müssen gegen mechanische Beschädigung geschützt sein und dürfen nicht unmittelbar mit Stoffen, welche das Blei angreifen, in Berührung kommen.

b) Asphaltirte Bleikabel (Bezeichnung *K A*) dürfen nur da verlegt werden, wo sie gegen mechanische Beschädigung geschützt sind.

c) Asphaltirte armirte Bleikabel (Bezeichnung *K E*) bedürfen eines besonderen mechanischen Schutzes nicht.

d) Bleikabel jeder Art dürfen nur mit Endverschlüssen, Abzweigmuffen oder gleichwerthigen Vorkehrungen, welche das Eindringen von Feuchtigkeit wirksam verhindern und gleichzeitig einen guten elektrischen Anschluss vermitteln, verwendet werden. An den Befestigungsstellen ist darauf zu achten, dass der Bleimantel nicht eingedrückt oder verletzt wird; Rohrhaken sind daher nur bei armirten Kabeln als Befestigungsmittel zulässig.

e) Bei eisenarmirten Kabeln für Ein- oder Mehrphasenstrom müssen sämmtliche zu einem Stromkreis gehörigen Leitungen in demselben Kabel enthalten sein.

f) Wenn vulkanisirte Gummi-Isolirung verwendet wird, muss der Leiter verzinnt sein.

Lampen in Hochspannungs-Stromkreisen.

§ 23.
Allgemeines.

a) Lampen, die ohne besondere Hilfsmittel zugänglich sind, müssen eine geerdete Schutzumhüllung haben.

b) Lampen müssen zum Zwecke der Bedienung durch Schalter, welche den Vorschriften des § 14 c entsprechen, ausschaltbar sein.

c) Die Lampenträger müssen entweder gegen Berührung geschützt oder geerdet sein.

d) Zur Montirung von Beleuchtungskörpern ist isolirter Draht (vgl. § 1 *d*) zu verwenden. Wenn der Draht an der Aussenseite des Beleuchtungskörpers geführt ist, muss er derart befestigt sein, dass sich seine Lage nicht verändern kann und eine Beschädigung der Isolation durch die Befestigung ausgeschlossen ist.

e) Bei Reihenschaltung der Lampen muss jede Lampe mit einer Vorrichtung versehen sein, welche bei Stromunterbrechung in der Lampe selbstthätig Kurzschluss oder Nebenschluss herstellt.

§ 24.
Glühlampen.

a) In Räumen, in denen betriebsmässig explosible Gemische von Gasen, Staub oder Fasern vorkommen, dürfen Glühlampen nur mit luftdicht schliessenden starken Ueberglocken aus Glas, welche auch die Fassung einschliessen, verwendet werden. Die Schutzglocken dürfen ohne besondere Hilfsmittel nicht erreichbar sein und müssen durch eine geerdete metallische Schutzkorb gegen mechanische Beschädigung geschützt sein. Glühlampen, welche mit sonstigen entzündlichen Stoffen in Berührung kommen können, müssen mit Glocken oder geerdeten Drahtgittern versehen sein.

b) Die stromführenden Theile der Fassungen müssen auf feuersicherer Unterlage montirt sein.

§ 25.
Bogenlampen.

a) In Räumen, in denen betriebsmässig explozible Gemische von Gasen, Staub oder Fasern vorkommen, dürfen Bogenlampen nicht verwendet werden.

b) Bogenlampen dürfen ohne Vorrichtungen, welche ein Herausfallen glühender Kohlentheilchen verhindern, nicht verwendet werden. Glocken ohne Aschenteller sind unzulässig.

Ueberwachung.

§ 26.

Vor Inbetriebsetzung einer Anlage ist durch Isolationsprüfung mit mindestens 100 V Spannung festzustellen, ob Isolationsfehler vorhanden sind. Das Gleiche gilt von jeder Erweiterung der Anlage.

Es sind Vorrichtungen vorzusehen, durch welche der Isolationszustand der ganzen Anlage während des Betriebes jederzeit beobachtet werden kann.

Ueber das Ergebnis der Prüfungen ist Buch zu führen.

Zur dauernden Erhaltung des vorgeschriebenen Zustandes der Gestänge, der Leitungen, der Sicherheitsvorrichtungen und der Erdung mit ihren Contacten muss eine Ueberwachung in der Weise stattfinden, dass jährlich mindestens einmal eine eingehende Revision aller Theile und ausserdem vierteljährlich mindestens einmal eine Begehung sämmtlicher Freileitungen stattfindet.

Ueber den Befund ist Buch zu führen.

Schutzmassregeln beim Betriebe.

§ 27.

Das Arbeiten an Hochspannung führenden Theilen des Leitungsnetzes und der stromverbrauchenden Apparate, sowie die Bedienung der Lampen ist nur nach voriger Ausschaltung und einer unmittelbar an der Arbeitsstelle vorgenommenen Erdung und Kurzschliessung der stromführenden Theile gestattet. In der Centrale und in Unterstationen (Transformatoren-Stationen) kann in unabweisbaren Fällen an Hochspannung führenden Theilen gearbeitet werden, doch dürfen derartige Arbeiten nur nach Anordnung und in Gegenwart des Betriebsleiters oder seines Stellvertreters ausgeführt werden. Ein Einzelner ohne Begleitung darf niemals derartige Arbeiten ausführen.

In jeder Betriebsstätte müssen Vorschriften über die Behandlung von Personen, die durch elektrischen Strom betäubt sind, sichtbar anzubringen.

Die Handhabung von Schaltern, sowie das Auswechseln von Sicherungen sind nicht als Arbeiten im Sinne der vorstehenden Bestimmungen zu betrachten.

Zeichnungen.

§ 28.

a) Für Stromerzeugungsstellen und Unterstationen müssen Schaltungs-Schemata und massstäbliche Schalttafel-Zeichnungen vorhanden sein.

b) Für Fernleitungen und Leitungsnetze müssen Situationspläne mit Angabe der Lage der Unterstationen, Transformatoren, Hausanschlüsse, Streckenausschalter, Sicherungen und Blitzschutz-Vorrichtungen vorhanden sein.

c) Für die Verbrauchsstellen müssen Pläne vorhanden sein, auf welchen ein grosser rother Blitzpfeil eingezeichnet und die Spannungen vermerkt sind und welche nachstehende Angaben enthalten:

1. Bezeichnung der Räume nach Lage und Verwendung. Besonders hervorzuheben sind feuchte Räume und solche, in welchen ätzende oder leicht entzündliche Stoffe oder explosible Gase vorkommen.
2. Lage, Querschnitt und Isolirungsart der Leitungen.
3. Art oder Verlegung und des Schutzes.
4. Lage der Apparate und Sicherungen.
5. Lage und Stromverbrauch der Transformatoren, Lampen, Elektromotoren u. s. w.

Für diese Pläne sind folgende Bezeichnungen anzuwenden:

$\not{5}$	= Blitzpfeil.
⌐	= Erdung.
×	= Feste Glühlampe.
⋅⋅×⋅	= Bewegliche Glühlampe.
⊗ 5	= Fester Lampenträger mit Lampenzahl (5).
∿⊗ 3	= Beweglicher Lampenträger mit Lampenzahl (3).

Obige Zeichen gelten für Glühlampen jeder Kerzenstärke, sowie für Fassungen mit und ohne Lampen.

◎ 6	= Bogenlampe mit Angabe der Stromstärke (6) in Ampère.
☼ 10	= Dynamomaschine bezw. Elektromotor jeder Stromart mit Angabe der höchsten zulässigen Beanspruchung in Kilowatt.
⊣⊢⊣⊢	= Accumulatoren.
)-(	= Wandfassung, Anschlussdose.

= Einpoliger, bezw. zweipoliger, bezw. dreipoliger Ausschalter mit Angabe der höchsten zulässigen Stromstärke (6) in Ampère.

-- Umschalter, desgl.

== Sicherung (an der Abzweigstelle).

⊠ 10   _ Widerstand, Heizapparate u. dgl. mit Angabe der höchsten zulässigen Stromstärke (10) in Ampère.

⟋⟍ 10   == Desgl., beweglich angeschlossen.

7,5   == Transformator mit Angabe der Leistung in Kilowatt (7·5).

= Drosselspule.

= Blitzschutzvorrichtung.

= Zweileiter-, bezw. Dreileiter- oder Drehstromzähler mit Angabe des Messbereichs in Kilowatt (5 bezw. 20).

= Zweileiter-Schalttafel.

= Dreileiter-Schalttafel oder Schalttafel für mehrphasigen Wechselstrom.

= Einzelleitung.

= Hin- und Rückleitung.

= Dreileiter- oder Drehstromleitung.

= Fest verlegte biegsame Mehrfachleitung jeder Art.

== nach oben   } führende
== nach unten   } Steigleitung.

B   == Blanker Kupferdraht.
B E == Blanker Eisendraht.
G   == Leitung mit nacktloser Gummi-Isolirung.
L   == Leitung nach § 21.
K B == Kabel nach § 22 a.
K A == „   „   § 22 b.
K E == „   „   § 22 c.
(g) == Verlegung auf Isolirglocken nach § 18.
(a) == Verlegung in Röhren nach § 19.

Das Schaltungsschema soll enthalten: Querschnitte der Hauptleitungen und Abzweigungen von den Schalttafeln mit Angabe der Belastung in Ampère.

Die Vorschriften dieses Paragraphen gelten auch für alle Abänderungen und Erweiterungen.

Der Plan und das Schaltungsschema sind von dem Besitzer der Anlage aufzubewahren.

Schlussbestimmungen.

§ 29.

Der Verband Deutscher Elektrotechniker behält sich vor, diese Vorschriften den Fortschritten und Bedürfnissen der Technik entsprechend abzuändern.

§ 30.

Die vorstehenden Vorschriften sind von der Commission des Verbandes Deutscher Elektrotechniker einstimmig angenommen worden und haben daher in Gemässheit des Beschlusses der Jahresversammlung des Verbandes vom 3. Juni 1898 als Verbands-Vorschriften zu gelten.

Der Vorsitzende der Commission:
Budde.

Ausgeführte und projectirte Anlagen.

Oesterreich-Ungarn.

Oesterreich.

Klagenfurt. (Elektrische Kleinbahnen.) Das k. k. Eisenbahnministerium hat der Leobersdorfer Maschinenfabrik von Ganz & Co. in Wien die Bewilligung zur Vornahme technischer Vorarbeiten für elektrisch zu betreibende Kleinbahnen in Klagenfurt und Umgebung, und zwar: vom Südbahnhofe in die Stadt, zu den Krankenanstalten und zum Wörthersee einerseits und längs der Reichsstrasse durch die Katastralgemeinden Welzenegg, St. Peter, Hörtendorf, Gradnitz und Zell bis an die Gurk andererseits ertheilt.

Prag. Ueber die elektrische Zahnradbahn Kleinseite—Pohořeletz, worüber wir schon berichtet haben, bringt die „Pol." interessante Details, welchen wir Nachstehendes entnehmen.

Diese Zahnradbahn soll nach System Abt gebaut werden. Dieses System besteht in zwei oder drei Flachschienen, welche mittelst eiserner Stühle mitten zwischen den Schienen auf den eisernen Querschwellen befestigt sind und deren jede eine Zahnstange bildet. Die Zähne dieser Zahnstangen liegen jedoch nicht nebeneinander, sondern sind in der Längsrichtung um die Hälfte, beziehungsweise ein Drittel der Zahntheilung gegen einander verschoben. Die Zahnräder des Motorwagens, den Zahnstangen entsprechend, aus zwei, resp. drei nebeneinandergelegten Zahnscheiben (jede etwa doppelt so dick, wie die entsprechende Zahnstange, um das Danebengreifen bei Bahnkrümmungen hintanzuhalten). Die einen Scheiben sind die Zähne gleichfalls gegen einander versetzt, wie jene der Zahnstangen. Hiedurch wird erreicht, dass die einzelnen Zähne in ganz kurzen Zwischenräumen in mehrerer eingreifen, mehrere Zähne gleichzeitig an der Druckübertragung theilnehmen, die Bewegung ganz sanft und stossfrei wird, besonders da die einzelnen Zahnscheiben eines Triebrades eine kleine federnde Bewegung gegen einander gestatten und hiedurch etwa vorhandene Ungenauigkeiten der Zahneintheilung ausgeglichen werden. Ueberdies werden bei den Motorwagen mehrere Zahntriebräder verwendet.

Bei der Anlage dieser Bahn in der Nerudagasse wird die Zahnstange derart in das Gassenniveau eingelassen werden, dass hiedurch der Wagenverkehr keinesfalls gestört werden wird. In dieser Art ist die elektrische Zahnradbahn in Barmen angelegt; dieselbe hat sich sehr gut bewährt und hat sich bisher nicht (die geringste Anstand ergeben, trotzdem die Verhältnisse dieser Bahn bei weitem ungünstiger sind, als die der besagten Strecke in Prag. In ähnlicher Weise sind die Dampftramways in Neufchâtel in der Schweiz, in Neapel etc., woselbst sie sich in den frequentesten Strassen bewährt haben, angelegt.

Die Bahn wird mit der normalen Spurweite von 1·435 m mit Oberleitung angelegt werden und der Verkehr eine absolute Sicherheit gewähren. Die Länge der ganzen Strecke vom Kleinseitenplatz vom km 1·843 der projectirten Strecke Smichov—Central-Schlachtbank, elektrische Centrale bis zum Platze Pohořeletz beträgt 1·2106 km. In Anbetracht der schmalen Gassen sind nur fünf Ausweichstrecken projectirt, u. zw. dort, wo es die Gassenbreite zulässt.

Bei der Feststellung der Richtung wurde Folgendes in Betracht gezogen:

Die Trace wurde der ganzen Länge nach auf die linke Seite der Gassenfahrbahn gelegt, damit auf der anderen Seite die Fuhrwerke ungehindert verkehren können.

Nahezu auf der ganzen Strecke wurde die Achse des Geleises auf 1·5 m von der Trottoireinfassung gelegt, so dass bei der halben Wagenbreite von 1·05 m noch zwischen dem Trottoir und der Aussenwand der Motorwagens ein Spielraum von 45 m ergibt, so dass der Passant der Trottoirs auf keinen Fall gefährdet erscheint. Die Ausweichstellen werden in der normalen Länge von 71·2 m mit dem Radius von 50 m angelegt. Der Mechanismus der Weichenstellungen ist selbstthätig federnd. Die Trace beginnt vom Kleinseitenplatze mit einer normalen Abbiegung an welche sich ein Bogen von 33 m Radius anschliesst, zieht sich dann durch die schmale Gasse zwischen der Stratthallerei und dem Oberlandesgerichtsgebäude durch die Nerudagasse auf den Pohořeletz, woselbst sie bei der Landwehrkaserne mit dem Namen „Pohořeletz" endigt. Der kleinste Krümmungshalbmesser der Strecke, 33 m, kommt vor und die Steigung vor, ist somit ohne Belang. Andere kleine Krümmungen kommen bei den Ausweichstellen mit 50 m Radius vor. Im Ganzen haben die geraden Linien eine Länge von 880·39 m, die Bogenlinien jene von 303·61 m.

Die bisherige Höhe der Gassenflächen wird auch das Niveau der elektrischen Bahn bilden. Am Anfang der Trace beträgt die Höhe über dem Meeresspiegel 195·910 m, der Höhenpunkt der

Trace 283·986 m, so dass auf die ganze Tracenlänge ein Höhenunterschied von 88·076 m entfällt, was eine Durchschnittssteigung von 72·75‰ ergibt. Die grösste Steigung ist im km 0·56 in einer Länge von 570 m. Sie beträgt 121·561‰ und erheischt auch die Anwendung der Zahnstange. Der elektrische Strom wird mittelst der Oberleitung zugeführt. Der Leitungsdraht wird in einer Höhe von 5·75 m oberhalb des Gassenpflasters, und zwar entweder in der Achse des Geleises oder seitwärts angebracht, je nachdem es die Verhältnisse erfordern werden. Zu diesem Zwecke wird die Leitungsstange mit einem Knie versehen sein.

Zur Erzielung einer grösseren Sicherheit werden zwei Leitrollen per Motorwagen empfohlen, einestheils um eine Reserve zu haben, wenn eine Rolle entgleist, anderntheils um eine bessere Stromzuleitung zu erzielen. Die Stromzuleitung wird von der Centralstation in Holeschowitz besorgt werden. In Anbetracht der grossen Steigung und des entsprechend grösseren Kraftverbrauches werden zwei Speiseleitungen, u. zw. am Kleinseitnerplatze (zugleich zur Speisung der Linie Smichov—Centralschlachtbank) und am Ende der Trace Pohořeletz (zugleich zur Speisung der seinerzeitigen Strecke Prag—Sternschiessgarten) projectirt. Die Speisekabel werden etwa 0·5 m unter das Gassenniveau versenkt werden.

Die Achse der Zahnräder wird zum Heben und Senken eingerichtet, jedoch nicht selbstthätig, sondern wird dasselbe durch die Hand des Wagenführers vorgenommen und nicht während der Fahrt.

Bei dem Ein- und Ausfahrten aus und in die Remisen auf der glatten Bahn, des Morgens und Abends wird das Zahnrad gehoben, während des Tages bei der Berg- und Thalfahrt auf der etwa 1200 m langen Bahn herabgelassen und wird sich im normalen Eingriff in die Zahnstange befinden.

Sollte sich während des Herablassens des Zahntriebrades die Stellung „Zahn auf Zahn" ergeben, dann genügt es, den Motorwagen mittelst der Stromzuleitung um einige Centimeter vorwärts zu bewegen, worauf die Zähne des Zahnrades in die Zahnstange einfallen.

Die Zahnstange besteht aus einzelnen Zahnlamellen, welche etwa 25 mm stark sind; dieselbe ist in der Geleisachse gelagert und mittelst zweier Winkeleisen auf der Gassenunterlage gebettet.

In bestimmten Entfernungen werden unter den Geleiseschienen und der Zahnstange Winkeleisen angebracht und mittelst Schrauben gegenseitig verbunden. Dieselben haben einerseits als Spreizeisen zu dienen, andererseits den Nachschub der Schienen zu verhindern. Ueberdies werden auch einige Spreizstangen von Flacheisen angebracht. Zu beiden Seiten der Lamelle sind abstehende Flacheisen angebracht, deren obere Fläche ebenso wie jene der Zahnstange im Gassenniveau gelagert sein wird, so dass beiderseits der Lamelle ein freier, offener Canal entsteht, welcher einestheils gegen das Pflaster abgesperrt ist, andererseits, gegen die Lamellen hin, offen steht. Das Regenwasser etc. kann ungehindert abfliessen.

Bei der Einrichtung der Motorwagen wollte man an den bestehenden Typen keine Aenderungen vornehmen. Die Abschaffung der Sitze auf den Plattformen ergab sich jedoch als Nothwendigkeit. Hiedurch wird der Wagenkasten von 7·7 m auf 6·5 m abgekürzt. Der Untertheil der Wagen bleibt, es muss jedoch ein drittes Lager für die Achse des Zahnrades angebracht werden.

Der Betrieb des Zahnrades wird durch die untere Achse mittelst der an der Achse angenieteten Kurbeln bewirkt. Die Waggons werden mitsammt der Belastung etwa 11 t schwer sein. Auf der grössten Steigung von 122‰ entspricht diese Belastung einem Zugwiderstand von rund 1450 kg. Bei einer Fahrgeschwindigkeit von 8 km müsste jede Achse mit einem Motor von 25 PS versehen sein.

Jede Wagenachse wird mit einer Bremse System Standard Air Brake Company, dann mit einer starken Spindelachse versehen sein, wobei auf ein jedes Rad zwei Bremsenstöckel wirken werden. Die Kettenbremsvorrichtung entfällt, dafür wird die Schraube verwendet. Die 10 m langen Geleisschienen sind nach dem System Phönix mit halbirtem Contacte projectirt. Ein Längenmeter derselben wiegt 42 kg.

Die Motorwagen werden vom Kleinseitnerplatze in Zeiträumen von 8 Minuten aus fahren. Auf der Endstation angelangt, warten sie 4½ Minuten ab und kehren zurück. Die Waggons kreuzen in den Stationen.

In dem Theile der Strecke zwischen der Schlossgasse und dem Hradschin wird mit Rücksicht auf das ungünstige Gefälle eine Schnelligkeit von 6 km in der Stunde vorausgesetzt, während in den anderen Theilen eine solche von 10 km zur Basis genommen wurde.

Projectirt sind fünf Stationen. Der Aufenthalt in den Stationen ist mit einer Minute geplant.

Der Bau dieser elektrischen Bahnstrecke wird nach dem Voranschlage einen Aufwand von 195.828 fl. erheischen, was mit den

1·5%igen Interealarzinsen von 2937·42 fl. und dem Reservefonde von 1234·58 fl. rund einen Aufwand von 200.000 fl. ausmacht. Es entfällt somit per Kilometer ein Aufwand von 186.666 fl. Jeder Waggon bedarf zur Hin- und Rückfahrt 30 Minuten. Bei einer täglichen 16stündigen Fahrt macht somit jeder Waggon täglich 32 solche Fahrten oder 32 × 2 × 1·2 = 76·8 Wagenkilometer, somit vier Waggons 307·2 Wagenkilometer täglich und 112.128 jährlich, mit Rücksicht auf ungeahmte Hindernisse 110.000 Wagenkilometer jährlich.

Die mit der Stromerzeugung, den Wagen- und Motorenreparaturen, der Erhaltung der Oberleitung, des Oberbaues, mit der Reinigung des Geleises, dem Lohn der Waggonführer und der Conducteure verbundenen Auslagen beziffern sich per Wagenkilometer nach den statistischen Daten mit 0·16 fl. oder bei 110.000 Wagenkilometer mit 17.600 fl. Auf Grund der statistischen

$$\text{Daten würde die Jahreseinnahme} \quad \frac{17.600 \times 100}{59.56} = 29.550 \text{ fl., rund}$$

29.000 fl., der Ueberschuss somit 11.400 fl. betragen.

Den 4½%igen Interessen des Baucapitales von 200.000 fl. in der Höhe von 9000 fl. entgegen gehalten, ergibt sich ein Ueberschuss von 2400 fl., welcher auf die Amortisation entfällt und etwa 0·48% des Bauaufwandes ausmacht.

Wohl stellt sich dieses Ergebnis als minder günstig heraus; es muss jedoch erwogen werden, dass diese Bahnstrecke blos einen Theil des ganzen Netzes bildet, dessen Rentabilität im Ganzen in's Auge gefasst werden muss.

Reichenberg. (Elektrische Bahnen.) Das k.k. Eisenbahnministerium hat der Stadtgemeinde Reichenberg im Vereine mit der Reichenberger Strassenbahn-Gesellschaft die Bewilligung zur Vornahme technischer Vorarbeiten für folgende und zwar 1. vom Bahnhofe Reichenberg der Süddeutschen Verbindungsbahn die Lastenstrasse entlang nach Johannesthal, Hanichen und ihre Jeschken; 2. von der Stadtgrenze Reichenberg-Franzensdorf nach Rosenthal, I. Theil; 3. von Rosenthal 1. Theil, die Kratznerstrasse entlang nach Habendorf, Ruppersdorf und Katharinaberg, und 4. von Habendorf nach Paulsdorf und Reichenberg zurück im Sinne der bestehenden Normen auf die Dauer eines Jahres ertheilt.

Scardona in Dalmatien. (Die Ausnützung der Kerkafälle.) In Angelegenheit des Baues der grossen Etablissements an den Kerkafällen, worüber wir im Heft 20 vom 15. Mai 1898 berichtet haben, bringen wir in Erfahrung, dass das Unternehmen infolge des am 5. April 1898 stattgefundenen Edictalverfahrens am 27. Juli d. J. zur Benützung einer Wasserkraft von vorderhand 5400 PS an der Turbinenwelle die Concession erhalten hat.

Dieser Kraftbezug ist für den Niederwasserstand berechnet und sind die Wasserzuläufe auf die Ausnützung einer dreifachen Kraft bemessen.

Zur Aufstellung gelangen vorderhand 4 Turbinen à 1500 PS und 1 Turbine à 200 PS; letztere zum Betriebe der Communicationen, Krahne, Werkstätten, elektrische Beleuchtung, Laboratorium etc., während die ersteren der Fabrikation dienen sollen.

Dank der günstigen Lage des Etablissements kommt die Kraftstation auf Felsenfundament zu stehen und wird das eigentliche Etablissement für elektrochemische Industrie gleich daran gegliedert, in welchem die an Ort und Stelle in besonderer Reinheit vorkommenden Rohproducte zur Verarbeitung gelangen werden.

Villach. (Elektrische Kleinbahn.) Die k. k. Landesregierung in Klagenfurt hat hinsichtlich der von der Bauunternehmung Rittsch! & Comp. in Wien vorgelegten generellen Projecte: a) für eine mit der Spurweite von 1 m auszuführende, elektrisch zu betreibende Kleinbahn mit durchgängiger Strassenbenützung von Südbahnhofe in Villach zum dortigen Staatsbahnhofe, und b) für eine mit der gleichen Spurweite herzustellende Kleinbahn vom Staatsbahnhofe in Villach über Mittelwald nach Heiligengeist mit elektrischem Betrieb, die Tracenrevision in Verbindung mit der Stationscommission auf den 30. August und die folgenden Tage anberaumt.

Deutschland.

Berlin. Der elektrische Betrieb auf der Linie der Grossen Berliner Strassenbahn Treptow—Schlesische Brücke—Spittelmarkt—Friedrichstrasse (Ecke der Behrenstrasse) wurde am 1. d. M. Mittag eröffnet. Um ½1 Uhr fuhr der erste Wagen von Treptow ab und um 1 Uhr 4 Minuten der erste elektrische Wagen von der Passage. Der Betrieb geschieht von Treptow bis zum Spittelmarkt mittelst Oberleitung, von da bis zur Behrenstrasse durch Sammler. Zur Verwendung gelangen Wagen von der Construction wie sie zwischen Schöneberg und dem Alexanderplatz verkehren. Durch die Leipzigerstrasse verkehren jetzt auf der kurzen Strecke zwischen Donhofplatz und Spittelmarkt bereits vier elektrisch betriebene Linien.

Zu der Versuchsstrecke für den elektrischen Betrieb auf Vollbahnen, zu deren Anlegung der Firma Siemens & Halske von der Gemeinde Gross-Lichterfelde im Frühjahre die Genehmigung ertheilt worden war, ist jetzt in der dortigen Teltowerstrasse die Verlegung der Schienen vollständig fertig gestellt worden. Die Strecke beginnt an der Ecke der Zehlendorferstrasse bei dem Wirthshaus „Wiesenbaude" und zieht sich bis zu den an der Zehlendorfer Grenze liegenden Schiessständen der Hauptcadettenanstalt hin. Hier wird auch demnächst mit dem Bau eines Depôts für die Unterbringung der Wagen begonnen werden. Da auch die Leitungsanlage für die oberirdische Stromzuführung dieser Tage in Angriff genommen werden wird, so werden die jedenfalls sehr interessanten Versuche einer Fortbewegung grosser Eisenbahnwagen durch Elektricität bald vorgenommen werden können. Um diese Versuche möglich vielseitig zu gestalten, besteht das Geleise aus drei Schienen, so dass also die Strecke mit schmal- und breitspurigen Wagen befahren werden kann. In der Hauptsache soll diese neue Bahnstrecke als eine Versuchsstrecke für die Wannsee-bahn dienen.

Königsberg. (Elektrische Bahn.) Die Königsberger Pferde-Eisenbahn-Action-Gesellschaft gedenkt die Bahnlinie Postatrasse—Juditten, auf welcher der Accumulatorenbetrieb eingeführt wird, bis zum 15. Mai 1899 fertig zu stellen. Die Linie, deren Bau in der Stadt beginnen soll, wird auf der Hufenchaussée durch das Dorf Lawsken bis zur Kirche Juditten geführt werden. Eine Hinausschiebung des Eröffnungstermins wäre nach der „Königsb. Hart. Ztg." nur von elementaren Hindernissen abhängig.

Liebstadt i. Ostpreussen. (Carbidfabrik.) Die Elektricitäts-Action Gesellschaft vorm. Schuckert & Co. in Nürnberg ist in Verhandlungen getreten, welche die Ausnützung der bedeutenden Wasserkraft der Passarge bezwecken, und zwar in der Weise, dass dieselbe zum Betriebe einer Carbidfabrik Verwendung findet. Die Anlage derselben soll eventuell in der Nähe des Bahnhofes Liebstadt oder Sporthenen errichtet werden, wenn das nöthige Terrain von der betreffenden Gemeinde unentgeltlich abgetreten wird.

Zittau (Sachsen). (Elektrische Bahn.) Die Stadtgemeinde Zittau hat am 29. v. M. der „Continentalen Gesellschaft für elektrische Unternehmungen in Nürnberg (Schuckert & Co.) die Genehmigung zur Errichtung einer elektrischen Centrale zum Betriebe einer elektrischen Strassenbahn und zur Abgabe von elektrischem Strom an Private zum Betriebe von Elektromotoren ertheilt. Die Erzeugung von elektrischem Licht ist dagegen vorerst ausgeschlossen und die Stadtverwaltung hat sich nach dieser Richtung alle weiteren Rechte vorbehalten. Die projectirte elektrische Strassenbahnanlage, auf die sich der gegenwärtige Vertrag bezieht, umfasst folgende Strecken: 1.) Bahnhofstrasse (vom Hauptbahnhofe der königl. sächs. Staatseisenbahnen), Bautznerstrasse, Markt, Rathhausplatz, Reichenbergerstrasse, Kaiser Wilhelmplatz, innere Grottauerstrasse, äussere Grottauerstrasse bis zur Kreuzung der Gablerstrasse; 2.) Markt, Rathhausplatz, Frauenstrasse, Fraustutherstrasse, Görlitzerstrasse bis zum Anfang des Weimarparkes; 3.) Markt, Weberstrasse, äussere Weberstrasse bis zur Karlstrasse; 4.) Weststrasse (Gasanstalt), Neuestrasse, Oybinerstrasse, Rossplatz, Theodor Körner-Allee, Kaiser Wilhelmplatz, Anschluss an Linie 1 und Fortführung der letzteren bis zum Kohlenwerken in Hartau. Die Continentale Gesellschaft verpflichtet sich, die Linien 1 und 3 binnen Jahresfrist, die Linien unter 3 binnen zwei Jahren nach Ertheilung der erforderlichen behördlichen Genehmigung zum Baue fertig zu stellen. Wird die Linie 4 anlangt, so soll es der Continentalen Gesellschaft freigestellt sein, sie innerhalb drei Jahren, vom Vertragsabschluss angerechnet, zu erbauen und den Betrieb auf derselben zu eröffnen. Die Continentale Gesellschaft erhält ausserdem das Recht, falls österreichischerseits die Genehmigung für Erbauung einer Strassenbahn von Grottau bis zur sächsischen Landesgrenze ertheilt werden sollte, die Linie 1 auf der Grottauerstrasse bis zur Landesgrenze weiterzuführen unter der Bedingung, dass zum Betriebe der Strassenbahn bis zur Landesgrenze erforderliche elektrische Strom aus der Kraftstation in Zittau entnommen wird. Die Concessionsdauer erstreckt sich auf 50 Jahre vom Tage der Betriebseröffnung an.

Geschäftliche und finanzielle Nachrichten.

Bank für elektrische Unternehmungen in Zürich. Der Rechenschaftsbericht für 1897/98 enthält eine Fülle interessanter Mittheilungen. In dem abgelaufenen dritten Geschäftsjahre ging die Bank eine Reihe von neuen Geschäften ein, die zum Theil bereits wieder abgewickelt, zum Theil dagegen auf eine längere Investirung berechnet sind. Dabei hat sie ihre neuen geschäftlichen Engagements vorwiegend die Form von Betheiligungen an den für neue Unternehmungen sich bildenden Syndikaten gewählt und auch sie in den Statuten vorgesehene Beleihung von Werken elektrischer Unternehmungen, mit Ausbedingung eines Gewinnantheils, in grösserem Umfange ins Werk gesetzt. — Mit Bezug auf die Crediteröffnungen an die verschiedenen Genueser Gesellschaften wird bemerkt, dass dieselben seither, den thatsächlichen Verhältnissen besser entsprechend, mit Wirkung vom 1. Januar 1898 hinweg, in sog. „Partecipazioni" (Stille Betheiligungen) im Sinne des italienischen Handelsgesetzbuches umgewandelt worden sind. — Die gute Geschäftsentwickelung veranlasste die Direction, die Resteinzahlung von 50% auf das Actiencapital einzuziehen. Bei Beurtheilung des Rechnungsergebnisses bleibt zu beachten, dass für das Jahr 1897 noch keine Unternehmung, an deren Finanzirung die Bank mitwirkte, in vollem Betriebe gestanden hat. Es befanden sich vielmehr noch alle im Stadium der Vorbereitung oder des Baues und konnten erst zum Theil im Laufe des Jahres dem Betriebe übergeben werden. Der hauptsächlichste Grund, weshalb die vor der Bank erzielte Dividende keine Steigerung gegen das Vorjahr erfuhr, liegt darin, dass die Bank infolge der oben erwähnten Umwandlung der Crediteröffnungen an die Genueser Unternehmungen auf ein Capital von durchschnittlich 14,411.918 Frcs. für das ganze erste Semester 1898 keinen Ertrag vereinnahmen konnte. Da nämlich die Verzinsung der Partecipazionen von den Rechnungsabschlüssen der Genueser Gesellschaften abhängig ist, kann sie nicht mehr halbjährlich zu einem fixen Zinsfusse erfolgen, sondern geschieht für das ganze Jahr in einem Male nach Genehmigung der Jahresrechnungen durch die Generalversammlungen der einzelnen Gesellschaften. Die Bank glaubt aber daran festhalten zu sollen, bei Aufstellung ihrer Rechnungsabschlüsse nur die effectiv vereinnahmten Zinsen und Dividenden in Berücksichtigung zu ziehen. Der Bruttogewinn beträgt einschliesslich 216.524 Frcs. (i. V. 251.812 Frcs.) Vortrag 2,070.541 Frcs. (i. V. 1,574.912 Frcs.). Hiervon entfallen auf den Ertrag von Anlagen 1.606.810 Frcs. (i. V. 988.769 Frcs.). Als Reingewinn verbleiben 1,277.440 Frcs. (i. V. 1,013.981 Francs). Hiervon erhält der ordentliche Reservefonds 53.045 Frcs. (i. V. 38.106 Frcs.). Als Tantième für den Verwaltungsrath werden 10.590 Frcs. (i. V. 9301 Frcs.) verwendet. Die Actionäre erhalten 36 Frcs. pro Actie gleich ca. 5% Dividende auf das durchschnittlich eingezahlte Actiencapital von 21,666.666 Frcs. mit 1,079.999 Frcs. (i. V. 5% gleich 750.000 Frcs. auf das durchschnittlich eingezahlte Actiencapital von 15 Millionen Frcs.). Der Rest von 133.804 Frcs. (i. V. 216.524 Frcs.) wird auf neue Rechnung vorgetragen.

Betreffs der einzelnen Unternehmungen, an denen die Bank betheiligt ist, bringt der Bericht eingehende Mittheilungen, denen wir Folgendes entnehmen: Die Officine elettriche Genovesi beendete im September 1897 ihre Bauperiode für die erste Anlage, berechnet auf 40.000 Glühlampen und Stromlieferungen für die Trambahnen Genuas. Eine wesentliche Erweiterung wird jetzt infolge zunehmender Anmeldungen auf elektrischen Strom für Beleuchtung und motorische Zwecke erforderlich. Ferner wurde eine neue Kraftstation in Sampierdarena zu bauen begonnen, welche für die dortige Strassenbahnnetze elektrische Energie liefern soll. Die Gesellschaft hat nunmehr auch noch den Betrieb der Anlagen der Società Genovesi di Elettricità in Sampierdarena übernommen.

Die Società Genovese di Elettricità, welche früher in Genua und in Sampierdarena thätig war, hat nach Ueberlassung ihrer sämmtlichen Genueser Consumenten an die Officine Elettriche Genovesi ihren Betrieb in Genua am 7. October 1897 gänzlich eingestellt und ihren Wirkungskreis ausschliesslich nach Sampierdarena verlegt. Sie hat zu letzterem Orte eine neue Maschinen- und Accumulatoren-Anlage für rund 6000 gleichzeitig brennende Lampen à 16 NK oder deren Aequivalent erstellt, und mit der Eröffnung derselben, welche demnächst stattfinden soll, die bisherige alte Anlage in Sampierdarena eingehen lassen.

Der Bau der Società di Ferrovie Elettriche e Funicolari in Genua, welche im Ganzen eine concessionirte Betriebslänge von rund 24 km Trambahnen und 1½ km Seilbahnen umfasst, ist im Jahre 1897 der Hauptsache nach vollendet worden; die Vollendung der letzten Strecke ist noch im Jahre 1898 zu erwarten. Die Anzahl der Motorwagen musste infolge des sich entwickelnden Verkehrs bereits um 25 vermehrt werden und belief sich Ende 1897 auf 55 Stück. Der Betrieb hat die auf ihn gesetzten Erwartungen im Ganzen erfüllt. Die Direction der Gesellschaft besorgt nach einem besonderen Reglement gleichzeitig auch noch die Geschäfte der Società dei Tramways Orientali. Der Betrieb und die Materialverwaltung der beiden Unternehmungen sind vereinigt, die Rechnungsstellung dagegen getrennt.

Bei der Società dei Tramways Orientali in Genua sind von den total circa 25 km 12.300 m am 26. Juli 1897 und 8430 m am 22. November 1897 dem Betriebe übergeben worden. An der Fortsetzung der Vorortelinie von Sturla nach Nervi wird gearbeitet. Der Bau der Linie nach S. Fruttuoso steht noch aus. Ebenso war es bis jetzt nicht möglich, die richtige Verbindung vom Ponte Monumentale bis auf die Piazza Deferrari herzustellen und so die östliche Vorortelinie bis in das eigentliche Verkehrscentrum der Stadt hineinzuführen, was erst dieser Linie den vollen Verkehr sichern wird. Auch hier genügte das vorhandene Wagenmaterial für den zu bewältigenden Verkehr nicht und mussten bereits dreissig neue Wagen nachbestellt werden, deren Anlieferung begonnen hat.

Die Unione Italiana-Tramways Elettrici in Genua, dessen Strassenbahnstrecken den Westen der Stadt Genua bedienen, während es in der Stadt Genua selbst noch einige Omnibuslinien unterhält, wird noch immer mit Pferden betrieben. Die Schwierigkeiten betreffs Auswirkung neuer Concessionen mit Erlaubnis des elektrischen Betriebes konnten erst im Frühjahr 1898 definitiv beseitigt werden, so dass nunmehr dem Beginn des Umbaues nichts mehr im Wege steht. Es wurde jedoch für rationell erachtet, damit nicht während der den stärksten Verkehr aufweisenden Sommermonate anzufangen. Der Umbau soll im September 1898 in Angriff genommen werden. Für den Bau der neuen Certosa-Tunnel-Linie (directe Verbindung Genua—Rivarolo) sind alle Vorbereitungen getroffen, so dass man auch hiemit beginnen werden kann.

Bei der Seville Tramways Company Limited, London, blieben die Einnahmen pro 1897 infolge des durch die spanischen Colonialkriege veranlassten Darniederliegens aller geschäftlichen Verhältnisse etwas hinter denjenigen des Vorjahres. Im Jahre 1897 wurden auch die Verhandlungen mit den Behörden wegen Erstellung von drei neuen elektrischen Tramlinien und Umbau der bestehenden auf elektrischen Betrieb zum Abschlusse gebracht. Im Anschlusse hieran übertrug die Gesellschaft alle diese Arbeiten für Aus- und Umbau des bestehenden Netzes an die Allgemeine Elektricitäts-Gesellschaft in Berlin. Gleichzeitig wurden für die Dauer des Umbaues auch die Betriebsdispositionen in die Hand der Allgemeinen Elektricitäts-Gesellschaft gelegt. Der Strom für den elektrischen Betrieb der Bahn wird von der Compania Sevillana de Electricidad geliefert werden.

Die Entwickelung der Compania Sevillana de Electricidad war zwar auch im Jahre 1897 durch die ungünstigen Einwirkungen der Colonialkriege gehemmt, kann aber immerhin als eine befriedigende bezeichnet werden. Die neue Accumulatoren-Batterie kam erst gegen Ende 1897 in Betrieb. Eine fernere Erweiterung der Anlage wird platzzugreifen haben auf den Zeitpunkt, von welchem hinweg das Elektricitätswerk auch noch den Strom für die Trambahnen zu liefern haben wird.

Bei der Compannia Barcelonosa de Electricidad in Barcelona gehört das Jahr 1897 noch ganz der Bau- und Vorbereitungsperiode an. Ein einigermassen regelmässiger Betrieb wurde erst Anfang 1898 durchgeführt. Inzwischen hat der Stromabsatz für Licht und insbesondere auch für Motoren erfreuliche Fortschritte gemacht und musste bereits auch hier die Erweiterung der ursprünglich projectirten Anlage durch Beschaffung einer Accumulatoren-Batterie und Aufstellung neuer Maschinen-Aggregate in Aussicht genommen werden, letztere insbesondere für die Eventualität, dass das Elektricitätswerk auch für mehrere Barcelonser Strassenbahnen den Strom zu liefern haben wird.

Die Compania Vizcaina de Electricidad in Bilbao hat mit dem 31. December 1897 ihr erstes Betriebsjahr abgeschlossen, nachdem das Unternehmen als Privatfirma und ohne elektrischen Betrieb schon früher existirt hatte. Wenn auch die finanziellen Ergebnisse einstweilen noch hinter den gehegten Erwartungen zurückgeblieben sind, was insbesondere einem intensiven Tarifkampf mit den concurrirenden Hauptbahnen und der mit Ausnahme der heissen Sommermonate stets permanent ungünstigen Witterung zugeschrieben werden muss, so ist doch gegenüber dem Vorjahre eine Zunahme des Verkehres zu verzeichnen, die für die Zukunft befriedigende Resultate erwarten lässt. Die vermehrten Betriebsleistungen haben bereits eine Erweiterung der ursprünglichen Anlage durch Aufstellung einer

Accumulatoren-Batterie und Einrichtung einer zweiten Kraftstation veranlasst, wovon die erstere schon im Juli 1897 in Betrieb gesetzt werden konnte, während die letztere für die Sommer-Saison 1898 zur Verfügung stehen sollte.

Die Deutsch-Ueberseeische Elektricitäts-Gesellschaft ist im Januar 1898 mit dem Sitze in Berlin und mit einem Grundcapital von 10,000.000 Mk. errichtet worden. Als erstes Object für ihre gesellschaftliche Thätigkeit hat sich die Gesellschaft die Stadt Buenos Aires ausersehen. Sie errichtet dort ein grosses Electricitätswerk für 69.000 gleichzeitig brennende Lampen und 1600 PS für Bahnbetrieb; sie hat ferner den zur Zeit mit Pferden betriebenen Tranvia Metropolitano erworben und wird darauf den elektrischen Betrieb einrichten. Die Ausführung dieser Bauten ist der Allgemeinen Elektricitäts-Gesellschaft übertragen worden, welche für die Innehaltung des Kostenvoranschlages Garantie übernommen hat. Mit dem Bau ist begonnen. Der Pferdebetrieb des Tranvia Metropolitano wird bis zur Vollendung des Umbaues auf den elektrischen Betrieb beständig beibehalten. Der erste Rechnungsabschluss der Gesellschaft erfolgt auf den 31. December 1898.

Für die Uebernahme, den Bau und Betrieb einer Strassenbahn und eines Elektricitätswerkes in Santiago de Chile ist eine Gesellschaft mit Sitz in London gegründet worden. Die Bauarbeiten sind der Allgemeinen Elektricitäts-Gesellschaft in Berlin übertragen. Die Bank für elektrische Unternehmungen hat sich an dem unter Leitung der Deutschen Bank in Berlin und der Firma Wernher Beit & Co. in London für die Durchführung des Geschäftes gebildeten Syndicat betheiligt.

Russische Elektricitäts-Gesellschaft „Union". Die Russisch-Baltische Elektrotechnische Fabrik Heinr. Dettmann in Riga hat ihr Unternehmen mit allen Activen und Passiven an die allerhöchst bestätigte Russische Elektricitäts-Gesellschaft „Union", St. Petersburg, übergeben. Directoren der Verwaltung sind die Herren: H. Dernen, Präsident, St. Petersburg; W. Laue, Vicepräsident, Berlin; R. Kolbe, St. Petersburg; N. Kuljinsky, St. Petersburg, W. Müller, Berlin; H. Rupé, Warschau; J. Schaikewitsch, St. Petersburg; D. Scheresehewsky, St. Petersburg. Zum geschäftsführenden Director und Fabriksdirector in Riga ist Herr Heinr. Dettmann erwählt worden. Verpflichtungen, sowie sämmtliche Correspondenz der Gesellschaft müssen von zwei Directoren der Verwaltung, oder einem Director der Verwaltung und einem geschäftsführenden Director unterzeichnet werden. Den Herren L. Kuhn, F. Marxhausen und J. Hagemann wurde für ihre Rigaer Fabriken Vollmacht ertheilt.

Zwischen der **Chemischen Fabrik „Elektron" in Frankfurt a. M.** und den **Elektrochemischen Werken in Bitterfeld und Rheinfelden** besteht die Absicht, eine ganz enge Verbindung der beiderseitigen deutschen Werke herbeizuführen. Es ist eine einheitliche Betriebsführung unter hälftiger Theilung der Bruttogewinne in Aussicht genommen. Neue Unternehmungen im Auslande sollen nur gemeinschaftlich ausgeführt werden; die bisher von beiden Gesellschaften im Auslande gebauten respective projectirten drei Werke in Frankreich, Spanien und Russland bleiben zunächst ausserhalb der Vereinigung. Die Betriebsführung in Deutschland wird „Elektron" übernehmen. Neue Unternehmungen sind in erster Linie für Amerika in Aussicht genommen. Die Vereinigung umfasst die Producte Chlorkalk, kaustische Soda, kaustisches Kali, Pottasche, Natrium und Magnesium und theilweise Calciumcarbid. Das Unternehmergeschäft mit dem Gebiete des Calciumcarbids behalten sich die Elektrochemischen Werke vor.

Actien-Gesellschaft für elektrotechnische Unternehmungen in München. Unter Betheiligung des Bankhauses Dortenbach & Cie in Stuttgart, sowie der elektrotechnischen Firma Erwin Bubeck in München wurde unter obiger Firma eine neue Actien-Gesellschaft in München in's Leben gerufen, mit dem Zweck, elektrische Unternehmungen jeder Art zu finanziren, zu betreiben und zu verwerthen, sowie sich an derartigen Unternehmungen direct oder indirect zu betheiligen. Das Actiencapital von 2,000.000 M. wurde von den Gründern fest übernommen. Gründer sind ausser den obengenannten beiden Firmen die Herren Max Ebbinghaus in Heidenheim a. Br., Fabriksbesitzer Heinrich Reinhard in München, Theodor Rikoff in München, Commercienrath Friedrich Tröltsch in Weissenburg a. S. Die Actien-Gesellschaft ist bereits einer Reihe von grösseren elektrotechnischen Unternehmungen in Bayern und Württemberg nahegetreten.

Schluss der Redaction: 6. September 1898.

Verantwortlicher Redacteur: Dr. J. Sahulka. — Selbstverlag des Elektrotechnischen Vereines.

Commissionsverlag bei Lehmann & Wentzel, Wien. — Alleinige Inseraten-Aufnahme bei Haasenstein & Vogler (Otto Maass), Wien und Prag.

Druck von R. Spies & Co., Wien.

Zeitschrift für Elektrotechnik.

Organ des Elektrotechnischen Vereines in Wien.

Heft 38.   WIEN, 18. September 1898.   XVI. Jahrgang.

Bemerkungen der Redaction: Ein Nachdruck aus dem redactionellen Theile der Zeitschrift ist nur unter der Quellenangabe „Z. f. E. Wien" und bei Originalartikeln überdies nur mit Genehmigung der Redaction gestattet.
Die Einsendung von Originalarbeiten ist erwünscht und werden dieselben nach dem in der Redactionsordnung festgesetzten Tarife honorirt. Die Anzahl der vom Autor event. gewünschten Separatabdrücke, welche zum Selbstkostenpreise berechnet werden, wolle stets am Manuscripte bekanntgegeben werden.

INHALT:

Rundschau.

In dieser Nummer veröffentlichen wir einige neuere Ausführungsformen von Ausführungen für elektrische Bahnen mit Theilleiterbetrieb. Als Ersatz für das System der unterirdischen Stromzuführung von Siemens & Halske, bei welchem bekanntlich die Stromleitungen in einem geräumigen Canal an Isolatoren angebracht sind, hat man eine grosse Zahl von Stromzuführungen im Niveau ersonnen, welche den Vortheil bieten sollen, dass bestehende Trambahnlinien bei geringer Umgestaltung des Oberbaues leicht auf elektrischen Betrieb umgestaltet werden können. Um die Passanten oder Pferde gegen Schläge durch Ueberleitung zu schützen, ist nicht längs der ganzen Bahnstrecke die Stromleitung mit der Stromquelle verbunden; es besteht vielmehr die Stromleitung aus einzelnen von einander isolirten Stücken, welche erst wenn der Wagen die Strecke befährt, automatisch mit dem längs der Bahn geführten, isolirten Stromleitungskabel verbunden und ebenso nach Passiren des Wagens wieder automatisch abgeschaltet werden. Die Stromabnahme erfolgt in diesem Falle durch Bürsten oder Rollen. Anstatt der isolirten Schienenstücke können auch isolirte Contactknöpfe in entsprechenden Abständen längs der Bahnstrecke angebracht sein, welche in gleicher Art mit dem Stromleitungskabel automatisch verbunden und von demselben abgeschaltet werden können. Die Stromabnahme erfolgt durch eine am Wagen angebrachte Schiene, welche über die Contactknöpfe schleift. Diese Ausführungsarten werden als Stromzuführung mit Theilleiterbetrieb bezeichnet. Die Möglichkeit der praktischen Durchführbarkeit wurde an beiden Arten erwiesen, und zwar durch die nach dem System von Franz Křižik ausgeführte Belvedere-Bahn in Prag und die nach dem Contactknopfsystem ausgeführte elektrische Bahn in Monaco. Eine Schwierigkeit, welche der Ausbreitung der Bahnsysteme mit Theilleiterbetrieb entgegensteht, ist einerseits die Complication, welche die automatischen Schaltvorrichtungen verursachen, andererseits die Kosten und die Möglichkeit einer Gefahr für Passanten, wenn durch ein Versagen der automatischen Vorrichtungen die Theilleiter mit dem Stromleitungskabel verbunden bleiben oder wenn bei Regengüssen durch Wasser eine Ueberleitung bewirkt wird. Das Contactknopfsystem scheint in letzterer Beziehung das vortheilhaftere System zu sein; wenn die Contactknöpfe in der Mitte einer gesattelten Fahrbahn angebracht sind und noch dazu ein wenig über die Fahrbahn vorragen, werden sich, wenn für guten Wasserablauf gesorgt ist, nicht Pfützen bilden können, welche die Contactknöpfe bedecken und dadurch eine für Passanten gefährliche Ueberleitung bewirken. Allerdings ist nicht zu verkennen, dass die Contactknöpfe ein kleines Verkehrshinderniss bilden. Wenn jedoch Theilleiterschienen angewendet werden, welche, wie häufig vorgeschlagen ist, innerhalb geschlitzter eiserner Schienen isolirt angebracht sind, welche in das Strassenniveau eingebaut werden, so wird sich bei Strassenbespritzung oder bei Regengüssen in der geschlitzten Schiene Wasser ansammeln, welches eine leitende Verbindung zwischen den Theilleiterschienen und der unhüllenden geschlitzten Eisenschiene bildet. Durch das Wasser wird eine Ueberleitung bewirkt werden. Die Gefahr der Ueberleitung ist viel geringer, wenn die Theilleiterschienen direct in der Mitte einer gesattelten Fahrbahn im Niveau einer umgebende eiserne Schutzschiene verlegt sind, wie dies bei dem Křižik'schen System der Fall ist. — Die Aussichten für die Einführung elektrischer Bahnen mit Theilleiterbetrieb sind seit der Einführung der Bahnen mit gemischtem Betriebe gering geworden; die Vortheile des letzteren Systemes, welches nun auch in Wien eingeführt ist, werden von Tag zu Tag mehr geschätzt. Bei Bahnen dieses Systems ist bekanntlich in den Vorstädten oder Strecken, wo keine Hindernisse bestehen, Oberleitung geführt, von welcher gleichzeitig Strom für die Motoren und für eine verhältnismässig kleine Accumulatorenbatterie entnommen wird; in den Strassen, in welchen die Oberleitung aus ästhetischen Gründen nicht gestattet wird, fährt der Wagen mit Accumulatorenstrom. Da gegenwärtig die Schwachstromleitungen und die angeschlossenen Apparate in vollkommen verlässlicher Weise gegen Gefahr im Falle einer Berührung mit Starkstromleitungen geschützt werden können, ist kein Grund vorhanden, warum die Oberleitung vollkommen verboten werden sollte und besteht daher gegen Einführung von Bahnen mit gemischtem Betriebe kein technisches Hinderniss. Allerdings dürfte es noch längere Zeit dauern, bis bei städtischen Behörden die Abneigung gegen die Oberleitungen beseitigt ist, und wurde erst vor Kurzem vom County Council in London beschlossen, das Trolley-System für elektrische Bahnen in London nicht zu gestatten.

Im Hefte 31 der „E. T. Z." ist die Kraftübertragungs-Anlage der „Rand Central Electric Works" bei Johannesburg sehr ausführlich beschrieben. Dieselbe wurde in einer unbewohnten Steppengegend in der Nähe eines Kohlenlagers errichtet und versorgt im weiten Umkreise die südafrikanischen Minen mit Betriebskraft; früher wurden in den Minen Dampfmaschinen zum Betriebe verwendet. In der Centrale sind gegenwärtig vier 1000 PS Drehstrommaschinen der Act.-Ges. Siemens & Halske aufgestellt. Dieselben haben feststehende Anker mit Stabwickelung und geben bei 100 Umdrehungen pro Minute 750 A bei 750 V. Die Dynamos arbeiten in Parallelschaltung. Der Strom wird durch 16 Drehstrom - Transformatoren à 200 KW auf 10.000 V transformirt und durch Luftleitungen in die Secundärstationen geleitet. Für jeden der drei Ströme sind zwei Leitungen benutzt, also im Ganzen sechs Fernleitungen vorhanden. Dieselben sind an Porzellan-Isolatoren mit dreifachem Mantel befestigt, welche von eisernen Masten getragen werden, die mit Blitzableiterspitzen versehen sind. Die Höhe des untersten Drahtes über der Erde beträgt 5·5 m, bei Wegübersetzungen 6.7 m. Die unterste Traverse ist bei jedem Maste an den Enden mit zwei verticalen Bolzen versehen; an den unteren Bolzenenden sind längs der ganzen Strecke der Fernleitung zwei Stahldrähte befestigt, welche durch zahlreiche Querdrähte verbunden sind. Dadurch ist ein Schutznetz gebildet, welches die Fernleitungsdrähte im Falle Drahtbruches auffängt. Die Anlage ist ein Beispiel dafür, wie erfolgreich in der Nähe von Kohlenlagern elektrische Kraftübertragungs-Anlagen errichtet werden können.

Im Hefte 33 derselben Zeitschrift beschreibt Professor Grotrian eine einfache Form eines Daniell'schen Normal-Elementes. Das Element besteht aus zwei getrennten viereckigen Gefässen aus Porzellan oder Glas; in den einen befindet sich eine Zinkvitriollösung von specifischem Gewichte 1·200 und darin eine Elektrode aus reinem Zink, im anderen reine Kupfervitriollösung von specifischem Gewichte 1·100 und darin eine Elektrode aus Elektrolytkupfer. Die Wände der Gefässe haben auf einer Seite Fortsätze, welche nach abwärts geneigt sind. Taucht man in das Gefäss mehrere zusammengelegte Filterpapierstreifen und legt die Enden über die Ansätze der Gefässe, so steigt die Flüssigkeit infolge Capillarwirkung in den Streifen empor und tropft langsam ab. In die Kupfervitriollösung wird ein zweifacher, in die Zinkvitriollösung ein fünffacher Streifen eingelegt. Die Gefässe werden so zusammengeschoben, dass sich die herabhängenden Papierstreifen berühren. Die E. M. K. ist, wie sich im Mittel aus den Versuchen ergab, gleich 1·102 V. Das Element ist nur im compensirten Zustande zu verwenden; die Genauigkeit ist geringer als die des Normal-Clark- und Weston-Elementes. Ein Einfluss der Temperatur auf die E. M. K. konnte nicht constatirt werden, doch nimmt diese, wenn die Polplatten nicht erneuert werden, etwas zu; die Zunahme betrug während 18 Stunden 0·001 bis 0·002 V.

Im Hefte 35 der „E. T. Z." sind die Installations- und Sicherungsmaterialien für Gebrauchsspannungen bis zu 250 V, Installationssystem der Allgemeinen Electricitäts-Gesellschaft in Berlin, von Doctor Passavant beschrieben.

Im Hefte 36 derselben Zeitschrift sind die neuen Zähler der A.-G. vorm. Schuckert & Co. in Nürnberg für einphasigen Wechselstrom von A. Möllinger beschrieben. In dem Artikel sind zunächst die Zähler für einphasigen Wechselstrom von Bláthy, Swinburne, Duncan und hierauf der Schuckert'sche Zähler, welcher auf einer zuerst von Carl Raab ersonnenen Anordnung beruht, besprochen. Dieser Zähler ist ebenfalls als ein Drehfeld-Motorzähler anzusehen. Auf einer Kupferscheibe, welche um eine verticale Achse drehbar ist, wirkt eine vom Nutzstrome durchflossene Spule und zwei in Nebenschluss geschaltete Spulen; der einen Spule ist ein grosser inductionsloser Widerstand, der anderen ein inductiver Widerstand vorgeschaltet. Durch die Gesammtwirkung der Spulen wird erzielt, dass der Zähler auch bei Phasenverschiebung im Nutzstromkreise die verbrauchte Energie richtig anzeigt. Bei Besprechung der anderen erwähnten Zähler ist gesagt, dass es nicht möglich sei, bei diesen Zählern zu erzielen, dass dieselben richtig registriren, wenn der Nutzstrom im Vergleiche zur Betriebsspannung in der Phase verschoben ist. Absolut richtig können diese Zähler allerdings in dem erwähnten Falle nicht registriren, doch kann bei zweckmässiger Construction die Abweichung auf einen geringen Fehler reducirt werden. Wir können in dieser Beziehung Herrn Möllinger nicht zustimmen und möchten einige Ausführungen, welche den so verbreiteten Bláthy-Zähler betreffen, beifügen.

Der Bláthy-Zähler enthält einen vom Hauptstrome erregten und einen in Nebenschluss geschalteten Magneten. Die Magnete sind derart angeordnet, dass sie in einer um eine verticale Achse drehbaren Kupferscheibe Felder induciren, und zwar sind die Magnete um 90° gegen einander versetzt. Die Scheibe ist mit Bremsmagneten versehen. Die Rotationsgeschwindigkeit, welche die Scheibe annimmt, hängt von der Stärke der Bremsmagnete, von der Periodenzahl, von der Stärke der Felder, welche dem Hauptstrom- und Nebenschlussmagneten entsprechen und von der Phasenverschiebung zwischen diesen Feldern, bezw. zwischen den Strömen, welche um die Magnete fliessen, ab. Das Feld des Nebenschlussmagneten sollte um 90° in der Phase im Vergleiche zur Betriebsspannung verschoben sein, damit der Zähler auch bei inductiven Stromkreisen die verbrauchte Energie richtig misst. Wenn der Nebenschlussmagnet eine verhältnismässig geringe Windungszahl hat, so ist der Erregerstrom nicht um 90°, sondern eventuell um einen beträchtlich kleineren Winkel in Bezug auf die Betriebsspannung in der Phase verschoben, die Selbstinduction ist gering, der Erregerstrom stark. Von der Betriebsspannung überwindet eine nicht zu vernachlässigende Componente den Ohm'schen Widerstand und den Ersatzwiderstand für Hysteresisarbeit, der Rest die Induction durch das veränderliche Feld. Der Magnet ist dabei stark magnetisirt und befindet sich eventuell in den aufeinander folgenden Halbperioden im magnetischen Sättigungszustande. Ein derartiger Zähler registrirt nicht richtig, wenn sich Betriebsspannung oder Periodenzahl ändert, oder eine Phasenverschiebung im Hauptstrome auftritt. Wenn die Betriebsspannung um einige Procente ansteigt, so wird dieser Zuwachs, da der Nebenschlussmagnet ohnehin im Sättigungszustande war, hauptsächlich von der Componente aufgenommen, welche den Ohm'schen Widerstand der Nebenschlusswickelung überwindet. Das Feld des Nebenschlussmagneten erfährt keine äquivalente procentuale Verstärkung und daher auch nicht das Drehmoment des Zählers; derselbe registrirt zu wenig. Wenn die Periodenzahl des Zählers zunimmt, so ist die Zunahme nicht von einer äquivalenten procentualen Abnahme der Feldstärke begleitet, weil die Betriebsspannung nicht die Induction durch das veränderliche Feld allein überwindet, sondern eine beträchtliche Componente für Ueberwindung Ohm'schen Widerstandes liefert. Der Zähler strebt in seinem Laufe stets dem Synchronismus zu und wird in diesem Falle, weil die Schwächung des Feldes des Nebenschlussmagneten geringer ist als die Zunahme der Periodenzahl, zu rasch laufen. Wenn Phasenverschiebung im Hauptstrome auftritt, wird der Zähler zu langsam registriren, denn in dem Grenzfalle, wenn die Phasenverschiebung gleich ist der im Nebenschluss-Erregerstrom, müsste der Zähler schon still stehen. Wird jedoch der Nebenschlussmagnet mit grosser Windungszahl versehen, so kann die Phasenverschiebung, welche dem Nebenschlussmagneten entspricht, sehr nahe an 90° gebracht werden; der Erregerstrom ist in diesem Falle schwach, der Magnet während der aufeinanderfolgenden Halbperioden in der Magnetisirung wenig gesättigt. Die Betriebsspannung überwindet in diesem Falle sozusagen nur die Induction durch das veränderliche Feld im Nebenschlussmagneten, da die Componente für Ueberwindung des Ohm'schen Widerstandes sehr klein ist. Eine Zunahme der Betriebsspannung ist von einer nahezu äquivalenten Zunahme, eine Zunahme der Periodenzahl von einer nahezu äquivalenten Abnahme der Feldstärke im Nebenschlussmagneten begleitet; der Zähler registrirt daher mit sehr geringer Abweichung richtig, wenn sich Betriebsspannung und Periodenzahl ändern. Wegen der grossen nahezu 90° betragenden Phasenverschiebung registrirt der Zähler auch mit geringer Abweichung richtig, wenn eine Phasenverschiebung zwischen Hauptstrom und Betriebsspannung besteht, wenn diese nur nicht einen zu hohen Werth erreicht.　　　　　　　S.

Elektrische Strassenbahnen mit Theilleiterbetrieb.

Bekanntlich stehen der Einführung des Systemes der oberirdischen Zuleitung für elektrische Bahnen in vielen Städten Schwierigkeiten entgegen; das System der unterirdischen Stromzuführung von Siemens & Halske, welches sich vorzüglich bewährt hat, ist wegen grosser Kosten nicht allgemein einführbar. Als Ersatz dieser Systeme wurde eine grosse Zahl von Stromzuführungen im Niveau ersonnen; bei denselben soll der geräumige Canal, welcher beim System der unterirdischen Stromzuführung erforderlich ist, vermieden werden. Die im Niveau befindliche Stromleitung darf natürlich nicht continuirlich mit der Stromquelle verbunden sein; dies wird durch zwei Ausführungsarten erreicht. Bei der ersten Art sind im Strassen-Niveau in entsprechenden Abständen Contactknöpfe angebracht, welche bestimmte Strecken, und zwar eine die Strecke beführt, mit dem längs der Bahn geführten isolirten Speisekabel verbunden und nach dem Passiren des Wagens wieder abgeschaltet werden. Die Stromabnahme erfolgt durch eine am Wagen angebrachte Contactschiene, welche so lang sein muss, dass sie vor dem Verlassen eines Contactes bereits über den nächstfolgenden schleift. Bei der zweiten Ausführungsart ist im Niveau eine in Theilleiter getheilte Contactschiene verlegt, von welcher der Strom durch Bürsten oder Rollen, welche am Wagen

angebracht sind, abgenommen wird; es sind stets nur die Theilleiter unterhalb des Wagens mit der Stromleitung in Verbindung und werden nach dem Passiren des Wagens automatisch abgeschaltet. Am Wagen müssen mindestens zwei Stromabnehmer angebracht sein, damit vor der Stromunterbrechung an einem Theilleiter bereits Stromschluss mit dem nächsten Theilleiter gebildet wird. Die Theilleiter brauchen nicht continuirlich aneinander zu grenzen; es muss nur Continuität des Contactes erzielt sein. Die automatische Verbindung der Contactknöpfe oder Theilleiterstücke mit dem Speisekabel erfolgt durch mechanische Hilfsmittel, durch Benützung von permanenten Magneten oder Elektromagneten. Beide Systeme werden als Theilleitersysteme bezeichnet.

Von den vielen vorgeschlagenen Theilleitersystemen sind nur sehr wenige praktisch ausgeführt worden. Das System von Claret-Vuillcumier, welches während der Ausstellung in Lyon im Jahre 1894 ausgeführt wurde, war 1½ Jahre in Function. In Prag ist das System von F. Křižik auf der Belvedere-Bahn in Anwendung [*]; die elektrische Bahn in Monaco ist nach dem Contact-Knopfsysteme ausgeführt.

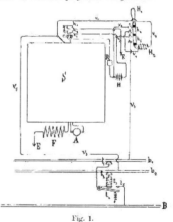

Fig. 1.

Von den neuesten Vorschlägen seien zunächst zwei von F. C. Esmond in Brooklyn erwähnt (D. R. P. 98.165). Der erste bezieht sich auf elektrische Bahnen mit zeitweilig durch Elektromagnetwirkung eingeschalteten Theilleitern, wobei den Schaltelektromagneten der Erregerstrom vermittelst des Stromabnehmer des Wagens durch Abzweigung vom Betriebsstrom, bezw. aus hinteren Theilleitern zugeführt wird, und betrifft eine Vorrichtung, durch welche die genannten Elektromagnete beim Ausbleiben des Erregerstromes aus einer vom Wagen mitgeführten Stromquelle über die Stromabnehmer mit Hilfsstrom versorgt werden.

In nebenstehender Fig. 1 ist beispielsweise eine Bahn mit je zweigliedrigen Theilleitern t_1 t_2 (Contactknöpfen) und zwei Stromabnehmern b_1 b_2 am Wagen vorausgesetzt, d. h. derart, dass diese Knöpfe durch

*) „Z. f. E." 1896, pag. 137. Ueber eine elektrische Bahn mit Stromzuführung im Niveau. Vortrag von Franz Křižik, geh. im Elektr. Vereine in Wien, 20. Nov. 1895.

die Abnehmer berührt werden, ehe dieselben noch die rückwärtigen Knöpfe verlassen; dadurch fliesst Strom aus b_1 über t_1 durch die Spule des Schalters t_3 nach $t_2 b_2$, wodurch der Elektromagnet erregt wird und durch Anziehung seines Ankers t_4 die Verbindung t_5 mit der Stromzuleitung B herstellt.

In der Figur bedeutet A den Anker und F die Feldmagnetwickelung des Motors des Wagens. S den Anlasswiderstand (Controller) und H die vom Wagen mitgeführte Secundärbatterie, die während der Fahrt aus der Leitung B geladen wird, indem ihre eine Klemme über einen Widerstand R und Verbindungsstück h_1 an ein geeignetes Schlussstück des Controllers, ihre andere Klemme über die Verbindungsstücke $h_2 h_3$ an die Rückleitung, bezw. Erde gelegt ist.

H_1 ist der Hebel zur Herstellung der Verbindung zwischen der Batterie H und den Stromabnehmern $b_1 b_2$; er ist am unteren Ende mit dem Kern eines Solenoides H_2 verkuppelt und trägt zwei von einander isolirte Schlussstücke $h_4 h_5$. Für jedes der letzteren sind zwei festliegende Schlussstücke, 1 und 2 für h_4, 3 und 4 für h_5, angeordnet. Schlussstück 1 ist durch Leitung v_1 von der einen Batterieklemme und 3 durch Leitung v_2 von der anderen Batterieklemme abgezweigt; 4 ist durch Leitung c_3 in Verbindung mit Stromabnehmer b_1 und 2 durch Leitung c_4 über das Solenoid H_2 in Verbindung mit der nach dem Stromabnehmer b_2 führenden Leitung c_2.

Angenommen nun, die Stromabnehmer $b_1 b_2$ kommen auf die Contacte $t_1 t_2$ und der Erregerstrom bleibe aus, so legt der Führer den Hebel H_1 in die Schaltlage und es kommt h_4 auf 1 und 2, h_5 auf 3 und 4. Es fliesst nun Strom aus der Batterie über v_2, 3, h_5, 4, c_3. Abnehmer b_1, t_1, Spule von t_3, t_2, Abnehmer b_2, c_2, Solenoidspule H_2, 2, h_4, 1 und v_1 nach der Batterie H. Der Elektromagnet t_3 zieht seinen Anker t_4 an und stellt dadurch den Schluss her, so dass nunmehr Strom aus B über t_1, t_3, t_2, b_2, c_2 und S durch den Motor fliesst. Lässt hiernach der Führer den Hebel H_1 los, so zieht das Solenoid H_2 sofort seinen Kern herein und bringt dadurch den Hebel in die Oeffnungslage zurück unter Oeffnung der Verbindungen v_1, v_2, so dass es selber ebenfalls stromlos wird.

Die zweite Einrichtung von F. C. Esmond bezieht sich auf elektrische Bahnen, bei denen die Verbindung des Wagenmotors mit der Stromzuführung nach dem Vorschlage von Frank Wynne (D. R. P. 64132) durch hintereinander angeordnete und paarweise elektrisch verbundene Theilleiter in der Art vermittelt wird, dass die Stromabnehmer einen Nebenschluss vom vorhergehenden Theilleiterpaar über das folgende Paar behufs Erregung einer Schaltspule herstellen, welche nun die Verbindung des letzteren Paares mit der Stromzuführung über sich selbst herstellt und dadurch für die Beschleifdauer erregt erhalten bleibt. Die Erfindung bezweckt, die Herstellung des Nebenschlusses möglichst zuverlässig zu gestalten, und besteht darin, den Stromabnehmer aus vier Schleifstücken zusammenzusetzen und diese, paarweise elektrisch verbunden, so anzuordnen, dass im Augenblick des Anschlusses übereinstimmende Glieder der beiden Theilleiterpaare durch ein Aufnehmerpaar beschliffen werden. In Verbindung mit dieser Ausbildung der Stromabnehmers ist eine Einrichtung getroffen, um den Widerstand der in der Fahrtrichtung folgenden Schaltspule auszugleichen.

In nebenstehender Fig. 2 ist eine Ausführungsform dargestellt. CC_1 bezeichnen die auf den Schienen T laufenden Räder des vom Motor M bewegten Wagens.

Die eine Maschinenklemme wird durch die Theilleiter unter Vermittelung der Schaltvorrichtungen in Verbindung mit dem Stromzuleiter S gehalten, während die anderen durch die Räder und den als Rückleitung dienenden Geleise in Verbindung steht. ab und a_1b_1 bezeichnen zwei benachbarte Theilleiter, jeder zusammengesetzt aus zwei kürzeren Schienen a und b, bezw. a_1 und b_1, welche durch den einen Leiter c mit einander verbunden sind, der zugleich die Spule des Schaltelektromagneten enthält und durch den Anker des letzteren mit dem Stromzuleiter S in Verbindung gebracht wird, so dass Strom aus letzterem einerseits unmittelbar nach a, andererseits durch die Elektromagnetspule nach b fliesst.

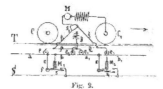

Fig. 2.

Versieht man nun den Wagen mit vier Schleifstücken $e c_1 c_2 c_3$ derart, dass je e mit e_1 und c_2 mit e_3 durch Leiter, bezw. PQ mit einander verbunden sind und beide Paare mit der gleichen Maschinenklemme verbunden sind, so kommt jedes Paar bei der Fahrt jedesmal zugleich mit entsprechenden Schienen des folgenden Theilleiterpaares, d. h. entweder auf die unmittelbar mit dem Stromleiter S verbundenen Schienen, oder auf die über die Schaltspulen an letzteren geschalteten Schienen, während das andere Paar entsprechend zuerst letztere, dann erstere Schienen beschleift, woraus sich eine Verzweigung des Betriebsstromes derart ergibt, dass ein Theil desselben durch die Schaltspule des folgenden Theilleiterpaares zum Motor fliesst und so die Anschaltung dieses Theilleiterpaares an den Stromzuleiter S veranlasst.

Fig. 3.

Angenommen, der Wagen bewege sich in der Pfeilrichtung. Das Theilleiterpaar ab wird beschliffen von den hinteren Schleifstücken $e c_2$; infolge dessen ist sein Schalter in der Schlusslage, während die vorderen Schleifstücke $e_1 c_3$ eben erst in Berührung mit den Schienen des Theilleiterpaares $a_1 b_1$ treten. Es fliesst Strom aus S über den Schaltanker s ein; bei f verzweigt er sich. Der eine Zweig verläuft durch Spule M_1 b, e_2, g zum Motor; der andere Zweig von f über e, a, c, e_1, a_1, Spule M_2 des Theilleiterpaares b_1, e_3 und g zum Motor mit der Wirkung, dass Schluss in dem Anker s_1 hergestellt wird und nun aus a_1 auch hier s_1 eintritt, so dass die Schleifstücke $e c_2$ das Theilleiterpaar $a b$ verlassen können, ohne dass die Stromzufuhr Unterbrechung erfährt. Sobald $e c_2$ das Theilleiterpaar $a b$ verlässt, öffnet sich hier der Schluss durch Abfallen des Ankers s.

Aus dem Obigen ergibt sich unter Betrachtung der Figur sogleich, dass der Wagen in jedem Punkte der Strecke angehalten werden kann, ohne die Verbindung mit der Stromzuleitung S zu verlieren, sowie, dass der Strom durch die Schaltspule immer dieselbe Richtung behält.

Im Obigen ist angenommen, dass der Strom über g fliesse. Man kann indess auch die Schleifstücke $e\ e_1$ unmittelbar mit der Maschinenklemme verbinden, wie durch g_1 angedeutet ist. In diesem Falle theilt sich der über a kommende Stromzweig nochmals, indem nunmehr ein Theil davon über M_2, der andere Theil dagegen unmittelbar über g_1 zum Motor strömt. Selbstverständlich ist der Weg g_1 mit solchem Widerstand zu versehen, dass Kurzschluss von M_2 verhütet bleibt.

B bezeichnet eine Secundärbatterie, welche vermittelst Schalters s_2 zum Laden in den Maschinenstromkreis eingeschaltet werden kann und neben der Beleuchtung dazu dienen soll, bei Unterbrechungen des Motorstromkreises Strom durch die Theilleiterpaare in deren Schalter zu senden. Wird z. B. bei der Lage der Theile wie in der Figur die geladene Batterie vermittelst s_2 eingeschaltet, so schliesst sich ihr Stromkreis über die Spule M_2.

Damit im Falle beim Einschalten des Batteriestromes beide Stromabnehmer e_1 und e_2 dieselbe Theilleiterschiene berühren, die Batterie nicht kurz geschlossen werde, sind die Stromabnehmer beweglich angeordnet, z. B. indem man sie an einem beweglichen Gestell anbringt, so dass sie, wenn das Fahrzeug mit obiger Lage der beiden genannten Abnehmer zum Stillstand kommt, diese rückwärts oder vorwärts bewegt werden können, bis sie verschiedene Theilleiterschienen berühren. Dieses Bewegen der Abnehmer rückwärts oder vorwärts ist gleichwerthig mit der Rück- oder Vorwärtsbewegung des Fahrzeuges und bietet das Mittel zum Anfahren des Fahrzeuges aus jeder Stellung auf der Strecke.

Der Widerstand der Schaltspule des in der Fahrtrichtung folgenden Theilleiterpaares kann dadurch eine Ausgleichung erfahren, dass man in den unmittelbar zum Motor führenden Zweigen g und g_1 einen schwachen Widerstand einschalte. Ein Beispiel einer hiezu geeigneten Vorkehrung ist in Fig. 3 veranschaulicht. Jeder der beiden Zweige $g\ g_1$ läuft im Schalter s_2 in zwei Schlussstückenaus, deren jedem ein Widerstand $r\ r_1$ vorgeschaltet ist. Bei der Rechtsfahrt nimmt der Schalter s_2 die vollausgezogene Stellung ein, in welcher er den Widerstand r in g_1 einschaltet; bei Umkehr der Fahrtrichtung werden die Schleifstücke $e_2\ e_3$ die hinteren, und es wird der Schalter s_2 nun so umgestellt, dass er r aus g_1 aus- dagegen r_1 in g einschaltet. Die Batterie ist hier so angeordnet, dass ihre eine Klemme an das Schleifstückpaar $e\ e_1$, ihre andere Klemme je nachdem an g_1 oder g gelegt werden kann.

Um bei oberirdischen Stromzuführungen die Anordnung durchlaufender Leitungsdrähte zu vermeiden, ist bereits vorgeschlagen worden, auf dem Wagen selbst einen langen Stromabnehmer anzubringen, welcher an Einzelcontacten, die an Trägern angebracht sind, Strom abnehmen soll. Diese Einrichtung hat jedoch den Nachtheil, dass die Träger für die Einzelcontacte in kurzer, der Länge des auf dem Wagen angebrachten Stromabnehmers entsprechenden Entfernungen angeordnet werden müssen. J. Aldridge in London hat nun eine Einrichtung getroffen (D. R. P. 98.187), um bei derartigen Stromzuführungen die Aufstellung der Träger für die Einzelcontacte in grösseren, etwa den bisher

bei Anwendung einer fortlaufenden Leitung üblichen Entfernungen entsprechenden Abständen zu ermöglichen. Zu diesem Zwecke wird zwischen je zwei Trägern ein Stromschlussstück in der Höhe des Geleises angebracht, welches mit einem unter dem Wagen angeordneten Stromabnehmer in Verbindung gelangt und selbstthätig eingeschaltet wird, wenn der Stromabnehmer oberhalb des Wagens den nächstliegenden Einzelcontact verlässt, während die Ausschaltung des Stromschlussstückes bei Erreichung des nächstfolgenden Einzelcontactes erfolgt. Auf dem Wagen ist an zwei Säulen ein langer Stromabnehmer angebracht, welcher über die Wagenenden hinausragt und mit Rollen versehen ist; die Contacte sind an Auslegerarmen gewöhnlicher Strassensäulen so angebracht, dass sie in Richtung der Wagenbewegung eine geringe schwingende Bewegung ausführen können, wenn der Stromabnehmer unter den Säulencontact tritt. Zwischen je zwei Strassensäulen ist die isolirte Contactplatte im Boden zwischen oder nahe den Geleiseschienen und unten am Wagen ein zweiter langer Stromabnehmer angebracht. Auf diese Weise stellt der Wagen, wenn er einen der Säulencontacte zu verlassen im Begriff ist, mittelst des Stromabnehmers unter dem Wagen mit dem unteren Bodencontact Leitung her, bevor der obere Stromabnehmer den Säulencontact verlässt, so dass der Stromschluss zwi-

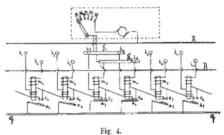

Fig. 4.

schen dem Zuleitungskabel und den Wagenmotoren erhalten bleibt. In ähnlicher Weise erreicht beim Verlassen eines der Bodencontacte das vordere Ende des oberen Stromabnehmers den nächsten Säulencontact.

Um zu verhindern, dass die Bodencontacte stets mit der Speiseleitung in Verbindung bleiben, stehen dieselben mit Schaltvorrichtungen an den Strassensäulen in Verbindung, welche selbstthätig mittelst seitlicher Ansätze an den oben am Wagen angebrachten Auslegern eingestellt werden.

Das System der Union-Elektricitäts-Gesellschaft in Berlin (D. R. P. 98.064) bezweckt ebenfalls für den elektrische Bahn mit Theilleiterbetrieb immer nur diejenigen stromzuführenden Contacte mit dem Hauptkabel zu verbinden, die sich unmittelbar unter dem Wagen, und zwar vor und hinter dem Stromabnehmer befinden. Im Gegensatze zur beschriebenen Construction mit zwei Reihen von Contactknöpfen, welche das Befahren des Wagens in beiden Richtungen gestatten, besteht bei dieser Construction keine Spannungsdifferenz zwischen den beiden Knopfreihen, es ist hierner als vortheilhafter Unterschied gegen die bisherigen Constructionen der unmittelbar vor und hinter dem Stromabnehmer liegende Knopf an den Hauptstromkreis angeschlossen, ohne das zugehörige Relais in Thätigkeit zu setzen.

In der Ebene der Strasse sind in gleichen Abständen versenkte Elektromagnete m_1 bis m_n angeordnet; sie können auch in separaten Behältern oder Kellern an den Strassenecken oder sonstigen Plätzen angebracht und dann leitend mit den Contacten in der Strasse verbunden werden. Dieselben sind mit zwei von einander isolirten Wickelungen versehen, welche je mit einem Contactknopfe k_1, die in zwei Reihen in die Ebene der Strasse angeordnet sind, verbunden werden. Die Contacte sind gegeneinander versetzt angebracht, aber man könnte sie auch paarweise nebeneinander anbringen; erstere Anordnung ist jedoch der zweiten vorzuziehen.

Der Stromabnehmer ist zweitheilig gestaltet, so dass der eine S_1 über die eine Reihe von Contacten, der andere S_2 über die andere Reihe hinschleift. In der nebenstehenden Figur, in welcher der Stromabnehmer

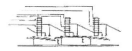

Fig. 5.

gerade die Contacte k_5, k_6, k_7 und k_8 berührt, würde folgender Stromkreis geschlossen sein: Hauptkabel q, a_1, c_2 Wickelung von m_3, k_5 und k_6, gleichzeitig q, a_4, c_1, Wickelung von m_4, k_7, k_8, S_1 und S_2, Anlasswiderstand, Motor, Schienenrückleitung und zurück zur Centrale. Wie aus der Figur ersichtlich, ist gleichzeitig k_4 hinter und k_1 vor dem Stromabnehmer auch an das Speisekabel angeschlossen. Der Magnet m_2 oder m_3 zieht jedoch nicht seinen Anker an, bevor der Stromabnehmer S_1 und S_2 des Wagens den Knopf k_4 oder k_9 berührt hat; letzteres bezweckt, dass immer der unmittelbar vor oder hinter dem Stromabnehmer befindliche Knopf angeschlossen ist. Somit kann sich der Wagen auf demselben Geleise bei Benutzung derselben Schaltung auch nach umgekehrter Richtung bewegen. Der Stromabnehmer besteht in der beschriebenen Anordnung aus zwei Schienen, die jedoch beide mit der Anschlussklemme des Widerstandes verbunden sind, so dass nach der angegebenen Schaltung zwischen den beiden Schienen und auch zwischen den beiden Knopfreihen keine Spannungsdifferenz auftritt.

Zwei Reihen Contacte wurden vorgeschen, um bei einem unvorhergesehenen Abfalls sämmtlicher Relais-Anker die Elektromagnete vom Wagen aus wieder erregen zu können. Man sendet dann einen Strom von einer im Wagen angeordneten Batterie oder einer anderen Stromquelle durch den einen Stromabnehmer, die Wickelungen zweier Magnete, den zweiten Stromabnehmer und zurück zur Batterie; nur in diesem Augenblick besteht eine Spannungsdifferenz zwischen den Contactknöpfen, aber nicht während des regelmässigen Betriebes.

Die Elektromagnete können, wie schon erwähnt, statt in der Strasse unter den Theilleitern selbst, auch in Kellern der Häuser oder in kleinen Sammelstellen in grösserer Zahl vereinigt werden. Da dann die Relais räumlich eng bei einander liegen, so kann man es mechanisch leicht erreichen, dass ein durch vagabondirende Ströme oder durch remanenten Magnetismus an den Magneten hängen bleibender Anker durch den benachbarten Anker abgerissen wird. Hiezu ist jeder Anker, wie aus Fig. 5 zu ersehen ist, mit einer Zunge t

versehen, die von dem Anker isolirt, aber fest mit ihm verbunden sein muss. Da der remanente Magnetismus den Anker des Magneten, dessen Spule bereits vom Speisekabel abgeschaltet ist, mit einer Kraft hält, die viel geringer ist als diejenige, mit der ein stromdurchflossener Magnet seinen Anker anzieht, so wird der neu sich hebende Anker auch mit Sicherheit den zufällig noch hängen gebliebenen Anker abreissen. Die Wirkung der Zunge ist bei beiden Fahrtrichtungen des Wagens die gleiche. *Dr. R.*

Ueber die Sayers-Wickelung.[*]

Die von Sayers herrührenden Vorschläge zur Bekämpfung des Commutatorfeuers und der quermagnetisirenden Wirkung der stromdurchflossenen Armatur haben durch das amerikanische Patent Nr. 607.593 vom 19. Juli 1898 eine weitere Vervollständigung erfahren.

Der Grundgedanke der Sayers-Wickelung liegt bekanntlich darin, dass zwischen den eigentlichen Hauptspulen des Ankers und den dazu gehörigen Commutator-Segmenten Hilfsspulen eingeschaltet werden, die um einen gewissen von der Polzahl abhängigen Winkel gegen die Hauptspulen verschoben sind und entgegengesetzte Wickelungsrichtung haben. Wenn daher die Hauptspulen der

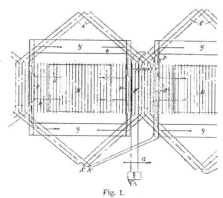

Fig. 1.

Reihe nach die neutrale Zone passiren, so bewegen sich ihre Hilfswindungen immer noch im magnetischen Felde und es wird in ihnen eine entgegengesetzt gerichtete electromotorische Kraft inducirt, welche den Zweck hat, durch Ueberwindung der Selbstinduction der Hauptspule die Umkehrung des Stromes in derselben zu unterstützen. Jede der Compensationswindungen ist natürlicherweise nur dann wirksam, wenn ihr Segment gerade unter der Bürste liegt, während der übrigen Zeit befindet sie sich in offenem Stromkreise. Es ist einleuchtend, dass bei Generatoren die Hilfsspulen nach rückwärts, also entgegengesetzt zu der Drehrichtung verschoben werden müssen, bei Motoren hingegen nach vorwärts. Bei dem ursprünglichen Patente Nr. 516.553 vom 13. März 1894 war es auch aus diesem Grunde nicht möglich, einen Dynamoanker als Motoranker laufen zu lassen, ohne die Drehrichtung zu ändern.

[*] Aus Electrical World, New-York, 13. August 1898.

Später hat Sayers durch das Patent Nr. 524.119 vom 7. August 1894 die Ankerwickelung derart modificirt, dass die Maschine unabhängig von der Rotationsrichtung wurde und dass sie ohne weiteres sowohl als Generator als auch als Motor laufen konnte. Dieses Patent unterscheidet sich vom vorhergehenden nur durch eine gewissermaassen beiderseitige Anordnung der Hilfswickelung. Es ist dann je nach der Verwendungsweise und dem Drehungssinne entweder der eine oder der andere Theil derselben wirksam.

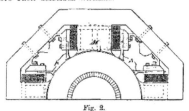

Fig. 2.

Eine weitere Vervollkommnung des Systems erfolgte durch das eingangs erwähnte Patent und zwar durch die Anbringung von Hilfspolen, wie es aus den Figuren 1 und 2 ersichtlich ist. Die eigentlichen Magnetpole M sind von Eisenrahmen umgeben, die über die erregende Wickelung geschoben werden und kleine Polstücke $p\,p$ tragen. Ihr Zweck ist die Erzeugung eines Hilfsfeldes, das nur durch die quermagnetisirende Wirkung der stromdurchflossenen Armatur hervorgerufen wird und mit dem eigentlichen, induirenden Felde in gar keinem Zusammenhange steht. Der magnetische Schluss geschieht durch den Rahmen. Die Intensität dieses Feldes wächst angenähert proportional mit der Ankerbelastung, so weit es die Permeabilität des Systems erlaubt, und mit Hilfe desselben wird einerseits der Spannungsverlust durch die Quermagnetisirung vermindert, andererseits die für die Stromumkehrung erforderliche elektromotorische Kraft erzeugt, denn der Anker besitzt auch in diesem Falle die vorhin erwähnte Compensationswickelung. Bezüglich der letzteren wird es für den ersten Moment den Anschein haben, als ob dadurch ein beträchtlich höherer Kupferaufwand für die Armatur bedingt wäre. Da aber der Strom in den Hilfswindungen intermittirend ist, kann man für dieselben eine bedeutend höhere Stromdichte zulassen, so dass der Mehrverbrauch ganz geringfügig wird, besonders wenn man berücksichtigt, dass durch das Hilfsfeld eine Ersparnis an Magnetkupfer stattfindet. Die Versuche, die mit dieser Anordnung vorgenommen wurden, haben sehr zufriedenstellende Resultate ergeben. Die Maschinen functionirten sowohl bei Leerlauf, wie auch bei jeder Belastung funkenfrei ohne die Nothwendigkeit einer Bürstenverschiebung; die Maschinen sind in gewisser Beziehung compoundirt; die Leistungsfähigkeit einer Type kann durch Anbringung der beschriebenen Modificationen nicht unwesentlich erhöht werden. —*m*—.

Der Glimmer, Vorkommen und dessen Verwendung.

Glimmer ist ein krystallinisches Mineral, welches gewöhnlich in Augit und Feldspath eingebettet gefunden wird und gehört zur Gruppe von Mineralien aus der Ordnung der Silikate an, krystallisirt monoklinisch, eine Härte ist 2—3 und das specifische Gewicht von 2·7—3; er besitzt eine sehr vollkommene Spaltbarkeit, so dass er in ungemein feine, meist elastisch biegsame Lamellen zertheilt werden kann.

Der commercielle Werth des Glimmers hängt wesentlich von dem Charakter der harzigen Materie, von welcher die Krystalle eingeschlossen sind, ab.

Die Analyse des gewöhnlichen gegenwärtig in den Handel gebrachten Glimmers ergibt als Bestandtheile Kieselerde, Thonerde, kohlensaures Kali, Eisenoxyd, Kalk, Magnesia, Mangan und Flusssäure.

Bis vor Kurzem war der commercielle Werth des Glimmers noch nicht sehr gross, man verwandte denselben fast ausschliesslich nur zu Illuminationszwecken, zu Lampencylindern, zu Zifferblättern am Compass und als Fensterscheiben.

Bei der rapiden Entwickelung der elektrotechnischen Industrie aber und dem steigenden Bedarf an gutem Isolationsmaterial wurde der hohe Werth des Glimmers erst in seinem ganzen Umfange erkannt, da Glimmer den höchsten Hitzegraden widersteht, unschmelzbar, zäh und fast unverbrennbar ist.

Der für elektrotechnische Zwecke brauchbare Glimmer wurde bisher aber nur in Indien, Canada und dem Ural gewonnen und ist auch dort nur in bescheidenen Mengen zu finden, so dass bei dem gegenwärtigen grossen Bedarf Gefahr bestand, dass für die elektrotechnische Industrie unentbehrliche Isolationsmaterial nicht in genügenden und tauglichen Mengen dauernd zu erhalten. Wie wir der „Montanzeitung" in Graz entnehmen, wurde diese Gefahr theilweise beseitigt, da man in Böhmen ein grosses Lager von Glimmer gefunden hat, welcher allen Anforderungen der Elektrotechnik entsprechen soll und für eine Reihe von Jahren genügt, um den Bedarf zu decken. Bei den hohen Preisen, welchen Glimmer hat, wird das neue Unternehmen nicht nur einen hohen Nutzen abwerfen, umsomehr, als ausländischer Glimmer wegen der hohen Zoll- und Frachtsätze nicht concurriren kann, wenn eine Concurrenz überhaupt möglich ist, da ja bekanntlich mehr Bedarf als Waare vorhanden ist.

Dr. John Hopkinson †.

Die Nachricht von dem tragischen Schicksal, dem Doctor John Hopkinson mit dreien seiner Familienmitglieder in den Schweizer Bergen zum Opfer gefallen ist, hat in weiten Kreisen eine schmerzliche Theilnahme hervorgerufen. Der berühmte Gelehrte, welcher den Sommer in der südlichen Schweiz zuzubringen gedachte und das gewöhnliche Können und erfahrenen Bergsteigers besass, stürzte am 27. Juli d. J. mit seinem Sohne John und den beiden Töchtern Alice und Lina Evelyn in der Nähe von Arolla vom Dent de Veisivi ab und fand dabei mit sämmtlichen Theilnehmern den Tod.

Dr. John Hopkinson wurde im Jahre 1849 in Manchester als der älteste Sohn des Ingenieurs Alderman Hopkinson geboren und genoss in der Lindow Grove School und im Queenwood College eine ausgezeichnete Erziehung. Nach einem kurzen Aufenthalte im Owen's College und in Cambridge wurde er Ingenieur der Firma Chance & Comp. und begann seine elektrotechnische Laufbahn mit der Verfassung eines Originalwerkes über Elektricität, welches von einer seltenen Befähigung Zeugnis ablegt und seinen Namen weit über die Grenzen seines engeren Vaterlandes bekannt machte. Seine Forschungen in der Theorie der Dynamomaschinen reichen in das Jahr 1879 zurück und führten ihn zum Entwurfe der Charakteristik, ohne die heute eine Berechnung und Beurtheilung der Maschinen nicht denkbar ist. Wie sehr Dr. Hopkinson in die Principien des Elektromagnetismus Einblick hatte, lässt die Umarbeitung der alten Edison-L-Type erkennen, einer Maschine, welche Ende 1882 nach seinen Anordnungen umgebaut wurde und dadurch das 1·7 fache ihrer ursprünglichen Leistung abgeben konnte.

Es dürften wenige Gebiete der Elektrotechnik vorhanden sein, mit denen Hopkinson's Name nicht enge verknüpft wäre. Im Jahre 1882 erhielt er das Patent über sein Dreileiter-System, welches dann später in den Besitz der Westinghouse-Comp. überging. In gleicher Weise grundlegend wirkte er in der Wechselstrom-Praxis. Seine Untersuchungen über Wechselstrom-Maschinen und -Transformatoren, über das Parallelschalten der letzteren beginnen im Jahre 1883 und sind von unvergänglichem Werthe.

Dr. John Hopkinson war Mitglied zahlreicher wissenschaftlicher Vereinigungen und zweimal, in den Jahren 1890 und 1896, Präsident der Institution of Electrical Engineers. Sein Inauguralvortrag über Magnetismus ist zweifellos einer der werthvollsten Beiträge, den diese Gesellschaft jemals erhalten.

Der in diese seltene Vereinigung von Theorie und Praxis hat Dr. John Hopkinson seine ganze reiche Arbeitskraft in den Dienst der Elektrotechnik gestellt; der schwere, für die junge Wissenschaft durch den Verlust dieses ausgezeichneten Mannes getroffen hat, kann nur schwer in seiner vollen Grösse gewürdigt werden.

KLEINE MITTHEILUNGEN.

Verschiedenes.

Elektrischer Betrieb der Tauernbahn. Der elektrische Betrieb von Vollbahnen bildet gegenwärtig ein keineswegs unrealisirbares Problem, besonders wenn man in der Lage ist, die Exploitation billiger Wasserkräfte in's Auge zu fassen. Bezüglich der Tauernbahn würde dies vollgiltig zutreffen, nachdem unmittelbar an der Trace derselben eine bedeutende Wasserkraft vorhanden ist, die zum Betriebe der Bahn leicht und zweckmässig herangezogen werden könnte. Wie der „N. Fr. Pr." diesbezüglich geschrieben wird, ist dies die Wasserkraft im kärntnerischen Mölltale, welche aus Mühldorfer Bach den Abfluss der nahezu 2500 m hoch gelegenen Mühldorfer Seen bildet. Das Gefälle dieses jederzeit vollkommen eisfreien Wassers beträgt 440 m und die secundliche Wassermenge ist eine so bedeutende, dass bei Minimalwasser fast 9000 PS, bei Normalwasser mehr als 11.000 PS als Kraftleistung erzielt werden können. Nach dem Projecte, welches der Elektro-Ingenieur Mayrgündter in Klagenfurt betreffs Ausnützung dieser Wasserkraft verfasst hat, würden sich die Anlagekosten für Grunderwerbung, Wasserbau, Hochbau und Maschinen-Anlage, sowohl hydraulischer wie elektrischer Bestimmung, per angekaufte Pferdekraft auf nicht mehr als höchstens 100 fl. stellen und die Productionskosten per Pferdekraft jährlich kaum 8 fl. erreichen. Diese wohlfeilen Productions-Bedingungen sind jedenfalls beachtenswerth.

Angesichts der **Vermehrung oberirdischer Kraftstromleitungen in Berlin** namentlich im Strassenbahnbetrieb, sind für die Feuerwehr folgende Fragen von Wichtigkeit geworden: Inwieweit ist ein Spritzenstrahl imstande, den elektrischen Strom einer Starkstromleitung abzuleiten? Welche Gefahren treten bei einer Ableitung für den Rohrführer ein? Inwieweit kann durch einfache Mittel (Leder und Bindfäden, Einhüllung der Schlauchrohre) bei directer Berührung der Leitung Schutz gegen elektrische Schläge erreicht werden? Um über diese Fragen ein klares Urtheil zu schaffen, wurden in Gemeinschaft mit Siemens & Halske an einer Leitung mit 500 V Spannung eingehende Versuche gemacht. Diese ergaben, dass man sich Starkstromleitungen mit 500 V Spannung ohne weitere Vorsichtsmassregeln mit blankem Strahlrohr bis auf 10—5 cm nähern kann, und dass ein Einhüllen der Strahlrohre mit Leder oder Bindfäden nicht nur keinen Werth hat, sondern im vermeintlichen Sicherheitsgefühl nur schaden kann. Trotz dieser Ergebnisse ist der Wunsch nach einem gut isolirten Strahlrohr rege geblieben. Eine Steinpappfabrik beabsichtigt, die Herstellung durch Herstellung von Strahlrohren aus Steinpappe geweckt zu werden.

Die „Zeitung des Vereines Deutscher Eisenbahn-Verwaltungen" schreibt: Täglich finden auf den Linien der belgischen Staatsbahnen **Versuche mit elektrischen Trambahnzügen** statt, die sehr günstige Ergebnisse liefern. Wie der „XX Siècle" hört, wird demnächst ein elektrischer Dienst auf der Strecke zwischen Brüssel und Ostende eröffnet; diese elektrischen Trambahnzüge werden 70 km in der Stunde zurücklegen.

Kabeltelegraph nach dem äussersten Osten. Ein Consortium hervorragender französischer Capitalisten bewirkt sich um die Concession für den Anschluss an das Gesammt-Telegraphennetz Frankreichs von Marseille aus nach dem äussersten Osten führende, theils untersecische, theils oberirdische Kabeltelegraphen-Linie. Nach dem „Wr. Handelsbl." soll die Linie von Marseille aus submarin bis Palästina und weiterhin oberirdisch durch Palästina bis zum Akaba-Golfe und von dort aus einerseits längst der Ostküste des Rothen Meeres bis Obok und weiterhin theils submarin, theils oberirdisch über Madagaskar und Pondichéry bis Tonkin andererseits submarin mit Berührung von Gambo und Djeddah bis Hodeidah führen, ferner mehrere oberirdische Zweiglinien bis Medina und Sarra-s erhalten. Die Projectanten bieten dem ottomanischen Reiche den Vortheil, dass nach Ablauf der Concessionsdauer alle das ottomanische Gebiet occupirenden Linien kostenfrei in das unbeschränkte Eigenthum der Türkei übergehen würden.

Interessante Telephonverbindung. Ein interessanter Versuch wurde vor Kurzem mit einer Telephonverbindung gemacht, bei welcher theilweise Land- und Seedrähte verwendet wurden. Es handelte sich nämlich, wie wir einer Mittheilung des Patent-Bureau J. Fischer entnehmen, um eine Verbindung zwischen Manchester und Brüssel. Die Versuche sind sehr gut ausgefallen und die Gespräche waren genau verständlich. Die Strecke Calais-Dover wurde mittelst Kabel hergestellt.

Der **Fernsprechverkehr Berlin** mit Coldítz, Lausigk, Leer (Ostfr.), Klettwitz, Nerchau, Papenburg, Penig und Senftenberg (Lausitz), ferner mit Krossen (Oder), Fürstenwalde (Spree), Langenweddingen, Loburg,

Neuhaldensleben, Schmalkalden, Schöppenstedt, Schwelm, Seehausen (Kreis Wanzleben), Varel (Oldenburg) und Züllichau ist eröffnet worden. Die Gebür für ein gewöhnliches Gespräch bis zur Dauer von drei Minuten beträgt im Verkehr mit den vorgenannten Orten, ausgenommen Fürstenwalde, 1 Mark. Im Verkehr mit Fürstenwalde beträgt die Gebür für einfache Gespräche, die von Berlin, Adlershof, Köpenick, Friedenau, Friedrichsberg, Friedrichshagen, Grünau (Mark), Niederschöneweide, Pankow, Rixdorf, Rummelsburg, Schöneberg, Stralau, Tempelhof und Weissensee ausgehen, 25 Pfg. Für Gespräche von den übrigen Vor- und Nachbarorten Berlins mit Fürstenwalde wird eine Gebür von 1 Mark erhoben.

Grossherzogliche Technische Hochschule in Darmstadt. Vorlesungen und Uebungen über Elektrotechnik im Wintersemester 1898—99. Beginn des Wintersemesters am 18. October 1898. Allgemeine Elektrotechnik I: Geh. Hofrath Prof. Dr. Kittler, 2 Stunden wöchentlich. Allgemeine Elektrotechnik II, derselbe, 2 St. w. Elemente der Elektrotechnik; Professor Docter Wirtz, 3 St. w. Construction elektrischer Maschinen und Apparate; Professor Sengel, 2 St. Vortrag, 3 St. Uebungen w. Elektrische Leitungsanlagen und Stromvertheilungssysteme: Professor Dr. Wirtz, 2 St. Vortrag, 2 St. Uebungen w. Projectiren elektrischer Licht- und Kraftanlagen; Professor Sengel, 1 St. Vortrag w. Elektrotechnische Messkunde: Professor Dr. Wirtz, 2 St. w. Bogenlampen und Elektricitätszähler, Ingenieur Westphal, 1 St. w. Uebungen im elektrotechnischen Laboratorium: Geh. Hofrath Professor Dr. Kittler in Gemeinschaft mit Professor Sengel, Professor Dr. Wirtz und den Assistenten des elektrotechnischen Institutes, 6 halbe Tage w. Selbstständige Arbeiten aus dem Gebiete der Elektrotechnik (für vorgeschrittene Studirende): Geh. Hofrath Professor Dr. Kittler, Zeit nach Vereinbarung. Elektrotechnisches Seminar: Geh. Hofrath Professor Dr. Kittler in Gemeinschaft mit Professor Sengel, Professor Dr. Wirtz und den Assistenten des elektrotechnischen Institutes, 1 St. w. Elektrische Strassenbahnen: 1 St. w.

Elektrotechnische Lehr- und Untersuchungs-Anstalt des Physikalischen Vereins zu Frankfurt am Main. Die Lehranstalt bezweckt, Leuten, welche eine Lehrzeit in einer mechanischen Werkstatt vollendet haben und bereits als Gehilfen in Werkstätten, maschinellen Betrieben oder auf Montage thätig gewesen sind, eine theoretische Ergänzung ihrer Ausbildung zu geben, welche sie in Verbindung mit praktischen Fertigkeiten in den Stand setzen soll, als Mechaniker, Werkmeister, Assistenten, Monteure, Revisoren in elektrotechnischen Werkstätten, Laboratorien, Anlagen oder Installationsgeschäften eine zweckentsprechende Thätigkeit zu entwickeln oder kleinere elektrotechnische Geschäfte selbstständig zu betreiben. Für Solche, die längere Zeit auf ihre theoretische Ausbildung verwenden und insbesondere Solche, die sich für die Thätigkeit im Messraum vorbereiten wollen, bietet das Laboratorium der elektrotechnischen Untersuchungsanstalt des Physikalischen Vereins Gelegenheit zu weiterer Ausbildung.

Lehrplan: (Sämmtliche Fächer sind für die Schüler obligatorisch) 1. Allgemeine Elektrotechnik: Herr Dr. C. Déguisne, 4 Stunden. 2. Praktische Uebung: Herr Dr. C. Déguisne, 9 St. 3. Dynamomaschinenkunde: Herr Dr. C. Déguisne, 1 St. 4. Accumulatoren: Herr Ingenieur H. Massenbach, 1 St. 5. Instrumentenkunde: Herr Ingenieur Eugen Hartmann, 1 St. 6. Signalwesen: Herr Ingenieur K. E. Ohl, 1 St. 7. Telegraphie und Telephonie: Herr Telegraphenamts-Cassier R. Schmitt, 1 St. 8. Installationstechnik: Herr Ingenieur A. Peschel, 1 St. 9. Motorenkunde: Herr Ingenieur G. Bender, 1 St. 10. Mathematik: Herr Dr. C. Déguisne, 2 St. 11. Physik: Mechanik, Wärmelehre, Erhaltung der Energie, 3 St. 12. Elektricität: Herr Ingenieur K. E. Ohl, 3 St.

Der Cursus zerfällt in 2 Abtheilungen, von denen der erste von October bis März, der zweite von März bis Juni dauert. Der Cursus 1898/99 beginnt: Dienstag den 18. October, Früh 8 Uhr. Aufnahmegesuche und Anfragen sind an den Leiter der Elektrotechnischen Lehr- und Untersuchungsanstalt, Herrn Doctor C. Déguisne, Stiftstrasse 32, zu richten.

Das **Technikum Mittweida**, ein unter Staatsaufsicht stehendes, höheres technisches Institut zur Ausbildung von Elektro- und Maschinen-Ingenieuren, Technikern und Werkmeistern, zählte im 30. Schuljahre 1898 Besucher. Der Unterricht in der Elektrotechnik ist auch im letzten Jahre wieder erheblich erweitert und wird durch die reichhaltigen Sammlungen, Laboratorien, Werkstätten und Maschinenanlagen etc. sehr wirksam unterstützt. Das Wintersemester beginnt am 18. October und es finden die Aufnahmen für den am 26. September beginnenden ungentgeltlichen Vorunterricht von Anfang September an wöchentlich statt. Ausführliches Programm mit Bericht wird kostenlos vom Secretariat des Technikum Mittweida (Königreich Sachsen) abgegeben.

Ausgeführte und projectirte Anlagen.

Oesterreich-Ungarn.

a) Oesterreich.

Untermais. (Anordnung der Tracenrevision der projectirten elektrischen Kleinbahn von Untermais zur Spitalbrücke in Meran.) Das k. k. Eisenbahnministerium hat unterm 31. August die k. k. Statthalterei in Innsbruck beauftragt, hinsichtlich des von der Firma Siemens & Halske in Wien vorgelegten generellen Projectes für eine normalspurige, elektrisch zu betreibende Kleinbahn mit theilweiser Strassenbenützung von der Station Untermais der Bozen—Meraner Bahn über Untermais zur Spitalbrücke in Meran im Sinne der bestehenden Vorschriften die Tracenrevision einzuleiten.

b) Ungarn.

Budapest. (Eisenbahn-Projecte.) Der königl. ung. Handelsminister hat dem Budapester Universitäts-Professor Doctor Michael Herczegh und den Budapester Einwohnern Julius Kállay und Andreas Pálffy die Bewilligung zur Vornahme technischer Vorarbeiten für eine vom Zollamtsplatz (Vámház tér) im IV. Budapester Stadtbezirke ausgehende, mit Benützung der Franz Josefs-Staatsbrücke über Buda—Eörs, Vual, Lovasbány, Stuhlweissenburg (Székes fehérvár), Berhida, Vikonya, Veszprém, Kövesd, Balaton - Füred, Balaton - Udvari, Zánka, Kővágó - Eörs, Badocsony-Tomaj, Balaton-Ederics, Keszthely, Zala-Szent-Ivany, Felső-Kahot, Bárok-Szent-György, Dékarovcz und die Gemarkung der Gemeinde Belicza bis Cžaktornya und weiterhin bis zur ungarisch-croatischen Landesgrenze nächst Warasdin (Varasd) führende Localbahn mit elektrischem Betriebe auf die Dauer eines Jahres ertheilt.

Grosswardein. (Strasseneisenbahn mit elektrischem Betriebe im Bereiche der Stadt Grosswardein [Nagyvárad] und Umgebung.) Die Communalverwaltung der Stadt Nagyvárad im Vereine mit den Interessenten der Umgebung hat die Herstellung einer im Bereiche der Stadt sich verzweigenden und in das Extravillan führenden Strasseneisenbahn mit elektrischem Betriebe dieses Jahres durchzuführen beschlossen.

Poprád-Felka. (Projectirte Localbahn mit elektrischem Betriebe im Tátragebiete.) Die Interessenten des Comitates Szepes (Zips) haben nunmehr die schon vor längerer Zeit projectirte Ausführung elektrisch betriebener Localbahnlinien im Bereiche des Tátragebietes, im Sinne des neuestens modificirten Project-Elaborates beschlossen. An Stelle der ursprünglich in Aussicht genommen gewesenen Trace ab Station Poprád-Felka der Hauptlinie (Oderberg) Csacza—Poprád-Felka—Kaschau der Kaschau-Oderberger Eisenbahn über Uj-Tátra-Szombat und Mathéocz bis Felka ist nun die neue Trace von Felka aus über Uj-Szalok und Tátra-Füred (Schmecks), O-Tátra-Füred und Uj-Tátra-Füred zum Anschlusse an die Sackbahn endigende Flügelbahn Poprád-Felka—Tátra-Lomnicz angenommen worden, wodurch der den südlichen Theil des Tátragebietes umspannende Ring hergestellt wird. Die Fernere werden zur Erzeugung des elektrischen Betriebsstromes die erforderlichen Wasserkräfte nicht, wie ursprünglich projectirt, dem Tarpolokflusse, sondern dem Poprádflusse und dem Rauschbache entnommen werden. Diese Wasserkraft steht jener im Ikervarer Etablissement kaum nach, welche auf Entfernungen bis zu 45 km nicht nur die Strasseneisenbahnen und elektrischen Beleuchtungsstationen der Städte Steinamanger und Sopron, sondern auch zahlreiche Industrie-Etablissement des dortigen Gebietes reichlich mit Strom versieht. Die effectiven Baukosten der projectirten 14 km langen Linie Felka—Tátra-Füred—Tátra-Lomnicz sind mit 1,220.000 fl., d. i. mit 87.143 fl. per Baukilometer, beziehungsweise, in welche Summe noch die Kosten der mit rund 400.000 fl. veranschlagten Central-Stromerzeugungsstation inbegriffen sind. Der insbesondere während der Wintersaison entbehrliche Ueberschuss an elektrischer Kraft wird zur Beleuchtung der Nachbarstädte und Ortschaften, sowie für den Betrieb von Kleinindustrie-Etablissements der Umgebung verwendet werden.

Frankreich.

Paris. (Einleitung der Hauptlinie Paris—Orléans in das Weichbild von Paris und Einführung des elektrischen Betriebes auf derselben.) Der Bau der die Hauptlinie Paris—Orléans in das Weichbild von Paris zum Platze Walhubert am Quai d'Orsay einführenden theilweise als Untergrundbahn herzustellenden Linie ist bereits so weit vorgeschritten, dass deren Eröffnung noch vor Beginn der Ausstellung im Jahre 1900 als gesichert zu betrachten ist. Die

Direction ist beim Minister für öffentliche Arbeiten um die Bewilligung eingeschritten, diese Linie mit elektrischer Kraft zu betreiben. Die 45 t wiegenden Maschinen sind mit 700 PS ausgestattet und empfangen die elektrische Kraft durch eine von einer Centralstation ausgehende, längs der Strecken liegende, vor Contact mit Passanten jedoch absolut geschützte Leitung, und zwar durch Vermittlung der am Getriebe der Locomotive angebrachten Contactbürsten. Die achträdrige Maschine ruht auf vier selbstthätig wirkenden Achsen, deren jede durch einen ausschliesslich auf sie einwirkenden Krafteffect von 125 KH bewegt wird. Die Maschine vermag Züge im Gesammtgewichte von 300 t zu befördern. Die beim Bahnhofe von Ivry aufgestellte Central-Stromerzeugungsmaschine ist mit zwei Gruppen von Elektro-Dynamos mit je 1000 KW Krafteffect ausgerüstet. Der Maschinenwechsel, der einen Zugsaufenthalt von nur zwei Minuten beansprucht, findet in der Station Austerlitz statt. Das gleiche System, durch dessen Anwendung die in Untergrundstrecken für die Passagiere und das Personal schädliche und bei offenen Strecken für die Bewohner der anrainenden Häuser belästigende Rauchentwicklung des Dampfbetriebes vermieden wird, ist gleichfalls für die demnächst zur Ausführung gelangende Verbindungsbahn in Aussicht genommen, welche die Linie Secaux mit der Hauptlinie nächst der Station an der Place Saint-Michel verbinden wird.

Literatur-Bericht.

Die Möglichkeit einer experimentellen Entscheidung zwischen den verschiedenen elektrodynamischen Grundgesetzen. Von Franz Kerntler, Budapest. Verlag der Pester Lloyd-Gesellschaft. 1896. Diese Schrift bildet den Anschluss an die Abhandlung, die der Verfasser im November 1894 unter dem Titel: „Die elektrodynamischen Grundgesetze und das eigentliche Elementargesetz" veröffentlicht hat. Der Zweck ist durch den Titel zur Genüge gekennzeichnet, und zwar wird mit Hilfe eines Beispiel und unter besonderer Berücksichtigung des Ampèregesetzes, sowie des vom Verfasser aufgestellten Gesetzes ein Nachweis dieser Möglichkeit angestrebt. Die Aufgabe, welche sich der Verfasser damit gestellt hat, erfordert einen gründlichen Einblick in das Wesen der Elektrodynamik und einen sicheren, klaren Gedankengang. Beides kommt der vorliegenden Schrift zu gute, sie verdient daher wie die eigentliche Abhandlung volle Beachtung. _sn._

Jubiläums-Katalog. Nr. 21. Illustrirte Berichte. Von H. W. Adler & Cie., Fabrik für Elektrotechnik, Wien. Erläuterungen über Telephonie mit schematischen Leitungs-Skizzen und Kostenberechnungen.

„Unsere Monarchie." Die österreichischen Kronländer zur Zeit des 50jährigen Regierungs-Jubiläums Sr. Majestät des Kaisers Franz Josef I. Herausgegeben von Julius Laurencic. Verlag: Georg Szelinski, k. k. Universitätsbuchhandlung, Wien. Complet in 24 Heften á 1 Krone.

Die Hefte 19 und 20 enthalten Ansichten aus Steiermark. Graz vom Rainerkogel aus, mit einer Anzahl Gruppenbilder, dann aus der Umgebung Maria Grün, die Wallfahrtskirche Maria Trost und Schloss Eggenberg. Ein anderes Blatt bringt Mürzzuschlag, Neuberg, den berühmten Gnadenort Maria Zell, Aussee und Alt-Aussee mit der Trisselwand. Das uralten Bergort Eisenerz, den Leopoldsteiner See und den „Eingang ins Gesäuse" zeigen Vollbilder in wirkungsvollster Wiedergabe; dem „Gesäuse" selbst sind fünf selbständige Detailbilder gewidmet, und zwar Ansichten von Hieflau, von Objecten der Bahnlinie und der wilden Berglandschaft in dieser Felsenenge. Zwei schöne Vollbilder führen den Markt Schladming und den Grimming vor. Ein Blatt mit Ansichten der obersteirischen Städte Murau, Judenburg, Leoben und Bruck a. d. Mur beschliesst das vorzüglich zusammengestellte Heft 19. Den Text zu den Blättern hat Dr. Anton Schlossar, Custos der Grazer Universitäts-Bibliothek, geschrieben.

Die jüngst erschienenen Lieferungen 21 und 22 führen uns in das herrliche Alpenland unserer Monarchie, nach Tirol, und zeigen uns auf 24 ausgezeichneten Bildertafeln die schönsten Ansichten. Eine Totalansicht bringt die prächtige Landeshauptstadt Innsbruck mit einer Vedute von Ambras. In schöner Ausführung sehen wir dann die malerische Maria Theresienstrasse, das berühmte alte Haus zum „goldenen Dachl", das Innere der Hofkirche, den Leopoldsbrunnen, die Triumphpforte, das Ferdinandeum, das Hofer-Denkmal auf dem Berge Isel und das Stadtsäle-Gebäude. Kufstein ist mit einer Hauptansicht und einem Gruppenbild vertreten, ebenso sehr naturgetreue Bildchen von Hopfgarten, Kitzbühel, St. Johann, Rattenberg und in einem Vollbilde das pittoreske Brixlegg. Längsbilder zeigen An-

sichten von Jenbach, den schönen Achensee mit der Pertisau
und das Zillerthal mit Mayerhofen. Von der Brennerbahn sehen
wir St. Jodok, Brenner-Posthaus, Gossensass, Sterzing und
Steinach, von der Pusterthalbahn Bruneck, Lienz und Toblach
mit seinen Dolomiten, St. Ulrich und Wolkenstein im Gröden-
thal. Zwei Gletscherbildchen vom Becher im Stubai schliessen
Heft 21 ab. Nr. 22 zeigt die drei Zinnen und den Monte Christallo
in der Dolomitenwelt. Aus dem Ortlergebiet finden wir ein
Gruppenbild, welches Hôtel Sulden, die Schaubachhütte mit der
Königspitze, das Gletscherthor im Suldenthal und die Wallfahrts-
kapelle zu den hl. 3 Brunnen, sowie Trafoi verführt. Cabinets-
bilder sind Briren, Klausen und Schloss Tyrol, Bozen und Gries,
das neue grosse Kurersehôtel, Schloss Runkelstein und der Welt-
curort Meran mit der Gilfpromenade. Prächtig sind die Bilder
der Ortlergletscher und das Stilfserjoch mit der Franzenshöhe.
Aus Südtirol fesseln uns Roveredo, Trient, Cavalese, Mezzo-
lombardo, St. Martino di Castrozza, aus dem malerischen Val
Sugano Pergine, Roncegno u. a. Die Texte zu diesen Bildern
stammen aus der Feder des Reiseschriftstellers Ernst Keiter.

Patentnachrichten.

Mitgetheilt vom Ingenieur Victor Monath,

WIEN, I, Jasomirgottstrasse Nr. 4.

Classe　　　**Deutsche Patentanmeldungen.**[*]

20. S. 11.240. Weichenzungenverriegelung mit getrenntem Antrieb für Verriegelung und Entriegelung. — Siemens &
Halske, Actiengesellschaft, Berlin. 23./3. 1898.

21. E. 5988. Messgeräth für Wechselströme. — Elektricitäts-
Actien-Gesellschaft, vorm. Schuckert & Co., Nürnberg.
17./6. 1898.

„ R. 11.162. Induktions-Messgeräth für Dreiphasenströme. —
Carl Raab, Kaiserslautern. 19./5. 1897.

36. Sch. 13.518. Selbstthätige Stromausschaltung an elektrischen
Kochvorrichtungen. — Friedrich Wilhelm Schindler,
Kennelbach. 26./3. 1898.

40. B. 21.721. Elektrischer Ofen. — George Dexter Burton,
Boston. 27./11. 1897.

83. S. 11.405. Stromschlussvorrichtung an elektrisch betriebenen
Uhren. — Société Anonyme de l'Horloge Elec-
trique Cauderay, Lausanne. 5./5. 1898.

12. R. 12.070. Verfahren zur Darstellung von Schwefelmetallen
aus elektrolytischem Wege. — Joseph William Richards
und Charles W. Roepper, Bethlehem, Penns. V. S. A.
26./4. 1898.

21. A. 5471. Elektrischer Sammler. — Accumulatorenfabrik
„Maassen" Maassen, Holland. 3./11. 1897.

„ P. 9621. Aufbau von Elektroden, welche von abwechselnd
über einander gelegten, gewellten und glatten, hohlkegel-
förmigen Blechen gebildet werden. — Henri Pieper fils,
Lüttich. 14./1. 1898.

26. H. 19.240. Elektrische Zündvorrichtung für Gasbrenner. —
F. Hoffmann und W. Ohlsen, Kiel. 13./9. 1897.

20. B. 22.648. Ein zwei überirdische Contactleitungen beschlei-
der Stromabnehmer für elektrisch betriebene Fahrzeuge. —
Brown, Boveri & Co., Baden, Schweiz und Frankfurt a.
Main. — 5./5. 1898.

20. D. 8333. Elektrische Bahn mit Theilleiterbetrieb. — Julien
Dulait, Charleroi, Belgien. 13./7. 1897.

21. C. 7300. Voltameterischer Ladeumelder für Sammelbatterien. —
Fritz Pergin, Charlottenburg. 25./1. 1898.

8. K. 16.513. Verfahren zur Erzielung farbig
gründearter Muster auf andersfarbigem Boden. — Ernst
Koller Sohn, Illzach b. Müllhausen i. E. 22./4. 1898.

„ L. 11.731. Verfahren zum Färben von Geweben auf den
Jigger. — Heinr. Laag & Cie, Düsseldorf. 11./11. 1897.

12. F. 10.446. Verfahren zur Darstellung von o- und p-Amido-
benzaldehyd. — Farbwerke vorm. Meister Lucius &
Brüning, a. M. 4./11. 1897.

20. S. 10.764. Mittelbare Aufhängung zweier Elektromotoren,
welche zwei Achsen eines Fahrzeuges treiben, in ihren
Schwerpunkten. — Siemens & Halske, Actiengesellschaft, Berlin. 19./10. 1897.

*) Die Anmeldungen bleiben acht Wochen zur Einsichtnahme öffentlich
aufgelegt. Nach § 24 des Patent-Gesetzes kann innerhalb dieser Zeit Einspruch
gegen die Anmeldung wegen Mangel der Neuheit oder widerrechtlicher Entnahme
erhoben werden. Das obige Bureau besorgt Abschriften der Anmeldungen und
übernimmt die Vertretung in allen Einspruchs-Angelegenheiten.

Classe
40. S. 11.273. Verfahren der elektrischen Destillation. —
Siemens & Halske, Actien-Gesellschaft, Berlin. 4./4.
1898.

21. W. 13843. Erregerflüssigkeit für Sammelbatterien. — Alexis
Werner, London. 17./3. 1898.

26. K. 16.328. Drehschieber-Anordnung an elektrischen Gas-
fernzündern. — Kölner Wassermesser-Werk
G. m. b. H., Köln a. Rh. 15./3. 1898.

40. U. 7395. Trennung des Kobalts von Nickel und anderen
Metallen durch Elektrolyse. — Dr. Alfred Coehn und
Dr. Ernst Salomon, Göttingen. 3./3. 1898.

74. S. 11.144. Vorrichtung zur Uebertragung von Zeigerstellungen; Zus. z. Pat. 97.656. — Siemens & Halske,
Actien-Gesellschaft, Berlin. 22./2. 1898.

80. B. 8766. Verfahren zur Herstellung poröser Gefässe für
elektrische Batterien. — John Laskey Dobell, Harlesden.
3./2. 1898.

20. K. 15.405. Unterirdische Stromzuführungseinrichtung für
elektrische Bahnen. — Alvaro S. Krotz, William P. Allen
und Oliver Kelly, Springfield, Ohio, V. S. A. 20./7. 1897.

20. K. 10.886. Vorkehrung zur Vermiderung von Telephon-
störungen; Zus. z. Pat. 96.820. — Siemens & Halske,
Actien-Gesellschaft, Berlin. 4./2. 1897.

21. G. 13.241. Verschluss für die Innenglocke von Bogenlampen.
— General Incandescent Arc Light Company
Limited, New-York. 29./8. 1897.

21. S. 11.105. Elektrische Bogenlampe mit schwingendem Lauf-
werkrahmen. — Siemens & Halske, Actien-Gesellschaft,
Berlin. 28./2. 1898.

75. S. 11.225. Apparat zur continuirlichen Elektrolyse von
Alkalisalzen mittelst Quecksilberkathode. — Solvay & Cie.,
Brüssel. 18./3. 1898.

21. D. 8343. Ein Fernsprech-Doppelkabel mit verschiedener Iso-
lation der Einzelleiter gegen einander und gegen Erde. —
Deutsche Kabelwerke vorm. Hirschmann & Co., Actien-
Gesellschaft Rummelsburg b. Berlin. 20./7. 1897.

21. F. 8524. Schaltung für die durch das Patent Nr. 96.970 geschützten Stromwandlers für die Speisung von Mehrphasen-
stromverbrauchern aus einem Einphasen-Wechselstromnetz;
Zus. z. Pat. 96.970. — Galileo Ferraris und Riccardo
Arnò, Turin. 31./8. 1895.

21. L. 12.030. Ampère-Stundenzähler. — Carl Liebenow,
Berlin. 25./2. 1898.

35. O. 2811. Regelungsvorrichtung für die Bewegung elektrisch
betriebener Fahrstühle mit Einzelstromschliessern an den
Zugängen der Haltestellen. — Otis Elevator Company
Limited, London. 22./1. 1898.

40. M. 15.379. Elektrischer Ofen mit heb- und senkbarer Bodenelektrode. — Carl Mayer, München. 28./3. 1898.

Classe　　　**Deutsche Patentertheilungen.**

21. 99.413. Glühlampe ohne besonderen Sockel. — R. J. Bott,
Tottenham Middl. Engl. 1./11. 1896.

„ 99.414. Vorrichtung zur Verhinderung einer falschen Um-
schaltersstellung bei zwei oder mehreren an eine Fernsprech-
Aussenleitung oder abwechselnd abhängig von einander angeschlossenen Fernsprechstellen. — W. Multhauf, Welte-
rode, Harz. 27./4. 1897.

21. 99.415. Schaltung der Regelungs-Elektromagnete für Bogenlampen. — Dr. Th. Weil und Ph. Richter, Frankfurt a.
Main. 18./7. 1897.

21. 99.416. Synchron laufender Stromwender zur Umwandlung
von Mehrphasenstrom in Gleichstrom. — H. Müller, Nürnberg. 17./8. 1897.

21. 99.460. Elektrisches Messinstrument mit getheilten ringförmigen Polschuhen und Lamellenanker. — Gans & Goldschmidt, Berlin. 14./4. 1897.

83. 99.461. Verstellbare Stromschlussvorrichtung für elektrische
Pendel. — P. Rissler und H. Bauer, Freudenstadt,
Württemberg. 29./6. 1897.

21. 99.481. In jeder Bewegungsphase zurücklegbare Weiche mit
elektrischem Betrieb; Zus. z. Pat. 95.478. — Max Jüdel
& Co., Braunschweig. 17./6. 1897.

42. 99.488. Contactvorrichtung an Compassen zur elektrischen
Fernregistrirung. — A. Custodis, Düsseldorf. 26./9. 1896.

20. 99.504. Stromzuleitungseinrichtung für elektrische Bahnen
mit Wechselstrombetrieb. — Siemens & Halske, Act.-
Gesellschaft, Berlin. 22./4. 1897.

Auszüge aus Patentschriften.

Edwin Hanswald in Frankfurt a. M. — Vorrichtung zur selbstthätigen Controle des Ladezustandes von Sammelbatterien. — Classe 21, Nr. 97.316 vom 29. September 1897.

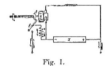

Fig. 1.

Die Vorrichtung zur selbstthätigen Controle des Ladezustandes von Sammelbatterien besitzt den der Stromstärke oder Leistung proportional laufenden Motor a, welcher einen Mitnehmer e bei Entladung in einer Richtung, bei Ladung in der entgegengesetzten Richtung bewegt. Durch einen Mitnehmer e wird der Strom selbstthätig bei f unterbrochen oder durch Vorschalten eines Widerstandes geschwächt, sobald eine bestimmte Strom- oder Energiemenge aus der Batterie z entnommen oder derselben zugeführt worden ist.

Geschäftliche und finanzielle Nachrichten.

Compagnie des Transports electriques de L'Exposition. Die im Monat Juli unter vorstehend genannter Firma gegründete Actiengesellschaft wurde mit einem Stammcapital von 2,000.000 Francs fundirt. Zweck der genannten Gesellschaft ist der Bau und Betrieb von Eisenbahnlinien mit elektrischem Betriebe zur Vermittlung des Verkehres im Bereiche des Ausstellungsplatzes in Paris.

Die Vereinigte Elektricitäts-Actiengesellschaft in Budapest schliesst die Bilanz ihres zweiten Geschäftsjahres mit einem Reingewinn von 238.148 fl. gleich circa fl. 1,650.000 fl. betragenden Actiencapitals. Die Direction hat in ihrer jüngsten Sitzung beschlossen, von diesem Gewinne nach Vornahme der statutenmässigen Zuwendungen zur Bezahlung einer Dividende von 8 fl. pro Actie 132.000 fl. zur Vertheilung zu bringen, 65.000 fl. dem Reservefonde zuzuführen, wodurch derselbe auf 100.000 fl. erhöht wird, und den Rest von 23.378 fl. auf neue Rechnung vorzutragen. Die oben ausgewiesene Gewinnziffer von 238.148 fl. ergibt gegen das Vorjahr (in welchem ein Geschäftsergebniss von 18 Monaten mit 196.214 fl. verrechnet wurde), eine Steigerung des Reinerträgnisses um 41.933 fl., wobei gleichwie im Vorjahre für Abschreibungen wieder 35.000 fl. = 11% des Einrichtungs-Contos verwendet wurden.

Projectirte Strasseneisenbahn mit elektrischem Betriebe im Bereiche der Hafenstadt Fiume. (Constituirende Generalversammlung.) Als Ergänzung unserer Mittheilung in H. 36, S. 427 berichten wir noch, dass am 26. August 1898 in Fiume unter Vorsitz des Obmannes des Gründerconsortiums die constituirende Generalversammlung der Actionäre der vom Mitconcessionär, Civil-Ingenieur Baron Oscar Lazzarini projectirten Strasseneisenbahn mit elektrischem Betriebe im Bereiche der Hafenstadt Fiume und Umgebung stattfand. Nach Constatirung der Beschlussfähigkeit der Versammlung und Constituirung des Bureau gelangte der Bericht des Gründerconsortiums über dessen Thätigkeit im Interesse der Realisirung des Projectes zur Verlesung. Dieser constatirt, dass die Finanzirung der Unternehmung im Betrage von 1,200.000 Kronen durch die Budapester Handelsbank durchgeführt wurde. Nach Kenntnisnahme und Genehmigung des Berichtes und Ertheilung des Absolutoriums an das Gründerconsortium wurde beschlossen, die bisher nur bis zur Torpedofabrik projectirte Trace weiterhin über Lovrana bis zum Curorte Abbazia fortzusetzen. Zum Schlusse folgten die Wahlen in die Direction und den Aufsichtsrath und wurde Peter Mileenich zum Präsidenten und Franz Vas zum Vicepräsidenten des Directionsrathes gewählt.

Gas- und Elektricitätswerke Bredow Actiengesellschaft in Bremen. Auf der Tagesordnung der zum 30. d. M. einberufenen ausserordentlichen Generalversammlung steht ein Antrag auf Erwerb des Concessionsvertrages der Firma Carl Francke Bremen, mit der Gemeinde Zällchow und Erhöhung des Actiencapitals.

Lenne-Elektricitäts-Industriewerke in Werdohl. Auf der Tagesordnung der zum 27. d. M. einberufenen Generalversammlung der Gesellschaft, welche durch die Elektricitäts-Actiengesellschaft vormals W. Lahmeyer & Co. in Frankfurt im Jahre 1897 errichtet wurde, steht auch ein Antrag auf Erhöhung des Actiencapitals.

Stettiner Elektricitäts-Werke. Wir entnehmen dem Geschäftsberichte über das Betriebsjahr 1897/98 folgende Details: Der neue Anschluss an die Centrale belief sich auf 5223 Glühlampen (im Vorjahre 5488), 182 Bogenlampen (im Vorjahre 178), 31 Motoren (im Vorjahre 19), dass nun 30. Juni 1898 insgesammt 24.133 Glühlampen, 1032 Bogenlampen, 116 Motoren, letztere mit einer Leistung von 258 PS installirt waren. Obwohl die Gesellschaft am 1. Juli 1897 den zur Zeit bestehenden Tarif von 4 Pfg. pro Brennstunde auf 3½ Pfg. ermässigte, hat der Centralen-Betrieb infolge der hierdurch vermehrten Anschlüsse einen grösseren Umsatz von rot. 75.000 Mk. ergeben. Hierdurch wurde auch eine Erweiterung des Kabelnetzes erforderlich, welche sich einestheils auf die Verstärkung vorhandener Kabelwege, anderntheils auf die Neulegung von Kabeln erstreckte, um den Ansprüchen der neu hinzugekommenen Lichtabnehmer genügen zu können. Es wurden für diese Kabelerweiterungen, welche eine Länge von 17.630 m mit 82 Hausanschlüssen repräsentiren, 66.844 Mk. verausgabt, so dass das Kabelnetz-Conto nunmehr einschliesslich dieses Zuganges mit einer Gesammtlänge von 131.403 m und abzüglich einer Abschreibung von 19.693 Mk. mit 703.612 Mk. zu Buch steht. Der Reservefunds beträgt im Ganzen 168.534 Mk. Die vertragsmässigen Abgaben an die Stadt Stettin beziffern sich auf: 1. Für Installation und Stromlieferung 49.641 Mk., 2. für den Erneuerungsfonds 9928 Mk., 3. Gewinn-Antheil 14.719 Mk., zusammen 74.288 Mk. Infolge der laut Beschlusses der Generalversammlung vom 17. Mai 1897 erfolgten Capitalserhöhung von 500.000 Mk. repräsentirt das Actiencapital der Gesellschaft jetzt die Summe von 2,500.000 Mk. und nimmt zum ersten Mal in dieser Höhe an der Vertheilung der Dividende Theil. Aus dem Ertragnis des Strombezuges der Centrale Stettin in Höhe von 272.360 Mk., nach der Installation und Fabrikation 106.169 Mk., des Miethsvertrags-Contos 9932 Mk., der Centrale Greifenhagen 6343 Mk. und dem Gewinn des Zinsen-Contos 10.604 Mk. ergibt sich zuzüglich des Vortrages vom vorigen Jahre in Höhe von 387 Mk. ein Rohgewinn von 405.718 Mk., welchem gegenüberstehen an Unkosten 62.358 Mk., an Abschreibungen 87.449 Mk., so dass sich ein Reingewinn von 255.911 Mk. ergibt, dessen Vertheilung in folgender Weise vorgeschlagen wird: Erneuerungsfonds I Stagnal 20% von 496.416 Mk. 9928 Mk., Reservefonds II 20% von 249.719 Mk. 4994 Mk., Reservefonds 5% von 255.911 Mk. 12.795 Mk., Tantièmen 10% von 243.115 Mk. 24.311 Mk. Dividende 7½% von 2,500.000 Mk. 187.500 Mk., Gewinnantheil Magistrat 2½% von 58.875 Mk. 14.718 Mk., Gewinnvortrag 1898/99 1662 Mk. Von den städtischen Behörden ist der Apfelallee gelegenen Krankenhaus-Anlage übertragen worden und ist die Gesellschaft genöthigt, deshalb in dem circa 1500 m von der Centrale entfernt liegenden Stadttheil eine Accumulatoren-Unterstation, wie sie solche bereits in der Politzerstrasse und Westend besitzt, neu einzurichten. Hierdurch wird der Gesellschaft ausserdem noch ein ganz neuer Stadttheil erschlossen und hat die Gesellschaft bereits dies in demselben liegenden Bellevue-Theater, welches bisher eigene Einrichtung hatte, an ihr Kabelnetz angeschlossen. Die zu diesem Zweck erforderlichen grösseren Mittel sollen auf dem Wege einer neuen Emission beschafft werden.

Aluminium-Company. In der in London abgehaltenen Jahresversammlung dieser Gesellschaft erwähnte der Vorsitzende, Generallieutenant Sir Andrew Clarke, nach Besprechung der Jahresbilanz die ausserordentlichen Umstände, welche den Gewinn beeinflusst haben. Ein einschneidender und günstiger Umschwung sei in einer gewissen grossen chemischen Industrie, welche einen bedeutenden Theil des von der Gesellschaft fabricirten Sodiums bezieht, zu Beginn des jüngsten Geschäftsjahres eingetreten. Um den plötzlichen und ziemlich unerwarteten Begehr zu befriedigen, habe die Verwaltung es für angemessen erachtet, sich die darbietende Lieferungsverträge von langer Dauer einzugehen. Um diese Contracte zu erfüllen, sei es nöthig gewesen, die Fabrikation des Verschlossenen zu ungünstigen Bedingungen in Bezug auf die Gestehungskosten durchzuführen, da Opfer erforderlich waren, um das verlangte Quantum zu beschaffen. Wenn die Verwaltung die Geschäft nicht abgeschlossen hätte, trotz der unvorbereiteten Lage, so würden die Kunden entweder gezwungen worden sein, von Concurrenten der Gesellschaft im Auslande zu kaufen, was diesen einen Absatzmarkt in England geschaffen hätte, oder dieselben hätten müssen andere Fabricationsmethoden für ihre eigenen Artikel einschlagen, welche den Gebrauch von Sodium nicht erfordern. In welchem Falle würde eine sichere und bedeutende Nachfrage nach dem Sodium der Gesellschaft verloren gegangen sein. Diese gebrachten Opfer haben sich als berechtigt erwiesen. Durch die vorgenommenen Verbesserungen und Erweiterung der Anlagen sei die Gesellschaft nunmehr in der Lage, regelmässig zu fabriciren und die eingegangenen Lieferungsverpflichtungen voll zu erfüllen; der Gestehungspreis sei nunmehr niedriger, als je zuvor. Die Verwaltung sei mit jeden wichtigen Verbraucher von Sodium Contracte eingegangen, welche bis Ende 1899 laufen und die gesammte Herstellung unterbringen. Die Prozesse, welche sowohl in England wie in Deutschland schwebten, seien zu der Gesellschaft günstigen Bedingungen beigelegt worden. Dieses Ergebnis wurde Anfangs Juli erzielt und ein Arrangement mit den früheren Concurrenten eingegangen, welches nicht nur ein weiteres Herabsetzen der Preise verhütet, sondern auch die gegenwärtige Lage der Gesellschaft sicherstellt. Das Abkommen habe auch einige weitere wichtige Concessionen gewährt. Was die in dem Geschäftsbericht erwähnte Bildung einer neuen Gesellschaft zur Ausnützung der Patente des Unternehmens in Deutschland betrifft, so habe sich darin eine sehr einflussreiche chemische Gesellschaft in Deutschland, mit der die Verwaltung seit vielen Jahren in Verbindung steht, betheiligt. Diese Firma hat sich verpflichtet, fast das ganze Capital bereitzustellen, welches für die Errichtung der Werksanlagen erforderlich sei, und die Aluminium Company erhalte den gleichen Betrag als Entschädigung für die deutschen Patente. Das Actiencapital der neuen Gesellschaft werde zu gleichen Theilen zwischen den eigenen und der deutschen Firma vertheilt, so dass jeder Partei die Hälfte des Verdienstes erhalten würde. Die Werke, welche ähnliche Producte wie in Oldbury darstellen würden, seien in Errichtung begriffen und würden voraussichtlich im Jänner 1899 in Betrieb gebracht werden. Die Erzeugung des ersten Jahres sei schon zu einem grossen Theile untergebracht. Die Castner-Kellner Gesellschaft arbeite sehr befriedigend und habe bekannt gegeben, dass wahrscheinlich im October eine Dividende zum Satze von 8% p. a. ausgeschüttet werden würde. Bei der starken Betheiligung der Aluminium-Company an dem Unternehmen würde dieser Satz allein eine Dividende von 10% für die Gesellschaft betreffe, so werde die Licenzgebühr von 4000 Pfd. Sterl. jährlich erst bezahlt. Die Lage des Alkali-Marktes in Amerika habe sich während des Geschäftsjahres nicht gebessert, es lägen aber Anzeichen eines baldigen Aufschwunges vor. Das Geschäft der Niagara Electro-Chemical Company sei ein äusserst gedeihliches, es sei seitens derselben zwar nur eine Dividende von 5% gezahlt worden, aber nur, weil der Hauptheil des Verdienstes im ersten Jahre zu Abschreibungen auf die Werke verwendet wurde. Die Jahresrechnung wurde darauf genehmigt und die ausscheidenden Directoren wiedergewählt.

Accumulatoren- und Elektricitätswerke- Actiengesellschaft vormals W. A. Boese & Co, in Berlin. Das Actiencapital der Gesellschaft beträgt 3.000.000 Mk., eingetheilt in Actien über je 1000 Mk. Die Actien Nr. 1—1500 wurden bei der Gründung der Gesellschaft vollgezahlt, während die Actien Nr. 1501 bis 3000 erst bis zum 1. Juli 1898 vollbezahlt worden sind. Diese letzteren Actien nehmen am Erträgnis für das Geschäftsjahr 1898 nur mit der halben Dividende theil, vom 1. Jänner 1898 ab participiren dieselben an vollen Erträgnis. Ein Theilbetrag dieser Actien, und zwar 1.250.000 Mk. mit voller Dividendenberechtigung pro 1898, 1.475.000 Mk. mit halber Dividendenberechtigung pro 1898, gelangte am 6. September in Berlin bei der Deutschen Genossenschafts-Bank von Soergel, Parrisius & Co. und der Bankfirma von Koenen & Co., sowie in Frankfurt a. M. zur Subscription. Der Zeichnungspreis für die Actien mit voller Dividendenberechtigung pro 1898 ist mit 168% und für die Actien mit halber Dividendenberechtigung pro 1898 mit 165% festgesetzt. Bei Gründung der Gesellschaft übereignete die Firma W. A. Boese & Co. ihre in Berlin und Augsburg betriebenen Geschäfte mit Activen und Passiven, insbesondere auch den Rechten und Pflichten aus laufenden Verträgen derart, dass schon vom 31. December 1896 ab alle Rechte und Pflichten auf die Actiengesellschaft übergingen, so dass die Geschäftsführung als vom 31. December 1896 ab für Rechnung der Actiengesellschaft erfolgt gilt. Es ging auch die Betheiligung bei dem Altdammer Elektricitätswerke G. m. b. H. an die Actiengesellschaft über. Die Altdammer Elektricitätswerke G. m. b. H. wurden am 10. November 1895 mit einem Haftungscapital von 168.000 Mk. errichtet und am 24. März 18 8 in Liquidation getreten. — Die früheren Firmeninhaber Wilhelm Alexander Boese und Emil Hartzfeld verpflichteten sich, während fünfzehn Jahren vom 31. December 1896 an weder ein Concurrenzgeschäft zu errichten, noch an einem solchen thätig zu sein, den Fortbetrieb ihrer Geschäfte in Oesterreich-Ungarn und Frankreich,

Belgien ausgenommen. Der Gesammtschätzungswert der Einlagen beträgt 1.572.680 Mk., während der Uebernahmepreis einschliesslich aller ohne besondere Vergütung übergegangenen Patent- und Musterschutze sich auf 1.280.897 Mk. beläuft. Die Vorbesitzer verbürgen die Sicherheit der Aussenstände bis 31. December 1898. Im December 1897 wurden ausser den eingebrachten Antheilen der Altdammer Elektricitätswerke G. m. b. H. in Altdamm sämmtliche übrigen Antheile der Gesellschaft für den Betrag von 195.769 Mk. erworben. Diese Gesellschaft ist in Liquidation getreten, deren Activen und Passiven sind von den Accumulatoren- und Elektricitätswerken W. A. Boese & Co. übernommen worden. Die Vorbesitzer der Werke erzielten für das Jahr 1895 einen Nettogewinn von 264.506 Mk. und für 1896 von 328.946 Mk. Die Gesellschaft erzielte für 1897 einen Nettogewinn von 347.479 Mk. auf 1.375.000 Mk. eingezahltes Capital und vertheilte für das Geschäftsjahr 1897 eine Dividende von 10%. Für das laufende Jahr ist die Gesellschaft wesentlich stärker beschäftigt und erwartet die Direction mindestens das gleiche Erträgnis wie im Vorjahre.

Elektricitäts-Gesellschaft „Brennerwerke". Am 31. August l. J. fand in den Bureaux der Bayerischen Bank die Constituirung der Brennerwerke (G. m. b. H.) statt. Sitz der Gesellschaft ist München, das Capital ist vorläufig auf 750.000 Mark festgesetzt und von einem Consortium, bestehend aus der Allgemeinen Elektricitäts-Gesellschaft, Berlin, der Bayerischen Bank in München und Herrn Ingenieur Oscar Vorwiller übernommen worden. Zu Geschäftsführern der Gesellschaft wurden ernannt die Herren: General-Director Emil Rathenau (Allgemeine Elektricitäts-Gesellschaft), Director Julius Anspitzer (Bayerische Bank) und Ingenieur Oscar Vorwiller. Die Gesellschaft bezweckt die Ausnützung einer grossen Wasserkraft von mehreren tausend Pferdekräften bei Matrei in Tirol, welche zur elektrischen Beleuchtung und Kraftversorgung der benachbarten Orte, zum Betriebe elektrischer Bahnen und zur Stromlieferung an elektro-chemische Fabriken verwendet werden soll.

Die Actien-Gesellschaft für elektrische Anlagen und Bahnen in Dresden theilt durch Rundschreiben mit, dass Herr Major a. D. Fritsch am 1. August dieses Jahres in den Vorstand der Gesellschaft eingetreten ist.

Briefe an die Redaction.

(Für diese Mittheilungen ist die Redaction nicht verantwortlich.)

Im Heft 33 des laufenden Jahrganges Ihrer geschätzten Zeitschrift finden wir auf S. 394 eine aus dem „Journal des transports" übernommene Notiz, nach welcher eine zwischen Burgdorf und Thun (Schweiz) im Bau begriffene Bahn die „erste normalspurige elektrische Eisenbahn auf dem Continent" sein soll.

Sie würden uns zu Dank verpflichtet, wenn Sie in Ihrer geschätzten Zeitschrift davon Notiz nehmen wollten, dass eine normalspurige elektrische Bahn, auf welcher durchgehende Güterwagen der Bayerischen Staatsbahn als Anhängewagen befördert werden, bereits im Juli 1897 durch uns vollendet und in Betrieb gesetzt worden ist. Es ist dies die Bahn Bad Aibling—Feilnbach in Bayern.

Wir knüpfen hieran die Mittheilung, dass bereits eine zweite derartige Bahn im März dieses Jahres durch uns vollendet sich im (Kleinbahn Briesen in Westpreussen) und eine dritte sich im Bau befindet (Murnau—Oberammergau in Bayern). Auf der letztgenannten Feilnlinie ist für die Zeit der Oberammergauer Passionsspiele ein durchgehender Verkehr der Personenwagen der Bayerischen Staatsbahnen und der directe Fahrkartenverkauf von allen Hauptplätzen der Welt in Aussicht genommen.

In ausgezeichneter Hochachtung
Actien-Gesellschaft Elektricitätswerke
vorm. O. L. Kummer & Co.

Schluss der Redaction: 13. September 1898.

Verantwortlicher Redacteur: Dr. J. Sahulka. — Selbstverlag des Elektrotechnischen Vereines.
Commissionsverlag bei Lehmann & Wentzel, Wien. — Alleinige Inseraten-Aufnahme bei Haasenstein & Vogler (Otto Maass), Wien und Prag, Druck von R. Spies & Co., Wien.

Zeitschrift für Elektrotechnik.

Organ des Elektrotechnischen Vereines in Wien.

| Heft 39. | WIEN, 25. September 1898. | XVI. Jahrgang. |

Bemerkungen der Redaction: Ein Nachdruck aus dem redactionellen Theile der Zeitschrift ist nur unter der Quellenangabe „Z. f. E. Wien" und bei Originalartikeln überdies nur mit Genehmigung der Redaction gestattet.

Die Einsendung von Originalarbeiten ist erwünscht und werden dieselben nach dem in der Redactionsordnung festgesetzten Tarife honorirt. Die Anzahl der vom Autor event. gewünschten Separatabdrücke, welche zum Selbstkostenpreise berechnet werden, wolle stets am Manuscripte bekanntgegeben werden.

INHALT:

Kaiserin Elisabeth

Die ganze Welt ist infolge der ruchlosen That, welcher unsere erlauchte Kaiserin in Genf am 10. September zum Opfer fiel, vom Entsetzen ergriffen und fühlt den unendlichen Schmerz mit, der unseren erhabenen Kaiser durch den grausamsten Schicksalsschlag getroffen.

Wir Oesterreicher sind alle auf das Tiefste erschüttert und können in unserem Schmerze nur den innigen Wunsch hegen: Es möge Seiner Majestät, unserem allgeliebten Kaiser beschieden sein, den unersetzlichen Verlust zu ertragen, zum Segen Oesterreichs, zum Wohle seiner Völker!

Zur Berechnung elektrischer Maschinen.

Von J. K. Sumec, Brünn.

Folgende Zeilen haben rein methodischen Zweck; ohne etwas inhaltlich Neues zu bieten, sollen sie die Grundzüge einer Methode darlegen, welche wohl infolge ihres engen Anschlusses an die wirklichen Vorgänge in den Maschinen und ihrer allgemeinen Anwendbarkeit an alle Arten der letzteren geeignet sein dürfte, einem Anfänger in diesem Fache die Einsicht in die Sache und den Ueberblick bei der Rechnung nicht unwesentlich zu erleichtern. Aber auch dem erfahrenen Fachmann wird sie vielleicht wegen ihrer Einfachheit und wegen der Freiheit von allerlei Coëfficienten und complicirten Formeln interessiren.

I. Gleichstrom-Maschinen.

Ich gehe von folgender Betrachtung aus: Das Wesen der elektrischen Maschine (Generator, Motor), besteht in dem Umsatze mechanischer Energie in elektrische, oder umgekehrt. Dieser Energieumsatz vollzieht sich unter den Polen. Dort werden ja die elektromotorischen Kräfte inducirt, welche bei Generator einen elektrischen Strom erzeugen, also elektrische Arbeit leisten, beim Motor dagegen einem elektrischen Strome entgegenwirken, also elektrische Arbeit verbrauchen; dort wirken auch die magnetischen Zugkräfte, welche beim Generator der Drehung entgegenwirken, also mechanische Arbeit verbrauchen, beim Motor eine Drehung erzeugen, also mechanische Arbeit leisten.

1. Um also im Anschlusse an die wirklichen Vorgänge zu bleiben, hat diejenige Formel, welche den Zusammenhang der Leistung einer Maschine mit ihren Dimensionen darstellen soll, die Polflächen ausdrücklich zu enthalten.

2. Nach der Gleichung „Arbeit = Weg × Kraft", oder „Leistung = Geschwindigkeit × Kraft" hat die erwähnte Formel auch die Umfangsgeschwindigkeit v des rotirenden Theiles ausdrücklich zu enthalten.

3. Die magnetische Drehkraft, welche auf 1 cm^2 der Ankeroberfläche ausgeübt wird, ist gleich dem Producte der magnetischen Induction B und der innerhalb 1 cm des Ankerumfanges fliessenden Strommenge γ. Folglich sollen auch diese beiden Grössen B und γ in jener Formel ausdrücklich enthalten sein.

So hätte man schliesslich:

Leistung oder Energieumsatz pro Secunde =
= Geschwindigkeit × Kraft,
= Geschwindigkeit × Kraft pro 1 cm^2 × Gesammtpolfläche,
= Geschwindigkeit × Umfangsstromdichte × magn. Induction × Gesammtpolfläche.

Es möge bedeuten:

W = Energieumsatz pro Secunde in Watt,

v = Umfangsgeschwindigkeit in cm/sec,

γ = Umfangsstromdichte in A/cm, d. h. die Zahl der Ampèredrähte auf 1 cm des Ankerumfanges,

B = die mittlere magnetische Induction unter den Polen,

$\dfrac{P}{\tau} D \pi L$ = die Gesammtpolfläche,

$\dfrac{P}{\tau}$ = Polbreite : Theilung,

D = Ankerdurchmesser,

L = Ankerlänge.

Es ist dann:

$$W = 10^{-8} \cdot v \gamma B \cdot \frac{P}{\tau} D \pi L \qquad 1)$$

Diese Formel sei einer besonderen Beachtung empfohlen. Der Theoretiker sieht in derselben nichts weiter als die Gleichung „Arbeit = Weg × Kraft." Der Praktiker dagegen liest sie in der Form: „Leistung der Maschine = Beanspruchung der Materialien × Dimensionen", oder bestimmter ausgedrückt:

Mechanisch-elektrischer Energieumsatz = mechanische × elektrische × magnetische Beanspruchung × Gesammtpolfläche.

Mit diesen Worten ist die Formel 1) ebenso leicht zu merken, wie der gebräuchliche Ausdruck für die E. M. K., ein nicht zu unterschätzender Vortheil.

Den Gang der Rechnung, wie er sich unter Anwendung derselben gestaltet, möge folgendes Beispiel zeigen:

Es wird ein Generator verlangt für 150 V × 150 A = = 22.500 Watt, mit Riemenantrieb.

1. Dimensionen des Ankers. Vor Allem ergibt sich der Durchmesser aus der (mit Rücksicht auf die Art und Weise des Antriebes zu wählenden) Tourenzahl und der Umfangsgeschwindigkeit. Für beide Grössen gibt die Praxis gewisse beiläufige Werthe. Hier sei zum Beispiel:

U = 750 Umdrehungen pro Minute,

v = 1650 cm/sec.

Es ergibt sich:

$$D \pi = v \frac{U}{60} = 132\ cm$$

$$D = 42\ cm.$$

Die Länge des Ankers ist zu berechnen nach der Gleichung 1). Es solle beiläufig werden:

$$\tau = \frac{i}{i + i_m} \times \frac{e_k}{e_k + R (i + i_m)} = 0.95$$

$$\frac{P}{\tau} = 0.85$$

$\gamma = 86\ A/cm$ (Ringwickelung)

$B = 4630$ (Magnetgestell aus Gusseisen).

Es folgt dann:

$$L = 30.5\ cm.$$

2. Wickelung des Ankers. Bevor man die Zahl der Ankerdrähte bestimmen kann, muss man über die Anzahl der Pole und über die Schaltungsweise des Ankers entscheiden. Betreffs der Polzahl ist Folgendes zu beachten:

Bei einer kleineren Polzahl hat die Maschine weniger Einzeltheile, ist also ihre Herstellung billiger; dagegen ist das Magnetjoch und der Ankerkern radial stärker und ausserdem die Ankerrückwirkung grösser, weil auf jeden Magnetpol mehr Ampèredrähte des Ankers entfallen.

Im vorliegenden Falle wird die Summe der Polbreiten $\dfrac{P}{\tau} \times D \pi = 112\ cm$ betragen. Nimmt man vier

473

Pole an, so wird die Breite eines Poles $P = 112 : 4 = 28$ cm, was zu der Länge $L = 30\cdot5$ cm gut passt.

Der Anker soll Parallelschaltung erhalten; durch jeden Draht werden also $(150 + 4):4 = 38\cdot5$ A gehen. Auf dem ganzen Ankerumfange liegen $\gamma \times D\pi = 11.400$ Amperedrähte; folglich ist die Anzahl der Drähte

$$z = 11.400 : 38\cdot5 = 296.$$

3. Magnetwickelung. Luftraum. Um nicht unnöthig viel Kupfer und Energie auf die Magnetisirung zu verbrauchen, wird der Luftraum nur so gross gemacht, als wegen funkenfreier Commutirung nothwendig ist.

Bei Ringwickelung soll die magnetische Induction an der Commutirungsstelle $B_{min} \geq 3000$ sein. (Kapp, El. mech. Constr., S. 10.) Im vorliegenden Falle ist die mittlere Induction B bei Belastung $= 4630$. Durch die Querwindungen $X_q = \gamma P = 2408$ darf also das Feld unter der vorderen Polkante höchstens um $B — B_{min} = 1630$ Linien geschwächt werden.

Nimmt man beiläufig an, dass das Feld den dasselbe erzeugenden Ampèrewindungen proportional ist, also:

$$B_{min} : B = (X — X_q) : X$$

und nimmt dazu die Gleichung:

$$X = 0\cdot8 \cdot 2 \delta \cdot B$$

so folgt für den Luftraum:

$$\delta = \frac{X_q}{1\cdot6 \,(B — B_{min})}$$

also im vorliegenden Falle:

$$\delta \geq 0\cdot93 \; cm.$$

Man kann also $\delta = 1$ cm nehmen und darnach die Magnetwickelung berechnen.

Bemerkung. Die berechnete Maschine ist identisch mit einem $22\cdot5$ KW-Generator von der Elektricitäts-Actiengesellschaft vormals Schuckert & Co., Nürnberg. (Kapp, El. mech. Constr., Seite 123, Tafel X.)

II. Wechselstrom-Maschinen.

Für eine Wechselstrom-Maschine ergibt sich der Ausdruck des Energieumsatzes wegen der periodischen Veränderlichkeit der Induction und des Stromes nicht so unmittelbar, wie für eine Gleichstrom-Maschine. Um aber ohne lange Erwägungen zum Ziele zu gelangen, kann man hier die gebräuchliche Formel der E. M. K. anwenden:

$$e = 10^{-8} k \sim N z.$$

Bedeutet e die effective thatsächlich inducirte E. M. K., i den effectiven Strom pro Phase und n die Zahl der Phasen, so ist in dem Falle, wenn die zeitliche Verschiebung zwischen e und i gleich Null ist ($\varphi = 0$), der Energieumsatz pro Secunde:

$$W = e \, i \, n = 10^{-8} k \sim N z \, i \, n.$$

Es ist aber:

$$\sim = p \frac{U}{60} = p \frac{v}{D\pi}$$

$$N = B \times \text{Polfläche} = B \cdot \frac{1}{2\,p} \cdot \frac{P}{\tau} \cdot D\pi \, L,$$

$$n \, z \, i = \gamma \, D\,\pi,$$

folglich:

$$W = 10^{-8} \cdot \frac{k}{2}\, v\, \gamma\, B \frac{P}{\tau} D\,\pi\, l. \qquad 2)$$

Diese Formel stimmt bis auf den Coëfficienten $\frac{k}{2}$ mit der für Gleichstrom giltigen vollständig überein und ist ebenso leicht zu merken, wie jene. k bedeutet hier den Kapp'schen Coëfficienten, γ die effective Umfangs-Stromdichte, B die volle magnetische Induction unter den Polen bei der betreffenden Belastung.

Der Gang der Rechnung soll wieder an einem Beispiele gezeigt werden. Dasselbe ist nachgerechnet einem Drehstrom-Generator in Kapp's El. mech. Constr., S. 187. T. XXIII.

Der Generator soll 200 PS bei $\cos \varphi = 1$, oder mit anderen Worten, 200×736 Volt-Ampère liefern. Die verkettete Spannung soll 200 V, der Strom bei Sternschaltung in jedem Zweige also: $\frac{736}{\sqrt{3}} = 425$ A betragen.

1. Wahl der Type: Gleichpolig mit feststehenden Wickelungen, die beiderseitigen Polansätze gegen einander versetzt, damit man durch beide Seiten des Ankers dieselbe Wickelung legen könne, Polbreite $= \frac{4}{5} \times$ Theilung. Anker gelocht, je ein Loch pro Spulenseite; Spulen übergreifend. Folglich $k = 2\cdot23$. (Kapp, l. c., S. 22.)

2. Dimensionen des Ankers. Der Generator soll direct angetrieben werden, und deshalb nur

$$U = 120$$

Touren pro Minute machen. Wir stellen uns zufrieden mit der geringen Geschwindigkeit von

$$v = 1256 \; cm/sec.$$

haben also zu machen:

$$D\pi = v : \frac{U}{60} = 628 \; cm$$

$$D = 200 \; cm.$$

Ferner nehmen wir als passend an:

$$\gamma = \frac{e_k}{e_k + i R} = 0\cdot97$$

$$\gamma = 97\cdot5$$

$$B = 8840.$$

Es folgt nach Formel 2):

$$L = 25 \; cm.$$

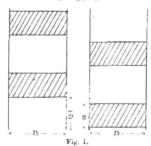

Fig. 1.

Wir geben der Maschine $p = 24$ Polpaare, sie wird dann $p \frac{U}{60} = 48$ Perioden in der Secunde machen. Die Polflächen werden folgende Gestalt haben (Fig. 1):

3. Ankerwickelung. Die effective Strommenge auf dem ganzen Ankerumfange ist

$$D \cdot z = 61.200.$$

Durch jeden Draht fliesst bei Sternschaltung

$$i = 425 \, A.$$

Also ist die gesammte Drahtzahl auf dem Anker

$$3 \, z = \frac{61.200}{424} = 144.$$

Bei 24 Polpaaren gibt es $2 \times 3 \times 24 = 144$ Spulenseiten im Ganzen; es ist also die Drahtzahl pro Spulenseite

$$q = 1.$$

4. Magnetwickelung. Luftraum. Es wird verlangt, dass dieselbe Erregung, welche bei $i = 425 \, A$ und $\cos \varphi = 0.8$ eine Klemmenspannung von 200 V erzeugt, beim Leerlaufe nicht mehr als 216 V inducire. (Spannungsabfall $= 7.4^o/_o$.)

$$\overline{A\,E} = e_0$$
$$\overline{A\,C} = e$$

Fig. 2 a.

Die einfachste und anschaulichste Behandlungsweise des vorliegenden Punktes ist die graphische. Da sie ebenso genau ist, wie die analytische, so soll sie hier angewendet werden.

In Fig. 2 a bedeutet:

$\overline{A\,B} =$ Klemmenspannung bei der Belastung $= e_k$.

$B\,C =$ Ohm'scher Spannungsverlust in der Richtung des Stromes.

$A\,C =$ die bei der Belastung inducirte E. M. K. $= e$.

$A\,E =$ die beim Leerlauf inducirte E. M. K. $= e_o$.

Die inducirte E. M. K. ist in jedem beliebigen Fall proportional dem den inducirten Kreis thatsächlich durchdringenden magnetischen Gesammtkraftflusse; nur ist dieser um $^1/_4$ Periode in der Phase voraus. Denkt man sich daher die Fig. 2 a um 90° vorwärts (im Sinne des Uhrzeigers) gedreht, so stellen $\overline{A\,C}$ und $\overline{A\,E}$ ohne weiteres statt der inducirten E. M. K. e und e_o die entsprechenden magnetischen Kraftflüsse im Anker N und N_o dar.

Bedeuten $A\,W_m$ die Amperewindungen der Magnete, $A\,W_a$ die magnetisirenden (äquivalenten) Amperewindungen des Ankers bei dem Strome i, μ und μ_o die Leitungsfähigkeiten des magnetischen Kreises für die Kraftflüsse N und N_o, so ist im Falle einer Maschine mit Wechselpolen

$$N_o = \mu_o \cdot A\,W_m$$
$$N = \mu \cdot \overline{A\,W_m + A\,W_a}$$

Hiebei wirken die $A\,W_a$ senkrecht zu $\overline{C\,B}$, und die Lage der $A\,W_m$ ist dadurch gegeben, dass

$$\overline{A\,D} = \overline{A\,E} \cdot \frac{\mu}{\mu_o}$$

sein muss. Es ergibt sich also das Diagramm Fig. 2 b.

Aus dem fertigen Diagramm ist zu entnehmen:

$$A\,W_m = A\,W_a \cdot \frac{\overline{A\,D}}{\overline{D\,C}}.$$

Bei der gleichpoligen Type hat man noch die Streuung zu berücksichtigen.[*] In welcher Weise, zeigt Fig. 3. Wie zu sehen, induciren hier die Magnet-Amperewindungen zwischen den Polansätzen in ent-

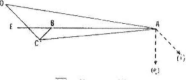

$$\overline{A\,E} = N_o = \mu_o \cdot A\,W_m$$
$$\overline{A\,C} = N = \mu \cdot \overline{A\,W_m + A\,W_a}$$
$$\overline{A\,D} = \mu \, A\,W_m$$
$$\overline{D\,C} = \mu \, A\,W_a$$

Fig. 2 b.

gegengesetzten Sinne wie unter denselben. Entsteht also unterhalb der Polflächen ein Hauptfeld.

$$N_h = \mu_h \cdot A\,W_m + A\,W_a.$$

so entsteht zwischen denselben ein Streufeld

$$N_s = \mu_s \cdot \left(-A\,W_m\right) + A\,W_a.$$

und die (geometrische) Summe der beiden Felder. $N_h + N_s$ ist das Maass für die inducirte E. M. K.

Folglich ist das Diagramm zu zeichnen wie in Fig. 4.

Es ist in demselben zu machen

$$\overline{A\,D} = \overline{A\,E} \cdot \frac{\mu_h - \mu_s}{\mu_h + \mu_s}.$$

und es resultirt alsdann

$$A\,W_m = A\,W_a \frac{\overline{A\,D}}{\overline{D\,C}} \cdot \frac{\mu_h + \mu_s}{\mu_h - \mu_s}.$$

Um nicht in Detailerörterungen zu fallen, nehme ich die Permeabilitäten als constant an, d. h. $\mu_h =$ μ_s und $\mu = \mu_o$. Es wird dann

$$\overline{A\,D} = \overline{A\,E}.$$

Ferner sei ungefähr $\mu_s = 0.2 \cdot \mu_h$, also

$$\frac{\mu_h + \mu_s}{\mu_h - \mu_s} = 1.5.$$

Construirt man jetzt das Diagramm für den vorliegenden Fall mit

$$\overline{A\,B} = 200$$
$$\cos \varphi = 0.8$$
$$B\,C = 6$$
$$\overline{A\,D} = \overline{A\,E} = 216.$$

[*] Vergl. Kandó „E. T. Z." 1896. S. 759.

so erhält man

$$\overline{DC} = 18.$$

und folglich:

$$A\,W_{\mathrm{m}} = A\,W_{\mathrm{a}} \cdot \frac{216}{18} \cdot 1\cdot 5.$$

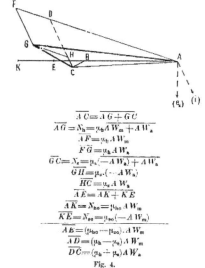

$$\overline{AC} = \overline{AG} + \overline{GC}$$
$$\overline{AG} = N_{\mathrm{b}} = \mu_{\mathrm{b}} A\,W_{\mathrm{m}} + A\,W_{\mathrm{a}}$$
$$\overline{AF} = \mu_{\mathrm{b}} A\,W_{\mathrm{m}}$$
$$\overline{FG} = \mu_{\mathrm{b}} A\,W_{\mathrm{a}}$$
$$\overline{GC} = N_{\mathrm{c}} = \mu_{\mathrm{c}}(-A\,W_{\mathrm{a}}) + A\,W_{\mathrm{a}}$$
$$\overline{GH} = \mu_{\mathrm{c}}.(-A\,W_{\mathrm{a}})$$
$$\overline{HC} = \mu_{\mathrm{c}} A\,W_{\mathrm{a}}$$
$$\overline{AE} = \overline{AK} + \overline{KE}$$
$$\overline{AK} = N_{\mathrm{bo}} = \mu_{\mathrm{bo}} A\,W_{\mathrm{m}}$$
$$\overline{KE} = N_{\mathrm{ao}} = \mu_{\mathrm{ao}}(-A\,W_{\mathrm{m}})$$
$$\overline{AE} = (\mu_{\mathrm{bo}} - \mu_{\mathrm{ao}}).A\,W_{\mathrm{m}}$$
$$\overline{AD} = (\mu_{\mathrm{b}} - \mu_{\mathrm{a}}) A\,W_{\mathrm{m}}$$
$$\overline{DC} = (\mu_{\mathrm{b}} - \mu_{\mathrm{a}}) A\,W_{\mathrm{a}}$$

Fig. 4.

Die magnetisirenden Ampèrewindungen des Ankers $A\,W_{\mathrm{a}}$ kann man gleich setzen

$$A\,W_{\mathrm{a}} = \frac{2}{3} \cdot \sqrt{2}\, i w_{\mathrm{p}}.$$

wenn i den effectiven Strom, w_{p} die Zahl der Windungen pro Polpaar oder der Drähte pro Pol (in allen 3 Phasen zusammen), also $i w_{\mathrm{p}}$ die effectiven Ampèredrähte pro Pol bedeutet.

Im vorliegenden Falle hat man unter jedem Pole 3 Drähte; also ist

$$i w_{\mathrm{p}} = 425 \times 3 = 1275$$
$$A\,W_{\mathrm{a}} = 1200$$
$$A\,W_{\mathrm{m}} = 21600.$$

Diese $A\,W_{\mathrm{m}}$ sollen beim Leerlauf einen Gesammtkraftfluss B_{o} pro cm^2 erzeugen. Es ist aber

$$B_{\mathrm{o}} = B\,\frac{\ell_{\mathrm{o}}}{\ell}$$

$$B_{\mathrm{o}} = B_{\mathrm{bo}} - B_{\mathrm{ao}} = B_{\mathrm{bo}}\left(1 - \frac{\mu_{\mathrm{ao}}}{\mu_{\mathrm{bo}}}\right),$$

folglich:

$$B_{\mathrm{bo}} = B\,\frac{\ell_{\mathrm{o}}}{\ell}\left(1 - \frac{\mu_{\mathrm{ao}}}{\mu_{\mathrm{bo}}}\right) = 8840 \cdot \frac{216}{205} \cdot \frac{1}{0\cdot 8} = 11.640.$$

Der Summe der magnetischen Widerstände aller Strecken des Hauptfeldes wäre also äquivalent eine Luftstrecke von der Länge

$$\lambda = \frac{4\,\pi}{10}\,\frac{A\,W_{\mathrm{m}}}{B_{\mathrm{bo}}} = 2\cdot 3\ cm.$$

Der Ankerkern soll aus Gusseisen und ziemlich schwach im Querschnitte sein. Bei der hohen Induction wird er also einen bedeutenden Theil der Erregung für sich aufbrauchen. Schlägt man etwa $\frac{1}{8}\,A\,W_{\mathrm{m}}$ für denselben an, so bleibt ein Luftraum von

$$2\,\delta = \frac{2}{3}\,\lambda = 1\cdot 55\ cm$$

$$\delta = 0\cdot 8\ cm.$$

Bei der ausgeführten Maschine ist $\delta = 0\cdot 7\ cm$. Die Uebereinstimmung ist also ziemlich gut, ist aber als eine zufällige zu betrachten, denn die wirklichen $A\,W_{\mathrm{m}}$ der Maschine betragen für 216 V Klemmenspannung beim Leerlaufe nicht 21.600, sondern im Ganzen 29.000.

Im Vorhergehenden ist der magnetische Widerstand als constant vorausgesetzt worden. Thatsächlich ist er es nicht. Seine Aenderung hat aber bezüglich des Spannungsabfalles nur günstigen Einfluss; denn gleichzeitig mit der Zunahme des magnetischen Kraftflusses bei Entlastung nimmt auch der magnetische Widerstand zu, so dass bei derselben Erregung nicht der volle der Fig. 4 entsprechende Betrag $\overline{AD}$, also auch nicht die Spannung von 216 V erreicht wird.

III. Drehstrom-Motoren.

Unter Energie-Umsatz ist hier die von den Magneten auf den Anker übertragene Arbeit zu verstehen, also die Summe der Kupfer- und Eisenverluste im Anker, der mechanischen Verluste und der nützlichen Leistung.

Die Verluste in dem Ankerkupfer werden bestritten durch Abnahme der Drehungsgeschwindigkeit des Ankers von v_1 auf v_2, die beiden anderen durch Verbrauch eines Theiles T_0 der gesammten Zugkraft T, so dass nur $(T - T_0)$ an der Welle erscheint.

Der Energie-Umsatz im erklärten Sinne, d. h. die Summe der genannten Verluste und der nützlichen Leistung, ist gleich zu setzen dem Producte $v_1\,T$, d. h. Geschwindigkeit bei Synchronismus $\times$ gesammte Zugkraft. Die nützliche Leistung ist dabei $= v_2\,(T - T_0)$.

Die Zugkraft ist proportional den Ankerströmen und dem Ankerfelde. Wäre die Ankerstromdichte und die Ankerfelddichte längs des ganzen Umfanges constant $= \Gamma_2$ und B_2, so wäre die Zugkraft gleich

$$\Gamma_2\,B_2\,D\,\pi\,L.$$

Sie nehmen aber beide längs des Umfanges periodisch ab und zu zwischen den Grenzen $\pm\,\Gamma_2$ und $\pm\,B_2$. Die Zugkraft wird also in einem bestimmten Verhältnisse $\varkappa^2 < 1$ kleiner sein als eben angesetzt; also

$$T = \varkappa^2\,\Gamma_2\,B_2\,D\,\pi\,L.$$

$\varkappa$ ist das Verhältnis des „effectiven" Werthes des Stromes oder der Spannung zu dem maximalen.

Für die Berechnung ist es vortheilhaft, statt des secundären Stromes und Feldes Γ_2 und B_2 die betreffenden primären Grössen einzuführen. Da nämlich die vom Anker aufgenommene Energie gleich ist der vom Magnet abgegebenen, diese aber durch das Product „primäre-(Gegen-)E.M.K. $\times$ Wattcomponente des Primärstromes" ausgedrückt wird, so ist

$$\Gamma_2 \times B_2 = \Gamma_{i\,\mathrm{w}} \times B_1.$$

Ferner ist es von Vortheil, den effectiven Werth

$$\gamma = \varkappa \Gamma$$

einzuführen, weil von demselben die Kupferverluste abhängen, dagegen den Maximalwerth B zu belassen, weil er den Hysteresisverlust bestimmt.

Es ist dann die Zugkraft:

$$T = \varkappa \gamma_{1w} B_1 D \pi L$$

und der Energie-Umsatz pro Secunde in Watt:

$$W = 10^{-8} \varkappa v_1 \gamma_{1w} B_1 D \pi L$$

Da es von Wichtigkeit ist, die Symbole nicht zu verwechseln, möge ihre Bedeutung noch einmal angeführt werden:

W — Energie-Umsatz im oben definirten Sinne, nämlich: nützliche Leistung $+$ Reibungsverluste $+$ Eisen- und Kupferverluste im Anker.

$\varkappa$ — Verhältnis des effectiven Werthes zum maximalen. Bei Sinusfunctionen ist $\varkappa = 0.707$.

v_1 = Umfangsgeschwindigkeit in cm/sec bei Synchronismus.

$\gamma_{1w} = \gamma_1 \cos\varphi$ = effective Umfangsstromdichte der Wattcomponente des Primärstromes.

B_1 = max. Werth der Magnetfelddichte, bezogen auf den Luftraum.

Beispiel. Es soll ein 75 PS-Drehstrom-Motor berechnet werden für 4750 V verkettete Spannung und 50 Perioden pro Secunde. (Nach Kapp, El. mech. Constr. S. 161. Tafel XVIII.)

Es wird als passend angenommen:

$$U_1 = 600$$
$$v_1 = 2670 \; cm/sec$$

Es muss also werden:

$$p = \infty : \frac{U_1}{60} = 5$$

$$D \pi = v_1 : \frac{U_1}{60} = 267 \; cm.$$

$$D = 85 \; cm.$$

Ich wähle ferner, als der Praxis entsprechend:

$$\gamma_{1w} = 128$$
$$B_1 = 3800$$

Den Coëfficienten $\varkappa$ nehme ich, um Detailerörterungen auszuweichen, im Allgemeinen als $= 0.707$ an.

Die Verluste im Anker mögen zusammen mit der Reibung etwa 10% des Energieumsatzes ausmachen. Man hat dann

$$\frac{75 \cdot 736}{0.9} = 10^{-8} \cdot 0.707 \cdot 2670 \cdot 128 \cdot 3800 \cdot 267 \cdot L$$

$$. L = 25 \; cm.$$

Somit sind die beiden Hauptdimensionen bestimmt. Die Magnetwickelung berechnet man wie folgt:

Ist e_1 die verkettete Klemmenspannung; e_1 die verkettete Gegen-E.M.K., c der procentuelle Energieverlust im Magnetkupfer, so ist mit grosser Genauigkeit

$$e_2 = e_2 \left(1 - \frac{c}{100} \cos^2\varphi\right).$$

Nimmt man hier an:

$$c = 3\%,$$
$$\cos\varphi = 0.8,$$

so wird:

$$e_1 = 4660.$$

Ist ferner $i_{1w} = i_1 \cos\varphi$ die Wattcomponente des Stromes in einem Leitungsdrahte, so ist nach

$$W = \sqrt{3} \cdot e_1 i_{1w}$$

im vorliegenden Falle

$$i_{1w} = 7.6.$$

Auf dem ganzen Umfange liegen

$$\gamma_{1w} = D \pi = 34.200$$

effective Ampèredrähte des primären Wattstromes.

Bei Sternschaltung führt jeder Draht den ganzen Strom i_{1w}; folglich ist die Drahtzahl auf dem ganzen Umfange

$$3 z' = \frac{34.200}{7.6} = 4500.$$

Da es $p = 5$ Polpaare, also bei Trommelwickelung $3 \times 5 = 15$ Spulen und 30 Spulenseiten geben soll, so ist die Drahtzahl pro Spulenseite

$$q' = 150.$$

Bei Dreieckschaltung führt jeder Draht nur $\dfrac{i_{1w}}{\sqrt{3}}$; es müsste folglich werden

$$3 z'' = 3 z' \sqrt{3} = 7800,$$

$$q'' = q' \sqrt{3} = 260.$$

(Schluss folgt.)

Das Verhalten von Aluminium in elektrolytischen Zellen.

Von E. Wilson.[*]

Eine elektrolytische Zelle, deren Anode aus einer Aluminium-Platte besteht, setzt dem Stromdurchgange einen aussergewöhnlich hohen Widerstand entgegen. Die Thatsache wurde, soweit es sich mit Sicherheit zurückverfolgen lässt, zuerst von Buff[**], im Jahre 1857 erkannt, und hauptsächlich durch Ducretet[***], Streintz[†], Hutin und Leblanc[††], Graetz[†††] und Pollak[§] näher untersucht. Da jedoch die gewonnenen Erfahrungen noch manche Lücke aufweisen, hat der Verfasser eine Reihe von Versuchen angestellt, welche diese Erscheinung und ihre Folgen sowohl bei Gleichstrom, wie auch bei Wechselstrom näher beleuchten sollen.

I. Gleichstrom.

Die bei diesen Versuchen verwendeten Zellen hatten Aluminium- und Kohlen-Elektroden und waren

---

[*] Nach einem Vortrag a. d. Royal Society vom 26. Mai 1898.

[**] „Liebig's Annalen", 1857. Seite 269.

[***] „Comptes Rendus", 1875. Seite 280 und „Journ. de Phys." 1895. Seite 135.

[†] „Wied.-Annalen", 1887. Seite 116 und 1888. Seite 751.

[††] „Etude sur les courants alternatifs et leurs applications industrielles", II. Theil, 10. Capitel. Seite 135.

[†††] „Wied.-Annalen", 1897. Seite 323—327 und „Journal de Physique" Serie 13, vol. 7.

[§] „Comptes Rendus" 1897. Seite 1443.

in zwei Grössen hergestellt. Die Elektroden der grösseren Type bestanden aus einer 1·6 mm starken Aluminium-Platte von ca. 98°/₀ Reinheit und einer 6·4 mm Kohlen-Platte bei 6·4 mm gegenseitigem Abstande der beiden Platten. Dieselben tauchten mit einer einseitigen Fläche von 232 cm^2 pro ,Platte in eine gesättigte Lösung von Kalialaun in Wasser. In der Mitte zwischen den beiden Elektroden wurde eine Hilfselektrode aus Platindraht angebracht; die zwischen derselben und jeder der beiden Hauptplatten bestehende Spannungsdifferenz konnte mittelst eines K e l v i n'schen Quadranten-Elektrometers gemessen werden. Mit dieser Zelle war eine zweite gleich grosse, jedoch mit dem halben Plattenabstande, ferner ein Ampèremeter und ein Regulirwiderstand in Serie verbunden und das ganze System an die Klemmen einer 44 voltigen Accumulatoren-Batterie angeschlossen. Wenn der negative Pol der letzteren mit dem Aluminium verbunden und die Stromstärke auf 3·6 A eingestellt war, zeigte sich zwischen Kohle und Aluminium 4·4 V Spannungsdifferenz unter lebhafter Gasentwicklung. Bei umgekehrter Stromrichtung — d. h. Aluminium als Anode — stieg die Spannung binnen Kurzem bis zu ca. 22 V pro Zelle, die Stromstärke fiel auf ein nicht mehr messbares Minimum und die Gasentwicklung hörte fast ganz auf. Aus der Tabelle 1 ist ersichtlich, in welchem Maasse und in welcher Zeit sich die Widerstandsänderungen vollzogen, bezw. erkennen kann man aber auch mit Hilfe der Platinelektrode erkennen, dass dieselbe nur durch die positive Aluminiumplatte hervorgerufen wird, bezw. durch eine schlecht leitende Schichte, die infolge des elektrolytischen Processes an der Plattenoberfläche entsteht.

Tabelle I.

Minuten nach der Umschaltung	Umschaltung d. Al-Anode z. Kathode				Umsch. d. Al-Kath. z. An.		
	V zwischen Al und Pt	V zwischen C und Pt	Ampère		V zwischen Al und Pt	V zwischen C und Pt	Ampère
0	+ 16·6	+ 1·63	—		− 1·74	− 2·73	− 3·56
ca. 0·5	− 3·81	− 2·34	− 3·35		+ 14·3	+ 0·30	+ 1·20
1	− 2·48	− 2·40	− 3·42		− 18·2	− 1·57	− 0·64
2	− 2·23	− 2·79	− 3·47		− 19·1	− 1·64	—
3	− 1·9	− 2·84	− 3·49		− 19·6	− 1·67	—
4	− 1·9	− 2·84	− 3·50		− 20·0	− 1·68	—
5					− 20·5	− 1·67	—
7	− 1·65	− 2·84	− 3·55				
15	− 1·74	− 2·73	− 3·56				
190					+ 17·9	+ 1·76	

Zur Feststellung des Widerstandes, den die Flüssigkeit selbst besitzt, wurden die beiden Platten auf grössere Distanz gebracht und die Spannung zwischen zwei in der Mitte befindlichen Platinelektroden gemessen. Aus dieser und aus dem gleichzeitig fliessenden Strome konnte man den Widerstand bestimmen, dessen Werth für die Plattenentfernung von 3·2 mm in Tabelle I 0·063 Ω war, also ein Betrag, den man vernachlässigen kann. Die Aluminiumplatte ist die Anode ist.

Bei einer weiteren Serie von Versuchen wurde ein Vergleich zwischen dem Verhalten einer 10°/₀ Lösung von H_2SO_4 in Wasser und einer gesättigten Kalialaun-Lösung gezogen, u. zw. waren zwei Zellen mit derart verschiedenem Elektrolyt hintereinander geschaltet durch 47 Stunden von ¹/₁₂ A durchflossen. Am Ende dieser Zeit betrug die Spannung 2·4 V an der

H_2SO_4-Zelle und 9 V an der Alaunzelle. Nach Umkehrung der Stromrichtung — Aluminium negativ — ergaben sich bei gleichfalls ¹/₂₁ A an der H_2SO_4-Zelle 0·24 V, an der anderen 1·29 V.

Die Aluminiumplatte der ersteren Zelle wurde sodann sammt der zugehörigen Kohlenplatte in destillirtem Wasser sorgfältig gewaschen, in eine gesättigte Alaunlösung gebracht und ohne jeden äusseren Widerstand mit dem Aluminium als Anode an eine 11-zellige Accumulatorenbatterie angeschlossen. Die Platte, welche durch den vorigen Versuch in der H_2SO_4-Lösung formirt war, gestattete im Momente des Einschaltens einen Stromfluss von ca. 0·2 A, welcher Betrag im Verlauf von 4° 10' auf 1 A anstieg. Die Zelle zeigte dabei eine beträchtliche Temperaturzunahme. Die zweite Platte, welche nur in Alaunlösung formirt worden war, liess 0·083 A passiren. Beide Zellen wurden dann in Serienschaltung während 13 Stunden mit ¹/₁₂ A belastet und hierauf mit dem Aluminium als Anode mit einem Accumulator verbunden, dessen 20 Zellen der Reihe nach eingeschaltet werden konnten. Die Resultate dieser Versuche sind in Tabelle II gegeben.

Tabelle II.

Zahl der eingeschalteten Accumulatoren-Zellen	Platte in verdünnter H_2SO_4 formirt			Platte in Alaunlösung formirt		
	V zwischen Al und C	Ampère	Temper. C°	V zwischen Al und C	Ampère	Temper. C°
1	1·89	0·0005	13	1·89	0·0009	15
2	3·78	0·026	—	3·87	0·026	—
3	5·67	0·034	—	5·76	0·053	—
4	7·65	0·036	—	7·56	0·053	—
5	9·54	0·036	—	9·45	0·053	—
6	11·3	0·050	—	11·3	0·077	—
7	12·6	0·055	—	12·6	0·062	14
8	14·4	0·062	—	14·4	0·098	—
9	17·1	0·069	—	16·2	0·108	14·5
10	19·8	0·070	—	19·8	0·12	15·5
11	21·6	0·079	—	21·6	0·13	15·7
12	23·4	0·089	—	23·4	0·144	16
13	25·2	0·096	—	25·2	0·161	17
14	27·9	0·120	20	27·9	0·178	—
15	29·2	0·127	—	29·2	0·20	18
16	31·5	0·191	—	31·5	0·191	—
18	34·2	0·987	—	35·1	0·34	—
20	39·1	nach auf 4 A ansteigend dann unterbrochen	21·5	39·6	nach auf 4 A ansteigend dann unterbrochen	19·5
16	29·7	0·900	23	36·6	0·23	

Man sieht aus dieser Tabelle, dass bei successiver Steigerung der Spannung bis zu 20 Accumulatorenzellen der Strom regelmässig wächst, dass bis zur Einschaltung der 16. Zelle der Widerstand der in H_2SO_4 formirten Platte grösser ist als bei der anderen. Bei der Hinzufügung der 20. Zelle gab die in H_2SO_4 formirte Platte plötzlich nach und der Strom stieg, offenbar durch die Zerstörung der isolirende Schichte auf 4 A empor, während die andere Platte etwas widerstandsfähiger zu sein schien.

Es ist naheliegend, dass, wie bei jedem elektrolytischen Vorgange, auch hier der Temperatur ein gewisser Einfluss zugewiesen ist. Zur Untersuchung desselben hat der Verfasser die Zelle mit der in Alaun formirten Platte in einem Oelbade untergebracht, dessen Temperatur nach Belieben eingestellt werden konnte. Der Elektrolyt erhielt einen Ueberschuss an festem Alaun, um die Lösung stets gesättigt zu erhalten und die Zelle war durch einen ziemlich grossen regulirbaren Widerstand an eine 110 voltige Accumulatorenbatterie angeschlossen. Die durch die Temperaturunterschiede bedingten Widerstandsänderungen sind in Tabelle III wiedergegeben.

Tabelle III.

Zeit	Ampère	Volt	Temp. C°	Anmerkung
0 h 0'	0·160	steigend	13·5	Aluminium positiv
5	0·124	29	13·5	"
10	6·124	30	13·5	"
15	0·169	1·3	14	" negativ
16	0·122	32	14	" positiv
1 h 55'	0·132	26·1	20·4	"
2 h 0'	0·172	1·1	20·4	" negativ
1	0·124	31	20·4	" positiv
8	0·132	24·7	25	"
12	0·139	20·2	29·5	"
20	0·139	11·7	36·5	"
22	0·141	7·65	43	"
27	0·143	7·2	52	"
28	0·155	1·1	52	" negativ
30	0·141	7·2	56	" positiv
33	0·143	5·4	61	"
37	0·146	3·0	70	"
44	0·0518	0·18	72	"
3 h 15'	0·0518	0·72	63	"
15	0·0518	1·3	56·5	"
31	0·0509	2·3	51	"
50	0·0509	2·7	40	"
22 h 50'	0·048	10·3	12	"

Aus obiger Tabelle ist zu entnehmen, dass zwischen 13·5° C. und 70° C. die Spannung von 30 V bis auf 3 V herabsinkt und dass es daher vortheilhaft ist, die Zellen zu kühlen und die Stromdichte zu erhöhen.

Tabelle III a.

Zeit	Ampère	Volt	Temp. C°	Anmerkung
				I. Erwärmung
0 h 0'	0·154	26·8	17	Aluminium positiv
0 h 14'	0·154	27·0	18	"
2 h 55'	0·174	15·3	24	"
3 h 35'	0·170	16·2	25	"
5 h 53'	0·187	16·6	26·5	"
				II. Abkühlung
0 h 0'	0·161	29·2	13	Aluminium positiv
5	0·160	30·1	11	"
35	0·158	30·8	3	"
1 h 0'	0·160	31·0	1	"
50	0·168	26·3	2	"
2 h 0'	0·170	25·2	2	"
10	0·055	4·95	2	"
12	0·058	1·35	2	" negativ
14	0·235	2·25	2	"
15	0·165	26·6	2	" positiv
5 h 50	0·158	31·2	unbekannt	"

Die Versuche wurden mit zwei Zellen fortgesetzt, deren Elektroden statt mit 53 cm² einseitiger Fläche

wie in Tabelle III, mit 110 cm² in die Flüssigkeit eintauchten, die in dem einen Falle wieder aus 5% Lösung von H_2SO_4 in Wasser, im zweiten Falle aus gesättigter Kalialaun-Lösung bestand. Durch die H_2SO_4-Zelle wurde vier Stunden lang ein Strom von 1 A geleitet, durch die Alaun-Zelle drei Stunden lang, worauf die letztere, an 110 V angeschlossen, bei anfänglicher Erwärmung und darauffolgender Abkühlung die in Tabelle III a verzeichneten Resultate gab. Die Abkühlung erfolgte mittelst einer Kältemischung.

Das isolirende Häutchen an der Aluminium-Anode kann auch ohne Zuhilfenahme von Strom durch die unmittelbare Wirkung des Luftsauerstoffes an einer vorher in Alaunlösung getauchte Platte hervorgerufen werden. Der Verfasser hat durch einige diesbezügliche Versuche festgestellt, dass der Unterschied zwischen einer derart formirten Platte und einer mit Strom formirten nur geringfügig ist.

(Schluss folgt.)

KLEINE MITTHEILUNGEN.

Verschiedenes.

In Amerika hat man Versuche angestellt, die **Lager schnelllaufender Maschinen**, namentlich elektrischer Generatoren und Motoren, aus Glas statt aus Metall herzustellen. Auch in Frankreich sind Versuche nach dieser Richtung angestellt worden. Wie uns das Internationale Patentbureau Carl Fr. Reichelt, Berlin, mittheilt, haben dieselben unzweifelhaft ergeben, dass sie weniger Schmiermaterial brauchen, weniger Reibungswiderstände haben, aber in gewissen Fällen weniger Sicherheit bieten, als andere Lager. Als am besten für den Zweck geeignet fand man Flaschen- und Fensterglas. Die probirten Lager waren alle in zwei Theilen hergestellt. In Amerika verwendet man einfach gegossene Lager, in Frankreich dagegen solche, die weiterer Bearbeitung unterzogen worden waren. — Um Brüche zu vermeiden, muss man die Lager natürlich auf einer elastischen Unterlage montiren. Wesentlich für die Haltbarkeit der Lager ist auch das gute Ausbalancirt- und Centrirtsein der Wellen. — Es wurden sowohl Lager, in denen Metall auf Glas, wie auch Glas auf Glas lief, der Probe unterworfen. In beiden Fällen fand eine äusserst geringe Abnutzung der Theile statt, wenn man kein Schmiermittel anwendete, welche aber vollständig verschwand, wenn in gewöhnlicher Weise geschmiert wurde.

Die Messung von Tausendstel-Secunden ist dem Berliner Uhrmacher F. L. Löbner gelungen. Dieser Zeitmesser besteht zunächst aus der eigentlichen Uhr, die mit einem Zifferblatt von 3 m Durchmesser versehen ist. Das Zifferblatt zeigt nach der „Nat.-Ztg." am Rande zwei concentrische Ringe, deren äusserer in 360° und deren innerer in 200 Theile eingetheilt ist. Der circa 1½ m lange Zeiger wird durch das Uhrwerk in eine so schnelle Drehung versetzt, dass er bei grösster Geschwindigkeit in einer Secunde fünf Umgänge macht. In diesem Fall kommt also jeder durchlaufene Theilstrich des inneren Ringes dem Zeitraum einer Tausendstel-Secunde gleich. Da nun ein plötzliches Anhalten des in grosser Geschwindigkeit dahineilenden Zeigers das Werk völlig zerstören würde, andererseits aber auch das Auge dem Laufe des Zeigers nicht zu folgen vermag, so bedient man sich zur Festhaltung der Zeit eines photographischen Hilfsapparates. Die zwölf offenen Cameras desselben sind im Kreise angeordnet und vor ihnen sausst eine Scheibe von 2 m Durchmesser, welche an einer Stelle eine Oeffnung für Belichtung der Platten hat. Da diese Scheibe im Moment der Aufnahme in einer Secunde sich 20mal dreht, so werden sämmtliche Platten nacheinander in dem Zeitraum von zusammen 1/20 Secunde belichtet. Die erhaltenen Bilder zeigen nun genau die Stellung auf dem Zifferblatt und den zu beobachtenden Gegenstand in den verschiedenen Momenten der Aufnahme. Man kann mit dem Apparat Fluggeschwindigkeiten von Geschossen, Fallgeschwindigkeiten von Gegenständen, bei Minensprengung die Einzelheiten der Destruction während der Sprengung u. s. w. messen.

Ein neues, unsichtbare Strahlen aussendendes Metall. Die „Köln. Ztg." schreibt: Eine bedeutsame Nachricht, die in einigen Punkten noch der Bestätigung bedarf, kommt aus den Kreisen der Pariser Akademie der Wissenschaften. Ein Metall ist entdeckt worden, das entweder bisher ganz unbekannt war oder wenigstens einen bisher unbekannten Stoff enthält; ausserdem besitzt dieses Metall in ausserordentlich hohem Maasse die Eigenschaft, unsichtbare Spectral-Strahlen auszusenden. P. Curie und seine Frau, denen die neuen Untersuchungen zu verdanken sind, wurden dazu angeregt durch die vor etwa zwei Jahren von Becquerel gemachte Entdeckung, dass die metallischen Elemente Uranium und Thorium unsichtbare Strahlen aussenden, die ähnlich wie die Röntgen'schen Strahlen auf die photographische Platte wirken. Es war zunächst von dem Physikerpaare Curie festgestellt worden, dass gewisse Mineralien, die Uranium und Thorium enthalten, nämlich Pechblende, Chalkolith und Uranit solche unsichtbare Strahlen in noch stärkerem Maasse aussenden als Uran und Thor selbst in reinem Zustande. Daraus war zu schliessen, dass diese Mineralien noch einen anderen Stoff enthielten, der diese Eigenschaften in noch stärkerem Maasse besässe als jene beiden Elemente. Die beiden Curie versuchten nun, diesen stark strahlengebenden Stoff aus der Pechblende abzuscheiden. Es fand sich, dass aus der Pechblende, die für sich 2½mal stärkere Strahlen aussandte als reines Uranium, nach Ausscheidung des Uran und Thor ein Stoff übrig blieb, der noch viel stärker strahlende war und in dem nachweisbar Blei, Wismut, Kupfer, Arsen und Antimon enthalten waren. Da diese Metalle gar keine sog. „Uran-Strahlen" aussenden, so musste noch ein besonderer Stoff neben ihnen vorhanden sein, dem diese Wirkung zuzuschreiben war. Es handelte sich nun darum, diesen von seinen eben angeführten Begleitern zu trennen. Blei, Kupfer, Arsen und Antimon konnten leicht abgetrennt werden, aber das Wismut blieb zunächst mit dem räthselhaften Metall eng verbunden. Schliesslich gelang es jedoch, wenn auch vorläufig noch unvollkommen, auch das Wismut abzulösen. Man erhielt dadurch Stoffe, die immer stärkere Strahlen abgaben, bis sich der Grad dieser Eigenschaft so weit steigerte, dass er die Wirkung der Strahlen des reinen Uraniums etwa das 400fache übertraf. Das Ehepaar Curie untersuchte nun alle bekannteren Elemente daraufhin, ob eines von ihnen vielleicht so starke Strahlen aussende, aber nur das Metall Tantal zeigte ein überhaupt noch in dieser Art wirksame, jedoch in noch geringerem Maasse als Thor und Uran. Danach nehmen Curie und Frau vorläufig an, dass sie ein bisher unbekanntes metallisches Element entdeckt haben, dem sie (nach der Herkunft von Madame Curie) den Namen Polonium geben. Die Untersuchung des Stoffes im Spektral-Apparat hat bisher keine eigenartige Linie ergeben, jedoch wird darauf hingewiesen, dass auch andere Stoffe, wie gerade Uran, Thor und Tantal, besonders Spektra haben, die aus unzähligen feinen, schwer erkennbaren Linien bestehn. Wenn sich diese Entdeckungen ganz bestätigen, so würde in diesem Jahre nach dem Krypton, Neon, Metargon und Coronium in dem Polonium schon das fünfte neue Element auf der Erde entdeckt worden sein; das Jahr 1898 wäre dann schon jetzt in dieser Hinsicht das ereignissreichste in der ganzen Geschichte der Chemie.

Kupferstatistik. Nach der Aufstellung der Herren Henry R. Merton & Co. in London betrugen in England und Frankreich:

	1898 15. Sept.	1898 31. August	1897 31. August
Kupfervorräthe	23.752 t	24.247 t	29.617 t
Schwimmende Zufuhren	5.150 t	4.150 t	3.650 t
Zusammen	28.902 t	28.397 t	33.267 t

Preis für Chilibarren ..... 51.15 Lstr. 51.15 Lstr. 49.2 Lstr. 6 d. Die Gesammtzufuhren zu den europäischen Häfen betrugen vom 1. bis 15. September 10.252 t (im ganzen Monat August 15.202 t) und die Gesammtablieferungen 9747 t (im August 16.666 t).

Städtisches Arbeitsvermittlungsamt Wien. Wir erhalten folgendes Rundschreiben: Der Gemeinderath der Stadt Wien hat mit dem Beschlusse vom 7. Mai 1893 die Errichtung eines städtischen Arbeitsvermittlungsamtes genehmigt. Mit der Schaffung dieser gemeinnützigen Wohlfahrtseinrichtung wird zahlreichen Anregungen aus interessantenkreisen und einem thatsächlichen, fühlbaren Bedürfnisse entsprochen. Das städtische Arbeitsvermittlungsamt wird kostenlos, sachgemäss, unparteiisch und rasch den Aufträgen der Arbeitgeber, wie den Ansuchen der Arbeitnehmer zu entsprechen bemüht sein und hiedurch den Interessen der Industrie und des Gewerbes, wie auch jenen der Arbeitsuchenden dienen. Zur quälelichen Wirksamkeit des Amtes ist aber die thatkräftige Unterstützung der betheiligten Kreise nothwendig, insbesondere ergibt an die P. T. Herren Unternehmer das höfliche Ersuchen, bei Bedarf von Arbeitskräften sich wenn möglich an das städtische Arbeitsvermittlungsamt zu wenden. In beruflicher Hinsicht wird das Amt qualifizierte und unqualifizirte Arbeiter und Arbeiterinnen, darunter Professionisten aller Kategorien, Fabrikarbeiter, Hilfsarbeiter, Kutscher, Geschäftsdiener, Taglöhner, ebenso weibliche Hilfskräfte (mit Ausschluss des Hausgesindes), wie auch Lehrlinge und Lehrmädchen in Wien und nach auswärts vermitteln. Aufträge der Arbeitgeber werden während der Amtsstunden mündlich, schriftlich oder durch telephonischen An-

ruf (Telephon Nr. 367) entgegengenommen. Arbeitsuchende dagegen wollen sich im eigenen Interesse persönlich im Amte anmelden. Die Vermittlung der Arbeiter, bezw. die Zuweisung derselben erfolgt mittelst Arbeitsanweisung. Die P. T. Arbeitgeber werden gebeten, nur jene Versprechenden als vom Amte legitimirt zu betrachten, die eine auf Namen lautende Arbeitsanweisung besitzen. Im Interesse der geordneten Geschäftsführung und der Evidenzhaltung der Aufträge erscheint es dringend geboten, dass von den Auftraggebern die in den Zuweisungskarten enthaltenen Fragen beantwortet werden und die entsprechende Verständigung an das Amt erfolgt. Die Thätigkeit des Vermittlungsamtes beginnt am 12. September 1898 im eigenen Bureau der Anstalt: XV. Neubaugürtel 38. Urban Loritzplatz 2. Für Arbeitgeber besteht ein besonderer Zugang vom Urban Loritzplatz 2.

Ausgeführte und projectirte Anlagen.

Oesterreich-Ungarn.

a) Oesterreich.

Mariazell. (Project einer elektrischen Kleinbahn von Kernhof nach Mariazell mit einem Flügel nach Gusswerk.) Das k. k. Eisenbahnministerium hat dem Ingenieur Emil Futter in Wien die Bewilligung zur Vornahme technischer Vorarbeiten für eine mit elektrischer Kraft zu betreibende Kleinbahn von der Station Kernhof der k. k. österr. Staatsbahnen über Terz nach Mariazell mit einem Flügel nach Gusswerk im Sinne der bestehenden Normen auf die Dauer eines Jahres ertheilt.

Mödling. (Project einer Kleinbahn auf den Anninger.) Das k. k. Eisenbahnministerium hat dem Ingenieur Heinrich Fröhlich in Wien die Bewilligung zur Vornahme technischer Vorarbeiten für eine mit elektrischer Kraft zu betreibende Kleinbahn von Mödling über den Richardshof auf den Anninger im Sinne der bestehenden Normen auf die Dauer eines Jahres ertheilt.

Schwadowitz. Das Project einer elektrischen Bahn zur directen Verbindung mit der Hauptbahn, zu dessen technischen Vorarbeiten im vorigen Jahre der Firma Křižik die Bewilligung ertheilt wurde, ist ins Detail ausgearbeitet worden. Es ist dies die Verbindung der ganz abseits vom Verkehr sich entwickelnden Industriestadt Eipel mit der Station Schwadowitz der Südnorddeutschen Verbindungsbahn. Diese elektrische Bahn wird derart durchgeführt werden, dass sie ausser Personen auch Waaren in ganzen Wagenladungen nach Eipel und den daselbst, sowie in der Umgebung gelegenen Etablissements befördern wird. Ausser der Station Schwadowitz sind die Haltestellen Batievitz, Zálesi und Netow projectirt, in der Station Eipel wird eine elektrische Station errichtet, welche für die Bahn und ihre Abzweigungen in der Länge von 7113·8 den Strom, sowie für die elektrische Beleuchtung der Stadt und der Etablissements die Elektricität liefern soll.

Warnsdorf. (Projectirte elektrische Kleinbahn Warnsdorf—Rumburg nebst einer Abzweigung von Warnsdorf nach Niedergrund.) Das Eisenbahnministerium hat unterm 2. d. die Statthalterei in Prag beauftragt, hinsichtlich des von der Oesterr. Eisenbahn-Verkehrsanstalt in Wien vorgelegten generellen Projectes für eine mit Spurweite ausznführende elektrisch zu betreibende Kleinbahn mit theilweiser Strassenbenützung von Warnsdorf zum gleichnamigen Bahnhofe der Böhmischen Nordbahn und von hier über Seifhennersdorf in Sachsen nach Rumburg der Böhmischen Nordbahn nebst einer Abzweigung von Warnsdorf nach Niedergrund im Sinne der bestehenden Vorschriften die Tracenrevision einzuleiten. Bei dieser Amtshandlung werden auch die alternativen Tracenführungen im Zuge der Hauptlinie und der Abzweigung nach Niedergrund zu erörtern sein, ferner wird zu erheben sein, ob die zahlreich projectirten Strassendurchquerungen durch die örtlichen Verhältnisse gerechtfertigt erscheinen.

Der „Bohemia" wird hierüber geschrieben: Die Vertreter der im Besitze der Vorconcession für die elektrische Bahn Rumburg—Warnsdorf befindlichen Gemeinden Warnsdorf, Rumburg und Oberhennersdorf in Böhmen und Seifhennersdorf in Sachsen haben sich dahin geeinigt, die Concession zum Bau und Betriebe der elektrischen Bahn Rumburg—Warnsdorf zu erwerben und den Bau und Betrieb dieser Bahn an die Actien-Gesellschaft „Elektricitätswerke vorm. O. L. Kummer & Co." in Dresden und Niederedlitz, welche die günstigsten Verträge vorgelegt hat, zu übertragen. Zu diesem Zwecke ist jetzt die Unterfertigung des Vertrages zwischen den genannten

Gemeinden und der Actien-Gesellschaft im Zuge. Die Gemeinde-vertretung von Reunburg hat diesen Vertrag in ihrer gestrigen Sitzung genehmigt.

Wiener-Neustadt. (Elektrische Kleinbahn.) Das k. k. Eisenbahnministerium hat dem diplom. Ingenieur Josef Tauber in Wien die Bewilligung zur Vornahme technischer Vorarbeiten für eine mit elektrischer Kraft zu betreibende Kleinbahn in Wiener-Neustadt und zwar: vom Bahn-hofe der Schneebergbahn durch die Kolonitschgasse, Herzog Leopold-Strasse, Hauptplatz und Wiener-Strasse mit Ab-zweigung durch die Kochgasse zum Südbahnhofe und durch die Babngasse und Neunkirchner-Strasse zum Hauptplatze mit Flügel von der Bahngasse über den Grabner-Ring zum Maria Theresien-Ring (Gasanstalt) im Sinne der bestehenden Normen auf die Dauer von sechs Monaten ertheilt.

b) Ungarn.

Budapest. (Einführung des elektrischen Be-triebes bei der Budapester Zahnradbahn auf die Höhe Schwabenberg in Ofen.) Der kgl. ungarische Handels-minister genehmigte das von der Direction der Svábhegy-Zahnradbahn vorgelegte Project bezüglich der Einführung des elektrischen Betriebes auf der gesellschaftlichen Bergbahnlinie (vergl. H. 36, S. 424) unter der Bedingung, dass die genannte Direction sich verpflichte, die Einführung des elektrischen Be-triebes noch im Laufe dieses Jahres durchzuführen. Der aus diesem Anlasse angeordneten Begehungscommission wird es ob-liegen, den Punkt zu bestimmen, an welchem die Central-Strom-erzeugungs-Station umzulegen sein wird.

Poprád-Felka. Concessionsverhandlung der elektrischen Tátra-[Karpaten] Bahn.) Zu unserer an gleicher Stelle im vorigen Hefte hierüber gebrachten Notiz erhalten wir nachstehende diese ergänzende Mittheilung. Im königl. ungarischen Handelsministerium wurden unlängst die Concessions-bedingungen der elektrischen Tátrabahn commissionell festgesetzt. Hiernach wird diese Localbahn von der Station Poprád-Felka der k. k. priv. Kaschau-Oderberger Eisenbahn abzweigen, von dem früheren Projecte abweichend, nunmehr nicht über Szepes-Szombat (Georgenberg) und Matéocz, sondern direct über Felka, Nagy-Szalók (Schlagendorf) und Tátra-Füred (Schmeks) nach O- und U)-Tátra-Füred (Alt- und Neuschmeks) führen. Ferner wird für die zur Erzeugung des elektrischen Stromes erforderliche Turbinenanlage nicht mehr die Wasserkraft des Tarpatak (Kohl-bachses), sondern jene des Popperflusses in Aussicht genommen. Die elektrische Localbahn muss mit 1 m Spurweite derart gebaut und ausgerüstet werden, dass die Wagen, bezw. die Züge mit einer Maximalgeschwindigkeit von 30 km verkehren können. Die grösste Steigung, respective das grösste Gefälle wurde mit 36 2⁰/₀₀ bestimmt. Stationen werden, ausser der neben der Station Poprád-Felka der Kaschau-Oderberger Eisenbahn projectirten Ausgangs-station in Felka-Nagy-Szalók (Schlagendorf). Also, O- und Uj-Tátra-Füred (Unter-, Alt- und Neuschmeks) errichtet. Das effective Bau- und Ausrüstungs-capital wurde mit 1,220.000 fl. bestimmt, daher per Kilometer der in 14 km langen Bahn mit 87.143 fl. Aus welchem effectiven Capital 400.000 fl. auf die Turbinen- und Stromerzeugungsanlagen entfallen. Das zum Bau und Ausrüstung der Bahn bestimmte Capital wird im Wege der Emission von Stamm- und Prioritätsactien beschafft werden im Verhältnisse von 35 : 65⁰/₀). — Es wird geplant, dass die erzeugte elektrische Kraft zugleich der Kleinindustrie und dem Beleuchtungswesen dienst-bar gemacht werde.

Deutschland.

Berlin. Die von der Verkehrs-Deputation veranstaltete zweite engere Ausschreibung der projectirten neuen Strassen-bahnlinien hat nach dem „Berl. Börs. C." ein günstiges Resultat geliefert. Bei dieser zweiten Ausschreibung wurden jene Firmen betheiligt, welche bei der ersten Ausschreibung ein Ge-bot auf sämmtliche Linien abgegeben hatten. Es wurde diesmal aber nicht wie früher neben der Höhe der Bruttoabgabe, die Art und Höhe der Gewinnbetheiligung nach dem Mass der Mitbenützung durch fremde Unternehmer dem Wettbewerb offen gelassen, sondern es blieb nur noch der Betrag der Bruttoabgabe offen, und es war im Uebrigen in den Ausschreibungsbedingungen fest bestimmt worden, dass der Unternehmer von einem Reingewinn, der sechs Procent des Anlagecapitals überstiege, die Hälfte an die Stadtgemeinde abgebe und das Recht auf Mitbenützung durch fremde Unternehmer in demselben Umfange einräumen müsse, wie es in dem neuen mit der Firma Siemens & Halske abgeschlossenen Vertrage bezüglich der Linien nach Treptow und nach Pankow festgesetzt war. Ausserdem war ein Kosten-beitrag von 240.000 Mark angeboten worden für die Durch

legung der Bernauerstrasse. Endlich sollten die Bietenden zwei Gebote abgeben, das eine mit der Verpflichtung, die Geleise nebst Zubehör bei Ablauf der Zustimmung, also Ende 1919 der Stadtgemeinde unentgeltlich zu übereignen, das andere mit der Bedingung der unentgeltlichen Uebereignung sofort beim Einbau in die Strassen. Durch die Forderung dieses zweiten Angebots glaubte die Deputation eine noch grössere Sicherheit für die Stadtgemeinde, namentlich für etwaigen Aenderungen der Gesetz-gebung gegenüber herstellen zu können. Es haben nun geboten: 1. Die Grosse Berliner Strassenbahn für beide Fälle der sofortigen oder späteren Uebereignung gleichmässig 15⁰/₀ der Bruttoeinnahme als Bruttoabgabe (für ihre alten Linien beträgt die Bruttoabgabe bekanntlich nur 8⁰/₀ der Einnahme). 2. Die Continental-Gesellschaft für elektrische Unter-nehmungen zu Nürnberg in Verbindung mit der A.-G. Schuckert & Co., ebenfalls unverändert für beide Fälle der Uebereignung, 15·1⁰/₀ Bruttoabgabe. Diese Abgabe soll sich aber noch erhöhen, wenn die Einnahme pro Wagenkilometer 45 Pfennig übersteigt, derart, dass für jeden weiteren Pfennig der wagenkilometrischen Einnahme die Abgabe um 1⁰/₀ bis höchstens 18⁰/₀ steigt. 3. Die Allgemeine Elektricitäts-Gesellschaft bietet genau wie die Grosse Berliner Strassenbahn 15⁰/₀ der Bruttoabgabe. 4. Die Berlin-Charlottenburger Strassenbahn macht abweichend von den drei erstgenannten Gesellschaften einen Unterschied. Für den Fall der Uebereignung des Bahnkörpers im Jahre 1919 will sie sogar 16⁴ ₄⁰/₀ der Brutto-einnahme abgeben. Dagegen bietet sie, falls sie den Bahnkörper sofort übereignen muss, nur 12¹/₂⁰/₀ Bruttoabgabe, und die Elek-tricitäts-Gesellschaft Felix Singer & Co. will die Bruttoabgabe abstufen je nach dem Betrage der für den Wagen-kilometer gewonnenen Einnahmen. Die Abgabe soll betragen bei einer Einnahme von

20 Pfennigen per Wagenkilometer		5·5⁰/₀.
25	„	10⁰/₀.
30	„ „	15⁰/₀.
35	„ „	18⁰/₀.
40	„ „	20⁰/₀

u. s. w. steigend bis 25⁰/₀ der Bruttoeinnahme bei einer Einnahme von 60 Pfennigen pro Wagenkilometer. 6. Endlich bot die Ver-einigte Eisenbahn-Bau- und Betriebs-Gesellschaft für die ersten fünf Geschäftsjahre 10⁰/₀, für die zweiten fünf Jahre 15⁰/₀ und für die letzten zehn Jahre 20⁰/₀ Bruttoabgabe. Auch diese Gesellschaft gibt wie erstgenannte und die Gesellschaft Singer & Co. das gleiche Gebot ab für den Fall der sofortigen Uebereignung. Die Verkehrs-Deputation wird sich mit der Frage zu beschäftigen haben, welches Gebot sie als das vortheilhafteste den Gemeinde-behörden zur Annahme empfehlen soll.

Ein elektrischer Schiffszug wird demnächst in der Nähe Berlins in Betrieb gesetzt werden, und zwar, wie die vom Centralverein für Hebung der Deutschen Fluss- und Canal-schifffahrt herausgegebene „Zeitschrift für Binnenschifffahrt" mit-theilt, auf dem Finow-Canal zwischen Eberswalde und Ragöser Schleuse. Die Anlage wird von der Firma Siemens & Halske hergestellt und soll zunächst nur Versuchszwecken dienen. Be-währt sie sich auf der genannten Strecke, so wird ihre Ein-führung auf dem ganzen Grossschifffahrtswege Berlin-Stettin geplant. Die Anlage ist ähnlich wie die einer elektrischen Bahn. Längs des Ufers zieht sich ein Gestänge für die elektrische Ober-leitung hin. Auf dem Treidelwege ist ein schmalspuriges Geleise gelegt, worauf sich kleine Wagen bewegen, die mit den Schiffs-fahrzeugen verbunden werden und diese ziehen. Die elektrische Centralstation befindet sich nahe der Eisenbahnbrücke bei Ebers-walde. Die ganze Versuchsstrecke soll im Herbst dieses Jahres fertiggestellt sein.

Schweiz.

Luzern. (Elektrische Trambahn.) Die Stadt Luzern wird für eigene Rechnung den Bau und Betrieb der elektrischen Trambahn übernehmen, welche nicht nur auf das Weichbild der Stadt beschränkt bleiben, sondern auch in drei benachbarte Gemeinden geleitet werden soll. Dafür wird die jetzige normal-spurige Strassenbahn Kriens—Luzern, soweit sie dem Per-sonentransport diente, eingehen, beziehungsweise dem städtischen Tram Platz machen. Den Gütertransport zwischen dem Bahnhof Luzern und Kriens will die Stadtgemeinde auf dem bestehenden normalspurigen Dampftram ebenfalls übernehmen, denselben aber nicht selbst betreiben, sondern entweder durch die Centralbahn oder die Jura-Simplon-Bahn besorgen lassen. Die Kosten der ganzen Tramanlage, alles inbegriffen, sind auf 1,904.000 Frcs. veranschlagt. Für die Herstellung der Bahnanlage sind die Maschinenfabrik Oerlikon und die Allgemeine Elek-tricitäts-Gesellschaft Berlin zur engeren Concurrenz ein-geladen.

Italien.

Elektrischer Betrieb einer Hauptbahn. Die italienische Meridionalbahn wird den Versuch unternehmen, die elektrische Kraft zur Bewegung sämmtlicher Züge auf einer Hauptlinie zu verwenden. Zunächst soll diese Absicht auf der Linie Lecco-Sondrio mit der Abzweigung Colico-Chiavenna, die 106 km Länge hat und eingeleisig ist, unternommen werden. Die Personenbeförderung wird hierbei von dem Gütertransporte getrennt und durch kleine leichte Schnell- und Localzüge bewirkt werden, deren grösste Geschwindigkeit 60 km pro Stunde betragen soll. Für den Gütertransport werden Züge, die bis 200 t tragen können und 20 bis 30 km per Stunde bewältigen, verwendet werden. Die Kraft für den elektrischen Betrieb soll durch eine Wasserfall gewonnen werden. Diese Kraft wird der Adda entnommen und durch einen 5 km langen Canal, der durch das Gebirge gebohrt wird, nach Morbegno geleitet, wo drei gekuppelte Turbinen mit einer Spannung von 15.000 V diese mechanische in eine elektrische Kraft verwandeln, die dann der ganzen Linie durch eine oberirdische Leitung zugeführt wird.

Patentnachrichten.

Mitgetheilt vom Ingenieur Victor Monath,

WIEN, I. Jasomirgottstrasse Nr. 4.

Auszüge aus Patentschriften.

Francis Jarvis Patten in New-York. — **Elektrisches Schmelzverfahren.** — **Classe 40, Nr. 97.608 vom 16. Februar 1897.**

Es ist bekannt, dass der elektrische Lichtbogen durch die Kraftlinien eines magnetischen Feldes abgelenkt wird. Nach Patent Nr. 78.237 (vgl. Bd. 16, S. 71) wird diese Thatsache benützt, um den um einen Schmelztiegel circulirenden Lichtbogen eine drehende Bewegung zu ertheilen.

Nach vorliegendem Verfahren wird das zu schmelzende Material direct zwischen Elektroden gebracht, deren Lichtbogen durch ein magnetisches Feld in der Weise beeinflusst wird, dass entweder der im Lichtbogen oder das magnetische Feld erzeugende Strom periodisch umgekehrt wird, infolge dessen der Lichtbogen quer zur Bahn des Materials hin- und herläuft. Es soll hiedurch eine gleichmässigere Erhitzung des Schmelzgutes erzielt werden.

Albert Lessing in Nürnberg. — **Verfahren zur Herstellung eines elektrisch leitenden und eines isolirenden Körpers aus Theer, Asphalt u. dgl. Stoffen.** — **Classe 39, Nr. 98.278 vom 25. November 1896.**

Bei der Herstellung eines elektrisch leitenden und eines isolirenden Körpers wird in der Weise verfahren, dass Theer, Asphalt, Pech u. dgl. mittelst geeigneter Flüssigkeiten in Lösung übergeführt und die in denselben suspendirten unlöslichen und gut leitenden Bestandtheile durch Filtration zur Abscheidung gebracht werden. Nach Abdestilliren des Lösungsmittels hinterbleiben die löslichen und isolirend wirkenden Bestandtheile.

Edward Ethel Gold in New-York. — **Elektrische Heizvorrichtung.** — **Classe 35, Nr. 97.967 vom 6. December 1896.**

Widerstandsspulen sind zwischen parallelen die Wärme gut ausstrahlenden leitenden Platten eingeklemmt, um die Wärmeabgabe an die Platten zu befördern und die Luft zu zwingen, zwecks stärkerer Erhitzung die Spulen zu durchströmen.

Hugo Helberger in Thalkirchen-München. — **Verfahren zur Herstellung elektrischer Widerstände.** — **Classe 21, Nr. 98.050 vom 28. October 1897.**

Der elektrische Widerstand wird aus Goldschläger-Metallhaut hergestellt. Die Metallhaut wird auf eine Unterlage aufgepresst nach der Methode, wie Buchbinder den Golddruck auf die Einbanddecken drucken.

C. Wilh. Kayser & Co. in Berlin. — **Schaltungsweise für Stromsammler mit zwei ungleichen Batterietheilen.** — **Classe 21, Nr. 97.545 vom 10. Februar 1897.**

Diese Schaltungsweise für Stromsammler ist dadurch gekennzeichnet, dass die Batterie in zwei ungleiche Theile 1—50 und 51—60 mit unveränderlichem Theilpunkt zerlegt wird, und dass der kleinere Theil unter Vermittelung eines Zellenschalters Z vor die Verbrauchsleitung in einen Stromkreis, der grössere Theil

aber unter Vorschaltung eines Regelungswiderstandes W in einen Parallelstromkreis geschaltet wird.

Es wird hiebei die Spannung des letzteren durch eingeschalteten Widerstand oder Ausgleichzellen so weit erhöht, als es die Spannung der Verbrauchsleitung, vermehrt um die Spannung der vor dieselbe geschalteten Zellen, erfordert.

Es kann hiebei mit Hilfe eines Schaltarmes U der grössere Theil der Batterie entweder mit dem Regelungswiderstande W oder mit dem kleineren abgetrennten Theil der Batterie hinter einander oder aber ausgeschaltet werden, während durch einen zweiten Schaltarm V die Verbrauchsleitung entweder an den kleineren Theil der Batterie oder an den Widerstand W oder aber gleichzeitig an die Maschine M und den Zellenschalthebel Z angeschlossen werden kann. — Dieses durch dass durch vier verschiedene Schalterstellungen sowohl die Batterie bei gleichzeitigem Verbrauchsstrom als mit Maschine und Batterie gemeinsam auf die Verbrauchsleitung gearbeitet, sowie auch die Batterie ganz abgeschaltet oder bei geringerem Verbrauchsstrom in Reihe geladen werden kann. (Fig. 1.)

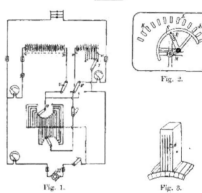

Fig. 1.   Fig. 2.   Fig. 3.

Siemens & Halske, Actien-Gesellschaft in Berlin. — **Stufenschalter für elektrische Widerstände mit rollendem und gleitendem Stromschluss. (Zusatz zum Patente Nr. 94.491 vom 5. Juni 1896.)** — **Classe 21, Nr. 97.695 vom 15. October 1896.**

Die Erfindung bezieht sich auf die Abänderung des Stufenschalters für elektrische Widerstände nach Patent Nr. 94.491. — Bei diesem sind die Stromschlussstücke K in Kreisbogenform angeordnet, während die Stromschlussrolle S gleichfalls einen Kreisbogen bildet. — Durch die Verbindung einer Kurbel M mit einer Schleifenführung K wird ein gleichzeitig ein rollender und gleitender Stromschluss hergestellt. (Fig. 2.)

William Morris Mordey in Loughborough, Leicester, England. — **Stromabnahmebürste.** — **Classe 21, Nr. 97.994 vom 14. Mai 1897.**

Die Bürste besteht aus einem Kohle- oder Graphitblock c, welcher zur Verminderung des Kurzschlussstromes durch eine Anzahl paralleler Schnitte d in eine Reihe von zu einem Ende zusammenhängenden Lamellen getheilt ist. (Fig. 3.)

J. G. W. Aldridge in London. — **Stromzuführung für elektrische Bahnen mit Theilleiterbetrieb.** — **Classe 20, Nr. 98.157 vom 19. August 1897.**

Zur Vermeidung der Oberleitung bei elektrischen Bahnen hat man bereits auf den Wagen angebrachte Stromabnehmer verwendet, welche an Stromschlussstücken von Masten Schluss herstellen. — Um den Abstand der Masten vergrössern zu können, ist bei der vorliegenden Anordnung in der Mitte zwischen je zwei derselben in der Ebene der Schienen ein Theilleiter angebracht, der einem Stromschlussschuh am Wagen Strom mittheilt. Der Theilleiter wird mit Hilfe einer an den Masten angebrachten Vorrichtung durch das Ende eines Wagens unter Strom gesetzt, während der Anfang des Wagens ihn am folgenden Mast wieder abschaltet.

Albrecht Heil in Fränkisch-Crumbach. — Galvanisches Element. — Classe 21, Nr. 96.666.

Der Elektrolyt des mit Zink- und Kohleelektroden versehenen Elements wird aus einer mit Soda versetzten Zinkvitriollösung gebildet, in welcher Sägespäne das Herabsinken des ausgefüllten Zinkhydroxydes verhindern. Die Kohle ist mit Bleisuperoxyd umgeben. Das Element besitzt eine hohe Spannung und bewahrt diese bei starkem Strome lange Zeit. Ferner wird es im Ruhezustande nicht durch schädliche locale Wirkungen beeinflusst.

Robert Cooke Sayer in Bristol, Redland, England. — Stromzuführung für elektrische Bahnen mit an den Schienen verlegten Arbeitsleitern. — Classe 20, Nr. 97.762 vom 3 April 1896.

Zwei oder mehr elektrische Leitungen sind in senkrechter oder schräger Anordnung mit den Schienen parallel an diesen verlegt. — Am Wagendach werden radiale Leiter radial verschiebbar befestigt, so dass sie mittelst Gelenkglieder nach Belieben gehoben oder gesenkt werden können, um die Leitungsverbindung zwischen den in dem Rade und den parallel zu den Schienen angeordneten Leitern herzustellen.

M. M. Rotten in Berlin. — Verfahren zur Herstellung von Cellulose von hornartigem Aussehen. — Classe 39, Nr. 93.201 vom 30. Mai 1897.

Faserige Cellulose wird unter Zusatz von Wasser im Schnedle- oder Mahl-Holländer bis zur völligen Zerstörung der faserigen Structur verarbeitet, das Wasser theilweise abgezogen durch Abschleudern oder Abpressen, worauf man die Massen an der Luft oder unter gelinder Erwärmung trocknen lässt. Die Cellulose schrumpft dabei zu einer harzen zähen Masse zusammen. Die Dichte und Härte des Endproductes wird dadurch geregelt, dass man der breiigen oder plastischen Masse fein vertheilte oder in Wasser lösliche Zusatzstoffe zumengt und nach erfolgter Trocknung theilweise wieder auslaugt.

Alfred Coehn in Göttingen. — Elektrolytische Herstellung leitender Niederschläge von Kohlenstoff und kohlenstoffhaltigen Körpern. — Classe 12, Nr. 93.008 vom 12. März 1896.

Bei der Verwendung von Anoden aus Kohlen in solchen Elektrolyten, bei welchen Sauerstoff am positiven Pol abgeschieden wird, tritt eine Lösung von Kohlenstoff ein. Dieser lässt sich auf der Kathode elektrolytisch niederschlagen, z. B. zum Schutz der Metalle gegen atmosphärische Einflüsse, zu decorativen Zwecken u. z. w. Als Elektrolyt verwendet man beispielsweise Schwefelsäure mit mehr oder weniger Wasser. Danach richten sich die anzuwendenden Stromspannungen und Dichten, sowie die hinzuhaltenden Temperaturen.

Société anonyme pour la Transmission de la Force par l'Electricité in Paris. — Einrichtung zur Sicherung der synchronen Drehbewegung zweier in grosser Entfernung von einander gelegenen Achsen für Signalgebung. — Classe 74, Nr. 97.670 vom 3. März 1897.

Die Achsen, welche zugleich die beweglichen Spulen von parallel geschalteten Wechselstrommaschinen tragen, werden durch besondere Triebkräfte in Drehung versetzt. Die festen Spulen der Wechselstrommaschinen werden gespeist durch unabhängig betriebene Gleichstrommaschinen. Die relative Erregung durch den Ausgleichstrom durch die Fernleitung zwischen den beiden Wechselstrommaschinen, welcher der verschieden grossen Umdrehungszahl dieser Maschinen seine Entstehung verdankt. Die Schaltung ist so vorgenommen, dass dieser Ausgleichstrom synchrone Bewegung der Wechselstrommaschinen und damit der Achsen bewirkt.

F. J. Bergmann in Nebeim a. d. Ruhr. — Elektrische Ofen-Anlage. — Classe 40, Nr. 97.579 vom 9. October 1897.

Um eine Ersparnis an elektrischer Kraft für die Vorwärmung elektrischer Schmelzöfen zu erzielen, sind mehrere derselben derartig übereinander angeordnet, dass das Schmelzproduct des obersten Ofens durch die tiefer liegenden Oefen hindurchfliesst und diese vorwärmt.

Albert Cushing Crehore in Hannover, New-Hampshire und George Owen Squier in Elizabeth City, Virginia, V. S. A. — Vorrichtung zur Uebersendung von Nachrichten mittelst regelmässig wechselnder oder sich verändernder Ströme. — Classe 21, Nr. 97.992 vom 21. April 1897.

Die Zeichen einer beliebigen telegraphischen Zeichengruppe werden dadurch übertragen, dass bestimmte Schwingungen des elektrischen Stromes in vorher zu bestimmender, der gewählten Zeichengruppe entsprechender Reihenfolge gänzlich oder theilweise ausgeschieden oder abgeschwächt werden. Die Ausscheidung der Stromschwingungen wird durch einen Stromregler bewirkt, der so angeordnet ist, dass die Ausscheidung einer Schwingung immer zu solchen Zeitpunkten erfolgt, zu welchen der Wechselstrom durch Null geht. Hierdurch soll die Bildung von Funken vermieden werden. Ein geeigneter, beispielsweise durch elektromagnetische Ablenkung eines polarisirten Lichtstrahles beeinflusster Empfänger stellt auf der Empfangsstelle eine Aufzeichnung her, welche erkennen lässt, welche Schwingungen unterdrückt oder übertragen wurden und die nach dem jeweilig gewählten Zeichenplan gelesen werden kann.

Siemens & Halske, Actien-Gesellschaft in Berlin. — Selbstthätige elektrische Aufziehvorrichtung für Hughes-Apparate. — Classe 21, Nr. 97.886 vom 12. Februar 1897; Zusatz zum Patente Nr. 86.855 vom 26. September 1895.

Gegenüber der Anordnung nach dem Hauptpatent Nr. 86.855 ist die Abänderung getroffen, dass anstatt des Windkessels ein Elektromotor beim Herabsinken des Antriebsgewichtes eingeschaltet wird. Letzterer wirkt vermittelst eines Schneckengetriebes beim Herabsinken des Antriebsgewichtes vom Tritt bewegte Rad ein und hebt das Antriebsgewicht wieder hoch.

Willibald Gebhardt in Berlin. — Elektrische Glühlampe. — Classe 21, Nr. 98.248 vom 23. Februar 1897.

Die Glühlampe besitzt ein möglichst Glashülle. Die innere Hülle ist mit einem sauerstofffreien, gegen den Glühfaden indifferenten Gase, wie Wasserstoff u. dgl. gefüllt, um eine Temperatur-steigerung des Fadens zu ermöglichen. Der Zwischenraum zwischen dieser und der äussersten Hülle ist möglichst luftleer gemacht, um die Wärmeableitung zu verhindern.

Wilhelm Exner und Ernst Paulsen in Berlin. — Galvanisches Element. — Classe 21, Nr. 98.010 vom 11. Juli 1897.

Die Erregerflüssigkeit des Elements, dessen Elektroden aus Bleisuperoxyd und Zink bestehen, wird hergestellt aus einer Mischung von Oxal- und Schwefelsäure, der Gelatine und Quecksilbersulfat zugesetzt wird zum Schutze der Elektroden bei nicht im Betriebe befindlichem Element.

Adolf Stiller und Paul Günther in Budapest. — Stromabnehmerbügel für elektrische Bahnen mit oberirdischer Stromzuleitung. — Classe 20, Nr. 98.247 vom 25. September 1897.

Der nach den Seiten federnde Stromabnehmerbügel besteht aus zwei hochkantig gestellten, in der Mitte x-förmig verbundenen Flachfedern, deren untere Enden auf einer Spannvorrichtung aufsitzen, und deren obere Enden mit Gabeln zur Aufnahme des auswechselbaren Bügels versehen sind.

Gustav Victor Schätzle in Frankfurt a. M. — Einrichtung zum Doppelsprechen. — Classe 21, Nr. 98.102 vom 22. December 1896.

Zwei auf jeder Station angeordnete, gleichartige Geber wirken beim Arbeiten in der Weise mit einer Gleichstrom-, bezw. Wechselstromquelle zusammen, dass bei nicht gleichzeitigem Drücken der beiden Heber aus der Gleichstromquelle positive, bezw. negative Stromstösse in die Leitung entsandt werden, während beim gleichzeitigen Niederdrücken der beiden Geber die Zeichengabe durch Wechselstrom erfolgt.

Vereinsnachrichten.

Aviso

für die Vereins-Mitglieder.

Mit Rücksicht auf das wöchentliche Erscheinen unseres Vereinsorganes wird ermöglicht, die Verlautbarungen über Vereins-Excursionen, Vorträge u. s. w. stets rechtzeitig an dieser Stelle erscheinen zu lassen und unterbleibt daher von nun an die Versendung specieller Einladungen.

Die nächste Exeursion findet anfangs October statt, worüber nähere Daten folgen.

Schluss der Redaction: 20. September 1898.

Verantwortlicher Redacteur: Dr. J. Sahulka. — Selbstverlag des Elektrotechnischen Vereines.

Commissionsverlag bei Lehmann & Wentzel, Wien. — Alleinige Inseraten-Aufnahme bei Haasenstein & Vogler (Otto Maass), Wien und Prag.

Druck von R. Spies & Co., Wien.

483

Zeitschrift für Elektrotechnik.

Organ des Elektrotechnischen Vereines in Wien.

Heft 40.　　　　　WIEN, 2. October 1898.　　　　　XVI. Jahrgang.

Bemerkungen der Redaction: Ein Nachdruck aus dem redactionellen Theile der Zeitschrift ist nur unter der Quellenangabe „Z. f. E. Wien" und bei Originalartikeln überdies nur mit Genehmigung der Redaction gestattet.
　　Die Einsendung von Originalarbeiten ist erwünscht und werden dieselben nach dem in der Redactionsordnung festgesetzten Tarife honorirt. Die Anzahl der vom Autor event. gewünschten Separatabdrücke, welche zum Selbstkostenpreise berechnet werden, wolle stets am Manuscripte bekanntgegeben werden.

INHALT:

Rundschau.

Die Fabrikation von Automobilwagen hat in Frankreich bereits einen hohen Grad von Vollkommenheit erreicht, so dass mit Recht behauptet werden kann, dass Frankreich den anderen Ländern in dieser Beziehung voraus ist. Der Automobil-Club de France veranstaltete unter der Direction von M. Rives in diesem Jahre in Tuilerien-Garten eine internationale Ausstellung von Automobiles, welche sehr stark besucht war, so circa 250 Wagen, darunter 30 elektrische, welche als Elektromobile bezeichnet werden, ausgestellt waren. Die verschiedenen Wagentypen sind in der „Industrie Electrique" in Nummer 157 beschrieben. In der Zeit vom 1. bis 11. Juni fand durch eine Commission unter Vorsitz von Herrn Forestier, General-Inspector der Brücken- und Strassenbauten, die Erprobung der Wagen statt. Ueber diese Prüfung und die Ergebnisse berichtet Professor E. Hospitalier in derselben Zeitschrift, ebenso über die Betriebs- und Erhaltungskosten. Die Ergebnisse waren in jeder Beziehung derart günstige, dass Hospitalier zu dem Urtheile kam, dass der elektrische Fiaker nicht nur möglich, sondern in Zukunft einzig möglich sei; wir kommen auf den Bericht in einer der nächsten Nummern noch ausführlich zurück. In der Zeit vom 2. bis 10. Juni wurden mit fünf Wagen Concurrenzfahrten veranstaltet, und zwar mit drei Wagen der Société des Voitures électriques Système Krieger, einem Wagen der Compagnie générale des transports automobiles und einem Wagen von Jeantaud. An jedem Tage musste eine Strecke von 60 km durchfahren werden; die erreichte mittlere Geschwindigkeit schwankte bei den fünf Wagen zwischen 13 und 14 km per Stunde. Dabei boten die Wegrouten keine günstigen Verhältnisse. Es wurden in den neun Tagen dreimal drei verschiedene Strecken durchfahren, von welchen die eine in Summe 404 m, die anderen 282 und 380 m Steigungen hatten. Am 1. und 11. Juni wurden Proben über die Geschwindigkeit beim Anfahren und über die Bremsgeschwindigkeit auf ebenen und geneigten Strassen ausgeführt. Die Wagen, welche sich an den Concurrenzfahrten betheiligten, waren alle mit Fulmen-Accumulatoren ausgerüstet. Die verwendete Type B 15 besteht aus Elementen, welche je sechs positive und sieben negative Platten von 18·5 cm Höhe, 9·5 cm Breite und 4 mm Dicke enthalten. Die Platten bilden ein Gitter mit 24 rechteckigen Oeffnungen, welche mit activer Masse ausgefüllt sind. Die Elemente sind in Celluloidkästen eingebaut und wiegen im gefüllten Zustande 7·5 kg; die Kasten und ebenso die Zwischenstücke zwischen den Platten sollen in Zukunft aus Ebonit verfertigt werden. Die Capacität der Elemente beträgt 105 Ampère-Stunden bei einer mittleren Entladestromstärke von 21 Ampère und einer continuirlichen Entladung von 5 Stunden; die Elemente vertragen eine bedeutende Ueberlastung. Die Wagen haben im vollkommen ausgerüsteten und belasteten Zustande ein Gewicht von 1000 bis 1560 kg und enthalten zwei Batterien à 22 Fulmen-Elemente der beschriebenen Type und in der Regel zwei Motoren à 4 PS Leistung. Die Schaltvorrichtung ist ähnlich wie bei elektrischen Strassenbahnwagen. Besondere Sorgfalt ist auf die Lagerung der Motoren und auf die Uebersetzung zwischen Motoren und Radachsen angewendet. Die ausgestellten Wagen, mit Ausnahme von zweien, hatten mit Pneumatic-reifen umgebene Räder; diese dürften wegen der durch die grosse Last bewirkten raschen Abnützung unserer Ansicht nach wohl durch einfache Kautschukreifen zu ersetzen sein. Nach den von Hospitalier angestellten Berechnungen stellen sich die Kosten für einen Elektromobile-Fiaker pro Tag nur um 50 Centimes höher als für einen von Pferden gezogenen (Hippomobile). Da aber das Wagengewicht noch reducirt und daher leichtere Accumulatoren verwendet werden können, da überdies die Erhaltungsquote der Accumulatoren, welche gegenwärtig mit 60% pro Jahr angenommen wird, reducirt werden kann, so ist mit Sicherheit zu erwarten, dass die elektrisch betriebenen Fiaker in kürzester Zeit eingeführt werden.

Mit Rücksicht auf die grosse Distanz von 60 km, welche mit den Elektromobiles anstandslos mit einer Ladung der Accumulatoren bewältigt werden kann, darf angenommen werden, dass das Anwendungsgebiet derselben nicht auf die Städte beschränkt bleiben wird, da in Distanzen von 60 km beinahe überall auf dem Lande elektrische Centralen erreicht werden können. Es wird nur vorzusorgen sein, dass sowohl auf dem Lande als auch in Städten die Ladung in bequemer Weise vollzogen werden kann. Speciell für elektrische Fiaker dürften sich in den Städten leicht Ladungsvorrichtungen auf den Standplätzen anbringen lassen. Als ein grosser Vortheil einiger der in Paris ausgestellten Elektromobiles ist es anzusehen, dass der Wagenkasten von dem mit den elektrischen Einrichtungen ausgerüsteten Wagengestelle abgehoben und ausgetauscht werden kann, wodurch der Wagen als Lohnfuhrwerk sehr geeignet wird. Für die elektrischen Centralen wird sich bei einer ausgedehnten Anwendung der Elektromobiles ein erwünschtes Absatzgebiet bei Tag ergeben.

S.

Bericht über den elektrotechnischen Theil der Jubiläums-Ausstellung.

I.

Die elektrische Licht- und Kraftübertragungs-Anlage der Jubiläums-Ausstellung Wien 1898.

Erfahrene Fachleute in Ausstellungs-Angelegenheiten behaupten, dass Licht und Bewegung die Hauptattractionen einer derartigen Veranstaltung bilden. Diesem Gesichtspunkte hat die Jubiläums-Ausstellung in Wien in reichem Maasse Rechnung getragen. Das war in diesem Falle um so leichter möglich, als die Ausstellung — und darin wird sie ein Vorbild für alle ähnlichen Vorführungen in grossen Städten sein — es nicht nöthig hat, eine eigene Maschinenanlage für die elektrische Beleuchtung und Kraftlieferung zu bauen, sondern ihren Bedarf an elektrischer Energie aus einer der grossen für die Versorgung der Stadt bereits bestehenden Centralstationen entnimmt. Die Ausstellungen finden meistens zu einer Zeit statt, wo die städtischen Centralen weniger mit ihrem normalen Beleuchtungs-

betrieb belastet sind und eine grosse maschinelle Ausrüstung disponibel haben, um alle gewünschten, selbst temporären Beleuchtungseffecte hervorzubringen, wie es der riesige Maassstab erfordert, der heutzutage an den Betrieb einer Ausstellung gelegt werden muss. Das hat sowohl für die Ausstellung selbst, als auch für die Elektricitätswerke naheliegende Vortheile. Die Ausstellung bekommt billigeren Strom und ist in der Lage, mit Beleuchtungsmitteln und Energiemengen zu arbeiten, die bei einer eigens für diese Zwecke hergerichteten Anlage meist ziemlich enge begrenzt sind. Es entfällt die Belästigung durch Rauch und Geräusche, und naturgemäss wird die Sicherheit des Betriebes, der bei provisorischen Anlagen doch nicht so vollständig Rechnung getragen werden kann, durch die stabilen Einrichtungen einer grossen Stadtanlage erheblich gesteigert. Die städtischen Centralen hingegen können ihre schwache Sommerbelastung durch eine solche Extraleistung auf eine erwünschte Höhe bringen. Auch den elektrotechnischen Fabrikationsfirmen ist auf diese Weise wohl kaum ein Schaden gethan. Die Herstellung von so grossen Maschinen, wie sie für derartige Zwecke gebraucht werden, wird man ungerne ohne fixe Bestellung übernehmen, und nur wenige Fabriken sind in der Lage, Einheiten von den nothwendigen Dimensionen nach Schluss der Ausstellung, wenn sie ihnen wieder zur Verfügung gestellt werden, rasch an den Mann zu bringen. Es bleibt jedoch den einzelnen Fabrikationsfirmen unbenommen, ihre Fabrikate auszustellen und, wenn gewünscht, durch Special-Effectbeleuchtungen auch im Betriebe vorzu-

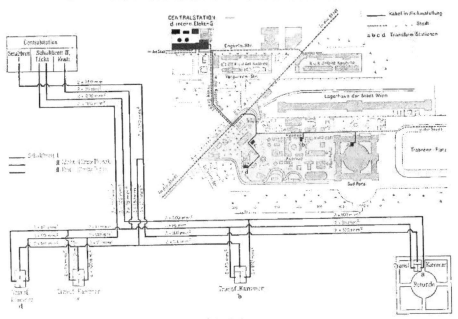

Fig. 1 u. 2.

führen, sodass immerhin genug Mittel gegeben sind, um das Können der einzelnen Concurrenten zu zeigen und Neuheiten auf unserem Gebiete zu produciren.

Gehen wir nun zur Detailbeschreibung der Anlage über:

Was den Umfang der Anlage betrifft, so sind im Ganzen circa 1200 Bogenlampen, 9000 Glühlampen und 128 Elektromotoren mit zusammen beinahe 600 PS in der Ausstellung in Function. Die gesammte, hiefür aufzuwendende Kraft beträgt über 2500 PS. Für die Kaiserwoche wurden noch grössere Erweiterungen der Effectbeleuchtung installirt, sodass im Maximum ein Gesammterforderniss von nahezu 3000 PS eingetreten ist.

Die elektrische Beleuchtung und Kraftübertragung der Jubiläums-Ausstellung in obigem Umfange ist fast ausschliesslich von der Internationalen Elektricitäts-Gesellschaft eingerichtet und betrieben. Die Stromlieferung erfolgt durchwegs im Anschlusse an das Kabelnetz der Centralstation dieser Gesellschaft, II. Engerthstrasse Nr. 199. (Fig. 1.) Diese Centrale, welche jetzt über mehr als 11.000 PS verfügt, kann natürlich leicht die grossen Strommengen abgeben, welche die Ausstellung erfordert. Um den Ausstellungsbesuchern Gelegenheit zur Besichtigung der Centralstation zu bieten, werden beim Ausstellungsobjecte der Internationalen Elektricitäts-Gesellschaft im Nordwesthofe zu diesem Zwecke Eintrittskarten ausgegeben.

Der Betrieb dieser Centralstation erfolgt lediglich nach dem Wechselstrom - Transformatorensystem, und es beträgt die primäre Spannung 2000 V. Durch vier unterirdisch verlegte, concentrische, eisengepanzerte Primärkabel wird die für die Ausstellung nöthige Energie nach dem Bereiche des Festplatzes geführt (Fig. 2.); dort verzweigen sich die Kabel und endigen mit je drei Strängen in vier entsprechend angeordneten Transformator - Stationen. Von diesen Transformator-Stationen ist eine im Nordwesthofe der Rotunde, welche, vereint mit den anderen von der Internationalen Elektricitäts-Gesellschaft vorgeführten Schauobjecten, der Besichtigung durch das Publikum zugänglich gemacht ist. Die zweite Station ist neben der Kinderbrutanstalt, die dritte am westlichen Ende der Nordavenue und die vierte an der „Urania" placirt. Jede Transformator-Station besteht aus der eigentlichen Transformatorkammer und dem Schaltraum. Die erstere enthält die Transformatoren, und es sind im Allgemeinen solche mit je 15.000 W Capacität verwendet. In jedem Transformatorraume sind die nöthigen Primärschalter angebracht, von denen die secundären Leitungen zum Schaltraum führen, an welche sodann durch Bleisicherungen die einzelnen Stromkreise angeschlossen sind.

Das Secundärnetz ist im Allgemeinen nach dem Dreileitersystem ausgeführt, und die Spannung von 2 × 100 V verwendet. Die Bogenlampen sind im Allgemeinen (zu sechs in Serie) mit 200. die Glühlampen mit 100 V gespeist. Von den vier Transformatorkammern gehen entsprechend dimensionirte Bleikabel, durch Hauptbleisicherungen geschützt, unterirdisch zu 26 Schaltkästen, die an diversen Objecten im Park vertheilt angebracht sind. Es sind im Ganzen 17 km Bleikabel mit Querschnitten von 70—100 Quadratmillimeter in Verwendung. Die in der Nähe der Transformator-Stationen gelegenen Objecte werden von diesen aus direct mittelst Luftleitung gespeist, und sind die betreffenden Ausschalter und Sicherungen gleich an der Apparatenwand des Schaltraumes angebracht. Die Bogenlampen sind doppelpolig ausschaltbar. ebenso die starken

Glühlampenleitungen. Von den Schaltkästen gehen wieder Luftleitungen aus, welche die letzten Maschen des reich verzweigten Leitungsnetzes bilden. Im Interesse der Betriebssicherheit ist die Vorkehrung getroffen, dass die Stromlieferung für die Ausstellung von zwei maschinell und elektrisch gesonderten Abtheilungen des Elektricitätswerkes vollzogen wird. Es ist nämlich der gesammte Beleuchtungsumfang der Ausstellung in einzelne, von einander unabhängige Installationsgruppen geschieden, die, alternirend an eine der beiden Abtheilungen der Betriebsanlage angeschlossen, jede für sich bethätigt werden. Dadurch wird erreicht, dass selbst beim Versagen einer ganzen Maschinengruppe oder des betreffenden Hauptkabels die Stromabgabe durch die andere Stromquelle ungestört fortgesetzt ist, sodass Objecte von besonderem Belange, wie die Hauptavenue, die Rotunde, das Urania-Theater, die Eingänge, niemals ohne Beleuchtung sein können.

Der oben angegebene Umfang der Anlage vertheilt sich auf die diversen Hauptobjecte wie folgt:

	Bogenlampen	Glühlampen à 16 NK
Rotunde	300	3300
Urania	20	1500
Gruppe: Bildung . .	70	100
Gruppe: Jugend . .	30	150
Landwirthschaftshalle .	24	50
Park, inclusive der anderen noch nicht genannten Objecte.	756	3900

Von diesen Lampenzahlen sind für Zwecke der Ausstellungs-Commission 700 Bogenlampen und 400 Glühlampen installirt, während der Rest für private Beleuchtung der Aussteller dient. Die Effectbeleuchtung in ihrem für die Kaiserwoche hergestellten Höchststand umfasst ausser obigen Lampenzahlen noch:

5000 Glühlampen à 10 NK für die Commission und
1000   „   à 10 NK „ Private.

Es ist damit eine Beleuchtungsstärke erreicht worden, welche die der meisten früheren Ausstellungen übertrifft.

Nach den uns zur Verfügung stehenden Beleuchtungsdaten entfiel nämlich eine 16kerzige Glühlampe. resp. deren Aequivalent:

in der Pariser Weltausstellung 1889 auf 60m^2;
in der Land- und forstwirthschaftlichen Ausstellung Wien 1890 auf 39 m^3,
in der elektrischen Ausstellung in Frankfurt a. M. 1891 auf 20 m^2.
in der Musik- und Theater - Ausstellung Wien auf 28 m^2,
in der Weltausstellung Chicago 1893 auf 22 m^2.
in der Berliner Gewerbeausstellung 1896 auf 34 m^2,
in der Budapester Millenniums - Ausstellung 1896 auf 48 m^2 und
bei der Wiener Jubiläums-Ausstellung 1898 auf 15 m^2.

Die auf der Ausstellung verwendeten Bogenlampen sind durchwegs nach dem eigenen Modelle der I. E. G. und zwar zum grössten Theile von der Firma Ganz & Co. in Pest ausgeführt worden. Fast alle sind mit Winden zum Herablassen eingerichtet, um die Bedienung und das Kohleneinsetzen möglichst einfach zu gestalten. In Bezug auf die Beleuchtung mit Glühlicht sind die höheren Effecte bemerkenswerth, die sich durch Guirlanden aus einfachen hellen Glühlampen ohne jede weitere decorative Umhüllung erzielen lassen. In Fig. 3 ist die Beleuchtungsanlage in der Umgebung des

Musikpavillons abgebildet und kann aus diesem Beispiele ersehen werden, welchen grossartigen Anblick das ganze Ausstellungsgebiet in den Abendstunden gewährt. In Bezug auf die zur Verwendung gelangten Beleuchtungskörper für die Interieurs etc. ist die häufige Anwendung von Posamenteriearbeit auffallend, die sich namentlich der modernen Richtung in der Ausschmückung der Wohnräume vorzüglich gut anpasst.

Ausser der früher erwähnten Beleuchtung sind in der Jubiläums-Ausstellung noch verschiedene specielle Lichtquellen vorhanden, die besonderen Zwecken dienen. So sind zwei Projectoren à 60 A auf dem Dache der Rotunde angebracht, von deren einem die Fagade der Urania mit ihrer glitzernden Sonne und ihren Sternen aus Packfong und andererseits der Fesselballon beleuchtet wird. Dieser Ballon erhält auch, um allseitig beleuchtet zu sein, von einem zweiten Projector von 90 A Stärke, der zu diesem Behufe auf dem Riesenrade im „Englischen Garten“ aufgestellt ist, ein mächtiges Lichtbündel. Ein vierter Projector von 30 A ist auf der inneren Rundgallerie der Rotunde angebracht, um die Krone auf dem Kaiserzelte zu beleuchten. Ausserdem sind mehrere Projectoren von 60, resp. 30 A für die Skioptikon-Darstellungen im Vortragssaale der Urania und im Vortragssaale der Jugendhalle vorgesehen, und die Bühnenbeleuchtung der Urania erfolgt auch durch sechs Stück Projectionsbogenlampen.

In der Absicht, auf der Jubiläums-Ausstellung allen Wünschen der Aussteller, welche den elektrischen Strom zu den mannigfachsten Zwecken verwenden, nachzukommen, wird von der Internationalen Elektricitäts-Gesellschaft ausser einphasigem Wechselstrom, welcher im Ausstellungsgebiete überwiegend zur Verwerthung herangezogen ist, noch mehrphasiger Wechselstrom und zum Theil auch Gleichstrom abgegeben. Zur Lieferung des mehrphasigen Wechselstromes sind schon in der Centralstation Specialeinrichtungen geschaffen worden, deren Inaugurirung mit der Eröffnung der Ausstellung zusammenfiel. Eine Gruppe von Maschinen in der Centralstation, die vorerst aus zwei Aggregaten von je 900 PS besteht, ist nämlich als Zweiphasenmaschinen ausgeführt. Zur Fortleitung der um 90° verschobenen zweiten Phase sind besondere concentrische Doppelkabel gelegt, welchen im Vereine mit den concentrischen Kabeln der bestehenden Einphasennetze Mehrphasenstrom entnommen werden kann. Dieser Strom wird in der Ausstellung meist als zweiphasiger Wechselstrom für motorische Zwecke in Verwendung genommen, wird aber auch durch Schaltung nach dem Scott'schen Principe als Dreiphasenstrom benützt. Dem Erfordernisse für die Ladung von Accumulatoren und zur Speisung der Projectoren und Gleichstrom-Motoren wird durch Erzeugung von Gleichstrom

Rechnung getragen. Zu diesem Zwecke sind vier Stück Wechselstrom-Gleichstrom-Umformer, Combination aus direct gekuppelten Drehstrom-Motoren mit Gleichstrom-Dynamos, aufgestellt. Zwei dieser Apparate für je 50.000 W Gleichstrom sind in der Maschinenhalle, die anderen beim Gebäude der Urania placirt.

Den Kraftbetrieb der Ausstellung besorgen 128 Elektromotoren von ¹/₁₀₀ bis 50 PS, mit einer Leistung von zusammen 585 PS. Hievon sind 71 Stück mit Drehstrom, 33 mit Wechselstrom und 24 mit Gleichstrom gespeist.

Es ist bemerkenswerth, dass bei dem elektrischen Motorenbetriebe die Transmissionen äusserst selten geworden sind, indem es die elektrische Kraftvertheilung ermöglicht, mittelst directer Kuppelung oder mit Benützung von Frictionsscheiben einen directen Antrieb zu bewirken.

Besonderes Interesse erregen die Drehstrom-

Fig. 3.

Motoren, welche in Wien zum ersten Male in grösserem Maasse gezeigt werden.

Die Drehstrom-Motoren bis 8 PS haben keine Anlasswiderstände, sondern werden durch unmittelbare Einschaltung in Betrieb gesetzt, ohne dass die geringsten Schwankungen in der Beleuchtung hiedurch verursacht werden. Die Motoren sind für 2 × 100 V gebaut und haben keine Schleifringe. Die grösseren Motoren von 12 PS und darüber besitzen vier Schleifringe, sind für 2 × 200 V gebaut und werden mit Anlasswiderständen in Betrieb gesetzt.

Die grösste Anzahl der Motoren ist von Ganz & Co. beigestellt, doch sind auch solche von den Firmen Siemens & Halske, Schuckert & Co., sowie B. Egger & Co. vorhanden.

Besonders bemerkt sei auch der im Parke befindliche Fenglister'sche Personenaufzug, welcher für die gleichzeitige Beförderung von acht Personen dient

und mit einem direct gekuppelten Drehstrom-Motor
betrieben wird, dessen Einschaltung ohne Anlasswiderstand erfolgt.

Weitere Drehstrom-Motoren sind in Verwendung
zum Betriebe der Luftbahn, sowie zur Bethätigung der
Winde des Fesselballons.

Im Nachstehenden geben wir eine Zusammenstellung der wichtigsten Motoren, wie dieselben für
private Ausstellungszwecke in Verwendung sind:

Art des Betriebes	Drehstrom PS	Wechsel- strom PS	Gleichstrom PS
Werkzeugmaschinen	22	1	1
Holzbearbeitungsmaschinen	1	1	42
Landwirthschaftsmaschinen	—	7	—
Buchdruckmaschinen	31	0	3
Eis- und Kühlmaschinen	23	—	—
Webstühle und Jacquardmaschinen .	16	—	3
Knet- und Mischmaschinen	6	8	—
Mahlmühlen	8	2	—
Nähmaschinen	—	4	—
Bügelmaschinen	1	6	—
Koch- und Heizapparate	—	5	—
Aufzüge, Winden, Luftbahn	32	—	—
Pumpen	—	1	—
Ventilatoren	4	—	2
Elektromotoren	—	5	2

Nebst diesen in der Tabelle enthaltenen motorischen
Antrieben sind noch eine grosse Anzahl von Elektromotoren für die verschiedensten Zwecke in Verwendung,
darunter sind insbesondere bemerkenswerth jene grossen
50 PS Drehstrommotoren, welche zum Betriebe der Umformer behufs Erzeugung des erforderlichen Gleichstromes vorhanden sind.

Aus den vorstehend angeführten Daten ist ersichtlich, dass auf der Jubiläums-Ausstellung in
Wien für die mannigfachste Verwerthung des elektrischen Stromes in ausgedehntestem Maasse reichlich Gelegenheit geboten war, und insoferne ist sie auch
für die Entwickelung der elektrotechnischen Industrie
von Bedeutung.

Zur Berechnung elektrischer Maschinen.

Von **J. K. Sumec**, Brünn.

(Schluss.)

Zweiter Theil: Nachträge und Erläuterungen.

Der Gebrauch der Umfangsstromdichte bei der
Berechnung elektrischer Maschinen ist wohl ebenso alt
wie der Gebrauch der magnetischen Induction im Luftraume. Man findet ihn unter anderen ausdrücklich bei
Behn–Eschenburg, Fischer–Hinnen, Arnold,
Kolben. Siehe auch Thomson's Handbuch über den
„Circunflux“. Die vorliegende Arbeit konnte also nur
den Zweck haben, das zerstreut Vorkommende zu
sammeln und zu ordnen. Dabei hat sich gezeigt, dass
so manche Formel und so mancher Erfahrungs-Coëfficient überflüssig wird, wenn man an dem genannten
Begriffe consequent in allen Fällen festhält.

Man findet z. B. zur Bestimmung des Ankerdurchmessers kleinerer Gleichstrom-Maschinen die Formel

$$D = a \sqrt[4]{\frac{c\,i}{(L/D)\,.\,U}}$$

mit dem Erfahrungs-Coëfficienten

$$a = 13 \quad \text{für Gramme-Ring},$$
$$a = 11\cdot5 \quad \text{für Trommel.}$$

(Uppenborn, Kalender.)

Vergleicht man aber diese Formel mit der Grundgleichung 1), so findet man:

$$\frac{1}{a} = \frac{1}{10^8} \frac{\pi^3}{60} \frac{P}{\tau} \gamma B$$

Betreffs derselben sei noch Folgendes bemerkt: Die Praxis gibt für eine bestimmte Leistung
und bestimmte Antriebsart eine beiläufige Tourenzahl U
(wie sie ja auch in obige Formel einzusetzen ist), ausserdem aber noch eine aus mechanischen Rücksichten
höchst zulässige Drahtgeschwindigkeit. Hält man
sich an diese beiden Grössen, so hat man unmittelbar

$$D = v : \frac{U}{60}$$

und man braucht jene Formel sammt dem Coëfficienten a
überhaupt nicht mehr.

Coëfficienten ähnlicher Art kommen in den Dimensionsformeln Kapp's vor (El. mech. Constr.):

Gleichstrom-Maschinen (S. 12):
Leistung $= C_g \cdot D^2\,L\,U \cdot 10^{-6}$ in Kilowatt;

Wechselstrom-Maschinen (S. 29):
Leistung $= C_w \cdot v \cdot A\,p$ in Volt $\times$ Ampère,[*]

Drehstrom-Motoren (S. 31):
Leistung $= C_d \cdot D^2\,L\,U \cdot 10^{-6}$ in Pferdestärken.

Die Coëfficienten C werden definirt wie folgt: „Der
Coëfficient C_w hängt von der Maschinentype, der Periodenzahl, dem zulässigen Spannungsabfall, der Induction
im Luftraum und von der Geschicklichkeit des Constructeurs ab.“ — „Von Einfluss auf C_d ist die Frequenz,
die magnetische Beschaffenheit des Eisens, die Schlüpfung,
der Wirkungsgrad, und schliesslich in hohem Maasse die
Geschicklichkeit des Constructeurs.“

Der Vergleich mit den Gleichungen 1), 2), 3)
ergibt:

$$C_g = \frac{1}{10^5} \frac{\pi^2}{60} \frac{P}{\tau} \gamma B$$

$$C_w = \frac{1}{10^6} k \gamma B$$

$$C_d = \frac{1}{736 \cdot 100}\frac{\pi^2}{60} \times \gamma_1 \ast B_1$$

Kennt man also den Dimensions-Coëfficienten C,
kennt man weiter die gebräuchliche Induction B, so
kann man die zugehörige Umfangsstromdichte γ berechnen. Man vergleiche diese berechnete γ mit den
thatsächlich gebräuchlichen Werthen und sehe nach, ob
sie miteinander stimmen. Umgekehrt könnte man aus
den gebräuchlichen B und γ den entsprechenden Coëfficienten C berechnen. Es hätte jedoch keinen Zweck,
denn sobald man die beiden ersteren kennt, braucht
man den letzteren nicht mehr.

Von den angeführten Dimensionsformeln Kapp's
steht diejenige für Wechselstrom-Maschinen den hier
abgeleiteten Gleichungen 1), 2), 3) am nächsten. Sie
enthält ausdrücklich, ähnlich wie diese, die Umfangsgeschwindigkeit und die (halbe) Gesammtpolfläche. Die
beiden noch fehlenden Grössen γ und B sind versteckt
im Coëfficienten C; das ist der einzige Unterschied
dieser Formel von der Gleichung 2).

[*) v' = Umfangsgeschwindigkeit in m/sec.
A = Polfläche in cm^2.]

Ich halte mich hier mit der wechselseitigen Beziehung der Grössen C, γ, B etwas länger auf, weil ich dadurch einer etwaigen ungünstigen Kritik vorbeugen will. Es wusste nämlich vor nicht langer Zeit der Gebrauch der Umfangsstromdichte als eine „nicht besonders wissenschaftliche" Regel bezeichnet. Aus dem Dargelegten geht wohl klar genug hervor, dass dieselbe ebenso „wissenschaftlich" ist wie der Gebrauch der Grösse B; jedenfalls aber mehr wissenschaftlich als der Gebrauch aller angeführten Coëfficienten. Denn, was die letzteren nur verschleiert enthalten, stellt γ nackt und unverhüllt vor die Augen. Aus eben diesem Grunde bleibt dann auch kein Platz mehr für Rechnungsgrössen von so problematischer Natur wie die „Geschicklichkeit des Constructeurs". Man vergleiche diesbezüglich die Unbestimmtheit der angeführten Definitionen der Coëfficienten C mit der Präcision, mit welcher sie sich mittelst des Begriffes γ definiren lassen!

Bemerkungen über Gleichstrom-Maschinen.

Im ersten Theile habe ich mich bemüht, möglichst knapp zu sein, damit nicht infolge zu vieler Einzelheiten der Zusammenhang des Ganzen verloren gehe. Es ist dort immer nur die Hauptsache, das Resultat, dargelegt worden; hier möge nun die Begründung und Erklärung folgen. Die Berechnung der Drahtstärken, der Eisenquerschnitte, der Magnetampèrewindungen u. s. w. ist absichtlich nicht erwähnt worden; man findet sie in jedem Taschenbuche. Warum man sich an gewisse Erfahrungswerthe von B und γ halten muss, braucht hier auch nicht erst auseinandergesetzt zu werden; sie sind einfach bedingt durch die Erwärmung der Maschine, ganz analog wie die Grösse v durch die mechanische Festigkeit des rotirenden Theiles.

Die Umfangsstromdichte γ wurde deshalb in die Rechnung eingeführt, weil sich mit Hilfe derselben die Zugkraft, die ja ein wichtiger Factor für die Leistung der Maschine ist, sehr bequem ausdrücken lässt. — Man nehme z. B. einen glatten Anker. Jeder Draht desselben, der sich gerade in einem Magnetfelde von der Stärke B *(cgs)* befindet und von dem Strome i

$$\text{Ampère} = \frac{i}{10}\ (cgs)$$

durchflossen wird, erfährt auf jedes Centimeter seiner Länge einen seitlichen Druck von

$$\frac{i}{10}\ B \ \text{Dynen.}$$

nach dem bekannten elektromagnetischen Gesetze

$$f = L J B.$$

Liegen nun innerhalb 1 *cm* des Ankerumfanges z' Drähte, und führt jeder von ihnen den Strom i Ampère; d. h. ist die Umfangsstromdichte in Ampèrecentimeter $\gamma = z' i$, so entfällt pro 1 cm^2 Oberfläche ein seitlicher Druck von

$$z' \frac{i}{10} B = \frac{\gamma}{10} B \ \text{Dynen.}$$

Man kann daher sagen: Auf jedes Quadratcentimeter der Mantelfläche des Ankers wirkt ein seitlicher Zug von $\dfrac{\gamma}{10} B$ Dynen.

Hat ferner der Anker die Umfangsgeschwindigkeit v *cm/sec*, so ist die auf jedes cm^2 desselben entfallende Leistung gleich

$$\frac{1}{10} v \gamma B \ Erg/sec,$$

oder da 1 $Erg/sec = 10^{-7}$ Watt ist;

$$10^{-8} v \gamma B \ \text{Watt.}$$

Der Ankerdurchmesser ist in den Beispielen aus der als passend gewählten Umfangsgeschwindigkeit und Umdrehungszahl berechnet worden, weil es so einfacher und natürlicher scheint, als mittelst der Durchmesserformel. (Siehe oben.)

Der rein elektrische Wirkungsgrad η berücksichtigt nur den Spannungsverlust infolge des Ohm'schen Widerstandes im Anker und den Stromverlust infolge des Magnetstromes, dagegen nicht die Hysteresis- und die Wirbelverluste:

$$\eta = \frac{c_k i}{(c_k + R i_a) i_a}, \quad i_a = i + i_m.$$

Die Wirbelverluste pflegt man oft so darzustellen, als ob sie einem Spannungsverlust gleichkämen. Das scheint aber nicht richtig. Sie sind eher einem Stromverluste $= i_w$ gleichzusetzen. Bei einem Generator z. B. ist der thatsächliche Ankerstrom $= i_a$, die Drehkraft und die Antriebskraft entsprechen jedoch der Grösse $(i_a + i_w)$. Die Wirbelströme sind nämlich äquivalent einem Strome i_w, der eine in sich geschlossene, parallel zu der Ankerwickelung geschaltete Wickelung von entsprechendem Widerstande durchfliessen würde, und zwar ist i_w gleichgerichtet mit i_a. Bei einem Motor ist dagegen i_w — entsprechend der Gegen-E. M. K. — dem Ankerstrome i_a entgegengesetzt; hier entspricht also die Drehkraft der Grösse $(i_a - i_w)$. An der Spannung ändert sich aber nichts.

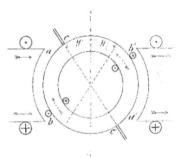

Fig. 5.

Die Polzahl soll man behufs Einfachheit möglichst klein nehmen. Da aber bei Gleichstrom-Maschinen wegen der Ankerrückwirkung (Querwindungen!) die Polbreite eine gewisse Grenze nicht überschreiten darf, so folgt, dass man auch den Durchmesser möglichst klein, also bei beabsichtigter voller mechanischer Ausnützung (Drehungsgeschwindigkeit) die Tourenzahl möglichst hoch nehmen soll. Der directe Antrieb erfordert natürlich kleine Tourenzahlen, also grosse Durchmesser und viele Pole; beim Riemenantrieb kann jedoch die Tourenzahl hoch sein, also wird der Generator vortheilhaft mit kleinem Durchmesser (grosser Achsenlänge) und kleiner Polzahl gebaut.

Die Ankerrückwirkung bei Gleichstrom-Maschinen wurde bisher auf verschiedene Art behandelt. Nach der einen Methode werden die Ampèrewindungen des Ankers mit den Ampèrewindungen der Magnete graphisch zusammengesetzt unter einem Winkel, der durch die Stellung der Bürsten gegeben ist. Nach einer anderen Methode siehe Swinburne „E. T. Z." 1890, S. 235 und Kapp. Dynamomaschinen) werden die ersteren in Gegen- und Querwindungen zerlegt: die Gegenwindungen wirken unter der ganzen Polfläche entmagnetisirend, die Querwindungen unter derjenigen Polkante, bei welcher die Bürste steht, ebenfalls entmagnetisirend, unter der anderen aber magnetisirend. Ich habe die Methode Swinburne's angewendet, weil ich sie für die einzig richtige halte. Man zeichne sich nur ein Schema auf und verfolge den Weg der einzelnen Kraftlinien, von verschiedenen Stellen der Polfläche ausgehend: man kommt unmittelbar zu dem Resultate Swinburne's.

Man betrachte z. B. den zweipoligen Ring, Fig. 5. Es sind hier die Magnet- und die Ankerströme durch je eine Windung, der Verlauf der Kraftlinien in den Magneten durch volle Pfeile, die Richtung der magnetisirenden Kraft des Ankers[*] durch gestrichelte Pfeile angedeutet. An je zwei diametralen Punkten des Luftraumes, etwa in a und a' oder in b und b', herrschen dieselben magnetischen Verhältnisse. Deshalb kann man, obgleich in der Wirklichkeit die Kraftlinien von a nach b' und von b nach a' verlaufen, die Sache so nehmen als ob dieselben von a nach a' und von b nach b' verliefen. Für die Strecke $\overline{aa'}$ ist nun die magnetisirende Wirkung des Ankers, genommen in derselben Richtung wie die der Magnete, gleich $\gamma\,(\overline{ac}-\overline{ca'})$, oder $\gamma\,(-\overline{ac'} + \overline{ca'})$, oder aber

$$\gamma\,(-2\,Y - P),$$

wenn P die Polbreite und J die Entfernung einer Bürste von der Symmetrielinie bedeutet. Für die Strecke $\overline{bb'}$ erhält man ähnlich $\gamma\,(\overline{bc}-\overline{cb'})$ oder $\gamma\,(-\overline{bc'} + \overline{c'b'})$ oder aber

$$\gamma\,(-2\,\Gamma + P).$$

Die Grösse $2\,Y\gamma$ wirkt also, wie das Vorzeichen andeutet, in beiden Fällen magnetisirend, sie kann folglich durch entsprechende Erhöhung der Ampèrewindungen der Magnete neutralisirt werden. Es sind das die sogenannten „Gegenwindungen". — Die Grösse $P\gamma$ wirkt in a und a' ebenfalls entmagnetisirend, in b und b' dagegen magnetisirend, sie kann also nicht durch Erhöhung der Magnet-Ampèrewindungen neutralisirt werden. $P\gamma$ sind die sogenannten „Querwindungen".

Die Methode Arnold's („E. T. Z." 1896, S. 775) ist derjenigen Swinburne's sachlich gleich, nur nicht so klar. Man nimmt nach derselben die gesammten Ampèrewindungen des Ankers und multiplicirt sie, um ihre Rückwirkung zu erhalten, mit einem Coëfficienten $k < 1$. Dieser muss erst experimentell gefunden werden. Dass er nichts anderes als die Gegenwindungen bedeutet, beweist das Beispiel, welches der Autor l. c., S. 775/6, anführt: bei einer 8-poligen Maschine, bei welcher die Bohrung der Feldmagnete 797 mm und ein Polbogen 196 mm betrug.

[*] Man verwechsle nicht die magnetisirende Kraft mit dem magnetischen Felde (Kraftfluss)! Es wäre ein ebenso grober Fehler, als die Verwechslung der E. M. K. mit dem elektrischen Strome. Beide können in vielen Fällen einander entgegengesetzt sein. Sowie z. B. beim Laden einer Accumulatorenbatterie die (Gegen-) E. M. K. derselben und der thatsächlich hindurchgehende Ladestrom einander entgegengesetzt sind, wirkt auch in dem vorliegenden Falle die magnetisirende Kraft des Ankers in der angedeuteten (λ) Richtung, die thatsächlich hindurchgehenden Kraftlinien können aber trotzdem in der entgegengesetzten Richtung verlaufen.

ergab das Experiment $k = 0.41$. Das Verhältnis der Gegenwindungen zu den Gesammtwindungen des Ankers ist aber $\dfrac{\tau - P}{\tau} = 1 - \dfrac{196}{797.\,\pi:8} = 0.375$. Zu der Wirkung der Gegenwindungen kommt noch die wenn auch kleine und nur mittelbare Wirkung der Querwindungen (siehe die Fig. 5), so dass die Summe der beiden leicht $= 0.41$ werden kann.

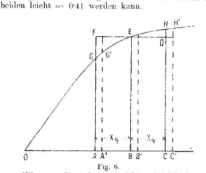

Fig. 6.

Wie man die Ankerrückwirkung bei Gleichstrommaschinen richtig behandeln muss, zeigen ausführlich die Beispiele in Kapp's Elektromechanischen Constructionen S. 83 und S. 131. Zu denselben möchte ich nur das Einzige bemerken, dass die Fig. 33, S. 84 nach der ähnlichen Fig. 42, S. 135 zu corrigiren ist. Die Curve, welche die Vertheilung der magnetischen Induction unterhalb einer Polfläche darstellt, ist nämlich ein Theil einer Magnetisirungscurve und zwar derjenige welcher den magnetisirenden Kräften innerhalb der Grenzen $(X - X_q)$ und $(X + X_q)$ entspricht. Sie kann also unmöglich solche Form haben wie in der ersteren Figur. Die richtige Darstellung zeigt Fig. 6. Diese soll zugleich die Wirkung der Querwindungen anschaulich machen.

Beim Leerlauf ist die magnetisirende Kraft $X = \overline{OB}$, die überall gleiche Induction $B_0 = \overline{BE}$, der gesammte Kraftfluss durch einen Pol $N = K \times (ACDF)$. Bei voller Belastung und bei einer gerade nur um die Gegenwindungen des Ankers gesteigerten Erregung $(X + X_q)$ ändert sich die resultirende magnetisirende Kraft längst der Breite des Poles von $X - X_q = \overline{OA}$ bis $X + X_q = \overline{OC}$, und die magnetische Induction von $B_{\min} = \overline{AG}$ bis $B_{\max} = \overline{CH}$. Der gesammte Kraftfluss ist jetzt $N' = K \times (ACHG)$ also offenbar etwas kleiner als gerade beim Leerlauf. Will man die dieselbe E. M. K. erhalten wie früher, so muss man die Erregung noch um einen kleinen Betrag $r = \overline{BF}$ steigern, so zwar, bis man eine Fläche $(A'C'H'G') = (ACDF)$ bekommen. $\overline{BE}$ stellt dann die „mittlere Induction B_s" dar, welche unter die in der Gleichung 1) des ersten Theiles zu verstehen ist. Dieselbe ist gleich der Leerlaufinduction B_0.

Schliesslich sei hier noch des vermeintlichen Einflusses der Schlitze in den Magnetkernen gedacht. (Vergl. Kapp. El. mech. Constr. S. 168). Dass ein Schlitz von der Art, wie ihn die Fig. 7 a darstellt, irgendwelchen nennenswerthen Einfluss haben sollte, halte ich nicht für möglich. Sieht man die Figur auch nur oberflächlich an, so kann man sich nicht der Einsicht erwehren, dass, um thatsächlichen Einfluss zu haben, der Schlitz so tief gehen muss, dass er den Kraftlinien keinen oder nur sehr schwierigen Uebergang von der vorderen zur hinteren Kernhälfte freilässt, etwa wie in Fig. 7 b. (Vergl. Swinburne l. c. Fig. 7 und 8.

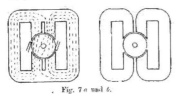

Fig. 7 a und b.

II. Bemerkungen über Wechselstrom-Maschinen.

Manche Autoren legen bei ihren Rechnungen von vornherein ein so grosses Gewicht auf den Spannungsabfall, dass sie denselben schon in die Berechnung der Hauptdimensionen mit einführen. Hier wurde jedoch lieber das Beispiel Kapp's befolgt (El. mech. Constr.) und der Spannungsabfall erst zu der Berechnung des Luftraumes herangezogen. Und das mit Recht; denn man kann unter sonst ganz gleichen Verhältnissen den Spannungsabfall grösser oder kleiner machen, je nachdem man die Magnet-Ampèrewindungen und den Luftraum kleiner oder grösser nehmen will. Man sieht auch an den Formeln der betreffenden Autoren, dass die Einführung des Spannungsabfalles in dieselben nicht nothwendig war und sehr leicht vermieden werden konnte.

Als Beispiel verweise ich auf die Formel Arnold's für den Ankerdurchmesser („E. T. Z." 1896, S. 777). Sie enthält den Ausdruck $B_0 \frac{e}{e_0}$. Es ist aber

$$B_0 \frac{e}{e_0} = B,$$

wenn man nämlich mit B und e die magnetische Induction und die inducirte E. M. K. bei der Belastung, mit B_0 und e_0 die entsprechenden Grössen beim Leerlauf bezeichnet. — Und für die Dimensionirung der Maschine ist nicht B_0, sondern nur B massgebend!

Ein anderes Beispiel bietet eine Formel von Fischer-Hinnen („E. T. Z." 1897. S. 636, Gl. 12). In derselben tritt neben dem Spannungsabfall auch noch der Luftraum auf; trotzdem enthält sie sachlich nichts weiter als die Gleichung 2).

Bei der Bestimmung der Magnetwickelung und des Luftraumes aus dem zulässigen Spannungsabfall kann man entweder nach der älteren Methode elektromotorische Kräfte, oder aber nach der neueren die Ampèrewindungen zusammensetzen. Um jedoch zu keinem falschen Resultate zu gelangen, muss man im ersten Falle unter der „E. M. K. beim Leerlauf" und der „E. M. K. der Selbstinduction" keine constanten, sondern von den jeweiligen Belastungsverhältnissen (denn μ abhängige Grössen verstehen; und ähnlich muss man im anderen Falle nicht etwa die $A W$ an und für sich, sondern — wie hier geschehen — die Grössen $\mu \times A W$ zusammensetzen. Es führen dann beide Methoden zu demselben Resultate und der Unterschied liegt nur in der Ausdrucksweise. (Vergl. die diesbezügliche Discussion Rothert's und Behn-Eschenburg's in „E. T. Z." 1896, S. 715, 740, 770.

Kapp zerlegt die Ankerrückwirkung in „magnetisirende Gegenwindungen" und „Selbstindnction". Es soll das wohl eine Analogie sein zu den Gegen- und Querwindungen eines Gleichstromankers. Aus seiner graphischen Darstellungsweise des Spannungsabfalles geht aber hervor, dass diese Methode schliesslich auf dasselbe hinausläuft, wie die vorerwähnte. Ich will das betreffende Diagramm (El. mech. Constr. S. 27, Fig. 25) hier reproduciren, mit dem kleinen Unterschiede, dass die „E. M. K. beim Leerlauf" nicht nur der Grösse, sondern auch der Phase nach richtig eingetragen ist. (Fig. 8.)

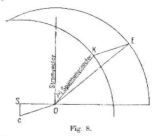

Fig. 8.

$\overline{S\,o}$ stellt hier den Ohm'schen Spannungsverlust. $\overline{O\,S}$ die Summe der zweifachen Wirkung des Ankers $e_g + e_s$ dar. Es ist

$$e_g = e \cdot \frac{k_g \, q\,i}{X},$$

$$e_s = e \cdot \frac{k_s \, q\,i}{X_a}.$$

Es bliebe sich so ziemlich gleich, wenn man einen der beiden Coëfficienten k_g oder k_s grösser annehme und dafür den anderen Ausdruck ganz wegliesse.

Genauer wird durch die erwähnte Zerlegung die Rechnung nicht. Man vergleiche diesbezüglich El. mech. Constr. S. 75. Für einen Wechselstrom-Generator 60 KW mit Flachringanker (Oerlikon), 2260 V beim Leerlauf, ergab die Rechnung für 30 A und $\cos \varphi = 1$:

$$e_w = 113, \quad e_g = 340, \quad e_s = 184; \quad e_g + e_s = 524.$$

Der Versuch ergab unter denselben Verhältnissen die Klemmenspannung 2025 V. Darnach wäre, wie ein einfaches Diagramm zeigt:

$$e_g + e_s = 720,$$

also 1·4mal grösser als der berechnete Werth.

Die äquivalenten Ampèrewindungen des Ankers habe ich mit Rücksicht auf die Versuche Arnold's und Fischer-Hinnen's (ll. cc.) nicht 0·5 $\sqrt{2}$, sondern $\frac{2}{3} \sqrt{2}$mal grösser genommen, als die effectiven Ampèrewindungen pro Polpaar (Ampèredrähte pro Pol). Es hat mich dazu folgende Erwägung bewogen:

Wäre die Zahl der Phasen sehr gross, so wäre — bei sinusförmigen Stromwellen — die Stromvertheilung auf den Anker unter einem Polpaare durch die Sinuscurve (i), und die magnetisirende Kraft dieses Stromsystems auf den einzelnen Punkten des Ankerumfanges durch die Sinuscurve (h) darzustellen. (Fig. 9.) Ihr maximaler Werth $\overline{CC'}$ (in den Punkten A, C, E) wäre proportional der Fläche (A B' C). Nun ist aber

$$(A\,B'\,C) = \frac{2}{\pi}\,\overline{A\,C} \cdot \overline{B\,B'} = \frac{3}{\pi}\,\tau\,\Gamma = \frac{2}{\pi}\,V\,\overline{2}\,\tau\,\gamma,$$

d. h. $= \frac{2}{\pi}\,V\,\overline{2} \times$ die effectiven Ampèredrähte pro Pol.

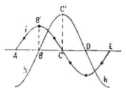

Fig. 9.

Da es hier aber nicht sehr viele, sondern nur drei Phasen gibt, so nahm ich $\frac{2}{3}\,V\,\overline{2}$ statt $\frac{2}{\pi}\,V\,\overline{2}$. In die graphische Darstellung ist nun dieser Maximalwerth, nicht aber irgend ein Mittelwerth einzuführen; denn die Grösse ($A\,W_m$) stellt ebenfalls den Maximalwerth der Magnetwirkung auf die einzelnen Spulen des Ankers dar. Deshalb stimmt auch die Rechnung mit dem Versuche nur dann, wenn man diesen Maximalwerth der Ankerwindungen einführt. Vergleiche Arnold l. c., Tabelle S. 731.

Nach allen diesen Ausführungen, bezüglich des Spannungsabfalles muss ich übrigens gestehen, dass mir dessen genaue Vorausbestimmung keineswegs gar so wichtig scheint, wie man sie hie und da darzustellen versucht. Der Kernpunkt der ganzen Frage ist nämlich: „In wieweit kann die Erregung ungeändert bleiben?" — Nun muss man aber in den meisten Fällen die Erregung reguliren: nämlich in allen jenen Fällen, wo mehrere Generatoren parallel arbeiten, oder wo es sich um Licht handelt. Nur in dem Falle, dass ein einzelner Generator Motoren ohne Licht betreibt, braucht man die Erregung nicht zu ändern; dann aber hat es auch keine Bedeutung, ob die Spannungsänderungen einige Procente mehr oder weniger betragen. Infolge dessen scheint mir eine Vorausberechnung des Spannungsabfalles nur insoweit von Bedeutung zu sein, als man die Magnetwickelung so dimensioniren muss, dass auch noch bei den ungünstigsten Belastungsverhältnissen die Erregung auf die erforderliche Höhe gebracht werden kann.

Die Polzahl ist bestimmt durch die Frequenz und die Tourenzahl, die Breite eines Poles und die Theilung durch die Frequenz und die Umfangsgeschwindigkeit;

$$\tau = \frac{v}{2\,\sim}$$

Hat also eine Wechselstrom-Maschine enge Pole, so ist entweder v klein oder $\sim$ gross. So war z. B. bei dem berechneten Dreiphasen-Generator $\tau = 13.1$ cm, $c = 1256$ cm/sec., bei der Tourenzahl 120. Würde man die letztere auf 2×120 steigern, so wäre v und $\sim$ zweimal so gross und die Maschine würde bei sonst gleich gebliebenen Verhältnissen 2×200 V, also auch 2×200 PS liefern. Wollte man dieselbe Frequenz haben wie früher, so müssten die Pole zweimal so breit werden. Auf jeden Pol würden dann aber bei gleich bleibender Umfangsstromdichte zweimal so viel Ampère-

drähte entfallen, die Ankerrückwirkung wäre also zweimal so gross. Es ist also bei Wechselstrom-Maschinen ähnlich wie bei Gleichstrom-Maschinen: Die Breite der Pole hat eine bestimmte Grenze infolge der Ankerrückwirkung.

III. Bemerkungen über Drehstrom-Motoren.

Die primären Kupferverluste wurden in dem Rechnungsbeispiel dadurch berücksichtigt, dass statt der vollen Klemmenspannung, 4750 V, der Betrag von $4750 \times$

$$\times\left(1 - \frac{c}{100}\cos^2\tau\right)$$ gesetzt wurde.

Mittelst dieses Ausdruckes lässt sich der Ohm'sche Spannungsverlust in allen jenen Fällen, wo Phasenverschiebung auftritt, mit genügender Genauigkeit darstellen. Die Richtigkeit desselben ergibt sich aus Fig. 10.

Fig. 10.

Es bedeutet hier $\overline{A\,B}$ die Klemmenspannung, $\overline{A\,C}$ den Ohm'schen Spannungsverlust in der Richtung des Stromes. Die Kupferwärme $= i \cdot \overline{A\,C}$ soll $e\,{}^0/_0$ der an die Klemmen abgegebenen Energie betragen; also

$$i \cdot \overline{A\,C} = \frac{c}{100}\,i \cdot \overline{A\,B} \cdot \cos\tau.$$

Die übrigbleibende E. M. K. ist $= \overline{C\,B}$. Man kann nun ohne grossen Fehler setzen

$$\overline{C\,B} = \overline{D\,B}.$$

Es ist ferner

$$\overline{A\,D} = \overline{A\,C} \cdot \cos\tau = \frac{c}{100}\,\overline{A\,B} \cdot \cos^2\tau.$$

Also ist die übrig bleibende E. M. K. der Grösse (nicht der Phase) nach

$$\overline{C\,B} = \overline{D\,B} = \overline{A\,B} \cdot \left(1 - \frac{c}{100}\cos^2\tau\right).$$

Die Bedeutung der Gleichung $\Gamma_2 \times B_2 = \Gamma_{1w} \times B_1$ wird sehr anschaulich mittelst des Heyland'schen Diagrammes.

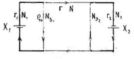

Fig. 11.

In der schematischen Fig. 11 soll sein:
X_1 und X_2 = die magnetisirenden Ampèrewindungen des Magnet- und des Ankerstromes.
r_1 und r_2 = die magnetischen Widerstände des Magnet- und des Ankereisens.
r = der Widerstand des Luftraumes.
z_1 und z_2 = die Widerstände der Streuungswege zu beiden Seiten des Luftraumes.
N_1 und N_2 = die magnetischen Kraftflüsse im Magnet und im Anker.
N_{s1} und N_{s2} = die Streuflüsse zu beiden Seiten des Luftraumes.
N = der Kraftfluss im Luftraume.

$$N_1 = N + N_{s1}$$
$$N_2 = N + N_{s2}$$

Unter der Annahme, dass den anderen Widerständen gegenüber $r_1 = r_2 = 0$ gesetzt werden darf (was zwar nicht bei eisengeschlossenen Transformatoren, wohl aber bei Inductionsmotoren ohne grossen Fehler zutrifft), folgt:

$$N_{s1} = \frac{X_1}{r_1}$$

$$X_{s2} = \frac{X_2}{r_2}$$

$$N = \frac{X_1 + X_2}{r}$$

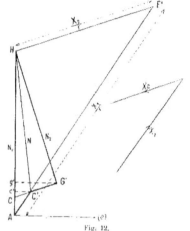

Fig. 12.

Sind X_1 und X_2 periodische Grössen, so werden diese Gleichungen dargestellt im Polardiagramme Fig. 12. (Vergl. E. T. Z. 1898, S. 510.)

In diesem Diagramme lässt sich $\Gamma_2 \times B_2$ darstellen durch $\overline{HF'} \times \overline{HG'}$ oder, da $\overline{CG'} \parallel \overline{HF'}$ ist, durch $\triangle HF'C'$. In demselben Maasstabe lässt sich aber auch $\Gamma_{1w} \times B_1 = \Gamma'_1 B_1 \cos \varphi$ durch dieses Dreieck darstellen.

Das Dreieck $HF'C'$ stellt also die Zugkraft T, und da $T \times v_1 = W$ ist, auch den Energieumsatz W dar. Da ferner $\overline{AC'}$ mit $\overline{CF}$, $\overline{CC'}$ und $\overline{CG'}$ mit $\overline{HF}$ immer proportional bleiben (C ein fixer Punkt), so kann man anstatt $\triangle HF'C'$ auch $\triangle HGC$ oder $\triangle HC'C$ oder schliesslich, da die Grundlinie CH constant ist, die Höhen $\overline{G'p'}$ oder $\overline{C'c'}$ als Maass der Zugkraft und des Energieumsatzes nehmen.

IV. Schlussbemerkung.

Die nächste Veranlassung zu dieser Arbeit waren Kapp's „Elektro-mechanische Constructionen" Berlin 1898. Der Leser, der mit diesem Werke bekannt ist, wird gemerkt haben, dass ich mich ziemlich enge an dasselbe angeschlossen habe: sowohl in der äusseren Form, indem ich demselben die Bezeichnungen und Rechnungsbeispiele entlehnt habe, als auch sächlich, indem ich, soweit es sich mit dem Zwecke der Arbeit vertrug, die Methoden Kapp's anwendete.

Uebersichtshalber seien hier noch die Symbole, alphabetisch geordnet, angeführt:

B = magnetische Induction (Feldstärke).
γ = Umfangsstromdichte in Ampèrecentimeter, d. h. die Zahl der Ampèredrähte pro Centimeter des Ankerumfanges.
c = procentueller Arbeitsverlust infolge des Ohmschen Widerstandes.
D = Ankerdurchmesser in Centimeter.
δ = einfache Länge des Luftraumes in Centimeter.
e = die inducirte E.M.K. (pro Phase).
e_k = die Klemmenspannung (pro Phase).
η = der elektrische Wirkungsgrad.
i = der äussere Strom (in einer Leitung).
i_a = der Ankerstrom bei Gleichstrommaschinen.
i_m = der Magnetstrom bei Gleichstrommaschinen.
K = eine Constante.
k = Kapp'scher Coëfficient.
$\varkappa$ = Verhältnis des effectiven Werthes zum maximalen.
L = die Ankerlänge in Centimeter.
μ = magnetische Leitungsfähigkeit.
N = magnetischer Kraftfluss (Feld).
n = Anzahl der Phasen.
P = Polbreite in Centimeter.
p = Zahl der Polpaare.
q = Drahtzahl pro Spulenseite.
R = Ankerwiderstand (pro Phase).
T = Zugkraft.
τ = Theilung.
U = Umdrehungszahl pro Minute.
v = Umfangsgeschwindigkeit pro Secunde in cm/sec.
W = Energieumsatz pro Secunde in Watt.
φ = Phasenunterschied zwischen E. M. K. und Strom.
X = Magnetisirende Kraft in Amperewindungen.
z = Drahtzahl (pro Phase).
$\sim$ = Periodenzahl pro Secunde (Frequenz).

KLEINE MITTHEILUNGEN.

Verschiedenes.

Schutzvorrichtung gegen Ueberfahrenwerden. In verschiedenen Städten hat man, um schwere Verletzungen bei dem Zusammenstoss eines Fussgängers mit einem elektrischen Wagen möglichst zu verhüten, Einrichtungen an den Wagen angebracht, welche den von den amerikanischen Locomotiven her bekannten „Cow-catcher" nachgebildet sind, und welche den Zweck haben, auf dem Geleise befindliche Hindernisse auf die Seite zu schieben. Diese Vorrichtung bietet nicht absolute Sicherheit, dass eine auf dem Geleise liegende Person zur Seite geschoben wird; im Gegentheil kann es sehr leicht vorkommen, dass diese unter die Räumer zu liegen kommt, und dass dadurch schlimmere Verstümmelungen herbeigeführt werden können, als durch einfaches Ueberfahren. Eine Einrichtung, die kürzlich einem Hamburger in deutscher Reiche patentirt wurde, soll die Anbringung des Räumers derartig gestatten, dass derselbe nur in dem Augenblicke sichtbar wird, wo er in Function tritt. Ueber die nähere Einrichtung entnehmen wir einer Mittheilung des Internationalen Patentbureaus Carl Fr. Reichelt, Berlin, Folgendes: Am Wagengestell sind rechts und links nach vorn gerichtete Arme angebracht. Zwischen denselben ist in geringer Höhe über den Schienen eine Schnur gespannt. Findet dieselbe nun an einem auf den Schienen liegenden Körper einen Widerstand, so wird, durch den an ihren Enden ausgeführten Zug eine Klinke ausgelöst, welche eine teleskopartig ineinandergeschobene Fangvorrichtung unter dem Wagen festhält. Unter der Einwirkung starker Federn schnellt nun dieselbe nach vorn und schiebt sich, da sie bis in die Nähe der Schienenköpfe reicht, unter den aufzufangenden Körper und bringt ihn aus dem Bereich der Räder.

In der Sitzung der **Aeltesten der Berliner Kaufmannschaft** vom 19. September l. J. ist als 6. Punkt der Tagesordnung Folgendes in Behandlung gestanden: Die Fernsprechzellen der hiesigen Börse, die für den Verkehr mit den Börsen zu Wien, Breslau, Frankfurt a. M.. Hamburg bestimmt sind, haben in ihren Thüren Fenster, durch welche den in den Zellen befindlichen Personen stattgehabte Coursänderungen durch angelegte Zettel mitgetheilt werden können, eine Einrichtung, welche in dringendem Verkehrsinteresse vor etwa 2 Jahren mit Genehmigung des Reichspostamtes getroffen worden ist. Nachdem nun im October vorigen Jahres der dringende Fernsprechverkehr mit der Wiener Börse von den Interessenten wegen der mit dem Umfange des Arbitrageverkehrs in keinem Verhältnisse stehenden Gebührensätze eingestellt worden war, ist neuerdings die bezeichnete Art der Coursbenachrichtigung durch angelegte Zettel im Verkehr mit Wien seitens der Fernsprech-Beamten verhindert worden. Da der Fernsprechverkehr hierdurch wesentlich beeinträchtigt wird, beschlossen die Aeltesten beim Reichspostamte wegen Wiedergestattung des früheren Verfahrens vorstellig zu werden.

Ausgeführte und projectirte Anlagen.

Oesterreich-Ungarn.

a) Oesterreich.

Brünn. (Brünner Localbahn.) Die Berliner Union-Elektricitäts-Gesellschaft, welche bereits im August von der Brünner Gemeinde den Bau und Betrieb der städtischen Tramwaylinien übertragen worden war, hat nunmehr auch die alten Linien der Brünner Localbahn-Gesellschaft käuflich erworben. Der Kauf erfolgte für das in Wien gegründete Institut der Gesellschaft, die Wiener Union-Elektricitäts-Gesellschaft.

Rumburg. (Elektrische Eisenbahn Rumburg—Warnsdorf.) Wie schon in der vorigen Nummer berichtet wurde, ist zwischen den Gemeinden Rumburg, Warnsdorf, Oberhennersdorf und Seifhennersdorf und der A.-G. Elektricitätswerke (vorm. O. C. Kummer & Co.) in Dresden und Niedersedlitz der Abschluss eines Vertrages im Zuge, der die Erbauung und den Betrieb der elektrischen Eisenbahn Rumburg—Warnsdorf zum Gegenstande hat. Aus diesem Vertrage seien die nachstehenden Bestimmungen mitgetheilt: Die Gesellschaft verpflichtet sich, sämmtliche für die Erlangung dieser Concession nothwendigen Vorarbeiten auf eigene Kosten auszuarbeiten und den Gemeinden zum Zwecke der Erwerbung der Concession zur Verfügung zu stellen. Nach Erlangung der Concession verpflichtet sich die Gesellschaft die elektrische Strassenbahn auf ihre Gefahr und Kosten zu erbauen und während der Concessionsdauer in ungestörtem Betriebe zu erhalten. Alle ihnen in der Concession gewährten Rechte verpflichten sich die Gemeinden im gleichen Umfange auf die Gesellschaft zu übertragen, mit deren einer Einschränkung, dass dieser der Betrieb der Bahn nur auf 50 Jahre eingeräumt sein soll, auch wenn den Gemeinden eine längere dauernde Concession ertheilt wird. Die Gesellschaft ist berechtigt, die Bahnanlage, insoweit eine unterirdische Kabelleitung für den Betrieb nicht unbedingt erforderlich ist, mit oberirdische Elektricitätsleitung herzustellen. Die Wahl des Ortes der Centralstation bleibt im Einvernehmen der vier Gemeinden zu geschehen. Es bleibt jedoch der Gesellschaft unbenommen, auch die Stromlieferung der in Warnsdorf bestehenden Actiengesellschaft „Elektricitätswerke Warnsdorf" zu übernehmen. Nach Ablauf von 50 Jahren, gerechnet vom Tage der Inbetriebsetzung, fällt die ganze Bahnanlage mit allen Betriebsmitteln sammt den dem Betriebe dienenden Geländen, sowie die sämmtlichen mit der Concession erworbenen Rechte den vier Gemeinden unentgeltlich und unbelastet zu. Die Fahrpreise werden nach vier Zonen von je circa 3 km Länge normirt, derart, dass für die erste Zone 12 Heller, bezw. 10 Pf., die zweite 20 Heller, bezw. 17 Pf., die dritte 30 Heller, bezw. 25 Pf. und die vierte 40 Heller, bezw. 35 Pf. gezahlt werden. Die Gesellschaft ist verpflichtet, auf der Strassenbahn auch Güter und sonstige Frachten zu befördern; der diesfalls geltende Tarif muss im Einvernehmen mit den vier Gemeinden festgesetzt werden. Die vier Gemeinden sind auch berechtigt, für den Fall, als der jährliche Reingewinn des Unternehmens die Summe von 50.000 fl. übersteigen sollte, die Ermässigung der Personen- und Frachtentaxe von der Gesellschaft zu verlangen und die letztere ist verpflichtet, diese Ermässigung einzuführen, es wäre denn, sie könnte nachweisen, dass hierdurch das Reinerträgnis auf weniger als 5% des investirten Capitals herabgedrückt würde. Die Personenwagen verkehren auf der ganzen Strecke im Sommer von 5½ Uhr früh bis 10 Uhr abends; im Winter von 6½ Uhr früh bis 9 Uhr abends. Die Unternehmung ist jedoch verpflichtet, Vorsorge zu treffen, dass ausserdem ein Anschluss an sämmtliche in den Bahnhöfen zu Warnsdorf und Rumburg abgehenden und ankommenden Eisenbahnzüge stattfindet. Den vier Gemeinden

soll infolge Mehrheitsbeschlusses das Recht zustehen, die Bahn schon nach 10, 15, 20, 25 u. s. f. alle fünf Jahre vom Tage der Inbetriebsetzung in eigenen Betrieb zu übernehmen und der Unternehmung ihre Rechte auf diese Bahn abzulösen. In diesem Falle haben die Gemeinden mindestens ein Jahr zuvor der Unternehmung von dieser Absicht Mittheilung zu machen. Als Ablösungspreis ist der 22½fache Betrag des durchschnittlichen Reingewinnes der letzten fünf Jahre zu entrichten. Die Unternehmung verpflichtet sich, von demjenigen Betrage, um welchen der jährliche Reingewinn 6% des Anlagecapitals übersteigt, jeweils die Hälfte den Gemeinden zur Verfügung zu stellen. Uebersteigt der Reingewinn 8% Verzinsung des Baucapitales, so erhalten die Gemeinden 60% des Ueberschusses, bei 10% Verzinsung 70%, bei 12% Verzinsung 80% des Ueberschusses. Die Gesellschaft ist verpflichtet, als Sicherstellung dafür, dass sie, sobald die Gemeinden die Concession seitens der beiden Regierungen erhalten haben werden, ohne Verzug mit dem Baue der Strassenbahn beginnt und denselben längstens binnen zehn Monaten, die Wintermonate November, December, Jänner und Februar nicht mitgerechnet, vollendet, bei Unterfertigung dieses Vertrages eine Caution von 20.000 fl. zu Handen der vier Gemeinden zu erlegen. Die Verzögerung der Fertigstellung hat ein Pönale von 20 fl. per Tag zur Folge. Für die bisher geleisteten Arbeiten stellt die Actiengesellschaft den Gemeinden den Betrag von 42.000 fl. zur Verfügung. Die Gemeindevertretung Rumburg nahm den Vertrag unter der Bedingung an, dass sich die Gemeinde Warnsdorf verpflichtet, für den Fall, als infolge eines zwischen ihr und dem Warnsdorfer Elektricitätswerke bestehenden Vertrages nicht zur Errichtung eines eigenen Elektricitätswerkes geschritten werden könnte, alle etwa geforderten Ersätze oder sonstigen Ersatzansprüche der genannten Firma aus Eigenem zu decken. Die neue Bahn soll die Bezeichnung „Böhmisch-sächsische Strassenbahn Rumburg—Warnsdorf" erhalten.

Wien. (Zur Lösung der Wiener Tramwayfrage.) Wie gemeldet wird, fand am 22. v. M. in dem elektrischen Strassenbahn-Comité eine Schlussredaction des Uebereinkommens mit der Siemens & Halske A.-G. statt. Die Verhandlungen wurden vorher mit den sämmtlichen Offerenten auf die elektrischen Bahnen gepflogen, doch kam ausser Siemens & Halske nur die E.-A.-G., vormals Schuckert & Co. ernstlich in Betracht. Mit Siemens & Halske wurde über alle Details eine vollständige Einigung erzielt. Die Einführung des elektrischen Betriebes auf dem alten Netze, sowie der Bau der neuen Linien wird gleichzeitig in Angriff genommen und innerhalb fünf Jahren beendigt werden, wobei, um eine systematische Durchführung zu ermöglichen, die ganze Action und drei Bauperioden vertheilt wird. Für den elektrischen Betrieb wird das gemischte System gewählt, und zwar soll auf fast sämmtlichen Radiallinien das System der Oberleitung eingeführt werden. Daneben wird die Unterleitung nach jenem System, wie dasselbe auf der Budapester Strassenbahn functionirt, installirt werden. Der Accumulatorenbetrieb dürfte dort, wo er jetzt besteht, wenn nicht sofort, so doch successive durch die Unterleitung ersetzt werden. Der neue Tarif, der ein Zonentarif sein wird, soll gegenüber dem jetzigen wesentlich niedriger sein, so dass das Publikum im Allgemeinen billiger fahren wird, als bisher. Die Tramway-Gesellschaft übernimmt die Verpflichtung, das Péagerecht anderen Strassenbahn-Unternehmungen im weitesten Umfange einzuräumen. Es ist hiebei seitens der Commune auf jene Unternehmungen Bedacht genommen, welche Wien mit dessen Umgebung verbinden sollen. Hiebei kommen hauptsächlich die Wiener Localbahnen, die Strassenbahn Praterstern—Kagran, das Project einer elektrischen Bahn von Wien nach Pressburg in Betracht. Die Tramway-Gesellschaft erhält wohl das Recht, die elektrische Kraft von einer der in Wien bestehenden Elektricitäts-Gesellschaften zu beziehen, doch wurde sich verpflichten, den bezüglichen Vertrag nur auf eine kürzere Dauer abzuschliessen und auch innerhalb länger der Commune das Recht jederzeitiger Ablösung, also der selbstständigen Erzeugung der elektrischen Kraft zu sichern. Bezüglich der Gewinnbetheiligung ist die Colinirung der Participation an der Bruttoeinnahme und den Nettogewinn gewählt, wie dies in Berlin der Fall ist. derart, dass die Stadt Wien einen hohen percentuellen Antheil am Bruttoertrage, überdies aber von einer gewissen Verzinsung übersteigenden Nettogewinn einen Antheil erhält. Die Tramway-Gesellschaft liquidirt. Die Commune erwirbt die Concession für die neuen Linien sofort, für die alten nach Massgabe der Umwandlung derselben in elektrische Linien. Der Bau der neuen Linien, der Betrieb des Gesammtnetzes wird einer neu zu errichtenden Bau- und Betriebsgesellschaft überlassen. Die Actionäre der Tramway erhalten das Bezugsrecht auf die Actien der Bau und Betriebsgesellschaft, deren nähere Regelung der Gesellschaft selbst überlassen bleibt. Nach Erledigung der Angelegenheit im

Gemeinderathe wird sofort an die Regierung herangetreten werden, um die Concessionsfrage der Lösung zuzuführen. Letztere dürfte wohl nicht lange auf sich warten lassen.

b) Ungarn.

Budapest. (Eisenbahnprojecte) Der königl. ungar. Handelsminister hat der Direction der Kundháza-Weinlaun-Actien-gesellschaft in Budapest für eine von der Station Dunakesz der Hauptlinie Marchegg – Dunakesz – Budapest der königl. ungar. Staatsbahnen abzweigende mit Berührung der Trainstation des ungarischen Reitervereines und des Alager Rennplatzes, weiterhin der Kundházaer Rebenpflanzschule und der Muzslaer Weinbaurayons im Bereiche des Comitates Pest – Pilis – Solt – Kis – Kun bis Fóth führende normalspurige Strassenbahn mit elektrischem Betriebe auf die Dauer eines Jahres ertheilt.

Pressburg. (Projectirte Eisenbahn mit elektrischem Betriebe Wien – Pressburg) Die Interessenten des Comitates Wieselburg und der Stadt Pressburg haben den Beschluss gefasst, die Fortsetzung der vom Wiener Civil-Ingenieur Tauber projectirten elektrischen Eisenbahn Wien – Schwechat – Fischamend – Regelsbrunn – Wildungsmauer – Petronell – Deutsch-Altenburg – Hainburg – ungar.-österreichische Landesgrenze auf ungarischem Territorium bis Pressburg zu fördern und sich zu diesem Behufe mit dem unter Vorsitz des österreichischen Reichsraths-Abgeordneten Baron Ludwigstorff tagenden Actions-Comité in Verbindung zu setzen. Als speciell von Interesse für die Stadt Pressburg gelten die durch Berührung des am rechten Donauufer gegenüber der Stadt liegenden Rennplatzes durch directe und rasche Verbindung mit Wien voraussichtlich zu gewärtigenden Vortheile. Nach Lösung der Frage der Ausführung der projectirten Linie auf österreichischem Territorium wird deren Fortsetzung auf ungarischem Territorium ungesäumt sichergestellt werden.

Deutschland.

Berlin. Die Siemens & Halske A.-G. hat der städtischen Verkehrs-Deputation die Abschrift eines Antrages an das königl. Polizei-Präsidium nebst Entwurf, betreffend die Umwandlung der elektrischen Hochbahn in eine Untergrundbahn innerhalb der Bülowstrasse mit der Ueberführungs-rampe zwischen Ziethen- und Potsdamerstrasse, überreicht. Die Gesellschaft hat das Weiteren der städtischen Tiefbau-Deputation und der Strassenbau-Polizei I den umgeänderten Entwurf für die Ueberbrückung der elektrischen Hochbahn an der Grossbeerenbrücke zur nunmehrigen Genehmigung vorgelegt.

— Am 24. d. M. beginnt der Fahrplan der Grossen Berliner Strassenbahn für das Winterhalbjahr 1898/99. Hiernach weisen die grösste Fahrgeschwindigkeit mit elektrischem Betrieb die Linien Döhnhoffplatz Treptow, bezw. Schlesische Brücke mit 218 m, bezw. 215 m in der Minute auf; die Linien Oranienburger Thor – Halle'sches Thor 197,8 m, Zoologischer Garten – Treptow 195 m, Löbdeollsplatz – Glogauerstrasse 192 m in der Minute, die geringste Geschwindigkeit mit elektrischem Betrieb weist die Linie Gesundbrunnen – Molkenmarkt – Kreuzberg 165 m die Minute auf. Mit Pferdebahnbetrieb wird die grösste Geschwindigkeit auf der Linie Dennwitzstrasse – Kreuzberg mit 175 m die Minute erzielt und die geringste Geschwindigkeit auf der Linie Mariendorf – Behrenstrasse mit 149,2 m die Minute.

Patentnachrichten.

Mitgetheilt vom Ingenieur Victor Monath.

WIEN, I, Jasomirgottstrasse Nr. 4.

Classe **Deutsche Patentanmeldungen.***)

21. H. 20.397. Glühlampenfassung. — M. H. Huisman und H. Charles Gower, Surrey, Engl. 16./5. 1898.

74. V. 2969. Elektrische Weck- und Controleinrichtung: Zus. z. Pat. 84.662. — Max Vester, Leipzig. 7. 8. 1898.

V. 3075. Signaleinrichtung für Eisenbahnen. — Johann Vaca und Emil Rosypal, Mähr.-Ostrau. 13./12. 1897.

1. L. 12.158. Elektromagnetischer Erzscheider. — Erich Langguth, Aachen. 15. 4. 1898.

20. E. 5436. Unterirdische Stromzuführung für elektrische Bahnen mit Relais- und Theilleiterbetrieb. — Elektricitäts-Action-Gesellschaft, vorm. Schuckert & Co, Nürnberg. 3./7. 1897.

*) Die Anmeldungen bleiben nebst Woche zur Kenntnissnahme öffentlich aufgelegt. Nach § 24 des Patent-Gesetzes kann innerhalb dieser Zeit Einspruch gegen die Anmeldung wegen Mangel der Neuheit oder widerrechtlicher Entnahme erhoben werden. Das obige Bureau besorgt Abschriften der Anmeldungen und übernimmt die Vertretung in allen Einspruch-Angelegenheiten.

" J. 4443. Vorrichtung zur Ueberwachung der Zungenlagen an elektrischen Weichenstellwerken. — Max Jüdel & Co., Braunschweig. 25./6. 1897.

74. B. 22.877. Elektrische Klingelanlage mit mehreren gleichzeitig zu bedienenden Glocken. — Paul Bürde, Breslau. 17./6. 1898.

78. Sch. 13.054. Elektrischer Minenzünder. — Nicolaus Schmitt, Küppersteg. 15./1. 1897.

20. B. 7878. Elektrisch gesteuerte Wasserdruckbremse mit von der Wagenachse betriebenem Pumpwerk und Kraftsammler. — Camille Durcy, Paris. 28./11. 1896.

Classe **Deutsche Patentertheilungen.**

3. 99.636. Stoffschneide - Vorrichtung mit elektrischem Antrieb. — F. Gardner und D. J. Smith, Chicago. 12./1. 1896.

12. 99.684. Vorrichtung zur Erzeugung dunkler elektrischer Entladungen. — F. J. L. Ortt, Haag. 2./10. 1897.

21. 99.685. Verfahren zur Herstellung einer homogenen activen Masse für Stromsammlerplatten. — A. Darracq. Paris. 1./3. 1897.

21. 99.718. Fernschalt-Anordnung. — Elektricitäts-Action-Gesellschaft, vorm. Schuckert & Co., Nürnberg. 23./12. 1897.

36. 99.641. Elektrische Heizvorrichtung. — E. E. Gold, New-York. 12./10. 1897.

Geschäftliche und finanzielle Nachrichten.

Lenne-Elektricitäts- und Industrie-Werke in Werdohl. Nach dem Berichte des Vorstandes ist das erste Geschäftsjahr 1897/98 wesentlich als Baujahr zu betrachten und fand eine eigentliche Geschäftsthätigkeit nicht statt. Der elektrische Theil der Anlagen, deren Ausführung an die El.-Act.-Ges. vorm. W. Lahmeyer & Cie, Frankfurt a. M. vergeben war, war am Schlusse des Geschäftsjahres noch nicht fertiggestellt und die von der Firma Gebr. Brüninghaus & Cie. ausgeführten Wasserbauten waren noch nicht in den Besitz der Lenne-Elektricitäts-Werke übergegangen. Das Letztere ist inzwischen geschehen und auch der elektrische Theil der Anlagen ist soweit fertiggestellt worden, dass am 1. Juni d. J. der Betrieb des Werkes theilweise eröffnet werden konnte. Es ist zu erwarten, dass in einigen Wochen sämmtliche Stromabnehmer angeschlossen sein werden. Die Zahl derjenigen, welche Strom zu Kraftzwecken entnehmen, ist grösser als bei der Anfstellung der von dem Gründer-Consortium des Werkes festgelegten Kostenanschläge für die elektrischen Theil der Bauten vorausgesehen wurde. Es sind anstatt 25 Motoren, die derzeit vorausgesehen, deren circa 60 an das Werk angeschlossen. Wenn dadurch einerseits der Absatz eine erfreuliche Steigerung erfährt, so entstehen andererseits Mehrkosten, deren Höhe jedoch noch nicht angegeben werden kann, weil die Abrechnung seitens der El.-Act.-Ges. vormals Lahmeyer & Cie. noch nicht vorliegt. Um die Gesellschaft unabhängig zu stellen, ist daher eine Erhöhung des Actiencapitals erforderlich und ein entsprechender Antrag auf die Tagesordnung der ordentlichen Generalversammlung gesetzt worden.

Franz Xav. Brosche Sohn, Action-Gesellschaft theilt uns mit, dass sie ihr Central-Bureau von Prag nach Wien verlegt hat und ersucht demnach alle Correspondenzen, Zahlungen, Aufträge etc. welche bisher nach Prag gerichtet wurden, nunmehr an ihre neue Adresse: Franz Xav. Brosche Sohn, Action-Gesellschaft, Wien III/3, Rennweg Nr. 8 gelangen zu lassen.

EINLADUNG

zur Theilnahme an der **Mittwoch den 5. October 1898 um 4 Uhr nachmittags** stattfindenden

Excursion in die Jubiläums-Ausstellung Wien 1898

zur Besichtigung der daselbst im Pavillon der Wiener Verkehrs-Anlagen exponirten elektrischen Einrichtungen.

Zusammenkunft innerhalb des Südpark-Portales der Ausstellung.

Nach der Excursion gesellige Zusammenkunft im „Grossen Restaurant“.

Die Vereinsleitung.

Schluss der Redaction: 27. September 1898.

Verantwortlicher Redacteur: Dr. J. Sahulka. — Selbstverlag des Elektrotechnischen Vereines.
Commissionsverlag bei Lehmann & Wentzel, Wien. — Alleinige Inseraten-Aufnahme bei Haasenstein & Vogler (Otto Maass), Wien und Prag.
Druck von R. Spies & Co., Wien.

Zeitschrift für Elektrotechnik.

Organ des Elektrotechnischen Vereines in Wien.

| Heft 41. | WIEN, 9. October 1898. | XVI. Jahrgang. |

Bemerkungen der Redaction: Ein Nachdruck aus dem redactionellen Theile der Zeitschrift ist nur unter der Quellenangabe „Z. f. E. Wien" und bei Originalartikeln überdies nur mit Genehmigung der Redaction gestattet.

Die Einsendung von Originalarbeiten ist erwünscht und werden dieselben nach dem in der Redactionsordnung festgesetzten Tarife honorirt. Die Anzahl der vom Autor eventl, gewünschten Separatabdrücke, welche zum Selbstkostenpreise berechnet werden, wolle stets am Manuscripte bekanntgegeben werden.

INHALT:

Bericht über den elektrotechnischen Theil der Jubiläums-Ausstellung.

II.

Die elektrische Ausstellungslinie von der Ringstrasse zum k. k. Prater in Wien.

Zum Zwecke der Beschaffung besserer Verkehrsmittel zur Jubiläums-Ausstellung bewarb sich im Frühjahr die Gemeinde Wien um die Concession für zwei neue elektrische Strassenbahnlinien, die sogenannten Ausstellungslinien und übertrug die Ausführung sowie den Betrieb dieser Linien der Wiener-Tramway-Gesellschaft, welche die Firma Siemens & Halske mit der elektrischen Ausrüstung betraute.

Die eine dieser beiden Linien bildet die Fortsetzung der Transversallinie der Wiener Tramway-Gesellschaft und führt vom Praterstern zum Südportal der Rotunde im k. k. Prater. Diese Linie wird von den Wagen der Transversallinie befahren und besitzt daher die gleiche Streckenausrüstung wie diese Linie.

Die zweite elektrische Linie (Fig. 1) schliesst mit ihren Geleisen Ecke der Löwengasse und Rasumoffskygasse an die bestehende Pferdebahnlinie der Wiener Tramway-Gesellschaft an und führt zur Hauptallee im k. k. Prater, unweit der Rotunde. Die für diese Linie gebaute elektrische Oberleitung setzt sich jedoch auch noch durch die Löwengasse und Radetzkystrasse sowie über den Franz-Josef-Quai bis zur Augartenbrücke fort.

Die elektrischen Motorwagen der zweiten Linie

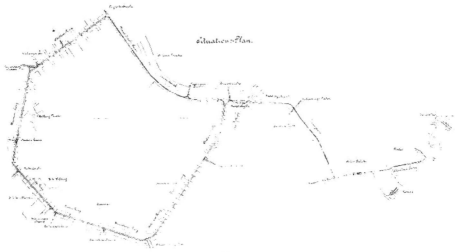

Situations-Plan.

Fig. 1.

durchfahren die Strecke Hauptallee-Augartenbrücke und Radetzkybrücke-Hauptallee mit Oberleitungsstrom, während die anschliessende Strecke, nämlich die ganze Ringstrasse von der Augartenbrücke bis zur Radetzkybrücke mittelst Accumulatorenstrom durchfahren wird. In der Figur 2 ist die Strecke auf der Ringstrasse vor dem Rathhause und die Motorwagen abgebildet.

Für diese Ausstellungslinien wurde eine eigentliche elektrische Stromerzeugungsstätte nicht erbaut. Den Strom hiefür liefert die grosse elektrische Betriebsanlage der Allgemeinen Oesterreichischen

getroffen, dass jede Dynamo im Bedarfsfalle für Bahnbetriebszwecke nutzbar gemacht werden kann.

Das Schaltbrett (Fig. 3) ist entsprechend den gegenwärtig mit Strom versorgten elektrischen Bahnlinien, nämlich der Transversallinie, der beiden Ausstellungslinien und der Bahn nach Kagran, mit den nöthigen Apparaten ausgestattet. Zum Schutze der Centrale gegen Blitzgefahr sind zwischen Schaltbrett und Leitungen Inductionsspulen und Blitzableiter eingebaut.

Im Nachstehenden soll nur die zweite der oben erwähnten elektrischen Ausstellungslinien, nämlich die

Fig. 2.

Elektricitäts-Gesellschaft in der Oberen Donaustrasse.

Die daselbst vorhandenen 6-poligen Gleichstrom-Innenpolmaschinen von Siemens & Halske mit Nebenschlusswickelung sind auch für die Zwecke des Tramway-Betriebes geeignet, denn sie arbeiten mit 560 V und je maximal 1000 A und geben bei dem Umstande, als die Spannung an den Speisepunkten des Bahnleitungsnetzes nicht über 500 V betragen darf, eine effective Leistung von je 350 bis 500 KW. Im Ganzen sind in der erwähnten Centralstation 12 Dynamomaschinen aufgestellt und es ist die Einrichtung

Linie mit gemischtem Betriebe, näher beschrieben werden.

Die Tracenführung (Fig. 1) der neuerbauten Strecke Löwengasse-Sofienbrücke—Hauptallee ist folgende: Ecke der Löwengasse und Rasumoffskygasse im III. Bezirk schliessen die Geleise der neuen Strecke an die dort befindliche Geleisanlage der Wiener Tramway-Gesellschaft an. Die Bahn biegt mit einem Bogen von 25 m Halbmesser in die Rasumoffskygasse nach links ein und durchquert in der Mitte des Fahrdammes diese Strasse bis zur Erdbergerlände, übersetzt den Donaucanal unter Benützung der Sofienbrücke, kreuzt im Gebiete des zweiten Wiener Gemeindebezirkes die Schüttelstrasse senkrecht und erreicht durch die Wittelsbachstrasse, die der ganzen Länge nach in der Mitte durchfahren wird, den k. k. Prater. Die Prater-Gürtelstrasse wird in schräger Richtung gekreuzt, und es legt sich die Bahn mittelst zweier Gegenbögen von 100 m Halbmesser links neben den nach der Hauptallee führenden Fussweg auf den Grund der sogenannten Viehweide. Mittelst Bögen von 120 und 180 m Halbmesser erreicht die Bahn die „Spenadelwiese" und es endigt hier die Geleisanlage an der Hauptallee des k. k. Prater in einer Schleife, deren Bögen kleinste Halbmesser von 25 m aufweisen. Von der Wittelsbachstrasse

leisentfernung beträgt 3 m; die Spurweite ist die Normalspur. Der Oberbau besteht durchaus aus Rillenschienen nach dem bewährten Profil der Wiener Tramway-Gesellschaft (41·07 kg pro m Schiene). Die Stösse wurden jedoch nicht mehr mit der alten Lasche verbunden, sondern es kam die sogenannte Kreuzplasche mit Keilplatte (Fig. 4) in Anwendung. Diese Kreuzplasche hat sich bereits bei den elektrischen Bahnen in Dresden und Hamburg bestens bewährt und gibt eine sehr solide Verbindung der Schienenenden.

Die Schienen sind meist auf Schotter gebettet; im Gebiete des k. k. Praters jedoch auf Querschwellen gelagert.

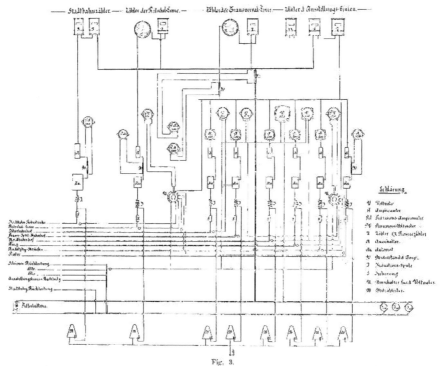

Fig. 3.

zweigt mittelst zweier Bögen von 20 m bezw. 28 m Halbmesser ein Betriebsgeleise ab, das in der Mitte der Valeriestrasse in einem Bogen von 400 m Halbmesser verlegt ist. Von hier aus führt die Bahn auf den zwischen der Valeriestrasse und Prater-Gürtelstrasse gelegenen Grund des Betriebsbahnhofes und findet daselbst in und zwischen den Remisen in 10 Stockgeleisen ihren Abschluss. Haltestellen befinden sich am Beginne der Bahn, in der Wittelsbachstrasse und am Ende der Bahn unmittelbar an der Hauptallee im k. k. Prater.

Die Bahn ist mit Ausnahme der zur Remise führenden Geleise durchaus zweigeleisig angelegt. Die Ge-

Die vorhandenen alten Geleise der Wiener Tramway-Gesellschaft in der Löwengasse, Radetzkystrasse,

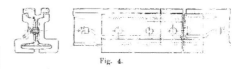

Fig. 4.

am Franz Josef-Quai und auf der ganzen Ringstrasse mussten, da deren Laschenverbindungen für den hohen

498

Raddruck der Accumulatorenwagen nicht ausreichend waren, ebenfalls mit den weit kräftigeren Kremplaschen nebst Keilplatten ausgerüstet werden; ferner wurden die alten, Weichen und Kreuzungen durch neue besonders kräftig construirte, aus Hartguss hergestellte ersetzt.

Das nächst der Hauptallee gegenüber der Kaiserallee gelegene Ende der Bahn ist mit einem Drahtgitter eingezäunt, so zwar, dass diese Bahnhofsanlage nur von dem einsteigenden und aussteigenden Publikum betreten wird. Am Einsteigeplatz ist eine Wartehalle aufgestellt.

Von der in der Oberen Donaustrasse gelegenen Centralstation der Allgemeinen Oesterreichischen Elektricitäts-Gesellschaft führen unterirdisch verlegte Speiseleitungen, eisenbandarmirte Patent-Bleikabel, zu den Speisekästen, von denen sich der eine bei der Station der Freiwilligen Rettungs-Gesellschaft, der zweite bei der Sofienbrücke und der dritte bei der Augartenbrücke befindet. Von diesen Speisekästen aus führen Vertheilleitungen (eisendrahtarmirte Bleikabel) zu den an den Abspannmasten angebrachten Ausschalterkästchen. Die in den Ausschalterkästchen untergebrachten Streckenausschalter sind mittelst gummiisolirter Leitungen mit den Endklemmen der Streckenisolatoren bezw. mit den Arbeitsleitungen in Verbindung. Die Speisekästen sind so gebaut, dass sie von den sonstigen in Wien gebräuchlichen Kabelkästen leicht unterschieden werden können.

Fig. 5.

Zur Rückleitung des Stromes dienen die Tramwaygeleise, welche zu diesem Zwecke mittelst Kupferbügel von 100 mm^2 Querschnitt leitend miteinander verbunden worden sind. (Fig. 5.) Von der Augartenbrücke zur Centrale führt ein in mit Asphalt ausgegossene Holzrinnen gebettetes blankes Kupferseil von 1000 mm^2 Querschnitt.

Die Geleissanlage am Franz Josef-Quai, in der Radetzkystrasse, Löwengasse etc. bis zur Hauptallee im k. k. Prater, sowie die Remisengeleise sind mit elektrischer Oberleitung ausgerüstet. Diese Oberleitung besteht aus Hartkupferdraht von 8 mm Durchmesser und Bundlängen bis zu 1000 m. Die Zerreissfestigkeit des Hartkupferdrahtes beträgt 40 kg per mm^2, die Leitungsfähigkeit 97 % des reinen Kupfers. Der Arbeitsdraht ist mit Hilfe verzinkter Stahldrähte von 5 und 6 mm Durchmesser und einer Zerreissfestigkeit von 75 kg per mm^2, theils an Masten, theils direct an den Häusern aufgehängt und verspannt, u. zw. in der Weise, dass der tiefste Punkt des Arbeitsdrahtes sich noch 5·5 m über Schienen-Oberkante befindet.

Die Maste (Fig. 6) sind aus Mannesmann-Stahlröhren hergestellt, deren Abmessungen so gewählt wurden, dass die grössten Durchbiegungen innerhalb einer für das Auge noch zulässigen Grenze bleiben. Um den verschiedenen Anforderungen der Curvenverspannungen Genüge zu leisten, kamen dreierlei Typen solcher Maste zur Anwendung. Dieselben weisen je nach der Länge bei einem Horizontalzuge von 225,

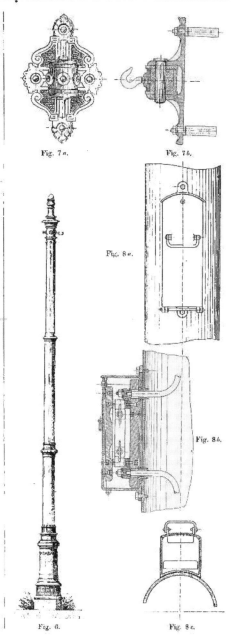

Fig. 7 a.   Fig. 7 b.

Fig. 8 a.

Fig. 8 b.

Fig. 6.   Fig. 8 c.

bezw. 350 und 650 *kg* grösste Durchbiegungen von 100 bis 120 *mm* auf. Hiebei sind die Maste 1·6 bis 2 *m* tief in den Boden einbetonirt worden und der Durchbiegung entsprechend geneigt zur Aufstellung gekommen. Zur Verzierung dieser Maste dienen 1·4 *m* hohe gusseiserne Sockel und gusseiserne Zierringe, sowie die aus Zinkblech hergestellten Kappen (Köpfe).

An den Gebänden sind die Quer- und Spanndrähte durch verzinkte Wandplatten aus Weichguss (Fig. 7) festgehalten, die wieder mit lösbaren Keilschrauben an den Mauern befestigt sind. Die genannten Platten sind mit einer den Schall dämpfenden Kautschuk-Einlage versehen. Eine zweite derartige Schalldämpfung befindet sich in den isolirten Spannvorrichtungen, welche als Verbindungsglied zwischen Wandplatten und Querdrähten eingeschaltet sind. Durch diese wird auch gleichzeitig die zweite Isolation des Fahrdrahtes hergestellt. Die erste Isolation befindet sich in den Aufhängungstheilen, welche den Fahrdraht an den Spanndrähten befestigen.

In Entfernungen von 500—800 *m* sind sog. Streckenisolatoren und Streckenausschalter angebracht. Durch Oeffnen der Streckenausschalter können die einzelnen Strecken stromlos gemacht werden.

Die Streckenausschalter (Fig. 8) sind in Kästchen, welche an den Rohrmasten oder an den Häusern angebracht sind, montirt. Diese Kästchen sind von Hand noch erreichbar und können mittelst eines Steckschlüssels — im Nothfalle auch durch gewaltsames Aufreissen — geöffnet werden. Mit dem Aufklappen des Kästchendeckels findet gleichzeitig eine Trennung der entsprechenden Leitung statt.

An den Speisepunkten kann die Schaltung *A*, an den sonstigen Trennungsstellen die Schaltung *B* zur Anwendung (Fig. 9.)

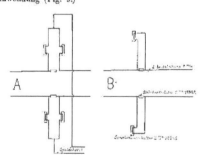

Fig. 9.

An jeder durch die Streckenisolatoren getheilten Strecke sind Blitzschutzvorrichtungen (Fig. 10) mit automatischer Funkenlöschung eingebaut. Diese Blitzschutzvorrichtungen sind auf den eisernen Rohrmasten montirt, ihre Erdleitung ist mit den Geleisen verbunden.

Die Blitzschutzvorrichtung besteht aus zwei gusseisernen Schildern, welche durch Schrauben miteinander verbunden sind und die zugleich den Kern und die Pole eines Magneten bilden. Die beiden gusseisernen Schilder tragen 4 Kohlenspitzen, von denen die beiden mittleren mit den Enden einer Magnetspule und die äusseren mit der Leitung, bezw. der Erde in Verbindung stehen. Diese Kohlenspitzen sind auf 3 *mm* Distanz einander genähert. Bei Blitzschlag werden die Luftwege

zwischen den Spitzen übersprungen und der infolge der Lichtbogenbildung nachfliessende Maschinenstrom durchfliesst zum Theil die im Nebenschluss zur Funkenstrecke liegende Magnetspule, wodurch ein kräftiges Ausblasen des Lichtbogens stattfindet.

Zum Schutze der Telephonleitungen gegen Induction sind diese Leitungen zum Theil aus ihrer früheren Lage in eine geschütztere Lage gebracht worden. Um im Falle des Reissens von Telephon- oder Telegraphendrähten diese gegen Berührung mit Arbeitsleitungen zu schützen, wurden den elektrischen Bahn zu schützen, zu schützen, teren im Bereiche der Kreuzungsstellen durch Schutzleisten gedeckt. Diese geben zunächst mechanischen Schutz gegen Berührung; es kommen aber auch noch

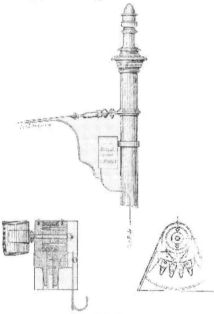

Fig. 10.

weitere Sicherungen für die Schwachstromleitungen in Anwendung. Diese Sicherungen bestehen aus Abschmelzdrähten, welche in den Schwachstromleitungen nächst den mit denselben verbundenen Apparaten eingebaut worden sind.

Die gesammte Streckenzurüstung wurde für Bügelcontact nach dem System Siemens & Halske ausgeführt. Trotz der beim Laden der Accumulatoren während der Fahrt aus der Oberleitung entnommenen grossen Stromstärke (40 *A* und mehr) gleitet der Contactbügel funken- und geräuschlos dem Fahrdrahte entlang.

Zunächst sind 25 Motorwagen für gemischten Betrieb vorhanden. Die Motorwagen (Fig. 2) sind nach dem Längssystem erbaut und haben beiderseits einen gedeckten nach aussen durch Gitterthüren abschliessbaren Perron, auf welchem sich der Controller der Accumulatoren-Umschalter, die Spindelbremse und eine

Sandstreuvorrichtung befinden. Die grösste Länge eines Wagens von Puffer bis Puffer gemessen beträgt 8·400 m; die grösste Breite 2·020 m.

Das Wagenuntergestell besteht aus zwei Längsträgern, welche durch Winkeleisentraversen und Flacheisenstäbe zu einem steifen Rahmen verbunden sind. Jeder Längsträger besitzt zwei Achslagerjoche aus Stahlguss, die durch kräftige Flacheisen untereinander verbunden sind. An die Achslagerjoche sind Kragträger angegossen, welche zur Aufnahme von Doppelblattfedern und Spiralfedern ausgebildet worden sind. Die in das Untergestell, in einem Abstand von 1800 mm eingebundenen Räderpaare haben Achsen von 105 mm und Räder von 800 mm Durchmesser.

Die mechanische Handbremse ist als Kurbelbremse mit wagrechten Hebeln ausgeführt. Die Bremsklötze sind an Flacheisen befestigt, welche seitlich des Untergestelles an den Längsträgern aufgehängt sind, und bestehen aus einem Stahlgusskörper und einem auswechselbaren Schuh aus weichem Gusseisen. Die Bremskurbel selbst besitzt eine knarrenartige Vorrichtung, um ein bequemes Einstellen der Bremse bequem vollführen zu können. Zur Feststellung der Bremse dient ein Sperrrad mit Schnapper, welch' letzterer vom Fusse des Wagenführers bethätigt werden kann.

Die Zug- und Stossvorrichtung gestattet eine wag- und senkrechte Bewegung und ist mittelst Hebel und Charniren sowohl am Untergestell als auch am Wagenkasten befestigt. Der Puffer selbst dient zugleich zur Aufnahme einer schmiedeeisernen Kuppelstange. Zur Führung der seitlich beweglichen Zugvorrichtung ist unter der Kopfschwelle des Perrons ein an dieselbe befestigtes kräftiges Winkeleisen angebracht, auf welchem die Feststellvorrichtung der Stossvorrichtung sitzt.

Der Bahnräumer (bezw. die Schutzvorrichtung) besteht aus starken Brettern aus Eichenholz, welche rahmenartig das Untergestell, an dem sie befestigt sind, umgeben. Zwischen Schienenoberkante und Bahnräumer-Unterkante ist ein Abstand von nur 70 mm.

Zum Schutze der elektrischen Einrichtung, besonders der Widerstände und der Kabel, gegen Strassenschmutz sind innerhalb der Lauräder 2 mm starke Spritzbleche angeordnet.

Der Wagenkasten wird durch abschliessbare Querwände in einen Innenraum und zwei Aussenräume, die Plattformen oder Perrons, getheilt. Die Länge des Innenraumes beträgt 5·0 m; die einer jeden Plattform 1·2 m. Die einzelnen Theile des Wagenkastens sind durch kräftige Eckwinkel nach allen Richtungen hin fest und sicher verbunden. Die beiden Längsschwellen sind noch durch starke Stahlbleche und Winkeleisen verstärkt. Der gesammte Wagenkasten ist dabei vom Untergestelle elektrisch isolirt. Der Fussboden besitzt vier grosse mit Handgriffen versehene Klappen behufs bequemer Zugänglichkeit der Motoren. Das Dach des Motorwagens besitzt einen erhöhten Aufbau, an dessen Seitenwänden Lüftungsklappen und an dessen Stirnwänden die Ventilationsschieber angebracht sind.

Die Schiebethüren der Querwände laufen mittelst Stahlrollen auf eisernen Schienen und besitzen auch Zahlschieber. Jede Seitenwand des Wagenkastens besitzt zwei grosse feste Fenster und ein mittleres herablassbares kleineres Fenster. Weitere kleinere Fenster sind an den Querwänden angebracht.

Im Innern des Wagens befinden sich zwei durch je einen Messingbügel abgetheilte Längsbänke für je 10 Sitzplätze. Unter diesen Bänken sind die Accumu-

latoren-Batterien angebracht. Behufs bequemer Zugänglichkeit der Batterien sind die Sitze abnehmbar angeordnet. Von den Accumulatorenräumen ausgehend führen Ventilationsschläuche zum Wagendache, wo sie sich trichterförmig erweitern und während der Fahrt eine gute Ventilation der Batterieräume bewirken.

Die Perrons werden durch 4 C-Eisenträger, welche mit den Querschwellen und Fussbodenträgern durch eiserne Winkel verbunden sind, getragen. Die aus Eisenblech bestehende Perronwand ist durch Winkel- und Flacheisen entsprechend versteift und an den C-Eisenträgern befestigt. Die bei den Ecksäulen befindlichen Greifstangen sind durch Querstäbe mit den ersteren verbunden und bilden so Leitern, welche ein bequemes Besteigen des Daches gestatten. Die Trittbretter bestehen aus eisernen Rahmen mit eisernen Trittblechen. In eines dieser Trittbretter ist ein verschliessbarer Werkzeugkasten eingebaut.

Unter jedem Perrondach ist eine durch Zugriemen zu handhabende Signalglocke angebracht. Unter dem Perronfussboden befindet sich die sogenannte Warnungsglocke, welche vom Wagenführer durch den Fuss bethätigt wird. Im Innern des Wagens sind 6, auf jedem Perron 4 Halteriemen vorgesehen; ferner sind Aufschriften für das Rauch- und Spuckverbot, die Zahl der Sitz- und Stehplätze etc. an den Stirnwänden des Wagens angebracht.

Für die Beleuchtung des Motorwagens sind 10 Glühlampen in 2 Stromkreisen vorgesehen. Von diesen 10 Glühlampen fallen auf das Wageninnere 6 Lampen und auf die Perrons 4 Lampen, unter welch' letzteren die Signallampen mit inbegriffen sind. Zur Nothbeleuchtung dienen Petroleumlampen, welche ebenfalls an den Stirnwänden untergebracht worden sind. Ausserdem wird an der vorderen Wagenbrüstung ein Scheinwerfer (Petroleumlampe) angehängt.

Jeder Motorwagen ist mit einer Accumulatoren-Batterie der Accumulatorenfabriks-Actien-Gesellschaft G. R. Wien à 200 Elementen ausgerüstet. Jedes Element besteht aus einer positiven und zwei halben negativen Platten, welche in mit verdünnter Schwefelsäure gefüllten Hartgummigefässen eingebaut sind. Diese Gefässe hängen in mit Glas ausgefütelten Holztrögen, welche unter den Sitzen der Motorwagen Aufstellung gefunden haben. Zwischen den Hartgummigefässen und den Böden der Tröge ist ein genügend grosser Spielraum, um die ausgeschüttete Säure zu den Ablussröhren leiten zu können.

Durch den Einbau der Accumulatoren wurden besonders kräftige Untergestelle und auch etwas schwere Wagenkasten nothwendig. Die Gewichte eines Accumulatorwagens sind:

1. Gewicht des Untergestelles sammt der Bremse 2700 kg.
2. Gewicht des Wagenkastens . . . . 4000 „
3. Gewicht der elektrischen Einrichtung . . . 2550 „
4. Gewicht der Accumulatoren-Batterien sammt Holztrögen . . . . 3050 „

Zusammen 12.300 kg.

Das Laden der Accumulatoren geschieht während der Fahrt auf der Oberleitungsstrecke; die Leitungsspannung muss dabei in den Grenzen von 485—515 V bleiben. Die Accumulatoren sind während der Ladung stets parallel dem Motorstromkreise geschaltet. Um jeden falschen Handgriff des Wagenführers zu vermeiden, sind die Accumulatorenschalter in Abhängigkeit zu den Controllern gebracht.

Die Capacität der Accumulatoren-Batterien eines Wagens beträgt 18 Ampèrestunden bei einer mittleren Stromstärke von 28 Ampère Entladestrom, welche für die Fahrt eines Motorwagens ohne Beiwagen angenommen wurde. Die Entladespannung ist durchschnittlich 400 V. Als Energieverbrauch für eine vollständige Fahrt auf der mit einer Ladung automobil zurückzulegenden Strecke von 5 km Länge sind 7000 Wattstunden zu Grunde gelegt und dabei angenommen, dass ein vollbesetzter Motorwagen einen vollbesetzten Beiwagen zieht.

Die Entladestromstärke beträgt dann:

1. für einen besetzten Motorwagen . . . . . 28 Amp.
2. für einen besetzten Motorwagen nebst besetztem Beiwagen . . . . 36 „

Beim Anfahren und beim Fahren auf Steigungen werden diese mittleren Stromstärken noch bedeutend

Ausser der Hauptschaltcurbel ist auch noch ein Umkehrhebel am Controller vorhanden, mittelst dessen die Vor- oder Rückwärtsbewegung des Wagens erzielt werden kann. Im Falle ein Motor untauglich wird, kann derselbe durch Hebelschalter im Controller aus dem Stromkreise ausgeschaltet werden, ohne dass die Bewegungsfähigkeit des Wagens verhindert wird.

An jeder Perronwand unmittelbar neben dem Controller befindet sich ferner ein Schalter für die Accumulatoren-Batterien. Durch diesen Schalter können die Motoren mit den Stromquellen nach den in der Fig. 11 angegebenen Arten verbunden werden.

Der Accumulatorenschalter ist mit einem Schalthebel mit Steckzapfen ausgerüstet, welcher für widerum mit der Hauptschaltcurbel, bezw. dem Umkehrhebel in Abhängigkeit gesetzt ist, damit es dem Wagenführer

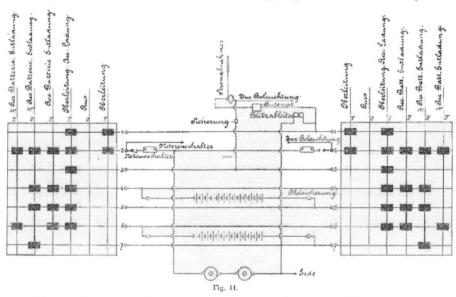

Fig. 11.

überschritten. Der Wirkungsgrad der Accumulatoren ist mit 70% garantirt.

Die Wagen sind mit je 2 Motoren à 20 PS ausgerüstet. Die vierpoligen Motoren machen 500 Touren und treiben mittelst stählerner Zahnräder, welche durch Schutzkasten gegen das Eindringen von Staub und Schmutz geschützt sind, die Wagenachsen an. Die Regulirung der Fahrgeschwindigkeit geschieht durch einfache Handhabung des auf jeder Plattform angebrachten Controllers unter Benützung von unter dem Wagen montirten Widerständen, bezw. auch durch Schwächung des magnetischen Feldes. Mit der Hauptschaltcurbel des Controllers kann zugleich auch die elektrische Bremse bethätigt werden. Es werden dabei die Motoren vom Leitungsnetze abgeschaltet; die durch die lebendige Kraft der Motorwagen nunmehr in Bewegung erhaltenen Motoren arbeiten dann als Dynamos auf Widerstände und wirken dabei bremsend auf den Wagen.

unmöglich wird, eine den Motoren oder der Batterie schädliche Schaltung zu machen.

Unter jedem Perrondach ist ein Hauptausschalter (Nothausschalter) montirt; die Sicherungen für die Accumulatoren-Batterien sind seitlich unter dem Wagenfussboden, leicht zugänglich, angebracht. Beim Fahren mit Oberleitung tritt an Stelle der Sicherung ein automatischer Ausschalter. Beim Laden der Accumulatoren ist vor diese eine Sicherung geschaltet. Die Ausschalter und Sicherungen für die Beleuchtung sind an den Querwänden der Wagen befestigt.

Beim Fahren mit Accumulatorenstrom sind je 5 Glühlampen à 78 V hintereinander geschaltet, entsprechend einer Accumulatorenspannung von rund 390 V. Beim Fahren mit Oberleitung, bezw. bei gleichzeitigem Laden der Accumulatoren, hat man mit einer mittleren Spannung von 500 V zu rechnen. Der höheren Spannung entsprechend sind dann den Lampenstromkreisen noch Widerstände (in Form von Glühlampen) vorgeschaltet. Das Vor- und Abschalten der Widerstände geschieht automatisch durch das Umlegen und Aufstellen der Stromabnehmer.

Zur Abnahme des Stromes von den Arbeitsleitungen dient der Stromabnehmerbügel, System Siemens & Halske. Die neueste Ausführung dieses Stromabnehmers für Bahnen mit gemischtem Betriebe zeichnet sich durch eine vollständige Umlegbarkeit des Bügels, durch grosse Stabilität und durch ein sehr gleichmässiges Anpressen des Bügels an die Arbeitsleitung aus. Die Folge hiervon ist ein sehr funkenloses Gleiten des Bügels. Der an der im Zickzack gespannten Arbeitsleitung entlang gleitende Theil des Stromabnehmers, der eigentliche Schleifbügel, besteht aus einer Aluminiumrinne, welche mit consistentem Fett behufs Schmierung der Leitung ausgefüllt wird. Der sehr weiche Aluminiumbügel vermag eine Abnützung der Arbeitsleitung nahezu gar nicht zu verursachen.

Der grosse Vortheil des Contactbügels zeigt sich besonders beim Uebergang von Accumulatorenbetrieb auf Oberleitungsbetrieb und umgekehrt. Das Aufstellen und Umlegen des Bügels findet hierbei auf die einfachste und sicherste Art und Weise statt.

Das Verhalten von Aluminium in elektrolytischen Zellen.

Von E. Wilson.

(Schluss zu pag. 460)

II. Wechselstrom.

Die im vorigen Abschnitte beobachteten Erscheinungen legten den Gedanken nahe, das Verhalten des Aluminiums auch im Wechselstromkreise zu prüfen. Da es wahrscheinlich war, dass die Zeitdauer der Stromwirkung, bezw. die Periodenzahl des Stromes, die Bildung der isolirenden Schichte auf der jeweiligen Anode sehr stark beeinflussen werde, hatte der Verfasser in erster Linie nach dieser Richtung hin Versuche angestellt. Die Elektroden der dabei verwendeten Zellen bestanden aus 1·6 mm starken Aluminium- und 6·4 mm Kohlenplatten, die 3 mm von einander entfernt, mit 232 cm² einseitiger Fläche in gesättigte Lösung von Kalialaun in Wasser eintauchten. Ferner waren noch vier kleinere Zellen zur Verfügung, mit ca. 50 cm² Plattenoberfläche und 20 mm Abstand. Zur Spannungs- und Strommessung diente ein Kelvin-Elektrometer, bezw. ein Siemens-Dynamometer; ferner war es möglich, mit Hilfe eines rotirenden Contactapparates und einer Platinhilfselektrode die Augenblickswerthe von Strom und Spannung zu ermitteln. Diese sechs Zellen wurden in verschiedenen Gruppirungen mit einem kleinen inductionslosen Widerstande an eine Wechselstrommaschine angeschlossen und gaben die in Tabelle IV angeführten Resultate.

Bei den Versuchen 1 und 2 waren alle sechs Zellen in Serie, bei Versuch 3 sowohl die grossen, wie die kleinen in Serie und beide Gruppen parallel, bei 5 und 6 endlich waren nur die beiden grossen Zellen in Serie geschaltet. Man sieht, dass bei kleinen Stromstärken die Phasenverschiebung ziemlich gross, der Unterschied der Coulombs beider Periodenhälften nur gering ist und erst bei grösserer Stromdichte und höherer Temperatur nennenswerth wird.

Die nächsten Versuche sind durch die Figuren 1 2 und 3 graphisch dargestellt. Bei den Versuchen zu Fig. 1 und 2 wurden die beiden in Serie ge-

Tabelle IV.

Versuch	Frequenz	Erste halbe Periode			Zweite halbe Periode			Verhältnis der max. Coulombs	Mittlere Watt pro Periode	Ampère (Siemens-Dynamometer)	Mittlere Temperatur der Zelle
		Volt max	Ampère max	Phasenverschiebung in Graden	Volt max	Ampère max	Phasenverschiebung in Graden				
1	92	8·9	5·2	24	26	4·0	56	1·35	26·8	3·28	27
2	91	7·8	1·6	57	8·9	1·5	69	1·07	2·56	1·10	9
3	91	14·2	16·2	6	33	9·9	42	1·97	190	8·99	26
4	74	21·2	39·8	3	18·6	26·5	3	1·78	294	21·0	36
5	52	13·4	14·5	6	90·2	9·6	24	1·54	86	8·16	35

schalteten Zellen verwendet, sowohl bei 16 wie bei 98 Perioden von demselben Strome (3·97 A am Dynamometer) durchflossen. Aus den abgelesenen Augenblicks-

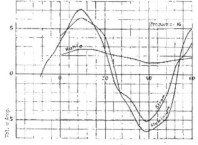

Fig. 1.

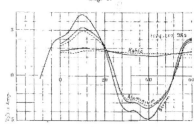

Fig. 2.

werthen von Strom und Spannung ergibt sich, dass die Zeit von 1/16 Secunde noch zu kurz ist, um die vollen, bei Gleichstrom beobachteten Effect hervorzurufen. Bei 98 Perioden pro Secunde hatte die Spannungsdifferenz zwischen Hilfselektrode und Aluminium einen Maximalbetrag von 3·63 V, während bei 16 Perioden der gleiche Maximalstrom 6·27 V erforderte. Die Temperatur der Zellen war bei diesen Versuchen 11·5° C., bezw. 13·5° C. Infolge des Elektrolytwiderstandes von 0·063 Ω war eine Correctur der Spannungscurve nothwendig, die durch die punktirten Linien zum Ausdrucke gebracht ist.

In Fig. 3 war 101 Perioden das Verhältnis der Coulombs in beiden Periodenhälften 1·7 und der vom Dynamometer angezeigte Strom 20·6 A. Dabei betrug die mittlere Temperatur 55° C., die höchste 64° C. Das Spannungsmaximum der Periodenhälfte mit dem kleineren Coulombbetrag war hier 13 V gegen 7·5 V in der anderen Hälfte. Die punktirten Linien entsprechen wieder den corrigirten Spannungswerthen bei Eliminirung des Elektrolytwiderstandes von 0·033 Ω.

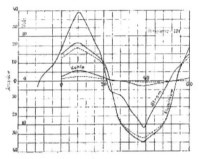

Fig. 3.

Der Verfasser hat auch die Versuche von Graetz wiederholt, jedoch mit der Abänderung, dass jede Gruppe nur aus 1 Zelle bestand, während die ursprüngliche Anordnung, Fig. 4, pro Gruppe 4 Zellen hatte. Jede der letzteren besass Aluminium-Kohle-Elektroden mit

Fig. 4.

65 cm^2 einseitiger Oberfläche und 4 mm Plattendistanz. Zwischen die Punkte x und y wurde ein inductionsloser Widerstand von 0·349 Ω gelegt und die Messung der Augenblickswerthe des darin fliessenden gleichgerichteten Stromes vorgenommen. Die Stromcurven

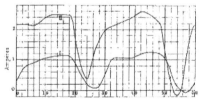

Fig. 5.

sind aus Fig. 5 ersichtlich, und zwar entspricht Curve I 3·96 A Maschinstrom, Curve II 10·4 A; bei 74, bezw. 73·3 Perioden und 25°, bezw. 44° C. Zellentemperatur. Der Wirkungsgrad eines derartigen Systems ist zweifellos gegeben durch das Verhältnis der in x — y geleisteten Arbeit zu jener, die das ganze System aufnimmt, und es wurde auf diese Weise festgestellt, dass mit Zellen

von genügender Grösse 95 bis 96% der totalen Wechselstromarbeit in Gleichstrom umgesetzt werden kann.

Der Verfasser untersuchte schliesslich Zellen mit Aluminium-Elektroden hinsichtlich ihrer Verwendbarkeit als Condensatoren und gelangte zu sehr günstigen Ergebnissen. Die Elektroden — beide aus Aluminium — hatten 232 cm^2 einseitige Fläche und 3·2 mm Abstand. Es wurden Periodenzahl, Stromdichte und Temperatur variirt und gleichzeitig auch Zellen beobachtet, die mit den ersteren in Serie geschaltet, statt Aluminium gleich grosse Eisenblech-Elektroden hatten. Die wichtigsten Daten sind in der Tabelle V gesammelt.

Tabelle V.

Versuche	Frequenz	Voltmax.	Amp.-max.	Amp. (Siemens-Dyn.)	Temper. C°	Verhält. zwisch. aufgeschlossen. u. nicht geschl. Elektr. pro Periode zu-rückgefhrten Elektr.	Mittl. Phasen-differenz	Mittl. Energ. Verbrauch pro Zelle	Platten
a	96	25·0	30	21·6	82	—	12	—	Al
b	96	3·35	30	21·6	24	—	9	—	Fe
b	17	46·0	8	3·93	53	0·72	12	150	Al
z	17	1·3	8	3·93	11	—	60	—	Fe
c	100	52·5	2·6	1·5	14	16·0	54	42	Al
z	100	0·25	2·6	1·3	9	—	—	—	Fe
d	92·4	21·0	1·48	—	11	11·2	60	9·24	Al
e	92·4	8·0	0·51	—	13·5	16·6	57	1·11	Al

Bei vollständiger Umkehrbarkeit des elektrolytischen Processes müsste sich eine Phasenverschiebung von 90° ergeben. Diese Umkehrung kann jedoch infolge der geringen Zeitdauer der Einwirkung nur bis zu einem gewissen Grade eintreten, wie auch aus Tabelle V hervorgeht. Man sieht gleichzeitig, dass die grösste Phasenverschiebung bei geringer Stromstärke und niedriger Temperatur stattfindet und dass höhere Periodenzahlen etwas günstiger sind als niedere. Der Versuch c zeigt ferner die gute Verwendbarkeit solcher Zellen als Condensatoren; die Spannung besitzt in denselben ein maximales Aenderungsverhältnis von circa 57·5 V in $1/_{600}$ Secunde, das heisst, die Zelle würde einem Condensator von ca. 72 Mikrofarad und 2·5 A Maximalstrom gleichwerthig sein.   —*m*—

Stahlarmirte Isolationsrohre.
System Johnson.[*]

Von den in Amerika angewandten Verlegungsarten für elektrische Leitungen sei hervorgehoben das Leitungssystem mittelst Röhren, die aus einer Isolirmasse hergestellt und mit einem Messingüberzug oder einem Eisenüberzug versehen sind, und jenes mittelst hohler, durch aufgeschraubte flache Deckbleche abgeschlossener Eisenschienen, die mit einer Isolirmasse ausgelegt sind. Während man von letzterem System, welches allerdings hinsichtlich Isolir-Sicherheit, mechanischer Festigkeit und Dauerhaftigkeit allen Anforderungen entsprach, des hohen Preises und der Schwierigkeit der Installation wegen bald abgehen musste, konnte sich das erstere System, welches sich hinsichtlich Zweckmässigkeit der Installirung auf einer vollendeten Stufe befindet, in seiner ursprünglichen Form nicht allgemein Bahn brechen; denn einerseits konnten die Isolirröhren resp. die Isolirung selbst, wie auch der Messingüberzug, der Feuchtigkeit und, was manchmal in Betracht kommt, der Einwirkung chemischer Agentien nicht widerstehen, andererseits konnte der dünne Messingüberzug den mechanischen Beanspruchungen, denen eine derartige Leitungsanlage ausgesetzt ist, nicht Stand halten. (Denken wir bloss an das Einschlagen von Nägeln in eine Wand, in welcher diese Röhren verlegt sind.)

Erst in letzter Zeit wurden die obenerwähnten, mit einem Eisenüberzug versehenen Isolirröhren neuestens verbessert, die

*) Die Isolationsrohre sind zu beziehen von der Firma Fred. Stielejes u. Co., Importhaus amerikanischer Maschinen; Vertretung für Oesterreich-Ungarn: Ingenieur Richard Tauber, Wien, VI., Gumpendorferstrasse 68.

mittelst patentirten Verfahrens hergestellten stahlarmirten Isolations-röhren („Steel Armoured Insulating Conduit") vereinigen die Vortheile der beiden letztgenannten Systeme und entheben deren Nachtheile. Sie unterscheiden sich von ihren Vorläufern dadurch, dass das Stahlrohr — wenngleich nicht stärker als unbedingt nöthig — genügend dick ist, um widerstandsfähige Gewinde anschneiden zu lassen, und weiters dadurch, dass die Isolirmasse, mit welcher das Rohr ausgekleidet ist, wirklich verlässlich und gegen Feuchtigkeit unempfindlich ist.

Die Montirung der Rohrleitung erfolgt analog der Gasrohr-Installation. Die Muffen, Verbindungsstücke und Zugehör, welche die bekannte Verwendung finden, sind mittelst desselben Verfahrens wie die Röhren selbst hergestellt und mit der gleichen, zuverlässigen Isolirmasse ausgekleidet; in der Form zum Theil ähnlich ihren Vorgängern, ermöglichen sie eine leichte und rasche Installation und gestatten auch bei Veränderungen und Vergrösserungen der Anlage die leichte und einfache Schaffung neuer Anschlussleitungen etc.

Die wenigen hier aufgenommenen Abbildungen zeigen einige Details der stahlarmirten Isolationsröhren, welche aus Zweckmässigkeitsgründen auch in der Form eine Abänderung gegenüber den zuerst gebräuchlichen erfahren haben.

In der Fig. 1 ist eine Isolationsröhre abgebildet; die lichte Weite dieser Röhren beträgt in englischen Zollen $\frac{1}{8}$, $\frac{5}{8}$, $\frac{3}{4}$, 1, $1\frac{1}{4}$, $1\frac{1}{2}$ ..... der äussere Durchmesser ist bezw. 17, 21, 27, 33, 42, 48... mm. Der Aussendurchmesser dieser Isolirungsröhren ist der gleiche wie bei den Normal-Gasröhren, welcher Umstand die Annehmlichkeit zur Folge hat, dass dieselben Werkzeuge, Normalhaken und Klammern, die in jeder Eisenhandlung erhältlich sind, verwendet werden können. Es hat sich jedoch als wünschenswerth erwiesen, von dem Normal-Gasgewinde abzugehen und ein Gewinde einzuführen, welches dem dünnen Stahlmantel und den Erfordernissen bei elektrischen Leitungen besser entspricht; das bei diesen Leitungsröhren angewendete Schraubengewinde ist dasselbe wie bei den Eisen bedräht in englischen Zollen, also seichter im Schnitt und flacher, d. h. die Anzahl der Gänge per Zoll ist grösser als dies beim Eisen sonst der Fall ist. Diese leichteren und flacheren Gewinde bewirken, dass die einzelnen Rohrlängen durch die Muffen besser wasserdicht mit einander verbunden sind; bei den Rohren mit grösseren Durchmesser ist die Arbeit des Gewindeschneidens erheblich erleichtert, so dass ein Mann mit dem gewöhnlichen Werkzeug alle bei der Installation vorkommenden Grössen schneiden kann. Eigene Schneide-Backen für diese feineren Gewinde können den normalen Schneidkluppen angepasst werden, welche bei Gas- und Wasserleitungsröhren in Anwendung kommen. Ueberdies ist die Fertigung und das Biegen dieser stahlarmirten Röhren gegenüber den Gas- und Wasserleitungsröhren wesentlich erleichtert.

Zwillings-Leitungskabel, welche von allen grösseren Draht- und Kabelfabriken geliefert werden, sind sehr geeignet zum Einziehen in die Isolationsröhren; ein Zwillingskabel für 5 A kann in das $\frac{1}{2}$zöllige, eines für 10 A in das $\frac{5}{8}$zöllige Rohr eingezogen werden. Derartig construirte Leitungen sind für jede Stromart, Gleichstrom oder Wechselstrom, bei der Fall ist. Diese Zwillings-Leitungen sind weise anwendbar und sind in Amerika sogar für Stromleitungen bis 1000 V Betriebsspannung in frei angelegten Räumen angewendet worden. Bemerkt sei noch, dass mit dem analogen Effect wie zwei, auch drei Drähte in ein entsprechend dimensionirtes Rohr eingezogen werden können, wonach das Dreileiter-System ebenso einfach installirt werden kann, wie das Zwillings- oder Hin- und Rückleitungs-System.

Eine Anzahl von Installationen wurde mit Erfolg durchgeführt, bei welchen ein einziges isolirtes Kabel in das Leitungsrohr eingezogen wurde, während der Stahlmantel des Letzteren als der Rückleiter verwendet wurde. Wenngleich vorläufig noch die Fahrungsresultate abzuwarten sind, ehe diese letztgenannte Construction für den allgemeinen Gebrauch angewendet wird, ist es doch augenscheinlich, dass diese Methode die Vortheile eines Röhrenleitungs-Systems besitzt und bei niedrigen Anschaffungskosten ein Central-Erd-Rückleitungssystem schafft.

Alle Grössen der stahlarmirten Rohre (von $\frac{1}{2}$ bis $3\frac{1}{4}$ Zoll) werden in Längen von 3 m (10 Fuss engl.) geliefert; die Enden sind glattgeschält und mit Gewinden, sowie mit je einer Muffe für jede Rohrlänge versehen.

Wenn ein Rohr in die Länge getheilt werden soll, ist es rathsam, sowohl Rohrschneider als Drillsäge zu verwenden und sodann das Ende rein scharfkantig mittelst des Endenschneiders abzustutzen. Bei der Installation ist es vortheilhaft, Bogenstücke (Krümmer) (Fig. 2) zu verwenden, welche fertig geliefert werden, doch kann auch das Rohr selbst bei sorgfältiger Handhabung während der Arbeit geformt und kalt gebogen werden. Rohre grösseren Durchmessers als $1\frac{1}{2}$ Zoll sind mittelst Schraubklammer oder einer anderen Gasrohr-Biegevorrichtung zu biegen. Die Reibung beim Einziehen der Drähte wird durch Anwendung von Seitensteinpulver, sowohl in der Röhre als auf dem Drahte, auf ein Minimum reducirt. Dieses Schmiermittel wird am einfachsten und besten in die Röhren eingetragen, indem man dasselbe einbläst. Der Draht kann mit dem Pulver überzogen werden, indem man ihn durch einen mit dem Pulver gefüllten Behälter zieht.

Die Normal-Krümmer sind in einer flachen Curve auf einen

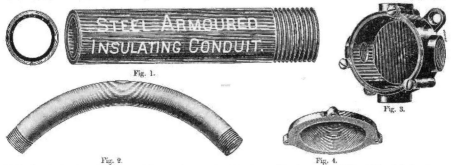

Fig. 1.

Fig. 2.

Fig. 3.

Fig. 4.

Winkel von 90° gebogen; der Radius ist derart bestimmt, dass erfahrungsgemäss das Einziehen leicht erfolgt. Dieselben können während der Arbeit nach Erfordernis von Hand aus stärker zugebogen oder weiter aufgebogen werden.

Die Anzahl von Biegungen, die per Rohrlänge angewendet werden können, hängt hauptsächlich von der Natur des Leitungsstranges ab und kann im Allgemeinen mit 3 bis 4 angenommen werden; wenn jedoch die Krümmungen alle in derselben Ebene und nicht in zu kurzen Abständen von einander situirt sind, können mit Leichtigkeit auch 5 bis 6 Krümmungen vorhanden sein. Bei complicirten Windungen mit vielen Ecken und Curven ist es angezeigt, sich der Unterbrechungsbüchsen (Fig. 3) als Einzieh-Stellen zu bedienen, die derart angeordnet werden, dass zu beiden Seiten derselben je die halbe Anzahl Krümmungen sich befindet.

Ganz kurze, scharf gebogene Krümmer sind für solche Fälle bestimmt, wo es nöthig ist, in möglichst scharfer Biegung um eine Ecke zu kommen. Die beiden Enden müssen mit Gewinden versehen, so dass das anschliessende Rohr direct in sie eingeschraubt wird. Man wird dieselben nicht allgemein anwenden dürfen; sie sollen nur bei leichter Zugänglichkeit angewendet werden, um sie, wenn nöthig, behufs Durchziehens der Drähte ausschalten zu können. Es soll noch bemerkt werden, dass man bei scharfen Winkeln, für welche diese Krümmer vorgesehen sind, ebenso gut zwei Normalkrümmer anwenden kann, die man rechtwinklig gegeneinander anordnet und diese Construction soll überall, wo die Anwendung eines kurzen Krümmers nicht unbedingt nöthig ist, vorgezogen werden.

Die zur Verbindung der Röhren dienenden Muffen sind speciell den Erfordernissen bei elektrischen Leitungen entsprechend hergestellt. Sie sind mit flachem, dünnem Gewinde versehen, welches für die stahlarmirten Isolationsröhren adoptirt wurde und vermöge der grösseren Länge weniger Gelegenheit für das Eindringen der Feuchtigkeit bietet. Die mechanische Festigkeit der Muffen bietet die Sicherheit, dass ein sorgfältig gekoppeltes Rohrsystem jeder Beanspruchung, der es unterworfen ist, widerstehen kann.

Die in Fig. 3 abgebildeten metallarmirten Isolirungs-Dosen sind für die Installation eines vollkommenen Röhrenleitungs-Systems unerlässlich. Bisher standen die Kosten derselben der allgemeinen Gebrauchnahme im Wege; in Erkennung der Nothwendigkeit ihrer Anwendung wurden Vorrichtungen für die Massenfabrikation derselben eingeführt und dadurch der Preis sehr erniedrigt. Die Anschluss-Dosen sind mit Stutzen mit innerem Gewinde versehen, die fest mit dem Metallkörper verbunden sind, und werden vollständig fertig bearbeitet und den verschiedenen Grössen der Rohrleitung angepasst, geliefert.

Damit der Installateur elektrischer Anlagen nicht nöthig habe, mehr als eine Type von Dosen auf Lager zu halten, werden alle Vier-Wegdosen (⊕) mit unausgedrehter Auskleidung geliefert, so dass die Isolirmasse, welche die Oeffnungen erfüllt, bei jenen Stutzen, an welche die Rohre angeschlossen werden sollen, herausgedreht oder herausgeschnitten wird, während die unbenützten Oeffnungen einfach mit einem Stöpsel verschlossen bleiben.

Zum Verschlusse der Dosen dienen die in Fig. 4 abgebildeten Deckel; dieselben sind mit einem überhängenden Rand versehen, um dem Eindringen der Feuchtigkeit besser Widerstand zu bieten. Die Unterseite ist durch eine Special-Isolirungsmasse geschützt, so dass beim Niederschrauben des Deckels thatsächlich ein wasserdichter Abschluss geschaffen wird.

Fig. 5.

Die in Fig. 5 abgebildete längliche Type von „Einzieh-Kasten" ist dazu bestimmt, das Einziehen des Drahtes, resp. Kabels bei langen Leitungen zu erleichtern. Die lange, schmale Form bietet die Möglichkeit, ein Stück des Kabels herauszunehmen, wodurch eine Zwischen-Einziehstelle geschaffen wird.

Dieselben werden auch vortheilhaft als Secundär-Vertheilungs-kasten benützt, wo es wünschenswerth ist, einen Leitungsstrang nicht an der Hauptvertheilungsstelle, sondern an einem anderen Ort in die respective Einzelleitungen aufzulösen, wie z. B. in Localitäten, wo man nicht eine grössere Anzahl schwacher Leitungen bis zum Schaltbrett führen will. In diesem Falle werden die verschiedenen Leitungsdrähte vom Schaltbrett weg in ein oder mehrere grosse Rohre zusammengefasst, zu den im Boden oder anderen leicht zugänglichen Stellen angebrachten Einzieh-Kasten geführt und sodann in die respective Einzelleitungen aufgelöst. Die Seitenwände dieser Kasten sind genügend stark, um Oeffnungen durcharbeiten zu können, an welche die gewünschte Anzahl dünnerer Rohre angeschlossen werden können, wozu man sich der Reducirhülsen oder sechseckiger Anschluss-Muttern bedient.

Die Reducir-Hülsen sind sowohl aussen als innen mit Gewinde versehen, so dass durch das Einschrauben der Hülse in einen Stutzen oder in eine Muffe die Reduction auf die nächst kleinere Rohrgrösse bewirkt wird. Die aufeinander folgenden Grössen passen ineinander, so dass jede Reduction vorgenommen werden kann, ohne die erforderliche Anzahl von Hülsen und Muffen aufgewendet wird.

Zum Verschlusse der nicht benützten Rohrangüsse der Dosen dienen Stöpsel; dieselben passen zu den Normal-Muffen und können daher auch verwendet werden, um einen Leitungsstrang an beliebiger Stelle abzuschliessen.

Zur Verhinderung von Beschädigungen infolge Abreihen, Abstossen etc. der Isolirmasse an den Leitungskörper an den Enden oder an den Einziehstellen eines Leitungsstranges werden Isolations-Rohrenden verwendet. Sie bilden einen praktischen Abschluss der Rohre und verhindern, dass die Drähte die Metallhülle der Leitungsstücke an der Oberfläche beschädigen oder berühren.

Um bei Installationen mit der Abschneiden der Rohre und Gewindeschneiden nicht Zeit zu verlieren, werden Isolations-Einsätze, das ist kurze, in bestimmte Längen geschnittene Rohrstücke, verwendet, die an beiden Enden mit Gewinden versehen sind; das Gewinde ist genügend lang, um eine Muffe ganz zurückschrauben zu können.

Zum Zwecke der grösstmöglichen Zeit- und Arbeits-Ersparnis bei Installationen der stahlarmirten Isolations-Leitungen wurden

besondere Klemm-Reducirhülsen verfertigt. Durch die Anwendung derselben kann eine Leitung mit stahlarmirten Isolationsröhren vollständig installirt werden, ohne dass man es nöthig hat, irgend welche Gewinde schneiden zu müssen. Die Hülse ist aussen mit dem Special-Gewinde versehen, so dass sie in jede entsprechende Muffe oder Rohrstutzen eingeschraubt werden kann; die Innenseite der Hülse ist glatt und auf einen solchen Durchmesser ausgedreht, dass sie genau auf die nächst kleinere Rohrnummer passt. Die Hülse ist geschlitzt und am inneren Ende mit einer conischen Aufsitzfläche versehen. Wenn beim Einschrauben der Hülse in den Stutzen der Conus zum Aufsitzen kommt, erfolgt durch die letzte Viertelumdrehung das Schliessen des Schlitzes und damit die sichere Einklemmung der Rohrleitung. Bei sorgfältiger Arbeit kann auf diese Art ein vollständig wasserdichtes Zusammenfügen bewirkt werden.

Zur Sicherung der Lage der Muffen auf den langen Gewinde der Einsatzstücke werden Gegenmuttern verwendet; dieselben bieten auch das einfachste Mittel, die Rohrenden gegen die Dosenwände in unverrückbarer Lage zu erhalten.

Alle Normal-Befestigungen für Gas- und Wasserleitungsrohre dienen auch zur Befestigung der stahlarmirten Isolationsröhren.

KLEINE MITTHEILUNGEN.

Verschiedenes.

Brand im Central-Telegraphenamte in Wien. Wie die Wiener Tagesblätter bereits meldeten, kam am 13. September l. J. im hiesigen Central-Telegraphenamte ein Dachfeuer zum Ausbruche, welches, wenn es nicht sofort bemerkt und unterdrückt worden wäre, zu erhebliche Störungen im Telephon-Fernbetriebe Anlass gegeben hätte. Ueber den Brand und die Entstehungsursache desselben erhielten wir von verlässlicher Seite folgende Mittheilung.

An der eisernen Dachconstruction des genannten Gebäudes festgeschraubt erhebt sich über die First eine Anzahl eiserner Dachständer, welche mit Isolatoren besetzt sind und für ca. 700 ankommende Leitungen Stützpunkte bieten. An diesen Ständern endigen vorwiegend Fernleitungen; nur zwei Ständer sind für Abonnentenleitungen in Verwendung genommen. Von den an diesen Ständern befindlichen Isolatoren führen Gummibleikabel durch Einführungsschläuche aus Blech zu den im Parterre gelegenen Umschaltern der interurbanen Centrale.

Am genannten Tage um die zehnte Vormittagsstunde bemerkten Parteien im obersten Stockwerke eines Hauses der Rockhgasse aus einem der Einführungsschläuche Rauch und Flammen aufsteigen. Mit Hilfe der in der Telegraphencentrale befindlichen Extincteure und der mittlerweile eingelangten Feuerwehr war der Brand rasch gelöscht.

Ausser der Zerstörung der Dachbedeckung in einem Flächenausmaas von ca. 4 m² und der Störung des Fernsprechverkehres auf einigen Telephonlinien durch Verbrennen von 70 Einführungsdrähten wurde kein weiterer Schaden verursacht. Bei den sofort behufs Ermittlung der Ursache des Brandes gepflogenen Untersuchungen stellte sich heraus, dass im Prater in der Nähe der Reichsbrücke oder der nach Kagran führenden elektrischen Bahn ein Draht der Krakauer Telephonleitungen gerissen und auf einen der Spanndrähte, welche die Oberleitung der elektrischen Bahn in einer bestimmten Höhe über der Geleismitte halten, gefallen war. Diese Spanndrähte sind vom stromführenden Kabel für gewöhnlich isolirt. Im vorliegenden Falle war jedoch die Isolirung schadhaft und der Spanndraht stromführend geworden. Da der gerissene Draht noch drei andere Telephondrähte derselben Trace berührte, gelangte der Starkstrom durch vier Drähte von je 2 mm Durchmesser in das Telegraphengebäude; dadurch waren die Gummidrähte dieser Ständer und durch diese die benachbarten Holztheile der Dachconstruction in Brand gerathen. Zu bemerken ist noch, dass die in Züge befindliche Sicherung sämmtlicher Telephon- und Telegraphenleitungen, bei welchen Collisionen mit Starkstromanlagen zu befürchten sind, mittelst Schmelzdrähten der Kürze der Zeit halber noch nicht gänzlich durchgeführt werden konnte, und dass speciell die hier erwähnten Leitungen zur Zeit des Brandes ungesichert waren. Da übrigens die in den betreffenden Leitungen befindlichen Elektromagnetspulen der Fallklappen nicht den geringsten Schaden zeigten, ist anzunehmen, dass der Starkstrom infolge eines ans unbekannten und nach dem Brande natürlich auch nicht mehr eruirbaren Gründen entstandenen Erdschlusses in den Einführungsdrähten schon auf den Dachboden zur Erde abgeleitet wurde.

Fabriks-Controlapparat. Seit kurzer Zeit trifft man am Eingange mehrerer Berliner Fabriken in der Nähe des Pförtner-

hauses einen Controlapparat an, der in den Kreisen der Gross-
industriellen bereits die Annerksamkeit erregt hat. Man denke
sich eine grosse runde Scheibe, die in der Mitte einen langen
Zeiger mit einem nach innen gerichteten horizontalen Stift besitzt.
Nach dem Rande der Scheibe hin sind in doppelter Reihe Nummern
aufgemalt und bei jeder Nummer befindet sich ein Loch. Jeder
Angestellte in der Fabrik hat seine Nummer. Tritt er morgens
in die Fabrik ein, so geht er an den Apparat, drückt den Stift
des drehbaren Zeigers in das bei seiner Nummer befindliche Loch
und lässt den Stift wieder zurückschnellen. In dem Augenblick,
da er den Stift eingedrückt hat, wird die Zeit, da dieses geschehen ist, auf einem hinter der Scheibe befindlichen, sich um
eine Rolle wickelnden Registerstreifen aufgedruckt und gleichzeitig ertönt zur Benachrichtigung des Pförtners, dass ein Mann
am Apparat ist, ein scharfer Glockenschlag. Genau wie beim Zugang verfährt der Arbeiter auch beim Abgang von der Arbeitsstelle. Damit eine genaue Controle des Registerstreifens wie überhaupt des ganzen Innern des Apparates möglich ist, hat dieser
Glaswände erhalten. Das „Dey-Zeit-Register", wie der
Apparat genannt wird, ermöglicht also dem Arbeitgeber, sich über
die Pünktlichkeit seiner Angestellten fortlaufend zu informiren.
In Amerika und England ist Deys-Zeit-Register schon bei den
Behörden des Staates und der Stadt, wie Strassenreinigung, Postverwaltung u. s. w., ferner in den meisten grossen Fabriken,
Banken, Waarenhäusern u. s. w. zur Aufstellung gelangt.

Patentnachrichten.

Mitgetheilt vom Ingenieur Victor Monath,

WIEN, I. Jasomirgottstrasse Nr. 4.

Classe   Deutsche Patentertheilungen.

74. 99.688. Stromschluss-Vorrichtung für Weckeruhren. —
     F. Fischer, Brandenburg a. H. 2/3. 1898.
„ 99.740. Einrichtung zur periodisch selbstthätigen Einschaltung
     elektrischer Läutewerke zu beliebig vorher bestimmten Zeiten.
     — C. Schulda, Homburg, Pfalz. 30/11. 1897.
4. 99.947. Glühlichtlampe. — M. Frank, Frankfurt a. M. 8/9.
     1897.
20. 99.911. Stromabnehmer für durch zwei Hochleitungsdrähte
     elektrisch betriebene Fahrzeuge. — E. Nave, Paris. 16/4.
     1897.
„ 99.912. Stromabnehmeranordnung für elektrische Bahnen mit
     unterbrochener Arbeitsleitung. — H. Pieper, Lüttich. 5/5.
     1897.
„ 99.913. Mechanisch-elektrische Kuppelung zwischen einem
     Druckhebel und Stempel. — Leschinsky, Berlin. 15/10.
     1897.
„ 99.916. Verfahren und Einrichtung zum Laden der Sammel-
     batterie elektrisch betriebener Strassenfuhrwerke während
     der Fahrt. — M. Sarazin, Treptow bei Berlin. 25/2. 1898.
21. 99.931. Verschluss für die Entlüftungsöffnung bei Glühlampen
     mit abnehmbarer Glocke. — L. S. F. Priard, Paris. 22/6.
     1897.
„ 99.932. Vorrichtung zur Umformung von Wechselstrom in
     Gleichstrom und umgekehrt. Zus. z. P. 96.904. — A. Müller,
     Hagen i. W. 27/7. 1897.
„ 99.933. Einrichtung zur funkenlosen Unterbrechung von
     Stromkreisen. — A. Müller, Hagen i. W. 22/7. 1897.
„ 99.935. Schaltung für Elektricitätszähler, um deren Angaben
     von der wechselnden Belastung der Centralstation abhängig
     zu machen. — Dr. H. Lux, Berlin-Wilmersdorf. 6/11. 1897.
„ 99.936. Verfahren und Einrichtung zur Umwandlung von
     mehreren phasenverschobenen Wechselströmen in Gleichstrom
     mittelst elektrolytischer Stromrichtungswähler. — Dr. J.
     Edler, Potsdam. 11/11. 1897.
„ 99.939. Direct zeigender Widerstandsmesser; zweiter Zus. z.
     Pat. 75.563. — Hartmann & Braun, Bockenheim-Frank-
     furt a. M. 5/3. 1898.
„ 99.940. Elektricitätszähler für verschiedenen Tarif. — Union-
     Elektricitäts-Gesellschaft, Berlin. 26/4. 1898.
„ 99.948. Verfahren zum Anlassen und Verändern der Ge-
     schwindigkeit von Wechselstrom-Motoren. — A. Heyland,
     Frankfurt a. M. 29/7. 1897.
„ 99.950. Depolarisationsmasse für galvanische Elemente. —
     Dr. G. Platner, Witzenhausen a. d. Werra. 16/8. 1897.
74. 99.862. Einrichtung zur Fernleitertragung von Bewegungen;
     zweiter Zus. z. Pat. 93.912. — Siemens & Halske,
     Actien-Gesellschaft, Berlin. 13/7. 1897
75. 99.880. Doppelpolige Elektroden. Dr. C. Kellner, Hallein.
     10/5. 1894.

Verantwortlicher Redacteur: Dr. J. Sahulka. — Selbstverlag des Elektrotechnischen Vereines.

Commissionsverlag bei Lehmann & Wentzel, Wien. — Alleinige Inseraten-Aufnahme bei Haasenstein & Vogler (Otto Maass), Wien und Prag
Druck von R. Spies & Co., Wien.

Classe .
85. 99.973. Elektrisch bethätigter Absperrhahn für Wasser-
     leitungen. — F. Butzke & Co., Actien-Gesellschaft für
     Metall-Industrie, Berlin. 24/11. 1895.
86. 99.829. Elektrischer Webstuhl. — O. Vogel, Leipzig. 8/3.
     1896.
85. 99.823. Elektrische Abstellvorrichtung für Revolverwebstühle
     mit festem Blatt. — Hopf & Merkl, Mylau i. V. 27/4. 1897.

Auszüge aus Patentschriften.

Florest William Dunlap in London. — Aus einem Glasstab
gewickelte Birne für Glühlampen. — Classe 21, Nr. 98.212
vom 17. November 1897.

Die Birne wird in der Weise hergestellt, dass ein noch
plastischer Glasstab auf einen heissen Dorn aufgewickelt wird, so
dass die sich berührenden Windungen der entstehenden Spirale
aneinander schmelzen.

Franz Peters in Charlottenburg. — Verwendung von Persulfaten als Depolarisatoren in galvanischen Elementen. —
Classe 21, Nr. 98.434 vom 18. August 1897.

Die depolarisirende Masse wird aus Persulfaten allein oder
in Verbindung mit bekannten depolarisirenden Stoffen hergestellt,
wodurch die Wirksamkeit der galvanischen Elemente erhöht wird.

Philipp Lentz in Berlin. — Stromabnehmer mit seitlich verschiebbarer Walze. — Classe 20, Nr. 98.860 vom 9. August 1896.

Der Abnehmerbügel ist mit einer Rolle ausgestattet, welche
infolge von Kugellagern sich drehen und seitlich verschieben kann.

Siemens & Halske, Actien-Gesellschaft in Berlin. — Siche-
rungs-Einrichtung für elektrische Eisenbahnsignal-Anlagen
unter Verwendung von durch Führkraft betriebenen Stromschliessern. — Classe 20, Nr. 98.188 vom 22. August 1897.

Um bei elektrischen Eisenbahnsignal-Sicherungen die hinter
einander geschalteten Apparate verschiedener Empfindlichkeit
alle zu gleicher Zeit mit Sicherheit zum Ansprechen zu bringen,
wird der durch Patent Nr. 91.135 (vgl. Bd. 18, S. 258) geschützte,
rasch umschlagende Schwungkraftregler nach Patent Nr. 82.016 (vgl. Bd. 16,
S. 634) in den Stromkreis des Inductors eingeschaltet und dadurch
bewirkt, dass nur Ströme von bestimmter geringster Stärke verwendet werden.

Chemisch-elektrische Fabrik „Prometheus", G. m. b. H. in
Frankfurt a. M—Bockenheim. — Elektrisches Heizgeräth mit
Schutzvorrichtung gegen die chemischen Wirkungen des
Stromes. — Classe 36, Nr. 98.051 vom 12. Jänner 1897.

Die Heizstreifen sind auf einer Schichte von Glasschmelze
oder dergleichen aufgetragen. — Dieselben erhalten an der Austrittstelle des Stromes (negativer Pol) elektrische Verbindung
mit dem Metall des Heizgehäuses, damit eine durch elektrolytische Zersetzung der Schmelze bewirkte Zerstörung der Streifen
an dieser Stelle verhütet wird.

Frederick Carleton Simon in Brooklyn. — Stromzuleitung für
elektrische Bahnen mit Theilleiterbetrieb unter Zuhilfenahme
einer Wagenbatterie. — Classe 20, Nr. 98.165 vom 15. December 1895.

Der Schalter der Stromquelle, welche zur Erregung der
Theilleiter-Relais zur Unterbrechung des Treibmaschinenstromes
dient, wird selbstthätig durch ein von dem Strom durchflossenes
Solenoid in die Abschaltlage zurückgestellt.

Union-Elektricitäts-Gesellschaft in Berlin. — Stromzuführungseinrichtung für elektrische Bahnen mit Relais- und Theilleiterbetrieb. — Classe 20, Nr. 98.064 vom 7. Februar 1897.

Die Relaiswickelungen verzweigen sich nach den benachbarten Theilleitern, damit die Einschaltung eines Relais stets
gleichzeitig ein jeweilig an-einander vor- und hinter diesem Relais
liegendem Theilleiter an die Stromquelle Anschluss erhält, ohne
jedoch die zugehörigen Relais vollständig zu erregen.

Schluss der Redaction: 4. October 1898.

Zeitschrift für Elektrotechnik.

Organ des Elektrotechnischen Vereines in Wien.

Heft 42.   WIEN, 16. October 1898.   XVI. Jahrgang.

Bemerkungen der Redaction: Ein Nachdruck aus dem redactionellen Theile der Zeitschrift ist nur unter der Quellenangabe „Z. f. E. Wien" und bei Originalartikeln überdies nur mit Genehmigung der Redaction gestattet.
Die Einsendung von Originalarbeiten ist erwünscht und werden dieselben nach dem in der Redactionsordnung festgesetzten Tarife honorirt. Die Anzahl der vom Autor event. gewünschten Separatabdrücke, welche zum Selbstkostenpreise berechnet werden, wolle stets am Manuscripte bekanntgegeben werden.

INHALT:

Skizzen über das moderne Fernsprechwesen.

II. Ueber Telephoncentralen und deren technische Einrichtung.

Von k. k. Baurath **Barth von Wehrenalp.**

Die im vorhergehenden Abschnitte [*] über den Telephonleitungsbau enthaltenen Ausführungen konnten ohneweiters auf die Verhältnisse in grossstädtischen Netzen bezogen werden, weil, wie an obgenannter Stelle des Näheren begründet wurde, jedes noch so ausgedehnte Stadtnetz im Interesse der systematischen Ausbaues in einer der Grösse der Anlage entsprechende Zahl von Theilnetzen zerlegt werden muss. Die an ein kleines Leitungsnetz, bei welchem die unterirdische Führung der Leitungen zum grössten Theile oder gänzlich entfallen kann, zu stellenden Anforderungen lassen sich daher ohne Anstand aus den für Grossstädte im Allgemeinen gegebenen Principien ableiten. Im Falle die unterirdischen Leitungen gänzlich entfallen, bildet das im Mittelpunkte zu errichtende Ueberführungsobject gleichzeitig das zur offenen Vertheilung der Theilnehmerleitungen dienende Einführungsobject der Ortscentrale.

Ganz anders verhält es sich bei jenen Einrichtungen, welche dazu bestimmt sind, die Theilnehmerleitungen desselben Netzes untereinander und mit den eventuell vorhandenen Fernleitungen behufs directer telephonischer Verständigung rasch und sicher zu combiniren, Einrichtungen, deren Gesammtheit man bei uns mit dem Namen „Telephoncentrale" bezeichnet. Hier kann nicht mehr so leicht von den grossstädtischen Verhältnissen auf die Bedürfnisse der Kleinstadt, und noch weniger auf jene der Ortschaften im flachen Lande geschlossen werden, da für die Situirung und Ausrüstung einer Centrale wesentlich verschiedene Factoren in Betracht kommen, je nachdem die Zahl der zu combinirenden Leitungen gross oder klein ist.

Dieser Unterschied kommt schon zur Geltung bei Erwägung der für jede locale Telephonanlage wichtigsten Frage, an welchem Punkte des Netzes die Centrale am zweckmässigsten gelegen sein wird? In kleineren Städten und Ortschaften, ja selbst bei einer Zahl von mehreren tausend Abonnenten, wird

[*] Z. f. E. Heft 20—24, 1898.

sich in der Regel sowohl die Situirung, als auch die örtliche Unterbringung des Vermittlungsamtes von selbst ergeben. In allen jenen Ländern, wo die Telephonie in staatlicher Verwaltung steht und mit dem Post- und Telegraphenwesen combinirt ist, was bekanntlich in Europa vorherrschend der Fall ist, wird es sich im Interesse der Einheitlichkeit des Betriebes empfehlen, das Fernsprechdienst mit den beiden verwandten Verkehrsanstalten thunlichst zu vereinigen und zu diesem Behufe wenigstens die kleineren Telephoncentralen in der Nähe der für die Post und Telegraphie bestimmten Localitäten zu errichten. Da nun die bezeichneten Aemter, bezw. in grösseren Städten die Post- oder Telegraphengebäude aus Verkehrsrücksichten zumeist in dem Geschäftsviertel, häufig aber auch im örtlichen Mittelpunkt der betreffenden Stadt gelegen sind, werden die daselbst untorzubringenden Telephoncentralen unwillkürlich die günstigste Lage auch in Bezug auf die Gruppirung der Anschlussleitungen erhalten. In den bisher besprochenen Fällen wird sonach stets mit einer Hauptcentrale, welche allenfalls mit den in den Vororten zu errichtenden Nebencentralen durch eine entsprechende Zahl von Dienst- oder Vermittlungsleitungen in Verbindung gebracht ist, das Auslangen gefunden werden und die Erbauung eigener Telephongebäude entfallen können.

Schwierig und vielumstritten wird dagegen die Situationsfrage dort, wo es zweifelhaft scheint, ob eine sehr grosse Centrale oder mehrere Vermittlungsämter errichtet werden sollen. Ob der Centralisation oder der Decentralisation des Telephonbetriebes in grossen Städten der Vorzug zu geben sei, bildete vor wenigen Jahren den Gegenstand fachlicher Controversen. So wurde seinerzeit die Behauptung aufgestellt, dass die zulässige Grenze der Centralisirung bei 5—6000 Theilnehmeranschlüssen gelegen sei, und dass namentlich die Schwierigkeiten, eine grössere Zahl von Leitungen an einem Punkte zu concentriren und die erheblichen Kosten für die innere Einrichtung so grosser Aemter einer weitergehenden Centralisirung in Zukunft hindernd entgegentreten werden. Dass diese Befürchtung nicht gerechtfertigt war, zeigt die Thatsache, dass heute von keiner Seite Bedenken geltend gemacht werden, wenn es sich um die Errichtung von Vermittlungsämtern für 12000 und noch mehr Anschlüsse handelt. Von den für möglichste Centralisirung eintretenden Fachautoritäten wurde die zulässige Capacität mit 20—25.000 Theilnehmern ebenfalls auf Grund eingehender Berechnungen festgestellt.

Bei dem Umstande, als die durch die Lage der Centralen bedingte Configuration des Leitungsnetzes fast ausschliesslich von den localen und geschäftlichen Verhältnissen der betreffenden Grossstadt, die technische Einrichtung dagegen von dem jeweiligen Stande der Fernsprechtechnik in Bezug auf die Herstellung der Umschaltvorrichtungen, sonach von einem sehr variablen Factor, abhängt, kann die Frage nur dann erschöpfend beantwortet werden, wenn sie in die beiden Theilfragen zerlegt wird:

a) wo und für welche Zahl von Anschlussleitungen die einzelnen Centralen eines ausgedehnten Fernsprechnetzes zu projectiren und

b) welche technischen Einrichtungen bei der zu gewärtigenden Zahl von Anschlüssen in den Centralen zu wählen sind.

Von der Lage und Grösse der Vermittlungsämter oder, um bei der landesüblichen Bezeichnung zu bleiben, der Telephoncentralen, hängt in erster Linie die Länge der Anschlussleitungen ab. Da der Werth des Leitungsnetzes einen grossen Theil des Anlagecapitales repräsentirt, muss dieses Moment für die Entscheidung, ob das Netz einen oder mehrere Knotenpunkte erhalten soll, von ausschlaggebender Bedeutung werden. Bei vollständiger Centralisirung müssen s ä m m t l i c h e Leitungen bis zur Centrale geführt werden, wodurch die Leitungslängen unverhältnismässig zunehmen, sobald ein grosser Theil der Abonnentenstationen weit entfernt von der Centrale gelegen ist. Werden dagegen die Leitungen in mehreren Knotenpunkten concentrirt, so vermindert sich hiedurch die Gesammtlänge der Anschlussleitungen, da zwischen den in den Knotenpunkten zu errichtenden Centralen für die Vermittlung der Gespräche weniger Verbindungs- als Anschlussleitungen (ca. ¹/₁₀) erforderlich sind.

Diesem einzigen in finanzieller Hinsicht wohl sehr wichtigen Vortheile der Decentralisirung stehen aber verschiedene Nachtheile gegenüber: die Betriebsauslagen sind bei centralisirtem Betrieb unter allen Umständen geringer. Nur, dass in grossen Aemtern eine ökonomischere Ausnützung des Personales und der Localitäten möglich ist, stehen auch die für Aufsicht und allgemeine Verwaltung entfallenden Kosten im Verhältnis nicht zur Zahl der in einem Amte vereinigten Anschlussleitungen, sondern zur Zahl der örtlich getrennten Aemter selbst.

Die Zahl und Länge der Verbindungsleitungen wächst bei grösserer Anzahl der Centralen in ganz erheblichem, die Anlagekosten wesentlich beeinflussendem Maasse. Um die Vorhandensein mehrerer Centralen in demselben Netze allzu bedeutende Verzögerungen bei Herstellung der einzelnen Verbindungen zu vermeiden, genügt es nicht, die Centralen der Reihe nach durch solche Leitungen zu verbinden, sondern es müssen für jede Combination von Centralen eigene Stränge von Verbindungsleitungen vorgesehen werden, so dass bei keiner Verbindung mehr als höchstens 2 Centralen in Action treten. Bei 4 Centralen sind z. B. schon 6, bei 5 Centralen schon 10 verschiedene Leitungsstränge für den Vermittlungsdienst erforderlich. Da nun weiters jede der Vermittlungsleitungen, wie später des Näheren noch ausgeführt werden soll, in der einen Centrale an

die Klinke der Abonnentenschränke, in der anderen an die Klappen des Vermittlungsamtes angeschlossen werden muss, erhöhen diese Bedingungen nicht nur die Anlagekosten, sondern begrenzen auch vorschnell die Aufnahmsfähigkeit der Vielfachumschalter. Schliesslich wird der Betrieb sich umso glatter abwickeln, je weniger Centralen in einem Netze vorhanden sind, was wohl keines näheren Beweises bedarf.

Lassen es schon die vorangeführten Nachtheile des decentralisirten Betriebes dringend erwünscht erscheinen, soweit als thunlich im Interesse des Ortsverkehres die sämmtlichen Theilnehmer der Stadt in einem Vermittlungsamte zu vereinigen, so erheischt in ungleich höherem Maasse der interurbane Verkehr die möglichste Concentrirung der Anschlussleitungen, damit bei dem Betriebe der kostspieligen Fernleitungen jede Verzögerung vermieden und eine möglichst intensive Benützung der letztgenannten Leitungen erzielt werden kann. Speciell diese ausserordentlich wichtigen Beziehungen zwischen Orts- und Fernverkehr werden in zweifelhaften Fällen gewiss den Ausschlag zu Gunsten der Centralisirung geben.

In einem sehr interessanten Aufsatze des Telegrapheninspectors H u l t m a n n*) wird der Minimalrayon für eine Centrale mit 5—6 *km* im Quadrat angegeben. Es dürfte wohl kaum zulässig erscheinen, solche Grenzen im Allgemeinen festzustellen; meistens wird es nur nach sorgfältigem Studium der localen und der geschäftlichen Verhältnisse der betreffenden Stadt und auf Grund einer vergleichenden Kostenberechnung gelingen, die richtige Zahl und die zweckmässigste Lage der Centralen in Hinblick auf die voraussichtliche Entwickelung der Anlage zu ermitteln. Jedenfalls werden hiefür folgende Gesichtspunkte in erster Linie massgebend sein: In Städten bis zu mittlerer Grösse wird zumeist nur die Errichtung einer Hauptcentrale, möglichst im Mittelpunkte der Stadt, in Betracht kommen, sofern nicht besondere locale Umstände, wie z. B. die Untertheilung des verkehrsreichsten Stadtgebietes durch breite Wasseradern oder grosse unbebaute Flächen (Parkanlagen) etc. ein Abweichen von der obigen Regel bedingen.

In Grossstädten dagegen wird die Zahl der Centralen ausschliesslich von der Grösse und der Configuration jener Stadttheile abhängen, in welchen der eigentliche Geschäftsverkehr sich abspielt und bei daher die grösste Dichtigkeit der Abonnenten zu gewärtigen ist. Sind diese Geschäftsviertel räumlich beschränkt, wie dies in den meisten europäischen Grossstädten der Fall ist, so wird stets mit einer oder im höchsten Falle mit zwei Hauptcentralen in dem Viertel selbst oder im letzten Falle an der Peripherie desselben das Auslangen gefunden werden können, ohne die durchschnittliche Leitungslänge übermässig zu steigern. Der grösste Theil der Theilnehmer wird bei dieser Anordnung immerhin in der nächsten Umgebung der Centrale liegen. Ausserdem wird es zumeist nöthig werden, in den die Stadt umgebenden Vororten je nach der Bedeutung derselben kleinere Nebencentralen zu errichten und diese durch Vermittlungsleitungen mit den Hauptcentralen zu verbinden. Wo jedoch die Stationen gleichmässig über sehr ausgedehnte Gebiete vertheilt sind, wie z. B. in den amerikanischen Städten, oder wenigstens eine derartige Vertheilung in Zukunft in Aussicht steht, dürfte es vom ökonomischen Standpunkte vortheilhafter

---

*) E. T. Z. Berlin 1895, Heft 46.

sein, auf die Centralisirung des Betriebes zu verzichten und kleinere Vermittlungsämter in hinreichender Anzahl zu projectiren. Von den europäischen Weltstädten besass bis vor Kurzem nur Wien ein der Hauptsache nach in einem Punkte concentrirtes Leitungsnetz; freilich waren die technischen Einrichtungen des Vermittlungsamtes in der Friedrichsstrasse keineswegs geeignet, die betriebstechnischen Vortheile der Centralisirung auch nur annähernd zur Geltung zu bringen. In Zukunft werden die Wiener Theilnehmer in zwei grossen Hauptcentralen an der Peripherie der inneren Stadt und in mehreren in den wichtigeren Vororten gelegenen Nebencentralen vereinigt sein. In Paris, dessen Anlage bisher der hohen Tarife wegen trotz der grossen Einwohnerzahl nur 15.000 Abonnentenstationen zählt, sind von den ursprünglich vorhanden gewesenen 14 Centralen nur noch 8 im Betriebe. Die mit der Decentralisirung verbundenen betriebstechnischen Nachtheile bewogen dort schon im Jahre 1893 die massgebenden Kreise, eine vollständige Reconstruction des Telephonnetzes in Angriff zu nehmen und zwar wurden 4 Centralen sofort aufgelassen, bezw. durch einen in dem neuen Telephongebäude in der Rue de Goutenberg untergebrachten Umschalter für 6000 Abonnenten ersetzt. Diese Centrale ist von vornherein als Hauptcentrale projectirt, welche seither durch Aufstellung eines zweiten Umschalters eine Gesammtcapacität von 15.000 Abonnenten erhalten hat, jedoch den Grössenverhältnissen des Gebäudes entsprechend in fernerer Zukunft Umschalter für 30.000 Abonnenten aufnehmen wird. Das Gros der Pariser Abonnenten soll somit an eine grosse, aus mehreren in einem Gebäude vereinigten Umschaltern bestehende Centrale angeschlossen werden, während der Rest sich auf fünf kleinere, an der Peripherie der Stadt gelegene Vermittlungsämter vertheilen wird. Wie man sieht, ist in Paris das Princip der Centralisirung wohl bezüglich der Anlage des Netzes, nicht aber in gleichem Maasse hinsichtlich der betriebstechnischen Einrichtung der Hauptcentrale zum Ausdrucke gelangt. Beispiele beabsichtigter Decentralisirung bieten nur London und Berlin; in ersterer Stadt mögen wohl die an amerikanische Städte erinnernden Grössenverhältnisse der für den Telephonverkehr in Betracht kommenden Stadtviertel die Decentralisirung empfehlenswerth gemacht haben; in Berlin dürfte dagegen der geradezu beispiellose Aufschwung des Telephonverkehres zu einer Zeit, als die vorhandenen technischen Mittel eine allzuweitgehende Centralisirung noch nicht gestatteten, die Lösung in diesem Sinne herbeigeführt haben.

Bezüglich des zweiten Theiles der Frage a, für welche Zahl von Anschlussleitungen die einzelnen Centralen zu projectiren sind, lässt die rasche Entwickelung des Fernsprechwesens es gerathen erscheinen, in dieser Hinsicht ja nicht zu engherzig vorzugehen, damit künftigen Bedürfnissen, ohne umständliche und kostspielige Umgestaltungen vorgenommen zu müssen, entsprochen werden kann. Wie weit in dieser Beziehung mitunter gegangen wird, zeigt der Schlüssel, welcher seitens der französischen Verwaltung zur Berechnung der Capacität, für welche die in Paris und in den grösseren Provinzstädten zu errichtenden Centralen bestimmt werden sollen, angewendet wird. Als Grundlage für diese Berechnung wird die zur Zeit der Projectsverfassung vorhandene Zahl der an die zu errichtende Centrale bereits angeschlossenen Theilnehmer angenommen; der Umschalter wird sofort für die doppelte Zahl von Abon-

nenten eingerichtet, jedoch so dimensionirt, dass eine Erweiterung auf die doppelte Zahl der montirten Klinken jederzeit ausführbar bleibt. Das Gebäude endlich wird gross genug projectirt, dass im Bedarfsfalle zwei gleich grosse Umschalter Platz finden. Hat z. B. eine Centrale derzeit 1500 Anschlüsse, so wird bei Reconstruction derselben ein Umschalter mit einer Aufnahmsfähigkeit von im Maximum 6000 Anschlüssen für 3000 Abonnenten aufgestellt und montirt. Im Gebäude selbst wird jedoch Vorsorge getroffen, eventuell noch einen ebenso grossen Umschalter für 6000 Abonnenten unterbringen zu können, so dass eine Erweiterung der Anlage bis zu 12.000 Abonnenten ohneweiters ausführbar bleibt. Solange der zweite Umschalter entbehrt werden kann, bleiben die Reservelocalitäten anderen dienstlichen

Fig. 1.

Zwecken gewidmet. Es lässt sich nicht leugnen, dass auf diese Weise der künftigen Entwickelung jeder Anlage freie Bahn geschaffen wird, nur dürfte dieser Vorgang für österreichische Verhältnisse kaum anwendbar sein.

Ist auf Grund aller dieser Erwägungen die Lage und Grösse der Centralen fixirt, so handelt es sich darum, die richtigen Mittel für die technische Einrichtung zu wählen, was nun lediglich von den jeweiligen Fortschritten der Fernsprechtechnik abhängt. So wie es jetzt Niemand mehr bezweifelt, dass 12.000, ja selbst 20.000 Doppelleitungen ohne Beeinträchtigung der Betriebssicherheit in ein Gebäude eingeführt werden können, wird es auch später, wenn das unabweisbare Bedürfnis sich einstellt, vielleicht mit anderen als den bisher bekannten Mitteln gelingen, noch viel mehr Drähte in einem Punkte zu vereinigen. Ebenso wird auch die Wahl der Umschaltvorrichtungen von dem momentanen Stande der Fernsprechtechnik beeinflusst werden. Nach den heutigen Begriffen wird man 12.000, vielleicht auch 20–25.000 Anschlüsse in einen Vielfachumschalter concentriren können. Bei weitergehenden Bedürfnissen wird man je nach den Umständen in demselben Gebäude einen zweiten Vielfachumschalter aufstellen, zu einem combinirten Betriebssysteme übergehen, oder sonst irgendwie den gestellten Anforderungen in möglichst ökonomischer Weise gerecht zu werden trachten. Welche Mittel bis dahin zur Verfügung stehen werden, lässt sich heute nicht voraussagen, sondern nur ver-

entsprechen. Bei dem Umstande, als von der Situirung der Centrale die Configuration des äusseren Leitungsnetzes abhängt, daher die nachträgliche Uebersiedlung eines grossen Vermittlungsamtes den Umbau des Netzes, und damit unverhältnismässige Kosten und Betriebsstörungen zur Folge hat, erscheint es unerlässlich, grosse Centralen principiell nur in Gebäuden einzurichten, welche dauernd diesem Zwecke gewidmet bleiben können.

Soferne es die Verhältnisse nun erlauben, wird es sich stets empfehlen, in Grossstädten eigene Telephongebäude, deren Anlage von vornherein den speciellen Bedingungen grosser Telephoncentralen angepasst werden kann, zu erbauen. Solche Gebäude finden sich bereits in Paris, in Kopenhagen, in Amsterdam (siehe Fig. 1), in Stockholm u. s. w. Im Bau begriffen sind grosse Telephongebäude in Wien und in Brüssel. Zweifellos wird die Projectirung und Ausführung von Telephongebäuden mit der Zeit einen besonderen Abschnitt der Utilitätsbaukunde bilden. Ohne hier an dieser Stelle näher auf die bautechnischen Factoren, welche bei der Projectirung solcher Gebäude zu berücksichtigen sind, näher einzugehen, muss jedoch in Kürze wenigstens die vortheilhafteste Gliederung und Ausstattung dieser Bauwerke, soweit die technische Einrichtung der Telephoncentralen hievon beinflusst wird, besprochen werden.

Die für die Leitungszuführung und die Rangirung zu treffenden Massnahmen sind von der Art der Zuführung, ob ober- oder unterirdisch, abhängig. Bei unterirdischer Zuführung sind namentlich die Kabelschächte für eine bedeutende Vermehrung der Kabelstränge zu dimensioniren, da sich in einem fertigen Gebäude verticale Hohlräume nachträglich nur schwierig und mit sehr grossen Kosten schaffen lassen.

Der wichtigste Raum für jede Telephoncentrale, mag dieselbe in einem eigenen Telephongebäude oder in einem hiezu adaptirten Gebäude gelegen sein.

Fig. 2.

muthen. Anhaltspunkte hiefür werden sich bei Besprechung der technischen Einrichtungen ergeben. Hier sei nur bemerkt, dass auch innerhalb der Centrale im Interesse des localen und des interurbanen Telephonverkehres die möglichste Centralisirung des Betriebes den unbedingten Vorzug verdient.

Damit wären die allgemeinen Grundsätze für die Anlage von Telephoncentralen erörtert und gehen wir zur Besprechung der technischen Ausführung dieser Objecte über.

Jene Localitäten, in welchen Telephoncentralen unterzubringen sind, müssen ganz besonderen Anforderungen, welche der eigenartige Betrieb erheischt,

ist der Umschaltsaal, dessen Grösse natürlich dem behufs Aufstellung der Umschalter erforderlichen Raumbedürfnisse entsprechen muss. So weit als möglich wird man dabei immer trachten, die Umschaltvorrichtungen namentlich beim Vielfachsystem in einem Saale zu vereinigen, da eine räumliche Trennung einen unverhältnismässige grossen Aufwand an Kabeln zur Folge hat. Besondere Obsorge ist der Beleuchtung, ferner der Heizung und Ventilation zu widmen. Es genügt keineswegs in solchen Räumen nur eine dem Auge wohlthuende Lichtintensität zu erzeugen, sondern es muss die Beleuchtung so gewählt werden, dass bei der Manipulation am Umschalter weder Schatten, noch blendende Reflexe entstehen, Wirkungen, welche das Arbeiten an einer mit Tausenden von kleinen Klinken besetzten Tafel ausserordentlich erschweren. Bei Tage wird sich die richtige Beleuchtung durch entsprechend abgedämpftes Seiten- und Oberlicht, zur Nachtzeit durch richtig vertheilte Bogenlampen oder Glühlampenluster eventuell auch durch über den Arbeitsplätzen angebrachte Glühlampen erzielen lassen.

Von grosser Bedeutung sind weiters noch die Temperaturverhältnisse in den Sälen, weil die Manipulantinnen an ihren unverrückbar fixirten Arbeitsplätzen weder Hitze noch Kälte erleiden, aber auch keiner Zugluft ausgesetzt sein dürfen. Bei rascherem Temperaturswechsel wäre übrigens auch zu befürchten, dass sich die Feuchtigkeit der Saalluft auf die blanken Theile des Umschalters niederschlagen und so Anlass zu Störungen bieten könnte. Im Interesse der Betriebssicherheit muss ferner getrachtet werden, möglichst reine, staubfreie und nicht zu feuchte Luft dem Saale zuzuführen, um einerseits die zu Contactfehlern Anlass gebenden Staubablagerungen, andererseits auch den Niederschlag von Feuchtigkeit auf den leitenden Theilen der Apparate hintanzuhalten. In dieser Absicht ist z. B. in dem neuen Amte in New-York die Einrichtung getroffen, dass die Frischluft vor Eintritt in die Säle auf einen ganz bestimmten Feuchtigkeitsgehalt gebracht wird. Um jede Condensirung von Feuchtigkeit zu vermeiden, darf die Temperatur im Saale nur in den Grenzen von 18—20°C.schwanken, worüber das mit der Heizung und Ventilation betraute Organ durch elektrische Thermometer stetig in Kenntnis erhalten bleibt.

Einer der schönsten und in Bezug auf Beleuchtung, Heizung und Ventilation geradezu musterhaft ausgestatteter Umschaltsaal befindet sich in dem neuen Telephongebäude in Kopenhagen (s. Fig. 2). Bezüglich des Saales ist besonders bemerkenswerth, dass um den Saal ein um 80 cm vertiefter und durch die Schränke selbst vom Saal getrennter Gang führt, auf welchem die Mechaniker bequem zu allen Theilen der Schränke gelangen können, ohne den Saal selbst betreten zu müssen; die gereinigte Frischluft dringt durch die an den Stirnseiten des Saales befindlichen Gitter ein, während die verbrauchte Luft durch die in der Mitte des Podiums befindlichen Oeffnungen abströmt und zur Ventilation des zwischen der Zierlichte und der Oberlichte befindlichen Dachbodenraumes verwendet wird. Ausserdem findet eine Luftcirculation zwischen den an den Längsseiten unterhalb der Fenster angebrachten, mit der Aussenluft communicirenden Oeffnungen und den längs der Schrankreihe im Podium ersichtlichen Gittern statt. Die künstliche Beleuchtung erfolgt durch die von der Decke frei herabhängenden Bogenlampen und durch die über den Arbeitsplätzen auf Consolen befestigten Glühlampen.

Gleichfalls einen sehr günstigen Eindruck macht der in der Ausstattung und in der Heiz- und Ventilationseinrichtung bedeutend einfacher gehaltene Umschaltsaal in Amsterdam (s. Fig. 3). Dieser für einen Horizontalumschalter für 10.000 Anschlüsse bestimmte Saal wird ausschliesslich durch einige in beträchtlicher Höhe hängende Bogenlampen in ausgiebigster Weise beleuchtet. Ueberdies sind die Wände weiss gestrichen, wodurch das Licht auch bei Tage gleichmässig vertheilt wird.

Die technischen Einrichtungen, welche der moderne Fernsprechbetrieb in den Centralen erfordert, betreffen:

1. Die Einführung der Leitungen.
2. die Sicherung derselben gegen die Einwirkungen der atmosphärischen Elektricität und der Starkströme.

Fig. 3.

3. die Rangirung und
4. die Combinirung der Leitungen.

In sehr grossen Aemtern treten hinzu noch besondere Vorkehrungen zur Lieferung des für den Betrieb erforderlichen elektrischen Stromes und endlich die den Betrieb regelnden Zähl- und Controllapparate.

Die ad 1—4 aufgezählten Einrichtungen, welche sich verhältnismässig einfach in kleinen Vermittlungsämtern darstellen, werden äusserst complicirt, dabei überdies noch von erhöhter Bedeutung für die glatte Abwickelung des Verkehres und den störungsfreien Betrieb der Anlage, sobald die Zahl der Anschlussleitungen in die Tausende wächst.

Was zunächst die Einführung der Leitungen anbelangt, so sind die hiezu dienenden Constructionen in kleinen Netzen höchst einfach und zumeist den in der Telegraphentechnik seit jeher üblichen Abspannvorrichtungen nachgebildet. Bei grösserer Zahl von Leitungen, welche oberirdisch über Dachständer der Centrale zugeführt werden, dürften ähnliche Constructionen, wie sie im Abschnitte über den Telephonleitungsbau als Ueberführungsobjecte beschrieben wurden, vollständig den angestrebten Zwecken genügen. Je nach der Richtung der zulaufenden Leitungsstränge und der Lage und der Configuration der Dächer in unmittelbarer Nähe jenes Gebäudes, in welchem die Telephoncentrale untergebracht ist, werden Firstständer oder Einführungsthürme zu projectiren sein. Ein Beispiel für erstere Lösung ist aus Figur 1 zu ersehen, wo der Dachfirst in seiner ganzen Länge von einem zusammenhängenden, eisernen Abspanngerüste besetzt ist. In ähnlicher Weise ist n. A. auch die Einführung der An-

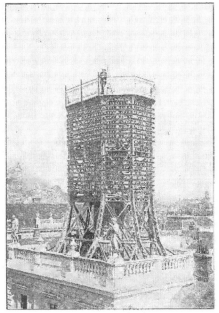

Fig. 4.

schlussleitungen in die Telephoncentrale in Triest mittelst einer entsprechenden Zahl von auf dem First des dortigen Post- und Telegraphengebäudes aufgestellten Dachständern bewerkstelligt.

Wenn es die localen Verhältnisse gestatten, ist die Errichtung eines eigentlichen Einführungsthurmes sowohl in statischer Hinsicht, als auch vom Schönheitsstandpunkte aus vorzuziehen. Die Abspanngerüste dienen gleichzeitig als architektonischer Schmuck für das Gebäude, wenn sie, wie in Deutschland die Form von Kuppeln oder Eckthürmen erhalten, oder in steinernen Thürmen gedeckt untergebracht sind. Dass eiserne Thürme, in bescheidenen Dimensionen nachträglich aufgesetzt, bei entsprechender Ausführung zur Zierde eines Gebäudes werden können, muss bei Betrachtung des nebenstehenden, den Thurm für 1600 Leitungen auf dem Post- und Telegraphengebäude in G r a z darstellenden Bildes (s. Fig. 4) zugegeben werden. Freilich gilt dies nur von Thürmen in bescheidenen Dimensionen, wogegen Eisengerüste für 6000 und mehr Drähte wie z. B. der berühmte Telephonthurm auf dem Gebäude der A l l m ä n n a T e l e f o n Aetiebolag in S t o c k h o l m und die Abspanngerüste auf den Fernsprechgebäuden in H a m b u r g und K o p e n h a g e n (s. Fig. 5) durch ihre genial coneipirte Construction den Techniker lebhaft interessiren, keineswegs aber dazu beitragen, den Gesammteindruck des Gebäudes zu heben. Uebrigens dürften allem Anscheine nach solche Objecte die letzten ihrer Art bleiben, da, seit die Anlage unterirdischer Leitungen infolge der Fortschritte der Kabeltechnik so ungemein erleichtert ist, wohl keine Verwaltung mehr daran denken wird, ausgedehnte Fernsprechnetze ausschliesslich oberirdisch auszuführen. In Zukunft werden selbst für grosse Telephoncentralen Einführungsobjecte für höchstens 400—600 Drähte behufs Anschlusses der in unmittelbarer Nähe der Centralen gelegenen Abonnentenstationen genügen; alle übrigen Anschlussleitungen werden in den im Netze vertheilten Ueberführungsobjecten in Kabel übergehen und auf unterirdischem Wege zur Centrale dirigirt werden. Dass diese Kabel bei grossen Centralen aus ökonomischen Gründen möglichst grosse Adernzahl enthalten und so gebettet werden sollen, dass deren nachträgliche Vermehrung, Auswechslung und Reparatur ohne Aufgrabung bewirkt werden kann, wurde schon bei einer früheren Gelegenheit erwähnt. Namentlich seit der Einführung der Papierkabel gewinnt die Anwendung eines zweckmässigen Einziehsystemes mit untertheilten Hohlräume in unmittelbarer Nähe der Centrale für die Betriebssicherheit und die Instandhaltung der Anlage erhöhte Bedeutung. Da bei diesem Materiale auftretende Fehler nie auf eine oder wenige Adern beschränkt bleiben, sondern binnen kurzer Zeit zur vollständigen Dienstuntauglichkeit des ganzen Kabels führen, würden andere Bettungssysteme eine continuirliche Zulage neuer Kabel und somit ein unaufhörliches Aufgraben der in der Umgebung der Centrale gelegenen Strassen bedingen.

Die in die Centrale eingeführten Papierkabel müssen zunächst durch entsprechend construirte Endverschlüsse gegen das Eindringen feuchter Luft geschützt werden. Wo diese Endverschlüsse zweckmässig unterzubringen sind, wird wesentlich von den örtlichen Verhältnissen abhängen. Wird für die Centrale ein eigenes Gebäude erbaut, so kann schon bei der Projectirung desselben darauf Bedacht genommen werden, trockene und luftige Souterrain- oder Parterrelocalitäten zur Unterbringung der Endverschlüsse und des noch zu besprechenden Hauptvertheilers dadurch zu schaffen, dass die Hauptmauern unter der Kellersohle durch Asphaltlagen u. dgl. gegen aufsteigende Feuchtigkeit gesichert und überdies durch Luftgräben vom umgebenden Erdreich isolirt werden. Bei kräftiger Ventilation in solchen Räumen werden die Klemmen der Verschlüsse und des Vertheilers wohl nie Anlass zu Ableitungen oder Nebenschlüssen bieten. Da bei dieser Anordnung die Hochführung der schweren Erdkabel entfällt, indem die Kabel unmittelbar nach ihrem Eintritt in das Gebäude gesichert werden können, wird sich hiedurch nicht nur eine ziemliche Geldersparnis, sondern auch eine höhere Betriebssicherheit erzielen lassen. So günstige Verhältnisse können aber nur beim Neubau von Telephongebäuden mit verhältnismässig geringfügigen Kosten geschaffen werden. In bereits bestehenden Baulichkeiten oder gar in gemietheten Localitäten wird sich dagegen schwerlich eine bessere Lösung ergeben, als die einlaufenden Strassenkabel im Hofe des Gebäudes innerhalb eines hinreichend stark construirten Eisenschlauches direct bis in jenes Stockwerk, wo ein entsprechender Raum für die Aufstellung des Hauptvertheilers zur Verfügung steht, zu führen.

Alle in das Gebäude ober- oder unterirdisch eingeführten Drähte müssen so nahe als möglich der Einführung mit den durch die Localverhältnisse gebotenen

Fig. 5.

Sicherungen versehen werden. Diese werden für die oberirdischen Leitungen stets aus einer Blitzschutzvorrichtung und, wo Kreuzungen mit Starkstromleitungen zu befürchten sind, ausserdem aus einer geeigneten Schmelzsicherung bestehen. Kabelleitungen erfordern dagegen nur in dem letzteren Falle Sicherungen, da die Vorkehrungen gegen atmosphärische Entladungen schon vor Eintritt der Leitungen in die Kabel, sonach in den Ueberführungsobjecten getroffen sein müssen. **Dort, wo die Gefahr von Collisionen zwischen Telephon- und Starkstromleitungen besteht, ist es unter allen Umständen gerathen, in den Centralen sämmt-**

liche Leitungen zu sichern, da, wie die Erfahrung lehrt, alle übrigen Hilfsmittel wie Isolirleisten, Schutzdrähte, Drahtnetze etc. häufig versagen und selbst bei unterirdischen Leitungen ein Durchschlagen der Kabel immerhin im Bereiche der Möglichkeit liegt.

(Fortsetzung folgt.)

Bericht über den elektrotechnischen Theil der Jubiläums-Ausstellung.

III.

Specialausstellungen verschiedener Firmen.

An die in den vorhergehenden Heften enthaltene Beschreibung der elektrischen Ausstellungsgebietes und der elektrischen Ausstellungslinie von Siemens & Halske reihen wir die Besprechung einzelner Ausstellungsobjecte und beginnen in diesem Artikel mit den Vertretern der Schwachstromtechnik.

Die „**Vereinigte Telephon- und Telegraphen-Fabrik Czeija, Nissl & Co.**" hat sich an der Jubiläums-Ausstellung in besonders hervorragender Art betheiligt. — Die ausgestellten Objecte beweisen, welche Vielseitigkeit die Firma auf dem Gebiete der Schwachstromtechnik entwickelt.

Von Telegraphenapparaten sind die verschiedenen Constructionen der Relief- und Farbschreiber sammt Neben-Apparaten, wie sie im Staats- und Eisenbahn-Telegraphen-Betriebe Verwendung finden, vorgeführt.

Hervorzuheben wäre der Farbschreiber mit beweglichem Farbgefäss, das die Möglichkeit bietet, die Farbe vollständig auszunützen. Mittelst eines Excenters kann das Gefäss gegen das Schreibrädchen mehr oder weniger geneigt werden, wodurch auch eine stets gleichmässig reine Schriftgebung erzielt wird.

Eine Specialität der Firma ist die Fabrikation von Hughes-Apparaten. Bei einem ausgestellten Exemplare ist durch Anwendung eines Elektro-Motors ermöglicht, den Apparat in der Art in Function zu setzen, dass er durch den Motor direct angetrieben oder das Gewicht durch den Motor aufgezogen wird.[*]

Auf dem Gebiete der Telephonie ist die Ausstellung der Firma besonders reichlich vertreten.

Die verschiedenen Arten von Wand- und Tisch-Telephonapparaten, wie sie im Staats-Telephonbetriebe und für Eisenbahnverkehrs- oder private Zwecke Anwendung finden, zeigen, wie sehr sich diese Industrie in Oesterreich entwickelt hat.

---

[*] Erstere Art ist von der österreichischen Telegraphenverwaltung adoptirt worden und wird in Bälde auch in Deutschland eingeführt werden.

Der ausgestellte Schmid-Schäffler'sche Apparat, welcher im Staats-Telephonbetriebe ausgedehnte Anwendung findet, ermöglicht die zweckmässige Unterteilung und Ausnützung von langen Telephonleitungen, in welchen Zwischenstationen eingeschaltet sind. Der Zweck wird vornehmlich durch ein sinnreich construirtes Relais in Verbindung mit einem akustischen und optischen Signale erreicht.

Durch einen Telephon-Central-Umschalter, System Kabela č. für 100 Linien, wird die gegenwärtige Normal-Construction dieser Einrichtungen, wie sie in Staats-Telephonnetzen Anwendung finden, gezeigt. Der Umschalter gestattet eine äusserst rasche Manipulation. Die Abläuteklappen sind in Brücke geschaltet. Die für den Bereich der Jubiläums-Ausstellung eingerichtete

Fig. 1.

Staats-Telephon-Centrale ist mit zweien dieser Umschalter ausgerüstet.

Der automatische Telephon-Umschalter, Construction Niessl, welcher seit einigen Jahren im Staats-Telephonbetriebe angewendet wird und bekanntlich die Benützung einer gemeinschaftlichen Leitung durch mehrere Abonnenten ermöglicht, wird in einem Exemplare gezeigt, das den Anschluss von 4 Telephonstationen an die gemeinsame Linie gestattet.

Die für den Telephonbetrieb im Eisenbahndienste bestimmten Apparate sind durchwegs mit dem Doppel-Mikrophon, System Niessl, ausgestattet, das eine absolute Betriebssicherheit gewährt, weil dem Telephonirenden stets zwei Mikrophone zur Verfügung stehen. Durch Drehen an einem Knopfe wird ein oder der andere Transmitter in den Stromkreis eingeschaltet.

Auf dem Gebiete des Eisenbahn-Signalwesens zeigt die Firma deren bekannte Constructionen von elektrischen Distanzsignalen, Wächterschlagwerken, Signalbuden etc.

Die Gattinger'schen combinirten Inductions-Glocken und Telephon-Apparate, welche ebenfalls ausgestellt sind, werden in ausgedehntem Masse auf den Linien der k. k. österr. Staatsbahnen angewendet.

Den speciellen Fachmann wird die einfache, leicht zugängliche Czeija'sche Construction des bei den österr. Staatsbahnen eingeführten Wächterschlagwerkes gewiss interessiren.

Aus der Abbildung (Fig. 1) entnimmt man den Gesammteindruck dieser sehr umfangreichen Ausstellung.

Auf dem linken Theil dieses Ausstellungsobjectes befindet sich das der Firma **Deckert & Homolka**; in zwei Schaukästen sind die verschiedenen Typen ärztlichen Zwecken dienender Inductions-Apparate, geschmackvoll adjustirte Haussignal-Einrichtungen und Telegraphen-Apparate ausgestellt. Die Klinkenkästchen, welche sich unter den Ausstellungsgegenständen dieser Firma befinden, sowie der Telephonapparat des einen Schaukastens sind die von der österreichischen Verwaltung verwendeten Typen. Eine Specialität dieser Firma bilden die Mikrophone, die den Namen „Deckert" zu einem weltbekannten machten; es ist selbstredend, dass solche in verschiedenen Ausführungsformen zur Schau gestellt sind.

Die Firma **Leopolder & Sohn** führt uns in ihren Apparaten die verschiedenen Zweige ihrer Erzeugnisse vor und zeigt uns die von ihr ausgeführten Signal-Einrichtungen, Telegraphen- und Telephon-Apparate, nebst Wassermessern.

Einen besonderen Werth erlangt die Exposition dieser Firma dadurch, dass ein grosser Theil der ausgestellten Apparate betriebsfähig eingerichtet ist. Zur Inbetriebsetzung wäre eine Batterie von 34 Elementen nothwendig gewesen, und war die Firma wegen Platzmangel gezwungen, um mit wenigen Elementen den Zweck zu erreichen, zwei Wechsel zu construiren, die so eingerichtet sind, dass bei einer Stellung derselben alle Elemente ausgeschaltet sind und bei den anderen Stellungen abwechselnd die einzelnen Apparatgruppen eingeschaltet werden können.

In der Mitte des Objectes ist ein Telephonentisch aufgestellt, welcher mit zwei Endstationen und Morse-Correspondenz auf der Glockenlinie eingerichtet ist. Die eine Endstation ist mit einem Reliefschreiber, die andere mit einem Farbschreiber ausgerüstet.

Auf dem rechtseitigen vorderen Tisch ist eine transportable Telegraphenstation ausgestellt, welche die

Firma speciell für die russischen Eisenbahnen liefert; ferner eine transportable Telephongarnitur, Type k. k. Staatstelegraph, weiters verschiedene Typen von Morse-Farbschreibern, und zwar Piston-Farbschreiber, System Emilian Pulaschek, Telegraphen-Controlor der priv. österr.-ungar. Staatseisenbahn-Gesellschaft in Prag, Farbschreiber mit Filzrolle Patent Wilhelm v. Fischer, Telegraphen-Controlor der k. k. österr. Staatsbahnen in Czernowitz, Farbschreiber-System Anton Roštlapil, Telegraphen-Controlor der priv. österr.-ungar. Staatseisenbahn-Gesellschaft in Brünn, welcher Apparat, sowie dessen neues Relais besonders zu erwähnen sind. Dann sehen wir Morse-Farbschreiber mit aussenliegenden Federhäusern und verstellbaren Farbgefässen. Type k. k. österr. Staatsbahnen, mit und ohne Translations-Einrichtung. Weiters befinden sich noch auf dem Tische Signalautomaten, sowie ein Widerstandsmessapparat mit Differentialgalvanometer und einem Stöpselrheostaten, der ein Messen von 0·1—4111 Ohm Widerstand gestattet.

Auf dem linksseitigen vorderen Tische sind verschiedene Grössen von Wassermessern, Trockenläufern Patent Leopolder & Sohn ausgestellt, deren Construction ein ausgestellter Schnitt veranschaulicht. Ferner sind dort zwei Tischtelephon-Stationen angebracht, deren eine mit verschiebbarem und beweglichem Mikrophon und zwei Löffeltelephonen, die andere hingegen mit einem Mikrotelephon versehen ist.

Von den an der Wand befestigten Apparaten sieht man in erster Linie die neue, auf den k. k. österr. Staatsbahnen theilweise eingeführte Glockensignal-

Fig. 2.

Einrichtung mit Inductionswechselstrom. Patent des k. k. Regierungsrathes Franz Gattinger, und zwar steht in der Mitte der Wand der mit dem Consol-Schlagwerke in Verbindung gebrachte Wächterhaus-Apparat, in welchem der Inductor und das Mikrotelephon untergebracht ist, während an den beiden Enden der Wand die Stations-Apparate angebracht sind. Dieselben sind Mittelstationen und unterscheiden sich von einander dadurch, dass bei der rechten Station für den Aufruf zwei Fallscheiben mit einem Brummer in Verbindung stehen, während bei der linken Station der Aufruf durch zwei Wecker mit Fallscheiben bewirkt wird.

Zu beiden Seiten des Wächterhaus-Apparates befindet sich der neue Wasserstands-Anzeige-Apparat. resp. Schwimmer-Apparat System Richard Lischke.

Telegraphen-Controlor der k. k. priv. Südbahn-Gesellschaft in Marburg. Dieser Wasserstands-Anzeige-Apparat fusst auf dem Principe des Dreiphasenstromes und birgt in sich verschiedene Vortheile, unter anderen, dass die richtige Stellung von atmosphärischen Einwirkungen nicht beeinflusst wird.

Weiters erblickt man oben zwei optische Controllaternen für's Freie der Distanzsignal-Control-Einrichtung Patent Adolf Prasch, Ober-Inspector im k. k. Eisenbahn-Ministerium in Wien. Dieselben sind in Verbindung mit den seitlich auf einem Consol aufgestellten Distanzsignal-Modellen, auf welchen auch die optischen Control-Apparate für's Bureau montirt sind. Bei dieser Construction wäre hervorzuheben, dass ausser den Stellungen „Halt“ und „Frei“, auch alle Störungen in den Leitungen, sowie abnormale Stellungen der Distanzsignalscheiben durch die Control-Apparate angezeigt werden.

Ober den Inductionsstrom-Stationskästen sieht man ferner Metallthermometer und seitwärts von diesen die dazu gehörigen Tableaux. Das Thermometer besitzt zwei Theilkreise, wovon einer die gewünschte mittlere Temperatur, welche beliebig eingestellt werden kann, und der andere die jeweilige Temperatur anzeigt. Der mittleren Temperatur entspricht das mittlere Feld des Tableau, während die anderen vier Felder entweder die ober oder unter der mittleren herrschenden Temperaturen anzeigen. Derartige Anlagen sind von der Firma in den beiden k. k. Hoftheatern, sowie im Parlament und anderen grösseren Gebäuden ausgeführt worden.

Schliesslich bemerken wir noch eine Telephonendund eine Telephonmittelstation der Type III der Staats-

verwaltung. Das Ausstellungs-Object ist in der Fig. 2
abgebildet.

Die elektrotechnische Fabrik von **H. W. Adler
u. Cie.** hat eine elektrische Uhr mit Contacten in der
Nähe der Pendelachse ausgestellt, ferner eine Reihe von
Inductions-Apparaten, denen wegen ihrer Bestimmung
für ärztliche Zwecke eine sehr handliche Form gegeben
ist. Die Einrichtungsgegenstände für Haustelegraphen,
die in hübschen Mustertypen vorgeführt werden, ver-
vollständigen das Bild von der Thätigkeit dieser Firma.

Die Firma **Felten & Guilleaume** führt uns
ein Musterlager ihrer Erzeugnisse vor. Wir sehen eine

Fig. 3.

reichhaltige Collection von elektrischen Lichtkabeln, einfache, concentrische und biconcentrische,
mit Gummi-, imprägnirter Faser- und Papier-Isolation.
Für Wechselströme und hohe Spannungen hat sich
Papier als vorzüglicher Isolator erwiesen; es sind einige
Proben von elektrischen Lichtkabeln mit Papier-Isolation und Lufträumen als Muster vorgeführt. Die ausgestellten Torpedokabel und Sprengkabel für Minen
werden mit einem oder mehreren Leitern, je nach Bedürfnis, hergestellt. Es wird dabei besonderer Werth auf
leichtes und gleichzeitig starkes Material gelegt, weil
diese Kabel einer starken und derben Inanspruchnahme
ausgesetzt sind. Zu diesem Zwecke pflegt man die Kabel

mit feinen Stahldrähten von grosser Bruchfestigkeit zu
bewehren; bei Unterwasserkabeln wird diese Armatur
noch mit Hanf bedeckt, um das Kabel specifisch leichter
zu machen. Die Isolation besteht aus Guttapercha, aus
Gummi oder aus Oconit. Die Telegraphenkabel sind in
den verschiedenen Typen, zum Theil mit Veranschau-
lichung der Querschnitte, dargestellt.

Ausser Kabeln mit einer Armatur aus runden
Eisendrähten sind solche ausgestellt mit Bewehrung aus
Flachdrähten. Diese Kabel sind leichter und besitzen
dabei den Vortheil, dass sie sich beim Ziehen durch
Röhren nicht dehnen. Andere Kabel sind mit ineinander-
greifenden geschlossenen Drähten be-
wehrt; da dieselben nicht zerdrückt
werden können, so können die Leitungen
durch keinerlei äussere Einwirkungen
beschädigt werden. Bei Kabeln mit Bleimantel werden dieselben Arten der
Armatur angewendet. Telephonkabel
sind in gleicher Mannigfaltigkeit ausgestellt, wie die Telegraphenkabel; die sich
auf letztere bezüglichen Bemerkungen
gelten auch für die ersteren, nur beschränkt man bei Telephonkabeln die
Isolation mehr auf Faser und Papier.
Letzteres, besonders in Verbindung mit
Lufträumen, hat sich als die beste Isolation für Telephonkabel bewährt. Es sind
Proben sowohl von Kabeln mit Einzel-
drähten als auch von solchen mit
metallischer Rückleitung ausgestellt.
Krafttübertragungskabel sind in
den verschiedenen Constructionen der
Lichtkabel ausgestellt.

Die erste österr.-ungar. **Kabelfabrik Franz Tobisch** stellt ihr
reich sortirtes Musterlager von umsponnenen Drähten, solchen mit Gummi-
Isolation, und Kabeln in geschmackvoller
Anordnung dar. Kabeltrommeln bilden
die Basisecken einer Pyramide, deren
einzelne Abstufungen die ausgestellten
Gegenstände tragen.

Das Ausstellungsobject der **Kabelfabrik - Action - Gesellschaft** vormals **Otto Bondy** in Pyramidenform
(Fig. 3) schliesst die Ostgalerie ab, und
hat ein Ausmass von 6 × 6, also 36 Qua-
dratmetern bei einer Höhe von 12 Metern.
Auf dem Sockel sind alle Zweige der
Kabelfabrikation vertreten und ist ganz
besonders die Verbindung und Abzweigung sämmtlicher Kabeltypen durch
complet montirte Armaturen dargestellt.

Die Vorderseite zeigt in 2 Tabellen die Entstehung
eines concentrischen Lichtkabels für hohe Spannung
in allen Phasen, bis zu dessen vollständiger Fertigstellung inclusive des doppelten Eisenpanzers zur directen
Verlegung im Erdreich. Zwischen den beiden Tabellen
ist ein Bassin angebracht, eine Rolle Bleikabel und
eine Rolle vulcanisirter Gummiader enthält und mit
Wasser angefüllt ist. In diesem Bassin sind zwei Glühlampen unter Wasser angebracht, welche immer beleuchtet sind und den Strom von der Centrale durch
diese beiden Kabel erhalten. Damit wurde die absolute
Dichtigkeit dieser beiden Isolationsarten demonstrirt.
Die linke Seite zeigt die für die Kabelfabrikation

benöthigten Sorten Rohgummi und Gummigemische, welche von der Fabrik selbst erzeugt werden, in allen Stadien. Es sind da die verschiedenen gewaschenen Gummisorten ausgestellt, ebenso die Gummigemische, wie sie das Mischwerk verlassen, und alle Sorten Platten, von der feinsten und dünnsten Paraplatte bis zu jenen Platten, welche zur Erzeugung vulcanisirter Gummiadern in Verwendung sind; weiters die von der Firma erzeugten Hartgummiplatten und Hartgummirohre, weich und hart, welche zur Montage respective zum Einziehen isolirter Drähte in Verwendung kommen. Die beiden anderen Seiten sind zu einem kleinen Theile mit den gewöhnlichen Sorten Leitungsmaterial, mit Glühlichtschnüren, Seidendrähten und mit vulcanisirten Gummiadern, sowohl in Drähten als in Kabeln ausgefüllt, und ausserdem eine Tabelle mit Mustern von Stark- und Schwachstromkabeln beigefügt.

Den grössten Theil des Raumes füllen die montirten Fournituren aus, auf welche der Aussteller ein ganz besonderes Gewicht gelegt, um seine Construction besonders den Fachleuten zu veranschaulichen. Diese Abtheilung der Ausstellung zeigt Alles, was als Verbindung, Abzweigung, Kreuzung, Vertheilung, Endverschluss überhaupt in Gebrauch ist, und dürfte in dieser Vollständigkeit noch nirgends dargestellt worden sein. Es sind da sowohl für Gleichstrom-, Wechselstrom- und Drehstrom-Kabel niedriger und hoher Spannung sämmtliche Verbindungsstücke, Abzweigungskasten, Kreuzkasten, Vertheilungskasten, ausschaltbare und nicht ausschaltbare Endverschlüsse ausgestellt und weiters sowohl für Telegraphen und Telephonkabel alle Verbindungen zu sehen, die in der Praxis vorkommen und von der Fabrik wirklich ausgeführt wurden. Alle diese Fournituren sind complet montirt; die Vertheilungskasten für hochgespannten Wechselstrom und Drehstrom sind mit Patronen versehen. Die Objecte gewähren in dieser Zusammenstellung dem Laien ein genaues Bild über ein completes unterirdisches Kabelnetz und bieten jedem Fachmanne, der die Constructionen im Detail studirt, die Gelegenheit, sich von der technischen Vollkommenheit der Erzeugnisse der Firma zu überzeugen.

Ueber dem Sockel erhebt sich eine Pyramide aus grossen Kabeln ausgeführt bis zur Höhe der Galerie selbst. Von diesen ausgestellten Objecten nennen wir vorerst ein Telephonkabel mit 480 Adern für 240 Telephonabonnenten, wie es derzeit von der Fabrik für das Wiener Telephonnetz geliefert wird. Dieses Kabel ist nicht armirt, der Mantel besteht nicht aus reinem Blei, sondern aus einer Legirung von Blei und Zinn, wodurch das Kabel etwas härter wird und ohne sich zu deformiren oder zu reissen das Einziehen in die jetzt verwendeten Cementblöcke gestattet. Weiters sind concentrische Kabel für niedrige Spannung und für Hochspannung bis 3000 V mit einem Querschnitte von 2 × 300 mm², ein Drehstromkabel 3 × 70 mm² ebenfalls für 3000 V, und verschiedene Gleichstromkabel zu sehen.

Ebenfalls neu und erst kurze Zeit in Verwendung sind Papiertelegraphenkabel; diese werden, nachdem ein mehrjähriger Versuch in Triest sich bewährt hat, nunmehr auch in Wien verlegt, und ist ein solches Kabel mit 19 Adern ausgestellt, nebst anderen Telegraphenkabeln und Eisenbahn-Blocksignal-Kabeln, Tunnel- und Torpedokabeln, bei denen gleichfalls Papier als Isolator verwendet ist.

Alle diese Kabel sind an ihren Enden so adjustirt, dass für Jedermann die Construction derselben ersicht-

lich ist. Wenn wir noch hinzufügen, dass die verschiedenen hier genannten Kabel auch in der verschiedenen Panzerung, sowohl mit Band, als mit rundem Flacheisendraht, construirt sind, so zeigt das, dass unsere heimische Kabelindustrie auf der Höhe der Zeit steht, und allen Anforderungen, die die Elektrotechnik an sie stellt, gewachsen ist.

Die Accumulatoren - Fabriks - Actien-Gesellschaft. General - Repräsentanz Wien, hat an verschiedenen Stellen der Jubiläums-Ausstellung ihre Accumulatoren zur Ausstellung gebracht. Auf dem officiellen Ausstellungsplatze in der Maschinenhalle ist eine Batterie von 40 Elementen E 23 aufgestellt, welche zur Speisung des Scheinwerfers dient, der von der Rotunde Abends den Ausstellungsplatz beleuchtet. Die Batterie besitzt eine Spannung von ca. 72 V und eine Capacität von ca. 600 Ampèrestunden bei 120 A Entladestrom. Die maximale Stromstärke dieser Batterie ist jedoch 370 A. Die Ladung der Batterie wird von der Internationalen Elektricitäts - Gesellschaft vorgenommen, welche Drehstrom durch einen Transformator in Gleichstrom von ca. 100 V umwandelt.

In dem Vorraume befinden sich die Schaltapparate, um die Ladung und Entladung der Batterie controliren, ferner ein Zellenschalter, um die Spannung entsprechend verändern zu können. An den Wänden des Vorraumes sind künstlerisch ausgeführte Bilder aufgehängt, welche die Verwendung transportabler Accumulatoren für verschiedene Verwendungszwecke darstellen. Es sind auf denselben dargestellt: Die Anwendung tragbarer Accumulatoren für Jagdgebrauch, für Reiselampen, für Beleuchtung von Fahrzeugen (Boote, Bycicles, Kutschwagen). Besonders zu erwähnen ist als sehr interessantes Ausstellungsstück ein Original-Element jener Accumulatoren-Batterie, welche Fridtjof Nansen bei seiner Polar - Expedition in dem Schiffe „Fram" mitgeführt hat. Die Batterie wurde seinerzeit von der Accumulatoren - Fabriks - Action - Gesellschaft Hagen i. W. geliefert. Zwei solcher Elemente wurden vor kurzer Zeit der hiesigen General-Repräsentanz von Capitän Sverdrup zur Verfügung gestellt. Auf der Vorderseite des Ausstellungsraumes ist auf einer Karte von Oesterreich-Ungarn die Verbreitung der Tudor-Accumulatoren dargestellt und durch Kennzeichnung der verschiedenen Orte die Lage und Grösse der Batterien veranschaulicht. Ferner sind in zwei Curven die Jahresumsätze in Gulden österr. Währg. und in Kilowattstunden aller Tudorfabriken seit dem Jahre 1888 verzeichnet. Aus diesen Curven geht hervor, dass der Umsatz mit Ausnahme zweier Jahre stets gestiegen ist und im Jahre 1895 den Betrag von ca. 5·5 Millionen Gulden erreichte. Wir sehen ferner, dass der Umsatz in Kilowattstunden in weit grösserem Maasse ansteigt, was durch den billigeren Preis der Accumulatoren in den letzten Jahren seine Erklärung findet.

Im Jahre 1897 wurden Tudor-Accumulatoren von einer Leistung von ca. 100.000 Kilowattstunden geliefert. Diese Curven zeigten am besten, in welchem Umfange sich die Tudor-Accumulatoren in den letzten Jahren verbreitet haben, was anderseits wieder ein Beweis für die Güte des Systems ist.

In der landwirthschaftlichen Ausstellung befindet sich im Pavillon Lederer & Porges eine Accumulatoren-Batterie als Bestandtheil der daselbst befindlichen elektrischen Station für elektrische Beleuchtung und Kraftübertragung, welche von der Firma Oesterreichische Schuckertwerke errichtet wurde. Die Batterie besteht aus 60 Elementen E 32 und besitzt eine Capacität von ca. 1056 Ampèrestunden bei 141 A Entladestrom, die maximale Stromstärke ist jedoch 592 A. Die Ladung der Batterie erfolgt unter Zuhilfenahme einer Zusatz-Dynamo, welche durch einen Elektromotor angetrieben wird. Die Batterie dient zur Unterstützung und als Reserve für die Maschinenanlage und gibt bei Stillstand der Maschinen den erforderlichen Strom für Lampen und Motoren ab.

In der Urania sind mehrere transportable Batterien aufgestellt, welche den Strom für verschiedene Experimente liefern. Es ist ferner daselbst eine Zusammen-

und 425 Ampèrestunden bei fünfstündiger Entladungsdauer. Ferner sind Elemente ausgestellt, die für die Eisenbahnwaggon-Beleuchtung dienen. Dieselben sind bei den österreichischen Staatsbahnen in Verwendung und haben sich gut bewährt. Die Firma führt weiters kleinere Accumulatoren in ihrer Anwendung für Grubenlampen, Wagen- und Fahrradlaternen, Minenzünder etc. vor, die bei mässigem Gewichte eine grosse Capacität besitzen. Die kleine Grubenlampe enthält drei Elemente, die eine Glühlampe für $2/_2$ Kerzen durch 12 Stunden mit Strom versorgen.

Das Accumulatorenwerk **Rudolf Stabonow**, Prag-Žižkov, stellte ebenfalls verschiedene Accumula-

Fig. 4.

stellung verschiedener Platten-Typen, sowie Element-Modelle etc. als Demonstrationsobject aufgestellt.

Accumulatoren für elektrische Wagenbeleuchtung sind in der Rotunde im Ausstellungs-Schaukasten der Firma Carl Gabriel aufgestellt und bethätigen daselbst eine grosse Anzahl verschiedenartig ausgeführter Wagenlaternen.

Die Accumulatoren-Fabrik **Wüste & Rupprecht** stellte eine Batterie von 58 ihrer Elemente aus, die den Strom für die Effectbeleuchtung der Firma „Vereinigte Elektricitäts-Actien-Gesellschaft", auf deren Ausstellungsobjecte wir noch eingehender zurückkommen werden, liefert; die Batterie hat eine Capacität von 560 Ampèrestunden bei zehnstündiger

toren in Ebonit- und Glaskästen aus, und zwar stationäre Typen von 54 bis 750 A.-St. Cap. bei dreistündiger Entladezeit und transportable Typen von 20 bis 100 A.-St. Cap. bei zehnstündiger Entladezeit. Die Firma, welche seit $2^1/_2$ Jahren besteht und bereits ca. 80 stationäre Anlagen ausgeführt hat, erzeugt stationäre Accumulatoren in Glasgefässen, welche 10 bis 160 A. durch drei Stunden liefern, und solche in Hartbleigefässen mit Holzmantel, welche 180 bis 2000 A. während derselben Zeit liefern; die transportablen Typen liefern 2 bis 20 A. durch 10 Stunden.

Die Elektricitätszählerfabrik **H. Aron** in Wien stellte Zähler für Gleich-, Wechsel- und Drehstrom, die mit automatischer Aufzugsvorrichtung und selbstthätigem Umschalter versehen sind, aus. Mittels eines am Tische befestigten Ausschalters können die verschiedenen Stromzähler in Function gesetzt werden.

Das Ausstellungsobject der **Internationalen Elektricitäts-Gesellschaft** (Fig. 4) in der Rotunde sollte im Hauptsächlichen eine Zusammenstellung jener Hilfsmittel zeigen, wie sie für ein ausgebreitetes Wechselstrom-Vertheilungssystem in Anwendung kommen. Dieses Ausstellungs-Object konnte daher seiner Ausstattung nach dem Besucher nicht so sehr eine Vorstellung von der Bedeutung und Leistungsfähigkeit des Unternehmens selbst geben — dafür gab ja das überaus umfangreiche Beleuchtungs- und Kraftübertragungsanlage der Ausstellung, die von der **Internationalen Elektricitäts-Gesellschaft** ausgeführt und betrieben wurde, das glänzendste Zeugnis - vielmehr sollten dem Fachmanne einige instructive Details der Stromvertheilung dieses Unternehmens gegeben werden, wie sich dieselben nach den bisherigen mehrjährigen Erfahrungen herausgebildet haben. Getreu der grundlegenden Idee der ganzen Jubiläums - Ausstellung wurde auch hier eine Art von historischer Darstellung gewählt, und wenn auch die Gesellschaft nur auf einen Bestand von circa 9 Jahren zurückblicken kann, so sind doch bei der rasch vorwärts schreitenden Entwickelung unserer Technik manche beachtenswerthe Fortschritte auch in der Ausgestaltung des Wechselstrom - Vertheilungssystemes zur Darstellung gebracht.

Was die Ausbreitung des Unternehmens in diesem Zeitraume anlangt, so ersehen wir aus einem Diagramme, welches die jährlich producirten Hektowattstunden der Wiener Elektricitätswerke der Internationalen Elektricitäts-Gesellschaft darstellt, dass von einer anfänglichen jährlichen Production von circa 600.000 Kilowattstunden eine Steigerung auf über 6,000.000 Kilowattstunden, also auf den zehnfachen Umfang, eingetreten ist. In derselben Zeit wurde das Primärkabelnetz, wie aus anschaulichen Plänen ersichtlich ist, bis zu einem Umfange von 250 km Kabellänge ausgestaltet. Ein grosses Aquarell bietet eine Aussenansicht der Centralstation in ihrem jetzigen Umfange; überdies kann aus einem Plane dieses Elektricitätswerkes die bauliche und maschinelle Disposition entnommen werden.

Bezüglich der technischen Verbesserungen an der Stromvertheilung mögen zunächst die Kabelfournituren erwähnt werden, welche von der zu Anfang des Betriebes benützten einfachsten Form bis zu der gegenwärtig gebräuchlichen vervollkommten Construction vorgeführt sind.

Wir sehen die verschiedenen Schaltkästen, welche für Haupt-, Speise- und Abzweigungsleitungen verwendet werden, sowie Abzweigungskästen (Patent Probst), welche die Ein- und Ausschaltung

eines jeden einzelnen Primäranschlusses von der Strasse aus ermöglichen, endlich Kabelendverschlüsse in ihrer früheren und jetzigen Ausführung. Es ist bei allen Kabelfournituren bemerkenswerth, dass auch hier das Ebonit immer mehr durch das Porzellan verdrängt wird. Das Ebonit hat sich wegen der Veränderlichkeit der Form als Constructionsmaterial nicht bewährt und selbst die Isolation ist in allen Fällen, wo nicht eine ständige Reinhaltung der Oberfläche möglich ist, keineswegs verlässlich. Wir finden weiters die Schraubenverbindungen bei jenen Hochspannungsapparaten, die einer zeitweiligen Manipulation unterliegen, durch bequem zu handhabende Streckencontacte ersetzt.

Es ist sehr erwünscht, Beleuchtungsobjecte von grösserer Wichtigkeit, wie die Hofburg, Theater, Bahnhöfe etc. ganz besonders in ihrer ungestörten Beleuchtung zu sichern. Es ist dies dadurch ermöglicht, dass die Centralstation vermöge ihres bedeutenden Umfanges in

Fig. 5.

ursprünglich zwei und gegenwärtig drei von einander vollkommen getrennte Maschinengruppen getheilt ist und an jede Maschinengruppe ein unabhängiges Kabelnetz angeschlossen ist. Ein besonders zu sicherndes Object erhält nun Anschlüsse von zwei solchen unabhängigen Netzen und ein automatisch wirkender Umschalter bewerkstelligt in dem Falle, als in dem einen Kabel der Strom aus irgend einem Grunde ausbleiben sollte, die sofortige Umschaltung auf das andere Kabel. Ein solcher automatischer Umschalter war im gleichfalls vorgeführt und konnte jederzeit activirt werden. Die Umschaltung erfolgt durch einen Fallhebel, welcher durch das Stromloswerden eines Relais ausgelöst wird. Zur Sicherung des Kabelnetzes dienen einerseits die in den Schalt- und Abzweigungskästen vorhandenen bipolaren Bleisicherungen, deren Patronen mit isolirten Handgriffen versehen, gleichzeitig zur Ein- und Ausschaltung des betreffenden Kabelstranges dienen. Andererseits sind diesbezüglich auch die Funkenstrecken bemerkenswerth, welche, den Blitzschutzvorrichtungen ähnlich, aus zwei gegenüberstehenden, durch einen Luftraum getrennten Metallkammern bestehen, von denen der eine an den Aussenleiter des concentrischen Kabels, der gegenüberliegende an Erde angeschlossen ist. Diese Vorrichtung dient zum Schutze des Kabels bei statischen Entladungen, indem der Ausgleich des Aussenleiters zur Erde sodann nicht durch die isolirende Kabelhülle, sondern durch die Funkenstrecke erfolgt. Diese wichtige Kabelsicherung ist von ihrer ursprünglichen primitiven Einrichtung bis zur heutigen bewährten Construction in allen Ausführungen zu sehen. Das Bestreben für Verbesserung war vornehmlich dahin gerichtet, dass die Funkenstrecken nach erfolgten Entladungen ihre volle Functionsfähigkeit bewähren.

Die Transformatoren, die früher in einfachen innen mit Eisenblech verkleideten Holzverschalungen untergebracht wurden, werden jetzt in gemauerten, mit Eisenthüren versehenen und gut ventilirten Kästen aufgestellt, von denen ein vollständig ausgerüstetes Exemplar zu sehen ist. Für solche Räume, die dem Zutritt von Hochwasser ausgesetzt sind, ist noch eine besondere Art von Transformatorenkästen in Anwendung, welches in den Ausstellungsobjecte in einem Exemplare vorgeführt ist, indem ein Gehäuse nach Art der Taucherglocke in Anwendung kommt, welches dem Transformator eine sichere Function selbst unter Wasser gestattet. (Patent Probst.)

Die Internationale Elektricitäts-Gesellschaft hat beim Ausstellungsbetriebe eine neue Transformatorentype, wie dieselbe gegenwärtig von Ganz & Co. fabrizirt wird, zur Einführung gebracht. Sie zeichnet sich dadurch aus, dass sie ausser den gewöhnlichen Isolationsmitteln noch eine ausserordentlich grosse Luftisolation zwischen der primären und secundären Wickelung hat.

Der Eisenkern ist ein Rahmen, welcher aus übereinander gelappten Eisenblechen besteht, auf welche die Primär- und Secundärspulen abwechselnd aufgeschoben sind, jedoch so, dass mittelst isolirender Keile ein concentrischer Zwischenraum zwischen Spule und Eisenkern entsteht. Diese Anordnung hat nebst der vorzüglichen Isolation auch zur Folge, dass die Streuung eine ausserordentlich geringe ist und in der That ist der Spannungsabfall im Transformator selbst bei starker Phasenverschiebung im äusseren Schliessungskreise (wie beispielsweise beim Motorenbetriebe) eine minimaler.

Die Internationale Elektricitäts-Gesellschaft hat kürzlich die bemerkenswerthe Einrichtung getroffen, dass von ihrem Wiener Elektricitätswerke oder einphasigem Wechselstrom auch Zweiphasenstrom abgegeben wird, und hat die Ausstellung reichlich Gelegenheit geboten, die Anwendung beider Stromgattungen für motorische Zwecke zu veranschaulichen. Auch die Specialausstellung der genannten Gesellschaft enthält eine stattliche Reihe von Ein- und Zweiphasenmotoren in den verschiedenen Grössen von $^1/_{100}$ bis 50 PS Leistungsfähigkeit. Bei beiden Motorgattungen ist die Betriebsspannung bis zu 12 PS 100 V, darüber hinaus bis 50 PS 200 V in jeder Phase. Die Einschaltung der kleineren Motoren erfolgt unmittelbar auf die volle Betriebsspannung, bei grösseren Motoren durch vorhergehende Zwischenschaltung eines Wasserrheostats, sodass jede Beeinflussung des Lichtes vermieden ist. Es sind ferner zwei Umformersysteme im Betriebe, von denen jedes (Fig. 5.) aus einem 50 PS-Zweiphasenmotor in directer Kuppelung mit einer

Nebenschlussdynamo von 300 KW besteht. Diese Umformersysteme liefern den erforderlichen Gleichstrom für die in der Ausstellung vorhandenen Gleichstrom-Motoren, sowie für die Ladung der vorhandenen Accumulatoren-Batterien, welch' letztere zur Bethätigung der grossen Scheinwerfer dienen.

An einem Zähler der Internationalen Elektricitäts-Gesellschaft der neuesten Construction, Patent Bláthy, kann man die genaue Ausführung und genial einfache Anordnung dieses Apparates ersehen. Auf einer besonderen Stellage ist auch die Construction der Bogenlampen, von denen in der Ausstellung über 1200 Stück in Function waren, ohne Gehänge gezeigt, so dass die einfache und sinnreiche Construction dieser in den Werkstätten der Internationalen Elektricitäts-Gesellschaft hergestellten Lampen ersichtlich gemacht ist.

Die jetzige Ausgestaltung der Centrale selbst und ihre historische Entwickelung konnte natürlich in der Ausstellung nur durch bildliche Darstellung, u. zw. durch Pläne und Photographien etc., von denen eine reiche Auswahl gegeben war, ersichtlich gemacht werden, doch war es jedem Ausstellungsbesucher möglich, bei dem Objecte der Internationalen Elektricitäts-Gesellschaft Eintrittskarten zur Besichtigung des Elektricitätswerkes zu erhalten, von welcher dankenswerthen Einrichtung auch der ausgiebigste Gebrauch gemacht wurde.

Zur Frage des zweiten Telephones bei den Theilnehmer-Sprechstellen.

Seit ungefähr einem halben Jahre wird im deutschen Reichspostgebiete das zweite Telephon den neu beitretenden Theilnehmern nur dann geliefert, bezw. in den neuen Theilnehmer-Sprechstellen eingerichtet, wenn die Theilnehmer dies ausdrücklich wünschen und die hiefür festgesetzten Kosten besonders bezahlen.

Bei den alten Sprechstellen werden jedoch die früher allgemein gelieferten zweiten Telephone ohne Einhebung einer Gebühr auch ferner belassen, wenn die Theilnehmer nicht freiwillig auf die weitere Benützung derselben verzichten.

Der Preis für das zweite Telephon stellt sich ungefähr im Durchschnitte auf 10 Mark — je nach dem vertragsmässig im laufenden Etatsjahre von den Fabrikanten der Staatsverwaltung zu zahlenden Preise — und berechnet die deutsche Telephonverwaltung daraus eine zu erzielende Ersparnis jährlicher 150,000 Mark, welche zur Verbesserung des Betriebes in anderer Richtung, bezw. zur Verbilligung des Telephonverkehres in kleineren Orten Verwendung finden sollen. Es wurde schon gelegentlich der Berathung des Post- und Telegraphen-Budgets im deutschen Reichstage diese neue Einführung beabsichtigt, aber von einigen Abgeordneten bekämpft und als kleinliche Massnahme hingestellt. Alle Einwendungen versuchte der Director des deutschen Reichspostamtes, Sydow, zu widerlegen und zwar, wie aus der nunmehr durchgeführten Neuerung erhellt, mit günstigem Erfolge, indem schliesslich die Ansicht zum Durchbruche gelangte, derartig beabsichtigte Massregeln, deren Tragweite man nicht übersehen könne, der seinerzeit gut geleiteten Telephonverwaltung des deutschen Reichspostgebietes zur Durchführung zu überlassen. Die Praxis ist das entscheidende Wort zu sprechen, ob der Wegfall des zweiten Telephones von der Mehrzahl der den Telephonverkehre theilnehmenden Publikums als eine für beide Theile günstige Neuerung Geltung erhalten kann und dürfte es so interessant sein, nach Verlauf eines Jahres aus der Praxis gezogene Urtheile verschiedener Theilnehmer von verschiedenen Gesellschaften zu erfahren. Es stehen sich hier zwei Ansichten wie bekannt diametral gegenüber; die eine vertheidigt die Nothwendigkeit des zweiten Telephons, trotz der bedeutend besseren Leistungsfähigkeit des Telephones gegen früher, mit dem durchaus begründeten und allgemein bekannten Hinweise, dass man mit beiden Ohren vermeintlich dann besser hört, wenn der sprechende Theil, wie es nicht selten vorkommt, ein Organ besitzt, das im besten Telephon beinahe unverständlich ist; ferner glaubt man von dieser Seite anführen zu können, dass es im geschäftlichen Leben viele Fälle gibt, wo das zweite Telephon von einem zweiten Hörenden mit Vortheil benützt werden kann, welcher Umstand aber wohl nicht in die Wagschale fallen kann, um die allgemeine Einrichtung des zweiten Telephon zu begründen. Die andere Ansicht, d. i. die der deutschen Telephonverwaltung, begründet den Wegfall des zweiten Telephons hauptsächlich, abgesehen von den zu erzielenden Ersparnisse, durch die bessere Construction der Mikrophone und Telephone und damit, dass man sich bald in die Neuerung allseitig hineinfinden werde. Wir unsererseits möchten dieser Begründung für nur ein Telephon bei jeder Sprechstelle schliesslich noch eine Begründung beifügen.

Es muss zweifellos zugegeben werden, dass die wenn auch für jeden Laien noch so erleichterte einfache Behandlung der Hörtelephone immerhin zur Voraussetzung hat, dass das richtige von den zwei Telephonen zur Einleitung eines Gespräches abgehoben und ebenso nach Schluss des Gespräches auf den richtigen Platz aufgehängt werde. Dass dies nicht immer geschieht, das haben die praktischen Erfahrungen gelehrt. Ist nur ein Telephon vorhanden, so kann eben nur dieses eine richtig abgehoben und wieder aufgehängt werden. Es dürfte wohl am zweckmässigsten sein, die Wahl der Einrichtung des zweiten Telephons dem Ermessen jedes einzelnen Theilnehmers zu überlassen, wie dies auch z. B. in Frankreich schon längere Zeit üblich ist. Ob aber der Vorgang der deutschen Postverwaltung, sich für das zweite Telephon an dem Theilnehmer schadlos zu halten, der richtige ist, das ist eine andere Frage. Im Interesse der weitesten Ausdehnung des unentbehrlich gewordenen Telephonverkehres dürfte wohl ein derartiger Vorgang nicht gelegen sein. *H. v. H.*

KLEINE MITTHEILUNGEN.

Verschiedenes.

Elektrischer Betrieb in Locomotivfabriken. Die Wiener Locomotivfabrik der österr.-ungar. Staatseisenbahn-Gesellschaft lässt gegenwärtig durch die Firma Ganz & Co. eine Centralstation für den Betrieb ihrer Werkstätten errichten. Zur Aufstellung gelangt ein Dreiphasengenerator von 300 KW, welcher mit einer gleich grossen Compound-Condensations-Dampfmaschine direct gekuppelt ist. Der Generator macht 125 Touren per Minute bei 260 V Spannung. Für den manchmal nothwendigen Betrieb einzelner Maschinen bei Nacht oder an Sonntagen, wo die grosse Maschine nicht laufen soll, dient ein 60 PS Drehstrom-Generator. Es werden vorerst ca. 40 Drehstrom-Motoren von 1/2 bis 30 PS Leistung aufgestellt, u. zw. für eine Gesammtleistung von ca. 400 PS. Die Antriebe sind theils Gruppen-, theils Einzelantriebe, erstere für die dicht besetzten Transmissionsstränge, letztere für grössere Arbeitsmaschinen, wie Bohr- und Schmiedemaschinen, Drehbänke, Cylinderbohrmaschinen, Lochmaschinen, Pressen, Pumpen und Ventilatoren. Auch die Beleuchtung mit 40 Bogen- und vorerst 200 Glühlampen wird mittelst Drehstromes ausgeführt. Der bisherige Betrieb geschah mit verschiedenen in der Fabrik an getrennten Orten aufgestellten Dampfmaschinen und Locomobilen, welche unökonomisch arbeiteten.

Auch die zweite in Wien befindliche grosse Locomotivfabrik, das ist die Floridsdorfer Locomotivfabrik hat im Vorjahre eine bedeutende elektrische Kraft- und Licht-Centrale gebaut, welche seit ca. einem Jahre in tadellosem Betriebe steht. In der Fabrik sind zwei Dampfdynamos à 300 PS und eine à 120 PS angestellt. Die verticalen Dampfmaschinen sind mit den Dynamos direct gekuppelt und machen 113 Touren per Minute; alle Maschinen sind für Parallelschaltung eingerichtet. Die Dynamos können ihre Energie in Form von Drehstrom von 280 V oder von Gleichstrom von 2×110 V geben. Die Kraftübertragung erfolgt ausschliesslich mittelst ca. 60 Drehstrom-Motoren. Die Antriebe sind gleichfalls theils Gruppen-, theils Einzelantriebe, in beiden Fällen sind für die Anstellung der Motoren, für den Antrieb der bestehenden Transmissionen, sowie für den directen Zusammenbau der Motoren mit den Werkzeugmaschinen, Pumpen, Ventilatoren etc. sehr interessante Detail-Constructionen zur Ausführung gelangt. Auch die Krahne werden elektrisch betrieben. Die Beleuchtung erfolgt mittelst Gleichstromes; es sind ca. 35 Bogen- und 500 Glühlampen installirt; für den Nachtbetrieb dient eine Accumulatoren-Batterie von 300 Ampère-stunden. Die Anlage hat sich nicht nur in technischer, sondern auch in commercieller Beziehung sehr bewährt. Durch den Wegfall vieler langer Transmissionen wird sehr viel an Kraft erspart. Hiedurch und durch den Ersatz der vielen kleinen, bisher benützten dampffressenden Locomobilen durch grosse Compound-Condensations-Dampfmaschinen wird eine sehr bedeutende Ersparnis an Kohle erzielt. Ausserdem wurde durch die erhöhte Tourenzahl der einzelnen Transmissionsstränge die Leistungsfähigkeit der Fabrikation bedeutend erhöht.

Auch diese Anlage wurde von der Firma Ganz & Comp. ausgeführt.

Ausgeführte und projectirte Anlagen.

Oesterreich-Ungarn.

a) Oesterreich.

Polnisch-Ostrau. (Elektrische Kleinbahnen.) Das von der Landesregierung in Troppau mitgetheilte Ergebnis der am 6. Juli durchgeführten politischen Begehung und Enteignungs-verhandlung rücksichtlich des Projectes der normalspurigen elektrischen Kleinbahn von Polnisch-Ostrau nach Hruschau wurde zur Kenntnis genommen und der Bauconsens unter Ausschluss der Theilstrecke von km 0·600 bis km 0·910 mit dem Bemerken ertheilt, dass dieselbe erst nach Erheilung der Concession in Kraft tritt. Für die vom Bauconsense ausgeschlossene Theilstrecke ist ein neues Project vorzulegen.

Das k. k. Eisenbahnministerium hat unterm 21. September die k. k. Landesregierung in Troppau beauftragt, hinsichtlich des von der Firma Ganz & Comp. in Wien vorgelegten generellen Projectes der schmalspurige Kleinbahn mit elektrischem Betriebe von Polnisch-Ostrau über Radwanitz, Peterwald, Orlau und Dombrau nach Karwin im Sinne der bestehenden Vorschriften die Tracenrevision einzuleiten.

Prag. (Elektrische Bahnen.) Die am 27. v. M. stattgehabte polizeilich-technische Commission ertheilte für die elektrische Bahnstrecke Josefsplatz—Königl. Thiergarten (Baumgarten) mit dem 28. September l. J. ex commissione die Bewilligung zur Betriebseröffnung, vorläufig jedoch nur bei Verwendung von einzelnen Motorwagen. Zur Benützung von Beiwagen will das Ministerium erst nach der Ueberprüfung der statistischen Berechnung der Belastung der Franz Josefs-Brücke die Bewilligung ertheilen. Die Fahrt vom Josefsplatze bis zur Endstation im Baumgarten wird 15—17 Minuten dauern.

Anlässlich der Eröffnung der oberwähnten Strecke wurde die Frage aufgeworfen, auf welche Art die Fahrpreise dieser Bahn mit jenen der Pferdebahn in Einklang gebracht werden. Wie man von „Politik" erfährt, hat der Verwaltungsrath der städtischen elektrischen Unternehmungen beschlossen, mit 15. October d. J. einen einheitlichen Fahrpreistarif für die zusammenen städtischen Strassenbahnen heranzubringen, ohne Rücksicht, ob dieselben Pferdebahn- oder elektrische Bahnen sind, so dass die auf der Pferdebahn gelösten Umsteigkarten auch für die elektrische Bahn und umgekehrt gelten werden. Unter einem werden auch die Tenumerations-, Kinder- etc. Blocks und permanente Jahreskarten mit dem erwähnten Tage herausgegeben werden.

Die directe Fahrt auf der Strecke Königl. Weinberge—Palackýbrücke wurde bis auf Weiteres eingestellt, und es verkehren anstatt derselben zwei Wagen zwischen der böhmischen Technik—Palackýbrücke. — Die Stadtgemeinde Žižkov hat sich mit der Errichtung der elektrischen Bahnstrecke zum Wolšaner Friedhofe einverstanden erklärt. — In dem seinerzeit mit der Gemeinde Žižkov anlässlich des Baues der elektrischen Bahn-strecke Prag–Žižkov abgeschlossenen Vertrage ist der Passus aufgenommen, dass alle Aufschriften und Kundmachungen bei dieser Strecke in böhmischer Sprache ausgeführt werden müssen. Obzwar die Gemeinde Žižkov nur ein Aufrechterhaltung dieses Passus gedrungen hatte, hat das Eisenbahnministerium denselben nicht genehmigt. Die Gemeindevertretung von Žižkov beschloss daher, diesen Passus zwar in den Vertrag in Wegfall zu bringen, jedoch unter der Bedingung, dass der Prager Stadtrath der Gemeinde Žižkov mittelst eines Reverses verpflichte, die Aufschriften und Kundmachungen in böhmischer Sprache ausfertigen zu lassen, insoferne sie nicht zu anderen Massregeln nöthigt werde.

b) Ungarn.

Budapest. (Eisenbahn-Project.) Der königl. ungarische Handelsminister hat den Advocaten Dr. Wilhelm Bleyer und den Civil-Ingenieur Hermann Pollak in Budapest die Bewilligung zur Vornahme technischer Vorarbeiten für eine von einem geeigneten Punkte der Umgebung von Budakesz im Svabhegy (Schwabenberg) Bereiche ausgehende, über Páty bis Zsámbék führende Loralbahn mit elektrischem Betriebe auf die Dauer eines Jahres ertheilt.

Neusatz. (Erweiterung des Betriebsnetzes der projectirten Strasseneisenbahn mit elektrischem Betrieb im Bereiche der Stadt Ujvidék [Neusatz] und Umgebung.) Die Municipalverwaltung der

Stadt Ujvidék hat den Beschluss gefasst, das von ihr ursprünglich nur für den Bereich der Stadt in Aussicht genommene gewesene Betriebsnetz der projectirten Strasseneisenbahn mit elektrischem Betriebe bis zu einer Gesammtlänge von 9·5 km zu erweitern. Diese Strasseneisenbahn, welche die Station Ujvidék der Hauptlinie Budapest—Ujvidék—Semlin- Belgrad der königlichen Ungarischen Staatsbahnen und der concessionirten Localbahn O-Becse—Ujvidék und Titel—Ujvidék mit dem Donau-Umschlagplatz Ujvidék verbinden wird, dürfte insbesonders bei niedrigem Wasserstande der Theiss von Bedeutung für den Wassertransport von Getreide aus der Bácska sein.

Patentnachrichten.
Mitgetheilt vom Ingenieur Victor Monath.
WIEN, 1. Jasomirgottstrasse Nr. 4.

Auszüge aus Patentschriften.

B. Casdorp in Hamburg. — Handschecre zum Abschneiden von Dynamobürsten. — Classe 49, Nr. 95.091 vom 13. December 1896.

In dem Kopf des feststehenden Scheerenschenkels *a* ist ein Messer *d* fest angebracht und ein Messer *f* gleitet zwischen Führungsleisten *i k*. Letzteres Messer *f* wird auf der einen Seite durch den beweglichen Scheerenschenkel *b* direct, auf der anderen Seite mittelst eines Hebels *h* bewegt. Der Hebel *h* ist drehbar um einen Zapfen am feststehenden Scheerenschenkel *a* und wird durch einen am Drehzapfen des Scheeren-schenkels *b* befestigten Arm *l* bewegt. Der beiderseitige Angriff des Messers hat den Zweck, ein Festklemmen desselben zu verhindern. (Fig. 1 u. 2.)

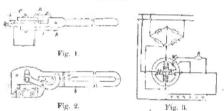

Fig. 1.

Fig. 2.   Fig. 3.

Siemens & Halske, Actien-Gesellschaft in Berlin. — Vorrichtung zum Ausgleich der Reibungswiderstände bei Wechselstrom-Motorzählern. — Classe 21, Nr. 95.211, vom 15. Juli 1897.

Die auf dem Eisenkörper des Motors an einer durch den Drehungssinn gegebenen Stelle angebrachte Spule, welche die Reibung ausgleichen soll, wird hier vom Nutzstromkreise abgezweigt, um den schädlichen Einfluss der Nutzströme auf die Kurzschlusswindungen aufzuheben. *R* ist ein im Stromkreise der Zusatzspule eingeschalteter Regulirwiderstand. (Fig. 3.)

John Thomas Lister und William Selah Chamberlain in Cleveland Ohio, V. S. A. — Glühlampe mit mehreren Glühfäden. — Classe 21, Nr. 97.855 vom 22. September 1896.

Die Glühfäden der Glühlampe sind an entgegengesetzten Enden der Glashülle *L* befestigt, so dass die federnde Fassung *B* nach Belieben an das eine oder andere Ende gesteckt werden kann. (Fig. 4).

Fig. 4.   Fig. 5.   Fig. 6.

Siemens & Halske, Actien-Gesellschaft in Berlin. — Zusammengesetzter Ringanker für Dynamomaschinen. — Classe 21, Nr. 97.995 vom 12. August 1897.

Die einzelnen Ringe werden in mehreren jedesmal in entgegengesetzter Richtung neben einander gelagerten Segmenten zusammengesetzt. Durch diese Anordnung erzielt man Verringerung des magnetischen Widerstandes und leichtes Auswechseln einzelner Spulen eines fertiggestellten Ankers. (Fig. 5.)

Union-Elektricitäts-Gesellschaft in Berlin. — Kerntransformator für den Uebergang von Zweileiter- auf Dreileiternetze und umgekehrt. — Classe 21, Nr. 98.302 vom 15. December 1897.

Um Belastungsschwankungen in den beiden Nutzhälften des Dreileiternetzes auszugleichen, wird jede (Primär- und Secundär)-Wickelung in zwei hintereinander geschaltete Spulen *F U* zerlegt, die derart auf verschiedene Schenkel des Kernes vertheilt sind, dass beide Spulen jeder auf je eine Seite des Dreileiternetzes arbeitenden Wickelung gleichzeitig zu beiden Spulen der auf das Zweileiternetz arbeitenden Wickelung in gleichartiger Inductionsbeziehung stehen. (Fig. 6.)

Robert Dahlander und Karl Arvid Lindström in Westeras, Schweden. Anordnung zur Erzielung von zwei verschiedenen Polzahlen bei asynchronen Wechselstrommotoren. — Classe 21, Nr. 98.417, vom 12. Februar 1897.

Um bei Mehrphasenmotoren mit Trommelwickelung zwei Polzahlen und Geschwindigkeiten zu erreichen, ist die Wickelung zu jeder Phase in zwei Hälften getheilt und jede Hälfte umfasst jede zweite der zu jeder Phase gehörigen Wickelungen. Durch gegenseitige Verbindung dieser Hälften können dann die beiden verschiedenen Polzahlen und Geschwindigkeiten erhalten werden, und zwar ist dann die eine doppelt so gross als die andere.

Frederick Carleton Esmond in Brooklyn. — Stromzuleitungssystem mit Theilleiter- und Relaisbetrieb für elektrische Bahnen. — Classe 20, Nr. 98.166 vom 18. December 1895.

Die Theilleiter sind hinter einander geschaltet und paarweise elektrisch verbunden. Es wird zur Verbindung der Treibmaschine des Wagens mit der Stromzuführung in der Weise vermittelt, dass die Stromabnehmer einen Nebenschluss vom vorhergehenden Theilleiterpaare behufs Erregung einer Schaltspule für das folgende Paar herstellen. Hierauf stellt die Schaltspule die Verbindung des letzteren Paares mit der Stromzuführung her und bleibt für die Beschleifdauer erregt. Damit nun der Nebenschluss möglichst zuverlässig hergestellt wird, ist der Stromabnehmer aus vier Schleifstücken zusammengesetzt, welche, paarweise elektrisch verbunden, so gegen einander versetzt sind, dass im Augenblicke des Ausschaltens übereinstimmende Glieder der beiden Theilleiterpaare durch ein Aufnahmerpaar beschliffen werden.

Union-Elektricitäts-Gesellschaft in Berlin. — Relais mit zwangsweiser Abschaltung für elektrische Bahnen mit Theilleiterbetrieb. — (Zusatz zum Patente Nr. 98.061 vom 7. Februar 1897; vergl. vorstehend.) Classe 20, Nr. 98.415 vom 11. April 1897.

Jeder Relaisanker besitzt eine isolirt angebrachte Verlängerung, welche hinter den Anker des vorhergehenden Relais greift und diesen abreisst, wenn er selbst angezogen wird.

Charles Henry Stearn in Zürich. — Elektrische Glühlampe. — Classe 21, Nr. 98.102 vom 13. October 1896.

Bei dieser Glühlampe wird ein am Erdoxyd bestehender Leuchtkörper durch Kathodenstrahlen zum Glühen gebracht. Die Gasverschluckung seitens des Körpers wird gleichzeitig dadurch ausgeglichen, dass der Strom den anschwellenden Widerstand über einen Nebenschluss anzweicht und hierbei eine die Lampe mit Gas versorgende Vorrichtung in Thätigkeit setzt.

Druckfehler-Berichtigungen.

Im Hefte 39, pag. 457, linke Spalte, Zeile 5 von von unten soll stehen: $B_{h\,0} = R \cdot \frac{e_0}{e} : \left(1 - \frac{e_0}{\mu_0\,e}\right)$

Auf pag. 458, rechte Spalte, Zeile 12 von oben soll stehen: $\eta \times b z = 34.200.$

Im Hefte 40, pag. 469, linke Spalte, Zeile 10 von unten soll stehen Thompson's anstatt Thomson's. Auf pag. 471, linke Spalte, Zeile 30 von oben soll stehen *I'* anstatt *I*; in Zeile 36 soll stehen „unmagnetisirend" anstatt „magnetisirend". Auf derselben Seite, rechte Spalte, Zeile 7 von oben, soll stehen Fig. 4 anstatt Fig. 5; auf der Seite 472, linke Spalte, Zeile 5 von oben soll stehen Fig. 6 und 7) anstatt Fig. 6 und 8. Auf pag. 474, linke Spalte, Zeile 10 von unten soll stehen $\overline{C\,F}, \ \overline{C\,G}$ und $\overline{C'\,G'}$ anstatt $\overline{C\,F}, \ \overline{C\,G}$ und $\overline{C\,G}.$

Schluss der Redaction: 11. October 1898.

Verantwortlicher Redacteur: Dr. J. Sahulka. — Selbstverlag des Elektrotechnischen Vereines.
Commissionsverlag bei Lehmann & Wentzel, Wien. — Alleinige Inseraten-Aufnahme bei Haasenstein & Vogler (Otto Maass), Wien und Prag
Druck von R. Spies & Co., Wien.

Zeitschrift für Elektrotechnik.

Organ des Elektrotechnischen Vereines in Wien.

Heft 43. WIEN, 23. October 1898. XVI. Jahrgang.

Bemerkungen der Redaction: Ein Nachdruck aus dem redactionellen Theile der Zeitschrift ist nur unter der Quellenangabe „Z. f. E. Wien" und bei Originalartikeln überdies nur mit Genehmigung der Redaction gestattet.
Die Einsendung von Originalarbeiten ist erwünscht und werden dieselben nach dem in der Redaktionsordnung festgesetzten Tarife honorirt. Die Anzahl der Autor eventl. gewünschten Separatabdrücke, welche zum Selbstkostenpreise berechnet werden, wolle stets am Manuscripte bekanntgegeben werden.

INHALT:

Skizzen über das moderne Fernsprechwesen.

II. Ueber Telephoncentralen und deren technische Einrichtung.

Von k. k. Baurath **Barth von Wehrenalp.**

(Fortsetzung.)

Die für die Wahl der Sicherungen massgebenden Momente können bei der Wichtigkeit, welche diesen Vorsichtsmassregeln für den Bestand der Centralen innewohnt und bei dem Umstande, als die grosse Zahl der zu schützenden Leitungen nur die Anwendung gewisser Constructionen zulässig erscheinen lässt, nicht unerörtert bleiben. Während bisher grundsätzlich die Blitzschutzvorrichtung so nahe als möglich an die Einführung verlegt wurde, ist es in dem Falle, als die offenen Leitungen nicht nur gegen atmosphärische Entladungen, sondern auch gegen Starkströme geschützt werden sollen, nicht ganz unbedenklich, die Abschmelzsicherung h i n t e r die Blitzschutzvorrichtung zu schalten. Es kann nämlich der Fall eintreten, dass durch die Letztere ein Erdschluss bewirkt und hiedurch Veranlassung zur Bildung eines Lichtbogens geboten wird. Will man nicht in die Erdleitungen der Blitzschutzvorrichtungen separate Schmelzsicherungen anbringen, so ist es vorzuziehen, zunächst sämmtliche in die Centrale einlaufenden Drähte durch die Schmelzsicherung und dann erst jene, welche direct auf oberirdischem Wege zur Centrale gelangen, durch die Blitzschutzvorrichtung zu führen. Freilich wird bei dieser Anordnung der Uebelstand in Kauf genommen, dass bei heftigen Gewittern Leitungsunterbrechungen infolge Abschmelzens der Sicherungsdrähte auftreten können, ein Nachtheil, welcher gegenüber der erhöhten Feuersicherheit wenig Beachtung verdient.

Die Sicherungen gegen Starkstrom, welche derzeit in Verwendung stehen, lassen sich eintheilen in

1. Elektromagnetische Sicherungen.
2. Spulensicherungen.
3. Schmelzdrahtsicherungen.

Die **elektromagnetischen Sicherungen** sind relaisartige Apparate, deren Anker bei einer gewissen Stromstärke angezogen werden, wodurch die Unterbrechung der Leitung, eventuell auch gleichzeitig ein Erdschluss der abgetrennten Leitungshälfte bewirkt

wird. Dass solche Sicherungen äusserst zuverlässig functionirend hergestellt werden können, unterliegt keinem Zweifel; für die in Rede stehenden Zwecke, wo es sich um den Schutz von vielen, auf beschränktem Raume zusammengedrängten Drähten handelt, ist ihre Verwendung wegen der Kosten, des Raumbedarfes und des Umstandes, dass damit neuerdings zwei durch ihre Selbstinduction die Lautübertragung beeinträchtigende Spulen in jede Doppelleitung geschaltet werden müssen, so gut wie ausgeschlossen.

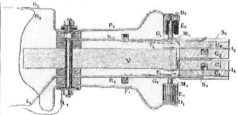

Fig. 6 a.

Die Spulensicherungen bezwecken das Schmelzen eines innerhalb der Spule befindlichen Lothes, wodurch gleichzeitig die eine Leitungshälfte isolirt, die andere an Erde gelegt wird; dieselben sind in verschiedenartiger Ausführung namentlich in der Schweiz, in Amerika etc. im Gebrauch. Das Princip ist bei Allen ziemlich dasselbe; Zwischen den beiden, mit den Leitungsdrähten verbundenen Federn steckt eine kleine Spule von 0·9 *mm* Kupferdraht, deren Kern durch ein leicht schmelzbares Lothkügelchen mit einer Kupfermanschette verbunden ist. Die Feder F_2 (s. Fig. 6 *a* und *b*)*) legt sich an die Spule so an, dass sie Contact mit dem Spulendrahte bildet; das zweite Ende desselben ist mit der Manschette in

Fig. 6 b.

---

*) Tobanne, Notes sur la Téléphonie aux États-Unis 1895.

leitender Verbindung, welche sich ihrerseits wieder auf R_3 stützt. Gelangt ein stärkerer Strom in die Spule, so wird das Loth infolge der sich in der Spule entwickelnden Hitze geschmolzen, der Kern hiedurch von der Manschette frei. Durch die Kraft der Feder F_2 wird die Spule mit ihrem Kerne nach abwärts gedrückt, wobei letzterer eine sehr schwache Feder gegen die Erdlamelle drückt. Gleichzeitig wird das zweite Ende des Spulendrahtes isolirt. Die Schmelzsicherung tritt bei 0·280 A nach 30″ Stromdauer in Function.

Die eigentlichen Schmelzsicherungen nach Art der in der Starkstromtechnik in Gebrauch stehenden Bleisicherungen bestehen aus einem dünnen, in ein Glasröhrchen eingeschlossenen Drahte aus geeignetem Materiale, welcher bei einer bestimmten Stromstärke abschmilzt und dadurch den Stromkreis unterbricht.

Solche Abschmelzpatronen werden durch Metallfedern zwischen den Leitungsklemmen festgehalten. Die Einrichtung ist weit einfacher und billiger als alle bisher beschriebenen und wirkt bei entsprechender Ausführung mindestens ebenso sicher. Es sind noch andere Constructionen in Vorschlag gebracht worden, z. B. den Schmelzdraht von einer Spule mit vielen Windungen zu umgeben und den ersteren durch die im Spulendrahte erzengte Wärme zum Schmelzen zu bringen oder zwei dünne spiralförmige Kruppindrähte mit Wood'schem Metall zusammenzulöthen etc., Constructionen, welche bisher wenig praktische Verwendung erlangt haben. Hinsichtlich der Construction der Schmelzsicherungen ist zunächst zu erwägen, bei welcher Stromstärke der Draht abschmelzen soll. Nach Dr. Strecker (E. T. Z. 1896, Heft 27) halten die gewöhnlichen Wecker dauernd etwa 0·200 A, die Fernhörer nur 0·120 A aus. Versuche des genannten Fachmannes haben weiters zu dem Ergebnisse geführt, dass die in den Vielfachumschaltern in Deutschland verwendeten 0·6 mm starken Drähte ohne Gefahr bis zu 12 A Stromstärke vertragen.

Diesen Versuchsergebnissen entsprechend, gelangen in Deutschland sogenannte Superiordrähte von Fleitmann, White & Cie. von 0·07 mm Stärke, die bei 0·8 A abschmelzen, zur Verwendung. Für die in Oesterreich in Gebrauch stehenden Apparate, Rufklappen-Elektromagnete und Telephonspulen, ergaben die von Dr. J. Sahulka und Dr. L. Kusminsky angestellten Untersuchungen, dass für jene eine gefahrdrohende Erwärmung erst dann eintritt, wenn sie länger als 15 bis 20 Minuten von einem Strome von 0·250 A durchflossen werden. Dementsprechend wurden 0·05 mm dicke Platindrähte für die Sicherungspatronen gewählt, welche freilich erst bei 0·5 A abschmelzen; aber infolge der grösseren Festigkeit besitzen. Die bei einer eventuellen Berührung der Stark- und Schwachstromdrähte auftretende Stromstärke wird in den weitaus meisten Fällen 0·5 A übersteigen; in diesem Falle wird die Sicherung abschmelzen. u. zw. wie die Versuche ergaben, in einem Zeitraum. der noch nicht genügend gross ist, dass eine gefährliche Erwärmung der Apparattheile eintreten könnte. Bei einer zwischen 0·25 und 0·50 A liegenden Stromstärke wird freilich die Sicherung nicht abschmelzen; aber infolge der starken Erwärmung wird die Isolirhülle der Anschlussapparate verkohlen und einen theilweisen Kurzschluss der Wickelung herbeiführen, der die Veranlassung bildet zu einer Erhöhung der Stromstärke und zur Abschmelzung der für 0·5 A berechneten Sicherung. bevor ein Brand entsteht. Es wird dann nur diese Spule Schaden erlitten haben, der bald zu beheben ist.

Eine weitere wichtige Frage ist die nach der zweckmässigsten Fassung des Schmelzdrahtes. Für die Function der Sicherung ist es nämlich durchaus nicht gleichgiltig, wie lang der Faden und wie derselbe an den Enden eingespannt ist. In den Laboratorien der k. k. Normal-Aichungs-Commission wurde im Jahre 1896 constatirt, dass bei einer Fadenlänge von 50 mm und einer Spannung von 400 V nach dem Abbrennen des Sicherungsfadens ein Lichtbogen stehen bleibt, der das Glasröhrchen zerstäubt und die Ebonitunterlage in Brand steckt. Erst bei einer Fadenlänge von 60 mm aufwärts trat bei der normalen Betriebsspannung der elektrischen Bahn von 500 V weder ein Lichtbogen noch ein Platzen der Röhre ein.

In Berlin wurde durch die im Ingenieur-Bureau angestellten Untersuchungen das interessante Ergebnis erhalten, dass bei 500 V Spannung und 40 mm Klemmenentfernung an den Sicherungen ein Flammenbogen sich dann bildete, wenn das Glasröhrchen durch Metallkappen abgeschlossen wurde, diese Erscheinung jedoch bei gleicher Spannung ausblieb. sobald zum Abschluss des Röhrchens ein isolirendes Material. z. B. Kork.

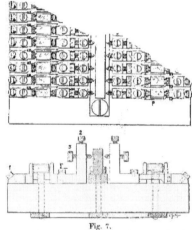

Fig. 7.

Gyps etc. gewählt wurde. In Deutschland werden aus diesem Grunde die Schmelzdrähte in Glasröhren eingelegt, deren Enden innen mit Gyps, aussen durch Metallkappen verschlossen sind. welch' letztere den Contact mit den 40 mm von einander entfernten auf einer Porzellanplatte montirten Federklemmen vermitteln.

Wenn auch die bisher beschriebenen Sicherungen mitunter bei heftigen Gewittern zur Unterbrechung der Leitung Anlass geben können, gewähren sie doch keineswegs absoluten Schutz gegen die Funkenentladungen bei Blitzschlägen; es ist daher unerlässlich, ausserdem in die oberirdisch einlaufenden Drähte eigentliche Blitzschutz-Vorrichtungen einzuschalten. Die diesem Zwecke dienenden Einrichtungen der Telegraphentechnik eignen sich nicht für grössere Telephon-Centralen, weil die grosse Zahl der zu schützenden Drähte eine besonders billige und compendiöse Ausführung bedingt.

Die in Deutschland und Holland eingeführte Spulensicherung (s. Fig. 7), welche hauptsächlich gegen atmosphärische Entladungen schützen soll, besteht aus einer kleinen, zwischen zwei Klemmen eingespannten Spule von 0·2 mm starkem, auf einem mit der Erde verbundenen Metallcylinder aufgewickelten Kupferdraht.

Die Leitung führt von Schraube 1 durch den Spulendraht zur Schraube 2 und von da weiter zum Rangirobject. Der die Schraube 2 tragende Messingbügel trägt noch die Schraube 3, deren Spitze auf 0·5 mm der mittleren Erdlamelle genähert ist. Entladungen höherer Spannung werden sich über diese Spitze zur Erde ausgleichen.

Stärkere Dauerströme müssen die Spule passiren, wodurch die Isolirung des Spulendrahtes verbrannt und ein Erdschluss bewirkt wird.

Um während der Auswechslung einer Spule die Continuität der Leitung zu sichern, ist eine Feder p vorhanden, welche den directen Contact zwischen den normal nur durch den Spulendraht leitend verbundenen Klemmen vermittelt.

Bedeutend einfacher sind die Blitzschutz-Vorrichtungen, welche in Frankreich und in Amerika in Gebrauch stehen:

In Frankreich sind auf den Vertheilungsrosetten oder den sonstigen Rangirobjecten Papierblitzableiter nach der in Fig. 8 dargestellten Form angebracht. Die

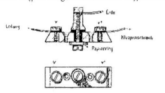

Fig. 8.

äussere Leitung gelangt zur Schraube V, die Zuführung zum Klappenschrank endet bei V_1; die seitlich durch Ebonit und unten durch eine dünne Papierscheibe von V und V_1 isolirte Schraube ist mit der Erde in Verbindung.

Bei längeren oberirdischen (interurbanen) Leitungen sind auch Blitzableiter aus Silberpapier in Anwendung; ein solcher besteht aus einem 3 mm breiten und 30 mm langen, einseitig gesilberten Papierstreifen, welcher mittelst zweier Metallfedern in die Leitung geschaltet ist. Die Methode soll hinreichenden Schutz gegen die Wirkungen der atmosphärischen Elektricität bieten, hat jedoch den Nachtheil, dass im Falle der Function die Leitungscontinuität aufgehoben wird.

Fig. 9.

In Amerika sind allgemein Kohlenblitzableiter üblich. Zwei Kohlenprismen (s. Fig. 9) C, C' sind mit den Flächen gegeneinandergekehrt und durch eine mit einem Ausschnitte versehene Glimmerplatte J von einander getrennt. Die Dicke der Platte ist so gewählt, dass bei einer Potentialdifferenz von 350 V der Funke überspringt. Der Ausschnitt in der Platte ist nach abwärts gekehrt, um jede Staubansammlung zu verhindern. Für den Fall, als der erste überspringende Funke zur Lichtbogenbildung führen sollte, ist in dem zur Erde geleiteten

Prismen eine kleine Vertiefung vorhanden, in welcher sich eine leicht schmelzbare Legirung befindet. Erwärmt sich die Kohle beim Entstehen des Lichtbogens, so bildet diese leichtflüssige Legirung einen kurzen Schluss zwischen den Kohlenplatten, ohne bei dem geringen Abstande derselben ausfliessen zu können.

Die vorbeschriebenen, in den Leitungsdraht zu schaltenden Sicherungen werden, wie erwähnt, in Telephoncentralen am zweckmässigsten an den zur Vertheilung der Leitungen dienenden Rangirobjecten (Hauptvertheilern) angebracht. In früherer Zeit wurden allgemein die einlaufenden Leitungen zunächst zu den sogenannten Einführungsrosetten und erst von da zu den Umschaltern geführt, welche Form der Rangirung man wohl heute nur mehr in älteren Centralen vorfindet. In Frankreich und Oesterreich sind die Rosetteneinführungen noch vielfach im Gebrauch. Die Kabel werden unter der Rosette (s. Fig. 10) vom

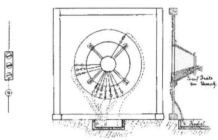

Fig. 10.

Bleimantel befreit und in die einzelnen Adern aufgelöst, welche auf dem Umfange der Rosette zu den entweder auf einer oder auf beiden Seiten derselben auf Ebonit montirten Klemmen geführt werden, von welchen aus sie durch mit Guttapercha oder paraffinirter Wolle isolirte Drähte mit den zu den Umschaltern führenden Leitungen verbunden sind. Die letzteren Drähte werden durch einen in der Mitte der Rosette befestigten Ring zusammengehalten. Zwischen den Klemmen sind kleine Beintäfelchen, welche die Bezeichnung der betreffenden Leitung tragen, angebracht. Verlangt es die Zahl der Leitungen, so werden vier solcher Rosetten in Viereck zusammengestellt; in dessen Mitte werden die Kabel vereinigt eingeführt und auf die einzelnen Rosetten vertheilt. So sehr eine derartige Auflösung der Kabel für kleinere Centralen empfehlenswerth erscheinen mag, so führt sie doch bei grösseren Centralen eine geradezu heillose Confusion in den Drähten herbei.

In Grossstädten, wo die Theilnehmer häufiger ihr Domicil wechseln und es nicht angeht, bei jeder Uebersiedlung die Nummer des Abonnenten abzuändern, muss Vorsorge getroffen werden, dass jede beliebige Verbindung der zu den Umschaltern führenden mit den von aussen einlaufenden Leitungen rasch und sicher bewirkt werden kann.[*)]

*) Selbstverständlich gilt dies nur, wenn der Anruf des Abonnenten nicht nach Namen, sondern nur nach der Nummer erfolgt. Nebenbei bemerkt, ist es in Frankreich, selbst in den grossen Pariser Centralen gestattet, den gewünschten Abonnenten nicht mit seiner Telephonnummer, sondern mit Namen zu bezeichnen. Wenn man sich vergegenwärtigt, welche Zumuthungen

Werden häufige Umschaltungen bei der durch die Rosette bedingten gedrängten Anordnung vorgenommen, so werden die einzelnen Drahtverbindungen immer verwickelter und schliesslich zu unentwirrbaren Strängen. Die Wichtigkeit entsprechender Vorkehrungen in diesem Sinne dürfte die Thatsache illustriren, dass derzeit z. B. in Wien bei ca. 11.000 Abonnenten jährlich über 2000 Umschaltungen aus Anlass von Uebersiedlungen vorzunehmen sind. Dieser Mobilität der Abonnenten zu folgen, ohne die Uebersicht zu beeinträchtigen, gelingt nur bei möglichster Ausbreitung der mit den Kabelendverschlüssen und den Umschaltern verbundenen Klemmen und bei geeigneten Massregeln, alle diese Klemmen nach dem jeweiligen Bedarfe in durchaus systematischer und leicht controlirbarer Weise unter einander verbinden zu können. Das Princip der diesen Zwecken dienenden, unter der Bezeichnung „Hauptvertheiler" bekannten Einrichtungen besteht darin, dass die einzelnen Kabeladern zu den auf der einen Hälfte des Vertheilers in arithmetischer Reihenfolge angeordneten Klemmen, die Zuführungen zum Umschalter zu den auf der andern Hälfte angeordneten Klemmen geführt werden; die zur Combinirung erforderlichen Verbindungsdrähte sind zwischen den Seitenwänden in übersichtlicher Weise untergebracht. Solche Hauptvertheiler sind seit wenigen Jahren in den verschiedensten Variationen in allen modern eingerichteten Centralen ausgeführt worden und genügt es hier vollkommen, einige der charakteristischen Constructionen näher zu beschreiben.

Der Vertheiler in der neuen, bereits mehrfach erwähnten Centrale Amsterdam besteht aus zwei eisernen Längsgerüsten, die oben durch eiserne, einen Kabelschlauch tragende Bögen mit einander verbunden sind. In dem Schlauche sind die vom Einführungsobject, bezw. den Blitzschutzvorrichtungen, und von den Endverschlüssen kommenden 28-adrigen Zimmerkabel gelagert. An jedem der Längsgerüste ist eine der Capacität des Vertheilers entsprechende Zahl von verticalen Ebonitleisten mit zwei Gruppen von je 28 und darunter drei Gruppen von je 20 Messingklemmen befestigt. An die ersten laufen die 28-adrigen Zimmerkabel an, während die letzteren die Verbindung mit den Klinkenstreifen des Multipelumschalters vermitteln. Um die zur Verbindung der oberen mit den unteren Klemmen dienenden Asbestdoppeldrähte übersichtlich anordnen zu können, sind innerhalb des laubenartig gebauten Hauptvertheilers Ringe befestigt, in welche die Asbestdrähte so eingelegt werden, dass in Uebrigen der innere Raum des Vertheilers für die Passage der Mechaniker frei bleibt. Ganz ähnlich ist der in der provisorischen Centrale Kolingasse in Wien aufgestellte Vertheiler construirt.

Die in Amerika und in den von der Western Electric Cie. in den europäischen Städten eingerichteten Telephoncentralen gelieferten Hauptvertheiler bestehen aus einem parallelepipedischen Gerüste aus Winkeleisen (s. Fig. 11), dessen Vorderseite PV aus verticalen, die Blitzschutzvorrichtungen und Schmelzsicherungen tragenden Ständern, dessen Rückseite aus horizontalen, die zum Multipelschrank verbundenen

bei dieser Betriebsweise einerseits an das Gedächtnis, andererseits an die Geschicklichkeit der Telephonistin, den richtigen Partner aus dem Verzeichnisse nach oft undeutlich ausgesprochenen, häufig verstümmelten Namen herauszufinden, gestellt werden, kann man sich vorstellen, in welchem Masse solche dem Abonnenten gestattete Bequemlichkeiten den allgemeinen Verkehr erschweren.

dreitheiligen Messinglamellen enthaltenden Eisenschienen gebildet ist. Die Verbindungsdrähte sind einerseits an die Federenden der Sicherung, andererseits an dreischenkelige Messinglamellen angelöthet und werden von der Verticalschiene, durch den beiläufig in der Höhe jener Horizontalschiene, wo der Anschluss erfolgen soll, befindlichen Ring A durchgezogen und längs der Schiene HH zur Löthstelle geführt. An die dritte Lamelle des Messingwinkels wird der zum sogenannten Zwischenvertheiler führende Draht angelöthet. Dieser zweite Vertheiler, welcher seit kurzer Zeit in modernen Centralen unentbehrlich zu werden scheint, dankt seine Entstehung dem in der Praxis infolge der ungleichen und ausserdem variablen Benützung der Leitungen seitens der einzelnen Abonnenten sich geltend machenden Bedürfnisse, die den einzelnen Arbeitsplätzen zugewiesenen Abonnenten nach Bedarf jeweilig so zu vertheilen, dass dadurch eine möglichst gleichmässige Beanspruchung des Bedienungspersonales erzielt wird.

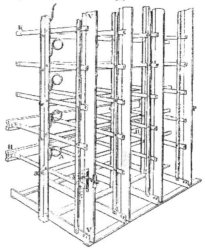

Fig. 11.

Wie oben dargestellt wurde, kann jede Abonnentenleitung zu der ihrer Nummer entsprechenden Multipelklinke geführt werden, gleichviel in welchem Kabel die betreffende Leitung zuläuft. Aendert sich letzteres infolge der Uebersiedlung eines Abonnenten, so genügt eine einfache Umschaltung im Hauptvertheiler, um der durch die örtliche Verlegung der Abonnentenstation geschaffenen Situation gerecht zu werden; die Multipelklinken müssen hiebei selbstverständlich unter allen Umständen arithmetisch geordnet bleiben. Werden nun, wie dies vor die Verwendung von Zwischenvertheilern der Fall war, die Liniensignale und die Abfrageklinken unverrückbar mit der Abonnentenleitung verbunden und mit der Nummer der zugehörigen Multipelklinke bezeichnet, so ist deren Lage im Schranke gleichfalls fixirt und eine Aenderung nur in sehr umständlicher Weise ermöglicht. Selbst wenn sich nachträglich herausstellt, dass einige Arbeitsplätze unverhältnismässig mehr belastet sind, als andere, ist kein Ausgleich in der Zutheilung mehr möglich, ohne die durch die Nummerirung erzielte Uebersichtlichkeit empfindlich zu beeinträchtigen.

Diesen Uebelständen gründlich abzuhelfen, gelang
in einer höchst einfachen, an das Ei des Columbus erinnernden Weise. Es ist nämlich nicht nur überflüssig,
sondern für den Betrieb störend, auf den Liniensignalen
und den Abfrageklinken die Telephonnummer des Abonnenten zu geben, im Gegentheile genügt es für einen
regelrechten Betrieb vollständig, die Nummerirung der
Signale und der Localklinken auf jedem Schrank, ja
selbst auf jedem Arbeitsplatze mit 1 beginnen zu lassen,
da die Telephonistin doch stets an dem Signale erkennen muss, welcher Abonnent gerufen hat, sie sich
mit demselben durch Einführen ihres Stöpsels in die
mit dem Signale gleichbezeichnete Abfrageklinke jederzeit verständigen kann, ohne seine Liniennummer zu
kennen. Für Ausnahmsfälle, wenn aus irgend einer Ursache der rufende Abonnent eruirt werden soll, genügt
es, am Arbeitsplatze selbst die zu den einzelnen Signalapparaten gehörigen Telephonnummern in Evidenz zu
halten. Wird nun das Liniensignal unabhängig von der
Telephonnummer bezeichnet, so liegt es nahe, zwischen
der Abonnentenleitung und dem betreffenden Signalapparate Klemmen zwischenzuschalten, mit deren Hilfe
jede beliebige Umschaltung, bezw. Verlegung der
Leitung auf einen anderen Arbeitsplatz bequem erfolgen kann.

Diese Einrichtung hat unseres Wissens die
Western Electric Cie. zuerst so getroffen, dass
bei jedem drei Arbeitsplätze enthaltenden Schranke die
sämmtlichen Abonnentenleitungen dieser Abtheilung,
sowie alle Zuführungen zu den Localklinken und den
Liniensignalen an Klemmen geführt sind, mittelst
welcher sie nach Erfordernis untereinander verbunden
werden können. In der weiteren Entwickelung wurden
alle diese Einzelvertheiler an einem Gestelle, dem sogenannten Zwischenvertheiler (répartiteur secondaire)
vereinigt, welcher derzeit einen wichtigen Bestandtheil
jeder modernen Centrale bildet. Der Hauptsache nach
bestehen auch diese Vertheiler aus Eisengerüsten, an
welchen die erforderlichen Klemmen, auf Ebonit montirt, befestigt sind.

Zum Unterschiede vom Hauptvertheiler muss der
Zwischenvertheiler unbedingt möglichst nahe dem Umschalter zur Aufstellung gelangen, um den Aufwand an
Verbindungskabeln und damit die Anlagekosten auf
ein Minimum zu reduciren.

(Fortsetzung folgt.)

Ueber die Messung des Ausbreitungswiderstandes von Telephon-Erdleitungen.

Von k. k. Ingenieur R. Nowotny, Eger.

Beim Betriebe der verschiedenartigen Telephonanlagen erweist es sich als wünschenswerth, die Grösse
des jeweiligen Ausbreitungs-Widerstandes der Telephon-
Erdleitungen zu kennen, gleichviel ob letztere als
Stations-Erdleitungen bei Einfach-Leitungen oder als
blosse Blitzschutzerden in anderen Fällen Verwendung
finden.

Es sind daher namentlich in grösseren Telephonnetzen zahlreiche Widerstands-Messungen vorzunehmen.

Bei der Vornahme vieler derartiger Messungen
handelt es sich darum, jede einzelne Messung möglichst
einfach zu gestalten, um sie in kürzester Zeit ausführen
zu können.

Nicht immer liegen die Verhältnisse bei der zu
untersuchenden Station so, dass sich eine Bestimmung
des Ausbreitungs-Widerstandes ihrer Erdleitung ohne
besondere Vorbereitungen durchführen liesse. Falls
der Erdleitungsdraht der Station nicht direct an das
Rohrnetz der Wasser- oder Gasleitungen angeschlossen
wurde, ist man bei der Messung auf das Vorhandensein
einer oder zweier sogenannter Hilfs-Erdleitungen angewiesen, die keinen hohen Widerstand aufweisen
sollen, um brauchbare Messungen, bezw. Mess-
Resultate zu liefern. Stehen zwei brauchbare Hilfs-
Erdleitungen in erreichbarer Entfernung zur Verfügung,
so lässt sich die bekannte Methode mittelst der Bestimmung dreier Widerstandssummen anwenden.

Befindet sich in der Nähe nur eine brauchbare
Hilfserde, so liefert die Messung die Wiechert'sche Methode gute
Resultate. [*]

Sehr oft ist aber in der Nähe gar keine brauchbare Hilfs-Erdleitung vorhanden; dann ist man genöthigt, eine solche neu herzustellen, um die Wiechert'
sche Methode anwenden zu können oder um die Bestimmung mittelst der Erdplatte von veränderlicher
Oberfläche nach Dr. Nippoldt durchzuführen; wollte
man die gewöhnliche Messmethode anwenden, so wären
sogar zwei Hilfserden anzulegen.

Die Herstellung solcher Hilfs-Erdleitungen ist
nun zumeist wegen der Grabenaushebung sehr umständlich und zeitraubend, sodass die Vornahme der
Messungen wesentlich behindert und vertheuert wird.

In den Telephonnetzen lassen sich nun vermöge
der Anlage der Stationen selbst die erwähnten Schwierigkeiten vermeiden, sodass man von der Herstellung
einer oder zweier Hilfs-Erdleitungen in der Nähe der
Station ganz absehen kann. Dies geschieht einfach
dadurch, dass man unter Zuhilfenahme der äusseren
von der Centrale zur Station führenden Drahtleitung ·
eine gute Erdleitung der Centrale als Hilfserde benützt. In der Centrale kann man sich leicht eine Erdleitung von mässigem Ausbreitungs-Widerstande beschaffen, die mit Fallklappen u. s. w. während der
Zeit des Versuches nicht in Verbindung steht. Nach
Ausschaltung der betreffenden Abonnenten-Fallklappe
kann man diese Hilfs-Erdleitung vermittelst der
Abonnenten-Anschlussleitung dem Messenden in der
Station zur Verfügung stellen.

Die geringe Selbstinduction der Anschlussleitungen
macht sich bei diesen Messungen mit der Telephon-
Messbrücke nur wenig geltend, sodass die Messungen
ohne grosse Schwierigkeiten ausgeführt werden können.
Im Allgemeinen ist wohl das Minimum des Tönens im
Telephon der Messbrücke nicht so leicht zu constatiren
als bei Verwendung von Erdleitungen mit ganz kurzen
Zuleitungen; indess gelangt man nach Durchführung
mehrerer Messungen bald dahin, das Minimum mit
genügender Genauigkeit zu ermitteln.

Wollte man in der vorbeschriebenen Weise bei
Leitungen von mehreren Kilometern Länge namentlich
bei schwächeren Drahtquerungen vorgehen, so würde
die gebildete Hilfs-Erdleitung bestehend aus dem
Zuleitungsdrahte zur Centrale und der daselbst vorhandenen Erde einen erheblichen Widerstandswerth
aufweisen, auch wenn die Erdleitung in der Centrale
einen geringen Ausbreitungs-Widerstand besässe. Es
wird in solchen Fällen zumeist möglich sein, mit Hilfe
der äusseren Drahtleitung irgend eine näher gelegene

[*] Elektrotechnische Zeitschrift XIV, 1893, pag. 724.

Hilfs-Erdleitung zu benützen; als solche kann eine Erdleitung eines Blitzableiters oder einer anderen Telephonstation eventuell ein Brunnen längs der Leitungs-Trace verwendet werden. Hiebei sind keine Trennungen in der äusseren Drahtleitung erforderlich; man braucht die näher gelegene Hilfs-Erdleitung blos mit der Drahtleitung zu verbinden und kann — nach Ausschaltung der Spulenwiderstände — die Hilfs-Erdleitung der Centrale vortheilhaft gleichzeitig anschliessen, um so den kleineren Widerstand der Erden-Combination zu verwerthen.

Will man die ältere Methode mittelst zweier Hilfs-Erdleitungen benützen und steht eine derselben in der Nähe der Station zur Verfügung, so kann die zweite erforderliche offenbar nach den vorstehenden Andeutungen leicht mittelst der Aussenleitung zur Centrale gebildet werden.

Die Messung nach der Wiechert'schen Anordnung lässt sich nach den vorerwähnten Andeutungen ohneweiters anwenden; die Erdleitung der Centrale stellt die hiebei nöthige Hilfs-Erdleitung dar; der noch zur Verwendung kommende sogenannte Erdcontact, eine Erdableitung von beliebigem Widerstande, lässt sich überall leicht in einer Entfernung von mindestens 20 m von der Stationserde anbringen.

Die Wiechert'sche Methode ist leicht anwendbar, falls man eine Telephon-Messbrücke zur Verfügung hat, welche direct für die genannte Methode eingerichtet ist, wie sie z. B. von Hartmann & Braun nach den Angaben Dr. Nippoldt's geliefert wird; in der dazu gehörigen Anweisung sind die Details der Messung enthalten.

Bei den Messungen verschiedener Telephon-Erdleitungen stand mir eine derartige Messbrücke nicht

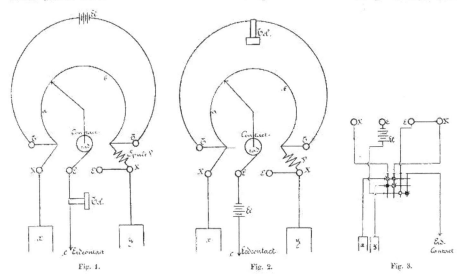

Fig. 1.   Fig. 2.   Fig. 3.

Ermöglicht nun die Verwendung der Aussenleitung die bequeme und rasche Messung des Ausbreitungs-Widerstandes, so gewährt die Methode andererseits den Vortheil, dass der Leitungswiderstand der Anschlussleitung zugleich mitbestimmt werden kann; denn aus den Messresultaten lässt sich jederzeit auch der Widerstand der verwendeten Hilfs-Erdleitung ermitteln; derselbe setzt sich zusammen aus dem Draht-Widerstande und dem Ausbreitungs-Widerstande der in der Centrale verwendeten Erdleitung, deren Widerstand von Zeit zu Zeit controllirt wird. Man kann sonach bei der bekannten Länge der Anschlussleitung leicht den angenäherten Werth des Leitungswiderstandes pro Kilometer jeder Leitung ermitteln und ersehen, ob derselbe den normalen Werthen entspricht. Im Nachfolgenden sollen einige Details über die anzuwendende Mess-Methode angeführt werden, ferner mehrere Versuchsresultate, welche die Brauchbarkeit der Methode mittelst der äusseren Drahtleitung darthun.

zur Verfügung, sondern nur die kleine Telephon-Messbrücke von Siemens & Halske, bei welcher intermittirender Gleichstrom verwendet wird. Es wurde versucht, mit derselben die Bestimmungen des Ausbreitungs-Widerstandes nach dem Wiechert'schen Verfahren vorzunehmen. Der in der Brücke vorhandene Spulenwiderstand wurde mittels eines Universal-Galvanometers ein für allemal bestimmt und vorerst die Anordnung wie bei Wiechert getroffen. (Fig. 1.) In Fig. 1 bedeutet x die zu messende Erdleitung, y die Hilfs-Erdleitung, e den sogenannten Erdcontact, wofür ein in die Erde gerammter Eisenstab, ein grosser Bohrer oder eine sonstige Erdableitung verwendet wird; v ist der Widerstand der in der Brücke vorhandenen Widerstandsspule.

Für die Ablesung, bei der das Tönen im Telephon ein Minimum wird, gilt die Beziehung:

$$\frac{a}{b} = \frac{x}{c+y}, \quad \frac{a}{b} v = \frac{xv}{v+y} = N = \text{Ablesung in } \Omega.$$

In dieser Anordnung war eine präcise Messung nicht möglich, da das Tönen im Telephon kein deutliches Minimum aufwies. Da die Diagonalen der Brücke mit einander vertauscht werden können, wenn die eine bei dem gewissen Widerstandsverhältnis der Seiten stromlos geworden ist, so wurde die Batterie an den „Erdcontact" geschaltet, während das Telephon seine normale Einschaltung erhielt, wie es die Fig. 2 zeigt. In dieser Anordnung lässt sich die Messung sofort zu Ende führen, namentlich wenn der Widerstand des Erdcontactes nicht ein ganz besonders hoher ist; immerhin wird man auch da ein Minimum unterscheiden können.

Durch die gewöhnliche Schaltung der Batterie und Verbindung der Erdleitungen x und y mit den Klemmen XX der Brücke hat man vorerst die Summe beider Widerstände $x + y = M$ bestimmt. Schaltet man nun nach Fig. 2 und macht beim eintretenden Minimum die Ablesung N, so gilt nach Obigem

$$\frac{x\,v}{v + y} = N.$$

Aus M und N ergibt sich sonach der Werth der untersuchten Stations-Erdleitung

$$x = \frac{N(v + M)}{v + N}$$

und

$$y = \frac{v(M - N)}{v + N}$$

als Uebergangs-Widerstand der verwendeten Hilfs-Erdleitung.

Zur Controlle der Messung kann man die Erdleitungen x und y an den Klemmen XX vertauschen, so dass y auf der linken Seite eingeschaltet erscheint. Für die jetzt resultirende Ablesung P gilt

$$P = \frac{y\,v}{v + v}.$$

Aus M und P folgt sonach

$$x = \frac{v(M - P)}{v + P}$$

$$y = \frac{P(v + M)}{v + P}.$$

Für die Praxis ergeben diese einfachen Formeln genügend genaue Resultate.

Die vorerwähnten Umschaltungen der Batterie und der Erdleitungen lassen sich rasch durchführen, wenn man einen $^3/_1$ lamelligen Linienwechsel zu Hilfe nimmt. (Fig. 3.) Die Stellung der drei Stifte ist folgende:

○ gilt für die Bestimmung von M,
× „ „ „ „ N,
● „ „ „ „ P.

Um die Verbindung der äusseren Anschlussleitung mit der Hilfs-Erdleitung der Centrale bei öfteren Messungen leicht durchführen zu können, kann man ein Schnurpaar des betreffenden Central-Umschalters zu Hilfe nehmen. Aus diesem Schnurpaar wird die zugehörige Schlussklappe ausgeschaltet und die Hilfs-Erdleitung mit einer Einführungsklemme am Umschalter verbunden; dieser Klemme entspricht natürlich eine bestimmte Stöpselklinke am Umschalter. Offenbar kann man durch Anwendung dieses Schnurpaares sofort jede beliebige von aussen kommende Drahtleitung im Umschalter direct ohne Spulen-Widerstand zur Hilfs-Erdleitung schalten.

Im Nachfolgenden sind die Versuchsergebnisse angeführt, aus denen sich die Brauchbarkeit der Methode ergibt. Es handelte sich vorerst darum, die Mess-Resultate bei Verwendung einer Siemens'schen Messbrücke in der neuen Schaltung auf ihre Uebereinstimmung mit jenen nach der gewöhnlichen Methode mit zwei Hilfs-Erdleitungen zu prüfen. Es wurden drei Erdleitungen gewählt, deren gegenseitige Entfernung mindestens 15—20 m betrug; ihr Uebergangs-Widerstand wurde in gewöhnlicher Weise bestimmt; dann wurde der Widerstand zweier Erdleitungen x, y nach der neuen Methode ermittelt, wobei die dritte Erdleitung z als „Erdcontact" diente.

Der Spulen-Widerstand der benützten Siemens'schen Brücke betrug 30·2 Ω.

Die Tabelle I enthält mehrere derartige Versuchsresultate, welche eine für die Praxis genügende Genauigkeit aufweisen.

Es sei hiezu erwähnt, dass die Messbrücke bei den Ablesungen zwischen 20—40 Ω nur in ganze Ohm, über 40 Ω nur in Abschnitte von mindestens 5 Ω getheilt ist. Um die Verwendbarkeit der Methode mit Zuhilfenahme äusserer Drahtleitungen beurtheilen zu können, wurde der Widerstand von Erdleitungen bestimmt, welche eine Controllmessung nach der gewöhn-

Tabelle I über Messungen ohne äussere Drahtleitungen.

$x + y = M$	N nach Wiechert's Methode	P nach Wiechert's Methode	$y + z = Q$	$z + x = R$	x_1 aus M, N	x_2 aus M, P	Mittelwerth x aus $x_1\ x_2$	z aus $M\ Q\ R$	y_1 aus M, N	y_2 aus M, P	Mittelwerth y aus $y_1\ y_2$	y aus $M\ Q\ R$
								O h m				
34·7	8·5	14·1	29	22	14·25	14·04	14·15	13·85	20·44	20·65	20·55	20·85
29	16·2	5·1	22	34·7	20·66	20·44	20·55	20·85	8·33	8·55	8·44	8·15
26·5	17	3·5	15·5	29	20·42	20·61	20·52	20·0	6·08	5·89	5·98	6·5
47	35	2	62	98	41·44	42·20	41·82	41·5	5·55	4·79	5·17	5·5
89	11·2	27·5	57	33·1	32·24	32·18	32·21	32·55	56·75	56·81	56·78	56·45

lichen Methode ohne Benützung von Aussenleitungen gestatteten. In der Tabelle II sind solche Mess-Ergebnisse wiedergegeben.

Tabelle II über Messungen bei Verwendung von äusseren Drahtleitungen.

$r + y$ aus M nach Wiechert's Methode	N nach Wiechert's Methode	P nach Wiechert's Methode	r_2 aus M, N	x_2 aus M, P	Mittelwerth x aus gew. x_2	x nach der gew. Methode	y_1 aus M, N	y_2 aus M, P	Mittelwerth y aus gew. y	y nach der gew. Methode
					O h m					
10	2·6	6	3·18	3·33	3·21	3·25	6·81	6·66	6·73	6·75
60	11	18	24·08	26·31	25·14	25·8	35	9	33·68	34·79	34
6·5	5·5	1	5·65	5·32	5·48	5·8	0·84	1·17	1·00	0·8
7·5	6	0·8	6·25	6·52	6·38	6·2	1·25	0·97	1·11	1·4
45	11	24	21·36	21·18	21·28	20·25	23·61	23·81	23·71	24·75
22·5	6	10·5	8·73	8·90	8·81	8·25	13·76	13·59	13·68	14·25
49	32	4	40·74	39·73	40·24	40·25	8·25	9·26	8·75	9·5

x bedeutet den Uebergangs - Widerstand der Stations-Erdleitung, y den Widerstand der Leitung zur Centrale sammt der dort angeschlossenen Erdleitung.

Auch aus dieser Tabelle ergibt sich, dass für die Bedürfnisse der Praxis trotz der etwas schwierigeren Ablesungen eine genügende Uebereinstimmung erzielt werden kann, auch wenn die früher angegebenen einfachen Formeln Verwendung finden.

KLEINE MITTHEILUNGEN.

Verschiedenes.

Stand der elektrischen Strassenbahnen in Ungarn Ende 1897. Wie eine kürzlich veröffentlichte Statistik nachweist, betrug die gesammte Betriebs-Länge der Strassenbahnen in Ungarn mit Ende des Jahres 1897 187·5 km, wovon auf solche mit elektrischem Betriebe 103·8 km entfielen. Diese vertheilen sich wieder auf acht Bahnen, und zwar die Budapester Strassenbahn mit 46·6 km, die Budapester elektrische Stadtbahn mit 26·2 km, die Franz Josef-Untergrundbahn mit 3·7 km, die Budapest—Neupest—Rákospalotaer elektrische Strassenbahn mit 12·7 km, die elektrische Strassenbahn der Budapester Umgebung mit 3·5 km, die Miskolczer elektrische Strassenbahn mit 3·5 km und die Maria-Theresiopeler elektrische Bahn mit 3·2 km Betriebslänge. Die Zahl der Passagiere betrug in derselben Reihenfolge 27,449.195, 19,685.396, 3,557.637, 2,926.148, 262.707, 326.629, 604.938 und 102.389 Personen und nebstdem auf der Budapester Strassenbahn 23.426 t, auf der Budapest—Neupest—Rákospalotaer Strassenbahn 104.463 t und die elektrische Strassenbahn der Budapester Umgebung 17.657 t Güter befördert. Im abgelaufenen Jahre wurde die Einführung des elektrischen Betriebes auf den Strassenbahnen in Budapest vollendet und ausserdem zwei neue Bahnen mit elektrischem Betriebe eröffnet, und zwar die Miskolczer elektrische Strassenbahn und die Maria Theresiopeler elektrische Bahn. Die Einnahmen betrugen per Kilometer auf der Franz Josefs-Untergrundbahn 96.153 fl., auf der Budapester elektrischen Stadtbahn 56.303 fl., auf der Budapester Strassenbahn 48.916 fl., auf der Budapest—Neupest—Rákospalotaer elektrischen Strassenbahn 16.584 fl., auf der Pressburger elektrischen Strassenbahn 16.069 fl., auf der Miskolczer elektrischen Strassenbahn 6733 fl., auf der elektrischen Strassenbahn der Budapester Umgebung 5480 fl. und auf der Maria-Theresiopeler elektrischen Bahn 2705 fl. jährlich. Die Franz Josefs-Untergrundbahn und die Budapester elektrische Stadtbahn zeigten gegenüber dem Jahre 1896 eine starke Verminderung der Einnahmen um 23·6, bezw. 23%, was auf den Wegfall des starken Verkehres infolge der Millenniums-Ausstellung zurückzuführen ist.[1])

[1]) Vergl. „Z. f. E." 1898. H. 35, S. 390 ; „Verkehr der österr.- ungar. Eisenbahnen mit elektrischem Betriebe."

Die gesammte **Ausdehnung des unterseeischen Kabelnetzes der Erde** belief sich nach dem „Journal Télégraphique" im Jahre 1897 auf 301,930.148 km, welche auf 1459 einzelne Kabel vertheilt sind. 1141 von diesen Kabeln mit einer Länge von 36,823.779 km gehören Staatstelegraphen-Verwaltungen, während 318 Kabel mit einer Länge von 265,103.369 km auf die Privat-Gesellschaften angehörenden Leitungen kommen. Von der gesammten Kabelzahl gehören Deutschland 69 an, die eine Länge von 6,183.710 km einnehmen, und zwar befinden sich 58 in staatlichem Besitz, eines in dem einer Privat-Gesellschaft. Zur Herstellung sowie zur Unterhaltung und Ausbesserung der unterseeischen Kabel der Erde dient eine Flotte von 42 Schiffen, welche verschiedenen Nationalitäten angehören. Der gesammte Rauminhalt dieser Schiffe beläuft sich auf mehr als 65.000 t und die Leistungsfähigkeit der Dampfmaschinen derselben auf fast 10.000 PS. An ihnen wird demnächst ein neues, besonders leistungsfähiges, der „Telegraph Construction and Maintenance & Co." gehöriges Schiff hinzutreten, welches allein 1000 t Kabel zu tragen vermag.[*)

Interurbaner Telephonverkehr. Am 15. d. M. wurde der interurbane Sprechverkehr zwischen den nachbenannten Staats-Telephonnetzen eröffnet, und zwar: Prag—Mährisch-Schönberg und Sternberg in Mähren; Reichenberg—Mährisch-Schönberg und Sternberg in Mähren; Gablonz—Sternberg in Mähren. Die Sprechgebühr für ein einfaches Gespräch in der Dauer von drei Minuten beträgt 1 fl.

† Herr **W. E. Fein**, Begründer der Firma C. und E. Fein, elektrotechnische Fabrik in Stuttgart, ist am 6. October nach langem Leiden verschieden. Herr W. E. Fein hat die Firma über 30 Jahre seine Kräfte gewidmet und derselben einen sehr geachteten Ruf verschafft. Wir verlieren in dem Verstorbenen, welcher einer der hervorragendsten Vorkämpfer auf elektrotechnischem Gebiete war, eines unserer ältesten Vereinsmitglieder.

Ausgeführte und projectirte Anlagen.

Oesterreich-Ungarn.

a) Oesterreich.

Pilsen. (Elektrische Tramway.) Die Stadtvertretung hat die Umwandlung der der Gemeinde gehörigen ehemaligen Zuckerfabrik in eine elektrische Centralstation mit einem Kostenaufwande von 77.476 fl. beschlossen und die Lieferung der Dynamos und Accumulatoren, sowie den Bau der Tramway und der Leitung der Firma F. Křižik in Prag, die Ausführung der Kesselhäuser und sonstigen Baulichkeiten dem Baumeister Josef Houdek, die Ausführung der Eisenconstructionen, Aufstellung der Betriebsmaschinen, Kessel u. s. w. der Firma E. Skoda in Pilsen übertragen. Wenn keine unvorhergesehenen Störungen eintreten, dürfte die Fahrt auf der elektrischen Bahn zu Beginn des Winters eröffnet werden.

Prag. Probefahrt mit dem Accumulatoren-betrieb auf der elektrischen Bahn Prag—Lieben—Wiestochnitz. Am 11. d. M. fanden sich bei dem Ausgangspunkte der Křižik'schen elektrischen Bahn Prag—Wiestochnitz über besondere Einladung des Herrn Ing. Křižik als Mitglieder des Verwaltungsrathes der städtischen elektrischen Unternehmungen, mehrere Ingenieure und Fachmänner ein, um die Probefahrt mit einem, in der Fabrik der Firma Křižik hergestellten Accumulatoren-Motorwagen mitzumachen. Der Motorwagen war sowohl für den Betrieb mittelst der Oberleitung als auch für den Accumulatorenbetrieb eingerichtet. Zu letzterem Zwecke waren unter den beiden Längssitzen Behälter für 200 Elemente (800 Platten) angebracht, welche mittelst der Füllung ein Gewicht von 15 Metercentner haben. Um den Geruch der Zersetzungsgase hintanzuhalten, wird auf den Aussenwänden eine ausgiebige Ventilation angebracht, überdies besorgen die Deckel des Behälters mittelst einer Gummieinlage die hermetische Absperrung derart, dass in dem Innenraum des Waggons kein Geruch zu verspüren ist. Mittelst eines einfachen Zeigermechanismus kann der Wagenführer die Stromzuleitung entweder durch den Trolleydraht der Oberleitung oder durch Accumulatoren veranlassen; bei der Verwendung der Accumulatoren wird die Stromzuleitungsstange herabgezogen. Die Leistung der Accumulatoren vermag den Wagen in der Ebene ohne Unterbrechung 20 km weit zu bewegen. Wird jedoch abwechselnd die Accumulatoren- und Oberleitung angewendet, so entfällt die abermalige Ladung, nachdem dieselbe während der Fahrt und überhaupt während des Contactes mit

[*)] Vergl. „Z. f. E." 1898. H. 30, S. 244 ; „Kabelflotte der Welt" und H. 34, S. 406 : „Transatlantische Kabel."

dem Trolleydraht durch die Oberleitung selbst besorgt wird. Der Accumulatorenbetrieb unterliegt in der Ebene und bei mässigen Steigungen keinem Anstand: es wird vielmehr durch das Gewicht der Accumulatoren die Adhäsion gehoben. Bei Steigungen von Belang empfiehlt es sich, in Anbetracht des grösseren Gewichtes die Oberleitung anzuwenden. Es könnten somit auf den Strecken Karolinenthal—Smiechov, Karolinenthal—Josefsplatz und Josefsplatz—Kleinseite Accumulatorenwagen verkehren. Um das Umsteigen zu vermeiden, könnten die, ausschliesslich für die Oberleitung eingerichteten Waggons z. B. auf dem Josefsplatze oder bei Spinka als Beiwagen an die Accumulatorenwagen angehängt und als Beiwagen über die Pålkovy mitgeführt werden, worauf sie dann auf gewissen Punkten wieder abgekuppelt werden und selbstständig die Fahrt fortsetzen könnten. Die Probefahrt ging auch in jeder Hinsicht anstandslos vor sich. Der Verwaltungsrath der Prager elektrischen Unternehmungen beabsichtigt nun mit dem erwähnten Motorwagen einige Probefahrten auf der Tramwaystrecke Karolinenthal—Nationaltheater—Kleinseite vorzunehmen, um vor allem zu constatiren, ob das alte Schienenmaterial der Pferdebahn den Verkehr der Motorwagen zulässt.

In der am 11. d. M. stattgefundenen Sitzung des Prager Stadtrathes wurden die eingelangten Offerten bezüglich der Umwandlung der Prager Pferdebahn in eine elektrische Bahn geöffnet. Im Ganzen sind vier Offerten eingelaufen, und zwar von der Prager Elektricitäts-Gesellschaft vormals Kolben & Co., von der Genfer Elektricitäts-Gesellschaft, von der Firma Křižík und von der Firma Suchanek. Diese Offerten werden zunächst geprüft und dann diesbezügliche Anträge gestellt werden. Ueber Beschluss des Stadtrathes wird zunächst die Strecke der Pferdebahn vom Josefsplatz zum czechischen Nationaltheater in eine elektrische Bahn umgewandelt werden, sodann die Strecke über den Wenzelsplatz zum Anschlusse an die elektrische Ringbahn.

Steinschönau. (Elektricitätswerk.) Die Bau- und Installationsarbeiten dieses Elektricitätswerkes sind bereits soweit vorgeschritten, dass am 2. d. M. der Betrieb provisorisch eröffnet werden konnte. Die Ausführung dieses, durch die Oesterreichische Eisenbahn-Verkehrsanstalt in Wien finanzirten Werkes geschieht durch die Firma Commandit-Gesellschaft für elektrische Anlagen Albert Jordan in Wien auf Grund eines seitens dieser Firma mit der Gemeinde Steinschönau seinerzeit abgeschlossenen Concessions-Vertrages.

Wien. 13. October. (Der Tramwayvertrag.) Wir entnehmen der „Neuen Fr. Presse" hierüber das Folgende: Die Vertragsentwürfe, welche aus den Verhandlungen zwischen dem elektrischen Comité des Stadtrathes und der Firma Siemens & Halske hervorgegangen sind, werden in den nächsten Tagen an den Stadtrath zur Vorberathung gelangen und dürfte der Vertragsentwurf schon demnächst dem Plenum des Gemeinderathes vorgelegt werden. Ueber den Inhalt des Vertrages verlauten folgende Details: Bekanntlich wird die Concession von der Gemeinde Wien erworben, die Tramway-Gesellschaft als solche liquidirt und in eine „Bau- und Betriebs-Gesellschaft für elektrische Linien" umgewandelt werden. Das bestehende Pferdebahnnetz wird für den elektrischen Betrieb eingerichtet. Die Firma Siemens & Halske übernimmt den Bau der neuen Linien, die in zwei Gruppen geschieden werden: erstens in die Gruppe der wichtigeren neuen Linien, zweitens in die Gruppe jener Linien, die erst in der Zukunft Bedeutung erlangen sollen. Der Termin für die Umwandlung des bestehenden Tramwaynetzes in elektrisch betriebene Linien ist mit zwei Jahren fixirt, jener für den Bau der neuen wichtigen Linien mit drei Jahren, endlich der Termin für die später zu erbauenden Linien mit fünf Jahren. Innerhalb dreier Jahre sollen die Linien hergestellt werden, welche dem Ringverkehr entlasten. Darunter befinden sich die Transversal-Linie, welche, vom Donaucanal ausgehend, den neunten, achten, siebenten, sechsten, fünften und dritten Bezirk verbindet. Dem gleichen Zwecke der Entlastung der Ringstrasse wird eine neu zu erbauende Linie über die Lastenstrasse dienen. Ferner sind in dem Vertrage Linien zum Thiergarten, bezw. zur Sophienbrücke und in die Freudenau vorgesehen. Für die letzte Bauperiode — also erst im Zeitraume von fünf Jahren — ist die Linie durch die innere Stadt bis zum Stephansplatz projectirt, welche durch die Tegetthoffstrasse und über den Neuen Markt führen wird. Ob diese Linie als Untergrundbahn oder im Niveau der Strasse hergestellt werden soll, bleibt einer späteren Entscheidung vorbehalten. Die sogenannten Vororte-Linien werden die oft geplante Verlängerung erhalten, so z. B. bis Pötzleinsdorf, Grinzing, Sievering und andererseits bis Schwechat. Die Fahrpreise werden in drei Abstufungen eingetheilt sein. Für die Zuleitung des elektrischen Stromes ist auf den jetzigen Linien

die Oberleitung auf Wunsch der Unternehmung zugestanden, nur die Ringstrasse und die wichtigeren Hauptverkehrsstrassen sollen unterirdische Leitung erhalten. Der neue Vertrag gilt auf die Dauer des jetzigen Tramwayvertrages bis 1925. Selbstverständlich wird das Heimfallsrecht der Gemeinde in Kraft tretenden Ablösungsrecht der Concurse zugestanden. Die Gemeinde wird mit einer fixen Summe per Kilometer und Jahr und auch an dem Reingewinne participiren. Dem Vertragsentwurfe, der dem Gemeinderathe vorgelegt werden wird, sind auch die ursprünglichen Propositionen der Firma Siemens & Halske beigedruckt. — Nach Schluss des Blattes, am 19. d. M., ist der neue Tramway-Vertrag veröffentlicht worden. Wir werden im nächsten Hefte darauf zurückkommen.

b) Ungarn.

Arad. (Projectirte probeweise Einführung des elektrischen Betriebes auf der Linie Arad—Temesvár der königl. ungarischen Staatsbahnen.) Wie der „Vasuti és közlekedési közlöny" berichtet, wird die Direction der königl. ungar. Staatsbahnen demnächst einen Versuch mit dem elektrischen Betriebe auf der 58 km langen Strecke Arad—Temesvár machen, u. zw. in Verbindung mit den elektrischen Tramways dieser beiden Stationen. Die Züge sollen in Intervallen von einer halben oder höchstens einer Stunde verkehren, und wird von den technischen und finanziellen Ergebnisse dieses Versuches die Ausbreitung des elektrischen Betriebes auf andere Linien abhängen. Die Arad—Temesvárer Linie ist deshalb für solche Versuche geeignet, weil sie zwei grössere Handelsstädte mit einander verbindet und durch eine volkreiche und wirthschaftliche Gegend führt, was zu der Erwartung eines lebhaften Nachbarverkehres berechtigt.

Budapest. (Principielle Genehmigung des Ausführungsmodus der Fortsetzung der Quailinie zum Anschlusse an die von der Akademie ausgehende Hauptlinie.) Die Budapester Communal-Verwaltung hat, vorbehaltlich der ministeriellen Genehmigung, den von der Direction der Budapester Stadtbahn-Gesellschaft projectirten Modus der Fortsetzung der donaulinksuferseitigen Quailinie vom Eskütér (Schwurplatz) aus, zum Anschlusse an die von Akademiepalais (oberhalb der Kettenbrücke) ausgehende Hauptlinie in das Stadtwäldchen und über die grosse Ringstrasse genehmigt, wodurch der die Pester Stadttheile kreisförmig durchschneidende Ring geschlossen werden wird. Dem Projectselaborate zufolge wird die Trace der neuen Linie nicht in den Zug des oberen Quai, bezw. des Donauufers selbst, sondern in jenen der breiten Flächen des unteren Quaiplateaus verlegt, so dass die Bahn zwar im Niveau des Corso, jedoch auf einem an diesen anschliessenden Viaduct geführt wird, dessen Schwellbogen als Magazine für die Schiffahrts-Unternehmungen oder zu anderen Zwecken verwendbar sind. Durch diesen Ausführungsmodus ist der Bahnkörper von Inundationsgefahren gesichert, da das Niveau des oberen Quai höher liegt als der bisher constatirte höchste Wasserstand der Donau.

Bau einer Péagestrecke der Budapester Stadtbahn-Gesellschaft und Budapester Strasseneisenbahn-Gesellschaft. Ueber Ansuchen der Direction der Budapester Strasseneisenbahn-Gesellschaft und jener der Budapester Stadtbahn-Gesellschaft wurde die Legung eines Verbindungsgeleises zwischen den Linien der beiden vorbenannten Gesellschaften am Leopoldring (V. Stadtbezirk) unter der Bedingung genehmigt, dass beiden Unternehmungen die wechselseitige Péagerecht in legaler Form für immer gesichert werde.

(Eisenbahnproject.) Der königl. ungarische Handelsminister hat der Budapester Eisenbahn-Unternehmungsfirma Arpád Csengery und dem Budapester Advocaten Dr. Désiderius Kardus die Bewilligung zur Vornahme technischer Vorarbeiten für eine von der Endstation Zögliget (Auwinkel) der Budapester Strasseneisenbahn-Gesellschaft abzweigende, bis Zsámbék führende normalspurige Localbahn mit elektrischem Betriebe auf die Dauer eines Jahres ertheilt.

Deutschland.

Guben. (Elektrische Strassenbahn.) Die Gesellschaft „Rhederei vereinigter Schiffer in Breslau" ist in Verhandlungen mit der Stadt Guben wegen Anlage einer elektrischen Strassenbahn nach dem Bahnhofe und dem Umladehafen an der schiffbar gemachten Neisse getreten. Nach dem „Berl. Börs.-C." waren früher Verhandlungen einer Elektricitäts-Gesellschaft mit der Stadt wegen Anlage einer elektrischen Strassenbahn an der Forderung der Berechtigung zur Abgabe von Licht und Kraft gescheitert, welche die Stadt mit Rücksicht auf ihre Gasanstalt nicht bewilligen zu können glaubte.

Italien.

Mailand. Die italienische Mittelmeerbahn hat ausser der bereits bewilligten Linie Mailand—Monza nunmehr vom Bautenminister unter Einreichung der betreffenden Studienpläne die Genehmigung zur Anlage einer elektrischen Betriebslinie Mailand—Gallarate mit Abzweigungen Arona—Varese und Laveno, die industriell hoch entwickelte Kreise durchzieht, nachgesucht.

Patentnachrichten.

Mitgetheilt vom Ingenieur Victor Monath.

WIEN, I. Jasomirgottstrasse Nr. 4.

Classe   Deutsche Patentanmeldungen.[*]

21. E. 5835. Elektricitätszähler nach Ferraris'schen System für gleichbelastete Dreiphasensysteme. — Elektricitäts-Action-Gesellschaft vormals Schuckert & Co., Nürnberg. 9./3. 1898.

„ E. 5836. Einrichtung zum Anlassen von synchron laufenden Phasenumformern. — Elektricitäts-Actien-Gesellschaft vormals Schuckert & Co., Nürnberg. 9./3. 1898.

72. Sch. 13.297. Von entfernter Stelle aus elektrisch einstellbare Zielgeräthe für Geschütze u. dergl. — Wilhelm Schwarzenauer, Spandau. 24./1. 1898.

21. A. 5630. Sammelelektrode. — Accumulatoren- und Elektricitätswerke Actien-Gesellschaft vormals A. W. Boese & Co., Berlin. 15./2. 1898.

20. L. 11.600. Stationsmelder mit Umschalter. — Anissim Ledowsky, Moskau. 11./9. 1897.

„ M. 14.968. Einrichtung zum Oeffnen und Schliessen von Bahnschranken mit Vorläutezwang. — J. Miksievicz und Dr. Isidor Falk, Stanislau. 9./2. 1898.

„ W. 13.589. Weichenstellwerk mit Druckluft und elektrischer Ventilsteuerung; J. Cass. x. Pat. 69.895. — C. Westinghouse und J. G. L. Schreuder, Pittsburg, bezw. Edgewood. 6./1. 1898.

21. F. 10.873. Trockenelement mit Nachfüllrohr. — Hermann Felgenhauer, Berlin. 12./5. 1898.

„ T. 3670. Einrichtung zur Abgabe selbstthätiger Schlusszeichen für Amts-Verbindungsleitungen. — Telephon-Apparat-fabrik Fr. Welles, Berlin. 14./12. 1897.

35. K. 5763. Vorrichtung zum langsamen An- und Ausfahren der Fahrstühle bei elektrisch betriebenen Aufzügen. — Elektricitäts-Actien-gesellschaft, vorm. Schuckert & Co., Nürnberg. 1./2. 1898.

40. A. 5818. Isolirkörper für elektrische Oefen. — Aluminium-Industrie-Actiengesellschaft Neuhausen, Schweiz. 28./5. 1898.

20. K. 14.963. Stromzuführung für elektrische Bahnen mit Theilleiter-Betrieb. — William Kingsland, Llandudno, England. 4./3. 1897.

21. H. 18.490. Vorrichtung zur Ausgleichung der durch Hysteresis bedingten Kraftverschiebung an Wechselstrom-Messgeräthen mit lamellirten Eisenkern. — Hartmann & Braun, Frankfurt a. M. 18./3. 1897.

„ J. 4566. Verfahren zur Herstellung von Sammler-Elektroden aus rückständigem, mit Sulfat verunreinigtem Bleisuperoxyd. — Jules Jutien, Brüssel. 6./1. 1898.

40. P. 9054. Elektrischer Schmelzofen. — Francis Jarvis Patten, New-York. 19./7. 1897.

„ S. 11.362. Verfahren zur Behandlung von Elektrodenkohle für elektrische Oefen. — Siemens & Halske, Actiengesellschaft, Berlin. 27./4. 1898.

Classe   Deutsche Patentertheilungen.

20. 100.037. Stromabnehmer für elektrische Bahnen mit unterirdischer Stromzuführung. — 100.058. Weichenstellwerk mit mechanischer Stellvorrichtung und elektrischer Kuppelung. — C. Stahmer, Georgmarienhütte. 11./8. 1897.

21. 100.041. Selbstthätige Vielfach-Umschalter für Fernsprech-Anlagen mit Schleifcontaktung. — G. W. Hey und A. E. Parsons, New-York. 12./2. 1895.

*) Die Anmeldungen bleiben acht Wochen zur Einsichtnahme öffentlich aufgelegt. Nach § 24 des Patent-Gesetzes kann innerhalb dieser Zeit Einspruch gegen die Anmeldung wegen Mangel der Neuheit oder widerrechtlicher Entnahme erhoben werden. Das obige Bureau besorgt Abschriften der Anmeldungen und übernimmt die Vertretung in allen Einspruchs-Angelegenheiten.

Classe
21. 100.042. Wechselstrom-Triebmaschine mit einseitig zu den Feldpolen angeordneten, magnetisch leitenden Schlussstücken für die Ankerkraftlinien. — F. A. Haselwander, Mannheim-Neckarau. 25./6. 1896.

„ 100.043. Körnermikrophon. — Société Anonyme de Téléphone Privée, Brüssel. 31./2. 1896.

„ 100.053. Mechanische Sperrvorrichtung für selbstthätige oder Handausschalter.—Elektricitäts-Actiengesellschaft, vorm. Schuckert & Co., Nürnberg. 5./10. 1897.

„ 100.046. Leitungssystem für mehrphasige Wechselströme. — Elektricitäts-Actiengesellschaft vorm. Schuckert & Co., Nürnberg. 15./8. 1896.

„ 100.131. Accumulatorenplatte. — Dr. Lehmann & Mann, Berlin. 3./8. 1897.

„ 100.133. Galvanische Batterie mit Zuführung neuer und Abführung der erschöpften wirksamen Masse. — H. K. Hess, New-York. 2./11. 1897.

Geschäftliche und finanzielle Nachrichten.

Vereinigte Elektricitäts-Actien-Gesellschaft (vormals B. Egger & Co.) Wien-Budapest. Wir entnehmen dem Berichte der Direction über das Geschäftsjahr 1897—98, dass das erzielte Resultat in jeder Beziehung befriedigend ausgefallen ist.

Die Dynamoproduction ist wesentlich gestiegen. Die Durchschnittsgrösse der Maschinen ergab: 1895/96: 6000 Watt, 1896/97: 7250 Watt, 1897/98: 9000 Watt.

Der Bau elektrischer Centralstationen für Städte wurde eifrig gepflegt. Zur Fertigstellung gelangten und theilweise sind noch im Baue die Centralen: Kratzau i. B., Budafok (Promontor), Göding, Losoncz, Szatmár, Kopreinitz, Oedenburg, Acserra und San-Severino. Gegenwärtig sind die Centralstationen für die elektrischen Bahnen Temesvár und Fiume in Ausführung und können ferner auf Grund ziemlich weit vorgeschrittener Concessionsverhandlungen die baldige Ausführung der Localbahnen Budapest-Gödöllő und Pay erbach-Reichenau-Prein in Aussicht genommen werden.

Bei den Abtheilungen für elektrische Aufzüge, Telephon-Einrichtungen, Eisenbahnsignal-Apparaten für Eisenbahn-Sicherungen und beim Installationsgeschäfte ist ein bedeutender Aufschwung zu verzeichnen.

Seit Jahren befasst sich die Gesellschaft auch mit dem schwierigen Problem des elektrischen Betriebes ganz grosser Aufzüge und glaubt sie nun eine befriedigende technische Lösung dieser Frage erzielt zu haben, wie sie dies demnächst der technischen Fachwelt durch Vollendung einer in Ausführung begriffenen Anlage, welche wohl die grösste einschlägige Ausführung in Europa darstellen dürfte, nachweisen wird.

Auch die Glühlampen-Abtheilung war im abgelaufenen Jahre reichlich mit lohnenden Aufträgen versehen und hat der Umfang dieses Geschäftszweiges sich in dem Maasse erhöht, dass die Glühlampen-Fabrik entsprechend vergrössert werden musste.

Die Gesellschaft hat gemeinsam mit der Firma Ganz & Co. das Nernst'sche Patent zur Erzeugung neuartiger elektrischer Glühlampen für Oesterreich und Ungarn erworben. Das durch dieses Patent geschützte Verfahren zielt auf die Erzeugung von Glühlampen ab, welches bei der vollen Leistungsfähigkeit der gegenwärtigen Glühlampen, den Stromverbrauch auf ungefähr ein Drittel reducirt. Die Versuche und Studien hinsichtlich der Anwendung dieses Patentes sind soweit vorgeschritten, dass sie hofft, in nicht zu ferner Zeit mit ihrem Fabrikat auf den Markt kommen zu können.

Der Bericht verzeichnet noch, dass sich die Gesellschaft im abgelaufenen Jahre auf dem Gebiete des Apparatenbaues mit Erfolg beschäftigt hat, dass ihre Export-Abtheilung sich stetig entwickelt und sie werthvolle europäische und überseeische Verbindungen angeknüpft, besonders auch namhafte Starkstromlieferungen nach Italien, Griechenland, Russland, Rumänien und Bulgarien durchgeführt hat.

Der Gewinn des Rechnungsjahres beträgt 238.148 fl. ö. W. gleich 14% des Actiencapitales (im Vorjahre 10½% fl.) und wird hinsichtlich der Verwendung desselben vorgeschlagen: Nach Ausscheidung der statutenmässigen Tantieme von 17.769 fl. ö. W. auf die im Umlauf befindlichen 16.500 Stück Actien eine Dividende von 8 fl. (8%) per 132.000 fl. ö. W. auszuzahlen und vom Restbetrage von 88.378 fl. ö. W. statt der statutenmässig zu berechnenden Zuwendung von 5% (7782 fl.) 65.000 fl. dem Reservefond zuzuwenden und den Rest von 23.378 fl. ö. W. auf neue Rechnung vorzutragen.

Nach Annahme dieser Vorschläge wird die Gesellschaft über eine allgemeine Reserve von 100.000 fl. ö. W. verfügen, abgesehen von der anek im vorliegenden Rechnungs-Abschluss mit 34.189 fl. dotirten Werthverminderungs-Reserve, welch letztere nunmehr 68.477 fl. oder 21% des ganzen Werthes der Fabriks-Einrichtung betragen wird.

Aron Electricity Meter, Limited in London. Mit einem Nominalcapital von 250.000 Lstr., eingetheilt in 125.000 Lstr. 6proc. cumulative Vorzugs-actien und 125.000 Lstr. Stammaction, wurde diese Gesellschaft in's Leben gerufen. Die Emission der 125.000 Vorzugsactien fand am 10. d. M. in London statt. Die Gesellschaft übernimmt die Patente des Geh. Regierungsrathes Prof. Dr. Hermann Aron in Berlin, bestehend aus einem Elektrici tätszähler und einer elektrischen Uhr, für Oesterreich-Ungarn, Grossbritanien, Frankreich, Deutschland, Italien, Russland und die Vereinigten Staaten von Amerika, sowie ferner die bereits bestehenden Fabriken in Berlin, Wien, Paris und London und zwar mit Wirkung vom 1. Jänner 1897. Prof. Aron verpflichtet sich, für eine Dauer von fünf Jahren die Leitung des Unternehmens in Händen zu behalten und ferner alle Ver besserungen oder Erfindungen in Verbindung mit den an die Gesellschaft übergegangenen Instrumenten dieser zu überlassen.

Deutsche Gesellschaft für elektrische Unternehmungen in Frankfurt a. M. Nach dem Geschäftsbericht für 1897/98 kann die Entwicklung des Unternehmens in dem abgelaufenen zweiten Geschäftsjahre als befriedigend bezeichnet werden. Infolge Aus dehnung der Geschäfte wurde neben der im Laufe des Jahres vorgenommenen Vollzahlung des Capitals von 5 Millionen eine Erhöhung des Gesellschaftscapitals erforderlich und durch die ausserordentliche Hauptversammlung vom 27. Juni beschlossen. Die neuen Actien im Betrage von 10 Mill. Mk., mit vorläufig 25% Einzahlung, welche vom 1. September 1894 an dividenden berechtigt sind, wurden von einer Gruppe zum Preise von 110% fest übernommen und ist das erzielte Aufgeld nach Abzug der Unkosten mit 820.000 Mk. der Rücklage überwiesen worden. Es wurde ein Reingewinn von 807.810 Mk. (135.978 Mk. im Vorjahre) erzielt, der wie folgt vertheilt werden soll: Rücklage 10.768 Mk., 7% Dividende = 226.100 Mk., Gewinnantheile 22.963 Mark, Vortrag 43.895 Mk. (10.768 Mk.). Ueber die einzelnen Unter nehmungen, an denen die Gesellschaft interessirt ist, gibt der Bericht eingehende Auskunft. Wir entnehmen den betreffenden Mittheilungen Folgendes: Laut Abkommen mit der E.-Act.-Ges. vorm. W. Lahmeyer & Co. gehen die ihr gehörenden drei Elektricitätswerke Bockenheim, Gotha und Limburg a. d. L. mit dem neuen Geschäftsjahr in den Besitz der deutschen Gesell schaft in Frankfurt über, während der Betrieb der Werke schon vom 1. April d. J. für Rechnung der letzteren geführt wird. Beab sichtigt ist für die beiden erstgenannten Werke alsbald besondere Actiengesellschaften zu bilden. Das Elektricitätswerk Bocken heim ist seit Frühjahr 1893 in Betrieb und wird nach Fertig stellung der Erweiterungsbauten einen Werth von nahezu 1 Mill. Mark haben. Das Elektricitätswerk Gotha ist Anfangs 1894 in Betrieb gekommen und hat zur Zeit einen Anlagewerth von rund 1½ Mill. Mk. In den abgelaufenen Betriebsjahren ist es allmählich von 7900 Glühlampen und 37 PS Motoren im ersten Jahre auf 14.387 Glühlampen oder deren Gleichwerth für Beleuchtung und 138 Motoren mit 362 PS gestiegen. Die mit dem Werke verbundene elektrische Strassenbahn hat von Anfang an befriedigende Ergeb nisse geliefert. Eine erhebliche Ausdehnung wird dieses Werk in der nächsten Zeit durch den Bau von Vorortbahnen erfahren. Mit dem Bau der ersten Strecke von 22 km, womit auch die Errichtung eines Elektricitätswerkes für die Stadt Walters hausen verbunden ist, soll im Frühjahr nächsten Jahres be gonnen werden und wird hierfür vorerst ein Capital von circa 1,250.000 Mk. erforderlich werden. Die Berechtigung für diese Kleinbahnen soll auf 85 Jahre ertheilt werden und ist damit ausserdem ein Elektricitätswerk für den Bau aller weiteren Kleinbahnen im Herzogthum Gotha verbunden. Das Elektricitätswerk Lim burg hat mit rund 800.000 Mk. zu Buche und ist im letzten Jahre umgebaut und bedeutend erweitert worden. Dasselbe ist seit dem Jahre 1893 in Betrieb und war ursprünglich nur für einen Gleichwerth von 1000 bis 1200 Glühlampen berechnet, während es jetzt den Anschluss von 4000 Glühlampen erreicht licht. Angeschlossen sind zur Zeit 2148 Glühlampen und 55 PS Motoren.

Accumulatoren-Fabrik-Action-Gesellschaft. Auf der Tages ordnung der diesjährigen ordentlichen Generalversammlung, welche auf den 31. d. M. einberufen wird, steht ausser den gewöhnlichen Verhandlungsgegenständen auch ein Antrag betreffend Erhöhung des Grundcapitals um 1½ Mill. Mk. — Den Geschäfts-Bericht bringen wir im nächsten Hefte.

Actien-Gesellschaft für Elektricitäts-Anlagen in Cöln. In der am 10. d. M. stattgefundenen Sitzung des Aufsichtsrathes

gelangte der Bilanz-Abschluss per 30. Juni a. c. zur Vorlage. Derselbe ergibt einen Reingewinn von 557.112 Mk., dessen Ver theilung der demnächst einzuberufenden Generalversammlung in folgender Weise vorgeschlagen werden soll: Zuweisung zum ge setzlichen Reservefonds 27.855 Mk., Gewinnantheile 24.925 Mk., 6% Dividende auf 7,000.000 Mk. dividendenberechtigtes Capital 420.000 Mk., Vortrag auf neue Rechnung 84.331 Mk.

Bergmann-Elektromotoren- und Dynamo-Werke Actien gesellschaft (Berlin). In der am 8. d. M. unter dem Vorsitz des Braucreibesitzers Josef Pschorr in Berlin abgehaltenen ausser ordentlichen Generalversammlung dieser Gesellschaft, in welcher 10 Actionäre mit 716 Stimmen vertreten waren, wurde die Er höhung des Actiencapitales um 1 Mill. auf 2 Mill. Mk. und die dadurch bedingte Statutenänderung einstimmig beschlossen. Die Actien werden von den Firmen Günther & Rudolph und Menz, Blechmann & Co. in Dresden zu 145% übernommen und den Actionären zu 150% angeboten. Die Einzahlungen er folgen nach Bedarf. Ueber den Geschäftsgang berichtete Herr Director Schmaus in günstiger Weise.

Berliner Accumulatoren- und Elektricitäts-Gesellschaft m. b H. (Dr. Lehmann & Mann). Die Accumulatoren- und Elektricitätswerke der Commanditgesellschaft Dr. Lehmann & Mann, einschliesslich deren Patentrechte, sind am 1. d. M. durch Vertrag auf die Berliner Accumulatoren-Fabrik G. m. b. H. übergegangen und werden heute dem Unternehmen unter der neuen Firma „Berliner Accumulatoren- und Elektricitäts-Gesellschaft m. b. H." (Dr. Lehmann & Mann) weitergeführt. Durch diese Fusion erhält das Absatzgebiet der Berliner Accumulatoren-Fabrik für stationäre und Kraftanlagen eine erhebliche Erweiterung. Herr Dr. Lehmann tritt in die Direction des neuen Gesellschaft ein, während der Commanditär Herr Felix Marsop in den Aufsichts rath übergeht.

Die Kabel-Fabrik Geoffroy & Delore in Clichy bei Paris hat die Patente der Berliner Accumulatoren-Fabrik, G. m. b. H., für Tractionszwecke und der Commandit-Gesellschaft Dr. Lehmann & Mann für stationäre und Pufferbatterien käuflich erworben und ist gegenwärtig mit der Einrichtung einer Accumulatoren-Fabrik in grossem Style beschäftigt. Diese Fabrik ist bestimmt, die Batterien für die Einrichtung des elektrischen Betriebes der Pariser Vorortsbahnen zu liefern und den Bedarf der Société anonyme des automobiles electriques zu decken.

Königsberger Pferde-Eisenbahn-Gesellschaft. Die am 5. d. M. stattgehabte Generalversammlung genehmigte einstimmig den Abschluss für 1897/98, setzte die Dividende auf 10% fest und ertheilte die Decharge. Bezüglich des in Aussicht stehenden elektrischen Betriebes berichtete der Vorsitzende, dass vorläufig vier Linien (Steindammer Thor—Amalienau, Steindammer Thor— Fuchsberger Chaussee—Wasserwerke, Steindammer Thor—Haide— Thiergartenstrasse und Steindammer Thor—Hufendammerstrasse— Pillauer Landstrasse) projectirt seien, deren Ausführung der E.-A.-Ges. Schuckert & Co. in München zum Preise von 1,250.000 Mk. übertragen werden sei. Die Genehmigung des Land kreises Königsberg und der Hufen-Gemeinde, welche wege unterhaltungspflichtig sind, liegt bereits vor; die staatliche Con cession auf unbeschränkte Zeit sei von einigen unwesentlichen Abänderungen der Pläne abhängig gemacht, und seien die Pläne zu diesem Zwecke nach Nürnberg gesandt worden, von wo sie in nächster Zeit zurückerwartet werden. Nach den Bedingungen er hält der Landkreis Königsberg 25% des Ueberschusses, welcher nach Vertheilung von 6% Dividende an die Actionäre verbleibt. Es ist dem Kleinbahngesetze gemäss nach einjähriger Kündigung zur Uebernahme der Linie berechtigt. Der Vorsitzende theilte mit, dass die frühere Verwaltung einer Firma die Ausführung des Oberbaues der neuen Linien zum Preise von 80.000 Mk. per Kilometer übertragen hatte. Die Gesellschaft sei aber in Stande, den Preis um ca. 30—40.000 Mk. herstellen zu lassen und habe sich deshalb veranlasst gesehen, die früheren Verträge durch eine einmalige Abfindung im Betrage von 250.000 Mk. rück gängig zu machen. Da die Gesammtlänge der neuen Strecken circa 20 km betrage, so sei die Ersparnis für die Gesellschaft eine wesentliche. Die vorgenommene Capitalserhöhung liefere die Mittel für die Einrichtung des elektrischen Betriebes aus 1,250.000 Mk., für die Zahlung der Ablösung, zum Ausbau der bereits in Betrieb genommenen Kalthöfer Linie, zur Erweiterung der Betriebsmittel und Stellung der bei der Regierung zu hinter legenden Caution, um die Umschlingung der Stadt sei für die Gesellschaft eine günstige Position geschaffen worden, die nicht ohne Einfluss auf ihr Verhältnis zur Stadt Königsberg selbst bleiben werde. Im Grundstücksverkehr in der von den neuen Strecken durchschnittenen Gegenden sei es recht lebhaft geworden, was als ein gutes Omen für die Gesellschaft betrachtet

werden könne. Nach dem Vertrage mit dem Landkreise König-
berg sollen in den Aufsichtsrath der Gesellschaft vier Interessenten
des Kreises aufgenommen werden. Da augenblicklich nur zwei
Vacanzen existiren, wurden die Herren Graf Dönhoff und
Rittergutsbesitzer Mingus einstimmig in den Aufsichtsrath gewählt.

**Schlesische Elektricitäts- und Gas-Actien-Gesellschaft in
Breslau.** Die ausserordentliche Generalversammlung der Gesellschaft vom 30. Juli d. J. hat beschlossen, das Grundcapital um
nominal 3,000,000 Mk., eingetheilt in 2500 auf den Inhaber lautende Actien à 1200 Mk. zu erhöhen. Die neuen Actien tragen
die Bezeichnung Lit. B, und berechtigen zur Theilnahme an der
Dividende vom 1. Jänner 1899 ab. Die bisher vorhandenen 1750
alten Actien über je 600 Mk. behalten einen Anspruch auf bevorzugten Reingewinn in der Art dargestellt, dass
sie von dem unter die Actionäre vertheilbaren Reingewinne eine
Jahres eine bis zu 5% Dividende und ausdann erst die Actien
Lit. B ebenfalls bis zu 5% Dividende erhalten, während ein
etwa verbleibender Ueberschuss auf die Actien nach dem
Actienbetrage gleichmässig zu vertheilen ist. Sollte in einem
Geschäftsjahre der vertheilbare Reingewinn zur Zahlung der bevor-
rechtigten Dividende von 5% nicht ausreichen, ist das Fehlende
aus dem Reingewinn der folgenden Geschäftsjahre nachzuzahlen.

Breslauer Strassenbahn. Ueber den Verlauf der Conferenz,
welche kürzlich Vertreter der Gesellschaft mit sich des Magistrates hatten, wird dem „Berl. Börs.-C." geschrieben, dass die
Aussichten auf eine Verständigung hierbei wenig gefördert wurden,
da der Magistrat in mehreren besonders wichtigen Punkten auf
seinen Forderungen bestand, denen die Gesellschaftsvertreter zuzustimmen sich im Interesse ihrer Actionäre nicht für berechtigt
hielten. Der Magistrat fordert u. A. die Kraftstromlieferung aus
seinen Elektricitätswerken und zwar zu den Selbstkosten unter
Hinzurechnung von Abnützungskosten und einen Betriebsgewinn
von 50%; man hat dieser Forderung entgegengehalten, dass
sich hiernach die Kosten der Betriebskraft für die Breslauer Gesellschaft etwa 25—30% höher stellen würden, als dies z. B. in
Berlin der Fall ist und dies damit von vornherein die Rentabilität
des Geschäftsbahn-Unternehmens starke Einbusse erleiden müsste.
Der Magistrat will aber auch noch die Gesellschaft verpflichten,
widerspruchslos ein anderes System der Stromzuführung, z. B.
durch Accumulatoren, einzuführen, sofern dieses durch Verbesserungen oder neue Erfindungen sich nach Ansicht des Magistrates praktisch erweist; hierin liege aber für die Gesellschaft
die Gefahr, dass alle grossen Aufwendungen für die erste Einrichtung des elektrischen Betriebes umsonst gemacht sind. Eine
andere Forderung des Magistrates gipfelt darin, dass die Gesellschaft unbedingt verpflichtet sein soll, neue Linien zu bauen und
in Betrieb zu nehmen, welche die Stadtverwaltung bestimmt ohne
Rücksicht darauf, ob diese neuen Linien in absehbarer Zeit irgend
welche Rentabilität in Aussicht stellen oder nicht. Die Gesellschaft
hat überhaupt allen Anordnungen des Magistrates sich widerspruchslos zu fügen. Es soll künftig der volle Betrieb von den
frühesten Morgen- bis zu späten Nachtstunden ununterbrochen
aufrecht erhalten werden, was für das Publikum wohl erwünscht
wäre, die Gesellschaft indessen zwingt, nahezu die doppelte Anzahl des Fahrpersonals einzustellen und so die Betriebskosten
stark zu vergrössern; die Gesellschaftsvertreter meinten dagegen,
dass doch wohl zu prüfen sei, ob und auf welchen Linien ein
voller, ununterbrochener Betrieb Bedürfnis sei. Ein weiterer noch
strittiger Punkt betrifft die Betheiligung der Stadt an dem Betriebsgewinn; dieser Gewinnantheil soll künftig 50% betragen, so
dass der Gesellschaft ebenfalls nur 50% verbleiben, von denen
sie jedoch auch noch die Zinsen für etwa ausgegebenen Obligationen und andere Schuldtitel allein zu tragen hätte. Das sind
nur einzelne strittige Punkte und die Actionäre werden zu prüfen
haben, ob es ihren Interessen mehr entspricht, sich unter das
Joch zu beugen, oder aber den Vertrag abzulehnen und bis zum
Jahre 1866 das bisherigen steigenden Dividenden zu beziehen und
dann zu liquidiren.

Die elektrotechnische Fabrik von **Ernst Pabst** in Hannover hat die Vertretung von Oesterreich-Ungarn an Herrn Emil
Honigmann, Wien, IX. Bezirk, übertragen.

New-York Gas and Electric Light Heat & Power Cy.
Aus New-York wird der „Berl. Börs.-C." geschrieben: In Albany
wurde die „New-York Gas and Electric Light Heat & Power Cy."
mit dem colossalen Capitale von 25 Millionen Dollar gegründet.
Es heisst, dass die Gesellschaft bedeutende Privilegien verliehen
wurden. Die in den Incorporationspapieren angegebenen Directoren
sind in hiesigen Geschäftskreisen wenig bekannt. Die Namen der
Capitalisten wurden bisher peinlich geheim gehalten, doch dürfte,
dass die bekannte vielfache Millionär und „Petroleum-Magnat"
Rockefeller den Verkehr leitet.

Berliner Electricitäts-Werke. Der Rechenschaftsbericht
verzeichnet für das verflossene Geschäftsjahr 1897/8 wieder eine

erfreuliche Fortentwickelung der Werke. Was zunächst die Bewegung in der Stromlieferung betrifft, so betrug am Schlusse des
Betriebsjahres der Anschluss an das Leitungsnetz 239.858 Glühlampen, 10.314 Bogenlampen, 2873 Motoren mit 10.502 PS und 565
verschiedene Apparate, im Ganzen rund 26.000 KW, wovon 60%
auf Licht und 40% auf Kraft entfallen. Der Gesammtanschluss
entspricht, ausschliesslich der Stromlieferung für die Strassenbahnen, einer Leistung von 520.000 NK gegenüber 422.000 NK im
Vorjahre; somit beträgt die Zunahme 98.000 NK oder 4900 KW,
d. i. 23.2%. Im Einzelnen ergibt sich eine Vermehrung an Glühlampen um 33.782 Stück oder 17.2%, an Bogenlampen um 1141
Stück oder 12.4%, an Motoren um 817 Stück oder 39.7% und
an Apparaten um 148 Stück oder 41.5%. Die Zahl der Stromabnehmer wuchs auf 5432 oder um 17.9%; die Hausanschlüsse
vermehrten sich auf 3313 oder um 15.5%. Am Ende des vergangenen Betriebsjahres sind bereits Anmeldungen auf rund 1040 KW
oder 20.800 NK vorgelegen. Erwähnt sei, dass die für Kraftzwecke nutzbar abgegebene Energie auf 5.833.077 Kilowatt-Stunden
stieg, d. i. 45·5%. Hinsichtlich der Verwendungsweise der
Motoren steht auch in diesem Jahre den Buchdruckereigewerbe
obenan, für welches 626 Kraftanlagen mit 2111 PS in Betrieb
sind; in zweiter Linie folgen Motoren für Aufzüge (547 mit
3260 PS), sodann die für Metallbearbeitung (384 mit 1451 PS) und
zu Ventilationszwecken dienende (311 mit 350 PS). Im Anschlusse
daran sind zu erwähnen solche für Holzbearbeitung (156), Papier-
bearbeitung (110), Schleif- und Poliermaschinen (103), Fleischerei-
betrieb (84), Spül- und Waschmaschinen (41), Spinnmaschinen (31),
Tuchscheidemaschinen (31), Nähmaschinen (25), Galvanoplastik
(20), Hutbügelmaschinen (16), Lederbearbeitung (12) u. a. m.
Betreffs der Centralstationen erwähnt der Bericht, dass
die Methode der Stromvertheilung, durch Umformer-Anlagen,
bei welcher Elektricität aus anderen Centralen in die betreffenden
Station lediglich als die Spannung des Netzes eingeführt transformirt zu werden braucht, jetzt auch von wirthschaftlichen Gesichts-
punkten aus mit der directen Stromerzeugung in Wettbewerb
tritt und gerade in Berlin häufig Anwendung finden dürfte.
Während die Gesellschaft den Ausbau ihrer Kraftstationen auf
die durch den Vertrag mit der Stadtbehörde gezogenen Grenzen
zu beschränken in der Lage war, erlitt die Ausdehnung der
Kabelnetzes eine unliebsame Unterbrechung, da der Magistrat vor
Abschluss der schwebenden Verhandlungen über die Anschluss-
Projecte über den Anschluss neuer Stadtgebiete an die Werke nicht
genehmigte. Die unentbehrlich gewordene Elektricität musste daher
zahlreichen Betrieben vorenthalten werden, und diese sowohl, wie
die Hausbesitzer, die in ihren Miethsverträgen Lieferung von
Elektricität abgeschlossen hatten, erlitten namhafte Einbussen.
Die Gesammtlänge der verlegten Kabel, welche sich am Ende
des Vorjahres auf 1492 km beläuft bei einer Grabenlänge von
281 km, beträgt jetzt 1558 km bei 314 km Grabenlänge, wovon
117 km bei 29 km Grabenlänge auf das Bahnnetz entfallen. Die
von den Centralen insgesammt erzeugte Energie erfuhr einen
Zuwachs von 23·9% gegen den Vorjahr; sie betrug 22.157.835
Kilowatt-Stunden. Der Stromverbrauch für die öffentliche Beleuchtung stieg auf 424.639 Kilowatt-Stunden (+ 4%). Der
Selbstverbrauch steigerte sich auf 318.164 Kilowatt-Stunden
(+ 9%); als höchste Tagesleistung waren zu verzeichnen 104.140
Kilowatt-Stunden am 23. December 1897; im Vorjahre brachte
der 22. December mit 94.670 Kilowatt-Stunden die höchste
Leistung. Die niedrigste werktägliche Tagesleistung betrug
32.350 Kilowatt-Stunden am 9. Juli 1897 (i. V. 21.170 Kilowatt-
Stunden am 9. Juli). Der Werth der Grundstücke stieg durch
den Ankauf von Grundstücken auf die Ausführung von Neubauten auf 8.605.679 Mk. An die Stadt hat die Gesellschaft im
verflossenen Jahre entrichtet 631.302 Mk. als 10% Abgabe
(i. V. 513.930 Mk.) und 294.657 Mk. Gewinnantheil (v. 273.948 Mk.)
zusammen 925.959 Mk. (i. V. 787.378 Mk.). Der Gewinn aus
Betriebs-, Lampen-, Prüfungs- und Installations-Conto beträgt
3,974.660 Mk. (i. V. 3,649.362 Mk.). Unter Berücksichtigung des
Gewinnvortrages für 1896/97 schliesst die Bahnseite des Gewinn-
und Verlust-contos mit 4,253.292 Mk. (i. V. 3,875.5x3 Mk.). Ab.
Diesem Rohgewinn stehen an Handlungsunkosten, Steuern, Zinsen
und Abschreibungen 1,895.689 Mk. (i. V. 1,688.866 Mk.) gegenüber, sodass ein Reingewinn von 2,357.602 Mk. (i. V.
2,211.676 Mk.) verbleibt, dessen Verwendung, wie folgt, vorgeschlagen wird: Zum gesetzlichen Reservefonds 117.880 Mk.
(i. V. 112.083 Mk.) = 1,688.000 Mk. (i. V. 12½%
= 1,575.000 Mk.). Gewinnantheil der Stadt Berlin 294.656 Mk.
(i. V. 273.948 Mk.). Tantièmen 163.890 Mk. (i. V. 157.560 Mk.).
Gratificationen 81.909 Mk. (i. V. 15.000 Mk.). Zur Stiftung für
weibliche Angestellte etc. 30.000 Mk. (i. V. 15.000 Mk.) und als
Vortrag auf neue Rechnung bleiben 31.365 Mk. (i. V. 29.394 Mk.).

Schluss der Redaction: 18. October 1898.

Verantwortlicher Redacteur: Dr. J. Sahulka. — Selbstverlag des Elektrotechnischen Vereines.
Commissionsverlag bei Lehmann & Wentzel, Wien. — Alleinige Inseraten-Aufnahme bei Haasenstein & Vogler (Otto Maass), Wien und Prag.
Druck von R. Spies & Co., Wien.

Zeitschrift für Elektrotechnik.

Organ des Elektrotechnischen Vereines in Wien.

Heft 44. WIEN, 30. October 1898. XVI. Jahrgang.

Bemerkungen der Redaction: Ein Nachdruck aus dem redactionellen Theile der Zeitschrift ist nur unter der Quellenangabe „Z. f. E. Wien" und bei Originalartikeln überdies nur mit Genehmigung der Redaction gestattet.
Die Einsendung von Originalarbeiten ist erwünscht und werden dieselben nach dem in der Redactionsordnung festgesetzten Tarife honorirt. Die Anzahl der vom Autor event. gewünschten Separatabdrücke, welche zum Selbstkostenpreise berechnet werden, wolle stets am Manuscripte bekanntgegeben werden.

INHALT:

Rundschau.

Im „Electrical World" ist im Hefte 7 von 13. August 1898 die neue Type der Laval'schen Dampfturbine, welche auf der Ausstellung in Stockholm zu sehen war, beschrieben. Bemerkenswerth ist die enorme Dampfspannung, welche angewendet worden sein soll. Der Dampfkessel besteht aus einem einzigen spiralförmigen Schlangenrohr, welches in eine Feuerbüchse eingebaut ist; bei dem Kessel für 100 PS Leistung hat die Feuerbüchse nur eine Höhe von 2·9 und einen Durchmesser von 1·4 m. Bei der Turbine wird der Druck auf 100 Atm. reducirt. Die Turbine für 100 PS macht 13.000, die für 50 PS 16.400 Touren in der Minute; der Dampf strömt durch mehrere Düsen aus. Je nach der Belastung lässt ein Regulator den Dampf in verschieden viele Düsen einströmen. Der Abdampf gelangt in einen Oberflächen-Condensator und wird aus diesem durch eine Pumpe in ein Wasserreservoir gepumpt; aus diesem wird das Speisewasser in den Kessel gepumpt. Durch einen Dampfregulator wird der Luftzutritt in die Feuerbüchse und dadurch die Dampferzeugung regulirt. — Im Heft 8 derselben Zeitschrift sind die neuen Tesla'schen Apparate zur Erzeugung hochgespannter Wechselströme von hoher Frequenz beschrieben. Bei der älteren Erzeugungsart wurde Wechselstrom von gewöhnlicher Frequenz durch einen Transformator auf circa 10.000 V transformirt. Zwischen die secundären Klemmen war einerseits eine Funkenstrecke mit Lichtbogen-Ausblase-Vorrichtung, andererseits eine aus Leydner-Flaschen (Condensator) bestehende Batterie in Serie mit einer eisenfreien Drahtspirale (Selbstinduction) angeschlossen, welche von einer weiteren Drahtspirale umschlossen war. Sobald die secundäre Klemmenspannung des Transformators hinreichend hoch ansteigt, springt bei der Funkenstrecke ein Funke über, welcher Veranlassung zur Lichtbogenbildung bildet. Durch den Lichtbogen ist die Leydner-Batterie nebst vorgeschalteter Drahtspirale sozusagen auch kurzgeschlossen und erzeugt, da sie geladen ist, in diesem Stromkreise infolge der oscillirenden Entladung Ströme von ausserordentlich hoher Frequenz; die Periodenzahl kann Hunderttausend pro Secunde betragen. In der die Spirale umschliessenden äusseren Spirale werden diese Ströme hoher Frequenz auf noch höhere Spannung transformirt.

Der Lichtbogen wird durch die Ausblasevorrichtung ausgelöscht, bildet sich aber stets von neuem; während der Unterbrechung des Lichtbogens ladet sich die Batterie von neuem. Diese Erzeugungsart hat den Nachtheil, dass im Lichtbogen viel Energie verloren geht und dass für die Entladung der Leydnerflasche, bezw. für die Bildung höher Frequenz keine besonders günstigen Bedingungen bestehen, da der Schliessungskreis einen sehr kleinen Widerstand haben soll. Bei der neuen Erzeugungsart der Tesla'schen Ströme kann eine Gleichstrom- oder Wechselstromquelle von der üblichen Betriebsspannung (100, 200 oder mehr Volt) verwendet werden. Dieselbe ist durch eine Spule mit Eisenkern und einem Stromunterbrecher geschlossen, welcher den Strom in kurzen Intervallen schliesst und unterbricht; beim Unterbrechen entsteht wegen der Selbstinduction in der Spule eine hohe E. M. K.; eine entgegengesetzt gleich hohe entsteht an der Unterbrechungsstelle des Unterbrechers. Parallel zu diesem ist die Batterie von Leydnerflaschen und eine eisenfreie Spule von wenig Windungen geschaltet, welche von einer secundären Spule umschlossen ist. Wenn am Unterbrecher der Strom unterbrochen wird, ladet sich die Batterie; wenn wieder Stromschluss eintritt, entladet sie sich durch den kurzgeschlossenen nur aus der Drahtspule bestehenden Kreis. Für die Bildung starker oscillirender Entladungen sind dadurch sehr günstige Bedingungen gegeben; die Transformation dieser Ströme nach aufwärts erfolgt ebenso wie im früheren Falle in der secundären Spule. Die Aussnützung der erzeugten Energie bei der Umsetzung in Tesla'sche Ströme ist bei dieser Anordnung eine sehr günstige.

Im Hefte 10 derselben Zeitschrift sind die elektrischen Automobiles (Elektromobiles) der Electric Vehicle Co. in New-York und die Ladestation beschrieben. Die Gesellschaft besitzt gegenwärtig 100 Wagen, und zwar 50 Fiaker und 50 Cabs; bei den letzteren befindet sich der Platz des Wagenführers hinter dem Coupé. Die aus 18 Chlorid-Accumulatoren bestehende Batterie von 600 kg Gewicht befindet sich unter dem Sitze des Wagenführers; dieselbe ist in einen einzigen Kasten eingebaut, welcher aus einem eisernen Rahmen mit eingelegten Brettern besteht. Die Räder sind aus zwei Scheiben von 1·5 mm Dicke gebildet, welche bei der Nabe am weitesten von einander abstehen. An der Peripherie ist zwischen die Scheiben ein Holzring gelegt; dieser ist von einem Stahlreifen umgeben, in welchen ein 13 cm breiter Pneumaticreifen eingelegt ist. Jeder Wagen ist mit zwei einpoligen Motoren von 2 PS Leistung ausgerüstet, welche maximal 700 Touren machen; die Wagengeschwindigkeit beträgt dabei 19 km. Jeder der beiden Motoren treibt unabhängig eines der Vorderräder durch Zahnradübersetzung an; das an der Motorwelle befestigte kleine Zahnrad greift in ein an der Innenseite des Vorderrades befestigtes grösseres ein. Infolge dieser Anordnung kann man in sehr scharfen Curven fahren. Die Bremsung erfolgt durch Bremsbacken, welche auf an den Motorachsen angebrachte Scheiben einwirken. Der Controller ermöglicht Wechsel der Fahrtrichtung und vier verschiedene Geschwindigkeiten. Eine Ladung der Batterie reicht für 50 km Fahrt. Zum Laden der Batterien wurde eine eigene grosse Ladestation im Centrum der Stadt errichtet; dieselbe nimmt einen Flächenraum von 22×60 m ein und enthält 200 Ladeplätze. Ein grosser Krahn ermöglicht die Batterien aus den Wagen zu heben und auf die Ladetische zu bringen. Der Krahn gestattet die Bewegung der Last in drei auf einander senkrechten Richtungen und ist mit vielen Haken versehen, um gleichzeitig mehrere Batterien befördern zu können. Die Stromabnahme erfolgt von mehreren Sammelschienen; bei Beginn der Ladung wird die Batterie an jene Schienen angeschlossen, welche die kleinste Spannungsdifferenz haben. Der Austausch einer Batterie kann eine geübte ist in zwei Minuten vollzogen.

In New-York werden demnächst mehrere Strassenbahnlinien auf Druckluftbetrieb umgewandelt und ist es staunenswerth, welche Fortschritte in der Druckluft-technik gemacht wurden, so dass der Druckluftbetrieb mit dem elektrischen Betrieb in Concurrenz treten konnte. Es sollen Linien von zusammen mehr als 200 km Länge den Druckluftbetrieb erhalten. Die oberirdische Stromleitung ist für elektrische Bahnen in New-York nicht gestattet und wurde daher der Pferdebetrieb bisher nur durch Kabelbahnbetrieb und durch elektrische Bahnen mit unterirdischer Stromzuführung verdrängt. Die mit Druckluft betriebenen Wagen sind ausserlich den elektrischen Strassenbahnwagen ganz ähnlich. Unter den Sitzen befinden sich zwei Stahlcylinder, welche zusammen 2·1 m³ Druckluft von 140 Atm. Druck enthalten; die aufgespeicherte Energie reicht für eine Fahrt von 27 km aus. Die Cylinder sind auf dreifachen Druck geprüft. Jede Wagenachse wird von einem zweicylindrigen Druckluftmotor angetrieben; auf der Achse der Kurbelwellen des Motors ist ein Zahnrad befestigt, welches in ein grösseres, auf der Wagenachse befestigtes eingreift. Die Druckluft gelangt aus den Stahlcylindern in einen Heizapparat, hierauf in einen Reduccirapparat, aus diesem in die Hochdruck-cylinder des Motors, welcher die vordere Achse antreibt, endlich in die Niederdruckcylinder des zweiten Motors, dann in's Freie. Am Ende der Strecke befindet sich die Druckluftcentrale. Durch mehrstufige Compression wird die Luft in grosse Cylinder gepumpt; der Druck im letzten Cylinder beträgt 170 Atm. Kommt ein Wagen in der Endstation an, so werden seine Druckluftbehälter mit dem letzten Druckluft-Cylinder in der Centrale in Verbindung gebracht und dadurch gefüllt; die Füllung ist in zwei Minuten beendet. Hier zu Lande dürfte das System wegen des hohen Druckes nicht Eingang finden.

S.

IV.

Specialausstellungen verschiedener Firmen.

Sowohl allein, als auch in Verbindung mit anderen Maschinenfabriken hat die **Vereinigte Elektricitäts-Actien-Gesellschaft**, vormals **B. Egger & Co.**, ihre Producte auf die diesjährige Wiener Ausstellung gebracht; es wurde hauptsächlich bezweckt, die verschiedenen Maschinentypen zu zeigen. Neben der Maschinenhalle haben diejenigen Maschinen Anfstellung gefunden, welche sich nicht im Betrieb befinden. Es soll nun im Folgenden eine kurze Beschreibung der verschiedenen ausgestellten Typen gegeben werden.

Als mehrpolige Maschine wurde eine solche der Type M 48ʰ gewählt; diese Maschine ist eine von denjenigen, die für den Betrieb der elektrischen Bahn in Fiume bestimmt sind; dieselbe leistet 64 KW bei 500 V und 620 Touren per Minute und ist ihrem Zwecke entsprechend für Uebercompoundirung gewickelt. Die Fig. 1 gibt die Bauart wieder; der Anker ist durchwegs mit Stabwickelung hergestellt, wobei pro Nut 2 Stäbe kommen; als Isolationsmaterial wird Glimmer verwendet. Diese Anordnung gewährleistet die höchste Betriebssicherheit. Der Polring ist vierpolig aus Gussstahl mit direct angegossenen Magnetschenkeln ausgeführt, während für die Polschuhe Gusseisen verwendet ist. Für Spannungen bis zu 150 V wird der Anker dieser Maschinentype mit Parallelwickelung, darüber hinaus mit Serienwickelung versehen. — Ausserdem kommt auch Reihenparallelschaltung zur Anwendung.

Der Stahlguss-Polring ist auf ein gusseisernes Lagerbrett aufgesetzt. Wegen der niedrig gelegenen Welle eignen sich diese Maschinen sehr wohl für directe Kuppelung mit einer Dampfmaschine; dabei wird der Polring seitlich mit Fussansätzen versehen, die auf dem verlängerten Fundamentrahmen befestigt werden.

Für die Betriebe von Personen- und Lastenaufzügen hat die **Vereinigte Elektricitäts-Actien-Gesellschaft** einen Specialmotor der sogenannten Type Z herausgebildet, der neben einer compacten, dabei kräftigen Bauart den Vorzug einer grossen Anzugskraft besitzt, wie dieses für die vorliegenden Zwecke besonders angezeigt ist; es ist infolge dessen möglich, den Motor stets als Nebenschlussmotor zu wickeln, ein Vortheil, der nicht zu unterschätzen ist. Die Type wird normal in den Grössen von ½—40 PS und zwar in zwei Arten ausgeführt; einmal wie in der Fig. 2 dargestellt, in einer offenen Form, dann auch als sogenannter Kapselmotor, Fig. 3, wobei nur der Commutator durch zwei aufklappbare Deckeln zugänglich gemacht ist. Die Motoren besitzen ein zweitheiliges Gussstahlgehäuse, sind zweipolig und haben wegen constructiver Rücksichten Ringwickelung. Die Stromzuführung erfolgt durch Kohlenbürsten; für die Personenaufzüge in Wien wird vorzugsweise die vierpferdige Type, bei 600 Touren per Minute Umdrehungsgeschwindigkeit, verwendet, wobei erwähnt sei, dass bisher über 400 Aufzüge derartig ausgerüstet wurden. In einem späteren Aufsatze soll die Theorie und ausführliche Beschreibung dieser Motoren besonders behandelt werden.

Für kleinere Installationen bei Licht- und Kraftbedarf werden noch die zweipoligen Maschinen der E-Type (Fig. 4) für 1—60 KW, sowohl als Generator, wie auch als Motor verwendet; diese Ausführung besitzt durchwegs Trommelwickelung. wobei je nach der Grösse glatte oder Nutenanker benützt werden.

Für den Antrieb von kleinen Ventilatoren oder Werkzeugmaschinen bis zu 1 PS Kraftbedarf baut die Vereinigte Elektricitäts-Actien-Gesellschaft

vor der Zeit abgegeben werden mussten, und andere sich wegen der grossen Arbeitsüberfüllung in den Werkstätten nicht mehr herstellen liessen.

Der ausgestellte Motor Fig. 6 leistet 4 PS und macht leer 650 Touren, vollbelastet 550 Touren per

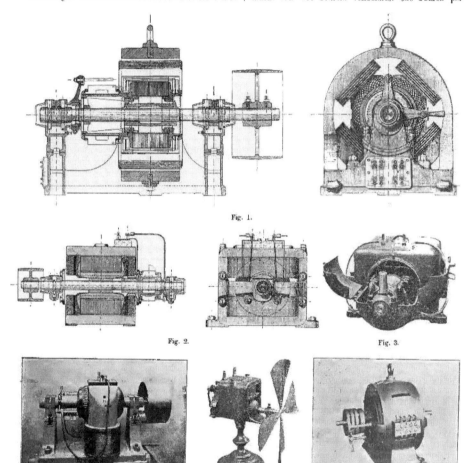

Fig. 1.

Fig. 2.　　　　　　　　　　　　　　Fig. 3.

Fig. 4.　　　　　　　Fig. 5.　　　　　　　Fig. 6.

zweipolige Motoren, wobei jedoch nur ein Pol bewickelt wird. Die Anker sind bei dieser Type. bis zu ¹/₁₆ PS herunter, durchwegs genutet. (Fig. 5.)

Von Drehstrommaschinen war es nur möglich, einen einzigen Zweiphasenmotor, der für den Anschluss an das Wiener Netz bestimmt ist, auszustellen, da sämmtliche für Ausstellungszwecke bestimmten Maschinen

Minute. Die Maschine ist bei 84 Wechseln per sec. 8polig gewickelt und für hohe Anzugskraft gebaut; der inducirende Theil ist zweiphasig, der inducirte dreiphasig gewickelt. Es sei noch erwähnt, dass die Drehstrom-Generatoren nach dem System der Innenwechselpoltype hergestellt werden. Die Mehrphasen-Motoren für Aufzugsbetriebe erhalten Kurzschlussanker.

Es wurde ferner eine Effectbeleuchtung in Form einer Lichtsäule ausgestellt. Die Säule (Fig. 7) trägt 756 Glühlampen, welche spiralförmig angeordnet, in abwechselnden Farben gereiht sind; durch eine Umschaltvorrichtung, welche nach der Art des Bahncontrollers hergestellt ist, werden abwechselnd die Lampen verschiedener Farbe eingeschaltet, wodurch der Anschein erweckt wird, als ob das Licht auf der Säule wandere, eine bekannte optische Täuschung. Der Controller selbst wird durch einen kleinen $\frac{1}{4}$ PS Motor in fortwährende Rotation versetzt.

Fig. 7.

Dieser Controller ist seit Beginn der Ausstellung täglich durchschnittlich 3 Stunden ununterbrochen in Betrieb gewesen, also fast 6 Monate hindurch; doch hat sich bis jetzt nicht die geringste Abnützung an den Contacten gezeigt, was der an denselben angebrachten magnetischen Funkenlöschvorrichtung zu verdanken ist. Ein ähnlicher Controller bethätigte zwei weitere Glühlampen-Tableaus, auf denen die Glühlampen in leuchtenden Buchstaben so angereiht waren, dass sie die Worte ELECTRIC-MOTOREN bilden; durch den Controller wird bewirkt, dass die einzelnen Buchstaben fortlaufend aufleuchteten, bis das ganze Wort gebildet ist, um dann wieder insgesammt zu verlöschen. Auch hier hat sich bei der gleichen Betriebsdauer die magnetische Funkenlöschvorrichtung vorzüglich bewährt.

Zum Betriebe dieser Lichteffecte diente eine Maschine der vorgenannten E-Type, welche von einem Dampflocomobile der Firma F. Delainski angetrieben, eine Leistung von 32.000 Watt bei 110 V besitzt. Diese Dynamo wurde ausserdem noch für die Stromabgabe zum Betriebe einer fahrbaren Pumpe verwendet; der Antrieb dieser für Feuerwehrzwecke bestimmten Pumpe erfolgt durch einen Motor für 10 PS Leistung, der mittelst Zahnradübersetzung auf die Pumpenstangen wirkt; auf der Motorwelle ist ein Zahnrad aus Rohhaut aufgekeilt. Die Pumpe wurde von der Maschinenfabrik F. X. Komarek, Wien, hergestellt, während die elektrische Einrichtung von der Vereinigten Elektricitäts-Actien-Gesellschaft herrührt.

Im Anschlusse an das Ausstellungs-Gleichstromnetz der Internationalen Elektricitäts-Gesellschaft wurden einige Motoren von 4—30 PS verwendet, die zum Antrieb der ausgestellten Holzbearbeitungsmaschinen der Firma G. Topham dienen. Hier war sowohl das Princip des Einzel- als auch Gruppenantriebes veranschaulicht.

Fig. 8.

Eine zweite Dynamo mit 16.000 Watt Leistung besorgte die Ladung einer Batterie, die von der Accumulatorenfabrik Wüste und Rupprecht ausgestellt wurde.

Ein interessantes Ausstellungsobject war der Automobilwagen der Firma Jac. Lohner & Co., an welchem die Vereinigte Elektricitäts-Action-Gesellschaft die elektrische Einrichtung herstellte; der dreipferdige Motor ist eine Specialform der Kapseltype und in weiteren Grenzen seiner Tourenzahl durch einen Controller, der auf dem Kutschsitz angebracht ist, regulirbar.

Eine weitere interessante Verwendung haben die vorerwähnten Kapselmotore der Z-Type beim Bau der neuen Wiener Stadtbahn gefunden. Für das Fortbewegen einzelner Eisenbahnwaggons sind von der Maschinenfabrik A. Freissler Spills mit elektrischem Antrieb construirt worden. Ein derartiger Spill ist in Betrieb ausgestellt worden. Der Motor, der mittelst in Oel laufenden Zahnradübersetzungen am Spillkopf angreift, ist vollständig sammt dem Anlassapparat im Spillgehäuse eingebaut und besitzt 6 PS Leistung bei 480 V Betriebsspannung.

Der Spillmotor zog 60.000 kg auf der Horizontalen. Eine weitere Verwendung wird diese Motorentype für

Dieselbe ruht auf 4 Betonfundamenten von 3 m Tiefe und bedeckt eine Grundfläche von 49 m². Vom Boden bis zur 15 m hohen Mittelgallerie verjüngt sich der quadratische Thurm auf 4 m Lichtweite; der obere Theil erhebt sich in prismatischer Form bis zur Höhe von 30 m und trägt eine Plattform von 36 m² Fläche. Im Innern des Thurmes führt vom Hochplateau eine Stiege von 70 Stufen zur Mittelgallerie und von dort mit 84 Stufen in das Parterre. In dem Parterreraume der Warte ist ein Pavillon eingebaut, in welchem die maschinellen und administrativen Einrichtungen untergebracht sind. Die Maschine ist von allen Seiten zur Besichtigung freigelassen; der Aufzug ist jedoch allseitig abgeschlossen.

Derselbe führt in der Mitte der Construction zwischen den Stiegen zur Plattform empor; der Fahrstuhl bietet durch seine Glasfenster einen freien Ausblick während

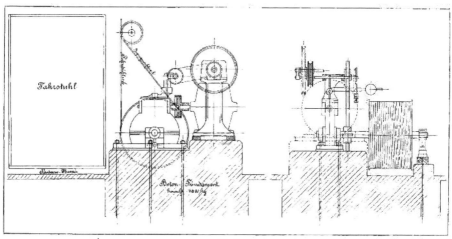

Fahrstuhl

Fig. 9.

die Waggonaufzüge der Wiener Stadtbahn, die ebenfalls von der Maschinenfabrik A. Freissler gebaut werden, finden; die Motoren werden hierzu in einer Grösse für 40 PS ausgeführt.

Zu den modernen Errungenschaften der Technik zählen in hervorragender Weise die Personenaufzüge.

Während vor einem Vierteljahrhundert die Aufzüge für den Transport von Personen nur vereinzelt angewendet wurden, finden sich dieselben jetzt in allen Häusern vor, in welchen Comfort beansprucht wird. Dieses Gebiet der Maschinentechnik wurde erst durch die elektrische Kraftübertragung für den Privatgebrauch erschlossen und hat sich dieser Industriezweig speciell in Wien in letzter Zeit ganz besonders entwickelt.

Auch in der Jubiläums-Ausstellung 1898 ist der moderne Lift durch die Firma **Hanns Füglister** in Wien in würdiger und instructiver Weise zur Geltung gebracht worden.

Inmitten eines grossen freien Platzes nächst dem Springbrunnen erhebt sich dominirend in der Achse der Queravenue eine eiserne Aussichtswarte. (Fig. 8.).

der Fahrt. Die Fahrten, an welcher 6 Personen gleichzeitig theilnehmen können, finden in steter Begleitung des Maschinisten statt, welcher den Aufzug vom Innern des Fahrstuhles dirigirt.

Die Aufzugmaschine (Fig. 9) ist auf einem mächtigen Betonblock montirt und mit dem Elektromotor isolirt und elastisch gekuppelt. Der von der Firma **Ganz &** **Co.** in Leobersdorf gebaute Motor ist ein Zweiphasenstrommotor von 8 PS Leistung und erfordert in jedem Zweige 200 V Spannung; der Strom wurde aus dem Netze der **Internationalen Elektricitäts-Gesellschaft** entnommen. Der Betrieb des Motors erfolgt ohne Anlasswiderstand; ober dem Motor ist ein Commutator angebracht, um die Stromrichtung und dadurch die Rotationsrichtung des Motors wechseln zu können. Die Seiltrommel hat einen Durchmesser von 900 mm. Der Antrieb derselben erfolgt durch eine eingängige Schnecke; das Schneckenrad hat 46 Zähne. Der Motor mit der Schnecke macht 800 Touren in der Minute, die Seiltrommel 17 Touren. Die Hubhöhe betrug 22·33 m. Die Dauer einer Fahrt auf- oder abwärts beträgt

33 Secunden. Die maximale Tragkraft des Aufzuges beträgt 600 kg.

Bezüglich der Sicherheitsvorkehrungen wurden die für Personenaufzüge bestehenden Vorschriften bei diesem Aufzuge noch weiter verschärft. Der Fahrstuhl hängt an zwei Patentstahldrahtseilen von 30facher Sicherheit und gleitet in blank geschliffenen Führungssäulen sanft und geräuschlos auf und nieder. Alle Zugangsthüren zum Aufzuge, sowie die des Fahrstuhles sind mit doppelten Sicherungen ausgestattet, damit dieselben nur im richtigen Momente geöffnet werden können. Zur Erhöhung der Betriebssicherheit sind noch folgende Einrichtungen hervorzuheben: Eine Sicherheitsfangvorrichtung für den Fahrstuhl, welche im Falle des Reissens oder Lockerwerdens der Seile den Fahrstuhl in der jeweiligen Lage momentan und stossfrei festhält. Eine automatische Neuerung, wodurch der Fahrstuhl in den Endpunkten seiner Fahrt die Maschine selbstthätig anrückt. Eine zwangsläufige Abstellung, wodurch sich die Maschine nach Ablauf der erforderlichen Fahrzeit selbst ausrückt und abbremst. Ein selbstthätig wirkender Ausschalter, der bei Unregelmässigkeiten der Maschine die elektrische Stromleitung automatisch unterbricht. Eine Handwinde im Parterre, durch welche bei Stromunterbrechungen der Fahrstuhl mittelst einer Kurbel weiter bewegt werden kann. Eine Hebevorrichtung am Hochplateau, mittelst welcher das Coupé unabhängig von allen anderen Mechanismen durch Handkraft gehoben werden kann.

Bei Personenaufzügen besteht die Regel, der Behörde vierteljährig ein Certificat vorzulegen, wodurch der tadellose Zustand und die Betriebssicherheit garantirt wird. Bei diesem Objecte musste der Befund jedoch jeden Monat an das Stadtbauamt erstattet werden und musste die Sicherheitsfangvorrichtung in der Weise erprobt werden, dass der Fahrstuhl, mit dem Maximalgewichte belastet, während der Auffahrt von den Tragseilen getrennt wurde; es hat ein momentaner Stillstand in jeder beliebigen Höhe einzutreten.

Die 20.000 kg wiegende Eisenconstruction wurde vom Aussteller construirt und ausgeführt und fand den lebhaftesten Beifall aller Besucher.

Bei Tage bot das Hochplateau einen Blick aus der Vogelschau über den Ausstellungspark und den Prater, sowie eine unbehinderte Rundsicht über das Weichbild der Stadt Wien bis zu den Gebirgen, welche das Panorama abschliessen. In den Nachtstunden erstrahlte dieses Object selbst im Lichte und genoss man einen entzückenden Blick über den glänzend beleuchteten Ausstellungspark.

Hygiene in Accumulatoren-Fabriken.

Unterm 11. Mai l. J. wurden vom Bundesrath des Deutschen Reiches Bestimmungen erlassen, die mit dem 1. Juli d. J. in Kraft traten und lediglich den Zweck haben, die gesundheitlichen Schäden von den Arbeitern abzuwenden, welchen sie in Accumulatoren-Fabriken durch den steten Umgang mit Blei und nicht minder giftigen Bleiverbindungen in hohe Masse ausgesetzt sind. Diese Bestimmungen umfassen 21 Punkte und lauten nachstehend:

1. Die Arbeitsräume für Verarbeitung von Blei- und Bleiverbindungen sollen mindestens 3 m hoch und mit Fenstern versehen sein, die sich öffnen lassen. Die Formirräume müssen Ventilations-Einrichtungen erhalten.

2. In solchen Räumen, in denen ein Verstäuben von Blei oder Bleiverbindungen stattfindet, müssen die Fussböden wasserundurchlässig sein. Nicht abwaschbare Wände müssen alljährlich mindestens einmal frisch mit Kalk bestrichen werden; Holz etc. ist ausgeschlossen.

3. Schmelzkessel für Blei sind mit Abzugsvorrichtungen zu versehen.

4. Bleispäne, welche beim maschinellen Bearbeiten von Gittern etc. entstehen, sollen thunlichst an der Entstehungsstelle abgefangen werden.

5. Bleistaubapparate müssen so abgedichtet sein, dass weder beim Arbeiten, noch beim Entleeren Staub auftreten kann.

6. Das Sieben, Wischen und Anfeuchten der Füllmasse soll unter Abzugsvorrichtungen geschehen.

7. Geöffnete Gefässe mit Bleistaub u. s. w. sind auf einen Rost so anzustellen, dass verstäubte Stoffe in Untersätzen aufgefangen werden.

8. Die maschinelle Bearbeitung der Gitter, die Herstellung von Bleistaub, die Herstellung und das Wischen von Füllmasse sind, soweit es maschinell geschieht, in besonderen Räumen vorzunehmen.

9. Tische zum Einstreichen der Füllmasse in die Gitter müssen dicht gefügt sein und mindestens täglich einmal feucht gereinigt werden.

10. Lötharbeiten mit Gebläse (Wasserstoff etc.) sollen thunlichst nur an bestimmten Arbeitsplätzen vorgenommen werden.

11. Das zur Herstellung von Löthwasserstoff dienende Zink und die Schwefelsäure sollen technisch rein sein.

12. Die Arbeitsräume sind von Bleiverbindungen möglichst frei zu halten.

13. Arbeitsanzüge und Mützen sind für die Arbeiter zur Verfügung zu stellen und mindestens einmal wöchentlich zu waschen.

14. Es sind vom Speiseraume getrennte Wasch- und Ankleideräume mit den nöthigen Einrichtungen zu halten. Wenigstens einmal in der Woche soll den Arbeitern Gelegenheit gegeben werden, ein warmes Bad zu nehmen.

15. Arbeiterinnen und jugendliche Arbeiter dürfen zu solchen Arbeiten nicht verwendet werden, bei denen sie mit Blei und Bleiverbindungen in Berührung kommen.

16. Es dürfen nur Personen angestellt werden, welche ein ärztliches Attest beibringen, dass wegen ihres Gesundheitsstandes Bedenken nicht vorliegen.

17. Beim Wischen, Herstellen und Einstreichen der Füllmasse soll die Arbeitszeit nicht übersteigen: 8 Stunden mit einer Arbeitspause von 1½ Stunden oder 6 Stunden ohne Pause zur Nahrungsaufnahme.

18. Den Gesundheitszustand der Arbeiter soll ein Arzt überwachen.

19. Es ist ein Controlbuch über den Wechsel, den Bestand und den Gesundheitszustand der Arbeiter zu führen.

20. Für die Arbeiter sind entsprechende Arbeitsbestimmungen zu erlassen.

21. In jedem Arbeits-, Ankleide- und Speiseraum ist ein Abdruck der §§ 1 bis 20, sowie der Arbeitsordnung auszuhändigen. (Numsehr folgen nur noch die üblichen Strafandrohungen.)

Zu dieser an sich gewiss mit Freuden zu begrüssenden Verordnung, welche ersehen lässt, dass das Reich den neu aufblühenden Industriezweig in gewerbe-hygienischer Beziehung einer besonderen Fürsorge werth erachtet, fügt Professor Dr. Friedrich Vogel in Charlottenburg im „Zeitungs Centralblatt für Berg- und Hüttenwesen" 1898, Octobre 34[5], eine Reihe aus der Erfahrung geschöpfter kritischer Bemerkungen bei, deren wesentliches wir um ihres praktischen Werthes willen im Nachstehenden wiedergeben wollen.

„Zu Punkt 1 ist zu bemerken, dass jede Accumulatoren-Fabrik, selbstverständlich bei ausgiebige Lüftung der Formirräume sorgen wird. Denn abgesehen davon, dass durch die lebhafte Gasentwicklung beim Formiren feine Partikeln von verdünnter Schwefelsäure in die Luft verstäubt werden, welche einen äusserst unangenehmen Hustenreiz bewirken, entwickle sich bekanntlich beim Formiren an den entgegengesetzten Elektroden Sauerstoff- und Wasserstoffgas, welche bei stärkerer Concentration im Raume ein äusserst explosibles Gasgemenge bilden. Immerhin war es in dieser Hinsicht nicht überflüssig, durch eine besondere Bestimmung Vorsorge zu treffen, dass nichts versäumet werde.

Der § 2 lässt den Fabrikanten Manches im Unklaren. Wenn Holz, Linoleum etc. von der Verwendung an Fussböden und Wänden ausgeschlossen werden, so darf dies im Allgemeinen gebilligt werden. Wie sollen aber z. B. die Regale beschaffen sein, in denen die Elektrodenplatten zum vorläufigen Trocknen aufzustellen sind? Auch diese werden in der Praxis zweifelsohne durch Mennige etc. verunreinigt. Allerdings ist ihre Säuberung nicht allzuschwer durchzuführen.

Die in dem §5 vorgesehenen Apparaten für Bleistaub, z. B. Kugelmühlen etc. dergl., während der Arbeit kein Staub austritt, dürfte praktisch genügend vollkommen zu erreichen sein. Technisch schwieriger ist die Aufgabe, unter allen Umständen auch bei der Entleerung dieser Apparate ein Verstäuben zu verhindern.

Die Vorschriften des § 6 scheinen kaum durchführbar zu sein, wenn man bedenkt, dass es sich um Handarbeit handelt. Der Arbeiter soll mit frei ausgestreckten Armen unter den Abzug sein Sieb halten und sieben. Das mag am Ende noch angehen. Beim Anfeuchten der Füllmasse aber muss der Arbeiter beobachten, ob er genügend Flüssigkeit zugethan hat; das Wischen erfordert hingegen einen nicht unerheblichen Kraftaufwand. Dass also der Arbeiter auch diese beiden Verrichtungen mit ausgestreckten Armen unter dem Abzug ausführen wird und überhaupt zu bewerkstelligen vermag, erscheint fraglich. Es darf vielmehr mit Sicherheit angenommen werden, dass der Mann beim Anfeuchten und Wischen seinen Körper vorbiegt und den Kopf unter den Abzug steckt. Ist nun der Abzug gut, d. h. hat er wirklich Zug, so nimmt die bewegte Luft dem Mineralstaub, der sich sonst seiner Schwere wegen zu Boden senkt, in die Höhe mit und treibt ihn dem Arbeiter in's Gesicht. Es erscheint ausserdem nicht ausgeschlossen, dass sich durch den beständigen scharfen Zugwind bei den Arbeitern rheumatische Beschwerden einstellen können, die möglicherweise sogar noch früher auftreten als ohne Abzüge bei sonst hygienischem Verhalten vorkämen. Gegen das Einathmen von Bleipartikelchen gibt es übrigens ein einfaches und wirksames Mittel. Man bindet nämlich um den Mund einen mit loser Watte gefüllten Respirator und steckt in die Nase von Zeit zu Zeit zu erneuernde Wattepfröpfchen. Durch die Watte wird die eingeathmete Luft derart gut filtrirt, dass nicht nur Bleistaub, sondern auch jeder andere Staub an dem Eindringen in die Athmungsorgane vollkommen verhindert wird. Solche Wattefilter würden auch im Formirraum ausgezeichnete Dienste thun, da sie nicht nur festen Staub, sondern auch fein verstäubte Flüssigkeiten abfangen. Mit solchen Wattefiltern ausgerüstet wird selbst der im Formirerraum nicht Heimische und dahin Empfindlicheren kaum noch etwas von dem bekannten lästigen Hustenreiz bemerken. Eine dahingehende Bestimmung wäre leicht, ohne erhebliche Kosten und ohne unnöthige Belästigung von Arbeitgeber und Arbeitnehmer durchführbar.

Zu vermissen ist in der Verordnung des Bundesrathes eine Massregel, welche geeignet schiene, den Arbeitern einen ausreichenden Schutz zu gewähren gegen die äusserst schädlichen Einfluss des in den Verdauungscanal eintretenden bleihaltigen Staubes. Selbst bei der sorgfältigsten Reinigung wird es nämlich nie möglich sein, den giftigen Staub absolut vollkommen von den Händen zu entfernen, weshalb immer wieder solcher Staub auf die Nahrungsmittel gelangen kann. Ein höchst einfaches Mittel gegen diese Gefahren hat in vielen Accumulatoren-Fabriken seit Jahren eingeführt und hat sich auf's allerbeste bewährt. Jeder dort beschäftigte Arbeiter erhält täglich eine bestimmte Menge Milch, selbstverständlich in natura geliefert, und muss dieselbe trinken. Die günstige Wirkung der Milch beruht offenbar darauf, dass das in derselben befindliche Caseïn mit den Bleisubstanzen unlösliche und durch den Magensaft nicht angreifbare Verbindungen bildet, die dann im Wege der Verdauungscanäle vollständig unschädlich abgeführt werden. Dass Caseïn (Käsestoff) mit Mennige, Glätte und allen ähnlichen Bleiverbindungen unlösliche Gemenge bildet, lässt sich durch einfache Versuche leicht feststellen. Die benannten Stoffe, gemischt und sodann getrocknet, geben eine steinharte Masse, die bekanntlich unter Umständen als trefflicher Kitt benützt werden kann und auch schon in der Accumulatoren-Fabrikation als Bindemittel für die wirksame Masse vorgeschlagen worden ist.

Hier wäre schliesslich etwa noch zu bemerken, dass unseres Wissens weder in Oesterreich, noch in Ungarn ähnliche gesetzliche Sonder-Vorschriften bestehen, dass aber hier das Meiste und Wesentlichste aus den eben angezogenen Bestimmungen des Deutschen Bundesrathes a priori durch die Besitzer der Accumulatoren-Werkstätten oder über Einflussnahme der Gewerbe-Inspectoren gleich bei der Errichtung eingeführt werden ist und sich in derartigen Etablissements eingebürgert hat. In einigen grösseren Fabriken ist auch der täglich zweimalige Gebrauch der Palliativmilch und die obligatorische Verwendung von Watte-Respiratoren registrirt in Uebung. *L. K.*

Das elektrische Bahnnetz für Wien.

Am 19. October l. J. ist der Entwurf des Vertrages, den die Commune Wien mit der Fa. Siemens & Halske über die Umwandlung des Tramwaynetzes in Strassenbahnen mit elektrischem Betriebe im Wiener Gemeindegebiete geschlossen hat, der Oeffentlichkeit übergeben worden. War die Commune auch bemüht, hiebei grosse finanzielle Vortheile zu erringen, so haben doch andererseits Siemens & Halske sich werthvolle Privilegien verschafft. Eine grosse Errungenschaft

ist es zu nennen, dass Siemens & Halske gewiss zur allgemeinen Ueberraschung, es durchzusetzen vermochte, eine wesentliche Ermässigung der Tarife nicht vornehmen zu müssen.

Das Uebereinkommen ist in zwei Documenten festgestellt: in einem Vertrage, welcher die allgemeinen Grundzüge bestimmt, nach welchen die Voraussetzungen zur Neuordnung des Wiener Strassenbahnverkehres geschaffen werden sollen, und in einem Vertrage zwischen der Commune und auf Grund von der Firma Siemens & Halske zu bildenden Bau- und Betriebsgesellschaft, welche den Betrieb der elektrischen Strassenbahnen übernehmen soll. Der Entwurf des mit der Firma Siemens & Halske nach dem Ergebnisse der Verhandlungen abzuschliessenden Vertrages hat folgenden Wortlaut:

Artikel I. (Gegenstand des Vertrages.) Beide Vertragstheile vereinigen sich zu dem Zwecke, den Wiener Strassenbahnverkehr nach folgenden Grundsätzen neu zu regeln: *a*) Die Gemeinde Wien erwirbt die Concession für ein einheitliches Netz von elektrischen Strassenbahnen in Wien, bestehend aus den Linien der Wiener Tramway-Gesellschaft und aus neuen Ergänzungslinien, unter Inanspruchnahme des in der Concessions-Urkunde aufzunehmenden Rechtes, dass der Betrieb dieser Bahnlinien zunächst an die von der Firma Siemens & Halske zu errichtende Bau- und Betriebsgesellschaft mit dem Sitze in Wien und nach Ablauf des diesbezüglich abzuschliessenden Vertrages (Artikel IV, Punkt *a*) an dieselbe oder an eine andere Unternehmung übertragen werden darf; *b*) die Firma Siemens & Halske erwirbt mit Unterstützung der Gemeinde Wien die staatliche Genehmigung dieser Bau- und Betriebsgesellschaft unter Anton-Gesellschaft unter Inanspruchnahme des Rechtes, dass das erforderliche Anlage-Capital zum Theile durch Ausgabe von Actien, zum Theile durch Ausgabe von auf den Inhaber lautenden Obligationen beschafft werden darf. Die Bewerbung um die Bahnconcession und um die staatliche Genehmigung der zu bildenden Actien-Gesellschaft soll gleichzeitig und ohne Verzug erfolgen. Die zur Concessionswerbung nach den einschlägigen eisenbahnrechtlichen Vorschriften erforderlichen Behelfe hat die Firma Siemens & Halske der Gemeinde rechtzeitig und unentgeltlich zur Verfügung zu stellen.

Artikel II. (Auflösung des Vertrages bei Nichterlangung der staatlichen Bewilligungen.) Die Rechtswirkung des gegenwärtigen Vertrages ist an die Doppelbedingung gebunden, dass die im vorigen Punkte erwähnte Concession und staatliche Genehmigung in der beschriebenen Art und Weise, insbesondere auch zur Ausgabe von Obligationen von Seite der k. k. Regierung, ertheilt wird. Es werden daher, wenn angewiesenermassen auch nur Eine der beiden Bedingungen nicht eintritt, die Vereinbarungen dieses Vertrages rechtsunwirksam. Jeder Theil wird aber Alles aufbieten, um die Erfüllung der vorstehenden Bedingungen, soweit es an ihm liegt, herbeizuführen.

Artikel III. (Verspätete Erfüllung der Bedingungen des Artikels II.) Sollten die im vorigen Punkte gedachten zwei Bedingungen bis zum 31. März 1899 nicht erfüllt sein, so bleiben, falls die spätere Erfüllung in unmittelbarer Aussicht steht, die Vereinbarungen des gegenwärtigen Vertrages zwar in Kraft, sie erleiden dann aber sämmtliche in diesem Vertrage vereinbarten Fristen ohne Verschiebung um ein ganzes Kalenderjahr.

Artikel IV. (Verpflichtungen der Gemeinde.) *a*) Die Gemeinde verpflichtet sich der Firma Siemens & Halske gegenüber, mit der zu errichtenden Actien-Gesellschaft unmittelbar nach erfolgter staatlicher Genehmigung derselben bezüglich des gesammten der Gemeinde Wien zu concessionirenden Bahnnetzes einen Bau- und Betriebsvertrag abzuschliessen, welcher dem beigeschlossenen, einen integrirenden Bestandtheil der gegenwärtigen Vereinbarung bildenden Vertrage wörtlich gleichlautet; *b*) die Gemeinde wird dahin wirken, dass seitens des k. k. Eisenbahnministeriums der zu bildenden Bau- und Betriebsgesellschaft alle diejenigen Begünstigungen, besonders in Bezug auf Gebühren- und Steuerfreiheit, zugestanden werden, welche nach dem Gesetze vom 31. December 1894, R. G. Bl. Nr. 2 ex 1895, bei Concessionirung von Bahnen niederer Ordnung gewährt werden können.

Artikel V. (Verpflichtungen der Firma Siemens & Halske.) *a*) Die Firma Siemens & Halske übernimmt es, unter der Voraussicht des Eintrittes der Bedingungen der gegenwärtigen Vereinbarung, herbeizuführen, dass die Wiener Tramway-Gesellschaft rechtsgiltig den Beschluss fasst, vom 1. Januar 1899 ab, beziehungsweise sobald die im Artikel I erwähnte Concession und staatliche Genehmigung vorliegt, in Liquidation zu treten; *b*) die Firma Siemens & Halske übernimmt ferner unter gleicher Voraussetzung wie oben die Verpflichtung, herbeizuführen, dass die Wiener Tramway-Gesellschaft auf die sämmtlichen ihr ertheilten, bis 1925, beziehungsweise 1932 und 1934 laufenden Bahnconcessionen von dem im vorigen Absatze *o*) bezeichneten Zeitpunkte ab rechtsgiltig verzichtet, beziehungsweise dieselben an die Gemeinde Wien behufs Einbeziehung der betreffenden Bahnlinien in die gemäss Artikels I, Absatz *c*) von der letzteren zu erwerbende Concession für ein einheitliches Netz elektrischer Strassenbahnen im Wiener Gemeindegebiete überträgt; *c*) die Firma Siemens & Halske hat die Zustimmung der Wiener Tramway-Gesellschaft zur Aufhebung aller mit der Gemeinde Wien oder den ehemaligen Vororte-Gemeinden geschlossenen Strassenbenützungs-Verträge mit dem gleichen Zeitpunkte zu erwirken, so zwar, dass von diesem Tage ab kein Vertragstheil an den anderen irgend eine Forderung für die Zukunft weiter zu stellen berechtigt sein soll; *d*) die Firma Siemens & Halske hat weiters zu erwirken, dass die Wiener Tramway-Gesellschaft mit dem gleichen Zeitpunkte der Gemeinde Wien ihre sämmtlichen Bahngeleise der obigen Strecken sowie auch die im Eigenthum der Wiener Tramway-Gesellschaft stehenden Grundstrecken, auf welchen solche Geleise liegen, ohne weitere Entschädigung übergibt und gleichzeitig auch alle jene Rechte überträgt, welche ihr bezüglich dieser Bahngeleise gegenüber dritten Grundeigenthümern, insbesondere gegenüber dem k. k. Hofärar auf Grund von Verträgen zustehen, ohne für letztere Uebertragung ein besonderes Entgelt zu verlangen; dagegen tritt mit dem gleichen Zeitpunkte die Gemeinde auch in alle diesbezüglichen Verpflichtungen ein; *e*) die Firma Siemens & Halske hat schliesslich zu erwirken, dass seitens der Wiener Tramway-Gesellschaft für die Verzichte und Verpflichtungen gemäss Punkt *a*) bis *d*) keinerlei Entgelt von der Gemeinde beansprucht wird.

Artikel VI. (Verhältnis der Wiener Tramway-Gesellschaft zur neuen Bau- und Betriebs Gesellschaft.) Die Gemeinde nimmt keinerlei Einfluss darauf, wie sich die neue Bau- und Betriebs-Gesellschaft mit der Wiener Tramway-Gesellschaft bezüglich der Durchführung der vorstehenden Bestimmungen auseinandersetzt.

Artikel VII. (Gebühren und Vertrags-ausfertigung.) Sollten irgend welche Staatsgebühren für den vorliegenden Vertrag oder für den abzuschliessenden Bau- und Betriebsvertrag mit der zu bildenden Gesellschaft rechtskräftig vorgeschrieben werden, so trägt dieselben die Firma Siemens und Halske, beziehungsweise im letzteren Falle die neue Bau- und Betriebsgesellschaft.

Der im Artikel IV *e*) als integrirender Bestandtheil des Hauptvertrages bezeichnete Vertrag mit der von der Firma Siemens & Halske in Wien neu zu bildenden Bau- und Betriebs-Gesellschaft für städtische Strassenbahnen in Wien enthält folgende, die Umwandlung des bestehenden Bahnnetzes der Wiener Tramway-Gesellschaft für den elektrischen Betrieb und den Bau eines Ergänzungsnetzes betreffende Bestimmungen:

Die Gemeinde Wien überträgt an die genannte Bau- und Betriebs-Gesellschaft die Umwandlung der von der Wiener Tramway-Gesellschaft übernommenen Linien für den elektrischen Betrieb, den Ausbau der der Gemeinde concessionirten neuen elektrischen Strassenbahn-Linien und die Betriebsführung auf all diesen Linien auf eigene Rechnung der Gesellschaft. Ausser der Bahnconcession erwirbt die Gemeinde alle anderen zum Bau und Betriebe der städtischen Strassenbahnen erforderlichen staatlichen Bewilligungen.

Die Gesellschaft hat den gesammten Fundus instructus für die Strassenbahnen, ausschliesslich des zur Einlegung der Geleise erforderlichen Grundes, auf ihre alleinigen Kosten zu beschaffen. Bei diesen Anschaffungen ist auf die Heranziehung der heimischen und insbesondere der Wiener Arbeit und Erzeugnisse Rücksicht zu nehmen. Das zur Einlegung der Geleise erforderliche Bahnkörper wird die Gemeinde in dem hiezu geeigneten Zustande der Gesellschaft gegen die Verpflichtung der Erhaltung überweisen. Die Kosten für die Erwerbung von Strassengründen, welche für die Anlage der Bahnstrecken benöthigt werden, sowie die Kosten für etwaige Herstellungen oder Reconstruction von Brücken, Unterführungen oder Einwölbungen trägt die Gemeinde, doch leistet die Gesellschaft hiezu einen Pauschalbeitrag von einer Million Kronen.

Alle städtischen Strassenbahnen sind grundsätzlich mit doppelten Geleisen anzulegen.

Alle Bahnlinien werden grundsätzlich mit oberirdischer elektrischer Arbeitsleitung ausgerüstet, für welche das Rückgleissystem von Siemens & Halske zur Anwendung zu kommen hat, doch ist unterirdische Stromleitung nach dem System Siemens & Halske auf der Ringstrasse und auf dem Franz-Josefs-Quai, sowie

auf sämmtlichen Abzweigungen von der Ringstrasse innerhalb des I. Bezirkes und im Anschlusse daran auf der Währingerstrasse bis zur Türkenstrasse, auf der Mariahilferstrasse bis zur Stiftgasse und auf dem Praterstern herzustellen. Alle Speise- und Rückleitungen zwischen den Bezugsquellen des elektrischen Stromes und den Bahnlinien, sowie längs der Linien müssen innerhalb der Grenzen der ersten bis dritten Fahrpreiszone unterirdisch hergestellt werden.

Die in Betrieb zu setzenden Wagen sind derart einzurichten, dass sie durchgehends alle Strecken dem Rücksicht auf die Form der Stromleitung befahren können; sie sollen derartig gebaut sein, dass die Lüftung hauptsächlich durch einen besonderen Dachaufsatz erfolgt und nur einzelne Fenster der Seitenwände zum Herablassen eingerichtet werden. Die Ausstattung soll besonders gefällig und geschmackvoll sein. Die Gemeinde behält sich das Recht vor, zu verlangen, dass in den Wagen nach Möglichkeit ein Raum für Raucher hergerichtet wird. An den Fenstern oder an der Aussenseite der Wagen dürfen Annoncen nicht angebracht werden. Für die Belassung der jetzigen Wagen der Tramway ist eine gewisse Uebergangsfrist festgesetzt.

Der Umbau des gesammten bestehenden Netzes der Wiener Tramway-Gesellschaft muss bis 1. Jänner 1902 vollendet sein.

Für den Bau der neu zu errichtenden Linien sind drei Bauperioden vorgesehen.

Die erste Bauabschnitt umfasst die Jahre 1899, 1900, 1901; in demselben sollen fertiggestellt werden die Linien: Prater (von der Ausstellungsstrasse bis zur Rotunde), Rasumofskygasse (von der Löwengasse über die Sophienbrücke durch die Wittelsbachstrasse, durch den Prater bis zur Rotunde), Wallfischgasse-Schwarzenbergstrasse bis zum Schwarzenbergpalais, Hengasse bis zum Staatsbahnhofe, Verlängerte Lerchenfelderstrasse (Kaiserstrasse - Thaliastrasse-Enenkelstrasse), Untere Zollamtsstrasse (Radetzkystrasse-Invalidenstrasse) - Dennmark - Schwarzenbergplatz-Technikerstrasse bis zur Wiedner Hauptstrasse), Kärntnerthormarkt (Wiedner Hauptstrasse-Getreidemarkt-Museumstrasse-Auersperggasse - Landesgerichtsstrasse - Garnisongasse - Schwarzspanierstrasse Währingerstrasse), Neuer Markt (Kupferschmiedgasse-Tegetthoffgasse - Opperngasse - Friedrichstrasse - Getreidemarkt), Stubenring - Rasumofskygasse (Radetzkyplatz - Franzensbrücke-Praterstern, Wiedner Gürtel - Laxenburgerstrasse - Troststrasse, Hengasse - Rädnergasse - Blechthurmgasse-Ziegelofengasse-Margaretenplatz-Pilgramgasse-Hofmühlgasse-Mollardgasse - Esterhazygasse-Dambockgasse-Anerlinggasse-Alserstrasse; eine Verbindungslinie zwischen der Gumpendorferstrasse und der Schönbrunnerstrasse, eine Verbindungslinie in der Winkelmannstrasse, eine Linie Stiftgasse-Westbahnstrasse-Kaiserstrasse, die Linie Mariahilferstrasse-Hüttelbergstrasse in Hütteldorf, Türkenschanzstrasse-Gersthoferstrasse - Pötzleinsdorferstrasse-Schafberggasse) Döblinger Hauptstrasse-Sieveringerstrasse-Unter-Sievering, Untere Augartenstrasse-Klosterneuburgerstrasse-Wexelgasse und endlich die Linie Kaiserstrasse-Fellnerstrasse-Linzerstrasse.

Die zweite Bauperiode umfasst die Jahre 1902 und 1903; in derselben sollen gebaut werden die Linien: Kronprinz Rudolfstrasse bis an den Kagerheim im Prater; Wittelsbachstrasse - Donaucanal-Freudenau; Valeriestrasse-Kaiser Josefsbrücke-Schönellhausgasse - Landstrasser Hauptstrasse-Landstrasser Gürtel-Fassangasse; Central-Friedhof-Schwechat; Landgut Schleiergasse; Protestantischer Friedhof-Franz-Josefspital; Mariahilferstrasse-Favoritenstrasse; Gumpendorfer-Linie-Schönbrunnerbrücke bis zum Anschluss an die Dampftramway-St. Veit und Lainz; Rennweg-Strohgasse-Reisnerstrasse-Neulinggasse - Ungargasse-Sollenbrücke, Kaiserstrasse Lerchenfeld-er Gürtel - Gablenzgasse - Wilhelminenspital; Vollbadgasse - Neuwaldgasse; Linzerstrasse - Thaliastrasse; Döblinger Casino Hohe Wartestrasse-Grinzingerstrasse; Sieveringerstrasse-Grinzing; Nordwestbahnhof - Engerthstrasse; Central-Friedhof-Kaiser-Ebersdorf; Kreuzgasse-Gersthof (Bahnhof); Hinbergerstrasse-Simmeringer Hauptstrasse; Wenzelgasse-Brigittenauer Lände-Jubiläumsbrücke-Heiligenstädterstrasse-Hohe Wartestrasse; Ziegelofengasse-Breitenfurtherstrasse-Hetzendorferstrasse-Keinstrasse in Hetzendorf; Hernalser Hauptstrasse-Geutzgasse.

Für einen dritten Bau-Abschnitt (von 1904 ab) ist noch eine weitere Reihe von Linien minder wichtiger Natur vorgesehen, deren Ausbau in der Weise erfolgt, dass die Gemeinde für jedes Jahr bestimmen kann, welche Linien im Ausmasse von zusammen 5 km ausgeführt werden sollen.

Die Gesellschaft übernimmt auf sämmtlichen Linien von dem Zeitpunkte der Concessionserwerbung durch die Commune ab den Betrieb; dieselbe hat sich auf die Personen-Beförderung zu beschränken. Die Gesellschaft ist verpflichtet, der Gemeinde ihre Fahrpläne zur Genehmigung vorzulegen. Der

Betrieb wird des Morgens im Sommer nicht später als um 6 Uhr, im Winter nicht später als um 6 Uhr 30 Minuten beginnen; des Nachts sollen die letzten Wagen im Sommer um 12 Uhr, im Winter um ½12 Uhr von den äusseren Endpunkten der Linien abgehen. Die Wagen sollen einander auf den wichtigeren Strecken bis zu fünf Minuten, auf den minder wichtigen bis zu zehn Minuten folgen.

Die Linien des gesammten Netzes werden in Zonen getheilt. Der Preis beträgt für eine Fahrt im durchgehenden Wagen auf einer oder zwei Theilstrecken 10 Heller, auf drei Theilstrecken 20 Heller, auf vier Theilstrecken 30 Heller, auf mehr als vier innerhalb des Gemeindegebietes 40 Heller und über dieses hinaus 50 Heller. Im Umsteigverkehre gelten dieselben Fahrpreise, jedoch beträgt der Minimalpreis 20 Heller. Kinder zahlen die Hälfte, aber mindestens 10 Heller; Schülerkarten sind zum Preise der Kinderkarten zu haben. An Sonn- und Feiertagen kostet jede Fahrkarte den Einheitspreis von 20 Heller innerhalb der I. einschliesslich IV. Zone, darüber hinaus 30 Heller. Die Gesellschaft verpflichtet sich, mit den bestehenden oder etwa neu erstehenden Strassenbahnen, welche Gegenseitigkeit gewähren, einen Uebergangsverkehr (Correspondenzverkehr) einzuführen.

Erreicht die durchschnittliche Verzinsung des gesellschaftlichen Anlagecapitals während dreier aufeinanderfolgender Jahre mehr als 7 Percent, so steht der Gemeinde das Recht zu, eine Herabsetzung des Fahrpreises zu verlangen.

Der Gesellschaft ist gestattet, den elektrischen Strom zum Betriebe aus einem der bestehenden elektrischen Kraftwerke zu beziehen, und zwar höchstens auf die Dauer von drei Jahren vom Tage der Betriebseröffnung an. Für die Folgezeit hat sich die Gesellschaft eine einjährige Kündigungsfrist auszubedingen. Sollte die Gesellschaft eigene Kraftwerke für den Bahnbetrieb errichten wollen, so hat die Gemeinde binnen einem Jahre zu erklären, ob sie selbst das für den Bahnbetrieb erforderliche Strom abzugeben gewillt ist. Im Falle der Errichtung städtischer Elektricitätswerke ist die Gesellschaft verpflichtet, ihren Strom von der Gemeinde zu beziehen; dabei darf der Preis, den die Gemeinde von der Gesellschaft fordert, nicht höher sein, als anderen Abnehmern gegenüber, und nicht höher, als zum Selbstkostenpreise zuzüglich eines Nutzens von 20 Percent der Selbstkosten. Falls die Gemeinde jedoch von der Errichtung eigener Kraftwerke innerhalb der genannten Frist absteht, steht es der Gesellschaft frei, eigene Kraftwerke anzulegen und diesen den Strom zu entnehmen. Es wird seitens der Gemeinde unter der Zustimmung der Gesellschaft in Aussicht genommen, die etwa von letzterer hergestellten Werke zu einem früheren Zeitpunkte, als die Uebernahme des Betriebes der Bahnlinien erfolgen kann, einlösen.

Für die Benützung der Linien zur Beförderung von Leichen oder zu anderen öffentlichen Zwecken, zum Beispiel zur Abfuhr von Strassenschricht oder Schnee, hat die Gesellschaft gegen ein zu vereinbarendes Entgelt die nöthigen Vorrichtungen und Anlagen herzustellen und den Betrieb selbst zu besorgen.

Das Péagerecht muss die Gesellschaft auf Verlangen der Gemeinde anderen Bahn-Unternehmungen bis zu 500 m unter allen Umständen einräumen; für grössere Péagestrecken sind gewisse Bedingungen festgesetzt.

Der Entwurf der Dienst- und Arbeitsordnung für die von der Gesellschaft angestellten Bediensteten ist der Gemeinde zur Zustimmung vorzulegen.

An die Gemeinde sind jährlich nachfolgende Abgaben zu leisten:

Für die Jahre 1899 bis 1903 werden feste jährliche Beträge gezahlt, und zwar für 1899 600.000 Kr., für 1900 800.000 Kr., für 1901 1,100.000 Kr., für 1902 1,400.000 Kr., für 1903, 1,600.000 Kr.

Nach Ablauf dieser fünf Baujahre ist von der Gemeinde alljährlich eine Abgabe zu leisten, welche von den Brutto-Einnahmen des Gesellschaft aus dem gesammten Betriebe sich folgendermassen bestimmt: Bis zu einer durchschnittlichen jährlichen Brutto-Einnahme von 130.000 Kr. für jeden Kilometer 9%; steigen die Brutto-Einnahmen über dieses Ausmass hinaus, so erhält sich die Abgabe bei einer Steigerung bis zu je 2000 Kr. für jeden Kilometer jährlich um je ¹/₁₀ vom Hundert, so zwar, dass bei einer Brutto-Einnahme zwischen 130.000 bis 132.000 Kr. 9¹%, bei einer Einnahme zwischen 132.000 bis 134.000 Kr. 9·2%, u. s. w. zu bezahlen sind. Erreicht die Abgabe 15%, der Brutto-Einnahmen, so findet keine weitere Erhöhung der Percentsatzes mehr statt. Die Gemeinde müssen jährlich mindestens einen Betrag von 10.000 Kr. per Kilometer betragen. Beträgt der Reingewinn der Gesellschaft mehr als 7% per Actie, so ist dieser Ueberschuss zwischen der Gemeinde und der Gesellschaft zu

gleichen Theilen zu theilen. Dabei steht jedoch der Gesellschaft das Recht zu, Abgänge an der Dividende früherer Jahre bis zu 5% ohne Berechnung von Zinsen vorher zu decken. Sämmtliche Abgaben werden für jedes abzulaufende Kalenderjahr am 15. Mai des folgenden Jahres abgeführt. Der Gemeinde steht das Recht zu, behufs Ausübung der Controle jederzeit durch ihren Beauftragten Einsicht in die Bücher der Gesellschaft zu nehmen.

Die Gemeinde ist berechtigt, das gesammte Strassenbahnnetz am 1. Jänner 1914 oder am 1. Jänner 1920 zum weiteren Betriebe in eigener Verwaltung oder durch einen dritten Betriebsführer von der Gesellschaft zu übernehmen; die Gemeinde hat dies der Gesellschaft zwei Jahre vorher anzuzeigen. Bei der Uebernahme hat die Gemeinde der Gesellschaft bis zum 31. December 1925 für jedes Jahr eine am 2. Juli desselben Jahres fällige jährliche Rente zu entrichten, deren Höhe folgendermassen bestimmt wird: Es wird der Reinertrag für die der Ablösung vorausgegangenen letzten vier Betriebsjahre berechnet; der Durchschnitt dieser Reinerträge bildet, gekürzt um die Zinsen der von der Gemeinde sofort baar zu zahlenden Ablösungssumme, die Ablösungsrente. Die eben bezogenen Zinsen sollen nach jenem Zinsfusse berechnet werden, auf welchen die von der Gemeinde zuletzt ausgegebenen städtischen Obligationen lauten. Während der der Ankündigung der vorzeitigen Betriebsübernahme folgenden zwei Jahre wird die Gemeinde von der Gesellschaft keine in diesen Jahren etwa festgesetzte neue städtische Abgabe einheben, noch für eine erhöhte Fahrtleistung sorgen, noch eine Ermässigung der Fahrpreise auferlegen, wodurch die Ablösungsrente geschmälert würde. Die Gemeinde ist berechtigt, an Stelle der jährlichen Rente dem Anfangswerth derselben an die Gesellschaft unter Zugrundelegung desjenigen Zinsfusses baar zu vergüten, auf welchen die von der Gemeinde zuletzt ausgegebenen städtischen Obligationen lauten.

Mit Ende des Jahres 1925 hat die Gesellschaft den Betrieb der Gemeinde unentgeltlich zu überlassen und den Bahnkörper nebst der elektrischen Ausrüstung in tadellosem, vollständig betriebsfähigem Zustande zu übergeben. Die Gemeinde leistet bei der Uebernahme des Betriebes für jede Bahnlinie, welche programmgemäss oder durch Verschulden der Gesellschaft später als am 1. Jänner 1904 in Betrieb kam, einen Beitrag für die Tilgung der Herstellungskosten des Bahnkörpers sammt elektrischer Ausrüstung.

Bei der Uebernahme des Betriebes durch die Gemeinde steht derselben das Recht zu, die gesammten, zum Fundus instructus der Bahn gehörigen Immobilien, die etwa festgestellten elektrischen Kraftwerke sammt Zugehör, wie auch die Speisekabel nach einer drei Jahre vor dem Uebernahmetermin vorzunehmenden Schätzung abzulösen, als deren Grundlage der Anschaffungspreis unter Berücksichtigung der erfolgten Abnützung und Werthverminderung zu dienen hat. Die sonstigen, zum Fundus instructus gehörigen Mobilien ist die Gemeinde verpflichtet, abzulösen. Die Geleise-Anlagen der offenen Strecken sammt der elektrischen Ausrüstung und der Vertheilungs-Kabeln stehen der Gemeinde unentgeltlich als Eigenthum zu.

Die Gemeinde erklärt sich damit einverstanden, dass die bei der Uebernahme zu zahlende Ablösungssumme in erster Linie für die Einlösung der von der Gesellschaft ausgegebenen und noch nicht getilgten Obligationen und danach erst für die Einlösung der Actien haftet, sowie, dass diese Haftung in die für die Ausgabe der Obligationen aufzustellenden Bedingungen aufgenommen wird.

Bei Uebernahme des Betriebes seitens der Gemeinde verbleiben der Gesellschaft die statutenmässig angesammelten Reservefonds, sowie die allfällig von der Gesellschaft gebildeten besonderen Fonds.

Für die Erfüllung aller übernommenen Verpflichtungen bestellt die Gesellschaft eine Caution von 5000 Kronen per Kilometer, jedoch nur bis zum Höchstbetrage von 800.000 Kronen.

Die Gemeinde behält sich vor, die Gesellschaft den Bau und Betrieb auch anderer in dem Vertrage nicht vorgesehener Strassenbahnlinien bis zu 20 km Länge zu übertragen.

Schliesslich behält sich die Gemeinde vor, im Anschlusse an die städtischen Strassenbahnen, und zwar für den unmittelbaren Uebergang der Wagen derselben durch die innere Stadt, Unterpflasterbahnen nebst den zugehörigen baulichen Unterpflasterbahnen nebst den zugehörigen baulichen und einbetheilt und einen Gegenstand dieses Vertrages bildenden städtischen Strassenbahnen zu betreiben. Diese Unterpflasterbahnen sollen in Verbindung von einem Punkte in der Nähe des Stadtbahnhofes „Akademiestrasse“ unter Berührung des Grabens nach dem Platze vor der Votivkirche und andererseits unter Berührung des Stephansplatzes nach einem Punkte in der Nähe der A-pernbrücke, sowie die Verbindung des letzteren

Punkte unter Berührung des Stephansplatzes und des Grabens mit dem Platze vor der Votivkirche herstellen.

Die Ablösung und Betriebsübernahme der Unterpflasterbahnen, soweit sie von der Gesellschaft gebaut wurden, hat seitens der Gemeinde mit dem Ablauf des Kalenderjahres 1925 zu erfolgen, und zwar gegen Zahlung jenes Theiles der von der Gesellschaft verausgabten Baukosten, welche nach einem Tilgungsplane, basirend auf einer Verzinsung von 4 Percent, einer neunzigjährigen Tilgung und gleichbleibenden Annuität, zum Zeitpunkte der Uebernahme noch ungetilgt verbleiben. Zu dem Zwecke sind die Baukosten der Bahnanlage sechs Monate nach Bautvollendung auszuweisen und von der Gemeinde binnen Jahresfrist zu überprüfen und festzustellen. Sollte die Gemeinde die Betriebsübernahme der Untergrundbahnen schon zum 1. Jänner 1914 oder 1920 wünschen, so wird sie der Gesellschaft den wie vorstehend für den 1. Jänner 1914, beziehungsweise 1920 zu berechnenden Ablösungsbetrag zuzüglich eines Aufschlages von 12½ Percent für den ersten, beziehungsweise von 7½ Percent für den zweiten Einlösungstermin bezahlen.

KLEINE MITTHEILUNGEN.

Verschiedenes.

Beschränkung der Concessionsdauer der Ausnützung von Wasserkräften und Mangel eines Expropriationsrechtes bei Starkstrom-Anlagen.[*] Die Errichtung von Kraftübertragungs-Anlagen ist durch die im Titel erwähnten Umstände häufig sehr erschwert oder geradezu unmöglich gemacht. Die Angelegenheit ist für die elektrotechnische Industrie von sehr grosser Wichtigkeit und handelt es sich vor Allem darum, verschiedene Fälle kennen zu lernen, um sehen aus den angegebenen Gründen die Ausführung von elektrotechnischen Anlagen erschwert oder unmöglich gemacht wurde. Einer Mittheilung des Herrn Ingenieurs Franz Pichler, Firma: Weizer Elektricitätswerk Franz Pichler & Co. verdanken wir die Kenntnis folgender Fälle:

1. Project Andrea Franz: Wasserkraft-Ausnützung bei Stübing zum Zwecke des Bahnbetriebes in Graz unterblieb ausschliesslich aus dem Grunde, weil die Concession für die Wasserkraft-Anlage nur auf 50 Jahre, diejenige für die Bahn aber auf 90 Jahre ertheilt werden wäre und die Unternehmung daher nach Ablauf der Ersteren für die restliche Concessionsdauer der Bahn genöthigt gewesen wäre, eine neue Kraftanlage zu schaffen.

2. Elektricitätswerk der Stadt Laibach. Die geplante Wasserkraft-Anlage unterblieb einerseits wegen der nur auf 50 Jahre in Aussicht gestellten Concession, andererseits weil die Führung der Fernleitung infolge Mangels eines Expropriations-Gesetzes an dem Starrsinne der Grundeigenthümer scheiterte. Die Stadt Laibach musste daher einstweilen zur Dampfanlage greifen, welche eine billige Kraftabgabe an dortige Industrien ausschliesst und auch die Beleuchtung wesentlich vertheuert.

3. Die Ausführbarkeit der Etschwerke (Bozen—Meran) wäre beinahe am Mangel eines Expropriations-Gesetzes gescheitert, da einzelne halsstarrige Grundbesitzer absolut die Zustimmung zur Leitungsführung über ihre Grundstücke verweigerten. Die Anlage ist nun durch Entgegenkommen des Strassen- und Postärars ermöglicht worden, welches den Reichsstrassengrund zur Verfügung stellte und für die projectirte Telephonlinie eine eigene Trace ausmittelte. Trotzdem mussten an einzelnen Biegungen die Leitungs-stangen längst der Reichsstrasse einander bis auf 5 m Distanz genähert werden, damit die Drähte nicht in den Luftraum gegenüberliegender eigensinniger Grundbesitzer hineinragen.

4. Eine Cementfabrik in Krain (ich glaube Längenfeld) beabsichtigte, einer Nachricht der „Tagespost" zufolge, die Heranziehung einer circa 15 km von der Fabrik entfernten Wasserkraft. Zufolge der erwähnten Verordnung wurde derselben bei elektrischer Uebertragung eine 30jährige Concessionsdauer in Aussicht gestellt. Als die Fabrik anfragte, wie sich die Sache verhält, wenn die Uebertragung nicht elektrisch, sondern mechanisch mittelst Drahtseiles erfolgen würde, wurde ihr mitgetheilt, dass dann die Concession auf unbeschränkte Zeit ertheilt würde. Der kritische Anlass für die Ertheilung einer beschränkten oder unbeschränkten Concession liegt also lediglich in der Elektricität als Uebertragungsmittel. Wo bleibt da die Logik!

[*] Vergl. „Z. f. E.", 1897, S. 135; „Die Wasserkraft oder Elektricität ein Staatsmonopol." S. 587; „Gesetzgebung und Rechtspraxis in der Schweiz." S. 695, „Ausnützung der Wasserkräfte."

Ausgeführte und projectirte Anlagen.

Oesterreich-Ungarn.

a) Oesterreich.

Königswart i. Böhm. (Elektrische Kleinbahn.) Das k. k. Eisenbahnministerium hat der Bau- und Installations-Unternehmung für elektrische Beleuchtung und Kraftübertragung Holzapfel & Piering in Eger die Bewilligung zur Vornahme technischer Vorarbeiten für eine mit elektrischer Kraft zu betreibende Kleinbahn von der Station Königswart-Sangerberg der Staatsbahnstrecke Wien—Eger nach Königswart zum Anschlusse an die projectirte Kleinbahn Marienbad-Königswart ertheilt.

Leoben. (Elektrische Kleinbahn.) Das k. k. Eisenbahnministerium hat der Stadtgemeinde Leoben die Bewilligung zur Vornahme technischer Vorarbeiten für eine mit elektrischer Kraft zu betreibende Kleinbahn von dem Vorplatze der Südbahnstation Leoben durch Leoben und die Waaservorstadt nach Donawitz mit einer eventuellen Abzweigung von Leoben nach Göss auf die Dauer von sechs Monaten ertheilt.

Sigmundskron. (Elektrische Kleinbahn.) Das k. k. Eisenbahnministerium hat unterm 11. October die k. k. Statthalterei in Innsbruck beauftragt, hinsichtlich des von der Firma Siemens & Halske in Wien vorgelegten generellen Projectes für eine normalspurige, elektrisch zu betreibende Kleinbahn mit theilweiser Strassenbenützung von der Station Sigmundskron-Eppan bei Bozen—Meraner Bahn über Gries zur Talferbrücke in Bozen die Tracenrevision einzuleiten.

Smichow. (Elektrische Kleinbahn von Smichow über Kuchelbad nach Königssaal.) Das k. k. Eisenbahnministerium hat unterm 5. October die k. k. Statthalterei in Prag beauftragt, hinsichtlich des vom Stadtrathe der kgl. Hauptstadt Prag vorgelegten Detailprojectes für eine normalspurige elektrische Kleinbahn mit Strassenbenützung von Smichow über Kuchelbad nach Königssaal vorerst die Tracenrevision einzuleiten und anschliessend hieran die politische Begehung in Zusammenhange mit der Enteignungsverhandlung vorzunehmen.

b) Ungarn.

Budapest. (Anhang zur Concessionsurkunde der Budapester Strassenbahn-Gesellschaft [elektrischer Betrieb].) Der kgl. ungar. Handelsminister hat der Budapester Strassenbahn-Gesellschaft für den Bau der neuen Linie vom Endpunkte der száz ház—kiszeglös— (Hundert-haus—Kleinzuglös—) Linie auf der Csömörerstrasse bis zum Hajtsár- (Vichtjelö-) Weg die Concession in Form eines IV. Anhanges zur Concessionsurkunde ertheilt. Die Gesellschaft ist verpflichtet, die neue elektrische Linie vom Tage der Baubewilligung seitens der Localbehörde der Haupt- und Residenzstadt Budapest binnen drei Monaten auszubauen und in Betrieb zu setzen. Die effectiven Bau- und Ausrüstungskosten der Linie werden anlässlich der technisch-polizeilichen Begehung rechnungsmässig nachzuweisen und zu bestimmen sein. M.

Pressburg. (Technisch-polizeiliche Begehung der neuen Linien der Pressburger städtischen elektrischen Eisenbahn.) Die technisch-polizeiliche Begehung der neuen Juster-, Zuckermandel- und Krankenhausgassen Linien der Pressburger städtischen elektrischen Eisenbahn wird auf Grund Erlasses des kgl. ungar. Handelsministers vom 26. October a. c., Vormittags 9 Uhr, im Sitzungssaale des Pressburger Rathhauses durch die entsendete Commission in Angriff genommen werden. M.

Deutschland.

Berlin. (Das elektrische Strassenbahnnetz Berlins) hat nach erfolgter Umwandlung der Ringbahn eine Ausdehnung von rund 140 km erreicht; eingerechnet sind dabei die beiden elektrisch betriebenen Linien der Firma Siemens & Halske, sowie die Strecke Kupfergraben—Charlottenburg. Die Grosse Berliner Strassenbahn-Gesellschaft allein hat heute auf nahezu 120 km Bahnlänge elektrischen Betrieb. Die längste ihrer mit Motoren betriebenen Linie ist die 13·5 km lange Ringbahn, dann folgen die Linien Treptow—Zoologischer Garten und Gesundbrunnen—Alexanderplatz—Kreuzberg mit 11, bezw. 10 km, die Linie Gesundbrunnen—Molkenmarkt—Kreuzberg mit 9·25. die Strecken Oranienburger Thor—Halle'sches Thor) mit 8·5 km, die Strecken Kreuzberg—Dennimerstrasse und Grossgörschen-strasse—Schlesische Brücke mit 8·4, bezw. 8·16 km und die Linien Zoologischer Garten—Schlesisches Thor und Behrenstrasse—

Treptow mit 8 und 7·5 km Bahnlänge. Alle übrigen elektrisch betriebenen Linien sind weniger als 7·5 km lang, so z. B. die Strecke Alexanderplatz—Schöneberg, welche wenig über 7 km misst. Die kürzeste der bisher umgewandelten Linien ist die unlängst eröffnete Behrenstrasse—Kronzberg, welche nur 3·3 km Bahnlänge hat. Die Grosse Berliner Strassenbahn-Gesellschaft, die erst vor ungefähr sechs Monaten mit der Umwandlung ihres Betriebes begann, hat jetzt bereits mehr als den vierten Theil ihrer sämmtlichen Linien in elektrisch betriebene umgewandelt. Nächstdem wird die Strecke Rathhaus—Nieder-Schönhausen in Angriff genommen und bei dieser Gelegenheit gleich zweigeleisig ausgebaut werden, dann folgt die Linie Rixdorf—Pappel-Allee, welche bis zur Verbindungsbahn verlängert werden soll. Schon heute lässt sich sagen, dass Berlin vor allen Grossstädten des Continents den ausgedehntesten elektrischen Strassenbahnbetrieb besitzt.

S c h w e i z.

Klosters. Nach dem „Bündner Tagblatt" beabsichtigt die Siemens & Halske A.-G. in Klosters eine Calciumcarbid-Fabrik zu errichten.

Geschäftliche und finanzielle Nachrichten.

Oesterreichische Erfinderbank. Amtlich wird gemeldet: „Der Ministerpräsident als Leiter des Ministeriums des Innern hat im Einvernehmen mit den Ministerien der Finanzen, des Handels und der Justiz den Herren Dr. Leo Ritter v. Herz, k. k. Sections-Chef a. D., William Eduard und Joseph Robert Hardy, Maschinen-Fabrikanten, Dr. Theodor Schulhof, Hof- und Gerichts-Advocat, Eduard Lanner, Fabriksbesitzer, und Julius Frankl, Realitätenbesitzer in Wien, die Bewilligung zur Errichtung einer Actien-Gesellschaft unter der Firma: „Oesterreichische Erfinderbank" mit dem Sitze in Wien ertheilt und deren Statuten genehmigt." Die Regierung hat die Concession zu einer Oesterreichischen Erfinderbank ertheilt. Nach den Statuten soll das Gesellschaftscapital aus 250.000 fl. voll eingezahlten, auf 200 fl. lautenden Actien bestehen. Durch den Beschluss des Verwaltungsrathes kann dieser Betrag auf 500.000 fl. und nach Genehmigung der Staatsverwaltung und der Generalversammlung auf eine Million Gulden erhöht werden. Die Statuten bezeichnen als Zweck der Gesellschaft die Verwerthung von Erfindungen und Patenten für Rechnung des Erfinders und für eigene Rechnung, die Bildung von Unternehmungen zu einer solchen Verwerthung, die Errichtung von Fabriken zur Erzeugung von derartigen Patent-Artikeln, die Errichtung und den Betrieb von Handels-Unternehmungen zum Vorschleisse dieser Artikel, endlich den Betrieb aller sonstigen gesetzlich zulässigen Geschäfte, welche geeignet sind, die Erfinderthätigkeit in Oesterreich zu heben. Das Capital für die neue Unternehmung ist noch nicht beschafft. Die Concession wurde für sechs Monate ertheilt. Bis zu diesem Zeitpunkte muss die Gesellschaft constituirt sein und die Zeichnung des Actiencapitales von 250.000 fl. nachgewiesen haben. Wenn diese Frist von sechs Monaten verstrichen ist, ohne dass die Constituirung und Nachweisung erfolgt, so erlischt die Concession.

Böhmische Industrialbank. Das k. k. Ministerium des Innern hat im Einvernehmen mit dem k. k. Ministerium der Finanzen, des Handels, der Justiz und der Eisenbahnen dem Herrn Dr. Ferdinand Tonder, Landes-Advocat in Prag, und Genossen, die Bewilligung zur Errichtung einer Actien-Gesellschaft unter der Firma „Böhmische Industrialbank", (böhmisch) „Česká průmyslová banka", (französisch) „Banque industrielle de Bohême" mit dem Sitze in Prag über Ermächtigung des k. k. Ministeriums des Innern mit der Genehmigungsclausel versehen. Unter den Geschäften, zu deren Betrieb die Böhmische Industrialbank laut § 4 ihrer Statuten berechtigt erscheint, ist sub Punkt 19 auch die Erwerbung von Concessionen für Local-, Klein- und Werkstahnen und andere locale Verkehrsanstalten vorgesehen.

Accumulatoren - Fabriks - Actien-Gesellschaft. Dem Geschäftsberichte über die Zeit vom 1. Juli 1897 bis 30. Juni 1898 hat die Gesellschaft in ihren drei Betrieben Wien, Budapest und Hagen i. W. im verflossenen Jahre zusammen 8,517.500 Mk. gegen 5,598.500 Mk. im Vorjahre umgesetzt. Die fortdauernd steigenden Aufträge machten es dem Vorstande möglich, im Februar eine nochmalige erhebliche Preisreduction mit im Februar 1896, eintreten zu lassen. Hiedurch ist der Accumulator in vollem Masse gegen ein das leistendes Maschinenaggregat concurrenzfähig gemacht worden und wird sich derselbe nunmehr auf dem Gebiete der Kraftübertragung, der Aufspeicherung von Wasserkräften, kurz, überall dort im weitesten Masse einführen, wo sonst seine Anwendung der zu hohen Anschaffungskosten wegen schwer durchzusetzen war. Die Unter-

nehmungen, an welchen die Gesellschaft sich finanziell betheiligt hat, sind in guter Entwickelung begriffen; sie besitzt Antheile an der Russischen Tudor-Accumulatoren-Fabrik in Petersburg, an der Accumulatoren-Fabrik Oerlikon und das Gesammt-Actiencapital der Hagener Strassenbahn Act.-Ges. Das Prämien-Reserve-Conto erhöht sich auf 634.042 Mk. Die Gesammt-Abschreibungen pro 1897/98 betragen 99.473 Mk. Der bei reducirten Preisen bedeutend vergrösserte Umsatz hat nothwendiger Weise eine Vermehrung der Kosten herbeigeführt. Die schwebenden Patentprocesse sind noch nicht erledigt. Der Vorstand schlägt vor, den sich aus der Bilanz, bestiglich Gewinn- und Verlust-Conto ergebenden Gewinn von 719.467 Mk. zuzüglich Vortrag vom 1. Juli 1897 21.419 Mk., also von 740.886 Mk., wie folgt zu vertheilen: Reservefonds I, 5% von 719.467 Mk., 35.973 Mk., 10% Dividende 500.000 Mk., Tantième für den Vorstand 80.000 Mk., Tantième für den Aufsichtsrath 30.000 Mk., Special-Reserve für Unterstützungsfonds und Gratificationsfonds für Beamte und Arbeiter und Wohlthätigkeitszwecke 73.000 Mk., Vortrag für 1898/99 21.913 Mk. Das Jahr 1898/99 weist an facturirten und noch auszuführenden Aufträgen bis Ende September d. J. 250.000 Mk. mehr auf als im Vorjahre. Die ausserordentlich starke Entwickelung des Geschäftes, sowie die Nothwendigkeit der Erweiterung der Betriebseinrichtungen und die Betheiligung an Unternehmungen im In- und Auslande bedingen eine Vermehrung der Baarmittel. In Uebereinstimmung mit dem Aufsichtsrathe beantragt der Vorstand deshalb die Ausgabe von 1,950.000 Mk. junger Actien, welche den Inhabern der alten Actien im Verhältnis 4: 1 zum Course von 140% angeboten werden sollen. Die jungen Actien sollen an dem Ergebnis des laufenden Geschäftsjahres ab 1. Jänner 1899 theilnehmen.

Act.-Ges. für Elektricitäts-Anlagen in K. In Ergänzung unserer Mittheilung im vorigen Hefte S. 515 bringen wir aus dem Geschäftsberichte für 1897/98 das Folgende: Der Umstand, dass bei dem ungeahnten Aufschwunge der elektrischen Industrie die elektrischen Fabrikations-Unternehmen vor Aufgaben gestellt werden, die sie auf die Dauer nicht zu lösen vermögen, ohne aus dem Rahmen ihrer eigentlichen Thätigkeit hinauszutreten, war die Veranlassung zur Bildung der hauptsächlich die finanzielle Ausrüstung und den Betrieb von elektrischen Unternehmen bezweckenden Gesellschaft. Sie wurde gegründet am 16. Juni 1897 unter Mitwirkung der E.-A.-G., Helios in Köln und in Anlehnung an dieselbe mit einem Actiencapital von 14 Millionen Mark. Zwischen diesen Gesellschaften besteht die Vereinbarung, dass jede die im Bereich ihrer Geschäftsthätigkeit vorkommenden, sich für den Geschäftsbetrieb der anderen Gesellschaft eigneten Geschäfte dieser anzubieten hat. Die Gesellschaft übernahm ferner 2 Millionen Mk. Actien von Helios zu 150%, um auch ein finanzielles Interesse an Helios zu besitzen. Sie ist betheiligt an der „Elektra" Maatschappij voor electrische Stations in Amsterdam durch Erwerbung von 624.000 Gulden Actien, ferner mit einem Drittel an der mit ihren Bankfreunden gebildeten Finanzgruppe zur Uebernahme einer von Helios erworbenen 40jährigen Concession zur Abgabe von elektrischem Strom in Petersburg, sowie zur Uebernahme der von der Gesellschaft Helios für Rechnung dieser Finanzgruppe errichteten Anlage in eine russische Actiengesellschaft mit einem Capital von 6 Millionen Rubel. Ausser dem Erwerb der Concession einer Strassenbahnlinie ist die Uebernahme von Concessionsgeschäften zu erwähnen, so in Kandern, Zoppot, Zell, Ottweiler, Bergen, Ballenstedt und Landsberg a. W. Die Gesellschaft hat in Gemeinschaft mit ersten Bankfirmen im gegenwärtig laufenden Geschäftsjahre eine Actiengesellschaft unter der Firma „Bayerische Elektricitätswerke" gegründet, und sich mit 2,000.000 Mk. betheiligt, sowie die Betheiligung an einem in Bildung begriffenen rumänischen Elektricitäts-Gesellschaft zugesagt. Beide Gesellschaften verfolgen denselben Zweck, wie die vorstehenden. Im Berichtsjahr war die Serie A des Actiencapitales von 4,000.000 Mk. voll, und das der Serie B, C, D von je 4,000.000 Mk. je 25% eingezahlt, so dass die dividendenberechtigte Actiencapital 7,000.000 Mk. betrug. Es ergibt sich aus dem abgelaufenen Betriebsjahr ein Reingewinn von 557.112 Mk., dessen Vertheilung wie folgt vorgeschlagen wird: Zuweisung zur Reserve 27.855 Mk., Tantièmen für den Aufsichtsrath 34.926 Mk., 6% Dividende 420.000 Mk., Vortrag 84.331 Mk. Eine grosse Anzahl von Schwebegeschäfte eröffnet, wie der Bericht betont, günstige Aussichten für die weitere Entwickelung des Unternehmens.

Helios, Elektricitäts-Actiengesellschaft in Köln. Wie der Geschäftsbericht mittheilt, hat das Jahr 1897/98 im Allgemeinen den gehegten Erwartungen entsprochen. Obwohl die Inbetriebnahme der neuen Werkstätten „manche Schwierigkeiten bereitete und trotz des zeitweiligen Mangels an genügenden technischen Hilfskräften" wurde ein Umschlag von rund 12,500.000 Mk.

gegen 5,000.000 Mk. im Vorjahre) erzielt. Der Reingewinn von 1,212.521 Mk. (i. V. 543.360 Mk.) gestattet die Vertheilung einer Dividende von 11% auf das nunmehr dividendenberechtigte Actiencapital von 8 Millionen Mk. (i. V. 12%, auf 3 Millionen Mk.) Die geschäftliche Thätigkeit war u. a. im Besondern der Fertigstellung der elektrischen Licht- und Kraftcentralen in Ottweiler, Zoppot, Kandern, Zell i. W., Kleinkötz, Landau a. d. Isar, Burgen, Bailenstedt, Landsberg a. W. und Petersburg gewidmet, die die Gesellschaft für fremde Rechnung ausführt. Die Arbeiten für die Centrale in Petersburg sind nach Möglichkeit gefördert worden. Die Betriebsgebäude sind vollendet, die Montage der Kessel und Maschinen in Angriff genommen und ein Kabelnetz von rund 175 km verlegt. Mitte September d. J. konnte schon mit der Stromlieferung begonnen werden, die Gesammtanlage dürfte Ende des laufenden Geschäftsjahres vollständig fertig sein. Das Petersburger Geschäft soll auf eine russische Betriebsgesellschaft übergeleitet werden, bei der der Helios eine Betheiligung vorbehalten hat, und deren Gründung noch in diesem Kalenderjahre erfolgen dürfte. Vertäufig übernahm der Helios für eigene Rechnung die Geschäfte in Crottorf bei Halberstadt, Kenitz i. W. Pr. und Weissenkirschen bei Dresden. Die Bahnabtheilung beschäftigte sich mit der Ausführung der elektrischen Bahnanlagen von Altona nach Blankenese und in Landsberg a. W., die für die Actiengesellschaft für Elektricitätsanlagen in Köln gebaut werden, mit der Bahnanlage in Braila für eigene Rechnung und verschiedenen anderen Kleinbahnentwürfen. Eine rumänische Betriebsgesellschaft ist unter Mitwirkung des Helios zum Betriebe in Braila und anderer noch schwebender russischer Geschäfte in der Bildung begriffen. Die schon früher erwünnte Gruppe zur Verwerthung elektro-chemischer Patente, an der der Helios betheiligt ist, hat in Dollbrück eine Fabrik zur elektrolytischen Herstellung zunächst von Bleiweiss errichtet, die seit Kurzem in Betrieb ist und sich durchaus bewährt. Das Capital der Helios beträgt 480.000 Mk., wovon 80.000 Mk. auf Helios entfallen. Es besteht die Absicht, ähnliche Anstalten auch anderwärts zu errichten. Einschliesslich der aus dem Vorjahre übernommenen unerledigten Arbeiten sind bis heute Ausführungen im Gesammtbetrage von 20 Millionen Mk. übernommen. Diese Zunahme des Geschäftsumfanges erfordert die Vergrösserung der Mittel, die durch Ausgabe von 2 Millionen Mk. neuer Actien und 3 Millionen Mk. neuer Schuldverschreibungen ausgeführt werden soll.

Société générale Belge d'Entreprises électriques. Die in Brüssel gegenwärtig angekündigte Emission eines Theiles der Actien dieser Gesellschaft bietet, wie die "Frankf. Ztg." hervorhebt, insofern Interesse, als die Gesellschaft im Jahre 1895 unter hauptsächlicher Mitwirkung der Gesellschaft für elektrische Unternehmungen in Berlin und ihrer Gruppe errichtet worden ist. Im Verwaltungsrath des Unternehmens ist die letztere Gesellschaft durch ihren Director Herrn Justizrath Braun vertreten; ferner gehören demselben die Herren Alexander Schöller, Geschäftsinhaber der Disconto-Gesellschaft, Consul Guttmann, Director der Dresdener Bank, Micholet, Director der Darmstädter Bank, Imelmann vom Hause S. Bleichröder, Isidor Loewe von der A.G. Ludwig Loewe & Co. und Sigismund Born von der Firma Born & Busse an. Das Actiencapital der Gesellschaft beträgt 6,000.000 Frcs., eingetheilt in 12.000 Actien à 500 Frcs. Davon werden jetzt 3000 Actien à 20 d. M. zum Course von 500 Frcs zur Zeichnung aufgelegt. Die Gesellschaft stellt sich als im Transactionen dem elektrotechnischen Industrie und hat nach den Statuten den Zweck, sich an elektrischen Unternehmungen aller Art zu betheiligen. Ausser dem Actiencapital bestehen 1200 Gründeractien, welche seinerzeit den Gründern überlassen wurden; die Gründeranteile haben Anspruch auf 20% des nach Vertheilung einer ersten Dividende von 5% noch verbleibenden Gewinnüberschusses. Die Gesellschaft vertheilte für das erste Geschäftsjahr 1896 5%, für 1897 6·80% Dividende; für 1898 wird eine Dividende von mindestens 40 Frcs. in Aussicht gestellt, was auf das successiv eingezahlte Actiencapital annähernd 10% ausmacht.

Union Elektricitäts-Gesellschaft in Berlin. In einer am 19. d. M. in Berlin stattgehabten Aufsichtsrathssitzung ist beschlossen worden, einer auf den 24. November l.J. einzuberufenden Generalversammlung vorzuschlagen, das Actiencapital der Gesellschaft um 15,000.000 Mk. Nom., d. i. von 3,000.000 auf 18,000.000 Mk. mit Dividendenberechtigung vom 1. Jänner 1899 ab zu erhöhen und

diese 15,000.000 Mk. neue Actien der Actiengesellschaft Ludwig Loewe & Co. zum Course von 110% zu überlassen. Diese letztere wird hievon den gegenwärtigen Actionären der Union einen Betrag von 3,000.000 Mk., d. h. auf jede alte eine neue, zum gleichen Course von 110% und ihren eigenen Actionären 7,500.000 Mk. Nom., mithin ebenfalls auf je eine alte Loewe-Actie eine neue Actie der Union, zum Course von 135% zur Verfügung stellen, während die restlichen 4,500.000 Mk. neue Union-Actien im Verein mit den der Gesellschaft Loewe bereits gehörigen 500.000 Mk. alten und dem auf letztere zu erwartenden gleichen Betrage neuer Union-Actien, zusammen also 5,500.000 Mk. Nom. Actien der Union-Gesellschaft zur Verfügung Loewe verbleiben. Für diese Erhöhung des Actiencapitales der Union war die Absicht bestimmend, durch Erwerbung eines eigenen Umfanges ihrer Geschäfte in den Besitz einer eigenen Fabrik zu setzen und damit in der Fabrikation unabhängig zu stellen, was eine Lösung des bisherigen Vertrages mit der Gesellschaft Loewe nothwendig macht. Die letztere überlässt ihre bisherige elektrotechnische Abtheilung nebst Grundstücken etc. an die Union zu angemessenen Preisen.

Die Elektricitäts-Actiengesellschaft vormals Kolben & Co., Prag-Vyséčan, zeigt uns an, dass sie im Interesse rascherer Abwickelung ihrer Geschäfte in den österreichischen Alpenländern (Nieder- und Oberösterreich, Salzburg, Steiermark, Kärnten und Krain) vom 15. November d. J. eine General-Vertretung mit dem Sitze in Wien, VII. Neustiftgasse 33, errichtet hat, mit deren Leitung der Mitbegründer der Firma, Herr Carl Bondy, betraut wird.

Grosse Leipziger Strassenbahn. Die am 22. d. M. stattgehabte Generalversammlung erhob einstimmig den Vorschlag des Aufsichtsrathes, das Actien-Capital der Gesellschaft von 6,000.000 Mk. auf 8,000.000 Mk. zu erhöhen, zum Beschlusse. Die Actien sollen von einem Consortium fest übernommen, welches sich verpflichtet hat, die neuen Actien den Besitzern der alten Actien zum Course von 150% dergestalt anzubieten, dass auf je drei alte Actien eine neue Actie bezogen werden kann. Die neuen Actien sind vom 1. Jänner 1899 an dividendenberechtigt. Vom Vorsitzenden des Aufsichtsrathes wurde darauf hingewiesen, dass die Erhöhung des Capitales nothwendig geworden sei, um einerseits die bisher aus den diesjährigen Betriebsüberschüssen bestrittenen Gesammtkosten des Baues der Centralwerkstätten, der Erweiterung der Kraftstation, sowie die Kosten für Beschaffung neuer Motorwagen und Schienen zu ersetzen, und um andererseits Mittel zu erhalten für Erbauung einer Anzahl Verbindungsstrecken zur Vervollständigung des Strassenbahnnetzes, sowie zum Ausbau neuer Linien, die bereits concessionirt seien oder deren Genehmigung in Kürze zu erwarten sei. Die Linie Lössnig-Dölitz wird schon in wenigen Tagen bis zur Eisenbahn-strasse ihrem Betriebe übergeben werden, während die der vielbesprochene Linie nach Leutzsch die Inbetriebsetzung bis zur Mitte des Ortes für die allernächste Zeit geplant ist. Die Ertheilung der Concession für die Fortsetzung bis zum Bahnhof Leutzsch hofft die Gesellschaft demnächst zu erhalten. Von diesen Linien, sowie von der Verlängerung der Möckern'schen Linie bis zum "Gasthaus zur Krone" verspricht sich die Verwaltung eine weitere Zunahme der Frequenz. Es werdent noch erwähnt zu werden, dass der ordentliche Reservefonds durch das bei der Begebung der neuen Actien Agio den staatlichen Betrag von etwas über eine Million Mark erreicht, und daher Rücklagen aus den Betriebsüberschüssen in Zukunft nicht mehr erforderlich sind.

Ostdeutsche Kleinbahn-Actien-Gesellschaft in Bromberg. Wie der "Berl. Börs.-C." hört, hat die Gesellschaft mit der Vertretung des Kreises Memel Verhandlungen angeknüpft, welche den Bau von elektrischen Kleinbahnen bezwecken.

Druckfehler-Berichtigung.

Im Hefte 42. pag. 502. rechte Spalte, erste Zeile, soll statt 500 stehen 30.

Schluss der Redaction: 25. October 1898.

Verantwortlicher Redacteur: Dr. J. Sahulka. — Selbstverlag des Elektrotechnischen Vereines.
Commissionsverlag bei Lehmann & Wentzel, Wien. — Alleinige Inseraten-Aufnahme bei Haasenstein & Vogler (Otto Maass), Wien und Prag.
Druck von R. Spies & Co., Wien.

Zeitschrift für Elektrotechnik.

Organ des Elektrotechnischen Vereines in Wien.

| Heft 45. | WIEN, 6. November 1898. | XVI. Jahrgang. |

Bemerkungen der Redaction: Ein Nachdruck aus dem redactionellen Theile der Zeitschrift ist nur unter der Quellenangabe „Z. f. E. Wien" und bei Originalartikeln überdies nur mit Genehmigung der Redaction gestattet.
Die Einsendung von Originalarbeiten ist erwünscht und werden dieselben nach dem in der Redactionsordnung festgesetzten Tarife honorirt. Die Anzahl der vom Autor event. gewünschten Separatabdrücke, welche zum Selbstkostenpreise berechnet werden, wolle stets am Manuscripte bekanntgegeben werden.

INHALT:

Die Versorgung der Wiener Stadtbahn mit elektrischer Energie.

(Stand Sommer 1898.)

Mitgetheilt von **Carl Neudeck**, Ingenieur der priv. österr.-ungar. Staatseisenbahn-Gesellschaft.

Für die Versorgung der Wiener Stadtbahn mit elektrischer Energie wurde von dem Etablissement Robert Bartelmus & Co., Brünn, in unmittelbarer Nähe des Heizhauses der Stadtbahnstation Heiligenstadt (XIX. Bez., Muthgasse) ein eigenes Elektricitätswerk (Fig. 1) erbaut.

Im October 1897 wurde mit dem Baue des Werkes begonnen. Im December desselben Jahres gelangten die Dampfkessel und im Februar l. J. die Dampfmaschinen zur Aufstellung. Gleichzeitig mit der im Mai l. J. erfolgten Eröffnung der Wiener Stadtbahnlinien (Gürtellinie, Vorortelinie und obere Wienthallinie) nahm das Elektricitätswerk den Betrieb auf.

Wie aus dem beigegebenen Grundrisse (Fig. 2) zu ersehen ist, besteht das Werk aus der Kesselanlage, der Wasserreinigung, der Maschinenanlage und den Accumulatorenräumen.

1. Kesselanlage.

Die Kesselanlage besteht gegenwärtig aus drei Stück Tischbeinkesseln mit Doppeldampfraum und zwei Wellrohrfeuerungen System Morison, Heizfläche 240 m², 10 Atm. Betriebsspannung (Lieferant: Márky, Bromovsky und Schulz, Königgrätz). Für Aufstellung zweier weiterer Kessel ist genügend Raum vorhanden und dürften dieselben demnächst montirt werden.

Der Kamin für den Rauchabzug der Kessel hat eine Höhe von ca. 60 m und reicht für den Betrieb von 10 Kesseln aus.

Fig. 1.

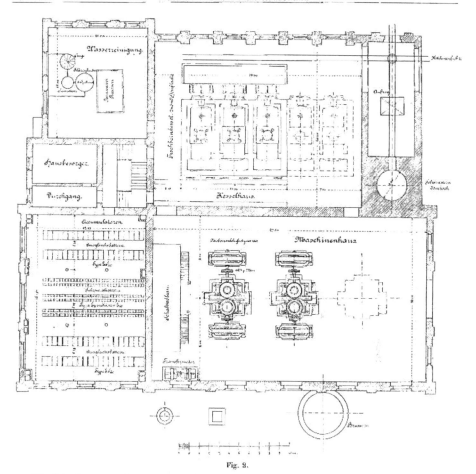

Fig. 2.

Die Beistellung von Brennmaterial erfolgt auf einem Schleppgeleise von der Station Heiligenstadt aus und wird die Kohle (Mährisch-Ostrauer Kohle) mit Hunden direct in's Kesselhaus geführt.

Das für die Kessel nöthige Speisewasser wird aus einem in unmittelbarer Nähe des Gebäudes befindlichen Brunnen von ca. 12 m Tiefe mittelst einer Zwillings-dampfpumpe gehoben und in zwei je 15·5 m^3 fassende Reservoirs, welche im Dachraume des Gebäudes untergebracht sind, gefördert.

Von hier aus gelangt das Wasser in einen Wasserreinigungs-Apparat System Dervaux mit Reifert'schem Kiesfilter, dessen Leistungsfähigkeit ca. 10 m^3 pro Stunde beträgt. Auch hier ist für die eventuelle Aufstellung eines zweiten Apparates vorgesehen.

2. Dampfmaschinen.

Die Dampfmaschinen-Anlage (Lieferant: Marky, Bromovsky und Schulz) umfasst gegenwärtig zwei Garnituren stehender Compound-Zweicylinder-Maschinen von je 600 PS (Fig. 3).

Tourenzahl der Maschine 132 pro Minute.

Hochdruckcylinder: $d = 600$ mm; Hub: 750 mm; Dampfeinlass: mit Kolbenschieber; Dampfauslass: mit Rundschieber.

Niederdruckcylinder: $d = 930$ mm; Hub: 750 mm; Rundschiebersteuerung.

Zwischen den beiden Cylindern befindet sich ein Schwungrad von $d = 3·6$ m.

Die Maschinen sind mit Condensation ausgerüstet, können jedoch auch mit Auspuff in's Freie arbeiten.

Für die Aufstellung einer dritten Maschine in dem bestehenden Maschinenhause ist genügend Raum vorhanden und dürfte dieselbe im Spätherbste d. J. zur Aufstellung gelangen.

3. Dynamos.

Die Maschinen für Stromerzeugung sind Nebenschluss-Gleichstrom-Dynamos Type *D* 350 von Robert Bartelmus & Co. in Brünn. (Fig. 3.) Die Leistungsfähigkeit derselben beträgt pro Dynamo im Maximum 650 *V* Spannung und 330 *A* Stromstärke. Die Dynamos sind 14polig, mit aussenliegendem Gussstahl-Magnetkranze von 2·930 *m* äusserem Durchmesser und Nuthenanker von 2·000 *m* äusserem Durchmesser. Zur Stromabnahme dienen Kohlenbürsten. Je zwei dieser Dynamos sind an die Enden der Kurbelachse einer jeden Dampfmaschine durch Vermittlung elastischer Scheibenkuppelungen (Leder) gekuppelt.

Die Dynamos sind wegen des blanken Mittelleiters des Stromvertheilungsnetzes gegen Erdschluss durch Isolation (Fiber) gut geschützt.

4. Schaltbrett.

An der Schmalseite des Maschinenraumes befindet sich das Schaltbrett (Fig. 4) mit den nöthigen Mess- und Controlapparaten: Umschaltern, Voltmetern, Ampèremetern, Rheostaten, Zellenschaltern sowohl für das ganze Primärnetz, als auch für die Subcentrale Heiligenstadt, welche in demselben Gebäude untergebracht ist.

5. Stromvertheilung.

Das Primärnetz der Stromvertheilung (siehe Schema Fig. 5) ist nach dem Dreileitersysteme mit blank vorlegtem Mittelleiter angelegt und sind deshalb je zwei Primärdynamos, die mit einer Dampfmaschine gekuppelt sind, hintereinander geschaltet.

In die beiden Aussenleitungen des Dreileiters sind noch zwei Ausgleichsbatterien (Blei-Accumulatoren, Type *E S* 60 von 1110 Ampèrestunden Capacität der Accumulatorenfabriks-Actien-Gesellschaft, (Generalrepräsentanz Wien) von je 80 Elementen in Serie geschaltet, die zum Ausgleiche von Spannungsschwankungen automatisch geschaltet werden.

Von diesen Accumulatoren ab theilt sich der Strom in je sechs Speiseleitungen, die die Energie den sechs Subcentralen zuführen.

In dem Schaltungsschema bedeutet:

Am = Ampèremeter.
Vm = Voltmeter der Primärdynamos.
Vk = Controlvoltmeter.

Vs = Voltmeter im Secundärnetze.
M = Magnetwickelung der Dynamos.
Rw = Regulirwiderstand.
Za = Automatischer Schaltapparat der Ausgleichsbatterie.
Zr = Schaltapparat für die Subcentralbatterie.
Ds = Secundärdynamo (Umformer).
Dt = Tertiärdynamo (Umformer).
Aa = Automatischer Ausschalter.
Uc = Umschalter.

Fig. 3.

As = Ausschalter.
s = Bleisicherung.
Aw = Anlasswiderstand.

Jede der Subcentralen enthält zwei Accumulatoren-Batterien und einen Umformer. Dieser von der Primärleitung gespeiste Umformer dient zur Ladung der Subcentralbatterien.

Ausgleichs-, wie Subcentralbatterien sind in der Centrale in drei Räumen (Parterre, ersten und zweiten Stock, untergebracht.

Von einer jeden dieser Subcentralen wird nun die elektrische Energie im Fünfleitersysteme mit einem

Tabelle a.

Subcentrale	Type der Accumulatoren *)		Anzahl der Elemente (pro Subcentrale)	Capacität d. Accumulatoren in A - St.	Maximale Entlade-stromstärke in A	Entladungsstunden bei maximaler Entlade-stromstärke	Maximale Lade-stromstärke	Grösse der in den Subcentralen aufgestellten Umformer in Kilowatt (secundär- zu Tertiär-dynamo)
Heiligenstadt	E_5 in Kasten	E_{10}	540	192	64	3	64	45 KW: 16 × 2
Ottakring	E_2 „	E_1	540	48	16	3	16	12 KW: 4 × 2
Hütteldorf	E_6 „	E_{12}	540	144	48	3	48	27 KW: 12 × 2
Josefstädterstrasse	E_3 „	E_5	540	72	24	3	24	18 KW: 6 × 2
Meidlinger Hauptstrasse	E_4 „	E_8	540	96	32	3	32	18 KW: 6 × 2
Hauptzollamt (in Bau)	E_5 „	E_{16}	540	192	64	3	64	Noch nicht festgesetzt.

*) Die Capacität der Accumulatoren wird demnächst auf das Doppelte erhöht. (August 1896.)

Spannungsunterschiede von je 240 V zwischen je zwei benachbarten Leitern den einzelnen Consumstellen zugeführt.

Der Umformer einer jeden Subcentrale besteht aus einer vierpoligen Secundärdynamo D_s (siehe Schema), welche mit 480 V gespeist wird, und aus einer mit dieser ersteren direct gekuppelten vierpoligen Doppeldynamo D_t, welche in zwei Stromkreisen 480voltigen Strom abzugeben vermag.

Der Mittelleiter des Secundärnetzes ist gleichfalls blank verlegt, und mussten deshalb die Accumulatoren-Batterien durch doppelte Glasunterlagen vor Erdschluss gut gesichert werden.

In der Tabelle a sind nähere Daten der einzelnen Subcentralen der Wiener Stadtbahn angeführt und wird speciell hiezu bemerkt, dass die Accumulatorenplatten in den Subcentralen in grössere Kästen eingesetzt wurden, um die Capacität dieser Batterien später ohne Schwierigkeit auf das Doppelte erhöhen zu können. Dies wird demnächst auch durchgeführt werden.

6. Bogenlampen.

In der Regel sind 8 bis 9 Bogenlampen in Serie, in einem Stromkreise von ca. 480 V Spannung, mit Anlassung eines Zwischenleiters des Fünfleitersystemes, geschaltet. (Fig. 5.) Dieselben sind Differentiallampen in dreierlei Grössen, und zwar:

a) für 12 A Stromverbrauch;
b) „ 8 A „ ;
c) „ 6 A „ .

12-Ampèrelampen sind nur für Aussenbeleuchtung, d. h. für Beleuchtung der Geleisanlagen, Weichen etc. in Anwendung; sie sind auf 12 m hohen, nahtlosen Mannesmannröhren montirt.

Die Entfernung der Lampen beträgt ca. 50—100 m, je nach der Wichtigkeit des Ortes, den sie zu beleuchten haben.

Die Stromzuführung zu den Lampen ist durchwegs unterirdisch verlegt.

Der Energieverbrauch dieser Lampengattung dürfte ca. 600 Watt betragen, nachdem auf je eine Lampe ca. 50 V Spannung entfallen; Lichtstärke 1000 bis 1200 NK.

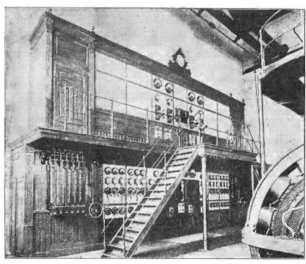

Fig. 4.

Auf den bisher eröffneten drei Stadtbahnlinien sind in Summa gegen 142 Stück dieser Lampengattung in Anwendung.

8-Ampèrelampen sind für die Beleuchtung der Vestibules in den Stationen, sowie für die beiden Rotundenheizhäuser in Heiligenstadt und Hütteldorf in Verwendung.

Der Energieverbrauch dürfte ca. 400 Watt und die Lichtstärke ca. 600—800 NK betragen. Von dieser Gattung sind gegen 233 Stück in Verwendung.

6-Ampèrelampen sind für die Beleuchtung der Perrons und Tunnels in den Stationen in Verwendung. Die Höhe des Lichtbogens dieser Lampen über dem Boden variirt nach der Höhe des Perrondaches zwischen 3—5 m. Die Entfernung dieser Lampen be-

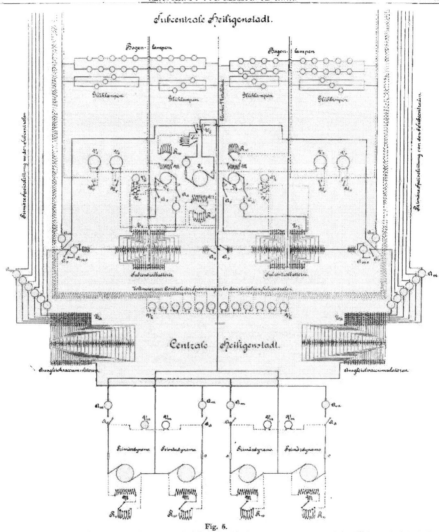

Fig. 5.

trägt ca. 10 m. Der Energieverbrauch dürfte ca. 300 Watt und die Lichtstärke ca. 500 NK betragen.

Die Gesammtzahl der in den Stationen montirten Lampen dieser Gattung beträgt ungefähr 462 Stück, d. i. mehr als die Hälfte der gesammten Bogenlampen auf den Stadtbahnstationen (ca. 837 Stück).

7. Glühlampen.

Hinsichtlich der Glühlichtbeleuchtung ist zu bemerken, dass die Glühlampen mit einer Spannung von 240 V an je zwei benachbarte Leiter des Fünfleitersystemes angeschaltet sind (siehe Fig. 2), dass dreierlei Lampengattungen: 16, 32 und 50 Kerzenstärken für die Beleuchtung von Bureaux, besonders niederer Vestibules etc. in Verwendung stehen. Die Glühlampen sind, der erwähnten hohen Spannung wegen, mit zwei Kohlenfäden in Hintereinanderschaltung versehen.

Die Vertheilung des Bogen- und Glühlichtes in den einzelnen Stationen auf den bisher in Betrieb gesetzten drei Linien der Wiener Stadtbahn sind aus nachstehender Tabelle b zu ersehen.

Tabelle 4.

Station	Zahl der Bogenlampen, Verbrauch an Stromstärke			Zahl der Glühlampen, Normalkerzen	
	12 A	8 A	6 A	16 oder 32	50
Heiligenstadt	45 aussen	11 Heizhaus	—	200	44
	—	4 Vestibül	67	—	—
Gürtellinie	—	—	—	—	—
Nussdorferstrasse	—	15	14	—	—
Währingerstrasse	—	15	14	—	—
Michelbeuern	11	—	—	—	—
Alserstrasse	—	15	12	—	—
Josefstädterstrasse	—	16	20	—	4
Burggasse	—	8	20	—	—
Westbahnhof	—	8	20	4	—
Gumpendorferstrasse	—	12	18	—	4

Obere Wienthallinie

Meidlinger Hauptstr.	9	15	24	—	2
Schönbrunn	—	8	20	—	—
Hietzing	—	9	22	28	—
Braunschweiggasse	—	8	20	4	—
Unter-St. Veit	—	8	20	4	—
Ober-St. Veit	—	8	20	4	—
Hütteldorf	50	13	90	150	40
		11 (Heizh.)			

Vorortelinie

Unter-Döbling	—	8	9	—	—
Ober-Döbling	—	9	8	3	—
Gersthof	7	9	6	4	—
Hernals	6	9	8	19	2
Ottakring	8	8	7	4	2
Penzing	4	—	14	40	—
Breitensee	—	9	8	2	—
Zusammen	**142**	**233**	**462**	**466**	**98**

NB. Die Glühlampenanzahl ist nur näherungsweise angegeben.

8. Motorenbetrieb.

Was die Abgabe von elektrischer Energie für Zwecke des Motorenbetriebes anbelangt, so wäre zu erwähnen, dass in einer Reihe von Stadtbahnstationen elektrische Weichen- und Signalstellwerke, welche von der Firma Siemens & Halske geliefert wurden, mit Motoren bedient werden. Diesen wird die elektrische Energie aus eigenen Accumulatorenbatterien zugeführt.

Derartige Sicherungsanlagen erhalten folgende Stationen:

Auf der Wienthallinie:
Hütteldorf, Meidlinger Hauptstrasse, Hauptzollamt.

Auf der Gürtellinie:
Penzing, Michelbeuern, Nussdorferstrasse, Heiligenstadt.

Auf der Quailinie:
Brigittabrücke.

Weiters befinden sich grössere Motoren im Betriebe:

In der Station Heiligenstadt:
Ein 16 PS-Motor für den Antrieb einer Pumpe. (Für Hebung von Speisewasser von Locomotiven in ein nächst der hohen Warte gelegenes Reservoir.)

Eine zweite derartige Pumpe (Sterndrillingspumpe) wird durch einen Friedländer'schen Windmotor betrieben, und dient die elektrisch angetriebene Pumpe eigentlich nur als Reserve. Ausserdem ist in Heiligenstadt noch ein einen 3 PS-Motor für den Betrieb eines Gepäcksaufzuges und in der Station Michelbeuern ein ebensolcher für einen Waarenaufzug (f. d. Markthalle) im Betrieb. Grössere Motoreneinrichtungen erhält die im Bau befindliche Station Hauptzollamt und werden auch die beiden Locomotivdrehscheiben in Hütteldorf und Heiligenstadt mit Elektromotoren demnächst versehen werden.

9. Stromkosten.

Der Verbrauch der Energie wird mittelst Wattstundenzähler gemessen, und gibt das Elektricitätswerk die Energie an die Wiener Stadtbahn zum Preise pro Kilowattstunde:

für Lichtbetrieb um 20·1 kr.,
für Kraftbetrieb um 13·5 kr. ab.

Es dürften sich daher die Stromkosten für die diversen Beleuchtungskörper wie folgt stellen:

12-Ampèrebogenlampe:
(600 Wattverbrauch) pro Stunde: 12·06 kr.
8-Ampèrebogenlampe:
(400 Wattverbrauch) pro Stunde: 8·04 kr.
6-Ampèrebogenlampe:
(300 Wattverbrauch) pro Stunde: 6·03 kr.
16 NK Glühlampe:
(54 Wattverbrauch) pro Stunde: 1·09 kr.
32 NK Glühlampe:
(108 Wattverbrauch) pro Stunde: 2·18 kr.
50 NK Glühlampe:
(160 Wattverbrauch) pro Stunde: 3·2 kr.

Skizzen über das moderne Fernsprechwesen.

II. Ueber Telephoncentralen und deren technische Einrichtung.

Von k. k. Baurath Barth von Wehrenalp.

(Fortsetzung von Nr. 43.)

Nachdem die in einer Telephoncentrale einlaufenden Leitungen in gehöriger Weise eingeführt, gesichert und rangirt sind, werden sie schliesslich zu jenen Apparaten geführt, mittelst welcher die Combinirung der Leitungen zum Zwecke der telephonischen Verständigung der Stationen untereinander erfolgt. Die hiezu dienenden Vorrichtungen (Umschalter) sind sowohl im Principe, als auch in der Detailausführung wesentlich verschieden, je nach der Grösse der betreffenden Centrale. Jeder Umschalter, vom primitivsten Lamellenwechsel bis zu jenen Meisterwerken der Technik, welche heutzutage in den grossen Vermittlungsämtern benöthigt werden, muss folgende Manipulationen gestatten:

1. Die Signalisirung des Aufrufers jeder einzelnen Sprechstelle.
2. Den Aufruf der rufenden und der gerufenen Station von der Centrale aus.
3. Den telephonischen Verkehr der Centrale mit dem Rufenden und dem Gerufenen.
4. Die Verbindung der zu combinirenden Leitungen.
5. Die Verständigung der Centrale nach Beendigung jedes Gespräches, bezw. rechtzeitige Trennung der verbundenen Leitungen.

Schon daraus dürfte zu entnehmen sein, dass die Manipulation mit den gewöhnlichen Lamellenwechseln bei nur halbwegs regerem Verkehre äusserst umständlich und zeitraubend wird, der Wechsel selbst aber schon bei einer geringeren Zahl von Anschlüssen Dimensionen erhält, welche die Uebersicht ausserordentlich erschweren. So sehr man auch später bemüht war, die Mängel der Lamellenwechsel zu beseitigen, hat diese Sorte von Umschaltern nach den heutigen Begriffen der Fernsprechtechnik höchstens historischen Werth und kann hier füglich übergangen werden.

2. Umschalter für Vielfachbetrieb (Multiplex-Umschalter.

3. Umschalter für combinirten Betrieb.

Die Umschalter für Einfachbetrieb sind dadurch charakterisirt, dass von einem Arbeitsplatze aus unmittelbar, das heisst ohne Mitwirkung eines zweiten Beamten, nur die dem Arbeitsplatze selbst, höchstens den benachbarten Feldern zur Bedienung zugewiesenen Abonnenten verbunden werden können, wogegen beim Vielfachbetrieb von jedem Arbeitsplatze die demselben zugewiesenen Theilnehmer mit allen übrigen an

Fig. 12.

Fig. 13.

Derzeit beruhen alle in der Telephonie gebräuchlichen Umschalter auf dem Principe, dass jede einzelne Anschlussleitung an eine oder mehrere Klinken angeschlossen wird, durch deren Stöpselung die Leitung mit der eigentlichen Schaltvorrichtung verbunden wird. Die Schaltvorrichtung (Connector) besteht wieder aus Stöpseln, Leitungsschnüren, Tasten und Kipphebeln, Schlussklappen etc., welche Garnituren zur Verbindung der Leitungen nicht nur untereinander, sondern auch mit den Sprechgarnituren und den Rufstromquellen der Centrale dienen.

Die verschiedenen, bisher bekannten Umschaltsysteme lassen sich in drei Hauptgruppen eintheilen:

1. Umschalter für Einfachbetrieb.

denselben Umschalter angeschlossenen Abonnenten ohne Inanspruchnahme eines zweiten Beamten sich combiniren lassen. Das erstere System reicht naturgemäss nur für kleinere Centralen aus, weil bei grösserer Zahl der zu combinirenden Leitungen der Betrieb derart complicirt wird, dass ein stärkerer Verkehr nicht mehr bewältigt werden kann. In solchen Fällen wird man zum Vielfachsystem übergehen müssen, welches den bisherigen Anforderungen der Praxis noch immer genügt hat. Wenn einmal auch diese Grenze erreicht, sein wird, dürfte allem Anscheine wieder das Princip der Arbeitstheilung in einer geeigneten Form, etwa durch Combinirung des Einfach- und Vielfachbetriebes, zur Geltung gelangen. Natürlich lassen sich die Umschalter sämmt lieber Systeme für einfache und für Doppelleitungen construiren; es wäre jedoch sehr verfehlt, heute noch grössere Umschalter für Einfachleitungen aufzustellen, da ja bekanntlich der allgemeine Uebergang zu Schleifenleitungen nur mehr eine Frage der nächsten Zukunft sein kann und jeder für Doppelleitungen eingerichtete Umschalter ohneweiters durch Verbindung der Rückleitungen an eine gemeinsame Erde auch eindrähtige Anschlüsse, nicht aber umgekehrt, ein Umschalter für Einfachleitungen den Anschluss von Schleifen gestattet.

Beim Umschalter für Einfachbetrieb führt jede einzelne Schleifenleitung zu einer Klinke oder, wenn er nach dem sogenannten Einzelschnursystem gebaut ist, ausserdem noch durch eine zweiadrige Leitungsschnur zu einem zur Klinke parallel geschalteten Stöpsel. In der Normallage ist in die Schleife des Abonnenten nur die Rufklappe eingeschaltet. Um die erforderlichen Manipulationen ausführen zu können, stehen der Telephonistin eine Anzahl Connectoren.

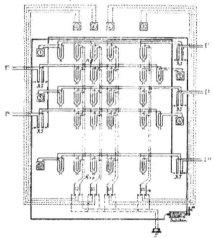

Fig. 14.

ferner ein Sprechapparat und unter Umständen auch ein Magnetinductor zur Verfügung. Diese Elemente finden sich in verschiedenartigster Anordnung in allen Umschaltern, bezw. Klappenschränken und sollen daher, um allgemein Bekanntes nicht wiederholen zu müssen, hier nur Einige der bemerkenswertheren und weniger bekannten Typen beschrieben werden. So hat namentlich die schwedische Telephon-Verwaltung, um die Zahl jener Störungen, welche ihre Ursache in der raschen Abnützung der Stöpselschnüre haben und in kleinen oft abgelegenen Vermittelungsämtern ohne permanente fachkundige Aufsicht nur schwer eruirt und behoben werden können, möglichst zu reduciren, eine sehr praktische und durchaus nachahmenswerthe Type von Umschaltern mit schnurlosen Stöpseln eingeführt. Die Fig. 12 und 13 stellen derartige Umschalter für 20, bezw. 60 Leitungen dar; in der Fig. 14 ist die Schaltung dargestellt. Jede Anschlussleitung ist durch einen Ruftaster R T zu einer gewissen Zahl von parallel geschalteten Klinken und schliesslich zu einer

in der Normalstellung durch einen zweitheiligen Stöpsel geschlossenen Localklinke und einer Rufklappe geführt. Wird z. B. auf der Leitung L^1 gerufen, so fällt die Klappe 1. Der Beamte nimmt den Stöpsel aus der zugehörigen Localklinke und führt ihn in eine der in derselben Horizontalreihe befindlichen Klinken, z. B. K_1, drückt auf den zur betreffenden Verticalreihe der Klinken gehörigen Sprechtaster $S\ T$ und frägt nach dem Begehren des Rufenden. Wünscht dieser die Verbindung z. B. mit L_{20}, so drückt der Beamte den in dieser Leitung eingeschalteten Ruftaster $R\ T$, wodurch der Rufstrom in die Leitung entsendet wird. Nach Einlangen der Rückmeldung steckt endlich der Beamte den in der Localklinke 20 befindlichen Stöpsel in die Klinke K_{20}, wodurch die Verbindung bei parallel-

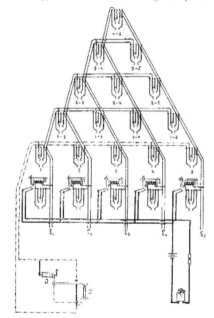

Fig. 15.

geschalteter Schlussklappe bewerkstelligt erscheint. Natürlich kann in einer Verticalreihe gleichzeitig nur eine Verbindung vermittelt werden.

Selbst bei Errichtung der kleinsten schwedischen Centrale wird in höchst systematischer und ökonomischer Weise für die künftige Erweiterung vorgesorgt. Zunächst wird ein Umschalter der beschriebenen Type für 20 Anschlüsse (Fig. 12) aufgestellt. Ergibt sich später ein Bedürfnis nach Erweiterung, so wird der Umschalter durch einen gleicher Type für 40, bezw. 60 Anschlüsse (Fig. 13) ersetzt. Diese unterscheiden sich von einander nur durch die verschiedene Zahl der in Verticalreihen angeordneten Klinken, Sprechtasten und Schlussklappen. Genügt auch im weiteren Verlaufe der Zeit der 60fache nicht mehr, so wird sofort ein Multipelschrank aufgestellt, welcher zwar anfangs nur für 100 Anschlüsse eingerichtet, aber durch Nebeneinanderstellen von 10 solchen Schränken und Ergänzungen der Klinkenfelder bis zu 1000 Klinken erweiterungsfähig ist, welch' letzterer Stufe schliesslich ein Vielfachumschalter für 6000 Abonnenten im Maximum folgt.

Für Netze mit nur wenigen Abonnenten, bei welchen eine fernere Entwickelung kaum zu gewärtigen ist, werden in Schweden, Norwegen und Dänemark Umschalter, sogenannte Pyramidenwechsel, verwendet, deren Schaltung in Fig. 15 dargestellt und leicht verständlich ist.

Das Princip beruht darauf, dass alle möglichen Combinationen in eigenen Klinken vorbereitet sind, die gewünschte Verbindung sonach lediglich durch Stöpselung der betreffenden Klinke bewirkt wird. Durch die in

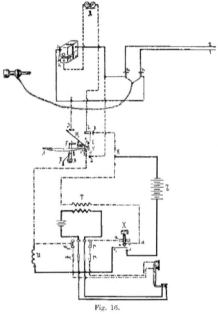

Fig. 16.

der Normalstellung gestöpselten Klinken der untersten Reihe sind die Anrufklappen den Leitungen angeschaltet. Die Klinken der zweiten Reihe von unten dienen zur Einschaltung des Inductors und der Sprechgarnitur und werden nach Einlangen des Rufsignales mit dem aus der betreffenden unteren Klinke herauszunehmenden Stöpsel der Reihe nach geschlossen. Ist der gewünschte Abonnent verständigt, so wird endlich derselbe Stöpsel in die der Combination entsprechende Klinke eingeführt, wodurch die beiden Leitungen direct, unter Parallelschaltung der Anrufklappe des Gerufenen als Schlussklappe, verbunden sind.

Als Beispiel eines Einzelschnurumschalters für Einfachbetrieb verdient das in Frankreich sehr verbreitete, eigenartige Mandroux-System Erwähnung:

Der Mandroux'sche Klappenschrank wird für 60 Abonnenten u. zw. gegenwärtig nur mehr für Doppelleitungen gebaut.

Die Verbindung der einzelnen Bestandtheile ist aus der Fig. 16 zu entnehmen. Ruft ein Abonnent, so geht der Rufstrom von 1 über b_1 c s_2 s_1 in die Klappe und über $L N O b_2$ in die Rückleitung. Die Telephonistin drückt hierauf den Umschalter der zugehörigen Nummer und spricht mit dem Rufenden über 1 b_1 c $S M g u$ $m m_1$ Telephon, $p_1 p g_1 r d$, secundäre Spule $T K N Q$ b_2 2. Hiebei ist jedoch zu bemerken, dass die Hebel A der Umschalter nach Art einer Claviatur auf der Tischplatte angeordnet sind und die Lamelle i für alle Tasten gemeinsam unter der Tischplatte federnd angebracht ist. Wird ein Hebel A gedrückt, so hebt sich der Arm c; a schnappt über t und wird in dieser Lage, wo M mit I und N mit K Contact herstellen, solange erhalten, bis behufs Herstellung einer weiteren Verbindung eine andere Taste gedrückt wird. Tritt letzterer Fall ein, so bewegt sich die Lamelle i nach links, der Hebel c y d der erstgedrückten Taste kehrt in die Normallage zurück, während jener der zuletzt gedrückten Taste jene Stellung einnimmt, bei welcher $M I$ und $N K$ in Contact stehen.

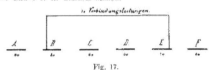

Fig. 17.

Ist der Abonnent nicht beim Telephon geblieben oder muss die Telephonistin denselben Abonnenten aus irgend einer anderen Ursache rufen, so drückt sie die einzige Ruftaste x des Schrankes. Der Rufstrom geht dann von Z über c v_1 x p p_1 Telephon m_1 m u g $M I$ c b_1 1 2 b_2 $N K Z$, passirt sonach das Telephon, freilich geschwächt durch den Nebenschluss U von 2 3 Ω Widerstand, wodurch aber ein ebenso einfaches als sicheres Mittel gegeben ist, den abgehenden Rufstrom zu controliren. Hat die Telephonistin den Auftrag empfangen, so drückt sie die Taste des gerufenen Abonnenten, ruft ihn in der eben geschilderten Weise und steckt nach Empfang des Rücksignales den Stöpsel des Rufenden in die Klinke des Gerufenen, wobei die Klappe des ersteren als Schlussklappe in der Leitung verbleibt.

Gegenüber den bei uns üblichen Klappenschränken weist der Mandroux'sche Umschalter Vereinfachungen auf, welche den Betrieb wesentlich erleichtern. Auch die Art der Verbindung zwischen Schnur und Stöpsel in der Mitte den letzteren verdient in constructiver Hinsicht den Vorzug, weil hiedurch eine Hauptquelle aller Fehler bei jenen Stöpseln, bei welchen die Schnur am Ende heraustritt und leicht ein baldiges Abdrücken der Leitungsdrähte zu befürchten ist, beseitigt wird.

Von Interesse ist es auch, wie Mandroux seine Schränke untereinander verbindet: Für eine Centrale für z. B. 300 Abonnenten werden an 4 Schränke $A C D F$ (Fig. 17) je 60, an die Mittelschränke B und E je 30 Abonnenten angeschlossen. Die 30 freien Klinken von B und E werden unter einander durch ebensoviele Verbindungsleitungen verbunden. Zur Zeit des stärksten Verkehrs werden die Schränke von 6 Telephonistinnen bedient, sonst können B und E unbesetzt bleiben.

(Fortsetzung folgt.)

KLEINE MITTHEILUNGEN.

Verschiedenes.

Verpflichtungen der Strassenbahn - Gesellschaften aus der Benutzung der städtischen Strassen. In den „Eisenbahnrechtlichen Entscheidungen und Abhandlungen, Zeitschrift für Eisenbahnrecht" erörtert Herr Regierungsrath Dr. G. Eger die Verpflichtungen, die den Strassenbahn-Gesellschaften aus der Benutzung städtischer Strassen im Sinne des deutschen Kleinbahngesetzes erwachsen. Der „Berl. Börs. C." schreibt hierüber: In der Abhandlung werden Fragen berührt, die für das Fortbestehen der Strassenbahn-Gesellschaften von grösster Bedeutung sind. Der Verfasser führt u. A. aus, dass mehrere Verpflichtungen als die im § 6 dieses Kleinbahngesetzes dem Unternehmer zugewiesenen der Gesellschaft nicht obliegen, und dass die Stadt daher gesetzlich nicht berechtigt ist, den Kreis dieser gesetzlichen Verpflichtungen beliebig zu erweitern, bezw. ihre Zustimmung von weitergehenden Verpflichtungen der Gesellschaft abhängig zu machen. Denn der wesentlichste Zweck des Kleinbahngesetzes besteht in der thunlichsten Förderung und Erleichterung der Anlage und des Betriebes der Kleinbahnen. Aus diesem Grunde sind die Concessionsbehörden auf ein bestimmtes Maass von Bedingungen beschränkt worden, welches nicht überschritten werden darf. Von diesem Gesichtspunkte aus ist es den Städten als Strasseneigenthümern nicht erlaubt, die Feststellung und Genehmigung der Projecte, die Baufristen, besondere, das Maass der vom der Concessionsbehörde angeordneten, übersteigende Sicherheitseinrichtungen, das Betriebssystem, die Spurweite, die Art der Befestigung des Bahnkörpers, die Construction der Betriebsmittel und Schienen, die Anlegung von Wartehallen, die Entnahme der Betriebskraft aus bestimmten Productionsstätten, die Mitbenützung der Bahnlinien durch andere Unternehmer, die Aufsicht über Bau und Betrieb, die Genehmigung der Fahrpläne und des Beförderungspreise, Abänderungen des Bahnbetriebes, Wohlfahrtseinrichtungen für die Bahnbediensteten (Pensionskassen etc.), unbedingten Verzicht auf jeden Schadenersatz gegen die Stadt aus Betriebsstörungen, übertrieben hohe Gewinnantheile als Benützungsgebühr, unverhältnissmässig hohe Cautionen, Fristen für die Dauer der Benützung der Strassen, Rücktritt von der Erlaubnis zur Strassenbenützung, übermässig scharfe und unangemessene Bedingungen für den späteren Erwerb der Bahn u. s. w., durch Bedingungen dieser Art sind rechtswidrig. Demgemäss beschränkt sich die Pflicht zur Unterhaltung der benützten Wegtheile auf diejenige Maass, welches bisher dem Wegunterhaltungspflichtigen oblag. Der Unternehmer kann nicht zu beliebig höheren Leistungen, einer besseren Art der Wegbefestigung und Pflasterung u. s. w., als sie für die anderen Wegtheile stattfindet, herangezogen werden. Nur wenn erweislich durch das Bahnunternehmen die benützten Wegtheile in höherem Maasse in Anspruch genommen werden, als durch den anderen Strassenverkehr, liegen auch die Lindarch erforderlichen Mehrleistungen dem Unternehmer nach Maassgabe der Abnützung der Wegzcheibrücke ob. Dasselbe gilt für die Pflicht der Wiederherstellung. Was ferner die Art und Höhe der Sicherheitsbestellung (Caution) für die Erfüllung der vorerörterten Verpflichtungen des Unternehmers anlangt, so hat diese in der Höhe jener Verpflichtungen entsprechendes Maass nicht zu überschreiten und wird, wenn dies nicht gütlich oder im Ergänzungsverfahren geschieht, nach § 11 des Kleinbahngesetzes von der Concessionsbehörde der der Genehmigung, das heisst in der Genehmigungskunde, nach eigenem Ermessen vorgeschrieben. Als Aequivalent für die Benützung der Wege ist dem Wegunterhaltungspflichtigen der Anspruch auf ein angemessenes Entgelt durch § 6, Abs. 3, des Kleinbahngesetzes gegeben worden. Nicht ein beliebiges, sondern nur ein angemessenes Entgelt darf nach Massgabe dieses Gesetzes gefordert werden. Als „angemessen" kann aber nur ein solches Entgelt erachtet werden, welches mit dem Werthe der Benützung in einem richtigen, der vernünftigen Verkehrsanschauung entsprechenden Verhältnisse steht. Für die Bemessung eines angemessenen Entgeltes ist davon auszugehen, dass nicht allein die benützten Wegtheile, sondern die ganzen Wege zu berücksichtigen sind. Was den Vorbehalt des Erwerbes der Bahn betrifft, so darf er sich nur auf den Erwerb der Bahn im Ganzen, das heisst des ganzen Bahnunternehmens mit seinen sämmtlichen Linien, erstrecken. Der Erwerb eines Theiles darf nicht vorbehalten werden. Ist der Unternehmer also Wege mehrerer Unterhaltungspflichtigen, z. B. einer Stadt und eines Kreises oder einer Provinz, so können diese nur gemeinsam das Erwerbsrecht sich vorbehalten; der einzelne Wegunterhaltungspflichtige darf dies nicht. Dadurch wird die Ausübung des Erwerbsrechtes sehr erschwert, weil sie die einheitliche Wahrnehmung sämmtlicher Unterhaltungspflichtigen erfordert und die Uebertragung des Vorbehaltes mehrerer auf einen nicht statthaft

ist. Um den Unternehmer gegen übertriebene, das gesetzliche, im § 6 des Kleinbahngesetzes vorgeschriebene Maass überschreitende Forderungen der Wegunterhaltungspflichtigen zu schützen, ist dem Unternehmer durch § 7 dieses Gesetzes das Recht gegeben, die Zustimmung, die Wegunterhaltungspflichtigen durch behördlichen Anspruch zu beantragen, das heisst, durch einen Ergänzungsbeschluss, in welchem zugleich über die an den Unternehmer nach § 6 gestellten Ansprüche mit Ausschluss des Rechtsweges Entscheidung getroffen wird.

Ausgeführte und projectirte Anlagen.

Oesterreich-Ungarn.

a) Oesterreich.

Bozen. (**Elektrischer Betrieb auf der Bozen-Meraner Bahn.**) Wie die „N. Fr. Pr." schreibt, hat sich die Firma Siemens & Halske an das Eisenbahn-Ministerium mit der Anfrage gewendet, ob eine principielle Einwendung gegen die Umwandlung der Bozen-Meraner Bahn zum elektrischen Betrieb bestehe. Das Eisenbahn-Ministerium hat auf diese Anfrage geantwortet, dass eine principielle Einwendung gegen eine solche Umwandlung nicht erhoben werde. Die Firma Siemens & Halske wird nun die nothwendigen Studien durchführen, um dem Eisenbahn-Ministerium und der Gesellschaft concrete Vorschläge unterbreiten zu können.

Klosterneuburg. (**Elektrische Beleuchtung.**) In der am 27. v. M. stattgefundenen Gemeinderaths-Sitzung berichtete der Gemeinderath Herr Worner über die für die elektrische Beleuchtung eingelangten Offerten. Es wurde die Offerte der Firma Siemens & Halske mit 22 gegen 2 Stimmen angenommen. Schon in der nächsten Zeit wird mit dem Baue der elektrischen Anlagen begonnen werden.

Niemes. (**Elektricitätswerk.**) Das hiesige, von den Oesterreichischen Schuckertwerken mit dem Walzmühlenbesitzer Herrn Franz Freyer hier ausgeführte Elektricitätswerk für Beleuchtung und Krafttübertragung geht nun seiner Vollendung entgegen, so dass nach erfolgter Collaudirung mit Beginn des Monates November die Beleuchtung mittelst elektrischen Lichtes erfolgen kann.

Triest. (**Elektrische Strassenbahnbeleuchtung.**) Man schreibt der „N. Fr. Pr." aus Triest vom 27. v. M.: Heute ist die elektrische Strassenbeleuchtung hier insofern vollendet, als vormittags in der elektrischen Centralstation und abends längs der ganzen Anlage die behördlichen Commissionen amtshandelten. Die Centralstation wird vereinigt mit der städtischen Gasanstalt, vom Verwaltungsrathe der letzteren geführt und vom Director der Gasanstalt, Ingenieur Sospisio, geleitet. Im Augenblicke ist im Verwaltungsrathe eine Krise ausgebrochen. Derselbe hat beanstandet, dass der Stadtrath nun den Preis von vierzig Kreuzern pro Kilowatt Beleuchtung und dreissig Kreuzern pro Kilowatt Betriebskraft acceptire, dagegen eine ausserdem vorgeschlagene fixe Gebühr von einem Gulden per Jahr von durchschnittlich 10 NK Glühlicht ablehne. Die Strassenbeleuchtung, für welche bisher 99 Bogenlampen aufgestellt sind, repräsentirt sich besonders am Corso und an der Riva sehr vortheilhaft. Die elektrische Centralstation arbeitet derzeit mit zwei Dynamos, welche durch Dampfkraft betrieben werden; ein dritter Dynamo wird noch für weitere Beleuchtungszwecke und drei Dynamos für den Betrieb der Strassenbahn aufgestellt werden.

Deutschland.

Berlin. Die städtische Parkdeputation hat in ihrer letzten Sitzung über die Festsetzung ihres Etats für das Verwaltungsjahr 1899/1900 einen wichtigen Beschluss dahin gefasst, dass sie sich im Princip mit der elektrischen Beleuchtung sämmtlicher städtischen Parks einverstanden erklärt hat. Um dem Osten ein Aequivalent gegenüber dem Westen in Bezug auf die Herstellung elektrischer Beleuchtung in der Sieges-Allee zu gewähren, soll im Friedrichshain provisorisch elektrische Beleuchtung hergestellt werden. Die Mittel werden allerdings durch den nächstjährigen Etat noch nicht gefordert, da die Deputation noch beabsichtigt, sowohl im Sommer als auch im Winter des Abends und des Nachts die Verbindungswege im Friedrichshain elektrisch beleuchten zu lassen, um daselbst eine grössere Sicherheit für das Publikum herbeizuführen. Für die Einrichtung der elektrischen Beleuchtung im Victoriapark sollen die Vorarbeiten im Wege geleitet werden.

England.

London. (**Die elektrische Bakerstreet- und Waterloobahn.**) Nunmehr ist auch der Bau der vierten

elektrischen Londoner Untergrundbahn in Angriff genommen
worden. Sie nimmt, wie die vor einem Monat eröffnete Waterloo-
und City Eisenbahn, ihren Anfang unter dem Südwestbahnhof
Waterloo, sodann, unter Kreuzung der Themse, ihren Lauf nach
Norden, geht unter der Northumberland-Avenue her, folgt der
südlichen Seite des Trafalgar Square, führt den Hay Market
hinauf nach Piccadilly Cirkus, die Regen-treet hinauf nach Oxford
Cirkus, folgt dann der Great Portlandstreet bis Park Crescent,
wendet sich westwärts nach Bakerstreet und endigt an der Station
der neuen grossen Central-Eisenbahn. Die Bahn durchschneidet
die wichtigsten Kaufladenviertel von London und ist von den
Theatern und sonstigen Vergnügungsplätzen nicht weit entfernt.
Die Verbindungen mit anderen Bahnen sind zahlreich. Am Südende steht sie mit der Südwest-, der Waterloo- und Citybahn
und der Südostbahn in Verbindung. Durch die Charing Cross-
Brückenstation hat sie Anschluss an die Districtbahn, und sie
tauscht ferner ihren Verkehr aus mit der Brompton- und der
Piccadilly Cirkus- und der Centrallondonbahn, ferner mit der
Metropolitanbahn und legt sich mit ihrem Nordende an die Grosse
Centralbahn. Sie stellt das verbindende Glied her zwischen den
Bezirken nördlich des Themseflusses und den Strassenbahnen
südlich der Themse, die jetzt ihre zahlreichen Personen in der
Nähe des Waterloobahnhofes absetzen. Die Bahn wird 5 km lang
und soll in 15 Minuten durchfahren werden. Die Züge sollen
einander in Abständen von etwa 3 Minuten folgen und man
rechnet auf jährlich 15,000,000 zu befördernde Personen. Am
frühen Morgen wird die Bahn vom Geschäftsverkehr, später vom
Kaufladen- und Vergnügungsverkehr, in den Abendstunden vom
zurückkommenden Geschäftsverkehr und ganz spät vom Theater-
und Vergnügungsverkehr in Anspruch genommen werden. Hierzu
kommt der Verkehr zwischen den durch die Bahn in Verbindung
gebrachten anderen Eisenbahnen. Die bauleitenden Ingenieure der
Bahn sind Sir Benjamin Baker und die Herren Galbraith
und Church. Bauunternehmerin ist die Firma Perry & Co.

Literatur-Bericht.

Elektricitätswerke, elektrische Kraftübertragung und
elektrische Beleuchtung. Von Dr. W. Bermbach. Mit 64 Abbildungen. Wiesbaden. Verlag von Lützenkirchen & Bröcking.
1898. Preis 2 Mk.

Dieses Buch verfolgt den Zweck, den Laien soweit in das
Wesen der Elektrotechnik einzuführen, dass derselbe einen klaren
Ueberblick über die Vorgänge bei elektrischen Kraftvertheilungs-
anlagen und über die Wirkungsweise der dabei verwendeten
Maschinen und Apparate erhält.

Im einleitenden Capitel sind die praktischen Maasseinheiten
erklärt. Der Verfasser bespricht hier die Begriffe Spannung,
Ströme, Widerstand u. s. w. unter Zuhilfenahme von allgemein
geläufigen analogen Beispielen, und gelangt nach einer Abhandlung über die Ohm'schen Verluste zu den Stromverzweigungen
und Schaltungswesen. Daran schliessen sich die Hauptabschnitte
dieses Buches, die Capitel über Centralanlagen, Transformation,
Kraftübertragung und Beleuchtung, welche neben den allgemeinen
Grundbegriffen über den Entwurf elektrischer Anlagen auch die
nöthige Aufklärung über die Wirkungsweise der Dynamomaschinen,
Motoren und Transformatoren gibt, mit gleichzeitiger Berücksichtigung der Leistung der Reichenapparate und der Accumulatoren. Die nächstfolgenden Capitel sind dem Betriebe, dem
Strassenbahnwesen und der Rentabilitätsberechnung gewidmet,
zum Schluss ist ein interessanter Nachtrag über die Nernst'sche
und Auer'sche Erfindung angefügt. — m —

Die Anwendungen der Elektricität in der Praxis. I. Die
Haustelegraphie mit 40 Abbildungen. Von W. Goldhan. Leipzig.
Verlag von Siegbert Schnurpfeil. (67—68 der Wissenschaft-
lichen Volksbibliothek. Jede Nr. 20 Pfg.)

**Technische Unterrichtswerke des Systems Karnack-
Hachfeld.** Lehrmethode des Technikums zu Limbach in
Sachsen. Herausgegeben von O. Karnack. (Director Müller.)
In Oesterreich zu beziehen von M. Trümel, Wien, Börsegasse 1.
Das Gesammtwerk besteht aus folgenden Abtheilungen:
1. Baugewerksmeister, 2. Polier, 3. Tiefbautech-
niker, 4. Elektrotechnische Schule, 5. Maschinen-
Constructeur, 6. Werkmeister, 7. Monteur, Vor-
arbeiter und Maschinist und 8. Gesammtes Bau-
gewerbe. — Wir wollen nicht unterlassen, auf diese Werke
unsere Leser besonders aufmerksam zu machen, haben wir es
doch mit technischen Selbstunterrichtswerken zu thun, die sich
bereits bewährt haben. Die Lehrweise dieser Werke baut sich
stufenweise vom technischen ABC in schwierigen übergehend in
klärer Darstellung planmässig und zielbewusst auf. Denjenigen
Technikern, die bereits als Fachleute in der Praxis thätig sind,

können wir gleichfalls die Werke als nie versagende Rathgeber
in allen Fällen, wo sie in technischen Fragen zweifelhaft sind,
als werthvolle Nachschlagebücher empfehlen. Ausführlicheres
enthält die unseren heutigen Auflage angeschlossene Beilage.

Die A. E. - G. Glühlampen. Von Jordan & Treier,
Commandit-Gesellschaft, Wien, VII. Eine neue, schön ausgestattete Preisliste mit vielen Illustrationen.

Das kleine Buch von der Marine. Ein Handbuch alles
Wissenswerthen über die deutsche Flotte nebst vergleichender
Darstellung der Seestreitkräfte des Auslandes, von Georg
Neudeck, kaiserl. Marine-Schiffbaumeister, z. Zt. commandirt
zum Stabe des ostasiatischen Kreuzer-Geschwaders, und Dr. Heinr.
Schröder, Lehrer an der kaiserl. Deck Officiersschule zu Kiel.
(354 Seiten.) Mit einer Karte und 644 Abbildungen Kiel und
Leipzig. Verlag von Lipsius & Tischer. Preis 2 Mk.
Von allen vielen Büchern, die seit dem vorigen Jahre über
die deutsche Marine erschienen sind, dürfte wohl keines eine
grössere Verbreitung verdienen, als das uns vorliegende. Denn
wer über irgend eine die Marine betreffende Frage Auskunft zu
erhalten wünscht, in diesem Buche wird er sicher nicht ver-
geblich suchen.

Patentnachrichten.

Mitgetheilt vom Ingenieur Victor Monath,
WIEN, I. Jasomirgottstrasse Nr. 4.

Classe   Deutsche Patentertheilungen.

21. 100,134. Verfahren zur Herstellung von Sammler-Elektroden.
— Henri Pieper fils, Lüttich. 18./1. 1898.

„ 100,135. Verfahren zum Aufbau von primären oder secundären galvanischen Elementen; Zusatz zum Patent 83,627.
— C. L. R. F. Menges Haag, Balistrasse. 20. 1. 1898.

12. 100,234. Verfahren zur elektrolytischen Reduction aromatischer
Nitroverbindungen zu Azo- und Hydrazoverbindungen. —
Anilinölfabrik A. Wülfing, Elberfeld. 4./1. 1898.

21. 100,290. Flüssigkeitswiderstand, bei welchem das Gefäss mit
beiden Elektroden beweglich ist. — C. Dettmar, Linden
vor Hannover. 13./3. 1897.

„ 100,291. Einrichtung zur Erzeugung eines Mehrphasen-Systems
aus einem Einphasen-System. — F. Tischendörfer, Nürnberg. 20./5. 1897.

26. 100,238. Federndes Gasanführungsrohr an elektrischen Gas-
fernzündern. — „Hermes", Elektro - Gasfernzünder,
G. m. b. H., Berlin. 8./7. 1897.

21. 100,256. Elektrische Bohr- und Fräsmaschine für zahnärztliche
Zwecke. — P. Volland, Berlin. 18./11. 1897.

Auszüge aus Patentschriften.

Siemens & Halske, Actien-Gesellschaft in Berlin. — Verfahren
zur Abgabe des Schlusszeichens bei Fernsprech-Vermittlungs-
ämtern. — Classe 21, Nr. 98.150 vom 4. April 1896.

Nach beendetem Gespräche wird das Ansprechen der
Schlussklappe auf dem Vermittlungsamte dadurch bewirkt, dass
die, während des Gespräches einander entgegengeschalteten, Prüf-
batterien beim Anhängen des Fernhörers auf der Theilnehmerstation ausgeschaltet werden.

E. Franke in Berlin. — Giessform zur Herstellung von ein-
oder mehrfeldrigen Accumulatorenräumen. — Classe 31,
Nr. 98.195 vom 25. September 1896.

Die Giessform dient zur Herstellung von ein- oder mehrfeldrigen Accumulatorenräumen in verschiedenen Grössen auf
einer und derselben Giessform. Es wird dies dadurch erreicht,
dass die als Kernträger hinter einander liegenden Platten so
mit einander verbunden sind, dass sie den gleichartigen Kern-
stücken eine gegenseitige Bewegung ertheilen. Zu dem Zwecke
sind auf diesen Platten die gleichartigen Kern-tücke derart angeordnet, dass die Befestigungsbohben für die Kern-stücke der
hinteren Platte durch die vordere hindurchgreifen, während diese
für die Befestigungsschrauben entsprechend ausgeschlitzt sind.

**Georg Washington Harris und Richard Josiah Holland in New-
York.** — Träger für die wirksame Masse elektrischer Sammler.
— Classe 21, Nr. 99.006 vom 8. Jänner 1897.

Die Trägerplatte ist mit parallelen Rippen versehen, von
denen die auf der einen Seite sich mit denen der anderen Seite
kreuzen. — Alle diejenigen Theile der Platte, welche nicht zu
den Rippen selbst gehören, sind entfernt, so dass ein fester Zu-

sammenlung der zwischen den Rippen liegenden wirksamen Masse besteht. Ferner besitzt die Platte keinen Kohnen, wodurch ein Werten der Platte verhindert wird.

Firma C. Schniewindt in Neuenrade i. Westf. — Stromabnahme-bürste aus Metall mit verschiebbaren Kohleeinlagen. — Classe 21, Nr. 99.020 vom 16. Juni 1897.

Die Kohlen liegen verschiebbar in beiderseits offenen Canälen der Bürste, so dass sie entsprechend der verschiedenen Abnutzung von Metall und Kohle nachgestellt werden können.

Geo F. Dieckmann in Chicago. — Elektrische Gleichstrom-Maschine mit wandernden Polen. — Classe 21, Nr. 98.666 vom 15. December 1895.

Die Gleichstrom-Maschine besteht aus zwei oder mehreren nach Gramm'scher Art bewickelten Ringmagneten, in denen durch Verschiebung der Stromzuführungspunkte wandernde Pole erzeugt werden. — Die Wickelung ist so eingerichtet, dass die ungleichnamigen Pole der Elektromagnete einander zugekehrt sind. — Es soll dann eine Inductionswirkung erzeugt werden, welche den Erregerstrom verstärkt.

Beno Rülf in Nürnberg. — Selbstcassirende Fernsprech-einrichtung. — Classe 21, Nr. 98.739 vom 19. März 1897.

Das eingeworfene Geldstück fällt auf einen, mit einer Sperrnase versehenen, drehbaren und unter Federwirkung stehenden Arm. — Unter dem Gewicht des Geldstückes dreht sich der Arm, wodurch seine Nase ausser Eingriff mit dem Ansatz einer, an einem Ende beeinflusst gelagerten und am anderen Ende von einer Zugfeder beeinflussten Feder kommt. — Die Stange kann nunmehr der Wirkung ihrer Zugfeder nachgeben und wird durch dieselbe derart gedreht, dass sie sich einerseits gegen ein festes Stromschlussstück legt und dadurch die Fernsprechleitung schliesst und andererseits die Sperrung eines Triebwerkes aushebt. — Das Triebwerk bringt dann nach einer bestimmten Zeitdauer die bewegliche Theile wieder in ihre Anfangslage zurück, wodurch die Fernsprechleitung wieder unterbrochen wird.

Albrecht Heil in Fränkisch-Crumbach. — Verfahren zur Behandlung von Bogenlichtkohlen. — Classe 21, Nr. 98.625 vom 9. Juni 1897.

Bogenlichtkohlen, welche zur Erzielung eines grösseren Flammenbogens in bekannter Weise mit Aetzalkalilösung getränkt werden sollen, werden zuerst in einen Ammoniakdämpfe enthaltenden Raum gebracht, um die in ihnen enthaltene Säure zu beseitigen, dann gebränkt und schliesslich mit einer geeigneten Substanz, z. B. Paraffin, dünn überzogen, um sie gegen den Einfluss der Luft zu schützen.

Geschäftliche und finanzielle Nachrichten.

Uebertragung der Concession für die elektrische Kleinbahn von Graz nach Fölling. Amtlich wird gemeldet: Nachdem das Bankhaus Dutschek & Co. in Wien die von Stadtbaumeister Andrea Franz in Graz auf Grund der Kundmachung des k. k. Handelsministeriums vom 1. October 1895, R.-G.-Bl. Nr. 152 erbaute und in Betrieb gesetzte Kleinbahn mit elektrischem Betriebe von Graz nach Maria-Trost (Fölling) künftlich erworben hat, so werden im Einvernehmen mit den betheiligten k. k. Ministerien und dem k. u. k. Reichskriegsministerium die dem genannten Andrea Franz betreffs der erwähnten Kleinbahn mit elektrischem Betriebe erworbenen concessionsmässigen Rechte und Pflichten auf dieses Bankhaus mit der Massgabe übertragen, dass auf diese Kleinbahn die Bestimmungen der vorbezogenen Concession Anwendung zu finden haben.

Die Vereinigten Accumulatoren- und Elektricitätswerke Dr. Pflüger & Co., Berlin, theilen uns mit, dass sie ihre bisherige Firma: „Leitner'sches Elektricitätswerk, Pflüger, Bergmann & Co." in: „Vereinigte Accumulatoren- und Elektricitätswerke Dr. Pflüger & Co." umgeändert hat. Als besondere Specialität fabricirt die Firma neben der Herstellung ihrer stationären Accumulatoren einen neuen transportablen Accumulator, System Ribbe. Den Herren Paul Ribbe, Carl Meinking und Franz Berninghausen ist Collectivprocura ertheilt.

Hamburgische Elektricitätswerke. In dem Jahresberichte für das vierte Geschäftsjahr (1. Juli 1897 bis 30. Juni 1898) theilt der Vorstand im Wesentlichen Folgendes mit: Das abgelaufene Geschäftsjahr 1897/98 eröffnete mit einer durch den Brand unserer Poststrassen-Centrale am 29/30. Juni entstandenen Betriebsstörung. Um so erfreulicher ist es, nach Ablauf des ganzen Jahres berichten zu können, dass die fortschreitende Zunahme des Verbrauches an elektrischer Energie, in beiden durch unsere Werke versorgten Stadtgebieten Hamburg und Altona, den durch den Brand entstandenen Ausfall an Einnahmen nicht nur gedeckt, sondern in ansehnlicher Weise überschritten hat. Unsere gesammte Productions-Einrichtung zur Stromerzeugung umfasste am Schlusse des Geschäftsjahres 1897/98: I. Hamburger Werke: Centrale Poststrasse. 6 Dampf-Dynamo-Aggregate von zusammen 3·000 PS mit 9 comb. Cornwall-Röhrenkesseln von je 250 m² wasserberührter Heizfläche und 2 Accumulatoren-Batterien, System Tudor, je 140 à 280 Elemente mit einer Capacität von zusammen 6294 Ampèrestunden. Unterstation St. Georg. 2 Accumulatoren-Batterien, System Pollack, von je 136 Elementen mit je einer Leistungsfähigkeit von 1570 Ampèrestunden = 272 Elemente mit zusammen 3140 Ampèrestunden Leistungsfähigkeit. Centrale Carolinenstrasse. 6 Dampfmaschinen mit zusammen 7200 PS mit 16 comb. Cornwall-Röhrenkesseln, 11 direct gekuppelten Dynamomaschinen mit rund 4800 KW Leistungsfähigkeit, 1 Reserve-Dynamo-Ring, 2 Accumulatoren-Batterien von 140 Elementen, System Tudor, mit einer Capacität von 1573 Ampèrestunden und 140 Elementen, System Tudor, mit einer Capacität von 2376 Ampèrestunden. Unterstation Uhlenhorst. 1 Accumulatoren-Batterie, System Tudor, mit 134 Elementen mit 1573 Ampèrestunden Leistungsfähigkeit. Unterstation Harvestehude. 2 Altonaer Werke: 5 Dampf-Dynamo-Aggregate von zusammen 2400 PS mit 6 comb. Cornwall- Röhrenkesseln. 2 Gleichstrom-Transformatoren zum Strassenbahn-Betrieb, 2 Zusatzdynamos zur Stromlieferung nach St. Pauli, 2 Gleichstrom-Transformatoren für die Beleuchtungsanlage und Güterbahnhof Langenfelde. 2 Accumulatoren-Batterien, System Tudor, von je 140 Elementen mit einer Capacität von 8320 Ampèrestunden. 1 Accumulatoren-(Puffer-) Batterie für den Strassenbahnbetrieb von 263 Elementen, System Tudor, mit 962 Ampèrestunden Leistungsfähigkeit, Unterstation Sophienstrasse mit einer Accumulatoren-Batterie, System Tudor, von 136 Elementen mit 1570 Ampèrestunden Leistungsfähigkeit. Bereits im vorjährigen Berichte erwähnten wir des mit Genehmigung des Aufsichtsrathes erworbenen Areals für die Erbauung einer dritten Hamburgischen Centrale in Barmbeck, welches am 1. Jänner in unseren Besitz übergegangen ist. Die Feststellung der Ausführungspläne mit der E.-A.-G. vormals Schuckert & Co. in Nürnberg nahm längere Zeit in Anspruch, als wir gehofft hatten. Nachdem aber nun auch die behördliche Genehmigung für die vorgelegten Pläne eingegangen, konnte noch im August mit der theilweisen Vergebung der Bauarbeiten vorgegangen werden. Die Centrale Barmbeck ist bestimmt, den nördlichen und östlichen Theil des Hamburgischen Gebietes mit Energie zu versorgen. Endlich haben wir noch zu berichten, dass sich auch an dem südöstlichen und südlichen Gebiet der Stadt Hamburg die Nachfrage nach Stromversorge bemerklich macht und dass der Hamburgische Staat speciell in den Häfen und auf den Quais, welche nicht für die Versorgung durch die Lagerhausgesellschaft von unserem Vertrag mit dem Staate ausgeschlossen sind, als Consument zum Betriebe zahlreicher Krähne, sondern auch zur Beleuchtung der Quais auftritt. Die hierzu tretenden Erwägungen, dass der stetig anwachsende Stromconsum der inneren Stadt mit St. Georg und des Hammerbrooks den Maximalleistungen der Poststrassen-Centrale immer näher rückt, sowie, dass diese selbst nicht mehr erweitert werden kann, haben uns die Nothwendigkeit erkennen lassen, ein günstig belegenes Terrain anzusuchen, von welchem aus sowohl das südliche und südöstliche Gebiet, wie auch ein Theil der inneren Stadt durch ein nicht allzu angelegtes Kabelnetz mit Strom versorgt werden kann. Wir haben ein entsprechend grosses Areal, zwischen der Lölle und der Strasse Bullerdeich gelegen, gefunden und dasselbe, lieferbar 1. Juli 1898, mit Genehmigung des Aufsichtsrathes zum Preise von ca. 240.000 Mk. erworben. — Laut General-Bilanz beträgt der Reingewinn des Jahres 1897/98 824.690 Mk., davon geben ab für Einkommensteuer 25.000 Mk. und die gesetzliche Quote für den Reservefonds mit 39.984 Mk. Die Abgabe aus dem Reingewinn des Betriebes der Hamburger Werke an den Hamburger Staat beträgt 39.839 Mk. Die Actionäre erhalten auf 8 Millionen Actiencapital 8%, mit 610.000 Mk., der Aufsichtsrath 39.886 Mk., Direction und Beamte ebenfalls 39.886 Mk. Zum Vortrag auf neue Rechnung gelangen 8598 Mark. Die am 1. Jänner 1898 hinzugetretenen 3 Millionen neues Actiencapital nehmen am Ertrag des Unternehmens erst vom 1. Juli 1898 an Antheil. Der Reservefonds der Gesellschaft beträgt einschliesslich des Zuwachses an Zinsen und zuzüglich des Agios auf die neu emittirten 3 Millionen Actien am Schlusse des Geschäftsjahres 1897/98 699.478 Mk.

Brasilianische Elektricitäts-Gesellschaft. Aus Rio de Janeiro wird berichtet, dass die daselbst für diese Gesellschaft durch Siemens & Halske erbaute Telephoncentrale am 20. October er. eröffnet worden ist.

Schluss der Redaction: 31. October 1898.

Verantwortlicher Redacteur: Dr. J. Sahulka. — Selbstverlag des Elektrotechnischen Vereines.
Commissionsverlag bei Lehmann & Wentzel, Wien. — Alleinige Inseraten-Aufnahme bei Haasenstein & Vogler (Otto Maass), Wien und Prag.
Druck von R. Spies & Co., Wien.

Zeitschrift für Elektrotechnik.

Organ des Elektrotechnischen Vereines in Wien.

Heft 46.   WIEN, 13. November 1898.   XVI. Jahrgang.

Bemerkungen der Redaction: Ein Nachdruck aus dem redactionellen Theile der Zeitschrift ist nur unter der Quellenangabe „Z. f. E. Wien" und bei Originalartikeln überdies nur mit Genehmigung der Redaction gestattet.
Die Einsendung von Originalarbeiten ist erwünscht und werden dieselben nach dem in der Redactionsordnung festgesetzten Tarife honorirt. Die Anzahl der vom Autor event. gewünschten Separatabdrücke, welche zum Selbstkostenpreise berechnet werden, wolle stets am Manuscripte bekanntgegeben werden.

INHALT:

Ueber die Bremsung einphasiger Inductionsmotoren.

Von Ingenieur **Friedrich Eichberg**.

Es gibt beim Einphasen-Inductionsmotor zwei grundsätzlich verschiedene Bremsmethoden:

I. Einschaltung bestimmter Widerstände in den Anker des normal laufenden Motors;

II. Versetzung des Motors in den übersynchronen Zustand.

Die unter II. erwähnte Bremsmethode ist analog derjenigen bei mehrphasigen Inductionsmotoren, wo man auch durch Versetzung in den übersynchronen Zustand eine Bremsung herbeiführen kann. Die unter I. behandelte Bremsung ist jedoch eine Eigenthümlichkeit des einphasigen Inductionsmotors, auf die übrigens meines Wissens noch nicht hingewiesen worden ist. Deshalb will ich, trotzdem die Bremsung einphasiger Inductionsmotoren momentan mehr theoretisches als praktisches Interesse hat, die Methoden derselben behandeln.

I. Einschaltung bestimmter Widerstände in den Anker.

Die Charakteristik des einphasigen Inductionsmotors (die Curve der Drehmomente als Function des Rückbleibens des Rotors gegen das Feld) ist mit dem Ankerwiderstande veränderlich. (Siehe Fig. 1.)

Der blos kleine Bereich negativer Drehmomente in der Nähe des Synchronismus, welcher bei dem guten Inductionsmotor[*] vorhanden ist) (Curve 1), lässt sich durch Einschalten von Widerständen in den Ankerkreis vergrössern; es ist sogar möglich, eine Charakteristik zu erhalten, welche ganz unterhalb der Abscissenachse liegt, also vom Synchronismus bis zum Stillstande negative Drehmomente aufweist (siehe Curven IV, V, VI). Das maximale negative Drehmoment erhält man für denjenigen Widerstand im Anker, der doppelt so gross ist als derjenige, der erforderlich ist, um das maximale Anzugskraft bei einem der mehrphasigen Motoren, aus deren Diagramm das des einphasigen construirt ist, zu erhalten. Dies ergibt sich leicht aus der Formel für das Drehmoment. Bezeichnet m die Periodenzahl, entsprechend der Tourenzahl des Ankers, n die Periodenzahl des angelegten Wechsel-

[*] Theorie der Thomson'schen Motoren, J. Sahulka, „E. T. Z.", 1898, pag. 391.

stromes. r den Ohm'schen Widerstand, L den Selbstinductions-Coëfficienten des Ankers und C eine Constante, so ist bekanntlich:

$$D = C \cdot r \left[\frac{n-m}{r^2 + 4\pi^2 L^2(n-m)^2} - \frac{n+m}{r^2 + 4\pi^2 L^2(n+m)^2} \right] \cdot 1)$$

Für Synchronismus ist $n = m$.

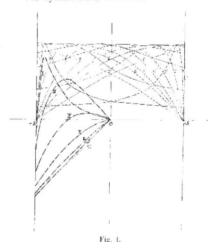

Fig. 1.

Also das Drehmoment im Synchronismus:

$$D = C \cdot r \left[-\frac{2n}{r^2 + 4\pi^2 . L^2 . n^2} \right] . \quad . 2)$$

Die Bedingung für das Maximum ist:

$$\frac{dD}{dr} = 0.$$

Führt man diese Differentiation aus, so ergibt sich:

$$16\pi^2 L^2 n^2 - r^2 = 0$$

$$r = 4\pi n L.$$

Noch einfacher ergibt sich diese Bedingung aus der graphischen Darstellung der Charakteristik des einphasigen Inductionsmotors als Differenz der Charakteristiken zweier mehrphasiger. (Siehe Fig. 1, wo die Curven 1, 2 .... 6 mit 1', 2' ... 6' zusammengesetzt die Curven I, II ... VI geben.) Für die Ordinate $+ s$ (Synchronismus des einphasigen Inductionsmotors) erhält man den maximalen Werth des Drehmomentes, wenn die eine der beiden Charakteristiken der Mehrphasenmotoren in dieser Ordinate das Maximum hat (6'). Es muss also für diesen Mehrphasenmotor das maximale Drehmoment erst in derjenigen Ordinate liegen, die um „$_{s}$" hinter dem Stillstande liegt. Für diese Ordinate ist die Periodicität im Rotoranker = $2 n$. Soll bei dieser Periodicität das Maximum des Drehmomentes stattfinden, so muss die Bedingung: „Oh m'scher Widerstand = inductivem Widerstande" erfüllt sein, also

$$r = 2\pi . 2n . L = 4\pi n L.$$

Vergrössert man den Ankerwiderstand noch weiter (Curve VII aus 7 und 7'), so wird das negative Drehmoment bei Synchronismus wieder kleiner. Auch die Drehmomente bei geringeren Geschwindigkeiten wachsen nur sehr wenig, da bei noch weitergehender Erhöhung des Ankerwiderstandes durchaus geringere Werthe der Drehmomente zu ergeben, als für $r = 4\pi n L$ eintreten.

Aus diesen Ueberlegungen ergibt sich das bemerkenswerthe Resultat, dass es möglich ist, einen im Laufe befindlichen einphasigen Inductionsmotor dadurch zu bremsen, dass man in den Ankerkreis einen Widerstand einschaltet, der am günstigsten $= 4\pi n L$ gewählt wird.

$r > 4\pi n L$ kann niemals positive Drehmomente ergeben; dagegen kann für $r < 4\pi n L$ der Fall eintreten (Siehe Fig. 1), dass die Drehmomente von einer bestimmten Geschwindigkeit an wieder positiv werden. Es kann dann die Bremsung nur bis zu dieser Geschwindigkeit fortgesetzt werden. Wesentlich bei diesem Bremsverfahren (I) ist, dass der Bremsstrom geringer als der normale Leerstrom ist; die Bremsung ist keine Nutzbremsung, da sie vom gegenrotirenden Felde herrührt.

Dass diese Ueberlegungen den Thatsachen entsprechen, habe ich an einem 8 PS Einphasenmotor von Ganz & Co., wenn auch nur primitiv, beobachtet.[*]

Der Motor hat die Zuführung des Wechselstromes im rotirenden Theile; der Anker ist feststehend, die Windungen desselben in Sternschaltung; vermittelst eines Flüssigkeits-Rheostaten konnte der Ankerwiderstand verändert werden. Der Motor wurde mit Kunstphase (2 × 50 V) angelassen, dann an die Wechselspannung (100 V) angelegt. Der Leerstrom war 38 A. Wurde der Motor gewöhnlich abgeschaltet, so brauchte er 1 Min. 43 Sec. bis er durch das Drehmoment der reibenden Kräfte im Lager und an den Schleifringen zum Stillstande kam. Wurde dagegen der Widerstand im Ankerkreise des normal laufenden Motors plötzlich vergrössert, so ergaben sich die folgenden Resultate:

[*] Diese Gelegenheit danke ich der Internationalen Elektricitäts-Gesellschaft in Wien, speciell Herrn Verwaltungsrath Ingenieur M. Déri, welche mir gestatteten, an diesem Motor, der im Motoren-Magazin aufbewahrt war, diese Bremsversuche auszuführen.

Bremsstrom:		Bremszeit:		
19 A			58 Sec.	
19 A			58 Sec.	
25 A	1 Min.			
26 A	1 Min.		6 Sec.	
27 A	1 Min.		8 Sec.	
27 A	1 Min.		8 Sec.	
29 A	1 Min.		18 Sec.	
31—32 A	2 Min.		22 Sec.	
34—36 A	Motor erhält sich im Lauf.			

Bei dem grössten eingeschalteten Widerstande ergab sich daher eine Bremszeit, die nur 56 × derjenigen war, die die bremsenden Reibungen allein erforderten. Es ist aber sehr wahrscheinlich, dass dieser Widerstand noch nicht $4\pi n L$ war, und daher die Bremszeit noch verringert werden könnte. An dem Motor waren weitere Widerstände nicht leicht unterzubringen. In den Flüssigkeitsrheostaten wurde H_2SO_4 in solcher Verdünnung eingefüllt, dass es eben noch möglich war, den Motor anzulassen. Wäre Gelegenheit gegeben gewesen, genau zu messen, so hätte man am besten drei regulirbare Widerstände in die drei Zweige eingeschaltet, die für die Anlaufperiode kurz geschlossen und nur zur Bremsung benützt worden wären. Ich hoffe, noch Gelegenheit zu haben, genauere Versuche zu machen. Jedenfalls zeigten diese ersten Versuche:

1. Dass eine solche Bremsung möglich ist;

2. Dass in dem Bereiche, in dem die Versuche liegen, also jedenfalls unter $r = 4\pi n L$, die Bremsstromstärken mit der Bremszeit abnehmen; (bei $r = 4\pi n L$ würde eine Aenderung insoferne eintreten, als von da ab die Bremszeiten wieder zunehmen, die Bremsstromstärken aber weiter abnehmen; bei $r = \infty$ fliesst primär der Magnetisirungsstrom);

3. Dass, wenn der Widerstand zu gering wird, wieder positive Drehmomente auftreten; in dem einen Fall (31—32 A) erreichten dieselben noch nicht das Drehmoment der reibenden Kräfte; im anderen Falle (34—36 A) kam die Curve soweit über die Abscissenachse zu liegen, dass sich ein stationärer Zustand herausbilden konnte. Dadurch konnte sich der Motor in einer vom Synchronismus sehr weit abliegenden Tourenzahl erhalten.

II. Versetzung des Motors in den übersynchronen Zustand.

Ein einphasiger Inductionsmotor kann in den übersynchronen Zustand versetzt werden durch Anlegen an eine Leitung mit geringerer Periodenzahl oder durch Vergrössern der Polzahl des Feldes. Dies ergibt sich aus der Beziehung:

$$n = p . v_f$$

wenn n die Periodenzahl, p die Zahl der Polpaare und v_f die secundäre Umlaufszahl des Feldes vorstellen. Die Drehmomente werden für beliebige Pol- resp. Periodenzahl schon vor dem Synchronismus negativ und sind im Synchronismus (Gleichung 2) und im Uebersynchronismus wesentlich negativ. Ihrer Grösse nach sind aber diese Drehmomente nicht mehr, wie beim Mehrphasen - Inductionsmotor, blos eine Function des Rückbleibens des Rotorankers gegen das Feld, vielmehr verändert sich der Verlauf der Curve der Drehmomente bei Veränderung der Pol- oder Periodenzahl. Dabei ist von der Veränderung der Streuungsverhältnisse, die praktisch sehr beträchtlich ist, abgesehen und in allen Fällen ein und dasselbe constante resultirende Feld angenommen.

In den Figuren 2 a. b. c ist der ganze Verlauf der Drehmomente eines Inductionsmotors für den Fall gezeichnet, dass die Periodenzahlen der Wechselströme, die die Motoren speisen, sich verhalten wie:

$$n_a : n_b : n_c = 1 : \frac{1}{2} : \frac{1}{4},$$

resp., dass der Motor — in allen Fällen an der gleichen Periodenzahl liegend — mit Polzahlen, die sich wie

$$p_a : p_b : p_c = 1 : 2 : 4$$

verhalten, ausgestattet ist. Man ersieht aus den Figuren, dass für einen Motor, der für eine bestimmte Periodenzahl mit einer gewissen Polzahl construirt ist, und gut functionirt, die Erniedrigung der Periodenzahl, resp. Erhöhung der Polzahl für den normalen Lauf wegen der durch diese Veränderungen bedingten Verringerungen der Motordrehmomente sehr ungünstig wirkt, dass dagegen die

verhalten sie sich wie 1:4. so ist dieser Betrag 93·5% der totalen Energie.

Die Bremsung durch Versetzen in den übersynchronen Zustand hat wie beim Mehrphasen-Inductionsmotor den Charakter der Nutzbremsung.

Man kann die Bremsmethoden I und II noch combinirt anwenden und auf diese Weise noch grössere Bremsdrehmomente erzielen. In Fig. 3 ist z. B. der Motor an die halbe Periodenzahl gelegt gedacht und gleichzeitig der Ankerwiderstand $r = 4\pi n_a L$ gemacht; das ist nicht der günstigste Widerstand. Dieser wäre hier $r' = 4\pi n_b L = \frac{1}{2} r$; dies ersieht man am leichtesten aus der Figur. Das grösste Drehmoment bei Synchronismus würde man erhalten, wenn die eine Curve (1') des einen Drehstrommotors in dieser Ordinate (für diesen der Stillstand $[n_a]$) das Maximum hätte; die Bedingung für das maximale Anlaufsmoment ist:

$$r = 2\pi n_a L = 4\pi n_b L,$$

da

$$n_a = 2 n_b \text{ ist.}$$

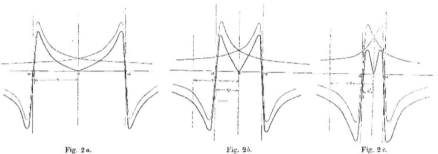

Fig. 2 a.　　　　　　　Fig. 2 b.　　　　　　　Fig. 2 c.

Bremsdrehmomente mit der Polzahl wachsen, abgesehen von der grösser werdenden Streuung, welche das Resultat in jedem Falle ungünstig beeinflusst, und dass diese Vergrösserung umso beträchtlicher wird, je grösser das Verhältnis der Polzahlen, resp. je kleiner das der Periodenzahlen zu einander ist. Durch dieses Verhältnis ist auch der Procentsatz der elektrisch abbremsbaren zur totalen abzubremsenden Energie bestimmt. Der Motoranker hat in allen Fällen die Tourenzahl v; sie ist in den Figuren 2 a, b, c eingetragen; das zugehörige Drehmoment ist dasjenige, mit dem die Bremsung einsetzt. Die Bremsung kann solange fortgesetzt werden, als die Drehmomente negativ bleiben. Diesem Moment entspricht die Tourenzahl v_0 des Ankers. Die totale zur elektrisch abbremsbaren Energie verhält sich wie

$$\frac{v^2}{v^2 - v_0{}^2}.$$

v ist nur annähernd $= v_t$, der Synchrontourenzahl des Motors im normalen Lauf, v_0 ist ebenfalls nur annähernd gleich der Synchrontourenzahl im Falle der geringeren Perioden-, resp. grösseren Polzahl; deshalb ist, ebenfalls nur ungefähr:

$$\frac{v_0{}'}{v} = \frac{n_b}{n_a}; \frac{v_0{}''}{v} = \frac{n_2}{n_a}.$$

Verhalten sich die Periodenzahlen wie 1:2, so lassen sich ca. 75% der Energie elektrisch abbremsen;

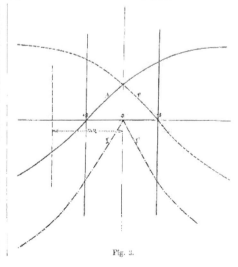

Fig. 3.

Anch bei dieser combinirten Bremsmethode ist es also möglich bis zum Stillstand zu bremsen. Die Bedingung dafür ist nur die, dass der Ankerwiderstand so gross gemacht werde, dass alle Drehmomente negativ werden. Ist der Ankerwiderstand nur so gross, dass die Drehmomentscurve die Abscissenachse noch überschneidet, so kann nur bis zu jener Geschwindigkeit elektrisch abgebremst werden, die dem Schnittpunkte der Drehmomentscurve mit der Abscissenachse entspricht. Durch Umschalten des Feldes (Umkehren der Rotationsrichtung der beiden Drehfelder, in welcher das Wechselfeld zerlegt gedacht werden kann), kann der Bremszustand bei einem einphasigen Inductionsmotor nicht herbeigeführt werden, denn bei dieser Operation würden blos die beiden Drehfelder ihre Rollen vertauschen. An dem Zustande des Motors würde sich nichts ändern.

Elektrisch betriebene Automobilwagen. [*)]

Vom 1. bis 10. Juni 1898 fanden im Beisein einer von Herrn Forestier präsidirten Commission Probefahrten mit Automobilwagen statt, worüber in der Zeitschrift „L'Industrie électrique", Heft 157, ein umfangreicher Bericht vorliegt, dessen hauptsächlichsten Inhalt, mit Beschränkung auf die elektrisch betriebenen Wagen, wir nachstehend reproduciren wollen.

Der elektrische Strom wurde von Tommasi-Accumulatoren der Société l'Accumulateur Fulmen geliefert, die bei kleinem Gewichte grosse Capacität haben. Die Elemente enthalten 13 Platten, und zwar 6 positive und 7 negative, die eine Höhe von 18·5 cm, eine Breite von 9·5 cm und eine Dicke von 4 mm haben und mit 24 rechteckigen Alveolen zur Aufnahme der activen Masse versehen sind. Das totale Gewicht einer positiven Platte beträgt 475 g, das einer negativen 390 g. wovon bei der ersteren 240 g. bei der letzteren 255 g auf die active Masse entfallen. Mit den ursprünglich aus Celluloid hergestellten Kästen, die später ihrer Feuergefährlichkeit wegen durch Ebonitkästen ersetzt wurden, wog ein Element sammt Flüssigkeit ungefähr 7·5 kg. Ein solches Element lieferte bei der normalen Entladung mit 21 A in 5 Stunden bei einer mittleren Klemmspannung von 1·9 V 105 Ampèrestunden, sonach ca. 200 Wattstunden.

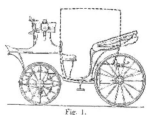

Fig. 1.

Es beträgt:
die specifische Abgabe in Ampère pro kg . . 3·0
　"　　　"　　Nutzleistung in Watt pro kg . . 5·3
　"　　　"　　Capacität in Ampèrestunden . . 14·5
　"　　　"　　Nutzarbeit in Wattstunden . . 26·0
das Gewicht pro Kilowatt in kg . . . . . 190·0
　"　　　"　　"　Kilowattstunden in kg . . . 37·5

* Siehe Heft 40 und 44 „Rundschau" der „Z. f. E."

Wie aus dieser Tabelle hervorgeht, gibt der Fulmen-Accumulator bei 5 Watt specifischer Nutzleistung 26 Wattstunden Arbeit pro kg; es muss aber hiezu bemerkt werden, dass sich diese Arbeitsleistung bei steigender Nutzleistung beträchtlich vermindert und beispielsweise bei einer solchen von 10 Watt pro kg blos 20 Wattstunden beträgt. Die angeführten Zahlen dürften jedoch eine Modification dadurch erfahren, beim Automobilbetriebe die Entladung eine ungleichmässige ist und die Diffusion begünstigende Perioden Ruhepausen folgen. Hierüber wird erst eine längere Versuchsreihe Aufklärung bringen.

Fig. 2.

Was die Wagen betrifft, so sind diese mit auswechselbarem Wagenkasten ausgestattet, wie Fig. 1 schematisch zeigt, welche einen Wagen der Société des Voitures électriques, Système Krieger darstellt.

Fig. 3.

Die Räder sind aus Holz, und zwar sind die Vorderräder mit Pneumatiks, die Hinterräder entweder mit Pneumatiks oder mit Vollreifen versehen. Das Vordergestell, das bei dem Krieger'schen Wagen (Fig. 2) lenkbar eingerichtet ist, trägt einen Motor von der normalen Leistung von 3000 Watt, der mittelst eines Getriebes ein auf das Rad montirtes Zahnrad in Bewegung versetzt. Die Accumulatoren sind in zwei Kasten eingebaut, welche ebenso wie der Wagenkasten federnd gelagert sind, und zwar die eine Batterie vorne, die andere rückwärts. Zum Zwecke der Untersuchung oder Erneuerung können die Kasten, ohne

Stellung des Controllers	Entspricht	Zwei Batterien	Erregung der Feldmagnete	Armaturen der beiden Motoren
— 1	Rückwärtsgang	Parallel	Shunt- und Serien-Wickelung	in Serie, reversirt
00	Bremsung	„	Shunt-Wickelung	kurzgeschlossen
0	Stillstand	in Serie, abgetrennt	offen	offen
1	Anfahrt	Parallel	Shunt- und Serien-Wickelung	in Serie
2	2. Geschwindigkeit	„	Serien-Wickelung	„ „
3	3. „	in Serie	Shunt- und Serien-Wickelung	„ „
4	4. „	„ „	Serien-Wickelung	„
5	5. „	„ „	Shunt- und Serien-Wickelung	parallel
6	6. „	„ „	Serien-Wickelung	„

irgend eine Verbindung lösen zu müssen, herausgenommen werden. Jede dieser Batterien setzt sich aus 22 hintereinander geschalteten Elementen zusammen. Was den Motor oder die Motoren, es sind gewöhnlich zwei, anlangt, so sind diese mit Trommelanker und Compoundwickelung ausgestattet, die mittelst eines Controllers in verschiedener Weise geschaltet werden können. Die Schaltungsanordnung ist bei den einzelnen Systemen verschieden durchgeführt; die Tabelle gibt ein Schema, das bei den Krieger'schen Wagen angewendet ist.

Herr Jenatzy hat einen Wagen construirt (Fig. 3), der in seiner Ausführung wenig originell ist, aber sehr gut functionirte. Dieser Wagen ist mit einem einzigen Serienmotor versehen, dessen Gang mittelst eines einfachen Kurbelschalters zum Einschalten von Widerständen geregelt wird; die Bremsung erfolgt mittelst Bandbremse. Da bei dieser Bremse nicht vorgesehen war, dass gleichzeitig mit ihr der Strom unterbrochen wird, so war grosse Aufmerksamkeit seitens des Wagenführers nothwendig; denn die Unterbrechung muss einer Bremsung vorangehen, wenn nicht Accumulator, Motor und Pneumatiks darunter leiden sollen.

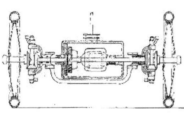
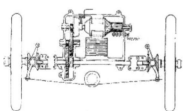

Fig. 4.

Jeantaud hat eine interessante Collection von Wagen ausgestellt.

Der in Fig. 5 dargestellte Wagen ist charakterisirt durch mit Tangentenspeichen ausgestattete Eisenräder, die mittelst eines Zwischenvorgeleges, Winkel- und Wendegetriebes von dem am vorderen Theile des Wagens gelagerten Motor angetrieben werden. Der Motor, der

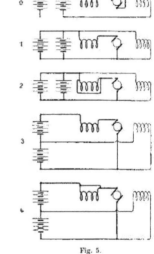

Fig. 5.

Fig. 6.

eine doppelte Wickelung besitzt, gestattet die nachfolgenden in Fig. 6 dargestellten Schaltungen.

u bezeichnet die Bremsstellung mit Kurzschluss des Ankers, 1. 2. 3. 4 Stellungen für verschiedene Fahrgeschwindigkeit.

Fig. 6 stellt eine Type vor, bei der die Accumulatoren in einem Kasten über den Vorderrädern angeordnet waren, während der Wagenführer, ähnlich wie bei den englischen Handsoms, rückwärts placirt war; hiedurch wurde eine möglichst gleichförmige Vertheilung der Lasten auf beide Achsen erzielt, die es ermöglichte, steile Rampen ohne Unfall zu befahren.

Was den Verbrauch an Energie anlangt, so stellte sich diese ungefähr auf 80 Wattstunden per Tonnenkilometer für die Entladung und auf ungefähr 110 Wattstunden für die Ladung. Die mittlere Geschwindigkeit betrug bei den Fahrten 13 bis 14 *km* per Stunde. Hospitalier schliesst sein Exposé mit den Worten, dass die heuer durchgeführten Proben bewiesen haben, dass der electrische Fiaker möglich, ja in Zukunft der einzig mögliche sei, und knüpft daran die Hoffnung, dass er bereits nach zwei Jahren sich als der ökonomischeste erweisen dürfte, wenn die Industrie auf der bereits mit Erfolg beschrittenen Bahn fortschreitet.

Dr. L. K.

Skizzen über das moderne Fernsprechwesen.

II. Ueber Telephoncentralen und deren technische Einrichtung.

Von k. k. Baurath **Barth von Wehrenalp.**

(Fortsetzung von Nr. 45.)

Bei allen Umschaltern für Einfachbetrieb, sie mögen wie immer construirt werden, können, wie schon erwähnt, günstigsten Falles nur über drei benachbarte Schränke die gewünschten Verbindungen direct hergestellt werden. Bei grösserer Capacität der Centrale wird über drei Felder hinaus unbedingt die Manipulation dadurch erschwert, dass zur Herstellung einer Verbindung die Thätigkeit zweier Telephonistinnen in Anspruch genommen werden muss, ohne dass von einer eigentlichen Arbeitstheilung die Rede sein kann. In solchen Fällen wird zweifellos eine Mehrbelastung des Personales, eine Verzögerung in der Bedienung herbeigeführt und Anlass zu fehlerhaften Verbindungen geboten.

Diesen Uebelständen selbst in grossen Centralen gründlich abzuhelfen, gelang erst durch die Einführung des Vielfachbetriebes.

Wie bekannt, wird durch die Multipelschaltung die Möglichkeit geboten, von jedem Arbeitsplatze aus die gewünschten Verbindungen mit sämmtlichen an demselben Umschalter angeschlossenen Theilnehmern bewirken zu können, was natürlich zur Voraussetzung hat, dass weiters von jedem Arbeitsplatze aus in durchaus zuverlässiger Weise erkannt, "geprüft", werden kann, ob die verlangte Theilnehmerleitung frei oder etwa schon auf einem anderen Arbeitsplatze verbunden ist.

Die Momente, auf welche wegen ihrer Wichtigkeit für die Kosten und den Betrieb der Anlage hauptsächlich bei der Construction von Vielfachumschaltern Bedacht zu nehmen ist, betreffen

1. Die Bauart der Umschalter.
2. die Schaltung der Anschlussleitungen.
3. die Prüfungseinrichtungen.
4. die Liniensignale.
5. die Schaltvorrichtungen (Connectoren).
6. die Sprechgarnituren.

Die Bauart der modernen Vielfachumschalter ist in erster Linie von der Lage der Klinkentafel abhängig und unterscheidet man in dieser Hinsicht Umschaltschränke und Umschalttische, je nachdem die Klinkentafel vertical oder horizontal angeordnet ist.

Bis vor wenigen Jahren wurden die Umschalter fast ausschliesslich in Schrankform gebaut; auf der Tischplatte waren die Taster, Kipphebel und Stöpsel, auf der verticalen Wand die Klappen und Klinken untergebracht. Wohl hat Law bei seinem bekannten Umschaltsysteme mit getrennten Sprech- und Rufleitungen eine tischartige Form des Umschalters gewählt. In Europa kam jedoch die horizontale Klinkentafel zum ersten Male erst vor circa 6 Jahren in England zur Anwendung, wo die Western Electric Cie. mehrere Centralen mit Horizontalumschaltern eingerichtet hat.

Bei diesen Tischen befinden sich die Klappen und die Verbindungsstöpsel oberhalb der Mitte der Tafel, während die corresponirenden Localstöpsel, die Taster, Umschalter und Klinken auf der Tischplatte selbst untergebracht sind. Diese Anordnung bewährte sich in keiner Weise. Abgesehen davon, dass die ungünstige Lage der Klappen und der Verbindungsstöpsel die Manipulation ausserordentlich erschwert, ist die Instandhaltung und die Beseitigung eingetretener Störungen bei dem Umstande, als der Hohlraum unter dem Tische mit Kabeln angefüllt und daher nicht mehr zugänglich ist, sehr schwierig.

Als ein wesentlicher Fortschritt im Bau der Horizontalumschalter muss die Idee bezeichnet werden, die Tische mit direct auf den Fussboden, sondern auf ein 80—100 *cm* hohes Podium zu stellen und die Kabel unter der Klinkentafel so anzuordnen, dass sowohl diese als auch die Klinken von unten zugänglich bleiben.

Erst von dem Momente an, als die Deutsche Reichspostverwaltung solche Tische in Berliner Centralen in Betrieb setzte, kam die Frage, ob Horizontal- oder Verticalumschalter vorzuziehen seien, in Fluss. Seitdem beschäftigt das Thema die Fachkreise unaufhörlich; trotzdem die Vor- und Nachtheile beider Anordnungen in den Fachzeitschriften in eingehendster Weise erörtert wurden, ist es bisher nicht gelungen, eine Einigung in dieser Frage zu erzielen.

Dass durch die horizontale Lage der Klinkentafel die Anlagekosten und der Raumbedarf für einen Vielfachumschalter wesentlich herabgemindert werden, lässt sich ziffernmässig nachweisen und wird auch von den Gegnern der Horizontalumschalter, wenigstens zum Theile, zugestanden.

Den kostbarsten Bestandtheil jedes Vielfachumschalters bildet die Klinkentafel. Weil nun diese bei horizontaler Anordnung gleichzeitig von zwei Seiten ausgenützt werden kann, ist bei gleicher Capacität nur die Hälfte der Klinkentafeln eines Verticalumschalters erforderlich, wodurch die Anschaffungskosten für den ganzen Umschalter um mindestens ein Drittel herabgemindert werden. Ungefähr im selben Verhältnis ist auch für die Unterbringung des Vielfachumschalters weniger Raum erforderlich. Von den Gegnern der Horizontalumschalter wird nun behauptet, dass diesen möglichen Ersparnissen an Capital und Raum eine bedeutende Steigerung der Betriebsauslagen infolge der bei Horizontalumschaltern erschwerten Manipulation gegenüberstehe.

Dass die Zahl der von einem bestimmten Standorte bequem erreichbaren Klinken bei der horizontalen Tafel kleiner ist als bei der verticalen und dass bei letzterer Anordnung das Gesichtsfeld symmetrisch und leichter zu überblicken ist, kann aus geometrischen Gründen nicht bestritten werden; es fragt sich jedoch, ob diese Umstände thatsächlich eine Vermehrung des Personales und damit erhöhte Betriebsauslagen zur Folge haben oder nicht. In dieser Hinsicht muss ein wichtiges Moment in's Auge gefasst werden, welches in allen bisherigen Erörterungen der vorliegenden Frage unberücksichtigt geblieben ist, nämlich das Moment der geistigen Thätigkeit der Telephonistin. Weil angeblich die Herstellung der Verbindungen bei verticaler Tafel mechanisch leichter zu bewirken ist, soll diese Anordnung eben eine sehr weitgehende Steigerung der einem Arbeitsplatze zuzuweisenden Anschlüsse gestatten. Das Bestreben, hiedurch nicht nur die Anlagekosten, sondern auch die Betriebsauslagen bei Verticalumschaltern herabzumindern, hat schliesslich dahin geführt, dass z. B. in Christiania einer Telephonistin nicht weniger als 140 Abonnenten zugewiesen sind, was geradezu als Argument für die Leistungsfähigkeit des Personales bei verticaler Klinkentafel ausgebeutet wurde. Die Telephonistinnen müssen jedoch in diesem Falle während der verkehrsreichsten Stunden gleichzeitig mit beiden Händen manipuliren und sind nach zwei bis drei Stunden so erschöpft, dass sie vom Dienste abgelöst werden müssen. Mit der Steigerung der einem Arbeitsplatz zugewiesenen Abonnentenzahl tritt stets eine vorschnelle Ermüdung des Manipulationspersonales, und zwar nicht infolge der mechanischen Thätigkeit bei Herstellung der Verbindungen, sondern vielmehr infolge der geistigen Abspannung ein. Was ein Mensch bei rein körperlicher Beanspruchung leisten kann, ist in den verschiedenen Fabriksbetrieben zu ersehen; damit darf jedoch nicht die Thätigkeit einer Telephonistin verglichen werden.

Die Telephonistin muss unausgesetzt auf mehrziffrige, von verschiedenen, häufig undeutlichen Stimmen gegebenen Zahlen horchen, diese Zahlen wiederholen und fast gleichzeitig die gewünschten Verbindungen bewirken. Gegen diese geistig abspannende Thätigkeit kommt die mechanische Arbeit des Stöpselns gar nicht in Betracht. Selbst bei einer mittleren Verkehrsintensität werden in den Geschäftsstunden durchschnittlich mindestens drei Gespräche pro Abonnent auf die Stunde entfallen. Hat nun eine Telephonistin 140 Abonnenten zu bedienen, so hat sie 420 Gespräche pro Stunde, somach alle 8—9 Secunden ein Gespräch zu vermitteln, ein Zeitraum, welcher kaum hinreicht, um mehrziffrige Zahlen zweimal auszusprechen. Ob dann die Manipulation mehr oder weniger bequem ist, ist unter solchen Umständen ganz gleichgiltig, da die geistige Ermüdung in wenigen Stunden unbedingt eintritt.

Im Interesse des Personales sollte daher die Zahl der Anschlüsse pro Arbeitsplatz nie grösser gewählt werden, als dass auch bei stärkstem Andrange nach Herstellung einiger Verbindungen kurze Ruhepausen eintreten. Erfahrungsgemäss ist in grossen Netzen ein solcher Verkehr nur zu gewärtigen, wenn die Zahl der Anschlüsse pro Arbeitsplatz 70—80 nicht überschreitet. Bei dieser Vertheilung kann die Telephonistin unter allen Umständen, ob die Klinkentafel horizontal oder vertical angeordnet ist, mit Ruhe ihrem Dienste obliegen, sie kann aber auch dabei ohne Gefahr einer Uebermüdung einzelne Verbindungen in etwas un-

bequemer Weise ausführen. Wenn die zum Stöpseln der Klinken erforderlichen Körperbewegungen in ruhiger Weise vollführt werden können, wird im Gegentheile eine derartige Thätigkeit, bei welcher abwechselnd verschiedene Muskeln beansprucht werden, weniger ermüden als jede nur sitzend ausgeübte Beschäftigung.

Erscheint somach eine Vermehrung der einem Arbeitsplatze zuzuweisenden Abonnenten auch bei der grössten Vereinfachung der mechanischen Thätigkeit schon mit Rücksicht auf die geistige Beanspruchung des Personales unzulässig, so kommt der Vortheil des Horizontalumschalter, weniger Beschäftigungskosten und Raum zu beanspruchen, zur vollen Geltung und fällt bei dem gegenwärtigen Standpunkte der Fernsprechtechnik umsomehr in die Wagschale, als das nach heutigen Begriffen modernste System voraussichtlich in 10—15 Jahren veraltet sein wird, daher das für einen Umschalter aufzuwendende Capital in diesem verhältnismässig kurzen Zeitraume amortisirt sein soll.

Was die Instandhaltung betrifft, ist es wohl richtig, dass die Multipelklinken der Horizontalumschalter einer grösseren Abnützung unterliegen, weil sie von zwei Seiten benützt werden; es ist aber dieser Umstand schon deshalb nebensächlicher Natur, weil, wie gesagt, die Lebensdauer der Umschalter heutzutage weniger von der grösseren oder geringeren Abnützung der einzelnen Bestandtheile, als vielmehr von der Lebensfähigkeit des Systemes überhaupt abhängt. Wenn die Klinken aus gutem Materiale hergestellt sind, werden sie gewiss nicht früher den Dienst versagen, als der ganze Umschalter aus anderen Gründen ausgewechselt werden muss. Die Zahl der Klinkenstörungen wird beim Horizontalumschalter stets kleiner sein, weil die Zahl der Fehlerquellen bedeutend herabgemindert ist. Die Störungen infolge von Staubablagerungen lassen sich durch entsprechende Construction der Klinkenfedern fast gänzlich vermeiden. Ein entschiedener Vortheil des Horizontalumschalters ist endlich darin gelegen, dass die Telephonistinnen bei dieser Anordnung mehr Licht, Luft und Bewegungsfreiheit besitzen, wogegen das stundenlange Sitzen vor einer verticalen Tafel fast hypnotisirend wirkt.

Die Bauart des Verticalumschalters hat in den letzten Jahren wenig Wandlungen erfahren. Die automatischen Klappen werden stets zu oberst angebracht, um mehr Raum zur Unterbringung der Klinken im Armbereiche der Telephonistin zu gewinnen. Von den bis vor Kurzem fast allgemein gebräuchlichen Bandkabeln, welche rückwärts auf wagbalkenartig befestigten Eisengestellen gelagert waren, ist man neuerdings zu Kabeln mit ovalen Querschnitt übergegangen.

Bezüglich der Bauart der Horizontalumschalter sind die Bestrebungen der Constructeure darauf gerichtet, den Liniensignalen die günstigste Lage zu geben, die Breite des Tisches möglichst herabzumindern und die Zugänglichkeit der einzelnen Bestandtheile zu erhöhen. Werden die Klappen seitwärts an den Längsseiten der Tische untergebracht, wie dies bei den Stock'schen Umschaltern (s. Amsterdamer Centrale Fig. 3) der Fall ist, so wird der Tisch unverhältnismässig breit und die Manipulation überdies dadurch erschwert, dass die Telephonistinnen sich behufs Beobachtung der Liniensignale zurücklehnen müssen. Die Klappen mitten über der Klinkentafel in einem separaten balkenartigen Schrank zu vereinigen, wie dies bei den in England zur Verwendung gelangten Horizontalumschaltern der Fall war, ergibt ein sehr ungünstiges, ermüdend wirkendes Höhenverhältnis zwischen den Augen der Telephonistin und den Klappen. Als Fortschritt in dieser Hinsicht muss der Umschalter der Firma Siemens & Halske, welcher in einer hiesigen Centrale mehrere Monate mit Erfolg im Betriebe stand, (s. Fig. 18) bezeichnet werden, bei welchem die Klappen vis-à-vis dem betreffenden Arbeitsplatze in eigenen Gestellen untergebracht sind, weil dadurch die Klappen in bequemste Sehhöhe gebracht und ausserdem für den Mechaniker leicht zugänglich gemacht werden. Freilich dürfen bei diesen Tischen nur Mädchen mit normaler Sehkraft den Dienst versehen.

Um den Hohlraum unter dem Tische leicht zugänglich zu machen, hat Stock seinen Umschalter auf ein ziemlich hohes Podium gestellt und die Kabel unter den Klinken aufgehängt. Die Firma Siemens & Halske ist bei dem bereits erwähnten Umschalter

Fig. 18.

in dieser Hinsicht noch weiter gegangen, indem die Kabel innerhalb des Tisches längs der Seitenwände vereinigt und nur die einzelnen Kabeladern innerhalb der Klinkentafel den Löthstellen zugeführt wurden, wodurch nahezu der ganze Hohlraum des Tisches für den Verkehr des Mechanikers freiblieb.

Allen diesen, dem Horizontalumschalter eigenthümlichen Schwierigkeiten in der Bauart, wird am vollkommensten abgeholfen, wenn Glühlämpchen als Liniensignale dienen und die dazu gehörigen Relais ausserhalb in einem besonderen Raume untergebracht werden. Die Lämpchen lassen sich auf der Tischplatte selbst unmittelbar neben den Localklinken anordnen, ohne dass die Breite des Tisches merklich vergrössert wird.

Bezüglich der Schaltung der Anschlussleitungen unterscheidet man Vielfachumschalter mit

a) mit hintereinander und
b) mit parallel geschalteten Multipelklinken.

Beispiele für beide Schaltungen bieten die in den Fig. 19, 20 und 21 dargestellten Schemata, und zwar finden sich in Serie geschaltete Klinken in dem von Stock & Co. in Berlin für die Centrale Wien, Koliugasse, gelieferten Umschalter (Fig. 19) und in dem von Siemens eingerichteten Probetisch (Fig. 21), parallel geschaltete werden dagegen bei allen nach dem System der Western Electric Cie. eingerichteten Umschaltern angewendet, und zeigt speciell Fig. 20 das Schaltungsschema des in der Centrale in Wien, Friedrichstrasse, in Betriebe stehenden Umschalters.[*]

Bei Serienschaltung passirt die Sprechleitung ebenso viele Contacte, als der Umschalter Klinkentafeln enthält, wogegen bei der jetzt vorzugsweise verwendeten Parallelschaltung die Continuität der Sprechleitung unter allen Umständen gesichert bleibt. Wenn bei Hintereinanderschaltung der Klinken auch nur bei einer Klinke ein mangelhafter Contact sich ergibt, so wird dadurch die ganze Leitung betriebsunfähig, wogegen bei parallelgeschalteten Klinken im Falle eines Klinkenfehlers die Leitung nur von einer Tafel aus nicht benützt werden kann, im Uebrigen aber betriebs- und verbindungsfähig bleibt.

Ein weiterer Vortheil der Parallelschaltung liegt darin, dass die Rückleitungen zu den Localklinken entfallen, wodurch nicht allein sich ein geringerer Kabelbedarf ergibt, sondern auch die die Lautübertragung bekanntlich sehr schädigende Ladungscapacität bedeutend herabgemindert wird. Die verschiedene Schaltung der Multipelklinken bedingt auch eine bestimmte Schaltung der Liniensignale und der Localklinken.

Bei Parallelschaltung ist es ganz gleichgiltig, wo die Brücken für die Signalvorrichtung und die Localklinke an die Hauptleitung angeschlossen werden. Bei Serienschaltung muss dagegen jede Anschlussleitung zuerst sämmtliche Multipelklinken, sodann die Localklinke und endlich zum Schlusse die Signalvorrichtung durchlaufen.

Alle diese Umstände haben zur weitesten Ver-

---

[*] Bei Zusammenstellung der Schemata (Fig. 18, 20 und 21) wurde absichtlich von der bisher üblichen Darstellungsweise abgegangen und im Interesse der Verständlichkeit eine übersichtlichere Linienführung zu erzielen getrachtet. Zu diesem Behufe wurden die einzelnen Stromkreise ohne Rücksicht darauf, dass in Wirklichkeit gemeinsame Batterien und vielcontactige Tasten verwendet werden, von einander getrennt, wodurch alle weitläufigen Verbindungslinien, welche das Studium complicirterer Schaltungen so ausserordentlich erschweren, entfallen. Um aber doch auch thunlichst die thatsächliche Anordnung erkennen zu können, sind jene Batterien, welche gemeinsam verwendet werden und jene Tasten, deren Bethätigung factisch gleichzeitig mit einem Handgriff erfolgt, mit gleichen Buchstaben bezeichnet. So z. B. ist beim Schema der Western Eletric Cie. zu beachten, dass nur eine gemeinsame Prüf- und Anfrufbatterie B_1 vorhanden ist, dass ein Sprechtaster gleichzeitig die Functionen der drei getrennt gezeichneten Taster ST_1 vollführt und jeder der Ruftaster gleichzeitig die bei RT_1 bezw. RT_2 schematisch angedeuteten Contacte schliesst und öffnet.

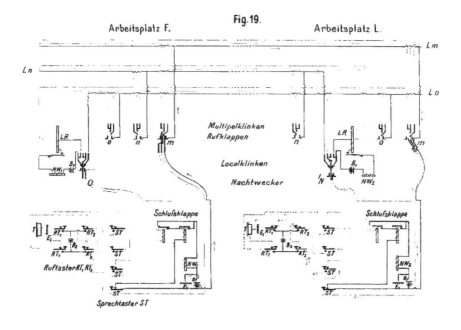

Fig. 19.

Arbeitsplatz F.   Arbeitsplatz L.

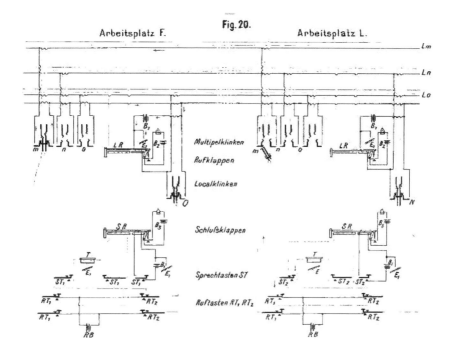

Fig. 20.

Arbeitsplatz F.   Arbeitsplatz L.

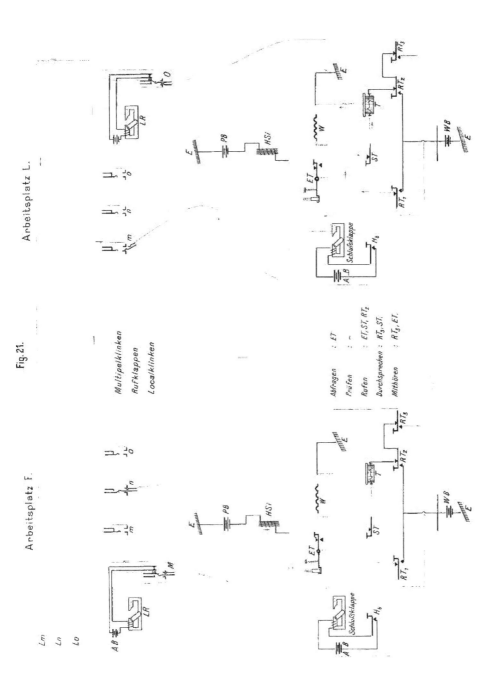

Arbeitsplatz L.

Fig. 21.

Arbeitsplatz F.

Multipelklinken
Rufklappen
Localklinken

Abfragen   : ET
Prüfen   : -
Rufen   : ET, ST, RT₂
Durchsprechen : RT₃, ST.
Mithören   : RT₃, ET.

569

breitung der Parallelschaltung geführt, wiewohl nicht gelengnet werden kann. dass die Untersuchung der Leitungen und die Ermittlung von Störungen hier schwieriger zu bewerkstelligen ist als bei Serienschaltung. Wie erwähnt, bleiben bei parallelgeschalteten Multipelklinken die Anrufklappen in Brücke geschaltet, aus welchem Grunde sie mit grossem Widerstande und hoher Selbstinduction ausgestattet werden. Um zu vermeiden, dass bei hergestellter Verbindung zwischen zwei Abonnenten drei und falls die Verbindung zwischen zwei Centralen stattfindet, sogar fünf solche Brücken bestehen, wird in letzter Zeit häufig an den Anrufklappen eine eigene, durch Localstrom zu bethätigende Unterbrechungsvorrichtung angebracht. Bei in Serie geschalteten Multipelklinken sind zumeist die Anrufklappen so geschaltet, dass sie beim Stöpseln der Klinke vom Sprechstromkreise abgeschaltet werden.

Werden die Anschlussleitungen statt in die Localklinken, wie bei den in nebenstehenden Figuren dargestellten „Doppelschnursystemen", durch entsprechend construirte Taster in Stöpselschnüre geführt, so nennt man dies die Schaltung nach dem „Einzelschnursystem". Bei diesem endigen daher alle Leitungen in Stöpsel, während beim Doppelschnursystem pro Arbeitsplatz höchstens 15—20 Stöpselpaare, welche in der Ruhelage von den Aussenleitungen vollständig abgetrennt sind, angeordnet werden. Die Manipulation beim Einzelschnur-Umschalter ist unbedingt einfacher, weil, abgesehen von den Manipulationen mit den Sprech- und Ruftasten, jede Verbindung bewirkt ist, sobald der Stöpsel der einen Leitung in die Klinke der anderen Leitung eingeführt wird. Dagegen ist dieses System ungleich complicirter und kostspieliger, weshalb es auch nur mehr in Ausnahmsfällen Anwendung findet. Die einzige grosse Centrale in Europa, wo ein modern gebauter Einzelschnur-Umschalter für 10.200 Anschlüsse im Maximum in Betriebe steht, ist Kopenhagen. (Fig. 2.) Dieser Umschalter, der gegenwärtig mit circa 7000 Leitungen besetzt ist, wurde im Jahre 1895 nach den Zeichnungen des Chef-Ingenieurs der Kopenhagener Centrale, V. Jensen, von Ericsson u. Cie. in Stockholm aufgestellt. So interessant die Schaltung in vielen Beziehungen ist, kann hier nicht weiter darauf eingegangen werden, weil, wie gesagt, dieses System schon aus ökonomischen Gründen weitere Verbreitung kaum mehr finden dürfte.

Die Construction der Klinken hat im Laufe der Zeit mannigfache Wandlungen erfahren. Ursprünglich bestand jede Klinke für sich aus einem Messingstücke, an welches, entsprechend isolirt, die nöthigen Contactfedern befestigt wurden. Die Klinken wurden einfach der Reihe nach in Oeffnungen der hölzernen Klinkentafel eingelassen. Bei den modernen Umschaltern ist die einzelne Klinke als solche gar nicht mehr zu erkennen. Die sogenannten Klinkenstreifen, zu je 20 Klinken, aus welchen das Klinkenfeld zusammengesetzt ist, bestehen jetzt zumeist aus Ebonitplatten, in welche messingene Büchsen eingelassen sind und welche in geeigneter Weise mit der Grundplatte in Verbindung gesetzt, die durch Ebonitplättchen von einander getrennten Federn sich befinden.

Eine neuartige Construction von Multipelklinken, welche, wenn sie sich in der Praxis dauernd bewährt, für die Instandhaltung, namentlich bei Horizontal-Umschaltern, immerhin von Bedeutung werden kann, rührt von der Firma Siemens & Halske her. Um nämlich im Falle einer Klinkenstörung die Reparatur

bequem ohne Störung des Betriebes hinter der Klinkentafel bei Verticalschränken oder unter derselben bei Horizontal-Umschaltern vornehmen zu können, sind die den Klinkenstreifen bildenden Klinken so aneinandergereiht, dass jede einzelne derselben mittelst eines geeigneten Schlüssels nach rückwärts herausgestossen werden kann. Zu diesem Behufe werden die Klinken zu Klinkenstreifen (Fig. 22), so zusammen-

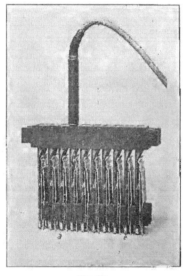

Fig. 22.

gesetzt, dass die Rundung des Rohres der einen Klinke sich in das entsprechende ausgehöhlte Isolirstück der andern setzt. Aus der Messingbüchse ist durch zwei parallele Einschnitte eine Feder gebildet, welche an ihrem äussersten Ende umgebogen ist. Diese Biegung passt in eine kleine Ausschrägung in der Oberfläche des Klinkenstreifens. Beim Einführen des Stöpsels füllt dieser naturgemäss das Loch aus, die Feder der Büchse kann nicht ausweichen und so wird die Klinke trotz des bei weiterer Einführung auftretenden Druckes nicht nach hinten gestossen. Dagegen ist es leicht möglich, behufs Reparatur einzelne Klinken nach unten mittelst des erwähnten Klinkenschlüssels durchzudrücken.

Diese Anordnung bietet den grossen Vortheil, dass man einzelne Klinken herausnehmen kann, im Gegensatz zu der allgemein üblichen Anordnung, wo man ganze Streifen von 20 Stück wegen der Reparatur einer einzelnen Klinke loslösen muss, was leicht Betriebsstörungen verursacht.

(Fortsetzung folgt.)

Neue Schaltung für Glockensignal-Apparate mit Inductionsstrom-Betrieb.

Im Anschluss an den Artikel: „Die Fernsprech- und Glockensignal-Einrichtungen auf den Strecken der k. k. österr. Staats-

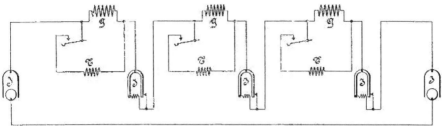

Fig. 1.

bahnen" dieser Zeitschrift Nr. 36. S. 421 vom 4. September d. J. soll im Nachstehenden eine für obige Einrichtung hergestellte neue Schaltung beschrieben werden, welche sich durch besondere Einfachheit auszeichnet.

Diese Schaltung hat den Vorzug, dass die Abgabe von Glockensignalen jederzeit, also auch dann für sämmtliche Wächterposten der betreffenden Strecke anstandslos erfolgen kann, wenn während derselben in den Wächterhäusern die Telephone behufs Abwickelung eines Gespräches in die Leitung eingeschaltet sind.

Vorstehende Skizze stellt diese Schaltung dar, wobei G die Glockensignal-Apparate mit je 20 Ω, T die Telephone sammt Nebenapparaten mit 600 Ω und J die Inductoren bezeichnet.

Die Telephone, sowie die Inductoren der Wächterhäuser befinden sich in der Ruhelage und sind daher ausgeschaltet. Ein von beiden Stationen entsendeter Signalstrom findet infolge dessen seinen Weg nur durch die Multiplicationen der Glockensignal-Apparate und löst dieselben aus.

Sind nun während dieser Signalabgabe Telephone von den Haken abgenommen, d. h. eingeschaltet, so theilt sich der Signalstrom zwischen G und T infolge ihrer Parallelschaltung im Verhältnis von 1 : 30 und bewirkt daher die Auslösung der ersteren in absolut verlässlicher Weise.

Die Lautwirkung der Telephone wird bei dieser Parallelschaltung im Vergleiche zur früheren Serienschaltung in keiner Weise beeinträchtigt.

Die Schaltung der Apparate in den Stationen ist die gleiche wie oben und nur dadurch erweitert, dass der ganze Telephonsatz mittelst Linienwähler nach Bedarf für beide Seiten benützt werden kann.　　　　　$r.$

KLEINE MITTHEILUNGEN.

Ausgeführte und projectirte Anlagen.

Oesterreich-Ungarn.

a) Oesterreich.

Laibach. (Elektrische Bahn von Laibach nach Gross-Kahlenberg.) Das k. k. Eisenbahnministerium hat dem Bürgermeister Ivan Hribar in Laibach im Vereine mit der Bau-Unternehmung Ritschl & Comp. in Wien die Bewilligung zur Vornahme technischer Vorarbeiten für eine mit elektrischer Kraft zu betreibende Bahn niederer Ordnung von Laibach über St. Veit, Wischmarje und Tazen nach Gross-Kahlenberg im Sinne der bestehenden Normen ertheilt.

Meran. (Elektrische Kleinbahn Meran—Lana.) Das k. k. Eisenbahnministerium hat unterm 28. October die k. k. Statthalterei in Innsbruck beauftragt, hinsichtlich des vom Dr. Roman Weinberger, Bürgermeister in Meran, Namens eines Actionscomités vorgelegten generellen Projectes für eine mit 1·0 m Spurweite auszuführende elektrisch zu betreibende Kleinbahn mit theilweiser Strassenbenützung von Meran über Untermais nach Lana im Sinne der bestehenden Vorschriften die Tracenrevision einzuleiten und im Anschlusse an die angeordnete Amtshandlung rücksichtlich des von der Firma Siemens & Halske überreichten Vorprojectes für die Kleinbahn Untermais—Meran durchzuführen.

Stübing. (Elektrische Kleinbahn Stübing—Uebelbach.) Das k. k. Eisenbahn-Ministerium hat unterm 3. October die k. k. Statthalterei in Graz beauftragt, hinsichtlich des von Emanuel Rindl in Wien vorgelegten generellen Projectes einer normalspurige elektrisch zu betreibende Kleinbahn von der Station Stübing der Südbahn-Gesellschaft nach Uebelbach im Sinne der bestehenden Vorschriften die Tracenrevision in Verbindung mit der Stationscommission einzuleiten.

Triest. (Umwandlung des bestehenden Tramwaynetzes in eine elektrische Kleinbahn.) Das k. k. Eisenbahnministerium hat unterm 12. October die k. k. Statthalterei in Triest beauftragt, über das von der Verwaltungsrathe der Società Triestina Tramway vorgelegten Detailprojectes für die Umwandlung des bestehenden Tramwaynetzes in Triest in eine elektrische Kleinbahn die Tracenrevision und die anstandslose Ergebnisse dieser Tracenrevision anschliessend an dieselbe die politische Begehung vorzunehmen. (Vergl. auch "Z. f. E." H. 45, S. 538, 1898.)

b) Ungarn.

Debreczin. (Concessionsverhandlung der Debreczin—Grosswardeiner elektrischen Vicinalbahn.) Ueber die Concessionsverhandlung der projectirten elektrischen Vicinalbahn nach Grosswardein entnehmen wir aus der "Ungarischen Eisenbahn-Zeitung" folgende interessante Daten: Die Commission, welche die Bedingungen des Baues, der Betriebsausrüstung der Concession überhaupt zu verhandeln hatte, tagte am 28. October d. J. im königl. ungar. Handelsministerium. Die in Rede stehende Vicinalbahn wird vom in der St. Annagasse der königl. Freistadt Debreczin gelegenen Endpunkte über die Debrecziner grossen Wald, dann bei der Ortschaft Mikepércs vorüber, und geht, bei Hossza-Pályi die Debreczin—Derecske—Nagyletaer Vicinalbahn kreuzend, nach Szalmástanya, Sóstófürdő (Salzbad), Pocsaj-Eszlár, Kis-Marja, Nagy-Kereki, Nagy-Szántó és Kis-Szántó, dann kreuzt dieselbe zwischen Bihar und Püspöki die Bihаrer Vicinalbahnen und endet, die Hauptgasse der königl. Freistadt Grosswardein entlang gehend, am St. Ladislausplatze, bezw. vorläufig bei der provisorischen Endumsweiche in der Nonnengasse dieser Stadt. Diese elektrische Vicinalbahn wird mit der Debrecziner und der Grosswardeiner Station der königl. ungar. Staatsbahnen mittelst Zweiglinien verbunden werden, ist rund 67 km lang, wird mit Normalspurweite und Oberleitung gebaut; die grösste Steigung, bezw. das grösste Gefälle ist mit 100‰, die kleinste Krümmung auf der offenen Strecke mit 250 m, in den Städten, bezw. Ortschaften mit 50 m bestimmt. Die für die ganze Bahn nothwendige elektrische Kraft liefert die bei Pocsaj-Eszlár projectirte Centralanlage; ausserdem werden bei den Stationen Hossza-Pályi und Nagy-Szántó Generator-Anlagen errichtet, welche die aus der Centralanlage geleiteten elektrischen Ströme transformiren werden. Die grösste Spannung auf der Centralanlage darf 7600 V (auf der Schalttafel der Generatoren gemessen) nicht übersehreiten. Die Züge verkehren ausser den Ortschaften mit einer Maximalgeschwindigkeit von 60 km, die Maximalgeschwindigkeit für die inneren Linien wird bei der sicherheitspolizeilichen Begehung bestimmt werden. Demgemäss muss der

Oberbau genügend stark ausgeführt werden. Das zum Baue und der Ausrüstung der Bahn erforderliche Capital wurde mit 4.215.000 fl. per Kilometer mit 62.817 fl.) berechnet, wovon 355.700 fl. für den Fahrpark. 24.800 fl. für die Anschlussstationen, endlich 50.000 fl. für den Reservefond zu verwenden sind. Die verhältnismässig hohen Baukosten motivirt der projectirte elektrische Betrieb, welcher allein 1.800.000 fl. Investition erheischt, dann die grosse Geschwindigkeit, die zu errichtenden 14 Stationen und 30 Wächterhäuser, die Objecte in dem Inundationsterrain des Körös und Berettyó-Flusses u. s. w.

Die Bahn ist binnen zwei Jahren, bezw. im Bereiche der Städte und Ortschaften binnen einem Jahre auszubauen und in Betrieb zu setzen. Die neue Bahn ist dazu berufen, den Verkehr der beiden Städte Debreczin und Grosswardein noch lebhafter zu gestalten, indem dieselbe die jetzigen Verbindungen über Püspök-Ladány und Ermihály-Falva bedeutend abkürzt. Eine grössere Frequenz des Frachtentransportes wird nicht erwartet, was wohl auch schon der elektrische Betrieb voraussetzen lässt, vielmehr wird eine schnellere Beförderung von Personen, Gepäck, Stückgüter und Consumartikel in's Auge gefasst. Es steht ausser Zweifel — bemerkt unsere Quelle — dass das Project vom finanziellen Standpunkte aus keineswegs eine leichte Aufgabe bedeutet. M.

Deutschland.

Nürnberg. Der Magistrat von Nürnberg hat, wie man dem „Berl. Börs.-C." von dort schreibt, beschlossen, auf ein von der E.-Act.-Ges. vorm. Schuckert & Co. und der Continentalen Gesellschaft für elektrische Unternehmungen gemeinsam vorgelegtes Anerbieten einzugehen, wonach diese Gesellschaften sich anheischig machen, bis zum 31. December 1899 drei neue Strassenbahnlinien in Nürnberg betriebsfähig herzustellen. Sobald diese Linien einen Reingewinn von 5% abwerfen, wollen die beiden Gesellschaften drei weitere Linien in drei Jahren bauen. Die Concessionsdauer erstreckt sich ebenso weit wie für die Linien der Nürnberg-Fürther Strassenbahngesellschaft, nämlich bis 1926, unter Beibehaltung des oberirdischen Leitungssystems und bis 1931 bei Einführung eines anderen Systems. Die Stadt wahrt sich jedoch die Möglichkeit, die Linien auch schon vor Ablauf der Concessionsdauer zu übernehmen.

Geschäftliche und finanzielle Nachrichten.

Fusion deutscher Elektricitäts-Gesellschaften. Bevor noch die Actionäre der Actien-Gesellschaft Ludw. Loewe & Co. und der Union-Elektricitäts-Gesellschaft in die Lage gekommen sind, in den einberufenen Generalversammlungen über die von uns im H. 44, S. 528, gemeldeten Anträge der beiden Verwaltungen Beschluss zu fassen, hat sich Gelegenheit geboten, zwischen massgebenden Persönlichkeiten der Elektricitäts-Actien-Gesellschaft, vorm. Schuckert & Co. in Nürnberg und der Continentalen Gesellschaft für elektrische Unternehmungen, sowie der Actien-Gesellschaft Ludw. Loewe & Co. und der Gesellschaft für elektrische Unternehmungen, Berlin, die Frage zu erwägen, ob nicht zum Nutzen dieser grossen Unternehmungen eine Vereinigung herbeizuführen, bezw. eine Interessengemeinschaft herzustellen sein sollte. Nach mehrtägigen Verhandlungen ist die Basis für eine solche Vereinigung gefunden und seitens der Aufsichtsräthe in der Betracht kommenden Gesellschaften in den am 5. d. M. gleichzeitig in Berlin und Nürnberg stattgehabten Sitzungen genehmigt worden und sollen den resp. Generalversammlungen die nachstehenden Vorschläge unterbreitet werden: Die Actien-Gesellschaft Ludw. Loewe & Co. erhöht ihr derzeitiges Actiencapital von 7½ Millionen Mark nominal auf 40 Millionen Mark nominal durch Ausgabe von 32½ Millionen Mark nominal neuer Actien mit Dividendenberechtigung ab 1. Jänner 1899. Den Actionären der Elektricitäts-Actien-Gesellschaft, vorm. Schuckert & Co., die als solche bestehen bleibt, wird angeboten werden, ihre Actien in solche der Actien-Gesellschaft Ludw. Loewe & Co. im Verhältnis von 2:1 umzutauschen, dergestalt, dass die Actien-Gesellschaft Ludw. Loewe & Co. bei allseitigem Umtausch die in Umlauf befindlichen 28 Millionen Mark nominale Actien der Elektricitäts-Actien-Gesellschaft, vorm. Schuckert & Co., mit dem ab 1. April 1898 laufenden Dividendenschein gegen Hingabe von 14 Millionen Mark nominale eigener neuer Actien mit Dividendenberechtigung ab 1. Jänner 1899 und einer baaren Zuzahlung von 100 Mark für jede Schuckert-Actie als Entgelt für die neun Monats-Dividende der Schuckert-Actien erwirbt. Den Inhabern dieser im Tausch hingegebenen 14 Millionen Mark nominal neuer und den Inhabern der im Umlaufe befindlichen 7½ Millionen Mark alter

Loewe-Actien wird der Bezug von 10½ Millionen Mark nominale neuer Loewe-Actien zum Paricourse offerirt werden, so dass auf je zwei Loewe-Actien eine neue bezogen werde. Die dann noch erübrigenden 7½ Millionen Mark nominale neuer Loewe-Actien werden von den Bankengruppen der beiden Gesellschaften zu einem noch zu vereinbarenden Course übernommen. Die mit der Elektricitäts-Actien-Gesellschaft, vorm. Schuckert & Co., verbundene Continentale Gesellschaft für elektrische Unternehmungen in Nürnberg wird mit Wirkung vom 1. Jänner 1899 der Gesellschaft für elektrische Unternehmungen in Berlin fusionirt durch Uebertragung ihres gesammten Eigenthumes auf die Gesellschaft für elektrische Unternehmungen in Berlin, welche zu diesem Zwecke ihr Capital auf 50 Millionen Mark erhöht, durch Ausgabe von nominal 20 Millionen Mark vom 1. Jänner 1899 an dividendenberechtigter Actien. Die Actionäre der Continentalen Gesellschaft für elektrische Unternehmungen erhalten für je vier vollgezahlte Actien drei junge Actien der Gesellschaft für Elektrische Unternehmungen, und je vier nur mit 50% eingezahlte Actien je eine Actie der Gesellschaft für Elektrische Unternehmungen. Das der Continentalen Gesellschaft für Elektrische Unternehmungen nahestehende Bankconsortium verpflichtet sich, hiebei allen Actionären der Continentalen Gesellschaft für elektrische Unternehmungen bei dem Umtausche ihrer Actien gegen Actien der Gesellschaft für Elektrische Unternehmungen im gleichen Verhältnis eine Baarvergütung zu bezahlen von 50 Mk. für jede zum Umtausche kommende vollgezahlte Actie der Continentalen Gesellschaft für elektrische Unternehmungen und ausserdem für entgehende Dividende den weiteren Betrag von 50 Mk. für jede zum Umtausche kommende volleingezahlte Actie. Die Gesellschaft für Elektrische Unternehmungen vergütet diesem Consortium ihrerseits die entsprechenden Beträge für entgehende Dividende. Dies ist in grossen Umrissen das Bild, in welchem sich diese bedeutungsvolle, aus dem Drange nach Vereinigung der Interessen hervorgehende Fusion zweier der grössten Unternehmungen auf elektrischem Gebiete vollziehen soll. Als nothwendige erste Folge dieser Vereinigung muss selbstverständlich die kürzlich gemeldete Action, betreffend die Loslösung der Union-Elektricitäts-Gesellschaft von der Action-Gesellschaft Ludw. Loewe & Co., nunmehr unterbleiben. Das Verhältnis der letzteren beiden Gesellschaften zu einander wird also in der bisherigen Weise unverändert weiter fortbestehen und die erfolgte Einberufung der beiden Generalversammlungen wieder aufgehoben werden.

Es ist in Aussicht genommen, dass der Commerzienrath Loewe den Vorsitz des Aufsichtsrathes der Schuckert-Gesellschaft übernimmt, während der bisherige General-Director Commerzienrath Wacker neben Ober-Regierungsrath Schröder demnächst als stellvertretender Vorsitzender fungiren soll und dass Mitglieder der Verwaltungen der verschiedenen in Betracht kommenden Gesellschaften in die resp. Verwaltungsräthe delegirt werden. Diese Vereinigung der Loewe- und Schuckert-Gesellschaften wäre eine der bedeutendsten Operationen auf industriellem Gebiete, die sich in Deutschland bisher vollzogen hat. Ist Deutschland in der elektrischen Industrie schon bisher an der Spitze marschirt, so wird diese grosse Unternehmung, die hier zur Durchführung gelangt, dazu beitragen, dass dem Deutschen Reiche diese leitende Stellung auch in Zukunft erhalten bleibt. In Bezug auf der Vereinigung der Continentalen Gesellschaft für elektrische Unternehmungen in Nürnberg mit der Gesellschaft für elektrische Unternehmungen in Berlin waren etwa die gleichen Erwägungen massgebend, die zur Fusion Loewe-Schuckert geführt haben. Wir führen noch an, dass die Elektricitäts-A.-G., vorm. Schuckert & Co., nach Kündigung ihrer bisherigen 4½%igen Obligationen 10 Millionen Mark 4%ige Obligationen ausgegeben hat. Die Continentale Gesellschaft für elektrische Unternehmungen hat 20 Millionen Mark Obligationen emittirt. Dieser Fusionsplan findet übrigens in Berliner Finanzkreisen eine sehr getheilte Beurtheilung.

Vereinsnachrichten.

Chronik des Vereines.

5. September. — Sitzung des Regulativ-Comités.

15. September. — Sitzung des Redactions-Comités.

3. October. — Sitzung des Regulativ-Comités.

5. October. — Excursion. Zur Besichtigung der von der Commission für Verkehrs-Anlagen in Wien in der Jubiläums-Ausstellung exponirten Objecte versammelte sich am 5. October l. J. eine Anzahl von Vereinsmitgliedern, welche namens der

genannten Commission vom k. k. Baurathe Koestler in freundlichster Weise begrüsst wurden.

Zunächst führte Herr Ingenieur Anton Freissler die Pläne der elektrischen Waggon-Aufzüge vor, welche eben im Bahnhofe Hauptzollamt der Wiener Stadtbahn ausgeführt werden und den Zweck haben, die für das Hauptzollamt bestimmten Güterwagen aus dem Niveau des neuen Bahnhofes in jenes der Geleise im Hofe des Hauptzollamtsgebäudes zu heben.

Da es sich um die Hebung der grössten vorkommenden Wagen, also Lasten von 35 t handelt, die Länge der Hebebühne 14·5 m, die Breite derselben 3·5 m beträgt, dürften diese Aufzüge wohl die grössten sein, welche bisher auf unserem Continente ausgeführt wurden.

Freissler hat die Aufgabe in einer sehr einfachen Weise gelöst, indem er die Hebebühne, deren Eigengewicht durch Gegengewichte ausbalancirt ist, an kräftigen Galli'schen Ketten, welche über eine Welle geführt sind, aufhängt. Diese Welle wird von einem 40 PS-Motor der Vereinigten Elektricitäts-Actien-Gesellschaft, vorm. B. Egger für 480 V mittelst Schnecken in Bewegung gesetzt und nimmt dabei die Galli'schen Ketten, welche auf einem Zahnrade gelagert sind, mit.

Zur Herbeischaffung der beladenen und Fortbeförderung der leeren Güterwagen in das, bezw. vom Hauptzollamtsgebäude werden elektrische Gangspille zur Anwendung kommen, von denen eines in der Ausstellung aufgestellt ist und den Vereinsmitgliedern von Herrn Freissler vorgeführt wurde.

Hierauf besprach Baurath Koestler einige von den ausgestellten Oberban-Constructionen der Wiener Stadtbahn; anknüpfend an die allgemein anerkannte geräuschlose und stossfreie Fahrt auf der Stadtbahn zeigte derselbe zunächst die Stossfangschiene, welche bezweckt, die Sparkränze der Fahrzeuge so über die Stosslücken der Schienen zu führen, dass dieselben nicht, wie dies bisher bei den gewöhnlichen Stossconstructionen der Fall war, beim Passiren dieser Lücke in dieselbe einsinken, wodurch das lästige Hämmern auf den Schienenstössen bewirkt wird.

Die Construction, welche im Principe aus einem neben der Fahrschiene liegenden und mit derselben verschraubten, gleich hohen Schienenstücke besteht, hat sich bisher auf der Wiener Stadtbahn glänzend bewährt und kann wohl behauptet werden, dass durch dieselbe einem der unangenehmsten Uebelstände im Eisenbahnbetriebe in wirksamer Weise abgeholfen wird. Weiters führte Baurath Koestler noch die in allen Bögen unter 150 m Krümmungsradius angewendeten Stahlplatten seiner Construction vor, durch welche in erster Linie die Einhaltung der richtigen Spurweite, ferner aber auch eine weitgehende Schonung der Schwellen erreicht werden soll.

Nun demonstrirte Ingenieur Mumb von der Firma Siemens & Halske die Streckenblockeinrichtung der Wiener Stadtbahn. Die Strecke ist in Abschnitte getheilt; am Anfange der einzelnen Abschnitte befinden sich Signale, welche durch Blockapparate so von einander abhängig gemacht sind, dass sich in jedem Abschnitte nur ein Zug befinden kann. Wenn ein Zug ein Signal passirt hat, kann der Wächter dasselbe auf Halt stellen; erst wenn dies erfolgt ist, kann das rükwärtige Signal auf Frei gestellt werden. Um zu verhindern, dass der Wächter vorzeitig das Signal auf Halt stellt, wodurch das rückwärtige

auf Frei gestellt werden könnte, ist bei jedem Signale eine isolirte Schiene angebracht; erst wenn der ganze Zug diese Schiene befahren hat, wird die Auslösung für das Signal Frei gegeben. Früher wendete man zu diesem Zwecke einen isolirten Contact an, welcher vom ersten Rade des Zuges bethätigt wurde; der Contact musste auf Zugslänge vor das Signal verlegt werden, damit die Auslösung für die Signale nicht zu früh erfolge. Bei der Anordnung mit der isolirten Schiene ist man von der Zugslänge unabhängig.

Hierauf demonstrirte ein Vertreter der Firma Stefan von Götz u. Söhne die Weichenstell- und Versicherungs-Apparate dieser Firma, sowie einen ausgestellten Zugschranken mit Localsignal und Vorläutewerk mit variabler Geschwindigkeit.

Herr Ingenieur Prochazka erklärte den von der Firma Siemens u. Halske ausgestellten Centralapparat für eine Weiche mit elektrisch angetriebener Stellvorrichtung.

Besonderes Interesse erregte noch ein von der Firma A. Freissler ausgestelltes Spill mit elektrischem Antrieb zum Verschieben von Eisenbahnwaggons. Ein derartiges Spill kann an beliebiger Stelle leicht eingebaut werden.

Ueber das Bahnniveau ragt nur das eigentliche Spill hervor, welches durch einen 6 PS-Motor in Rotation versetzt wird. Das Spill hat im oberen Theile einen kleineren Durchmesser als im unteren; um das Spill wird ein Seil geschlungen, von welchem die zu verschiebenden Waggons gezogen werden. Die Zugkraft beträgt 300, bezw. 500 kg, die Geschwindigkeit ³/₄, bezw. ¹/₄ m, je nachdem das Seil um den unteren oder oberen Theil des Spills gewunden ist. An der Stelle, an welcher das Spill eingebaut wird, ist der Grund entsprechend tief ausgehoben; die Oeffnung ist durch einen Rahmen und Panzerdeckel verschlossen. Der Deckel ist um eine horizontale, im Rahmen gelagerte Achse drehbar. An der Unterseite des Deckels ist der Motor und die Uebersetzung, am oberen das Spill angebracht; der Deckel sammt Spill kann leicht mit der Hand gedreht werden. Die Stromzuführung zum Motor erfolgt durch flexible Zuleitungen. Die elektrische Ausstattung des Spills wurde von der Vereinigten Elektricitäts-Actien-Gesellschaft, vorm. B. Egger & Co. geliefert.

Die Theilnehmer an der Excursion nahmen mit grossem Interesse alle die geschilderten Einrichtungen in Augenschein, welche bei der Wiener Stadtbahn in Anwendung sind. Der Präsident des Vereines, Herr Professor Schlenk, dankte Herrn Baurath Koestler, sowie den übrigen Herren für die gegebenen Aufklärungen und hob hiebei das grosse Verdienst hervor, welches sich Herr Baurath Koestler dadurch erwarb, dass er die modernsten elektrischen Einrichtungen bei der Stadtbahn zur Einführung brachte.

Beginn der Vortrags-Saison 1898/99.

Die erste Vereinsversammlung findet Mittwoch den 16. November 1898 im Vortragssaale des Wissenschaftlichen Club, I., Eschenbachgasse 9, I. Stock, 7 Uhr abends statt.

Vortrag des Herrn Ingenieur Friedrich Eichberg: „Zur Erklärung des Görges'schen Phänomens.“

Schluss der Redaction: 8. November 1898.

Verantwortlicher Redacteur: Dr. J. Sahulka. — Selbstverlag des Elektrotechnischen Vereines.
Commissionsverlag bei Lehmann & Wentzel, Wien. — Alleinige Inseraten-Aufnahme bei Haasenstein & Vogler (Otto Maass), Wien und Prag.
Druck von R. Spies & Co., Wien.

Zeitschrift für Elektrotechnik.

Organ des Elektrotechnischen Vereines in Wien.

| Heft 47. | WIEN, 20. November 1898. | XVI. Jahrgang. |

Bemerkungen der Redaction: Ein Nachdruck aus dem redactionellen Theile der Zeitschrift ist nur unter der Quellenangabe „Z. f. E. Wien" und bei Originalartikeln überdies nur mit Genehmigung der Redaction gestattet.

Die Einsendung von Originalarbeiten ist erwünscht und werden dieselben nach den in der Redactionsordnung festgesetzten Tarife honorirt. Die Anzahl der vom Autor event. gewünschten Separatabdrücke, welche zum Selbstkostenpreise berechnet werden, wolle stets am Manuscripte bekanntgegeben werden.

INHALT:

Beobachtungen über scheinbare Gleichströme im Wechselstromlichtbogen zwischen verschiedenartigen Elektroden.[*]

Von Friedrich Eichberg und Ludwig Kallir.

Aus dem elektrotechnischen Institute der k. k. technischen Hochschule in Wien.

A. Lichtbogen zwischen einer Metall- und einer Kohlenelektrode.

Bildet man zwischen einem Metallstabe einerseits und einem Kohlenstabe andererseits einen Wechselstromlichtbogen, so zeigt, wie Sahulka[**] speciell für einen Eisen-, v. Lang[***] für einen Aluminiumlichtbogen nachgewiesen hat, eine in den Lichtbogenstromkreis eingeschaltete Tangentenboussole einen Gleichstrom in der Richtung Metall Kohle (im Lichtbogen), ein an die Elektroden angelegtes Torsionsgalvanometer eine gleichgerichtete Spannungsdifferenz in der Richtung Kohle–Metall an.

Diese Erscheinungen treten dann auf, wenn sich an der Metallelektrode ein Tropfen geschmolzenen Metalles gebildet hat, von dem der Lichtbogen ruhig, ohne zu sprühen, mit einem dumpfen Ton zur Kohle brennt. Die Bildung eines derartigen Bogens ist dann wesentlich leichter, wenn an der Metallelektrode von vorhergehenden Versuche ein erstarrter Metalltropfen sich vorfindet.

Ist dies nicht der Fall, sondern das Metall entweder im ursprünglichen Zustand, d. h. noch nicht geschmolzen oder aber an der Oberfläche durch Oxyde verunreinigt, so bildet sich anfangs bei geringer Elektrodenentfernung, ein Lichtbogen, der zischt, unruhig brennt und die Erscheinungen des oben charakterisirten Bogens nicht bietet. Bei allen folgenden Versuchen wurden als Kohlenelektroden Dochtkohlen verwendet, bei welchen der Lichtbogen in den sich leicht bildenden Krater brannte und durch längere Zeit stationär erhalten werden konnte. Bei Benützung von Homogen-

kohlen gelang es nie, den Lichtbogen dauernd zu erhalten.

Die angeführten Erscheinungen (Gleichstrom und Gleichspannung) wurden, wenn Eisen, Aluminium, Kupfer und Nickelin als Elektroden fungirten, beobachtet.[*] Am schwierigsten waren die Beobachtungen am Aluminiumbogen, weil sich der Zustand nur sehr kurze Zeit erhielt. Für die oben angegebenen vier verschiedenen Metallelektroden ergaben sich Werthe, von welchen einige, in denselben Bereich fallende, ausgewählt und in Tabelle I zusammengestellt wurden.

Gemessen wurde: Die totale Stromstärke (*J*) mit einem Hitzdrahtampèremeter, die totale Spannung am Lichtbogen (*A*) mit einem Hitzdrahtvoltmeter, die im Lichtbogen verbrauchten Watt (*W*) mit einem Wattmeter von Ganz & Co., im Stromkreis auftretende scheinbare Gleichstrom (*C*) mit einer Tangentenboussole, die am Lichtbogen auftretende scheinbare Gleichspannung (*V*) mit einem Torsionsgalvanometer von 1 Ω Widerstand mit 999 Ω Vorschaltwiderstand. Der Wechselstrom wurde einem an das Strassennetz der „Internationalen Elektricitäts-Gesellschaft" in Wien angeschlossenen Transformator (18:1) entnommen. Der Lichtbogen lag mit einem regulirbaren Vorschaltwiderstand von 5 9 Ω und wurde circa 105 Volt von Hand aus gebildet und eventuell regulirt.

Tabelle I.

Eisenstab: 4·5 mm dick. — Dochtkohle S. & H. Marke A, 8 mm.

J	A	C	V	W
6·1	80·5	3·45	26·0	139
6·5	80·5	3·4	24·3	156
7·3	80·5	4·5	25·9	162
8·0	77·0	4·7	27·5	170
9·5	76·0	5·25	30·6	186

[*] Auszug aus den Sitzungsberichten der kaiserl. Akademie der Wissenschaften in Wien. Mathem.-naturw. Classe; Bd. CVII. Abth. II. a. Mai 1898.

[**] Sahulka, Sitzungsber., Bd. CIII. 1894, 925, Z. f. E. 1894, pag. 547 und 569.

[***] v. Lang, Wied. Ann., Bd. 63, 1897, Nr. 13, S. 191, Z. f. E. 1898, pag. 94.

[*] Herr Dr. J. Sahulka hat nach der Veröffentlichung der citirten Abhandlung im Jahre 1894 im k. k. Elektrot. Institute auch Versuche mit einem Kupfer- respective Quecksilber-Kohle-Lichtbogen angestellt und über dieselben im Elektrot. Vereine am 26. Jänner 1898 berichtet; die Versuche sind in der Z. f. E. 1898, pag. 213, veröffentlicht. Die Red.

Aluminiumstab: 4 mm dick. — Dochtkohle S. & H., Marke A, 8 mm.

J	Δ	C	V	W
8·3	77·5	4·1	29·4	108
8·9	78·0	4·1	32·5	118
9·0	77·0	4·1	31·7	118

Kupferstab: 3·5 mm dick. — Dochtkohle S. & H., Marke A, 6 mm.

J	Δ	C	V	W
6·05	82·0	2·65	21·6	101
6·5	79·0	3·2	25·6	111·5
7·5	90·0	3·7	24·5	136
9·0	81·0	4·9	26·3	171
9·5	81·0	5·25	29·5	167

Nickelinstab: 4 mm dick. — Dochtkohle S. & H., Marke A, 8 mm.

J	Δ	C	V	W
6·0	80·5	3·15	25·6	129
6·6	80·0	3·65	27·4	139
6·9	79·3	3·7	27·0	143
8·0	75·5	4·4	30·0	155
9·1	76·5	5·25	29·4	167

Gewisse Unregelmässigkeiten, welche die Tabelle zeigt, mögen dadurch erklärt sein, dass es schwer war, alle Instrumente gleichzeitig abzulesen und auch die Lichtbogenlänge nicht bei allen Messungen genau die gleiche war.

Unzweideutig lässt sich jedoch aus diesen Zahlen erkennen, dass bei all' diesen Metallen der auftretende scheinbare Gleichstrom und die scheinbare Gleichspannung nahezu dieselben Werthe haben.

Die Existenz dieses Gleichstromes und dieser Gleichspannung wurde von Arons[*] und V. v. Lang[**] in Zusammenhang gebracht mit der Thatsache, dass an einem Gleichstromlichtbogen, dann, wenn er vom Metall zur Kohle brennt, eine kleinere Spannung auftritt, als wenn die Stromrichtung Kohle—Metall ist. Die Differenz der Spannungen für die beiden Stromrichtungen ist aber für die einzelnen Metalle eine verschiedene. Am grössten ist sie nach Arons am Aluminiumbogen, wesentlich kleiner am Kupfer- und Eisenbogen. Will man also diese Erscheinungen zur Erklärung des Verhaltens des Wechselstromlichtbogens heranziehen, so stellt sich die Schwierigkeit entgegen, das ungleiche Verhalten der einzelnen Metalle in Gleichstromlichtbogen und ihr gleiches Verhalten im Wechselstromlichtbogen in Einklang zu bringen.

Die Angaben der Tangentenboussole und des Torsionsgalvanometers lassen erkennen, dass die Strom- und Spannungscurven am Lichtbogen neben dem, auch beim Kohle—Kohle-Lichtbogen sich zeigenden, unregelmässigen, nicht sinusförmigen Verlauf, Ungleichheiten der auf den beiden Seiten der Abscissenachse liegenden Flächen aufweisen müssen.

[*] L. Arons, Wied. Ann. Bd. 57, 1896, S. 185.
[**] V. v. Lang, siehe l. c.

Um einen Einblick in die in jedem Momente herrschenden Zustände zu bekommen, wurden Strom- und Spannungscurven am Wechselstromlichtbogen aufgenommen.

Als Stromerzeuger diente eine achtpolige Wechselstrommaschine von Siemens & Halske mit circa 750 Touren pro Minute, was einer Periodenzahl von circa 50 Perioden pro Secunde entspricht.

Die Maschine wurde durch eine kleine Serienmaschine S auf die bei den einzelnen Versuchsreihen angegebenen Spannungen erregt. Der Lichtbogenstromkreis war, wie aus Fig. 1 ersichtlich ist, gebildet aus einer Tangentenboussole T B, einem Hitzdraht-Amperemeter H A, dem Lichtbogen L, bestehend aus einer Eisenelektrode E und einer Kohlenelektrode K, einem

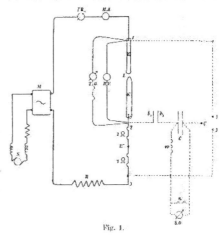

Fig. 1.

inductionslosen Abzweigwiderstande W von 2 Ω und einem Regulirwiderstand R; am Lichtbogen lag ausser dem Hitzdrahtvoltmeter H V noch ein Torsionsgalvanometer von 1 Ω Widerstand mit 2 × 999 Ω Vorschaltwiderstand. Auf der Axe der Wechselstrommaschine M sass eine Joubert'sche Scheibe, auf welcher zwei federnde Bürsten b_1 und b_2 bei jeder Umdrehung einmal Contact gaben. Dieselben wurden nach einer auf einem Kreise aufgetragenen Theilung verstellt. Die eine Bürste b_1 war verbunden mit Punkt 2, dem Zusammenstosspunkt der Kohle K und des Abzweigwiderstandes W; b_2 war mit der einen Klemme eines Condensators c von 1 μf verbunden, dessen andere Klemme mittelst Umschalters u entweder mit Punkt 1, d. i. mit der Eisenelektrode oder mit Punkt 3, d. i. dem noch freien Ende des Abzweigwiderstandes W verbunden werden konnte. Die erstere Stellung ergab eine Spannungsmessung, die zweite eine Strommessung. Am Condensator lag, mit einem Vorschaltwiderstand w von $3·5 . 10^6$ Ω ein aperiodisches Spiegelgalvanometer S U mit Nebenschlusswiderstand. Für sämmtliche Schwachstromleitungen wurden Bleikabel verwendet und die einzelnen eingeschalteten Apparate entsprechend isolirt aufgestellt. Die Ablesungen des Spiegelgalvanometers wurden dadurch geeicht, dass bei normal rotirender Joubert'scher Scheibe eine constante gleichgerichtete Spannung an 1 und 2 angelegt wurde, deren Grösse mit einem Torsionsgalvanometer bestimmt wurde. Die Aichungen wurden vor und nach jeder Curvenaufnahme wiederholt; dabei stellten sich manchmal Differenzen heraus, welche darin ihre Erklärung fanden, dass die Bürsten während der doch beträchtlichen Zeit einer Strom- und Spannungscurvenaufnahme sich abschliffen und dadurch eine Veränderung des Contactes herbeiführten. In solchen Fällen wurde die zu jedem Punkte gehörige Aichung durch Interpolation gefunden.

Eine zweite Schwierigkeit bot der Lichtbogen, der ziemlich schwer im gleichen Zustande erhalten werden konnte.

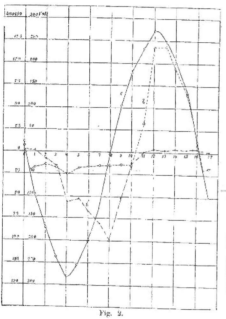

Fig. 2.

Um auch die Spannung controliren zu können, blieb das Hitzdrahtvoltmeter $H V$ stets eingeschaltet; das hat zur Folge, dass in allen Momenten der aufgenommene Stromwerth die Summe aus dem den Lichtbogen durchfliessenden Strom und dem Voltmeterstrom war. Um die Aufnahmezeit thunlichst zu verkürzen, wurden an jedem Lichtbogen blos 16 Strom- und 16 Spannungspunkte aufgenommen, und zwar die ein und derselben Contactstellung zugehörigen beiden Punkte unmittelbar hintereinander.

Die Fig. 2 zeigt in i und δ die Strom- und Spannungscurve eines Eisen--Kohle-Lichtbogens; e ist die Klemmenspannungscurve bei offenem Stromkreise der Maschine bei einem gemessenen Effectivwerthe von $E = 189$ Volt. Für den Lichtbogen gelten folgende Daten: Eisenstab 4·5 mm — Dochtkohle S. & H. Marke A, 6 mm.

$$E = 189 \text{ Volt.} \qquad J = 4·95 \text{ Ampère.}$$
$$\Delta = 104 \text{ Volt.} \qquad C = 2·8 \text{ Ampère.}$$
$$V = 31·5 \text{ Volt.}$$

Ganz analoge Curven wurden bei zwei anderen Versuchen erhalten; welchen folgende Daten entsprachen:

Eisenstab 4·5 mm — Dochtkohle S. & H., Marke A, 10 mm
$$E = 188 \text{ Volt.} \qquad J = 5·25 \text{ Ampère.}$$
$$\Delta = 100 \text{ Volt.} \qquad C = 3·5 \text{ Ampère.}$$
$$V = 27·5 \text{ Volt.}$$

Eisenstab 4·5 mm — Dochtkohle einer Gramme-Lampe, 10 mm
$$E = 190 \text{ Volt.} \qquad J = 5·1 \text{ Ampère.}$$
$$\Delta = 107 \text{ Volt.} \qquad C = 3·3 \text{ Ampère.}$$
$$V = 31·0 \text{ Volt.}$$

Charakteristische Eigenschaften der Curven. Vorausgeschickt sei, dass, während die E.M.K.-Curve nahe bei 8 und 16 die Abscissenachse schneidet, die Spannung an den Enden eines an die Stelle des Lichtbogens gesetzten inductionslosen Widerstandes bei einer Stromstärke von 4·6 A bei Punkt 10·3 und 2·3 durch Null geht. Die oberen Hälften der Curven entsprechen jenen Periodenhälften, in welchen die Kohle positiv ist.

Die Spannungscurve geht bei 0[16] mit der E.M.K.-Curve durch Null; sie erreicht, rasch ansteigend, ein Maximum (ca. 40 V), worauf ein mässiger Abfall eintritt, der daher kommt, dass der Lichtbogen vom Eisen zur Kohle sich bildet. Die Spannung erhält sich dann auf einem Werthe von 30 bis 35 V. Ihr zweiter Schnittpunkt mit der Abscissenachse ist vom ersten um mehr als eine halbe Periode entfernt. Dieser zweite Nullpunkt liegt ungefähr an der Stelle 10·3, wo auch die Spannung an den Enden des inductionslosen Widerstandes Null ist. Die erhaltenen Punkte sind blos durch gerade Linien verbunden; daher kommen manche Durchgänge durch die Null nicht dort zustande, wo die wirkliche Curve sie ergeben würde. Emporschnellend erreicht sodann die Spannung einen Maximalwerth, nahe der E.M.K., der sie auch im folgenden Verlauf bis zum Durchschnitt mit der Abscissenachse folgt.

Die Stromcurven zeigen, dass vom Eisen zur Kohle beträchtliche Ströme fliessen, von der Kohle zum Eisen hingegen nur verschwindend kleine; denn von den in den Curven erscheinenden Momentanwerthen ist stets der, durch Division des zugehörigen Spannungswerthes durch den Widerstand des Voltmeters (1250 Ω) erhaltene, Voltmeterstrom abzuziehen. Nimmt man nach Blondel[*) an, dass der Elektricitätsübergang von einer Elektrode des Lichtbogens zur anderen aus einem Gasleitungs- und einem Convectionsstrom besteht, so liegt die Annahme nahe, dass für die Spannungsrichtung Kohle—Eisen nur der Gasleitungsstrom zur Ausbildung gelangt. Nur wenn der Lichtbogen nicht normal brannte, was sich vor Allem darin äusserte, dass der von der Tangentenbussole angezeigte scheinbare Gleichstrom fiel, zeigten sich in der Gegend von 12 bis 16 grössere Strom- und entsprechend kleinere Spannungswerthe. Es scheint dann auch in der Richtung Kohle—Eisen ein Convectionsstrom vorhanden gewesen zu sein.

Die aus den Curven sich ergebenden Mittelwerthe des Stromes und der Spannung, so genau sie sich eben bilden liessen, also die Ausdrücke

$$\int \frac{i \cdot dt}{T} \text{ und } \int \frac{\delta \cdot dt}{T},$$

*) Blondel, Lumière électrique, Bd. 49, 1893, p. 501, 557, 606.

wobei T die Dauer einer Periode ist, stimmen mit den von der Tangentenboussole, bezw. dem Torsionsgalvanometer abgelesenen Werthen immer innerhalb der Fehlergrenze; ebenso stimmen die gerechneten Mittelwerthe der Quadrate der Strom- und Spannungswerthe mit den Angaben der Hitzdrahtinstrumente; z. B. ergaben sich für den Lichtbogen im vorletzten citirten Versuche bei alleiniger Benützung der gemessenen Punkte, durch Rechnung folgende Werthe:

$$C = \int \frac{i \cdot dt}{T} = 3\text{·}67 \text{ Amp.}, \quad V = \int \frac{\delta \cdot dt}{T} = 29\text{·}2 \text{ Volt.}$$

$$J = \sqrt{\int \frac{i^2 \cdot dt}{T}} = 5\text{·}47 \text{ Amp.}, \quad \Lambda = \sqrt{\int \frac{\delta^2 \cdot dt}{T}} = 99\text{·}6 \text{ Volt.}$$

Aus den erhaltenen Curven ersieht man auch stets, dass die Richtung des scheinbaren Gleichstromes die von der Tangentenboussole angezeigte, das ist die Richtung Eisen-Kohle, im Bogen ist und dass die Kohle dem Eisen gegenüber positiv erscheinen muss.

Der Verlauf der Curven zeigt, dass der Ausbildung des Lichtbogens Kohle-Eisen sich ein sehr grosser Widerstand entgegensetzt. Ueber die Natur desselben, ob es ein Ohm'scher Widerstand oder eine Gegen-E. M. K. ist, ist allerdings nichts zu ersehen. Möglicherweise ist die Bildung eines schlechtleitenden Metalloxydes seine Ursache. Dieser grosse Widerstand erklärt die fast völlige Stromunterbrechung in der Richtung Kohle-Eisen und die infolge dessen am Lichtbogen auftretende E. M. K. der Maschine; während der anderen Periodenhälfte, für welche der Widerstand nicht mehr vorhanden zu sein scheint, fliesst Strom, daher tritt die auch an einem Gleichstromlichtbogen (Eisen-Kohle) in analogen Verhältnissen zu constatirte Spannung von 30—40 C und die dem Strom entsprechende Phasenverschiebung gegen die E. M. K. der Maschine auf. Diese Phasenverschiebung ist wegen der grossen Selbstinduction der Maschine eine beträchtliche. Die Spannungscurve des Lichtbogens geht einmal mit der E. M. K., das zweite Mal mit der dem fliessenden Strom entsprechenden, gegen die E. M. K. phasenverschobenen. Spannungscurve durch Null; daher die bemerkenswerthe längere Dauer der einen Halbperiode.

Die Thatsache, dass der Lichtbogen von der Kohle zum Eisen sich nicht bildet, wurde durch photographische Aufnahme des Bogens in den verschiedenen Momenten einer Periode erhärtet.[*] Hiezu wurde auf der Achse eines vierpoligen Synchronmotors, der ebenso wie der Lichtbogen vom Netze der Internationalen Elektricitäts-Gesellschaft gespeist wurde, eine Eisenblechscheibe von 560 mm Durchmesser aufgesetzt, die im Radius von 225 mm zwei diametral gegenüberstehende kreisrunde Löcher von 50 mm Durchmesser besass. Auf der einen Seite dieser Scheibe war der Lichtbogen, auf der anderen der photographische Apparat aufgestellt. Je nach der relativen Stellung der Scheibenlöcher zum mitrotirenden Magnetsystem, die verändert werden konnte, fiel das Licht des Bogens in verschiedenen Momenten der Periode in den photographischen Apparat. Der Apparat war mit einem einstellbaren Momentverschluss ausgestattet. Die in Fig. 3 (a bis f) wiedergegebenen Photographien stellen den Lichtbogen in sechs um 60° auseinanderliegenden

*) Bei der photographischen Aufnahme hat uns Herr Ingenieur Wilhelm Strauss werkthätig unterstützt, wofür ihm an dieser Stelle der beste Dank ausgesprochen sei.

Phasen dar; a und b zeigen den Lichtbogen. c und f lassen erkennen, dass in diesen Phasen kein Lichtbogen besteht, c und d sind Uebergangsstadien. Details sind wegen der Kleinheit der Photographien nicht zu ersehen. Deutlicher zeigte ein mit einer Linse entworfenes Projectsbild; In den Phasen entsprechend a und b brennt der Lichtbogen in Form eines blauen Kegels, dessen Spitze in dem auch auf den Photographien ersichtlichen hellen Punkt auf der Eisenkugel gelegen ist. Der Kegel ist von einer gelblichen Aureole umgeben. Zuerst verschwindet der blaue Kegel, dann auch die Aureole; in Phasen, entsprechend d, zeigt sich nur mehr eine über der Kohle liegende gelbliche Wolke. Im Maasse, als der Bogen verschwindet, sieht man an der Eisenkugel eine Schichtung concentrisch um den vorerwähnten hellsten Punkt. In den Phasen, entsprechend c und f, sieht man im Bilde, wie in den Photographien, nur die beiden Elektroden.

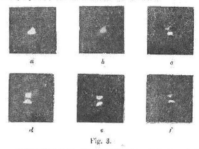

Fig. 3.

Beobachtet man den Lichtbogen, wenn er durch Auseinanderziehen der sich berührenden Elektroden neu gebildet wird, so sieht man, dass der Lichtbogen in beiden Richtungen brennt.

Würde der Motor abgestellt, so dass er seine Geschwindigkeit allmälig verringerte, so konnte das Uebergehen aller Phasen ineinander gesehen werden. Bei Verwendung eines Motors mit einer von der des Synchronmotors nur wenig abweichenden Tourenzahl kann man das Entstehen und Verschwinden des Lichtbogens in allen Phasen continuirlich verfolgen.

(Schluss folgt.)

Vorrichtung zur selbstthätigen Haltstellung der elektrischen Distanzsignale durch den fahrenden Zug.

Von Wilhelm Reich, Telegr.-Controlor der österr. Nordwestbahn.

Es kamen Fälle vor, dass bei Folgezügen in kurzen Intervallen das Distanz-Signal nach Einfahrt des ersten Zuges nicht auf „Verbot der Einfahrt" gestellt wurde, der Folgezug hiedurch die Einfahrt in die Station widerrechtlich „Frei" fand, was eine Collusion beider Züge zur Folge hatte oder haben konnte. Im Folgenden ist eine Vorrichtung beschrieben, mittelst welcher es im Anschlusse an die bestehenden Einrichtungen des elektrischen Distanz-Signales erreicht wird, dass der Zug nach Passirung des auf „Erlaubte Einfahrt" stehenden Distanz-Signales sich selbst deckt, d. h. das Distanz-Signal selbstthätig von der Freistellung auf „Verbot der Einfahrt" stellt. An die bereits bestehende Einrichtung des elektrischen Distanz-Signales wird noch eine Hilfsleitung beigefügt.

wie dies aus der nachstehenden Figur ersichtlich ist, wobei die vorhandene Rückleitung ebenfalls als solche in Verwendung kommt und daher nur ein neuer Draht nöthig ist. Die wesentlichen Bestandtheile dieser Hilfsleitung sind :

1. Schienencontact, *(Sch)*
2. Batterie, *(B₂)*
3. Leitung, *(L)*
4. Elektromagnet, *(M)*
5. Contactvorrichtung. *(K₂)*

Der einfahrende Zug findet das Distanz-Signal auf „Erlaubte Einfahrt." — In dieser Stellung ist der gleichfalls im Laufwerke angebrachte Contact K_1 (im Gegensatze zu Contact K^1, welcher bei der Freistellung offen ist) geschlossen. In dem Momente, in welchem der Zug den Schienencontact *(Sch)* schliesst, ist auch der

wartenden Zug auf „Erlaubte Einfahrt" gestellte Distanz-Signal mittels des Inductors *(J)* und Einschaltvorrichtung *(E)* in der Station nach dessen Einfahrt auf „Verbot der Einfahrt" bringen. Das Unterlassen dieser Thätigkeit war die einzige Ursache bei vielen Eisenbahnunfällen. Es wird sonach der Verkehrsdiensthabende durch diese automatische Vorrichtung von dieser weittragenden aber unerlässlichen Manipulation, auf die er durch den Drang der Geschäfte, aus Vergesslichkeit oder anderen Gründen nicht bedacht war, enthoben. Durch das Functioniren der Controllapparate *OC, C₁* und *C₂*, erfährt der Beamte zugleich die selbstthätig vollzogene „Haltstellung". Eine etwaige Freistellung kann nur bewusst nach Massgabe der Nothwendigkeit vom diensthabenden Beamten ausgeführt werden.

Schienencontact-Leitung zur selbstthätigen Deckung der Züge.

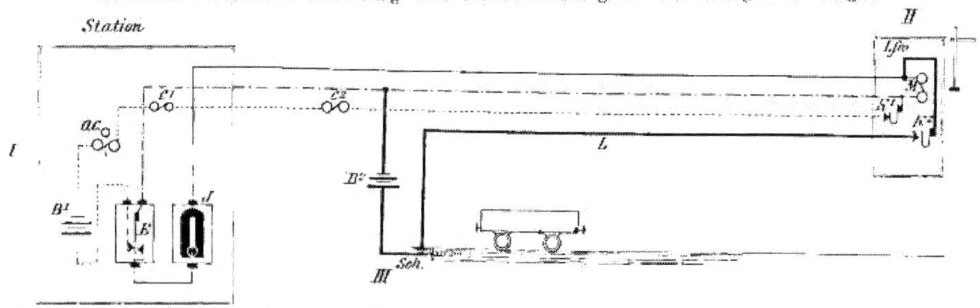

I. *Apparate in der Station zum Stellen des D. S.*
E = Einschaltvorrichtung.
J = Magnet-Inductor.
B¹ = Control-Batterie.
C₁ = akustische Controle.
C² = akustische Controle beim Weichenwächter.
OC = optische Controle.

II. *Apparate des Dist.-Sig.*
Lfw = Laufwerk.
M = Elektromagnet.
K¹ = Contactvorrichtung.

III. *Apparate für Schienencontact-leitung.*
Sch = Schienencontact.
B² = Localbatterie.
K² = zweite Contactvorrichtung.

—————— Schienencontactleitung.
— — — — Gemeinschaftliche Rückleitung.
- - - - - - Controlleitung.
—————— Inductionsleitung.

Fig. 1.

Strom der Batterie *B₂* geschlossen, umfliesst die Multiplicationsspulen des Elektromagneten *(M)*, infolge dessen wird das Laufwerk ausgelöst und das Distanz-Signal stellt sich automatisch auf „Verbot der Einfahrt." Ein aus der Station ausfahrender Zug beeinflusst jedoch das in diesem Falle auf „Verbot der Einfahrt" stehende Distanz-Signal nicht, indem der, den Stromschluss der Schienencontactleitung bedingende Contact K_2 bei der Haltstellung des Signales geöffnet ist.

Es wird daher durch die beschriebene Einrichtung das auf „Erlaubte Einfahrt" stehende Distanz-Signal von den einfahrenden Zuge automatisch auf „Verbot der Einfahrt" gestellt, in dieser Stellung aber durch einen ausfahrenden Zug nicht beeinflusst.

Die Vortheile der beschriebenen Einrichtung sind folgende:

1. Die selbstthätige Deckung des einfahrenden Zuges durch sich selbst, was von besonderer Wichtigkeit bei Folgezügen mit kurzen Intervallen ist.

Hiezu war bis jetzt eine Thätigkeit des Verkehrsbeamten erforderlich. Derselbe musste das für einen zu er-

2. In Stationen kann es vorkommen, dass bei freistehendem Distanz-Signal verschoben wird. Durch die Anbringung des erwähnten Schienencontactes hinter dem Ausfahrtswechsel wird dieser Contact durch die darüberfahrende Verschubmaschine gedrückt, der Schienen-Contactleitungsstrom geschlossen, das auf „Frei" stehende Distanz-Signal wieder auf „Verbot der Einfahrt" gestellt, daher die Station, trotz des instructionswidrigen Vorganges, gedeckt erscheint.

3. Erfahrungsgemäss sind die meisten Distanz-Signalanstände auf die mangelhafte Beobachtung der Controllapparate zurückzuführen.

Durch die beschriebene Einrichtung ist der Beamte gezwungen, sein besonderes Augenmerk den Controllen zuzuwenden, da diese durch die selbstthätige Haltstellung in Function treten, und der Zeitpunkt der hiedurch angezeigten Haltstellung protocollirt werden muss.

4. Für den Verkehrsbeamten ist es von ganz grosser Wichtigkeit, den Zeitpunkt zu erfahren in welchem der zu erwartende Zug das Distanz-Signal passirt hat; durch die selbstthätige Haltstellung, respective durch das Functioniren der Controllen wird ihm dies möglich.

578

5. Beim Erwarten eines Zuges glaubt der Beamte nicht selten das beim Passieren des Distanz-Signales mit der Dampfpfeife vorgeschriebene Signal „Achtung" bereits vernommen zu haben und stellt in der Annahme, dass der Zug das Distanz-Signal bereits passiert habe, dasselbe vorzeitig auf „Halt", wodurch ein unbeabsichtigtes Anhalten des Zuges hervorgerufen wird.

Durch die neue Einrichtung können solche Fälle nicht vorkommen, da der Beamte nie in Zweifel sein kann, wann und ob ein Zug das Distanz-Signal thatsächlich passiert hat.

Wie bereits erwähnt, ist der Schienencontact knapp vor dem Einfahrtswechsel anzubringen; die Batterie, bestehend aus 4 Leclanché-Elementen befindet sich im Weichen-Wächterhaus oder in der Stellwerkhütte, und der Contact K_2 ist im Laufwerke an der Achse neben dem bereits bestehenden Contacte K^1 angebracht.

Diese Einrichtung ist mit Leichtigkeit bei allen mit Inductionstrom betriebenen Distanz-Signalen einzuführen. Dieselbe wurde seit vier Monaten erprobt und functionirte anstandslos; verwendet wurde dabei ein mechanischer Schienencontact der Firma Stefan v. Götz & Söhne.

Durch die Benützung dieser Einrichtung werden die Bestimmungen der Verkehrsinstruction bezüglich der Handhabung der elektrischen Distanzsignale in keiner Weise berührt.

Störungen in der Hilfsleitung sind leicht zu erkennen. Stellt sich ein Distanz-Signal nach erfolgter Einfahrt nicht selbstthätig auf „Halt", so muss der Beamte die Haltstellung vom Bureau aus wie bisher veranlassen. Ist die Haltstellung von hier aus möglich, so liegt der Fehler in der Schienencontact-Leitung, im anderen Falle ist der Fehler ausserhalb derselben zu suchen.

Die Elektricität im Kriege.

Unter diesem Titel veröffentlicht der „Pester Lloyd" in seiner Nummer vom 21. v. M. einen interessanten Artikel aus der Feder unseres geschätzten Mitgliedes Stefan v. Fodor, des auch als Fachschrift-teller vortheilhaft bekannten Directors der Budapester Allgemeinen Elektricitäts-Gesellschaft. Der Aufsatz beschäftigt sich mit der Anwendung der Elektricität im Feld- und Seekriege, mit besonderer Berücksichtigung der Vorwürfen derselben im spanisch-amerikanischen Kriege. Die Frage der drahtlosen Telegraphie wird eingehend ventilirt, ferner wird die Möglichkeit der Creirung eines elektrischen Torpedobootes erörtert, sowie auch über die submarinen Torpedoboote berichtet. Interessant ist auch die Anregung, welche die Schaffung einer speciellen elektrotechnischen Truppe behandelt. Wir entnehmen dem Artikel das Nachstehende:

Bei Ausbruch der Feindseligkeiten zwischen den Vereinigten Staaten und Spanien war man mit Recht darauf gespannt, welchen Gebrauch die Landsleute Edison's von der Elektricität im Kriege machen würden. Wie vorauszusehen war, meldeten sich vor Allem eine Menge Erfinder mit den phantastischesten Plänen. Es würde ein ganzes Buch füllen, wollten wir alle diese Ausgeburten patriotischer Erfindungssucht aufzählen; unter ihnen findet sich nichts, was einer Erwägung für spätere Nutzanwendung werth wäre.

Man konnte aber neugierig darauf sein, auf welche Weise die Amerikaner bereits Erfundenes für ihre kriegerischen Zwecke ausnützen würden. Da haben wir in erster Linie die Telegraphie ohne Draht, die in letzter Zeit so viel von sich reden gemacht hatte und von der das Gerücht ging, dass sie sich besonders für Kriegszwecke eignen dürfte.

Nun hat man aber in dem jüngst verflossenen Kriege hiervon keinen Gebrauch gemacht, weil sich dieselbe für so ernste Zwecke als nicht genug zuverlässig erweist.

Sowie sie im Feldkriege viel zu umständlich und zu unzuverlässig ist, bewährt sie sich auch im Seekriege von keinem grossen Nutzen zu sein. So lange nur von kurzen Distanzen die Rede ist, sind die gegenwärtig auf Kriegsschiffen üblichen Signalisirungsmethoden jedenfalls zuverlässiger als elektrische Wellen, welche

auf ihrem Wege abgeschwächt, abgeleitet oder ganz zerstört werden können. Auf längere Distanzen aber wird die drahtlose Telegraphie zur See beinahe problematisch.

Diese Einsicht hat wohl nicht dazu geführt, von der Verwendung der drahtlosen Telegraphie im Kriege überhaupt abzusehen, sie hat aber auch dazu geführt, sich mit der weiteren Ausbildung der elektrischen Signalisirungsmethoden zu beschäftigen. Der elektrische Reflector lässt sich sowohl zu Lande als auch zur See zu Signalen ausgezeichnet verwenden. Nicht allein zur nicht hauptsächlich nur zum Absuchen gewisser Terrainstriche, zur zeitweisen Erhellung bestimmter Punkte benützt werden. Aus farbigen Glühlampen lassen sich nicht nur kurze Signale, sondern ein ganzes Correspondenzsystem entwickeln. Sowie das Morse-Alphabet aus Punkten und Strichen besteht, so kann das Aufblitzen einer rothen Lampe einen Punkt, das einer weissen Lampe einen Strich bedeuten, und die Mittel zu einer Correspondenz auf Grund des Morse-Alphabets sind gegeben. Die amerikanischen Küstenbefestigungen sind heute alle mit diesen „Telephotos" genannten Signalapparaten versehen, so dass die den festen Punkten angehörenden telegraphischen Botschaften sofort den in der Nähe liegenden Kriegsschiffen übermittelt werden können.

Die ausserordentlich nützliche Verwendung des Telephons in Felddienste ist durch den jüngsten Krieg wieder einmal erwiesen worden. Die Militär-Telegraphen-Abtheilungen werden sich mit der planmässigen Weiterentwicklung dieses wichtigen Communicationsmittels im Nachrichtendienste in erhöhtem Masse zu beschäftigen haben. Auch im Seedienste kann das Mikrophon mit Erfolg verwendet werden, da es mit Hilfe dieses Apparates möglich ist, kaum wahrnehmbare Geräusche hörbar zu gestalten. Das stampfende Geräusch eines nahenden Schlachtschiffes, das Vibriren eines versteckt daherkommenden Torpedobootes, das aus unbewaffneter Ohr noch unhörbar, kann mit Hilfe eines empfindlichen Mikrophons wahrgenommen werden.

Wenn der verflossene Krieg auch wenig Neues auf dem Gebiete der Elektricität gebracht hat, so war er doch sehr reich an Anregungen für die Zukunft. Eine davon ist hochwichtig für die fernere Gestaltung der Kriegsmarine und hat auch viel Aussichten auf Erfolg. Es handelt sich darum, die jetzt üblichen Torpedoboote durch solche zu ersetzen, welche ausschliesslich mit Elektricität betrieben werden.

Der Gedanke hieran ist von den Amerikanern ausgegangen, von demselben Nation, welche im Bürgerkriege von 1861—1865 zuerst ausgiebigen Gebrauch von den Torpedos gemacht hat. Seit dem zweitenmal Jahrzehnten, dass wir das Torpedoboot als selbstständige Kriegsschifftype kennen, hat es mannigfache Wandlungen durchgemacht. Seine Dimensionen haben sich verdreifacht, seine Fahrgeschwindigkeit nahezu verdreifacht. Früher mit einer 100 PS Maschine und einem Locomotivkessel ausgerüstet, hat es heute mächtige Wasserröhrkessel und eine Dreifach-Expansionsmaschine von 1600 PS an Bord, gar nicht zu reden von den Torpedojägern, die Maschinen bis zu 6000 PS besitzen.

Diese unaufhaltsame Entwickelung des Torpedobootes hat ihren Ursprung in dem Bestreben, die Fahrgeschwindigkeit und die höchste Stufe zu bringen. Die hauptsächlichste Aufgabe des Torpedobootes ist, das Angriffsobject womöglich im Dunkel der Nacht zu beschleichen, demselben eventuell vorauszueilen. Wird es vom Feinde entdeckt, so kann es nur bei Aufwendung höchster Geschwindigkeit entrinnen, denn es ist schon wehrlos gegen einen einzigen wohlgezielten Schuss, es schwere gegen den Hagel von Geschossen, mit welchen es von Schnellfeuergeschützen überschüttet werden würde.

Zu Gunsten der grossen Fahrgeschwindigkeit muss auf dem Torpedoboote Alles wegfallen, was schwer wiegt, deswegen ist auch die Gewandung des Schiffskörpers eine dünne. Ein auftreffendes Geschoss durchbricht nicht nur die Gewandung, sondern zerstört mit einem Male Dampfmaschine oder Dampfkessel und Alles, was um ihn herum liegt. So erging es dem spanischen „Terror", der bei Puerto Rico durch einen einzigen Schuss in's Oberdeck kampfunfähig gemacht wurde. Könnten nun auf dem Torpedoboot Dampfmaschine und Kessel wegfallen, so kann man vor Allem der Schlote entbehren und der hauptsächliche Anlass zur Zerstörung des Bootes fällt weg. Aber selbst angenommen, das entdeckte Boot würde trotz seiner geringen Sichtbarkeit getroffen, so kann ein Geschoss in einem elektrisch betriebenen Boote nicht so viel Verheerungen anrichten, als in einem Dampfboote.

Aber nicht nur allein die Nachtheile der emporragenden Rauchschlote, des entwickelten Rauches und der herausscheinenden Gluth werden bei einem Torpedoboote schwer empfunden, sondern auch das Geräusch, welches ein mit Dampf betriebenes Boot verursacht.

Die Vorzüge eines Torpedobootes, welches ausschliesslich nur mit Elektricität betrieben wird, sind mannigfache. Vor Allem

579

fallen die Rauchschlote weg, wodurch das Schiff an Sichtbarkeit verliert. Es entfallen Dampfmaschine und Dampfkessel, Dampfpumpen und Rohre, welche bisher ausser Ordnung gebracht werden können und ausserdem den Aufenthalt in den womöglich verschlossenen Räumen für die Mannschaft zu einer Hölle machen.

Die Manövrirfähigkeit des elektrischen Torpedobootes steht hoch über jener des Dampfbootes. Steuer, Aenderungen der Fahrgeschwindigkeit, sowie sämmtliche anderen Manöver können von einer Hand, resp. von einer Person besorgt werden, welche zugleich das Commando führt. Hier ist keine Art von Zwischensignal zwischen Oberdeck und Maschinenraum nothwendig, der Commandirende führt seine Befehle selbst aus. Die Bemannung des Bootes wird eine geringere, Maschinisten, Heizer und Wärter werden durch eine kleine Apparatentafel ersetzt. Bei bewegter See ist das Boot schwer von den Wellen zu unterscheiden, bei glatter See ragt es kaum merklich aus dem Wasser hervor. Es kann sich unbemerkt auf kurze Distanzen an das Angriffsobject heranwagen, und wird es schwer, es leichter entrinnen, weil es keinen Zielpunkt bietet.

Es fragt sich nun, wie sich die Verhältnisse auf einem elektrisch betriebenen Torpedoboot gestalten würden. Von allen anderen Bedingungen abgesehen, bestünde das Problem kurz darin, Kohle, Dampfmaschinen und Kessel durch ein gleiches Gewicht elektrischer Apparate zu ersetzen. Man würde mehrere elektrische Motoren und eine Accumulatorenbatterie vorzusehen haben, welche ungefähr dasselbe Gewicht hätten, als die zu ersetzenden Dampfapparate. Es ergibt sich dann, dass unter gleichen Verhältnissen in ein Dampftorpedoboot viermal mehr Energie eingelagert werden kann, als in ein elektrisches Accumulatorenboot. Beispielsweise könnte ein Dampftorpedoboot bei einer Geschwindigkeit von 22 Knoten eine Strecke von 4000 Seemeilen durchfahren, bevor sein Kohlenvorrath erschöpft wäre, während das elektrische Boot schon nach 1000 Meilen der Erschöpfung nahe wäre.

Es wird sich daher beim elektrischen Torpedoboot vor Allem darum handeln, das Gewicht der mitzunehmenden Accumulatoren herunterzusetzen. Es ist dies keine Sache der Unmöglichkeit. Freilich muss man wieder bedenken, dass, je leichter ein Accumulator gebaut ist, er desto kürzere Lebensdauer hat. Aber Dauerhaftigkeit wird selbst beim Dampftorpedoboot nicht verlangt.

Es fragt sich nun auch, ob es denn überhaupt nothwendig ist, dass das elektrische Torpedoboot eine solch' hohe Fahrtgeschwindigkeit besitzen müsse. Nachdem es weniger Chancen hat, im Entdeckungsfalle der mitzunehmenden abzuentrinnen, kann es auch eine geringere Geschwindigkeit einschlagen. Aber selbst wenn anzunehmen wäre, dass Elektricität für Torpedofahrzeuge grösserer Classe, für Torpedokreuzer oder Torpedojäger vorläufig noch keine Verwendung finden könne, so ist doch die Anwendung der Elektricität für sogenannte Hafenvertheidigungsboote jedenfalls nicht nur möglich, sondern geradezu geboten. Bei Blockade eines Hafens durch eine feindliche Flotte ist das elektrische Torpedoboot ein fürchtbarer Gegner der Belagerer, weil es fast unbemerkbar herankommen und fast unsichtbar entrinnt. Will man es eventuell auf hoher See verwenden, so könnte es ja, wenn es nicht an Bord eines grossen Kriegsschiffes mitgeführt wird, von einem Fahrzeuge bis auf eine gewisse Distanz in's Schlepptau genommen werden, könnte dann allein operiren und sobald es seine Mission vollendet hat, wieder zu seinem Schleppschiff zurückkehren. Jedenfalls ist das elektrische Torpedoboot mit so viel Vorzügen ausgestattet und kann mit so viel Erfolg verwendet werden, dass es in der Kriegsmarine bald einen bedeutenden Platz einnehmen wird.

Bei Besprechung des elektrischen Torpedobootes gelangen wir naturgemäss zur Frage des unterseeischen Torpedobootes. Der Gedanke, ein unter Wasserlinie gehendes Boot zu schaffen, ist nicht neu, denn es hat ihn Bushnell schon im Jahre 1771 auszuführen versucht. Im Jahre 1851 baute Phillips ein unterseeisches Boot mit comprimirter Luft und Wasserbehältern; im Bürgerkriege der nordamerikanischen Staaten gegen die Südstaaten wurde das Kriegsschiff „Housatonie" durch ein mit Hand betriebenes unterseeisches Boot zerstört. Im Jahre 1863 wurde in Frankreich ein unterseeisches Boot „Le Plongeur" nach Angaben des Admirals Bourgeois und des Ingenieurs Brun gebaut, wobei hauptsächlich comprimirte Luft als Betriebskraft in Anwendung kam. Diesem folgten in anderen Ländern auf ähnlichen Principien angewendete Boote, worauf in den Siebzigerjahren das Boot „Peacemaker" erschien, in welchem zum ersten Male elektrische Motoren und Accumulatoren in Anwendung gebracht wurden. Die zahlreichen unterseeischen Boote, welche hierauf folgten, zum Beispiel die Gaubet's in Frankreich, Nordenfeldt's in England, Peral's in Spanien, Holland's in Nordamerika u. s. w. wiesen alle eine ausgedehnte Verwendung der Elektricität auf.

Ein unterseeisches Torpedoboot, von welchem in den jüngsten Tagen viel gesprochen wurde, heisst „Holland" und ist von der Holland Torpedoboat Company für Rechnung der Vereinigten Staaten gebaut worden, nachdem bereits im Jahre 1897 ein ähnliches Boot „The Plunger" für die gesammte Kriegsmarine hergestellt wurde.[*] In dieser Construction sind zweierlei Betriebskräfte vorgesehen, nämlich: eine 50 PS-Gasolin-Maschine für die Zeit, während das Boot über Wasser geht, und ein ebenso starker elektrischer Motor, welcher in Action tritt, sobald das Boot unter Wasser versenkt wird. Das Boot hat eine Länge von 53 Fuss, seine grösste Breite beträgt 10 Fuss. Seine Fahrtgeschwindigkeit beträgt ungefähr 10 Knoten und wird natürlich angenommen, dass dieses Fahrzeug nur zur Vertheidigung von Häfen oder Küste in Frage kommen könne. Man könnte dieses Boot mit einem grossen automobilen Torpedo vergleichen, in welchem Platz genug für einige Mannschaft vorhanden ist, deren Intelligenz das ersetzt, was dem abgelassenen und sich von selbst weiter bewegenden Torpedo zur Sicherheit seines Zieles fehlt.

Als dieses Boot und sein unmittelbarer Vorgänger construirt wurden, hat man bei demselben der Elektricität eine secundäre Rolle angewiesen, weil man ihr eben für Kriegszwecke noch nicht genügend vertraute. Der elektrische Betrieb tritt erst in Action, wenn das Boot von der Wasseroberfläche verschwindet. Erst von diesem Momente angefangen, unterbricht der bisher in Wirksamkeit gewesene Gas- oder Petroleum-Motor seine Thätigkeit, erst dann wird der Schlot in das Innere des Bootes zurückgezogen und luftdicht verschlossen, so dass nur ein niederer Stumpf über den Oberdeckpanzer hervorragt.

In der heutigen Zeit, in welcher die Flüssigmachung der Luft eine fabriksmässige Ausbeutung findet, ist ein unterseeisches Boot keine praktische Unmöglichkeit. Die wichtigste Frage liegt in der Stabilität des unter Wasser gehenden Bootes; es soll ein unveränderliches Gravitationscentrum haben, welches sich auch dann nicht ändert, wenn das Boot untertaucht. Das Boot soll schnell zur Oberfläche kommen und ebenso schnell von derselben wieder verschwinden können und dabei doch immer seinen Schwerpunkt beibehalten.

Ein solches Boot kann ganz nahe zu dem Objecte gelangen, dass der Zerstörung anheimfallen soll, es kann den Torpedo an der schwächsten Stelle des anzugreifenden Schiffes ansetzen. Dadurch, dass das unterseeische Torpedoboot ganz in die Nähe des Angriffsobjectes gelangen kann, wird auch die Construction der Torpedos vereinfacht, denn diese letzteren werden nun leichter zu behandeln sein, je kürzeren Weg sie zurücklegen müssen.

Es mag noch gewisse Zeit dauern, bevor die elektrische Torpedoboot die jetzt üblichen Typen ersetzt haben wird; aber dass das Dampf-Torpedoboot von heute auf den Ausserdienst-Etat gesetzt wird, das ist gewiss. Die elektrische Triebkraft hat beispielsweise fast alle andersartige Betriebskraft von den Kleinbahnen verdrängt und die Zeit ist nicht mehr fern, wo sie auch bei den Vollbahnen dominiren wird. Ebenso wird die elektrische Betriebskraft auch in der Navigation jede andere Kraft verdrängen.

Jedenfalls hat der jüngste Krieg erwiesen, dass die Rolle, welche der Elektricität heute in der Kriegsmarine eingeräumt ist, eine zu bescheidene ist. Auf manchen Kriegsschiffen findet man wohl elektrische Beleuchtung, elektrische Signale und Scheinwerfer, aber verhältnismässig wenige haben von der elektrischen Kraftübertragung Gebrauch gemacht.

Als ein Ereignis von besonderem Interesse mag es betrachtet werden, dass im jüngsten Kriege die Elektrotechniker zum ersten Male als eine gesonderte technische Truppe auftraten. Die Idee, ein getrenntes Elektriker-Freiwilligencorps aufzustellen, wurde in Amerika schon im Jahre 1890 von Lieutenant Piske propagirt, ohne dass sie aber zur Verwirklichung gekommen wäre. Später wurde die Idee in England wieder aufgegriffen, ohne jedoch in eine getrennte elektrotechnische Truppe auszulaufen. Erst im spanisch-amerikanischen Kriege wurde sie thatsächlich verwirklicht und hat dieses freiwillig zusammengetretene und ziemlich unabhängig operirende Truppe werthvolle Dienste geleistet.

Ein Militär-Elektrikercorps kann jedenfalls die bereits bestehenden technischen Truppengattungen completiren. Die Anwendungen der Elektricität sind so mannigfache, dass man sie nicht mehr alle in anderen Metiers unter einen Hut bringen kann. Die elektrotechnische Industrie ist heute schon so grossartig entwickelt, eine Menge junger Leute zur Ausrüstung kommen, die bereits eine praktische Ausbildung in Elektricitätsfache genossen haben. In ein besonderes elektrotechnisches Corps eingereiht, könnten sie nicht nur ihre militärische Ausbildung erlangen, sondern sich auch in ihrem Metier vervollkommnen, was später dann auch für die elektrotechnische Industrie ein

D. R.

*) Vergl. die „Mittheilungen aus dem Gebiete des Seewesens" Nr XI, S. 1003: „Holland's neues unterseeisches Torpedoboot", welche genaue und vollständige Details hierüber enthalten.

Segen wäre. Dass eine solche Truppe ausserordentlich nützliche Dienste zu leisten vermöchte, das leuchtet von selbst ein.

Wir beschliessen die vorstehenden Ausführungen des Herrn v. Fodor mit einer soeben aus New-York gekommenen Meldung, welche wir nur wegen ihrer auffallenden Merkwürdigkeit und mit allem Vorbehalte hier wiedergeben. Unserem berühmten Landsmanne, Nicola Tesla, soll es nämlich gelungen sein, das Telegraphiren ohne Draht soweit auszubilden, dass die elektrischen Ströme, welche er durch die Luft aussendet, auf weite Entfernung hin mechanische Wirkungen ausüben und auch sogar als Waffe zur Kriegführung dienen können. Tesla, so heisst es, erzeugt elektrische Ströme von enormer Spannung, und die Wellen dieser dann ausgesandten Ströme vermögen jede mechanische Vorrichtung, die zur Lenkung oder Bewegung irgend eines Schiffes oder Fahrzeuges zu Lande dient, in meilenweiter Entfernung zu beeinflussen. Der Erfinder zeigt das Modell eines Schiffes, bei dem sämmtliche Bewegungen dadurch dirigirt werden, dass man in einem anderen Theile des Zimmers eine Kurbel, welche mit dem Schiffe ohne Vermittlung irgend einer anderen Leitung als die den Raum füllende Atmosphäre verbunden sind, in der einen oder anderen Richtung umdreht. Damit beweist Tesla, dass es keine Vorrichtung an Bord eines Kriegsschiffes gibt, welche nicht vermittelst einer kleinen Kurbel, welche Meilen weit davon entfernt sein mag, gelenkt und geleitet werden kann. In der Pariser Weltausstellung will Tesla ein Torpedoboot ausstellen, das er in allen seinen Bewegungen durch elektrische Ströme lenkt, die er ohne Draht von New-York aussendet. Eine solche Erfindung würde natürlich eine vollständige Umwälzung aller heutigen Methoden der Kriegführung bedeuten. Tesla behauptet z. B. imstande zu sein, die Sprengstoffe, die sich an Bord eines Kriegsschiffes befinden, von weiter Ferne her zur Explosion zu bringen. Der Erfinder erklärt ferner, nach seiner Methode könne ein einziges unbewaffnetes, schnellfahrendes Schiff, dem eine Truppe von kleinen Schiffen beigegeben ist, welche sämmtlich von dem grösseren Schiffe aus geleitet und gelenkt werden, eine ganze feindliche Flotte zerstören, ohne annähernd in Schussweite zu kommen. Ferner glaubt Tesla, er könne durch solche elektrische Fahrzeuge Sprengstoffe in einen feindlichen Hafen schicken und sie dann dort explodiren lassen. Am Schlusse seiner Patentschrift soll Tesla erklärt haben: „Die grösste Bedeutung meiner Erfindung beruht in ihren Wirkungen auf Kriegführung und Rüstungen, denn sie wird infolge ihrer sicheren und unbeschränkten Zerstörungsfähigkeit dahin wirken, den ewigen Frieden unter den Völkern herbeizuführen und zu erhalten." Wie viel an diesen schönen wie phantastischen Besprechungen wahr ist, wird abzuwarten sein!

KLEINE MITTHEILUNGEN.

Verschiedenes.

Carbidfabriken in Oesterreich. Es werden gegenwärtig im Süden Oesterreichs drei Carbidfabriken gebaut, welche alle mittelst Wasserkraft betrieben werden. Die eine Fabrik wird von der Acetylen-Gesellschaft in Partschins oberhalb Meran (Tirol) errichtet und arbeitet mit 2000 PS. Dieselbe bezieht ihren Strom von den „Etschwerken", d. i. dem Elektricitätswerke, welches die Firma Ganz & Comp. auf Kosten der Städte Bozen und Meran im vorigen Jahre zur Beleuchtung der beiden Städte erbaut hat und das eine Wasserkraft von 6000 PS ausnützt. Die „Etschwerke" besitzen zwei Stück 1200pferdige Turbinen, direct gekuppelt mit Drehstrom-Dynamos und es werden eben zwei weitere 1200pferdige Garnituren für die Bedürfnisse der Carbidfabrik aufgestellt. Der Drehstrom wird „den Etschwerken" mit einer Spannung von 3900 Volt zur Carbidfabrik geführt und dort die Spannung mittelst Transformatoren auf circa 88 Volt herabgemindert. Die Carbidfabrik wird von der Firma Ganz & Comp. nach dem Patente der Herren Gin & Leleux in Paris ausgeführt. Die Acetylen-Gesellschaft hofft Mitte November mit dem Betriebe zu beginnen. Die Anlage wird unter Leitung des Herrn Ingenieur Ross erbaut; die Turbinen sowie die elektrischen Maschinen, Motoren und Transformatoren werden von der Firma Ganz & Comp. geliefert. Eine zweite Carbidfabrik baut eine venetianische Gesellschaft in Paternion (Kärnten) mit 1800 PS, eine dritte der Reichsraths-Abgeordnete Ritter von Supuk mit vorläufig 300 PS bei den Kerka-Wasserfällen bei Sebenico in Dalmatien. Auch für die beiden letztgenannten Carbidfabriken werden die Turbinen und elektrischen Maschinen von der Firma Ganz & Comp. geliefert.

Die Verwendung elektrischer Locomotiven macht immer weitere Fortschritte. Etwas merkwürdig berührt eine diesbezügliche Nachricht der „B. B. Ztg." aus dem „Dingler's Polytech-

nischen Journal", wonach auf dem grossen Endbahnhofe in Boston in Zukunft nur elektrische Locomotiven verkehren werden, und zwar hauptsächlich aus hygienischen Gründen. Es werden nämlich die Dampflocomotiven, die die Eisenbahnzüge nach Boston herein führen, in einer Entfernung von etwa 3 Kilometer vor dem Bahnhofe durch elektrische Locomotiven abgelöst, die den Zug dann in den Bahnhof hinein bringen, ebenso werden die Züge durch Elektricität aus der Stadt hinausbefördert. Natürlich ist mit dem Locomotivwechsel, abgesehen von den erhöhten Kosten, auch ein Zeitverlust verbunden. Der Vortheil, den man trotzdem als überwiegend betrachtet, besteht darin, dass der Bahnhof und seine Umgebung von dem Rauch und dem Geräusch der Dampflocomotiven befreit wird und vor Allem die Bahnhofshallen nicht mehr unter dem zerstörenden und verunreinigenden Einflusse der Locomotivgase zu leiden haben. Besonders empfehlenswerth erscheint dieses Verfahren für solche Bahnhöfe, wo die einfahrenden Züge einen Tunnel zu durchfahren haben, weil in den Tunnels beim Dampfbetriebe immer eine schlechte Luft herrscht. Ferner wird die elektrische Locomotive in Amerika bereits auch für schwere Güterzüge verwendet, z. B. bei dem Verkehr zwischen den Eisenbahnstationen in New-Jersey und den Anlegeplätzen der transatlantischen Dampfer in Hoboken. Diese elektrischen Locomotiven laufen auf vier Achsen, von denen jede mit 135 PS getrieben wird, so dass die ganze Locomotive eine Arbeit von 540 PS leistet.

Die deutsche Militärbehörde hat Versuche mit einem neu construirten „Beleuchtungswagen" anstellen lassen, die nach der „Danz. Ztg." günstige Resultate ergeben haben. Der Beleuchtungswagen besteht aus einem vierrädrigen Kasten, ähnlich dem Munitions- und Krankenwagen der deutschen Armee, und dient dazu, das Schlachtfeld elektrisch zu beleuchten, was vor Allem für das Aufsuchen von Verwundeten von grösster Bedeutung sein dürfte. Zu diesem Zwecke enthält er einen fünfpferdigen Petroleummotor, System der Daimler'schen Motorengesellschaft in Cannstadt, der den Vorzug hat, unabhängig aller Orten zu functioniren. Der Motor ist in drei Minuten angeheizt und arbeitet 15 Stunden, eine neue Nenfüllung des Petroleumreservoirs nöthig wird. Die Betriebskosten sind gering. In Verbindung hiemit steht nur eine Dynamomaschine von 65 V und 40 A (aus der Maschinenfabrik Esslingen), die ihrerseits einen von Siemens & Halske construirten Scheinwerfer bedient, der mit seinem gewaltigen Reflector das Licht stark und weit zu werfen imstande ist. Der ganze Apparat ist verhältnissmässig sehr leicht, ohne viel Platz in Anspruch zu nehmen; der Wagen führt sogar noch alle erforderlichen Mastapparate und Gerätschaften, sowie vier eiserne Lampenmasten mit, die bestimmt sind, vier Bogenlampen (à 800 NK) zu tragen, um bei Einrichtung eines fliegenden Lazareths u. dgl. gleich ein ruhiges und gleichmässiges Licht zur Verfügung zu haben.

Bedienstete elektrischer Bahnen. Anlässlich eines gerichtlichen Erkenntnisses, laut dessen ein in Ausübung seines Dienstes begriffener Verkehrsbeamter der elektrischen Tramway in Baden als Amtsperson erklärt wurde, hat das k. k. Eisenbahnministerium über die Anfrage einer Unterbehörde derselben eröffnet, dass in dieser gerichtlichen Anschauung vollständig beipflichte und dass die Bediensteten sämmtlicher gesetzlich ausdrücklich als Kleinbahnen bezeichneten elektrischen Strassenbahnen, sohin auch der elektrisch betriebenen Linien der Wiener Tramway-Gesellschaft, im Dienste als Amtspersonen zu behandeln seien.

Eine Riesenuhr ist nach der „Etincelle électrique" am Bahnhof der Liverpoolstrasse in London aufgestellt worden, dem Endpunkte der grossen Osteisenbahn. Die Uhr wurde von dem Elektrotechniker Stockhall von Clerkenwell gebaut und dürfte sowohl in ihrer Grösse, wie in ihrer Einrichtung kaum einen Nebenbuhler auf der Welt besitzen. Sämmtliche übrigen Uhren der 624 Bahnhöfe des Schienennetzes der grossen Osteisenbahn sind mit der Riesenuhr verbunden und werden durch diese im richtigen Gang erhalten, sie werden durch denselben elektrischen Strom regulirt und erhalten ihre Bewegung von demselben Apparate, so dass ihr Gang ein völlig gleichmässiger ist. An der Riesenuhr ist eine grosse Zeigertafel angebracht, die die geringsten Störungen im Umgange und die kleinsten Abweichungen von der richtigen Zeit bis zu Bruchtheilen der Secunde für jeden beliebigen Punkt des Eisenbahnnetzes anzeigt. Die Genauigkeit der Uhr ist eine so vollkommene, dass sie seit ihrer Aufstellung am 15. Juni d. J. nicht über 1/150 Minute betragen hat. Das Zifferblatt hat einen Durchmesser von 6·5 m, die Minuten sind durch Striche so gross wie eine Handfläche abgetheilt und der kleine Uhrzeiger wiegt allein beinahe 75 kg.

Verkehr der österr.-ungar. Eisenbahnen mit elektrischem Betriebe im III. Quartal 1898, und Vergleich des Verkehres und der Einnahmen des Jahres 1898 mit jenen des Jahres 1897.*)

Benennung der Eisenbahn	Durchschnittliche Betriebslänge im III. Quartal (km) 1898	1897	Spurweite (m)	Beförderte Personen im Monate: Juli	August	September	Die Einnahmen für Personen und Gepäck bezogen im Monate: Juli	August	September	Vom 1. Jänner bis 30. September Personen befördert	Die Einnahmen betragen vom 1. Jänner b. 30. September 1898	1897
a) Oesterreich.												
Bielsn—Wisłau	8·08	8·03	normal	141.437	198.360	117.011	16.817	17.593	19.607	569.616	64.683	60.712
Bielitz—Zigeunerwald	4·84	4·84	1	64.356	53.380	51.947	4.340	5.234	2.815	297.220	27.581	25.988
Czernowitzer Strassenbahn	6·49	6·49	1	56.632	127.022	83.519	3.214	7.197	4.618	730.741	40.704	39.702
Gmunden Bahnhof–Stadt	2·53	2·53	1	14.199	17.985	13.236	1.999	2.616	1.700	85.854	11.014	10.758
Graz–Maria Trost (Pölling)	5·94	—	1	63.533	68.806	72.069	16.706	9.174	10.005	461.681	62.723	—
Leuberger elektrische Eisenbahn	8·33	8·33	1	416.453	398.793	379.909	22.488	21.387	20.079	3,276.039	175.399	170.542
Linz–Urfahr	5·96	3·10	0·9	171.168	185.598	185.738	16.469	16.275	18.610	1,987.414	111.801	19.992
Mödling—Brühl	4·43	4·43	1	73.724	78.677	56.944	9.536	9.342	6.762	868.276	44.281	43.566
Prager Strassenbahnen	7·78	2·82	normal	471.998	460.967	**)	19.450	18.815			**)	**)
Prag–Vysočan mit Abzweigung Lieben	8·45	5·54	k. s.	135.749	137.023	149.504	8.972	9.040	9.598	1,116.773	71.763	66.623
Prag (Bettwalrov)–Anhang (Thiergarten)	0·69	1·37	k. s.	8.051	6.040	8.383	463	455	268	35.192	2.792	2.860
Prag (Smíchov)—Košíř	1·69	1·69	1	80.831	79.452	78.735	2.637	2.570	2.621	687.027	21.981	11.117
Reichenberger elektrische Strassenbahn	3·41	2·80	1	102.895	115.238	83.493	5.958	6.719	4.893	805.434	47.276	9.645
Teplitz–Eichwald	8·93	8·93	1	93.490	107.217	90.957	10.129	11.294	8.628	781.956	73.080	62.967
Wien–Kagran (Theilstr. Vorgartenstrasse—)	2·20		normal	44.819	34.541	26.579	3.832	3.564	3.051	195.854	10.258	
K. k. Militär-Schiess-stätte												
Summe	77·00			3,830.800 +)470	3,360.079 +)688	3,251.644 +)799	276.546 +)117	277.061 +)173	264.272 +)290	27,044.890 +)15.399	2,188.174 +)11.509	2,080.492 +)15.896
b) Ungarn.												
Budapester Strassenbahn (elektrische)	48·2	46·6	normal	1,469.708	1,507.533	1,540.391	113.913	112.544	115.878	14,156.062	1,057.528	1,104.564
Budapester elektrische Stadtbahn	28·1	26·5	r. c.	955.270	957.143	957.791	25.714	25.714	25.779	2,543.943	254.394	275.189
Franz Josef elektr. Untergrundbahn (Budapest)	3·7	3·7	r. c.									
Budapest–Neupest (Kőbányaer) elektrische Strassenbahn	12·7	12·7	r. c.	271.469	271.872	264.932	19.611	19.688	18.459	2,933.384	159.690	148.178
				+)11.195	+)11.815	+)8.922	+)1.561	+)1.657	+)1.206	+)84.297	+)11.684	+)10.651
Budapest Umgebung elektrische Bahn	4·6	4·6	r. r.	33.935 +)1.005	34.604 +)684	27.422 +)1.251	2.135 +)705	2.162 +)340	1.721 +)180	296.439 +)78.416	14.191 +)4.178	13.192 +)5.444
Miskolczer elektrische Stadtbahn	7·3	7·5	r. c.	55.462	60.546	51.948	4.215	4.637	4.089	441.392	34.543	14.026
Pressburger elektrische Stadtbahn	6·2	6·3	r. c.	106.088	114.452	102.802	7.648	8.356	7.869	826.177	61.343	41.607
Szabadkaer (Maria Theresiopel) elektrische Stadtbahn	10·2	7·8	r. c.	66.929	77.919	37.521	6.838	7.867	3.628	327.950	84.057	3.413
Szombathelyer (Steinamanger) elektr.-elektrische Bahn	2·1	2·1	r. c.	23.865	27.264	21.900	1.865	1.556	1.255	192.664	11.098	6.733
Summe	123·1									440.887 +)53.648	36.179 +)21.365	33.781 +)17.905
c) Bosnien.												
Stadtbahn in Sarajevo	5·7	4·9	0·76									

*) Vergl. H. 34, S. 501. — **) Für einen Monat liegen keine Ausweise vor. — +) Procentangaben, bezw. d.

M.-Z.

Ausgeführte und projectirte Anlagen.

Oesterreich-Ungarn.

a) Oesterreich.

Graz. (Elektrische Kleinbahnen von Graz nach Gösting und von Graz nach Fernitz mit einer Abzweigung von dem letztgenannten Orte zum Vorplatze der Südbahnstation Kalsdorf.)

Das k. k. Eisenbahnministerium hat dem Ingenieur Ludwig Philipp Schmidt in Graz die Bewilligung zur Vornahme technischer Vorarbeiten für normalspurige, mit elektrischer Kraft oder einem anderen mechanischen Motor zu betreibenden Kleinbahnen

a) von Graz nach Gösting und b) von Graz über Liebenau, Engelsdorf, Neudorf, Thondorf und Hausmannstätten nach Fernitz mit einer Abzweigung von dem letztgenannten Orte bis zum Vorplatze der Südbahnstation Kalsdorf im Sinne der bestehenden Normen auf die Dauer eines Jahres ertheilt.

(Elektrische Bahnen). Das k. k. Eisenbahnministerium hat dem Verwaltungsrathe der Grazer Tramway-Gesellschaft die Bewilligung zur Vornahme technischer Vorarbeiten für die nachfolgend bezeichneten normalspurigen, mit elektrischer Kraft zu betreibenden Bahnlinien, u. zw.: 1. von der Grenze des Grazer Stadtgebietes nach Eggenberg; 2. von der Grenze des Grazer Stadtgebietes nach Andritz; 3. vom Central-Friedhofe nach Puntigam und 4. vom Lendplatze durch die Wienerstrasse nach Gösting auf die Dauer von sechs Monaten ertheilt.

Mariazell. (Elektrische Bahn). Das k. k. Eisenbahnministerium hat dem Wilhelm Rziczek, Eisenbahnbau-Unternehmer in Wien, die Bewilligung zur Vornahme technischer Vorarbeiten für eine normalspurige, mit Dampf- oder elektrischer Kraft zu betreibende Bahnlinie niederer Ordnung mit reinem Adhäsions- oder eventuell mit gemischtem (Adhäsions- und Zahnstangenbetriebe) von Kernhof oder einem anderen geeigneten Punkte der Staatsbahnlinie Scheibmühl-Kernhof über Mariazell nach Gusswerk auf die Dauer eines Jahres ertheilt.

Triest. (Städtisches Elektricitätswerk. Im Nachhange zu unseren an gleicher Stelle gebrachten Mittheilungen in der Nr. 45 und 46 berichten wir: Am 1. November wurde das städtische Elektricitätswerk Triest in Betrieb gesetzt und an diesem Abende functionirte die Strassenbeleuchtung zum ersten Male.

Die Centrale arbeitet mit Dreiphasen-Wechselstrom von 2000 V Primärspannung und wurde von der Firma Ganz & Comp. in Budapest erbaut.

Die Centrale, welche auf dem Grundstücke der städtischen Gasanstalt errichtet ist, besteht aus dem Maschinenhause und dem Kessel- und Pumpenhause.

Im Kesselhause befinden sich jetzt 5 Tischbandkessel von je 135 m² Heizfläche und 11 Atmosph. Druck, ferner 3 Worthington-Pumpen und ein Wasserreinigungsapparat. Im Maschinenhause sind gegenwärtig 2 Tandemcompound-Dampfmaschinen mit Condensation fertiggestellt, welche mit je einer Drehstrommaschine direct gekuppelt sind. Jede Maschinengarnitur leistet 300 PS bei 105 Umdrehungen in der Minute. Die Dampfröhre sind der grösseren Sicherheit halber als Ringleitungen hergestellt. Diese beiden Maschinen dienen für die elektrische Beleuchtung und Kraftvertheilung in der Stadt.

Ausserdem werden noch drei Kessel, ferner zwei Gleichstrom-Dampfdynamos à 200 Kilowatt für den Betrieb der Strassenbahnen, endlich eine gemeinsame 500 pferdige Dampfdynamo aufgestellt, welch' letztere sowohl Drehstrom von 2000 V als auch Gleichstrom von 500 V liefern kann und als gemeinsame Reserve für Licht- und Strassenbahnbetrieb dienen soll.

Von der Centrale führt ein Canal von 500 m Länge bis zum Meere, aus dem das Condensationswasser entnommen wird.

Das grosse Schaltbrett mit allen für die Schaltung der Maschinen und des Netzes erforderlichen Apparate befindet sich in einem Vorsprunge des Maschinenhauses.

Von der Centrale, welche ausserhalb des Weichbildes der Stadt, in der Nähe der Lloydwerkstätten sich befindet, führen die Primärleitungen in die Stadt. Hier ist ausser der Primärleitung auch ein fast vollständiges Secundärnetz von 100 V Spannung verlegt.

Die Transformatoren und die Kabelschaltungsstellen sind in Transformatorenhäuschen, welche die Form von Plakatsäulen haben, untergebracht.

Die Strassenbogenlampen, vorläufig 100 Stück von je 16 bis 18 A haben in den Sockeln der Candelaber eigene kleine Transformatoren, welche von 100 V auf die Gebrauchsspannung der Bogenlampen, d. i. ca. 35 V, herabtransformiren und so jede Bogenlampe für sich ganz unabhängig ein- und ausschaltbar

machen. Mit der Durchführung des Werkes waren seitens der Stadt Triest der Director des städtischen Gaswerkes Ingenieur Sospisio, seitens der Firma Ganz & Comp. Ingenieur Cóltri betraut.

Deutschland.

Berlin. Dem Berichte der städtischen Verkehrsdeputation an den Magistrat über Untergrundbahnen entnehmen wir dem „Berl. Börs.-C." Folgendes von allgemeinem Interesse. Von der Gesellschaft für den Bau von Untergrundbahnen wurde der Probetunnel unter der Spree zwischen Treptow und Stralau im Verwaltungsjahre 1897/98 nahezu fertiggestellt. Die Gesellschaft will durch Herstellung dieser Probestrecke den Beweis erbringen, dass auch bei den dortigen ungünstigen Bodenverhältnissen die Anlage von Untergrundbahnen nach ihrem System innerhalb der Stadt möglich sei. Dieser Beweis ist nicht erbracht. Bei der Herstellung des Tunnels traten vielmehr derartige Senkungen des Erdbodens ein, dass es unzulässig erscheint, eine gleichartige Anlage in der Nähe oder gar unmittelbar unter bewohnten Häusern zu gestatten. Es muss auch in Abrede gestellt werden, dass die Anlage von Untergrundbahnen nach dem vorgeführten System in grösserem Umfange wirthschaftlich durchführbar sei, da der kurze Spreetunnel (453 m) ein Baucapital von 1,900.000 Mk. beansprucht hat. Gleichwohl muss der hohe technische Werth des durch die Herstellung des Spreetunnels ausgeführten Versuches rückhaltlos anerkannt werden.

Am 9. d. M. fand in Gegenwart von zahlreichen Sachverständigen und Vertretern verschiedener Behörden die öffentliche Erprobung eines Accumulatoren-Omnibus vom Bahnhof Thiergarten nach Charlottenburg-Westend seitens der Neuen Berliner Omnibus-Gesellschaft statt. Das Versuchsobject war ein vollbesetzter Decksitzwagen von mehr als 8000 kg Gewicht, den nur ein Führer lenkt. Es galt die Lenkfähigkeit dieses Wagens schwersten Kalibers darzuthun, deren Fortbewegung zwei Motoren von je 5 PS bewirken. Die Steuerung geschieht mittelst eines dritten Motors, der die Drehungen des Vordergestelles beim Ausweichen und Wenden des Wagens zu vermitteln hat. Der von der „Union" erbaute Omnibus legte die Probe glatt ab. Auf der Fahrt nach Charlottenburg, die mit einer Geschwindigkeit von 12 km per Stunde zurückgelegt wurde überwand er leicht alle Schwierigkeiten, die ihm der lebhafte Strassenverkehr bereitete. Auch das Umwenden des schweren Wagens erfolgte mit Leichtigkeit. Nachdem nun die Probefahrten ihren Abschluss gefunden haben und die Leistungsfähigkeit eines schienenlosen elektrischen Wagens auf jeder Art Pflaster nachgewiesen ist, beabsichtigt nunmehr die Gesellschaft, dem Bau einer Anzahl elektrischer Omnibusse mit bestimmter Gewichtsgrösse in Auftrag zu geben. Seitens der Polizeibehörde wird der Einführung dieses Betriebes nichts in den Weg gestellt, sobald das Gewicht des Wagens eine vorgeschriebene Ziffer nicht überschreitet. Die Unterhaltung des elektrischen Wagens, Stromkosten und Amortisation dürften sich nach dem bisher angestellten Rechnungen gegenüber den Betriebsausgaben bei dem Betriebe mit Pferden wesentlich niedriger stellen, so dass die Durchführung des elektrischen Betriebes in materieller Beziehung für die Gesellschaft von Bedeutung wäre.

Der elektrische Betrieb wird bis Ende dieses Jahres noch auf den Linien Kastanienallee—Rixdorf, Hasenhaide—Gerichtstrasse, der Zwischenlinie Schlesischer Bahnhof—Gerichtsstrasse und schliesslich auf der Strecke Alexanderplatz—Rollendorfplatz zur Einführung gelangen. Der Betrieb auf den beiden erstgenannten Linien wird ausschliesslich mit oberirdischer Stromzuführung, auf der letzteren Linie im Weichselsystem bewirkt. Im Jahre 1899 findet auf den Linien Swinemünderstrasse—Manstenstrasse, Molkenmarkt—Weissensee und Behrenstrasse—Weissensee, Moritzplatz—Vielhof via Landsberger Allee, Kottbuser Thor—Schulzstrasse und Gesundbrunnen—Markneukeplatz die Umwandlung des Pferdebahnbetriebes in elektrischen statt.

Dresden. In diesen Tagen sind die Arbeiten für die elektrische Ausrüstung der elektrischen Bahn von Dresden nach Kötzschenbroda seitens der sächsischen Regierung vergeben worden, u. zw. hat unter den vielen Wettbewerb herangezogenen Firmen die A.-G. Elektricitätswerke vorm. O. L. Kummer & Co. den Zuschlag erhalten. Die elektrische Bahnlinie wird beim Bahnhof der Dresdner Strassenbahn in Mickten sich anschliessen und bis zum Bahnhof Kötzschenbroda führen, so dass eine directe Verbindung von Postplatz in Dresden bis in's Herz der Niederlössnitz, dem beliebten Ausflugsorte der Dresdener, geschaffen wird. Die Stromlieferung erfolgt von den derselben Gesellschaft gehörigen, im Lössnitzgrunde liegenden Elektricitätswerke.

Jena. (Elektricitätswerk.) Der Gemeinderath hat beschlossen, dem Anerbieten der Bank für elektrische Industrie in

Berlin, ein Elektricitätswerk und eine elektrische Bahn auf eigene Kosten zu bauen, zuzustimmen.

Karlsruhe i. B. (Karlsruher Strassenbahn.) Das badische Ministerium des Innern hat durch Verfügung vom 31. October die Concession zur Umwandlung des animalischen, bezw. Dampfbetriebes der Karlsruher Strassenbahn in elektrischen ertheilt, sowie den Bau und Betrieb von Erweiterungslinien genehmigt. Die Ausführung wird durch die Allgemeine Elektricitäts-Gesellschaft in Berlin erfolgen.

Russland.

Eisenbahnverbindung Lodz—Kalisch und Breslau—Warschauer Eisenbahn. Aus Breslau wird dem „Berl. Börsen-Cour." geschrieben: Die projectirten Bahnverbindungen in Polen, die Strecken Lodz—Kalisch und die Fortsetzung der Breslau—Warschauer Eisenbahn sind der Verwirklichung ein gutes Stück näher gerückt. In Kalisch haben bereits gegen Ende October die von Warschau gesandten Bau-Ingenieure mit den Spitzen der dortigen Behörden den Platz bestimmt, auf dem der künftige Bahnhof errichtet werden soll. An der Spitze der Bau-Ingenieure steht der Oberst im Generalstabe, Herr Tyzenhausen, der mit der Ausarbeitung des Projects der neuen Eisenbahnlinien betraut worden ist. Derselbe machte über seine Pläne und den gegenwärtigen Stand der Angelegenheit folgende Mittheilungen: Er beabsichtige, die neue Eisenbahn auf elektrischem Betrieb einzurichten und versichert, dass sein Project in aller Kürze zur Ausführung kommen werde. Er habe die kaiserliche Genehmigung, bezw. den Auftrag zum Entwurf der Linie erhalten, und zwar soll dieselbe folgende Ortschaften berühren: Warschau, Blonia, Sochaczew, Lowicz, Zgierz, Lodz, Pabianice, Lask, Zdunskawola, Sieradz, Blasski, Opotowek, Kalisch, Skalmierzyce (Anschluss an die preussische Linie Ostrowo—Krotoschin—Lissa) mit einer Abzweigung von Sieradz, Staroe, Lutatow, Wieruszow (Anschluss an die Breslau—Warschauer Eisenbahn Wilhelmsbrück, Kempen, Oels). Zur Erlangung der elektrischen Kraft sollen die Flüsse Weichsel, Warthe und Baura in Anspruch genommen werden und die Ausführung des Baues durch den Ingenieur Budnicki erfolgen; ausser dem Genannten sind noch mehrere Ingenieure mit Entwürfen verschiedener Pläne beauftragt, so dass diese Vorarbeiten in Kürze beendet und bis Ende April oder Mai k. J. schon revidirt und genehmigt sein dürften. Sofern die Genehmigung zum elektrischen Betriebe erfolgt, könnte der Personenverkehr schon 1900 eröffnet werden, wobei freilich vorerst provisorische Brücken über die Flussläufe angenommen sind. Die Projecte werden in der Hauptsache von dem amtlichen Special-Ingenieur Batnlnin geleitet. Aus diesen interessanten Mittheilungen des Oberst Tyzenhausen ist zu ersehen, dass an der Herstellung von Anschlusslinien an das preussische Eisenbahnnetz russischerseits eifrig gearbeitet wird und, was besonders bemerkenswerth, die Breslau—Warschauer Eisenbahn endlich volle Aussicht hat, den seit Jahrzehnten erstrebten directen Anschluss an die russisch-polnische Eisenbahn zu erreichen. Die Abzweigung Sieradz—Wieruszow, eine Strecke von nur 50 km, wird eine directe Linie von Breslau nach Warschau herstellen.

Patentnachrichten.

Mitgetheilt vom Ingenieur Victor Monath,

WIEN, I. Jasomirgottstrasse Nr. 4.

Classe **Deutsche Patentanmeldungen.***)

20. St. 5169. Stromabnehmer für elektrische Eisenbahnen mit Oberleitung. — Adolf Stiller und Paul Günther, Budapest. 25./9. 1897.

21. B. 22.722. Vorrichtung zum Laden von Sammelbatterien mit einem über die zwei Hälften der Batterie verzweigten Wechselstrom; Zus. z. Pat. 94.671. — Oscar Behrend, Frankfurt a. M. 18./5. 1898.

„ B. 23.783. Schaltung, um die normale Geschwindigkeit einer Gleichstromkraftmaschine ohne Aenderung der Klemmenspannung während den Speiseleitern zu vergrössern. — Reginald Belfield, London. 30./8. 1897.

„ E. 6012. Phasenmesser nach Ferraris'schem Princip. — Elektricitäts-Actien-Gesellschaft, vormals Schuckert & Co., Nürnberg. 7./7. 1898.

*) Die Anmeldungen bleiben zehn Wochen zur Einsichtnahme öffentlich aufgelegt. Nach § 24 des Patent-Gesetzes kann innerhalb dieser Zeit Einspruch gegen die Anmeldung wegen Mangel der Neuheit oder widerrechtlicher Entnahme erhoben werden. Das obige Bureau besorgt Abschriften der Anmeldungen und übernimmt die Vertretung in allen Einspruchs-Angelegenheiten.

Classe
21. K. 16.852. Wechselstromtriebmaschine mit einseitigen Verschiebungsspulen auf den Magnetpolen; Zus. z. Pat. 97.514. — Adolf Kolbe, Frankfurt a. M. 25./7. 1898.

„ S. 11.189. Ausführungsform der durch Patent 86.616 geschützten Schmelzsicherung mit Fallschirmen; Zus. z. Pat. 86.616. — Siemens & Halske, Actien-Gesellschaft, Berlin. 5./3. 1898.

75. S. 11.317. Apparat zur Elektrolyse von Flüssigkeiten mit innerhalb von Heizrohren angeordneten Elektroden. — Joachim Sirotkin, Kiselowka, Russland. 14./4. 1898.

20. G. 12.059. Signalvorrichtung zum Melden des Reissens von Zügen oder des Besetztseins einer Blockstrecke durch einen Zug. — Franz Goldberg, Breslau. 31./12. 1897.

„ S. 11.326. Sicherung von Signalen mit Drahtbetrieb und elektromagnetischen Kupplungen bei Drahtbruch. — Siemens & Halske, Actien-Gesellschaft, Berlin. 20./4. 1898.

21. St. 5302. Anrufvorrichtung für selbstthätige Fernsprechumschalter. — The Stowger Automatic Telephone Exchange, Chicago. 10./1. 1898.

30. L. 11.905. Vorrichtung für die Vibration-massage mit gleichzeitiger Anwendung des elektrischen Stromes. — Dr. Friedrich Wilhelm Liese, Lübeck. 15./1. 1898.

42. H. 20.375. Elektrischer Arbeiter Controlapparat. — Joh. Hirtz u. Serv. Peisen, Mariadorf, Rhld. 20./4. 1898.

20. F. 10.702. Stromabnehmer für elektrische Eisenbahnen mit Oberleitung. — Gustav Fritz, Cannstatt und Xaver Spiegel, Berg, Württ. 17./3. 1898.

„ W. 13.581. Stromzuführungseinrichtung für elektrische Bahnen mit Theilleiterbetrieb. — E. Ward, Perup. 5./1. 1898.

21. B. 21.774. Regelungs-vorrichtung für Bogenlampen. — Haydn Mozart Baker jr. und Arthur Woodward Fox, Brooklyn. 2./2. 1898.

20. G. 12.138. Vorrichtung zur Vermeidung fehlerhafter Registrirung bei mit periodischer Fortschaltung des Zählwerkes arbeitenden Elektricitätszählern. — Oscar Glatz, Furtwangen i. B. 5./5. 1898.

Deutsche Patentertheilungen.

Classe
20. 100.665. Schaltungseinrichtungen für elektrische Bahnen mit gemischtem Betriebe. — Siemens & Halske, Actien-Gesellschaft, Berlin. 1./10. 1897.

„ 100.666. Accumulatorkasten - Aufhängung. — The Electrical Vehicle Syndicate, Ltd. London. 7./12. 1897.

„ 100.668. Vorrichtung zur Geschwindigkeitsänderung bei elektrisch betriebenen Fahrzeugen. — C. T. J. Oppermann, London. 21./1. 1898.

„ 100.671. Hängearm zum Befestigen des Kabels an den Querdrähten bei elektrischen Bahnen. — W. A. Mc. Callum, Avondale, V. St. A. 20./4. 1898.

21. 100.672. Widerstandssäule für elektrische Ströme. — Siemens & Halske, Actien-Gesellschaft, Berlin. 9./6. 1896.

„ 100.673. Selbstthätiger Maximal- und Minimalschalter. — Elektricitäts-Actien-Gesellschaft, vormals Schuckert & Co., Nürnberg. 23./12. 1897.

„ 100.675. Widerstandsregelungskörper für Glühlampen. — Elektricitäts-Actien-Gesellschaft, vormals Schuckert & Co., Nürnberg. 23./4. 1898.

„ 100.704. Thermoelement. — Hartmann & Braun, Frankfurt a. M.-Bockenheim. 1./6. 1898.

„ 100.743. Inductions-Messgeräth für Dreiphasenstrom. — C. Raab, Kaiserslautern. 20./5. 1897.

„ 100.749. Verfahren zum Anlassen von Wechselstrom-Motoren; Zus. z. Pat. 99.918. — A. Heyland, Frankfurt a. M. 28./1. 1898.

„ 100.776. Elektrische Sammelbatterie. — A. Tribelhorn, Buenos-Ayres. 6./11. 1897.

26. 100.783. Aufhängevorrichtung für Glühlichtlampen. — W. R. Clay und R. Wabnsley, Bolton, Engl. 12./9. 1897.

40. 100.785. Elektricität. — G. D. Boynton, Boston. 28./11. 1897.

12. 100.786. Verfahren zur Darstellung von Schwefelmetallen auf elektrolytischem Wege. — J. W. Richards und Ch. W. Roepper, Bethlehem, Penns. V. St. A. 27./4. 1898.

20. 100.823. Weichenzungenverriegelung mit getrenntem Antriebe für Verriegelung und Entriegelung. — Siemens & Halske, Actien-Gesellschaft, Berlin. 23./3. 1898.

„ 100.802. Ein zwei oberirdische Contactleitungen beschleifender Stromabnehmer für elektrisch betriebene Fahrzeuge. — Brown-Boveri & Co., Baden Schweiz und Frankfurt a. M. 6./5. 1898.

Classe
21. 100.824. Abzweigstromschalter für zu Starkstromleitungen angeschlossene Schwachstromanlagen. — Dr. L. Gottscho, Charlottenburg. 24./6. 1897.
„ 100.825. Voltametrischer Ladomelder für Sammelbatterien. — F. Cremer, Charlottenburg. 26./1. 1898.
„ 100.826. Verfahren zum Betriebe einer Steuerruder- oder Hebemaschine mittelst Differentialgetriebes; 1. Zus. z. Pat. 91.613. — J. A. Essberger und Union-Elektricitäts-Gesellschaft. Berlin. 20./3. 1898.
„ 100.828. Spulenlagerung für Galvanometer nach Deprez-d'Arsonval. — Keiser & Schmidt. Berlin. 29./3. 1898.
„ 100.829. Messgeräthe für Wechselströme. — Elektricitäts-Actien-Gesellschaft, vorm. Schuckert & Co., Nürnberg. 18./6. 1898.
„ 100.878. Elektrischer Sammler. — Accumulatoren-Fabrik „Maarssen", Maarssen, Holland. 4./11. 1897.

Geschäftliche und finanzielle Nachrichten.

Fusion deutscher Elektricitäts-Gesellschaften. Das von uns im vorigen Hefte gemeldete Fusionsproject ist gescheitert. Gleichwie die zu Beginn des Jahres 1897 stattgefundenen Verhandlungen zwischen der Allgemeinen Elektricitäts-Gesellschaft mit Ludwig Loewe & Comp., mit der Union E.-G. in Berlin im letzten Augenblicke scheiterten, so ist auch die jetzt geplante Vereinigung der E.-A.-G. vorm. Schuckert & Comp. mit der A.-G. Ludwig Loewe & Comp. nicht zu Stande gekommen. Angeblich, weil der Aufsichtsrath der Nürnberger Gesellschaften bei der letzten Berathung seine Zustimmung zur Fusion nicht gegeben hat.

Elektrische Licht- und Kraftanlagen-Actien-Gesellschaft Berlin. Ueber das erste Geschäftsjahr dieser Gesellschaft, umfassend die Zeit vom 2. December 1897 bis 30. September 1898, liegt der Verwaltungsbericht vor. Wir entnehmen demselben Folgendes: Die Gesellschaft ist zu dem Zwecke errichtet worden, Unternehmungen auf dem Gebiete der angewandten Elektrotechnik, insbesondere der Beleuchtung, Kraftübertragung, des Transportwesens und der Elektrochemie zu erwerben, zu betreiben und zu finanziren; ihr steht ein Grundcapital in der Höhe von 30 Millionen Mark, eingetheilt in zwei Serien von je 15 Millionen Mark, zu Gebote. Auf jede Serie Actien ist bei der Errichtung der Gesellschaft, am 2. December 1897, eine Einzahlung von 25% und auf die erste Serie am 18. Jänner 1898 die Vollzahlung erfolgt. Es sind also bisher insgesammt 18¾ Millionen Mark eingezahlt worden. Die eigentliche Geschäftsthätigkeit der Gesellschaft umfasste im abgelaufenen Geschäftsjahre einen Zeitraum von kaum mehr als sechs Monaten. Schon aus diesem Grunde kann es nicht überraschen, dass, wie sich aus der Bilanz ergibt, auch ein Jahresschluss noch die reichlichere Hälfte des eingezahlten Capitales als verzinsliches Bankguthaben angelegt war. Infolge der schnellen Vermehrung der elektrotechnischen Fabrikationsstätten und der ungewöhnlichen Ausdehnung, welche sie in rascher Folge gewonnen haben, ist die Jahresleistung derselben so gewaltig gestiegen, dass es mit der Zeit immer schwieriger werden muss, Gebiete zu finden, auf denen sich die Unternehmung in gleichbleibend lohnender Weise bethätigen kann. Anzeichen eines über ein gesundes Maass hinausgehenden Wettbewerbes beginnen sich bereits zu offenbaren. Um so mehr werden die Actionäre der Meinung der Verwaltung beipflichten, dass unter Verhältnissen der angedeuteten Art bei der Prüfung der einzelnen Geschäfte mit besonderer Vorsicht verfahren werden muss, die nicht beeinträchtigt werden darf durch die zur Zeit noch obwaltende Neigung des Publikums, elektrische Werthe jeder Art und mit Bugierde aufzunehmen. Die Gesellschaft hat während des ersten Geschäftsjahres Actien der Wiener Tramway-Gesellschaft, sowie 5,600,000 Mark Actien von Siemens & Halske A.-G. erworben. Ferner betheiligte sie sich mit 1,250,000 Mark nominal an dem Actiencapital der im Laufe dieses Sommers von ihr mit befreundeten Bankhäusern und Siemens & Halske A.-G. errichteten Brasilianischen Elektricitäts-Gesellschaft, Berlin. Diese Gesellschaft hat die Pferdebahn Villa Izabel in Rio de Janeiro erworben, in der Absicht, auf den rund 66 km Betriebsgleise umfassenden Strecken der Bahn den elektrischen Betrieb einzuführen. Ein weiteres Feld der Thätigkeit findet die Brasilianische Elektricitäts-Gesellschaft in der Ausnützung der von ihr erworbenen Concession für den Bau und Betrieb eines Telephonnetzes in Rio de Janeiro. Die für vorläufig 5000 Anschlüsse in Aussicht genommene Centralstation wird, wie wir schon früher berichteten, von Siemens & Halske A.-G. erbaut. — Aus der Gewinn- und Verlustrechnung ergibt sich für die erste Geschäftsperiode, nach Abschreibung der Mobilien, ein zur Vertheilung verfügbarer Betrag

von 795.572 Mk. Hiefür wird gemäss § 38 der Satzungen die folgende Vertheilung in Vorschlag gebracht: 10% dem Reservefonds 79.557 Mk. 4%ige Dividende pro rata temporis auf das eingezahlte Capital 565.333 Mk. 1% Superdividende pro rata temporis auf das eingezahlte Capital mit 140.916 Mk., Gratisuationen für die Beamten 1500 Mk., Vortrag auf neue Rechnung 10.265 Mk.

Elektricitätsanlagen in Constantinopel. Nach den „Financial News" hat sich eine Gesellschaft gebildet zum Zwecke der Erwerbung einer Concession für die Versorgung von Constantinopel mit elektrischem Licht und elektrischer Kraft.

Brünner Local-Eisenbahn-Gesellschaft. In der am 31. v. M. stattgehaltenen ausserordentlichen Generalversammlung der Gesellschaft wurde der mit der Elektricitäts-Gesellschaft „Union" abgeschlossene Kaufvertrag, wonach das eine Unternehmen der Brünner Local-Eisenbahn-Gesellschaft, nämlich die Brünner Dampftramway, in dieselbe um den Preis von 970.000 fl. exclusive der der Brünner Local-Gesellschaft verbleibenden Brünner Dampftramway, in dieselbe um den Preis von 970.000 fl. exclusive der Brünner Local-Gesellschaft verbleibenden Betrage schon am 1. Jänner 1899 gleichzeitig mit der Einlösung des Jänner-Coupons in der bisherigen Höhe per 8 fl. den Betrag von 100 fl. per Actie zurückzuzahlen. Die Beschlussfassung über die Verwendung des Kaufschillingsrestes wurde der nach Fertigstellung der Bilanz pro 1898 einzuberufenden ordentlichen Generalversammlung überlassen.

Vereinsnachrichten.

Chronik des Vereines.

10., 17. und 24. October. — Sitzungen des Regulativ-Comités.

26. October. — VI. Ausschuss-Sitzung.

31. October und 7. November. — Sitzung des Regulativ-Comités.

9. November. — Sitzung des Comités zur Berathung über Vorschläge zu einer neuen gesetzlichen Bestimmung hinsichtlich Concessionirung elektrischer Starkstrom-Anlagen an Stelle des Gesetzes vom 25. März 1883, R. G. Bl. 41.

10. November. — Sitzung des Statuten-Revisions-Comités.

Neue Mitglieder.

Auf Grund statutenmässiger Aufnahme traten dem Vereine die nachstehend Genannten als ordentliche Mitglieder bei:

Bloß Josef, Beamter der elektrischen Bahn Teplitz (Centrale), Turn.

Güde Otto, jun., Beamter der Internat. Elektric.-Ges. Wien.

Kvetensky Adolf, Betriebs-Assistent der Internat. Elektric.-Ges. Wien.

Oesterr. Zweigniederlassung der A.-Ges. Elektricitätswerke (vorm. O. L. Kummer & Co.), Teplitz.

Löwy Josef, Ingenieur, Wien.

Mayrgündter Andreas, Ingenieur, Vertreter von Ganz & Co., Klagenfurt.

Kolar Adalbert, Maschinen- u. Elektrotechniker. Wien.

Loaker Albert, Elektrotechniker. Dornbirn.

Die nächste **Vereinsversammlung** findet Mittwoch den 23. November 1898 im Vortragssaale des Wissenschaftlichen Club, I, Eschenbachgasse 9. I. Stock. 7 Uhr abends statt.

Vortrag des Herrn Dr. Hiecke: „Ueber einen Motorzähler mit von besonderer Kraftquelle angetriebenem Collector."

Schluss der Redaction: 14. November 1898.

Verantwortlicher Redacteur: Dr. J. Sahulka. — Selbstverlag des Elektrotechnischen Vereines.
Commissionsverlag bei Lehmann & Wentzel, Wien. — Alleinige Inseraten-Aufnahme bei Haasenstein & Vogler (Otto Maass), Wien und Prag.
Druck von R. Spies & Co., Wien.

Zeitschrift für Elektrotechnik.

Organ des Elektrotechnischen Vereines in Wien.

Heft 48.   **WIEN, 27. November 1898.**   **XVI. Jahrgang.**

Bemerkungen der Redaction: Ein Nachdruck aus dem redactionellen Theile der Zeitschrift ist nur unter der Quellenangabe „Z. f. E. Wien" und bei Originalartikeln überdies nur mit Genehmigung der Redaction gestattet.
Die Einsendung von Originalarbeiten ist erwünscht und werden dieselben nach dem in der Redactionsordnung festgesetzten Tarife honorirt. Die Anzahl der vom Autor event. gewünschten Separatabdrücke, welche zum Selbstkostenpreise berechnet werden, wolle stets am Manuscripte bekanntgegeben werden.

INHALT:

Skizzen über das moderne Fernsprechwesen.

II. Ueber Telephoncentralen und deren technische Einrichtung.

Von k. k. Banrath Barth von Wehrenalp.

(Fortsetzung von Nr. 46.)

Eine der wichtigsten Vorbedingungen für einen geregelten Vielfachbetrieb ist eine einfache und absolut zuverlässig functionirende Prüfeinrichtung, welche es gestattet, jederzeit und von jedem Arbeitsplatze aus erkennen zu können, ob die gewünschte Leitung frei oder schon auf einem anderen Arbeitsplatze besetzt ist. Nur dadurch wird es möglich, jede Störung schon begonnener Gespräche oder in der Herstellung begriffener Verbindungen hintanzuhalten. Das Wesen der Prüfung besteht darin, dass bei gestöpselter Verbindung sämmtliche Klinkenhülsen der verbundenen Leitungen auf das Potential einer kleinen Prüfbatterie gebracht werden, wodurch beim Berühren einer dieser Hülsen mit der Spitze des Stöpsels ein Strom durch das Telephon des prüfenden Manipulanten ausgesendet wird.

Die verschiedenen Prüfschaltungen unterscheiden sich hauptsächlich nur dadurch, dass bei der einen eine eigene Prüfleitung für jeden Abonnenten den ganzen Umschalter durchläuft, bei der anderen die Sprechdrähte selbst zur Mittheilung des Potentiales der Prüfbatterie dienen. Beide Anordnungen, sowie auch der Verlauf der Prüfströme ist den in den Figuren 19 bis 21 dargestellten Schaltungen zu entnehmen. In allen diesen Fällen zeigt ein knackendes Geräusch im Telephon bei Berührung der betreffenden Klinkenhülse mit der Stöpselspitze dem manipulirenden Beamten an, dass die untersuchte Leitung besetzt ist. Der Unterschied zwischen dem Schema von Stock und jenem der Western Electric Cie. ist nur der, dass im ersteren der eine Pol der Prüfbatterie durch den dritten Leitungsdraht der Stöpselschour mit dem metallenen Massiv des Stöpsels und sonach bei gestöpselter Klinke mit sämmtlichen Hülsen der betreffenden Leitung in Verbindung steht, während in dem zweiten Falle hinter sämmtlichen Klinkenhülsen kleine Federn angebracht sind, welche mit der Prüfbatterie B_1 in Verbindung

stehen, so dass durch das metallene Massiv eines eingesteckten Stöpsels das Potential den Klinkenhülsen der verbundenen Leitungen mitgetheilt wird.

Der Umstand, dass das Vorhandensein einer dritten Leitung pro Abonnent die Zahl der im Multipelschrank unterzubringenden Drähte bedeutend vermehrt und die sowohl dadurch als auch durch die complicirtere Construction der Klinken bedingte Kostenerhöhung veranlasste die Constructeure auf Mittel zu sinnen, die Prüfung ohne specielle Localleitung zu ermöglichen. So hat namentlich Stock in mehreren Centralen (Amsterdam) die Einrichtung getroffen, dass die an Erde gelegte Prüfbatterie einen Strom über die Doppelleitung des Abonnenten und durch die Spitze des Stöpsels in das Telephon des Prüfenden entsendet, daher ein Knacken verursacht, wenn die Leitung frei ist; dagegen wird dieser Stromkreis unterbrochen, wenn eine der Klinken dieser Doppelleitung gestöpselt ist. Es ist sonach hier die Prüfung im verkehrten Sinne, wie in den obigen Fällen vorzunehmen, was bei dem Umstande, als auch andere störende Einflüsse auf der Aussenleitung dem Beamten eine besetzte Leitung als „frei" bezeichnen und so Anlass zu unliebsamen Störungen der Gespräche geben können, nicht nachahmenswerth erscheint.

Eine ganz eigenartige Prüfmethode ohne Localleitung ist die von Siemens-Halske (Fig. 21), bei welcher eine Leitung der Stöpselschnur durch eine Drosselspule mit der Prüfbatterie verbunden ist. Die Zwischenschaltung des Widerstandes mit Selbstinduction soll das Ueberhören von einem Stöpselpaar auf das andere hintanhalten. Das Anführen des Prüfpotentiales an die Büchsen geschieht hier sonach durch die Stöpselhülsen, welche dauernd an dem einen Pol der Prüfbatterie liegen. Während des mehrmonatlichen Betriebes in Wien ergab diese gewiss sehr einfache Prüfmethode keinen Anlass zu irgend welchen Klagen.

Gleichen Schritt mit der Vervollkommnung der Multipel-Umschalter hielt die technische Entwickelung der Liniensignale. Mit den Fallklappen ursprünglicher Bauart konnte nur, solange das Auslangen gefunden werden, als die Vereinigung von 5000 bis höchstens 6000 Anschlüssen in einem Vielfach-Umschalter als das Maximum des Erreichbaren galt. Sobald sich jedoch das Bedürfnis und die Möglichkeit ergab, Klinkentafeln mit 10.000 und mehr Klinken herzustellen, war das Bestreben dahin gerichtet, automatisch sich schliessende Klappen zu construiren, um einerseits die Manipulation neuerdings zu vereinfachen, andererseits die Klappen aus dem Armbereich der Telephonistin zu verlegen und den bisher von den Klappen beanspruchten Raum für die Unterbringung der Klinken zu gewinnen.

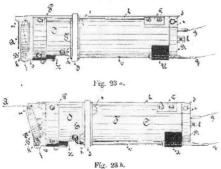

Fig. 23 a.

Fig. 23 b.

Diese Gattung von Klappen werden durch elektrischen Strom bethätigt und besitzen in der Regel zwei getrennte Elektromagnete, wovon einer das Oeffnen, der andere das Schliessen der Klappe bewirkt. Die Construction der von der Western Electric Cie. verwendeten Klappen ist in Fig. 23 dargestellt, und zwar zeigt Fig. 23 a die Klappe im geschlossenen, Fig. 23 b im geöffneten Zustande.

Das Schliessen aller elektrisch bethätigten Klappen wird, wie aus den drei Schaltungsskizzen entnommen werden kann, beim Anruf durch die Stöpselung der betreffenden Localklinke, beim Schlusszeichen durch Zurückführen des Kippers in die Normallage bewirkt.

Bei allen Vortheilen, welche die dem Armbereich der Telephonistin entrückten automatischen Klappen auch sonst bieten, ist es doch immerhin als Uebelstand zu betrachten, dass die Localklinke und das zugehörige Liniensignal örtlich von einander getrennt sind, weil während der Manipulation auf die Zusammengehörigkeit dieser Theile besonders geachtet werden muss, wenn Irrthümer beim Stöpseln der Localklinken vermieden werden sollen. Diesem abzuhelfen, hat man die Klinke mit der Klappe constructiv so verbunden, dass die Schliessung der letzteren beim Einführen des Stöpsels in die Klinke mechanisch erfolgt. Derartige Constructionen werden von der amerikanischen Telephonfabrik in Antwerpen (The Antwerp Telephone and Electrical Works) so z. B. die in der Fig. 24 abgebildete, ferner auch von den schwedischen Staatswerkstätte u. A. ausgeführt.

Freilich nehmen die mechanisch sich schliessenden Klappen sehr viel Raum in Anspruch, welcher zur Unterbringung von Multipelklinken besser ausgenützt werden könnte. In befriedigender Weise kann allen diesen sich zum Theile widersprechenden Anforderungen nur durch die Verwendung von Glühlampen als Liniensignale entsprochen werden, weil es hiebei keinen Schwierigkeiten unterliegt, Klinken und Sig-

nale auf einen sehr beschränkten Raum zu vereinigen und die zugehörigen Relais ganz entfernt vom Umschalter an einem geeigneten Orte aufzustellen. Insbesondere die letztere Möglichkeit, wodurch nicht nur alle einer Regulirung bedürftigen Bestandtheile, sondern auch die bei zufälligem Auftreten von Starkströmen in erster Linie gefährdeten Spulen vom Umschalter ferngehalten werden können, wird entschieden die Instandhaltung erleichtern und die Feuersicherheit erhöhen. Allem Anscheine nach dürfte wenigstens in grossen Centralen diese Art von Liniensignalen sehr bald die Fallklappen verdrängen.

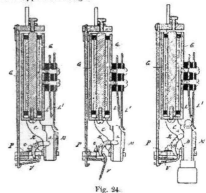

Fig. 24.

Unter der Benennung „Schaltvorrichtung" oder „Connector" verstehen wir die Gesammtheit aller Taster, Hebel, Stöpsel etc., welche es dem Manipulanten ermöglichen, die zur Combinirung der Leitungen erforderlichen Schaltungen auszuführen. Solche Connectoren sind bei Einzelschnur-Umschaltern so viele vorhanden, als Leitungen angeschlossen sind — darin sind eben die Hauptmängel dieses Systems gelegen — während bei Doppelschnur-Umschaltern in der Regel 15—20 Connector-Garnituren pro Arbeitsplatz auch für den intensivsten Verkehr ausreichen. Unbedingt müssen die Schaltvorrichtungen folgende Manipulationen bequem und sicher auszuführen gestatten:

1. Das Einschalten der Sprechgarnitur in die Leitung des Rufenden nach Einlangen des Rufsignales;

2. das Anrufen des gewünschten Abonnenten;

3. die directe Verbindung der zu combinirenden Leitungen unter Zwischenschaltung geeigneter Schlusssignal-Vorrichtungen;

4. das Einschalten der Sprechgarnitur in die verbundenen Leitungen, um mitzuhören oder den im Gespräche befindlichen Theilnehmern eine dienstliche Meldung zukommen zu lassen.

Die Schaltvorrichtungen können in den verschiedensten Variationen ausgeführt werden; es sind in der That in jeder Verwaltung, ja selbst bei jedem Umschalter, verschiedene Schaltungen und Constructionsdetails zu finden. Um die Manipulation thunlichst zu vereinfachen, ist das Bestreben der Fernsprech-Techniker dahin gerichtet, durch passende Construction der Connectoren die Zahl der Handgriffe auf ein Minimum zu reduciren. Wenn auch diese Fortschritte aus den schon erörterten Gründen kaum eine eventuelle Vermehrung der Anschlüsse pro Arbeitsplatz ermöglichen dürften, so wird damit doch zweifellos eine erhöhte Betriebssicherheit erzielt, weil falsche Griffe umso seltener werden, je vereinfachter die Manipulation ist. Während früher die Sprechgarnitur nach erfolgtem Anrufe eigens eingeschaltet werden musste, ist diese bei den neueren Vielfach-Umschaltern normal in Parallelschaltung zu der in der Stöpselschnur enthaltenen Doppelleitung, wodurch die Telephonistin sofort nach Einführen des Stöpsels in die Localklinke des Rufenden in die Lage

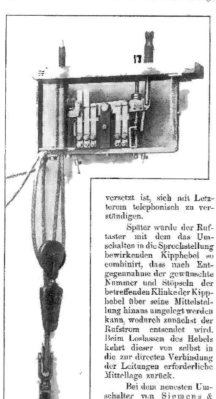

Fig. 25.

versetzt ist, sich mit Letzterem telephonisch zu verständigen.

Später wurde der Ruftaster mit dem das Umschalten in die Sprechstellung bewirkenden Kipphebel so combinirt, dass nach Entgegennahme der gewünschten Nummer und Stöpseln der betreffenden Klinke der Kipphebel über seine Mittelstellung hinaus umgelegt werden kann, wodurch zunächst der Rufstrom entsendet wird. Beim Loslassen des Hebels kehrt dieser von selbst in die zur directen Verbindung der Leitungen erforderliche Mittellage zurück.

Bei dem neuesten Umschalter von Siemens & Halske wird das Gewicht der Stöpsel dazu benützt, das Ein- und Ausschalten der Sprechgarnitur, bezw. den Uebergang von der Durchsprechstellung in die Ruhelage automatisch zu bewirken. Mit Hilfe dieses in Fig. 25 dargestellten Sprechschalters sind bei einer Verbindung nur mehr folgende Handgriffe erforderlich:

a) Stecken des Abfragestöpsels und Abfragen;

b) Prüfen mit der Spitze des Prüfstöpsels und Stecken desselben bei freier Leitung;

c) Anrufen durch Niederdrücken eines Druckknopfes;

d) Trennen der Verbindung durch Herausziehen der Stöpsel nach Fallen der Schlussklappe.

Charakteristisch für die Wirkungsweise dieses sehr sinnreich erdachten, aber ziemlich complicirten Sprechschalters ist, dass durch das Abheben der Stöpsel von ihren Auflagen der Schalter aus der Ruhelage in die Abfragestellung übergeht, dass er gleich beim Anruf in die Durchsprechstellung gebracht wird, (nach Loslassen des Rufknopfes federt nämlich der Schalthebel aus der Rufstellung in die Durchsprechstellung zurück, in welcher Lage er durch eine bewegliche Klinke fixirt wird) und dass er nach Trennung einer Verbindung durch Anschlagen der Stöpsel auf ihre Auflagen selbstthätig in die Ruhelage zurückkehrt.

Bisher praktisch noch nicht erprobt, aber in Hinblick auf die Bestrebungen, die Manipulation zu vereinfachen, unbedingt sehr zeitgemäss ist der von Jul. West gemachte Vorschlag (E. Z., Berlin 1896, H. 48) durch ein separates, von einem Motor getriebenes Schaltwerk alle sich bei Herstellung der Verbindungen stets wiederholenden Umschaltungen mechanisch bewirken zu lassen, so dass die Thätigkeit der Beamten sich nur mehr auf das Stöpseln und Entstöpseln der Klinken beschränkt.

Jedenfalls sind auf diesem Wege noch wesentliche Fortschritte zu gewärtigen. Ob es jedoch jemals gelingen wird, die menschliche Arbeitskraft in Telephon-Centralen gänzlich entbehrlich zu machen, die Combinirung der Leitungen ausschliesslich mechanischen Apparaten zu übertragen, mag dahingestellt bleiben; die bis jetzt vorliegenden Constructionen automatischer Centralen sind noch zu complicirt und stellen zu strenge Anforderungen an eine sachkundige, geregelte Mitwirkung des Publikums, um einen störungsfreien Betrieb, auch nur in kleinen Centralen, geschweige denn in grossen Vermittlungsämtern, erwarten zu dürfen.

Was schliesslich die bei den Umschaltern verwendeten Sprechgarnituren betrifft, so ist auch hier manche Neuerung zu verzeichnen. Ursprünglich waren allgemein Bügelmikrotelephone im Gebrauch, welche in den Dienstpausen auf einen den Mikrophon-Stromkreis unterbrechenden Hebel aufgehängt wurden. In der neuen Centrale in Kopenhagen sind solche Bügel ober jedem Arbeitsplatze an Gummischnüren aufgehängt, so dass die Damen sich der Apparate in jeder Lage bedienen können, ohne durch das Gewicht derselben belästigt zu sein.

Da die zunehmende Intensität des Betriebes es wünschenswerth machte, den Telephonistinnen freie Hand zur Herstellung der Verbindungen zu geben, wurden in der Folge bei den meisten Umschaltern die Mikrophone vor den Klinkentafeln pendelnd und äquilibrirt aufgehängt, die Telephone dagegen an federnden Kopfbügeln befestigt. Der permanente Schluss im Mikrophon-Stromkreise gab umsoweniger Anlass zu Bedenken, als mittlerweile in den meisten grossen Centralen die bisherigen Mikrophon-Stromquellen durch Accumulatoren ersetzt worden waren.

Sogenannte Brustmikrophone kamen in Europa zunächst bei der gesellschaftlichen Centrale in Stockholm und in der von der Western-Electric Cie. eingerichteten Centrale in Christiania in Gebrauch. Gegenüber der fixen Aufhängung des Mikrophons hat diese Anordnung den Vortheil, dass die Telephonistin unwillkürlich in jeder Lage, in welcher sie sich bei Herstellung der Verbindungen zufällig befindet, direct gegen die Mikrophonmembrane spricht, während sie sich bei aufgehängten Mikrophonen sehr häufig seitwärts der Schallmuschel befindet und dann vom Abonnenten nicht deutlich verstanden wird. Hiezu kommt speciell bei Horizontalumschaltern noch der Vortheil, dass der ober der Klinkentafel befindliche Raum frei bleibt und die Telephonistin daher während der Manipulation in keiner Weise durch aufragende Stützen, herabhängende Mikrophone und Gegengewichte beirrt ist.

Die Art und Weise des Tragens dieser Mikrophone erregte wohl Anfangs beim Personale ebenso Anstoss, als seinerzeit die Einführung des Helmtelephones. Da aber die Telephonistinnen sehr bald die Vorzüge dieser Einrichtung selbst erkannten, verschwand der Widerstand gegen die Neuerung umso rascher, als es bei den neuesten Constructionen schon gelungen ist, das Gewicht des ganzen, äusserst filigranen Apparates auf 130 gr herabzumindern.

Die aus Brustmikrophon und Helmtelephon bestehende Sprechgarnitur kann bei jedem beliebigen Arbeitsplatz ein- und ausgeschaltet werden. Dadurch wird es auch möglich, jeder Telephonistin eine Sprechgarnitur zum ausschliesslich persönlichen Gebrauche auszufolgen, was sowohl in hygienischer Beziehung als auch bezüglich der Controle über die Sorgfalt in der Behandlung der Apparate nur empfehlenswerth ist.

(Schluss folgt.)

Beobachtungen über scheinbare Gleichströme im Wechselstromlichtbogen zwischen verschiedenartigen Elektroden.*)

Von Friedrich Eichberg und Ludwig Kallir.

Aus dem elektrotechnischen Institute der k. k. technischen Hochschule in Wien.

(Schluss.)

Nach dem Verlauf der Curven war zu erwarten, dass die gemessenen scheinbaren Gleichstrom- und Gleichspannungswerthe wesentlich beeinflusst werden durch die im Stromkreise wirkende Wechsel-E. M. K. einerseits, durch die vorhandene Phasenverschiebung andererseits. Eine Vergrösserung, resp. Verkleinerung der E. M. K. wird als unmittelbare Folge eine gleichsinnige Veränderung des oberen Theiles der Spannungscurve, dagegen einen auf gleiche Stromstärke und Lichtbogenlänge einregulirt ist, eine unwesentliche Veränderung des unteren Theiles der Lichtbogenspannungscurve hervorrufen, daher eine Vergrösserung, resp. Verkleinerung der Angabe des Torsionsgalvanometers. Die Angaben der Tangentenboussole werden dadurch nicht wesentlich beeinflusst. Eine Veränderung der Phasenverschiebung beeinflusst das Verhältnis der Dauer der beiden Halbperioden und hiedurch Strom und Spannung.

Diese Beeinflussungen wurden an einem Lichtbogen zwischen einer Eisenelektrode (6 mm) und einer Dochtkohle (S. & H., Marke A, 6 mm) thatsächlich constatirt.

Um den Lichtbogen bei verschiedenen Spannungen zu beobachten, wurde die Spannung der „International en Elektricitäts-Gesellschaft" in Wien von circa 105 V mit Hilfe eines Kerntransformators (1:2) von Ganz & Co. auf circa 210 V hinauftransformirt; andererseits wurde die ebenfalls zur

*) Auszug aus den Sitzungsberichten der kaiserl. Akademie der Wissenschaften in Wien, Mathem.-naturw. Classe; Bd. CVII. Abth. II. a. Mai 1898.

Verfügung stehende Spannung von circa 50 V benützt. Die Werthe für J, Δ, C, V, welche sich hiebei ergaben, sind theilweise in der nachfolgenden Tabelle II wiedergegeben.

Tabelle II.

50 Volt				107 Volt				207 Volt			
J	Δ	C	V	J	Δ	C	V	J	Δ	C	V
5·0	42·5	2·75	16·6	6·5	79	3·45	27·1	5	145	2·65	68
7·2	42·5	3·70	9·45	7·0	77	3 8	31·5	5·9	147	3·2	66·5
8·0	44	3·95	9·3	8·0	78·5	4·25	29·0	7·05	145	4·1	69·1
9·0	40	4·9	12·8	9·0	79·5	4·9	31·3	8·1	145	4·7	66·8
10·8	40	6·1	12·6	10·1	79·0	5·7	31·7	9·1	147·5	25·6	67·3
				10·8	77·0	6·2	31·7	10·15	147·5·83		65

Man ersieht aus diesen Zahlen ganz unzweideutig, dass die beobachtete Gleichspannung von der Wechsel-E. M. K., an welcher der Lichtbogen anliegt, abhängig ist. Kleine Schwankungen in der Bogenlänge, die nicht umgangen werden konnten, verursachten das scheinbar nicht ganz gesetzmässige Verhalten von J und Δ; bei constantem Strom wächst Δ nur mässig mit der Länge des Bogens, während V gleichzeitig fällt, was den Verhältnissen, wie sie sich aus den aufgenommenen Curven ergeben, entspricht.

Der Einfluss der Selbstinduction erhellt aus den folgenden Messungsresultaten, die erhalten wurden, wenn 1. in den Lichtbogenstromkreis eine Spule eingeschaltet wurde, deren Selbstinductions-Coëfficient $L_1 = 0\cdot00385\,H$ war; 2. wenn in diese Spule ein Eisenkern gegeben wurde, so dass der Selbstinductions-Coëfficient $L_2 = 0\cdot0252$ war.

Tabelle III.

1. $L_1 = 0\cdot00385\,H$				2. $L_2 = 0\cdot0252\,H$			
J	Δ	C	V	J	Δ	C	V
5·9	81·5	2·75	23·6	6·1	79	3·6	20·1
7·0	80·0	3·7	26·6	7·0	74·5	4·4	22·6
8·2	80·5	4·5	25·8	8·1	74·5	4 87	22·6
9·2	78·0	5·55	30·2	9·05	74·5	5·55	23·6
10·8	78·0	6·35	30·2	9·7	73	6·1	23·9

Vergleicht man die in dieser Tabelle und die für 107 V in Tabelle II angegebenen Werthe miteinander, so zeigt sich mit wachsender Selbstinduction ein Abnehmen der zu gleichen totalen Stromwerthen (J) gehörigen Gleichspannungen (V), erklärbar durch eine immer weitergehende Verschmälerung des über die Abscissenachse liegenden Theiles der Spannungscurve des Lichtbogens. Gleichzeitig wächst der scheinbare Gleichstrom (C) mässig an, was auf eine Veränderung der Form der Stromcurve, insbesondere eine Verflachung derselben zurückzuführen ist.

Die beinahe vollständige Stromunterbrechung in der Richtung Kohle—Eisen bewirkt merkwürdige Erscheinungen, wenn man zwei Lichtbogen Eisen—Kohle und Kohle—Eisen hintereinander, bezw. parallel schaltet. Bezüglich der Hintereinanderschaltung bemerkte schon Sahulka, dass sich zwei solche Bogen in einem labilen Zustand befinden. Es ist dies dadurch zu erklären, dass für den Gleichstromzustand jeder der Bogen den Strom in einer anderen Richtung unterbricht.

Wenn einer der Bogen in den schon erwähnten, besonders bei geringer Elektrodenentfernung auftretenden zischenden Zustand gerieth, in welchem er in beiden Richtungen leitend zu sein scheint, dann kann der andere Bogen das Uebergewicht erlangen und sich einen normalen Gleichstromzustand schaffen. In einem solchen Falle muss dann, nach dem Vorhergehenden, bei 200 V totaler E. M. K. an diesem Lichtbogen eine scheinbare Gleichspannung von circa 65 V auftreten, wie sie auch S a h u l k a erwähnt.

Für die Parallelschaltung wurden folgende Beobachtungen gemacht. Die Schaltung war die in Fig. 4 angegebene. Es bedeu-

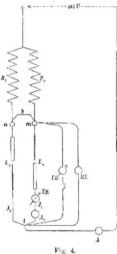

ten: L_1 und L_2 die beiden Lichtbogen, R_1 und R_2 ihre Vorschaltwiderstände, A_1 und TB ein Hitzdraht-Ampèremeter, bezw. eine Tangentenboussole zur Messung des durch einen Lichtbogen fliessenden Stromes, A ein Hitzdraht-Ampèremeter zur Messung des totalen Stromes, HV und TG ein Hitzdraht-Voltmeter, bezw. ein Torsions - Galvanometer. Bei m und n befanden sich Quecksilbernäpfe, die durch einen Kupferbügel b rasch verbunden werden konnten. Die beiden Lichtbogen wurden bei entferntem Kupferbügel b gebildet; erst wenn beide gleich brannten, wurde durch b bei m und n

Fig. 4.

verbunden. Diese Anordnung war deshalb nothwendig, weil bei Anwendung eines gemeinschaftlichen Vorschaltwiderstandes weder die aufeinanderfolgende, noch die gleichzeitige Bildung der Lichtbogen möglich war. Es wurden in einem Falle folgende Werthe abgelesen, und zwar:

$$C_1 = 8\cdot35 \text{ Amp.}, \quad J_1 = 15\cdot5 \text{ Amp.}, \quad J = 21 \text{ Amp.}$$
$$\Delta = 24 \text{ Volt}, \quad \Gamma = \tfrac{1}{2} \text{ Volt.}$$

Das Verhältnis von C_1 und J_1 steht mit den früher beobachteten Grössen im Einklang; das Verhältnis von J_1 und J, welch' letzteres die Resultirende von J_1 und J_2 vorstellt, ist dadurch bedingt, dass in jenen Periodenhälften, in welchen J_1 nahezu Null ist, J_2 die grossen Werthe erreicht und umgekehrt. Wenn i, i_1, i_2 die Momentanwerthe von J, J_1, J_2 bedeuten, dann ist

$$J = \sqrt{M(i^2)}$$
$$i = i_1 + i_2;$$

da nun für jeden Moment entweder i_1 oder i_2 nahezu Null ist, so ist in jedem Momente das Product

$$i_1 \cdot i_2 = 0.$$

Ans

$$i^2 = i_1{}^2 + i_2{}^2 + 2\,i_1\,i_2$$

wird also angenähert

$$i^2 = i_1{}^2 + i_2{}^2.$$
$$\Sigma\,(i^2) = \Sigma\,(i_1{}^2) + \Sigma\,(i_2{}^2) = 2\,\Sigma\,(i_1{}^2),$$

wenn die beiden Bogen gleich brennen.

$$M\,(i^2) = 2\,M\,(i_1{}^2),$$
$$J = \sqrt{M(i^2)} = \sqrt{2}\;\sqrt{M\,(i_1{}^2)} = \sqrt{2}\cdot J_1;$$

das entspricht den abgelesenen Werthen.

Was die Ablesungen der Voltmeter betrifft, so ist zu erwägen, dass der Strom in jeder Richtung einen Weg hat, daher an den Klemmen der Lichtbogen niemals die volle Spannung des Transformators auftreten kann; die Spannungscurve verläuft in beiden Periodenhälften symmetrisch zur Abscissenachse, wie es die unteren Hälften der früher angegebenen Spannungscurven darstellen.

Es erübrigt noch, einige von S a h u l k a*) zuerst constatirte Erscheinungen am Eisen—Kohle-Bogen mit den gewonnenen Erkenntnissen in Einklang zu bringen. Im Folgenden bezeichnet E die Eisen-, K die Kohlenelektrode, L den Lichtbogen, resp. das in ihn eingeführte Prüfstäbchen; die Spannungen in der Richtung Kohle—Eisen sind mit $+$, die in der Richtung Eisen—Kohle mit $-$ charakterisirt; T. G. steht für Torsionsgalvanometer, S. G. für Spiegelgalvanometer.

Während ein T. G., welches an die beiden Elektroden angelegt ist, oder zwei hintereinander geschaltete T. G., deren freie Klemmen mit K und E, und deren gemeinsame Klemme mit einem in den Lichtbogen eingeführten Mittelstäbchen verbunden sind, Spannungen in der Richtung $K—E$ angeben, zeigen T. G., zwischen eine der Elektroden und das Mittelstäbchen geschaltet werden, Spannungen in der entgegengesetzten Richtung, also von E zu K an. Das kommt daher, dass während einer beträchtlichen Zeit, und zwar gerade dann, wenn die hohen Potentialdifferenzen $K—E$ auftreten, der Lichtbogen unterbrochen, also die mit dem Prüfstäbchen verbundene Klemme des T. G. während dessen gleichsam abgeschaltet ist und die vom T. G. angezeigte Spannung wesentlich den während der Lichtbogenbildung $E—K$ auftretenden, von E zu K gerichteten Potentialdifferenzen entspricht.

Die Erscheinungen, welche S a h u l k a mit dem aperiodischen Spiegelgalvanometer (S. G.), dem ein Widerstand von $10^7\,\Omega$ vorgeschaltet war, beobachtet hat, lassen sich erklären, wenn man den Hauptsitz des grossen Widerstandes für die Stromrichtung $K—E$ an die Eisenelektrode verlegt. Das an die beiden Elektroden angelegte S. G. zeigte die auch am T. G. erscheinenden $+ 28\,V$. War es an L und K angeschaltet, so zeigte es einen dem T. G. sich nähernden Werth; man muss deshalb die Annahme machen, dass der Widerstand von L (Ort des Prüfstäbchens) bis E während der Periode $K—E$ so gross ist, dass er die Ausbildung eines die S. G. wesentlich beeinflussenden Stromes verhindert. Schaltet man S. G. an L und E, so zeigt es die während $K—E$ auftretenden $+ 32\,V$, also eine etwas grössere als die zwischen K und E beobachtete; es kommt daher, dass die Spannungen, welche während der Lichtbogenbildung $K—E$ nun zwischen E und dem Prüfstäbchen (L) auftreten, kleiner sind als die zwischen E und K auftretenden; dagegen für die Spannungsrichtung $K—K$ nun zwischen Prüfstäbchen und K die sonst zwischen E und K sich

*) S a h u l k a, l. c.

zeigenden grossen Potentialdifferenzen sich einstellen; diese scheinen imstande zu sein, durch den unteren Theil des ausgelöschten Lichtbogens einen das S. G. ablenkenden Strom durchzusenden Vielleicht steht dies mit der früher erwähnten Wolke über der Kohle im Zusammenhange.

War an das Prüfstäbchen (L) und E gleichzeitig ein T. G. und das S. G. gelegt, so zeigten beide — 6 bis — 8 V an. Das T. G. zeigte diesfalls dieselbe Spannung, als wenn es allein eingeschaltet wäre. Die zu ihm parallel liegenden $10^7\,\Omega$ kamen nicht in Betracht; andererseits konnten die während der Periodenhälfte K—E auftretenden hohen Spannungen durch den grossen Widerstand zwischen Prüfstäbchen und Kohle das T. G. nur schwach beeinflussende Ströme schicken. Für das S. G. spielt das T. G. die Rolle eines Nebenschlusses von $\dfrac{1}{10^4}$ kleinerem Widerstand.

Von den Strömen, welche die erwähnten hohen Spannungen durch das S. G. schicken würden, wenn das T. G. nicht angeschaltet ist, und welche die von K zu E gerichtete Spannung ergeben, geht jetzt nur der verschwindender Theil durch das S. G.; die Ablenkung desselben ist daher wesentlich nur von den während der Lichtbogenbildung E—K zwischen E und dem Prüfstäbchen (L) sich einstellenden Spannungen abhängig.

War schliesslich an das Prüfstäbchen (L) und E ein T. G. an das Prüfstäbchen (L) und K das S. G. gelegt, so war der grosse Widerstand an der Eisenelektrode durch T. G. überbrückt, die in der Periodenhälfte K—E auftretenden Spannungen kamen voll zur Wirkung; das S. G. zeigte einen Ausschlag von +35 V. Wurde T. G. abgeschaltet, so zeigte S. G. die sonst beobachteten —3 bis —4 V.

Um die im unmittelbar Vorhergehenden gegebenen Erklärungen zu festigen, wäre es wünschenswerth, die Ursache der Stromunterbrechung, respective die Natur des grossen Widerstandes zu kennen. Es wurde schon erwähnt, dass man in Analogie zu der von Arons[*] vorgebrachten Hypothese, dass der Wechselstromlichtbogen zwischen zwei Metallen infolge Oxydbildung sich nicht erhalten kann, auch beim Kohle—Metallbogen annehmen könnte, dass durch eine Oxydbildung die Entstehung des Bogens in der Richtung Kohle Eisen verhindert wird. Es wurden Versuche gemacht, den Lichtbogen in einer durch Quecksilber abgeschlossenen Glasglocke brennen zu lassen. Des mangelnden Sauerstoffes halber war eine fortdauernde Oxydbildung unmöglich. Es ergab sich das negative Resultat, dass eine Abnahme des von der Boussole angegebenen scheinbaren Gleichstromes nicht eintrat. Wahrscheinlich genügte der anfänglich in der Glocke befindliche Sauerstoff zur Bildung der nöthigen Oxydmengen. Weitere Versuche in dieser Richtung konnten noch nicht angestellt werden.

Der Metall—Kohle-Lichtbogen spielt sonach für den Wechselstrom die Rolle eines einseitig wirkenden Ventiles, das nur die nach einer Richtung fliessenden Ströme durchlässt. Er hat daher die Fähigkeit, Wechselstrom in einen Strom zu verwandeln, der nur aus gleichgerichteten Stromimpulsen besteht. Schaltet man in den Stromkreis eines solchen Lichtbogens Accumulatoren derart, dass der +Pol der Batterie an die Kohlenelektrode zu liegen kommt, so zeigt die Batterie Lade-

[*] A r o n s, l. c.

spannung. Fig. 5 stellt die Schaltung dar, welche gemacht wurde, um den Nutzeffect einer solchen Ladung von Accumulatoren mittelst Wechselstrom zu bestimmen. B ist die Accumulatorenbatterie, L der Lichtbogen und R ein Regulirwiderstand. Das Hitzdraht-Amperemeter HA misst den totalen Strom J, die Tangenten-Boussole TB den scheinbaren Gleichstrom C, das Wattmeter WM, je nach Stellung des Umschalters u, die auf die Batterie entfallenden Watt w oder die im ganzen Stromkreis verbrauchten Watt W; das Torsions-Galvanometer TG gibt die Spannung der Accumulatorenbatterie v, das Hitzdraht-Voltmeter HV die Lichtbogenspannung u. Folgende Zahlen gelten für einen Versuch, bei welchem die Wechselspannung circa 105 V war und die Accumulatorenbatterie aus 16 Zellen bestand

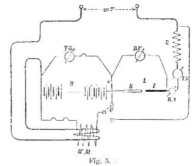

Fig. 5.

$J_{Amp.}$	W_{Watt}	w_{Watt}	C_{Volt}	$\eta = \dfrac{w}{W}$	Spannung pro Zelle Volt
7·5	522	153	—	0·294	—
6·2	403	122	36·5	0·303	2·285
4·8	313	104·5	37·6	0·33	2·355

Wenn man durch Verkleinern des Regulirwiderstandes R die auf die Accumulatoren entfallende Arbeit vergrössern wollte, so zeigte sich ebenso wie dann, wenn die Spannung der Accumulatorenbatterie durch Zuschaltung von Zellen vergrössert wurde, dass der Lichtbogen den Gleichstromzustand aufgab. Die totale Stromstärke J stieg, der scheinbare Gleichstrom C und die Accumulatorenspannung v fielen. Der oben sich ergebende Nutzeffect η von circa 30% wurde auch für den Fall höherer Wechselspannung und dadurch ermöglichter grösserer Zahl von Accumulatorenzellen nicht überschritten.

B. Lichtbogen zwischen zwei Kohlenelektroden verschiedener Beschaffenheit.

Bildet man einen Wechselstromlichtbogen zwischen zwei Kohlenelektroden von wesentlich verschiedener Beschaffenheit, beispielsweise einer Docht- und einer Homogenkohle, so zeigen eine in den Kreis in derselben Weise wie früher eingeschaltete Tangentenboussole und ein an die Elektroden angelegtes Torsionsgalvanometer Gleichstrom, beziehungsweise Gleichspannung an. Das findet statt, wenn die Dochtkohle oben und die Homogenkohle unten ist, als auch, wenn die Homogenkohle die obere und die Dochtkohle die untere Elektrode bildet; endlich zeigt auch ein horizontal angeordneter Lichtbogen die angeführten Erscheinungen.

Diese drei Fälle unterscheiden sich quantitativ insoferne, als die grössten Gleichstromwerthe dann auftreten, wenn die Dochtkohle die obere der beiden vertical gestellten Elektroden ist und der Bogen in den an ihr sich ausbildenden Krater brennt. Die Richtung des Gleichstromes ist in allen drei Fällen im Bogen von der Docht- zur Homogenkohle, und die letztere erweist sich als positiv gegenüber der ersteren.

Beispielsweise wurde für eine Wechselspannung von 105 V gefunden:

Tabelle IV.

Kohlen von S a h l i f f, Jordan & Co, Dochtkohle 13·5 mm dick, Homogenkohle 10 mm.

J	A	C	V
a) D o c h t k o h l e o b e n			
9·1	28	0·7	6·4
8·2	35	0·65	6·1
7·5	36·5	1·00	8·5
7·2	36·5	1·00	7·8
6·2	54·0	0·7	5·8
b) L i c h t b o g e n h o r i z o n t a l			
9·0	28	0·45	5·3
8·2	33·5	0·3	3·45
7·5	36·0	0·32	4·25
c) D o c h t k o h l e u n t e n			
9·0	28	0·2	1·3
8·2	34	0·1	1·6
7·5	35·5	0·2	1·85
7·2	38·5	0·3	2·55
6·2	52·0	0·45	4·25

Diese Gleichströme, die also von der gegenseitigen Lage der Kohlen abhängen, scheinen die Resultirenden zweier componentaler Gleichströme zu sein, von welchen der eine durch die Lage, der andere durch die Beschaffenheit der Kohlen bedingt ist. Auch an zwei gleichartigen Kohlen kann man nach Sahulka[*] beobachten, dass die untere Kohle positiv gegen die obere ist. Am horizontalen Bogen zwischen gleichartigen Elektroden zeigt sich keine Gleichspannung. Es tritt also zu dem durch die Verschiedenheit der Kohlen

[*] Sahulka, l. c.

bedingten, von der Docht- zur Homogenkohle gerichteten Gleichstrome, der sich für alle Lagen des Lichtbogens zeigen muss, im Falle, wo die Dochtkohle oben ist, der von S a h u l k a beobachtete Strom additiv, im Falle, wo sie unten ist, subtractiv hinzu.

Die aufgenommenen Strom- und Spannungscurven haben qualitativ mit den an den Instrumenten abgelesenen Werthen übereingestimmt, d. h. der über der Abscissenachse liegende Theil der Spannungscurve, welcher der Stromrichtung Homogenkohle- Dochtkohle entspricht und der der entgegengesetzten Stromrichtung entsprechende Theil der Stromcurve sind der Fläche nach grösser als die anderen Theile der bezüglichen Curven. Diese Ungleichheiten stehen in Zusammenhang mit der schon von B l o n d e l[*] hervorgehobenen verschiedenen Bildungsart des Lichtbogens von einer Homogen- bezw. Dochtkohle aus. Auch hat Mrs. A y r - t o n[**] beobachtet, dass die Spannung eines Gleichstromlichtbogens in der Richtung Dochtkohle—Homogenkohle kleiner ist als in der entgegengesetzten. Diese beiden Umstände dürften für die Gleichspannung und den Gleichstrom am Lichtbogen massgebend sein, welche infolge der verschiedenen Beschaffenheit der Kohlenelektroden auftreten.

Unserem verehrten Vorstande, Herrn Hofrath Prof. A. v. W a l t e n h o f e n, sei für das rege Interesse, mit welchem er unsere Untersuchungen folgte, und die Liebenswürdigkeit, mit welcher er uns die nothwendigen Apparate zur Verfügung stellte, der wärmste Dank ausgesprochen.

Betriebsergebnisse der ungarischen elektrischen Eisenbahnen im Jahre 1897.

Dem mit vielen statistischen Tabellen ausgestatteten, sehr werthvollen Berichte des ungarischen Handelsministers an die Legislative über seine Thätigkeit im Jahre 1897 entnehmen wir die nachstehenden officiellen Daten über die Betriebsergebnisse der ungarischen elektrischen Kleinbahnen (Städte- und Gemeindebahnen) im Jahre 1897.

Die S z o m b a t h e l y e r elektrische Stadtbahn (2·058 km) wurde am 4. Juni, die Miskolczer (7·3 km) am 11. Juli, und die Szabadkáer (10·0 km) am 8. September 1897 dem öffentlichen Verkehre übergeben.

Bei den schon früher eröffneten Bahnen wurden im Laufe 1897 dem Verkehre übergeben: Die Ligettés-

[*] L. B l o n d e l, l. c.
[**] Mrs A y r t o n, Electrician XXXIX, p. 572. 1897.

		Durchschnittliche Betriebslänge km	Investirtes Baucapital		Ueberschuss fl.	Ertrag in Procenten des Baucapitales
			zusammen fl.	per km fl.		
1.	Budapester Strassenbahn (elektr.)	43·95 *)	19,371.800	421.356	1,566.756	8·09
2.	Budapest-Neupest-Rákospalotaer elektrische Bahn	12·72	2,329.145	181.537	34.227	1·47
3.	Budapester elektrische Stadtbahn	28·07	6,216.988	221.482	630.155	10·14
4.	Budapest Umgebung Strassenbahn (elektr.)	4·59	654.000	142.484	478	0·07
5.	Franz Josef elektr. Untergrundbahn (in Budapest)	3·7	3,600.000	972.973	143.977	4·00
6.	Miskolczer elektrische Stadtbahn	3·4	707.900	96.973	9.060	1·28
7.	Pressburger	3·8	511.000	154.848	4.740	0·93
8.	Szabadkáer (Maria Theresiopeler) elektr. Stadtbahn	3·1	695.000	69.500	**)	—
9.	Szombathelyer (Steinamanger) „ „	1·15	80.518	39.277	266	0·33

*) Hievon 0·6 km Pferde- und 1·515 km Locomotivbetrieb.
**) Ganze Länge 10 km. Gibt erst im Jahre 1898 die erste Rechnung.

Kapolnatér (Auplatz—Kapellenplatz) und Allgemeiner Friedhof Israelitischer Friedhof Linien (1·4 km) der Budapester elektrischen Stadtbahn am 12. Juni und die Donauufer-Linie (1·6 km) derselben Bahn am 4. November.

Im Baue befanden sich Ende 1897: Die Franz Josefsbrücke—Südbahnhof-Linie der Budapester Strassenbahn (elektr.) 3·9 km und der Temesvárer Strassenbahn (Umgestaltung auf elektrischen Betrieb und Bau neuer Linien) 10·2 km.

Im Stadium der Concessionsverhandlung sind: Die Fiumaner elektrische Stadtbahn 4·4 km, die Herkulesbader elektrische Bahn 5·5 km, die Budapest—Schwabenberger Kabelbahn 4·6 km, die Fünfkirchener elektrische Bahn 6 km und die Umgestaltung der Budapest—Schwabenberger Zahnradbahn auf elektrischen Betrieb 3·7 km.

Interessant scheint es uns, die eröffneten Städte- und Gemeindebahnen Ungarns nach der angewendeten Zugskraft zu vergleichen. Diesbezüglich dienen folgende Angaben:

	1897		1896	
	km	%	km	%
Pferdebahnen	55·104	= 25·1	77·59	= 38·9
Locomotivbahnen und Dampfseilrampen	48·617	= 22·2	63·66	= 26·9
Elektrische Bahnen	115·582	= 52·7	58·00	= 34·2
Zusammen	219·303	= 100	199·25	= 100

Hieraus erhellt, dass die Anwendung der elektrischen Kraft bei den Kleinbahnen in Ungarn stets mehr Platz greift.

Befördert wurden im Jahre 1897:

	Personen	Tonnen Frachten
1. Budapester Strassenbahn	26,592.948	5.098
2. Budapest-Neupest-Rákospalotaer elektrische Bahn	2,634.068	29.846
3. Budapester elektr. Stadtbahn	19,685.396	—
4. Budapest Umgebung Strassenb.	262.707	17.657
5. Franz Josef elektrische Untergrundbahn	3,557.657	—
6. Miskolczer elektr. Stadtbahn	285.796	—
7. Pressburger „ „	605.158	—
8. Szabadkaer „ „	102.389	—
9. Szombathelyer elektr. Stadtbahn	180.394	—
Zusammen	53.906.513	52.601

Zur Bewältigung dieses Verkehres standen in Verwendung: 3 elektrische Locomotiven und 386 Motorwagen, ferner 55 Personen- und 54 Lastwagen.[*) *M*.*

Lenkung der Automobile.

Die elektrischen Automobile sind gewöhnlich mit zwei Motoren ausgerüstet, welche entweder die Vorder- oder die Hinterräder antreiben. Die erstere Art ist als die vortheilhaftere anzusehen, weil in diesem Falle der Wagen gezogen, während er im anderen Falle geschoben wird. Bei einigen Automobiles haben die Vorderräder Achsen, welche von einander unabhängig sind und wird jedes Vorderrad unabhängig von einem der beiden Motoren angetrieben. In diesem Falle könnte die Lenkung des Wagens zweckmässig durch Aenderung der Tourenzahl der beiden Motoren stattfinden; ob diese Lenkungsart angewendet ist, kann aus der Beschrei-

*) Vergl. auch „Z. f. E.“, II. 43, S. 512, 1898.

bungen nicht ersehen werden. Bei den amerikanischen Automobiles der Electric Vehicle Co. in New-York bestehen die Vorderräder aus je zwei kreisförmigen Stahlscheiben, welche auf einer gemeinschaftlichen Nabe befestigt sind; am Umfange ist zwischen den Scheiben ein Holzring angebracht und in diesem der Pneumatic-Reifen eingelegt. Die innere Scheibe des Rades ist mit einem gezahnten Ring versehen, in welchen ein an der Motorwelle angebrachtes kleines Zahnrad eingreift. Die Lenkung des Wagens erfolgte bei den im Vorjahre beschriebenen Automobiles der genannten Gesellschaft, als der Antrieb noch auf die Hinterräder erfolgte, durch Verstellung der Vorderräder, bezw. durch Aenderung ihrer Drehachsen. Nun sollte die Lenkung des Wagens nicht durch Aufwand menschlicher Kraft erfolgen, vielmehr sollte durch den Wagenführer, ähnlich wie es beim Pferdebetrieb durch Handhabung der Zügel der Fall ist, stets nur in analoger Weise eine Kraftquelle ausgelöst werden. Dies ist erreicht wenn durch Handhabung von Kurbeln die Tourenzahl der Motoren geändert und dadurch die Lenkung bewirkt wird. Zu diesem Zwecke könnten die beiden Motoren an dem um eine verticale Achse drehbaren Vordergestell fix befestigt sein; die Vorderräder könnten eine durchgehende feste Achse haben, wie dies bei gewöhnlichen Wagen der Fall ist. Die Antriebsart könnte dieselbe sein, wie oben beschrieben wurde. Wenn Serienmotoren in Verwendung kommen, so müsste jeder Motor nur von einer Batterie Strom erhalten. Die zwei Batterien wären zu diesem Zweck mit Zwischenschaltung der beiden Motoren einander entgegen zu schalten. In die Brücke zwischen die Batterien und die Motoren ist ein Regulirwiderstand zu schalten; die Schaltkurbel ist in der Mitte des Kutschbockes anzubringen. Durch Handhabung derselben kann die Geschwindigkeit der beiden Motoren in, welchen flexible Stromzuleitung führen, gemeinschaftlich verändert, eventuell der Strom abgeschaltet werden. Vor jeden Motor ist ein kleiner Regulirwiderstand zu schalten, welcher aus einigen kleinen und ein oder zwei grösseren Widerstandsstufen besteht. Die entsprechenden zwei Schaltkurbeln können rechts und links von der Hauptschaltkurbel angebracht sein und ersetzen die Zügel beim Pferdebetrieb. Die kleinen Widerstandsstufen haben den Zweck, die Tourenzahl der Motoren genau auszugleichen und dadurch eine gerade Fahrtrichtung zu erzielen. Durch Einschaltung einer der grösseren Widerstandsstufen erfolgt Aenderung der Fahrtrichtung. Die beiden seitlichen Kurbeln können in eine combinirt, eventuell durch eine einzige ersetzt werden, da nur die Tourenzahl eines Motors geändert zu werden braucht. Wenn Nebenschlussmotoren angewendet werden, können die zwei seitlichen Regulirwiderstände in die Feldmagnetwickelung angebracht sein und kann eine beliebige Schaltung der Batterien und Motoren angewendet werden.   J. Sahulka.

Telephonstatistik.

Der grosse Aufschwung des Telephonverkehres bringt es naturgemäss mit sich, dass auch die statistischen Nachweisungen über denselben ein erhöhtes Interesse gewinnen. Um den steigenden Anforderungen bei der Aufstellung der Telephon-Statistik in möglichst weiten Umfange, bei Vermeidung von nebensächlichen Daten, welche den klaren Ueberblick nur beeinträchtigen können, zu entsprechen, hat die deutsche Reichspostverwaltung in jüngster Zeit ein neues Formular für die statistischen Nachweisungen über die Staats-Fernsprecheinrichtungen nach dem Stande am 31. December jedes Jahres mit erläuternden Bemerkungen hiezu hinausgegeben. Von jedem Ober-Postdirections-Bezirke im deutschen Reichspostgebiete ist in der bis zu einem bestimmten Zeitpunkte fertig zu stellenden statistischen Nachweisung nur der wirkliche Stand aufzunehmen; noch im Bane befindliche Linien- und Leitungsstrecken haben unberücksichtigt zu bleiben.

Bei der zunehmenden Wichtigkeit des Gegenstandes erscheint es im allgemeinen Interesse gelegen, dass diesem Vorgange in Deutschland die erhöhte Aufmerksamkeit gewidmet und Nachahmung geschaffen werde.

Es sei daher nachfolgend ein Auszug aus den neuesten Bestimmungen des deutschen Reichspostamtes über die Telephon-Statistik wiedergegeben.

In den neuen Formularen sind ausser den Rubriken für die laufende Nummer, den Namen des Ortes, wo das Telephonnetz besteht, und für die besonders vorgeschriebenen Bemerkungen, 10 Hauptrubriken mit meist mehreren Subrubriken, im Ganzen 34 Rubriken, vorgesehen. Die ersten vier Hauptrubriken enthalten die Angaben über die Linien und Leitungen, und zwar getrennt in oberirdische mit hölzernen oder eisernen Gestänge und in unterirdische, ferner ob sie im Betriebe oder in Reserve sind.

Alle Längen sind in Kilometern bis auf eine Decimalstelle anzugeben; bei Telephonnetzen mit mehreren Centralen sind auch die Verbindungsleitungen nebst dem zugehörigen Gestänge einzurechnen und ist die Anzahl und Länge dieser Leitungen insgesammt, sowie die Art und Länge der verlegten Kabel in der Anmerkungsrubrik besonders einzusetzen.

Nebst der durchschnittlichen Länge einer Anschlussleitung ist die Anzahl derselben getrennt in Längen bis 5 km, über 5—10 km und über 10 km anzugeben.

Die fünfte Hauptrubrik enthält die Anzahl der angeschlossenen Telephonstellen, und zwar getrennt in End-, Zwischen-, Neben-, Börsen- und öffentliche Stellen und in eine Summe zusammengezogen, über welche mit rother Tinte die Gesammtanzahl der im Gebrauche befindlichen Telephon- und Mikrophon-Apparate, einschliesslich derjenigen in selbstständigen Telephonanlagen, auszuweisen ist.

Desgleichen ist mit rother Tinte die Anzahl der Theilnehmer in der Subrubrik über der Zahl der Endstellen einzusetzen.

In der sechsten Hauptrubrik sind die Anzahl der Telephoncentralen und in der zehnten die in diesen beschäftigten Beamten. Die Zahl der Arbeitskräfte ist in Bruchtheilen bis Halbe und Viertel anzugeben, wenn die Arbeitskräfte im Telephondienste nicht voll beansprucht werden, d. i. wenn z. B. zwei einander ablösende Beamte während ihrer Dienstzeit noch regelmässig Nebenarbeiten zu versehen haben oder ausserhalb dieser Zeit noch in anderen Dienststellen beschäftigt werden.

Bei kleinen Centralen mit geringem Betriebe hat daher die zehnte Hauptrubrik eventuell unausgefüllt zu bleiben, wenn die Versehung des Dienstes in der Centrale mit der dafür zu veranschlagenden Thätigkeit weniger als ¼ Arbeitskraft in Anspruch nehmen sollte.

Die siebente und achte Hauptrubrik enthält die Anzahl der von den Centralen telephonisch vermittelten Telegramme und Postkarten von und an Theilnehmer, welche diese im deutschen Reichspostgebiete nach dem Beispiele in anderen Ländern erst seit Kurzem neu eingeführte Art der telephonischen Anfgabe und Abgabe von telegraphischen und schriftlichen Nachrichten unter den hiefür geltenden Bestimmungen wünschen.

In der neunten, umfangreichsten Hauptrubrik sind die im Verlaufe des Betriebsjahres von den Centralen ausgeführten Verbindungen anzugeben, und zwar getrennt in solche

a) zwischen allen Sprechstellen jeder Art im Ortsverkehre,
b) zwischen allen Sprechstellen jeder Art im Nachbarortsverkehre,
c) zwischen allen Sprechstellen jeder Art im Fernverkehre,
je im Ganzen und für den Tag, sowie insgesammt (a, b und c zusammen) auch für den Tag und die Stelle.

Ad a) ist in der Anmerkungsrubrik anzugeben, wie viel im Ganzen von den hergestellten Verbindungen auf 1. öffentliche und 2. Börsensprechstellen entfallen, sowie ferner, wenn mehrere Centralen bestehen, bei derselben die Gesammtzahl der Verbindungen und über diese mit rother Tinte die Zahl der Gespräche, welche von den an die betreffenden Centrale angeschlossenen Theilnehmern verlangt wurde.

Ad b) und c) ist ebenso mit rother Tinte die Anzahl derjenigen Verbindungen einzusetzen, welche auf Verlangen der Theilnehmer des eigenen Telephonnetzes her-

gestellt wurden, wodurch speciell die Zahl der aus jedem Orte verlangten und wirklich stattgefundenen Gespräche im Nachbarorts- und Fernverkehre nachgewiesen erscheint.

Bezüglich der Zählung der Verbindungen ist folgender Vorgang vorgeschrieben:

Ad a) und b) werden monatlich an einem Tage, und zwar an dem auf den 15. folgenden Wochentage, somit in jedem Betriebsjahre zwölfmal, die hergestellten Verbindungen gezählt und die Summe durch zwölf getheilt; der erhaltene Quotient ist als täglicher Durchschnittsverkehr einzusetzen und mit 343 multiplicirt als Jahresverkehr einzusetzen.

Ad c) ist fortlaufend zu zählen und der tägliche Durchschnitt im Fernverkehre durch Theilung mit der wirklichen Zahl der Arbeitstage in die erhaltene Summe der Zählung zu ermitteln.

In gleichem Sinne erfolgt die Zählung auch für die Telephonnetze, welche erst im Laufe des Betriebsjahres eröffnet wurden, vom Tage der Betriebseröffnung angefangen, welcher in der Anmerkungsrubrik besonders anzugeben ist. *H. e. H.*

Concessions-Bedingnisse für die normalspurige Localbahn von Guntramsdorf nach Leesdorf mit einer Verbindungslinie zur Station Traiskirchen der k. k. priv. Eisenbahn Wien—Aspang.

Wir entnehmen denselben die nachstehenden Details. Die projectirte Bahn von Guntramsdorf nach Leesdorf ist als doppelgeleisige Localbahn, die Verbindungslinie zur Station Traiskirchen der k. k. priv. Eisenbahn Wien—Aspang als eingeleisige Localbahn, und zwar erstere, als Fortsetzung der gesellschaftlichen Linie Wien (Matzleinsdorfer Linie)—Wiener Neudorf—Guntramsdorf anzulegen und wie diese für den Tag- und Nachtverkehr einzurichten.

Auf den projectirten, mit der gleichen Spurweite wie die Linie Wien (Matzleinsdorfer Linie)—Wiener Neudorf—Guntramsdorf auszuführenden Bahnen wird der Personenverkehr mit elektrischer Kraft, der Frachtenverkehr mittelst Dampflocomotiven durchzuführen sein. Die Maximal-Fahrgeschwindigkeit wird vorläufig für Strecken innerhalb von Ortschaften mit 12 km per Stunde bei Tag und von 10 km per Stunde bei Nacht, für Strecken mit eigenem Unterbau mit 25 km per Stunde bei Tag und Nacht festgesetzt.

Die zu erbauende, circa 9·0 km lange Fortsetzungsstrecke der Linie Wien—Guntramsdorf der Actiengesellschaft der Wiener Localbahnen beginnt in der Station Guntramsdorf, und wird vorerst die in den Zug der Localbahn einzubeziehende Industriegeleise zur Blechfabrik von Winiwarter auf circa 0·9 km mitbenützt. Sodann wird die Bahn auf eigenem Unterbau weitergeführt, gelangt entlang der Wien—Triester Reichsstrasse bis Möllersdorf und im weiteren Verlaufe über Traiskirchen nach Tribuswinkel. Hierauf übersetzt die Linie den Wiener Neustädter Canal, zieht in südlicher Richtung nahezu parallel mit diesem Wasserlaufe weiter und endet mit der bei den Remisen der Badener elektrischen Bahn nächst Leesdorf anzulegenden Station gleichen Namens.

Die circa 2 km lange Verbindung mit der Station Traiskirchen zweigt aus dem eurrenten Geleise der Theilstrecke Tribuswinkel—Traiskirchen der vorbeschriebenen Bahnlinie in nordöstlicher Richtung ab und führt zwischen Traiskirchen und Wienersdorf zur Station Traiskirchen der k. k. priv. Eisenbahn Wien—Aspang.

Bezüglich der elektrotechnischen Einrichtung der Bahn sind folgende Vorschriften zu beachten:

1. Die maschinelle und elektromotorische Anlage der Kraftstation ist für eine derartige Leistungsfähigkeit zu bemessen, dass die verfügbare Stromenergie nicht allein zur Abwickelung des stärksten Bahnverkehres, sondern auch zur Speisung der jeweiligen Beleuchtungs-Anlagen für Bahnzwecke genügt. Ausserdem muss auch für entsprechende Reservegarnituren vorgesorgt sein, so dass bei einer Betriebsunterbrechung ausgeschlossen bleibt. Als Reserve kann auch eine entsprechend eingeschaltete Accumulatoren-Batterie in Verwendung gelangen.

Die Verwendung von Accumulatoren für Betriebsmittel ist besonderen, noch zu erlassende Vorschriften gebunden.

2. Die Zuführung des Stromes zu den Motorwagen erfolgt durch Contactleitungen, welche, wenn dieselben oberhalb der Strassen-Nivelleau angebracht werden, in einem Höhenabstande von mindestens 5·5 m geführt werden müssen.

Für die Speiseleitungen gelten, im Falle dieselben als Luftleitungen ausgeführt werden, die gleichen Normen.

Im Falle als die Stromzuführung unterhalb oder im Niveau des Strassenplanums bewerkstelligt werden soll, wird von Fall zu Fall über die Zulässigkeit der projectirten Anlage entschieden werden.

Die im Strassenkörper versenkten Leitungen sind im Allgemeinen mindestens 0·3 m unter dem Strassen-Niveau zu verlegen.

3. Die oberirdischen Fernleitungen, Speiseleitungen und Contactleitungen sind in derartiger Entfernung von bestehenden Gebäuden, sonstigen bestehenden Objecten, Bäumen u. dgl. anzulegen, und mit einer derart entsprechenden Isolation auszurüsten, dass die neue Anlage durch Unberufene nicht erreicht werden kann und durch dieselbe weder die Anrainer irgendwie belästigt, noch bereits bestehende elektrotechnische Anlagen in ihrem Betriebe gestört werden können.

Zwischen den Starkstromleitungen und bestehenden parallel laufenden Telegraphen- oder Telephonleitungen ist ein zur Vermeidung von Inductionen genügender Abstand einzuhalten.

Kreuzungen elektrischer Leitungen sind thunlichst rechtwinkelig zu gestalten, und genügt im Allgemeinen ein lothrechter Abstand von 1·0 m zwischen denselben.

Ueberall sind die bestehenden Telegraphen-, Telephon- und anderen elektrischen Leitungen nach den Anordnungen der competenten Behörden gegen die Einwirkung der neu projectirten Stromleitungen vollständig zu schützen, erforderlichenfalls entsprechend zu verlegen oder durch Rückleitungen zu ergänzen.

Gegen die gefahrdrohenden Folgen des Abreissens der einen oder anderen Gattung Leitungen ist mittelst Anbringung entsprechender Sicherheitsnetze oder auf andere Weise vorzusorgen.

4. Werden stellenweise für Fortleitungen oder Speiseleitungen in die Erde gelegte Kabel benützt, so müssen dieselben gut isolirt und mit Blei und Eisen armirt sein. Auch muss zwischen derartigen Kabeln und den Grundmauern der Gebäude oder sonstigen Objecten ein Abstand von mindestens 1·0 m verbleiben, damit bei der Vornahme von Reparaturen an den Gebäuden oder an den Kabeln keine Beschädigungen derselben vorkommen.

Alle abnormalen Anlagen (bei Canälen, Brücken etc.) unterliegen einer besonderen Genehmigung.

5. Im Falle der Benützung einer von dem Erdboden nicht isolirten Rückleitung (Eisenbahnschienen, eiserne Träger, eiserne Rohre, Drahtseile etc.) muss für die Continuität dieser metallischen Rückleitung durch entsprechende elektrische Ueberbrückung aller Unterbrechungen, sowie der Schienenstösse etc. gesorgt werden. Auch ist in dieser Rückleitung der Querschnitt-widerstand nicht grösser, der Gesammtwiderstand aber bedeutend geringer als in der Hinleitung zu bemessen, so dass keine Anströmungen durch die Erde stattfinden, welche anderweitige Interessenten schädigen oder belästigen könnten.

Weiters ist auch für die vollkommene Continuität der Rückleitung durch die Bäder und Schienen mittelst entsprechender Reinhaltung der letzteren vorzusorgen.

6. Die Querschnitte der Leitungen in der Kraftstation und innerhalb der einzelnen elektrischen Sectionen sind mit Rücksichtnahme auf den stärksten Betrieb der Anlage derart zu bemessen, dass weder in den Leitungen noch in den eingeschalteten künstlichen Widerständen übermässige Temperaturerhöhungen hervorgerufen werden.

Die den Kupferleitungen von verschiedenem Querschnitte zulässigen Betriebsstromstärken (in Ampères) unterliegen nachstehenden Begrenzungen:

Querschnitt in Quadrat-Millimeter	Betriebsstromstärke in Ampères
1·0	4
1·5	6
2·5	10
5·0	18
10	30
15	40
25	60
50	100
100	170
200	290
300	400
500	600

Für Zwischenwerthe ist geradlinig zu interpoliren.

Bei Widerständen, welche zum Glühen kommen können, funkengebenden Schaltvorrichtungen etc. ist der Feuers- und Explosionsgefahr vorzubeugen.

Im Allgemeinen ist gegen übermässige Stromstärken, bezw. Temperaturerhöhungen mittelst Anbringung von automatischen Schaltvorrichtungen, bezw. Abschmelz-Sicherungen, vorzusorgen.

Bei denselben muss die Ausschalt-, bezw. Abschmelz-Stromstärke in leicht lesbarer Weise stets aufgeschrieben, bezw. eingestampft sein; das letztere sowohl in den auswechselbaren, als auch in den nicht auswechselbaren Anschlusstheilen.

Die Ausschalt-, bezw. Abschmelz-Stromstärke darf das Zweifache der Betriebsstromstärke nicht übersteigen.

7. In allen Betriebsleitungen, welche in den dem Publikum und dem nicht elektrotechnisch gebildeten Bahnbetriebspersonale zugänglichen Oertlichkeiten angelegt werden, darf die Spannungsdifferenz zwischen den Hin- und Rückleitungen die Grenze von 500 V bei Gleichströmen, bezw. 250 V bei Wechselströmen nicht übersteigen.

In allen solchen Oertlichkeiten dürfen blanke Leitungen nur derart angebracht werden, dass sie durch Unberufene nicht erreicht werden können.

Innerhalb der gedeckten Räume, der Gebäude jeder Art und solcher Oertlichkeiten, wo sich leicht entzündbare Gase entwickeln, dürfen keine blanken Leitungen angebracht werden.

Für Fernleitungen, sowie für alle Stromerzeugungs-Maschinen, Schaltapparate, Transformatoren, Messvorrichtungen etc. sind höhere Spannungen zulässig, doch muss für eine entsprechende Isolation, sowie durch Anbringung entsprechender Schutzvorrichtungen dafür gesorgt werden, dass die Sicherheit des Personales sowohl, als Unberufener nicht gefährdet werden kann.

Fernleitungen mit hoher Spannung sind mit Rückleitungen zu versehen und thunlichst nach dem Principe des inductionsunfähigen Querschnittes anzulegen.

8. Die ganze Anlage sowie die Motorwagen sind mit entsprechenden Blitzschutz-Vorrichtungen zu versehen.

9. Die elektromotorische Vorrichtung der Motorwagen, sowie die Garnitur der entsprechend abgestuften Schaltwiderstände sind thunlichst unterhalb des Fussbodenplanums des Wagens, beziehungsweise derart anzulegen, dass die Reisenden damit nicht in Berührung kommen können.

Bei Verwendung von Motorwagen mit Accumulatoren oder überhaupt von relativ schwach gespannten Strömen kann fallweise hievon abgesehen werden.

Die für die Leitung der Bewegungen des Wagens zu construirenden Schaltknöpfe, ferner die Nothausschalter, sowie alle anderen oberhalb des Fussbodenplanums befindlichen Apparate und Leitungen, welche zu Motorzwecken dienen, sollen überalls thunlichst dem Publikum unzugänglich sein.

10. Jeder Motorwagen muss ausser mit den übrigen vorgeschriebenen Bremsvorrichtungen auch auf blos elektrischem Wege mittelst eines einzigen Griffes rasch und sicher gebremst werden können.

Die elektrische Bremsvorrichtung ist mit hinreichend vielen, entsprechend abgestuften Schaltstellen auszurüsten, damit dieselbe sowohl als Haltebremse, wie auch als Gebrauchsbremse benützt werden kann.

Dieselbe muss das ganze Gewicht des Motorwagens als Adhäsionsgewicht ausnützen.

11. Die Endpunkte der Bahn sind untereinander und mit der Kraftstation in telephonische Verbindung zu bringen.

Fahrbetriebsmittel.

An Fahrbetriebsmitteln sind für den Betrieb mit elektrischer Kraft anzuschaffen:

1 vierachsiger Motorwagen mit zwei Drehgestellen und zwei Triebwerken;

6 zweiachsige Motorwagen mit je zwei Triebwerken;

4 vierachsige Beiwagen mit je zwei Drehgestellen;

3 zweiachsige Beiwagen;

1 Montagewagen.

Alle vierachsigen Wagen sind mit einem Fassungsraume für mindestens 63 Personen, die zweiachsigen Wagen mit einem Fassungsraume für mindestens 38 Personen zu erbauen.

Jeder Motorwagen hat nebst der elektrischen Bremse eine derart kräftige Handbremse zu erhalten, dass diese letztere allein den mit einer Geschwindigkeit von 12 km per Stunde rollenden Wagen auf 10 m Länge zum Stillstande bringen kann.

Ferner muss es möglich sein, mittelst nur zweier Griffe die Wirkungen der elektrischen Bremse und der Handbremse zu cumuliren, um auf diese Weise den Wagen fast augenblicklich bis zum Gleiten bremsen zu können.

Um auch bei ungünstigem Schienenzustande zu ermöglichen, ist eine gut functionirende Sandstreuung einzurichten, und ist für entsprechende Sanddepôts längs der Bahn vorzusorgen.

Die Beiwagen sind mit einer entsprechend kräftigen Handbremse zu versehen.

KLEINE MITTHEILUNGEN

Verschiedenes.

Eine Telephonlinie längs der französischen Mittelmeerküste ist nach der „Ztg. d. V. d. Eisenb. V." von den zuständigen Behörden beschlossen worden. Der Zweck derselben ist, die Stadt Marseille mit allen Plätzen dieser Küste und letztere wiederum über Marseille mit allen anderen Netzen und besonders mit Paris in telephonische Verbindung zu bringen. Im April dieses Jahres wurde bereits eine Zusammenkunft zwischen Vertretern der betheiligten Städte und einem Vertreter des Ministeriums für Post und Telegraphie abgehalten, wo der Beschluss gefasst wurde, eine Anleihe von 350.000 Frcs. durch die betheiligten Städte zu mässigem Zinsfusse auf fünf Jahre aufzunehmen; dieselbe vertheilt sich auf die Orte Nizza, Marseille, Toulon. Monaco, Cannes, Hyères, Fréjus, Mentone, Draguignan, Grasse, Antibus, St. Raphael, Vallauris, Beaulieu und Ville franche.

Ein Riesenkabel von 120.000 m Länge wurde kürzlich im Hafen zu Mühlheim a. Rh. vom Carlswerke von Felten & Guilleaume in ein Schiff verladen. Zur Beförderung dieses Kabels von der Fabrik bis zum Rheinufer waren zwei Eisenbahnzüge, jeder aus 14 Doppelwagen bestehend, nöthig, die vom Verbindungsgeleise der Fabrik über Deutzfeld auf der Hafenbahn zum Hafen geleitet wurden. Das Kabel geht über Holland nach der Nordsee.

Société internationale des Electriciens. In der Sitzung vom 9. November besprach Pellisier die verschiedenen Tarife für elektrische Energie. Die Preise können mit zunehmender Stromabgabe ermässigt werden; jeder Preisermässigung folgt stets ein steigender Consum. Jeder Tarif sollte bequem sein. Es ist kein Grund vorhanden, dass bei Tage der Strom billiger abgegeben werde, als Abends, wenn die Belastung der Centralen bei Tag ebenso stark ist wie Abends; dies ist in New-York der Fall. Pellisier beschrieb hierauf das Tarifsystem von M. Wright, welches in Brighton angewendet ist. Hierauf besprach de Marchena die neue, von der Société Thomson-Houston in Paris zwischen Aubervilliers, Pantin und dem Place de la République errichtete elektrische Bahnlinie; ausserhalb Paris ist Luftleitung, in Paris Accumulatorenbetrieb angewendet. Jeder Wagen enthält 224 Accumulatoren mit je 7 Platten der Société pour le travail électrique des métaux von 35 Ampère-stunden Capacität. Jeder Wagen reicht für 56 Personen; 28 haben im Innern, 28 auf den Plattformen Platz. Die Centrale befindet sich in Aubervilliers und enthält 3 Rosenbach'sche Kessel à 300 PS, 3 horizontale Corliss-Dampfmaschinen à 250 PS und drei sechspolige Thomson-Houston Compounddynamos von 150 KW Leistung bei 550 V. Die Bürstenspannung kann zum Zwecke der Ladung von Accumulatoren in der Centrale auf 575 V erhöht werden. Zum Schlusse berichtete Maurice Leblanc über eine neue Art der Compoundirung von Wechselstrom - Dynamos, um constante Klemmenspannung zu erzielen.

Kupferstatistik. Nach der Aufstellung der Herren Henry R. Merton & Co. in London betragen in England und Frankreich

	15. Nov. 1898	31. Oct. 1898	31. Oct. 1897
	t	*t*	*t*
Kupfervorräthe	20.710	20.848	29.739
Schwimmende Zufuhren . .	5.200	4.950	4.650
Zusammen . .	25.910	25.798	34.389
Preis für Chilibarren Pf. St.	55·15	54·15	47·15

Die Gesammtzufuhren zu den europäischen Häfen betrugen vom 1. bis 15. November 10.588 *t* (im ganzen Monat October 17.800 *t*) und die Gesammtablieferungen 10.426 *t* (im October 19.585 *t*).

Ausgeführte und projectirte Anlagen.

Oesterreich-Ungarn.

a) Oesterreich.

Brüx. 16. November. (Elektrische Strassenbahn.) Wie seinerzeit gemeldet, im December vorigen Jahres für die von Brüx ausgehende, über Oberleutensdorf, Johnsdorf, Ober- und Niedergeorgenthal zum Centrumschacht führende und von hier nach Brüx zurückkehrende Gürtelbahn die Traceerrevision vorgenommen, bei welcher Herr Bürgermeister Laufko von Oberleutensdorf Namens der von ihm vertretenen Stadtgemeinde die Erklärung zu Protokoll gab, dass dieses Project protestiren zu müssen, da sich Oberleutensdorf mit der Absicht trage, selbst eine normalspurige Localbahn mit Dampfbetrieb von Oberleutensdorf nach Brüx zu bauen. Durch diese Erklärung, welcher sich auch die Vertreter von Oberleutensdorf anschlossen, war die Durchführung des Projectes zwar nicht verhindert, wohl aber für längere Zeit hinausgeschoben und die commissionellen Verhandlungen waren unerwartet auf eine andere

Basis gerückt worden. Mit Rücksicht auf diese ablehnende Haltung von Oberleutensdorf musste eine andere Trace gewählt werden und ein neues Detailproject von der „Union" E.A.-G. ausgearbeitet werden. Nach diesem Projecte soll die Bahn von Brüx über Kopitz, den Habsburgschacht, Malthewern, Centrumschacht, Nieder- und Obergeorgenthal nach Johnsdorf führen und hiebei 6 km Trace und 150.000 fl. Bauaufwand erspart werden. Es schlossen sich denselben die Gemeinden Johnsdorf, Ober- und Niedergeorgenthal, sowie die übrigen Commissionsmitglieder an. Wie die „Bohemia" hierüber schreibt, fand am 14. d. M. eine commissionelle Begehung der Trace statt. Bei dieser Commission wurde nun auch ein alle interessirten Kreise befriedigendes Abkommen mit Oberleutensdorf erzielt. Diese Stadt gab nämlich durch ihren Bürgermeister dem Wunsche Ausdruck, die projectirte Strassenbahn möchte nicht nur einen kleinen Theil der Stadt berühren, sondern dieselbe auf einem grösseren Gebiete durchfahren. Bei Annahme dieser Variante wolle sich dagegen die Stadtgemeinde Oberleutensdorf verpflichten, die Durchführung des Strassenbahnprojectes nach jeder möglichen Richtung zu fördern. Diese Erklärung nahm die Commission zur Kenntnis und ist bereits mit der Detailtracirung dieser Variante begonnen worden. Das erweiterte Project soll schon in den nächsten Tagen dem Eisenbahnministerium behufs Anordnung der politischen Begehung vorgelegt werden.

Oswiecim. (Elektrische Kleinbahn.) Eisenbahn-Voreoncession. Das k. k. Eisenbahnministerium hat dem Emil Kuznitzky, Fabriksbesitzer in Oswiecim, die Bewilligung zur Vornahme technischer Vorarbeiten für eine schmalspurige Kleinbahn mit elektrischem Betriebe vom Bahnhofe Oswiecim auf die Dauer von sechs Monaten ertheilt.

Prag. (Elektrische Stadtbahn.) In der am 15. d. M. stattgefundenen Sitzung referirte Herr k. R. Carl Tichy als Vorstand des Verwaltungsrathes der städtischen elektrischen Unternehmungen über den dermaligen Zustand der Arbeiten und die zunächst in's Auge gefassten Anlagen von elektrischen Strassenbahnen. Namentlich handelt es sich um die Concessionserwerbung für die Strecke Central-Schlachthaus—Ujezd. Der Stadtrath beschloss, in Anbetracht dessen, dass die Concessionsertheilung demnächst zu gewärtigen ist, den Bau dieser Strecke in Angriff zu nehmen. Ueber die Umwandlung der Belvedere-Drahtseilbahn in eine Bahn mit elektrischem Betrieb berichtete Ober-Ingenieur Pelikan, dass diese Umgestaltung in der Absicht der Verwaltungs-Commission liege.

b) Ungarn.

Budapest. (Vollendung der Umgestaltungsarbeiten der Linien der Budapester Strasseneisenbahn-Gesellschaft auf elektrischen Betrieb.) Auf Anordnung des königl. ungarischen Handelsministers wurde der Verkehr der letzten mit Pferdebetrieb eingerichtet gewesenen Linie der Budapester Strasseneisenbahn-Gesellschaft, das ist der von der Hauptlinie in das Zugliget (Auwinkel) nächst dem Johannesspital abzweigenden, zum Christinenstädter Südbahnhofe (II. Stadtbezirk) führenden Linie, eingestellt. Ueber Anregung der Budapester Communal-Verwaltung, welche den Fortbestand dieser Linie aus Verkehrsrücksichten für unentbehrlich erklärte, hat die Direction der Strasseneisenbahn-Gesellschaft beschlossen, diese Linie nicht aufzulassen, sondern, gleich den übrigen, mit elektrischer Kraft zu betreiben. Diese Linie wird übrigens im Sinne des gesellschaftlichen Ausbauprogrammes ihre Fortsetzung im Wolfsthale bis zum dortigen Friedhofe erhalten. Es sind nunmehr sämmtliche Linien der genannten Gesellschaft auf elektrischen Betrieb umgestaltet. Zur Erzeugung der elektrischen Kraft sind zwei Centralstationen eingerichtet.

Debreczin. (Ausführungsmodalitäten der projectirten Localbahn mit elektrischem Betriebe Debreczin—Nagyvárad [Grosswardein.]) Die in einer Länge von 67 km projectirte normalspurige Linie Debreczin—Nagyvárad wird in Ungarn die erste mit Anwendung der elektrischen Kraft als Motor auf Vollbetrieb eingerichtete Eisenbahn sein. In der baulichen Ausführung, Einrichtung und Betriebsführung die Bestimmungen des G.-A. XXXI ex 1880 und bei diesem ergänzenden G.-A. IV ex 1888 gelten. Der mittelst Oberleitung den Wagenmotoren zuzuführende elektrische Strom wird von einer centralen Stromentwickelungsstation geliefert. Ausserdem werden in zwei Stationen Generatoren errichtet, welche den von der Centrale erhaltenen 600·0 V starken Wechselstrom in 600 V Gleichstrom umgestalten. Die Spannung des in die Eisenbahnwagen, bezw. die Locomotive zu führenden Arbeitsstromes wurde auf 600 V festgesetzt. Die höchste Steigung der Bahn beträgt 10‰. Der Oberbau ist stärker als bei den übrigen Vicinalbahnen auszuführen. Die faetischen Bau- und Betriebseinrichtungskosten sind mit 1,215.000 fl. oder 62.817 fl. per Kilometer festgesetzt, von welchen Betrage 355.700 fl. auf Betriebsmittel und 24.800 fl. auf Umgestaltung der Anschlussstationen entfallen. Behufs Beschaffung des Capitales sind 35% in Stammaction und 65% in Prioritäts-action zum Curse von 78 zu emittiren. Der Bau ist sechs Monate nach definitiver Concessionirung zu beginnen und binnen längstens zwei Jahren zu vollenden. Die Concessionäre sind verpflichtet, auf der Bahn ein zweites Geleise zu legen, wenn der Reinertrag des Unternehmens 10% übersteigt. Die Trace der Bahn geht von der Station Debreczin der königl. ungarischen Staatsbahnen aus und führt zu der Stadt Nagyvárad, in deren Bereich sie sich weiter verzweigt. Nebst den beiden Aus- und Einmündungs-stationen Debreczin und Nagyvárad werden 14 Stationen für den Gesammtverkehr und 3C Haltestellen eingerichtet werden.

Esseg (Eszék). (Eisenbahn-Vorconcession.) Der königl. ungarische Handelsminister hat der Direction der Eszéker Strassemeisenbahn-Gesellschaft die Bewilligung zur Vornahme technischer Vorarbeiten für eine von der Gesammten projectirten elektrisch zu betreibenden Localbahn Eszék—Herczeg-Szöllös—Kis-Kőszeg abzweigende und diese über Karancs (in der Station Baranya—Monostor mit der Hauptlinie Nagyvárad—Eszék—Villany verbindende) und bezüglich der Spurweite und des Betriebsmotors jenen der Anschlussbahn Eszék—Kis-Kőszeg entsprechend zu verbauende und zu betreibende Localbahn auf die Dauer eines Jahres ertheilt.

Deutschland.

Berlin. Am 17. d. M. erfolgte seitens der Stadtverordneten-Versammlung die definitive Genehmigung des neuen Vertrages zwischen der Commune Berlin und dem Berliner Elektricitätswerken, durch welche der Fortbestand dieser Gesellschaft als solche bis 1915 gesichert ist. Die Schluss-abstimmung ergab 66 Stimmen für und 51 Stimmen gegen den ganzen Vertrag.

Riesa. (Elektrische Bahn nach Strehla.) Von dem königlich sächsischen Ministerium des Innern ist im Einverständnis mit dem Finanzministerium der Accumulatoren- und Elektricitätswerke Act.-Ges. vormals W. A. Boese & Co. in Berlin die Concession zur Vornahme genereller Vorarbeiten für eine elektrische Bahn für Personen- und Güterverkehr von Riesa nach Strehla ertheilt worden, nachdem die Betriebseröffnung des von der genannten Gesellschaft zunächst für die Stadt Strehla erbauten Elektricitätswerkes unmittelbar bevorsteht.

Spandau. Der Magistrat und die Stadtverordneten-Versammlung von Spandau haben beschlossen, die Kabellegung für das städtische Elektricitätswerk, dessen Kraftstation die Allgemeine Elektricitäts-Gesellschaft bereits errichtet hat, dieser für 309.000 Mk. zu übertragen, desgleichen dieser Gesellschaft auch die Ausführung aller in das Fach schlagenden Arbeiten für die Dauer des hinsichtlich der Kraftlieferung abgeschlossenen Vertrages zu übertragen. Noch in diesem Winter wird der grösste Theil der Stadt mit elektrischer Beleuchtung versehen.

Italien.

Internationale Eisenbahn Aosta—Martigny. Dem Ministerium für öffentliche Arbeiten wurde ein von dem Ingenieur Cedaly aufgestelltes Project für eine dritte Strecke der nur malspurigen elektrischen Eisenbahn Aosta—Martigny zwischen Courmayeur und der schweizerischen Grenze vorgelegt. Diese Strecke wird 30 km lang und enthält die Stationen Sarre, Saint-Pierre, Agnaville, Villeneuve, Arvier, Avise, Morgex, La Salle, Pré-Saint-Didier und Courmayeur. Die Förderung wird theils mit Dampf, theils elektrisch erfolgen.

Japan.

Die Siemens & Halske Electric Company von Amerika steht nach der "New-York. Hdls. Ztg." in Unterhandlung mit der japanischen Regierung, die ihr unter günstigen Bedingungen den Vorschlag gemacht haben soll, die Einrichtung und den Betrieb von elektrischen Bahnen und Beleuchtungs-anlagen sowie die Lieferung von elektrischer Kraft für Industriezwecke im japanischen Reiche zu übernehmen. In Tokio, Yokohama, Nangasaki, Osaka und anderen grossen Städten von Japan sollen Trolley-Bahnen eingeführt werden. Die Regierung soll sich bereit erklärt haben, einem amerikanischen Syndikat die ausschliessliche Berechtigung zur Einrichtung eines solchen Bahnbetriebes zu ertheilen. Die Gründung einer Actiengesellschaft, die Japan mit elektrischen Anlagen versehen soll, ist in New-York in Anregung gebracht worden.

Geschäftliche und finanzielle Nachrichten.

Petersburger Gesellschaft für elektrische Beleuchtung. Dem "Berl. Börs. C." wird von zuverlässiger Seite über diese Gesellschaft berichtet, und entnehmen wir hievon Folgendes: Am 15. November 1898 fand zu Petersburg im Beisein des Vorsitzenden des Directoriums von Siemens & Halske, A. G., Berlin, Präsidenten Bödiker, eine Sitzung des Verwaltungsrathes der Gesellschaft statt. Es wurde beschlossen, zur Vollendung der Bauten in Petersburg und Moskau mit dem aus deutschen und schweizerischen Banken bestehenden Consortium einen von diesem im Entwurf vorgelegten Vorschussvertrag abzuschliessen, und gleichzeitig das Installations- und Verkaufsgeschäft in St. Petersburg und Moskau um den Betrag von 300.000 Rbl., der Firma Siemens & Halske, St. Petersburg, zu überlassen. Des Weiteren wurde die Vertheilung einer höheren Dividende als 5% in Russland dürfen Tantiemen nicht gezahlt werden) nicht in Aussicht genommen, mithin von der Herauziehung der Reserven zur Erhöhung der Dividende abgesehen, wogegen für das laufende Jahr und 3. für das nächste Jahr auf 4% zu rechnen und darnach auf eine normale Verzinsung zu hoffen ist. Die neue grosse Central-station in Moskau kann zur Zeit bereits 5000 PS leisten, wozu binnen drei Wochen eine weitere 1000pferdige Maschine hinzukommen wird; zu neuen Kabeln sind bis jetzt in Moskau etwa 150 km verlegt. In Petersburg sind in der neuen grossen Centrale zur Zeit 4600 PS vorhanden, die auf rund 6000 vermehrt werden sollen. Die obrigkeitliche Abnahme dieser Centrale fand am 15. November statt. Noch in dieser Woche wird die Centrale nach erfolgter kirchlicher Einweihung in Betrieb gesetzt werden. Die Gesammtanschlüsse in Petersburg betragen zur Zeit 19.000 HW (40.000 Lampen), wovon noch im Laufe dieser Beleuchtungssaison 40C0 von der neuen Centrale werden übernommen werden. Die Verlegung der neuen Kabel ist seit einiger Zeit in Petersburg in vollem Gange.

Vereinsnachrichten.

Chronik des Vereines.

14. November. — Sitzung des Regulativ-Comités.

16. November. — Sitzung des Concessions-Comités, hierauf Vereinsversammlung. (Beginn der Vortrags-Saison 1898/99.)

Vorsitzender: Präsident Prof. Schlenk.

Der Vorsitzende begrüsst die Versammlung und theilt mit, dass der Ausschuss anlässlich des erschütternden Ereignisses vom 10. September, durch welches Seine Majestät und wir alle in tiefste Trauer versetzt wurden, beschlossen habe, Seine Excellenz den Herrn Statthalter zu bitten, den Ausdruck der innigsten Theilnahme von Seite des Elektrotechnischen Vereines in Wien Seiner Majestät zur allerhöchsten Kenntnisnahme zu bringen.

Der Vorsitzende theilt ferner mit, dass das Regulativ-Comité wöchentlich Sitzungen abhalte zur Verfassung von Sicherheitsvorschriften für Starkstrom- und Hochspannungs-Anlagen. Hierauf erhält Herr Ingenieur Eichberg das Wort zu seinem Vortrage: „Erklärung des Görges'schen Phänomens". Der Vortrag erscheint vollinhaltlich in der nächsten Nummer.

18. November. — Sitzung des Redactions-Comités.

21. November. — Sitzung des Regulativ-Comités.

Die nächste **Vereinsversammlung** findet Mittwoch den 30. November 1898 im Vortragssaale des Wissenschaftlichen Club, I., Eschenbachgasse 9, I. Stock, 7 Uhr abends statt.

Vortrag des Herrn Ingenieur Victor Tischler: „Ueber das neue Patent-Gesetz".

Schluss der Redaction: 22. November 1898.

Verantwortlicher Redacteur: Dr. J. Sahulka. — Selbstverlag des Elektrotechnischen Vereines.
Commissionsverlag bei Lehmann & Wentzel, Wien. — Alleinige Inseraten-Aufnahme bei Haasenstein & Vogler (Otto Maass), Wien und Prag.
Druck von R. Spies & Co., Wien.

Zeitschrift für Elektrotechnik.

Organ des Elektrotechnischen Vereines in Wien.

| Heft 49. | WIEN, 4. December 1898. | XVI. Jahrgang. |

Bemerkungen der Redaction: Ein Nachdruck aus dem redactionellen Theile der Zeitschrift ist nur unter der Quellenangabe „Z. f. E. Wien" und bei Originalartikeln überdies nur mit Genehmigung der Redaction gestattet.

Die Einsendung von Originalarbeiten ist erwünscht und werden dieselben nach dem in der Redactionsordnung festgesetzten Tarife honorirt. Die Anzahl der vom Autor event. gewünschten Separatabdrücke, welche zum Selbstkostenpreise berechnet werden, wolle stets am Manuscripte bekanntgegeben werden.

INHALT:

Rundschau.

Im „Elektrot. Anzeiger" ist im Hefte 93 Tesla's neues System der elektrischen Kraftübertragung beschrieben. In der Primärstation werden Wechselströme hoher Frequenz erzeugt, welche durch einen Tesla'schen Transformator, über welchen wir im Hefte 5 in der Rundschau berichteten, in Ströme von sehr hoher Spannung transformirt werden. Ein Pol der Hochspannungsspule ist geerdet, der andere ist mit einer verticalen kreisförmigen Metallscheibe verbunden. Von dieser geht eine mächtige elektrische Strahlung aus, welche eine zweite gegenübergestellte Metallplatte in der Secundärstation trifft; an die Platte ist ein gleicher Transformator wie in der Primärstation angeschlossen, nur ist an die Spule mit wenig Windungen anstatt des Generators ein Apparat angeschaltet, welcher Energie consumirt, z. B. Lampen. In dieser Art bildet die Luft einen Theil des Schliessungskreises. Bei einem Versuchsapparate betrug die Grösse der Platten 5·66 m², der Abstand derselben war 4·8 m, die Hochspannung wurde auf 2½ Millionen Volt geschätzt. In grosser Höhe über der Erdoberfläche ist die Luft bereits so verdünnt und hat eine grosse Leitungsfähigkeit, wie aus den Erscheinungen an Geissler'schen Röhren wohlbekannt ist. Wenn Sender und Empfänger in grosser Höhe angebracht sind, kann die Fernleitung der Energie daher auf grosse Entfernung erfolgen und kann dabei der Verlust in der Luft sehr klein gemacht werden. Die Tesla'schen Versuche werden jedenfalls grosses Interesse erregen, wenn auch an eine praktische Verwerthung gegenwärtig kaum zu denken ist.

Während der letzten Jahresversammlung der „American Street Railway Association", welche im September in Boston gehalten wurde und mit einer Ausstellung verbunden war, wurde eine Reihe interessanter Vorträge gehalten, über welche im Hefte 12 von „Electr. World" berichtet ist. Bemerkenswerth waren die Strassenbahnwagen mit doppeltem Untergestell und maximaler Zugkraft, die sogenannten maximum traction cars. Jedes Gestell ist mit einem Motor ausgerüstet, welcher aber nur ein Räderpaar antreibt; diese Räder sind häufig grösser als die anderen. Die Vertheilung der Last ist so gewählt, dass das angetriebene Räderpaar stärker be-

lastet ist als das andere. Dadurch wird erzielt, dass die Zugkraft um 50% höher ist in dem Falle, wenn die Last gleichmässig vertheilt ist. Für den Oberbau ist diese Anordnung nicht von Vortheil, doch kommt dieser Umstand, wenn es sich um grosse Zugkraft und rasches Anfahren handelt, nicht in Betracht.

Bei Einführung des elektrischen Betriebes auf den amerikanischen Hochbahnen hat man insbesondere auf Verminderung des Lärmes gehofft, welchen die Dampflocomotiven verursachen. Diese Hoffnung hat sich nicht erfüllt, da die in Amerika angewendeten eisernen Constructionen der Hochbahn infolge Resonanzwirkung den Lärm, den schon eine in's Strassen-Niveau verlegte elektrische Bahn häufig verursacht, noch erhöhen. Man trachtet daher, wie wir einem Berichte im Hefte 11 derselben Zeitschrift entnehmen, Motorwagen anzuwenden, welche mit direct auf die Achsen montirten Motoren ausgerüstet, um den durch die Zahnradübersetzung verursachten Lärm zu beseitigen. Diese Construction verursacht Schwierigkeiten, da die Motoren gross sein müssen, um eine hinreichende Zugkraft zu entwickeln, andererseits aber der Abstand der Wagenachsen vom Bahnniveau gering ist. Würde man grössere Räder anwenden, so könnten auch grössere Motoren benützt werden, doch würden dadurch die Plattformen der Wagen höher. Will man die gegenwärtige Form der Wagen beibehalten, so ist es nothwendig, jeden einzelnen Wagen mit Motoren auszurüsten, da diese nicht stark genug gemacht werden können, dass ein Wagen mehrere ziehen; man muss also das sog. System der vielfachen Einheiten anwenden.

Während in Amerika früher keine Dynamos für sehr grosse Leistungen gebaut wurden, ging man in den letzteren Jahren immer zu grösserer Leistung über. Während der Ausstellung in Chicago war eine Dynamo von 1500 KW Leistung ausgestellt, welche damals als grösste Gleichstrom-Dynamo galt. Typen von dieser Leistung werden gegenwärtig häufig benützt. In der neuen Centrale der „Metropolitan Street Railway" in New-York, welche noch heuer fertiggestellt wird, da der Verkehr auf den von der Gesellschaft eingerichteten Linien mit unterirdischer Stromzuführung so ausserordentlich zugenommen hat, dass die gegenwärtigen zwei provisorischen Centralen mit 12.000 *PS* Leistung nicht genügen, werden Drehstrom-Dynamos von je 2500 *KW* Leistung aufgestellt. Für die Centrale der „Boston Elevated Railway Co." wurde von der Walker Co. ein 3000 *KW* Gleichstrom-Generator geliefert, welcher derzeit als grösste Gleichstrom-Dynamo gilt. Die Tourenzahl beträgt nur 80 und ist daher diese Dynamo grösser als die 5000 *KW* Generatoren der „Cataract Construction Co." in Niagara, welche mit grösserer Tourenzahl laufen. Das Gesammtgewicht beträgt 125, das Gewicht der Armatur, welche als Nuthenanker ausgeführt ist, 7·5 t. Der Magnetkranz aus Stahlguss hat 6·5 *m* Durchmesser; an demselben sind 24 untertheilte Pole befestigt; die Armatur hat 4·7 *m* Durchmesser.

　　　　　　　　　　　　　　　　　　　　　　　S.

Zur Erklärung des Görges'schen Phänomens und über die Cascadenschaltung.

Vortrag, gehalten am 16. November 1898 im Elektrotechnischen Verein in Wien von **Friedrich Eichberg**.

I.

　Die einphasigen und mehrphasigen Inductionsmotoren, welche die Theoretiker asynchron nennen, werden von den Praktikern häufig als synchron bezeichnet. Dabei stützen sich die Praktiker auf die Thatsache, dass diese Motoren, wenn sie guten Nutzeffect haben sollen, in der Nähe des Synchronismus laufen müssen. Mit Hintansetzung des Wirkungsgrades kann man sowohl ein- als mehrphasige Motoren in ihrer Tourenzahl variiren. Aber so wenig genau es die Praktiker in diesem Fall mit dem Synchronismus nehmen, so peinlich sind sie mit dem Wirkungsgrad.

　Nun hat Herr Görges, Berlin im Jahre 1896 auf der IV. Jahresversammlung des Verbandes deutscher Elektrotechniker[*] constatirt, dass ein mehrphasiger Motor, dessen Anker einphasig, resp. einachsig ist, d. h. dessen Ankerfeld sich nur in einer bestimmten Richtung ausbilden kann, eine Tourenzahl annimmt, welche der halben Synchrongeschwindigkeit entspricht. Der Wirkungsgrad bei dieser Geschwindigkeit, der beim nor-

[*] Siehe „E. T. Z.", Berlin, 1896, Heft 33, S. 571.

malen Inductionsmotor ca. 50% gewesen wäre, stieg bis ca. 70%. Wurde der Motor künstlich beschleunigt, so dass er eine höhere Tourenzahl als die halben Synchrongeschwindigkeit entsprechende annahm, so wirkte er bremsend. Wurde er jedoch bis in die Nähe des Synchronismus gebracht, so konnte er daselbst nicht nur leerlaufen, sondern hielt auch eine mässige Belastung aus. (Bei einem Versuche den ich anstellte verhielt sich diese Belastung zur maximalen wie 10:25). Herr Görges hat damals auch mitgetheilt, dass er versucht habe, dieses merkwürdige Phänomen zu erklären und als Resultat seiner Ueberlegungen ein Curvenpaar angegeben, das symmetrisch zur Abscissenachse liegend, dahin zu deuten war, dass der Motor mit einachsiger Wickelung bei jeder Geschwindigkeit sowohl ein positives als ein negatives Drehmoment haben könnte. Abgesehen davon, dass mit dem Resultate einer Ueberlegung noch keine Erklärung gegeben ist, stimmt das Verhalten dieses Curvenpaares mit dem des Motors mit einachsiger Ankerwickelung durchaus nicht. Dasselbe Phänomen wie bei mehrphasigen Motoren haben Görges und später auch andere an einphasigen Motoren constatirt.

　Ich habe versucht, dieses Phänomen in der folgenden Weise zu erklären[*]): Der einfachste Motoranker mit einachsiger Wickelung ist ein nur ein blos einer in sich kurz geschlossenen Wickelung versehener Anker. (Siehe Fig. 1.) Alles Folgende ist für ein zweipoliges Drehfeld gedacht. Es ist dann die Periodenzahl und die zugehörige Tourenzahl durch dieselbe Zahl gegeben; hat das Drehfeld p Polpaare, so besteht zwischen der Periodenzahl n_0 und der zugehörigen Tourenzahl v_0 die Beziehung $n_0 = p \cdot v_0$. Das Drehfeld habe die secund-

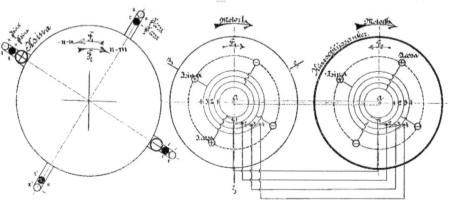

Fig. 1.　　　　　　　　　　　　Fig. 2.

liche Umlaufszahl n, der Anker m. In der einachsigen Wickelung wird eine wechselnde E. M. K. mit der Periodenzahl $n - m$ und ein Feld von gleicher Periodicität ent-

_____

Diese Erklärung habe ich bereits Mitte October 1898 Herrn Dir. Déri in Wien in gelegentlichen Besprechungen mitgetheilt; auch die Anmeldung dieses Vortrages datirt bereits aus dem October. Damit dürfte meine vollkommene Unabhängigkeit von F. Niethammer in Berlin, der seine Arbeit „Ueber Inductionsmotoren mit veränderlicher Umlaufszahl" 6 Tage vor der Abhaltung dieses Vortrages veröffentlicht, constatirt sein.

stehen; dieses Feld wird stets senkrecht zur Windung gerichtet sein. Dieses wechselnde Feld im Anker rotirt mit dem Anker mit m Touren. Wir können es in analoger Weise wie das primäre Wechselfeld eines einphasigen Inductionsmotors in zwei rotirende Felder $(F_1$ und $F_2)$ zerlegen, deren Grösse $\dfrac{F}{2}$ ist, wenn F der Maximalwerth des Wechselfeldes ist. Die beiden Felder rotiren in Bezug auf den Anker mit $n—m$ Touren nach vor-, bezw. rückwärts. Wir könnten sie entstanden denken durch zwei Drehfeldwickelungen 1 1′ 2 2′, bezw. I I′ und II II′, wobei in analoger Weise, wie in der Figur

1 und I im gleichen Sinne,
2 „ II im entgegengesetzten Sinne inducirt
gedacht werden müssten.

Das Verhalten dieser beiden rotirenden Felder im Anker ist nun das Folgende: das eine F_1 (mit $(n—m)$ Touren im selben Sinne wie der Anker rotirend) setzt sich mit dem primären Wechselfeld, wie das normale Ankerfeld eines Drehstrommotors zu einem resultirenden Feld zusammen. Während im normalen Drehstrommotor das rotirende Ankerfeld die Resultirende der in Phase und Richtung um gleichviel verschobenen sinusförmig variirenden Felder der einzelnen Kurzschlusswindungen ist, so ist in diesem Falle das rotirende Ankerfeld eine Componente des sinusförmig variirenden Feldes der einachsigen Spule.

Die andere Componente, F_2 rotirt mit $(n—m)$ Touren gegen den Anker. Wir haben nun einen Motor, in dessen mit m Touren rotirenden Theil ein Feld von der Periodicität $n—m$ erzeugt wird. Den beiden componentalen Drehfeldern entsprechen zwei Motoren, deren gegenseitiges Verhalten eine gewisse Aehnlichkeit mit zwei in Tandem- oder Cascadenschaltung befindlichen Motoren hat. (Siehe Fig. 2.) Die beiden Motoren heissen I und II.

Die Motoren haben zweiphasige Wickelung am Anker. Die Ströme die im Anker (inducirten Theil) des Motors I fliessen, sind auch diejenigen des primären Kreises (inducirender Theil) des Motors II. In Fig. 2 ist der Motor II als ein solcher gedacht, der die Zuführung im rotirenden Theil hat. Es muss dann, soll der Motor II dieselbe Rotationsrichtung wie der Motor I haben, die Rotationsrichtung des Feldes umgekehrt werden; das ist, wie aus Fig. 2 ersichtlich ist, durch Umkehrung einer der Ströme möglich.

Der Motor I ist im Uebersynchronismus für $m > n$,
im Synchronismus für $m = n$,
unterhalb des Synchronismus für $m < n$.

Für den Motor II sind die Bedingungen analoge. Da er als Motor mit Zuführung im rotirenden Theil gedacht ist, so rotirt sein Feld entgegengesetzt zum Anker. Seine Periodenzahl ist variabel mit m aber stets $n—m$.

Motor II ist im Uebersynchronismus für $m > n—m$,
im Synchronismus für $m = n—m$,
unterhalb des Synchronismus für $m < n—m$.

Einfacher geschrieben, ergibt sich für den Motor II:
der Uebersynchronismus für $2\,m > n\,;\,m > \dfrac{n}{2}$,

der Synchronismus für $2\,m = n\,;\,m = \dfrac{n}{2}$,

der Untersynchronismus für $2\,m < n\,;\,m < \dfrac{n}{2}$.

Man sieht daher, dass der Motor II bereits bei der halben Synchrongeschwindigkeit $\left(\dfrac{n}{2}\right)$ des Motors I seinen Synchronismus hat. Denken wir die Anker der beiden Motoren mechanisch vereinigt, so ergibt sich der einachsige Anker. Die beiden Felder sind ineinandergeschachtelt. Der Motor I ist mit constanter Periodenzahl n, der Motor II ein Motor mit variabler Periodenzahl $n—m$. Für den Motor II ist der Anker des Motors I der inducirende Theil; der Anker des Motors II ist die Feldwickelung des Motors I mit dem ganzen äusseren Netz. Der Verlauf der Drehmomentsenrven der beiden Motoren und deren Resultirende, die Drehmomentscurve des Motors mit einachsiger Wickelung sind in den Fig. 3 und 4 für den ein-, bezw. mehrphasigen Inductionsmotor construirt. Zur Verallgemeinerung des bisher Gesagten sei noch bemerkt, dass sich jedes noch so complicirte Ankerfeld in eine Anzahl Drehfelder mit $(n—m)$ Touren im Sinne des Ankers und eine Reihe von Drehfeldern die mit $(n—m)$ Touren gegen den Anker rotiren, zerlegen lässt, so dass stets die Gesammtwirkung auf den obigen einfachen Fall zurückgeführt werden kann.

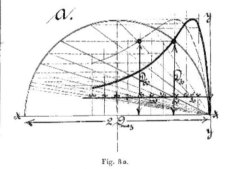

Fig. 3 a.

Um den Verlauf der Drehmomentscurve eines Motors mit einachsiger Wickelung zu erhalten, verwenden wir folgende einfache Construction.

a) Das Drehmoment eines mehrphasigen Inductionsmotors ist gegeben durch die Gleichung:

$$D = 2\,D_{max} \cdot \sin \varphi \cos \varphi$$

wobei φ die Phasenverschiebung im Anker, also

$$tg\,\varphi = \frac{2\,\pi\,(n—m)\,L}{r}$$

ist, wobei

n die äussere Periodenzahl;

$n—m$ die Periodenzahl im Anker, wenn er mit m Touren umläuft;

L der Selbstinductions-Coëfficient,

r der Ohm'sche Widerstand des Ankers ist.

Ist also das Verhältnis zwischen dem Drehmoment bei der Phasenverschiebung φ im Anker und dem maximalen Drehmoment zu suchen, so kann das am einfachsten dadurch geschehen, dass man in einem Halbkreis, wie in Fig. 3 a von einem Endpunkte (x) eines Diameters eine Gerade zieht, welche mit diesem Diameter (xx) inen Winkel (90 — φ), resp. mit der zum Diameter Senkrechten (yy) einen Winkel φ einschliesst; die gezogene Gerade gibt mit dem Halbkreis einen Schnittpunkt und der senkrechte Abstand dieses Schnittpunktes vom Diameter (xx) ist schon das Drehmoment bei der Phasenverschiebung φ im Anker, wenn der Diameter (xx) = 2 D_{max} ist.[*]

Um also die Drehmomentscurve für einen mehrphasigen Motor zu bestimmen, dessen r zum Beispiel gleich 0·15 . 2 π n L ist, hat man folgendermassen zu verfahren: Man ziehe von o die Linie unter 45° und irgend eine Parallele zum Diameter xx; auf der Parallelen schneidet die 45grädige Linie ein Stück 0·15 . 2 π n L ab; dieser erhaltene Schnittpunkt bedeutet $n — m$ = 0·15 n oder eine 15%ige Schlüpfung; wir können jetzt auf der Parallelen zum Diameter einen Schlüpfungsmassstab zeichnen. Zieht man diejenigen Linien, welche in diesen Punkten schneiden, so schliessen diese Linien mit yy diejenigen Winkel ein, welche der Phasenverschiebung bei den betreffenden Schlüpfungen entsprechen. Der Schnittpunkt der Linien mit dem Halbkreis gibt durch seine Entfernung von xx bereits das Drehmoment des Mehrphasenmotors. In dieser einfachen Weise erhalten wir das Drehmomentsdiagramm eines Mehrphasenmotors.

nehmenden m immer mehr der yy Acchse nähern, entfernen sich die φ_2 Linien. (Fig. 3 b).

Das Drehmomentdiagramm eines Ankers mit einachsiger Wickelung im Mehrphasenfeld lässt sich aus dem Diagramm des gewöhnlichen Mehrphasenmotors direct ableiten. Sei in Fig. 3 c, I das Diagramm des normalen Mehrphasenmotors; wenn der Anker die Tourenzahl m macht, so liegt der Motor II an der

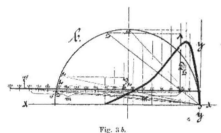

Fig. 3 b.

Die Drehmomentscurve eines einphasigen Inductionsmotors ergibt sich ebenso einfach, denn sie ist:

$$D = 2 D_{max} (\sin \varphi_1 \cos \varphi_1 — \sin \varphi_2 \cos \varphi_2)$$

wobei

$$\operatorname{tg} \varphi_1 = \frac{2 \pi (n — m) L}{r}; \operatorname{tg} \varphi_2 = \frac{2 \pi (n + m) L}{r}$$

Verlängert man also den Schlüpfungsmassstab über 100% hinaus, so kann man von o aus für jede Tourenzahl m des Ankers zwei Linien ziehen, die durch Punkte der Schlüpfungslinie gehen, die um gleichviel von 100% ([$n — m$] und [$n + m$]) entsprechend entfernt sind, und die daher mit yy die Winkel φ_1 bezw. φ_2 einschliessen; die so gezogenen Linien schneiden den Kreis in zwei Punkten deren Höhendifferenz zur xx Linie das Drehmoment des Einphasenmotors angibt; während die φ_1 Linien sich mit zu-

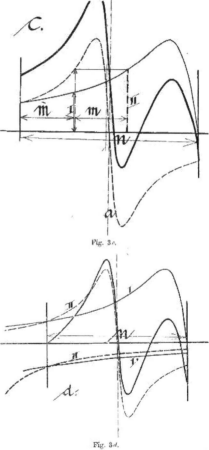

Fig. 3 c.

Fig. 3 d.

Periodenzahl $n — m$ und sein Drehmoment entspricht einem Rückbleiben um $n — m — m = n — 2 m$ hinter dem Feld; wir verdoppeln also m und das Drehmoment, das Curve I bei 2 m für den Motor I zeigt, ist das Drehmoment des Motors II bei m Touren des Ankers. Auf diese Weise erhält man die Charakteristik für den Motor mit einachsiger Wickelung; man ersieht, dass sie alle von Görges constatirten Eigenschaften ergibt. Der Motor läuft und verträgt Belastung bei halber

---

[*] Ich glaube diese Construction für das Drehmoment ist die einfachst mögliche; sie ist zugleich der von vorschiedenen Autoren vielfach abgeleitete Kreis im Blondel-Heyland'schen Diagramm. Die von einem Endpunkte des Diameters gezogene Linie ist der totale Secundärstrom; der Abstand vom Diameter der Wattstrom im Anker, der gleichzeitig das Maass der Zugkraft oder des Drehmomentes ist. Siehe Theil II.

Tourenzahl. er kann sich aber auch im Synchronismus erhalten. Unmittelbar über dem halben Synchronismus ist die Drehmomentcurve negativ (Bremsung); auch der günstigere Nutzeffect bei halbem Synchronismus ist erklärlich. denn der Nutzeffect des ganzen Motors resultirt aus den Nutzeffecten der beiden Motoren: der eine aber ist im Synchronismus, also hat einen „1" sehr nahekommenden Werth.

Für den Einphasenmotor mit einachsiger Wickelung lässt sich die Drehmomentscurve ebenso leicht ableiten. (Siehe Fig. 3 d). Zerlegen wir das primäre Wechselfeld in zwei Drehfelder. so haben wir zwei Drehfeldmotoren. Jeder zerfällt durch die einphasige Wickelung des Ankers abermals in zwei; es sind also im Einphasenmotor mit einphasiger (einachsiger) Wickelung am Anker vier componentale Drehfeldmotoren vorhanden:

Man kann jedoch das Diagramm von Inductionsmotoren mit einachsiger Wickelung auch mit Hilfe des vorhin benützten Kreises direct construiren. Die Drehmomente für jede Tourenzahl des Ankers ergeben sich:

$$D = 2 D_{1max}. \sin \varphi_1 \cos \varphi_1 + 2 D_{2max}. \sin \varphi_2 \cos \varphi_2;$$

dabei ist

$$\operatorname{tg} \varphi_1 = \frac{2 \pi (n - m) L_1}{r_1} \qquad \operatorname{tg} \varphi_2 = \frac{2 \pi (n - m - m) L_2}{r_2}$$

D_1 und D_2 sind durch die Grösse der „Resultirenden Felder". der Windungszahl der Anker (inducirten Theilen) der beiden Motoren und durch L_2, L_1 den Selbstinductionscoëfficienten der beiden Anker. bestimmt. Wir haben vorhin angenommen. dass $D_{1max.} = D_{2max.}$ sei; das ist aber nicht unbedingt nöthig. Wir wollen die Annahme machen, dass für einen bestimmten

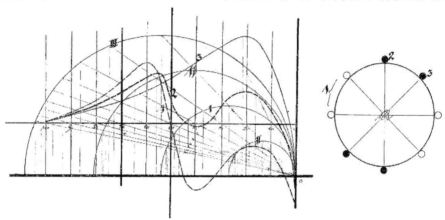

Fig. 4.

1. Der Drehfeldmotor mit der Periodenzahl (n); Zuführung im Felde.

2. Der Drehfeldmotor mit der Periodenzahl $(n - m)$; Zuführung im Anker.

3. Der Drehfeldmotor mit der Periodenzahl $(- n)$; Zuführung im Felde.

4. Der Drehfeldmotor mit der Periodenzahl $(- n - m)$; Zuführung im Anker.

1 und 2 verhalten sich so wie ein Mehrphasenmotor mit einachsiger Wickelung; 3 und 4 ebenfalls. Die Zusammensetzung ist in Fig. 3 d gemacht. Man sieht dass das resultirende Diagramm eines Einphasenmotors mit Ankerwickelung genau dasselbe allgemeine Verhalten zeigt wie das des Mehrphasenmotors. Ein möglicher Lauf unter Belastung bei halbem und vollem Synchronismus, eine bremsende Wirkung bei Ueberschreiten des halben Synchronismus wie des vollen.[*]

Motor (Siehe Fig. 4). er heisse 1 und habe zwei Kurzschlusswickelungen, diese Annahme zutreffe; auch $\dfrac{L_1}{r_1}$ sei gleich.

Ziehen wir nun von o aus (in analoger Weise wie früher) zwei Linien zu Punkten der Schlüpfungslinien, die $n - m$ und $n - 2 m$ zugehörig sind, so ist die algebraische Summe das Drehmoment des Motors mit einachsiger Wickelung für m Ankertouren; dabei ist nur zu beachten. dass für $m > \dfrac{n}{2}$ die zweiten Drehmomente negativ werden; es ist aber nicht nothwendig einen zweiten Halbkreis unterhalb xx zu zeichnen, sondern man kann sich den schon gezeichneten Halbkreis um xx als Achse um $180°$ gedreht denken.

Es werde nun auf diesen Anker noch eine Windung 2 gegeben. Während früher zwei sinusförmige Felder entstanden. die wir in zwei positive und zwei negative Drehfelder zerlegen konnten. deren Grösse d und deren Resultirende $\pm 2 d \cos \dfrac{\varphi}{2} = 2 d$ gesetzt sei, wobei φ den Winkel bedeutet. den die beiden Windungen miteinander einschliessen, so setzt sich die Windung

2 mit der um 90^0 abstehenden zu einem Drehfeld $+ 2 d$ zusammen, die übrigbleibende Windung gibt ein $+ d$ und ein $- d$; dieses $+ d$ setzt sich mit $2 d$ wieder unterm Winkel zusammen. Vernachlässigen wir den Winkel, so haben wir $D_1 : D_2 = 3 : 1$. Fügen wir endlich noch die letzte Windung hinzu, so ist das resultirende Feld $D_1 = + 4 d$, während $D_2 = 0$ ist.

Für diese drei Fälle sind die Diagramme in Fig. 4 construirt; man ersieht daraus, wie aus dem normalen Drehstrommotor durch Unsymmetrie des Ankers ein Motor wird, der bei halbem Synchronismus laufen kann; und umgekehrt, wie durch Hinzufügen derjenigen Kurzschlusswindungen, welche eine vorhandene einphasige Wickelung zu einer Drehfeldwickelung ergänzen, der Motor dasselbe Drehmoment bei den verschiedensten Tourenzahlen erreichen kann. Im Diagramm Fig. 4 sind der Einfachheit halber nur drei Curven gezeichnet; man könnte durch Hinzufügen einer grösseren Anzahl Zwischencurven das Uebergehen des Diagrammes des Motors mit einachsiger Ankerwickelung in das Diagramm des Motors mit Drehfeldarmatur noch deutlicher zeigen. Das Kreisdiagramm behält auch hier seine Einfachheit; selbst wenn $\frac{r}{L}$ in den einzelnen Motoren nicht gleich ist, versagt das Diagramm nicht; man hat dann blos zwei Schlüpfungsmassstäbe zu zeichnen, deren Einheiten sich wie die Widerstände verhalten und die τ_1- bezw. z_2-Linien durch die Punkte der zugehörigen Schlüpfungsmassstäbe zu ziehen. Das Anlaufsdrehmoment ergibt sich im Diagramm für alle drei Fälle gleich, weil $+ d$ und $- d$ die gleiche Wirkung ergeben; das gilt aber nicht mehr, wenn der $< \frac{r}{L}$ nicht vernachlässigt wird; in Wirklichkeit ist das Anlaufdrehmoment um so geringer, je grösser die Unsymmetrie des Ankers.

Die Einwirkungen des Motors II auf I gleichen sich erst in einer Zeit aus, die einer Schwebung entsprechen. Die Zahl der Schwebungen pro Secunde ist bekanntlich gleich der Differenz der Periodenzahlen:

$$S = n - (2 m - n) = 2 (n - m).$$

Daher wird die Zahl der Schwebungen pro Secunde mit zunehmendem m geringer, d. h. die Zeit einer Schwebung grösser.

Das allgemeine Verhalten des Motors mit einachsiger Wickelung stimmt mit dem der Curven. Dennoch kann man sich nicht verhehlen, dass die Zusammensetzung, wie sie in den Diagrammen gegeben erscheint, nur für zwei vollkommen unabhängige Motoren gilt und constante resultirende Felder voraussetzt.

Ich will daher denjenigen Fall, den ich vergleichsweise bereits herangezogen habe, den zweier in Cascadenschaltung befindlicher Motoren, näher betrachten, denn er zeigt uns jenes andere Extrem, zwei Motoren in vollkommener Abhängigkeit.

(Schluss folgt.)

Skizzen über das moderne Fernsprechwesen.

II. Ueber Telephoncentralen und deren technische Einrichtung.

Von k. k. Baurath **Barth von Wehrenalp**.

(Schluss.)

Es sind nun die wichtigsten bei der Construction von Vielfachumschaltern in Betracht kommenden Momente erörtert worden und erübrigt nur noch, in Kürze

die voraussichtliche Weiterentwicklung des Multiplex systemes. soweit sich nach dem gegenwärtigen Stande der Fernsprechtechnik beurtheilen lässt, zu besprechen. Ursprünglich nur für höchstens 6000 Anschlüsse üblich, gelang es später infolge der ingeniösen Vervollkommnung der constructiven Details, das System auch auf 10.000—12.000 Theilnehmer auszudehnen. Umschalter dieser Grösse stehen theils im Betriebe, theils sind sie in der Montirung begriffen. Da nun sogar Absichten bestehen, Vielfachumschalter für 20.000 und noch mehr Abonnenten zu bauen, ist es von Interesse, zu erwägen, ob denn in dieser Hinsicht die erreichbare Grenze nur von den zulässige Minimaldimensionen der Klinken und Stöpsel abhängt oder ob nicht auch andere Factoren massgebend sind, welche das Ueberschreiten einer gewissen Capacität aus betriebstechnischen oder finanziellen Rücksichten nicht gerechtfertigt erscheinen lassen.

Es unterliegt keinem Zweifel, dass die genaue Arbeit der in den grossen Telephonfabriken im Betrieb stehenden Specialmaschinen heute eine Dimensionirung der einzelnen Bestandtheile ohne Gefahr einer Beeinträchtigung ihrer exacten und dauerhaften Function gestattet, wie man sie noch vor wenigen Jahren kaum für möglich gehalten hätte. Was dagegen auch die präcise Ausführung nicht verhütten kann, sind die Nachtheile, welche eine allzu gedrängte Montirung der einzelnen Theile für die Güte des Betriebes zur Folge hat. Stromübergänge, Ueberhören, Nebenschlüsse etc. werden umso häufiger und umso störender auftreten, je dünner die die Stromleiter von einander trennenden Isolirschichten werden. Bei der Schnelligkeit, mit welcher die Verbindungen ausgeführt werden müssen, werden überdies Missgriffe in der Wahl der Klinken, somit falsche Verbindungen umso häufiger vorkommen, je mehr Klinken auf den gleichen Raum zusammengedrängt werden; kurz, der Betrieb wird unbedingt leiden, wenn das an sich so etwas werthvolle Princip des Vielfachsystemes in's Extreme getrieben wird. Zu diesen betriebstechnischen Bedenken treten weitere ganzgewichtige finanzielle Gründe hinzu, welche gegen eine übermässig grosse Capacität der Vielfachumschalter sprechen. Die durchschnittliche Zahl der von jedem Abonnenten täglich geführten Gespräche wächst, die an den einzelnen Arbeitsplätzen zu leistende Arbeit steigert sich mit der Zunahme der Abonnentenzahl im Netze, gleichviel, ob dieselben an eine oder mehrere Centralen angeschlossen sind. Diese Mehrleistung bedingt zweifellos eine stetige Vermehrung des Personales, welche jedoch speciell beim Vielfachsystem, da jede Theilung der Arbeit vollständig ausschliesst, gleichzeitig mit einer grossen finanziellen Auslage für Aufstellung neuer Schränke oder Tische verbunden ist. In vielen Fällen wird diese Erweiterung des Umschalters neue Räume beanspruchen und infolge dessen noch mehr Kosten verursachen. Wird nun noch weiter berücksichtigt, dass die Anschaffungskosten eines Vielfachumschalters nahezu im quadratischen Verhältnis zur Capacität sich erhöhen, so darf man wohl mit Recht behaupten, dass die vom finanziellen und betriebstechnischen Standpunkte aus zulässige Grenze kaum weit über 12.000—15.000 Klinken gelegen ist und dass es darüber hinaus entschieden zweckmässiger sein dürfte, auf die Einheitlichkeit des Betriebes zu verzichten, bezw. in geeigneter Form wieder zum Princip der Arbeitstheilung zurückzukehren, was entweder durch eine Combination des Einfach- und Vielfachbetriebes oder durch einen sorgfältig organisirten Vermittlungsdienst zu erreichen ist.

Das amerikanische „Divided-Board-System" besteht darin, dass sämmtliche Anschlussleitungen an einfache Umschalter angeschlossen sind, bei welchen lediglich die Verbindungen angemeldet werden. Von diesen Umschaltern führen Verbindungsleitungen zum Vielfachumschalter, dessen Klinkentafeln sämmtliche Abonnentenklinken enthalten. Die Verbindungen müssen an zwei Stellen hergestellt und getrennt werden; der Vortheil dieser Anordnung besteht nun darin, dass die Zahl der erforderlichen Multipel-Klinken wesentlich herabgemindert wird und dass sich für diese Einrichtung selbst bei grosser Capacität die Raumfrage leicht lösen lassen wird, ohne die Kosten der Kabelführung wesentlich zu erhöhen. Der Betrieb dürfte sich glatt abwickeln, wenn die entsprechenden Vorkehrungen für den Vermittelungsdienst getroffen werden.

Während bei dem oben erwähnten System der Beamte beim Anrufschrank bei der Herstellung und Trennung der Verbindungen mitwirkt, wird nach dem auf einer Combinationsschaltung*) beruhenden System Hess, Raverot und West die Verbindung nur an einer Stelle hergestellt und getrennt, im Interesse des Betriebes so wichtige Einheitlichkeit der Manipulation gewahrt bleibt. Die an ein Amt angeschlossenen Theilnehmer sind in Gruppen eingetheilt und die Klinken jeder Theilnehmergruppe in einer entsprechenden Zahl von Klinkenfeldern vereinigt. Werden nun die Felder der verschiedenen Gruppen *a b c d* so combinirt, z. B. *a b c a d b c d* so combinirt, dass das Klinkenfeld jeder Gruppe einmal neben jenen der anderen Gruppen steht, so kann jede Verbindung zwischen Theilnehmern verschiedener Gruppen nur immer an einem bestimmten Arbeitsplatze erfolgen. Den daselbst manipulirenden Beamten zu avisiren, ist Aufgabe des Beamten am Abfrageschrank, welcher mit den Verbindungsschränken durch je eine Verbindungsleitung verbunden ist. Die Prüfung, ob die gewünschte Leitung frei oder besetzt ist, erfolgt auf optischem Wege, indem auf einem von sämmtlichen Abfrageschränken aus sichtbaren Tableau die zu den Anschlussleitungen gehörigen Glühlampen vereinigt sind, welche aufleuchten, sobald die betreffenden Leitungen besetzt sind. Der Abfragebeamte, welcher z. B. 200 Theilnehmer zu bedienen hat, schaltet, sobald ein Anruf erfolgt, seinen Sprechapparat in die Leitung, wobei gleichzeitig durch Aufleuchten der Tableaulampe die Leitung des Rufenden als „besetzt" bezeichnet wird. Nach Empfang der gewünschten Nummer überzeugt sich der Beamte durch einen Blick auf das Lampontableau, ob die verlangte Leitung frei oder besetzt ist und meldet im ersten Falle die herzustellende Verbindung demjenigen Beamten des Verbindungsschrankes, welcher nach Obigem allein die Verbindung ausführen kann. Letzterer bewirkt und trennt nun die gewünschte Verbindung, ohne die Leitung weiter zu prüfen oder den Abfragebeamten zu avisiren. Wie man sieht, beschränkt sich sonach die Thätigkeit der ersten Beamten auf das Abfragen und Weitermelden der verlangten Verbindung, wogegen dem Beamten am Verbindungsschranke der zeitraubende und vom Willen des Publikums abhängige Verkehr mit dem Rufenden abgenommen ist. Dadurch ist die gesammte Arbeit, welche beim gewöhnlichen Vielfachumschalter von einem Beamten zu leisten ist, auf zwei Manipulanten vertheilt. Ausserdem werden die Anlagekosten durch Herabminderung der

*) „Elektrotechnische Zeitschrift", Berlin 1896, Heft 31.

Klinkenzahl und das Raumbedürfnis entschieden geringer als beim reinen Vielfachsystem. Alle diese Momente sprechen dafür, dass mit diesem wohldurchdachten System der Weg gewiesen ist, auf welchem es gelingen wird, auch in sehr grossen Centralen einen einheitlichen Betrieb zu ermöglichen. Freilich wird es noch Aufgabe der Fernsprechtechnik sein, einzelne Mängel, welche dem Systeme bei aller Anerkennung seiner Vorzüge noch anhaften, zu beseitigen, was aber zweifellos gelingen wird, sobald das Bedürfnis nach so grossen Centralen sich als unabweisbar herausstellt.

Es sind nun alle zur Combinirung der Leitung erforderlichen technischen Einrichtungen besprochen worden, soweit diese einen einheitlichen Betrieb gestatten. Sind dagegen die zu combinirenden Leitungen an zwei getrennte Umschalter einer Centrale vereinigt oder nicht, angeschlossen, so müssen besondere Vorkehrungen getroffen werden, die rasche und präcise Verbindung über die betheiligten Centralen zu ermöglichen. Bei Umschaltern für Einfachbetrieb werden naturgemäss diese Vorkehrungen höchst einfach sein. Auch beim Vielfachbetrieb beschränkte man sich anfangs darauf, jedem Arbeitsplatze einige, wie gewöhnliche Abonnentenleitungen geschaltete Verbindungsleitungen zum zweiten Umschalter zuzuweisen und im Uebrigen die Abwickelung des Dienstes dem Zufalle zu überlassen. Die Folge davon war, dass die Telephonistinnen trotz verhältnissmässig geringer Anzahl die Arbeit nicht bewältigen und Verbindungen wegen Mangels an freien Vermittelungsleitungen an einem Arbeitsplatze nicht bewirkt werden konnten, trotzdem die Vermittelungsleitungen der benachbarten Plätze häufig unbesetzt waren.

Die Erkenntnis dieser Uebelstände, welche den Verkehr in grösseren Centralen so ausserordentlich erschweren, hat dazu geführt, die Hälfte der zwischen zwei Umschaltern zur Verfügung stehenden Vermittelungsleitungen für den Verkehr in der einen Richtung, die übrigen den Retourverkehr zu bestimmen und dementsprechend auch die Leitungen zu schalten. Die Vermittelungsleitungen für den Verkehr nach aussen (outgoing) werden in der Centrale auf den einzelnen Arbeitsplätzen an „Klinke" geschaltet, jene für den Verkehr in entgegengesetzter Richtung (incoming) in derselben Centrale an eigenen Vermittelungsumschalter vereinigt. Diese Letzteren sind ähnlich den Umschaltern für den internen Verkehr als Schränke oder Tische gebaut und mit den completen Multipeltafeln der betreffenden Localcentrale ausgestattet, nur sind pro Arbeitsplatz höchstens 20, zumeist aber nur 12—15 Verbindungsleitungen, bezw. Localklinken und Liniensignale angeordnet. Hat eine Telephonistin ein Gespräch mit einem an die zweite Centrale angeschlossenen Theilnehmer zu vermitteln, so ruft sie auf einer ihr zur Verfügung stehenden freien Verbindungsleitung eine an dem Vermittelungsumschalter arbeitende Telephonistin auf, welche sodann die Prüfung der gewünschten Leitung vornimmt und im Falle Letztere frei ist, die Verbindung herstellt. Natürlich sind bei dieser Anordnung zwei Schlussklappen angeschaltet und muss auch hier jede Verbindung an zwei Stellen bewirkt und getrennt werden.

Für sehr starken Verkehr ist selbst die eben geschilderte Organisation des Vermittelungsdienstes noch immer nicht ausreichend. Zunächst fehlt die Abhilfe gegen ungleiche Beanspruchung der Arbeitsplätze beim Vermittelungsumschalter, weiters ist aber auch keine intensive Ausnützung der vorhandenen Verbindungsleitungen möglich, Uebelstände, welche leicht Stockungen im Betriebe herbeiführen. Dazu kommt noch, dass bei jeder Verbindung über zwei Centralen mindestens zwei Schlussklappen vorhanden sind, welche nicht nur die Lauttübertragung beeinträchtigen, sondern auch zur vorzeitigen Trennung der Verbindung Anlass geben können.

Diesen Mängeln abzuhelfen und dabei ohne Beeinträchtigung des Betriebes aus finanziellen Rücksichten die Zahl der Verbindungsleitungen zwischen den Centralen auf ein Minimum zu beschränken, bildet seit geraumer Zeit das Bestreben der Constructeure. Ein derartiges System ist seit 1894 zwischen den drei grössten Aemtern der Allmänna Telefon Actiebolag in Stockholm mit Erfolg eingeführt.*) Dasselbe bedingt für jede Verbindungsleitung drei Leitungsdrähte und ausserdem eigene Sprechleitungen zwischen den Beamten des Localumschalters in der einen und des Vermittlungsumschalters in der zweiten Centrale. Die Sprechgarnitur jedes Vermittlungsbeamten ist in eine die Vielfachschränke des Localamtes durchlaufende Sprechleitung eingeschaltet, so dass jeder Beamte daselbst sich durch Drücken auf dem betreffenden Sprechtaster direct mit jedem beliebigen Vermittlungsbeamten telephonisch verständigen kann.

Um zu erkennen, welcher Beamte am Vermittlungsschrank momentan nicht beschäftigt ist — worauf es im Interesse der raschen Bedienung hauptsächlich ankommt — sind in einem zur Sprechleitung gehörigen dritten Draht bei jedem Arbeitsplatz Relais eingeschaltet, welche einen localen Signalstromkreis schliessen, sobald eine der in die zugehörigen Sprechleitungen eingeschalteten Tasten gedrückt wird. In dem Moment fallen automatisch auf sämmtlichen Arbeitsplätzen die betreffenden Relais zum Zeichen, dass diese Sprechleitung momentan nicht benützt werden darf.

Die Verbindungsleitungen liegen im Localamte „an Klinke" und endigen an den Vermittlungsschränken in Stöpsel. Mit Letzteren prüft der Beamte die gewünschte Leitung, führt den Stöpsel, wenn sie frei ist, in die Klinke und meldet die Nummer der benützten Verbindungsleitung dem Beamten im Local-schrank. Sobald der Stöpsel gehoben wird, fällt überdies die in den dritten Drahte der Verbindungsleitung eingeschaltete Signalscheibe der Schlussklappe und richtet sich erst wieder auf, wenn der Beamte im Localamte in richtiger Weise die Verbindung hergestellt hat. Dieselbe Scheibe fällt wieder, wenn der Beamte im Localamt nach Erhalt des Schlusssignales auf der normalen Schlussklappe die Verbindung trennt und wird abermals gehoben, wenn auch der Vermittlungsbeamte seinen Stöpsel aus der Klinke zieht.

Das beschriebene System, welches seither von der schwedischen Telegraphenverwaltung in mehrfacher Beziehung verbessert wurde, zeichnet sich dadurch aus, dass von jedem Arbeitsplatze des Localamtes aus mit einem Blicke erkannt werden kann, durch welchen Beamten des Vermittlungsamtes die Verbindung am raschesten bewirkt werden dürfte, dass die Wahl der Verbindungsleitungen ohne jeder Prüfung vom Vermittlungsschranke aus erfolgt, Irrthümer in der Wahl der Leitungen automatisch signalisirt werden und auch bei Verbindungen über mehrere Centralen stets nur eine Schlussklappe in Brücke geschaltet bleibt.

Bisher war nur vom Vermittlungsdienst der Localcentralen untereinander die Rede. Da jedoch in jedem

*) Elektrotechnische Zeitschrift 1896, Heft 32.

grösseren Netze eine Centrale für den Fernverkehr besteht, wurden auch für den Wechselverkehr zwischen den Localcentralen und der Ferncentrale specielle Einrichtungen vorgesehen, welche den eigenartigen Anforderungen des interurbanen Betriebes angepasst sein müssen. Auch die diesem Zwecke gewidmeten Verbindungsleitungen werden verschieden geschaltet, je nachdem sie für den Verkehr in der einen oder in der anderen Richtung bestimmt sind. Jeder Arbeitsplatz der Localcentrale verfügt über eine oder mehrere directe Leitungen zum Anmeldeschrank der Ferncentrale, an welchem die Anmeldungen der interurbanen Gespräche entgegengenommen werden. Verlangt ein Abonnent eine interurbane Relation, so wird er mit dem Anmeldeschrank verbunden, wo er seinem Wunsche Ausdruck geben kann. Da jedoch in den seltensten Fällen der Anmeldung sofort die Verbindung folgen wird, muss es der Ferncentrale ermöglicht werden, jeden beliebigen Abonnenten des Netzes aufzurufen, sobald er nach der Reihenfolge der Anmeldung zum Gespräch in der verlangten Relation zugelassen werden kann. Zu diesem Zwecke und um die Zahl der angeschalteten Klappen thunlichst herabzumindern, bestehen in modernen Netzen mit Vielfachbetrieb folgende Einrichtungen:

In jeder Localcentrale befinden sich ein oder mehrere „Vermittlungsschränke für den Fernverkehr", welche gleichfalls mit der completen Klinkentafel der betreffenden Centrale ausgestattet sind. An die Multipelklinken dieser Schränke laufen die Abonnentenleitungen unmittelbar an und sind die Klinken derart construirt, dass durch das Stöpseln derselben die Schaltung der Localcentrale abgetrennt, etwaige Unvollkommenheiten derselben somach von der interurbanen Verbindung ferngehalten werden. Die Verbindungsleitungen zu den einzelnen Arbeitsplätzen der Ferncentrale enden an den ebenerwähnten Vermittlungsschränken nach Art des Einzelschnursystems in Stöpselschnüren und können durch Einführen des Stöpsels in die betreffende Klinke direct unter Ausschaltung aller Zwischenapparate an die Abonnentenleitung angeschaltet werden. Zu jeder Verbindungsleitung gehört ein dritter Draht als separate Signalleitung, deren Signalvorrichtung so geschaltet ist, dass automatisch beim Stöpseln und Entstöpseln der Klinke die Signalklappe fällt und sich wieder aufrichtet. Der Betrieb ist auf diese Art ungemein vereinfacht, was speciell beim interurbanen Verkehr eine grosse Rolle spielt. Wird von einem Fernschrank ein Abonnent entweder auf die von ihm früher erfolgte Anmeldung hin oder von auswärts zu einem interurbanen Gespräche verlangt, so wird eine der freien Verbindungsklinken gestöpselt, wodurch automatisch das Anrufsignal am Vermittlungsschrank erscheint. Die daselbst antretende Telephonistin erhält die Nummer des gewünschten Abonnenten, stöpselt die betreffende Klinke, ohne sich weiter darum zu bekümmern, ob dieser Abonnent in einem Localgespräch begriffen ist oder nicht, trotzdem sie hiedurch seine Leitung von der Localcentrale gänzlich abtrennt. Alles Weitere besorgt dann die Telephonistin beim Fernschrank. Nach Eintreffen des Schlusssignales in der Ferncentrale wird zunächst daselbst die Verbindung getrennt, dadurch das Schlusssignal selbstthätig zum Vermittlungsschrank weitergegeben und schliesslich auch dort die Verbindung gelöst.

Ein näheres Eingehen auf die Schaltung dieser Vermittlungsleitungen, welche mit der Einrichtung der

Ferncentrale und den besonderen Bedingungen des interurbanen Verkehres in unmittelbarem Zusammenhange steht, empfiehlt sich jedoch nicht an dieser Stelle und wird in dem folgenden, die interurbane Telephonie behandelnden Abschnitte nachgetragen werden.

Selbstthätiger Lampenausschalter für Reclamebeleuchtung
der Allgemeinen Elektricitäts-Gesellschaft in Berlin.

Die Elektricität hat in letzter Zeit auf dem Gebiete der Reclame ausserordentlich vielseitige Verwendung gefunden, sodass es nothwendig wurde, die für eine effectvolle Reclame erforderlichen Beleuchtungskörper und Apparate einer durchgreifenden Neuconstruction zu unterwerfen.

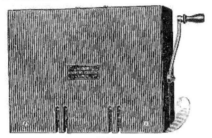

Fig. 1.

Der von uns hergestellte hier zu behandelnde selbstthätige Lampenumschalter ist durch einfache und solide Bauart besonders ausgezeichnet.

Er gestattet selbstthätiges hintereinander folgendes Ein- und Ausschalten beliebig vieler Lampengruppen und ist besonders für Schaufenster- und Firmenschilder-Beleuchtungen geeignet. Die schönsten und wirksamsten Lichteffecte sind mit diesem Apparate zu erzielen, indem einzelne Worte — Firmaname, Verkaufsobjecte etc. — durch nebeneinander angebrachte verschiedenfarbige Glühlampenreihen gebildet, nacheinander ein- und ausgeschaltet werden. Auch das allmähliche Einschalten der Lampen eines Wortes, das so unter den Blicken der Beschauer entsteht, bildet eine beliebte Variante. Ein derartiges Arrangement ist erfahrungsgemäss geeignet, das Publicum zu interessiren und die Kauflust zu erhöhen, so dass die verhältnismässig geringen Anlagekosten sich bald rentiren.

In den Fig. 1, 2 und 3 ist der selbstthätige Lampenumschalter der A. E.-G. in Berlin in der Ausführungsform für vier Lampenstromkreise dargestellt. Derselbe kann an Gleichstrom von 100—250 Volt angeschlossen werden; die zu unterbrechende Stromstärke kann bei diesen Spannungen ca. 30 bezw. 15 Amp. betragen. Die Einrichtung und Wirkungsweise des Umschalters ist folgende:

Das Uhrwerk 1, welches ein Achtstundenwerk ist, setzt die stromführende Schleiffeder 2, welche innerhalb eines feststehenden Kranzes von Segmenten 3, 4, 5, 6 schleift, in Bewegung. Diese Segmente, deren Anzahl der der anzuschliessenden Stromkreise entspricht, sind mit je einem Elektromagneten 7, 8, 9, 10 leitend verbunden, auf deren Anker Contactvorrichtungen 11, 12, 13, 14 befestigt sind.

Ist mittelst der Schleiffeder 2 Stromschluss mit einer der Elektromagnet-Wickelungen hergestellt, so wird der betreffende Anker und damit die Traverse angezogen und gibt ihrerseits Stromschluss für die entsprechende Lampengruppe. Die Feder 2 schleift nun

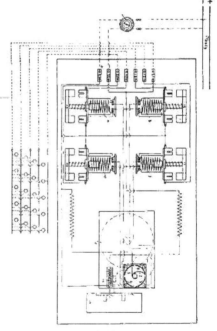

Fig. 2.

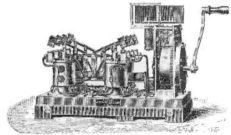

Fig. 3.

etwa eine viertel Minute auf dem Segment entlang, während welcher — im übrigen der Neigung der Windflügel des Uhrwerkes entsprechend verstellbaren — Zeitdauer die betreffende Lampengruppe leuchtet.

Verlässt die Schleiffeder das Segment, so berührt sie sofort das nächstfolgende. Während also der eine

Stromkreis unterbrochen wird, wird der nächstfolgende eingeschaltet. Das Unterbrechen sowohl an der Schleiffeder wie an den Contactvorrichtungen erfolgt momentan, so dass die Abnützung der Unterbrechungsstellen nur gering ist.

Mit 15 ist eine elektrische Arretirung für den Windflügel, mit 16 eine solche des Uhrwerkes bezeichnet. Die Klemmen 17, 18, 19 und 20 sind zum Anschluss der Zuleitungen, die Klemme 21 zu dem der gemeinschaftlichen Rückleitung der vier Stromkreise bestimmt. 22 und 23 sind Anschlüsse für die Hauptzuleitungen, in welch' letzterer an beliebiger Stelle ein doppelpoliger Schalter vorzusehen ist. Die Apparate werden für jede beliebige Anzahl Stromkreise gebaut.

Der Apparat ist von einem Schutzkasten umgeben, jedoch ist erforderlich, dass dieser von Zeit zu Zeit abgenommen und der etwa angesammelte Staub vorsichtig entfernt wird. Bei dieser Gelegenheit sind die Contactstellen mit einem schwach mit Benzin befeuchteten Läppchen abzureiben und mit einem schwach mit Oel befeuchteten nachzuwischen.

KLEINE MITTHEILUNGEN

Verschiedenes.

In den Patentprocessen der **Elektricitäts-Actiengesellschaft Helios** verhandelte am 26. November l. J. das deutsche Reichsgericht und bestätigte die vom Patentamt s. Z. getroffene Entscheidung auf Rücknahme der Tesla-Patente wegen Nichtausführung. Nach der „Berl. Börs.-Ztg." gelangte das Reichsgericht zu diesem Resultate auf Grund einer restrictiven Auslegung der betr. Patente, wodurch diese auch im Falle der Aufrechterhaltung praktisch werthlos geworden wären. Nach Ansicht des Reichsgerichtes ist zwar Tesla auch als der Erfinder des Drehstromes anzusehen, diese letztere Anordnung aber sei in den Deutschen Patentschriften im Gegensatz zu den Amerikanischen desselben Erfinders nicht genügend klar zum Ausdruck gekommen. Es ist wahrscheinlich, dass nach dieser Entscheidung des Reichsgerichtes die Gesellschaft Helios auf die weitere Durchführung der Processe verzichten und diese zurückziehen wird. Der die Gesellschaft Helios durch diesen Ausgang treffende Verlust besteht lediglich in den Processkosten der Reichsgerichts-instanz, nachdem die betr. Patente selbst und alle bisher ergangenen Kosten beschmutzlich abgeschrieben sind.

Neuerung in der englischen Fabriks-Inspection. Eine bedeutsame Neuerung vollzieht sich gegenwärtig in der englischen Gewerbe-Inspection. Dem Gewerbe-Inspector ist eine medicinische Autorität unterstellt worden, über deren Aufgaben der Minister des Innern dem Unternehmer folgende Mittheilungen machte: „Der neue ärztliche Inspector soll in London wohnen und seine Dienste werden dem ganzen Lande zur Verfügung stehen. Er wird nach den Anordnungen des Chief-Inspector specielle und allgemeine Untersuchungen in Fragen, welche die Gesundheit und Sicherheit der Arbeiterschaft betreffen, anstellen und eine allgemeine Aufsicht über die Gesundheit der Aerzte (Certifying surgeons) ausüben, besonders da, wo dieselben mit gefährlichen Verletzungen zu thun haben. Er wird die Fälle von Blei- und anderer Vergiftungen behandeln, welche unter dem Gesetze von 1895 zur Anzeige kommen und im Allgemeinen den Beamtenstab in allen medicinischen Fragen, die mit seiner Thätigkeit verknüpft sind, berathen. Er wird ferner auf Anweisung des Chief-Inspectors vor Gericht Auskunftertheilungen, ein selbständiges Verfahren jedoch auch nur auf höhere Ordre hin einleiten. Bei Besuchen von Fabriken und Werkstätten soll er seine besondere Aufmerksamkeit allen Dingen zuwenden, welche die Gesundheit und Sicherheit der beschäftigten Personen betreffen, die Bezirks-Inspectoren von allen Unregelmässigkeiten und Gesetzwidrigkeiten, die er beobachtet hat, unterrichten und ihnen mittheilen, welche Rathschläge er den Unternehmern ertheilt hat. Auch soll er seine Aufmerksamkeit auf Fälle richten, in denen er baulichen Veränderungen oder die Einleitung einer Klage für nöthig hält. Der Inspector wird ferner die Hospitäler zu solchen Orten, wo gewerbliche Krankheiten herrschen, besuchen und im Uebrigen gemeinsam mit den anderen Beamten, den Aerzten und Ort-behörden handeln."

Elektrische Erscheinungen auf Bergen. P. Ildephons Veith, O. S. P., des Stiftes Seckau, schreibt in der „Meteorolog. Zeitschrift" hierüber Folgendes: Mittwoch, den 22. Juni, stiegen drei meiner Mitbrüder und ich 5 a bei klarem, sonnigen Wetter zu der bei Seckau gelegenen Hochalm (1860 m Seehöhe) empor. Auf dem Gebirgsgrat zwischen Hochalm und Lamprechtskogel (2000 m) entlud sich plötzlich ca. 11 u a ein Gewitter. Wir eilten rasch zur Hochalmkapelle zurück. Nach ca. einer Stunde, 12 30 p, begaben wir uns bei fortdauerndem Gewitter, das auf die Bergspitze leichten Hagelschlag mit Regen niedersandte, auf das vor der Kapelle gelegene kleine Plateau, das ganz felsig ist. Plötzlich empfanden wir ein eigenthümliches Zucken durch den Körper, am Gesicht hatte man eine Empfindung, als wenn Spinngewebe aufgelegt würden, verbunden mit merklichem, kurzen Wärmegefühl. Wir merkten deutlich, wie das Zucken durch die Kopfhaare (wir waren ohne Kopfbedeckung) gleichsam aus dem Körper gieng. Ich machte meine Begleiter auf das Gefährliche der Situation aufmerksam, wir begaben uns in's Haus zurück. Das Gewitter zog etwas südlich, wir konnten immer wie vom Boden kommend seinen Hagelschlag, den es über dem Murthal enthol. Wieder im Freien empfand P. Benedict Coekoll einen so heftigen Ruck mit all' den oldigen Erscheinungen, dass er ganz zusammenfuhr. Wir bemerkten bald, dass jenes Zucken immer wie vom Boden kommend erfolgte, wenn in der Ferne ein Blitz niedergieng, und dass wir es mit elektrischen Entladungen zu thun hatten.

Ausgeführte und projectirte Anlagen.

Oesterreich-Ungarn.

a) Oesterreich.

Mariazell. Das k. k. Eisenbahnministerium hat dem Ingenieur Wilhelm Winkler Ritter von Forazest in Wien im Vereine mit dem Privatier Eduard Duschek in Wien die Bewilligung zur Vornahme technischer Vorarbeiten für eine normalspurige Localbahn mit Dampf- oder elektrischem Betriebe von der Station Kernhof der österreichischen Staatsbahnen durch das Keerthal und sodann durch das Wolsterthal nach Mariazell auf die Dauer von sechs Monaten ertheilt.

Deutschland.

Aachen. Im Landkreise Aachen und Düren wurde gegen Ende November l. J. die elektrische, 18 km lange Kleinbahnlinie Gressenich—Eschweiler—Kinzweiler-Mariadorf—Linden landespolizeilich geprüft. Hiermit hat ein bedeutendes Kleinbahnnetz im Aachener Bezirk seinen vorläufigen Abschluss gefunden. Im Zusammenhang mit den elektrischen Bahnen der Stadt Aachen ist nunmehr ein Netz von 80 km Betriebslänge geschaffen, das die Städte Aachen, Eschweiler und Stolberg, sowie ungefähr 50 Ortschaften, einschliesslich Vaals auf holländischem Gebiet, berührt. Zwei Drittel der gesammten Bahnlinien benützten Strassen- und Gemeindewege, während ein Drittel zur Erzielung kürzerer Wege eigenen Bahnkörper besitzt. Der Oberbau ist dementsprechend theils in Rillenschienen, theils in Vignolesschienen mit einem Querschwellen ausgeführt. Bei letzterem hat auf einer 10 km langen Strecke zum ersten Mal eine theilweise Anwendung gefunden, welche eine neue Lösung zur Verbesserung des Schienenstosses bedeutet. Einen wesentlichen Vortheil für den Betrieb bildet auch der Umstand, dass bei den in Bahnnetz vorkommenden 20 Bahnkreuzungen die Einkerbung der Staatsbahnschienen seitens der Ministers gestattet wurde. Der Strom für die Oberleitung wird zum kleinen Theil aus der städtischen Centrale in Aachen, zum grossen Theil aus der eigenen 1200 pferdigen Kraftstation bei Eschweiler entnommen. Vielen der von der Bahn berührten Fabriken fehlte es an guten und billigen Transportmitteln, da sie grösstentheils auf den Fuhrwerksverkehr angewiesen waren. Hieran hat die Bahn erwünschte Schienenverbindungen für eine Reihe industrieller Werke und gewerblicher Anlagen, Sandgruben, Steinbrüche u. s. w. geschaffen, deren Anlage vorgesehen. Eine Folge hiervon sind Anschlüsse an die Staatsbahnhöfe, von denen schon zwei genehmigt sind, sowie an die Gruben des Wurmreviers, wodurch in den ländlichen Ortschaften billige Kohlenlagerplätze in unmittelbarem Bezuge von der Grube angelegt werden können. Bei dieser Güterbeförderung, bei der Zugbildungen von drei Wagen gestattet wurden, sind von der Kleinbahngesellschaft fünf verschiedene Güterwagentypen zur Einführung bestimmt, u. zw. 5000 kg haltende Kasten- und Kippwagon, 1750 kg haltende Trichterwagon und Gepäckwagon, sowie Untergestellwagen, auf die zwei je 1500 kg haltende, besonders construirte Wurmskarren geschoben werden. Ausser der Personen- und Güterbeförderung wird nach Verlangen nach Abgabe von elektrischer Energie zu Kraft- und Lichtanlagen Rechnung getragen und industriellen sowie Privaten Strom zu billigen Preisen abgegeben werden. Die Kleinbahnen des Stadt- und Landkreises Aachen werden voraussichtlich der Aachener Kleinbahngesellschaft nach der ersten Uebergangszeit sicheren Gewinn bringen.

Literatur-Bericht.

Die Sicherung des Zugsverkehres auf den Eisenbahnen.
I. Theil. Die Sicherung des Zugsverkehres auf der Strecke oder
das Fahren in Raumdistanz. Von Martin Boda, Honorar-Docent
an der k. k. böhm. Technik in Prag. Mit 141 Abbildungen. Prag.
Verlag von Alois Wiesner.

Der Verfasser, aus dessen Darlegungen man den gewiegten
Eisenbahner erkennt, führt zunächst aus, in welcher Weise sich
die Signalisirung aus den denkbar einfachsten Formen zu der
heute erreichten Vollkommenheit entwickelte, und wie es ganz
unmöglich wäre, den Verkehr bei seiner heutigen Dichte ohne
den uns zu Gebote stehenden Signalmitteln zu bewältigen. In
einem weiteren Abschnitte werden die Bedingungen aufgezählt,
welche zu erfüllen sind, um eine möglichst grosse Sicherheit für
den fahrenden Zug, sowohl auf der Strecke, als auch in den
Stationen, zu erzielen. Auf die Sicherung der fahrenden Züge auf
der offenen Strecke gegen das Einholen durch Folgezüge übergehend, wird des Fahrens im Zeitintervall Erwähnung gethan,
welches als unverlässlich bezeichnet wird, weil die Deckung
durch die Streckenwächter, beim Anhalten des Zuges auf der
Strecke durch den Stockmann, zu geschehen hat. Auch das
Fahren in Raumdistanz bietet eine sehr zweifelhafte Sicherheit,
solange es dem Blockwächter möglich ist, sein Signal nach
eigenem Willen auf „Erlaubte Fahrt" umzustellen. Diese Möglichkeit ist dem Blockwächter beim Siemens'schen Blocksystem,
sowie auch bei anderen in Verwendung befindlichen Systemen
genommen. Der Verfasser beschränkt sich darauf, eine eingehende
Beschreibung des erstgenannten Systems, welches sich als vollkommen verlässlich erweist und in Oesterreich allgemeine Anwendung findet, zu geben. Es folgt nun eine mit Abbildungen
reich ausgestattete Beschreibung der einzelnen Theile des
Siemens'schen Blocksystems, und die Verwendung dieser
Blockwerke in den verschiedensten Fällen, welche sich beim
Betriebe doppelgeleisiger, sowie eingeleisiger Bahnen ergeben.
In dem weiteren Theile seines Werkes werden wir mit
einer von Herrn Boda aufgestellten Schaltungstheorie
der Blockwerke bekannt gemacht.
In diesem Abschnitte wird ausgeführt, dass die Schaltungen
für die Blockapparate, welche bisher auf rein empirischem Wege
durch fortgesetzte Versuche ermittelt wurden, auf Grund dieser
Schaltungstheorie ausgeführt werden können, weil aus den Formeln,
welche unter Berücksichtigung der geforderten Abhängigkeiten
aufgestellt werden, die Anzahl der Tasten, sowie die Verbindung
derselben untereinander ermittelt werden kann.
In den folgenden Capiteln wird die Anwendung der
Schaltungstheorie bei den verschiedensten Blockwerken, die bei
ein- und doppelgeleisigen Bahnen vorkommen, erläutert.
Endlich folgt noch eine Beschreibung von einigen Einrichtungen, welche mit den Blockwerken zusammen in Verwendung kommen.
Hiemit schliesst der I. Theil des Werkes, welches nicht
nur für Fachmänner, welche sich mit Blockwerken eingehend
zu beschäftigen haben, von besonderem Interesse ist, vielmehr
müssen wir dasselbe auch für alle Jene, die mit Blockapparaten
arbeiten, als ein empfehlenswerthes Mittel, sich mit dem Wesen
derselben vertraut zu machen, bezeichnen. *R. H.*

Kalender für Elektrotechniker. Von F. Uppenborn.
16. Jahrgang. 1899. I. Theil gebunden, II. Theil geheftet.
München u. Leipzig. Verlag von R. Oldenbourg.

Der Inhalt dieses bewährten Taschenbuches ist auch in
seiner neuesten Auflage durch viele werthvolle Beiträge bereichert
worden. Besonders jene Gebiete, die gegenwärtig das meiste
praktische Interesse für sich in Anspruch nehmen, wie die
Wechselstromtechnik, Kraftübertragung, das
Eisenbahnwesen und die Elektrochemie, haben in
den entsprechenden Abschnitten eine gründliche Berücksichtigung
gefunden. Die übrigen Capitel wurden gleichfalls mehr oder
minder den letzten Fortschritten angepasst, theils durch Vervollständigung des Textes und der Tabellen, theils durch Einfügung
neuer Tabellen. Leider sind noch einige Lücken unausgefüllt
geblieben. In den Magnetisirungs-Tabellen 2. B. auf Seite 59 und
58 ist das Verhältniss zwischen magnetisirender Kraft und Induction
nur bis zu einer Kraftliniendichte von 19.000 beziehungsweise
16.000 fortgeführt. Bei der Berechnung der heute
fast ausnahmslos mit Nuthenankern ausgestatteten Maschinen,
die niedrigste Zahninduction mit 19.000 annimmt, wäre eine Verlängerung der Ankerblechcurve bis zu einer Dichte von ungefähr
23.000 Linien sehr wünschenswerth gewesen. Es wurde ferner
die Ankerschaltungen für Gleichstrommaschinen mit einem einfachen Hinweise auf das Arnold'sche Buch übergangen. Wir
unterschätzen durchaus nicht die Schwierigkeiten, die eine klare
Behandlung dieses Gegenstandes in einem Taschenbuche bietet,
glauben aber doch, dass der Verfasser, der mit seltener

Geschicklichkeit ähnliche Klippen bereits überwunden hat, auch
diesen Mangel in den nächsten Auflagen beheben wird. Speciell
die Schablonenwickelung und die Wellenwickelung mit Reihen-
Parallelschaltung haben sich so allgemein eingebürgert, dass die
Hinzufügung eines diesbezüglichen neuen Abschnittes mit einer
Zusammenstellung der wichtigsten Schrittformeln gewissermassen
ein praktisches Bedürfnis ist. Ferner lassen sich die auf Seite
151 angebenen beiden Gleichungen für die Berechnung des
Gleichstrom-Anker

$$E = 10^{-8} \, n \, N\Phi \quad \text{bei Parallelschaltung im Anker}$$

und $E = 10^{-8} \, n \, N\Phi \, \dfrac{P}{2} \quad$ „ Serienschaltung „ „

zu einer einzigen allgemeinen Formel zusammenziehen, welche
folgendermassen lautet:

$$E = \frac{10^{-8} \, n \, N \, \Phi \, P}{A}$$

Dabei bedeuten:

E = Die E. M. K. des Ankers in Volt
n = „ Umdrehungen per Secunde
N = „ totale Zahl der äusseren Drahtlagen am Anker
Φ = „ Kraftlinienzahl per Pol im Anker
P = „ Anzahl der Pole
A = „ Zahl der parallelen Stromkreise im Anker.
(A ist immer eine gerade Zahl und z. B. bei einer zwei-
poligen Maschine = 2.)

Diese ganz allgemeine Schreibweise des Inductionsgesetzes
birgt unter anderem den Vortheil in sich, dass sie unverändert
auch für Anker mit der schon erwähnten Wellenwickelung und
Reihen-Parallelschaltung angewendet werden kann, wo die Zahl
der parallelen Stromkreise nicht von der Polzahl abhängig ist.
Im Uebrigen trägt die neueste Auflage des Kalenders wie
ihre Vorgängerinnen das Gepräge grösster Gründlichkeit und
Gewissenhaftigkeit; die erhobenen Einwände spielen gegenüber
dem erprobten und anerkannten Werthe dieses Taschenbuches
eine untergeordnete Rolle. — *um*

Patentnachrichten.

Mitgetheilt vom Ingenieur Victor Monath,

WIEN, I. Jasomirgottstrasse Nr. 4.

Deutsche Patentertheilungen.

Classe
36. 100.830. Selbstthätige Stromausschaltung an elektrischen Kochvorrichtungen. — F. W. Schindler, Kennelbach. 27./3.
1898.
40. 100.921. Verfahren der elektrischen Destillation. — Siemens
& Halske, Actien-Gesellschaft, Berlin. 5./4. 1898.
65. 100.843. Selbstthätige elektrische Pumpvorrichtung für Schiffe.
— A. Hollstein, Dresden. 19./9. 1897.
„ 100.845. Elektrische Seemine. — F. Hoffmann, Kiel.
28./11. 1897.
74. 100.848. Elektromotor-Wecker. — Actien-Gesellschaft
Mix & Genest, Berlin. 20./1. 1898.

Auszüge aus Patentschriften.

**Johann Walter in Basel. — Verfahren zur Uebertragung von
Zeichnungen, Handschriften u. dergl. in die Ferne.** — Classe 21,
Nr. 98.627 vom 16. September 1897.

Die zu übertragende Zeichnung wird zeilenweise zerlegt in
kleine helle und dunkle andersfarbige Quadrate, welche
dann durch verabredete Zeichen unter Benützung der bekannten
beim Telegraphiren und Fernsprechen angewendeten Mittel der
Empfangsstelle übersandt werden. — Auf letzterer werden die
ankommenden Zeichen in helle und dunkle Quadrate zurück-
übersetzt und zunächst zu einer Zeichnung in vergrössertem Massstab zusammengesetzt, die dann in beliebiger
Weise photographisch oder auf anderem Wege wieder verkleinert
werden kann.

Geschäftliche und finanzielle Nachrichten.

**Ungarische Actiengesellschaft für elektrische Accu-
mulatoren in Budapest.** In den Bureaux der Ungarischen
Eisenbahn-Verkehrs-Actiengesellschaft fand
am 23. v. M. die constituirende Generalversammlung der Gesellschaft statt. Die Gesellschaft übernimmt die Julien'schen
Patente der Brüsseler Firma: L'Electrique, société anonyme auf Accumulatoren, zur Ausübung in Ungarn und in

Oesterreich, und wird ihr Hauptaugenmerk auf die Verwendung dieser Accumulatoren bei elektrischen Stadtbahnen und zu gewerblichen Zwecken richten. Das Actiencapital beträgt 1 Million Kronen.

In die Direction wurden gewählt: die Herren Ladislaus v. Vörös, Jules de Borchgrave, Laurent Quaden, August Lederer, Dr. Ambros Nemenyi, Peter v. Ráth und Maurice Rosart. In das Aufsichtscomité wurden berufen: die Herren Koloman v. Oerley, Dr. Franz Berkovits, Heinrich Eisner, Sigmund Politzer und Gustave Lewe. In der nach der constituirenden Generalversammlung abgehaltenen Directionssitzung wurde Herr Ladislaus v. Vörös zum Präsidenten der Gesellschaft gewählt und Herr Adolf Urban zum leitenden Director, Herr Dr. Richard Szirmai zum Rechtsconsulenten ernannt.

Niederschlesische Elektricitäts- und Kleinbahn-Actien-Gesellschaft in Waldenburg in Schlesien. Dem Berichte über das II. Geschäftsjahr entnehmen wir Folgendes : Das verflossene Geschäftsjahr diente im Wesentlichen der weiteren Fortführung der Bauten, weshalb von einem Betriebsergebnis für das verflossene Geschäftsjahr nicht die Rede sein kann und an die Actionäre nur die statutenmässig vorgesehenen Bauzinsen zur Vertheilung gelangen. Auch das laufende Geschäftsjahr wird theils der weiteren Fertigstellung des ersten Bauprogrammes dienen, theils wird dasselbe zur Aufführung von Erweiterungen, welche sich angesichts der stetig steigenden Nachfragen nach Stromabgabe nöthig erweisen, gewidmet sein, so dass erst gegen Ende des laufenden Jahres der Betrieb in grösserem Maasstabe aufgenommen werden kann. Ein kleiner Theil des Licht- und Kraftbetriebes konnte allerdings am 15. Januar d. J. probeweise in Betrieb genommen werden, jedoch konnte die Stromlieferung gegen Berechnung erst am 15. Februar beginnen. Am 26. Februar wurden die Ortsnetze Freiburg und Polanitz und nunmehr 16. April das Ortsnetz in Altwasser in Betrieb gesetzt. Diesen folgte am 15. Juni Charlottenbrunn, während Wüstegiersdorf, Blumenau und Königszeit etwa Ende August und Friedland—Görbersdorf voraussichtlich noch Ende dieses Jahres Strom erhalten werden. Im Bau sind ferner noch die Leitungen zur Stromlieferung nach Hermsdorf, Weissstein, Salzbrunn, Sophienau, Reussendorf und Dörnhau. Am 30. Juni d. J. lagen 639 feste, vertragsmässige Anmeldungen für elektrischen Stromes vor, und zwar für Licht mit 543 Kilowatt, Kraft für 64 Motoren mit 296 Kilowatt. Dieses galt rüstig seiner Vollendung entgegen, so dass die Betriebseröffnung eines Theiles der Bahnanlage Anfang September zu erwarten ist. (Die Strecke Hermsdorf bis zum Bahnhof Nieder-Salzbrunn ist inzwischen dem Betriebe übergeben worden.) Die Strecke Waldenburg-Bahnhof Dittersbach ist gleichfalls bereits im Bau und wird im Frühjahr 1899 dem Betriebe übergeben werden können. Die durch die General-Versammlung am 18. October 1897 beschlossene Erhöhung des Actiencapitals auf 4,000.000 Mk. ist zur Ausführung gelangt. Angesichts der sich stetig steigenden Nachfragen nach Stromabgabe wird ein weiterer Ausbau des Werkes in's Auge zu fassen sein, ist auch bereits für den Winter 1898/99 der Auftrag auf Lieferung eines neuen 1000 P.S Maschinensatzes nebst den entsprechenden Zubehörtheilen erfolgt. Zu bemerken ist schliesslich noch, dass der Gesellschaft das Enteignungsrecht beim Bau ihrer Fernleitungen im Regierungsbezirk Breslau verliehen wurde.

Strassenbahn Hannover, Actien - Gesellschaft. Wie der Geschäftsbericht pro 1897/98 ausführt, hat sich die Strassenbahn Hannover ein Kleinbahnunternehmen von hervorragender Bedeutung herausgebildet. Den Bedingungen der erworbenen Concession entsprechend, wird die Gesellschaft mit dem Bau und der Ausrüstung der neuen Linien schnellstens vorgehen, und sie verspricht sich von dem Ineinandergreifen der sämmtlichen alten und neuen Linien, sowohl in Hinsicht auf Personen- als auch Güterverkehr, sowie von der grossen Ausdehnung der Kraftstationen für Abgabe von Licht und Kraft eine stetig steigende Entwickelung und damit steigende Einnahmen. In der Generalversammlung vom 21. Februar d. J. wurde beschlossen, das Actiencapital der Gesellschaft um den Betrag von 6,000.000 Mk. zu erhöhen. Massgebend für diesen Beschluss war der schon oben bezeichnete hohe erforderliche Beschaffung von Mitteln zum Ausbau der nachstehend bezeichneten Linien: 1. Laatzen Grasdorf-Rethen-Gleidingen-Heisede - Sarstedt - Bierbruch (Ahrbergen)- Förste- Hasede - Steuerwald-Hildesheim, sowie Doppelgeleis Döhren-Laatzen. 2. Rethen-Coldingen Pattensen. 3. Sichsentrappen-Gehrden. 4. verschiedene kleine Bahnstrecken. Dieser Betrag von 6,000.000 Mk. Actien zur Deckung des Geldbedarfs der Gesellschaft, hat sich jedoch als nöthig und Kraft erforderlichen maschinellen Einrichtungen und Zu-

leitungsanlagen waren nämlich weit umfangreicher als zur Zeit angenommen werden konnte, weil die inzwischen erfolgte Nachfrage nach Licht und Kraft eine gegen den Voranschlag erheblich stärkere geworden ist. Löhne, Materialpreise, sowie Anforderungen der concessionirenden Grundeigenthümer, der Städte Hannover, Hildesheim, Sarstedt etc., überstiegen den ursprünglichen Kosten anschlag. Die Vorschriften der Behörden waren nur unter Aufwendung von erheblich grösseren Kosten, als vorauszusehen war, erfüllbar. Zur Deckung des sich ergebenden Mehrbedarfes, sowie ferner zur Fertigstellung bezw. zum Bau der nachfolgenden Linien : 1. Linie Hildesheim, 2. do. Barsinghausen, 3. do. Linden-Ricklingen-Döhren, 4. do. Vahrenwald-Langenhagen, 5. do. Buchholz-Misburg-Anderten, 6. do. Buchholz-Bothfeld-Burgwedel und dazu erforderlichen Betriebsmaterials stellt sich nun der Geldbedarf der Gesellschaft auf rund zehn Millionen Mark. Im Einverständnis mit dem Aufsichtsrathe beantragt die Verwaltung die Beschaffung obiger Summe durch weitere Ausgabe von 6,000.000 Mk. Actien und 4,000.000 Mk. Prioritäts-Obligationen.

Union Elektricitäts-Gesellschaft in Berlin. In der ausserordentlichen Generalversammlung vom 24. v. M. wurde der Erwerb der elektrotechnischen Abtheilung der Firma Ludwig Loewe & Co. in Martinikenfelde mit allen Einrichtungen und Beständen per 1. Jänner 1899 durch die Union E.-G. und Erhöhung des Actiencapitals der letzteren auf 18 Millionen Mk. genehmigt und dem zwischen der Ludwig Loewe & Co.-Gesellschaft und der Union Elektricität-Actien-Gesellschaft vereinbarten Kaufvertrag ohne Debatte zugestimmt. Die wesentlichsten Punkte dieses Kaufvertrages sind folgende : Die Union übernimmt von der A.-G. Ludwig Loewe & Co. in Martinikenfelde gelegen zu Grundstücke und Gebäude, Utensilien, Fabrikate, Maschinen etc. und zwar die Grundstücke und Gebäude zum Preise von 3,112.000 Mk. Loewe gewährleistet, dass alle Grundstücke frei von Grund- und Hypothekenschulden sind. Als Gesammtpreis für das in und ausserhalb der Gebäude befindliche unbewegliche und bewegliche Inventar an Maschinen, Werkzeugen etc. einschliesslich der Stromzuführung dienenden Leitungsanlage von der Kraftcentrale ab wird der Inventarwerth per 31. December 1898 vereinbart, und gilt als Inventarwerth für die nach 1. Januar 1896 von Loewe hergestellten Gegenstände dessen Preiscourant für die gekauften Gegenstände der Erwerbspreis nebst Fracht und Zoll sowie Kosten der Fundamentirung und Montage der Maschinen abzüglich 10% jährlich für Abnutzung. Für die vor dem 1. Januar 1896 hergestellten oder angeschafften Gegenstände gilt der zwischen beiden Theilen durch gemeinsame Schätzung ermittelte Werth. Der zwischen beiden Gesellschaften bestehende Vertrag vom Januar 1892, betr. Herstellung aller elektrischen Maschinen und Apparate durch Loewe, wird vom 1. Januar 1899 ab aufgehoben, soweit nicht nach Abrechnungen zu erfolgen haben, oder soweit nicht die Verträge von Loewe mit der Compagnie Internationale d'Electricité zu Lüttich, der Firma Ganz & Co. zu Budapest und der Russischen Union Elektricitäts-Gesellschaft zu St. Petersburg entgegenstehen. Wegen Uebernahme dieser Verträge auf die Union bleibt die Zustimmung der Gegencontrahenten und Specialvereinbarungen vorbehalten. Die beantragte Erhöhung des Actiencapitals der Union von 3 auf 18 Millionen Mark wurde gleichfalls genehmigt und ebenso die Abmachung mit der Firma Ludwig Loewe & Co., wonach diese die 15 Millionen Mark jungen Actien, die vom 1. Januar 1899 ab an der Dividende theilnehmen, zum Preise von 110% übernimmt und davon 3 Millionen Mark den alten Actionären der Union zu deren gleichen Course zur Verfügung stellt. Das Agio von 10% ist nach Abzug der Unkosten dem gesetzlichen Reservefonds zu überweisen.

Die nächste **Vereinsversammlung** findet Mittwoch den 7. December 1898 im Vortragssaale des Wissenschaftlichen Club, I., Eschenbachgasse 9, I. Stock, 7 Uhr abends statt.

Vortrag des Herrn Dr. A. Just über „elektrische Oefen und Calciumcarbiderzeugung“; hierauf kurze Mittheilung über das Bechthold'sche Anschaltetelephon mit Selbstinductionsspule, mit Demonstration.

Unserer heutigen Auflage liegt eine Beilage der Ersten ungar. Kabelfabrik, Perel & Schacherer in Budapest bei, betreffend die Herstellung, bezw. Benützung ihrer patentirten Oesenschnüre, auf welche wir besonders aufmerksam machen.

Schluss der Redaction: 29. November 1898.

Verantwortlicher Redacteur: Dr. J. Sahulka. — Selbstverlag des Elektrotechnischen Vereines.
Commissionsverlag bei Lehmann & Wentzel, Wien. — Alleinige Inseraten-Aufnahme bei Haasenstein & Vogler (Otto Maass), Wien und Prag.
Druck von R. Spies & Co., Wien.

Zeitschrift für Elektrotechnik.

Organ des Elektrotechnischen Vereines in Wien.

| Heft 50. | WIEN, 11. December 1898. | XVI. Jahrgang. |

Bemerkungen der Redaction: Ein Nachdruck aus dem redactionellen Theile der Zeitschrift ist nur unter der Quellenangabe „Z. f. E. Wien" und bei Originalartikeln überdies nur mit Genehmigung der Redaction gestattet.

Die Einsendung von Originalarbeiten ist erwünscht und werden dieselben nach dem in der Redactionsordnung festgesetzten Tarife honorirt. Die Anzahl der vom Autor event. gewünschten Separatabdrücke, welche zum Selbstkostenpreise berechnet werden, wolle stets am Manuscripte bekanntgegeben werden.

INHALT:

Der elektrische Vollbahnbetrieb auf der Wannseebahn.

Es sind nun nahezu drei Jahre vorübergegangen, seitdem der hervorragende amerikanische Elektrotechniker Dr. Louis Ducan einen im Vereine der Elektriker Philadelphias gehaltenen Vortrag über die Zukunft des elektrischen Betriebes und Vollbahnen mit nachstehenden Worten (vergl. Juniheft 1896 des Journal of the Franklin-Institut) abschloss: „Es gibt gewiss nur wenige von uns hier — wie ich fest überzeugt bin — die nicht einer umfassenden Ausbreitung und Anwendung der Elektricität auf weiten Gebieten der Industrie und des Verkehrs mit Ueberzeugung entgegensehen und einige von Ihnen werden die Zeit vielleicht noch erleben, in der die Dampflocomotive zur Seltenheit gewürdiget*) geworden sein wird! Eben damals liessen ja auch die grossartigen Leistungen der elektrischen Locomotive, welche von der Baltimore- und Ohiobahn zur Durchführung des Zugförderungsdienstes in ihren 2·8 km langen Howardtunnel eingestellt worden war, sowie die ausserordentlich günstigen Ergebnisse, welche die Pennsylvaniabahn und die New-York—New-Haven- und Hardfortbahn auf einiger ihrer normalspurigen Strecken durch die ganze oder theilweise Umsetzung des Dampflocomotivenbetriebes in den elektrischen Betrieb erzielt hatten, in der That für einen nicht mehr allzu fernen Zeitpunkt die befriedigende Lösung der hochwichtigen Frage des elektrischen Vollbahnbetriebes gewärtigen. Entgegen dieser anscheinend so sehr berechtigten Voraussetzung haben aber seither nur wirkliche, allerdings riesige Entwickelung doch nur die elektrischen Tramway-, Klein-, Stadt-, Vororte- und ähnliche Bahnen geringerer Ordnung erfahren, während der nach elektrische Betrieb auf wirklichen Vollbahnen eigentliche Fortschritte lediglich durch das nicht allzuhäufige Einstellen von Trolleymaschinen als Rangirlocomotiven oder für den Zu- und Abstreifdienst auf Güterbahnhöfen, sowie durch eine vereinzelte Anwendung der vorgenannten Heilmann-Locomotive (1000 PS) aufzuweisen hat, welcher seit Beginn laufenden Jahres in der ähnlich angeordneten Locomotive (900 PS) der Ohio-River-Madison- und Centraleisenbahn eine ebenbürtige Rivalin erstanden ist. Selbst die Erfahrungen der Baltimore—

*) Vergl. „Z. f. E." 1897, S. 383.

Washington-Eisenbahn, von der in den betheiligten Kreisen so viel Aufklärendes über den Vollbahnbetrieb erhofft wurde, haben sich blos auf das beschränkt, was sozusagen a priori ausser Frage stand, nämlich, dass sich der elektrische Betrieb für sogenannte Expressbahnen, d. h. Bahnen, auf welchen ausschliesslich besonders schnellfahrende und nur von Hauptstationen zu Hauptstationen laufende Personenzüge verkehren, vorzüglich eignet, und dass sich bei passend construirten Locomotiven die Fahrgeschwindigkeit schadlos bis zu einem Maximum von 160 Stundenkilometer steigern lässt.

Durch diese Sachlage erklärt sich der Umstand, dass seitens des im verflossenen Jahre in London abgehaltenen Eisenbahncongresses, der sich selbstverständlich auch mit dem Problem des elektrischen Betriebes befasst hat, hinsichtlich der Zukunft des Vollbahnbetriebes ein wesentlich kühleres Urtheil geschöpft wird als das obenangeführte von Dr. Ducan. In dem betreffenden Resumé*), erscheint dargelegt, dass die grossen wirthschaftlichen Vortheile, welche der elektrische Betrieb den Strassen- und Kleinbahnen darbietet, für Haupteisenbahnen nicht zur Geltung gelangen bis auf einen, nämlich die Ermöglichung grösserer Fahrgeschwindigkeiten, die sich aber bis zu den bei unseren gewöhnlichen Oberbaueinrichtungen überhaupt zulässigen Grenzen ebensowohl durch vierzylindrige Dampflocomotiven erreichen liessen, ohne die immensen Installationskosten zu verursachen, welche mit einem Wechsel der Betriebsform a priori verbunden wären. Der Congress kommt endlich zu der Schlussfolgerung, dass nach dem heutigen Stande der Elektrotechnik kaum angenommen werden dürfe, es könne die Dampflocomotive der Vollbahnen in absehbarer Zeit durch die elektrische Locomotive verdrängt werden. Diese doch schwerwiegende, vorläufig anscheinend ganz unwiderlegbare Erwägungen motivirte Anschauung kann jedoch selbstverständlich den Interessenten nicht davon zurückschrecken, den Gegenstand bedächtig weiter zu verfolgen und durch sorgsame eingehende Prüfung der Bedingungen, unter welchen sich denn doch vielleicht auch im Vollbahnverkehr erweiterte Erfolge erzielen

*) Vergl. Bulletin de la commission internationale du congrès des chemins de fer com Februar 1898, S. 133.

lassen könnten und durch fortlaufendes Sammeln von einschlägigen Erfahrungen dem erstrebenswerthen Ziele näher zu rücken.

Zu dem Behufe sind allerdings vereinzelte Probefahrten auf englbegrenzten Strecken keineswegs zulänglich; vielmehr müssen Versuche jedenfalls längere Zeit hindurch mit regelmässigen Zügen ausgeführt werden, um das Maass der wirthschaftlichen Vor- oder Nachtheile, sowie die Bedingungen und Bürgschaften für den gesicherten Betrieb genau feststellen zu können. Derartige Versuche lassen sich aber auch nur mit Hilfe bedeutender pecuniärer Opfer in Ausführung bringen, weshalb es nicht Wunder nehmen darf, wenn in dieser Richtung bisher der Eifer ungleich weniger rege gewesen ist, als auf den verwandten Gebieten der elektrischen Traction. Umso lebhafter verdient sonach die Entschliessung des preussischen Arbeitsministers, eine der bestehenden Linien des Staatsbahnnetzes, nämlich die Strecke Berlin–Zehlendorf der Wannseebahn vorläufig lediglich zu Versuchszwecken für den elektrischen Betrieb zu adaptiren, als ein werthvoller Fortschritt begrüsst werden. Diese soeben im Entstehen begriffene, mit ausserordentlicher Gewissenhaftigkeit eingeleitete und sorgsamst vorbereitete Einrichtung steht unter der Leitung des königl. Eisenbahn-Directors Bork, der sich bereits seit Jahren mit dem Problem des elektrischen Vollbahnbetriebes in hervorragender Weise beschäftigt und diesen Gegenstand namentlich in den Sitzungen des Berliner Vereines für Eisenbahnkunde[*] seit 1891 wiederholt eingehendst und mit gediegener Sachkenntnis der fachmännischen Besprechung unterzogen hat. In dem letzten dieser Vorträge machte Herr Eisenbahn - Director Bork interessante nähere Mittheilungen über die Einrichtung der obengenannten Probestrecke, aus denen nachstehende Daten entnommen sind.

Auf der im ganzen 11·98 km langen Versuchsstrecke Berlin—Zehlendorf befinden sich die vier Zwischenstationen Gr. Görschen-Strasse, Friedenau, Steglitz und Gross-Lichterfelde. Sowohl die 38·55 km lange, grösste Steigung von 1 : 150 als die schärfste Krümmung mit dem Radius von 245 m liegen knapp hinter der Ausfahrt aus dem Wannsee-Bahnhofe Berlin, während die ganze übrige Bahnstrecke weder in den Richtungs- noch Neigungsverhältnissen irgendwie Nennenswerthes aufweist. Allhier soll der mittelst Elektricität beförderte Zug auf die Dauer eines Jahres in den Fahrplan des Verkehres der Wannseebahn mit einbezogen werden und täglich 15 mal in jeder Richtung verkehren. Derselbe wird aus 9 normalen dreiachsigen Wagen der Berliner Vorortsbahnen zusammengesetzt und vollbesetzt 210 t schwer sein. Alle neun Wagen sind mit der gewöhnlichen Luftdruckbremse ausgerüstet, für welche die erforderliche Pressluft durch einen mittelst eines Elektromotors angetriebenen Luftpumpe beschafft wird. Zur Innenbeleuchtung der Wagen, sowie zur Beleuchtung der Signallaternen am Zuge gelangen ausschliesslich elektrische Glühlampen zur Verwendung, während die gewöhnliche Dampfheizung aufrecht bleibt und zu dem Ende während der kalten Jahreszeit ein eigener stehender Dampfkessel in Dienst gesetzt wird. Zwei Personenwagen dritter Classe, wovon der eine an der Zugsspitze, der andere am Ende des Zuges seinen Platz erhält, werden als Motorwagen eingerichtet und

*) Vergl. Glaser's Annalen Bd. 29, S. 223; Bd. 34, S. 6; Bd. 43, S. 75.

so an den Zug gestellt, dass bei der Aenderung der Fahrtrichtung keinerlei Umstellungen vorzunehmen sind, sondern lediglich der Wagenführer seinen Standort im zweiten Motorwagen einzunehmen hat. Jeder dieser beiden Wagen ist an der freien Stirnseite, wo sich der Führerstand und die erforderlichen Schalteinrichtungen befinden, mit einer durch Pressluft zu bethätigenden Signalpfeife ausgestattet und unten an die vorderen Pufferbohlen mit den für Locomotiven vorgeschriebenen Bahnräumern versehen. Das erste, bezw. letzte Coupé im Zuge bilden also den Dienstraum des Wagenführers, die gleich daneben befindlichen Coupés dienen als Gepäcksräume und die übrigen Abtheilungen der beiden Motorwagen sind für Reisende dritter Classe eingerichtet. Diesem Zuge wird vorläufig zur fahrplanmässigen Abwickelung seiner Route einschliesslich der je eine halbe, häufig aber auch bis zu einer Minute betragenden Aufenthalte in den vier Zwischenstationen eine Fahrzeit von 27 Minuten vorgeschrieben sein. Für die Anfahrten sind 90 Secunden Zeit und ein Weg von 500 m, für das Anhalten 30 Secunden Bremszeit und 170 m Weg angenommen; unter diesen Voraussetzungen beträgt dann die Durchschnittsgeschwindigkeit während der gleichmässigen Fahrt (im Beharrungszustande) 40 Stundenkilometer und ermittelt sich die mechanische Arbeitsleistung der Triebwagen bei dem Maximalzuggewicht von 210 t hinsichtlich der Fahrt mit 62 und für jene nach Berlin mit 58 Pferdekraftstunden.

Hinsichtlich beider Fahrten zusammengenommen berechnet sich die durchschnittliche Leistung des Anfahrens mit 240 PS und die mittlere Leistung während der Fahrt mit rund 140 PS. Jeder der beiden Triebwagen ist sonach an seiner vordersten und letzten Achse mit je einem Motor von 100 PS versehen, welche beim Anfahren den Antrieb des Zuges gemeinsam besorgen, wogegen während der glatten Fahrt nur die beiden Motoren des an der Zugsspitze befindlichen Wagens wirksam sind. Die normale Inanspruchnahme des einzelnen Motors wird sich beim Anfahren, wo alle vier zusammenwirken, auf je 60, und für die zwei während der Fahrt in Anspruch genommenen Motoren auf 70 PS stellen; ihre Leistungsfähigkeit ist sonach wesentlich höher als ihre Inanspruchnahme, was absichtlich so angeordnet wurde, nicht nur um für die beim Anfahren unter Umständen vorkommenden Ueberschreitungen der Durchschnittsleistung vorzusorgen, sondern auch um allenfalls nach Bedarf die Wagenzahl oder die Fahrgeschwindigkeit des Zuges innerhalb nicht allzuenger Grenzen erhöhen zu können. Während der Fahrt beläuft sich die Zugkraft für das normale Zugsgewicht von 210 t auf rund 950 kg, bei den Anfahrten hingegen auf ca. 3250 kg. Der Controller ist so eingerichtet, dass diese Zugskräfte erhalten werden. Die Motorachsen sind durchschnittlich mit 10 t belastet und sind zur Ueberwindung der Reibung die obigen Zugkräfte erforderlich. Die durch den Controller bewirkten Schaltungen sind aus der Figur 1 ersichtlich. Die Motoren M_1 und M_2, beziehungsweise m_1 und m_2 der beiden Triebwagen sind zunächst hintereinander, nach Erreichung einer bestimmten Zugsgeschwindigkeit jedoch parallel geschaltet, und zwar hat die erstere dieser Phasen fünf Unterstufen 1, 2, 3, 4 und 5, worauf die Wegschaltung des zweiten Wagens erfolgt; schliesslich werden successive die Schaltungen 6, 7, 8 und 9 angewendet. Die Schaltwiderstände sind so bemessen, dass insbesondere zu Beginn der Fahrt, sowie beim

Uebergang zur Parallelschaltung keine zu grossen Stromstärken entstehen können. Es ergibt sich hiebei die beim Anfahren erforderliche Stromstärke mit circa 300 und die während der Fahrt erforderliche mit 270 A, die Schaltungen 1 bis 5 werden durch Vermittelung einer eigenen, längs des Zuges laufenden Leitung bewerkstelligt.

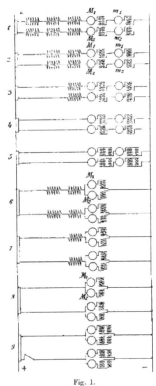

Fig. 1.

Eine elektrische Bremsung ist neben der oben erwähnten pneumatischen Bremse zunächst nur in der Weise in Aussicht genommen, dass die beiden Motoren jedes Wagens von der Stromleitung abgestellt und in einen Stromkreis mit entsprechenden Anlasswiderständen zusammengeschaltet werden, wobei sie bekanntlich als Dynamomaschinen wirken, welche die zu ihrem Antrieb verwendete lebendige Kraft des Zuges in Wärme umsetzen. (Fortsetzung folgt.)

Zur Erklärung des Görges'schen Phänomens und über die Cascadenschaltung.

Vortrag, gehalten am 16. November 1898 im Elektrotechnischen Verein in Wien von **Friedrich Eichberg.**

II. (Schluss.)

Bevor wir auf die Besprechung der Cascadenschaltung übergehen, wollen wir das Diagramm, das

wir bis jetzt zur Construction der Drehmomentscurven benutzt haben, seiner Bedeutung nach erweitern. Das Drehmoment bei der Phasenverschiebung φ im Anker war für den Mehrphasenmotor gegeben durch

$$D = 2 D_{max} \sin \varphi \cos \varphi.$$

D_{max} ist nun proportional dem Quadrate der Spannung und verkehrt proportional dem Selbstinductions-Coëfficienten des Ankers. Die Ströme aber, die wir im Folgenden auch darstellen wollen, verändern sich nur mit der ersten Potenz der Spannung; damit wir also auch für variable Spannung das Diagramm der Drehmomente und Ströme vereinigen können, werden wir das Drehmoment in zwei Factoren spalten, deren einer die Spannung E ist, so dass der Kreis mit $\frac{2 D_{max}}{E}$ als Halbmesser durch den Abstand seiner Schnittpunkte (mit den unter dem Winkel φ gegen yy gezeichneten Linien) von der xx Achse das Drehmoment bis auf den Factor E gibt. Verändert sich nun E, so verändert sich damit proportional der Halbmesser des Kreises und da die aus demselben abgelesenen Strecken nochmals mit E multiplicirt, erst die Drehmomente ergeben, so ist thatsächlich das Drehmoment proportional dem Quadrate der Spannung. (Siehe Fig. 5.)

Da die Ordinate Z bis auf die Spannung das Drehmoment anzeigt, so stellt sie eine dem Wattstrom direct proportionale Grösse vor. Demnach entspricht $o\,a'$ dem totalen Secundärstrom, $o\,b'$ der wattlosen Componente desselben. Um ein Maass für diese Ströme zu erhalten, ist es blos nöthig zu beachten, dass für den idealen Kurzschluss ($r = o$, $\varphi = 90°$) die wattlose Componente ihr Maximum erreicht. Denken wir uns die ganze Selbstinduction[*] des Motors im secundären Theil vereinigt; der Selbstinductions-Coëfficient sei L, die Spannung E, so ist der ideale Kurzschlussstrom

$$J_k = \frac{E}{\omega L}, \text{ wobei } \omega = 2 \pi n \text{ ist.}$$

Stellt demnach der Kreisdiameter diesen idealen Kurzschlussstrom vor, so ist $a'\,b'$, $a'\,o$, $b'\,o$ bereits im Verhältnis zu diesem Kurzschlussstrom festgelegt. Man ersieht sofort, dass diese Ströme direct proportional der Spannung sind. Es ist also $a'\,b'$ ein Maass des Wattstromes und bei gegebener Spannung auch ein Maass des Drehungsmomentes. Aendert sich die Spannung, so ändert sich proportional damit der Diameter; der Wattstrom ist dann zwar wieder durch $a''\,b''$ gegeben, das Drehungsmoment aber durch $a''\,b''$ mal der neuen Spannung (E'') dargestellt.

Ist das Verhältnis $\frac{\omega L}{r}$, d. h. $\frac{\text{inductiver Widerstand}}{\text{Ohm'scher Widerstand}}$ des ganzen Motors gegeben, so kann man, wie im I. Theil gezeigt wurde, den Schlüpfungsmaassstab dadurch finden, dass man ich irgend ein Maass für r auf der yy Achse aufträgt und eine Parallele zur xx Achse zieht; der Schnittpunkt dieser Linie mit der Linie für $\varphi = 45°$ gibt

10% Schlüpfung an, wenn $r = 0·1 \omega L$ ist.

$$p\% \qquad\qquad r = \frac{p}{100} \omega L \text{ ist.}$$

In den wenigsten Fällen aber ist dieses Verhältnis bekannt. Dagegen ist r leicht messbar. ωL aber lässt

[*] Für die späteren Betrachtungen auch den Widerstand. Dadurch ist E identisch mit der primären Klemmen-spannung.

sich in der folgenden Weise leicht aus der Spannung, dem Kurzschlussstrom und dem Leerstrom des Motors bestimmen.

a) Gegeben die Spannung, der Kurzschlussstrom J_k und der Leerstrom J_0, die Ströme J_k und J_L sind als wattlos angenommen. (Angenähertes Verfahren.) [Siehe Fig. 6.]

Es ist bekanntlich: $J_k = \dfrac{E}{\omega L}$ oder   auf   beiden

Seiten durch J_i dividirt: $\dfrac{J_k}{J_L} = \dfrac{E}{J_L \, \omega \, L}$.

b) Ist der Kurzschlussstrom (J_k) mit seiner Phasenverschiebung gegen E (φ_{10}) gegeben, so ist der Schlüpfungs-

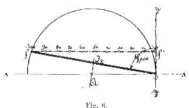

Fig. 6.

Fig. 5.

Fig. 7.

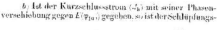

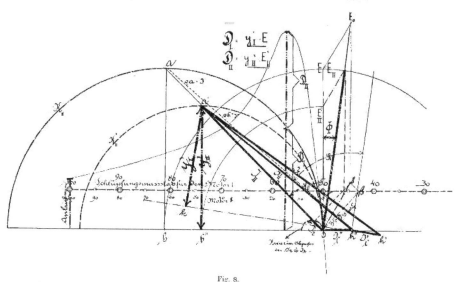

Fig. 8.

Wir brauchen also blos die Endpunkte von J_k und E (f und g) zu verbinden und vom Endpunkt h von J_L eine Parallele zu dieser Verbindungslinie zu ziehen, dann ist $0\,l$ schon $J_1 \cdot \omega \cdot L$; wir erhalten so $\omega\,l$, und können den Schlüpfungsmaassstab construiren (Fig.7).

maassstab von selbst gegeben; man ziehe durch den Endpunkt f eine Parallele zu $r\,s$ und zeichne einen Maassstab, der bei f 100% und f' 0% stehen hat. Der Kreis als geometrischer Ort aller Ströme ergibt sich, indem man $o\,f$ halbirt, in diesem Punkt auf $o\,f$ eine Senkrechte zieht; der Schnittpunkt mit $x x$ ist der Kreismittelpunkt A; $A o$ ist der Radius des Kreises.

Bei variablem r oder ωL ist der Schlüpfungsmaassstab keine Gerade parallel zur $x x$ Linie mehr. Aendert sich z. B. r continuirlich von $r = 0.3 \omega L$ bis $r = 0.1 \omega L$ vom Anlauf bis zum Leerlauf, so zeichnen wir in zwei verschiedenen Höhen Maassstäbe für diese beiden Widerstände und verbinden den Punkt, der dem Anlauf bei $r = 0.3 \omega L$ entspricht, mit dem Punkt des Leerlaufes bei $r = 0.1 \omega L$. Diese schiefe Linie ist der Schlüpfungsmaassstab bei continuirlich verändertem Widerstande. (Siehe Fig. 5.)

Fügt man zum secundären Strom, der durch einen gleich grossen aber entgegengesetzt gerichteten primär balancirt wird, den sogenannten Leerstrom oder angenähert den Magnetisirungsstrom (wattlos, daher in der Richtung $x x$), so erhält man den primären Strom. Das Diagramm, das wir so erhalten, ist das sonst anders abgeleitete Blondel-Heyland'sche Diagramm, bis auf den Schlüpfungsmaassstab, der in der angedeuteten Weise meines Wissens noch nicht angegeben wurde.

Wenn wir nun zur Cascadenschaltung zweier Motoren (siehe Fig. 2) übergehen und uns wieder die Ohm'schen Widerstände, bezw. die Inductanzen in die Anker jedes der beiden Motoren hineingelegt denken, so ist klar, dass zwar der erste Motor (I) an einer constanten Spannung liegend gedacht werden kann, dass aber dies für den zweiten Motor (II), dessen Primärstrom gleichzeitig der Secundärstrom des ersten ist, nicht mehr zutrifft.

Die secundär entstehende Spannung und Stromstärke ist bei einem gewöhnlichen mehrphasigen Inductionsmotor durch das Rückbleiben des Ankers gegen das rotirende Feld bestimmt. Diese secundäre elektrische Energie ist verloren. Sowie aber der secundäre Theil in Serie mit dem primären Theil eines anderen Motors geschaltet wird, wird der Motor I als Wirkungsgrad stets 1 haben und der Wirkungsgrad des ganzen Systems (I II) durch den Wirkungsgrad des Motors II gegeben sein. Dieser aber ist wieder gegeben durch das Verhältniss der Ankertouren des Motors II zu der Umlaufszahl des Feldes in diesem Motor. Ist wieder die primäre Periodenzahl n und sind die Motoren mechanisch gekuppelt, was zur Folge hat, dass beide Anker die Umlaufszahl m haben, so ist die Umlaufszahl des Feldes im Motor II: $n - m$; der Motor II bleibt demnach um $(n - 2 m)$ Touren zurück. Der verlorene Theil der Energie verhält sich zur gesammten zugeführten Energie wie $(n - 2 m) : n$. Der Wirkungsgrad ist also:

$$\gamma_c = 1 - \frac{n - 2 m}{n} = \frac{2 m}{n}$$

für $m = 0$ ist $\gamma_c = 0$

$$m = \frac{n}{3} \qquad \gamma_c = \frac{2}{3}$$

$$m = \frac{n}{2} \qquad \gamma_c = 1$$

Für den mehrphasigen Motor wäre in den beiden letzten Fällen bezw. $\gamma_r = 0.33$ und $\gamma_r = 0.50$. Wenn $m > \frac{n}{2}$ ist, tritt Generatorwirkung ein.

Während also zwei vollkommen unabhängige Motoren, die blos mechanisch gekuppelt sind und von denen einer stets an der Periodenzahl n, der andere an der Periodenzahl $n - m$ liegt, für $m = \frac{n}{2}$ den theoretischen Wirkungsgrad 0.75 ergeben, erhalten wir für zwei in Cascade geschaltete Motoren für $m = \frac{n}{2}$ den Wirkungsgrad 1.

Wir wollen nun das Drehmoment der zwei in Cascade geschalteten Motoren bestimmen. Wäre das Drehmoment des Motor I an sich zu bestimmen, so wäre es gegeben durch die Wattcomponente des Secundärstromes und das resultirende Feld in diesem Motor. In den Secundärkreis des Motors I haben wir aber nun den grossen inductiven Widerstand eingeschaltet, den der Motor II vorstellt, solange sein secundärer Kreis offen ist oder leerläuft. Wenn der Leerlaufstrom wattlos wäre, so würde der Motor I, solange der Motor II in seinem secundären Theil keinen Strom aufnimmt, keine Arbeit leisten. In Wirklichkeit ist der Leerlaufstrom nicht vollkommen wattlos und es treten daher im Motor I diejenigen Verhältnisse auf, wie wenn im Anker I eine sehr hohe Inductanz wäre; das davon herrührende Drehmoment (W) ist deshalb sehr klein, und kann übrigens nur annähernd gefunden werden, weil der Ohm'sche Widerstand, der auch die äquivalenten Foucault- und Hysteresisverluste vorstellt, nicht constant ist. Der Radius des Kreises für diesen Motor, verhält sich zum Radius des Kreises für denselben Motor mit dem Selbstinductions-Coëfficienten L, sowie $\frac{L}{M}$, wobei M der gegenseitige Inductions-Coëfficient für den Motor II ist. Mit diesen Strömen, welche sich aus einem kleinen Kreisdiagramm ergeben würden, functionirt der Motor I als solcher; es ist einleuchtend, dass diese Wirkung eine sehr untergeordnete Rolle spielt, dass daher das Rückbleiben des Motorankers I für sich allein nur wenig Einfluss auf das gesammte Drehmoment und den totalen Wirkungsgrad haben wird.

Sobald jedoch der Secundärkreis des Motors II Strom aufnimmt, wird auch im primären Theil des Motors II und daher auch im secundären Theil des Motors I ein Strom fliessen können, der seinerseits durch einen im Primärkreis des Motors I fliessenden Strom balancirt wird. D. h. sowie mit zunehmender Belastung ein Transformator, der im unbelasteten Zustand einen hohen inductiven Widerstand vorstellt, diesen Charakter verliert, so stellt bei Belastung des Motors II, dieser nicht mehr einen hohen inductiven Widerstand vor. Aber die Ströme, die der Motor I führt, sind lediglich abhängig von den Strömen im Motor II. Es spielt demnach der secundäre Theil des Motors II für die Combination (I II) dieselbe Rolle, wie sonst der Anker eines Inductionsmotors für den Motor selbst. Die Drehmomente, die der Motor II liefert, sind wieder abhängig von der Wattcomponente seines secundären Stromes und dem resultirenden Felde; dieses aber ist nicht constant, denn nur die Spannung am Motor I ist constant und selbst wenn wir nach der Voraussetzung die primären und secundären Ohm'schen, bezw. inductiven Widerstände in die Anker [secundären Theile der Motoren I und II] verlegt denken, so können wir nur das resultirende Feld des Motors I als constant denken. Zwischen der Spannung am Motor II und derjenigen am Motor I liegen die Verluste im Anker I: wir werden im Folgenden annehmen, dass sich die resultirenden Felder wie die Spannungen ändern.

Die Wattcomponente des Primärstromes des Motors II, d. i. der Secundärstrom des Motors I, gibt das Drehmoment im Motor I. Die Abhängigkeit der beiden Motoren kommt also dadurch zur Geltung, dass a) die Wattcomponenten der Ströme im Motor I durch den Anker II bestimmt werden, und dass b) die Spannung des Motors II durch den Spannungsverlust im Motor I bestimmt ist. Dies festgehalten ergibt sich folgende Methode der Bestimmung des Drehmomentes der in Cascade geschalteten Motoren. (Siehe Fig. 8.)

Das Diagramm des Motors II für die Spannung $E = E_{II}$ sei der Kreis K_{II} der Schlüpfungsmassstab sei in der eingangs erwähnten Art gefunden. Der Secundärstrom wäre $o\,a$, seine wattlose Componente $o\,b$, seine Wattcomponente $a\,b$; E_{II} ist bis auf eine Constante das Drehmoment. Ist $o\,b''$ der Leerlaufstrom dieses Motors, so wird $a\,b$ der Primärstrom sein. Ist nun der Motor II eingeschaltet in den Secundärtheil des Motors I, so wird dieser Primärstrom II, als Secundärstrom den Anker I durchfliessend, dort einen Spannungsabfall verursachen. Das resultirende Feld im Motor II wird nicht mehr $E_{II} = E$, der Spannung der Linie, entsprechen, sondern einem E_{II}', das aus E gefunden wird, indem man den Ohm'schen und inductiven Spannungsabfall geometrisch abzicht. Durch die Verkleinerung von E_{II} werden aber alle Ströme proportional kleiner. Um dies alles gleichzeitig zu berücksichtigen, tragen wir für den Strom $o\,a$, der noch dem vollen $E_{II} = E$ entspricht, eine Spannungscomponente $o\,z = o\,h''$, und um 90° den Strom voreilend $o\,\xi = o\,h'\,2 \pi n$ $(n - m)\,L_1$ wobei L_1 sich auf den Motor I bezieht, n die volle Periodenzahl, m die Ankertourenzahl ist. Die Resultirende aus $o\,z$ und $o\,\xi$ ist $o\,\eta$; $o\,\eta$ zusammengesetzt mit E gäbe das primär (an der Linie) erforderliche E_0; da nur E vorhanden ist, so verkleinern wir das ganze Spannungsdiagramm proportional; dadurch bekommen wir die thatsächliche Spannung E_{II}, mit ihr proportional verkleinert haben sich $o\,a$ und $o\,b$. $o\,z$ und $o\,\xi$. Die letzteren ergeben sich sofort, die ersteren dadurch, dass wir einen Kreis K_{II}' construiren, dessen Radius zum Radius von K_{II} sich verhält wie E_{II}' zu E_{II}; aus diesem Kreis ergibt sich das Drehmoment des Motors II:

$$D_{II} = y_{II}' \cdot E_{II}'$$

Das Drehmoment des Motors I ist gegeben durch die Componente des Secundärstromes in I ($a'\,b$) die in Phase mit E ist; y_1' heisst sie in der Figur. Das Drehmoment des Motors I ist

$$D_I = y_1' \cdot E$$

Man ersieht aus dem Diagramm den grossen Einfluss, den die Selbstinduction (Streuung) des Motors I auf das Drehmoment des Motors II und dadurch auf die Drehmomente der ganzen Combination [I II] haben. Die Drehmomente der in Cascade geschalteten Motoren sind zusammen genommen im Diagramm Fig. 8 nicht viel grösser als die eines einzelnen Motors waren. Für 50% Schlüpfung des Motors I ist das Drehmoment und der Wattstrom im Motor II gleich Null, daher auch das Drehmoment der Combination [I II].

Im Diagramm sind für 100% bis 50% Schlüpfung des Motors I die Drehmomente [I II] construirt; sie setzen sich zusammen aus $D_I + D_{II} + W$.

Für W, das wie erwähnt, nur sehr geringen Einfluss hat, gilt die Schlüpfung des Motors I (Schlüpfungsmassstab I). W hätte, wie man leicht einsieht, den Einfluss, dass die Motoren [I II] in Cascade geschaltet, nicht bei $\frac{n}{2}$ das Drehmoment D ergeben, sondern erst bei einer um ein weniges grösseren Tourenzahl. N Motoren in Cascade geschaltet, so dass der secundäre Kreis des $1., 2., 3. \ldots (N-1)$ Motors den primären des $2., 3., 4., \ldots N$ten Motors bildet, ergeben $\frac{n}{N}$ als Synchrongeschwindigkeit. Die in allen Motoren fliessenden Stromstärken bestimmen der secundäre Theil des Nten Motors. Die Spannung und damit auch das resultirende Feld am $2., 3., 4., \ldots N$ten Motor ist durch die Spannung am 1. und den Spannungsabfall, hervorgerufen im 1. bezw. 2. etc. Motor durch die durchfliessenden Ströme, bestimmt.

Zur Glühlampenfrage.

Von **Benedetto Luigi Montel**, Ingenieur, Turin.

Lässt man eine Glühlampe dauernd brennen, und misst man Energieverbrauch und Lichtstärke in Zeitabschnitten von 25 oder 50 Stunden, so macht sich im allgemeinen ein Sinken der Leuchtkraft und eine Zunahme des Energieverbrauches in Watt pro Kerze bemerkbar. Selbst wenn eine Glühlampe nach einer gewissen Anzahl von Brennstunden noch brauchbar ist, kann es nichtsdestoweniger vortheilhaft sein, sie durch eine andere Lampe zu ersetzen, da infolge des höheren Wirkungsgrades der letzteren, die Kerzenstunde um einen billigeren Preis producirt und damit eine Ersparnis erzielt werden kann, welche bald den Preis einer neuen Lampe überstcigt. Im allgemeinen soll die Lampe vor Ablauf der von dem Fabrikanten garantirten Brennstundenzahl ausser Betrieb gesetzt werden. Da diese Zahl von der Qualität, dem Preise und dem Energieverbrauche der Lampe, sowie von dem Preise der Hektowattstunde etc. abhängt, kann sie nicht ein für allemal bestimmt werden. Ziehen wir aber eine Lampe in Betracht, deren Preis, Energieverbrauch und Lichtstärke in den verschiedenen Zeitabschnitten durchschnittliche Werthe besitzen, und verschiedene Preise der Hektowattstunde, so können wir die vortheilhafteste Betriebsdauer der Lampen in verschiedenen Fällen durch allgemeine Regeln bestimmen.

Um den Zeitpunkt zu bestimmen, wann eine Glühlampe ausser Betrieb gesetzt werden soll, wende ich die Keenan'sche Methode an; diese ist bekanntlich folgende:

Trägt man (Fig. 1) die Brennstunden als Abscissen und in Zeitmomente die zugehörigen Werthe der Leuchtkraft und des Energieverbrauches der Glühlampe als Ordinaten auf, so ergeben die Endpunkte dieser Ordinaten die Linien AB und A^1B^1. Die Linie AB stellt die Beziehung zwischen Leuchtkraft und Brennstunden dar; die Linie A^1B^1 jene zwischen Energieverbrauch und Brennstunden. Nun mögen senkrechte Linien I. II. III. IV gezogen werden, deren Zahl so gross sein muss, dass der Theil des Linienzuges AB welcher sich zwischen zwei angrenzenden Linien befindet, mit grosser Annäherung durch eine gerade Linie ersetzt werden kann. Der Einfachheit wegen sind nur einige von diesen senkrechten Linien. Fig. 1, gekennzeichnet. Die Strecke P 1 ist dem durchschnittlichen Werthe der Ordinaten des ersten Streifen $OARS$ gleich ($P 1 = m n$, $P2$ dem durchschnittlichen Werth der Ordinaten des zweiten Streifens. $P3$ jenem des dritten gleich u. s. w. Dann ziehe man die geraden Linien $O1$, $O2$, $O3$ . . . und ferner ab parallel zu $O2$, bc parallel zu $O3$ u. s. w. Aus Fig. 1 ergibt sich:

$$OS : Sa = OP : P1 \qquad 1)$$
$$ad : db = OP : P2$$
$$Tb = Td + db = Sa + db = \frac{OS \cdot P1 + ad \cdot P2}{OP} \qquad 2)$$

Aus den Gleichungen 1) und 2) ergibt sich. dass die Ordinaten des Linienzuges $Oabc$ in jedem Zeitmomente der Fläche des Theiles des Diagrammes $OABP$ proportional sind, welcher sich links von der. jenem Zeitpunkte entsprechenden, senkrechten Linie befindet; das heisst von Anzahl von Kerzenstunden, welche die im Betriebe befindliche Lampe bis zu diesem Zeitpunkte geliefert hat. In derselben Weise kann man die Linie $Oxy D$ ziehen, deren Ordinaten in jedem Momente

den Anzahl von Wattstunden. welche die Lampe bis zu diesem Zeitpunkte verbraucht hat, proportional sind, oder bei Anwendung eines anderen Maasstabes, den Kosten der verbrauchten Energie. Zeichnet man nun die Curve EF, deren Ordinaten um die Quantität h (welche bei dem letzten gewählten Maasstab den Preis einer Lampe darstellt) jene der Curve $Oxy D$ übersteigen, so stellen die Ordinaten der Curve EF die Gesammtkosten des erzeugten Lichtes dar.

Dividirt man die Ordinaten der Curve EF durch jene der Curve $Oabc$ und trägt man die Quotienten als Ordinaten und die Brennstunden als Abscissen auf, so erhält man die Curve MLN, deren Ordinaten in jedem Moment die Gesammtkosten der gelieferten Kerzenstunden darstellen. In dem Zeitpunkte. wo die Linie MN ihre niedrigste Ordinate hat, soll man die Lampe ausser Betrieb setzen. da bis zu diesem Augenblicke die Kerzenstunde um den niedrigsten Preis erzeugt worden ist.

In diesen Studien sind die von Randall vorgenommenen Untersuchungen zu Grunde gelegt. In nachstehender Tabelle sind die bei drei verschiedenen

Lampenarten erhaltenen Versuchsergebnisse verzeichnet und zwar 1. bei Lampen mit Cellulosefaden, 2. bei Lampen mit bearbeitetem und 3. mit unbearbeitetem Bambusfaden.*)

Brennst.	0	100	200	300	400	500	600	700
Mittlere	1. 16	15·89	15·86	15·68	15·41	15·17	14·96	14·74
Licht-	2. 16	15·8	15·3	15	14·6	14·2	14	13·7
stärke	3. 16	14·1	12·9	11·8	11	10·4	—	—

Brennst.	0	100	200	300	400	500	600	700
Mittlerer	1. 3·16	3·26	3·13	3·37	3·53	3·51	3·54	3·74
Wattver-	2. 3·2	3·28	3·37	3·45	3·53	3·61	3·67	3·93
brauch pro Kerze	3. 3·2	3·5	3·8	4·08	4·32	4·53	—	—

Nach den Angaben vorstehender Tabelle wurden in der Fig. 2 die Curven I, III, V, welche die Beziehung zwischen Leuchtkraft und Brennstunden. und die Curven II. IV, VI. welche die Beziehung zwischen Energieverbrauch und Brennstunden der drei Lampenarten darstellen, gezeichnet. Für diese drei Lampenarten habe ich die Keenan'sche Methode angewandt, um die Zeitpunkt zu bestimmen, wann die Lampe ausser Betrieb gesetzt werden muss. für drei verschiedene Energiepreise, und zwar 1. 36 kr. pro Kilowattstunde,

ein Durchschnittspreis in Städten mit grossen elektrischen Centralen (in diesem, wie in folgenden Fällen, wurde vorausgesetzt, dass die Lampen nicht von dem Unternehmer, sondern von den Consumenten angeschafft werden); 2. 24 kr. pro Kilowattstunde. ein Preis, den man selten nur in allgemeinen nur in Städten mit hydraulischer Anlage oder bei Anlagen zur Beleuchtung von Werkstätten bei Stromproduction mit Dampfbetrieb findet; 3. 12 kr. pro Kilowattstunde. ohne Zweifel ein Minimalpreis.

Für diese drei Fälle (bei einem Glühlampenpreis von 40 kr.) habe ich die Curven. welche die Beziehung zwischen Brennstunden und Preis der Kerzenstunde darstellen. eingezeichnet. Die Curven $a_1 a_2 a_3$ (Fig. 3) stellen diese Beziehung für die Lampe 1 dar. die $b_1 b_2 b_3$ und $c_1 e_2 c_3$ für die Lampe 2 und 3.

Aus nachstehender Tabelle sind die Stundenzahlen, nach welchen die Lampen ausser Betrieb gesetzt werden sollten, ersichtlich.

*) Siehe „Elektrotechn. Zeitschrift" Jahrgang XIX, Heft 10.

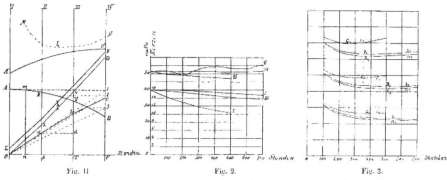

Fig. 1.   Fig. 2.   Fig. 3.

Preis der Kilowattstunde		12 kr.	24 kr.	36 kr.
Lampe 1	ausser	mehr als 700	500	350
„ 2	Betrieb	„ „ 700	500	350
„ 3	nach Stunden	400	350	250

Bei den Lampen 1 und 2 und beim Preise von 12 kr. ist die Stundenzahl grösser als 700, deshalb konnte sie nicht bestimmt werden.

Aus Vorstehendem ergibt sich also: Gute 16kerzige Glühlampen für 110 V und mit einem Verbrauch von circa 50 W, deren Leuchtkraft nach 700 Stunden nur um 10—15% sinkt und deren Energieverbrauch um 10% steigt, können im allgemeinen circa 350 Stunden in Betrieb bleiben; nur wo die Hektowattstunde billig ist, kann man sie mit Vortheil circa 500 Stunden brennen lassen. Wenn die Lampen nicht so gut sind, muss man die Lebensdauer noch weiter abkürzen.

KLEINE MITTHEILUNGEN.

Verschiedenes.

Die elektrische Kraftübertragung in Papierfabriken. In neuerer Zeit beginnt die Papierfabrikation sich der elektrischen Kraftübertragung immer mehr zu bedienen. Letztere hat auch speciell in der Papierfabrikation ein grosses Anwendungsfeld, da die vorhandenen langen Transmissionen einen ausserordentlich grossen Kraftverlust involviren, der bei Anwendung von Motoren an Stelle von Transmissionen vermieden wird. So hat z. B. die grösste unserer Papierfabriken, die „Leykam-Josefsthal-Actiengesellschaft" im vorigen Jahre durch die Firma Ganz & Comp. in ihrer Fabrik in Josefsthal eine 600pferdige Kraftübertragung durch Drehstrom bauen lassen, wo die Kaltenbrunner Wasserkraft elektrisch ausgenützt, und auf 3 km Distanz nach der Fabrik übertragen wird.

Die Anlage functionirt tadellos und gibt auch wirthschaftlich ein sehr günstiges Resultat, indem der bisherige Dampfbetrieb beinahe vollständig entfällt, was bei der theueren Kohle in Krain sehr in die Wagschale fällt. Die Actiengesellschaft „Leykam-Josefsthal" lässt ebenfalls durch Ganz & Comp. jetzt eine noch grössere elektrische Kraftübertragungs-Anlage in ihrer Fabrik Gratwein errichten, wo eine 80pferdige Drehstrom-Dampfdynamo aufgestellt und die elektrische Energie mittelst einer Anzahl Drehstrom - Elektromotoren in der Fabrik vertheilt wird.

Auch die Firma Ignatz Spiro & Söhne in Kronau lässt eben eine Kraftübertragungs-Anlage von ca. 400 PS ebenfalls mit Drehstrom-Betrieb ausführen und ersetzt ihre bisherigen kraftraubenden Seiltriebe durch Elektromotoren. Als Betriebsmaschine dient eine 300pferdige Dampfpulsmaschine, gekuppelt mit einer Ganz'schen Drehstrom-Maschine und eine 100pferdige Laval-Turbine, welche zwei Dynamo antreibt.

Versuch mit elektrischer Gasanzündung in Waggons fahrender Züge. Die Waggons der königl. Ungar. Staatsbahnen ist Mitte November l. J. zum ersten Male auf der Fahrt von Budapest nach Hatvan eine Neuerung in Function getreten, nämlich das Anzünden der Gasflammen in den Coupés während der Fahrt vermittelst der elektrischen Gasfernzündung. In zwei mit dieser Neuerung installirten Schnellzugswaggons erster und zweiter Classe wurde während der Fahrt von einem im Seitengange des Waggons befindlichen Küstchen die Beleuchtung sämmtlicher Coupés zu wiederholtenmalen in Function gesetzt, welches Experiment zur Zufriedenheit der anwesenden Fachleute ausfiel. Dadurch können die mit Gasrenzündung versehenen Wagen, die streckenweise unbesetzt sind, erst dann beleuchtet zu werden, wenn Passagiere einsteigen. Auch bei den Eisenbahnlinien, wo längere Tunnels sind, ist die elektrische Fernzündung von Vortheil, da der Conducteur in allen Waggons von einem Punkte aus den Beleuchtungsapparat augenblicklich in Betrieb setzen und dann wieder abschliessen kann.

Tages-Telegramme, d. s. solche Telegramme, welche in der Nacht — 10 Uhr Nachts bis 6 Uhr Früh — nicht zugestellt werden sollen, haben im deutschen Reichspostgebiete seit 1. December d. J. eine angekündigte Bezeichnung, ähnlich den allgemein giltigen conventionellen Zeichen, erhalten. Diese Bezeichnung: „Tages" hat der Absender des Telegrammes vor der Adresse anzusetzen und wird als Taxwort gezählt.

Die neue, besonders zweckmässige Einführung gilt nicht nur für den internen Verkehr im deutschen Reichspostgebiete, sondern auch für den Verkehr mit den selbstständigen Postgebieten von Bayern und Württemberg.

Jeder, der nur einmal in der Lage war, in der Nacht durch den Telegraphenboten aus tiefstem Schlafe aufgeschreckt zu werden, wird schwerlich wünschen, dass eine Beispiele in Deutschland schnellstens Nachahmung in allen Ländern, zumindest für den internen und internationalen Nachbarverkehr, geschaffen werde.

Kupferstatistik. Nach der Aufstellung der Firma Henry R. Merton & Co. in London betragen die Vorräthe in Frankreich am

	29. Nov. 1898 Tonnen	31. Oct. 1898 Tonnen	29. Nov. 1897 Tonnen
Kupfervorräthe	20.797	20.848	28.591
Schwimmende Zufuhren . .	6.100	4.950	4.500
Zusammen	26.897	25.798	33.091
Preis für Chilibarren Lstr.	56.2·6	54·15	48.

Die Gesammtzufuhren zu den europäischen Häfen betragen im November 20.340 t (October 17.800 t), die Gesammtablieferungen 19.241 t (October 19.585 t).

Ausgeführte und projectirte Anlagen.

Oesterreich-Ungarn.

Oesterreich.

Orlau in österr. Schles. (Elektrische Kraftübertragung in einer Coaksofen-Anlage.) In Orlau wird derzeit von der Firma Gebrüder Gutmann eine Coaksofen-Anlage gebaut, deren maschineller Betrieb ausschliesslich mit elektrischer Kraftübertragung durchgeführt wird. Die Anlage wird 120 Coaksöfen umfassen und kommt anfangs des Jahres 1899 in Betrieb.

Die elektrische Anlage besteht aus einer Generatorenstation von einer Dampfmaschinen, welche mit den Elektro-Generatoren direct gekuppelt sind. Die Dampfmaschinen besitzen eine Leistung von je 200 PS und findet die Vertheilung der elektrischen Energie durch Dreiphasenstrom, und zwar mit einer Betriebsspannung von 330 V statt. Die Generatoren dienen zur Stromversorgung folgender Antriebsmotoren:

1 Elektromotor, 200 PS, zum Betriebe einer Kohlenwäsche, welche

die grösste sein dürfte, die sich derzeit am Continente vorfindet und einer jährlichen Leistungsfähigkeit bis zu 4½ Millionen Metercenter besitzt;

1 Elektromotor von 60 PS zum Betriebe einer Pumpe;
2	„	„	80	„	„	„	der Gasexhaustoren;
1	„	„	50	„	„	„	der Pumpe im Kesselh.;
1	„	„	10	„	„	„	der Werkstätte;
1	„	„	30	„	„	„	einer Coaksausstoss'n.;
1	„	„	30	„	„	„	von Theiltransmissionen;
1	„	„	16	„	„	„	einer Drahtseilbahn;
1	„	„	16	„	„	„	einer normalspurigen

Schiebebühne.

Ausserdem dienen die Generatoren zur Stromversorgung der Beleuchtungs-Anlage, welche aus 24 Bogen- und 300 Glühlampen besteht und zum Betriebe einzelner Arbeitsmaschinen, kleiner Pumpen, Transmissionen etc.

Die Anlage wird von der Firma Ganz & Comp. gebaut, welche im Ostrau-Karwiner Kohlenreviere bereits eine Anzahl bedeutender Kraftübertragungs-Anlagen ausgeführt hat.

Mähr.-Ostrau. (Elektrische Bahn Ostrau-Karwin.) Als Ergänzung unserer diesbezüglichen Mittheilung in H. 42, S. 503 wird man geschrieben: Am 12 v. M. fand die Tracenrevision der von der Firma Ganz & Co m p. projectirten elektrischen Bahn Mähr. - Ostrau - Karwin statt. Die Bahn führt mitten durch das Ostrau - Karwiner Kohlengebiet und wird eine Verbindung zwischen den Kohlenschichten dieses wichtigsten Steinkohlenrevieres Oesterreichs herstellen. Die Bahn nimmt von Polu.-Ostrau (wenige Minuten von dem Centrum Mähr.-Ostraus), berührt Radwanitz, Albrechtsschacht, Peterswald, Brezinaschacht, Orlau, Lazy, Rossitz, Poremba, Dombrau, Heinrichsschacht und endet in N.-Ostrau am Bahnhofe der Kaschau - Oderberger Bahn. Ausser den zahlreichen Kohlenschächten liegen noch verschiedene andere Industrien, wie Brauereien, chemische Fabriken, Coaksöfen etc. an der Bahn. Die Bahn, deren Länge 22 km beträgt, wird von dem Besitze der Firma Ganz & Comp. in Mähr.-Ostrau befindlichen Elektricitätswerke, und zwar direct mittelst Drehstrom, betrieben werden. — Die Tracenrevision, an welcher die Gemeinden, Grossindustrie, die Handelskammer und andere Interessenten zahlreich vertreten waren, warde dieser wichtigen Bahnverbindung das grösste Interesse entgegengebracht und allseitig der Wunsch ausgesprochen, dass die Bahn normalspurig hergestellt werden möge. Die Bahn wird auch einen rascheren Verkehr zwischen Mähr. Ostrau und Teschen ermöglichen, als dies bisher der Fall war.

Prag. Die Abgabe elektrischer Kraft aus der Prager Elektricitäts-Centrale, über die wir im H. 33, S. 393 ausführlich berichtet haben, bildete jüngst den Gegenstand der Berathung im Prager Stadtverordneten-Collegium. Es handelte sich um die Bedingungen, unter welchen die elektrische Kraft an die Privaten abgegeben werden wird. Wir entnehmen der „Bohemia" folgende Preistarife: Zum Messen der vom Abnehmer verbrauchten elektrischen Kraft wird von der elektrischen Centrale ein Elektricitätszähler in die betreffende Leitung eingefügt. Für Jenselben ist folgende Jahresabgabe zu zahlen: Für einen Zähler zu 1 KW 8 fl., bis zu 2 KW 12 fl., bis zu 3 KW 16 fl., bis zu 5 KW 20 fl., bis zu 10 KW 28 fl., bis zu 20 KW 36 fl., bis zu 30 KW 40 fl., bis zu 40 KW 44 fl., bis zu 50 KW 48 fl. Der Abnehmer ist jedoch berechtigt, dass ihm für eigene Rechnung ein Zähler beigestellt wird; in diesem Falle entfällt die Bezahlung der Miethe. — Als Grundlage der Preisberechnung für abgegebene elektrische Kraft wird die Einheit von 1000 Wattstunden = 1 Kilowattstunde angenommen. Der Preis einer Kilowattstunde wird zu Beleuchtungszwecken mit 40 kr. und zu Zwecken des Motor- oder anderen technischen Betriebes, sowie zu Heizungs- und Kochanlagen mit 15 kr. (der Stadtrath hatte 20 kr. beantragt, vom Collegium wurde aber nach längerer Debatte der Preis von 15 kr. beschlossen) präliminirt. Demgemäss soll der Grundpreis für eine Stunde Beleuchtung bei Glühlampen von 10 Kerzen Lichtkraft 1·40 kr. (= 0·35 Hektowattstunde), von 16 Kerzen 2·50 kr. (= 0·55 Hektowattstunde), von 25 Kerzen 3·44 kr. (= 0·86 Hektowattstunde), von 32 Kerzen 4·40 kr. (= 1·10 Hektowattstunde), von 50 Kerzen 6·88 kr. (= 1·72 Hektowattstunde) u. s. w. betragen. Dieser Beleuchtungsgrundpreis wird bis zu einer durchschnittlichen Beleuchtungsdauer von 500 Stunden berechnet. Von da an wird dem Consumenten eine jede Kilowattstunde mit 30 kr. berechnet. Bei der Benützung der elektrischen Kraft zu Motor- und technischen Zwecken bleibt der Grundpreis von 15 kr. für jede Kilowattstunde in Geltung. Ausserdem werden dem noch weitere Abzüge zu Gunsten der Abnehmer gewährt, falls sie mehr als 500 fl. jährlich an elektrischer Kraft verbrauchen. Es werden abgegeben: Ueber 500 fl. bis 1000 fl. 2%, bis 1500 fl. 3%, bis 2000 fl. 4%, bis 2500 fl. 5%, bis 5000 fl. 7%, bis 10.000 fl. 10%, über 10.000 fl. nach besonderer Vereinbarung.

Deutschland.

Arnsberg. (Elektrische Strassenbahn.) Die Allgemeine Local- und Strassenbahn-Gesellschaft in Berlin hat um die Genehmigung zur Vornahme von Vorarbeiten für eine Strassenbahn von Aplerbeck über Sölde, Holzwickede nach Unna nachgesucht.

Bremen. (Elektrische Bahn Bremen-Blumenthal.) Der Minister der öffentlichen Arbeiten hat unterm 3. v. M. der Continentalen Eisenbahnbau- und Betriebs-Anstalt in Berlin, vormals Hiedemann & Co., die Concession für Bau und Betrieb einer elektrischen Strassenbahn Bremen-Blumenthal, soweit preussisches Gebiet in Frage kommt, im Principe ertheilt.

Dortmund. Die Westphälische Elektricitäts-Gesellschaft wird in Dortmund, Andreasstrasse, eine elektrische Centrale errichten.

Hirschberg i. Schl. (Hirschberger Thalbahn.) Die Stadt ertheilte der Elektricitäts-Gesellschaft Lahmeyer in Frankfurt a. M. die Concession zur Errichtung des elektrischen Betriebes der Hirschberger Thalbahn.

Russland.

Petersburg. (Elektrische Bahn zwischen St. Petersburg und Toksowo.) Im Departement der russischen Eisenbahn-Angelegenheiten wurde am 11. v. M. in einer Sitzung der Commission für neue Eisenbahnen das Project einer elektrischen Eisenbahnlinie durchgesehen, die 25 Werst Länge haben und St. Petersburg mit Toksowo verbinden wird.

Literatur-Bericht.

Istruzioni pratiche di servizio sulla Telefonia intercomunale von J. Brunelli, Post- und Telegraphen-Inspector. Herausgegeben vom königl. italienischen Post- und Telegraphen-Ministerium in Rom, Juli 1898.

Dieses in italienischer Sprache erschienene „Handbuch für den ansäuenden Dienst im interurbanen Telephonverkehr" ist nach dem Vorworte des Verfassers bestimmt, die italienischen Telegraphenbeamten in den neuen

Dienst einzuführen; die interurbanen Linien werden in Italien, abweichend von anderen Ländern, „intercomunale" benannt. Dieser Bestimmung entsprechend hat der Verfasser das Buch in vier Hauptabschnitte getheilt; im ersten werden die technischen Einrichtungen, im zweiten der Gebrauch der Apparate, im dritten ihre Abwickelung des „intercomunalen" Dienstes im Verkehre mit dem Publicum und im vierten die Rechnungslegung behandelt.

Im ersten und umfangreichsten Theile erleichtern mehrere kleine und grössere vorzüglich gezeichnete Schema und Abbildungen der kurz und leicht fasslich beschriebenen Schaltungen und Apparate das Verständnis für das Princip und die weiter ausgebildete Telephonie.

Der Verfasser erläutert in mehreren Beispielen das Zusammenwirken der einzelnen Haupt- und Zusatzapparate im intercomunalen Dienste und zeigt schliesslich in einer gedrängten Recapitulation die verschiedenen Handgriffe an, welche von den Beamten beim Umschalter zur Verbindung, bezw. Einleitung eines intercomunalen Gespräches auszuführen sind, u. zw. für 7 verschiedene Fälle; die in Italien in Benützung genommenen Klappenschränke mit den Klinken, Stöpseln, Ruftasten, Rufund Schlussklappen etc., besitzen keine besonderen Eigenthümlichkeiten, doch ist zu erwähnen, dass im intercomunalen Linienstromkreise, eine Ruftaste eingeschaltet ist, durch welche erst die Aufrufklappe für die betreffende Linie bethätigt wird, während die zweite Rufklappe für die Telephoncentrale directe an der Leitung angeschlossen ist.

Der Translator ist derart construirt, dass sowohl das Relais als auch die Rufklappe vom Linienstrome vollständig ausgeschlossen und eine zweite Batterie — ausser der Localbatterie für das Relais — bestimmig geschlossen ist, wodurch die grösste Empfindlichkeit des Relais erzielt werden soll.

Passirt der Rufstrom von einer Linie die primären Windungen des Translators so wird der Localstromkreis des Relais geschlossen, zugleich der constant geschlossene Strom der zweiten Batterie unterbrochen und dadurch das Fallen der Rufklappe bewirkt.

Der zweite Theil ist derart behandelt, dass sowohl die Beamten als auch das telephonirende Publicum die nothwendige Belehrung über den Gebrauch der Telephone und Mikrophone daraus ziehen können.

Aus dem dritten Theile erfahren wir, dass in Italien gegenwärtig nur 2 staatliche und 7 private concessionirte „intercomunale" Telephonlinien bestehen und für je 3 Minuten Gesprächsdauer auf den 2 staatlichen Linien (Turin—Novara und Mailand—Bergamo) bis 50 km Entfernung 1/4 Lire (20 kr.), über 50 km 1 Lire (40 kr.), für dringende Gespräche das Dreifache, eingehoben wird.

Bei 5 privaten Linien (Mailand—Legnano, Mailand—Novara, Mailand—Como, Mailand—Lecco und Turin—Pinerolo) sind für 3 Minuten, und bei 2 privaten (Mailand—Monza und Venedig—Treviso) für 5 Minuten 1/4 Lire zu zahlen.

Betreff der Rückzahlung der angemeldeten Gespräche, eventueller Rückzahlung der Taxen, Telephonavisi und sonstigen allgemeinen Bestimmungen ist die in den meisten anderen Ländern geltende auch in Italien zur Einführung gekommen.

Der vierte Theil wird schliesslich an einigen Beispielen die sehr einfache Rechnungslegung erläutert; so ist daraus zu ersehen, dass z. B. bei einer Verbindung von Turin mit Bergamo, weil drei verschiedene Linien (Turin—Novara, Novara—Mailand und Mailand—Bergamo) an einer zu verbinden sind, die für jede dieser drei Linien geltende Taxe von 1 bezw. 1/2 Lire zu berechnen ist, somit das einfache Gespräch für 3 Minuten Dauer 2 Lire kostet.

Das Buch wird sicherlich dem bestimmten Zweck vollauf erfüllen und kann allen mit der italienischen Sprache Vertrauten, welche sich für die Einrichtungen im italienischen Telephonwesen besonders interessiren zur diesbezüglichen Informirung bestens empfohlen werden. *H.*

Kalender für Elektrochemiker, sowie technische Chemiker und Physiker, für das Jahr 1899. III. Jahrgang. Von Dr. A. Neuburger. Mit einer Beilage Berlin W. 35. Fischer's technologischer Verlag M. Krayn. Preis: 5 Mark.

Die Veränderungen, welche die vorliegende dritte Auflage gegen die frühere aufweist, bestehen in einer zweckmässigen Erweiterung der schon vorhandenen Abschnitte und in der Aufnahme neuer Tabellen.

Der Inhalt ist in folgende nun Hauptabschnitte eingetheilt: I. Elektrotechnik. II. Chemie. III. Elektrochemie. IV. Mathematik. V. Physik. VI. Technische Mechanik und Maschinen. VII. Brennmaterialien, Feuerung und Wärmeleitung. VIII. Gesetze und Verordnungen. IX. Gemeinnütziges.

618

Von diesen Kapiteln sind naturgemäß diejenigen, welche sich auf die Elektrochemie beziehen, am eingehendsten behandelt; trotzdem bieten aber die anderen Abschnitte doch so Vieles, dass der Kalender auch den Elektrotechnikern im allgemeinen sehr willkommen sein wird. — rn —

Patentnachrichten.

Mitgetheilt vom Ingenieur Victor Monath,
WIEN, I. Jasomirgottstrasse Nr. 4.

Deutsche Patentanmeldungen.*)

73. S. 11.243. Auslösevorrichtung für Läutewerke. — Siemens & Halske, Action-Gesellschaft, Berlin. 23./3. 1898.
20. B. 21.891. Contactschah für elektrische Bahnen mit unterirdischer Stromzuführung. — Budapester Strassenbahn, Actien-Gesellschaft, Budapest. 31./12. 1897.
„ D. 8953. Ausschaltrelais für elektrische Bahnen mit Theilleiterbetrieb. — Raoul Dembusse, Brüssel. 16./4. 1898.
21. B. 20.417. Ein Accumulator. — Oscar Behrond, Frankfurt a. M. 4./3. 1897.
„ E. 5413. Gesprächszähler. — Heinrich Eichwede, Berlin. 14./6. 1897.
„ S. 10.390. Zweischnur-Vielfachschaltanordnung. — Siemens & Halske, Actien-Gesellschaft, Berlin. 20. 5. 1897.
S. 10.576. Schaltung einer Anzeigevorrichtung für das Besetztsein von Amtsverbindungsleitungen. — Siemens & Halske, Actien-Gesellschaft, Berlin. 2./8. 1897.
20. A. 5591. Fahrdrahtisolator für elektrische Bahnen. — Actien-Gesellschaft Elektricitätswerke (vormals O. L. Kummer & Co.), Niedersedlitz b. Dresden. 25./1. 1898.
21. F. 10.968. Glühlampenfassung. — Firma R. Frister, Inhaber Engel & Heegewaldt, Berlin. 20./6. 1898.
„ H. 19.849. Schutzwände mit Gasabzugsschloten für Sammler-Elektroden. — Oscar Helmes, Hildesheim. 27./1. 1897.
„ K. 16.117. Aufzugvorrichtung für Bogenlampen. — E. v. Koeppen & Cie., Köln-Ehrenfeld. 29. 1. 1898.
„ S. 10.836. Schaltungsanordnung zum Verkehr zwischen zwei Fernsprechämtern. — Siemens & Halske, Actien-Gesellschaft, Berlin. 13./11. 1897.
42. F. 11.150. Röntgenröhre mit besonderer Einrichtung zur Regulirung des Vacuums. — Fabrik elektrischer Apparate von Max Levy, Berlin. 31./8. 1898.
65. R. 11.737. Vorrichtung zum Steuern von Maschinen aus der Ferne durch Anwendung von Elektromagneten. — Emile Raverot und Pierre Kelly, Paris. 24./12. 1897.
83. A. 5380. Elektrisches Schlagwerk für Uhren. — Carolus Arnold, Hamburg. 28./8. 1897.
20. E. 4717. Elektrische Bahn mit Theilleiterbetrieb unter selbstthätiger Ausschaltung der Theilleiter an den Arbeitsleiter auf elektro-magnetischem Wege. — Fr. C. Esmond, Brooklyn. 17./12. 1895.
„ M. 14.832. Einrichtung zur unterirdischen Stromzuführung für elektrische Bahnen. — J. H. Munson, Chicago. 4./1. 1898.
21. T. 7520. Verfahren zur Herstellung von Kohlen für elektrische Zwecke. — Chemische Thermo-Industrie, G. m. b. H., Berlin. 4. F. 30. 4. 1898.
„ P. 10.089. Wechselstromerzeuger mit feststehenden Wickelungen. — Franz Pichler, Weiz b. Graz, Steiermark. 26./9. 1898.
26. T. 5591. Gasbahn mit Stromschliesser für elektrische Fernzünder. — Alexander Tetzner, Teplitz, Böhm. 18./10. 1897.
46. K. 16.451. Elektrische Zündvorrichtung für zweicylindrige Explosionskraftmaschinen. — Ernst Kühlstein und Josef Vulmer, Berlin-Charlottenburg. 7./4. 1898.
63. S. 11.060. Lenkvorrichtung für elektrisch betriebene Strassenfahrzeuge. — Wilhelm Siebert, Zehdenick a. H. 31./1. 1898.
20. H. 19.855. Stromabnehmerbügel mit am Kabel sich abwälzenden Rollen. — Carl Hahlweg, Berlin. 26./1. 1898.
21. E. 6070. Elektrischer Widerstand auf aufgerolltem Blechschreiben. — Elektricitäts-Action-Gesellschaft, vormals Schuckert & Co., Nürnberg. 1./9. 1898.
„ B. 20.008. Einrichtung zur Angabe der Zeitdauer und Anzahl von Ferngesprächen. — Ernst Haehler, Gross-Schönau, Böhm. und W. A. Knobloch, Zittau i. S. 25./2. 1898.

*) Die Anmeldungen bleiben acht Wochen zur Einsichtnahme öffentlich aufgelegt. Nach § 24 des Patent-Gesetzes kann innerhalb dieser Zeit Einspruch gegen die Anmeldung wegen Mangel der Neuheit oder widerrechtlicher Entnahme erhoben werden. Das obige Bureau besorgt Abschriften der Anmeldungen und übernimmt die Vertretung in allen Einspruch-Angelegenheiten.

Classe

21. St. 5599. Ladungsmelder für Sammelbatterien. — Dr. Ludwig Strasser, Hagen i. W. 30./7. 1898.
42. K. 15.081. Flüssigkeitsverkäufer mit Messgefäss und elektromagnetisch bewirkter Ventilbewegung. — Richard Kam, Jena. 6./4. 1897.
21. A. 5899. Einrichtung zur Verhütung des Ueberladens oder zu tiefen Entladens von Sammlerbatterien. — Accumulatoren-Fabrik, Actien-Gesellschaft, Berlin. 15./7. 1898.
„ A. 5910. Isolationsprüfer für Wechselstrom. — Allgemeine Elektricitäts-Gesellschaft, Berlin. 21./7. 1898.
„ P. 9055. Regelungswiderstand mit fortlaufenden, zwischen den Stromschlussplatten gewickelten Widerstandsdraht. — Oscar Henry Pieper und A. F. Pieper, Rochester, V. S. A. 20./7. 1897.
„ R. 12.349. Verfahren zur Aenderung der Drehungsrichtung und Polzahl mehrphasiger Wechselstrom-Motoren mit verketteter Schaltung. — Wilhelm Ritter, Dresden. 1./6. 1898.
„ W. 13.591. Einrichtung zur gleichzeitigen (absatzweisen) Uebermittelung von Nachrichten nach entgegengesetzten Richtungen vermittelst einer einzigen Leitung. — Joh. Friedr. Wallmann & Co., Berlin und Dr. L. Corehotani, München. 7./1. 1898.
42. B. 21.836. Selbstverkäufer für elektrischen Strom. — William Frank, Browne, New-York. 20./12. 1897.

Deutsche Patentertheilungen.

20. 100.508. Durch den Zug zu steuernde Eisenbahnsignalsicherung. — Siemens & Halske, Action-Gesellschaft. Berlin. 25./2. 1898.
„ 100.583. Vorrichtung zur Bedienung der Schaltwalle und der Bremswelle elektrischer Motorwagen. — A. Grossmann, New-Orleans. 7./12. 1897.
21. 100.510. Elektrisches Empfangsinstrument. — Electric Selector & Signal Company, New-York. 1./9. 1896.
„ 100.512. Kohlenwalzen-Mikrophon mit Papierdämpfung. — C. Winterstein, Frankfurt a. M. 28./8. 1897.
„ 100.513. Regulirungsvorrichtung für Bogenlampen. — D. Lacko, Paris. 21./10. 1897.
„ 100.554. Galvanisches Element mit inneren Flüssigkeitsvorrath; 4. Zus. z. Pat. 88.613. — C. König, Berlin. 10./3. 1898.
„ 100.587. Einrichtung zur Beseitigung des remanenten Magnetismus in den Elektromagneten von Morse-Schreibern, Relais u. dgl. — F. Sohl und M. Hiller, Homberg. 2./3. 1897.
„ 100.588. Ruhestrom-Schaltung zum Telegraphiren mit Hilfe elektrischer Wellen unter Benützung einer Frittröhre. — Dr. P. Spies, Charlottenburg. 22./9. 1897.
„ 100.589. Glühlampe mit metallener Verschlusskappe. — A. Wierre, Paris. 27./10. 1897.
„ 100.590. Elektrischer Ausschalter mit Nürnberger Scheere. — Voigt & Haeffner, Frankfurt a. M. - Beckenheim. 8./2. 1898.
48. 100.619. Elektroplattir-Apparat. — J. E. Hartley und H. R. Hartley, Birmingham. 7./1. 1898.
75. 100.560. Elektrolyse von Chloralkalien mittelst Quecksilberkathode. — Solvay & Cie., Brüssel. 19./3. 1898.

Geschäftliche und finanzielle Nachrichten.

Wiener Tramway-Gesellschaft. In dem Vortrage der zwischen der Commune Wien und der Firma Siemens & Halske, betreffend die Umwandlung des Tramwaynetzes in Strassenbahnen mit elektrischem Betriebe, ausgestellt wurde, ist die Bedingung enthalten, dass die Wiener Tramway-Gesellschaft rechtsgiltig den Beschluss fasst in Liquidation zu treten.*) Die Generalversammlung dieser Gesellschaft, welche hierüber zu entscheiden hatte, fand am 1. d. M. statt und sind die Anträge des Verwaltungsrathes mit wenigen unwesentlichen Modificationen, die die Verwaltung selbst in Vorschlag brachte, angenommen worden. Der Verlauf der Versammlung hat dazu beigetragen, das Verhältnis der Tramway zur neuen Gesellschaft einerseits und das Verhältnis der letzteren zu der Firma Siemens & Halske andererseits klarzulegen. Nach diesen Darlegungen kann sich kein Actionär über die Tramway geschädigt fühlen.

In der modificirten Fassung lauten diese Anträge des Verwaltungsrathes im Wesentlichen wie folgt:

I. Für den Fall, als
a) die Gemeinde Wien die in dem am 4. und 8. November cr. beschlossenen Vertrage bezeichnete Concession für

*) Wir haben in H. 44, S. 623 ausführlich hierüber berichtet. D. R.

ein einheitliches Netz von elektrischen Strassenbahnen in Wien erwirbt, unter Inanspruchnahme des in die Concessions-Urkunde aufzunehmenden Rechtes, dass der Betrieb dieser Bahnlinien zunächst an die von der Firma Siemens & Halske zu errichtende Bau- und Betriebs-Gesellschaft für städtische Strassenbahnen in Wien übertragen werden darf, überdies für den Fall, dass

b) die Firma Siemens & Halske die staatliche Genehmigung dieser Bau- und Betriebs-Gesellschaft als Actien-Gesellschaft erwirbt,

wird der Verwaltungsrath ermächtigt:

1. Namens der Wiener Tramway-Gesellschaft auf die sämmtlichen ihr ertheilten, bis 1925, bezw. 1932 und 1934 laufenden Bahnconcessionen von dem Zeitpunkte ab, in welchem die unter a) erwähnte Concession und die unter b) erwähnte staatliche Genehmigung ertheilt sein werden, keinesfalls aber früher als vom 1. Jänner 1899 ab, rechtsgiltig zu verzichten, bezw. diese sämmtlichen der Wiener Tramway-Gesellschaft ertheilten Bahnconcessionen an die Gemeinde Wien behufs Einbeziehung der betreffenden Bahnlinien in die Concession für ein einheitliches Netz von elektrischen Strassenbahnen im Wiener Gemeindegebiete zu übertragen;

2. Namens der Wiener Tramway-Gesellschaft die Zustimmung zur Aufhebung aller mit der Gemeinde Wien oder den ehemaligen Vorortegemeinden geschlossenen Strassenbenutzungs-Verträge von dem vorstehend unter 1. bezeichneten Zeitpunkte ab zu ertheilen;

3. der Gemeinde Wien mit dem gleichen Zeitpunkte Namens der Wiener Tramway-Gesellschaft ihre sämmtlichen Bahngeleise der offenen Strecken nebst den ihr gehörigen Grundtheilen, auf welchen solche Geleise liegen, und mit allen bezüglichen Rechten und Pflichten zu übergeben;

4. Namens der Wiener Tramway-Gesellschaft für die Verzichte und Verpflichtungen gemäss der Punkte 1—3 keinerlei Entgelt von der Gemeinde Wien zu beanspruchen;

5. die Unternehmungen der Wiener Tramway-Gesellschaft mit Activen und Passiven an die nach Punkt b) zu bildende Actien-Gesellschaft mit Wirkung vom 1. Jänner 1899 zu übertragen;

alles dies jedoch nur unter der Bedingung, dass als Entgelt den Besitzern der im Umlaufe befindlichen unverlosten Actien- und Genussscheine der Wiener Tramway-Gesellschaft folgende Gegenleistungen kostenfrei gesichert werden, u. zw.:

A. Aus dem Rechnungsabschlusse für das Jahr 1898 gemäss Beschlusse der im Jahre 1899 abzuhaltenden ordentlichen Generalversammlung den Besitzern der noch unverlosten Actien die sich ergebende Gesammt-Restdividende, den Besitzern von Genussscheinen die auf Grund eben dieses Generalversammlungs-Beschlusses sich ergebende Superdividende.

B. Als Liquidationsergebnis für jede noch unverloste Actie zunächst das noch nicht zurückgezahlte Actiencapital mit je 200 fl. ö. W. baar und überdies für jede Actie, bezw. für jeden Genussschein weitere 200 fl. ö. W. baar.

C. Für jede noch unverloste Actie gegen Abtretung der noch unverlosten Actie ohne Coupon pro 1898 das Recht, Actien der mit einem Actiencapitale von 25,000.000 fl. zu errichtenden Bau- und Betriebs-Gesellschaft für städtische Strassenbahnen in Wien von dem für die Actienübernahme zu bildenden Syndicate zu beziehen, u. zw.:

a) 150 fl., Nennwerth in Actien Lit. A;
b) 150 fl., Nennwerth in Actien Lit. B;

für jeden im Umlaufe befindlichen oder etwa noch auszugebenden Genussschein das gleiche Recht zu gleichen Bedingungen gegen Zuzahlung von 200 fl. baar pro 50% Actien ab 1. Jänner 1899.

II. Die Wiener Tramway-Gesellschaft wird aufgelöst und tritt in Liquidation, vorbehaltlich der staatlichen Genehmigung. Die Liquidationskosten sind von der durch die Firma Siemens & Halske zu errichtenden Bau- und Betriebs-Gesellschaft zu bestreiten.

Oesterreichische Schuckertwerke. Die Verhandlungen zwischen der Länderbank und zwischen den Oesterreichischen Schuckert-Werken dürften nach dem „Berl. Börs.-C." bereits in der nächsten Zeit zum Abschlusse gelangen. Die Vereinbarung betrifft die Betheiligung der Länderbank an zwei Unternehmungen; den Oesterreichischen Schuckert-Werken und der Actien-Gesellschaft der elektrischen Wiener Localbahnen. Das Capital der erstgenannten Gesellschaft betrug ursprünglich zwei Millionen Gulden und wurde durch einen vor Kurzem gefassten Generalversammlungs-Beschluss auf vier Millionen Gulden erhöht. Die erste Emission von zwei Millionen Gulden ist bereits vollständig eingezahlt, während für die zweite Emission im Laufe des nächsten Monates eine Quote von etwa 60% zur Einzahlung ausgeschrieben werden wird. In das Syndicat für diese Emission tritt nun die Oester-

reichische Länderbank ein, die infolge des Ausscheidens des A. Schaaffhausen'schen Bankvereins aus der Schuckert-Gruppe den Antheil übernimmt, welcher diesem Institut an den neuen Actien zugedacht war. Für die Actien der Wiener Localbahnen besteht seit dem vorigen Jahre ein Consortium, welches einerseits aus den Schuckert-Werken und den Continentalen Gesellschaft für elektrische Unternehmungen, andererseits aus der Oesterreichischen Eisenbahn-Verkehrs-Anstalt gebildet wurde. In dieses Consortium tritt nun die Länderbank an der gleichen Stelle Betheiligung, welche die Eisenbahn-Verkehrs-Anstalt besitzt, ein. Das Actiencapital der Wiener Localbahnen setzt sich aus 1·1 Millionen Gulden vierprocentiger Prioritäts-Obligationen zusammen. Für den Bau der elektrischen Bahn nach Baden hat die Regierung die Emission von vierprocentigen Prioritätsactien im Gesammtbetrage von 4·9 Millionen Gulden gestattet, welche zum Course von minimal 80·5% begeben werden sollen. Die Gesellschaft hat endlich die bestehende elektrische Bahn Baden—Vöslau, deren Actiencapital 1·1 Millionen Gulden beträgt, erworben. Das genannte Consortium besitzt nun einen Theil der Stammactien und wird die auszugebenden neuen Prioritätsactien übernehmen. Die elektrische Bahn von Guntramsdorf nach Baden ist im Baue und soll im nächsten Jahre dem Betriebe übergeben werden. Wir haben über diese Linie ausführlich im H. 48, S. 573 bereits berichtet.

Allgemeine Elektricitäts-Gesellschaft. Am 3. December l. J. fand die Generalversammlung dieser Gesellschaft statt. Wir entnehmen dem (16.) Geschäftsberichte, betreffend das Geschäftsjahr vom 1. Juli 1897 bis 30. Juni 1898, Nachstehendes:

Auch im verflossenen, 15. Geschäftsjahre entwickelte sich das Unternehmen in erfreulicher Weise und konnte infolge der erhöhten Leistung ihrer Fabriken ein umfasst grösserer Betrag von Lieferungen als im Vorjahre abgerechnet werden. Ungeachtet dessen übernahm die Gesellschaft einen Bestand von Aufträgen in das neue Jahr, welcher an Werth den vorliegenden Arbeiten in der Parallelperiode des verflossenen Jahres überragt, im Hinblicke hierauf erscheinen auch die weiteren Aussichten günstig, zumal die Nachfrage nach ihren Fabrikaten sich in aufsteigender Richtung bewegt.

Unter Aufrechterhaltung reichlicher Abschreibungen wird die Vertheilung einer Dividende von 15% in Vorschlag gebracht; an derselben participiren ausser dem Capitale von 25 Millionen Mark die im März 1897 emittirten 10 Millionen Mark Actien mit der halben Dividende. Gleichzeitig wurde beantragt, unter Bezug auf § 33 des Statuts das Rückstellungs-Conto wieder mit 1,000.000 Mk. zu dotiren.

Die in der ordentlichen Generalversammlung vom 6. December 1897 beschlossene Erhöhung des Grundcapitals um Nom. 14 Millionen Mark zur Erwerbung von Actien der Bank für elektrische Unternehmungen in Zürich wurde durchgeführt.

Die Angliederung einer Trust-Gesellschaft war vorhanden, und das der Gesellschaft nahestehende Institut in Zürich wegen der in Angriff genommenen internationalen Geschäfte hierfür vorzüglich geeignet.

Die unter Mitwirkung der Bank finanzirten Elektricitätswerke und Bahnen in Genua, Barcelona, Bilbao, Buenos-Aires und Santiago befinden sich meist noch in den Stadien der Entwickelung.

Die Thätigkeit der gesellschaftlichen Fabriken hat sich beträchtlich erhöht, und die Zahl der von mehr als 12.000 in dem Unternehmen beschäftigten Personen fiel über bei weiter grössere Theil auf ein. Das Kabelwerk Oberspree, dessen Bau im letzten Berichte erwähnt wurde, konnte noch gegen Ende des vergangenen Jahres den Betrieb in vollem Umfange aufnehmen. Schon im Verlauf von wenigen Monaten steigerte sich indessen der Absatz aller Erzeugnisse in solchem Maasse, dass die Werkstätte weder für die alten Fabrikationszweige, noch für die neu hinzugekommenen Betriebe der Bleikabelfabrik und das Kupferwerk genügend Raum boten, weshalb eine Vergrösserung der Anlagen stattfand und die gesammte notzbare Fläche der Werkstätten auf 50.000 m² vermehrt wurde. Das Kabelwerk bezieht die gesammte zum Betrieb der Arbeitsmaschinen erforderliche Elektricität — ungefähr 1500 PS — von dem benachbarten Elektricitätswerk Oberspree.

Als Maassstab für die Ausdehnung des Betriebes sei erwähnt, dass der Bedarf an Kupfer während der kurzen Arbeitsperiode im Berichtsjahre 4000 t betrug. An Rohgummi wurden 200 t verarbeitet. Die Zahl der in diesem Werke Beschäftigten stieg während der letzten Jahre von 550 auf 1800.

Die Glühlampenfabrik hat gegen 900.000 Lampen mehr als im Vorjahre abgeliefert, eine Zunahme, die diejenige früherer Jahre übertrifft. Im Laboratorium beschäftigt sich das Unternehmen seit Mitte März mit der Erfindung des Professor Dr. Nernst in Göttingen.

Die Hauptschwierigkeiten, die der Uebertragung der Erfindung in die Praxis anfänglich entgegenstanden, und welche einerseits die Anregung der im kalten Zustande isolirenden Glühkörper, andererseits die Erzielung genügender Haltbarkeit und Constanz der Glühkörper hat, können jetzt als bis zum gewissen Grade überwunden angesehen werden. Der Nutzeffect der Lampen ist zur Zeit etwa derjenige kleinerer Bogenlampen, also erheblich besser, als derjenige der bisherigen Glühlampen. Es steht zu hoffen, dass sich der Nutzeffect noch merklich steigern wird und dass sich Glühkörper bis zu fast beliebigen Kerzenstärken werden herstellen lassen. In der Bequemlichkeit der Handhabung sind die neuen Lampen den Bogenlampen offenbar überlegen, stehen aber darin den gewöhnlichen Glühlampen vor der Hand noch erheblich nach. Die Gesellschaft glaubt nicht, dass die neue Lampe die bisherigen Systeme elektrischer Beleuchtung verdrängen wird, vielmehr scheint ihr sicher, dass sie neben jenen ihr Anwendungsgebiet sich erobern wird.

Für die Pflege des Installations-Geschäftes wurden in weiteren zehn Städten Abtheilungen, bezw. Ingenieur-Bureaux errichtet; im Interesse des Verkaufsgeschäftes in Oesterreich hat sich die Gesellschaft bei einer bestehenden Firma (J o r d a n & T r e i e r, Wien) commanditistisch betheiligt.

Der Bau und die Einrichtung elektrischer Bahnen hat auch im verflossenen Geschäftsjahr befriedigenden Fortgang genommen. Der elektrische Betrieb beschränkt sich nicht mehr auf die dem städtischen Verkehr dienenden Strassenbahnen, sondern erstreckt sich auch den Vorortsverkehr; insbesondere eröffnet der Verkehr von Ort zu Ort in den Industriebezirken der Elektrotechnik ein neues Feld erspriesslicher Thätigkeit. Der elektrische Betrieb auf Anschluss- und Rangirgeleisen allgegenwärtiger Bezirke der Bahnhöfe kommt mehr und mehr in Aufnahme und wurde deshalb der Bau elektrischer Locomotiven für Vollbahnen als neuer Fabrikationszweig aufgenommen.

Ende Juni des laufenden Jahres befanden sich 55 Strassenbahnen unter dem System der Allgemeinen Elektricitäts-Gesellschaft theils im Bau, theils in Betrieb. Die Geleislänge ist von 760 km auf 1095 km, die Motorwagenzahl von 1273 auf 1951 gestiegen. Die Erweiterungs-Anlagen der Stadtbahn H a l l e sind fertiggestellt.

Ausgerechnet wurden der Bau der elektrischen Strassenbahn in E i s e n a c h, die zur letzten Bauperiode gehörigen Bauten der N ü r n b e r g – F ü r t h e r Strassenbahn, Erweiterungsanlagen der Leipziger elektrischen Strassenbahn, jener in H e i l b r o n n, C h e m n i t z, K ö n i g s b e r g und B r o m b e r g, zwei Vorortstrecken in S t r a s s b u r g, der Bau der Stadtbahn und der Vorortbahn B r a u n s c h w e i g – W o l f e n b ü t t e l der Strassenbahnen-Gesellschaft in B r a u n s c h w e i g, der Umbau der Strassenbahn D u i s b u r g, Erweiterungsstrecken in D o r t m u n d und Umgegend, die ersten Anlagen für Inbetriebnahme des elektrischen Betriebes auf der Tramlahn in S e v i l l a, nebst zahlreichen Wagen- und Motorenlieferungen für Breslau, Danzig, Kiel, Bilbao und Christiania. Die in gesellschaftlichem Besitz befindlichen Unternehmungen: Strassenbahn und Elektricitätswerk F r a n k f u r t a. O. und Strassenbahn G ö r l i t z sind fertiggestellt. Im Baue befinden sich die Strassenbahnen im Saarthal, die H ö r d e r Kreisbahnen, Strassenbahnen in J a s s y, L ó d z, S a n t i a g o d e C h i l e, B u e n o s A i r e s, B a r c e l o n a und G e n u a, weitere Vorortslinien in Strassburg und neue Erweiterungen in B r a u n s c h w e i g, D o r t m u n d, S t e t t i n und L e i p z i g.

Im abgelaufenen Jahre sind 15 Elektricitätswerke mit ca. 11.600 KW Leistung fertiggestellt, und 28 Werke mit 44.000 KW Leistung befinden sich im Baue.

Um kleineren Ortschaften mit industrieller Bevölkerung die elektrische Beleuchtung und Kraftübertragung zugänglig zu machen, hat die Gesellschaft ihr Augenmerk mehrfach auf den Bau sogenannter „U e b e r l a n d c e n t r a l e n" gerichtet, von einer passend gewählten, gemeinsamen Kraftquelle eine grössere oder geringere Zahl von Gemeinden mit elektrischer Energie versorgen. Anlagen dieser Art wurden in dem Bitterfelder Bezirk, in der Niederbayrischen, im Rheingau, im oberen und mittleren Brenzthal und in Sachsen gebaut.

Der unter gesellschaftlicher Verwaltung stehenden Elektricitäts-Lieferungs-Gesellschaft, die an zwanzig Elektricitätswerke bereits besitzt und betreibt, wurden zahlreiche neue Anlagen zugeführt.

Die Elektrochemischen Werke in Bitterfeld haben den Rheinfelder Zweiggesellschaft in Betrieb gesetzt. Gleichzeitig wurde die nach ihrem Verfahren in Polen er-

richtete Fabrik eröffnet. Beide Werke arbeiten zufriedenstellend. In Frankreich erwarb die C i e. G é n é r a l e d'E l e k t r o c h i m i e das Verfahren gegen Ueberlassung einer entsprechenden Zahl von liberirten Action; die Gesellschaft wird von den ihr gehörigen, mächtigen Wasserfällen in Savoyen zunächst 3000 PS für die Gewinnung von Chlor, kaustischer Soda und Carbid verwenden. Zwei weitere Unternehmungen für die Herstellung von Calciumcarbid in Norwegen und Oesterreich werden gleichfalls von den Elektrochemischen Werken eingerichtet.

Zu Beginn des laufenden Geschäftsjahres wurde eine enge Vereinigung der Elektrochemischen Werke in Bitterfeld und Rheinfelden mit der Chemischen Fabrik „Elektron" in Frankfurt-M. vereinbart, die demnächst den Generalversammlungen der beiden genannten Gesellschaften unterbreitet werden soll.

Der Ausbau der K r a f t ü b e r t r a g u n g s w e r k e R h e i n f e l d e n schreitet der Vollendung entgegen, doch hat der niedrige Wasserstand des Rheins bisher nur die theilweise Inbetriebsetzung der bis jetzt fertiggestellten Anlagen gestattet. Die erzeugte Elektricität findet, soweit sie in den grossen Elektro-chemischen bezw. Metallurgischen Werken, denen sich neuerdings ein drittes hinzugesellt hat, nicht beansprucht wird, für Kraft und Licht in sich stetig vermehrendem Umfange Absatz.

Nachdem die Gesellschaft für den Bau von U n t e r g r u n d b a h n e n die Probestrecke unter der Spree von Treptow nach Stralau mit Erfolg vollendet hat, ist sie bemüht, eine elektrische Bahn einerseits im Anschluss hieran einerseits nach dem Schlesischen Bahnhofe, andererseits nach Cöpenick zu führen. Es ist Aussicht, dass diese Unterhandlungen bald zum erwünschten Abschluss gelangen.

Der Geschäftsgewinn beträgt　. . Mk. 8,122.404·—
hierzu tritt der Vortrag von 1896/97 . . „ 171.536·—
　　　　　　　　　　　　　　　　　　Mk. 8,293.940·—

Nach Abzug der Handlungsunkosten, Steuern und Abschreibungen verbleibt ein R e i n g e w i n n von Mk. 6,853.156·25, der, wie folgt, zu vortheilen vorgeschlagen wurde:

15% igte Dividende von Mk. 25,000.000	. . Mk. 3,750.000·—
7·5% igte „ „ 10,000.000	. . „ 750.000·—
Rückstellungsconto	. „ 1,000.000·—
Tantième der Aufsichtsraths . . .	. „ 225.000·—
Vortragsmässige Tantième an den Vorstand	. „ 450.000·—
Gratificationen an Beamte und Dotirung des	
Pensionsfonds	. „ 225.000·—
Wohlfahrtseinrichtungen	. „ 225.000·—
Vortrag 1898/99 . . .	. „ 228.156·25
	Mk. 6,853.156·25

Der Geschäftsabschluss wurde genehmigt und der Verwaltung Entlastung ertheilt. In den Aufsichtsrath wurden die ausscheidenden Mitglieder, die Herren Rud. Sulzbach und Regierungsrath M a g n u s wiedergewählt, Rechtsanwalt Max K o m p a n e r neugewählt.

Elektricitäts-Actien-Gesellschaft vorm. W. Lahmeyer & Co. in Frankfurt a M. Wie die Gesellschaft mittheilt, ist den Herren Ober-Ingenieur Professor Dr. Josef E p s t e i n, Ober-Ingenieur Ludwig I m h o f f und Bureau-Vorstand Johann W i l l i g e r Procura ertheilt worden. Dieselben sind berechtigt, mit je einem Vorstandsmitgliede die Firma zu zeichnen.

Städtische elektrische Unternehmungen in Prag. In der am 3. d. M. stattgefundenen Sitzung des Prager Stadtrathes wurden Ober-Ingenieur P e l i k a n zum Chef-Ingenieur, Ingenieur N o v a k zum Ober-Ingenieur und Leiter der elektrischen Centrale, Ingenieur Alois S v o b o d a zum Ober-Ingenieur und Betriebsleiter und alle drei Genannten zu Referenten und Antragstellern des Verwaltungsrathes ernannt.

Die nächste **Vereinsversammlung** findet Mittwoch den 14. December 1898 im Vortragssaale des Wissenschaftlichen Club, I., Eschenbachgasse 9, 1. Stock, 7 Uhr statt.

Vortrag des Herrn dipl. Chemikers Professor Josef K l a u d y: „Ueber den Stand und die Bestrebungen der technischen Elektrochemie."

Schluss der Redaction: 6. December 1898.

Verantwortlicher Redacteur: Dr. J. S a h u l k a. — Selbstverlag des Elektrotechnischen Vereines.
Commissionsverlag bei Lehmann & Wentzel, Wien. — Alleinige Inseraten-Aufnahme bei Haasenstein & Vogler (Otto Maass), Wien und Prag.
Druck von R. Spies & Co., Wien.

Zeitschrift für Elektrotechnik.

Organ des Elektrotechnischen Vereines in Wien.

Heft 51.   WIEN, 18. December 1898.   XVI. Jahrgang.

Bemerkungen der Redaction: Ein Nachdruck aus dem redactionellen Theile der Zeitschrift ist nur unter der Quellenangabe „Z. f. E. Wien" und bei Originalartikeln überdies nur mit Genehmigung der Redaction gestattet.

Die Einsendung von Originalarbeiten ist erwünscht und werden dieselben nach dem in der Redactionsordnung festgesetzten Tarife honorirt. Die Anzahl der vom Autor event. gewünschten Separatabdrücke, welche zum Selbstkostenpreise berechnet werden, wolle stets am Manuscripte bekanntgegeben werden.

INHALT:

Rundschau.

In „Éclairage électrique" ist eine neue Form einer Gleichstromdynamo von Rémon-Casas beschrieben; dieselbe hat eine feststehende Ringarmatur und einen beweglichen Feldmagneten Der letztere ist im Bau ähnlich ausgeführt wie der Feldmagnet der Mordey-Wechselstrommaschine. Um einen cylindrischen auf die Achse aufgesetzten Kern ist eine einzige Erregerspule gewickelt, welcher durch Schleifringe der Strom zugeführt wird. An dem Kerne ist auf jeder der Stirnseiten ein Gussstück befestigt, welches 16 radiale Polhörner enthält. Die Polhörner enden zu beiden Seiten des Ringankers, u. zw. befinden sich die Polhörner auf der einen Seite des Ringes gerade zwischen den Polhörnern auf der anderen Seite. Sämmtliche Pole auf der einen Seite des Ankers haben gleiche Polarität; die Pole auf der anderen Seite die entgegengesetzte Polarität. Die Kraftlinien müssen daher stets aus einem Pole austreten, durch die Wickelung in das Ankereisen eintreten, in diesem pheripherisch bis zum nächsten Pol auf der entgegengesetzten Seite des Ringes verlaufen und durch die Wickelung in diesen eintreten. Der Collector ist feststehend, die Stromabnahme erfolgt durch Schleifbürsten. Die Bürsten rotiren durch Anwendung einer Uebersetzung 16 mal rascher als der Feldmagnet. Dadurch wird erreicht, dass der Collector, obwohl die Dynamo 32 Pole hat, nur so rasch ausgeführt zu sein braucht, als ob die Dynamo eine zweipolige wäre; es kann daher die Zahl der Segmente, welche bei dieser Dynamo, wenn die Bürsten in normaler Weise rotiren würden, eine sehr grosse sein müsste, auf den 16. Theil reducirt werden. Die Bürsten stehen mit Schleifringen in Verbindung, von welchen der Strom abgenommen wird.

In „Elec. Rev." Sept. 16, sind von Felten und Guilleaume Mittheilungen über die Kosten von Kupfer-, Aluminium- und Eisendrahtleitungen gemacht. Für unterirdische Leitungen ist derzeit nur Kupfer geeignet. Bei oberirdischen Leitungen ist beim Vergleich nicht blos der Metallpreis, sondern der Preis des fertigen Productes in Betracht zu ziehen. Der Eisendraht muss verzinkt werden; das Zinken erfordert mehr Kosten als bei Aluminium- oder Kupferdrähten. Mit Berücksichtigung der specifischen Gewichte und Leitungsfähigkeiten ergeben sich folgende Preisverhältnisse für Drähte von gleichem Widerstande Der Preis von Kupfer- zu Alu-

miniumdraht wie 100:120; der Preis von Kupfer- zu Eisendraht von 16·4% Leitungsfähigkeit des Kupfers wie 100:138; der Preis von Kupfer- zu Eisendraht von 12·5% Leitungsfähigkeit wie 100:93. Aluminiumdrähte haben den Nachtheil von geringer Zugfestigkeit; durch Legirung kann dieselbe erhöht werden, doch wird dadurch die Leitungsfähigkeit verringert.

Wie wir einem Artikel im „Elektrot. Anzeiger" in Nr. 93 entnehmen, soll von der Firma Ganz & Co. der elektrische Betrieb auf einer Vollbahnstrecke der Ferrovie di Voltellina eingeführt werden. Die Linien sind eingeleisig und erstrecken sich 106 km weit von Lecco an der Küste des Lago di Como nach Sondrio und Chiavenna. Als Betriebsstrom soll Drehstrom von 15.000 V verketteter Spannung verwendet werden; die Leitungen werden längs der Strecke auf Porzellan-Isolatoren mit dreifacher Glockenform montirt werden. Die primären Ströme sollen auf 3000 V secundäre Spannung transformirt, die secundären Leitungen auf denselben Masten befestigt werden wie die primären. Die Personenzüge sollen mit einer Maximalgeschwindigkeit von 65 t haben und aus einem Motorwagen (30 t) nebst zwei Anhängewagen bestehen. Die Züge werden bei stärkerer Frequenz nach Erfordernis vermehrt. Auch die Güterzüge sollen elektrischen Betrieb erhalten, die Motorwagen eine Zugkraft von 5000 kg entwickeln. Die Stromzuführung soll durch zwei Aluminiumrollen erfolgen; die Schienen dienen als dritte Leitung. — Das vorgeschlagene System erregt wegen Anwendung der hohen Betriebsspannung grosses Interesse; wir hoffen auch nähere Details über die Stromabnehmer und Weichen demnächst bringen zu können. Die Anwendung so hoher Betriebsspannungen scheint für Vollbahnbetrieb die zweckmässigste Lösung zu sein, da nur auf diese Weise die Kosten hinreichend erniedrigt werden können, so dass der elektrische Betrieb billiger wird als der Dampfbetrieb. Da die Fernleitung von Hochspannungsleitungen selbst über Land und auf Strassen gestattet ist, so kann gegen eine Führung derselben längs der Bahnstrecken kein Einwand erhoben werden. Die den Motorwagen zuzuführende Stromstärke steht im umgekehrten Verhältnis zur Betriebsspannung, so dass man bei Anwendung einer Spannung von 3000 V pro 1 A zugeführter Stromstärke bereits eine Leistung von 4 PS enthält. Es wird dadurch auch möglich, Luftleitungen und Trolleys anzuwenden, da die den Motorwagen zuzuführende Stromstärke keine excessiv hohe ist. Bei Benützung von Gleichstrom als Betriebsstrom muss bei langen Strecken stets eine grössere Zahl von Centralen oder Umformerstationen angewendet werden. Die den Motorwagen zuzuführende Stromstärke ist, wenn grosse Zugkräfte entwickelt werden sollen, gross, so dass die Anwendung einer dritten Schiene als Stromzuführung erforderlich ist. Dieses System hat sich auf mehreren Local- und Stadtbahnen gut bewährt, doch muss es immerhin als ein Uebelstand angesehen werden, dass längs der Geleise eine dritte Schiene verlegt werden muss. Dieselbe stört den freien Verkehr und bildet auch eine Gefahr für Arbeiter und Passanten. Durch Anwendung oberirdischer Leitung sind die Uebelstände beseitigt.   S.

Gleichrichtung von Wechselströmen durch elektrische Ventile.

Von Ingenieur **Ludwig Kallir.**

Die Aufgabe. Ströme wechselnder Richtung und Intensität in Ströme immer gleich bleibender Richtung und womöglich auch constanter Intensität zu verwandeln, und zwar dies ohne Benützung rotirender, oder sich überhaupt bewegender Theile, hat durch Graetz und Pollack unter Benützung elektrolytischer Stromwähler oder Ventile eine neue Lösung gefunden. Dieselbe basirt auf der Eigenschaft einer aus einer Aluminium- und einer Kohlen- oder Bleiplatte zusammengesetzten elektrolytischen Zelle mit saurer oder alkalischer Flüssigkeit, den Strom nur in der Richtung Kohle-Aluminium durchzulassen. Die gleiche Eigenschaft, nämlich wie ein einseitig durchlässiges Ventil zu wirken, haben noch andere Apparate, z. B. ein Lichtbogen zwischen einer Metall- und einer Kohlenelektrode; hier ist Undurchlässigkeit in der Richtung Kohle-Metall vorhanden.[*]) Eine ähnliche Eigenschaft wurde ferner von Nichols[**]) an einer in freier Luft befindlichen Funkenstrecke zwischen einer Messingkugel und einer Platinspitze beobachtet, welche in den Secundärkreis eines Transformators eingeschaltet war. Die Schlagweite Kugel-Spitze übertrifft die Schlagweite Spitze-Kugel, und so erfolgt unter Umständen eine stets gleichgerichtete Entladung. Die Ventilwirkung von Entladungsröhren schliesslich war schon Gegenstand vielfacher experimenteller Untersuchungen.

Es sollen nun im Folgenden ausser der schon von Graetz und Pollack angegebenen einige andere Schaltungen besprochen werden, welche es ermöglichen, unter Zuhilfenahme solcher als Ventile fungirender Apparate Wechselströme in gleichgerichtete Ströme zu verwandeln. Betreffs der Ventile sollen die Voraussetzungen gemacht werden, dass sie den Strom nur in einer Richtung durchlassen, in der anderen aber nicht, und dass denselben für die Halbperioden des Stromdurchflusses ein bestimmter Ohm'scher Widerstand zukommt. Da diese im Interesse der Uebersichtlichkeit gemachten Annahmen den thatsächlichen Verhältnissen bei den bis jetzt construirten Ventilen nur annähernd genügen, so werden die daraus gewonnenen Resultate ebenfalls nur als Annäherung an die Wirklichkeit zu betrachten sein.

[*]) S. Eichberg und Kallir: „Sitzungsber. d. k. Akad. d. Wissenschaften in Wien". Math. nat. cl., Bd. CVII, 1898, p. 657.
[**]) S. Nichols: „E. T. Z." 1891. p. 140.

I. Einfacher Stromkreis mit einem Ventil.

Der in Fig. 1 dargestellte Stromkreis enthält: Ein bereits charakterisirtes Ventil V, welches den Strom nur in der eingezeichneten Pfeilrichtung durchlässt, einen Apparat A mit inductivem Widerstand, einen Apparat B mit constanter auf Ventilschluss wirkender E. M. K. E_1; zwischen den Klemmen K_1 und K_2 besteht eine wechselnde Spannungsdifferenz

$$e = E \sin \omega t \quad \ldots \ldots \ldots \ldots \quad 1)$$

Der den Kreis durchfliessende Strom ist intermittirend. Enthielte der Kreis nur Ohm'schen Widerstand, so würde der Strom aus sinusförmigen Wellen von der Dauer einer Halbperiode bestehen, wenn gleichzeitig auch E_1 Null ist; er besteht aus kürzeren, auch von Sinuscurven begrenzten Wellen, wenn E_1 einen bestimmten Werth hat. Besitzt der Apparat A Selbstinduction (L), so verlaufen die Stromwellen nicht mehr nach dem Sinusgesetze, sondern werden abgeflacht. Es

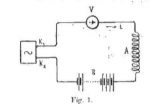

Fig. 1.

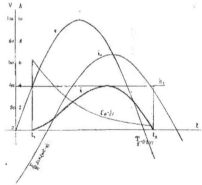

Fig. 2.

bezeichne R den gesammten Ohm'schen Widerstand des Kreises, dann ergibt die Differentialgleichung

$$E \sin \omega t - E_1 = R i + L \frac{di}{dt} \quad \ldots \ldots \quad 2)$$

für den Strom i die Gleichung

$$i = \frac{E}{R'} \sin (\omega t - \varphi) + C e^{-\frac{R}{L} t} - \frac{E_1}{R} \quad \ldots 3)^*)$$

[*]) Die in dieser und vielen folgenden Gleichungen vorkommende Basis der Potenzgrösse e ist die Basis des natürlichen Logarithmensystems und ist mit der durch Gleichung 1) definirten Grösse e, dem Momentanwerthe der Wechsel-E. M. K., nicht zu verwechseln.

worin

$$R' = \sqrt{R^2 + \omega^2 L^2} \text{ und } \operatorname{tg} \tau = \frac{\omega L}{R} \text{ ist.}$$

Der Strom beginnt in dem Augenblicke t_1 zu fliessen, in welchem

$$E_1 = E \sin \omega t_1 \quad \dots \quad 4)$$

wird. Dies gibt zur Bestimmung der Integrations-constanten C die Gleichung

$$i = 0 = \frac{E}{R'} \sin (\omega t_1 - \tau) + C e^{-\frac{R}{L} t_1} \cdot \frac{E_1}{R} \cdot 5)$$

Eine analoge Gleichung gibt die Zeit t_2, zu welcher die Stromwelle aufhört:

$$\frac{E}{R'} \sin (\omega t_2 - \tau) + C e^{-\frac{R}{L} t_2} \frac{E_1}{R} = 0 \dots 6)$$

Die pro Stromwelle durchgelassene Elektricitäts-menge beträgt sonach

$$Q = \int_{t_1}^{t_2} i \, dt = \frac{2E}{\omega R} \sin \omega \frac{t_2 + t_1}{2} \sin \omega \frac{t_2 - t_1}{2} - \frac{E_1}{R} (t_2 - t_1) =$$

$$= \frac{E}{\omega R} (\cos \omega t_1 - \cos \omega t_2) - \frac{E_1}{R} (t_2 - t_1) \dots 7)$$

Bleibt im Stromkreise alles ungeändert und wird nur L vergrössert, so ändert sich auf der rechten Seite in 7) nur t_2. Q wird ein Maximum, wenn

$$\omega t_2 = \pi - \omega t_1 \quad \dots \quad 8)$$

Das ist nur möglich, wenn die Stromwellen nach Sinuscurven verlaufen, also keine Selbstinduction vorhanden ist. Durch die Einschaltung einer Selbst-inductionsspule werden demnach die einzelnen Strom-wellen zwar abgeflacht, der durch den Stromkreis fliessende Strom bleibt jedoch intermittirend und wird umso kleiner, je grösser L gemacht wird. Ausserdem hat diese einfache Schaltung den Nachtheil, dass im Apparate A nur die Wellen einer Richtung der Wechsel-E. M. K. zur Ausnützung gelangen.

Fig. 2 zeigt den Stromverlauf für folgende An-nahme:

$$E = 100 \ V \quad E_1 = 40 \ V$$
$$R = 10 \ \Omega$$
$$L = 0.04 \ H$$
$$T = 0.024 \text{ sec}, \quad \omega = 261.8$$

II. Schaltung mit zwei parallel geschalteten Ventilen.

Wenn der durch Ventilapparate gleichgerichtete Strom zur Erregung von Elektromagneten verwendet werden soll, dürfte sich die in Fig. 3 dargestellte An-ordnung empfehlen, welche vor der von Graetz an-gegebenen den Vortheil geringerer Ventilzahl voraus hat. Die Stromwellen der einen Richtung durchfliessen die eine Hälfte, die der anderen die zweite Hälfte der Bewickelung und zwar beide in gleichem Sinne magneti-sirend. Die Thatsache, dass nicht alle Stromwellen den-selben Draht passiren, ist belanglos, da es hier auf eine Wirkung ausserhalb des Stromkreises ankommt. Da durch jede Wickelungshälfte nur der halbe Strom fliesst, ist auch nur der halbe Querschnitt des für continuir-

lichen Gleichstrom nothwendigen erforderlich, im ganzen also die Kupfermenge die gleiche.

Zur Erläuterung des Stromverlaufes in einer solchen Schaltung diene Fig. 4. Jeder Hälfte der Wickelung komme der Widerstand R und der Selbstinductions-Coëfficient L zu. Alle Kraftlinien durchsetzen beide Wickelungshälften, d. h. es sei keine Streuung vor-handen. Der Coëfficient der gegenseitigen Induction ist also ebenfalls L. Der Widerstand der Ventile sei in R inbegriffen. Zwischen den Punkten K_1 und K_2 wirke die Wechselspannung

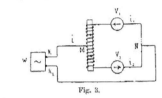

Fig. 3.

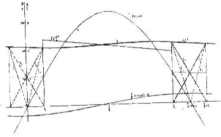

Fig. 4.

$$e = E \sin \omega t \quad \dots \quad 1)$$

die Zeit t werde also vom Augenblicke, wo

$$e = 0$$

ist, gezählt. Die Periode des Stromverlaufes in einer Wickelungshälfte gleicht der Periode der E. M. K. T; die Periode der Magnetisirung beträgt jedoch nur $\frac{T}{2}$. Eine solche Periode, z. B. die Zeit von $t = 0$ bis $t = \frac{T}{2}$ zerfällt in drei Abschnitte, während welcher verschie-dene Zustände herrschen. Während des mittleren, von t_1 bis t_2 dauernd, fliesst der Strom i durch das obere Ventil und die obere Spulenhälfte. Es gilt die Differential-gleichung

$$E \sin \omega t = R i + L \frac{di}{dt} \quad 2)$$

woraus folgt

$$i = \frac{E}{R'} \sin (\omega t - \tau) + C e^{-\frac{R}{L} t} \quad 3)$$

worin C eine noch zu bestimmende Constante ist.

Allmählich wird die E. M. K. kleiner, schliesslich im Momente t_2 ist die vom Strome i in der unteren Spulenhälfte inducirte und im Sinne der Oeffnung des Ventiles 2 wirkende E. M. K. gleich der äusseren E. M. K., welche das Ventil geschlossen hielt.

Es ist also für $t = t_2$

$$L \frac{di}{dt} = - e$$

$$L\left[\frac{E}{R'} \omega \cos(\omega t_2 - \varphi) - \frac{R}{L} C e^{-\frac{R}{L} t_2}\right] = - E \sin \omega t_2 \; 4)$$

Im nächsten Augenblick wird die äussere E. M. K. e kleiner, Ventil V_2 wird geöffnet. und es fliesst ein Strom durch den unteren Zweig.

Dann gelten die folgenden Differentialgleichungen:

$$E \sin \omega t = R i_1 + L\left(\frac{di_1}{dt} + \frac{di_2}{dt}\right) \; . . \; 5)$$

$$- E \sin \omega t = R i_2 + L\left(\frac{di_2}{dt} + \frac{di_1}{dt}\right) \qquad 6)$$

Die Integration dieser Gleichungen ergibt

$$i_1 = \frac{E}{R} \sin \omega t + C_1 e^{-\frac{R}{2L} t} \qquad 7)$$

$$i_2 = - \frac{E}{R} \sin \omega t + C_2 e^{-\frac{R}{2L} t} \qquad 8)$$

C_1 und C_2 sind noch zu bestimmende Integrationsconstanten.

Von der Zeit $t = t_2$ an sind also beide Ventile geöffnet, e treibt durch beide, parallel geschaltete Zweige gleiche Ströme, welche entgegengesetzt magnetisirend wirken; für die äussere E. M. K. e ist also die Combination selbstinductionslos, die durch dieselben veranlassten Ströme verlaufen nach einfacher nicht phasenverschobener Sinuscurve und sind durch die ersten Glieder der rechten Seiten in 7) und 8) dargestellt. Ausserdem ist durch Oeffnung des Ventiles V_2 ein Stromkreis $M V_2 N V_1 M$ gebildet, durch welchen infolge der Selbstinduction der im Augenblicke $t = t_2$ fliessenden Ströme zu erhalten sucht. ein Strom nach dem logarithmischen Gesetze

$$i = C e^{-\frac{\rho}{\lambda} t}$$

fliesst. Für ρ ist hier $2 R$. für λ ist $4 L$, da die Spule mit doppelter Windungzahl den vierfachen Selbstinductions-Coëfficienten hat. zu setzen. So entstehen die zweiten rechtsstehenden Glieder in 7) und 8). Durch den Zweig $M W N$ fliesst infolge der Selbstinduction kein Strom.

Für den Zeitmoment

$$t = \frac{T}{2}$$

ist

$$i_0 = i_1 - i_2 = 0 = (C_1 - C_2) e^{-\frac{R}{2L} \frac{T}{2}}$$

daher

$$C_1 = C_2 \qquad . . . . \; 9)$$

Vom Augenblicke $t = \frac{T}{2}$ an gelten infolge des Zeichenwechsels der E. M. K. e bezüglich der Ventile die Gleichungen

$$i_1 = - \frac{E}{R} \sin \omega t + C_1 e^{-\frac{R}{2L} t} . . . . \; 10)$$

$$i_2 = \frac{E}{R} \sin \omega t + C_1 e^{-\frac{R}{2L} t} . . . . \; 11)$$

Nach Eintritt des stationären Zustandes — und nur dieser soll hier in Betracht gezogen sein — muss der Stromverlauf von Zeit $t = 0$ bis $t = t_1$ mit dem in der Zeit $t = \frac{T}{2}$ bis $t = \frac{T}{2} + t_1$ in den beiden Zweigen wechselweise gleich sein. Somit ergibt sich für $t = 0$ bis $t = t_1$

$$i_1 = \frac{E}{R} \sin \omega t + C_1 e^{-\frac{R}{2L}\left(\frac{T}{2} + t\right)} \; . . \; 12)$$

$$i_2 = - \frac{E}{R} \sin \omega t + C_1 e^{-\frac{R}{2L}\left(\frac{T}{2} + t\right)} \; . . \; 13)$$

Der Strom i_2 wird für $t = t_1$ gleich Null; dies ergibt zur Bestimmung von t_1. d. i. der Zeit des Schlusses des Ventiles V_2

$$- \frac{E}{R} \sin \omega t_1 + C_1 e^{-\frac{R}{2L}\left(\frac{T}{2} + t_1\right)} = 0 \; . \; 14)$$

Zur Bestimmung von t_1 und t_2; C und C_1 dienen ausser den bereits aufgestellten Gleichungen 12) und 14) zwei weitere, welche besagen, dass der aus 12) für $t = t_1$. und der aus 7) für $t = t_2$ berechnete Werth von i, resp. gleich sein muss dem für dieselben Zeiten aus 2) bestimmten Werthe von i, also die Gleichungen

$$\frac{E}{R} \sin \omega t_1 + C_1 e^{-\frac{R}{2L}\left(\frac{T}{2} + t_1\right)} =$$

$$= \frac{E}{R'} \sin(\omega t_1 - \varphi) + C e^{-\frac{R}{L} t_1} \; , \; . . \; 15)$$

$$\frac{E}{R} \sin \omega t_2 + C_1 e^{-\frac{R}{2L} t_2} =$$

$$= \frac{E}{R'} \sin(\omega t_2 - \varphi) + C e^{-\frac{R}{L} t_2} \; . . . . \; 16)$$

Durch Elimination erhält man zwei Gleichungen für t_1 und t_2, welche graphisch gelöst werden können. Sodann lassen sich auch C und C_1 bestimmen.

Fig. 4 stellt den Stromverlauf unter folgender Annahme dar:

$$E = 100 \; V \qquad R = 10 \; \Omega \qquad L = 0\text{·}4 \; H$$

$$T = 0\text{·}24 \qquad \omega = 261\text{·}8$$

Die Rechnung ergibt

$$t_1 = 0\text{·}001225 \qquad t_2 = 0\text{·}010725$$

$$C = 7\text{·}382 \qquad C_1 = 3\text{·}193,$$

mit welchen Werthen die gezeichneten Curven construirt wurden. Es ist aus denselben zu erkennen. dass die durch die beiden Wickelungshälften fliessenden Stromwellen infolge ihrer theilweisen Ueberdeckung eine ziemlich gleichförmige Magnetisirung erzeugen. Die Gleichförmigkeit ist umso vollkommener, je grösser die Selbstinduction im Vergleich zum Widerstande ist. Im Gegensatz zur früheren Schaltung verursacht die Selbstinduction bei der jetzt beschriebenen keine Drosselung der durchgesandten Elektricitätsmenge.

Die angegebene Schaltung könnte zur Selbsterregung von Wechselstrom-Generatoren verwendet werden.

(Schluss folgt.)

Der elektrische Vollbahnbetrieb auf der Wannseebahn.

(Schluss.)

Aus den Figuren 2 und 3 ist zu ersehen, wie die Motoren unter dem Wagengestelle angebracht sind. Von einer Zahnradübertragung wurde abgesehen, weil sich unter den obwaltenden Verhältnissen direct auf die Radachse wirkende Motoren von geringerem Gewichte anwenden lassen und die ganze Anordnung durch das Wegbleiben des Vorgeleges vereinfacht wird. Der Ankerkern S und Collector C sind nicht unmittelbar auf der Radachse, sondern auf einer Messingbüchse aufgesetzt, damit bei Reparaturen der Achse der elektrische Theil ohne Schwierigkeit abgenommen und wieder angebracht werden kann. Das durch die beiden Blattfedern F_1 und F_2 vom Untergestell des Wagens getragene Magnetgehäuse besteht aus zwei aufklappbaren Theilen und gewährt hiedurch bei vollkommener Staubdichtheit doch leichten bequemen Zutritt, wenn es nothwendig wird, an den inneren Theilen Nachschau zu halten oder Reparaturen vorzunehmen. Für die Stromzuführung sind Kohlenbürsten angewendet und zwar nur an zwei Stellen, obwohl die Motoren vierpolig sind; die Bürsten brauchen bei verschiedenen Belastungen oder bei der Aenderung der Zugsrichtung nicht weiter verstellt zu werden.

Als aussergewöhnlich darf die Anordnung des Stromabnehmers, Fig. 4, bezeichnet werden, dessen Einzelnheiten aus den Figuren 5, 6 und 7 ersichtlich sind. An jedem der beiden Treibwagen des Zuges und zwar an der Mittelachse, also an jener Stelle, die von den Schwankungen des Wagens unabhängig ist, befindet sich rechts und links an der Längsseite je ein Stromabnehmer, so dass beim Zug im ganzen vier solche Vorrichtungen vorhanden sind. Die Befestigung erfolgt unmittelbar an den Achsbüchsen B, Fig. 4, 5 und 6, mit Hilfe eines Querstückes N, welches die von N durch isolirende Zwischenlager getrennten Lagerstücke der Drehbolzen z_1 und x_2 trägt. Auf x_1 und x_2 dreht sich der als Doppelhebel ausgestaltete Bügel P. P_1, P_2, dessen längere Arme P_1' und P_2' den eigentlichen Stromabnehmer tragen, wogegen der rückwärtige bogenförmige Theil PP in der Mitte mit einer Regulirschraube r versehen ist, die sich, wenn P_1 P_2 ihrem Uebergewichte folgen können, gegen die Isolirplatte i stützt und den Zweck hat, den Bügel entsprechend der im Laufe der Zeit eintretenden Abnützung einstellen zu können. Der eigentliche Stromabnehmer G, Fig. 4, 6 und 7, hat die Form eines Gleitschuhes, besteht aus Gusseisen und ist nicht direct an den Stromführerbügel.

sondern behufs leichter Auswechslung mit vier Schrauben an ein Rothgussstück R befestigt, das durch Vermittlung des Stahlbolzens n auf dem Endstück der beiden Arme P_1 und P_2 hängt. Da zwischen den Backen des Stückes R und dem Endstück von P_1 und P_2 zu beiden Seiten des letzteren kräftige Spiralfedern eingesetzt sind, kann der Gleitschuh G in der Längsrichtung des Zuges ganz unbeschadet kurze Verschiebungen erleiden. Der ganze Stromabnehmer befindet sich in geschützter Lage unter dem Trittbrette F. Fig. 4, des Wagens, ist aber ausserdem zum Schutze gegen unbeabsichtigte Berührung an der Aussenseite mit einer isolirenden Umhüllung überzogen. Die Weiterleitung des vom Gleitschuh aufgenommenen Stromes erfolgt mittelst der federnden Kupferbänder K_1 und K_2, Fig. 6, welche mit dem schon früher erwähnten, längs des ganzen Zuges unter den Wagen angebrachten Leitungskabel verbunden sind. Der Gleitschuh empfängt den Strom aus der für die Arbeitsleitung bildenden Schiene S, welche er vermöge seines Gewichtes berührt und an der er während der Zugsfahrt entlang gleitet.

Die Arbeitsleitung besteht gemäss einer von Bork bereits 1891 angegebenen Idee aus ausgemusterten Eisenbahnschienen, die an den Stössen durch kupferne Schienenverbindungen leitend überbrückt werden und ist an der linken Seite des Geleises — bezogen auf die Richtung der Zugsfahrten — angebracht. Dieselbe liegt, wie es Fig. 4 ersichtlich macht, in der von Geleisemittel 1550 mm entfernt und mit der Oberkante der Leitungsschiene L um 300 mm höher als die Oberkante der Fahrschiene. Damit für die Fahrt durch einfache Weichen einer Unterbrechung der Leitung vorgebeugt sei, wird sie an solchen Stellen in gleicher Art neben dem rechtsseitigen Schienenstrang des Geleises errichtet; nur bei den doppelten Kreuzungsweichen, kann da sich die Leitung weder rechts noch links anbringen lässt, ein ca. 15 m langes, stromloses Streckenstück nicht vermieden werden, was jedoch nichts auf sich hat, weil ja während der Fahrt des einen Triebwagens über das leitungslose Stück, der Stromabnehmer des zweiten Triebwagens noch immer seinen Strom erhält. Die Leitungsschiene L wird von gusseisernen Tragkappen K getragen, welche auf Stützen S befestigt sind in Abständen von 4 bis 5 m auf Sattelhölzern H_1 angebracht sind. Die letzteren werden entweder an den Bahnschwellen festgeschraubt, wie die Fig. 4 zeigt, oder auf getrennten Unterlagen angebracht. Die Stütze S ist mit einem Hartgummi-

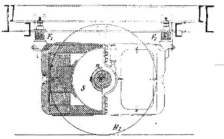

Fig. 2.

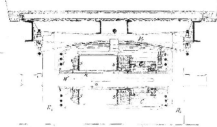

Fig. 3.

überzug k versehen, welcher von der zweitheiligen, die Leitungsschiene L aufnehmende Tragkappe K fest umschlossen wird. Zur Befestigung von L an J dient eine Hakenschraube p. Nebst dieser Befestigungsweise wird aber auch noch die in Fig. 8 und 9 dargestellte ver-

als Feuerbeständigkeit und Unempfindlichkeit gegen Feuchtigkeit auszeichnet und mit dem Gusseisen eine äusserst fest haftende Verbindung eingeht. An den Stössen werden die Schienen in gewöhnlicher Art durch Laschen und Schrauben verbunden. ausserdem

Fig. 8.

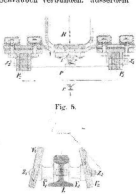

Fig. 5.

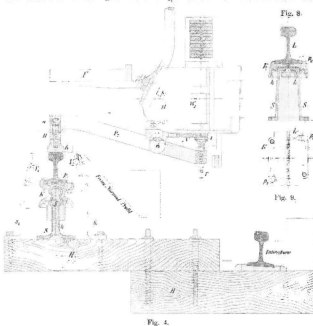

Fig. 9.

Fig. 10.

Fig. 4.

aber auch zur Sicherung des Stromüberganges durch zwei Kupferstreifen in Contact gebracht, wie dies zu gleichem Zwecke bei den Strassenbahnen geschieht. Dieselben Ueberbrückungen durch zwei Kupferstreifen sind auch an den Stössen sämmtlicher vier Schienenstränge der Eisenbahn-Fahrgeleise. welche als Rückleitung dienen, durchgeführt.

Nach den im Charlottenburger Werke von Siemens & Halske angestellten Ermittelungen lässt sich der Widerstand der geschilderten, durch Schienen gebildeten Arbeitsleitung für das Kilometer mit $0·0249\ \Omega$ beziffern, wogegen der Widerstand der Rückleitung sich auf etwa $0·0136\ \Omega$ pro Kilometer belaufen und sonach der Gesammtwiderstand eines Kilometers Leitung $0·0385\ \Omega$ betragen wird. Der Spannungsabfall ist im Mittel mit $9^0/_0$ in Anschlag genommen. Desgleichen ist in demselben Werke an einer eigens hergestellten Probeleitung das Isolirungsverhältniss festgestellt worden, wobei sich ergab, dass ein Isolator bei mittlerem Feuchtigkeitsgehalt der Luft 2500 Millionen Ohm und in vollständig angenässtem Zustande noch immer 22 Millionen Ohm Widerstand

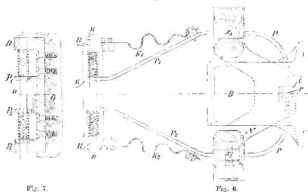

Fig. 7.

Fig. 6.

sucht werden, bei welcher die Tragkappe K von der aus Flacheisen hergestellten Stütze S durch Zwischenlagen k isolirt ist, die aus einer Mischung von Asbest und Gummi (Asbestonit) bestehen, einem Isolirmittel, das sich bekanntlich sowohl durch grosse Festigkeit

besitzt. Im letzteren Falle, nämlich bei nasser Schiene und nasser Kiesbettung, beträgt der Isolationswiderstand pro Kilometer Arbeitsleitung rund $52.400\ \Omega$ und der Stromverlust bei 500 V Spannung nur $0·009\ A$; die Isolirung darf sonach als sehr vollkommen gelten.

Wichtig sind im vorliegenden Falle auch die Vorkehrungen, welche für das auf der Strecke beschäftigte Bahnpersonal die Gefahren bei zufälligen Berührungen der Stromleitung hintanzuhalten haben. Zu diesem Zwecke wird die Leitungsschiene ihrem ganzen Verlaufe nach durch rechts und links angebrachte Schutzbretter versichert, deren Abstand von einander derart bemessen ist, dass sowohl ein Anstossen der Stromabnehmer sicher vermieden bleibt, als auch das unabsichtliche Hineintreten beim Ueberschreiten verhindert wird. Was die Befestigung dieser Schutzbretter V_1, V_2 Fig. 4 und 10, anbelangt, so hat man zweierlei Arten in Aussicht genommen; entweder werden sie, wie Fig. 4 zeigt, durch eigene eiserne, an den Sattelhölzern H_1 festgeschraubte Stützen S_1 und S_2 getragen, oder, wie es in Fig. 10 dargestellt erscheint, mit Hilfe von Klemmbolzen direct an der Leitungsschiene L angebracht. Im letzteren Falle ist in regelmässigen Abständen ein Bolzen Z_1 Z_2 isolirt durch eine Bohrung von L geführt und die Entfernung und Lage von V_1 und V_2 bedingt durch die zwischen ihnen und der Leitungsschiene eingezwängten, auf Z_1 und Z_2 gesteckten Isolatorenrollen Y_1 und Y_2.

Der für den Betrieb der Einrichtung erforderliche Strom wird seitens der Firma Siemens & Halske aus deren beiläufig 2 km vom Bahnhofe Steglitz entfernten Elektricitätswerke geliefert, das aus diesem Anlasse durch Aufstellung eines Dampfkessels, einer Dynamo- und Dampfmaschine und einer Pufferbatterie erweitert wird. Letztere, deren Aufgabe es ist, die im Verlaufe der Zugsfahrten auftretenden Aenderungen in der Belastung auszugleichen, ist ganz einfach ohne Anwendung eines selbstthätigen Zellenschalters zur Dynamomaschine parallel geschaltet. Für die Zuleitung von Elektricitätswerk zum Speisepunkte in Steglitz kommt eine Oberleitung, oder wenn dies die Ortsbehörden nicht gestatten würden, eine unterirdische Kabelleitung zur Verwendung, deren Querschnitt so gewählt ist, dass der durchschnittliche Spannungsabfall 10% beträgt. Unter Annahme einer Spannung von 500 V am Speisepunkte berechnet sich die für das Durchfahren der Strecke Berlin—Zehlendorf abzugebende Arbeit mit 81, für die umgekehrte Fahrt mit 77, für eine Hin- und Rückfahrt also mit 1·8 Pferdekraftstunden. Ferner ergibt sich, dass für die den Maximalbedarf ausweisende Fahrt von Berlin nach Zehlendorf — der Wirkungsgrad der Dynamomaschine des Werkes mit 0·9 angesetzt, während der in der Pufferbatterie entstehende Verlust zu 10% angenommen werden kann — von der Dampfmaschine 116 Pferdekraftstunden innerhalb 27 Minuten geliefert werden müssen, was eine Durchschnittsleistung von rund 260 PS ergibt, während sich die entsprechende Leistung der Dynamomaschine mit rund 190 KW beziffert.

Auch hinsichtlich der Betriebskosten sind sehr gewissenhafte Vorberechnungen vorgenommen worden und findet Bork, dass diese Kosten für 1000 Zugkilometer bei der bisherigen Zugförderung mittelst Dampflocomotiven 498 Mk. betragen, für die elektrische Zugförderung aber blos 411 Mk. ausmachen werden. Darnach wird sich die letztangeführte, neue Betriebsform um 17·5% billiger stellen als die alte. Dieses auffällig vortheilhafte Verhältniss erscheint für's erste durch die Ersparnisse an Brennmaterial erklärt, welche einerseits auf den Wegfall der todten Last der Locomotiven und andererseits auf die Verwendung einer mit allen Vortheilen arbeitenden Stabilmaschine zurückzuführen

sind. Auch stellt sich die Abnützungs- und Unterhaltungsquote für die Elektromotoren des Zuges und die stabilen Einrichtungen der Arbeitsstation wesentlich günstiger, als jene einer äquivalenten Anzahl von Dampflocomotiven mit ihren vielen, einem hohen Verschleiss unterworfenen Maschinen- und Kesseltheilen. Eine dritte nennenswerthe Ersparungspost sind die Gehälter und Löhne des Wartungspersonals, welche sich hinsichtlich des elektrischen Betriebes nahezu um die Hälfte geringer stellen.

Was nun schliesslich die beabsichtigten Versuche anbelangt, so sollen in erster Linie durch zuverlässige Messungen der Stromverbrauch beim Generator, am Speisepunkt in Steglitz und in den Motorwagen, sowie die Isolation der Arbeitsleitung bei den verschiedensten Witterungsverhältnissen genau festgestellt und auf diesem Wege einwandfreie Aufschlüsse über die wirthschaftlichen Verhältnisse sowie Anhaltspunkte hinsichtlich der vortheilhaftesten, günstigsten Bedingungen für elektrische Zugförderungsanlagen gewonnen werden. Ferner sind Erhebungen in Betreff des Stromüberganges an der Schienenrückleitung zur Erde, sowie eine erweiterte Anwendung der elektrischen Bremsung am Zuge in Aussicht genommen. Ob eine Bremsung mittelst Gegenströme angewendet werden soll, oder ob sämmtliche Wagen des Zuges mit der Siemens & Halske'schen elektromagnetischen Bremse auszurüsten wären, darüber ist vorläufig noch keine endgiltige Entschliessung gefasst. Vom betriebstechnischen Standpunkte verspricht man sich, dass namentlich jene Erfahrungen grossen Werth besitzen dürften, welche hinsichtlich der fachgemässen Unterhaltung der Arbeitsleitung und über die Rückwirkung dieser Anlage auf die regelrechte Unterhaltung des Eisenbahnoberbaues voraussichtlich gewonnen werden, sowie darüber, ob und wie weit der elektrische Betrieb geeignet sei, die Sicherheit des Verkehres auf den Vollbahnen zu erhöhen. In letzter Beziehung würde es sich nicht sowohl um die ohnehin ausser Frage stehende Zulässigkeit höherer Fahrgeschwindigkeiten handeln, als um die Möglichkeit mit Hilfe des elektrischen Stromes Signale oder andere Sicherungsvorrichtungen der unvollkommenen Bedienung durch Menschenhände zu entrücken und selbstthätig wirksam zu machen. Herr Eisenbahndirector Bork schloss endlich seine vorstehend im wesentlichen wiedergegebenen Darlegungen mit dem Bemerken, „dass, wenn auch die geplante elektrische Zugförderungsanlage nicht in Allem den gehegten Erwartungen entsprechen sollte, die gewonnenen Erfahrungen dennoch ihre vollkommene Ausgestaltung ermöglichen und an Anbahnung eines für das Verkehrswesen bedeutsamen Fortschrittes wesentlich beitragen wird.“

In der That lässt sich dieser zuletzt ausgesprochenen Anhoffung freudig und zuversichtlich zustimmen; die beabsichtigten Erhebungen, Messungen und Beobachtungen werden gewiss reiches Material bieten für weitere Folgerungen, die der elektrischen Traction zu gute kommen. Eine andere Sache scheint es freilich, ob und inwieweit sie direct zur Einführung des elektrischen Betriebes auf Vollbahnen führen werden, da die Versuchseinrichtung, deren Entwickelung und Anordnung allem Anscheine nach durch mancherlei wirthschaftliche Rücksichten und Gelegenheits-Vortheile beeinflusst worden sein mag, à priori jenen Verbindungen keineswegs völlig entspricht, welche das Kriterium der eigentlichen Vollbahnen bilden, wo Züge ungleicher Länge, ganz verschiedenen Gewichtes und weit auseinandergehender Fahrgeschwindigkeiten befördert werden müssen. Hinsichtlich dieser Aufgabe darf die Lösung nach den gemachten Erfahrungen, wie es scheint, lediglich von der Anwendung eines Wechsel- oder Mehrphasenstromes erhofft werden, der als hochgespannter Strom der Locomotive zugeführt und in dieser in niedergespannten Strom umgewandelt wird. Es sind das Durchführungen, die in der Praxis ganz aussergewöhnliche, bis jetzt noch unüberwundene Schwierigkeiten bieten; möglich, dass Aehnliches in die Berliner Versuche mit einbezogen wird, obwohl es unsere Quelle nicht anführt. Die Einrichtung der an den beiden Enden des Zuges befindlichen Fahrzeuge als Motorwagen und ihre elektrische Kuppelung darf ohne Zweifel als ebenso sinnreich als in gewissen Richtungen zweckmässig gelten; für die Versuche selbst dürfte sie jedoch eine Beschränkung bedeuten. In dieser Beziehung wäre es vielleicht günstiger, wenn die beiden Wagen nicht in directer Verbindung stünden, sondern der rückwärtige etwa wie eine Nachschiebemaschine thätig wäre. Möglicherweise wird auf der Wannseebahn gelegentlich auch diese Modification in Probe genommen. Für Güterzüge wäre das gewählte System gekuppelter Motorwagen ohnehin nie brauchbar, aber auch für die Personenzüge ist die durchlaufende Leitung eine Misslichkeit, da sie von vornherein jeden Wagenwechsel während der Fahrt, also den jetzt auf allen Hauptlinien üblichen Dienst mit Durch- und Uebergangswagen hemmen oder ausschliessen würde. Diese durchlaufende Leitung beim Zuge darf ferner fraglos als eine Vermehrung der den Eisenbahnzügen anhaftenden latenten Gefahren angesehen werden, angesehen, wie die natürlichen Fährlichkeiten der Eisenbahnstrecke durch die Starkstromleitung eine wesentliche Vermehrung erfahren. Mittel und Wege aufzufinden, um diese und ähnliche Misslichkeiten möglichst abzuschwächen oder durch andere Vortheile reichlich aufzuwiegen, gehört übrigens selbstverständlich mit zu den Hauptaufgaben der Versuche. Für alle Fälle bringt man berechtigtermassen den Erfahrungen und Feststellungen, welche die preussischen Staatsbahnen auf der elektrischen Versuchsstrecke machen werden, sowohl von Seite der elektrotechnischen als der eisenbahntechnischen Kreise das allerregste Interesse entgegen, zugleich mit den besten Wünschen zu bahnbrechenden Erfolgen. Es braucht ja gar nicht erst nochmals betont zu werden, von welch' riesiger volkswirthschaftlicher Bedeutung es wäre, wenn es gelänge, den eingangs erwähnten enthusiastischen Aussprüche Dr. Dukan's gedeihlich näher zu rücken und dagegen dem sceptischen Urtheil des vorjährigen Eisenbahn-Congresses durch gelungene Verwirklichungen elektrischer Betriebseinrichtungen auf Vollbahnen die Spitze abzubrechen.

L. K.

Elektrotechnische Institute des Auslandes.

Der ungeahnte Aufschwung der elektrotechnischen Industrie, in welcher gegenwärtig bereits sehr grosse Capitalien — in Deutschland allein ungefähr 500 Millionen Mark — investirt sind, macht es sowohl den Staatsregierungen als den technischen Hochschulen zur Pflicht, für die Errichtung von elektrotechnischen Instituten Sorge zu tragen, in welchen tüchtige, für die praktische Thätigkeit verwendbare Kräfte ausgebildet

werden können. In Würdigung der zweifellos grossen nationalökonomischen Bedeutung der elektrotechnischen Wissenschaft sind im Auslande bereits viele grossartige Institute für Elektrotechnik entstanden, dagegen ist die Errichtung derartiger Institute in Oesterreich bis jetzt ein frommer Wunsch geblieben. Es bestehen gegenwärtig an allen österreichischen technischen Hochschulen blos mangelhaft dotirte und räumlich schlecht untergebrachte provisorische Abtheilungen für den elektrotechnischen Unterricht. In Anbetracht dieses, für die inländische elektrotechnische Industrie wenig erfreulichen Umstandes war es daher ein zeitgemässer Vortrag, welcher am 19. d. M. im Elektrotechnischen Verein in Prag vom Herrn Prof. Dr. Puluj über „Elektrotechnische Institute" gehalten wurde. Es wäre nur zu wünschen, dass die Anregungen des Herrn Vortragenden zur baldigen Errichtung von Instituten und zur dringend gewordenen Ausgestaltung des elektrotechnischen Unterrichtes an den österreichischen technischen Hochschulen beitragen möchten. In Anbetracht der Wichtigkeit der Sache lassen wir einen ausführlichen Bericht über diesen Vortrag folgen.

An Hand von Bauplänen und Zeichnungen, besprach Herr Prof. Dr. Puluj die elektrotechnischen Institute in: Darmstadt, Stuttgart, Karlsruhe und Zürich, welche von denselben im Sommer 1895 besichtigt wurden. Das im genannten Jahre eröffnete Institut für Elektrotechnik und Physik in Darmstadt ist eine Musteranstalt, jedoch nicht die einzige in Deutschland, welche allen Anforderungen der Wissenschaft und Technik entspricht. Dieses Institut bildet nur eine Abtheilung des monumentalen Neubaues der technischen Hochschule, welcher aus fünf Einzelanlagen besteht und im Centrum der Stadt, in der unmittelbaren Nähe sehr schöner Parkanlagen, liegt. Die Baubehörde, welche diese Musteranstalten errichtet hat, bestand aus Angehörigen des Lehrkörpers der technischen Hochschule, weil die Staatsregierung sich von der ganz richtigen Erkenntnis leiten liess, dass vom Lehrkörper ein volles Verständnis für die Zwecke und Ziele der neu zu schaffenden Institute am ehesten zu erwarten sein wird. Die Grossartigkeit des Neubaues der Hochschule wird durch die Baukosten, zu denen auch die Stadt 1,200.000 Mk. beigetragen hat, illustrirt. Die Kosten der ganzen Hochschule betragen 2,631.800 Mk., wovon eine Summe von 557.700 Mk. für den Bau und die Einrichtung des elektrotechnisch-physikalischen Institutes, ohne Bauplatz, verwendet wurde. Die Hochschule besitzt eine gemeinsame elektrische Centrale für Licht- und Kraftgabe, welche auch als Maschinenlaboratorium dient, und einen Kostenaufwand von 228.498 Mk. erforderte. Das elektrotechnische Institut besitzt ein eigenes Maschinenhaus. Die in drei Stockwerken des Institutes vertheilten Arbeitsräume bedecken eine Gesammtfläche von 1100 m², wozu noch ein Lichthof und eine Maschinenhalle mit je 160 m² Grundfläche hinzukommen. Der Hörsaal ist in fast luxuriöser Weise eingerichtet, hat Ober- und Seitenlicht, kann jederzeit leicht verdunkelt und mit Bogenlicht, das von der Decke reflectirt wird, beleuchtet werden. Mittelst eines elektrisch betriebenen Aufzuges können Dynamomaschinen vom Maschinenhause im Erdgeschoss in den Hörsaal heraufbefördert werden. Die für die Zöglinge des Instituts bestimmten grossen Arbeitssäle sind für specielle Messungen eingerichtet, wobei auf eine stabile und solide Aufstellung der Messinstrumente eine besondere Sorgfalt verwendet wurde. Diese fast an allen ausländischen elektrotechnischen

Instituten getroffene Einrichtung ist eine sehr zweckmässige, weil infolge stabiler Aufstellung von Messinstrumenten das Uebertragen, Wiederaufstellen, mühsame Justiren und Nachaichen derselben entfällt und nicht blos an Zeit und Mühe gespart wird, sondern auch die Messinstrumente der Gefahr einer Beschädigung während des Transportes nicht ausgesetzt werden. Die Schülerlaboratorien sind eingerichtet für: Widerstandsbestimmungen, magnetische Messungen, für Bestimmung der Capacität und Selbstinduction, für Energiemessungen von Gleich- und Mehrphasenströmen, für Aichungen von Messinstrumenten und für selbstständige Arbeiten der vorgeschrittenen Schüler. Ferner sind Räume für Kabelmessungen und für Photometrie vorgesehen. Das Institut besitzt ausser einer grossen Mechanikerwerkstatt einen grossen Maschinenraum mit einem einfachen Geleise für den Transport von Dynamomaschinen, mit einem Laufkrahn zum Heben und Fortbewegen schwerer Maschinen und einem Fundamentrost zur Anstellung verschiedener Dynamos, welche sämmtlich von Elektromotoren angetrieben werden, denen der Strom entweder von der Centrale oder von einer Accumulatorenbatterie des Institutes zugeführt wird. Im Maschinenhause sind die verschiedensten Maschinenconstructionen vertreten; das Institut ist mit den modernsten Instrumenten und Apparaten für Lehrzwecke ausgestattet. Im Jahre 1896 wirkten am elektrotechnischen Institute zwei ordentliche Professoren, denen drei Assistenten, zwei Mechaniker und ein Gehilfe zur Seite standen.

Im Jahre 1895 bestand an der technischen Hochschule in Karlsruhe eine, zwar provisorische, aber sehr gut eingerichtete elektrotechnische Abtheilung; es wurde aber von der Badischen Kammer schon 1896 für die Errichtung eines elektrotechnischen Institutes eine Summe von 600.000 Mk. bewilligt, und das Institut steht bereits fertig da. An dieser Hochschule wird der elektrotechnische Unterricht von einem ordentlichen und einem ausserordentlichen Professor und einem Privat-Docenten ertheilt.

Die technische Hochschule in Stuttgart besteht aus einem monumentalen Hauptgebäude in der nächsten Nähe sehr schöner städtischer Parkanlagen und einem separaten Institutsgebäude, das 1950 m^2 Baufläche umfasst und in welchem Elektrotechnik und Chemie untergebracht sind. Wie grossartig die Einrichtungen in diesem Institute sind, möge aus dem einen Umstande ersehen werden, dass die elektrischen Leitungen dieses Institutes allein, ohne Messinstrumente, rund 30.000 Mk. gekostet haben. Die gesammte Einrichtung des elektrotechnischen Institutes erforderte dagegen einen Kostenaufwand von 150.000 Mk. An diesem Institute wirken ein ordentlicher und ein ausserordentlicher Professor, unterstützt von einem Assistenten und einem Mechaniker, dem noch ein Diener und ein Gehilfe zur Seite stehen. Des Vergleiches halber sei noch bemerkt, dass die jährliche Dotation für den elektrotechnischen Unterricht an der Stuttgarter Hochschule 5000 Mk., an der k. k. deutschen technischen Hochschule in Prag blos 500 fl. beträgt.

An der technischen Hochschule in Zürich besteht seit 1890 ein separates, grossartiges Institutsgebäude für Physik und Elektrotechnik, für welches die Baupläne von den Professoren der Bauschule, dem Architekten Bluntschli und Lasius, unter Mitwirkung der Professoren der Physik Dr. Weber und Dr. Schnebeli entworfen wurden. Dieser Neubau, auf welchen die technische Hochschule in Zürich mit Recht stolz sein kann, entspricht auch in der vollständigsten Weise allen Anforderungen der forschenden, belehrenden und anwendenden physikalischen und elektrotechnischen Wissenschaft und verdankt seine Entstehung der hochsinnigen Würdigung, welche bei den eidgenössischen Räthen die Bedeutung des physikalischen und elektrotechnischen Unterrichtes gefunden hat.

Das Institut verfügt über drei Hör- und sechs Sammlungssäle, einen grossen Maschinensaal, zwei glasbedeckte Höfe, Bibliotheks-, Professoren-, Docenten- und Assistentenzimmer und 46 (?) Laboratorien mit drei Abtheilungen: Laboratorien für wissenschaftliche Arbeiten, solche für die Anfänger in physikalischen Arbeiten und Laboratorien für elektrotechnische Untersuchungen. Die letzteren zerfallen wieder in 13 Einzeln-Laboratorien, von denen jedes für einen bestimmten Zweig der Elektrotechnik oder für die Untersuchung einer gewissen Gruppe von elektrotechnischen Apparaten eingerichtet ist, so dass die zum Studium und den Arbeiten in den getrennten Gebieten nöthigen Messinstrumente und Apparate beständig in demselben Laboratorium bleiben und die Praktikanten der Reihe nach die Arbeiten in allen 13 einzelnen Laboratorien durchzumachen haben.

Das Hauptgewicht bei der Beschaffung der Hilfsmittel und der Anlage des Planes für die praktischen Arbeiten wurde am Züricher wie an den elektrotechnischen Instituten Deutschlands darauf gelegt, eine möglichste Uebereinstimmung mit den Einrichtungen der Maschinen-Laboratorien in grossen Fabriken zu erzielen, um auf diese Weise dem Studirenden durch praktische Arbeiten am Institute eine Ausbildung zu ermöglichen, die den Anforderungen der Praxis entspricht. Es verdient noch besonders hervorgehoben zu werden, dass die Laboratorien am Züricher Institute so ausgedehnt und mit Messinstrumenten und Arbeitsmitteln jeglicher Art in so munificenter Weise ausgestattet sind, dass ganze Curse von Studirenden zur praktischen Thätigkeit in den Laboratorien gebracht werden können.

Die Kosten des Züricher Institutes belaufen sich mit dem Bauplatze auf etwa 1,200.000 Frcs.; ausserdem wurde für die Einrichtung des ganzen Institutes und für die instrumentelle Einrichtung des Laboratoriums eine Summe von 550.000 Frcs. bewilligt. Gegenwärtig wirken in der elektrotechnischen Abtheilung des Institutes zwei ordentliche Professoren, denen vier Assistenten zur Seite stehen.

Wie die elektrotechnischen Institute Deutschlands und der Schweiz, so sind auch die Institute in England, Frankreich und die Vereinigten Staaten mit einer Fülle von Apparaten und Maschinen ausgestattet, welche es den Instituten ermöglichen, in ausgedehntem und praktischem Ausbildung von Elektrotechnikern mit der enormen Entwickelung der elektrotechnischen Industrie gleichen Schritt zu halten. Der Studirende erhält an den Instituten nicht blos eine theoretische, sondern auch eine gründliche praktische Ausbildung; er beschränkt sich nicht in den Laboratorien auf die Ablesung von Messinstrumenten, es wird ihm hier Gelegenheit geboten, Maschinen-Berechnungen und Aufgaben über elektrische Licht- und Kraftanlagen selbstständig durchzuführen, verwickelte Schaltungen rasch zu übersehen und auszuführen, in der Maschinenhalle Maschinen und sonstige Apparate aufzustellen und in Betrieb zu setzen und auf diese Weise eine Ausbildung zu erlangen, welche ihn für die praktische Thätigkeit vorbereitet und befähigt. In der ganzen Einrichtung der Laboratorien und Maschinenhäuser der technischen Hochschulen Deutschlands und der Schweiz offenbart sich das zielbewusste Streben, den Studiengang mit den einfachsten und zweckmässigsten Mitteln zu regeln, jede unfruchtbare Speculation auszuschliessen und den Hauptwerth nicht blos auf ein fachliches W i s s e n, sondern auch auf ein selbstthätiges K ö n n e n der Studirenden zu legen.

Es bereitet sich aber eine Ausgestaltung der technischen Hochschulen Deutschlands noch nach einer anderen Richtung vor. Nachdem die deutschen Professoren anlässlich der Weltausstellung in Chicago die technischen Lehranstalten in den Vereinigten Staaten kennen gelernt haben, welche in grossartigem Maasstab mit Maschinen-Laboratorien und Versuchsanstalten ausgerüstet sind, glauben dieselben zur kräftigeren Förderung im Maschinenbau die Errichtung von Maschinen-Laboratorien nicht mehr entbehren zu können, und es rüsten sich alle technischen Hochschulen, diesem fühlbar gewordenen Bedürfnisse zu entsprechen. Beim Neubau der technischen Hochschule in Darmstadt wurde diesem Bedürfnisse auch bereits Rechnung getragen und ein Laboratorium für die Maschinen-Abtheilung errichtet.

Der Herr Vortragende gedachte hierauf noch des Bauprojectes für das elektrotechnische und physikalische Institut der deutschen Hochschule in Prag, welches von Herrn Prof. S a b l i k in Einvernehmen mit dem Herrn Vortragenden bereits 1895 ausgearbeitet wurde. Dasselbe soll aus Erd- und Obergeschoss bestehen und für Hörsäle, Sammlungen, Laboratorien, Werkstätten etc., exclusive Gänge und Höfe, eine Nutzfläche von 1910 m² umfassen. Ausserdem wurden die Baupläne für das chemische und mechanische Institut, im Einvernehmen mit den Fachprofessoren Doctor G i n t l, Z u l k o w s k y und D o e r f e l und für das Hauptgebäude fertiggestellt und dem k. k. Ministerium für Cultus und Unterricht vorgelegt, bis jetzt aber noch nicht genehmigt.

Herr Prof. Dr. P u l u j schloss seinen, vom Auditorium mit grossem Beifall aufgenommenen Vortrag mit nachstehenden Worten, welche seinem, dem k. k. Ministerium im Mai 1895 unterbreiteten Berichte entnommen sind: „In Anbetracht des Umstandes, dass in der mächtig gewordenen elektrotechnischen Industrie den Völkern eine neue ergiebige Quelle ihres nationalen Erwerbes entstanden ist, und ferner in Berücksichtigung der nicht zu verkennenden Thatsache, dass unsere technischen Hochschulen von den ausländischen mit ihren grossartigen Instituten für Elektrotechnik und Elektrochemie bereits überflügelt werden, ergibt sich für dieselben die dringende Nothwendigkeit, das Versäumte nachzuholen und für eine baldige Errichtung von Instituten, die jenen des Auslandes würdig an die Seite gestellt werden könnten, Sorge zu tragen.“

KLEINE MITTHEILUNGEN.

Verschiedenes.

Die Ausbreitung des Fernsprechers in Berlin. In welchem Umfange sich das Telephon als unentbehrliches Verkehrsmittel in Berlin entwickelt hat, beweisen folgende Daten, die wir der „Berl. Börs.-Ztg.“ entnehmen. Noch vor 15 Jahren — 1885 — waren nur wenig mehr als 1500 Theilnehmer an der Fernsprecheinrichtung vorhanden, heute sind in Berlin und den baulich mit Berlin verbundenen Vororten Schöneberg, Charlottenburg, Rix-

dorf, Pankow und Reinickendorf rund 34.500 Theilnehmer angeschlossen. Unberücksichtigt sind bei dieser Zahl die ebenfalls nach vielen Tausenden zählenden Anschluss- und Zwischenleitungen. Amt I ist am stärksten belastet mit rund 5400 Anschlüssen, es folgen Amt VII mit 5300, Amt IV mit 5290, Amt VI mit 5000, Amt III mit 4400, Amt II mit 2850 und Amt IX mit 2000 Anschlüssen; ca. 1900—2000 Anschlüsse kommen auf die Vororte. Das K ö n i g l i c h e S c h l o s s weist eine grosse Anzahl von Anschlüssen auf in allen seinen verschiedenen Abtheilungen, Oberhofmarschall Ceremonien-Amt bis herab zur Mundküche. Das Schloss ist wie alle Reichsbehörden und Staatsministerien bei Amt I angeschlossen. In den P a r l a m e n t e n sind einige Telephonleitungen für die Presse vorhanden. Sämmtliche M i l i t ä r - und C i v i l b e h ö r d e n haben Anschlüsse, und für das Publikum von besonderer Wichtigkeit sind die Anschlüsse der Anwaltszimmer in den Land- und Amtsgerichten. Im Börsengebäude ist für die Börsenbesucher ein eigenes Vermittlungsamt eingerichtet, und weitaus der grösste Theil der angesehenen Bankgeschäfte haben entweder eigene Telephonzellen oder sind zur Benutzung der amtlichen Einrichtungen berechtigt. In ihren Filialen haben die Dresdner und Berliner Bank 13, die Deutsche Bank 11 Leitungen. Von den Berliner Aerzten sind nur sehr wenige nicht angeschlossen, von den 164 Apotheken haben 135 Fernsprecher. Von kaufmännischen Unternehmungen haben je eine 21, 16 und 13 Leitungen, je zwei 12 und 9, fünf je 10, drei je 8, sieben je 7, achtzehn je 6, sechszehn je 5 Leitungen.

Von ganz besonderer Ausdehnung ist der F e r n s p r e c h - b e t r i e b d e r S t a d t v e r w a l t u n g. Für diesen ist seitens des Magistrats ein eigenes Vermittlungsamt errichtet, das auch von der Ober-Postdirection geleitet wird. Durch 24 Anschlüsse ist das Vermittlungsamt „Rathhaus“ mit den Stadtfernsprechämtern verbunden. Die Verbindung mit allen Amtsstellen der städtischen Verwaltung besorgt allein das Rathhaus. Fortwährend sind dort zwei Beamte beschäftigt, die gewünschten Verbindungen herzustellen. Im Ganzen haben 139 Leitungen ein, die mit Nebenanschlüssen durch 317 Apparate zu benützen sind. Die Stadt zahlt für diese Fernsprecheinrichtung im Ganzen etwa 22- bis 23.000 Mk. jährlich. Die 24 Anschlussleitungen zu den Stadtfernsprechämter werden wie bei jedem anderen Theilnehmer mit 150 Mk. berechnet, für die anderen Leitungen, für die das Rathhaus die Vermittlung herstellt, wird ein Rabatt von 25% gewährt = 112 Mk. 50 Pf. Einzelne Leitungen nach ausserhalb gelegenen Stellen sind natürlich recht hoch; so kostet die Verbindung mit der Irrenanstalt Dalldorf mit ihren weiteren 23 Anschlüssen innerhalb der Anstalt jährlich 727 Mk.; die Leitung nach Grossbeeren mit Nebenanschlüssen 753 Mk., nach Osdorf 637 Mk. 50 Pf., nach Wuhlgarten 376 Mk., nach Blankenfelde 532 Mk. jährlich. Bis jetzt ist nur beschränkter Tagesdienst auf dem Vermittlungsamt Rathhaus geltend gewesen, d. h. von 9 bis 3 Uhr, aber diese Zeit musste für das Publikum überhaupt erlangbaren Stellen durch Vermittlung der Stadtfernsprechämter augerufen werden. Binnen wenigen Tagen aber wird ganzer Tagesdienst, d. h. von 8—10 Uhr eingeführt und sind dann alle städtischen Verwaltungsstellen nur durch das Rathhaus zu haben. Aus ökonomischen Gründen sind zahlreiche Stellen, die besonders viel mit dem Publikum zu verkehren haben, wie die Wasserwerke in Tegel, Müggelsee, Lichtenberg, an die nächstgelegenen amtlichen Vermittlungsämter angeschlossen, da die directen Leitungen nach dem Rathhaus grosse Summen kosten würden. Es sind dies im Ganzen 44 Leitungen.

Neuerungen im Fernsprechverkehr in Deutschland. Wie die „Berl. Börs.-Ztg.“ berichtet, wird vom 15. d. M. ab bei Gesprächen im Fernverkehr, welche dadurch nicht zustande kommen, dass das gewünschte Theilnehmer, sei es wegen zeitweiliger Abwesenheit, sei es wegen gestörter Leitung, nicht zu errufen ist, der gerufene Theilnehmer durch den erfolgten Anruf durch die Anstalt, an welche er angeschlossen ist, benachrichtigt. Diese Benachrichtigungen, welche unentgeltlich unter Benutzung von Postkartenformularen und entsprechendem Vordruck erfolgen, geschehen im Ortsbestellbezirk durch die Telegraphenboten, ausserhalb des Ortsbestellbezirkes vermittelst der Post, sofern sich die Benachrichtigung nicht durch den Fernsprecher übermitteln lässt. In Berlin werden derartige Karten als Rohrpostsendungen behandelt.

Die elektrische Beleuchtung des Vaticans soll mit Beginn des nächsten Jahres eingeführt werden. Namentlich sollen diejenigen Gemächer reichlich mit der neuen Beleuchtung versehen werden, die Kunstschätze und archäologische Sammlungen enthalten, welche bis jetzt wegen Mangel an genügender Beleuchtung nicht öffentlich besichtigt werden konnten. Diese Neuerung ist, nach Mittheilung des Patent - Bureaus von H. und W. P a t a k y, Berlin, aus der persönlichen Initiative des Papstes hervorgegangen, welcher selbst lebhaften Antheil an den Arbeiten nimmt. Die Kraftquelle, mit welcher die zur Beleuchtung nöthigen Dynamomaschinen betrieben werden, bildet der wundervoll gelegene Aquilon-Wasserfall. Da die Lichtmaschinen gleichfalls auf dem Gebiete des Vaticans untergebracht sind, so wird, um diesen, nebenbei erwähnt, künstlich angelegten Wasserfall entsprechend zu speisen, eine Wasserleitung bis zu dem 25 Meilen von Rom gelegenen See Bracciano angelegt. Es ist ferner beabsichtigt, auch die St. Peters-kirche an die elektrische Leitung mit anzuschliessen. (?)

Ausnutzung der Wasserfälle Islands für elektrische Zwecke. Wohl für keine andere Gegend verspricht die Kraft, Licht und Wärme spendende Elektricität eine so hohe Bedeutung zu gewinnen, wie für das im hohen Norden liegende, zur Hälfte des Jahres in Nacht und Kälte starrende Island. Ausserordentliche Kraftquellen stehen dem Lande allerdings zur Verfügung in den drei riesigen Wasserfällen, dem Sollfors, dem Gudafors und dem Allarfors, von denen nach neuerdings ausgeführten Berechnungen jeder einzelne so mächtig ist, dass kein anderer Wasserfall Europas damit wetteifern kann. Aber die unerschöpflichen Kräfte werden unbenützt verschwendet, sie die werthvollen Materialien, von denen das von etwa 80.000 Menschen bewohnte Eiland reich ist, liegen ungehoben im Schosse der Erde. Diese Thatsache hat nach der „Ztg. d. Ver. d. Eisenb. V.“ den Plan hervorgerufen, durch Nutzbarmachung der Wasserkräfte mittelst elektrischer Uebertragung die grossen Erzlager auszubeuten, die Wohnstätten elektrisch zu beleuchten und zu erwärmen und die ganze Insel für Handel und Gewerbe zu erschliessen. Bei der leichten Gewinnung der elektrischen Energie aus den Wasserfällen kann Kraft, Licht und Wärme zu einem sehr billigen Preise überall hingeliefert und in den Dienst der Bevölkerung und der Industrie gestellt werden. Es ist zu hoffen, dass der Plan, dessen Ausführung technische Schwierigkeiten nicht bietet, bald festere Gestalt annehmen werde.

Literatur-Bericht.

Die dynamoelektrischen Maschinen. Von Silvanus P. Thompson. VI. Auflage. Nach C. Grawinkels Uebersetzung neu bearbeitet von K. Strecker und F. Vesper. Mit circa 500 Abbildungen und 19 Figurentafeln. Heft I. Halle a. S. Druck und Verlag von Wilhelm Knapp, 1898.

Die deutsche Ausgabe des Werkes von Silvanus P. Thompson, welche 1890 zum ersten Male erschien, hat in steigendem Masse bei den Ingenieuren und Studirenden der Elektrotechnik Beifall gefunden. Nachdem nun auch die dritte, in enger Anlehnung an das englische Original bearbeitete deutsche Auflage in verhältnissmässig kurzer Zeit vergriffen war, haben die Herausgeber und die Verlagsbuchhandlung sich entschlossen, der Uebertragung etwas freier zu Werke zu gehen und durch reichlichere Berücksichtigung deutscher Maschinen und Constructionen das Buch für den deutschen Elektrotechniker brauchbarer zu machen.

Da die vorige deutsche Ausgabe nach der englischen fünften Auflage übersetzt und mit deren Nummer als fünfte bezeichnet worden war, so musste die jetzige deutsche Ausgabe, obgleich auch für die englische fünfte zu Grunde liegt, sechste Auflage genannt werden.

Das vorliegende erste Heft des Werkes enthält, ausser der Einleitung, geschichtliche Angaben, die physikalische Theorie der Dynamomaschine, die Wirkungen und Rückwirkungen im Anker. Die Art und Weise wie dasselbe bearbeitet wurde, lässt darauf schliessen, dass das Lehrbuch auch in seiner neuen Form sehr grosse Erfolge aufzuweisen haben wird. Es gelangt in zwölf Heften zu je 2 Mk. zur Ausgabe.   — wn —

Die Einrichtung elektrischer Beleuchtungsanlagen für Gleichstrombetrieb. Von Dr. Carl Heim. 3. Auflage. Mit 542 Abbildungen. Leipzig. Verlag von Oscar Leiner. 1898. Preis 10 Mk.

Die vorliegende Neuauflage steht mit dem modernen Standpunkte der Gleichstromtechnik vollständig in Einklang. Gemäss den zu verzeichnenden Errungenschaften wurden fast alle Abschnitte erweitert, vor allem jene über die verschiedenen Maschinenconstructionen, Accumulatoren und Beleuchtung. Dieses äusserst reichhaltige Werk ist insbesondere dazu geeignet, tüchtige Monteure heranzubilden.   — wn —

Ausgeführte und projectirte Anlagen.

Deutschland.

Berlin. In der Reform des Strassenbahntarifes geht die Direction der Grossen Berliner Strassenbahn-Gesellschaft

---

Schritt für Schritt weiter zur Durchführung des vollen 10 Pfennigtarifes. Die Durchschnittslänge der 10 Pfennigstrecken ist mit dem Winterfahrplan von 3900 auf 4500 m erhöht worden. Demgemäss ist der Fahrpreis von 10 Pfennig auf folgende selbstständige Linien nunmehr ausgedehnt worden: Hasenhaide—Behrenstrasse (4·4 km), Görlitzer Bahnhof—Friedrichstrasse (4·55 km), Hasenhaide—Rathhaus (4·9 km). Mit dem im Mai k. J. in Kraft tretenden Sommerfahrplan werden weitere Preisermässigungen Platz greifen und der 10 Pfennigtarif auf noch mehreren Gesammtlinien zur Einführung gelangen

---

Patentnachrichten.

Mitgetheilt vom Ingenieur Victor Monath,

W I E N, I. Jasomirgottstrasse Nr. 4.

Classe   Deutsche Patentertheilungen.

20. 101.005. Mittelbare Aufhängung zweier Elektromotoren, welche zwei Achsen eines Fahrzeuges treiben, in ihren Schwerpunkten. — Siemens & Halske, Actien-Gesellschaft, Berlin. 29./10. 1897.

21. 100.971. Aufbau von Elektroden, welche von abwechselnden übereinander gelegten zusammenhängenden glatten, hohlkegelstumpfförmigen Blechen gebildet werden. — Henry Pieper fils, Lüttich. 15./1. 1898.

— 100.972. Erregerflüssigkeit für Sammelbatterien. — A. Werner, London. 18./8. 1898.

40. 100.975. Verfahren zur elektrochemischen Ablösung des Kupfers oder Nickels oder ihrer Legirungen von Eisen oder Stahl. — J. Räder, Berlin. 12./3. 1898.

74. 101.019. Vorrichtung zur Uebertragung von Zeigerstellungen: Zus. z. Pat. 97.656. — Siemens & Halske, Actien-Gesellschaft, Berlin. 23./2 1898.

83. 101.023. Stromschlussvorrichtung an elektrisch betriebenen Uhren. — Société Anonyme des Horloges Electriques Caudoray, Lausanne. 6./5. 1898.

85. 101.131. Elektrischer Ofen mit heb- und senkbarer Bodenelektrode. — C. Mayer, München. 29./5. 1898.

Auszüge aus Patentschriften.

Luigi Canto in Neapel. — Motorzähler mit selbstthätiger Bremsung bei geöffnetem Verbrauchsstromkreis. — Classe 21, Nr. 98 570 vom 23. April 1897.

Um bei Motorzählern, die ein Hilfsfeld zum Ausgleich der Reibungswiderstände besitzen, ein fehlerhaftes Anlaufen bei Nichtvorhandensein von Stromverbrauch zu vermeiden, lässt man den Hauptstrom auf einen Elektromagneten derart wirken, dass dieser im Ruhezustande den Zähler bremst oder das Hilfsfeld oder den Anker kurzschliesst.

Georg Hummel in München. — Verfahren zur Herstellung einer Phasenverschiebung von 90° bei auf Ferraris'schem Princip beruhenden Wechselstromzählern. — Classe 21, Nr. 98.897 vom 20. December 1895.

Fig. 1.

Parallel zur Nebenschlussspule N des Zählers wird ein inductionsloser Widerstand W geschaltet. H bedeutet die Hauptstromspule, J eine Drosselspule. (Fig. 1.)

Ed. Baivy in Brüssel. — Vielfachumschaltung für Schleifenleitungen. — Classe 21, Nr. 98.508 vom 14. Februar 1898.

Die gesammten Theilnehmerleitungen sind auf zwei Schaltbrettgruppen A und B derart gleichmässig vertheilt, dass für jeden Theilnehmer der Gruppe A eine Klappe a mit Klappe a sowohl auf der Schaltbrettgruppe A als auch auf der Schaltbrettgruppe B und umgekehrt für jeden Theilnehmer der Gruppe B eine Klinke b mit Klappe b sowohl auf der Schaltbrettgruppe B als auch der Schaltbrettgruppe A vorgesehen ist (Fig. 2). An jeder Theilnehmerstelle sind je zwei, den beiden Drähten L der Linienleitung entsprechende Klinken, eine für die Gruppe A und eine für die Gruppe B, derart angeordnet, dass bei Betäti-

gung der einen oder anderen Ruftaste in der Gruppe *A* entweder
die entsprechende Rufklappe *a* der Gruppe *A* oder die entsprechende Rufklappe *a* der Gruppe *B* und umgekehrt in der
Abtheilung *I*: die Rufklappe *b* der Gruppe *B* oder die Rufklappe *b*
der Gruppe *A* fällt. Die Rufklappen tragen doppelte Wickelung
(Fig. 3) und sind mit den Liniendrähten L_1 bezw. der Erde *T*
passend verbunden. (Fig. 2 u. 3.)

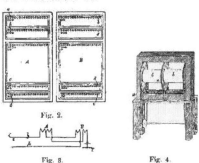

Fig. 2.

Fig. 3. Fig. 4.

**Carl Boritschewsky in St. Petersburg. — Einrichtung zum
Bewickeln geschlossener Transformatorkerne. — Classe 21,
Nr. 98.595 vom 7. November 1897.**

Auf den Kern wird eine getheilte Spule *b* aufgesetzt und
derart durch Rollen *a* unterstützt, dass sie sich beim Aufspulen
des Drahtes durch Riemenantrieb oder dergleichen unabhängig
vom Kern drehen lässt. (Fig. 4.)

Geschäftliche und finanzielle Nachrichten.

Ein neuer Elektricitäts-Trust in Ungarn. Die „Neue
Fr. Presse" schreibt: In Budapest ist die Errichtung einer neuen
Trustgesellschaft geplant, in welche die elektrischen Unternehmungen der Vereinigten E.-G., vormals B Egger & Cie.
aufgenommen werden sollen. Sowohl in Ungarn als auch in Oesterreich, und insbesondere in Böhmen, soll die neue Gesellschaft Anlagen errichten. Das Capital der Gesellschaft soll vorerst mit
2,000.000 fl. bemessen werden.

**Actiengesellschaft für Gas-, Wasser- und Elektricitäts-
Anlagen in Grabow i. M.** Unter dieser Firma hat sich eine Gesellschaft mit 800.000 Mk. Actiencapital constituirt, die den Erwerb, Bau und Betrieb von Anlagen aller Art zur Erzeugung und
Beschaffung von Licht, Wärme, Kraft und Wasser bezweckt. Zu
den Gründern der Gesellschaft gehören u. A. Commerzienrath
Isidor Loewe und Baurath Ludwig Heim in Berlin. Der
letztere ist Vorstand der Gesellschaft.

**Gesellschaft für elektrische Beleuchtung in St. Peters-
burg.** Aus Petersburg wird berichtet: In der dieser Tage stattgehabten ordentlichen Generalversammlung wurde der Bericht für
1897/98 genehmigt sowie die Rechnungsberichte der beiden
vorhergehenden Geschäftsjahre genehmigt. Während der Brutto-
ertrag der drei Jahre sich ungefähr auf der gleichen Höhe gehalten hat (1,081.600 Rbl. pro 1895/96, 1,050.000 Rbl. pro 1896/97,
und 1,174.000 Rbl. pro 1897/98) hat sich der Reingewinn in er-
heblicher Weise vermindert. Er betrug 361.865 Rbl. pro 1895/96,
338.120 Rbl. pro 1896/97 und 192.949 Rbl. pro 1897/98. Der Umfang der Geschäftsthätigkeit des Unternehmens hat sich indess
ausserordentlich erweitert, wozu die Erhöhung des Grundcapitals
von 1,900.000 Rbl. auf 6,000.000 Rbl. die finanzielle Unterlage
geschaffen hatte. Von dem Reinertrage werden, wie bereits gemeldet, pro 1897/98 120.000 Rbl. als Dividende vertheilt was für
die Actie 10 Rbl. oder 2⅓ des Capitals ausmacht. Für das Jahr
1896/97 wurden 22 Rbl. 50 Kop. und für das Jahr 1895/96
27 Rbl. 50 Kop. pro Actie zur Vertheilung gebracht.

Briefe an die Redaction.

(Für diese Mittheilungen ist die Redaction nicht verantwortlich.)

**Ad „Vorrichtung zur selbstthätigen Haltestellung der elek-
trischen Distanzsignale durch den einfahrenden Zug."**

Die in dem Hefte 47 von Herrn Telegraphen-Controlor
Reich beschriebene Vorrichtung bildet keine neue Einrichtung mehr, indem solche Signale „System Neumann",
Ober-Controlor der k. k. priv. Südbahn-Gesellschaft, welche automatisch von dem einfahrenden oder verschiebenden Zug in die
„Haltestellung" gebracht werden, von unterzeichneter Firma
bereits im Jahre 1897 gebaut worden sind und seit dieser Zeit in
mehreren Stationen der Südbahnlinie in dauernder, tadelloser
Function stehen.

Von den wesentlichen Vortheilen dieses Systemes heben
wir insbesondere hervor, dass, obwohl zur Hervorbringung der
Signalstellung „Erlaubte Einfahrt" Wechselströme zur
Anwendung gelangen und dadurch atmosphärische Elektricitäts-
Entladungen auf die Function des Signales keinen Einfluss aus-
üben können, Leitungsgebrechen oder Batteriefehler stets die
Signalstellung „Verbot der Fahrt" herbeiführen.

In Stationen mit grosser räumlicher Ausdehnung können
wo immer Nothtaster angebracht werden und dadurch von allen
diesen Punkten der Station, sobald für den einfahrenden Zug
eine Gefahr vorhanden sein sollte, das in der Stellung „Erlaubte Einfahrt" befindliche Distanzsignal in die Stellung
„Verbot der Fahrt" zurückgeführt werden.

Weiters lässt sich bei dem Neumann'schen Systeme
stets nur eine, und zwar immer nur die beabsichtigte Signalstellung hervorrufen, im Gegensatz zu den Signalen anderer bisher
erprobter Constructionen, bei welchen die Entsendung einer bestimmten Anzahl Stromserien in einem begrenzten Zeitraume
Bedingung ist, da im entgegengesetzten Falle das Distanzsignal
neuerdings ausgelöst werden könnte, wodurch das Signal in der
ursprünglich innegehabte Signalstellung wieder annehmen würde.
Die in Rede stehende Signaleinrichtung lässt es auch nicht zu,
dass zwei Züge aus entgegengesetzter oder feindlicher Richtung
gleichzeitig in die Station einfahren können, nachdem bei mehreren
Abzweigungen, resp. Kreuzungen von Schienen, immer nur
eines der Signale in die Stellung „Erlaubte Einfahrt" gebracht werden kann.

Schliesslich bemerken wir noch, dass die Umgestaltung
der älteren Constructionen von elektrischen Distanzsignalen ohne
besondere Schwierigkeiten bei diesem System durchführbar
lässt. Wir werden noch Gelegenheit haben, auf diese von uns
angedeutete Construction zurückzukommen, da wir die Absicht
haben, demnächst in einem ausführlichen Artikel einige Fortschritte auf dem Gebiete des Eisenbahnsicherungswesens zu beschreiben.

Budapest, 2. December 1898.
Hochachtungsvoll
Vereinigte Elektricitäts-Action-Gesellschaft.

Wien, 7. December 1898.

Erwiderung.

Auf das vorstehende „Eingesendet" kann ich nur erwidern,
dass nach dieser Darlegung das „System Neumann" mit dem
meinen nicht übereinstimmt; solange ersteres nicht
veröffentlicht ist, enthalte ich mich jeder weiteren Bemerkung.

Achtungsvoll
Wilhelm Reich.

Die nächste **Vereinsversammlung** findet Mittwoch
den 21. December 1898 im Vortragssaale des Wissenschaftlichen Club, I., Eschenbachgasse 9, I. Stock,
7 Uhr abends statt.

Herr Ingenieur F. Ross: „Zwanglose Mittheilungen und Reiseeindrücke".

Schluss der Redaction: 13. December 1898.

Verantwortlicher Redacteur: Dr. J. Sahulka. — Selbstverlag des Elektrotechnischen Vereines.
Commissionsverlag bei Lehmann & Wentzel, Wien. — Alleinige Inseraten-Aufnahme bei Haasenstein & Vogler (Otto Maass), Wien und Prag.
Druck von R. Spies & Co., Wien.

Zeitschrift für Elektrotechnik.

Organ des Elektrotechnischen Vereines in Wien.

| Heft 52. | WIEN, 25. December 1898. | XVI. Jahrgang. |

Bemerkungen der Redaction: Ein Nachdruck aus dem redactionellen Theile der Zeitschrift ist nur unter der Quellenangabe „Z. f. E. Wien" und bei Originalartikeln überdies nur mit Genehmigung der Redaction gestattet.

Die Einsendung von Originalarbeiten ist erwünscht und werden dieselben nach dem in der Redactionsordnung festgesetzten Tarife honorirt. Die Anzahl der vom Autor event. gewünschten Separatabdrücke, welche zum Selbstkostenpreise berechnet werden, wolle stets am Manuscripte bekanntgegeben werden.

INHALT:

Gleichrichtung von Wechselströmen durch elektrische Ventile.

Von Ingenieur **Ludwig Kallir.**

(Schluss.)

III. Graetz'sche Schaltung.

Wenn alle Stromwellen eines Wechselstromes durch denselben Leiter in gleicher Richtung geführt werden sollen, sind vier Ventile in der durch Fig. 5 dargestellten, von Graetz und Pollack angegebenen Anordnung nothwendig.

Es sei R der Widerstand, L der Selbstinductions-Coëfficient des Apparates A; der Widerstand der Ventile werde vorläufig vernachlässigt.

Dann gilt

$$E \sin \omega t = R i + L \frac{di}{dt} \qquad 1)$$

$$i = \frac{E}{R'} \sin (\omega t - \varphi) + C e^{-\frac{R}{L} t} \qquad 2)$$

Für den hier zu betrachtenden stationären Zustand muss i für $t = 0$ und $t = \frac{T}{2}$ denselben Werth annehmen: Dies dient zur Bestimmung von

$$C = \frac{2 \sin \varphi}{1 - e^{-\frac{R}{L} \cdot \frac{T}{2}}} \cdot \frac{E}{R'} \qquad 3)$$

Durch den Apparat A fliesst ein gleichgerichteter wellenförmiger Strom. Die Wellen werden umso kleiner, je grösser L im Vergleich zu R. Innerhalb jeder halben Periode erreicht i ein Maximum und ein Minimum. Diese Werthe sind, wie durch Differentiation von 2) abgeleitet werden kann,

$$i_{max, \, min} = \frac{E}{R} \sin \omega t_{max, \, min} \qquad 4)$$

sind also gleich jenen Stromwerthen, welche sich in den betreffenden Augenblicken einstellen würden, wenn die Selbstinduction des Kreises bei ungeändertem Widerstande gleich Null gemacht worden wäre.

Die durch den Apparat A in jeder Halbperiode durchgesandte Elektricitätsmenge

$$Q = \int_0^{\frac{T}{2}} i \, dt = \frac{2 E}{\omega R} \qquad 5)$$

ist unabhängig vom Werthe der Selbstinduction L. Die letztere hat demnach bei dieser Schaltung nur die Wirkung, dass die Stromschwankungen durch sie vermindert werden. Der Grenzzustand, dem man sich durch Vergrösserung von L nähert, ist ein Gleichstrom

$$J = \frac{2 E}{\pi R} \qquad 6)$$

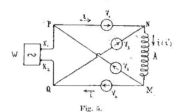

Fig. 5.

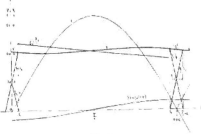

Fig. 6.

Unter der oben gemachten Voraussetzung widerstandsloser Ventile werden dieselben zur Zeit, wo e das Zeichen wechselt, geöffnet, resp. geschlossen. Dabei müsste der Strom i seine Strombahn plötzlich wechseln. Besitzen aber die Ventile einen Widerstand r, so hat dies allmählige Ab- und Zunahme des Stromes in den einzelnen Ventilen und auch allmählige Umkehr des Stromes in den äusseren Zuleitungen zur Folge. Unter R sei jetzt verstanden

$R =$ Widerstand von $A +$ Widerstand zweier Ventile.

Die Halbperiode von $t = 0$ bis $t = \dfrac{T}{2}$ zerfällt wie bei der früheren Schaltung auch jetzt in drei durch verschiedene Gleichungen beschriebene Theile (Fig. 6). Von $t = t_1$ bis $t = t_2$ gilt Gleichung 2), nur erhält jetzt C einen anderen, noch zu bestimmenden Werth. Wenn der Strom während der betrachteten Halbperiode in der eingezeichneten Pfeilrichtung durch die Ventile V_1 und V_4 fliesst, wird, da e allmählig abnimmt, der Strom aber nicht 0 wird, ein Moment eintreten, in welchem der Spannungsabfall des Stromes i in Ventil V_4 gleich geworden ist und im nächsten Augenblicke grösser wird als e in demselben Momente; d. h. der Punkt M hat ein höheres Potential als P und ebenso Q ein höheres als N. In diesem Augenblicke, bestimmt durch die Gleichung

$$E \sin \omega t_1 = i\,r \quad \ldots \ldots \ldots 7)$$

öffnen sich auch die Ventile V_2 und V_3. Es gelten sodann folgende Beziehungen:

$$i' = i_1 + i_3 = i_2 + i_4 \quad \ldots \ldots 8)$$

$$\pm E \sin \omega t = i_1\,r - i_3\,r = i_4\,r - i_2\,r \ldots 9)$$

Das $+$ Zeichen gilt für $t = t_2$ bis $t = \dfrac{T}{2}$;

das $-$ Zeichen für $t = \dfrac{T}{2}$ bis $t = \dfrac{T}{2} + t_1$.

Aus 8) und 9) erhält man für die einzelnen Zweigströme

$$i_1 = i_4 = \frac{1}{2}\left(i' \pm \frac{E \sin \omega t}{r}\right) \quad \ldots 10)$$

$$i_2 = i_3 = \frac{1}{2}\left(i' \mp \frac{E \sin \omega t}{r}\right) \quad \ldots 11)$$

Vom Augenblicke an, wo auch die beiden Ventile V_2 und V_3 aufgemacht werden, ist die äussere Wechsel-E.M.K. e nur die durch die Ventile gebildeten, die Punkte P und Q verbindenden Zweige geschlossen und schickt durch jeden derselben einen Strom

$$\frac{E \sin \omega t}{2\,r}$$

der in obigen Gleichungen 10) und 11) durch die zweiten Glieder der rechten Seite dargestellt ist. Durch den Apparat A schickt e, solange alle vier Ventile geöffnet sind, direct keinen Strom. Im Momente der Eröffnung von V_2 und V_3 trieb e durch A einen gewissen Strom, den die Selbstinduction auch nachher zu erhalten sucht. Es fliesst infolgedessen durch den Apparat A und die durch die vier Ventile gebildeten, seine Klemmen verbindenden Zweige ein Strom

$$i' = C\,e^{-\frac{R-r}{L}\,t} \quad \ldots \ldots \ldots 12)$$

in jedem Zweige nur $\dfrac{i'}{}$; das sind die ersten in 10) und 11) rechts stehenden Glieder. Zur Bestimmung von t_1 und t_2, C und C' dienen die vier Gleichungen

$$\frac{E}{r}\sin \omega\,t_1 = \frac{E}{k'}\sin(\omega\,t_1 - \varphi) + C\,e^{-\frac{R}{L}\,t_1} =$$

$$= C'\,e^{-\frac{R-r}{L}\left(\frac{T}{2}+t_1\right)} \quad \ldots \ldots 13)$$

$$\frac{E}{r}\sin \omega\,t_2 = \frac{E}{k'}\sin(\omega\,t_2 - \varphi) + C\,e^{-\frac{t_1}{L}\,t_2} =$$

$$= C'\,e^{-\frac{R-r}{L}\,t_2} \quad \ldots \ldots \ldots 14)$$

Die Figur 6 wurde unter folgenden Annahmen construirt:

$$E = 100\ V\,; \qquad T = 0\cdot024\ \text{sec}\,;\ \omega = 261\cdot8.$$
$$R = 10\ \Omega\quad r = 2\ \Omega$$
$$L = 0\cdot4\ H$$

Hieraus ergibt sich:

$$t_1 = 0\cdot00048,\ t_2 = 0\cdot01151,\ C = 7\cdot27,\ C' = 8\cdot05.$$

Der im Vorstehenden besprochene Vorgang bildet eine vollständige Analogie zu demjenigen, welcher sich beim „Commutiren über Kurzschluss" eines Wechselstromes mittelst zweitheiligem rotirenden Commutator abspielt. Wenn der commutirte Strom durch einen inductiven Widerstand geschickt wird, so ist es zur Erzielung einer funkenlosen Commutirung nothwendig [*], dass der Kurzschluss zu einer ganz bestimmten Zeit vor dem Zeichenwechsel der E.M.K. beginne und zu einer bestimmten Zeit nach demselben ende. Während dieses Kurzschlusses bestehen statt eines zwei Stromkreise; einerseits ist der Theil des Stromkreises, welcher den Generator enthält, durch die Bürsten kurz geschlossen, andererseits der Theil, welcher den Verbrauchsapparat enthält. In beiden Theilen fliessen die Ströme nach verschiedenem Gesetz. In der Generatorhälfte allein beeinflusst durch die Wechsel-E.M.K., und die Commutirung erfolgt dann funkenlos, wenn bei Unterbrechung des Kurzschlusses die Ströme in beiden Stromkreisen gerade gleich sind. Statt eines Kurzschlusses durch die Bürsten kann natürlich auch ein Schluss auf einen bestimmten Widerstand erfolgen. Das letztere geschieht bei der obigen Schaltung durch die Ventile automatisch. Vom Augenblicke an, wo alle vier Ventile geöffnet sind, ist der Generator sowohl als auch der Verbrauchsapparat auf den Widerstand der durch die Ventile gebildeten Zweige geschlossen. Diese Verbindung wird erst durch den Schluss zweier Ventile wieder aufgehoben. Währenddessen hat die E.M.K. e ihre Richtung geändert, sie ist aber auch durch den Wechsel der Ventile im entgegengesetzten, also richtigen Sinne an den Verbrauchsapparat angeschlossen, ebenso wie beim Commutator durch Vertauschung der Segmente der richtige Anschluss nach dem gleichzeitigen Richtungswechsel der E.M.K. bewirkt wird.

IV. Mehrphasige Stromsysteme.

Durch die Verwendung mehrerer phasenverschobener Wechselströme kann auch bei geringer Selbstinduction eine grössere Gleichmässigkeit des gleichgerichteten Stromes erzielt werden, indem die Stromwellen „Voll auf Fug" durch den Gleichstromapparat geschickt werden können. Bei drei um je 120° phasenverschobenen E.M.K. und blos Ohm'schen Widerstand im Gleichstromapparat betragen die Schwankungen nur $13\cdot3\%$ des Maximalwerthes, und diese Schwankungen können schon durch eine kleine Selbstinduction bis auf praktisch nicht mehr fühlbare herabgemindert werden. Fig. 7 stellt die Schaltung dar, wie sie sich für drei phasenverschobene E.M.K. ergibt. Dieselbe ist auch

[*] S. Steinmetz, „E. T. Z.", 1890, p. 481.

für beliebig viele ai um je $\frac{2\pi}{n}$ gegeneinander phasenverschobene E. M. K. auszubilden. Je grösser die Phasenzahl, desto grösser die Gleichmässigkeit des erhaltenen gleichgerichteten Stromes.

Wenn zunächst vom Widerstand der Ventile abgesehen wird, ergibt sich der Stromverlauf aus Folgendem (Fig. 8): Zur Zeit $t = 0$ hat E. M. K. III einen positiven, das heisst im Sinne des Pfeiles gerichteten, II einen negativen Werth, das heisst es fliesst der Strom unter der Wirkung der Summe beider E. M. K. durch Ventil 3 zum, durch 2′ vom Apparat A. Dieser Zustand dauert bis $t = t_1$, wo I grösser wird als III. Es schliesst

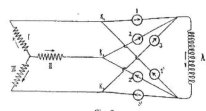

Fig. 7.

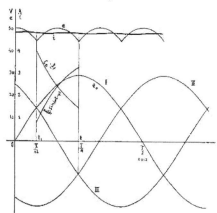

Fig. 8.

sich Ventil 3 unter Oeffnung von 1, der Strom fliesst unter Wirkung der Spannung I + II bis zum Augenblick t_2, wo 2′ geschlossen und 3′ geöffnet wird u. s. w. Die resultirende E. M. K., welche auf den Apparat A wirkt, ist sonach durch die Ordinaten der durch die Curven I, II und III begrenzten Fläche gegeben und setzt sich aus Kuppen zusammen, welche der Gleichung

$$e = \sqrt{3}\, E_0 \sin \omega t = E \sin \omega t$$

folgen, wobei ωt die Werthe von 60° bis 120° anzunehmen hat. Ist R und L Widerstand und Selbstinduction des Apparates A, so gelten für den stationären Zustand die Gleichungen

$$i = \frac{E}{R'}\sin(\omega t - \varphi) \qquad C e^{-\frac{R}{L}t}$$

$$\frac{E}{R'}\sin(60^0 - \varphi) + C e^{-\frac{R}{L}\frac{T}{6}} = \frac{E}{R'}\sin(120^0 - \varphi) + C e^{-\frac{R}{L}\frac{2T}{6}}$$

$$C = \frac{E}{R'}\sin\varphi \cdot \frac{\frac{R}{L}\frac{T}{6}}{1 - e^{-\frac{R}{L}\frac{T}{6}}}$$

Allgemein gilt für n Phasen

$$C = \frac{2E}{R'}\sin\varphi \sin\frac{\pi}{2n} \cdot \frac{e^{-\frac{R}{L}\frac{n-1}{2n}\frac{T}{2}}}{1 - e^{-\frac{R}{L}\frac{T}{2n}}}$$

Die durch den Apparat A pro sec. fliessende Elektricitätsmenge

$$Q_3 = \frac{3E}{\pi R} \qquad \text{bei 3 Phasen}$$

$$Q_n = \frac{2nE}{\pi R}\sin\frac{\pi}{2n} \qquad \text{bei } n \text{ Phasen}$$

ist unabhängig von der Grösse der Selbstinduction in A, welche sonach blos eine die Stromwellen ausgleichende Wirkung besitzt.

Die Curven der Fig. 8 beziehen sich auf die Annahmen:

$$E_0 = 30\,V$$
$$R = 10\,\Omega$$
$$L = 0\cdot04\,H.$$

Die Stromschwankungen betragen hier nur ± 0·8%.

Berücksichtigt man den Ohm'schen Widerstand der Ventile und den durch ihn bedingten Spannungsabfall in denselben, so gestaltet sich der Stromverlauf etwas anders. Wenn beispielsweise während der Zeit $t = 0$ bis $t = t_1$ die E. M. K. I steigt, wird sie schliesslich einen Werth erreichen, der dem gleichzeitigen Werthe III - Spannungsabfall in 3 gleichkommt. Das Ventil 1 wird sich schon in diesem, vor t_1 gelegenen Zeitpunkt öffnen und es wird durch beide Ventile 1 und 3 Strom derart fliessen, dass in jedem Augenblicke I — Spannungsabfall in 1 = III — Spannungsabfall in 3 ist. So findet ein allmähliges Abnehmen des Stromes in 3 verbunden mit allmähligem Wachsen in 1 statt. Zur Zeit $t = t_1$ sind beide Ströme gleich, nach Verlauf einer weiteren Zeit ist der Strom in 3 schliesslich gleich Null. Analog erfolgt der Schluss und die Eröffnung anderer Ventile. Bei der zuerst gemachten Annahme widerstandsloser Ventile hätte sich ein plötzliches Aufhören und Entstehen der Ströme in den Leitungen ergeben.

Contactknopfsystem für elektrische Bahnen.

Von Raoul Demeuse.

Da man bei elektrischen Bahnen beinahe durchwegs das Geleise zur Stromrückleitung benützt, handelt es sich bei den Stromzuführungen im Niveau um die Ueberwindung der Schwierigkeit, die Contactleitung gegen das Geleise gut zu isoliren.

Bei dem kleinen Abstande der Contactleitung vom Geleise und den grossen Uebergangsquerschnitte, der dem Strome geboten ist, werden trotz des grossen specifischen Widerstandes der Erde, bei den angewendeten Spannungen grosse Stromverluste und elektrolytische Zerstörungen unvermeidlich sein.

Dazu kommt noch die Gefahr, dass Menschen und Thiere beim Betreten des Bahnkörpers elektrische Schläge bekommen können.

Diejenigen Systeme, bei welchen die Contactleitung in einem aufgeschlitzten Canale verlegt sind, leiden an dem Uebelstande, dass die Herstellungskosten dieses Canales sehr hoch sind, dass dieser speciell entwässert, und bei Reparaturen an der betreffenden Stelle aufgerissen werden muss.

Man hat sich bemüht den Schlitz entbehrlich zu machen, indem man die Contactleitung in ein vollständig geschlossenes Rohr verlegt und zwischen den Schienen nur örtliche Contactstellen angebracht hat, welche nur dann unter Strom stehen, wenn Strom ent-

Dieses Princip haben verschiedene Constructeure bearbeitet; in der Nr. 368 des „l'Electricien" ist das System von Raoul Demeuse beschrieben.

Bei dieser Construction besteht der am Wagen angebrachte Stromabnehmer (Fig. 4 und 5) aus fünf bis zehn Stahllamellen von ca. 50 mm Breite und 0·5 mm Dicke, welche durch Bleiringe in einer Entfernung von ½ bis 1 mm voneinander gehalten werden. Die Lamellen sind beinahe ebenso lang wie der Wagen. Das ganze Bündel ist unter dem Wagen aufgehängt. Die Zapfen, welche das Lamellenbündel zusammenhalten und die Angriffspunkte der Aufhängevorrichtung sind, bestehen aus vulkanisirtem Kautschuk. Die länglichen Löcher in den Lamellen, durch welche die Tragzapfen gesteckt sind, gestatten die verticale Bewegung jeder Stahllamelle für sich, so dass ein Anpassen des Lamellenbündels an die Form der Contactknöpfe möglich ist.

Die Contactknöpfe F (Fig. 1, 2 und 3) sind in der Gleiseachse in Abständen montirt, welche kleiner als die Länge des Stromabnehmers sind; dieselben sind isolirend in einem kleinen gusseisernen Kasten eingelassen, welcher unter dem Pflaster liegt.

Die obere Fläche des Kastens ist als Deckel ausgebildet; durch denselben geht der Bolzen, welcher die leitende Verbindung zwischen dem Contactknopf und dem inneren Mechanismus, bezw. mit dem Speisekabel B D (Fig. 3) und die mechanische Verbindung des Kastens mit dem Contactknopf herstellt.

In dem Kasten befindet sich ein in der verticalen Ebene schwingender einarmigerHebel aus Schmiedeeisen, der als Anker für zwei Elektromagnete a und b dient und dessen Ende ein löthkolbenartiges Contactstück e aus Kupfer oder Kohle trägt.

Dieses Contactstück ist durch ein flexibles Kabel h mit dem Contactknopf leitend verbunden.

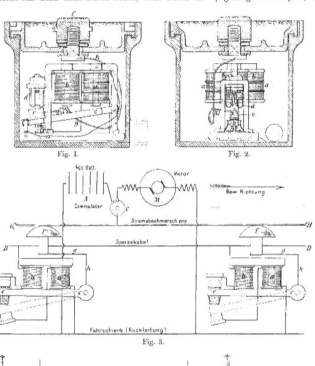

Fig. 1.　　　　　Fig. 2.

Fig. 3.

Fig. 4.　　　　　Fig. 5.

nommen wird, was durch elektromagnetische Vorrichtungen — Relais — erreicht werden kann. Diese Stromschlussvorrichtungen verbinden die Contactknöpfe erst dann mit dem Speisekabel, wenn der Stromabnehmer des Wagens dieselben berührt und schalten die Knöpfe wieder vom Speisekabel ab, sobald derselbe den Contactknopf verlässt. Diese Knöpfe werden in solchen Abständen versetzt, dass der Wagen immer zwei solcher Knöpfe bedeckt. Dadurch wird vermieden, dass stromführende Theile von Menschen oder Thieren, welche den Bahnkörper betreten, berührt werden können.

Beide Elektromagnete wirken in gleichem Sinne.

Von den beiden Elektromagneten ist der eine mit wenigen Windungen aus dickem Drahte, welcher den Betriebsstrom einige Secunden ohne schädliche Erwärmung zu ertragen kann, der andere mit vielen Windungen aus dünnem Drahte bewickelt.

Ein Ende der dickdrahtigen Spule ist an das Speisekabel angeschlossen, welches durch den Kasten durchgeht, das andere Ende liegt an einer zangenartigen Contactvorrichtung d, welche aus zwei um Zapfen drehbare Backen besteht, die durch Federn zusammengedrückt werden.

Durch diese Vorrichtung wird ein sehr guter Contact zwischen dem Contactblock am Hebel und der Contactzange hergestellt, wenn die Spule stromdurchflossen ist, weil sie dann den Hebel kräftig hinaufzieht und dabei das Contactstück wie einen Keil zwischen die Backen der Contactzange hineindrückt.

Die dickdrahtige Spule verbindet somit das Speisekabel über die Contactvorrichtung mit dem Contactknopf.

Normal liegt der Hebel unten, und liegt dabei dessen Contactstück ebenfalls auf einem Contact auf, welcher mit dem einen Ende der dünndrahtigen Spule verbunden ist. Das andere Ende dieser Spule ist mit dem Geleise, also dem anderen Pol verbunden. Die Einrichtung ist nun so getroffen, dass der Contact mit der dünndrahtigen Spule erst dann aufgehoben wird, wenn derselbe bereits mit der dickdrahtigen Spule vermittelt ist, wodurch auch Funkenbildung, also ein Abbrennen der Contactstellen vermieden wird.

Die Art der Stromzufuhr ist nun folgende:

Bevor der Stromabnehmer am Wagen den einen Contactknopf verlässt, wird der nächste in der Fahrtrichtung liegende Contactkopf schon berührt. Dadurch geht ein kleiner Strom durch den Stromabnehmer zu dem neu berührten Contactknopf, durch die dünndrahtige Spule zum anderen Pol und dem Geleise; der Hebel wird gehoben und der Contact mit der dickdrahtigen Spule vermittelt, die den Hebel dann kräftig hinaufzieht. Von diesem Momente an liefert jeder Contactknopf die Hälfte des Arbeitsstromes bis zu dem Augenblicke, wo der Stromabnehmer den hinteren Contactknopf verlässt. Dann liefert nur ein Contactknopf den ganzen Arbeitsstrom für den Wagen, bis der Stromabnehmer den nächsten Contact berührt.

Da auf der Haltestelle der Strom Null ist, kann auch keiner der beiden Elektromagnete contactvermittelnd wirken. Um den Stromschluss zu ermöglichen führt jeder Wagen eine kleine Accumulatorenbatterie mit, welche in dem Momente des Anfahrens Strom für den dünndrahtigen Elektromagneten gibt, so dass der Contacthebel gehoben wird.

Die Empfindlichkeit dieses Systemes bezüglich der relativen Höhenlage der Contactknöpfe zur Schienenoberkante lässt diese Einrichtung nur dann empfehlenswert erscheinen, wenn das Geleise in einem vom Strassenverkehr unbenützten Bahnkörper liegt.

Anderenfalls wäre eine Lebensbedingung des Systemes, dass der Unter- und Oberbau sowie auch das Versetzen der Relaiskästen und die Herstellung des Pflasters in der sorgfältigsten Weise durchgeführt werden müsste. In dieser Beziehung sind Weichen und Geleisekreuzungen besonders bedenklich.

Inwieweit sich die Isolation des Speisekabels bei den alle 4—5 m vorkommenden Anschlussstellen befriedigend erhalten lässt, ist — abgesehen von den bei schlechtem Wetter auftretenden Stromverlusten und den sich daraus ergebenden elektrolytischen Wirkungen — sehr von den Boden- und Verkehrsverhältnissen abhängig, wozu noch kommt, dass sich die Relaiskästen sehr schwer vollkommen trocken erhalten lassen dürften.

KLEINE MITTHEILUNGEN.

Verschiedenes.

Wilhelm Emil Fein †. Wir haben bereits im Hefte 43 des betrübenden Hinscheidens dieses hervorragenden Pioniers der elektrotechnischen Industrie gedacht; heute mögen ihm, der seit Jahren unserem Vereine angehörte und auch hier, dank seinem stets so sehr liebenswürdigen, bereitwilligen Entgegenkommen gegen Fachgenossen, namentlich unter den älteren Mitgliedern viele persönliche Freunde und Schätzer besass, nachstehend einige Worte der Erinnerung gewidmet sein:

W. E. Fein wurde am 16. Jänner 1842 in Ludwigsburg, wo sein Vater Präceptor war, geboren, und hatte sich unter Anleitung des letzteren, gefördert durch eine besondere Befähigung für mathematische und physikalische Fächer, zum Besuche eines Polytechnikums gründlichst vorbereitet, in der Absicht, späterhin Maschinen-Ingenieur zu werden. Er sollte sich jedoch auch manuelle Fertigkeiten erwerben und arbeitete deshalb von seinem 16. Jahre an durch drei Jahre in einer feinmechanischen und noch weiteres Jahr in einer grösseren mechanischen Werkstätte. Hierbei zeigte es sich, dass Fein für die constructive Ausführung gegebener Programme eine aussergewöhnliche Anlage besass, ein Gestaltungstalent, ähnlich demjenigen eines wirklich künstlerisch veranlagten Bildhauers, der den fertigen Gebilden seiner Phantasie ohne Schwierigkeit die richtige körperliche Form zu geben vermag. Dieser erfreuliche Umstand ermöglichte es ihm, für sein Fortkommen selber sorgen zu können, als inzwischen die materiellen Verhältnisse seines elterlichen Hauses sich so verschlechtert hatten, dass an die Verfolgung des ursprünglich geplanten Lebensweges nicht mehr gedacht werden konnte. Er suchte in verschiedenen mathematisch-mechanischen und elektrotechnischen Instituten Beschäftigung und war u. A. bei Siemens & Halske in Berlin und im Kabinete des Professors Wheatstone in London thätig, bis er 1867 aus Gesundheitsrücksichten zur Heimat zurückkehrte und über Zuspruch des Geh. Hofr. Dr. Eisenlohr in Karlsruhe eine eigene Werkstätte zur Erzeugung von physikalischen Instrumenten und elektrischen Apparaten errichtete. Aber schon drei Jahre darnach übersiedelte Fein nach Stuttgart, wo er gemeinsam mit seinem Bruder Carl, der die kaufmännische Leitung übernahm, die Firma C. & E. Fein gründete, welche heute noch unter gleichem Namen besteht, obwohl der Bruder bereits 1872 aus dem Gesellschaftsverbande wieder ausgetreten ist. Auch dieses seither zu einem der bedeutendsten elektrotechnischen Etablissements Deutschlands erblühte Geschäft hatte sich anfänglich vorwiegend auf die Erzeugung physikalischer Instrumente, elektro-medicinischer Apparate, Telegrapheneinrichtungen, Wasserstandsanzeiger, Feuermeldern u. dgl. beschränkt, blieb jedoch bestrebt, jede neuentsprechende Richtung der elektrotechnischen Branche, so namentlich die Telephonie, Beleuchtung und Kraftübertragung unverzüglich und umfänglichst in ihro Leistungssphäre mit einzubeziehen. Auf allen diesen Einzelgebieten war Fein nicht nur mitwirkend, sondern vielfach bahnbrechend thätig, indem er das Vorhandene zu verbessern oder sonstwie zu verbessern und die Anwendungsgebiete zu erweitern verstand, oder indem er überhaupt ganz neue Typen schuf; deshalb drang denn auch sein Ruf als Constructeur weit über die Grenzen Deutschlands hinaus, ebenso wie der Ruf der Erzeugnisse seines Etablissements, welche, bei denen sich englische Solidität mit französischer Zierlichkeit paart. Eine seiner ersten bedeutendsten Original-Constructionen war ein mit drei, zu einem Systeme vereinigten Cylinderinductoren versehene Dynamomaschine, welche er schon im Juli 1867 ausgeführt hatte und im Jahre 1869 auf der Landes-Gewerbeausstellung in Karlsruhe zur Bewerkstelligung damals hochinteressanter, für die Oeffentlichkeit in Deutschland noch ganz neue Experimente benützte. Diese Dynamomaschine war durch eine vierpferdige Dampfmaschine angetrieben und diente auf der erwähnten Ausstellung noch Tages zur Vornahme von mannigfachen galvanoplastischen, elektrolytischen sowie Glüh- und Schmelzversuchen. Bereits im December 1877, also kurz nachdem Bell's Telephon bekannt worden war, hatte Fein dieses Apparat durch die Anwendung von Hufeisenmagneten verbessert, eine Anordnung, welche bekanntlich die weitgehendste Verbreitung gefunden hat. Späterhin beschäftigte er sich vorwiegend mit der Construction von Dynamomaschinen und von Elektromotoren für alle erdenklichen Zwecke der Gewerbe und der Industrie. Besonders bemerkenswert sind seine aus dem Jahre 1887 datirenden Versuche und Messungen über die zweckdienlichste und leistungsfähigste Anordnung zweipoliger Dynamomaschinen (vgl. Dingler's polytechn. Journal v. 15. Jänner 1888) und die ergebnissreichen Bemühungen hinsichtlich der Einführung der elektrischen Beleuchtung, auf diesem Gebiete er namentlich in Schaffung trag- und fahrbarer Einrichtungen und in Ausführung von Lichtanlagen für die innere und äussere Beleuchtung auf Schiffen (in Holland) als einer der Ersten wacker vorangegangen ist.

Ueber alle seine bis incl. 1887 entstandenen constructiven Arbeiten hat Fein in einem 1888 erschienenen, 392 Seiten umfassenden, mit 297 prachtvollen Holzschnitten ausgestatteten

Druckwerke instructiven Bericht erstattet. Dieses Buch, welches für die phasische Thätigkeit und den rastlosen Fleiss des Autors bezüglich seiner Ausführungen elektrotechnischer Apparate und Vorrichtungen ein wahrhaft glänzendes Zeugnis darbietet, ist an dieser Stelle bereits seinerzeit (in Heft 5 vom 1. Mai 1888) ausführlich besprochen worden. Fein schrieb etwa ein Jahr früher noch eine Monographie der Stuttgarter Feuer-Telegraphenanlagen und vorher wie später eine namhafte Zahl von Berichten für elektrotechnische Fachzeitschriften. Er war Ende der Achtziger Jahre während zweier Wahlperioden Mitglied des auswärtigen technischen Ausschusses des Berliner elektrotechnischen Vereines und seit 1891 vom König von Württemberg mit der goldenen Staatsmedaille für Kunst und Wissenschaft ausgezeichnet.

Seit Juli 1869 einer ebenso liebenswerthen und gebildeten als klugen und werkthätigen Gattin angetraut, lebte Fein in glücklichster Ehe, der vier Söhne entsprossen sind. Das qualvolle Magenübel, welchem der Arme am 6. October l. J. erlegen ist, hatte sich schon in den letzten Jahren ab und zu in längeren Perioden lästig geltend gemacht, so dass er sich schon damals in der Leitung der Firma vielfach von seinem ältesten Sohne vertreten lassen musste; mit ihm schied wieder einer jener Tüchtigen aus dem Leben, welche an der Wiege der modernen elektrotechnischen Industrie gestanden sind und zum Wachsen und Erblühen derselben in hervorragendstem Maasse mit vollster Hingebung und erfolgreich beigetragen haben. L. K.

† Latimer Clark, der berühmte englische Elektrotechniker welcher im Jahre 1822 in Great Marlow geboren wurde, starb am 30. October l. J. in London. Clark war zuerst im Eisenbahnwesen thätig und wirkte beim Bau der berühmten Britannia-Brücke über die Menaistrasse mit. Im Jahre 1850 wurde er Ingenieur, später Director der Electric Telegraph Co. Viele wichtige Untersuchungen und Erfindungen sind mit seinem Namen verknüpft. Clark erkannte zuerst die Verzögerung elektrischer Signale in submarinen und unterirdischen Kabeln infolge der Induction und zeigte, dass Strömen von niederer Spannung dieselbe Fortpflanzungsgeschwindigkeit zukommt wie solchen von hoher Spannung. Die von ihm erfundenen Doppelglocken-Isolatoren für Telegraphen-Luftleitungen sind nun in der ganzen Welt angewendet, ebenso die von ihm erfundene pneumatische Übertragung von Nachrichten. Clark war in seinen persönlichen Golf mit Kabellegung beschäftigt; er stand dann an der Spitze der Firma Clark, Forde & Co., welche mehr als 50.000 Seemeilen submarines Kabel verlegte. Von Wichtigkeit sind seine mit Charles Bright durchgeführten Untersuchungen über den Einfluss der Temperatur auf die Isolation von Guttaperchakabeln. Grosse Verdienste erwarb sich Clark um die elektrotechnische Messkunde und die praktische Anwendung des absoluten Maasssystemes; er erfand auch das nach ihm benannte Normalelement. Von seinen Werken sei insbesondere ein Buch über elektrische Messungen und die gemeinsam mit Sabine herausgegebenen Formeln und Tafeln für submarine Kabel hervorgehoben.

Ausgeführte und projectirte Anlagen.

Oesterreich-Ungarn.

a) Oesterreich.

Göding. (Elektricitätswerk.) In der Stadt Göding in Mähren wird ein Elektricitätswerk, welches für 2000 Lampen geplant ist, gebaut.

Ossegg. (Elektrische Kraftübertragung.) Die Erste Brüxer Kohlen-Bergbau-Gesellschaft errichtet auf ihrem Nelson III Schachte in Ossegg eine Wetterführung mit elektrischem Betriebe. In der, von der Primärstation 2 km entfernten Ventilatorhalle wird ein Drehstrom-Motor aufgestellt, welcher bei 2000 V und 250 Touren per Minute, 180 PS leistet. Ein entsprechend starker Generator, eingerichtet für directen Seilantrieb vom Schwungrade der Dampfmaschine, speist diesen Motor. Die Tourenzahl des letzteren kann bis auf 80 per Minute regulirt werden.

Wien. (Elektrische Kraftübertragung.) In der neuen Druckerei von A. Holzhausen werden sämmtliche Pressen elektrisch betrieben werden und die Motoren, welche auf federnden Wippen stehen, und die Schwungräder mittelst Frictionsscheiben antreiben, zur Verwendung. Der Maschinensaal wird durch Glühlampen beleuchtet, welche über den einzelnen Pressen hängen und nach jeder Richtung verschiebbar sind. Der Setzersaal wird mit Bogenlampen für diffuses Licht erhellt werden.

Die für die Beleuchtung des III. Gemeindebezirkes bestehende, dem Baron Wiesner gehörige Centrale, wird gegenwärtig einer Erweiterung unterzogen, und gelangt eine complete Anlage für 150 PS zur Aufstellung.

Die Ausführung der vorstehend genannten Anlagen erfolgt durch die Vereinigte E.-A.-G. vorm. B. Egger & Co. Wien-Budapest.

(Elektrische Strassenbahn Praterstern–Kagran.) Wie wir s. Z. berichteten ist diese Strassenbahn seit dem 26. Juni l. J. aus Anlass des Bundesschiessens von der Vorgartenstrasse bis zur Schiessstätte dem Betriebe übergeben worden. Der Ausbau der Linie bis zur Endstation in Kagran wird im Verlaufe von wenigen Tagen beendet sein, so dass die Eröffnung des ganzen Bahnstrecke, d. i. nunmehr vom Praterstern bis Kagran, mit Ende dieses Monates stattfinden wird. Die zu dieser Bahnanlage gehörige Abzweigung nach Kaisermühlen ist gleichfalls im Bau begriffen und wird auch diese Strecke voraussichtlich im nächsten Monate dem öffentlichen Verkehr übergeben werden können. Die Remisenanlagen befinden sich an der Kagraner Reichsstrasse und sind in denselben die Schmiede, Reparaturwerkstätte, die Hallen für die Motor- und Anhängewagen untergebracht. Das Administrationsgebäude, welches im nächsten Frühjahr erbaut wird, wird in unmittelbarer Nähe der Remise seine Aufstellung finden.

Der Verkehr vom Praterstern zur Schiessstätte findet in Intervallen von zehn und von der Schiessstätte nach Kagran in zwanzig Minuten statt. Der Fahrpreis vom Praterstern beträgt 12 kr., Praterstern bis Schiessstätte 7 kr. und jede Theilstrecke 5 kr., Praterstern bis Kagran 11 kr. und für jede Strecke kosten 45 fl. Monatsabonnementskarten 5 fl., Arbeiter-Wochenkarten 65 kr. und für Theilstrecken 50 kr.

Nach der „Fl. Ztg." sind folgende Haltestellen in Aussicht genommen. Praterstern zur ganzen Strecke: die Warthalle befindet: Vorgartenstrasse, Holzerbad, Kaisermühlen, Franz Josefsland, Schiessstätte als Ausweiche, Alte Donau, Haltestelle Fabrik, Kagran als Endstation.

b) Ungarn.

Budapest. (Entwickelung des Budapester Strasseneisenbahn-Netzes.) Die Direction der Budapester Strasseneisenbahn-Gesellschaft, sowie jene der Budapester Stadtbahnen haben für die Bauperiode 1899 Erweiterungen ihrer Betriebsnetze beschlossen.

In erster Linie sollen im Einvernehmen mit der hauptstädtischen Municipalverwaltung nebst der am linken Ufer der Donau gelegenen Quaibahn zur Ausführung gelangen:

a) Von Seiten der Strassenbahn-Gesellschaft: Die zum rechtsseitigen Donaufer parallel führende Linie Kettenbrücken-Kopf–Bruckbad–Brückenkopf der Franz Josef-Brücke (Zollamtsbrücke). Von dieser Linie soll die Zuführtrecke zum Brückenkopfe der im Bau begriffenen Eskütér-(Schwunplatz-)Brücke berührende Theilstrecke zu einem Zeitpunkte der Herstellung des definitiven Strassenniveau verläufig nur im Provisorium hergestellt werden. Die Section Franz Josef-Brücke—Bruckbad bietet keinerlei technische Hindernisse, und steht die Bestimmung der Trace lediglich nur mit dem dortigen Quai-Regulirungsbauten im Zusammenhange. Dagegen ist der Bau der Section Bruckbad—Kettenbrücke mit bedeutenden technischen Schwierigkeiten und Kosten verbunden, da die unter der Kettenbrücke zum Anschlusse an die Linie Kettenbrücke–Margarethenbrücke–O-Buda (Alt-Ofen) und Zugliget (Auwinkel) führende Theilstrecke durch mächtige Schutzmauern gegen Inundation zu versichern und weiterhin bis zum Tabaner Brückenkopfe der Eskütér-Brücke auf einem ausserhalb desselben liegenden eisernen Viaducte zu führen ist;

b) von Seiten der Stadtbahn-Gesellschaft wird die Hauptlinie Akademiepalast–Podmaniczkygasse–Város-Liget (Stadtwäldchen) vom Ende der Podmaniczkygasse aus über die Königin Elisabethstrasse verlängert und dadurch der nordwestlich vom Stadtwäldchen im Ausbau begriffene Stadttheil auf kürzestem Wege mit dem innerstädtischen Betriebsnetze der Gesellschaft verbunden werden. Bei diesem Anlass ist zu bemerken, dass als Variante dieses Projectes auch eine Verlängerung der Herminastrasse Linie der Strasseneisenbahn-Gesellschaft über die Königin Elisabethstrasse in Aussicht genommen ist und die Ertheilung der Concession von Seiten der Municipalbehörde in erster Linie von der Höhe des Beitrages abhängt, welchen die eine oder die andere der concurrirenden Gesellschaften zu den dort bedeutenden Strassenregulirungskosten zu leisten sich verpflichten wird. Der Zeitpunkt der Ausführung noch anderer von beiden Gesellschaften projectirter Linien im Bereiche der Pester Stadtbezirke hängt von der definitiven Tracenbestimmung der projectirten Metropolitan-Untergrundbahn ab, deren Festsetzung demnächst erfolgen wird.

(Ausbau der Quaibahn der Budapester Stadtbahn-Gesellschaft. Die Budapester Municipalverwaltung hatte sich ursprünglich aus verkehrspolizeilichen Rücksichten gegen die Herstellung einer Schienenverbindung zwischen der derzeit nächst dem Corse endigenden Quailinie der Stadtbahn-Gesellschaft und stromaufwärts überhalb der Kettenbrücke als Sackbahn endigenden gesellschaftlichen Linie Akademiepalast-Podmaniczkygasse—Grosse Ringstrasse und Podmaniczkygasse—Stadtwäldchen auszusprechen. In Würdigung sowohl der von Seiten einer Deputation des IV. Stadtbezirkes dargestellten Wichtigkeit dieser Verbindungslinie als auch des technischen Werthes der allen Ansprüchen der öffentlichen Sicherheit und der Aesthetik durchwegs Rechnung tragenden neuen Projectes hat nunmehr auch die Communalbehörde sich für die Förderung des Baues dieser Linie entschieden. Durch ringförmige Schliessung der durch das kurze Segment Eskütér (Schwurplatz)—Akademie derzeit noch getrennten Linien des gesellschaftlichen Netzes wird die Continuität des Ringverkehres sowohl als des von diesem ausgehenden Radiallinien-Verkehres nach jedem Punkte des Gesammtnetzes vermittelt.

Krompach. (Elektrische Beleuchtung und Kraftübertragung.) Die Hernalsthaler ungarische Eisenindustrie-Act.-Gesellschaft, deren grosse Hochofen- und Walzwerksanlagen in Krompach bereits mit einer umfangreichen Beleuchtungs-Installation für ca. 1000 Glühlampen und 60 Bogenlampen eingerichtet worden sind, hat nunmehr auch eine elektrische Kraftübertragungsanlage für ihr Work Klippberg errichten lassen, in welchem schon eine elektrische Grubenbahn und Bohranlage existirt, deren Generatoren Dampfbetrieb haben. Diese vorhandenen Primärdynamos werden durch Drehstrom-Motoren mittelst directer Kuppelung betrieben, und zwar mit 125, bezw. 65 PS. Der Strom hiezu wird der in Krompach bestehenden Generatoranlage entnommen, welche mit 330 V Drehstrom arbeitet. Es wird hiezu in Krompach ein Transformator für 220 KW aufgestellt, welcher auf 3300 V hinauf transformirt. Für 105 V Drehstromanlage ca. 7 km entfernten Motoren arbeiten mit dieser Hochspannung. Mehrere kleine Transformatoren für 105 V besorgen die Beleuchtung für zugehörige Arbeiter-colonien.[*]

Losonez. (Elektricitätswerk.) Die Stadt Losonez wird demnächst ein Elektricitätswerk für Licht und Kraftlieferung erhalten, welches im ersten Ausbau für 2000 Lampen gebaut wird.[*]

Oedenburg. (Elektrische Centrale.) Eine Anlage von besonderem Interesse wird die elektrische Centralstation der Stadt Oedenburg in Ungarn, und zwar dadurch, dass zum Antriebe derselben ein Hochspannungs-Gleichstromwerk benützt wird, welches sich in 65 km Entfernung in Ikervar befindet. Dieses letztere Work wird hochgespannten Gleichstrom mittelst einer Leitung von 9 mm Durchmesser nach Oedenburg entsenden, und wird die Spannung bei voller Belastung ca. 1300 V betragen.

In Oedenburg gelangen drei Hochspannungs-Motoren à 125 PS zur Aufstellung, welche in bekannter Weise nach dem System Thury geschaltet sind. Mit diesen Motoren werden je zwei Gleichstromdynamos gekuppelt, um die Beleuchtung in Dreileitersystem zu speisen. Die Anlage wird auf dem Terrain der Besitzerin, das ist der Oedenburger Gasanstalt, errichtet. Nachdem die Primäranlage mit Wasserkraft arbeitet, sowie zur Sicherheit bei Störungen im Leitungsnetze, wird zur Reserve ein Gasmotor von 125 PS in Oedenburg aufgestellt.

Die Leitungen in letzterer Stadt werden theils oberirdisch, theils unterirdisch geführt werden. Es liegen schon sehr bedeutende Anmeldungen vor, wie z. B. der dortige Militär- Oberrealschule mit ca. 900 Lampen, das Hospital, das Comitatshaus, das Theater u. s. f., so dass wahrscheinlich bald an den weiteren Ausbau der Anlage wird geschritten werden.[*]

Maria-Theresiopel (Szabadka). Im Anschlusse an die dortige Centrale wird das Stadttheater elektrisch beleuchtet. Die Installation umfasst ca. 800 Lampen.[*]

Orsova. (Elektrische Bahn.) Der kgl. ungar. Handelsminister hat der Eisenbahnplan-Unternehmung Nicolaus Gferer und Wilhelm Grossmann in Budapest die Bewilligung für eine mit Benützung entsprechender Strassen sich im Bereiche der Stadt Orsova verzweigenden Strasseneisenbahn mit elektrischem Betriebe auf die Dauer eines Jahres ertheilt.

Szatmar. (Elektrische Beleuchtung.) Vor fünf Jahren wurde in der Stadt Szatmar ein Elektricitätswerk für 1500 Lampen errichtet, welches vor drei Jahren auf 3000 Lampen und nunmehr abermals erweitert wird. Zur Aufstellung gelangt eine Dampfdynamo von 300 ö. PS bei 150 Touren per Minute.[*]

Frankreich.

Angers. (Strasseneisenbahn mit elektrischem Betriebe.) Eine unter Aegide der Communal-Verwaltung der Stadt Angers gegründete Gesellschaft hat auf Grund der nach bereits erfolgter Gemeinnützigkeits-Erklärung erworbenen Concession den Ausbau eines die Stadt Angers durchkreuzenden und

bis in die Nachbarschaft führenden, mit elektrischer Kraft zu betreibenden Strasseneisenbahnnetzes beschlossen. Im Sinne der concessionsmässig vereinbarten Bedingung hat die Gesellschaft die Verpflichtung übernommen, nach Massgabe der Zunahme der städtischen Bevölkerung per je 10.000 Köpfe ihr Betriebsnetz um je ein Kilometer zu erweitern, und beginnt die Rechtskraft dieser Bedingung mit dem Zeitpunkte, als die derzeit bereits 75.000 Köpfe zählende Bevölkerung von Angers die Zahl von 80.000 erreichen wird.

Patentnachrichten.

Mitgetheilt vom Ingenieur Victor Monath,
WIEN, I. Jasomirgottstrasse Nr. 4.

Auszüge aus Patentschriften.

Oscar Linker in Leipzig. — Stromzuführungseinrichtung für elektrische Bahnen mit Theilleiterbetrieb. — Classe 20, Nr. 90.016 vom 21. November 1894.

Die Ausschaltung des Stromes erfolgt durch mechanische Bewegung eines Cylinders vom Wagen aus. — Dieser Cylinder besitzt eine Verbindkelung, welche nach der Ausschaltung Strom enthält und infolge dessen elektromagnetisch in seiner Lage festgehalten wird.

Charles Pollak in Frankfurt a. M. — Vorrichtung zur Umwandlung von Wechselstrom in Gleichstrom und umgekehrt. — Classe 21, Nr. 93.587 vom 17. August 1897.

Die Vorrichtung ist gekennzeichnet durch in leitende Flüssigkeit angebrachte, synchron, bezw. gleichzeitig bewegte, isolirende Theile, die mit derartig ausgebildeten Oeffnungen oder leitenden Flächen versehen sind, dass je nach der Stromphase dem Stromdurchgang abwechselnd ein geringer oder ein hoher Widerstand entgegengesetzt wird nur Stromstösse der gewünschten Richtung und Spannung die Vorrichtung passiren können.

Zur Einstellung der Vorrichtung auf verschiedene Phasen oder Zeitdauer der Stromstösse sind besondere Vorkehrungen getroffen.

Körting & Mathiesen in Leutzsch-Leipzig. — Bogenlampe mit zwei Kohlenpaaren und zwei unabhängigen Laufwerken. — Classe 21, Nr. 93.571 vom 10. November 1897.

Die Bogenlampe besitzt zwei Kohlenpaare und zwei unabhängige Laufwerke. — Die Auslösung des zweiten Laufwerkes erfolgt nach Abbrand des ersten Kohlenpaares durch einen mechanisch oder elektrisch beeinflussten, mit Anschlagungen versehenen Hebel. — Die Erfindung besteht nun darin, dass dieser Schalthebel die Laufwerke wechselseitig hemmt, bezw. auslöst, so dass jedes Kohlenpaar erneuert werden kann.

Henri Pieper in Lüttich. — Stromabnehmeranordnung für mit Theilladung von Stromsammlern arbeitende Stromzuleitungssysteme für elektrische Bahnen. — Classe 20, Nr. 93.347 vom 5. Mai 1897.

Die Stromabnahme erfolgt zur zeitweilig zur Ladung von Accumulatoren an senkrecht zur Wagenachse gespannten Drähten, und zwar durch über dem Wagen zur Achse desselben schräg angeordnete Drähte, um eine gleichmässige Abnutzung der Leitungen zu erzielen.

S. Ph. Thompson und M. Walker in London. — Stromzuleitung für elektrische Bahnen mit Theilleiterbetrieb. — Classe 20, Nr. 93.918 vom 3. September 1897.

Die magnetisirenden Spulen des Relais sind auf einzelne Theile gewickelt, die so gestaltet sind, dass der Schalter allein die Schliessung der elektrischen Stromleitung nicht herbeiführt, auch dann nicht, wenn in die magnetisirenden Spulen Strom geschickt wird, so lange nicht durch ein einfaches Stück Eisen am Wagen der magnetische Schluss der Schaltertheile bewirkt wird.

Telephon-Apparat-Fabrik Fr. Welles in Berlin. — Klinke für Fernsprech-Vermittelungsämter. — Classe 21, Nr. 93.161 vom 1. August 1897.

Die zum Aufnehmen der Klinken dienende, aus Isolationsmaterial bestehende Schiene hat für jede Klinke zwei ungleich weite Bohrungen, von denen die engere Bohrung ganz durch die Schiene hindurchgeht. — In dieser Bohrungen sind die Klinkenfelder derart angeordnet, um den Staub durch die Klinke frei hindurchfallen, bezw. leicht beseitigt werden kann.

---

[*] Diese Anlagen sind von der **Vereinigten Elektricitäts-Gesellschaft,** vorm. B. Egger, Wien, ausgeführt worden.

Union-Elektricitäts-Gesellschaft in Berlin. — Elektricitätszähler für verschiedenen Stromtarif mit mehreren Zählwerken. — Classe 21, Nr. 99.021 vom 30. Juni 1897.

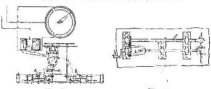

Fig. 1.   Fig. 2.

Von den beiden getrennten Zählwerken *a b* registrirt das eine *a* die gesammte verbrauchte Energie, während das andere *b* durch zeitweilige, elektrische Kuppelung mit dem ersteren nur denjenigen Energiebetrag registrirt, der dem besonderen Tarife unterliegt. (Fig. 1.)

Florest William Dunlap in London. — Vorrichtung zum Ueberspinnen von elektrischen Glühlichtbirnen. — Classe 32, Nr. 98.719 vom 27. November 1897.

Aus einem mit Ausfluss versehenen, durch eine Schraubenspindel *a* in der Längsrichtung verschiebbaren Behälter *G* mit flüssigem Glase wird auf der an der Pfeife *f* sitzenden Glasbirne *b* ein Faden flüssiger Glasmasse befestigt und sodann durch Drehen der Birne *b* mittelst der Handhabe *h* weitere Glasmasse aus dem sich durch das Drehen seitlich verschiebenden Behälter *G* gezogen, die sich auf die Birne in einer Spirale auflegt. (Fig. 2.)

Siemens & Halske, Actien-Gesellschaft in Berlin. — Stromzuleitungseinrichtung für elektrische Bahnen mit Wechselstrombetrieb. — Classe 20, Nr. 99.504, vom 22. April 1897.

Die Erfindung verfolgt den Zweck, die Leitungsanlage elektrischer Bahnen mit Wechselstrombetrieb zu vereinfachen, was besonders bei Weichen und Kreuzungen von Wichtigkeit ist.

An denjenigen Stellen der Bahnstrecke, wo eine kleine Leistung verlangt wird, also in ebener normaler Strecke, werden zwei Contactleitungen vorgesehen, welche mit einphasigem Wechselstrom aus der Kraftstätte gespeist werden. — Da, wo eine grosse Leistung verlangt wird, also an den Aufahrtstellen und bei Steigungen, werden drei Contactleitungen vorgesehen, welche mit Mehrphasenstrom entweder aus der Kraftstätte oder aus einem auf der Strecke aufgestellten Einphasen-Mehrphasen-Umformer gespeist werden.

Philipp Lentz in Berlin. — Stromabnehmerbügel für elektrische Eisenbahnen mit Stromschlusswalze oder Rolle. — Classe 20, Nr. 99.170 vom 1. April 1897.

Das Wesen der Erfindung besteht darin, dass auf gerader Strecke der Leitungsdraht auf einer Rolle oder Walze läuft, bei Curven dagegen auf den Bügel, dass aber der Uebergang gleichmässig und sanft ohne Störung erfolgt.

Der ausser der Walze als zweiter Stromabnehmer angeordnete Bügel ist so gebogen, dass er die Walze an den Enden überdeckt, in der Mitte dagegen freilässt. — Bewegt sich der Eintritt in die Curve der Draht die Mittellage verlässt, wird er über die Biegungen des Bügels hinaufgleiten und langsam von seinem Strom an den Bügel abgeben. Es tritt also ein allmähliger Uebergang und ein zeitweise gleichzeitiges Berühren der Walze und des Bügels ein.

Louis Dill in Frankfurt a. M. — Verfahren zur elektrolytischen Gewinnung von Phosphormetallen. — Classe 40, Nr. 99.128 vom 29. October 1897.

In ein Bad, welches Phosphorsäure, bezw. concentrirte Lösungen saurer phosphorsaurer Salze enthält, wird eine Kohlenelektrode, sowie eine kleinere, aus dem zu legirenden Metall bestehende Elektrode eingehängt. — Beim Durchgange des elektrischen Stromes scheidet sich Phosphor aus und verbindet sich mit der erhitzenden Metallelektrode zu einer Phosphorlegirung, die abschmilzt.

Geschäftliche und finanzielle Nachrichten.

Actien-Gesellschaft Süddeutsche elektrische Localbahnen in Dresden. Unter dieser Firma ist eine neue Actien-Gesellschaft in das Handelsregister des Amtsgerichtes Dresden eingetragen

worden. Das Grundcapital beträgt Mk. 3,000.000. Den Vorstand bilden die Herren Ober-Ingenieur G. C. Buschkiel und Director Metzer in Dresden. Gegenstand des Unternehmens ist der Bau, der Betrieb und Verlängerung von Localbahnen aller Art, sowie von Concessionen für solche, ausserdem ist die Gesellschaft berechtigt, alle diejenigen Geschäfte einzugehen, welche mittelbar oder unmittelbar die Zwecke der Gesellschaft fördern, Zweigniederlassungen zu errichten u. s. w. Gründer der Gesellschaft sind die Actien-Gesellschaft Elektricitätswerke vormals O. L. Kummer & Co., die Allgemeine Industrie-Actien-Gesellschaft, die Creditanstalt für Industrie und Handel, sämmtlich in Dresden, die Herren Commerzienrath Knab und Commerzionrath Limmer zu Steinfels, bezw. Kulmbach in Bayern. Zum Aufsichtsrathe gehören ausser den beiden letztgenannten Herren Consul Horn, Commerzienrath Kummer, beide in Dresden, sowie Rentner Fr. Ed. Schnorr von Carolsfeld in Loschwitz bei Dresden.

Actien-Gesellschaft für Elektrotechnik, vorm. Willing & Violet in Berlin. Die Gesellschaft erstattet ihren zweiten Rechenschaftsbericht, und zwar für das am 30. Juni abgelaufene Geschäftsjahr. Dem Berichte ist zu entnehmen, dass die Filialfabrik in Sonnenburg N.-M. erst im Juni d. J. fertiggestellt werden konnte, und dadurch die Uebersiedlung der Abtheilung für Schraubenfabrikation und Façondreherei, sowie auch die Raumgewinnung für die elektrotechnischen Werkstätten in Berlin verzögert wurde. Die Werkstätten für Herstellung von elektrotechnischen Bedarfsartikeln waren voll beschäftigt und sind auch weiter mit Aufträgen genügend versehen. Die von der Gesellschaft erbauten elektrischen Centralen sind bis jetzt noch in eigener Verwaltung; deren gelegentliche Verwerthung ist beabsichtigt. Ueber diese Anlage wird berichtet: Die im 20 Jahre concessionirte Anlage in Zielenzig, am 1. October 1894 eröffnet, erfuhr 1897/98 eine Vergrösserung. Die elektrische Anlage für 20 Jahre concessionirte Anlage in Strausberg wurde am 1. November 1896 eröffnet; die ursprüngliche Anlage musste wegen starker Nachfrage nach Strom ebenfalls eine erhebliche Vergrösserung erfahren. In Trebnitz wurde die Centrale mit einer 20jährigen Concession am 16. October 1897 eröffnet. Das Werk hat die Erwartungen in jeder Weise erfüllt. Der Centrale in Graetz i. P., welche am 1. November d. J. eröffnet wurde, ist die Concession zur Lieferung von elektrischem Strom für Kraft- und Lichtbedarf auf 30 Jahre ertheilt. Die Filiale Sonnenburg konnte mit der Stromabgabe im Juni d. J. beginnen. In Angriff genommen ist die Centrale für die Stadt Cöthen i. Anhalt. Die Concession ist vor wenigen Wochen auf 40 Jahre ertheilt. Der Brutto-Ueberschuss beläuft sich auf 70,031 Mk. Die Abschreibungen betragen 50,670 Mark. Eine Dividende gelangt nicht zur Vertheilung. Dem Reservefond wurden 1777 Mk., dem Delcredere-Conto 15.000 Mk. überwiesen und 2583 Mk. auf neue Rechnung vorgetragen.

Motorfahrzeug- und Motorenfabrik Berlin, Actien-Gesellschaft. Diese neugegründete Gesellschaft ist in's Berliner Handelsregister eingetragen worden. Das Grundcapital beträgt 2,000.000 Mark. Zu den Gründern der Gesellschaft gehört die Actien-Gesellschaft Deutsche Waffen- und Munitionsfabriken. Den ersten Aufsichtsrath der Gesellschaft bilden die Herren Geh. Commercienrath Max v. Dettenhofer, Rottweil, Commercienrath Isidor Loewe, Bautrath Leut, Berlin, Commerzienrath J. X. Heidemann, Köln, Director Dr. G. A. M. Aufschläger, Hamburg, Kaufmann H. Hecht, Hauptmann a. D. Max v. Wedel, Oberbergrath Paul Wächter, Bankdirector Curt Sobernheim, sämmtlich in Berlin, und Oberlandrath Adolf Klose, Charlottenburg. Den Vorstand der Gesellschaft bilden die Herren Director August Ekrhardt, Wilmersdorf, Director Alexis Riese, Berlin, Oberst a. D. Alfons Castenholz, Karlsruhe, Ingenieur Adolf Altmann, Berlin und Gerichts-Assessor Dr. Max Levin, Berlin.

Druckfehler-Berichtigung.

Im Artikel „Zur Erklärung des Görges'schen Phänomens" von Ing. Friedrich Eichberg ist zu lesen: auf Seite 592, 1. Spalte, 9. Zeile von oben: J_L anstatt J_l, auf Seite 592, 1. Spalte, 2. Zeile von unten: J_L anstatt J_l, auf Seite 594, 1. Spalte, 22. Zeile von oben: $a k''$ anstatt $a b$, auf Seite 594, 1. Spalte, 35. Zeile von oben: $a k''$ anstatt $a b$, auf Seite 594, 1. Spalte, 36. Zeile von oben: $a k'' . 2 \pi (n-m) L_1$ anstatt $a k' . 2 \pi (a-m) L_1$, auf Seite 594, 2. Spalte, 8. Zeile von oben: das Drehmoment gleich Null ergeben anstatt das Drehmoment D ergeben.

Am 28. December keine Vereinsversammlung.

Schluss der Redaction: 19. December 1898.

Verantwortlicher Redacteur: Dr. J. Sahulka. — Selbstverlag des Elektrotechnischen Vereines.

Commissionsverlag bei Lehmann & Wentzel, Wien. — Alleinige Inseraten-Aufnahme bei Haasenstein & Vogler (Otto Maass), Wien und Prag.

Druck von R. Spies & Co., Wien.

Zeitschrift für Elektrotechnik.

Organ des Elektrotechnischen Vereines in Wien.

Redacteur: Dr. J. Sahulka.

Erscheint jeden Sonntag.

| Heft 52. | WIEN, 25. December 1898. | XVI. Jahrgang. |

Selbstverlag des Elektrotechnischen Vereines in Wien. Vereinsleitung, sowie Redaction, Administration und Expedition der Zeitschrift: Wien, I. Nibelungengasse 7, k. k. Postsparcassen-Check-Conto Nr. 804.423, Telephon Nr. 2403. — Commissionsverlag und Abonnements-Aufnahme: Lehmann & Wentzel, Buchhandlung in Wien, I. Kärntnerstrasse 34. Abonnementspreise: Für Oesterreich-Ungarn jährlich fl. 8.—, für Deutschland Mk. 16.—, im Weltpostvereine Mk. 20.— bei Francozusendung. — Alleinige Inseraten-Aufnahme bei Haasenstein & Vogler (Otto Maass), Annoncen-Expedition, Wien, I. Wallfischgasse 10; Prag, Ferdinandstrasse 37.

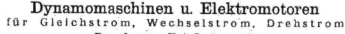

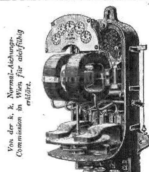

ELEKTROTECHNISCHER VEREIN, WIEN.

P. T.

Seit 1. Jänner 1898 erscheint der **XVI.** Jahrgang des Organs des Elektrotechnischen Vereines in Wien, die

„Zeitschrift für Elektrotechnik"

in vergrössertem Format, Grossquart, wöchentlich einmal, und zwar jeden Sonntag.

Da die Vereinsleitung ausser Stande ist, sich mit der Administration des Annoncenwesens zu befassen, wurde der

Annoncen-Expedition

HAASENSTEIN & VOGLER (Otto Maass)

Wien, I. Wallfischgasse 10   ✱   **Prag,** Ferdinandstrasse 37

das ausschliessliche Recht zur Aufnahme von Annoncen für die „Zeitschrift für Elektrotechnik" übertragen.

Der Umstand, dass bereits der XVI. Jahrgang dieser Zeitschrift erscheint, zeigt am besten, welche Anerkennung dieselbe in den Interessentenkreisen gefunden hat; berücksichtigt man noch die colossale Entwicklung der Elektrotechnik in den letzten Jahren und deren Zukunft, dann steht es ausser Zweifel, welchen Werth eine einschlägige Publication in dieser Zeitschrift für Jedermann haben muss.

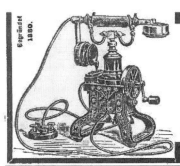

Druck:
Customized Business Services GmbH
im Auftrag der KNV-Gruppe
Ferdinand-Jühlke-Str. 7
99095 Erfurt